中外金属材料手册

郑舒丹　郭强　王军　主编

化学工业出版社
·北京·

内容简介

本手册汇集国内外最新资料，详细介绍了常用金属材料的牌号、化学成分、规格、性能、用途、尺寸、理论质量、热处理规范以及中外牌号对照等数据。在第一版基础上，更新了多个钢号，增补了多个钢种和钛合金等有色金属牌号，并新增了金属材料速查速算等内容。标准新、数据准、查阅方便是本手册的特色。

本手册适宜从事机械、冶金、化工、航空航天、国防等行业产品设计和材料购销人员使用。

图书在版编目（CIP）数据

中外金属材料手册/郑舒丹，郭强，王军主编. —2版. —北京：化学工业出版社，2021.9（2024.1重印）
ISBN 978-7-122-39460-6

Ⅰ.①中… Ⅱ.①郑… ②郭… ③王… Ⅲ.①金属材料-世界-技术手册 Ⅳ.①TG14-62

中国版本图书馆CIP数据核字（2021）第130726号

责任编辑：邢　涛　　装帧设计：韩　飞
责任校对：张雨彤

出版发行：化学工业出版社（北京市东城区青年湖南街13号　邮政编码100011）
印　　装：涿州市般润文化传播有限公司
787mm×1092mm　1/16　印张77¼　字数2059千字　2024年1月北京第2版第4次印刷

购书咨询：010-64518888　　售后服务：010-64518899
网　　址：http://www.cip.com.cn
凡购买本书，如有缺损质量问题，本社销售中心负责调换。

定　　价：288.00元

第二版前言

金属材料种类繁多、性能各异，是冶金、航空、航天、机械、轻工、建筑等工业不可缺少的生产资料，尤其是随着科技的发展，特殊钢和有色金属材料的应用越来越广，用量越来越大，与人们的日常生活息息相关。

中国是世界制造大国，2020年粗钢产量超过10.5亿吨，达到全球产量的一半以上，铝、铜等有色金属的产量和消费量也居世界前列。建筑行业（包括市政、桥梁、道路建设）等早已经成为我国的支柱产业，在GDP之中占有巨大的份额，其金属材料的消费量惊人，仅钢材一项，消费量就超过产量的50％。

众多的金属材料牌号不同，性能各异。金属材料生产、设计、施工、购销等部门技术人员在工作中经常需要查找材料的牌号、型号、规格、性能、单位质量和材积等，但是查找、计算这些数据是一件较为麻烦的事情，既费力又容易出现差错。为此，我们编写本书，在收集国家现行的标准和相关资料的基础上，精心计算，仔细核实，采用图表的形式，将读者所需的资料汇编整理，展现出来，力求简明扼要、方便查阅。

本书第一版出版以来，金属材料领域发展迅速，新材料和新牌号不断涌现。为了适应行业需求，笔者根据最新的国内外相关标准，更新了相关内容，同时，增补了常见钢材的速查速算内容，以满足读者日常工作的需求。

本书由郑舒丹、郭强、王军主编，参加编写工作的还有韩丽、胡建军、李萍、李丽、李玲、李敏、陈平、陈伟、石磊、孙勇、张驰、张辉、赵平、周天国、朱欢、朱逸、刘红霞、江海峰、马楠、王慧敏、张楠。

由于水平有限，书中不妥之处，敬请广大读者批评指正。

郑舒丹

2021年5月

目录

1 金属材料的基础知识

1.1 金属材料名词解释

金属材料种类繁多，通常把金属分为黑色金属和有色金属两大类，黑色金属包括铁、锰、铬及其合金，而除此之外的其他金属称为有色金属。

1.1.1 黑色金属

（1）生铁　生铁是指碳含量大于2%的铁碳合金。工业生铁一般含碳量不超过4.5%。按其成分、性能及用途的不同，生铁分为炼钢生铁、铸造生铁（灰口铁）、合金生铁。

（2）铁合金　铁合金是铁与一定量其他金属元素的合金。铁合金是炼钢的原料之一。在炼钢时作钢的脱氧剂和合金元素添加剂，用以改善钢的性能。

（3）碳钢　碳钢也叫碳素钢，是含碳量小于2%的铁碳合金。碳钢除含碳外一般还含有少量的硅、锰、硫、磷。

（4）碳素结构钢　碳素结构钢也叫优质碳素结构钢，含碳量小于0.8%。除几个含碳很低的钢号可以熔炼沸腾钢外，其余都是熔炼镇静钢。

（5）碳素工具钢　碳素工具钢是基本上不含合金元素的高碳钢，含碳量在0.65%～1.35%范围内，碳素工具钢的生产成本低，原料易取得，加工性良好，热处理后，可以得到高硬度和高耐磨性，所以是被广泛采用的钢种，用来制造各种刃具、模具、量具。但这类钢的红硬性差，即当工作温度大于250℃时，钢的硬度和耐磨性就会急剧下降而失去工作能力。另外，碳素工具钢如制成较大的零件则不易淬硬，而且容易产生变形和裂纹。

（6）合金钢　在钢中除含有铁、碳和少量不可避免的硅、锰、磷、硫元素以外，还含有一定量的合金元素，钢中的合金元素有硅、锰、钼、镍、铬、钒、钛、铌、硼、铝、稀土等其中的一种或几种。

各国的合金钢系统，随各自的资源情况、生产和使用条件的不同而不同，国外以往曾发展镍、铬钢系统，我国则发展以硅、锰、矾、钛、铌、硼、稀土为主的合金钢系统。

（7）不锈钢　不锈钢是一种特殊钢，按热处理后的显微组织可分为5大类：即铁素体不锈钢、马氏体不锈钢、奥氏体不锈钢、双相不锈钢及沉淀硬化不锈钢。

（8）高温合金　高温合金是指在高温下具有足够的持久强度、蠕变强度、热疲劳强度、高温韧性及足够的化学稳定性的一种热强性材料，用于1000℃左右高温条件下工作的热动力部件。

（9）钢板　钢板按厚度分为薄板（4mm以下，包括钢带）和厚板（4～60mm，包括

60mm 以上的特厚板）。

（10）钢管　钢管按断面有无接缝分成两大类，即焊接钢管（有缝钢管）和无缝钢管。

（11）型钢　型钢是钢材 4 大品种（板、管、型、丝）之一。根据断面形状，型钢分简单断面型钢和复杂断面型钢（异型钢）。前者指方钢、圆钢、扁钢、角钢、六角钢等，后者指工字钢、槽钢、钢轨、窗框钢、弯曲型钢等。

（12）钢丝　钢丝通常指的是用热轧线材（盘条）为原料，经过冷态拉拔加工的产品。

1.1.2　有色金属

（1）轻有色金属　轻有色金属一般指相对密度在 4.5 以下的有色金属，包括铝、镁、钠、钾、钙、锶、钡。这类金属的共同特点是：相对密度小（0.53～4.5），化学活性大，与氧、硫、碳和卤素的化合物都相当稳定。

（2）重有色金属　重有色金属一般指相对密度在 4.5 以上的有色金属，其中有铜、镍、铅、锌、钴、锡、锑、汞、镉、铋。

（3）贵金属　这类金属包括金、银和铂族元素（铂、铱、锇、钌、钯、铑）。由于它们对氧和其他试剂的稳定性，而且在地壳中含量少，开采和提取比较困难，故价格比一般金属贵，因而得名贵金属。

（4）稀土金属　稀土金属包括镧系元素以及和镧系元素性质很相近的钪和钇，共 17 种：钪（Sc），钇（Y），镧（La），铈（Ce），镨（Pr），钕（Nd），钷（Pm），钐（Sm），铕（Eu），钆（Gd），铽（Tb），镝（Dy），钬（Ho），铒（Er），铥（Tm），镱（Yb）和镥（Lu）。从镧到铕又称为轻稀土，从钆到镥包括钪和钇称为重稀土。

1.2　金属材料的选用原则

金属材料的选用同其他各类材料一样，是一个比较复杂的问题，它是各种机械产品设计中极为重要的一环。要生产出高质量的产品，必须从产品的结构设计、选材、生产工艺、生产成本等方面进行综合考虑。

正确、合理选材是保证产品最佳性能、工作寿命、使用安全和经济性的基础。现就金属材料选用的一般原则做以下介绍。

（1）所选用材料必须满足产品零件工作条件的要求　各种机械产品，由于它们的用途、工作条件等的不同，对其组成的零部件也自然有着不同的要求，具体表现在受载大小、形式及性质的不同，受力状态、工作温度、环境介质、摩擦条件等的不同。

在选材时，应根据零件工作条件的不同，具体分析对材料使用性能的不同要求。一般来说，机械零件的失效形式有以下三种：①断裂失效，包括塑性断裂、疲劳断裂、蠕变断裂、低应力脆断、介质加速断裂等；②过量变形失效，主要包括过量的弹性变形和塑性变形失效；③表面损伤失效，如磨损、腐蚀、表面疲劳失效等。

（2）所选材料必须满足产品零件工艺性能的要求　材料工艺性能的好坏，对零件加工的难易程度、生产效率和生产成本等方面都起着十分重要的作用。

金属材料的基本加工方法：包括切削加工、压力加工、铸造、焊接和热处理等。

材料工艺性能的好坏，对单件和小批量生产来说并不显得十分突出，而在批量生产条件下，就明显地反映出它的重要性。例如：批量极大的普通螺钉、螺母对力学性能要求不高，而却要求上自动机床加工时，为了提高生产率，就需要选用切削加工性能优良的钢种（易切削结构钢)。又如对齿轮及轴的材料来说,往往要求材料有好的淬透性。

(3) 所选材料应满足经济性的要求　在满足零件使用性能和质量的前提下,应注意材料的经济性。

对设计选材来说,保证经济性的前提是准确的计算,按零件使用的受力、温度、耐腐蚀等条件来选用适合的材料,而不是单纯追求某一项指标,能用碳钢的不用合金钢;能用低合金钢的,不用高合金钢;能用普通钢的,不用不锈钢。这对批量大的零件来说就显得更重要。另外,还应从材料的加工费用来考虑,尽量采用无切削或少切削新工艺(如精铸、精锻等新工艺)。

此外,在选材时还应尽量立足于国内条件和国家资源,同时应尽量减少材料的品种、规格等。这些都直接影响到选材的经济性。

在选用代用材料时,一般应考虑原用材料的要求及具体零件的使用条件和对寿命的要求。不可盲目选用更高一级的材料或简单地以优代劣,以保证选用材料的经济性。

1.3 常用计量单位及换算

1.3.1 长度单位及换算

1.3.1.1 公制长度单位

表 1-1　公制长度单位

单位名称	代号	与法定单位的换算	单位名称	代号	与法定单位的换算
埃	Å	0.0000000001m	厘米	cm	0.01m
纳米	nm	0.000000001m	分米	dm	0.1m
微米	μm	0.000001m	米	m	1m
毫米	mm	0.001m	千米	km	1000m

1.3.1.2 英制长度单位

1 英里 (mile)=1760 码

1 码 (yd)=3 英尺

1 英尺 (ft)=12 英寸

1 英寸 (in)=1000 英丝 (mil)

1.3.1.3 长度单位换算

米	厘米	毫米	市尺	英尺	英寸
1	100	1000	3	3.28084	39.3701
0.01	1	10	0.03	0.03280	0.39370
0.001	0.1	1	0.003	0.00328	0.03937
0.33333	33.3333	333.333	1	1.09361	13.1234
0.3048	30.48	304.8	0.9144	1	12
0.0254	2.54	25.4	0.0762	0.08333	1

1.3.1.4 毫米与英寸对照

表 1-2 毫米与英寸对照

毫米(mm)	英寸(in)	毫米(mm)	英寸(in)	毫米(mm)	英寸(in)
1	0.0394	35	1.379	69	2.7186
2	0.0788	36	1.4184	70	2.758
3	0.1182	37	1.4578	71	2.7974
4	0.1576	38	1.4972	72	2.8368
5	0.197	39	1.5366	73	2.8762
6	0.2364	40	1.576	74	2.9156
7	0.2758	41	1.6154	75	2.955
8	0.3152	42	1.6548	76	2.9944
9	0.3546	43	1.6942	77	3.0338
10	0.394	44	1.7336	78	3.0732
11	0.4334	45	1.773	79	3.1126
12	0.4728	46	1.8124	80	3.152
13	0.5122	47	1.8518	81	3.1914
14	0.5516	48	1.8912	82	3.2308
15	0.591	49	1.9306	83	3.2702
16	0.6304	50	1.97	84	3.3096
17	0.6698	51	2.0094	85	3.349
18	0.7092	52	2.0488	86	3.3884
19	0.7486	53	2.0882	87	3.4278
20	0.788	54	2.1276	88	3.4672
21	0.8274	55	2.167	89	3.5066
22	0.8668	56	2.2064	90	3.546
23	0.9062	57	2.2458	91	3.5854
24	0.9456	58	2.2852	92	3.6248
25	0.985	59	2.3246	93	3.6642
26	1.0244	60	2.364	94	3.7036
27	1.0638	61	2.4034	95	3.743
28	1.1032	62	2.4428	96	3.7824
29	1.1426	63	2.4822	97	3.8218
30	1.182	64	2.5216	98	3.8612
31	1.2214	65	2.561	99	3.9006
32	1.2608	66	2.6004	100	3.94
33	1.3002	67	2.6398		
34	1.3396	68	2.6792		

1.3.1.5 英寸与毫米对照

表 1-3 英寸与毫米对照

英寸整数/in	英寸的分数/in							
	0	1/8	1/4	3/8	1/2	5/8	3/4	7/8
	毫米数/mm							
0	0	3.175	6.35	9.525	12.7	15.875	19.05	22.225
1	25.4	28.575	31.75	33.925	38.1	41.275	44.45	47.625
2	50.8	53.975	57.15	59.325	63.5	66.675	69.85	73.025
3	76.2	79.375	82.55	84.725	88.9	92.075	95.25	98.425
4	101.6	104.775	107.95	110.125	114.3	117.475	120.65	123.825
5	127	130.175	133.35	135.525	139.7	142.875	146.05	149.225
6	152.4	155.575	158.75	160.925	165.1	168.275	171.45	174.625
7	177.8	180.975	184.15	186.325	190.5	193.675	196.85	200.025
8	203.2	206.375	209.55	211.725	215.9	219.075	222.25	225.425
9	228.6	231.775	234.95	237.125	241.3	244.475	247.65	250.825
10	254	257.175	260.35	262.525	266.7	269.875	273.05	276.225
11	279.4	282.575	285.75	287.925	292.1	295.275	298.45	301.625
12	304.8	307.975	311.15	313.325	317.5	320.675	323.85	327.025
13	330.2	333.375	336.55	338.725	342.9	346.075	349.25	352.425
14	355.6	358.775	361.95	364.125	368.3	371.475	374.65	377.825
15	381	384.175	387.35	389.525	393.7	396.875	400.05	403.225
16	406.4	409.575	412.75	414.925	419.1	422.275	425.45	428.625
17	431.8	434.975	438.15	440.325	444.5	447.675	450.85	454.025
18	457.2	460.375	463.55	465.725	469.9	473.075	476.25	479.425
19	482.6	485.775	488.95	491.125	495.3	498.475	501.65	504.825
20	508	511.175	514.35	516.525	520.7	523.875	527.05	530.225
21	533.4	536.575	539.75	541.925	546.1	549.275	552.45	555.625
22	558.8	561.975	565.15	567.325	571.5	574.675	577.85	581.025
23	584.2	587.375	590.55	592.725	596.9	600.075	603.25	606.425
24	609.6	612.775	615.95	618.125	622.3	625.475	628.65	631.825
25	635	638.175	641.35	643.525	647.7	650.875	654.05	657.225
26	660.4	663.575	666.75	668.925	673.1	676.275	679.45	682.625
27	685.8	688.975	692.15	694.325	698.5	701.675	704.85	708.025
28	711.2	714.375	717.55	719.725	723.9	727.075	730.25	733.425
29	736.6	739.775	742.95	745.125	749.3	752.475	755.65	758.825
30	762	765.175	768.35	770.525	774.7	777.875	781.05	784.225
31	787.4	790.575	793.75	795.925	800.1	803.275	806.45	809.625
32	812.8	815.975	819.15	821.325	825.5	828.675	831.85	835.025
33	838.2	841.375	844.55	846.725	850.9	854.075	857.25	860.425
34	863.6	866.775	869.95	872.125	876.3	879.475	882.65	885.825
35	889	892.175	895.35	897.525	901.7	904.875	908.05	911.225
36	914.4	917.575	920.75	922.925	927.1	930.275	933.45	936.625
37	939.8	942.975	946.15	948.325	952.5	955.675	958.85	962.025

续表

英寸整数/in	英寸的分数/in							
	0	1/8	1/4	3/8	1/2	5/8	3/4	7/8
	毫米数/mm							
38	965.2	968.375	971.55	973.725	977.9	981.075	984.25	987.425
39	990.6	993.775	996.95	999.125	1003.3	1006.475	1009.65	1012.825
40	1016	1019.175	1022.35	1024.525	1028.7	1031.875	1035.05	1038.225
41	1041.4	1044.575	1047.75	1049.925	1054.1	1057.275	1060.45	1063.625
42	1066.8	1069.975	1073.15	1075.325	1079.5	1082.675	1085.85	1089.025
43	1092.2	1095.375	1098.55	1100.725	1104.9	1108.075	1111.25	1114.425
44	1117.6	1120.775	1123.95	1126.125	1130.3	1133.475	1136.65	1139.825
45	1143	1146.175	1149.35	1151.525	1155.7	1158.875	1162.05	1165.225
46	1168.4	1171.575	1174.75	1176.925	1181.1	1184.275	1187.45	1190.625
47	1193.8	1196.975	1200.15	1202.325	1206.5	1209.675	1212.85	1216.025
48	1219.2	1222.375	1225.55	1227.725	1231.9	1235.075	1238.25	1241.425
49	1244.6	1247.775	1250.95	1253.125	1257.3	1260.475	1263.65	1266.825
50	1270	1273.175	1276.35	1278.525	1282.7	1285.875	1289.05	1292.225

1.3.1.6 常用线规号码与线径对照

表 1-4 常用线规号码与线径对照

线规号码	SWG		BWG		BG		AWG	
	英寸(in)	毫米(mm)	英寸(in)	毫米(mm)	英寸(in)	毫米(mm)	英寸(in)	毫米(mm)
7/0	0.5	12.7	—	—	0.6666	16.932	—	—
6/0	0.464	11.7856	—	—	0.625	15.875	0.58	14.73
5/0	0.432	10.9728	0.5	12.7	0.5883	14.943	0.5165	13.11
4/0	0.4	10.16	0.454	11.5316	0.5416	13.757	0.46	11.68
3/0	0.372	9.4488	0.425	10.795	0.5	12.700	0.4096	10.40
2/0	0.348	8.8392	0.38	9.652	0.4452	11.308	0.3648	9.26
0	0.324	8.2296	0.34	8.636	0.3964	10.069	0.3249	8.25
1	0.3	7.62	0.3	7.62	0.3532	8.971	0.2893	7.34
2	0.276	7.0104	0.284	7.2136	0.3147	7.993	0.2576	6.54
3	0.252	6.4008	0.259	6.5786	0.2804	7.122	0.2294	5.82
4	0.232	5.8928	0.238	6.0452	0.25	6.350	0.2043	5.18
5	0.212	5.3848	0.22	5.588	0.2225	5.652	0.1819	4.62
6	0.192	4.8768	0.203	5.1562	0.1981	5.032	0.162	4.11
7	0.176	4.4704	0.18	4.572	0.1764	4.481	0.1443	3.66
8	0.16	4.064	0.165	4.191	0.157	3.988	0.1285	3.26
9	0.144	3.6576	0.148	3.7592	0.1398	3.551	0.1144	2.90
10	0.128	3.2512	0.134	3.4036	0.125	3.175	0.1019	2.58
11	0.116	2.9464	0.12	3.048	0.1113	2.827	0.0907	2.30
12	0.104	2.6416	0.109	2.7686	0.0991	2.517	0.0808	2.05
13	0.092	2.3368	0.095	2.413	0.0882	2.240	0.072	1.82
14	0.08	2.032	0.083	2.1082	0.0785	1.994	0.0641	1.62
15	0.072	1.8288	0.072	1.8288	0.0699	1.775	0.0571	1.45
16	0.064	1.6256	0.065	1.651	0.0625	1.588	0.0508	1.29

续表

线规号码	SWG		BWG		BG		AWG	
	英寸(in)	毫米(mm)	英寸(in)	毫米(mm)	英寸(in)	毫米(mm)	英寸(in)	毫米(mm)
17	0.056	1.4224	0.058	1.4732	0.0556	1.412	0.0453	1.15
18	0.048	1.2192	0.049	1.2446	0.0495	1.257	0.0403	1.02
19	0.04	1.016	0.042	1.0668	0.044	1.118	0.0359	0.91
20	0.036	0.9144	0.035	0.889	0.0392	0.996	0.032	0.81
21	0.032	0.8128	0.032	0.8128	0.0349	0.886	0.0285	0.72
22	0.028	0.7112	0.028	0.7112	0.03125	0.794	0.0253	0.64

1.3.2 面积单位及换算

1.3.2.1 法定面积单位

表 1-5 法定面积单位

单位名称	符号	与法定单位换算
平方毫米	mm^2	$0.000001m^2$
平方厘米	cm^2	$0.0001m^2$
平方米	m^2	$1m^2$
平方千米	km^2	$1000000m^2$

1.3.2.2 英制面积单位

1 平方码 (yd^2)＝9 平方英尺

1 平方英尺 (ft^2)＝144 平方英寸 (in^2)

1.3.2.3 单位面积换算

表 1-6 单位面积换算

平方米(m^2)	平方厘米(cm^2)	平方毫米(mm^2)	平方尺	平方英寸(in^2)	平方英尺(ft^2)
1	10000	1000000	9	1550	10.7639
0.0001	1	100	0.0009	0.155	0.001076
0.000001	0.01	1	0.000009	0.00155	0.000011
0.111111	1111.11	111111	1	172.223	1.19599
0.092903	929.03	92903	0.936127	144	1
0.000645	6.4516	645.16	0.005806	1	0.006944

1.3.3 体积单位及换算

1.3.3.1 法定体积单位

表 1-7 法定体积单位

单位名称	符号	与法定单位换算
毫升(立方毫米)	$mL(mm^3)$	$0.001L=0.000001m^3$
升(立方分米)	$L(dm^3)$	$0.001m^3$
立方米	m^3	

1.3.3.2 英、美制体积单位

表 1-8 英、美制体积单位

类 别	单位名称	符号	进位	折合升	
				英制	美制
干量	品脱	pt		0.5682	0.5506
	夸脱	qt	2 品脱	1.1365	1.1012
	加仑	gal	4 夸脱	4.5461	4.4049
	配克	pk	2 加仑	9.0921	8.8098
	蒲式耳	bu	4 配克	36.369	35.239
液量	及耳	gi		0.1421	0.1183
	品脱	pt	4 及耳	0.5683	0.4732
	夸脱	qt	2 品脱	1.1365	0.9464
	加仑	gal	4 夸脱	4.5461	3.7854

1.3.3.3 体积单位换算

表 1-9 体积单位换算

立方米(m^3)	升(L)	立方英寸(in^3)	英加仑	美加仑
1	1000	61023.7	219.969	264.172
0.001	1	61.0237	0.219969	0.264172
0.000016	0.016387	1	0.003605	0.004329
0.004546	4.54609	277.42	1	1.20095
0.003785	3.78541	231	0.83267	1

1.3.4 质量单位及换算

1.3.4.1 法定质量单位

表 1-10 法定质量单位

单 位 名 称	符 号	与法定单位换算
毫克	mg	0.001g=0.000001kg
克	g	0.001kg
千克	kg	
吨	t	1000kg

1.3.4.2 英、美制质量单位

1 英吨（ton）= 2240 磅

1 美吨（sh ton）=2000 磅

1 磅（lb）=16 盎司（oz）=7000 格令（gr）

1.3.4.3 质量单位换算

表 1-11 质量单位换算

吨(t)	千克(kg)	英吨(ton)	美吨(sh ton)	磅(lb)
1	1000	0.9842	1.1023	2204.62
0.001	1	0.000984	0.0011023	2.2046
1.01605	1016.05	1	1.12	2240
0.907185	907.185	0.89286	1	2000
0.000454	0.453592	0.000446	0.0005	1

注：1 盎司（oz，常衡）=28.35 克，1 克=0.0358 盎司。
1 盎司（金衡）=31.10 克。

1.3.5 常用面积计算

表 1-12 常用面积计算公式

名称	简图	计算公式
正方形		$A=a^2$；$a=0.7071d=\sqrt{A}$ $d=1.4142a=1.4142\sqrt{A}$
长方形		$A=ab=a\sqrt{d^2-a^2}=b\sqrt{d^2-b^2}$ $d=\sqrt{a^2+b^2}$；$a=\sqrt{d^2-b^2}=\dfrac{A}{b}$ $b=\sqrt{d^2-a^2}=\dfrac{A}{a}$
平行四边形		$A=bh$；$h=\dfrac{A}{b}$；$b=\dfrac{A}{h}$
三角形		$A=\dfrac{bh}{2}=\dfrac{b}{2}\sqrt{a^2-\left(\dfrac{a^2+b^2-c^2}{2b}\right)^2}$ $P=\dfrac{1}{2}(a+b+c)$ $A=\sqrt{P(P-a)(P-b)(P-c)}$
梯形		$A=\dfrac{(a+b)h}{2}$；$h=\dfrac{2A}{a+b}$ $a=\dfrac{2A}{h}-b$；$b=\dfrac{2A}{h}-a$
正六边形		$A=2.5981a^2=2.5981R^2$ $=3.4641r^2$ $R=a=1.1547r$ $r=0.86603a=0.86603R$

续表

名称	简图	计算公式
圆		$A=\pi r^2=3.1416r^2=0.7854d^2$ $L=2\pi r=6.2832r=3.1416d$ $r=L/2\pi=0.15915L=0.56419\times\sqrt{A}$ $d=L/\pi=0.31831L=1.1284\sqrt{A}$
椭圆		$A=\pi ab=3.1416ab$ 周长的近似值： $2P=\pi\sqrt{2(a^2+b^2)}$ 比较精确的值： $2P=\pi[1.5(a+b)-\sqrt{ab}]$
扇形		$A=\frac{1}{2}rl=0.0087266\alpha r^2$ $l=2A/r=0.017453\alpha r$ $r=2A/l=57.296l/\alpha$ $\alpha=\frac{180l}{\pi r}=\frac{57.296l}{r}$
弓形		$A=\frac{1}{2}[rl-c(r-h)]$；$r=\frac{c^2+4h^2}{8h}$ $l=0.017453\alpha r$；$c=2\sqrt{h(2r-h)}$ $h=r-\frac{\sqrt{4r^2-c^2}}{2}$；$\alpha=\frac{57.296l}{r}$
圆环		$A=\pi(R^2-r^2)=3.1416(R^2-r^2)$ $=0.7854(D^2-d^2)$ $=3.1416(D-S)S$ $=3.1416(d+S)S$ $S=R-r=(D-d)/2$
部分圆环（环式扇形）		$A=\frac{\alpha\pi}{360}(R^2-r^2)$ $=0.008727\alpha(R^2-r^2)$ $=\frac{\alpha\pi}{4\times360}(D^2-d^2)$ $=0.002182\alpha(D^2-d^2)$

注：A——面积；P——半周长；L——圆周长度；R——外接圆半径；r——内切圆半径；l——弧长。

1.3.6 常用体积及表面积计算

表 1-13 常用体积及表面积计算公式

名称	简图	计算公式	
		表面积 S、侧表面积 M	体积 V
正立方体		$S=6a^2$	$V=a^3$

续表

名称	简图	计算公式	
		表面积 S、侧表面积 M	体积 V
长立方体		$S=2(ah+bh+ab)$	$V=abh$
圆柱		$M=2\pi rh=\pi dh$	$V=\pi r^2h=\frac{\pi d^2h}{4}$
空心圆柱（管）		$M=$内侧表面积$+$外侧表面积$=2\pi h(r+r_1)$	$V=\pi h(r^2-r_1^2)$
斜底截圆柱		$M=\pi r(h+h_1)$	$V=\frac{\pi r^2(h+h_1)}{2}$
正六角柱		$S=5.1962a^2+6ah$	$V=2.5981a^2h$
正方角锥台		$S=a^2+b^2+2(a+b)h_1$	$V=\frac{(a^2+b^2+ab)h}{3}$
球		$S=4\pi r^2=\pi d^2$	$V=\frac{4\pi r^3}{3}=\frac{\pi d^3}{6}$

续表

名称	简图	计算公式	
		表面积 S、侧表面积 M	体积 V
圆锥		$M=\pi rl$ $=\pi r\sqrt{r^2+h^2}$	$V=\frac{\pi r^2 h}{3}$
截头圆锥		$M=\pi l(r+r_1)$	$V=\frac{\pi h(r^2+r_1^2+r_1 r)}{3}$

1.4 金属材料常用性能名词术语

1.4.1 力学性能

表 1-14 力学性能

名称	符号	单位	释义
抗拉强度	σ_b R_m R	MPa (N/mm^2)	金属试样拉伸时，在拉断前所承受的最大负荷与试样原横截面积之比称为抗拉强度
抗弯强度	σ_{bb} σ_ω	MPa (N/mm^2)	试样在位于两支承中间的集中负荷作用下，使其折断时，折断截面所承受的最大正应力
抗压强度	σ_{bc} R_D	MPa (N/mm^2)	材料在压力作用下不发生碎、裂所能承受的最大正应力
屈服点	σ_s	MPa (N/mm^2)	金属试样在拉伸过程中，负荷不再增加，而试样仍继续发生变形的现象称为“屈服”。发生屈服现象时的应力，称为屈服点或屈服极限
屈服强度	$\sigma_{0.2}$ $R_{0.2}$ $R_{P0.2}$	MPa (N/mm^2)	对某些屈服现象不明显的金属材料，测定屈服点比较困难，常把产生0.2%永久变形的应力定为屈服点，称为屈服强度或条件屈服极限
弹性极限	σ_e	MPa (N/mm^2)	金属能保持弹性变形的最大应力
断面收缩率	ϕ Z	%	金属试样拉断后，其缩颈处横截面积的最大缩减量与原横截面积的百分比
伸长率	δ δ_5 δ_{10} A_5	%	金属材料在拉伸时，试样拉断后，其标距部分所增加的长度与原标距长度的百分比。δ_5 是标距为5倍直径时的伸长率，δ_{10} 是标距为10倍直径时的伸长率
泊松比	μ	无单位	对于各向同性的材料，泊松比表示：试样在单向拉伸时，横向相对收缩量与轴向相对伸长量之比
冲击值 (冲击韧性)	a_K A_{KU} A_{KV}	J J/cm^2	金属材料对冲击负荷的抵抗能力称为韧性，通常用冲击值来度量。用一定尺寸和形状的试样，在规定类型的试验机上受一次冲击负荷折断时，试样刻槽处单位面积上所消耗的功

续表

名　称	符号	单位	释　义
抗剪强度	σ_τ	MPa (N/mm^2)	试样剪断前，所承受的最大负荷下的受剪截面具有的平均剪应力
持久强度	σ_t^T	MPa (N/mm^2)	金属材料在给定温度(T)下，经过规定时间(t)发生断裂时，所承受的应力值
蠕变极限	σ_δ^T	MPa (N/mm^2)	金属材料在给定温度(T)下和在规定的试验时间(t)内，使试样产生一定蠕变变形量(δ)的应力值
疲劳极限	σ^{-1}	MPa (N/mm^2)	材料试样在对称弯曲应力作用下，经受一定的应力循环数 N 而仍不发生断裂时所能承受的最大应力。对钢来说，如应力循环数 N 达 10^6～10^7 次仍不发生疲劳断裂时，则可认为随循环次数的增加，将不再发生疲劳断裂
松弛			由于蠕变，金属材料在总变形量不变的条件下，其所受的应力随时间的延长而逐渐降低的现象称为应力松弛，简称松弛
弹性模量	E	GPa (N/mm^2)	在弹性范围内，金属拉伸试验时，外力和变形成比例增长，即应力与应变成正比例关系时，这个比例系数就称为弹性模量，也叫正弹性模数
剪切模量	G	GPa (N/mm^2)	金属在弹性范围内，当进行扭转试验时，外力和变形成比例地增长，即应力与应变成正比例关系时，这个比例系数就称为剪切弹性模量
断裂韧性	K_{IC}	MN/m$^{3/2}$	材料抗裂纹扩展的能力。例如，K_{IC} 表示材料平面应变断裂韧性值，其意为当裂纹尖端处应力强度因子在静加载方式下等于 K_{IC} 时，即发生断裂。相应地，还有动态断裂韧性 K_{Id} 等
硬度			不是一个单纯的物理量，而是反映弹性、强度、塑性等的一个综合性能指标，详见附录 2

1.4.2 物理性能

表 1-15 物理性能

名　称	符号	单位	释　义
密度	ρ	g/cm^3 kg/cm^3	密度就是指某种物质单位体积的质量
熔点	T	K 或℃	金属材料由固态转变为液态时的熔化温度
比热容	C	J/(kg·K)	单位质量的某种物质，在温度升高 1℃ 时吸收的热量或温度降低 1℃ 时所放出的热量
热导率	λ 或 K	W/(m·K)	维持单位温度梯度 $\Delta L/\Delta T$ 时，在单位时间(t)内流经物体单位横截面积(A)的热量(Q)称为该材料的热导率
线胀系数	α_L	10^{-6}K^{-1}	金属温度每升高 1℃ 所增加的长度与原来长度的比值。随温度增高，热胀系数值相应增大，钢的线胀系数值一般在$(10～20)\times10^{-6}$ 的范围内
电阻率	ρ	Ω·mm^2/m	表示物体导电性能的一个参数。它等于 1m 长，横截面积为 1mm^2 的导线两端间的电阻
磁导率	μ	H/m	衡量磁性材料磁化难易程度，即导磁能力的性能指标等于磁性材料的磁感应强度(B)和磁场强度(H)的比值

1.4.3 化学性能

表 1-16 化学性能

名 称	含 义
化学性能	金属材料的化学性能，是指金属材料在室温或高温条件下，抵抗各种腐蚀性介质对它进行化学侵蚀的一种能力，主要在于耐腐蚀性和抗氧化性两个方面
化学腐蚀	是金属与周围介质直接起化学作用的结果。它包括气体腐蚀和金属在非电解质中的腐蚀两种形式。其特点是：腐蚀过程不产生电流，且腐蚀产物沉积在金属表面
电化学腐蚀	金属与酸、碱、盐等电解质溶液接触时发生作用而引起的腐蚀，称为电化学腐蚀。它的特点是腐蚀过程中有电流产生。其腐蚀产物（铁锈）不覆盖在作为阳极的金属表面上，而是在距离阳极金属的一定距离处
一般腐蚀	这种腐蚀是均匀地分布在整个金属内外表面上，使截面不断减小，最终使受力件破坏
晶间腐蚀	这种腐蚀在金属内部沿晶粒边缘进行，通常不引起金属外形的任何变化，往往使设备或机件突然破坏
点腐蚀	这种腐蚀集中在金属表面不大的区域内，并迅速向深处发展，最后穿透金属，是一种危害较大的腐蚀破坏
应力腐蚀	是指在静应力（金属的内外应力）作用下，金属在腐蚀介质中所引起的破坏。这种腐蚀一般穿过晶粒，即所谓穿晶腐蚀
腐蚀疲劳	指在交变应力作用下，金属在腐蚀介质中所引起的破坏。它也是一种穿晶腐蚀
抗氧化性	金属材料在室温或高温下，抵抗氧化作用的能力。金属的氧化过程实际上是属于化学腐蚀的一种形式。它可直接用一定时间内，金属表面经腐蚀之后质量损失的大小，即用金属减重的速度表示

1.5 金属热处理

热处理就是将金属成材或零件加热到一定温度，并在此温度下停留一段时间，然后以适当的冷却速度冷却至一定温度的工艺过程。热处理改变金属内的组织结构，从而改善金属的性能，使其满足各种使用要求。

（1）退火　将金属成材或零件加热到较高温度，保持一定时间，然后缓慢冷却，以得到接近于平衡状态组织的工艺方法，称为退火。退火的主要目的是：①降低硬度，改善加工性能；②增加塑性和韧性；③消除内应力；④改善内部组织，为最终热处理做好准备。

根据退火的目的和工艺特点，可分为完全退火、不完全退火、等温退火、球化退火、去应力退火、再结晶退火和扩散退火七类。

铸铁件的退火主要包括脱碳退火、各种石墨化退火及消除应力退火等。有色金属零件主要有再结晶退火、消除应力退火及铸态的扩散退火等。

（2）正火　将金属成材或零件加热到一定温度，保温后在空气中冷却，以得到较细的珠光体类组织的工艺方法，称为正火。

正火与退火基本相似，正火的目的是：

① 提高低碳钢的硬度，改善切削加工性；

② 细化晶粒，使内部组织均匀，为最后热处理做准备；

③ 消除内应力，并防止淬火中的变形开裂。

正火主要用于低碳钢、中碳钢和低合金钢，而对于高碳钢和高合金钢则不常用。正火与退火比较，正火后钢的强度和硬度都比退火高，正火工艺简单、经济，应用很广，与退火相比成本也较低。

(3) 淬火　淬火是把金属成材或零件加热到相变温度以上，保温后，以大于临界冷却速度的速度急剧冷却，以获得马氏体组织的热处理工艺。

淬火是为了得到马氏体组织，再经过回火后，使工件获得良好的使用性能，以充分发挥材料的潜力。其主要目的是：

① 提高金属成材或零件的力学性能，例如提高工具、轴承等的硬度和耐磨性，提高弹簧钢的弹性极限，提高轴类零件的综合力学性能等；

② 改善某些特殊钢的力学性能或化学性能，如提高不锈钢的耐蚀性，增加磁钢的永磁性等。

淬火冷却时，除需合理选用淬火介质外，还要有正确的淬火方法。常用的淬火方法有单液淬火、双液淬火、分级淬火、等温淬火、预冷淬火和局部淬火等。

钢材或金属材料零件热处理时选用不同的淬火工艺，其目的除了为使其得到所需要的组织和适当的性能外，淬火工艺还应保证被处理的零件尺寸和几何形状的变化尽可能地小，以保证零件的精度。

(4) 回火　回火是指将淬火（或正火）后的钢材或零件加热到临界点（A_{c_1}）以下的某一温度，保温一定的时间后，以一定速度冷却至室温的热处理工艺的总称。回火是淬火后紧接着进行的一种操作，通常也是工件进行热处理的最后一道工序，因而把淬火和回火的联合工艺称为最终热处理。

淬火回火的主要目的如下。

① 减少内应力和降低脆性。淬火件存在着很大的应力和脆性，如不及时回火往往会产生变形甚至开裂。

② 调整工件的力学性能。工件淬火后硬度高、脆性大，为了满足各种工件不同的性能要求，可以通过回火来调整硬度、强度、塑性和韧性。

③ 稳定工件尺寸。通过回火可使金相组织趋于稳定，以保证在以后的使用过程中不再发生变形。

④ 改善某些合金钢的切削性能。

在生产中，常根据对工件性能的要求，按加热温度的不同，把回火分为低温回火、中温回火和高温回火。

淬火和随后高温回火相结合的热处理工艺，称为调质。调质的目的是获得回火索氏体，使工件具有良好的综合力学性能，即在具有高强度的同时，又有好的塑性和韧性。主要用于处理承受较大载荷的机器结构零件，如机床主轴、汽车后桥半轴、强力齿轮等。

(5) 冷处理　冷处理是指，将淬火后的金属成材或零件置于0℃以下的低温介质（通常在−30～−150℃）中继续冷却，使淬火时的残余奥氏体转变为马氏体组织的操作方法。

冷处理的主要目的是：

① 进一步提高淬火件的硬度和耐磨性；

② 稳定工件尺寸，防止在使用过程中变形；

③ 提高钢的铁磁性。

冷处理主要用于高合金钢、高碳钢和渗碳钢制造的精密零件。

(6) 时效　时效包括自然时效和人工时效。将工件长期（半年至一年或长时间）放置在室温或露天条件下，不需任何加热的工艺方法，即为自然时效。将工件加热至低温（钢加热到100～150℃、铸铁加热到500～600℃），经较长时间（一般为8～15h）保温后，缓慢冷却到室温的工艺方法，叫做人工时效。

时效主要用于精密工具、量具、模具和滚动轴承，以及其他要求精度高的机械零件。时效的目的是：

① 消除内应力，以减少工件加工或使用时的变形；

② 稳定尺寸，使工件在长期使用过程中保持几何精度。

(7) 表面淬火　在动力载荷及摩擦条件下工作的齿轮、曲轴等零件，要求表面具有高硬度和高耐磨性，而芯部又要求具有足够的塑性和韧性。这就需要采用表面热处理的方法来解决。表面淬火属于表面热处理工艺，是通过不同的热源对零件进行快速加热，使零件的表面层（一定厚度）很快地加热到淬火温度，然后迅速冷却，从而使表面层获得具有高硬度的马氏体，而芯部仍然保持塑性和韧性较好的原来组织。

根据加热方式的不同，表面淬火又可分为火焰表面淬火、感应加热表面淬火、电接触加热表面淬火、电解液加热表面淬火等。

表面淬火后常需进行低温回火以降低应力并部分地恢复表面层的塑性。

(8) 化学热处理　化学热处理是将工件在含有活性元素的介质中加热和保温，使合金元素渗入表面层，以改变表层的化学成分和组织，提高工件的耐磨性、抗蚀性、疲劳抗力或接触疲劳抗力等性能的工艺方法。

1.6 金属材料物理性能

1.6.1 常用钢铁材料密度

表 1-17　常用钢铁材料密度

名　称	密度/(g/m³)	名　称	密度/(g/m³)
灰铸铁	6.6～7.4	普通碳素钢	7.85
球墨铸铁	7.0～7.4	优质碳素钢	7.85
可锻铸铁	7.2～7.4	碳素工具钢	7.85
白口铸铁	7.4～7.7	易切削钢	7.85
工业纯铁	7.87	弹簧钢	7.85
铸钢	7.8	低碳优质钢丝	7.85
锰钢	7.81		

1.6.2 常用有色金属物理性能

表 1-18　常用有色金属物理性能

符号	名称	相对原子质量	密度 /g·cm^{-3}	熔点 /℃	沸点 /℃	比热容 /J·(kg·K)$^{-1}$	线胀系数 /μm·(m·K)$^{-1}$	电阻率 /nΩ·m	热导率 /W·(m·K)$^{-1}$
Ag	银	107.868	10.49	961.9	2163	235	19.0	14.7	428
Al	铝	2.98	2.699	660.4	2494	900	23.6	26.55	247
Au	金	196.97	19.30	1064.43	2857	128	14.2	23.5	317.9
Be	铍	9.01	1.848	1283	2770	1886	11.6	40	190
Cd	镉	112.40	8.642	321.1	767	230	31.3	72.7	96.8
Cu	铜	63.54	8.93	1084.88	2595	386	16.7	16.73	398

续表

符号	名称	相对原子质量	密度 /g·cm^{-3}	熔点 /℃	沸点 /℃	比热容 /J·(kg·K)$^{-1}$	线胀系数 /μm·(m·K)$^{-1}$	电阻率 /nΩ·m	热导率 /W·(m·K)$^{-1}$
Hg	汞	200.59	14.193	−38.87	356.58	139.6		958	9.6
Mg	镁	24.31	1.74	650	1107	102.5	25.2	44.5	155.5
Ni	镍	58.71	8.90	1453	2730	471	13.3	68.44	82.9
Pb	铅	207.19	11.34	327.4	1750	128.7	29.3	206.43	34
Pd	钯	106.4	12.02	1552	3980	132	9.1	106	70
Pt	铂	195.09	21.45	1769	3800	132	9.1	106	71.1
Rh	铑	102.91	21.41	1963	3700	247	8.3	45.1	150
Sn	锡	118.69	5.76	231.9	2770	205	23.1	110	62
Ti	钛	47.9	4.51	1668	3260	522.3	10.2	420	11.4
W	钨	183.85	19.254	3410	5700	160	127	53	190
Zn	锌	65.36	7.13	420	906	382	15	58.9	113

2 各国材料牌号对照

2.1 金属材料牌号对照及其代用的基本原则

(1) 根据化学成分对照

化学成分是表征材料最基本的数据，它是保证材料在后序制造和使用中满足所需的工艺性能、使用性能的内在条件。因此，按化学成分对照是一种基本的对照方法，这种方法对热处理钢、不锈钢和工具钢更为合适。因为这些钢在其化学成分确定之后，即可通过规定的热处理获得相应的各种力学性能。简言之，成分确定，材料确定。同时也应该注意到由于各国的矿产资源不同，对同一钢种在某些元素的配置上可能有所差别，如英国的 18CrNiMo 与我国的 18CrNiWA 相对应，虽然 W、Mo 元素不同，但它们在钢中的作用则是相同的，也有一定的比例关系，我们仍然可以根据化学成分来进行牌号对照。

(2) 根据力学性能对照

几乎对于所有的产品来说，结构钢、锅炉和压力容器钢等的力学性能直接关系到产品的使用性能，而化学成分只是间接的，如上所述，一是保证产品达到使用性能要求，二是保证产品满足制造工艺要求，如可焊性、冲压和模锻等工艺性能。因而从某种程度来说，按力学性能的对照是一种更直接、更偏重于实用的捷径，可以说力学性能能达到最终目的。但是，需要指出的是，当按力学性能对照时应注意各国试验方法和取样的不同。

2.2 各国材料牌号对照表

2.2.1 碳素结构钢对照

表 2-1 碳素结构钢钢号中外对照

中国 GB/T,YB	美国 ASTM	日本 JIS	德国 DIN EN	英国 BS EN	法国 NF EN	俄罗斯 ГОСТ	ISO	韩国 KS	印度 IS
Q195	Grade B	SS 330 SPHC	S185(1.0035)			C_T1КП C_T1ПС C_T1СП	E185 (Fe310)		D
Q215	Grade C, CS Type B	SS 330 SPHC	—			C_T2КП C_T2ПС C_T2СП		SS330 (SS34)	Fe-330
Q235-A	Grade D	SS 400	S235JR(1.0038)			C_T3КП	E235 A	SS400 (SS41)	Fe-410
Q235-B	Grade D	SS 400	S235J0(1.0114)			C_T3КП	E235 B		
Q235-C	Grade D	SS 400	S235J2(1.0117)			C_T3СП	E235 C		
Q235-D	—	SS 400	S235JR(1.0038)			C_T3СП	E235 D		
Q275	SS Grade 40[275]	SS 490	S275JR(1.0044) S275J0(1.0143) S275J2(1.0145)			C_T5ПС C_T5СП	E275 (Fe430)	SS490 (SS50)	Fe-490

表 2-2 优质碳素结构钢钢号中外对照

中国 GB YB	美国 ASTM	日本 JIS	德国 DIN EN	英国 BS EN	法国 NF EN	俄罗斯 ГОСТ	ISO	韩国 KS	印度 IS
05F	1005	—	DC05(1.0312)			05КЛ	—		
08F	1008	SPHD,SPHE	DC01(1.0330)			08КЛ	—	STKM11A	
10F	1010	SPHD,SPHE	DC01(1.0330)			10КЛ	—		
15F	1015	S15C	—			15КЛ	—	STKM12A	
08	1008	SPHE,S10C	DC01(1.0330), DC03(1.0347)			08	—		
08Al	参照 08 与国外钢号对照								
10	1010	S10C	DC01(1.0330), C10C(1.0214)			10	C101		
15	1015	S15C	C15C(1.0234)			15	C15E4	STKM12B	
20	1020	S20C	C22(1.0402), C20C(1.0411)			20	—	STKM14A	
25	1025	S25C	C25(1.0406)			25	C25E4	STKM13B	
30	1030	S30C	C30(1.0528)			30	C30E4	STKM14B	30C8
35	1035	S35C	C35(1.0501)			35	C35E4	STKM13C	35C8
40	1040	S40C	C40(1.0511)			40	C40E4	STKM14C	40C8
45	1045	S45C	C45(1.0503)			45	C45E4		45C8
50	1050	S50C	C50(1.0540)			50	C50E4	STKM16C	50C8
55	1055	S55C	C55(1.0535)			55	C55E4		55C8
60	1060	S58C	C60(1.0601)			60	C60E4		
65	1065	SWRH67B	C66D(1.0612)			65	Type SC		
70	1070	SWRH72A SWRH72B	C70D(1.0615)			70	Type SC Type DC		
75	1075	SWRH77A SWRH77B	C76D(1.0614)			75	SH,DM DH		
80	1080	SWRH82A SWRH82B	C80D(1.0622)			80	Type SC Type DC		
85	1084	SWRH82A SWRH82B	C86D(1.0616)			85	DM,DH SH		
15Mn	1016	SWRCH16K	—			15Г	—		
15MnA						15ГА			
15MnE						15ГШ			
20Mn	1022	SWRCH22K	C22(1.0402)			20Г	—		
20MnA						20ГА			
20MnE						20ГШ			
25Mn	1026	SWRCH22K	C26D(1.0415)			25Г	—		
25MnA						25ГА			
25MnE						25ГШ			
30Mn	1030	SWRCH30K	C30(1.0528)			30Г	—		
30MnA						30ГА			
30MnE						30ГШ			
35Mn	1037	SWRCH35K	C35(1.0501)			35Г	—		
35MnA						35ГА			
35MnE						35ГШ			

续表

中国 GB YB	美国 ASTM	日本 JIS	德国 DIN EN	英国 BS EN	法国 NF EN	俄罗斯 ГОСТ	ISO	韩国 KS	印度 IS
40Mn						40Г			
40MnA	1039	SWRCH40K		C40(1.0511)		40ГА			
40MnE						40ГШ			
45Mn						45Г			
45MnA	1046	SWRCH45K		C45(1.0503)		45ГА	SH,SM		
45MnE						45ГШ			
50Mn						50Г			
50MnA	1053	SWRCH50K		C50(1.0540)		50ГА	Type SC Type DC		
50MnE						50ГШ			
60Mn						60Г			
60MnA	1060	SWRH62B		C60(1.0601)		60ГА	Type SC Type DC		
60MnE						—			
65Mn						65Г			
65MnA	1566	SWRH67B		—		65ГА	Type SC Type DC		
65MnE						—			
70Mn						70Г			
70MnA	1572	SWRH72B		—		70ГА	DM,DH Type SC		
70MnE						—			
C2D1							C2D1		
C3D1							C3D1		
C3D2	1005	—		—		—	C3D2		
C4D1							C4D1		
C4D	—	—		C4D(1.0300)		—	C4D		
C5D2	1005,1006	SWRM6		C4D(1.0300)		—	C5D2		
C7D							C7D		
C8D2	1008	SWRM8		C9D(1.0304)		—	C8D2		
C9D							C9D		
C10D				C10D(1.0310)			C10D		
C10D2	1010	SWRM10		C10D(1.0310)		—	C10D2		
C12D				C12D(1.0311)			C12D		
C12D2	1012	SWRM12		C12D(1.0311)		—	C12D2		
C15D				C15D(1.0413)			C15D		
C15D2	1015	SWRM15		C15D(1.0413)		—	C15D2		
C18D				C18D(1.0416)			C18D		
C18D2	1017	SWRM17		C18D(1.0416)		—	C18D2		
C20D				C20D(1.0414)			C20D		
C20D2	1020	SWRM20		C20D(1.0414)		—	C20D2		
C26D				C26D			C26D		
C26D2	1025,1026	SWRH27		C26D(1.0415)		—	C26D2		
C32D				C32D(1.0530)					
C32D2	1030	SWRH32		C32D(1.0530)		—	C32D2		
C36D2	1034	SWRH37		C38D(1.0516)		—	C36D2		
C38D				C38D(1.0516)		—	C38D		

续表

中国 GB YB	美国 ASTM	日本 JIS	德国 DIN EN	英国 BS EN	法国 NF EN	俄罗斯 ГОСТ	ISO	韩国 KS	印度 IS
C38D2	1038	SWRH37	C38D(1.0516)			—	C38D2		
C40D2	1040	SWRH37	C42D(1.0541)			—	C40D2		
C42D2A	—	SWRH42A	—			—	—		
C42D2	1042	—	C42D(1.0541)			—	C42D2		
C42D2B	1042	SWRH42B	—			—	—		
C46D2A	—	SWRH47A	—			—	—		
C46D2	1045	—	C48D(1.0517)			—	C46D2		
C46D2B	1045	SWRH47B	—			—	—		
C48D2A	—	SWRH47A	—			—	—		
C48D2	1049	—	C48D(1.0517)			—	C48D2		
C48D2B	1049	SWRH47B	—			—	—		
C50D2A	—	SWRH47A	—			—	—		
C50D2	1050	—	C50D(1.0586)			—	C50D2		
C50D2B	1050,1053	SWRH47B	—			—	—		
C52D2A	—	SWRH52A	—			—	—		
C52D2	1050	—	C52D(1.0588)			—	C52D2		
C52D2B	1050,1053	SWRH52B	—			—	—		
C56D2A	—	SWRH52A SWRH57A	—			—	—		
C56D2	1055	—	C56D(1.0518)			—	C56D2		
C56D2B	1055	SWRH52B SWRH57B	—			—	—		
C58D2A	—	SWRH57A	—			—	—		
C58D2	1059	—	C58D(1.0609)			—	C58D2		
C58D2B	1059,1060	SWRH57B	—			—	—		
C60D2A	—	SWRH57A	—			—	—		
C60D2	1059	—	C60D(1.0610)			—	C60D2		
C60D2B	1059,1060	SWRH57B SWRH62B	—			—	—		
C62D2A	—	SWRS62A	—			—	—		
C62D2	1064	—	C62D(1.0611)			—	C62D2		
C62D2B	1064,1065	SWRS62B	—			—	—		
C66D2A	—	SWRS67A	—			—	—		
C66D2	1064	—	C66D(1.0612)			—	C66D2		
C66D2B	1065	SWRS67B	C66D(1.0612)			—	—		
C68D2A	—	SWRS67A	—			—	—		
C68D2	1069	—	C68D(1.0613)			—	C68D2		
C68D2B	1070	SWRS67B	—			—	—		
C70D2A	—	SWRS72A	—			—	—		
C70D2	1069	—	C70D(1.0615)			—	C70D2		
C70D2B	1070	SWRS72B	—			—	—		
C72D2A	—	SWRS72A	—			—	—		
C72D2	1069	—	C72D(1.0617)			—	C72D2		

续表

中国 GB YB	美国 ASTM	日本 JIS	德国 DIN EN	英国 BS EN	法国 NF EN	俄罗斯 ГОСТ	ISO	韩国 KS	印度 IS
C72D2B	1070	SWRS72B	—			—			
C76D2A	1078	SWRS75A	—			—			
C76D2	1075	—	C76D(1.0614)			—	C76D2		
C76D2B	1080	SWRS75B	—			—	—		
C78D2A	1078	SWRS77A	—			—	—		
C78D2	1075	—	C78D(1.0620)			—	C78D2		
C78D2B	1080	SWRS77B	—			—	—		
C80D2A	1078	SWRS80A	—			—	—		
C80D2	1075	—	C80D(1.0622)			—	C80D2		
C80D2B	1080	SWRS80B	—			—	—		
C82D2A	1078	SWRS82A	—			—	—		
C82D2	1075	—	C82D(1.0626)			—	C82D2		
C82D2B	1080	SWRS82B	—			—	—		
C86D2A	1086	SWRS87A	—			—	—		
C86D2	—	—	C86D(1.0616)			—	C86D2		
C86D2B	1085,1084	SWRS87B	—			—	—		
C88D2A	1086	SWRS87A	—			—	—		
C88D2	—	—	C88D(1.0628)			—	C88D2		
C88D2B	1090	SWRS87B	—			—	—		
C92D2A	1095	SWRS92A	—			—			
C92D2	—	—	C92D(1.0618)			—	C92D2		
C92D2B	1090	SWRS92B	—			—	—		
C98D2A	1095	—	—			—	—		
C98D2	—	—	—			—	C98D2		
D98D2B	—	—	—			—	—		

2.2.2 低合金结构钢对照

表 2-3 低合金高强度结构钢钢号中外对照

中国 GB	美国 ASTM	日本 JIS	德国 DIN EN	英国 BS EN	法国 NF EN	俄罗斯 ГОСТ	ISO
Q295-A	Grade 42[290]	SPFC490	E295(1.0050)				E275
Q295-B							
Q345A	Grade 50[345]	SPFC590	E335(1.0060)				E355
Q345B			S355JR(1.0045)			17ГС，15ХСНД	
Q345C			S355JO(1.0553)				
Q345D			S355J2(1.0577)				
Q345E			S355NL(1.0546)				
Q390A	Grade 55[380]	STKT540	—			15Г2СФ	
Q390B							
Q390C							
Q390D		—					
Q390E		—					

续表

<table>
<tr><th>中国
GB</th><th>美国
ASTM</th><th>日本
JIS</th><th>德国
DIN EN</th><th>英国
BS EN</th><th>法国
NF EN</th><th>俄罗斯
ГОСТ</th><th>ISO</th></tr>
<tr><td>Q420A</td><td rowspan="5">Grade
60[415]</td><td rowspan="5">SEV295</td><td rowspan="5" colspan="3">S420NL(1.8912)
S420ML(1.8836)</td><td rowspan="5">16Г2АФ</td><td rowspan="5"></td></tr>
<tr><td>Q420B</td></tr>
<tr><td>Q420C</td></tr>
<tr><td>Q420D</td></tr>
<tr><td>Q420E</td></tr>
<tr><td>Q460C</td><td rowspan="3">Grade
65[450]</td><td rowspan="3">SM570
SMA570W
SMA570P</td><td rowspan="3" colspan="3">S460NL(1.8903)
S460ML(1.8838)</td><td rowspan="3">16Г2АФ</td><td rowspan="3">E460</td></tr>
<tr><td>Q460D</td></tr>
<tr><td>Q460E</td></tr>
<tr><td>Q500D</td><td rowspan="2">—</td><td rowspan="2">SPFC980Y</td><td rowspan="2" colspan="3">S500Q(1.8924)
S500QL(1.8909)
S500QL1(1.8984)</td><td rowspan="2">—</td><td rowspan="2"></td></tr>
<tr><td>Q500E</td></tr>
<tr><td>Q550D</td><td rowspan="2">Type8
Grade
80[550]</td><td rowspan="2">—</td><td rowspan="2" colspan="3">S550Q(1.8904)
S550QL(1.8926)
S550QL1(1.8986)</td><td rowspan="2">—</td><td rowspan="2">E550</td></tr>
<tr><td>Q550E</td></tr>
<tr><td>Q620D</td><td rowspan="2">—</td><td rowspan="2">—</td><td rowspan="2" colspan="3">S620Q(1.8914)
S620QL(1.8927)
S620QL1(1.8987)</td><td rowspan="2">—</td><td rowspan="2"></td></tr>
<tr><td>Q620E</td></tr>
<tr><td>Q690D</td><td rowspan="2">100[690]
TypeQ
100W[690W]
TypeQ</td><td rowspan="2">SHY685</td><td rowspan="2" colspan="3">S690Q(1.8931)
S690QL(1.8928)
S690QL1(1.8988)</td><td rowspan="2">—</td><td rowspan="2">E690</td></tr>
<tr><td>Q690E</td></tr>
</table>

2.2.3 合金结构钢对照

表 2-4 合金结构钢钢号中外对照

<table>
<tr><th>中国
GB YB</th><th>美国
ASTM</th><th>日本
JIS</th><th>德国
DIN EN</th><th>英国
BS EN</th><th>法国
NF EN</th><th>俄罗斯
ГОСТ</th><th>ISO</th></tr>
<tr><td>20Mn2</td><td rowspan="3">1524</td><td rowspan="3">SMn420</td><td rowspan="2" colspan="3">—</td><td rowspan="3">—</td><td rowspan="3">22Mn6</td></tr>
<tr><td>20Mn2A</td></tr>
<tr><td>20Mn2E</td><td colspan="3">P355GH(1.0473)</td></tr>
<tr><td>30Mn2</td><td rowspan="3">1330</td><td rowspan="3">SMn433</td><td rowspan="3" colspan="3">28Mn6(1.1170)</td><td>30Г2</td><td rowspan="3">28Mn6</td></tr>
<tr><td>30Mn2A</td><td>30Г2А</td></tr>
<tr><td>30Mn2E</td><td>30Г2Ш</td></tr>
<tr><td>35Mn2</td><td rowspan="3">1335</td><td rowspan="3">SMn438</td><td rowspan="3" colspan="3">—</td><td>35Г2</td><td rowspan="3">36Mn6</td></tr>
<tr><td>35Mn2A</td><td>35Г2А</td></tr>
<tr><td>35Mn2E</td><td>35Г2Ш</td></tr>
<tr><td>40Mn2</td><td rowspan="3">1340</td><td rowspan="3">SMn438</td><td rowspan="3" colspan="3">—</td><td>40Г2</td><td rowspan="3">42Mn6</td></tr>
<tr><td>40Mn2A</td><td>40Г2А</td></tr>
<tr><td>40Mn2E</td><td>40Г2Ш</td></tr>
<tr><td>45Mn2</td><td rowspan="3">1345</td><td rowspan="3">SMnC443</td><td rowspan="3" colspan="3">—</td><td>45Г2</td><td rowspan="3"></td></tr>
<tr><td>45Mn2A</td><td>45Г2А</td></tr>
<tr><td>45Mn2E</td><td>45Г2Ш</td></tr>
<tr><td>50Mn2</td><td rowspan="3">—</td><td rowspan="3">—</td><td rowspan="3" colspan="3">—</td><td>50Г2</td><td rowspan="3"></td></tr>
<tr><td>50Mn2A</td><td>50Г2А</td></tr>
<tr><td>50Mn2E</td><td>50Г2Ш</td></tr>
</table>

续表

中国 GB YB	美国 ASTM	日本 JIS	德国 DIN EN	英国 BS EN	法国 NF EN	俄罗斯 ГОСТ	ISO
20MnV	—	—		—		—	
27SiMn	—	—		—		—	
35SiMn	—	—		—		—	
42SiMn	—	—		—		—	
20SiMo2MoV	—	—		—		—	
25SiMn2MoV	—	—		—		—	
37SiMn2MoV	—	—		—		—	
40B	1040	—		38B2(1.5515)		—	
40BA							
40BE							
45B	1045	—		—			
45BA							
45BE							
50B	1050	—		—		—	
50BA							
50BE							
40MnB	1541	—		37MnB5(1.5538)			
40MnBA							
40MnBE							
45MnB	1547	—		—			
45MnBA							
45MnBE							
20MnMoB	—	—		—		—	
20MnMoBA							
20MnMoBE							
15MnVB	—	—		—		—	
15MnVBA							
15MnVBE							
20MnVB	—	—		—		—	
20MnVBA							
20MnVBE							
40MnVB	—	—		—			
40MnVBA							
40MnVBE							
20MnTiB	—	—		—		—	
20MnTiBA							
20MnTiBE							
25MnTiBRE	—	—		—		—	
25MnTiBREA							
25MnTiBREE							
15Cr	5115	SCr415		17Cr3(1.7016)		15X	
15CrE						15XШ	

续表

中国 GB YB	美国 ASTM	日本 JIS	德国 DIN EN	英国 BS EN	法国 NF EN	俄罗斯 ГОСТ	ISO
15CrA	5115	SCr415	17Cr3(1.7016)			15XA	
20Cr	5120	SCr420	17Cr3(1.7016)			20X	20Cr4
20CrA						20XA	
20CrE						20XШ	
30Cr	5130	SCr430	28Cr4(1.7030)			30X	
30CrA						30XA	
30CrE						30XШ	
35Cr	5135	SCr435	34Cr4(1.7033)			35X	34Cr4
35CrA						35XA	
35CrE						35XШ	
40Cr	5140	SCr440	41Cr4(1.7035)			40X	41Cr4
40CrA						40XA	
40CrE						40XШ	
45Cr	5145	SCr445	—			45X	
45CrA						45XA	
45CrE						45XШ	
50Cr	5150	—	—			50X	
50CrA						50XA	
50CrE						50XШ	
38CrSi	—	—	—			38XC	
38CrSiA						38XCA	
38CrSiE						38XCШ	
12CrMo	—	—	—			—	
12CrMoA							
12CrMoE							
15CrMo	—	SCM415	18CrMo4(1.7243)			15XM	
15CrMoA						15XMA	
15CrMoE						15XMШ	
20CrMo	4118	SCM420	18CrMo4(1.7243)			20XM	18CrMo4，18CrMoS4
20CrMoA						20XMA	
20CrMoE						20XMШ	
30CrMo	4130	SCM430	25CrMo4(1.7218)			30XM	25CrMo4，25CrMoS4
30CrMoE						30XMШ	
30CrMoA						30XMA	
35CrMo	4135	SCM435	34CrMo4(1.7220)			35XM	34CrMo4，34CrMoS4
35CrMoA						35XMA	
35CrMoE						35XMШ	
42CrMo	4142	SCM440	42CrMo4(1.7225)			—	42CrMo4，42CrMoS4
42CrMoA						—	
42CrMoE						—	
12CrMoV	—	—	—			—	
12CrMoVA							
12CrMoVE							

续表

中国 GB YB	美国 ASTM	日本 JIS	德国 DIN EN	英国 BS EN	法国 NF EN	俄罗斯 ГОСТ	ISO
35CrMoV	4135	SCM435	34CrMo4(1.7220)			—	
35CrMoVA						40ХМФА	
35CrMoVE							
12Cr1MoV	—	—	—			—	
12Cr1MoVA							
12Cr1MoVE							
25Cr2MoVA	—	—	—			—	
25Cr2MoV							
25Cr2MoVE							
25Cr2Mo1VA	—	—	—				
25Cr2Mo1V							
25Cr2Mo1VE							
38CrMoAl	—	—	—			—	41CrAlMo7 4
38CrMoAlA						38Х2МЮА	
38CrMoAlE						—	
40CrV	—	—	—			—	
40CrVA						40ХФА	
40CrVE						—	
50CrVA	6150	SUP10	51CrV4(1.8159)			40ХФА	51CrV4
50CrV						—	
50CrVE							
15CrMn	5115	—	16MnCr5(1.7131)			18ХГ	16MnCr5，16MnCrS5
15CrMnA						18ХГА	
15CrMnE						18ХГШ	
20CrMn	5120	SMnC420	20MnCr5(1.7147)			18ХГ	20MnCr5，20MnCrS5
20CrMnA						18ХГА	
20CrMnE						18ХГШ	
40CrMn	5140	—	41Cr4(1.7035)			—	41Cr4，41CrS4
40CrMnA							
40CrMnE							
20CrMnSi	—	—	—			—	
20CrMnSiA						20ХГСА	
20CrMnSiE						—	
25CrMnSi	—	—	—			—	
25CrMnSiA						25ХГСА	
25CrMnSiE						—	
30CrMnSi	—	—	—			30ХГС	
30CrMnSiE						30ХГСШ	
30CrMnSiA	—	—	—			30ХГСА	
35CrMnSiA	—	—	—			35ХГСА	
20CrMnMo	—	SCM421	—			—	
20CrMnMoA							
20CrMnMoE							

续表

中国 GB YB	美国 ASTM	日本 JIS	德国 DIN EN	英国 BS EN	法国 NF EN	俄罗斯 ГОСТ	ISO
40CrMnMo							
40CrMnMoA	4140	SCM440	42CrMo4(1.7225)			—	42CrMo4, 42CrMoS4
40CrMnMoE							
20CrMnTi						18ХГТ	
20CrMnTiA	—	—	—			18ХГТА	
20CrMnTiE						18ХГТШ	
30CrMnTi						30ХГТ	
30CrMnTiA	—	—	—			30ХГТА	
30CrMnTiE						30ХГТШ	
20CrNi						20ХН	
20CrNiA	4720	—	18NiCr5-4(1.5810)			20ХНА	
20CrNiE						20ХНШ	
40CrNi						40ХН	
40CrNiA	—	SNC236	—			40ХНА	
40CrNiE						40ХНШ	
45CrNi						45ХН	
45CrNiA	—	—	—			45ХНА	
45CrNiE						45ХНШ	
50CrNi						50ХН	
50CrNiA	—	—	—			50ХНА	
50CrNiE						50ХНШ	
12CrNi2						12ХН2	
12CrNi2A	4320	SNC415	10NiCr5-4(1.5805)			12ХН2А	
12CrNi2E						12ХН2Ш	
12CrNi3						—	
12CrNi3A	E9310	SNC815	15NiCr13(1.5752)			12ХН3А	
12CrNi3E						—	
20CrNi3						—	
20CrNi3A		—	15NiCr13(1.5752)			20ХН3А	
20CrNi3E						—	
30CrNi3						—	
30CrNi3A	—	SNC631	—			30ХН3А	
30CrNi3E						—	
37CrNi3							
37CrNi3A	—	SNC836	—			—	
37CrNi3E							
12Cr2Ni4						—	
12Cr2Ni4A	—	—	—			12Х2Н4А	
12Cr2Ni4E						—	
20Cr2Ni4						—	
20Cr2Ni4A	—	SNC815	15NiCr13(1.5752)			20Х2Н4А	
20Cr2Ni4E						—	

续表

中国 GB YB	美国 ASTM	日本 JIS	德国 DIN EN	英国 BS EN	法国 NF EN	俄罗斯 ГОСТ	ISO
20CrNiMo	8620	SNCM220	20NiCrMo2-2(1.6523)			20ХН2М	20NiCrMo2，20NiCrMoS2
20CrNiMoA						20ХН2МА	
20CrNiMoE						20ХН2МШ	
40CrNiMoA	4340，E4340	SNCM439	36CrNiMo4(1.6511)			40ХН2МА	
18CrNiMnMoA	—	—	—			—	
45CrNiMoVA	4340	SNCM439 SNCM447	36CrNiMo4(1.6511)			45ХН2МФА	
18Cr2Ni4WA	—	SNC815	15NiCr13(1.5752)			18Х2Н4МА	
25Cr2Ni4WA	—	—	—			25Х2Н4МА	

2.2.4 保证淬透性结构钢对照

表 2-5 保证淬透性结构钢钢号中外对照

中国 GB	美国 ASTM	日本 JIS	德国 DIN EN	英国 BS EN	法国 NF EN	俄罗斯 ГОСТ	ISO
45H	1045	S45C	C45(1.0503)			45	
15CrH	5115	SCr415H	17Cr3(1.7016)			15Х	
15CrAH						15ХА	
20CrH	5120H	SCr420H	17Cr3(1.7016)			20Х	20Cr4H
20CrAH						20ХА	20Cr4EHL(B10)
20Cr1H	5120H	SCr420H	17Cr3(1.7016)			20Х	20Cr4H
20Cr1AH						20ХА	20Cr4EHL(B10)
40CrH	5140H	SCr440H	41Cr4(1.7035)			40Х	41Cr4H
40CrAH						40ХА	41Cr4EH
45CrH	5145H	SCr440H	41Cr4(1.7035)			45Х	—
45CrAH						45ХА	
16CrMnH	—	—	16MnCr5(1.7131)			—	—
20CrMnH	—	—	20MnCr5(1.7147)			18ХГ	20MnCr5，
20CrMnAH						18ХГА	20MnCrS5
15CrMnBH	—	—	16MnCrB5(1.7160)			18ХГ	16MnCr5，
15CrMnBAH						18ХГА	16MnCrS5
17CrMnBH	—	—	16MnCrB5(1.7160)			18ХГ	16MnCr5，
17CrMnBAH						18ХГА	16MnCrS5
40MnBH	—		38MnB5(1.5532)			40ГР	42Mn6
40MnBAH						40ГРА	
45MnBH	50B44H	—	—			45Г	42Mn6
45MnBAH						45ГА	
20MnVBH	—	—	—			—	—
20MnVBAH							
20MnTiBH	—	—	—			—	—
20MnTiBAH							
15CrMoH	—	SCM415H	18CrMo4(1.7243)			15ХМ	18CrMo4，
15CrMoAH						15ХМА	18CrMoS4
20CrMoH	—	SCM420H	20MoSCr3(1.7320)			20ХМ	18CrMo4，
20CrMoAH						20ХМА	18CrMoS4
22CrMoH	—	SCM822H	22CrMoS3-5(1.7333)			20ХМ	25CrMo4
22CrMoAH						20ХМА	

续表

中国 GB	美国 ASTM	日本 JIS	德国 DIN EN	英国 BS EN	法国 NF EN	俄罗斯 ГОСТ	ISO
42CrMoH	—	SCM440H	42CrMo4(1.7225)			38XM	42CrMo4,
42CrMoAH						38XMA	42CrMoS4
20CrMnMoH	—	SCM420H	—			—	18CrMo4H
20CrMnMoAH							18CrMoS4H
20CrMnTiH	—	—	—			18XГТ	—
20CrMnTiAH						18XГТА	
20CrNi3H	—	—	—			20XH3	—
20CrNi3AH						20XH3A	
12Cr2Ni4H	—	—	—			12X2H4	—
12CrNi4AH						12X2H4A	
20CrNiMoH	H86200 (8620H) H86220 (8622H)	SNCM220H	20NiCrMo2-2(1.6523)			—	20NiCrMo2H 20NiCrMoS2H
20CrNi2MoH	SAE4320	SNCM420H	20NiCrMoS6-4(1.6571)				20XH2M
20CrNi2MoAH							20XH2MA

2.2.5 易切削结构钢对照

表 2-6 易切削结构钢钢号中外对照

中国 GB/T	美国 ASTM	日本 JIS	德国 DIN EN	英国 BS EN	法国 NF EN	俄罗斯 ГОСТ	ISO
Y12	1109,1212	SUM12	10S20(1.0721)			A12	10S20
Y12Pb	12L13	SUM22L	10SPb20(1.0722)			—	10SPb20
Y15	1213	SUM22	11SMn30(1.0715)			A12	11SMn28
Y15Pb	12L14	SUM22L	11SMnPb30(1.0718)			AC14	11SMnPb28
Y20	1117	SUM32	15SMn13(1.0725)			A20	—
Y30	1132	—	35S20(1.0726)			A30	35S20
Y35	1137	—	35S20(1.0726)			A35	35S20
Y40Mn	1141	SUM42	38SMn28(1.0760)			A40Г	44SMn28
Y45Ca	—	—	—			—	—
—	1108	SUM12	10S20(1.0721)			A12	10S20
—	1146	SUM42	46S20(1.0727)			A45E	46S20
—	1212	SUM21	10S20(1.0721)			A12	10S20
—	1213	SUM22	11SMn30(1.0715)			A11	11SMn28
—	1215	SUM22	11SMn37(1.0736)			A11	12SMn35
—	12L14	SUM22L	11SMnPb37(1.0737)			AC14	11SMnPb28

2.2.6 冷镦和冷挤压用钢对照

表 2-7 冷镦和冷挤压用钢钢号中外对照

中国 GB/T	美国 ASTM	日本 JIS	德国 DIN EN	英国 BS EN	法国 NF EN	俄罗斯 ГОСТ	ISO
ML04Al	—	—	C4C(1.0303)			05КП	CC4A
ML08Al	1010	SWRCH8A	C8C(1.0213)			08КП	CC8X
ML10Al	1012	SWRCH10A	C10C(1.0214)			10КП	CC11X
ML15Al	1015	SWRCH15A	C15C(1.0234)			15ПС	CC15X
ML20Al	1020	SWRCH20A	C20C(1.0411)			20ПС	CC21A
ML10	1010	SWRCH10K	C10C(1.0214)			10ПС	—
ML15	1015	SWRCH15K	C15C(1.0234)			15ПС	CC15K
ML18	1017	SWRCH18K	C17C(1.0434)			18КП	—

续表

中国 GB/T	美国 ASTM	日本 JIS	德国 DIN EN	英国 BS EN	法国 NF EN	俄罗斯 ГОСТ	ISO
ML20	1020	SWRCH20K	C20C(1.0411)			20	CC21X
ML18Mn	—	SWRCH18A	C17E2C(1.1147)			15Г,20Г	—
ML20Cr	5120	SCr420H	17Cr3(1.7016)			20X	20Cr4E
ML22Mn	1022	SWRCH22A	C17E2C(1.1147)			20Г	—
ML25	1025	SWRCH25K	C20E2C(1.1152)			25	CE28E4
ML30	1030	SWRCH30K	—			30	CE28E4
ML35	1035	SWRCH35K	C35EC(1.1172)			30	CE35E4
ML40	1040	SWRCH40K	—			40	CE40E4
ML45	1045	SWRCH45K	C45EC(1.1192)			45	CE45E4
ML15Mn	—	—	—			—	—
ML20MnA	—	SWRCH24K	—			—	—
ML25Mn	1026	SWRCH25K	—			25Г	CE28E4
ML30Mn	1030	SWRCH30K	—			30Г	CE40E4
ML35Mn	1035	SWRCH35K	C35EC(1.1172)			35Г	CE35E4
ML37Cr	5135	SCr435H	37Cr4(1.7034)			38XA	37Cr4E
ML38CrA	5135	SCr440	37Cr4(1.7034)			38XA	37Cr4E
ML40Cr	5140	SCr440	41Cr4(1.7035)			40X	41Cr4E
ML20CrMoA	4118	SCM420	18CrMo4(1.7243)			20XM	25CrMo4E
ML30CrMo	4130	SCM430	25CrMo4(1.7218)			30XM	34CrMo4E
ML35CrMo	4135	SCM435	34CrMo4(1.7220)			35XM	34CrMo4E
ML42CrMo	4142	SCM440	42CrMo4(1.7225)			—	42CrMo4E
ML20B	—	—	17B2(1.5502)			—	CE20BG1
ML28B	—	—	28B2(1.5510)			—	CE28B
ML35B	—	—	33B2(1.5514)			—	CE35B
ML15MnB	1518	SWRCHB620	17MnB4(1.5520)			—	CE20BG2
ML20MnB	—	—	20MnB4(1.5525)			—	CE20BG2
ML35MnB	—	—	37MnB5(1.5538)			—	35MnB5E
ML37CrB	—	—	36CrB4(1.7077)			—	37CrB1E
ML20MnTiB	—	—	—			—	—
ML15MnVB	—	—	—			—	—
ML20MnVB	—	—	—			—	—
ML30CrMnSiA	—	—	—			30XГCA	—
ML16CrSiNi	—	—	—			—	—
ML40CrNiMoA	—	—	41NiCrMo7-3-2(1.6563)			40XH2MA	—

2.2.7 非调质机械结构钢对照

表 2-8 非调质机械结构钢钢号中外对照

中国	美国 ASTM	日本 JIS	德国 DIN EN	英国 BS EN	法国 NF EN	俄罗斯 ГОСТ	ISO
YF35V	—	—	—			—	—
YF40V	—	—	—			—	38MnVS6
YF45V	—	—	—			—	—
YF35MnV	—	—	—			—	—
YF40MnV	—	—	—			—	—
YF45MnV	—	—	—			—	46MnVS6
F45V	—	—	—			—	46MnVS3
F35MnVN	—	—	—			—	—
F40MnV	—	—	—			—	—

注：YF——易切削非调质机械结构钢；F——热锻用非调质机械结构钢。

2.2.8 耐热钢对照

表 2-9 各国耐热钢牌号对照表（GB/T 4238—2015）

GB/T 20878 中序号	统一数字代号	牌号	旧牌号	美国 ASTM A959	日本 JIS G4303 JIS G4311 JIS G4312 等	国际 ISO 15510 ISO 4955	欧洲 EN 10088-1 EN 10095
13	S30210	12Cr18Ni9	1Cr18Ni9	S30200,302	SUS302	X10CrNi18-8	X10CrNi18-8,1.4310
14	S30240	12Cr18Ni9Si3	1Cr18Ni9Si3	S30215,302B	SUS302B	X12CrNiSi18-9-3	—
17	S30408	06Cr19Ni10	0Cr18Ni9	S30400,304	SUS304	X5CrNi18-10	X5CrNi18-10,1.4301
19	S30409	07Cr19Ni10	—	S30409,304H	SUH304H	X7CrNi18-9	X6CrNi18-10,1.4948
20	S30450	05Cr19Ni10Si2CeN	—	S30415	—	X6CrNiSiNCe19-10	X6CrNiSiNCe19-10,1.4818
29	S30808	06Cr20Ni11	—	S30800,308	SUS308	—	—
31	S30920	16Cr23Ni13	2Cr23Ni13	S30900,309	SUH309	—	X15CrNiSi20-12,1.4828
32	S30908	06Cr23Ni13	0Cr23Ni13	S30908,309S	SUS309S	X12CrNi23-13	X12CrNi23-13,1.4833
34	S31020	20Cr25Ni20	2Cr25Ni20	S31000,310	SUH310	X15CrNi25-21	X15CrNi25-21,1.4821
35	S31008	06Cr25Ni20	0Cr25Ni20	S31008,310S	SUS310S	X8CrNi25-21	X8CrNi25-21,1.4845
38	S31608	06Cr17Ni12Mo2	0Cr17Ni12Mo2	S31600,316	SUS316	X5CrNiMo17-12-2	X5CrNiMo17-12-2,1.4401
40	S31609	07Cr17Ni12Mo2	1Cr17Ni12Mo2	S31609,316H	—	—	X6CrNiMo17-13-2,1.4918
49	S31708	06Cr19Ni13Mo3	0Cr19Ni13Mo3	S31700,317	SUS317	—	—
55	S32168	06Cr18Ni11Ti	0Cr18Ni10Ti	S32100,321	SUS321	X6CrNiTI18-10	X6CrNiTi18-10,1.4541
56	S32169	07Cr19Ni11Ti	1Cr18Ni11Ti	S32109,321H	SUH321H	X7CrNiTi18-10	X7CrNiTi18-10,1.4940
60	S33010	12Cr16Ni35	1Cr16Ni35	N08330,330	SUH330-	X12CrNiSi35-16	X12CrNiSi35-16,1.4864
62	S34778	06Cr18Ni11Nb	0Cr18Ni11Nb	S34700,347	SUS347	X6CrNiNb18-10	X6CrNiNb18-10,1.4550
63	S34779	07Cr18Ni11Nb	1Cr19Ni11Nb	S34709,347H	SUS347H	X7CrNiNb18-10	X7CrNiNb18-10,1.4912
65	S38240	16Cr20Ni14Si2	1Cr20Ni14Si2	—	—	X15CrNiSi20-12	X15CrNiSi20-12,1.4828
66	S38340	16Cr25Ni20Si2	1Cr25Ni20Si2	—	—	X15CrNiSi25-12	X15CrNiSi25-12,1.4841
—	S30859	08Cr21Ni11Si2CeN		S30815		—	—
78	S11348	06Cr13Al	0Cr13Al	S40500,405	SUS405	X6CrAl13	X6CrAl13,1.4002
80	S11163	022Cr11Ti	—	S40920	SUH409L	X2CrTi12	X2CrTi12,1.4512
81	S11173	022Cr11NbTi	—	S40930	—	—	—
85	S11710	10Cr17	1Cr17	S43000,430	SUS430	X6Cr17	X6Cr17,1.4016
93	S12550	16Cr25N	2Cr25N	S44600,446	SUH446	—	—
96	S40310	12Cr12	1Cr12	S40300,403	SUS403	—	—
98	S41010	12Cr13	1Cr13	S41000,410	SUS410	X12Cr13	X12Cr13,1.4006
124	S47220	22Cr12NiMoWV	2Cr12NiMoWV	616	SUH616	—	—
135	S51290	022Cr12Ni9Cu2NbTi	—	S45500,XM-16	—	—	—
137	S51740	05Cr17Ni4Cu4Nb	07Cr17Ni4Cu4Nb	S17400,630	SUS630	X5CrNiCuNb16-4	X5CrNiCuNb16-4,1.4542
138	S51770	07Cr17Ni7Al	0Cr17Ni7Al	S17700,631	SUS631	X7CrNiAl17-7	X7CrNiAl17-7,1.4568
139	S51570	07Cr15Ni7Mo2Al	0Cr15Ni7Mo2Al	S15700,632	—	X8CrNiMoAl15-7-2	X8CrNiMoAl15-7-2,1.4532
142	S51778	06Cr17Ni7AlTi	—	S17600,635	—	—	—
143	S51525	06Cr15Ni25Ti2MoAlVB	0Cr15Ni25Ti2MoAlVB	S66286,660	SUH660	X6CrNiTiMoVB25-15-2	—

2.2.9 不锈钢对照

表 2-10 各国不锈钢牌号对照表（GB/T 4237—2015）

GB/T 20878—2007 中序号	统一数字代号	牌号	旧牌号	美国 ASTM A959	日本 JIS G4303、JIS G4311、JIS G4305 等	国际 ISO 15510 ISO 4955	欧洲 EN 10088-1 EN 10095
9	S30110	12Cr17Ni7	1Cr17Ni7	S30100,301	SUS301	X5CrNi17-7	X5CrNi17-7,1.4319
10	S30103	022Cr17Ni7	—	S30103,301L	SUS301L	—	—
11	S30153	022Cr17Ni7N	—	S30153,301LN	—	X2CrNiN18-7	X2CrNiN18-7,1.4318
13	S30210	12Cr18Ni9	1Cr18Ni9	S30200,302	SUS302	X10CrNi18-8	X10CrNi18-8,1.4310
14	S30240	12Cr18Ni9Si3	1Cr18Ni9Si3	S30215,302B	SUS302B	X12CrNiSi18-9-3	—
17	S30408	06Cr19Ni10	0Cr18Ni9	S30400,304	SUS304	X5CrNi18-10	X5CrNi18-10,1.4301
18	S30403	022Cr19Ni10	00Cr19Ni10	S30403,304L	SUS304L	X2CrNi18-9	X2CrNi18-9,1.4307
19	S30409	07Cr19Ni10	—	S30409,304H	SUH304H	X7CrNi18-9	X6CrNi18-10,1.4948
20	S30450	05Cr19Ni10Si2CeN	—	S30415	—	X6CrNiSiNCe19-10	X6CrNiSiNCe19-10,1.4818
23	S30458	06Cr19Ni10N	0Cr19Ni9N	S30451,304N	SUS304N1	X5CrNiN19-9	X5CrNiN19-9,1.4315
24	S30478	06Cr19Ni9NbN	0Cr19Ni10NbN	S30452,XM-21	SUS304N2	—	—
25	S30453	022Cr19Ni10N	00Cr18Ni10N	S30453,304LN	SUS304LN	X2CrNiN18-9	X2CrNiN18-10,1.4311
26	S30510	10Cr18Ni12	1Cr18Ni12	S30500,305	SUS305	X6CrNi18-12	X4CrNi18-12,1.4303
32	S30908	06Cr23Ni13	0Cr23Ni13	S30908,309S	SUS309S	X12CrNi23-13	X12CrNi23-13,1.4833
35	S31008	06Cr25Ni20	0Cr25Ni20	S31008,310S	SUS310S	X8CrNi25-21	X8CrNi25-21,1.4845
36	S31053	022Cr25Ni22Mo2N	—	S31050,310MoLN	—	X1CrNiMoN25-22-2	X1CrNiMoN25-22-2,1.4466
37	S31252	015Cr20Ni18Mo6CuN	—	S31254	SUS312L	X1CrNiMoN20-18-7	X1CrNiMoN20-18-7,1.4547
38	S31608	06Cr17Ni12Mo2	0Cr17Ni12Mo2	S31600,316	SUS316	X5CrNiMo17-12-2	X5CrNiMo17-12-2,1.4401
39	S31603	022Cr17Ni12Mo2	00Cr17Ni14Mo2	S31603,316L	SUS316L	X2CrNiMo17-12-2	X2CrNiMo17-12-2,1.4404
40	S31609	07Cr17Ni12Mo2	1Cr17Ni12Mo2	S31609,316H	—	—	X6CrNiMo17-13-2,1.4918
41	S31668	06Cr17Ni12Mo2Ti	0Cr18Ni12Mo3Ti	S31635,316Ti	SUS316Ti	X6CrNiMoTi17-12-2	X6CrNiMoTi17-12-2,1.4571
42	S31678	06Cr17Ni12Mo2Nb	—	S31640,316Nb	—	X6CrNiMoNb17-12-2	X6CrNiMoNb17-12-2,1.4580

续表

GB/T 20878—2007 中序号	统一数字代号	牌号	旧牌号	美国 ASTM A959	日本 JIS G4303、JIS G4311、JIS G4305 等	国际 ISO 15510 ISO 4955	欧洲 EN 10088-1 EN 10095
43	S31658	06Cr17Ni12Mo2N	0Cr17Ni12Mo2N	S31651,316N	SUS316N	—	—
44	S31653	022Cr17Ni12Mo2N	00Cr17Ni13Mo2N	S31653,316LN	SUS316LN	X2CrNiMoN17-12-3	X2CrNiMoN17-11-2,1. 4406
45	S31688	06Cr18Ni12Mo2Cu2	0Cr18Ni12Mo2Cu2	—	SUS316J1	—	—
48	S31782	015Cr21Ni26Mo5Cu2	—	N08904,904L	SUS890L	X1NiCrMoCu25-20-5	X1NiCrMoCu25-20-5,1. 4539
49	S31708	06Cr19Ni13Mo3	0Cr19Ni13Mo3	S31700,317	SUS317	—	—
50	S31703	022Cr19Ni13Mo3	00Cr19Ni13Mo3	S31703,317L	SUS317L	X2CrNiMo19-14-4	X2CrNiMo18-15-4,1. 4438
53	S31723	022Cr19Ni16Mo5N	—	S31726,317LMN	—	X2CrNiMoN18-15-5	X2CrNiMoN17-13-5,1. 4439
54	S31753	022Cr19Ni13Mo4N	—	S31753,317LN	SUS317LN	X2CrNiMoN18-12-4	X2CrNiMoN18-12-4,1. 4434
55	S32168	06Cr18Ni11Ti	0Cr18Ni10Ti	S32100,321	SUS321	X6CrNiTI18-10	X6CrNiTi18-10,1. 4541
56	S32169	07Cr19Ni11Ti	1Cr18Ni11Ti	S32109,321H	SUH321H	X7CrNiTi18-10	X7CrNiTi18-10,1. 4940
58	S32652	015Cr24Ni22Mo8Mn3CuN	—	S32654	—	X1CrNiMoCuN24-22-8	X1CrNiMoCuN24-22-8,1. 4652
61	S34553	022Cr24Ni17Mo5Mn6NbN	—	S34565	—	X2CrNiMnMoN25-18-6-5	X2CrNiMnMoN25-18-6-5,1. 4565
62	S34778	06Cr18Ni11Nb	0Cr18Ni11Nb	S34700,347	SUS347	X6CrNiNb18-10	X6CrNiNb18-10,1. 4550
63	S34779	07Cr18Ni11Nb	1Cr19Ni11Nb	S34709,347H	SUS347H	X7CrNiNb18-10	X7CrNiNb18-10,1. 4912
—	S30859	08Cr21Ni11Si2CeN	—	S30815	—	—	—
—	S38926	015Cr20Ni25Mo7CuN	—	N08926	—	—	X1NiCrMoCu25-20-7,1. 4529
—	S38367	022Cr21Ni25Mo7N	—	N08367	—	—	—
67	S21860	14Cr18Ni11Si4AlTi	1Cr18Ni11Si4AlTi	—	—	—	—
68	S21953	022Cr19Ni5Mo3Si2N	00Cr18Ni5Mo3Si2	S31500	—	—	—
69	S22160	12Cr21Ni5Ti	1Cr21Ni5Ti	—	—	—	—
70	S22293	022Cr22Ni5Mo3N	—	S31803	SUS329J3L	X2CrNiMoN22-5-3	X2CrNiMoN22-5-3,1. 4462
71	S22053	022Cr23Ni5Mo3N	—	S32205,2205	—	—	—
72	S23043	022Cr23Ni4MoCuN	—	S32304,2304	—	X2CrNiN23-4	X2CrNiN23-4,1. 4362
73	S22553	022Cr25Ni6Mo2N	—	S31200	—	X3CrNiMoN27-5-2	X3CrNiMoN27-5-2,1. 4460

续表

GB/T 20878—2007 中序号	统一数字代号	牌号	旧牌号	美国 ASTM A959	日本 JIS G4303、JIS G4311、JIS G4305 等	国际 ISO 15510 ISO 4955	欧洲 EN 10088-1 EN 10095
75	S25554	03Cr25Ni6Mo3Cu2N	—	S32550,255	SUS329J4L	X2CrNiMoCuN25-6-3	X2CrNiMoCuN25-6-3,1.4507
76	S25073	022Cr25Ni7Mo4N	—	S32750,2507	—	X2CrNiMoN25-7-4	X2CrNiMoN25-7-4,1.4410
77	S27603	022Cr25Ni7Mo4WCuN	—	S32760	—	X2CrNiMoWN25-7-4	X2CrNiMoWN25-7-4,1.4501
—	S22153	022Cr21Ni3Mo2N	—	S32003	—	—	—
—	S22294	03Cr22Mn5Ni2MoCuN	—	S32101	—	X2CrMnNiN21-5-1	X2CrMnNiN21-5-1,1.4162
—	S22152	022Cr21Mn5Ni2N	—	S32001	—	—	—
—	S22193	022Cr21Mn3Ni3Mo2N	—	S81921	—	—	—
—	S22253	022Cr22Mn3Ni2MoN	—	S82011	—	X2CrMnNiN21-5-1	—
—	S22353	022Cr23Ni2N	—	S32202	—	—	—
—	S22493	022Cr24Ni4Mn3Mo2CuN	—	S82441	—	—	—
78	S11348	06Cr13Al	0Cr13Al	S40500,405	SUS405	X6CrAl13	X6CrAl13,1.4002
80	S11163	022Cr11Ti	—	S40920	SUH409L	X2CrTi12	X2CrTi12,1.4512
81	S11173	022Cr11NbTi	—	S40930	—	—	—
82	S11213	022Cr12Ni	—	S40977	—	X2CrNi12	X2CrNi12,1.4003
83	S11203	022Cr12	00Cr12	—	SUS410L	—	—
84	S11510	10Cr15	1Cr15	S42900,429	SUS429	—	—
85	S11710	10Cr17	1Cr17	S43000,430	SUS430	X6Cr17	X6Cr17,1.4016
87	S11763	022Cr17NbTi	00Cr17	S43035,439	SUS430LX	X3CrTi17	X3CrTi17,1.4510
88	S11790	10Cr17Mo	1Cr17Mo	S43400,434	SUS434	X6CrMo17-1	X6CrMo17-1,1.4113
90	S11862	019Cr18MoTi	—	—	SUS436L	—	—
91	S11873	022Cr18Nb	—	S43940	—	X2CrTiNb18	X2CrTiNb18,1.4509
92	S11972	019Cr19Mo2NbTi	00Cr18Mo2	S44400,444	SUS444	X2CrMoTi18-2	X2CrMoTi18-2,1.4521
94	S12791	008Cr27Mo	00Cr27Mo	S44627,XM-27	SUSXM27	—	—
95	S13091	008Cr30Mo2	00Cr30Mo2	—	SUS447J1	—	—

续表

GB/T 20878—2007 中序号	统一数字代号	牌号	旧牌号	美国 ASTM A959	日本 JIS G4303、JIS G4311、JIS G4305 等	国际 ISO 15510 ISO 4955	欧洲 EN 10088-1 EN 10095
—	S12182	019Cr21CuTi	—	—	SUS443J1	—	—
—	S11973	022Cr18NbTi	—	S43932	—	—	—
—	S11863	022Cr18Ti	—	S43035,439	SUS430LX	X3CrTi17	X3CrTi17,1.4510
—	S12362	019Cr23MoTi	—	—	SUS445J1	—	—
—	S12361	019Cr23Mo2Ti	—	—	SUS445J2	—	—
—	S12763	022Cr27Ni2Mo4NbTi	—	S44660	—	—	—
—	S12963	022Cr29Mo4NbTi	—	S44735	—	—	—
—	S11573	022Cr15NbTi	—	S42900	SUS429	—	X1CrNb15,1.4595
—	S11882	019Cr18CuNb	—	—	SUS430J1L	—	—
96	S40310	12Cr12	1Cr12	S40300,403	SUS403	—	—
97	S41008	06Cr13	0Cr13	S41008,410S	SUS410S	X6Cr13	X6Cr13,1.4000
98	S41010	12Cr13	1Cr13	S41000,410	SUS410	X12Cr13	X12Cr13,1.4006
99	S41595	04Cr13Ni5Mo	—	S41500	SUSF6NM	X3CrNiMo13-4	X3CrNiMo13-4,1.4313
101	S42020	20Cr13	2Cr13	S42000,420	SUS420J1	X20Cr13	X20Cr13,1.4021
102	S42030	30Cr13	3Cr13	S42000,420	SUS420J2	X30Cr13	X30Cr13,1.4028
104	S42040	40Cr13	4Cr13	—	—	X39Cr13	X39Cr13,1.4031
107	S43120	17Cr16Ni2	—	S43100,431	SUS431	X17CrNi16-2	X17CrNi16-2,1.4057
108	S44070	68Cr17	7Cr17	S44002,440A	SUS440A	—	—
—	S46050	50Cr15MoV	—	—	—	X50CrMoV15	X50CrMoV15,1.4116
134	S51380	04Cr13Ni8Mo2Al	—	S13800,XM-13	—	—	—
135	S51290	022Cr12Ni9Cu2NbTi	—	S45500,XM-16	—	—	—
138	S51770	07Cr17Ni7Al	0Cr17Ni7Al	S17700,631	SUS631	X7CrNiAl17-7	X7CrNiAl17-7,1.4568
139	S51570	07Cr15Ni7Mo2Al	0Cr15Ni7Mo2Al	S15700,632	—	X8CrNiMoAl15-7-2	X8CrNiMoAl15-7-2,1.4532
141	S51750	09Cr17Ni5Mo3N	—	S35000,633	—	—	—
142	S51778	06Cr17Ni7AlTi	—	S17600,635	—	—	—

2.2.10 弹簧钢对照

表 2-11 弹簧钢钢号中外对照

中国 GB/T	美国 ASTM	日本 JIS	德国 DIN EN	英国 BS EN	法国 NF EN	俄罗斯 ГОСТ	ISO
65	1065	SWRH67B	C66D(1.0612)			65	Type SC
70	1070	SWRH72B	C70D(1.0615)			70	Type SC,Type DC
85	1084	SWRH82B	C86D(1.0616)			85	DM,DH,SH
65Mn	1566	SWRH67B	—			65Г	Type SC,Type DC
70Mn	1572	SWRH72B	—			70Г	DM,DH,Type SC
55Si2Mn	9255	—	56Si7(1.5026)			55C2	—
55Si2MnB	—	—	—			—	—
55SiMnVB	—	—	—			—	—
60Si2Mn	9260	SUP6, SUP7	61SiCr7(1.7108)			60C2	59Si7
60Si2MnA	9260	SUP6, SUP7	61SiCr7(1.7108)			60C2A	59Si7
60Si2CrA	—	—	54SiCr6(1.7102)			60C2XA	—
60Si2CrVA	—	—	54SiCrV6(1.8152)			60C2XΦA	—
55CrMnA	5155	SUP9, SUP9A	55Cr3(1.7176)			—	55Cr3
60CrMnA	5160	SUP9A	60Cr3(1.7177)			—	—
60CrMnMoA	4161	SUP13	60CrMo3-3(1.7241)			—	60CrMo33
50CrVA	6150	SUP10	51CrV4(1.8159)			50XГΦA	51CrV4
60CrMnBA	51B60H	SUP11A	—			50XГP	60CrB3
30W4Cr2VA	—	—	—			—	—
70Si2CrA	—	—	—			70C2XA	—
55CrSiA	—	—	54SiCr6(1.7102)			60C2XA	—
弹簧用 1Cr18Ni9	302	SUS302	X10CrNi18-8(1.4310)			12X18H9	X10CrNi18-8
弹簧用 0Cr19Ni10	304	SUS304	X5CrNi18-10(1.4301)			—	X5CrNi18-10
弹簧用 0Cr17Ni12Mo2	316	SUS316	X5CrNiMo17-12-2(1.4401)			—	X5CrNiMo17- 12-2(1.4401)
弹簧用 0Cr17Ni8Al	631	SUS631J1	X7CrNiAl17-7(1.4568)			09X17H7Ю	X7CrNi17-7
弹簧用 1Cr17Ni7	301	SUS301	X3CrNiN17-8(1.4319)			—	X5CrNi17-7

2.2.11 轴承钢对照

表 2-12 轴承钢钢号中外对照

中国 GB YB	美国 ASTM	日本 JIS	德国 DIN EN	英国 BS EN	法国 NF EN	俄罗斯 ГОСТ	ISO
GCr4	—	—	—			ШХ4	—
GCr15	52100	SUJ2	(B1)100Cr6			ШХ15	100Cr6
GCr15SiMn	—	—	(B3)100CrMnSi6-4			ШХ15СГ	100CrMnSi6-4

续表

中国 GB YB	美国 ASTM	日本 JIS	德国 DIN EN	英国 BS EN	法国 NF EN	俄罗斯 ГОСТ	ISO
GCr15SiMo	—	—	—			—	100CrMn7
GCr18Mo	—	—	(B5)100CrMo7			—	100CrMn7
G20CrMo	4118H	—	(B22)20MnCr4-2			—	20MnCr4-2
G20CrNiMo	8620H	SNCM220	(B28)20NiCrMo2			—	20NiCrMo2
G20CrNi2Mo	4320H	SNCM420	(B29)20NiCrMo7			20XH2M	20NiCrMo7
G20Cr2Ni4	—	—	—			20X2H4A	18NiCrMo14-6
G10CrNi3Mo	9310H	—	—			—	18NiCrMo14-6
G20Cr2Mn2Mo	—	—	—			—	—
9Cr18	—	SUS440C	—			95X18	—
9Cr18Mo	440C	SUS440C	(B52)X108CrMo17			—	X108CrMo17
Cr4Mo4V	M50	—	(B60)80MoCrV42-16			—	80MoCrV42-16
Cr14Mo4	440CMOD	—	—			—	—

2.2.12 碳素工具钢对照

表 2-13 碳素工具钢钢号中外对照

中国 GB/T YB	美国 ASTM	日本 JIS	德国 DIN EN	英国 BS EN	法国 NF EN	俄罗斯 ГОСТ	ISO
T7	W1A-8	SK70	C70U			У7-1	C70U
T7A						У7А-1	
T8		SK80	C80U			У8-1	C80U
T8A						У8А-1	
T8Mn	—	SK85	—			У8Г-1	
T8MnA						У8ГА-1	
T9	W1A-8 $\frac{1}{2}$	SK90	C90U			У9-1	C90U
T9A						У9А-1	
T10	W1A-9 $\frac{1}{2}$	SK105	C105U			У10-1	C105U
T10A						У10А-1	
T11	W1A-10 $\frac{1}{2}$	SK105	C105U			У11-1	C105U
T11A						У11А-1	
T12	W1A-11 $\frac{1}{2}$	SK120	C120U			У12-1	C120U
T12A						У12А-1	
T13	—	SK140	—			У13-1	C120U
T13A						У13А-1	
SM45	—	S45C	C45U			—	C45U
SM48	—	S48C	C45U			—	—
SM50	—	S50C	C45U			—	—
SM53	—	S53C	—			—	—
SM55	—	S55C	—			—	—

2.2.13 合金工具钢对照

表 2-14 合金工具钢钢号中外对照

中国 GB/T YB	美国 ASTM	日本 JIS	德国 DIN EN	英国 BS EN	法国 NF EN	俄罗斯 ГОСТ	ISO
9SiCr	—	—	—			9XC	—
8MnSi	—	—	—			—	—
Cr03	—	—	—			—	—
Cr06	—	SKS8	—			13X	—
Cr2	L3	SUJ2	102Cr6			X	102Cr6
9Cr2	—	—	—			9X1	—
W	F1	SKS21	—			—	—
4CrW2Si	—	SKS41	—			4XB2C	50WCrV8
5CrW2Si	S1	—	50WCrV8			5XB2C	50WCrV8
6CrW2Si	—	—	60WCrV8			6XB2C	60WCrV8
6CrMnSi2Mo1V	S4	—	—			—	—
5Cr3Mn1SiMo1V	S7	—	—			—	—
Cr12	D3	SKD1	X210Cr12			X12	X210Cr12
Cr12Mo1V1	D2	SKD11	X153CrMoV12			—	X153CrMoV12
Cr12MoV	—	SKD11	—			X12MФ	—
Cr5Mo1V	A2	SKD12	X100CrMoV5			—	X100CrMoV5
9Mn2V	02	—	90MnCrV8			—	90MnCrV8
CrWMn	—	SKS31	95MnWCr5			XBГ	95MnWCr5
9CrWMn	01	SKS3	95MnWCr5			9XBГ	95MnWCr5
Cr4W2MoV	—	—	—				—
6Cr4W3Mo2VNb	—	—	—			—	—
6W6Mo5Cr4V	—	—	—			—	—
7CrSiMnMoV	—	—	—			—	—
5CrMnMo	—	—	—			5XГM	—
5CrNiMo	L6	SKT4	55NiCrMoV7			5XHM	55NiCrMoV7
3Cr2W8V	H21	SKD5	X30WCrV9-3			3X2B8Ф	X30WCrV9-3
5Cr4Mo3SiMnVAl	—	—	—			—	—
3Cr3Mo3W2V	—	—	—			—	—
5Cr4W5Mo2V	—	—	—			—	—
8Cr3	—	—	—			8X3	—
4CrMnSiMoV	—	—	—			—	—
4Cr3Mo3SiV	H10	—	32CrMoV12-28			3X3M3Ф	32CrMoV12-28
4Cr5MoSiV	H11	3KD6	X37CrMoV5-1			4X5MФC	X37CrMoV5-1
4Cr5MoSiV1	H13	SKD61	X40CrMoV5-1			4X5MФ1C	X40CrMoV5-1
4Cr5W2VSi	—	—	X35CrWMoV5			4X5B2ФC	X35CrWMoV5
7Mn15Cr2Al3V2WMo	—	—	—			—	—
3Cr2Mo	P20	—	35CrMo7			—	35CrMo7
3Cr2NiMo	P20	—	40CrMnNiMo8-6-4			—	40CrMnNiMo8-6-4
SM3Cr2Ni1Mo	P20	—	40CrMnNiMo8-6-4			—	40CrMnNiMo8-6-4
SM3Cr2Mo							35CrMo7

2.2.14 高速工具钢对照

表 2-15 高速工具钢钢号中外对照

中国 GB/T	美国 ASTM	日本 JIS	德国 DIN EN	英国 BS EN	法国 NF EN	俄罗斯 ГОСТ	ISO
W18Cr4V	T1	SKH2		HS18-0-1		P18	HS18-0-1
W18Cr4VCo5	T4	SKH3		—		—	—
W18Cr4V2Co8	T5	SKH4		—		—	—
W12Cr4V5Co5	T15	SKH10		—		—	—
W6Mo5Cr4V2	M2 标准 C	SKH51		HS6-5-2		P6M5	HS6-5-2
W6Mo5Cr4V2	M2 高 C	SKH52		HS6-6-2		—	HS6-6-2
W6Mo5Cr4V3	M3 级别 1	SKH52		—		P6M5Ф3	—
CW6Mo5Cr4V3	M3 级别 2	SKH53		HS6-5-3		—	HS6-5-3
W2Mo9Cr4V2	M7	SKH58		HS2-9-2		—	HS2-9-2
W6Mo5Cr4V2Co5	—	SKH55		HS6-5-2-5		P6M5K5	HS6-5-2-5
W7Mo4Cr4V2Co5	M41	—		—		—	—
W2Mo9Cr4VCo8	M42	SKH59		HS2-9-1-8		—	HS2-9-1-8
W9Mo3Cr4V	—	—		—		—	—
W6Mo5Cr4V2Al	—	—		—		—	—

2.2.15 建筑用钢对照

表 2-16 建筑用钢钢号中外对照

中国 GB,YB	美国 ASTM	日本 JIS	德国 DIN	英国 BS	法国 NF	俄罗斯 ГОСТ	ISO
建筑用钢筋							
HPB300	—	—	—	—	—	—	B300A-P, B300B-P, B300C-P
HPB235	—	SR235	BSt420S	Grade250	FeE235	—	B240A-P, B240B-P, B240C-P
24MnTi	Grade420	SD390	—	—	—	23Х2Г2Т	
HRB335 (原 20MnSi)	Grade300	SD345	—	—	—	Ат400С	B300A-R, B300B-R, B300C-R, B300D-R
HRB400	Grade420	SD390	—	Grade460	FeE400 FeTE400	35ГС	B400A-R, B400B-R, B400C-R, B400DWR
HRB500	Grade520	SD490	BSt500S BSt500M	Grade460	FeE500 FeTE500 TLE500 FeLE500	20ХГ2Ц	B500A-R, B500B-R, B500C-R, B500AWR, B500BWR, B500CWR

续表

中国 GB,YB	美国 ASTM	日本 JIS	德国 DIN	英国 BS	法国 NF	俄罗斯 ГОСТ	ISO
建筑用钢筋							
PSB785	—	SBPR 785/930 SBPB 785/1030	—	—	—	23X2Г2T	
PSB830	—	—	—	—	—	—	
PSB930	—	SBPR 930/1080 SBPR 930/1180	—	—	—	—	
PSB1080	—	SBPR 1080/1230 SBPR 1080/1320	—	—	—	—	

彩涂板用热镀锌基板和热镀锌铁合金基板国内外近似牌号(钢级)

GB/T 2518—2004	ASTM A653M-04a	JIS G3302:1998	EN10142:2000 EN10147:2000
02	CS	SGCC	DX51D+Z、DX51D+ZF
03	FS	SGCD1	DX52D+Z、DX52D+ZF
04	DDS	SGCD2	DX53D+Z、DX53D+ZF
05	—	SGCD3	DX54D+Z、DX54D+ZF
250	SS255	SGC340	S250GD+Z、S250GD+ZF
280	SS275	—	S280GD+Z、S280GD+ZF
320	—	—	S320GD+Z、S320GD+ZF
350	SS340	SGC440	S350GD+Z、S350GD+ZF
550	SS550	SGC570	S550GD+Z、S550GD+ZF

彩涂板用热镀铝锌合金基板国外近似牌号(钢级)

AS/NZS 1397:2001	ASTM A792M-03	JIS G3321:1998	EN 10215:1995
G2	CS	SGLCC	DX51D+AZ
G3	FS	SGLCD	DX52D+AZ
—	DS	—	DX53D+AZ
—	—	—	DX54D+AZ
G250	SS255	—	S250GD+AZ
—	SS275	—	S280GD+AZ
G300	—	SGLC400	—
—	—	—	S320GD+AZ
G350	SS340	SGLC440	S350GD+AZ
G550	SS550	SGLC570	S550GD+AZ

彩涂板用热镀锌铝合金基板国内外近似牌号(钢级)

GB	ASTM A875M-02a	JIS G3317:1994	EN 10214:1995
—	CS	SZACC	DX51D+ZA
—	FS	SZACD1	DX52D+ZA
—	DDS	SZACD2	DX53D+ZA

续表

中国 GB,YB	美国 ASTM	日本 JIS	德国 DIN	英国 BS	法国 NF	俄罗斯 ГОСТ	ISO
彩涂板用热镀锌铝合金基板国内外近似牌号(钢级)							
—		—		SZACD3		DX54D+ZA	
—		SS255		SZAC340		S250GD+ZA	
—		SS275		—		S280GD+ZA	
—		—		—		S320GD+ZA	
—		SS340		SZAC440		S350GD+ZA	
—		SS550		SZAC570		S550GD+ZA	
彩涂板用电镀锌基板国内外近似牌号(钢级)							
GB		ASTM A591M-98		JIS G3313:1998		EN 10152:2003	
—		CS		SECC		DC01+ZE	
—		DS		SECD		DC03+ZE	
—		DDS		SECE		DC04+ZE	
预应力钢丝及钢绞线用热轧盘条钢号对照							
YB/T 146—1998				JIS G3502			
72A 75A 77A 80A 82A				SWRS 72A SWRS 75A SWRS 77A SWRS 80A SWRS 82A			
72MnA 75MnA 77MnA 80MnA 82MnA				SWRS 72B SWRS 75B SWRS 77B SWRS 80B SWRS 82B			

2.2.16 汽车用钢对照

表 2-17 汽车用钢钢号中外对照

GB/T 20887.1 牌号与国外标准牌号的近似对照			
GB/T 20887.1	ASTM A 1011:2001	EN 10149-2:1995	ISO 6930-1:2001(E)
HR270F	—	—	—
HR315F	—	S315MC	FeE315
HR355F	HSLAS-F Grade340	S355MC	FeE355
HR380F	—	—	—
HR420F	HSLAS-F Grade410	S420MC	FeE420
HR460F	—	S460MC	FeE460
HR500F	HSLAS-F Grade480	S500MC	FeE500
HR550F	HSLAS-F Grade550	S550MC	FeE550
HR600F	—	S600MC	FeE600
HR650F	—	S650MC	FeE650
HR700F	—	S700MC	FeE700

GB/T 20564.1 牌号与国外标准牌号的近似对照				
GB/T 20564.1	ASTM A 1008M:05	JIS G 3135:1986	prEN10268:2002	JFS A 2001:1998
CR140BH	—	—	—	JSC 270H
CR180BH	BHS Grade180	SPFC 340H	H180B	JSC 340H
CR220BH	BHS Grade210	—	H220B	—
CR260BH	BHS Grade240/ BHS Grade280	—	H260B	—
CR300BH	BHS Grade300	—	H300B	—

续表

GB/T 20564.2 牌号与国外标准牌号的近似对照			
GB/T 20564.2	SEW 097-2—2000	SAE J 2340—1999	JFS A 2001—1998
CR260/450DP	H260X	—	—
CR300/500DP	H300X	500DL	—
CR340/590DP	H340X	600DL1	JSC 590Y
CR420/780DP	—	—	JSC 780Y
CR550/980DP	—	950DL	JSC 980Y
GB/T 20564.3 牌号与国外标准牌号的近似对照			
GB/T 20564	SAE J 2340:1999	prEN10268:2002	JFS A 2001:1998
CR180IF	180AT	H180Y	JSC340P
CR220IF	210AT	H220Y	JSC390P
CR260IF	250AT	H260Y	JSC440P

2.2.17 船舶用钢对照

表 2-18 船舶用钢钢号中外对照

中国 GB	美国 ASTM	日本 JIS	德国 DIN EN	英国 BS EN	法国 NF EN	俄罗斯 ГОСТ
A 级	Grade A	SM400A	—	—	—	A
B 级	Grade B	SM400B	—	—	—	B
D 级	Grade D	SM400B	—	—	—	D
E 级	Grade E	SM400C	—	—	—	E
A32	AH32	SM490B	—	—	—	A32
D32	DH32	SM490B	—	—	—	D32
E32	EH32	SM490B		—		E32
F32	FH32	SM490C		—		—
A36	AH36	SM490C	—	—	—	A36
D36	DH36	SM490C	—	—	—	D36
E36	EH36	SM490YA SM490YB		—		E36
F36	FH36	SM490YA SM490YB		—		—
A40	AH40	SM490YA SM490YB		—		A40
D40	DH40	SM570		—		D40
E40	EH40	SM570		—		E40
F40	FH40	—		—		—
CM370	Grade 55[380]	—		—		15Г2СФ(强度级别 390)
CM490	HPS70W [HPS485W]	—		—		—
CM690	100[690] Type Q 100W[690W] Type Q	—		—		—

续表

中国 GB	美国 ASTM	日本 JIS	德国 DIN EN	英国 BS EN	法国 NF EN	俄罗斯 ГОСТ
320 级	—	—	—			—
360 级	—	—	—			—
410 级	—	—	—			—
460 级	—	—	—			—
490 级	—	—	—			—
Q295GNHJ	Grade 42[290]	SPFC490	E295(1.0050)			09Г2(强度级别 295)
Q345GNHLJ	Grade 50[345]	SPA-H	S355J0WP(1.8945) S355J2WP(1.8946)			A36
Q345GNHJ	Grade 50[345]	SPA-H	S355J0WP(1.8945) S355J2WP(1.8946)			A36
Q310GNHLJ	—	SPA-C	—			—
Q310GNHJ	—	—	—			—
Q245NHYJ	—	—	S235J2W(1.8961)			—
Q325NHYJ	—	—	—			—

2.2.18 桥梁用结构钢对照

表 2-19 桥梁用结构钢钢号中外对照

中国 GB	美国 ASTM	日本 JIS	德国 DIN EN	英国 BS EN	法国 NF EN	俄罗斯 ГОСТ
Q235qC	36[250]	SM400B SM400C	S235JR(1.0038)			Ст3сп
Q235qD	36[250]	SM400B SM400C	S235J2(1.0117)			Ст3сп
Q345qC	50[345]	SPFC590	S355JR(1.0045)			15ХСНД (强度级别 345)
Q345qD	50W[345W]	SPFC590	S355J2(1.0577)			15ХСНД (强度级别 345)
Q345qE	50W[345W] TypeA	SPFC590	S355NL(1.0546)			15ХСНД (强度级别 345)
Q390qC	Grade 55[380]	STKT540	—			15ГФ (强度级别 390)
Q390qD	—	STKT540	—			15Г2СФ (强度级别 390)
Q390qE	—	STKT540	—			15Г2СФ (强度级别 390)
Q420qC	Grade 60[415]	SEV295	S420NL(1.8912) S420ML(1.8836)			16Г2АФ (强度级别 440)
Q420qD	Grade 60[415]	SEV295	S420NL(1.8912) S420ML(1.8836)			16Г2АФ (强度级别 440)
Q420qE	Grade 60[415]	SEV295	S420NL(1.8912) S420ML(1.8836)			16Г2АФ (强度级别 440)

2.2.19 锅炉、压力容器用钢对照

表 2-20 锅炉、压力容器用钢钢号中外对照

中国 GB YB	美国 ASTM	日本 JIS	德国 DIN EN	英国 BS EN	法国 NF EN	俄罗斯 ГОСТ	ISO
GB 713—2008 牌号中外对照							
Q245R （原 20g，20R）	（ASTM A414/A414M） D 级	（JIS G3124） SEV 25	S235JR(1.0038) S235J0(1.0114) S235J2(1.0117)			$С_Т$3кп	P235GH
Q345R （原 16Mng，19Mng， 16MnR）	（ASTM A737/A737M） B 级	（JIS G3124） SEV 345	S355JR(1.0045) S355J0(1.0553) S355J2(1.0577) S355K2(1.0596)			17ГС， 15ХСНД	P355GH
Q370R （原 15MnNbR）	（ASTM A572/A572M） 50(345)级	（JIS G3115） SPV 355	S355JR(1.0045) S355J0(1.0553) S355J2(1.0577) S355K2(1.0596)			10Г2Б	P355GH
18MnMoNbR	（ASTM A735/A735M） 1 级	（JIS G3115） SPV410	—			—	—
13MnNiMoR （原 13MnNiCrMoNbg， 13MnNiMoNbR）	（ASTM A738/A738M） B 级		—			—	15NiCuMoNb 5-6-4
15CrMoR （原 15CrMog）	（ASTM A387/A387M） Grade 12 K11757	（JIS G4109） SCMV2	18CrMo4			15ХМ	13CrMo4-5 （按 ASME 类型交货 为 14CrMo4-5）
14Cr1MoR	（ASTM A387/A387M） Grade 11 K11789	（JIS G4109） SCMV3	18CrMo4			15ХМ	13CrMoSi5-5 （按 ASME 类型交货 为 14CrMoSi5-6）
12Cr2Mo1R	（ASTM A387/A387M） Grade 22 K21590	（JIS G4109） SCMV4	—			—	10CrMo9-10 （按 ASME 类型交货为 13CrMo9-10 或 14CrMo9-10）

续表

中国 GB YB	美国 ASTM	日本 JIS	德国 DIN EN	英国 BS EN	法国 NF EN	俄罗斯 ГОСТ	ISO
GB 713—2008 牌号中外对照							
12Cr1MoVR (原 12Cr1MoVg)	—	—	—			—	—
GB 5310—1995 牌号中外对照							
20G	1020	(JIS G3461) STB340	C22(1. 0402) C20C(1. 0411)			20	—
20MnG	1022	STB 410	C22(1. 0402)			20Г	—
25MnG	1026	STB 510	C26D(1. 0415)			25Г	—
15MoG	ASTM A692 中规定的一个牌号(无代号)	(JIS G3462) STBA 12					16Mo3
20MoG	(ASTM A209/A209M) T1a	(JIS G3462) STBA13					—
12CrMoG	(ASTM A250/A250M) T2	STBA20					13CrMo4-5
15CrMoG	(ASTM A250/A250M) T12	STBA22					13CrMoSi5-5
12Cr2MoG	(ASTM A250/A250M) T22	STBA24					10CrMo9-10
12Cr1MoVG	—	—	—			—	—
12Cr2MoWVTiB	—	—	—			—	—
12Cr3MoVSiTiB	—	—	—			—	— 12CrMoV12-10
10Cr9Mo1VNb	(ASTM A199/A199M) T91	STBA26					X10CrMoVNb9-1
12Cr18Ni9 (原 1Cr18Ni9)	302	SUS302	X10CrNi18-8(1. 4310)			12X18H9	X10CrNi18-8

续表

中国 GB YB	美国 ASTM	日本 JIS	德国 DIN EN	英国 BS EN	法国 NF EN	俄罗斯 ГОСТ	ISO
GB 5310—1995 牌号中外对照							
07Cr18Ni11Nb (原 1Cr19Ni11Nb)	347H	SUS347H	X7CrNiNb18-10(1.4912)			—	X7CrNiNb18-10
GB 13396—2007 牌号中外对照							
06Cr19Ni10 (原 0Cr18Ni9)	(ASTM A213/A213M) TP304	SUS304	X5CrNi18-10(1.4301)			—	X5CrNi18-10
12Cr18Ni9 (原 1Cr18Ni9)	—	—	X10CrNi18-8(1.4310)			12X18H9	X10CrNi18-8
1Cr19Ni9	TP304H	SUS304HTB	X6CrNi18-10(1.4948)			—	X7CrNi18-9
022Cr19Ni10 (原 00Cr19Ni10)	TP304L	SUS304LTB	X2CrNi19-11(1.4306)			03X18H11	X2CrNi19-11
06Cr18Ni11Ti (原 0Cr18Ni10Ti)	TP321	SUS321TB	X6CrNiTi18-10(1.4541)			08X18H10T	X6CrNiTi18-10
07Cr19Ni11Ti (原 1Cr18Ni11Ti)	TP321H	SUS321HTB	X6CrNiTi18-10 (1.4541)			12X18H11T	X7CrNiTi18-10
06Cr18Ni11Nb (原 0Cr18Ni11Nb)	TP347	SUS347TB	X6CrNiNb18-10 (1.4550)			08X18H12Б	X6CrNiNb18-10
07Cr18Ni11Nb (原 1Cr19Ni11Nb)	TP347H	SUS347HTB	X7CrNiNb18-10 (1.4912)			—	X7CrNiNb18-10
06Cr17Ni12Mo2 (原 0Cr17Ni12Mo2)	TP316	SUS316TB	X5CrNiMo17-12-2 (1.4401)			—	X5CrNiMo17-12-2
07Cr17Ni12Mo2 (原 1Cr17Ni12Mo2)	TP316H	SUS316HTB	X3CrNiMo17-13-3 (1.4436)			—	—
022Cr17Ni12Mo2 (原 00Cr17Ni14Mo2)	TP316L	SUS316LTB	X2CrNiMo17-12-2 (1.4404)			03X17H14M2	X2CrNiMo17-12-2
0Cr18Ni12Mo2Ti	TP316Ti	SUS316TiTB	X6CrNiMoTi17-12-2 (1.4571)			—	X6CrNiMoTi17-12-2

续表

中国 GB YB	美国 ASTM	日本 JIS	德国 DIN EN	英国 BS EN	法国 NF EN	俄罗斯 ГОСТ	ISO
GB 13396—2007 牌号中外对照							
1Cr18Ni12Mo2Ti	TP316Ti	SUS316TiTB	X6CrNiMoTi17-12-2 (1.4571)			—	X6CrNiMoTi17-12-2
06Cr17Ni12Mo3Ti (原 0Cr18Ni12Mo3Ti)	TP316Ti	SUS316TiTB	X6CrNiMoTi17-12-2 (1.4571)			08X17H13M3T	X6CrNiMoTi17-12-2
1Cr18Ni12Mo3Ti	TP316Ti	SUS316TiTB	X6CrNiMoTi17-12-2 (1.4571)			08X17H13M3T	X6CrNiMoTi17-12-2
1Cr18Ni9Ti	TP321	SUS321TB	X6CrNiTi18-10 (1.4541)			12X18H10T	X7CrNiTi18-10
06Cr19Ni13Mo3 (原 0Cr19Ni13Mo3)	TP317	SUS317TB	—			—	—
022Cr19Ni13Mo3 (原 00Cr19Ni13Mo3)	TP317L	SUS317LTB	X2CrNiMo18-15-4 (1.4438)			03X16H15M3	X2CrNiMo 18-15-4(1.4438)
022Cr19Ni10N (原 00Cr18Ni10N)	TP304LN	SUS304LN	X2CrNiN18-10(1.4311)			—	X2CrNiN18-9
06Cr19Ni10N (原 0Cr19Ni9N)	TP304N	—	X5CrNiN19-9(1.4315)			—	X5CrNiN19-9
06Cr23Ni13 (原 0Cr23Ni13)	TP309S	SUS309STB	X12CrNi23-13(1.4833)			10X23H13	X12CrNi23-13
16Cr23Ni13 (原 2Cr23Ni13)	—	SUS309TB	X15CrNiSi20-12(1.4828)			20X23H12	—
06Cr25Ni20 (原 0Cr25Ni20)	TP310S	SUS310STB	X12CrNi23-12(1.4845)			10X23H18	X12CrNi23-12

续表

中国 GB YB	美国 ASTM	日本 JIS	德国 DIN EN	英国 BS EN	法国 NF EN	俄罗斯 ГОСТ	ISO
GB 13396—2007 牌号中外对照							
06Cr18Ni13Si4 （原 0Cr18Ni13Si4）	—	—	XM-15			—	—
20Cr25Ni20 （原 2Cr25Ni20）	—	SUS310TB	X15CrNi25-21（1. 4821）			20X25H20C2	X15CrNi25-21
022Cr17Ni12Mo2N （原 00Cr17Ni13Mo2N）	TP316LN	—	X2CrNiMoN17-13-3			03X17H14M2	X2CrNiMoN17-12-3
06Cr17Ni12Mo2N （原 0Cr17Ni12Mo2N）	TP316N	—	—			—	—
06Cr18Ni12Mo2Cu2 （原 0Cr18Ni12Mo2Cu2）	—	—	—			—	—
022Cr18Ni14Mo2Cu2 （原 00Cr18Ni14Mo2Cu2）	—	—	—			—	—
10Cr17 （原 1Cr17）	—	SUS430TB	X6Cr17（1. 4016）			12X17	X6Cr17
008Cr27Mo （原 00Cr27Mo）	—	SUSXM27TB	—			—	—
GB 18248—2000 牌号中外对照							
37Mn	1037	SWRCH35K	C35（1. 0501）			35Г	—
34Mn2V	—	—	—			—	—
30CrMo	4130	（JIS G3429） STH21	25CrMo4（1. 7218）			30XM	25CrMo4，25CrMoS4
35CrMo	4135	STH22	34CrMo4（1. 7220）			35XM	34CrMo4，34CrMoS4

续表

中国 GB YB	美国 ASTM	日本 JIS	德国 DIN EN	英国 BS EN	法国 NF EN	俄罗斯 ГОСТ	ISO
GB 3531—1996 牌号中外对照							
16MnDR	(ASTM A572/A572M) Grade 50[345]	(JIS G3460) STPL380 (JIS G3464) STBL380		E335(1.0060)		15ХСНД	E355
15MnNiDR	Grade 50[345]	STPL380 STBL380		E335(1.0060)		15ХСНД	E355
09Mn2VDR	(ASTM A572/A572M) Grade 42[290]	STPL 450 STBL 450		E295 (1.0050)		09Г2 09Г2Д	E275
09MnNiDR	42[290]	STPL450 STBL450		E295(1.0050)		09Г2 09Г2Д	E275
GB/T 18984—2003 牌号中外对照							
16MnDG	Grade 50[345]	STPL380 STBL380		E335(1.0060)		15ХСНД	E355
10MnDG	(ASTM A283/A283M) Grade D	(JIS G3101) SS400		S235JR(1.0038)		Ст3кп	E235A
09DG	Grade C	SS330		—		Ст2кп	—
09Mn2VDG	(ASTM A572/A572M) Grade 42[290]	(JIS G3460) STPL450 (JIS G3464) STBL 450		E295(1.0050)		09Г2, 09Г2Д	E275
06Ni3MoDG	Grade 42[290]	STPL450 STBL450		E295(1.0050)		09Г2, 09Г2Д	E275

2.2.20 电工用钢对照

表 2-21 电工用钢钢号中外对照

中国 GB/T	IEC	EN
GB/T 17951.2—2002 牌号中外对照		
50WB340	M340-50E5	M340-50E
50WB390	M390-50E5	M390-50E
50WB450	M450-50E5	M450-50E
50WB500		
50WB530		
50WB560	M560-50E5	M560-50E
50WB600		
50WB660	M660-50D5	M660-50D
50WB700		
50WB800		
50WB890	M890-50D5	M890-50D
50WB1050	M1050-50D5	M1050-50D
65WB390	M390-65E5	M390-65E
65WB450	M450-65E5	M450-65E
65WB520	M520-65E5	M520-65E
65WB630	M630-65E5	M630-65E
65WB800	M800-65D5	M800-65D
65WB1000	M1000-65D5	M1000-65D
65WB1200	M1200-65D5	M1200-65D
GB/T 2521—1996 牌号中外对照		
GB/T 2521—1996	JIS C2552:2000	JIS C2553:2000
	35A 210	
35W230	35A230	
35W250	35A250	
35W270	35A270	
35W300	35A300	
35W330		
35W360	35A360	
35W400		
35W440	35A440	
50W230	50A230	
50W250	50A250	
50W270	50A270	
50W290	50A290	
GB/T 2521—1996	JIS C2552:2000	JIS C2553:2000
50W310	50A310	
50W330		
50W350	50A350	
50W400	50A400	
50W470	50A470	

续表

中国 GB/T	IEC	EN
GB/T 2521—1996 牌号中外对照		
50W540		
50W600	50A600	
50W700	50A700	
50W800	50A800	
50W1000	50A1000	
50W1300	50A1300	
65W600		
65W700		
65W800	65A800	
65W1000	65A1000	
65W1300	65A1300	
65W1600	65A1600	
		23R085
		23R090
		23P090
		23P095
		23P100
		23G110
		27R090
		27R095
27QG100		27P100
27QG110		27P110
27Q120		27G120
27Q130		27G130
27Q140		
		30P105
30QG110		30P110
30QG120		30P120
30QG130		
30Q130		30G130
30Q140		30G140
30Q150		
		35P115
35QG125		35P125
35QG135		35P135
35Q135		
35Q145		35G145
35Q155		35G155
35Q165		

2.2.21 焊接用钢对照

表 2-22 焊接用钢钢号中外对照

中国 GB/T	美国 AWS	日本 JIS	德国 DIN EN	英国 BS EN	法国 NF EN	俄罗斯 ГОСТ
H08A	EL12	SWRY11		—		$С_{В}$-08А
H08E	—	SWRY11		—		$С_{В}$-08АА
H08C	—	SWRY11		—		$С_{В}$-08АА
H08MnA	EM12K	—		—		$С_{В}$-08ГА
H15A	—	SWRY21		—		$С_{В}$-08АА
H15Mn	EM12K	—		—		$С_{В}$-10ГА
H10Mn2	—	YGT50		—		$С_{В}$-10Г2
H08Mn2Si	EH11K-EW	YGW-11		—		$С_{В}$-08Г2С
H08Mn2SiA	EH11K-EW	YGW-11		—		$С_{В}$-08Г2С
H10MnSi	—	YGW-16		—		$С_{В}$-12ГС
H10MnSiMo	—	—		—		—
H10MnSiMoTiA	—	—		—		$С_{В}$-08ГСМТ
H08MnMoA	EA2	YGTM		—		$С_{В}$-08ГСМТ
H08Mn2MoA	EA3	YGTM		—		—
H10Mn2MoA	EA3	YGTM		—		—
H08Mn2MoVA	EA3	—		—		—
H10Mn2MoVA	EA3	—		—		—
H08CrMoA	EB2	—		—		$С_{В}$-08ХМ
H13CrMoA	EB2	—		—		$С_{В}$-18ХМА
H18CrMoA	EB2	—		—		$С_{В}$-18ХМА
H08CrMoVA	—	—		—		$С_{В}$-18ХМФА
H08CrNi2MoA	—	—		—		$С_{В}$-08ХН2М
H30CrMnSiA	—	—		—		—
H10MoCrA	EB1	YFCM-C		—		$С_{В}$-08МХ
H08MnSi	EM13K-EW	YGT50		—		$С_{В}$-08ГС
H11MnSi	EH11K-EW	YS-S8		—		$С_{В}$-12ГС
H11Mn2SiA	EH11K-EW	YGT50		—		$С_{В}$-08Г2С
H05Cr22Ni11Mn6Mo3VN	ER209			19 13 4NL		—
H10Cr17Ni8Mn8Si4N	ER218	—		—		—
H05Cr20Ni6Mn9N	ER219	—		—		—
H05Cr18Ni5Mn12N	ER240	—		—		—
H10Cr21Ni10Mn6	—	—		18 8Mn		$С_{В}$-08Х21Н10Г6
H09Cr21Ni9Mn4Mo	ER307	—		18 9MnMo		—
H08Cr21Ni10Si	ER308	SUSY308		20 10 3		$С_{В}$-04Х19Н9
H08Cr21Ni10	—	SUSY308		20 10 3		$С_{В}$-04Х19Н9
H06Cr21Ni10	ER308H	—		20 10 3		$С_{В}$-04Х19Н9
H03Cr21Ni10Si	ER308L	SUSY308L		19 9H		$С_{В}$-01Х19Н9
H03Cr21Ni10	—	SUSY308L		19 9H		$С_{В}$-01Х19Н9
H08Cr20Ni11Mo2	ER308Mo	—		20 10 3		$С_{В}$-04Х19Н11М3

续表

中国 GB/T	美国 AWS	日本 JIS	德国 DIN EN	英国 BS EN	法国 NF EN	俄罗斯 ГОСТ
H04Cr20Ni11Mo2	ER308LMo	—		20 10 3		C_B-04X19H11M3
H08Cr21Ni10Si1	ER308Si	—		20 10 3		C_B-04X19H9
H03Cr21Ni10Si1	ER308LSi	—		20 10 3		C_B-04X19H9
H12Cr24Ni13Si	ER309	SUSY309		23 12 2L		C_B-07X25H13
H12Cr24Ni13	—	SUSY309		23 12 2L		C_B-07X25H13
H03Cr24Ni13Si	ER309L	SUSY309L		23 12 2L		C_B-07X25H13
H03Cr24Ni13	—	SUSY309L		23 12 2L		C_B-07X25H13
H12Cr24Ni13Mo2	ER309Mo	SUSY309Mo		23 12 2L		—
H03Cr24Ni13Mo2	ER309LMo	—		23 12 2L		—
H12Cr24Ni13Si	ER309Si	—		23 12 2L		C_B-07X25H13
H03Cr24Ni13Si1	ER309LSi	—		23 12 2L		C_B-07X25H13
H12Cr26Ni21Si	ER310	SUSY310		25 20		C_B-13X25H18
H12Cr26Ni21	—	SUSY310		25 20		C_B-13X25H18
H08Cr26Ni21	—	SUSY310S		25 20		C_B-13X25H18
H08Cr19Ni12Mo2Si	ER316	SUSY316		19 12 2		C_B-04X19H11M3
H08Cr19Ni12Mo2	—	SUSY316		19 12 2		C_B-04X19H11M3
H06Cr19Ni12Mo2	ER316H	—		19 12 2		C_B-04X19H11M3
H03Cr19Ni12Mo2Si	ER316L	SUSY316L		19 12 3L		C_B-04X19H11M3
H03Cr19Ni12Mo2	—	SUSY316L		19 12 3L		C_B-04X19H11M3
H08Cr19Ni12Mo2Si1	ER316Si	—		19 12 2		C_B-04X19H11M3
H03Cr19Ni12Mo2Si1	ER316LSi	—		19 12 3L		C_B-04X19H11M3
H03Cr19Ni12Mo2Cu2	—	SUSY316 JIL		20 10 3		—
H08Cr19Ni14Mo3	ER317	SUSY317		19 13 4NL		—
H03Cr19Ni14Mo3	ER317L	SUSY317L		19 13 4NL		—
H08Cr19Ni12Mo2Nb	ER318	—		19 12 3Nb		C_B-08X19H10M3Б
H07Cr20Ni34Mo2Cu3Nb	ER320	—		—		—
H02Cr20Ni34Mo2Cu3Nb	ER320LR	—		—		—
H08Cr19Ni10Ti	ER321	SUSY321		—		C_B-06X19H9T
H21Cr16Ni35	ER330	—		18 36		—
H08Cr20Ni10Nb	ER347	SUSY347		19 9 Nb		C_B-07X19H10Б
H08Cr20Ni10SiNb	ER347Si	—		19 9 Nb		C_B-07X19H10Б
H02Cr27Ni32Mo3Cu	ER383	—		27 31 4CuL		—
H06Cr19Ni10TiNb	ER19-10H	—		—		—
H10Cr16Ni8Mo2	ER16-8-2	—		16 8 2		C_B-08X16H8M2
H03Cr22Ni8Mo3N	ER2209	—		22 9 3NL		—
H04Cr25Ni5Mo3Cu2N	ER2553	—		25 9 3CuNL		—
H15Cr30Ni9	ER312	—		29 9		—
H12Cr13	ER410	SUSY410		13		C_B-12X13
H06Cr12Ni4Mo	ER410NiMo	—		13 4		—
H31Cr13	ER420	—		—		—
H06Cr14	—	—		—		C_B-06X14
H10Cr17	ER430	SUSY430		17		C_B-10X17T
H01Cr26Mo	ER446LMo	—		—		—
H08Cr11Ti	ER409	—		—		C_B-08X14ГHT
H08Cr11Nb	ER409Nb	—		—		—
H05Cr17Ni4Cu4Nb	ER630	—		—		—

2.2.22 铸铁对照

表 2-23 铸铁牌号中外对照

中国 GB/T	美国 AWS (UNS)	美国 ASTM	日本 JIS	德国 DIN EN	英国 BS EN	法国 NF EN	俄罗斯 ГОСТ	ISO
GB/T 9439—1988 牌号中外对照								
HT 100	No. 20 (F11401)	—	FC100		EN-GJL-100 (EN-JL 1010)		СЧ10	ISO 185/JL/100
HT 150	No. 25 (F11701)	No. 150A No. 150B No. 150C No. 150S	FC 150		EN-GJL-150 (EN-JL 1020)		СЧ15	ISO 185/JL/150
HT 200	No. 30 (F12101)	No. 200A No. 200B No. 200C No. 200S	FC 200		EN-GJL-200 (EN-JL 1030)		СЧ20	ISO 185/JL/200
HT 250	No. 35 No. 40 (F12801)	No. 250A No. 250B No. 250C No. 250S	FC 250		EN-GJL-250 (EN-JL 1040)		СЧ24 СЧ25	ISO 185/JL/250
HT 300	No. 45 (F13101)	No. 300A No. 300B No. 300C No. 300S	FC 300		EN-GJL-300 (EN-JL 1050)		СЧ30	ISO 185/JL/300
HT 350	No. 50 (F 13501)	No. 350A No. 350B No. 350C No. 350S	FC 350		EN-GJL-350 (EN-JL 1060)		СЧ35	ISO 185/JL/350
GB/T 1348—1988 牌号中外对照								
	—	—	FCD 350-22 FCD 350-22T		EN-GJS-350-22-LT EN-GJS-350-22-RT		ВЧ35	ISO 1083/JS/ 350-22-LT/S ISO 1083/JS/ 350-22-RT/S
QT400-15	—	—	FCD 400-15		EN-GJS-400-15 (EN-JS 1030)		ВЧ40	ISO 1083/JS/400-15/S
QT 400-18	60-40-18 (F32800)	60-40-18	FCD400-18 FCD400-18L		EN-GJS-400-18-LT (EN-JS1025) EN-GJS-400-18-RT (EN-JS1024) EN-GJS-400-18 (EN-JS1020)		—	ISO 1083/JS/ 400-18-LT/S ISO 1083/JS/ 400-18-RT/S ISO 1083/JS/ 400-18/S
QT450-10	65-45-12 (F33100)	65-45-12	FCD450-10		EN-GJS-450-10 (EN-JS1040)		ВЧ45	ISO 1083/JS/450-10/S
QT500-7	65-55-06 (F33800)	80-55-06	FCD500-7		EN-GJS-500-7 (EN-JS1050)		ВЧ50	ISO 1083/JS/500-7/S

续表

中国 GB/T	美国 AWS (UNS)	美国 ASTM	日本 JIS	德国 DIN EN	英国 BS EN	法国 NF EN	俄罗斯 ГОСТ	ISO
GB/T 1348—1988 牌号中外对照								
QT600-3	80-55-06 (F33800) 100-70-03 (F34800)	80-55-06 100-70-03	FCD600-3		EN-GJS-600-3 (EN-JS1060)		ВЧ60	ISO 1083/JS/600-3/S
QT700-2	100-70-03 (F34800)	100-70-03	FCD700-2		EN-GJS-700-2 (EN-JS 1070)		ВЧ70	ISO 1083/JS/700-2/S
QT800-2	120-90-02 (F36200)	120-90-02	FCD800-2		EN-GJS-800-2 (EN-JS1080)		ВЧ80	ISO 1083/JS/800-2/S
QT900-2	—	—	—		EN-GJS-900-2 (EN-JS1090)		ВЧ100	ISO 1083/JS/900-2/S
GB/T 9440—1988 中黑心可锻铸铁和珠光体可锻铸铁牌号中外对照								
KTH300-06	—	—	FCMB27-05 FCMB30-06		EN-GJMB-300-6 (EN-JM1110)		КЧ30-6	ISO 5922/JMB/300-6
KTH330-08	—	—	FCMB31-08		EN-GJMB-350-10 (EN-JM1130)		КЧ33-8	—
KTH350-10	32510 (F22200)	32510	FCMB35-10		EN-GJMB-350-10 (EN-JM1130)		КЧ35-10	ISO 5922/JMB/350-10
KTH370-12	35018 (F22400)	—	—		—		КЧ37-12	—
KTZ450-06	45006 (F23131) 45008 (F23130)	—	FCMP45-06 FCMP44-06		EN-GJMB-450-6 (EN-JM1140)		КЧ45-7	ISO 5922/JMB/450-6
KTZ550-04	60004 (F24130)		FCMP55-04		EN-GJMB-550-4 (EN-JM1160)		КЧ55-4	ISO 5922/JMB/550-4
KTZ650-02	80002 (F25530)		FCMP65-02		EN-GJMB-650-2 (EN-JM1180)		КЧ65-3	ISO 5922/JMB/650-2
KTZ700-02	90001 (F26230)		FCMP70-02		EN-GJMB-700-2 (EN-JM1190)		КЧ70-2	ISO 5922/JMB/700-2
—	70003 (F24830)		FCMP60-03		EN-GJMB-600-3 (EN-JM1170)		КЧ60-3	ISO 5922/JMB/600-3
—			FCMP80-01		EN-GJMB-800-1 (EN-JM1200)		КЧ80-1.5	ISO 5922/JMB/800-1
GB/T 9440—1988 中白心可锻铸铁牌号中外对照								
KTB350-04			FCMW35-04		EN-GJMW-350-4 (EN-JM1010)		—	ISO 5922/JMW/350-4
KTB380-12			FCMW38-07		EN-GJMW-360-12 (EN-JM1020)		—	ISO 5922/JMW/360-12
KTB400-05			FCMW40-05		EN-GJMW-400-5 (EN-JM1030)		—	ISO 5922/JMW/400-5
KTB450-07			FCMW45-07		EN-GJMW-450-7 (EN-JM1040)		—	ISO 5922/JMW/450-7
—			—		EN-GJMW-550-4		—	ISO 5922/JMW/550-4

2.2.23 铸钢对照

表 2-24 铸钢牌号中外对照

中国 GB/T	美国 ASTM	日本 JIS	德国 DIN EN	法国 NF EN	英国 BS EN	俄罗斯 ГОСТ	ISO
BG/T 11352—1989 钢号中外对照							
ZG200-400	Grade 415-205 (60-30) (J03000)	(JIS G5101) SC410	(DIN 1681) GS-38 (1.0416)	—	—	15Л	200-400
ZG230-450	Grade 450-240 (65-35) (J03101)	SC450	GS-45 (1.0446)	[NF A32-054(1994)] GE 230	(BS3100/2) A1	25Л	230-450
ZG270-500	Grade 485-250 (70-35) (J03501)	SC480	GS-52 (1.0552)	GE280	A2	35Л	270-480
ZG310-570	(80-40) (J05002)	(JIS G5111) SCC 5	GS-60 (1.0558)	GE320	—	45Л	—
ZG340-640	(J05000)	—	—	GE370	A5	—	340-550
合金铸钢钢号中外对照							
ZG40Mn	—	SCMn3	GS-40Mn5 (1.1168)	—		—	
ZG40Cr	—	—	—	—		40ХЛ	
ZG20SiMn	LCC (J02505)	SCW480	GS-20Mn5 (1.1120)	G20M6		20ГСЛ	
ZG35SiMn	—	SCSiMn2	GS-37MnSi5 (1.5122)	—		35ГСЛ	
ZG35CrMo	(J13048)	SCCrM3	GS-34CrMo4 (1.7220)	G35CrMo4		35ХМЛ	
ZG35CrMnSi	—	SCMnCr3	—	—		35ХГСЛ	
不锈、耐蚀铸钢钢号中外对照							
ZG1Cr13	(ASTM /ACI) CA-15 (J91150)	SCS1	G-X7Cr13 (1.4001) C-X10Cr13 (1.4006)	Z12C13M	410C21	15Х13Л	C39CH
ZG2Cr13	CA-40 (J91153)	SCS2	G-X20Cr14 (1.4027)	Z20C13M	420C29	20Х13Л	—
ZGCr28	—	—	G-X70Cr29 (1.4085)	Z130C29M	452C11	—	—
ZG00Cr18Ni10	CF-3 (J92500)	SCS19A	G-X2CrNi (1.4306)	Z2CN 18.10M	304C12	03Х18Н11Л	C46

续表

中国 GB/T	美国 ASTM	日本 JIS	德国 DIN EN	法国 NF EN	英国 BS EN	俄罗斯 ГОСТ	ISO
不锈、耐蚀铸钢钢号中外对照							
ZG0Cr18Ni9	CF-8 (J92600)	SCS 13 SCS 13A	G-X6CrNi 18 9 (1.4308)	Z6CN 18.10M	304C15	07X18H9Л	C47
ZG1Cr18Ni9	CF-20 (J92602)	SCS12	G-X10CrNi 18 8 (1.4312)	Z10CN 18.9M	302C25	10X18H9Л	C47H
ZG0Cr18Ni9Ti	CF-8C (J92710)	SCS21	G-X5CrNi Nb 18 9 (1.4552)	Z6CNNb 18.10M	347C17	—	C50
—	CF-3M (J92800)	SCS16A	—	Z2CND 18.12M	316C12	—	C57
ZG0Cr18Ni12Mo2Ti	CF-8M (J92900)	SCS14A	G-X6CrNi Mo18 10	Z6CND 18.12M	—	—	—
ZG1Cr18Ni12Mo2Ti	—	SCS22	G-X5CrNi MoNb 18 10 (1.4581)	Z6CND 18.12M	—	—	C60
—	CA6NM (J91540)	SCS6	—	Z4CND 13.4M	425C12	—	—
ZG0Cr18Ni12Mo2Ti	CB7Cu-1 CB7Cu	SCS24	—	Z5CNU 16.4M	—	—	—
—	CK-20 (J94202)	SCS18	—	Z8CN 25.20M	—	20X25H 19C2Л	—
耐热铸钢钢号中外对照							
ZG30Cr26Ni5	(ASTM /ACI) HD (J93005)	SCH11	G-X40CrNi Si 27-4 (1.4823)	Z30CN 26.05M	—		
ZG35Cr26Ni12	HH (J93503)	SCH13	G-X40CrNi Si25-12 (1.4837)	—	309C35		
ZG30Ni35Cr15	HT-30	SCH16	—	—	330C12		
ZG40Cr28Ni16	HI (J94003)	SCH18	—	—	—		
ZG35Ni24Cr18Si2	HN (J94213)	SCH19	—	—	311C11		
ZG40Cr25Ni20	HK (J94224) HK-40 (J94204)	SCH22	G-X40Cr NiSi25-20 (1.4848)	Z40CN 25.20M	—		
ZG40Cr30Ni20	HL (J94604)	SCH23	—	Z40CN 30.20M	—		
ZG45Ni35Cr26	HP (J95705)	SCH24	G-X45Cr NiSi35-25 (1.4857)	—	—		
—	—	SCH1	—	Z25C13M	420C24		

续表

中国 GB/T	美国 ASTM	日本 JIS	德国 DIN EN	法国 NF EN	英国 BS EN	俄罗斯 ГОСТ	ISO
耐热铸钢钢号中外对照							
—	HC (J92605)	SCH2	G-X40Cr NiSi27-4 (1.4822)	Z40C28M	452C1		
—	HF(J92603)	SCH12	—	Z25CN 20.10M	—		
—	HH Type Ⅱ	SCH 13A	—	Z40CN 25.12M	309C30		
—	HT(J94605)	SCH15	—	Z40NC 35.15M	309C32		
—	HK-30 (J94203)	SCH21	G-X15Cr NiSi25-20 (1.4840)	—	310C40 310C45		
高锰铸钢钢号中外对照							
ZGMn13-1 ZGMn13-2	(ASTM A128) B4(J91149) A(J91109)	(JIS G5131) SCMnH1	G-X120 Mn13 (1.3802) G-X120 Mn12 (1.3401)		BW10 (En 145)	Г13Л	
ZGMn13-3 ZGMn13-4	B1(J91119) B2(J91129)	SCMnH1 SCMnH2 SCMnH3	G-X110 Mn14 (1.3402)		—	100Г13Л	
ZGMn13-4(GB) ZGMn13-4(JB) ZGMn13-5(YB)	C (J91309)	SCMnH11 SCMnH21	—		—	110Г13Х 2ЪРЛ	
承压铸钢钢号中外对照							
ZG240-450B	WCC (J02503)	SCPH1	GX-21Mn5 (1.1138) GS-C25 (1.0619)	A420CP-M	GP240GH	20ГЛ	C23-45B
ZG280-520	WCB (J03101)	SCPH2	GS-20Mn5 (1.1120)	A480CP-M	GP280GH	20ГСЛ	C26-52
ZG19MoG	WC1 (J05000)	SCPH11	GS-22Mo4 (1.5419)	20D5-M	G20M5	—	C28H
ZG15Cr1MoG	WC6 (J05002)	SCPH21	GS-17CrMo 5 5 (1.7357)	15CD5.05-M	G17CrMo 5-5	14Х21МРЛ	C32H
ZG12Cr2Mo1G	WC9 (J02501)	SCPH32	GS-18CrMo 9 10 (1.7379)	15CD9.10-M	G17CrMo 9-10	—	C34AH
ZG03Cr18Ni10	CF3 (J92500)	—	—	Z2CN 18.10-M	GX2CrNi 19-11	—	C46
ZG07Cr20Ni10	CF8 (J92600)	SCS13	G-X6CrNi 18 9 (1.4308)	Z6CN 18.10-M	GX5CrNi 19-10	07Х18Н9Л	C47
ZG07Cr19Ni11Mo3	CF8M (J92900)	SCS14A	G-X6CrNi Mo18 10 (1.4408)	Z6CND 1812-M	GX5CrNi Mo19-11-2	—	C61

2.2.24 高温合金对照

表 2-25 高温合金牌号中外对照

中国 GB/T	美国 AMS/SAE	日本 JIS	德国 DIN	英国 BS/DTD	法国 NF	俄罗斯 ГОСТ
变形高温合金牌号中外对照						
GH1015 (GH15)	—	—	—	—	—	ХН60ВТ (ЭИ868)
GH1016 (GH16)	—	—	—	—	—	—
GH1035 (GH35)	—	—	—	—	—	ХН38ВТ (ЭИ703)
GH1040 (GH40)	—	—	—	—	—	ЭИ395
GH1131 (GH131)	—	—	—	—	—	ХН28ВМАБ (ЭИ126)
GH1140 (GH140)	—	—	—	—	—	ХН75МБТЮ (ЭИ602)
GH2018 (GH18)	—	—	—	N263	—	—
GH2036 (GH36)						ЭП481
GH2038 (GH38A)	—	—	—	—	—	ЭП696А
GH2130 (GH130)	—	—	—	—	—	ЭИ617
GH2132 (GH132)	AMS 5525 5731 SAE HEV7	—	X5NiCrTi 26-15 (1.4980)	DTD5026	Z6NCT25, ATVSMo	ЭП786
GH2135 (GH135)	—	—	—	—	—	ЭИ437
GH2136 (GH136)	—	—	X5NiCrTi 26-15 (1.4980)	—	Z3NCT25, ATVS2	—
GH2302 (GH302)	—	—	—	—	—	ЭИ617
GH3030 (GH30)	—	—	—	HR5, DTD 703B, N203,N403	ATG R, NC 20T	ЭИ435
GH3039 (GH39)	—	—	—	—	—	ЭИ602
GH3044 (GH44)	—	—	—	—	—	ЭИ868
GH3128 (GH128)	—	—	—	—	—	—
GH4033 (GH33)	—	—	—	N80A	—	ЭИ437Б

续表

中国 GB/T	美国 AMS/SAE	日本 JIS	德国 DIN	英国 BS/DTD	法国 NF	俄罗斯 ГОСТ
变形高温合金牌号中外对照						
GH4037 (GH37)	AMS 5829，SAE HEV6	—	—	2HR2，2HR202，DTD 747B N501，N503	ATG S4 NC20KTA	ЭИ617
GH4043 (GH43)	—	—	—	—	—	ЭИ598
GH4049 (GH49)	—	—	—	HR4，N115	NCK 15 ATD	ЭИ929
GH4133 (GH33A)	—	—	—	N80A	—	ЭИ437Б
GH4169 (GH169)	AMS 5596，5562，SAE XEV-1	—	NiCr19NbMo (2.4668)	Inconel 718	ATG C1，NC19FeNb	—
(GH19)	AMS 5531，5585，SAE HEV 1	SUH 661	X12CrCoNi 21-20 (1.4971)	—	ATG X Z12CNKDW20	—
(GH20)	AMS 5766，5871	NCF 800B，NCF 2B	X10NiCr AlTi32-20 (1.4876)	Incoloy 800	25NC 35-20，Nicral C	—
(GH32)	AMS 5536，5754	—	SG-NiCr21 Fe18Mo (2.4613)	HR6，HR204	ATG E	—
(GH25)	AMS 5537，5759	—	CoCr20W 15Ni (2.4964)	HR25	ATG H，KC20WN	—
(GH80A)	—	—	NiCr20Ti Al (2.4952)	2HR1，2HR201，2HR401，3HR601，DTD 736B	ATG S3，NC20TA	—
(GH141)	AMS 5545，5712	—	NiCr19CoMo (2.4973)	—	ATG W2 NC20KDTA	—
(GH143)	—	—	—	HR3，DTD 5007A，N105	NCKD20ATr	—
(GH145)	AMS 5542，5567	NCF 750B	NiCr15Fe7 TiAl (2.4669)	Inconel X-750	ATG F NC15FeTNbA	ЭП974
(GH146)	AMS 5751，5753	—	NiCr18Co (2.4983)	Udimer500，NPK 25	ATG W2，NC20KDTA	—
(GH163)	—	—	NiCo20Cr 20MoTi (2.4650)	HR10，HR206，N263	ATG W0，NCK 20D	—

续表

中国 GB/T	美国 AMS/SAE	日本 JIS	德国 DIN	英国 BS/DTD	法国 NF	俄罗斯 ГОСТ
变形高温合金牌号中外对照						
(GH167)	AMS 5872A	—	—	Hastelloy R-135	—	—
(GH182)	—	—	NiMo16Cr 16Ti (2.4610)	Hastelloy C4	—	—
(GH333)	AMS 5716, 5717	—	—	—	ATG33, Z6NCKD W45	—
(GH600)	AMS 5665	NCF 600B	NiCr15Fe (2.4816)	—	NC15Fe, NiCral Z	—
(GH710)	—	—	—	Udimet 710	ATG W4, NCK18TDA	—
(GH738)	AMS 5704, 5544	—	NiCr19Co14 Mo4Ti (2.4654)	NPK 50	ATG W1, NC20K14	—
(GH901)	AMS 5660, 5661	—	NiFeCr12Mo (2.4975)	HR 53, HR404, N901	Z8NCD	ЭП725
(GH984)	AMS 5666, 5599	—	NiCr22Mo 9Nb (2.4856)	Inconel 625	ATG E2 NC22FeDNb	—
—	Discaloy	—	X4NiCrTi 25-15 (1.4943)	Discaloy	ATV S2	—
—	Incoloy 825	—	NiCr21Mo (2.4858)	—	NC21FeDU	—
—	Incoloy 700	—	—	Incoloy 700	ATG S8, NK27CADT	—
铸造高温合金牌号中外对照						
K211(K11)	—	—	—	—	—	ВЛ7-45у
K213(K13)	—	—	—	—	—	ЖС3
K214(K14)	—	—	—	—	—	АНВ-300
K401(K1)	—	—	—	—	—	АНВ-300
K403(K3)	—	—	—	—	—	ЖС6К
K405(K5)	—	—	G-NiCo15Cr 10AlTiMo (2.4674)	—	—	ЖС6К17
K409(K9)	B-1900	—	—	—	—	—
K412(K12)	—	—	—	—	—	жС3
K417(K17)	AMS 5397	—	G-NiCo15Cr 10AlTiMo (2.4674)	HC204	ATG M2 NK15CAT	—
K417G (K17G)	Rene 100	—	—	—	—	—

续表

中国 GB/T	美国 AMS/SAE	日本 JIS	德国 DIN	英国 BS/DTD	法国 NF	俄罗斯 ГОСТ
铸造高温合金牌号中外对照						
K418(K18)	AMS 5391	—	G-NiCr13Al 6Mo Nb (2.4670)	HC203	ATG S9, NC13AD	—
(K18B)	Inco 713LC	—	—	—	—	—
K419(K19)	MN 246	—	—	—	—	—
(K19H)	Rene 125	—	—	Nimocast PD16	—	—
K438(K38)	In 738	—	—	—	—	—
K640(K40)	AMS 5382G	—	—	ANC 13	KC25NW	
(K2)	—	—	—	—	—	ЖС6
(K002)	MAR-M002	—	—	MM002	NW12KCATH	
(K20)	TRW VIA	—	—	Nimcast-PD18	—	ЖС6у
(K22)	PWA 1422	—	—	—	—	ЖС6уНК
(K24)	—	—	—	—	—	ВЖл-12у
(K44)	FAX414	—	—	—	—	—
—	AMS 5388D	—	NiCr21Mo14W (2.4602)	ANC 16	ARC 6015 NC17DWY	—
—	AMS 5396A	—	S-NiMo30 (2.4800)	ANC 15	ARC 1628 ND27Fe	—

2.2.25 铝合金对照

表 2-26 国外铝合金牌号对照

ISO	美国 AA	英国 HDA	英国 BS 或 DTD	英国 BS (一般工程)	法国	德国
Al99.5	1050	HDA1B	BS1471,2,4	1B	A5	Al99.5 3.0255
Al99.5	EC	HDA1BE	BS2898	EIE	A5/L	E-Al99.5
Al99.0	1200	HDA1C	BS1471,4,BS4L34, BS3L54,BS3L67	1C	A4	Al99.0 3.0205
AlMgSi	—	HDA18	BS4300/4	BTRE6	—	—
AlMg2	5052 5252	HDA22	BS1471,2.4,BS4L44, BS3L56	N4	A-G2	AlMg2 3.3525
AlMg3.5	5154A	HDA33	BS1471,2,4	N5	A-G3	AlMg3 3.3535
AlMg3Mn	5454	HDA34	BS4300/10,BS4300/11, BS4300/12	N51	—	—
AlMg1SiCu	6061	HDA43	BS1471,4	H20	—	AlMgSiCu 3.3214

续表

ISO	美国 AA	英国			法国	德国
		HDA	BS或DTD	BS（一般工程）		
AlSiMgMn	6082	HDA44	BS1471,2,4,BSL111,BSL112,BS114	H30	A-SGM	AlMgSi1 3.2315
AlZn4.5Mg1	7020	HDA45	BS4300/15	H17	A-Z5G	AlZn4.5Mg1 3.4335
AlMgSi	6063	HDA46	BS1471,2,4	H9	A-GS	AlMgSi0.5 3.3206
AlMgSi	6463	HDA47E	BS2898	E91E	A-GS/L	E-AlMgSi0.5 3.3207
AlZn4.5Mg2.5	7039	HDA48	—	—	—	—
AlCu2MgSiFeNi	—	HDA55	—	—	—	—
AlCu2NiMgFeSi	—	HDA56	BS1472,BS2L83,DTD246C	H12	A-U2N	—
AlCu6	2219	HDA57	DTD5004A	—	A-U6MT	—
AlCu2Mg1.5Fe1Ni1	2618	HDA58	BS1472,DTD717A DTD731B,DTD745A DTD5014A,DTD5070B DTD5084A	H16	A-U2GN	—
AlCu4SiMg	2014	HDA66	BS1471,2,4,BS,3L63,BS,L168,BS,2L77 BS2L87,BSL102,BSL103,BSL105	H15	A-U4SG A-7U4SG	AlCuSiMn 3.1255
AlCu4Mg1	2024	HDA72	—	—	A-U4G1	AlCuMg2 3.1355
—	7009	DA74	—	—	—	—
AlZn5.5Mg3Cu	—	HDA77	DTD5044,DTD5094A,DTD5104A	—	—	AlZnMgCu0.5 3.4345
AlZn4Mg3Cu	7079	HSA79	—	—	—	AlZnMgCu0.5 3.4365
—	7010	HDA81	—	—	—	—
AlZn6Mg2.5Cu1.5	7075	HDA89	DTD5124,BSL160,BSL161,BSL162	—	A-Z5GU	AlZnMgCu1.5 3.4365 3.4364
AlCu4MgSi	2017	HDA01	DTD150A	—	A-U4G	AlCuMg1 3.1325
AlCu2Mg1Si1Mn	6066	HDA03	BS2L84,BS2L85	—	—	—
AlMg4.5Mn	5083 5056 5356	HDA05	BS1471,2,4	N8	A-G5	AlMg5 3.3555
AlSi11CuMgNi	4032	HDA08	DTD324B	—	A-S12UN	—

表 2-27 变形镁合金及铸造镁合金

类别	中国			俄罗斯	美国				英国	法国	德国		日本	欧洲 AECMA (AICMA)
	GB	YB	HB	ГОСТ	ASTM	UNS	SAE	AMS	BS	NF	DIN	数字系统	JIS	
镁锭	—	Mg1(99.95)	—	MГ96(99.96) MГ95(99.95)	—	—	—	—	—	—	H-Mg99.95	3.5002	—	—
	—	Mg-2(99.92)	—	—	—	—	—	—	—	—	—	—	—	—
	—	Mg-3(99.85)	—	—	—	—	—	—	—	—	H-Mg99.8	3.5003	2 种 99.80	—
	—	—	—	MГ90(99.90)	—	—	—	—	—	—	—	—	1 种 99.90	—
变形镁合金	—	MB-1	—	MA1	M1A	M15100	—	—	—	—	MgMn2	3.5200	—	—
	—	MB-2	—	MA2	AZ31B	M11311	FS: AZ31C	—	MAG-T-111	G-A3Z1	MgAl3Zn	3.5312	MT1 MB1	ISO Mg-Al3Zn1
	—	MB-5	—	MA3	AZ61A	M11610	—	—	MAG-T-121	G-A6Z1	MgAl3Zn1	—	MB2	ISO Mg-Al6Zn1
	—	MB-6	—	MA4	AZ63A	M11630	—	—	—	—		MgAl8Zn1 MgAl9Zn1	—	—
	—	MB-7	—	MA5	AZ80A	M11800	—	—	—	G-A8Z	MgAl8Zn	—	MB3	ISO Mg-Al8Zn
	—	MB-8	—	MA8	AZ81A	M11810	—	—	—	—	AM537	—	—	—
	—	MB-15	—	BM65-1	ZK60A	M16600	—	—	—	G-Z5Zn	MgZn62Zr	3.5161	—	—
	—	—	—	—	—	—	—	—	MAG-E-141	—	—	—	MB4	ISO Mg-Zn1Zn
	—	—	—	—	—	—	—	—	MAG-E-161	—	—	—	MB5	ISO Mg-Zn3Zn
	—	—	—	—	ZK60A	—	—	—	MAG-E-161	—	—	—	MB6	ISO Mg-Zn6Zn
铸造镁合金	ZM1	—	ZM-1	MJI12	ZK51A	M16510	4443B	ZK51A	MAG4	—	—	—	MC6	MG-C42
	ZM2	—	ZM-2	MJI15	ZE41A	M16410	4439	ZE41A	MAG5	531G-Z4TV	G-MgZn4SE1Zr1	3.5101	—	MG-C43
	ZM3	—	ZM-3	MJI11	—	—	4440B	ZK41A	MAG6	—	—	—	—	—
	ZM5	—	ZM-5	MJI5	AZ81A AZ91C	M11810 M11914	4437A	AZ91C	—	521 522 G-9	G-MgAl8 Zn1	3.5812	MC2	MG-C61
	—	—	ZM-4	—	EZ33A	M12330	4442B	EZ33A	—	—	G-MgSE3Zn2Zr1	3.5103	MC8	MG-C91
	—	—	ZM-6	MJI10	—	—	—	—	—	—	—	—	—	—
压铸镁合金	YZMgAl9Zn			—	AZ91C		AZ91C	—	MAG1	—	GD-MgAl9Zn1		MC2	—

2.2.26 铜及铜合金对照

表 2-28 铜及铜合金牌号对照

类别	中国		俄罗斯	美国				英国	法国		德国		日本	ISO
	GB	YB	ГОСТ	ASTM	CDA	FS	SAE	BS	NF	AIR LA	DIN	数字系统	JIS	
铜锭	Cu-1 (99.90)	—	М0(99.95) М0Б(99.70)	—	—	—	—	—	—	—	—	—	—	—
	Cu-2 (99.90)	—	М1(99.90)	—	—	—	—	—	—	—	KE-Cu	2.0050	—	—
	Cu-3 (99.70)	—	М2(99.7) Cu+Mg	—	—	—	—	—	—	—	—	—	—	—
	Cu-4 (99.50)	—	М3(99.50) Cu+Mg	—	—	—	—	—	—	—	—	—	—	—
纯铜	T2	T2	М1	C1100	110	—	CA110	C102	—	U6C Cu-61	ECu-58 ECu-57	2.0090	C1100	Cu-ETP
	T3	T3	М2	—	—	—	—	C104	—	—	—	—	—	—
	T4	T4	М3	—	—	—	—	—	—	Cu99.5	C-Cu	—	—	—
无氧铜	TV1	TV1	М0Б	C10200	102	—	CA102	C103	—	—	OF-Cu	2.0040	C1020	CuOF
	TV0	—	М00Б	C10100	101	—	—	C110	—	—	—	—	C1011	—
	—	TV2	М1Б	—	—	—	—	—	—	—	—	—	—	—
磷脱氧铜	TVP1	—	—	C12000 C12100	—	—	—	C106	—	—	SW-Cu SF-Cu	2.0076 2.0090	C1201 C1220	Cu-DLP
	TVP2	—	М1Р	C12200	122	—	CA122	—	—	—	—	—	—	Cu-DHP
	TVP3	TVP	М3Р	—	—	—	—	—	Cu-b2 Cu-b1	—	—	—	—	—
含银纯铜	TAg0.08	—	БРСР0.1	C13000 C12900	130	—	—	C101	—	—	CuAg0.1	—	C1271 PP	Cu-FRTP
	TAg0.3	—	—	—	—	—	—	—	—	—	—	—	—	—
普通黄铜	H96	H96	Л96	C21000	210	210	CA210	CZ125		—	CuZn5	2.0220	C2100	CuZn5
	H90	H90	Л90	C22000	220	220	CA220	CZ101	—	—	CuZn10	2.0230	C2200	CuZn10
	H85	H85	Л85	C23000 C23030	230	230	CA230	CZ102	—	—	CuZn15	2.0240	C2300	CuZn15
	H80	H80	Л80	C24000	240	240	CA240	CA103	—	—	CuZn20	2.0250	C2400	CuZn20
	H70	H70	Л70	C26000 C26100	260	260	CA260	CZ106 CZ126	CuZn30	—	CuZn30	2.0265	C2600	CuZn30
	HAS68-0.05	H68A	ЛМП68-0.05	—	—	—	—	—	—	—	—	—	—	—
	H68	H68	Л68	C26200	—	—	—	—	—	UZn33	CuZn33	2.0280	C2680	CuZn33

续表

类别	中国		俄罗斯	美国				英国	法国		德国		日本	ISO
	GB	YB	ГОСТ	ASTM	CDA	FS	SAE	BS	NF	AIR LA	DIN	数字系统	JIS	
普通黄铜	H65	H65	—	C26800 C27000	268 270	268 270	CA268 CA270	CZ107	—	—	CuZn36	2.0335	C2700	—
普通黄铜	H63	H63	Л63	C27400 C27200	272	272 274	—	CZ108	—	—	CuZn37	2.0321	C2720	—
普通黄铜	H62	H62	Л62	C28000	280	—	—	—	Cu-Zn40	—	CuZn40	2.0360	C2800	—
普通黄铜	H60	H59	Л60	C28000	280	280	—	CA109	—	—	CuZn40	—	C2801	CuZn40
铅黄铜	HPb63-3	HPb63-3	ЛС63-3 ЛСЦ63-3	C34500 C34700	345 347	345 347	CA345 CA347	CZ119 CZ124	—	—	CuZn36Pb1.5 CuZn36Pb3	2.0331	C3560	CuZn35Pb2 CuZn36Pb3
铅黄铜	HPb63-0.5	—	—	C34800	—	—	—	—	—	—	CuZn37Pb0.5	2.0332	—	—
铅黄铜	HPb63-0.1	HPb63-0.1	—	C34900	—	—	—	—	—	—	CuZn37Pb0.5	2.0332	—	—
铅黄铜	HPb62-0.8	HPb62-F	—	C35000 C37000	371	—	CA371	—	—	—	—	—	C3501	CuZn36Pb1
铅黄铜	HPb61-1	HPb61-1	ЛС60-1	C36500 C36700 C37000	—	—	—	CZ123	—	—	CuZn39Pb0.5	2.0372	C3710	CuZn40Pb
铅黄铜	HPb60-2	HPb60-2 HPb60-3	ЛС60-2	C36000	—	—	—	CZ120	—	—	—	—	C3713 C3604	CuZn38Pb2
铅黄铜	HPb59-2	HPb59-1A	ЛС59-1В	C35300	—	—	—	—	—	—	—	—	C3771	—
铅黄铜	HPb59-1	HPb59-1 HPb59-1B	ЛС59-1	C37800	—	—	—	CZ122	Cu-Zn40Pb	—	Cu-Zn39Pb2	2.0380	C3710	CuZn39Pb2
铅黄铜	HPb58-3	HPb59-3	ЛС59-3	C38000	—	—	—	CZ121	—	—	CuZn39Pb3	2.0401	C3603	CuZn39Pb3
锡黄铜	HSn90-1	HPb90-1	ЛО90-1	C41300 C41100	—	—	—	—	—	—	—	—	—	—
锡黄铜	HSn70-1	HPb70-1 HPb70-1A	ЛО70-1 ЛОМ70-1-0.05	C44300	443	—	—	CZ111	CuZn39Sn1	—	CuZn28Sn1	2.0471	C4430	CuZn28Sn1
锡黄铜	HSn62-1	HPb62-1	ЛО62-1	C46200 C46420	462	462	CA462	CZ112	—	—	—	—	C4622 C4621	CuZn38Sn

续表

类别	中国 GB	中国 YB	俄罗斯 ГОСТ	美国 ASTM	美国 CDA	美国 FS	美国 SAE	英国 BS	法国 NF	德国 DIN	德国 数字系统	日本 JIS	ISO
锡黄铜	HSn61-0. 5	HSn61-0. 5 HSn61-0. 5A	—	C48200	—	—	—	CZ115	—	—	—	C6711	—
	HSn60-1	HSn60-1	Л060-1	C46500 C46400	465 464	464	CA464	CZ113	CuZn38Sn1	CuZn39Sn	2. 0530	C4640 C4641	—
铝黄铜	HAl77-2	HAl77-2 HAl77-2A	ЛА77-2 ЛАМЦ77-2-0. 05	C68700	687	—	—	CZ110	CuZn22Al2	CuZn22Al	2. 0460	C6870 C6872	CuZn20Al2
	HAl66-6-3-2	HAl66-6-3-2	—	C67000	670	—	—	—	—	—	—	—	—
	HAl67-2. 5	HAl67-2. 5	—	—	—	—	—	—	—	—	—	—	—
	HAl60-1-1	HAl60-1-1	ЛАЖ60-1-1	C67800	678	—	—	—	—	CuZn37Al	2. 0510	C6782	—
	HAl59-3-2	HAl59-3-2	ЛАН59-3-2	—	—	—	—	—	—	CuZn35Ni	2. 0540	—	—
硅黄铜	HSi80-3	HSi80-3	ЛК80-3	C69400	—	—	—	—	—	—	—	—	—
锰黄铜	HMn58-2	HMn58-2	ЛМЦ58-2	C67400	—	—	—	—	—	CuZn40Mn	2. 0572	—	—
	HMn57-3-1	HMn57-3-1	ЛМЦА57-3-1	—	—	—	—	—	—	CuZn35Ni	2. 0540	—	—
	HMn55-3-1	HMn55-3-1	—	—	—	—	—	—	—	—	—	—	—
铁黄铜	HFe59-1-1	HFe59-1-1	—	C67820	—	—	—	—	—	CuZn39Sn	2. 0530	C6782	CuZn39Al FeMn
	HFe58-1-1	HFe58-1-1	ЛЖС58-1-1	—	—	—	—	CZ114	—	CuZn40Ni CuZn40Mn	2. 0571 2. 0572	—	—

类别	中国 GB	中国 YB	俄罗斯 ГОСТ	美国 ASTM	美国 CDA	美国 SAE	英国 BS	法国 NF	法国 AIR LA	德国 DIN	德国 数字系统	日本 JIS	ISO
锡青铜	QSn4-3	QSn4-3	БРОЦ4-3	—	—	—	—	—	—	—	—	—	CuSnZn4
	QSn4-4-2. 5	QSn4-4-2. 5	БРОЦС4-4-2. 5	—	—	—	—	—	—	—	—	—	—
	QSn4-4-4	QSn4-4-4	БРОЦС4-4-4	C54400	544	—	—	—	—	—	—	C5441	—
	QSn6. 5-0. 1	QSn6-5-0. 1	БРОФ6. 5-0. 15	—	519	—	PB100	—	—	—	—	—	—
	QSn6. 5-0. 4	QSn6. 5-0. 4	БРОФ6. 5-0. 4	C51900	519	—	PB103	CuSn6P	—	CuSn6	2. 1020	C5191	CuSn6
	QSn7-0. 2	QSn7-0. 2	БРОФ7-0. 2 БРОФ8-0. 3	C52100	521	CA521	PB104	—	—	CuSn8	2. 1030	C5212	CuSn8
	QSn4-0. 3	QSn4-0. 3	БРОФ4-0. 25 БРОФ2-2. 25	C51100	510 511	CA510	PB101	—	—	CuSn2	2. 1010	C5101	CuSn4

续表

类别	中国		俄罗斯	美国			英国	法国		德国		日本	ISO
	GB	YB	ГОСТ	ASTM	CDA	SAE	BS	NF	AIR LA	DIN	数字系统	JIS	
铝青铜	QAl5	QAl5	БРА5	C60600 C60800	—	—	CAl01	CuAl6	—	CuAl5	2.0916	—	CuAl5
	QAl7	QAl7	БРА7	C61000	—	—	CAl02	—	—	CuAl8	2.0920	—	CuAl8
	QAl9-2	QAl9-2	БРАМЦ10-2 БРАМЦ9-2	—	—	—	—	—	UZ23A4	CuAl9Mn	2.0960	—	CuAl9Mn2
	QAl9-4	QAl9-4	БРАЖ9-4	C61900	—	—	CAl03 CAl06	—	—	CuAl18Fe CuAl10Fe	2.0930 2.0936	—	CuAl18Fe3 CuAl10Fe3
	QAl10-3-1.5	QAl10-3-1.5	БРАЖМЦ10-3-1.5	—	—	—	—	—	—	CuAl10Fe	2.0936	C6161 C6161	—
	QAl10-4-4	QAl10-4-4	БРАЖН10-4-4	C63000 C63200	630	—	CAl04 CAl05	CuAl9Ni5- Fe3Mn	BOK4	CuAl10Ni	2.0966	C601	CuAl10- Fe5Ni5
	QAl11-6-6	QAl11-6-6	—	—	—	—	—	—	—	CuAl11Ni	2.0978	C6280	—
铍青铜	QBe2	QBe2	БРБ2	C17200 C17300	—	—	—	CuBe2	UBe2	CuB2	2.1247	C1720	CuBe2
	QBe1.9	QBe1.9	БРБНТ1-9	C17200	172	CAl72	—	CuBe1.9	—	—	—	—	—
	QBe1.7	QBe1.7	БРБНТ1-7	C17000	170	CAl70	CB101	CuBe1.7	—	CuBe1.7	2.1245	C1700	CuBe1.7
硅青铜	QSi1-3	QSi1-3	БРБКН1-3	C64700	—	—	DTD498	—	—	CuNi2Si CuNi3Si	2.0855 2.0857	—	CuNi2Si
	QSi3-1	QSi3-1	БРБКМЦ3-1	C65500 C65800	—	—	CS101	—	—	CuSi3Mn	2.1525	—	CuSi3Mn1

类别	中国		俄罗斯	美国			英国	法国	德国		日本	ISO
	GB	YB	ГОСТ	ASTM	CDA	SAE	BS	NF	DIN	数字系统	JIS	
锰青铜	QMn1.5	QMn1.5	—	—	—	—	—	—	CuMn2	2.1363	—	—
	QMn5	QMn5	БРМЦ5	—	—	—	—	—	CuMn5	2.1366	—	—
镉青铜	QCd1.0	QCd1.0	БСКД1	C16200 C16201 C16500	162	—	C108	—	CuCd1	2.1266	—	CuCd1

续表

类别	中国		俄罗斯	美国			英国	法国	德国		日本	ISO
	GB	YB	ГОСТ	ASTM	CDA	SAE	BS	NF	DIN	数字系统	JIS	
铬青铜	QCr0. 5	QCr0. 5 QCr0. 5-0. 2-0. 1	ЪPX1	C18100 C18200	185	—	CC101	—	CuCr	2. 1291	—	CuCr1
	QCr0. 5-0. 1	—	—	C18400 C18500	185	—	—	—	CuCr	2. 1291	—	—
锆青铜	QZr0. 2	QZr0. 2	—	C15000	150	—	—	—	—	—	—	—
	QZr0. 4		—	—	—	—	—	—	—	—	—	—
普通白铜	B10	B10	—	C70600	—	—	CN102	Cu-Ni10Fe1M	—	—	—	—
	B19	B19	MH19	C71000	710	—	CN104	CuNi20Mn1Fe	CuNi20Fe	2. 0878	C7100	CuNi20Mn1Fe
铁白铜	BFe10-1-1	—	MHЖMЦ10-1-1	C70600 C70610	—	—	CN102	—	CuNi10Fe	2. 0872	C7060	CuNi10Fe1Mn
	BFe30-1-1	BFe30-1-1	MHЖMЦ30-1-1	C71630 C71640	715	CA715	CN107 CN106	CuNi30Mn1Fe	CuNi30Fe	2. 0882	C7150	CuNi30Mn1Fe
锰白铜	BMn3-12	BMn3-12	MHMЦ13-12	—	—	—	—	—	CuMn12Ni	—	—	—
	BMn40-1-5	BMn40-1. 5	MHMЦ40-1. 5	—	—	—	—	—	—	—	—	—
	BMn43-0. 5	BMn43-1. 5	MHMЦ43-1. 5	—	—	—	—	—	CuNi44	2. 0842	—	CuNi44Mn1
锌白铜	BZn15-20	BZn15-20	MHЦ15-20	C75400	754	—	NS105	CuNi15Zn22	CuNi12Zn24 CuNi18Zn20	2. 0730 2. 0740	C7521	CuNi15Zn21
铝白铜	BAl13-1	BAl13-3	MHA13-3	—	—	—	—		—	—	—	—

表 2-29　铸造铜合金牌号对照

类别	中国 GB	俄罗斯 ГОСТ	美国 ASTM	英国 BS	法国 NF	德国 DIN	日本 JIS	国际标准 ISO
锡青铜	ZQSn3-12-5	ЪРОЦС3-12-5	—	—	—	—	BC1	—
	ZQSn3-7-5-1	ЪРОЦС3-7-5-1	C84400	LG1	—	G-CuSn2ZnPb (2.1098.01)	—	
	ZQSn5-5-5	ЪРОЦС5-5-5	C83600	LG2	CuPb5SnZn5	G-CuSn5ZnPb (2.1096.01)	BC6	CuPb5Sn5Zn
	ZQSn6-6-3	ЪРОЦС6-6-3	C83800	LG3	CuSn7Pb6Zn4	G-CuSn7ZnPb (2.1090.01)	BC7	—
	ZQSn7-0.2	—	—	PB3	—	—	PBC1	—
	ZQSn10-1	ЪРОФ10-1	C90700	PB1	—	—	PBC2	—
	ZQSn10-2-1	—	C92700	LPB1	—	—	—	—
	ZQSn10-2	ЪРОЦ10-2	C90500	G1	CuSn12	G-CuSn10Zn (2.1086.01)	BC3	CuSn10Zn2
	ZQSn10-5	—	—	LB2	—	G-CuPb5Sn (2.1170.01)	LBC2	—
铅青铜	ZQPb10-10	ЪРОС10-10	C93700	LB2	CuPb10Sn10	G-CuPb10Sn (2.1176.01)	LBC3	CuPb10Sn10
	ZQPb12-8	ЪРОС8-12	C94400	LB1	—	G-CuPb15Sn (2.1182.01)	LBC4	—
	ZQPb17-4-4	ЪРОЦС4-4-17	C94410	—	—	G-CuPb20Sn (2.1188.01)	—	—
	ZQPb24-2	ЪРОС2-24	—	—	CuPb20Sn5	G-CuPb22Sn (2.1166.09)	—	—
	ZQPb25-5	ЪРОС5-25	C94300	LB1	—	—	LBC5	—
	ZQPb30	ЪРС30	—	—	—	—	—	—
铝青铜	ZQAl9-2	ЪРАМЦ9-2Л	—	—	—	—	—	—
	ZQAl9-4	ЪРАЖ9-4Л	C95200	AB1	—	G-CuAl10Fe (2.0940.01)	AlBC1	CuAl9
	ZQAl10-3-1.5	ЪРАЖМЦ10-3-1.5	—	AB1	—	—	AlBC2	—
	ZQAl4-8-3-2	(Heba-70)	—	CMA2	—	—	—	—
	ZQAl12-8-3-2	(Heba-60)	C95700	CMA1	—	—	AlBC4	—
	ZQAl9-4-4-2	ЪРАЖНМЦ9-4-4-1	C95500	AB2	—	G-CuAl10Ni (2.0975.01)	AlBC3	—
普通黄铜	ZH62	—	—	SCB4	—	G-CuZn38Al (2.0591.02)	YBSC1	—
硅黄铜	ZHSi80-3-3	ЛКС80-3-3	—	—	—	—	—	—
	ZHSi80-3	ЛКС80-3	C87400	—	—	G-CuZn15Si4 (2.0492.01)	SZBC1	—
铅黄铜	ZHPb48-3-2-1	—	—	—	—	—	—	—
	ZHPb59-1	ЛС59-1	C85700	PCB1	U-Z40-Y30	G-CuZn37Pb (2.0340.02)	YBSC3	CuZn40Pb
铝黄铜	ZHAl66-6-3-2	ЛАЖМЦ166-6-3-2	C86300	HTB2	—	—	—	CuZn25Al6Fe3Mn3
	ZHAl67-2.5	ЛА67-2.5	—	—	—	—	—	—
铁黄铜	ZHFe67-5-2-2	—	—	HTB3	—	G-CuZn25Al5 (2.0598.01)	HBSC3	CuZn25Al6Fe3Mn3
	ZHFe59-1-1	ЛАЖ60-1-1Л	C86400	—	—	—	—	—
锰黄铜	ZHMn55-3-1	ЛМЦЖ55-3-1	C86500	HTB1	—	G-CuZn35Al1 (2.0592.01)	HBSC2	CuZn35AlFeMn
	ZHMn58-2-2	ЛМЦС58-2-2	—	—	—	—	—	—
	ZHMn58-2	ЛМЦ58-2Л	—	—	—	—	—	—

2.2.27 钛合金对照

表 2-30 钛合金牌号对照

合金类型	合金名义成分	中国牌号	俄罗斯	美国			英国		法国		德国		日本
				Timet	Crucible	AMS	IMI	BSTA	IAR Norms	PUG	LW 或 DIN	Krupp	
α	Ti-99.5	AT1	BT1-00	Ti-55A	A-40	4902C	125	2TA2	T-40	UT-40	3.7034	RT15	KS.50TP28
α	Ti-99.2	TA2	BT1-0	Ti-65A	A-55	4900F	130	DTD5023	T-50	UT-50	3.7055	RT18	KS.60TP35
α	Ti-99.0	TA3	BT1	Ti-75A	A-70	4901H	160	2TA7	T-60	UT-60	3.7064	RT20	KS.85TP49
α	Ti-3Al	TA4	48-T2	—	—	—	—	—	—	—	—	—	—
α	Ti-4Al-0.005B	TA5	48-OT3	—	—	—	—	—	—	—	—	—	—
α	Ti-5Al	TA6	BT5	—	—	—	—	—	—	—	—	—	—
α	Ti-5Al-2.5Sn	TA7	BT5-1	5Al-2.5Sn	A-110AT	4926F	317	TAl5	T-A5E	UT-A5E	3.7114	LT21	KS115AS
α	Ti-5Al-2.5Sn-3Cu	TA8	BT10	—	—	—	—	—	—	—	—	—	—
β	Ti-5Mo-5V-8Cr-3Al	TB2	—	—	—	—	—	—	—	—	—	—	—
α+β	Ti-2Al-2Mn	TC1	OT4-1	—	—	—	315	—	—	—	—	—	ST-A90
α+β	Ti-3.5Al-1.5Mn	TC2	OT4	—	—	—	—	—	—	—	—	—	—
α+β	Ti-6Al-4V	TC4	BT6	6Al-4V	C120AV	4928H	318	2TAl1	T-A6V	UT-A6V	3.7164	LT31	KS30AV
α+β	Ti-6Al-2Mo-2Cr-1Fe-0.25Si	TC6	BT3-1	—	—	—	—	—	—	—	—	—	—
α+β	Ti-6Al-1.5(Cr+Fe+Si+B)	TC7	AT6	—	—	—	—	—	—	—	—	—	—
α+β	Ti-7Al-4Mo(0.25Si)	TC8	BT8	7Al-4Mo	C135AMo	4970D	—	—	T-A7D	UT-A7D	—	LT32	—
α+β	Ti-6.5Al-3.5Mo-2Zn(Sn)-0.25Si	TC9	BT9	—	—	—	—	—	—	—	—	—	—
α+β	Ti-6Al-6V-2Sn	TC10	—	6Al-6V-2Sn	C125AVT	4979A	—	—	T-A6V6E2	UT-662	3.7174	LT33	—
近α	Ti-2.25Al-11Sn-5Zr-1Mo-0.25Si	—	—	Ti-679	—	4974A	679	TA25	—	—	—	—	—
近α	Ti-5Al-6Sn-2Zr-1Mo-0.25Si	—	—	5621S	—	—	—	—	—	—	—	—	—
α	Ti-2Cu	—	—	Ti-2Cu	—	—	230	TA22	T-TU2;T-C	UT-C	3.7124	LT25	—
α	Ti-8Al-1Mo-1V	—	—	8Al-1Mo-1V	8Al-1Mo-1V	4972B	—	—	T-A8DV	UT-A8DV	3.7134	LT22	—
α+β	Ti-6Al-2Sn-4Zr-2Mo	—	—	6242	—	4975B	—	—	T-A6Zr4DE	UT-6242	3.7144	LT24	—
α+β	Ti-6Al-2Sn-4Zr-6Mo	—	—	6242	—	4981A	—	—	Ti-6246	—	—	—	—
β	Ti-3Al-13V-11Cr	—	—	3Al-13V-11Cr	B120VCA	4917C	—	—	T-V13CA	—	—	LT41	—
近α	Ti-6Al-11Zr-1Mo-0.15Si	—	BT18	—	—	—	—	—	—	—	—	—	—
α+β	Ti-2.25Al-4Mo-11Sn-0.25Si	—	—	—	—	—	680	DTD5213	T-E11D4E	—	—	—	—
α+β	Ti-6Al-5Zr-1W-0.2Si	—	—	—	—	—	684	—	T-A6Z5W	—	—	—	—
α+β	Ti-6Al-0.5Mo-5Zr-0.2Si	—	—	—	—	—	685	TA43	T-A6ZD	UT-685	3.7154	LT26	—
α+β	Ti-4Al-4Mo-2Sn-0.5Si	—	—	—	—	—	550	TA45	T-A4DE2	—	3.7184	LT34	—
α+β	Ti-4Al-4Mo-4Sn-0.5Si	—	—	—	—	—	551	TA38	—	—	—	—	—

2.2.28 镍及镍合金对照

表 2-31 镍及镍合金牌号对照

类别	中国	俄罗斯	美国		英国		法国	德国	日本
	GB	ГОСТ	ASTM	军标	BS	MSRR	NF	DIN	JIS
原料镍	Ni-01(99.99)	HO(99.99)	—	—	—	—	—	—	—
	Ni-1(99.9)	H2(99.8) H3(99.8)	NiCKe —	—	R99.9(99.9) R99.8(99.8)	—	—	H-Ni99.9	特1种 99.95
	Ni-2(99.5)	—	—	—	R99.5(99.5)	—	—	H-Ni99.5	—
	Ni-3(99.2)	—	—	—	—	—	—	—	—
纯镍	N4	НП1	—	—	NAl2	—	—	Ni99.8	NLCB (VCNiB)
	N6	НП2	—	—	NAl1	—	—	Ni99.6	NNCB (VCNiA)
	N8	НП4	NO2200 NO2201	—	—	—	—	LC-Ni99.0	VCNi1-2
阳极镍	NY1	НПА1	—	—	—	—	—	LC-Ni99.6	—
	NY2	НПАН	—	—	—	—	—	Ni99.4NiO	VNi
	NY3	НПА2	—	—	—	—	—	Ni99.2	—
镍镁合金	NMg0.1	—	—	—	—	—	Ni-01,Ni-02	Ni99.7 Mg0.07	—
镍硅合金	NSi0.2	НК0.2	—	—	—	—	—	—	—
镍铬合金	NCr10	ПХ9.5	—	—	—	—	—	NiCr10	—
镍锰合金	NMn3	НМЦ2.5	—	—	—	—	—	NiMn2 NiMn3Al	—
	NMn5	НМЦ5	—	—	—	—	—	NiMn5	—
	NMn2-2-1	НМЦАК2-2-1	—	—	—	—	—	NiMn3Al	—
镍铜合金	NCu40-2-1	—	—	403	—	—	—	—	—
	NCu28-2.5-1.5	НМЖМЦ28-2.5-1.5	NO4400 NO4405	—	NAl3	MONL	NiCu32 Fe1.5Mn	NiCu30Fe LC-NiCu30Fe	NCu
镍钨合金	NW4-0.2	—	—	—	—	—	—	—	VCNi4

2.2.29 锌及锌合金对照

表 2-32 锌及锌合金牌号对照

类别	中国	俄罗斯	美国			英国	法国	德国	日本
	GB	ГОСТ	FS	SAE	ASTM UNS	BS	NF	DIN	JIS
纯锌	Zn-01 (99.995)	ЦВОО(99.997) ЦВО(99.995)	—	—	特别高级 (99.990)	—	Z9 (99.995)	Zn99.995	最纯锌锭 (99.995)
	Zn-1 (99.99)	ЦВ1(99.992) ЦВ(99.990)	—	—	高级 (99.90)	Zn1 (99.99)	—	Zn99.99	特种锌锭 (99.99)
	Zn-2 (99.96)	Ц1(99.95)	—	—	—	Zn2 (99.95)	Z8 (99.95)	Zn99.95	普通 99.97
	Zn-4 (99.50)	—	—	—	中级 (99.50)	Zn3 (99.50)	Z7 (99.50)	Zn99.50	蒸馏锌 锭特种 (99.60)

续表

类别	中国	俄罗斯	美国			英国	法国	德国	日本
	GB	ГОСТ	FS	SAE	ASTM UNS	BS	NF	DIN	JIS
纯锌	—	—	—	—	低级(99.50)	—	Z5(98.00)	—	蒸馏2种(98.60)
	Zn-5(98.70)	Ц2(98.70)	—	—	—	Zn4(98.50)	Zn6(98.50)	Zn99.5	蒸馏1种(98.5)
	—	Ц3(97.50)	—	—	—	—	—	Zn97.5	—
铸造锌合金	ZZnAl10-5	ЦАМ10-5	—	—	—	—	—	—	—
	ZZnAl9-1.5	ЦАМ9-1.5	—	—	—	—	—	—	—
	ZZnAl4-1	ЦА4-1	AC41A	925	Z35530	B种	Z-A4U1G	GD-ZnAl4Cu1	ZDC1
	ZZnAl4	ЦА4	AG40A	903	Z33520	A种	Z-A4G	GD-ZnAl4	ZDC2

表 2-33 焊料牌号对照

类别	中国	俄罗斯	美国	英国	法国	德国	日本	国际标准
	GB	ГОСТ	ASTM	BS	NF	DIN	JIS	ISO
纯锡	Sn-01(99.95)	—	AA(99.95)	—	—	—	—	—
	Sn-1(99.90)	01	—	T1(99.90)	100E1	—	1种A(99.90) 1种B(99.90)	BSn100-232
	Sn-2(99.75)	—	A(99.8), B(99.8)	T2(99.75)	—	—	2种(99.80)	—
	Sn-3(99.56)	02	C(99.65), D(99.50)	—	—	—	3种(99.50)	—
	Sn-4(99.00)	—	E(99.00)	T3(99.00)	—	—	—	—
锡铅焊料	H1SnPb10	ПОС90	—	—	—	—	—	—
	H1SnPb39	ПОС61	60A,60B	K	60E1	L-Sn60Pb	H60A	BSn60Pb183-190
	H1SnPb50	ПОС50	50A,50B	F	50E1	L-Sn50Pb	H50A	BSn50Pb183-216
	H1SnPb58-2	ПОС40	40C	C	40E1	L-PbSn40	H40A	BPb60Sn183-240
	H1SnPb68-2	ПОС30	30C	D	30E1	L-PbSn30(Sb) L-PbSn30(Sb)	H30A	BPb70SnSb180-255

表 2-34 中国与俄罗斯焊料牌号对照

类别	中国	俄罗斯	类别	中国	俄罗斯
	GB	ГОСТ		GB	ГОСТ
锡铅焊料	H1SnPb80-2	ПОС18	银焊料	H1AgCd26-16.7-17	ПСР40
	H1SnPb90-6	ПОС4-6		H1AgCd96-1	ПСР3кл
	H1SnPb73-2	ПОС25		J1AgCd5.8-1.2	К1
	H1SnPb45	—		H1AgCd97	К3
铝焊料	H1ACu28-6	34A		H1AgPb92-5.5	ПСР2.5
	料401	—		H1AgCu34-16	ПСР50
银焊料	H1AgCu28	ПСР72	铜锌焊料	H1CuZn64	ПМЦ36
	H1AgCu50	ПСР50		H1CuZn58	ПМЦ42
	H1AgCu26-4	ПСР70		H1CuZn53	ПМЦ47
	H1AgCu20-15	ПСР65		H1CuZn52	ПМЦ48
	H1AgCu30-25	ПСР45		H1CuZn48	ПМЦ52
	H1AgCu53-37	ПСР10		H1CuZn46	ПМЦ54
	H1AgCu80.2-4.8	ПСР15	锡锌焊料	H1SnZn10	ПОЦ90
	H1AgCu97	ПСР3		H1SnZn30	ПОЦ90
	H1AgCu52-36	ПСР12М		H1SnZn40	ПОЦ60
	H1AgCu40-35	ПСР25		H1SnZn60	ПОЦ40
	H1AgCu80-5	ПСРФ15-80-5			

3 铸铁

3.1 中国铸铁标准

3.1.1 灰铸铁

表 3-1 灰铸铁的牌号和力学性能(GB/T 9439—2010)

牌号	铸件壁厚/mm		最小抗拉强度 R_m(强制性值)(min)		铸件本体预期抗拉强度 R_m(min)/MPa
	>	≤	单铸试棒/MPa	附铸试棒或试块/MPa	
HT100	5	40	100	—	—
HT150	5	10	150	—	155
	10	20		—	130
	20	40		120	110
	40	80		110	95
	80	150		100	80
	150	300		90	—
HT200	5	10	200	—	205
	10	20		—	180
	20	40		170	155
	40	80		150	130
	80	150		140	115
	150	300		130	—
HT225	5	10	225	—	230
	10	20		—	200
	20	40		190	170
	40	80		170	150
	80	150		155	135
	150	300		145	—
HT250	5	10	250	—	250
	10	20		—	225
	20	40		210	195
	40	80		190	170
	80	150		170	155
	150	300		160	—

续表

牌　号	铸件壁厚/mm		最小抗拉强度 R_m(强制性值)(min)		铸件本体预期抗拉强度 R_m(min)/MPa
	＞	≤	单铸试棒/MPa	附铸试棒或试块/MPa	
HT275	10	20	275	—	250
	20	40		230	220
	40	80		205	190
	80	150		190	175
	150	300		175	—
HT300	10	20	300	—	270
	20	40		250	240
	40	80		220	210
	80	150		210	195
	150	300		190	—
HT350	10	20	350	—	315
	20	40		290	280
	40	80		260	250
	80	150		230	225
	150	300		210	—

注：1. 当铸件壁厚超过 300mm 时，其力学性能由供需双方商定。

2. 当某牌号的铁液浇注壁厚均匀、形状简单的铸件时，壁厚变化引起抗拉强度的变化，可从本表查出参考数据，当铸件壁厚不均匀，或有型芯时，此表只能给出不同壁厚处大致的抗拉强度值，铸件的设计应根据关键部位的实测值进行。

3. 表中斜体字数值表示指导值，其余抗拉强度值均为强制性值，铸件本体预期抗拉强度值不作为强制性值。

表 3-2　ϕ30mm 单铸试棒和 ϕ30mm 附铸试棒的力学性能（GB/T 9439—2010）

力学性能	材料牌号[①]						
	HT150	HT200	HT225	HT250	HT275	HT300	HT350
	基体组织						
	铁素体＋珠光体	珠光体					
抗拉强度 R_m/MPa	150～250	200～300	225～325	250～350	275～375	300～400	350～450
屈服强度 $R_{P0.1}$/MPa	98～165	130～195	150～210	165～228	180～245	195～260	228～285
伸长率 A/%	0.3～0.8	0.3～0.8	0.3～0.8	0.3～0.8	0.3～0.8	0.3～0.8	0.3～0.8
抗压强度 σ_{db}/MPa	600	720	780	840	900	960	1080
抗压屈服强度 $\sigma_{d0.1}$/MPa	195	260	290	325	360	390	455
抗弯强度 σ_{dB}/MPa	250	290	315	340	365	390	490
抗剪强度 σ_{aB}/MPa	170	230	260	290	320	345	400
扭转强度[②] τ_{tB}/MPa	170	230	260	290	320	345	400

续表

力学性能	材料牌号①						
	HT150	HT200	HT225	HT250	HT275	HT300	HT350
	基体组织						
	铁素体＋珠光体	珠光体					
弹性模量③ $E/(\mathrm{kMPa})$	78～103	88～113	95～115	103～118	105～128	108～137	123～143
泊松比 ν	0.26	0.26	0.26	0.26	0.26	0.26	0.26
弯曲疲劳强度④ σ_{bW}/MPa	70	90	105	120	130	140	145
反压应力疲劳极限⑤ $\sigma_{zdW}/\mathrm{MPa}$	40	50	55	60	68	75	85
断裂韧性 $K_{IC}/\mathrm{MPa}^{3/4}$	320	400	440	480	520	560	650

① 当对材料的机加工性能和抗磁性能有特殊要求时，可以选用 HT100。如果试图通过热处理的方式改变材料金相组织而获得所要求的性能时，不宜选用 HT100。

② 扭转疲劳强度 $\tau_{tw} \approx 0.42R_m$。

③ 取决于石墨的数量及形态，以及加载量。

④ $\sigma_{bW} \approx (0.35 \sim 0.50)R_m$。

⑤ $\sigma_{zdW} \approx 0.53\sigma_{bW} \approx 0.26R_m$。

表 3-3　ϕ30mm 单铸试棒和 ϕ30mm 附铸试棒的物理性能（GB/T 9439—2010）

特性		材料牌号						
		HT150	HT200	HT225	HT250	HT275	HT300	HT350
密度ρ/(kg/mm³)		7.10	7.15	7.15	7.20	7.20	7.25	7.30
比热容 c/[J/(kg·K)]	20～200℃	460						
	20～600℃	535						
线胀系数 α/[μm/(m·K)]	−20～600℃	10.0						
	20～200℃	11.7						
	20～400℃	13.0						
热导率/[W/(m·K)]	100℃	52.5	50.0	49.0	48.5	48.0	47.5	45.5
	200℃	51.0	49.0	48.0	47.5	47.0	46.0	44.5
	300℃	50.0	48.0	47.0	46.5	46.0	45.0	43.5
	400℃	49.0	47.0	46.0	45.0	44.5	44.0	42.0
	500℃	48.5	46.0	45.0	44.5	43.5	43.0	41.5
电阻率ρ/(Ω·mm²/m)		0.80	0.77	0.75	0.73	0.72	0.70	0.67
矫磁性 H_0/(A/m)		560～720						
室温下的最大磁导率 μ/(Mh/m)		220～330						
B=1T 时的磁滞损耗/(J/m³)		2500～3000						

注：当对材料的机加工性能和抗磁性能有特殊要求时，可以选用 HT100。如果试图通过热处理的方式改变材料金相组织而获得所要求的性能时，不宜选用 HT100。

表 3-4 灰铸铁的硬度等级和铸件硬度（GB/T 9439—2010）

硬度等级	铸件主要壁厚/mm		铸件上的硬度范围(HBW)	
	>	≤	min	max
H155	5	10	—	185
	10	20	—	170
	20	40	—	160
	40	**80**	—	**155**
H175	5	10	140	225
	10	20	125	205
	20	40	110	185
	40	**80**	**100**	**175**
H195	4	5	190	275
	5	10	170	260
	10	20	150	230
	20	40	125	210
	40	**80**	**120**	**195**
H215	5	10	200	275
	10	20	180	255
	20	40	160	235
	40	**80**	**145**	**215**
H235	10	20	200	275
	20	40	180	255
	40	**80**	**165**	**235**
H255	20	40	200	275
	40	**80**	**185**	**255**

注：1.铸件本体的硬度值符合表中规定。
2.黑体数字表示与该硬度等级所对应的主要壁厚的最大和最小硬度值。
3.在供需双方商定的铸件某位置上，铸件硬度差可以控制在 40HBW 硬度值范围内。

表 3-5 单铸试棒的抗拉强度和硬度值（GB/T 9439—2010）

牌号	最小抗拉强度 R_m(min) /MPa	硬度(HBW)	牌号	最小抗拉强度 R_m(min) /MPa	硬度(HBW)
HT100	100	≤170	HT250	250	180～250
HT150	150	125～205	HT275	275	190～260
HT200	200	150～230	HT300	300	200～275
HT225	225	170～240	HT350	350	220～290

表 3-6 灰铸铁件的特点及应用范围

牌号	特性及用途
HT100	铸造性能好，工艺简便，铸造应力小，不用人工时效处理，减振性优良。适用于负荷小，对摩擦、磨损无特殊要求的零件，如盖、外罩、油盘、手轮、支架、底板、重锤等
HT150	性能特点和 HT100 基本相同，但有一定的力学强度。适用于承受中等应力(σ_b<9.81MPa)、摩擦面间单位压力<0.49MPa 下受磨损的零件以及在弱腐蚀介质中工作的零件。例如：普通机床上的支柱、底座、齿轮箱、刀架、床身、轴承座、工作台；圆周速度 6～12m/s 的带轮；工作压力不大的管件和壁厚≤30mm 的耐磨轴套，以及在纯碱或染料介质中工作的化工容器、泵壳、法兰等

续表

牌　号	特 性 及 用 途
HT200 HT250	强度较高，耐磨、耐热性较好；减振性也良好，铸造性能较好，但需进行人工时效处理。适用于承受较大应力（σ_ω＜29.42MPa）、摩擦面间单位压力＞0.49MPa（大于10t的大型铸件可大于1.47MPa）（如汽缸、齿轮、机座、机床床身及立柱）；汽车、拖拉机的汽缸体、汽缸盖、活塞、刹车轮、联轴器盘等；具有测量平面的检验工件（如划线平板、V形铁、平尺、水平仪框架等）；承受压力＜7.85MPa的油缸、泵体、阀体，圆周速度12～20m/s的皮带轮；要求有一定耐蚀能力和较高强度的化工容器、泵壳、塔器等
HT300 HT350	这是属于高强度、高耐磨性一级的灰铸铁，其强度和耐磨性均优于以上牌号的铸铁，但白口倾向大、铸造性能差，铸后需进行人工时效处理。适用于承受高应力（σ_ω＜49MPa）、摩擦面间单位压力≥1.96MPa，要求保持高度气密性的零件。例如：机械制造中某些重要的铸件，如剪床、压力机、自动车床和其他重型机床的床身、机座、机架及受力较大的齿轮、凸轮、衬套、大型发动机的曲轴、汽缸体、缸套、汽缸盖等；高压的油缸、水缸、泵体、阀体；镦锻和热锻锻模、冷冲模，圆周速度＞20～25m/s的带轮等

3.1.2 球墨铸铁

表 3-7　球墨铸铁牌号及单铸试样的力学性能（GB/T 1348—2009）

材料牌号	抗拉强度 R_m/MPa (min)	屈服强度 $R_{P0.2}$/MPa(min)	伸长率 A/% (min)	硬度(HBW)	主要基体组织
QT350-22L	350	220	22	≤160	铁素体
QT350-22R	350	220	22	≤160	铁素体
QT350-22	350	220	22	≤160	铁素体
QT400-18L	400	240	18	120～175	铁素体
QT400-18R	400	250	18	120～175	铁素体
QT400-18	400	250	18	120～175	铁素体
QT400-15	400	250	15	120～180	铁素体
QT450-10	450	310	10	160～210	铁素体
QT500-7	500	320	7	170～230	铁素体＋珠光体
QT550-5	550	350	5	180～250	铁素体＋珠光体
QT600-3	600	370	3	190～270	珠光体＋铁素体
QT700-2	700	420	2	225～305	珠光体
QT800-2	800	480	2	245～335	珠光体或索氏体
QT900-2	900	600	2	280～360	回火马氏体或屈氏体＋索氏体

注：1. 字母“L”表示该牌号有低温（－20℃或－40℃）下的冲击性能要求；字母“R”表示该牌号有室温（23℃）下的冲击性能要求。

2. 伸长率是从原始标距 $L_0=5d$ 上测得的，d 是试样上原始标距处的直径。

表 3-8　V形缺口单铸试样的冲击功（GB/T 1348—2009）

牌　号	最小冲击功/J					
	室温(23±5)℃		低温(－20±2)℃		低温(－40±2)℃	
	三个试样平均值	个别值	三个试样平均值	个别值	三个试样平均值	个别值
QT350-22L	—	—	—	—	12	9
QT350-22R	17	14	—	—	—	—
QT400-18L	—	—	12	9	—	—
QT400-18R	14	11	—	—	—	—

注：1. 冲击功是从砂型铸造的铸件或者导热性与砂型相当的铸型中铸造的铸块上测得的。用其他方法生产的铸件的冲击功应满足经双方协商的修正值。

2. 这些材料牌号也可用于压力容器。

表 3-9 附铸试样力学性能（GB/T 1348—2009）

材料牌号	铸件壁厚 /mm	抗拉强度 R_m /MPa (min)	屈服强度 $R_{P0.2}$ /MPa (min)	伸长率 A/% (min)	硬度 (HBW)	主要基体组织
QT350-22AL	≤30	350	220	22	≤160	铁素体
	＞30～60	330	210	18		
	＞60～200	320	200	15		
QT350-22AR	≤30	350	220	22	≤160	铁素体
	＞30～60	330	220	18		
	＞60～200	320	210	15		
QT350-22A	≤30	350	220	22	≤160	铁素体
	＞30～60	330	210	18		
	＞60～200	320	200	15		
QT400-18AL	≤30	380	240	18	120～175	铁素体
	＞30～60	370	230	15		
	＞60～200	360	220	12		
QT400-18AR	≤30	400	250	18	120～175	铁素体
	＞30～60	390	250	15		
	＞60～200	370	240	12		
QT400-18A	≤30	400	250	18	120～175	铁素体
	＞30～60	390	250	15		
	＞60～200	370	240	12		
QT400-15A	≤30	400	250	15	120～180	铁素体
	＞30～60	390	250	14		
	＞60～200	370	240	11		
QT450-10A	≤30	450	310	10	160～210	铁素体
	＞30～60	420	280	9		
	＞60～200	390	260	8		
QT500-7A	≤30	500	320	7	170～230	铁素体＋珠光体
	＞30～60	450	300	7		
	＞60～200	420	290	5		
QT550-5A	≤30	550	350	5	180～250	铁素体＋珠光体
	＞30～60	520	330	4		
	＞60～200	500	320	3		
QT600-3A	≤30	600	370	3	190～270	珠光体＋铁素体
	＞30～60	600	360	2		
	＞60～200	550	340	1		
QT700-2A	≤30	700	420	2	225～305	珠光体
	＞30～60	700	400	2		
	＞60～200	650	380	1		
QT800-2A	≤30	800	480	2	245～335	珠光体或索氏体
	＞30～60	由供需双方商定				
	＞60～200					

续表

材料牌号	铸件壁厚/mm	抗拉强度 R_m /MPa (min)	屈服强度 $R_{P0.2}$ /MPa (min)	伸长率 A/% (min)	硬度 (HBW)	主要基体组织
QT900-2A	≤30	900	600	2	280～360	回火马氏体或索氏体＋屈氏体
	＞30～60	由供需双方商定				
	＞60～200					

注：1.从附铸试样测得的力学性能并不能准确地反映铸件本体的力学性能，但与单铸试棒上测得的值相比更接近于铸件的实际性能值。

2.伸长率在原始标距 $L_0=5d$ 上测得，d 是试样上原始标距处的直径。

表 3-10 V形缺口附铸试样的冲击功（GB/T 1348—2009）

牌　号	铸件壁厚/mm	最小冲击功/J					
		室温(23±5)℃		低温(−20±2)℃		低温(−40±2)℃	
		三个试样平均值	个别值	三个试样平均值	个别值	三个试样平均值	个别值
QT350-22AR	≤60	17	14	—	—	—	—
	＞60～200	15	12	—	—	—	—
QT350-22AL	≤60	—	—	—	—	12	9
	＞60～200	—	—	—	—	10	7
QT400-18AR	≤60	14	11	—	—	—	—
	＞60～200	12	9	—	—	—	—
QT400-18AL	≤60	—	—	12	9	—	—
	＞60～200	—	—	10	7	—	—

注：从附铸试样测得的力学性能并不能准确地反映铸件本体的力学性能，但与单铸试棒上测得的值相比更接近于铸件的实际性能值。

表 3-11 铸件本体屈服强度

材料牌号	不同壁厚 t 下的 0.2%时的屈服强度 $R_{P0.2}$/MPa(min)			
	t≤50mm	50mm＜t≤80mm	80mm＜t≤120mm	120mm＜t≤200mm
QT400-15	250	240	230	230
QT500-7	290	280	270	260
QT550-5	320	310	300	290
QT600-3	360	340	330	320
QT700-2	400	380	370	360

注：铸件本体性能值无法统一一致，因其取决于铸件的复杂程度以及铸件壁厚的变化。

表 3-12 QT500-10 的力学性能（GB/T 1348—2009）

材料牌号	铸件壁厚 t/mm	抗拉强度 R_m/MPa (min)	屈服强度 $R_{P0.2}$/MPa (min)	伸长率 A/% (min)
单铸试棒				
QT500-10	—	500	360	10
附铸试棒				
QT500-10A	≤30	500	360	10
	＞30～60	490	360	9
	＞60～200	470	350	7

表 3-13 球墨铸铁的力学性能和物理性能（GB/T 1348—2009）

特性值	单位	材料牌号									
		QT350-22	QT400-18	QT450-10	QT500-7	QT550-5	QT600-3	QT700-2	QT800-2	QT900-2	QT500-10
剪切强度	MPa	315	360	405	450	500	540	630	720	810	—
扭转强度	MPa	315	360	405	450	500	540	630	720	810	—
弹性模量 E（拉伸和压缩）	GPa	169	169	169	169	172	174	176	176	176	170
泊松比 ν	—	0.275	0.275	0.275	0.275	0.275	0.275	0.275	0.275	0.275	0.28～0.29
无缺口疲劳极限①（旋转弯曲）（ϕ10.6mm）	MPa	180	195	210	224	236	248	280	304	304	225
有缺口疲劳极限②（旋转弯曲）（ϕ10.6mm）	MPa	114	122	128	134	142	149	168	182	182	140
抗压强度	MPa	—	700	700	800	840	870	1000	1150	—	—
断裂韧性 K_{IC}	MPa·$\sqrt{m}$	31	30	28	25	22	20	15	14	14	28
300℃时的热导率	W/(K·m)	36.2	36.2	36.2	35.2	34	32.5	31.1	31.1	31.1	—
20～500℃时的比热容	J/(kg·K)	515	515	515	515	515	515	515	515	515	—
20～400℃时的线胀系数	μm(m·K)	12.5	12.5	12.5	12.5	12.5	12.5	12.5	12.5	12.5	—
密度	kg/dm^3	7.1	7.1	7.1	7.1	7.1	7.2	7.2	7.2	7.2	7.1
最大渗透性	μH/m	2136	2136	2136	1596	1200	866	501	501	501	—
磁滞损耗（B=1T）	J/m^3	600	600	600	1345	1800	2248	2700	2700	2700	—
电阻率	μΩ·m	0.50	0.50	0.50	0.51	0.52	0.53	0.54	0.54	0.54	—
主要基体组织	—	铁素体	铁素体	铁素体	铁素体-珠光体	铁素体-珠光体	珠光体-铁素体	珠光体	珠光体或索氏体	回火马氏体或索氏体+屈氏体③	铁素体

① 对抗拉强度是 370MPa 的球墨铸铁件无缺口试样，退火铁素体球墨铸铁件的疲劳极限强度大约是抗拉强度的 0.5 倍。在珠光体球墨铸铁和（淬火+回火）球墨铸铁中这个比率随着抗拉强度的增加而减少，疲劳极限强度大约是抗拉强度的 0.4 倍。当抗拉强度超过 740MPa 时这个比率将进一步减少。

② 对直径 ϕ10.6mm 的 45°圆角 R0.25mm 的 V 形缺口试样，退火球墨铸铁件的疲劳极限强度降低到无缺口球墨铸铁件（抗拉强度是 370MPa）疲劳极限的 0.63 倍。这个比率随着铁素体球墨铸铁件抗拉强度的增加而减少。对中等强度的球墨铸铁件、珠光体球墨铸铁件和（淬火+回火）球墨铸铁件，有缺口试样的疲劳极限大约是无缺口试样疲劳极限强度的 0.6 倍。

③ 对大型铸件，可能是珠光体，也可能是回火马氏体或屈氏体+索氏体。

注：除非另有说明，本表中所列数值都是常温下的测定值。

表 3-14　球墨铸铁件的硬度（GB/T 1348—2009）

材料牌号	硬度/HBW	其他性能[①]	
		抗拉强度 R_m/MPa(min)	屈服强度 $R_{P0.2}$/MPa(min)
QT-130HBW	<160	350	220
QT-150HBW	130～175	400	250
QT-155HBW	135～180	400	250
QT-185HBW	160～210	450	310
QT-200HBW	170～230	500	320
QT-215HBW	180～250	550	350
QT-230HBW	190～270	600	370
QT-265HBW	225～305	700	420
QT-300HBW	245～335	800	480
QT-330HBW	270～360	900	600

① 当硬度作为检验项目时，这些性能值供参考。
注：300HBW 和 330HBW 不适用于厚壁铸件。

经供需双方同意，可采用较低的硬度范围，硬度差范围在 30～40 可以接受，但对铁素体加珠光体基体的球墨铸铁，其硬度差应小于 30～40。

表 3-15　球墨铸铁件的特性及用途

铸铁牌号	主要特性	用途举例
QT400-18 QT400-15	焊接性及切削加工性能好，韧性高，脆性转变温度低	①农机具　犁铧、犁柱、收割机及割草机上的导架、差速器壳、护刃器 ②汽车、拖拉机的轮毂、驱动桥壳体、离合体器壳、差速器壳等 ③通用机　16～64 大气压阀门的阀体、阀盖，压缩机上高低压汽缸等 ④其他　铁路垫板、电机机壳、齿轮箱、飞轮壳等
QT450-10	同上，但塑性略低而强度与小能量冲击力较高	
QT500-7	中等强度与塑性，切削加工性尚好	内燃机的机油泵齿轮，汽轮机中温汽缸隔板，铁路机车车辆轴瓦，机器座架、传动轴、飞轮、电动机架等
QT600-3	中高强度，低塑性，耐磨较好	①内燃机 5～4000HP 柴油机和汽油机的曲轴，部分轻型柴油机和汽油机的凸轮轴、气缸套、连杆、进排气门座等 ②农机具　脚踏脱料机齿条、轻负荷齿轮、畜力犁铧 ③部分磨床、铣床、车床的主轴 ④空氧机、气压机、冷冻机、制氧机、泵的曲轴、缸体、缸套 ⑤球磨机齿轴、矿车轮、桥式起重机大小滚轮、小型水轮机主轴等
QT700-2 QT800-2	有较高的强度和耐磨性，塑性及韧性较低	
QT900-2	有高的强度和耐磨性，较高的弯曲疲劳强度、接触疲劳强度和一定的韧性	①农机上的犁铧、耙片 ②汽车上的螺旋圆锥齿轮、转向节、传动轴 ③拖拉机上的减速齿轮 ④内燃机曲轴、凸轮轴

3.1.3 可锻铸铁

表 3-16 黑心可锻铸铁和珠光体可锻铸铁的力学性能（GB/T 9440—2010）

牌号	试样直径 d[①,②]/mm	抗拉强度 R_m/MPa(min)	0.2%屈服强度 $R_{P0.2}$/MPa(min)	伸长率 A/% (min)($L_0=3d$)	硬度(HBW)
KTH 275-05[③]	12 或 15	275	—	5	≤150
KTH 300-06[③]	12 或 15	300	—	6	
KTH 330-08	12 或 15	330	—	8	
KTH 350-10	12 或 15	350	200	10	
KTH 370-12	12 或 15	370	—	12	
KTZ 450-06	12 或 15	450	270	6	150～200
KTZ 500-05	12 或 15	500	300	5	165～215
KTZ 550-04	12 或 15	550	340	4	180～230
KTZ 600-03	12 或 15	600	390	3	195～245
KTZ 650-02[④,⑤]	12 或 15	650	430	2	210～260
KTZ 700-02	12 或 15	700	530	2	240～290
KTZ 800-01[④]	12 或 15	800	600	1	270～320

① 如果需方没有明确要求，供方可以任意选取两种试棒直径中的一种。

② 试样直径代表同样壁厚的铸件，如果铸件为薄壁件时，供需双方可以协商选取直径 6mm 或者 9mm 试样。

③ KTH 275-05 和 KTH 300-06 为专门用于保证压力密封性能，而不要求高强度或者高延展性的工作条件。

④ 油淬加回火。

⑤ 空冷加回火。

表 3-17 白心可锻铸铁的力学性能（GB/T 9440—2010）

牌号	试样直径 d/mm	抗拉强度 R_m/MPa(min)	0.2%屈服强度 $R_{P0.2}$/MPa(min)	伸长率 A/% (min)($L_0=3d$)	硬度(HBW,max)
KTB 350-04	6	270	—	10	230
	9	310	—	5	
	12	350	—	4	
	15	360	—	3	
KTB 360-12	6	280	—	16	200
	9	320	170	15	
	12	360	190	12	
	15	370	200	7	
KTB 400-05	6	300	—	12	220
	9	360	200	8	
	12	400	220	5	
	15	420	230	4	
KTB 450-07	6	330	—	12	220
	9	400	230	10	
	12	450	260	7	
	15	480	280	4	
KTB 550-04	6	—	—	—	250
	9	490	310	5	
	12	550	340	4	
	15	570	350	3	

注：1. 所有级别的白心可锻铸件均可以焊接。

2. 对于小尺寸的试样，很难判断其屈服强度，屈服强度的检测方法和数值由供需双方在签订订单时商定。

3. 试样直径同表 3-16 中①，②。

表 3-18　黑心可锻铸铁和珠光体可锻铸铁冲击性能

牌　　号	冲击功 A_K/J	牌　　号	冲击功 A_K/J
KTH 350-10	90～130	KTZ 600-03	—
KTZ 450-06	80～120[①]	KTZ 650-02	60～100[①]
KTZ 500-05	—	KTZ 700-02	50～90[①]
KTZ 550-04	70～110	KTZ 800-01	30～40[①]

① 油淬处理后的试样。

注：没有缺口，单铸试样尺寸（10×10×55）mm。

表 3-19　可锻铸铁冲击性能

牌　　号	冲击功 A_K/J	牌　　号	冲击功 A_K/J
KTB 360-12	14	KTH 350-10	14
KTB 450-07	10	KTZ 450-06	10

注：V 形缺口，机加工的试样（10×10×55）mm。

表 3-20　白心可锻铸铁冲击性能

牌　　号	冲击功 A_K/J	牌　　号	冲击功 A_K/J
KTB 350-04	30～80	KTB 450-07	80～130
KTB 360-12	130～180	KTB 550-04	30～80
KTB 400-05	40～90		

注：1. 为了保证冲击性能值，磷含量不得超过 0.10%。这些数据为在室温状态下的三次检测的平均值。

2. 没有缺口，单铸试样尺寸（10×10×55）mm。

表 3-21　可锻铸铁件的特性及用途

铸铁牌号	特　性　及　用　途
KTH300-06	有一定的韧性和强度，气密性好。适用于承受低动载荷及静载荷、要求气密性好的工作零件，如管道配件、中低压阀门等
KTH330-08	有一定的韧性和强度。用于承受中等动载荷和静载荷的工作零件。如：农机上的犁刀、犁柱、车轮壳，机床用的扳手以及钢丝绳轧头等
KTH350-10 KTH370-12	有较高的韧性和强度。用于承受较高的冲击、振动及扭转负荷下的工作零件。如：汽车、拖拉机上的前后轮壳、差速器壳、转向节壳、制动器等，农机上的犁刀、犁柱以及铁道零件、冷暖器接头、船用电机壳等
KTZ450-06 KTZ550-04 KTZ650-02 KTZ700-02	韧性低，但强度高、硬度高、耐磨性好，且切削加工性良好。可用来代替低碳、中碳、低合金钢及有色合金制作承受较高载荷、耐磨损并要求有一定韧性的重要工作零件。如：曲轴、凸轮轴、连杆、齿轮、摇臂、活塞环、轴承、犁刀、耙片、闸、万向接头、棘轮、扳手、传动链条、矿车轮等
KTB350-04 KTB380-12 KTB400-05 KTB450-07	白心可锻铸铁的特点是：①薄壁铸件仍有较好的韧性；②有非常优良的焊接性，可与钢钎焊；③可切削性好，但工艺复杂、生产周期长，强度及耐磨性较差，在机械工业中很少应用。适用于制作厚度在 15mm 以下的薄壁铸件和焊接后不需进行热处理的零件

3.1.4　耐热铸铁

表 3-22　耐热铸铁的牌号及化学成分（GB/T 9437—2009）

铸铁牌号	化学成分（质量分数）/%						
	C	Si	Mn	P	S	Cr	Al
			不大于				
HTRCr	3.0～3.8	1.5～2.5	1.0	0.10	0.08	0.50～1.00	—
HTRCr2	3.0～3.8	2.0～3.0	1.0	0.10	0.08	1.00～2.00	—

续表

铸铁牌号	化学成分(质量分数)/%						
	C	Si	Mn	P	S	Cr	Al
			不大于				
HTRCr16	1.6～2.4	1.5～2.2	1.0	0.10	0.05	15.00～18.00	—
HTRSi5	2.4～3.2	4.5～5.5	0.8	0.10	0.08	0.5～1.00	—
QTRSi4	2.4～3.2	3.5～4.5	0.7	0.07	0.015	—	—
QTRSi4Mo	2.7～3.5	3.5～4.5	0.5	0.07	0.015	Mo0.5～0.9	—
QTRSi4Mo1	2.7～3.5	4.0～4.5	0.3	0.05	0.015	Mo1.0～1.5	Mg0.01～0.05
QTRSi5	2.4～3.2	4.5～5.5	0.7	0.07	0.015	—	—
QTRAl4Si4	2.5～3.0	3.5～4.5	0.5	0.07	0.015	—	4.0～5.0
QTRAl5Si5	2.3～2.8	4.5～5.2	0.5	0.07	0.015	—	5.0～5.8
QTRAl22	1.6～2.2	1.0～2.0	0.7	0.07	0.015	—	20.0～24.0

表 3-23　耐热铸铁的室温力学性能（GB/T 9437—2009）

铸铁牌号	最小抗拉强度 R_m/MPa	硬度(HBW)	铸铁牌号	最小抗拉强度 R_m/MPa	硬度(HBW)
HTRCr	200	189～288	QTRSi4Mo1	550	200～240
HTRCr2	150	207～288	QTRSi5	370	228～302
HTRCr16	340	400～450	QTRAl4Si4	250	285～341
HTRSi5	140	160～270	QTRAl5Si5	200	302～363
QTRSi4	420	143～187	QTRAl22	300	241～364
QTRSi4Mo	520	188～241			

注：允许用热处理方法达到上述性能。

表 3-24　耐热铸铁的高温短时抗拉强度（GB/T 9437—2009）

铸 铁 牌 号	在下列温度时的最小抗拉强度 R_m/MPa				
	500℃	600℃	700℃	800℃	900℃
HTRCr	225	144	—	—	—
HTRCr2	243	166	—	—	—
HTRCr16	—	—	—	144	88
HTRSi5	—	—	41	27	—
QTRSi4	—	—	75	35	—
QTRSi4Mo	—	—	101	46	—
QTRSi4Mo1	—	—	101	46	—
QTRSi5	—	—	67	30	—
QTRAl4Si4	—	—	—	82	32
QTRAl5Si5	—	—	—	167	75
QTRAl22	—	—	—	130	77

表 3-25　耐热铸铁的使用条件及应用举例（GB/T 9437—2009）

铸铁牌号	使 用 条 件	应 用 举 例
HTRCr	在空气炉气中，耐热温度到550℃。具有高的抗氧化性和体积稳定性	适用于急冷急热的，薄壁，细长件。用于炉条、高炉支梁式水箱、金属型、玻璃模等
HTRCr2	在空气炉气中，耐热温度到600℃，具有高的抗氧化性和体积稳定性	适用于急冷急热的，薄壁，细长件。用于煤气炉内灰盆、矿山烧结车挡板等
HTRCAr16	在空气炉气中耐热温度到900℃。具有高的室温及高温强度，高的抗氧化性，但常温脆性较大。耐硝酸的腐蚀	可在室温及高温下作抗磨件使用。用于退火罐、煤粉烧嘴、炉栅、水泥焙烧炉零件、化工机械等零件

续表

铸铁牌号	使用条件	应用举例
HTRSi5	在空气炉气中耐热温度到700℃。耐热性较好，承受机械和热冲击能力较差	用于炉条、煤粉烧嘴、锅炉用梳形定位析、换热器针状管、二硫化碳反应瓶等
QTRSi4	在空气炉气中耐热温度到650℃。力学性能抗裂性较RQTSi5好	用于玻璃窑烟道闸门、玻璃引上机墙板、加热炉两端管架等
QTRSi4Mo	在空气炉气中耐热温度到680℃。高温力学性能较好	用于内燃机排气歧管、罩式退火炉导向器、烧结机中后热筛板、加热炉吊梁等
QTRSiMo1	在空气炉气中耐热温度到800℃。高温力学性能好	用于内燃机排气歧管、罩式退火炉导向器、烧结机中后热筛板、加热炉吊梁等
QTRSi5	在空气炉气中耐热温度到800℃，常温及高温性能显著优于RTSi5	用于煤粉烧嘴、炉条、辐射管、烟道闸门、加热炉中间管架等
QTRAl4Si4	在空气炉气中耐热温度到900℃。耐热性良好	适用于高温轻载荷下工作的耐热件。用于烧结机篦条、炉用件等
QTRAl5Si5	在空气炉气中耐热温度到1050℃。耐热性良好	
QTRAl22	在空气炉气中耐热温度到1100℃。具有优良的抗氧化能力，较高的室温和高温强度，韧性好，抗高温硫蚀性好	适用于高温(1100℃)、载荷较小、温度变化较缓的工件。用于锅炉用侧密封块、链式加热炉炉爪、黄铁矿焙烧炉零件等

3.1.5 蠕墨铸铁

表 3-26　蠕墨铸铁件牌号及室温力学性能（JB/T 4403—1999）

牌号	抗拉强度 σ_b /MPa	屈服强度 $\sigma_{0.2}$ /MPa	伸长率 δ /%	硬度值范围 (HB)	蠕化率 V_G /%，不小于	主要基体组织
	不小于					
RuT420	420	335	0.75	200～280	50	珠光体
RuT380	380	300	0.75	193～274		珠光体
RuT340	340	270	1.0	170～249		铁素体+珠光体
RuT300	300	240	1.5	140～217		铁素体+珠光体
RuT260	260	195	3	121～197		铁素体

注：1. 本表数值可经过热处理达到。
2. 铸件材质的力学性能以单铸试块的抗拉强度为验收依据，其中RuT260牌号，增加验收伸长率。
3. 石墨蠕化率按表中规定验收。

表 3-27　蠕墨铸铁的性能及应用（JB/T 4403—1999）

牌号	性能特点	应用举例
RuT420 RuT380	强度高、硬度高，具有高的耐磨性和较高的热导率，铸件材质中需加入合金元素或经正火热处理，适于制造要求强度或耐磨性高的零件	活塞环、汽缸套、制动盘、玻璃模具、刹车鼓、钢珠研磨盘、吸淤泵体等
RuT339	强度和硬度较高，具有较高的耐磨性和热导率，适于制造要求较高强度、刚度及要求耐磨的零件	带导轨面的重型机床件、大型龙门铣横梁、大型齿轮箱体、盖、座、刹车鼓、飞轮、玻璃模具、起重机卷筒、烧结机滑板等
RuT300	强度和硬度适中，有一定的塑韧性，热导率较高，致密性较好，适于制造要求较高强度及承受热疲劳的零件	排气管、变速箱体、汽缸盖、纺织机零件、液压件、钢锭模、某些小型烧结机篦条等
RuT260	强度一般，硬度较低，有较高的塑韧性和热导率，铸件一般需退火热处理，适于制造承受冲击负荷及热疲劳的零件	增压器废气进气壳体，汽车、拖拉机的某些底盘零件等

3.1.6 抗磨铸铁

表 3-28 中锰抗磨球墨铸铁及合金耐磨铸铁牌号、化学成分及力学性能（JB/ZQ 4304—2006）

牌号	化学成分/%								力学性能					挠度 f/mm	
	C	Si	Mn	P	S	Cu	Mo	Cr	σ_{bb}/MPa 砂型	σ_{bb}/MPa 金属型	σ_b/MPa	A_K/J	硬度(HBS)[HRC]	砂型	金属型
									试样直径 d/mm 30	试样直径 d/mm 50				支距 l/mm 300	支距 l/mm 500
									≥						
MT-4	3.00～3.40	1.50～2.00	0.60～0.90	≤0.030	≤0.140	1.00～1.30	0.40～0.60	～	355	—	175	—	195～260	—	—
Cu-Cr-Mo合金铸铁	3.20～3.60	1.30～1.80	0.50～1.00	≤0.030	≤0.150	0.60～1.10	0.30～0.70	0.20～0.60	430	—	235	—	200～255	—	—
中锰抗磨球墨铸铁 MQTMn6	—		5.50～6.50	—					510	390	—	31	[44]	3.0	2.5
中锰抗磨球墨铸铁 MQTMn7	—		>6.50～7.50	—					470	440	—	35	[41]	3.5	3.0
中锰抗磨球墨铸铁 MQTMn8	—		>7.50～9.00	—					430	490	—	39	[38]	4.0	3.5

注：1. MT-4耐磨铸铁的金相组织是细小珠光体和中细片状石墨，珠光体含量大于85%，磷共晶为细小网状并均匀分布；不允许有游离的渗碳体。用作一般耐磨零件。

2. Cu-Cr-Mo合金铸铁熔炼过程与一般灰铸铁相同，合金材料完全在炉内加入，石墨主要是分散片状。可用于制作活塞环、机床床身、卷筒、密封圈等耐磨零件。

3. 中锰抗磨球墨铸铁的基体组织以马氏体和奥氏体为主。主要用于制作选矿用螺旋分级叶片、磨机衬板等。表中的锰含量范围、挠度和砂型铸造直径为30mm的抗弯试棒的抗弯强度值，除订货协议有规定外，不作为验收依据。

4. "M"，"Q"，"T"分别是"磨"，"球"，"铁"三字汉语拼音的第一个字母。

表 3-29 抗磨白口铸铁件的牌号及其化学成分（GB/T 8263—2010）

牌号	化学成分(质量分数)/%								
	C	Si	Mn	Cr	Mo	Ni	Cu	S	P
BTMNi4Cr2-DT	2.4～3.0	≤0.8	≤2.0	1.5～3.0	≤1.0	3.3～5.0	—	≤0.10	≤0.10
BTMNi4Cr2-GT	3.0～3.6	≤0.8	≤2.0	1.5～3.0	≤1.0	3.3～5.0	—	≤0.10	≤0.10
BTMCr9Ni5	2.5～3.6	1.5～2.2	≤2.0	8.0～10.0	≤1.0	4.5～7.0	—	≤0.06	≤0.06
BTMCr2	2.1～3.6	≤1.5	≤2.0	1.0～3.0	—	—	—	≤0.10	≤0.10
BTMCr8	2.1～3.6	1.5～2.2	≤2.0	7.0～10.0	≤3.0	≤1.0	≤1.2	≤0.06	≤0.06
BTMCr12-DT	1.1～2.0	≤1.5	≤2.0	11.0～14.0	≤3.0	≤2.5	≤1.2	≤0.06	≤0.06
BTMCr12-GT	2.0～3.6	≤1.5	≤2.0	11.0～14.0	≤3.0	≤2.5	≤1.2	≤0.06	≤0.06
BTMCr15	2.0～3.6	≤1.2	≤2.0	14.0～18.0	≤3.0	≤2.5	≤1.2	≤0.06	≤0.06
BTMCr20	2.0～3.3	≤1.2	≤2.0	18.0～23.0	≤3.0	≤2.5	≤1.2	≤0.06	≤0.06
BTMCr26	2.0～3.3	≤1.2	≤2.0	23.0～30.0	≤3.0	≤2.5	≤1.2	≤0.06	≤0.06

注：1. 牌号中，"DT"和"GT"分别是"低碳"和"高碳"的汉语拼音大写字母，表示该牌号含碳量的高低。

2. 允许加入微量V、Ti、Nb、B和RE等元素。

表 3-30　抗磨白口铸铁件的硬度（GB/T 8263—2010）

牌　号	表　面　硬　度					
	铸态或铸态去应力处理		硬化态或硬化态去应力处理		软化退火态	
	HRC	HBW	HRC	HBW	HRC	HBW
BTMNi4Cr2-DT	⩾53	⩾550	⩾56	⩾600	—	—
BTMNi4Cr2-GT	⩾53	⩾550	⩾56	⩾600	—	—
BTMCr9Ni5	⩾50	⩾500	⩾56	⩾600	—	—
BTMCr2	⩾45	⩾435	—	—	—	—
BTMCr8	⩾46	⩾450	⩾56	⩾600	⩽41	⩽400
BTMCr12-DT	—	—	⩾50	⩾500	⩽41	⩽400
BTMCr12-GT	⩾46	⩾450	⩾58	⩾650	⩽41	⩽400
BTMCr15	⩾46	⩾450	⩾58	⩾650	⩽41	⩽400
BTMCr20	⩾46	⩾450	⩾59	⩾650	⩽41	⩽400
BTMCr26	⩾46	⩾450	⩾58	⩾650	⩽41	⩽400

注：1. 洛氏硬度值（HRC）和布氏硬度值（HBW）之间没有精确的对应值，因此，这两种硬度值应独立使用。
2. 铸件断面深度 40%处的硬度应不低于表面硬度值的 92%。

表 3-31　抗磨白口铸铁件热处理规范（GB/T 8263—2010）

<table>
<tr><th>牌　号</th><th>软化退火处理</th><th>硬 化 处 理</th><th>回 火 处 理</th></tr>
<tr><td>BTMNi4Cr2-DT</td><td rowspan="2">—</td><td rowspan="2">430～470℃保温 4～6h，出炉空冷或炉冷</td><td rowspan="3">在 250～300℃保温 8～16h，出炉空冷或炉冷</td></tr>
<tr><td>BTMNi4Cr2-GT</td></tr>
<tr><td>BTMCr9Ni5</td><td>—</td><td>800～850℃保温 6～16h，出炉空冷或炉冷</td></tr>
<tr><td>BTMCr8</td><td rowspan="3">920～960℃保温，缓冷至 700～750℃保温，缓冷至 600℃以下出炉空冷或炉冷</td><td>940～980℃保温，出炉后以合适的方式快速冷却</td><td rowspan="6">在 200～550℃保温，出炉空冷或炉冷</td></tr>
<tr><td>BTMCr12-DT</td><td>900～980℃保温，出炉后以合适的方式快速冷却</td></tr>
<tr><td>BTMCr12-GT</td><td>900～980℃保温，出炉后以合适的方式快速冷却</td></tr>
<tr><td>BTMCr15</td><td rowspan="3">960～1060℃保温，缓冷至 700～750℃保温，缓冷至 600℃以下出炉空冷或炉冷</td><td>920～1000℃保温，出炉后以合适的方式快速冷却</td></tr>
<tr><td>BTMCr20</td><td>950～1050℃保温，出炉后以合适的方式快速冷却</td></tr>
<tr><td>BTMCr26</td><td>960～1060℃保温，出炉后以合适的方式快速冷却</td></tr>
</table>

注：1. 热处理规范中保温时间主要由铸件壁厚决定。
2. BTMCr2 经 200～650℃去应力处理。

表 3-32　抗磨白口铸铁件的金相组织（GB/T 8263—2010）

<table>
<tr><th rowspan="2">牌　号</th><th colspan="2">金　相　组　织</th></tr>
<tr><th>铸态或铸态去应力处理</th><th>硬化态或硬化态去应力处理</th></tr>
<tr><td>BTMNi4Cr2-DT</td><td rowspan="2">共晶碳化物 M_3C＋马氏体＋贝氏体＋奥氏体</td><td rowspan="2">共晶碳化物 M_3C＋马氏体＋贝氏体＋残余奥氏体</td></tr>
<tr><td>BTMNi4Cr2-GT</td></tr>
<tr><td>BTMCr9Ni5</td><td>共晶碳化物（M_7C_3＋少量 M_3C）＋马氏体＋奥氏体</td><td>共晶碳化物（M_7C_3＋少量 M_3C）＋二次碳化物＋马氏体＋残余奥氏体</td></tr>
<tr><td>BTMCr2</td><td>共晶碳化物 M_3C＋珠光体</td><td>—</td></tr>
<tr><td>BTMCr8</td><td>共晶碳化物（M_7C_3＋少量 M_3C）＋细珠光体</td><td>共晶碳化物（M_7C_3＋少量 M_3C）＋二次碳化物＋马氏体＋残余奥氏体</td></tr>
<tr><td>BTMCr12-DT</td><td>—</td><td rowspan="5">碳化物＋马氏体＋残余奥氏体</td></tr>
<tr><td>BTMCr12-GT</td><td rowspan="4">碳化物＋奥氏体及其转变产物</td></tr>
<tr><td>BTMCr15</td></tr>
<tr><td>BTMCr20</td></tr>
<tr><td>BTMCr26</td></tr>
</table>

3.2 欧洲标准化委员会（CEN）铸铁标准

表 3-33 耐磨铸铁的牌号及化学成分（EN 12513—2011）

牌 号	数字编号	化学成分/%（不大于，注明范围者除外）
EN-GJN-HV350	EN-JN2019	2.4～3.9C，0.4～1.5Si，0.2～1.0Mn，2.0Cr
EN-GJN-HV520	EN-JN2029	2.5～3.0C，0.8Si，0.8Mn，0.1P，0.1S，3.0～5.5Ni，1.5～3.0Cr
EN-GJN-HV550	EN-JN2039	3.0～3.6C，0.8Si，0.8Mn，0.1P，0.1S，3.0～5.5Ni，1.5～3.0Cr
EN-GJN-HV600	EN-JN2049	2.5～3.5C，1.5～2.5Si，0.3～0.8Mn，0.08P，0.08S，4.5～6.5Ni，8.0～10.0Cr
EN-GJN-HV600(XCr11)	EN-JN3019	1.8～3.6C，1.0Si，0.5～1.5Mn，0.08P，0.08S，11.0～14.0Cr，2.0Ni，3.0Mo，1.2Cu
EN-GJN-HV600(XCr14)	EN-JN3029	1.8～3.6C，1.0Si，0.5～1.5Mn，0.08P，0.08S，14.0～18.0Cr，2.0Ni，3.0Mo，1.2Cu
EN-GJN-HV600(XCr18)	EN-JN3039	1.8～3.6C，1.0Si，0.5～1.5Mn，0.08P，0.08S，18.0～23.0Cr，2.0Ni，3.0Mo，1.2Cu
EN-GJN-HV600(XCr23)	EN-JN3049	1.8～3.6C，1.0Si，0.5～1.5Mn，0.08P，0.08S，23.0～28.0Cr，2.0Ni，3.0Mo，1.2Cu

注：XCr11～XCr23 四种铸铁的维氏硬度均不小于 600HV。

表 3-34 奥氏体铸铁的牌号，化学成分及力学性能（EN 13835—2012）

牌 号	数字编号	化学成分/%（不大于，注明范围者除外）	抗拉强度/MPa	屈服强度/MPa	伸长率/%	硬度（HBW）	V形缺口冲击功/J
EN-GJLA-XNiCuCr15-6-2	5.1500	3.0C，1.0～2.8Si，0.5～1.5Mn，13.5～17.5Ni，1.0～3.5Cr，0.25P，5.5～7.5Cu	170			120～215	
EN-GJSA-XNiCr20-2	5.3500	3.0C，1.5～3.0Si，0.5～1.5Mn，18.0～22.0Ni，1.0～3.5Cr，0.08P，0.50Cu	370	210	7	140～255	13
EN-GJSA-XNiMn23-4	5.3501	2.6C，1.5～2.5Si，4.0～4.5Mn，22.0～24.0Ni，0.2Cr，0.08P，0.50Cu	440	210	25	150～180	24
EN-GJSA-XNiCrNb20-2	5.3502	3.0C，1.5～2.4Si，0.5～1.5Mn，18.0～22.0Ni，1.0～3.5Cr，0.08P，0.50Cu	370	210	7	140～200	13
EN-GJSA-XNi22	5.3503	3.0C，1.0～3.0Si，1.5～2.5Mn，21.0～24.0Ni，0.5Cr，0.08P，0.50Cu	370	170	20	130～170	20
EN-GJSA-XNi35	5.3504	2.4C，1.5～3.0Si，0.5～1.5Mn，34.0～36.0Ni，0.2Cr，0.08P，0.50Cu	370	210	20	130～180	13
EN-GJSA-XNiSiCr35-5-2	5.3505	2.0C，4.0～6.0Si，0.5～1.5Mn，34.0～36.0Ni，1.5～2.5Cr，0.08P，0.50Cu	370	200	10	130～170	7
EN-GJSA-XNiMn13-7	5.1501	3.0C，1.5～3.0Si，6.0～7.0Mn，12.0～14.0Ni，0.2Cr，0.25P，0.50Cu	140			120～150	16

续表

牌　　号	数字编号	化学成分/% (不大于，注明范围者除外)	抗拉强度/MPa	屈服强度/MPa	伸长率/%	硬度(HBW)	V形缺口冲击功/J
EN-GJSA-XNiMn13-7	5.3506	3.0C，2.0～3.0Si，6.0～7.0Mn，12.0～14.0Ni，0.2Cr，0.08P，0.50Cu	390	210	15	120～150	16
EN-GJSA-XNiCr30-3	5.3507	2.6C，1.5～3.0Si，0.5～1.5Mn，28.0～32.0Ni，2.5～3.5Cr，0.08P，0.50Cu	370	210	7	140～200	7
EN-GJSA-XNiSiCr30-5-5	5.3508	2.6C，5.0～6.0Si，0.5～1.5Mn，28.0～32.0Ni，4.5～5.5Cr，0.08P，0.50Cu	390	240		170～250	
EN-GJSA-XNiCr35-3	5.3509	2.4C，1.5～3.0Si，0.5～1.5Mn，34.0～36.0Ni，2.0～3.0Cr，0.08P，0.50Cu	370	210	7	140～190	7

表 3-35　奥氏体铸铁的物理性质

用途	牌号	数字编号	密度 ρ /(kg/dm³)	线胀系数(20～200℃) α /[μm/(m·K)]	热导率 λ /[W/(m·K)]	比热容 c /[J/(g·K)]	电阻率/(μΩ·m)	磁导率(H=79.58A/cm)
工程用途	EN-GJLA-XNiCuCr15-6-2	5.1500	7.3	18.7	39.00	46～50	1.6	1.03
	EN-GJSA-XNi-Cr20-2	5.3500	7.4～7.45	18.7	12.60	46～50	1.0	1.05
	EN-GJSA-XNi-Mn23-4	5.3501	7.45	14.7	12.60	46～50		1.02
	EN-GJSA-XNi-CrNb20-2	5.3502	7.40	18.7	12.60	46～50	1.0	1.04
	EN-GJSA-XNi22	5.3503	7.40	18.40	12.60	46～50	1.0	1.02
	EN-GJSA-XNi35	5.3504	7.60	5.0	12.60	46～50		
	EN-GJSA-XNiSi-Cr35-5-2	5.3505	7.45	15.10	12.60	46～50		
特殊用途	EN-GJLA-XNi-Mn13-7	5.1501	7.40	17.70	39.00	46～50	1.2	1.02
	EN-GJSA-XNi-Mn13-7	5.3506	7.30	18.20	12.60	46～50	1.0	1.02
	EN-GJSA-XNi-Cr30-3	5.3507	7.45	12.60	12.60	46～50		
	EN-GJSA-XNiSi-Cr30-5-5	5.3508	7.45	14.40	12.60	46～50		1.10
	EN-GJSA-XNi-Cr35-3	5.3509	7.70	5.0	12.60	46～50		

表 3-36　灰口铸铁件的牌号，尺寸及力学性能（EN 1561—2012）

牌　　号	数字编号	壁厚/mm	抗拉强度 R_m/MPa(非范围值者均为最小值)
EN-GJL-100	5.1100	5～40	100
EN-GJL-150	5.1200	2.5～50	150
		50～100	130
		100～200	110

续表

牌号	数字编号	壁厚/mm	抗拉强度 R_m/MPa(非范围值者均为最小值)
EN-GJL-200	5.1300	2.5～50 50～100 100～200	200 180 160
EN-GJL-250	5.1301	5～50 50～100 100～200	250 220 200
EN-GJL-300	5.1302	10～50 50～100 100～200	300 260 240
EN-GJL-350	5.1303	10～50 50～100 100～200	350 310 280

表 3-37 灰口铸铁件硬度（EN 1561—2012）

牌号	数字编号	壁厚 t/mm	硬度(HBW)
EN-GJL-HB155	5.1101	2.5～50	≤155
EN-GJL-HB175	5.1201	2.5～50	115～175
		50～100	105～165
EN-GJL-HB195	5.1304	5～50	135～195
		50～100	125～185
EN-GJL-HB215	5.1305	5～50	155～215
		50～100	145～205
EN-GJL-HB235	5.1306	10～50	175～235
		50～100	160～220
EN-GJL-HB255	5.1307	20～50	195～255
		50～100	180～240

表 3-38 可锻铸铁的牌号，尺寸及力学性能（EN 1562—2012）

牌号	数字编号	壁厚/mm	标称直径/mm	抗拉强度 R_m/MPa (min)	伸长率 $A_{3,4}$/% (min)	屈服强度 $R_{P0.2}$/MPa (min)	硬度(HBW) (max)
EN-GJMW-350-4	5.4200	≤3 3～5 5～7 >7	6 9 12 15	270 310 350 360	10 5 4 3		230
EN-GJMW-360-12	5.4201	≤3 3～5 5～7 >7	6 9 12 15	280 320 360 370	16 15 12 7	— 170 190 200	200
EN-GJMW-400-5	5.4202	≤3 3～5 5～7 >7	6 9 12 15	300 360 400 420	12 8 5 4	— 200 220 230	220
EN-GJMW-450-7	5.4203	≤3 3～5 5～7 >7	6 9 12 15	330 400 450 480	12 10 7 4	— 230 260 280	220

续表

牌　号	数字编号	壁厚/mm	标称直径/mm	抗拉强度 R_m/MPa (min)	伸长率 $A_{3,4}$/% (min)	屈服强度 $R_{P0.2}$/MPa (min)	硬度 (HBW) (max)
EN-GJMW-550-4	5.4204	≤3 3～5 5～7 >7	6 9 12 15	— 490 550 570	— 5 4 3	— 310 340 350	250
EN-GJMB-300-6	5.4100	—	12 或 15	300	6	—	150
EN-GJMB-350-10	5.4101	—	12 或 15	350	10	200	150
EN-GJMB-450-6	5.4205	—	12 或 15	450	6	270	150～200
EN-GJMB-500-5	5.4206	—	12 或 15	500	5	300	165～215
EN-GJMB-550-4	5.4207	—	12 或 15	550	4	340	180～230
EN-GJMB-600-3	5.4208	—	12 或 15	600	3	390	195～245
EN-GJMB-650-2	5.4300	—	12 或 15	650	2	430	210～260
EN-GJMB-700-2	5.4301	—	12 或 15	700	2	530	240～290
EN-GJMB-800-1	5.4302	—	12 或 15	800	1	600	270～320

表 3-39　球墨铸铁牌号及力学性能（EN 1563—2011）

牌号	数字编号	壁厚 t/mm	$R_{P0.2}$/MPa(最小)	R_m/MPa(最小)	伸长率 A/%(最小)
EN-GJS-350-22-LT	5.3100	$t\leqslant30$ $30<t\leqslant60$ $60<t\leqslant200$	220 210 200	350 330 320	22 18 15
EN-GJS-350-22-RT	5.3101	$t\leqslant30$ $30<t\leqslant60$ $60<t\leqslant200$	220 220 210	350 330 320	22 18 15
EN-GJS-350-22	5.3102	$t\leqslant30$ $30<t\leqslant60$ $60<t\leqslant200$	220 220 210	350 330 320	22 18 15
EN-GJS-400-18-LT	5.3103	$t\leqslant30$ $30<t\leqslant60$ $60<t\leqslant200$	240 230 220	400 380 360	18 15 12
EN-GJS-400-18-RT	5.3104	$t\leqslant30$ $30<t\leqslant60$ $60<t\leqslant200$	250 250 240	400 390 370	18 15 12
EN-GJS-400-18	5.3105	$t\leqslant30$ $30<t\leqslant60$ $60<t\leqslant200$	250 250 240	400 390 370	18 15 12
EN-GJS-400-15	5.3106	$t\leqslant30$ $30<t\leqslant60$ $60<t\leqslant200$	250 250 240	400 390 370	15 14 11
EN-GJS-450-10	5.3107	$t\leqslant30$ $30<t\leqslant60$ $60<t\leqslant200$	310	450	10

续表

牌号	数字编号	壁厚 t/mm	$R_{P0.2}$/MPa(最小)	R_m/MPa(最小)	伸长率 A/%(最小)
EN-GJS-500-7	5.3200	$t\leqslant30$ $30<t\leqslant60$ $60<t\leqslant200$	320 300 290	500 450 420	7 7 5
EN-GJS-600-3	5.3201	$t\leqslant30$ $30<t\leqslant60$ $60<t\leqslant200$	370 360 340	600 600 550	3 2 1
EN-GJS-700-2	5.3300	$t\leqslant30$ $30<t\leqslant60$ $60<t\leqslant200$	420 400 380	700 700 650	2 2 1
EN-GJS-800-2	5.3301	$t\leqslant30$ $30<t\leqslant60$ $60<t\leqslant200$	480	800	2
EN-GJS-900-2	5.3302	$t\leqslant30$ $30<t\leqslant60$ $60<t\leqslant200$	600	900	2

3.3 美国铸铁标准

3.3.1 灰铸铁［ASTM A48/A48M—03（2016年确认）］

表 3-40 美国灰铸铁的力学性能

牌号	抗拉强度(min)/ksi	牌号	抗拉强度(min)/ksi❶
No. 20A No. 20B No. 20C No. 20S	20	No. 45A No. 45B No. 45C No. 45S	45
No. 25A No. 25B No. 25C No. 25S	25	No. 50A No. 50B No. 50C No. 50S	50
No. 30A No. 30B No. 30C No. 30S	30	No. 55A No. 55B No. 55C No. 55S	55
No. 35A No. 35B No. 35C No. 35S	35	No. 60A No. 60B No. 60C No. 60S	60
No. 40A No. 40B No. 40C No. 40S	40	No. 150A No. 150B No. 150C No. 150S	150

❶ 1ksi=6.84MPa。

续表

牌号	抗拉强度(min)/ksi	牌号	抗拉强度(min)/ksi
No. 175A No. 175B No. 175C No. 175S	175	No. 300A No. 300B No. 300C No. 300S	300
No. 200A No. 200B No. 200C No. 200S	200	No. 325A No. 325B No. 325C No. 325S	325
No. 225A No. 225B No. 225C No. 225S	225	No. 350A No. 350B No. 350C No. 350S	350
No. 250A No. 250B No. 250C No. 250S	250	No. 375A No. 375B No. 375C No. 375S	375
No. 275A No. 275B No. 275C No. 275S	275	No. 400A No. 400B No. 400C No. 400S	400

3.3.2 球墨铸铁［ASTM A536—84（2014年确认）］

表 3-41 力学性能

项目	牌号 60-40-18	牌号 65-45-12	牌号 80-55-06	牌号 100-70-03	牌号 120-90-02
抗拉强度(min)/psi	60000	65000	80000	100000	120000
抗拉强度(min)/MPa	414	448	552	689	827
屈服强度(min)/psi	40000	45000	55000	70000	90000
屈服强度(min)/MPa	276	310	379	483	621
伸长率(标距 2in 或 50mm,min)/%	18	12	6.0	3.0	2.0

表 3-42 特殊应用时的力学性能

项目	牌号 60-42-10	牌号 70-50-05	牌号 80-60-03
抗拉强度(min)/psi	60000	70000	80000
抗拉强度(min)/MPa	415	485	555
屈服强度(min)/psi	42000	50000	60000
屈服强度(min)/MPa	290	345	415
伸长率(标距 2in 或 50mm,min)/%	10	5	3

3.4 国际标准化组织（ISO）铸铁标准

表 3-43 珠光体铸铁（球墨铸铁）附铸件的力学性能（ISO 1083：2018）

牌号	有效壁厚，t/mm	$R_{P0.2}$/MPa(min)	R_m/MPa(min)	A/%(min)
ISO1083/JS/350-22-LT	$t \leqslant 30$	220	350	22
	$30 < t \leqslant 60$	210	330	18
	$60 < t \leqslant 200$	200	320	15
ISO1083/JS/350-22-RT	$t \leqslant 30$	220	350	22
	$30 < t \leqslant 60$	220	330	18
	$60 < t \leqslant 200$	210	320	15
ISO1083/JS/350-22	$t \leqslant 30$	220	350	22
	$30 < t \leqslant 60$	220	330	18
	$60 < t \leqslant 200$	210	320	15
ISO1083/JS/400-18-LT	$t \leqslant 30$	240	400	18
	$30 < t \leqslant 60$	230	380	15
	$60 < t \leqslant 200$	220	360	12
ISO1083/JS/400-18-RT	$t \leqslant 30$	250	400	18
	$30 < t \leqslant 60$	250	390	15
	$60 < t \leqslant 200$	240	370	12
ISO1083/JS/400-18	$t \leqslant 30$	250	400	18
	$30 < t \leqslant 60$	250	390	15
	$60 < t \leqslant 200$	240	370	12
ISO1083/JS/400-15	$t \leqslant 30$	250	400	15
	$30 < t \leqslant 60$	250	390	14
	$60 < t \leqslant 200$	240	370	11
ISO1083/JS/450-10	$t \leqslant 30$	310	450	10
	$30 < t \leqslant 60$ $60 < t \leqslant 200$	需供需双方协商确定		
ISO1083/JS/500-7	$t \leqslant 30$	320	500	7
	$30 < t \leqslant 60$	300	450	7
	$60 < t \leqslant 200$	290	420	5
ISO1083/JS/550-5	$t \leqslant 30$	350	550	5
	$30 < t \leqslant 60$	330	520	4
	$60 < t \leqslant 200$	320	500	3
ISO1083/JS/600-3	$t \leqslant 30$	370	600	3
	$30 < t \leqslant 60$	360	600	2
	$60 < t \leqslant 200$	340	550	1
ISO1083/JS/700-2	$t \leqslant 30$	420	700	2
	$30 < t \leqslant 60$	400	700	2
	$60 < t \leqslant 200$	380	650	1

续表

牌号	有效壁厚,t/mm	$R_{P0.2}$/MPa(min)	R_m/MPa(min)	A/%(min)
ISO1083/JS/800-2	$t \leqslant 30$	480	800	2
	$30 < t \leqslant 60$ $60 < t \leqslant 200$	需供需双方协商确定		
ISO1083/JS/900-2	$t \leqslant 30$	600	900	2
	$30 < t \leqslant 60$ $60 < t \leqslant 200$	需供需双方协商确定		
ISO1083/JS/450-18	$t \leqslant 30$	350	450	18
	$30 \leqslant t \leqslant 60$	340	430	14
	$t > 60$	需供需双方协商确定		
ISO1083/JS/500-14	$t \leqslant 30$	400	500	14
	$30 \leqslant t \leqslant 60$	390	480	12
	$t > 60$	需供需双方协商确定		
ISO1083/JS/600-10	$t \leqslant 30$	470	600	10
	$30 \leqslant t \leqslant 60$	450	580	8
	$t > 60$	需供需双方协商确定		

表 3-44　灰铸铁力学性能（ISO 185：2005）

牌号	有效壁厚,t/mm		R_m		R_m/MPa(预测值)(min)
	>	≤	MPa(单铸试样)(min)	MPa(附铸件)(min)	
ISO 185/JL/100	5	40	100	—	—
ISO 185/JL/150	2.5	5	150	—	180
	5	10		—	155
	10	20		—	130
	20	40		120	110
	40	80		110	95
	80	150		100	80
	150	300		90	—
ISO 185/JL/200	2.5	5	200	—	230
	5	10		—	205
	10	20		—	180
	20	40		170	155
	40	80		150	130
	80	150		140	115
	150	300		130	—
ISO 185/JL/225	5	10	225	—	230
	10	20		—	205
	20	40		190	170
	40	80		170	150
	80	150		155	135
	100	300		145	—

续表

牌号	有效壁厚, t/mm		R_m		R_m /MPa(预测值) (min)
	>	≤	MPa(单铸试样) (min)	MPa(附铸件) (min)	
ISO 185/JL/250	5	10	250	—	250
	10	20		—	225
	20	40		210	195
	40	80		190	170
	80	150		170	155
	150	300		160	—
ISO 185/JL/275	10	20	275	—	250
	20	40		230	220
	40	80		205	190
	80	150		190	175
	150	300		175	—
ISO 185/JL/300	10	20	300	—	270
	20	40		250	240
	40	80		220	210
	80	150		210	195
	150	300		190	—
ISO 185/JL/350	10	20	350	—	315
	20	40		290	280
	40	80		260	250
	80	150		230	225
	150	300		210	—

4 铸钢

4.1 中国铸钢标准

4.1.1 铸钢牌号和化学成分

表 4-1 一般工程用铸造碳钢牌号和化学成分

（质量分数≤）（GB/T 11352—2009） 单位：%

牌号	C	Si	Mn	S	P	残余元素					
						Ni	Cr	Cu	Mo	V	残余元素总量
ZG200-400	0.20	0.60	0.80	0.035	0.035	0.40	0.35	0.40	0.20	0.05	1.00
ZG230-450	0.30		0.90								
ZG270-500	0.40										
ZG310-570	0.50										
ZG340-640	0.60										

注：1. 对上限减少 0.01% 的碳，允许增加 0.04% 的锰，对 ZG 200-400 的锰最高至 1.00%，其余四个牌号锰最高至 1.20%。

2. 除另有规定外，残余元素不作为验收依据。

表 4-2 焊接结构用碳素钢铸件的化学成分（GB/T 7659—2010） 单位：%

牌号	主要元素					残余元素					
	C	Si	Mn	S	P	Ni	Cr	Cu	Mo	V	总和
ZG200-400H	≤0.20	≤0.60	≤0.80	≤0.025	≤0.025	≤0.40	≤0.35	≤0.40	≤0.15	≤0.05	≤1.0
ZG230-450H	≤0.20	≤0.60	≤1.20	≤0.025	≤0.025						
ZG270-480H	0.17～0.25	≤0.60	0.80～1.20	≤0.025	≤0.025						
ZG300-500H	0.17～0.25	≤0.60	1.00～1.60	≤0.025	≤0.025						
ZG340-550H	0.17～0.25	≤0.80	1.00～1.60	≤0.025	≤0.025						

注：1. 实际碳含量比表中碳上限每减少 0.01%，允许实际锰含量超出表中锰上限 0.04%，但总超出量不得大于 0.2%。

2. 残余元素一般不做分析，如需方有要求时，可做残余元素的分析。

表 4-3　一般工程与结构用低合金钢铸件牌号、化学成分和力学性能（GB/T 14408—2014）

牌　　号	化学成分/%(质量分数)		力学性能,不小于				
	S	P	屈服强度 $R_{P0.2}$/MPa	抗拉强度 R_m/MPa	伸长率 A_5 /%	断面收缩率 Z/%	冲击吸收能量 A_{KV}/J
	不大于						
ZGD270-480	0.040	0.040	270	480	18	35	25
ZGD290-510			290	510	16	35	25
ZGD345-570			345	570	14	35	20
ZGD410-620			410	620	13	35	20
ZGD535-720			535	720	12	30	18
ZGD650-830			650	830	10	25	18
ZGD730-910	0.035	0.035	730	910	8	22	15
ZGD840-1030			840	1030	6	20	15
ZGD 1030—1240	0.020	0.020	1030	1240	5	20	22
ZGD 1240—1450	0.020	0.020	1240	1450	4	15	18

注：1.表中力学性能值取自28mm厚标准试块。

2.若以冲击作为检验指标可代替断面收缩率。冲击试样应采用V形裂口，具体数值由供需双方协商确定。

表 4-4　奥氏体锰钢铸件的牌号及其化学成分（GB/T 5680—2010）

牌　　号	化学成分/%(质量分数)								
	C	Si	Mn	P	S	Cr	Mo	Ni	W
ZG120Mn7Mo1	1.05～1.35	0.3～0.9	6～8	≤0.060	≤0.040	—	0.9～1.2	—	—
ZG110Mn13Mo1	0.75～1.35	0.3～0.9	11～14	≤0.060	≤0.040	—	0.9～1.2	—	—
ZG100Mn13	0.90～1.05	0.3～0.9	11～14	≤0.060	≤0.040	—	—	—	—
ZG120Mn13	1.05～1.35	0.3～0.9	11～14	≤0.060	≤0.040	—	—	—	—
ZG120Mn13Cr2	1.05～1.35	0.3～0.9	11～14	≤0.060	≤0.040	1.5～2.5	—	—	—
ZG120Mn13W1	1.05～1.35	0.3～0.9	11～14	≤0.060	≤0.040	—	—	—	0.9～1.2
ZG120Mn13Ni3	1.05～1.35	0.3～0.9	11～14	≤0.060	≤0.040	—	—	3～4	—
ZG90Mn14Mo1	0.70～1.00	0.3～0.6	13～15	≤0.070	≤0.040	—	1.0～1.8	—	—
ZG120Mn17	1.05～1.35	0.3～0.9	16～19	≤0.060	≤0.040	—	—	—	—
ZG120Mn17Cr2	1.05～1.35	0.3～0.9	16～19	≤0.060	≤0.040	1.5～2.5	—	—	—

注：允许加入微量V、Ti、Nb、B和RE等元素。

表 4-5 一般用途耐蚀钢铸件牌号和化学成分（GB/T 2100—2002）

组织类型	牌号	化学成分/%(质量分数)										
		C	Si	Mn	Cr	Ni	Mo	Cu	Ti	S,≤	P,≤	N
马氏体型	ZG1Cr13	0.08～0.15	≤1.0	≤0.6	12.0～14.0	—	—	—	—	0.030	0.040	—
	ZG2Cr13	0.16～0.24	≤1.0	≤0.6	12.0～14.0	—	—	—	—	0.030	0.040	—
铁素体型	ZG1Cr17	≤0.12	≤1.2	≤0.7	16.0～18.0	—	—	—	—	0.030	0.040	—
	ZG1Cr19Mo2	≤0.15	≤0.8	0.5～0.8	18.5～20.5	—	1.5～2.5	—	—	0.030	0.045	—
	ZGCr28	0.50～1.00	0.5～1.3	0.5～0.8	26.0～30.0	—	—	—	—	0.035	0.010	—
奥氏体型	ZG00Cr18Ni10	≤0.03	≤1.5	0.8～2.0	17.0～20.0	8.0～12.0	—	—	—	0.030	0.040	—
	ZG0Cr18Ni9	≤0.08	≤1.5	0.8～2.0	17.0～20.0	8.0～11.0	—	—	—	0.030	0.040	—
	ZG1Cr18Ni9	≤0.12	≤1.5	0.8～2.0	17.0～20.0	8.0～11.0	—	—	—	0.030	0.045	—
	ZG0Cr18Ni9Ti	≤0.08	≤1.5	0.8～2.0	17.0～20.0	8.0～11.0	—	—	5×(C%−0.02)～0.7	0.030	0.040	—
	ZG1Cr18Ni9Ti	≤0.12	≤1.5	0.8～2.0	17.0～20.0	8.0～11.0	—	—	5×(C%−0.02)～0.7	0.030	0.045	—
	ZG0Cr18Ni12Mo2Ti	≤0.08	≤1.5	0.8～2.0	16.0～19.0	11.0～13.0	2.0～3.0	—	5×(C%−0.02)～0.7	0.030	0.040	—
	ZG1Cr18Ni12Mo2Ti	≤0.12	≤1.5	0.8～2.0	16.0～19.0	11.0～13.0	2.0～3.0	—	5×(C%−0.02)～0.7	0.030	0.045	—
	ZG1Cr24Ni20Mo2Cu3	≤0.12	≤1.5	0.8～2.0	23.0～25.0	19.0～21.0	2.0～3.0	3.0～4.0	—	0.030	0.045	—
	ZG1Cr18Mn8Ni4N	≤0.10	≤1.5	7.5～10.0	17.0～19.0	3.5～5.5	—	—	—	0.030	0.060	0.15～0.25

续表

组织类型	牌号	化学成分/%(质量分数)										
		C	Si	Mn	Cr	Ni	Mo	Cu	Ti	S,≤	P,≤	N
奥氏体-铁素体型	ZG1Cr17Mn9Ni4Mo3Cu2N	≤0.12	≤1.5	8.0～10.0	16.0～19.0	3.0～5.0	2.9～3.5	2.0～2.5	—	0.035	0.060	0.16～0.26
	ZG1Cr18Mn13Mo2CuN	≤0.12	≤1.5	12.0～14.0	17.0～20.0	—	1.5～2.0	1.0～1.5	—	0.035	0.060	0.19～0.26
沉淀硬化型	ZG0Cr17Ni4Cu4Nb	≤0.07	≤1.0	≤1.0	15.5～17.5	3.0～5.0	—	2.6～4.6	Nb＝0.15～0.45	0.030	0.035	—

注：需要作拼焊件的铬镍奥氏体不锈耐酸钢铸件中的含磷量应≤0.040%，含硅量应≤1.2%。

表 4-6　工程结构用中、高强度不锈钢的化学成分（GB/T 6967—2009）　　单位：%

铸钢牌号	C	Si ≤	Mn ≤	P ≤	S ≤	Cr	Ni	Mo	残余元素(≤)			
									Cu	V	W	总量
ZG20Cr13	0.16～0.24	0.80	0.80	0.035	0.025	11.5～13.5	—	—	0.50	0.05	0.10	0.50
ZG15Cr13	≤0.15	0.80	0.80	0.035	0.025	11.5～13.5	—	—	0.50	0.05	0.10	0.50
ZG15Cr13Ni1	≤0.15	0.80	0.80	0.035	0.025	11.5～13.5	≤1.00	≤0.50	0.50	0.05	0.10	0.50
ZG10Cr13Ni1Mo	≤0.10	0.80	0.80	0.035	0.025	11.5～13.5	0.8～1.80	0.20～0.50	0.50	0.05	0.10	0.50
ZG06Cr13Ni4Mo	≤0.06	0.80	1.00	0.035	0.025	11.5～13.5	3.5～5.0	0.40～1.00	0.50	0.05	0.10	0.50
ZG06Cr13Ni5Mo	≤0.06	0.80	1.00	0.035	0.025	11.5～13.5	4.5～6.0	0.40～1.00	0.50	0.05	0.10	0.50
ZG06Cr16Ni5Mo	≤0.06	0.80	1.00	0.035	0.025	15.5～17.0	4.5～6.0	0.40～1.00	0.50	0.05	0.10	0.50
ZG04Cr13Ni4Mo	≤0.04	0.80	1.50	0.030	0.010	11.5～13.5	3.5～5.0	0.40～1.00	0.50	0.05	0.10	0.50
ZG04Cr13Ni5Mo	≤0.04	0.80	1.50	0.030	0.010	11.5～13.5	4.5～6.0	0.40～1.00	0.50	0.05	0.10	0.50

注：1. 除另有规定外，残余元素含量不作为验收依据。

2. 对 ZG04Cr13Ni4Mo 和 ZG04Cr13Ni5Mo，其精炼钢液气体含量应控制为：[H] ≤3×10^{-6}，[N] ≤200×10^{-6}，[O] ≤100×10^{-5}。除另有规定外，气体含量不作为验收依据。

表 4-7　一般用途耐热钢的化学成分（GB/T 8492—2014）

材料牌号	主要元素含量(质量分数)/%								
	C	Si	Mn	P	S	Cr	Mo	Ni	其他
ZG30Cr7Si2	0.20～0.35	1.0～2.5	0.5～1.0	0.04	0.04	6～8	0.5	0.5	
ZG40Cr13Si2	0.30～0.50	1.0～2.5	0.5～1.0	0.04	0.03	12～14	0.5	1	
ZG40Cr17Si2	0.30～0.50	1.0～2.5	0.5～1.0	0.04	0.03	16～19	0.5	1	
ZG40Cr24Si2	0.30～0.50	1.0～2.5	0.5～1.0	0.04	0.03	23～26	0.5	1	
ZG40Cr28Si2	0.30～0.50	1.0～2.5	0.5～1.0	0.04	0.03	27～30	0.5	1	
ZGCr29Si2	1.20～1.40	1.0～2.5	0.5～1.0	0.04	0.03	27～30	0.5	1	
ZG25Cr18Ni9Si2	0.15～0.35	1.0～2.5	2.0	0.04	0.03	17～19	0.5	8～10	
ZG25Cr20Ni14Si2	0.15～0.35	1.0～2.5	2.0	0.04	0.03	19～21	0.5	13～15	
ZG40Cr22Ni10Si2	0.30～0.50	1.0～2.5	2.0	0.04	0.03	21～23	0.5	9～11	
ZG40Cr24Ni24Si2Nb	0.25～0.3	1.0～2.5	2.0	0.04	0.03	23～25	0.5	23～25	Nb1.2～1.8
ZG40Cr25Ni12Si2	0.30～0.50	1.0～2.5	2.0	0.04	0.03	24～27	0.5	11～14	
ZG40Cr25Ni20Si2	0.30～0.50	1.0～2.5	2.0	0.04	0.03	24～27	0.5	19～22	
ZG40Cr27Ni4Si2	0.30～0.50	1.0～2.5	1.5	0.04	0.03	25～28	0.5	3～6	
ZG45Cr20Co20Ni20Mo3W3	0.35～0.60	1.0	2.0	0.04	0.03	19～22	2.5～3.0	18～22	Co18～22 W2～3
ZG10Ni31Cr20Nb1	0.05～0.12	1.2	1.2	0.04	0.03	19～23	0.5	30～34	Nb0.8～1.6
ZG40Ni35Cr17Si2	0.30～0.50	1.0～2.5	2.0	0.04	0.03	16～18	0.5	34～36	
ZG40Ni35Cr26Si2	0.30～0.50	1.0～2.5	2.0	0.04	0.03	24～27	0.5	33～36	
ZG40Ni35Cr26Si2Nb1	0.30～0.50	1.0～2.5	2.0	0.04	0.03	24～27	0.5	33～36	Nb0.8～1.8
ZG40Ni38Cr19Si2	0.30～0.50	1.0～2.5	2.0	0.04	0.03	18～21	0.5	36～39	
ZG40Ni38Cr19Si2Nb1	0.30～0.50	1.0～2.5	2.0	0.04	0.03	18～21	0.5	36～39	Nb1.2～1.8
ZNiCr28Fe17W5Si2C0.4	0.35～0.55	1.0～2.5	1.5	0.04	0.03	27～30		47～50	W4～6
ZNiCr50Nb1C0.1	0.10	0.5	0.5	0.02	0.02	47～52	0.5	余量	N0.16 N+C0.2 Nb1.4～1.7
ZNiCr19Fe18Si1C0.5	0.40～0.60	0.5～2.0	1.5	0.04	0.03	16～21	0.5	50～55	
ZNiFe18Cr15Si1C0.5	0.35～0.65	2.0	1.3	0.04	0.03	13～19		64～69	
ZNiCr25Fe20Co15 W5Si1C0.46	0.44～0.48	1.0～2.0	2.0	0.04	0.03	24～25		33～37	W4～6 Co14～16
ZCoCr28Fe18C0.3	0.50	1.0	1.0	0.04	0.03	25～30	0.5	1	Co48～52 Fe20 最大值

注：表中单个数值为最大值。

表 4-8 一般用途耐热钢室温力学性能和最高使用温度（GB/T 8492—2014）

牌号	屈服强度 $R_{P0.2}$/MPa（大于或等于）	抗拉强度 R_m/MPa（大于或等于）	断后伸长率 A/%（大于或等于）	布氏硬度（HBW）	最高使用温度①/℃
ZG30Cr7Si2					750
ZG40Cr13Si2				300②	850
ZG40Cr17Si2				300②	900
ZG40Cr24Si2				300②	1050
ZG40Cr28Si2				320②	1100
ZGCr29Si2				400②	1100
ZG25Cr18Ni9Si2	230	450	15		900
ZG25Cr20Ni14Si2	230	450	10		900
ZG40Cr22Ni10Si2	230	450	8		950
ZG40Cr24Ni24Si2Nb1	220	400	4		1050
ZG40Cr25Ni12Si2	220	450	6		1050
ZG40Cr25Ni20Si2	220	450	6		1100
ZG45Cr27Ni4Si2	250	400	3	400③	1100
ZG45Cr20Co20Ni20Mo3W3	320	400	6		1150
ZG10Ni31Cr20Nb1	170	440	20		1000
ZG40Ni35Cr17Si2	220	420	6		980
ZG40Ni35Cr26Si2	220	440	6		1050
ZG40Ni35Cr26Si2Nb1	220	440	4		1050
ZG40Ni38Cr19Si2	220	420	6		1050
ZG40Ni38Cr19Si2Nb1	220	420	4		1100
ZNiCr28Fe17W5Si2C0.4	220	400	3		1200
ZNiCr50Nb1C0.1	230	540	8		1050
ZNiCr19Fe18Si1C0.5	220	440	5		1100
ZNiFe18Cr15Si1C0.5	200	400	3		1100
ZNiCr25Fe20Co15W5Si1C0.46	270	480	5		1200
ZCoCr28Fe18C0.3	④				1200

① 最高使用温度取决于实际使用条件，所列数据仅供用户参考，这些数据适用于氧化气氛，实际的合金成分对其也有影响。

② 退火态最大 HBW 硬度值，铸件也可以铸态提供，此时硬度限制就不适用。

③ 最大 HBW 值。

④ 由供需双方协商确定。

4.1.2 力学性能及用途

表 4-9 一般工程用铸造碳钢件的力学性能（GB/T 11352—2009）

牌 号	屈服强度 $R_{eH}(R_{P0.2})$ /MPa	抗拉强度 R_m /MPa	伸长率 A_5 /%	根据合同选择		
				断面收缩率 Z/%	冲击吸收功 A_{KV}/J	冲击吸收功 A_{KU}/J
ZG200-400	200	400	25	40	30	47
ZG230-450	230	450	22	32	25	35
ZG270-500	270	500	18	25	22	27

续表

牌　号	屈服强度 $R_{eH}(R_{P0.2})$ /MPa	抗拉强度 R_m /MPa	伸长率 A_5 /%	根据合同选择		
				断面收缩率 Z/%	冲击吸收功 A_{KV}/J	冲击吸收功 A_{KU}/J
ZG310-570	310	570	15	21	15	24
ZG340-640	340	640	10	18	10	16

注：1. 表中所列的各牌号性能，适用于厚度为 100mm 以下的铸件。当铸件厚度超过 100mm 时，表中规定的 R_{eH}（$R_{P0.2}$）屈服强度仅供设计使用。

2. 表中冲击吸收功 A_{KU} 的试样缺口为 2mm。

3. 如需方无要求时，供方可在断面收缩率与冲击吸收功选择其一。

4. 表中数据均为最小值。

表 4-10　一般工程用铸造碳钢的特性及用途

牌　号	特　性　及　用　途
ZG200-400	有良好的塑性、韧性和焊接性能。用于受力不大、要求韧性的各种机械零件，如机座、变速箱壳等
ZG230-450	有一定的强度和较好的塑性、韧性，焊接性能良好，可切削性尚可。用于受力不大、要求韧性的各种机械零件，如砧座、外壳、轴承盖、底板、阀体、犁柱等
ZG270-500	有较高的强度和较好的塑性，铸造性能良好，焊接性尚好，可切削性佳，用途广泛。用作轧钢机机架、轴承座、连杆、箱体、曲拐、缸体等
ZG310-570	有较高强度，可切削性良好，塑性韧性较低。用于负荷较高的零件，如大齿轮、缸体、制动轮、辊子等
ZG340-640	有高的强度、硬度和耐磨性，可切削性中等，焊接性较差，流动性好，但裂纹敏感性较大。用作齿轮、棘轮等

表 4-11　单铸试块室温力学性能（GB/T 7659—2010）

牌　号	拉伸性能			根据合同选择	
	上屈服强度 R_{eH} /MPa(min)	抗拉强度 R_m /MPa(min)	断后伸长率 A /%(min)	断面收缩率 Z /%,≥(min)	冲击吸收功 A_{KV_2} /J(min)
ZG200-400H	200	400	25	40	45
ZG230-450H	230	450	22	35	45
ZG270-480H	270	480	20	35	40
ZG300-500H	300	500	20	21	40
ZG340-550H	340	550	15	21	35

注：当无明显屈服时，测定规定非比例延伸强度 $R_{P0.2}$。

表 4-12　碳当量（GB/T 7659—2010）

牌　号	CE/%(不大于)	牌　号	CE/%(不大于)
ZG200-400H	0.38	ZG300-500H	0.46
ZG230-450H	0.42	ZG340-550H	0.48
ZG270-480H	0.46		

注：碳当量按下式计算：

$$CE(\%)=C+\frac{Mn}{6}+\frac{Cr+Mo+V}{5}+\frac{Ni+Cu}{15}$$

式中，C、Mn、Cr、Mo、Ni、V、Cu 分别为各元素的质量分数，%。

各牌号钢碳当量应符合表中规定，当需方对碳当量有要求时。

表 4-13 合金钢铸件的应用

牌号	应用举例
ZG40Mn	用于承受摩擦和冲击的零件，如齿轮等
ZG40Mn2	用于承受摩擦的零件，如齿轮等
ZG50Mn2	用于高强度零件，如齿轮、齿轮缘等
ZG20SiMn	焊接及流动性良好，作水压机缸、叶片、喷嘴体、阀、弯头等
ZG35SiMn	用于受摩擦的零件
ZG35SiMnMo	制造负荷较大的零件
ZG35CrMnSi	用于承受冲击、受磨损的零件，如齿轮、滚轮等
ZG20MnMo	用于受压容器如泵壳等
ZG55CrMnMo	有一定的红硬性，用于锻模等
ZG40Cr	用于高强度齿轮
ZG34CrNiMo	用于特别高要求的零件，如圆锥齿轮、小齿轮、吊车行走轮、轴等
ZG20CrMo	用于齿轮、圆锥齿轮及高压缸零件等
ZG35CrMo	用于齿轮、电炉支承轮轴套、齿圈等
ZG42CrMo	用于高负荷的零件、齿轮、圆锥齿轮等
ZG50CrMo	用于减速器零件齿轮、小齿轮等
ZG65Mn	用于球磨机衬板等

表 4-14 经水韧处理的奥氏体锰钢及其铸件的力学性能（GB/T 5680—2010）

牌号	力学性能			
	下屈服强度 R_{eL} /MPa	抗拉强度 R_m /MPa	断后伸长率 A /%	冲击吸收能 K_{U2} /J
ZG120Mn13	—	≥685	≥25	≥118
ZG120Mn13Cr2	≥390	≥735	≥20	—

表 4-15 一般用途耐蚀钢铸件的室温力学性能（GB/T 2100—2017）

序号	牌号	厚度 t/mm ≤	屈服强度 $R_{P0.2}$ /MPa(≥)	抗拉强度 R_m/MPa ≥	伸长率 A/% ≥	冲击吸收能量 A_{KV_2}/J(≥)
1	ZG15Cr13	150	450	620	15	20
2	ZG20Cr13	150	390	590	15	20
3	ZG10Cr13Ni2Mo	300	440	590	15	27
4	ZG06Cr13Ni4Mo	300	550	760	15	50
5	ZG06Cr13Ni4	300	550	750	15	50
6	ZC06Cr16Ni5Mo	300	540	760	15	60
7	ZG10Cr12Ni1	150	355	540	18	45
8	ZG03Cr19Ni11	150	185	440	30	80
9	ZG03Cr19Ni11N	150	230	510	30	80
10	ZG07Cr19Ni10	150	175	440	30	60
11	ZG07Cr19Ni11Nb	150	175	440	25	40
12	ZG03Cr19Ni11Mo2	150	195	440	30	80
13	ZG03Cr19Ni11Mo2N	150	230	510	30	80

续表

序号	牌号	厚度 t/mm ≤	屈服强度 $R_{P0.2}$ /MPa(≥)	抗拉强度 R_m/MPa ≥	伸长率 A/% ≥	冲击吸收能量 A_{KV_2}/J(≥)
14	ZG05Cr26Ni6Mo2N	150	420	600	20	30
15	ZG07Cr19Ni11Mo2	150	185	440	30	60
16	ZG07Cr19Ni11Mo2Nb	150	185	440	25	40
17	ZG03Cr19Ni11Mo3	150	180	440	30	80
18	ZG03Cr19Ni11Mo3N	150	230	510	30	80
19	ZG03Cr22Ni6Mo3N	150	420	600	20	30
20	ZG03Cr25Ni7Mo4WCuN	150	480	650	22	50
21	ZG03Cr26Ni17Mo4CuN	150	480	650	22	50
22	ZG07Cr19Ni12Mo3	150	205	440	30	60
23	ZG025Cr20Ni25Mo7Cu1N	50	210	480	30	60
24	ZG025Cr20Ni19Mo7CuN	50	260	500	35	50
25	ZG03Cr26Ni6Mo3Cu3N	150	480	650	22	50
26	ZG03Cr26Ni6Mo3Cu1N	200	480	650	22	60
27	ZG03Cr26Ni6Mo3N	150	480	650	22	50

表 4-16　一般用途耐蚀钢铸件应用举例

组织类型	序号	牌　号	基本性能及应用举例
马氏体型	1	ZG1Cr13	铸造性能较好，具有良好的力学性能。在大气、水和弱腐蚀介质(加盐水溶液，稀硝酸及某些浓度不高的有机酸)和温度不高的情况下，均有良好的耐蚀性。可用于承受冲击负荷、要求韧性高的铸件，如泵壳、阀、叶轮、水轮机转轮或叶片、螺旋桨等
	2	ZG2Cr13	基本性能与 ZG1Cr13 相似，由于含碳量比 ZG1Cr13 高，故具有更高的硬度。但耐腐蚀性较低、焊接性能较差，用途也与 ZG1Cr13 相似，可用作较高硬度的铸件，如热油油泵、阀门等
铁素体型	3	ZG1Cr17	铸造性能较差，晶粒易粗大，韧性较低，但在氧化性酸中具有良好的耐蚀性，如在温度不太高的工业用稀硝酸，大部分有机酸(乙酸、甲酸、乳酸)及有机酸盐水溶液中。在草酸中不耐蚀。主要用于制造硝酸生产上的化工设备，也可制造食品和人造纤维工业用的设备，但一般在退火后使用，不宜用于 3 个大气压以上或受冲击的零件
	4	ZG1Cr19Mo2	铸造工艺性能与 ZG1Cr17 相似，晶粒易粗大，韧性较低。在磷酸与沸腾的乙酸等还原性介质中具有良好的耐蚀性。主要用于沸腾温度下的各种浓度的乙酸介质中不受冲击的维尼纶、电影胶片以及造纸漂液工段用的铸件，代替部分 Cr18Ni12Mo2Ti 和 ZGCr28
	5	ZGCr28	铸造性能差，热裂倾向大，韧性低。但在浓硝酸介质中具有很好的耐蚀性，在 1100℃的温度下仍有很好的抗氧化性。主要适用于不受冲击负荷的高温硝酸浓缩设备的铸件，如泵、阀等。也可用于制造次氯酸钠及磷酸设备和高温抗氧化耐热零件
奥氏体型	6	ZG00Cr18Ni10	为超低碳不锈钢，冶炼要求高。在氧化性介质(如硝酸)中具有良好的耐蚀性及良好的抗晶间腐蚀性能，焊后不出现刀口腐蚀。主要用于化学、化肥、化纤及国防工业上重要的耐蚀铸件和铸焊结构件等

续表

组织类型	序号	牌 号	基本性能及应用举例
奥氏体型	7	ZG0Cr18Ni9	是典型的不锈耐酸钢,铸造性能比含钛的同类型不锈耐酸钢好,在硝酸、有机酸等介质中具有良好的耐蚀性,在固溶处理后具有良好的抗晶间腐蚀性能,但在敏化状态下抗晶间腐蚀性能会显著下降。低温冲击性能好。主要用于硝酸、有机酸、化工石油等工业用泵、阀等铸件
	8	ZG1Cr18Ni9	是典型的不锈耐酸钢,与ZG0Cr18Ni9相似,由于含碳量比与ZG0Cr18Ni9高,故其耐蚀性和抗晶间腐蚀性能较低。用途与ZG0Cr18Ni9相同
	9	ZG0Cr18Ni9Ti	由于含稳定化元素钛,提高了抗晶间腐蚀的能力。但铸造性能比ZG0Cr18Ni9差,易使铸件生产夹杂、缩松、冷隔等铸造缺陷。主要用于硝酸、有机酸等化工、石油、原子能工业的泵、阀、离心机铸件
	10	ZG1Cr18Ni9Ti	与ZG0Cr18Ni9Ti相似。由于含碳量较高,故抗晶间腐蚀性能比ZG0Cr18Ni9Ti稍低,基本性能与用途同ZG1Cr18Ni9Ti
	11	ZG0Cr18Ni12Mo2Ti	铸造性能与ZG1Cr18Ni9Ti相似。由于含钼,明显提高了对还原性介质和各种有机酸、碱、盐类的耐蚀性。抗晶间腐蚀(比18/8Ti)好,主要制造常温硫酸,较低浓度的沸腾磷酸、甲酸、乙酸介质中用的铸件
	12	ZG1Cr18Ni12Mo2Ti	同ZG0Cr18Ni12MoTi,但由于含碳量较高,故其耐蚀性较差些
	13	ZG1Cr24Ni20Mo2Cu3	具有良好的铸造性能、力学性能和加工性能。60℃以下各种浓度硫酸介质和某些有机酸、磷酸、硝酸混酸中均具有很好的耐蚀性。主要用于硫酸、硫铵、磷酸、硝酸混酸等工业制作泵、叶轮等铸件
	14	ZG1Cr18Mn8Ni4N	是节镍的铬锰氮不锈耐酸铸钢,铸造工艺较稳定,力学性能好,在硝酸及若干有机酸中具有良好的耐蚀性,可部分代替ZG1Cr18Ni9及ZG1Cr18Ni9Ti的铸件
奥氏体-铁素体型	15	ZG1Cr17Mn9Ni4Mo3-Cu2N	是节镍的铬锰氮不锈耐酸铸钢,其耐蚀性与ZG1Cr18Ni12Mo2Ti基本相同,而在硫酸和含氯离子的介质中具有比ZG1Cr18Ni12Mo2Ti更好的耐蚀和抗点蚀性能。抗晶间腐蚀较好,有良好的冶炼和铸造及焊接性能。主要用于代替ZG1Cr18Ni12Mo2Ti在硫酸、硫铵、漂白粉、维尼纶、聚丙烯腈介质中的泵、阀、离心机铸件
	16	ZG1Cr18Mn13-Mo2CuN	是无镍的不锈耐酸铸钢,在大多数化工介质中的耐蚀性能相当或优于ZG1Cr18Ni9Ti,尤其是在腐蚀与磨损兼存的条件下比ZG1Cr18Ni9Ti更优,力学性能和铸造性能好,但气孔敏感性比ZG1Cr18Ni9Ti大。主要用于代替ZG1Cr18Ni9Ti在硝酸、硝铵、有机酸等化工工业中的泵、阀、离心机等铸件
沉淀硬化型	17	ZG0Cr17Ni4Cu4Nb	在40%以下的硝酸、10%盐酸(30℃)和浓乙酸介质中具有良好的耐蚀性、是强度高、韧性好、较耐磨的沉淀型马氏体不锈铸钢,主要用于化工、造船、航空等具有一定耐蚀性的耐磨和高强度的铸件

表 4-17　工程结构用中、高强度不锈钢铸件的力学性能（GB/T 6967—2009）

铸钢牌号		屈服强度 $R_{P0.2}$ /MPa(≥)	抗拉强度 R_m /MPa(≥)	伸长率 A_5/% (≥)	断面收缩率 Z /%(≥)	冲击吸收功 A_{KV} /J(≥)	硬度 (HBW)
ZG15Cr13		345	540	18	40	—	163～229
ZG20Cr13		390	590	16	35	—	170～235
ZG15Cr13Ni1		450	590	16	35	20	170～241
ZG10Cr13Ni1Mo		450	620	16	35	27	170～241
ZG06Cr13Ni4Mo		650	750	15	35	50	221～294
ZG06Cr13Ni5Mo		550	750	15	35	50	221～294
ZG06Cr16Ni5Mo		550	750	15	35	50	221～294
ZG04Cr13Ni4Mo	HT1①	580	780	18	50	80	221～294
	HT2②	830	900	12	35	35	294～350
ZG04Cr13Ni5Mo	HT1①	580	780	18	50	80	221～294
	HT2②	830	900	12	35	35	294～350

① 回火温度应在 600～650℃。

② 回火温度应在 500～550℃。

注：1. 表中牌号为 ZG15Cr13、ZG20Cr13、ZG15Cr13Ni1 铸钢的力学性能适用于壁厚小于或等于 150mm 的铸件。牌号为 ZG10Cr13Ni1Mo、ZG06Cr13Ni4Mo、ZG06Cr13Ni5Mo、ZG06Cr16Ni5Mo、ZG04Cr13Ni4Mo、ZG04Cr13Ni5Mo 的铸钢适用于壁厚小于或等于 300mm 的铸件。

2. ZG04Cr13Ni4Mo(HT2)、ZG04Cr13Ni5Mo(HT2) 用于大中型铸焊结构铸件时，供需双方应另行商定。

3. 需方要求做低温冲击试验时，其技术要求由供需双方商定。其中 ZG06Cr16Ni5Mo、ZG06Cr13Ni4Mo、ZG04Cr13Ni4Mo、ZG06Cr13Ni5Mo 和 ZG04Cr13Ni5Mo。温度为 0℃的冲击吸收功应符合表中规定。

4. 如需做冷弯试验，由供需双方另行商定。

表 4-18　工程结构用中高强度不锈钢铸件的特性和应用（GB/T 6967—2009）

牌　号	特 性 和 应 用
ZG10Cr13	耐大气腐蚀好，力学性能较好，可用于承受冲击负荷且韧性较高的零件，可耐有机酸水溶液、聚乙烯醇、碳酸氢钠、橡胶液，还可做水轮机转轮叶片、水压机阀
ZG20Cr13	
ZG10Cr13Ni1	
ZG10Cr13Ni1Mo	综合力学性能高，抗大气磨蚀、水中抗疲劳性能均好，钢的焊接性良好，焊后不必热处理，铸造性能尚好，耐泥沙磨损，可用于制作大型水轮机转轮（叶片）
ZG06Cr13Ni4Mo	
ZG06Cr13Ni6Mo	
ZG06Cr16Ni5Mo	

表 4-19　一般用途耐热钢和合金铸件的特性和应用

钢　号	最高使用温度/℃	特 性 和 应 用
ZG40Cr9Si2	800	高温强度低，抗氧化最高至 800℃，长期工作的受载件的工作温度低于 700℃。用于坩埚、炉门、底板等构件

续表

钢　　号	最高使用温度/℃	特 性 和 应 用
ZG30Cr18Mn12Si2N	950	高温强度和抗热疲劳性较好。用于炉罐、炉底板、料筐、传送带导轨、支承架、吊架等炉用构件
ZG35Cr24Ni7SiN	1100	抗氧化性好。用于炉罐、炉辊、通风机叶片、热滑轨、炉底板、玻璃水泥窑及搪瓷窑等构件
ZG30Cr26Ni5	1050	承载情况使用温度可达650℃，轻负荷时可达1050℃，在650～870℃之间易析出σ相。可用于矿石焙烧炉，也可用于不需要高温强度的高硫环境下工作的炉用构件
ZG30Cr20Ni10	900	基本上不形成σ相。可用于炼油厂加热炉、水泥干燥窑、矿石焙烧炉和热处理炉构件
ZG35Cr26Ni12	1100	高温强度高、抗氧化性能好，在规格范围内调整其成分，可使组织内含有一些铁素体，也可为单相奥氏体。能广泛地用于许多类型的炉子构件，但不宜用于温度急剧变化的地方
ZG35Cr28Ni16	1150	力学性能同单相ZG40Cr25Ni12，具有较高温度的抗氧化性能，用途同ZG40Cr25Ni12，ZG40Cr25Ni20
ZG40Cr25Ni20	1150	具有较高的蠕变和持久强度，抗高温气体腐蚀能力强，常用于作炉辊、辐射管、钢坯滑板、热处理炉炉辊、管支架、制氢转化管、乙烯裂解管以及需要较高蠕变强度的零件
ZG40Cr30Ni20	1150	在高温含硫气体中耐蚀性好，用于气体分离装置、焙烧炉衬板
ZG35Ni24Cr18Si2	1100	加热炉传送带、螺杆、紧固件等高温承载零件
ZG30Ni35Cr15	1150	抗热疲劳性好，用于渗碳炉构件、热处理炉板、导轨、轮子、铜焊夹具、蒸馏器、辐射管、玻璃轧辊、搪瓷窑构件以及周期加热的紧固件
ZG45Ni35Cr26	1150	抗氧化及抗渗碳性良好，高温强度高。用于乙烯裂解管、辐射管、弯管、接头、管支架、炉辊以及热处理用夹具等
ZGCr28	1050	抗氧化性能好，使用于无强度要求的炉用构件以及含有硫化、重金属蒸气的焙烧炉构件等

4.2 欧洲标准化委员会（CEN）铸钢

4.2.1 一般工程用铸钢的化学成分和力学性能

表 4-20 一般工程用铸钢的牌号和化学成分（EN 10293—2015） 单位：%

牌号	数字编号	C		Si	Mn		P	S	Cr		Mo		Ni		V		W
		min	max	max	min	max	max	max	min	max	min	max	min	max	min	max	max
GE200	1.0420	—	—	—	—	—	0.035	0.030	—	—	—	—	—	—	—	—	—
GS200	1.0449	—	0.18	0.60	—	1.20	0.030	0.025	—	—	—	—	—	—	—	—	—
GE240	1.0446	—	—	—	—	—	0.035	0.030	—	—	—	—	—	—	—	—	—
GS240	1.0455	—	0.23	0.60	—	1.20	0.030	0.025	—	—	—	—	—	—	—	—	—
GE270	1.0454	—	—	—	—	—	0.035	0.030	—	—	—	—	—	—	—	—	—
GE300	1.0558	—	—	—	—	—	0.035	0.030	—	—	—	—	—	—	—	—	—
GE320	1.0591	—	—	—	—	—	0.035	0.030	—	—	—	—	—	—	—	—	—
GE360	1.0597	—	—	—	—	—	0.035	0.030	—	—	—	—	—	—	—	—	—
G17Mn5	1.1131	0.15	0.20	0.60	1.00	1.60	0.020[1]	0.020[2]	—	—	—	—	—	—	—	—	—
G20Mn5	1.6220	0.17	0.23	0.60	1.00	1.60	0.020[1]	0.020[2]	—	—	—	—	—	0.80	—	—	—
G24Mn6	1.1118	0.20	0.25	0.60	1.50	1.80	0.020[1]	0.015	—	—	—	—	—	—	—	—	—
G28Mn6	1.1165	0.25	0.32	0.60	1.20	1.80	0.035	0.030	—	—	—	—	—	—	—	—	—
G20Mo5	1.5419	0.15	0.23	0.60	0.50	1.00	0.025	0.020[2]	—	—	0.40	0.60	—	—	—	—	—
G10MnMoV6-3	1.5410		0.12	0.60	1.20	1.80	0.025	0.020	—	—	0.20	0.40	—	—	0.05	0.10	—
G15CrMoV6-9	1.7710	0.12	0.18	0.60	0.60	1.00	0.025	0.020[2]	1.30	1.80	0.80	1.00	—	—	0.15	0.25	—
G17CrMo5-5	1.7357	0.15	0.20	0.60	0.50	1.00	0.025	0.020[2]	1.00	1.50	0.45	0.65	—	—	—	—	—

续表

牌号	数字编号	C		Si	Mn		P	S	Cr		Mo		Ni		V		W
		min	max	max	min	max	max	max	min	max	min	max	min	max	min	max	max
G17CrMo9-10	1.7379	0.13	0.20	0.60	0.50	0.90	0.025	0.020[②]	2.00	2.50	0.90	1.20	—	—	—	—	—
G26CrMo4	1.7221	0.22	0.29	0.60	0.50	0.80	0.025	0.020[②]	0.80	1.20	0.15	0.30	—	—	—	—	—
G34CrMo4	1.7230	0.30	0.37	0.60	0.50	0.80	0.025	0.020[②]	0.80	1.20	0.15	0.30	—	—	—	—	—
G42CrMo4	1.7231	0.38	0.45	0.60	0.60	1.00	0.025	0.020[②]	0.80	1.20	0.15	0.30	—	—	—	—	—
G30CrMoV6-4	1.7725	0.27	0.34	0.60	0.60	1.00	0.025	0.020[②]	1.30	1.70	0.30	0.50	—	—	0.05	0.15	—
G35CrNiMo6-6	1.6579	0.32	0.38	0.60	0.60	1.00	0.025	0.020[②]	1.40	1.70	0.15	0.35	1.40	1.70	—	—	—
G9Ni14	1.5638	0.06	0.12	0.60	0.50	0.80	0.020	0.015	—	—	—	—	3.00	4.00	—	—	—
GX9Ni5	1.5681	0.06	0.12	0.60	0.50	0.80	0.020	0.020	—	—	—	—	4.50	5.50	—	—	—
G20NiMoCr4	1.6750	0.17	0.23	0.60	0.80	1.20	0.025	0.015[②]	0.30	0.50	0.40	0.80	0.80	1.20	—	—	—
G32NiCrMo8-5-4	1.6570	0.28	0.35	0.60	0.60	1.00	0.020	0.015	1.00	1.40	0.30	0.50	1.60	2.10	—	—	—
G17NiCrMo13-6	1.6781	0.15	0.19	0.50	0.55	0.80	0.015	0.015	1.30	1.80	0.45	0.60	3.00	3.50	—	—	—
G30NiCrMo14	1.6771	0.27	0.33	0.60	0.60	1.00	0.030	0.020	0.80	1.20	0.30	0.60	3.00	4.00	—	—	—
GX3CrNi13-4	1.6982	—	0.05	1.00	—	1.00	0.035	0.015	12.00	13.50	—	0.70	3.50	5.00	—	—	—
GX4CrNi13-4	1.4317	—	0.06	1.00	—	1.00	0.035	0.025	12.00	13.50	—	0.70	3.50	5.00	—	—	—
GX4CrNi16-4	1.4421	—	0.06	0.80	—	1.00	0.035	0.020	15.50	17.50	—	0.70	4.00	5.50	—	—	—
GX4CrNiMo16-5-1	1.4405	—	0.06	0.80	—	1.00	0.035	0.025	15.00	17.00	0.70	1.50	4.00	6.00	—	—	—
GX23CrMoV12-1	1.4931	0.20	0.26	0.40	0.50	0.80	0.030	0.020	11.30	12.20	1.00	1.20	—	1.00	0.25	0.35	0.50

① 经供需双方商定，磷含量可以≤0.025%。

② 铸件的壁厚<28mm 时，允许 S≤0.030%。

表 4-21　一般工程用铸钢的力学性能和工艺性能（EN 10293—2015）

牌号	数字编号	热处理①			厚度	力学性能				
						室温拉伸试验			冲击试验②	
		符号③	正火或奥氏体化温度/℃	回火/℃	t/mm	$R_{P0.2}$/MPa④（最小）	R_m/MPa④	A/%（最小）	A_{KV}/J（最小）	t/℃
GE200	1.0420	+N	900～980⑤	—	$t≤300$	200	380～530	25	27	RT⑦
GS200	1.0449	+N	900～980⑤	—	$t≤100$	200	380～530	25	35	RT⑦
GE240	1.0446	+N	900～980⑤	—	$t≤300$	240	450～600	22	27	RT⑦
GS240	1.0455	+N	880～980⑤	—	$t≤100$	240	450～600	22	31	RT⑦
GE270	1.0454	+NT	880～960⑤	—	$t<300$	270	480	22	29	RT⑦
GE300	1.0558	+N	880～960⑤	—	$t≤30$	300	600～750	15	27	RT⑦
					$30<t≤100$	300	520～670	18	31	RT⑦
GE320	1.0591	+NT	880～960	560～620	$t<300$	320	540	17	25	RT
GE360	1.0597	+NT	880～960	560～620	$t<300$	360	590	16	20	RT
G17Mn5	1.1131	+QT	920～980⑤,⑥	600～700	$t≤50$	240	450～600	24	27 70	−40 RT⑦
G20Mn5	1.6220	+N	900～980⑤	—	$t≤30$	300	480～620	20	27 50	−30 RT⑦
		+QT	900～980⑤,⑥	610～660	$t≤100$	300	500～650	22	27 60	−40 RT⑦
G24Mn6	1.1118	+QT1	880～950⑤	520～570	$t≤50$	550	700～800	12	27	−20
		+QT2		600～650	$t≤100$	500	650～800	15	27	−30
		+QT3		650～680	$t≤150$	400	600～800	18	27	−30
G28Mn6	1.1165	+N	880～950⑤		$t≤250$	260	520～670	18	27	RT⑦
		+QT1	880～950⑥	630～680	$t≤100$	450	600～750	14	35	RT⑦
		+QT2	880～950⑥	580～630	$t≤50$	550	700～850	10	31	RT⑦
G20Mo5	1.5419	+QT	920～980⑥	650～730	$t≤100$	245	440～590	22	27	RT⑦
G10MnMoV6-3	1.5410	+QT1	950～980⑤	640～660	$t≤50$	380	500～650	22	27 60	−20 RT⑦
					$50<t≤100$	350	480～630	22	60	RT⑦
					$100<t≤150$	330	480～630	20	60	RT⑦
					$150<t≤250$	330	450～600	18	60	RT⑦
		+QT2	950～980⑥	640～660	$t≤50$	500	600～750	18	27 60	−20 RT⑦
					$50<t≤100$	400	550～700	18	60	RT⑦
					$100<t≤150$	380	500～650	18	60	RT⑦
					$150<t≤250$	350	460～610	18	60	RT⑦
		+QT3	950～980⑥	740～760 +600～650	$t≤100$	400	520～650	22	27 60	−20 RT⑦

续表

牌号	数字编号	热处理[①]			厚度	力学性能				
						室温拉伸试验			冲击试验[②]	
		符号[③]	正火或奥氏体化温度/℃	回火/℃	t/mm	$R_{P0.2}$/MPa[④]（最小）	R_m/MPa[④]	A/%（最小）	A_{KV}/J（最小）	t/℃
G15CrMoV6-9[⑧]	1.7710	+QT1	950～980[⑥]	650～670	$t \leqslant 50$	700	850～1000	10	27	RT[⑦]
		+QT2	950～980[⑥]	610～640	$t \leqslant 50$	930	980～1150	6	27	RT[⑦]
G17CrMo5-5	1.7357	+QT	920～960[⑤,⑥]	680～730	$t \leqslant 100$	315	490～690	20	27	RT[⑦]
G17CrMo9-10	1.7379	+QT	930～970[⑤,⑥]	680～740	$t \leqslant 150$	400	590～740	18	40	RT[⑦]
G26CrMo4	1.7221	+QT1	880～950[⑤,⑥]	600～650	$t \leqslant 100$	450	600～750	16	40	RT[⑦]
					$100 < t \leqslant 250$	300	550～700	14	27	RT[⑦]
		+QT2	880～950[⑥]	550～600	$t \leqslant 100$	550	700～850	10	18	RT[⑦]
G34CrMo4	1.7230	+QT1	880～950[⑥]	600～650	$t \leqslant 100$	540	700～850	12	35	RT[⑦]
					$100 < t \leqslant 150$	480	620～770	10	27	RT[⑦]
					$150 < t \leqslant 250$	330	620～770	10	16	RT[⑦]
		+QT2	880～950[⑥]	550～600	$t \leqslant 100$	650	830～980	10	27	RT[⑦]
G42CrMo4	1.7231	+QT1	880～950[⑥]	600～650	$t \leqslant 100$	600	800～950	12	31	RT[⑦]
					$100 < t \leqslant 150$	550	700～850	10	27	RT[⑦]
					$150 < t \leqslant 250$	350	650～800	10	16	RT[⑦]
		+QT2	880～950[⑥]	550～600	$t \leqslant 100$	700	850～1000	10	27	RT[⑦]
G30CrMoV6-4	1.7725	+QT1	880～950[⑥]	600～650	$t \leqslant 100$	700	850～1000	14	45	RT[⑦]
					$100 < t \leqslant 150$	550	750～900	12	27	RT[⑦]
					$150 < t \leqslant 250$	350	650～800	12	20	RT[⑦]
		+QT2	880～950[⑥]	530～600	$t \leqslant 100$	750	900～1100	12	31	RT[⑦]
G35CrNiMo6-6	1.6579	+N	860～920[⑤]		$t \leqslant 150$	550	800～950	12	31	RT[⑦]
					$150 < t \leqslant 250$	500	750～900	12	31	RT[⑦]
		+QT1	860～920[⑤,⑥]	600～650	$t \leqslant 100$	700	850～1000	12	45	RT[⑦]
					$100 < t \leqslant 150$	650	800～950	12	35	RT[⑦]
					$150 < t \leqslant 250$	650	800～950	12	30	RT[⑦]
		+QT2	860～920[⑥]	510～560	$t \leqslant 100$	800	900～1050	10	35	RT[⑦]
G9Ni14	1.5638	+QT	820～900[⑥]	590～640	$t \leqslant 35$	360	500～650	20	27	−90
GX9Ni5	1.5681	+QT	800～850[⑥]	570～620	$t \leqslant 30$	380	550～700	18	27 100	−100 RT[⑦]
G20NiMoCr4	1.6750	+QT	880～930[⑤,⑥]	650～700	$t \leqslant 150$	410	570～720	16	27 40	−45 RT[⑦]
G32NiCrMo8-5-4	1.6570	+QT1	880～920[⑤,⑥]	600～650	$t \leqslant 100$	700	850～1000	16	50	RT[⑦]
					$100 < t \leqslant 250$	650	820～970	14	35	RT[⑦]
		+QT2	880～920[⑤,⑥]	500～550	$t \leqslant 100$	950	1050～1200	10	35	RT[⑦]
G17NiCrMo13-6	1.6781	+QT	890～930[⑤,⑥]	600～640	$t \leqslant 200$	600	750～900	15	27	−80

续表

牌号	数字编号	热处理①			厚度	力学性能				
						室温拉伸试验			冲击试验②	
		符号③	正火或奥氏体化温度/℃	回火/℃	t/mm	$R_{P0.2}$/MPa④（最小）	R_m/MPa④	A/%（最小）	A_{KV}/J（最小）	t/℃
G30NiCrMo14	1.6771	+QT1	820～880⑤,⑥	600～680	$t≤100$	700	900～1050	9	30	RT⑦
					$100<t≤150$	650	850～1000	7	30	RT⑦
					$150<t≤250$	600	800～950	7	25	RT⑦
		+QT2	820～880⑤,⑥	550～600	$t≤50$	1000	1100～1250	7	20	RT⑦
					$50<t≤100$	1000	1100～1250	7	15	RT⑦
GX3CrNi13-4	1.6982	+QT	1000～1050⑤	670～690⑤+590～620	$t≤300$	500	700～900	15	27	−120
GX4CrNi13-4	1.4317	+QT	1000～1050⑤	590～620	$t≤300$	550	760～960	15	50	RT⑦
GX4CrNi16-4	1.4421	+QT1	1020～1070⑤	580～630	$t≤300$	540	780～980	15	60	RT⑦
		+QT2	1020～1070⑤	450～500	$t≤300$	830	1000～1200	10	27	RT⑦
GX4CrNiMo16-5-1	1.4405	+QT	1020～1070⑤	580～630	$t≤300$	540	760～960	15	60	RT⑦
GX23CrMoV12-1	1.4931	+QT	1030～1080⑤,⑥	700～750	$t≤150$	540	740～800	15	27	RT⑦

① 温度,℃。
② 当两冲击值都给出时，需方应说明要求的冲击值。如没有说明要求时，应按室温的冲击试验进行。
③ +N：正火；+QT或+QT1或+QT2：水淬或油淬+回火。
④ $1MPa=1N/mm^2$。
⑤ 空冷。
⑥ 溶液中冷却。
⑦ RT：室温。
⑧ G15CrMoV6-9的高温力学性能［$R_{P0.2}$ (min)/MPa］。如下表

	350℃	450℃	500℃	550℃
G15CrMoV6-9+QT1	610	550	510	420
+QT2	750	670	610	520

表 4-22　一般工程用铸钢的焊接性能（EN 10293—2015）

牌号	数字编号	预处理温度①/℃	焊层的最高温度/℃	焊后热处理/℃
GE200	1.0420	20～150	350	
GS200	1.0449	20～150	350	
GE240	1.0446	20～150	350	

续表

牌号	数字编号	预处理温度①/℃	焊层的最高温度/℃	焊后热处理/℃
GS240	1.0455	20～150	350	
GE270	1.0451	150～300	350	②
GE300	1.0558	150～300	350	≥650
GE300	1.0591	150～300	350	②
GE320	1.0597	150～300	350	②
G17Mn5	1.1131	20～150	350	
G20Mn5	1.6220	20～150	350	
G24Mn6	1.1118	20～150	350	②
G28Mn6	1.1165	20～150	350	②
G20Mo5	1.5419	20～200	350	≥650②
G10MnMoV6-3	1.5410	20～150	350	②
G15CrMoV6-9	1.7710	200～300	350	②
G17CrMo5-5	1.7357	150～250	350	≥650②
G17CrMo9-10	1.7379	150～250	350	≥680②
G26CrMo4	1.7221	150～300	350	②
G34CrMo4	1.7230	200～350	400	②
G42CrMo4	1.7231	200～350	400	②
G30CrMoV6-4	1.7725	200～350	400	②
G35CrNiMo6-6	1.6579	200～350	400	②
G9Ni14	1.5638	20～200	300	≥560
GX9Ni5	1.5681	20～200	350	②
G18NiMoCr3-6	1.6759	20～200	350	②
G20NiMoCr4	1.6750	150～300	350	②
G32NiCrMo8-5-4	1.6570	200～350	400	≥560
G17NiCrMo13-6	1.6781	20～200	350	≥560
G30NiCrMo14	1.6771	300～350	350	②
GX3CrNi13-4	1.6982	20～200	③	③
GX4CrNi13-4	1.4317	100～200	300	④
GX4CrNi16-4	1.4421	—	200	④
GX4CrNiMo16-5-1	1.4405	—	200	④
GX23CrMoV12-1	1.4931	20～450	450	≥680⑤

① 预处理温度与铸件的几何形状、厚度以及气候环境有关。

② 焊后热处理温度低于回火温度的 20～50℃。例如：回火温度为 650℃，焊后处理为 600～630℃。

③ 由供方自行处理。

④ 和回火温度相同。

⑤ 冷却到 80～130℃。

4.2.2 耐热铸钢的化学成分和力学性能

表 4-23 耐热铸钢的牌号和化学成分（EN 10295—2002）

项目	牌号	数字编号	化学成分/%（质量分数）										
			C	Si	Mn	P（最大）	S（最大）	Cr	Mo	Ni	Nb	Co	其他
铁素体型和铁素体、奥氏体型	GX30CrSi7	1.4710	0.20～0.35	1.00～2.50	0.50～1.00	0.035	0.030	6.00～8.00	（最大）0.15	（最大）0.50	—	—	—
	GX40CrSi13	1.4729	0.30～0.50	1.00～2.50	（最大）1.00	0.040	0.030	12.00～14.00	（最大）0.50	（最大）1.00	—	—	—
	GX40CrSi17	1.4740	0.30～0.50	1.00～2.50	（最大）1.00	0.040	0.030	16.00～19.00	（最大）0.50	（最大）1.00	—	—	—
	GX40CrSi24	1.4745	0.30～0.50	1.00～2.50	（最大）1.00	0.040	0.030	23.0～26.00	（最大）0.50	（最大）1.00	—	—	—
	GX40CrSi28	1.4776	0.30～0.50	1.00～2.50	（最大）1.00	0.040	0.030	27.00～30.00	（最大）0.50	（最大）1.00	—	—	—
	GX130CrSi29	1.4777	1.20～1.40	1.00～2.50	0.50～1.00	0.035	0.030	27.00～30.00	（最大）0.50	（最大）1.00	—	—	—
	GX160CrSi18	1.4743	1.40～1.80	1.00～2.50	（最大）1.00	0.040	0.030	17.00～19.00	（最大）0.50	（最大）1.00	—	—	—
	GX40CrNiSi27-4	1.4823	0.30～0.50	1.00～2.50	（最大）1.50	0.040	0.030	25.00～28.00	（最大）0.50	3.00～6.00	—	—	—
奥氏体型	GX25CrNiSi18-9	1.4825	0.15～0.35	0.50～2.50	（最大）2.00	0.040	0.030	17.00～19.00	（最大）0.50	8.00～10.00	—	—	—
	GX40CrNiSi22-10	1.4826	0.30～0.50	1.00～2.50	（最大）2.00	0.040	0.030	21.00～23.00	（最大）0.50	9.00～11.00	—	—	—
	GX25CrNiSi20-14	1.4832	0.15～0.35	0.50～2.50	（最大）2.00	0.040	0.030	19.00～21.00	（最大）0.50	13.00～15.00	—	—	—

续表

项目	牌号	数字编号	化学成分/%(质量分数)										
			C	Si	Mn	P (最大)	S (最大)	Cr	Mo	Ni	Nb	Co	其他
奥氏体型	GX40CrNiSi25-12	1.4837	0.30～0.50	1.00～2.50	(最大) 2.00	0.040	0.030	24.00～27.00	(最大) 0.50	11.00～14.00	—	—	—
	GX40CrNiSi25-20	1.4848	0.30～0.50	1.00～2.50	(最大) 2.00	0.040	0.030	24.00～27.00	(最大) 0.50	19.00～22.00	—	—	—
	GX40CrNiSiNb24-24	1.4855	0.30～0.50	1.00～2.50	(最大) 2.00	0.040	0.030	23.00～25.00	(最大) 0.50	23.00～25.00	0.80～1.80	—	—
	GX35NiCrSi25-21	1.4805	0.20～0.50	1.00～2.00	(最大) 2.00	0.040	0.030	19.00～23.00	(最大) 0.50	23.00～27.00	—	—	—
	GX40NiCrSi35-17	1.4806	0.30～0.50	1.00～2.50	(最大) 2.00	0.040	0.030	16.00～18.00	(最大) 0.50	34.00～36.00	—	—	—
	GX40NiCrSiNb35-18	1.4807	0.30～0.50	1.00～2.50	(最大) 2.00	0.040	0.030	17.00～20.00	(最大) 0.50	34.00～36.00	1.00～1.80	—	—
	GX40NiCrSi38-19	1.4865	0.30～0.50	1.00～2.50	(最大) 2.00	0.040	0.030	18.00～21.00	(最大) 0.50	36.00～39.00	—	—	—
	GX40NiCrSiNb38-19	1.4849	0.30～0.50	1.00～2.50	(最大) 2.00	0.040	0.030	18.00～21.00	(最大) 0.50	36.00～39.00	1.20～1.80	—	—
	GX10NiCrSiNb32-20	1.4859	0.05～0.15	0.50～1.50	(最大) 2.00	0.040	0.030	19.00～21.00	(最大) 0.50	31.00～33.00	0.50～1.50	—	—
	GX40NiCrSi35-26	1.4857	0.30～0.50	1.00～2.50	(最大) 2.00	0.040	0.030	24.00～27.00	(最大) 0.50	33.00～36.00	—	—	—
	GX40NiCrSiNb35-26	1.4852	0.30～0.50	1.00～2.50	(最大) 2.00	0.040	0.030	24.00～27.00	(最大) 0.50	33.00～36.00	0.80～1.80	—	—

续表

项目	牌号	数字编号	化学成分/%（质量分数）										
			C	Si	Mn	P（最大）	S（最大）	Cr	Mo	Ni	Nb	Co	其他
奥氏体型	GX50NiCrCo20-20-20	1.4874	0.35～0.65	（最大）1.00	（最大）2.00	0.040	0.030	19.00～22.00	2.50～3.00	18.00～22.00	0.75～1.25	18.50 22.00	W:2.00～3.00
奥氏体型	GX50NiCrCoW35-25-15-5	1.4869	0.45～0.55	1.00～2.00	（最大）1.00	0.040	0.030	24.00～26.00	—	33.00～37.00	—	14.00 16.00	W:4.00～6.00
奥氏体型	GX40NiCrNb45-35[①]	1.4889	0.35～0.45	1.50～2.00	1.00～1.50	0.040	0.030	32.50～37.50	—	42.00～46.00	1.50～2.00	—	
镍-钴合金	G-NiCr28W	2.4879	0.35～0.55	1.00～2.00	（最大）1.50	0.040	0.030	27.00～30.00	（最大）0.50	47.00～50.00	—	—	W:4.00～6.00
镍-钴合金	G-CoCr28	2.4778	0.05～0.25	0.50～1.50	（最大）1.50	0.040	0.030	27.00～30.00	（最大）0.50	（最大）4.00	（最大）0.50	48.0～52.0	
镍-钴合金	G-NiCr50Nb	2.4680	（最大）0.10	（最大）1.00	（最大）0.50	0.020	0.020	48.00～52.00	（最大）0.50		1.00～1.80	—	Fe 最大：1.00 N 最大：0.16
镍-钴合金	G-NiCr15	2.4815	0.35～0.65	1.00～2.50	（最大）2.00	0.040	0.030	12.00～18.00	（最大）1.00	58.00～66.00	—	—	

① 这是一种新型合金。当使用温度低于1000℃时，Cr的成分：29.00%～32.00%与Si的成分：1.00%～1.5%（该成分为建议值，其为质量分数）。因为不利的使用环境导致材料脆化。

注：未说明元素的最大含量（质量分数）

铁素体和奥氏体-铁素体型：W：0.20；Nb：0.20；V：0.08；Cu：0.20；Co：0.50

奥氏体型和镍-钴合金：W：0.60；Nb：0.60；V：0.12；Cu：0.25；Co：1.00

表 4-24 耐热铸钢的室温力学性能（EN 10295—2002）

项目	牌号	数字编号	热处理		拉伸试验			硬度 (HB) (最大)
			符号	温度 /℃	$R_{P0.2}$ /MPa① (最小)	R_m /MPa① (最小)	A /% (最小)	
铁素体和奥氏体-铁素体型	GX30CrSi7②	1.4710	+A③	800～850	—	—	—	300
	GX40CrSi13	1.4729	+A③	800～850	—	—	—	300
	GX40CrSi17	1.4740	+A③	800～850	—	—	—	300
	GX40CrSi24	1.4745			—	—	—	④
	GX40CrSi28	1.4776			—	—	—	④
	GX130CrSi29	1.4777			—	—	—	④
	GX160CrSi18	1.4743			—	—	—	④
	GX40CrNiSi27-4	1.4823			250	550	3	④
奥氏体型	GX25CrNiSi18-9	1.4825			230	450	15	—
	GX40CrNiSi22-10	1.4826			230	450	8	—
	GX25CrNiSi20-14	1.4832			230	450	10	—
	GX40CrNiSi25-12	1.4837			220	450	6	—
	GX40CrNiSi25-20	1.4848			220	450	8	—
	GX40CrNiSiNb24-24	1.4855			220	450	4	—
	GX35NiCrSi25-21	1.4805		非热处理	220	430	8	—
	GX40NiCrSi35-17	1.4806			220	420	6	—
	GX40NiCrSiNb35-18	1.4807			220	420	4	—
	GX40NiCrSi38-19	1.4865			220	420	6	—
	GX40NiCrSiNb38-19	1.4849			220	420	4	—
	GX10NiCrSiNb32-20	1.4859			180	440	20	—
	GX40NiCrSi35-26	1.4857			220	440	6	—
	GX40NiCrSiNb35-26	1.4852			220	440	4	—
	GX50NiCrCo20-20-20	1.4874			320	420	6	—
	GX50NiCrCoW35-25-15-5	1.4869			270	480	5	—
	GX40NiCrNb45-35	1.4889			240	440	3	—
镍钴合金	G-NiCr28W	2.4879			240	440	3	—
	G-CoCr28	2.4778			235	490	6	—
	G-NiCr50Nb	2.4680			230	540	8	—
	G-NiCr15	2.4815			200	400	3	—

① $1MPa=1N/mm^2$。
② 如果其用于耐磨铸件，可以不经热处理交货。
③ +A：退火。
④ 只要符合硬度要求，铸件可以以退火状态供货。

表 4-25　耐热铸钢的高温力学性能（EN 10295—2002）

项目	温度/℃		600℃			700℃			800℃			900℃			1000℃			1100℃		
	应力		σ_r		$\sigma_{1\%}$	σ_r		$\sigma_{1\%}$	σ_r		$\sigma_{1\%}$	σ_r		$\sigma_{1\%}$	σ_r		$\sigma_{1\%}$	σ_r		$\sigma_{1\%}$
	加载时间/h		100	1000	10000	100	1000	10000	100	1000	10000	100	1000	10000	100	1000	10000	100	1000	10000
	钢种																			
	牌号	数字编号																		
铁素体和铁素体-奥氏体型	GX30CrSi7	1.4710	—	—	19	—	—	8	—	—	2.5	—	—	—	—	—	—	—	—	—
	GX40CrSi13	1.4729	120	75	22	28	21	9	10	7	3.5	—	—	1	—	—	—	—	—	—
	GX40CrSi17	1.4740	—	—	22	—	—	9	—	—	3.5	—	—	1	—	—	—	—	—	—
	GX40CrSi24	1.4745	—	—	22	—	—	9	—	—	3.5	—	—	1	—	—	—	—	—	—
	GX40CrSi28	1.4776	—	40	26	25	21	11	—	—	5	8	6.5	1.5	—	—	—	—	—	—
	GX130CrSi29	1.4777	—	—	26	—	—	11	12	11	5	7	5	1.5	—	—	—	—	—	—
	GX160CrSi8	1.4743	—	—	25	—	—	10	—	—	4	—	—	1.5	—	—	—	—	—	—
	GX40CrNiSi27-4	1.4823	100	80	28	45	—	15	25	—	8	15	5	4	—	—	1	—	—	—
奥氏体型	GX25CrNiSi18-9	1.4825	—	220	78	120	90	44	60	50	22	40	30	9	—	—	—	—	—	—
	GX40CrNiSi22-10	1.4826	—	—	82	—	—	46	—	—	23	—	—	10	—	—	—	—	—	—
	GX25CrNiSi20-14	1.4832	—	—	82	—	—	46	—	—	23	—	—	10	—	—	—	—	—	—
	GX40CrNiSi25-12	1.4837	—	—	—	100	80	50	70	40	26	45	25	13	26	15	6	—	—	—
	GX40CrNiSi25-20	1.4848	—	—	—	100	80	65	75	50	36	47	28	17	28	16	7	12	6	2.5
	GX40CrNiSiNb24-24	1.4855	—	—	—	170	125	80	97	70	46	60	45	22	32	23	7.5	—	10	—
	GX35NiCrSi25-21	1.4805	—	—	—	—	—	80	—	70	45	—	45	22	—	23	7.5	—	10	—
	GX40NiCrSi35-17	1.4806	—	—	—	—	80	55	90	50	30	48	30	17	28	17	6	—	6	3
	GX40NiCrSiNb35-18	1.4807	—	—	—	180	140	—	110	70	—	60	35	—	35	20	—	18	10	—
	GX40NiCrSi38-19	1.4865	—	—	—	—	80	55	90	50	32	48	30	18	28	17	7	—	6	3
	GX40NiCrSiNb38-19	1.4849	—	—	—	—	93	60	93	—	38	49	36	20	—	—	8	—	—	—
	GX10NiCrSiNb32-20	1.4859	—	—	—	135	105	64	84	60	36	49	36	15.5	26	14	5	—	—	—
	GX40NiCrSi35-26	1.4857	—	—	—	—	—	70	—	—	40	—	—	20	—	—	8	—	—	—
	GX40NiCrSiNb35-26	1.4852	—	—	—	155	120	72	90	70	41	49	38	22	30	20	9	15	8.3	3
	GX50NiCrCo20-20-20	1.4874	—	—	—	—	—	—	135	100	—	80	60	27	—	32	17	—	—	—
	GX50NiCrCoW35-25-15-5	1.4869	—	—	—	—	—	—	—	—	—	—	—	—	—	—	17	—	—	6
	GX40NiCrNb45-35	1.4889	—	—	—	—	—	—	—	—	—	50	35	—	25	20	8	13	9	—
镍钴合金	G-NiCr28W	2.4879	—	—	—	—	—	70	—	80	41	—	45	22	—	23	10	—	10	4
	G-CoCr28	2.4778	—	—	—	—	—	70	—	—	34	48	25	16	23	12	9.5	—	—	4
	G-NiCr50Nb	2.4680	—	—	—	170	110	71	105	70	38	60	38	18	30	15	6.8	—	6	—
	G-NiCr-15	2.4815	—	—	—	—	—	—	—	—	—	60	24	—	20	13	—	—	—	—

注：平均蠕变应力：
σ_r　100h 和 1000h 的断裂应力；
$\sigma_{1\%}$　10000h 伸长率为 1%的应力。

表 4-26 耐热铸钢的最高使用温度（EN 10295—2002）

钢材	牌号	数字编号	空气中的最高温度/℃
铁素体型和奥氏体-铁素体型	GX30CrSi7	1.4710	750
	GX40CrSi13	1.4729	850
	GX40CrSi17	1.4740	900
	GX40CrSi24	1.4745	1050
	GX40CrSi28	1.4776	1150
	GX130CrSi29	1.4777	1100
	GX160CrSi18	1.4743	900
	GX40CrNiSi27-4	1.4823	1100
奥氏体型	GX25CrNiSi18-9	1.4825	900
	GX40CrNiSi22-10	1.4826	950
	GX25CrNiSi20-14	1.4832	950
	GX40CrNiSi25-12	1.4837	1050
	GX40CrNiSi25-20	1.4848	1100
	GX40CrNiSiNb24-24	1.4855	1050
	GX35NiCrSi25-21	1.4805	1000
	GX40NiCrSi35-17	1.4806	1000
	GX40NiCrSiNb35-18	1.4807	1000
	GX40NiCrSi38-19	1.4865	1020
	GX40NiCrSiNb38-19	1.4849	1020
	GX10NiCrSiNb32-20	1.4859	1050
	GX40NiCrSi35-26	1.4857	1100
	GX40NiCrSiNb35-26	1.4852	1100
	GX50NiCrCo20-20-20	1.4874	1150
	GX50NiCrCoW35-25-15-5	1.4869	1200
	GX40NiCrNb45-35	1.4889	1160
镍-钴合金	G-NiCr28W	2.4879	1150
	G-CoCr28	2.4778	1200①
	G-NiCr50Nb	2.4680	1050②
	G-NiCr-15	2.4815	1100

① 在热循环的条件下，其最高使用温度为1100℃。

② 在油与灰的环境使用的，其最高温度为950℃。

表 4-27 耐热铸钢的焊接工艺性能（EN 10295—2002）

牌号	数字编号	预处理温度[①]/℃	焊后热处理
GX30CrSi7	1.4710	300～500	去应力退火:760～800℃
GX40CrSi13	1.4729	300～500	去应力退火:760～800℃
GX40CrSi17	1.4740	300～500	去应力退火:760～800℃
GX40CrSi24	1.4745	700～800	炉冷
GX40CrSi28	1.4776	700～800	炉冷
GX130CrSi29	1.4777	700～800	炉冷
GX160CrSi18	1.4743	300～500	去应力退火:760～800℃

① 铸件的焊接区域不允许低于预处理的最低温度，在焊后热处理之前。

表 4-28 耐热铸钢的物理性能（EN 10295—2002）

项目	牌号	数字编号	密度/(kg/dm³)	比热容/[J/(kg·K)] (20℃)	热导率/[W/(m·K)]				热胀系数/($10^{-6}K^{-1}$) 从20℃到以下温度		
					20℃	100℃	800℃	1000℃	400℃	800℃	1000℃
铁素体型和铁素体-奥氏体型	GX30CrSi7	1.4710	7.7	460	24	—	—	—	12.5	13.5	—
	GX40CrSi13	1.4729	7.7	460	24	24.8	30	—	12.5	13.5	—
	GX40CrSi17	1.4740	7.7	460	—	20	—	—	12.5	13.5	—
	GX40CrSi24	1.4745	7.6	500	18.8	—	—	—	12.5	14	16
	GX40CrSi28	1.4776	7.6	500	18.8	21	—	—	11.5	14	16
	GX130CrSi29	1.4777	7.6	500	18.8	—	—	—	11.5	14	16
	GX160CrSi18	1.4743	7.7	500	18.8	—	—	—	12.5	13.5	—
	GX40CrNiSi27-4	1.4823	7.6	500	16.7	21	35	39.6	13	14.5	16.6
奥氏体型	GX25CrNiSi18-9	1.4825	7.8	500	14.8	15.5	26	30	17.4	18.3	18.8
	GX40CrNiSi22-10	1.4826	7.8	500	14	15	25.4	28.8	17.2	18.3	18.8
	GX25CrNiSi20-14	1.4832	7.8	500	14	15	25.4	28.8	17.2	18.3	19.3
	GX40CrNiSi25-12	1.4837	7.8	500	14	15	25.4	28.8	17.5	18.4	19.3
	GX40CrNiSi25-20	1.4848	7.8	500	14.6	16.7	25	28	17	18	19
	GX40CrNiSiNb24-24	1.4855	8.0	500	14	15.5	24.5	27.7	16.8	18	18.5
	GX35NiCrSi25-21	1.4805	8.0	500		14	23.8	27.7	16.4	17.5	18.2
	GX40NiCrSi35-17	1.4806	8.0	500	12	12.3	23	26.8	15.3	17	17.6
	GX40NiCrSiNb35-18	1.4807	8.0	500	12	12.3	23	26.8	15.3	17	17.6
	GX40NiCrSi38-19	1.4865	8.0	500	12	12.2	23.3	26.5	15.3	17	17.6
	GX40NiCrSiNb38-19	1.4849	8.0	500	12	12.3	23.3	26.5	15.3	17	17.6
	GX10NiCrSiNb32-20	1.4859	8.0	500	12.8	13	25.1	—	17.6	18.7	19.5
	GX40NiCrSi35-26	1.4857	8.0	500	12.8	13	23.8	27.7	15.7	17.4	18.3
	GX40NiCrSiNb35-26	1.4852	8.0	500	12.8	13	23.5	27.7	16	17.8	18.6
	GX50NiCrCo20-20-20	1.4874	8.0	460	—	13.8	25	—	15.2	16.5	17.0
	GX50NiCrCoW35-25-15-5	1.4869	8.2	500	10	12.6	—	28	—	—	17.3
	GX40NiCrNb45-35	1.4889	8.0	500	—	11.3	30.6	36.1	14.3	15.3	15.7
镍钴合金	G-NiCr28W	2.4879	8.2	500	11	11.3	30.6	36.1	14.4	15.7	16.3
	G-CoCr28	2.4778	8.1	500	8.5	—	21	—	15	16	17
	G-NiCr50Nb	2.4680	8.0	450	14.2	—	—	—	13	15	15
	G-NiCr-15	2.4815	8.3	460	—	12.5	24	27.5	13.3	15.3	16.5

4.2.3 耐腐蚀铸钢的化学成分和力学性能

表 4-29 耐腐蚀铸钢的牌号和化学成分（EN 10283—2019）

单位：%

项目	牌号	数字编号	C max	Si max	Mn max	P max	S max	Cr	Mo	Ni	N	Cu	Nb[①]	W max
马氏体型	GX12Cr12	1.4011	0.15	1.00	1.00	0.035	0.025	11.50～13.50	max 0.50	max 1.00	—	—	—	—
	GX20Cr14	1.4027	0.16～0.23	1.00	1.00	0.045	0.03[②]	12.50～14.50	—	1.00	—	—	—	—
	GX7CrNiMo12-1	1.4008	0.10	1.00	1.00	0.035	0.025	12.00～13.50	0.20～0.50	1.00～2.00	—	—	—	—
	GX4CrNi13-4	1.4317	0.06	1.00	1.00	0.035	0.025	12.00～13.50	max 0.70	3.50～5.00	—	—	—	—
	GX4CrNiMo16-5-1	1.4405	0.06	0.80	1.00	0.035	0.025	15.00～17.00	0.70～1.50	4.00～6.00	—	—	—	—
	GX4CrNiMo16-5-2	1.4411	0.06	0.80	1.00	0.035	0.025	15.00～17.00	1.50～2.00	4.00～6.00	—	—	—	—
	GX5CrNiCu16-4	1.4525	0.07	0.80	1.00	0.035	0.025	15.00～17.00	max 0.80	3.50～5.50	max 0.05	2.50～4.00	max 0.35	—
奥氏体型	GX2CrNi19-11	1.4309	0.030	1.50	2.00	0.035	0.025	18.00～20.00	—	9.00～12.00	max 0.20	—	—	—
	GX5CrNi19-10	1.4308	0.07	1.50	1.50	0.040	0.030	18.00～20.00	—	8.00～11.00	—	—	—	—
	GX5CrNiNb19-11	1.4552	0.07	1.50	1.50	0.040	0.030	18.00～20.00	—	9.00～12.00	—	—	8C%≤1.00	—
	GX2CrNiMo19-11-2	1.4409	0.030	1.50	2.00	0.035	0.025	18.00～20.00	2.00～2.50	9.00～12.00	max 0.20	—	—	—
	GX5CrNiMo19-11-2	1.4408	0.07	1.50	1.50	0.040	0.030	18.00～20.00	2.00～2.50	9.00～12.00	—	—	—	—
	GX5CrNiMoNb19-11-2	1.4581	0.07	1.50	1.50	0.040	0.030	18.00～20.00	2.00～2.50	9.00～12.00	—	—	8C%≤1.00	—
	GX4CrNiMo19-11-3	1.4443	0.05	1.50	2.00	0.040	0.030	18.00～20.00	2.50～3.00	10.00～13.00	—	—	—	—
	GX5CrNiMo19-11-3	1.4412	0.07	1.50	1.50	0.040	0.030	18.00～20.00	3.00～3.50	10.00～13.00	—	—	—	—
	GX2CrNiMoN17-13-4	1.4446	0.030	1.00	1.50	0.040	0.030	16.50～18.50	4.00～4.50	12.50～14.50	0.12～0.22	—	—	—

续表

项目	牌号	数字编号	C max	Si max	Mn max	P max	S max	Cr	Mo	Ni	N	Cu	Nb①	W max
完全奥氏体型	GX2NiCrMo28-20-2	1.4458	0.030	1.00	2.00	0.035	0.025	19.00～22.00	2.00～2.50	26.00～30.00	max 0.20	max 2.00	—	—
	GX4NiCrCuMo30-20-4	1.4527	0.06	1.50	1.50	0.040	0.030	19.00～22.00	2.00～3.00	27.50～30.50	—	3.00 4.00	—	—
	GX2NiCrMoCu25-20-5	1.4584	0.025	1.00	2.00	0.035	0.020	19.00～21.00	4.00～5.00	24.00～26.00	max 0.20	1.00 3.00	—	—
	GX2NiCrMoN25-20-5	1.4416	0.030	1.00	1.00	0.035	0.020	19.00～21.00	4.50～5.50	24.00～26.00	0.12～0.20	—	—	—
	GX2NiCrMoCuN29-25-5	1.4587	0.030	1.00	2.00	0.035	0.025	24.00～26.00	4.00～5.00	28.00～30.00	0.15～0.25	2.00～3.00	—	—
	GX2NiCrMoCuN25-20-6	1.4588	0.025	1.00	2.00	0.035	0.020	19.00～21.00	6.00～7.00	24.00～26.00	0.10～0.25	0.50～1.50	—	—
	GX2CrNiMoCuN20-18-6	1.4557	0.025	1.00	1.20	0.030	0.010	19.50～20.50	6.00～7.00	17.50～19.50	0.18～0.24	0.50～1.00	—	—
铁素体奥氏体型	GX4CrNiMoN26-5-2	1.4474	0.05	1.00	2.00	0.035	0.025	25.00～27.00	1.30～2.00	4.50～6.50	0.12～0.20	—	—	—
	GX4CrNiN26-7	1.4347	0.05	1.50	1.50	0.035	0.020	25.00～27.00	—	5.50～7.50	0.10～0.20	—	—	—
	GX2CrNiMoN22-5-3	1.4470	0.030	1.00	2.00	0.035	0.025	21.00～23.00	2.50～3.50	4.50～6.50	0.12～0.20	—	—	—
	GX2CrNiMoN25-6-3	1.4468	0.030	1.00	2.00	0.035	0.025	24.50～26.50	2.50～3.50	5.50～7.00	0.12～0.25	—	—	—
	GX2CrNiMoCuN25-6-3-3	1.4517	0.030	1.00	1.50	0.035	0.025	24.50～26.50	2.50～3.50	5.00～7.00	0.12～0.22	2.75～3.50	—	—
	GX2CrNiMoN25-7-3③	1.4417	0.030	1.00	1.50	0.030	0.020	24.00～26.00	3.00～4.00	6.00～8.50	0.15～0.25	max 1.00	—	1.00
	GX2CrNiMoN26-7-4	1.4469	0.030	—	—	—	—	25.00	3.00	6.00	0.12	—	—	—

① 铌含量取决于铌和钽之和。

② 用于调节硫含量时可取 0.015%～0.030%。

③ 特殊用途时，铜可不少于0.5%，钨可不少于0.5%。

表 4-30 耐腐蚀钢铸件的力学性能(EN 10283—2019)

项目	牌号	数字编号	热处理①			厚度/mm max	室温测试				
							拉伸试验				冲击功
			符号	淬火(+Q)或固溶退火(+AT)/℃	回火(+T)/℃		$R_{P0.2}$/MPa② min	$R_{P1.0}$/MPa② min	R_m/MPa② min	A/% min	A_{KV_2}/J min
马氏体型	GX12Cr12	1.4011	+QT	950~1050	650~750	150	450	—	620	15	20
	GX20Cr14	1.4027	+QT	950~1050	650~750	150	440	—	590	12	—
	GX7CrNiMo12-1	1.4008	+QT	1000~1050	620~720	300	440	—	590	15	27
	GX4CrNi13-4	1.4317	+QT1	1000~1050	590~620	300	550	—	760	15	50
			+QT2	1000~1050	500~530	300	830	—	900	12	35
			+QT3	1000~1050	660~680 560~620	300	500	—	700	16	50
	GX4CrNiMo16-5-1	1.4405	+QT	1020~1070	580~630	300	540	—	760	15	60
	GX4CrNiMo16-5-2	1.4411	+QT	1020~1070	580~630	300	540	—	760	15	60
	GX5CrNiCu16-4	1.4525	+QT1	1020~1070	560~610	300	750	—	900	12	20
			+QT2	1020~1070	460~500	300	1000	—	1100	5	—
奥氏体型	GX2CrNi19-11	1.4309	+AT	1050~1150	—	150	185	210	440	30	80
	GX5CrNi19-10	1.4308	+AT	1050~1150	—	150	175	200	440	30	60
	GX5CrNiNb19-11	1.4552	+AT	1050~1150	—	150	175	200	440	25	40
	GX2CrNiMo19-11-2	1.4409	+AT	1080~1150	—	150	195	220	440	30	80
	GX5CrNiMo19-11-2	1.4408	+AT	1080~1150	—	150	185	210	440	30	60
	GX5CrNiMoNb19-11-2	1.4581	+AT	1080~1150	—	150	185	210	440	25	40
	GX4CrNiMo19-11-3	1.4443	+AT	1080~1150	—	150	185	210	440	30	60
	GX5CrNiMo19-11-3	1.4412	+AT	1120~1180	—	150	205	230	440	30	60
	GX2CrNiMoN17-13-4	1.4446	+AT	1140~1180	—	150	210	235	440	20	50
完全奥氏体型	GX2NiCrMo28-20-2	1.4458	+AT	1080~1180	—	150	165	190	430	30	60
	GX4NiCrCuMo30-20-4	1.4527	+AT	1140~1180	—	150	170	195	430	35	60
	GX2NiCrMoCu25-20-5	1.4584	+AT	1160~1200	—	150	185	210	450	30	60
	GX2NiCrMoN25-20-5	1.4416	+AT	1160~1200	—	150	185	210	450	30	60
	GX2NiCrMoCuN29-25-5	1.4587	+AT	1170~1210	—	150	220	245	480	30	60
	GX2NiCrMoCuN25-20-6	1.4588	+AT	1200~1240	—	50	210	235	480	30	60
	GX2CrNiMoCuN20-18-6	1.4557	+AT	1200~1240	—	50	260	285	500	35	50
铁素体奥氏体型	GX4CrNiMoN26-5-2	1.4474	+AT③	1120~1150	—	150	420	—	600	20	30
	GX4CrNiN26-7	1.4347	+AT③	1040~1140	—	150	420	—	590	20	30
	GX2CrNiMoN22-5-3	1.4470	+AT③	1120~1150	—	150	420	—	600	20	30
	GX2CrNiMoN25-6-3	1.4468	+AT③	1120~1150	—	150	480	—	650	22	50
	GX2CrNiMoCuN25-6-3-3	1.4517	+AT③④	1120~1150	—	150	480	—	650	22	50
	GX2CrNiMoN25-7-3	1.4417	+AT③	1120~1150	—	150	480	—	650	22	50
	GX2CrNiMoN26-7-4	1.4469	+AT③	1120~1150	—	150	480	—	650	22	50

① +Q:空淬或液体介质淬火;+AT:固溶退火+水冷。

② $1MPa=1N/mm^2$。

③ 高温退火后,铸件应缓冷至1040~1010℃,然后水淬,提高耐蚀性并避免淬裂。

④ 固溶退火+水淬后,在480~510℃回火,冲击功和耐蚀性会降低。

表 4-31　耐腐蚀钢铸件的物理性能（EN 10283—2010）

项目	牌号	数字编号	密度/(kg/dm³)(20℃)	比热容/[J/kg·K](20℃)	导热率/[W/(m·K)]		平均热胀系数/10^{-6}·K^{-1} 从20℃到以下温度		
					50℃	100℃	100℃	300℃	500℃
马氏体型	GX12Cr12	1.4011	7.7	440	25	26	10.5	11.3	12
	GX7CrNiMo12-1	1.4008	7.7	460	25	26	10.5	11.3	12
	GX4CrNi13-4	1.4317	7.7	460	26	27	10.5	11	12
	GX4CrNiMo16-5-1	1.4405	7.8	460	17	18	10.8	11.5	12
	GX4CrNiMo16-5-2	1.4411	7.8	460	17	18	11.0	11.8	12.3
	GX5CrNiCu16-4+QT1	1.4525	7.8	460	17.5	18.5	11.8	12.8	13.4
	+QT2		7.8	460	17.5	18.5	10.6	11.3	12
奥氏体型	GX2CrNi19-11	1.4309	7.88	530	15.2	16.5	16.8	17.9	18.6
	GX5CrNi19-10	1.4308	7.88	530	15.2	16.5	16.8	17.9	18.6
	GX5CrNiNb19-11	1.4552	7.88	530	15.2	16.5	16.8	17.9	18.6
	GX2CrNiMo19-11-2	1.4409	7.9	530	14.5	15.8	15.8	17	17.7
	GX5CrNiMo19-11-2	1.4408	7.9	530	14.5	15.8	15.8	17	17.7
	GX5CrNiMoNb19-11-2	1.4581	7.9	530	14.5	15.8	15.8	17	17.7
	GX4CrNiMo19-11-3	1.4443	7.9	530	14.5	15.8	15.8	17	17.7
	GX5CrNiMo19-11-3	1.4412	7.9	530	14.5	15.8	15.8	17	17.7
	GX2CrNiMoN17-13-4	1.4446	7.9	530	13.5	15	16	18	19
单相奥氏体型	GX2NiCrMo28-20-2	1.4458	8.0	500	16	17	14.5	16.2	17
	GX4NiCrCuMo30-20-4	1.4527	8.0	500	15	16	14.5	16.2	17
	GX2NiCrMoCu25-20-5	1.4584	8.0	500	17	21	14.5	15.8	17
	GX2NiCrMoCuN29-25-5	1.4416	8.0	450	12.2	13.2	15.1	15.8	16.6
	GX2NiCuMoN25-20-5	1.4587	8.0	500	17	21	14.5	15.8	17
	GX2NiCrMoCuN25-20-6	1.4588	8.0	500	15	16	16.5	17.5	18.5
	GX2CrNiMoCuN20-18-6	1.4557	7.9	500	15	16	16.5	17.5	18.5
铁素体-奥氏体型	GX4CrNiMoN26-5-2	1.4474	7.7	450	17	18	13	14	—
	GX4CrNiN26-7	1.4347	7.7	500	15	—	12.5	13.5	14.5
	GX2CrNiMoN22-5-3	1.4470	7.7	450	18	19	13	14	—
	GX2CrNiMoN25-6-3	1.4468	7.7	450	17	18	13	14	—
	GX2CrNiMoCuN25-6-3-3	1.4517	7.7	450	17	18	13	14	—
	GX2CrNiMoN25-7-3	1.4417	7.7	450	17	18	13	14	—
	GX2CrNiMoN26-7-4	1.4469	7.7	450	17	18	13	14	—

4.2.4 承压铸钢的化学成分和力学性能

表 4-32 承压铸钢的化学成分（EN 10213—2016）

单位：%

类型	牌号	编号	C	Si ≤	Mn	P ≤	S ≤	Cr	Mo	Ni	Cu ≤	N	V	其他 ≤
铁素体和马氏体型	GP240GH	1.0619	0.18～0.23	0.60	0.50～1.20	0.030	≤0.020①	≤0.30②	≤0.12②	≤0.40②	0.30②	—	≤0.03②	—
	GP280GH	1.0625	0.18～0.25③	0.60	0.80～1.20③	0.030	0.020①	≤0.30②	≤0.12②	≤0.40②	0.30②	—	≤0.03②	—
	G17Mn5	1.1131	0.15～0.20	0.60	1.00～1.60	0.020	0.020①	≤0.30②	≤0.12②	≤0.40②	0.30②	—	≤0.03②	—
	G20Mn5	1.6220	0.17～0.23	0.60	1.00～1.60	0.020	0.020①	≤0.30	≤0.12	≤0.80	0.30	—	≤0.03②	—
	G24Mn6	1.1118	0.20～0.25	0.60	1.50～1.80	0.020	0.015	≤0.30	≤0.15	≤0.40	0.30	—	≤0.05	—
	G18Mo5	1.5442	0.15～0.20	0.60	0.80～1.20	0.020	0.020	≤0.30	0.45～0.65	≤0.40	0.30	—	≤0.05	—
	G20Mo5	1.5419	0.15～0.23	0.60	0.50～1.00	0.025	0.020①	≤0.30	0.40～0.60	≤0.40	0.30	—	≤0.05	—
	G17CrMo5-5	1.7357	0.15～0.20	0.60	0.50～1.00	0.020	0.020①	1.00～1.50	0.45～0.65	≤0.40	0.30	—	≤0.05	—
	G17CrMo9-10	1.7379	0.13～0.20	0.60	0.50～0.90	0.020	0.020①	2.00～2.50	0.90～1.20	≤0.40	0.30	—	≤0.05	—
	G12MoCrV5-2	1.7720	0.10～0.15	0.45	0.40～0.70	0.030	0.020①	0.30～0.50	0.40～0.60	≤0.40	0.30	—	0.22～0.30	Sn:0.025
	G17CrMoV5-10	1.7706	0.15～0.20	0.60	0.50～0.90	0.020	0.015	1.20～1.50	0.90～1.10	≤0.40	0.30	—	0.20～0.30	Sn:0.025
	G9Ni10	1.5636	0.06～0.12	0.60	0.50～0.80	0.020	0.015	≤0.30	≤0.20	2.00～3.00	0.30	—	≤0.05	—
	G17NiCrMo13-6	1.6781	0.15～0.19	0.50	0.55～0.80	0.015	0.015	1.30～1.80	0.45～0.60	3.00～3.50	0.30	—	≤0.05	—
	G9Ni14	1.5638	0.06～0.12	0.60	0.50～0.80	0.020	0.015	≤0.30	≤0.20	3.00～4.00	0.30	—	≤0.05	—
	GX15CrMo5	1.7365	0.12～0.19	0.80	0.50～0.80	0.025	0.025	4.00～6.00	0.45～0.65	—	0.30	—	≤0.05	—
	GX8CrNi12	1.4107	≤0.10	0.40	0.50～0.80	0.030	0.020	11.50～12.50	≤0.50	0.80～1.50	0.30	—	≤0.08	—

续表

类型	名称 牌号	编号	C	Si ≤	Mn	P ≤	S ≤	Cr	Mo	Ni	Cu ≤	N	V	其他 ≤
铁素体和马氏体型	GX3CrNi13-4	1.6982	≤0.05	1.00	≤1.00	0.035	0.015	12.00~13.50	≤0.70	3.50~5.00	0.30	—	≤0.08	—
	GX4CrNi13-4	1.4317	≤0.06	1.00	≤1.00	0.035	0.025	12.00~13.50	≤0.70	3.50~5.00	0.30	—	≤0.08	—
	GX12CrMoVNbN9-1	1.4955	0.10~0.14	0.20~0.50	0.30~0.80	0.020	0.010	0.10~0.50	0.05~1.00	0.40	—	0.030~0.070	0.10~0.25	—
	GX23CrMoV12-1	1.4931	0.20~0.26	0.40	0.50~0.80	0.030	0.020	11.30~12.20	1.00~1.20	≤1.00	0.30	—	0.25~0.35	W:0.50
	GX4CrNiMo16-5-1	1.4405	≤0.06	0.80	≤1.00	0.035	0.025	15.00~17.00	0.70~1.50	4.00~6.00	0.30	—	≤0.08	—
奥氏体和奥氏体-铁素体型	GX2CrNi19-11	1.4309	≤0.030	≤1.50	≤2.00	0.035	0.025	18.00~20.00	—	9.00~12.00	≤0.50	≤0.20	—	—
	GX5CrNi19-10	1.4308	≤0.07	≤1.50	≤1.50	0.040	0.030	18.00~20.00	—	8.00~11.00	≤0.50	—	—	—
	GX5CrNiNb19-11	1.4552	≤0.07	≤1.50	≤1.50	0.040	0.030	18.00~20.00	—	9.00~12.00	≤0.50	—	—	Nb④
	GX2CrNiMo19-11-2	1.4409	≤0.030	≤1.50	≤2.00	0.035	0.025	18.00~20.00	2.00~2.50	9.00~12.00	≤0.50	≤0.20	—	—
	GX5CrNiMo19-11-2	1.4408	≤0.07	≤1.50	≤1.50	0.040	0.030	18.00~20.00	2.00~2.50	9.00~12.00	≤0.50	—	—	—
	GX5CrNiMoNb19-11-2	1.4581	≤0.07	≤1.50	≤1.50	0.040	0.030	18.00~20.00	2.00~2.50	9.00~12.00	≤0.50	—	—	Nb④
	GX2NiCrMo28-20-2	1.4458	≤0.030	≤1.00	≤2.00	0.035	0.025	19.00~22.00	2.00~2.50	26.00~30.00	≤2.00	≤0.20	—	
	GX10NiCrSiNb32-20	1.4859	0.05~0.15	0.50~1.50	≤2.00	0.040	0.030	19.00~21.00	≤0.50	31.00~33.00	≤0.50	—	—	Nb 0.5~1.5
	GX2CrNiMoN22-5-3	1.4470	≤0.030	≤1.00	≤2.00	0.035	0.025	21.00~23.00	2.50~3.50	4.50~6.50	≤0.50	0.12~0.20	—	
	GX2CrNiMoCuN25-6-3-3	1.4517	≤0.030	≤1.00	≤1.50	0.035	0.025	24.50~26.50	2.50~3.50	5.00~7.00	2.75~3.50	0.12~0.22	—	
	GX2CrNiMoN25-7-3	1.4417	≤0.030	1.00	1.50	0.030	0.020	24.00~26.00	3.00~4.00	6.00~8.50	≤1.00	0.15~0.25	—	W≤1.00
	GX2CrNiMoN26-7-4⑤	1.4469	≤0.030	≤1.00	≤1.00	0.035	0.025	25.00~27.00	3.00~5.00	6.00~8.00	≤1.30	0.12~0.22	—	

① 铸件厚度小于 28mm 时，S≤0.030%是允许的。
② Cr+Mo+Ni+V+Cu≤1.00%。
③ 在碳含量的范围内，碳含量每减少 0.01%，锰增加 0.04%，但锰的上限为 1.4%。
④ Nb 的成分范围：8×C%~1%。
⑤ 点蚀指数：Pi=Cr+3.3Mo+16N≥40。
注：未注明数据均为最大值。

表 4-33　承压铸钢的室温力学性能（EN 10213—2016）

	名称		热处理①			厚度 t /mm	拉伸试验				冲击试验
	牌号	编号	符号③	正火（+N）或淬火（+Q）或固溶退火（+AT）/℃	回火/℃		$R_{P0.2}$ /MPa（最小）	$R_{P1.0}$② /MPa（最小）	R_m /MPa	A /%（最小）	A_{KV} /J（最小）
铁素体和马氏体型	GP240GH	1.0619	+N	900～980	—	t≤100	240	—	420～600	22	27
			+QT	890～980	600～700	t≤100	240	—	420～600	22	40
	GP280GH	1.0625	+N	900～980	—	t≤100	280	—	480～640	22	27
			+QT	890～980	600～700	t≤100	280	—	480～640	22	35
	G17Mn5	1.1131	+QT	890～980	600～700	t≤50	240	—	450～600	24	—
	G20Mn5	1.6220	+N	900～980	—	t≤30	300	—	480～620	20	—
			+QT	900～940	610～660	t≤100	300	—	500～650	22	—
	G24Mn6	1.1118	+QT2	880～950	600～650	t≤100	500	—	650～800	15	50
			+QT3		650～680	t≤150	400		600～800	18	60
	G18Mo5	1.5422	+QT	920～980	650～730	t≤100	240	—	440～790	23	—
	G20Mo5	1.5419	+QT	920～980	650～730	t≤100	245	—	440～590	22	27
	G17CrMo5-5	1.7357	+QT	920～960	680～730	t≤100	315	—	490～690	20	27
	G17CrMo9-10	1.7379	+QT	930～970	680～740	t≤150	400	—	590～740	18	40
	G12MoCrV5-2	1.7720	+QT	950～1000	680～720	t≤100	295	—	510～660	17	27
	G17CrMoV5-10	1.7706	+QT	920～960	680～740	t≤150	440	—	590～780	15	27
	G9Ni10	1.5636	+QT	830～890	600～650	t≤35	280	—	480～630	24	—
	G17NiCrMo13-6	1.6781	+QT	890～930	600～640	t≤200	600	—	750～900	15	—
	G9Ni14	1.5638	+QT	820～900	590～640	t≤35	360	—	500～650	20	—
	GX15CrMo5	1.7365	+QT	930～990	680～730	t≤150	420	—	630～760	16	27
	GX8CrNi12⑤	1.4107	+QT1	1000～1060	680～730	t≤300	355	—	540～690	18	45
			+QT2	1000～1060	600～680	t≤300	500	—	600～800	16	40

续表

名称		热处理①					拉伸试验				冲击试验
	牌号	编号	符号③	正火(+N)或淬火(+Q)或固溶退火(+AT)/℃	回火/℃	厚度 t /mm	$R_{P0.2}$ /MPa (最小)	$R_{P1.0}$② /MPa (最小)	R_m /MPa	A /% (最小)	A_{KV} /J (最小)
铁素体和马氏体型	GX3CrNi13-4	1.6982	+QT[4]	1000～1050	670～690+590～620	$t\leqslant300$	500	—	700～900	15	50[7]
	GX4CrNi13-4	1.4317	+QT	1000～1050	590～620	$t\leqslant300$	550	—	760～960	15	27[7]
	GX12CrMoVNbN9-1	1.4955	QT	1040～1070	730～760	$t\leqslant200$	460	—	600～750	15	27
	GX23CrMoV12-1	1.4931	+QT	1030～1080	700～750	$t\leqslant150$	540	—	740～880	15	27
	GX4CrNiMo16-5-1	1.4405	+QT	1020～1070	580～630	$t\leqslant300$	540	—	760～960	15	60
奥氏体和奥氏体-铁素体	GX2CrNi19-11	1.4309	+AT	1050～1150	—	$t\leqslant150$	—	210	440～640	30	80[7]
	GX5CrNi19-10	1.4308	+AT	1050～1150	—	$t\leqslant150$	—	200	440～640	30	60[7]
	GX5CrNiNb19-11	1.4552	+AT	1050～1150	—	$t\leqslant150$	—	200	440～640	25	—
	GX2CrNiMo19-11-2	1.4409	+AT	1080～1150	—	$t\leqslant150$	—	220	440～640	30	—
	GX5CrNiMo19-11-2	1.4408	+AT	1080～1150	—	$t\leqslant150$	—	210	440～640	30	60[7]
	GX5CrNiMoNb19-11-2	1.4581	+AT	1080～1150	—	$t\leqslant150$	—	210	440～640	25	40[7]
	GX2NiCrMo28-20-2	1.4458	+AT	1100～1180	—	$t\leqslant150$	—	190	430～630	30	60[7]
	GX10NiCrSiNb32-20	1.4859	8	—	—	$t\leqslant50$	180	—	440～640	25	27
						$50<t\leqslant150$	180	—	400～600[9]	20[10]	27
	GX2CrNiMoN22-5-3	1.4470	+AT	1120～1150[6]	—	$t\leqslant150$	420	—	600～800	20	30[7]
	GX3CrNiMoCuN25-6-3-3	1.4517	+AT	1120～1150[6]	—	$t\leqslant150$	480	—	650～850	22	50[7]
	GX2CrNiMoN25-7-3[8]	1.4417	+AT	1120～1150[6]	—	$t\leqslant150$	480	—	650～850	22	50[7]
	GX2CrNiMoN26-7-4	1.4469	+AT	1140～1180[6]	—	$t\leqslant150$	480	—	650～850	22	50[7]

① 温度,℃。
② $R_{P0.2}$ 比 $R_{P1.0}$ 低 25MPa。
③ +N：正火；+QT 或+QT1 或+QT2：淬火+回火；AT：固溶处理。
④ 空冷。
⑤ 在两种方式选择一种：GX8CrNi12+QT1、1.4107+QT1。
⑥ 高温固溶处理后，在铸件水淬之前缓慢冷却至 1050～1010℃，以提高耐蚀性和减少复杂零件淬裂。
⑦ 低温冲击性能在随后的表中。
⑧ 铸态。
⑨ 离心铸件：440～640MPa。
⑩ 离心铸件：25%。

表 4-34 铁素体型和马氏体型钢的低温冲击性能（EN 10213—2016）

名称		热处理符号	冲击试验	
牌号	编号		A_{KV}/J(最小)	t/℃
G17Mn5	1.1131	+QT	27	−40
G20Mn5	1.6220	+N	27	−30
		+QT	27	−40
G24Mn6	1.1118	+QT2	27	−30
		+QT3	27	−30
G18Mo5	1.5422	+QT	27	−45
G9Ni10	1.5636	+QT	27	−70
G17NiCrMo13-6	1.6781	+QT	27	−80
G9Ni14	1.5638	+QT	27	−90
GX3CrNi13-4	1.6982	+QT	27	−120

表 4-35 奥氏体型和奥氏体-铁素体型的低温冲击性能（EN 10213—2016）

名称		热处理符号	冲击试验	
牌号	编号		A_{KV}/J(最小)	t/℃
GX2CrNi19-11	1.4309	+AT	70	−196
GX5CrNi19-10	1.4308	+AT	60	−196
GX2CrNiMo19-11-2	1.4409	+AT	70	−196
GX5CrNiMo19-11-2	1.4408	+AT	60	−196
GX2NiCrMo28-20-2	1.4458	+AT	60	−196
GX2CrNiMoCuN25-6-3-3	1.4517	+AT	35	−70
GX2CrNiMoN25-7-3	1.4417	+AT	35	−70
GX2CrNiMoN26-7-4	1.4469	+AT	35	−70

表 4-36 承压铸钢的高温拉伸试验（EN 10213—2016）

	名称		热处理	高温下的屈服强度 $R_{P0.2}$/MPa(最小)							
	牌号	编号	符号	100℃	200℃	300℃	350℃	400℃	450℃	500℃	550℃
铁素体和马氏体型	GP240GH	1.0619	+N	210	175	145	135	130	125	—	—
			+QT	210	175	145	135	130	125	—	—
	GP280GH	1.0625	+N	250	220	190	170	160	150	—	—
			+QT	250	220	190	170	160	150	—	—
	G20Mo5	1.5419	+QT	—	190	165	155	150	145	135	—
	G17CrMo5-5	1.7357	+QT	—	250	230	215	200	190	175	160
	G17CrMo9-10	1.7379	+QT	—	355	345	330	315	305	280	240
	G12MoCrV5-2	1.7720	+QT	264	244	230	—	214	—	194	144
	G17CrMoV5-10	1.7706	+QT	—	385	365	350	335	320	300	260
	GX15CrMo5	1.7365	+QT	—	390	380	—	370	—	305	250
	GX8CrNi12	1.4107	+QT1	—	275	265	—	255	—	—	—
			+QT2	—	410	390	—	370	—	—	—
	GX4CrNi13-4	1.4317	+QT	515	485	455	440	—	—	—	—
	GX23CrMoV12-1	1.4931	+QT	—	450	430	410	390	370	340	290
	GX4CrNiMo16-5-1	1.4405	+QT	515	485	455	—	—	—	—	—
奥氏体和奥氏体-铁素体型				$R_{P1.0}$ ① MPa(min)							
				100℃	200℃	300℃	350℃	400℃	450℃	500℃	550℃
	GX2CrNi19-11	1.4309	+AT	165	130	110	100	—	—	—	—
	GX5CrNi19-10	1.4308	+AT	160	125	110	—	—	—	—	—
	GX5CrNiNb19-11	1.4552	+AT	165	145	130	—	120	—	110	100
	GX2CrNiMo19-11-2	1.4409	+AT	175	145	115	—	105	—	—	—
	GX5CrNiMo19-11-2	1.4408	+AT	170	135	115	—	105	—	—	—
	GX5CrNiMoNb19-11-2	1.4581	+AT	185	160	145	—	130	—	120	115
	GX2NiCrMo28-20-2	1.4458	+AT	165	135	120	—	110	—	—	—
	GX10NiCrSiNb32-20	1.4859	—	155	135	125	—	120	—	110	107
	GX2CrNiMoN22-5-3	1.4470	+AT	330②	280②	③	③	③	③	③	③
	GX2CrNiMoCuN25-6-3-3	1.4517	+AT	390②	330②	③	③	③	③	③	③
	GX2CrNiMoN25-7-3	1.4417	+AT	390②	330②	③	③	③	③	③	③
	GX2CrNiMoN26-7-4	1.4469	+AT	390②	330②	③	③	③	③	③	③

① $R_{P0.2}$ 比 $R_{P1.0}$ 低 25MPa。

② $R_{P0.2}$ 值代替 $R_{P1.0}$。

③ 奥氏体-铁素体钢不应用于 250℃以上的压力容器。

表 4-37　承压铸钢的高温蠕变性能（EN 10213—2016）

名称		t/℃	400℃			450℃			500℃			550℃			600℃			650℃		700℃	
牌号	编号	t/h	10000	100000	200000	10000	100000	200000	10000	100000	200000	10000	100000	200000	10000	100000	200000	10000	100000	10000	100000
GP240GH	1.0619	σ_r	205	160	145	132	83	71	74	40	32	—	—	—	—	—	—	—	—	—	—
		σ_{A1}	147	110	—	88	50	—	43	20	—	—	—	—	—	—	—	—	—	—	—
GP280GH	1.0625	σ_r	210	165	—	135	85	—	75	42	—	—	—	—	—	—	—	—	—	—	—
		σ_{A1}	148	110	—	90	52	—	45	22	—	—	—	—	—	—	—	—	—	—	—
G20Mn5	1.5419	σ_r	290	240	320	210	150	130	125	75	60	—	—	—	—	—	—	—	—	—	—
		σ_{A1}	230	180	—	140	90	—	67	37	—	—	—	—	—	—	—	—	—	—	—
G17CrMo5-5	1.7357	σ_r	420	370	356	321	244	222	187	117	96	98	55	44	—	—	—	—	—	—	—
		σ_{A1}	271	222	—	196	145	—	130	81	—	65	35	—	—	—	—	—	—	—	—
G17CrMo9-10	1.7379	σ_r	409	334	309	280	204	184	170	120	107	102	68	59	58	32	—	—	—	—	—
		σ_{A1}	337	288	267	239	148	128	117	80	72	69	48	42	42	—	—	—	—	—	—
G12MoCrV5-2	1.7720	σ_r	—	—	—	365	277	—	208	140	—	135	75	—	89	—	—	—	—	—	—
G17CrMoV5-10	1.7706	σ_r	463	419	395	340	275	254	229	171	157	151	96	83	80	28	19	—	—	—	—
		σ_{A1}	427	385	356	305	243	218	196	133	110	120	70	49	50	18	10	—	—	—	—
GX15CrMo5①	1.7365	σ_r	—	—	—	228①	165①	—	168	106	—	93	58	—	51	—	—	—	—	—	—
GX23CrMoV12-1	1.4931	σ_r	504	426	394	383	309	279	269	207	187	167	118	103	83	49	39	—	—	—	—
		σ_{A1}				305	259	239	216	172	153	131	91	77	66	34	25	—	—	—	—
GX5CrNi19-10	1.4308	σ_r	—	—	—	—	—	—	—	—	—	147	124	—	110	83	—	73	52	47	—
GX5CrNiNb19-11	1.4552	σ_r	—	—	—	—	—	—	—	—	—	246	192	—	156	124	—	109	80	73	—
GX5CrNiMo19-11-2	1.4408	σ_r	—	—	—	—	—	—	—	—	—	194	160	—	148	113	—	103	66	60	42
GX10NiCrSiNb32-20	1.4859	σ_r	—	—	—	—	—	—	—	—	—	—	—	—	122	—	—	—	—	85.7	71.3
		σ_{A1}	—	—	—	—	—	—	—	—	—	—	—	—	—	—	—	—	—	64	—

① σ_r 于 470℃测得。

注：σ_r　断裂应力。σ_{A1}：蠕变极限，伸长率为 1%。

表 4-38 承压铸钢的物理性能（EN 10213—2016）

名称		密度/(kg/dm³)(20℃)	平均热膨胀/($10^{-6}K^{-1}$)			热导率/[W/(m·K)]		比热容/[J/(kg·K)]	磁性能
牌号	编号		20～100℃	20～300℃	20～500℃	50℃	100℃	20℃	
GP240GH	1.0619	7.8	12.6	13.4	14	45	—	460	磁性
GP280GH	1.0625	7.8	12.8	13.6	14.5	45	—	460	
G17Mn5	1.1131	7.8	13.0	13.8	15	45	—	460	
G20Mn5	1.6220	7.8	13.0	13.8	15	45	—	460	
G18Mo5	1.5442	7.85	12.4	13.1	13.8	43	—	460	
G20Mo5	1.5419	7.85	12.4	13.1	13.8	43	—	460	
G17CrMo5-5	1.7357	7.85	11.8	12.9	13.7	38.5	—	460	
G17CrMo9-10	1.7379	7.86	11.8	12.6	13.4	—	—	460	
G12MoCrV5-2	1.7720	7.85	—	—	—	—	—	460	
G17CrMoV5-10	1.7706	7.85	12.4	13.6	14.5	—	—	460	
G9Ni10	1.5636	7.85	11.8	12.4	13.6	36	—	460	
G17NiCrMo13-6	1.6781	7.85	—	—	—	—	—	460	
G9Ni14	1.5638	7.85	—	—	—	—	—	460	
GX15CrMo5	1.7365	7.8	11.8	12.3	12.7	30.1	—	460	
GX8CrNi12	1.4107	7.7	10.5	11.5	12.3	26	27	460	
GX4CrNi13-4	1.4317	7.7	10.5	11	12	26	27	460	
GX12CrMoVNbN9-1	1.4955	7.77	10.8	11.5	12.1	25.7	26.4	456	
GX3CrNi13-4	1.6982	7.7	10.5	11	12	26	27	460	
GX23CrMoV12-1	1.4931	7.7	—	—	—	—	—	460	
GX4CrNiMo16-5-1	1.4405	7.8	10.8	11.5	12	17	18	460	
GX2CrNi19-11	1.4309	7.88	16.8	17.9	18.6	15.2	16.5	530	无磁性
GX5CrNi19-11	1.4308	7.88	16.8	17.9	18.6	15.2	16.5	530	
GX5CrNiNb19-11	1.4552	7.88	16.8	17.9	18.6	15.2	16.5	530	
GX2CrNiMo19-11-2	1.4409	7.9	15.8	17	17.7	14.5	15.8	530	
GX5CrNiMo19-11-2	1.4408	7.9	15.8	17	17.7	14.5	15.8	530	
GX5CrNiMoNb19-11-2	1.4581	7.9	15.8	17	17.7	14.5	15.8	530	
GX2NiCrMo28-20-2	1.4458	8.0	14.5	16.2	17	16	17	500	
GX10NiCrSiNb32-20	1.4859	8.0	—	15	16.3	12.1	13.1	500	
GX2CrNiMoN22-5-3	1.4470	7.7	13	14	—	18	18	450	明显磁性
GX2CrNiMoCuN25-6-3-3	1.4517	7.7	13	14	—	17	18	450	
GX2CrNiMoN25-7-3	1.4417	7.7	13	14	—	17	18	450	
GX2CrNiMoN26-7-4	1.4469	7.7	13	14	—	17	18	450	

表 4-39　碳素铸钢的牌号与化学成分［ASTM A27/A27M—13 (2016)］

钢号		化学成分/%				
ASTM	UNS	C	Si	Mn	P≤	S≤
N1	JO2500	≤0.25	≤0.80	≤0.75	0.05	0.06
N2	JO3500	≤0.35	≤0.80	≤0.60	0.05	0.06
U-415-205(60-30)	JO2500	≤0.25	≤0.80	≤0.75	0.05	0.06
415-205(60-30)	JO3000	≤0.30	≤0.80	≤0.60	0.05	0.06
450-240(65-35)	JO3001	≤0.30	≤0.80	≤0.70	0.05	0.06
485-250(70-35)	JO3501	≤0.35	≤0.80	≤0.70	0.05	0.06
485-275(70-40)	JO2501	≤0.25	≤0.80	≤1.20	0.05	0.06

表 4-40　碳素铸钢的力学性能［ASTM A27/A27M—13 (2016)］

钢号		力学性能(不小于)			
ASTM	UNS	σ_b/MPa	σ_S/MPa	δ/%	ψ/%
U-415-205(60-30)	JO2500	415	205	22	30
415-205(60-30)	JO3000	415	205	24	35
450-240(65-35)	JO3001	450	240	24	35
485-250(70-35)	JO3501	485	250	22	30
485-275(70-40)	JO2501	485	275	22	30

注：括号内为旧钢号。

表 4-41　高强度铸钢的钢号及力学性能［ASTM A27/A27M—13 (2016)］

钢号	旧钢号	化学成分(质量分数)/%		力学性能(不小于)			
		P ≤	S ≤	σ_b/MPa	σ_S/MPa	δ/%	ψ/%
550-270	80-40	0.05	0.06	550	275	18	30
550-345	80-50	0.05	0.06	550	345	22	35
620-415	90-60	0.05	0.06	620	415	20	40
725-585	105-85	0.05	0.06	725	585	17	35
795-655	115-95	0.05	0.06	795	655	14	30
895-795	130-115	0.05	0.06	895	795	11	25
930-860	135-125	0.05	0.06	930	860	9	22
1305-930	150-135	0.05	0.06	1035	930	7	18
1105-1000	160-145	0.05	0.06	1105	1000	6	12
1140-1035	165-150	0.020	0.020	1140	1035	5	20
1140-1035L	165-150L	0.020	0.020	1140	1035	5	20
1450-1240	210-180	0.020	0.020	1450	1240	4	15
1450-1240L	210-180L	0.020	0.020	1450	1240	4	15
1795-1450	260-210	0.020	0.020	1795	1450	3	6
1795-1450L	260-210L	0.020	0.020	1795	1450	3	6

4.3 美国铸钢标准

表 4-42 承压铸钢的型号与化学成分（ASTM A487/A487M—2014）

等级	型号(类型)	化学成分/%(质量分数)								
		C	Si	Mn	P ≤	S ≤	Cr	Ni	Mo	其他
Grade1	ClassA,B,C(V)	≤0.30	≤0.80	≤1.00	0.04	0.045	—	—	—	V0.04～0.12
Grade2	ClassA,B,C(Mn-Mo)	≤0.30	≤0.80	1.00～1.40	0.04	0.045	—	—	0.10～0.30	—
Grade4	ClassA,B,C,D,E(Ni-Cr-Mo)	≤0.30	≤0.80	≤1.00	0.04	0.045	0.40～0.80	0.40～0.80	0.15～0.30	—
Grade6	ClassA,B(Mn-Ni-Cr-Mo)	0.05～0.38	≤0.80	1.30～1.70	0.04	0.045	0.40～0.80	0.40～0.80	0.30～0.40	—
Grade7	ClassA(Ni-Cr-Mo-V)	0.05～0.20	≤0.80	0.60～1.00	0.04	0.045	0.40～0.80	0.70～1.00	0.40～0.60	V0.03～0.10 B0.002～0.006 Cu0.15～0.50
Grade8	ClassA,B,C(Cr-Mo)	0.05～0.20	≤0.80	0.50～0.90	0.04	0.045	2.00～2.75	—	0.92～1.10	—
Grade9	ClassA,B,C,D,E(Cr-Mo)	0.05～0.33	≤0.80	0.60～1.00	0.04	0.045	0.75～1.10	—	0.15～0.30	—
Grade10	ClassA,B(Ni-Cr-Mo)	≤0.30	≤0.80	0.60～1.00	0.04	0.045	0.55～0.90	1.40～2.00	0.20～0.40	—
Grade11	ClassA,B(Ni-Cr-Mo)	0.05～0.20	≤0.60	0.50～0.80	0.04	0.045	0.50～0.80	0.70～1.10	0.45～0.65	—
Grade12	ClassA,B(Ni-Cr-Mo)	0.05～0.20	≤0.60	0.40～0.70	0.04	0.045	0.50～0.90	0.60～1.00	0.90～1.20	—
Grade13	ClassA,B(Ni-Mo)	≤0.30	≤0.60	0.80～1.10	0.04	0.045	—	1.40～1.75	0.20～0.30	—
Grade14	ClassA(Cr-Mo)	≤0.55	≤0.60	0.80～1.10	0.04	0.045	—	1.40～1.75	0.20～0.30	—
Grade16	ClassA(C-Mn-Ni)	≤0.12	≤0.50	≤2.10	0.02	0.02	—	1.00～1.40	—	—
CA15	ClassA,B,C,D(Cr 马氏体型)	≤0.15	≤1.50	≤1.00	0.040	0.040	11.5～14.0	≤1.00	≤0.50	—
CA15M	ClassA(Cr 马氏体型)	≤0.15	≤0.65	≤1.00	0.040	0.040	11.5～14.0	≤1.00	0.15～0.10	—
CA6NM	ClassA,B(Cr-Ni)	≤0.06	≤1.00	≤1.00	0.04	0.03	11.5～14.0	3.5～4.5	0.40～1.00	—

表 4-43　承压铸钢力学性能（ASTM A487/A487M—2014）

钢号	级别	等级	R_m/ksi[MPa]	$R_{P0.2}$/ksi[MPa]	δ/%(最小)	A/%(最小)	硬度(HRC)[HB](最大)	最大壁厚/in.[mm]
1N	1	A	85[585]～110[760]	55[380]	22	40		
1Q		B	90[620]～115[795]	65[450]	22	45		
	1							
	1	C	90[620]	65[450]	22	45	22[235]	
2N	2	A	85[585]～110[760]	53[365]	22	35		
2Q	2	B	90[620]～115[795]	65[450]	22	40		
	2	C	90[620]	65[450]	22	40	22[235]	
4N	4	A	90[620]～115[795]	60[415]	18	40		
4Q	4	B	105[725]～130[895]	85[585]	17	35		
	4	C	90[620]	60[415]	18	35	22[235]	
	4	D	100[690]	75[515]	17	35	22[235]	
4QA	4	E	115[795]	95[655]	15	35		
6N	6	A	115[795]	80[550]	18	30		
6Q	6	B	120[825]	95[655]	12	25		
7Q	7	A	115[795]	100[690]	15	30		2.5[63.5]
8N	8	A	85[585]～110[760]	55[380]	20	35		
8Q	8	B	105[725]	85[585]	17	30		
	8	C	100[690]	75[515]	17	35	22[235]	
9N	9	A	90[620]	60[415]	18	35		
9Q	9	B	105[725]	85[585]	16	35		
	9	C	90[620]	60[415]	18	35	22[235]	
	9	D	100[690]	75[515]	17	35	22[235]	
	9	E	115[795]	95[655]	15	35		
10N	10	A	100[690]	70[485]	18	35		
10Q	10	B	125[860]	100[690]	15	35		
11N	11	A	70[484]～95[655]	40[275]	20	35		
11Q	11	B	105[725]～130[895]	85[585]	17	35		
12N	12	A	70[485]～95[655]	40[275]	20	35		
12Q	12	B	105[725]～130[895]	85[585]	17	35		
13N	13	A	90[620]～115[795]	60[415]	18	35		
13Q	13	B	105[725]～130[895]	85[585]	17	35		
14Q	14	A	120[825]～145[1000]	95[655]	14	30		
16N	16(J31200)	A	70[485]～95[655]	40[275]	22	35		
CA15A	CA15	A	140[965]～170[1170]	110[760]～130[895]	10	25		
CA15	CA15	B	90[620]～115[795]	65[450]	18	30		
	CA15	C	90[620]	60[415]	18	35	22[235]	
	CA15	D	100[690]	75[515]	17	35	22[235]	
CA15M	CA15M	A	90[620]～115[795]	65[450]	18	30		
CA6NM	CA6NM	A	110[760]～135[930]	80[550]	15	35		
CA6NM	CA6NM	B	100[690]	75[515]	17	35	23[255]	

表 4-44　结构用高强度钢铸件的力学性能（ASTM A148/A148M—2014）

级别	R_m/ksi[MPa]（最小）	σ_s/ksi[MPa]（最小）	δ/%（最小）	A/%（最小）
80-40[550-275]	80[550]	40[275]	18	30
80-50[550-345]	80[550]	50[345]	22	35
90-60[620-415]	90[620]	60[415]	20	40
105-85[725-585]	105[725]	85[585]	17	35
115-95[795-655]	115[795]	95[655]	14	30
130-115[895-795]	130[895]	115[795]	11	25
135-125[930-860]	135[930]	125[860]	9	22
150-135[1035-930]	150[1035]	135[930]	7	18
160-145[1105-1000]	160[1105]	145[1000]	6	12
165-150[1140-1035]	165[1140]	150[1035]	5	20
165-150L[1140-1035L][B]	165[1140]	150[1035]	5	20
210-180[1450-1240]	210[1450]	180[1240]	4	15
210-180L[1450-1240L][B]	210[1450]	180[1240]	4	15
260-210[1795-1450]	260[1795]	210[1450]	3	6
260-210L[1795-1450L][B]	260[1795]	210[1450]	3	6

表 4-45　高温铸造合金化学成分及力学性能（ASTM A389/A389M—2003）

牌号(UNS)	化学成分/%								力学性能			
	C（最大）	Mg	P（最大）	S（最大）	Si（最大）	Cr	Mo	V	R_m/ksi[MPa]（最小）	σ_S/ksi[MPa]（最小）	δ/%（最小）	A/%（最小）
C23(J12080)	0.20	0.30～0.80	0.04	0.045	0.60	1.00～1.50	0.45～0.60	0.15～0.25	70[483]	40[276]	18.0	35.0
C24(J12092)	0.20	0.30～0.80	0.04	0.045	0.60	0.80～1.25	0.90～1.20	0.15～0.25	80[552]	50[345]	15.0	35.0

4.4 国际标准化组织（ISO）铸钢标准

表 4-46 一般用途非合金和低合金铸钢的化学成分（ISO 14737—2015）

牌号	化学成分/%									
	C	Si	Mn	P	S	Cr	Mo	Ni	V	Cu (max)
GE 200	—	—	—	0.035	0.030	0.30	0.12	0.40	0.03	0.30
GS 200	0.18	0.60	1.20	0.030	0.025	0.30①	0.12①	0.40①	0.03①	0.30①
GS 230	0.22	0.60	1.20	0.030	0.025	0.30①	0.12①	0.40①	0.03①	0.30①
GE 240	—	—	—	0.035	0.030	0.30	0.12	0.40	0.03	0.30
GS 240	0.23	0.60	1.20	0.030	0.025	0.30	0.12	0.40	0.03	0.30
GS 270	0.24	0.60	1.30	0.030	0.025	0.30①	0.12①	0.40①	0.03①	0.30①
GS 340	0.30	0.60	1.50	0.030	0.025	0.30①	0.12①	0.40①	0.03①	0.30①
G20Mn5	0.17～0.23	0.60	1.00～1.60	0.030	0.020②	0.30	0.15	0.80	0.05	0.30
G28Mn6	0.25～0.32	0.60	1.20～1.80	0.030	0.025	0.30	0.15	0.40	0.05	0.30
G28MnMo6	0.25～0.32	0.60	1.20～1.60	0.025	0.025	0.30	0.20～0.40	0.40	0.05	0.30
G20Mo5	0.15～0.23	0.60	0.50～1.00	0.025	0.020②	0.30	0.40～0.60	0.40	0.05	0.30
G10MnMoV6-3	0.12	0.60	1.20～1.80	0.025	0.020	0.30	0.20～0.40	0.40	0.05～0.10	0.30
G20NiCrMo2-2	0.18～0.23	0.60	0.80～1.00	0.035	0.030	0.40～0.60	0.15～0.25	0.40～0.70	0.05	0.30
G25NiCrMo2-2	0.23～0.28	0.60	0.60～1.00	0.035	0.030	0.40～0.60	0.15～0.25	0.40～0.70	0.05	0.30
G30NiCrMo2-2	0.28～0.33	0.60	0.00～1.00	0.035	0.030	0.40～0.60	0.15～0.25	0.40～0.70	0.05	0.30
G17CrMo5-5	0.15～0.20	0.60	0.50～1.00	0.025	0.020②	1.00～1.50	0.45～0.65	0.40	0.05	0.30
G17CrMoS-10	0.13～0.20	0.60	0.50～0.90	0.025	0.020②	2.00～2.50	0.90～1.20	0.40	0.05	0.30
G26CrMo4	0.22～0.29	0.60	0.50～0.80	0.025	0.020②	0.80～1.20	0.15～0.25	0.40	0.05	0.30
G34CrMo4	0.28～0.35	0.60	0.50～0.80	0.025	0.020②	0.80～1.20	0.15～0.25	0.40	0.05	0.30
G42CrMo4	0.38～0.45	0.60	0.60～1.00	0.025	0.020②	0.80～1.20	0.15～0.25	0.40	0.05	0.30
G30CrMoV6-4	0.27～0.34	0.60	0.60～1.00	0.025	0.020②	1.30～1.70	0.30～0.50	0.40	0.05～0.15	0.30
G35CrNiMo6-6	0.32～0.38	0.60	0.60～1.00	0.025	0.020②	1.40～1.70	0.15～0.35	1.40～1.70	0.05	0.30
G30NiCrMo7-3	0.28～0.33	0.60	0.60～0.90	0.035	0.030	0.70～0.90	0.20～0.30	1.65～2.00	0.05	0.30
G40NiCrMo7-3	0.38～0.43	0.60	0.60～0.90	0.035	0.030	0.70～0.90	0.20～0.30	1.65～2.00	0.05	0.30
G32NiCrMo8-5-4	0.28～0.35	0.60	0.60～1.00	0.020	0.015	1.00～1.40	0.30～0.50	1.60～2.10	0.05	0.30

① Cr＋Mo＋Ni＋V＋Cu 最大为 1.00%。

② 对于壁厚＜28mm 的铸件，硫含量允许最大值为 0.030%。

注：单个数值为最大值。

表 4-47 热处理与力学性能（ISO 14737—2015）

牌号	热处理			力学性能				
	状态	正火或奥氏体化	温度/℃	t/mm	拉伸性能			A_{KV} (min) /J
					$R_{P0.2}$ (min) /MPa	R_m /MPa	A (min) /%	
GE 200	+N	900～980		≤300	200	380～530	25	27
GE 240	+N	900～980		≤300	240	450～600	22	27
GS 200	+N	900～980		t≤100	200	400～550	25	45
GS 240	+N	900～980		t≤100	240	450～600	22	31
GS 270	+N	880～960		t≤100	270	480～630	18	27
GS 340	+N	880～960		t≤100	340	550～700	15	20
G28Mn6	+N	880～950		t≤250	260	520～670	18	31
	+QT1		630～680	t≤100	450	600～750	14	35
	+QT2		580～630	t≤50	550	700～850	10	31
G28MnMo6	+QT1	880～950	630～680	t≤50	500	700～850	12	35
				t≤100	480	670～830	10	31
	+QT2		580～630	t≤100	590	850～1000	8	27
G20Mo5	+QT	920～980	650～730	t≤100	245	440～590	22	27
G10MnMoV6-3	+NT	950～980	640～660	t≤50	380	500～650	22	60
				50<t≤100	350	480～630	22	60
				100<t≤150	330	480～630	20	60
				150<t≤250	330	450～600	18	60
	+QT①			t≤50	500	600～750	18	60
				50<t≤100	400	550～700	18	60
				100<t≤150	380	500～650	18	60
				150<t≤150	350	460～610	18	60
G20NiCrMo2-2	+NT	900～980	610～660	t≤100	200	550～700	18	10
	+QT1		600～650		430	700～850	15	25
	+QT2		550～500		540	820～970	12	25
G25NiCrMo2-2	+NT	900～980	580～630	t≤100	240	600～750	18	10
	+QT1		500～650		500	750～900	15	25
	+QT2		550～600		600	850～1000	12	25
G30NiCrMo2-2	+NT	900～980	600～650	t≤100	270	630～780	18	10
	+QT1		600～650		540	820～970	14	25
	+QT2		550～600		630	900～1050	11	25
G17CrMo5-5	+QT	920～960	680～730	t≤100	315	490～690	20	27
G17CrMo9-10	+QT	930～970	680～740	t≤150	400	590～740	18	40

续表

牌号	热处理			力学性能				
	状态	正火或奥氏体化	温度/℃	t/mm	拉伸性能			A_{KV} (min) /J
					$R_{P0.2}$ (min) /MPa	R_m /MPa	A (min) /%	
G25CrMo4	+QT1	900～950	600～650	$t≤100$	450	600～750	16	40
				$100<t≤250$	300	550～700	14	27
	+QT2		550～600	$t≤100$	550	700～850	10	18
G32CrMo4	+NT	900～950	600～650	$t≤100$	270	630～780	16	10
	+QT1				540	700～850	12	35
				$100<t≤150$	480	620～770	10	27
	+QT2			$150<t≤250$	330	620～770	10	16
			550～600	$t≤100$	650	800～950	10	18
G42CrMo4	+NT	900～980	630～680	$t≤100$	300	700～850	15	10
	+QT1	880～950	600～650		600	780～930	12	31
				$100<t≤150$	550	700～850	10	27
				$150<t≤250$	350	650～800	10	16
	+QT2		550～600	$t≤100$	700	850～1000	10	18
G30CrMoV6-4	+QT1	880～950	600～650	$t≤100$	700	850～1000	14	45
				$100<t≤150$	550	750～900	12	27
				$150<t≤250$	350	650～800	12	20
	+QT2		530～600	$t≤100$	750	900～1100	12	31
G35CrNiMo6-6	+N	860～920	600～650	$t≤150$	550	800～950	12	31
				$150<t≤250$	500	750～900	12	31
	+QT1			$t≤100$	700	800～1000	12	45
				$100<t≤150$	650	800～950	12	35
				$150<t≤250$	650	800～950	12	30
	+QT2		510～560	$t≤100$	800	900～1050	10	35
G30NiCrMo7-3	+NT	900～980	630～680	$t≤100$	550	760～900	12	10
	+QT1				690	930～1100	10	25
	+QT2		580～630		785	1030～1200	8	25
G40NiCrMo7-3	+NT	900～980	630～680	$t≤100$	585	860～1100	10	10
	+QT1				760	1000～1140	8	25
	+QT2		580～630		795	1030～1200	8	25
G32NiCrMo8-5-4	+QT1	880～920	600～650	$t≤100$	700	850～1000	16	50
				$100<t≤250$	650	820～970	14	35
	+QT2		500～550	$t≤100$	950	1050～1200	10	35

① 水冷。

表 4-48 推荐焊接热处理工艺

材料	数字编号	预热温度① /℃	焊接温度 /℃(max)	焊后热处理温度 /℃
GE200	1.0420	20～150	350	—
GS200	1.0449			
GE240	1.0446			
GS240	1.0455			
GS270	1.0454			⩾620
GS340	1.0467	150～300		
G28Mn6	1.1165	20～150		②
G28MnMo6	1.5433	150～300		②
G20Mo5	1.5419	20～200		⩾650②
G10MnMoV6-3	1.5410	20～150		—
G20NiCrMo2-2	1.6741			②
G25NiCrMo2-2	1.6744	100～200		
G30NiCrMo2-2	1.6778	150～250		
G17CrMo5-5	1.7357			⩾650②
G17CrMo9-10	1.7379			>680②
G26CrMo4	1.7221	150～300		
G34CrMo4	1.7230	200～350		
G42CrMo4	1.7231			
G30CrMoV6-4	1.7725		400	②
G35CrNiMo6-6	1.6579			
G30NiCrMo7-3	1.6572	200～350		
G40NiCrMo7-3	1.6573			
G32NiCrMo8-5-4	1.6570	200～350		

① 预热温度与铸件壁厚和形状有关。

② 焊后热处理温度应至少比回火温度高 20℃，但不应比回火温度高 50℃。

5 结构钢

5.1 中国结构钢

5.1.1 结构钢牌号和化学成分

表 5-1 碳素结构钢牌号和化学成分（GB/T 700—2006）

牌号	统一数字代号①	等级	厚度(或直径)/mm	脱氧方法	化学成分(质量分数)/%,不大于				
					C	Si	Mn	P	S
Q195	U11952	—	—	F、Z	0.12	0.30	0.50	0.035	0.040
Q215	U12152	A	—	F、Z	0.15	0.35	1.20	0.045	0.050
	U12155	B							0.045
Q235	U12352	A	—	F、Z	0.22	0.35	1.40	0.045	0.050
	U12355	B			0.20②				0.045
	U12358	C		Z	0.17			0.040	0.040
	U12359	D		TZ				0.035	0.035
Q275	U12752	A	—	F、Z	0.24	0.35	1.50	0.045	0.050
	U12755	B	≤40	Z	0.21			0.045	0.045
			>40		0.22				
	U12758	C	—	Z	0.20			0.040	0.040
	U12759	D		TZ				0.035	0.035

① 表中为镇静钢、特殊镇静钢牌号的统一数字，沸腾钢牌号的统一数字代号如下：

Q195F——U11950；

Q215AF——U12150，Q215BF——U12153；

Q235AF——U12350，Q235BF——U12353；

Q275AF——U12750。

② 经需方同意，Q235B 的碳含量可不大于 0.22%。

注：1. D 级钢应有足够细化晶粒的元素，并在质量证明书中注明细化晶粒元素的含量。当采用铝脱氧时，钢中酸溶铝含量应不小于 0.015%，或总铝含量应不小于 0.020%。

2. 钢中残余元素铬，镍、铜含量应各不大于 0.30%，氮含量应不大于 0.008%。如供方能保证，均可不做分析。

3. 氮含量允许超过注 2 的规定值，但氮含量每增加 0.001%，磷的最大含量应减少 0.005%，熔炼分析氮的最大含量应不大于 0.012%；如果钢中的酸溶铝含量不小于 0.015%或总铝含量不小于 0.020%，氮含量的上限值可以不受限制。固定氮的元素应在质量证明书中注明。

4. 经需方同意，A 级钢的铜含量可不大于 0.35%。此时，供方应做铜含量的分析，并在质量证明书中注明其含量。

5. 钢中砷的含量应不大于 0.080%。用含砷矿冶炼生铁所冶炼的钢，砷含量由供需双方协议规定。如原料中不含砷，可不做砷的分析。

6. 在保证钢材力学性能符合本标准规定的情况下，各牌号 A 级钢的碳、锰、硅含量可以不作为交货条件，但其含量应在质量证明书中注明。

7. 在供应商品连铸坯、钢锭和钢坯时，为了保证轧制钢材各项性能达到本标准要求，可以根据需方要求规定各牌号的碳、锰含量下限。

8. 成品钢材、连铸坯、钢坯的化学成分允许偏差应符合 GB/T 222—2006 中表 1 的规定。

氮含量允许超过规定值，但必须符合注 3 的要求，成品分析氮含量的最大值应不大于 0.014%；如果钢中的铝含量达到注 3 规定的含量，并在质量证明书中注明，氮含量上限值可不受限制。沸腾钢成品钢材和钢坯的化学成分偏差不作保证。

表 5-2 优质碳素结构钢牌号和化学成分（GB/T 699—2015）

序号	统一数字代号	牌号	化学成分(质量分数)/%							
			C	Si	Mn	P	S	Cr	Ni	Cu①
						≤				
1	U20082	08②	0.05～0.11	0.17～0.37	0.35～0.65	0.035	0.035	0.10	0.30	0.25
2	U20102	10	0.07～0.13	0.17～0.37	0.35～0.65	0.035	0.035	0.15	0.30	0.25
3	U20152	15	0.12～0.18	0.17～0.37	0.35～0.65	0.035	0.035	0.25	0.30	0.25
4	U20202	20	0.17～0.23	0.17～0.37	0.35～0.65	0.035	0.035	0.25	0.30	0.25
5	U20252	25	0.22～0.29	0.17～0.37	0.50～0.80	0.035	0.035	0.25	0.30	0.25
6	U20302	30	0.27～0.34	0.17～0.37	0.50～0.80	0.035	0.035	0.25	0.30	0.25
7	U20352	35	0.32～0.39	0.17～0.37	0.50～0.80	0.035	0.035	0.25	0.30	0.25
8	U20402	40	0.37～0.44	0.17～0.37	0.50～0.80	0.035	0.035	0.25	0.30	0.25
9	U20452	45	0.42～0.50	0.17～0.37	0.50～0.80	0.035	0.035	0.25	0.30	0.25
10	U20502	50	0.47～0.55	0.17～0.37	0.50～0.80	0.035	0.035	0.25	0.30	0.25
11	U20552	55	0.52～0.60	0.17～0.37	0.50～0.80	0.035	0.035	0.25	0.30	0.25
12	U20602	60	0.57～0.65	0.17～0.37	0.50～0.80	0.035	0.035	0.25	0.30	0.25
13	U20652	65	0.62～0.70	0.17～0.37	0.50～0.80	0.035	0.035	0.25	0.30	0.25
14	U20702	70	0.67～0.75	0.17～0.37	0.50～0.80	0.035	0.035	0.25	0.30	0.25
15	U20702	75	0.72～0.80	0.17～0.37	0.50～0.80	0.035	0.035	0.25	0.30	0.25
16	U20802	80	0.77～0.85	0.17～0.37	0.50～0.80	0.035	0.035	0.25	0.30	0.25
17	U20852	85	0.82～0.90	0.17～0.37	0.50～0.80	0.035	0.035	0.25	0.30	0.25
18	U21152	15 Mn	0.12～0.18	0.17～0.37	0.70～1.00	0.035	0.035	0.25	0.30	0.25
19	U21202	20 Mn	0.17～0.23	0.17～0.37	0.70～1.00	0.035	0.035	0.25	0.30	0.25
20	U21252	25 Mn	0.22～0.29	0.17～0.37	0.70～1.00	0.035	0.035	0.25	0.30	0.25
21	U21302	30 Mn	0.27～0.34	0.17～0.37	0.70～1.00	0.035	0.035	0.25	0.30	0.25
22	U21352	35 Mn	0.32～0.39	0.17～0.37	0.70～1.00	0.035	0.035	0.25	0.30	0.25
23	U21402	40 Mn	0.37～0.44	0.17～0.37	0.70～1.00	0.035	0.035	0.25	0.30	0.25
24	U21452	45 Mn	0.42～0.50	0.17～0.37	0.70～1.00	0.035	0.035	0.25	0.30	0.25
25	U21502	50 Mn	0.48～0.56	0.17～0.37	0.70～1.00	0.035	0.035	0.25	0.30	0.25
26	U21602	60 Mn	0.57～0.65	0.17～0.37	0.70～1.00	0.035	0.035	0.25	0.30	0.25
27	U21652	65 Mn	0.62～0.70	0.17～0.37	0.90～1.20	0.035	0.035	0.25	0.30	0.25
28	U21702	70 Mn	0.67～0.75	0.17～0.37	0.90～1.20	0.035	0.035	0.25	0.30	0.25

① 热压力加工用钢铜含量应不大于 0.20%。

② 用铝脱氧的镇静钢，碳、锰含量下限不限，锰含量上限为 0.45%，硅含量不大于 0.03%，全铝含量为 0.020%～0.070%，此时牌号为 08Al。

表 5-3　优质碳素结构钢热轧厚钢板和宽钢带牌号和化学成分（GB/T 711—2017）

牌号	化学成分/%（质量分数）							
	C	Si	Mn	P	S	Cr	Ni	Cu
				不大于				
08Al①	≤0.11	≤0.03	≤0.45	0.035	0.030	0.10	0.30	0.25
08	0.05～0.11	0.17～0.37	0.35～0.65	0.030	0.030	0.10	0.30	0.25
10	0.07～0.13	0.17～0.37	0.35～0.65	0.035	0.030	0.15	0.30	0.25
15	0.12～0.18	0.17～0.37	0.35～0.65	0.030	0.030	0.20	0.30	0.25
20	0.17～0.23	0.17～0.37	0.35～0.65	0.030	0.030	0.20	0.30	0.25
25	0.22～0.29	0.17～0.37	0.50～0.80	0.030	0.030	0.20	0.30	0.25
30	0.27～0.34	0.17～0.37	0.50～0.80	0.030	0.030	0.20	0.30	0.25
35	0.32～0.39	0.17～0.37	0.50～0.80	0.030	0.030	0.20	0.30	0.25
40	0.37～0.44	0.17～0.37	0.50～0.80	0.030	0.030	0.20	0.30	0.25
45	0.42～0.50	0.17～0.37	0.50～0.80	0.030	0.030	0.20	0.30	0.25
50	0.47～0.55	0.17～0.37	0.50～0.80	0.030	0.030	0.20	0.30	0.25
55	0.52～0.60	0.17～0.37	0.50～0.80	0.030	0.030	0.20	0.30	0.25
60	0.57～0.65	0.17～0.37	0.50～0.80	0.030	0.030	0.20	0.30	0.25
65	0.62～0.70	0.17～0.37	0.50～0.80	0.030	0.030	0.20	0.30	0.25
70	0.67～0.75	0.17～0.37	0.50～0.80	0.030	0.030	0.20	0.30	0.25
20Mn	0.17～0.23	0.17～0.37	0.70～1.00	0.030	0.030	0.20	0.30	0.25
25Mn	0.22～0.29	0.17～0.37	0.70～1.00	0.030	0.030	0.20	0.30	0.25
30Mn	0.27～0.34	0.17～0.37	0.70～1.00	0.030	0.030	0.20	0.30	0.25
35Mn	0.32～0.30	0.17　0.37	0.70～1.00	0.035	0.035	0.25	0.30	0.25
40Mn	0.37～0.44	0.17～0.37	0.70～1.00	0.035	0.035	0.20	0.30	0.25
45Mn	0.42～0.50	0.17～0.37	0.70～1.00	0.035	0.035	0.25	0.30	0.25
50Mn	0.47～0.56	0.17～0.37	0.70～1.00	0.035	0.035	0.20	0.30	0.25
55Mn	0.52～0.60	0.17～0.37	0.70～1.00	0.035	0.035	0.25	0.30	0.25
60Mn	0.57～0.65	0.17～0.37	0.70～1.00	0.035	0.035	0.20	0.30	0.25
65Mn	0.62～0.70	0.17～0.37	0.90～1.20	0.035	0.035	0.20	0.30	0.25
70Mn	0.67～0.75	0.17～0.37	0.90～1.20	0.035	0.035	0.25	0.30	0.25

① 钢中酸溶铝含量为 0.015%～0.065%或全铝含量为 0.020%～0.070%，牌号为08Al。

表 5-4 合金结构钢牌号和化学成分（GB 3077—2005）

钢组	序号	统一数字代号	牌号	化学成分(质量分数)/%										
				C	Si	Mn	Cr	Mo	Ni	W	B	Al	Ti	V
Mn	1	A00202	20Mn2	0.17～0.24	0.17～0.37	1.40～1.80	—	—	—	—	—	—	—	—
	2	A00302	30Mn2	0.27～0.34	0.17～0.37	1.40～1.80	—	—	—	—	—	—	—	—
	3	A00352	35Mn2	0.32～0.39	0.17～0.37	1.40～1.80	—	—	—	—	—	—	—	—
	4	A00402	40Mn2	0.37～0.44	0.17～0.37	1.40～1.80	—	—	—	—	—	—	—	—
	5	A00452	45Mn2	0.42～0.49	0.17～0.37	1.40～1.80	—	—	—	—	—	—	—	—
	6	A00502	50Mn2	0.47～0.55	0.17～0.37	1.40～1.80	—	—	—	—	—	—	—	—
MnV	7	A01202	20MnV	0.17～0.24	0.17～0.37	1.30～1.60	—	—	—	—	—	—	—	0.07～0.12
SiMn	8	A10272	27SiMn	0.24～0.32	1.10～1.40	1.10～1.40	—	—	—	—	—	—	—	—
	9	A10352	35SiMn	0.32～0.40	1.10～1.40	1.10～1.40	—	—	—	—	—	—	—	—
	10	A10422	42SiMn	0.39～0.45	1.10～1.40	1.10～1.40	—	—	—	—	—	—	—	—
SiMnMoV	11	A14202	20SiMn2MoV	0.17～0.23	0.90～1.20	2.20～2.60	—	0.30～0.40	—	—	—	—	—	0.05～0.12
	12	A14262	25SiMn2MoV	0.22～0.28	0.90～1.20	2.20～2.60	—	0.30～0.40	—	—	—	—	—	0.05～0.12
	13	A14372	37SiMn2MoV	0.33～0.39	0.60～0.90	1.60～1.90	—	0.40～0.50	—	—	—	—	—	0.05～0.12
B	14	A70402	40B	0.37～0.44	0.17～0.37	0.60～0.90	—	—	—	—	0.0008～0.0035	—	—	—
	15	A70452	45B	0.42～0.49	0.17～0.37	0.60～0.90	—	—	—	—	0.0008～0.0035	—	—	—
	16	A70502	50B	0.47～0.55	0.17～0.37	0.60～0.90	—	—	—	—	0.0008～0.0035	—	—	—
MnB	17	A712502	25MnB	0.23～0.28	0.17～0.37	1.00～1.40	—	—	—	—	0.0008～0.0035	—	—	—
	18	A713502	35MnB	0.32～0.38	0.17～0.37	1.10～1.40	—	—	—	—	0.0008～0.0035	—	—	—
	19	A71402	40MnB	0.37～0.44	0.17～0.37	1.10～1.40	—	—	—	—	0.0008～0.0035	—	—	—
	20	A71452	45MnB	0.42～0.49	0.17～0.37	1.10～1.40	—	—	—	—	0.0008～0.0035	—	—	—
MnMoB	21	A72202	20MnMoB	0.16～0.22	0.17～0.37	0.90～1.20	—	0.20～0.30	—	—	0.0008～0.0035	—	—	—

续表

钢组	序号	统一数字代号	牌号	化学成分(质量分数)/%										
				C	Si	Mn	Cr	Mo	Ni	W	B	Al	Ti	V
MnVB	22	A73152	15MnVB	0.12～0.18	0.17～0.37	1.20～1.60	—	—	—	—	0.0008～0.0035	—	—	0.07～0.12
	23	A73202	20MnVB	0.17～0.23	0.17～0.37	1.20～1.60	—	—	—	—	0.0008～0.0035	—	—	0.07～0.12
	24	A73402	40MnVB	0.37～0.44	0.17～0.37	1.10～1.40	—	—	—	—	0.0008～0.0035	—	—	0.05～0.10
MnTiB	25	A74202	20MnTiB	0.17～0.24	0.17～0.37	1.30～1.60	—	—	—	—	0.0008～0.0035	—	0.04～0.10	—
	26	A74252	25MnTiBRE①	0.22～0.28	0.20～0.45	1.30～1.60	—	—	—	—	0.0008～0.0035	—	0.04～0.10	—
Cr	27	A20152	15Cr	0.12～0.17	0.17～0.37	0.40～0.70	0.70～1.00	—	—	—	—	—	—	—
	28	A20202	20Cr	0.18～0.24	0.17～0.37	0.50～0.80	0.70～1.00	—	—	—	—	—	—	—
	29	A20302	30Cr	0.27～0.34	0.17～0.37	0.50～0.80	0.80～1.10	—	—	—	—	—	—	—
	30	A20352	35Cr	0.32～0.39	0.17～0.37	0.50～0.80	0.80～1.10	—	—	—	—	—	—	—
	31	A20402	40Cr	0.37～0.44	0.17～0.37	0.50～0.80	0.80～1.10	—	—	—	—	—	—	—
	32	A20452	45Cr	0.42～0.49	0.17～0.37	0.50～0.80	0.80～1.10	—	—	—	—	—	—	—
	33	A20502	50Cr	0.47～0.54	0.17～0.37	0.50～0.80	0.80～1.10	—	—	—	—	—	—	—
CrSi	34	A21382	38CrSi	0.35～0.43	1.00～1.30	0.30～0.60	1.30～1.60	—	—	—	—	—	—	—
CrMo	35	A30122	12CrMo	0.08～0.15	0.17～0.37	0.40～0.70	0.40～0.70	0.40～0.55	—	—	—	—	—	—
	36	A30152	15CrMo	0.12～0.18	0.17～0.37	0.40～0.70	0.80～1.10	0.40～0.55	—	—	—	—	—	—
	37	A30202	20CrMo	0.17～0.24	0.17～0.37	0.40～0.70	0.80～1.10	0.15～0.25	—	—	—	—	—	—
	38	A30252	25CrMo	0.22～0.29	0.17～0.37	0.60～0.90	0.90～1.20	0.15～0.30	—	—	—	—	—	—
	39	A30302	30CrMo	0.26～0.33	0.17～0.37	0.40～0.70	0.80～1.10	0.15～0.25	—	—	—	—	—	—
CrMo	40	A30352	35CrMo	0.32～0.40	0.17～0.37	0.40～0.70	0.80～1.10	0.15～0.25	—	—	—	—	—	—
	41	A30422	42CrMo	0.38～0.45	0.17～0.37	0.50～0.80	0.90～1.20	0.15～0.25	—	—	—	—	—	—
	42	A30502	50CrMo	0.46～0.54	0.17～0.37	0.50～0.80	0.90～1.20	0.15～0.30	—	—	—	—	—	—

续表

钢组	序号	统一数字代号	牌号	化学成分(质量分数)/%										
				C	Si	Mn	Cr	Mo	Ni	W	B	Al	Ti	V
CrMoV	43	A31122	12CrMoV	0.08～0.15	0.17～0.37	0.40～0.70	0.30～0.60	0.25～0.35	—	—	—	—	—	0.15～0.30
	44	A31352	35CrMoV	0.30～0.38	0.17～0.37	0.40～0.70	1.00～1.30	0.20～0.30	—	—	—	—	—	0.10～0.20
	45	A31132	12Cr1MoV	0.08～0.15	0.17～0.37	0.40～0.70	0.90～1.20	0.25～0.35	—	—	—	—	—	0.15～0.30
	46	A31252	25Cr2MoV	0.22～0.29	0.17～0.37	0.40～0.70	1.50～1.80	0.25～0.35	—	—	—	—	—	0.15～0.30
	47	A31262	25Cr2Mo1V	0.22～0.29	0.17～0.37	0.50～0.80	2.10～2.50	0.90～1.10	—	—	—	—	—	0.30～0.50
CrMoAl	48	A33382	38CrMoAl	0.35～0.42	0.20～0.45	0.30～0.60	1.35～1.65	0.15～0.25	—	—	—	0.70～1.10	—	—
CrV	49	A23402	40CrV	0.37～0.44	0.17～0.37	0.50～0.80	0.80～1.10	—	—	—	—	—	—	0.10～0.20
	50	A23502	50CrV	0.47～0.54	0.17～0.37	0.50～0.80	0.80～1.10	—	—	—	—	—	—	0.10～0.20
CrMn	51	A22152	15CrMn	0.12～0.18	0.17～0.37	1.10～1.40	0.40～0.70	—	—	—	—	—	—	—
	52	A22202	20CrMn	0.17～0.23	0.17～0.37	0.90～1.20	0.90～1.20	—	—	—	—	—	—	—
	53	A22402	40CrMn	0.37～0.45	0.17～0.37	0.90～1.20	0.90～1.20	—	—	—	—	—	—	—
CrMnSi	54	A24202	20CrMnSi	0.17～0.23	0.90～1.20	0.80～1.10	0.80～1.10	—	—	—	—	—	—	—
	55	A24252	25CrMnSi	0.22～0.28	0.90～1.20	0.80～1.10	0.80～1.10	—	—	—	—	—	—	—
	56	A24302	30CrMnSi	0.28～0.34	0.90～1.20	0.80～1.10	0.80～1.10	—	—	—	—	—	—	—
	57	A24352	35CrMnSi	0.32～0.39	1.10～1.40	0.80～1.10	1.10～1.40	—	—	—	—	—	—	—
CrMnMo	58	A34202	20CrMnMo	0.17～0.23	0.17～0.37	0.90～1.20	1.10～1.40	0.20～0.30	—	—	—	—	—	—
	59	A34402	40CrMnMo	0.37～0.45	0.17～0.37	0.90～1.20	0.90～1.20	0.20～0.30	—	—	—	—	—	—
CrMnTi	60	A26202	20CrMnTi	0.17～0.23	0.17～0.37	0.80～1.10	1.00～1.30	—	—	—	—	—	0.04～0.10	—
	61	A26302	30CrMnTi	0.24～0.32	0.17～0.37	0.80～1.10	1.00～1.30	—	—	—	—	—	0.04～0.10	—
CrNi	62	A40202	20CrNi	0.17～0.23	0.17～0.37	0.40～0.70	0.45～0.75	—	1.00～1.40	—	—	—	—	—
	63	A40402	40CrNi	0.37～0.44	0.17～0.37	0.50～0.80	0.45～0.75	—	1.00～1.40	—	—	—	—	—
	64	A40452	45CrNi	0.42～0.49	0.17～0.37	0.50～0.80	0.45～0.75	—	1.00～1.40	—	—	—	—	—
	65	A40502	50CrNi	0.47～0.54	0.17～0.37	0.50～0.80	0.45～0.75	—	1.00～1.40	—	—	—	—	—
	66	A41122	12CrNi2	0.10～0.17	0.17～0.37	0.30～0.60	0.60～0.90	—	1.50～1.90	—	—	—	—	—

续表

钢组	序号	统一数字代号	牌号	化学成分(质量分数)/%										
				C	Si	Mn	Cr	Mo	Ni	W	B	Al	Ti	V
CrNi	67	A41342	34CrNi2	0.30～0.37	0.17～0.37	0.60～0.90	0.80～1.10	—	1.20～1.60	—	—	—	—	—
	68	A42122	12CrNi3	0.10～0.17	0.17～0.37	0.30～0.60	0.60～0.90	—	2.75～3.15	—	—	—	—	—
	69	A42202	20CrNi3	0.17～0.24	0.17～0.37	0.30～0.60	0.60～0.90	—	2.75～3.15	—	—	—	—	—
	70	A42302	30CrNi3	0.27～0.33	0.17～0.37	0.30～0.60	0.60～0.90	—	2.75～3.15	—	—	—	—	—
	71	A42372	37CrNi3	0.34～0.41	0.17～0.37	0.30～0.60	1.20～1.60	—	3.00～3.50	—	—	—	—	—
	72	A43122	12Cr2Ni4	0.10～0.16	0.17～0.37	0.30～0.60	1.25～1.65	—	3.25～3.65	—	—	—	—	—
	73	A43202	20Cr2Ni4	0.17～0.23	0.17～0.37	0.30～0.60	1.25～1.65	—	3.25～3.65	—	—	—	—	—
CrNiMo	74	A50152	15CrNiMo	0.13～0.18	0.17～0.37	0.70～0.90	0.45～0.65	0.45～0.60	0.70～1.00	—	—	—	—	—
	75	A50202	20CrNiMo	0.17～0.23	0.17～0.37	0.60～0.95	0.40～0.70	0.20～0.30	0.35～0.75	—	—	—	—	—
	76	A50302	30CrNiMo	0.28～0.33	0.17～0.37	0.70～0.90	0.70～1.00	0.25～0.45	0.60～0.80	—	—	—	—	—
	77	A50300	30Cr2Ni2Mo	0.26～0.34	0.17～0.37	0.50～0.80	1.80～2.20	0.30～0.50	1.80～2.20	—	—	—	—	—
	78	A50300	30Cr2Ni4Mo	0.26～0.33	0.17～0.37	0.50～0.80	1.20～1.50	0.30～0.60	3.30～4.30	—	—	—	—	—
	79	A50342	34Cr2Ni2Mo	0.30～0.38	0.17～0.37	0.50～0.80	1.30～1.70	0.15～0.30	1.30～1.70	—	—	—	—	—
	80	A50352	35Cr2Ni4Mo	0.32～0.39	0.17～0.37	0.50～0.80	1.60～2.00	0.25～0.45	3.60～4.10	—	—	—	—	—
	81	A50402	40CrNiMo	0.37～0.44	0.17～0.37	0.50～0.80	0.60～0.90	0.15～0.25	1.25～1.65	—	—	—	—	—
	82	A50400	40CrNi2Mo	0.38～0.43	0.17～0.37	0.60～0.80	0.70～0.90	0.20～0.30	1.65～2.00	—	—	—	—	—
CrMnNiMo	83	A50182	18CrMnNiMo	0.15～0.21	0.17～0.37	1.10～1.40	1.00～1.30	0.20～0.30	1.00～1.30	—	—	—	—	—
CrNiMoV	84	A51452	45CrNiMoV	0.42～0.49	0.17～0.37	0.50～0.80	0.80～1.10	0.20～0.30	1.30～1.80	—	—	—	—	0.10～0.20
CrNiW	85	A52182	18Cr2Ni4W	0.13～0.19	0.17～0.37	0.30～0.60	1.35～1.65	—	4.00～4.50	0.80～1.20	—	—	—	—
	86	A52252	25Cr2Ni4W	0.21～0.28	0.17～0.37	0.30～0.60	1.35～1.65	—	4.00～4.50	0.80～1.20	—	—	—	—

① 稀土按 0.05%计算量加入，成品分析结果供参考。

注：未经用户同意不得有意加入本表中未规定的元素。应采取措施防止从废钢或其他原料中带入影响钢性能的元素。

表中各牌号可按高级优质钢或特级优质钢订货，但应在牌号后加字母“A”或“E”。

表 5-5 表 5-4 所列钢中硫、磷及残余铜、铬、镍含量应符合的规定（GB/T 3077—2015）

钢类	P	S	Cu①	Cr	Ni	Mo
	/%,不大于					
优质钢	0.030	0.030	0.30	0.30	0.30	0.10
高级优质钢	0.020	0.020	0.25	0.30	0.30	0.10
特级优质钢	0.020	0.010	0.25	0.30	0.30	0.10

① 热压力加工用钢的铜含量应不大于 0.20%。

表 5-6 合金结构钢薄钢板牌号和化学成分（YB/T 5132—2007）

统一数字代号	牌号	化学成分(质量分数)/%						
		C	Si	Mn	S	P	Cr	Cu
					不大于			不大于
A00123	12Mn2A	0.08～0.17	0.17～0.37	1.20～1.60	0.030	0.030	—	0.25
A00163	16Mn2A	0.12～0.20	0.17～0.37	2.00～2.40	0.030	0.030	—	0.25
A20383	38CrA	0.34～0.42	0.17～0.37	0.50～0.80	0.030	0.030	0.80～1.10	0.25

注：1. 钢板由下列牌号的钢制造。

优质钢 40B，45B，50B，15Cr，20Cr，30Cr，35Cr，40Cr，50Cr，12CrMo，15CrMo，20CrMo，30CrMo，35CrMo，12Cr1MoV，12CrMoV，20CrNi，40CrNi，20CrMnTi 和 30CrMnSi。

高级优质钢 12Mn2A，16Mn2A，45Mn2A，50BA，15CrA，38CrA，20CrMnSiA，25CrMnSiA，30CrMnSiA 和 35CrMnSiA。

2. 钢的化学成分（熔炼分析）及对残余元素的规定应符合 GB/T 3077 的规定。12Mn2A、16Mn2A 和 38CrA 的化学成分应符合表中规定。

3. 根据供需双方协议，可供应 GB/T 3077 中的其他牌号。

4. 成品钢板化学成分允许偏差应符合 GB/T 222 的规定。但 20CrMnSiA，25CrMnSiA，30CrMnSiA 和 35CrMnSiA 碳偏差为＋0.01%、－0.02%。

表 5-7 非调质机械结构钢的牌号及化学成分（GB/T 15712—2016）

分类	统一数字代号	牌号①	C	Si	Mn	S	P	V②	Cr	Ni	Cu③	其他④
			化学成分(质量分数)/%									
铁素体-珠光体	L22358	F35VS	0.32～0.39	0.15～0.35	0.60～1.00	0.035～0.075	≤0.035	0.06～0.13	≤0.30	≤0.30	≤0.30	Mo≤0.05
	L22408	F40VS	0.37～0.44	0.15～0.35	0.60～1.00	0.035～0.075	≤0.035	0.06～0.13	≤0.30	≤0.30	≤0.30	Mo≤0.05
	L22458	F45VS	0.42～0.49	0.15～0.35	0.60～1.00	0.035～0.075	≤0.035	0.06～0.13	≤0.30	≤0.30	≤0.30	Mo≤0.05
	L22708	F70VS	0.67～0.73	0.15～0.35	0.40～0.70	0.035～0.075	≤0.045	0.03～0.08	≤0.30	≤0.30	≤0.30	Mo≤0.05
	L22308	F30MnVS	0.26～0.33	0.30～0.80	1.20～1.60	0.035～0.075	≤0.035	0.08～0.15	≤0.30	≤0.30	≤0.30	Mo≤0.05
	L22358	F35MnVS	0.32～0.39	0.30～0.60	1.00～1.50	0.035～0.075	≤0.035	0.06～0.13	≤0.30	≤0.30	≤0.30	Mo≤0.05
	L22388	F38MnVS	0.35～0.42	0.30～0.80	1.20～1.60	0.035～0.075	≤0.035	0.08～0.15	≤0.30	≤0.30	≤0.30	Mo≤0.05
	L22408	F40MnVS	0.37～0.44	0.30～0.60	1.00～1.50	0.035～0.075	≤0.035	0.06～0.13	≤0.30	≤0.30	≤0.30	Mo≤0.05
	L22458	F45MnVS	0.42～0.49	0.30～0.60	1.00～1.50	0.035～0.075	≤0.035	0.06～0.13	≤0.30	≤0.30	≤0.30	Mo≤0.05
	L22498	F49MnVS	0.44～0.52	0.15～0.60	0.70～1.00	0.035～0.075	≤0.035	0.08～0.15	≤0.30	≤0.30	≤0.30	Mo≤0.05
	L22488	F48MnV	0.45～0.51	0.15～0.35	1.00～1.30	≤0.035	≤0.035	0.06～0.13	≤0.30	≤0.30	≤0.30	Mo≤0.05
	L22378	F37MnSiVS	0.34～0.41	0.50～0.80	0.90～1.10	0.035～0.075	≤0.045	0.25～0.35	≤0.30	≤0.30	≤0.30	Mo≤0.05
	L22418	F41MnSiV	0.38～0.45	0.50～0.80	1.20～1.60	≤0.035	≤0.035	0.08～0.15	≤0.30	≤0.30	≤0.30	Mo≤0.05
	L26388	F38MnSiNS	0.35～0.42	0.50～0.80	1.20～1.60	0.035～0.075	≤0.035	≤0.06	≤0.30	≤0.30	≤0.30	Mo≤0.05 N:0.010～0.020

续表

分类	统一数字代号	牌号①	化学成分(质量分数)/%									
			C	Si	Mn	S	P	V②	Cr	Ni	Cu③	其他④
贝氏体	L27128	F12Mn2VBS	0.09～0.16	0.30～0.60	2.20～2.65	0.035～0.075	≤0.035	0.06～0.12	≤0.30	≤0.30	≤0.30	B0.001～0.004
贝氏体	L28258	F25Mn2CrVS	0.22～0.28	0.20～0.40	1.80～2.10	0.035～0.065	≤0.030	0.10～0.15	0.40～0.60	≤0.30	≤0.30	—

① 当硫含量只有上限要求时，牌号尾部不加“S”。
② 经供需双方协商，可以用铌或钛代替部分或全部钒含量，在部分代替情况下.钒的下限含量应由双方协商。
③ 热压力加工用钢的铜含量应不大于0.20%。
④ 为了保证钢材的力学性能，允许添加氮，推荐氮含量为0.008%～0.0200%。

表 5-8 非调质机械结构钢才化学成分允许偏差（GB/T 15712—2016）

元素	规定化学成分(质量分数)/%(上限值)	允许偏差	
		上偏差	下偏差
C	≤0.30	0.01	0.01
C	>0.30～0.75	0.02	0.02
Mn	≤1.00	0.03	0.03
Mn	>1.00	0.04	0.04
Si	≤0.37	0.02	0.02
Si	>0.37	0.04	0.04
V	≤0.10	0.01	0.01
V	>0.10	0.02	0.02
Cr	—	0.03	0.03
B	—	0.0005	0.0001
N	—	0.0020	0.0020
S	规定上下限时	0.005	0.005
S	仅有上限时	0.005	—
P	—	0.005	—

表 5-9 低淬透性含钛优质碳素结构钢牌号和化学成分（YB/T 2009—81）

序号	牌号	化学成分/%(质量分数)					
		C	Si	Mn	Ti	P	S
1	55DTi	0.51～0.59	≤25	≤23	0.03～0.10	≤0.04	≤0.04
2	60DTi	0.57～0.65	≤30	≤23	0.03～0.10	≤0.04	≤0.04
3	70DTi	0.64～0.73	≤35	≤28	0.04～0.12	≤0.04	≤0.04

表 5-10 硫系易切削钢的牌号及化学成分（熔炼分析）（GB/T 8731—2008）

牌号	化学成分(质量分数)/%				
	C	Si	Mn	P	S
Y08	≤0.09	≤0.15	0.75～1.05	0.04～0.09	0.26～0.35
Y12	0.08～0.16	0.15～0.35	0.70～1.00	0.08～0.15	0.10～0.20
Y15	0.10～0.18	≤0.15	0.80～1.20	0.05～0.10	0.23～0.33
Y20	0.17～0.25	0.15～0.35	0.70～1.00	≤0.06	0.08～0.15
Y30	0.27～0.35	0.15～0.35	0.70～1.00	≤0.06	0.08～0.15
Y35	0.32～0.40	0.15～0.35	0.70～1.00	≤0.06	0.08～0.15
Y45	0.42～0.50	≤0.40	0.70～1.10	≤0.06	0.15～0.25
Y08MnS	≤0.09	≤0.07	1.00～1.50	0.04～0.09	0.32～0.48
Y15Mn	0.14～0.20	≤0.15	1.00～1.50	0.04～0.09	0.08～0.13
Y35Mn	0.32～0.40	≤0.10	0.90～1.35	≤0.04	0.18～0.30
Y40Mn	0.37～0.45	0.15～0.35	1.20～1.55	≤0.04	0.20～0.30
Y45Mn	0.40～0.48	≤0.40	1.35～1.65	≤0.04	0.16～0.24
Y45MnS	0.40～0.48	≤0.40	1.35～1.65	≤0.04	0.24～0.33

表 5-11　保证淬透性结构钢的牌号与化学成分（GB/T 5216—2014）

序号	统一数字代号	牌号	化学成分(质量分数)/%										
			C	Si①	Mn	Cr	Ni	Mo	B	Ti	V	S②	P
1	U59455	45H	0.42～0.50	0.17～0.37	0.50～0.85	—	—	—	—	—	—	≤0.035	≤0.030
2	A20155	15CrH	0.12～0.18	0.17～0.37	0.55～0.90	0.85～1.25	—	—	—	—	—		
3	A20205	20CrH	0.17～0.23	0.17～0.37	0.50～0.85	0.70～1.10	—	—	—	—	—		
4	A20215	20Cr1H	0.17～0.23	0.17～0.37	0.55～0.90	0.85～1.25	—	—	—	—	—		
5	A20255	25CrH	0.23～0.28	≤0.37	0.60～0.90	0.90～1.20	—	—	—	—	—		
6	A20285	28CrH	0.24～0.31	≤0.37	0.60～0.90	0.90～1.20	—	—	—	—	—		
7	A20405	40CrH	0.37～0.44	0.17～0.37	0.50～0.85	0.70～1.10	—	—	—	—	—		
8	A20455	45CrH	0.42～0.49	0.17～0.37	0.50～0.85	0.70～1.10	—	—	—	—	—		
9	A22165	16CrMnH	0.14～0.19	≤0.37	1.00～1.30	0.80～1.10	—	—	—	—	—		
10	A22205	20CrMnH	0.17～0.22	≤0.37	1.10～1.40	1.00～1.30	—	—	—	—	—		
11	A25155	15CrMnBH	0.13～0.18	≤0.37	1.00～1.30	0.80～1.10	—	—	0.0008～0.0035	—	—		
12	A25175	17CrMnBH	0.15～0.20	≤0.37	1.00～1.40	1.00～1.30	—	—		—	—		
13	A71405	40MnBH	0.37～0.44	0.17～0.37	1.00～1.40	—	—	—		—	—		
14	A71455	45MnBH	0.42～0.49	0.17～0.37	1.00～1.40	—	—	—		—	—		
15	A73205	20MnVBH	0.17～0.23	0.17～0.37	1.05～1.45	—	—	—		—	0.07～0.12		
16	A74205	20MnTiBH	0.17～0.23	0.17～0.37	1.20～1.55	—	—	—		0.04～0.10	—		
17	A30155	15CrMoH	0.12～0.18	0.17～0.37	0.55～0.90	0.85～1.25	—	0.15～0.25	—	—	—		
18	A30205	20CrMoH	0.17～0.23	0.17～0.37	0.55～0.90	0.85～1.25	—	0.15～0.25	—	—	—		
19	A30225	22CrMoH	0.19～0.25	0.17～0.37	0.55～0.90	0.85～1.25	—	0.35～0.45	—	—	—		
20	A30355	35CrMoH	0.32～0.39	0.17～0.37	0.55～0.95	0.85～1.25	—	0.15～0.35	—	—	—		
21	A30425	42CrMoH	0.37～0.44	0.17～0.37	0.55～0.90	0.85～1.25	—	0.15～0.25	—	—	—		
22	A34205	20CrMnMoH	0.17～0.23	0.17～0.37	0.85～1.20	1.05～1.40	—	0.20～0.30	—	—	—		
23	A26205	20CrMnTiH	0.17～0.23	0.17～0.37	0.80～1.20	1.00～1.45	—	—	—	0.40～0.10	—		
24	A42175	17Cr2Ni2H	0.14～0.20	0.17～0.37	0.50～0.90	1.40～1.70	1.40～1.70	—	—	—	—		
25	A42205	20CrNi3H	0.17～0.23	0.17～0.37	0.30～0.65	0.60～0.95	2.70～3.25	—	—	—	—		
26	A43125	12Cr2Ni4H	0.10～0.17	0.17～0.37	0.30～0.65	1.20～1.75	3.20～3.75	—	—	—	—		
27	A50205	20CrNiMoH	0.17～0.23	0.17～0.37	0.60～0.95	0.35～0.65	0.35～0.75	0.15～0.25	—	—	—		
28	A50225	22CrNiMoH	0.19～0.25	0.17～0.37	0.60～0.95	0.35～0.65	0.35～0.75	0.15～0.25	—	—	—		
29	A50275	27CrNiMoH	0.24～0.30	0.17～0.37	0.60～0.95	0.35～0.65	0.35～0.75	0.15～0.25	—	—	—		
30	A50215	20CrNi2MoH	0.17～0.23	0.17～0.37	0.40～0.70	0.35～0.65	1.55～2.00	0.20～0.30	—	—	—		
31	A50405	40CrNi2MoH	0.37～0.44	0.17～0.37	0.55～0.90	0.65～0.95	1.55～2.00	0.20～0.30	—	—	—		
32	A50185	18Cr2Ni2MoH	0.15～0.21	0.17～0.37	0.50～0.90	1.50～1.80	1.40～1.70	0.25～0.35	—	—	—		

① 根据需方要求，16CrMnH、20CrMnH、25CrH 和 28CrH 钢中的 Si 含量允许不大于 0.12%，但此时应考虑其对力学性能的影响。

② 根据需方要求，钢中的硫含量（质量分数）也可以在 0.015%～0.035%范围。此时，硫含量允许偏差为±0.005%。

表 5-12 铅系易切削钢的牌号及化学成分（熔炼分析）（GB/T 8731—2008）

牌号	化学成分(质量分数)/%					
	C	Si	Mn	P	S	Pb
Y08Pb	≤0.09	≤0.15	0.75～1.05	0.04～0.09	0.26～0.35	0.15～0.35
Y12Pb	≤0.15	≤0.15	0.85～1.15	0.04～0.09	0.26～0.35	0.15～0.35
Y15Pb	0.10～0.18	≤0.15	0.80～1.20	0.05～0.10	0.23～0.33	0.15～0.35
Y45MnSPb	0.40～0.48	≤0.40	1.35～1.65	≤0.04	0.24～0.33	0.15～0.35

表 5-13 锡系易切削钢的牌号及化学成分（熔炼分析）（GB/T 8731—2008）

牌号	化学成分(质量分数)/%					
	C	Si	Mn	P	S	Sn
Y08Sn	≤0.09	≤0.15	0.75～1.20	0.04～0.09	0.26～0.40	0.09～0.25
Y15Sn	0.13～0.18	≤0.15	0.40～0.70	0.03～0.07	≤0.05	0.09～0.25
Y45Sn	0.40～0.48	≤0.40	0.60～1.00	0.03～0.07	≤0.05	0.09～0.25
Y45MnSn	0.40～0.48	≤0.40	1.20～1.70	≤0.06	0.20～0.35	0.09～0.25

注：本表中所列牌号为专利所有，见国家发明专利“含锡易切削结构钢”，专利号：ZL 03122768.6，国际专利主分类号：C22C 38/04。

表 5-14 钙系易切削钢的牌号及化学成分（熔炼分析）（GB/T 8731—2008）

牌号	化学成分(质量分数)/%					
	C	Si	Mn	P	S	Ca
Y45Ca①	0.42～0.50	0.20～0.40	0.60～0.90	≤0.04	0.04～0.08	0.002～0.006

① Y45Ca 钢中残余元素镍、铬、铜含量各不大于 0.25%；供热压力加工用时，铜含量不大于 0.20%。供方能保证合格时可不做分析。

注：1. 根据需方要求，经供需双方协商，可适当添加其他能够提高钢材切削性能的元素。

2. 钢材的成品化学成分允许偏差，易切削元素硫、锡应符合表 5-15 的规定，其他元素应符合 GB/T 222 的规定。

表 5-15 硫、锡元素的化学成分允许偏差（GB/T 8731—2008）

元素	规定化学成分范围/%	允许偏差/%	
		上偏差	下偏差
S	≤0.33 >0.33	0.03 0.04	0.03 0.04
Sn	≤0.30	0.03	0.03

表 5-16　弹簧钢的牌号及化学成分（GB/T 1222—2016）

序号	统一数字代号	牌号	化学成分(质量分数)/%											
			C	Si	Mn	Cr	V	W	Mo	B	Ni	Cu②	P	S
1	U20652	65	0.62～0.70	0.17～0.37	0.50～0.80	≤0.25	—	—	—	—	≤0.35	≤0.25	≤0.030	≤0.030
2	U20702	70	0.67～0.75	0.17～0.37	0.50～0.80	≤0.25	—	—	—	—	≤0.35	≤0.25	≤0.030	≤0.030
3	U20802	80	0.77～0.85	0.17～0.37	0.50～0.80	≤0.25	—	—	—	—	≤0.35	≤0.25	≤0.030	≤0.030
4	U20852	85	0.82～0.90	0.17～0.37	0.50～0.80	≤0.25	—	—	—	—	≤0.35	≤0.25	≤0.030	≤0.030
5	U21653	65Mn	0.62～0.70	0.17～0.37	0.90～1.20	≤0.25	—	—	—	—	≤0.35	≤0.25	≤0.030	≤0.030
6	U21702	70Mn	0.67～0.75	0.17～0.37	0.90～1.20	≤0.25	—	—	—	—	≤0.35	≤0.25	≤0.030	≤0.030
7	A76282	28SiMnB	0.24～0.32	0.60～1.00	1.20～1.60	≤0.25	—	—	—	0.0008～0.0035	≤0.35	≤0.25	≤0.025	≤0.020
8	A77406	40SiMnVBE①	0.39～0.42	0.90～1.35	1.20～1.55	—	0.09～0.12	—	—	0.0008～0.0025	≤0.35	≤0.25	≤0.020	≤0.012
9	A77552	55SiMnVB	0.52～0.60	0.70～1.00	1.00～1.30	≤0.35	0.08～0.16	—	—	0.0008～0.0035	≤0.35	≤0.25	≤0.025	≤0.020
10	A11383	38Si2	0.35～0.42	1.50～1.80	0.50～0.80	≤0.25	—	—	—	—	≤0.35	≤0.25	≤0.025	≤0.020
11	A11603	60Si2Mn	0.56～0.64	1.50～2.00	0.70～1.00	≤0.35	—	—	—	—	≤0.35	≤0.25	≤0.025	≤0.020
12	A22553	55CrMn	0.52～0.60	0.17～0.37	0.65～0.95	0.65～0.95	—	—	—	—	≤0.35	≤0.25	≤0.025	≤0.020
13	A22603	60CrMn	0.56～0.64	0.17～0.37	0.70～1.00	0.70～1.00	—	—	—	—	≤0.35	≤0.25	≤0.025	≤0.020
14	A22609	60CrMnB	0.56～0.64	0.17～0.37	0.70～1.00	0.70～1.00	—	—	—	0.0008～0.0035	≤0.35	≤0.25	≤0.025	≤0.020
15	A34603	60CrMnMo	0.56～0.64	0.17～0.37	0.70～1.00	0.70～1.00	—	—	0.25～0.35	—	≤0.35	≤0.25	≤0.025	≤0.020
16	A21553	55SiCr	0.51～0.59	1.20～1.60	0.50～0.80	0.50～0.80	—	—	—	—	≤0.35	≤0.25	≤0.025	≤0.020
17	A21603	60Si2Cr	0.56～0.64	1.40～1.80	0.40～0.70	0.70～1.00	—	—	—	—	≤0.35	≤0.25	≤0.025	≤0.020
18	A24563	56Si2MnCr	0.52～0.60	1.60～2.00	0.70～1.00	0.20～0.45	—	—	—	—	≤0.35	≤0.25	≤0.025	≤0.020
19	A45523	52SiCrMnNi	0.49～0.56	1.20～1.50	0.70～1.00	0.70～1.00	—	—	—	—	0.50～0.70	≤0.25	≤0.025	≤0.020
20	A28553	55SiCrV	0.51～0.59	1.20～1.60	0.50～0.80	0.50～0.80	0.10～0.20	—	—	—	≤0.35	≤0.25	≤0.025	≤0.020
21	A28603	60Si2CrV	0.56～0.64	1.40～1.80	0.40～0.70	0.90～1.20	0.10～0.20	—	—	—	≤0.35	≤0.25	≤0.025	≤0.020
22	A28600	60Si2MnCrV	0.56～0.64	1.50～2.00	0.70～1.00	0.20～0.40	0.10～0.20	—	—	—	≤0.35	≤0.25	≤0.025	≤0.020
23	A23503	50CrV	0.46～0.54	0.17～0.37	0.50～0.80	0.80～1.10	0.10～0.20	—	—	—	≤0.35	≤0.25	≤0.025	≤0.020
24	A25513	51CrMnV	0.47～0.55	0.17～0.37	0.70～1.10	0.90～1.20	0.10～0.25	—	—	—	≤0.35	≤0.25	≤0.025	≤0.020
25	A36523	52CrMnMoV	0.48～0.56	0.17～0.37	0.70～1.10	0.90～1.20	0.10～0.20	—	0.15～0.30	—	≤0.35	≤0.25	≤0.025	≤0.020
26	A27303	30W4Cr2V	0.26～0.34	0.17～0.37	≤0.40	2.00～2.50	0.50～0.80	4.00～4.50	—	—	≤0.35	≤0.25	≤0.025	≤0.020

① 40SiMnVBE 为专利牌号。
② 根据需方要求，并在合同中注明，钢中残余铜含量可不大于 0.20%。

表 5-17　高碳铬轴承钢牌号和化学成分（GB/T 18254—2016）

统一数字代号	牌号	化学成分(质量分数)/%				
		C	Si	Mn	Cr	Mo
B00151	G8Cr15	0.75～0.85	0.15～0.35	0.20～0.40	1.30～1.65	≤0.10
B00150	GCr15	0.95～1.05	0.15～0.35	0.25～0.45	1.40～1.65	≤0.10
B01150	GCr15SiMn	0.95～1.05	0.45～0.75	0.95～1.25	1.40～1.65	≤0.10
B03150	GCr15SiMo	0.95～1.05	0.65～0.85	0.20～0.40	1.40～1.70	0.30～0.40
B02180	GCr18Mo	0.95～1.05	0.20～0.40	0.25～0.40	1.65～1.95	0.15～0.25

表 5-18　高碳铬轴承钢中残余元素含量和化学成分允许偏差（GB/T 18254—2016）

冶金质量	化学成分(质量分数)/%										
	Ni	Cu	P	S	Ca	O	Ti	Al	As	As+Sn+Sb	Pb
	不大于										
优质钢	0.25	0.25	0.025	0.020	—	0.0012	0.0050	0.050	0.04	0.075	0.002
高级优质钢	0.25	0.25	0.020	0.020	0.0010	0.0009	0.0030	0.050	0.04	0.075	0.002
特级优质钢	0.25	0.25	0.015	0.015	0.0010	0.0006	0.0015	0.050	0.04	0.075	0.002

成品化学成分允许偏差

元素	化学成分(质量分数)/%										
	C	Si	Mn	Cr	P	S	Ni	Cu	Ti	Al	Mo
允许偏差	±0.03	±0.02	±0.03	±0.05	+0.005 0	+0.005 0	+0.03 0	+0.02 0	+0.0005 0	+0.010 0	≤0.10 时，+0.01 >0.10 时，±0.02

表 5-19　船舶及海洋工程用结构钢（GB 712—2011）

<table>
<tr><th rowspan="2">牌号</th><th colspan="14">化学成分⑤,⑥,⑦,⑧(质量分数)/%</th></tr>
<tr><th>C</th><th>Si</th><th>Mn</th><th>P</th><th>S</th><th>Cu</th><th>Cr</th><th>Ni</th><th>Nb</th><th>V</th><th>Ti</th><th>Mo</th><th>N</th><th>Als④</th></tr>
<tr><td>A</td><td rowspan="3">≤0.21①</td><td>≤0.50</td><td>≥0.50</td><td rowspan="2">≤0.035</td><td rowspan="2">≤0.035</td><td rowspan="4">≤0.35</td><td rowspan="4">≤0.30</td><td rowspan="4">≤0.30</td><td rowspan="4">—</td><td rowspan="4">—</td><td rowspan="4">—</td><td rowspan="4">—</td><td rowspan="4">—</td><td rowspan="2">—</td></tr>
<tr><td>B</td><td rowspan="3">≤0.35</td><td>≥0.80②</td></tr>
<tr><td>D</td><td>≥0.60</td><td>≤0.030</td><td>≤0.030</td><td rowspan="2">≥0.015</td></tr>
<tr><td>E</td><td>≤0.18</td><td>≥0.70</td><td>≤0.025</td><td>≤0.025</td></tr>
<tr><td>AH32</td><td rowspan="9">≤0.18</td><td rowspan="12">≤0.50</td><td rowspan="12">0.90～1.60③</td><td rowspan="3">≤0.030</td><td rowspan="3">≤0.030</td><td rowspan="12">≤0.35</td><td rowspan="12">≤0.20</td><td rowspan="9">≤0.40</td><td rowspan="12">0.02～0.05</td><td rowspan="12">0.05～0.10</td><td rowspan="12">≤0.02</td><td rowspan="12">≤0.08</td><td rowspan="9">—</td><td rowspan="12">≥0.015</td></tr>
<tr><td>AH36</td></tr>
<tr><td>AH40</td></tr>
<tr><td>DH32</td><td rowspan="6">≤0.025</td><td rowspan="6">≤0.025</td></tr>
<tr><td>DH36</td></tr>
<tr><td>DH40</td></tr>
<tr><td>EH32</td></tr>
<tr><td>EH36</td></tr>
<tr><td>EH40</td></tr>
<tr><td>FH32</td><td rowspan="3">≤0.16</td><td rowspan="3">≤0.020</td><td rowspan="3">≤0.020</td><td rowspan="3">≤0.80</td><td rowspan="3">≤0.009</td></tr>
<tr><td>FH36</td></tr>
<tr><td>FH40</td></tr>
</table>

① A 级型钢的 C 含量最大可到 0.23%。

② B 级钢材做冲击试验时，Mn 含量下限可到 0.60%。

③ 当 AH32～EH40 级钢材的厚度≤12.5mm 时，Mn 含量的最小值可为 0.70%。

④ 对于厚度大于 25mm 的 D 级、E 级钢材的铝含量应符合表中规定；可测定总铝含量代替酸溶铝含量，此时总铝含量应不小于 0.020%，经船级社同意，也可使用其他细化晶粒元素。

⑤ 细化晶粒元素 Al、Nb、V、Ti 可单独或以任一组合形式加入钢中。当单独加入时，其含量应符合本表的规定；若混合加入两种或两种以上细化晶粒元素时，表中细晶元素含量下限的规定不适用，同时要求 Nb+V+Ti≤0.12%。

⑥ 当 F 级钢中含铝时，N≤0.012%。

⑦ A、B、D、E 的碳当量 C_{eq}≤0.40%。碳当量计算公式：C_{eq}=C+Mn/6。

⑧ 添加的任何其他元素，应在质量证明中注明。

表 5-20 锅炉和压力容器用钢板的化学成分（GB 713—2014）

牌号	化学成分(质量分数)/%												
	C[①]	Si	Mn	Cu	Ni	Cr	Mo	Nb	V	Ti	Alt[②]	P	S	其他
Q245R	≤0.20	≤0.35	0.50～1.10	≤0.30	≤0.30	≤0.30	≤0.08	≤0.050	≤0.050	≤0.030	≥0.020	≤0.025	≤0.010	Cu+Ni+Cr+Mo≤0.70
Q345R	≤0.20	≤0.55	1.20～1.70	≤0.30	≤0.30	≤0.30	≤0.08	≤0.050	≤0.050	≤0.030	≥0.020	≤0.025	≤0.010	
Q370R	≤0.18	≤0.55	1.20～1.70	≤0.30	≤0.30	≤0.30	≤0.08	0.015～0.050	≤0.050	≤0.030	—	≤0.020	≤0.010	
Q420R	≤0.20	≤0.55	1.30～1.70	≤0.30	0.20～0.50	≤0.30	≤0.08	0.015～0.050	≤0.100	≤0.030	—	≤0.020	≤0.010	—
18MnMoNbR	≤0.21	0.15～0.50	1.20～1.60	≤0.30	≤0.30	≤0.30	0.45～0.65	0.025～0.050	—	—	—	≤0.020	≤0.010	—
13MnNiMoR	≤0.15	0.15～0.50	1.20～1.60	≤0.30	0.60～1.00	0.20～0.40	0.20～0.40	0.005～0.020	—	—	—	≤0.020	≤0.010	—
15CrMoR	0.08～0.18	0.15～0.40	0.40～0.70	≤0.30	≤0.30	0.80～1.20	0.45～0.60	—	—	—	—	≤0.025	≤0.010	—
14Cr1MoR	≤0.17	0.50～0.80	0.40～0.65	≤0.30	≤0.30	1.15～1.50	0.45～0.65	—	—	—	—	≤0.020	≤0.010	—
12Cr2Mo1R	0.08～0.15	≤0.50	0.30～0.60	≤0.20	≤0.30	2.00～2.50	0.90～1.10	—	—	—	—	≤0.020	≤0.010	—
12Cr1MoVR	0.08～0.15	0.15～0.40	0.40～0.70	≤0.30	≤0.30	0.90～1.20	0.25～0.35	—	0.15～0.30	—	—	≤0.025	≤0.010	—
12Cr2Mo1VR	0.11～0.15	≤0.10	0.30～0.60	≤0.20	≤0.25	2.00～2.50	0.90～1.10	≤0.07	0.25～0.35	≤0.030	—	≤0.010	≤0.005	B≤0.0020 Ca≤0.015
07Cr2AlMoR	≤0.09	0.20～0.50	0.40～0.90	≤0.30	≤0.30	2.00～2.40	0.30～0.50	—	—	—	0.30～0.50	≤0.020	≤0.010	—

① 经供需双方协议，并在合同中注明，C含量下限可不作要求。
② 未注明的不作要求。

表 5-21　热轧低合金高强度钢的牌号及化学成分（GB/T 1591—2018）

牌号		化学成分(质量分数)/%														
钢级	质量等级	C[①]		Si	Mn	P[③]	S[③]	Nb[④]	V[⑤]	Ti[⑤]	Cr	Ni	Cu	Mo	N[⑥]	B
		以下公称厚度或直径/mm														
		≤40[②]	>40	不大于												
		不大于														
Q355	B	0.24		0.55	1.60	0.035	0.035	—	—	—	0.30	0.30	0.40	—	0.012	—
	C	0.20	0.22			0.030	0.030									
	D	0.20	0.22			0.025	0.025								—	
Q390	B	0.20		0.55	1.70	0.035	0.035	0.05	0.13	0.05	0.30	0.50	0.40	0.10	0.015	—
	C					0.030	0.030									
	D					0.025	0.025									
Q420[⑦]	B	0.20		0.55	1.70	0.035	0.035	0.05	0.13	0.05	0.30	0.80	0.40	0.20	0.015	—
	C					0.030	0.030									
Q460[⑦]	C	0.20		0.55	1.80	0.030	0.030	0.05	0.13	0.05	0.30	0.80	0.40	0.20	0.015	0.004

① 公称厚度大于 100mm 的型钢，碳含量可由供需双方协商确定。
② 公称厚度大于 30mm 的钢材，碳含量不大于 0.22%。
③ 对于型钢和棒材，其磷和硫含量上限值可提高 0.005%。
④ Q390、Q420 最高可到 0.07%，Q460 最高可到 0.11%。
⑤ 最高可到 0.20%。
⑥ 如果钢中酸溶铝 Als 含量不小于 0.015%或全铝 Alt 含量不小于 0.020%，或添加了其他固氮合金元素，氮元素含量不作限制，固氮元素应在质量证明书中注明。
⑦ 仅适用于型钢和棒材。

表 5-22　正火轧制低合金高强度钢的牌号及化学成分（GB/T 1591—2018）

牌号		化学成分(质量分数)/%													
钢级	质量等级	C	Si	Mn	P①	S①	Nb	V	Ti③	Cr	Ni	Cu	Mo	N	Al_s④
		不大于			不大于					不大于					不小于
Q355N	B	0.20	0.50	0.90～1.65	0.035	0.035	0.005～0.05	0.01～0.12	0.006～0.05	0.30	0.50	0.40	0.10	0.015	0.015
	C				0.030	0.030									
	D				0.030	0.025									
	E	0.18			0.025	0.020									
	F	0.16			0.020	0.010									
Q390N	B	0.20	0.50	0.90～1.70	0.035	0.035	0.01～0.05	0.01～0.20	0.006～0.05	0.30	0.50	0.40	0.10	0.015	0.015
	C				0.030	0.030									
	D				0.030	0.025									
	E				0.025	0.020									
Q420N	B	0.20	0.60	1.00～1.70	0.035	0.035	0.01～0.05	0.01～0.20	0.006～0.05	0.30	0.80	0.40	0.10	0.015	0.015
	C				0.030	0.030									
	D				0.030	0.025								0.025	
	E				0.025	0.020									
Q460N②	C	0.20	0.60	1.00～1.70	0.030	0.030	0.01～0.05	0.01～0.20	0.006～0.05	0.30	0.80	0.40	0.10	0.015	0.015
	D				0.030	0.025								0.025	
	E				0.025	0.020									

① 对于型钢和棒材，磷和硫含量上限值可提高 0.005%。
② V+Nb+Ti≤0.22%，Mo+Cr≤0.30%。
③ 最高可到 0.20%。
④ 可用全铝 Alt 替代，此时全铝最小含量为 0.020%。当钢中添加了铌、钒、钛等细化晶粒元素且含量不小于表中规定含量的下限时，铝含量下限值不限。
注：钢中应至少含有铝、铌、钒、钛等细化晶粒元素中一种，单独或组合加入时，应保证其中至少一种合金元素含量不小于表中规定含量的下限。

表 5-23 热机械轧制低合金高强度钢的牌号及化学成分（GB/T 1591—2018）

牌号		化学成分(质量分数)/%													
钢级	质量等级	C	Si	Mn	P①	S①	Nb	V	Ti②	Cr	Ni	Cu	Mo	N	B	Al$_s$③
		不大于														不小于
Q355M	B	0.14④	0.50	1.60	0.035	0.035	0.01～0.05	0.01～0.10	0.006～0.05	0.30	0.50	0.40	0.10	0.015	—	0.015
	C				0.030	0.030										
	D				0.030	0.025										
	E				0.025	0.020										
	F				0.020	0.010										
Q390M	B	0.15④	0.50	1.70	0.035	0.035	0.01～0.05	0.01～0.12	0.006～0.05	0.30	0.50	0.40	0.10	0.015	—	0.015
	C				0.030	0.030										
	D				0.030	0.025										
	E				0.025	0.020										
Q420M	B	1.60④	0.50	1.70	0.035	0.035	0.01～0.05	0.01～0.12	0.006～0.05	0.30	0.80	0.40	0.20	0.015	—	0.015
	C				0.030	0.030										
	D				0.030	0.025										
	E				0.025	0.020								0.025		
Q460M	C	1.60④	0.60	1.70	0.030	0.030	0.01～0.05	0.01～0.12	0.006～0.05	0.30	0.80	0.40	0.20	0.015	—	0.015
	D				0.030	0.025								0.025		
	E				0.025	0.020										
Q500M	C	0.18	0.60	1.80	0.030	0.030	0.01～0.11	0.01～0.12	0.006～0.05	0.60	0.80	0.55	0.20	0.015	0.004	0.015
	D				0.030	0.025								0.025		
	E				0.025	0.020										
Q550M	C	0.18	0.60	2.00	0.030	0.030	0.01～0.11	0.01～0.12	0.006～0.05	0.80	0.80	0.80	0.30	0.015	0.004	0.015
	D				0.030	0.025								0.025		
	E				0.025	0.020										
Q620M	C	0.18	0.60	2.60	0.030	0.030	0.01～0.11	0.01～0.12	0.006～0.05	1.00	0.80	0.80	0.30	0.015	0.004	0.015
	D				0.030	0.025								0.025		
	E				0.025	0.020										
Q690M	C	0.18	0.60	2.00	0.030	0.030	0.01～0.11	0.01～0.12	0.006～0.05	1.00	0.80	0.80	0.30	0.015	0.004	0.015
	D				0.030	0.025								0.025		
	E				0.025	0.020										

① 对于型钢和棒材，磷和硫含量可以提高 0.005%。

② 最高可到 0.20%。

③ 可用全铝 Alt 替代，此时全铝最小含量为 0.020%，当钢中添加了铌、钒、钛等细化晶粒元素且含量不小于表中规定含量的下限时，铝含量下限值不限。

④ 对于型钢和棒材，Q355M、Q390M、Q420M 和 Q460M 的最大碳含量可提高 0.02%。

注：钢中应至少含有铝、铌、钒、钛等细化晶粒元素中一种，单独或组合加入时，应保证其中至少一种合金元素含量不小于表中规定含量的下限。

表 5-24 非热处理型冷镦和冷挤压用钢的牌号和化学成分（GB/T 6478—2015）

序号	统一数字代号	牌号	化学成分(质量分数)/%					
			C	Si	Mn	P	S	Al_s[①]
1	U40048	ML04Al	≤0.06	≤0.10	0.20～0.40	≤0.035	≤0.035	≥0.020
2	U40068	ML06Al	≤0.08	≤0.10	0.30～0.60	≤0.035	≤0.035	≥0.020
3	U40088	ML08Al	0.05～0.10	≤0.10	0.30～0.60	≤0.035	≤0.035	≥0.020
4	U40108	ML10Al	0.08～0.13	≤0.10	0.30～0.60	≤0.035	≤0.035	≥0.020
5	U40102	ML10	0.08～0.13	0.10～0.30	0.30～0.60	≤0.035	≤0.035	—
6	U40128	ML12Al	0.10～0.15	≤0.10	0.30～0.60	≤0.035	≤0.035	≥0.020
7	U40122	ML12	0.10～0.15	0.10～0.30	0.30～0.60	≤0.035	≤0.035	—
8	U40158	ML15Al	0.13～0.18	≤0.10	0.30～0.60	≤0.035	≤0.035	≥0.020
9	U40152	ML15	0.13～0.18	0.10～0.30	0.30～0.60	≤0.035	≤0.035	—
10	U40208	ML20Al	0.18～0.23	≤0.10	0.30～0.60	≤0.035	≤0.035	≥0.020
11	U40202	ML20	0.18～0.23	0.10～0.30	0.30～0.60	≤0.035	≤0.035	—

① 当测定酸溶铝 Al_s 时，Al_s≥0.015%。

表 5-25 表面硬化型冷镦和冷挤压用钢的牌号和化学成分

序号	统一数字代号	牌号	化学成分(质量分数)/%						
			C	Si	Mn	P	S	Cr	Al_t[①]
1	U41188	ML18Mn	0.15～0.20	≤0.10	0.60～0.90	≤0.030	≤0.035	—	≥0.020
2	U41208	ML20Mn	0.18～0.23	≤0.10	0.70～1.00	≤0.030	≤0.035	—	≥0.020
3	A20154	ML15Cr	0.13～0.18	0.10～0.30	0.60～0.90	≤0.035	≤0.035	0.90～1.20	≥0.020
4	A20204	ML20Cr	0.18～0.23	0.10～0.30	0.60～0.90	≤0.035	≤0.035	0.90～1.20	≥0.020

① 当测定酸溶铝 Al_s 时，Al_s≥0.015%。

注：表 5-24 中序号 4～11 八个牌号也适于表面硬化型钢。

表 5-26 调质型冷镦和冷挤压用钢的牌号和化学成分

序号	统一数字代号	牌号	化学成分(质量分数)/%						
			C	Si	Mn	P	S	Cr	Mo
1	U40252	ML25	0.23～0.28	0.10～0.30	0.30～0.60	≤0.025	≤0.025	—	—
2	U40302	ML30	0.28～0.33	0.10～0.30	0.60～0.90	≤0.025	≤0.025	—	—
3	U40352	ML35	0.33～0.38	0.10～0.30	0.60～0.90	≤0.025	≤0.025	—	—
4	U40402	ML40	0.38～0.43	0.10～0.30	0.60～0.90	≤0.025	≤0.025	—	—
5	U40452	ML45	0.43～0.48	0.10～0.30	0.60～0.90	≤0.025	≤0.025	—	—
6	L20151	ML15Mn	0.14～0.20	0.10～0.30	1.20～1.60	≤0.025	≤0.025	—	—
7	U41252	ML25Mn	0.23～0.28	0.10～0.30	0.60～0.90	≤0.025	≤0.025	—	—
8	A20304	ML30Cr	0.28～0.33	0.10～0.30	0.60～0.90	≤0.025	≤0.025	0.90～1.20	—
9	A20354	ML35Cr	0.33～0.38	0.10～0.30	0.60～0.90	≤0.025	≤0.025	0.90～1.20	—
10	A20404	ML40Cr	0.38～0.43	0.10～0.30	0.60～0.90	≤0.025	≤0.025	0.90～1.20	—

续表

序号	统一数字代号	牌号	化学成分(质量分数)/%						
			C	Si	Mn	P	S	Cr	Mo
11	A20454	ML45Cr	0.43～0.48	0.10～0.30	0.60～0.90	≤0.025	≤0.025	0.90～1.20	—
12	A30204	ML20CrMo	0.18～0.23	0.10～0.30	0.60～0.90	≤0.025	≤0.025	0.90～1.20	0.15～0.30
13	A30254	ML25CrMo	0.23～0.28	0.10～0.30	0.60～0.90	≤0.025	≤0.025	0.90～1.20	0.15～0.30
14	A30304	ML30CrMo	0.28～0.33	0.10～0.30	0.60～0.90	≤0.025	≤0.025	0.90～1.20	0.15～0.30
15	A30354	ML35CrMo	0.33～0.38	0.10～0.30	0.60～0.90	≤0.025	≤0.025	0.90～1.20	0.15～0.30
16	A30404	ML40CrMo	0.38～0.43	0.10～0.30	0.60～0.90	≤0.025	≤0.025	0.90～1.20	0.15～0.30
17	A30454	ML45CrMo	0.43～0.48	0.10～0.30	0.60～0.90	≤0.025	≤0.025	0.90～1.20	0.15～0.30

表 5-27　含硼调质型冷镦和冷挤压用钢的牌号和化学成分

序号	统一数字代号	牌号	化学成分(质量分数)/%							
			C	Si①	Mn	P	S	B②	Al_s③	其他
1	A70204	ML20B	0.18～0.23	0.10～0.30	0.60～0.90	≤0.025	≤0.025	0.0008～0.0035	≥0.020	—
2	A70254	ML25B	0.23～0.28	0.10～0.30	0.60～0.90					—
3	A70304	ML30B	0.28～0.33	0.10～0.30	0.60～0.90					—
4	A70354	ML35B	0.33～0.38	0.10～0.30	0.60～0.90					—
5	A71154	ML15MnB	0.14～0.20	0.10～0.30	1.20～1.60					—
6	A71204	ML20MnB	0.18～0.23	0.10～0.30	0.80～1.10					—
7	A71254	ML25MnB	0.23～0.28	0.10～0.30	0.90～1.20					—
8	A71304	ML30MnB	0.28～0.33	0.10～0.30	0.90～1.20					—
9	A71354	ML35MnB	0.33～0.38	0.10～0.30	1.10～1.40					—
10	A71404	ML40MnB	0.38～0.43	0.10～0.30	1.10～1.40					—
11	A20374	ML37CrB	0.34～0.41	0.10～0.30	0.50～0.80					Cr:0.20～0.40
12	A73154	ML15MnVB	0.13～0.18	0.10～0.30	1.20～1.60					V:0.07～0.12
13	A73204	ML20MnVB	0.18～0.23	0.10～0.30	1.20～1.60					V:0.07～0.12
14	A74204	ML20MnTiB	0.18～0.23	0.10～0.30	1.30～1.60					Ti:0.04～0.10

① 经供需双方协商，硅含量下限可低于 0.10%。
② 如果淬透性和力学性能能满足要求，硼含量下限可放宽到 0.0005%。
③ 当测定酸溶铝 Al_s 时，Al_s≥0.015%。

表 5-28　非调质型冷镦和冷挤压用钢的牌号和化学成分

序号	统一数字代号	牌号	化学成分(质量分数)/%						
			C	Si	Mn	P	S	Nb	V
1	L27208	MFT8	0.16～0.26	≤0.30	1.20～1.60	≤0.025	≤0.015	≤0.10	≤0.08
2	L27228	MFT9	0.18～0.26	≤0.30	1.20～1.60	≤0.025	≤0.015	≤0.10	≤0.08
3	L27128	MFT10	0.08～0.14	0.20～0.35	1.90～2.30	≤0.025	≤0.015	≤0.20	≤0.10

注：根据不同强度级别和不同规格的需求，可添加 Cr、B 等其他元素。

表 5-29 耐候结构钢的牌号和化学成分（GB/T 4171—2008）

牌号	化学成分(质量分数)/%								
	C	Si	Mn	P	S	Cu	Cr	Ni	其他元素
Q265GNH	≤0.12	0.10～0.40	0.20～0.50	0.07～0.12	≤0.020	0.20～0.45	0.30～0.65	0.25～0.50⑤	①,②
Q295GNH	≤0.12	0.10～0.40	0.20～0.50	0.07～0.12	≤0.020	0.20～0.45	0.30～0.65	0.25～0.50⑤	①,②
Q310GNH	≤0.12	0.25～0.75	0.20～0.50	0.07～0.12	≤0.020	0.20～0.50	0.30～1.25	≤0.65	①,②
Q355GNH	≤0.12	0.20～0.75	≤1.00	0.07～0.15	≤0.020	0.25～0.55	0.30～1.25	≤0.65	①,②
Q235NH	≤0.13⑥	0.10～0.40	0.20～0.60	≤0.030	≤0.030	0.25～0.55	0.40～0.80	≤0.65	①,②
Q295NH	≤0.15	0.10～0.50	0.30～1.00	≤0.030	≤0.030	0.25～0.55	0.40～0.80	≤0.65	①,②
Q355NH	≤0.16	≤0.50	0.50～1.50	≤0.030	≤0.030	0.25～0.55	0.40～0.80	≤0.65	①,②
Q415NH	≤0.12	≤0.65	≤1.10	≤0.025	≤0.030④	0.20～0.55	0.30～1.25	0.12～0.65⑤	①,②,③
Q460NH	≤0.12	≤0.65	≤1.50	≤0.025	≤0.030④	0.20～0.55	0.30～1.25	0.12～0.65⑤	①,②,③
Q500NH	≤0.12	≤0.65	≤2.0	≤0.025	≤0.030④	0.20～0.55	0.30～1.25	0.12～0.65⑤	①,②,③
Q550NH	≤0.16	≤0.65	≤2.0	≤0.025	≤0.030④	0.20～0.55	0.30～1.25	0.12～0.65⑤	①,②,③

① 为了改善钢的性能，可以添加一种或一种以上的微量合金元素：Nb 0.015%～0.060%，V 0.02%～0.12%，Ti 0.02%～0.10%，Al_t≥0.020%。若上述元素组合使用时，应至少保证其中一种元素含量达到上述化学成分的下限规定。

② 可以添加下列合金元素：Mo≤0.30%，Zr≤0.15%。

③ Nb、V、Ti 等三种合金元素的添加总量不应超过 0.22%。

④ 供需双方协商，S 的含量可以不大于 0.008%。

⑤ 供需双方协商，Ni 含量的下限可不做要求。

⑥ 供需双方协商，C 的含量可以不大于 0.15%。

注：成品钢材化学成分的允许偏差应符合 GB/T 222 的规定。

5.1.2 结构钢的力学性能

表 5-30 优质碳素结构钢力学性能（GB/T 699—2015）

序号	牌号	试样毛坯尺寸①mm	推荐的热处理制度③			力学性能					交货硬度(HBW)	
			正火	淬火	回火	抗拉强度 R_m /MPa	下屈服强度 R_{eL}④ /MPa	断后伸长率 A /%	断面收缩率 Z /%	冲击吸收能量 KU_2 /J	未热处理钢	退火钢
			加热温度/℃			≥					≤	
1	08	25	930	—	—	325	195	33	60	—	131	—
2	10	25	930	—	—	335	205	31	55	—	137	—
3	15	25	920	—	—	375	225	27	55	—	143	—

续表

序号	牌号	试样毛坯尺寸① mm	推荐的热处理制度③			力学性能					交货硬度(HBW)	
			正火	淬火	回火	抗拉强度 R_m /MPa	下屈服强度 R_{eL}④ /MPa	断后伸长率 A /%	断面收缩率 Z /%	冲击吸收能量 KU_2 /J	未热处理钢	退火钢
			加热温度/℃			≥					≤	
4	20	25	910	—	—	410	245	25	55	—	156	—
5	25	25	900	870	600	450	275	23	50	71	170	—
6	30	25	880	860	600	490	295	21	50	63	179	—
7	35	25	870	850	600	530	315	20	45	55	197	—
8	40	25	860	840	600	570	335	19	45	47	217	187
9	45	25	850	840	600	600	355	16	40	39	229	197
10	50	25	830	830	600	630	375	14	40	31	241	207
11	55	25	820	—	—	645	380	13	35	—	255	217
12	60	25	810	—	—	675	400	12	35	—	255	229
13	65	25	810	—	—	695	410	10	30	—	255	229
14	70	25	790	—	—	715	420	9	30	—	269	229
15	75	试样②	—	820	480	1080	880	7	30	—	285	241
16	80	试样②	—	820	480	1080	930	6	30	—	285	241
17	85	试样②	—	820	480	1130	980	6	30	—	302	255
18	15 Mn	25	920	—	—	410	245	26	55	—	163	—
19	20 Mn	25	910	—	—	450	275	24	50	—	197	—
20	25 Mn	25	900	870	600	490	295	22	50	71	207	—
21	30 Mn	25	880	860	600	540	315	20	45	63	217	187
22	35 Mn	25	870	850	600	560	335	18	45	55	229	197
23	40 Mn	25	860	840	600	590	355	17	45	47	229	207
24	45 Mn	25	850	840	600	620	375	15	40	39	241	217
25	50 Mn	25	830	830	600	645	390	13	40	31	255	217
26	60 Mn	25	810	—	—	690	410	11	35	—	269	229
27	65 Mn	25	830	—	—	735	430	9	30	—	285	229
28	70 Mn	25	790	—	—	785	450	8	30	—	285	229

① 钢棒尺寸小于试样毛坯尺寸时，用原尺寸钢棒进行热处理。

② 留有加工余量的试样. 其性能为淬火＋回火状态下的性能。

③ 热处理温度允许调整范围：正火±30℃，淬火±20℃，回火±50℃；推荐保温时间：正火不少于 30min，空冷；淬火不少于 30min，75、80 和 85 钢油冷，其他钢棒水冷；600℃回火不少于 1h。

④ 当屈服现象不明显时，可用规定塑性延伸强度 $R_{P0.2}$ 代替。

注：1. 表中的力学性能适用于公称直径或厚度不大于 80mm 的钢棒。

2. 公称直径或厚度大于 80～250mm 的钢棒，允许其断后伸长率、断面收缩率比本表的规定分别降低 2%（绝对值）和 5%（绝对值）。

3. 公称直径或厚度大于 120～250mm 的钢棒允许改锻（轧）成 70～80mm 的试料取样检验，其结果应符合本表的规定。

表 5-31 优质碳素结构钢热轧钢板和钢带力学性能（GB/T 711—2017）

牌号	抗拉强度 R_m/MPa	断后伸长率 A/%	牌号	抗拉强度 R_m/MPa	断后伸长率 A/%
	不小于			不小于	
08	325	33	65①	695	10
08Al	325	33	70①	715	9
10	335	32	20Mn	450	24
15	370	30	25Mn	490	22
20	410	28	30Mn	540	20
25	450	24	35Mn	560	18
30	490	22	40Mn	590	17
35	530	20	45Mn	620	15
40	570	19	50Mn	650	13
45	600	17	55Mn	675	12
50	625	16	60Mn①	695	11
55①	645	13	65Mn①	735	9
60①	675	12	70Mn①	785	8

① 经供需双方协议，单张轧制钢板也可以热轧状态交货，以热处理样坯测定力学性能。

注：1. 热处理指正火、退火或高温回火。

2. 经供需双方协商，45、45Mn 及以上牌号的力学性能可按实际值交货，本表指标仅供参考。

表 5-32 优质碳素结构钢热轧薄钢板和钢带的力学性能（GB/T 710—2008）

牌号	拉延级别				
	Z	S 和 P	Z	S	P
	抗拉强度 R_m/MPa		断后伸长率 A/%(不小于)		
08、08Al	275～410	≥300	36	35	34
10	280～410	≥335	36	34	32
15	300～430	≥370	34	32	30
20	340～480	≥410	30	28	26
25	—	≥450	—	26	24
30	—	≥490	—	24	22
35	—	≥530	—	22	20
40	—	≥570	—	—	19
45	—	≥600	—	—	17
50	—	≥610	—	—	16

注：Z—最深拉延级；S—深拉延级；P—普通拉延级。

表 5-33 优质碳素结构钢热轧钢板和钢带的冲击试验（GB/T 711—2017）

牌号	纵向 V 形冲击吸收能量 KV_2/J	
	20℃	－20℃
10	≥34	≥27
15	≥34	≥27
20	≥34	≥27

表 5-34 合金结构钢力学性能（GB/T 3077—2015）

钢组	序号	牌号	试样毛坯尺寸[①] /mm	推荐的热处理制度					力学性能					供货状态为退火或高温回火钢棒布氏硬度(HBW)
				淬火			回火		抗拉强度 R_m /MPa	下屈服强度 R_{eL}[②] /MPa	断后伸长率 A/%	断面收缩率 Z /%	冲击吸收能量 KU_2[③]/J	
				加热温度/℃		冷却剂	加热温度/℃	冷却剂						
				第1次淬火	第2次淬火				不小于					不大于
Mn	1	20Mn2	15	850	—	水、油	200	水、空气	785	590	10	40	47	187
				880	—	水、油	440	水、空气						
	2	30Mn2	25	840	—	水	500	水	785	635	12	45	63	207
	3	35Mn2	25	840	—	水	500	水	835	685	12	45	55	207
	4	40Mn2	25	840	—	水、油	540	水	885	735	12	45	55	217
	5	45Mn2	25	840	—	油	550	水、油	885	735	10	45	47	217
	6	50Mn2	25	820	—	油	550	水、油	930	785	9	40	39	229
MnV	7	20MnV	15	880	—	水、油	200	水、空气	785	590	10	40	55	187
SiMn	8	27SiMn	25	920	—	水	450	水、油	980	835	12	40	39	217
	9	35SiMn	25	900	—	水	570	水、油	885	735	15	45	47	229
	10	42SiMn	25	880	—	水	590	水	885	735	15	40	47	229
SiMnMoV	11	20SiMn2MoV	试样	900	—	油	200	水、空气	1380	—	10	45	55	269
	12	25SiMn2MoV	试样	900	—	油	200	水、空气	1470	—	10	40	47	269
	13	37SiMn2MoV	25	870	—	水、油	650	水、空气	980	835	12	50	63	269
B	14	40B	25	840	—	水	550	水	785	635	12	45	55	207
	15	45B	25	840	—	水	550	水	835	685	12	45	47	217
	16	50B	20	840	—	油	600	空气	785	540	10	45	39	207
MnB	17	25MnB	25	850	—	油	500	水、油	835	635	10	45	47	207
	18	35MnB	25	850	—	油	500	水、油	930	735	10	45	47	207
	19	40MnB	25	850	—	油	500	水、油	980	785	10	45	47	207
	20	45MnB	25	840	—	油	500	水、油	1030	835	9	40	39	217
MnMoB	21	20MnMoB	15	880	—	油	200	油、空气	1080	885	10	50	55	207
MnVB	22	15MnVB	15	860	—	油	200	水、空气	885	635	10	45	55	207
	23	20MnVB	15	860	—	油	200	水、空气	1080	885	10	45	55	207
	24	40MnVB	25	850	—	油	520	水、油	980	785	10	45	47	207

续表

钢组	序号	牌号	试样毛坯尺寸[①] /mm	推荐的热处理制度					力学性能					供货状态为退火或高温回火钢棒布氏硬度(HBW)
				淬火			回火		抗拉强度 R_m /MPa	下屈服强度 R_{eL}[②] /MPa	断后伸长率 A/%	断面收缩率 Z /%	冲击吸收能量 KU_2[③]/J	
				加热温度/℃		冷却剂	加热温度/℃	冷却剂						
				第1次淬火	第2次淬火				不小于					不大于
	25	20MnTiB	15	860	—	油	200	水、空气	1130	930	10	45	55	187
	26	25MnTiBRE	试样	860	—	油	200	水、空气	1380	—	10	40	47	229
	27	15Cr	15	880	770～820	水、油	180	油、空气	685	490	12	45	55	179
	28	20Cr	15	880	780～820	水、油	200	水、空气	835	540	10	40	47	179
MnTiB	29	30Cr	25	860	—	油	500	水、油	885	685	11	45	47	187
	30	35Cr	25	860	—	油	500	水、油	930	735	11	45	47	207
	31	40Cr	25	850	—	油	520	水、油	980	785	9	45	47	207
	32	45Cr	25	840	—	油	520	水、油	1030	835	9	40	39	217
	33	50Cr	25	830	—	油	520	水、油	1080	930	9	40	39	229
CrSi	34	38CrSi	25	900	—	油	600	水、油	980	835	12	50	55	255
	35	12CrMo	30	900	—	空气	650	空气	410	265	24	60	110	179
	36	15CrMo	30	900	—	空气	650	空气	440	295	22	60	94	179
	37	20CrMo	15	880	—	水、油	500	水、油	885	685	12	50	78	197
CrMo	38	25CrMo	25	870	—	水、油	600	水、油	900	600	14	55	68	229
	39	30CrMo	15	880	—	油	540	水、油	930	735	12	50	71	229
	40	35CrMo	25	850	—	油	550	水、油	980	835	12	45	63	229
	41	42CrMo	25	850	—	油	560	水、油	1080	930	12	45	63	229
	42	50CrMo	25	840	—	油	560	水、油	1130	930	11	45	48	248
	43	12CrMoV	30	970	—	空气	750	空气	440	225	22	50	78	241
	44	35CrMoV	25	900	—	油	630	水、油	1080	930	10	50	71	241
CrMoV	45	12Cr1MoV	30	970	—	空气	750	空气	490	245	22	50	71	179
	46	25Cr2MoV	25	900	—	油	640	空气	930	785	14	55	63	241
	47	25Cr2Mo1V	25	1040	—	空气	700	空气	735	590	16	50	47	241

续表

钢组	序号	牌号	试样毛坯尺寸[①]/mm	推荐的热处理制度					力学性能					供货状态为退火或高温回火钢棒布氏硬度(HBW)
				淬火			回火		抗拉强度 R_m/MPa	下屈服强度 R_{eL}[②]/MPa	断后伸长率 A/%	断面收缩率 Z/%	冲击吸收能量 KU_2[③]/J	
				加热温度/℃		冷却剂	加热温度/℃	冷却剂						
				第1次淬火	第2次淬火				不小于					不大于
CrMoAl	48	38CrMoAl	30	940	—	水、油	640	水、油	980	835	14	50	71	229
CrV	49	40CrV	25	880	—	油	650	水、油	885	735	10	50	71	241
	50	50CrV	25	850	—	油	500	水、油	1280	1130	10	40	—	255
CrMn	51	15CrMn	15	880	—	油	200	水、空气	785	590	12	50	47	179
	52	20CrMn	15	850	—	油	200	水、空气	930	735	10	45	47	187
	53	40CrMn	25	840	—	油	550	水、油	980	835	9	45	47	229
CrMnSi	54	20CrMnSi	25	880	—	油	480	水、油	785	635	12	45	55	207
	55	25CrMnSi	25	880	—	油	480	水、油	1080	885	10	40	39	217
	56	30CrMnSi	25	880	—	油	540	水、油	1080	835	10	45	39	229
	57	35CrMnSi	试样	加热到880℃，于280℃～310℃等温淬火					1620	1280	9	40	31	241
			试样	950	890	油	230	空气、油						
CrMnMo	58	20CrMnMo	15	850	—	油	200	水、空气	1180	885	10	45	55	217
	59	40CrMnMo	25	850	—	油	600	水、油	980	785	10	45	63	217
CrMnTi	60	20CrMnTi	15	880	870	油	200	水、空气	1080	850	10	45	55	217
	61	30CrMnTi	试样	880	850	油	200	水、空气	1470	—	9	40	47	229
CrNi	62	20CrNi	25	850	—	水、油	460	水、油	785	590	10	50	63	197
	63	40CrNi	25	820	—	油	500	水、油	980	785	10	45	55	241
	64	45CrNi	25	820	—	油	530	水、油	980	785	10	45	55	255
	65	50CrNi	25	820	—	油	500	水、油	1080	835	8	40	39	255
	66	12CrNi2	15	860	780	水、油	200	水、空气	785	590	12	50	63	207

续表

钢组	序号	牌号	试样毛坯尺寸[1]/mm	推荐的热处理制度					力学性能					供货状态为退火或高温回火钢棒布氏硬度(HBW)
				淬火			回火		抗拉强度 R_m/MPa	下屈服强度 R_{eL}[2]/MPa	断后伸长率 A/%	断面收缩率 Z/%	冲击吸收能量 KU_2[3]/J	
				加热温度/℃		冷却剂	加热温度/℃	冷却剂						
				第1次淬火	第2次淬火				不小于					不大于
CrNi	67	34CrNi2	25	840	—	水、油	530	水、油	930	735	11	45	71	241
	68	12CrNi3	15	860	780	油	200	水、空气	930	685	11	50	71	217
	69	20CrNi3	25	830	—	水、油	480	水、油	930	735	11	55	78	241
	70	30CrNi3	25	820	—	油	500	水、油	980	785	9	45	63	241
	71	37CrNi3	25	820	—	油	500	水、油	1130	980	10	50	47	269
	72	12Cr2Ni4	15	860	780	油	200	水、空气	1080	835	10	50	71	269
	73	20Cr2Ni4	15	880	780	油	200	水、空气	1180	1080	10	45	63	269
CrNiMo	74	15CrNiMo	15	850	—	油	200	空气	930	750	10	40	46	197
	75	20CrNiMo	15	850	—	油	200	空气	980	785	9	40	47	197
	76	30CrNiMo	25	850	—	油	500	水、油	980	785	10	50	63	269
	77	40CrNiMo	25	850	—	油	600	水、油	980	835	12	55	78	269
	78	40CrNi2Mo	25	正火 890	850	油	560～580	空气	1050	980	12	45	48	269
			试样	正火 890	850	油	220 两次回火	空气	1790	1500	6	25	—	
	79	30Cr2Ni2Mo	25	850	—	油	520	水、油	980	835	10	50	71	269
	80	34Cr2Ni2Mo	25	850	—	油	540	水、油	1080	930	10	50	71	269
	81	30Cr2Ni4Mo	25	850	—	油	560	水、油	1080	930	10	50	71	269
	82	35Cr2Ni4Mo	25	850	—	油	560	水、油	1130	980	10	50	71	269
CrMnNiMo	83	18CrMnNiMo	15	830	—	油	200	空气	1180	885	10	45	71	269
CrNiMoV	84	45CrNiMoV	试样	860	—	油	460	油	1470	1330	7	35	31	269
CrNiW	85	18Cr2Ni4W	15	950	850	空气	200	水、空气	1180	835	10	45	78	269
	86	25Cr2Ni4W	25	850	—	油	550	水、油	1080	930	11	45	71	269

① 钢棒尺寸小于试样毛坯尺寸时，用原尺寸钢棒进行热处理。

② 当屈服现象不明显时，可用规定塑性延伸强度 $R_{P0.2}$ 代替。

③ 直径小于 16mm 的圆钢和厚度小于 12mm 的方钢、扁钢、不做冲击试验。

注：1. 表中所列热处理温度允许调整范围：淬火±15℃，低温回火±20℃，高温回火±50℃。

2. 硼钢在淬火前可先经正火，正火温度应不高于其淬火温度，铬锰钛钢第一次淬火可用正火代替。

表 5-35 优质结构钢冷拉钢材供应状态下的硬度值（GB/T 3078—2019）

序号	牌号	交货状态硬度(HBW)(不大于)		序号	牌号	交货状态硬度(HBW)(不大于)	
		冷拉 冷拉磨光	退火、光亮退火、高温回火或正火后回火			冷拉 冷拉磨光	退火、光亮退火、高温回火或正火后回火
1	10	229	179	38	20SiMnVB	269	217
2	15	229	179	39	40CrVA	269	229
3	20	229	179	40	38CrSi	269	255
4	25	229	179	41	20CrMnSiA	255	217
5	30	229	179	42	25CrMnSiA	269	229
6	35	241	187	43	30CrMnSiA	269	229
7	40	241	207	44	35CrMnSiA	285	241
8	45	255	229	45	20CrMnTi	255	207
9	50	255	229	46	15CrMo	229	187
10	55	269	241	47	20CrMo	241	197
11	60	269	241	48	30CrMo	269	229
12	65	—	255	49	35CrMo	269	241
13	15Mn	207	163	50	42CrMo	285	255
14	20Mn	229	187	51	20CrMnMo	269	229
15	25Mn	241	197	52	40CrMnMo	269	241
16	30Mn	241	197	53	35CrMoVA	285	255
17	35Mn	255	207	54	38CrMnAlA	269	229
18	40Mn	269	217	55	15CrA	229	179
19	45Mn	269	229	56	20Cr	229	179
20	50Mn	269	229	57	30Cr	241	187
21	60Mn	—	255	58	35Cr	269	217
22	65Mn	—	269	59	40Cr	269	217
23	20Mn2	241	197	60	45Cr	269	229
24	35Mn2	255	207	61	20CrNi	255	207
25	40Mn2	269	217	62	40CrNi	—	255
26	45Mn2	269	229	63	45CrNi	—	269
27	50Mn2	285	229	64	12CrNi2A	269	217
28	27SiMn	255	217	65	12CrNi3A	269	229
29	35SiMn	269	229	66	20CrNi3A	269	241
30	42SiMn	—	241	67	30CrNi3(A)	—	255
31	20MnV	229	187	68	37CrNi3A	—	269
32	40B	241	207	69	12Cr2Ni4A	—	255
33	45B	255	229	70	20Cr2Ni4A	—	269
34	50B	255	229	71	40CrNiMoA	—	269
35	40MnB	269	217	72	45CrNoMoVA	—	269
36	45MnB	269	229	73	18Cr2Ni4WA	—	269
37	40MnVB	269	217	74	25Cr2Ni4WA	—	269

表 5-36 优质结构钢冷拉钢的力学性能（GB/T 3078—2019）

序号	牌号	冷拉			退火		
		抗拉强度 R_m /MPa	断后伸长率 A /%	断面收缩率 Z /%	抗拉强度 R_m /MPa	断后伸长率 A /%	断面收缩率 Z /%
		不小于			不小于		
1	10	440	8	50	295	26	55
2	15	470	8	45	345	28	55
3	20	510	7.5	40	390	21	50
4	25	540	7	40	410	19	50
5	30	560	7	35	440	17	45
6	35	590	6.5	35	470	15	45
7	40	610	6	35	510	14	40
8	45	635	6	30	540	13	40
9	50	655	6	30	560	12	40
10	15Mn	490	7.5	40	390	21	50
11	50Mn	685	5.5	30	590	10	35
12	50Mn2	735	5	25	635	9	30

注：根据需方要求，并在合同中注明，钢材可进行力学性能测试，交货状态力学性能应符合上表的规定。表中未列入的牌号，用热处理毛坯制成试样测定力学性能，优质碳素结构钢应符合 GB/T 699 的规定，合金结构钢应符合 GB/T 3077 的规定。

表 5-37 合金结构钢薄钢板退火或回火供应状态的力学性能（YB/T 5132—2007）

牌号	抗拉强度 R_m /MPa	断后伸长率 $A_{11.3}^{2}$ /%(不小于)
12Mn2A	390～570	22
16Mn2A	490～635	18
45Mn2A	590～835	12
35B	490～635	19
40B	510～655	18
45B	540～685	16
50B,50BA	540～715	14
15Cr,15CrA	390～590	19
20Cr	390～590	18
30Cr	490～685	17
35Cr	540～735	16
38CrA	540～735	16
40Cr	540～785	14
20CrMnSiA	440～685	18
25CrMnSiA	490～685	18
30CrMnSi,30CrMnSiA	490～735	16
35CrMnSiA	590～785	14

注：1. 正火和不热处理交货的钢板，在保证断后伸长率的情况下，抗拉强度上限允许较表中规定的数值提高 50MPa。
2. 厚度不大于 0.9mm 的钢板，伸长率仅供参考。

表 5-38　直接切削加工用非调质机械结构钢力学性能（GB/T 15712—2016）

序号	牌号	钢材直径或边长/mm	抗拉强度 R_m/MPa	下屈服强度 R_{eL}/MPa	断后伸长率 A/%	断面收缩率 Z/%	冲击吸收能量① A_{KU_2}/J
1	F35VS	≤40	≥590	≥390	≥18	≥40	≥47
2	F40VS	≤40	≥640	≥420	≥16	≥35	≥37
3	F45VS	≤40	≥685	≥440	≥15	≥30	≥35
4	F30MnVS①	≤60	≥700	≥450	≥14	≥30	实测
5	F35MnVS	≤40	≥735	≥460	≥17	≥35	≥37
		>40～60	≥710	≥440	≥15	≥33	≥35
6	F38MnVS①	≤60	≥800	≥520	≥12	≥25	实测
7	F40MnVS	≤40	≥785	≥490	≥15	≥33	≥32
		>40～60	≥760	≥470	≥13	≥30	≥28
8	F45MnVS	≤40	≥835	≥510	≥13	≥28	≥28
		>40～60	≥810	≥490	≥12	≥28	≥25
9	F49MnVS①	≤60	≥780	≥450	≥8	≥20	实测

① F30MnVS、F38MnVS、F49MnVS 钢的冲击吸收能量报实测数据，不作判定依据。

注：1. 直接切削加工用钢材，直径或边长不大于 60mm 钢材的力学性能应符合表中的规定。直径不大于 16mm 的圆钢或边长不大于 12mm 的方钢不做冲击试验；直径或边长大于 60mm 的钢材力学性能可由供需双方协商。

2. 热压力加工用钢材，根据需方要求可检验力学性能及硬度，其试验方法和验收指标由供需双方协商，表中值仅供参考。但直径不小于 60mm 的 F12Mn2VBS 钢，应先改锻成直径 30mm 圆坯，经 450～650℃回火，其力学性能应符合：抗拉强度 R_m≥685MPa，下屈服强度 R_{eL}≥490MPa，断后伸长率 A≥16%，断面收缩率 Z≥45%。

表 5-39　保证淬透性结构钢退火或高温回火状态交货钢材的硬度（GB/T 5216—2016）

序号	牌号	退火或高温回火后的硬度(HBW,不大于)	序号	牌号	退火或高温回火后的硬度(HBW,不大于)
1	45H	197	8	20MnTiBH	187
2	20CrH	179	9	20CrMnMoH	217
3	40CrH	207	10	20CrMnTiH	217
4	45CrH	217	11	20CrNi3H	241
5	40MnBH	207	12	12Cr2Ni4H	269
6	45MnBH	217	13	20CrNiMoH	197
7	20MnVBH	207			

注：未列于表中的牌号如果以退火或高温回火状态交货，交货状态下钢材的硬度由供需双方协商确定。

表 5-40　以热轧状态交货的易切削钢条钢和盘条的硬度要求（GB/T 8731—2008）

分类	牌号	硬度(HBW)(不大于)	分类	牌号	硬度(HBW)(不大于)
硫系易切削钢	Y08	163	硫系易切削钢	Y45Mn	241
	Y12	170		Y45MnS	241
	Y15	170	铅系易切削钢	Y08Pb	165
	Y20	175		Y12Pb	170
	Y30	187		Y15Pb	170
	Y35	187		Y45MnSPb	241
	Y45	229	锡系易切削钢	Y08Sn	165
	Y08MnS	165		Y15Sn	165
	Y15Mn	170		Y45Sn	241
	Y35Mn	229		Y45MnSn	241
	Y40Mn	229	钙系易切削钢	Y45Ca	241

注：其他产品的力学性能、硬度由供需双方协商确定。

表 5-41 热轧状态交货的硫系易切削钢条钢和盘条力学性能（GB/T 8731—2008）

牌号	力学性能		
	抗拉强度 R_m/MPa	断后伸长率 A/%（不小于）	断面收缩率 Z/%（不小于）
Y08	360～570	25	40
Y12	390～540	22	36
Y15	390～540	22	36
Y20	450～600	20	30
Y30	510～655	15	25
Y35	510～655	14	22
Y45	560～800	12	20
Y08MnS	350～500	25	40
Y15Mn	390～540	22	36
Y35Mn	530～790	16	22
Y40Mn	590～850	14	20
Y45Mn	610～900	12	20
Y45MnS	610～900	12	20

表 5-42 热轧状态交货的铅系易切削钢条钢和盘条力学性能（GB/T 8731—2008）

牌号	力学性能		
	抗拉强度 R_m/MPa	断后伸长率 A/%（不小于）	断面收缩率 Z/%（不小于）
Y08Pb	360～570	25	40
Y12Pb	360～570	22	36
Y15Pb	390～540	22	36
Y45MnSPb	610～900	12	20

表 5-43 热轧状态交货的锡系易切削钢条钢和盘条力学性能（GB/T 8731—2008）

牌号	力学性能		
	抗拉强度 R_m/MPa	断后伸长率 A/%（不小于）	断面收缩率 Z/%（不小于）
Y08Sn	350～500	25	40
Y15Sn	390～540	22	36
Y45Sn	600～745	12	26
Y45MnSn	610～850	12	26

表 5-44 钙系易切削钢热轧状态交货的条钢和盘条力学性能（GB/T 8731—2008）

牌号	力学性能		
	抗拉强度 R_m/MPa	断后伸长率 A/%（不小于）	断面收缩率 Z/%（不小于）
Y45Ca	600～745	12	26

表 5-45　直径大于 16mm 的条钢经热处理毛坯制成的 Y45Ca 试样测定钢的力学性能

牌　号	力学性能				
	下屈服强度 R_{eL}/MPa	抗拉强度 R_m/MPa	断后伸长率 A/%	断面收缩率 Z/%	冲击吸收能量 KV_z/J
	不小于				
Y45Ca	355	600	16	40	39

热处理制度：拉伸试样毛坯（直径为 25mm）正火处理，加热温度为 830～850℃，保温时间不小于 30min，冲击试样毛坯（直径为 15mm）调质处理，淬火温度 840±20℃（淬火），回火温度 600±20℃。

表 5-46　以冷拉状态交货的硫系切削钢条钢和盘条的力学性能（GB/T 8731—2008）

牌号	力学性能				
	抗拉强度 R_m/MPa			断后伸长率 A/%（不小于）	硬度（HBW）
	钢材公称尺寸/mm				
	8～20	＞20～30	＞30		
Y08	480～810	460～710	360～710	7.0	140～217
Y12	530～755	510～735	490～685	7.0	152～217
Y15	530～755	510～735	490～685	7.0	152～217
Y20	570～785	530～745	510～705	7.0	167～217
Y30	600～825	560～765	540～735	6.0	174～223
Y35	625～845	590～785	570～765	6.0	176～229
Y45	695～980	655～880	580～880	6.0	196～255
Y08MnS	480～810	460～710	360～710	7.0	140～217
Y15Mn	530～755	510～735	490～685	7.0	152～217
Y45Mn	695～980	655～880	580～880	6.0	196～255
Y45MnS	695～980	655～880	580～880	6.0	196～255

表 5-47　以冷拉状态交货的铅系易切削钢条钢和盘条的力学性能（GB/T 8731—2008）

牌号	力学性能				
	抗拉强度 R_m/MPa			断后伸长率 A/%（不小于）	硬度（HBW）
	钢材公称尺寸/mm				
	8～20	＞20～30	＞30		
Y08Pb	480～810	460～710	360～710	7.0	140～217
Y12Pb	480～810	460～710	360～710	7.0	140～217
Y15Pb	530～755	510～735	490～685	7.0	152～217
Y45MnSPb	695～980	655～880	580～880	6.0	196～255

表 5-48 以冷拉状态交货的锡系易切削钢条钢和盘条的力学性能 (GB/T 8731—2008)

牌号	力学性能				
	抗拉强度 R_m/MPa 钢材公称尺寸/mm			断后伸长率 A/% (不小于)	硬度(HBW)
	8～20	>20～30	>30		
Y08Sn	480～705	460～685	440～635	7.5	140～200
Y15Sn	530～755	510～735	490～685	7.0	152～217
Y45Sn	695～920	655～855	635～835	6.0	196～255
Y45MnSn	695～920	655～855	635～835	6.0	196～255

表 5-49 钙系易切削钢以冷拉状态交货的条钢和盘条的力学性能 (GB/T 8731—2008)

牌号	力学性能				
	抗拉强度 R_m/MPa 钢材公称尺寸/mm			断后伸长率 A/% (不小于)	硬度(HBW)
	8～20	>20～30	>30		
Y45Ca	695～920	655～855	635～835	6.0	196～255

表 5-50 Y40Mn 冷拉条钢高温回火状态的力学性能 (GB/T 8731—2008)

力学性能		硬度/HBW
抗拉强度 R_m/MPa	断后伸长率 A/%	
590～785	≥17	179～229

表 5-51 弹簧钢交货硬度 (GB/T 1222—2016)

组号	牌号	交货状态	代码	布氏硬度(HBW) (不大于)
1	65 70 80	热轧	WHR	285
2	85 65Mn 70Mn 28SiMnB			302
3	60Si2Mn 50CrV 55SiMnVB 55CrMn 60CrMn			321
4	60Si2Cr 60Si2CrV 60CrMnB 55SiCr 30W4Cr2V 40SiMnVBE	热轧	WHR	供需双方协商
		热轧＋去应力退火	WHR＋A	321
5	38Si2	热轧	WHR	321
		去应力退火	A	280
		软化退火	SA	217
6	56Si2MnCr 51CrMnV 55SiCrV 60Si2MnCrV 52SiCrMnNi 52CrMnMoV 60CrMnMo	热轧	WHR	供需双方协商
		去应力退火	A	280
		软化退火	SA	248
7	所有牌号	冷拉＋去应力退火	WCD＋A	321
8		冷拉	WCD	供需双方协商

表 5-52 弹簧钢力学性能（GB/T 1222—2016）

序号	牌号	热处理制度①			力学性能(不小于)				
		淬火温度/℃	淬火介质	回火温度/℃	抗拉强度 R_m/MPa	下屈服强度 R_{eL}②/MPa	断后伸长率		断面收缩率 Z/%
							A/%	$A_{11.3}$/%	
1	65	840	油	500	980	785	—	9.0	35
2	70	830	油	480	1030	835	—	8.0	30
3	80	820	油	480	1080	930	—	6.0	30
4	85	820	油	480	1130	980	—	6.0	30
5	65Mn	830	油	540	980	785	—	8.0	30
6	70Mn	③	—	—	785	450	8.0	—	30
7	28SiMnB	900	水或油	320	1275	1180	—	5.0	25
8	40SiMnVBE	880	油	320	1800	1680	9.0	—	40
9	55SiMnVB	860	油	460	1375	1225	—	5.0	30
10	38Si2	880	水	450	1300	1150	8.0	—	35
11	60Si2Mn	870	油	440	1570	1375	—	5.0	20
12	55CrMn	840	油	485	1225	1080	9.0	—	20
13	60CrMn	840	油	490	1225	1080	9.0	—	20
14	60CrMnB	840	油	490	1225	1080	9.0	—	20
15	60CrMnMo	860	油	450	1450	1300	6.0	—	30
16	55SiCr	860	油	450	1450	1300	6.0	—	25
17	60Si2Cr	870	油	420	1765	1570	6.0	—	20
18	56Si2MnCr	860	油	450	1500	1350	6.0	—	25
19	52SiCrMnNi	860	油	450	1450	1300	6.0	—	35
20	55SiCrV	860	油	400	1650	1600	5.0	—	35
21	60Si2CrV	850	油	410	1860	1665	6.0	—	20
22	60Si2MnCrV	860	油	400	1700	1650	5.0	—	30
23	50CrV	850	油	500	1275	1130	10.0	—	40
24	51CrMnV	850	油	450	1350	1200	6.0	—	30
25	52CrMnMoV	860	油	450	1450	1300	6.0	—	35
26	30W4Cr2V④	1075	油	600	1470	1325	7.0	—	40

① 表中热处理温度允许调整范围为：淬火，±20℃；回火，±50℃（28MnSiB 钢±30℃）。根据需方要求，其他钢回火可按±30℃进行。

② 当检测钢材屈服现象不明显时，可用 $R_{P0.2}$ 代替 R_{eL}。

③ 70Mn 的推荐热处理制度为：正火 790℃，允许调整范围为±30℃。

④ 30W4Cr2V 除抗拉强度外，其他力学性能检验结果供参考，不作为交货依据。

注：1. 力学性能试验采用直径 10mm 的比例试样，推荐取留有少许加工余量的试样毛坯（一般尺寸为 11～12mm）。

2. 对于直径或边长小于 11mm 的棒材，用原尺寸钢材进行热处理。

3. 对于厚度小于 11mm 的扁钢，允许采用矩形试样。当采用矩形试样时，断面收缩率不作为验收条件。

表 5-53 弹簧钢热轧钢板退火或高温回火状态下的力学性能（GB/T 3279—2009）

序号	牌号	力学性能			
		厚度小于 3mm		厚度 3～15mm	
		抗拉强度 R_m/MPa（不大于）	断后伸长率 $A_{11.3}$[①]/%（不小于）	抗拉强度 R_m/MPa（不大于）	断后伸长率 A/%（不小于）
1	85	800	10	785	10
2	65Mn	850	12	850	12
3	60Si2Mn	950	12	930	12
4	60Si2MnA	950	13	930	13
5	60Si2CrVA	1100	12	1080	12
6	50CrVA	950	12	930	12

① 厚度不大于 0.90mm 的钢板，断后伸长率仅供参考。

表 5-54 冷拉碳素弹簧钢丝的抗拉强度要求（GB/T 4357—2009）

钢丝公称直径[①]/mm	抗拉强度[②]/MPa				
	SL 型	SM 型	DM 型	SH 型	DH[③] 型
0.05	—	—	—	—	2800～3520
0.06	—	—	—	—	2800～3520
0.07	—	—	—	—	2800～3520
0.08	—	—	2780～3100	—	2800～3480
0.09	—	—	2740～3060	—	2800～3430
0.10	—	—	2710～3020	—	2800～3380
0.11	—	—	2690～3000	—	2800～3350
0.12	—	—	2660～2960	—	2800～3320
0.14	—	—	2620～2910	—	2800～3250
0.16	—	—	2570～2860	—	2800～3200
0.18	—	—	2530～2820	—	2800～3160
0.20	—	—	2500～2790	—	2800～3110
0.22	—	—	2470～2760	—	2770～3080
0.25	—	—	2420～2710	—	2720～3010
0.28	—	—	2390～2670	—	2680～2970
0.30	—	2370～2650	2370～2650	2660～2940	2660～2940
0.32	—	2350～2630	2350～2630	2640～2920	2640～2920
0.34	—	2330～2600	2330～2600	2610～2890	2610～2890
0.36	—	2310～2580	2310～2580	2590～2890	2590～2890
0.38	—	2290～2560	2290～2560	2570～2850	2570～2850
0.40	—	2270～2550	2270～2550	2560～2830	2570～2830
0.43	—	2250～2520	2250～2520	2530～2800	2570～2800
0.45	—	2240～2500	2240～2500	2510～2780	2570～2780
0.48	—	2220～2480	2240～2500	2490～2760	2570～2760
0.50	—	2200～2470	2200～2470	2480～2740	2480～2740
0.53	—	2180～2450	2180～2450	2460～2720	2460～2720
0.56	—	2170～2430	2170～2430	2440～2700	2440～2700
0.60	—	2140～2400	2140～2400	2410～2670	2410～2670
0.63	—	2130～2380	2130～2380	2390～2650	2390～2650
0.65	—	2120～2370	2120～2370	2380～2640	2380～2640
0.70	—	2090～2350	2090～2350	2360～2610	2360～2610
0.80	—	2050～2300	2050～2300	2310～2560	2310～2560
0.85	—	2030～2280	2030～2280	2290～2530	2290～2530
0.90	—	2010～2260	2010～2260	2270～2510	2270～2510
0.95	—	2000～2240	2000～2240	2250～2490	2250～2490

续表

钢丝公称直径[①]/mm	抗拉强度[②]/MPa				
	SL 型	SM 型	DM 型	SH 型	DH[③] 型
1.00	1720～1970	1980～2220	1980～2220	2230～2470	2230～2470
1.05	1710～1950	1960～2220	1960～2220	2210～2450	2210～2450
1.10	1690～1940	1950～2190	1950～2190	2200～2430	2200～2430
1.20	1670～1910	1920～2160	1920～2160	2170～2400	2170～2400
1.25	1660～1900	1910～2130	1910～2130	2140～2380	2140～2380
1.30	1640～1890	1900～2130	1900～2130	2140～2370	2140～2370
1.40	1620～1860	1870～2100	1870～2100	2110～2340	2110～2340
1.50	1600～1840	1850～2080	1850～2080	2090～2310	2090～2310
1.60	1590～1820	1830～2050	1830～2050	2060～2290	2060～2290
1.70	1570～1800	1810～2030	1810～2030	2040～2260	2040～2260
1.80	1550～1780	1790～2010	1790～2010	2020～2240	2020～2240
1.90	1540～1760	1770～1990	1770～1990	2000～2220	2000～2220
2.00	1520～1750	1760～1970	1760～1970	1980～2200	1980～2200
2.10	1510～1730	1740～1960	1740～1960	1970～2180	1970～2180
2.25	1490～1710	1720～1930	1720～1930	1940～2150	1940～2150
2.40	1470～1690	1700～1910	1700～1910	1920～2130	1920～2130
2.50	1460～1680	1690～1890	1690～1890	1900～2110	1900～2110
2.60	1450～1660	1670～1880	1670～1880	1890～2100	1890～2100
2.80	1420～1640	1650～1850	1650～1850	1860～2070	1860～2070
3.00	1410～1620	1630～1830	1630～1830	1840～2040	1840～2040
3.20	1390～1600	1610～1810	1610～1810	1820～2020	1820～2020
3.40	1370～1580	1590～1780	1590～1780	1790～1990	1790～1990
3.60	1350～1560	1570～1760	1570～1760	1770～1970	1770～1970
3.80	1340～1540	1550～1740	1550～1740	1750～1950	1750～1950
4.00	1320～1520	1530～1730	1530～1730	1740～1930	1740～1930
4.25	1310～1500	1510～1700	1510～1700	1710～1900	1710～1900
4.50	1290～1490	1500～1680	1500～1680	1690～1880	1690～1880
4.75	1270～1470	1480～1670	1480～1670	1680～1840	1680～1840
5.00	1260～1450	1460～1650	1460～1650	1660～1830	1660～1830
5.30	1240～1430	1440～1630	1440～1630	1640～1820	1640～1820
5.60	1230～1420	1430～1610	1430～1610	1620～1800	1620～1800
6.00	1210～1390	1400～1580	1400～1580	1590～1770	1590～1770
6.30	1190～1380	1390～1560	1390～1560	1570～1750	1570～1750
6.50	1180～1370	1380～1550	1380～1550	1560～1740	1560～1740

续表

钢丝公称直径[①]/mm	抗拉强度[②]/MPa				
	SL 型	SM 型	DM 型	SH 型	DH[③] 型
7.00	1160～1340	1350～1530	1350～1530	1540～1710	1540～1710
7.50	1140～1320	1330～1500	1330～1500	1510～1680	1510～1680
8.00	1120～1300	1310～1480	1310～1480	1490～1660	1490～1660
8.50	1110～1280	1290～1460	1290～1460	1470～1630	1470～1630
9.00	1090～1260	1270～1440	1270～1440	1450～1610	1450～1610
9.50	1070～1250	1260～1420	1260～1420	1430～1590	1430～1590
10.00	1060～1230	1240～1400	1240～1400	1410～1570	1410～1570
10.50	—	1220～1380	1220～1380	1390～1550	1390～1550
11.00		1210～1370	1210～1370	1380～1530	1380～1530
12.00		1180～1340	1180～1340	1350～1500	1350～1500
12.50		1170～1320	1170～1320	1330～1480	1330～1480
13.00		1160～1310	1160～1310	1320～1470	1320～1470

① 中间尺寸钢丝抗拉强度值按表中相邻较大钢丝的规定执行。

② 对特殊用途的钢丝，可商定其他抗拉强度。

③ 对直径为 0.08～0.18mm 的 DH 型钢丝，经供需双方协商，其抗拉强度波动值范围可规定为 300MPa。

注：同一盘钢丝抗拉强度的波动范围应不大于 100MPa、直条定尺钢丝的极限强度最多可能低 10%；矫直和切断作业也会降低扭转值。

表 5-55　静态级、中疲劳级淬火-回火弹簧钢丝力学性能（GB 18983—2017）

直径范围/mm	抗拉强度 R_m/MPa						断面收缩率 Z[①]/% ≥	
	FDC TDC	FDCrV-A TDCrV-A	FDSiMn TDSiMn	FDSiCr TDSiCr-A	TDSiCr-B	TDSiCr-C	FD	TD
0.50～0.80	1800～2100	1800～2100	1850～2100	2000～2250	—	—	—	—
>0.80～1.00	1800～2060	1780～2080	1850～2100	2000～2250	—	—	—	—
>1.00～1.30	1800～2010	1750～2010	1850～2100	2000～2250	—	—	45	45
>1.30～1.40	1750～1950	1750～1990	1850～2100	2000～2250	—	—	45	45
>1.40～1.60	1740～1890	1710～1950	1850～2100	2000～2250	—	—	45	45
>1.60～2.00	1720～1890	1710～1890	1820～2000	2000～2250	—	—	45	45
>2.00～2.50	1670～1820	1670～1830	1800～1950	1970～2140	—	—	45	45
>2.50～2.70	1640～1790	1660～1820	1780～1930	1950～2120	—	—	45	45
>2.70～3.00	1620～1770	1630～1780	1760～1910	1930～2100	—	—	45	45
>3.00～3.20	1600～1750	1610～1760	1740～1890	1910～2080	—	—	40	45
>3.20～3.50	1580～1730	1600～1750	1720～1870	1900～2060	—	—	40	45
>3.50～4.00	1550～1700	1560～1710	1710～1860	1870～2030	—	—	40	45
>4.00～4.20	1540～1690	1540～1690	1700～1850	1860～2020	—	—	40	45
>4.20～4.50	1520～1670	1520～1670	1690～1840	1850～2000	—	—	40	45

续表

直径范围/mm	抗拉强度 R_m/MPa						断面收缩率 Z[①]/% ≥	
	FDC TDC	FDCrV-A TDCrV-A	FDSiMn TDSiMn	FDSiCr TDSiCr-A	TDSiCr-B	TDSiCr-C	FD	TD
>4.50～4.70	1510～1660	1510～1660	1680～1830	1840～1990	—	—	40	45
>4.70～5.00	1500～1650	1500～1650	1670～1820	1830～1980	—	—	40	45
>5.00～5.60	1470～1620	1460～1610	1660～1810	1800～1950	—	—	35	40
>5.60～6.00	1460～1610	1440～1590	1650～1800	1780～1930	—	—	35	40
>6.00～6.50	1440～1590	1420～1570	1640～1790	1760～1910	—	—	35	40
>6.50～7.00	1430～1580	1400～1550	1630～1780	1740～1890	—	—	35	40
>7.00～8.00	1400～1550	1380～1530	1620～1770	1710～1860	—	—	35	40
>8.00～9.00	1380～1530	1370～1520	1610～1760	1700～1850	1750～1850	1850～1950	30	35
>9.00～10.00	1360～1510	1350～1500	1600～1750	1660～1810	1750～1850	1850～1950	30	35
>10.00～12.00	1320～1470	1320～1470	1580～1730	1660～1810	1750～1850	1850～1950	30	35
>12.00～14.00	1280～1430	1300～1450	1560～1710	1620～1770	1750～1850	1850～1950	30	35
>14.00～15.00	1270～1420	1290～1440	1550～1700	1620～1770	1750～1850	1850～1950	30	35
>15.00～17.00	1250～1400	1270～1420	1540～1690	1580～1730	1750～1850	1850～1950	30	35

① FDSiMn 和 TDSiMn 直径不大于 5.00mm 时，Z≥35%；直径大于 5.00～14.00mm 时，Z≥30%。

表 5-56　高疲劳级淬火-回火弹簧钢丝力学性能（GB 18983—2017）

直径范围/mm	抗拉强度 R_m/MPa				断面收缩率 Z/% ≥
	VDC	VDCrV-A	VDSiCr	VDSiCrV	
0.50～0.80	1700～2000	1750～1950	2080～2230	2230～2380	—
>0.80～1.00	1700～1950	1730～1930	2080～2230	2230～2380	—
>1.00～1.30	1700～1900	1700～1900	2080～2230	2230～2380	45
>1.30～1.40	1700～1850	1680～1860	2080～2230	2210～2360	45
>1.40～1.60	1670～1820	1660～1860	2050～2180	2210～2360	45
>1.60～2.00	1650～1800	1640～1800	2010～2110	2160～2310	45
>2.00～2.50	1630～1780	1620～1770	1960～2060	2100～2250	45
>2.50～2.70	1610～1760	1610～1760	1940～2040	2060～2210	45
>2.70～3.00	1590～1740	1600～1750	1930～2030	2060～2210	45
>3.00～3.20	1570～1720	1580～1730	1920～2020	2060～2210	45
>3.20～3.50	1550～1700	1560～1710	1910～2010	2010～2160	45
>3.50～4.00	1530～1680	1540～1690	1890～1990	2010～2160	45
>4.00～4.20	1510～1660	1520～1670	1860～1960	1960～2110	45
>4.20～4.50	1510～1660	1520～1670	1860～1960	1960～2110	45
>4.50～4.70	1490～1640	1500～1650	1830～1930	1960～2110	45
>4.70～5.00	1490～1640	1500～1650	1830～1930	1960～2110	45
>5.00～5.60	1470～1620	1480～1630	1800～1900	1910～2060	40
>5.60～6.00	1450～1600	1470～1620	1790～1890	1910～2060	40
>6.00～6.50	1420～1570	1440～1590	1760～1860	1910～2060	40

续表

直径范围/mm	抗拉强度 R_m/MPa				断面收缩率 Z/% ≥
	VDC	VDCrV-A	VDSiCr	VDSiCrV	
>6.50～7.00	1400～1550	1420～1570	1740～1840	1860～2010	40
>7.00～8.00	1370～1520	1410～1560	1710～1810	1860～2010	40
>8.00～9.00	1350～1500	1390～1540	1690～1790	1810～1960	35
>9.00～10.00	1340～1490	1370～1520	1670～1770	1810～1960	35

表 5-57　高碳铬轴承钢热处理与硬度（GB/T 18254—2016）

统一数字代号	牌号	球化退火硬度/HBW	软化退火硬度/HBW(不大于)
B00151	G8Cr15	179～207	245
B00150	GCr15	179～207	
B01150	GCr15SiMn	179～217	
B03150	GCr15SiMo	179～217	
B02180	GCr18Mo	179～207	

表 5-58　船舶及海洋工程用结构钢力学性能（一）（GB 712—2011）

牌号	拉伸试验①②			V形冲击试验						
					以下厚度(mm)冲击吸收能量 KV_2/J					
	上屈服强度 R_{eH}/MPa	抗拉强度 R_m/MPa	断后伸长率 A/%	试验温度/℃	≤50		>50～70		>70～150	
					纵向	横向	纵向	横向	纵向	横向
					不小于					
A③	≥235	400～520	≥22	20	—	—	34	24	41	27
B④				0	27	20	34	24	41	27
D				−20						
E				−40						
AH32	≥315	450～570		0	31	22	38	26	46	31
DH32				−20						
EH32				−40						
FH32				−60						
AH36	≥355	490～630	≥21	0	34	24	41	27	50	34
DH36				−20						
EH36				−40						
FH36				−60						
AH40	≥390	510～660	≥20	0	41	27	46	31	55	37
DH40				−20						
EH40				−40						
FH40				−60						

① 拉伸试验取横向试样，经船级社同意，A级型钢的抗拉强度可超上限。
② 当屈服不明显时，可测量 $R_{P0.2}$ 代替上屈服强度。
③ 冲击试验取纵向试样，但供方应保证横向冲击性能。型钢不进行横向冲击试验。厚度大于50mm的A级钢，经细化晶粒处理并以正火状态交货时，可不做冲击试验。
④ 厚度不大于25mm的B级钢、以TMCP状态交货的A级钢，经船级社同意可不做冲击试验。

表 5-59　船舶及海洋工程用结构钢力学性能（二）(GB 712—2011)

钢级	拉伸试验[①,②]			V形冲击试验		
	上屈服强度 R_{eH}/MPa	抗拉强度 R_m/MPa	断后伸长率 A/%	试验温度/℃	冲击吸收能量 KV_2/J 纵向	冲击吸收能量 KV_2/J 横向
					不小于	
AH420	≥420	530～680	≥18	0	42	28
DH420				−20		
EH420				−40		
FH420				−60		
AH460	≥460	570～720	≥17	0	46	31
DH460				−20		
EH460				−40		
FH460				−60		
AH500	≥500	610～770	≥16	0	50	33
DH500				−20		
EH500				−40		
FH500				−60		
AH550	≥550	670～830	≥16	0	55	37
DH550				−20		
EH550				−40		
FH550				−60		
AH620	≥620	720～890	≥15	0	62	41
DH620				−20		
EH620				−40		
FH620				−60		
AH690	≥690	770～940	≥14	0	69	46
DH690				−20		
EH690				−40		
FH690				−60		

① 拉伸试验取横向试样。冲击试验取纵向试样，但供方应保证横向冲击性能。
② 当屈服不明显时，可测量 $R_{P0.2}$ 代替上屈服强度。

表 5-60 锅炉和压力容器用钢板的力学性能和工艺性能（GB/T 713—2014）

牌号	交货状态	钢板厚度 mm	拉伸试验			冲击试验		弯曲试验②
			R_{eL} /MPa	$R_{P0.2}$ ① /MPa	断后伸长率 A/%	温度 /℃	冲击吸收能量 KV_2 /J	180° $b=2a$
				不小于			不小于	
Q245R	热轧、控轧或正火	3～16	400～520	245	25	0	34	$D=1.5a$
		＞16～36		235				
		＞36～60		225				
		＞60～100	390～510	205	24			$D=2a$
		＞100～150	380～500	185				
		＞150～250	370～490	175				
Q345R		3～16	510～640	345	21	0	41	$D=2a$
		＞16～36	500～630	325				$D=3a$
		＞36～60	490～620	315				
		＞60～100	490～620	305	20			
		＞100～150	480～610	285				
		＞150～250	470～600	265				
Q370R	正火	10～16	530～630	370	20	－20	47	$D=2a$
		＞16～36		360				$D=3a$
		＞36～60	520～620	340				
		＞60～100	510～610	330				
Q420R		10～20	590～720	420	18	－20	60	$D=3a$
		＞20～30	570～700	400				
18MnMoNbR	正火加回火	30～60	570～720	400	18	0	47	$D=3a$
		＞60～100		390				
13MnNiMoR		30～100	570～720	300	18	0	47	$D=3a$
		＞100～150		380				
15CrMoR		6～80	450～590	295	19	20	47	$D=3a$
		＞60～200		275				
		＞100～209	440～580	255				
14Cr1MoR		6～100	520～680	310	19	20	47	$D=3a$
		＞100～200	510～570	300				
12Cr2Mo1R		6～200	520～680	310	19	20	47	$D=3a$
12Cr1MoVR	正火加回火	6～60	440～590	245	19	20	47	$D=3a$
		＞60～100	430～580	235				
12Cr2Mo1VR		6～200	590～760	415	17	－20	60	$D=3a$

续表

牌号	交货状态	钢板厚度 mm	拉伸试验			冲击试验		弯曲试验②
			R_{eL} /MPa	$R_{P0.2}$① /MPa	断后伸长率 A/%	温度 /℃	冲击吸收能量 KV_2 /J	180° $b=2a$
				不小于			不小于	
07Cr2AlMoR	正火加回火	6～36	420～580	260	21	20	47	$D=3a$
		>36～60	410～570	250				

① 如屈服现象不明显，可测量 $R_{P0.2}$ 代替 R_{eL}。
② a 为试样厚度；D 为弯曲压头直径。

表 5-61　锅炉和压力容器用钢板的高温力学性能（GB/T 713—2014）

牌号	厚度 /mm	试验温度/℃						
		200	250	300	350	400	450	500
		R_{eL}①(或 $R_{P0.2}$)/MPa(不小于)						
Q245R	>20～36	186	167	153	139	129	121	—
	>36～60	178	161	147	133	123	116	—
	>60～100	164	147	135	123	113	106	—
	>100～150	150	135	120	110	105	95	—
	>150～250	115	130	115	105	100	90	—
Q345R	>20～36	255	235	215	200	190	180	—
	>36～60	240	220	200	185	175	165	—
	>60～100	225	205	185	175	165	155	—
	>100～150	220	200	180	170	160	150	—
	>150～250	215	195	175	165	155	145	—
Q370R	>20～36	290	275	260	245	230	—	—
	>36～60	275	260	250	235	220	—	—
	>60～100	265	250	245	230	215	—	—
18MnMoNbR	30～60	360	355	350	340	310	275	—
	>60～100	355	350	345	335	305	270	—
13MnNiMoR	30～100	355	350	345	335	305	—	—
	>100～150	345	340	335	325	300	—	—
15CrMoR	>20～60	240	225	210	200	189	179	174
	>60～100	220	210	196	186	176	167	162
	>100～200	210	199	185	175	165	156	150
14Cr1MoR	>20～200	255	245	230	220	210	195	176
12Cr2Mo1R	>20～200	260	255	250	245	240	230	215
12Cr1MoVR	>20～100	200	190	176	167	157	150	142
12Cr2Mo1VR	>20～200	370	365	360	355	350	340	325
07Cr2AlMoR	>20～60	195	185	175	—	—	—	—

① 如屈服现象不明显，屈服强度取 $R_{P0.2}$。

表 5-62 低合金高强度结构钢的拉伸性能（GB/T 1591—2008）

<table>
<tr><th rowspan="4">牌号</th><th rowspan="4">质量等级</th><th colspan="22">拉伸试验[①,②,③]</th></tr>
<tr><th colspan="9" rowspan="2">以下公称厚度(直径,边长)下屈服强度(R_{eL})/MPa</th><th colspan="7" rowspan="2">以下公称厚度(直径,边长)抗拉强度(R_m)/MPa</th><th colspan="6">断后伸长率(A)/%</th></tr>
<tr><th colspan="6">公称厚度(直径,边长)</th></tr>
<tr><th>≤16mm</th><th>>16～40mm</th><th>>40～63mm</th><th>>63～80mm</th><th>>80～100mm</th><th>>100～150mm</th><th>>150～200mm</th><th>>200～250mm</th><th>>250～400mm</th><th>≤40mm</th><th>>40～63mm</th><th>>63～80mm</th><th>>80～100mm</th><th>>100～150mm</th><th>>150～250mm</th><th>>250～400mm</th><th>≤40mm</th><th>>40～63mm</th><th>>63～100mm</th><th>>100～150mm</th><th>>150～250mm</th><th>>250～400mm</th></tr>
<tr><td rowspan="5">Q345</td><td>A</td><td rowspan="5">≥345</td><td rowspan="5">≥335</td><td rowspan="5">≥325</td><td rowspan="5">≥315</td><td rowspan="5">≥305</td><td rowspan="5">≥285</td><td rowspan="5">≥275</td><td rowspan="5">≥265</td><td rowspan="3">—</td><td rowspan="5">470～630</td><td rowspan="5">470～630</td><td rowspan="5">470～630</td><td rowspan="5">470～630</td><td rowspan="5">450～600</td><td rowspan="5">450～600</td><td rowspan="3">—</td><td rowspan="2">≥20</td><td rowspan="2">≥19</td><td rowspan="2">≥19</td><td rowspan="2">≥18</td><td rowspan="2">≥17</td><td rowspan="3">—</td></tr>
<tr><td>B</td></tr>
<tr><td>C</td><td rowspan="3">≥21</td><td rowspan="3">≥20</td><td rowspan="3">≥20</td><td rowspan="3">≥19</td><td rowspan="3">≥18</td></tr>
<tr><td>D</td><td rowspan="2">≥265</td><td rowspan="2">450～600</td><td rowspan="2">≥17</td></tr>
<tr><td>E</td></tr>
<tr><td rowspan="5">Q390</td><td>A</td><td rowspan="5">≥390</td><td rowspan="5">≥370</td><td rowspan="5">≥350</td><td rowspan="5">≥330</td><td rowspan="5">≥330</td><td rowspan="5">≥310</td><td rowspan="5">—</td><td rowspan="5">—</td><td rowspan="5">—</td><td rowspan="5">490～650</td><td rowspan="5">490～650</td><td rowspan="5">490～650</td><td rowspan="5">490～650</td><td rowspan="5">470～620</td><td rowspan="5">—</td><td rowspan="5">—</td><td rowspan="5">≥20</td><td rowspan="5">≥19</td><td rowspan="5">≥19</td><td rowspan="5">≥18</td><td rowspan="5">—</td><td rowspan="5">—</td></tr>
<tr><td>B</td></tr>
<tr><td>C</td></tr>
<tr><td>D</td></tr>
<tr><td>E</td></tr>
<tr><td rowspan="5">Q420</td><td>A</td><td rowspan="5">≥420</td><td rowspan="5">≥400</td><td rowspan="5">≥380</td><td rowspan="5">≥360</td><td rowspan="5">≥360</td><td rowspan="5">≥340</td><td rowspan="5">—</td><td rowspan="5">—</td><td rowspan="5">—</td><td rowspan="5">520～680</td><td rowspan="5">520～680</td><td rowspan="5">520～680</td><td rowspan="5">520～680</td><td rowspan="5">500～650</td><td rowspan="5">—</td><td rowspan="5">—</td><td rowspan="5">≥19</td><td rowspan="5">≥18</td><td rowspan="5">≥18</td><td rowspan="5">≥18</td><td rowspan="5">—</td><td rowspan="5">—</td></tr>
<tr><td>B</td></tr>
<tr><td>C</td></tr>
<tr><td>D</td></tr>
<tr><td>E</td></tr>
<tr><td rowspan="3">Q460</td><td>C</td><td rowspan="3">≥460</td><td rowspan="3">≥440</td><td rowspan="3">≥420</td><td rowspan="3">≥400</td><td rowspan="3">≥400</td><td rowspan="3">≥380</td><td rowspan="3">—</td><td rowspan="3">—</td><td rowspan="3">—</td><td rowspan="3">550～720</td><td rowspan="3">550～720</td><td rowspan="3">550～720</td><td rowspan="3">550～720</td><td rowspan="3">530～700</td><td rowspan="3">—</td><td rowspan="3">—</td><td rowspan="3">≥17</td><td rowspan="3">≥16</td><td rowspan="3">≥16</td><td rowspan="3">≥16</td><td rowspan="3">—</td><td rowspan="3">—</td></tr>
<tr><td>D</td></tr>
<tr><td>E</td></tr>
</table>

续表

牌号	质量等级	拉伸试验①,②,③																			
		以下公称厚度（直径，边长）下屈服强度（R_{eL}）/MPa									以下公称厚度（直径，边长）抗拉强度（R_m）/MPa							断后伸长率（A）/% 公称厚度（直径，边长）					
		≤16mm	>16～40mm	>40～63mm	>63～80mm	>80～100mm	>100～150mm	>150～200mm	>200～250mm	>250～400mm	≤40mm	>40～63mm	>63～80mm	>80～100mm	>100～150mm	>150～250mm	>250～400mm	≤40mm	>40～63mm	>63～100mm	>100～150mm	>150～250mm	>250～400mm
Q500	C	≥500	≥480	≥470	≥450	≥440	—	—	—	—	610～770	600～760	590～750	540～730	—	—	—	≥17	≥17	≥17	—	—	—
	D																						
	E																						
Q550	C	≥550	≥530	≥520	≥500	≥490	—	—	—	—	670～830	620～810	600～790	590～780	—	—	—	≥16	≥16	≥16	—	—	—
	D																						
	E																						
Q620	C	≥620	≥600	≥590	≥570	—	—	—	—	—	710～880	690～880	670～860	—	—	—	—	≥15	≥15	≥15	—	—	—
	D																						
	E																						
Q690	C	≥690	≥670	≥660	≥640	—	—	—	—	—	770～940	750～920	730～900	—	—	—	—	≥14	≥14	≥14	—	—	—
	D																						
	E																						

① 当屈服不明显时，可测量 $R_{P0.2}$ 代替下屈服强度。

② 宽度不小于 600mm 扁平材，拉伸试验取横向试样；宽度小于 600mm 的扁平材、型材及棒材取纵向试样，断后伸长率最小值相应提高 1%（绝对值）。

③ 厚度>250～400mm 的数值适用于扁平材。

表 5-63　低合金高强度结构钢热轧钢材的拉伸性能（GB/T 1591—2018）

牌号		上屈服强度 R_{eH}[①]/MPa（不小于）									抗拉强度 R_m/MPa			
		公称厚度或直径/mm												
钢级	质量等级	≤6	>16～40	>40～63	>63～80	>80～100	>100～150	>150～200	>200～250	>250～400	≤100	>100～150	>150～250	>250～400
Q355	B、C	355	345	335	325	315	295	285	275	—	470～630	450～600	450～600	—
	D									265[②]				450～600[②]
Q390	B、C、D	390	380	360	340	340	320	—	—	—	490～650	470～620	—	—
Q420[③]	B、C	420	410	390	370	370	350	—	—	—	520～680	500～650	—	—
Q460[③]	C	460	450	430	410	410	390	—	—	—	550～720	530～700	—	—

① 当屈服不明显时，可用规定塑性延伸强度 $R_{P0.2}$ 代替上屈服强度。
② 只适用于质量等级为 D 的钢板。
③ 只适用于型钢和棒材。

表 5-64　低合金高强度结构钢热轧钢材的伸长率（GB/T 1591—2018）

牌号		断后伸长率 A/%（不小于）						
钢级	质量等级	公称厚度或直径/mm						
		试样方向	≤40	>40～63	>63～100	>100～150	>150～250	>250～400
Q355	B、C、D	纵向	22	21	20	18	17	17[①]
		横向	20	19	18	18	17	17[①]
Q390	B、C、D	纵向	21	20	20	19	—	—
		横向	20	19	19	18	—	—
Q420[②]	B、C	纵向	20	19	19	19	—	—
Q460[②]	C	纵向	18	17	17	17	—	—

① 只适用于质量等级为 D 的钢板。
② 只适用于型钢和棒材。

表 5-65 低合金高强度结构钢正火、正火轧制钢材的拉伸性能（GB/T 1591—2018）

牌号		上屈服强度 R_{eL}[①]/MPa（不小于）								抗拉强度 R_m/MPa			断后伸长率 A/%（不小于）					
钢级	质量等级	公称厚度或直径/mm																
		≤16	>16~40	>40~63	>63~80	>80~100	>100~150	>150~200	>200~250	≤100	>100~200	>200~250	≤16	>16~40	>40~63	>63~80	>80~200	>200~250
Q355N	B、C、D、E、F	355	345	335	325	315	295	285	275	470~630	450~600	450~600	22	22	22	21	21	21
Q390N	B、C、D、E	390	380	360	340	340	320	310	300	490~650	470~620	470~620	20	20	20	19	19	19
Q420N	B、C、D、E	420	400	390	370	360	340	330	320	520~680	500~650	500~650	19	19	19	18	18	18
Q460N	C、D、E	460	440	430	410	400	380	370	370	540~720	530~710	510~690	17	17	17	17	17	16

① 当屈服不明显时，可用规定塑性延伸强度 $R_{P0.2}$ 代表上屈服强度 R_{eH}。
注：正火状态包含正火加回火状态。

表 5-66 低合金高强度结构钢热机械轧制（TMCP）钢材的拉伸性能（GB/T 1591—2018）

牌号		上屈服强度 R_{eH}[①]/MPa（不小于）						抗拉强度 R_m/MPa					断后伸长率 A/%（不小于）
钢级	质量等级	公称厚度或直径/mm											
		≤16	>16~40	>40~63	>63~80	>80~100	>100~120[②]	≤40	>40~63	>63~80	>80~100	>100~120[②]	
Q355M	B、C、D、E、F	355	345	335	325	325	320	470~630	450~610	440~600	440~600	430~590	22
Q390M	B、C、D、E	390	380	360	340	340	335	490~650	480~640	470~630	460~620	450~610	20
Q420M	B、C、D、E	420	400	390	380	370	365	520~680	500~660	480~640	470~630	460~620	19
Q460M	C、D、E	460	440	430	410	400	385	540~720	530~710	510~690	500~680	490~660	17
Q500M	C、D、E	500	490	480	460	450	—	610~770	500~760	590~750	540~730	—	17
Q550M	C、D、E	550	540	530	510	500	—	670~830	620~810	600~790	590~780	—	16
Q620M	C、D、E	620	610	600	580	—	—	710~880	690~880	670~860	—	—	15
Q690M	C、D、E	690	680	670	650	—	—	770~940	750~920	730~900	—	—	14

① 当屈服不明显时，可用规定塑性延伸强度 $R_{P0.2}$ 代替上屈服强度 R_{eH}。
② 对于型钢和棒材，厚度或直径不大于 150mm。
注：热机械轧制（TMCP）状态包含热机械轧制（TMCP）加回火状态。

表 5-67 低合金高强度结构钢夏比（V 形缺口）冲击试验的温度和冲击吸收能量（GB 1591—2018）

牌号		以下试验温度的冲击吸收能量最小值 KV_2/J									
钢级	质量等级	20℃		0℃		−20℃		−40℃		−60℃	
		纵向	横向	纵向	横向	纵向	横向	纵向	横向	纵向	横向
Q355、Q390、Q420	B	34	27	—	—	—	—	—	—	—	—
Q355、Q390、Q420、Q460	C	—	—	34	27	—	—	—	—	—	—
Q355、Q390	D	—	—	—	—	34①	27①	—	—	—	—
Q355N、Q390N、Q420N	B	34	27	—	—	—	—	—	—	—	—
Q355N、Q390N、Q420N、Q460N	C	—	—	34	27	—	—	—	—	—	—
	D	55	31	47	27	40②	20	—	—	—	—
	E	63	40	55	34	47	27	31③	20③	—	—
Q355N	F	63	40	55	34	47	27	31	20	27	16
Q355M、Q390M、Q420M	B	34	27	—	—	—	—	—	—	—	—
Q355N、Q390N、Q420N、Q460N	C	—	—	34	27	—	—	—	—	—	—
	D	55	31	47	27	40②	20	—	—	—	—
	E	63	40	55	34	47	27	31③	20③	—	—
Q355N	F	63	40	55	34	47	27	31	20	27	16
Q355M、Q390M、Q420M	B	34	27	—	—	—	—	—	—	—	—
Q355M、Q390M、Q420M、Q460M	C	—	—	34	27	—	—	—	—	—	—
	D	55	31	47	27	40②	20	—	—	—	—
	E	63	40	55	34	47	27	31③	20③	—	—
Q355M	F	63	40	55	34	47	27	31	20	27	16
Q500M、Q550M、Q620M、Q690M	C	—	—	55	34	—	—	—	—	—	—
	D	—	—	—	—	47②	27	—	—	—	—
	E	—	—	—	—	—	—	31③	20③	—	—

① 仅适用于厚度大于 250mm 的 Q355D 钢板。
② 当需方指定时，D 级钢可做−30℃冲击试验时，冲击吸收能量纵向不小于 27J。
③ 当需方指定时，E 级钢可做−50℃冲击时，冲击吸收能量纵向不小于 27J、横向不小于 16 J。
注：1. 当需方未指定试验温度时，正火、正火轧制和热机械轧制的 C、D、E、F 级钢材分别做 0℃、−20℃、−40℃、−60℃冲击。
2. 冲击试验取纵向试样。经供需双方协商，也可取横向试样。

表 5-68 非热处理型冷镦和冷挤压用钢热轧状态的力学性能（GB/T 6478—2001）

牌号	抗拉强度 σ_b/MPa(不大于)	断面收缩率 ψ/%(不小于)
ML04Al	440	60
ML08Al	470	60
ML10Al	490	55
ML15Al	530	50
ML15	530	50
ML20Al	530	45
ML20	580	45

注：钢材一般以热轧状态交货。经供需双方协议，并在合同中注明，也可以退火状态交货。

表 5-69 退火状态交货的表面硬化型和调质型冷镦和冷挤压用钢的力学性能（GB/T 6478—2015）

类型	统一数字代号	牌号	抗拉强度 R_m/MPa(不大于)	断面收缩率 Z/%(不小于)
表面硬化型	U40108	ML10Al	450	65
	U40158	ML15Al	470	64
	U40152	ML15	470	64
	U40208	ML20Al	490	63
	U40202	ML20	490	63
	A20204	ML20Cr	560	60

续表

类型	统一数字代号	牌号	抗拉强度 R_m/MPa（不大于）	断面收缩率 Z/%（不小于）
调质型	U40302	ML30	550	59
	U40352	ML35	560	58
	U41252	ML25Mn	540	60
	A20354	ML35Cr	600	60
	A20404	ML40Cr	620	58
含硼调质型	A70204	ML20B	500	64
	A70304	ML30B	530	62
	A70354	ML35B	570	62
	A71204	ML20MnB	520	62
	A71354	ML35MnB	600	60
	A20374	ML37CrB	600	60

注：1. 表中未列牌号钢材的力学性能按供需双方协议。未规定时，供方报实测值，并在质量证明书中注明。
2. 钢材直径大于 12mm 时，断面收缩率可降低 2%（绝对值）。

表 5-70　热轧状态交货的非调质型冷镦和冷挤压用钢的力学性能（GB/T 6478—2015）

统一数字代号	牌号	抗拉强度 R_m /MPa	断后伸长率 A/%（不小于）	断面收缩率 Z/%（不小于）
L27208	MFT8	630～700	20	52
L27228	MFT9	680～750	18	50
L27128	MFT10	≥800	16	48

表 5-71　表面硬化型冷镦和冷挤压用钢热轧状态的硬度及试样的力学性能（GB/T 6478—2015）

统一数字代号	牌号①	规定塑性延伸强度 $R_{P0.2}$ /MPa（不小于）	抗拉强度 R_m /MPa	断后伸长率 A /%（不小于）	热轧状态布氏硬度(HBW)（不大于）
U40108	ML10Al	250	400～700	15	137
U40158	ML15Al	260	450～750	14	143
U40152	ML15	260	450～750	14	—
U40208	ML20Al	320	520～820	11	156
U40202	ML20	320	520～820	11	—
A20204	ML20Cr	490	750～1100	9	—

① 表中未列牌号，供方报实测值，并在质量证明书中注明。
注：试样毛坯直径为 25mm；公称直径小于 25mm 的钢材，按钢材实际尺寸。

表 5-72　表面硬化型冷镦和冷挤压用钢试样推荐的热处理制度（GB/T 6478—2015）

统一数字代号	牌号①	渗碳温度② /℃	直接淬火温度 /℃	双重淬火温度/℃		回火温度③ /℃
				心部淬硬	表面淬硬	
U40108	ML10Al	880～980	830～870	880～920	780～820	150～200
U40158	ML15Al	880～980	830～870	880～920	780～820	150～200
U40152	ML15	880～980	830～870	880～920	780～820	150～200
U40208	ML20Al	880～980	830～870	880～920	780～820	150～200
U40202	ML20	880～980	830～870	880～920	780～820	150～200
A20204	ML20Cr	880～980	820～860	860～900	780～820	150～200

① 表中未列牌号，供方报实测值，并在质量证明书中注明。
② 渗碳温度取决于钢的化学成分和渗碳介质。一般情况下，如果钢直接淬火，不宜超过 950℃。
③ 回火时间，推荐为最少 1h。
注：1. 表中给出的温度只是推荐值。实际选择的温度应以性能达到要求为准。
2. 淬火剂的种类取决于产品形状、冷却条件和炉子装料的数量。

表 5-73 调质型冷镦和冷挤压用钢（包括含硼钢）的热轧状态的硬度及试样经热处理后的力学性能（GB/T 6478—2015）

统一数字代号	牌号[①]	规定塑性延伸强度 $R_{P0.2}$/MPa	抗拉强度 R_m /MPa	断后伸长率 A /%	断面收缩率 Z /%	热轧状态布氏硬度(HBW)
		不小于				不大于
U40252	ML25	275	450	23	50	170
U40302	ML30	295	490	21	50	179
U40352	ML35	430	630	17	—	187
U40402	ML40	335	570	19	45	217
U40452	ML45	355	600	16	40	229
L20151	ML15Mn	705	880	9	40	—
U41252	ML25Mn	275	450	23	50	170
A20354	ML35Cr	630	850	14	—	—
A20404	ML40Cr	660	900	11	—	—
A30304	ML30CrMo	785	930	12	50	—
A30354	ML35CrMo	835	980	12	45	—
A30404	ML40CrMo	930	1080	12	45	—
A70204	ML20B	400	550	16	—	—
A70304	ML30B	480	630	14	—	—
A70354	ML35B	500	650	14	—	—
A71154	ML15MnB	930	1130	9	45	—
A71204	ML20MnB	500	650	14	—	—
A71354	ML35MnB	650	800	12	—	—
A73154	ML15MnVB	720	900	10	45	207
A73204	ML20MnVB	940	1040	9	45	—
A74204	ML20MnTiB	930	1130	10	45	—
A20374	ML37CrB	600	750	12	—	—

① 表中未列牌号，供方报实测值，并在质量证明书中注明。

注：试样的热处理毛坯直径为 25mm。公称直径小于 25mm 的钢材，按钢材实际尺寸。

表 5-74 表面硬化型钢丝力学性能（GB/T 5953.1—2009）

牌号[①]	钢丝公称直径/mm	SALD 抗拉强度 R_m/MPa	SALD 断面收缩率 Z/%	SALD 洛氏硬度(HRB)	SA 抗拉强度 R_m/MPa	SA 断面收缩率 Z/%	SA 硬度(HRB)
ML10	≤6.00	420～620	≥55	—	300～450	≥60	≤75
	>5.00～12.00	380～560	≥55	—			
	>12.00～25.00	350～500	≥50	≤81			
ML15 ML15Mn ML18 ML18Mn ML20	≤6.00	440～640	≥55	—	350～500	≥60	≤80
	>6.00～12.00	400～580	≥55	—			
	>12.00～25.00	380～530	≥50	≤83			
ML20Mn ML16CrMn ML20MnA ML22Mn ML15Cr ML20Cr ML18CrMo	≤6.00	440～640	≥55	—	370～520	≥60	≤82
	>6.00～12.00	420～500	≥55	—			
	>12.00～25.00	400～550	≥50	≤85			

续表

牌号①	钢丝公称直径/mm	SALD			SA		
		抗拉强度 R_m/MPa	断面收缩率 Z/%	洛氏硬度 (HRB)	抗拉强度 R_m/MPa	断面收缩率 Z/%	硬度 (HRB)
ML20CrMoA ML20CrNiMo	≤25.00	480～680	≥45	≤93	420～620	≥58	≤91

① 牌号的化学成分可参考 GB/T 6478。

注：直径小于 3.00mm 的钢丝断面收缩率仅供参考。

表 5-75 调质型碳素钢丝的力学性能（GB/T 5953.1—2009）

牌号①	钢丝公称直径/mm	SALD			SA		
		抗拉强度 R_m/MPa	断面收缩率 Z/%	硬度 (HRB)	抗拉强度 R_m/MPa	断面收缩率 Z/%	硬度 (HRB)
ML25 ML25Mn ML30Mn ML30 ML35	≤6.00	490～690	≥55	—	380～560	≥60	≤86
	>6.00～12.00	470～650	≥55	—			
	>12.00～25.00	450～600	≥50	≤89			
ML40 ML35Mn	≤6.00	550～730	≥55	—	430～580	≥60	≤87
	>6.00～12.00	500～670	≥55	—			
	>12.00～25.00	450～600	≥50	≤89			
ML45 ML42Mn	≤6.00	590～760	≥55	—	450～600	≥60	≤89
	>6.00～12.00	570～720	≥55	—			
	>12.00～25.00	470～620	≥50	≤96			

① 牌号的化学成分可参考 GB/T 6478。

表 5-76 调质型合金钢丝的力学性能（GB/T 5953.1—2009）

牌号①	钢丝公称直径/mm	SALD			SA		
		抗拉强度 R_m/MPa	硬度 (HRB)	断面收缩率 Z/%	抗拉强度 R_m/MPa	断面收缩率 Z/%	硬度 (HRB)
ML30CrMnSi	≤6.00	600～750	—	≥50	460～660	≥55	≤93
	>6.00～12.00	580～730	—				
	>12.00～25.00	550～730	≤95				
ML38CrA ML40Cr	≤6.00	530～730	—	≥50	430～600	≥55	≤89
	>6.00～12.00	500～650	—				
	>12.00～25.00	480～630	≤91				
ML30CrMo ML35CrMo	≤6.00	580～780	—	≥40	450～620	≥55	≤91
	>6.00～12.00	540～700	—	≥35			
	>12.00～25.00	500～650	≤92	≥35			
ML42CrMo ML40CrNiMo	≤6.00	590～790	—	≥50	480～730	≥55	≤97
	>6.00～12.00	560～760	—				
	>12.00～25.00	540～690	≤95				

① 牌号的化学成分可参考 GB/T 6478。

注：直径小于 3.00mm 的钢丝断面收缩率仅供参考。

表 5-77 公称直径不大于 25.0mm 的含硼钢丝的力学性能

牌号①	SALD			SA		
	抗拉强度 R_b/MPa	断面收缩率 Z/%	硬度 (HRB)	抗拉强度 R_m/MPa	断面收缩率 Z/%	硬度 (HRB)
ML20B	≤600	≥55	≤89	≤550	≥65	≤85
ML28B	≤620	≥55	≤90	≤570	≥65	≤87
ML35B	≤630	≥55	≤91	≤580	≥65	≤88
ML20MnB	≤630	≥55	≤91	≤580	≥65	≤88
ML30MnB	≤660	≥55	≤93	≤610	≥65	≤90
ML35MnB	≤680	≥55	≤94	≤630	≥65	≤91
ML40MnB	≤680	≥55	≤94	≤630	≥65	≤91
ML15MnVB	≤660	≥55	≤93	≤610	≥65	≤90
ML20MnVB	≤630	≥55	≤91	≤580	≥65	≤88
ML20MnTiB	≤630	≥55	≤91	≤580	≥65	≤88

① 牌号的化学成分可参考 GB/T 6478。

注：1.直径小于 3.00mm 的钢丝断面收缩率仅供参考。

2.公称直径大于 25.0mm 的钢丝力学性能由供需双方协商确定。

3.表中未列出牌号的力学性能由供需双方协商确定。

4.钢丝以直条或磨光状态交货时，力学性能允许 10%的波动。

表 5-78 HD 工艺钢丝的抗拉强度、断面收缩率、硬度（GB/T 5953.2—2009）

牌　　号①	钢丝公称直径 d/mm	抗拉强度 R_m/MPa	断面收缩率 Z/%	硬度②(HRB)
ML04Al ML08Al ML10Al	≤3.00	≥460	≥50	—
	>3.00～4.00	≥360	≥50	—
	>4.00～5.00	≥330	≥50	—
	>5.00～25.00	≥280	≥50	≤85
ML15Al ML15	≤3.00	≥590	≥50	—
	>3.00～4.00	≥490	≥50	—
	>4.00～5.00	≥420	≥50	—
	>5.00～25.00	≥400	≥50	≤89
ML18MnAl ML20Al ML20 ML22MnAl	≤3.00	≥850	≥35	—
	>3.00～4.00	≥690	≥40	—
	>4.00～5.00	≥570	≥45	—
	>5.00～25.00	≥480	≥45	≤97

① 牌号的化学成分可参考 GB/T 6478。

② 硬度值仅供参考。

注：1.钢丝公称直径大于 20mm 时，断面收缩率可以降低 5%。

2.公称直径大于 25.00mm 的钢丝力学性能由供需双方商定。

3.未列出牌号的钢丝力学性能由双方协商。

表 5-79 SALD 工艺钢丝的抗拉强度、断面收缩率、硬度（GB/T 5953.2—2009）

牌　　号①	抗拉强度 R_m/MPa	断面收缩率 Z/%	硬度②(HRB)
ML04Al ML08Al ML10Al	300～450	≥70	≤76

续表

牌　　号①	抗拉强度 R_m/MPa	断面收缩率 Z/%	硬度②(HRB)
ML15Al ML15	340～500	≥65	≤81
ML18Mn ML20Al ML20 ML22Mn	450～570	≥65	≤90

① 牌号的化学成分可参考 GB/T 6478。
② 硬度值仅供参考。
注：1. 钢丝公称直径大于 20mm 时，断面收缩率可以降低 5%。
2. 公称直径大于 25.00mm 的钢丝力学性能由供需双方协商确定。
3. 表中未列出牌号的钢丝力学性能由供需双方协商确定。

表 5-80　标准件用碳素钢热轧圆钢的力学性能和冷热顶锻试验指标（GB/T 715—89）

牌　号	屈服点 σ_s /MPa	抗拉强度 σ_b /MPa	伸长率 δ_5 /%	冷顶锻试验 $x=h_1/h$	热顶锻试验	热状态或冷状态下铆钉头锻平试验
BL2	≥215	335～410	≥33	$x=0.4$	达 1/3 高度	顶尖直径为圆钢直径的 2.5 倍
BL3	≥235	370～460	≥28	$x=0.5$	达 1/3 高度	顶尖直径为圆钢直径的 2.5 倍

注：h 为顶锻前试样高度（两倍圆钢直径）；h_1 为顶锻后试样高度。

表 5-81　耐候结构钢的力学性能和工艺性能（GB/T 4171—2008）

牌号	拉伸试验①									180°弯曲试验弯心直径		
	下屈服强度 R_{eL}/MPa（不小于）				抗拉强度 R_m/MPa	断后伸长率 A/%（不小于）						
	≤16	>16～40	>40～60	>60		≤16	>16～40	>40～60	>60	≤6	>6～16	>16
Q235NH	235	225	215	215	360～510	25	25	24	23	a	a	$2a$
Q295NH	295	285	275	225	430～560	24	24	23	22	a	$2a$	$3a$
Q295GNH	295	285	—	—	430～560	24	24	—	—	a	$2a$	$3a$
Q355NH	355	345	335	325	490～630	22	22	21	20	a	$2a$	$3a$
Q355GNH	355	345	—	—	490～630	22	22	—	—	a	$2a$	$3a$
Q415NH	415	405	395	—	520～680	22	22	20	—	a	$2a$	$3a$
Q460NH	460	450	140	—	570～730	20	20	19	—	a	$2a$	$3a$
Q500NH	500	490	480	—	600～760	18	16	15	—	2	$2a$	$3a$
Q550NH	550	540	530	—	620～780	16	16	15	—	a	$2a$	$3a$
Q265GNH	265	—	—	—	≥410	27	—	—	—	a	—	—
Q310GNH	310	—	—	—	≥450	26	—	—	—	a	—	—

① 当屈服现象不明显时，可以采用 $R_{P0.2}$。
注：1. a 为钢材厚度。
2. 热轧钢材以热轧、控轧或正火状态交货，Q460NH、Q500NH、Q550NH 可以淬火加回火状态交货，冷轧钢材一般以退火状态交货。

表 5-82 耐候结构钢的冲击性能（GB/T 4171—2008）

质量等级	V形缺口冲击试验①		
	试样方向	温度/℃	冲击吸收能量 KV_2/J
A	纵向	—	—
B	纵向	+20	≥47
C	纵向	0	≥34
D	纵向	−20	≥34
E	纵向	−40	≥27②

① 冲击试样尺寸为 10mm×10mm×55mm。

② 经供需双方协商，平均冲击功值可以≥60J。

注：1. 经供需双方协商，高耐候钢可以不做冲击试验。

2. 冲击试验结果按三个试样的平均值计算，允许其中一个试样的冲击吸收能量小于规定值，但不得低于规定值的 70%。

3. 厚度不小于 6mm 或直径不小于 12mm 的钢材应做冲击试验。对于厚度≥6～<12mm 或直径≥12～<16mm 的钢材做冲击试验时，应采用 10mm×5mm×55mm 或 10mm×7.5mm×55mm 小尺寸试样，其试验结果应不小于表中规定值的 50% 或 75%。应尽可能取较大尺寸的冲击试样。

表 5-83 耐候结构钢的国内外牌号对照表（GB/T 4171—2008）

GB/T 4171—2008	ISO 4952：2006	ISO 5952：2005	EN 10025-5：2004	JIS G 3114：2004	JIS G 3125：2004	ASTM			
						A242M-04	A558M-05	A606-04	A871M-03
Q235NH	S235W	HSA235W	S235J0W S235J2W	SMA400AW SMA400BW SMA400CW	—	—	—	—	—
Q295NH	—	—	—	—	—	—	—	—	—
Q295GNH	—	—	—	—	—	—	—	—	—
Q355NH	S355W	HSA355W2	S355J0W S355J2W S355K2W	SMA490AW SMA490BW SMA490CW	—	—	Grade K	—	—
Q355GNH	S355WP	HSA355W1	S355J0WP S355J2WP	—	SPA-H	Type1	—	—	—
Q415NH	S415W	—	—	—	—	—	—	—	60
Q460NH	S460W	—	—	SMA570W SMA570P	—	—	—	—	65
Q500NH	—	—	—	—	—	—	—	—	—
Q550NH	—	—	—	—	—	—	—	—	—
Q265GNH	—	—	—	—	—	—	—	—	—
Q310GNH	—	—	—	—	SPA-C	—	—	Typc4	—

注：1. 本表只是钢级的对照，未包括牌号的质量等级。

2. A242M、A588M、A606 等标准中只规定一个钢级，没有牌号，但有多个化学成分与其对应，本表只列出与本标准相似的化学成分的代号。

5.1.3 结构钢的特性与用途

表 5-84 碳素结构钢的特性及用途

牌 号	主要特性及用途举例
Q195 Q215A	强度低，塑性高，焊接性良好，用来制造铆钉、地脚螺栓、炉撑、犁板及受力不大的焊接件和冲压件
Q235A Q255A	强度和塑性都较好，焊接性也很好，用做建筑材料的钢盘、工字钢、槽钢，在一般机械制造中用作拉杆、吊钩、螺栓、连杆、心轴、销子及其他一些不重要的零件和焊接件，其中以 Q235A 钢应用最普遍
Q195	属于极软钢类，用做铁丝网、铁钉、铆钉、铁管、薄铁皮等，还普遍用做日常生活用途，如水壶、水桶、铁烟囱、罐头筒等
Q215C Q235B Q255B Q275	主要用于建筑、桥梁工程上制作比较重要的机械构件，可代替优质碳素钢材使用，其中 Q215B 相当 10～15 号钢、Q235B 相当 15～20 号钢、Q255B 相当 25～30 号钢、Q275 相当 35～40 号钢

表 5-85　优质碳素结构钢的特性和应用

牌号	主要特性	应用举例
08F	优质沸腾钢，强度、硬度低，塑性极好。深冲压，深拉延性好，冷加工性，焊接性好 成分偏析倾向大，时效敏感性大，故冷加工时，可采用消除应力热处理，或水韧处理，防止冷加工断裂	易轧成薄板、薄带、冷变形材、冷拉钢丝 用作冲压件、压延件，各类不承受载荷的覆盖件、渗碳、渗氮、氰化件，制作各类套筒、靠模、支架
08	极软低碳钢，强度、硬度很低，塑性，韧性极好，冷加工性好，淬透性、淬硬性极差，时效敏感性比 08F 稍弱，不宜切削加工，退火后导磁性能好	宜轧制成薄板、薄带、冷变形材，冷拉、冷冲压、焊接件，表面硬化件
10F 10	强度低（稍高于 08 钢），塑性、韧性很好，焊接性优良，无回火脆性。易冷热加工成形、淬透性很差，正火或冷加工后切削性能好	宜用冷轧、冷冲、冷镦、冷弯、热轧、热挤压、热镦等工艺成形，制造要求受力不大、韧性高的零件，如摩擦片、深冲器皿、汽车车身、弹体等
15F 15	强度、硬度、塑性与 10F、10 钢相近。为改善其切削性能，需进行正火或水淬处理来适当提高硬度。淬透性、淬硬性低，韧性、焊接性好	制造受力不大，形状简单，但韧性要求较高或焊接性能较好的中、小结构件，螺钉，螺栓，拉杆，起重钩，焊接容器等
20	强度硬度稍高于 15F、15 钢，塑性、焊接性都好，热轧或正火后韧性好	制作不太重要的中、小型渗碳、碳氮共渗件、锻压件，如杠杆轴、变速箱变速叉、齿轮，重型机械拉杆、钩环等
25	具有一定强度、硬度。塑性和韧性好。焊接性、冷塑性加工性较高，被切削性中等，淬透性、淬硬性差。淬火后低温回火后强韧性好，无回火脆性	焊接件、热锻、热冲压件渗碳后用作耐磨件
30	强度、硬度较高，塑性好、焊接性尚好，可在正火或调质后使用，适于热锻、热压。被切削性良好	用于受力不大，温度<150℃的低载荷零件，如丝杆、拉杆、轴键、齿轮、轴套筒等。渗碳件表面耐磨性好，可作耐磨件
35	强度适当，塑性较好，冷塑性高，焊接性尚可。冷态下可局部镦粗和拉丝。淬透性低，正火或调质后使用	适于制造小截面零件、可承受较大载荷的零件，如曲轴、杠杆、连杆、钩环等，各种标准件、紧固件
40	强度较高，可切削性良好，冷变形能力中等，焊接性差，无回火脆性，淬透性低，易生水淬裂纹，多在调质或正火态使用，两者综合性能相近，表面淬火后可用于制造承受较大应力件	适于制造曲轴心轴、传动轴、活塞杆、连杆、链轮、齿轮等，作焊接件时需先预热，焊后缓冷
45	最常用中碳调质钢，综合力学性能良好，淬透性低，水淬时易生裂纹。小型件宜采用调质处理，大型件宜采用正火处理	主要用于制造强度高的运动件，如透平机叶轮、压缩机活塞、轴、齿轮、齿条、蜗杆等。焊接件注意焊前预热，焊后消除应力退火
50	高强度中碳结构钢，冷变形能力低，可切削性中等。焊接性差，无回火脆性，淬透性较低，水淬时，易生裂纹。使用状态：正火、淬火后回火、高频表面淬火，适用于在动载荷及冲击作用不大的条件下耐磨性高的机械零件	锻造齿轮、拉杆、轧辊、轴摩擦盘、机床主轴、发动机曲轴、农业机械犁铧、重载荷心轴及各种轴类零件等，及较次要的减振弹簧、弹簧垫圈等
55	具有高强度和硬度，塑性和韧性差，被切削性中等，焊接性差，淬透性差，水淬时易淬裂。多在正火或调质处理后使用，适于制造高强度、高弹性、高耐磨性机件	齿轮、连杆、轮圈、轮缘、机车轮箍、扁弹簧、热轧轧辊等
60	具有高强度、高硬度和高弹性。冷变形时塑性差，可切削性能中等，焊接性不好，淬透性差，水淬易生裂纹，故大型件用正火处理	轧辊、轴类、轮箍、弹簧圈、减振弹簧、离合器、钢丝绳
65	适当热处理或冷作硬化后具有较高强度与弹性。焊接性不好，易形成裂纹，不宜焊接，可切削性差，冷变形塑性低，淬透性不好，一般采用油淬，大截面件采用水淬油冷，或正火处理。其特点是在相同组态下其疲劳强度可与合金弹簧钢相当	宜用于制造截面、形状简单、受力小的扁形或螺形弹簧零件。如气门弹簧、弹簧环等，也宜用于制造高耐磨性零件，如轧辊、曲轴、凸轮及钢丝绳等
70	强度和弹性比 65 钢稍高，其他性能与 65 钢近似	弹簧、钢丝、钢带、车轮圈等
75 80	性能与 65、70 钢相似，但强度较高而弹性略低，其淬透性亦不高。通常在淬火、回火后使用	板弹簧、螺旋弹簧、抗磨损零件、较低速车轮等
85	含碳量最高的高碳结构钢，强度、硬度比其他高碳钢高，但弹性略低，其他性能与 65、70、75、80 钢相近似。淬透性仍然不高	铁道车辆、扁形板弹簧、圆形螺旋弹簧、钢丝、钢带等
15Mn	含锰（w_{Mn}0.70%～1.00%）较高的低碳渗碳钢，因锰高故其强度、塑性、可切削性和淬透性均比 15 钢稍高，渗碳与淬火时表面形成软点较少，宜进行渗碳、碳氮共渗处理，得到表面耐磨而心部韧性好的综合性能。热轧或正火处理后韧性好	齿轮、曲柄轴，支架、铰链、螺钉、螺母，铆焊结构件，板材适于制造油罐等。寒冷地区农具，如奶油罐等

续表

牌号	主要特性	应用举例
20Mn	其强度和淬透性比15Mn钢略高，其他性能与15Mn钢相近	与15Mn钢基本相同
25Mn	性能与20Mn及25钢相比，强度稍高	与20Mn及25钢相近
30Mn	与30钢相比具有较高的强度和淬透性，冷变形时塑性好，焊接性中等，可切削性良好。热处理时有回火脆性倾向及过热敏感性	螺栓、螺母、螺钉、拉杆、小轴、刹车机齿轮
35Mn	强度及淬透性比30Mn高，冷变形时的塑性中等。可切削性好，但焊接性较差。宜调质处理后使用	转轴、啮合杆、螺栓、螺母、螺钉等，心轴、齿轮等
40Mn	淬透性略高于40钢。热处理后，强度、硬度、韧性比40钢稍高，冷变形塑性中等，可切削性好，焊接性低，具有过热敏感性和回火脆性，水淬易裂	耐疲劳件、曲轴、辊子、轴、连杆。高应力下工作的螺钉、螺母等
45Mn	中碳调质结构钢，调质后具有良好的综合力学性能。淬透性、强度、韧性比45钢高，可切削性尚好，冷变形塑性低，焊接性差，具有回火脆性倾向	转轴、心轴、花键轴、汽车半轴、万向接头轴、曲轴、连杆、制动杠杆、啮合杆、齿轮、离合器、螺栓、螺母等
50Mn	性能与50钢相近，但其淬透性较高，热处理后强度、硬度、弹性均稍高于50钢。焊接性差，具有过热敏感性和回火脆性倾向	用作承受高应力零件、高耐磨零件，如齿轮、齿轮轴、摩擦盘、心轴、平板弹簧等
60Mn	强度、硬度、弹性和淬透性比60钢稍高，退火态可切削性良好，冷变形塑性和焊接性差。具有过热敏感和回火脆性倾向	大尺寸螺旋弹簧、板簧、各种圆扁弹簧，弹簧环、片，冷拉钢丝及发条
65Mn	强度、硬度、弹性和淬透性均比65钢高，具有过热敏感性和回火脆性倾向，水淬有形成裂纹倾向。退火态可切削性尚可，冷变形塑性低，焊接性差	受中等载荷的板弹簧，直径达7～20mm的螺旋弹簧及弹簧垫圈、弹簧环。高耐磨性零件，如磨床主轴、弹簧卡头、精密机床丝杠、犁、切刀、螺旋辊子轴承上的套环、铁道钢轨等
70Mn	性能与70钢相近，但淬透性稍高，热处理后强度、硬度、弹性均比70钢好，具有过热敏感性和回火脆性倾向，易脱碳及水淬时形成裂纹倾向，冷塑性变形能力差，焊接性差	承受大应力、磨损条件下的工作零件，如各种弹簧圈、弹簧垫圈、止推环、锁紧圈、离合器盘等

表 5-86 合金结构钢的用途举例

序号	牌号	用途举例
1	20Mn2	代替20Cr钢制作渗碳的小齿轮、小轴、低要求的活塞销、十字销头、柴油机套筒、气门顶杆、变速箱操纵杆等。亦可作调质件、冷镦件和铆焊件
2	30Mn2	用于制造汽车、拖拉机上的车架横梁，变速箱齿轮、轴、冷镦螺栓以及较大截面的调质件。亦可用来制作心部强度要求较高的渗碳零件，如起重机后车轴和轴颈等
3	35Mn2	用于制造重型和中型机械中的连杆、心轴、半轴、曲轴、冷镦螺栓等，在农业机械上可用作锄铲柄等。在制造小截面(直径<20mm)零件时，可代替40Cr钢
4	40Mn2	用于制造在重负荷下工作的调质零件，如轴、半轴、曲轴、车轴、活塞杆、螺杆、操纵杆、杠杆、连杆，有载荷的螺栓、螺钉、加固环、弹簧等。在制造直径小于50mm的重要零件时可作40Cr钢的代用钢
5	45Mn2	用作在较高应力与磨损条件下的零件，如万向接头轴、车轴、连杆盖、摩擦盘、蜗杆、齿轮、齿轮轴等调质或正火零件，制作直径<60mm的零件时可代替40Cr钢
6	50Mn2	在调质状态下，制造高应力及磨损条件下工作的零件，制造直径<80mm的零件时可代替45Cr钢；也可在正火及高温回火后使用，制作中等负荷、截面尺寸较大的零件。例如重型机械中的主轴、轴及大型齿轮；汽车上的传动花键轴以及承受冲击负荷的心轴；一般机械上用作齿轮、蜗杆、齿轮轴、曲轴、连杆等。也可作板簧及平卷簧，在制造80mm以下的零件时，钢的性能与45Cr钢相似
7	20MnV	用于制造锅炉、高压容器、大型高压管道等较高载荷的焊接结构件，使用温度上限为450～475℃；亦可用于冷拉、冷冲压零件，如活塞销、齿轮等
8	27SiMn	用作高韧性和耐磨的热冲压零件，亦可用于不经热处理的零件，或正火后应用，如拖拉机的履带销等
9	35SiMn	在调质状态下用于制造中速、中等负荷的零件，或在淬火、回火状态下用作高负荷而冲击不大的零件，也可用作截面较大及需表面淬火的零件。在一般机械行业中，此钢用于制造传动齿轮、主轴、心轴、转轴、连杆、蜗杆、电车轴、发电机轴、曲轴、飞轮和大小锻件；在汽轮机制造业中，用作工作温度在400℃以下、直径250mm以内的主轴和轮毂，厚度170mm以下的叶轮以及各种重要紧固件；在农业机械上多用作锄铲柄、犁滚等耐磨零件。此钢可完全代替40Cr作调质钢

续表

序号	牌　号	用途举例
10	42SiMn	主要用作表面淬火钢，在高频淬火及中温回火状态下用于制造中速和中等负荷的齿轮零件；在调质后高频淬火，低温回火状态下用于制造表面要求高硬度、较高耐磨性的较大截面零件，如主轴、轴、齿轮等，也可在淬火后低、中温回火状态下用于制造中速、高负荷的零件，如齿轮、主轴、液压泵转子、滑块等，可代 40CrNi 钢
11 12	20SiMn2MoV 25SiMn2MoV	用于制造截面较大，负荷较重，应力状态复杂或在低温下长期运转的机件，如石油机械钻井提升系统的轻型吊环、吊卡、射孔器等
13	37SiMn2MoV	用于制造大截面承受重负荷的调质零件和表面淬火零件，如重型机械的轴类、齿轮、转子、连杆及高压无缝钢管等，在石油化工中用作高压容器、大螺栓等。此钢使用温度范围为－20～520℃，可制作工作温度 450℃以下的大螺栓紧固件，也可代替 35CrMo、40CrNiMo 等钢使用，这种钢经淬火、低温回火后又可作超高强度钢使用
14	40B	用作比 40 号碳钢截面较大、性能要求稍高的调质零件，如齿轮、转向拉杆、轴、凸轮轴、拖拉机曲轴柄等，可代 40Cr 制作性能要求不高的小尺寸零件
15	45B	用作截面较 45 号钢稍大、要求较高的调质零件，如拖拉机曲轴柄连杆及其他零件，可代 40Cr 制作小尺寸、要求不高的零件
16	50B	主要用于代替 50，50Mn 及 50Mn2 等钢制作要求强度、截面不大的调质零件
17	40MnB	主要代替 40Cr 钢制造中、小截面的重要调质零件，如汽车的半轴、转向轴、蜗杆、花键轴及机床主轴、齿轮等。也可代 40Cr 制作 ϕ250～320mm 卷扬机中间轴等大型零件
18	45MnB	代替 40Cr 或 45Cr 钢制造中小截面的调质件，如机床齿轮、钻床主轴、拖拉机拐轴、凸轮、花键轴、曲轴、惰轮等
19	20MnMoB	可代替 20CrMnTi 和 12CrNi3A 钢制造心部强度要求较高、承受中等负荷的机械零件，如汽车拖拉机上的齿轮、机床上负荷大的齿轮以及活塞销等
20	15MnVB	可作小渗碳件，如小齿轮、小轴等；也可作低碳马氏体淬火钢，取代 40Cr 钢；制造要求高强度的重要螺栓，如汽车上的连杆螺栓、汽缸盖螺栓、半轴螺栓等
21	20MnVB	可作 20CrMnTi，20Cr，20CrNi 的代用钢，用于制造模数较大、负荷较重的中小渗碳零件，如重型机床上的齿轮和轴，汽车上的后桥主动、从动齿轮等
22	40MnVB	代替 40Cr 或 42CrMo 钢制造汽车、拖拉机和机床上的重要调质件，如轴、齿轮等
23	20MnTiB	用于代替 20CrMnTi 制造汽车、拖拉机上截面较小、中等负荷的渗碳件(如齿轮)
24	25MnTiBRE	可代 20CrMnTi，20CrMnMo，20CrMo 等钢，广泛用于制造承受中等负荷的拖拉机渗碳齿轮，其使用性能优于 20CrMnTi 等
25 26	15Cr 15CrA	主要用来制造工作速度较高、截面不大但心部强度及韧性要求较高，表面承受磨损的零件，如齿轮、凸轮、滑阀、活塞、衬套曲柄销、活塞环联轴节、轴、轴承圈等，亦可用作低碳马氏体淬火钢，制造对变形要求不严，但要求强度韧性的零件
27	20Cr	用来制造心部强度要求较高、工作表面承受磨损、截面在 30mm 以下形状复杂而负荷不大的渗碳零件，如机床变速箱齿轮、齿轮轴、凸轮、蜗杆、活塞销、爪形离合器等。也可在调质状态下使用，制造工作速度较大并承受中等冲击负荷的零件
28 29	30Cr 35Cr	通常在调质状态下使用，也可在正火后使用，用于制造在磨损及摩擦条件下或很大冲击负荷下工作的重要机件，如轴、小轴、平衡杠杆、摇杆、连杆、螺栓、螺帽、齿轮和各种滚子等
30	40Cr	这是一种最常用的合金调质结构钢，用于制造承受中等负荷和中等速度工作条件下的机械零件，如汽车的转向节、后半轴及机床上的齿轮、轴、蜗杆、花键轴、顶尖套等；也可经调质并高频表面淬火后用于制造具有高的表面硬度及耐磨性而无很大冲击的零件，如齿轮、套筒、轴、主轴、曲轴、心轴、销子、连杆、螺钉、进气阀等；也可经淬火、中温或低温回火，制造承受重负荷的零件；又适于制造进行碳氮共渗处理的各种传动零件，如直径较大和要求低温韧性好的齿轮和轴
31	45Cr	与 40Cr 相似，用来制造较重要的调质件，也可经高频淬火作承载耐磨的零件，如齿轮、轴等
32	50Cr	用来制造受重负荷及受摩擦的零件，如热轧用轧辊减速器轴、齿轮、传动轴、止推环、支承辊的心轴、拖拉机的离合器齿轮，柴油机的连杆、螺栓、挺杆和矿山机械上要求高强度和耐磨的齿轮，油膜轴承套等
33	38CrSi	制造直径 30～40mm、要求较高的零件，如轴、主轴，拖拉机的进气阀，内燃机的油泵齿轮以及其他要求高强度耐磨的零件；也可以制作冷作的冲击工具，如铆钉机压头等
34	12CrMo	用于锅炉及汽轮机制造蒸汽参数达 510℃的主汽管，540℃以下的过热器管及相应的锻件，也可在淬火回火状态下使用，制作高温下工作的各种弹性元件
35	15CrMo	正火及高温回火后使用。用于制造汽轮机及锅炉，蒸汽参数达 530℃的高温锅炉的过程器，中高压蒸汽导管及联箱等，也可在淬、回火后使用，用于制造常温下工作的重要零件

续表

序号	牌号	用途举例
36	20CrMo	用于锅炉及汽轮机制造业中作隔板、叶片、锻件、型轧材、化工工业中制作高压管及各种紧固件,机器制造业中制作较高级的渗碳零件,如齿轮、轴等
37 38	30CrMo 30CrMoA	在中型机械制造业中用于制造截面较大,在高应力条件下工作的调质零件,如轴、主轴、操纵轮、螺栓、双头螺栓、齿轮等,在化工工业中用来制造焊接结构件和高压导管,在汽轮机、锅炉制造业中用来制造450℃以下工作的紧固件,500℃以下受高压的法兰盘和螺母,尤其适于制造300大气压400℃以下工作的导管
39	35CrMo	通常用作调质件,也可在高、中频表面淬火或淬火、低温回火后使用,用于高负荷下工作的重要结构件,特别是受冲击、振动、弯曲、扭转负荷的机件,如车轴、发动机传动机件、大电机轴、汽轮发电机主轴、轧钢机人字齿轮、曲轴、锤杆、连杆、紧固件以及石油,工业的穿孔器等;在锅炉制造业上用作工作温度在400℃以下的螺栓,510℃以下的螺母;在化工设备中用于非腐蚀介质中工作的、工作温度在400~500℃的厚度无缝的高压导管。也可代替40CrNi钢制作大截面齿轮和高负荷传动轴、汽轮发电机转子、直径小于500mm的支承轴等
40	42CrMo	用于制造较35CrMo钢强度更高或调质断面更大的锻件,如机车牵引用的大齿轮、增压器传动齿轮、发动机汽缸、受负荷极大的连杆及弹簧夹等类似零件
41	12CrMoV	用于汽轮机中制作蒸汽参数达540℃的主汽管道,转向导叶环,隔板,隔板外环,以及管壁温度小于570℃的各种过热器管、导管和相应的锻件
42	35CrMoV	用来制造在高应力下工作的重要零件,如长期在500~520℃下工作的汽轮机叶轮,高级涡轮鼓风机和压缩机的转子,盖盘、轴盘,功率不大的发电机轴以及强力发动机的零件等
43	12CrMoV	用于制造高压设备中工作温度不超过580℃的过热器管和联箱管道及相应的锻件
44	25Cr2MoVA	用于制造汽轮机整体转子,套筒,主汽阀、调节阀,蒸汽参数达535℃、受热在550℃的螺母及受热530℃以下的螺栓和双头螺栓,以及其他在510℃以下的紧固连接件,此外还可用作氮化钢、制作阀杆、齿轮等
45	25Cr2Mo1VA	用于制造汽轮机蒸汽参数达560℃的前气缸,阀杆螺栓以及其他紧固件
46	38CrMoAl	为高级氮化钢,主要用于具有高耐磨性、高疲劳强度和相当大的强度、热处理后尺寸精确的氮化零件,或各种受冲击负荷不大而耐磨性高的氮化零件,如镗杆、磨床主轴、自动车床主轴、蜗杆、精密丝杆、精密齿轮、高压阀门、阀杆、量规、样板、滚子、模具、汽缸套、压缩机活塞杆,汽轮机上的调速器、转动套、固定套,橡胶及塑料挤压机上的各种耐磨件等
47	40CrV	用于制造受高应力及动负荷的重要零件,如曲轴、不渗碳齿轮、推杆、受强力的双头螺栓、螺钉、机车连杆、螺旋桨、轴套支架、横梁等。也可用于制造氮化处理的零件,如小轴、各种齿轮和销子等,此外还可用来制造断面积小于30mm的高压锅炉给水泵轴,高温高压(420℃,300大气压)工作的螺栓以及各种钢板、钢管和高压汽缸等
48	50CrVA	用于制造重要的弹簧(在非腐蚀介质下工作温度不超过300℃),如航空燃油泵柱塞弹簧;也可用于制造其他重要的零件,如弹射座椅的拉杆
49	15CrMn	经渗碳淬火使用。用来制造齿轮、蜗轮、塑料模子、汽轮机密封轴套等
50	20CrMn	用作截面不大的渗碳件和截面较大的高负荷的调质件,如齿轮、轴、主轴、蜗杆、调速器的套筒、变速装置的摩擦轮等,也可代替20CrNi钢制作断面尺寸不大,受中等压力而又无大冲击负荷的零件
51	40CrMn	用来制造在高速和弯曲负荷下工作的轴、连杆,以及在高速高负荷而无强力冲击负荷下工作的齿轮轴、齿轴、水泵转子、离合器、小轴、心轴等。还用来制作直径小于100mm、强度要求大于784MPa的高压容器盖板的螺栓等
52	20CrMnSi	用来制造强度高的焊接结构和工作应力较大、高韧性的零件,以及厚度在4mm以下的薄板冲压件等
53	25CrMnSi	用来制造受力较大的零件,如拉杆等;也可不经热处理制造重要的焊接件和冲压件
54 55	30CrMnSiA 30CrMnSi	是飞机制造业中使用最广的一种调质钢,用于制造飞机重要锻件、机械加工零件和焊接件,如起落架、螺栓、对接接头、缘条、天窗盖、冷气瓶等,也有用于制造涡轮喷气发动机压气机转子的叶片盘和中框匣导向叶片
56	35CrMnSiA	为低合金超高强度钢,一般均在等温淬火并低温回火后使用,主要用作重负荷、中等速度及要求高强度的零件,如高压鼓风机叶轮,飞机上的起落架等,在一般机械制造中,可部分地代替相应的铬钼或镍铬钢,制作中、小截面的重要零件
57	20CrMnMo	用作截面较大的重要渗碳件,如齿轮、齿轮轴、曲轴等,可代替12Cr2Ni4钢
58	40CrMnMo	用作截面较大而又需要强度和高韧性的调质零件,如8t卡车的后桥半轴、偏心轴、齿轮轴、齿轮、连杆及汽轮机的有关部件等,可作40CrNiMo的代用钢
59	20CrMnTi	是18CrMnTi的代用钢,广泛用作渗碳零件,在汽车、拖拉机工业用于截面在30mm以下,承受高速、中或重负荷以及受冲击、摩擦的重要渗碳零件,如齿轮、轴、齿圈、齿轮轴、滑动轴承的主轴、十字头、爪形离合器、蜗杆等

续表

序号	牌号	用途举例
60	30CrMnTi	用作截面在60mm以下，心部强度要求特别高的高速、高负荷工作的重要渗碳零件，如汽车拖拉机上的主动圆锥齿轮、后主齿轮、齿轮轴、蜗杆等，也可用作调质钢
61	20CrNi	用于制造高负荷下工作的大型重要渗碳零件，如齿轮、键、对轴、活塞销、花键轴等；也可用作具有高冲击韧性的调质零件
62	40CrNi	调质状态下使用，用来制造截面尺寸较大的热状态下锻造和冲压的重要零件，如轴、齿轮连杆、曲轴、螺钉、圆盘等
63	45CrNi	用途与40CrNi相近，用来制造重要调质件，如内燃机曲轴，汽车及拖拉机主轴、变速箱曲轴、气门、螺栓、连杆等
64	50CrNi	用于大型调质件
65	12CrNi2	用于制作心部韧性要求较高而强度不太高的受力复杂的中、小渗碳或碳氮共渗零件，如活塞销、轴套、推杆、小轴、小齿轮、齿套等
66	12CrNi3	用作重负荷条件下工作的、要求高强度、高硬度和高韧性的各种渗碳零件，如传动齿轮、轴、杆、活塞涨圈、调节螺钉、油泵转子、凸轮轴、万向节十字头等
67	20CrNi3	用于制作在高负荷条件下工作的齿轮、蜗杆、轴、螺杆双头螺栓、销钉等
68	30CrNi3	调质状态下使用。用作受扭转负荷及冲击负荷较高而且要求淬透的大型重要零件，如方向轴、前轴、传动轴、曲轴齿轮、蜗杆等；也可以用来制造热锻及热冲中承受大的动载荷及静载荷的零件，如轴、连杆、螺钉、螺帽、键及其他高强度零件
69	37CrNi3	用作大断面、高负荷、受冲击的重要调质零件，以及低温条件下工作并受冲击负荷的零件；也可用在热状态锻造和冲压的零件，如汽轮机叶轮、转子轴、紧固件等
70	12Cr2Ni4	用作截面较大且承受较高负荷、交变应力下工作的重要渗碳件，如受高负荷的各种齿轮、蜗轮、蜗杆、轴、方向接头叉等；也可不经渗碳而在淬火及低温回火状态下使用，用于制造高强度、高韧性的机械构件
71	20Cr2Ni4	用来制造比12Cr2Ni4钢性能要求更高的大截面渗碳零件，如大型齿轮、轴等；也可用作强度韧性高的调质件
72	20CrNiMo	用于制造中小型汽车、拖拉机发动机和传动系统的齿轮，也可以代替12CrNi3钢制造要求心部性能较高的渗碳或碳氮共渗零件，如石油钻探和冶金露天矿用的牙轮钻头的牙爪和轮体
73	40CrNiMoA	用作要求韧性好、强度高及大尺寸的重要调质件，如重型机械中高负荷的轴类、直径大于250mm的汽轮机轴、直升机的旋翼轴、涡轮喷气发动机的涡轮轴、叶片、高负荷的传动件、曲轴紧固件、齿轮等；也可用于操作温度超过400℃的转子轴和叶片等，还可进行渗氮处理后用来制造特殊性能要求的重要零件，在低温回火后或等温淬火后可作超高强度钢使用
74	45CrNiMoVA	为低合金超高强度钢，在淬火、低温（或中温）回火后使用，主要用作飞机发动机曲轴，大梁，起落架，压力容器和中、小型火箭壳体等高强度结构零、部件，在重型机械中用作重负荷的扭力轴、变速箱轴、摩擦离合器轴等。此钢也可用作高强度调质零件
75	18Cr2Ni4W	为高级中合金渗碳钢，用作大截面、高强度而又需要良好韧性和缺口敏感性低的重要渗碳件，如大截面的齿轮、传动轴、曲轴、花键轴、活塞销、精密机床上控制进刀的蜗轮等，也可用作调质钢，用于制造在工作中承受重负荷和振动的高强度零件，如重型或中型机械中的连杆、齿轮、曲轴、减速器轴及内燃机车、柴油机上受重载荷的螺栓等。此钢调质后再经渗氮处理，可作高速大功率发动机的曲轴
76	25Cr2Ni4WA	用于制造大截面高负荷的重要调质件，如汽轮机主轴、叶轮等（油中淬火截面200mm以下可完全淬透，空气中淬火截面100mm以下可完全淬透）

表5-87　低淬透性含钛优质碳素结构钢的特点及用途

牌号	特点	用途
55DTi	低淬透性钢的最大特点就是淬透性低，采用这种钢进行高频或中频淬火加热时，淬硬层可基本上沿零件轮廓均匀分布，这就保证了钢在表面获得高硬度的同时，心部又具有高的强度和冲击韧性．从而有效地解决高频淬火齿轮一类零件。由于淬透性较高，心部硬度超过50HRC，在冲击负荷下易于出现断齿、崩齿问题。这种钢的另一特点是无淬火裂纹倾向，材料成本低，且有利于实现机械化和自动化生产	可部分地代替渗碳钢，用于汽车、拖拉机以及农机制造工业上制作中、重负荷齿轮以及承受冲击的半轴、花键轴、活塞销等类零件。55DTi强度较低，适于制作模数5以下的小齿轮
60DTi 70DTi		同上，但强度比55DTi较高，适于制作模数6以上的大、中型齿轮

表 5-88 易切削结构钢的特性及用途

牌号	特性及用途
Y12	Y12 是 S-P 复合低碳易切削钢，是现有易切削钢中含磷最多的一个钢种。被切削性较 15 号钢有明显改善，使机械加工生产率成倍提高。由于热加工时钢中的硫化物沿轧制方向伸长，使钢材的力学性能有明显的各向异性。该钢的冷拉材纵向力学性能与冷拉 15 钢接近，常代替 15 钢制造对力学性能要求不高的各种机器和仪器仪表零件，如螺栓、螺帽、销钉、轴、管接头、火花塞外壳等。 由于 Y12 含硫量不够高，再加上冶炼 Si-Al 镇静钢时，从中得到的是第二类硫化物，它在钢材上呈不均匀分布的细长带状，使其被切削性不十分好
Y15	Y15 是 S-P 复合高硫、低硅易切削钢，是我国研制成功的钢种，该钢含硫量(按中限计算)比 Y12 高 64%，被切削性明显高于 Y12 钢。用自动机床切削加工时，生产效率比 Y12 钢提高 30%～50%，尤其是攻螺纹时，丝锥寿命比加工 Y12 时提高两倍以上，而且比进口的 Pb-S 复合低碳易切削钢 12L14 或 9SMn23Pb 的攻螺纹效率提高一倍。通常用该钢制造不重要的标准件，如螺栓、螺母、管接头、弹簧座等
Y20	Y20 是一种低硫磷复合易切削钢。被切削性能优于 20 钢，而低于 Y12 钢。但 Y20 的力学性能优于 Y12 钢，一般用于制造仪器、仪表零件。Y20 切削加工成形后可以进行渗碳处理，用来制造表面硬、中心韧性高的仪器、仪表、轴类等耐磨零件
Y30	Y30 是一种低硫磷复合易切削钢，其力学性能较高，被切削性能也有适当改善，用于制造要求强度较高的非热处理标准件，也可用于制造热处理件。Y30 加工成的小零件可进行调质处理，以提高零件的使用寿命。Y30 的淬裂敏感性与 30 钢相当或略差，可根据零件形状复杂程度选择适当的淬火介质。热处理工艺与 30 钢基本相同
Y40Mn	Y40Mn 是一种高硫中碳易切削钢。它具有较好的被切削性能，与普通 45 钢相比，可提高刀具寿命四倍，提高生产效率 30%左右。Y40Mn 有较高的强度和硬度，适合加工要求刚性高的机床零部件，如机床的丝杠、光杠、花键轴、齿条、销子等
Y13	Y13 是为代用国外铅硫复合易切削钢 SUM24L 而研制的超高硫低碳易切削钢，采用 Mn-S 微镇静法冶炼，已初步获得成功。钢中得到了均匀分布的纺锤形硫化物，钢材被切削性优于 Y15，达到了从日本进口的铅硫复合易切削钢 SUM24L 的水平。在自动机床上加工标准件时，切削速度可达 80m/min，是一种较理想的自动机床用钢。一般用于制造非重要标准件，如螺栓、螺帽、管接头、火花塞外壳等
Y75	Y75 是一种硫磷复合高碳易切削钢，其显微组织为细小均匀分布的粒状珠光体，具有较高的强度、硬度和耐磨性，又具有较好的被切削性，但被切削性能低于 YT10Pb。一般用于制造仪器、仪表、钟表等零件，如齿轮、轴、弹簧圈等
Y18-8 (YOCr18Ni10)	Y18-8 是为了改善 Y18 不锈钢被切削性能而研制的一种奥氏体型易切削不锈钢，以满足目前国内加工手表表壳工艺的迫切需要。 Y18-8 由于钢中增加了适量的硫和铜而具有较好的被切削性能。在同样的切削条件下，相对 Y18-8 可显著提高刀具寿命和加工表面粗糙度质量，从而提高生产效率。同时又具有较好的耐大气腐蚀、耐硝酸类氧化性酸以及耐碱性水溶液的腐蚀。Y18-8 钢在上述介质中耐蚀性优于马氏体和铁素体型易切削不锈钢，而且在卤化物介质如盐雾腐蚀下也具有相当好的耐腐蚀性。 奥氏体型易切削不锈钢，国外应用很广，主要制造各种精密机械零件，如水泵轴、阀、螺钉、螺帽及其他非磁性零件
Y45CaS	Y45CaS 是一种 Ca-S 复合易切削结构钢。加钙后改变了钢中夹杂物的组成，获得了 $CaO\text{-}Al_2O_3\text{-}SiO_2$ 系低熔夹杂物和 $CaO\text{-}Al_2O_3\text{-}SiO_2$ 复合氧化物及(Cr·Mn)S 共晶混合物，从而使 Y45CaS 具有优良的被切削性能。它适于高速切削加工，正常切削时加工速度可达 150m/min 以上，比 45 钢提高切削速度一倍以上，可使生产效率提高 1～2 倍。中低速切削加工时，也具有良好的切削性能，比 45 钢生产效率提高约 30%。 Y45CaS 不仅被切削性能良好，而且热处理后具有良好的力学性能，一般用于制造较重要的机器构件。如机床的齿轮轴、花键轴、拖拉机传动轴等热处理和非热处理零件。也常用于在自动机床上切削加工高强度标准件，如螺钉、螺帽
Y40CrCaS	Y40CrCaS 是我国研制的 Ca-S 复合易切削合金结构钢。这种钢具有良好的被切削性能，适应高速切削加工。正常切削速度可达 150m/min 以上，效率比切削 40Cr 钢高 1～2 倍，中低速切削时也有较好的被切削性能，可提高生产效率约 30%。 Y40CrCaS 还具有良好的综合力学性能和热处理工艺性能。该钢在调质状态的纵向拉伸性能、旋转弯曲疲劳性能、耐磨性能和碳氮共渗状态下的横向冷弯性能及钢的淬透性和淬裂敏感性均与 40Cr 相当，只有横向韧性和塑性比 40Cr 稍低。调质状态下的冲击值比 40Cr 低约 20%。 Y40CrCaS 可用于横向冲击值要求不太高的大部分热处理构件，目前主要用于制造齿轮轴、花键轴、螺栓等机床和拖拉机轴类零件。 Y40CrCaS 有待通过试验进一步扩大使用范围
YT10Pb	YT10Pb 是一种含铅高碳易切削钢，是制造精度手表零件的重要材料之一。 YT10Pb 成品钢中，铅颗粒细小(<3μm)，分布均匀，其显微组织为 3～4 级粒状珠光体，具有良好的被切削性能。经手表厂鉴定，被切削性能比从日本进口的同类钢好，与瑞典的 20AP 相当。但对大规格银亮钢丝，其被切削性能比 20AP 钢差。因此，尚需进一步改进工艺，提高质量

表 5-89　弹簧钢的特性及用途

钢组	牌号	主要特性	用途举例
碳钢	65 70	经热处理及冷拔硬化后，可得到较高的强度和适当的韧性、塑性，在相同表面状态和完全淬透情况下，疲劳极限不比合金弹簧钢差。但淬透性低，尺寸较大时油中淬不透，水淬则变形、开裂倾向较大，只宜用于较小尺寸的弹簧	调压调速弹簧，柱塞弹簧，测力弹簧，一般机械上的圆、方螺旋弹簧或拉成钢丝作小型机械上的弹簧
	85		汽车、拖拉机或火车等机械上承受震动的扁形板簧和圆形螺旋弹簧
锰钢	65Mn	锰提高淬透性，ϕ12mm 的钢材油中可以淬透，表面脱碳倾向比硅钢小，经热处理后的综合力学性能优于碳钢，但有过热敏感性和回火脆性	小尺寸各种扁、圆弹簧，坐垫弹簧，弹簧发条，也可制作弹簧坯、气门簧、离合器簧片、刹车弹簧、冷拔钢丝冷卷螺旋弹簧
硅锰钢	55Si2Mn 55Si2MnB 60Si2Mn 60Si2MnA	硅和锰提高弹性极限和屈强比，提高淬透性、抗回火稳定性和抗松弛稳定性，过热敏感性也较小，但脱碳倾向较大，尤其是硅与碳含量较高时，碳易于石墨化，使钢变脆	汽车、拖拉机、机车上的减震板簧和螺旋弹簧，汽缸安全阀簧，电力机车用升弓钩弹簧，止回阀簧，还可用作 250℃以下使用的耐热弹簧
铬锰钢	55CrMnA 60CrMnA	较高强度、塑性和韧性，淬透性较好，过热敏感性比锰钢低、比硅锰钢高，脱碳倾向比硅锰钢小，回火脆性大	用于车辆、拖拉机工业上制作负荷较重、应力较大的板簧和直径较大的螺旋弹簧
铬钒钢	50CrVA	良好的力学性能和工艺性能，淬透性较高，加入钒使钢的晶粒细化，降低过热敏感性，提高强度和韧性，具有高的疲劳强度，$\sigma_{0.2}/5b$ 的比值也高。是一种较高级弹簧钢	作用较大截面的高负荷重要弹簧及工作温度＜300℃的阀门弹簧、活塞弹簧、安全阀弹簧等
硅铬钢	60Si2CrA 60Si2CrVA	与硅锰钢相比，当塑性相近时，具有较高的抗拉强度和屈服强度，尤其是 60Si2CrVA 具有更高的弹性强度，钢的淬透性较大，有回火脆性	用于承受高应力及工作温度在 300～350℃以下的弹簧，如调速器弹簧、汽轮机汽封弹簧、破碎机用弹簧等
硅锰钨钢	65Si2MnWA	与 60Si2MnA 相比，在高温下有较高的高温强度和硬度，降低过热敏感性，增加了淬透性，特别是提高了承受冲击负荷的能力	用于承受高负荷或耐热(≤350)、耐冲击负荷的大截面弹簧
钨铬钒钢	30W4Cr2VA	由于钨铬钒的作用，此钢有良好的室温和高温力学性能和特别高的淬透性，回火稳定性佳，热加工性能良好	用作工作温度≤500℃的耐热弹簧，如锅炉主安全阀弹簧、汽轮机汽封弹簧片等
硅锰钒硼钢	55SiMnVB	合金元素含量低，淬透性比 60Si2Mn 高，韧性、塑性也较高，脱碳倾向小，回火稳定性良好，热加工性能好，成本低	代替 60Si2MnA 制作重型、中、小型汽车的板簧和其他中型断面的板簧和螺旋弹簧

表 5-90　常用轴承钢的特性及用途

类别	牌号	主要特性	用途举例
铬轴承钢	GCr6	为低铬轴承钢，冷变形塑性及切削性较好，耐磨性较碳素工具钢高，对白点形成很敏感，焊接性不良，热处理时有第一类回火脆性，淬透性比其他含铬轴承钢差	用于制造直径≤13.49mm 的钢球，各种尺寸滚针，直径≤10.3mm 的圆锥滚子，直径≤9.4mm 的圆柱滚子和直径≤9.2mm 的球面滚子
	GCr9	耐磨性和淬透性比 GCr6 钢高，切削加工性尚好，冷应变塑性中等，焊接性差，对白点形成也较敏感，热处理有回火脆性倾向	用于制造直径 13.5～25.4mm 的钢球，直径 10.3～18.5mm 的圆锥滚子，直径 9.4～17.2mm 的圆柱滚子和直径 9.2～17.1mm 的球面滚子
	GCr15	是一种最常用的高铬轴承钢，具有高的淬透性，热处理后可获得高而均匀的硬度，耐磨性优于 GCr9，接触疲劳强度高，有良好的尺寸稳定性和抗蚀性，冷变形塑性中等，切削性一般，焊接性差，对白点形成敏感，有第一类回火脆性	在滚珠轴承的制造中，用以制造壁厚 12mm、外径＜250mm 的 H 级至 C 级的轴承套，直径 25.4～50.8mm 的钢球；直径＜22mm 的滚子，此外也可用作承受大负荷、要求高耐磨性、高弹性极限、高接触疲劳强度的其他机械零件及各种精密量具冷冲模等。如机床的滚珠丝杆，涡轮喷气发动机喷嘴的喷口、柱塞、活门、衬套等
	GCr9SiMn	力学性能、工艺性能和耐磨性与 GCr15 大致相同，淬透性较 GCr15 高，可用于代替 GCr15 钢以节约铬	
	GCr15SiMn	耐磨性和淬透性比 GCr15 更高，冷加工塑性变形中等、焊接性差，对白点形成敏感，热处理时有回火脆性	用于制造壁厚＞12mm、外径≥250mm 的套圈；直径 50.8～203.2mm 的钢球，直径＞22mm 的滚子；此外也可作要求高硬度高耐磨性的其他机械零件，如轧辊、螺旋量规等
无铬轴承钢	GSiMnV(xt)	系结合我国资源条件研制的新钢种，淬透性、物理性能、锻造性能均较好；与铬轴承钢相比，易脱碳，防锈蚀性较差	与 GCr15 钢相同，可代替 GCr15 钢
	GSiMnMo(xt) GMnMoV(xt)		与 GCr15SiMn 钢相同，可作 GCr15SiMn 钢的代用钢
渗碳轴承钢	G20CrMo G20Cr2Ni4(A) G20Cr2Mn2Mo(A) G20CrNiMo G20CrNi2Mo G10CrNi3Mo	渗碳轴承用钢实际上是优质和高优质的渗碳结构钢，经渗碳淬火后表面硬(≥HRC60)而耐磨，心部有良好的韧性，特别是淬火后表面处于压应力状态，对提高零件的疲劳强度和使用寿命颇为有利	用于制造高冲击载荷用特大型和中小型轴承零件，如轧钢机轴承的套圈和滚动体

续表

类别	牌　　号	主 要 特 性	用 途 举 例
不锈轴承钢	9Cr18 9Cr18Mo	有优良的耐蚀性,经热处理后并有高的硬度、耐磨性和高的接触疲劳强度以及良好的低温性能,切削加工性也很好,但磨削性和导热性差	用于制造在海水、河水、蒸馏水、蒸汽、硝酸以及海洋性腐蚀介质中的轴承,在－253～350℃下工作的轴承,以及某些微型轴承
高温轴承钢	Cr4Mo4V	除具有一般轴承钢的特性外,还具有一定的高温硬度和高温耐磨性、高温接触疲劳强度,抗氧化、耐冲击和高温尺寸稳定性均较良好	用于制造工作温度不超过 320℃的各种轴承的套圈和滚动体

表 5-91　低合金高强度结构钢的特性及用途

牌　号	强度级别/MPa(kgf/mm^2)	使用状态	主 要 特 性	用 途 举 例
09MnV 09MnNb	≥294 (≥30)	热轧或正火	塑性良好,韧性、冷弯性及焊接性也较好,但耐蚀性一般,09MnNb 可用于－50℃低温	车辆部门的冲压件、建筑金属构件、容器、拖拉机轮圈
09Mn2	≥294 (≥30)	热轧或正火	可焊性优良,塑性、韧性极高,薄板冲压性能好,低温性能亦可	低压锅炉汽包、中低压化工容器、薄板冲压件、输油管道、储油罐等
12Mn	≥294 (≥30)	热轧	综合性能良好(塑性、焊接性、冷热加工性、低中温性能都较好),成本较低	低压锅炉板以及用于金属结构、造船、容器、车辆和有低温要求的工程上
18Nb	≥294 (≥30)	热轧	为含铌半镇静钢,钢材性能接近镇静钢,成本低于镇静钢。综合力学性能良好,低温性能亦可	用在起重机、鼓风机、原油油罐、化工容器、管道等方面,亦可用于工业厂房的承重结构
09MnCuPTi 10MnSiCu	≥343 (≥35)	热轧	耐大气腐蚀(比 Q235A 钢高 1.17～1.5 倍),塑性、韧性好,可焊性佳,冷热加工性好,－50℃仍有一定低温韧性,10MnSiCu 并能耐硫化氢腐蚀	潮湿多雨地区和有腐蚀气氛工业区的车辆、桥梁、列车电站、矿井等方面的结构件
12MnV	≥343 (≥35)	热轧或正火	强度、韧性高于 12Mn,其他性能都和 12Mn 接近	车辆及一般金属结构件、机械零件(此钢为一般结构用钢)
12MnPXt	≥343 (≥35)	热轧或正火	抗大气和海水腐蚀能力良好,塑性、焊接性、低温韧性都很好	船舶、桥梁、建筑、起重机及其他要求耐大气或海水腐蚀的金属结构件
14MnNb	≥343 (≥35)	热轧或正火	综合力学性能良好,特别是塑性、焊接性能良好,低温韧性相当于 16Mn	工作温度为－20～450℃的容器及其他焊接件
16Mn	≥343 (≥35)	热轧或正火	综合力学性能、焊接性及低温韧性、冷冲压及切削性均好,与 Q235A 钢相比,强度提高 50%,耐大气腐蚀能力提高 20%～38%,低温冲击韧性也比 Q235A 钢优越,但缺口敏感性较碳钢大,价廉,应用广泛	各种大型船舶、铁路车辆、桥梁、管道、锅炉、压力容器、石油储罐、起重及矿山机械、电站设备、厂房钢架等承受动负荷的各种焊接结构上,－40℃以下寒冷地区的各种金属构件,也可代 15Mn 作渗碳零件
16MnXt	≥343 (≥35)	热轧或正火	性能同 16Mn,但冲击韧性和冷变形性能较高	和 16Mn 相同(汽车大梁用钢)
10MnPNbXt	≥392 (≥40)	热轧	综合力学性能、焊接性及耐腐蚀性良好,其耐海水腐蚀能力比 16Mn 高 60%,低温韧性也优于 16Mn,冷弯性能特别好,强度高	为耐海水及大气腐蚀用钢,用作抗大气及海水腐蚀的港口码头设施、石油井架、车辆、船舶、桥梁等方面的金属结构件
15MnV	≥392 (≥40)	热轧(或正火)	与 16Mn 相比,强度级别有所提高,520℃时有一定的热强性,焊接性良好,但缺口及时效敏感性比 16Mn 大,冷加工变形性能也较差,综合性能以薄板最好,推荐使用温度范围为－20～520℃,低温冲击载荷较大场合使用时最好经正火处理	中、高压锅炉汽包,高、中压石油化工容器,大型船舶、桥梁、车辆、起重机及其他较高载荷的焊接结构件,可代替 12CrMo 作锅炉钢管,也可用作低碳马氏体淬火钢制作受力较大的连接构件
15MnTi	≥392 (≥40)	正火	性能与 15MnV 基本相同,但在正火状态下的焊接性、冷卷及冷冲压加工性能均优于 15MnV,且易进行切削加工;热轧状态时厚度＞8mm 的钢板其塑性、韧性均较差	可代 15MnV 钢制作承受动负荷的焊接结构件,如汽轮机发电机弹簧板、水轮机涡壳、压力容器及船舶、桥梁等方面
16MnNb	≥392 (≥40)	热轧或正火	性能和 16Mn 相同,但因加入少量铌,故比 16Mn 有更高的综合力学性能	大型焊接结构,如容器、管道及重型机械设备
14MnVTiXt	≥441 (≥45)	热轧或正火	综合力学性能、焊接性能良好,特别是低温韧性很好	大型船舶、桥梁、高压容器、重型机械设备及其他焊接结构件
15MnVN	≥441 (≥45)	热轧或正火	力学性能比 15MnV 高,但热轧状态时的厚钢板(＞20mm)塑性、韧性较低,正火后则有所改善,热轧状态焊接,脆化倾向比较严重。冷、热加工性能较好,但冷作时对缺口敏感性较大	大型船舶、桥梁、电站设备、起重机械、机车车辆、中或高压锅炉及压力容器以及其他大型焊接结构件(小截面钢材在热轧状态下使用,板厚或壁厚＞17mm 的钢材经正火后使用)

5.2 欧洲标准化委员会（CEN）结构钢

5.2.1 结构钢的牌号与化学成分

表 5-92 调质用非合金结构钢的牌号及化学成分（EN 10083-2—2006）

牌号	数字编号	化学成分/%（质量分数，非范围值或特殊注明者均为最大值）								
		C	Si	Mn	P	S	Cr	Mo	Ni	Cr+Mo+Ni
优质钢										
C35	1.0501	0.32～0.39	0.40	0.50～0.80	0.045	0.045	0.40	0.10	0.40	0.63
C40	1.0511	0.37～0.44	0.40	0.50～0.80	0.045	0.045	0.40	0.10	0.40	0.63
C45	1.0503	0.42～0.50	0.40	0.50～0.80	0.045	0.045	0.40	0.10	0.40	0.63
C55	1.0535	0.52～0.60	0.40	0.60～0.90	0.045	0.045	0.40	0.10	0.40	0.63
C60	1.0601	0.57～0.65	0.40	0.60～0.90	0.045	0.045	0.40	0.10	0.40	0.63
特殊钢										
C22E	1.1151	0.17～0.24	0.40	0.40～0.70	0.030	0.035	0.40	0.10	0.40	0.63
C22R	1.1149	0.17～0.24	0.40	0.40～0.70	0.030	0.020～0.040	0.40	0.10	0.40	0.63
C35E	1.1181	0.32～0.39	0.40	0.50～0.80	0.030	0.035	0.40	0.10	0.40	0.63
C35R	1.1180	0.32～0.39	0.40	0.50～0.80	0.030	0.020～0.040	0.40	0.10	0.40	0.63
C40E	1.1186	0.37～0.44	0.40	0.50～0.80	0.030	0.035	0.40	0.10	0.40	0.63
C40R	1.1189	0.37～0.44	0.40	0.50～0.80	0.030	0.020～0.040	0.40	0.10	0.40	0.63
C45E	1.1191	0.42～0.50	0.40	0.50～0.80	0.030	0.035	0.40	0.10	0.40	0.63
C45R	1.1201	0.42～0.50	0.40	0.50～0.80	0.030	0.020～0.040	0.40	0.10	0.40	0.63
C50E	1.1206	0.47～0.55	0.40	0.60～0.90	0.030	0.035	0.40	0.10	0.40	0.63
C50R	1.1241	0.47～0.55	0.40	0.60～0.90	0.030	0.020～0.040	0.40	0.10	0.40	0.63
C55E	1.1203	0.52～0.60	0.40	0.60～0.90	0.030	0.035	0.40	0.10	0.40	0.63
C55R	1.1209	0.52～0.60	0.40	0.60～0.90	0.030	0.020～0.040	0.40	0.10	0.40	0.63
C60E	1.1221	0.57～0.65	0.40	0.60～0.90	0.030	0.035	0.40	0.10	0.40	0.63
C60R	1.1223	0.57～0.65	0.40	0.60～0.90	0.030	0.020～0.040	0.40	0.10	0.40	0.63
28Mn6	1.1170	0.25～0.32	0.40	1.30～1.65	0.030	0.035	0.40	0.10	0.40	0.63

注：1. 如无需方同意，除铸造需要外，表中未列出元素不得加入钢内，生产过程中应尽量避免会引起钢性能变化的杂质元素通过废料等途径进入钢内。

2. 如果特殊钢无调质或正火后强度要求，C的含量偏差不得超过0.05%，Cr+Mo+Ni总含量不得超过0.45%。

3. 经供需双方协商，平板产品中S含量应不超过0.010%。

表 5-93 调质用合金结构钢的牌号及化学成分（EN 10083-3—2006）

牌号	数字编号	化学成分/%（质量分数,非范围值或特殊注明者均为最大值）								
		C	Si	Mn	P	S	Cr	Mo	Ni	V	B
38Cr2	1.7003	0.35～0.42	0.40	0.50～0.80	0.025	0.035	0.40～0.60				
46Cr2	1.7006	0.42～0.50	0.40	0.50～0.80	0.025	0.035	0.40～0.60				
34Cr4	1.7033	0.30～0.37	0.40	0.60～0.90	0.025	0.035	0.90～1.20				
34CrS4	1.7037	0.30～0.37	0.40	0.60～0.90	0.025	0.020～0.040	0.90～1.20				
37Cr4	1.7034	0.34～0.41	0.40	0.60～0.90	0.025	0.035	0.90～1.20				
37CrS4	1.7038	0.34～0.41	0.40	0.60～0.90	0.025	0.020～0.040	0.90～1.20				
41Cr4	1.7035	0.38～0.45	0.40	0.60～0.90	0.025	0.035	0.90～1.20				
41CrS4	1.7039	0.38～0.45	0.40	0.60～0.90	0.025	0.020～0.040	0.90～1.20				
25CrMo4	1.7218	0.22～0.29	0.40	0.60～0.90	0.025	0.035	0.90～1.20	0.15～0.30			
25CrMoS4	1.7213	0.22～0.29	0.40	0.60～0.90	0.025	0.020～0.040	0.90～1.20	0.15～0.30			
34CrMo4	1.7220	0.30～0.37	0.40	0.60～0.90	0.025	0.035	0.90～1.20	0.15～0.30			
34CrMoS4	1.7226	0.30～0.37	0.40	0.60～0.90	0.025	0.020～0.040	0.90～1.20	0.15～0.30			
42CrMo4	1.7225	0.38～0.45	0.40	0.60～0.90	0.025	0.035	0.90～1.20	0.15～0.30			
42CrMoS4	1.7227	0.38～0.45	0.40	0.60～0.90	0.025	0.020～0.040	0.90～1.20	0.15～0.30			
50CrMo4	1.7228	0.46～0.54	0.40	0.50～0.80	0.025	0.035	0.90～1.20	0.15～0.30			
34CrNiMo6	1.6582	0.30～0.38	0.40	0.50～0.80	0.025	0.035	1.30～1.70	0.30～0.50	1.30～1.70		
30CrNiMo8	1.6580	0.26～0.34	0.40	0.50～0.80	0.025	0.035	1.80～2.20		1.80～2.20		
35NiCr6	1.5815	0.30～0.37	0.40	0.50～0.80	0.025	0.025	0.80～1.10	0.25～0.45	1.20～1.60		
36NiCrMo16	1.6773	0.32～0.39	0.40	0.50～0.80	0.025	0.025	1.60～2.00	0.15～0.25	3.6～4.1		
39NiCrMo3	1.6510	0.35～0.43	0.40	0.50～0.80	0.025	0.035	0.60～1.00	0.30～0.60	0.70～1.00		
30NiCrMo16-6	1.6747	0.26～0.33	0.40	0.50～0.80	0.025	0.025	1.20～1.50		3.3～4.3		
51CrV4	1.8159	0.47～0.55	0.40	0.70～1.10	0.025	0.025	0.90～1.20			0.10～0.25	
20MnB5	1.5530	0.17～0.23	0.40	1.10～1.40	0.025	0.035					0.0008～0.0050
30MnB5	1.5531	0.27～0.33	0.40	1.15～1.45	0.025	0.035					0.0008～0.0050
38MnB5	1.5532	0.36～0.42	0.40	1.15～1.45	0.025	0.035					0.0008～0.0050
27MnCrB5-2	1.7182	0.24～0.30	0.40	1.10～1.40	0.025	0.035	0.30～0.60				0.0008～0.0050
33MnCrB5-2	1.7185	0.30～0.36	0.40	1.20～1.50	0.025	0.035	0.30～0.60				0.0008～0.0050
39MnCrB6-2	1.7189	0.36～0.42	0.40	1.40～1.70	0.025	0.035	0.30～0.60				0.0008～0.0050

注：1. 如无需方同意，除铸造需要外，表中未列出元素不得加入钢内，生产过程中应尽量避免会引起钢性能变化的杂质元素通过废料等途径进入钢内。

2. 为改善钢的切削性能，无硼钢种含硫量可增至 0.10%，同时 Mn 含量上限也应增加 0.15%。

表 5-94　表面硬化钢的牌号及化学成分（EN 10084—2008）

牌号	数字编号	化学成分/%（质量分数，非范围值或特殊注明者均为最大值）								
		C	Si	Mn	P	S	Cr	Mo	Ni	B
C10E	1.1121	0.07～0.13	0.40	0.30～0.60	0.035	0.035				
C10R	1.1207					0.020～0.040				
C15E	1.1141	0.12～0.18	0.40	0.30～0.60	0.035	0.035				
C15R	1.1140					0.020～0.040				
C16E	1.1148	0.12～0.18	0.40	0.60～0.90	0.035	0.035				
C16R	1.1208					0.020～0.040				
17Cr3	1.7016	0.14～0.20	0.40	0.60～0.90	0.025	0.035	0.70～1.00			
17CrS3	1.7014					0.020～0.040				
28Cr4	1.7030	0.24～0.31	0.40	0.60～0.90	0.025	0.035	0.90～1.20			
28CrS4	1.7036					0.020～0.040				
16MnCr5	1.7131					0.035				
16MnCrS5	1.7139	0.14～0.19	0.40	1.00～1.30	0.025	0.020～0.040	0.80～1.10			0.0008～0.0050
16MnCrB5	1.7160					0.035				
20MnCr5	1.7147	0.17～0.22	0.40	1.10～1.40	0.025	0.035	1.00～1.30			
20MnCrS5	1.7149					0.020～0.040				
18CrMo4	1.7243	0.15～0.21	0.40	0.60～0.90	0.025	0.035	0.90～1.20	0.15～0.25		
18CrMoS4	1.7244					0.020～0.040				
22CrMoS3-5	1.7333	0.19～0.24	0.40	0.70～1.00	0.025	0.020～0.040	0.70～1.00	0.40～0.50		
20MoCr3	1.7320	0.17～0.23	0.40	0.60～0.90	0.025	0.035	0.40～0.70	0.30～0.40		
20MoCrS3	1.7319					0.020～0.040				
20MoCr4	1.7321	0.17～0.23	0.40	0.70～1.00	0.025	0.035	0.30～0.60	0.40～0.50		
20MoCr4	1.7323					0.020～0.040				
16NiCr4	1.5714	0.13～0.19	0.40	0.70～1.00	0.025	0.035	0.60～1.00		0.80～1.10	
16NiCrS4	1.5715					0.020～0.040				
10NiCr5-4	1.5805	0.07～0.12	0.40	0.60～0.90	0.025	0.035	0.90～1.20		1.20～1.50	
18NiCr5-4	1.5810	0.16～0.21	0.40	0.60～0.90	0.025	0.035	0.90～1.20		1.20～1.50	
17CrNI6-6	1.5918	0.14～0.20	0.40	0.50～0.90	0.025	0.035	1.40～1.70		1.40～1.70	
15NiCr13	1.5752	0.14～0.20	0.40	0.40～0.70	0.025	0.035	0.60～0.90		3.00～3.50	
20NiCrMo2-2	1.6523	0.17～0.23	0.40	0.65～0.95	0.025	0.035	0.35～0.70	0.15～0.25	0.40～0.70	
20NiCrMoS2-2	1.6526					0.020～0.040				
17NiCrMo6-4	1.6566	0.14～0.20	0.40	0.60～0.90	0.025	0.035	0.80～1.10	0.15～0.25	1.20～1.50	
17NICrMoS6-4	1.6569					0.020～0.040				
20NiCrMoS6-4	1.6571	0.16～0.23	0.40	0.50～0.90	0.025	0.020～0.040	0.60～0.90	0.25～0.35	1.40～1.70	
18CrNiMo7-6	1.6587	0.15～0.21	0.40	0.50～0.90	0.025	0.035	1.50～1.80	0.25～0.35	1.40～1.70	
14NiCrMo13-4	1.6657	0.11～0.17	0.40	0.30～0.60	0.025	0.035	0.80～1.10	0.20～0.30	3.00～3.50	
20NiCrMo13-4	1.6660	0.17～0.22	0.40	0.30～0.60	0.025	0.035	0.80～1.20	0.30～0.50	3.00～3.50	

注：1. 如无需方同意，除铸造需要外，表中未列出元素不得加入钢内，生产过程中应尽量避免会引起钢性能变化的杂质元素通过废料等途径进入钢内。

2. 当供货限制条件为淬硬性时，钢成分除 P 和 S 外，可允许有少许偏差存在。

3. 为改善钢的切削性能，钢中含硫量可增至 0.10%，同时 Mn 含量上限也应增加 0.15%。

表 5-95 氮化钢的牌号与化学成分（EN 10085—2001）

牌号	数字编号	化学成分/%(质量分数,非范围值或特殊注明者均为最大值)									
		C	Si	Mn	P	S	Al	Cr	Mo	Ni	V
24CrMo13-6	1.8516	0.20～0.27	0.40	0.40～0.70	0.025	0.035		3.00～3.50	0.50～0.70		
31CrMo12	1.8515	0.28～0.35	0.40	0.40～0.70	0.025	0.035		2.80～3.30	0.30～0.50		
32CrCrAlMo7-10	1.8505	0.28～0.35	0.40	0.40～0.70	0.025	0.035	0.80～1.20	1.50～1.80	0.20～0.40		
31CrMoV9	1.8519	0.27～0.34	0.40	0.40～0.70	0.025	0.035		2.30～2.70	0.15～0.25		0.10～0.20
33CrMoV12-9	1.8522	0.29～0.36	0.40	0.40～0.70	0.025	0.035		2.80～3.30	0.70～1.00		0.15～0.25
34CrAlNi7-10	1.8550	0.30～0.37	0.40	0.40～0.70	0.025	0.035	0.80～1.20	1.50～1.80	0.15～0.25	0.85～1.15	
41CrAlMo7-10	1.8509	0.38～0.45	0.40	0.40～0.70	0.025	0.035	0.80～1.20	1.50～1.80	0.20～0.35		
40CrMoV13-9	1.8523	0.36～0.43	0.40	0.40～0.70	0.025	0.035		3.00～3.50	0.80～1.10		0.15～0.25
34CrAlMo5-10	1.8507	0.30～0.37	0.40	0.40～0.70	0.025	0.035	0.80～1.20	1.00～1.30	0.15～0.25		

注：如无需方同意，除铸造需要外，表中未列出元素不得加入钢内，生产过程中应尽量避免会引起钢性能变化的杂质元素通过废料等途径进入钢内。

表 5-96 自由切削钢的牌号及化学成分（EN 10087—1998）

牌号	数字编号	化学成分/%(质量分数,非范围值或特殊注明者均为最大值)					
		C	Si	Mn	P	S	Pb
非热处理钢							
11SMn30	1.0715	0.14	0.05①	0.90～1.30	0.11	0.27～0.33	
11SMnPb30	1.0718	0.14	0.05	0.90～1.30	0.11	0.27～0.33	0.20～0.35
11SNb37	1.0736	0.14	0.05①	1.00～1.50	0.11	0.34～0.40	
11SMnPb37	1.0737	0.14	0.05	1.00～1.50	0.11	0.34～0.40	0.20～0.35
表面硬化钢							
10S20	1.0721	0.07～0.13	0.40	0.70～1.10	0.06	0.15～0.25	
10SPb20	1.0722	0.07～0.13	0.40	0.70～1.10	0.06	0.15～0.25	0.20～0.35
15SMn13	1.0725	0.12～0.18	0.40	0.90～1.30	0.06	0.08～0.18	
淬火钢							
35S20	1.0726	0.32～0.39	0.40	0.70～1.10	0.06	0.15～0.25	
35SPb20	1.0756	0.32～0.39	0.40	0.70～1.10	0.06	0.15～0.25	0.15～0.35
36SMn14	1.0764	0.32～0.39	0.40	1.30～1.70	0.06	0.10～0.18	
36SMnPb14	1.0765	0.32～0.39	0.40	1.30～1.70	0.06	0.10～0.18	0.15～0.35
38SMn28	1.0760	0.35～0.40	0.40	1.20～1.50	0.06	0.24～0.33	
38SMnPb28	1.0761	0.35～0.40	0.40	1.20～1.50	0.06	0.24～0.33	0.15～0.35
44SMn28	1.0762	0.40～0.48	0.40	1.30～1.70	0.06	0.24～0.33	
44SMnPb28	1.0763	0.40～0.48	0.40	1.30～1.70	0.06	0.24～0.33	0.15～0.35
46S20	1.0727	0.42～0.50	0.40	0.70～1.10	0.06	0.15～0.25	
46SPb20	1.0757	0.42～0.50	0.40	0.70～1.10	0.06	0.15～0.25	0.15～0.35

① 如需保证特殊氧化物形成，Si 含量允许至 0.10%～0.40%。

注：如无需方同意，除铸造需要外，表中未列出元素不得加入钢内，生产过程中应尽量避免会引起钢性能变化的杂质元素通过废料等途径进入钢内。

表 5-97　淬火和回火弹簧用热轧钢的牌号及化学成分（EN 10089—2002）

牌　号	数字编号	化学成分/%(质量分数,非范围值或特殊注明者均为最大值)									
		C	Si	Mn	P	S	Cr	Ni	Mo	V	Cu+Sn
38Si7	1.5023	0.35～0.42	1.50～1.80	0.50～0.80	0.025	0.025					
46Si7	1.5024	0.42～0.50	1.50～2.00	0.50～0.80	0.025	0.025					
56Si7	1.5026	0.52～0.60	1.60～2.00	0.60～0.90	0.025	0.025					
55Cr3	1.7176	0.52～0.59	0.40	0.70～1.00	0.025	0.025	0.70～1.00				
60Cr3	1.7177	0.55～0.65	0.40	0.70～1.00	0.025	0.025	0.60～0.90				
54SiCr6	1.7102	0.51～0.59	1.20～1.60	0.50～0.80	0.025	0.025	0.50～0.80				
56SiCr7	1.7106	0.52～0.60	1.60～2.00	0.70～1.00	0.025	0.025	0.20～0.45				
61SiCr7	1.7108	0.57～0.65	1.60～2.00	0.70～1.00	0.025	0.025	0.20～0.45				
51CrV4	1.8159	0.47～0.55	0.40	0.70～1.10	0.025	0.025	0.90～1.20			0.10～0.25	Cu+10Sn ±0.60
45SiCrV6-2	1.8151	0.40～0.50	1.30～1.70	0.60～0.90	0.025	0.025	0.40～0.80			0.10～0.20	
54SiCrV6	1.8152	0.51～0.59	1.20～1.60	0.50～0.80	0.025	0.025	0.50～0.80			0.10～0.20	
60SiCrV7	1.8153	0.56～0.64	1.50～2.00	0.70～1.00	0.025	0.025	0.20～0.40			0.10～0.20	
46SiCrMo6	1.8062	0.42～0.50	1.30～1.70	0.50～0.80	0.025	0.025	0.50～0.80		0.20～0.30		
50SiCrMo6	1.8063	0.46～0.54	1.40～1.80	0.70～1.00	0.025	0.025	0.80～1.10		0.20～0.35		
52SiCrNi5	1.7117	0.49～0.56	1.20～1.50	0.70～1.00	0.025	0.025	0.70～1.00	0.50～0.70			
52CrMoV4	1.7701	0.48～0.56	0.40	0.70～1.10	0.025	0.025	0.90～1.20		0.15～0.30	0.10～0.20	
60CrMo3-1	1.7239	0.56～0.64	0.40	0.70～1.00	0.025	0.025	0.70～1.00		0.06～0.15		
60CrMo3-2	1.7240								0.15～0.25		
60CrMo3-3	1.7241								0.25～0.35		

注：如无需方同意，除铸造需要外，表中未列出元素不得加入钢内，生产过程中应尽量避免会引起钢性能变化的杂质元素通过废料等途径进入钢内。

表 5-98　热处理用冷轧弹簧钢条的牌号及化学成分（EN 10132-4—2000）

牌　号	数字编号	化学成分/%(质量分数,非范围值或特殊注明者均为最大值)								
		C	Si	Mn	P	S	Cr	Mo	V	Ni
C55S	1.1204	0.52～0.60	0.15～0.35	0.60～0.90	0.025	0.025	0.40	0.10		0.40
C60S	1.1211	0.57～0.65	0.15～0.35	0.60～0.90	0.025	0.025	0.40	0.10		0.40
C67S	1.1231	0.65～0.73	0.15～0.35	0.60～0.90	0.025	0.025	0.40	0.10		0.40
C75S	1.1248	0.70～0.80	0.15～0.35	0.60～0.90	0.025	0.025	0.40	0.10		0.40
C85S	1.1269	0.80～0.90	0.15～0.35	0.40～0.70	0.025	0.025	0.40	0.10		0.40
C90S	1.1217	0.85～0.95	0.15～0.35	0.40～0.70	0.025	0.025	0.40	0.10		0.40
C100S	1.1274	0.95～1.05	0.15～0.35	0.30～0.60	0.025	0.025	0.40	0.10		0.40
C125S	1.1224	1.20～1.30	0.15～0.35	0.30～0.60	0.025	0.025	0.40	0.10		0.40
48Si7	1.5021	0.45～0.52	1.60～2.00	0.50～0.80	0.025	0.025	0.40	0.10		0.40
56Si7	1.5026	0.52～0.60	1.60～2.00	0.60～0.90	0.025	0.025	0.40	0.10		0.40
51CrV4	1.8159	0.47～0.55	0.40	0.70～1.10	0.025	0.025	0.90～1.20	0.10	0.10～0.25	0.40
80CrV2	1.2235	0.75～0.85	0.15～0.35	0.30～0.50	0.025	0.025	0.40～0.60	0.10	0.15～0.25	0.40
75Ni8	1.5634	0.72～0.78	0.15～0.35	0.30～0.50	0.025	0.025	0.15	0.10		1.80～2.10
125Cr2	1.2002	1.20～1.30	0.15～0.35	0.25～0.40	0.025	0.025	0.40～0.60	0.10		0.40
102Cr6	1.2067	0.95～1.10	0.15～0.35	0.25～0.40	0.025	0.025	1.35～1.60	0.10		0.40

注：如无需方同意，除铸造需要外，表中未列出元素不得加入钢内，生产过程中应尽量避免会引起钢性能变化的杂质元素通过废料等途径进入钢内。

表 5-99 机械弹簧钢丝用钢的牌号及化学成分（EN 10270—2001）

牌号	化学成分/%(质量分数,非范围值或特殊注明者均为最大值)							
	C	Si	Mn	P	S	Cu	Cr	V
获得专利的冷拉伸非合金弹簧钢丝								
SL,SM,SH	0.35～1.00①	0.10～0.30	0.50～1.20	0.035	0.035	0.20		
DM,DH	0.45～1.00①	0.10～0.30	0.50～1.20	0.020	0.025	0.12		
油硬化和回火的弹簧钢丝								
VDC	0.60～0.75	0.15～0.30	0.50～1.00③	0.020	0.020	0.06	②	0.15～0.25
VDCrV	0.62～0.72	0.15～0.30	0.50～0.90③	0.025	0.020	0.06	0.40～0.60	0.15～0.25
VDSiCr	0.50～0.60	1.20～1.60	0.50～0.90③	0.025	0.020	0.06	0.50～0.80	0.15～0.25
TDC	0.60～0.75	0.10～0.35	0.50～1.20③	0.020	0.020	0.10	②	0.15～0.25
TDCrV	0.62～0.72	0.15～0.30	0.50～0.90③	0.025	0.020	0.10	0.40～0.60	0.15～0.25
TDSiCr	0.50～0.60	1.20～1.60	0.50～0.90③	0.025	0.020	0.10	0.50～0.80	0.15～0.25
FDC	0.60～0.75	0.10～0.35	0.50～1.20③	0.030	0.025	0.12	②	0.15～0.25
FDCrV	0.62～0.72	0.15～0.30	0.50～0.90③	0.030	0.025	0.12	0.40～0.60	0.15～0.25
FDSiCr	0.50～0.60	1.20～1.60	0.50～0.90③	0.030	0.025	0.12	0.50～0.80	0.15～0.25

① 表中给出成分范围适用于所有尺寸产品，对特定尺寸产品而言，C 的成分范围应缩小。
② 对于直径大于 8.5mm 的线材，Cr 含量允许至 0.30%。
③ Mn 含量可根据需要减小，但不低于 0.20%。

表 5-100　压力容器用钢锻件的牌号和化学成分（EN 10222-2—2017）

钢种		化学成分[①]/%												
牌号	数字编号	C	Si（最大）	Mn	P（最大）	S（最大）	Cr	Cu	Mo	Nb	Ni	Ti（最大）	V	其他	碳当量（最大）/%
P235GH	1.0345	≤0.16	0.35	0.40～1.20	0.030	0.025	≤0.30	≤0.30	≤0.08	≤0.01	≤0.30	0.03	≤0.02	Cr+Cu+Mo+Ni≤0.70	—
P245GH[③]	1.0352	0.08～0.20	0.40	0.50～1.30	0.025	0.015	≤0.30	≤0.30	≤0.08	≤0.01	≤0.30	0.03	≤0.02	Cr+Cu+Mo+Ni≤0.70	0.41
P250GH[③,④]	1.0460	0.18～0.23	0.40	0.30～0.90	0.025	0.015	≤0.30	≤0.30	≤0.08	≤0.01	≤0.30	0.03	≤0.02	Cr+Cu+Mo+Ni≤0.70	0.43
P265GH	1.0425	≤0.20	0.40	0.50～1.40	0.030	0.025	≤0.30	≤0.30	≤0.08	≤0.01	≤0.30	0.03	≤0.02	Cr+Cu+Mo+Ni≤0.70	—
P280GH[③]	1.0426	0.08～0.20	0.40	0.90～1.50	0.025	0.015	≤0.30	≤0.30	≤0.08	≤0.01	≤0.30	0.03	≤0.02	Cr+Cu+Mo+Ni≤0.70	0.45
P295GH	1.0481	0.08～0.20	0.40	0.90～1.50	0.030	0.025	≤0.30	≤0.30	≤0.08	≤0.01	≤0.30	0.03	≤0.02	Cr+Cu+Mo+Ni≤0.70	—
P305GH[③]	1.0436	0.15～0.20	0.40	0.90～1.60	0.025	0.015	≤0.30	≤0.30	≤0.08	≤0.01	≤0.30	0.03	≤0.02	Cr+Cu+Mo+Ni≤0.70	0.47
16Mo3[⑤]	1.5415	0.12～0.20	0.35	0.40～0.90	0.025	0.010	≤0.30	≤0.30	0.25～0.35	—	≤0.30	—	—	—	—
13CrMo4-5[⑤]	1.7335	0.08～0.18	0.35	0.40～1.00	0.025	0.010	0.70[②]～1.15	≤0.30	0.40～0.60	—	≤0.30	—	—	—	—
15MnMoV4-5[⑤]	1.5402	≤0.18	0.40	0.90～1.40	0.025	0.010	—	—	0.40～0.60	—	—	—	0.04～0.08	—	—
18MnMoNi5-5[⑤]	1.6308	≤0.20	0.40	1.15～1.55	0.025	0.010	—	—	0.45～0.55	—	0.50～0.80	—	≤0.03	—	—
14MoV6-3[⑤]	1.7715	0.10～0.18	0.40	0.40～0.70	0.025	0.010	0.30～0.60	—	0.50～0.70	—	—	—	0.22～0.28	Sn≤0.025 Al≤0.020	—
15MnCrMoNiV5-3[⑤]	1.6920	≤0.17	0.40	1.00～1.50	0.025	0.010	0.50～1.00		0.20～0.35	—	0.30～0.70	—	0.05～0.10	—	—
11CrMo9-10[⑤]	1.7383	0.08～0.15	0.50	0.40～0.80	0.020	0.010	2.00～2.50	≤0.25	0.90～1.10	—	—	—	—	—	—
X16CrMo5-1	1.7366	≤0.18	0.40	0.30～0.80	0.025	0.010	4.00～6.00	—	0.45～0.65	—	—	—	—	—	—
X10CrMoVNb9-1	1.4903	0.08～0.12	0.50	0.30～0.60	0.020	0.005	8.0～9.5	≤0.30	0.85～1.05	0.06～0.10	≤0.30	—	0.18～0.25	N0.030～0.070，Al≤0.040	—
X20CrMoV11-1	1.4922	0.17～0.23	0.40	0.30～1.00	0.020	0.005	10.00～12.50	—	0.80～1.20	—	0.30～0.80	—	0.20～0.35	—	—

① 如无需方同意，除成品铸造需要外，表中未列出元素不得加入。
② 由于抗氢脆原因，含铬最少为 0.80%时，需告知用户并得到认可。
③ 如果 Al_{tot}≥0.020%，则 N≤0.012%，且 Al/N≥2 是可行的。
④ 若壁厚>100mm，则 Mn 含量下限为 0.40%。
⑤ 硫含量若达 0.015%时，需告知用户并得到认可。

表 5-101 规定高温性能的压力容器用热轧可焊钢的牌号及化学成分（EN 10273—2016）

牌号	数字编号	质量分数①/%																	
		C	Si（最大）	Mn	P（最大）	S（最大）	Al_{total}	N（最大）	B（最大）	Cr	Cu（最大）	Mo	Nb（最大）	Ni（最大）	Ti（最大）	V（最大）	Zr（最大）	Nb+Ti+V（最大）	Cr+Cu+Mo+Ni（最大）
P235GH	1.0345	≤0.16	0.35	0.40～1.20	0.025	0.015	≥0.020	≤0.012⑥	—	≤0.30	≤0.30⑨	≤0.08	≤0.020	≤0.30	0.03	0.02	—	—	0.70
P250GH	1.0460	0.18～0.23	0.40	0.30～0.90	0.025	0.015	≥0.020	≤0.012⑥	—	≤0.30	≤0.30⑨	≤0.08	≤0.020	≤0.30	0.03	0.02	—	—	0.70
P265GH	1.0425	≤0.20	0.40	0.50～1.40	0.025	0.015	≥0.020	≤0.012⑥	—	≤0.30	≤0.30⑨	≤0.08	≤0.020	≤0.30	0.03	0.02	—	—	0.70
P295GH	1.0481	0.08～0.20	0.40	0.90～1.50	0.025	0.015	≥0.020	≤0.012⑥	—	≤0.30	≤0.30⑨	≤0.08	≤0.020	≤0.30	0.03	0.02	—	—	0.70
P355GH	1.0473	0.10～0.22	0.60	1.10～1.70	0.025	0.015	≥0.020	≤0.012⑥	—	≤0.30	≤0.30⑨	≤0.08	≤0.020	≤0.30	0.03	0.02	—	—	0.70
P275NH	1.0487	≤0.18	0.40	0.50～1.40	0.025	0.015	≥0.020③	≤0.020	—	≤0.30⑦	≤0.30⑦	≤0.08⑦	0.05	≤0.50	0.03	0.05	—	0.05	—
P355NH	1.0565	≤0.20	0.50	0.90～1.70	0.025	0.015	≥0.020③	≤0.020	—	≤0.30⑦	≤0.30⑦	≤0.08⑦	0.05	≤0.50	0.03	0.10	—	0.12	—
P460NH	1.8935	≤0.20	0.60	1.00～1.70	0.025	0.015	≥0.020③	≤0.025	—	≤0.30	≤0.70⑩	≤0.10	0.05	≤0.80	0.03	0.20⑪	—	0.22	—
P355QH②	1.8867	≤0.16	0.40	≤1.50	0.025	0.015	④	≤0.015	0.005	≤0.30	0.30⑨	≤0.25	0.05	≤0.50	0.03	0.06	0.05	—	—
P460QH②	1.8871	≤0.18	0.50	≤1.70	0.025	0.015	④	≤0.015	0.015	≤0.50	0.30⑨	≤0.50	0.05	≤1.00	0.03	0.08	0.05	—	—
P500QH②	1.8874	≤0.18	0.60	≤1.70	0.025	0.015	④	≤0.015	0.005	≤1.00	0.30⑨	≤0.70	0.05	≤1.50	0.05	0.08	0.15	—	—
P690QH②	1.8880	≤0.20	0.80	≤1.70	0.025	0.015	④	≤0.015	0.005	≤1.50	0.30⑨	≤0.70	0.06	≤2.50	0.05	0.12	0.15	—	—
16Mo3	1.5415	0.12～0.20	0.35	0.40～0.90	0.025	0.010	⑤	≤0.012	—	≤0.30	≤0.30	0.25～0.35	—	≤0.30	—	—		—	—
13CrMo4-5	1.7335	0.08～0.18	0.35	0.40～1.00	0.025	0.010	⑤	≤0.012	—	0.70⑧～1.15	≤0.30	0.40～0.60	—	—	—	—		—	—
10CrMo9-10	1.7380	0.08～0.14	0.50	0.40～0.80	0.020	0.010	⑤	≤0.012	—	2.00～2.50	≤0.30	0.90～1.10	—	—	—	—		—	—
11CrMo9-10	1.7383	0.08～0.15	0.50	0.40～0.80	0.020	0.010	⑤	≤0.012	—	2.00～2.50	≤0.25	0.90～1.10	—	—	—	—		—	—

① 如无需方同意，除铸造需要外，表中未列出元素不得加入钢内，生产过程中应尽量避免会引起钢性能变化的杂质元素通过废料途径进入钢内。

② 制造商可以添加一种或几种合金元素来达到产品功能要求及炼钢条件来确定其最大值，每个制造商的化学组成范围分析应出具在标书及确认定单中。

③ 如果氮额外地被铌、钛及钒固定，则此规范关于铝最小含量的说明不适用。

若只有铝和氮化合，当 Al/N 比例大于 2 时此说明适用。

④ 细化晶粒元素（包括铝）的含量应不小于 0.015%，0.015%最小含量适用于溶解铝，当铝的总含量至少在 0.018%时，视为达到了最小含量（0.015%）。当出现争议时，必须明确溶解铝的含量。

⑤ 应检测铸件中铝的含量，并给出检测报告。

⑥ Al/N>2 时适用。

⑦ 铬、铜、钼三种元素质量分数总和不应超过 0.45%。

⑧ 若对加压氢气的耐压性有要求时，供需双方应对铬元素的最小含量为 0.80%达成一致。

⑨ 考虑到热成型性，供需双方应对最大铜含量和最大锡含量达成一致。

⑩ 若铜的质量分数超过 0.30%，镍的质量分数应至少为铜的含量的一半。

⑪ 钒含量大于 0.10%时，应采取适当的措施避免再次加热时产生裂纹。

表 5-102　压力容器用钢板的牌号及化学成分

牌号	数字编号	化学成分/%（质量分数，非范围值或特殊注明者均为最大值）														
		C	Si	Mn	P	S	Al(最小值)	N	Cr	Cu	Mo	Nb	Ni	Ti	V	其他
规定耐高温性能的非合金钢和合金钢(EN 10028-2—2017)																
P235GH[①]	1.0345	0.16	0.35	0.60~1.20[②]	0.025	0.010	0.020	0.012[③]	0.30	0.30	0.08	0.020	0.30	0.03	0.02	Cr+Cu+Mo+Ni: 0.70
P265GH[①]	1.0425	0.20	0.40	0.80~1.40[②]	0.025	0.010	0.020	0.012[③]	0.30	0.30	0.08	0.020	0.30	0.03	0.02	
P295GH[①]	1.0481	0.08~0.20	0.40	0.90~1.50[②]	0.025	0.010	0.020	0.012[③]	0.30	0.30	0.08	0.020	0.30	0.03	0.02	
P355GH	1.0473	0.10~0.22	0.60	1.10~1.70	0.025	0.010	0.020	0.012[③]	0.30	0.30	0.08	0.040	0.30	0.03	0.02	
16Mo3	1.5415	0.12~0.20	0.35	0.40~0.90	0.025	0.010	④	0.012	0.30	0.30	0.25~0.35		0.30			
18MnMo4-5	1.5414	0.20	0.40	0.90~1.50	0.015	0.005	④	0.012	0.30	0.30	0.45~0.60		0.30			
20MnMoNi4-5	1.6311	0.15~0.23	0.40	1.00~1.50	0.020	0.010	④	0.012	0.20	0.20	0.45~0.60		0.40~0.80		0.02	
15NiCuMoNb5-6-4	1.6368	0.17	0.25~0.50	0.80~1.20	0.025	0.010	0.015	0.020	0.30	0.50~0.80	0.25~0.50	0.015~0.045	1.00~1.30			
13CrMo4-5	1.7335	0.08~0.18	0.35	0.40~1.00	0.025	0.010	④	0.012	0.70~1.15[⑤]	0.30	0.40~0.60					
13CrMoSi5-5	1.7336	0.17	0.50~0.80	0.40~0.65	0.015	0.005	④	0.012	1.00~1.50	0.30	0.45~0.65		0.30			
10CrMo9-10	1.7380	0.08~0.14[⑥]	0.50	0.40~0.80	0.020	0.010	④	0.012	2.00~2.50	0.30	0.90~1.10					
12CrMo9-10	1.7375	0.10~0.15	0.30	0.30~0.80	0.015	0.010	0.010~0.040	0.012	2.00~2.50	0.25	0.90~1.10		0.30			
X12CrMo5	1.7362	0.10~0.15	0.50	0.30~0.60	0.020	0.005	④	0.012	4.00~6.00	0.30	0.45~0.65		0.30			
13CrMoV9-10	1.7703	0.11~0.15	0.10	0.30~0.60	0.015	0.005	④	0.012	2.00~2.50	0.20	0.90~1.10	0.07	0.25	0.03	0.25~0.35	B:0.002 Ca:0.015
12CrMoV12-10	1.7767	0.10~0.15	0.15	0.30~0.60	0.015	0.005	④	0.012	2.75~3.25	0.25	0.90~1.10	0.07[⑦]	0.25	0.03[⑦]	0.20~0.30	B:0.003[⑦] Ca:0.015
X10CrMoVNb9-1	1.4903	0.08~0.12	0.50	0.30~0.60	0.020	0.005	≤0.040	0.030~0.070	8.00~9.50	0.30	0.85~1.05	0.06~0.10	0.30		0.18~0.25	

续表

牌号	数字编号	C	Si	Mn	P	S	Al(最小值)	N	Cr	Cu	Mo	Nb	Ni	Ti	V	其他
		化学成分/%(质量分数,非范围值或特殊注明者均为最大值)														
经过正火处理的可焊细晶粒钢(EN 10028-3—2009)																
P275NH	1.0487	0.16	0.40	0.80～1.50[8]	0.025	0.010	0.020[9]	0.012	0.30[10]	0.30[10]	0.08[10]	0.05	0.50	0.03	0.05	Nb+Ti+V:0.05
P275NL1	1.0488				0.025	0.008										
P275NL2	1.1104				0.020	0.005										
P355N	1.0562	0.18	0.50	1.10～1.70	0.025	0.010	0.020[9]	0.012	0.30[10]	0.30[10]	0.08[10]	0.05	0.50	0.03	0.10	Nb+Ti+V:0.12
P355NH	1.0565				0.025	0.010										
P355NL1	1.0566				0.025	0.008										
P355NL2	1.1106				0.020	0.005										
P460NH	1.8935	0.20	0.60	1.10～1.70	0.025	0.010	0.020[9]	0.025	0.30	0.70[11]	0.10	0.05	0.80	0.03	0.20	Nb+Ti+V:0.22
P460NL1	1.8915				0.025	0.008										
P460NL2	1.8918				0.020	0.005										
具有低温特性的镍合金钢(EN 10028-4—2017)[12]																
11MnNi5-3	1.6212	0.14	0.50	0.70～1.50	0.025	0.010	0.020					0.05	0.30～0.80[13]		0.05	
13MnNi6-3	1.6217	0.16	0.50	0.85～1.70	0.025	0.010	0.020					0.05	0.30～0.85[13]		0.05	
15NiMn6	1.6228	0.18	0.35	0.80～1.50	0.025	0.010							1.30～1.70		0.05	
12Ni14	1.5637	0.15	0.35	0.30～0.80	0.020	0.005							3.25～3.75		0.05	
X12Ni5	1.5680	0.15	0.35	0.30～0.80	0.020	0.005							4.75～5.25		0.05	
X8Ni9	1.5662	0.10	0.35	0.30～0.80	0.020	0.005					0.10		8.50～10.00		0.05	
X7Ni9	1.5663	0.10	0.35	0.30～0.80	0.015	0.005					0.10		8.50～10.00		0.01	
机械热轧可焊细粒钢(EN 10028-5—2017)[14,15]																
P355M	1.8821	0.14	0.50	1.60	0.025	0.010	0.020	0.015			0.20[16]	0.05[17,18]	0.50	0.05[17]	0.10[17]	[16]
P355ML1	1.8832				0.020	0.008										
P355ML2	1.8833				0.020	0.005										
P420M	1.8824	0.16	0.50	1.70	0.025	0.010	0.020	0.020			0.20[16]	0.05[17,18]	0.50	0.05[17]	0.10[17]	[16]
P420ML1	1.8835				0.020	0.008										
P420ML2	1.8828				0.020	0.005										
P460M	1.8826	0.16	0.60	1.70	0.025	0.010	0.020	0.020			0.20[16]	0.05[17,18]	0.50	0.05[17]	0.10[17]	[16]
P460ML1	1.8837				0.020	0.005										
P460ML2	1.8831				0.020	0.005										

续表

牌号	数字编号	化学成分/%（质量分数，非范围值或特殊注明者均为最大值）														
		C	Si	Mn	P	S	Al(最小值)	N	Cr	Cu	Mo	Nb	Ni	Ti	V	其他
淬火和回火可焊细粒钢(EN 10028-6—2009)																
牌号	数字编号	C	Si	Mn	P	S	N	B	Cr	Mo	Cu	Nb	Ni	Ti	V	Zr
P355Q	1.8866	0.16	0.40	1.50	0.025	0.010	0.015	0.005	0.30	0.25	0.30	0.05	0.50	0.03	0.06	0.05
P355QH	1.8867				0.025	0.010										
P355QL1	1.8868				0.020	0.008										
P355QL2	1.8869				0.020	0.005										
P460Q	1.8870	0.18	0.50	1.70	0.025	0.010	0.015	0.005	0.50	0.50	0.30	0.05	1.00	0.03	0.08	0.05
P460QH	1.8871				0.025	0.010										
P460QL1	1.8872				0.020	0.008										
P460QL2	1.8864				0.020	0.005										
P500Q	1.8873	0.18	0.60	1.70	0.025	0.01	0.015	0.005	1.00	0.70	0.30	0.05	1.50	0.05	0.08	0.15
P500QH	1.8874				0.025	0.010										
P500QL1	1.8875				0.020	0.008										
P500QL2	1.8865				0.020	0.005										
P690Q	1.8879	0.20	0.80	1.70	0.025	0.010	0.015	0.005	1.50	0.70	0.30	0.06	2.50	0.05	0.12	0.15
P690QH	1.8870				0.025	0.010										
P690QL1	1.8881				0.020	0.008										
P690QL2	1.8888				0.020	0.005										

① 最大铜含量或最大铜＋锡含量之和，由供需双方协商。
② 若产品厚度＜6mm 时，允许最小锰含量为 0.20%。
③ Al/N≥2 时适用。
④ 应检测铝的含量并给出检测报告。
⑤ 若对加压氢气的耐压性有要求时，供需双方应对铬含量最小为 0.80%达成一致。
⑥ 若产品厚度大于 150mm 时，供需双方应对碳含量最大为 0.17%达成一致。
⑦ 12CrMoV12-10 钢应添加 Ti＋B 或 Nb＋Ca，其含量为：Ti≥0.015%和 B≥0.001%；或 Nb≥0.015%且 Ca≥0.0005%。
⑧ 若产品厚度＜6mm 时，允许最小锰含量为 0.60%。
⑨ 若添加铌、钛、钒元素来固定氮，允许 Al_{total} 的含量低于最小值，若只有铝固定氮时，Al/N≥2 时适用。
⑩ 铬、铜、钼元素的质量分数之和不超过 0.45%。
⑪ 若铜的质量分数超过 0.30%，镍含量应至少为铜含量的一半。
⑫ 铬、铜、钼含量之和不超过 0.50%。
⑬ 若产品厚度≤40mm 时，允许镍最小含量为 0.15%。
⑭ 相对于最大碳含量，当碳含量减小 0.02%，锰含量增加 0.05%，锰含量可以超过规定值且最大为 2.00%。
⑮ 若存在足够的固氮元素，Al_{total} 的最小值不适用。
⑯ 铬、铜与钼之和不大于 0.60%。
⑰ 钒、铌和钛之和不超过 0.15%。
⑱ 若碳含量不大于 0.07%，允许铌的最大含量为 0.10%。在这种情况下，应采取必要措施防止低温或焊后热处理出现问题。

表 5-103 通用无缝环形钢管用钢的牌号及化学成分（EN 10297-1—2003）

牌号	数字编号	化学成分/%（质量分数，非范围值或特殊注明者均为最大值）													
		C	Si	Mn	P	S	Cr	Mo	Ni	Al(最小值)	Cu	N	Nb	Ti	V
E235	1.0308	0.17	0.35	1.20	0.030	0.035				0.010		0.020	0.07		0.08～0.15
E275	1.0225	0.21	0.35	1.40	0.030	0.035									
E315	1.0236	0.21	0.30	1.50	0.030	0.035									
E355	1.0580	0.22	0.55	1.60	0.030	0.035									
E470	1.0536	0.16～0.22	0.10～0.50	1.30～1.70	0.030	0.035									
E275K2	1.0456	0.20	0.40	0.50～1.40	0.030	0.030	0.30	0.10	0.30	0.020	0.35	0.015	0.05	0.03	0.05
E355K2	1.0920	0.20	0.50	0.90～1.65	0.030	0.030	0.30	0.10	0.50	0.020	0.35	0.015	0.05	0.05	0.12
E420J2[①]	1.0599	0.16～0.22	0.10～0.50	1.30～1.70	0.030	0.035	0.30	0.08	0.40	0.010	0.30	0.020	0.07	0.05	0.08～0.15
E460K2[①]	1.8891	0.20	0.60	1.00～1.70	0.030	0.030	0.30	0.10	0.80	0.020	0.70	0.025	0.05	0.05	0.20
E590K2[①]	1.0644	0.16～0.22	0.10～0.50	1.30～1.70	0.030	0.035	0.30	0.08	0.40	0.010	0.30	0.020	0.07	0.05	0.08～0.15
E730K2	1.8893	0.20	0.50	1.40～1.70	0.025	0.025	0.30	0.30～0.45	0.30～0.70	0.020	0.20	0.020	0.05	0.05	0.12
C22E[②]	1.1151	0.17～0.24	0.40	0.40～0.70	0.035	0.035	0.40	0.10	0.40						
C35E[②]	1.1181	0.32～0.39	0.40	0.50～0.80	0.035	0.035	0.40	0.10	0.40						
C45E[②]	1.1191	0.42～0.50	0.40	0.50～0.80	0.035	0.035	0.40	0.10	0.40						
C60E[②]	1.1221	0.57～0.65	0.40	0.60～0.90	0.035	0.035	0.40	0.10	0.40						
38Mn6[②]	1.1127	0.34～0.42	0.15～0.35	1.40～1.65	0.035	0.035									
41Cr4	1.7035	0.38～0.45	0.40	0.60～0.90	0.035	0.035	0.90～1.20								
25CrMo4	1.7218	0.22～0.29	0.40	0.60～0.90	0.035	0.035	0.90～1.20	0.15～0.30							
30CrMo4	1.7216	0.27～0.34	0.35	0.35～0.60	0.035	0.035	0.80～1.15	0.15～0.30							
34CrMo4	1.7220	0.30～0.37	0.40	0.60～0.90	0.035	0.035	0.90～1.20	0.15～0.30							
42CrMo4	1.7225	0.38～0.45	0.40	0.60～0.90	0.035	0.035	0.90～1.20	0.15～0.30							
36CrNiMo4	1.6511	0.32～0.40	0.40	0.50～0.80	0.035	0.035	0.90～1.20	0.15～0.30	0.90～1.20						
30CrNiMo8	1.6580	0.26～0.34	0.40	0.30～0.60	0.035	0.035	1.80～2.20	0.30～0.50	1.80～2.20						
41NiCrMo7-3-2	1.6563	0.38～0.44	0.30	0.60～0.90	0.025	0.025	0.70～0.90	0.15～0.30	1.65～2.00		0.25				

① Nb，V 的总量不超过 0.20%。

② Cr，Mo，Ni 的总量不超过 0.63%。

表 5-104　压力焊接钢管用钢的牌号及化学成分

牌　号	数字编号	化学成分/%（质量分数，非范围值或特殊注明者均为最大值）												
		C	Si	Mn	P	S	Cr	Mo	Ni	Al（最小值）	Cu	Nb	Ti	V	Cr+Cu+Mo+Ni
规定室温性能的非合金钢管（EN 10217-1—2019）															
P195TR1	1.0107	0.13	0.35	0.70	0.025	0.020	0.30	0.08	0.30		0.30	0.010	0.04	0.02	0.70
P195TR2	1.0108	0.13	0.35	0.70	0.025	0.020	0.30	0.08	0.30	0.02	0.30	0.010	0.04	0.02	0.70
P235TR1	1.0254	0.16	0.35	1.20	0.025	0.020	0.30	0.08	0.30		0.30	0.010	0.04	0.02	0.70
P235TR2	1.0255	0.16	0.35	1.20	0.025	0.020	0.30	0.08	0.30	0.02	0.30	0.010	0.04	0.02	0.70
P265TR1	1.0258	0.20	0.40	1.40	0.025	0.020	0.30	0.08	0.30		0.30	0.010	0.04	0.02	0.70
P265TR2	1.0259	0.20	0.40	1.40	0.025	0.020	0.30	0.08	0.30	0.02	0.30	0.010	0.04	0.02	0.70
规定高温性能的非合金钢管和合金电焊钢管（EN 10217-2—2019）															
P195GH①	1.0348	0.13	0.35	0.70	0.025	0.020	0.30	0.08	0.30	0.020	0.30	0.010	0.03	0.02	0.70
P235GH①	1.0345	0.16	0.35	1.20	0.025	0.020	0.30	0.08	0.30	0.020	0.30	0.010	0.03	0.02	0.70
P265GH①	1.0425	0.20	0.40	1.40	0.025	0.020	0.30	0.08	0.30	0.020	0.30	0.010	0.03	0.02	0.70
16Mo3	1.5415	0.12～0.20	0.35	0.40～0.90	0.025	0.020	0.30	0.25～0.35	0.30	0.040	0.30				
合金细晶粒钢管（EN 10217-3—2002）															
牌号	数字编号	C	Si	Mn	P	S	Cr	Mo	Ni	Al（最小值）	Cu	Nb	Ti	V	其他元素
P275NL1②	1.0488	0.16	0.40	0.50～1.50	0.025	0.020	0.30	0.08	0.50	0.020	0.30	0.05	0.03	0.05	Nb+Ti+V:0.05
P275NL2②	1.1104	0.16	0.40	0.50～1.50	0.025	0.015	0.30	0.08	0.50	0.020	0.30	0.05	0.03	0.05	Nb+Ti+V:0.05
P355N②	1.0562	0.20	0.50	0.90～1.70	0.025	0.020	0.30	0.08	0.50	0.020	0.30	0.05	0.03	0.10	Nb+Ti+V:0.12
P355NH②	1.0562	0.20	0.50	0.90～1.70	0.025	0.020	0.30	0.08	0.50	0.020	0.30	0.05	0.03	0.10	Nb+Ti+V:0.12
P355NL1②	1.0566	0.18	0.50	0.90～1.70	0.025	0.020	0.30	0.08	0.50	0.020	0.30	0.05	0.03	0.10	Nb+Ti+V:0.12
P355NL2②	1.1106	0.18	0.50	0.90～1.70	0.025	0.015	0.30	0.08	0.50	0.020	0.30	0.05	0.03	0.10	Nb+Ti+V:0.12
P460N	1.8905	0.20	0.60	1.00～1.70	0.025	0.020	0.30	0.10	0.80	0.020	0.70	0.05	0.03	0.20	Nb+Ti+V:0.22
P460NH	1.8935	0.20	0.60	1.00～1.70	0.025	0.020	0.30	0.10	0.80	0.020	0.70	0.05	0.03	0.20	Nb+Ti+V:0.22
P460NL1	1.8915	0.20	0.60	1.00～1.70	0.025	0.020	0.30	0.10	0.80	0.020	0.70	0.05	0.03	0.20	Nb+Ti+V:0.22
P460NL2	1.8918	0.20	0.60	1.00～1.70	0.025	0.015	0.30	0.10	0.80	0.020	0.70	0.05	0.03	0.20	Nb+Ti+V:0.22
规定低温性能的非合金和合金电焊钢管（EN 10217-4—2002）															
牌号	数字编号	C	Si	Mn	P	S	Cr	Mo	Ni	Al（最小值）	Cu	Nb	Ti	V	
P215NL	1.0451	0.15	0.35	0.40～1.20	0.02	0.020	0.30	0.08	0.30	0.020	0.30	0.010	0.03	0.02	
P265NL	1.0453	0.20	0.40	0.60～1.40	0.02	0.020	0.30	0.08	0.30	0.020	0.30	0.010	0.03	0.02	
规定高温特性的非合金和合金埋弧焊接钢管（EN 10217-5—2019）															
牌号	数字编号	C	Si	Mn	P	S	Cr	Mo	Ni	Al（最小值）	Cu	Nb	Ti	V	Cr+Cu+Mo+Ni
P235GH①	1.0345	0.16	0.35	1.20	0.025	0.020	0.30	0.08	0.30	0.020	0.30	0.010	0.03	0.02	0.70
P265GH①	1.0425	0.20	0.40	1.40	0.025	0.020	0.30	0.08	0.30	0.020	0.30	0.010	0.03	0.02	0.70
16Mo3	1.5415	0.12～0.20	0.35	0.40～0.90	0.025	0.020	0.30	0.25～0.35	0.30	0.040	0.30				
规定低温特性的非合金埋弧焊接钢管（EN 10217-6—2002）															
牌号	数字编号	C	Si	Mn	P	S	Cr	Mo	Ni	Al（最小值）	Cu	Nb	Ti	V	
P215NL①	1.0451	0.15	0.35	0.40～1.20	0.02	0.020	0.30	0.08	0.30	0.020	0.30	0.010	0.03	0.02	
P265NL①	1.0453	0.20	0.40	0.60～1.40	0.02	0.020	0.30	0.08	0.30	0.020	0.30	0.010	0.03	0.02	

① 当加入 Ti 时，应保证（Al+Ti/2）≥0.020%。

② Cr，Cu，Mo 三种元素之和应不超过 0.45%。

注：如无需方同意，除铸造需要外，表中未列出元素不得加入钢内，生产过程中应尽量避免会引起钢性能变化的杂质元素通过废料等途径进入钢内。

表 5-105 压力无缝钢管用钢的牌号及化学成分

牌号	数字编号	化学成分/%（非特别注明或范围值者均为最大值）													
		C	Si	Mn	P	S	Cr	Mo	Ni	Al	Cu②	N	Nb	Ti	V	其他
规定室温特性的非合金钢管（EN 10216-1—2013）																
P195TR1 P195TR2	1.0107 1.0108	0.13	0.35	0.70	0.025	0.020	0.30	0.08	0.30	 0.02	0.30		0.010	0.04	0.02	Cu+Cu+Mo+Ni：0.70
P235TR1 P235TR2	1.0254 1.0255	0.16	0.35	1.20	0.025	0.020	0.30	0.08	0.30	 0.02	0.30		0.010	0.04	0.02	
P265TR1 P265TR2	1.0258 1.0259	0.20	0.40	1.40	0.025	0.020	0.30	0.08	0.30	 0.02	0.30		0.010	0.04	0.02	
规定高温特性的非合金和合金钢管（EN 10216-2—2007）																
195GH	1.0348	0.13	0.35	0.70	0.025	0.020	0.30	0.08	0.30	0.020	0.30		0.010	0.040	0.02	
P235GH	1.0345	0.16	0.35	1.20	0.025	0.020	0.30	0.08	0.30	0.020	0.30		0.010	0.040	0.02	
P265GH	1.0425	0.20	0.40	1.40	0.025	0.020	0.30	0.08	0.30	0.020	0.30		0.010	0.040	0.02	
20MnNb6	1.0471	0.22	0.15～0.35	1.00～1.50	0.025	0.020				0.060	0.30		0.015～0.10			
16Mo3	1.5415	0.12～0.20	0.35	0.40～0.90	0.025	0.020	0.30	0.25～0.35	0.30	0.040	0.30					
8MoB5-4	1.5450	0.06～0.10	0.10～0.35	0.60～0.80	0.025	0.020	0.20	0.40～0.50		0.060	0.30			0.060		B：0.002～0.006
14MoV63	1.7715	0.10～0.15	0.15～0.35	0.40～0.70	0.025	0.020	0.30～0.60	0.50～0.70	0.30	0.040	0.30				0.22～0.28	
10CrMo5-5	1.7338	0.15	0.50～1.00	0.30～0.60	0.025	0.020	1.00～1.50	0.45～0.65	0.30	0.040	0.30					
13CrMo4-5	1.7335	0.10～0.17	0.35	0.40～0.70	0.025	0.020	0.70～1.15	0.40～0.60	0.30	0.040	0.30					
10CrMo9-10	1.7380	0.08～0.14	0.50	0.30～0.70	0.025	0.020	2.00～2.50	0.90～1.10	0.30	0.040	0.30					
11CrMo9-10	1.7383	0.08～0.15	0.50	0.40～0.80	0.025	0.020	2.00～2.50	0.90～1.10	0.30	0.040	0.30					
25CrMo4	1.7218	0.22～0.29	0.40	0.60～0.90	0.025	0.020	0.90～1.20	0.15～0.30	0.30	0.040	0.30					
20CrMoV13-5-5	1.7779	0.17～0.23	0.15～0.35	0.30～0.50	0.025	0.020	3.00～3.30	0.50～0.60	0.30	0.040	0.30				0.45～0.55	
15NiCuMoNb5-6-4	1.6368	0.17	0.25～0.50	0.80～1.20	0.025	0.020	0.30	0.25～0.50	1.00～1.30	0.050	0.50～0.80		0.015～0.045			
X11CrMo5	1.7362	0.08～0.15	0.15～0.50	0.30～0.60	0.025	0.020	4.00～6.00	0.45～0.65		0.040	0.30					
X11CrMo9-1	1.7386	0.08～0.15	0.25～1.00	0.30～0.60	0.025	0.020	8.00～10.00	0.90～1.10		0.040	0.30					
X10CrMoVNb9-1	1.4903	0.08～0.12	0.20～0.50	0.30～0.60	0.025	0.020	8.00～9.50	0.85～1.05	0.40	0.040	0.30	0.030～0.070	0.06～0.10		0.18～0.25	
X10CrWMoVNb9-2	1.4901	0.07～0.13	≤0.50	0.30～0.60	0.020	0.010	8.50～9.50	0.30～0.60	≤0.40	0.040		0.04～0.09			0.15～0.25	
X11CrMoWVNb9-1-1	1.4905	0.09～0.13	0.10～0.50	0.30～0.60	0.020	0.010	8.50～9.50	0.90～1.10	0.10～0.40	0.040	0.30	0.06～0.10			0.18～0.25	

续表

牌号	数字编号	化学成分/%（非特别注明或范围值者均为最大值）														
		C	Si	Mn	P	S	Cr	Mo	Ni	Al	Cu②	N	Nb	Ti	V	其他
规定高温特性的非合金和合金钢管（EN 10216-2—2007）																
X20CrMoV11-1	1.4922	0.17～0.23	0.15～0.50	1.00	0.025	0.020	10.00～12.50	0.80～1.20	0.30～0.80	0.040	0.30				0.25～0.35	
合金细晶粒钢管（EN 10216-3—2002）																
P275NL1①	1.0488	0.16	0.40	0.50～1.50	0.025	0.020	0.30	0.08	0.50	0.020	0.30	0.020	0.05	0.040	0.05	0.05
P275NL2①	1.1104					0.015										
P355M①	1.0562	0.20	0.50	0.90～1.70	0.025	0.020	0.30	0.08	0.50	0.020	0.30	0.020	0.05	0.040	0.10	0.12
P355NH①	1.0565															
P355NL1①	1.1106	0.18	0.50	0.90～1.70	0.025	0.020	0.30	0.08	0.50	0.020	0.30	0.020	0.05	0.040	0.10	0.12
P355NL2①	1.0566					0.015										
P460N	1.8905	0.20	0.60	1.00～1.70	0.025	0.020	0.30	0.10	0.80	0.020	0.70	0.020	0.05	0.040	0.20	0.22
P460NH①	1.8935															
P460NL1	1.8915															
P460NL2	1.8918	0.20	0.60	1.00～1.70	0.025	0.015	0.30	0.10	0.80	0.020	0.70	0.020	0.05	0.040	0.20	0.22
P620Q	1.8876	0.20	0.60	1.00～1.70	0.025	0.020	0.30	0.10	0.80	0.020	0.30	0.020	0.05	0.040	0.20	0.22
P620QH	1.8877															
P620QL	1.8890	0.20	0.60	1.00～1.70	0.025	0.015	0.30	0.10	0.80	0.020	0.30	0.020	0.05	0.040	0.20	0.22
P690Q	1.8879	0.20	0.80	1.20～1.70	0.025	0.015	1.50	0.70	2.50	0.020	0.30	0.015	0.06	0.05	0.12	
P690QH	1.8880															
P690QL1	1.8881															
P690QL2	1.8888	0.20	0.80	1.20～1.70	0.020	0.010	1.50	0.70	2.50	0.020	0.30	0.015	0.06	0.05	0.12	
规定低温特性的非合金和合金钢管（EN 10216-4—2014）③																
P215NL	1.0451	0.15	0.35	0.40～1.20	0.025	0.020	0.30	0.08	0.30	0.020	0.30		0.010	0.040	0.02	
P255QL	1.0452	0.17	0.35	0.40～1.20	0.025	0.020	0.30	0.08	0.30	0.020	0.30		0.010	0.040	0.02	
P265NL	1.0453	0.20	0.40	0.60～1.40	0.025	0.020	0.30	0.08	0.30	0.020	0.30		0.010	0.040	0.02	
26CrMo4-2	1.7219	0.22～0.29	0.35	0.50～0.80	0.025	0.020	0.90～1.20	0.15～0.30			0.30					
11MnNi5-3	1.6212	0.15	0.50	0.70～1.50	0.025	0.015			0.30～0.80	0.020	0.30		0.05		0.05	
13MnNi6-3	1.6217	0.16	0.50	0.85～1.70	0.025	0.015			0.30～0.85	0.020	0.30		0.05		0.05	
12Ni14	1.5637	0.15	0.15～0.35	0.30～0.80	0.025	0.010			3.25～3.75		0.30				0.05	
X12Ni5	1.5680	0.15	0.35	0.30～0.80	0.020	0.010			4.50～5.30		0.30				0.05	
X10Ni9	1.5682	0.13	0.15～0.35	0.30～0.80	0.020	0.010		0.10	8.50～9.50		0.30				0.05	

① Cr，Cu，Mo 三种元素之和应不超过 0.45%。

② 当 Cu 含量超过 0.30%时，Ni 含量至少应达到 Cu 的一半。

③ 当产品厚度小于 10mm 时，Ni 含量可允许降低到不低于 0.15%。

注：如无需方同意，除铸造需要外，表中未列出元素不得加入钢内，生产过程中应尽量避免会引起钢性能变化的杂质元素通过废料等途径进入钢内。

表 5-106 一般工程用焊接圆钢管的牌号及化学成分（EN 10296-1—2003）

牌号	数字编号	化学成分/%（质量分数，非范围值或特殊注明者均为最大值）													
		C	Si	Mn	P	S	Al	N	Cr	Cu	Mo	Nb	Ni	Ti	V
E155	1.0033	0.11	0.35	0.70	0.045	0.045									
E190①	1.0031	0.10	0.35	0.70	0.045	0.045									
E195	1.0034	0.15	0.35	0.70	0.045	0.045									
E220①	1.0215	0.14	0.35	0.70	0.045	0.045									
E235	1.0308	0.17	0.35	1.20	0.045	0.045									
E260①	1.0220	0.16	0.35	1.20	0.045	0.045									
E275	1.0225	0.21	0.35	1.40	0.045	0.045									
E320①	1.0237	0.20	0.35	1.40	0.045	0.045									
E355	1.0580	0.22	0.55	1.60	0.045	0.045									
E370①	1.0261	0.21	0.55	1.60	0.045	0.045									
E275K②	1.0456	0.20	0.40	0.50～1.40	0.035	0.030	0.020	0.015	0.30	0.35	0.10	0.050	0.30	0.03	0.05
E355K②	1.0920	0.20	0.50	0.90～1.65	0.035	0.030	0.020	0.015	0.30	0.35	0.10	0.050	0.50	0.03	0.12
E460K②	1.8891	0.20	0.30	1.00～1.70	0.035	0.030	0.020	0.025	0.30	0.70	0.10	0.050	0.80	0.03	0.20
E275M③	1.8895	0.13	0.50	1.50	0.035	0.030	0.020	0.020			0.20	0.050	0.30	0.050	0.08
E355M③	1.8896	0.14	0.50	1.50	0.035	0.030	0.020	0.020			0.20	0.050	0.30	0.050	0.10
E420M③	1.8897	0.16	0.50	1.70	0.035	0.030	0.020	0.020			0.20	0.050	0.30	0.050	0.12
E460M③	1.8898	0.16	0.60	1.70	0.035	0.030	0.020	0.025			0.20	0.050	0.30	0.050	0.12

① 当产品壁厚大于 6mm 时，C 含量应增加 0.01%。
② 当 Cu 含量大于 0.330%时，Ni 含量至少应达到 Cu 的一半。
③ Cr，Cu，Mo 的总量应不超过 0.60%。

表 5-107 结构钢热轧产品的牌号及化学成分（EN 10025—2004，EN 10155—1993）

牌号	数字编号	化学成分/%（质量分数，非范围值或特殊注明者均为最大值）													
		C	Si	Mn	P	S	Nb	V	Al（最小值）	Ti	Cr	Ni	Mo	Cu	N
S235JRG2	1.0122	0.17		1.40	0.045	0.045									0.009
E295GC	1.0533				0.045	0.045									0.009
E335GC	1.0543				0.045	0.045									0.009
S355J2G3C	1.0569	0.20	0.55	1.60	0.035	0.035									0.009
S275N	1.0490	0.20	0.45	0.45～1.60	0.035①	0.030①	0.06	0.07	0.015	0.06	0.35	0.35	0.13	0.60	0.017
S275NL	1.0491	0.18			0.030①	0.025①									
S355N	1.0545	0.22	0.55	0.85～1.75	0.035①	0.030①	0.06	0.14	0.015	0.06	0.35	0.55	0.13	0.60	0.017
S355NL	1.0546	0.20			0.030①	0.025①									
S420N	1.8902	0.22	0.65	0.95～1.80	0.035①	0.030①	0.06	0.22	0.015	0.06	0.35	0.85	0.13	0.60	0.027
S420NL	1.8912				0.030①	0.025①									
S460N②	1.8901	0.22	0.65	0.95～1.80	0.035①	0.030①	0.06	0.22	0.015	0.06	0.35	0.85	0.13	0.60	0.027
S460NL②	1.8903				0.030①	0.025①									
S275M	1.8818	0.13③	0.50	1.50	0.030	0.025	0.05	0.08	0.02	0.05	0.30	0.30	0.10	0.55	0.015
S275ML	1.8819				0.025	0.020									
S355M	1.8823	0.14③	0.50	1.60	0.030	0.025	0.05	0.10	0.02	0.05	0.30	0.50	0.10	0.55	0.015
S355ML	1.8834				0.025	0.020									
S420M	1.8825	0.16③	0.50	1.70	0.030	0.025	0.05	0.12	0.02	0.05	0.30	0.80	0.20	0.55	0.025
S420ML	1.8836				0.025	0.020									
S460M	1.8827	0.16③	0.60	1.70	0.030	0.025	0.05	0.12	0.02	0.05	0.30	0.80	0.20	0.55	0.025
S460ML	1.8838				0.025	0.020									
S235J0W④	1.8958	0.13	0.40	0.20～0.60	0.035	0.035	0.009				0.40～0.80	0.65		0.25～0.55	
S235J2W④	1.8961					0.030									
S355J0WP④	1.8945	0.12	0.75	1.0	0.06～0.15	0.035	0.009				0.30～1.25	0.65		0.25～0.55	
S355J2WP④	1.8946					0.030									

续表

牌　号	数字编号	化学成分/%（质量分数，非范围值或特殊注明者均为最大值）													
		C	Si	Mn	P	S	Nb	V	Al(最小值)	Ti	Cr	Ni	Mo	Cu	N
S355J0W④	1.8959	0.16	0.50	0.50～1.50	0.035	0.035	0.009				0.40～0.80	0.65	0.30	0.25～0.55	
S355J2G1W	1.8963	Zr:0.15			0.030	0.030									
S355J2G2W④	1.8965														
S355K2G2W	1.8966														
S355K2G2W④	1.8967														
S460Q	1.8908	0.20	0.80	1.70	0.025	0.015	0.06	0.12		0.05	1.50	2.0	0.70	0.50	0.015
S460QL	1.8906	B:0.0050			0.020	0.010									
S460QL1	1.8916	Zr:0.15			0.020	0.010									
S500Q	1.8924	0.20	0.80	1.70	0.025	0.015	0.06	0.12		0.05	1.50	2.0	0.70	0.50	0.015
S500QL	1.8909	B:0.0050			0.020	0.010									
S500QL1	1.8984	Zr:0.15			0.020	0.010									
S550Q	1.8904	0.20	0.80	1.70	0.025	0.015	0.06	0.12		0.05	1.50	2.0	0.70	0.50	0.015
S550QL	1.8926	B:0.0050			0.020	0.010									
S550QL1	1.8986	Zr:0.15			0.020	0.010									
S620Q	1.8914	0.20	0.80	1.70	0.025	0.015	0.06	0.12		0.05	1.50	2.0	0.70	0.50	0.015
S620QL	1.8927	B:0.0050			0.020	0.010									
S620QL1	1.8987	Zr:0.15			0.020	0.010									
S690Q	1.8931	0.20	0.80	1.70	0.025	0.015	0.06	0.12		0.05	1.50	2.0	0.70	0.50	0.015
S690QL	1.8928	B:0.0050			0.020	0.010									
S690QL1	1.8988	Zr:0.15			0.020	0.010									
S890Q	1.8940	0.20	0.80	1.70	0.025	0.015	0.06	0.12		0.05	1.50	2.0	0.70	0.50	0.015
S890QL	1.8983	B:0.0050			0.020	0.010									
S890QL1	1.8925	Zr:0.15			0.020	0.010									
S960Q	1.8941	0.20 B:0.0050	0.80	1.70	0.025	0.015	0.06	0.12		0.05	1.50	2.0	0.70	0.50	0.015
S960QL	1.8933	Zr:0.15			0.020	0.010									
S235JR⑤	1.0038	d≤40:0.19 d>40:0.23		1.50	0.045	0.045								0.60	0.014
S235J0	1.0114	0.19		1.50	0.040	0.040								0.60	0.014
S235J2	1.0117				0.035	0.035									
S275JR⑤	1.0044	d≤40:0.24 d>40:0.25		1.60	0.045	0.045								0.60	0.014
S275J0	1.0143	0.21⑥		1.60	0.040	0.040								0.60	0.014
S275J2	1.0145				0.035	0.035									
S355JR	1.0045	0.27	0.60	1.70	0.045	0.045								0.60	0.014
S355J0⑤	1.0553	d≤30:0.23	0.60	1.70	0.040	0.040								0.60	0.014
S355J2⑤	1.0577	d>30:0.24													
S355K2⑤	1.0596				0.035	0.035									
S450J0⑤,⑦	1.0590	d≤30:0.23 d>30:0.24	0.60	1.80	0.040	0.040								0.60	0.027

① 长材中 P 和 S 含量可提高 0.005%。

② V+Nb+Ti≤0.26%，Mo+Cr≤0.38%。

③ 长材中，S275 中 C 含量允许为 0.15%，S355 中 C 含量允许为 0.16%，S420 和 S460 中 C 含量允许为 0.18%。

④ 该钢种中至少应含有下列元素中的一种：Al　0.020%，Nb　0.015%～0.060%，V　0.02%～0.12%，Ti　0.02%～0.10%。如果含有多种，那么至少应有一种的分量达到给出范围。

⑤ d 为产品公称厚度/mm。

⑥ 如产品用于冷轧成形，则 C 含量最大为 0.24%。

⑦ 该钢种只适用于长材。

表 5-108　一般工程用途的敞口钢模锻件用钢的牌号及化学成分（EN 10250—1999）

牌　号	数字编号	化学成分/%(质量分数,非范围值或特殊注明者均为最大值)										
		C[①]	Si	Mn	P	S	Cr	Mo	Ni	V	Cr+Mo+Ni	Al(最小值)
S235JRG2	1.0038	0.20[②]	0.55	1.40	0.045	0.040	0.30	0.08	0.30		0.48	0.020
S235J2G3	1.0116	0.17[②]	0.55	1.40	0.035	0.035	0.30	0.08	0.30		0.48	0.020
S355J2G3	1.0570	0.22[②]	0.55	1.60	0.035	0.035	0.30	0.08	0.30		0.48	0.020
C22	1.0402	0.17～0.24	0.40	0.40～0.70	0.045	0.045	0.40	0.10	0.40		0.63	
C25	1.0406	0.22～0.29			0.045	0.045						
C25E	1.1158	0.22～0.29			0.035	0.035						
C30	1.0528	0.27～0.34	0.40	0.50～0.80	0.045	0.045	0.40	0.10	0.40		0.63	
C35	1.0501	0.32～0.39			0.045	0.045						
C35E	1.1181	0.32～0.39			0.035	0.035						
C40	1.0511	0.37～0.44	0.40	0.50～0.80	0.045	0.045	0.40	0.10	0.40		0.63	
C45	1.0503	0.42～0.50			0.045	0.045						
C45E	1.1191	0.42～0.50			0.035	0.035						
C50	1.0540	0.47～0.55	0.40	0.60～0.90	0.045	0.045	0.40	0.10	0.40		0.63	
C55	1.0535	0.52～0.60			0.045	0.045						
C55E	1.1203	0.52～0.60			0.035	0.035						
C60	1.0601	0.57～0.65	0.40	0.60～0.90	0.045	0.045	0.40	0.10	0.40		0.63	
C60E	1.1221				0.035	0.035						
28Mn6	1.1170	0.25～0.32	0.40	1.30～1.65	0.035	0.035	0.40	0.10	0.40		0.63	
20Mn5	1.1133	0.17～0.23	0.40	1.00～1.50	0.035	0.035	0.40	0.10	0.40		0.63	0.020
38Cr2	1.7003	0.35～0.42	0.40	0.50～0.80	0.035	0.035	0.40～0.60					
46Cr2	1.7006	0.42～0.50	0.40	0.50～0.80	0.035	0.035	0.40～0.60					
34Cr4	1.7033	0.30～0.37	0.40	0.60～0.90	0.035	0.035	0.90～1.20					
37Cr4	1.7034	0.34～0.41	0.40	0.60～0.90	0.035	0.035	0.90～1.20					
41Cr4	1.7035	0.38～0.45	0.40	0.60～0.90	0.035	0.035	0.90～1.20					
25CrMo4	1.7218	0.22～0.29	0.40	0.60～0.90	0.035	0.035	0.90～1.20	0.15～0.30				
34CrMo4	1.7220	0.30～0.37	0.40	0.60～0.90	0.035	0.035	0.90～1.20	0.15～0.30				
42CrMo4	1.7225	0.38～0.45	0.40	0.60～0.90	0.035	0.035	0.90～1.20	0.15～0.30				
50CrMo4	1.7228	0.46～0.54	0.40	0.50～0.80	0.035	0.035	0.90～1.20	0.15～0.30				
36CrNiMo4	1.6511	0.32～0.40	0.40	0.50～0.80	0.035	0.035	0.90～1.20	0.15～0.30	0.90～1.20			
34CrNiMo6	1.6582	0.30～0.38	0.40	0.50～0.80	0.035	0.035	1.30～1.70	0.15～0.30	1.30～1.70			
30CrNiMo8	1.6580	0.26～0.34	0.40	0.30～0.60	0.035	0.035	1.80～2.20	0.30～0.50	1.80～2.20			
36NiCrMo16	1.6773	0.32～0.39	0.40	0.30～0.60	0.035	0.035	1.60～2.00	0.25～0.45	3.60～4.10			
51CrV4	1.8159	0.47～0.55	0.40	0.70～1.10	0.035	0.035	0.90～1.20			0.10～0.25		
33NiCrMoV14-5	1.6956	0.28～0.38	0.40	0.15～0.40	0.035	0.035	1.00～1.70	0.30～0.60	2.90～3.80	0.08～0.25		
40CrMoV13-9	1.8523	0.35～0.45	0.15～0.40	0.40～0.70	0.035	0.035	3.00～3.50	0.80～1.10		0.15～0.25		
18CrMo4	1.7243	0.15～0.21	0.40	0.60～0.90	0.035	0.035	0.90～1.20	0.15～0.25				
20MnMoNi4-5	1.6311	0.17～0.23	0.40	1.00～1.50	0.035	0.035	0.50	0.45～0.60	0.40～0.80			
30CrMoV9	1.7707	0.26～0.34	0.40	0.40～0.70	0.035	0.035	2.30～2.70	0.15～0.25	0.60	0.10～0.20		
32CrMo12	1.7361	0.28～0.35	0.40	0.40～0.70	0.035	0.035	2.80～3.30	0.30～0.50	0.60			
28NiCrMoV8-5	1.6932	0.24～0.32	0.40	0.15～0.40	0.035	0.035	1.00～1.50	0.35～0.55	1.80～2.10	0.05～0.15		

①当锻件等效直径或厚度大于 100mm 时，C 含量应由供需双方协商决定。

②产品横截面较大时，Ni 含量允许为最大 1.00%。

注：如无需方同意，除铸造需要外，表中未列出元素不得加入钢内，生产过程中应尽量避免会引起钢性能变化的杂质元素通过废料等途径进入钢内。

5.2.2 结构钢的力学性能

表 5-109 调质用非合金结构钢调质处理后的力学性能（EN 10083-2—2006）

牌号	数字编号	力学性能(非范围值或特殊注明者均为最小值)[①]											
		$d\leqslant16$mm,$t\leqslant8$mm[②]				16mm<$d\leqslant$40mm, 8mm<$t\leqslant$20mm[②]				40mm<$d\leqslant$100mm,20mm<$t\leqslant$60mm[②]			
		R_e/MPa	R_m/MPa	A/%	Z/%	R_e/MPa	R_m/MPa	A/%	Z/%	R_e/MPa	R_m/MPa	A/%	Z/%
优质钢													
C35	1.0501	430	630～780	17	40	380	600～750	19	45	320	550～700	20	50
C40	1.0511	460	650～800	16	35	400	630～780	18	40	350	600～750	19	45
C45	1.0503	490	700～850	14	35	430	650～800	16	40	370	630～780	17	45
C55	1.0535	550	800～950	12	30	490	750～900	14	35	420	700～850	15	40
C60	1.0601	580	850～1000	11	25	520	800～950	13	30	450	750～900	14	35
特殊钢													
C22E C22R	1.1151 1.1149	340	500～650	20	50	290	470～620	22	50				
C35E C35R	1.1181 1.1180	430	630～780	17	40	380	600～750	19	45	320	550～700	20	50
C40E C40R	1.1186 1.1189	460	650～800	16	35	400	630～780	18	40	350	600～750	19	45
C45E C45R	1.1201 1.1241	490	700～850	14	35	430	650～800	16	40	370	630～780	17	45
C50E C50R	1.1206 1.1241	520	750～900	13	30	460	700～850	15	35	400	650～800	16	40
C55E C55R	1.1203 1.1209	550	800～950	12	30	490	750～900	14	35	420	700～850	15	40
C60E C60R	1.1221 1.1223	580	850～1000	11	25	520	800～950	13	30	450	750～900	14	35
28Mn6	1.1170	590	800～950	13	40	490	700～850	15	45	440	650～800	16	50

① R_e—屈服强度，如无屈服现象则取 0.2%保证强度 $R_{P0.2}$；R_m—抗拉强度；A—断后伸长率；Z—断面收缩率。
② d—圆形截面直径；t—平板产品厚度。

表 5-110 调质用合金结构钢调质处理后的力学性能（EN 10083-3—2006）

牌 号	数字编号	产品尺寸[②]	力学性能(非范围值或特殊注明者均为最小值)[①]			
			R_e/MPa	R_m/MPa	A/%	Z/%
38Cr2	1.7003	$d\leqslant16$mm,$t\leqslant8$mm 16mm<$d\leqslant$40mm,8mm<$t\leqslant$20mm 40mm<$d\leqslant$100mm,20mm<$t\leqslant$60mm	550 450 350	800～950 700～850 600～750	14 15 17	35 40 45
46Cr2	1.7006	$d\leqslant16$mm,$t\leqslant8$mm 16mm<$d\leqslant$40mm,8mm<$t\leqslant$20mm 40mm<$d\leqslant$100mm,20mm<$t\leqslant$60mm	650 550 400	900～1100 800～950 650～800	12 14 15	35 40 45
34Cr4 34CrS4	1.7033 1.7037	$d\leqslant16$mm,$t\leqslant8$mm 16mm<$d\leqslant$40mm,8mm<$t\leqslant$20mm 40mm<$d\leqslant$100mm,20mm<$t\leqslant$60mm	700 590 460	900～1100 800～950 700～850	12 14 15	35 40 45
37Cr4 37CrS4	1.7034 1.7038	$d\leqslant16$mm,$t\leqslant8$mm 16mm<$d\leqslant$40mm,8mm<$t\leqslant$20mm 40mm<$d\leqslant$100mm,20mm<$t\leqslant$60mm	750 630 510	950～1150 850～1000 750～900	11 13 14	35 40 40
41Cr4 41CrS4	1.7035 1.7039	$d\leqslant16$mm,$t\leqslant8$mm 16mm<$d\leqslant$40mm,8mm<$t\leqslant$20mm 40mm<$d\leqslant$100mm,20mm<$t\leqslant$60mm	800 660 560	1000～1200 900～1100 800～950	11 12 14	30 35 40
25CrMo4 25CrMoS4	1.7218 1.7213	$d\leqslant16$mm,$t\leqslant8$mm 16mm<$d\leqslant$40mm,8mm<$t\leqslant$20mm 40mm<$d\leqslant$100mm,20mm<$t\leqslant$60mm 100mm<$d\leqslant$160mm,60mm<$t\leqslant$100mm	700 600 450 400	900～1100 800～950 700～850 650～800	12 14 15 16	50 55 60 60
34CrMo4 34CrMoS4	1.7220 1.7226	$d\leqslant16$mm,$t\leqslant8$mm 16mm<$d\leqslant$40mm,8mm<$t\leqslant$20mm 40mm<$d\leqslant$100mm,20mm<$t\leqslant$60mm 100mm<$d\leqslant$160mm,60mm<$t\leqslant$100mm 160mm<$d\leqslant$250mm,100mm<$t\leqslant$160mm	800 650 550 500 450	1000～1200 900～1100 800～950 750～900 700～850	11 12 14 15 15	45 50 55 55 60

续表

牌　号	数字编号	产品尺寸[②]	力学性能(非范围值或特殊注明者均为最小值)[①]			
			R_e/MPa	R_m/MPa	A/%	Z/%
42CrMo4 42CrMoS4	1.7225 1.7227	d≤16mm,t≤8mm 16mm<d≤40mm,8mm<t≤20mm 40mm<d≤100mm,20mm<t≤60mm 100mm<d≤160mm,60mm<t≤100mm 160mm<d≤250mm,100mm<t≤160mm	900 750 650 550 500	1100～1300 1000～1200 900～1100 800～950 750～900	10 11 12 13 14	40 45 50 50 55
50CrMo4	1.7228	d≤16mm,t≤8mm 16mm<d≤40mm,8mm<t≤20mm 40mm<d≤100mm,20mm<t≤60mm 100mm<d≤160mm,60mm<t≤100mm 160mm<d≤250mm,100mm<t≤160mm	900 780 700 650 550	1100～1300 1000～1200 900～1100 850～1000 800～950	9 10 12 13 13	40 45 50 50 50
34CrNiMo6	1.6582	d≤16mm,t≤8mm 16mm<d≤40mm,8mm<t≤20mm 40mm<d≤100mm,20mm<t≤60mm 100mm<d≤160mm,60mm<t≤100mm 160mm<d≤250mm,100mm<t≤160mm	1000 900 800 700 600	1200～1400 1100～1300 1000～1200 900～1100 800～950	9 10 11 12 13	40 45 50 55 55
30CrNiMo8	1.6580	d≤16mm,t≤8mm 16mm<d≤40mm,8mm<t≤20mm 40mm<d≤100mm,20mm<t≤60mm 100mm<d≤160mm,60mm<t≤100mm 160mm<d≤250mm,100mm<t≤160mm	1050 1050 900 800 700	1250～1450 1250～1450 1000～1300 1000～1200 900～1100	9 9 10 11 12	40 40 45 50 50
35NiCr6	1.5815	d≤16mm,t≤8mm 16mm<d≤40mm,8mm<t≤20mm 40mm<d≤100mm,20mm<t≤60mm	740 740 640	880～1080 880～1080 780～980	12 14 15	40 40 40
36NiCrMo16	1.6773	d≤16mm,t≤8mm 16mm<d≤40mm,8mm<t≤20mm 40mm<d≤100mm,20mm<t≤60mm 100mm<d≤160mm,60mm<t≤100mm 160mm<d≤250mm,100mm<t≤160mm	1050 1050 900 800 800	1250～1450 1250～1450 1000～1300 1000～1200 1000～1200	9 9 10 11 11	40 40 45 50 50
39NiCrMo3	1.6510	d≤16mm,t≤8mm 16mm<d≤40mm,8mm<t≤20mm 40mm<d≤100mm,20mm<t≤60mm 100mm<d≤160mm,60mm<t≤100mm 160mm<d≤250mm,100mm<t≤160mm	785 735 685 635 540	980～1180 930～1130 880～1080 830～980 740～880	11 11 12 12 13	40 40 45 50 50
30NiCrMo16-6	1.6747	d≤16mm,t≤8mm 16mm<d≤40mm,8mm<t≤20mm 40mm<d≤100mm,20mm<t≤60mm 100mm<d≤160mm,60mm<t≤100mm 160mm<d≤250mm,100mm<t≤160mm	880 880 880 790 880	1080～1230 1080～1230 1080～1230 900～1050 900～1050	10 10 10 11 11	45 45 45 50 50
51CrV4	1.8159	d≤16mm,t≤8mm 16mm<d≤40mm,8mm<t≤20mm 40mm<d≤100mm,20mm<t≤60mm 100mm<d≤160mm,60mm<t≤100mm 160mm<d≤250mm,100mm<t≤160mm	900 800 700 650 600	1100～1300 1000～1200 900～1100 850～1000 800～950	9 10 12 13 13	40 45 50 50 50
20MnB5	1.5530	d≤16mm,t≤8mm 16mm<d≤40mm,8mm<t≤20mm	700 600	900～1050 750～900	14 15	55 55
30MnB5	1.5531	d≤16mm,t≤8mm 16mm<d≤40mm,8mm<t≤20mm	800 650	950～1150 800～950	13 13	50 50
38MnB5	1.5532	d≤16mm,t≤8mm 16mm<d≤40mm,8mm<t≤20mm	900 700	1050～1250 850～1050	12 12	50 50
27MnCrB5-2	1.7182	d≤16mm,t≤8mm 16mm<d≤40mm,8mm<t≤20mm 40mm<d≤60mm,20mm<t≤40mm	800 750 700	1000～1250 900～1150 800～1000	14 14 15	55 55 55
33MnCrB5-2	1.7185	d≤16mm,t≤8mm 16mm<d≤40mm,8mm<t≤20mm 40mm<d≤60mm,20mm<t≤40mm	850 800 750	1050～1300 950～1200 900～1100	13 13 13	50 50 50
39MnCrB6-2	1.7189	d≤16mm,t≤8mm 16mm<d≤40mm,8mm<t≤20mm 40mm<d≤60mm,20mm<t≤40mm	900 850 800	1100～1350 1050～1250 1000～1200	12 12 12	50 50 50

① R_e—上屈服强度，如无屈服现象则取0.2%保证强度$R_{P0.2}$；R_m—抗拉强度；A—断后伸长率；Z—断面收缩率。
② d—圆形截面直径；t—平板产品厚度。

表 5-111 H 等级表面硬化钢的淬透性（EN 10084—2008）

牌号	数字编号	范围	距淬火端距离为下列处(mm)的硬度(HRC)												
			1.5	3	5	7	9	11	13	15	20	25	30	35	40
17Cr3＋H	1.7016＋H	最大	47	44	40	33	29	27	25	24	23	21	—	—	—
17CrS3＋H	1.7014＋H	最小	39	35	25	20	—	—	—	—	—	—	—	—	—
28Cr4＋H	1.7030＋H	最大	53	52	51	49	45	42	39	36	33	30	29	28	27
28CrS4＋H	1.7036＋H	最小	45	43	39	29	25	22	20	—	—	—	—	—	—
16MnCr5＋H	1.7131＋H	最大	47	46	44	41	39	37	35	33	31	30	29	28	27
16MnCrS5＋H	1.7139＋H	最小	39	36	31	28	24	21	—	—	—	—	—	—	—
16MnCrB5＋H	1.7160＋H	最大	47	46	44	41	39	37	35	33	31	30	29	28	27
		最小	39	38	31	28	24	21	—	—	—	—	—	—	—
20MnCr5＋H	1.7147＋H	最大	49	49	48	46	43	42	41	39	37	35	34	33	32
20MnCrS5＋H	1.7149＋H	最小	41	39	36	33	30	28	26	25	23	21	—	—	—
18CrMo4＋H	1.7243＋H	最大	47	46	45	42	39	37	35	34	31	29	28	27	26
18CrMoS4＋H	1.7244＋H	最小	39	37	34	30	27	24	22	21	—	—	—	—	—
22CrMoS3-5＋H	1.7333＋H	最大	50	49	48	47	45	43	41	40	37	35	34	33	32
		最小	42	41	37	33	31	28	26	25	23	22	21	20	—
20MoCr3＋H	1.7320＋H	最大	49	47	45	40	35	32	31	30	28	26	25	24	23
20MoCrS3＋H	1.7319＋H	最小	41	38	34	28	22	20	—	—	—	—	—	—	—
20MoCr4＋H	1.7321＋H	最大	49	47	44	41	38	35	33	31	28	26	25	24	24
20MoCrS4＋H	1.7323＋H	最小	41	37	31	27	24	22	—	—	—	—	—	—	—
16NiCr4＋H	1.5714＋H	最大	47	46	44	42	40	38	36	34	32	30	29	28	28
16NiCrS4＋H	1.5715＋H	最小	39	36	33	29	27	25	23	22	20	—	—	—	—
10NiCr5-4＋H	1.5805＋H	最大	41	39	37	34	32	30	—	—	—	—	—	—	—
		最小	32	27	24	22	—	—	—	—	—	—	—	—	—
18NiCr5-4＋H	1.5810＋H	最大	49	48	46	44	42	39	37	36	34	32	31	31	30
		最小	41	39	35	32	29	27	25	24	21	20	—	—	—
17CrNi6-6＋H	1.5918＋H	最大	47	47	46	45	43	42	41	39	37	35	34	34	33
		最小	39	38	36	35	32	30	28	26	24	22	21	20	20
15NiCr13＋H	1.5752＋H	最大	48	48	48	47	45	44	42	41	38	35	34	34	33
		最小	41	41	41	40	38	36	33	30	24	22	22	21	21
20NiCrMo2-2＋H	1.6523＋H	最大	49	48	45	42	36	33	31	30	27	25	24	24	23
20NiCrMoS2-2＋H	1.6526＋H	最小	41	37	31	25	22	20	—	—	—	—	—	—	—
17NiCrMo6-4＋H	1.6566＋H	最大	48	48	47	46	45	44	42	41	38	36	35	34	33
17NiCrMoS6-4＋H	1.6569＋H	最小	40	40	37	34	30	28	27	26	24	23	22	21	—
20NiCrMoS6-4＋H	1.6571＋H	最大	49	49	48	48	47	47	46	44	41	39	38	37	36
		最小	41	40	39	38	33	30	28	26	23	21	—	—	—
18CrNiMo7-6＋H	1.6587＋H	最大	48	48	48	48	47	47	46	46	44	43	42	41	41
		最小	40	40	39	38	37	36	35	34	32	31	30	29	29
14NiCrMo13-4＋H	1.6657＋H	最大	47	47	46	46	46	46	46	45	43	42	40	39	38
		最小	39	39	37	36	36	36	35	33	31	30	28	27	26
20NiCrMo13-4＋H	1.6660＋H	最大	53	52	52	51	51	51	51	51	51	50	50	50	49
		最小	43	42	42	41	41	41	41	41	41	40	40	40	39

表 5-112 HH 等级与 HL 等级表面硬化钢的淬透性（EN 10084—2008）

牌号	数字编号	范围	距淬火端距离为下列处(mm)的硬度(HRC)												
			1.5	3	5	7	9	11	13	15	20	25	30	35	40
17Cr3＋HH	1.7016＋HH	最大	47	44	40	33	29	27	25	24	23	21	—	—	—
17CrS3＋HH	1.7014＋HH	最小	42	38	30	24	20	—	—	—	—	—	—	—	—
17Cr3＋HL	1.7016＋HL	最大	44	41	35	29	25	23	21	20	—	—	—	—	—
17CrS3＋HL	1.7014＋HL	最小	39	35	25	20	—	—	—	—	—	—	—	—	—
28Cr4＋HH	1.7030＋HH	最大	53	52	51	49	45	42	39	36	33	30	29	28	27
28CrS4＋HH	1.7038＋HH	最小	48	46	43	36	32	29	26	23	20	—	—	—	—
28Cr4＋HL	1.7030＋HL	最大	50	49	47	42	38	35	33	30	27	24	23	22	21
28CrS4＋HL	1.7036＋HL	最小	45	43	39	29	25	22	20	—	—	—	—	—	—
16MnCr5＋HH	1.7131＋HH	最大	47	46	44	41	39	37	35	33	31	30	29	28	27
16MnCrS5＋HH	1.7139＋HH	最小	42	39	35	32	29	26	24	22	20	—	—	—	—
16MnCr5＋HL	1.7131＋HL	最大	44	43	40	37	34	32	30	28	26	25	24	23	22
16MnCrS5＋HL	1.7139＋HL	最小	39	38	31	28	24	21	—	—	—	—	—	—	—
16MnCrB5＋HH	1.7160＋HH	最大	47	46	44	41	39	37	35	33	31	30	29	28	27
		最小	42	39	35	32	29	26	24	22	20	—	—	—	—
16MnCrB5＋HL	1.7160＋HL	最大	44	43	40	37	34	32	30	28	26	25	24	23	22
		最小	39	36	31	28	24	21	—	—	—	—	—	—	—
20MnCr5＋HH	1.7147＋HH	最大	49	49	48	46	43	42	41	39	37	35	34	33	32
20MnCrS5＋HH	1.7149＋HH	最小	44	42	40	37	34	33	31	30	28	26	25	24	23
20MnCr5＋HL	1.7147＋HL	最大	46	46	44	42	39	37	36	34	32	30	29	28	27
20MnCrS5＋HL	1.7149＋HL	最小	41	39	36	33	30	28	26	25	23	21	—	—	—
18CrMo4＋HH	1.7243＋HH	最大	47	46	45	42	39	37	35	34	31	29	28	27	26
18CrMoS4＋HH	1.7244＋HH	最小	42	40	38	34	31	28	26	25	22	20	—	—	—
18CrMo4＋HL	1.7243＋HL	最大	44	43	41	38	35	33	31	30	27	25	24	23	22
18CrMoS4＋HL	1.7244＋HL	最小	39	37	34	30	27	24	22	21	—	—	—	—	—
22CrMoS3-5＋HH	1.7333＋HH	最大	50	49	48	47	45	43	41	40	37	35	34	33	32
		最小	45	44	41	38	36	33	31	30	28	26	25	24	23
22CrMoS3-5＋HL	1.7333＋HL	最大	47	46	44	42	40	38	36	35	32	31	30	29	28
		最小	42	41	37	33	31	28	26	25	23	22	21	20	—
20MoCr3＋HH	1.7320＋HH	最大	49	47	45	40	35	32	31	30	28	26	25	24	23
20MoCrS3＋HH	1.7319＋HH	最小	44	41	38	32	26	24	23	22	20	—	—	—	—
20MoCr3＋HL	1.7320＋HL	最大	48	44	41	36	31	28	27	26	24	22	21	20	—
20MoCrS3＋HL	1.7319＋HL	最小	41	38	34	28	22	20	—	—	—	—	—	—	—
20MoCr4＋HH	1.7321＋HH	最大	49	47	44	41	38	35	33	31	28	26	25	24	24
20MoCrS4＋HH	1.7323＋HH	最小	44	40	35	32	29	26	24	22	—	—	—	—	—
20MoCr4＋HL	1.7321＋HL	最大	46	44	40	36	33	31	29	27	24	22	21	20	20
20MoCrS4＋HL	1.7323＋HL	最小	41	37	31	27	24	22	—	—	—	—	—	—	—
16NiCr4＋HH	1.5714＋HH	最大	47	46	44	42	40	38	36	34	32	30	29	28	28
16NiCrS4＋HH	1.5715＋HH	最小	42	39	37	33	31	29	27	26	24	22	21	20	20

续表

牌号	数字编号	范围	距淬火端距离为下列处(mm)的硬度(HRC)												
			1.5	3	5	7	9	11	13	15	20	25	30	35	40
16NiCr4＋HL	1.5714＋HL	最大	44	43	40	38	36	34	32	30	28	26	25	24	24
16NiCrS4＋HL	1.5715＋HL	最小	39	36	33	29	27	25	23	22	20	—	—	—	—
10NiCr5-4＋HH	1.505＋HH	最大	41	39	37	34	32	30	—	—	—	—	—	—	—
		最小	33	29	26	24	21	20	—	—	—	—	—	—	—
10NiCr5-4＋HL	1.5805＋HL	最大	38	35	32	30	27	25	—	—	—	—	—	—	—
		最小	32	27	24	22	—	—	—	—	—	—	—	—	—
18NiCr5-4＋HH	1.5810＋HH	最大	49	48	46	44	42	39	37	36	34	32	31	31	30
		最小	44	42	39	36	33	31	29	28	25	24	23	23	22
18NiCr5-4＋HL	1.5810＋HL	最大	46	45	42	40	38	35	33	32	30	28	27	27	26
		最小	41	39	35	32	29	27	25	24	21	20	—	—	—
17CrNi6-6＋HH	1.5918＋HH	最大	47	47	46	45	43	42	41	39	37	35	34	34	33
		最小	42	41	39	38	36	34	32	30	28	26	25	25	24
17CrNi6-6＋HL	1.5918＋HL	最大	44	44	43	42	39	38	37	35	33	31	30	29	29
		最小	39	38	36	35	32	30	28	26	24	22	21	20	20
15NiCr13＋HH	1.5752＋HH	最大	48	48	48	47	45	44	42	41	38	35	34	34	33
		最小	43	43	43	42	40	39	36	34	29	26	26	25	25
15NiCr13＋HL	1.5752＋HL	最大	46	46	46	45	43	41	38	37	33	31	30	30	29
		最小	41	41	41	40	38	36	33	30	24	22	22	21	21
20NiCrMo2-2＋HH	1.6523＋HH	最大	49	48	45	42	36	33	31	30	27	25	24	24	23
20NiCrMoS2-2＋HH	1.6526＋HH	最小	44	41	36	31	27	24	22	21	—	—	—	—	—
20NiCrMo2-2＋HL	1.6523＋HL	最大	46	44	40	36	31	29	27	26	23	21	20	20	—
20NiCrMoS2-2＋HL	1.6526＋HL	最小	41	37	31	25	22	20	—	—	—	—	—	—	—
17NiCrMo6-4＋HH	1.6568＋HH	最大	48	48	47	46	45	44	42	41	38	36	35	34	33
17NiCrMoS6-4＋HH	1.6569＋HL	最小	43	43	40	38	35	33	32	31	29	27	26	25	24
17NiCrMo6-4＋HL	1.6566＋HL	最大	45	45	44	42	40	39	37	36	33	32	31	30	29
17NiCrMoS6-4＋HL	1.6569＋HL	最小	40	40	37	34	30	28	27	26	24	23	22	21	—
20NiCrMoS6-4＋HH	1.6571＋HH	最大	49	49	48	48	47	47	46	44	41	39	38	37	36
		最小	44	43	42	40	38	36	34	32	29	27	26	25	24
20NiCrMoS6-4＋HL	1.6571＋HL	最大	46	46	45	44	42	41	40	38	35	33	32	31	30
		最小	41	40	39	36	33	30	28	26	23	21	—	—	—
18CrNiMo7-6＋HH	1.6587＋HH	最大	48	48	48	48	47	47	46	46	44	43	42	41	41
		最小	43	43	42	41	40	40	39	38	36	35	34	33	33
18CrNiMo7-6＋HL	1.6587＋HL	最大	45	45	45	45	44	43	42	42	40	39	38	37	37
		最小	40	40	39	38	37	36	35	34	32	31	30	29	29
14NiCrMo13-4＋HH	1.6657＋HH	最大	47	47	46	46	46	46	46	45	43	42	40	39	38
		最小	42	42	40	39	39	39	39	37	35	34	32	31	30

续表

牌号	数字编号	范围	距淬火端距离为下列处(mm)的硬度(HRC)												
			1.5	3	5	7	9	11	13	15	20	25	30	35	40
14NiCrMo13-4+HL	1.6657+HL	最大	44	44	43	43	43	43	42	41	39	38	36	35	34
		最小	39	39	37	36	36	36	35	33	31	30	28	27	26
20NiCrMo13-4+HH	1.6660+HH	最大	53	52	52	51	51	51	51	51	51	50	50	50	49
		最小	44	44	44	43	43	43	43	43	43	42	42	42	41
20NiCrMo13-4+HL	1.6660+HL	最大	50	50	50	49	49	49	49	49	49	48	48	48	47
		最小	43	42	42	41	41	41	41	41	41	40	40	40	39

表 5-113 氮化钢的力学性能（EN 10085—2001）

牌号	数字编号	力学性能(非范围值或特殊注明者均为最小值)[①]											
		16mm≤d≤40mm[②]			40mm≤d≤100mm[②]			100mm≤d≤160mm[②]			160mm≤d≤250mm[②]		
		R_e /MPa	R_m /MPa	A /%	R_e /MPa	R_m /MPa	A /%	R_e /MPa	R_m /MPa	A /%	R_e /MPa	R_m /MPa	A /%
24CrMo13-6	1.8516	800	1000～1200	10	750	950～1150	11	700	900～1100	12	650	850～1050	13
31CrMo12	1.8515	835	1030～1230	10	785	980～1180	11	735	930～1130	12	675	880～1080	12
32CrCrAlMo7-10	1.8505	835	1030～1230	10	835	980～1180	10	735	930～1130	12	675	880～1080	12
31CrMoV9	1.8519	900	1100～1300	9	800	1000～1200	10	700	900～1100	11	650	850～1050	12
33CrMoV12-9	1.8522	950	1150～1350	11	850	1050～1250	12	750	950～1150	12	700	900～1100	13
34CrAlNi7-10	1.8550	680	900～1100	10	650	850～1050	12	600	800～1000	13	600	800～1000	13
41CrAlMo7-10	1.8509	750	950～1150	11	720	900～1100	13	670	850～1050	14	625	800～1000	15
40CrMoV13-9	1.8523	750	950～1150	11	720	900～1100	13	700	870～1070	14	625	800～1000	15
34CrAlMo5-10[③]	1.8507	600	800～1100	14	600	800～1000	14						

① R_e—上屈服强度，如无屈服现象则取 0.2%保证强度 $R_{P0.2}$；R_m—抗拉强度；A—断后伸长率。

② d—厚度。

③ 此钢种适用厚度不超过 70mm。

表 5-114 非热处理钢和表面硬化钢的力学性能（EN 10087—1998）

牌号	数字编号	直径 d/mm	硬度(HB)[①,②]	抗拉强度[①]
非热处理钢				
11SMn30 11SMnPb30 11SMn37 11SMnPb37	1.0715 1.0718 1.0736 1.0737	5～10 10～16 16～40 40～63 63～100	 112～169 109～169 107～154	380～570 380～570 380～570 370～570 360～520
自由切割钢				
10S20 10SPb20	1.0721 1.0722	5～10 10～16 16～40 40～63 63～100	 107～156 107～156 105～146	360～530 360～530 360～530 360～530 350～490
15SMn13	1.0725	5～10 10～16 16～40 40～63 63～100	 128～178 128～172 125～160	430～610 430～600 430～600 430～580 420～540

① 如有冲突，以抗拉强度值为准。

② 硬度值仅供参考。

表 5-115　淬火钢的力学性能（EN 10087—1998）

牌　号	数字编号	直径 d/mm	未热处理		淬火加回火[③]		
			硬度(HB)[①,②]	抗拉强度[①]	R_e/MPa	R_m/MPa	A/%
35S20 35SPb20	1.0726 1.0756	5～10		550～720	430	630～780	15
		10～16		550～700	430	630～780	15
		16～40	154～201	520～680	380	600～750	16
		40～63	154～198	520～670	320	550～700	17
		63～100	149～193	500～650	320	550～700	17
36SMn14 36SMnPb14	1.0764 1.0765	5～10		580～770	480	700～850	14
		10～16		580～770	460	700～850	14
		16～40	166～222	560～750	420	670～820	15
		40～63	166～219	560～740	400	640～790	16
		63～100	163～219	550～740	360	570～720	17
38SMn28 38SMnPb28	1.0760 1.0761	5～10		580～780	480	700～850	15
		10～16		580～750	460	700～850	15
		16～40	166～216	560～730	420	700～850	15
		40～63	166～216	560～730	400	700～850	16
		63～100	163～207	550～700	380	630～800	16
44SMn28 44SMnPb28	1.0762 1.0763	5～10		630～900	480	700～850	16
		10～16		630～850	460	700～850	16
		16～40	187～242	630～820	420	700～850	16
		40～63	184～235	620～790	410	700～850	16
		63～100	181～231	610～780	400	700～850	16
46S20 46SPb20	1.0727 1.0757	5～10		590～800	490	700～850	12
		10～16		590～780	490	700～850	12
		16～40	175～225	590～760	430	650～800	13
		40～63	172～216	580～730	370	630～780	14
		63～100	166～211	560～710	370	630～780	14

① 如有冲突，以抗拉强度值为准。

② 硬度值仅供参考。

③ R_e—上屈服强度，如无屈服现象则取 0.2%保证强度 $R_{P0.2}$；R_m—抗拉强度；A—断后伸长率。

表 5-116　表面硬化钢的热处理工艺（EN 10087—1998）

牌　号	数字编号	渗碳温度/℃	型芯硬化温度/℃	表面硬化温度/℃	淬火介质	回火温度/℃
10S20 10SPb20 15SMn13	1.0721 1.0722 1.0725	880～980	880～920	780～820	水,油,乳剂	150～200

注：1.表中给出温度数据仅供参考，具体热处理温度需根据性能要求决定。

2.回火时间参考值为最低 1h。

表 5-117　淬火钢的热处理工艺（EN 10087—1998）

牌　号	数字编号	淬火温度/℃[②]	淬火介质	回火温度/℃[①]	牌　号	数字编号	淬火温度/℃[②]	淬火介质	回火温度/℃[①]
35S20 35SPb20	1.0726 1.0756	860～890	水,油	540～680	44SMn28 44SMnPb28	1.0762 1.0763	840～870	油,水	540～680
36SMn14 36SMnPb14	1.0764 1.0765	850～880	水,油	540～680	46S20 46SPb20	1.0727 1.0757	840～870	油,水	540～680
38SMn28 38SMnPb28	1.0760 1.0761	850～880	水,油	540～680					

① 回火时间参考值：最低 1h。

② 奥氏体化时间参考值：最低 0.5h。

注：表中给出温度数据仅供参考，具体热处理温度需根据性能要求决定。

表 5-118 弹簧用热轧钢的淬透性（EN 10089—2002）

牌号	数字编号	状态	顶端淬火实验硬化温度/℃	距淬火端距离为下列处(mm)的硬度(HRC)														
				1.5	3	5	7	9	11	13	15	20	25	30	35	40	45	50
38Si7	1.5023	+H	880±5	54～61	48～58	38～51	31～44	27～40	24～37	21～34	19～32	29	27	26	25	25	25	24
46Si7	1.5024	+H	880±5	56～63	50～60	40～53	33～46	29～42	26～39	23～36	21～34	31	29	28	27	27	26	25
56Si7	1.5026	+H	850±5	57～65	55～62	49～60	43～57	37～54	34～50	32～46	31～42	28～39	27～37	26～36	26～35	25～34	25～34	24～33
55Cr3	1.7176	+H	850±5	57～67	56～67	55～66	54～65	52～64	48～63	43～62	39～61	32～57	30～53	28～49	26～46	25～43	24～41	23～40
60Cr3	1.7177	+H	850±5	57～66	57～66	57～66	56～65	56～65	55～65	53～65	50～64	40～64	33～63	30～63	29～62	29～62	28～61	28～60
54SiCr6	1.7102	+H	850±5	57～67	56～66	55～66	50～65	44～65	40～64	37～64	35～63	32～59	30～55	28～49	26～44	25～40	24～37	24～35
56SiCr7	1.7106	+H	850±5	60～65	58～65	55～64	50～63	44～62	40～60	37～57	35～54	31～47	30～42	28～39	26～37	25～36	24～36	24～35
61SiCr7	1.7108	+H	850±5	60～68	59～68	57～67	54～65	49～63	46～61	42～60	39～58	35～51	32～46	31～43	30～41	29～39	28～39	28～38
51CrV4	1.8159	+H	850±5	57～65	56～65	55～64	54～64	53～63	51～63	50～63	48～62	44～62	41～62	37～61	35～60	34～60	33～59	32～58
45SiCrV6-2	1.8151	+H	880±5	55～65	54～64	53～63	49～62	45～60	42～58	39～57	37～55	33～52	31～49	29～47	27～45	26～43	25～41	25～40
54SiCrV6	1.8152	+H	860±5	57～67	56～66	55～65	50～63	44～62	40～60	37～57	35～55	32～47	30～43	28～40	26～38	25～37	24～36	24～35
60SiCrV7	1.8153	+H	860±5	50～66	59～65	57～65	54～64	59～63	45～61	42～59	39～57	35～51	32～46	31～42	30～40	29～38	28～38	28～37
46SiCrMo6	1.8062	+H	880±5	55～63	53～63	53～63	52～62	50～61	48～61	47～60	45～59	42～57	39～54	37～52	35～50	34～49	33～49	33～48
50SiCrMo6	1.8063	+H	890±5	57～65	56～65	56～64	55～64	55～64	54～64	54～63	53～63	52～63	51～62	49～61	47～64	45～60	44～60	43～59
52SiCrNi5	1.7117	+H	860±5	56～63	56～63	55～63	55～62	54～62	53～62	52～61	51～61	47～60	42～59	38～57	35～56	33～54	31～51	30～49
52CrMoV4	1.7701	+H	850±5	57～67	56～67	56～67	55～67	53～67	52～67	51～67	50～67	48～66	47～66	46～66	46～65	45～65	44～65	44～64
60CrMo3-1	1.7239	+H	850±5	57～66	57～66	57～66	56～65	56～65	56～65	54～65	53～64	50～64	43～63	36～63	32～62	30～62	30～61	30～60
60CrMo3-2	1.7240			57～66	57～66	57～66	57～66	57～66	56～65	56～65	56～65	56～65	54～64	51～64	46～64	43～64	39～64	36～64
60CrMo3-3	1.7241			57～66	57～66	57～66	57～66	57～66	56～65	56～65	56～65	56～65	55～64	55～64	53～64	53～64	52～64	50～64

表 5-119　不同热处理条件下弹簧用热轧钢的硬度条件（EN 10089—2002）

牌　号	数字编号	最大硬度(HB)		
		改善剪切性能处理+S	软退火+A	球化退火+AC
38Si7	1.5023	280	217	200
46Si7	1.5024	280	248	230
56Si7	1.5026	280	248	230
55Cr3	1.7176	280	248	230
60Cr3	1.7177	280	248	230
54SiCr6	1.7102	280	248	230
56SiCr7	1.7106	280	248	230
61SiCr7	1.7108	280	248	230
51CrV4	1.8159	280	248	230
45SiCrV6-2	1.8151	280	248	230
54SiCrV6	1.8152	280	248	230
60SiCrV7	1.8153	280	248	230
46SiCrMo6	1.8062	280	248	230
50SiCrMo6	1.8063	280	248	230
52SiCrNi5	1.7117	280	248	230
52CrMoV4	1.7701	280	248	230
60CrMo3-1 60CrMo3-2 60CrMo3-3	1.7239 1.7240 1.7241	280	248	230

表 5-120　热处理用冷轧弹簧钢条的力学性能（EN 10132-4—2003）

牌　号	数字编号	供货状态							
		退火或退火加表面平整				冷　轧①		淬火加回火②	
		$R_{P0.2}$/MPa	R_m/MPa	A_{80}/%	硬度(HV)	R_m/MPa	硬度(HV)	R_m/MPa	硬度(HV)
C55S	1.1204	480	600	17	185	1070	300	1100～1700	340～520
C60S	1.1211	495	620	17	195	1100	305	1150～1750	345～530
C67S	1.1231	510	640	16	200	1140	315	1200～1900	370～580
C75S	1.1248	510	640	15	200	1170	320	1200～1900	370～580
C85S	1.1269	535	670	15	210	1190	325	1200～2000	370～600
C90S	1.1217	545	680	14	215	1200	325	1200～2100	370～600
C100S	1.1274	550	690	13	220	1200	325	1200～2100	370～630
C125S	1.1224	600	740	11	230	1200	325	1200～2100	370～630
48Si7	1.5021	580	720	13	225			1200～1700	370～520
56Si7	1.5026	600	740	12	230			1200～1700	370～520
51CrV4	1.8159	550	700	13	220			1200～1800	370～550
80CrV2	1.2235	580	720	12	225			1200～1800	370～550
75Ni8	1.5634	540	680	13	210			1200～1800	370～550
125Cr2	1.2002	590	750	11	235			1300～2100	405～630
102Cr6	1.2067	590	750	11	235			1300～2100	405～630

① 对冷轧产品而言，其性能允许偏差范围为：R_m—150MPa。

② 对淬火和回火产品而言，其性能允许偏差范围为：R_m—150MPa。

注：表中性能数据适用厚度范围：0.30～3.00mm，大于此厚度的其性能由供需双方协商决定。

表 5-121 规定高温性能的压力容器用热轧可焊钢棒的力学性能（EN 10273—2016）

牌 号	数字编号	供货状态①	直径或厚度②/mm	屈服强度 R_{eH}④/MPa(最小)	抗拉强度 R_m/MPa	伸长率 A/%(纵向)(最小)
P235GH	1.0345	+N	≤16	235	360～480	25
			16～40	225	360～480	25
			40～60	215	360～480	25
			60～100	200	360～480	24
			100～150	185	350～480	24
P250GH	1.0460	+N	≤50	250	410～540	25
			50～100	240	410～540	25
			100～150	230	410～540	25
P265GH	1.0425	+N	≤16	265	410～530	23
			16～40	255	410～530	23
			40～60	245	410～530	23
			60～100	215	410～530	22
			100～150	200	400～530	22
P295GH	1.0481	+N	≤16	295	460～580	22
			16～40	290	460～580	22
			40～60	285	460～580	22
			60～100	260	460～580	21
			100～150	235	440～570	21
P355GH	1.0473	+N	≤16	355	510～650	21
			16～40	345	510～650	21
			40～60	335	510～650	21
			60～100	315	490～630	20
			100～150	295	480～630	20
P275NH	1.0487	+N	≤16	275	390～510	24
			16～35	275	390～510	24
			35～50	265	390～510	24
			50～70	255	390～510	24
			70～100	235	370～490	23
			100～150	225	350～470	23
P355NH	1.0565	+N	≤16	355	490～630	22
			16～35	355	490～630	22
			35～50	345	490～630	22
			50～70	325	490～630	22
			70～100	315	470～610	21
			100～150	295	450～590	21
P460NH	1.8935	+N	≤16	460	570～720	17
			16～35	450	570～720	17
			35～50	440	570～720	17
			50～70	420	570～720	17
			70～100	400	540～710	16
			100～150	380	520～690	16
P355QH	1.8867	+QT	≤50	355	490～630	22
			50～100	335	490～630	22
			100～150	315	450～590	22
P460QH	1.8871	+QT	≤50	460	550～720	19
			50～100	440	550～720	19
			100～150	400	500～670	19
P500QH	1.8874	+QT	≤50	500	590～770	17
			50～100	480	590～770	17
			100～150	440	540～720	17
P690QH	1.8880	+QT	≤50	690	770～940	14
			50～100	670	770～940	14
			100～150	630	720～900	14

续表

牌 号	数字编号	供货状态[1]	直径或厚度[2]/mm	屈服强度 R_{eH}[4] /MPa(最小)	抗拉强度 R_m/MPa	伸长率 A/%(纵向)(最小)
16Mo3	1.5415	+N[3]	≤16	275	440～590	24
			16～40	270	440～590	24
			40～60	260	440～590	23
			60～100	240	430～580	22
			100～150	220	420～570	19
13CrMo4-5	1.7335	+NT	≤16	300	450～600	20
		+NT	16～60	295	450～600	20
		+NT/QA/QL	60～100	275	440～590	19
		+QL	100～150	255	430～580	19
10CrMo9-10	1.7380	+NT	≤16	310	480～630	18
		+NT	16～40	300	480～630	18
		+NT	40～60	290	480～630	18
		+NT/QA/QL	60～100	270	470～620	17
		+NT/QA/QL	100～150	250	460～610	17
11CrMo9-10	1.7383	+NT/QA/QL	≤60	310	520～670	18
		+QL	60～100	310	520～670	17

① +N—正火，+QT—淬火加回火，+NT—正火加回火，+QA—空冷淬火加回火，+QL—液冷淬火加回火。
② 尺寸大于 150mm 的产品力学性能由供需双方协商决定。
③ 这种钢允许以+NT 状态供货。
④ 若上屈服强度（R_{eH}）没有给出时，可以用 0.2%屈服强度代替（$R_{P0.2}$），在此情况下，允许比 $R_{P0.2}$ 低 10MPa。

表 5-122 规定高温特性的非合金钢和合金钢的横向力学性能（EN 10028-2—2017）

牌 号	数字编号	供货状态[1]	厚度 t/mm	室温的拉伸性能 屈服强度 R_{eH}/MPa(最小)	抗拉强度 R_m/MPa	断后伸长率 A/%(最小)	冲击功/J(最小) −20℃	0℃	+20℃
P235GH	1.0345	+N	≤16	235	360～480	24	27	34	40
			16<t≤40	225					
			40<t≤60	215					
			60<t≤100	200					
			100<t≤150	185	350～480				
			150<t≤250	170	340～480				
P265GH	1.0425	+N	≤16	265	410～530	22	27	34	40
			16<t≤40	255					
			40<t≤60	245					
			60<t≤100	215					
			100<t≤150	200	400～530				
			150<t≤250	185	390～530				
P295GH	1.0481	+N	≤16	295	460～580	21	27	34	40
			16<t≤40	290					
			40<t≤60	285					
			60<t≤100	260					
			100<t≤150	235	440～570				
			150<t≤250	220	430～570				

续表

牌号	数字编号	供货状态[①]	厚度 t/mm	室温的拉伸性能			冲击功/J(最小)		
				屈服强度 R_{eH}/MPa（最小）	抗拉强度 R_m/MPa	断后伸长率 A/%（最小）	−20℃	0℃	+20℃
P355GH	1.0473	+N	≤16	355	510～650	20	27	34	40
			16<t≤40	345					
			40<t≤60	335					
			60<t≤100	315	490～630				
			100<t≤150	295	480～630				
			150<t≤250	280	470～630				
16Mo3	1.5415	+N	≤16	275	440～590	22	—	—	31
			16<t≤40	270					
			40<t≤60	260					
			60<t≤100	240	430～580				
			100<t≤150	220	420～570				
			150<t≤250	210	410～570				
18MnMo4-5	1.5414	+NT	≤60	345	510～650	20	27	34	40
			60<t≤150	325					
		+QT	150<t≤250	310	480～620				
20MnMoNi4-5	1.6311	+QT	≤40	470	590～750	18	27	40	50
			40<t≤60	460	590～730				
			60<t≤100	450	570～710				
			100<t≤150	440					
			150<t≤250	400	560～700				
15NiCuMoNb5-6-4	1.6368	+NT	≤40	460	610～780	16	27	34	40
			40<t≤60	440					
			60<t≤100	430	600～760				
		+NT 或+QT	100<t≤150	420	590～740				
		+QT	150<t≤200	410	580～740				
13CrMo4-5	1.7335	+NT	≤16	300	450～600	19	—	—	31
			16<t≤60	290					
			60<t≤100	270	440～590		—	—	27
		+NT 或+QT	100<t≤150	255	430～580				
		+QT	150<t≤250	245	420～570				
13CrMoSi5-5	1.7336	+NT	≤60	310	510～690	20	—	27	34
			60<t≤100	300	480～660				
		+QT	≤60	400	510～690		27	34	40
			60<t≤100	390	500～680				
			100<t≤250	380	490～670				

续表

牌号	数字编号	供货状态①	厚度 t/mm	室温的拉伸性能			冲击功/J(最小)		
				屈服强度 R_{eH}/MPa（最小）	抗拉强度 R_m/MPa	断后伸长率 A/%（最小）	−20℃	0℃	+20℃
10CrMo9-10	1.7380	+NT	≤16	310	480～630	18	—	—	31
			16<t≤40	300					
			40<t≤60	290					
		+NT 或 +QT	60<t≤100	280	470～620	17	—	—	27
		+QT	100<t≤150	260	460～610				
			150<t≤250	250	450～600				
12CrMo9-10	1.7375	+NT 或 +QT	≤250	355	540～690	18	27	40	70
X12CrMo5	1.7362	+NT	≤60	320	510～690	20	27	34	40
			60<t≤150	300	480～660				
		+QT	150<t≤250	300	450～630				
13CrMoV9-10	1.7703	+NT	≤60	455	600～780	18	27	34	40
			60<t≤150	435	590～770				
		+QT	150<t≤250	415	580～760				
12CrMoV12-10	1.7767	+NT	≤60	455	600～780	18	27	34	40
			60<t≤150	435	590～770				
		+QT	150<t≤250	415	580～760				
X10CrMoVNb9-1	1.4903	+NT	≤60	445	580～760	18	27	34	40
			60<t≤150	435	550～730				
		+QT	150<t≤250	435	520～700				

① 产品厚度达到 250mm 以上时，产品性能由供需双方协商确定（12CrMo9-10 和 15NiCuMoNb5-6-4 除外）。

表 5-123 高温下的屈服强度（EN 10028-2—2017）

牌号	数字编号	厚度 t/mm	最小的 0.2% 的屈服强度 $R_{P0.2}$/MPa									
			温度/℃									
			50	100	150	200	250	300	350	400	450	500
P235GH	1.0345	≤16	227	214	198	182	167	153	142	133	—	—
		16<t≤40	218	205	190	174	160	147	136	128	—	—
		40<t≤60	208	196	181	167	153	140	130	122	—	—
		60<t≤100	193	182	169	155	142	130	121	114	—	—
		100<t≤150	179	168	156	143	131	121	112	105	—	—
		150<t≤250	164	155	143	132	121	111	103	97	—	—
P265GH	1.0425	≤16	256	241	223	205	188	173	160	150	—	—
		16<t≤40	247	232	215	197	181	166	154	145	—	—
		40<t≤60	237	223	206	190	174	160	148	139	—	—
		60<t≤100	208	196	181	167	153	140	130	122	—	—
		100<t≤150	193	182	169	155	142	130	121	114	—	—
		150<t≤250	179	168	156	143	131	121	112	105	—	—

续表

牌　号	数字编号	厚度 t/mm	最小的 0.2%的屈服强度 $R_{P0.2}$/MPa									
			温度/℃									
			50	100	150	200	250	300	350	400	450	500
P295GH	1.0481	≤16	285	268	249	228	209	192	178	167	—	—
		16＜t≤40	280	264	244	225	206	189	175	165	—	—
		40＜t≤60	276	259	240	221	202	186	172	162	—	—
		60＜t≤100	251	237	219	201	184	170	157	148	—	—
		100＜t≤150	227	214	198	182	167	153	142	133	—	—
		150＜t≤250	213	200	185	170	156	144	133	125	—	—
P355GH	1.0473	≤16	343	323	299	275	252	232	214	202	—	—
		16＜t≤40	334	314	291	267	245	225	208	196	—	—
		40＜t≤60	324	305	282	259	238	219	202	190	—	—
		60＜t≤100	305	287	265	244	224	206	190	179	—	—
		100＜t≤150	285	268	249	228	209	192	178	167	—	—
		150＜t≤250	271	255	236	217	199	183	169	159	—	—
16Mo3	1.5415	≤16	273	264	250	233	213	194	175	159	147	141
		16＜t≤40	268	259	245	228	209	190	172	156	145	139
		40＜t≤60	258	250	236	220	202	183	165	150	139	134
		60＜t≤100	238	230	218	203	186	169	153	139	129	123
		100＜t≤150	218	211	200	186	171	155	140	127	118	113
		150＜t≤250	208	202	191	178	163	148	134	121	113	108
18MnMo4-5	1.5414	≤60	330	320	315	310	295	285	265	235	215	—
		60＜t≤150	320	310	305	300	285	275	255	225	205	—
		150＜t≤250	310	300	295	290	275	265	245	220	200	—
20MnMoNi4-5	1.6311	≤40	460	448	439	432	424	415	402	384	—	—
		40＜t≤60	450	438	430	423	415	406	394	375	—	—
		60＜t≤100	441	429	420	413	406	398	385	367	—	—
		100＜t≤150	431	419	411	404	397	389	377	359	—	—
		150＜t≤250	392	381	374	367	361	353	342	327	—	—
15NiCuMoNb5-6-4	1.6368	≤40	447	429	415	403	391	380	366	351	331	—
		40＜t≤60	427	410	397	385	374	363	350	335	317	—
		60＜t≤100	418	401	388	377	366	355	342	328	309	—
		100＜t≤150	408	392	379	368	357	347	335	320	302	—
		150＜t≤200	398	382	370	359	349	338	327	313	295	—
13CrMo4-5	1.7335	≤16	294	285	269	252	234	216	200	186	175	164
		16＜t≤60	285	275	260	243	226	209	194	180	169	159
		60＜t≤100	265	256	242	227	210	195	180	168	157	148
		100＜t≤150	250	242	229	214	199	184	170	159	148	139
		150＜t≤250	235	223	215	211	199	184	170	159	148	139

续表

牌　号	数字编号	厚度 t/mm	最小的0.2%的屈服强度 $R_{P0.2}$/MPa									
			温度/℃									
			50	100	150	200	250	300	350	400	450	500
13CrMoSi5-5＋NT	1.7336＋NT	≤60	299	283	268	255	244	233	223	218	206	—
		60＜t≤100	289	274	260	247	236	225	216	211	199	—
13CrMoSi5-5＋QT	1.7336＋QT	≤60	384	364	352	344	339	335	330	322	309	—
		60＜t≤100	375	355	343	335	330	327	322	314	301	—
		100＜t≤250	365	346	334	326	322	318	314	306	293	—
10CrMo9-10	1.7380	≤16	288	266	254	248	243	236	225	212	197	185
		16＜t≤40	279	257	246	240	235	228	218	205	191	179
		40＜t≤60	270	249	238	232	227	221	211	198	185	173
		60＜t≤100	260	240	230	224	220	213	204	191	178	167
		100＜t≤150	250	237	228	222	219	213	204	191	178	167
		150＜t≤250	240	227	219	213	210	208	204	191	178	167
12CrMo9-10	1.7375	≤250	341	323	311	303	298	295	292	287	279	—
X12CrMo5	1.7362	≤60	310	299	295	294	293	291	285	273	253	222
		60＜t≤250	290	281	277	275	275	273	267	256	237	208
13CrMoV9-10	1.7703	≤60	410	395	380	375	370	365	362	360	350	—
		60＜t≤250	405	390	370	365	360	355	352	350	340	—
12CrMoV12-10	1.7767	≤60	410	395	380	375	370	365	362	360	350	—
		60＜t≤250	405	390	370	365	360	355	352	350	340	—
X10CrMoVNb9-1	1.4903	≤60	432	415	401	392	385	379	373	364	349	324
		60＜t≤250	423	406	392	383	376	371	365	356	341	316

表 5-124　高温特性的非合金钢和合金钢的蠕变性能（EN 10028-2—2017）

牌号	数字编号	温度/℃	发生1%的蠕变应变时的强度/MPa		蠕变断裂强度/MPa		
			10000h	100000h	10000h	100000h	200000h
P235GH,P265GH	1.0345,1.0425	380	164	118	229	165	145
		390	150	106	211	148	129
		400	136	95	191	132	115
		410	124	84	174	118	101
		420	113	73	158	103	89
		430	101	65	142	91	78
		440	91	57	127	79	67
		450	80	49	113	69	57
		460	72	42	100	59	48
		470	62	35	86	50	40
		480	53	30	75	42	33
P295GH,P355GH	1.0481,1.0473	380	195	153	291	227	206
		390	182	137	266	203	181
		400	167	118	243	179	157
		410	150	105	221	157	135
		420	135	92	200	136	115

续表

牌号	数字编号	温度/℃	发生1%的蠕变应变时的强度/MPa		蠕变断裂强度/MPa		
			10000h	100000h	10000h	100000h	200000h
P295GH,P355GH	1.0481,1.0473	430	120	80	180	117	97
		440	107	69	161	100	82
		450	93	59	143	85	70
		460	83	51	126	73	60
		470	71	44	110	63	52
		480	63	38	96	55	44
		490	55	33	84	47	37
		500	49	29	74	41	30
16Mo3	1.5415	450	216	167	298	239	217
		460	199	146	273	208	188
		470	182	126	247	178	159
		480	166	107	222	148	130
		490	149	89	196	123	105
		500	132	73	171	101	84
		510	115	59	147	81	69
		520	99	46	125	66	55
		530	84	36	102	53	45
18MnMo4-5	1.5414	425	392	314	421	343	
		430	383	302	407	330	
		440	360	272	380	300	
		450	333	240	353	265	
		460	303	207	325	230	
		470	271	176	295	196	
		480	239	148	263	166	
		490	207	124	229	140	
		500	177	103	196	118	
		510	150	84	165	98	
		520	127	64	141	79	
		525	118	54	132	69	
20MnMoNi4-5	1.6311	450			290	240	
		460			272	211	
		470			251		
		480			225		
		490			194		
15NiCuMoNb5-6-4	1.6368	400	324	294	402	373	
		410	315	279	385	349	
		420	306	263	368	325	
		430	295	245	348	300	
		440	281	227	328	273	
		450	265	206	304	245	
		460	239	180	274	210	
		470	212	151	242	175	
		480	180	120	212	139	
		490	145	84	179	104	
		500	108	49	147	69	
13CrMo4-5	1.7335	450	245	191	370	285	260
		460	228	172	348	251	226
		470	210	152	328	220	195

续表

牌号	数字编号	温度/℃	发生1%的蠕变应变时的强度/MPa		蠕变断裂强度/MPa		
			10000h	100000h	10000h	100000h	200000h
13CrMo4-5	1.7335	480	193	133	304	190	167
		490	173	116	273	163	139
		500	157	98	239	137	115
		510	139	83	209	116	96
		520	122	70	179	94	76
		530	106	57	154	78	62
		540	90	46	129	61	50
		550	76	36	109	49	39
		560	64	30	91	40	32
		570	53	24	76	33	26
13CrMoSi5-5	1.7336	450		209		313	
		460		200		300	
		470		185		278	
		480		141		212	
		490		119		179	
		500		113		169	
		510		81		122	
		520		66		99	
		530		41		62	
		540		33		50	
		550		27		40	
		560		23		35	
		570		21		31	
10CrMo9-10	1.7380	450	240	166	306	221	201
		460	219	155	286	205	186
		470	200	145	264	188	169
		480	180	130	241	170	152
		490	163	116	219	152	136
		500	147	103	196	135	120
		510	132	90	176	118	105
		520	119	78	156	103	91
		530	107	68	138	90	79
		540	94	58	122	78	68
		550	83	49	108	68	58
		560	73	41	96	58	50
		570	65	35	85	51	43
		580	57	30	75	44	37
		590	50	26	68	38	32
		600	44	22	61	34	28
12CrMo9-10	1.7375	400			382	313	
		410			355	289	
		420			333	272	
		430			312	255	
		440			293	238	
		450			276	221	
		460			259	204	
		470			242	187	
		480			225	170	

续表

牌号	数字编号	温度/℃	发生1%的蠕变应变时的强度/MPa		蠕变断裂强度/MPa		
			10000h	100000h	10000h	100000h	200000h
12CrMo9-10	1.7375	490			208	153	
		500			191	137	
		510			174	122	
		520			157	107	
X12CrMo5	1.7362	450	107				
		460	96				
		470	87		147（475℃）		
		480	83		139		
		490	78		123		
		500	70		108		
		510	56		94		
		520	50		81		
		530	44		71		
		540	39		61		
		550	35		53		
		560	31		47		
		570	27		41		
		580	24		36		
		590	21		32		
		600	18		27		
		610	16				
		620	14				
		625	13				
13CrMoV9-10	1.7703	400			430	383	
		410			414	365	
		420			397	346	
		430			380	327	
		440			362	309	
		450			344	290	
		460			326	271	
		470			308	253	
		480			290	235	
		490			272	218	
		500			255	201	
		510			237	184	
		520			221	169	
		530			204	144	
		540			188	126	
		550			173	108	
12CrMoV12-10	1.7767	400			430	383	
		410			414	365	
		420			397	346	
		430			380	327	
		440			362	309	
		450			344	290	
		460			326	271	
		470			308	253	
		480			290	235	

续表

牌号	数字编号	温度/℃	发生1%的蠕变应变时的强度/MPa		蠕变断裂强度/MPa		
			10000h	100000h	10000h	100000h	200000h
12CrMoV12-10	1.7767	490			272	218	
		500			255	201	
		510			237	184	
		520			221	169	
		530			204	144	
		540			188	126	
		550			173	108	
X10CrMoVNb9-1	1.4903	500			289	258	246
		510			271	239	227
		520			252	220	208
		530			234	201	189
		540			216	183	171
		550			199	166	154
		560			182	150	139
		570			166	134	124
		580			151	120	110
		590			136	106	97
		600			123	94	86
		610			110	83	75
		620			99	73	65
		630			89	65	57
		640			79	56	49
		650			70	49	42
		660			62	42	35
		670			55	36	—

表 5-125　高温特性的非合金钢和合金钢的热处理制度（EN 10028-2—2017）

牌　号	数字编号	温度/℃		
		正火	奥氏体化	回火②
P235GH	1.0345	890～950①	—	—
P265GH	1.0425	890～950①	—	—
P295GH	1.0481	890～950①	—	—
P355GH	1.0473	890～950①	—	—
16Mo3	1.5415	890～950①	—	③
18MnMo4-5	1.5414	890～950		600～640
20MnMoNi4-5	1.6311	—	870～940	610～690
15NiCuMoNb5-6-4	1.6368	880～960		580～680
13CrMo4-5	1.7335	890～950		630～730
13CrMoSi5-5	1.7336	890～950		650～730
10CrMo9-10	1.7380	920～980		650～750
12CrMo9-10	1.7375	920～980		650～750
X12CrMo5	1.7362	920～970		680～750
13CrMoV9-10	1.7703	930～990		675～750
12CrMoV12-10	1.7767	930～1000		675～750
X10CrMoVNb9-1	1.4903	1040～1100		730～780

① 正火时，当整个截面达到指定的温度时，则不需要保温。

② 回火时，当整个截面达到指定温度时，可以保温适当的时间。

③ 某些情况下，有必要在 590～650℃回火。

表 5-126　经正火处理的可焊细晶粒钢的室温力学性能（EN 10028-3—2009）

牌号	数字编号	供货状态	厚度 t/mm	屈服强度 R_{eH}/MPa（最小）	抗拉强度/MPa	断后伸长率 A/%（最小）
P275NH，P275NL1，P275NL2	1.0487，1.0488，1.1104	+N	≤16	275	390～510	24
			16<t≤40	265		
			40<t≤60	255		
			60<t≤100	235	370～490	23
			100<t≤150	225	360～480	
			150<t≤250	215	350～470	
P355N，P355NH，P355NL1，P355NL2	1.0562，1.0565，1.0566，1.1106	+N	≤16	355	490～630	22
			16<t≤40	345		
			40<t≤60	335		
			60<t≤100	315	470～610	21
			100<t≤150	305	460～600	
			150<t≤250	295	450～590	
P460NH，P460NL1，P460NL2	1.8935，1.8915，1.8918	+N	≤16①	460	570～730	17
			16①<t≤40	445	570～720	
			40<t≤60	430		
			60<t≤100	400	540～710	
			100<t≤250	—	—	—

① 经供需双方协商，对于P460NH和P460NL1钢，当厚度达到20mm时，允许 R_{eH}≥460MPa且 R_m 为630～725MPa。

表 5-127　经正火处理的可焊细晶粒钢的高温力学性能（EN 10028-3—2009）

牌　号	数字编号	厚度 t/mm	最小的屈服强度($R_{P0.2}$)/MPa 温度/℃ 50	100	150	200	250	300	350	400
P275NH	1.0487	≤16	266	250	232	213	195	179	166	156
		16<t≤40	256	241	223	205	188	173	160	150
		40<t≤60	247	232	215	197	181	166	154	145
		60<t≤100	227	214	198	182	167	153	142	133
		100<t≤150	218	205	190	174	160	147	136	128
		150<t≤250	208	196	181	167	153	140	130	122
P355NH	1.0565	≤16	343	323	299	275	252	232	214	202
		16<t≤40	334	314	291	267	245	225	208	196
		40<t≤60	324	305	282	259	238	219	202	190
		60<t≤100	305	287	265	244	224	206	190	179
		100<t≤150	295	277	257	236	216	199	184	173
		150<t≤250	285	268	249	228	209	192	178	167
P460NH	1.8935	≤16	445	419	388	356	326	300	278	261
		16<t≤40	430	405	375	345	316	290	269	253
		40<t≤60	416	391	362	333	305	281	260	244
		60<t≤100	387	364	337	310	284	261	242	227
		100<t≤250								

表 5-128 具有低温特性的镍合金钢室温下的力学性能（EN 10028-4—2017）

牌号	数字编号	供货状态	厚度 t/mm	屈服强度 R_{eH}/MPa（最小）	抗拉强度 R_m/MPa	断后伸长率 A/%（最小）
11MnNi5-3	1.6212	+N(+NT)	≤30	285	420～530	24
			30<t≤50	275		
			50<t≤80	265		
13MnNi6-3	1.6217	+N(+NT)	≤30	355	490～610	22
			30<t≤50	345		
			50<t≤80	335		
15NiMn6	1.6228	+N或+NT或+QT	≤30	355	490～640	22
			30<t≤50	345		
			50<t≤80	335		
12Ni14	1.5637	+N或+NT或+QT	≤30	355	490～640	22
			30<t≤50	345		
			50<t≤80	335		
X12Ni5	1.5680	+N或+NT或+QT	≤30	390	530～710	20
			30<t≤50	380		
X8Ni9+NT640①	1.5662+NT640①	+N和+NT	≤30	490	640～840	18
			30<t≤50	480		
X8Ni9+QT640①	1.5662+QT640①	+QT	≤30	490		
			30<t≤50	480		
X8Ni9+QT680①	1.5662+QT680①	+QT②	≤30	585	680～820	18
			30<t≤50	575		
X7Ni9	1.5663	+QT②	≤30	585	680～820	18
			30<t≤50	575		

① +N 正火；+NT 正火和回火；+QT 淬火和回火；+NT6401+QT6401+QT680 经热处理后最小的抗拉强度为 640MPa 或 680MPa。

② 对产品厚度<15mm，允许供货状态为+N 和+NT。

表 5-129 具有低温特性的镍合金钢的冲击性能（EN 10028-4—2017）

牌号	数字编号	热处理状态	厚度/mm	方向	最小的冲击功 KV/J 温度/℃ 20	0	−20	−40	−50	−60	−80	−100	−120	−150	−170	−196
11MnNi5-3	1.6212	+N(+NT)	≤80	纵向	70	60	55	50	45	40	—	—	—	—	—	—
13MnNi6-3	1.6217			横向	50	50	45	35	30	27	—	—	—	—	—	—
15NiMn6	1.6228	+N或+NT或+QT		纵向	65	65	65	60	50	50	40	—	—	—	—	—
				横向	50	50	45	40	35	35	27	—	—	—	—	—
12Ni14	1.5637	+N或+NT或+QT		纵向	65	60	55	55	50	50	45	40	—	—	—	—
				横向	50	50	45	35	35	35	30	27	—	—	—	—

续表

牌　号	数字编号	热处理状态	厚度/mm	方向	最小的冲击功 KV/J											
					温度/℃											
					20	0	−20	−40	−50	−60	−80	−100	−120	−150	−170	−196
X12Ni5	1.5680	+N或+NT或+QT	≤50	纵向	70	70	70	65	65	65	60	50	40	—	—	—
				横向	60	60	55	45	45	45	40	30	27	—	—	—
X8Ni9+NT640；X8Ni9+QT640	1.5662+NT640；1.5662+QT640	+N和+NT；+QT		纵向	100	100	100	100	100	100	100	90	80	70	60	50
				横向	70	70	70	70	70	70	70	60	50	50	45	40
X8Ni9+QT680	1.5662+QT680	+QT		纵向	120	120	120	120	120	120	120	110	100	90	80	70
				横向	100	100	100	100	100	100	100	90	80	70	60	50
X7Ni9	1.5663	+QT		纵向	120	120	120	120	120	120	120	120	120	120	110	100
				横向	100	100	100	100	100	100	100	100	100	100	90	80

表 5-130　具有低温特性的镍合金钢的热处理制度（EN 10028-4—2017）

牌号	数字编号	热处理状态①	热处理			
			奥氏体化温度/℃	冷却②	回火/℃	冷却②
11MnNi5-3	1.6212	+N(+NT)	880～940	a	580～640	a
13MnNi6-3	1.6217	+N(+NT)	880～940	a	580～640	a
15NiMn6	1.6228	+N	850～900	a	—	—
		+NT	850～900	a	600～660	a或w
		+QT	850～900	w或o	600～660	a或w
12Ni14	1.5637	+N	830～880	a	—	—
		+NT	830～880	a	580～640	a或w
		+QT	820～870	w或o	580～640	a或w
X12Ni5	1.5680	+N	800～850	a	—	—
		+NT	800～850	a	580～660	a或w
		+QT	800～850	w或o	580～660	a或w
X8Ni9+NT640	1.5662+NT640	+N和+NT	880～930+770～830	a	540～600	a或w
X8Ni9+QT640	1.5662+QT640	+QT	770～830	w或o	540～600	a或w
X8Ni9+QT680	1.5662+QT680	+QT	770～830	w或o	540～600	a或w
X7Ni9	1.5663	+QT	770～830	w或o	540～600	a或w

① +N　正火；+NT　正火和回火；+QT　淬火和回火；+NT640+QT640+QT680　经热处理后抗拉强度至少为640MPa或680MPa。

② a　空冷；o　油冷；w　水冷。

表 5-131　热机轧制可焊细晶粒钢的室温力学性能（EN 10028-5—2017）

牌号	数字编号	屈服强度 R_{eH}/MPa(最小)			抗拉强度 R_m/MPa	断后伸长率 A/%(最小)
		产品厚度(t/mm)				
		$t≤16$	$16<t≤40$	$40<t≤63$		
P355M	1.8821	355		345	450～610	22
P355ML1	1.8832					
P355ML2	1.8833					

续表

牌号	数字编号	屈服强度 R_{eH}/MPa(最小) 产品厚度(t/mm)			抗拉强度 R_m /MPa	断后伸长率 A/%(最小)
		$t\leqslant16$	$16<t\leqslant40$	$40<t\leqslant63$		
P420M	1.8824	420	400	390	500～660	19
P420ML1	1.8835					
P420ML2	1.8828					
P460M	1.8826	460	440	430	530～720	17
P460ML1	1.8837					
P460ML2	1.8831					

表 5-132　热机轧制可焊细晶粒钢的横向冲击性能（EN 10028-5—2017）

钢材等级	厚度/mm	冲击功 A_{KV}/J(最小) 温度/℃				
		−50	−40	−20	0	+20
P…M	≤63	—	—	27	40	60
P…ML1		—	27	40	60	—
P…ML2		27	40	60	80	—

表 5-133　淬火和回火可焊细晶粒钢的室温力学性能（EN 10028-6—2009）

牌号	数字编号	屈服强度 R_{eH}/MPa(最小) 厚度 t/mm			抗拉强度 R_m/MPa 厚度 t/mm		断后伸长率/%(最小)
		$t\leqslant50$	$50<t\leqslant100$	$100<t\leqslant150$	$t\leqslant100$	$100<t\leqslant150$	
P355Q	1.8866	355	335	315	490～630	450～590	22
P355QH	1.8867						
P355QL1	1.8868						
P355QL2	1.8869						
P460Q	1.8870	460	440	400	550～720	500～670	19
P460QH	1.8871						
P460QL1	1.8872						
P460QL2	1.8864						
P500Q	1.8873	500	480	440	590～770	540～720	17
P500QH	1.8874						
P500QL1	1.8875						
P690QL2	1.8865						
P690Q	1.8879	690	670	630	770～940	720～900	14
P690QH	1.8880						
P690QL1	1.8881						
P460QL2	1.8888						

表 5-134 淬火和回火可焊细晶粒钢的横向冲击性能（EN 10028-6—2009）

钢材等级	厚度/mm	冲击功 A_{KV}/J(最小)				
		温度/℃				
		−60	−40	−20	0	+20
P...Q P...QH	≤150	—	—	27	40	60
P...QL1		—	27	40	60	—
P...QL2		27	40	60	80	—

表 5-135 淬火和回火可焊细晶粒钢的高温性能（EN 10028-6—2009）

牌号	数字编号	最小的 0.2%的屈服强度 $R_{P0.2}$/MPa					
		温度/℃					
		50	100	150	200	250	300
P355QH	1.8867	340	310	285	260	235	215
P460QH	1.8871	445	425	405	380	360	340
P500QH	1.8874	490	470	450	420	400	380
P690QH	1.8880	670	645	615	595	575	570

注：表中屈服强度为厚度小于 50mm 的值。对于较大的厚度，0.2%的屈服强度应降低：50mm≤厚度≤100mm 时，应降低 20MPa；厚度>100mm 时，应降低 60MPa。

表 5-136 压力容器用钢锻件的力学性能（EN 10222—1999）

牌 号	数字编号	等效截面厚度/mm	屈服强度 R_e/MPa	抗拉强度 R_m/MPa	伸长率 A/%	
					纵向	横向
P245GH	1.0352	≤35	245	410～530	25	23
		35～160	220		25	23
P280GH	1.0426	≤35	280	460～580	23	21
		35～160	255		23	21
P305GH	1.0436	≤35	305	490～610	22	20
		35～160	280	490～610	22	20
		≤70	285	510～630	22	20
16Mo3	1.5415	≤35	295	440～570	23	21
		35～70	285	440～570	23	21
		70～100	275	440～570	23	21
		≤250	265	440～570	23	21
		250～500	250	420～550	23	21
13CrMo4-5	1.7335	≤35	295	440～590	20	18
		35～70	285	440～590	20	18
		70～100	275	440～590	20	18
		100～250	265	440～590	20	18
		250～500	240	420～570	20	18
P285NH P285QH	1.0477 1.0478	≤16	285	390～510	24	23
		16～35	285	390～510	24	23
		35～70	265	390～510	24	23
		70～100	245	370～510	22	21
		100～250	225	370～510	22	21
		250～400	205	370～510	22	21

续表

牌　号	数字编号	等效截面厚度 /mm	屈服强度 R_e /MPa	抗拉强度 R_m /MPa	伸长率 A/%	
					纵向	横向
P355NH P355QH1	1.0565 1.0571	≤16 16～35 35～70 70～100 100～250 250～400	355 355 335 315 295 275	490～630 490～630 490～630 470～630 470～630 470～630	23 23 23 21 21 21	21 21 21 19 19 19
P420NH P420QH	1.8932 1.8936	≤16 16～35 35～70 70～100 100～250 250～400	420 410 385 365 345 325	530～680 530～680 530～680 510～670 510～670 510～670	20 20 20 18 18 18	19 19 19 17 17 17

表 5-137　一般工程用焊接圆钢管的力学性能（EN 10296-1—2003）

牌号	数字编号	供货状态	屈服强度 R_e/MPa	抗拉强度 R_m/MPa	伸长率 A/%	
					纵向	横向
E155	1.0033	+A +U/NW +N	175	290 260 270	15 28 28	
E195	1.0034	+A +U/NW +N	250	330 300 300	8 28 28	
E235	1.0308	+A +U/NW +N	300	390 315 340	7 25 25	
E275	1.0225	+A +U/NW +N	340	440 390 410	6 21 21	
E355	1.0580	+A +U/NW +N	400	540 490 490	5 22 22	
E190	1.0031	+CR	190	270	26①	24
E220	1.0215	+CR	220	310	23①	21
E260	1.0220	+CR	260	340	21①	19
E320	1.0237	+CR	320	410	19①	17
E370	1.0261	+CR	370	450	15	13
		厚度②				
E275K2	1.0456	≤16 >16	275 265	370	24	22
E355K2	1.0920	≤16 >16	355 345	470	22	20
E460K2	1.8891	≤16 >16	460 440	550	17	15
E275M	1.8895	≤16 16～40	275 265	360	24①	22
E355M	1.8896	≤16 16～40	355 345	450	22①	20
E420M	1.8897	≤16 16～40	420 400	500	19①	17
E460M	1.8898	≤16 16～40	460 440	530	17	15

① 当产品外径大于 76.1mm，且直径/壁厚≤20 时，伸长率最小值为 17%。

② 当产品壁厚小于 3mm 时，伸长率数据应由供需双方协商决定。

表 5-138 通用无缝环形钢管用钢的力学性能（EN 10297-1—2003）

牌号	数字编号	供货状态	壁厚/mm	屈服强度 R_e/MPa	抗拉强度 R_m/MPa	伸长率 A/%	
						纵向	横向
E235	1.0308	+AR/+N	≤16	235	360	25	23
			16～40	225	360		
			40～65	215	360		
			65～80	205	340		
			80～100	195	340		
E275	1.0225	+AR/+N	≤16	275	410	22	20
			16～40	265	410		
			40～65	255	410		
			65～80	245	380		
			80～100	235	380		
E315	1.0236	+AR/+N	≤16	315	450	21	19
			16～40	305	450		
			40～65	295	450		
			65～80	280	420		
			80～100	270	420		
E355	1.0580	+AR/+N	≤16	355	490	20	18
			16～40	345	490		
			40～65	335	490		
			65～80	315	470		
			80～100	295	470		
E470	1.0536	+AR	≤16	470	650	17	15
			16～40	430	600		
E275K2	1.0456	+N	≤16	275	410	22	20
			16～40	265	410		
			40～65	255	410		
			65～80	245	380		
			80～100	235	380		
E355K2	1.0920	+N	≤16	355	490	20	18
			16～40	345	490		
			40～65	335	470		
			65～80	315	470		
			80～100	295	470		
E420J2	1.0599	+N	≤16	420	600	19	17
			16～40	400	560		
			40～65	390	530		
			65～80	370	500		
			80～100	360	500		
E460K2	1.8891	+N	≤16	460	550	19	17
			16～40	440	550		
			40～65	430	550		
			65～80	410	520		
			80～100	390	520		
E590K2	1.0644	+QT	≤16	590	700	16	14
			16～40	540	650		
			40～65	480	570		
			65～80	455	520		
			80～100	420	520		
E730K2	1.8893	+QT	≤16	730	790	15	13
			16～40	670	750		
			40～65	620	700		
			65～80	580	680		
			80～100	540	680		

续表

牌号	数字编号	供货状态	壁厚/mm	屈服强度 R_e/MPa	抗拉强度 R_m/MPa	伸长率 A/%	
						纵向	横向
C22E	1.1151	+N	≤16	240	430	24	22
		+N	16～40	210	410	25	23
		+N	40～80	210	410	25	23
		+QT	≤8	340	500	20	18
		+QT	8～20	290	470	22	20
		+QT	20～50	270	440	22	20
		+QT	50～80	260	420	22	20
C35E	1.1181	+N	≤16	300	550	18	16
		+N	16～40	270	520	19	17
		+N	40～80	270	520	19	17
		+QT	≤8	430	630	17	15
		+QT	8～20	380	600	19	17
		+QT	20～50	320	550	20	18
		+QT	50～80	290	500	20	18
C45E	1.1191	+N	≤16	340	620	14	12
		+N	16～40	305	580	16	14
		+N	40～80	305	580	16	14
		+QT	≤8	490	700	14	12
		+QT	8～20	430	650	16	14
		+QT	20～50	370	630	17	15
		+QT	50～80	340	600	17	15
C60E	1.1221	+N	≤16	390	710	10	8
		+N	16～40	350	670	11	9
		+N	40～80	340	670	11	9
		+QT	≤8	580	850	11	9
		+QT	8～20	520	800	13	11
		+QT	20～50	450	750	14	12
		+QT	50～80	420	710	14	12
38Mn6	1.1127	+N	≤16	400	670	14	12
		+N	16～40	380	620	15	13
		+N	40～80	360	570	13	14
		+QT	≤8	620	850	13	11
		+QT	8～20	570	750	14	12
		+QT	20～50	470	650	15	13
		+QT	50～80	400	550	16	14
41Cr4	1.7035	+QT	≤8	800	1000	11	9
			8～20	660	900	12	10
			20～50	560	800	14	12
25CrMo4	1.7218	+QT	≤8	700	900	12	10
			8～20	600	800	14	12
			20～50	450	700	15	13
			50～80	400	650	16	14
30CrMo4	1.7216	+QT	≤8	750	950	12	10
			8～20	630	850	13	11
			20～50	520	750	14	12
			50～80	480	700	15	13
34CrMo4	1.7220	+QT	≤8	800	1000	11	9
			8～20	650	900	12	10
			20～50	550	800	14	12
			50～80	500	750	15	13
42CrMo4	1.7225	+QT	≤8	900	1100	10	8
			8～20	750	1000	11	9
			20～50	650	900	12	10
			50～80	550	800	13	11

续表

牌号	数字编号	供货状态	壁厚/mm	屈服强度 R_e/MPa	抗拉强度 R_m/MPa	伸长率 A/%	
						纵向	横向
36CrNiMo4	1.6511	+QT	≤8 8～20 20～50 50～80	900 800 700 600	1100 1000 900 800	10 11 12 13	8 9 10 11
30CrNiMo8	1.6580	+QT	≤8 8～20 20～50 50～80	1050 1050 900 800	1250 1250 1100 1000	9 9 10 11	7 7 8 9
41NiCrMo7-3-2	1.6563	+QT	≤8 8～20 20～50 50～80	950 870 800 750	1150 1050 1000 900	9 10 11 12	7 8 9 10

表 5-139　压力焊接钢管的力学性能

牌号	数字编号	直径或厚度/mm	屈服强度 R_e/MPa	抗拉强度 R_m/MPa	伸长率 A/%	
					纵向	横向
规定室温性能的非合金钢管(EN 10217-1—2019)[①]						
P195TR1	1.0107	≤16 16～40	195 185	320～440 320～440	27 27	25 25
P195TR2	1.0108	≤16 16～40	195 185	320～440 320～440	27 27	25 25
P235TR1	1.0254	≤16 16～40	235 225	360～500 360～500	25 25	23 23
P235TR2	1.0255	≤16 16～40	235 225	360～500 360～500	25 25	23 23
P265TR1	1.0258	≤16 16～40	265 255	410～570 410～570	21 21	19 19
P265TR2	1.0259	≤16 16～40	265 255	410～570 410～570	21 21	19 19
规定高温性能的非合金钢管和合金电焊钢管(EN 10217-2—2019)						
P195GH	1.0348		195	320～440	27	25
P235GH	1.0345		235	360～500	25	23
P265GH	1.0425		265	410～570	23	21
16Mo3	1.5415		280	450～600	22	20
合金细晶粒钢管(EN 10217-3—2002)						
P275NL1 P275NL2	1.0488 1.1104	≤12 12～20 20～40	275 275 275	390～530 390～530 390～510	24 24 24	22 22 22
P355N P355NH P355NL1 P355NL2	1.0562 1.0562 1.0566 1.1106	≤12 12～20 20～40	355 355 345	490～650 490～650 490～630	22 22 22	20 20 20
P460N P460NH P460NL1 P460NL2	1.8905 1.8935 1.8915 1.8918	≤12 12～20 20～40	460 450 440	560～730 560～730	19 19 19	17 17 17

续表

牌号	数字编号	直径或厚度/mm	屈服强度 R_e/MPa	抗拉强度 R_m/MPa	伸长率 A/%	
					纵向	横向
规定低温性能的非合金和合金电焊钢管(EN 10217-4—2002)						
P215NL	1.0451		215	360~480	25	23
P265NL	1.0453		265	410~570	24	22
规定高温特性的非合金和合金埋弧焊接钢管(EN 10217-5—2019)						
P235GH	1.0345	≤16	235	360~500	25	23
		16~40	225	360~500	25	23
P265GH	1.0425	≤16	265	410~570	23	21
		16~40	255	410~570	23	21
16Mo3	1.5415	≤16	280	450~600	22	20
		16~40	270	450~600	22	20
规定低温特性的非合金埋弧焊接钢管(EN 10217-6—2002)						
P215NL②	1.0451②		215	360~480	25	23
P265NL	1.0453		265	410~570	24	22

① 壁厚超过 40mm 的产品力学性能由供需双方协商决定。

② 该产品规定壁厚小于 10mm。

表 5-140　压力无缝不锈钢钢管的力学性能（EN 10216-3—2002）

牌号	数字编号	热处理工艺	上屈服点强度 R_{eH} 或屈服强度 $R_{P0.2}$（最小值） 壁厚/mm				抗拉强度 R_m/MPa 壁厚/mm	伸长率 A/%	
			≤16	16~40	40~60			纵向	横向
规定室温特性的非合金钢管(EN 10216-1—2002)①									
P195TR1 P195TR2	1.0107 1.0108		195	185	175		320~440	27	25
P235TR1 P235TR2	1.0254 1.0255		235	225	215		360~500	25	23
P265TR1 P265TR2	1.0258 1.0259		265	255	245		410~570	21	19
规定高温特性的非合金和合金钢管(EN 10216-2—2002)									
			壁厚/mm						
			≤16	16~40	40~60	60~100			
195GH	1.0348		195				320~440	27	25
P235GH	1.0345		235	225	215		360~500	25	23
P265GH	1.0425		265	255	245		410~570	23	21
20MnNb6	1.0471		355	345	335		500~650	22	20
16Mo3	1.5415		280	270	260		450~600	22	20
8MoB5-4	1.5450		400				540~690	19	17
14MoV63	1.7715		320	320	310		460~610	20	18
10CrMo5-5	1.7338		275	275	265		410~560	22	20
13CrMo4-5	1.7335		290	290	280		440~590	22	20
10CrMo9-10	1.7380		280	280	270		480~630	22	20
11CrMo9-10	1.7383		355	355	355		540~680	20	18
25CrMo4	1.7218		345	345	345		540~690	18	15
20CrMoV13-5-5	1.7779		590	590	590		740~880	16	14
15NiCuMoNb5-6-4	1.6368		440	440	440	440②	610~780	19	17
X11CrMo5	1.7362	+I	175	175	175	175	430~580	22	20
		+NT1	280	280	280	280	480~640	20	18
		+NT2	390	390	390	390	570~740	18	16
X11CrMo9-1	1.7386	+I	210	210	210		460~640	20	18
		+NT	390	390	390		590~740	18	16
X10CrMoVNb9-1	1.4903		450	450	450	450	630~840	19	17
X20CrMoV11-1	1.4922		490	490	490	490	690~840	17	14

续表

牌号	数字编号	热处理工艺	上屈服点强度 R_{eH} 或屈服强度 $R_{P0.2}$（最小值）							抗拉强度 R_m/MPa				伸长率 A/%	
			壁厚/mm							壁厚/mm					
			≤16	16～40	40～60									纵向	横向
合金细晶粒钢管（EN 10216-3—2002）															
			壁厚/mm							壁厚/mm					
			≤12	12～20	20～40	40～50	50～65	65～80	80～100	≤20	20～40	40～65	65～100		
P 275 NL 1	1.0488	N	275	275	275	265	255	245	235	390～530	390～510	390～510	360～480	24	22
P 275 NL 2	1.1104	N	275	275	275	265	255	245	235	490～650	490～630	490～630	450～590	22	20
P 355 N	1.0562	N	355	355	345	335	325	315	305	490～650	490～630	490～630	450～590	22	20
P 355 NH	1.0565	N	355	355	345	335	325	315	305	490～650	490～630	490～630	450～590	22	20
P 355 NL 1	1.0566	N	355	355	345	335	325	315	305	490～650	490～630	490～630	450～590	22	20
P 355 NL 2	1.1106	N	355	355	345	335	325	315	305	490～650	490～630	490～630	450～590	22	20
P 460 N	1.8905	N	460	450	440	425	410	400	390	560～730	560～730	560～730	490～690	19	17
P 460 NH	1.8935	N	460	450	440	425	410	400	390	560～730	560～730	560～730	490～690	19	17
P 460 NL 1	1.8915	N	460	450	440	425	410	400	390	560～730	560～730	560～730	490～690	19	17
P 460 NL 2	1.8918	N	460	450	440	425	410	400	390	560～730	560～730	560～730	490～690	19	17
P 620 Q	1.8876	QT	620	620	580	540	500			740～930	690～860	630～800		16	14
P 620 QH	1.8877	QT	620	620	580	540	500			740～930	690～860	630～800		16	14
P 620 QL	1.8890	QT	620	620	580	540	500			740～930	690～860	630～800		16	14
P 690 Q	1.8879	QT	690	690	650	615	580	540	500	770～960	720～900	670～850	620～800	16	14
P 690 QH	1.8880	QT	690	690	650	615	580	540	500	770～960	720～900	670～850	620～800	16	14
P 690 QL 1	1.8881	QT	690	690	650	615	580	540	500	770～960	720～900	670～850	620～800	16	14
P 690 QL 2	1.8888	QT	690	690	690	650	615	580	540	770～960	770～960	700～880	680～860	16	14
规定低温特性的非合金和合金钢管（EN 10216-4—2002）															
			≤40							≤40					
P215NL	1.0451		215③							360～480				25	23
P255QL	1.0452		255							360～490				23	21
P265NL	1.0453		265④							410～570				24	22
26CrMo4-2	1.7219		440							560～740				18	16
11MnNi5-3	1.6212		285							410～530				24	22
13MnNi6-3	1.6217		355							490～610				22	20
12Ni14	1.5637		345							440～620				22	20
X12Ni5	1.5680		390							510～710				21	19
X10Ni9	1.5682		510							690～840				20	18

① 壁厚超过 60mm 的产品力学性能由供需双方协商决定。
② 该数据适用厚度范围：60～80mm。
③ 该数据适用厚度范围：≤10mm。
④ 该数据适用厚度范围：≤25mm。

表 5-141　一般工程用途钢的力学性能（EN 10277-2—2008）

钢号	数字编号	厚度/mm	力学性能				
			轧制（+SH）		冷拉（+C）		
			硬度（HBW）	R_m/MPa	$R_{P0.2}$① /MPa（最小）	R_m① /MPa	A/%（最小）
S235JRC	1.0122	≥5～≤10	—	—	355	470～840	8
		>10～≤16	—	—	300	420～770	9
		>16～≤40	102～140	360～510	260	390～730	10
		>40～≤63	102～140	360～510	235	380～670	11
		>63～≤100	102～140	360～510	215	360～640	11

续表

钢号	数字编号	厚度/mm	力学性能					
			轧制（+SH）		冷拉（+C）			
			硬度（HBW）	R_m/MPa	$R_{P0.2}$[①] /MPa（最小）	R_m[①] /MPa	A/% （最小）	
E295GC	1.0533	≥5～≤10	—	—	510	650～950	6	
		>10～≤16	—	—	420	600～900	7	
		>16～≤40	140～181	470～610	320	550～850	8	
		>40～≤63	140～181	470～610	300	520～770	9	
		>63～≤100	140～181	470～610	255	470～740	9	
E335GC	1.0543	≥5～≤10	—	—	540	700～1050	5	
		>10～≤16	—	—	480	680～970	6	
		>16～≤40	169～211	570～710	390	640～930	7	
		>40～≤63	169～211	570～710	340	620～870	8	
		>63～≤100	169～211	570～710	295	570～810	8	
S355J2C	1.0579	≥5～≤10	—	—	520	630～950	6	
		>10～≤16	—	—	450	580～880	7	
		>16～≤40	146～187	470～630	350	530～850	8	
		>40～≤63	146～187	470～630	335	500～770	9	
		>63～≤100	146～187	470～630	315	470～740	9	
C10	1.0301	≥5～≤10	—	—	350	460～760	8	
		>10～≤16	—	—	300	430～730	9	
		>16～≤40	92～163	310～550	250	400～700	10	
		>40～≤63	92～163	310～550	200	350～640	12	
		>63～≤100	92～163	310～550	180	320～580	12	
C15	1.0401	≥5～≤10	—	—	380	500～800	7	
		>10～≤16	—	—	340	480～780	8	
		>16～≤40	98～178	330～600	280	430～730	9	
		>40～≤63	98～178	330～600	240	380～670	11	
		>63～≤100	98～178	330～600	215	340～600	12	
C16	1.0407	≥5～≤10	—	—	400	520～820	7	
		>10～≤16	—	—	360	500～800	8	
		>16～≤40	105～184	350～620	300	450～750	9	
		>40～≤63	105～184	350～620	260	400～690	11	
		>63～≤100	105～184	350～620	235	360～620	12	
C35	1.0501	≥5～≤10	—	—	510	650～1000	6	
		>10～≤16	—	—	420	600～950	7	
		>16～≤40	154～207	520～700	320	580～880	8	
		>40～≤63	154～207	520～700	300	550～840	9	
		>63～≤100	154～207	520～700	270	520～800	9	

续表

钢号	数字编号	厚度/mm	力学性能				
			轧制(+SH)		冷拉(+C)		
			硬度(HBW)	R_m/MPa	$R_{P0.2}$① /MPa(最小)	R_m① /MPa	A/% (最小)
C40	1.0511	≥5～≤10	—	—	540	700～1000	6
		>10～≤16	—	—	460	650～980	7
		>16～≤40	163～211	550～710	365	620～920	8
		>40～≤63	163～211	550～710	330	590～840	9
		>63～≤100	163～211	550～710	290	550～820	9
C45	1.0503	≥5～≤10	—	—	565	750～1050	5
		>10～≤16	—	—	500	710～1030	6
		>16～≤40	172～242	580～820	410	650～1000	7
		>40～≤63	172～242	580～820	360	630～900	8
		>63～≤100	172～242	580～820	310	580～850	8
C55	1.0535	≥5～≤10	—	—	590	770～1100	5
		>10～≤16	—	—	520	730～1080	6
		>16～≤40	181～269	610～910	440	690～1050	7
		>40～≤63	181～269	610～910	390	650～1030	8
		>63～≤100	181～269	610～910	—	—	—
C60	1.0601	≥5～≤10	—	—	630	800～1150	5
		>10～≤16	—	—	550	780～1130	5
		>16～≤40	198～278	670～940	480	730～1100	6
		>40～≤63	198～278	670～940	—	—	—
		>63～≤100	198～278	670～940	—	—	—

① 对板材和特殊型板，屈服强度（$R_{P0.2}$）可偏离−10%和抗拉强度（R_m）可偏离±10%。

注：对于厚度<5mm 的钢材，其力学性能由供需双方协商。

表 5-142 非热处理易切削钢的力学性能（EN 10277-3—2008）

牌号	数字编号	厚度① /mm	力学性能				
			轧制(+SH)		冷拉(+C)		
			硬度 (HBW)	R_m /MPa	$R_{P0.2}$② /MPa(最小)	R_m② /MPa	A /%(最小)
11SMn30 11SMnPb30 11SMn37 11SMnPb37	1.0715 1.0718 1.0736 1.0737	≥5～≤10	—	—	440	510～810	6
		>10～≤16	—	—	410	490～760	7
		>16～≤40	112～169	380～570	375	460～710	8
		>40～≤63	112～169	370～570	305	400～650	9
		>63～≤100	107～154	360～520	245	360～630	9

① 厚度<5mm 的力学性能由供需双方协商。

② 对平材和特殊型材，屈服强度（$R_{P0.2}$）可偏离−10%和抗拉强度（R_m）可偏离±10%。

表 5-143　表面硬化易切削钢的力学性能（EN 10277-3—2008）

牌　号	数字编号	厚度①/mm	力学性能				
			轧制(+SH)		冷拉(+C)		
			硬度(HBW)	R_m/MPa	$R_{P0.2}$②/MPa(最小)	R_m/MPa	A/%(最小)
10S20 10SPb20	1.0721 1.0722	≥5～≤10	—	—	410	520～780	7
		>10～≤16	—	—	390	490～740	8
		>16～≤40	107～156	360～530	360	460～720	9
		>40～≤63	107～156	360～530	295	410～660	10
		>63～≤100	105～146	350～490	235	380～630	11
15SMn13	1.0725	≥5～≤10	—	—	450	560～840	6
		>10～≤16	—	—	430	500～800	7
		>16～≤40	128～178	430～600	390	470～770	8
		>40～≤63	128～172	430～580	350	460～680	9
		>63～≤100	125～160	420～540	265	440～650	10

① 厚度<5mm 的力学性能由供需双方协商。

② 对平材和特殊型材，屈服强度（$R_{P0.2}$）可偏离−10%和抗拉强度（R_m）可偏离±10%。

表 5-144　非合金表面硬化钢的力学性能（EN 10277-4—2008）

牌号	数字编号	厚度①/mm	力学性能①						
			轧制(+SH)		冷拉(+C)			+A③+轧制(+A+SH)	+A③+冷拉(+A+C)
			硬度④/HBW	R_m/MPa	$R_{P0.2}$②/MPa(最小)	R_m②/MPa	A/%(最小)	硬度(HBW)(最大)	硬度(HBW)(最大)
C10R	1.1207	≥5～≤10	—	—	350	460～760	8	—	225
		>10～≤16	—	—	300	430～730	9	—	216
		>16～≤40	92～163	310～550	250	400～700	10	131	207
		>40～≤63	92～163	310～550	200	350～640	12	131	190
		>63～≤100	92～163	310～550	180	320～580	12	131	172
C15R	1.1140	≥5～≤10	—	—	380	500～800	7	—	238
		>10～≤16	—	—	340	480～780	8	—	231
		>16～≤40	98～178	330～600	280	430～730	9	143	216
		>40～≤63	98～178	330～600	240	380～670	11	143	198
		>63～≤100	98～178	330～600	215	340～600	12	143	178
C16R	1.1208	≥5～≤10	—	—	400	520～820	7	—	242
		>10～≤16	—	—	360	500～800	8	—	238
		>16～≤40	105～184	350～620	300	450～750	9	156	222
		>40～≤63	105～184	350～620	260	400～690	11	156	204
		>63～≤100	105～184	350～620	235	360～620	12	156	184

① 厚度<5mm 的力学性能由供需双方协商。

② 对平材和特殊型板，屈服强度（$R_{P0.2}$）可偏离−10%和抗拉强度可偏离±10%。

③ +A 软化退火。

④ 平材的硬度可偏离±10%。

表 5-145 调质易切削钢的力学性能（EN 10277-3—2008）

牌号	数字编号	厚度[①] /mm	力学性能[①]										
			轧制(+SH)		冷拉(+C)			冷拉+调质(+C+QT)[③]			调质+冷拉(+QT+C)		
			硬度(HBW)	R_m /MPa	$R_{P0.2}$[②]/MPa (最小)	R_m[②]/MPa	A/% (最小)	$R_{P0.2}$/MPa (最小)	R_m/MPa	A/% (最小)	$R_{P0.2}$/MPa (最小)	R_m/MPa	A/% (最小)
35S20 35SPb20	1.0726 1.0756	≥5～≤10	—	—	480	640～880	6	—	—	—	490	700～900	9
		>10～≤16	—	—	400	590～830	7	—	—	—	490	700～900	11
		>16～≤40	154～201	520～680	360	560～800	8	380	600～750	16	455	650～850	12
		>40～≤63	154～198	520～670	340	530～760	9	320	550～700	17	400	570～770	13
		>63～≤100	149～193	500～650	300	510～680	9	320	550～700	17	385	550～750	14
36Mn14 36SMnPb14	1.0764 1.0765	≥5～≤10	—	—	500	660～960	6	—	—	—	525	750～1000	6
		>10～≤16	—	—	440	620～920	6	—	—	—	520	740～990	6
		>16～≤40	166～222	560～750	390	600～900	7	420	670～820	15	505	720～970	8
		>40～≤63	166～219	560～740	360	580～840	8	400	640～790	16	475	680～930	9
		>63～≤100	163～219	550～740	340	560～820	9	360	570～720	17	405	580～840	9
38SMn28 38SMnPb28	1.0760 1.0761	≥5～≤10	—	—	550	700～960	6	—	—	—	595	850～1000	9
		>10～≤16	—	—	500	660～930	6	—	—	—	545	775～925	10
		>16～≤40	166～216	560～730	420	610～900	7	420	700～850	15	490	700～900	12
		>40～≤63	166～216	560～730	400	600～840	7	400	700～850	16	490	700～900	13
		>63～≤100	163～207	550～700	350	580～820	8	380	630～800	16	440	625～850	14
44SMn28 44SMnPb28	1.0762 1.0763	≥5～≤10	—	—	600	760～1030	5	—	—	—	595	850～1000	9
		>10～≤16	—	—	530	710～980	5	—	—	—	595	850～1000	9
		>16～≤40	187～242	630～820	460	660～900	6	420	700～850	16	490	700～900	11
		>40～≤63	184～235	620～790	430	650～870	7	410	700～850	16	490	700～900	12
		>63～≤100	181～231	610～780	390	630～840	7	400	700～850	16	490	700～900	12
46S20 46SPb20	1.0727 1.0757	≥5～≤10	—	—	570	740～980	5	—	—	—	595	850～1000	8
		>10～≤16	—	—	470	690～930	6	—	—	—	560	800～950	9
		>16～≤40	175～225	590～760	400	640～880	7	430	650～800	13	490	700～850	10
		>40～≤63	172～216	580～730	380	610～850	8	370	630～780	14	490	700～850	11
		>63～≤100	166～211	560～710	340	580～820	8	370	630～780	14	455	650～850	11

① 厚度<5mm 力学性能由供需双方协商。
② 对平材和特殊型材，屈服强度（$R_{P0.2}$）可偏离－10%和抗拉强度（R_m）可偏离±10%。
③ 其值也适用于调质＋轧制状态。

表 5-146　合金表面硬化钢的力学性能（EN 10277-4—2008）

牌　号	数字编号	厚度[①]/mm	力学性能[①]			
			+A[②]+轧制（+A+SH）	+A[②]+冷拉（+A+C）	+FP[③]+轧制（+FP+SH）	+FP[③]+冷拉（+FP+C）
			硬度（HBW）（最大）	硬度[④]（HBW）（最大）	硬度（HBW）	硬度[④]（HBW）
16MnCrS5	1.7139	≥5～≤10	—	260	—	—
		>10～≤16	—	250	—	—
		>16～≤40	207	245	140～187	140～240
		>40～≤63	207	240	140～187	140～235
		>63～≤100	207	240	140～187	140～235
16MnCrB5	1.7160	≥5～≤10	—	260	—	—
		>10～≤16	—	250	—	—
		>16～≤40	207	245	140～187	140～240
		>40～≤63	207	240	140～187	140～235
		>63～≤100	207	245	140～187	140～235
20MnCrS5	1.7149	≥5～≤10	—	270	—	—
		>10～≤16	—	260	—	—
		>16～≤40	217	255	152～201	152～250
		>40～≤63	217	250	152～201	152～245
		>63～≤100	217	250	152～201	152～245
16NiCrS4	1.5715	≥5～≤10	—	270	—	—
		>10～≤16	—	260	—	—
		>16～≤40	217	255	156～207	156～245
		>40～≤63	217	255	156～207	156～240
		>63～≤100	217	255	156～207	156～240
15NiCr13	1.5752	≥5～≤10	—	—	—	—
		>10～≤16	—	—	—	—
		>16～≤40	255	—	166～217	—
		>40～≤63	255	—	166～217	—
		>63～≤100	255	—	166～217	—
20NiCrMoS2-2	1.6526	≥5～≤10	—	270	—	—
		>10～≤16	—	260	—	—
		>16～≤40	212	255	149～194	149～240
		>40～≤63	212	255	149～194	149～235
		>63～≤100	212	255	149～194	149～235
17NiCrMoS6-4	1.6569	≥5～≤10	—	275	—	—
		>10～≤16	—	265	—	—
		>16～≤40	229	260	149～201	149～250
		>40～≤63	229	255	149～201	149～245
		>63～≤100	229	255	149～201	149～245

① 厚度<5mm 的力学性能由供需双方协商。
② +A　软化退火。
③ +FP　处理后是 F+P 组织和硬度。
④ 平材的硬度可偏离±10%。

表 5-147 淬火十回火钢冷拉状态的力学性能（EN 10277-5—2008）

牌号	数字编号	厚度/mm	力学性能[①] 冷拉(+C) 屈服强度[②] $R_{P0.2}$ /MPa(最小)	抗拉强度[②] R_m/MPa	伸长率 A /%(最小)
C35E C35R	1.1181 1.1180	≥5～≤10	510	650～1000	6
		>10～≤16	420	600～950	7
		>16～≤40	320	580～880	8
		>40～≤63	300	550～840	9
		>63	270	520～800	9
C40E C40R	1.1186 1.1189	≥5～≤10	540	700～1000	6
		>10～≤16	460	650～980	7
		>16～≤40	365	620～920	8
		>40～≤63	330	590～840	9
		>63	290	550～820	9
C45E C45R	1.1191 1.1201	≥5～≤10	565	750～1050	5
		>10～≤16	500	710～1030	6
		>16～≤40	410	650～1000	7
		>40～≤63	360	630～900	8
		>63	310	580～850	8
C50E C50R	1.1206 1.1241	≥5～≤10	590	770～1100	5
		>10～≤16	520	730～1080	6
		>16～≤40	440	690～1050	7
		>40～≤63	390	650～1030	8
		>63	—	—	—
C60E C60R	1.1221 1.1223	≥5～≤10	630	800～1150	5
		>10～≤16	550	780～1130	5
		>16～≤40	480	730～1100	6
		>40～≤63	—	—	—
		>63	—	—	—

① 厚度<5mm 的力学性能由供需双方协商。

② 对平材和特殊型材，屈服强度（$R_{P0.2}$）可偏离－10%和抗拉强度（R_m）可偏离±10%。

表 5-148 淬火十回火的非合金钢的力学性能（EN 10277-5—2008）

牌号	数字编号	厚度[①]/mm	力学性能[①] 轧制[②]或退火后轧制(+A+SH) 硬度(HBW)	R_m/MPa	冷拉+(淬火和回火)[③](+C+QT) $R_{P0.2}$/MPa(最小)	R_m/MPa	A/%(最小)	淬火和回火+冷拉(+QT+C) $R_{P0.2}$/MPa(最小)	R_m/MPa	A/%(最小)
C35E C35R	1.1181 1.1180	≥5～≤10	—	—	—	—	—	525	750～950	9
		>10～≤16	—	—	—	—	—	490	700～900	9
		>16～≤40	154～207	520～700	370	600～750	19	455	650～850	10
		>40～≤63	154～207	520～700	320	550～700	20	400	570～770	11
		>63～≤100	154～207	520～700	320	550～700	20	385	550～750	12

续表

牌号	数字编号	厚度①/mm	力学性能①							
			轧制②或退火后轧制（+A+SH）		冷拉+（淬火和回火）③（+C+QT）			淬火和回火+冷拉（+QT+C）		
			硬度(HBW)	R_m/MPa	$R_{P0.2}$/MPa（最小）	R_m/MPa	A/%（最小）	$R_{P0.2}$/MPa（最小）	R_m/MPa	A/%（最小）
C40E C40R	1.1186 1.1189	≥5～≤10	—	—	—	—	—	560	800～1000	8
		>10～≤16	—	—	—	—	—	525	750～950	8
		>16～≤40	163～211	550～710	400	630～780	18	490	700～900	9
		>40～≤63	163～211	550～710	350	600～750	19	435	620～820	10
		>63～≤100	163～211	550～710	350	600～750	19	420	600～800	11
C45E C45R	1.1191 1.1201	≥5～≤10	—	—	—	—	—	595	850～1050	8
		>10～≤16	—	—	—	—	—	565	810～1010	8
		>16～≤40	172～242	580～820	430	650～800	16	525	750～950	9
		>40～≤63	172～242	580～820	370	630～780	17	455	650～850	10
		>63～≤100	172～242	580～820	370	630～780	17	455	650～850	11
C50E C50R	1.1206 1.1241	≥5～≤10	—	—	—	—	—	610	870～1070	7
		>10～≤16	—	—	—	—	—	580	830～1030	7
		>16～≤40	181～269	610～910	460	700～850	15	555	790～990	8
		>40～≤63	181～269	610～910	400	650～800	16	510	730～930	9
		>63～≤100	181～269	610～910	400	650～800	16	475	680～880	9
C60E C60R	1.1221 1.1223	≥5～≤10	—	—	—	—	—	630	900～1100	6
		>10～≤16	—	—	—	—	—	615	880～1080	6
		>16～≤40	198～278	670～940	520	800～950	13	580	830～1030	7
		>40～≤63	198～278	670～940	450	750～900	14	545	780～980	8
		>63～≤100	198～278	670～940	450	750～900	14	525	750～950	8

① 厚度<5mm 的力学性能由供需双方协商。
② 轧制用于非合金钢，退火后轧制用于合金钢。
③ 其值也适用于淬火和回火+轧制状态。

表 5-149　淬火+回火的合金钢的力学性能（EN 10277-5—2008）

牌号	数字编号	厚度①/mm	力学性能②							
			轧制②（+SH）或退火后轧制（+A+SH）	冷拉+淬火和回火③（+C+QT）			淬火和回火+冷拉（+QT+C）			退火+冷拉（+A+C）
			硬度(HBW)（最大）	$R_{P0.2}$/MPa（最小）	R_m④/MPa	A/%（最小）	$R_{P0.2}$/MPa（最小）	R_m/MPa	A/%（最小）	硬度(HBW)（最大）
34CrS4	1.7037	≥5～≤10	—	—	—	—	700	900～1100	8	285
		>10～≤16	—	—	—	—	700	900～1100	9	275
		>16～≤40	223	590	800～950	14	580	800～1000	9	270
		>40～≤63	223	460	700～850	15	510	700～900	10	265
		>63～≤100	223	460	700～850	15	480	700～900	11	265

续表

牌号	数字编号	厚度①/mm	力学性能②							
			轧制②(+SH)或退火后轧制(+A+SH)	冷拉+淬火和回火③(+C+QT)			淬火和回火+冷拉(+QT+C)			退火+冷拉(+A+C)
			硬度(HBW)(最大)	$R_{P0.2}$/MPa(最小)	R_m④/MPa	A/%(最小)	$R_{P0.2}$/MPa(最小)	R_m/MPa	A/%(最小)	硬度(HBW)(最大)
41CrS4	1.7039	≥5~≤10	—	—	—	—	770	1000~1200	8	295
		>10~≤16	—	—	—	—	750	1000~1200	8	285
		>16~≤40	241	660	900~1100	12	670	900~1100	9	280
		>40~≤63	241	560	800~950	14	570	800~1000	10	270
		>63~≤100	241	560	800~950	14	570	800~1000	11	270
25CrMoS4	1.7213	≥5~≤10	—	—	—	—	700	90~1100	9	270
		>10~≤16	—	—	—	—	700	900~1100	9	260
		>16~≤40	212	600	800~950	14	600	800~1000	10	255
		>40~≤63	212	450	700~850	15	520	700~900	11	250
		>63~≤100	212	450	700~850	15	450	700~900	12	250
42CrMoS4	1.7227	≥5~≤10	—	—	—	—	770	1000~1200	8	300
		>10~≤16	—	—	—	—	750	1000~1200	8	290
		>16~≤40	241	750	1000~1200	11	720	1000~1200	9	285
		>40~≤63	241	650	900~1100	12	650	900~1100	10	280
		>63~≤100	241	650	900~1100	12	650	900~1100	10	280
34CrNiMo6	1.6582	≥5~≤10	—	—	—	—	770	1000~1200	8	308
		>10~≤16	—	—	—	—	750	1000~1200	8	298
		>16~≤40	248	900	1100~1300	10	720	1000~1200	9	293
		>40~≤63	248	800	1000~1200	11	650	1000~1200	10	288
		>63~≤100	248	800	1000~1200	11	650	1000~1200	10	288
39NiCrMo3	1.6510	≥5~≤10	—	—	—	—	735	980~1180	8	295
		>10~≤16	—	—	—	—	700	930~1130	8	290
		>16~≤40	240	735	930~1130	11	700	930~1130	9	285
		>40~≤63	240	735	880~1080	12	625	880~1080	10	280
		>63~≤100	240	735	880~1080	12	600	880~1080	10	280
51CrV4	1.8159	≤16	248	900	1100~1300	9	—	—	—	311
		>16~≤40	248	800	1000~1200	10	—	—	—	293
		>40~≤80	248	700	900~1100	12	—	—	—	287

① 厚度<5mm 的力学性能由供需双方协商。
② 轧制用于非合金钢，退火后轧制用于合金钢。
③ 其值也适用于淬火和回火+轧制状态。
④ 对于扁平材和特殊型材抗拉强度（R_m）可偏离±10%。

表 5-150 结构钢热轧产品的力学性能（EN 10025—2004）

牌号	数字编号	公称厚度/mm	屈服强度 R_e/MPa	抗拉强度 R_m/MPa	伸长率 A/%
S275N	1.0490	≤16	275	370～510	24
S275NL	1.0491	16～40	265	370～510	24
		40～63	255	370～510	24
		63～80	245	370～510	23
		80～100	235	370～510	23
		100～150	225	350～480	23
		150～200	215	350～480	23
		200～250	205	350～480	23
S355N	1.0545	≤16	355	470～630	22
S355NL	1.0546	16～40	345	470～630	22
		40～63	335	470～630	22
		63～80	325	470～630	21
		80～100	315	470～630	21
		100～150	295	450～600	21
		150～200	285	450～600	21
		200～250	275	450～600	21
S420N	1.8902	≤16	420	520～680	19
S420NL	1.8912	16～40	400	520～680	19
		40～63	390	520～680	19
		63～80	370	520～680	18
		80～100	360	520～680	18
		100～150	340	500～650	18
		150～200	330	500～650	18
		200～250	320	500～650	18
S460N	1.8901	≤16	460	540～720	17
S460NL	1.8903	16～40	440	540～720	17
		40～63	430	540～720	17
		63～80	410	540～720	17
		80～100	400	540～720	17
		100～150	380	530～710	17
		150～200	370	530～710	17
S275M[①]	1.8818	≤16	275	370～530	24
S275ML	1.8819	16～40	265	370～530	
		40～63	255	360～520	
		63～80	245	350～510	
		80～100	245	350～510	
		100～120	240	350～510	
S355M[①]	1.8823	≤16	355	470～630	22
S355ML	1.8834	16～40	345	470～630	
		40～63	335	450～610	
		63～80	325	440～600	
		80～100	325	440～600	
		100～120	320	430～590	
S420M[①]	1.8825	≤16	420	520～680	19
S420ML	1.8836	16～40	400	520～680	
		40～63	390	500～660	
		63～80	380	480～640	
		80～100	370	470～630	
		100～120	365	460～620	
S460M[①]	1.8827	≤16	460	540～720	17
S460ML	1.8838	16～40	440	540～720	
		40～63	430	530～710	
		63～80	410	510～690	
		80～100	400	500～680	
		100～120	385	490～660	

续表

牌号	数字编号	公称厚度/mm	屈服强度 R_e/MPa	抗拉强度 R_m/MPa	伸长率 A/%
S235J0W S235J2W	1.8958 1.8961	≤16 16～40 40～63 63～80 80～100 100～150	235 225 215 215 215 195	厚度<3:360～510 3～100:360～510 100～150:350～500	26 26 25 24 24 22
S355J0WP S355J2WP	1.8945 1.8946	≤16 16～40 40～63 63～80 80～100 100～150	355 345②	厚度<3:510～680 3～100:470～630②	22② 22②
S355J0W S355J2W S355K2W	1.8959 1.8965 1.8967	≤16 16～40 40～63 63～80 80～100 100～150	355 345 335 325 315 295	厚度<3:510～680 3～100:470～630 100～150:450～600	22 22 21 20 20 18
S460Q S460QL S460QL1	1.8908 1.8906 1.8916	3～50 50～100 100～150	460 440 400	550～720 550～720 500～670	17
S500Q S500QL S500QL1	1.8924 1.8909 1.8984	3～50 50～100 100～150	500 480 440	590～770 590～770 540～720	17
S550Q S550QL S550QL1	1.8904 1.8926 1.8986	3～50 50～100 100～150	550 530 490	640～820 640～820 590～770	16
S620Q S620QL S620QL1	1.8914 1.8927 1.8987	3～50 50～100 100～150	620 580 560	700～890 700～890 650～830	15
S690Q S690QL S690QL1	1.8931 1.8928 1.8988	3～50 50～100 100～150	690 650 630	770～940 760～930 710～900	14
S890Q S890QL S890QL1	1.8940 1.8983 1.8925	3～50 50～100	890 830	940～1100 880～1100	11
S960Q S960QL	1.8941 1.8933	3～50	960	980～1150	10
S235JR S235J0 S235J2	1.0038 1.0114 1.0117	≤16 16～40 40～63 63～80 80～100 100～150 150～200 200～250 250～400	235 225 215 215 215 195 185 175 165(S235J2)③	厚度<3:360～510 3～100:360～510 100～150:350～500 150～250:340～490 250～400:330～480(S235J2)③	厚度≤1:17(纵向),15(横向) 1～1.5:18(纵向),16(横向) 1.5～2:19(纵向),17(横向) 2～2.5:20(纵向),18(横向) 2.5～3:21(纵向),19(横向) 3～40:26(纵向),24(横向) 40～63:25(纵向),23(横向) 63～100:24(纵向),22(横向) 100～150:22(纵向),22(横向) 150～250:21(纵向),21(横向) 250～400:21(S235J2)③

续表

牌号	数字编号	公称厚度/mm	屈服强度 R_e/MPa	抗拉强度 R_m/MPa	伸长率 A/%
S275JR S275J0 S275J2	1.0044 1.0143 1.0145	≤16 16～40 40～63 63～80 80～100 100～150 150～200 200～250 250～400	275 265 255 245 235 225 215 205 195(S275J2)③	厚度<3:430～580 3～100:410～560 100～150:400～540 150～250:380～540 250～400:380～540 (S275J2)③	厚度≤1:15(纵向),13(横向) 1～1.5:16(纵向),14(横向) 1.5～2:17(纵向),15(横向) 2～2.5:18(纵向),16(横向) 2.5～3:19(纵向),17(横向) 3～40:23(纵向),21(横向) 40～63:22(纵向),20(横向) 63～100:21(纵向),19(横向) 100～150:19(纵向),19(横向) 150～250:18(纵向),18(横向) 250～400:18(S275J2)
S355JR S355J0 S355J2 S355K2	1.0045 1.0553 1.0577 1.0596	≤16 16～40 40～63 63～80 80～100 100～150 150～200 200～250 250～400	355 345 335 325 315 295 285 275 265(S355J2,S355K2)③	厚度<3:510～680 3～100:470～630 100～150:450～600 150～250:450～600 250～400:450～600 (S355J2,S355K2)③	厚度≤1:14(纵向),12(横向) 1～1.5:15(纵向),13(横向) 1.5～2:16(纵向),14(横向) 2～2.5:17(纵向),15(横向) 2.5～3:18(纵向),16(横向) 3～40:22(纵向),20(横向) 40～63:21(纵向),19(横向) 63～100:20(纵向),18(横向) 100～150:18(纵向),18(横向) 150～250:17(纵向),17(横向) 250～400:17(S355J2,S355K2)
S450J0④	1.0590	≤16 16～40 40～63 63～80 80～100 100～150	450 430 410 390 380 380	厚度3～100:550～720 100～150:530～700	17(纵向)

① 对长材而言，100～120mm 厚度时的性能数据对 150mm 以下也适用。
② 对板材适用范围：≤12mm，对长材适用范围：≤40mm。
③ 该数据仅适用于板材。
④ 该钢种只适用于长材。

表 5-151　一般工程用途的敞口钢模锻件的力学性能（EN 10250—1999）

牌号	数字编号	状态	等圆截面直径/mm	屈服强度 R_e/MPa	抗拉强度 R_m/MPa	伸长率 A/%	
						纵向	横向
S235JRG2	1.0038	+N/NT	≤100	215	340	24	
			100～250	175	340	23	17
			250～500	165	340	23	17
S235J2G3	1.0116	+N/NT	≤100	215	340	24	
			100～250	175	340	23	17
			250～500	165	340	23	17
S355J2G3	1.0570	+N/NT	≤100	315	490	20	
			100～250	275	450	18	12
			250～500	265	450	18	12
C22	1.0402	+N/NT	≤100	210	410	25	
C25	1.0406	+N/NT	≤100	230	440	23	
			100～250	210	420	23	17
			250～500	190	400	23	17
			500～1000	180	390	22	16

续表

牌号	数字编号	状态	等圆截面直径/mm	屈服强度 R_e/MPa	抗拉强度 R_m/MPa	伸长率 A/%	
						纵向	横向
C25E	1.1158	+N/NT	≤100 100～250 250～500 500～1000	230 210 190 180	440 420 400 390	23 23 23 22	 17 17 16
C30	1.0528	+N/NT	≤100 100～250	250 230	480 460	21 21	
C35	1.0501	+N/NT	≤100 100～250 250～500 500～1000	270 245 220 210	520 500 480 470	19 19 19 18	 15 15 14
C35E	1.1181	+N/NT	≤100 100～250 250～500 500～1000	270 245 220 210	520 500 480 470	19 19 19 18	 15 15 14
C40	1.0511	+N/NT	≤100 100～250	290 260	550 530	17 17	
C45	1.0503	+N/NT	≤100 100～250 250～500 500～1000	305 275 240 230	580 560 540 530	16 16 16 15	 12 12 11
C45E	1.1191	+N/NT	≤100 100～250 250～500 500～1000	305 275 240 230	580 560 540 530	16 16 16 15	 12 12 11
C50	1.0540	+N/NT	≤100 100～250	320 290	610 590	14 14	
C55	1.0535	+N/NT	≤100 100～250 250～500 500～1000	330 300 260 250	640 620 600 590	12 12 12 11	 9 9 8
C55E	1.1203	+N/NT	≤100 100～250 250～500 500～1000	330 300 260 250	640 620 600 590	12 12 12 11	 9 9 8
C60	1.0601	+N/NT	≤100 100～250 250～500 500～1000	340 310 275 260	670 650 630 620	11 11 11 10	 8 8 7
C60E	1.1221	+N/NT	≤100 100～250 250～500 500～1000	340 310 275 260	670 650 630 620	11 11 11 10	 8 8 7
28Mn6	1.1170	+N/NT	≤100 100～250 250～500 500～1000	310 290 270 260	600 570 540 540	18 18 18 17	 12 12 11
20Mn5	1.1133	+N/NT	≤100 100～250 250～500 500～1000	300 280 260 250	530 520 500 490	22 22 22 22	20 20 20 20

续表

牌号	数字编号	状态	等圆截面直径/mm	屈服强度 R_e/MPa	抗拉强度 R_m/MPa	伸长率 A/%	
						纵向	横向
38Cr2	1.7003	+QT	≤70	350	600	17	
46Cr2	1.7006	+QT	≤70	400	650	15	
34Cr4	1.7033	+QT	≤70	460	700	15	
37Cr4	1.7034	+QT	≤70	510	750	14	
41Cr4	1.7035	+QT	≤70	560	800	14	
25CrMo4	1.7218	+QT	≤70	450	700	15	
			70～160	400	650	17	13
			160～330	380	600	18	14
34CrMo4	1.7220	+QT	≤70	550	800	14	
			70～160	450	700	15	10
			160～330	410	650	16	12
42CrMo4	1.7225	+QT	≤160	500	750	14	10
			160～330	460	700	15	11
			330～660	390	600	16	12
50CrMo4	1.7228	+QT	≤160	550	800	13	9
			160～330	540	750	14	10
			330～660	490	700	15	11
36CrNiMo4	1.6511	+QT	≤160	550	750	14	10
			160～330	500	700	15	11
			330～660	450	650	16	12
34CrNiMo6	1.6582	+QT	≤160	600	800	13	9
			160～330	540	700	14	10
			330～660	490	650	15	11
30CrNiMo8	1.6580	+QT	≤160	700	900	12	8
			160～330	630	850	12	8
			330～660	590	800	12	8
36NiCrMo16	1.6773	+QT	≤160	800	1000	11	8
			160～330	800	1000	11	8
			330～660	800	1000	11	8
51CrV4	1.8159	+QT	≤160	600	800	13	9
33NiCrMoV14-5	1.6956	+QT	≤160	980	1100	10	7
			160～330	820	1000	12	8
			330～660	780	950	12	8
40CrMoV13-9	1.8523	+QT	≤160	660	850	15	15
			160～330	660	850	15	15
			330～660	660	850	15	15
18CrMo4	1.7243	+QT	≤160	275	485～660	20	20
20MnMoNi4-5	1.6311	+QT	≤160	420	580	17	14
			160～330	390	550	17	14
30CrMoV9	1.7707	+QT	≤160	700	900	12	8
			160～330	590	800	14	10
32CrMo12	1.7361	+QT	≤160	680	900	12	8
			160～330	630	850	13	9
			330～660	700	700	15	11
28NiCrMoV8-5	1.6932	+QT	≤160	630	800	14	10
			160～330	590	750	15	11
			330～660	590	750	15	11

5.3 美国结构钢

5.3.1 结构钢牌号和化学成分

表 5-152 结构钢牌号和化学成分

SAE牌号	AISI牌号	UNS数字系统	化学成分/%								
			C	Si	Mn	P,≤	S,≤	Cr	Mo	Ni	其他
碳素钢											
1010	1010	G10100	0.08～0.13	*a*	0.30～0.60	0.040	0.050	—	—	—	—
1015	1015	G10150	0.13～0.18	*a,b,c,d,e*	0.30～0.60	0.040	0.050	—	—	—	—
1018	1018	G10180	0.15～0.20	*a,b,c,d,e*	0.60～0.90	0.040	0.050	—	—	—	—
1020	1020	G10200	0.18～0.23	*a,b,c,d,e*	0.30～0.60	0.040	0.050	—	—	—	—
1022	1022	G10220	0.18～0.23	*a,b,c,d,e*	0.80～1.00	0.040	0.050	—	—	—	—
1025	1025	G10250	0.22～0.28	*a,b,c,d,e*	0.30～0.60	0.040	0.050	—	—	—	—
1030	1030	G10300	0.25～0.34	*b,c,d,e*	0.60～0.90.	0.040	0.050	—	—	—	—
1035	1035	G10350	0.32～0.38	*b,c,d,e*	0.60～0.90	0.040	0.050	—	—	—	—
1038	1038	G1038	0.35～0.42	*b,c,d,e*	0.60～0.90	0.040	0.050	—	—	—	—
1038H	1038H	H10380	0.34～0.43		0.50～1.00	0.040	0.050	—	—	—	—
1040	1040	G10400	0.37～0.44	*b,c,d,e*	0.60～0.90	0.040	0.050	—	—	—	—
1045	1045	G10450	0.43～0.50	*b,c,d,e*	0.60～0.90	0.040	0.050	—	—	—	—
1045H	1045H	H10450	0.42～0.51	*f*	0.50～1.00	0.040	0.050	—	—	—	—
1050	1050	G10500	0.48～0.55	*b,c,d,e*	0.60～0.90	0.040	0.050	—	—	—	—
1055	1055	G10550	0.50～0.60	*b,c,d,e*	0.60～0.90	0.040	0.050	—	—	—	—
1060	1060	G10600	0.55～0.65	*b,c,d,e*	0.60～0.90	0.040	0.050	—	—	—	—
1065	1065	G10650	0.60～0.70	*b,c,d,e*	0.60～0.90	0.040	0.050	—	—	—	—
1080	1080	G10800	0.75～0.88	*b,c,d,e*	0.60～0.90	0.040	0.050	—	—	—	—
1085	1085	G10850	0.80～0.93	*b,c,d,e*	0.70～1.00	0.040	0.050	—	—	—	—
1090	1090	G10900	0.85～0.98	*b,c,d,e*	0.60～0.90	0.040	0.050	—	—	—	—
1095	1095	G10950	0.90～1.03	*b,c,d,e*	0.30～0.50	0.040	0.050	—	—	—	—
高硫碳素钢											
1108	1108	G11080	0.08～0.13	*a*	0.50～0.80	0.040	0.08～0.13	—	—	—	—
1109	1109	G11090	0.08～0.13	*a*	0.60～0.90	0.040	0.08～0.13	—	—	—	—
1117	1117	G11170	0.14～0.20	*a,b,c,d,e*	1.00～1.30	0.040	0.08～0.13	—	—	—	—
1118	1118	G11180	0.14～0.20	*a,b,c,d,e*	1.30～1.60	0.040	0.08～0.13	—	—	—	—
1137	1137	G11370	0.32～0.39	*a,b,c,d,e*	1.35～1.65	0.040	0.08～0.13	—	—	—	—
1140	1140	G11400	0.37～0.44	*a,b,c,d,e*	0.70～1.00	0.040	0.08～0.13	—	—	—	—
1141	1141	G11410	0.37～0.45	*a,b,c,d,e*	1.35～1.65	0.040	0.08～0.13	—	—	—	—
1144	1144	G11440	0.40～0.48	*a,b,c,d,e*	1.35～1.65	0.040	0.24～0.33	—	—	—	—
1145	1145	G11450	0.42～0.49	*a,b,c,d,e*	0.70～1.00	0.040	0.04～0.07	—	—	—	—
1146	1146	G11460	0.42～0.49	*a,b,c,d,e*	0.70～1.00	0.040	0.08～0.13	—	—	—	—
1151	1151	G11510	0.48～0.55	*a,b,c,d,e*	0.70～1.00	0.040	0.08～0.13	—	—	—	—
高锰碳素钢(或低合金钢)											
1330	1330	G13300	0.28～0.33	0.15～0.35	1.60～1.90	0.035	0.040	—	—	—	—
1330H	1330H	H13300	0.27～0.33	0.15～0.35	1.45～2.05	0.035	0.040	—	—	—	—
1335	1335	G13350	0.33～0.38	0.15～0.35	1.60～1.90	0.035	0.040	—	—	—	—
1335H	1335H	H13350	0.32～0.38	0.15～0.35	1.45～2.05	0.035	0.040	—	—	—	—
1340	1340	G13400	0.38～0.43	0.15～0.35	1.60～1.90	0.035	0.040	—	—	—	—
1340H	1340H	H13400	0.37～0.44	0.15～0.35	1.45～2.05	0.035	0.040	—	—	—	—
1345	1345	G13450	0.43～0.48	0.15～0.35	1.60～1.90	0.035	0.040	—	—	—	—
1345H	1345H	H13450	0.42～0.49	0.15～0.35	1.45～2.05	0.035	0.040	—	—	—	—
1513	1513	G15130	0.10～0.16	*a,b,c,d,e*	1.10～1.40	0.040	0.050	—	—	—	—
1518	1518	G15180	0.15～0.21	*a,b,c,d,e*	1.10～1.40	0.040	0.050	—	—	—	—

续表

SAE 牌号	AISI 牌号	UNS 数字系统	化学成分/%								
			C	Si	Mn	P,≤	S,≤	Cr	Mo	Ni	其他
高锰碳素钢(或低合金钢)											
15B21H		H15211	0.17～0.24	0.15～0.35	0.70～1.20	0.040	0.050	—	—	—	B≥0.0005
1522	1522	G15220	0.18～0.24	*b,c,d,e*	1.10～1.40	0.040	0.050	—	—	—	—
1522H	1522H	H15220	0.17～0.25	0.15～0.35	1.00～1.50	0.040	0.050	—	—	—	—
1524	1524	G15240	0.19～0.25	*b,c,d,e*	1.35～1.65	0.040	0.050	—	—	—	—
1524H	1524H	H15240	0.18～0.26	0.15～0.35	1.25～1.75	0.040	0.050	—	—	—	—
1525	1525	G15250	0.23～0.29	*b,c,d,e*	0.80～1.10	0.040	0.050	—	—	—	—
1526	1526	G15260	0.22～0.29	*b,c,d,e*	1.10～1.40	0.040	0.050	—	—	—	—
1526H	1526H	H15260	0.21～0.30	0.15～0.35	1.00～1.50	0.040	0.050	—	—	—	—
1527	1527	G15270	0.22～0.29	*b,c,d,e*	1.20～1.50	0.040	0.050	—	—	—	B≥0.0005
15B35H	15B35H	H15351	0.31～0.39	0.15～0.35	0.70～1.20	0.040	0.050	—	—	—	—
1536	1536	G15360	0.30～0.37	*b,c,d,e*	1.20～1.50	0.040	0.050	—	—	—	—
15B37H	15B37H	H15371	0.30～0.39	0.15～0.35	1.00～1.50	0.040	0.050	—	—	—	B≥0.0005
1541	1541	G15410	0.36～0.44	*b,c,d,e*	1.35～1.65	0.040	0.050	—	—	—	—
1541H	1541H	H15410	0.35～0.45	0.15～0.35	1.25～1.75	0.040	0.050	—	—	—	—
15B41H	15B41H	H15411	0.35～0.45	0.15～0.35	1.25～1.75	0.040	0.050	—	—	—	B≥0.0005
1547	1547	G15470	0.43～0.51	*b,c,d,e*	1.35～1.65	0.040	0.050	—	—	—	—
1548	1548	G15480	0.44～0.52	*b,c,d,e*	1.10～1.40	0.040	0.050	—	—	—	—
15B48H	15B48H	H15481	0.43～0.53	0.15～0.35	1.00～1.50	0.040	0.050	—	—	—	B≥0.0005
1551	1551	G15510	0.45～0.56	*b,c,d,e*	0.85～1.15	0.040	0.050	—	—	—	—
1552	1552	G15520	0.47～0.55	*b,c,d,e*	1.20～1.50	0.040	0.050	—	—	—	—
1561	1561	G15610	0.55～0.65	*b,c,d,e*	0.75～1.05	0.040	0.050	—	—	—	—
15B62H		H15621	0.54～0.67	0.40～0.60	1.00～1.50	0.040	0.050	—	—	—	—
1566	1566	G15660	0.60～0.71	*b,c,d,e*	0.85～1.15	0.040	0.050	—	—	—	—
1572	1572	G15720	0.65～0.76	*b,c,d,e*	1.00～1.30	0.040	0.050	—	—	—	—
合金钢											
3140	3140	G31400	0.38～0.43	0.20～0.35	0.70～0.90	0.040	0.040	0.55～0.75	—	1.10～1.40	—
3310	E3310	G33100	0.08～0.13	0.20～0.35	0.45～0.80	0.025	0.025	1.40～1.75	—	3.25～3.75	—
4012	4012	G40120	0.09～0.14	0.15～0.30	0.75～1.00	0.035	0.040	—	0.15～0.25	—	—
4023	4023	G40230	0.20～0.25	0.15～0.35	0.70～0.90	0.035	0.040	—	0.20～0.30	—	—
4024	4024	G40240	0.20～0.25	0.15～0.35	0.70～0.90	0.035	0.035～0.050	—	0.20～0.30	—	—
4027	4027	G40270	0.25～0.30	0.15～0.35	0.70～0.90	0.035	0.040	—	0.20～0.30	—	—
4027H	4027H	H40270	0.24～0.30	0.15～0.35	0.60～1.00	0.035	0.040	—	0.20～0.30	—	—
4028	4028	G40280	0.24～0.30	0.15～0.35	0.70～0.90	0.035	0.035～0.050	—	0.20～0.30	—	—
4028H	4028H	H40280	0.25～0.30	0.15～0.35	0.60～1.00	0.025	0.025	—	0.20～0.30	—	—
4032	—	G40320	0.30～0.35	0.15～0.35	0.70～0.90	0.035	0.040	—	0.20～0.30	—	—
4032H	—	H40320	0.29～0.35	0.15～0.35	0.60～1.00	0.035	0.040	—	0.20～0.30	—	—
4037	4037	G40370	0.35～0.40	0.15～0.35	0.70～0.90	0.035	0.040	—	0.20～0.30	—	—
4037H	4037H	H40370	0.34～0.41	0.15～0.35	0.60～1.00	0.035	0.040	—	0.20～0.30	—	—
4042	—	G40420	0.40～0.45	0.15～0.35	0.70～0.90	0.035	0.040	—	0.20～0.30	—	—
4042H	—	H40420	0.39～0.46	0.15～0.35	0.60～1.00	0.035	0.040	—	0.20～0.30	—	—
4047	4047	G40470	0.45～0.50	0.15～0.35	0.70～0.90	0.035	0.040	—	0.20～0.30	—	—
4047H	4047H	H40470	0.44～0.51	0.15～0.35	0.60～1.00	0.035	0.040	—	0.20～0.30	—	—
4063	4063	G40630	0.60～0.67	0.20～0.35	0.75～1.00	0.040	0.040	—	0.20～0.30	—	—
4118	4118	G41180	0.18～0.23	0.15～0.35	0.70～0.90	0.035	0.040	0.40～0.60	0.08～0.15	—	—
4118H	4118H	H41180	0.17～0.23	0.15～0.35	0.60～1.00	0.035	0.040	0.30～0.70	0.08～0.15	—	—
4130	4130	G41300	0.28～0.33	0.15～0.35	0.40～0.60	0.035	0.040	0.80～1.10	0.15～0.25	—	—
4130H	4130H	H41300	0.27～0.33	0.15～0.35	0.30～0.70	0.035	0.040	0.75～1.20	0.15～0.25	—	—
4135	—	G41350	0.33～0.38	0.15～0.35	0.70～0.90	0.035	0.040	0.80～1.10	0.15～0.25	—	—
4135H	—	H41350	0.32～0.38	0.15～0.35	0.60～1.00	0.035	0.040	0.75～1.20	0.15～0.25	—	—
4137	4137	G41370	0.35～0.40	0.15～0.35	0.70～0.90	0.035	0.040	0.80～1.10	0.15～0.25	—	—
4137H	4137H	H41370	0.34～0.41	0.15～0.35	0.60～1.00	0.035	0.040	0.75～1.20	0.15～0.25	—	—
4140	4140	G41400	0.38～0.43	0.15～0.35	0.75～1.00	0.035	0.040	0.80～1.10	0.15～0.25	—	—
4140H	4140H	H41400	0.37～0.44	0.15～0.35	0.65～1.10	0.035	0.040	0.75～1.20	0.15～0.25	—	—

续表

SAE 牌号	AISI 牌号	UNS 数字系统	化学成分/%								
			C	Si	Mn	P,≤	S,≤	Cr	Mo	Ni	其他
合金钢											
4142	4142	G41420	0.40～0.45	0.15～0.35	0.75～1.00	0.035	0.040	0.80～1.10	0.15～0.25	—	—
4142H	4142H	H41420	0.39～0.46	0.15～0.35	0.65～1.10	0.035	0.040	0.75～1.20	0.15～0.25	—	—
4145	4145	G41450	0.43～0.48	0.15～0.35	0.75～1.00	0.035	0.040	0.80～1.10	0.15～0.25	—	—
4145H	4145H	H41450	0.42～0.49	0.15～0.35	0.65～1.10	0.035	0.040	0.75～1.20	0.15～0.25	—	—
4147	4147	G41470	0.45～0.50	0.15～0.35	0.75～1.00	0.035	0.040	0.80～1.10	0.15～0.25	—	—
4147H	4147H	H41470	0.44～0.51	0.15～0.35	0.65～1.10	0.035	0.040	0.75～1.20	0.15～0.25	—	—
4150	4150	G41500	0.48～0.53	0.15～0.35	0.75～1.00	0.035	0.040	0.80～1.10	0.15～0.25	—	—
4150H	4150H	H41500	0.47～0.54	0.15～0.35	0.65～1.10	0.035	0.040	0.75～1.20	0.15～0.25	—	—
4161	4161	G41610	0.56～0.64	0.15～0.35	0.75～1.00	0.035	0.040	0.70～0.90	0.25～0.35	—	—
4161H	4161H	H41610	0.55～0.65	0.15～0.35	0.65～1.10	0.035	0.040	0.65～0.95	0.25～0.35	—	—
4320	4320	G43200	0.17～0.22	0.15～0.35	0.45～0.65	0.035	0.040	0.40～0.60	0.20～0.30	1.65～2.00	—
4320H	4320H	H43200	0.17～0.23	0.15～0.35	0.40～0.70	0.035	0.040	0.35～0.65	0.20～0.30	1.55～2.00	—
4337	4337	G43370	0.35～0.40	0.20～0.35	0.60～0.80	0.040	0.040	0.70～0.90	0.20～0.30	1.65～2.00	—
4340	4340	G43400	0.38～0.43	0.15～0.35	0.60～0.80	0.035	0.040	0.70～0.90	0.20～0.30	1.65～2.00	—
4340H	4340H	H43400	0.37～0.44	0.15～0.35	0.55～0.90	0.035	0.040	0.65～0.95	0.20～0.30	1.55～2.00	—
E4340	E4340	G43406	0.38～0.43	0.15～0.35	0.65～0.85	0.025	0.025	0.70～0.90	0.20～0.30	1.65～2.00	—
E4340H	E4340H	H43406	0.37～0.44	0.15～0.35	0.60～0.90	0.025	0.025	0.65～0.95	0.20～0.30	1.55～2.00	—
4419	4419	G44190	0.18～0.23	0.15～0.30	0.45～0.65	0.035	0.040	—	0.45～0.60	—	—
4419H	4419H	H44190	0.17～0.23	0.15～0.30	0.35～0.75	0.035	0.040	—	0.45～0.60	—	—
4422	—	G44220	0.20～0.25	0.15～0.35	0.70～0.90	0.035	0.040	—	0.35～0.45	—	—
4427	—	G44270	0.24～0.29	0.15～0.35	0.70～0.90	0.035	0.040	—	0.35～0.45	—	—
4520	—	G45200	0.18～0.23	0.15～0.30	0.45～0.65	0.035	0.040	—	0.45～0.60	—	—
4615	4815	G46150	0.13～0.18	0.15～0.35	0.45～0.65	0.035	0.040	—	0.20～0.30	1.65～2.00	—
4617	—	G46170	0.15～0.20	0.15～0.35	0.45～0.65	0.035	0.040	—	0.20～0.30	1.65～2.00	—
4620	4620	G46200	0.17～0.22	0.15～0.35	0.45～0.65	0.035	0.040	—	0.20～0.30	1.65～2.00	—
4620H	4620H	H46200	0.17～0.23	0.15～0.35	0.35～0.75	0.035	0.040	—	0.20～0.30	1.55～2.00	—
4621	4621	G46210	0.18～0.23	0.15～0.30	0.70～0.90	0.035	0.040	—	0.20～0.30	1.65～2.00	—
4621H	4621H	H46210	0.17～0.23	0.15～0.30	0.60～1.00	0.035	0.040	—	0.20～0.30	1.55～2.00	—
4626	4626	G46260	0.24～0.29	0.15～0.35	0.45～0.65	0.035	0.040	—	0.15～0.25	0.70～1.00	—
4626H	4626H	H46260	0.23～0.29	0.20～0.35	0.40～0.70	0.035	0.040	—	0.15～0.25	0.65～1.05	—
4718	4718	G47180	0.16～0.21	—	0.70～0.90	—	—	0.35～0.55	0.30～0.40	0.90～1.20	—
4718H	4718H	H47180	0.15～0.21	0.15～0.35	0.60～0.95	0.035	0.040	0.30～0.60	0.30～0.40	0.85～1.25	—
4720	4720	G47200	0.17～0.22	0.15～0.35	0.50～0.70	0.035	0.040	0.35～0.55	0.15～0.25	0.90～1.20	—
4720H	4720H	H47200	0.17～0.23	0.15～0.35	0.45～0.75	0.035	0.040	0.30～0.60	0.15～0.25	0.85～1.25	—
4815	4815	G48150	0.13～0.18	0.15～0.35	0.40～0.60	0.035	0.040	—	0.20～0.30	3.25～3.75	—
4815H	4815H	H48150	0.12～0.18	0.15～0.35	0.30～0.70	0.035	0.040	—	0.20～0.30	3.20～3.80	—
4817	4817	G48170	0.15～0.20	0.15～0.35	0.40～0.60	0.035	0.040	—	0.20～0.30	3.25～3.75	—
4817H	4817H	H48170	0.14～0.20	0.15～0.35	0.30～0.70	0.035	0.040	—	0.20～0.30	3.20～3.80	—
4820	4820	G48200	0.18～0.23	0.15～0.35	0.50～0.70	0.035	0.040	—	0.20～0.30	3.25～3.75	—
4820H	4820H	H48200	0.17～0.23	0.15～0.35	0.40～0.80	0.035	0.040	—	0.20～0.30	3.20～3.80	—
5015	5015	G50150	0.12～0.17	0.15～0.30	0.30～0.50	0.035	0.040	0.30～0.50	—	—	—
50B40	—	G50401	0.38～0.43	0.15～0.35	0.75～1.00	0.035	0.040	0.40～0.60	—	—	B0.0005～0.003
50B40H	50B40H	H50401	0.37～0.44	0.15～0.35	0.65～1.10	0.035	0.040	0.30～0.70	—	—	B0.0005～0.003
50B44	50B44	G50441	0.43～0.48	0.15～0.35	0.75～1.00	0.035	0.040	0.40～0.60	—	—	B0.0005～0.003
50B44H	50B44H	H50441	0.42～0.49	0.15～0.35	0.65～1.10	0.035	0.040	0.30～0.70	—	—	B0.0005～0.003
5046	—	G50460	0.43～0.48	0.15～0.35	0.75～1.00	0.035	0.040	0.20～0.35	—	—	—
5046H	5046H	H50460	0.43～0.50	0.15～0.35	0.65～1.10	0.035	0.040	0.13～0.43	—	—	—
50B46	50B46	G50461	0.44～0.49	0.15～0.35	0.75～1.00	0.035	0.040	0.20～0.35	—	—	B0.0005～0.003
50B46H	50B46H	H50461	0.43～0.50	0.15～0.35	0.65～1.10	0.035	0.040	0.13～0.43	—	—	B0.0005～0.003
50B50	50B50	G50501	0.48～0.53	0.15～0.35	0.75～1.00	0.035	0.040	0.40～0.60	—	—	B0.0005～0.003
50B50H	50B50H	H50501	0.47～0.54	0.15～0.35	0.65～1.10	0.035	0.040	0.30～0.70	—	—	B0.0005～0.003
50B60	50B60	G50601	0.56～0.64	0.15～0.35	0.75～1.00	0.035	0.040	0.40～0.60	—	—	B0.0005～0.003
50B60H	50B60H	H50601	0.55～0.65	0.15～0.35	0.65～1.10	0.035	0.040	0.30～0.70	—	—	B0.0005～0.003

续表

SAE牌号	AISI牌号	UNS数字系统	化学成分/%								
			C	Si	Mn	P,≤	S,≤	Cr	Mo	Ni	其他
合金钢											
5060	—	G50600	0.56~0.64	0.15~0.35	0.75~1.00	0.035	0.040	0.40~0.60	—	—	—
5115	—	G51150	0.13~0.18	0.15~0.35	0.70~0.90	0.035	0.040	0.70~0.90	—	—	—
5117	5117	G51170	0.15~0.20	0.20~0.35	0.70~0.90	0.040	0.040	0.70~0.90	—	—	—
5120	5120	G51200	0.17~0.22	0.15~0.35	0.70~0.90	0.035	0.040	0.70~0.90	—	—	—
5120H	5120H	H51200	0.17~0.23	0.15~0.35	0.60~1.00	0.035	0.040	0.60~1.00	—	—	—
5130	5130	G51300	0.28~0.33	0.15~0.35	0.70~0.90	0.035	0.040	0.80~1.00	—	—	—
5130H	5130H	H51300	0.27~0.33	0.15~0.35	0.60~1.10	0.035	0.040	0.75~1.20	—	—	—
5132	5132	G51320	0.30~0.35	0.15~0.35	0.60~0.80	0.035	0.040	0.75~1.00	—	—	—
5132H	5132H	H51320	0.29~0.35	0.15~0.35	0.50~0.90	0.035	0.040	0.54~1.10	—	—	—
5135	5135	G51350	0.33~0.38	0.15~0.35	0.60~0.80	0.035	0.040	0.80~1.05	—	—	—
5135H	5135H	H51350	0.32~0.38	0.15~0.35	0.50~0.90	0.035	0.040	0.70~1.15	—	—	—
5140	5140	G51400	0.38~0.43	0.15~0.35	0.70~0.90	0.035	0.040	0.70~0.90	—	—	—
5140H	5140H	H51400	0.37~0.44	0.15~0.35	0.60~1.00	0.035	0.040	0.60~1.00	—	—	—
5154	5154	G51450	0.43~0.48	0.15~0.30	0.70~0.90	0.035	0.040	0.70~0.90	—	—	—
5154H	5154H	H51450	0.42~0.49	0.15~0.30	0.80~1.00	0.035	0.040	0.60~1.00	—	—	—
5147	5147	G51470	0.46~0.51	0.15~0.35	0.70~0.95	0.035	0.040	0.85~1.15	—	—	—
5147H	5147H	H51470	0.45~0.52	0.15~0.35	0.60~1.05	0.035	0.040	0.80~1.25	—	—	—
5150	5150	G51500	0.48~0.53	0.15~0.30	0.70~0.90	0.035	0.040	0.70~0.90	—	—	—
5150H	5150H	H51500	0.47~0.54	0.15~0.35	0.80~1.00	0.035	0.040	0.60~1.00	—	—	—
5155	5155	G51550	0.51~0.59	0.15~0.35	0.70~0.90	0.035	0.040	0.70~0.90	—	—	—
5155H	5155H	H51550	0.50~0.60	0.15~0.35	0.60~1.00	0.035	0.040	0.60~1.00	—	—	—
5160	5160	G51600	0.56~0.64	0.15~0.35	0.75~1.00	0.035	0.040	0.70~0.90	—	—	—
5160H	5160H	H51600	0.55~0.65	0.15~0.35	0.65~1.10	0.035	0.040	0.60~1.00	—	—	—
51B60	51B60	G51601	0.56~0.64	0.15~0.35	0.75~1.00	0.035	0.040	0.70~0.90	—	—	B0.005~0.003
51B60H	51B60H	H51601	0.55~0.65	0.15~0.35	0.65~1.10	0.035	0.040	0.60~1.00	—	—	B0.005~0.003
50100	E50100	G52986	0.98~1.10	0.15~0.35	0.25~0.45	0.025	0.025	0.40~0.60	—	—	—
51100H	E51100	G61986	0.98~1.10	0.15~0.35	0.25~0.45	0.025	0.025	0.90~1.15	—	—	—
52100	E52100	G62986	0.98~1.10	0.15~0.35	0.25~0.45	0.025	0.025	1.30~1.60	—	—	V0.10~0.15
6118	6118	G61180	0.16~0.21	0.15~0.35	0.50~0.70	0.035	0.040	0.50~0.70	—	—	V0.10~0.15
6118H	6118H	H61180	0.15~0.21	0.15~0.35	0.40~0.80	0.035	0.040	0.40~0.80	—	—	V≥0.10
6120	6120	G61200	0.17~0.22	0.20~0.35	0.70~0.90	0.040	0.040	0.70~0.90	—	—	V≥0.10
6150	6150	H61500	0.48~0.53	0.15~0.35	0.70~0.90	0.035	0.040	0.80~1.10	—	—	V≥0.15
6150H	6150H	H61500	0.47~0.54	0.15~0.35	0.60~1.00	0.035	0.040	0.75~1.20	—	—	V≥0.15
8115	8115	G81150	0.13~0.18	0.15~0.35	0.70~0.90	0.035	0.040	0.30~0.50	0.08~0.15	0.20~0.40	—
81B45	81B45	G86451	0.43~0.48	0.15~0.35	0.75~1.00	0.035	0.040	0.35~0.55	0.08~0.15	0.20~0.40	B0.0005~0.003
81B45H	81B45H	H86451	0.42~0.49	0.15~0.35	0.70~1.05	0.035	0.040	0.30~0.60	0.08~0.15	0.15~0.45	B0.0005~0.003
8615	8615	G86150	0.13~0.18	0.15~0.35	0.70~0.90	0.035	0.040	0.40~0.60	0.15~0.25	0.40~0.70	—
8617	8617	G86170	0.15~0.20	0.15~0.35	0.70~0.90	0.035	0.040	0.40~0.60	0.15~0.25	0.40~0.70	—
8617H	8617H	H86170	0.14~0.20	0.15~0.35	0.60~0.95	0.035	0.040	0.35~0.65	0.15~0.25	0.35~0.75	—
8620	8620	G86200	0.18~0.23	0.15~0.35	0.70~0.90	0.035	0.040	0.40~0.60	0.15~0.25	0.40~0.70	—
8620H	8620H	H86200	0.17~0.23	0.15~0.35	0.60~0.95	0.035	0.040	0.35~0.65	0.15~0.25	0.35~0.75	—
8622	8622	G86220	0.20~0.25	0.15~0.35	0.70~0.90	0.035	0.040	0.40~0.60	0.15~0.25	0.40~0.70	—
8622H	8622H	H86220	0.19~0.25	0.15~0.35	0.60~0.95	0.035	0.040	0.35~0.65	0.15~0.25	0.35~0.75	—
8625	8625	G86250	0.23~0.28	0.15~0.35	0.70~0.90	0.035	0.040	0.40~0.60	0.15~0.25	0.40~0.70	—
8625H	8625H	H86250	0.22~0.28	0.15~0.35	0.60~0.95	0.035	0.040	0.35~0.65	0.15~0.25	0.35~0.75	—
8627	8627	G86270	0.25~0.30	0.15~0.35	0.70~0.90	0.035	0.040	0.40~0.60	0.15~0.25	0.40~0.70	—
8627H	8627H	H86270	0.24~0.30	0.15~0.35	0.60~0.95	0.035	0.040	0.35~0.65	0.15~0.25	0.35~0.75	—
86B30H		H86301	0.27~0.33	0.15~0.35	0.60~0.95	0.035	0.040	0.35~0.65	0.15~0.25	0.35~0.75	B0.0005~0.003
8630	8630	G86300	0.28~0.33	0.15~0.35	0.70~0.90	0.035	0.040	0.40~0.60	0.15~0.25	0.40~0.70	—
8630H	8630H	H86300	0.27~0.33	0.15~0.35	0.60~0.95	0.035	0.040	0.35~0.65	0.15~0.25	0.35~0.75	—
8637	8637	G86370	0.35~0.40	0.15~0.35	0.75~1.00	0.035	0.040	0.40~0.60	0.15~0.25	0.40~0.70	—
8637H	8637H	H86370	0.34~0.41	0.15~0.35	0.70~1.05	0.035	0.040	0.35~0.65	0.15~0.25	0.35~0.75	—
8640	8640	G86400	0.38~0.43	0.15~0.35	0.75~1.00	0.035	0.040	0.40~0.60	0.15~0.25	0.40~0.70	—

续表

SAE牌号	AISI牌号	UNS数字系统	化学成分/%								
			C	Si	Mn	P,≤	S,≤	Cr	Mo	Ni	其他
合金钢											
8640H	8640H	H86400	0.37～0.44	0.15～0.35	0.70～1.05	0.035	0.010	0.35～0.65	0.15～0.25	0.35～0.75	—
8642	8642	G86420	0.40～0.45	0.15～0.35	0.75～1.00	0.035	0.040	0.40～0.60	0.15～0.25	0.40～0.70	—
8642H	8642H	H86420	0.39～0.46	0.15～0.35	0.70～1.05	0.035	0.040	0.35～0.65	0.15～0.25	0.35～0.75	—
8645	8645	G86450	0.43～0.48	0.15～0.35	0.75～1.00	0.035	0.040	0.40～0.60	0.15～0.25	0.40～0.70	—
8645H	8645H	H86450	0.42～0.49	0.15～0.35	0.70～1.05	0.035	0.040	0.35～0.65	0.15～0.25	0.35～0.75	—
86B45		G86451	0.43～0.48	0.15～0.35	0.75～1.00	0.035	0.040	0.40～0.60	0.15～0.25	0.40～0.70	B0.0005～0.003
86B45H	86B45H	H86451	0.42～0.49	0.15～0.35	0.70～1.05	0.035	0.040	0.35～0.65	0.15～0.25	0.35～0.75	B0.0005～0.003
8650	—	G86500	0.48～0.53	0.15～0.35	0.75～1.00	0.035	0.040	0.40～0.60	0.15～0.25	0.40～0.70	—
8650H	—	H86500	0.47～0.54	0.15～0.35	0.70～1.05	0.035	0.040	0.35～0.65	0.15～0.25	0.35～0.70	—
8655	8755	G86550	0.51～0.59	0.15～0.35	0.75～1.00	0.035	0.040	0.40～0.60	0.15～0.25	0.40～0.70	—
8655H	8755H	H86550	0.50～0.60	0.15～0.35	0.70～1.05	0.035	0.040	0.35～0.65	0.15～0.25	0.35～0.75	—
8660	—	G86600	0.56～0.64	0.15～0.35	0.75～1.00	0.035	0.040	0.40～0.60	0.15～0.25	0.40～0.70	—
8660H	—	H86600	0.56～0.65	0.15～0.35	0.70～1.05	0.035	0.040	0.35～0.65	0.15～0.25	0.35～0.75	—
8720	8720	G87200	0.18～0.23	0.15～0.35	0.70～0.90	0.035	0.040	0.40～0.60	0.20～0.30	0.40～0.70	—
8720H	8720H	H87200	0.17～0.23	0.15～0.35	0.60～0.95	0.035	0.040	0.35～0.65	0.20～0.30	0.35～0.75	—
8735	8835	G87350	0.33～0.38	0.20～0.35	0.75～1.00	0.040	0.040	0.40～0.60	0.20～0.30	0.40～0.70	—
8740	8740	G87400	0.38～0.43	0.15～0.35	0.75～1.00	0.035	0.040	0.40～0.60	0.20～0.30	0.40～0.70	—
8740H	8740H	H87400	0.37～0.44	0.15～0.35	0.70～1.05	0.035	0.040	0.35～0.65	0.20～0.30	0.35～0.75	—
8742	8742	G87420	0.40～0.45	0.20～0.35	0.75～1.00	0.040	0.040	0.40～0.60	0.20～0.30	0.40～0.70	—
8822	8822	H88220	0.20～0.25	0.15～0.35	0.75～1.00	0.035	0.040	0.40～0.60	0.30～0.40	0.40～0.70	—
8822H	8822H	H88220	0.19～0.25	0.15～0.35	0.70～1.05	0.035	0.040	0.35～0.65	0.30～0.40	0.35～0.75	—
9254	9254	G92540	0.51～0.59	0.20～1.60	0.60～0.80	0.035	0.040	0.60～0.80	—	—	—
9255	9255	G92550	0.51～0.59	1.80～2.20	0.70～0.95	0.035	0.040	—	—	—	—
9260	9260	G92600	0.56～0.64	1.80～2.20	0.75～1.00	0.035	0.040	—	—	—	—
9260H	9260H	H92600	0.55～0.65	1.70～2.20	0.65～1.10	0.035	0.040	—	—	—	—
9262	9262	G92620	0.55～0.65	1.80～2.20	0.75～1.00	0.040	0.040	0.25～0.40	—	—	—
9310	E9310	G93106	0.08～0.13	0.15～0.35	0.45～0.65	0.025	0.025	1.00～1.40	0.08～0.15	3.00～3.50	—
9310H	—	H93100	0.07～0.13	0.15～0.35	0.40～0.70	0.025	0.025	1.00～1.45	0.08～0.15	2.95～3.55	—
94B15	—	G94151	0.13～0.18	0.15～0.35	0.75～1.00	0.035	0.040	0.30～0.50	0.08～0.15	0.30～0.60	B0.0005～0.003
94B15H	94B15H	H94151	0.12～0.18	0.15～0.35	0.70～1.05	0.035	0.040	0.25～0.55	0.08～0.15	0.25～0.65	B0.0005～0.003
94B17	94B17	G94171	0.15～0.20	0.15～0.35	0.75～1.00	0.035	0.040	0.30～0.50	0.08～0.15	0.30～0.60	B0.0005～0.003
94B17H	94B17H	H94171	0.14～0.20	0.15～0.35	0.70～1.05	0.035	0.040	0.25～0.55	0.08～0.15	0.25～0.65	B0.0005～0.003
94B30	94B30	G94301	0.28～0.33	0.15～0.35	0.75～1.00	0.035	0.040	0.30～0.50	0.08～0.15	0.30～0.60	B0.0005～0.003
94B30H	94B30H	H94301	0.27～0.33	0.15～0.35	0.70～1.05	0.035	0.040	0.25～0.55	0.08～0.15	0.25～0.65	B0.0005～0.003
94B40	94B40	G94401	0.38～0.43	0.20～0.35	0.75～1.00	0.040	0.040	0.30～0.50	0.08～0.15	0.30～0.60	B0.0005～0.003
9850	9850	G98500	0.48～0.53	0.20～0.35	0.70～0.90	0.040	0.040	0.70～0.90	0.20～0.30	0.85～1.15	—
E71400	—	G71406	0.38～0.43	0.15～0.30	0.50～0.70	0.025	0.025	1.40～1.80	—	—	V0.3～0.4 Al0.95～1.3
6407	—	—	0.27～0.33	0.40～0.70	0.60～0.80	0.025	0.025	1.00～1.35	0.35～0.55	1.85～2.25	—
6427	—	—	0.28～0.33	0.20～0.35	0.75～1.00	0.040	0.040	0.75～1.00	0.35～0.50	1.65～2.00	V0.05～0.10

注：1.有前缀“G”为碳素钢和合金钢，“H”为有淬透性要求的钢；SAE牌号中有前缀“M”为商业牌号，“K”为杂项钢。

2. a≤0.10%；b=0.10%～0.20%；c=0.15%～0.30%；d=0.20%～0.40%；e=0.30%～0.60%。

3.当需要加铅时，通常加0.15%～0.35%，在牌号的数字间加入“L”来表示，如10L45。

4. AISI的牌号中有前缀E者为电炉钢。

5.具有淬透性要求的H钢的化学成分基本摘自ASTM A304。碳素钢和合金钢有前缀G的化学成分基本摘自ASTM A29，A29中规定的化学成分适用于下列技术条件。

热轧碳素钢：ASTM A321—1990
A499—1999（2008）
A575—1996（2007）
A576—1990（2006）
A663/A 663M—1989（2006）
A675A 675M—2003（2009）
A689—1997
A695—1990

冷精整碳素钢：ASTM A108—2003
A311/A 311M—2004

热轧合金钢：ASTM A322—1991（2001）
A434—2006（2012）
A739—1990a（2000）

冷精整合金钢：A331—1995
A434—2004
A696—1990a（2004）

6.化学成分仅适用于结构型材、板材、带材和焊管。

表 5-153　其他结构钢牌号和化学成分

SAE牌号	AISI牌号	UNS数字系统	化学成分/%									
			C	Si,≤	Mn,≤	P,≤	S,≤	Cr	M0	Ni	Cu	其他
耐热钢												
51501	501	S50100	≥0.10	1.00	1.00	0.040	0.030	4.00～6.00	0.40～0.65	—	—	—
51502	502	S50200	≤0.10	1.00	1.00	0.040	0.030	4.00～6.00	0.40～0.65	—	—	—
		S50300	≤0.15	1.00	1.00	0.040	0.040	6.00～8.00	0.45～0.65	—	—	—
		S50400	≤0.15	1.00	1.00	0.040	0.040	8.00～10.00	0.90～1.10	—	—	—

SAE牌号	UNS数字系统	化学成分/%												
		C	Si	Mn	Co	Cr	Mo	Ni	W	Cb/Ta	Ti	Al	Fe	其他
耐高温钢														
601	—	0.46	0.26	0.60	—	1.00	0.50	—	—	—	—	—	基	V0.30
602	—	0.30	0.65	0.55	—	1.25	0.50	—	—	—	—	—	基	V0.25
603	—	0.27	0.65	0.75	—	1.25	0.50	—	—	—	—	—	基	V0.85
604	—	0.20	0.75	0.50	—	1.00	1.00	—	—	—	—	—	基	V0.10
610	T20811	0.40	0.90	0.30	—	5.00	1.30	—	—	—	—	—	基	V0.50
611	T11302	0.84	0.30	0.25	—	4.20	5.00	—	6.35	—	—	—	基	V1.90
612	T11310	0.87	0.30	0.20	—	4.00	8.25	—	—	—	—	—	基	V1.90
613		0.81	0.20	0.30	—	4.08	4.25	—					基	V1.00

SAE牌号	UNS数字系统	化学成分/%										
		C	Si	Mn	Co	Cr	Mo	Ni	W	Fe	其他	商业牌号
阀门钢(进气)												
NV1(1541)	(G15410)	0.41	0.25	1.50		—	—	—	—	—	—	—
NV2(1547)	(G15470)	0.47	0.25	1.50	—	—	—	—	—	—	—	—
NV3	(G31410)	0.50	0.30	0.80	—	0.40	0.15	0.30	—	—	—	NE8150
NV4(3140)	(G31400)	0.40	0.30	0.80	—	0.65	—	1.25	—	—	—	—
NV5(8645)	(G86450)	0.45	0.30	0.90	—	0.50	0.20	0.55	—	—	—	—
NV6(5150)	(G51500)	0.50	0.30	0.80	—	0.80	—	—	—	—	—	—
NV7(4140)	G41400	0.40	0.27	0.87	—	0.95	0.20	—	—	—	—	—
NV8	—	0.40	3.80	0.30	—	2.15	0.10	0.25	—	—	Cu0.25	CM-8440
NV9	—	0.39	0.25	0.75	—	—	—	—	—	—	—	—
HNV1	K64005	0.55	1.50	0.40	—	8.00	0.75	—	—	—	—	Si12
HNV2	K64006	0.40	3.90	0.30	—	2.20	—	—	—	—	—	Si1F
HNV3	L65007	0.45	3.30	0.40	—	8.50	—	—	—	—	—	Si11
HNV4		0.45	3.30	0.40	—	7.00	—	1.00	—	—	—	731
HNV7(71360)	—	0.55	0.20	0.20	—	3.50	—	—	14.00	—	—	
阀门钢(排气)												
HNV3	K65007	0.45	3.30	0.40	8.50	—	—	—	—	—	—	Si11

特殊商业合金钢

商业牌号	化学成分/%												
	C	Co	Cr	Mo	Ni	V	W	Al	Cu	Nb/Ta	Ti	Fe	其他
300M	0.40	—	0.85	0.40	1.85	0.08	—	—	—	—	—	基	Mn0.75;Si1.60
H11	0.37～0.43	—	4.75～5.25	1.20～1.40	—	0.40～0.60	—	—	—	—	—	基	Mn0.20～0.40;Si0.80～1.00
H13	0.32～0.45	—	4.75～5.50	1.10～1.75	—	0.80～1.20	—	—	—	—	—	基	Mn0.20～0.50;Si0.80～1.20
HP9-4-30	0.29～0.34	4.0	1.0	1.0	8.5	0.10	—	—	—	—	—	基	Mn0.25,Si≤0.20
Vasco Max C-200	—	8.50	—	3.25	18.50	—	—	0.10	—	—	0.20	—	B0.003,Zr0.01
Vasco MaxC-250	—	7.50	—	4.80	18.50	—	—	0.10	—	—	0.40	—	B0.003,Zr0.01
Vasco MaxC-300	—	9.00	—	4.80	18.50	—	—	0.10	—	—	0.60	—	B0.003,Zr0.01
Vasco MaxC-350	—	2.00	—	4.80	18.50	—	—	0.10	—	—	1.40	—	B0.003,Zr0.01
Casco MaxT-250	—	—	—	3.00	18.50	—	—	0.10	—	—	1.40	—	B0.003,Zr0.01
HY140	0.12	—	0.55	0.46	5.00	0.08	—	—	—	—	—	基	Mn0.75,P0.01,S0.01,Si0.28
9Ni4Co45(HP9-4-45)	0.45	4.00	0.28	0.27	7.75	—	—	—	—	—	—	基	Mn0.22
HY-TUF	0.29		0.24	0.40	1.87	—	—	—	—	—	—	基	Mn1.29,P0.19,S0.015,Si1.58

表 5-154 弹簧钢的化学成分

ASTM No	名称	化学成分/%					
		C	Mn	P	S	Si	其他
A227M (2006)	冷绕机械用弹簧钢丝	0.45～0.85	0.30～1.30	≤0.040	≤0.050	0.10～0.35	
A228 (2000)	乐器用优质弹簧钢丝	0.70～1.00	0.20～0.60	≤0.025	≤0.030	0.10～0.30	
A229 (2012)	机械弹簧用淬火和回火钢丝	0.55～0.85	0.30～1.20	≤0.040	≤0.050	0.10～0.35	
A230 (1999)	油回火碳素阀门弹簧钢丝	0.60～0.75	0.60～0.90	≤0.025	≤0.030	0.15～0.35	
A231 (1996)	Cr-V 弹簧合金钢丝	0.48～0.53	0.70～0.90	≤0.040	≤0.040	0.20～0.35	Cr0.80～1.10 V≥0.15
A232 (1999)	Cr-V 优质阀门弹簧钢丝	0.48～0.53	0.70～0.90	≤0.020	≤0.035	0.20～0.35	Cr0.80～1.10 V≥0.15
A401 (1993)	Cr-Si 合金钢弹簧钢丝	0.51～0.59	0.60～0.80	≤0.035	≤0.040	1.20～1.60	Cr0.60～1.80
A407 (2007)	沙发弹簧冷拉钢丝	0.45～0.75	0.60～1.20				
A417 (2004)	冷拉弹簧钢丝（锯齿形、矩形、波形）	0.50～0.75	0.60～1.20	≤0.040	≤0.050		
A679 (2000)	高抗拉强度机械弹簧用冷拔钢丝	0.65～1.00	0.20～1.30	≤0.040	≤0.050	0.10～0.40	
A764 (2012)	冷拉镀锌碳素弹簧钢丝	0.45～0.85	0.30～1.30	≤0.040	≤0.050	0.10～0.35	

5.3.2 结构钢的力学性能

表 5-155 碳素钢的力学性能

UNS 数字系统	ASTM 标准号	尺寸 /mm	状态	σ_b /MPa	σ_s /MPa	δ/% (L_0=50mm)	ψ/%	冲击功 /J(ft·lbf)	硬度 (HBS)	备注
G10100	—	ϕ20～30	热轧	≥324	≥179	≥28	≥50		≥95	—
		ϕ20～30	冷拉	≥365	≥303	≥20	≥40		≥105	—
G10150	—	ϕ25.4	热轧	418	314	39.0	61.0	110.5(81.5)(艾)	126	—
		ϕ25.4	正火，927℃(1700℉)	424	324	37.0	69.6	115.5(85.2)(艾)	121	—
		ϕ25.4	退火，871℃(1600℉)	386	285	37.0	69.7	150.0(84.8)(艾)	111	—
G10180	A311 棒材	15.9～22.2	冷拉	≥483	≥414	≥18	≥40	—	≥143	—
		>22.2～32	冷拉	≥448	≥379	≥16	≥40	—	≥131	—
		>32～51	冷拉	≥414	≥345	≥15	≥35	—	≥121	—
		≥51～76	冷拉	≥379	≥310	≥15	≥35	—	≥111	—
G10200	—	ϕ25.4	热轧	448	331	36	59	(64)(艾)(60)(夏)	113	—
		ϕ25.4	退火，871℃(1600℉)	393	296	36	66	(91)(艾)(30)(夏)	111	—
		ϕ25.4	正火，871℃(1600℉)	441	345	36	68	(87)(艾)(70)(夏)	131	—
		ϕ25.4	冷轧	517	441	20	—	70.5(52)(艾)	89/(Rb)	—
		ϕ25.4	WQ+T(649℃，1200℉)	552	324	29	68	124.7(92)(艾)	150	—
		ϕ25.4	WQ+T(204℃，400℉)	724	552	11	40	62.4(46)(艾)	218	—
G10220	—	ϕ20～30	冷拉	476	400	≥15	≥40	—	≥137	—
		ϕ25.4	热轧	503	359	35	67.0	81.3(60.0)(艾)	149	—
			正火，972℃(1700℉)	483	359	34	67.5	117.3(86.5)(艾)	143	—
			退火，843℃(1550℉)	450	317	35	63.6	120.7(89.0)(艾)	137	—
			774℃，(1425℉)油淬	562	355	31.0	71.0	—	163	假渗碳 927℃(1700℉)×8h 油淬和假渗碳箱冷后重新加热油淬(油淬温度如表所示)的试样均经149℃(300℉)回火，再加工成 ϕ12.8mm 拉伸试验
			802℃，(1475℉)油淬	555	355	31.5	71.0	—	163	
			830℃，(1525℉)油淬	572	359	31.0	70.5	—	174	
			假渗碳油淬	586	424	29.5	70.5	—	179	
		ϕ13.7	774℃，(1425℉)油淬	552	379	30.0	68.5	—	170	
			802℃，(1475℉)油淬	558	355	30.0	70.5	—	170	
			830℃，(1525℉)油淬	565	400	29.5	72.5	—	179	
			假渗碳油淬	572	413	30.0	71.0	—	179	

续表

UNS 数字系统	ASTM 标准号	尺寸 /mm	状　态	σ_b /MPa	σ_s /MPa	δ/% (L_0= 50mm)	ψ/%	冲击功 /J(ft·lbf)	硬度 (HBS)	备　注
G10250	—	ϕ20～30	热轧	≥400	≥221	≥25	≥50	—	≥116	—
		ϕ20～30	冷拉	≥441	≥372	≥15	≥40	—	≥125	—
		≤22.2	冷拉	≥448	≥310	≥20	≥45	—	≥13	高温回火消除应力
		＞22.2～32	冷拉	≥413	≥310	≥20	≥45	—	≥121	
		＞32～51	冷拉	≥379	≥310	≥16	≥40	—	≥111	
		＞51～76	冷拉	≥345	≥276	≥15	≥40	—	≥101	
G10300	—	ϕ25.4	热轧	552	345	32.0	57.0	74.6(55.0)(艾)	179	—
			正火,927℃(1700℉)	521	345	32.0	60.8	93.6(69.0)(艾)	149	—
			退火,843℃(1550℉)	464	341	31.2	57.9	(51)(艾)(70)(夏)	126	—
			WQ+204℃(400℉)	848	648	17	47	10.8(8)(艾)	495	—
			WQ+315℃(600℉)	800	621	19	53	—	401	—
			WQ+427℃(800℉)	731	579	23	60	—	302	—
			WQ+538℃(1000℉)	669	517	28	65	—	255	—
			WQ+650℃(1200℉)	586	441	32	70	99(艾)20(夏)	207	—
G10350	A311(A类)	15.9～22.2	冷拉	≥586	≥517	≥13	≥35	—	≥170	中温回火,≥288℃(550℉)消除应力(棒材)
		＞22.2～32	冷拉	≥552	≥483	≥12	≥36	—	≥163	
		＞32～51	冷拉	≥517	≥448	≥12	≥35	—	≥149	
		＞51～76	冷拉	≥483	≥413	≥10	≥30	—	≥143	
		ϕ20～30	热轧	≥496	≥269	≥18	≥40	—	≥143	—
		ϕ20～30	冷拉	≥552	≥462	≥12	≥35	—	≥163	—
G10380	—	ϕ20～30	热轧	≥517	≥283	≥18	≥40	—	≥149	—
		ϕ20～30	冷拉	≥572	≥483	≥12	≥35	—	≥163	—
		ϕ20～30	热轧	≥517	≥283	≥18	≥40	—	≥149	—
		ϕ20～30	冷拉	≥572	≥483	≥12	≥35	—	≥163	—
G10400	—	ϕ20～30	热轧	≥524	≥290	≥18	≥40	—	≥149	—
		15.9～22.2	冷拉	≥621	≥551	≥12	≥35	—	≥179	中温回火,≥288℃(550℉)消除应力(棒材)
		＞22.0～32	冷拉	≥586	≥517	≥12	≥35	—	≥170	
		≥32～51	冷拉	≥551	≥483	≥10	≥30	—	≥163	
		≥51～76	冷拉	≥517	≥448	≥10	≥30	—	≥149	
		ϕ25.4	热轧	621	414	25.0	50.0	(36)(艾)(35)(夏)	201	—
		ϕ25.4	正火,899℃(1650℉)	590	374	28.0	54.9	65.1(48.0)(艾)	170	—
		ϕ25.4	退火,788℃(1450℉)	519	354	30.2	57.2	(33)(艾)(30)(夏)	149	—
		ϕ25.4	WQ+204℃(400℉)	896	662	16	45	6.8(5)	514	—
			WQ+315℃(600℉)	889	648	18	52	—	444	—
			WQ+427℃(800℉)	841	634	21	57	—	352	—
			WQ+538℃(1000℉)	779	593	23	61	—	269	—
			WQ+650℃(1200℉)	669	496	28	68	108.5(80)	201	—
			OQ+204℃(400℉)	779	593	19	48	84.1(62)	262	淬火温度 834℃(1550℉)
			OQ+315℃(600℉)	779	593	20	53	—	255	
			OQ+427℃(800℉)	758	551	21	54	—	241	
			OQ+538℃(1000℉)	717	490	26	57	—	212	
			OQ+650℃(1200℉)	634	434	29	65	(70)(艾)(85)(夏)	192	
G10450	—	ϕ20～30	热轧	≥565	≥310	≥16	≥40	—	≥163	—
		ϕ20～30	退火+冷拉	≥586	≥503	≥12	≥45	—	≥170	— 中温回火,
	A311(A类)	15.9～22.2	冷拉	≥655	≥586	≥12	≥35	—	≥187	≥288℃(550℉)
		＞22.2～32	冷拉	≥621	≥551	≥11	≥30	—	≥179	消除应力(棒材)
		＞51～76	冷拉	552	483	≥10	≥30	—	≥163	
G10450	A311(B类)	15.9～22.2	冷拉	793	690	≥10	≥25	—	—	中温回火,≥288℃(550℉)消除应力(棒材)
		≥22.2～32	冷拉	793	690	≥10	≥25	—	—	
		＞32～51	冷拉	793	690	≥10	≥25	—	—	
		＞51～76	冷拉	793	690	≥9	≥25	—	—	
		＞76～102	冷拉	724	621	≥7	≥20	—	—	
	—	ϕ25.4	WQ	—	—	—	—	—	610	试样表面硬度
			WQ+T(100℃)	—	—	—	—	—	600	
			WQ+T(200℃)	—	—	—	—	—	515	
			WQ+T(300℃)	—	—	—	—	—	450	
			WQ+T(400℃)	—	—	—	—	—	385	
			WQ+T(500℃)	—	—	—	—	—	325	
			WQ+T(600℃)	—	—	—	—	—	240	
G10500	A311(A类)	15.9～22.2	冷拉	690	621	≥11	≥35	—	≥197	中温回火,≥288℃(550℉)消除应力(棒材)
		＞22.2～32	冷拉	655	586	≥11	≥30	—	≥187	
		＞32～51	冷拉	621	552	≥10	≥30	—	≥179	
		＞51～76	冷拉	586	517	≥10	≥30	—	≥170	
	A311(B类)	15.9～22.2	冷拉	793	690	≥8	≥25	—	—	中温回火,≥288℃(550℉)消除应力(棒材)
		＞22.2～32	冷拉	793	690	≥8	≥25	—	—	
		＞32～51	冷拉	793	690	≥8	≥25	—	—	

续表

UNS 数字系统	ASTM 标准号	尺寸 /mm	状 态	σ_b /MPa	σ_s /MPa	δ/% (L_0=50mm)	ψ/%	冲击功 /J(ft·lbf)	硬度 (HBS)	备 注
		>51~76	冷拉	793	690	≥8	≥20	—	—	—
		>76~114	冷拉	793	690	≥7	≥20	—	—	—
		ϕ25.4	热拉	724	414	20.0	40.0	31.2(23.0)(艾)	229	—
		ϕ25.4	正火(899℃,1650℉)	748	427	20.0	39.4	27.1(20.0)(艾)	217	—
G10650	—	ϕ25.4	退火(788℃,1450℉)	636	365	237	39.9	(12.5)(艾)(15)(夏)	187	—
G10500	—	ϕ25.4	OQ+T(316℃,600℉)	979	724	14	47	32.5(24)(艾)	321	—
			OQ+T(427℃,800℉)	938	655	20	50	—	277	—
			OQ+T(538℃,1000℉)	876	579	23	53	—	262	—
			OQ+T(649℃,1200℉)	738	469	29	60	29.8(22)(艾)	223	—
			WQ+T(204℃,400℉)	1124	807	9	27	4.1(3)(艾)	514	—
			WQ+T(316℃,600℉)	1089	793	13	36	—	444	—
			WQ+T(427℃,800℉)	1000	758	19	48	—	375	—
			WQ+T(538℃,1000℉)	862	655	23	58	—	293	—
			WQ+T(649℃,1200℉)	717	538	28	65	32.5(24)(艾)	235	—
G10550		ϕ20~30	热轧	648	≥352	≥12	≥30	—	≥192	—
		ϕ20~30	退火+冷拉	≥662	≥558	≥10	≥40	—	≥197	—
G10600	—	ϕ20~30	球化退火+冷拉	≥621	≥483	≥10	≥45	—	≥183	—
G10600	—	ϕ20~30	热轧	≥676	≥372	≥12	≥30	—	≥201	—
		ϕ20~30	冷拉	≥621	≥483	≥10	≥45	—	≥183	—
		ϕ25.4	热轧	814	483	17.0	34.0	17.6(13)(艾)	241	—
			正火(899℃,1650℉)	776	421	18.0	37.2	13.2(9.7)(艾)	229	—
			退火(788℃,1450℉)	626	372	22.5	38.2	(8.3)(艾)(10)(夏)	79	—
			OQ+T(204℃,400℉)	1103	779	13	40	19.0(14)	321	—
			OQ+T(316℃,600℉)	1103	779	13	40	—	321	—
			OQ+T(427℃,800℉)	1076	765	14	41	—	311	—
			OQ+T(538℃,1000℉)	965	669	17	45	—	277	—
			OQ+T(649℃,1200℉)	800	524	23	54	(23)(艾)(12)(夏)	229	—
G10650	—	ϕ20~30	热轧	≥690	379	≥12	≥30	—	≥207	—
			球化退火+冷拉	≥634	≥490	≥10	≥45	—	≥187	—
G10800		ϕ20~30	热轧	≥772	≥421	≥10	≥25	—	≥229	—
			球化退火+冷拉	≥676	≥517	≥10	≥40	—	≥192	—
G10800	—	ϕ25.4	热轧	965	586	12.0	17.0	6.8(5.0)(艾)	293	—
			正火(899℃,1650℉)	1010	524	11.0	20.6	6.8(5.0)(艾)	293	—
			退火(788℃,1450℉)	616	376	24.7	45.0	6.1(4.5)(艾)	174	—
			OQ+T(204℃,400℉)	1489	1048	10	31	—	601	—
			OQ+T(316℃,600℉)	1462	1034	11	33	—	534	—
			OQ+T(427℃,800℉)	1372	958	13	35	—	588	—
			OQ+T(538℃,1000℉)	1138	758	15	40	—	293	—
			OQ+T(649℃,1200℉)	841	586	20	47	—	235	—
G10850	—	ϕ20~30	热轧	≥834	≥455	≥10	≥25	—	≥248	—
			球化退火+冷拉	≥690	≥538	≥10	≥40	—	≥192	—
G10900		ϕ20~30	热轧	≥841	≥462	≥10	≥25	—	≥248	—
			球化退火+冷拉	≥696	≥538	≥10	≥40	—	≥197	—
G10950	—	ϕ20~30	热轧	≥827	≥455	≥10	≥25	—	≥248	—
			球化退火+冷拉	≥683	≥524	≥10	≥40	—	≥197	—
		ϕ25.4	热轧	965	572	9.0	18.0	4.1(3.0)(艾)	293	—
			正火(899℃,1650℉)	1014	500	9.5	13.5	5.4(4.0)(艾)	293	—
			退火(788℃,1450℉)	657	379	13.0	20.6	2.7(2.0)(艾)	192	—
G10950	—	ϕ25.4	WQ+T(204℃,400℉)	1489	1048	10	31	6.8(5)(艾)	601	—
			WQ+T(316℃,600℉)	1462	1034	11	33	—	534	—
			WQ+T(427℃,800℉)	1372	958	13	35	—	388	—
			WQ+T(538℃,1000℉)	1138	758	15	40	—	293	—
			WQ+T(649℃,1200℉)	841	586	20	47	6.8(5)(艾)	235	—
			OQ+T(204℃,400℉)	1289	827	10	30	6.8(5)(艾)	401	—
			OQ+T(316℃,600℉)	1262	814	10	30	—	375	—
			OQ+T(427℃,800℉)	1214	772	12	32	—	363	—
			OQ+T(538℃,1000℉)	1089	676	15	37	—	321	—
			OQ+T(649℃,1200℉)	896	552	21	47	8.1(6)(艾)	269	—
G11080	—	ϕ20~30	热轧	≥345	≥186	≥30	≥50	—	≥101	—
			冷拉	≥386	≥324	≥20	≥40	—	≥121	—
G11090	—	ϕ20~30	热轧	≥345	≥186	≥30	≥50	—	≥101	—
			冷拉	≥386	≥324	≥20	≥40	—	≥121	—

续表

UNS 数字系统	ASTM 标准号	尺寸 /mm	状 态	σ_b /MPa	σ_s /MPa	δ/% (L_0=50mm)	ψ/%	冲击功 /J(ft·lbf)	硬度 (HBS)	备 注
G11170	A311(A类)	15.9~22.2	冷拉	≥517	≥448	≥15	≥40	—	≥149	中温回火(≥288℃,550℉)
		>22.2~32	冷拉	≥483	≥414	≥15	≥40	—	≥143	消除应力(棒材)
		>32~51	冷拉	≥448	≥379	≥13	≥35	—	≥131	
		>51~76	冷拉	≥414	≥345	≥12	≥30	—	≥121	
	—	ϕ25.4	热轧	487	305	33.0	63.0	81.3(60.0)(艾)	143	—
			正火(899℃,1650℉)	467	303	33.5	63.8	85.1(62.8)(艾)	137	—
			退火(857℃,1575℉)	430	279	32.8	58.0	93.6(69.0)(艾)	121	—
			WQ+T(204℃,400℉)	945	690	10	31	—	61(HRC)	渗碳(927℃,1700℉)后直接
			WQ+T(316℃,600℉)	903	669	15	36	—	57(HRC)	淬火表面硬度
			OQ+T(204℃,400℉)	696	496	24	59	—	58(HRC)	
			OQ+T(316℃,600℉)	669	476	26	63	—	55(HRC)	
G11180	—	15.9~22.2	冷拉	≥517	≥448	≥15	≥40	—	≥149	中温回火(≥288℃,550℉)
		>22.2~32	冷拉	≥483	≥414	≥15	≥40	—	≥143	消除应力(棒材)
		>32~51	冷拉	≥448	≥379	≥13	≥35	—	≥131	
		>51~76	冷拉	≥414	≥345	≥12	≥30	—	≥121	消除应力(棒材)
		15.9~22.2	冷拉	≥483	≥345	≥18	≥45	—	≥143	高温回火
		>22.2~32	冷拉	≥448	≥345	≥16	≥45	—	≥131	消除应力(棒材)
		>32~51	冷拉	≥414	≥345	≥15	≥40	—	≥121	
		>51~76	冷拉	≥379	≥310	≥15	≥40	—	≥111	
		ϕ25.4	热轧	521	316	32.0	70.0	108.5(80.0)(艾)	149	—
			正火(927℃,1700℉)	478	319	33.5	65.9	103.4(76.3)(艾)	143	—
			退火(788℃,1450℉)	450	285	34.5	66.8	106.4(78.5)(艾)	131	—
G11370	A311(A类)	15.9~22.2	冷拉	≥690	621	≥11	≥35	—	≥197	中温回火(≥288℃,550℉)
		>22.2~32	冷拉	≥655	586	≥11	≥30	—	≥187	消除应力(棒材)
		≥32~51	冷拉	≥621	552	≥10	≥30	—	≥179	
		>51~76	冷拉	≥586	517	≥10	≥30	—	≥170	
G11370	—	ϕ25.4	热轧	676	359	22.0	38.0	11.1(8.2)(艾)	192	—
			正火(899℃,1650℉)	707	405	22.7	55.5	52.6(38.8)	201	—
			退火(816℃,1500℉)	598	353	25.5	49.3	34.3(25.3)	163	—
			WQ+T(204℃,400℉)	1496	1165	5	17	—	415	—
			WQ+T(316℃,600℉)	1372	1124	9	25	—	375	—
			WQ+T(427℃,800℉)	1103	986	14	40	—	311	—
			WQ+T(538℃,1000℉)	827	724	19	60	—	262	—
			WQ+T(649℃,1200℉)	648	531	25	69	—	187	—
			OQ+T(204℃,400℉)	1083	938	5	22	—	352	—
			OQ+T(316℃,600℉)	986	841	10	33	—	285	—
			OQ+T(427℃,800℉)	876	731	15	48	—	262	—
			OQ+T(538℃,1000℉)	758	667	24	62	—	229	—
			OQ+T(649℃,1200℉)	655	483	28	69	—	197	—
G11400	—	ϕ20~30	热轧	≥545	≥296	≥16	≥40	—	≥156	—
		ϕ20~30	冷轧	≥607	≥510	≥12	≥35	—	≥170	—
G11410	A311(A类)	≤22.2	冷拉	≥724	655	≥11	≥30	—	≥212	中温回火(≥288℃,550℉)
		>22.2~32	冷拉	≥690	≥655	≥10	≥30	—	≥197	消除应力(棒材)
		>32~51	冷拉	≥655	≥586	≥10	≥30	—	≥187	
		>51~76	冷拉	≥621	≥551	≥10	≥20	—	≥179	
	A311(B类)	15.9~22.2	冷拉	≥793	≥690	≥8	≥25	—	—	中温回火(≥288℃,550℉)
		>22.2~32	冷拉	≥793	≥690	≥8	≥25	—	—	消除应力(棒材)
		>32~51	冷拉	≥793	≥690	≥8	≥25	—	—	
		>51~76	冷拉	≥793	≥690	≥8	≥20	—	—	
		≥76~114	冷拉	≥793	≥690	≥7	≥20	—	—	
	—	ϕ25.4	热轧	703	421	21	41.0	52.9(39)	212	—
			正火(899℃,1650℉)	667	400	21	40.4	43.4(32)	197	—
			退火(788℃,1450℉)	585	347	24	41.3	51.5(38)	167	—
G11410	—	ϕ25.4	OQ+T(204℃,400℉)	1634	1214	6	17	—	461	—
			OQ+T(316℃,600℉)	1462	1282	9	32	—	415	—
			OQ+T(427℃,800℉)	1165	1034	12	47	—	335	—
			OQ+T(538℃,1000℉)	890	765	18	57	—	262	—
			OQ+T(649℃,1200℉)	710	593	23	62	—	217	—
G11440	A311(A类)	15.9~22.2	冷拉	≥758	≥690	≥10	≥30	—	≥223	中温回火(≥288℃,550℉)
		>22.2~32	冷拉	≥724	≥655	≥10	≥30	—	≥212	消除应力(棒材)
		>32~51	冷拉	≥690	≥621	≥10	≥25	—	≥197	
		≥51~76	冷拉	≥655	≥586	≥10	≥20	—	≥187	

续表

UNS 数字系统	ASTM 标准号	尺寸 /mm	状　态	σ_b /MPa	σ_s /MPa	δ/% (L_0= 50mm)	ψ/%	冲击功 /J(ft·lbf)	硬度 (HBS)	备　注
G11440	A311(B类)	15.9～22.2	冷拉	≥793	≥690	≥8	≥25	—	—	中温回火(≥288℃,550℉)消除应力(棒材)
		>22.2～32	冷拉	≥793	≥690	≥8	≥25	—	—	
		>32～51	冷拉	≥793	≥690	≥8	≥25	—	—	
		>51～76	冷拉	≥793	≥690	≥8	≥20	—	—	
		>76～114	冷拉	≥793	≥690	≥7	≥20	—	—	
		ϕ25.4	热轧	703	421	21	41	52.9(39)(艾)	212	—
			正火(899℃,1650℉)	667	400	21	40.4	43.4(32)(艾)	197	—
			退火(788℃,1450℉)	585	347	24.8	41.3	65.1(48)(艾)	167	
			OQ+T(204℃,400℉)	876	627	17	36	9.5(7)(艾)	277	—
			OQ+T(316℃,600℉)	869	621	17	40	—	262	—
			OQ+T(427℃,800℉)	848	607	18	42	—	248	—
			OQ+T(538℃,1000℉)	807	572	20	46	—	235	—
			OQ+T(649℃,1200℉)	724	503	23	55	67.8(50)(艾)	217	—
			WQ+T(204℃,400℉)	2000	1296	5	12	2.7(2)(艾)	550	—
			WQ+T(649℃,1200℉)	745	627	21	58	84.1(62)(艾)	230	—
G11450 G11460	—	15.9～22.2	冷拉	≥655	≥586	≥12	≥35	—	≥187	中温回火(≥288℃,550℉)消除应力(棒材)
		>22.2～32	冷拉	≥621	≥552	≥11	≥30	—	≥179	
		>32～51	冷拉	≥586	≥517	≥10	≥30	—	≥170	
		>51～76	冷拉	≥552	≥483	≥10	≥30	—	≥163	
		ϕ20～30	热轧	≥586	≥324	≥15	≥40	—	≥170	—
G11510	—	15.9～22.2	冷拉	≥690	≥621	≥11	≥35	—	≥197	中温回火(≥288℃,550℉)消除应力(棒材)
		>22.2～32	冷拉	≥655	≥586	≥11	≥30	—	≥187	
		>32～51	冷拉	≥621	≥552	≥10	≥30	—	≥179	
		>51～76	冷拉	≥586	≥517	≥10	≥30	—	≥170	

表 5-156　合金钢的力学性能

UNS 数字系统	ASTM 标准号	尺寸 /mm	状　态	σ_b /MPa	σ_s /MPa	δ/% (L_0= 50mm)	ψ/%	冲击功 /J(ft·lbf)	硬度 (HBS)	备　注
G13300	—	ϕ25.4	WQ+T(204℃,400℉)	1600	1455	9	39	—	459	淬火温度 871℃(1600℉①)
			WQ+T(316℃,600℉)	1427	1282	9	44	—	402	
			WQ+T(427℃,800℉)	1158	1034	15	53	—	335	
			WQ+T(538℃,1000℉)	876	772	18	60	—	263	
			WQ+T(649℃,1200℉)	731	572	23	63	—	216	
G13400	—	ϕ25.4	退火(802℃,1475℉)	703	434	25.5	57	70.5(52)	207	—
			正火(871℃,1600℉)	834	558	22	63	92.2(68)	248	—
			OQ+T(204℃,400℉)	1806	1593	11	35	—	505	淬火温度 816℃(1500℉①)
			OQ+T(316℃,600℉)	1586	1420	12	43	—	453	
			OQ+T(427℃,800℉)	1262	1151	14	51	—	375	
			OQ+T(538℃,1000℉)	965	827	17	58	—	295	
			OQ+T(649℃,1200℉)	800	621	22	66	103.0(76)	252	
G31400	—	ϕ25.4	正火(817℃,1600℉)	889	600	20	57	54.2(40)	262	—
			退火(863℃,1585℉)	690	421	25	51	46.1(34)	197	—
			OQ+T(204℃,400℉)	1806	1634	10	35	—	510	淬火温度 843℃(1550℉①)
			OQ+T(316℃,600℉)	1586	1448	11.5	42.5	—	456	
			OQ+T(427℃,800℉)	1282	1172	13	50.5	—	385	
			OQ+T(538℃,1000℉)	979	896	17	58	—	305	
			OQ+T(649℃,1200℉)	772	690	25	66	—	240	
G33106	—	ϕ25.4	OQ+T(774℃,1425℉)	972	800	16	55	—	293	假渗碳(927℃,1700℉×8h)油淬和假渗碳箱冷后重新油淬(油淬温度如表所示)的试样均经149℃(300℉)回火,再加工成ϕ12.8mm的拉伸试样
			OQ(802℃,1475℉)	1145	965	16	54	—	341	
			OQ(830℃,1525℉)	1165	1000	16	55	—	352	
			假渗碳+OQ	1186	1020	15.5	54	—	352	
		ϕ13.7	OQ(744℃,1425℉)	1048	882	15.5	54	—	321	
			OQ(802℃,1475℉)	1179	1034	16	54	—	363	
			OQ(830℃,1525℉)	1214	1062	16	54	—	363	
			假渗碳+OQ	1276	1096	16	52	—	375	
G40230	—	ϕ25.4	OQ(744℃,1425℉)	724	414	19	48	—	223	假渗碳(927℃,1700℉×8h)箱冷重新油淬(温度如表所示)和假渗碳直接油淬的试样均经149℃(300℉)回火,再加工成ϕ12.8mm的拉伸试棒
			OQ(802℃,1475℉)	745	441	21	54	—	229	
			OQ(830℃,1525℉)	786	496	22	55	—	248	
			渗碳+OQ	827	586	20	53	—	255	
		ϕ13.7	OQ(744℃,1425℉)	931	621	14	40	—	285	
			OQ(802℃,1475℉)	965	655	15	47	—	293	
			OQ(830℃,1525℉)	986	724	16	49	—	321	
			假渗碳+OQ	1048	786	15	43	—	331	

续表

UNS 数字系统	ASTM 标准号	尺寸 /mm	状　态	σ_b /MPa	σ_s /MPa	δ/% (L_0=50mm)	ψ/%	冲击功 /J(ft·lbf)	硬度 (HBS)	备　注
G40370	—	ϕ25.4	OQ+T(204℃,400℉)	1027	758	6	38	—	310	淬火温度 843℃(1550℉[②])
			OQ+T(316℃,600℉)	952	765	14	53	—	295	
			OQ+T(427℃,800℉)	876	731	20	60	—	270	
			OQ+T(538℃,1000℉)	793	655	23	63	—	247	
			OQ+T(649℃,1200℉)	696	421	29	60	—	220	
G40420	—	ϕ25.4	OQ+T(204℃,400℉)	1800	1662	12	37	—	516	淬火温度 843℃(1550℉[②])
			OQ+T(316℃,600℉)	1613	1455	13	42	—	455	
			OQ+T(427℃,800℉)	1289	1172	15	51	—	380	
			OQ+T(538℃,1000℉)	986	883	20	59	—	300	
			OQ+T(649℃,1200℉)	793	690	28	66	—	238	
G40630	—	ϕ25.4	OQ+T(204℃,400℉)	—	—	—	—	—	615	淬火温度 843℃(1550℉[②])
			OQ+T(316℃,600℉)	1931	1758	8.5	30	—	536	
			OQ+T(427℃,800℉)	1565	1448	11.5	37	—	452	
			OQ+T(538℃,1000℉)	1234	1145	13.5	47.5	—	373	
			OQ+T(649℃,1200℉)	958	772	16	52.5	—	298	
G11300	—	ϕ25.4	正火(817℃,1600℉)	669	436	25.5	59.5	(64)(100)(夏)	197	—
			退火(816℃,1500℉)	561	361	28.2	55.6	62.4(46)	156	—
		ϕ25.4	WQ+T(204℃,400℉)	1765	1517	10	33	17.6(13)	475	淬火温度 843℃(1550℉[②])
			+T(260℃,500℉)	1669	1434	12	37	13.6(10)	455	
			+T(316℃,600℉)	1572	1345	13	41	13.6(10)	425	
			+T(371℃,700℉)	1476	1255	15	45	20.3(15)	400	
			+T(427℃,800℉)	1379	1172	17	49	33.9(25)	375	
			+T(538℃,1000℉)	1172	1000	20	56	81.3(60)	325	
			+T(649℃,1200℉)	965	827	22	63	135.6(100)	270	
			OQ+T(204℃,400℉)	1551	1345	11	38	—	450	
			+T(260℃,500℉)	814	1276	12	40	—	440	
			+T(316℃,600℉)	1420	1207	13	43	—	418	
			+T(371℃,700℉)	1324	1117	15	48	—	385	淬火温度 843℃(1550℉)
			+T(482℃,800℉)	1227	1034	17	54	0	360	
			+T(538℃,1000℉)	1034	841	20	60	—	305	
			+T(649℃,1200℉)	827	669	24	67	—	250	
		ϕ50	OQ+T(538℃,1000℉)	738	572	20	58	—	223	
		ϕ70	OQ+T(538℃,1000℉)	710	538	22	60	—	217	
G41400	—	ϕ25.4	正火(871℃,1600℉)	1020	655	18	47	(40)(30)(夏)	302	—
			退火(816℃,1500℉)	655	421	26	57	23.0(17)	197	—
G41400	—	ϕ12.7	OQ+T(204℃,400℉)	1965	1738	11	42	14.9(11)	578	淬火温度 843℃(1550℉[②])
			OQ+T(260℃,500℉)	1862	1655	11	44	10.8(8)	534	
			OQ+T(316℃,600℉)	1724	1572	12	46	9.5(7)	495	
			OQ+T(371℃,700℉)	1593	1462	13	48	14.9(11)	461	
			OQ+T(427℃,800℉)	1448	1345	15	50	28.5(21)	429	
			OQ+T(482℃,900℉)	1296	1207	16	52	46.1(34)	388	
			OQ+T(538℃,1000℉)	1151	1048	17	55	65.1(48)	341	
			OQ+T(593℃,1100℉)	1020	910	19	58	93.6(69)	311	
			OQ+T(649℃,1200℉)	896	786	21	61	112.5(83)	277	
			OQ+T(704℃,1300℉)	807	690	23	65	135.6(100)	235	
		ϕ25	OQ+T(538℃,1000℉)	1138	986	15	50	—	335	
		ϕ50	OQ+T(538℃,1000℉)	917	752	18	55	—	202	
		ϕ75	OQ+T(538℃,1000℉)	862	655	19	55	—	292	
G41500	—	ϕ25.4	正火(871℃,1600℉)	1158	738	12	31	11.5(8.5)	321	
			退火(816℃,1500℉)	731	379	20	40	24.4(18)	197	
			OQ+T(204℃,400℉)	1931	1724	10	39	—	530	淬火温度 843℃(1550℉[②])
			OQ+T(316℃,600℉)	1765	1593	10	40	—	495	
			OQ+T(427℃,800℉)	1517	1379	12	45	—	440	
			OQ+T(538℃,1000℉)	1207	1103	15	45	—	370	
			OQ+T(649℃,1200℉)	958	841	19	52	—	290	
G43200	—	ϕ25.4	退火(899℃,1650℉)	579	427	29	58	110.0(81)	163	—
			正火(893℃,1640℉)	793	462	21	51	73.2(54)	235	—
			OQ(774℃,1425℉)	958	793	15	52	—	293	假渗碳油淬(927℃,1700℉×8h)和假渗碳箱冷后重新加热到表示温度油淬的试样均经 149℃(300℉)回火，再加工成 ϕ12.8mm 的拉伸试样
			OQ(802℃,1475℉)	1027	848	16	52	—	302	
			OQ(829℃,1525℉)	1110	958	16	54	—	331	
			假渗碳+OQ	1151	972	15	50	—	341	
		ϕ13.7	OQ(774℃,1425℉)	1041	869	15	49	—	321	
			OQ(802℃,1475℉)	1083	896	16	50	—	331	
			OQ(829℃,1525℉)	1179	1014	16	53	—	352	
			假渗碳+OQ	1241	1020	15	46	—	375	

续表

UNS数字系统	ASTM标准号	尺寸/mm	状态	σ_b/MPa	σ_s/MPa	δ/%(L_0=50mm)	ψ/%	冲击功/J(ft·lbf)	硬度(HBS)	备注
G43300	—	大锻件	淬回火①	1358	1262	15	48	—	43(HRC)	光滑试样。依次为纵向、横向和横向——锻造接缝
			淬回火①	1365	1269	11	28	—		
			淬回火①	1358	1269	6	13	—		
			淬回火①	1937	—	—	—	27.1(20)(夏)	43(HRC)	20℃，缺口试样。依次为纵向、横向和横向——锻造接缝
			淬回火①	1917	—	—	—	21.7(16)(夏)		
			淬回火①	1882	—	—	—	16.3(12)(夏)		
			淬回火①	1979	—	—	—	21.7(16)(夏)	43(HRC)	−54℃，缺口试样。依次为纵向、横向和横向——锻造接缝
			淬回火①	1971	—	—	—	21.7(16)(夏)		
			淬回火①	1910	—	—	—	12.2(9)(夏)		
			淬回火①	1627	1400	11	44		48(HRC)	光滑试样。依次为纵向、横向和横向——锻造接缝
			淬回火①	1648	1400	8	27			
			淬回火①	1655	1420	3	8			
			淬回火①	2055	—	—	—	24.4(18)(夏)	48(HRC)	20℃，缺口试样。依次为纵向、横向和横向——锻造接缝
			淬回火①	1937	—	—	—	19.0(14)(夏)		
			淬回火①	1751	—	—	—	12.2(9)(夏)		
			淬回火①	2013	—	—	—	19.0(14)(夏)	48(HRC)	−54℃、缺口试样。依次为纵向、横向和横向——锻造接缝
			淬回火①	1655	—	—	—	14.9(11)(夏)		
			淬回火①	1317	—	—	—	8.1(6)(夏)		
G43400	—	ϕ25.4	正火(871℃,1600℉)	1275	862	12	36	16.3(12)	363	—
			退火(810℃,1490℉)	745	476	22	50	(38)(25)(夏)	217	—
			OQ+T(204℃,400℉)	1910	1724	11	39	20.3(15)	520	843℃油淬
			OQ+T(316℃,600℉)	1758	1620	12	44	13.6(10)	490	
			OQ+T(427℃,800℉)	1496	1365	14	48	16.3(12)	440	
			OQ+T(538℃,1000℉)	1241	1158	17	53	33.9(35)	360	
			OQ+T(649℃,1200℉)	1020	862	20	60	100.3(74)	290	
			OQ+R(704℃,1300℉)	862	745	23	63	100.3(74)	250	
		大锻件	淬回火	1317	1241	15	49	—	44(HRC)	光滑试样。依次为纵向、横向和横向——锻造接缝
			淬回火	1317	1248	8	17	—		
			淬回火	1296	1214	5	10	—		
			淬回火	1937	—	—	—	38.0(28)(夏)	44(HRC)	20℃，缺口试样。依次为纵向、横向和横向——锻造接缝
			淬回火	1841	—	—	—	20.3(15)(夏)		
			淬回火	1710	—	—	—	14.9(11)(夏)		
			淬回火	1993	—	—	—	23.0(17)(夏)	44(HRC)	−54℃，缺口试样。依次为纵向、横向和横向——锻造接缝 843℃(1550℉)油淬
			淬回火	1931	—	—	—	14.9(11)(夏)		
			淬回火	1731	—	—	—	12.2(9)(夏)		
		ϕ13	OQ+T(427℃,800℉)	1462	1379	13	51	—	—	
		ϕ38	OQ+T(427℃,800℉)	1448	1365	11	45	—	—	
		ϕ75	OQ+T(427℃,800℉)	1420	1324	10	38	—	—	
		ϕ75	WQ+T(343℃,650℉)	1055	931	18	52	—	340	800℃油淬
		ϕ100	WQ+T(343℃,650℉)	1034	896	17	50	—	330	815℃油淬
		ϕ150	WQ+T(343℃,650℉)	1000	848	16	44	—	322	
		ϕ92	OQ+T(541℃,1005℉)	1207	1124	16	61	(48)(夏)(10℉)	37(HRC)	真空重熔(纵向)
		ϕ117.5	OQ+T(541℃,1005℉)	1179	1089	16	59	(47)(夏)(10℉)	37(HRC)	电渣重熔(纵向)
		—	淬火+T(232℃,450℉)	1944	1586	6	14	—	—	空气熔炼(横向)
		—	淬火+T(482℃,900℉)	1379	1193	8	16	—	—	
		—	淬火+T(538℃,1000℉)	1241	1124	10	22	—	—	
		—	淬火+T(232℃,450℉)	1931	1634	7	17	—	—	真空重熔(横向)
		—	淬火+T(482℃,900℉)	1379	1207	9	20	—	—	
		—	淬火+T(538℃,1000℉)	1241	1103	11	24	—	—	
300M	—	ϕ25.4	OQ+T(93℃,200℉)	2344	1241	6	10	17.6(13)(夏)	56(HRC)	—
			OQ+T(204℃,400℉)	2137	1655	7	27	21.7(16)(夏)	55(HRC)	—
			OQ+T(260℃,500℉)	2048	1669	8	32	24.4(18)(夏)	54(HRC)	860℃油淬
			OQ+T(360℃,600℉)	1993	1689	9.5	34	29.8(22)(夏)	53(HRC)	
			OQ+T(371℃,700℉)	1931	1621	9	32	24.4(18)(夏)	51(HRC)	
			OQ+T(427℃,800℉)	1793	1482	8.5	23	13.6(10)(夏)	46(HRC)	
		ϕ25	OQ+T(316℃,600℉)	1993	1689	10	34	29.8(22)(夏)	—	—
		ϕ75	OQ+T(316℃,600℉)	1937	1627	10	35	25.8(19)(夏)	—	—
		ϕ150	OQ+T(316℃,600℉)	2124	1800	7	22	12.2(19)(夏)	—	—
		127×127棒	淬火+T(316℃,600℉)	1958	1620	5	11	—	—	空气熔炼(横向)
			淬火+T(427℃,800℉)	1758	1538	7	14	—	—	
			淬火+T(538℃,1000℉)	1586	1482	9	22	—	—	
			淬火+T(260℃,500℉)	2020	1620	7	25	—	—	真空重熔(横向)
			淬火+T(427℃,800℉)	1758	1551	10	34	—	—	
			淬火+T(538℃,1000℉)	1584	1482	11	35	—	—	

续表

UNS数字系统	ASTM标准号	尺寸/mm	状态	σ_b/MPa	σ_s/MPa	δ/% (L_0=50mm)	ψ/%	冲击功/J(ft·lbf)	硬度(HBS)	备注
300M	—	100×100棒	OQ+T(427℃,600℉)	2096	1806	—	45	—	—	纵向,空气熔炼
			OQ+T(427℃,600℉)	2034	1751	—	24	—	—	横向,空气熔炼
			OQ+T(427℃,600℉)	2082	1786	—	48	—	—	纵向,真空重熔
			OQ+T(427℃,600℉)	2013	1758	—	34	—	—	横向,真空重熔
G44220	—	ϕ25.4	OQ(777℃,1430℉)	821	386	17	34	—	255	假渗碳(927℃,1700℉×8h)油淬和假渗碳箱冷后重新油淬(油淬温度如表所示)的试样均经149℃(300℉)回火,再加工成ϕ12.8mm的拉伸试样
			OQ(818℃,1505℉)	758	407	18	44	—	235	
			OQ(871℃,1600℉)	827	538	20	57	—	255	
			假渗碳+OQ	862	558	18	55	—	262	
		ϕ13.8	OQ(777℃,1430℉)	827	372	14	29	—	255	
			OQ(818℃,1505℉)	841	455	16	37	—	255	
			OQ(871℃,1600℉)	896	641	17	54	—	277	
			假渗碳+OQ	965	669	14	50	—	293	
G44270	—	ϕ25.4	OQ(766℃,1410℉)	952	558	17	46	—	293	假渗碳(927℃,1700℉×8h)油淬和假渗碳箱冷后重新油淬(油淬温度如表所示)的试样均经149℃(300℉)回火,再加工成ϕ12.8mm的拉伸试样
			OQ(804℃,1480℉)	945	552	17	46	—	293	
			OQ(866℃,1590℉)	1034	621	14	44	—	321	
			假渗碳+OQ	1076	669	15	47	—	321	
		ϕ13.8	OQ(766℃,1410℉)	1096	538	10	16	—	331	
			OQ(804℃,1480℉)	924	724	14	42	—	285	
			OQ(866℃,1590℉)	1255	896	14	43	—	363	
			假渗碳+OQ	1434	1041	11	37	—	415	
G45200	—	ϕ25.4	OQ(788℃,1450℉)	834	434	16	41	—	255	假渗碳(927℃,1700℉×8h)油淬和假渗碳箱冷后重新油淬(油淬温度如表所示)的试样均经149℃(300℉)回火,再加工成ϕ12.8mm的拉伸试样
			OQ(832℃,1530℉)	786	496	19	57	—	241	
			OQ(871℃,1600℉)	862	600	19	60	—	262	
			假渗碳+OQ	889	655	17	62	—	269	
		ϕ13.8	OQ(788℃,1450℉)	896	483	13	30	—	277	
			OQ(832℃,1530℉)	827	565	16	56	—	255	
			OQ(871℃,1600℉)	931	655	18	63	—	285	
			假渗碳+OQ	986	710	15	58	—	302	
G46200	—	ϕ25.4	正火(899℃,1650℉)	572	365	29	67	(69)(艾)(150)(夏)	174	—
			退火(857℃,1575℉)	510	372	31	60	132.9(98)(艾)	149	—
			OQ(774℃,1425℉)	883	758	16	54	—	277	假渗碳(927℃,1700℉×8h)油淬和假渗碳箱冷后重新油淬(油淬温度如表所示)的试样均经149℃(300℉)回火,再加工成ϕ12.8mm的拉伸试样
			OQ(802℃,1475℉)	910	724	17	55	—	277	
			OQ(829℃,1525℉)	945	752	18	55	—	285	
			假渗碳+OQ	965	772	15	52	44.7(33)(艾)	293	
		ϕ13.8	OQ(774℃,1425℉)	910	738	14	48	—	277	
			OQ(802℃,1475℉)	958	786	17	52	—	293	
			OQ(829℃,1525℉)	1000	807	17	55	—	302	
			假渗碳+OQ	1014	841	16	50	—	311	
G47180		ϕ25.4	OQ(763℃,1405℉)	1096	600	15	37	—	331	假渗碳(927℃,1700℉×8h)油淬和假渗碳箱冷后重新油淬(油淬温度如表所示)的试样均经149℃(300℉)回火,再加工成ϕ12.8mm的拉伸试样
			OQ(802℃,1475℉)	1069	717	18	57	—	321	
			OQ(849℃,1560℉)	1096	724	17	57	—	331	
			假渗碳+OQ	1131	813	15	51	—	341	
		ϕ13.8	OQ(763℃,1405℉)	1131	738	10	32	—	341	
			OQ(802℃,1475℉)	1158	834	13	49	—	352	
			OQ(849℃,1560℉)	1172	841	13	52	—	352	
			假渗碳+OQ	1324	1014	15	51	—	388	
G48150	—	ϕ25.4	OQ(774℃,1425℉)	1027	855	15	55	—	311	假渗碳(927℃,1700℉×8h)油淬和假渗碳箱冷后重新油淬(油淬温度如表所示)的试样均经149℃(300℉)回火,再加工成ϕ12.8mm的拉伸试样
			OQ(802℃,1475℉)	1055	889	15	56	—	321	
			OQ(829℃,1525℉)	1076	910	15	55	—	331	
			假渗碳+OQ	1096	917	16	50	—	331	
		ϕ13.8	OQ(774℃,1425℉)	1117	952	15	55	—	352	
			OQ(802℃,1475℉)	1158	993	16	56	—	352	
			OQ(829℃,1525℉)	1165	1007	16	56	—	352	
			假渗碳+OQ	1172	1069	15	50	—	352	
G48200	—	ϕ25.4	正火(860℃,1580℉)	758	483	24	59	109.8(81)	229	—
			退火(827℃,1520℉)	683	462	22	59	93.6(69)	197	—
			假渗碳箱冷+OQ(729℃,1345℉)	1227	807	14	38	—	363	假渗碳(927℃,1700℉×8h)油淬和假渗碳箱冷后重新油淬(油淬温度如表所示)的试样均经149℃(300℉)回火,再加工成ϕ12.8mm的拉伸试样
			OQ(757℃,1395℉)	1234	821	15	43	—	363	
			OQ(835℃,1535℉)	1317	1020	13	43	—	388	
			假渗碳+OQ	1413	1083	11	37	—	401	

续表

UNS 数字系统	ASTM 标准号	尺寸 /mm	状态	σ_b /MPa	σ_s /MPa	δ/% (L_0=50mm)	ψ/%	冲击功 /J(ft·lbf)	硬度 (HBS)	备注
G48200	—	ϕ13.8	假渗碳箱冷+OQ (729℃,1345℉)	1365	945	13	42	—	401	假渗碳(927℃,1700℉×8h)油淬和假渗碳箱冷后重新油淬(油淬温度如表所示)的试样均经149℃(300℉)回火,再加工成ϕ12.8mm的拉伸试样
			OQ(757℃,1395℉)	1331	914	14	44	—	388	
			OQ(835℃,1535℉)	1420	1055	13	46	—	401	
			假渗碳+OQ	1448	1138	12	43	—	415	
G50460	—	ϕ25.4	OQ+T(204℃,400℉)	1744	1407	9	25	—	482	淬火温度843℃(1550℉①)
			OQ+T(316℃,600℉)	1413	1158	10	27	—	401	
			OQ+T(427℃,800℉)	1138	931	13	50	—	336	
			OQ+T(538℃,1000℉)	938	765	18	61	—	282	
			OQ+T(649℃,1200℉)	786	655	24	66	—	235	
G50461	—	ϕ25.4	OQ+T(204℃,400℉)	—	—	—	—	—	548	淬火温度843℃(1550℉②)
			OQ+T(316℃,600℉)	1179	1620	10	37	—	505	
			OQ+T(427℃,800℉)	1393	1248	13	47	—	405	
			OQ+T(538℃,1000℉)	1083	979	17	51	—	322	
			OQ+T(649℃,1200℉)	883	793	22	60	—	273	
G50601	—	ϕ25.4	OQ+T(204℃,400℉)	—	—	—	—	—	600	淬火温度816℃(1500℉②)
			OQ+T(316℃,600℉)	1882	1772	8	32	—	525	
			OQ+T(427℃,800℉)	1510	1386	11	34	—	435	
			OQ+T(538℃,1000℉)	1124	1000	15	38	—	350	
			OQ+T(649℃,1200℉)	896	779	19	50	—	290	
G51200	—	ϕ25.4	OQ(774℃,1425℉)	834	634	14	41	—	262	假渗碳(927℃,1700℉×8h)油淬和假渗碳箱冷后重新油淬(油淬温度如表所示)的试样均经149℃(300℉)回火,再加工成ϕ12.8mm的拉伸试样
			OQ(802℃,1475℉)	883	696	15	42	—	269	
			OQ(843℃,1550℉)	938	758	16	45	—	285	
			假渗碳+OQ	986	786	14	45	—	302	
		ϕ13.8	OQ+(774℃,1425℉)	848	648	15	40	—	269	
			OQ+(802℃,1475℉)	910	717	15	43	—	277	
			OQ+(843℃,1550℉)	979	786	16	50	—	293	
			假渗碳+OQ	1020	848	14	40	—	311	
G51300	—	ϕ25.4	OQ+T(204℃,400℉)	1613	1517	10	40	—	475	淬火温度871℃(1600℉②)
			OQ+T(316℃,600℉)	1496	1407	10	46	—	440	
			OQ+T(427℃,800℉)	1276	1207	12	51	—	379	
		ϕ25.4	OQ+T(538℃,1000℉)	1034	938	15	56	—	305	
			OQ+T(649℃,1200℉)	793	690	20	53	—	245	
G51400	—	ϕ25.4	正火(871℃,1600℉)	793	476	23	59	38.0(28)	229	淬火温度843℃(1550℉②)
			退火(829℃,1525℉)	572	296	29	57	40.7(30)	167	
			OQ+T(204℃,400℉)	1793	1641	9	38	—	490	
			OQ+T(316℃,600℉)	1579	1448	10	43	—	450	
			OQ+T(427℃,800℉)	1310	1172	13	50	—	365	
			OQ+T(538℃,1000℉)	1000	862	17	58	—	280	
			OQ+T(649℃,1200℉)	758	662	25	66	—	235	
G51500	—	ϕ25.4	正火(871℃,1600℉)	869	531	21	59	31.2(23)	255	—
			退火(827℃,1520℉)	676	359	22	44	25.8(19)	197	—
			OQ+T(204℃,400℉)	1944	1731	5	37	—	525	淬火温度843℃(1550℉②)
			OQ+T(316℃,600℉)	1738	1586	6	40	—	475	
			OQ+T(427℃,800℉)	1448	1310	9	47	—	410	
			OQ+T(538℃,1000℉)	1124	1034	15	54	52.9(39)	340	
			OQ+T(649℃,1200℉)	807	745	20	60	94.9(70)	270	
G51600	—	ϕ25.4	正火(857℃,1575℉)	958	531	18	45	10.8(8)	269	—
			退火(813℃,1495℉)	724	276	17	31	7	197	—
			OQ+T(204℃,400℉)	2220	1793	4	10	—	627	淬火温度816℃(1500℉②)
			OQ+T(316℃,600℉)	2000	1772	9	30	—	555	
			OQ+T(427℃,800℉)	1607	1462	10	37	—	461	
			OQ+T(538℃,1000℉)	1165	1041	12	47	—	341	
			OQ+T(649℃,1200℉)	896	800	20	56	—	269	
G51601	—	ϕ25.4	OQ+T(204℃,400℉)	—	—	—	—	—	600	淬火温度843℃(1550℉②)
			OQ+T(316℃,600℉)	—	—	—	—	—	540	
			OQ+T(427℃,800℉)	1634	1489	11	36	—	460	
			OQ+T(538℃,1000℉)	1207	1103	15	44	—	355	
			OQ+T(649℃,1200℉)	965	867	20	47	—	290	

续表

UNS数字系统	ASTM标准号	尺寸/mm	状态	σ_b/MPa	σ_s/MPa	δ/%(L_0=50mm)	ψ/%	冲击功/J(ft·lbf)	硬度(HBS)	备注
G61200	—	ϕ25.4	OQ(774℃,1425℉)	841	655	16	45	—	262	假渗碳(927℃,1700℉×8h)油淬和假渗碳箱冷后重新油淬(油淬温度如表所示)的试样均经149℃(300℉)回火，再加工成ϕ12.8mm的拉伸试样
			OQ(802℃,1475℉)	903	724	15	43	—	277	
			OQ(843℃,1550℉)	993	814	17	54	—	302	
			假渗碳+OQ	1020	821	15	50	—	311	
		ϕ13.8	OQ(774℃,1425℉)	875	662	16	46	—	269	
			OQ(802℃,1475℉)	924	745	15	44	—	285	
			OQ(843℃,1550℉)	1034	855	17	56	—	321	
			假渗碳+OQ	1069	876	16	51	—	331	
G61500	—	ϕ25.4	正火(871℃,1600℉)	938	614	22	61	35.3(26)	269	—
			退火(816℃,1500℉)	669	414	23	48	27.1(20)	197	—
		ϕ25.4	OQ+T(204℃,400℉)	1931	1689	8	38	0	538	—
G61500	—	ϕ14	OQ+T(204℃,400℉)	2055	1813	1	5	—	610	淬火温度857℃(1575℉)，淬火之前试样都经过871℃(1600℉)正火
			OQ+T(260℃,500℉)	2069	1813	4	12	—	570	
			OQ+T(316℃,600℉)	1951	1724	7	27	—	540	
			OQ+T(371℃,700℉)	1772	1620	10	37	9.5(7)	505	
			OQ+T(427℃,800℉)	1586	1489	11	42	13.6(10)	470	
			OQ+T(482℃,900℉)	1407	1345	12	44	16.3(12)	420	
			OQ+T(538℃,1000℉)	1255	1207	13	46	20.3(15)	380	
			OQ+T(593℃,1100℉)	1151	1083	16	47	28.5(21)	350	
		ϕ25	OQ+T(427℃,800℉)	1572	1448	10	37	—	461	
G61500	—	ϕ25.4	OQ+T(482℃,900℉)	1358	1207	11	41	—	401	淬火温度854℃(1570℉[①])
			OQ+T(538℃,1000℉)	1179	1034	12	45	—	341	
			OQ+T(593℃,1100℉)	1034	876	15	50	—	302	
			OQ+T(649℃,1200℉)	917	758	19	55	—	262	
			OQ+T(704℃,1300℉)	814	662	23	61	—	235	
		ϕ50	OQ+T(538℃,1000℉)	1172	1027	13	48	—	341	淬火温度854℃(1525℉[①])
		ϕ75	OQ+T(538℃,1000℉)	1089	952	13	47	—	331	
6407(SAE牌号)	—	ϕ25.4	OQ+T(204℃,400℉)	1731	1517	10	38	—	480	试样均经过正火(927℃,1700℉)淬火温度843℃(1550℉)
			OQ+T(316℃,600℉)	1593	1448	13	45	—	458	
			OQ+T(427℃,800℉)	1434	1282	15	48	—	432	
			OQ+T(538℃,1000℉)	1241	1110	51	47	—	380	
			OQ+T(649℃,1200℉)	965	889	21	60	—	300	
6427(SAE牌号)	—	ϕ25.4	OQ+T(204℃,400℉)	1731	1517	10	40	—	475	试样均经过正火(927℃,1700℉)淬火温度843℃(1550℉)
			OQ+T(316℃,600℉)	1551	1462	12	45	—	450	
			OQ+T(427℃,800℉)	1386	1338	14	45	—	419	
			OQ+T(538℃,1000℉)	1269	1214	16	47	—	383	
			OQ+T(649℃,1200℉)	1151	1076	20	55	—	340	
G71400	—	ϕ25.4	WQ+T(482℃,900℉)	1379	1269	10	38	—	400	淬火温度927℃(1700℉[②])
			WQ+T(538℃,1000℉)	1310	1193	12	43	—	380	
			WQ+T(649℃,1200℉)	1089	972	16	53	—	338	
G81150	—	ϕ25.4	OQ+T(735℃,1355℉)	490	221	32	67	—	149	假渗碳(927℃,1700℉×8h)油淬和假渗碳箱冷后重新油淬(油淬温度如表所示)的试样均经149℃(300℉)回火，再加工成ϕ12.8mm的拉伸试样
			OQ+T(749℃,1380℉)	655	276	22	43	—	197	
			OQ+T(827℃,1520℉)	662	345	26	53	—	201	
			假渗碳+OQ	717	386	25	65	—	223	
		ϕ13.8	OQ(735℃,1355℉)	503	228	33	65	—	143	
			OQ(749℃,1380℉)	676	296	19	39	—	201	
			OQ(827℃,1520℉)	772	421	18	15	—	235	
			假渗碳+OQ	834	579	17	63	—	255	
G81240	—	ϕ25.4	OQ(760℃,1400℉)	896	476	15	31	—	277	假渗碳(927℃,1700℉×8h)油淬和假渗碳箱冷后重新油淬(油淬温度如表所示)的试样均经149℃(300℉)回火，再加工成ϕ12.8mm的拉伸试样
			OQ(799℃,1470℉)	883	565	19	44	—	269	
			OQ(849℃,1560℉)	931	572	18	50	—	285	
			假渗碳+OQ	972	627	16	44	—	293	
		ϕ13.8	OQ(760℃,1400℉)	1110	538	10	17	—	331	
			OQ(799℃,1470℉)	1069	717	12	37	—	321	
			OQ(849℃,1560℉)	1172	793	14	38	—	352	
			假渗碳+OQ	1393	1041	11	34	—	401	
G81451	—	ϕ25.4	OQ+T(204℃,400℉)	2034	1724	10	33	—	550	淬火温度843℃(1550℉[②])
			OQ+T(316℃,600℉)	1765	1572	8	42	—	475	
			OQ+T(427℃,800℉)	1407	1310	11	48	—	405	
			OQ+T(538℃,1000℉)	1103	1027	16	53	—	338	
			OQ+T(649℃,1200℉)	896	793	20	55	—	280	

续表

UNS数字系统	ASTM标准号	尺寸/mm	状态	σ_b/MPa	σ_s/MPa	δ/% (L_0=50mm)	ψ/%	冲击功/J(ft·lbf)	硬度(HBS)	备注
G86200	—	ϕ25.4	正火(913℃,1675℉)	634	359	26	60	100.3(74)	183	—
			退火(871℃,1600℉)	538	386	31	62	112.5(83)	149	—
			OQ(774℃,1425℉)	903	710	15	52	—	277	假渗碳(927℃,1700℉×8h)油淬和假渗碳箱冷后重新油淬(油淬温度如表所示)的试样均经149℃(300℉)回火,再加工成ϕ12.8mm的拉伸试样
			OW(802℃,1475℉)	958	765	16	54	—	293	
			OQ(843℃,1550℉)	1048	855	17	55	—	321	
			假渗碳+OQ	1076	876	14	50	—	321	
		ϕ13.8	OQ(774℃,1425℉)	938	772	15	49	—	285	
			OQ(802℃,1475℉)	1041	848	16	50	—	321	
			OQ(843℃,1550℉)	1096	910	17	56	—	331	
			假渗碳+OQ	1110	924	15	53	—	331	
		ϕ25.4	OQ+T(649℃,1200℉)	669	538	27	70	203.4(150)	190	—
			渗碳(927℃,1700℉)直接OQ+T(450℉)	1158	834	14	53	40.7(30)	61(HRC)	表面硬度;(*)可能是重新加热油淬,油淬温度816℃(1500℉)
			OQ+T(232℃,450℉)(*)	1248	924	13	51	46.1(34)	58(HRC)	
			OQ+T(149℃,300℉)(*)	1324	1034	13	50	36.6(27)	63(HRC)	
G86300	—	ϕ25.4	正火(871℃,1600℉)	648	427	24	54	(70)(77)(夏)	187	—
			退火(816℃,1500℉)	565	372	29	59	94.9(70)	156	—
			OQ+T(204℃,400℉)	1641	1503	9	38	17.6(13)	465	淬火温度871℃(1600℉[②])
			OQ+T(316℃,600℉)	1482	1393	10	42	—	430	
			OQ+T(427℃,800℉)	1276	1172	13	47	—	375	
			OQ+T(538℃,1000℉)	1034	896	17	54	—	310	
			OQ+T(649℃,1200℉)	772	690	23	63	—	240	
			WQ+T(482℃,900℉)	1158	1034	16	50	(55)(70)(夏)	340	
			WQ+T(538℃,1000℉)	1034	896	17	54	(63)(84)(夏)	304	
			WQ+T(649℃,1200℉)	793	690	23	63	122.0(90)	245	
G86400	—	ϕ25.4	退火	683	400	24	46	—	183	—
		ϕ13.5	OQ+T(204℃,400℉)	1813	1669	8	26	12.2(9)	555	淬火温度829℃(1525℉[②])
			OQ+T(316℃,600℉)	1586	1434	9	37	16.3(12)	461	
			OQ+T(427℃,800℉)	1379	1234	11	46	28.5(21)	415	
			OQ+T(538℃,1000℉)	1172	1048	14	53	56.9(42)	341	
			OQ+T(649℃,1200℉)	869	758	21	61	97.6(72)	269	
		ϕ25.4	OQ+T(427℃,800℉)	1386	1234	10	46	27.1(20)(夏)	415	
			OQ+T(482℃,900℉)	1248	1117	13	51	52.9(39)(夏)	388	
			OQ+T(538℃,1000℉)	1069	945	17	56	54.2(40)(夏)	331	
			OQ+T(593℃,1100℉)	1020	910	16	57	73.2(54)(夏)	302	
			OQ+T(649℃,1200℉)	869	765	20	61	82.7(61)(夏)	269	
		ϕ50	OQ+T(538℃,1000℉)	910	772	18	57	—	293	
		ϕ75	OQ+T(538℃,1000℉)	862	710	19	58	—	277	
G86451	—	ϕ25.4	OQ+T(204℃,400℉)	1979	1641	9	31	—	525	淬火温度843℃(1550℉[②])
			OQ+T(316℃,600℉)	1696	1551	9	40	—	475	
			OQ+T(427℃,800℉)	1379	1317	11	41	—	395	
			OQ+T(538℃,1000℉)	1103	1034	15	49	—	335	
			OQ+T(649℃,1200℉)	903	876	19	58	—	280	
G86500	—	ϕ25.4	正火(871℃,1600℉)	1020	690	14	40	13.6(10)	202	—
			退火(796℃,1465℉)	717	386	23	46	29.8(22)	212	—
			OQ+T(204℃,400℉)	1937	1675	10	38	—	525	淬火温度843℃(1550℉[②])
			OQ+T(316℃,600℉)	1724	1551	10	40	—	490	
			OQ+T(427℃,800℉)	1448	1324	12	45	—	420	
			OQ+T(538℃,1000℉)	1172	1055	15	51	58.3(43)	340	
			OQ+T(649℃,1200℉)	965	827	20	58	88.1(65)	280	
G86600	—	ϕ25.4	OQ+T(204℃,400℉)	—	—	—	—	—	580	淬火温度843℃(1550℉[②])
			OQ+T(316℃,600℉)	—	—	—	—	—	535	
			OQ+T(427℃,800℉)	1634	1551	13	37	—	460	淬火温度843℃(1550℉)
			OQ+T(538℃,1000℉)	1310	1214	17	46	—	370	
			OQ+T(649℃,1200℉)	1069	952	20	53	—	315	
G87400	—	ϕ25.4	正火(899℃,1650℉)	931	579	10	48	17.6(13)	269	—
			退火(843℃,1550℉)	772	490	22	46	40.7(30)	201	—
			OQ+T(204℃,400℉)	2000	1655	10	41	28.5(21)	578	—
			OQ+T(316℃,600℉)	1717	1551	11	46	—	495	—
			OQ+T(427℃,800℉)	1434	1358	13	50	—	415	—
			OQ+T(538℃,1000℉)	1207	1138	15	55	48.8(36)	363	—
			OQ+T(649℃,1200℉)	986	903	20	60	130.0(76)	302	—

续表

UNS数字系统	ASTM标准号	尺寸/mm	状　态	σ_b/MPa	σ_s/MPa	δ/%(L_0=50mm)	ψ/%	冲击功/J(ft·lbf)	硬度(HBS)	备　注
G88220	—	ϕ25.4	OQ(774℃,1425℉)	1179	655	12	25	—	352	假渗碳(927℃,1700℉×8h)油淬和假渗碳箱冷后重新油淬(油淬温度如表所示)的试样均经149℃(300℉)回火，再加工成ϕ12.8mm的拉伸试样
			OQ(821℃,1510℉)	1207	807	15	45	—	363	
			OQ(866℃,1590℉)	1248	903	14	46	—	388	
			假渗碳+OQ	1317	931	13	43	—	388	
		ϕ13.8	OQ(774℃,1425℉)	1200	696	11	25	—	352	
			OQ(821℃,1510℉)	1455	1041	13	42	—	415	
			OQ(866℃,1590℉)	1510	1096	13	47	—	429	
			假渗碳+OQ	1524	1151	14	48	—	429	
G92550	—	ϕ25.4	正火(899℃,1650℉)	931	579	20	43	13.6(10)	269	—
			退火(843℃,1550℉)	772	490	22	41	9.5(7)	229	—
			OQ+T(204℃,400℉)	2103	2048	1	3	—	601	—
			OQ+T(316℃,600℉)	1937	1793	4	10	—	578	—
			OQ+T(427℃,800℉)	1607	1489	8	22	—	477	—
			OQ+T(538℃,1000℉)	1255	1103	15	32	—	352	—
			OQ+T(649℃,1200℉)	993	814	20	42	—	285	—
G92600	—	ϕ25.4	OQ+T(204℃,400℉)	—	—	—	—	—	600	淬火温度871℃(1600℉[2])
			OQ+T(316℃,600℉)	—	—	—	—	—	540	
			OQ+T(427℃,800℉)	1758	1503	8	24	—	470	
			OQ+T(538℃,1000℉)	1324	1110	12	30	—	390	
			OQ+T(649℃,1200℉)	979	814	20	43	—	295	
G93106	—	ϕ25.4	正火(888℃,1630℉)	910	572	19	58	119.3(88)	269	假渗碳(927℃,1700℉×8h)油淬和假渗碳箱冷后重新油淬(油淬温度如表所示)的试样均经149℃(300℉)回火，再加工成ϕ12.8mm的拉伸试样
			退火(843℃,1550℉)	821	441	17	42	78.6(58)	241	
			OQ+T(204℃,400℉)	1000	814	16	54	—	302	
			OQ+T(316℃,600℉)	1076	917	16	54	—	331	
			OQ+T(427℃,800℉)	1179	1021	16	54	—	352	
			假渗碳+OQ	1200	1034	15	53	—	363	
		ϕ13.8	OQ+T(204℃,400℉)	1069	896	16	52	—	331	
			OQ+T(316℃,600℉)	1131	965	16	53	—	341	
			OQ+T(427℃,800℉)	1200	1055	16	53	—	363	
			假渗碳+OQ	1289	1117	15	51	—	375	
		ϕ25.4	渗碳(927℃,1700℉) OQ+T(232℃,450℉)	1158	952	16	60	60(HRC)	—	与前不同，(*)可能是重新加热油淬，油淬温度788℃(1450℉)。硬度是试样表面的
			OQ+T(232℃,450℉)(*)	1227	1014	16	60	60(HRC)	—	
			OQ+T(149℃,300℉)(*)	1241	993	15	59	60(HRC)	—	
G94171	—	ϕ25.4	OQ(766℃,1410℉)	958	483	14	27	—	293	假渗碳(927℃,1700℉×8h)油淬和假渗碳箱冷后重新油淬(油淬温度如表所示)的试样均经149℃(300℉)回火，再加工成ϕ12.8mm的拉伸试样
			OQ(810℃,1490℉)	1048	696	14	48	—	321	
			OQ(866℃,1590℉)	1234	889	15	55	—	363	
			假渗碳+OQ	1303	986	15	56	—	388	
		ϕ13.8	OQ(766℃,1410℉)	938	510	13	28	—	285	
			OQ(810℃,1490℉)	1131	779	13	44	—	341	
			OQ(866℃,1590℉)	1255	924	14	56	—	375	
			假渗碳+OQ	1331	1000	15	55	—	388	
G94301	—	ϕ25.4	OQ+T(204℃,400℉)	1724	1551	12	46	—	475	淬火温度871℃(1600℉[2])
			OQ+T(316℃,600℉)	1600	1420	12	49	—	445	
			OQ+T(427℃,800℉)	1345	1207	13	57	—	382	
			OQ+T(538℃,1000℉)	1000	931	16	65	—	307	
			OQ+T(649℃,1200℉)	827	724	21	69	—	250	
G94401	—	ϕ25.4	OQ+T(204℃,400℉)	1931	1648	11	43	—	504	淬火温度843℃(1550℉[2])
			OW+T(316℃,600℉)	1669	1455	10	44	—	468	
			OQ+T(427℃,800℉)	1351	1220	12	52	—	400	
			OQ+T(538℃,1000℉)	1027	945	14	60	—	322	
			OQ+T(649℃,1200℉)	862	758	21	66	—	262	
G98400	—	ϕ25.4	OQ+T(204℃,400℉)	2020	1669	11	35	—	540	淬火温度843℃(1550℉[2])
			OQ+T(316℃,600℉)	1724	1503	10	41	—	472	
			OQ+T(427℃,800℉)	1517	1351	11	43	—	420	
			OQ+T(538℃,1000℉)	1282	1165	15	49	—	370	
			OQ+T(649℃,1200℉)	979	896	20	60	—	301	
G98500	—	ϕ25.4	OQ+T(204℃,400℉)	1869	1724	10	38	—	516	淬火温度843℃(1550℉[2])
			OQ+T(316℃,600℉)	1696	1579	10	40	—	466	
			OQ+T(427℃,800℉)	1469	1317	12	44	—	412	
			OQ+T(538℃,1000℉)	1214	1083	15	50	—	353	
			OQ+T(649℃,1200℉)	965	841	20	60	—	286	

① 在205℃硝盐中等温淬火。第一次回火205℃×1h，第二次按表中所示温度回火4h。

② 试样在淬火前经过正火处理。

表 5-157 特殊钢的力学性能

UNS 数字系统	ASTM 标准号	尺寸 /mm	状态①	σ_b /MPa	σ_s /MPa	δ/% (L_0=50mm)	ψ/%	艾氏冲击功 /J(ft·lbf)	硬度 (HRC②)	备注
H11③	—	—	AQ+T(510℃,950℉)	2124	1710	6	30	13.6(10)(夏)	57	回火 2 次每次 2h。空冷淬火温度是 1010℃
		—	AQ+T(538℃,1000℉)	2006	1675	10	31	21.7(16)(夏)	56	
		—	AQ+T(566℃,1050℉)	1855	1565	11	35	27.1(20)(夏)	52	
		—	AQ+T(593℃,1100℉)	1538	1324	13	39	31.2(23)(夏)	45	
		—	AQ+T(649℃,1200℉)	1062	855	14	41	40.7(30)(夏)	33	
		—	AQ+T(704℃,1300℉)	938	696	16	42	90.8(67)(夏)	29	
		—	AQ+T(538℃,1000℉)	1862	1517	10	33	—	—	试验温度:260℃(500℉)
		—	AQ+T(538℃,1000℉)	1841	1489	10	35	—	—	试验温度:316℃(600℉)
		—	AQ+T(538℃,1000℉)	1669	1441	12	43	—	—	试验温度:427℃(800℉)
		—	AQ+T(538℃,1000℉)	1579	1365	12	46	—	—	试验温度:482℃(900℉)
		—	AQ+T(538℃,1000℉)	1482	1255	14	48	—	—	试验温度:538℃(1000℉)
		—	AQ+T(538℃,1000℉)	607	586	25	95	—	—	试验温度:649℃(1200℉)
		—	AQ+T(566℃,1050℉)	1804	1482	10	35	—	—	试验温度:室温
		—	AQ+T(566℃,1050℉)	1696	1365	10	36	29.8(22)(夏)	—	试验温度:149℃(300℉)
		—	AQ+T(566℃,1050℉)	1607	1345	10	36	40.7(30)(夏)	—	试验温度:260℃(500℉)
		—	AQ+T(566℃,1050℉)	1600	1331	10	36	29.8(22)(夏)	—	试验温度:316℃(600℉)
		—	AQ+T(566℃,1050℉)	1496	1269	11	39	40.7(30)(夏)	—	试验温度:427℃(800℉)
		—	AQ+T(566℃,1050℉)	1420	1145	12	39	39.3(29)(夏)	—	试验温度:482℃(900℉)
		—	AQ+T(566℃,1050℉)	1241	972	12	41	42.0(31)(夏)	—	试验温度:538℃(1000℉)
		—	AQ+T(566℃,1050℉)	979	724	13	47	44.7(33)(夏)	—	试验温度:593℃(1100℉)
		—	AQ+T(566℃,1050℉)	586	441	19	67	80.0(59)(夏)	—	试验温度:649℃(1200℉)
		—	AQ+T(593℃,1100℉)	1345	1131	10	45	44.7(33)(夏)	—	试验温度:260℃(500℉)
		—	AQ+T(593℃,1100℉)	1310	1103	10	48	—	—	试验温度:316℃(600℉)
		—	AQ+T(593℃,1100℉)	1227	1007	12	52	40.7(30)(夏)	—	试验温度:427℃(800℉)
		—	AQ+T(593℃,1100℉)	1131	903	14	56	—	—	试验温度:482℃(900℉)
		—	AQ+T(593℃,1100℉)	979	793	16	62	—	—	试验温度:538℃(1000℉)
H13③	—	—	OQ+T(527℃,980℉)	1958	1572	13	46	16.3(12)(夏)	52	淬火 1010℃,回火 2×2h
		—	OQ+T(554℃,1030℉)	1834	1531	13	50	24.4(18)(夏)	50	
		—	OQ+T(574℃,1065℉)	1731	1469	14	52	27.1(20)(夏)	48	
		—	OQ+T(593℃,1100℉)	1579	1365	14	54	28.5(21)(夏)	46	
		—	OQ+T(604℃,1120℉)	1496	1289	15	54	29.8(22)(夏)	44	
		—	OQ+T(527℃,980℉)	1620	1241	14	51	—	51	试验温度:427℃(800℉)
		—	OQ+T(527℃,980℉)	1303	1000	14	54	—	54	试验温度:538℃(1000℉)
		—	OQ+T(527℃,980℉)	1020	827	18	65	—	65	试验温度:593℃(1100℉)
		—	OQ+T(527℃,980℉)	448	338	29	89	—	89	试验温度:649℃(1200℉)
		—	OQ+T(574℃,1065℉)	1400	1151	15	60	—	60	试验温度:427℃(800℉)
		—	OQ+T(574℃,1065℉)	1158	958	17	62	—	62	试验温度:538℃(1000℉)
		—	OQ+T(574℃,1065℉)	938	752	18	69	—	69	试验温度:593℃(1100℉)
		—	OQ+T(574℃,1065℉)	455	352	34	89	—	89	试验温度:649℃(1200℉)
		—	OQ+T(604℃,1120℉)	1200	1007	17	64	—	64	试验温度:427℃(800℉)
		—	OQ+T(604℃,1120℉)	993	821	21	70	—	70	试验温度:538℃(1000℉)
		—	OQ+T(604℃,1120℉)	827	690	23	74	—	74	试验温度:593℃(1100℉)
		—	OQ+T(604℃,1120℉)	448	352	28	88	—	88	试验温度:649℃(1200℉)
Hq-4-30③④	—	—	OQ+T(204℃,400℉)	1655	1379	8～12	25～35	20.3～27.1 (15)～(20)(夏)	—	油淬－73℃冷处理,回火 2 次
		—	OQ+T(288℃,550℉)	1517	1310	12～16	35～50	(18～25)(夏)	—	油淬－73℃冷处理,回火 2 次
		—	OQ+T(288℃,550℉)	1530	1276	16	—	100③	—	油淬前先在 900℃正火,油淬温度 840℃
		—	OQ－T(288℃,550℉)	1379	1214	16	—	97③	—	
HP9-4-30⑤		—	OQ+T(288℃,550℉)	1324	1110	17	—	95③	—	回火两次,每两次 2h
			淬火+T(538℃,1000℉)	1648	1351	14	52	39.3(29)	—	—
				1586	1407	16	60	40.7(30)	—	在 204℃(400℉)停 1000h
				1586	1441	15	56	38.0(28)	—	在 343℃(650℉)停 1000h
				1648	1400	14	50	33.9(25)	—	在 427℃(800℉)停 1000h
				1565	1393	15	51	25.8(19)	—	在 482℃(900℉)停 1000h

① 淬回火温度原文没有写明。

② 硬度是回火后的硬度，不是高温硬度。

③ 是特殊钢，商业牌号。

④ 平面应变断裂韧性值，单位 ksi·in(1ksi·in=17.5J/cm^2)。

⑤ HP9-4-30 最后 4 行的力学性能是经不同温度保温 1000h 后冷到室温的性能。

表 5-158　特殊钢的力学性能

UNS数字系统	类型或尺寸/mm	状　态	σ_b/MPa	σ_s/MPa	δ/%(L_0=50mm)	ψ/%	艾氏冲击功/J(ft·lbf)	硬度(HRC)	备　注
HY140[2]	板(25.4)(L)	Q+T(538℃,1000℉)	1027	979	20	65	112.5(83)(OF)	34	—
	(LT)	Q+T(538℃,1000℉)	1027	979	20	59	89.5(66)(OF)	34	—
		焊接+T(538℃,1000℉)	1124	993	18	29	81.3(60)(OF)	34	—
300M[2]	板	T(427℃,800℉)	1793	1586	12	37	19.0(14)	52	
		T(538℃,1000℉)	1586	1448	14	38	21.7(16)	46	
	薄板	T(427℃,800℉)	1793	1586	5	—	—	—	
		T(538℃,1000℉)	1586	1413	7	—	—	—	
Hp9-4-45[2]	板	T(316℃,600℉)	1931	1758	5	35	21	48	—
		T(538℃,1000℉)	1482	1413	9	45	47.5(35)	—	—
	薄板	T(316℃,600℉)	1793	1586	5	—	—	—	—
		T(538℃,1000℉)	1448	1379	9	—	—	—	—
Vasco Max C-200[2]	板(LT)	退火	965	758	18	72	—	30	—
	板(LT)	时效(482℃,900℉)	1620	1551	12	50	—	43	—
	板(L)	时效(482℃,900℉)	1551	1482	11	55	105.8(78)	43	—
	焊接	时效(482℃,900℉)	1517	1482	7	30	24.4(18)	—	—
Vasco Max C-250[2]	板(LT)	退火	1034	896	18	80	161.3(119)	28～35	—
	板(LT)	时效(482℃,900℉)	1634	1565	12	49	17.6(13)	48～52	—
	板(L)	时效(482℃,900℉)	1634	1765	11	62	20.3(15)	48～52	—
	薄板(LT)	时效(482℃,900℉)	1855	1813	3	—	—	48～52	—
Vasco Max C-300[2]	板(LT)	退火	1048	827	19	72	161.3(119)	32	—
	板(LT)	时效(482℃,900℉)	1979	1910	6.7	—	20.3(15)	55	—
	板(L)	时效(482℃,900℉)	1985	1923	7.0	50	24.4(18)	55	—
	薄板	时效(482℃,900℉)	1958	1923	3.5	—	—	—	—
Vasco Max C-350[2]	φ16 棒	退火	827	1138	18	70	—	35	—
		时效(482℃,900℉)	2351	2303	10	50	14.9(11)	57	—
	板(LT)	时效(482℃,900℉)	2427	2379	8.5	43	13.6(10)	59	—
	薄板(LT)	时效(482℃,900℉)	2572	2510	4	15	—	58	—
HY-TUF[2]	φ75	OQ+T(288℃,550℉)	1372	1089	16	51	52.9(39)	44	心部性能
	φ75	OQ+T(288℃,550℉)	1586	1317	13	42	40.7(30)	46	1/2R 处的性能
	φ25.4	OQ+T(204℃,400℉)	1648	1262	14	47	(33[1])(29[3])	48	淬火温度 871℃(1600℉)
	φ25.4	OQ+T(260℃,500℉)	1620	821	14	50	(33[1])(27[3])	47	
	φ25.4	OQ+T(288℃,550℉)	1613	1331	13	50	(31[1])(25[3])	47	
	φ25.4	OQ+T(316℃,600℉)	1586	1338	14	52	(29[1])(26[3])	46	
	φ25.4	OQ+T(371℃,700℉)	1531	1331	14	53	(24[1])(23[3])	45	
	φ25.4	OQ+T(399℃,750℉)	1448	1310	15	54	(21[1])(21[3])	45	
	φ25.4	OQ+T(427℃,800℉)	1386	1241	14	51	(23[1])(20[3])	43	
	φ25.4	OQ+T(482℃,900℉)	1248	1117	16	54	(36[1])(18[3])	40	
	φ25.4	OQ+T(566℃,1050℉)	1089	979	18	57	(51[1])(33[3])	36	
	φ14	正火+OQ+T(204℃,400℉)	1607	1138	14	56	—	48	真空冶炼，正火是927℃(1700℉)，淬火是 871℃（1600℉）。钢含碳 0.25%
	φ14	正火+OQ+T(260℃,600℉)	1551	1220	14	57	—	47	
	φ14	正火+OQ+T(204℃,400℉)	1669	1282	14	47	—	50	空气冶炼，正火是927℃(1700℉)，淬火是 871℃（1600℉）。钢含碳 0.27%
	φ14	正火+OQ+T(260℃,600℉)	1620	1338	14	52	—	49	

① 是室温的冲击值。
② 特殊商业合金钢。
③ 是－40℃的冲击值；(LT) 指横向；(L) 指纵向；Q 指淬火；OQ 指油淬；T 指回火。

5.4 日本结构钢

5.4.1 结构钢牌号和化学成分

表 5-159 结构钢的牌号和化学成分

<table>
<tr><th rowspan="2">牌号</th><th rowspan="2">厚度/mm</th><th colspan="9">化学成分/%(质量分数)</th></tr>
<tr><th>C</th><th>Si</th><th>Mn</th><th>P</th><th>S</th><th>Cr</th><th>Mo</th><th>Ni</th><th>其他</th></tr>
<tr><td colspan="11">普通结构用轧制钢材(JIS G3101—2010)</td></tr>
<tr><td>SS330</td><td></td><td></td><td></td><td></td><td>0.050 以下</td><td>0.050 以下</td><td></td><td></td><td></td><td></td></tr>
<tr><td>SS400</td><td></td><td></td><td></td><td></td><td>0.050 以下</td><td>0.050 以下</td><td></td><td></td><td></td><td></td></tr>
<tr><td>SS490</td><td></td><td></td><td></td><td></td><td>0.050 以下</td><td>0.050 以下</td><td></td><td></td><td></td><td></td></tr>
<tr><td>SS540</td><td></td><td>0.30 以下</td><td></td><td>1.60 以下</td><td>0.040 以下</td><td>0.040 以下</td><td></td><td></td><td></td><td></td></tr>
<tr><td colspan="11">锅炉及压力容器用碳钢及钼钢钢板(JIS G3103—2019)</td></tr>
<tr><td rowspan="4">SB410</td><td>≤25</td><td>0.24 以下</td><td rowspan="4">0.15～0.40</td><td rowspan="4">0.90 以下</td><td rowspan="4">0.020 以下</td><td rowspan="4">0.020 以下</td><td rowspan="4">0.30 以下</td><td rowspan="4">0.12 以下</td><td rowspan="4">0.40 以下</td><td rowspan="4">Cu 0.40 以下；
Nb 0.02 以下；
V 0.03 以下；
Ti 0.03 以下；
B 0.0010 以下</td></tr>
<tr><td>>25～≤50</td><td>0.27 以下</td></tr>
<tr><td>>50～≤100</td><td>0.29 以下</td></tr>
<tr><td>>100～≤200</td><td>0.30 以下</td></tr>
<tr><td rowspan="3">SB450[①]</td><td>≤25</td><td>0.28 以下</td><td rowspan="3">0.15～0.40</td><td rowspan="3">0.90 以下</td><td rowspan="3">0.020 以下</td><td rowspan="3">0.020 以下</td><td rowspan="3">0.30 以下</td><td rowspan="3">0.12 以下</td><td rowspan="3">0.40 以下</td><td rowspan="3">Cu 0.40 以下；
Nb 0.02 以下；
V 0.03 以下；
Ti 0.03 以下；
B 0.0010 以下</td></tr>
<tr><td>>25～≤50</td><td>0.31 以下</td></tr>
<tr><td>>50～≤200</td><td>0.33 以下</td></tr>
<tr><td rowspan="3">SB480</td><td>≤25</td><td>0.31 以下</td><td rowspan="3">0.15～0.40</td><td rowspan="3">1.20 以下</td><td rowspan="3">0.020 以下</td><td rowspan="3">0.020 以下</td><td rowspan="3">0.30 以下</td><td rowspan="3">0.12 以下</td><td rowspan="3">0.40 以下</td><td rowspan="3">Cu 0.40 以下；
Nb 0.02 以下；
V 0.03 以下；
Ti 0.03 以下；
B 0.0010 以下</td></tr>
<tr><td>>25～≤50</td><td>0.33 以下</td></tr>
<tr><td>>50～≤200</td><td>0.35 以下</td></tr>
<tr><td rowspan="4">SB450M</td><td>≤25</td><td>0.18 以下</td><td rowspan="4">0.15～0.40</td><td rowspan="4">0.90 以下</td><td rowspan="4">0.030 以下</td><td rowspan="4">0.030 以下</td><td rowspan="4">0.30 以下</td><td rowspan="4">0.45～0.60</td><td rowspan="4">0.40 以下</td><td rowspan="4">Cu 0.40 以下；
Nb 0.02 以下；
V 0.03 以下；
Ti 0.03 以下；
B 0.0010 以下</td></tr>
<tr><td>>25～≤50</td><td>0.21 以下</td></tr>
<tr><td>>50～≤100</td><td>0.23 以下</td></tr>
<tr><td>>100～≤150</td><td>0.25 以下</td></tr>
</table>

续表

牌号	厚度/mm	化学成分/%（质量分数）								
		C	Si	Mn	P	S	Cr	Mo	Ni	其他
锅炉及压力容器用碳钢及钼钢钢板（JIS G3103—2007）										
SB480M	≤25	0.20 以下	0.15～0.40	0.90 以下	0.030 以下	0.030 以下	0.30 以下	0.45～0.60	0.40 以下	Cu 0.40 以下；Nb 0.02 以下；V 0.03 以下；Ti 0.03 以下；B 0.0010 以下
	>25～≤50	0.23 以下								
	>50～≤100	0.25 以下								
	>100～≤150	0.27 以下								
铝铬钼钢钢材（JIS G4202—2005）[6]										
SACM645		0.40～0.50	0.15～0.50	0.60 以下	0.030 以下	0.030 以下	1.30～1.70	0.15～0.30		Al0.70～1.2
特殊用途螺栓连接材料的合金钢棒材（JIS G4108—2007）										
SNB21-1～5		0.36～0.44	0.20～0.35	0.45～0.70	0.025 以下	0.025 以下	0.80～1.15	0.50～0.65	—	V0.25～0.35
SNB22-1～5		0.39～0.46	0.20～0.35	0.65～1.10	0.025 以下	0.025 以下	0.75～1.20	0.15～0.25	—	
SNB23-1～5		0.37～0.44	0.20～0.35	0.60～0.95	0.025 以下	0.025 以下	0.65～0.95	0.20～0.30	1.55～2.00	
SNB24-1～5		0.37～0.44	0.20～0.35	0.70～0.90	0.025 以下	0.025 以下	0.70～0.95	0.30～0.40	1.65～2.00	
易切削钢钢材（JIS G4804—2008）										
SUM21		0.13 以下		0.70～1.00	0.07～0.12	0.16～0.23				
SUM22		0.13 以下		0.70～1.00	0.07～0.12	0.24～0.33				
SUM22L		0.13 以下		0.70～1.00	0.07～0.12	0.24～0.33				Pb0.10～0.35
SUM23		0.09 以下		0.75～1.05	0.04～0.09	0.26～0.35				
SUM23L		0.09 以下		0.75～1.05	0.04～0.09	0.26～0.35				Pb0.10～0.35
SUM24L		0.15 以下		0.85～1.15	0.04～0.09	0.26～0.35				Pb0.10～0.35
SUM25		0.15 以下		0.90～1.40	0.07～0.12	0.30～0.40				
SUM31		0.14～0.20		1.00～1.30	0.040 以下	0.08～0.13				
SUM31L		0.14～0.20		1.00～1.30	0.040 以下	0.08～0.13				Pb0.10～0.35
SUM32		0.12～0.20		0.60～1.10	0.040 以下	0.10～0.20				
SUM41		0.32～0.39		1.35～1.65	0.040 以下	0.08～0.13				
SUM42		0.37～0.45		1.35～1.65	0.040 以下	0.08～0.13				

续表

牌号	厚度/mm	化学成分/%(质量分数)								
		C	Si	Mn	P	S	Cr	Mo	Ni	其他
易切削钢钢材(JIS G4804—2008)										
SUM43		0.40～0.48		1.35～1.65	0.040 以下	0.24～0.33				
高温合金钢螺栓钢材(JIS G4107—2007)										
SNB5		0.10 以下	1.00 以下	1.00 以下	0.040 以下	0.030 以下	4.00～6.00	0.40～0.65		
SNB7		0.38～0.48[⑤]	0.20～0.35	0.75～1.00	0.040 以下	0.040 以下	0.80～1.10	0.15～0.25		
SNB16		0.36～0.44	0.20～0.35	0.45～0.70	0.040 以下	0.040 以下	0.80～1.15	0.50～0.65		V0.25～0.35
保证淬透性结构钢(JIS G4052—2008[④])										
SMn420H		0.16～0.23	0.15～0.35	1.15～1.55	0.030 以下	0.030 以下	0.35 以下		0.25 以下	
SMn433H		0.29～0.36	0.15～0.35	1.15～1.55	0.030 以下	0.030 以下	0.35 以下		0.25 以下	
SMn438H		0.34～0.41	0.15～0.35	1.30～1.70	0.030 以下	0.030 以下	0.35 以下		0.25 以下	
SMn443H		0.39～0.46	0.15～0.35	1.30～1.70	0.030 以下	0.030 以下	0.35 以下		0.25 以下	
SMnC420H		0.16～0.23	0.15～0.35	1.15～1.55	0.030 以下	0.030 以下	0.35～0.70		0.25 以下	
SMnC443H		0.39～0.46	0.15～0.35	1.30～1.70	0.030 以下	0.030 以下	0.35～0.70		0.25 以下	
SCr415H		0.12～0.18	0.15～0.35	0.55～0.95	0.030 以下	0.030 以下	0.85～1.25		0.25 以下	
SCr420H		0.17～0.23	0.15～0.35	0.55～0.95	0.030 以下	0.030 以下	0.85～1.25		0.25 以下	
SCr430H		0.27～0.34	0.15～0.35	0.55～0.95	0.030 以下	0.030 以下	0.85～1.25		0.25 以下	
SCr435H		0.32～0.39	0.15～0.35	0.55～0.95	0.030 以下	0.030 以下	0.85～1.25		0.25 以下	
SCr440H		0.37～0.44	0.15～0.35	0.55～0.95	0.030 以下	0.030 以下	0.85～1.25		0.25 以下	
SCM415H		0.12～0.18	0.15～0.35	0.55～0.95	0.030 以下	0.030 以下	0.85～1.25	0.15～0.30	0.25 以下	
SCM418H		0.15～0.21	0.15～0.35	0.55～0.95	0.030 以下	0.030 以下	0.85～1.25	0.15～0.30	0.25 以下	
SCM420H		0.17～0.23	0.15～0.35	0.55～0.95	0.030 以下	0.030 以下	0.85～1.25	0.15～0.30	0.25 以下	
SCM425H		0.23～0.28	0.15～0.35	0.55～0.95	0.030 以下	0.030 以下	0.85～1.25	0.15～0.30	0.25 以下	
SCM435H		0.32～0.39	0.15～0.35	0.55～0.95	0.030 以下	0.030 以下	0.85～1.25	0.15～0.30	0.25 以下	
SCM440H		0.37～0.44	0.15～0.35	0.55～0.95	0.030 以下	0.030 以下	0.85～1.25	0.15～0.30	0.25 以下	
SCM445H		0.42～0.49	0.15～0.35	0.55～0.95	0.030 以下	0.030 以下	0.85～1.25	0.15～0.30	0.25 以下	

续表

牌号	厚度/mm	化学成分/%(质量分数)							
		C	Si	Mn	P	S	Cr	Mo	Ni	其他
保证淬透性结构钢(JIS G4052—2008[④])										
SCM822H		0.19～0.25	0.15～0.35	0.55～0.95	0.030 以下	0.030 以下	0.85～1.25	0.35～0.45	0.25 以下	
SNC415H		0.11～0.18	0.15～0.35	0.30～0.70	0.030 以下	0.030 以下	0.20～0.55		1.95～2.50	
SNC631H		0.26～0.35	0.15～0.35	0.30～0.70	0.030 以下	0.030 以下	0.55～1.05		2.45～3.00	
SNC815H		0.11～0.18	0.15～0.35	0.30～0.70	0.030 以下	0.030 以下	0.55～1.05		2.95～3.50	
SNCM220H		0.17～0.23	0.15～0.35	0.60～0.95	0.030 以下	0.030 以下	0.35～0.65	0.15～0.30	0.35～0.75	
SNCM420H		0.17～0.23	0.15～0.35	0.40～0.70	0.030 以下	0.030 以下	0.35～0.65	0.15～0.30	1.55～2.00	
高压气瓶用无缝钢管(JIS G3429—2006)										
STH11		0.50 以下	0.10～0.35	1.80 以下	0.035 以下	0.035 以下				
STH12		0.30～0.41	0.10～0.35	1.35～1.70	0.030 以下	0.030 以下				
STH21		0.25～0.35	0.15～0.35	0.40～0.90	0.030 以下	0.030 以下	0.80～1.20	0.15～0.30	0.25 以下	
STH22		0.33～0.38	0.15～0.35	0.40～0.90	0.030 以下	0.030 以下	0.80～1.20	0.15～0.30	0.25 以下	
STH31		0.35～0.40	0.10～0.50	1.20～1.50	0.030 以下	0.030 以下	0.30～0.60	0.15～0.25	0.50～1.00	
机械结构用碳素钢(JIS G4051—2009)[②,③]										
S10C		0.08～0.13	0.15～0.35	0.30～0.60	0.030 以下	0.035 以下				
S12C		0.10～0.15	0.15～0.35	0.30～0.60	0.030 以下	0.035 以下				
S15C		0.13～0.18	0.15～0.35	0.30～0.60	0.030 以下	0.035 以下				
S17C		0.15～0.20	0.15～0.35	0.30～0.60	0.030 以下	0.035 以下				
S20C		0.18～0.23	0.15～0.35	0.30～0.60	0.030 以下	0.035 以下				
S22C		0.20～0.25	0.15～0.35	0.30～0.60	0.030 以下	0.035 以下				
S25C		0.22～0.28	0.15～0.35	0.30～0.60	0.030 以下	0.035 以下				
S28C		0.25～0.31	0.15～0.35	0.60～0.90	0.030 以下	0.035 以下				
S30C		0.27～0.33	0.15～0.35	0.60～0.90	0.030 以下	0.035 以下				
S33C		0.30～0.36	0.15～0.35	0.60～0.90	0.030 以下	0.035 以下				
S35C		0.32～0.38	0.15～0.35	0.60～0.90	0.030 以下	0.035 以下				

续表

牌号	厚度/mm	化学成分/%(质量分数)								
		C	Si	Mn	P	S	Cr	Mo	Ni	其他
机械结构用碳素钢(JIS G4051—2009)②,③										
S38C		0.35～0.41	0.15～0.35	0.60～0.90	0.030 以下	0.035 以下				
S40C		0.37～0.43	0.15～0.35	0.60～0.90	0.030 以下	0.035 以下				
S43C		0.40～0.46	0.15～0.35	0.60～0.90	0.030 以下	0.035 以下				
S45C		0.42～0.48	0.15～0.35	0.60～0.90	0.030 以下	0.035 以下				
S48C		0.45～0.51	0.15～0.35	0.60～0.90	0.030 以下	0.035 以下				
S50C		0.47～0.53	0.15～0.35	0.60～0.90	0.030 以下	0.035 以下				
S53C		0.50～0.56	0.15～0.35	0.60～0.90	0.030 以下	0.035 以下				
S55C		0.52～0.58	0.15～0.35	0.60～0.90	0.030 以下	0.035 以下				
S58C		0.55～0.61	0.15～0.35	0.60～0.90	0.030 以下	0.035 以下				
S09CK		0.07～0.12	0.10～0.35	0.30～0.60	0.025 以下	0.025 以下				
S15CK		0.13～0.18	0.15～0.35	0.30～0.60	0.025 以下	0.025 以下				
S20CK		0.18～0.23	0.15～0.35	0.30～0.60	0.025 以下	0.025 以下				
焊接结构用轧制钢材(JIS G3106—2008)										
SM400A	≤50	0.23 以下		2.5×C 以上	0.035 以下	0.035 以下				
	>50～≤200	0.25 以下								
SM400B	≤50	0.20 以下	0.35 以下	0.60～1.50	0.035 以下	0.035 以下				
	>50～≤200	0.22 以下								
SM400C	≤100	0.18 以下	0.35 以下	0.60～1.50	0.035 以下	0.035 以下				
SM490A	≤50	0.20 以下	0.35 以下	1.65 以下	0.035 以下	0.035 以下				
	>50～≤200	0.22 以下								
SM490B	≤50	0.18 以下	0.55 以下	1.65 以下	0.035 以下	0.035 以下				
	>50～≤200	0.20 以下								
SM490C	≤100	0.18 以下	0.55 以下	1.65 以下	0.035 以下	0.035 以下				
SM490YA	≤100	0.20 以下	0.55 以下	1.65 以下	0.035 以下	0.035 以下				
SM490YB										

续表

牌号	厚度/mm	化学成分/%（质量分数）								
		C	Si	Mn	P	S	Cr	Mo	Ni	其他
焊接结构用轧制钢材(JIS G3106—2008)										
SM520B	≤100	0.20 以下	0.55 以下	1.65 以下	0.035 以下	0.035 以下				
SM520C										
SM570	≤100	0.18 以下	0.55 以下	1.70 以下	0.035 以下	0.035 以下				
JIS G4311—2011										
奥氏体系的化学成分										
SUH31		0.35～0.45	1.50～2.50	0.60 以下	0.040 以下	0.030 以下	14.00～16.00		13.00～15.00	W2.00～3.00
SUH35		0.48～0.58	0.35 以下	8.00～10.0	0.040 以下	0.030 以下	20.00～22.00		3.25～4.50	N0.35～0.50
SUH36		0.48～0.58	0.35 以下	8.00～10.0	0.040 以下	0.040～0.090	20.00～22.00		3.25～4.50	N0.35～0.50
SUH37		0.15～0.25	1.00 以下	1.00～1.60	0.040 以下	0.030 以下	20.50～22.50		10.00～12.00	N0.15～0.30
SUH38		0.25～0.35	1.00 以下	1.20 以下	0.18～0.25	0.030 以下	19.00～21.00		10.00～12.00	Mo1.80～2.50 B0.001～0.010
SUH39		0.20 以下	1.00 以下	2.00 以下	0.040 以下	0.030 以下	22.00～24.00		12.00～15.00	
SUH310		0.25 以下	1.50 以下	2.00 以下	0.040 以下	0.030 以下	24.00～26.00		19.00～22.00	
SUH330		0.15 以下	1.50 以下	2.00 以下	0.040 以下	0.030 以下	14.00～17.00		33.00～37.00	
SUH660		0.08 以下	1.00 以下	2.00 以下	0.040 以下	0.030 以下	13.50～16.00		24.00～27.00	Mo 1.00～1.50； V 0.10～0.50； Ti 1.90～2.35； Al 0.35 以下； B 0.001～0.010
SUH661		0.08～0.16	1.00 以下	1.00～2.00	0.040 以下	0.030 以下	20.00～22.50		19.00～21.00	Mo2.50～～3.50； W2.00～3.00； Co18.50～21.00； N0.10～0.20； Nb0.75～1.25
铁素体系的化学成分										
SUH446		0.20 以下	1.00 以下	1.50 以下	0.040 以下	0.030 以下	23.00～27.00			N0.25 以下

续表

牌号	厚度/mm	化学成分/%(质量分数)								
		C	Si	Mn	P	S	Cr	Mo	Ni	其他
马氏体系的化学成分										
SUH1		0.40～0.50	3.00～3.50	0.60 以下	0.030 以下	0.030 以下	7.50～9.50			
SUH3		0.35～0.45	1.80～2.50	0.60 以下	0.030 以下	0.030 以下	10.00～12.00	0.70～1.30		
SUH4		0.75～0.85	1.75～2.25	0.20～0.60	0.030 以下	0.030 以下	19.00～20.50		1.15～1.65	
SUH11		0.45～0.55	1.00～2.00	0.60 以下	0.030 以下	0.030 以下	7.50～9.50			
SUH600		0.15～0.20	0.50 以下	0.50～1.00	0.040 以下	0.030 以下	10.00～13.00	0.30～0.90		V 0.10～0.40; N 0.05～0.10; Nb 0.20～0.60
SUH616		0.20～0.25	0.50 以下	0.50～1.00	0.040 以下	0.030 以下	11.00～13.00	0.75～1.25	0.50～1.00	V 0.20～0.30
JIS G4312—2011										
奥氏体系的化学成分										
SUH309		0.20 以下	1.00 以下	2.00 以下	0.040 以下	0.030 以下	22.00～24.00		12.00～15.00	
SUH310		0.25 以下	1.50 以下	2.00 以下	0.040 以下	0.030 以下	24.00～26.00		19.00～22.00	
SUH330		0.15 以下	1.50 以下	2.00 以下	0.040 以下	0.030 以下	14.00～17.00		33.00～37.00	
SUH660		0.08 以下	1.00 以下	2.00 以下	0.040 以下	0.030 以下	13.50～16.00	1.00～1.50	24.00～27.00	Ti 1.90～2.35 V 0.10～0.50 Al 0.35 以下 B 0.0001～0.010
SUH661		0.08～0.16	1.00 以下	1.00～2.00	0.040 以下	0.030 以下	20.00～22.50	2.50～3.50	19.00～21.00	W 2.00～3.00 Co 18.50～21.00 N 0.10～0.20 Nb 0.75～1.25
铁素体系的化学成分										
SUH21		0.10 以下	1.51 以下	1.00 以下	0.040 以下	0.030 以下	17.00～21.00			Al 2.00～4.00
SUH409		0.08 以下	1.00 以下	1.00 以下	0.040 以下	0.030 以下	10.50～11.75			Ti 6×C%～0.75

续表

牌号	厚度/mm	化学成分/%（质量分数）								
		C	Si	Mn	P	S	Cr	Mo	Ni	其他
铁素体系的化学成分										
SUH409L		0.030 以下	1.00 以下	1.00 以下	0.040 以下	0.030 以下	10.50～11.75			Ti6×C%～0.75
SUH446		0.20 以下	1.00 以下	1.50 以下	0.040 以下	0.030 以下	23.00～27.00			N 0.25 以下
JIS G3115—2010										
SPV235	100 以下	0.18 以下	0.35 以下	1.40 以下	0.030 以下	0.030 以下				
	100 以上	0.20 以下								
SPV315	—	0.18 以下	0.55 以下	1.60 以下	0.030 以下	0.030 以下				
SPV355	—	0.20 以下	0.55 以下	1.60 以下	0.030 以下	0.030 以下				
SPV410	—	0.18 以下	0.75 以下	1.60 以下	0.030 以下	0.030 以下				
SPV450	—	0.18 以下	0.75 以下	1.60 以下	0.030 以下	0.030 以下				
SPV490	—	0.18 以下	0.75 以下	1.60 以下	0.030 以下	0.030 以下				
JIS G4109—2008										
SCMV1	·	0.21 以下	0.40 以下	0.55～0.80	0.030 以下	0.030 以下	0.55～0.80	0.45～0.60		
SCMV2		0.17 以下	0.40 以下	0.40～0.65	0.030 以下	0.030 以下	0.80～1.15	0.45～0.60		
SCMV3		0.17 以下	0.50～0.80	0.40～0.65	0.030 以下	0.030 以下	1.00～1.50	0.45～0.65		
SCMV4		0.17 以下	0.50 以下	0.30～0.60	0.030 以下	0.030 以下	2.00～2.50	0.90～1.10		
SCMV5		0.17 以下	0.50 以下	0.30～0.60	0.030 以下	0.030 以下	2.75～3.25	0.90～1.10		
SCMV6		0.15 以下	0.50 以下	0.30～0.60	0.030 以下	0.030 以下	4.00～6.00	0.45～0.65		

① 经供需双方协商，在 C 含量小于 0.30%的情况下，厚度超过 25mm 的 SB450 钢的锰含量可以在 1.0%以下。

② Cr≤0.2%，但经供需双方协商，Cr<0.30%也可以。

③ 对 S09CK、S15CK 和 S20CK，杂质 Cu≤0.25%，Ni≤0.20%，Ni+Cr≤0.30%；其余的钢杂质 Cu≤0.30%；Ni≤0.20%，Ni+Cr≤0.35%。但是，经供需双方协商，对于 S09CK，S15CK，S20CK 三种钢：Ni+Cr≤0.40%也可以；其余 Ni+Cr<0.45%也可以。

④ 杂质 Cu 的含量均≤0.30%。

⑤ 螺栓用钢直径>90mm 时，SNB7 钢的碳含量≤0.50%也可以。

⑥ 杂质 Ni≤0.25%，Cu≤0.30%。

5.4.2 结构钢的力学性能

表 5-160 碳素结构钢的力学性能（JIS G4051—2009）

钢号	热处理/℃ 正火	退火	淬火	回火	力学性能 热处理	屈服点/MPa（不小于）	抗拉强度/MPa（不小于）	伸长率/%（不小于）	收缩率/%（不小于）	冲击值/J·cm^{-2}（kgf·m/cm^2）（不小于）	硬度（HB）	有效直径/mm
S10C	900～950空冷	约900炉冷	—	—	正火	206	314	33	—	—	109～146	—
					退火	—	—	—	—	—	109～149	—
S12C S15C	880～930空冷	约880炉冷	—	—	正火	236	378	30	—	—	111～167	—
					退火	—	—	—	—	—	111～149	—
S17C S20C	870～920空冷	约860炉冷	—	—	正火	246	403	28	—	—	116～174	—
					退火	—	—	—	—	—	114～153	—
S22C S25C	860～910空冷	约850炉冷	—	—	正火	265	442	27	—	—	123～183	—
					退火	—	—	—	—	—	121～156	—
S28C S30C	850～900空冷	约840炉冷	850～900水冷	550～650急冷	正火	285	472	25	—	—	137～197	—
					退火	—	—	—	—	—	126～156	—
					淬回火	334	540	23	57	107.8(11)	152～212	30
S33C S35C	840～890空冷	约830炉冷	840～890水冷	550～650急冷	正回火	305	511	23	—	—	149～207	—
					退火	—	—	—	—	—	126～163	—
					淬回火	393	570	22	55	98(10)	167～235	32
S38C S40C	830～880空冷	约820炉冷	830～880水冷	550～650急冷	正火	324	540	22	—	—	156～217	—
					退火	—	—	—	—	—	131～163	—
					淬火	442	609	20	50	88.2(9)	179～255	35
S43C S45C	820～870空冷	约810炉冷	820～870水冷	550～650急冷	正火	344	570	20	—	—	167～229	—
					退火	—	—	—	—	—	137～170	—
					淬回火	491	688	17	45	29.4(3)	201～269	37
S48C S50C	810～860空冷	约800炉冷	810～860水冷	550～650急冷	正火	363	609	16	—	—	179～235	—
					退火	—	—	—	—	—	143～187	—
					淬回火	540	737	15	40	68.6(7)	212～277	40
S53C S55C	800～850空冷	约790炉冷	800～850水冷	550～650急冷	正火	393	648	15	—	—	183～225	—
					退火	—	—	—	—	—	149～192	—
					淬回火	589	786	14	35	58.8(6)	229～285	42
S58C	800～850空冷	约790炉冷			正火	393	648	15	—	—	183～255	—
					退火	—	—	—	—	—	149～192	—
					淬回火	589	786	14	35	58.8(6)	229～285	42
S09CK	900～950空冷	约900炉冷	1次880～920油(水)冷 2次750～800水冷		退火	—	—	—	—	—	107～149	—
					淬回火	246	393	23	55	137.2(14)	121～179	—
S15CK	880～930空冷	约880炉冷	1次870～920油(水)冷 2次750～800水冷	150～200空冷	退火	—	—	—	—	—	111～149	—
					淬回火	344	491	20	50	117.6(12)	143～235	—
S20CK	870～920空冷	约860炉冷			退火	—	—	—	—	—	114～153	—
					淬回火	393	540	18	45	98(10)	159～241	—

表 5-161 合金结构钢的力学性能

钢号	热处理/℃		抗拉试验(4号试样)(不小于)				冲击试验(3号试样)	硬度试验
	淬火	回火	屈服点/MPa	抗拉强度/MPa	伸长率/%	收缩率/%	冲击值(摆锤式)/J·cm^{-2}(kg·m/cm^2)(不小于)	硬度(HB)
镍铬合金结构钢[①]								
SNC236	820～880 油冷	550～650 急冷	589	737	22	50	117.6(12)	217～277
SNC631	820～880 油冷	550～650 急冷	688	835	18	50	117.6(12)	248～302
SNC836	820～880 油冷	550～650 急冷	786	933	15	45	78.4(8)	269～321
SNC415	1 次 850～900 油冷 2 次 740～790 水冷或 780～830 油冷	150～200 空冷	—	786	17	45	88.2(9)	235～341
SNC815	1 次 830～880 油冷　2 次 750～800 油冷	150～200 空冷	—	982	12	45	78.4(8)	285～388
镍铬钼合金结构钢[①]								
SNCM220	1 次 850～900 油冷　2 次 800～850 油冷	150～200 空冷	—	835	17	40	58.8(6)	248～341
SNCM240	820～870 油冷	580～680 急冷	786	884	17	50	68.6(7)	255～311
SNCM415	1 次 850～900 油冷　2 次 780～830 油冷	150～200 空冷	—	884	16	45	68.6(7)	255～341
SNCM420	1 次 850～900 油冷　2 次 770～820 油冷	150～200 空冷	—	982	15	40	68.6(7)	293～375
SNCM431		570～670 急冷	688	835	20	55	98(10)	248～302
SNCM439	820～870 油冷	580～680 急冷	884	982	16	45	68.6(7)	293～352
SNCM447	820～870 油冷	580～680 急冷	933	1031	14	40	58.8(6)	302～363
SNCM616	1 次 850～900 空冷或油冷 2 次 770～830 空冷或油冷	100～200 空冷	—	1179	14	40	78.4(8)	341～415
SNCM625	820～870 油冷	570～670 急冷	835	933	18	50	78.4(8)	269～321
SNCM630	850～950 空冷或油冷	550～650 急冷	884	1081	15	45	78.4(8)	302～352
SNCM815	1 次 830～880 油冷　2 次 750～800 油冷	150～200 空冷	—	1081	12	40	68.6(7)	311～375

续表

钢号	热处理/℃		抗拉试验(4 号试样)(不小于)				冲击试验(3 号试样)	硬度试验
	淬火	回火	屈服点/MPa	抗拉强度/MPa	伸长率/%	收缩率/%	冲击值(摆锤式)/J·cm^{-2} (kg·m/cm^2)(不小于)	硬度(HB)
铬合金结构钢[①]								
SCr415	1 次 850～900 油冷 2 次 800～850 油冷(水冷)或 925 保持后 850～900 油冷	150～200 空冷	—	786	15	40	58.8(6)	217～302
SCr420	1 次 850～900 油冷 2 次 800～850 油冷或 925 保持后 850～900 油冷		—	835	14	35	49(5)	235～321
SCr430 SCr435 SCr440 SCr445	830～880 油冷	520～620 急冷	638 737 786 835	786 884 933 982	18 15 13 12	55 50 45 40	88.2(9) 68.6(7) 58.8(6) 49(5)	229～293 255～321 269～331 285～352
锰和锰铬钢[①]								
SMn420	1 次 850～900 油冷 2 次 780～830 油冷	150～200 空冷	—	688	14	30	49(5)	201～311
SMn433 SMn438 SMn443	830～880 水冷 830～880 油冷 830～880 急冷	550～650 急冷 550～650 急冷 550～650 急冷	540 589 638	688 737 786	20 18 17	55 50 45	98(10) 78.4(8) 78.4(8)	201～277 212～285 229～302
SMC420	1 次 850～900 油冷 2 次 780～830 油冷	150～200 空冷	—	835	13	30	49(5)	235～321
SMC443	830～880 油冷	550～650 急冷	786	933	13	40	49(5)	269～321
SACM64	880～930 油冷	680～720 急冷	688	835	15	50	98(10)	241～302

① 取自 JIS G4053—2008。

表 5-162 保证淬透性的合金结构钢（JIS G4052—2003）

钢号	距淬火端的距离为下列处(mm)的硬度(HRC)															正火温度/℃	淬火温度/℃	热处理平均晶粒度	浸碳平均晶粒度
	1.5	3	5	7	9	11	13	15	20	25	30	35	40	45	50				
SMn420H	48～40	46～36	42～21	≤36	≤30	≤27	≤25	≤24	≤21	—	—	—	—	—	—	925	925		≥6 级
SMn433H	57～50	56～46	53～34	49～26	42～23	36～20	≤33	≤30	≤27	≤25	≤24	≤23	≤22	≤21	≤21	900	870	≥5 级	
SMn438H	59～52	59～49	57～43	54～34	51～28	46～24	41～22	39～21	≤35	≤33	≤31	≤30	≤29	≤28	≤27	870	845	≥5 级	
SMn443H	62～55	61～53	60～49	59～39	57～33	54～29	50～27	45～26	37～23	34～22	32～20	≤31	≤30	≤29	≤28	870	845	≥5 级	
SMnC420H	48～40	48～39	45～33	41～27	37～23	33～20	≤31	≤29	≤26	≤24	≤23	—	—	—	—	925	925		≥6 级
SMnC443H	62～55	62～54	61～53	60～51	59～48	58～44	56～39	55～35	50～29	46～26	42～25	41～24	40～23	39～22	38～21	870	845	≥5 级	
SCr440H	60～53	60～52	59～50	58～48	57～45	55～41	54～37	52～34	46～29	41～26	39～24	37～22	≤37	≤36	≤35	870	845	≥5 级	
SCM415H	46～39	45～36	42～29	38～24	34～21	31～20	≤29	≤28	≤26	≤25	≤24	≤24	≤23	≤23	≤22	925	925		≥6 级
SCM418H	47～39	47～37	45～31	41～27	38～24	35～22	33～21	32～20	≤30	≤28	≤27	≤27	≤26	≤26	≤25	925	925		≥6 级
SCM420H	48～40	48～39	47～35	44～31	42～28	39～25	37～24	35～23	33～20	31～20	≤30	≤30	≤29	≤29	≤28	925	925		≥6 级
SCM435H	58～51	58～50	57～49	56～47	55～45	54～42	53～39	51～37	48～32	45～30	43～28	41～27	39～27	38～26	37～26	870	845	≥5 级	
SCM440H	60～53	60～53	60～52	59～51	58～50	58～48	57～46	56～43	55～38	53～35	51～33	49～33	47～32	46～31	44～30	870	845	≥5 级	
SCM445H	63～56	63～55	62～55	62～54	61～53	61～52	61～52	60～51	59～47	58～43	57～39	56～37	55～35	55～35	54～34	870	845	≥5 级	
SCM822H	50～42	50～42	50～41	49～39	48～63	46～32	43～29	41～27	39～24	38～24	37～23	36～22	36～22	36～21	36～21	925	925		≥6 级
SNC415H	45～37	44～32	39～24	≤35	≤31	≤28	≤26	≤24	≤21	—	—	—	—	—	—	925	925		≥6 级
SNC631H	57～49	57～48	56～47	56～46	55～45	55～43	55～41	54～39	53～35	51～31	49～29	47～28	45～27	44～26	43～26	900	870	≥5 级	
SNC815H	46～38	46～37	46～36	46～34	45～31	44～29	43～27	41～26	38～24	36～22	34～22	34～22	33～21	33～21	32～21	925	845		≥6 级
SNCM220H	48～41	47～37	44～30	40～25	35～22	32～20	≤30	≤29	≤26	≤24	≤23	≤23	≤23	≤22	≤22	925	925		≥6 级
SNCM240H	48～41	47～38	46～34	42～34	39～27	36～27	34～23	32～22	≤29	≤26	≤25	≤24	≤24	≤24	≤24	≤24	925		≥6 级
SCr415H	56～39	45～34	41～26	35～21	≤31	≤28	≤27	≤26	≤23	≤20	—	—	—	—	—	925	925		≥6 级
SCr420H	48～40	48～37	46～32	40～28	36～25	34～22	32～21	≤31	≤29	≤27	≤26	≤24	≤23	≤23	≤22	925	925		≥6 级
SCr430H	46～49	55～46	53～42	51～37	48～33	45～30	42～28	39～26	35～23	≤33	≤31	≤30	≤28	≤26	≤25	900	870	≥5 级	
SCr435H	58～51	57～49	56～46	55～42	53～37	51～32	47～29	44～27	39～21	37～21	≤35	≤34	≤33	≤32	≤21	870	845	≥5 级	

表 5-163 弹簧钢的力学性能（JIS G4801—2005）

牌号	热处理		力学性能				硬度(HB)	钢种
	淬火/℃	回火/℃	屈服强度/MPa(不小于)	抗拉强度/MPa(不小于)	伸长率/% 4号7号试样(不小于)	收缩率/% 4号试样(不小于)		
SUP3 SUP4	830～860 油冷	450～500	835 884	1081 1130	8 7	— 10	340～401 352～415	高 C 钢
SUP6 SUP7 SUP9 SUP9A	830～860 油冷	480～530 490～540 460～510 460～520	1081	1228	9	20	363～429	Si-Mn 钢 Mn-Cr 钢
SUP10 SUP11A	840～870 油冷 830～860 油冷	470～540 460～520	1081	1228	10 9	30 20	363～429	Cr-V 钢 Mn-Cr-B 钢

表 5-164 琴钢丝的力学性能（JIS G 3522—2014）

直径/mm	抗拉强度/MPa		
	SWP-A	SWP-B	SWP-V
0.08	2890～3190	3190～3480	—
0.09	2840～3140	3140～3430	
0.10	2790～3090	3090～3380	
0.12	2750～3040	3040～3330	
0.14	2700～2990	2990～3290	
0.16	2650～2940	2940～3240	
0.18	2600～2890	2890～3190	
0.20	2600～2840	2840～3090	
0.23	2550～2790	2790～3040	
0.26	2500～2750	2750～2990	
0.29	2450～2700	2700～2940	
0.32	2400～2650	2650～2890	
0.35	2400～2650	2650～2890	
0.40	2350～2600	2600～2840	
0.45	2300～2550	2550～2790	
0.50			
0.55	2260～2500	2500～2750	
0.60	2210～2450	2450～2700	
0.65			
0.70	2160～2400	2400～2650	
0.80	2110～2350	2350～2600	
0.90	2110～2300	2300～2500	

续表

直径/mm	抗拉强度/MPa		
	SWP-A	SWP-B	SWP-V
1.00	2060～2260	2260～2450	2010～2210
1.20	2010～2210	2210～2400	1960～2160
1.40	1960～2160	2160～2350	1910～2110
1.60	1910～2110	2110～2300	1860～2060
1.80	1860～2060	2060～2260	1810～2010
2.00	1810～2010	2010～2210	1770～1910
2.30	1770～1960	1960～2160	1720～1860
2.60			
2.90	1720～1910	1910～2110	1720～1860
3.20	1670～1860	1860～2060	1670～1810
3.50	1670～1810	1810～1960	
4.00			
4.50	1620～1770	1770～1910	1620～1770
5.00			
5.50	1570～1710	1710～1860	1570～1720
6.00	1520～1670	1670～1810	1520～1670
6.50			—
7.00	1470～1620	1620～1770	
8.00			
9.00	1420～1570	—	
10.0			

表 5-165　油回火碳素弹簧的力学性能（JIS G3560—1994）

牌号	直径/mm	σ_b/MPa(不小于)		直径/mm	σ_b/MPa(不小于)	
		A 种	B 种		A 种	B 种
SWO-A SWO-B	2.0	1621	1719	5.5	1277	1375
	2.3	1572	1670	6.0	1277	1375
	2.6	1572	1670	6.5	1277	1375
	2.9	1523	1621	7.0	1228	1326
	3.2	1473	1572	8.0	1228	1326
	3.5	1473	1572	9.0	1228	1326
	4.0	1424	1523	10.0	1179	1277
	4.5	1375	1473	11.0	1179	1277
	5.0	1326	1424	12.0	1179	1277

表 5-166　油回火阀门用铬、钒弹簧钢丝的力学性能（JIS G3565—1986）

牌号	直径/mm	σ_b/MPa	直径/mm	σ_b/MPa	直径/mm	σ_b/MPa	直径/mm	σ_b/MPa
SWOCV-V	2.0	1570～1770	3.2	1570～1720	5.0	1470～1620	7.0	1420～1570
	2.3	1570～1770	3.5	1570～1720	5.5	1470～1620	8.0	1370～1520
	2.6	1570～1770	4.0	1520～1670	6.0	1470～1620	9.0	1370～1520
	2.9	1570～1770	4.5	1520～1670	6.5	1420～1570	10.0	1370～1520

表 5-167　油回火阀门用铬、硅弹簧钢丝的力学性能（JIS G3566—1985）

牌号	直径/mm	σ_b/MPa	直径/mm	σ_b/MPa	直径/mm	σ_b/MPa	直径/mm	σ_b/MPa
SWOSC-V	1.6	1960～2110	2.6	1910～2060	4.0	1810～1960	6.0	1710～1860
	1.8	1960～2110	2.9	1910～2060	4.5	1810～1960	6.5	1710～1860
	2.0	1910～2060	3.2	1860～2010	5.0	1760～1910	7.0	1660～1810
	2.3	1910～2060	3.5	1860～2010	5.5	1760～1910	8.0	1660～1810

表 5-168　油回火硅、锰弹簧钢丝的力学性能（JIS G3567—1986）

直径/mm	σ_b/MPa(不小于)			直径/mm	σ_b/MPa(不小于)		
	A种	B种	C种		A种	B种	C种
4.00	1470～1620	1570～1720	1670～1810	9.00	1420～1570	1520～1670	1620～1770
4.50	1470～1620	1570～1720	1670～1810	9.50	1470～1620	1470～1620	1570～1720
5.00	1470～1620	1570～1720	1670～1810	10.0	1470～1620	1470～1620	1570～1720
5.50	1470～1620	1570～1720	1670～1810	10.5	1470～1620	1470～1620	1570～1720
6.00	1470～1620	1570～1720	1670～1810	11.0	1470～1620	1470～1620	1570～1720
6.50	1470～1620	1570～1720	1670～1810	11.5	1470～1620	1470～1620	1570～1720
7.00	1420～1570	1520～1670	1620～1770	12.0	1470～1620	1470～1620	1570～1720
7.50	1420～1570	1520～1670	1620～1770	13.0	1470～1620	1470～1620	1570～1720
8.00	1420～1570	1520～1670	1620～1770	14.0	1470～1620	1470～1620	1570～1720
8.50	1420～1570	1520～1670	1620～1770				

表 5-169　一般铆钉用钢的力学性能（JIS G3104—2004）

种类	钢号	力学性能					
		抗拉试验			弯曲试验		
		抗拉强度/MPa	试样	伸长率/%,不小于	弯曲角度	内侧半径	试样
1种	SV34	334	2号 3号	27 34	180°	紧贴	2号
2种	SV41	403	2号 3号	25 30	180°	紧贴	2号

表 5-170　螺栓用钢的力学性能

钢号	直径 /mm 小于	抗拉试验(不小于)				硬度 (HB)	冲击试验吸收能 /J(kgf·m)(不小于)	
		屈服强度 /MPa	抗拉强度 /MPa	伸长度 /%	断面收缩率 /%		3个的平均值	个别值
高温用钢螺栓材(正火＋回火或淬回火状态)(JIS G4107)								
SNB5	100 63	550 727	688 786	16 16		— —	— —	— —
SNB7	100 120 63	658 521 727	805 688 864	16 18 18	50	— — —	— — —	— — —
SNB16	100 180	658 589	756 688	17 16		— —	— —	— —
特殊合金钢螺栓材(JIS G4107)								
SNB21-1	100	1030	1137	10	35	321～429	—	—
SNB21-2	100	965	1069	11	40	311～401	—	—
SNB21-3	75 75～150	893 —	1000 —	12	40	293～352 302～375	—	—
SNB21-4	75 75～150	824 —	932 —	13	45	269～331 277～352	—	—
SNB21-5	50 50～150 150～200	716 686 686	824 795 795	15	50	241～285 248～302 255～311	—	—
SNB22-1	38	1030	1137	10	35	321～401	—	—
SNB22-2	75	965	1069	11	40	311～401	—	—
SNB22-3	50 100	893	1000	12	40	293～363 302～375	—	—
SNB22-4	25 100	824	932	13	45	269～341 277～363	47.0(4.8)	43.1(4.4)
SNB22-5	50 100	716 686	824 795	15	50	248～293 255～302	47.0(4.8)	43.1(4.4)
SNB23-1	75 150	1030	1137	10	35	321～415 331～429		
SNB23-2	75 150	965	1069	11	40	311～388 331～401	40.2(4.1)	34.3(3.5)
SNB23-3	75 150	893	1000	12	40	293～363 302～375	40.2(4.1)	34.3(3.5)
SNB23-4	75 100	824	932	13	45	269～341 277～352	47.0(4.8)	40.2(4.1)
SNB23-5	150 200	824 795	824 795	15	50	248～311 255～321	47.0(4.8) —	40.2(4.1) —
SNB24-1	150 200	1030	1137	10	35	321～415 331～429	34.3(3.5) —	27.4(2.8)
SNB24-2	175 240	965	1069	11	40	311～401 321～415	40.2(4.1) —	34.3(3.5) —
SNB24-3	75 200	893	1000	12	40	293～363 302～388	40.2(4.1)	34.3(3.5)
SNB24-4	75 150	824	932	13	45	269～341 277～352	47.0(4.8)	40.2(4.1)
SNB24-5	150 200	716 686	824 795	15	50	248～311 255～321	47.0(4.8)	40.2(4.1)

5.5 国际标准化组织（ISO）结构钢

5.5.1 结构钢牌号和化学成分

表 5-171 国际标准化组织结构钢的化学成分（ISO 683）

牌号	化学成分/%(不大于,注明范围者除外)								
	C	Si	Mn	P	S	Cr	Mo	Ni	其他
9S20	0.13	0.05	0.60～1.20	0.11	0.15～0.25				
11SMn28	0.14	0.05	0.90～1.30	0.11	0.24～0.33				
11SMnPb28	0.14	0.05	0.90～1.30	0.11	0.24～0.33				0.15～0.35Pb
12SMn35	0.15	0.05	1.00～1.50	0.11	0.30～0.40				
12SMnPb35	0.15	0.05	1.00～1.50	0.11	0.30～0.40				0.15～0.35Pb
10S20	0.07～0.13	0.15～0.40	0.70～1.10	0.06	0.12～0.25				
10SPb20	0.07～0.13	0.15～0.40	0.70～1.10	0.06	0.12～0.25				0.15～0.35Pb
17SMn20	0.14～0.20	0.15～0.40	1.20～1.60	0.06	0.12～0.25				
35S20	0.32～0.39	0.15～0.40	0.70～1.10	0.06	0.12～0.25				
35SMn20	0.32～0.39	0.15～0.40	0.90～1.40	0.06	0.12～0.25				
44SMn28	0.40～0.48	0.15～0.40	1.30～1.70	0.06	0.24～0.33				
46S20	0.42～0.50	0.15～0.40	0.70～1.10	0.06	0.12～0.25				
C10	0.07～0.13	0.15～0.40	0.30～0.60	0.035	0.035				
C15E4	0.12～0.18	0.15～0.40	0.30～0.60	0.035	0.035				
C15M2	0.12～0.18	0.15～0.40	0.30～0.60	0.035	0.020～0.040				
C16E4	0.12～0.18	0.15～0.40	0.60～0.90	0.035	0.035				
C16M2	0.12～0.18	0.15～0.40	0.60～0.90	0.035	0.020～0.040				
20Cr4	0.17～0.23	0.15～0.40	0.60～0.90	0.035	0.035	0.90～1.20			
20CrS4	0.17～0.23	0.15～0.40	0.60～0.90	0.035	0.020～0.040	0.90～1.20			
16MnCr5	0.13～0.19	0.15～0.40	1.00～1.30	0.035	0.035	0.80～1.10			
16MnCrS5	0.13～0.19	0.15～0.40	1.00～1.30	0.035	0.020～0.040	0.80～1.10			
20MnCr5	0.17～0.23	0.15～0.40	1.10～1.40	0.035	0.035	1.00～1.30			
20MnCrS5	0.17～0.23	0.15～0.40	1.10～1.40	0.035	0.020～0.040	1.00～1.30			
18CrMo4	0.15～0.21	0.15～0.40	0.60～0.90	0.035	0.035	0.90～1.20	0.15～0.25		
18CrMoS4	0.15～0.21	0.15～0.40	0.60～0.90	0.035	0.020～0.040	0.90～1.20	0.15～0.25		
15NiCr13	0.12～0.18	0.15～0.40	0.35～0.65	0.035	0.035	0.60～0.90		3.00～3.50	
20NiCrMo2	0.17～0.23	0.15～0.40	0.65～0.95	0.035	0.035	0.30～0.65	0.15～0.25	0.40～0.70	
20NiCrMoS2	0.17～0.23	0.15～0.40	0.65～0.95	0.035	0.020～0.040	0.30～0.65	0.15～0.25	0.40～0.70	
17NiCrMo6	0.14～0.20	0.15～0.40	0.60～0.90	0.035	0.035	0.80～1.10	0.15～0.25	1.20～1.60	
18CrNiMo7	0.15～0.21	0.15～0.40	0.35～0.65	0.035	0.035	1.50～1.80	0.25～0.35	1.40～1.70	
C25	0.22～0.29	0.10～0.40	0.40～0.70	0.045	≤0.045				
C25E4				0.035	≤0.035				
C25M2					0.020～0.040				
(C30)	0.27～0.34	0.10～0.40	0.50～0.80	0.045	≤0.045				
(C30E4)				0.035	≤0.035				
(C30M2)					0.020～0.040				

续表

牌号	化学成分/%（不大于，注明范围者除外）								
	C	Si	Mn	P	S	Cr	Mo	Ni	其他
C35	0.32～0.39	0.10～0.40	0.50～0.80	0.045	≤0.045				
C35E4				0.035	≤0.035				
C35M2					0.020～0.040				
(C40)	0.37～0.44	0.10～0.40	0.50～0.80	0.045	≤0.045				
(C40E4)				0.035	≤0.035				
(C40M2)					0.020～0.040				
C45	0.42～0.50	0.10～0.40	0.50～0.80	0.045	≤0.045				
C45E4				0.035	≤0.035				
C45M2					0.020～0.040				
(C50)	0.47～0.55	0.10～0.40	0.60～0.90	0.045	≤0.045				
(C50E4)				0.035	≤0.035				
(C50M2)					0.020～0.040				
C55	0.52～0.60	0.10～0.40	0.60～0.90	0.045	≤0.045				
C55E4				0.035	≤0.035				
C55M2					0.020～0.040				
C60	0.57～0.65	0.10～0.40	0.60～0.90	0.045	≤0.045				
C60E4				0.035	≤0.035				
C60M2					0.020～0.040				
22Mn6	0.19～0.26	0.10～0.40	1.30～1.65	0.035	≤0.035				
28Mn6	0.25～0.32	0.10～0.40	1.30～1.65	0.035	≤0.035				
36Mn6	0.33～0.40	0.10～0.40	1.30～1.65	0.035	≤0.035				
42Mn6	0.39～0.46	0.10～0.40	1.30～1.65	0.035	≤0.035				
34Cr4	0.30～0.37	0.10～0.40	0.60～0.90	0.035	≤0.035	0.90～1.20			
34CrS4					0.020～0.040				
37Cr4	0.34～0.41	0.10～0.40	0.60～0.90	0.035	≤0.035	0.90～1.20			
37CrS4					0.020～0.040				
41Cr4	0.38～0.45	0.10～0.40	0.60～0.90	0.035	≤0.035	0.90～1.20			
41CrS4					0.020～0.040				
25CrMo4	0.22～0.29	0.10～0.40	0.60～0.90	0.035	≤0.035	0.90～1.20	0.15～0.30		
25CrMoS4					0.020～0.040				
34CrMo4	0.30～0.37	0.10～0.40	0.60～0.90	0.035	≤0.035	0.90～1.20	0.15～0.30		
34CrMoS4					0.020～0.040				
42CrMo4	0.38～0.45	0.10～0.40	0.60～0.90	0.035	≤0.035	0.90～1.20	0.15～0.30		
42CrMoS4					0.020～0.040				
50CrMo4	0.46～0.54	0.10～0.40	0.50～0.80	0.035	≤0.035	0.90～1.20	0.15～0.30		
41CrNiMo2	0.37～0.44	0.10～0.40	0.70～1.00	0.035	≤0.035	0.40～0.60	0.15～0.30	0.40～0.70	
41CrNiMoS2					0.020～0.040				
36CrNiMo4	0.32～0.40	0.10～0.40	0.50～0.80	0.035	≤0.035	0.90～1.20	0.15～0.30	0.90～1.20	
36CrNiMo6	0.32～0.39	0.10～0.40	0.50～0.80	0.035	≤0.035	1.30～1.70	0.15～0.30	1.30～1.70	
31CrNiMo8	0.27～0.34	0.10～0.40	0.30～0.60	0.035	≤0.035	1.80～2.20	0.30～0.50	1.80～2.20	
51CrV4	0.47～0.55	0.10～0.40	0.60～1.00	0.035	≤0.035	0.80～1.10			0.10～0.25V

表 5-172 国际标准化组织结构钢的化学成分（ISO 2604-8—1985）

牌号	UNS 编号	化学成分/%(不大于,注明范围值者除外)
P355NH		0.25Cr,0.35Cu,0.10Mo,0.020N,0.015～0.06Nb,0.30Ni,0.02～0.20Ti,0.02～0.15V
P355NL		0.18C,0.030P,0.030S,其余同上
P390N		0.20C,0.50Si,1.00～1.60Mn,0.035P,0.035S,0.015minAl
P390NH		0.30Cr,0.50Cu,0.30Mo,0.020N,0.015～0.06Nb,0.70Ni,0.02～0.20Ti,0.02～0.20V
P390NL		0.030P,0.030S,其余同上
P420N		0.20C,0.50Si,1.00～1.70Mn,0.035P,0.035S,0.015minAl
P420NH		0.40Cr,0.40Cu,0.40Mo,0.020N,0.015～0.060Nb,0.70Ni,0.02～0.20Ti,0.02～0.20V
P420NL		0.030P,0.030S,其余同上
P460N		0.20C,0.50Si,1.00～1.70Mn,0.035P,0.035S,0.015minAl
P460NH		0.70Cr,0.70Cu,0.40Mo,0.020N,0.015～0.060Nb,1.00Ni,0.02～0.20Ti,0.02～0.20V
P460NL		0.030P,0.030S,其余同上
P420Q		0.20C,0.55Si,0.70～1.70Mn,0.030P,0.030S,0.015minAl
P420QH		0.005B,2.00Cr,1.50Cu,1.00Mo,0.02N,0.06Nb,2.00Ni,0.20Ti,0.10V,0.15Zr
P420QL		0.025P,0.025S,其余同上
P460Q		0.20C,0.55Si,0.70～1.70Mn,0.030P,0.030S,0.015min,Al
P460QH		0.005B,2.00Cr,1.50Cu,1.00Mo,0.020N,0.06Nb,2.00Ni,0.20Ni,0.10V,0.15Zr
P4600QL		0.025P,0.025S,其余同上
P500Q		0.020C,0.55Si,0.70～1.70Mn,0.030P,0.030S,0.015minAl
P500QH		0.005B,2.00Cr,1.50Cu,1.00Mo,0.020N,0.06Nb,2.00Ni,0.20Ti,0.10V,0.15Zr
P500QL		0.025P,0.025S,其余同上
P550Q		0.020C,0.10～0.80Si,1.70Mn,0.030P,0.030S,0.015minAl
P550QH		0.0005B,2.00Cr,1.50Cu,1.00Mo,0.020N,0.06Nb,2.00Ni,0.20Ti,0.10V,0.15Zr
P550QL		0.025P,0.025S,其余同上
P620Q		0.20C,0.10～0.80Si,1.70Mn,0.030P,0.030S,0.015minAl
P620QH		0.005B,2.00Cr,1.50Cu,1.00Mo,0.020N,0.06Nb,2.00Ni,0.20Ti,0.10V,0.15Zr
P620QL		0.025P,0.025S,其余同上
P690Q		0.20C,0.10～0.80Si,1.70Mn,0.030P,0.030S,0.015minAl
P690QH		0.005B,2.00Cr,1.50Cu,1.00Mo,0.020N,0.06Nb,2.00Ni,0.20Ti,0.10V,0.15Zr
P690QL		0.025P,0.025S,其余同上
TSAW3		0.17C,0.35Si,0.40～1.00Mn,0.050P,0.050S,0.009N,铁基
TSAW5		0.17C,0.35Si,0.40～1.00Mn,0.040P,0.040S,0.015minAl,铁基
TSAW7		0.20C,0.35Si,0.50～1.30Mn,0.050P,0.050S,0.009N,铁基
TSAW9		0.20C,0.35Si,0.50～1.30Mn,0.040P,0.040S,0.015minAl,铁基
TSAW15		0.20C,0.40Si,0.60～1.50Mn,0.040P,0.040S,0.015minAl,铁基
TSAW18		0.20C,0.10～0.50Si,0.90～1.60Mn,0.040P,0.040S,0.015minAl,铁基
TSAW26		0.12～0.20C,0.15～0.35Si,0.15～0.80Mn,0.030P,0.040S,0.30Cr,0.25～0.35Mo,0.012Al,铁基
TSAW28		0.12～0.20C,0.15～0.35Si,0.50～0.80Mn,0.035P,0.035S,0.30Cr,0.40～0.60Mo,0.012Al,铁基
TSAW32		0.10～0.18C,0.15～0.35Si,0.40～0.80Mn,0.040P,0.040S,0.70～1.30Cr,0.40～0.60Mo,0.020Al,铁基
TSAW33		0.08～0.18C,0.15～0.35Si,0.40～0.70Mn,0.040P,0.040S,0.30～0.60Cr,0.50～0.70Mo,0.020Al,0.22～0.35V,铁基
TSA34		0.08～0.18C,0.15～0.50Si,0.40～0.80Mn,0.040P,0.040S,2.00～2.50Cr,0.90～1.10Mo,0.020Al,铁基
TSAW37		0.18C,0.50Si,0.30～0.60Mn,0.030P,0.030S,4.00～6.00Cr,0.40～0.65Mo,0.020Al,铁基
F27	G40230	0.18～0.25/0.04S,0.15～0.40Si,0.25～0.35Mo,0.01Al,0.50～0.80Mn,0.04P,铁基
F28		0.12～0.20C,0.04S,0.15～0.40Si,0.45～0.65Mo,0.01Al,0.50～0.80Mn,0.04P,铁基
F29		0.18～0.25C,0.04S,0.15～0.40Si,0.45～0.05Mo,0.01Al,0.50～0.80Mn,0.04P,铁基
F31		0.20～0.28C,0.04S,0.15～0.40Si,0.90～1.20Cr,0.20～0.35Mo,0.02Al,0.50～0.80Mn,0.04P,铁基

续表

牌号	UNS 编号	化学成分/%(不大于,注明范围值者除外)
F32		0.20C,0.40～0.70Mn,0.04P,0.04S,0.15～0.40Si;0.85～1.15Cr,0.45～0.65Mo,0.02Al,铁基
F32Q	K12062	0.20C,0.40～0.70Mn,0.04P,0.04S,0.15～0.40Si,0.85～1.15Cr,0.45～0.65Mo,0.02Al,铁基
F33		0.10～0.18C,0.04S,0.15～0.40Si,0.30～0.60Cr,0.50～0.70Mo,0.22～0.35V,0.40～0.70Mn,0.04P,铁基
F34		0.15C,0.40～0.70Mn,0.04P,0.04S,0.15～0.40Si,2.00～2.50Cr,0.90～1.20Mo,0.02Al,铁基
F34Q		0.15C,0.40～0.70Mn,0.04P,0.04S,0.15～0.40Si,2.00～2.50Cr,0.90～1.20Mo,0.02Al,铁基
F35		0.22C,0.30～0.80Mn,0.04P,0.04S,0.15～0.40Si,2.75～3.50Cr,0.45～0.65Mo,铁基
F36		0.30C,0.30～0.80Mn,0.04P,0.04S,0.15～0.40Si,2.75～3.50Cr,0.45～0.65Mo,铁基
F37	S50100	0.18C,0.30～0.80Mn,0.04P,0.04S,0.15～0.40Si,4.00～6.00Cr,0.45～0.65Mo,0.02Al,铁基
F40		0.23C,0.30～1.00Mn,0.04P,0.04S,0.15～0.40Si,11.00～12.50Cr,0.30～1.00Ni,0.70～1.20Mo,0.20～0.35V,铁基
F44		0.20C,0.80Mn,0.04P,0.04S,0.15～0.40Si,3.25～3.75Ni,0.01Al,铁基
F45	K81340	0.13C,0.80Mn,0.04P,0.04S,0.15～0.40Si,8.50～10.00Ni,0.015minAl,铁基
HR355-B		0.22C,1.60Mn,0.05P,0.05S,0.55Si,铁基
HR355-D		0.20C,1.60Mn,0.04P,0.04S,0.55Si,铁基
P16		0.20C,0.90～1.60Mn,0.05P,0.05S,0.10～0.50Si,0.01N,铁基
P18		0.20C,0.90～1.60Mn,0.04P,0.04S,0.10～0.50Si,0.015minAl,铁基
P26		0.12～0.20C,0.50～0.80Mn,0.03P,0.04S,0.15～0.35Si,0.30Cr,0.25～0.35Mo,0.01Al,铁基
P28		0.12～0.20C,0.50～0.80Mn,0.04P,0.04S,0.15～0.35Si,0.30Cr,0.40～0.60Mo,0.01Al,铁基
P30		0.12～0.20C,0.90～1.40Mn,0.04P,0.04S,0.15～0.35Si,0.30Cr,0.40～0.60Mo,0.01Al,铁基
P32		0.10～0.18C,0.40～0.80Mn,0.04P,0.04S,0.15～0.35Si,0.70～1.30Cr,0.40～0.60Mo,0.02Al,铁基
P33		0.08～0.18C,0.40～0.70Mn,0.04P,0.04S,0.15～0.35Si,0.30～0.60Cr,0.50～0.70Mo,0.22～0.35V,0.02Al,铁基
P41		0.18C,0.80Mn,0.04P,0.04S,0.15～0.35Si,1.30～1.70Ni,铁基
P42		0.18C,1.50Mn,0.04P,0.04S,0.15～0.35Si,1.30～1.70Ni,铁基
P43		0.15C,0.80Mn,0.04P,0.04S,0.15～0.35Si,3.25～3.75Ni,铁基
P44		0.18C,0.80Mn,0.04P,0.04S,0.15～0.35Si,3.25～3.75Ni,铁基
P45	K81340	0.10C,0.80Mn,0.04P,0.04S,0.15～0.35Si,8.50～10.00Ni,铁基
TS32		0.10～0.18C,0.40～0.70Mn,0.04P,0.04S,0.10～0.35Si,0.70～1.10Cr,0.45～0.65Mo,0.02Al,铁基
TS33		0.10～0.18C,0.40～0.70Mn,0.04P,0.04S,0.10～0.35Si,0.30～0.60Cr,0.50～0.70Mo,0.22～0.32V,0.02Al
TS34		0.08～0.15C,0.40～0.70Mn,0.04P,0.04S,0.50Si,2.00～2.50Cr,0.90～1.20Mo,0.02Al,铁基
TS37	S50100	0.15C,0.30～0.60Mn,0.03P,0.03S,0.50Si,4.00～6.00Cr,0.45～0.65Mo,0.02Al,铁基
TS38	S50400	0.15C,0.30～0.60Mn,0.03P,0.03S,0.25～1.00Si,8.00～10.00Cr,0.90～1.10Mo,0.25～0.35V,0.02Al,铁基
TS39		0.08C,1.00Mn,0.04P,0.03S,1.00Si,11.50～14.00Cr,0.50Ni,铁基
TS40		0.17～0.23C,1.00Mn,0.03P,0.03S,0.50Si,10.00～12.50Cr,0.30～0.80Ni,0.80～1.20Mo,0.25～0.35V,铁基
TS43		0.15C,0.30～0.80Mn,0.04P,0.04S,0.15～0.35Si,3.25～3.75Ni,铁基
TS45	K81340	0.13C,0.30～0.80Mn,0.04P,0.04S,0.15～0.30Si,8.50～9.50Ni,铁基
TW26		0.12～0.20C,0.40～0.80Mn,0.04P,0.04S,0.10～0.35Si,铁基
TW32		0.10～0.18C,0.10～0.35Si,0.40～0.70Mn,0.040P,0.040S,0.70～1.10Cr,0.45～0.65Mo,0.020Al,铁基

5.5.2 结构钢的力学性能

表 5-173 国际标准化组织结构钢的力学性能（ISO 683）

牌号	状 态	抗拉强度/MPa	屈服强度/MPa	伸长率/%
C25 C25E4 C25M2	淬火加回火，断面尺寸 16mm	550～700	370	19
C30 C30E4 C30M2	淬火加回火，断面尺寸 16mm	600～750	400	18
C35 C35E4 C35M2	淬火加回火，断面尺寸 16mm	630～780	430	17
C40 C40E4 C40M2	淬火加回火，断面尺寸 16mm	650～800	460	16
C45 C45E4 C45M2	淬火加回火，断面尺寸 16mm	700～850	490	14
C50 C50E4 C50M2	淬火加回火，断面尺寸 16mm	750～900	520	13
C55 C55E4 C50M2	淬火加回火，断面尺寸 16mm	800～950	550	12
C60 C60E4 C60M2	淬火加回火，断面尺寸 16mm	850～1000	580	11
22Mn6	淬火加回火，断面尺寸 16mm	700～850	550	15
28Mn6	淬火加回火，断面尺寸 16mm	800～950	590	13
36Mn6	淬火加回火，断面尺寸 16mm	850～1000	640	12
42Mn6	淬火加回火，断面尺寸 16mm	900～1050	690	12
34Cr4 34CrS4	淬火加回火，断面尺寸 16mm	900～1100	700	12
37Cr4 37CrS4	淬火加回火，断面尺寸 16mm	950～1150	750	11
41Cr4 41CrS4	淬火加回火，断面尺寸 16mm	1000～1200	800	11
25CrMo4 25CrMoS4	淬火加回火，断面尺寸 16mm	900～1100	700	12
34CrMo4 34CrMoS4	淬火加回火，断面尺寸 16mm	1000～1200	800	11
42CrMo4	淬火加回火，断面尺寸 16mm	1100～1300	900	10
42CrMoS4	淬火加回火，断面尺寸 16mm	1100～1300	900	9
50CrMo4	淬火加回火，断面尺寸 16mm	1000～1200	840	10
41CrNiMo2 41CrNiMoS2	淬火加回火，断面尺寸 16mm	1100～1300	900	10
36CrNiMo4	淬火加回火，断面尺寸 16mm	1200～1400	1000	9
36CrNiMo8	淬火加回火，断面尺寸 16mm	1030～1230	850	12
51CrV4	淬火加回火，断面尺寸 16mm	1100～1300	900	9
9S20	断面尺寸 16mm	490～790	390	8
11SMn28 11SMnPb28	断面尺寸 16mm	510～810	410	7
12SMn35 12SMnPb35	断面尺寸 16mm	540～840	430	7
10S20 10SPb20	渗碳加淬硬，断面尺寸 16mm	450～800	270	12

续表

牌号	状　态	抗拉强度/MPa	屈服强度/MPa	伸长率/%
17SMn20	渗碳加淬硬,断面尺寸16mm	750～1100	500	9
35S20	淬火加回火,断面尺寸16mm	570～770	390	14
35SMn20	淬火加回火,断面尺寸16mm	620～820	420	14
44SMn28	淬火加回火,断面尺寸16mm	750～950	530	10
46S20	淬火加回火,断面尺寸16mm	650～850	450	11
C10	渗碳加淬硬,断面尺寸16mm	450～800	270	14
C15E4 C15M2	渗碳加淬硬,断面尺寸16mm	500～850	300	13
C16E4 C16M2	渗碳加淬硬,断面尺寸16mm	550～900	340	11
20Cr4 20CrS4	渗碳加淬硬,断面尺寸16mm	820～1170	550	9
16MnCr5 16MnCrS5	渗碳加淬硬,断面尺寸16mm	880～1230	600	9
20MnCr5 20MnCrS5	渗碳加淬硬,断面尺寸16mm	1000～1350	670	8
18CrMo4 18CrMoS4	渗碳加淬硬,断面尺寸16mm	920～1270	600	9
15NiCr13	渗碳加淬硬,断面尺寸16mm	1010～1360	650	9
20NiCrMo2 20NiCrMoS2	渗碳加淬硬,断面尺寸16mm	810～1160	560	9
17NiCrMo6	渗碳加淬硬,断面尺寸16mm	1030～1380	700	8
18NiCrMo7	渗碳加淬硬,断面尺寸16mm	1130～1480	820	7

表 5-174　国际标准化组织力学性能（ISO 2604）

牌号	形态	状　态	抗拉强度/MPa	屈服强度/MPa	伸长率/%
ISO 2604-8	板	正火,正火回火	490～610	355	22
ISO 2604-8	板	正火,正火回火,厚16mm	510～650	390	20
ISO 2604-8	板	正火,正火回火,厚16mm	540～680	420	19
ISO 2604-8	板	正火,正火回火,厚16mm	570～720	460	17
ISO 2604-8	板	调质,时效硬化,厚3/50mm	530～680	420	18
ISO 2604-8	板	调质,时效硬化,厚3/50mm	570～720	460	17
ISO 2604-8	板	调质,时效硬化,厚3/50mm	620～770	500	16
ISO 2604-8	板	调质,时效硬化,厚3/50mm	670～820	550	16
ISO 2604-8	板	调质,时效硬化,厚3/50mm	740～890	620	15
ISO 2604-8	板	调质,时效硬化,厚3/50mm	780～930	690	14
ISO 2604-6	焊管	加工态,正火	360～480	195	26
ISO 2604-6	焊管	加工态,正火	360～480	215	26
ISO 2604-6	焊管	加工态,正火	410～530	225	24
ISO 2604-6	焊管	加工态,正火	410～530	245	24
ISO 2604-6	焊管	加工态,正火	460～580	285	22
ISO 2604-6	焊管	加工态,正火	490～610	315	21
ISO 2604-6	焊管	正火加回火,加工态	440～590	265	24
ISO 2604-6	焊管	正火加回火,加工态	450～590	275	23
ISO 2604-6	焊管	正火加回火,加工态	470～620	305	20
TSAW33	焊管	正火加回火,加工态	460～610	285	19
TSAW34	焊管	正火加回火,加工态	480～630	265	18
TSAW37	焊管	退火	410～560	205	20
F27	锻件	正火加回火,淬火加回火	440	250	17
F28	锻件	正火加回火,淬火加回火	450	275	16
F29	锻件	正火加回火,淬火加回火	450	275	16
F31	锻件	淬火加回火	640	410	15

续表

牌号	形态	状 态	抗拉强度/MPa	屈服强度/MPa	伸长率/%
F32	锻件	正火加回火,淬火加回火	410	255	18
F32Q	锻件	淬火加回火	540	375	15
F33	锻件	正火加回火,淬火加回火	460	275	16
F34	锻件	正火加回火,淬火加回火	490	275	18
F34Q	锻件	淬火加回火	540	335	15
F35	锻件	正火加回火,淬火加回火	590	430	15
F36	锻件	正火加回火,淬火加回火	740	560	14
F37	锻件	正火加回火,淬火加回火	640	420	14
F40	锻件	淬火加回火	780	540	14
F44	锻件	正火加回火,淬火加回火	490	275	16
F45	锻件	正火加淬火加回火,淬火加回火	690	490	15
HR355-B	薄板	热轧,断面尺寸 15mm	450	335	—
HR355-D	薄板	热轧,断面尺寸 15mm	450	335	—
P16	板	热轧,正火,断面尺寸 3/16mm	490	305	21
P18	板	热轧,正火,断面尺寸 3/16mm	490	315	21
P26	板	热轧,正火加回火,断面尺寸 3/16mm	440	260	24
P28	板	热轧,正火加回火,断面尺寸 3/16mm	450	285	23
P30	板	热轧,正火加回火,断面尺寸 3/16mm	510	355	21
P32	板	热轧,正火加回火,断面尺寸 3/16mm	470	305	20
P33	板	热轧,正火加回火,断面尺寸 3/16mm	460	285	19
P34	板	热轧,正火加回火,断面尺寸 3/16mm	480	275	18
P41	板	热轧,正火加回火、淬火,断面尺寸 3/30mm	490	275	22
P42	板	热轧,正火,断面尺寸 3/30mm	490	345	22
P43	板	热轧,正火、正火加回火,断面尺寸 3/30mm	450	275	23
P44	板	热轧,正火加回火,淬火加回火,断面尺寸 3/30mm	460	345	22
P45	板	热轧,正火,正火加回火,淬火,断面尺寸 3/30mm	690	495	19
TS32	管	冷加工,正火加回火	440	275	22
TS33	管	冷加工,正火加回火	460	275	15
TS34	管	冷加工,退火	410	135	20
		冷加工,正火加回火	490	275	16
TS37	管	冷加工,退火	410	205	20
YS38	管	冷加工,退火	410	135	20
		冷加工,正火加回火	590	390	18
TS39	管	冷加工,退火	440	245	20
		冷加工,淬火加回火	590	390	18
TS40	管	冷加工,正火加回火	690	435	15
TS43	管	冷加工,正火	440	245	16
		冷加工,正火加回火	440	245	16
YS45	管	冷加工,淬火加回火、正火加回火	690	510	15
TW26	管	正火,正火加回火	450	250	22
TW32	管	正火加回火	440	275	22

6 工具钢

6.1 中国工具钢

6.1.1 碳素工具钢

表 6-1 碳素工具钢的牌号和化学成分（GB/T 1298—2008）

序号	牌号	化学成分(质量分数)/%		
		C	Mn	Si
1	T7	0.65～0.74	≤0.40	≤0.35
2	T8	0.75～0.84		
3	T8Mn	0.80～0.90	0.40～0.60	
4	T9	0.85～0.94	≤0.40	
5	T10	0.95～1.04		
6	T11	1.05～1.14		
7	T12	1.15～1.24		
8	T13	1.25～1.35		

注：高级优质钢在牌号后加“A”。

表 6-2 碳素工具钢中残余元素的含量（GB/T 1298—2008）

钢类	化学成分(质量分数)/%(不大于)							
	P	S	Cu	Cr	Ni	W	Mo	V
优质钢	0.035	0.030	0.25	0.25	0.20	0.30	0.20	0.02
高级优质钢	0.030	0.020	0.25	0.25	0.20	0.30	0.20	0.02

注：1.供制造铅浴淬火钢丝时，钢中残余铬含量不大于0.10%，镍含量不大于0.12%，铜含量不大于0.20%，三者之和不大于0.40%。

2.要求检验淬透性时，允许钢中加入少量合金元素。

3.钢的成品化学成分允许偏差应符合GB/T 222的规定。

表 6-3 碳素工具钢的交货状态和硬度值（GB/T 1298—2008）

牌号	交货状态		试样淬火	
	退火	退火后冷拉	淬火温度和冷却剂	硬度(HRC)(大小于)
	硬度(HBW,不大于)			
T7	187	241	800～820℃,水	62
T8	187	241	780～800℃,水	62
T8Mn	187	241	780～800℃,水	62
T9	192	241	760～780℃,水	62
T10	197	241	760～780℃,水	62
T11	207	241	760～780℃,水	62
T12	207	241	760～780℃,水	62
T13	217	241	760～780℃,水	62

注：1.截面尺寸小于5mm的退火钢材不作硬度试验。根据需方要求，可作拉伸或其他试验，技术指标由双方协商规定。

2.供方若能保证淬火硬度值符合表中的规定，可不做检验。

表 6-4　碳素工具钢热轧钢板的化学成分与力学性能（GB/T 3278—2001）

牌　　号	化 学 成 分	硬度(HBS,不大于)
T7,T7A,T8,T8Mn	符合 GB/T 1298 的规定	207
T9,T9A,T10,T10A		223
T11,T11A,T12,T12A,T13,T13A		229

表 6-5　碳素工具钢的特性及用途

牌号	主　要　特　性	应　用　举　例
T7 T7A	属于亚共析钢。其强度随含碳量的增加而增加,有较好的强度和塑性配合,但切削能力较差	用于制造要求有较大塑性和一定硬度但切削能力要求不太高的工具,如凿子、冲头、小尺寸风动工具,木工用的锯、凿、锻模、压模、钳工工具、锤、铆钉冲模、大锤、车床顶尖、铁皮剪、钻头等
T8 T8A	属于共析钢。淬火易过热,变形也大,强度塑性较低,不宜用做受大冲击的工具。但经热处理后有较高的硬度及耐磨性	用于制造工作时不易变热的工具,如加工木材用的铣刀、埋头钻、斧、凿、简单的模子冲头及手用锯、圆锯片、滚子、铅锡合金压铸板和型芯、钳工装配工具等
T8Mn T8MnA	性能近似 T8、T8A,但有较高的淬透性,能获得较深的淬硬层。可用做截面较大的工具	除能用于制造 T8、T8A 所能制造的工具外,还能制造横纹锉刀、手锯条、采煤及修石凿子等工具
T9 T9A	性能近似 T8、T8A	用于制造有韧性又有硬度的工具,如冲模冲头、木工工具等。T9 还可做农机切割零件,如刀片等
T10 T10A	属于过共析钢,在 700～800℃加热时仍能保持细晶粒不致过热。淬火后钢中有未溶的过剩碳化物,增加钢的耐磨性	制造手工锯、机用细木锯、麻花钻、拉丝细模、小型冲模、丝锥、车刨刀、扩孔刀具、螺丝板牙、铣刀、钻极硬岩石用钻头、螺纹刀、钻紧密岩石用刀具、刻锉刀用的凿子等
T11 T11A	除具有 T10、T10A 的特点外,还具有较好的综合力学性能,如硬度、耐磨性及韧性等。对晶粒长大及形成碳化物网的敏感性较小	制造工作时不易变热的工具,如丝锥、锉刀、刮刀、尺寸不大和截面无急剧变化的冷模及木工工具等
T12 T12A	含碳量高,淬火后有较多的过剩碳化物,因而耐磨性及硬度都高,但韧性低,宜于制造不受冲击、而需要极高硬度的工具	适于制造车速不高、刃口不易变热的车刀、铣刀、钻头、铰刀、扩孔钻、丝锥、板牙、刮刀、量规及断面尺寸小的冷切边模、冲孔模、金属锯条等
T13 T13A	属碳素工具钢中含碳量最高的钢种,硬度极高,碳化物增加而分布不均匀,力学性能较低,不能承受冲击,只能用做切削高硬度材料的刀具	用于制造剃刀、切削刀具、车刀、刻刀具、刮刀、拉丝工具、钻头、硬石加工用工具、雕刻用的工具

6.1.2　合金工具钢

表 6-6　合金工具钢牌号和化学成分（GB/T 1299—2014）

钢组	牌号	化学成分/%(质量分数)							
		C	Si	Mn	Cr	W	Mo	V	其他
量具刃具钢	9SiCr	0.85～0.95	1.20～1.60	0.30～0.60	0.95～1.25	—	—	—	—
	8MnSi	0.75～0.85	0.30～0.60	0.80～1.10	—				
	Cr06	1.30～1.45	≤0.40	≤0.40	0.50～0.70				
	Cr2	0.95～1.10			1.30～1.65				
	9Cr2	0.80～0.95			1.30～1.70				
	W	1.05～1.25			0.10～0.30	0.80～1.20			

续表

钢组	牌号	化学成分/%（质量分数）							
		C	Si	Mn	Cr	W	Mo	V	其他
耐冲击工具钢	4CrW2Si	0.35～0.45	0.80～1.10	≤0.40	1.10～1.30	2.00～2.50	—	—	—
	5CrW2Si	0.45～0.55	0.50～0.80						
	6CrW2Si	0.55～0.65				2.20～2.70			
	6CrMnSi-2Mo1V	0.50～0.65	1.75～2.25	0.60～1.00	0.10～0.50	—	0.20～1.35	0.15～0.35	—
	5CrMnSi-Mo1V	0.45～0.55	0.20～1.00	0.20～0.90	3.00～3.50	—	1.30～1.80	≤0.35	—
冷作模具钢	Cr12	2.00～2.30	≤0.40	≤0.40	11.50～13.00	—	—	—	—
	Cr12Mo1V1	1.40～1.60	≤0.60	≤0.60	11.00～13.00		0.70～1.20	≤1.00	Co≤1.00
	Cr12MoV	1.45～1.70	≤0.40	≤0.40	11.00～12.50		0.40～0.60	0.15～0.30	—
	Cr5Mo1V	0.95～1.05	≤0.50	≤1.00	4.75～5.50		0.90～1.40	0.15～0.50	
	9Mn2V	0.85～0.95	≤0.40	1.70～2.00	—	—	—	0.10～0.25	—
	CrWMn	0.90～1.05		0.80～1.10	0.90～1.20	1.20～1.60		—	
	9CrWMn	0.85～0.95		0.90～1.20	0.50～0.80	0.50～0.80			
	Cr4W2MoV	1.12～1.25	0.40～0.70	≤0.40	3.50～4.00	1.90～2.60	0.80～1.20	0.80～1.10	—
	7CrSiMnMoV	0.65～0.75	0.85～1.15	0.65～1.05	0.90～1.20	—	0.20～0.50	0.15～0.30	
	6Cr4W3Mo-2VNb	0.60～0.70	≤0.40	≤0.40	3.80～4.40	2.50～3.50	1.80～2.50	0.80～1.20	Nb0.20～0.35
	6W6Mo-5Cr4V	0.55～0.65		≤0.60	3.70～4.30	6.00～7.00	4.50～5.50	0.70～1.10	—
热作模具钢	5CrMnMo	0.50～0.60	0.25～0.60	1.20～1.60	0.60～0.90	—	0.15～0.30	—	—
	5CrNiMo		≤0.40	0.50～0.80	0.50～0.80				Ni1.40～1.80
	3Cr2W8V	0.30～0.40		≤0.40	2.20～2.70	7.50～9.00	—	0.20～0.50	
	5Cr4Mo-3SiMnVAl	0.47～0.57	0.80～1.10	0.80～1.10	3.80～4.30	—	2.80～3.40	0.80～1.20	Al 0.30～0.70
	3Cr3Mo-3W2V	0.32～0.42	0.60～0.90	≤0.65	2.80～3.30	1.20～1.80	2.50～3.00		—
	5Cr4W-5Mo2V	0.40～0.50	≤0.40	≤0.40	3.40～4.40	4.50～5.30	1.50～2.10	0.70～1.10	
	8Cr3	0.75～0.85			3.20～3.80	—	—	—	
	4CrMnSiMoV	0.35～0.45	0.80～1.10	0.80～1.10	1.30～1.50		0.40～0.60	0.20～0.40	
	4Cr3Mo3SiV	0.35～0.45	0.80～1.20	0.25～0.70	3.00～3.75		2.00～3.00	0.25～0.75	
	4Cr5MoSiV	0.33～0.43		0.20～0.50	4.75～5.50		1.10～1.60	0.30～0.60	
	4Cr5MoSiV1	0.32～0.42					1.10～1.75	0.80～1.20	
	4Cr5W2VSi	0.32～0.42		≤0.40	4.50～5.50	1.60～2.40	—	0.60～1.00	
无磁模具钢	7Mn15Cr2Al-3V2WMo	0.65～0.75	≤0.80	14.50～16.50	2.00～2.50	0.50～0.80	0.50～0.80	1.50～2.00	Al 2.30～3.30
塑料模具钢	3Cr2Mo	0.28～0.40	0.20～0.80	0.60～1.00	1.40～2.00	—	0.30～0.55	—	—
	3Cr2NiMo	0.32～0.40	0.20～0.40	0.60～0.80	1.70～2.00	—	0.25～0.40	—	Ni0.85～1.15

注：1. 所用牌号钢材的硫和磷含量不大于 0.030%。

2. 钢中残余铜含量应不大于 0.030%。镍不作为合金化学元素时，残余含量应不大于 0.25%。5CrNiMo 钢经供需双方同意，允许钒含量小于 0.20%。

表 6-7 合金工具钢交货状态的硬度值和试样淬火硬度值（GB/T 1299—2014）

牌号	交货状态	试样淬火	
	硬度(HBW10/300)	淬火温度/℃和冷却剂	硬度(HRC,不小于)
9SiCr	241～197	820～860,油	62
8MnSi	≤229	800～820,油	60
Cr06	241～187	780～810,水	64

续表

牌号	交货状态	试样淬火	
	硬度(HBW10/300)	淬火温度/℃和冷却剂	硬度(HRC,不小于)
Cr2	229～179	830～860,油	62
9Cr2	217～179	820～850,油	62
W	229～187	800～830,水	62
4CrW2Si	217～179	860～900,油	53
5CrW2Si	255～207	860～900,油	55
6CrW2Si	285～229	860～900,油	57
6CrMnSi2Mo1V	≤229	①	58
5Cr3Mn1SiMo1V		②	56
Cr12	269～217	950～1000,油	60
Cr12Mo1V1	≤255	③	59
Cr12MoV	255～207	950～1000,油	58
Cr5Mo1V	≤255	④	60
9Mn2V	≤229	780～810,油	62
CrWMn	255～207	800～830,油	62
9CrWMn	241～197	800～830,油	62
Cr4W2MoV	≤269	960～980,1020～1040,油	60
6Cr4W3Mo2VNb	≤255	1100～1160,油	60
7CrSiMnMoV	≤235	淬火 870～900,油冷或空冷回火 150±10,空冷	60
6W6Mo5Cr4V	≤269	1180～1160,油	60
5CrMnMo	241～197	820～850,油	60
5CrNiMo		830～860,油	
3Cr2W8V	255	1075～1125,油	60
5Cr4Mo3SiMnVAl		1090～1120,油	
3Cr3Mo3W2V		1060～1130,油	
5Cr4W5Mo2V	≤269	1100～1150,油	60
8Cr3	255～207,850～880,油	60	
4CrMnSiMoV	241～197	870～930,油	60
4Cr3Mo3SiV	≤229	⑤	60
4Cr5MoSiV	≤235	⑥	60
4Cr5MoSiV1	≤235	⑥	60
4Cr5W2VSi	≤229	1030～1050,油或空	60
7Mn15Cr2Al3V2WMo	—	1170～1190 固溶,水 650～700 时效,空	45
3Cr2Mo	—	—	—
3Cr2MnNiMo	—	—	—

① (677±15)℃预热，885℃（盐浴）或（900±6)℃（炉控气氛）加热，保温 5～15min，油冷，58～204℃回火。

② (677±15)℃预热，941℃（盐浴）或（955±6)℃（炉温气氛）加点，保温 5～15min，空冷，56～204℃回火。

③ 表示（820±15)℃预热，1000℃（盐浴）或（1010±6)℃（炉控气氛）加热，保温 10～20min，空冷，(200±6)℃回火。

④ 表示（790±15)℃预热，940℃（盐浴）或（950±6)℃（炉控气氛）加热，保温 5～15min，空冷，(200±6)℃回火。

⑤ 表示（790±15)℃预热，1010℃（盐浴）或（1020±6)℃（炉控气氛）加热，保温 5～15min，空冷，（550±6)℃回火。

⑥ 表示（790±15)℃预热，1000℃（盐浴）或（1010±6)℃（炉控气氛）加热，保温 5～15min，空冷，（550±6)℃回火。

注：1. 钢材以退火状态交货。对 7Mn15Cr2Al3V2WMo 和 3Cr2Mo 及 Cr2MnNiMo 钢可以按预硬状态交货。

2. 7Mn15Cr2Al3V2WMo 钢可以热轧状态供应。

表 6-8　退火钢丝的硬度（YB/T 095—2015）

牌号	退火交货状态钢丝硬度不大于(HBW)	试样淬火硬度		
		淬火温度/℃	冷却剂	淬火硬度,不小于(HRC)
9SiCr	241	820～860	油	62
5CrW2Si	255	860～900	油	55
5SiMoV	241	840～860	盐水	60
5Cr3MnSiMo1V	235	925～955	空	59
Cr12Mo1V1	255	980～1040	油或(空)	62(59)
Cr12MoV	255	1020～1040	油或(空)	61(58)
Cr5Mo1V	255	925～985	空	62
CrWMn	255	820～840	油	62
9CrWMn	255	820～840	油	62
3Cr2W8V	255	1050～1100	油	52
4Cr5MoSiV	235	1000～1030	油	53
4Cr5MoSiVS	235	1000～1030	油	53
4Cr5MoSiV1	235	1020～1050	油	56

注：直径小于 5.0mm 的钢丝不做退火硬度检验，根据需方要求可作拉伸或其他检验，合格范围由双方协商。

表 6-9　合金工具钢的特性和应用

牌　号	主　要　特　性	应　用　举　例
9SiCr	淬透性比铬钢好，ϕ45～50mm 的工件在油中可以淬透，耐磨性高，具有较好的回火稳定性，加工性差，热处理时变形小，但脱碳倾向较大	适用于耐磨性高、切削不剧烈且变形小的刃具，如板牙、丝锥、钻头、铰刀、齿轮铣刀、拉刀等，还可用作冷冲模及冷轧辊
8MnSi	韧性、淬透性与耐磨性均优于碳素工具钢	多用做木工凿子、锯条及其他工具，制造穿孔器与扩孔器工具以及小尺寸热锻模和冲头、热压锻模、螺栓、道钉冲模、拔丝模、冷冲模及切削工具
Cr06	淬水后的硬度和耐磨性都很高，淬透性不好，较脆	多经冷轧成薄钢带后，用于制作剃刀、刀片及外科医疗刀具，也可用作刮刀、刻刀、锉刀等
Cr2	淬水后的硬度、耐磨性都很高，淬火变形不大，但高温塑性差	多用于低速、走刀量小、加工材料不很硬的切削刀具，如车刀、插刀、铣刀、铰刀等，还可用作量具、样板、量规、偏心轮、冷轧辊、钻套和拉丝模，还可作大尺寸的冷冲模
9Cr2	性能与 Cr2 基本相似	主要用做冷轧辊、钢印冲孔凿、冷冲模及冲头、木工工具等
W	淬火后的硬度和耐磨性较碳素工具钢好，热处理变形小，水淬不易开裂	多用于工作温度不高、切削速度不大的刀具，如小型麻花钻、丝锥、板牙、铰刀、锯条、辊式刀具等
4CrW2Si	高温时有较好的强度和硬度，且韧性较高	适用于剪切机刀片、冲击振动较大的风动工具、中应力热锻模、受热低的压铸模
5CrW2Si	特性同 4CrW2Si，但在 650℃时硬度稍高，可达 41～43HRC 左右，热处理时对脱碳、变形和开裂的敏感性不大	用于手动和风动凿子、空气锤工具、铆钉工具、冷冲模、重震动的切割器，作为热加工用钢时，可用于冲孔、穿孔工具、剪切模、热锻模、易熔合金的压铸模
6CrW2Si	特性同 5CrW2Si，但在 650℃时硬度可达 43～45HRC 左右	可用于重负荷下工作的冲模、压模、铸造精整工具、风动凿子等，作为热加工用钢，可生产螺钉和热铆的冲头、高温压铸轻合金的顶头、热锻模等
Cr12	高碳高铬钢，具有高的强度、耐磨性和淬透性，淬火变形小，较脆，导热性差，高温塑性差	多用于制造耐磨性能高、不承受冲击的模具及加工材料不硬的刃具，如车刀、铰刀、冷冲模、冲头及量规、样板、量具、凸轮销、偏心轮、冷轧辊、钻套和拉丝模
Cr12MoV	淬透性、淬火回火后的硬度、强度、韧性比 Cr12 高，截面为 300～400mm 以下的工作可完全淬透，耐磨性和塑性也较好，变形小，但高温塑性差	适用于各种铸、锻、模具，如各种冲孔凹模，切边模、滚边模、缝口模、拉丝模、钢板拉伸模、螺纹搓丝板、标准工具和量具

续表

牌　号	主 要 特 性	应 用 举 例
Cr5Mo1V	系引进美国钢种，具有良好的空淬性能，空淬尺寸变形小，韧性比 9Mn2V，Cr12 均好，碳化物均匀细小，耐磨性好	适用制造韧性好，耐磨的冷作模具，成形模、下料模、冲头、冷冲裁模等
9Mn2V	淬透性和耐磨性比碳素工具钢高，淬火后变形小	适用于制作各种变形小、耐磨性高的精密丝杠、磨床主轴、样板、凸轮、块规、量具及丝锥、板牙、铰刀以及压铸轻金属和合金的推入装置
CrWMn	淬透性和耐磨性及淬火后的硬度比铬钢及铬硅钢高，且韧性较好，淬火后的变形比 CrMn 钢更小，缺点是形成碳化物网状程度严重	多用于制造变形小、长而形状复杂的切削刀具，如拉刀、长丝锥、长铰刀、专门铣刀、量规及形状复杂、高精度的冷冲模
9CrWMn	特性与 CrWMn 相似，但由于含碳量稍低，在碳化物偏析上比 CrWMn 好些，因而力学性能更好，但热处理后硬度较低	同 CrWMn
Cr4W2MoV	系我国自行研制的新型中合金冷作模具钢，共晶化合物颗粒细小，分布均匀，具有较高的淬透性、淬硬性，且有较好的力学性能、耐磨性和尺寸稳定性	用于制造冷冲模、冷挤压模、搓丝板等，也可冲裁 1.5～6.0mm 弹簧钢材
6Cr4W3Mo-2VNb	高韧性冷作模具钢，具有高强度、高硬度，且韧性好，又有较高的疲劳强度	用于制造冲击载荷及形状复杂的冷作模具、冷挤压模具、冷镦模具、螺钉冲头等
6W6Mo5Cr4V	系我国自行研制的适合于黑色金属挤压用的模具钢，具有高强度、高硬度、耐磨性及抗回火稳定性，有良好的综合性能	适用于作冲头，模具
Cr4W2MoV	系我国自行研制的新型中合金冷作模具钢，共晶化合物颗粒细小，分布均匀，具有较高的淬透性、淬硬性，且有较好的力学性能、耐磨性和尺寸稳定性	用于制造冷冲模、冷挤压模、搓丝板等，也可冲裁 1.5～6.0mm 弹簧钢板
6Cr4W3Mo-2VNb	高韧性冷作模具钢，具有高强度、高硬度，且韧性好，又有较高的疲劳强度	用于制造冲击载荷及形状复杂的冷作模具、冷挤压模具、冷镦模具、螺钉冲头等
6W6Mo5Cr4V	系我国自行研制的适合于黑色金属挤压用的模具钢，具有高强度、高硬度、耐磨性及抗回火稳定性，有良好的综合性能	适用于黑色金属的冷挤压模具、冷作模具、温挤压模具、热剪切模等
5CrMnMo	不含镍的锤锻模具钢，具有良好的韧性、强度和高耐磨性，对回火脆性不敏感，淬透性好	适用于作中、小型热模锻，且边长小于或等于 300～400mm
5CrNiMo	特性与 5CrMnMo 相近，高温下强度、韧性及耐热疲劳性高于 5CrMnMo	适用于作形状复杂、冲击负荷重的各种中、大型锤锻模
3Cr2W8V	常用的压铸模具钢，具有较低的含碳量，以保证高韧性及良好的导热性，同时含有较多的易形成碳化物的铬、钨高温下有高硬度、强度，相变温度较高，耐热疲劳性良好，淬透性也较好，断面厚度小于或等于 100mm 可淬透，但其韧性和塑性较差	适于作高温、高应力但不受冲击的压模，如平锻机上的凸凹模、镶块、铜合金挤压模等，还可作热剪切刀
5Cr4Mo-3SiMnVAl	具有较高的强韧性，良好的耐热性和冷热疲劳性，淬透性和淬硬性均较好，是一种热作模具钢，又可作为冷作模具钢使用	适用于制作冷镦模、冲孔凹模、槽用螺栓热锻模、热挤压冲头等，可以代替 3Cr2W8V、Cr12MoV 使用
3Cr3Mo3W2V	具有良好的冷热加工性能，较高的热强性，良好的抗冷热疲劳性，耐磨性能好，淬硬性好，有一定的耐冲击耐力	可制作热作模具，如镦锻模、精锻模、辊锻模具、压力机用模具等

续表

牌号	主要特性	应用举例
5Cr4W5Mo2V	系我国自行研制的热挤压、精密锻造模具钢，具有高热硬性、高耐磨性、高温强度、抗回火稳定性及一定的冲击韧性，可进行一般热处理或等温热处理和化学热处理	多用于制造热挤压模具，时常代替 3Cr2W8V
8Cr3	具有良好的淬透性，室温强度和高温强度均可，碳化物细小且均布，耐磨性能较好	常用于冲击、振动较小，工作温度低于 500℃，耐磨损的模具，如热切边模、成形冲模、螺栓热顶锻模等
4CrMnSiMoV	具有较高的高温力学性能，耐热疲劳性能好，可代替 5CrNiMo 使用	用于制作锤锻模、压力机锻模、校正模、弯曲模等
4Cr3Mo3SiV	具有高的淬透性，高的高温硬度，优良的韧性，可代替 3Cr2WBV 使用	可制作热辊锻模、塑压模、热锻模、热冲模等
4Cr5MoSiV	具有高的淬透性，中温以下综合性能好，热处理变形小，耐冷热疲劳性能好	适于制造热挤压模、螺栓模、热切边模、锤锻模、铝合金压铸模等
4Cr5MoSiV1	在中温（约 600℃）下的综合性能好，淬透性高（在空气中即能淬硬），热处理变形率较低，其性能及使用寿命高于 3Cr2W8V	可用作模锻锤锻模、铝合金压铸模、热挤压模具、高速精锻模具及锻造压力机模具等
4Cr5W2VSi	在中温下具有较高的硬度和热强度，韧性和耐磨性良好，耐冷热疲劳性较好	可用于锻压模具、冲头、热挤压模具、有色金属压铸模等
7Mn15Cr2-Al3V2WMo	在各种状态下都能保持稳定的奥氏体，且有非常低的磁导率，高的强度、硬度、耐磨性，但切削加工性差	用于制造无磁模具、无磁轴承以及要求在强磁场中不产生磁感应的结构零件
3Cr2Mo	具有良好的切削性、镜面研磨性能，机械加工成型后，型腔变形及尺寸变化小，经热处理后可提高表面硬度，提高使用寿命	适用于制造塑料模、低熔金属压铸模

6.1.3 高速工具钢

表 6-10 高速工具钢的牌号和化学成分 (GB/T 9943—2008)

序号	统一数字代号	牌号[①]	化学成分(质量分数)/%									
			C	Mn	Si[②]	S[③]	P	Cr	V	W	Mo	Co
1	T63342	W3Mo3Cr4V2	0.95～1.03	≤0.40	≤0.45	≤0.030	≤0.030	3.80～4.50	2.20～2.50	2.70～3.00	2.50～2.90	—
2	T64340	W4Mo3Cr4VSi	0.83～0.93	0.20～0.40	0.70～1.00	≤0.030	≤0.030	3.80～4.40	1.20～1.80	3.50～4.50	2.50～3.50	—
3	T51841	W18Cr4V	0.73～0.83	0.10～0.40	0.20～0.40	≤0.030	≤0.030	3.80～4.50	1.00～1.20	17.20～18.70	—	—
4	T62841	W2Mo8Cr4V	0.77～0.87	≤0.40	≤0.70	≤0.030	≤0.030	3.50～4.50	1.00～1.40	1.40～2.00	8.00～9.00	—
5	T62942	W2Mo9Cr4V2	0.95～1.05	0.15～0.40	≤0.70	≤0.030	≤0.030	3.50～4.50	1.75～2.20	1.50～2.10	8.20～9.20	—
6	T66541	W6Mo5Cr4V2	0.80～0.90	0.15～0.40	0.20～0.45	≤0.030	≤0.030	3.80～4.40	1.75～2.20	5.50～6.75	4.50～5.50	—

续表

序号	统一数字代号	牌号①	化学成分(质量分数)/%									
			C	Mn	Si②	S③	P	Cr	V	W	Mo	Co
7	T66542	CW6Mo5Cr4V2	0.86～0.94	0.15～0.40	0.20～0.45	≤0.030	≤0.030	3.80～4.50	1.75～2.10	5.90～6.70	4.70～5.20	—
8	T66642	W6Mo6Cr4V2	1.00～1.10	≤0.40	≤0.45	≤0.030	≤0.030	3.80～4.50	2.30～2.60	5.90～6.70	5.50～6.50	—
9	T69341	W9Mo3Cr4V	0.77～0.87	0.20～0.40	0.20～0.40	≤0.030	≤0.030	3.80～4.40	1.30～1.70	8.50～9.50	2.70～3.30	—
10	T66543	W6Mo5Cr4V3	1.15～1.25	0.15～0.40	0.20～0.45	≤0.030	≤0.030	3.80～4.50	2.70～3.20	5.90～6.70	4.70～5.20	—
11	T66545	CW6Mo5Cr4V3	1.25～1.32	0.15～0.40	≤0.70	≤0.030	≤0.030	3.75～4.50	2.70～3.20	5.90～6.70	4.70～5.20	—
12	T66544	W6Mo5Cr4V4	1.25～1.40	≤0.40	≤0.45	≤0.030	≤0.030	3.80～4.50	3.70～4.20	5.20～6.00	4.20～5.00	—
13	T66546	W6Mo5Cr4V2Al	1.05～1.15	0.15～0.40	0.20～0.60	≤0.030	≤0.030	3.80～4.40	1.75～2.20	5.50～6.75	4.50～5.50	Al:0.80～1.20
14	T71245	W12Cr4V5Co5	1.50～1.60	0.15～0.40	0.15～0.40	≤0.030	≤0.030	3.75～5.00	4.50～5.25	11.75～13.00	—	4.75～5.25
15	T76545	W6Mo5Cr4V2Co5	0.87～0.95	0.15～0.40	0.20～0.45	≤0.030	≤0.030	3.80～4.50	1.70～2.10	5.90～6.70	4.70～5.20	4.50～5.00
16	T76438	W6Mo5Cr4V3Co8	1.23～1.33	≤0.40	≤0.70	≤0.030	≤0.030	3.80～4.50	2.70～3.20	5.90～6.70	4.70～5.30	8.00～8.80
17	T77445	W7Mo4Cr4V2Co5	1.05～1.15	0.20～0.60	0.15～0.50	≤0.030	≤0.030	3.75～4.50	1.75～2.25	6.25～7.00	3.25～4.25	4.75～5.75
18	T72948	W2Mo9Cr4VCo8	1.05～1.15	0.15～0.40	0.15～0.65	≤0.030	≤0.030	3.50～4.25	0.95～1.35	1.15～1.85	9.00～10.00	7.75～8.75
19	T71010	W10Mo4Cr4V3Co10	1.20～1.35	≤0.40	≤0.45	≤0.030	≤0.030	3.80～4.50	3.00～3.50	9.00～10.00	3.20～3.90	9.50～10.50

① 表中牌号 W18Cr4V、W12Cr4V5Co5 为钨系高速工具钢，其他牌号为钨钼系高速工具钢。

② 电渣钢的硅含量下限不限。

③ 根据需方要求，为改善钢的切削加工性能，其硫含量可规定为 0.06%～0.15%。

注：1. 钢中残余铜含量应不大于 0.25%，残余镍含量应不大于 0.30%。

2. 在钨系高速钢中，钼含量允许到 1.0%。钨钼二者关系，当钼含量超过 0.30%时，钨含量应减少，在钼含量超过 0.30%的部分，每 1%的钼代替 1.8%的钨，在这种情况下，在牌号的后面加上"Mo"。

表 6-11 高速工具钢丝牌号和化学成分 (GB/T 3080—2001)

牌号	化学成分/%(质量分数)								
	C	Si	Mn	P	S	Cr	Mo	V	W
				不大于					
W18Cr4V	0.70～0.80	0.20～0.40	0.10～0.40	0.030	0.030	3.80～4.40	≤0.30	1.00～1.40	17.50～19.00
W6Mo5Cr4V2	0.80～0.90	0.20～0.45	0.15～0.45	0.030	0.030	3.80～4.40	4.50～5.50	1.75～2.20	5.50～6.75
W9Mo3Cr4V	0.77～0.87	0.20～0.40	0.20～0.40	0.030	0.030	3.80～4.40	2.70～3.30	1.30～1.70	8.50～9.50
4WMo3Cr4VSi	0.88～0.98	0.50～1.00	0.20～0.40	0.030	0.030	3.80～4.40	2.50～3.50	1.20～1.80	3.50～4.50

注：1. 所有牌号钢中残余元素 w_{Ni}≤0.30%，w_{Cu}≤0.25%。

2. 经供需双方协议可供应 W6Mo5Cr4V2，w_r1.60%～2.20%。

表 6-12　高速工具钢热处理后的硬度（GB/T 9943—2008）

序号	牌号	交货硬度[①]（退火态）（HBW）（不大于）	试样热处理制度及淬回火硬度					
			预热温度/℃	淬火温度/℃		淬火介质	回火温度[②]/℃	硬度[③]（HRC）（不小于）
				盐浴炉	箱式炉			
1	W3Mo3Cr4V2	255	800～900	1180～1120	1180～1120	油或盐浴	540～560	63
2	W4Mo3Cr4VSi	255		1170～1190	1170～1190		540～560	63
3	W18Cr4V	255		1250～1270	1260～1280		550～570	63
4	W2Mo8Cr4V	255		1180～1120	1180～1120		550～570	63
5	W2Mo9Cr4V2	255		1190～1210	1200～1220		540～560	64
6	W6Mo5Cr4V2	255		1200～1220	1210～1230		540～560	64
7	CW6Mo5Cr4V2	255		1190～1210	1200～1220		540～560	64
8	W6Mo6Cr4V2	262		1190～1210	1190～1210		550～570	64
9	W9Mo3Cr4V	255		1200～1220	1220～1240		540～560	64
10	W6Mo5Cr4V3	262		1190～1210	1200～1220		540～560	64
11	CW6Mo5Cr4V3	262		1180～1200	1190～1210		540～560	64
12	W6Mo5Cr4V4	269		1200～1220	1200～1220		550～570	64
13	W6Mo5Cr4V2Al	269		1200～1220	1230～1240		550～570	65
14	W12Cr4V5Co5	277		1220～1240	1230～1250		540～560	65
15	W6Mo5Cr4V2Co5	269		1190～1210	1200～1220		540～560	64
16	W6Mo5Cr4V3Co8	285		1170～1190	1170～1190		550～570	65
17	W7Mo4Cr4V2Co5	269		1180～1200	1190～1210		540～560	66
18	W2Mo9Cr4VCo8	269		1170～1190	1180～1200		540～560	66
19	W10Mo4Cr4V3Co10	285		1220～1240	1220～1240		550～570	66

① 退火＋冷拉态的硬度，允许比退火态指标增加 50HBW。
② 回火温度为 550～570℃时，回火 2 次，每次 1h；回火温度为 540～560℃时，回火 2 次，每次 2h。
③ 试样淬回火硬度供方若能保证可不检验。

表 6-13　机器锯条用高速工具钢热轧钢带的化学成分与力学性能（YB/T 084—1996）

牌　　号	化 学 成 分	硬度(HBS)
W9Mo3Cr4V	符合 GB/T 9943 的规定	207～255
W6Mo5Cr4V2		
W18Cr4V		
W6Mo5Cr4V2Al		1 组:217～269　2 组:227～285

表 6-14　高速工具钢丝试样淬火-回火硬度试验（GB/T 3080—2001）

牌　　号	试样热处理制度			硬度值(HRC)（不小于）
	淬火温度/℃	冷却剂	回火温度/℃	
W18Cr4V	1270～1285	油	550～570	63
W6Mo5Cr4V2	1210～1230		550～570	
W9Mo3Cr4V	1220～1240		540～560	
W4Mo3Cr4VSi	1170～1190		540～560	

注：1. 钢丝的交货状态为退火（包括直条或盘圆）或退火磨光状态。

2. 直径不小于 5mm 的钢丝应检验布氏硬度，硬度值为 207～255HBS。直径小于 5mm 的钢丝应检验维氏硬度，其硬度值为 206～256HV，若供方能保证合格，可不做检验。

表 6-15 高速工具钢的特性及用途

牌号	主要特性	应用举例
W18Cr4V	具有良好的热硬性，在600℃时，仍具有较高的硬度和较好的切削性，被磨削加工性好，淬火过热敏感性小，比合金工具钢的耐热性能高。但由于其碳化物较粗大，强度和韧性随材料尺寸增大而下降，因此，仅适于制造一般刀具，不适于制造薄刃或较大的刀具	广泛用于制造加工中等硬度或软的材料的各种刀具，如车刀、铣刀、拉刀、齿轮刀具、丝锥等；也可制作冷作模具，还可用于制造高温下工作的轴承、弹簧等耐磨、耐高温的零件
W18Cr4VCo5	含钴高速钢，具有良好的高温硬度和热硬性，耐磨性较高，淬火硬度高，表面硬度可达64～66HRC	可以制造加工较高硬度的高速切削的各种刀具，如滚刀、车刀和铣刀等，以及自动化机床的加工刀具
W18Cr4V2Co8	含钴高速钢，其高温硬度、热硬性及耐磨性均优于W18Cr4VCo5，但韧性有所降低，淬火硬度可达到64～66HRC(表面硬度)	可以用于制造加工高硬度、高切削力的各种刀具，如铣刀、滚刀及车刀等
W12Cr4V5Co5	高碳高钒含钴高速钢，具有很好的耐磨性，硬度高，抗回火稳定性良好，高温硬度和热硬性均较高，因此，工作温度高，工作寿命较其他高速钢成倍提高	适用于加工难加工材料，如高强度钢、中强度钢、冷轧钢、铸造合金钢等，适于制作车刀、铣刀、齿轮刀具、成形刀具、螺纹加工刀具及冷作模具，但不适于制造高精度的复杂刀具
W6Mo5Cr4V2	具有良好的热硬性和韧性，淬火后表面硬度可达64～66HRC，这是一种含钼低钨高速钢，成本较低，是仅次于W18Cr4V而获得广泛应用的一种高速工具钢	适于制造钻头、丝锥、板牙、铣刀、齿轮刀具、冷作模具等
CW6Mo5Cr4V2	淬火后，其表面硬度、高温硬度、耐热性、耐磨性均比W6Mo5Cr4V2有所提高，但其强度和冲击韧性比W6Mo5Cr4V2有所降低	用于制造切削性能较高的冲击不大的刀具，如拉刀、铰刀、滚刀、扩孔刀等
W6Mo5Cr4V3	具有碳化物细小均匀、韧性高、塑性好等优点，且耐磨性优于W6Mo5Cr4V2，但可磨削性差，易于氧化脱碳	可制作各种类型的一般刀具，如车刀、刨刀、丝锥、钻头、成形铣刀、拉刀、滚刀、螺纹梳刀等，适于加工中高强度钢、高温合金等难加工材料。因可磨削性差，不宜制作高精度复杂刀具
CW6Mo5Cr4V3	高碳钼系高钒型高速钢，它是在W6Mo5Cr4V3的基础上把平均含碳量由1.05%提高到1.20%，并相应提高了含钒量而形成的一个钢种，钢的耐磨性更好	用途同W6Mo5Cr4V3
W2Mo9Cr4V2	具有较高的热硬性、韧性及耐磨性，密度较小，可磨削性优良，在切削一般材料时有着良好的效果	用于制作铣刀、成形刀具、丝锥、锯条、车刀、拉刀、冷冲模具等
W6Mo5Cr4V2Co5	含钴高速钢，具有良好的高温硬度和热硬性，切削性及耐磨性较好，强度和冲击韧度不高	可用于制造加工硬质材料的各种刀具，如齿轮刀具、铣刀、冲头等
W7Mo4Cr4V2Co5	在W6Mo5Cr4V2的基础上增加了5%的钴，提高了含碳量并调整了钨、钼含量。提高了钢的红硬性及高温硬度，改善了耐磨性。钢的切削性能较好，但强度和冲击韧度较低	一般用于制造齿轮刀具、铣刀以及冲头、刀头等工具，供作切削硬质材料用
W2Mo9Cr4VCo8	高碳含钴超硬型高速钢，具有高的室温及高温硬度，热硬性高，可磨削性好，刀刃锋利	适于制作各种高精度复杂刀具，如成形铣刀、精拉刀、专用钻头、车刀、刀头及刀片，对于加工铸造高温合金、钛合金、超高强度钢等难加工材料，均可得到良好的效果
W9Mo3Cr4V	钨钼系通用型高速钢，通用性强，综合性能超过W6Mo5Cr4V2，且成本较低	制造各种高速切削刀具和冷、热模具
W6Mo5Cr4V2Al	含铝超硬型高速钢，具有高热硬性、高耐磨性，热塑性好，且高温硬度高，工作寿命长	适于加工各种难加工材料，如高温合金、超高强度钢、不锈钢等，可制作车刀、镗刀、铣刀、钻头、齿轮工具、拉刀等

6.1.4 硬质合金

表 6-16 切削工具用硬质合金的基本组分和力学性能（GB/T 18376.1—2008）

组别 类别	组别 分组号	基本成分	力学性能 硬度（HRA）（不大于）	力学性能 硬度（HV_3）（不小于）	力学性能 抗弯强度 R_{tr}/MPa（不小于）
P	01	以 TiC、WC 为基，以 Co(Ni+Mo、Ni+Co)作黏结剂的合金/涂层合金	92.3	1750	700
	10		91.7	1680	1200
	20		91.0	1600	1400
	30		90.2	1500	1550
	40		89.5	1400	1750
M	01	以 WC 为基，以 Co 作黏结剂，添加少量 TiC(TaC、NbC)的合金/涂层合金	92.3	1730	1200
	10		91.0	1600	1350
	20		90.2	1500	1500
	30		89.9	1450	1650
	40		88.9	1300	1800
K	01	以 WC 为基，以 Co 作黏结剂，或添加少量 TaC、NbC 的合金/涂层合金	92.3	1750	1350
	10		91.7	1680	1460
	20		91.0	1600	1550
	30		89.5	1400	1650
	40		88.5	1250	1800
N	01	以 WC 为基，以 Co 作黏结剂，或添加少量 TaC、NbC 或 CrC 的合金/涂层合金	92.3	1750	1450
	10		91.7	1680	1560
	20		91.0	1600	1650
	30		90.0	1450	1700
S	01	以 WC 为基，以 Co 作黏结剂，或添加少量 TaC、NbC 或 TiC 的合金/涂层合金	92.3	1730	1500
	10		91.5	1650	1580
	20		91.0	1600	1650
	30		90.5	1550	1750
H	01	以 WC 为基，以 Co 作黏结剂，或添加少量 TaC、NbC 或 TiC 的合金/涂层合金	92.3	1730	1000
	10		91.7	1680	1300
	20		91.0	1600	1650
	30		90.5	1520	1500

注：1. 洛氏硬度和维氏硬度中任选一项。

2. 以上数据为非涂层硬质合金要求，涂层产品可按对应的维氏硬度下降 30～50。

表 6-17 地矿、矿山工具用硬质合金代号和化学成分（GB/T 18376.2—2001）

代号	Co	WC	其他	代号	Co	WC	其他
G05	3～6	余	微量	G30	8～12	余	微量
G10	5～9	余	微量	G40	10～15	余	微量
G20	6～11	余	微量	G50	12～17	余	微量

表 6-18 耐磨零件用硬质合金的化学成分与力学性能（GB/T 18376.3—2015）

特征代号	分类代号	分组号	基本成分,质量分数/%			力学性能		
			Co(Co+Ni)	WC	其他	洛氏硬度(HRA,不小于)	维氏硬度(HV,不小于)	抗弯强度/MPa(不小于)
L	S	10	3～6	余量	微量	90.0	1550	1800
		20	5～9	余量	微量	89.0	1400	1600
		30	7～12	余量	微量	88.0	1200	1800
		40	11～17	余量	微量	87.0	1100	2000
	T	10	13～18	余量	微量	85.0	950	2000
		20	17～25	余量	微量	82.5	850	2100
		30	23～30	余量	微量	79.0	650	2200
	Q	10	5～7	余量	微量	89.0	1300	2600
		20	6～9	余量	微量	88.0	1200	2700
		30	8～15	余量	微量	86.5	1200	2800
	V	10	14～18	余量	微量	85.0	950	2100
		20	17～22	余量	微量	82.5	850	2200
		30	20～26	余量	微量	81.0	750	2250
		40	25～30	余量	微量	79.0	650	2300

注：洛氏硬度和维氏硬度中任选一项。

表 6-19 地质、矿山工具用硬质合金的力学性能（GB/T 18376.2—2001）

代号	硬度(HRA),≥	硬度(HV),≥	抗弯强度/MPa,≥	代号	硬度(HRA),≥	硬度(HV),≥	抗弯强度/MPa,≥
G05	88.0	1200	1600	G30	86.0	1050	1900
G10	87.0	1100	1700	G40	85.0	1000	2000
G20	86.5	1050	1800	G50	85.0	950	2100

注：洛氏硬度和维氏硬度中任选一项。

表 6-20 切削工具用硬质合金常用牌号及用途（GB/T 18376.1—2008）

组别	作业条件		性能提高方向	
	被加工材料	适应的加工条件	切削性能	合金性能
P01	钢、铸钢	高切削速度、小切屑截面，无震动条件下精车，精镗	↑切削速度— —进给量↓	↑耐磨性— —韧性↓
P10	钢、铸钢	高切削速度，中、小切屑截面条件下的车削、仿形车削、车螺纹和铣削		
P20	钢、铸钢、长切屑可锻铸铁	中等切屑速度、中等切屑截面条件下的车削、仿形车削和铣削、小切削截面的刨削		
P30	钢、铸钢、长切屑可锻铸铁	中或低等切屑速度、中等或大切屑截面条件下的车削、铣削、刨削和不利条件下的加工		
P40	钢、含砂眼和气孔的铸钢件	低切削速度、大切屑角、大切屑截面以及不利条件下的车、刨削、切槽和自动机床上加工		

续表

组别	作业条件		性能提高方向			
	被加工材料	适应的加工条件	切削性能		合金性能	
M01	不锈钢、铁素体钢、铸钢	高切削速度、小载荷，无震动条件下精车、精镗	↑切削速度	进给量↓	↑耐磨性	韧性↓
M10	不锈钢、铸钢、锰钢、合金钢、合金铸铁、可锻铸铁	中和高等切削速度、中、小切屑截面条件下的车削				
M20	不锈钢、铸钢、锰钢、合金钢、合金铸铁、可锻铸铁	中等切削速度、中等切屑截面条件下车削、铣削				
M30	不锈钢、铸钢、锰钢、合金钢、合金铸铁、可锻铸铁	中和高等切削速度、中等或大切屑截面条件下的车削、铣削、刨削				
M40	不锈钢、铸钢、锰钢、合金钢、合金铸铁、可锻铸铁	车削、切断、强力铣削加工				
K01	铸铁、冷硬铸铁、短屑可锻铸铁	车削、精车、铣削、镗削、刮削	↑切削速度	进给量↓	↑耐磨性	韧性↓
K10	布氏硬度高于 220 的铸铁、短切屑的可锻铸铁	车削、铣削、镗削、刮削、拉削				
K20	布氏硬度低于 220 的灰口铸铁、短切屑的可锻铸铁	用于中等切削速度下、轻载荷粗加工、半精加工的车削、铣削、镗削等				
K30	铸铁、短切屑的可锻铸铁	用于在不利条件下可能采用大切削角的车削、铣削、刨削、切槽加工，对刀片的韧性有一定的要求				
K40	铸铁、短切屑的可锻铸铁	用于在不利条件下的粗加工，采用较低的切削速度，大的进给量				
N01	有色金属、塑料、木材、玻璃	高切削速度下，铝、铜、镁、塑料、木材等非金属材料的精加工	↑切削速度	进给量↓	↑耐磨性	韧性↓
N10		较高切削速度下，铝、铜、镁、塑料、木材等非金属材料的精加工或半精加工				
N20	有色金属、塑料	中等切削速度下，铝、铜、镁、塑料等的半精加工或粗加工				
N30		中等切削速度下，铝、铜、镁、塑料等的粗加工				
S01	耐热和优质合金：含镍、钴、钛的各类合金材料	中等切削速度下，耐热钢和钛合金的精加工	↑切削速度	进给量↓	↑耐磨性	韧性↓
S10		低切削速度下，耐热钢和钛合金的半精加工或粗加工				
S20		较低切削速度下，耐热钢和钛合金的半精加工或粗加工				
S30		较低切削速度下，耐热钢和钛合金的断续切削，适于半精加工或粗加工				
H01	淬硬钢、冷硬铸铁	低切削速度下，淬硬钢、冷硬铸铁的连续轻载精加工	↑切削速度	进给量↓	↑耐磨性	韧性↓
H10		低切削速度下，淬硬钢、冷硬铸铁的连续轻载精加工、半精加工				
H20		较低切削速度下，淬硬钢、冷硬铸铁的连续轻载半精加工、粗加工				
H30		较低切削速度下，淬硬钢、冷硬铸铁的半精加工、粗加工				

注：不利条件系指原材料或铸造、锻造的零件表面硬度不匀，加工时的切削深度不匀，间断切削以及振动等情况。

表 6-21 地质、矿山工具用硬质合金的用途

代 号	用 途	合金性能
G05	适应于单轴抗压强度小于 60MPa 的软岩或中硬岩	↑耐磨性 韧性↓
G10	适应于单轴抗压强度为 60～120MPa 的软岩或中硬岩	
G20	适应于单轴抗压强度为 120～200MPa 的中硬岩或硬岩	
G30	适应于单轴抗压强度为 120～200MPa 的中硬岩或硬岩	
G40	适应于单轴抗压强度为 120～200MPa 的中硬岩或坚硬岩	
G50	适应于单轴抗压强度大于 200MPa 的坚硬岩或极坚硬岩	

表 6-22 耐磨零件用硬质合金的用途

代 号	用 途
LS10	适用于金属线材直径小于 6mm 的拉制用模具、密封环等
LS20	适用于金属线材直径小于 20mm，管材直径小于 10mm 的拉制用模具、密封环等
LS30	适用于金属线材直径小于 50mm，管材直径小于 35mm 的拉制用模具
LS40	适用于大应力、大压缩力的拉制用模具
LT10	M9 以下小规格标准紧固件冲压用模具
LT20	M12 以下中、小规格标准紧固件冲压用模具
LT30	M20 以下大、中规模标准紧固件、钢球冲压用模具
LQ10	人工合成金刚石用顶锤
LQ20	人工合成金刚石用顶锤
LQ30	人工合成金刚石用顶锤、压缸
LV10	适用于高速线材高水平轧制精轧机组用辊环
LV20	适用于高速线材较高水平轧制精轧机组用辊环
LV30	适用于高速线材一般水平轧制精轧机组用辊环
LV40	适用于高速线材预精轧机组用辊环

6.1.5 凿岩钎杆用中空钢

表 6-23 凿岩钎杆用中空钢牌号和化学成分（GB/T 1301—2008）

牌号	化学成分（质量分数，非范围值为最大值）/%									
	C	Si	Mn	Cr	Mo	Ni	V	P	S	Cu
ZK95CrMo	0.90～1.00	0.15～0.40	0.15～0.40	0.80～1.20	0.15～0.30	—	—	0.025	0.025	0.25
ZK55SiMnMo	0.50～0.60	1.10～1.40	0.60～0.90	—	0.40～0.55	—	—	0.025	0.025	0.25
ZK40SiMnCrNiMo	0.35～0.45	1.30～1.50	0.60～1.20	0.60～0.90	0.20～0.40	0.40～0.70	—	0.025	0.025	0.25
ZK35SiMnMoV	0.29～0.41	0.60～0.90	1.30～1.60	—	0.40～0.60	—	0.07～0.15	0.025	0.025	0.25
ZK23CrNi3Mo	0.19～0.27	0.15～0.40	0.50～0.80	1.15～1.45	0.15～0.40	2.70～3.10	—	0.025	0.025	0.25
ZK22SiMnCrNi2Mo	0.18～0.26	1.30～1.70	1.20～1.50	0.15～0.40	0.20～0.45	1.65～2.00	—	0.025	0.025	0.25

注：ZK 表示凿岩钎杆用中空钢。

表 6-24　凿岩钎杆用中空钢硬度（GB/T 1301—2008）

牌　号	交货状态	硬　度
ZK95CrMo	热轧	34～44HRC
ZK55SiMnMo		26～44HRC
ZK40SiMnCrNiMo		26～44HRC
ZK35SiMnMoV		26～44HRC
ZK23CrNi3Mo		26～44HRC
ZK22SiMnCrNi2Mo		26～44HRC

注：对于制钎时还要进行整体热处理的中空钢，交货硬度可适当放宽。

6.2　欧盟标准化委员会（CEN）工具钢

欧盟标准化委员会关于工具钢的标准（EN ISO 4957—1999）、英国工具钢（BS EN ISO 4957—2000）、德国工具钢（DIN EN ISO 4957—2001）、法国工具钢（NF EN ISO 4957—2000）与国际标准化组织（ISO）关于工具钢的标准（ISO 4957—1999）是完全一致的，故不再给出。请直接查阅本章国际标准化组织（ISO）工具钢一节。

6.3　美国工具钢

表 6-25　工具钢的化学成分、形态、状态及硬度

牌　号	化学成分/%(不大于，注明范围值者除外)	形　态	状态	硬度
工具钢(ASTM A681—2008)				
A2	0.95～1.05C，1.00Mn，4.75～5.50Cr，0.90～1.40Mo，0.15～0.50V，0.03P，0.03S，0.50Si，铁基	棒，板，薄板，带，条，线，锻件		
A3	1.20～1.30C，0.40～0.60Mn，4.75～5.50Cr，0.90～1.40Mo，0.80～1.40V，0.03P，0.03S，0.50Si，铁基	棒，板，薄板，带，条，线，锻件		
A4	0.95～1.05C，1.80～2.20Mn，0.90～1.2Cr，0.90～1.40Mo，0.03P，0.03S，0.50Si，铁基	棒，板，薄板，带，条，线，锻件		
A5	0.95～1.05C，2.80～3.20Mn，0.90～1.20Cr，0.90～1.40Mo，0.03P，0.03S，0.50Si，铁基	棒，板，薄板，带，条，线，锻件		
A6	0.65～0.75C，1.80～2.50Mn，0.90～1.20Cr，0.90～1.40Mo，0.03P，0.03S，0.50Si，铁基	棒，板，薄板，带，条，线，锻件		
A7	2.00～2.85C，0.80Mn，5.00～5.75Cr，0.90～1.40Mo，0.50～1.50W，3.90～5.15V，0.03P，0.03S，0.50Si，铁基	棒，板，薄板，带，条，线，锻件		
A8	0.50～0.60C，0.50Mn，4.75～5.50Cr，1.15～1.65Mo，1.00～1.50W，0.03P，0.03S，0.75～1.10Si，铁基	条，线，锻件		
A9	0.45～0.55C，0.50Mn，4.75～5.50Cr，1.25～1.75Ni，1.30～1.80Mo，0.80～1.40V，0.03P，0.03S，0.95～1.15Si，铁基	棒，板，薄板，带，条，线，锻件		
A10	1.25～1.50C，1.60～2.10Mn，0.03Cr，1.55～2.05Ni，1.25～1.75Mo，0.03P，0.03S，1.00～1.50Si，铁基	棒，板，薄板，带，条，线，锻件		
D2	1.40～1.60C，0.60Mn，11.00～13.00Cr，0.70～1.20Mo，1.10V，1.00Co，0.03P，0.03S，0.60Si，铁基	棒，板，薄板，带，条，线，锻件		

续表

牌号	化学成分/%(不大于,注明范围值者除外)	形态	状态	硬度
D3	2.00～2.35C,0.60Mn,11.00～13.50Cr,1.00W,1.00V,0.03P,0.03S,0.60Si,铁基	棒,板,薄板,带,条,线,锻件		
D4	2.05～2.40C,0.60Mn,11.00～13.00Cr,0.70～1.20Mo,1.00V,0.03P,0.03S,0.60Si,铁基	棒,板,薄板,带,条,线,锻件		
D5	1.40～1.60C,0.60Mn,11.00～13.00Cr,0.70～1.20Mo,1.00V,2.50～3.50Co,0.03P,0.03S,0.60Si,铁基	棒,板,薄板,带,条,线,锻件		
D7	2.15～2.50C,0.60Mn,11.50～13.50Cr,0.70～1.20Mo,3.80～4.40V,0.03P,0.03S,0.60Si,铁基	棒,板,薄板,带,条,线,锻件		
F1	0.95～1.25C,0.50Mn,1.00～1.75W,0.03P,0.03S,0.50Si,铁基	棒,板,薄板,带,条,线,锻件		
F2	1.20～1.40C,0.50Mn,0.20～0.40C,3.00～4.50W,0.03P,0.03S,0.50Si,铁基	棒,板,带,条,线,锻件		
H10	0.35～0.45C,0.25～0.70Mn,3.00～3.75Cr,2.00～3.00Mo,0.25～0.75V,0.03P,0.03S,0.80～1.20Si,铁基	棒,板,薄板,带,条,线,锻件		
H11	0.33～0.43C,0.20～0.50Mn,4.75～5.50Cr,1.10～1.60Mo,0.30～0.60V,0.03P,0.03S,0.80～1.20Si,铁基	棒,板,薄板,带,条,线,锻件		
H12	0.30～0.40C,0.20～0.50Mn,4.75～5.50Cr,1.25～1.75Mo,1.00～1.70W,0.50V,0.03P,0.03S,0.80～1.20Si,铁基	棒,板,薄板,带,条,线,锻件		
H13	0.32～0.45C,0.20～0.50Mn,4.75～5.50Cr,1.10～1.75Mo,0.80～1.20V,0.03P,0.03S,0.80～1.20Si,铁基	棒,板,薄板,带,条,线,锻件		
H14	0.35～0.45C,0.20～0.50Mn,4.75～5.50Cr,4.00～5.25W,0.03P,0.03S,0.80～1.20Si,铁基	棒,板,薄板,带,条,线,锻件		
H19	0.32～0.45C,0.20～0.50Mn,4.00～4.75Cr,0.30～0.55Mo,3.75～4.50W,1.75～2.20V,4.00～4.50Co,0.03P,0.03S,0.20～0.50Si,铁基	棒,板,薄板,带,条,线,锻件		
H21	0.26～0.36C,0.15～0.40Mn,3.00～3.75Cr,8.50～10.00W,0.30～0.60V,0.03P,0.03S,0.15～0.50Si,铁基	棒,板,薄板,带,条,线,锻件		
H22	0.30～0.40C,0.15～0.40Mn,1.75～3.75Cr,10.00～11.75W,0.25～0.50V,0.03P,0.03S,0.15～0.40Si,铁基	棒,板,薄板,带,条,线,锻件		
H23	0.25～0.35C,0.15～0.40Mn,11.00～12.75Cr,11.00～12.75W,0.75～1.25V,0.03P,0.03S,0.15～0.6Si,铁基	棒,板,薄板,带,条,线,锻件		
H24	0.42～0.53V,0.15～0.40Mn,2.50～3.50Cr,14.00～16.00W,0.40～0.60V,0.03P,0.03S,0.15～0.40Si,铁基	棒,板,薄板,带,条,线,锻件		
H25	0.22～0.32C,0.15～0.40Mn,3.75～4.50Cr,14.00～16.00W,0.40～0.60V,0.03P,0.03S,0.15～0.40Si,铁基	棒,板,薄板,带,条,线,锻件		
H26	0.45～0.55C,0.15～0.40Mn,3.75～4.50Cr,17.25～19.00W,0.75～1.25V,0.03P,0.03S,0.15～0.40Si,铁基	棒,板,薄板,带,条,线,锻件		
H41	0.60～0.75C,0.15～0.40Mn,3.50～4.00Cr,8.20～9.20Mo,1.40～2.10W,1.00～1.30V,0.03P,0.03S,0.20～0.45Si,铁基	棒,板,薄板,带,条,线,锻件		
H42	0.55～0.70C,0.15～0.40Mn,3.75～4.50Cr,4.50～5.50Mo,5.50～6.75W,1.75～2.20V,0.03P,0.03S,0.20～0.45Si,铁基	棒,板,薄板,带,条,线,锻件		
H43	0.50～0.65C,0.15～0.40Mn,3.75～4.50Cr,7.75～8.50Mo,1.80～2.20V,0.03P,0.03S,0.20～0.45Si,铁基	棒,板,薄板,带,条,线,锻件		
L2	0.45～1.00C,0.10～0.90Mn,0.70～1.20Cr,0.25Mo,0.10～0.30V,0.03P,0.03S,0.50Si,铁基	棒,板,薄板,带,条,线,锻件		

续表

牌号	化学成分/%(不大于,注明范围值者除外)	形态	状态	硬度
L3	0.95～1.10C,0.25～0.80Mn,1.30～1.70Cr,0.10～0.30V,0.03P,0.03S,0.50Si,铁基	棒,板,薄板,带,条,线,锻件		
L6	0.65～0.75C,0.25～0.80Mn,0.60～1.20Cr,1.25～2.00Ni,0.50Mo,0.03P,0.03S,0.50Si,铁基	棒,型,薄板,带,条,线,锻件		
O1	0.85～1.00C,1.00～1.40Mn,0.40～0.60Cr,0.40～0.60W,0.30V,铁基	棒,板,薄板,带,条,线,锻件		
O2	0.85～0.95C,1.40～1.80Mn,0.35Cr,0.30Mo,0.30V,0.03P,0.03S,0.50Si,铁基	棒,板,薄板,带,条,线,锻件		
O6	1.25～1.55C,0.30～1.10Mn,0.30Cr,0.20～0.30Mo,0.03P,0.03S,0.55～1.50Si,铁基	棒,板,薄板,带,条,线,锻件		
O7	1.10～1.30C,1.00Mn,0.35～0.85Cr,0.30Mo,1.00～2.00W,0.40V,0.03P,0.03S,0.60Si,铁基	棒,板,薄板,带,条,线,锻件		
P2	0.10C,0.10～0.40Mn,0.75～1.25Cr,0.10～0.50Ni,0.15～0.40Mo,0.03P,0.03S,0.10～0.40Si,铁基	棒,板,薄板,带,条,线,锻件		
P3	0.10C,0.20～0.60Mn,4.00～0.75Cr,1.00～1.50Ni,0.03P,0.03S,0.40Si,铁基	棒,板,薄板,带,条,线,锻件		
P4	0.12C,0.20～0.60Mn,4.00～5.25Cr,0.40～1.00Mo,0.03P,0.03S,0.10～0.40Si,铁基	棒,板,薄板,带,条,线,锻件		
P5	0.10C,0.20～0.60Mn,2.00～2.50Cr,0.35Ni,0.03P,0.03S,0.40Si,铁基	棒,板,薄板,带,条,线,锻件		
P6	0.05～0.15C,0.35～0.70Mn,1.25～1.75Cr,3.25～3.75Ni,0.03P,0.10～0.40Si,0.03S,铁基	棒,板,薄板,带,条,线,锻件		
P20	0.28～0.40C,0.60～1.00Mn,1.40～2.00Cr,0.30～0.55Mo,铁基	棒,板,薄板,带,条,线,锻件		
P21	0.18～0.22C,0.20～0.40Mn,0.20～0.30Cr,3.90～4.25Ni,0.15～0.25V,1.05～1.25Al,0.03P,0.03S,0.20～0.40Si,铁基	棒,板,薄板,带,条,线,锻件		
S1	0.40～0.55C,0.10～0.40Mn,1.00～1.80Cr,0.50Mo,1.50～3.00W,0.15～0.30V,0.03P,0.03S,0.15～1.20Si,铁基	棒,板,薄板,带,条,线,锻件		
S2	0.40～0.55C,0.30～0.50Mn,0.30～0.60Mn,0.50V,0.03P,0.03S,铁基	棒,板,薄板,带		
S4	0.50～0.65C,0.60～0.95Mn,0.35Cr,0.35V,0.03P,0.03S,1.75～2.25Si,铁基	棒,板,薄板,带,条,线,锻件		
S5	0.50～0.65C,0.60～1.00Mn,0.35Cr,0.20～1.35Mo,0.35V,0.03P,0.03S,1.75～2.25Si,铁基	棒,板,薄板,带,条,线,锻件		
S6	0.40～0.50C,1.20～1.50Mn,1.20～1.50Cr,0.30～0.50Mo,0.20～0.40V,0.03P,0.03S,2.00～2.50Si,铁基	棒,板,薄板,带,条,线,锻件		
S7	0.45～0.55C,0.20～0.80Mn,3.00～3.50Cr,1.30～1.80Mo,0.20～0.30V,0.03P,0.03S,0.20～1.00Si,铁基	棒,板,薄板,带,条,线,锻件		
工具钢[ASTM A600—1992(2010)]				
T1	0.65～0.80C,0.10～0.40Mn,3.75～4.50Cr,17.25～18.75W,0.90～1.30V,0.03P,0.03S,0.20～0.40Si,铁基	棒,锻件,板,薄板,带		
T2	0.80～0.90C,0.20～0.40Mn,3.75～4.50Cr,1.00Mo,17.50～19.00W,1.80～2.40V,0.03P,0.03S,0.20～0.40Si,铁基	棒,锻件,板,薄板,带		

续表

牌 号	化学成分/%(不大于,注明范围值者除外)	形 态	状态	硬度
T4	0.70～0.80C,0.10～0.40Mn,3.75～4.50Cr,0.40～1.00Mo,17.50～19.00W,0.80～1.20V,4.25～5.75Co,0.03P,0.03S,0.20～0.40Si,铁基	棒,锻件,板,薄板,带		
T5	0.75～0.85C,0.20～0.40Mn,3.75～5.00Cr,0.50～1.25Mo,17.50～19.00W,1.80～2.40V,7.00～9.50Co,0.03P,0.03S,0.20～0.40Si,铁基	棒,锻件,板,薄板,带		
T6	0.75～0.85C,0.20～0.40Mn,4.00～4.75Cr,0.40～1.00Mo,18.50～21.00W,1.50～2.10V,11.00～13.00Co,0.03P,0.03S,0.20～0.40Si,铁基	棒,锻件,板,薄板,带		
T15	1.50～1.60C,0.15～0.40Mn,3.75～5.00Cr,1.00Mo,11.75～13.00W,4.50～5.25V,4.75～5.25Co,0.03P,0.03S,0.15～0.40Si,铁基	棒,锻件,板,薄板,带		
M1	0.78～0.88C,0.15～0.40Mn,3.50～4.00Cr,8.20～9.20Mo,1.40～2.10W,1.00～1.35V,0.030P,0.030S,0.20～0.50Si,铁基	棒,板,薄板,带,条,线,锻件		
M2(高)	0.95～1.05C,0.15～0.40Mn,3.75～4.50Cr,4.50～5.50Mo,5.50～6.75W,1.75～2.20V,0.03P,0.03S,铁基	棒,锻件,板,薄板,带		
M2C(普通)	0.78～0.88C,0.15～0.40Mn,3.75～4.50Cr,4.50～5.50Mo,5.50～6.75W,1.75～2.20V,0.03P,0.03S,0.20～0.45Si,铁基	棒,锻件,板,薄板,带		
M3(级)1	1.00～1.10C,0.15～0.40Mn,3.75～4.50Cr,4.75～6.50Mo,5.00～6.75W,2.25～2.75V,0.03P,0.03S,0.20～0.45Si,铁基	棒,锻件,板,薄板,带		
M3(级)2	1.15～1.25C,0.15～0.40Mn,3.75～4.50Cr,4.75～6.50Mo,5.00～6.75W,2.75～3.25V,0.03P,0.03S,0.20～0.45Si,铁基	棒,锻件,板,薄板,带		
M4	1.25～1.40C,0.15～0.40Mn,3.75～4.75Cr,4.25～5.50Mo,5.25～6.50W,3.75～4.50V,0.03P,0.03S,0.20～0.45Si,铁基	棒,锻件,板,薄板,带		
M6	0.75～0.85C,0.15～0.40Mn,3.75～4.50Cr,4.50～5.50Mo,3.75～4.75W,1.30～1.70V,11.00～13.00Co,0.03P,0.03S,0.20～0.45Si,铁基	棒,锻件,板,薄板,带		
M7	0.97～1.05C,0.15～0.40Mn,3.50～4.00Cr,8.20～9.20Mo,1.40～2.10W,1.75～2.25V,0.03P,0.03S,0.20～0.55Si,铁基	棒,锻件,板,薄板,带		
M10(高)	0.95～1.05C,0.10～0.40Mn,3.75～4.50Cr,7.75～8.50Mo,1.80～2.20V,0.03P,0.03S,0.20～0.45Si,铁基	棒,锻件,板,薄板,带		
M10C(普通)	0.84～0.94C,0.10～0.40Mn,3.75～4.50Cr,7.75～8.50Mo,1.80～2.20V,0.03P,0.03S,0.20～0.45Si,铁基	棒,锻件,板,薄板,带		
M30	0.75～0.85C,0.15～0.40Mn,3.50～4.25Cr,7.75～9.00Mo,1.30～2.30W,1.00～1.40V,4.50～5.50Co,0.03P,0.03S,0.20～0.45Si,铁基	棒,锻件,板,薄板,带		
M33	0.85～0.92C,0.15～0.40Mn,3.50～4.00Cr,9.00～10.00Mo,1.30～2.10W,1.00～1.35V,7.75～8.75Co,0.03P,0.03S,0.15～0.50Si,铁基	棒,锻件,板,薄板,带		
M34	0.85～0.92C,0.15～0.40Mn,3.50～4.0Cr,7.75～9.20Mo,1.40～2.10W,1.90～2.30V,7.75～8.75Co,0.30P,0.03S,0.20～0.45Si,铁基	棒,锻件,板,薄板,带		
M36	0.80～0.90C,0.15～0.40Mn,3.75～4.50Cr,4.50～5.50Mo,5.50～6.50W,1.75～2.25V,7.75～8.75Co,0.03P,0.03S,0.20～0.43Si,铁基	棒,锻件,板,薄板,带		
M41	1.05～1.15C,0.20～0.60Mn,3.75～4.50Cr,3.25～4.25Mo,6.25～7.00W,1.75～2.25V,4.75～5.75Co,0.03P,0.03S,0.15～0.50Si,铁基	棒,锻件,板,薄板,带		

续表

牌 号	化学成分/%(不大于,注明范围值者除外)	形 态	状态	硬度
M42	1.05～1.15C,0.15～0.40Mn,3.50～4.25Cr,9.00～10.00Mo,1.15～1.85W,0.95～1.35V,7.75～8.75Co,0.03P,0.03S,0.15～0.65Si,铁基	棒,锻件,板,薄板,带		
M43	1.15～1.25C,0.20～0.40Mn,3.50～4.25Cr,7.50～8.50Mo,2.25～3.00W,1.50～1.75V,7.75～8.75Co,0.03P,0.03S,0.15～0.65Si,铁基	棒,锻件,板,薄板,带		
M44	1.10～1.20C,0.20～0.40Mn,4.00～4.75Cr,6.00～7.00Mo,5.00～5.75W,1.85～2.20V,11.00～12.25Co,0.03P,0.03S,0.30～0.55Si,铁基	棒,锻件,板,薄板,带		
M46	1.22～1.30C,0.20～0.40Mn,3.70～4.20Cr,8.00～8.50Mo,1.90～2.20W,3.00～3.30V,7.80～8.80Co,0.03P,0.03S,0.40～0.65Si,铁基	棒,锻件,板,薄板,带		
M47	1.05～1.15C,0.15～0.40Mn,3.50～4.00Cr,9.25～10.00Mo,1.30～1.80W,1.15～1.35V,4.75～5.25Co,0.03P,0.03S,0.20～0.45Si,铁基	棒,锻件,板,薄板,带		

6.4 日本工具钢

表 6-26 工具钢的化学成分、形态、状态及硬度

牌号	化学成分/%(不大于,注明范围值者除外)	形态	状态	硬 度
工具钢(JIS G4401—2006)				
SK140	1.30～1.50C,0.10～0.35 Si,0.10～0.50 Mn,0.03 P,0.03 S,0.30 Cr,0.25 Ni,0.25 Cu		750～780℃,徐冷	退火硬度(HBW)≤217
SK120	1.15～1.25C,0.10～0.35 Si,0.10～0.50 Mn,0.03 P,0.03 S,0.30 Cr,0.25 Ni,0.25 Cu		750～780℃,徐冷	退火硬度(HBW)≤217
SK105	1.00～1.10C,0.10～0.35 Si,0.10～0.50 Mn,0.03 P,0.03 S,0.30 Cr,0.25 Ni,0.25 Cu		750～780℃,徐冷	退火硬度(HBW)≤212
SK95	0.90～1.00C,0.10～0.35 Si,0.10～0.50 Mn,0.03 P,0.03 S,0.30 Cr,0.25 Ni,0.25 Cu		740～760℃,徐冷	退火硬度(HBW)≤207
SK85	0.80～0.90C,0.10～0.35 Si,0.10～0.50 Mn,0.03 P,0.03 S,0.30 Cr,0.25 Ni,0.25 Cu		740～760℃,徐冷	退火硬度(HBW)≤207
SK80	0.75～0.85C,0.10～0.35 Si,0.10～0.50 Mn,0.03 P,0.03 S,0.30 Cr,0.25 Ni,0.25 Cu		730～760℃,徐冷	退火硬度(HBW)≤192
SK75	0.70～0.80C,0.10～0.35 Si,0.10～0.50 Mn,0.03 P,0.03 S,0.30 Cr,0.25 Ni,0.25 Cu		730～760℃,徐冷	退火硬度(HBW)≤192
SK70	0.65～0.75C,0.10～0.35 Si,0.10～0.50 Mn,0.03 P,0.03 S,0.30 Cr,0.25 Ni,0.25 Cu		730～760℃,徐冷	退火硬度(HBW)≤183
SK65	0.60～0.70C,0.10～0.35 Si,0.10～0.50 Mn,0.03 P,0.03 S,0.30 Cr,0.25 Ni,0.25 Cu		730～760℃,徐冷	退火硬度(HBW)≤183
SK60	0.55～0.65C,0.10～0.35 Si,0.10～0.50 Mn,0.03 P,0.03 S,0.30 Cr,0.25 Ni,0.25 Cu		730～760℃,徐冷	退火硬度(HBW)≤183

续表

牌号	化学成分/%(不大于,注明范围值者除外)	形态	状态	硬 度
工具钢(JIS G4403—2006)				
SKH2	0.73～0.85C,0.40Mn,3.80～4.50Cr,0.25Ni,17.00～19.00W,0.80～1.20V,0.25Cu,0.03P,0.03S,0.40Si,铁基	棒,锻件	锻压退火	退火硬度(HB)≤248
SKH3	0.73～0.85C,0.40Mn,3.80～4.50Cr,0.25Ni,17.00～19.00W,0.80～1.20V,4.50～5.50Co,0.25Cu,0.03P,0.03S,0.40Si,铁基	棒,锻件	锻压退火	退火硬度(HB)≤269
SKH4	0.73～0.83C,0.40max Si,0.40max Mn,0.03max P,0.03max S,3.80～4.50Cr,17.00～19.00W,1.00～1.50V,9.00～11.00Co	棒,锻件	锻压退火	退火硬度(HB)≤285
SKH4A	0.70～0.85C,0.40Mn,3.80～4.50Cr,0.25Ni,17.00～19.00W,1.00～1.50V,9.00～11.00Co,0.25Cu,0.03P,0.03S,0.40Si,铁基	棒,锻件	锻压退火	
SKH4B	0.70～0.85C,0.40Mn,3.80～4.50Cr,0.25Ni,18.00～20.00W,1.00～1.50V,14.00～16.00Co,0.25Cu,0.01max P,0.40Si	棒,锻件	锻压退火	
SKH5	0.20～0.40C,0.40Mn,3.80～4.50Cr,0.25Ni,17.00～22.00W,1.00～1.50V,16.00～17.00Co,0.25Cu,0.03P,0.03S,0.40Si,铁基	棒,锻件	锻压退火	
SKH9	0.80～0.90C,0.40Mn,3.80～4.50Cr,0.25Ni,4.50～5.50Mo,5.50～6.70W,1.60～2.20V,0.25Cu,0.03P,0.03S,0.40Si,铁基	棒,锻件	锻压退火	
SKH10	1.45～1.60C,0.40Mn,3.80～4.50Cr,0.25Ni,11.50～13.50W,4.20～5.20V,4.20～5.20Co,0.25Cu,0.03P,0.03S,0.40Si,铁基	棒,锻件	锻压退火	退火硬度(HB)≤285
SKH51	0.80～0.90C,0.40max Si,0.40max Mn,0.03max P,0.03max S,3.80～4.50Cr,4.50～5.50Mo,5.50～6.70W,1.60～2.20V,0.25max Ni,0.25max Cu	棒,锻件	锻压退火	退火硬度(HB)≤255
SKH52	1.00～1.10C,0.40Mn,3.80～4.50Cr,0.25Ni,4.80～6.20Mo,5.50～6.70W,2.30～2.80V,0.25Cu,0.03P,0.03S,0.40Si,铁基	棒,锻件	锻压退火	退火硬度(HB)≤269
SKH53	1.10～1.25C,0.40Mn,3.80～4.50Cr,0.25Ni,4.80～6.20Mo,5.50～6.70W,2.80～3.30V,铁基	棒,锻件	锻压退火	退火硬度(HB)≤269
SKH54	1.25～1.40C,0.40Mn,3.80～4.50Cr,0.25Ni,4.50～5.50Mo,5.30～6.50W,3.90～4.50V,0.25Cu,0.03P,0.03S,0.40Si,铁基	棒,锻件	锻压退火	退火硬度(HB)≤269
SKH55	0.85～0.95C,0.40Mn,3.80～4.50Cr,0.25Ni,4.80～6.20Mo,5.70～6.70W,1.70～2.30V,4.50～5.50Co,0.30S,0.40Si,0.25Cu,0.03P,铁基	棒,锻件	锻压退火	退火硬度(HB)≤277

续表

牌号	化学成分/%(不大于,注明范围值者除外)	形态	状态	硬度
SKH56	0.85～0.95C,0.40Mn,3.80～4.50Cr,0.25Ni,4.60～6.30Mo,5.70～6.70W,1.70～2.20V,7.00～9.00Co,0.30S,0.40Si,0.25Cu,0.03P,铁基	棒,锻件	锻压退火	退火硬度(HB)≤285
SKH57	1.20～1.35C,0.40Mn,3.80～4.50Cr,0.25Ni,3.00～4.00Mo,9.00～11.00W,3.00～3.70V,9.00～11.00Co,0.25Cu,0.03P,0.03S,0.40Si,铁基	棒,锻件	锻压退火	退火硬度(HB)≤293
SKH58	0.95～1.05C,0.50max Si,0.40max Mn,0.03max P,0.03max S,3.50～4.50Cr,8.20～9.20Mo,1.50～2.10W,1.70～2.20V,0.25max Ni,0.25max Cu	棒,锻件	锻压退火	退火硬度(HB)≤269
SKH59	1.00～1.15C,0.50max Si,0.40max Mn,0.03max P,0.03max S,3.50～4.50Cr,9.00～10.00Mo,1.20～1.90W,0.90～1.40V,7.50～8.50Co,0.25max Ni,0.25max Cu	棒,锻件	锻压退火	退火硬度(HB)≤277
工具钢(JIS G4404—2015)				
SKD1	1.80～2.40C,0.40max Si,0.60max Mn,0.03max P,0.03max S,12.00～15.00Cr,0.30max V,0.50max Ni,0.25max Cu	线	锻压退火	退火硬度(HB)≤269
SKD1	1.80～2.40C,0.60Mn,12.00～15.00Cr,0.50Ni,0.30V,0.25Cu,0.03P,0.03S,0.40Si,铁基	棒,锻件	锻压退火	退火硬度(HB)≤269
SKD2	1.80～2.20C,0.60Mn,12.00～15.00Cr,0.50Ni,2.50～3.50W,0.25Cu,0.03P,0.03S,0.40Si,铁基	棒,锻件	锻压退火	
SKD4	0.25～0.35C,0.60Mn,2.00～3.00Cr,0.25Ni,5.00～6.00W,0.30～0.50V,0.25Cu,0.03P,0.03S,0.40Si	棒,锻件	锻压退火	退火硬度(HB)≤235
SKD5	0.25～0.35C,0.60Mn,2.00～3.00Cr,0.25Ni,9.00～10.00W,0.30～0.50V,0.25Cu,0.03P,0.03S,0.40Si,铁基	棒,锻件	锻压退火	退火硬度(HB)≤235
SKD6	0.32～0.42C,0.50Mn,4.50～5.50Cr,0.25Ni,1.00～1.50Mo,0.30～0.50V,0.25Cu,0.03P,0.03S,0.80～1.20Si,铁基	棒,锻件	锻压退火	退火硬度(HB)≤229
SKD7	0.28～0.38C,0.50max Si,0.60max Mn,0.03max P,0.03max S,2.50～3.50Cr,2.50～3.00Mo,2.80～4.50W,0.25max Ni,0.25max Cu	模	锻压退火	退火硬度(HB)≤229
SKD8	0.35～0.45C,0.50max Si,0.60max Mn,0.03max P,0.03max S,4.00～4.70Cr,0.30～0.50Mo,3.80～4.50W,1.70～2.20V	模	锻压退火	退火硬度(HB)≤241
SKD11	1.40～1.60C,0.40max Si,0.60max Mn,0.03max P,0.03max S,11.00～13.00Cr,0.80～1.20Mo,0.20～0.50V,0.50max Ni,0.25max Cu		锻压退火	退火硬度(HB)≤255
SKD11	1.40～1.60C,0.60Mn,11.00～13.00Cr,0.50Ni,0.80～1.20Mo,0.20～0.50V,0.20Cu,0.03P,0.03S,0.40Si,铁基	棒,锻件	锻压退火	退火硬度(HB)≤255
SKD12	0.95～1.05C,0.40max Si,0.60～0.90Mn,0.03max P,0.03max S,4.50～5.50Cr,0.80～1.20Mo,0.20～0.50V,0.50max Co,0.50max Ni,0.25max Cu			

续表

牌号	化学成分/%(不大于,注明范围值者除外)	形态	状态	硬　度
SKD12	0.95～1.05C,0.60～0.90Mn,4.50～5.50Cr,0.50Ni,0.80～1.20Mo,0.20～0.50V,0.25Cu,0.03P,0.03S,0.40Si,铁基	棒,锻件	锻压退火	退火硬度(HB)≤255
SKD61	0.32～0.42C,0.50Mn,4.50～5.50Cr,0.25Ni,1.00～1.50Mo,0.80～1.20V,0.25Cu,0.03P,0.03S,0.80～1.20Si,铁基	棒,锻件	锻压退火	退火硬度(HB)≤229
SKD62	0.32～0.42C,0.50Mn,4.50～5.50Cr,0.25Ni,1.00～1.50Mo,1.00～1.50W,0.20～0.60V,0.25Cu,0.03P,0.03S,0.80～1.20Si,铁基	棒,锻件	锻压退火	退火硬度(HB)≤229
SKS11	1.20～1.30C,0.50Mn,0.25～0.50Cr,0.25Ni,3.00～4.00W,0.10～0.35V,0.25Cu,0.03P,0.03S,0.35Si,铁基	棒,锻件	锻压退火	退火硬度(HV)≤746
SKS21	1.00～1.10C,0.50Mn,0.25～0.50Cr,0.25Ni,0.50～1.00W,0.10～0.25V,0.25Cu,0.03P,0.03S,0.35Si,铁基	棒,锻件	锻压退火	退火硬度(HV)≤720
SKS31	0.95～1.05C,0.90～1.20Mn,0.80～1.20Cr,0.25Ni,1.00～1.5W,0.25Cu,0.03P,0.03S,0.35Si,铁基	棒,锻件	锻压退火	退火硬度(HV)≤697
SKS41	0.35～0.45C,0.50Mn,1.00～1.50Cr,2.50～3.50W,0.25Cu,0.03P,0.03S,0.35Si,铁基	棒,锻件	锻压退火	退火硬度(HV)≤560
SKS42	0.75～0.85C,0.50Mn,0.25～0.50Cr,1.50～2.50W,0.15～0.30V,0.25Cu,0.03P,0.03S,0.30Si,铁基	棒,锻件	锻压退火	
SKS43	1.00～1.10C,0.30Mn,0.20Cr,0.10～0.25V,0.25Cu,0.03P,0.03S,0.25Si,铁基	棒,锻件	锻压退火	退火硬度(HV)≤772
SKS44	0.80～0.90C,0.30Mn,0.20Cr,0.10～0.25V,0.25Cu,0.03P,0.03S,0.25Si,铁基	棒,锻件	锻压退火	退火硬度(HV)≤697
SKS51	0.57～0.85C,0.50Mn,0.20～0.50Cr,1.30～2.00Ni,0.25Cu,0.03P,0.03S,0.35Si,铁基	棒,锻件	锻压退火	退火硬度(HV)≤446
SKS93	1.00～1.10C,0.80～1.10Mn,0.20～0.60Cr,0.25Cu,0.03P,0.03S,0.50Si,铁基	棒,锻件	锻压退火	退火硬度(HV)≤772
SKS94	0.90～1.00C,0.80～1.10Mn,0.20～0.60Cr,0.25Ni,0.25Cu,0.03P,0.03S,0.50Si,铁基	棒,锻件	锻压退火	退火硬度(HV)≤720
SKS95	0.80～0.90C,0.80～1.10Mn,0.20～0.60Cr,0.25Ni,0.25Cu,0.03P,0.03S,0.50Si,铁基	棒,锻件	锻压退火	退火硬度(HV)≤674
SKT3	0.50～0.60C,0.80～1.20Mn,0.80～1.20Cr,0.25Ni,0.20V,0.25Cu,0.03P,0.03S,0.35Si,铁基	棒,锻件	锻压退火	退火硬度(HV)≤412
SKS1	1.30～1.40C,0.50Mn,0.50～1.00Cr,0.25Ni,4.00～5.00W,0.20V,0.25Cu,0.03P,0.03S,0.35Si,铁基	棒,锻件	锻压退火	
SKS2	1.00～1.10C,0.80Mn,0.50～1.00Cr,0.25Ni,1.00～1.50W,0.20V,0.25Cu,0.03P,0.03S,0.35Si,铁基	棒,锻件	锻压退火	退火硬度(HV)≤720

续表

牌号	化学成分/%(不大于,注明范围值者除外)	形态	状态	硬度
SKS3	0.90～1.00C,0.90～1.20Mn,0.50～1.00Cr,0.25Ni,0.50～1.00W,0.25Cu,0.03P,0.03S,0.35Si,铁基	棒,锻件	锻压退火	退火硬度(HV)≤697
SKS4	0.45～0.55C,0.50Mn,0.50～1.00Cr,0.50～1.00W,0.25Cu,0.03P,0.03S,0.35Si,铁基	棒,锻件	锻压退火	退火硬度(HV)≤613
SKS5	0.75～0.85C,0.50Mn,0.20～0.50Cr,0.70～1.30Ni,0.25Cu,0.03P,0.03S,铁基	棒,锻件	锻压退火	退火硬度(HV)≤446
SKS7	1.10～1.20C,0.50Mn,0.20～0.50Cr,0.25Ni,2.00～2.50W,0.20V,0.25Cu,0.03P,0.03S,0.35Si,铁基	棒,锻件	锻压退火	退火硬度(HV)≤746
SKS8	1.30～1.50C,0.50Mn,0.25～0.50Cr,0.25N,0.25Cu,0.03P,0.03S,0.35Si,铁基	棒,锻件	锻压退火	退火硬度(HV)≤772
SKT3	0.50～0.60C,0.60～1.00Mn,0.90～1.20Cr,0.25～0.60Ni,0.30～0.50Mo,0.20V,0.25Cu,0.03P,0.03S,0.35Si,铁基	棒,锻件	锻压退火	退火硬度(HV)≤412
SKT4	0.50～0.60C,0.60～1.00Mn,0.70～1.00Cr,1.30～2.00Ni,0.20～0.50Mo,0.20V,0.25Cu,0.03P,0.03S,0.35Si,铁基	棒,锻件	锻压退火	退火硬度(HV)≤412
SKT5	0.50～0.60C,0.60～1.00Mn,1.00～1.50Cr,0.20～0.50Mo,0.10～0.30V,0.25Cu,0.03P,0.03S,0.35Si,铁基	棒,锻件	锻压退火	
SKT6	0.70～0.80C,0.60～1.00Mn,0.80～1.10Cr,2.50～3.00Ni,0.30～0.50Mo,0.20V,0.25Cu,0.03P,0.03S,0.35Si,铁基	棒,锻件	锻压退火	退火硬度(HV)≤544

6.5 国际标准化组织（ISO）工具钢

表 6-27　碳素冷作工具钢的牌号，化学成分及硬度（ISO 4957—1999）

牌号	化学成分/%(非范围值或特殊注明者均为最大值)					硬度	
	C	Si	Mn	P	S	退火硬度(HB)(最大值)	调质后硬度(HRC)(最小值)
C45U	0.42～0.50	0.15～0.40	0.60～0.80	0.030	0.030	207①	54
C70U	0.65～0.75	0.10～0.30	0.10～0.40	0.030	0.030	183	57
C80U	0.75～0.85	0.10～0.30	0.10～0.40	0.030	0.030	192	58
C90U	0.85～0.95	0.10～0.30	0.10～0.40	0.030	0.030	207	60
C105U	1.00～1.10	0.10～0.30	0.10～0.40	0.030	0.030	212	61
C120U	1.15～1.25	0.10～0.30	0.10～0.40	0.030	0.030	217	62

① 通常应用于非热处理条件下。

注：1.如无需方同意，除铸造需要外，表中未列出元素不得加入钢内，生产过程中应尽量避免会引起钢性能变化的杂质元素通过废料等途径进入钢内。

2.冷拉条件下硬度通常比退火条件下高 20HB 以上。

3.成分允许偏差范围：C：±0.03%Si：±0.03%Mn：±0.04%P：+0.005%S：+0.005%。

表 6-28 合金冷作工具钢的牌号，化学成分及硬度（ISO 4957—1999）

牌号	化学成分/%(非范围值或特殊注明者均为最大值)								硬度	
	C	Si	Mn	Cr	Mo	Ni	V	W	退火硬度（HB,最大值）	调质后硬度（HRC,最小值）
105V	1.00～1.10	0.10～0.30	0.10～0.40				0.10～0.20		212	61
50WCrV8	0.45～0.55	0.70～1.00	0.15～0.45	0.90～1.20			0.10～0.20	1.70～2.20	229	56
80WCrV8	0.55～0.65	0.70～1.00	0.15～0.45	0.90～1.20			0.10～0.20	1.70～2.20	229	58
102Cr6	0.95～1.10	0.15～0.35	0.25～0.45	1.35～1.65					223	60
21MnCr5	0.18～0.24	0.15～0.35	1.10～1.40	1.00～1.30					217	①
70MnMoCr8	0.65～0.75	0.10～0.50	1.80～2.50	0.90～1.20	0.90～1.40				248	58
90MnCrV8	0.85～0.95	0.10～0.40	1.80～2.20	0.20～0.50			0.05～0.20		229	60
95MnWCr5	0.90～1.00	0.10～0.40	1.05～1.35	0.40～0.65			0.05～0.20	0.40～0.70	229	60
X100CrMoV5	0.95～1.05	0.10～0.40	0.40～0.80	4.80～5.50	0.90～1.20		0.15～0.35		241	60
X153CrMoV12	1.45～1.60	0.10～0.60	0.20～0.60	11.00～13.00	0.70～1.00		0.70～1.00		255	61
X210Cr12	1.90～2.20	0.10～0.60	0.20～0.60	11.00～13.00					248	62
X210CrW12	2.00～23.0	0.10～0.40	0.30～0.60	11.00～13.00				0.60～0.80	255	62
35CrMo7	0.30～0.40	0.30～0.70	0.60～1.00	1.50～2.00	0.35～0.55				②	②
40CrMnNiMo8-6-4	0.35～0.45	0.20～0.40	1.30～1.60	1.80～2.10	0.15～0.25	0.90～1.20			②	②
45NiCrMo16	0.40～0.50	0.10～0.40	0.20～0.50	1.20～1.50	0.15～0.35	3.80～4.30			285	52
X40Cr14	0.36～0.42	1.00	1.00	12.50～14.50					241	52
X38CrMo16	0.33～0.45	1.00	1.50	15.50～17.50	0.80～1.30	1.00				
105V	±0.03	±0.03	±0.04	+0.005	+0.005				±0.02	
50WCrV8	±0.03	±0.05	±0.04	+0.005	+0.005	±0.05			±0.02	±0.07
80WCrV8	±0.03	±0.05	±0.04	+0.005	+0.005	±0.05			±0.02	±0.07
102Cr6	±0.03	±0.03	±0.04	+0.005	+0.005	±0.07				

续表

牌号	成分允许偏差/%									
	C	Si	Mn	P	S	Cr	Mo	Ni	V	W
21MnCr5	±0.03	±0.03	±0.08	+0.005	+0.005	±0.05				
70MnMoCr8	±0.03	±0.03	±0.08	+0.005	+0.005	±0.05	±0.05			
90MnCrV8	±0.03	±0.03	±0.08	+0.005	+0.005	±0.05			±0.02	
95MnWCr5	±0.03	±0.03	±0.06	+0.005	+0.005	±0.05			±0.02	±0.04
X100CrMoV5	±0.03	±0.03	±0.04	+0.005	+0.005	±0.10	±0.05		±0.03	
X153CrMoV12	±0.04	±0.03	±0.04	+0.005	+0.005	±0.15	±0.05		±0.04	
X210Cr12	±0.05	±0.03	±0.04	+0.005	+0.005	±0.15				
X210CrW12	±0.05	±0.03	±0.04	+0.005	+0.005	±0.15				±0.04
35CrMo7	±0.03	±0.03	±0.04	+0.005	+0.005	±0.07	±0.05			
40CrMnNiMo8-6-4	±0.03	±0.03	±0.08	+0.005	+0.005	±0.07	±0.03	±0.07		
45NiCrMo16	±0.03	±0.03	±0.04	+0.005	+0.005	±0.07	±0.03	±0.07		
X40Cr14	±0.03	+0.05	±0.04	+0.005	+0.005	±0.15				
X38CrMo16	±0.03	+0.05	±0.04	+0.005	+0.005	±0.15	±0.05	+0.07		

① 该钢种渗碳后调质处理表面硬度可达到60HRC。

② 该钢种调质处理后硬度接近300HB。

注：1. 如无需方同意，除铸造需要外，表中未列出元素不得加入钢内，生产过程中应尽量避免会引起钢性能变化的杂质元素通过废料等途径进入钢内。

2. 钢中P应小于0.030%，S应小于0.030%。

3. 冷拉条件下硬度通常比退火条件下高20HB以上。

4. 40CrMnNiMo8-6-4及X38CrMo16经协商后，S含量可增至0.050%～0.100%，Ni含量可忽略。

5. X40Cr14供应时应经预热处理，硬度应接近于300HB。

表 6-29 热作工具钢的牌号，化学成分及硬度（ISO 4957—1999）

牌号	化学成分/%(非范围值或特殊注明者均为最大值)								硬度	
	C	Si	Mn	Cr	Mo	V	W	其他	退火硬度（HB,最大值）	调质后硬度（HRC,最小值）
55NiCrMoV7	0.50～0.60	0.10～0.40	0.50～0.90	0.80～1.20	0.35～0.55	0.05～0.15		Ni:1.50～1.80	248	42
32CrMoV12-28	0.28～0.35	0.10～0.40	0.15～0.45	2.70～3.20	2.50～3.00	0.40～0.70			229	46
X37CrMoV5-1	0.33～0.41	0.80～1.20	0.25～0.50	4.80～5.50	1.10～1.50	0.30～0.50			229	48
X38CrMoV5-3	0.35～0.40	0.30～0.50	0.30～0.50	4.80～5.20	2.70～3.20	0.40～0.60			229	50
X40CrMoV5-1	0.35～0.42	0.80～1.20	0.25～0.50	4.80～5.50	1.20～1.50	0.85～1.15			229	50
50CrMoV13-15	0.45～0.55	0.20～0.80	0.50～0.90	3.00～3.50	1.30～1.70	0.15～0.35			248	56
X30WCrV9-3	0.25～0.35	0.10～0.40	0.15～0.45	2.50～3.20		0.30～0.50	8.50～9.50		241	48
X35CrWMoV5	0.32～0.40	0.80～1.20	0.20～0.50	4.75～5.50	1.25～1.60	0.20～0.50	1.10～1.60		229	48
38CrCoWV18-17-17	0.35～0.45	0.15～0.50	0.20～0.50	4.00～4.70	0.30～0.50	1.70～2.10	3.80～4.50	Co:4.00～4.50	260	48

注：1. 如无需方同意，除铸造需要外，表中未列出元素不得加入钢内，生产过程中应尽量避免会引起钢性能变化的杂质元素通过废料等途径进入钢内。

2. 钢中 P 应小于 0.030%，S 应小于 0.020%。

3. 冷拉条件下硬度通常比退火条件下高 20HB 以上。

4. 55NiCrMoV7 中 S 应小于 0.030%。

5. 较大尺寸时，供应状态为调质处理，退火硬度应接近 380HB。

6. 调质后硬度数值为较小尺寸时数据。

7. 成分允许偏差范围如下表。

牌号	成分允许偏差/%									
	C	Si	Mn	P	S	Cr	Mo	Ni	Co	V	W
55NiCrMoV7	±0.02	±0.03	±0.04	+0.005	+0.005	±0.05	±0.04	±0.07		±0.02	
32CrMoV12-28	±0.02	±0.03	±0.04	+0.005	+0.005	±0.10	±0.10			±0.04	
X37CrMoV5-1	±0.02	±0.05	±0.04	+0.005	+0.005	±0.10	±0.05			±0.04	
X38CrMoV5-3	±0.02	±0.03	±0.04	+0.005	+0.005	±0.10	±0.10			±0.04	
X40CrMoV5-1	±0.02	±0.05	±0.04	+0.005	+0.005	±0.10	±0.05			±0.05	
50CrMoV13-15	±0.02	±0.05	±0.04	+0.005	+0.005	±0.10	±0.05			±0.04	
X30WCrV9-3	±0.02	±0.03	±0.04	+0.005	+0.005	±0.10				±0.04	±0.10
X35CrWMoV5	±0.02	±0.05	±0.04	+0.005	+0.005	±0.10	±0.05			±0.04	±0.07
38CrCoWV18-17-17	±0.02	±0.03	±0.04	+0.005	+0.005	±0.10	±0.04		±0.10	±0.10	±0.10

表 6-30　高速工具钢的牌号，化学成分及硬度（ISO 4957—1999）

牌号	化学成分/%（非范围值或特殊注明者均为最大值）							硬度	
	C	Co	Cr	Mo	V	W	Si	退火硬度（HB，最大值）	调质后硬度（HRC，最小值）
HS0-4-1	0.77～0.85		3.90～4.50	4.00～4.50	0.90～1.10		0.65	262	60
HS1-4-2	0.85～0.95		3.60～4.30	4.10～4.80	1.70～2.20	0.80～1.40	0.65	262	63
HS18-0-1	0.73～0.83		3.80～4.50		1.00～1.20	17.20～18.70	0.45	269	63
HS2-9-2	0.95～1.05		3.50～4.50	8.20～9.20	1.70～2.20	1.50～2.10	0.70	269	64
HS1-8-1	0.77～0.87		3.50～4.50	8.00～9.00	1.00～1.40	1.40～2.00	0.70	262	63
HS3-3-2	0.95～1.03		3.80～4.50	2.50～2.90	2.20～2.50	2.70～3.00	0.45	255	62
HS6-5-2	0.80～0.88		3.80～4.50	4.70～5.20	1.70～2.10	5.90～6.70	0.45	262	64
HS6-5-2C①	0.86～0.94		3.80～4.50	4.70～5.20	1.70～2.10	5.90～6.70	0.45	269	64
HS6-5-3	1.15～1.25		3.80～4.50	4.70～5.20	2.70～3.20	5.90～6.70	0.45	269	64
HS6-5-3C	1.25～1.32		3.80～4.50	4.70～5.20	2.70～3.20	5.90～6.70	0.70	269	64
HS6-6-2	1.00～1.10		3.80～4.50	5.50～6.50	2.30～2.60	5.90～6.70	0.45	265	64
HS6-5-4	1.25～1.40		3.80～4.50	4.20～5.00	3.70～4.20	5.20～6.00	0.45	269	64
HS6-5-2-5①	0.87～0.95	4.50～5.00	3.80～4.50	4.70～5.20	1.70～2.10	5.90～6.70	0.45	269	64
HS6-5-3-8	1.23～1.33	8.00～8.80	3.80～4.50	4.70～5.30	2.70～3.20	5.90～6.70	0.70	302	65
HS10-4-3-10	1.20～1.35	9.50～10.50	3.80～4.50	3.20～3.90	3.00～3.50	9.00～10.00	0.45	302	66
HS2-9-1-8	1.05～1.15	7.50～8.50	3.80～4.50	9.00～10.00	0.90～1.30	1.20～1.90	0.70	277	66

① 经供需双方同意，S允许含量范围为0.060%～0.0150%，Mn最大含量为0.80%。

注：1. 如无需方同意，除铸造需要外，表中未列出元素不得加入钢内，生产过程中应尽量避免会引起钢性能变化的杂质元素通过废料等途径进入钢内。

2. 钢中P应小于0.030%，S应小于0.030%。

3. 钢中Mn应小于0.40%。

4. 冷拉条件下硬度通常比退火条件下高50HB以上，冷轧条件下则比退火条件下高70HB以上。

5. 成分允许偏差范围如下表。

牌号	成分允许偏差/%									
	C	Si	Mn	P	S	Co	Cr	Mo	V	W
HS0-4-1	±0.03	+0.03	+0.04	+0.005	+0.005		±0.10	±0.10	±0.05	
HS1-4-2	±0.03	+0.03	+0.04	+0.005	+0.005		±0.10	±0.10	±0.07	±0.10
HS18-0-1	±0.03	+0.03	+0.04	+0.005	+0.005		±0.10		±0.05	±0.20
HS2-9-2	±0.03	+0.03	+0.04	+0.005	+0.005		±0.10	±0.10	±0.07	±0.10
HS1-8-1	±0.03	+0.03	+0.04	+0.005	+0.005		±0.10	±0.10	±0.05	±0.10
HS3-3-2	±0.03	+0.03	+0.04	+0.005	+0.005		±0.10	±0.10	±0.10	±0.10
HS6-5-2	±0.03	+0.03	+0.04	+0.005	+0.005		±0.10	±0.10	±0.07	±0.10
HS6-5-2C	±0.03	+0.03	+0.04	+0.005	+0.005		±0.10	±0.10	±0.07	±0.10
HS6-5-3	±0.03	+0.03	+0.04	+0.005	+0.005		±0.10	±0.10	±0.10	±0.10
HS6-5-3C	±0.04	+0.03	+0.04	+0.005	+0.005		±0.10	±0.10	±0.10	±0.10
HS6-6-2	±0.03	+0.03	+0.04	+0.005	+0.005		±0.10	±0.10	±0.10	±0.10
HS6-5-4	±0.04	+0.03	+0.04	+0.005	+0.005		±0.10	±0.10	±0.10	±0.10
HS6-5-2-5	±0.03	+0.03	+0.04	+0.005	+0.005	±0.10	±0.10	±0.10	±0.07	±0.10
HS6-5-3-8	±0.04	+0.03	+0.04	+0.005	+0.005	±0.10	±0.10	±0.10	±0.10	±0.10
HS10-4-3-10	±0.03	+0.03	+0.04	+0.005	+0.005	±0.15	±0.10	±0.10	±0.10	±0.10
HS2-9-1-8	±0.03	+0.03	+0.04	+0.005	+0.005	±0.10	±0.10	±0.10	±0.05	±0.10

7 不锈钢和耐热钢

7.1 中国不锈钢和耐热钢

7.1.1 牌号和化学成分

表 7-1 奥氏体型不锈钢的化学成分（GB/T 1220—2007）

GB/T 20878 中序号	统一数字代号	新牌号	旧牌号	化学成分(质量分数)/%										
				C	Si	Mn	P	S	Ni	Cr	Mo	Cu	N	其他元素
1	S35350	12Cr17Mn6Ni5N	1Cr17Mn6Ni5N	0.15	1.00	5.50～7.50	0.050	0.030	3.50～5.50	16.00～18.00	—	—	0.05～0.25	—
3	S35450	12Cr18Mn9Ni5N	1Cr18Mn8Ni5N	0.15	1.00	7.50～10.00	0.050	0.030	4.00～6.00	17.00～19.00	—	—	0.05～0.25	—
9	S30110	12Cr17Ni7	1Cr17Ni7	0.15	1.00	2.00	0.045	0.030	6.00～8.00	16.00～18.00	—	—	0.10	—
13	S30210	12Cr18Ni9	1Cr18Ni9	0.15	1.00	2.00	0.045	0.030	8.00～10.00	17.00～19.00	—	—	0.10	—
15	S30317	Y12Cr18Ni9	Y1Cr18Ni9	0.15	1.00	2.00	0.20	≥0.15	8.00～10.00	17.00～19.00	(0.60)	—	—	—
16	S30327	Y12Cr18Ni9Se	Y1Cr18Ni9Se	0.15	1.00	2.00	0.20	0.060	8.00～10.00	17.00～19.00	—	—	—	Se≥0.15
17	S30408	06Cr19Ni10	0Cr18Ni9	0.08	1.00	2.00	0.045	0.030	8.00～11.00	18.00～20.00	—	—	—	—
18	S30403	022Cr19Ni10	00Cr19Ni10	0.030	1.00	2.00	0.045	0.030	8.00～12.00	18.00～20.00	—	—	—	—
22	S30488	06Cr18Ni9Cu3	0Cr18Ni9Cu3	0.08	1.00	2.00	0.045	0.030	8.50～10.50	17.00～19.00	—	3.00～4.00	—	—
23	S30458	06Cr19Ni10N	0Cr19Ni9N	0.08	100	2.00	0.045	0.030	8.00～11.00	18.00～20.00	—	—	0.10～0.16	—
24	S30478	06Cr19Ni9NbN	0Cr19Ni10NbN	0.08	1.00	2.00	0.045	0.030	7.50～10.50	18.00～20.00	—	—	0.15～0.30	Nb 0.15
25	S30453	022Cr19Ni10N	00Cr18Ni10N	0.030	1.00	2.00	0.045	0.030	8.00～11.00	18.00～20.00	—	—	0.10～0.16	—
26	S30510	10Cr18Ni12	1Cr18Ni12	0.12	1.00	2.00	0.045	0.030	10.50～13.00	17.00～19.00	—	—	—	—
32	S30908	06Cr23Ni13	0Cr23Ni13	0.08	1.00	2.00	0.045	0.030	12.00～15.00	22.00～24.00	—	—	—	—
35	S31008	06Cr25Ni20	0Cr25Ni20	0.08	1.50	2.00	0.045	0.030	19.00～22.00	24.00～26.00	—	—	—	—
38	S31608	06Cr17Ni12Mo2	0Cr17Ni12Mo2	0.08	1.00	2.00	0.045	0.030	10.00～14.00	16.00～18.00	2.00～3.00	—	—	—
39	S31603	022Cr17Ni12Mo2	00Cr17Ni14Mo2	0.030	1.00	2.00	0.045	0.030	10.00～14.00	16.00～18.00	2.00～3.00	—	—	—

续表

GB/T 20878 中序号	统一数字代号	新牌号	旧牌号	化学成分(质量分数)/%										
				C	Si	Mn	P	S	Ni	Cr	Mo	Cu	N	其他元素
41	S31668	06Cr17Ni12Mo2Ti	0Cr18Ni12Mo3Ti	0.08	1.00	2.00	0.045	0.030	10.00～14.00	16.00～18.00	2.00～3.00	—	—	Ti≥5C
43	S31658	06Cr17Ni12Mo2N	0Cr17Ni12Mo2N	0.08	1.00	2.00	0.045	0.030	10.00～13.00	16.00～18.00	2.00～3.00	—	0.10～0.16	—
44	S31653	022Cr17Ni12Mo2N	00Cr17Ni13Mo2N	0.030	1.00	2.00	0.045	0.030	10.00～13.00	16.00～18.00	2.00～3.00	—	0.10～0.16	—
45	S31688	06Cr18Ni12Mo2Cu2	0Cr18Ni12Mo2Cu2	0.08	1.00	2.00	0.045	0.030	10.00～14.00	17.00～19.00	1.20～2.75	1.00～2.50	—	—
46	S31683	022Cr18Ni14Mo2Cu2	00Cr18Ni14Mo2Cu2	0.030	1.00	2.00	0.045	0.030	12.00～16.00	17.00～19.00	1.20～2.75	1.00～2.50	—	—
49	S31708	06Cr19Ni13Mo3	0Cr19Ni13Mo3	0.08	1.00	2.00	0.045	0.030	11.00～15.00	18.00～20.00	3.00～4.00	—	—	—
50	S31703	022Cr19Ni13Mo3	00Cr19Ni13Mo3	0.030	1.00	2.00	0.045	0.030	11.00～15.00	18.00～20.00	3.00～4.00	—	—	—
52	S31794	03Cr18Ni16Mo5	0Cr18Ni16Mo5	0.04	1.00	2.50	0.045	0.030	15.00～17.00	16.00～19.00	4.00～6.00	—	—	—
55	S32168	06Cr18Ni11Ti	0Cr18Ni10Ti	0.08	1.00	2.00	0.045	0.030	9.00～12.00	17.00～19.00	—	—	—	Ti5C～0.70
62	S34778	06Cr18Ni11Nb	0Cr18Ni11Nb	0.08	1.00	2.00	0.045	0.030	9.00～12.00	17.00～19.00	—	—	—	Nb 10C～1.10
64	S38148	06Cr18Ni13Si4①	0Cr18Ni13Si4	0.08	3.00～5.00	2.00	0.045	0.030	11.50～15.00	15.00～20.00	—	—	—	—

① 必要时，可添加本表以外的合金元素。

注：1. 表中所列成分除标明范围或最小值外，其余均为最大值。括号内数值为可加入或允许含有的最大值。

2. 本标准牌号与国外标准牌号对照参见 GB/T 20878。

表 7-2　奥氏体-铁素体型不锈钢的化学成分（GB/T 1220—2007）

GB/T 20878 中序号	统一数字代号	新牌号	旧牌号	化学成分(质量分数)/%										
				C	Si	Mn	P	S	Ni	Cr	Mo	Cu	N	其他元素
67	S21860	14Cr18Ni11Si4AlTi	1Cr18Ni11Si4AlTi	0.10～0.18	3.40～4.00	0.80	0.035	0.030	10.00～12.00	17.50～19.50	—	—	—	Ti 0.40～0.70 Al 0.10～0.30
68	S21953	022Cr19Ni5Mo3Si2N	00Cr18Ni5Mo3Si2	0.030	1.30～2.00	1.00～2.00	0.035	0.030	4.50～5.50	18.00～19.50	2.50～3.00	—	0.05～0.12	—
70	S22253	022Cr22Ni5Mo3N		0.030	1.00	2.00	0.030	0.020	4.50～6.50	21.00～23.00	2.50～3.50	—	0.08～0.20	—
71	S22053	022Cr23Ni5Mo3N		0.030	1.00	2.00	0.030	0.020	4.50～6.50	22.00～23.00	3.00～3.50	—	0.14～0.20	—
73	S22553	022Cr25Ni6Mo2N		0.030	1.00	2.00	0.035	0.030	5.50～6.50	24.00～26.00	1.20～2.50	—	0.10～0.20	—
75	S25554	03Cr25Ni6Mo3Cu2N		0.04	1.00	1.50	0.035	0.030	4.50～6.50	24.00～27.00	2.90～3.90	1.50～2.50	0.10～0.25	—

注：1. 表中所列成分除标明范围或最小值外，其余均为最大值。

2. 本标准牌号与国外标准牌号对照参见 GB/T 20878。

表 7-3 铁素体型不锈钢的化学成分（GB/T 1220—2007）

GB/T 20878中序号	统一数字代号	新牌号	旧牌号	化学成分(质量分数)/%										
				C	Si	Mn	P	S	Ni	Cr	Mo	Cu	N	其他元素
78	S11348	06Cr13Al	0Cr13Al	0.08	1.00	1.00	0.040	0.030	(0.60)	11.50～14.50	—			Al 0.10～0.30
83	S11203	022Cr12	00Cr12	0.030	1.00	1.00	0.040	0.030	(0.60)	11.00～13.50	—	—	—	—
85	S11710	10Cr17	1Cr17	0.12	1.00	1.00	0.040	0.030	(0.60)	16.00～18.00	—	—	—	—
86	S11717	Y10Cr17	T1Cr17	0.12	1.00	1.25	0.060	≥0.15	(0.60)	16.00～18.00	(0.60)	—	—	—
88	S11790	10Cr17Mo	1Cr17Mo	0.12	1.00	1.00	0.040	0.030	(0.60)	16.00～18.00	0.75～1.25	—	—	—
94	S12791	008Cr27Mo①	00Cr27Mo	0.010	0.40	0.40	0.030	0.020	—	25.00～27.50	0.75～1.50	—	0.015	—
95	S13091	008Cr30Mo2	00Cr30Mo2	0.010	0.40	0.40	0.030	0.020	—	28.50～32.00	1.50～2.50	—	0.015	—

① 允许含有小于或等于 0.50%镍，小于或等于 0.20%铜，而 Ni+Cu≤0.50%，必要时，可添加本表以外的合金元素。

注：1. 表中所列成分除标明范围或最小值外，其余均为最大值。括号内数值为可加入或允许含有的最大值。

2. 本标准牌号与国外标准牌号对照参见 GB/T 20878。

表 7-4 马氏体型不锈钢的化学成分（GB/T 1220—2007）

GB/T 20878中序号	统一数字代号	新牌号	旧牌号	化学成分(质量分数)/%										
				C	Si	Mn	P	S	Ni	Cr	Mo	Cu	N	其他元素
96	S40310	12Cr12	1Cr12	0.15	0.50	1.00	0.040	0.030	(0.60)	11.50～13.00	—	—	—	—
97	S41008	06Cr13	0Cr13	0.08	1.00	1.00	0.040	0.030	(0.60)	11.50～13.50	—	—	—	—
98	S41010	12Cr13①	1Cr13	0.08～0.15	1.00	1.00	0.040	0.030	(0.60)	11.50～13.50	—	—	—	—
100	S41617	Y12Cr13	Y1Cr13	0.15	1.00	1.25	0.060	≥0.15	(0.60)	12.00～14.00	(0.60)	—	—	—
101	S42020	20Cr13	2Cr13	0.16～0.25	1.00	1.00	0.040	0.030	(0.60)	12.00～14.00	—	—	—	—
102	S42030	30Cr13	3Cr13	0.26～0.35	1.00	1.00	0.040	0.030	(0.60)	12.00～14.00	—	—	—	—
103	S42037	Y30Cr13	Y3Cr13	0.26～0.35	1.00	1.25	0.060	≥0.15	(0.60)	12.00～14.00	(0.60)	—	—	—
104	S42040	40Cr13	4Cr13	0.36～0.45	0.60	0.80	0.040	0.030	(0.60)	12.00～14.00	—	—	—	—
106	S43110	14Cr17Ni2	1Cr17Ni2	0.11～0.17	0.80	0.80	0.040	0.030	1.50～2.50	16.00～18.00	—	—	—	—
107	S43120	17Cr16Ni2		0.12～0.22	1.00	1.50	0.040	0.030	1.50～2.50	15.00～17.00	—	—	—	—
108	S44070	68Cr17	7Cr17	0.60～0.75	1.00	1.00	0.040	0.030	(0.60)	16.00～18.00	(0.75)	—	—	—
109	S44080	85Cr17	8Cr17	0.75～0.95	1.00	1.00	0.040	0.030	(0.60)	16.00～18.00	(0.75)	—	—	—
110	S44096	108Cr17	11Cr17	0.95～1.20	1.00	1.00	0.040	0.030	(0.60)	16.00～18.00	(0.75)	—	—	—
111	S44097	Y108Cr17	Y11Cr17	0.95～1.20	1.00	1.25	0.060	≥0.15	(0.60)	16.00～18.00	(0.75)	—	—	—
112	S44090	95Cr18	9Cr18	0.90～1.00	0.80	0.80	0.040	0.030	(0.60)	17.00～19.00	—	—	—	—
115	S45710	13Cr13Mo	1Cr13Mo	0.08～0.18	0.60	1.00	0.040	0.030	(0.60)	11.50～14.00	0.30～0.60	—	—	—
116	S45830	32Cr13Mo	3Cr13Mo	0.28～0.35	0.80	1.00	0.040	0.030	(0.60)	12.00～14.00	0.50～1.00	—	—	—
117	S45990	102Cr17Mo	9Cr18Mo	0.95～1.10	0.80	0.80	0.040	0.030	(0.60)	16.00～18.00	0.40～0.70	—	—	—
118	S46990	90Cr18MoV	9Cr18MoV	0.85～0.95	0.80	0.80	0.040	0.030	(0.60)	17.00～19.00	1.00～1.30	—	—	V 0.07～0.12

① 相对于 GB/T 20878 调整成分牌号。

注：1. 表中所列成分除标明范围或最小值外，其余均为最大值。括号内数值为可加入或允许含有的最大值。

2. 本标准牌号与国外标准牌号对照参见 GB/T 20878。

表 7-5　沉淀硬化型不锈钢的化学成分（GB/T 1220—2007）

GB/T 20878中序号	统一数字代号	新牌号	旧牌号	化学成分(质量分数)/%										
				C	Si	Mn	P	S	Ni	Cr	Mo	Cu	N	其他元素
136	S51550	05Cr15Ni5Cu4Nb		0.07	1.00	1.00	0.040	0.030	3.50～5.50	14.00～15.50	—	2.50～4.50	—	Nb 0.15～0.45
137	S51740	05Cr17Ni4Cu4Nb	0Cr17Ni4Cu4Nb	0.07	1.00	1.00	0.040	0.030	3.00～5.00	15.00～17.50	—	3.00～5.00	—	Nb 0.15～0.45
138	S51770	07Cr17Ni7Al	0Cr17Ni7Al	0.09	1.00	1.00	0.040	0.030	6.50～7.75	16.00～18.00	—	—	—	Al 0.75～1.50
139	S51570	07Cr15Ni7Mo2Al	0Cr15Ni7Mo2Al	0.09	1.00	1.00	0.040	0.030	6.50～7.75	14.00～16.00	2.00～3.00	—	—	Al 0.75～1.50

注：1. 表中所列成分除标明范围或最小值外，其余均为最大值。
2. 本标准牌号与国外标准牌号对照参见 GB/T 20878。

表 7-6　奥氏体型耐热钢的化学成分（GB/T 1221—2007）

GB/T 20878序号	统一数字代号	新牌号	旧牌号	化学成分(质量分数)/%										
				C	Si	Mn	P	S	Ni	Cr	Mo	Cu	N	其他元素
6	S35650	53Cr21Mn9Ni4N	5Cr21Mn9Ni4N	0.48～0.58	0.35	8.00～10.00	0.040	0.030	3.25～4.50	20.00～22.00	—	—	0.35～0.50	—
7	S35750	26Cr18Mn12Si2N	3Cr18Mn12Si2N	0.22～0.30	1.40～2.20	10.50～12.50	0.050	0.030		17.00～19.00	—	—	0.22～0.33	—
8	S35850	22Cr20Mn10Ni2Si2N	2Cr20Mn9Ni2Si2N	0.17～0.26	1.80～2.70	8.50～11.00	0.050	0.030	2.00～3.00	18.00～21.00	—		0.20～0.30	—
17	S30408	06Cr19Ni10	0Cr18Ni9	0.08	1.00	2.00	0.045	0.030	8.00～11.00	18.00～20.00	—	—	—	—
30	S30850	22Cr21Ni12N	2Cr21Ni12N	0.15～0.28	0.75～1.25	1.00～1.60	0.040	0.030	10.50～12.50	20.00～22.00	—	—	0.15～0.30	—
31	S30920	16Cr23Ni13	2Cr23Ni13	0.20	1.00	2.00	0.040	0.030	12.00～15.00	22.00～24.00	—	—	—	—
32	S30908	06Cr23Ni13	0Cr23Ni13	0.08	1.00	2.00	0.045	0.030	12.00～15.00	22.00～24.00	—	—	—	—
34	S31020	20Cr25Ni20	2Cr25Ni20	0.25	1.50	2.00	0.040	0.030	19.00～22.00	24.00～26.00	—	—	—	—
35	S31008	06Cr25Ni20	0Cr25Ni20	0.08	1.50	2.00	0.040	0.030	19.00～22.00	24.00～26.00	—	—	—	—
38	S31608	06Cr17Ni12Mo2	0Cr17Ni12Mo2	0.08	1.00	2.00	0.045	0.030	10.00～14.00	16.00～18.00	2.00～3.00	—	—	—

续表

GB/T 20878序号	统一数字代号	新牌号	旧牌号	化学成分(质量分数)/%										
				C	Si	Mn	P	S	Ni	Cr	Mo	Cu	N	其他元素
49	S31708	06Cr19Ni13Mo3	0Cr19Ni13Mo3	0.08	1.00	2.00	0.045	0.030	11.00～15.00	18.00～20.00	3.00～4.00	—	—	—
55	S32168	06Cr18Ni11Ti	0Cr18Ni10Ti	0.08	1.00	2.00	0.045	0.030	9.00～12.00	17.00～19.00	—	—	—	Ti 5C～0.70
57	S32590	45Cr14Ni14W2Mo	4Cr14Ni14W2Mo	0.40～0.50	0.80	0.70	0.040	0.030	13.00～15.00	13.00～15.00	0.25～0.40	—	—	W 2.00～2.75
60	S33010	12Cr16Ni35	1Cr16Ni35	0.15	1.50	2.00	0.040	0.030	33.00～37.00	14.00～17.00	—	—	—	—
62	S34778	06Cr18Ni11Nb	0Cr18Ni11Nb	0.08	1.00	2.00	0.045	0.030	9.00～12.00	17.00～19.00	—	—	—	Nb 10C～1.10
64	S38148	06Cr18Ni13Si4①	0Cr18Ni13Si4	0.08	3.00～5.00	2.00	0.045	0.030	11.50～15.00	15.00～20.00	—	—	—	—
65	S38240	16Cr20Ni14Si2	1Cr20Ni14Si2	0.20	1.50～2.50	1.50	0.040	0.030	12.00～15.00	19.00～22.00	—	—	—	—
66	S38340	16Cr25Ni20Si2	1Cr25Ni20Si2	0.20	1.50～2.50	1.50	0.040	0.030	18.00～21.00	24.00～27.00	—	—	—	—

① 必要时，可添加本表以外的合金元素。

注：1. 表中所列成分除标明范围或最小值外，其余均为最大值。

2. 本标准牌号与国外标准牌号对照参见 GB/T 20878。

表 7-7 铁素体型耐热钢的化学成分（GB/T 1221—2007）

GB/T 20878序号	统一数字代号	新牌号	旧牌号	化学成分(质量分数)/%										
				C	Si	Mn	P	S	Ni	Cr	Mo	Cu	N	其他元素
78	S11348	06Cr13Al	0Cr13Al	0.08	1.00	1.00	0.040	0.030	—	11.50～14.50	—	—	—	Al 0.10～0.30
83	S11203	022Cr12	00Cr12	0.030	1.00	1.00	0.040	0.030	—	11.00～13.50	—	—	—	—
85	S11710	10Cr17	1Cr17	0.12	1.00	1.00	0.040	0.030	—	16.00～18.00	—	—	—	—
93	S12550	16Cr25N	2Cr25N	0.20	1.00	1.50	0.040	0.030	—	23.00～27.00	—	(0.30)	0.25	—

注：1. 表中所列成分除标明范围或最小值外，其余均为最大值，括号内值为可加入或允许含有的最大值。

2. 本标准牌号与国外标准牌号对照参见 GB/T 20878。

表 7-8 马氏体型耐热钢的化学成分（GB/T 1221—2007）

GB/T 20878 序号	统一数字代号	新牌号	旧牌号	化学成分(质量分数)/%										
				C	Si	Mn	P	S	Ni	Cr	Mo	Cu	N	其他元素
98	S41010	12Cr13[①]	1Cr13	0.08～0.15	1.00	1.00	0.040	0.030	(0.60)	11.50～13.50	—	—	—	—
101	S42020	20Cr13	2Cr13	0.15～0.25	1.00	1.00	0.040	0.030	(0.60)	12.00～14.00	—	—	—	—
106	S43110	14Cr17Ni2	1Cr17Ni2	0.11～0.17	0.80	0.80	0.040	0.030	1.50～2.50	16.00～18.00	—	—	—	—
107	S43120	17Cr16Ni2		0.12～0.22	1.00	1.50	0.040	0.030	1.50～2.50	15.00～17.00	—	—	—	—
113	S45110	12Cr5Mo	1Cr5Mo	0.15	0.50	0.60	0.040	0.030	0.60	4.00～6.00	0.40～0.60	—	—	—
114	S45610	12Cr12Mo	1Cr12Mo	0.10～0.15	0.50	0.30～0.50	0.035	0.030	0.30～0.60	11.50～13.00	0.30～0.60	0.30	—	—
115	S45710	13Cr13Mo	1Cr13Mo	0.08～0.18	0.60	1.00	0.040	0.030	(0.60)	11.50～14.00	0.30～0.60	—	—	—
119	S46010	14Cr11MoV	1Cr11MoV	0.11～0.18	0.50	0.60	0.035	0.030	0.60	10.00～11.50	0.50～0.70	—	—	V 0.25～0.40
122	S46250	18Cr12MoVNbN	2Cr12MoVNbN	0.15～0.20	0.50	0.50～1.00	0.035	0.030	(0.60)	10.00～13.00	0.30～0.90	—	0.05～0.10	V 0.10～0.40 Nb 0.20～0.60
123	S47010	15Cr12WMoV	1Cr12WMoV	0.12～0.18	0.50	0.50～0.90	0.035	0.030	0.40～0.80	11.00～13.00	0.50～0.70	—	—	W 0.70～1.10 V 0.15～0.30
124	S47220	22Cr12NiWMoV	2Cr12NiMoWV	0.20～0.25	0.50	0.50～1.00	0.040	0.030	0.50～1.00	11.00～13.00	0.75～1.25	—	—	W 0.75～1.25 V 0.20～0.40
125	S47310	13Cr11Ni2W2MoV	1Cr11Ni2W2MoV	0.10～0.16	0.60	0.60	0.035	0.030	1.40～1.80	10.50～12.00	0.35～0.50	—	—	W 1.50～2.00 V 0.18～0.30

续表

GB/T 20878序号	统一数字代号	新牌号	旧牌号	化学成分(质量分数)/%										
				C	Si	Mn	P	S	Ni	Cr	Mo	Cu	N	其他元素
128	S47450	18Cr11NiMoNbVN①	(2Cr11NiMoNbVN)①	0.15～0.20	0.50	0.50～0.80	0.030	0.025	0.30～0.60	10.00～12.00	0.60～0.90	—	0.04～0.09	V 0.20～0.30 Al 0.30 Nb 0.20～0.60
130	S48040	42Cr9Si2	4Cr9Si2	0.35～0.50	2.00～3.00	0.70	0.035	0.030	0.60	8.00～10.00	—	—	—	—
131	S48045	45Cr9Si3		0.40～0.50	3.00～3.50	0.60	0.030	0.030	0.60	7.50～9.50	—	—	—	—
132	S48140	40Cr10Si2Mo	4Cr10Si2Mo	0.35～0.45	1.90～2.60	0.70	0.035	0.030	0.60	9.00～10.50	0.70～0.90	—	—	—
133	S48380	80Cr20Si2Ni	8Cr20Si2Ni	0.75～0.85	1.75～2.25	0.20～0.60	0.030	0.030	1.15～1.65	19.00～20.50	—	—	—	—

① 相对于 GB/T 20878 调整成分牌号。

注：1. 表中所列成分除标明范围或最小值外，其余均为最大值。括号内值为可加入或允许含有的最大值。

2. 本标准牌号与国外标准牌号对照参见 GB/T 20878。

表 7-9 沉淀硬化型耐热钢的化学成分（GB/T 1221—2007）

GB/T 20878序号	统一数字代号	新牌号	旧牌号	化学成分(质量分数)/%										
				C	Si	Mn	P	S	Ni	Cr	Mo	Cu	N	其他元素
137	S51740	05Cr17Ni4Cu4Nb	0Cr17Ni4Cu4Nb	0.07	1.00	1.00	0.040	0.030	3.00～5.00	15.00～17.50	—	3.00～5.00	—	Nb 0.15～0.45
138	S51770	07Cr17Ni7Al	0Cr17Ni7Al	0.09	1.00	1.00	0.040	0.030	6.50～7.75	16.00～18.00	—	—	—	Al 0.75～1.50
143	S51525	06Cr15Ni25Ti2MoAlVB	0Cr15Ni25Ti2MoAlVB	0.08	1.00	2.00	0.040	0.030	24.00～27.00	13.50～16.00	1.00～1.50	—	—	Al 0.35 Ti 1.90～2.35 B 0.001～0.010 V 0.10～0.50

注：1. 表中所列成分除标明范围或最小值外，其余均为最大值。

2. 本标准牌号与国外标准牌号对照参见 GB/T 20878。

表 7-10　奥氏体型钢的化学成分（GB/T 3280—2015）

统一数字代号	牌号	化学成分(质量分数)/%									
		C	Si	Mn	P	S	Ni	Cr	Mo	Cu	N	其他元素
S30103	022Cr17Ni7①	0.030	1.00	2.00	0.045	0.030	6.00～8.00	16.00～18.00	—	—	0.20	—
S30110	12Cr17Ni7	0.15	1.00	2.00	0.045	0.030	6.00～8.00	16.00～18.00	—	—	0.10	—
S30153	022Cr17Ni7N①	0.030	1.00	2.00	0.045	0.030	6.00～8.00	16.00～18.00	—	—	0.07～0.20	—
S30210	12Cr18Ni9①	0.15	0.75	2.00	0.045	0.030	8.00～10.00	17.00～19.00	—	—	0.10	—
S30240	12Cr18Ni9Si3	0.15	2.00～3.00	2.00	0.045	0.030	8.00～10.00	17.00～19.00	—	—	0.10	—
S30403	022Cr19Ni10①	0.030	0.75	2.00	0.045	0.030	8.00～12.00	17.50～19.50	—	—	0.10	—
S30408	06Cr19Ni10①	0.07	0.75	2.00	0.045	0.030	8.00～10.50	17.50～19.50	—	—	0.10	—
S30409	07Cr19Ni10①	0.04～0.10	0.75	2.00	0.045	0.030	8.00～10.50	18.00～20.00	—	—	—	—
S30450	05Cr19Ni10Si2CeN①	0.04～0.06	1.00～2.00	0.80	0.045	0.030	9.00～10.00	18.00～19.00	—	—	0.12～0.18	Ce:0.03～0.08
S30453	022Cr19Ni10N①	0.030	0.75	2.00	0.045	0.030	8.00～12.00	18.00～20.00	—	—	0.10～0.16	—
S30458	06Cr19Ni10N①	0.08	0.75	2.00	0.045	0.030	8.00～10.50	18.00～20.00	—	—	0.10～0.16	—
S30478	06Cr19Ni9NbN	0.08	1.00	2.50	0.045	0.030	7.50～10.50	18.00～20.00	—	—	0.15～0.30	Nb:0.15
S30510	10Cr18Ni12①	0.12	0.75	2.00	0.045	0.030	10.50～13.00	17.00～19.00	—	—	—	—
S30859	08Cr21Ni11Si2CeN	0.05～0.10	1.40～2.00	0.80	0.040	0.030	10.00～12.00	20.00～22.00	—	—	0.14～0.20	Ce:0.03～0.08
S30908	06Cr23Ni13①	0.08	0.75	2.00	0.045	0.030	12.00～15.00	22.00～24.00	—	—	—	—
S31008	06Cr25Ni20	0.08	1.50	2.00	0.045	0.030	19.00～22.00	24.00～26.00	—	—	—	—
S31053	022Cr25Ni22Mo2N①	0.020	0.50	2.00	0.030	0.010	20.50～23.50	24.00～26.00	1.60～2.60	—	0.09～0.15	—
S31252	015Cr20Ni18Mo6CuN	0.020	0.80	1.00	0.030	0.010	17.50～18.50	19.50～20.50	6.00～6.50	0.50～1.00	0.18～0.25	—
S31603	022Cr17Ni12Mo2①	0.030	0.75	2.00	0.045	0.030	10.00～14.00	16.00～18.00	2.00～3.00	—	0.10	—
S31608	06Cr17Ni12Mo2①	0.08	0.75	2.00	0.045	0.030	10.00～14.00	16.00～18.00	2.00～3.00	—	0.10	—
S31609	07Cr17Ni12Mo2①	0.04～0.10	0.75	2.00	0.045	0.030	10.00～14.00	16.00～18.00	2.00～3.00	—	—	—
S31653	022Cr17Ni12Mo2N①	0.030	0.75	2.00	0.045	0.030	10.00～14.00	16.00～18.00	2.00～3.00	—	0.10～0.16	—

续表

统一数字代号	牌号	化学成分(质量分数)/%										
		C	Si	Mn	P	S	Ni	Cr	Mo	Cu	N	其他元素
S31658	06Cr17Ni12Mo2N①	0.08	0.75	2.00	0.045	0.030	10.00～14.00	16.00～18.00	2.00～3.00	—	0.10～0.16	—
S31668	06Cr17Ni12Mo2Ti①	0.08	0.75	2.00	0.045	0.030	10.00～14.00	16.00～18.00	2.00～3.00	—	—	Ti≥5×C
S31678	06Cr17Ni12Mo2Nb①	0.08	0.75	2.00	0.045	0.030	10.00～14.00	16.00～18.00	2.00～3.00	—	0.10	Nb:10×C～1.10
S31688	06Cr18Ni12Mo2Cu2	0.08	1.00	2.00	0.045	0.030	10.00～14.00	17.00～19.00	1.20～2.75	1.00～2.50	—	—
S31703	022Cr19Ni13Mo3①	0.030	0.75	2.00	0.045	0.030	11.00～15.00	18.00～20.00	3.00～4.00	—	0.10	—
S31708	06Cr19Ni13Mo3①	0.08	0.75	2.00	0.045	0.030	11.00～15.00	18.00～20.00	3.00～4.00	—	0.10	—
S31723	022Cr19Ni16Mo5N①	0.030	0.75	2.00	0.045	0.030	13.50～17.50	17.00～20.00	4.00～5.00	—	0.10～0.20	—
S31753	022Cr19Ni13Mo4N①	0.030	0.75	2.00	0.045	0.030	11.00～15.00	18.00～20.00	3.00～4.00	—	0.10～0.22	—
S31782	015Cr21Ni26Mo5Cu2	0.020	1.00	2.00	0.045	0.035	23.00～28.00	19.00～23.00	4.00～5.00	1.00～2.00	0.10	—
S32168	06Cr18Ni11Ti①	0.08	0.75	2.00	0.045	0.030	9.00～12.00	17.00～19.00	—	—	0.10	Ti≥5×C
S32169	07Cr19Ni11Ti①	0.04～0.10	0.75	2.00	0.045	0.030	9.00～12.00	17.00～19.00	—	—	—	Ti:4×(C+N)～0.70
S32652	015Cr24Ni22Mo8Mn3CuN	0.020	0.50	2.00～4.00	0.030	0.005	21.00～23.00	24.00～25.00	7.00～8.00	0.30～0.60	0.45～0.55	—
S34553	022Cr24Ni17Mo5Mn6NbN	0.030	1.00	5.00～7.00	0.030	0.010	16.00～18.00	23.00～25.00	4.00～5.00	—	0.40～0.60	Nb:0.10
S34778	06Cr18Ni11Nb①	0.08	0.75	2.00	0.045	0.030	9.00～13.00	17.00～19.00	—	—	—	Nb:10×C～1.00
S34779	07Cr18Ni11Nb①	0.04～0.10	0.75	2.00	0.045	0.030	9.00～13.00	17.00～19.00	—	—	—	Nb:8×C～1.00
S38367	022Cr21Ni25Mo7N	0.030	1.00	2.00	0.040	0.030	23.50～25.50	20.00～22.00	6.00～7.00	0.75	0.18～0.25	—
S38926	015Cr20Ni25Mo7CuN	0.020	0.50	2.00	0.030	0.010	24.00～26.00	19.00～21.00	6.00～7.00	0.50～1.50	0.15～0.25	—

① 为相对于 GB/T 20878—2007 调整化学成分的牌号。

注:表中所列成分除标明范围或最小值,其余均为最大值。

表 7-11 奥氏体·铁素体型钢的化学成分（GB/T 3280—2015）

统一数字代号	牌号	化学成分(质量分数)/%										
		C	Si	Mn	P	S	Ni	Cr	Mo	Cu	N	其他元素
S21860	14Cr18Ni11Si4AlTi	0.10～0.18	3.40～4.00	0.80	0.035	0.030	10.00～12.00	17.50～19.50	—	—	—	Ti:0.40～0.70 Al:0.10～0.30
S21953	022Cr19Ni5Mo3Si2N	0.030	1.30～2.00	1.00～2.00	0.030	0.030	4.50～5.50	18.00～19.50	2.50～3.00	—	0.05～0.10	—
S22053	022Cr23Ni5Mo3N	0.030	1.00	2.00	0.030	0.020	4.50～6.50	22.00～23.00	3.00～3.50	—	0.14～0.20	—
S22152	022Cr21Mn5Ni2N	0.030	1.00	4.00～6.00	0.040	0.030	1.00～3.00	19.50～21.50	0.60	1.00	0.05～0.17	—
S22153	022Cr21Ni3Mo2N	0.030	1.00	2.00	0.030	0.020	3.00～4.00	19.50～22.50	1.50～2.00	—	0.14～0.20	—
S22160	12Cr21Ni5Ti	0.09～0.14	0.80	0.80	0.035	0.030	4.80～5.80	20.00～22.00	—	—	—	Ti:5×(C—0.02)～0.80
S22193	022Cr21Mn3Ni3Mo2N	0.030	1.00	2.00～4.00	0.040	0.030	2.00～4.00	19.00～22.00	1.00～2.00	—	0.14～0.20	—
S22253	022Cr22Mn3Ni2MoN	0.030	1.00	2.00～3.00	0.040	0.020	1.00～2.00	20.50～23.50	0.10～1.00	0.50	0.15～0.27	—
S22293	022Cr22Ni5Mo3N	0.030	1.00	2.00	0.030	0.020	4.50～6.50	21.00～23.00	2.50～3.50	—	0.08～0.20	—
S22294	03Cr22Mn5Ni2MoCuN	0.04	1.00	4.00～6.00	0.040	0.030	1.35～1.70	21.00～22.00	0.10～0.80	0.10～0.80	0.20～0.25	—
S22353	022Cr23Ni2N	0.030	1.00	2.00	0.040	0.010	1.00～2.80	21.50～24.00	0.45	—	0.18～0.26	—
S22493	022Cr24Ni4Mn3Mo2CuN	0.030	0.70	2.50～4.00	0.035	0.005	3.00～4.50	23.00～25.00	1.00～2.00	0.10～0.80	0.20～0.30	—
S22553	022Cr25Ni6Mo2N	0.030	1.00	2.00	0.030	0.030	5.50～6.50	24.00～26.00	1.50～2.50	—	0.10～0.20	—
S23043	022Cr23Ni4MoCuN①	0.030	1.00	2.50	0.040	0.030	3.00～5.50	21.50～24.50	0.05～0.60	0.05～0.60	0.05～0.20	—
S25073	022Cr25Ni7Mo4N	0.030	0.80	1.20	0.035	0.020	6.00～8.00	24.00～26.00	3.00～5.00	0.50	0.24～0.32	—
S25554	03Cr25Ni6Mo3Cu2N	0.04	1.00	1.50	0.040	0.030	4.50～6.50	24.00～27.00	2.90～3.90	1.50～2.50	0.10～0.25	—
S27603	022Cr25Ni7Mo4WCuN①	0.030	1.00	1.00	0.030	0.010	6.00～8.00	24.00～26.00	3.00～4.00	0.50～1.00	0.20～0.30	W:0.50～1.00

① 为相对于 GB/T 20878—2007 调整化学成分的牌号。

注：表中所列成分除标明范围或最小值，其余均为最大值。

表 7-12　铁素体型钢的化学成分（GB/T 3280—2015）

统一数字代号	牌号	化学成分(质量分数)/%										
		C	Si	Mn	P	S	Ni	Cr	Mo	Cu	N	其他元素
S11163	022Cr11Ti	0.030	1.00	1.00	0.040	0.020	0.60	10.50～11.75	—	—	0.030	Ti:0.15～0.50 且 Ti≥8×(C+N),Nb:0.10
S11173	022Cr11NbTi	0.030	1.00	1.00	0.040	0.020	0.60	10.50～11.70	—	—	0.030	Ti+Nb:8×(C+N)+0.08～0.75,Ti≥0.05
S11203	022Cr12	0.030	1.00	1.00	0.040	0.030	0.60	11.00～13.50	—	—	—	—
S11213	022Cr12Ni	0.030	1.00	1.50	0.040	0.015	0.30～1.00	10.50～12.50	—	—	0.030	—
S11348	06Cr13Al	0.08	1.00	1.00	0.040	0.030	0.60	11.50～14.50	—	—	—	Al:0.10～0.30
S11510	10Cr15	0.12	1.00	1.00	0.040	0.030	0.60	14.00～16.00	—	—	—	—
S11573	022Cr15NbTi	0.030	1.20	1.20	0.040	0.030	0.60	14.00～16.00	0.50	—	0.030	Ti+Nb:0.30～0.80
S11710	10Cr17[①]	0.12	1.00	1.00	0.040	0.030	0.75	16.00～18.00	—	—	—	—
S11763	022Cr17NbTi[①]	0.030	0.75	1.00	0.035	0.030	—	16.00～19.00	—	—	—	Ti+Nb:0.10～1.00
S11790	10Cr17Mo	0.12	1.00	1.00	0.040	0.030	—	16.00～18.00	0.75～1.25	—	—	—
S11862	019Cr18MoTi[①]	0.025	1.00	1.00	0.040	0.030	—	16.00～19.00	0.75～1.50	—	0.025	Ti、Nb、Zr 或其组合:8×(C+N)～0.80
S11863	022Cr18Ti	0.030	1.00	1.00	0.040	0.030	0.50	17.00～19.00	—	—	0.030	Ti:[0.20+4×(C+N)]～1.10,Al:0.15
S11873	022Cr18Nb	0.030	1.00	1.00	0.040	0.015	—	17.50～18.50	—	—	—	Ti:0.10～0.60,Nb≥0.30+3×C
S11882	019Cr18CuNb	0.025	1.00	1.00	0.040	0.030	0.60	16.00～20.00	—	0.30～0.80	0.025	Nb:8×(C+N)～0.8
S11972	019Cr19Mo2NbTi	0.025	1.00	1.00	0.040	0.030	1.00	17.50～19.50	1.75～2.50	—	0.035	Ti+Nb:[0.20+4×(C+N)]～0.80

续表

统一数字代号	牌号	化学成分(质量分数)/%										
		C	Si	Mn	P	S	Ni	Cr	Mo	Cu	N	其他元素
S11973	022Cr18NbTi	0.030	1.00	1.00	0.040	0.030	0.50	17.00～19.00	—	—	0.030	Ti+Nb:[0.20+4×(C+N)]～0.75，Al:0.15
S12182	019Cr21CuTi	0.025	1.00	1.00	0.030	0.030	—	20.50～23.00	—	0.30～0.80	0.025	Ti、Nb、Zr 或其组合：8×(C+N)～0.80
S12361	019Cr23Mo2Ti	0.025	1.00	1.00	0.040	0.030	—	21.00～24.00	1.50～2.50	0.60	0.025	Ti、Nb、Zr 或其组合：8×(C+N)～0.80
S12362	019Cr23MoTi	0.025	1.00	1.00	0.040	0.030	—	21.00～24.00	0.70～1.50	0.60	0.025	Ti、Nb、Zr 或其组合：8×(C+N)～0.80
S12763	022Cr27Ni2Mo4NbTi	0.030	1.00	1.00	0.040	0.030	1.00～3.50	25.00～28.00	3.00～4.00	—	0.040	Ti+Nb:0.20～1.00 且 Ti+Nb≥6×(C+N)
S12791	008Cr27Mo①	0.010	0.40	0.40	0.030	0.020	—	25.00～27.50	0.75～1.50	—	0.015	Ni+Cu≤0.50
S12963	022Cr29Mo4NbTi	0.030	1.00	1.00	0.040	0.030	1.00	28.00～30.00	3.60～4.20	—	0.045	Ti+Nb:0.20～1.00 且 Ti+Nb≥6×(C+N)
S13091	008Cr30Mo2①,②	0.010	0.40	0.40	0.030	0.020	0.50	28.50～32.00	1.50～2.50	0.20	0.015	Ni+Cu≤0.50

①为相对于 GB/T 20878—2007 调整化学成分的牌号。

②可含有 V、Ti、Nb 中的一种或几种元素。

注：表中所列成分除标明范围或最小值，其余均为最大值。

表 7-13　马氏体型钢的化学成分（GB/T 3280—2015）

统一数字代号	牌号	化学成分(质量分数)/%										
		C	Si	Mn	P	S	Ni	Cr	Mo	Cu	N	其他元素
S40310	12Cr12	0.15	0.50	1.00	0.040	0.030	0.60	11.50～13.00	—	—	—	—
S41008	06Cr13	0.08	1.00	1.00	0.040	0.030	0.60	11.50～13.50	—	—	—	—

续表

统一数字代号	牌号	化学成分(质量分数)/%										
		C	Si	Mn	P	S	Ni	Cr	Mo	Cu	N	其他元素
S41010	12Cr13	0.15	1.00	1.00	0.040	0.030	0.60	11.50～13.50	—	—	—	—
S41595	04Cr13Ni5Mo	0.05	0.60	0.50～1.00	0.030	0.030	3.50～5.50	11.50～14.00	0.50～1.00	—	—	—
S42020	20Cr13	0.16～0.25	1.00	1.00	0.040	0.030	0.60	12.00～14.00	—	—	—	—
S42030	30Cr13	0.26～0.35	1.00	1.00	0.040	0.030	0.60	12.00～14.00	—	—	—	—
S42040	40Cr13①	0.36～0.45	0.80	0.80	0.040	0.030	0.60	12.00～14.00	—	—	—	—
S43120	17Cr16Ni2①	0.12～0.20	1.00	1.00	0.025	0.015	2.00～3.00	15.00～18.00	—	—	—	—
S44070	68Cr17	0.60～0.75	1.00	1.00	0.040	0.030	0.60	16.00～18.00	0.75	—	—	—
S46050	50Cr15MoV	0.45～0.55	1.00	1.00	0.040	0.015	—	14.00～15.00	0.50～0.80	—	—	V:0.10～0.20

① 为相对于 GB/T 20878—2007 调整化学成分的牌号。

注：表中所列成分除标明范围或最小值，其余均为最大值。

表 7-14　沉淀硬化型钢的化学成分（GB/T 3280—2015）

统一数字代号	牌号	化学成分(质量分数)/%										
		C	Si	Mn	P	S	Ni	Cr	Mo	Cu	N	其他元素
S51380	04Cr13Ni8Mo2Al①	0.05	0.10	0.20	0.010	0.008	7.50～8.50	12.30～13.25	2.00～2.50	—	0.01	Al:0.90～1.35
S51290	022Cr12Ni9Cu2NbTi①	0.05	0.50	0.50	0.040	0.030	7.50～9.50	11.00～12.50	0.50	1.50～2.50	—	Ti:0.80～1.40, (Nb+Ta):0.10～0.50
S51770	07Cr17Ni7Al①	0.09	1.00	1.00	0.040	0.030	6.50～7.75	16.00～18.00	—	—	—	Al:0.75～1.50
S51570	07Cr15Ni7Mo2Al①	0.09	1.00	1.00	0.040	0.030	6.50～7.75	14.00～16.00	2.00～3.00	—	—	Al:0.75～1.50
S51750	09Cr17Ni5Mo3N①	0.07～0.11	0.50	0.50～1.25	0.040	0.030	4.00～5.00	16.00～17.00	2.50～3.20	—	0.07～0.13	—
S51778	06Cr17Ni7AlTi	0.08	1.00	1.00	0.040	0.030	6.00～7.50	16.00～17.50	—	—	—	Al:0.40,Ti:0.40～1.20

① 为相对于 GB/T 20878—2007 调整化学成分的牌号。

注：表中所列成分除标明范围或最小值，其余均为最大值。

表 7-15　奥氏体型耐热钢的化学成分（GB/T 4238—2015）

统一数字代号	牌号	化学成分(质量分数)/%										
		C	Si	Mn	P	S	Ni	Cr	Mo	N	V	其他
S30210	12Cr18Ni9①	0.15	0.75	2.00	0.045	0.030	8.00～11.00	17.00～19.00	—	0.10	—	—
S30240	12Cr18Ni9Si3	0.15	2.00～3.00	2.00	0.045	0.030	8.00～10.00	17.00～19.00	—	0.10	—	—
S30408	06Cr19Ni10①	0.07	0.75	2.00	0.045	0.030	8.00～10.50	17.50～19.50	—	0.10	—	—
S30409	07Cr19Ni10	0.04～0.10	0.75	2.00	0.045	0.030	8.00～10.50	18.00～20.00	—	—	—	—
S30450	05Cr19Ni10Si2CeN	0.04～0.06	1.00～2.00	0.80	0.045	0.030	9.00～10.00	18.00～19.00	—	0.12～0.18	—	Ce:0.03～0.08
S30808	06Cr20Ni11①	0.08	0.75	2.00	0.045	0.030	10.00～12.00	19.00～21.00	—	—	—	—
S30859	08Cr21Ni11Si2CeN	0.05～0.10	1.40～2.00	0.80	0.040	0.030	10.00～12.00	20.00～22.00	—	0.14～0.20	—	Ce:0.03～0.08
S30920	16Cr23Ni13①	0.20	0.75	2.00	0.045	0.030	12.00～15.00	22.00～24.00	—	—	—	—
S30908	06Cr23Ni13①	0.08	0.75	2.00	0.045	0.030	12.00～15.00	22.00～24.00	—	—	—	—
S31020	20Cr25Ni20①	0.25	1.50	2.00	0.045	0.030	19.00～22.00	24.00～26.00	—	—	—	—
S31008	06Cr25Ni20①	0.08	1.50	2.00	0.045	0.030	19.00～22.00	24.00～26.00	—	—	—	—
S31608	06Cr17Ni12Mo2①	0.08	0.75	2.00	0.045	0.030	10.00～14.00	16.00～18.00	2.00～3.00	0.10	—	—
S31609	07Cr17Ni12Mo2①	0.04～0.10	0.75	2.00	0.045	0.030	10.00～14.00	16.00～18.00	2.00～3.00	—	—	—
S31708	06Cr19Ni13Mo3①	0.08	0.75	2.00	0.045	0.030	11.00～15.00	18.00～20.00	3.00～4.00	0.10	—	—
S32168	06Cr18Ni11Ti①	0.08	0.75	2.00	0.045	0.030	9.00～12.00	17.00～19.00	—	—	—	Ti:5×C～0.70
S32169	07Cr19Ni11Ti①	0.04～0.10	0.75	2.00	0.045	0.030	9.00～12.00	17.00～19.00	—	—	—	Ti:4×(C+N)～0.70
S33010	12Cr16Ni35	0.15	1.50	2.00	0.045	0.030	33.00～37.00	14.00～17.00	—	—	—	—
S34778	06Cr18Ni11Nb①	0.08	0.75	2.00	0.045	0.030	9.00～13.00	17.00～19.00	—	—	—	Nb:10×C～1.00
S34779	07Cr18Ni11Nb①	0.04～0.10	0.75	2.00	0.045	0.030	9.00～13.00	17.00～19.00	—	—	—	Nb:8×C～1.00
S38240	16Cr20Ni14Si2	0.20	1.50～2.50	1.50	0.040	0.030	12.00～15.00	19.00～22.00	—	—	—	—
S38340	16Cr25Ni20Si2	0.20	1.50～2.50	1.50	0.045	0.030	18.00～21.00	24.00～27.00	—	—	—	—

① 为相对于 GB/T 20878 调整化学成分的牌号。

注：表中所列成分除标明范围或最小值外，其余均为最大值。

表 7-16 铁素体型耐热钢的化学成分（GB/T 4238—2015）

统一数字代号	牌号	化学成分(质量分数)/%								
		C	Si	Mn	P	S	Cr	Ni	N	其他
S11348	06Cr13Al	0.08	1.00	1.00	0.040	0.030	11.50～14.50	0.60	—	Al:0.10～0.30
S11163	022Cr11Ti①	0.030	1.00	1.00	0.040	0.020	10.50～11.70	0.60	0.030	Ti:0.15～0.50 且 Ti≥8×(C+N);Nb:0.10
S11173	022Cr11NbTi	0.030	1.00	1.00	0.040	0.020	10.50～11.70	0.60	0.030	(Ti+Nb):[0.08+8×(C+N)]～0.75,Ti≥0.05
S11710	10Cr17	0.12	1.00	1.00	0.040	0.030	16.00～18.00	0.75	—	—
S12550	16Cr25N①	0.20	1.00	1.50	0.040	0.030	23.00～27.00	0.75	0.25	—

① 为相对于 GB/T 20878 调整化学成分的牌号。

注：表中所列成分除标明范围或最小值外，其余均为最大值。

表 7-17 马氏体型耐热钢的化学成分（GB/T 4238—2015）

统一数字代号	牌号	化学成分(质量分数)/%									
		C	Si	Mn	P	S	Cr	Ni	Mo	N	其他
S40310	12Cr12	0.15	0.50	1.00	0.040	0.030	11.50～13.00	0.60	—	—	—
S41010	12Cr13①	0.15	1.00	1.00	0.040	0.030	11.50～13.50	0.75	0.50	—	—
S47220	22Cr12NiMoWV①	0.20～0.25	0.50	0.50～1.00	0.025	0.025	11.00～12.50	0.50～1.00	0.90～1.25	—	V:0.20～0.30,W:0.90～1.25

① 为相对于 GB/T 20878 调整化学成分的牌号。

注：表中所列成分除标明范围或最小值外，其余均为最大值。

表 7-18 沉淀硬化型耐热钢的化学成分（GB/T 4238—2015）

统一数字代号	牌号	化学成分(质量分数)/%										
		C	Si	Mn	P	S	Cr	Ni	Cu	Al	Mo	其他
S51290	022Cr12Ni9Cu2NbTi①	0.05	0.50	0.50	0.040	0.030	11.00～12.50	7.50～9.50	1.50～2.50	—	0.50	Ti:0.80～1.40,(Nb+Ta):0.10～0.50
S51740	05Cr17Ni4Cu4Nb	0.07	1.00	1.00	0.040	0.030	15.00～17.50	3.00～5.00	3.00～5.00	—	—	Nb:0.15～0.45
S51770	07Cr17Ni7Al	0.09	1.00	1.00	0.040	0.030	16.00～18.00	6.50～7.75	—	0.75～1.50	—	—
S51570	07Cr15Ni7Mo2Al	0.09	1.00	1.00	0.040	0.030	14.00～16.00	6.50～7.75	—	0.75～1.50	2.00～3.00	—
S51778	06Cr17Ni7AlTi	0.08	1.00	1.00	0.040	0.030	16.00～17.50	6.00～7.50	—	0.40	—	Ti:0.40～1.20
S51525	06Cr15Ni25Ti2MoAlVB	0.08	1.00	2.00	0.040	0.030	13.50～16.00	24.00～27.00	—	0.35	1.00～1.50	Ti:1.90～2.35,V:0.10～0.50,B:0.001～0.010

① 为相对于 GB/T 20878 调整化学成分的牌号。

注：表中所列成分除标明范围或最小值外，其余均为最大值。

表 7-19　外科植入物用不锈钢的牌号及化学成分（GB 4234—2003）

牌号	化学成分/%(质量分数)										
	C	Mn	Si	P	S	Cr	Ni	Mo	N	Cu	Fe
00Cr18Ni14Mo3	≤0.03	≤2.00	≤1.00	≤0.025	≤0.010	17.00～19.00	13.00～15.00	2.25～3.25	≤0.10	≤0.50	余量
00Cr18Ni15Mo3N	≤0.03	≤2.00	≤1.00	≤0.025	≤0.010	17.00～19.00	14.00～16.00	2.35～4.20	0.10～0.20	≤0.50	余量

注：Cr 含量和 Mo 含量按下式得出计算结果（C 值）应不小于 26：

$$C=3.3\omega_{Mo}+\omega_{Cr}$$

式中　ω_{Mo}——Mo 的含量，用质量分数表示；
ω_{Cr}——Cr 的含量，用质量分数表示。

7.1.2　力学性能

表 7-20　经固溶处理的奥氏体型钢棒或试样的力学性能[①]（GB/T 1220—2007）

GB/T 20878 中序号	统一数字代号	新牌号	旧牌号	规定非比例延伸强度 $R_{P0.2}$[②] /MPa	抗拉强度 R_m/MPa	断后伸长率 A/%	断面收缩率 Z[③]/%	硬度[②] HBW	HRB	HV	固溶处理/℃
				不小于				不大于			
1	S35350	12Cr17Mn6Ni5N	1Cr17Mn6Ni5N	275	520	40	45	241	100	253	1010～1120,快冷
3	S35450	12Cr18Mn9Ni5N	1Cr18Mn8Ni5N	275	520	40	45	207	95	218	1010～1120,快冷
9	S30110	12Cr17Ni7	1Cr17Ni7	205	520	40	60	187	90	200	1010～1150,快冷
13	S30210	12Cr18Ni9	1Cr18Ni9	205	520	40	60	187	90	200	1010～1150,快冷
15	S30317	Y12Cr18Ni9	Y1Cr18Ni9	205	520	40	50	187	90	200	1010～1150,快冷
16	S30327	Y12Cr18Ni9Se	Y1Cr18Ni9Se	205	520	40	50	187	90	200	1010～1150,快冷
17	S30408	06Cr19Ni10	0Cr18Ni9	205	520	40	60	187	90	200	1010～1150,快冷
18	S30403	022Cr19Ni10	00Cr19Ni10	175	480	40	60	187	90	200	1010～1150,快冷
22	S30488	06Cr18Ni9Cu3	0Cr18Ni9Cu3	175	480	40	60	187	90	200	1010～1150,快冷
23	S30458	06Cr19Ni10N	0Cr19Ni9N	275	550	35	50	217	95	220	1010～1150,快冷
24	S30478	06Cr19Ni9NbN	0Cr19Ni10NbN	345	685	35	50	250	100	260	1010～1150,快冷
25	S30453	022Cr19Ni10N	00Cr18Ni10N	245	550	40	50	217	95	220	1010～1150,快冷
26	S30510	10Cr18Ni12	1Cr18Ni12	175	480	40	60	187	90	200	1010～1150,快冷

续表

GB/T 20878中序号	统一数字代号	新牌号	旧牌号	规定非比例延伸强度 $R_{P0.2}$②/MPa	抗拉强度 R_m/MPa	断后伸长率 A/%	断面收缩率 Z③/%	硬度② HBW	HRB	HV	固溶处理/℃
				不小于				不大于			
32	S30908	06Cr23Ni13	0Cr23Ni13	205	520	40	60	187	90	200	1030～1150,快冷
35	S31008	06Cr25Ni20	0Cr25Ni20	205	520	40	50	187	90	200	1030～1180,快冷
38	S31608	06Cr17Ni12Mo2	0Cr17Ni12Mo2	205	520	40	60	187	90	200	1010～1150,快冷
39	S31603	022Cr17Ni12Mo2	00Cr17Ni14Mo2	175	480	40	60	187	90	200	1010～1150,快冷
41	S31668	06Cr17Ni12Mo2Ti	0Cr18Ni12Mo3Ti	205	530	40	55	187	90	200	1000～1100,快冷
43	S31658	06Cr17Ni12Mo2N	0Cr17Ni12Mo2N	275	550	35	50	217	95	220	1010～1150,快冷
44	S31653	022Cr17Ni12Mo2N	00Cr17Ni13Mo2N	245	550	40	50	217	95	220	1010～1150,快冷
45	S31688	06Cr18Ni12Mo2Cu2	0Cr18Ni12Mo2Cu2	205	520	40	60	187	90	200	1010～1150,快冷
46	S31683	022Cr18Ni14Mo2Cu2	00Cr18Ni14Mo2Cu2	175	480	40	60	187	90	200	1010～1150,快冷
49	S31708	06Cr19Ni13Mo3	0Cr19Ni13Mo3	205	520	40	60	187	90	200	1010～1150,快冷
50	S31703	022Cr19Ni13Mo3	00Cr19Ni13Mo3	175	480	40	60	187	90	200	1010～1150,快冷
52	S31794	03Cr18Ni16Mo5	0Cr18Ni16Mo5	175	480	40	45	187	90	200	1030～1180,快冷
55	S32168	06Cr18Ni11Ti	0Cr18Ni10Ti④	205	520	40	50	187	90	200	920～1180,快冷
62	S34778	06Cr18Ni11Nb	0Cr18Ni11Nb④	205	520	40	50	187	90	200	980～1150,快冷
64	S38148	06Cr18Ni13Si4	0Cr18Ni13Si4	205	520	40	60	207	95	218	1010～1150,快冷

① 表仅适用于直径、边长、厚度或对边距离小于或等于 180mm 的钢棒。大于 180mm 的钢棒，可改锻成 180mm 的样坯检验，或由供需双方协商，规定允许降低其力学性能的数值。

② 规定非比例延伸强度和硬度，仅当需方要求时（合同中注明）才进行测定，且供方可根据钢棒的尺寸或状态任选一种方法测定硬度。

③ 扁钢不适用，但需方要求时，由供需双方协商。

④ 需方在合同中注明时，可进行稳定化处理，此时的热处理温度为 850～930℃。

表 7-21　经固溶处理的奥氏体-铁素体型钢棒或试样的力学性能①（GB/T 1220—2007）

GB/T 20878 中序号	统一数字代号	新牌号	旧牌号	规定非比例延伸强度 $R_{P0.2}$② /MPa	抗拉强度 R_m/MPa	断后伸长率 A/%	断面收缩率 Z③/%	冲击吸收功 A_{KU2}④ /J	硬度② HBW	HRB	HV	固溶处理/℃
				不小于					不大于			
67	S21860	14Cr18Ni11Si4AlTi	1Cr18Ni11Si4AlTi	440	715	25	40	63	—	—	—	930～1050,快冷
68	S21953	022Cr19Ni5Mo3Si2N	00Cr18Ni5Mo3Si2	390	590	20	40	—	290	30	300	920～1150,快冷
70	S22253	022Cr22Ni5Mo3N		450	620	25	—	—	290	—	—	950～1200,快冷
71	S22053	022Cr23Ni5Mo3N		450	655	25	—	—	290	—	—	950～1200,快冷
73	S22553	022Cr25Ni6Mo2N		450	620	20	—	—	260	—	—	950～1200,快冷
75	S25554	03Cr25Ni6Mo3Cu2N		550	750	25	—	—	290	—	—	1000～1200,快冷

① 表仅适用于直径、边长、厚度或对边距离小于或等于 75mm 的钢棒。大于 75mm 的钢棒，可改锻成 75mm 的样坯检验或由供需双方协商，规定允许降低其力学性能的数值。

② 规定非比例延伸强度和硬度，仅当需方要求时（合同中注明）才进行测定，且供方可根据钢棒的尺寸或状态任选一种方法测定硬度。

③ 扁钢不适用，但需方要求时，由供需双方协商确定。

④ 直径或对边距离小于等于 16mm 的圆钢、六角钢、八角钢和边长或厚度小于等于 12mm 的方钢、扁钢不做冲击试验。

表 7-22　经退火处理的铁素体型钢棒或试样的力学性能①（GB/T 1220—2007）

GB/T 20878 中序号	统一数字代号	新牌号	旧牌号	规定非比例延伸强度 $R_{P0.2}$② /MPa	抗拉强度 R_m/MPa	断后伸长率 A/%	断面收缩率 Z③/%	冲击吸收功 A_{KU_2}④ /J	硬度② HBW	退　火/℃
				不小于					不大于	
78	S11348	06Cr13Al	0Cr13Al	175	410	20	60	78	183	780～830,空冷或缓冷
83	S11203	022Cr12	00Cr12	195	360	22	60	—	183	700～820,空冷或缓冷
85	S11710	10Cr17	1Cr17	205	450	22	50	—	183	780～850,空冷或缓冷
86	S11717	Y10Cr17	Y1Cr17	205	450	22	50	—	183	680～820,空冷或缓冷
88	S11790	10Cr17Mo	1Cr17Mo	205	450	22	60	—	183	780～850,空冷或缓冷
94	S12791	008Cr27Mo	00Cr27Mo	245	410	20	45	—	219	900～1050,快冷
95	S13091	008Cr30Mo2	00Cr30Mo2	295	450	20	45	—	228	900～1050,快冷

① 表仅适用于直径、边长、厚度或对边距离小于或等于 75mm 的钢棒。大于 75mm 的钢棒，可改锻成 75mm 的样坯检验或由供需双方协商，规定允许降低其力学性能的数值。

② 规定非比例延伸强度和硬度，仅当需方要求时（合同中注明）才进行测定。

③ 扁钢不适用，但需方要求时，由供需双方协商确定。

④ 直径或对边距离小于等于 16mm 的圆钢、六角钢、八角钢和边长或厚度小于等于 12mm 的方钢、扁钢不做冲击试验。

表 7-23 经热处理的马氏体型钢棒或试样的力学性能[①]（GB/T 1220—2007）

GB/T 20878 中序号	统一数字代号	新牌号	旧牌号	组别	经淬火回火后试样的力学性能和硬度：规定非比例延伸强度 $R_{P0.2}$ /MPa	抗拉强度 R_m /MPa	断后伸长率 A /%	断面收缩率 Z[②] /%	冲击吸收功 A_{KU_2}[④] /J	硬度(HBW)	硬度(HRC)	退火后钢棒的硬度[③] HBW	钢棒的热处理制度	试样的热处理制度	
					不小于							不大于	退火/℃	淬火/℃	回火/℃
96	S40310	12Cr12	1Cr12		390	590	25	55	118	170	—	200	800～900 缓冷或约 750 快冷	950～1000 油冷	700～750 快冷
97	S41008	06Cr13	0Cr13		345	490	24	60	—	—	—	183	800～900 缓冷或约 750 快冷	950～1000 油冷	700～750 快冷
98	S41010	12Cr13	1Cr13		345	540	22	55	78	159	—	200	800～900 缓冷或约 750 快冷	950～1000 油冷	700～750 快冷
100	S41617	Y12Cr13	Y1Cr13		345	540	17	45	55	159	—	200	800～900 缓冷或约 750 快冷	950～1000 油冷	700～750 快冷
101	S42020	20Cr13	2Cr13		440	640	20	50	63	192	—	223	800～900 缓冷或约 750 快冷	920～980 油冷	600～750 快冷
102	S42030	30Cr13	3Cr13		540	735	12	40	24	217	—	235	800～900 缓冷或约 750 快冷	920～980 油冷	600～750 快冷
103	S42037	Y30Cr13	Y3Cr13		540	735	8	35	24	217	—	235	800～900 缓冷或约 750 快冷	920～980 油冷	600～750 快冷
104	S42040	40Cr13	4Cr13		—	—	—	—	—	—	50	235	800～900 缓冷或约 750 快冷	1050～1100 油冷	200～300 空冷
106	S43110	14Cr17Ni2	1Cr17Ni2		—	1080	10	—	39	—	—	285	680～700 高温回火,空冷	950～1050 油冷	275～350 空冷
107	S43120	17Cr16Ni2[⑤]		1	700	900～1050	12	45	25 (A_{KV})	—	—	295	680～800,炉冷或空冷	950～1050 油冷或空冷	600～650 空冷
				2	600	800～950	14								750～800+650～700,空冷

续表

GB/T 20878 中序号	统一数字代号	新牌号	旧牌号	组别	经淬火回火后试样的力学性能和硬度							退火后钢棒的硬度③	钢棒的热处理制度	试样的热处理制度	
					规定非比例延伸强度 $R_{P0.2}$ /MPa	抗拉强度 R_m /MPa	断后伸长率 A /%	断面收缩率 Z② /%	冲击吸收功 A_{KU_2}④ /J	硬度 (HBW)	硬度 (HRC)	HBW			
					不小于							不大于	退火/℃	淬火/℃	回火/℃
108	S44070	68Cr17	7Cr17		—	—	—	—	—		54	255	800～920 缓冷	1010～1070 油冷	100～180 快冷
109	S44080	85Cr17	8Cr17		—	—	—	—	—	—	55	255	800～920 缓冷	1010～1070 油冷	100～180 快冷
110	S44096	108Cr17	11Cr17		—	—	—	—	—	—	58	269	800～920 缓冷	1010～1070 油冷	100～180 快冷
111	S44097	Y108Cr17	Y11Cr17		—	—	—	—	—	—	58	269	800～920 缓冷	1010～1070 油冷	100～180 快冷
112	S44090	95Cr18	9Cr18		—	—	—	—	—	—	55	255	800～920 缓冷	1000～1050 油冷	200～300 油、空冷
115	S45710	13Cr13Mo	1Cr13Mo		490	690	20	60	78	192	—	200	830～900 缓冷或约 750 快冷	970～1020 油冷	650～750 快冷
116	S45830	32Cr13Mo	3Cr13Mo		—	—	—	—	—	—	50	207	800～900 缓冷或约 750 快冷	1025～1075 油冷	200～300 油、水、空冷
117	S45990	102Cr17Mo	9Cr18Mo		—	—	—	—	—	—	55	269	800～900 缓冷	1000～1050 油冷	200～300 空冷
118	S46990	90Cr18MoV	9Cr18MoV		—	—	—	—	—	—	55	269	800～920 缓冷	1050～1075 油冷	100～200 空冷

① 表仅适用于直径、边长、厚度或对边距离小于或等于 75mm 的钢棒。大于 75mm 的钢棒，可改锻成 75mm 的样坯检验或由供需双方协商，规定允许降低其力学性能的数值。

② 扁钢不适用，但需方要求时，由供需双方协商确定。

③ 采用 750℃退火时，其硬度由供需双方协商。

④ 直径或对边距离小于等于 16mm 的圆钢、六角钢、八角钢和边长或厚度小于等于 12mm 的方钢、扁钢不做冲击试验。

⑤ 17Cr16Ni2 钢的性能组别应在合同中注明，未注明时，由供方自行选择。

表 7-24 沉淀硬化型不锈钢棒或试样的典型热处理制度（GB/T 1220—2007）

GB/T 20878 中序号	统一数字代号	新牌号	旧牌号	热处理 种类		热处理 组别	热处理 条件
136	S51550	05Cr15Ni5Cu4Nb		固溶处理		0	1020～1060℃，快冷
				沉淀硬化	480℃时效	1	经固溶处理后，470～490℃空冷
					550℃时效	2	经固溶处理后，540～560℃空冷
					580℃时效	3	经固溶处理后，570～590℃空冷
					620℃时效	4	经固溶处理后，610～630℃空冷
137	S51740	05Cr17Ni4Cu4Nb	0Cr17Ni4Cu4Nb	固溶处理		0	1020～1060℃，快冷
				沉淀硬化	480℃时效	1	经固溶处理后，470～490℃空冷
					550℃时效	2	经固溶处理后，540～560℃空冷
					580℃时效	3	经固溶处理后，570～590℃空冷
					620℃时效	4	经固溶处理后，610～630℃空冷
138	S51770	07Cr17Ni7Al	0Cr17Ni7Al	固溶处理		0	1000～1100℃，快冷
				沉淀硬化	510℃时效	1	经固溶处理后，955℃±10℃保持10min，空冷到室温，在24h内冷却到－73℃±6℃，保持8h，再加热到510℃±10℃，保持1h后，空冷
					565℃时效	2	经固溶处理后，于760℃±15℃保持90min，在1h内冷却到15℃以下，保持30min，再加热到565℃±10℃，保持90min，空冷
139	S51570	07Cr15Ni7Mo2Al	0Cr15Ni7Mo2Al	固溶处理		0	1000～1100℃快冷
				沉淀硬化	510℃时效	1	经固溶处理后，955℃±10℃保持10min，空冷到室温，在24h内冷却到－73℃±6℃，保持8h，再加热到510℃±10℃，保持1h后，空冷
					565℃时效	2	经固溶处理后，于760℃±15℃保持90min，在1h内冷却到15℃以下，保持30min，再加热到565℃±10℃，保持90min，空冷

表 7-25　沉淀硬化型钢棒或试样的力学性能[1]

GB/T 20878 中序号	统一数字代号	新牌号	旧牌号	热处理 类型	热处理 组别	规定非比例延伸强度 $R_{P0.2}$/MPa	抗拉强度 R_m/MPa	断后伸长率 A/%	断面收缩率 Z[2]/%	硬度[3] HBW	硬度[3] HRC
						不小于					
136	S51550	05Cr15Ni5Cu4Nb		固溶处理	0	—	—	—	—	≤363	≤38
				沉淀硬化 480℃时效	1	1180	1310	10	35	≥375	≥40
				沉淀硬化 550℃时效	2	1000	1070	12	45	≥331	≥35
				沉淀硬化 580℃时效	3	865	1000	13	45	≥302	≥31
				沉淀硬化 620℃时效	4	725	930	16	50	≥277	≥28
137	S51740	05Cr17Ni4Cu4Nb	0Cr17Ni4Cu4Nb	固溶处理	0	—	—	—	—	≤363	≤38
				沉淀硬化 480℃时效	1	1180	1310	10	40	≥375	≥40
				沉淀硬化 550℃时效	2	1000	1070	12	45	≥331	≥35
				沉淀硬化 580℃时效	3	865	1000	13	45	≥302	≥31
				沉淀硬化 620℃时效	4	725	930	16	50	≥277	≥28
138	S51770	07Cr17Ni7Al	0Cr17Ni7Al	固溶处理	0	≤380	≤1030	20	—	≤229	—
				沉淀硬化 510℃时效	1	1030	1230	4	10	≥388	—
				沉淀硬化 565℃时效	2	960	1140	5	25	≥363	—
139	S51570	07Cr15Ni7Mo2Al	0Cr15Ni7Mo2Al	固溶处理	0	—	—	—	—	≤269	—
				沉淀硬化 510℃时效	1	1210	1320	6	20	≥388	—
				沉淀硬化 565℃时效	2	1100	1210	7	25	≥375	—

① 表仅适用于直径 边长、厚度或对边距离小于或等于 75mm 的钢棒。大于 75mm 的钢棒，可改锻成 75mm 的样坯检验或由供需双方协商，规定允许降低其力学性能的数值。

② 扁钢不适用，但需方要求时，由供需双方协商确定。

③ 供方可根据钢棒的尺寸或状态任选一种方法测定硬度。

表 7-26 奥氏体型钢的热处理制度（GB/T 3280—2007） 单位：℃

GB/T 20878 中序号	新牌号	旧牌号	热处理温度及冷却方式
9	12Cr17Ni7	1Cr17Ni7	≥1040，水冷或其他方式快冷
10	022Cr17Ni7		≥1040，水冷或其他方式快冷
11	022Cr17Ni7N		≥1040，水冷或其他方式快冷
13	12Cr18Ni9	1Cr18Ni9	≥1040，水冷或其他方式快冷
14	12Cr18Ni9Si3	1Cr18Ni9Si3	≥1040，水冷或其他方式快冷
17	05Cr19Ni10	0Cr18Ni9	≥1040，水冷或其他方式快冷
18	022Cr19Ni10	00Cr19Ni10	≥1040，水冷或其他方式快冷
19	07Cr19Ni10		≥1095，水冷或其他方式快冷
20	05Cr19Ni10Si2N		≥1040，水冷或其他方式快冷
23	06Cr19Ni10N	0Cr19Ni9N	≥1040，水冷或其他方式快冷
24	06Cr19Ni9NbN	0Cr19Ni10NbN	≥1040，水冷或其他方式快冷
25	022Cr19Ni10N	00Cr18Ni10N	≥1040，水冷或其他方式快冷
26	10Cr18Ni12	1Cr18Ni12	≥1040，水冷或其他方式快冷
32	06Cr23Ni13	0Cr23Ni13	≥1040，水冷或其他方式快冷
35	06Cr25Ni20	0Cr25Ni20	≥1040，水冷或其他方式快冷
36	022Cr25Ni22Mo2N		≥1040，水冷或其他方式快冷
38	06Cr17Ni12Mo2	0Cr17Ni12Mo2	≥1040，水冷或其他方式快冷
39	022Cr17Ni12Mo2	00Cr17Ni14Mo2	≥1040，水冷或其他方式快冷
41	06Cr17Ni12Mo2Ti	0Cr18Ni12Mo3Ti	≥1040，水冷或其他方式快冷
42	06Cr17Ni12Mo2Nb		≥1040，水冷或其他方式快冷
43	06Cr17Ni12Mo2N	0Cr17Ni12Mo2N	≥1040，水冷或其他方式快冷
44	022Cr17Ni12Mo2N	00Cr17Ni13Mo2N	≥1040，水冷或其他方式快冷
45	06Cr18Ni12Mo2Cu2	0Cr18Ni12Mo2Cu2	1010～1150，水冷或其他方式快冷
48	015Cr21Ni26Mo5Cu2		
49	06Cr19Ni13Mo3	0Cr19Ni13Mo3	≥1040，水冷或其他方式快冷
50	022Cr19Ni13Mo3	00Cr19Ni13Mo3	≥1040，水冷或其他方式快冷
53	022Cr19Ni16Mo5N		≥1040，水冷或其他方式快冷
54	022Cr19Ni13Mo4N		≥1040，水冷或其他方式快冷
55	06Cr18Ni11Ti	0Cr18Ni10Ti	≥1040，水冷或其他方式快冷
58	015Cr24Ni22Mo8Mn3CuN		≥1150，水冷或其他方式快冷
61	022Cr24Ni17Mo5Mn6NbN		1120～1170，水冷或其他方式快冷
62	06Cr18Ni11Nb	0Cr18Ni11Nb	≥1040，水冷或其他方式快冷

表 7-27 奥氏体-铁素体型钢的热处理制度（GB/T 3280—2007） 单位：℃

GB/T 20878 中序号	新牌号	旧牌号	热处理温度及冷却方式
67	14Cr18Ni11Si4AlTi	1Cr18Ni11Si4AlTi	1000～1050，水冷或其他方式快冷
68	022Cr19Ni5Mo3Si2N	00Cr18Ni5Mo3Si2	950～1050，水冷
69	12Cr21Ni5Ti	1Cr21Ni5Ti	950～1050，水冷或其他方式快冷

续表

GB/T 20878 中序号	新牌号	旧牌号	热处理温度及冷却方式
70	022Cr22Ni5Mo3N		1040～1100,水冷或其他方式快冷
71	022Cr23Ni5Mo3N		1040～1100,水冷,除钢卷在连续退火线水冷或类似方式快冷
72	022Cr23Ni4MoCuN		950～1050,水冷或其他方式快冷
73	022Cr25Ni6Mo2N		1025～1125,水冷或其他方式快冷
74	022Cr25Ni7Mo4WCuN		1050～1125,水冷或其他方式快冷
75	03Cr25Ni6Mo3Cu2N		1050～1100,水冷或其他方式快冷
76	022Cr25Ni7Mo4N		1050～1100,水冷

表 7-28　铁素体型钢的热处理制度（GB/T 3280—2007）　单位:℃

GB/T 20878 中序号	新牌号	旧牌号	退火处理温度及冷却方式
78	06Cr13Al	0Cr13Al	780～830,快冷或缓冷
80	022Cr11Ti		800～900,快冷或缓冷
81	022Cr11NbTi		800～900,快冷或缓冷
82	022Cr12Ni		700～820,快冷或缓冷
83	022Cr12	00Cr12	700～820,快冷或缓冷
84	10Cr15	1Cr15	780～850,快冷或缓冷
85	10Cr17	1Cr17	780～800,空冷
87	022Cr18Ti	00Cr17	780～950,快冷或缓冷
88	10Cr17Mo	1Cr17Mo	780～850,快冷或缓冷
90	019Cr18MoTi		
91	022Cr18NbTi		
92	019Cr19Mo2NbTi	00Cr18Mo2	800～1050,快冷
94	008Cr27Mo	00Cr27Mo	900～1050,快冷
95	008Cr30Mo2	00Cr30Mo2	800～1050,快冷

表 7-29　马氏体型钢的热处理制度（GB/T 3280—2007）　单位:℃

GB/T 20878 中序号	新牌号	旧牌号	退火处理	淬火	回火
96	12Cr12	1Cr12	约 750 快冷,或 800～900 缓冷		
97	06Cr13	0Cr13	约 750 快冷,或 800～900 缓冷		
98	12Cr13	1Cr13	约 750 快冷,或 800～900 缓冷		
99	04Cr13Ni5Mo				
101	20Cr13	2Cr13	约 750 快冷,或 800～900 缓冷		
102	30Cr13	3Cr13	约 750 快冷,或 800～900 缓冷	980～1040,快冷	150～400,空冷
104	40Cr13	4Cr13	约 750 快冷,或 800～900 缓冷	1050～1100,油冷	200～300,空冷
107	17Cr16Ni2			1010±10,油冷	605±5,空冷
				1000～1030,油冷	300～380,空冷
108	68Cr17	1Cr12	约 750 快冷,或 800～900 缓冷	1010～1070,快冷	150～400,空冷

表 7-30 沉淀硬化型钢的热处理制度（GB/T 3280—2007）

GB/T 20878 中序号	新牌号	旧牌号	固溶处理	沉淀硬化处理
134	04Cr13Ni8Mo2Al		927℃±15℃，按要求冷却至 60℃以下	510℃±6℃，保温 4h，空冷
				538℃±6℃，保温 4h，空冷
135	022Cr12Ni9Cu2NbTi		829℃±15℃，水冷	480℃±6℃，保温 4h，空冷
				510℃±6℃，保温 4h，空冷
138	07Cr17Ni7Al	0Cr17Ni7Al	1065℃±15℃，水冷	954℃±8℃保温 10min，快冷至室温，24h 内冷至−73℃±6℃，保温 8h，在空气中升至室温，再加热到 510℃±6℃，保温 1h 后空冷
				760℃±15℃保温 90min，1h 内冷却至 15℃±3℃，保温 30min，再加热至 566℃±6℃，保温 90min 后空冷
139	07Cr15Ni7Mo3Al	0Cr17Ni7Al	1040℃±15℃，水冷	954℃±8℃保温 10min，快冷至室温，24h 内冷至−73℃±6℃，保温 8h，在空气中升至室温，再加热到 510℃±6℃，保温 1h 后空冷
				760℃±15℃保温 90min，1h 内冷至 15℃±3℃，保温 30min，再加热至 566℃±6℃，保温 90min 后空冷
141	09Cr17Ni5Mo3N		930℃±15℃，水冷，在−75℃以下保持 3h	455℃±8℃保温 3h，空冷
				540℃±8℃保温 3h，空冷
142	06Cr17Ni7AlTi		1038℃±15℃，空冷	510℃±8℃保温 30min，空冷
				538℃±8℃保温 30min，空冷
				566℃±8℃保温 30min，空冷

表 7-31 经固溶处理的奥氏体型钢的力学性能（GB/T 3280—2007）

GB/T 20878 中序号	新牌号	旧牌号	规定非比例延伸强度 $R_{P0.2}$/MPa	抗拉强度 R_m/MPa	断后伸长率 A/%	硬度值 HBW	硬度值 HRB	硬度值 HV
			不小于			不大于		
9	12Cr17Ni7	1Cr17Ni7	205	515	40	217	95	218
10	022Cr17Ni7		220	550	45	241	100	—
11	022Cr17Ni7N		240	550	45	241	100	—
13	12Cr18Ni9	1Cr18Ni9	205	515	40	201	92	210
14	12Cr18Ni9Si3	1Cr18Ni9Si3	205	515	40	217	95	220
17	06Cr19Ni10	0Cr18Ni9	205	515	40	201	92	210
18	022Cr19Ni10	00Cr19Ni10	170	485	40	201	92	210
19	07Cr19Ni10		205	515	40	201	92	210
20	05Cr19Ni10Si2NbN		290	600	40	217	95	—
23	06Cr19Ni10N	0Cr19Ni9N	240	550	30	201	92	220
24	06Cr19Ni9NbN	0Cr19Ni10NbN	345	685	35	250	100	260
25	022Cr19Ni10N	00Cr18Ni10N	205	515	40	201	92	220
26	10Cr18Ni12	1Cr18Ni12	170	485	40	183	88	200

续表

GB/T 20878 中序号	新牌号	旧牌号	规定非比例延伸强度 $R_{P0.2}$/MPa	抗拉强度 R_m/MPa	断后伸长率 A/%	硬度值		
						HBW	HRB	HV
			不小于			不大于		
32	06Cr23Ni13	0Cr23Ni13	205	515	40	217	95	220
35	06Cr25Ni20	0Cr25Ni20	205	515	40	217	95	220
36	022Cr25Ni22Mo2N		270	580	25	217	95	—
38	06Cr17Ni12Mo2	0Cr17Ni12Mo2	205	515	40	217	95	220
39	022Cr17Ni12Mo2	00Cr17Ni14Mo2	170	485	40	217	95	220
41	06Cr17Ni12Mo2Ti	0Cr18Ni12Mo3Ti	205	515	40	217	95	220
42	06Cr17Ni12Mo2Nb		205	515	30	217	95	—
43	06Cr17Ni12Mo2N	0Cr17Ni12Mo2N	240	550	35	217	95	220
44	022Cr17Ni12Mo2N	00Cr17Ni13Mo2N	205	515	40	217	95	220
45	06Cr18Ni12Mo2Cu2	0Cr18Ni12Mo2Cu2	205	520	40	187	90	200
48	015Cr21Ni26Mo5Cu2		220	490	35	—	90	—
49	06Cr19Ni13Mo3	0Cr19Ni13No3	205	515	35	217	95	220
50	022Cr19Ni13Mo3	00Cr19Ni13Mo3	205	515	40	217	95	220
53	022Cr19Ni16Mo5N		240	550	40	223	96	—
54	022Cr19Ni13Mo4N		240	550	40	217	95	—
55	06Cr18Ni11Ti	0Cr18Ni10Ti	205	515	40	217	95	220
58	015Cr24Ni22Mo8Mn3CuN		430	750	40	250	—	—
61	022Cr24Ni17Mo5Mn6NbN		415	795	35	241	100	—
62	06Cr18Ni11Nb	0Cr18Ni11Nb	205	515	40	201	92	210

表 7-32 H1/4 冷作硬化状态的钢材力学性能（GB/T 3280—2007）

GB/T 20878 中序号	新牌号	旧牌号	规定非比例延伸强度 $R_{P0.2}$/MPa	抗拉强度 R_m/MPa	断后伸长率 A/%		
					厚度 <0.4mm	厚度 ≥0.4～<0.8mm	厚度 ≥0.8mm
			不小于				
9	12Cr17Ni7	1Cr17Ni7	515	860	25	25	25
10	022Cr17Ni7		515	825	25	25	25
11	022Cr17Ni7N		515	825	25	25	25
13	12Cr18Ni9	1Cr18Ni9	515	860	10	10	12
17	06Cr19Ni10	0Cr18Ni9	515	860	10	10	12
18	022Cr19Ni10	00Cr19Ni10	515	860	8	8	10
23	06Cr19Ni10N	0Cr19Ni9N	515	860	12	12	12
25	022Cr19Ni10N	00Cr18Ni10N	515	860	10	10	12
38	06Cr17Ni12Mo2	0Cr17Ni12Mo2	515	860	10	10	10
39	022Cr17Ni12Mo2	00Cr17Ni14Mo2	515	860	8	8	8
41	06Cr17Ni12Mo2Ti	0Cr18Ni12Mo3Ti	515	860	12	12	12

表 7-33 H1/2 冷作硬化状态的钢材力学性能（GB/T 3280—2007）

GB/T 20878 中序号	新牌号	旧牌号	规定非比例延伸强度 $R_{P0.2}$/MPa	抗拉强度 R_m/MPa	断后伸长率 A/% 厚度 <0.4mm	厚度 ≥0.4～<0.8mm	厚度 ≥0.8mm
			不小于		不小于		
9	12Cr17Ni7	1Cr17Ni7	760	1035	15	18	18
10	022Cr17Ni7		690	930	20	20	20
11	022Cr17Ni7N		690	930	20	20	20
13	12Cr18Ni9	1Cr18Ni9	760	1035	9	10	10
17	06Cr19Ni10	0Cr18Ni9	760	1035	6	7	7
18	022Cr19Ni10	00Cr19Ni10	760	1035	5	6	6
23	06Cr19Ni10N	0Cr19Ni9N	760	1035	6	8	8
25	022Cr19Ni10N	00Cr18Ni10N	760	1035	6	7	7
38	06Cr17Ni12Mo2	0Cr17Ni12Mo2	760	1035	6	7	7
39	022Cr17Ni12Mo2	00Cr17Ni14Mo2	760	1035	5	6	6
43	06Cr17Ni12Mo2N	0Cr17Ni12Mo2N	760	1035	6	8	8

表 7-34 H 冷作硬化状态的钢材力学性能（GB/T 3280—2007）

GB/T 20878 中序号	新牌号	旧牌号	规定非比例延伸强度 $R_{P0.2}$/MPa	抗拉强度 R_m/MPa	断后伸长率 A/% 厚度 <0.4mm	厚度 ≥0.4～<0.8mm	厚度 ≥0.8mm
			不小于		不小于		
9	12Cr17Ni7	1Cr17Ni7	930	1205	10	12	12
13	12Cr18Ni9	1Cr18Ni9	930	1205	5	6	6

表 7-35 H2 冷作硬化状态的钢材力学性能（GB/T 3280—2007）

GB/T 20878 中序号	新牌号	旧牌号	规定非比例延伸强度 $R_{P0.2}$/MPa	抗拉强度 R_m/MPa	断后伸长率 A/% 厚度 <0.4mm	厚度 ≥0.4～<0.8mm	厚度 ≥0.8mm
			不小于		不小于		
9	12Cr17Ni7	1Cr17Ni7	965	1275	8	9	9
13	12Cr18Ni9	1Cr18Ni9	965	1275	3	4	4

表 7-36 经固溶处理的奥氏体-铁素体型钢力学性能（GB/T 3280—2007）

GB/T 20878 中序号	新牌号	旧牌号	规定非比例延伸强度 $R_{P0.2}$/MPa	抗拉强度 R_m/MPa	断后伸长率 A/%	硬度值 HBW	硬度值 HRC
			不小于			不大于	
67	14Cr18Ni11Si4AlTi	1Cr18Ni11Si4AlTi	—	715	25	—	—
68	022Cr19Ni5Mo3Si2N	00Cr18Ni5Mo3Si2	440	630	25	290	31
69	12Cr21Ni5Ti	1Cr21Ni5Ti	—	635	20	—	—
70	022Cr22Ni5Mo3N		450	620	25	293	31

续表

GB/T 20878 中序号	新牌号	旧牌号	规定非比例延伸强度 $R_{P0.2}$/MPa	抗拉强度 R_m/MPa	断后伸长率 A/%	硬度值 HBW	硬度值 HRC
			不小于			不大于	
71	022Cr23Ni5Mo3N		450	620	25	293	31
72	022Cr23Ni4MoCuN		400	600	25	290	31
73	022Cr25Ni6Mo2N		450	640	25	295	31
74	022Cr25Ni7Mo4WCuN		550	750	25	270	—
75	03Cr25Ni6Mo3Cu2N		550	760	15	302	32
76	022Cr25Ni7Mo4N		550	795	15	310	32

注：奥氏体-铁素体双相不锈钢不需要做冷弯试验。

表 7-37　经退火处理的铁素体型钢的力学性能（GB/T 3280—2007）

GB/T 20878 中序号	新牌号	旧牌号	规定非比例延伸强度 $R_{P0.2}$/MPa	抗拉强度 R_m/MPa	断后伸长率 A/%	冷弯 180°	硬度值 HBW	硬度值 HRB	硬度值 HV
			不小于				不大于		
78	06Cr13Al	0Cr13Al	170	415	20	$d=2a$	179	88	200
80	022Cr11Ti		275	415	20	$d=2a$	197	92	200
81	022Cr11NbTi		275	415	20	$d=2a$	197	92	200
82	022Cr12Ni		280	450	18	—	180	88	—
83	022Cr12	00Cr12	195	360	22	$d=2a$	183	88	200
84	10Cr15	1Cr15	205	450	22	$d=2a$	183	89	200
85	10Cr17	1Cr17	205	450	22	$d=2a$	183	89	200
87	022Cr18Ti	00Cr17	175	360	22	$d=2a$	183	88	200
88	10Cr17Mo	1Cr17Mo	240	450	22	$d=2a$	183	89	200
90	019Cr18MoTi		245	410	20	$d=2a$	217	96	230
91	022Cr18NbTi		250	430	18	—	180	88	—
92	019Cr19Mo2NbTi	00Cr18Mo2	275	415	20	$d=2a$	217	96	230
94	008Cr27Mo	00Cr27Mo	245	410	22	$d=2a$	190	90	200
95	008Cr30Mo2	00Cr30Mo2	295	450	22	$d=2a$	209	95	220

注："—"表示目前尚无数据提供，需在生产使用过程中积累数据。d 为弯芯直径。a 为钢板厚度。

表 7-38　经退火处理的马氏体型钢的力学性能（GB/T 3280—2007）

GB/T 20878 中序号	新牌号	旧牌号	规定非比例延伸强度 $R_{P0.2}$/MPa	抗拉强度 R_m/MPa	断后伸长率 A/%	冷弯 180°	硬度值 HBW	硬度值 HRB	硬度值 HV
			不小于				不大于		
96	12Cr12	1Cr12	205	485	20	$d=2a$	217	96	210
97	06Cr13	0Cr13	205	415	20	$d=2a$	183	89	200
98	12Cr13	1Cr13	205	450	20	$d=2a$	217	96	210
99	04Cr13Ni5Mo		620	795	15	—	302	32①	—

续表

GB/T 20878 中序号	新牌号	旧牌号	规定非比例延伸强度 $R_{P0.2}$/MPa	抗拉强度 R_m/MPa	断后伸长率 A/%	冷弯 180°	硬度值 HBW	硬度值 HRB	硬度值 HV
			不小于				不大于		
101	20Cr13	2Cr13	225	520	18	—	223	97	234
102	30Cr13	3Cr13	225	540	18	—	235	99	247
104	40Cr13	4Cr13	225	590	15	—	—	—	—
107	17Cr16Ni2②		690	880～1080	12	—	262～326	—	—
			1050	1350	10	—	388	—	—
108	68Cr17	1Cr12	245	590	15	—	255	25①	269

① 为硬度值（HRC）。

② 表列为淬火、回火后的力学性能。d 为弯芯直径。a 为钢板厚度。

表 7-39　经固溶处理的沉淀硬化型钢试样的力学性能（GB/T 3280—2007）

GB/T 20878 中序号	新牌号	旧牌号	钢材厚度 /mm	规定非比例延伸强度 $R_{P0.2}$/MPa	抗拉强度 R_m/MPa	断后伸长率 A/%	硬度值 HRC	硬度值 HBW
				不大于		不小于	不大于	
134	04Cr13Ni8Mo2Al		≥0.10～<8.0	—	—	—	38	363
135	022Cr12Ni9Cu2NbTi		≥0.30～≤8.0	1105	1205	3	36	331
138	07Cr17Ni7Al	0Cr17Ni7Al	≥0.10～<0.30	450	1035	—	—	—
			≥0.30～≤8.0	380	1035	20	92①	—
139	07Cr15Ni7Mo2Al	0Cr15Ni7Mo2Al	≥0.10～<8.0	450	1035	25	100①	—
141	09Cr17Ni5Mo3N		≥0.10～<0.30	585	1380	8	30	—
			≥0.30～≤8.0	585	1380	12	30	—
142	06Cr17Ni7AlTi		≥0.10～<1.50	515	825	4	32	—
			≥1.50～≤8.0	515	825	5	32	—

① 为硬度值（HRB）。

表 7-40　沉淀硬化处理后的沉淀硬化型钢试样的力学性能

GB/T 20878 中序号	新牌号	旧牌号	钢材厚度 /mm	处理①温度 /℃	非比例延伸强度 $R_{P0.2}$ /MPa	抗拉强度 R_m /MPa	断后②伸长率 A/%	硬度值 HRC	硬度值 HB
					不小于			不大于	
134	04Cr13Ni8Mo2Al		≥0.10～<0.50	510±6	1410	1515	6	45	—
			≥0.50～<5.0		1410	1515	8	45	—
			≥5.0～≤8.0		1410	1515	10	45	—
			≥0.10～<0.50	538±6	1310	1380	6	43	—
			≥0.50～<5.0		1310	1380	8	43	—
			≥5.0～≤8.0		1310	1380	10	43	—
135	022Cr12Ni9Cu2NbTi		≥0.10～<0.50	510±6 或 482±6	1410	1525	—	44	—
			≥0.50～<1.50		1410	1525	3	44	—
			≥1.50～≤8.0		1410	1525	4	44	—

续表

GB/T 20878 中序号	新牌号	旧牌号	钢材厚度/mm	处理①温度/℃	非比例延伸强度 $R_{P0.2}$/MPa	抗拉强度 R_m/MPa	断后②伸长率 A/%	硬度值 HRC	硬度值 HB
					不小于			不大于	
138	07Cr17Ni7Al	0Cr17Ni7Al	≥0.10～＜0.50	760±15	1035	1240	3	38	—
			≥0.30～＜5.0	15±3	1035	1240	5	38	—
			≥5.0～≤8.0	566±6	965	1170	7	43	352
			≥0.10～＜0.30	954±8	1310	1450	1	44	—
			≥0.30～＜5.0	−73±6	1310	1450	3	44	—
			≥5.0～≤8.0	510±6	1240	1380	6	43	401
139	07Cr15Ni7Mo2Al	0Cr15Ni7Mo2Al	≥0.10～＜0.30	760±15	1170	1310	3	40	—
			≥0.30～＜5.0	15±3	1170	1310	5	40	—
			≥5.0～≤8.0	566±6	1170	1310	4	40	375
			≥0.10～＜0.30	954±8	1380	1550	2	46	—
			≥0.30～＜5.0	−73±6	1380	1550	4	46	—
			≥5.0～≤8.0	510±6	1380	1550	4	45	429
			≥0.10～≤1.2	冷轧	1205	1380	1	41	—
			≥0.10～≤1.2	冷轧+482	1580	1655	1	46	—
141	09Cr17Ni5Mo3N		≥0.10～＜0.30	455±8	1035	1275	6	42	—
			≥0.30～≤5.0		1035	1275	8	42	—
			≥0.10～＜0.30	540±8	1000	1140	6	36	—
			≥0.30～≤5.0		1000	1140	8	36	—
142	06Cr17Ni7AlTi		≥0.10～＜0.80	510±8	1170	1310	3	39	—
			≥0.80～＜1.50		1170	1310	4	39	—
			≥1.50～≤8.0		1170	1310	5	39	—
			≥0.10～＜0.80	538±8	1105	1240	3	37	—
			≥0.80～＜1.50		1105	1240	4	37	—
			≥1.50～≤8.0		1105	1240	5	37	—
			≥0.10～＜0.80	566±8	1035	1170	3	35	—
			≥0.80～＜1.50		1035	1170	4	35	—
			≥1.50～≤8.0		1035	1170	5	35	—

① 为推荐性热处理温度，供方应向需方提供推荐性热处理制度。

② 适用于沿宽度方向的试验，垂直于轧制方面且平行于钢板表面。

表 7-41　奥氏体型不锈钢棒或试样的典型热处理制度

GB/T 20878 中序号	统一数字代号	新牌号	旧牌号	固溶处理/℃
1	S35350	12Cr17Mn6Ni5N	1Cr17Mn6Ni5N	1010～1120，快冷
3	S35450	12Cr18Mn9Ni5N	1Cr18Mn8Ni5N	1010～1120，快冷
9	S30110	12Cr17Ni7	1Cr17Ni7	1010～1150，快冷
13	S30210	12Cr18Ni9	1Cr18Ni9	1010～1150，快冷
15	S30317	Y12Cr18Ni9	Y1Cr18Ni9	1010～1150，快冷
16	S30327	Y12Cr18Ni9Se	Y1Cr18Ni9Se	1010～1150，快冷
17	S30408	06Cr19Ni10	0Cr18Ni9	1010～1150，快冷
18	S30403	022Cr19Ni10	00Cr19Ni10	1010～1150，快冷
22	S30488	06Cr18Ni9Cu3	0Cr18Ni9Cu3	1010～1150，快冷
23	S30458	06Cr19Ni10N	0Cr19Ni9N	1010～1150，快冷

续表

GB/T 20878 中序号	统一数字代号	新牌号	旧牌号	固溶处理/℃
24	S30478	06Cr19Ni9NbN	0Cr19Ni10NbN	1010～1150,快冷
25	S30453	022Cr19Ni10N	00Cr18Ni10N	1010～1150,快冷
26	S30510	10Cr18Ni12	1Cr18Ni12	1010～1150,快冷
32	S30908	06Cr23Ni13	0Cr23Ni13	1030～1150,快冷
35	S31008	06Cr25Ni20	0Cr25Ni20	1030～1180,快冷
38	S31608	06Cr17Ni12Mo2	0Cr17Ni12Mo2	1010～1150,快冷
39	S31603	022Cr17Ni12Mo2	00Cr17Ni14Mo2	1010～1150,快冷
41	S31668	06Cr17Ni12Mo2Ti①	0Cr18Ni12Mo3Ti①	1000～1100,快冷
43	S31658	06Cr17Ni12Mo2N	0Cr17Ni12Mo2N	1010～1150,快冷
44	S31653	022Cr17Ni12Mo2N	00Cr17Ni13Mo2N	1010～1150,快冷
45	S31688	06Cr18Ni12Mo2Cu2	0Cr18Ni12Mo2Cu2	1010～1150,快冷
46	S31683	022Cr18Ni14Mo2Cu2	00Cr18Ni14Mo2Cu2	1010～1150,快冷
49	S31708	06Cr19Ni13Mo3	0Cr19Ni13Mo3	1010～1150,快冷
50	S31703	022Cr19Ni13Mo3	00Cr19Ni13Mo3	1010～1150,快冷
52	S31794	03Cr18Ni16Mo5	0Cr18Ni16Mo5	1030～1180,快冷
55	S32168	06Cr18Ni11Ti①	0Cr18Ni10Ti①	920～1150,快冷
62	S34778	06Cr18Ni11Nb①	0Cr18Ni11Nb①	980～1150,快冷
64	S38148	06Cr18Ni13Si4	0Cr18Ni13Si4	1010～1150,快冷

① 需方在合同中注明时，可进行稳定化处理，此时的热处理温度为 850～930℃。

表 7-42　奥氏体-铁素体型不锈钢棒或试样的典型热处理制度

GB/T 20878 中序号	统一数字代号	新牌号	旧牌号	固溶处理/℃
67	S21860	14Cr18Ni11Si4AlTi	1Cr18Ni11Si4AlTi	930～1050,快冷
68	S21953	022Cr19Ni5Mo3Si2N	00Cr18Ni5Mo3Si2	920～1150,快冷
70	S22253	022Cr22Ni5Mo3N		950～1200,快冷
71	S22053	022Cr23Ni5Mo3N		950～1200,快冷
73	S22553	022Cr25Ni6Mo2N		950～1200,快冷
75	S25554	03Cr25Ni6Mo3Cu2N		1000～1200,快冷

表 7-43　铁素体型不锈钢棒或试样的典型热处理制度

GB/T 20878 中序号	统一数字代号	新牌号	旧牌号	退火/℃
78	S11348	06Cr13Al	0Cr13Al	780～830,空冷或缓冷
83	S11203	022Cr12	00Cr12	700～820,空冷或缓冷
85	S11710	10Cr17	1Cr17	780～850,空冷或缓冷
86	S11717	Y10Cr17	Y1Cr17	680～820,空冷或缓冷
88	S11790	10Cr17Mo	1Cr17Mo	780～850,空冷或缓冷
94	S12791	008Cr27Mo	00Cr27Mo	900～1050,快冷
95	S13091	008Cr30Mo2	00Cr30Mo2	900～1050,快冷

表 7-44　马氏体型不锈钢棒或试样的典型热处理制度

GB/T 20878中序号	统一数字代号	新牌号	旧牌号	钢棒的热处理制度	试样的热处理制度	
				退火/℃	淬火/℃	回火/℃
96	S40310	12Cr12	1Cr12	800～900,缓冷或约750快冷	950～1000,油冷	700～750,快冷
97	S41008	06Cr13	0Cr13	800～900,缓冷或约750快冷	950～1000,油冷	700～750,快冷
98	S41010	12Cr13	1Cr13	800～900,缓冷或约750快冷	950～1000,油冷	700～750,快冷
100	S41617	Y12Cr13	Y1Cr13	800～900,缓冷或约750快冷	950～1000,油冷	700～750,快冷
101	S42020	20Cr13	2Cr13	800～900,缓冷或约750快冷	920～980,油冷	600～750,快冷
102	S42030	30Cr13	3Cr13	800～900,缓冷或约750快冷	920～980,油冷	600～750,快冷
103	S42037	Y30Cr13	Y3Cr13	800～900,缓冷或约750快冷	920～980,油冷	600～750,快冷
104	S42040	40Cr13	4Cr13	800～900,缓冷或约750快冷	1050～1100,油冷	200～300,空冷
106	S43110	14Cr17Ni2	1Cr17Ni2	680～700,高温回火,空冷	950～1050,油冷	275～350,空冷
107	S43120	17Cr16Ni2		1　680～800,炉冷或空冷	950～1050,油冷或空冷	600～650,空冷
				2		750～800+650～700,空冷
108	S44070	68Cr17	7Cr17	800～920,缓冷	1010～1070,油冷	100～180,快冷
109	S44080	85Cr17	8Cr17	800～920,缓冷	1010～1070,油冷	100～180,快冷
110	S44096	108Cr17	11Cr17	800～920,缓冷	1010～1070,油冷	100～180,快冷
111	S44097	Y108Cr17	Y11Cr17	800～920,缓冷	1010～1070,油冷	100～180,快冷
112	S44090	95Cr18	9Cr18	800～920,缓冷	1000～1050,油冷	200～300,油、空冷
115	S45710	13Cr13Mo	1Cr13Mo	830～900,缓冷或约750快冷	970～1020,油冷	650～750,快冷
116	S45830	32Cr13Mo	3Cr13Mo	800～900,缓冷或约750快冷	1025～1075,油冷	200～300,油、水、空冷
117	S45990	102Cr17Mo	9Cr18Mo	800～900,缓冷	1000～1050,油冷	200～300,空冷
118	S46990	90Cr18MoV	9Cr18MoV	800～920,缓冷	1050～1075,油冷	100～200,空冷

表 7-45　沉淀硬化型不锈钢棒或试样的典型热处理制度

GB/T 20878中序号	统一数字代号	新牌号	旧牌号	热处理			
				种类		组别	条件
136	S51550	05Cr15Ni5Cu4Nb		固溶处理		0	1020～1060℃,快冷
				沉淀硬化	480℃时效	1	经固溶处理后,470～490℃空冷
					550℃时效	2	经固溶处理后,540～560℃空冷
					580℃时效	3	经固溶处理后,570～590℃空冷
					620℃时效	4	经固溶处理后,610～630℃空冷

续表

GB/T 20878中序号	统一数字代号	新牌号	旧牌号	热处理		
				种类	组别	条件
137	S51740	05Cr17Ni4Cu4Nb	0Cr17Ni4Cu4Nb	固溶处理	0	1020～1060℃，快冷
				沉淀硬化 480℃时效	1	经固溶处理后，470～490℃空冷
				沉淀硬化 550℃时效	2	经固溶处理后，540～560℃空冷
				沉淀硬化 580℃时效	3	经固溶处理后，570～590℃空冷
				沉淀硬化 620℃时效	4	经固溶处理后，610～630℃空冷
138	S51770	07Cr17Ni7Al	0Cr17Ni7Al	固溶处理	0	1000～1100℃，快冷
				沉淀硬化 510℃时效	1	经固溶处理后，955℃±10℃保持10min，空冷到室温，在24h内冷却到－73℃±6℃，保持8h，再加热到510℃±10℃，保持1h后，空冷
				沉淀硬化 565℃时效	2	经固溶处理后，于760℃±15℃保持90min，在1h内冷却到15℃以下，保持30min，再加热到565℃±10℃，保持90min，空冷
139	S51570	07Cr15Ni7Mo2Al	0Cr15Ni7Mo2Al	固溶处理	0	1000～1100℃快冷
				沉淀硬化 510℃时效	1	经固溶处理后，955℃±10℃保持10min，空冷到室温，在24h内冷却到－73℃±6℃，保持8h，再加热到510℃±10℃，保持1h后，空冷
				沉淀硬化 565℃时效	2	经固溶处理后，于760℃±15℃保持90min，在1h内冷却到15℃以下，保持30min，再加热到565℃±10℃，保持90min，空冷

表 7-46 经固溶处理的奥氏体型钢板和钢带的力学性能（GB/T 4237—2015）

统一数字代号	牌号	规定塑性延伸强度 $R_{P0.2}$/MPa	抗拉强度 R_m/MPa	断后伸长率[①] A/%	硬度值		
					HBW	HRB	HV
		不小于			不大于		
S30103	022Cr17Ni7	220	550	45	241	100	242
S30110	12Cr17Ni7	205	515	40	217	95	220
S30153	022Cr17Ni7N	240	550	45	241	100	242
S30210	12Cr18Ni9	205	515	40	201	92	210
S30240	12Cr18Ni9Si3	205	515	40	217	95	220
S30403	022Cr19Ni10	180	485	40	201	92	210
S30408	06Cr19Ni10	205	515	40	201	92	210
S30409	07Cr19Ni10	205	515	40	201	92	210
S30450	05Cr19Ni10Si2CeN	290	600	40	217	95	220

续表

统一数字代号	牌号	规定塑性延伸强度 $R_{P0.2}$/MPa	抗拉强度 R_m/MPa	断后伸长率[①] A/%	硬度值 HBW	硬度值 HRB	硬度值 HV
		不小于			不大于		
S30453	022Cr19Ni10N	205	515	40	217	95	220
S30458	06Cr19Ni10N	240	550	30	217	95	220
S30478	06Cr19Ni9NbN	275	585	30	241	100	242
S30510	10Cr18Ni12	170	485	40	183	88	200
S30859	08Cr21Ni11Si2CeN	310	600	40	217	95	220
S30908	06Cr23Ni13	205	515	40	217	95	220
S31008	06Cr25Ni20	205	515	40	217	95	220
S31053	022Cr25Ni22Mo2N	270	580	25	217	95	220
S31252	015Cr20Ni18Mo6CuN	310	655	35	223	96	225
S31603	022Cr17Ni12Mo2	180	485	40	217	95	220
S31608	06Cr17Ni12Mo2	205	515	40	217	95	220
S31609	07Cr17Ni12Mo2	205	515	40	217	95	220
S31653	022Cr17Ni12Mo2N	205	515	40	217	95	220
S31658	06Cr17Ni12Mo2N	240	550	35	217	95	220
S31668	06Cr17Ni12Mo2Ti	205	515	40	217	95	220
S31678	06Cr17Ni12Mo2Nb	205	515	30	217	95	220
S31688	06Cr18Ni12Mo2Cu2	205	520	40	187	90	200
S31703	022Cr19Ni13Mo3	205	515	40	217	95	220
S31708	06Cr19Ni13Mo3	205	515	35	217	95	220
S31723	022Cr19Ni16Mo5N	240	550	40	223	96	225
S31753	022Cr19Ni13Mo4N	240	550	40	217	95	220
S31782	015Cr21Ni26Mo5Cu2	220	490	35	—	90	200
S32168	06Cr18Ni11Ti	205	515	40	217	95	220
S32169	07Cr19Ni11Ti	205	515	40	217	95	220
S32652	015Cr24Ni22Mo8Mn3CuN	430	750	40	250	—	252
S34553	022Cr24Ni17Mo5Mn6NbN	415	795	35	241	100	242
S34778	06Cr18Ni11Nb	205	515	40	201	92	210
S34779	07Cr18Ni11Nb	205	515	40	201	92	210
S38367	022Cr21Ni25Mo7N	310	655	30	241	—	—
S38926	015Cr20Ni25Mo7CuN	295	650	35	—	—	—

① 厚度不大于 3mm 时使用 A_{50mm} 试样。

表 7-47　经固溶处理的奥氏体-铁素体型钢板和钢带的力学性能（GB/T 4237—2015）

统一数字代号	牌号	规定塑性延伸强度 $R_{P0.2}$/MPa	抗拉强度 R_m/MPa	断后伸长率[①] A/%	硬度值 HBW	硬度值 HRC
		不小于			不大于	
S21860	14Cr18Ni11Si4AlTi	—	715	25	—	—
S21953	022Cr19Ni5Mo3Si2N	440	630	25	290	31
S22053	022Cr23Ni5Mo3N	450	655	25	293	31

续表

统一数字代号	牌号	规定塑性延伸强度 $R_{P0.2}$/MPa	抗拉强度 R_m/MPa	断后伸长率[①] A/%	硬度值	
					HBW	HRC
		不小于			不大于	
S22152	022Cr21Mn5Ni2N	450	620	25	—	25
S22153	022Cr21Ni3Mo2N	450	655	25	293	31
S22160	12Cr21Ni5Ti	—	635	20	—	—
S22193	022Cr21Mn3Ni3Mo2N	450	620	25	293	31
S22253	022Cr22Mn3Ni2MoN	450	655	30	293	31
S22293	022Cr22Ni5Mo3N	450	620	25	293	31
S22294	03Cr22Mn5Ni2MoCuN	450	650	30	290	—
S22353	022Cr23Ni2N	450	650	30	290	—
S22493	022Cr24Ni4Mn3Mo2CuN	480	680	25	290	—
S22553	022Cr25Ni6Mo2N	450	640	25	295	31
S23043	022Cr23Ni4MoCuN	400	600	25	290	31
S25554	03Cr25Ni6Mo3Cu2N	550	760	15	302	32
S25073	022Cr25Ni7Mo4N	550	795	15	310	32
S27603	022Cr25Ni7Mo4WCuN	550	750	25	270	—

① 厚度不大于 3mm 时使用 A_{50mm} 试样。

表 7-48 经退火处理的铁素体型钢板和钢带的力学性能（GB/T 4237—2015）

统一数字代号	牌号	规定塑性延伸强度 $R_{P0.2}$/MPa	抗拉强度 R_m/MPa	断后伸长率[①] A/%	180°弯曲试验弯曲压头直径 D	硬度值		
						HBW	HRB	HV
		不小于				不大于		
S11163	022Cr11Ti	170	380	20	$D=2a$	179	88	200
S11173	022Cr11NbTi	170	380	20	$D=2a$	179	88	200
S11213	022Cr12Ni	280	450	18	—	180	88	200
S11203	022Cr12	195	360	22	$D=2a$	183	88	200
S11348	06Cr13Al	170	415	20	$D=2a$	179	88	200
S11510	10Cr15	205	450	22	$D=2a$	183	89	200
S11573	022Cr15NbTi	205	450	22	$D=2a$	183	89	200
S11710	10Cr17	205	420	22	$D=2a$	183	89	200
S11763	022Cr17NbTi	175	360	22	$D=2a$	183	88	200
S11790	10Cr17Mo	240	450	22	$D=2a$	183	89	200
S11862	019Cr18MoTi	245	410	20	$D=2a$	217	96	230
S11863	022Cr18Ti	205	415	22	$D=2a$	183	89	200
S11873	022Cr18NbTi	250	430	18	—	180	88	200
S11882	019Cr18CuNb	205	390	22	$D=2a$	192	90	200
S11972	019Cr19Mo2NbTi	275	415	20	$D=2a$	217	96	230
S11973	022Cr18NbTi	205	415	22	$D=2a$	183	89	200
S12182	019Cr21CuTi	205	390	22	$D=2a$	192	90	200
S12361	019Cr23Mo2Ti	245	410	20	$D=2a$	217	96	230
S12362	019Cr23MoTi	245	410	20	$D=2a$	217	96	230

续表

统一数字代号	牌号	规定塑性延伸强度 $R_{P0.2}$/MPa	抗拉强度 R_m/MPa	断后伸长率[①] A/%	180°弯曲试验弯曲压头直径 D	硬度值 HBW	HRB	HV
		不小于				不大于		
S12763	022Cr27Ni2Mo4NbTi	450	585	18	$D=2a$	241	100	242
S12791	008Cr27Mo	275	450	22	$D=2a$	187	90	200
S12963	022Cr29Mo4NbTi	415	550	18	$D=2a$	255	25[②]	257
S13091	008Cr30Mo2	295	450	22	$D=2a$	207	95	220

① 厚度不大于 3mm 时使用 A_{50mm} 试样。

② 为 HRC 硬度值。

注：a 为弯曲试样厚度。

表 7-49　经退火处理的马氏体型钢板和钢带的力学性能（GB/T 4237—2015）

统一数字代号	牌号	规定塑性延伸强度 $R_{P0.2}$/MPa	抗拉强度 R_m/MPa	断后伸长率[①] A/%	180°弯曲试验弯曲压头直径 D	硬度值 HBW	HRB	HV
		不小于				不大于		
S40310	12Cr12	205	485	20	$D=2a$	217	96	210
S41008	06Cr13	205	415	22	$D=2a$	183	89	200
S41010	12Cr13	205	450	20	$D=2a$	217	96	210
S41595	04Cr13Ni5Mo	620	795	15	—	302	32[②]	308
S42020	20Cr13	225	520	18	—	223	97	234
S42030	30Cr13	225	540	18	—	235	99	247
S42040	40Cr13	225	590	15	—	—	—	—
S43120	17Cr16Ni2[③]	690	880～1080	12	—	262～326	—	—
		1050	1350	10	—	388	—	—
S44070	68Cr17	245	590	15	—	255	25[②]	269
S46050	50Cr15MoV	—	≤850	12	—	280	100	280

① 厚度不大于 3mm 时使用 A_{50mm} 试样。

② 为 HRC 硬度值。

③ 表列为淬火、回火后的力学性能。

注：a 为弯曲试样厚度。

表 7-50　经固溶处理的沉淀硬化型钢板和钢带的试样的力学性能（GB/T 4237—2015）

统一数字代号	牌号	钢材厚度 /mm	规定塑性延伸强度 $R_{P0.2}$/MPa	抗拉强度 R_m/MPa	断后伸长率[①] A/%	硬度值 HRC	HBW
			不大于		不小于	不大于	
S51380	04Cr13Ni8Mo2Al	2.0～102	—	—	—	38	363
S51290	022Cr12Ni9Cu2NbTi	2.0～102	1105	1205	3	36	331
S51770	07Cr17Ni7Al	2.0～102	380	1035	20	92[②]	—

续表

统一数字代号	牌号	钢材厚度/mm	规定塑性延伸强度 $R_{P0.2}$/MPa	抗拉强度 R_m/MPa	断后伸长率[①] A/%	硬度值 HRC	硬度值 HBW
			不大于		不小于	不大于	
S51570	07Cr15Ni7Mo2Al	2.0～102	450	1035	25	100[②]	—
S51750	09Cr17Ni5Mo3N	2.0～102	585	1380	12	30	—
S51778	06Cr17Ni7AlTi	2.0～102	515	825	5	32	—

① 厚度不大于 3mm 时使用 A_{50mm} 试样。

②为 HRB 硬度值。

表 7-51 经时效处理后的沉淀硬化型钢试样的力学性能（GB/T 4237—2015）

统一数字代号	牌号	钢材厚度/mm	处理温度[①]	规定塑性延伸强度 $R_{P0.2}$/MPa	抗拉强度 R_m/MPa	断后伸长率[②,③] A/%	硬度值 HRC	硬度值 HBW
				不小于			不小于	
S51380	04Cr13Ni8Mo2Al	2～<5 5～<16 16～100	510℃±5℃	1410 1410 1410	1515 1515 1515	8 10 10	45 45 45	— — 429
		2～<5 5～<16 16～100	540℃±5℃	1310 1310 1310	1380 1380 1380	8 10 10	43 43 43	— — 401
S51290	022Cr12Ni9Cu2NbTi	≥2	480℃±6℃或 510℃±5℃	1410	1525	4	44	—
S51770	07Cr17Ni7Al	2～<5 5～16	760℃±15℃ 15℃±3℃ 566℃±6℃	1035 965	1240 1170	6 7	38 38	— 352
		2～<5 5～16	954℃±8℃ −73℃±6℃ 510℃±6℃	1310 1240	1450 1380	4 6	44 43	— 401
S51570	07Cr15Ni7Mo2Al	2～<5 5～16	760℃±15℃ 15℃±3℃ 566℃±6℃	1170 1170	1310 1310	5 4	40 40	— 375
		2～<5 5～16	954℃±8℃ −73℃±6℃ 510℃±6℃	1380 1380	1550 1550	4 4	46 45	— 429
S51750	09Cr17Ni5Mo3N	2～5	455℃±10℃	1035	1275	8	42	—
		2～5	540℃±10℃	1000	1140	8	36	—
S51778	06Cr17Ni7AlTi	2～<3 ≥3	510℃±10℃	1170 1170	1310 1310	5 8	39 39	— 363
		2～<3 ≥3	540℃±10℃	1105 1105	1240 1240	5 8	37 38	— 352
		2～<3 ≥3	565℃±10℃	1035 1035	1170 1170	5 8	35 36	— 331

① 为推荐性热处理温度，供方应向需方提供推荐性热处理制度。

② 适用于沿宽度方向的试验，垂直于轧制方向且平行于钢板表面。

③ 厚度不大于 3mm 时使用 A_{50mm} 试样。

表 7-52　经固溶处理后沉淀硬化型钢板和钢带的弯曲性能

统一数字代号	牌号	厚度/mm	180°弯曲试验 弯曲压头直径 D
S51290	022Cr12Ni9Cu2NbTi	2.0～5.0	$D=6a$
S51770	07Cr17Ni7Al	2.0～<5.0	$D=a$
		5.0～7.0	$D=3a$
S51570	07Cr15Ni7Mo2Al	2.0～<5.0	$D=a$
		5.0～7.0	$D=3a$
S51750	09Cr17Ni5Mo3N	2.0～5.0	$D=2a$

注：a 为钢板厚度。

表 7-53　沉淀硬化处理后沉淀硬化型钢试样的力学性能

GB/T 20878中序号	新牌号	旧牌号	钢材厚度/mm	处理[①]温度/℃	规定非比例延伸强度 $R_{P0.2}$/MPa	抗拉强度 R_m/MPa	断后伸长率 A/%	硬度值 HRC	硬度值 HBW
					不小于			不小于	
134	04Cr13Ni8Mo2Al		≥2～<5	510±5	1410	1515	8	45	—
			≥5～<16		1410	1515	10	45	—
			≥16～≤100		1410	1515	10	45	429
			≥2～<5	540±5	1310	1380	8	43	—
			≥5～<16		1310	1380	10	43	—
			≥16～≤100		1310	1380	10	43	401
135	022Cr12Ni9Cu2NbTi		≥2	480±6 或 510±5	1410	1525	4	44	—
138	07Cr17Ni7Al	0Cr17Ni7Al	≥2～<5	760±15 15±3 566±6	1035	1240	6	38	—
			≥5～≤16		965	1170	7	38	352
			≥2～<5	954±8 −73±6 510±6	1310	1450	4	44	—
			≥5～≤16		1240	1380	6	43	401
139	07Cr15Ni7Mo2Al	0Cr15Ni7Mo2Al	≥2～<5	760±15 15±3 566±6	1170	1310	5	40	—
			≥6～≤16		1170	1310	4	40	375
			≥2～<5	954±8 −73±6 510±6	1380	1550	4	46	—
			≥5～≤16		1380	1550	4	45	429
141	09Cr17Ni5Mo3N		≥2～≤5	455±10	1035	1275	8	42	—
			≥2～≤5	540±10	1000	1140	8	36	—
142	06Cr17Ni7AlTi		≥2～<3	510±10	1170	1310	5	39	—
			≥3		1170	1310	8	39	363
			≥2～<3	540±10	1105	1240	5	37	—
			≥3		1105	1240	8	38	252
			≥2～<3	565±10	1035	1170	5	35	—
			≥3		1035	1170	8	36	331

① 为推荐性热处理温度。供方应向需方提供推荐性热处理制度。

表 7-54 沉淀硬化型钢固溶处理状态的弯曲试验

GB/T 20878 序号	新牌号	旧牌号	厚度/mm	冷弯 180° d:弯芯直径 a:钢板厚度
135	022Cr12Ni9Cu2NbTi		≥2~≤5	$d=5a$
138	07Cr17Ni7Al	0Cr17Ni7Al	≥2~<5 ≥5~≤7	$d=a$ $d=3a$
139	07Cr15Ni7Mo2Al	0Cr15Ni7Mo2Al	≥2~<5 ≥5~≤7	$d=a$ $d=3a$
141	09Cr17Ni5Mo3N		≥2~≤5	$d=2a$

表 7-55 奥氏体型钢棒或试样典型的热处理制度（GB/T 1221—2007）

GB/T 20878 中序号	统一数字代号	新牌号	旧牌号	典型的热处理制度/℃
6	S35650	53Cr21Mn9Ni4N	5Cr21Mn9Ni4N	固溶 1100~1200,快冷 时效 730~780,空冷
7	S35750	26Cr18Mn12Si2N	3Cr18Mn12Si2N	固溶 1100~1150,快冷
8	S35850	22Cr20Mn10Ni2Si2N	2Cr20Mn9Ni2Si2N	固溶 1100~1150,快冷
17	S30408	06Cr19Ni10	0Cr18Ni9	固溶 1010~1150,快冷
30	S30850	22Cr21Ni12N	2Cr21Ni12N	固溶 1050~1150,快冷 时效 750~800,空冷
31	S30920	16Cr23Ni13	2Cr23Ni13	固溶 1030~1150,快冷
32	S30908	06Cr23Ni13	0Cr23Ni13	固溶 1030~1150,快冷
34	S31020	20Cr25Ni20	2Cr25Ni20	固溶 1030~1180,快冷
35	S31008	06Cr25Ni20	0Cr25Ni20	固溶 1030~1180,快冷
38	S31508	06Cr17Ni12Mo2	0Cr17Ni12Mo2	固溶 1010~1150,快冷
49	S31708	06Cr19Ni13Mo3	0Cr19Ni13Mo3	固溶 1010~1150,快冷
55	S32168	06Cr18Ni11Ti①	0Cr18Ni10Ti	固溶 920~1150,快冷
57	S32590	45Cr14Ni14W2Mo	4Cr14Ni14W2Mo	退火 820~850,快冷
60	S33010	12Cr16Ni35	1Cr16Ni35	固溶 1030~1180,快冷
62	S34778	06Cr18Ni11Nb①	0Cr18Ni11Nb	固溶 980~1150,快冷
64	S38148	06Cr18Ni13Si4	0Cr18Ni13Si4	固溶 1010~1150,快冷
65	S38240	16Cr20Ni14Si2	1Cr20Ni14Si2	固溶 1080~1130,快冷
66	S38340	16Cr25Ni20Si2	1Cr25Ni20Si2	固溶 1080~1130,快冷

① 需方在合同中注明时，可进行稳定化处理，此时的热处理温度为 850~930℃。

表 7-56 铁素体型钢棒或试样典型的热处理制度（GB/T 1221—2007）

GB/T 20878 中序号	统一数字代号	新牌号	旧牌号	退火/℃
78	S11348	06Cr13Al	0Cr13Al	780~830,空冷或缓冷
83	S11203	022Cr12	00Cr12	700~820,空冷或缓冷
85	S11710	10Cr17	1Cr17	780~850,空冷或缓冷
93	S12550	16Cr25N	2Cr25N	780~880,快冷

表 7-57 马氏体型钢棒或试样典型的热处理制度（GB/T 1221—2007）

GB/T 20878 中序号	统一数字代号	新牌号	旧牌号	钢棒的热处理制度		试样的热处理制度	
				退火/℃		淬火/℃	回火/℃
98	S41010	12Cr13	1Cr13	800~900,缓冷或约 750 快冷		950 ~ 1000,油冷	700~750,快冷
101	S42020	20Cr13	2Cr13	800~900,缓冷或约 750 快冷		920~980,油冷	600~750,快冷
106	S43110	14Cr17Ni2	1Cr17Ni2	680 ~ 700,高温回火,空冷		950 ~ 1050,油冷	275~350,空冷
107	S43120	17Cr16Ni2		1	680~800,炉冷或空冷	950~1050,油冷或空冷	600~650,空冷
				2			750~800+650~700①,空冷
113	S45110	12Cr5Mo	1Cr5Mo	—		900~950,油冷	600~700,空冷

续表

GB/T 20878 中序号	统一数字代号	新牌号	旧牌号	钢棒的热处理制度		试样的热处理制度	
				退火/℃		淬火/℃	回火/℃
114	S45610	12Cr12Mo	1Cr12Mo	800～900,缓冷或约750快冷		950～1000,油冷	700～750,快冷
115	S45710	13Cr13Mo	1Cr13Mo	830～900,缓冷或约750快冷		970～1020,油冷	650～750,快冷
119	S46010	14Cr11MoV	1Cr11MoV	—		1050～1100,空冷	720～740,空冷
122	S46250	18Cr12MoVNbN	2Cr12MoVNbN	850～950,缓冷		1100～1170,油冷或空冷	≥600,快冷
123	S47010	18Cr12WMoV	1Cr12WMoV	—		1000～1050,油冷	680～700,空冷
124	S47220	22Cr12NiWMoV	2Cr12NiMoWV	830～900,缓冷		1020～1070,油冷或空冷	≥600 快冷
125	S47310	13Cr11Ni2W2MoV	1Cr11Ni2W2MoV	1	—	1000～1020正火	600～710,油冷或空冷
				2		1000～1020,油冷或空冷	540～600,油冷或空冷
128	S47450	18Cr11NiMoNbVN	(2Cr11NiMoNbVN)	800～900,缓冷或700～770,快冷		≥1090,油冷	≥640,空冷
130	S48040	42Cr9Si2	4Cr9Si2	—		1020～1040,油冷	700～780,油冷
131	S48045	45Cr9Si3		800～900,缓冷		900～1080,油冷	700～850,快冷
132	S48140	40Cr10Si2Mo	4Cr10Si2Mo	—		1010～1040,油冷	720～760,空冷
133	S48380	80Cr20Si2Ni	8Cr20Si2Ni	800～900,缓冷或约720,空冷		1030～1080,油冷	700～800,快冷

① 当镍含量低于规定成分下限时，允许采用620～720℃单回火制度。

表 7-58 沉淀硬化型钢棒或试样的典型热处理制度（GB/T 1221—2007）

GB/T 20878 中序号	统一数字代号	新牌号	旧牌号	热处理			
				种类		组别	条件
137	S51740	05Cr17Ni4Cu4Nb	0Cr17Ni4Cu4Nb	固溶处理		0	1020～1060℃,快冷
				沉淀硬化	480℃时效	1	经固溶处理后,470～490℃空冷
					550℃时效	2	经固溶处理后,540～560℃空冷
					580℃时效	3	经固溶处理后,570～590℃空冷
					620℃时效	4	经固溶处理后,610～630℃空冷
138	S51770	07Cr17Ni7Al	0Cr17Ni7Al	固溶处理		0	1000～1100℃,快冷
				沉淀硬化	510℃时效	1	经固溶处理后,955℃±10℃保持10min,空冷到室温,在24h内冷却到－73℃±6℃,保持8h,再加热到510℃±10℃,保持1h后,空冷
					565℃时效	2	经固溶处理后,于760℃±15℃保持90min,在1h内冷却到15℃以下,保持30min,再加热到565℃±10℃,保持90min,空冷
143	S51525	06Cr15Ni25Ti2MoAlVB	0Cr15Ni25Ti2MoAlVB	固溶＋时效			固溶885～915℃或965～995℃,快冷,时效700～760℃,16h,空冷或缓冷

表 7-59 经热处理的奥氏体型钢棒或试样的力学性能① （GB/T 1221—2007）

GB/T 20878 中序号	统一数字代号	新牌号	旧牌号	热处理状态	规定非比例延伸强度 $R_{P0.2}$/MPa	抗拉强度 R_m /MPa	断后伸长率 A /%	断面收缩率③ Z/%	硬度 (HBW②)
					不小于				不大于
6	S35650	53Cr21Mn9Ni4N	5Cr21Mn9Ni4N	固溶＋时效	560	885	8	—	≥302
7	S35750	26Cr18Mn12Si2N	3Cr18Mn12Si2N	固溶处理	390	685	35	45	248
8	S35850	22Cr20Mn10Ni2Si2N	2Cr20Mn9Ni2Si2N		390	635	35	45	248
17	S30408	06Cr19Ni10	0Cr18Ni9		205	520	40	60	187
30	S30850	22Cr21Ni12N	2Cr21Ni12N	固溶＋时效	430	820	26	20	269
31	S30920	16Cr23Ni13	2Cr23Ni13	固溶处理	205	560	45	50	201
32	S30908	06Cr23Ni13	0Cr23Ni13		205	520	40	60	187
34	S31020	20Cr25Ni20	2Cr25Ni20		205	590	40	50	201
35	S31008	06Cr25Ni20	0Cr25Ni20		205	520	40	50	187
38	S31608	06Cr17Ni12Mo2	0Cr17Ni12Mo2		205	520	40	60	187
49	S31708	06Cr19Ni13Mo3	0Cr19Ni13Mo3		205	520	40	60	187
55	S32168	06Cr18Ni11Ti	0Cr18Ni10Ti		205	520	40	50	187
57	S32590	45Cr14Ni14W2Mo	4Cr14Ni14W2Mo	退火	315	705	20	35	248
60	S33010	12Cr16Ni35	1Cr16Ni35	固溶处理	205	560	40	50	201
62	S34778	06Cr18Ni11Nb	0Cr18Ni11Nb		205	520	40	50	187
64	S38148	06Cr18Ni13Si4	0Cr18Ni13Si4		205	520	40	60	207
65	S38240	16Cr20Ni14Si2	1Cr20Ni14Si2		295	590	35	50	187
66	S38340	16Cr25Ni20Si2	1Cr25Ni20Si2		295	590	35	50	187

① 53Cr21Mn9Ni4N 和 22Cr2iNi12N 仅适用于直径、边长及对边距离或厚度小于或等于 25mm 的钢棒；大于 25mm 的钢棒，可改锻成 25mm 的样坯检验或由供需双方协商确定允许降低其力学性能的数值。其余牌号仅适用于直径、边长及对边距离或厚度小于或等于 180mm 的钢棒。大于 180mm 的钢棒，可改锻成 180mm 的样坯检验或由供需双方协商确定，允许降低其力学性能数值。

② 规定非比例延伸强度和硬度，仅当需方要求时（合同中注明）才进行测定。

③ 扁钢不适用，但需方要求时，可由供需双方协商确定。

表 7-60 经退火的铁素体型钢棒或试样的力学性能① （GB/T 1221—2007）

GB/T 20878 中序号	统一数字代号	新牌号	旧牌号	热处理状态	规定非比例延伸强度 $R_{P0.2}$② /MPa	抗拉强度 R_m /MPa	断后伸长率 A/%	断面收缩率 Z③/%	硬度 (HBW)
					不小于				不大于
78	S11348	06Cr13Al	0Cr13Al	退火	175	410	20	60	183
83	S11203	022Cr12	00Cr12		195	360	22	60	183
85	S11710	10Cr17	1Cr17		205	450	22	50	183
93	S12550	16Cr25N	2Cr25N		275	510	20	40	201

① 表仅适用于直径、边长、及对边距离或厚度小于或等于 75mm 的钢棒。大于 75mm 的钢棒，可改锻成 75mm 的样坯检验或由供需双方协商确定允许降低其力学性能的数值。

② 规定非比例延伸强度和硬度，仅当需方要求时（合同中注明）才进行测定。

③ 扁钢不适用，但需方要求时，由供需双方协商确定。

表 7-61 经淬火回火的马氏体型钢棒或试样的力学性能[①]（GB/T 1221—2007）

GB/T 20878 中序号	统一数字代号	新牌号	旧牌号		热处理状态	规定非比例延伸强度 $R_{P0.2}$/MPa	抗拉强度 R_m /MPa	断后伸长率 A/%	断面收缩率 Z[②]/%	冲击吸收功$_{KU2}$[④]/J	经淬火回火后的硬度 HBW	退火后的硬度[③] HBW
						不小于					不大于	
98	S41010	12Cr13	1Cr13		淬火＋回火	345	540	22	55	78	159	200
101	S42020	20Cr13	2Cr13		淬火＋回火	440	640	20	50	63	192	223
106	S43110	14Cr17Ni2	1Cr17Ni2		淬火＋回火		1080	10		39	—	—
107	S43120	17Cr16Ni2		1	淬火＋回火	700	900～1050	12	45	25(A_{KV})		295
				2	淬火＋回火	600	800～950	14				
113	S45110	12Cr5Mo	1Cr5Mo		淬火＋回火	390	590	18	—			200
114	S45610	12Cr12Mo	1Cr12Mo		淬火＋回火	550	685	18	60	78	217～248	255
115	S45710	13Cr13Mo	1Cr13Mo		淬火＋回火	490	690	20	60	78	192	200
119	S46010	14Cr11MoV	1Cr11MoV		淬火＋回火	490	685	16	55	47	—	200
122	S46250	18Cr12MoVNbN	2Cr12MoVNbN		淬火＋回火	685	835	15	30	—	≤321	269
123	S47010	15Cr12WMoV	1Cr12WMoV		淬火＋回火	585	735	15	45	47	—	—
124	S47220	22Cr12NiWMoV	2Cr12NiMoWV		淬火＋回火	735	885	10	25	—	≤341	269
125	S47310	13Cr11Ni2W2MoV[⑤]	1Cr11Ni2W2MoV	1	淬火＋回火	735	885	15	55	71	269～321	269
				2	淬火＋回火	885	1080	12	50	55	311～388	
128	S47450	18Cr11NiMoNbVN	(2Cr11NiMoNbVN)		淬火＋回火	760	930	12	32	20(A_{KV})	277～331	255
130	S48040	42Cr9Si2	4Cr9Si2		淬火＋回火	590	885	19	50	—	—	269
131	S48045	45Cr9Si3			淬火＋回火	685	930	15	35	—	≥269	—
132	S48140	40Cr10Si2Mo	4Cr10Si2Mo		淬火＋回火	685	885	10	35	—	—	269
133	S48380	80Cr20Si2Ni	8Cr20Si2Ni		淬火＋回火	685	885	10	15	8	≥262	321

① 表仅适用于直径、边长及对边距离或厚度小于或等于 75mm 的钢棒。大于 75mm 的钢棒，可改锻成 75mm 的样坯检验或由供需双方协商规定允许降低其力学性能的数值。
② 扁钢不适用，但需方要求时，由供需双方协商确定。
③ 采用 750℃退火时，其硬度由供需双方协商。
④ 直径或对边距离小于或等于 16mm 的圆钢、六角钢和边长或厚度小于或等于 12mm 的方钢、扁钢不做冲击试验。
⑤ 17Cr16Ni2 和 13Cr11Ni2W2MoV 钢的性能组别应在合同中注明，未注明时，由供方自行选择。

表 7-62 沉淀硬化型钢棒或试样的力学性能①

GB/T 20878 中序号	统一数字代号	新牌号	旧牌号	热处理			规定非比例延伸强度 $R_{P0.2}$ /MPa	抗拉强度 R_m /MPa	断后伸长率 A /%	断面收缩率 Z② /%	硬度③	
				类型		组别	不小于				HBW	HRC
137	S51740	05Cr17Ni4Cu4Nb	0Cr17Ni4Cu4Nb	固溶处理		0	—	—	—	—	≤363	≤38
				沉淀硬化	480℃时效	1	1180	1310	10	40	≥375	≥40
					550℃时效	2	1000	1070	12	45	≥331	≥35
					580℃时效	3	865	1000	13	45	≥302	≥31
					680℃时效	4	725	930	16	50	≥277	≥28
138	S51770	07Cr17Ni7Al	0Cr17Ni7Al	固溶处理		0	≤380	≤1030	20	—	≤229	—
				沉淀硬化	510℃时效	1	1030	1230	4	10	≥388	—
					565℃时效	2	960	1140	5	25	≥363	—
143	S51525	06Cr15Ni25-Ti2MoAlVB	0Cr15Ni25-Ti2MoAlVB	固溶+时效			590	900	15	18	≥248	—

① 表仅适用于直径、边长、厚度或对边距离小于或等于75mm的钢棒。大于75mm的钢棒，可改锻成75mm的样坯检验或由供需双方协商规定允许降低其力学性能的数值。

② 扁钢不适用，但需方要求时，由供需双方协商确定。

③ 供方可根据钢棒的尺寸或状态任选一种方法测定硬度。

表 7-63 经固溶处理的奥氏体型耐热钢板和钢带的力学性能（GB/T 4238—2007）

统一数字代号	牌号	拉伸试验			硬度试验		
		规定塑性延伸强度 $R_{P0.2}$/MPa	抗拉强度 R_m/MPa	断后伸长率① A/%	HBW	HRB	HV
		不小于			不大于		
S30210	12Cr18Ni9	205	515	40	201	92	210
S30240	12Cr18Ni9Si3	205	515	40	217	95	220
S30408	06Cr19Ni10	205	515	40	201	92	210
S30409	07Cr19Ni10	205	515	40	201	92	210
S30450	05Cr19Ni10Si2CeN	290	600	40	217	95	220
S30808	06Cr20Ni11	205	515	40	183	88	200
S30859	08Cr21Ni11Si2CeN	310	600	40	217	95	220
S30920	16Cr23Ni13	205	515	40	217	95	220
S30908	06Cr23Ni13	205	515	40	217	95	220
S31020	20Cr25Ni20	205	515	40	217	95	220
S31008	06Cr25Ni20	205	515	40	217	95	220
S31608	06Cr17Ni12Mo2	205	515	40	217	95	220
S31609	07Cr17Ni12Mo2	205	515	40	217	95	220
S31708	06Cr19Ni13Mo3	205	515	35	217	95	220

续表

统一数字代号	牌号	拉伸试验			硬度试验		
		规定塑性延伸强度 $R_{P0.2}$/MPa	抗拉强度 R_m/MPa	断后伸长率①A/%	HBW	HRB	HV
		不小于			不大于		
S32168	06Cr18Ni11Ti	205	515	40	217	95	220
S32169	07Cr19Ni11Ti	205	515	40	217	95	220
S33010	12Cr16Ni35	205	560	—	201	92	210
S34778	06Cr18Ni11Nb	205	515	40	201	92	210
S34779	07Cr18Ni11Nb	205	515	40	201	92	210
S38240	16Cr20Ni14Si2	220	540	40	217	95	220
S38340	16Cr25Ni20Si2	220	540	35	217	95	220

① 厚度不大于 3mm 时使用 A_{50mm} 试样。

表 7-64 经退火处理的铁素体型耐热钢板和钢带的力学性能（GB/T 4238—2015）

统一数字代号	牌号	拉伸试验			硬度试验			弯曲试验	
		规定塑性延伸强度 $R_{P0.2}$/MPa	抗拉强度 R_m/MPa	断后伸长率①A/%	HBW	HRB	HV	弯曲角度	弯曲压头直径 D
		不小于			不大于				
S11348	06Cr13Al	170	415	20	179	88	200	180°	$D=2a$
S11163	022Cr11Ti	170	380	20	179	88	200	180°	$D=2a$
S11173	022Cr11NbTi	170	380	20	179	88	200	180°	$D=2a$
S11710	10Cr17	205	420	22	183	89	200	180°	$D=2a$
S12550	16Cr25N	275	510	20	201	95	210	135°	—

① 厚度不大于 3mm 时使用 A_{50mm} 试样。

注：a 为钢板和钢带的厚度。

表 7-65 经退火处理的马氏体型耐热钢板和钢带的力学性能（GB/T 4238—2015）

统一数字代号	牌号	拉伸试验			硬度试验			弯曲试验	
		规定塑性延伸强度 $R_{P0.2}$/MPa	抗拉强度 R_m/MPa	断后伸长率①A/%	HBW	HRB	HV	弯曲角度	弯曲压头直径 D
		不小于			不大于				
S40310	12Cr12	205	485	25	217	88	210	180°	$D=2a$
S41010	12Cr13	205	450	20	217	96	210	180°	$D=2a$
S47220	22Cr12NiMoWV	275	510	20	200	95	210	—	$a\geqslant3$mm，$D=a$

① 厚度不大于 3mm 时使用 A_{50mm} 试样。

注：a 为钢板和钢带的厚度。

表 7-66 经固溶处理的沉淀硬化型耐热钢板和钢带的试样的力学性能（GB/T 4238—2015）

统一数字代号	牌号	钢材厚度/mm	规定塑性延伸强度 $R_{P0.2}$/MPa	抗拉强度 R_m/MPa	断后伸长率① A/%	硬度值	
						HRC	HBW
S51290	022Cr12Ni9Cu2NbTi	0.30～100	≤1105	≤1205	≥3	≤36	≤331
S51740	05Cr17Ni4Cu4Nb	0.4～100	≤1105	≤1255	≥3	≤38	≤363
S51770	07Cr17Ni7Al	0.1～<0.3	≤450	≤1035	—	—	—
		0.3～100	≤380	≤1035	≥20	≤92②	—
S51570	07Cr15Ni7Mo2Al	0.10～100	≤450	≤1035	≥25	≤100②	—
S51778	06Cr17Ni7AlTi	0.10～<0.80	≤515	≤825	≥3	≤32	—
		0.80～<1.50	≤515	≤825	≥4	≤32	—
		1.50～100	≤515	≤825	≥5	≤32	—
S51525	06Cr15Ni25Ti2MoAlVB③	<2	—	≥725	≥25	≤91②	≤192
		≥2	≥590	≥900	≥15	≤101②	≤248

① 厚度不大于 3mm 时使用 A_{50mm} 试样。

② HRB 硬度值。

③ 时效处理后的力学性能。

表 7-67 经时效处理后的耐热钢板和钢带的试样的力学性能（GB/T 4238—2015）

统一数字代号	牌号	钢材厚度/mm	处理温度①	规定塑性延伸强度 $R_{P0.2}$/MPa	抗拉强度 R_m/MPa	断后伸长率②,③ A/%	硬度值	
				不小于			HRC	HBW
S51290	022Cr12Ni9Cu2NbTi	0.10～<0.75	510℃±10℃或480℃±6℃	1410	1525	—	≥44	—
		0.75～<1.50		1410	1525	3	≥44	—
		1.50～16		1410	1525	4	≥44	—
S51740	05Cr17Ni4Cu4Nb	0.1～<5.0	482℃±10℃	1170	1310	5	40～48	—
		5.0～<16		1170	1310	8	40～48	388～477
		16～100		1170	1310	10	40～48	388～477
		0.1～<5.0	496℃±10℃	1070	1170	5	38～46	—
		5.0～<16		1070	1170	8	38～47	375～477
		16～100		1070	1170	10	38～47	375～477
		0.1～<5.0	552℃±10℃	1000	1070	5	35～43	—
		5.0～<16		1000	1070	8	33～42	321～415
		16～100		1000	1070	12	33～42	321～415
		0.1～<5.0	579℃±10℃	860	1000	5	31～40	—
		5.0～<16		860	1000	9	29～38	293～375
		16～100		860	1000	13	29～38	293～375
		0.1～<5.0	593℃±10℃	790	965	5	31～40	—
		5.0～<16		790	965	10	29～38	293～375
		16～100		790	965	14	29～38	293～375
		0.1～<5.0	621℃±10℃	725	930	8	28～38	—
		5.0～<16		725	930	10	26～36	269～352
		16～100		725	930	16	26～36	269～352

续表

统一数字代号	牌号	钢材厚度/mm	处理温度[①]	规定塑性延伸强度 $R_{P0.2}$/MPa	抗拉强度 R_m/MPa	断后伸长率[②,③] A/%	硬度值	
				不小于			HRC	HBW
S51740	05Cr17Ni4Cu4Nb	0.1～<5.0	760℃±10℃ 621℃±10℃	515	790	9	26～36	255～331
		5.0～<16		515	790	11	24～34	248～321
		16～100		515	790	18	24～34	248～321
S51770	07Cr17Ni7Al	0.05～<0.30	760℃±15℃	1035	1240	3	≥38	—
		0.30～<5.0	15℃±3℃	1035	1240	5	≥38	—
		5.0～16	566℃±6℃	965	1170	7	≥38	≥352
		0.05～<0.30	954C±8℃	1310	1450	1	≥44	—
		0.30～<5.0	−73℃±6℃	1310	1450	3	≥44	—
		5.0～16	510℃±6℃	1240	1380	6	≥43	≥401
S51570	07Cr15Ni7Mo2Al	0.05～<0.30	760℃±15℃	1170	1310	3	≥40	—
		0.30～<5.0	15℃±3℃	1170	1310	5	≥40	—
		5.0～16	566℃±10℃	1170	1310	4	≥40	≥375
		0.05～<0.30	954℃±8℃	1380	1550	2	≥46	—
		0.30～<5.0	−73℃±6℃	1380	1550	4	≥46	—
		5.0～16	510℃±6℃	1380	1550	4	≥45	≥429
S51778	06Cr17Ni7AlTi	0.10～<0.80	510℃±8℃	1170	1310	3	≥39	—
		0.80～<1.50		1170	1310	4	≥39	—
		1.50～16		1170	1310	5	≥39	—
		0.10～<0.75	538℃±8℃	1105	1240	3	≥37	—
		0.75～<1.50		1105	1240	4	≥37	—
		1.50～16		1105	1240	5	≥37	—
		0.10～<0.75	566℃+8℃	1035	1170	3	≥35	—
		0.75～<1.50		1035	1170	4	≥35	—
		1.50～16		1035	1170	5	≥35	—
S51525	06Cr15Ni25Ti2MoAlVB	2.0～<8.0	700～760℃	590	900	15	≥101	≥248

① 表中所列为推荐性热处理温度。供方应向需方提供推荐性热处理制度。

② 适用于沿宽度方向的试验。垂直于轧制方向且平行于钢板表面。

③ 厚度不大于 3mm 时使用 A_{50mm} 试样。

表 7-68 经固溶处理的奥氏体型钢板和钢带的力学性能（GB/T 3280—2015）

统一数字代号	牌号	规定塑性延伸强度 $R_{P0.2}$/MPa	抗拉强度 R_m/MPa	断后伸长率[①] A/%	硬度值		
					HBW	HRB	HV
		不小于			不大于		
S30103	022Cr17Ni7	220	550	45	241	100	242
S30110	12Cr17Ni7	205	515	40	217	95	220
S30153	022Cr17Ni7N	240	550	45	241	100	242
S30210	12Cr18Ni9	205	515	40	201	92	210
S30240	12Cr18Ni9Si3	205	515	40	217	95	220

续表

统一数字代号	牌号	规定塑性延伸强度 $R_{P0.2}$/MPa	抗拉强度 R_m/MPa	断后伸长率[①] A/%	硬度值		
					HBW	HRB	HV
		不小于			不大于		
S30403	022Cr19Ni10	180	485	40	201	92	210
S30408	06Cr19Ni10	205	515	40	201	92	210
S30409	07Cr19Ni10	205	515	40	201	92	210
S30450	05Cr19Ni10Si2CeN	290	600	40	217	95	220
S30453	022Cr19Ni10N	205	515	40	217	95	220
S30458	06Cr19Ni10N	240	550	30	217	95	220
S30478	06Cr19Ni9NbN	345	620	30	241	100	242
S30510	10Cr18Ni12	170	485	40	183	88	200
S30859	08Cr21Ni11Si2CeN	310	600	40	217	95	220
S30908	06Cr23Ni13	205	515	40	217	95	220
S31008	06Cr25Ni20	205	515	40	217	95	220
S31053	022Cr25Ni22Mo2N	270	580	25	217	95	220
S31252	015Cr20Ni18Mo6CuN	310	690	35	223	96	225
S31603	022Cr17Ni12Mo2	180	485	40	217	95	220
S31608	06Cr17Ni12Mo2	205	515	40	217	95	220
S31609	07Cr17Ni12Mo2	205	515	40	217	95	220
S31653	022Cr17Ni12Mo2N	205	515	40	217	95	220
S31658	06Cr17Ni12Mo2N	240	550	35	217	95	220
S31668	06Cr17Ni12Mo2Ti	205	515	40	217	95	220
S31678	06Cr17Ni12Mo2Nb	205	515	30	217	95	220
S31688	06Cr18Ni12Mo2Cu2	205	520	40	187	90	200
S31703	022Cr19Ni13Mo3	205	515	40	217	95	220
S31708	06Cr19Ni13Mo3	205	515	35	217	95	220
S31723	022Cr19Ni16Mo5N	240	550	40	223	96	225
S31753	022Cr19Ni13Mo4N	240	550	40	217	95	220
S31782	015Cr21Ni26Mo5Cu2	220	490	35	—	90	200
S32168	06Cr18Ni11Ti	205	515	40	217	95	220
S32169	07Cr19Ni11Ti	205	515	40	217	95	220
S32652	015Cr24Ni22Mo8Mn3CuN	430	750	40	250	—	252
S34553	022Cr24Ni17Mo5Mn6NbN	415	795	35	241	100	242
S34778	06Cr18Ni11Nb	205	515	40	201	92	210
S34779	07Cr18Ni11Nb	205	515	40	201	92	210
S38367	022Cr21Ni25Mo7N	310	690	30	—	100	258
S38926	015Cr20Ni25Mo7CuN	295	650	35	—	—	—

① 厚度不大于 3mm 时使用 A_{50mm} 试样。

表 7-69　H1/4 状态的钢板和钢带的力学性能（GB/T 3280—2015）

统一数字代号	牌号	规定塑性延伸强度 $R_{P0.2}$/MPa	抗拉强度 R_m/MPa	断后伸长率①A/% 厚度<0.4mm	厚度 0.4mm～<0.8mm	厚度 ≥8mm
		不小于				
S30103	022Cr17Ni7	515	825	25	25	25
S30110	12Cr17Ni7	515	860	25	25	25
S30153	022Cr17Ni7N	515	825	25	25	25
S30210	12Cr18Ni9	515	860	10	10	12
S30403	022Cr19Ni10	515	860	8	8	10
S30408	06Cr19Ni10	515	860	10	10	12
S30453	022Cr19Ni10N	515	860	10	10	12
S30458	06Cr19Ni10N	515	860	12	12	12
S31603	022Cr17Ni12Mo2	515	860	8	8	8
S31608	06Cr17Ni12Mo2	515	860	10	10	10
S31658	06Cr17Ni12Mo2N	515	860	12	12	12

① 厚度不大于 3mm 时使用 A_{50mm} 试样。

表 7-70　H1/2 状态的钢板和钢带的力学性能（GB/T 3280—2015）

统一数字代号	牌号	规定塑性延伸强度 $R_{P0.2}$/MPa	抗拉强度 R_m/MPa	断后伸长率①A/% 厚度<0.4mm	厚度 0.4mm～<0.8mm	厚度 ≥0.8mm
		不小于		不小于		
S30103	022Cr17Ni7	690	930	20	20	20
S30110	12Cr17Ni7	760	1035	15	18	18
S30153	022Cr17Ni7N	690	930	20	20	20
S30210	12Cr18Ni9	760	1035	9	10	10
S30403	022Cr19Ni10	760	1035	5	6	6
S30408	06Cr19Ni10	760	1035	6	7	7
S30453	022Cr19Ni10N	760	1035	6	7	7
S30458	06Cr19Ni10N	760	1035	6	8	8
S31603	022Cr17Ni12Mo2	760	1035	5	6	6
S31608	06Cr17Ni12Mo2	760	1035	6	7	7
S31658	06Cr17Ni12Mo2N	760	1035	6	8	8

① 厚度不大于 3mm 时使用 A_{50mm} 试样。

表 7-71　H3/4 状态的钢板和钢带的力学性能（GB/T 3280—2015）

统一数字代号	牌号	规定塑性延伸强度 $R_{P0.2}$/MPa	抗拉强度 R_m/MPa	断后伸长率①A/% 厚度<0.4mm	厚度 0.4mm～<0.8mm	厚度 ≥0.8mm
		不小于		不小于		
S30110	12Cr17Ni7	930	1205	10	12	12
S30210	12Cr18Ni9	930	1205	5	6	6

① 厚度不大于 3mm 时使用 A_{50mm} 试样。

表 7-72 H 状态的钢板和钢带的力学性能（GB/T 3280—2015）

统一数字代号	牌号	规定塑性延伸强度 $R_{P0.2}$/MPa	抗拉强度 R_m/MPa	断后伸长率[①] A/%		
				厚度 <0.4mm	厚度 0.4mm～<0.8mm	厚度 ≥0.8mm
		不小于		不小于		
S30110	12Cr17Ni7	965	1275	8	9	9
S30210	12Cr18Ni9	965	1275	3	4	4

① 厚度不大于 3mm 时使用 A_{50mm} 试样。

表 7-73 H2 状态的钢板和钢带的力学性能（GB/T 3280—2015）

统一数字代号	牌号	规定塑性延伸强度 $R_{P0.2}$/MPa	抗拉强度 R_m/MPa	断后伸长率[①] A/%		
				厚度 <0.4mm	厚度 0.4mm～<0.8mm	厚度 ≥0.8mm
		不小于		不小于		
S30110	12Cr17Ni7	1790	1860	—	—	—

① 厚度不大于 3mm 时使用 A_{50mm} 试样。

表 7-74 经固溶处理的奥氏体-铁素体型钢板和钢带的力学性能（GB/T 3280—2015）

统一数字代号	牌号	规定塑性延伸强度 $R_{P0.2}$/MPa	抗拉强度 R_m/MPa	断后伸长率[①] A/%	硬度值	
					HBW	HRC
		不小于			不大于	
S21860	14Cr18Ni11Si4AlTi	—	715	25	—	—
S21953	022Cr19Ni5Mo3Si2N	440	630	25	290	31
S22053	022Cr23Ni5Mo3N	450	655	25	293	31
S22152	022Cr21Mn5Ni2N	450	620	25	290	25
S22153	022Cr21Ni3Mo2N	450	655	25	293	31
S22160	12Cr21Ni5Ti	—	635	20	—	—
S22193	022Cr21Mn3Ni3Mo2N	450	620	25	293	31
S22253	022Cr22Mn3Ni2MoN	450	655	30	293	31
S22293	022Cr22Ni5Mo3N	450	620	25	293	31
S22294	03Cr22Mn5Ni2MoCuN	450	650	30	290	—
S22353	022Cr23Ni2N	450	650	30	290	—
S22493	022Cr24Ni4Mn3Mo2CuN	540	740	25	290	—
S22553	022Cr25Ni6Mo2N	450	640	25	295	31
S23043	022Cr23Ni4MoCuN	400	600	25	290	31
S25073	022Cr25Ni7Mo4N	550	795	15	310	32
S25554	03Cr25Ni6Mo3Cu2N	550	760	15	302	32
S27603	022Cr25Ni7Mo4WCuN	550	750	25	270	—

① 厚度不大于 3mm 时使用 A_{50mm} 试样。

表 7-75　经退火处理的铁素体型钢板和钢带的力学性能（GB/T 3280—2015）

统一数字代号	牌号	规定塑性延伸强度 $R_{P0.2}$/MPa	抗拉强度 R_m/MPa	断后伸长率[①] A/%	180°弯曲试验 弯曲压头直径 D	硬度值		
						HBW	HRB	HV
		不小于				不大于		
S11163	022Cr11Ti	170	380	20	$D=2a$	179	88	200
S11173	022Cr11NbTi	170	380	20	$D=2a$	179	88	200
S11203	022Cr12	195	360	22	$D=2a$	183	88	200
S11213	022Cr12Ni	280	450	18	—	180	88	200
S11348	06Cr13Al	170	415	20	$D=2a$	179	88	200
S11510	10Cr15	205	450	22	$D=2a$	183	89	200
S11573	022Cr15NbTi	205	450	22	$D=2a$	183	89	200
S11710	10Cr17	205	420	22	$D=2a$	183	89	200
S11763	022Cr17Ti	175	360	22	$D=2a$	183	88	200
S11790	10Cr17Mo	240	450	22	$D=2a$	183	89	200
S11862	019Cr18MoTi	245	410	20	$D=2a$	217	96	230
S11863	022Cr18Ti	205	415	22	$D=2a$	183	89	200
S11873	022Cr18Nb	250	430	18	—	180	88	200
S11882	019Cr18CuNb	205	390	22	$D=2a$	192	90	200
S11972	019Cr19Mo2NbTi	275	415	20	$D=2a$	217	96	230
S11973	022Cr18NbTi	205	415	22	$D=2a$	183	89	200
S12182	019Cr21CuTi	205	390	22	$D=2a$	192	90	200
S12361	019Cr23Mo2Ti	245	410	20	$D=2a$	217	96	230
S12362	019Cr23MoTi	245	410	20	$D=2a$	217	96	230
S12763	022Cr27Ni2Mo4NbTi	450	585	18	$D=2a$	241	100	242
S12791	008Cr27Mo	275	450	22	$D=2a$	187	90	200
S12963	022Cr29Mo4NbTi	415	550	18	$D=2a$	255	25[②]	257
S13091	008Cr30Mo2	295	450	22	$D=2a$	207	95	220

① 厚度不大于 3mm 时使用 A_{50mm} 试样。

② 为 HRC 硬度值。

注：a 为弯曲试样厚度。

表 7-76　经退火处理的马氏体型钢板和钢带（17Cr16Ni2 除外）的力学性能（GB/T 3280—2015）

统一数字代号	牌号	规定塑性延伸强度 $R_{P0.2}$/MPa	抗拉强度 R_m/MPa	断后伸长率[①] A/%	180°弯曲试验 弯曲压头直径 D	硬度值		
						HBW	HRB	HV
		不小于				不大于		
S40310	12Cr12	205	485	20	$D=2a$	217	96	210
S41008	06Cr13	205	415	22	$D=2a$	183	89	200
S41010	12Cr13	205	450	20	$D=2a$	217	96	210
S41595	04Cr13Ni5Mo	620	795	15	—	302	32[②]	308
S42020	20Cr13	225	520	18	—	223	97	234
S42030	30Cr13	225	540	18	—	235	99	247

续表

统一数字代号	牌号	规定塑性延伸强度 $R_{P0.2}$/MPa	抗拉强度 R_m/MPa	断后伸长率[①] A/%	180°弯曲试验弯曲压头直径 D	硬度值		
						HBW	HRB	HV
		不小于				不大于		
S42040	40Cr13	225	590	15	—	—	—	—
S43120	17Cr16Ni2[③]	690	880～1080	12	—	262～326	—	—
		1050	1350	10	—	388	—	—
S44070	68Cr17	245	590	15	—	255	25[②]	269
S46050	50Cr15MoV	—	≤850	12	—	280	100	280

① 厚度不大于 3 mm 时使用 A_{50mm} 试样。

② 为 HRC 硬度值。

③ 表列为淬火、回火后的力学性能。

注：a 为弯曲试样厚度。

表 7-77　经固溶处理的沉淀硬化型钢板和钢带试样的力学性能（GB/T 3280—2015）

统一数字代号	牌号	钢材厚度/mm	规定塑性延伸强度 $R_{P0.2}$/MPa	抗拉强度 R_m/MPa	断后伸长率[①] A/%	硬度值	
						HRC	HBW
			不大于		不小于	不大于	
S51380	04Cr13Ni8Mo2Al	0.10～<8.0	—	—	—	38	363
S51290	022Cr12Ni9Cu2NbTi	0.30～8.0	1105	1205	3	36	331
S51770	07Cr17Ni7Al	0.10～<0.30	450	1035	—	—	—
		0.30～8.0	380	1035	20	92[②]	—
S51570	07Cr15Ni7Mo2Al	0.10～<8.0	450	1035	25	100[②]	—
S51750	09Cr17Ni5Mo3N	0.10～<0.30	585	1380	8	30	—
		0.30～8.0	585	1380	12	30	—
S51778	06Cr17Ni7AlTi	0.10～<1.50	515	825	4	32	—
		1.50～8.0	515	825	5	32	—

① 厚度不大于 3mm 时使用 A_{50mm} 试样。

② 为 HRB 硬度值。

表 7-78　经时效处理后的沉淀硬化型钢板和钢带试样的力学性能（GB/T 3280—2015）

统一数字代号	牌号	钢材厚度/mm	处理[①]温度/℃	规定塑性延伸强度 $R_{P0.2}$/MPa	抗拉强度 R_m/MPa	断后伸长率[②,③] A/%	硬度值	
							HRC	HBW
				不小于			不小于	
S51380	04Cr13Ni8Mo2Al	0.10～<0.50	510±6	1410	1515	6	45	—
		0.50～<5.0		1410	1515	8	45	—
		5.0～8.0		1410	1515	10	45	—
		0.10～<0.50	538±6	1310	1380	6	43	—
		0.50～<5.0		1310	1380	8	43	—
		5.0～8.0		1310	1380	10	43	—

续表

统一数字代号	牌号	钢材厚度/mm	处理①温度/℃	规定塑性延伸强度 $R_{P0.2}$/MPa	抗拉强度 R_m/MPa	断后伸长率②,③ A/%	硬度值 HRC	硬度值 HBW
				不小于			不小于	
S51290	022Cr12Ni9Cu2NbTi	0.10～<0.50	510±6 或 482±6	1410	1525	—	44	—
		0.50～<1.50		1410	1525	3	44	—
		1.50～8.0		1410	1525	4	44	—
S51770	07Cr17Ni7Al	0.10～<0.30	760±15	1035	1240	3	38	—
		0.30～<5.0	15±3	1035	1240	5	38	—
		5.0～8.0	566±6	965	1170	7	38	352
		0.10～<0.30	954±8	1310	1450	1	44	—
		0.30～<5.0	−73±6	1310	1450	3	44	—
		5.0～8.0	510±6	1240	1380	6	43	401
S51570	07Cr15Ni7Mo2Al	0.10～<0.30	760±15	1170	1310	3	40	—
		0.30～<5.0	15±3	1170	1310	5	40	—
		5.0～8.0	566±6	1170	1310	4	40	375
		0.10～<0.30	954±8	1380	1550	2	46	—
		0.30～<5.0	−73±6	1380	1550	4	46	—
		5.0～8.0	510±6	1380	1550	4	45	429
		0.10～1.2	冷轧	1205	1380	1	41	—
		0.10～1.2	冷轧+482	1580	1655	1	46	—
S51750	09Cr17Ni5Mo3N	0.10～<0.30	455±8	1035	1275	6	42	—
		0.30～5.0		1035	1275	8	42	—
		0.10～<0.30	540±8	1000	1140	6	36	—
		0.30～5.0		1000	1140	8	36	—
S51778	06Cr17Ni7AlTi	0.10～<0.80	510±8	1170	1310	3	39	—
		0.80～<1.50		1170	1310	4	39	—
		1.50～8.0		1170	1310	5	39	—
		0.10～<0.80	538±8	1105	1240	3	37	—
		0.80～<1.50		1105	1240	4	37	—
		1.50～8.0		1105	1240	5	37	—
		0.10～<0.80	566±8	1035	1170	3	35	—
		0.80～<1.50		1035	1170	4	35	—
		1.50～8.0		1035	1170	5	35	—

① 为推荐性热处理温度，供方应向需方提供推荐性热处理制度。

② 适用于沿宽度方向的试验，垂直于轧制方向且平行于钢板表面。

③ 厚度不大于 3 mm 时使用 A_{50mm} 试样。

表 7-79　经固溶处理后沉淀硬化型钢板和钢带的弯曲性能

统一数字代号	牌号	厚度/mm	180°弯曲试验 弯曲压头直径 D
S51290	022Cr12Ni9Cu2NbTi	0.10～5.0	$D=6a$
S51770	07Cr17Ni7Al	0.10～<5.0	$D=a$
		5.0～7.0	$D=3a$
S51570	07Cr15Ni7Mo2Al	0.10～<5.0	$D=a$
		5.0～7.0	$D=3a$
S51750	09Cr17Ni5Mo3N	0.10～5.0	$D=2a$

注：a 为弯曲试样厚度。

表 7-80 外科植入物用不锈钢棒的力学性能（GB 4234—2003）

交货状态	牌号	公称直径 d/mm	抗拉强度 R_m/MPa	规定非比例伸长应力 $R_{P0.2}$/MPa	伸长率 A/%
固溶	00Cr18Ni14Mo3	全部	490～690	≥190	≥40
	00Cr18Ni15Mo3N		590～800	≥285	≥40
冷拉	00Cr18Ni14Mo3 00Cr18Ni15Mo3N	<19	860～1100	≥690	≥12

注：1. 对于某些特殊的植入物，可能要求更高的强度。在这种情况下，伸长率 A 可适当降低，具体指标由供需双方协商确定。

2. 试样原始标距长度 $l_0=5.65\sqrt{S_0}$ 或 $l_0=50$mm，其中 S_0 为试样原始横截面积，单位 mm²。

表 7-81 外科植入物用不锈钢丝的力学性能（GB 4234—2003）

交货状态	牌号	公称直径 d/mm	抗拉强度 R_m/MPa	伸长率 A/%
固溶	00Cr18Ni14Mo3 00Cr18Ni15Mo3N	0.025～0.13	≤1000	≥30
		>0.13～0.23	≤930	≥30
		>0.23～0.38	≤890	≥35
		>0.38～0.50	≤860	≥40
		>0.50～0.65	≤820	≥40
		>0.65	≤800	≥40
冷拉	00Cr18Ni14Mo3 00Cr18Ni15Mo3N	0.20～0.7	1600～1850	—
		>0.70～1.00	1500～1750	—
		>1.00～1.50	1400～1650	—
		>1.50～2.00	1350～1600	—

注：1. 冷拉状态订货的钢丝，可按需方要求的更高强度等级供货，力学性能指标由供需双方协商确定。

2. 试样原始标距长度 $l_0=5.65\sqrt{S_0}$ 或 $l_0=50$mm，其中 S_0 为试样原始横截面积，单位 mm²。

表 7-82 外科植入物用不锈钢板及钢带的力学性能（GB 4234—2003）

交货状态	牌号	抗拉强度 R_m/MPa	规定非比例伸长应力 $R_{P0.2}$/MPa	伸长率 A/%
固溶	00Cr18Ni14Mo3	490～690	≥190	≥40①
	00Cr18Ni15Mo3N	600～800	≥300	≥40①
轻度冷轧	00Cr18Ni14Mo3	≥610	≥300	≥35
	00Cr18Ni15Mo3N	≥650	≥390	≥35
冷轧	00Cr18Ni14Mo3 00Cr18Ni15Mo3N	860～1100	≥600	≥12

① 钢板或钢带厚度不超过 3mm 时，伸长率 A≥38%。

注：试样原始标距长度 $l_0=5.65\sqrt{S_0}$ 或 $l_0=50$mm，其中 S_0 为试样原始横截面积，单位 mm²。

7.1.3 不锈钢和耐热钢的特性和用途

表 7-83 不锈钢的特性和用途

GB/T 20878 中序号	统一数字代号	新 牌 号	旧 牌 号	特 性 与 用 途
奥氏体型				
1	S35350	12Cr17Mn6Ni5N	1Cr17Mn6Ni5N	节镍钢，性能 12Cr17Ni7(1Cr17Ni7)与相近，可代替 12Cr17Ni7(1Cr17Ni7)使用。在固溶态无磁，冷加工后具有轻微磁性。主要用于制造旅馆装备、厨房用具、水池、交通工具等
3	S35450	12Cr18Mn9Ni5N	1Cr18Mn8Ni5N	节镍钢，是 Cr-Mn-Ni-N 型最典型、发展比较完善的钢，在 800℃以下具有很好的抗氧化性，且保持较高的强度，可代替 12Cr18Ni9(1Cr18Ni9)使用。主要用于制作 800℃以下经受弱介质腐蚀和承受负荷的零件，如炊具、餐具等
9	S30110	12Cr17Ni7	1Cr17Ni7	亚稳定奥氏体不锈钢，是最易冷变形强化的钢。经冷加工有高的强度和硬度，并仍保留足够的塑韧性，在大气条件下具有较好的耐蚀性。主要用于以冷加工状态承受较高负荷，又希望减轻装备重量和不生锈的设备和部件，如铁道车辆，装饰板、传送带、紧固件等
13	S30210	12Cr18Ni9	1Cr18Ni9	历史最悠久的奥氏体不锈钢，在固溶态具有良好的塑性、韧性和冷加工性，在氧化性酸和大气、水。蒸汽等介质中耐蚀性也好。经冷加工有高的强度，但伸长率比 12Cr17Ni7(1Cr17Ni7)稍差。主要用于对耐蚀性和强度要求不高的结构件和焊接件，如建筑物外表装饰材料；也可用于无磁部件和低温装置的部件。但在敏化态或焊后，具有晶间腐蚀倾向，不宜用作焊接结构材料
15	S30317	Y12Cr18Ni9	Y1Cr18Ni9	12Cr18Ni9(1Cr18Ni9)改进切削性能钢。最适用于快速切削(如自动车床)制作辊、轴，螺栓、螺母等
16	S30327	Y12Cr18Ni9Se	Y1Cr18Ni9Se	除调整 12Cr18Ni9(1Cr18Ni9)钢的磷、硫含量外，还加入硒，提高 12Cr18Ni9(1Cr18Ni9)钢的切削性能，用于小切削量，也适用于热加工或冷顶锻，如螺钉、铆钉等
17	S30408	06Cr19Ni10	0Cr18Ni9	在 12Cr18Ni9(1Cr18Ni9)钢基础上发展演变的钢，性能类似于 12Cr18Ni9(1Cr18Ni9)钢，但耐蚀性优于 12Cr18Ni9(1Cr18Ni9)钢，可用作薄截面尺寸的焊接件，是应用量最大，使用范围最广的不锈钢。适用于制造深冲成型部件和输酸管道、容器、结构件等，也可以制造无磁、低温设备和部件
18	S30403	022Cr19Ni10	00Cr19Ni10	为解决因 $Cr_{23}C_6$ 析出致使 06Cr19Ni10(0Cr18Ni9)钢在一些条件下存在严重的晶间腐蚀倾向而发展的超低碳奥氏体不锈钢，其敏化态耐晶间腐蚀能力显著优于 06Cr18Ni9(0Cr18Ni9)钢。除强度稍低外，其他性能同 06Cr18Ni9Ti(0Cr18Ni9Ti)钢，主要用于需焊接且焊接后又不能进行固溶处理的耐蚀设备和部件
22	S30488	06Cr18Ni9Cu3	0Cr18Ni9Cu3	在 06Cr19Ni10(0Cr18Ni9)基础上为改进其冷成形性能而发展的不锈钢。铜的加入，使钢的冷作硬化倾向小，冷作硬化率降低，可以在较小的成形力下获得最大的冷变形。主要用于制作冷镦紧固件、深拉等冷成形的部件
23	S30458	06Cr19Ni10N	0Cr19Ni9N	在 06Cr19Ni10(0Cr18Ni9)钢基础上添加氮，不仅防止塑性降低，而且提高钢的强度和加工硬化倾向，改善钢的耐点蚀、晶腐性，使材料的厚度减少。用于有一定耐腐性要求，并要求较高强度和减轻重量的设备或结构部件
24	S30478	06Cr19Ni9NbN	0Cr19Ni10NbN	在 06Cr19Ni10(0Cr18Ni9)钢基础上添加氮和铌，提高钢的耐点蚀和晶间腐蚀性能，具有与 06Cr19Ni10N(0Cr19Ni9N)钢相同的特性和用途
25	S30453	022Cr19Ni10N	00Cr18Ni10N	06Cr19Ni10N(0Cr19Ni9N)的超低碳钢。因 06Cr19Ni10N(0Cr19Ni9N)钢在 450℃～900℃加热后耐晶间腐蚀性能明显下降，因此对于焊接设备构件，推荐用 022Cr19Ni10N(00Cr18Ni10N)钢
26	S30510	10Cr18Ni12	1Cr18Ni12	在 12Cr18Ni9(1Cr18Ni9)钢基础上，通过提高钢中镍含量而发展起来的不锈钢。加工硬化性比 12Cr18Ni9(1Cr18Ni9)钢低。适宜用于旋压加工、特殊拉拔，如作冷墩钢用等

续表

GB/T 20878 中序号	统一数字代号	新 牌 号	旧 牌 号	特 性 与 用 途
奥氏体型				
32	S30908	06Cr23Ni13	0Cr23Ni13	高铬镍奥氏体不锈钢，耐腐蚀性比06Cr19Ni10(0Cr18Ni9)钢好，但实际上多作为耐热钢使用
35	S31008	06Cr25Ni20	0Cr25Ni20	高铬镍奥氏体不锈钢，在氧化性介质中具有优良的耐蚀性，同时具有良好的高温力学性能，抗氧化性比06Cr23Ni13(0Cr23Ni13)钢好，耐点蚀和耐应力腐蚀能力优于18-8型不锈钢，既可用于耐蚀部件又可作为耐热钢使用
38	S31608	06Cr17Ni12Mo2	0Cr17Ni12Mo2	在10Cr18Ni12(1Cr18Ni12)钢基础上加入钼，使钢具有良好的耐还原性介质和耐点腐蚀能力。在海水和其他各种介质中，耐腐蚀性优于06Cr19Ni10(0Cr18Ni9)钢。主要用于耐点蚀材料
39	S31603	022Cr17Ni12Mo2	00Cr17Ni14Mo2	06Cr17Ni12Mo2(0Cr17Ni12Mo2)的超低碳钢，具有良好的耐敏化态晶间腐蚀的性能。适用于制造厚截面尺寸的焊接部件和设备，如石油化工、化肥、造纸、印染及原子能工业用设备的耐蚀材料
41	S31668	06Cr17Ni12Mo2Ti	0Cr18Ni12Mo3Ti	为解决06Cr17Ni12Mo2(0Cr17Ni12Mo2)钢的晶间腐蚀而发展起来的钢种，有良好的耐晶间腐蚀性，其他性能与06Cr17Ni12Mo2(0Cr17Ni12Mo2)钢相近。适合于制造焊接部件
43	S31658	06Cr17Ni12Mo2N	0Cr17Ni12Mo2N	在06Cr17Ni12Mo2(0Cr17Ni12Mo2)中加入氮，提高强度，同时又不降低塑性，使材料的使用厚度减薄。用于耐蚀性好的高强度部件
44	S31653	022Cr17Ni12Mo2N	00Cr17Ni13Mo2N	在022Cr17Ni12Mo2(00Cr17Ni14Mo2)钢中加入氮，具有与022Cr17Ni12Mo2(00Cr17Ni14Mo2)钢同样特性，用途与06Cr17Ni12Mo2N(0Cr17Ni12Mo2N)相同，但耐晶间腐蚀性能更好。主要用于化肥、造纸、制药、高压设备等领域
45	S31688	06Cr18Ni12Mo2Cu2	0Cr18Ni12Mo2Cu2	在06Cr17Ni12Mo2(0Cr17Ni12Mo2)钢基础上加入约2%Cu，其耐腐蚀性、耐点蚀性好。主要用于制作耐硫酸材料，也可用作焊接结构件和管道、容器等
46	S31683	022Cr18Ni14Mo2Cu2	00Cr18Ni14Mo2Cu2	06Cr18Ni12Mo2Cu2(0Cr18Ni12Mo2Cu2)的超低碳钢。比06Cr18Ni12Mo2Cu2(0Cr18Ni12Mo2Cu2)钢的耐晶间腐蚀性能好。用途同06Cr18Ni12Mo2Cu2(0Cr18Ni12Mo2Cu2)钢
49	S31708	06Cr19Ni13Mo3	0Cr19Ni13Mo3	耐点蚀和抗蠕变能力优于06Cr17Ni12Mo2(0Cr17Ni12Mo2)。用于制作造纸、印染设备，石油化工及耐有机酸腐蚀的装备等
50	S31703	022Cr19Ni13Mo3	00Cr19Ni13Mo3	06Cr19Ni13Mo3(0Cr19Ni13Mo3)的超低碳钢，比06Cr19Ni13Mo3(0Cr19Ni13Mo3)钢耐晶间腐蚀性能好，在焊接整体件时抑制析出碳。用途与06Cr19Ni13Mo3(0Cr19Ni13Mo3)钢相同
52	S31794	03Cr18Ni16Mo5	0Cr18Ni16Mo5	耐点蚀性能优于022Cr17Ni12Mo2(00Cr17Ni14Mo2)和06Cr17Ni12Mo2Ti(0Cr18Ni12Mo3Ti)的一种高钼不锈钢，在硫酸、甲酸、醋酸等介质中的耐蚀性要比一般含2%～4%Mo的常用Cr-Ni钢更好。主要用于处理含氯离子溶液的热交换器，醋酸设备，磷酸设备，漂白装置等，以及022Cr17Ni12Mo2(00Cr17Ni14Mo2)和06Cr17Ni12Mo2Ti(0Cr18Ni12Mo3Ti)钢不适用环境中使用
55	S32168	06Cr18Ni11Ti	0Cr18Ni10Ti	钛稳定化的奥氏体不锈钢，添加钛提高耐晶间腐蚀性能，并具有良好的高温力学性能。可用超低碳奥氏体不锈钢代替。除专用(高温或抗氢腐蚀)外，一般情况下推荐使用
62	S34778	06Cr18Ni11Nb	0Cr18Ni11Nb	铌稳定化的奥氏体不锈钢，添加铌提高耐晶间腐蚀性能，在酸、碱、盐等腐蚀介质中的耐蚀性同06Cr18Ni11Ti(0Cr18Ni10Ti)，焊接性能良好。既可作耐蚀材料又可作耐热钢使用，主要用于火电厂、石油化工等领域，如制作容器、管道、热交换器、轴类等；也可作为焊接材料使用

续表

GB/T 20878 中序号	统一数字代号	新牌号	旧牌号	特性与用途
奥氏体型				
64	S38148	06Cr18Ni13Si4	0Cr18Ni13Si4	在06Cr19Ni10(0Cr18Ni9)中增加镍、添加硅，提高耐应力腐蚀断裂性能。用于含氯离子环境，如汽车排气净化装置等
奥氏体-铁素体型				
67	S21860	14Cr18Ni12Si4AlTi	1Cr18Ni11Si4AlTi	含硅使钢的强度和耐浓硝酸腐蚀性能提高，可用于制作抗高温、浓硝酸介质的零件和设备，如排酸阀门等
68	S21953	022Cr19Ni5Mo3Si2N	00Cr18Ni5Mo3Si2	在瑞典3RE60钢基础上，加入0.05% N～0.10%N形成的一种耐氯化物应力腐蚀的专用不锈钢。耐点蚀性能与022Cr17Ni12Mo2(00Cr17Ni14Mo2)相当。适用于含氯离子的环境，用于炼油、化肥、造纸、石油、化工等工业制造热交换器、冷凝器等。也可代替022Cr19Ni10(00Cr19Ni10)和022Cr17Ni12Mo2(00Cr17Ni14Mo2)钢在易发生应力腐蚀破坏的环境下使用
70	S22253	022Cr22Ni5Mo3N		在瑞典SAF2205钢基础上研制的，是目前世界上双相不锈钢中应用最普遍的钢。对含硫化氢、二氧化碳、氯化物的环境具有阻抗性，可进行冷、热加工及成形，焊接性良好，适用于作结构材料，用来代替022Cr19Ni10(00Cr19Ni10)和022Cr17Ni12Mo2(00Cr17Ni14Mo2)奥氏体不锈钢使用。用于制作油井管，化工储罐，热交换器，冷凝冷却器等易产生点蚀和应力腐蚀的受压设备
71	S22053	022Cr23Ni5Mo3N		从022Cr22Ni5Mo3N基础上派生出来的，具有更窄的区间。特性和用途同022Cr22Ni5Mo3N
73	S22553	022Cr25Ni6Mo2N		在0Cr26Ni5Mo2钢基础上调高钼含量、调低碳含量、添加氮，具有高强度、耐氯化物应力腐蚀、可焊接等特点，是耐点蚀最好的钢。代替0Cr26Ni5Mo2钢使用。主要应用于化工、化肥、石油化工等工业领域，主要制作热交换器、蒸发器等
75	S25554	03Cr25Ni6Mo3Cu2N		在英国Ferralium alloy 255合金基础上研制的，具有良好的力学性能和耐局部腐蚀性能，尤其是耐磨损性能优于一般的奥氏体不锈钢，是海水环境中的理想材料。适用作舰船用的螺旋推进器、轴、潜艇密封件等，也适用于在化工、石油化工、天然气、纸浆、造纸等领域应用
铁素体型				
78	S11348	06Cr13Al	0Cr13Al	低铬纯铁素体不锈钢，非淬硬性钢。具有相当于低铬钢的不锈性和抗氧化性，塑性、韧性和冷成型性优于铬含量更高的其他铁素体不锈钢。主要用于12Cr13(1Cr13)或10Cr17(1Cr17)由于空气可淬硬而不适用的地方，如石油精制装置、压力容器衬里，蒸汽透平叶片和复合钢板等
83	S11203	022Cr12	00Cr12	比022Cr13(0Cr13)碳含量低，焊接部位弯曲性能、加工性能、耐高温氧化性能好。作汽车排气处理装置、锅炉燃烧室、喷嘴等
85	S11710	10Cr17	1Cr17	具有耐蚀性、力学性能和热导率高的特点，在大气、水蒸气等介质中具有不锈性，但当介质中含有较高氯离子时，不锈性则不足。主要用于生产硝酸、硝铵的化工设备，如吸收塔、热交换器、贮槽等；薄板主要用于建筑内装饰、日用办公设备、厨房器具、汽车装饰、气体燃烧器等。由于它的脆性转变温度在室温以上，且对缺口敏感，不适用制作室温以下的承受载荷的设备和部件，且通常使用的钢材其截面尺寸一般不允许超过4mm

续表

GB/T 20878 中序号	统一数字代号	新牌号	旧牌号	特性与用途
铁素体型				
86	S11717	Y10Cr17	Y1Cr17	10Cr17(1Cr17)改进的切削钢。主要用于大切削量自动车床机加零件，如螺栓，螺母等
88	S11790	10Cr17Mo	1Cr17Mo	在10Cr17(1Cr17)钢中加入钼，提高钢的耐点蚀、耐缝隙腐蚀性及强度等，比10Cr17(1Cr17)钢抗盐溶液性强。主要用作汽车轮毂、紧固件以及汽车外装饰材料使用
94	S12791	008Cr27Mo	00Cr27Mo	高纯铁素体不锈钢中发展最早的钢，性能类似于008Cr30Mo2(00Cr30Mo2)。适用于既要求耐蚀性又要求软磁性的用途
95	S13091	008Cr30Mo2	00Cr30Mo2	高纯铁素体不锈钢。脆性转变温度低，耐卤离子应力腐蚀破坏性好，耐蚀性与纯镍相当，并具有良好的韧性，加工成形性和可焊接性。主要用于化学加工工业(醋酸、乳酸等有机酸，苛性钠浓缩工程)成套设备，食品工业、石油精炼工业、电力工业、水处理和污染控制等用热交换器、压力容器、罐和其他设备等
马氏体型				
96	S40310	12Cr12	1Cr12	作为汽轮机叶片及高应力部件之良好的不锈耐热钢
97	S41008	06Cr13	0Cr13	作较高韧性及受冲击负荷的零件，如汽轮机叶片、结构架、衬里、螺栓、螺帽等
98	S41010	12Cr13	1Cr13	半马氏体型不锈钢，经淬火回火处理后具有较高的强度、韧性，良好的耐蚀性和机加工性能。主要用于韧性要求较高且具有不锈性的受冲击载荷的部件、如刃具、叶片、紧固件、水压机阀、热裂解抗硫腐蚀设备等；也可制作在常温条件耐弱腐蚀介质的设备和部件
100	S41617	Y12Cr13	Y1Cr13	不锈钢中切削性能最好的钢，自动车床用
101	S42020	20Cr13	2Cr13	马氏体型不锈钢，其主要性能类似于12Cr13(1Cr13)。由于碳含量较高，其强度、硬度高于12Cr13(1Cr13)，而韧性和耐蚀性略低。主要用于制造承受高应力负荷的零件、如汽轮机叶片、热油泵、轴和轴套、叶轮、水压机阀片等，也可用于造纸工业和医疗器械以及日用消费领域的刀具、餐具等
102	S42030	30Cr13	3Cr13	马氏体型不锈钢，较12Cr13(1Cr13)和20Cr13(2Cr13)钢具有更高的强度、硬度和更好的淬透性，在室温的稀硝酸和弱的有机酸中具有一定的耐蚀性，但不及12Cr13(1Cr13)和20Cr13(2Cr13)钢。主要用于高强度部件，以及在承受高应力载荷并在一定腐蚀介质条件下的磨损件，如300℃以下工作的刀具、弹簧，400℃以下工作的轴、螺栓、阀门、轴承等
103	S42037	Y30Cr13	Y3Cr13	改善30Cr13(3Cr13)切削性能的钢。用途与30Cr13(3Cr13)相似，需要更好的切削性能
104	S42040	40Cr13	4Cr13	特性与用途类似于30Cr13(3Cr13)钢，其强度、硬度高于30Cr13(3Cr13)钢，而韧性和耐蚀性略低。主要用于制造外科医疗用具、轴承、阀门、弹簧等。40Cr13(4Cr13)钢可焊性差，通常不制造焊接部件
106	S43110	14Cr17Ni2	1Cr17Ni2	热处理后具有较高的力学性能，耐蚀性优于12Cr13(1Cr13)或10Cr17(1Cr17)。一般用于既要求高力学性能的可淬硬性，又要求耐硝酸、有机酸腐蚀的轴类、活塞杆、泵、阀等零部件以及弹簧和紧固件
107	S43120	17Cr16Ni2		加工性能比，14Cr17Ni2(1Cr17Ni2)明显改善，适用于制作要求较高强度、韧性、塑性和良好的耐蚀性的零部件及在潮湿介质中工作的承力件
108	S44070	68Cr17	7Cr17	高铬马氏体型不锈钢，比20Cr13(2Cr13)有较高的淬火硬度。在淬火回火状态下，具有高强度和硬度，并兼有不锈、耐蚀性能。一般用于制造要求具有不锈性或耐稀氧化性酸、有机酸和盐类腐蚀的刀具、量具、轴类、杆件、阀门、钩件等耐磨蚀的部件

续表

GB/T 20878 中序号	统一数字代号	新 牌 号	旧牌号	特 性 与 用 途
				马氏体型
109	S44080	85Cr17	8Cr17	可淬硬性不锈钢。性能与用途类似于 68Cr17（7Cr17），但硬化状态下，比 68Cr17（7Cr17）硬、而比 108Cr17（11Cr17）韧性高。如刃具、阀座等
110	S44096	108Cr17	11Cr17	在可淬硬性不锈钢，不锈钢中硬度最高。性能与用途类似于 68Cr17(7Cr17)。主要用于制作喷嘴、轴承等
111	S44097	Y108Cr17	Y11Cr17	108Cr17(11Cr17)改进的切削性钢种。自动车床用
112	S44090	95Cr18	9Cr18	高碳马氏体不锈钢。较 Cr17 型马氏体型不锈钢耐蚀性有所改善，其他性能与 Cr17 型马氏体型不锈钢相似。主要用于制造耐蚀高强度耐磨损部件，如轴、泵、阀件、杆类、弹簧、紧固件等。由于钢中极易形成不均匀的碳化物而影响钢的质量和性能，需在生产时予以注意
115	S45710	13Cr13Mo	1Cr13Mo	比 12Cr13(1Cr13)钢耐蚀性高的高强度钢。用于制作汽轮机叶片，高温部件等
116	S45830	32Cr13Mo	3Cr13Mo	在 30Cr13(3Cr13)钢基础上加入钼，改善了钢的强度和硬度，并增强了二次硬化效应，且耐蚀性优于 30Cr13(3Cr13)钢。主要用途用 30Cr13(3Cr13)钢
117	S45990	102Cr17Mo	9Cr18Mo	性能与用途类似于 95Cr18(9Cr18)钢。由于钢中加入了钼和钒，热强性和抗回火能力均优于 95Cr18(9Cr18)钢。主要用来制造承受摩擦并在腐蚀介质中工作的零件，如量具、刃具等
118	S46990	90Cr18MoV	9Cr18MoV	性能与用途类似于 95Cr18(9Cr18)钢。由于钢中加入了钼和钒，热强性和抗回火能力均优于 95Cr18(9Cr18)钢。主要用来制造承受摩擦并在腐蚀介质中工作的零件，如量具、刃具等
				沉淀硬化型
136	S51550	05Cr15Ni5Cu4Nb		在 05Cr17Ni4Cu4Nb(0Cr17Ni4Cu4Nb)钢基础上发展的马氏体沉淀硬化不锈钢，除高强度外，还具有高的横向韧性和良好的可锻性，耐蚀性与 05Cr17Ni4Cu4Nb(0Cr17Ni4Cu4Nb)钢相当。主要应用于具有高强度、良好韧性，又要求有优良耐蚀性的服役环境，如高强度锻件、高压系统阀门部件、飞机部件等
137	S51740	05Cr17Ni4Cu4Nb	0Cr17Ni4Cu4Nb	添加铜和铌的马氏体沉淀硬化不锈钢，强度可通过改变热处理工艺予以调整，耐蚀性优于 Cr13 型及 95Cr18(9Cr18)和 14Cr17Ni2(1Cr17Ni2)钢，抗腐蚀疲劳及抗水滴冲蚀能力优于 12%Cr 马氏体型不锈钢，焊接工艺简便，易于加工制造，但较难进行深度冷成型。主要用于既要求具有不锈性又要求耐弱酸、碱、盐腐蚀的高强度部件。如汽轮机末级动叶片以及在腐蚀环境下，工作温度低于 300℃的结构件
138	S51770	07Cr17Ni7Al	0Cr17Ni7Al	添加铝的半奥氏体沉淀硬化不锈钢，成分接近 18-8 型奥氏体不锈钢，具有良好的冶金和制造加工工艺性能。可用于 350℃以下长期工作的结构件、容器、管道、弹簧、垫圈、计器部件。该钢热处理工艺复杂，在全世界范围内有被马氏体时效钢取代的趋势，但目前仍具有广泛应用的领域
139	S51570	07Cr15Ni7Mo2Al	0Cr15Ni7Mo2Al	以 2% Mo 取代 07Cr17Ni7Al(0Cr17Ni7Al)钢中 2%Cr 的半奥氏体沉淀硬化不锈钢，使之耐还原性介质腐蚀能力有所改善，综合性能优于 07Cr17Ni7Al(0Cr17Ni7Al)。用于宇航、石油化工和能源等领域有一定耐蚀要求的高强度容器、零件及结构件

表 7-84 耐热钢的特性和用途

GB/T 20878 中序号	统一数字代号	新牌号	旧牌号	特性和用途
奥氏体型				
6	S35650	53Cr21Mn9Ni4N	5Cr21Mn9Ni4N	Cr-Mn-Ni-N 型奥氏体阀门钢。用于制作以经受高温强度为主的汽油及柴油机用排气阀
7	S35750	26Cr18Mn12Si2N	3Cr18Mn12Si2N	有较高的高温强度和一定的抗氧化性，并且有较好的抗硫及抗增碳性。用于吊挂支架，渗碳炉构件、加热炉传送带、料盘、炉爪
8	S35850	22Cr20Mn10Ni2Si2N	2Cr20Mn9Ni2Si2N	特性和用途同 26Cr18Mn12Si2N(3Cr18Mn12Si2N)，还可用作盐浴坩埚和加热炉管道等
17	S30408	06Cr19Ni10	0Cr18Ni9	通用耐氧化钢，可承受 870℃以下反复加热
30	S30850	22Cr21Ni12N	2Cr21Ni12N	Cr-Ni-N 型耐热钢。用以制造以抗氧化为主的汽油及柴油机用排气阀
31	S30920	16Cr23Ni13	2Cr23Ni13	承受 980℃以下反复加热的抗氧化钢。加热炉部件，重油燃烧器
32	S30908	06Cr23Ni13	0Cr23Ni13	耐腐蚀性比 06Cr19Ni10(0Cr18Ni9)钢好，可承受 980℃以下反复加热。炉用材料
34	S31020	20Cr25Ni20	2Cr25Ni20	承受 1035℃以下反复加热的抗氧化钢。主要用于制作炉用部件、喷嘴、燃烧室
35	S31008	06Cr25Ni20	0Cr25Ni20	抗氧化性比 06Cr23Ni13(0Cr23Ni13)钢好，可承受 1035℃以下反复加热。炉用材料、汽车排气净化装置等
38	S31608	06Cr17Ni12Mo2	0Cr17Ni12Mo2	高温具有优良的蠕变强度，作热交换用部件，高温耐蚀螺栓
49	S31708	06Cr19Ni13Mo3	0Cr19Ni13Mo3	耐点蚀和抗蠕变能力优于 06Cr17Ni12Mo2(0Cr17Ni12Mo2)。用于制作造纸、印染设备，石油化工及耐有机酸腐蚀的装备、热交换用部件等
55	S32168	06Cr18Ni11Ti	0Cr18Ni10Ti	作在 400～900℃腐蚀条件下使用的部件，高温用焊接结构部件
57	S32590	45Cr14Ni14W2Mo	4Cr14Ni14W2Mo	中碳奥氏体型阀门钢。在 700℃以下有较高的热强性，在 800℃以下有良好的抗氧化性能。用于制造 700℃以下工作的内燃机、柴油机重负荷进、排气阀和紧固件，500℃以下工作的航空发动机及其他产品零件。也可称为渗氮钢使用
60	S33010	12Cr16Ni35	1Cr16Ni35	抗渗碳，易渗氮，1035℃以下反复加热。炉用钢料、石油裂解装置
62	S34778	06Cr18Ni11Nb	0Cr18Ni11Nb	作在 400～900℃腐蚀条件下使用的部件，高温用焊接结构部件
64	S38148	06Cr18Ni13Si4	0Cr18Ni13Si4	具有与 06Cr25Ni20(0Cr25Ni20)相当的抗氧化性。用于含氯离子环境，如汽车排气净化装置等
65	S38240	16Cr20Ni14Si2	1Cr20Ni14Si2	具有较高的高温强度及抗氧化性，对含硫气氛较敏感，在 600～800℃有析出相的脆化倾向，适用于制作承受应力的各种炉用构件
66	S38340	16Cr25Ni20Si2	1Cr25Ni20Si2	
铁素体型				
78	S11348	06Cr13Al	0Cr13Al	冷加工硬化少，主要用于制作燃气透平压缩机叶片、退火箱，淬火台架等
83	S11203	022Cr12	00Cr12	比 022Cr13(0Cr13)碳含量低，焊接部位弯曲性能、加工性能、耐高温氧化性能好。作汽车排气处理装置，锅炉燃烧室、喷嘴等
85	S11710	10Cr17	1Cr17	作 900℃以下耐氧化用部件、散热器、炉用部件、油喷嘴等

续表

GB/T 20878 中序号	统一数字代号	新牌号	旧牌号	特性和用途
		铁素体型		
93	S12550	16Cr25N	2Cr25N	耐高温腐蚀性强，1082℃以下不产生易剥落的氧化皮，常用于抗硫气氛，如燃烧室、退火箱、玻璃模具、阀、搅拌杆等
		马氏体型		
98	S41010	12Cr13	1Cr13	作800℃以下耐氧化用部件
101	S42020	20Cr13	2Cr13	淬火状态下硬度高，耐蚀性良好。汽轮机叶片
106	S43110	14Cr17Ni2	1Cr17Ni2	作具有较高程度的耐硝酸、有机酸腐蚀的轴类、活塞杆、泵、阀等零部件以及弹簧、紧固件、容器和设备
107	S43120	17Cr16Ni2		改善14Cr17Ni2(1Cr17Ni2)钢的加工性能，可代替14Cr17Ni2(1Cr17Ni2)钢使用
113	S45110	12Cr5Mo	1Cr5Mo	在中高温下有好的力学性能。能抗石油裂化过程中产生的腐蚀。作再热蒸汽管、石油裂解管、锅炉吊架、蒸汽轮机气缸衬套、泵的零件、阀、活塞杆、高压加氢设备部件、紧固件
114	S45610	12Cr12Mo	1Cr12Mo	铬钼马氏体耐热钢。作汽轮机叶片
115	S45710	13Cr13Mo	1Cr13Mo	比12Cr13(1Cr13)耐蚀性高的高强度钢。用于制作汽轮机叶片，高温、高压蒸汽用机械部件等
119	S46010	14Cr11MoV	1Cr11MoV	铬钼钒马氏体耐热钢。有较高的热强性，良好的减震性及组织稳定性。用于透平叶片及导向叶片
122	S46250	18Cr12MoVNbN	2Cr12MoVNbN	铬钼钒铌氮马氏体耐热钢。用于制作高温结构部件，如汽轮机叶片、盘、叶轮轴、螺栓等
123	S47010	15Cr12WMoV	1Cr12WMoV	铬钼钨钒马氏体耐热钢。有较高的热强性，良好的减震性及组织稳定性。用于透平叶片、紧固件、转子及轮盘
124	S47220	22Cr12NiWMoV	2Cr12NiMoWV	性能与用途类似于13Cr11Ni2W2MoV(1Cr11Ni2W2MoV)。用于制作汽轮机叶片
125	S47310	13Cr11Ni2W2MoV	1Cr11Ni2W2MoV	铬镍钨钼钒马氏体耐热钢。具有良好的韧性和抗氧化性能，在淡水和湿空气中有较好的耐蚀性
128	S47450	18Cr11NiMoNbVN	(2Cr11NiMoNbVN)	具有良好的强韧性、抗蠕变性能和抗松弛性能，主要用于制作汽轮机高温紧固件和动叶片
130	S48040	42Cr9Si2	4Cr9Si2	铬硅马氏体阀门钢，750℃以下耐氧化。用于制作内燃机进气阀，经负荷发动机的排气阀
131	S48045	45Cr9Si3		
132	S48140	40Cr10Si2Mo	4Cr10Si2Mo	铬硅钼马氏体阀门钢，经淬火回火后使用。因含有钼和硅，高温强度抗蠕变性能及抗氧化性能比40Cr13(4Cr13)高。用于制作进、排气阀门，鱼雷，火箭部件，预燃烧室等
133	S48380	80Cr20Si2Ni	8Cr20Si2Ni	铬硅镍马氏体阀门钢。用于制作以耐磨性为主的进气阀、排气阀、阀座等
		沉淀硬化型		
137	S51740	05Cr17Ni4Cu4Nb	0Cr17Ni4Cu4Nb	添加铜和铌的马氏体沉淀硬化型钢，作燃气透平压缩机叶片，燃气透平发动机周围材料
138	S51770	07Cr17Ni7Al	0Cr17Ni7Al	添加铝的半奥氏体沉淀硬化型钢，作高温弹簧、膜片、固定器、波纹管
143	S51525	06Cr15Ni25Ti2MoAlVB	0Cr15Ni25Ti2MoAlVB	奥氏体沉淀硬化型钢，具有高的缺口强度，在温度低于980℃时抗氧化性能与06Cr25Ni20(0Cr25Ni20)相当。主要用于700℃以下的工作环境，要求具有高强度和优良耐蚀性的部件或设备，如汽轮机转子、叶片、骨架，燃烧室部件和螺栓等

7.2 欧洲标准化委员会（CEN）不锈钢和耐热钢

7.2.1 不锈钢和耐热钢的牌号及化学成分

表 7-85 铁素体不锈钢的牌号及化学成分（EN 10088-1—2005）

合金牌号		合金成分/%(非范围值或特殊注明者均为最大值)											
牌号	材料号	C	Si	Mn	P	S	N	Cr	Mo	Nb	Ni	Ti	其他
X2CrNi12	1.4003	0.030	1.00	1.50	0.040	≤0.015	0.030	10.5～12.5			0.30～1.00		
X2CrTi12	1.4512	0.030	1.00	1.00	0.040	≤0.015		10.5～12.5				[6×(C%+N%)]～0.65	
X6CrNiTi12	1.4516	0.08	0.70	1.50	0.040	≤0.015		10.5～12.5			0.50～1.50	0.05～0.35	
X6Cr13	1.4000	0.08	1.00	1.00	0.040	≤0.015		12.0～14.0					
X6CrAl13	1.4002	0.08	1.00	1.00	0.040	≤0.015		12.0～14.0					Al:0.10～0.30
X2CrTi17	1.4520	0.025	0.50	0.50	0.040	≤0.015	0.015	16.0～18.0				0.30～0.60	
X6Cr17	1.4016	0.08	1.00	1.00	0.040	≤0.015		16.0～18.0					
X3CrTi17	1.4510	0.05	1.00	1.00	0.040	≤0.015		16.0～18.0				[4×(C%+N%)]+0.15～0.80	
X1CrNb15	1.4595	0.020	1.00	1.00	0.025	≤0.015	0.020	14.0～16.0		0.20～0.60			
X3CrNb17	1.4511	0.05	1.00	1.00	0.040	≤0.015		16.0～18.0		12×C%～1.00			
X6CrMo17-1	1.4113	0.08	1.00	1.00	0.040	≤0.015		16.0～18.0	0.90～1.40				
X6CrMoS17	1.4105	0.08	1.50	1.50	0.040	0.15～0.35		16.0～18.0	0.20～0.60				
X2CrMoTi17-1	1.4513	0.025	1.00	1.00	0.040	≤0.015	0.020	16.0～18.0	0.80～1.40			0.30～0.60	
X2CrMoTi18-2	1.4521	0.025	1.00	1.00	0.040	≤0.015	0.030	17.0～20.0	1.80～2.50			[4×(C%+N%)]+0.15～0.80	
X2CrMoTiS18-2	1.4523	0.030	1.00	0.50	0.040	0.15～0.35		17.5～19.0	2.00～2.50			0.30～0.80	(C%+N%)≤0.040
X6CrNi17-1	1.4017	0.08	1.00	1.00	0.040	≤0.015		16.0～18.0			1.20～1.60		
X5CrNiMoTi15-2	1.4589	0.08	1.00	1.00	0.040	≤0.015		13.5～15.5	0.20～1.20		1.00～2.50	0.30～0.50	
X6CrMoNb17-1	1.4526	0.08	1.00	1.00	0.040	≤0.015	0.040	16.0～18.0	0.80～1.40	[7×(C%+N%)+0.10]～1.00			
X2CrNbZr17	1.4590	0.030	1.00	1.00	0.040	≤0.015		16.0～17.0		0.35～0.55			Zr≥7×(C%+N%)+0.15
X2CrTiNb18	1.4509	0.030	1.00	1.00	0.040	≤0.015		17.5～18.5		[3×C%+0.30]～1.00		0.10～0.60	
X2CrMoTi29-4	1.4592	0.025	1.00	1.00	0.030	≤0.015	0.045	28.0～30.0	3.50～4.50			[4×(C%+N%)]+0.15～0.80	

注：1. 如无需方同意，除铸造需要外，表中未列出元素不得加入钢内，生产过程中应尽量避免会引起钢性能变化的杂质元素通过废料等途径进入钢内。

2. 对棒材，杆材，线材，型材，光亮件产品及相关半成品而言，S 含量应不大于 0.030%，可切削产品中 S 含量应控制在 0.015%～0.030%。焊接件中 S 含量应控制在 0.008%～0.030%。抛光件中 S 应不大于 0.015%。

表 7-86　马氏体及沉淀硬化不锈钢的牌号及化学成分（EN 10088-1—2005）

合金牌号		合金成分/%（非范围值或特殊注明者均为最大值）										
牌号	材料号	C	Si	Mn	P	S	Cr	Cu	Mo	Nb	Ni	其他
X12Cr13	1.4006	0.08～0.15	1.00	1.50	0.040	0.015	11.5～13.5				0.75	
X12CrS13	1.4005	0.08～0.15	1.00	1.50	0.040	0.15～0.35	12.0～14.0		0.60			
X15Cr13	1.4024	0.12～0.17	1.00	1.00	0.040	0.015	12.0～14.0					
X20Cr13	1.4021	0.16～0.25	1.00	1.50	0.040	0.015	12.0～14.0					
X30Cr13	1.4028	0.26～0.35	1.00	1.50	0.040	0.015	12.0～14.0					
X29CrS13	1.4029	0.25～0.32	1.00	1.50	0.040	0.15～0.25	12.0～13.5		0.60			
X39Cr13	1.4031	0.36～0.42	1.00	1.00	0.040	0.015	12.5～14.5					
X46Cr13	1.4034	0.43～0.50	1.00	1.00	0.040	0.015	12.5～14.5					
X46CrS13	1.4035	0.43～0.50	1.00	2.00	0.040	0.15～0.35	12.5～14.0					
X38CrMo14	1.4419	0.36～0.42	1.00	1.00	0.040	0.015	13.0～14.5		0.60～1.00			
X55CrMo14	1.4110	0.48～0.60	1.00	1.00	0.040	0.015	13.0～15.0		0.50～0.80			V:0.15
X50CrMoV15	1.4116	0.45～0.55	1.00	1.00	0.040	0.015	14.0～15.0		0.50～0.80			V:0.10～0.20
X70CrMo15	1.4109	0.60～0.75	0.70	1.00	0.040	0.015	14.0～16.0		0.40～0.80			
X40CrMoVN16-2	1.4123	0.35～0.50	1.00	1.00	0.040	0.015	14.0～16.0		1.00～2.50		0.50	V:1.50 N:0.10～0.30
X14CrMoS17	1.4104	0.10～0.17	1.00	1.50	0.040	0.15～0.35	15.5～17.5		0.20～0.60			
X39CrMo17-1	1.4122	0.33～0.45	1.00	1.50	0.040	0.015	15.5～17.5		0.80～1.30		1.00	
X105CrMo17	1.4125	0.95～1.20	1.00	1.00	0.040	0.015	16.0～18.0		0.40～0.80			
X90CrMoV18	1.4112	0.85～0.95	1.00	1.00	0.040	0.015	17.0～19.0		0.90～1.30			V:0.07～0.12
X17CrNi16-2	1.4057	0.12～0.22	1.00	1.50	0.040	0.015	15.0～17.0				1.50～2.50	
X1CrNiMoCu12-5-2	1.4422	0.020	0.50	2.00	0.040	0.003	11.0～13.0	0.20～0.80	1.30～1.80		4.0～5.0	N:0.020
X1CrNiMoCu12-7-3	1.4423	0.020	0.50	2.00	0.040	0.003	11.0～13.0	0.20～0.80	2.30～2.80		6.0～7.0	N:0.020
X2CrNiMoV13-5-2	1.4415	0.030	0.50	0.50	0.040	0.015	11.5～13.5		1.50～2.50		4.5～6.5	Ti:0.010 V:0.10～0.50
X3CrNiMo13-4	1.4313	0.05	0.70	1.50	0.040	0.015	12.0～14.0		0.30～0.70		3.5～4.5	N:≥0.020
X4CrNiMo16-5-1	1.4418	0.06	0.70	1.50	0.040	0.015	15.0～17.0		0.80～1.50		4.0～6.0	N:≥0.020
X1CrNiMoAlTi12-9-2	1.4530	0.015	0.10	0.10	0.010	0.005	11.5～12.5		1.85～2.15		8.5～9.5	Al:0.60～0.80 Ti:0.28～0.37 N:0.010
X1CrNiMoAlTi12-10-2	1.4596	0.015	0.10	0.10	0.010	0.005	11.5～12.5		1.85～2.15		9.2～10.2	Al:0.80～1.10 Ti:0.28～0.40 N:0.020
X5CrNiCuNb16-4	1.4542	0.07	0.70	1.50	0.040	0.015	15.0～17.0	3.0～5.0	0.60	5×C%～0.45	3.0～5.0	
X7CrNiAl17-7	1.4568	0.09	0.70	1.00	0.040	0.015	16.0～18.0				6.5～7.8	Al:0.70～1.50
X5CrNiMoCuNb14-5	1.4594	0.07	0.70	1.00	0.040	0.015	13.0～15.0	1.20～2.00	1.20～22.00	0.15～0.60	5.0～6.0	
X5NiCrTiMoVB25-15-2	1.4606	0.08	1.00	1.00～2.00	0.025	0.015	13.0～16.0		1.00～1.50		24.0～27.0	B:0.001～0.010 Al:0.35 Ti:1.90～2.30 V:0.10～0.50

注：1. 如无需方同意，除铸造需要外，表中未列出元素不得加入钢内，生产过程中应尽量避免会引起钢性能变化的杂质元素通过废料等途径进入钢内。

2. 对棒材，杆材，线材，型材，光亮件产品及相关半成品而言，S含量应不大于0.030%，可切削产品中S含量应控制在0.015%～0.030%。焊接件中S含量应控制在0.008%～0.030%。抛光件中S应不大于0.015%。

表 7-87 奥氏体不锈钢的牌号及化学成分（EN 10088-1—2005）

合金牌号		合金成分/%（非范围值或特殊注明者均为最大值）											
牌号	材料号	C	Si	Mn	P	S	N	Cr	Cu	Mo	Nb	Ni	其他
X5CrNi17-7	1.4319	0.07	1.00	2.00	0.045	0.030	0.11	16.0～18.0				6.0～8.0	
X10CrNi18-8	1.4310	0.05～0.15	2.00	2.00	0.045	0.015	0.11	16.0～19.0		0.80		6.0～9.5	
X9CrNi18-9	1.4325	0.03～0.15	1.00	2.00	0.045	0.030	0.11	17.0～19.0				8.0～10.0	
X2CrNiN18-7	1.4318	0.030	1.00	2.00	0.045	0.015	0.10～0.20	16.5～18.5				6.0～8.0	
X2CrNi18-9	1.4307	0.030	1.00	2.00	0.045	0.015	0.11	17.5～19.5				8.0～10.5	
X2CrNi19-11	1.4306	0.030	1.00	2.00	0.045	0.015	0.11	18.0～20.0				10.0～12.0	
X5CrNiN19-9	1.4315	0.06	1.00	2.00	0.045	0.015	0.12～0.22	18.0～20.0				8.0～11.0	
X2CrNiN18-10	1.4311	0.030	1.00	2.00	0.045	0.015	0.12～0.22	17.5～19.5				8.5～11.5	
X5CrNi18-10	1.4301	0.07	1.00	2.00	0.045	0.015	0.11	17.5～19.5				8.0～10.5	
X8CrNiS18-9	1.4305	0.10	1.00	2.00	0.045	0.15～0.35	0.11	17.0～19.0	1.00			8.0～10.0	
X6CrNiTi18-10	1.4541	0.08	1.00	2.00	0.045	0.015		17.0～19.0				9.0～12.0	Ti:5×C%～0.70
X6CrNiNb18-10	1.4550	0.08	1.00	2.00	0.045	0.015		17.0～19.0			10×C%～1.00	9.0～12.0	
X4CrNi18-12	1.4303	0.06	1.00	2.00	0.045	0.015	0.11	17.0～19.0				11.0～13.0	
X1CrNi25-21	1.4335	0.020	0.25	2.00	0.025	0.010	0.11	24.0～26.0		0.20		20.0～22.0	
X2CrNiMo17-12-2	1.4404	0.030	1.00	2.00	0.045	0.015	0.11	16.5～18.5		2.00～2.50		10.0～13.0	
X2CrNiMoN17-11-2	1.4406	0.030	1.00	2.00	0.045	0.015	0.12～0.22	16.5～18.5		2.00～2.50		10.0～12.5	
X5CrNiMo17-12-2	1.4401	0.07	1.00	2.00	0.045	0.015	0.11	16.5～18.5		2.00～2.50		10.0～13.0	
X1CrNiMoN25-22-2	1.4466	0.02	0.70	2.00	0.025	0.010	0.10～0.16	24.0～26.0		2.00～2.50		21.0～23.0	
X6CrNiMoTi17-12-2	1.4571	0.08	1.00	2.00	0.045	0.015		16.5～18.5		2.00～2.50		10.5～13.5	Ti:5×C%～0.70
X6CrNiMoNB17-12-2	1.4580	0.08	1.00	2.00	0.045	0.015		16.5～18.5		2.00～2.50	10×C%～1.00	10.5～13.5	
X2CrNiMo17-12-3	1.4432	0.030	1.00	2.00	0.045	0.015	0.11	16.5～18.5		2.50～3.00		10.5～13.0	
X2CrNiMoN17-13-3	1.4429	0.030	1.00	2.00	0.045	0.015	0.12～0.22	16.5～18.5		2.50～3.00		11.0～14.0	
X3CrNiMo17-13-3	1.4436	0.05	1.00	2.00	0.045	0.015	0.11	16.5～18.5		2.50～3.00		10.5～13.0	
X3CrNiMo18-12-3	1.4449	0.035	1.00	2.00	0.045	0.015	0.08	17.0～18.2	1.00	2.25～2.75		11.5～12.5	
X2CrNiMo18-14-3	1.4435	0.030	1.00	2.00	0.045	0.015	0.11	17.0～19.0		2.50～3.00		12.5～15.0	
X2CrNiMoN18-12-4	1.4434	0.030	1.00	2.00	0.045	0.015	0.10～0.20	16.5～19.5		3.0～4.0		10.5～14.0	
X2CrNiMo18-15-4	1.4438	0.030	1.00	2.00	0.045	0.015	0.1	17.5～19.5		3.0～4.0		13.0～16.0	
X2CrNiMoN17-13-5	1.4439	0.030	1.00	2.00	0.045	0.015	0.12～0.22	16.5～18.5		4.0～5.0		12.5～14.5	
X1CrNiMoCuN24-22-8	1.4652	0.020	0.50	2.00～4.0	0.030	0.015	0.45～0.55	23.0～25.0	0.30～0.60	7.0～8.0		21.0～23.0	
X1CrNiSi18-15-4	1.4361	0.015	3.7～4.5	2.00	0.025	0.010	0.11	16.5～18.5		0.20		14.0～16.0	
X11CrNiMnN19-8-6	1.4369	0.07～0.15	0.50～1.00	5.0～7.5	0.045	0.015	0.20～0.30	17.5～19.5				6.5～8.5	
X12CrMnNiN17-7-5	1.4372	0.15	1.00	5.5～7.5	0.045	0.015	0.05～0.25	16.0～18.0				3.5～5.5	
X2CrMnNiN17-7-5	1.4371	0.030	1.00	6.0～8.0	0.045	0.015	0.15～0.20	16.7～17.0				3.5～5.5	
X12CrMnNiN18-9-5	1.4373	0.15	1.00	7.5～10.5	0.045	0.015	0.05～0.25	17.0～19.0				4.0～6.0	
X8CrMnNiN18-9-5	1.4374	0.05～0.10	0.30～0.60	9.0～10.0	0.035	0.030	0.25～0.32	17.5～18.5	0.40	0.50		5.0～6.0	
X8CrMnCuNB17-8-3	1.4597	0.10	2.00	6.5～8.5	0.040	0.030	0.15～0.30	16.0～18.0	2.00～3.5	1.00		2.00	B:0.0005～0.0050
X3CrNiCu19-9-2	1.4560	0.035	1.00	1.50～2.00	0.045	0.015	0.11	18.0～19.0	1.50～2.00			8.0～9.0	
X2CrNiCu19-10	1.4650	0.030	1.00	2.00	0.045	0.015	0.08	18.5～20.0	1.00			9.0～10.0	
X6CrNiCuS18-9-2	1.4570	0.08	1.00	2.00	0.045	0.15～0.35	0.11	17.0～19.0	1.40～1.80	0.60		8.0～10.0	
X3CrNiCu18-9-4	1.4567	0.04	1.00	2.00	0.045	0.015	0.11	17.0～19.0	3.0～4.0			8.5～10.5	
X3CrNiCuMo17-11-3-2	1.4578	0.04	1.00	2.00	0.045	0.015	0.11	16.5～17.5	3.0～3.5	2.00～2.50		10.0～11.0	
X1NiCrMoCu31-27-4	1.4563	0.020	0.70	2.00	0.030	0.010	0.11	26.0～28.0	0.70～1.50	3.0～4.0		30.0～32.0	

续表

合金牌号		合金成分/%(非范围值或特殊注明者均为最大值)											
牌号	材料号	C	Si	Mn	P	S	N	Cr	Cu	Mo	Nb	Ni	其他
X1NiCrMoCu25-20-5	1.4539	0.020	0.70	2.00	0.030	0.010	0.15	19.0～21.0	1.20～2.00	4.0～5.0		24.0～26.0	
X1CrNiMoCuN25-25-5	1.4537	0.020	0.70	2.00	0.030	0.010	0.17～0.25	24.0～26.0	1.00～2.00	4.7～5.7		24.0～27.0	
X1CrNiMoCuN20-18-7	1.4547	0.020	0.70	1.00	0.030	0.010	0.18～0.25	19.5～20.5	0.50～1.00	6.0～7.0		17.5～18.5	
X2CrNiMoCuS17-10-2	1.4598	0.03	1.00	2.00	0.045	0.10～0.25	0.11	16.5～18.5	1.30～1.80	2.00～2.50		10.0～13.0	
X1CrNiMoCuNW24-22-6	1.4659	0.020	0.70	2.00～4.0	0.030	0.010	0.35～0.50	23.0～25.0	1.00～2.00	5.5～6.5		21.0～23.0	W:1.50～2.50
X1NiCrMoCuN25-20-7	1.4529	0.020	0.50	1.00	0.030	0.010	0.15～0.25	19.0～21.0	0.50～1.50	6.0～7.0		24.0～26.0	
X2NiCrAlTi32-20	1.4558	0.030	0.70	1.00	0.020	0.015		20.0～23.0				32.0～35.0	Al:0.15～0.45 Ti:[8×(C%+N%)]～0.60
X2CrNiMnMoN25-18-6-5	1.4565	0.030	1.00	5.0～7.0	0.030	0.015	0.30～0.60	24.0～26.0		4.0～5.0	0.15	16.0～19.0	Ti:[8×(C%+N%)]～0.60

注：1. 如无需方同意，除铸造需要外，表中未列出元素不得加入钢内，生产过程中应尽量避免会引起钢性能变化的杂质元素通过废料等途径进入钢内。

2. 对棒材，杆材，线材，型材，光亮件产品及相关半成品而言，S含量应不大于0.030%，可切削产品中S含量应控制在0.015%～0.030%。焊接件中S含量应控制在0.008%～0.030%。抛光件中S应不大于0.015%。

3. 用于冷锻，冷拉的奥氏体不锈钢中Cu含量应控制在1.0%以下。

表7-88　奥氏体-铁素体不锈钢的牌号及化学成分（EN 10088-1—2005）

合金牌号		合金成分/%(非范围值或特殊注明者均为最大值)									
牌号	材料号	C	Si	Mn	P	S	N	Cr	Cu	Mo	Nb	W
X2CrNiN23-4	1.4362	0.030	1.00	2.00	0.035	0.015	0.05～0.20	22.0～24.0	0.10～0.60	0.10～0.60	3.5～5.5	
X2CrNiCuN23-4	1.4655	0.030	1.00	2.00	0.035	0.015	0.05～0.20	22.0～24.0	1.00～3.00	0.10～0.60	3.5～5.5	
X3CrNiMoN27-5-2	1.4460	0.05	1.00	2.00	0.035	0.015	0.05～0.20	25.0～28.0		1.30～2.00	4.5～6.5	
X2CrNiMoN29-7-2	1.4477	0.030	0.50	0.80～1.50	0.035	0.015	0.30～0.40	28.0～30.0	0.80	1.50～2.60	5.8～7.5	
X2CrNiMoN22-5-3	1.4462	0.030	1.00	2.00	0.035	0.015	0.10～0.22	21.0～23.0		2.50～3.50	4.5～6.5	
X2CrNiMoCuN25-6-3	1.4507	0.030	0.70	2.00	0.035	0.015	0.20～0.30	24.0～26.0	1.00～2.50	3.0～4.0	6.0～8.0	
X2CrNiMoN25-7-4	1.4410	0.030	1.00	2.00	0.035	0.015	0.24～0.35	24.0～26.0		3.0～4.5	6.0～8.0	
X2CrNiMoCuWN25-7-4	1.4501	0.030	1.00	1.00	0.035	0.015	0.20～0.30	24.0～26.0	0.50～1.00	3.0～4.0	6.0～8.0	0.50～1.00
X2CrNiMoSi18-5-3	1.4424	0.030	1.40～2.00	1.20～2.00	0.035	0.015	0.05～0.10	18.0～19.0		2.50～3.0	4.5～5.2	

注：1. 如无需方同意，除铸造需要外，表中未列出元素不得加入钢内，生产过程中应尽量避免会引起钢性能变化的杂质元素通过废料等途径进入钢内。

2. 对棒材，杆材，线材，型材，光亮件产品及相关半成品而言，S含量应不大于0.030%，可切削产品中S含量应控制在0.015%～0.030%。焊接件中S含量应控制在0.008%～0.030%。抛光件中S应不大于0.015%。

表 7-89 铁素体不锈钢的牌号及化学成分（EN 10088-1—2005）

合金牌号		合金成分/%(非范围值或特殊注明者均为最大值)							
牌号	材料号	C	Si	Mn	P	S	Cr	Al	其他
X10CrAlSi7	1.4713	0.12	0.50～1.00	1.00	0.040	0.015	6.0～8.0	0.50～1.00	
X10CrAlSi13	1.4724	0.12	0.70～1.40	1.00	0.040	0.015	12.0～14.0	0.70～1.20	
X10CrAlSi18	1.4742	0.12	0.70～1.40	1.00	0.040	0.015	17.0～19.0	0.70～1.20	
X10CrAlSi25	1.4762	0.12	0.70～1.40	1.00	0.040	0.015	23.0～26.0	1.20～1.70	
X18CrN28	1.4749	0.15～0.20	1.00	1.00	0.040	0.015	26.0～29.0		N:0.15～0.25
X3CrAlTi18-2	1.4736	0.04	1.00	1.00	0.040	0.015	17.0～18.0	1.70～2.10	Ti:[4(C%+N%)+0.2]～0.80

注：如无需方同意，除铸造需要外，表中未列出元素不得加入钢内，生产过程中应尽量避免会引起钢性能变化的杂质元素通过废料等途径进入钢内。

表 7-90 奥氏体及奥氏体-铁素体耐热钢的牌号及化学成分（EN 10088-1—2005）

钢种	合金牌号		合金成分/%(非范围值或特殊注明者均为最大值)								
	牌号	材料号	C	Si	Mn	P	S	Cr	Ni	N	其他
奥氏体耐热钢	X8CrNiTi18-10	1.4878	0.10	1.00	2.00	0.045	0.015	17.0～19.0	9.0～12.0		Ti:5×C%～0.80
	X15CrNiSi20-12	1.4858	0.20	1.50～2.50	2.00	0.045	0.015	19.0～21.0	11.0～13.0	0.11	
	X9CrNiSiNCe21-11-2	1.4835	0.05～0.12	1.40～2.50	1.00	0.045	0.015	20.0～22.0	10.0～12.0	0.12～0.20	Ce:0.03～0.08
	X12CrNi23-13	1.4833	0.15	1.00	2.00	0.045	0.015	22.0～24.0	12.0～14.0	0.11	
	X8CrNi25-21	1.4845	0.10	1.50	2.00	0.045	0.015	24.0～26.0	19.0～22.0	0.11	
	X15CrNiSi25-21	1.4841	0.20	1.50～2.50	2.00	0.045	0.015	24.0～26.0	19.0～22.0	0.11	
	X12NiCrSi35-16	1.4864	0.15	1.00～2.00	2.00	0.045	0.015	15.0～17.0	33.0～37.0	0.11	
	X10NiCrAlTi32-21	1.4876	0.12	1.00	2.00	0.030	0.015	19.0～23.0	30.0～34.0		Al:0.15～0.60 Ti:0.15～0.60
	X6NiCrNbCe32-27	1.4877	0.04～0.08	0.30	1.00	0.020	0.010	26.0～28.0	31.0～33.0	0.11	Al:0.025 Ce:0.05～0.10 Nb:0.50～1.00
	X25CrMnNiN25-9-7	1.4872	0.20～0.30	1.00	8.0～10.0	0.045	0.015	24.0～26.0	6.0～8.0	0.20～0.40	
	X6CrNiSiNCe19-10	1.4818	0.04～0.08	1.00～2.00	1.00	0.045	0.015	17.0～20.0	9.0～11.0	0.12～0.20	Ce:0.03～0.08
	X6NiCrSiNCe35-25	1.4854	0.04～0.08	1.20～2.00	2.00	0.045	0.015	24.0～26.0	34.0～36.0	0.12～0.20	Ce:0.03～0.08
	X10NiCrSi35-19	1.4886	0.15	1.00～2.00	2.00	0.030	0.015	17.0～20.0	33.0～37.0	0.11	
	X10NiCrSiNb35-22	1.4887	0.15	1.00～2.00	2.00	0.030	0.015	20.0～23.0	33.0～37.0	0.11	Nb:1.00～1.50
奥氏体-铁素体不锈钢	X15CrNiSi25-4	1.4821	0.10～0.20	0.8～1.50	2.00	0.040	0.015	24.5～26.5	3.5～5.5	0.11	

注：1. 如无需方同意，除铸造需要外，表中未列出元素不得加入钢内，生产过程中应尽量避免会引起钢性能变化的杂质元素通过废料等途径进入钢内。

2. X6NiCrSiNCe35-25 为专利产品。

表 7-91　马氏体耐蠕变钢的牌号及化学成分（EN 10088-1—2005）

合金牌号		合金成分/%(非范围值或特殊注明者均为最大值)													
牌号	材料号	C	Si	Mn	P	S	N	Al	Cr	Mo	Nb	Ni	V	W	其他
X10CrMoVNb9-1	1.4903	0.08～0.12	0.50	0.30～0.60	0.025	0.015	0.030～0.070	0.040	8.0～9.5	0.85～1.05	0.060～0.10	0.40	0.18～0.25		
X11CrMoWVNb9-1-1	1.4905	0.09～0.13	0.10～0.50	0.30～0.60	0.025	0.010	0.050～0.090	0.040	8.5～9.5	0.90～1.10	0.060～0.10	0.10～0.40	0.18～0.25	0.90～1.10	B:0.005～0.0050
X8CrCoNiMo10-6	1.4911	0.05～0.12	0.10～0.80	0.30～1.30	0.025	0.015	0.035		9.8～11.2	0.50～1.00	0.20～0.50	0.20～1.20	0.10～0.40	0.70	
X19CrMoNbVN11-1	1.4913	0.17～0.23	0.50	0.40～0.90	0.025	0.015	0.050～0.10	0.020	10.0～11.5	0.50～0.80	0.25～0.55	0.20～0.60	0.10～0.30		
X20CrMoV11-1	1.4922	0.17～0.23	0.40	0.30～1.00	0.025	0.015			10.0～12.5	0.80～1.20		0.30～0.80	0.20～0.35		
X22CrMoV12-1	1.4923	0.18～0.24	0.50	0.40～0.90	0.025	0.015			11.0～12.5	0.80～1.20		0.30～0.80	0.25～0.35		
X20CrMoWV12-1	1.4935	0.17～0.24	0.10～0.50	0.30～0.80	0.025	0.015			11.0～12.5	0.80～1.20		0.30～0.80	0.20～0.35	0.40～0.60	
X12CrNiMoV12-3	1.4938	0.08～0.15	0.50	0.40～0.90	0.025	0.015	0.020～0.040		11.0～12.5	1.50～2.00		2.00～3.00	0.25～0.40		

注：如无需方同意，除铸造需要外，表中未列出元素不得加入钢内，生产过程中应尽量避免会引起钢性能变化的杂质元素通过废料等途径进入钢内。

表 7-92　奥氏体耐蠕变钢的牌号及化学成分（EN 10088-1—2005）

合金牌号		合金成分/%(非范围值或特殊注明者均为最大值)														
牌号	材料号	C	Si	Mn	P	S	N	Al	Cr	Mo	Nb	Ni	Ti	V	W	其他
X3CrNiMoBN17-13-3	1.4910	0.04	0.75	2.00	0.035	0.015	0.10～0.18		16.0～18.0	2.00～3.00		12.0～14.0				B:0.0015～0.0050
X7CrNiNb18-10	1.4912	0.04～0.10	1.00	2.00	0.045	0.015			17.0～19.0		10×C%～1.20	9.0～12.0				
X6CrNiMoB17-12-2	1.4919	0.04～0.08	1.00	2.00	0.035	0.015	0.11		16.5～18.5	2.00～2.50		10.0～13.0				B:0.0015～0.0050
X6CrNiTiB18-10	1.4941	0.04～0.08	1.00	2.00	0.035	0.015			17.0～19.0			9.0～12.0	5×C%～0.80			B:0.0015～0.0050
X6CrNiWNbN16-16	1.4945	0.04～0.10	0.30～0.60	1.50	0.035	0.015	0.06～0.14		15.5～17.5		10×C%～1.20	15.5～17.5			2.50～3.50	
X6CrNi18-10	1.4948	0.04～0.08	1.00	2.00	0.035	0.015	0.11		17.0～19.0			8.0～11.0				
X6CrNi23-13	1.4950	0.04～0.08	0.70	2.00	0.035	0.015	0.11		22.0～24.0			12.0～15.0				
X6CrNi25-20	1.4951	0.04～0.08	0.70	2.00	0.035	0.015	0.11		24.0～26.0			19.0～22.0				
X5NiCrAlTi31-20	1.4958	0.03～0.08	0.70	1.50	0.015	0.010	0.030	0.20～0.50	19.0～22.0		0.10	30.0～32.5	0.20～0.50			Co:0.50Cu:0.50
X8NiCrAlTi32-21	1.4959	0.05～0.10	0.70	1.50	0.015	0.010	0.030	0.25～0.65	19.0～22.0			30.0～34.0	0.25～0.65			Co:0.50Cu:0.50
X8CrNiNb16-13	1.4961	0.04～0.10	0.30～0.60	1.50	0.035	0.015			15.0～17.0		10×C%～1.20	12.0～14.0				
X12CrNiWTiB16-13	1.4962	0.07～0.15	0.50	1.50	0.035	0.015			15.5～17.5			12.5～14.5	0.40～0.70		2.50～3.00	B:0.0015～0.0060
X12CrCoNi21-20	1.4971	0.08～0.16	1.00	2.00	0.035	0.015	0.10～0.20		20.0～22.5	2.50～3.50	0.75～1.25	19.0～21.0			2.00～3.00	Co:18.5～21.0
X6NiCrTiMoVB25-15-2	1.4980	0.03～0.08	1.00	1.00～2.00	0.026	0.015		0.35	13.5～16.0	1.00～1.50		24.0～27.0	1.90～2.30	0.10～0.50		B:0.003～0.0010
X8CrNiMoNb16-16	1.4981	0.04～0.10	0.30～0.60	1.50	0.035	0.015			15.5～17.5	1.60～2.00	10×C%～1.20	15.5～17.5				
X10CrNiMoMnNbVB15-10-1	1.4982	0.07～0.13	1.00	5.5～7.0	0.040	0.030	0.11		14.0～16.0	0.80～1.20	0.75～1.25	9.0～11.0		0.15～0.40		B:0.003～0.009
X6CrNiMoTiB17-13	1.4983	0.04～0.08	0.75	2.00	0.035	0.015			16.0～18.0	2.00～2.50		12.0～14.0	5×C%～0.80			B:0.0015～0.0060
X7CrNiMoBNb16-16	1.4986	0.04～0.10	0.30～0.60	1.50	0.045	0.030			15.5～17.5	1.60～2.00	Nb+Ta:10×C%～1.20	15.5～17.5				B:0.05～0.10
X8CrNiMoVNb16-13	1.4988	0.04～0.10	0.30～0.60	1.50	0.035	0.015	0.06～0.14		15.5～17.5	1.10～1.50	10×C%～1.20	12.5～14.5		0.60～0.80		
X7CrNiTi18-10	1.4940	0.04～0.08	1.00	2.00	0.040	0.015	0.11		17.0～19.0			9.0～13.0	5×(C%+N%)－0.80			
X6CrNiMo17-13-2	1.4918	0.04～0.08	0.75	2.00	0.035	0.015	0.11		16.0～18.0	2.00～2.50		12.0～14.0				

注：如无需方同意，除铸造需要外，表中未列出元素不得加入钢内，生产过程中应尽量避免会引起钢性能变化的杂质元素通过废料等途径进入钢内。

表 7-93 耐蠕变镍钴合金的牌号及化学成分（EN 10302—2002）

牌号	数字编号	化学成分/%（非特别注明或范围值者均为最大值）														
		C	Si	Mn	P	S	Al	Cr	Co	Cu	Fe	Mo	Ni	Nb+Ta	Ti	其他
镍合金																
NiCr26MoW	2.4608	0.03～0.08	0.70～1.50	2.00	0.030	0.015		24.00～26.00	2.50～4.00		余量	2.50～4.00	44.00～47.00			W:2.50～4.00
NiCr20Co18Ti	2.4632	0.13	1.00	1.00	0.020	0.015	1.00～2.00	18.00～21.00	15.00～21.00	0.20	1.50		余量		2.00～3.00	B:0.02 Zr:0.15
NiCr25FeAlY	2.4633	0.15～0.25	0.50	0.50	0.020	0.010	1.80～2.40	24.00～26.00		0.10	8.00～11.00		余量		0.10～0.20	Y:0.05～0.12 Zr:0.01～0.10
NiCr29Fe	2.4642	0.05	0.50	0.50	0.020	0.015	0.50	27.00～31.00		0.50	7.00～11.00		余量			
NiCr20Cr20MoTi	2.4650	0.04～0.08	0.40	0.60	0.020	0.007	0.30～0.60	19.00～21.00	19.00～21.00	0.20	0.70	5.60～6.10	余量		1.90～2.40	B:0.005 Ti+Al:2.40～2.80
NiCr23Co12Mo	2.4654	0.02～0.10	0.15	1.00	0.015	0.015	1.20～1.60	18.00～21.00	12.00～15.00	0.10	2.00	3.50～5.00	余量		2.80～3.30	B:0.003～0.010 Zr:0.02～0.08
NiCr22Fe18Mo	2.4663	0.05～0.10	0.20	0.20	0.010	0.010	0.70～1.40	20.00～23.00	11.00～14.00	0.50	2.00	8.50～10.0	余量		0.20～0.60	B:0.006
NiCr22Fe18Mo	2.4665	0.05～0.15	1.00	1.00	0.020	0.015	0.50	20.50～23.00	0.50～2.50	0.50	17.00～20.00	8.00～10.0	余量			B:0.010 W:0.20～1.00
NiCr19Fe19Nb5Mo3	2.4668	0.02～0.08	0.35	0.35	0.015	0.015	0.30～0.70	17.00～21.00	1.00	0.30	余量	2.80～3.30	55.00～56.00	4.70～5.50	0.60～1.20	B:0.002～0.006
NiCr15Fe7TiAl	2.4669	0.08	0.50	1.00	0.020	0.015	0.40～1.00	14.00～17.00	1.00	0.50	5.00～9.00		70.00	0.70～1.20	2.25～2.75	
NiCr20TiAl	2.4952	0.04～0.10	1.00	1.00	0.020	0.015	1.00～1.80	18.00～21.00	1.00	0.20	1.50		65.00		1.80～2.70	B:0.008
NiCr25Co20TiMo	2.4878	0.03～0.07	0.50	0.50	0.010	0.007	1.20～1.60	23.00～25.00	19.00～21.00	0.20	1.00	1.00～2.00	余量	0.70～1.20	2.80～3.20	B:0.010～0.015 Ta:0.05 Zr:0.03～0.07
钴合金																
CoCr20W15Ni	2.4964	0.05～0.15	0.40	2.00	0.020	0.015		19.00～21.00	余量		3.00		9.00～11.00			W:14.00～16.00

注：如无需方同意，除铸造需要外，表中未列出元素不得加入合金内，生产过程中应尽量避免会引起钢性能变化的杂质元素通过废料等途径进入合金内。

表 7-94 奥氏体镍合金的牌号及化学成分（EN 10095—1999，2018 年确认）

牌号	数字编号	化学成分/%（质量分数，非特别注明或范围值者均为最大值）
NiCr15Fe	2.4816①	0.05～0.10C，1.00Mn，0.50Si，0.020P，0.015S，≥72.00Ni，14.00～17.00Cr，6.00～10.00Fe，0.30Al，0.30Ti，0.50Cu
NiCr20Ti	2.4951	0.08～0.15C，1.00Mn，1.00Si，0.020P，0.015S，18.00～21.00Cr，5.00Co，5.00Fe，0.30Al，0.20～0.60Ti，0.50Cu，余量 Ni
NiCr22Mo9Nb	2.4856	0.03～0.10C，0.50Mn，0.50Si，0.020P，0.015S，≥58.00Ni，20.00～23.00Cr，1.00Co，5.00Fe，8.00～10.00Mo，0.40Al，0.40Ti，0.50Cu，3.15～4.15Nb+Ta
NiCr23Fe	2.4851①	0.03～0.10C，1.00Mn，0.50Si，0.020P，0.015S，58.00～63.00Ni，21.00～25.00Cr，18.00Fe，1.00～1.70Al，0.50Ti，0.50Cu，0.006B
NiCr28FeSiCe	2.4889①	0.05～0.12C，1.00Mn，2.50～3.00Si，0.020P，0.010S，≥45.00Ni，26.00～29.00Cr，21.00～25.00Fe，0.30Cu，0.03～0.09Ce

① 该合金中允许有最大 1.5%的 Co 存在，计算成分时当做 Ni 计算。

注：如无需方同意，除铸造需要外，表中未列出元素不得加入合金内，生产过程中应尽量避免会引起钢性能变化的杂质元素通过废料等途径进入合金内。

表 7-95　内燃机及阀门用钢及合金的牌号及化学成分（EN 10090—1998）

牌号	数字编号	化学成分/%（质量分数，非特别注明或范围值者均为最大值）								
		C	Si	Mn	P	S	Cr	Mo	Ni	其他
马氏体钢										
X45CrSi9-2	1.4718	0.40～0.50	2.70～3.30	0.60①	0.040	0.030	8.00～10.00		0.50	
X40CrSiMo10-2	1.4731	0.35～0.45	2.00～3.00	0.80①	0.040	0.030	9.50～11.50	0.80～1.30	0.50	
X85CrMoV18-2	1.4748	0.80～0.90	1.00	1.50	0.040	0.030	16.50～18.50	2.00～2.50		V:0.30～0.60
奥氏体钢及合金										
X55CrMnNiN20-8	1.4875	0.50～0.60	0.25	7.00～10.00	0.045	0.030	19.50～21.50		1.50～2.75	N:0.20～0.40
X53CrMnNiN21-9	1.4871	0.48～0.58	0.25	8.00～10.00	0.045	0.030②	20.00～22.00		3.25～4.50	N:0.35～0.50
X50CrMnNiNbN21-9	1.4882	0.45～0.55	0.45	8.00～10.00	0.045	0.030	20.00～22.00		3.50～5.50	W:0.80～1.50 Nb+Ta:1.80～2.50 N:0.40～0.60
X53CrMnNiNbN21-9	1.4870	0.48～0.58	0.45	8.00～10.00	0.045	0.030	20.00～22.00		3.25～4.50	Nb+Ta:2.00～3.00 N:0.38～0.50 C+N>0.90
X33CrNiMnN23-8	1.4866	0.28～0.38	0.50～1.00	1.50～3.50	0.045	0.030	22.00～24.00	0.50	7.00～9.00	W:0.50 N:0.25～0.35
NiFe25Cr20NbTi	2.4955	0.04～0.10	1.00	1.00	0.030	0.015	18.00～21.00		余量	Al:0.30～1.00 Fe:23.00～28.00 Nb+Ta:1.00～2.00 Ti:1.00～2.00 B:0.008
NiCr20TiAl	2.4952	0.04～0.10	1.00	1.00	0.020	0.015	18.00～21.00		≥65	Fe:3.00,Cu:0.20 Co:2.00 B:0.008 Al:1.00～1.80 Ti:1.80～2.70

① 为改善连续铸造性能，经供需双方协商后，Mn 含量允许为 0.50%～1.50%。

② 经供需双方协商，S 含量允许为 0.020%～0.080%。

7.2.2 不锈钢和耐热钢的力学性能

表 7-96 室温下奥氏体不锈钢退火状态下的力学性能（EN 10088-2—2014）

钢种 牌号	钢种 数字编号	产品形态	厚度/mm (max)	$R_{P0.2}$ /MPa (min)(横向)	$R_{P1.0}$ /MPa (min)(横向)	R_m MPa	伸长率 A_{60} 厚度<3mm /% (min)(横向)	伸长率 A 厚度≥3mm /% (min)(横向)	A_{KV_2} 厚度>10mm /J (min)(纵向)	A_{KV_2} 厚度>10mm /J (min)(横向)	A_{KV_2} 抗晶间腐蚀 交货状态	A_{KV_2} 抗晶间腐蚀 敏化状态
标准钢种												
X2CrNiN18-7	1.4318	C	8	350	380	650～850	35	40	—	—	是	是
		H	13.5	330	370				90	60		
		P	75	330	370	630～830	45	45				
X10CrNi18-8	1.4310	C	8	250	280	600～950	40	40	—	—	否	否
X2CrNi18-9	1.4307	C	8	220	250	520～700	45	45	—	—	是	是
		H	13.5	200	240				100	60		
		P	75	200	240	500～700						
X8CrNiS18-9	1.4305	P	75	190	230	500～700	35	35	—	—	否	否
X2CrNiN18-10	1.4311	C	8	290	320	550～750	40	40	—	—	是	是
		H	13.5	270	310				100	60		
		P	75	270	310							
X5CrNi18-10	1.4301	C	8	230	260	540～750	45	45	—	—	是	否
		H	13.5	210	250	520～720			100	60		
		P	75	210	250		45	45				
X6CrNiTi18-10	1.4541	C	8	220	250	520～720	40	40	—	—	是	是
		H	13.5	200	240				100	60		
		P	75	200	240	500～700						
X2CrNi19-11	1.4306	C	8	220	250	520～720	45	45	—	—	是	是
		H	13.5	200	240				100	60		
		P	75	200	240	500～700						
X4CrNi18-12	1.4303	C	8	220	250	500～650	45	45	—	—	是	否
X2CrNiMoN17-11-2	1.4406	C	8	300	330	580～780	40	40	—	—	是	是
		H	13.5	280	320				100	60		
		P	75	280	320							
X2CrNiMo17-12-2	1.4404	C	8	240	270	530～680	40	40	—	—	是	是
		H	13.5	220	260				100	60		
		P	75	220	260	520～670	45	45				

续表

钢种 牌号	钢种 数字编号	产品形态	厚度/mm (max)	$R_{P0.2}$ /MPa (min)(横向)	$R_{P1.0}$ /MPa (min)(横向)	R_m MPa	伸长率 A_{60} 厚度<3mm /% (min)(横向)	伸长率 A 厚度≥3mm /% (min)(横向)	A_{KV_2} 厚度>10mm /J (min)(纵向)	A_{KV_2} 厚度>10mm /J (min)(横向)	A_{KV_2} 抗晶间腐蚀 交货状态	A_{KV_2} 抗晶间腐蚀 敏化状态
		C	8	240	270	530～680	40	40	—	—		
X5CrNiMo17-12-2	1.4401	H	13.5	220	260				100	60	是	否
		P	75	220	260	520～670	45	45				
		C	8	240	270	540～690	40	40	—	—		
X6CrNiMoTi17-12-2	1.4571	H	13.5	220	260				100	60	是	是
		P	75	220	260	520～670						
		C	8	240	270	550～700	40	40	—	—		
X2CrNiMo17-12-3	1.4432	H	13.5	220	260				100	60	是	是
		P	75	220	260	520～670	45	45				
		C	8	240	270	550～700	40	40	—	—		
X2CrNiMo18-14-3	1.4435	H	13.5	220	260				100	60	是	是
		P	75	220	260	520～670	45	45				
		C	8	290	320	580～780	35	35	—	—		
X2CrNiMoN17-13-5	1.4439	H	13.5	270	310				100	60	是	是
		P	75	270	310		40	40				
		C	8	240	270	530～730	35	35	—	—		
X1NiCrMoCu25-20-5	1.4539	H	13.5	220	260				100	60	是	是
		P	75			520～720						
特殊钢种												
X5CrNi17-7	1.4319	C	3	230	260	550～750	45	—	—	—	是	否
		H	6	230	260	550～750	45	45	—	—		
		C	8	290	320							
X5CrNiN19-9	1.4315	H	13.5	270	310	500～750	40	40	100	60	是	否
		P	75	270	310							
X5CrNiCu19-6-2	1.4640	C	8	230	260	540～750	45	45	—	—	是	否
		H	13.5	210	240	520～720			—	—		
		C	8	220	250	520～720	40	40	—	—		
X6CrNiNb18-10	1.4550	H	13.5	200	240				100	60	是	是
		P	75	200	240	500～700						
X1CrNiSi18-15-4	1.4361	P	75	220	260	530～730	40	40	100	60	是	是

续表

钢种		产品形态	厚度/mm (max)	$R_{P0.2}$	$R_{P1.0}$	R_m	伸长率		A_{KV_2}		A_{KV_2} 抗晶间腐蚀	
牌号	数字编号						A_{60} 厚度 <3mm	A 厚度 ≥3mm	厚度>10mm		交货状态	敏化状态
				/MPa (min) (横向)		MPa	/% (min) (横向)	/% (min) (横向)	/J (min) (纵向)	/J (min) (横向)		
X8CrMnCuNB17-8-3	1.4597	C	8	300	330	580～780	40	40	—	—	是	否
		H	13.5	300	330				100	60		
X8CrMnNi19-6-3	1.4376	C	4	400	420	600～900	40	40	—	—	是	否
		H	13.5	400	420				—	—		
X12CrMnNiN 17-7-5	1.4372	C	8	350	380	630～880	45	45	—	—	是	否
		H	13.5	330	370				100	60		
		P	75	330	370		40	40				
X2CrMnNiN17-7-5	1.4371	C	8	300	330	650～850	45	45	—	—	是	是
		H	13.5	280	320				100	60		
		P	75	280	320	630～830	35	35				
X9CrMnNiCu17-8-5-2	1.4618	C	8	230	250	540～850	45	45	100	60	是	否
		H	13.5	230	250	520～830						
		P	75	210	240	520～830						
X12CrMnNiN18-9-5	1.4373	C	8	340	370	680～880	45	45	—	—	是	否
		H	13.5	320	360				100	60		
		P	75	320	360	600～800	35	35				
X11CrNiMnN19-8-6	1.4369	C	4	340	370	750～950	35	35	—	—	是	否
X6CrMnNiCuN18-12-4-2	1.4646	C	8	380	400	650～850	30	30	100	60	是	是
X1CrNi25-21	1.4335	P	75	200	240	470～670	40	40	100	60	是	是
X6CrNiMoNb17-12-2	1.4580	P	75	220	260	520～720	40	40	100	60	是	是
X3CrNiMo17-13-3	1.4436	C	8	240	270	550～700	40	40	—	—	是	否
		H	13.5	220	260				100	60		
		P	75	220	260	530～730	40	40				
X2CrNiMoN17-13-3	1.4429	C	8	300	330	580～780	35	35	—	—	是	是
		H	13.5	280	320				100	60		
		P	75	280	320		40	40				
X2CrNiMoN18-12-4	1.4434	C	8	290	320	570～770	35	35	—	—	是	是
		H	13.5	270	310				100	60		
		P	75	270	310	540～740	40	40				

续表

钢种							伸长率		A_{KV_2}		A_{KV_2} 抗晶间腐蚀	
牌号	数字编号	产品形态	厚度/mm (max)	$R_{P0.2}$	$R_{P1.0}$	R_m	A_{60} 厚度<3mm	A 厚度≥3mm	厚度>10mm		交货状态	敏化状态
				/MPa (min) (横向)		MPa	/% (min) (横向)	/% (min) (横向)	/J (min) (纵向)	/J (min) (横向)		
X2CrNiMo18-15-4	1.4438	C	8	240	270	550～700	35	35	—	—	是	是
		H	13.5	220	260				100	60		
		P	75	220	260	520～720	40	40				
X1CrNiMoCuN20-18-7	1.4547	C	8	320	350	650～850	35	35	—	—	是	是
		H	13.5	300	340				100	60		
		P	75	300	340		40	40				
X1CrNiMoN25-22-2	1.4466	P	75	250	290	540～740	40	40	100	60	是	是
X1CrNiMoCuNW24-22-6	1.4659	P	75	420	460	800～1000	—	40	100	60	是	是
X1CrNiMoCuN24-22-8	1.4652	C	8	430	470	750～1000	40	40	—	—	是	是
		H	13.5	430	470	750～1000			100	60		
		P	15	430	470	750～1000						
X2CrNiMnMoN25-18-6-5	1.4565	C	6	420	460	800～950	30	30	120	90	是	是
		H	10									
		P	40									
X1CrNiMoCuN25-25-5	1.4537	P	75	290	330	600～800	40	40	100	60	是	是
X1NiCrMoCuN25-20-7	1.4529	P	75	300	340	650～850	40	40	100	60	是	是
X1NiCrMoCu31-27-4	1.4563	P	75	220	260	500～700	40	40	100	60	是	是

表 7-97　室温下奥氏体-铁素体不锈钢退火状态下的力学性能（EN 10088-2—2014）

钢种						伸长率		A_{KV_2}		抗晶间腐蚀	
牌号	数字编号	产品形态	厚度	$R_{P0.2}$	R_m	A_{60} 厚度<3mm	A 厚度≥3mm	厚度>10mm		交货状态	敏化状态
			/mm (max)	/MPa (min) 横向	MPa	/% (min) (纵向)	/% (min) (纵向)	/J (min) (纵向)	/J (min) (横向)		
标准钢种											
X2CrNiN23-4	1.4362	C	8	450	650～850	20	20	—	—	是	是
		H	13.5	400				100	60		
		P	75	400	630～800	25	25				

续表

钢种		产品形态	厚度 /mm (max)	$R_{P0.2}$ /MPa (min) 横向	R_m MPa	伸长率		A_{KV_2} 厚度>10mm		抗晶间腐蚀	
牌号	数字编号					A_{60} 厚度<3mm /% (min) (纵向)	A 厚度≥3mm /% (min) (纵向)	/J (min) (纵向)	/J (min) (横向)	交货状态	敏化状态
X2CrNiMoN22-5-3	1.4462	C	8	500	700～950	20	20	—	—	是	是
		H	13.5	460		25	25	100	60		
		P	75	460	640～840	25	25				
特殊钢种											
X2CrNiN22-2	1.4062	C	6.4	530	700～900	20	20	—	—	是	是
		H	10	480	680～900	30	30	80	80		
		P	75	450	650～850	30	30	80	60		
X2CrNiMoSi18-5-3	1.4424	C	8	450	700～900	25	25	100	60	是	是
		H	13.5								
		P	75	400	680～900						
X2CrNiCuN23-4	1.4655	C	8	420	600～850	20	20	—	—	是	是
		H	13.5	400				100	60		
		P	75	400	630～800	25	25				
X2CrMnNiN21-5-1	1.4162	C	6.4	530	700～900	20	30	—	—	是	是
		H	10	480	680～900	30	30	80	80		
		P	75	450	650～850	30	30	60	60		
X2CrMnNiMoN21-5-3	1.4482	C	6.4	500	700～900	20	30	—	—	是	是
		H	10	480	660～900	30	30	100	60		
		P	75	450	650～850	30	30	100	60		
X2CrNiMnMoCuN24-4-3-2	1.4662	C	6.4	550	750～900	20	25	—	—	是	是
		H	13	550	750～900	—	25	80	80		
		P	75	480	680～900	—	25	60	60		
X2CrNiMoCuN25-6-3	1.4507	C	8	550	750～1000	20	20	—	—	是	是
		H	13.5	530				100	60		
		P	75	530	730～930	25	25				
X2CrNiMoN25-7-4	1.4410	C	8	550	750～1000	20	20	—	—	是	是
		H	13.5	530				100	60		
		P	75	530	730～930	20	20				
X2CrNiMoCuWN25-7-4	1.4501	P	75	530	730～930	25	25	100	60	是	是
X2CrNiMoN29-7-2	1.4477	C	8	650	800～1050	20	20	—	—	是	是
		H	13.5	550	750～1000	20	20	100	60		
		P	75	550							

表 7-98　室温下铁素体不锈钢退火状态下的力学性能（EN 10088-2—2014）

钢种 牌号	钢种 数字编号	产品形态	厚度/mm (max)	$R_{P0.2}$/MPa (min)(纵向)	$R_{P0.2}$/MPa (min)(横向)	R_m/MPa	伸长率 A_{80mm} 厚度＜3mm /% (min)(纵向＋横向)	伸长率 A 厚度≥3mm /% (min)(纵向＋横向)	抗晶间腐蚀 交货状态	抗晶间腐蚀 敏化状态
标准钢种										
X2CrNi12	1.4003	C	8	280	320	450～650	20		否	否
		H	13.5							
		P	25	250	280		18			
X2CrTi12	1.4512	C	8	210	220	380～560	25		否	否
		H	13.5							
X6CrNiTi12	1.4516	C	8	280	320	450～650	23		否	否
		H	13.5							
		P	25	250	280		20			
X6Cr13	1.4000	C	8	240	250	400～600	19		否	否
		H	13.5	220	230					
		P	25	220	230					
X6CrAl13	1.4002	C	8	230	250	400～600	17		否	否
		H	13.5	210	230					
		P	25	210	230					
X6Cr17	1.4016	C	8	260	280	430～630	20		是	否
		H	13.5	240	260		18			
		P	25	240	260	430～630	20			
X3CrTi17	1.4510	C	8	230	240	420～600	23		是	是
		H	13.5							
X3CrNb17	1.4511	C	8	230	240	420～600	23		是	是
X6CrMo17-1	1.4113	C	8	260	280	450～630	18		是	否
		H	13.5							
X2CrMoTi18-2	1.4521	C	8	300	320	420～640	20		是	是
		H	13.5	280	300	400～600				
		P	12	280	300	420～620				
特殊钢种										
X2CrMnNiTi12	1.4600	H	10	—	375	500～650	20		是	是
X2CrSiTi15	1.4630	C	8	210	230	380～580	20		是	是
X1CrNb15	1.4595	C	8	210	220	380～560	25		是	是
X2CrTi17	1.4520	C	8	180	200	380～530	24		是	是
X2CrNbZr17	1.4590	C	8	230	250	400～550	23		是	是

续表

钢种		产品形态	厚度/mm (max)	$R_{P0.2}$/MPa (min)(纵向)	$R_{P0.2}$/MPa (min)(横向)	R_m/MPa	伸长率 A_{80mm} 厚度<3mm/% (min)(纵向+横向)	伸长率 A 厚度≥3mm/% (min)(纵向+横向)	抗晶间腐蚀 交货状态	抗晶间腐蚀 敏化状态
牌号	数字编号									
特殊钢种										
X6CrNi17-1	1.4017	C	8	330	350	500～750	12		是	否
X2CrTiNb18	1.4509	C	8	230	250	430～630	18		是	是
X2CrAlSiNb18	1.4634	C	8	240	260	430～650	18		是	是
X2CrNbTi20	1.4607	C	8	230	250	430～630	18		是	是
X2CrTi21	1.4611	C	8	230	250	430～630	18		是	是
X2CrNbCu21	1.4621	C	6	230	250	400～600	22		是	是
		H	13							
X2CrTi24	1.4613	C	8	230	250	430～630	18		是	是
X5CrNiMoTi15-2	1.4589	C	8	400	420	550～750	16		是	是
		H	13.5	360	380		14		是	是
X2CrMoTi17-1	1.4513	C	8	200	220	400～550	23		是	是
X6CrMoNb17-1	1.4526	C	8	280	300	480～560	25		是	是
X2CrMoTi29-4	1.4592	C	8	430	450	550～700	20		是	是

表 7-99 室温下经退火处理的奥氏体不锈钢（1C、1E、1D、1X、1G、2D）**的力学性能**（EN 10088-3—2014）

钢种		厚度, d/mm	硬度 (HBW) (max)	$R_{P0.2}$/MPa (min)	$R_{P1.0}$/MPa (min)	R_m/MPa	断裂伸长率 A/%(min)(纵向)	断裂伸长率 A/%(min)(横向)	A_{KV_2}/J(min)(纵向)	A_{KV_2}/J(min)(横向)	抗晶间腐蚀 交货状态	抗晶间腐蚀 敏化状态
牌号	数字编号											
标准钢种												
X10CrNi18-8	1.4310	≤40	230	195	230	500～750	40	—	—	—	否	否
X2CrNi18-9	1.4307	≤160	215	175	210	500～700	45	—	100	—	是	是
		160<t≤250					—	35	—	60		
X8CrNiS18-9	1.4305	≤160	230	190	225	500～750	35	—	—	—	否	否
X6CrNiCuS18-9-2	1.4570	≤160	215	185	220	500～710	35	—	—	—	否	否
X3CrNiCu18-9-4	1.4567	≤160	215	175	210	450～650	45	—	—	—	是	是
X2CrNiN18-10	1.4311	≤160	230	270	305	550～760	40	—	100	—	是	是
		160<t≤250					—	30	—	60		
X5CrNi18-10	1.4301	≤160	215	190	225	500～700	45	—	100	—	是	否
		160<t≤250					—	35	—	60		

续表

钢种		厚度,d /mm	硬度 (HBW) (max)	$R_{P0.2}$ /MPa (min)	$R_{P1.0}$ /MPa (min)	R_m /MPa	断裂伸长率 A/%(min)		A_{KV_2}/ J(min)		抗晶间腐蚀	
牌号	数字编号						(纵向)	(横向)	(纵向)	(横向)	交货状态	敏化状态
X6CrNiTi18-10	1.4541	≤160	215	190	225	500～700	40	—	100	—	是	是
		160<t≤250					—	30	—	60		
X2CrNi19-11	1.4306	≤160	215	180	215	460～680	45	—	100	—	是	是
		160<t≤250		—	—		—	35	—	60		
X4CrNi18-12	1.4303	≤160	215	190	225	500～700	45	—	100	—	是	否
		160<t≤250					—	35	—	60		
X2CrNiMoN17-11-2	1.4406	≤160	250	280	315	580～800	40	—	100	—	是	是
		160<t≤250					—	30	—	60		
X2CrNiMo17-12-2	1.4404	≤160	215	200	235	500～700	40	—	100	—	是	是
		160<t≤250					—	30	—	60		
X5CrNiMo17-12-2	1.4401	≤160	215	200	235	500～700	40	—	100	—	是	否
		160<t≤250					—	30	—	60		
X6CrNiMoTi17-12-2	1.4571	≤160	215	200	235	500～700	40	—	100	—	是	是
		160<t≤250					—	30	—	60		
X2CrNiMo17-12-3	1.4432	≤160	215	200	235	500～700	40	—	100	—	是	是
		160<t≤250					—	30	—	60		
X3CrNiMo17-13-3	1.4436	≤160	215	200	235	500～700	40	—	100	—	是	否
		160<t≤250					—	30	—	60		
X2CrNiMoN17-13-3	1.4429	≤160	250	280	315	580～800	40	—	100	—	是	是
		160<t≤250					—	30	—	60		
X2CrNiMo18-14-3	1.4435	≤160	215	200	235	500～700	40	—	100	—	是	是
		160<t≤250					—	30	—	60		
X2CrNiMoN17-13-5	1.4439	≤160	250	280	315	580～800	35	—	100	—	是	是
		160<t≤250					—	30	—	60		
X1NiCrMoCu25-20-5	1.4539	≤160	230	230	260	530～730	35	—	100	—	是	是
		160<t≤250					—	30	—	60		
特殊钢种												
X5CrNi17-7	1.4319	≤16	215	190	225	500～700	45	—	100	—	是	否
X9CrNi18-9	1.4325	≤40	215	190	225	550～750	40	—	—	—	是	否
X5CrNiN19-9	1.4315	≤40	215	270	310	550～750	40	—	100	—	是	否
X3CrNiCu19-9-2	1.4560	≤160	215	170	220	450～650	45	—	100	—	是	是
X6CrNiNb18-10	1.4550	≤160	230	205	240	510～740	40	—	100	—	是	是
		160<t≤250					—	30	—	60		

续表

钢种 牌号	钢种 数字编号	厚度,d /mm	硬度(HBW)(max)	$R_{P0.2}$ /MPa (min)	$R_{P1.0}$ /MPa (min)	R_m /MPa	断裂伸长率 A/%(min)(纵向)	断裂伸长率 A/%(min)(横向)	A_{KV_2}/J(min)(纵向)	A_{KV_2}/J(min)(横向)	抗晶间腐蚀 交货状态	抗晶间腐蚀 敏化状态
特殊钢种												
X1CrNiSi18-5-4	1.4361	≤160	230	210	240	530～730	40	—	100	—	是	是
		160＜t≤250					—	30	—	60		
X8CrMnCuNB17-8-3	1.4597	≤160	245	270	305	560～780	40	—	100	—	是	否
X3CrMnNiCu15-8-5-3	1.4615	≤160	180	175	210	400～600	45	—	—	—	是	是
X12CrMnNiN17-7-5	1.4372	≤160	260	230	370	680～880	40	—	100	—	是	否
		160＜t≤250	260	230	370	680～880	—	35	—	60		
X8CrMnNiN18-9-5	1.4374	≤10	260	350	380	700～900	35	—	—	—	是	否
X11CrNiMnN19-8-6	1.4369	≤15	300	340	370	750～950	35	35	100	60	是	否
X13MnNiN18-13-2	1.4020	≤160	220	380	420	690～850	30	—	100	—	是	否
		160＜t≤250					—	30	—	60		
X6CrMnNiN18-13-3	1.4378	≤160	220	380	420	690～830	30	—	100	—	是	否
		160＜t≤250					—	30	—	60		
X6CrMnNiCuN18-12-4-2	1.4646	≤8	260	380	400	650～850	30	30	100	60	是	是
X2CrNiMoCuS17-10-2	1.4598	≤160	215	200	235	500～700	40	—	100	—	是	是
X3CrNiCuMo17-11-3-2	1.4578	≤160	215	175	—	450～650	45	—	—	—	是	是
X6CrNiMoNb17-12-2	1.4580	≤160	230	215	250	510～740	35	—	100	—	是	是
		160＜t≤250					—	30	—	60		
X2CrNiMo18-15-4	1.4438	≤160	215	200	235	500～700	40	—	100	—	是	是
		160＜t≤250					—	30	—	60		
X1CrNiMoCuN20-18-7	1.4547	≤160	260	300	340	650～850	35	—	100	—	是	是
		160＜t≤250					—	30	—	60		
X1CrNiMoN25-22-2	1.4466	≤160	240	250	290	540～740	35	—	100	—	是	是
		160＜t≤250					—	30	—	60		
X1CrNiMoCuNW24-22-6	1.4659	≤160	290	420	460	800～1000	50	—	90	—	是	是
X1CrNiMoCuN24-22-8	1.4652	≤50	310	430	470	750～1000	40	—	100	—	是	是
X2CrNiMnMoN25-18-6-5	1.4565	≤160	—	420	460	800～950	35	—	100	—	是	是
X1CrNiMoCuN25-25-5	1.4537	≤160	250	300	340	600～800	35	—	100	—	是	是
		160＜t≤250					—	30	—	60		
X1NiCrMoCuN25-20-7	1.4529	≤160	250	300	340	650～850	40	—	100	—	是	是
		160＜t≤250					—	35	—	60		
X1NiCrMoCu31-27-4	1.4563	≤160	230	220	250	500～750	35	—	100	—	是	是
		160＜t≤250					—	30	—	60		

表 7-100　室温下经退火处理的奥氏体-铁素体不锈钢（1C、1E、1D、1X、1G、2D）的力学性能（EN 10088-3—2014）

钢种		厚度，d/mm	硬度(HBW)(max)	$R_{P0.2}$/MPa(min)	R_m/MPa	断裂伸长率 A/%(min)(纵向)	A_{KV_2}/J(min)(纵向)	抗晶间腐蚀	
牌号	数字编号							交货状态	敏化状态
标准钢种									
X2CrNiN23-4	1.4362	≤160	260	400	600～830	25	100	是	是
X2CrNiMoN22-5-3	1.4462	≤160	270	450	650～880	25	100	是	是
X3CrNiMoN27-5-2	1.4460	≤160	260	450	620～880	20	85	是	是
特殊钢种									
X2CrNiN22-2	1.4062	≤160	290	380	650～900	30	40	是	是
X2CrCuNiN23-2-2	1.4669	≤160	300	400	650～900	25	100	是	是
X2CrNiMoSi18-5-3	1.4424	≤50	260	450	700～900	25	100	是	是
		50<t≤160	260	400	680～900	25	100	是	是
X2CrMnNiN21-5-1	1.4162	≤160	290	400	650～900	25	60	是	是
X2CrMnNiMoN21-5-3	1.4482	≤160	—	400	650～900	25	60	是	是
X2CrNiMnMoCuN24-4-3-2	1.4662	≤160	290	450	650～900	25	60	是	是
X2CrNiMoCuN25-6-3	1.4507	≤160	270	500	700～900	25	100	是	是
X2CrNiMoN25-7-4	1.4410	≤160	290	530	730～930	25	100	是	是
X2CrNiMoCuWN25-7-4	1.4501	≤160	290	530	730～930	25	100	是	是
X2CrNiMoN29-7-2	1.4477	≤10	310	650	800～1050	25	100	是	是
		10<t≤160	310	550	750～1000	25	100	是	是
X2CrNiMoCoN28-8-5-1	1.4658	≤5	300	650	800～1000	25	100	是	是

表 7-101　室温下经退火处理的铁素体不锈钢（1C、1E、1D、1X、1G、2D）的力学性能（EN 10088-3—2014）

钢种		厚度，d/mm(max)	硬度(HBW)(max)	$R_{P0.2}$/MPa(min)	R_m/MPa	断裂伸长率 A/%(min)(纵向)	抗晶间腐蚀	
牌号	数字编号						交货状态	敏化状态
标准钢种								
X2CrNi12	1.4003	100	200	260	450～600	20	否	否
X6Cr13	1.4000	25	200	230	400～630	20	否	否
X6Cr17	1.4016	100	200	240	400～630	20	是	否
X6CrMoS17	1.4105	100	200	250	430～630	20	否	否
X6CrMo17-1	1.4113	100	200	280	440～660	18	是	否
特殊钢种								
X2CrTi17	1.4520	50	200	200	420～620	20	是	是
X3CrNb17	1.4511	50	200	200	420～620	20	是	是
X2CrTiNb18	1.4509	50	200	200	420～620	18	是	是

续表

钢种		厚度，d/mm (max)	硬度 (HBW) (max)	$R_{P0.2}$ /MPa (min)	R_m /MPa	断裂伸长率 A/%(min) (纵向)	抗晶间腐蚀	
牌号	数字编号						交货状态	敏化状态
特殊钢种								
X2CrTi21	1.4611	8	200	250	430～630	18	是	是
X2CrNbCu21	1.4621	50	200	240	420～640	20	是	是
X2CrTi24	1.4613	8	200	250	430～630	18	是	是
X6CrMoNb17-1	1.4526	50	200	300	480～680	15	是	是
X2CrMoTiS18-2	1.4523	100	200	280	430～600	15	是	否

表 7-102 室温下经热处理的铁素体不锈钢（1C、1E、1D、1X、1G、2D）的力学性能（EN 10088-3—2014）

钢种		厚度，d/mm	热处理	硬度 (HBW) (max)	$R_{P0.2}$ /MPa (min)	R_m /MPa	断裂伸长率 A/%(min)		A_{KV_2}/J (min)	
牌号	数字编号						(纵向)	(横向)	(纵向)	(横向)
标准钢种										
X12Cr13	1.4006	—	+A	220	—	(max)730	—	—	—	—
		≤160	+QT650	—	450	650～850	15	—	25	—
X12CrS13	1.4005	—	+A	220	—	(max)730	—	—	—	—
		≤160	+QT650	—	450	650～850	12	—	—	—
X15Cr13	1.4024	—	+A	220	—	(max)730	—	—	—	—
		≤160	+QT650	—	450	650～850	15	—	—	—
X20Cr13	1.4021	—	+A	230	—	(max)760	—	—	—	—
		≤160	+QT700	—	500	700～850	13	—	25	—
			+QT800	—	600	800～950	12	—	20	—
X30Cr13	1.4028	—	+A	245	—	(max)800	—	—	—	—
		≤160	+QT850	—	650	850～1000	10	—	12	—
X39Cr13	1.4031	—	+A	245	—	(max)800	—	—	—	—
		≤160	+QT800	—	650	800～1000	10	—	12	—
X46Cr13	1.4034	—	+A	245	—	(max)800	—	—	—	—
		≤160	+QT800	—	650	800～1000	10	—	12	—
X17CrNi16-2	1.4057	—	+A	295	—	(max)950	—	—	—	—
		≤60	+QT800	—	600	800～950	14	—	25	—
		60<t≤160					12		20	
		≤60	+QT900	—	700	900～1050	12	—	16	—
		60<t≤160					10		15	
X38CrMo14	1.4419	—	+A	235	—	(max)760	—	—	—	—
X55CrMo14	1.4110	≤100	+A	280	—	(max)950	—	—	—	—

续表

钢种		厚度，d/mm	热处理	硬度（HBW）（max）	$R_{P0.2}$ /MPa（min）	R_m /MPa	断裂伸长率 A/%（min）		A_{KV_2} /J（min）	
牌号	数字编号						（纵向）	（横向）	（纵向）	（横向）
标准钢种										
X3CrNiMo13-4	1.4313	—	+A	320	—	(max)1100	—	—	—	—
		≤160	+QT700	—	520	700～850	15	—	70	—
		160<t≤250					—	12	—	50
		≤160	+QT780	—	620	780～980	15	—	70	—
		160<t≤250					—	12	—	50
		≤160	+QT900	—	800	900～1100	12	—	50	—
		160<t≤250					—	10	—	40
X50CrMoV15	1.4116	—	+A	280	—	(max)900	—	—	—	—
X4CrNiMo16-5-1	1.4418	—	+A	320	—	(max)1100	—	—	—	—
		≤160	+QT760	—	550	760～960	16	—	90	—
		160<t≤250					—	14	—	70
		≤160	+QT900	—	700	900～1100	16	—	80	—
		160<t≤250					—	14	—	60
X14CrMoS17	1.4104	—	+A	220	—	(max)730	—	—	—	—
		≤60	+QT650	—	500	650～850	12	—	—	—
		60<t≤160					10	—	—	—
X39CrMo17-1	1.4122	—	+A	280	—	(max)900	—	—	—	—
		≤60	+QT750	—	550	750～950	12	—	15	—
		60<t≤160							10	—
特殊钢种										
X29CrS13	1.4029	≤160	+A	245	—	(max)800	—	—	—	—
			+QT850	—	650	850～1000	9	—	—	—
X46CrS13	1.4035	≤63	+A	245	—	(max)800	—	—	—	—
X70CrMo15	1.4109	≤100	+A	280	—	(max)900	—	—	—	—
X2CrNiMoV13-5-2	1.4415	≤160	+QT750	—	650	750～900	18	—	100	—
			+QT850	—	750	850～1000	15	—	80	—
X53CrSiMoVN16-2	1.4150	≤100	+A	255	—	—	—	—	—	—
			+QT	—	—	—	—	—	—	—
X105CrMo17	1.4125	≤100	+A	285	—	—	—	—	—	—
X40CrMoVN16-2	1.4123	≤100	+A	280	—	—	—	—	—	—
			+QT	—	—	—	—	—	—	—
X90CrMoV18	1.4112	≤100	+A	265	—	—	—	—	—	—

表 7-103 室温下经热处理的弥散强化钢（1C、1D、1X、1G、2D）的力学性能（EN 10088-3—2014）

钢种		厚度，d/mm (max)	热处理	硬度 (HBW) (max)	$R_{P0.2}$ /MPa (min)	R_m /MPa	断裂伸长率 A/%(min) (纵向)	A_{KV_2}/J (min) (纵向)
牌号	数字编号							
标准钢种								
X5CrNiCuNb16-4	1.4542	100	+AT	360	—	(max)1200	—	—
			+P800	—	520	800～950	18	75
			+P930	—	720	930～1100	16	40
			+P960	—	790	960～1160	12	—
			+P1070	—	1000	1070～1270	10	—
X7CrNiAl17-7	1.4568	30	+AT	255	—	(max)850	—	—
X5CrNiMoCuNb14-5	1.4594	100	+AT	360	—	(max)1200	—	—
			+P930	—	720	930～1100	15	40
			+P1000	—	860	1000～1200	10	—
			+P1070	—	1000	1070～1270	10	—
特殊钢种								
X1CrNiMoAlTi12-9-2	1.4530	150	+AT	363	—	(max)1200	—	—
			+P1200	—	1100	(min)1200	12	90
X1CrNiMoAlTi12-10-2	1.4596	150	+AT	363	—	(max)1200	—	—
			+P1400	—	1300	(min)1400	9	50
X1CrNiMoAlTi12-11-2	1.4612	150	+AT	331	—	—	—	—
			+P1510	—	1380	(min)1510	10	20
			+P1650	—	1515	(min)1650	10	10
X5NiCrTiMoVB25-15-2	1.4606	50	+AT	212	250	(max)700	35	—
			+P880	—	550	880～1150	20	50

表 7-104 室温下经退火处理的光亮奥氏体不锈钢（2H、2B、2G、2P）的力学性能（EN 10088-3—2014）

钢种		厚度，d/mm	力学性能					
牌号	数字编号		$R_{P0.2}$ /MPa (min)	R_m /MPa	A_s/% (min)		A_{KV_2}/J (min)	
					(纵向)	(横向)	(纵向)	(横向)
标准钢种								
X2CrNi18-9	1.4307	≤10	400	600～930	25	—	—	—
		10<t≤16	380	600～930	25	—	—	—
		16<t≤40	175	500～830	30	—	100	—
		40<t≤63	175	500～830	30	—	100	—
		63<t≤160	175	500～700	45	—	100	—
		160<t≤250	175	500～700	—	35	—	60

续表

钢种		力学性能							
牌号	数字编号	厚度，d/mm	$R_{P0.2}$ /MPa (min)	R_m /MPa	A_s/% (min)		A_{KV_2}/J (min)		
					（纵向）	（横向）	（纵向）	（横向）	
标准钢种									
X8CrNiS18-9	1.4305	≤10	400	600～950	15	—	—	—	
		10<t≤16	400	600～950	15	—	—	—	
		16<t≤40	190	500～850	20	—	—	—	
		40<t≤63	190	500～850	20	—	—	—	
		63<t≤160	190	500～750	35	—	—	—	
X6CrNiCuS18-9-2	1.4570	≤10	400	600～950	15	—	—		
		10<t≤16	400	600～950	15	—	—		
		16<t≤40	185	500～910	20	—	—		
		40<t≤63	185	500～910	20	—	—		
		63<t≤160	185	500～710	35	—	—		
X3CrNiCu18-9-4	1.4567	≤10	400	600～850	25	—	—		
		10<t≤16	340	600～850	25	—	—		
		16<t≤40	175	450～800	30		100		
		40<t≤63	175	450～800	30	—	100		
		63<t≤160	175	450～650	40	—	100		
X5CrNi18-10	1.4301	≤10	400	600～950	25	—	—	—	
		10<t≤16	400	600～950	25	—	—	—	
		16<t≤40	190	600～850	30	—	100	—	
		40<t≤63	190	580～850	30	—	100	—	
		63<t≤160	190	500～700	45	—	100	—	
		160<t≤250	190	500～700	—	35	—	60	
X6CrNiTi18-10	1.4541	≤10	400	600～950	25	—	—	—	
		10<t≤16	380	580～950	25	—	—	—	
		16<t≤40	190	500～850	30	—	100	—	
		40<t≤63	190	500～850	30	—	100	—	
		63<t≤160	190	500～700	40	—	100	—	
X2CrNi19-11	1.4306	≤10	400	600～930	25	—	—	—	
		10<t≤16	380	600～930	25	—	—	—	
		16<t≤40	180	460～830	30	—	100	—	
		40<t≤63	180	460～830	30	—	100	—	
		63<t≤160	180	460～680	45	—	100	—	
		160<t≤250	180	460～680	—	35	—	60	

续表

钢种		厚度,d/mm	$R_{P0.2}$ /MPa (min)	R_m /MPa	A_s/% (min)		A_{KV_2}/J (min)	
牌号	数字编号				（纵向）	（横向）	（纵向）	（横向）
标准钢种								
X2CrNiMo17-12-2	1.4404	≤10	400	600～930	25	—	—	—
		10<t≤16	380	580～930	25	—	—	—
		16<t≤40	200	500～830	30	—	100	—
		40<t≤63	200	500～830	30	—	100	—
		63<t≤160	200	500～700	40	—	100	—
		160<t≤250	200	500～700	—	30	—	60
X5CrNiMo17-12-2	1.4401	≤10	400	600～950	25	—	—	—
		10<t≤16	380	580～950	25	—	—	—
		16<t≤40	200	500～850	30	—	100	—
		40<t≤63	200	500～850	30	—	100	—
		63<t≤160	200	500～700	40	—	100	—
		160<t≤250	200	500～700	—	30	—	60
X6CrNiMoTi17-12-2	1.4571	≤10	400	600～950	25	—	—	—
		10<t≤16	380	580～950	25	—	—	—
		16<t≤40	200	500～850	30	—	100	—
		40<t≤63	200	500～850	30	—	100	—
		63<t≤160	200	500～700	40	—	100	—
		160<t≤250	200	500～700	—	30	—	60
X2CrNiMo17-12-3	1.4432	≤10	400	600～930	25	—	—	—
		10<t≤16	380	600～880	25	—	—	—
		16<t≤40	200	500～850	30	—	100	—
		40<t≤63	200	500～850	30	—	100	—
		63<t≤160	200	500～700	40	—	100	—
		160<t≤250	200	500～700	—	30	—	60
X3CrNiMo17-13-3	1.4436	≤10	400	600～950	25	—	—	—
		10<t≤16	400	600～950	25	—	—	—
		16<t≤40	200	500～850	30	—	100	—
		40<t≤63	190	500～850	30	—	100	—
		63<t≤160	200	500～700	40	—	100	—
		160<t≤250	200	500～700	—	30	—	60
X2CrNiMo18-14-3	1.4435	≤10	400	600～950	25	—	—	—
		10<t≤16	400	600～950	25	—	—	—
		16<t≤40	235	500～850	30	—	100	—
		40<t≤63	235	500～850	30	—	100	—
		63<t≤160	235	500～700	40	—	100	—
		160<t≤250	235	500～700	—	30	—	60

续表

钢种		厚度, d/mm	$R_{P0.2}$/MPa (min)	R_m/MPa	A_s/% (min)		A_{KV_2}/J (min)	
牌号	数字编号				（纵向）	（横向）	（纵向）	（横向）
标准钢种								
X1NiCrMoCu25-20-5	1.4539	≤10	400	600～930	20	—	—	—
		10<t≤16	400	600～930	20	—	—	—
		16<t≤40	230	530～880	25	—	100	—
		40<t≤63	230	530～880	25	—	100	—
		63<t≤160	230	530～730	35	—	100	—
		160<t≤250	230	530～730	—	30	—	60
特殊钢种								
X3CrNiCu19-9-2	1.4560	≤10	400	600～800	25	—	—	—
		10<t≤16	340	600～800	25	—	—	—
		16<t≤40	175	450～750	30	—	—	—
		40<t≤63	175	450～750	30	—	—	—
		63<t≤160	175	450～650	45	—	—	—
X13MnNiN18-13-2	1.4020	≤10	500	750～1000	20	—	—	—
		10<t≤16	450	730～950	25	—	—	—
		16<t≤40	400	690～950	30	—	100	—
X6CrMnNiN18-13-3	1.4378	≤10	450	720～950	20	—	—	—
		10<t≤16	400	700～900	25	—	—	—
		16<t≤40	380	690～880	30	—	100	—
X2CrNiMoCuS17-10-2	1.4598	≤10	400	600～930	15	—	—	—
		10<t≤16	400	600～900	20	—	—	—
		16<t≤40	200	500～850	25	—	—	—
		40<t≤63	200	500～800	30	—	—	—
		63<t≤160	200	500～700	40	—	—	—
X3CrNiCuMo17-11-3-2	1.4578	≤10	400	600～850	20	—	—	—
		10<t≤16	340	600～850	20	—	—	—
		16<t≤40	175	450～800	30	—	—	—
		40<t≤63	175	450～800	30	—	—	—
		63<t≤160	175	450～650	45	—	—	—
X1NiCrMoCuN25-20-7	1.4529	≤10	550	700～1150	15	—	—	—
		10<t≤16	550	700～1150	15	—	—	—
		16<t≤40	300	650～1050	30	—	100	—
		40<t≤63	300	650～900	30	—	100	—
		63<t≤160	300	650～850	40	—	100	—

表 7-105　室温下经退火处理的奥氏体-铁素体光亮不锈钢（2H、2B、2G、2P）的力学性能（EN 10088-3—2014）

钢种		厚度,d/mm	力学性能			
牌号	数字编号		$R_{P0.2}$/MPa (min)	R_m/MPa	A_s/% (min)（纵向）	A_{KV_2}/J (min)（纵向）
标准钢种						
X2CrNiMoN22-5-3	1.4462	≤10	650	850～1150	12	—
		10<t≤16	650	850～1100	12	—
		16<t≤40	450	650～1000	15	100
		40<t≤63	450	650～1000	15	100
		63<t≤160	450	650～880	25	100
X3CrNiMoN27-5-2	1.4460	≤10	610	770～1030	12	—
		10<t≤16	560	770～1030	12	—
		16<t≤40	460	620～950	15	85
		40<t≤63	460	620～950	15	85
		63<t≤160	460	620～880	20	85
特殊钢种						
X2CrNiN22-2	1.4062	≤16	600	650～1100	15	—
		16<t≤40	500	700～1100	15	—
		40<t	500	700～1100	20	—
X2CrMnNiN21-5-1	1.4162	≤10	500	700～1050	15	—
		10<t≤16	500	700～1050	20	—
		16<t≤40	500	700～1050	20	—
		40<t≤160	450	650～850	30	60
X2CrMnNiMoN21-5-3	1.4482	t≤160	500	≥800	20	60
X2CrNiMnMoCuN24-4-3-2	1.4662	≤10	700	900～1150	15	—
		10<t≤30	700	900～1100	20	—
		30<t≤160	450	650～900	25	60
X2CrNiMoCuN25-6-3	1.4507	≤10	—	—	—	—
		10<t≤16	—	—	—	—
		16<t≤40	500	700～1050	25	100
		40<t≤63	500	700～900	25	100
		63<t≤160	500	700～900	25	100

表 7-106　室温下经退火处理的光亮不锈钢（2H、2B、2G、2P）的力学性能（EN 10088-3—2014）

钢种		厚度,d/mm	$R_{P0.2}$ /MPa(min)	R_m /MPa	断裂伸长率 A_s/% (min)
牌号	数字编号				
标准钢种					
X6Cr17	1.4016	≤10	320	500～750	8
		10<t≤16	300	480～750	8
		16<t≤40	240	400～700	15
		40<t≤63	240	400～700	15
		63<t≤100	240	400～630	20
X6CrMoS17	1.4105	≤10	330	530～780	7
		10<t≤16	310	500～780	7
		16<t≤40	250	430～730	12
		40<t≤63	250	430～730	12
		63<t≤100	250	430～630	20
X6CrMo17-1	1.4113	≤10	340	540～700	8
		10<t≤16	320	500～700	12
		16<t≤40	280	440～700	15
		40<t≤63	280	440～700	15
		63<t≤100	280	440～660	18
特殊钢种					
X2CrTi17	1.4520	≤10	320	500～750	8
		10<t≤16	300	480～750	10
		16<t≤40	240	400～700	15
		40<t≤50	240	400～700	15
X3CrNb17	1.4511	≤10	320	500～750	8
		10<t≤16	300	480～750	10
		16<t≤40	240	400～700	15
		40<t≤50	240	400～700	15
X2CrTiNb18	1.4509	≤10	320	500～750	8
		10<t≤16	300	480～750	10
		16<t≤40	240	400～700	15
		40<t≤50	240	400～700	15
X6CrMoNb17-1	1.4526	≤10	340	540～700	8
		10<t≤16	320	500～700	12
		16<t≤40	280	440～700	15
		40<t≤50	280	440～700	15

表 7-107 室温下经热处理的光亮不锈钢（2H、2B、2G、2P）的力学性能（EN 10088-3—2014）

钢种		厚度，d/mm	退火态		淬火＋回火						
牌号	数字编号		R_m/MPa (max)	硬度 (HB) (max)	热处理	$R_{P0.2}$/MPa (min)	R_m/MPa	A_s/%(min) (纵向)	A_s/%(min) (横向)	A_{KV_2}/J(min) (纵向)	A_{KV_2}/J(min) (横向)
标准钢种											
X12Cr13	1.4006	≤10	880	280	+QT650	550	700～1000	9	—	—	—
		10<t≤16	880	280		500	700～1000	9	—	—	—
		16<t≤40	800	250		450	650～930	10	—	25	—
		40<t≤63	760	230		450	650～880	10	—	25	—
		63<t≤160	730	220		450	650～850	15	—	25	—
X12CrS13	1.4005	≤10	880	280	+QT650	550	700～1000	8	—	—	—
		10<t≤16	880	280		500	700～1000	8	—	—	—
		16<t≤40	800	250		450	650～930	10	—	—	—
		40<t≤63	760	230		450	650～880	10	—	—	—
		63<t≤160	730	220		450	650～850	12	—	—	—
X20Cr13	1.4021	≤10	910	290	+QT700	600	750～1000	8	—	—	—
		10<t≤16	910	290		550	750～1000	8	—	—	—
		16<t≤40	850	260		500	700～950	10	—	25	—
		40<t≤63	800	250		500	700～900	12	—	25	—
		63<t≤160	760	230		500	700～850	13	—	25	—
X30Cr13	1.4028	≤10	950	305	+QT850	700	900～1050	7	—	—	—
		10<t≤16	950	305		650	900～1150	7	—	—	—
		16<t≤40	900	280		650	850～1100	9	—	12	—
		40<t≤63	840	260		650	850～1050	9	—	12	—
		63<t≤160	800	245		650	850～1000	10	—	15	—
X39Cr13	1.4031	≤10	950	305	+QT800	700	850～1100	7	—	—	—
		10<t≤16	950	305		700	850～1100	7	—	—	—
		16<t≤40	900	280		650	800～1050	8	—	12	—
		40<t≤63	840	260		650	800～1000	8	—	12	—
		63<t≤160	800	245		650	800～1000	10	—	12	—
X46Cr13	1.4034	≤10	950	305	+QT850	700	900～1150	7	—	—	—
		10<t≤16	950	305		700	900～1150	7	—	—	—
		16<t≤40	900	280		650	850～1100	8	—	12	—
		40<t≤63	840	260		650	850～1000	8	—	12	—
		63<t≤160	800	245		650	850～1000	10	—	12	—

续表

钢种		厚度，d/mm	退火态		淬火＋回火						
牌号	数字编号		R_m/MPa (max)	硬度(HB)(max)	热处理	$R_{P0.2}$/MPa (min)	R_m/MPa	A_s/%(min)(纵向)	A_s/%(min)(横向)	A_{KV_2}/J(min)(纵向)	A_{KV_2}/J(min)(横向)
标准钢种											
X17CrNi16-2	1.4057	≤10	1050	330	＋QT800	750	850～1100	7	—	—	—
		10＜t≤16	1050	330		700	850～1100	7	—	—	—
		16＜t≤40	1000	310		650	800～1050	9	—	25	—
		40＜t≤63	950	295		650	800～1000	12	—	25	—
		63＜t≤160	950	295		650	800～950	12	—	16	—
X4CrNiMo16-5-1	1.4418	≤10	1150	380	＋QT900	750	900～1150	10	—	—	—
		10＜t≤16	1150	380		750	900～1150	10	—	—	—
		16＜t≤40	1100	320		700	900～1100	12	—	80	—
		40＜t≤63	1100	320		700	900～1100	16	—	80	—
		63＜t≤160	1100	320		700	900～1100	16	—	80	—
		160＜t≤250	1100	320		700	900～1100	—	14	—	60
X14CrMoS17	1.4104	≤10	880	280	＋QT650	580	700～980	7	—	—	—
		10＜t≤16	880	280		530	700～980	7	—	—	—
		16＜t≤40	800	250		500	650～930	9	—	—	—
		40＜t≤63	760	230		500	650～880	10	—	—	—
		63＜t≤160	730	220		500	650～850	10	—	—	—
X39CrMo17-1	1.4122	≤10	1000	340	＋QT750	650	800～1050	8	—	—	—
		10＜t≤16	1000	340		600	800～1050	8	—	—	—
		16＜t≤40	980	310		550	750～1000	10	—	14	—
		40＜t≤63	930	290		550	750～950	12	—	14	—
		63＜t≤160	900	280		550	750～950	12	—	10	—
特殊钢种											
X29CrS13	1.4029	≤10	950	305	＋QT850	750	900～1100	8	—	—	—
		10＜t≤16	950	305		700	900～1100	8	—	—	—
		16＜t≤40	900	280		650	850～1100	10	—	—	—
		40＜t≤63	840	260		650	850～1050	10	—	—	—
		63＜t≤160	800	245		650	850～1000	12	—	—	—
X46CrS13	1.4035	≤10	880	280	—	—	—	—	—	—	—
		10＜t≤16	880	280		—	—	—	—	—	—
		16＜t≤40	800	250		—	—	—	—	—	—
		40＜t≤63	760	230		—	—	—	—	—	—

表 7-108 室温下经热处理的光亮不锈钢（2H、2B、2G、2P）的力学性能（EN 10088-3—2014）

钢种		厚度,d/mm	退火		固溶强化				
牌号	数字编号		R_m /MPa (max)	硬度 (HB) (max)	热处理	$R_{P0.2}$ /MPa (min)	R_m /MPa	A_s/% (min) (纵向)	A_{KV_2}/J (min) (纵向)
标准钢种									
X5CrNiCuNb16-4	1.4542	≤10	1200	360	+P800	600	900～1100	10	—
		10<t≤16	1200	360		600	900～1100	10	—
		16<t≤40	1200	360		520	800～1050	12	75
		40<t≤63	1200	360		520	800～1000	18	75
		63<t≤160	1200	360		520	800～950	18	75
		≤100	—	—	+P930	720	930～1100	12	40
		≤100	—	—	+P960	790	960～1160	10	—
		≤100	—	—	+P1070	1000	1070～1270	10	—
特殊钢种									
X5NiCrTiMoVB25-15-2	1.4606	≤10	850	240	+P880	750	950～1200	15	30
		10<t≤16	800	230		750	950～1150	15	30
		16<t≤40	800	230		600	900～1150	18	40
		40<t≤50	700	212		550	880～1150	20	40

表 7-109 冷加工和冷挤压的钢棒，棍和线的力学性能（EN 10263-5—2017）

牌 号	数字编号	供货状态	截面直径/mm	抗拉强度 R_m/MPa	断面收缩率/%
X10CrNi18-8	1.4310	+AT/+AT+PE	5～10 10～25 25～50	660 660 660	65 65 65
		+AT+C	5～10 10～25	890 850	
		+AT+C+AT	2～5 5～10 10～25	720 680 660	65 65 65
		+AT+C+AT+LC	2～5 5～10	760 730	60 60
X2CrNi18-9	1.4307	+AT/+AT+PE	5～10 10～25 25～50	630 630 630	68 68 68
		+AT+C	5～10 10～25 25～50	800 760 740	
		+AT+C+AT	2～5 5～10 10～25 25～50	680 630 630 630	68 68 68 68
		+AT+C+AT+LC	2～5 5～10	730 680	63 63

续表

牌　号	数字编号	供货状态	截面直径/mm	抗拉强度 R_m/MPa	断面收缩率/%
X2CrNi19-11	1.4306	+AT/+AT+PE	5～10 10～25 25～50	630 630 630	68 68 68
		+AT+C	5～10 10～25	780 740	
		+AT+C+AT	2～5 5～10 10～25	630 630 630	68 68 68
		+AT+C+AT+LC	2～5 5～10	730 680	63 63
X5CrNi19-10	1.4301	+AT/+AT+PE	5～10 10～25 25～50	650 650 650	65 65 65
		+AT+C	5～10 10～25	820 780	
		+AT+C+AT	2～5 5～10 10～25	700 650 650	60 65 65
		+AT+C+AT+LC	2～5 5～10	750 700	60 60
X6CrNiTi18-10	1.4541	+AT/+AT+PE	5～10 10～25 25～50	680 680 680	65 65 65
		+AT+C	5～10 10～25	850 810	
		+AT+C+AT	2～5 5～10 10～25	720 680 680	65 65 65
		+AT+C+AT+LC	2～5 5～10	770 730	60 60
X4CrNi18-12	1.4303	+AT/+AT+PE	5～10 10～25 25～50	650 650 650	65 65 65
		+AT+C	5～10 10～25	800 770	
		+AT+C+AT	2～5 5～10 10～25	670 650 650	65 65 65
		+AT+C+AT+LC	2～5 5～10	720 700	60 60
X2CrNiMo17-12-2	1.4404	+AT/+AT+PE	5～10 10～25 25～50	650 650 650	68 68 68
		+AT+C	5～10 10～25	780 750	
		+AT+C+AT	2～5 5～10 10～25	670 650 650	68 68 68
		+AT+C+AT+LC	2～5 5～10	720 700	63 63
X2CrNiMo17-12-3	1.4432	+AT/+AT+PE	5～10 10～25 25～50	650 650 650	68 68 68
		+AT+C	5～10 10～25	780 750	
		+AT+C+AT	2～5 5～10 10～25	670 650 650	68 68 68
		+AT+C+AT+LC	2～5 5～10	720 700	63 63

续表

牌 号	数字编号	供货状态	截面直径/mm	抗拉强度 R_m/MPa	断面收缩率/%
X5CrNiMo17-12-2	1.4401	+AT/+AT+PE	5～10 10～25 25～50	660 660 660	65 65 65
		+AT+C	5～10 10～25	830 790	
		+AT+C+AT	2～5 5～10 10～25	690 670 660	65 65 65
		+AT+C+AT+LC	2～5 5～10	740 720	60 60
X6CrNiMoTi17-12-2	1.4571	+AT/+AT+PE	5～10 10～25 25～50	680 680 680	65 65 65
		+AT+C	5～10 10～25	850 810	
		+AT+C+AT	2～5 5～10 10～25	720 680 680	65 65 65
		+AT+C+AT+LC	2～5 5～10	770 730	60 60
X2CrNiMoN17-13-3	1.4429	+AT/+AT+PE	5～10 10～25 25～50	780 780 780	60 60 60
		+AT+C	5～10 10～25	940 910	
		+AT+C+AT	2～5 5～10 10～25	820 800 780	60 60 60
		+AT+C+AT+LC	2～5 5～10	870 850	55 55
X3CrNiMo17-13-3	1.4436	+AT/+AT+PE	5～10 10～25 25～50	660 660 660	65 65 65
		+AT+C	5～10 10～25	830 790	
		+AT+C+AT	2～5 5～10 10～25	690 670 660	65 65 65
		+AT+C+AT+LC	2～5 5～10	740 720	60 60
X3CrNiCu18-9-4	1.4567	+AT/+AT+PE	5～10 10～25 25～50	590 590 590	68 68 68
		+AT+C	5～10 10～25	740 700	
		+AT+C+AT	2～5 5～10 10～25	600 590 590	68 68 68
		+AT+C+AT+LC	2～5 5～10	650 640	63 63

续表

牌 号	数字编号	供货状态	截面直径/mm	抗拉强度 R_m/MPa	断面收缩率/%
X3CrNiCu19-9-2	1.4560	+AT/+AT+PE	5～10 10～25 25～50	610 610 610	68 68 68
		+AT+C	5～10 10～25	790 750	
		+AT+C+AT	2～5 5～10 10～25	630 610 610	68 68 68
		+AT+C+AT+LC	2～5 5～10	680 660	63 63
X3CrNiCuMo17-11-3-2	1.4578	+AT/+AT+PE	5～10 10～25 25～50	610 610 610	68 68 68
		+AT+C	5～10 10～25	760 720	
		+AT+C+AT	2～5 5～10 10～25	630 610 610	68 68 68
		+AT+C+AT+LC	2～5 5～10	680 660	63 63

表 7-110 室温下退火后铁素体钢的力学性能和耐晶间腐蚀性能（EN 10028-7—2007）

<table>
<tr><th colspan="2">名称</th><th rowspan="3">产品形态</th><th rowspan="3">厚度/mm（最大）</th><th colspan="2">屈服强度 $R_{P0.2}$/MPa(最小)</th><th rowspan="3">抗拉强度 R_m/MPa</th><th colspan="2">断后伸长率</th><th colspan="2">耐晶间腐蚀性</th><th rowspan="3">冲击功 A_{KV}/J（最小）</th></tr>
<tr><th rowspan="2">牌号</th><th rowspan="2">数字编号</th><th colspan="2"></th><th rowspan="2">A_{80mm} 厚度<3mm /%（最小）</th><th rowspan="2">A 厚度≥3mm /%（最小）</th><th rowspan="2">交货状态</th><th rowspan="2">焊接状态</th></tr>
<tr><th>纵向</th><th>横向</th></tr>
<tr><td rowspan="3">X2CrNi12</td><td rowspan="3">1.4003</td><td>C</td><td>8</td><td rowspan="2">280</td><td rowspan="2">320</td><td rowspan="3">450～650</td><td colspan="2" rowspan="2">20</td><td rowspan="3">否</td><td rowspan="3">否</td><td rowspan="3">50</td></tr>
<tr><td>H</td><td>13.5</td></tr>
<tr><td>P</td><td>25</td><td>250</td><td>280</td><td colspan="2">18</td></tr>
<tr><td rowspan="3">X6CrNiTi12</td><td rowspan="3">1.4516</td><td>C</td><td>8</td><td rowspan="2">280</td><td rowspan="2">320</td><td rowspan="3">450～650</td><td colspan="2" rowspan="2">23</td><td rowspan="3">否</td><td rowspan="3">否</td><td rowspan="3">50</td></tr>
<tr><td>H</td><td>13.5</td></tr>
<tr><td>P</td><td>25</td><td>250</td><td>280</td><td colspan="2">20</td></tr>
<tr><td>X2CrTi17</td><td>1.4520</td><td>C</td><td>4</td><td>180</td><td>200</td><td>380～530</td><td colspan="2">24</td><td>是</td><td>是</td><td>—</td></tr>
<tr><td>X3CrTi17</td><td>1.4510</td><td>C</td><td>4</td><td>230</td><td>240</td><td>420～600</td><td colspan="2">23</td><td>是</td><td>是</td><td>—</td></tr>
<tr><td>X2CrMoTi17-1</td><td>1.4513</td><td>C</td><td>4</td><td>200</td><td>220</td><td>400～550</td><td colspan="2">23</td><td>是</td><td>是</td><td>—</td></tr>
<tr><td>X2CrMoTi18-2</td><td>1.4521</td><td>C</td><td>4</td><td>300</td><td>320</td><td>420～640</td><td colspan="2">20</td><td>是</td><td>是</td><td>—</td></tr>
<tr><td>X6CrMoNb17-1</td><td>1.4526</td><td>C</td><td>4</td><td>280</td><td>300</td><td>480～560</td><td colspan="2">25</td><td>是</td><td>是</td><td>—</td></tr>
<tr><td>X2CrTiNb18</td><td>1.4509</td><td>C</td><td>4</td><td>230</td><td>250</td><td>430～630</td><td colspan="2">18</td><td>是</td><td>是</td><td>—</td></tr>
</table>

注：C—冷轧带，H—热轧带，P—热轧板。

表 7-111 室温下淬火加回火后马氏体钢的力学性能（EN 10028-7—2007）

牌 号	数字编号	产品形态	厚度/mm（最大值）	屈服强度 $R_{P0.2}$/MPa	抗拉强度 R_m/MPa	伸长率 A/%（厚度>3mm）
标准钢种						
X3CrNiMo13-4	1.4313	P	75	650	780～980	14
X4CrNiMo16-5-1	1.4418	P	75	650	840～980	14

注：P—热轧板。

表 7-112 室温下固溶退火后奥氏体钢的力学性能和耐晶间腐蚀性能（EN 10028-7—2007）

名称		产品状态	厚度/mm（最大）	0.2%屈服强度 $R_{P0.2}$	1%屈服强度 $R_{P1.0}$	抗拉强度 R_m /MPa	伸长率		冲击功 A_{KV}/J（最小）			耐晶间腐蚀性	
牌号	数字编号			/MPa（最小）			A_{80mm} 厚度＜3mm /%（最小）（横向）	A 厚度≥3mm /%（最小）（横向）	20℃（纵向）	20℃（横向）	−196℃（横向）	交状状态	敏压状态
奥氏体耐腐蚀钢													
X2CrNiN18-7	1.4318	C	8	350	380	650～850	35	40	90	60	—	是	是
		H	13,5	330	370								
		P	75	330	370								
X2CrNi18-9	1.4307	C	8	220	250	520～700	45	45	100	60	60	是	是
		H	13,5	200	240								
		P	75	200	240	500～700							
X2CrNi19-11	1.4306	C	8	220	250	520～700	45	45	100	60	60	是	是
		H	13,5	200	240								
		P	75	200	240	500～700							
X5CrNiN19-9	1.4315	C	8	290	320	550～750	40	40	100	60	60	（是）	否
		H	13,5	270	310								
		P	75	270	310								
X2CrNiN18-10	1.4311	C	8	290	320	550～750	40	40	100	60	60	是	是
		H	13,5	270	310								
		P	75	270	310								
X5CrNi18-10	1.4301	C	8	230	260	540～750	45	45	100	60	60	（是）	否
		H	13,5	210	250	520～720							
		P	75	210	250		45	45					
X6CrNiTi18-10	1.4541	C	8	220	250	520～720	40	40	100	60	60	是	是
		H	13,5	200	240								
		P	75	200	240	500～700							
X6CrNiNb18-10	1.4550	H	13,5	200	240	520～720	40	40	100	60	40	是	是
		P	75	200	240	500～700							
X1CrNi25-21	1.4335	P	75	200	240	470～670	40	40	100	60	60	是	是
X2CrNiMo17-12-2	1.4404	C	8	240	270	530～680	40	40	100	60	60	是	是
		H	13,5	220	260								
		P	75	220	260	520～670	45	45					
X2CrNiMoN17-11-2	1.4406	C	8	300	330	580～780	40	40	100	60	60	是	是
		H	13,5	280	320								
		P	75	280	320								

续表

名称		产品状态	厚度/mm（最大）	0.2%屈服强度 $R_{P0.2}$	1%屈服强度 $R_{P1.0}$	抗拉强度 R_m/MPa	伸长率		冲击功 A_{KV}/J（最小）			耐晶间腐蚀性	
牌号	数字编号			/MPa（最小）			A_{80mm} 厚度<3mm /%（最小）（横向）	A 厚度≥3mm /%（最小）（横向）	20℃（纵向）	20℃（横向）	−196℃（横向）	交状状态	敏压状态
奥氏体耐腐蚀钢													
X5CrNiMo17-12-2	1.4401	C	8	240	270	530～810	40	40	100	60	60	是	否
		H	13,5	220	260								
		P	75	220	260	520～670	45	45					
X1CrNiMoN25-22-2	1.4466	P	75	250	290	540～740	40	40	100	60	60	是	是
X6CrNiMoTi17-12-2	1.4571	C	8	240	270	540～690	40	40	100	60	60	是	是
		H	13,5	220	260								
		P	75	220	260	520～670							
X6CrNiMoNb17-12-2	1.4580	P	75	220	260	520～720	40	40	100	60	—	是	是
X2CrNiMo17-12-3	1.4432	C	8	240	270	550～700	40	40	100	60	60	是	是
		H	13,5	220	260								
		P	75	220	260	520～670	45	45					
X2CrNiMoN17-13-3	1.4429	C	8	300	330	580～780	35	35	100	60	60	是	是
		H	13,5	280	320								
		P	75	280	320		40	40					
X3CrNiMo17-13-3	1.4436	C	8	240	270	550～700	40	40	100	60	60	（是）	否
		H	13,5	220	260								
		P	75	220	260	530～730	40	40					
X2CrNiMo18-14-3	1.4435	C	8	240	270	550～700	40	40	100	60	60	是	是
		H	13,5	220	260								
		P	75	220	260	520～670	45	45					
X2CrNiMoN18-12-4	1.4434	C	8	290	320	570～770	35	35	100	60	60	是	是
		H	13,5	270	310								
		P	75	270	310	540～740	40	40					
X2CrNiMo18-15-4	1.4438	C	8	240	270	550～700	35	35	100	60	60	是	是
		H	13,5	220	260								
		P	75	220	260	520～720	40	40					
X2CrNiMoN17-13-5	1.4439	C	8	290	320	580～780	35	35	100	60	60	是	是
		H	13,5	270	310								
		P	75	270	310		40	40					

续表

名称 牌号	数字编号	产品状态	厚度/mm（最大）	0.2%屈服强度 $R_{P0.2}$ /MPa（最小）	1%屈服强度 $R_{P1.0}$ /MPa（最小）	抗拉强度 R_m /MPa	伸长率 A_{80mm} 厚度<3mm /%（最小）（横向）	伸长率 A 厚度≥3mm /%（最小）（横向）	冲击功 A_{KV}/J（最小） 20℃（纵向）	20℃（横向）	−196℃（横向）	耐晶间腐蚀性 交状状态	敏压状态
奥氏体耐腐蚀钢													
X1NiCrMoCu31-27-4	1.4563	P	75	220	260	500～700	40	40	100	60	60	是	是
X1NiCrMoCu25-20-5	1.4539	C	8	240	270	530～730	35	35	100	60	60	是	是
		H	13,5	220	260								
		P	75	220	260	520～720							
X1CrNiMoCuN25-25-5	1.4537	P	75	290	330	600～800	40	40	100	60	60	是	是
X1CrNiMoCuN20-18-7	1.4547	C	8	320	350	650～850	35	35	100	60	60	是	是
		H	13,5	300	340								
		P	75	300	340		40	40					
X1NiCrMoCuN25-20-7	1.4529	P	75	300	340	650～850	40	40	100	60	60	是	是
奥氏体抗蠕变钢													
X3CrNiMoBN17-13-3	1.4910	C	8	300	330	580～780	35	40	100	60	—	是	是
		H	13,5	260	300	550～750							
		P	75	260	300								
X6CrNiTiB18-10	1.4941	C	8	220	250	510～710	40	40	100	60	—	是	是
		H	13,5	200	240								
		P	75	200	240	490～690							
X6CrNi18-10	1.4948	C	8	230	260	530～740	45	45	100	60	—	否	否
		H	13,5	210	250	510～710	45	45					
		P	75	190	230								
X6CrNi23-13	1.4950	C	8	220	250	530～730	35	35	100	60	—	否	否
		H	13,5	200	240	510～710							
		P	75	200	240								
X6CrNi25-20	1.4951	C	8	220	250	530～730	35	35	100	60	—	否	否
		H	13,5	200	240	510～710							
		P	75	200	240								
X5NiCrAlTi31-20	1.4958	P	75	170	200	500～750	30	30	120	80	—	是	否
X5NiCrAlTi31-20＋RA	1.4958＋RA	P	75	210	240	500～750	30	30	120	80	—	是	否
X8NiCrAlTi32-21	1.4959	P	75	170	200	500～750	30	30	120	80	—	是	否
X8CrNiNb16-13	1.4961	P	75	200	240	510～690	35	35	100	60	—	是	是

注：1. C—冷轧带，H—热轧带；P—热轧板；＋RA—再结晶退火。

2. 对于连续热轧产品，经协商后，$R_{P0.2}$ 至少增加 20MPa，$R_{P1.0}$ 至少增加 10MPa。

表 7-113　室温下固溶退火后奥氏体-铁素体钢的力学性能和耐腐蚀性能（EN 10028-7—2007）

名称		产品形态	厚度/mm（最大）	屈服强度 $R_{P0.2}$/MPa(最小)		抗拉强度 R_m/MPa	伸长率		冲击功 A_{KV}/J（最小）			耐晶间腐蚀性	
				带宽度			A_{80mm} 厚度 <3mm/%（最小）	A 厚度 ≥3mm/%（最小）	20℃		−40℃		
牌号	数字编号			<300 mm	≥300 mm				（纵向）	（横向）	（横向）	交货状态	敏压状态
X2CrNiN23-4	1.4362	C	8	405	420	600～850	20	20	120	90	40	是	是
		H	13.5	385	400								
		P	50	385	400	630～800	25	25					
X2CrNiMoN22-5-3	1.4462	C	8	485	500	700～950	20	20	150	100	40	是	是
		H	13.5	445	460		25	25					
		P	75	445	460	640～840	25	25					
X2CrNiMoCuN25-6-3	1.4507	C	8	495	510	690～940	20	20	150	90	40	是	是
		H	13.5	475	490								
		P	50	475	490	690～890	25	25					
X2CrNiMoN25-7-4	1.4410	C	8	535	550	750～1000	20	20	150	90	40	是	是
		H	13.5	515	530								
		P	50	515	530	730～930	20	20					
X2CrNiMoCuWN25-7-4	1.4501	P	50	515	530	730～930	25	25	150	90	40	是	是

注：1. C—冷轧带，H—热轧带，P—热轧板。

2. 对于连续热轧产品。屈服强度经协商后应至少增加 20MPa。

表 7-114　室温下热处理后铁素体钢及马氏体钢的力学性能（EN10272—2016）

名称		直径(d)或厚度(t)/mm	热处理条件	硬度/HBW（最大）	0.2%屈服强度 $R_{P0.2}$/MPa（最小）	抗拉强度 R_m/MPa	伸长率 A/%（最小）		冲击功 A_{KV}/J(最小)			
									20℃		−20℃	
牌号	数字编号						纵向	横向	纵向	横向	纵向	横向
铁素体不锈钢												
X2CrNi12	1.4003	≤100	+A	200	260	450～600	20	—	60	—	—	—

续表

名称		直径(d)或厚度(t)/mm	热处理条件	硬度/HBW(最大)	0.2%屈服强度 $R_{P0.2}$/MPa(最小)	抗拉强度 R_m/MPa	伸长率 A/%(最小)		冲击功 A_{KV}/J(最小)			
									20℃		−20℃	
牌号	数字编号						纵向	横向	纵向	横向	纵向	横向
马氏体不锈钢												
X12Cr13	1.4006	—	+A	220	—	max. 730	—	—	—	—	—	—
		≤160	+QT650	—	450	650～850	15	—	25	—	—	—
X17CrNi16-2	1.4057	—	+A	295	—	max. 950	—	—	—	—	—	—
		≤60	+QT800	—	600	800～950	14	—	25	—	—	—
		60<(d 或 t)≤160					12		20			
		≤60	+QT900	—	700	900～1050	12	—	20	—	—	—
		60<(d 或 t)≤160					10		15			
X3CrNiMo13-4	1.4313	—	+A	320	—	≤1100	—	—	—	—	—	—
		≤160	+QT650	—	520	700～800	15	—	70	—	40	—
		160<(d 或 t)≤250					—	12	—	50	—	—
		≤160	+QT780	—	620	780～980	15	—	70	—	—	—
		160<(d 或 t)≤250					—	12	—	50	—	—
		≤160	+QT900	—	800	900～1100	12	—	50	—	—	—
		160<(d 或 t)≤250					—	10	—	40	—	—
X4CrNiMo16-5-1	1.4418	—	+A	320	—	≤1100	—	—	—	—	—	—
		≤160	+QT760	—	550	760～960	16	—	90	—	40	—
		160<(d 或 t)≤250					—	14	—	70	—	—
		≤160	+QT900	—	700	900～1100	16	—	80	—	—	—
		160<(d 或 t)≤250					—	14	—	60	—	—

注：+A：退火。+QT：淬火加回火。

表 7-115　室温下固溶退火后奥氏体钢的力学性能和耐晶间腐蚀性能（EN 10272—2016）

名称		直径(*d*)或厚度(*t*)/mm	硬度/HBW(最大)	0.2%屈服强度 $R_{P0.2}$	1.0%屈服强度 $R_{P1.0}$	抗拉强度 R_m/MPa	伸长率 *A*/%(最小)		冲击功 A_{KV}/J(最小)			耐晶间腐蚀性	
牌号	数字编号			MPa(最小)			纵向	横向	20℃		−196℃	交货状态	敏化状态
									纵向	横向	横向		
X2CrNi18-9	1.4307	≤160	215	175	210	500～700	45	—	100	—	60	是	是
		160<(*d* 或 *t*)≤250					—	35	—	60			
X2CrNi19-11	1.4306	≤160	215	180	215	460～680	45	—	100	—	60	是	是
		160<(*d* 或 *t*)≤250					—	35	—	60			
X2CrNiN18-10	1.4311	≤160	230	270	305	550～760	40	—	100	—	60	是	是
		160<(*d* 或 *t*)≤250					—	30	—	60			
X5CrNi18-10	1.4301	≤160	215	190	225	500～700	45	—	100	—	60	是	否
		160<(*d* 或 *t*)≤250					—	35	—	60			
X1CrNiSi18-15-4	1.4361	≤160	230	210	240	530～730	40	—	100	—	—	是	是
		160<(*d* 或 *t*)≤400					—	30	—	60	—		
X6CrNiTi18-10	1.4541	≤160	215	190	225	500～700	40	—	100	—	60	是	是
		160<(*d* 或 *t*)≤250					—	30	—	60			
X2CrNiMo17-12-2	1.4404	≤160	215	200	235	500～700	40	—	100	—	60	是	是
		160<(*d* 或 *t*)≤250					—	30	—	60			
X2CrNiMoN17-11-2	1.4406	≤160	250	280	315	580～800	40	—	100	—	60	是	是
		160<(*d* 或 *t*)≤250					—	30	—	60			
X5CrNiMo17-12-2	1.4401	≤160	215	200	235	500～700	40	—	100	—	60	是	否
		160<(*d* 或 *t*)≤250					—	30	—	60			
X6CrNiMoTi17-12-2	1.4571	≤160	215	200	235	500～700	40	—	100	—	60	是	是
		160<(*d* 或 *t*)≤250					—	30	—	60			
X2CrNiMo17-12-3	1.4432	≤160	215	200	235	500～700	40	—	100	—	60	是	是
		160<(*d* 或 *t*)≤250					—	30	—	60			

续表

牌号	数字编号	直径(d)或厚度(t)/mm	硬度/HBW(最大)	0.2%屈服强度 $R_{P0.2}$ MPa(最小)	1.0%屈服强度 $R_{P1.0}$ MPa(最小)	抗拉强度 R_m/MPa	伸长率A/%(最小) 纵向	伸长率A/%(最小) 横向	冲击功 A_{KV}/J(最小) 20℃ 纵向	冲击功 A_{KV}/J(最小) 20℃ 横向	冲击功 A_{KV}/J(最小) −196℃ 横向	耐晶间腐蚀性 交货状态	耐晶间腐蚀性 敏化状态
X2CrNiMo18-14-3	1.4435	≤160	215	200	235	500～700	40	—	100	—	60	是	是
		160<(d 或 t)≤250					—	30	—	60			
X2CrNiMoN17-13-5	1.4439	≤160	250	280	315	580～800	35	—	100	—	60	是	是
		160<(d 或 t)≤250					—	30	—	60			
X1NiCrMoCu25-20-5	1.4539	≤160	230	230	260	530～730	35	—	100	—	60	是	是
		160<(d 或 t)≤250					—	30	—	60			
X6CrNiNb18-10	1.4550	≤160	230	205	240	510～740	40	—	100	—	40	是	是
		160<(d 或 t)≤250					—	30	—	60			
X6CrNiMoNb17-12-2	1.4580	≤160	230	215	250	510～740	35	—	100	—	—	是	是
		160<(d 或 t)≤250					—	30	—	60			
X2CrNiMoN17-13-3	1.4429	≤160	250	280	315	580～800	40	—	100	—	60	是	是
		160<(d 或 t)≤250					—	30	—	60			
X3CrNiMo17-13-3	1.4436	≤160	215	200	235	500～700	40	—	100	—	60	是	否
		160<(d 或 t)≤250					—	30	—	60			
X1NiCrMoCu31-27-4	1.4563	≤160	230	220	250	500～750	35	—	100	—	60	是	是
		160<(d 或 t)≤250					—	30	—	60			
X1CrNiMoCuN20-18-7	1.4547	≤160	260	300	340	650～850	35	—	100	—	60	是	是
		160<(d 或 t)≤250					—	30	—	60			
X1NiCrMoCuN25-20-7	1.4529	≤160	250	300	340	650～850	40	—	100	—	40	是	是
		160<(d 或 t)≤250					—	35	—	60			
X6CrNi25-20	1.4951	≤160	192	200	240	510～750	35	—	100	—	—	否	否
		160<(d 或 t)≤250					—	30	—	60			

表 7-116　室温下铁素体钢及马氏体钢锻件的力学性能（EN 10250-4—2000）

牌　　号	数字编号	热处理状态	有效断面尺寸/mm（最大值）	屈服强度 $R_{P0.2}$/MPa（最小值）	抗拉强度 R_m/MPa	伸长率 A/%（最小值）	
						纵向	横向
X6CrA113	1.4002	A	25	230	400～600		
X6Cr17	1.4016	A	100	240	400～630		
X12Cr13	1.4006	A			730		
		QT650	160	450	650～850	15	
X20Cr13	1.4021	A			760		
		QT700	160	500	700～850	13	
		QT800	160	600	800～950	12	
X30Cr13	1.4028	A			800		
		QT850	160	650	850～1000	10	
X17CrNi16-2	1.4057	A	250		1000		
		QT800	250	600	800～950	10	8
		QT900	250	700	900～1050	10	8
X3CrNiMo13-4	1.4313	A			1100		
		QT650	450	520	650～830	15	12
		QT780	450	620	780～980	15	12
		QT900	450	800	900～1100	12	10
X4CrNiMo16-5-1	1.4418	A			1100		
		QT760	450	550	760～960	16	14
		QT900	450	700	900～1100	16	14
X5CrNiCuNb16-4	1.4542	A			1200		
		P930	250	720	930	15	12
		P1070	250	1000	1070	12	10
		P1300	250	1150	1300	8	6

注：A—退火；QT—淬火加回火；P—弥散强化。

表 7-117　室温下固溶退火后奥氏体钢及奥氏体-铁素体钢锻件的力学性能（EN 10250-4—2000）

牌　　号	数字编号	有效断面尺寸/mm（最大值）	屈服强度/MPa（最小值）		抗拉强度 R_m/MPa	伸长率 A/%（最小值）
			$R_{P0.2}$	$R_{P1.0}$		
奥氏体钢						
X2CrNi18-9	1.4307	250	175	210	450～680	35
X2CrNi19-11	1.4306	250	180	215	460～680	35
X2CrNiN18-10	1.4311	250	270	308	550～760	30
X4CrNi18-10	1.4301	250	190	225	500～700	35
X6CrNiTi18-10	1.4541	450	190	225	500～700	30
X2CrNiMo17-12-2	1.4404	250	200	235	500～700	30
X2CrNiMoN17-12-2	1.4406	250	280	325	580～800	30
X4CrNiMo17-12-2	1.4401	250	200	235	500～700	30
X6CrNiMoTi17-12-2	1.4571	450	200	235	500～700	30

续表

牌　号	数字编号	有效断面尺寸/mm(最大值)	屈服强度/MPa(最小值)		抗拉强度 R_m/MPa	伸长率 A/%(最小值)	
			$R_{P0.2}$	$R_{P1.0}$			
奥氏体钢							
X2CrNiMoN1-13-3	1.4419	400	280	315	580～800	30	
X4CrNiMo17-13-3	1.4436	250	200	235	500～700	30	
X2CrNiMo18-14-4	1.4435	250	200	235	500～700	30	
X1NiCrMoCu20-20-5	1.4539	250	230	260	530～730	30	
X6CrNiNb18-10	1.4550	450	205	240	510～740	30	
X1NiCrMoCu31-27-4	1.4563	250	220	250	500～750	30	
X1CrNiMoCuN20-18-7	1.4547	250	300	340	650～850	30	
X1CrNiMoCuN25-20-7	1.4529	250	300	340	650～850	35	
奥氏体-铁素体钢							
X3CrNiMoN27-5-2	1.4460	160	460		620～880	20①	15②
X2CrNiMoN22-5-3	1.4462	350	450		650～880	25①	20②
X2CrNiN23-4	1.4362	160	400		600～830	25①	20②
X2CrNiMoCuN25-6-3	1.4507	160	500		700～900	25①	20②
X2CrNiMoN25-7-4	1.4410	160	530		730～930	25①	20②
X2CrNiMoCuWN25-7-4	1.4501	160	530		730～930	25①	20②

① 纵向数据。
② 横向数据。

表 7-118　弹簧钢丝拉拔后抗拉强度（EN 10270-3—2011）

公称直径/mm	抗拉强度 R_m/MPa(最小值)			
	(EN 10270-3-2001)X10CrNi18-8(1.4310)		X5CrNiMo17-12-2(1.4401)(EN 10270-3-2001)	X7CrNiAl17-7(1.4568)
	一般抗拉强度	高抗拉强度		
≤0.20	2200	2350	1725	2275
0.20～0.30	2150	2300	1700	2250
0.30～0.40	2100	2250	1675	2225
0.40～0.50	2050	2200	1650	2200
0.50～0.65	2000	2150	1625	2150
0.65～0.80	1950	2100	1600	2125
0.80～1.00	1900	2050	1575	2100
1.00～1.25	1850	2000	1550	2050
1.25～1.50	1750	1950	1500	2000
1.50～1.75	1700	1900	1450	1950
1.75～2.00	1650	1850	1400	1900
2.00～2.50	1600	1750	1350	1850
2.50～3.00	1550	1700	1250	1800
3.50～4.25	1500	1650	1225	1750
4.25～5.00	1450	1550	1200	1700
5.00～6.00	1400	1500	1150	1550
6.00～7.00	1350	1450	1125	1500
7.00～8.50	1300	1400	1075	1500
8.50～10.00	1250	1350	1050	1500

注：1. 抗拉强度数据以实际直径计算。
2. 最大抗拉强度值应为最小值的 115%。
3. 矫正后，抗拉强度值应减小，但不低于原来的 90%。
4. 更大直径的产品其抗拉强度值由供需双方协商决定。

表 7-119　绳索用不锈钢丝的抗拉强度（EN 10264-4—2012）

公称直径/mm	抗拉强度 R_m/MPa(最小值)				
	X5CrNi18-10 (1.4301)①	X10CrNi18-8 (1.4310)②	X4CrNi18-12 (1.4303)	X5CrNiMo17-12-2 (1.4401)	X15CrNiSi25-21 (1.4841)
≤0.20	2050	2200	1600	1725	1700
0.20～0.30	2000	2150	1575	1700	1650
0.30～0.40	1950	2100	1500	1675	1600
0.40～0.50	1900	2050	1550	1650	1575
0.50～0.65	1850	2000	1525	1625	1575
0.65～0.80	1800	1950	1500	1600	1550
0.80～1.00	1750	1900	1475	1575	1550
1.00～1.25	1700	1850	1500	1550	1525
1.25～1.50	1650	1800	1450	1500	1500
1.50～1.75	1600	1750	1425	1450	1475
1.75～2.00	1550	1700	1400	1400	1450
2.00～2.50	1500	1650	1350	1350	1400
2.50～3.00	1450	1600	1300	1300	1350

① 该数据为低抗拉强度值。
② 该数据为一般抗拉强度值。

表 7-120　压力焊接不锈钢钢管固溶退火态的力学性能（EN 10217-7—2005）

牌　　号	数字编号	屈服强度/MPa(最小值)		抗拉强度	伸长率 A/%		A_{KV_2}/J	
		$R_{P0.2}$	$R_{P1.0}$	R_m/MPa	纵向	横向	纵向	横向
X2CrNi18-9	1.4307	180	215	470～670	40	35	100	60
X2CrNi19-11	1.4306	180	215	460～680	40	35	100	60
X2CrNiN18-10	1.4311	270	305	500～760	35	30	100	60
X5CrNi18-10	1.4301	195	230	500～700	40	35	100	60
X6CrNiTi18-10	1.4541	200	235	500～730	35	30	100	60
X6CrNiNb18-10	1.4550	205	240	510～740	35	30	100	60
X2CrNiMo17-12-2	1.4404	190	225	490～690	40	30	100	60
X5CrNiMo17-12-2	1.4401	205	240	510～710	40	30	100	60
X6CrNiMoTi17-12-2	1.4571	210	245	500～730	35	30	100	60
X2CrNiMo17-12-3	1.4432	190	225	490～690	40	30	100	60
X2CrNiMoN17-13-3	1.4429	295	330	580～800	35	30	100	60
X3CrNiMo17-13-3	1.4436	205	240	510～710	40	30	100	60
X2CrNMo18-14-3	1.4435	190	225	490～690	40	30	100	60
X2CrNiMoN17-13-5	1.4439	285	315	580～800	35	30	100	60
X2CrNiMo18-15-4	1.4438	220	250	490～690	35	30	100	60
X1CrMoCu31-27-4	1.4563	215	245	500～750	40	35	100	60
X1NiCrMoCu25-20-5	1.4539	220	250	520～720	35	30	100	60
X1CrNiMoCuN20-18-7	1.4547	300	340	650～850	35	30	100	60
X1NiCrMoCuN25-20-7	1.4529	300	340	600～800	40	40	100	60

注：1. 当产品厚度大于 60mm 时，其力学性能应由供需双方协商决定。
2. 当交货条件为 W0，W1，W2 等不经固溶退火处理状态时，最大抗拉强度值应提高 70MPa。

表 7-121 压力无缝钢管固溶退火态的力学性能（EN 10216-5—2014）

牌　　号	数字编号	屈服强度/MPa		抗拉强度 R_m/MPa	伸长率 A/%		A_{KV_2}/J	
		$R_{P0.2}$	$R_{P1.0}$		纵向	横向	纵向	横向
X2CrNi18-9	1.4307	180	215	460～680	40	35	100	60
X2CrNi19-11	1.4306	180	215	460～680	40	35	100	60
X2CrNiN18-10	1.4311	270	305	550～760	35	30	100	60
X5CrNi18-10	1.4301	195	230	500～700	40	35	100	60
X6CrNiTi18-10(冷轧)	1.4541	200	235	500～730	35	30	100	60
X6CrNiTi18-10(热轧)	1.4541	180	215	460～680	35	30	100	60
X6CrNiNb18-10	1.4550	205	240	510～740	35	30	100	60
X1CrNi25-21	1.4335	180	210	470～670	45	40	100	60
X2CrNiMo17-12-2	1.4404	190	225	490～690	40	30	100	60
X5CrNiMo17-12-2	1.4401	205	240	510～710	40	30	100	60
X5CrNiMoN25-22-2	1.4466	260	295	540～740	40	30	100	60
X6CrNiMoTi17-12-2(冷轧)	1.4571	210	245	500～730	35	30	100	60
X6CrNiMoTi17-12-2(热轧)	1.4571	190	225	490～690	35	30	100	60
X6CrNiMoNb17-12-2	1.4580	215	250	510～740	35	30	100	60
X2CrNiMoN17-13-3	1.4429	295	330	580～800	35	30	100	60
X3CrNiMo17-13-3	1.4436	205	240	510～710	40	30	100	60
X2CrNiMo18-14-3	1.4435	190	225	490～690	40	30	100	60
X2CrNiMoN17-13-5	1.4439	285	315	580～800	35	30	100	60
X1NiCrMoCu31-27-4	1.4563	215	245	500～750	40	35	120	90
X1NiCrMoCu25-20-5	1.4539	230	250	520～720	35	30	120	90
X1CrNiMoCuN20-18-7	1.4547	300	340	650～850	35	30	100	60
X1NiCrMoCuN25-20-7	1.4529	270	310	600～800	35	30	100	60
X2NiCrAlTi32-20	1.4558	180	210	450～700	35	30	120	90

注：产品壁厚大于 60mm 时，其性能应由供需双方协商决定。

表 7-122 一般工程用焊接圆钢管的力学性能（EN 10296-2—2004）

牌　　号	数字编号	屈服强度/MPa		抗拉强度 R_m/MPa	伸长率 A/%	
		$R_{P0.2}$	$R_{P1.0}$		纵向	横向
X2CrNi12	1.4003	280	290	450	20	18
X2CrTi12	1.4512	210	220	380	25	23
X6Cr17	1.4016	240	250	430	20	18
X3CrTi17	1.4510	230	240	420	23	21
X2CrMoTi18-2	1.4521	280	290	400	20	20
X6CrMoNb17-1	1.4526	280	290	480	25	23
X2CrTiNb18	1.4509	230	240	430	18	16
X2CrNiN18-7	1.4318	330	370	630	45	45
X2CrNi18-9	1.4307	180	215	470	40	35

续表

牌　　号	数字编号	屈服强度/MPa		抗拉强度 R_m/MPa	伸长率 A/%	
		$R_{P0.2}$	$R_{P1.0}$		纵向	横向
X2CrNi19-11	1.4306	180	215	460	40	35
X2CrNiN18-10	1.4311	270	305	550	35	30
X5CrNi18-10	1.4301	195	230	500	40	35
X6CrNiTi18-10	1.4541	200	235	500	35	30
X6CrNiNb18-10	1.4550	205	240	510	35	30
X2CrNiMo17-12-2	1.4404	190	225	490	40	30
X5CrNiMo17-12-2	1.4401	205	240	510	40	30
X6CrNiMoTi17-12-2	1.4571	210	245	510	35	30
X2CrNiMo17-12-3	1.4432	190	225	490	40	30
X2CrNiMo17-13-3	1.4429	295	330	580	35	30
X3CrNiMo17-3-3	1.4436	205	240	510	40	30
X2CrNiMo18-14-3	1.4435	190	225	490	40	35
X2CrNiMoN17-13-5	1.4439	285	315	580	35	30
X1NiCrMoCu25-20-5	1.4539	220	250	520	35	30
X1CrNiMoCuN20-18-7	1.4547	300	340	650	35	30
X2CrNiN23-4①	1.4362	400		600	20	
X2CrNiMoN27-5-2	1.4462	450		700	22	
X2CrNiMoN25-7-4	1.4410	550		800	15	

① 专利产品。

表 7-123　不锈钢无缝管材的力学性能（EN 10297-2—2005）

牌　　号	数字编号	交货状态	屈服强度/MPa		抗拉强度 R_m/MPa	伸长率 A/%	
			$R_{P0.2}$	$R_{P1.0}$		纵向	横向
铁素体钢							
X2CrTi12	1.4512	A	210	220	380	25	25
X6CrAl13	1.4002	A	210	220	400	17	17
X6Cr17	1.4016	A	240	250	430	20	20
X3CrTi17	1.4510	A	230	240	420	23	23
马氏体钢							
X12Cr13	1.4006	QT550 QT650	400 450	410 460	550 650	15 12	15 12
奥氏体钢							
X2CrNi18-9	1.4307	AT	180	215	460	40	35
X2CrNi19-11	1.4306	AT	180	215	460	40	35
X2CrNiN18-10	1.4311	AT	270	305	550	35	30
X5CrNi18-10	1.4301	AT	195	230	500	40	35
X8CrNiS18-9	1.4305	AT	190	230	500	35	35
X6CrNiTi18-10	1.4541	AT C AT H	200 280	235 215	500 460	35 35	30 30
X6CrNiNb18-10	1.4550	AT	205	240	510	35	30

续表

牌号	数字编号	交货状态	屈服强度/MPa		抗拉强度 R_m/MPa	伸长率 A/%	
			$R_{P0.2}$	$R_{P1.0}$		纵向	横向
奥氏体钢							
X1CrNi25-21	1.4335	AT	180	210	470	45	40
X2CrNiMo17-12-2	1.4404	AT	190	225	490	40	30
X5CrNiMo17-12-2	1.4401	AT	205	240	510	40	30
X1CrNiMoN25-22-2	1.4466	AT	260	295	540	40	30
X6CrNiMoTi17-12-2	1.4571	AT C AT H	210 190	245 225	500 490	35 35	30 30
X6CrNiMoNb17-12-22	1.4580	AT	215	250	510	35	30
X2CrNiMoN17-13-3	1.4429	AT	295	330	581	35	30
X3CrNiMo17-13-3	1.4436	AT	205	240	510	40	30
X2CrNiMo18-14-3	1.4435	AT	190	225	490	40	35
X2CrNiMo17-13-5	1.4439	AT	285	315	580	35	30
X1NiCrMoCu31-27-4	1.4563	AT	215	245	500	40	35
X1NiCrMoCu25-20-5	1.4539	AT	230	250	520	35	30
X1CrNiMoCuN20-18-7	1.4547	AT	300	340	650	35	30
X1NiCrMoCuN25-20-7	1.4529	AT	270	310	600	35	
X2NiCrAlTi32-20	1.4558	AT	180	210	450	35	
奥氏体-铁素体钢							
X3CrNiMoN27-5-2	1.4460	AT	460	470	620	20	
X2CrNiMoN29-7-2	1.4477	AT	550①	560①	750①	25	25
X2CrNiMoN22-5-3	1.4462	AT	450	460	640	22	
X2CrNiMoSi18-5-3	1.4424	AT	480	490	700	30	30
X2CrNiN23-4	1.4362	AT	400	410	600	25	25
X2CrNiMoN25-7-4	1.4410	AT	550	640	800	20	20
X2CrNiMoCuN25-6-3	1.4507	AT	500	510	700	20	20
X2CrNiMoCuWN25-7-4	1.4501	AT	550	640	800	20	20

① 当管壁厚小于 10mm 时，屈服强度 $R_{P0.2}$ 和 $R_{P1.0}$ 的值应增加 100MPa，抗拉强度增加 50MPa。

注：A—退火；QT—淬火加回火；AT—固溶退火。

表 7-124 耐热钢无缝管材的力学性能（EN 10297-2—2005）

牌号	数字编号	交货状态	屈服强度/MPa		抗拉强度 R_m/MPa	伸长率 A/%	
			$R_{P0.2}$	$R_{P1.0}$		纵向	横向
铁素体钢							
X18CrN28	1.4749	A	280		500	15	15
奥氏体钢							
X8CrNiTi18-10	1.4878	AT	190	230	500	40	40
X9CrNiSiNCe21-11-2	1.4835	AT	310	350	650	37	40
X12CrNi23-13	1.4833	AT	210	250	500	33	35
X8CrNi25-21	1.4845	AT	210	250	500	33	35
X10NiCrAlTi32-21	1.4876	AT	170	210	450	28	30
X6NiCrSiNCe35-25①	1.4854	AT	300	340	650	40	40

① 该钢种为专利产品。

注：A—退火；AT—固溶退火。

表 7-125　冷加工条件下弹簧用不锈钢带材的抗拉强度（EN 10151—2002）

牌　号	数字编号	抗拉强度级别	抗拉强度 R_m/MPa
X6Cr17 X20Cr13 X30Cr13 X39Cr13	1.4016 1.4021 1.4028 1.4031	C700 C850 C1000 C1150 C1300 C1500 C1700 C1900	700～850 850～1000 1000～1150 1150～1300 1300～1500 1500～1700 1700～1900 1900～2200
X7CrNiAl17-7	1.4568	C1000 C1150 C1300 C1500 C1700	1000～1150 1150～1300 1300～1500 1500～1700 1700～1900
X10CrNi18-8	1.4310	C850 C1000 C1150 C1300 C1500 C1700 C1900	850～1000 1000～1150 1150～1300 1300～1500 1500～1700 1700～1900 1900～2200
X5CrNi18-10 X5CrNiMo17-12-2	1.4301 1.4401	C700 C850 C1000 C1150 C1300	700～850 850～1000 1000～1150 1150～1300 1300～1500
X11CrNiMnN19-8-6 X12CrMnNiN17-7-5	1.4369 1.4372	C850 C1000 C1150 C1300 C1500	850～1000 1000～1150 1150～1300 1300～1500 1500～1700

注：1. 钢也可以屈服强度值或硬度值来分级，但只能采用一种参数。

2. 随抗拉强度增加，最大允许厚度及伸长率均减小。

表 7-126　室温下耐蠕变钢的力学性能（EN 10302—2008）

牌　号	数字编号	热处理条件	屈服强度 $R_{P0.2}$/MPa	抗拉强度 R_m/MPa	伸长率 A/%		
					长材	扁平材	
						壁厚 0.5～3mm	壁厚≥3mm
马氏体钢							
X10CrMoVNb9-1	1.4903	QT	450	620～850	20		
X11CrMoWVNb9-11	1.4905	QT	450	620～850	19		
X8CrCoNiMo10-6	1.4911	QT	850	1000～1140	10		
X19CrMoNbVN11-1	1.4913	QT	750	900～1050	12		
X20CrMoV11-1	1.4922	QT	500	700～850	16		15
X22CrMoV12-1	1.4923	QT	600	800～950	14		15
X20CrMoWV12-1	1.4935	QT700 QT800	500 600	700～850 800～950	16 14		15
X12CrNiMoV12-3	1.4938	QT	760	930～1130	14		14
奥氏体钢							
X3CrNiMoBN17-13-3	1.4910	AT	260	550-750	35		35
X6CrNiMoB17-12-2	1.4919	AT	205	490～690	35	30	35
X6CrNiTiB18-10	1.4941	AT	195	490～680	35	30	35
X6CrNiWNbN16-16	1.4945	AT WW	250 490	540～740 630～840	30 17		30
X5NiCrAlTi31-20	1.4558	AT RA	170 210	500～750 500～750	35 35	30 30	30 30
X8NiCrAlTi32-21	1.4959	AT	170	500～750	35	30	30
X8CrNiNb16-13	1.4961	AT	195	510～710	35	30	35
X12CrNiWTiB16-13	1.4962	AT WW	230 440	500～750 590～790	20 20		30
X12CrCoNi21-20	1.4971	AT P	300 300	690～900 690～900	30 30		35 35
X6NiCrTiMoVB25-15-2	1.4980	P	600	900～1150	15		15
X8CrNiMoNb16-16	1.4981	AT	215	530～690	35		35
X6CrNiMoTiB17-13	1.4983	AT	205	530～730	35	30	35
X8CrNiMoVNb16-13	1.4988	AT	255	540～740	30		30

注：QT—淬火加回火；AT—固溶退火；P—弥散强化；WW—中温加工。

表 7-127 室温下耐蠕变镍钴合金的力学性能（EN 10302—2008）

牌号	数字编号	热处理条件	屈服强度 $R_{P0.2}$/MPa	抗拉强度 R_m/MPa	伸长率 A/%(最小值)	
					长材	扁平材壁厚≥3mm
镍合金						
NiCr26MoW	2.4608	AT	240	550	30	30
NiCr20Co18Ti	2.4632	P	700	1100	15	
NiCr25FeAlY	2.4633	AT	270	680	30	30
NiCr29Fe	2.4642	AT	240	590	30	30
NiCr20Cr20MoTi①	2.4650	P	570	970	30	30
NiCr23Co12Mo	2.4654	P	760	1100	15	20
NiCr22Fe18Mo	2.4663	AT	270	700	35	35
NiCr22Fe18Mo	2.4665	AT	270	690	30	30
NiCr19Fe19Nb5Mo3	2.4668	P	1030	1230	12	15
NiCr15Fe7TiAl	2.4669	P980 P1170	630 790	980 1170	8 15	 15
NiCr20TiAl	2.4952	P	600	1000	18	18
NiCr25Co20TiMo	2.4878	P1080 P1100	650 700	1080 1100	15 12	
钴合金						
CoCr20W15Ni	2.4964	AT	340	860	35	35

① 该钢种的性能数据非室温数据，700℃时其性能为：$R_{P0.2}\geqslant 400$MPa，$R_m\geqslant 540$MPa，$A\geqslant 12\%$。

表 7-128 室温下最终热处理后产品交货条件（EN 10269—2013）

牌号	数字编号	热处理条件	直径 d/mm	屈服强度 $R_{P0.2}$/MPa（最小值）	抗拉强度 R_m/MPa	伸长率 A/%（最小值）	断面收缩率 Z/%（最小值）	A_{KV_2}/J
调质处理钢								
20MnB4	1.5525	QT	≤16	640	800～950	14	52	40
23MnB4	1.5535	+QT	d≤24	640	800～950	14	52	40
23MnB3	1.5507	+QT	d≤16	640	800～950	14	52	40
C35E	1.1181	N QT QT	≤60 ≤60 60～150	300 300 300	500～650 500～650 500～650	20 22 22	 45 45	27 55 39
C45E	1.1191	N QT QT	≤60 ≤60 60～150	340 340 340	560～710 560～710 560～710	17 19 19	 40 40	27 50 35
35B2	1.5511	QT QT	≤60 60～150	300 300	500～650 500～650	22 22	45 45	55 39
20Mn5	1.1133	N N	≤60 60～150	320 300	500～650 500～650	22 20	55 55	55 55
25CrMo4	1.7218	QT QT	≤100 100～150	440 420	600～750	18 18	60 60	60 45
42CrMo4	1.7225	QT	≤60	730	600～750	14	50	50

续表

牌　号	数字编号	热处理条件	直径 d/mm	屈服强度 $R_{P0.2}$/MPa（最小值）	抗拉强度 R_m/MPa	伸长率 A/%（最小值）	断面收缩率 Z/%（最小值）	A_{KV_2}/J
调质处理钢								
42CrMo5-6	1.7233	QT QT	≤100 100～150	700 640	860～1060 860～1060	16 16	50 50	50 40
40CrMoV4-6	1.7711	QT QT	≤100 100～160	700 640	850～1000 850～1000	14 14	45 45	40 40
27NiCrMoV15-6	1.6957	QT	≤160	700	850～1000	16	40	63
21CrMoV507	1.7709	QT	≤160	550	700～850	16	60	63
20CrMoVTiB4-10	1.7729	QT QT	≤100 100～160	660 660	820～1000 820～1000	15 15	50 50	40 27
34CrNiMo6	1.6582	QT	≤40 40～120	940 640	1040～1200 800	14	40 52	45
30CrNiMo8	1.6580	QT	≤40 40～120	940 640	1040～1200 800	14	40 52	45
X12Ni5	1.5680	(N),NT 或 QT	≤40 40～75	390 380	530～710 530～710	19 19	50 50	70 70
X8Ni9	1.5662	(N),NT 或 QT	≤40 40～75	490 480	640～840 640～840	18 18	50 50	70 70
		QT	≤40 40～75	585 575	680～820 680～820	18 18	50 50	120 120
X15CrMo5-1	1.7390	NT 或 QT	≤160	420	640～780	14	45	40
X22CrMoV12-1	1.4923	QT1 QT2	≤160 ≤160	600 700	800～950 900～1050	14 11	40 35	27
X12CrNiMoV12-3	1.4938	QT	≤160	760	930～1130	14	40	40
奥氏体钢								
X2CrNi18-9	1.4307	AT C700	≤160 ≤35	175 350	450～680 700～850	45 20		100 80
X5CrNi18-10	1.4301	AT C700	≤160 ≤35	190 350	500～700 700～850	45 20		100 80
X4CrNi18-12	1.4303	AT C700	≤160 ≤35	190 350	500～700 700～850	45 20		100 80
X2CrNiN18-10	1.4311	AT	≤160	270	550～760	40		100
X6CrNi25-20	1.4951	AT	≤160	200	510～750	35		100
X2CrNiMo17-12-2	1.4404	AT C700	≤160 ≤35	200 350	500～700 700～850	40 20		100 80
X5CrNiMo17-12-2	1.4401	AT C700	≤160 ≤35	200 350	500～700 700～850	40 20		100 80
X2CrNiMoN17-13-3	1.4429	AT	≤160	280	580～800	40		100
X3CrNiCu18-9-4	1.4567	AT C700	≤160 ≤35	175 350	450～650 700～850	45 20		100 80

续表

牌　　号	数字编号	热处理条件	直径 d/mm	屈服强度 $R_{P0.2}$/MPa（最小值）	抗拉强度 R_m/MPa	伸长率 A/%（最小值）	断面收缩率 Z/%（最小值）	A_{KV_2}/J
奥氏体钢								
X6CrNi18-10	1.4948	AT	≤160	185	500～700	40		90
X10CrNiMoMnNbVB15-10-1	1.4982	AT＋WW	≤100	510	650～850	25		50
X3CrNiMoBN17-13-3	1.4910	AT	≤160	260	550～750	35		100
X6CrNiMoB17-12-2	1.4919	AT	≤160	205	490～690	35		100
X6CrNiTiB18-10	1.4941	AT	≤160	195	490～680	35		100
X6NiCrTiMoVB25-15-2	1.4980	AT＋P	≤160	600	900～1150	15		50
X7CrNiMoBNb16-16	1.4986	WW＋P	≤100	500	650～850	16		50
镍合金								
NiCr20TiAl	2.4952	AT＋P	≤160	600	1000～1300	12	12	
NiCr15Fe7TiAl	2.4669	AT＋P	≤25	650	1000～1200	20	20	

注：AT—固溶退火，C—冷作硬化，N—正火，NT—正火加回火，P—弥散强化，QT—淬火加回火，WW—中温加工。

表 7-129　室温下热处理后产品的力学性能（EN 10090—1998）

牌　　号	数字编号	热处理条件	硬度(HB,最大值)①	抗拉强度 R_m/MPa①
马氏体钢				
X45CrSi9-2	1.4718	软退火 淬火加回火	300 266～325	 900～1100
X40CrSiMo10-2	1.4731	软退火	300	
X85CRMoV18-2	1.4748	软退火	300	
奥氏体钢及合金				
X55CrMnNiN20-8	1.4875	控制冷却② 1000～1100℃淬火③	(385) 385	(1300) 1300
X53CrMnNiN21-9	1.4871	控制冷却② 1000～1100℃淬火③	(385) 385	(1300) 1300
X50CrMnNiNbN21-9	1.4882	控制冷却② 1000～1100℃淬火③	(385) 385	(1300) 1300
X53CrMnNiNbN21-9	1.4870	控制冷却② 1000～1100℃淬火③	(385) 385	(1300) 1300
X33CrNiMnN23-8	1.4866	控制冷却② 1000～1100℃淬火③	(360) 360	(1250)1200
NiFe25Cr20NbTi	2.4955	930～1030℃淬火	295	1000
NiCr20TiAl	2.4952	930～1030℃淬火	325	1100

① 括号内数据为近似值。
② 该热处理工艺适用于热挤压加工。
③ 该热处理工艺适用于电加热顶锻。

7.3 美国不锈耐热钢

7.3.1 不锈耐热钢牌号和化学成分

表 7-130 标准不锈钢牌号和化学成分

型号	UNS 编号	化学成分/%[1]							
		C	Mn	Si	Cr	Ni[2]	P	S	其他
奥氏体型									
201	S20100	0.15	5.5～7.5	1.00	16.0～18.0	3.5～5.5	0.06	0.03	0.25 N
202	S20200	0.15	7.5～10.0	1.00	17.0～19.0	4.0～6.0	0.06	0.03	0.25 N
205	S20500	0.12～0.25	14.0～15.5	0.75	16.5～18.0	1.0～1.75	0.06	0.03	0.32～0.40 N
301	S30100	0.15	2.00	0.75	16.0～18.0	6.0～8.0	0.045	0.03	0.10 N
302	S30200	0.15	2.00	0.75	17.0～19.0	8.0～10.0	0.045	0.03	0.10 N
302B	S30215	0.15	2.00	2.0～3.0	17.0～19.0	8.0～10.0	0.045	0.03	0.10 N
303	S30300	0.15	2.00	1.00	17.0～19.0	8.0～10.0	0.20	0.15 min	—
303Se	S30323	0.15	2.00	1.00	17.0～19.0	8.0～10.0	0.20	0.06	0.15 min Se
304	S30400	0.08	2.00	0.75	18.0～20.0	8.0～10.5	0.045	0.03	0.10 N
304H	S30409	0.04～0.10	2.00	0.75	18.0～20.0	8.0～10.5	0.045	0.03	—
304L	S30403	0.03	2.00	0.75	18.0～20.0	8.0～12.0	0.045	0.03	0.10 N
304LN	S30453	0.03	2.00	0.75	18.0～20.0	8.0～10.5	0.045	0.03	0.10～0.16 N
S30430	S30430	0.08	2.00	0.75	17.0～19.0	8.0～10.0	0.045	0.03	3.0～4.0 Cu
304N	S30451	0.08	2.00	0.75	18.0～20.0	8.0～10.5	0.045	0.03	0.10～0.16 N
305	S30500	0.12	2.00	0.75	17.0～19.0	10.5～13.0	0.045	0.03	—
308	S30800	0.08	2.00	0.75	19.0～21.0	10.0～12.0	0.045	0.03	—
309	S30900	0.20	2.00	0.75	22.0～24.0	12.0～15.0	0.045	0.03	—
309S	S30908	0.08	2.00	0.75	22.0～24.0	12.0～15.0	0.045	0.03	—
310	S31000	0.25	2.00	1.50	24.0～26.0	19.0～22.0	0.045	0.03	—
310S	S31008	0.08	2.00	1.50	24.0～26.0	19.0～22.0	0.045	0.03	—
314	S31400	0.25	2.00	1.5～3.0	23.0～26.0	19.0～22.0	0.045	0.03	
316	S31600	0.08	2.00	0.75	16.0～18.0	10.0～14.0	0.045	0.03	2.0～3.0 Mo，0.10N

续表

型号	UNS编号	化学成分/%①							
		C	Mn	Si	Cr	Ni②	P	S	其他
316F	S31620	0.08	2.00	1.00	16.0～18.0	10.0～14.0	0.20	0.10min	1.75～2.5 Mo
316H	S31609	0.04～0.10	2.00	0.75	16.0～18.0	10.0～14.0	0.045	0.03	2.0～3.0 Mo
316L	S31603	0.03	2.00	0.75	16.0～18.0	10.0～14.0	0.045	0.03	2.0～3.0 Mo,0.10 N
316LN	S31653	0.03	2.00	0.75	16.0～18.0	10.0～14.0	0.045	0.03	2.0～3.0 Mo,0.10～0.16 N
316N	S31651	0.08	2.00	0.75	16.0～18.0	10.0～14.0	0.045	0.03	2.0～3.0Mo,0.10～0.16 N
317	S31700	0.08	2.00	1.00	18.0～20.0	11.0～15.0	0.045	0.03	3.0～4.0 Mo,0.10 N
317L	S31703	0.03	2.00	0.75	18.0～20.0	11.0～15.0	0.045	0.03	3.0～4.0 Mo,0.10 N
321	S32100	0.08	2.00	0.75	17.0～19.0	9.0～12.0	0.045	0.03	5×(C%+N%)～0.70 Ti
321H	S32109	0.04～0.10	2.00	0.75	17.0～19.0	9.0～12.0	0.045	0.03	4×(C%+N%)～0.70 Ti
329	S32900	0.08	1.00	0.75	23.0～28.0	2.0～5.0	0.04	0.03	1.0～2.0 Mo
330	N08330	0.08	2.00	0.75～1.5	17.0～20.0	34.0～37.0	0.04	0.03	
347	S34700	0.08	2.00	0.75	17.0～19.0	9.0～13.0	0.045	0.03	(10×C%～1.00)Nb
347H	S34709	0.04～0.10	2.00	0.75	17.0～19.0	9.0～13.0	0.045	0.03	(8×C%～1.00)Nb
348	S34800	0.08	2.00	0.75	17.0～19.0	9.0～13.0	0.045	0.03	(10×C%～1.00)Nb+Ta, Ta≤0.10,Co≤0.20
348H	S34809	0.04～0.10	2.00	0.75	17.0～19.0	9.0～13.0	0.045	0.03	(8×C%～1.00)Nb+Ta, Ta≤0.10,Co≤0.20
384	S38400	0.04	2.00	1.00	15.0～17.0	17.0～19.0	0.045	0.03	—
铁素体型									
405	S40500	0.08	1.00	1.00	11.5～14.5	0.60	0.04	0.03	0.10～0.30 Al
409	S40900	0.08	1.00	1.00	10.5～11.75	0.50	0.045	0.03	(6×C%～0.75)Ti
429	S42900	0.12	1.00	1.00	14.0～16.0	0.75	0.04	0.03	
430	S43000	0.12	1.00	1.00	16.0～18.0	0.75	0.04	0.03	
430F	S43020	0.12	1.25	1.00	16.0～18.0		0.06	0.15min	
430FSe	S43023	0.12	1.25	1.00	16.0～18.0		0.06	0.06	0.15 min Se
434	S43400	0.12	1.00	1.00	16.0～18.0		0.04	0.03	0.75～1.25 Mo
436	S43600	0.12	1.00	1.00	16.0～18.0		0.04	0.03	0.75～1.25 Mo (5×C%～0.80)Nb
442	S44200	0.20	1.00	1.00	18.0～23.0		0.04	0.04	
446	S44600	0.20	1.50	1.00	23.0～27.0		0.04	0.03	0.25 N

续表

型号	UNS编号	化学成分/%①							
		C	Mn	Si	Cr	Ni②	P	S	其他
马氏体型									
403	S40300	0.15	1.00	0.50	11.5～13.0	0.60	0.04	0.03	0.50min Mo
410	S41000	0.15	1.00	1.00	11.5～13.50	0.75	0.04	0.03	
414	S41400	0.15	1.00	1.00	11.5～13.0	1.25～2.50	0.04	0.03	
416	S41600	0.15	1.25	1.00	12.0～14.0		0.06	0.15	
416Se	S41623	0.15	1.25	1.00	12.0～14.0		0.06	0.06	0.15min Se
420	S42000	0.30～0.40	1.00	1.00	12.0～14.0	0.75	0.04	0.03	
420F	S42020	0.30～0.40	1.25	1.00	12.0～14.0	0.50	0.06	0.15min	0.6Mo③
422	S42200	0.20～0.25	1.00	0.75	11.0～13.0	0.5～1.0	0.025	0.025	0.75～1.25 Mo, 0.75～1.25 W,0.15～0.3 V
431	S43100	0.20	1.00	1.00	15.0～17.0	1.25～2.50	0.04	0.03	
440A	S44002	0.60～0.75	1.00	1.00	16.0～18.0		0.04	0.03	0.75 Mo
440B	S44003	0.75～0.95	1.00	1.00	16.0～18.0	—	0.04	0.03	0.75 Mo
440C	S44004	0.95～1.20	1.00	1.00	16.0～18.0	—	0.04	0.03	0.75 Mo
501	S50100	0.10min	1.00	1.00	4.0～6.0	—	0.04	0.03	0.40～0.65 Mo
501A	S50300	0.15	0.30～0.60	0.50～1.00	6.0～8.0	—	0.03	0.03	0.45～0.65 Mo
501B	S50400	0.15	0.30～0.60	0.50～1.00	8.0～10.0	—	0.03	0.03	0.9～1.1 Mo
502	S50200	0.10	1.00	1.00	4.0～6.0	—	0.04	0.03	0.40～0.65 Mo
503	S50300	0.15	1.00	1.00	6.0～8.0	—	0.04	0.04	0.45～0.65 Mo
504	S50400	0.15	1.00	1.00	8.0～10.0	—	0.04	0.04	0.9～1.1 Mo
沉淀硬化型									
PH13-8Mo	S13800	0.05	0.10	0.10	12.25～13.25	7.5～8.5	0.01	0.008	2.0～2.5 Mo, 0.90～1.35Al,0.01 N
15-5PH	S15500	0.07	1.00	1.00	14.0～15.5	3.5～5.5	0.04	0.03	2.5～4.5 Cu, 0.15～0.45 Nb+Ta
17-4PH	S17400	0.07	1.00	1.00	15.5～17.5	3.0～5.0	0.04	0.03	3.0～5.0 Cu, 0.15～0.45 Nb+Ta
17-7PH	S17700	0.09	1.00	1.00	16.0～18.0	6.5～7.75	0.04	0.03	0.75～1.5 Al

① 单一的数值除另有注明者以外，均为最高值。
② 用于某些制管工艺时，有些型号奥氏体不锈钢的含镍量必须稍高于表内所示数值。
③ 随意。

表 7-131 非标准不锈钢牌号和化学成分

型 号[1]	UNS 编号	化学成分/%[2]							
		C	Mn	Si	Cr	Ni	P	S	其他
奥氏体不锈钢									
216 型(XM17)	S21600	0.08	7.5～9.0	1.00	17.5～22.0	5.0～7.0	0.045	0.03	2.0～3.0 Mo,0.25～0.50 N
304HN 型	S30452	0.04～0.10	2.00	1.00	18.0～20.0	8.0～10.5	0.045	0.03	0.10～0.16 N
308 型	S30800	0.08	2.00	1.00	19.0～21.0	10.0～12.5	0.045	0.03	—
308L 型		0.03	2.00	1.00	19.0～21.0	10.0～12.5	0.045	0.03	—
309S 型	S30908	0.08	2.00	1.00	22.0～24.0	12.0～15.0	0.045	0.03	—
309SCb 型	S30940	0.08	2.00	1.00	22.0～24.0	12.0～15.0	0.045	0.03	Nb≥8×C%
309Cb＋Ta 型		0.08	2.00	1.00	22.0～24.0	12.0～15.0	0.045	0.03	Nb＋Ta≥8×C%
312 型		0.15	2.00	1.00	公称 30.0	公称 9.0	0.045	0.03	—
317LM 型		0.03	2.00	1.00	18.0～20.0	12.0～16.0	0.045	0.03	4.0～5.0 Mo
330HC 型		0.40	1.50	1.25	公称 19.0	公称 35.0	—	—	—
332 型		0.04	1.00	0.50	公称 21.5	公称 32.0	0.045	0.03	—
385 型		0.08	2.00	1.00	11.5～13.5	14.0～16.0	0.045	0.03	—
904L	N08904	0.02	2.00	1.00	19.0～23.0	23.0～28.0	0.045	0.035	4.0～5.0 Mo,1.0～2.0 Cu
18-18-2(XM・15)	S38100	0.08	2.00	1.5～2.5	17.0～19.0	17.5～18.5	0.03	0.03	0.08～0.18 N
18-18Plus	S28200	0.15	17.0～19.0	1.00	17.5～19.5	—	0.045	0.03	0.5～1.5 Mo, 0.5～1.5 Cu,0.4～0.6 N
20Cb-3	N08020	0.07	2.00	1.00	19.0～21.0	32.0～38.0	0.045	0.035	2.0～3.0Mo,3.0～4.0Cu,Nb≥8×C%[3]
AL-6X	N08307	0.03	2.00	0.75	20.0～22.0	23.5～25.5	0.030	0.003	6.0～7.0 Mo
303PlusX(XM-15)		0.15	2.5～4.5	1.00	17.0～19.0	7.0～10.0	0.20	≥0.25	0.6 Mo
HNM[4]		0.30	3.5	0.5	18.5	9.5	0.25	—	—
Crutemp25[4]		0.05	1.5	0.4	25.0	25.0	—	—	—
JS-700	N08700	0.04	2.00	1.00	19.0～23.0	24.0～26.0	0.04	0.03	4.3～5.0 Mo,0.5 Cu,Nb ≥8×C%[5],0.005 Pb,0.035 Sn
JS-777	—	0.04	2.00	1.00	19.0～23.0	24.0～26.0	0.045	0.035	4.0～5.0 Mo,1.9～2.5 Cu
Nitronic32[4]	S24100	0.10	12.0	0.5	18.0	1.6	—	—	0.35 N
Nitronic33[4]	S24000	0.06	13.0	0.5	18.0	3.0	—	—	0.30 N
Nitronic40 (21-6-9)(XM-10)	S21900	0.08	8.0～10.0	1.00	18.0～20.0	5.0～7.0	0.06	0.03	0.15～0.40 N
Nitronic50 (22-13-5)(XM-19)	S20910	0.06	4.0～6.0	1.00	20.5～23.5	11.5～13.5	0.04	0.03	1.5～3.0 Mo,0.2～0.4 N, 0.1～0.3 Nb,0.1～0.3 V
Nitronic60	S21800	0.10	7.0～9.0	3.5～4.5	16.0～18.0	8.0～9.0	0.04	0.03	—
Tenelon(XM-31)	S21400	0.12	14.5～16.0	0.3～1.0	17.0～18.5	0.75	0.045	0.03	0.35 N
Cryogenic Tenelon (XM-14)	S214600	0.12	14.0～16.0	1.0	17.0～19.0	5.0～6.0	0.06	0.03	0.35～0.50 N
铁素体不锈钢									
404 型	—	0.05	1.00	0.50	11.0～12.5	1.25～2.00	0.03	0.03	—

续表

型 号[①]	UNS 编号	化学成分/%[②]							
		C	Mn	Si	Cr	Ni	P	S	其他
铁素体不锈钢									
430Ti 型	S43036	0.10	1.00	1.00	16.0～19.5	0.75	0.04	0.03	Ti≥5×C%[⑥]
444(18-2)型	S44400	0.025	1.00	1.00	17.5～19.5	1.00	0.04	0.03	1.75～2.5 Mo,N≤0.035,(Ti+Nb)≥0.2+4(C%+N%)
18SR[④]	—	0.04	0.3	1.00	18.0	—	—	—	2.0 Al,0.4 Ti
18-2FM	S18200	0.08	2.50	1.00	17.5～19.5	—	0.04	≥0.15	—
EBrite26-1 (XM-27)	S44625	0.01	0.40	0.04	25.0～27.5	0.50	0.02	0.02	0.75～1.5 Mo,0.015 N,0.2 Cu,0.5(Ni+Cu)
26-1 Ti(XM-33)	S44626	0.06	0.75	0.75	25.0～27.0	0.50	0.04	0.02	0.75～1.5 Mo,0.04 N,0.2 Cu,0.2～1.0 Ti[⑦]
29-4	S44700	0.01	0.30	0.20	28.0～30.0	0.15	0.025	0.02	3.5～4.2 Mo
29-4-2	S44800	0.01	0.30	0.20	28.0～30.0	2.0～2.5	0.025	0.02	3.5～4.2 Mo
MoNIT	S44635	0.25	1.00	0.75	24.5～26.0	3.5～4.5	0.04	0.03	3.5～4.5 Mo,0.3～0.6(Ti+Nb)
Sea-cure/Sc-1	S44660	0.025	1.00	0.75	25.0～27.0	1.5～3.5	0.04	0.03	2.5～3.5 Mo,(Ti+Nb)≥0.2+4×(C%+N%)
马氏体不锈钢									
410Cb(XM-30)型	S41040	0.18	1.00	1.00	11.5～13.5	—	0.04	0.03	0.05～0.30 Nb
410S 型	S41008	0.08	1.00	1.00	11.5～13.5	0.60	0.04	0.03	—
414L 型	—	0.06	0.50	0.15	12.5～13.0	2.5～3.0	0.04	0.03	0.5 Mo,0.03 Al
416Plus(XM-6)	S41610	0.15	1.5～2.5	1.00	12.0～14.0	—	0.06	≥0.15	0.6 Mo
沉淀硬化不锈钢									
AM-350(633 型)	S35000	0.07～0.11	0.5～1.25	0.50	16.0～17.0	4.0～5.0	0.04	0.03	2.5～3.25 Mo,0.07～0.13 N
AM-355(634 型)	S35500	0.10～0.15	0.5～1.25	0.50	15.0～16.0	4.0～5.0	0.04	0.03	2.5～3.25 Mo
AM-363[④]	—	0.04	0.15	0.05	11.0	4.0	—	—	0.25Ti
Cistom450 (XM-25)	S45000	0.05	1.00	1.00	14.0～16.0	5.0～7.0	0.03	0.03	1.25～1.75 Cu,0.5～1.0 Mo,Nb≥8×C%
Cistom455 (XM-16)	S45500	0.05	0.50	0.50	11.0～12.5	7.5～9.5	0.04	0.03	0.5 Mo,1.5～2.5 Cu,0.8～1.4 Ti,0.1～0.5 Nb
PH15-7Mo(632 型)	S15700	0.09	1.00	1.00	14.0～16.0	6.5～7.75	0.04	0.03	2.0～3.0 Mo,0.75～1.5 Al
StainlessW(635 型)	S15600	0.08	1.00	1.00	16.0～17.5	6.0～7.5	0.04	0.03	0.4 Al,0.4～1.2 Ti
17-10P[④]	—	0.07	0.75	0.5	17.0	10.5	0.28	—	—

① 本行中的 XM 牌号，是该表所列合金的 ASTM 牌号。圆括弧内的型号，是已作废的 AISI 牌号。
② 单一数值除非另有说明者外均为最高值。
③ 最高值为 1.00%。
④ 公称成分；没有可用的成分范围。
⑤ 最高值为 0.50%。
⑥ 最高值为 0.75%。
⑦ 最高值为 0.80%。

7.3.2 不锈耐热钢的力学性能

表 7-132 奥氏体不锈钢的室温最低力学性能

产品形状[①]	形态	抗拉强度		0.2%屈服强度		伸长率/%	断面收缩率/%	硬度(HRB)	ASTM 标准规格
		MPa	ksi	MPa	ksi				
301 型(UNS S30100)									
B,W,P,Sh,St	退火	515	75	205	30	40	—	88 max	A167—2004
Sh,St	1/4 最高硬度	860	125	515	75	25	—	—	A177
Sh,St	1/2 最高硬度	1030	150	760	110	18	—	—	A177
Sh,St	3/4 最高硬度	1210	175	930	135	12	—	—	A177
Sh,St	最高硬度	1280	185	965	140	9	—	—	A177
302 型(UNS S30200)									
B	热加工和退火	515	75	205	30	40	50	—	A276—2006
B	冷加工[②]和退火	620	90	310	45	30	40	—	A276—2006
B	冷加工[③]和退火	515	75	205	30	30	40	—	A276—2006
W	退火	515	75	205	30	—	—	—	A580/A 580M—2006
W	冷加工	620	90	310	45	—	—	—	A580/A 580M—2006
P,Sh,St	退火	515	75	205	30	40	—	88max	A167—2004
P,Sh,St	高强度,B 级	585	85	310	45	40	—	—	A666—2003
P,Sh,St	高强度,C 级	860	125	515	75	—	—	—	A666—2003
P,Sh,St	高强度,D 级	1030	150	760	110	—	—	—	A666—2003
B,W	高强度,D 级	2240	325	—	—	—	—	—	A313/A 313M—2003
302 型(UNS S30215)									
B	热加工和退火	515	75	205	30	40	50	—	A276—2006
B	冷加工[③]和退火	620	90	310	45	30	40	—	A276—2006
B	冷加工[④]和退火	515	75	205	30	30	40	—	A276—2006
W	退火	515	75	205	30	—	—	—	A580/A 580M—2006
W	冷加工	620	90	310	45	—	—	—	A580/A 580M—2006
P,Sh,St	退火	515	75	205	30	—	—	—	A167—2004
302Cu 型(UNS S30430)									
B	退火	450～585	65～85	—	—	—	—	—	A493—2004
B	轻度拉拔	485～620	70～90	—	—	—	—	—	A493—2004
W[⑤]	退火	485～620	70～90	—	—	—	—	—	A493—2004
W[⑤]	轻度拉拔	485～620	70～90	—	—	—	—	—	A493—2004
W[⑥]	退火	485～690	70～100	—	—	—	—	—	A493—2004
W[⑥]	轻度拉拔	520～725	75～105	—	—	—	—	—	A493—2004

续表

产品形状[①]	形态	抗拉强度		0.2%屈服强度		伸长率/%	断面收缩率/%	硬度(HRB)	ASTM 标准规格
		MPa	ksi	MPa	ksi				
303 型(UNS S 30300)和 303Se(UNS S 30323)									
B	退火	585[⑦]	85[⑦]	240[⑦]	35[⑦]	50[⑦]	55[⑦]	—	A581/A 581M—2004
W	退火	585～860	85～125	—	—	—	—	—	A581/A 581M—2004
W	冷加工	790～1000	115～145	—	—	—	—	—	A581
304 型(UNS S 30400)									
B	热加工和退火	515	75	205	30	40	50	—	A276—2006
B	冷加工[②]和退火	620	90	310	45	30	40	—	A276—2006
B	冷加工[③]和退火	515	75	205	30	30	40	—	A276—2006
W	退火	515	75	205	30	—	—	—	A580/A 580M—2006
W	冷加工	620	90	310	45	—	—	—	A580/A 580M—2006
B,Sh,St	退火	515	75	205	30	40	—	88max	A167—2004
Sh,St	高强度 B 级	550	80	310	45	—	—	—	A666—2003
Sh,St	高强度 C 级	860	125	515	75	—	—	—	A666—2003
Sh,St	高强度 D 级	1030	150	690	110	—	—	—	A666—2003
B,W	高强度[④]	2240	325	—	—	—	—	—	A313/A 313M—2003
304L 型(UNS S 30403)									
B	热加工和退火	480	70	170	25	40	50	—	A276—2006
B	冷加工[②]和退火	620	90	310	45	30	40	—	A276—2006
B	冷加工[③]和退火	480	70	170	25	30	40	—	A276—2006
W	退火	480	70	170	25	—	—	—	A580/A 580M—2006
W	冷加工	620	90	310	45	—	—	—	A580/A 580M—2006
P,Sh,St	退火	480	70	170	25	40	—	≤88	A167—1999(2004)
304N 型(UNS S 30451)和 316N 型(UNS S 31651)									
B	退火	550	80	240	35	30	—	—	A276—2006
304LN 型 B	退火	515	75	205	30	—	—	—	—
305 型(UNS S 30500)									
B	热加工和退火	515	75	205	30	40	50	—	A275/A 275M—2003
B	冷加工[②]和退火	620	90	310	45	30	40	—	A276—2006
B	冷加工[③]和退火	515	75	205	30	30	40	—	A276—2006
W	退火	515	75	205	30	—	—	—	A580/A 580M—2006
W	冷加工	620	90	310	45	—	—	—	A580/A 580M—2006
P,Sh,St	退火	480	70	170	25	40	—	≤88	A167—2004

续表

产品形状[1]	形　态	抗拉强度		0.2%屈服强度		伸长率/%	断面收缩率/%	硬度(HRB)	ASTM 标准规格
		MPa	ksi	MPa	ksi				
305 型(UNS S 30500)									
B,W	高强度[4]	1690	245	—	—	—	—	—	—
308 型(UNS S 30800),321 型(UNS S 32100),347 型(UNS S 34700)及 348 型(UNS S 34800)									
B	热加工和退火	515	75	205	30	40	50	—	A276—2006
B	冷加工[2]和退火	620	90	310	45	30	40	—	A276—2006
B	冷加工[3]和退火	515	75	205	30	30	40	—	A276—2006
W	退火	515	75	205	30	—	—	—	A580/A 580M—2006
W	冷加工	620	90	310	45	—	—	—	A580/A 580M—2006
P,Sh,St	退火	515	75	205	30	40	—	≤88	A167—2004
308L 型									
B	退火	550[7]	80[7]	207[7]	30[7]	60[7]	70[7]	—	—
309 型(UNS S 30900),309S 型(UNS S 30908),310 型(UNS S 31000)和 310 型(UNS S 31008)									
B	热加工和退火	515	75	205	30	40	50	—	A276—2006
B	冷加工[2]和退火	620	90	310	45	30	40	—	A276—2006
B	冷加工[3]和退火	515	75	205	30	30	40	—	A276—2006
W	退火	515	75	205	30	—	—	—	A580/A 580M—2006
W	冷加工	620	90	310	45	—	—	—	A580/A 580M—2006
P,Sh,St	退火	515	75	205	30	40	—	≤95	A167—2004
312 型									
焊条金属		655	95	—	—	—	—	—	MIL-E-19933
314 型(UNS S 31400)									
B	热加工和退火	515	75	205	30	40	50	—	A276—2006
B	冷加工[2]和退火	620	90	310	45	30	40	—	A276—2006
B	冷加工[3]和退火	515	75	205	30	30	40	—	A276—2006
W	退火	515	75	205	30	—	—	—	A580/A 580M—2006
W	冷加工	620	90	310	45	—	—	—	A580/A 580M—2006
316 型(UNS S 31600)									
B	热加工和退火	515	75	205	30	40	50	—	A276—2006
B	冷加工[2]和退火	620	20	310	45	30	40	—	A276—2006
B	冷加工[3]和退火	515	75	205	30	30	40	—	A276—2006
W	退火	515	75	205	30	—	—	—	
W	冷加工	620	90	310	45	—	—	—	A580/A 580M—2006

续表

产品形状[1]	形态	抗拉强度 MPa	抗拉强度 ksi	0.2%屈服强度 MPa	0.2%屈服强度 ksi	伸长率/%	断面收缩率/%	硬度(HRB)	ASTM 标准规格
316 型(UNS S 31600)									
P,Sh,St	退火	515	75	205	30	40	—	≤95	A580/A 580M—2006
B,W	高强度[4]	1690	245	—	—	—	—	—	A167—2004
316F 型(UNS S 31620)									
B	退火	585[7]	85[7]	240[7]	35[7]	40[7]	55[7]	—	
316L 型(UNS S 31603)									
B	热加工和退火	480	70	170	25	40	50	—	A276—2006
B	冷加工[2]和退火	620	90	310	45	30	40	—	A276—2006
B	冷加工[3]和退火	480	70	170	25	30	40	—	A276—2006
W	退火	480	70	170	25	—	—	—	A580/A 580M—2006
W	冷加工	620	90	310	45	—	—	—	A580/A 580M—2006
316LN 型									
B	退火	515[7]	75[7]	205[7]	30[7]	60[7]	70[7]	—	
317 型(UNS S 31700)									
B	热加工和退火	515	75	205	30	40	50	—	A276—2006
B	冷加工和退火	620	90	310	45	30	40	—	A276—2006
B	冷加工[3]和退火	515	75	205	30	30	40	—	A276—2006
W	退火	515	75	205	30	—	—	—	A580/A 580M—2006
W	冷加工	620	90	310	45	—	—	—	A580/A 580M—2006
P,Sh,St	退火	515	75	205	30	35	—	≤95	A167—2004
317 型(UNS S 31703)									
B	退火	585[7]	85[7]	240[7]	35[7]	55[7]	65[7]	≤85[7]	—
P,Sh,St	退火	515	75	205	30	35	—	≤95	A167—2004
317LM 型									
B,P,Sh,St	退火	515	75	205	30	35	50	≤95	
329 型(UNS S 32900)									
B	退火	724[7]	105[7]	550[7]	80[7]	25[7]	50[7]	—	—
330 型(UNS N 08330)									
B	退火	480	70	210	30	30	—	—	B511—2004
P,Sh,St	退火	480	70	210	30	30	—	75～85[8]	B536—2002
330HC 型									
B,W,St	退火	585[7]	85[7]	290[7]	42[7]	45[7]	65	—	—

续表

产品形状[①]	形　　态	抗拉强度		0.2%屈服强度		伸长率/%	断面收缩率/%	硬度(HRB)	ASTM 标准规格
		MPa	ksi	MPa	ksi				
332 型									
B,W,Sh,St	退火	550[⑦]	80[⑦]	240[⑦]	35[⑦]	45[⑦]	70	—	—
384 型(UNS S 38400)和 385 型(UNS S 38500)									
B	退火	415～550	60～80	—	—	—	—	—	A493—2004
B	轻度拉拔	450～585	65～85	—	—	—	—	—	A493—2004
W[⑤]	退火	450～585	65～85	—	—	—	—	—	A493—2004
W[⑤]	轻度拉拔	485～620	70～90	—	—	—	—	—	A493—2004
W[⑥]	退火	450～655	65～95	—	—	—	—	—	A493—2004
W[⑥]	轻度拉拔	485～690	70～100	—	—	—	—	—	A493—2004
904L 型(UNS N 08904)									
B,P,Sh,St	退火	490	71	220	31	35	—	≤95	B625—2004a
AL-6X(UNS N 08366)									
Sh,St	退火	515	75	205	30	30	—	—	B676—2003
18-18-2(UNS S 38100)									
P,Sh,St	退火	515	75	205	30	40	—	≤96	A167—2004
Crutemp 25									
P,Sh,St	退火	615[⑦]	89[⑦]	275[⑦]	40[⑦]	40[⑦]	—	—	—
JS-700(UNS N 08700)									
P,Sh,St	退火	550	80	205	30	30	40	—	B599—2003el
JS-777									
B,P,Sh,St	退火	550	80	240	35	30	40	≤95	
20Cb-S(UNS N 08020)									
B	退火	585	85	240	35	30	50	—	B473—2002 el
Shapes	冷加工和退火	585	85	240	35	15	50	—	B473—2002 el
W	退火	620～825	90～120	—	—	—	—	—	B473—2002 el
P,Sh,St	退火	585	85	275	40	30	—	≤95	B463/A 463M—2005

① B是棒材，W是线材，P是中、厚板，Sh是薄板，St是带材。
② 厚度≤13mm（0.5in）。
③ 厚度>13mm（0.5in）。
④ 取决于尺寸和冷轧压下量。
⑤ 直径≥4mm（0.156in）。
⑥ 直径<4mm（0.156in）。
⑦ 表内列出的是典型值。
⑧ 不是合格或报废的根据。

表 7-133　不锈钢弹簧钢丝的室温抗拉强度

牌　号	线径		抗拉强度	
	mm	in	MPa	ksi
302 型和 304 型				
	≤0.23	≤0.009	2241～2448	325～355
	0.23 以上～0.25	0.009 以上～0.010	2206～2413	320～350
	0.25 以上～0.28	0.010 以上～0.011	2192～2399	318～348
	0.28 以上～0.30	0.011 以上～0.012	2179～2385	316～346
	0.30 以上～0.33	0.012 以上～0.013	2165～2372	314～344
	0.33 以上～0.36	0.013 以上～0.014	2151～2358	312～342
	0.36 以上～0.38	0.014 以上～0.015	2137～2344	310～340
	0.38 以上～0.41	0.015 以上～0.016	2124～2330	308～338
	0.41 以上～0.43	0.016 以上～0.017	2110～2317	306～336
	0.43 以上～0.46	0.017 以上～0.018	2096～2303	304～334
	0.46 以上～0.51	0.018 以上～0.020	2068～2275	300～330
	0.51 以上～0.56	0.020 以上～0.022	2041～2248	296～326
	0.56 以上～0.61	0.022 以上～0.024	2013～2220	292～322
	0.61 以上～0.66	0.024 以上～0.026	2006～2206	291～320
	0.66 以上～0.71	0.026 以上～0.028	1993～2192	289～318
	0.71 以上～0.79	0.028 以上～0.031	1965～2172	285～315
	0.79 以上～0.86	0.031 以上～0.034	1944～2137	282～310
	0.86 以上～0.94	0.034 以上～0.037	1930～2124	280～308
	0.94 以上～1.04	0.037 以上～0.041	1896～2096	275～304
	1.04 以上～1.14	0.041 以上～0.045	1875～2068	272～300
	1.14 以上～1.27	0.045 以上～0.050	1841～2034	267～295
	1.27 以上～1.37	0.050 以上～0.054	1827～2020	265～293
	1.37 以上～1.47	0.054 以上～0.058	1800～1993	261～289
	1.47 以上～1.60	0.058 以上～0.063	1779～1965	258～285
	1.60 以上～1.78	0.063 以上～0.070	1737～1937	252～281
	1.78 以上～1.90	0.070 以上～0.075	1724～1917	250～278
	1.90 以上～2.03	0.075 以上～0.080	1696～1896	246～275
	2.03 以上～2.21	0.080 以上～0.087	1668～1868	242～271
	2.21 以上～2.41	0.087 以上～0.095	1641～1848	238～268
	2.41 以上～2.67	0.095 以上～0.105	1600～1806	232～262
	2.67 以上～2.92	0.105 以上～0.115	1565～1772	227～257
	2.92 以上～3.18	0.115 以上～0.125	1531～1744	222～253
	3.18 以上～3.43	0.125 以上～0.135	1496～1710	217～248
	3.43 以上～3.76	0.135 以上～0.148	1448～1662	210～241
	3.76 以上～4.12	0.148 以上～0.162	1413～1620	205～235

续表

牌号	线径		抗拉强度	
	mm	in	MPa	ksi
302型和304型				
	4.12以上～4.50	0.162以上～0.177	1365～1572	198～228
	4.50以上～4.88	0.177以上～0.192	1338～1551	194～225
	4.88以上～5.26	0.192以上～0.207	1296～1517	188～220
	5.26以上～5.72	0.207以上～0.225	1255～1475	182～214
	5.72以上～6.35	0.225以上～0.250	1207～1413	175～205
	6.35以上～7.06	0.250以上～0.278	1158～1365	168～198
	7.06以上～7.77	0.278以上～0.306	1110～1324	161～192
	7.77以上～8.41	0.306以上～0.331	1069～1282	155～186
	8.41以上～9.20	0.331以上～0.362	1020～1241	148～186
	9.20以上～10.01	0.362以上～0.394	979～1193	142～173
	10.01以上～11.12	0.394以上～0.438	931～1138	135～165
	11.12以上～12.70	0.438以上～0.500	862～1069	125～155
305型和316型				
	≤0.25	≤0.010	1689～1896	245～275
	0.25以上～0.38	0.010以上～0.015	1655～1862	240～270
	0.38以上～1.04	0.015以上～0.041	1620～1827	235～265
	1.04以上～1.19	0.041以上～0.047	1586～1723	230～260
	1.19以上～1.37	0.047以上～0.054	1551～1758	225～255
	1.37以上～1.58	0.054以上～0.062	1517～1724	220～250
	1.58以上～1.85	0.062以上～0.072	1482～1689	215～245
	1.85以上～2.03	0.072以上～0.080	1448～1655	210～240
	2.03以上～2.34	0.080以上～0.092	1413～1620	205～235
	2.34以上～2.67	0.092以上～0.105	1379～1586	200～230
	2.67以上～3.05	0.105以上～0.120	1344～1551	195～225
	3.05以上～3.76	0.120以上～0.148	1276～1482	185～215
	3.76以上～4.22	0.148以上～0.166	1241～1448	180～210
	4.22以上～4.50	0.166以上～0.177	1172～1379	170～200
	4.50以上～5.26	0.177以上～0.207	1103～1310	160～190
	5.26以上～5.72	0.207以上～0.225	1069～1276	155～185
	5.72以上～6.35	0.225以上～0.250	1034～1241	150～180
	6.35以上～7.92	0.250以上～0.312	931～1138	135～165
	7.92以上～12.68	0.312以上～0.499	793～1000	115～145
	12.68以上	0.499以上	与生产厂家协商	

7.3.3 不锈耐热钢的物理性能

表 7-134 不锈耐热钢的物理性能

UNS数字系统编号	牌号	密度/g·cm^{-3}		热扩散系数/m^2·h^{-1}	热导率/W·(m·K)$^{-1}$						比热容/J·(kg·K)$^{-1}$		电阻率（室温）/μΩ·cm	弹性模量/GPa		磁导率（20℃）	熔点/℃
		ρ	ρ_{sw}	20℃	20℃	100℃	200℃	300℃	400℃	500℃	20℃	0～100℃		E	G		
S20100	201	7.74				16.3					1633		69	193.1		1.02	1398～1454
S20200	202	7.70		0.012		16.3					1633		69	193.1		1.008	1398～1454
S30100	301	8.03		0.015	14.7						1507	1633	72	193.1	85.75	1.02	1398～1420
S30200	302	8.03	7.00		12.1	16.3				21.4	1633	1633	70	193.1	85.75	1.008	1398～1420
S30300	303	8.03	6.92		12.1	16.3				21.4	1633	1633	72	193.1		1.008	1398～1420
S30360	303Pb	8.03				16.3				21.4	1633		72	194.0		1.003	
S30323	303Se	8.03				16.3				21.4	1633	1633	72	193.1		1.003	1399～1121
S30400	304	8.03	7.00	0.014	13.8	16.3				21.4	1214	1633	70	193.1	85.75	1.008	1398～1454
S30403	304L	8.03	7.00	0.014	13.8	16.3				21.4	1214	1633	70	193.1	85.75	1.008	1398～1454
S30500	305	8.03			16.3	16.3				21.4	1633		72	193.1	86.14	1.008	1398～1454
S30800	308	8.03	6.92		15.1	15.1				21.8	1633	1633	72	193.1		1.008	1398～1420
S30900	309	8.03		0.012	15.5	15.5				18.8	1633	1633	78	193.1		1.008	1398～1454
S30908	309S	8.03		0.012	15.5	15.5				18.8	1633	1633	78	193.1		1.008	1398～1454
S31000	310	8.03	7.00		12.1	14.2				18.8	1382	1633	88	205.8		1.008	1398～1454
S31008	310S	8.03	7.00		12.1	14.2				18.8	1382	1633	88	205.8		1.008	1398～1454
S31400	314	8.03				17.6				20.9		1633	77	199.9			
S31600	316	8.03	7.00	0.014	13.4	16.3				21.4	1507	1633	73	193.1		1.008	1371～1399
S31620	316F	8.03				16.3				21.4	1633		74	193.1			1371～1398
S31603	316L	8.03	7.00	0.014	13.4	16.3				21.4	1507	1633	73	199.9		1.008	1371～1398
S31700	317	8.03	7.00			16.3				21.4	1507	1633	74	199.9		1.008	1371～1399
S32100	321	8.03		0.013	15.9	15.9				22.2	1507	1633	72	193.1		1.008	1398～1427
S34700	347	8.03	7.00		14.7	15.9				22.2	1382	1633	72	193.1		1.008	1398～1427
S34800	348	8.03			14.7	15.9				22.2	1382	1633	72	193.1		1.008	1398～1427
S40300	403	775	7.00		24.7	24.9					1507	1507	57	193.1			1483～1532
													（650℃，108.7）				
	404										1507		70	193.1			
S40500	405	7.75			26.8	27.8					1507	1507	61	193.1			1483～1532
S40900	409	7.75			24.7						1507		61	193.1			1483～1532
S41000	410 及 410Cb	7.75	6.73	0.021	24.7	24.9					1507	1507	58(650℃ 108.7)	198.9		700～1000	1483～1532

续表

UNS数字系统编号	牌号	密度/g·cm^{-3}		热扩散系数/m^2·h^{-1}	热导率/W·(m·K)$^{-1}$						比热容/J·(kg·K)$^{-1}$		电阻率(室温)/μΩ·cm	弹性模量/GPa		磁导率(20℃)	熔点/℃
		ρ	ρ_{sw}	20℃	20℃	100℃	200℃	300℃	400℃	500℃	20℃	0～100℃		E	G		
S41400	414	7.75			24.7						1507	1507	72	193.1			1427～1483
S41600	416	7.75		0.024	24.7	24.9				28.7	1507	1507	57	193.1		700～1000	1483～1532
S41623	416Se	7.75		0.024	24.7	24.9				28.7	1507	1507	57	193.1			1483～1532
S42000	420	7.75			24.7	24.9					1507	1507	55	193.1			1454～1510
S42020	420F	7.75				24.9						1507	55	199.9		强磁性	1454～1510
S42023	420FSe	7.75				24.9						1507	55	199.9		强磁性	1454～1510
S43000	430	7.75	6.73	0.021	20.5	26.1					1507	1507	60(650℃,114.5)	198.9		600～1100	1427～1510
S43020	430F	7.75				26.1				26.3		1507	60	199.9		强磁性	1427～1510
S43023	430FSe	7.75				26.1				26.3		1507	60	199.9		强磁性	1427～1510
S43100	431	7.75				20.2						1507	65	193.1		强磁性	
S42900	429	8.1			25.6							1507	59				1450～1510
S43400	434	7.75			25.6						1507		60	193.1		600～1100	1427～1510
S43600	436	7.75			23.9						1507		60	193.1		600～1100	1427～1510
S44002	440A	7.75				24.2						1507	60			强磁性	1371～1510
S44003	440B	7.75				24.2						1507	60			强磁性	1371～1510
S44004	440C	7.75			24.2	24.2					1507	1507	60	193.1		强磁性	1371～1483
S44020	440F	7.75				24.2						1507	60	199.9		强磁性	1371～1482
S44023	440FSe	7.75				24.2						1507	60	199.9		强磁性	1371～1482
S44200	442	7.75			21.4						1507		64				
S44600	446	7.50		0.020	18.0	20.9					1507	1633	64(650℃,115.7)	193.1		400～700	1427～1510
S17400	630	7.75～7.81	6.73		11.3						1382		98	196	87.22	A状态:95 H900状态:151	1040～1440
S17700	631	7.65～7.81					18.0				1507		80(A状态)	192.1		A状态:1.4～3.6TH1050状态:134～208,RH950状态:119～135,CH900状态:125	1416～1449

续表

UNS数字系统编号	牌号	密度/g·cm^{-3}		热扩散系数/m^2·h^{-1}	热导率/W·(m·K)$^{-1}$						比热容/J·(kg·K)$^{-1}$		电阻率（室温）/μΩ·cm	弹性模量/GPa		磁导率（20℃）	熔点/℃
		ρ	ρ_{sw}	20℃	20℃	100℃	200℃	300℃	400℃	500℃	20℃	0～100℃		E	G		
S15700	632	7.67～7.80	6.64				16.3～18.0				1507		80（A状态）	181.3		A状态5.3，TH1050状态:150,RH950状态:119，CH900状态:125	1416～1449
S35000	633	7.92			14.2						1633		78	193.1		H状态:14 SCT状态:18 DA状态:18	1371～1399
S35500	634	7.75			14.2						1633		75	193.1		SCT状态:87～150	1371～1399
	635	7.65				19.3 退火	20.1 退火							198.9		退火状态:81 时效状态:101	
S41800	615	7.86										1507	61.7	198.9		回火371℃:85 427℃:92 482℃:100	1427～1482
S42300	619	7.85				24.7 (93℃)	25.1 (204℃)	26.0 (312℃)	26.8 (427℃)	28.1 (538℃)							
S36200	XM-9	7.78											89.9（退火）	196～210.0			
S15500	XM-12	7.78			11.3						1507（A状态）		98	193.1		95	
S13800	XM-13																1404～1471
	XM-24	7.82												192.1			1416～1449
	19-9DL及19-9DX	7.94				14.2	15.5	16.7	18.0	18.8	1382		78			1.005～1.090	1421～1435
	AM-363	7.77												191.1	72.52		1399～1454
	HNM	7.85											81	198.9	84.28	1.003	
	AF-71	7.78												185.2	74.48		1157～1371
	AFC-77													200.9			
S45500	XM-16	7.78			17.2								90	193.1		109	

表 7-135 线胀系数

牌 号	平均线胀系数/$10^{-6}K^{-1}(10^{-6}°F^{-1})$												备 注
	温 度		温 度		温 度		温 度		温 度		温 度		
	32～212°F	0～100℃	32～600°F	0～316℃	32～1000°F	0～538℃	32～1200°F	0～649℃	32～1500°F	0～816℃	32～1800°F	0～982℃	
301	9.4	16.9	9.5	17.1	10.1	18.2	10.4	18.7	—	—	—	—	
302	9.6	17.3	9.9	17.8	10.2	18.4	10.4	18.1	—	—	—	—	—
302	9.0	16.2	10.0	18.0	10.8	19.4	11.2	20.2	—	—	—	—	
303 303Se	9.6	17.3	9.9	17.8	10.2	18.4	10.4	18.7	—	—	—	—	
303Po	—	17.3	—	—	—	18.3	—	—	—	—	—	—	
304	9.6	17.3	9.9	17.8	10.2	18.4	10.4	18.9	—	—	—	—	
308	9.6	17.3	9.9	17.9	10.2	18.4	10.4	18.7	—	—	—	—	
309 309S	8.3	14.9	9.3	16.7	9.6	17.3	10.0	18.0	—	—	11.5	20.7	
310 310S	8.8	15.8	9.0	16.2	9.4	16.9	9.7	17.5	—	—	10.9	19.1	
314	—	—	8.4	15.1	—	—	—	—	9.8	17.6	—	—	
316	8.9	16.0	9.0	16.2	9.7	17.5	10.3	18.5	11.1	20.0	—	—	
316F	—	16.0	—	16.2	—	17.5	—	18.5	—	20.0	—	—	
317	8.9	16.0	9.0	16.2	9.7	17.5	10.3	18.5	11.1	20.0	—	—	
321	9.3	16.7	9.5	17.1	10.3	18.5	10.7	19.3	11.2	20.2	11.4	20.5	
347 348	9.3	16.7	9.5	17.1	10.3	18.5	10.6	19.1	11.1	20.0	—	—	
403	—	9.9	—	—	—	—	—	11.7	—	—	—	—	
400,405,409	—	10.8	—	—	—	—	—	13.5	—	—	—	—	
410	—	9.9	—	—	—	—	—	11.7	—	—	—	—	
414	—	10.0 (20～100℃)	10.4 (20～300℃)	10.1 (20～300℃)	—	—	—	11.1 (20～800℃)	—	11.1 (20～1000℃)	—	10.9 (20～1000℃)	
416 及 416Se	—	9.90	—	11.0	—	11.5	—	11.7	—	—	—	—	
420	—	10.3	—	—	—	—	—	12.2	—	—	—	—	
420F 及 420FSe	—	10.3	—	10.8	—	11.7	—	12.2	—	—	—	—	
429	—	10.3	—	—	—	—	—	—	—	—	—	—	
430	—	10.4	—	—	—	—	—	11.9	—	—	—	—	
430F 及 430FSe	—	10.4	—	11.0	—	11.4	—	11.9	—	12.4	—	—	

续表

牌号	平均线胀系数/$10^{-6}K^{-1}(10^{-6}°F^{-1})$												备注
	温度		温度		温度		温度		温度		温度		
	32～212℉	0～100℃	32～600℉	0～316℃	32～1000℉	0～538℃	32～1200℉	0～649℃	32～1500℉	0～816℃	32～1800℉	0～982℃	
431	—	10.6 (20～100℃)	—	10.4 (20～300℃)	—	—	—	—	—	10.2 (20～800℃)	—	12.1 (20～1000℃)	
434	—	11.9	—	—	—	—	—	—	—	—	—	—	
436	—	9.4	—	—	—	—	—	—	—	—	—	—	
440A	—	10.1	—	—	—	—	—	—	—	—	—	—	
440B	—	10.1	—	—	—	—	—	—	—	—	—	—	
440C	—	10.1	—	—	—	—	—	—	—	—	—	—	
440F 及 440FSe	—	10.1	—	—	—	—	—	—	—	—	—	—	
442	5.6 (68～212℉)	—	—	—	—	—	—	—	—	—	—	—	
446	—	10.4	—	—	—	—	—	11.5	—	—	—	—	
615	—	9.5 (20～100℃)	—	10.4 (20～300℃)	—	11.2 (20～500℃)	—	12.0 (20～687℃)					
630(17～4PH)	—	20～100℃	—	20～200℃	—	20～400℃	—	—	—	—	—	—	
	—	11.6	—	11.6	—	12.6	—	—	—	—	—	—	固溶化处理
	—	11.6	—	11.6	—	12.6	—	—	—	—	—	—	H900
631(17～7PH)	—	0～100℃	—	0～400℃	—	—	—	—	—	—	—	—	
	—	16.5	—	18.6	—	—	—	—	—	—	—	—	A
	—	10.9	—	12.0	—	—	—	—	—	—	—	—	TH950
	—	10.7	—	11.8	—	—	—	—	—	—	—	—	TH1050
	—	11.3	—	12.2	—	—	—	—	—	—	—	—	RH950
	—	11.8	—	12.8	—	—	—	—	—	—	—	—	CH900

注：H900：470～490℃空冷；A：1038～1066℃固溶；TH950：(510±5.6)℃/1.5h；RH950：(510±5.6)℃/1h；TH1050：(566±5.6)℃/1.5h；CH900：(482±5.6)/0.5h。

7.4 日本不锈钢

7.4.1 不锈钢棒

表 7-136 奥氏体系的牌号和化学成分（JIS G4303—2012） 单位：%

牌号	C	Si	Mn	P	S	Ni	Cr	Mo	Cu	N	其他
SUS 201	0.15 以下	1.00 以下	5.50～7.50	0.060 以下	0.030 以下	3.50～5.50	16.00～18.00	—	—	0.25 以下	—
SUS 202	0.15 以下	1.00 以下	7.50～10.00	0.060 以下	0.030 以下	4.00～6.00	17.00～19.00	—	—	0.25 以下	—
SUS 301	0.15 以下	1.00 以下	2.00 以下	0.045 以下	0.030 以下	6.00～8.00	16.00～18.00	—	—	—	—
SUS 302	0.15 以下	1.00 以下	2.00 以下	0.045 以下	0.030 以下	8.00～10.00	17.00～19.00	—	—	—	—
SUS 303	0.15 以下	1.00 以下	2.00 以下	0.20 以下	0.15 以上	8.00～10.00	17.00～19.00	①	—	—	—
SUS 303Se	0.15 以下	1.00 以下	2.00 以下	0.20 以下	0.060 以下	8.00～10.00	17.00～19.00	—	—	—	Se0.15 以上
SUS 303Cu	0.15 以下	1.00 以下	3.00 以下	0.20 以下	0.15 以上	8.00～10.00	17.00～19.00	①	1.50～3.50	—	—
SUS 304	0.08 以下	1.00 以下	2.00 以下	0.045 以下	0.030 以下	8.00～10.50	18.00～20.00	—	—	—	—
SUS 304L	0.030 以下	1.00 以下	2.00 以下	0.45 以下	0.030 以下	9.00～13.00	18.00～20.00	—	—	—	—
SUS 304N1	0.08 以下	1.00 以下	2.50 以下	0.045 以下	0.030 以下	7.00～10.50	18.00～20.00	—	—	0.10～0.25	—
SUS 304N2	0.08 以下	1.00 以下	2.50 以下	0.045 以下	0.030 以下	7.50～10.50	18.00～20.00	—	—	0.15～0.30	Nb 0.15 以下
SUS 304LN	0.030 以下	1.00 以下	2.00 以下	0.045 以下	0.030 以下	8.50～11.50	17.00～19.00	—	—	0.12～0.22	—
SUS 304J3	0.08 以下	1.00 以下	2.00 以下	0.045 以下	0.030 以下	8.00～10.50	17.00～19.00	—	1.00～3.00	—	—
SUS 305	0.12 以下	1.00 以下	2.00 以下	0.045 以下	0.030 以下	10.50～13.00	17.00～19.00	—	—	—	—
SUS 309S	0.08 以下	1.00 以下	2.00 以下	0.045 以下	0.030 以下	12.00～15.00	22.00～24.00	—	—	—	—
SUS 310S	0.08 以下	1.50 以下	2.00 以下	0.045 以下	0.030 以下	19.00～22.00	24.00～26.00	—	—	—	—
SUS 312L	0.020 以下	0.80 以下	1.00 以下	0.030 以下	0.015 以下	17.50～19.50	19.00～21.00	6.00～7.00	0.50～1.00	0.16～0.25	—
SUS 316	0.08 以下	1.00 以下	2.00 以下	0.045 以下	0.030 以下	10.00～14.00	16.00～18.00	2.00～3.00	—	—	—
SUS 316L	0.030 以下	1.00 以下	2.00 以下	0.045 以下	0.030 以下	12.00～15.00	16.00～18.00	2.00～3.00	—	—	—
SUS 316N	0.08 以下	1.00 以下	2.00 以下	0.045 以下	0.030 以下	10.00～14.00	16.00～18.00	2.00～3.00	—	0.10～0.22	—

续表

牌号	C	Si	Mn	P	S	Ni	Cr	Mo	Cu	N	其他
SUS 316LN	0.030以下	1.00以下	2.00以下	0.045以下	0.030以下	10.50～14.50	16.50～18.50	2.00～3.00		0.12～0.22	
SUS 316Ti	0.08以下	1.00以下	2.00以下	0.045以下	0.030以下	10.00～14.00	16.00～18.00	2.00～3.00	—	—	Ti5×C%以上
SUS 316J1	0.08以下	1.00以下	2.00以下	0.045以下	0.030以下	10.00～14.00	17.00～19.00	1.20～2.75	1.00～2.50	—	—
SUS 316J1L	0.030以下	1.00以下	2.00以下	0.045以下	0.030以下	12.00～16.00	17.00～19.00	1.20～2.75	1.00～2.50	—	—
SUS 316F	0.08以下	1.00以下	2.00以下	0.045以下	0.10以下	10.00～14.00	16.00～18.00	2.00～3.00	—	—	—
SUS 317	0.08以下	1.00以下	2.00以下	0.045以下	0.030以下	11.00～15.00	18.00～20.00	3.00～4.00	—	—	—
SUS 317L	0.030以下	1.00以下	2.00以下	0.045以下	0.030以下	11.00～15.00	18.00～20.00	3.00～4.00	—	—	—
SUS 317LN	0.030以下	1.00以下	2.00以下	0.045以下	0.030以下	11.00～15.00	18.00～20.00	3.00～4.00	—	0.10～0.22	—
SUS 317J1	0.040以下	1.00以下	2.50以下	0.045以下	0.030以下	15.00～17.00	16.00～19.00	4.00～6.00	—	—	—
SUS 836L	0.030以下	1.00以下	2.00以下	0.045以下	0.030以下	24.00～26.00	19.00～24.00	5.00～7.00	—	0.25以下	—
SUS 890L	0.020以下	1.00以下	2.00以下	0.045以下	0.030以下	23.00～28.00	19.00～23.00	4.00～5.00	1.00～2.00	—	—
SUS 321	0.08以下	1.00以下	2.00以下	0.045以下	0.030以下	9.00～13.00	17.00～19.00	—	—	—	Ti5×C%以上
SUS 347	0.08以下	1.00以下	2.00以下	0.045以下	0.030以下	9.00～13.00	17.00～19.00	—	—	—	Nb10×C%以上
SUS XM7	0.08以下	1.00以下	2.00以下	0.045以下	0.030以下	8.50～10.50	17.00～19.00	—	3.00～4.00	—	—
SUS XM15J1	0.08以下	3.00～5.00	2.00以下	0.045以下	0.030以下	11.50～15.00	15.00～20.00	—	—	—	—

① Mo含量0.60%以下也可以。

注：对于SUSXM15J1，必要时可以添加表以外的Cu、Mo、Nb、Ti、N中的1种或多种元素。

表7-137 奥氏体-铁素体系的牌号和化学成分 单位：%

牌号	C	Si	Mn	P	S	Ni	Cr	Mo	N
SUS 329J1	0.08以下	1.00以下	1.50以下	0.040以下	0.030以下	3.00～6.00	23.00～28.00	1.00～3.00	—
SUS 329J3L	0.030以下	1.00以下	2.00以下	0.040以下	0.030以下	4.50～6.50	21.00～24.00	2.50～3.50	0.08～0.20
SUS 329J4L	0.030以下	1.00以下	1.50以下	0.040以下	0.030以下	5.50～7.50	24.00～26.00	2.50～3.50	0.08～0.30

注：必要时，可以添加Cu，W，N的1种或多种元素。

表7-138 铁素体系的牌号和化学成分 单位：%

牌号	C	Si	Mn	P	S	Cr	Mo	N	Al
SUS 405	0.08以下	1.00以下	1.00以下	0.040以下	0.030以下	11.50～14.50	—	—	0.10～0.30
SUS 410L	0.030以下	1.00以下	1.00以下	0.040以下	0.030以下	11.00～13.50	—	—	—
SUS 430	0.12以下	0.75以下	1.00以下	0.060以下	0.030以下	16.00～18.00	—	—	—

续表

牌号	C	Si	Mn	P	S	Cr	Mo	N	Al
SUS 430F	0.12 以下	1.00 以下	1.25 以下	0.040 以下	0.15 以上	16.00～18.00	①	—	—
SUS 434	0.12 以下	1.00 以下	1.00 以下	0.040 以下	0.030 以下	16.00～18.00	0.75～1.25	—	—
SUS 447J1	0.010 以下	0.40 以下	0.40 以下	0.030 以下	0.020 以下	28.50～32.00	1.50～2.50	0.015 以下	—
SUS XM27	0.010 以下	0.40 以下	0.40 以下	0.030 以下	0.020 以下	25.00～27.50	0.75～1.50	0.015 以下	—

① Mo 含量 0.60%以下也可以。

注：1. 除 SUS 447J1 和 SUSXM27 外，Ni 含量可以在 0.60%以下。

2. 对于 SUS447J1 与 SUSXM27，Ni 在 0.50%以下，Cu 在 0.20%以下及 Ni+Cu 在 0.5%以下也可以，并且可以添加 V、Ti、Nb 中的一种或多种元素。

表 7-139　马氏体系的牌号和化学成分　　单位：%

牌号	C	Si	Mn	P	S	Ni	Cr	Mo	Pb
SUS 403	0.15 以下	0.50 以下	1.00 以下	0.040 以下	0.030 以下	②	11.50～13.00	—	—
SUS 410	0.15 以下	1.00 以下	1.00 以下	0.040 以下	0.030 以下	②	11.50～13.50	—	—
SUS 410J1	0.08～0.18	0.60 以下	1.00 以下	0.040 以下	0.030 以下	②	11.50～14.00	0.30～0.60	—
SUS 410F2	0.15 以下	1.00 以下	1.00 以下	0.040 以下	0.030 以下	②	11.50～13.50	—	0.05～0.30
SUS 416	0.15 以下	1.00 以下	1.25 以下	0.060 以下	0.15 以上	②	12.00～14.00	①	—
SUS 420J1	0.16～0.25	1.00 以下	1.00 以下	0.040 以下	0.030 以下	②	12.00～14.00	—	—
SUS 420J2	0.26～0.40	1.00 以下	1.00 以下	0.040 以下	0.030 以下	②	12.00～14.00	—	—
SUS 420F	0.26～0.40	1.00 以下	1.25 以下	0.060 以下	0.15 以上	②	12.00～14.00	①	—
SUS 420F2	0.26～0.40	1.00 以下	1.00 以下	0.040 以下	0.030 以下	②	12.00～14.00	—	0.05～0.30
SUS 431	0.20 以下	1.00 以下	1.00 以下	0.040 以下	0.030 以下	1.25～2.50	15.00～17.00	—	—
SUS 440A	0.60～0.75	1.00 以下	1.00 以下	0.040 以下	0.030 以下	②	16.00～18.00	①	—
SUS 440B	0.75～0.95	1.00 以下	1.00 以下	0.040 以下	0.030 以下	②	16.00～18.00	③	—
SUS 440C	0.95～1.20	1.00 以下	1.00 以下	0.040 以下	0.030 以下	②	16.00～18.00	③	—
SUS 440F	0.95～1.20	1.00 以下	1.25 以下	0.060 以下	0.15 以上	②	16.00～18.00	③	—

① Mo 含量可以在 0.6%以下。

② Ni 含量在 0.60%以下。

③ Mo 含量在 0.75%以下。

表 7-140　析出硬体系的牌号和化学成分　　单位：%

牌号	C	Si	Mn	P	S	Ni	Cr	Cu	其他
SUS 630	0.07 以下	1.00 以下	1.00 以下	0.040 以下	0.030 以下	3.00～5.00	15.00～17.50	3.00～5.00	Nb 0.15～0.45
SUS 631	0.09 以下	1.00 以下	1.00 以下	0.040 以下	0.030 以下	6.50～7.75	16.00～18.00	—	Al 0.75～1.50

表 7-141　奥氏体系不锈钢棒的力学性能

牌号	屈服强度/MPa	抗拉强度/MPa	伸长率/%	断面收缩率[①]/%	硬度[②]		
					HBW	HRBS 或 HRBW	HV
SUS 201	275 以上	520 以上	40 以上	45 以上	241 以下	100 以下	253 以下
SUS 202	275 以上	520 以上	40 以上	45 以上	207 以下	95 以下	218 以下
SUS 301	205 以上	520 以上	40 以上	60 以上	207 以下	95 以下	218 以下

续表

牌号	屈服强度/MPa	抗拉强度/MPa	伸长率/%	断面收缩率①/%	硬度②		
					HBW	HRBS 或 HRBW	HV
SUS 302	205 以上	520 以上	40 以上	60 以上	187 以下	90 以下	200 以下
SUS 303	205 以上	520 以上	40 以上	50 以上	187 以下	90 以下	200 以下
SUS 303Se	205 以上	520 以上	40 以上	50 以上	187 以下	90 以下	200 以下
SUS 303Cu	205 以上	520 以上	40 以上	50 以上	187 以下	90 以下	200 以下
SUS 304	205 以上	520 以上	40 以上	60 以上	187 以下	90 以下	200 以下
SUS 304L	175 以上	480 以上	40 以上	60 以上	187 以下	90 以下	200 以下
SUS 304N1	275 以上	550 以上	35 以上	50 以上	217 以下	95 以下	220 以下
SUS 304N2	345 以上	690 以上	35 以上	50 以上	250 以下	100 以下	260 以下
SUS 304LN	245 以上	550 以上	40 以上	50 以上	217 以下	95 以下	220 以下
SUS 304J3	175 以上	480 以上	40 以上	60 以上	187 以下	90 以下	200 以下
SUS 305	175 以上	480 以上	40 以上	60 以上	187 以下	90 以下	200 以下
SUS 309S	205 以上	520 以上	40 以上	60 以上	187 以下	90 以下	200 以下
SUS 310S	205 以上	520 以上	40 以上	50 以上	187 以下	90 以下	200 以下
SUS 312L	300 以上	650 以上	35 以上	40 以上	223 以下	96 以下	230 以下
SUS 316	205 以上	520 以上	40 以上	60 以上	187 以下	90 以下	200 以下
SUS 316L	175 以上	480 以上	40 以上	60 以上	187 以下	90 以下	200 以下
SUS 316N	275 以上	550 以上	35 以上	50 以上	217 以下	95 以下	220 以下
SUS 316LN	245 以上	550 以上	40 以上	50 以上	217 以下	95 以下	220 以下
SUS 316Ti	205 以上	520 以上	40 以上	50 以上	187 以下	90 以下	200 以下
SUS 316J1	205 以上	520 以上	40 以上	60 以上	187 以下	90 以下	200 以下
SUS 316J1L	175 以上	480 以上	40 以上	60 以上	187 以下	90 以下	200 以下
SUS 316F	205 以上	520 以上	40 以上	50 以上	187 以下	90 以下	200 以下
SUS 317L	175 以上	480 以上	40 以上	60 以上	187 以下	90 以下	200 以下
SUS 317LN	245 以上	550 以上	40 以上	50 以上	217 以下	95 以下	220 以下
SUS 317J1	175 以上	480 以上	40 以上	45 以上	187 以下	90 以下	200 以下
SUS 836L	205 以上	520 以上	35 以上	40 以上	217 以下	96 以下	230 以下
SUS 890L	215 以上	490 以上	35 以上	40 以上	187 以下	90 以下	200 以下
SUS 321	205 以上	520 以上	40 以上	50 以上	187 以下	90 以下	200 以下
SUS 347	205 以上	520 以上	40 以上	50 以上	187 以下	90 以下	200 以下
SUS XM7	175 以上	480 以上	40 以上	60 以上	187 以下	90 以下	200 以下
SUS XM15J1	205 以上	520 以上	40 以上	60 以上	207 以下	95 以下	218 以下

① 不适用于平钢，但是订货者指定的情况下，依照双方协议。

② 硬度适用于任意一种。

注：1. 表中数值适用于径、边、对边距及厚度 180mm 以下的棒。

2. 洛氏硬度的报告中应指明是 HRBS 或 HRBW。

表 7-142　奥氏体-铁素体系的力学性能

牌号	屈服强度/MPa	抗拉强度/MPa	伸长率/%	断面收缩率①/%	硬度②		
					HBW	HRC	HV
SUS 329J1	390 以上	590 以上	18 以上	40 以上	277 以下	29 以下	292 以下
SUS 329J3L	450 以上	620 以上	18 以上	40 以上	302 以下	32 以下	320 以下
SUS 329J4L	450 以上	620 以上	18 以上	40 以上	302 以下	32 以下	320 以下

① 不适用于平钢。如果需方要求时，由供需双方协商。

② 硬度适用于任意一种。

注：表中数值适用于径、边、对边距及厚度 75mm 以下的棒，若超过 75mm 时，由供需双方协商。

表 7-143 铁素体系的力学性能

牌 号	屈服强度/MPa	抗拉强度/MPa	伸长率/%	断面收缩率①/%	硬度(HBW)
SUS 405	175 以上	410 以上	20 以上	60 以上	183 以下
SUS 410L	195 以上	360 以上	22 以上	60 以上	183 以下
SUS 430	205 以上	450 以上	22 以上	50 以上	183 以下
SUS 430F	205 以上	450 以上	22 以上	50 以上	183 以下
SUS 434	205 以上	450 以上	22 以上	60 以上	183 以下
SUS 447J1	295 以上	450 以上	20 以上	45 以上	228 以下
SUS XM27	245 以上	410 以上	20 以上	45 以上	219 以下

① 不适用于平钢。如需方要求，依照双方协议。

注：1. 表中的值适用于径、边、对边距或厚度 75mm 以下的棒。若超过 75mm 时，由供需双方协商。

2. 订货者指定夏比冲击试验的情况下，使用 JIS Z2242 的 2mmU 形缺口试样进行。不能采用 2mmU 形缺口试样时，按照双方协议的试验片及冲击值。

表 7-144 马氏体系钢淬火回火状态的力学性能

牌 号	屈服强度/MPa	抗拉强度/MPa	伸长率/%	断面收缩率/%	冲击值/(J/cm²)	硬度	
						HBW	HRC
SUS 403	390 以上	590 以上	25 以上	55 以上	147 以上	170 以上	—
SUS 410	345 以上	540 以上	25 以上	55 以上	98 以上	159 以上	—
SUS 410J1	490 以上	690 以上	20 以上	60 以上	98 以上	192 以上	—
SUS 410F2	345 以上	540 以上	18 以上	50 以上	98 以上	159 以上	—
SUS 416	345 以上	540 以上	17 以上	45 以上	69 以上	159 以上	—
SUS 420J1	440 以上	640 以上	20 以上	50 以上	78 以上	192 以上	—
SUS 420J2	540 以上	740 以上	12 以上	40 以上	29 以上	217 以上	—
SUS 420F	540 以上	740 以上	8 以上	35 以上	29 以上	217 以上	—
SUS 420F2	540 以上	740 以上	5 以上	35 以上	29 以上	217 以上	—
SUS 431	590 以上	780 以上	15 以上	40 以上	39 以上	229 以上	—
SUS 440A	—	—	—	—	—	—	54 以上
SUS 440B	—	—	—	—	—	—	56 以上
SUS 440C	—	—	—	—	—	—	58 以上
SUS 440F	—	—	—	—	—	—	58 以上

表 7-145 马氏体系退火状态的硬度

牌 号	硬度(HBW)	牌 号	硬度(HBW)
SUS 403	200 以下	SUS 420F	235 以下
SUS 410	200 以下	SUS 420F2	235 以下
SUS 410J1	200 以下	SUS 431	302 以下
SUS 410F2	200 以下	SUS 440A	255 以下
SUS 416	200 以下	SUS 440B	255 以下
SUS 420J1	223 以下	SUS 440C	269 以下
SUS 420J2	235 以下	SUS 440F	269 以下

表 7-146 析出硬化系的力学性能

牌 号	热处理记号	屈服强度/MPa	抗拉强度/MPa	伸长率/%	断面收缩率/%	硬 度	
						HBW	HRC
SUS 630	S	—	—	—	—	363 以下	38 以下
	H900	1175 以上	1310 以上	10 以上	40 以上	375 以上	40 以上
	H1025	1000 以上	1070 以上	12 以上	45 以上	331 以上	35 以上
	H1075	860 以上	1000 以上	13 以上	45 以上	302 以上	31 以上
	H1150	725 以上	930 以上	16 以上	50 以上	277 以上	28 以上
SUS 631	S	380 以上	1030 以上	20 以上	—	229 以下	—
	RH950	1030 以上	1230 以上	4 以上	10 以上	388 以上	—
	TH1050	960 以上	1140 以上	5 以上	25 以上	363 以上	—

表 7-147 奥氏体系的热处理 单位:℃

牌 号	固溶热处理	牌 号	固溶热处理
SUS 201	1010～1120,急冷	SUS 316L	1010～1150,急冷
SUS 202	1010～1120,急冷	SUS 316N	1010～1150,急冷
SUS 301	1010～1150,急冷	SUS 316LN	1010～1150,急冷
SUS 302	1010～1150,急冷	SUS 316Ti	920～1150,急冷
SUS 303	1010～1150,急冷	SUS 316J1	1010～1150,急冷
SUS 303Se	1010～1150,急冷	SUS 316J1L	1010～1150,急冷
SUS 303Cu	1010～1150,急冷	SUS 316F	1010～1150,急冷
SUS 304	1010～1150,急冷	SUS 317	1010～1150,急冷
SUS 304L	1010～1150,急冷	SUS 317L	1010～1150,急冷
SUS 304N1	1010～1150,急冷	SUS 317LN	1010～1150,急冷
SUS 304N2	1010～1150,急冷	SUS 317J1	1030～1180,急冷
SUS 304LN	1010～1150,急冷	SUS 836L	1030～1180,急冷
SUS 304J3	1010～1150,急冷	SUS 890L	1030～1180,急冷
SUS 305	1010～1150,急冷	SUS 321	920～1150,急冷
SUS 309S	1030～1150,急冷	SUS 347	980～1150,急冷
SUS 310S	1030～1180,急冷	SUS XM7	1010～1150,急冷
SUS 312L	1030～1180,急冷	SUS XM15J1	1010～1150,急冷
SUS 316	1010～1150,急冷		

注：SUS316Ti、SUS321 及 SUS347，订货者可以指定稳定化热处理，此时热处理温度为 850～930℃。

表 7-148 奥氏体-铁素体系的热处理 单位:℃

牌 号	固溶热处理	牌 号	固溶热处理
SUS 329J1	950～1100,急冷	SUS 329J4L	950～1100,急冷
SUS 329J3L	950～1100,急冷		

表 7-149 铁素体系的热处理 单位:℃

牌 号	退 火	牌 号	退 火
SUS405	780～830,空冷或徐冷	SUS434	780～850,空冷或徐冷
SUS410L	700～820,空冷或徐冷	SUS447J1	900～1050,急冷
SUS430	780～850,空冷或徐冷	SUSXM27	900～1050,急冷
SUS430F	680～820,空冷或徐冷		

表 7-150 马氏体系的热处理 单位:℃

牌号	热处理		
	退火	淬火	回火
SUS403	800～900,徐冷或约 750 急冷	950～1000,油冷	700～750,急冷
SUS410	800～900,徐冷或约 750 急冷	950～1000,油冷	700～750,急冷
SUS410J1	830～900,徐冷或约 750 急冷	970～1020,油冷	650～750,急冷
SUS410F2	800～900,徐冷或约 750 急冷	950～1000,油冷	700～750,急冷
SUS416	800～900,徐冷或约 750 急冷	950～1000,油冷	700～750,急冷
SUS420J1	800～900,徐冷或约 750 急冷	920～980,油冷	600～750,急冷
SUS420J2	800～900,徐冷或约 750 急冷	920～980,油冷	600～750,急冷
SUS420F	800～900,徐冷或约 750 急冷	920～980,油冷	600～750,急冷
SUS420F2	800～900,徐冷或约 750 急冷	920～980,油冷	600～750,急冷
SUS431	一次约 750,急冷,二次约 650,急冷	1000～1050,油冷	630～700,急冷
SUS440A	800～920,急冷	1010～1070,油冷	100～180,空冷
SUS440B	800～920,急冷	1010～1070,油冷	100～180,空冷
SUS440C	800～920,急冷	1010～1070,油冷	100～180,空冷
SUS440F	800～920,急冷	1010～1070,油冷	100～180,空冷

表 7-151 析出硬化系的热处理

牌号	热处理		
	种类	记号	条件
SUS630	固溶热处理	S	1020～1060℃,急冷
	析出硬化热处理	H900	S处理后 470～490℃空冷
		H1025	S处理后 540～560℃空冷
		H1075	S处理后 570～590℃空冷
		H1150	S处理后 610～630℃空冷
SUS631	固溶热处理	S	1000～1100℃,急冷
	析出硬化热处理	RH950	S处理后,在(955±10)℃保温 10min,然后空冷至室温,在24h之内冷却到(−73±6)℃保温 8h,再加热到(510±10)℃,保温 60min 后空冷
		TH1050	S处理后,在(760±15)℃保温 90min,然后在 1h 之内冷却到 15℃以下,并保温 30min,再次加热到(565±10)℃,保温 90min 后空冷

7.4.2 热轧不锈钢钢板和钢带

表 7-152 奥氏体系不锈钢的化学成分（JIS G4304—2005） 单位：%

牌 号	C,≤	Si,≤	Mn,≤	P,≤	S,≤	Ni	Cr	Mo	Cu	N	其他
SUS301	0.15	1.00	2.00	0.045	0.030	6.00～8.00	16.00～18.00	—	—	—	—
SUS301L	0.030	1.00	2.00	0.045	0.030	6.00～8.00	16.00～18.00	—	—	≤0.20	—
SUS301J1	0.08～0.12	1.00	2.00	0.045	0.030	7.00～9.00	16.00～18.00	—	—	—	—
SUS302B	0.15	2.00～3.00	2.00	0.045	0.030	8.00～10.00	17.00～19.00	—	—	—	—
SUS303	0.15	1.00	2.00	0.20	0.030	8.00～10.00	17.00～19.00	①	—	—	—
SUS304	0.08	1.00	2.00	0.045	0.030	8.00～10.50	18.00～20.00	—	—	—	—
SUS304Cu	0.08	1.00	2.00	0.045	0.030	8.00～10.50	18.00～20.00	—	0.70～1.30	—	—
SUS304L	0.030	1.00	2.00	0.045	0.030	9.00～13.00	18.00～20.00	—	—	—	—
SUS304N1	0.08	1.00	2.50	0.045	0.030	7.00～10.50	18.00～20.00	—	—	0.10～0.25	—
SUS304N2	0.08	1.00	2.50	0.045	0.030	7.50～10.50	18.00～20.00	—	—	0.15～0.30	Nb≤0.15
SUS304LN	0.030	1.00	2.00	0.045	0.030	8.50～11.50	17.00～19.00	—	—	0.12～0.22	—
SUS304J1	0.08	1.70	3.00	0.045	0.030	6.00～9.00	15.00～18.00	—	1.00～3.00	—	—
SUS304J2	0.08	1.70	3.00～5.00	0.045	0.030	6.00～9.00	15.00～18.00	—	1.00～3.00	—	—
SUS305	0.12	1.00	2.00	0.045	0.030	10.50～13.00	17.00～19.00	—	—	—	—
SUS309S	0.08	1.00	2.00	0.045	0.030	12.00～15.00	22.00～24.00	—	—	—	—
SUS310S	0.08	1.50	2.00	0.045	0.030	19.00～22.00	24.00～26.00	—	—	—	—
SUS312L	0.020	0.80	1.00	0.030	0.015	17.50～19.50	19.00～21.00	6.00～7.00	0.50～1.00	0.16～0.25	—
SUS315J1	0.08	0.50～2.50	2.00	0.045	0.030	8.50～11.50	17.00～20.50	0.50～1.50	0.50～3.50	—	—
SUS315J2	0.08	2.50～4.00	2.00	0.045	0.030	11.00～14.00	17.00～20.50	0.50～1.50	0.50～3.50	—	—
SUS316	0.08	1.00	2.00	0.045	0.030	10.00～14.00	16.00～18.00	2.00～3.00	—	—	—
SUS316L	0.030	1.00	2.00	0.045	0.030	12.00～15.00	16.00～18.00	2.00～3.00	—	—	—
SUS316N	0.08	1.00	2.00	0.045	0.030	10.00～14.00	16.00～18.00	2.00～3.00	—	0.10～0.22	—
SUS316LN	0.030	1.00	2.00	0.045	0.030	10.50～14.50	16.50～18.50	2.00～3.00	—	0.12～0.22	—
SUS316Ti	0.08	1.00	2.00	0.045	0.030	10.00～14.00	16.00～18.00	2.00～3.00	—	—	Ti≥5×C
SUS316J1	0.08	1.00	2.00	0.045	0.030	10.00～14.00	17.00～19.00	1.20～2.75	1.00～2.50	—	—
SUS316J1L	0.030	1.00	2.00	0.045	0.030	12.00～16.00	17.00～19.00	1.20～2.75	1.00～2.50	—	—
SUS317	0.08	1.00	2.00	0.045	0.030	11.00～15.00	18.00～20.00	3.00～4.00	—	—	—
SUS317L	0.030	1.00	2.00	0.045	0.030	11.00～15.00	18.00～20.00	3.00～4.00	—	—	—
SUS317LN	0.030	1.00	2.00	0.045	0.030	11.00～15.00	18.00～20.00	3.00～4.00	—	0.10～0.22	—
SUS317J1	0.040	1.00	2.50	0.045	0.030	15.00～17.00	16.00～19.00	4.00～6.00	—	—	—
SUS317J2	0.06	1.50	2.00	0.045	0.030	12.00～16.00	23.00～26.00	0.50～1.20	—	0.25～0.40	—
SUS836L	0.030	1.00	2.00	0.045	0.030	24.00～26.00	19.00～24.00	5.00～7.00	—	≤0.25	—
SUS890L	0.020	1.00	2.00	0.045	0.030	23.00～28.00	19.00～23.00	4.00～5.00	1.00～2.00	—	—
SUS321	0.08	1.00	2.00	0.045	0.030	9.00～13.00	17.00～19.00	—	—	—	Ti≥5×C
SUS347	0.08	1.00	2.00	0.045	0.030	9.00～13.00	17.00～19.00	—	—	—	Nb≥10×C
SUSXM7	0.08	1.00	2.00	0.045	0.030	8.50～10.50	17.00～19.00	—	3.00～4.00	—	—
SUSXM15J1	0.08	3.00～5.00	2.00	0.045	0.030	11.50～15.00	15.00～20.00	—	—	—	—

① 最好 Mo≤0.60%。

注：SUSXM15J1，必要时可加入表中以外的 Cu、Mo、Nb、Ti 及 N 中的一种或几种元素。

表 7-153 奥氏体-铁素体系不锈钢的化学成分（JIS G4304—2005） 单位：%

牌　号	C,≤	Si,≤	Mn,≤	P,≤	S,≤	Ni	Cr	Mo	N
SUS329J1	0.08	1.00	1.50	0.040	0.030	3.00～6.00	23.00～28.00	1.00～3.00	—
SUS329J3L	0.030	1.00	2.00	0.040	0.030	1.50～6.50	21.00～24.00	2.50～3.50	0.08～0.20
SUS329J4L	0.030	1.00	1.50	0.040	0.030	5.50～7.50	24.00～26.00	2.50～3.50	0.08～0.30

注：必要时，可加入表中以外 Cu、W 及 N 中的一种或几种元素。

表 7-154 铁素体系不锈钢的化学成分（JIS G4304—2005） 单位：%

牌　号	C,≤	Si,≤	Mn,≤	P,≤	S,≤	Cr	Mo	N,≤	其他
SUS405	0.08	1.00	1.00	0.040	0.030	11.50～14.50	—	—	Al:0.10～0.30
SUS410L	0.030	1.00	1.00	0.040	0.030	11.00～13.50	—	—	—
SUS429	0.12	1.00	1.00	0.040	0.030	14.00～16.00	—	—	—
SUS430	0.12	0.75	1.00	0.040	0.030	16.00～18.00	—	—	—
SUS430LX	0.030	0.75	1.00	0.040	0.030	16.00～19.00	—	—	Ti+Nb:0.10～1.00
SUS430J1L	0.025	1.00	1.00	0.040	0.030	16.00～20.00	—	0.025	Ti、Nb、Zr 或其组合：8×(C+N)～0.80 Cu 0.30～0.80
SUS434	0.12	1.00	1.00	0.040	0.030	16.00～18.00	0.75～1.25	—	—
SUS436L	0.025	1.00	1.00	0.040	0.030	16.00～19.00	0.75～1.50	0.025	Ti、Nb、Zr 或其组合：8×(C+N)～0.80
SUS436J1L	0.025	1.00	1.00	0.040	0.030	17.00～20.00	0.40～0.80	0.025	Ti、Nb、Zr 或其组合：8×(C+N)～0.80
SUS444	0.025	1.00	1.00	0.040	0.030	17.00～20.00	1.75～2.50	0.025	Ti、Nb、Zr 或其组合：8×(C+N)～0.80
SUS445J1	0.025	1.00	1.00	0.040	0.030	21.00～24.00	0.70～1.50	0.025	—
SUS445J2	0.025	1.00	1.00	0.040	0.030	21.00～24.00	1.50～2.50	0.025	—
SUS447J1	0.010	0.40	0.40	0.030	0.020	28.50～32.00	1.50～2.50	0.015	—
SUSXM27	0.010	0.40	0.40	0.030	0.020	25.00～27.50	0.75～1.50	0.015	—

注：1. 除 SUS447J1 及 SUSXM27 外可含 Ni≤0.60%。

2. SUS447J1 和 SUSXM27 可含有 Ni≤0.50%，Cu≤0.20%，以及（Ni+Cu)≤0.50%，另外也可含表中以外的 V、Ti 及 Nb 中的一种或几种元素。

3. SUS445J1 和 SUS445J2 可含表中以外的 Cu、V、Ti 及 Nb 中的一种或几种元素。

4. SUS430J1L，必要时可含表中以外的 V。

表 7-155 马氏体系不锈钢的化学成分（JIS G4304—2005） 单位：%

牌　号	C,≤	Si,≤	Mn,≤	P,≤	S,≤	Cr
SUS403	0.15	0.50	1.00	0.040	0.030	11.50～13.00
SUS410	0.15	1.00	1.00	0.040	0.030	11.50～13.50
SUS410S	0.08	1.00	1.00	0.040	0.030	11.50～13.50
SUS420J1	0.16～0.25	1.00	1.00	0.040	0.030	12.00～14.00
SUS420J2	0.26～0.40	1.00	1.00	0.040	0.030	12.00～14.00
SUS440A	0.60～0.75	1.00	1.00	0.040	0.030	16.00～18.00

注：1. 可含有 Ni≤0.60%。

2. SUS440A 可含有 Mo≤0.75%。

表 7-156 析出硬化系不锈钢的化学成分（JIS G4304—2005） 单位：%

牌　号	C,≤	Si,≤	Mn,≤	P,≤	S,≤	Ni	Cr	Cu	其他
SUS630	0.07	1.00	1.00	0.040	0.030	3.00～5.00	15.00～17.50	3.00～5.00	Nb0.15～0.45
SUS631	0.09	1.00	1.00	0.040	0.030	6.50～7.75	16.00～18.00		Al0.75～1.50

表 7-157 奥氏体系不锈钢的力学性能

牌 号	屈服强度 /MPa,≥	抗拉强度 /MPa,≥	伸长率 /%,≥	硬 度[①]		
				HB,≤	HRB,≤	HV,≤
SUS301	205	520	40	207	95	218
SUS301L	215	550	45	207	95	218
SUS301J1	205	570	45	187	90	200
SUS302B	205	520	40	207	95	218
SUS303	205	520	40	187	90	200
SUS304	205	520	40	187	90	200
SUS304Cu	205	520	40	187	90	200
SUS304L	175	480	40	187	90	200
SUS304N1	275	550	35	217	95	220
SUS304N2	345	690	35	248	100	260
SUS304LN	245	550	40	217	95	220
SUS304J1	155	450	40	187	90	200
SUS304J2	155	450	40	187	90	200
SUS305	175	480	40	187	90	200
SUS309S	205	520	40	187	90	200
SUS310S	205	520	40	187	90	200
SUS312L	300	650	35	223	96	230
SUS315J1	205	520	40	187	90	200
SUS315J2	205	520	40	187	90	200
SUS316	205	520	40	187	90	200
SUS316L	175	480	40	187	90	200
SUS316N	275	550	35	217	95	220
SUS316LN	245	550	40	217	95	220
SUS316Ti	205	520	40	187	90	200
SUS316J1	205	520	40	187	90	200
SUS316J1L	175	480	40	187	90	200
SUS317	205	520	40	187	90	200
SUS317L	175	480	40	187	90	200
SUS317LN	245	550	40	217	95	220
SUS317J1	175	480	40	187	90	200
SUS317J2	345	690	40	250	100	260
SUS836L	275	640	40	217	96	230
SUS890L	215	490	35	187	90	200
SUS321	205	520	40	187	90	200
SUS347	205	520	40	187	90	200
SUSXM7	155	450	40	187	90	200
SUSXM15J1	205	520	40	207	95	218

① 各种硬度只适用一种。

注：洛氏硬度的报告中要标明 HRBS 或 HRBW。

表 7-158 SUS304N2—X 的力学性能

牌 号	屈服强度/MPa,≥	抗拉强度/MPa,≥	伸长率/%,≥	硬 度(HB)
SUS304N2—X	450	720	25	≥230~≤325

表 7-159 奥氏体-铁素体不锈钢的力学性能

牌 号	屈服强度/MPa,≥	抗拉强度/MPa,≥	伸长率/%,≥	硬 度①		
				HB,≤	HRB,≤	HV,≤
SUS329J1	390	590	18	277	29	292
SUS329J3L	450	620	18	302	32	320
SUS329J4L	450	620	18	302	32	320

① 各种硬度只适用一种。

注：洛氏硬度的报告中要表明 HRBS 或 HRBW。

表 7-160 铁素体不锈钢的力学性能

牌 号	屈服强度/MPa,≥	抗拉强度/MPa,≥	伸长率/%,≥	硬 度①			弯 曲	
				HB,≤	HRB,≤	HV,≤	弯曲角度	弯曲半径
SUS405	175	410	20	183	88	200	180°	厚度<8mm 0.5 倍 厚度≥8mm 1.0 倍
SUS410L	195	360	22	183	88	200	180°	厚度的 1.0 倍
SUS429	205	450	22	183	88	200	180°	厚度的 1.0 倍
SUS430	205	420	22	183	88	200	180°	厚度的 1.0 倍
SUS430LX	175	360	22	183	88	200	180°	厚度的 1.0 倍
SUS430J1L	205	390	22	192	90	200	180°	厚度的 1.0 倍
SUS434	205	450	22	183	88	200	180°	厚度的 1.0 倍
SUS436L	245	410	20	217	96	230	180°	厚度的 1.0 倍
SUS436J1L	245	410	20	192	90	200	180°	厚度的 1.0 倍
SUS444	245	410	20	217	96	230	180°	厚度的 1.0 倍
SUS445J1	245	410	20	217	96	230	180°	厚度的 1.0 倍
SUS445J2	245	410	20	217	96	230	180°	厚度的 1.0 倍
SUS447J1	295	450	22	207	95	220	180°	厚度的 1.0 倍
SUSXM27	245	410	22	192	90	200	180°	厚度的 1.0 倍

① 各种硬度只适用一种。

注：洛氏硬度的报告中要表明 HRBS 或 HRBW。

表 7-161 退火态马氏体不锈钢的力学性能

牌 号	屈服强度/MPa,≥	抗拉强度/MPa,≥	伸长率/%,≥	硬 度①			弯 曲	
				HB,≤	HRB,≤	HV,≤	弯曲角度	弯曲半径
SUS403	205	440	20	201	93	210	180°	厚度的 1.0 倍
SUS410	205	440	20	201	93	210	180°	厚度的 1.0 倍
SUS410S	205	410	20	183	88	200	180°	厚度的 1.0 倍
SUS420J1	225	520	18	223	97	234	—	—
SUS420J2	225	540	18	235	99	247	—	—
SUS440A	245	590	15	255	≤25HRC	269	—	—

① 各种硬度只适用一种。

注：洛氏硬度的报告中要表明 HRBS 或 HRBW。

表 7-162 马氏体不锈钢淬火回火状态的硬度

牌 号	硬 度(HRC),≥
SUS420J2 SUS440A	40

表 7-163 沉淀硬化不锈钢的力学性能

牌 号	热处理	屈服强度/MPa	抗拉强度/MPa	伸长率/%，≥		硬 度①			
						HBW	HRC	HRB	HV
SUS630	S	—	—	—		≤363	≤38	—	—
	H900	≥1175	≥1310	厚度≤5.0mm	≥5	≥375	≥40	—	—
				厚度>5.0mm≤15.0mm	≥8				
				>15.0mm	≥10				
	H1025	≥1000	≥1070	厚度≤5.0mm	≥5	≥331	≥35	—	—
				厚度>5.0mm≤15.0mm	≥8				
				>15.0mm	≥12				
	H1075	≥860	≥1000	厚度≤5.0mm	≥5	≥302	≥31		
				厚度>5.0mm≤15.0mm	≥9				
				>15.0mm	≥13				
	H1150	≥725	≥930	厚度≤5.0mm	≥8	≥277	≥28	—	—
				厚度>5.0mm≤15.0mm	≥10				
				>15.0mm	≥16				
SUS631	S	≤380	≤1030	≥20		≤192	—	≤92	≤200
	RH950	≥1030	≥1230	厚度≤3.0mm	—	—	≥40	—	≥392
				厚度>3.0mm	≥4				
	TH1050	≥960	≥1140	厚度≤3.0mm	≥3	—	≥35	—	≥345
				厚度>3.0mm	≥5				

① 各种硬度只适用一种。

注：洛氏硬度的报告中要标明 HRBS 或 HRBW。

表 7-164 奥氏体系的热处理 单位：℃

牌 号	固溶处理	牌 号	固溶处理
SUS301	1010～1150，急冷	SUS316	1010～1150，急冷
SUS301L	1010～1150，急冷	SUS316L	1010～1150，急冷
SUS301J1	1010～1150，急冷	SUS316N	1010～1150，急冷
SUS302B	1010～1150，急冷	SUS316LN	1010～1150，急冷
SUS303	1010～1150，急冷	SUS316Ti	920～1150，急冷
SUS304	1010～1150，急冷	SUS316J1	1010～1150，急冷
SUS304Cu	1010～1150，急冷	SUS316J1L	1010～1150，急冷
SUS304L	1010～1150，急冷	SUS317	1010～1150，急冷
SUS304N1	1010～1150，急冷	SUS317L	1010～1150，急冷
SUS304N2	1010～1150，急冷	SUS317LN	1010～1150，急冷
SUS304LN	1010～1150，急冷	SUS317J1	1030～1180，急冷
SUS304J1	1010～1150，急冷	SUS317J2	1030～1180，急冷
SUS304J2	1010～1150，急冷	SUS836L	1030～1180，急冷
SUS305	1030～1150，急冷	SUS890L	1030～1180，急冷
SUS309S	1030～1180，急冷	SUS321	920～1150，急冷
SUS310S	1030～1180，急冷	SUS347	980～1150，急冷
SUS312L	1010～1150，急冷	SUSXM7	1010～1150，急冷
SUS315J1	1010～1150，急冷	SUSXM15J1	1010～1150，急冷
SUS315J2	1010～1150，急冷		

注：1. 用户可指定 SUS316Ti、SUS321 及 SUS347 的稳定化热处理，此时热处理温度为 850～930℃。

2. 用户认可时，可进行在线轧制固溶处理，含急冷。此时记号为 LS。

表 7-165 奥氏体铁素体系的热处理　单位:℃

牌　号	固溶处理	牌　号	固溶处理
SUS329J1	950～1100,急冷	SUS329J4L	950～1100,急冷
SUS329J3L	950～1100,急冷		

表 7-166 铁素体系的热处理　单位:℃

牌　号	固溶处理	牌　号	固溶处理
SUS405	780～830,急冷或缓冷	SUS436L	800～1050,急冷
SUS410L	700～820,急冷或缓冷	SUS436J1L	800～1050,急冷
SUS429	780～850,急冷或缓冷	SUS444	800～1050,急冷
SUS430	780～850,急冷或缓冷	SUS445J1	850～1050,急冷
SUS430LX	780～950,急冷或缓冷	SUS445J2	850～1050,急冷
SUS430J1L	800～1050,急冷	SUS447J1	900～1050,急冷
SUS434	780～850,急冷或缓冷	SUSXM27	900～1050,急冷

表 7-167 马氏体系的热处理　单位:℃

牌　号	热　处　理		
	退　火	淬　火	回　火
SUS403	约 750 急冷或 800～900 缓冷	—	—
SUS410	约 750 急冷或 800～900 缓冷	—	—
SUS410S	约 750 急冷或 800～900 缓冷	—	—
SUS420J1	约 750 急冷或 800～900 缓冷	—	—
SUS420J2	约 750 急冷或 800～900 缓冷	约 980～1040,急冷	150～400,空冷
SUS440A	约 750 急冷或 800～900 缓冷	约 1010～1070,急冷	150～400,空冷

注：1. 用户指定 SUSJ2 及 SUS440A 进行淬火回火。记号为 Q。
2. 退火可获得规定力学性能时代替淬火回火。

表 7-168 沉淀硬化系的热处理　单位:℃

牌　号	热　处　理		
	种类	记号	条　件
SUS630	固溶处理	S	1020～1060,急冷
	沉淀硬化处理	H900	S 处理后 470～490℃,空冷
		H1025	S 处理后 540～560℃,空冷
		H1075	S 处理后 570～590℃,空冷
		H1150	S 处理后 610～630℃,空冷
SUS631	固溶处理	S	1000～1100,急冷
	沉淀硬化处理	TH1050	S 处理后 760℃±15℃下保持 90min。1h 以内冷却至 15℃以下,保持 30min,在 565℃±10℃保持 90min 后空冷
		RH950	S 处理后 955℃±15℃下保持 10min。空冷至室温。在 24h 内在−73℃±6℃下保持 8h。保持 30min,在 510℃±10℃保持 60min 后空冷

7.4.3 冷轧不锈钢板材、薄板和滞材

表 7-169 奥氏体系的化学成分（JIS G4305—2005）

单位：%

牌号	C	Si	Mn	P	S	Ni	Cr	Mo	Cu	N	其他
SUS301	0.15 以下	1.00 以下	2.00 以下	0.045 以下	0.030 以下	6.00～8.00	16.00～18.00	—	—	—	—
SUS301L	0.030 以下	1.00 以下	2.00 以下	0.045 以下	0.030 以下	6.00～8.00	16.00～18.00	—	—	0.20 以下	—
SUS301J1	0.08～0.12	1.00 以下	2.00 以下	0.045 以下	0.030 以下	7.00～9.00	16.00～18.00	—	—	—	—
SUS302B	0.15 以下	2.00～3.00	2.00 以下	0.045 以下	0.030 以下	8.00～10.00	17.00～19.00	—	—	—	—
SUS304	0.08 以下	1.00 以下	2.00 以下	0.045 以下	0.030 以下	8.00～10.50	18.00～20.00	—	—	—	—
SUS304Cu	0.08 以下	1.00 以下	2.00 以下	0.045 以下	0.030 以下	8.00～10.50	18.00～20.00	—	0.70～1.30	—	—
SUS304L	0.030 以下	1.00 以下	2.00 以下	0.045 以下	0.030 以下	9.00～13.00	18.00～20.00	—	—	—	—
SUS304N1	0.08 以下	1.00 以下	2.50 以下	0.045 以下	0.030 以下	7.00～10.50	18.00～20.00	—	—	0.10～0.25	—
SUS304N2	0.08 以下	1.00 以下	2.50 以下	0.045 以下	0.030 以下	7.50～10.50	18.00～20.00	—	—	0.15～0.30	Nb0.15 以下
SUS304LN	0.030 以下	1.00 以下	2.00 以下	0.045 以下	0.030 以下	8.50～11.50	17.00～19.00	—	—	0.12～0.22	—
SUS304J1	0.08 以下	1.70 以下	3.00 以下	0.045 以下	0.030 以下	6.00～9.00	15.00～18.00	—	1.00～3.00	—	—
SUS304J2	0.08 以下	1.70 以下	3.00～5.00	0.045 以下	0.030 以下	6.00～9.00	15.00～18.00	—	1.00～3.00	—	—
SUS305	0.12 以下	1.00 以下	2.00 以下	0.045 以下	0.030 以下	10.50～13.00	17.00～19.00	—	—	—	—
SUS309S	0.08 以下	1.00 以下	2.00 以下	0.045 以下	0.030 以下	12.00～15.00	22.00～24.00	—	—	—	—
SUS310S	0.08 以下	1.50 以下	2.00 以下	0.045 以下	0.030 以下	19.00～22.00	24.00～26.00	—	—	—	—
SUS312L	0.020 以下	0.80 以下	1.00 以下	0.030 以下	0.015 以下	17.50～19.50	19.00～21.00	6.00～7.00	0.50～1.00	0.16～0.25	—
SUS315J1	0.08 以下	0.50～2.50	2.00 以下	0.045 以下	0.030 以下	8.50～11.50	17.00～20.50	0.50～1.50	0.50～3.50	—	—
SUS315J2	0.08 以下	2.50～4.00	2.00 以下	0.045 以下	0.030 以下	11.00～14.00	17.00～20.50	0.50～1.50	0.50～3.50	—	—
SUS316	0.08 以下	1.00 以下	2.00 以下	0.045 以下	0.030 以下	10.00～14.00	16.00～18.00	2.00～3.00	—	—	—
SUS316L	0.030 以下	1.00 以下	2.00 以下	0.045 以下	0.030 以下	12.00～15.00	16.00～18.00	2.00～3.00	—	—	—
SUS316N	0.08 以下	1.00 以下	2.00 以下	0.045 以下	0.030 以下	10.00～14.00	16.00～18.00	2.00～3.00	—	0.10～0.22	—
SUS316LN	0.030 以下	1.00 以下	2.00 以下	0.045 以下	0.030 以下	10.50～14.50	16.50～18.50	2.00～3.00	—	0.12～0.22	—
SUS316Ti	0.08 以下	1.00 以下	2.00 以下	0.045 以下	0.030 以下	10.00～14.00	16.00～18.00	2.00～3.00	—	—	Ti5×C 以上
SUS316J1	0.08 以下	1.00 以下	2.00 以下	0.045 以下	0.030 以下	10.00～14.00	17.00～19.00	1.20～2.75	1.00～2.50	—	—
SUS316J1L	0.030 以下	1.00 以下	2.00 以下	0.045 以下	0.030 以下	12.00～16.00	17.00～19.00	1.20～2.75	1.00～2.50	—	—
SUS317	0.08 以下	1.00 以下	2.00 以下	0.045 以下	0.030 以下	11.00～15.00	18.00～20.00	3.00～4.00	—	—	—
SUS317L	0.030 以下	1.00 以下	2.00 以下	0.045 以下	0.030 以下	11.00～15.00	18.00～20.00	3.00～4.00	—	—	—
SUS317LN	0.030 以下	1.00 以下	2.00 以下	0.045 以下	0.030 以下	11.00～15.00	18.00～20.00	3.00～4.00	—	0.10～0.22	—
SUS317J1	0.040 以下	1.00 以下	2.00 以下	0.045 以下	0.030 以下	15.00～17.00	16.00～19.00	4.00～6.00	—	—	—
SUS317J2	0.06 以下	1.00 以下	2.00 以下	0.045 以下	0.030 以下	12.00～16.00	23.00～26.00	0.50～1.20	—	0.25～0.40	—
SUS836L	0.030 以下	1.00 以下	2.00 以下	0.045 以下	0.030 以下	24.00～26.00	19.00～24.00	5.00～7.00	—	0.25 以下	—
SUS890L	0.020 以下	1.00 以下	2.00 以下	0.045 以下	0.030 以下	23.00～28.00	19.00～23.00	4.00～5.00	1.00～2.00	—	—
SUS321	0.08 以下	1.00 以下	2.00 以下	0.045 以下	0.030 以下	9.00～13.00	17.00～19.00	—	—	—	Ti5×C 以上
SUS347	0.08 以下	1.00 以下	2.00 以下	0.045 以下	0.030 以下	9.00～13.00	17.00～19.00	—	—	—	Nb10×C 以上
SUSXM7	0.08 以下	1.00 以下	2.00 以下	0.045 以下	0.030 以下	8.50～10.50	17.00～19.00	—	3.00～4.00	—	—
SUSXM15J1	0.08 以下	3.00～5.00	2.00 以下	0.045 以下	0.030 以下	11.50～15.00	15.00～20.00	—	—	—	—

注：必要时可对 SUSM15J1 添加表中以外的 Cu、Mo、Nb、Ti 或 N 等一种或多种合金元素。

表 7-170 奥氏体-铁素体系的化学成分（JIS G4305—2005） 单位：%

牌 号	C	Si	Mn	P	S	Ni	Cr	Mo	N
SUS329J1	0.08 以下	1.00 以下	1.50 以下	0.040 以下	0.030 以下	3.00～6.00	23.00～28.00	1.00～3.00	—
SUS329J3L	0.030 以下	1.00 以下	2.00 以下	0.040 以下	0.030 以下	4.50～6.50	21.00～24.00	2.50～3.50	0.08～0.20
SUS329J4L	0.030 以下	1.00 以下	1.50 以下	0.040 以下	0.030 以下	5.50～7.50	24.00～26.00	2.50～3.50	0.08～0.30

注：必要时，可添加表中以外的 Cu、W 或 N 等一种或多种合金元素。

表 7-171 铁素体系的化学成分（JIS G4305—2005） 单位：%

牌 号	C	Si	Mn	P	S	Cr	Mo	N	其他
SUS405	0.08 以下	1.00 以下	1.00 以下	0.040 以下	0.030 以下	11.50～14.50	—	—	Al0.10～0.30
SUS410L	0.030 以下	1.00 以下	1.00 以下	0.040 以下	0.030 以下	11.00～13.50	—	—	—
SUS429	0.12 以下	1.00 以下	1.00 以下	0.040 以下	0.030 以下	14.00～16.00	—	—	—
SUS430	0.12 以下	0.75 以下	1.00 以下	0.040 以下	0.030 以下	16.00～18.00	—	—	—
SUS430LX	0.030 以下	0.75 以下	1.00 以下	0.040 以下	0.030 以下	16.00～19.00	—	—	Ti 或 Nb 0.00～1.00
SUS430J1L	0.025 以下	1.00 以下	1.00 以下	0.040 以下	0.030 以下	16.00～20.00	—	0.025 以下	Ti,Nb,Zr 或 他们的组合 8×(C+N)～0.80 Cu0.30～0.80
SUS434	0.12 以下	1.00 以下	1.00 以下	0.040 以下	0.030 以下	16.00～18.00	0.75～1.25	—	—
SUS436L	0.025 以下	1.00 以下	1.00 以下	0.040 以下	0.030 以下	16.00～19.00	0.75～1.50	0.025 以下	Ti,Nb,Zr 或 他们的组合 8×(C+N)～0.80
SUS436J1L	0.025 以下	1.00 以下	1.00 以下	0.040 以下	0.030 以下	17.00～20.00	0.40～0.80	0.025 以下	Ti,Nb,Zr 或 他们的组合 8×(C+N)～0.80
SUS444	0.025 以下	1.00 以下	1.00 以下	0.040 以下	0.030 以下	17.00～20.00	1.75～2.50	0.025 以下	Ti,Nb,Zr 或 他们的组合 8×(C+N)～0.80
SUS445J1	0.025 以下	1.00 以下	1.00 以下	0.040 以下	0.030 以下	21.00～24.00	0.70～1.50	0.025 以下	—
SUS445J2	0.025 以下	1.00 以下	1.00 以下	0.040 以下	0.030 以下	21.00～24.00	1.50～2.50	0.025 以下	—
SUS447J1	0.010 以下	0.40 以下	0.40 以下	0.030 以下	0.020 以下	28.50～32.00	1.50～2.50	0.015 以下	—
SUSXM27	0.010 以下	0.40 以下	0.40 以下	0.030 以下	0.020 以下	25.00～27.50	0.75～1.50	0.015 以下	—

注：1. 除 SUS447J1 及 SUSXM27 外，均可含 Ni0.60%以下。

2. SUS447J1 及 SUSXM27 均可含 Ni0.5%以下，含 Cu0.20%以下，含 Ni+Cu0.50%以下。此外，必要时可添加本表以外的 Cu、V、Ti 或 Nb 等一种或多种合金元素。

3. 必要时可对 SUS445J1 和 SUS445J2 添加表中以外的 Cu、V、Ti 或 Nb 等一种或多种合金元素。

4. 必要时 SUS430J1L 可含表中以外的 V。

表 7-172 马氏体系的化学成分（JIS G4305—2005） 单位：%

牌 号	C	Si	Mn	P	S	Cr
SUS403	0.15 以下	0.50 以下	1.00 以下	0.040 以下	0.030 以下	11.50～13.00
SUS410	0.15 以下	1.00 以下	1.00 以下	0.040 以下	0.030 以下	11.50～13.50
SUS410S	0.08 以下	1.00 以下	1.00 以下	0.040 以下	0.030 以下	11.50～13.50
SUS420J1	0.16～0.25	1.00 以下	1.00 以下	0.040 以下	0.030 以下	12.00～14.00
SUS420J2	0.26～0.40	1.00 以下	1.00 以下	0.040 以下	0.030 以下	12.00～14.00
SUS440A	0.60～0.75	1.00 以下	1.00 以下	0.040 以下	0.030 以下	16.00～18.00

注：1. 可含 Ni0.60%以下。

2. SUS440A 可添加 0.75%以下的 Mo。

表 7-173 沉淀硬化系的化学成分（JIS G4305—2005） 单位：%

牌 号	C	Si	Mn	P	S	Ni	Cr	Cu	其 他
SUS630	0.07 以下	1.00 以下	1.00 以下	0.040 以下	0.030 以下	3.00～5.00	15.00～17.50	3.00～5.00	Nb0.15～0.45
SUS631	0.09 以下	1.00 以下	1.00 以下	0.040 以下	0.030 以下	6.50～7.75	16.00～18.00	—	Al0.75～1.50

表 7-174 固溶热处理状态的力学性能（奥氏体钢）

牌 号	屈服强度 /MPa	抗拉强度 /MPa	伸长率 /%	硬 度[①]		
				HB	HRB	HV
SUS301	205 以上	520 以上	40 以上	207 以下	95 以下	218 以下
SUS301L	215 以上	550 以上	45 以上	207 以下	95 以下	218 以下
SUS301J1	205 以上	570 以上	45 以上	187 以下	90 以下	200 以下
SUS302B	205 以上	520 以上	40 以上	207 以下	95 以下	218 以下
SUS304	205 以上	520 以上	40 以上	187 以下	90 以下	200 以下
SUS304Cu	205 以上	520 以上	40 以上	187 以下	90 以下	200 以下
SUS304L	175 以上	480 以上	40 以上	187 以下	90 以下	200 以下
SUS304N1	275 以上	550 以上	35 以上	217 以下	100 以下	260 以下
SUS304N2	345 以上	690 以上	35 以上	248 以下	95 以下	220 以下
SUS304LN	245 以上	550 以上	40 以上	217 以下	90 以下	200 以下
SUS304J1	155 以上	450 以上	40 以上	187 以下	90 以下	200 以下
SUS304J2	155 以上	450 以上	40 以上	187 以下	90 以下	200 以下
SUS305	175 以上	480 以上	40 以上	187 以下	90 以下	200 以下
SUS309S	205 以上	520 以上	40 以上	187 以下	90 以下	200 以下
SUS310S	205 以上	520 以上	40 以上	187 以下	90 以下	200 以下
SUS312L	300 以上	650 以上	35 以上	223 以下	96 以下	230 以下
SUS315J1	205 以上	520 以上	40 以上	187 以下	90 以下	200 以下
SUS315J2	205 以上	520 以上	40 以上	187 以下	90 以下	200 以下
SUS316	205 以上	520 以上	40 以上	187 以下	90 以下	200 以下
SUS316L	175 以上	480 以上	40 以上	187 以下	90 以下	200 以下
SUS316N	275 以上	550 以上	35 以上	217 以下	95 以下	220 以下
SUS316LN	245 以上	550 以上	40 以上	217 以下	95 以下	220 以下
SUS316Ti	205 以上	520 以上	40 以上	187 以下	90 以下	200 以下
SUS316J1	205 以上	520 以上	40 以上	187 以下	90 以下	200 以下
SUS316J1L	175 以上	480 以上	40 以上	187 以下	90 以下	200 以下
SUS317	205 以上	520 以上	40 以上	187 以下	90 以下	200 以下
SUS317L	175 以上	480 以上	40 以上	187 以下	90 以下	200 以下
SUS317LN	245 以上	550 以上	40 以上	217 以下	95 以下	220 以下
SUS317J1	175 以上	480 以上	40 以上	187 以下	90 以下	200 以下
SUS317J2	345 以上	690 以上	40 以上	250 以下	100 以下	260 以下
SUS836L	275 以上	640 以上	40 以上	217 以下	96 以下	230 以下
SUS890L	215 以上	490 以上	35 以上	187 以下	90 以下	200 以下
SUS321	205 以上	520 以上	40 以上	187 以下	90 以下	200 以下
SUS347	205 以上	520 以上	40 以上	187 以下	90 以下	200 以下
SUSXM7	155 以上	450 以上	40 以上	187 以下	90 以下	200 以下
SUSXM15J1	205 以上	520 以上	40 以上	207 以下	95 以下	218 以下

① 适用于任意一种硬度。

注：洛氏硬度测量值的报告中应指明是 HRBS 或 HRBW。

表 7-175 SUS301 及 SUS301L 调质轧制状态的力学性能

牌号	调质记号	屈服强度/MPa	抗拉强度/MPa	伸长率/%		
				厚度<0.40mm	厚度≥0.40~0.80mm	厚度≥0.80mm
SUS301	1/4H	510 以上	860 以上	25 以上	25 以上	25 以上
	1/2H	755 以上	1030 以上	9 以上	10 以上	10 以上
	3/4H	930 以上	1210 以上	3 以上	5 以上	7 以上
	H	960 以上	1270 以上	3 以上	4 以上	5 以上
SUS301L	1/4H	345 以上	690 以上	40 以上		
	1/2H	410 以上	760 以上	35 以上		
	3/4H	480 以上	820 以上	25 以上		
	H	685 以上	930 以上	20 以上		

表 7-176 固溶热处理状态的力学性能（奥氏体-铁素体钢）

牌号	屈服强度/MPa	抗拉强度/MPa	伸长率/%	硬度[1]		
				HBW	HRC	HV
SUS329J1	390 以上	590 以上	18 以上	277 以下	29 以下	292 以下
SUS329J3L	450 以上	620 以上	18 以上	302 以下	32 以下	320 以下
SUS329J4L	450 以上	620 以上	18 以上	302 以下	32 以下	320 以下

① 适用于任意一种硬度。

表 7-177 退火状态的力学性能（铁素体钢）

牌号	屈服强度/MPa	抗拉强度/MPa	伸长率/%	硬度[1]			弯曲性能	
				HBW	HRBS 或 HRBW	HV	弯曲度	弯曲半径
SUS405	175 以上	410 以上	20 以上	183 以下	88 以下	200 以下	180°	厚度<0.80mm，厚度的 0.5 倍 厚度≥0.80mm，厚度的 1.0 倍
SUS410L	195 以上	360 以上	22 以上	183 以下	88 以下	200 以下	180°	厚度的 1.0 倍
SUS429	205 以上	450 以上	22 以上	183 以下	88 以下	200 以下	180°	厚度的 1.0 倍
SUS430	205 以上	450 以上	22 以上	183 以下	88 以下	200 以下	180°	厚度的 1.0 倍
SUS430LX	175 以上	360 以上	22 以上	183 以下	88 以下	200 以下	180°	厚度的 1.0 倍
SUS430J1L	205 以上	390 以上	22 以上	192 以下	90 以下	200 以下	180°	厚度的 1.0 倍
SUS434	205 以上	450 以上	22 以上	183 以下	88 以下	200 以下	180°	厚度的 1.0 倍
SUS436L	245 以上	410 以上	20 以上	217 以下	96 以下	230 以下	180°	厚度的 1.0 倍
SUS436J1L	245 以上	410 以上	20 以上	192 以下	90 以下	200 以下	180°	厚度的 1.0 倍
SUS444	245 以上	410 以上	20 以上	217 以下	96 以下	230 以下	180°	厚度的 1.0 倍
SUS445J1	245 以上	410 以上	20 以上	217 以下	96 以下	230 以下	180°	厚度的 1.0 倍
SUS445J2	245 以上	410 以上	20 以上	217 以下	96 以下	230 以下	180°	厚度的 1.0 倍
SUS447J1	295 以上	450 以上	22 以上	207 以下	95 以下	220 以下	180°	厚度的 1.0 倍
SUSXM27	245 以上	410 以上	22 以上	192 以下	90 以下	200 以下	180°	厚度的 1.0 倍

① 适用于任意一种硬度。

注：洛氏硬度测量值的报告中应指明是 HRBS 或 HRBW。

表 7-178 退火状态的力学性能（马氏体钢）

牌号	屈服强度/MPa	抗拉强度/MPa	伸长率/%	硬度[1]			弯曲性能	
				HBW	HRBS 或 HRBW	HV	弯曲度	弯曲半径
SUS403	205 以上	440 以上	20 以上	201 以下	93 以下	210 以下	180°	厚度的 1.0 倍
SUS410	205 以上	440 以上	20 以上	201 以下	93 以下	210 以下	180°	厚度的 1.0 倍
SUS410S	205 以上	410 以上	20 以上	183 以下	88 以下	200 以下	180°	厚度的 1.0 倍
SUS420J1	225 以上	520 以上	18 以上	223 以下	97 以下	234 以下	—	—
SUS420J2	225 以上	540 以上	18 以上	235 以下	99 以下	247 以下	—	—
SUS440A	245 以上	590 以上	15 以上	255 以下	HRC25 以下	269 以下	—	—

① 适用于任意一种硬度。

注：洛氏硬度测量值的报告中应指明是 HRBS 或 HRBW。

表 7-179 淬火回火状态的硬度（马氏体钢）

牌　号	硬　度(HRC)
SUS420J2	40 以上
SUS440A	

表 7-180 沉淀硬化钢的力学性能

牌　号	热处理代号	屈服强度/MPa	抗拉强度/MPa	伸长率/%		硬　度①			
						HBW	HRC	HRBS 或 HRBW	HV
SUS630	S	—	—	—		363 以下	38 以下	—	—
	H900	1175 以上	1310 以上	厚度≤5.0mm	5 以上	375 以上	40 以上	—	—
				厚度>5.0～15.0mm	8 以上				
	H1025	1000 以上	1070 以上	厚度≤5.0mm	5 以上	331 以上	35 以上	—	—
				厚度>5.0～15.0mm	8 以上				
	H1075	860 以上	1000 以上	厚度≤5.0mm	5 以上	302 以上	31 以上	—	—
				厚度>5.0～15.0mm	9 以上				
	H1150	725 以上	930 以上	厚度≤5.0mm	8 以上	277 以上	28 以上	—	—
				厚度>5.0～15.0mm	10 以上				
SUS631	S	380 以下	1030 以下	20 以上		192 以下	—	92 以下	200 以下
	RH950	1030 以上	1230 以上	厚度≤3.0mm	—	—	40 以上	—	392 以上
				厚度>3.0mm	4 以上				
	TH1050	960 以上	1140 以上	厚度≤3.0mm	3 以上	—	35 以上	—	345 以上
				厚度>3.0mm	5 以上				

① 适用于任意一种硬度。

注：洛氏硬度测量值的报告中应指明是 HRBS 或 HRBW。

表 7-181 奥氏体钢的热处理

单位：℃

牌　号	固溶热处理	牌　号	固溶热处理
SUS301	1010～1150，急冷	SUS316L	1010～1150，急冷
SUS301L	1010～1150，急冷	SUS316N	1010～1150，急冷
SUS301J1	1010～1150，急冷	SUS316LN	1010～1150，急冷
SUS302B	1010～1150，急冷	SUS316Ti	920～1150，急冷
SUS304	1010～1150，急冷	SUS316J1	1010～1150，急冷
SUS304Cu	1010～1150，急冷	SUS316J1L	1010～1150，急冷
SUS304L	1010～1150，急冷	SUS317	1010～1150，急冷
SUS304N1	1010～1150，急冷	SUS317L	1010～1150，急冷
SUS304N2	1010～1150，急冷	SUS317LN	1010～1150，急冷
SUS304LN	1010～1150，急冷	SUS317J1	1030～1180，急冷
SUS304J1	1010～1150，急冷	SUS317J2	1030～1180，急冷
SUS304J2	1010～1150，急冷	SUS836L	1030～1180，急冷
SUS305	1010～1150，急冷	SUS890L	1030～1180，急冷
SUS309S	1010～1150，急冷	SUS321	920～1150，急冷
SUS310S	1030～1150，急冷	SUS347	980～1150，急冷
SUS312L	1030～1180，急冷	SUSXM7	1010～1150，急冷
SUS315J1	1010～1150，急冷	SUSXM15J1	1010～1150，急冷
SUS315J2	1010～1150，急冷		
SUS316	1010～1150，急冷		

注：1. 订货者可对 SUS 316Ti、SUS 321 及 SUS 347 指定稳定热处理，此时的热处理温度应为 850～930℃。

2. 包括按特别规定在轧制线上进行固溶处理并急速冷却，此时，代号应为 LS。

表 7-182 奥氏体-铁素体钢的热处理 单位：℃

牌 号	固溶热处理	牌 号	固溶热处理
SUS329J1	950～1100,急冷	SUS329J4L	950～1100,急冷
SUS329J3L	950～1100,急冷		

表 7-183 铁素体钢的热处理 单位：℃

牌 号	固溶热处理	牌 号	固溶热处理
SUS405	780～830,急冷或缓冷	SUS436L	800～1050,急冷
SUS410L	700～820,急冷或缓冷	SUS436J1L	800～1050,急冷
SUS429	780～850,急冷或缓冷	SUS444	800～1050,急冷
SUS430	780～850,急冷或缓冷	SUS445J1	850～1050,急冷
SUS430LX	780～950,急冷或缓冷	SUS445J2	850～1050,急冷
SUS430J1L	800～1050,急冷	SUS447J1	900～1050,急冷
SUS434	780～850,急冷或缓冷	SUSXM27	900～1050,急冷

表 7-184 马氏体钢的热处理 单位：℃

牌号	固溶热处理		
	退火	淬火	回火
SUS403	约 750 急冷或 800～900 缓冷	—	—
SUS410	约 750 急冷或 800～900 缓冷	—	—
SUS410S	约 750 急冷或 800～900 缓冷	—	—
SUS420J1	约 750 急冷或 800～900 缓冷	—	—
SUS420J2	约 750 急冷或 800～900 缓冷	980～1040,急冷	150～400,空冷
SUS440A	约 750 急冷或 800～900 缓冷	1010～1070,急冷	150～400,空冷

注：1. 订货者特别指定时，可对 SUS 420J2 及 SUS 440A 进行淬火回火，此时，代号应为 Q。
2. 退火也可用能够获得力学性能的淬火回火来代替。

表 7-185 沉淀硬化钢的热处理

牌号	热处理		
	种类	代号	条件
SUS630	固溶热处理	S	1020～1060℃急冷
	沉淀硬化处理	H900	S 处理后,470～490℃空冷
		H1025	S 处理后,540～560℃空冷
		H1075	S 处理后,570～590℃空冷
		H11150	S 处理后,610～630℃空冷
SUS631	固溶热处理	S	1000～1100℃急冷
	沉淀硬化处理	TH1050	S 处理后,在 760℃±15℃中保持 90min,在 1h 以内冷却到 15℃以下,保持 30min,在 565℃±10℃中保持 90min 后空冷
		RH950	S 处理后,在 955℃±10℃中保持 10min,空冷至室温,在 24h 以内,保持在－73℃±6℃中 8h,再保持在 510℃±10℃中 60min 后空冷

7.4.4 不锈钢盘条

表 7-186 奥氏体系的化学成分（JIS G4308—2013） 单位：%

牌号	C	Si	Mn	P	S	Ni	Cr	Mo	其他
SUS201	0.15 以下	1.00 以下	5.50～7.50	0.060 以下	0.030 以下	3.50～5.50	16.00～18.00	—	N 0.25 以下
SUS302	0.15 以下	1.00 以下	2.00 以下	0.045 以下	0.030 以下	8.00～10.00	17.00～19.00	—	—
SUS303	0.15 以下	1.00 以下	2.00 以下	0.20 以下	0.15 以上	8.00～10.00	17.00～19.00	①	—
SUS303Se	0.15 以下	1.00 以下	2.00 以下	0.20 以下	0.060 以下	8.00～10.00	17.00～19.00	—	Se 0.15 以上
SUS303Cu	0.15 以下	1.00 以下	3.00 以下	0.20 以下	0.15 以上	8.00～10.00	17.00～19.00	—	Cu 1.50～3.50
SUS304	0.080 以下	1.00 以下	2.00 以下	0.045 以下	0.030 以下	8.00～10.50	18.00～20.00	—	—
SUS304L	0.030 以下	1.00 以下	2.00 以下	0.045 以下	0.030 以下	9.00～13.00	18.00～20.00	—	—
SUS304N1	0.08 以下	1.00 以下	2.50 以下	0.045 以下	0.030 以下	7.00～10.50	18.00～20.00	—	N 0.10～0.25
SUS304J3	0.08 以下	1.00 以下	2.00 以下	0.045 以下	0.030 以下	8.00～10.50	17.00～19.00	—	Cu 1.00～3.00
SUS305	0.12 以下	1.00 以下	2.00 以下	0.045 以下	0.030 以下	10.50～13.00	17.00～19.00	—	—
SUS305J1	0.08 以下	1.00 以下	2.00 以下	0.045 以下	0.030 以下	11.00～13.50	16.50～19.00	—	—
SUS309S	0.08 以下	1.00 以下	2.00 以下	0.045 以下	0.030 以下	12.00～15.00	22.00～24.00	—	—
SUS310S	0.08 以下	1.50 以下	2.00 以下	0.045 以下	0.030 以下	19.00～22.00	24.00～26.00	—	—
SUS316	0.08 以下	1.00 以下	2.00 以下	0.045 以下	0.030 以下	10.00～14.00	16.00～18.00	2.00～3.00	—
SUS316L	0.030 以下	1.00 以下	2.00 以下	0.045 以下	0.030 以下	12.00～15.00	16.00～18.00	2.00～3.00	—
SUS316F	0.08 以下	1.00 以下	2.00 以下	0.045 以下	0.10 以上	10.00～14.00	16.00～18.00	2.00～3.00	—
SUS317	0.08 以下	1.00 以下	2.00 以下	0.045 以下	0.030 以下	11.00～15.00	18.00～20.00	3.00～4.00	—
SUS317L	0.030 以下	1.00 以下	2.00 以下	0.045 以下	0.030 以下	11.00～15.00	18.00～20.00	3.00～4.00	—
SUS321	0.08 以下	1.00 以下	2.00 以下	0.045 以下	0.030 以下	9.00～13.00	17.00～19.00	—	Ti 5×C 以上
SUS347	0.08 以下	1.00 以下	2.00 以下	0.045 以下	0.030 以下	9.00～13.00	17.00～19.00	—	Nb 10×C 以上
SUS384	0.08 以下	1.00 以下	2.00 以下	0.045 以下	0.030 以下	17.00～19.00	15.00～17.00	—	—
SUSXM7	0.08 以下	1.00 以下	2.00 以下	0.045 以下	0.030 以下	8.50～10.50	17.00～19.00	—	Cu 3.00～4.00
SUSM15J1	0.08 以下	3.00～5.00	2.00 以下	0.045 以下	0.030 以下	11.50～15.00	15.00～20.00	—	—

① 可添加 Mo 0.60%以下。

表 7-187 铁素体系的化学成分（JIS G4308—2013） 单位：%

牌 号	C	Si	Mn	P	S	Cr	Mo
SUS410L	0.030 以下	1.00 以下	1.00 以下	0.040 以下	0.030 以下	11.00～13.50	—
SUS430	0.12 以下	0.75 以下	1.00 以下	0.040 以下	0.030 以下	16.00～18.00	—
SUS430F	0.12 以下	1.00 以下	1.25 以下	0.060 以下	0.15 以上	16.00～18.00	①
SUS434	0.12 以下	1.00 以下	1.00 以下	0.040 以下	0.030 以下	16.00～18.00	0.75～1.25

① 可添加 Mo 0.60%以下。
注：可含有 Ni 0.60%以下。

表 7-188 马氏体系的化学成分（JIS G4308—2013） 单位：%

牌号	C	Si	Mn	P	S	Ni	Cr	Mo	Pb
SUS403	0.15 以下	0.50 以下	1.00 以下	0.040 以下	0.030 以下	①	11.50～13.00	—	—
SUS410	0.15 以下	1.00 以下	1.00 以下	0.040 以下	0.030 以下	①	11.50～13.00	—	—
SUS410F2	0.15 以下	1.00 以下	1.00 以下	0.040 以下	0.030 以下	①	11.50～13.00	—	0.05～0.30
SUS416	0.15 以下	1.00 以下	1.25 以下	0.060 以下	0.15 以下	①	12.00～14.00	②	—
SUS420J1	0.16～0.25	1.00 以下	1.00 以下	0.040 以下	0.030 以下	①	12.00～14.00	—	—
SUS420J2	0.26～0.40	1.00 以下	1.00 以下	0.040 以下	0.030 以下	①	12.00～14.00	—	—
SUS420F	0.26～0.40	1.00 以下	1.25 以下	0.060 以下	0.15 以上	①	12.00～14.00	②	—
SUS420F2	0.26～0.40	1.00 以下	1.00 以下	0.040 以下	0.030 以下	①	12.00～14.00	—	0.05～0.30
SUS431	0.20 以下	1.00 以下	1.00 以下	0.040 以下	0.030 以下	1.25～2.50	15.00～17.00	—	—
SUS440C	0.95～1.20	1.00 以下	1.00 以下	0.040 以下	0.030 以下	①	16.00～18.00	③	—

① 可含有 Ni 0.60%以下。
② SUS416 和 SUS420F 合金中，可添加 Mo 0.60%以下。
③ SUS440C 合金中可添加 Mo 0.75%以下。

表 7-189 析出硬化系的化学成分（JIS G4308—2013） 单位：%

牌号	C	Si	Mn	P	S	Ni	Cr	Al
SUS630	0.07 以下	1.00 以下	1.00 以下	0.040 以下	0.030 以下	3.00～5.00	15.00～17.00	Cu3.00～5.00 Nb0.75～1.50
SUS631J1	0.09 以下	1.00 以下	1.00 以下	0.040 以下	0.030 以下	7.00～8.50	16.00～18.00	0.75～1.50

7.4.5 不锈钢丝

表 7-190 奥氏体系的化学成分（JIS G4309—2013） 单位：%

牌号	碳≤	硅	锰	磷	硫	镍	铬	其他
SUS201	0.15	≤1.00	5.50～7.50	0.060	≤0.030	3.50～5.50	16.00～18.00	氮≤0.25
SUS303	0.15	≤1.00	≤2.00	≤0.20	≥0.15	8.00～10.00	17.00～19.00	—
SUS303Se	0.15	≤1.00	≤2.00	≤0.20	≤0.060	8.00～10.00	17.00～19.00	硒≥0.15
SUS303Cu	0.15	≤1.00	≤3.00	≤0.20	≥0.15	8.00～10.00	17.00～19.00	铜 1.50～3.50
SUS304	0.08	≤1.00	≤2.00	≤0.045	≤0.030	8.00～10.50	18.00～20.00	—
SUS304L	0.030	≤1.00	≤2.00	≤0.045	≤0.030	9.00～13.00	18.00～20.00	—
SUS304N1	0.08	≤1.00	≤2.00	≤0.045	≤0.030	7.00～10.50	18.00～20.00	氮 0.10～0.25
SUS304J3	0.08	≤1.00	≤2.00	≤0.045	≤0.030	8.00～10.50	17.00～19.00	铜 1.00～3.00
SUS305	0.12	≤1.00	≤2.00	≤0.045	≤0.030	10.50～13.00	17.00～19.00	—
SUS305J1	0.08	≤1.00	≤2.00	≤0.045	≤0.030	11.0～13.50	16.50～19.00	
SUS309S	0.08	≤1.00	≤2.00	≤0.045	≤0.030	12.00～15.00	22.00～24.00	
SUS310S	0.08	≤1.50	≤2.00	≤0.045	≤0.030	19.00～22.00	24.00～26.00	—
SUS316	0.08	≤1.00	≤2.00	≤0.045	≤0.030	10.00～14.00	16.00～18.00	
SUS316L	0.030	≤1.00	≤2.00	≤0.045	≤0.030	12.00～15.00	16.00～18.00	
SUS316F	0.08	≤1.00	≤2.00	≤0.045	≥0.10	10.00～14.00	16.00～18.00	
SUS317	0.08	≤1.00	≤2.00	≤0.045	≤0.030	11.00～15.00	18.00～20.00	
SUS317L	0.030	≤1.00	≤2.00	≤0.045	≤0.030	11.00～15.00	18.00～20.00	
SUS321	0.08	≤1.00	≤2.00	≤0.045	≤0.030	9.00～13.00	17.00～19.00	钛≥5×C
SUS347	0.08	≤1.00	≤2.00	≤0.045	≤0.030	9.00～13.00	17.00～19.00	铌≥10×C
SUSXM7	0.08	≤1.00	≤2.00	≤0.045	≤0.030	8.50～10.50	17.00～19.00	铜 3.00～4.00
SUSXM15J1	0.08	3.00～5.00	≤2.00	≤0.045	≤0.030	11.50～15.00	15.00～20.00	—
SUH330	0.15	≤1.50	≤2.00	≤0.045	≤0.030	33.00～37.00	14.00～17.00	—

注：对于牌号 SUSXM15J1，必要时可以添加本表以外的合金元素；对于牌号 SUS303，必要时可添加≤0.06%的钼。

表 7-191 铁素体系的化学成分（JIS G4309—2013） 单位：%

牌　号	碳,≤	硅,≤	锰,≤	磷,≤	硫	铬	其　他
SUS405	0.08	1.00	1.00	0.040	≤0.030	11.50～14.50	铝 0.10～0.30
SUS430	0.12	0.75	1.00	0.040	≤0.030	16.00～18.00	—
SUS430F	0.12	1.00	1.25	0.060	≥0.15	16.00～18.00	—
SUH446	0.20	1.00	1.50	0.040	≤0.030	23.00～27.00	氮≤0.25

注：1. 对于牌号 SUS430F，可添加≤0.60%的钼，也可含有≤0.60%的镍。

2. 对于牌号 SUH446，可含有≤0.30%的铜。

表 7-192　马氏体系的化学成分（JIS G 4309—2013）　　单位：%

牌　号	碳	硅，≤	锰，≤	磷，≤	硫	铬	其　他
SUS403	≤0.15	0.50	1.00	0.040	≤0.030	11.50～13.00	
SUS410	≤0.15	1.00	1.00	0.040	≤0.030	11.50～13.50	—
SUS410F2	≤0.15	1.00	1.00	0.040	≤0.030	11.50～13.50	铅 0.05～0.30
SUS416	≤0.15	1.00	1.25	0.060	≥0.15	12.00～14.00	
SUS420J1	0.16～0.25	1.00	1.00	0.040	≤0.030	12.00～14.00	
SUS420J2	0.26～0.40	1.00	1.00	0.040	≤0.030	12.00～14.00	
SUS420F	0.26～0.40	1.00	1.25	0.060	≥0.15	12.00～14.00	—
SUS420F2	0.26～0.40	1.00	1.00	0.040	≤0.030	12.00～14.00	铅 0.05～0.30
SUS440C	0.95～1.20	1.00	1.00	0.040	≤0.030	16.00～18.00	

注：1. 表中各牌号均可添加≤0.60%的镍。
2. 表中牌号 SUS416 及 SUS420F，可以添加≤0.60%的钼。
3. 表中牌号 SUS440 可以添加≤0.75%的钼。

表 7-193　软态 1 号钢丝的抗拉强度及伸长率

牌号及状态代号		丝径/mm	抗拉强度/MPa	伸长率/%，≥
SUS201-W1 SUS304N1-W1 SUH330-W1		>0.050～0.16	730～980	20
		>0.16～0.50	680～930	
		>0.50～1.60	650～900	30
		>1.60～5.00	630～880	
		>5.00～14.0	550～800	
SUS303-W1 SUS303Cu-W1 SUS304L-W1 SUS310S-W1 SUS316L-W1 SUS317-W1 SUS321-W1 SUSXM15J1-W1	SUS303Se-W1 SUS304-W1 SUS309S-W1 SUS316-W1 SUS316F-W1 SUS317L-W1 SUS347-W1	>0.050～0.16	650～900	20
		>0.16～0.50	610～860	
		>0.50～1.60	570～820	30
		>1.60～5.00	520～770	
		>5.00～14.0	500～750	
SUS304J3-W1 SUS305-W1 SUS305J1-W1 SUSXM7-W1		>0.050～0.16	620～870	20
		>0.16～0.50	580～830	
		>0.50～1.60	540～790	30
		>1.60～5.00	500～750	
		>5.00～14.0	490～740	

注：表中牌号 SUS303-W1，SUS303Se-W1、SUS303Cu-W1 及 SUS316F-W1，不适用本表中伸长率的值。

表 7-194　软态 2 号钢丝的抗拉强度

牌号及状态代号		丝径/mm	抗拉强度/MPa	牌号及状态代号		丝径/mm	抗拉强度/MPa
SUS201-W2 SUS303Se-W2 SUS301 W2 SUS304N1-W2 SUS305-W2 SUS309S-W2 SUS316-W2 SUS316F-W2 SUS317L-W2 SUS347-W2 SUSXM15J1-W2	SUS303-W2 SUS303Cu-W2 SUS304L-W2 SUS304J3-W2 SUS305J1-W2 SUS310S-W2 SUS316L-W2 SUS317-W2 SUS321-W2 SUSXM7-W2 SUH330-W2	≥0.80～1.60	780～1130	SUS403-W2 SUS410-W2	SUS405-W2 SUS430-W2	≥0.80～5.00	540～780
						>5.00～14.0	490～740
		>1.60～5.00	740～1080	SUS410F2-W2 SUS420J1-W2 SUS420F-W2 SUS430F-W2 SUS446-W2	SUS416-W2 SUS420J2-W2 SUS420F2-W2 SUS440C-W2	≥0.80～1.60	640～930
		>5.00～14.0	740～1030			>1.60～5.00	590～880
						>5.00～14.0	590～830

表 7-195 1/2 硬态钢丝的抗拉强度

牌号及状态代号	丝径/mm	抗拉强度/MPa
SUS201-W½H SUS304-W½H SUS304N1-W½H SUS316-W½H	≥0.80～1.60	1130～1470
	>1.60～5.00	1080～1420
	>5.00～6.00	1030～1320

表 7-196 标准丝径 单位：mm

0.020	0.030	0.040	0.050	0.060	0.070	0.080	0.090
0.10	0.12	0.14	0.16	0.18	0.20	0.23	0.26
0.29	0.32	0.35	0.40	0.45	0.50	0.55	0.60
0.65	0.70	0.80	0.90	1.00	1.20	1.40	1.60
1.80	2.00	2.30	2.60	2.90	3.20	3.50	4.00
4.50	5.00	5.50	6.00	6.50	7.00	8.00	9.00
10.0	12.0	14.0					

7.4.6 耐热钢棒及线材

表 7-197 奥氏体系的化学成分（JIS G4311—2019） 单位：%

牌号	C	Si	Mn	P	S	Ni	Cr	Mo	N	其他
SUH31	0.35～0.45	1.50～2.50	0.60以下	0.040以下	0.030以下	13.00～15.00	14.00～16.00	—	—	—
SUH35	0.48～0.58	0.35以下	8.00～10.00	0.040以下	0.030以下	3.25～4.50	20.00～22.00	—	0.35～0.50	—
SUH36	0.48～0.58	0.35以下	8.00～10.00	0.040以下	0.040～0.090	3.25～4.50	20.00～22.00	—	0.35～0.50	—
SUH37	0.15～0.25	1.00以下	1.00～1.60	0.040以下	0.030以下	10.00～12.00	20.50～22.50	—	0.15～0.30	—
SUH38	0.25～0.35	1.00以下	1.20以下	0.18～0.25	0.030以下	10.00～12.00	19.00～21.00	1.80～2.50	—	B 0.001～0.010
SUH309	0.20以下	1.00以下	2.00以下	0.040以下	0.030以下	12.00～15.00	22.00～24.00	—	—	—
SUH310	0.25以下	1.50以下	2.00以下	0.040以下	0.030以下	19.00～22.00	24.00～26.00	—	—	—
SUH330	0.15以下	1.50以下	2.00以下	0.040以下	0.030以下	33.00～37.00	14.00～17.00	—	—	—
SUH660	0.08以下	1.00以下	2.00以下	0.040以下	0.030以下	24.00～27.00	13.50～16.00	1.00～1.50	—	Ti 1.90～2.35，Al 0.35 以下，B 0.001～0.010
SUH661	0.08～0.16	1.00以下	1.00～2.00	0.040以下	0.030以下	19.00～21.00	20.00～22.50	2.50～3.50	0.10～0.20	Nb 0.75～1.25
SUS304-HR	0.08以下	1.00以下	2.00以下	0.045以下	0.030以下	8.00～10.50	18.00～20.00	—	—	—
SUS309S-HR	0.08以下	1.00以下	2.00以下	0.045以下	0.030以下	22.00～15.00	22.00～24.00	—	—	—
SUS310S-HR	0.08以下	1.50以下	2.00以下	0.045以下	0.030以下	19.00～22.00	24.00～26.00	—	—	—
SUS316-HR	0.08以下	1.00以下	2.00以下	0.045以下	0.030以下	10.00～14.00	16.00～18.00	2.00～3.00	—	—
SUS316Ti-HR	0.08以下	1.00以下	2.00以下	0.045以下	0.030以下	10.00～14.00	16.00～18.00	2.00～3.00	—	Ti:5×C %以上
SUS317-HR	0.08以下	1.00以下	2.00以下	0.045以下	0.030以下	11.00～15.00	18.00～20.00	3.00～4.00	—	—
SUS321-HR	0.08以下	1.00以下	2.00以下	0.045以下	0.030以下	9.00～13.00	17.00～19.00	—	—	Ti:5×C %以上
SUS347-HR	0.08以下	1.00以下	2.00以下	0.045以下	0.030以下	9.00～13.00	17.00～19.00	—	—	Nb:10×C %以上
SUSXM15J1-HR	0.08以下	3.00～5.00	2.00以下	0.045以下	0.030以下	11.50～15.00	15.00～20.00	—	—	—

表 7-198　铁素体系的化学成分（JIS G4311—2019）　　单位：%

牌号	C	Si	Mn	P	S	Cr	N	Al
SUH446	0.20 以下	1.00 以下	1.50 以下	0.040 以下	0.030 以下	23.00～27.00	0.25 以下	
SUS405-HR	0.08 以下	1.00 以下	1.00 以下	0.040 以下	0.030 以下	11.50～14.50		0.10～0.30
SUS410L-HR	0.030 以下	1.00 以下	1.00 以下	0.040 以下	0.030 以下	11.00～13.50		
SUS430-HR	0.12 以下	0.75 以下	1.00 以下	0.040 以下	0.030 以下	16.00～18.00		

注：Cu 含量在 0.30%以下；Ni 含量在 0.60%以下。

表 7-199　马氏体系的化学成分（JIS G4311—2019）　　单位：%

牌号	C	Si	Mn	P	S	Ni	Cr	Mo	N	Nb
SUH1①,②	0.40～0.50	3.00～3.50	0.60 以下	0.030 以下	0.030 以下	—	7.50～9.50	—	—	—
SUH3①,②	0.35～0.45	1.80～2.50	0.60 以下	0.030 以下	0.030 以下	—	10.00～12.00	0.70～1.30	—	—
SUH4①	0.75～0.85	1.75～2.25	0.20～0.60	0.030 以下	0.030 以下	1.15～1.65	19.00～20.50	—	—	—
SUH11①,②	0.45～0.55	1.00～2.00	0.60 以下	0.030 以下	0.030 以下	—	7.50～9.50	—	—	—
SUH600①,②	0.15～0.20	0.50 以下	0.50～1.00	0.040 以下	0.030 以下	—	10.00～13.00	0.30～0.90	0.05～0.10	0.20～0.60
SUH616①	0.20～0.25	0.50 以下	0.50～1.00	0.040 以下	0.030 以下	0.50～1.00	11.00～13.00	0.75～1.25	—	—
SUS403-HR②	0.15 以下	0.50 以下	1.00 以下	0.040 以下	0.030 以下	—	11.50～13.00	—	—	—
SUS410-HR②	0.15 以下	1.00 以下	1.00 以下	0.040 以下	0.030 以下	—	11.50～13.50	—	—	—
SUS410JI-HR②	0.08～0.18	0.60 以下	1.00 以下	0.040 以下	0.030 以下	—	11.50～14.00	0.30～0.60	—	—
SUS431-HR	0.20 以下	1.00 以下	1.00 以下	0.040 以下	0.030 以下	1.25～2.50	15.00～17.00	—	—	—

① Cu 含量在 0.30%以下。
② Ni 含量在 0.60%以下。

表 7-200　固溶处理及固溶处理后时效处理的奥氏体系的力学性能（JIS G4311—2019）

牌号	热处理 种类	热处理 记号	屈服强度/MPa	抗拉强度/MPa	伸长率/%	断面收缩率/%	硬度(HBW)	尺寸/mm 径、对边距或厚度
SUH31	固溶处理	S	315 以上	740 以上	30 以上	40 以上	248 以下	25 以下
			315 以上	690 以上	25 以上	35 以上	248 以下	大于 25,180 以下
SUH35	固溶处理后时效处理	H	560 以上	880 以上	8 以上	—	302 以上	25 以下
SUH36			560 以上	880 以上	8 以上	—	302 以上	25 以下
SUH37			390 以上	780 以上	35 以上	35 以上	248 以下	25 以下
SUH38			490 以上	880 以上	20 以上	25 以上	269 以上	25 以下
SUH309	固溶处理	S	205 以上	560 以上	45 以上	50 以上	201 以下	180 以下
SUH310			205 以上	590 以上	40 以上	50 以上	201 以下	180 以下
SUH330			205 以上	560 以上	40 以上	50 以上	201 以下	180 以下
SUH660	固溶处理后时效处理	H	590 以上	900 以上	15 以上	18 以上	248 以上	180 以下
SUH661	固溶处理	S	315 以上	690 以上	35 以上	35 以上	248 以下	180 以下
	固溶处理后时效处理	H	345 以上	760 以上	30 以上	30 以上	192 以上	75 以下

表 7-201　退火后的铁素体系的力学性能①

牌　号	屈服强度/MPa	抗拉强度/MPa	伸长率/%	断面收缩率/%	硬度(HBW)
SUH446	275 以上	510 以上	20 以上	40 以上	201 以下

① 表中的值适用于直径、对边矩或厚度 75mm 以下的棒。

表 7-202　退火状态的马氏体系的硬度

牌　　号	硬度(HBW)	牌　　号	硬度(HBW)
SUH1	269 以下	SUH11	269 以下
SUH3	269 以下	SUH600	269 以下
SUH4	321 以下	SUH616	269 以下

表 7-203　淬火回火状态的马氏体系的力学性能

牌　　号	屈服强度/MPa	抗拉强度/MPa	伸长率/%	断面收缩率/%	冲击值/(J/cm²)	硬度(HBW)	尺寸/mm
							径、对边矩或厚度
SUH1	685 以上	930 以上	15 以上	35 以上	—	269 以上	75 以下
SUH3	685 以上	930 以上	15 以上	35 以上	20 以上	269 以上	25 以下
	635 以上	880 以上	15 以上	35 以上	20 以上	262 以上	大于 25,75 以下
SUH11	685 以上	880 以上	15 以上	35 以上	20 以上	262 以上	25 以下
SUH600	685 以上	830 以上	15 以上	30 以上	—	321 以下	75 以下
SUH616	735 以上	880 以上	10 以上	25 以上	—	341 以下	75 以下

表 7-204　奥氏体系的热处理　　单位:℃

牌号	固溶处理	时效处理
SUH31	950～1050,急冷	—
SUH35	1100～1200,急冷	730～780,空冷
SUH36	1100～1200,急冷	730～780,空冷
SUH37	1050～1150,急冷	750～800,空冷
SUH38	1120～1150,急冷	730～760,空冷
SUH309	1030～1150,急冷	—
SUH310	1030～1180,急冷	—
SUH330	1030～1180,急冷	—
SUH660	885～915,急冷或 965～995,急冷	700～760×16h,空冷或缓冷
SUH661	1130～1200,急冷	780～830×4h,空冷或缓冷

表 7-205　铁素体系的热处理　　单位:℃

牌　　号	退　　火
SUH446	780～880,急冷

表 7-206　马氏体系的热处理　　单位:℃

牌　号	热处理		
	退　　火	淬　　火	回　火
SUH1	800～900,缓冷	980～1080,油冷	700～850,急冷
SUH3	800～900,缓冷	980～1080,油冷	700～800,急冷
SUH4	800～900,缓冷或约 720,空冷	1030～1080,油冷	700～800,急冷
SUH11	750～850,缓冷	1000～1050,油冷	650～750,急冷
SUH600	850～950,缓冷	1100～1170,油冷或空冷	600 以上,空冷
SUH616	830～900,缓冷	1020～1070,油冷或空冷	600 以上,空冷

7.4.7 耐热钢板和钢带

表 7-207 奥氏体系的化学成分（JIS G4312—2011） 单位：%

牌号	C	Si	Mn	P	S	Ni	Cr	Mo	W	Co	其他
SUH309	0.20以下	1.00以下	2.00以下	0.040以下	0.030以下	12.00～15.00	22.00～24.00	—	—	—	—
SUH310	0.25以下	1.50以下	2.00以下	0.040以下	0.030以下	19.00～22.00	24.00～26.00	—	—	—	—
SUH330	0.15以下	1.50以下	2.00以下	0.040以下	0.030以下	33.00～37.00	14.00～17.00	—	—	—	—
SUH600	0.08以下	1.00以下	2.00以下	0.040以下	0.030以下	24.00～27.00	13.50～16.00	1.00～1.50	—	—	Ti 1.90～2.35 V 0.10～0.50 Al 0.35以下 B 0.001～0.010
SUH661	0.08～0.16	1.00以下	1.00～2.00	0.040以下	0.030以下	19.00～21.00	20.00～22.50	2.50～3.50	2.50～3.00	18.50～21.00	N 0.10～0.20 Nb 0.75～1.25

表 7-208 铁素体系的化学成分（JIS G 4312—2011） 单位：%

牌　号	C	Si	Mn	P	S	Cr	N	其　他
SUH21①,②	0.10以下	1.50以下	1.00以下	0.040以下	0.030以下	17.00～21.00	—	Al 2.00～4.00
SUH409②	0.08以下	1.00以下	1.00以下	0.040以下	0.030以下	10.50～11.75	—	Ti 6×C～0.75
SUH409L②	0.030以下	1.00以下	1.00以下	0.040以下	0.030以下	10.50～11.75	—	Ti 6×C～0.75
SUH446②	0.20以下	1.00以下	1.50以下	0.040以下	0.030以下	23.00～27.00	0.25以下	—

① SUH21 中，可添加该表以外的合金元素。

② 可含有 Ni0.60%以下。

表 7-209 奥氏体系的力学性能

牌　号	热处理记号	屈服强度/MPa	抗拉强度/MPa	伸长率/%	硬　度①			
					HBW	HRC	HRBS或者HRBW②	HV
SUH309	S	205以上	560以上	40以上	201以下	—	95以下	210以下
SUH310	S	205以上	590以上	35以上	201以下	—	95以下	210以下
SUH330	S	205以上	560以上	35以上	201以下	—	95以下	210以下
SUH660	S	—	730以下	25以上	192以下	—	91以下	202以下
	H	590以上	900以上	15以上	248以上	24以上	—	261以上
SUH661	S	315以上	690以上	35以上	248以下	—	100以下	261以下
	H	345以上	760以上	30以上	192以上	—	91以上	202以上

① 硬度可适用于任意一种。

② 应注明 HRBS 或 HRBW。

注：屈服强度、抗拉强度及伸长率适用于厚度 0.3mm 以上的钢板和钢带。

表 7-210 铁素体系的力学性能

牌号	屈服强度/MPa	抗拉强度/MPa	伸长率/%	硬度①			弯曲试验	
				HBW	HRBS或HRBW	HV	弯曲角度	内侧半径
SUH21	245以上	440以上	15以上	210以下	95以下	220以下	—	—
SUH409	175以上	360以上	22以上	162以下	80以下	175以下	180°	厚度8mm以下厚度的0.5倍 厚度8mm以上厚度的1.0倍
SUH409L	175以上	360以上	25以上	162以下	80以下	175以下	180°	
SUH446	275以上	510以上	20以上	201以下	95以下	210以下	135°	

① 硬度取任一值即可，应注明 HRBS或 HRBW。

注：屈服强度抗拉强度及伸长率适用于厚度0.3mm以上的。

表 7-211 奥氏体系的热处理　　单位：℃

牌号	热处理	
	固溶处理	时效处理
SUH309	1030～1150,急冷	—
SUH310	1030～1180,急冷	—
SUH330	1030～1180,急冷	—
SUH660	965～995,急冷	700～760×16h,空冷或缓冷
SUH661	1130～1200,急冷	780～830×4h,空冷或缓冷

表 7-212 铁素体系的热处理　　单位：℃

牌号	退火	牌号	退火
SUH21	780～950,急冷或缓冷	SUH409L	780～950,急冷或缓冷
SUH409	780～950,急冷或缓冷	SUH446	780～880,急冷

7.4.8 冷轧弹簧钢带

表 7-213 奥氏体系的化学成分（JIS G4313—2011）　　单位：%

牌号	C	Si	Mn	P	S	Ni	Cr
SUS301-CSP	0.15以下	1.00以下	2.00以下	0.045以下	0.030以下	6.00～8.00	16.00～18.00
SUS304-CSP	0.08以下	1.00以下	2.00以下	0.045以下	0.030以下	8.00～10.50	18.00～20.00

表 7-214 马氏体系的化学成分（JIS G4313—2011）　　单位：%

牌号	C	Si	Mn	P	S	Cr
SUS420J2-CSP	0.26～0.40	1.00以下	1.00以下	0.040以下	0.030以下	12.00～14.00

注：可含有Ni0.60%以下。

表 7-215 析出硬化系的化学成分（JIS G4313—2011）　　单位：%

牌号	C	Si	Mn	P	S	Ni	Cr	Cu	其他
SUS631-CSP	0.09以下	1.00以下	1.00以下	0.040以下	0.030以下	6.50～7.75	16.00～18.00	—	Al 0.75～1.50
SUS632J1-CSP	0.09以下	1.00～2.00	1.00以下	0.040以下	0.030以下	6.50～7.75	13.50～15.50	0.40～1.00	Ti 0.20～0.65

表 7-216　硬度和弯曲性能

牌　号	记　号	冷压延或退火或固溶处理	
		硬度(HV)	弯曲性 90°V 形弯曲内侧半径
SUS301-CSP	$\frac{1}{2}$H	310 以上	厚度的 2 倍以下
	$\frac{3}{4}$H	370 以上	厚度的 2.5 倍以下
	H	430 以上	—
	EH	490 以上	—
	SEH	530 以上	—
SUS304-CSP	$\frac{1}{2}$H	250 以上	厚度的 2 倍以下
	$\frac{3}{4}$H	310 以上	厚度的 2.5 倍以下
	H	370 以上	—
SUS420J2-CSP	O	247 以下	—
SUS631-CSP	O	200 以下	厚度的 0.5 倍以下
	$\frac{1}{2}$H	350 以上	厚度的 1.5 倍以下
	$\frac{3}{4}$H	400 以上	—
	H	450 以上	—
SUS632J1-CSP	$\frac{1}{2}$H	350 以下	—
	$\frac{3}{4}$H	420 以下	—

表 7-217　析出硬化处理后的硬度

牌　号	记　号	析出硬化处理状态	
		热处理记号	硬度(HV)
SUS631-CSP	O	TH1050①	345 以上
		RH950②	392 以上
	$\frac{1}{2}$H	CH③	380 以上
	$\frac{3}{4}$H	CH③	450 以上
	H	CH③	530 以上
SUS632J1-CSP	$\frac{1}{2}$H	CH③	400 以上
	$\frac{3}{4}$H	CH③	480 以上

① TH1050：加热 760℃±15℃，保温 90min，然后 1h 内冷却到 15℃以下，保温 30min，再次加热 565℃±10℃，保温 90min 后空冷。

② RH950：加热 955℃±10℃，保温 10min，空冷至室温，24h 以内冷却−73℃±6℃保温 8h，再次加热 510℃±10℃，保温 60min 后空冷。

③ CH：加热 475℃±10℃，保温 1h 后空冷。

表 7-218 冷轧弹簧钢带的力学性能

牌号	记号	冷压延或退火或固溶处理		
		屈服强度/MPa	抗拉强度/MPa	伸长率/%
SUS301-CSP	$\frac{1}{2}$H	510 以上	930 以上	10 以上
	$\frac{3}{4}$H	745 以上	1130 以上	5 以上
	H	1030 以上	1320 以上	—
	EH	1275 以上	1570 以上	—
	SEH	1450 以上	1740 以上	—
SUS304-CSP	$\frac{1}{2}$H	470 以上	780 以上	6 以上
	$\frac{3}{4}$H	665 以上	930 以上	3 以上
	H	880 以上	1130 以上	—
SUS420J2-CSP	O	225 以上	540～740	18 以上
SUS631-CSP	O	380 以下	1030 以下	20 以上
	$\frac{1}{2}$H	—	1080 以上	5 以上
	$\frac{3}{4}$H	—	1180 以上	—
	H	—	1420 以上	—
SUS632J1-CSP	$\frac{1}{2}$H	—	1200 以下	—
	$\frac{3}{4}$H	—	1450 以下	—

注：对厚度不到 0.3mm 的，可以省略拉伸试验。

表 7-219 析出硬化处理后的力学性能

牌号	记号	析出硬化处理状态		
		热处理记号	屈服强度/MPa	抗拉强度/MPa
SUS631-CSP	O	TH1050①	960 以上	1140 以上
		RH950②	1030 以上	1230 以上
	$\frac{1}{2}$H	CH③	880 以上	1230 以上
	$\frac{3}{4}$H	CH③	1080 以上	1420 以上
	H	CH③	1320 以上	1720 以上
SUS632J1-CSP	$\frac{1}{2}$H	CH③	1250 以上	1300 以上
	$\frac{3}{4}$H	CH③	1500 以上	1550 以上

① TH1050：加热 760℃±15℃，保温 90min，1h 内冷却至 15℃以下，保温 30min，再加热 565℃±10℃，保温 90min 后空冷。

② RH950：加热 955℃±10℃，保温 10min，空冷至室温，24h 内冷却到－73℃±6℃，保温 8h，再加热 510℃±10℃，保温 60min 后空冷。

③ CH：加热 475℃±10℃，保持 1h 后空冷。

7.4.9 不锈弹簧钢丝

表 7-220 奥氏体系的化学成分（JIS G4314—2013） 单位：%

牌号	C	Si	Mn	P	S	Ni	Cr	Mo	N
SUS 302	0.15 以下	1.00 以下	2.00 以下	0.045 以下	0.030 以下	8.00～10.00	17.00～19.00	—	—
SUS 304	0.08 以下	1.00 以下	2.00 以下	0.045 以下	0.030 以下	8.00～10.50	18.00～20.00	—	—
SUS 304N1	0.08 以下	1.00 以下	2.50 以下	0.045 以下	0.030 以下	7.00～10.50	18.00～20.00	—	0.10～0.25
SUS 316	0.08 以下	1.00 以下	2.00 以下	0.045 以下	0.030 以下	10.00～14.00	16.00～18.00	2.00～3.00	—

表 7-221 析出硬化系的化学成分（JIS G4314—2013） 单位：%

牌号	C	Si	Mn	P	S	Ni	Cr	Al
SUS 631J1	0.09 以下	1.00 以下	1.00 以下	0.040 以下	0.030 以下	7.00～8.50	16.00～18.00	0.75～1.50

表 7-222 不锈弹簧钢丝的力学性能（JIS G4314—2013）

<table>
<tr><th rowspan="3">线径
/mm</th><th colspan="4">抗拉强度/MPa</th></tr>
<tr><th>A 种</th><th>B 种</th><th>C 种</th><th>D 种</th></tr>
<tr><th>SUS 302-WPA
SUS 304-WPA
SUS 304N1-WPA
SUS 316-WPA</th><th>SUS 302-WPB
SUS 304-WPB
SUS 304-WPBS①
SUS 304N1-WPB</th><th>SUS 631J1-WPC②</th><th>SUS 304-WPDS</th></tr>
<tr><td>0.080～0.10</td><td rowspan="2">1650～1900</td><td rowspan="2">2150～2400</td><td>—</td><td rowspan="3">—</td></tr>
<tr><td>0.10～0.20</td><td>1950～2200</td></tr>
<tr><td>0.20～0.29</td><td rowspan="3">1600～1850</td><td rowspan="2">2050～2300</td><td rowspan="2">1930～2180</td></tr>
<tr><td>0.29～0.40</td><td>1700～2000</td></tr>
<tr><td>0.40～0.60</td><td>1950～2200</td><td>1850～2100</td><td>1650～1950</td></tr>
<tr><td>0.60～0.70</td><td rowspan="3">1530～1780</td><td rowspan="3">1850～2100</td><td rowspan="3">1800～2050</td><td>1550～1850</td></tr>
<tr><td>0.70～0.90</td><td>1550～1800</td></tr>
<tr><td>0.90～1.00</td><td>1500～1750</td></tr>
<tr><td>1.00～1.20</td><td rowspan="2">1450～1700</td><td rowspan="2">1750～2000</td><td rowspan="2">1700～1950</td><td>1470～1720</td></tr>
<tr><td>1.20～1.40</td><td>1420～1670</td></tr>
<tr><td>1.40～1.60</td><td rowspan="2">1400～1650</td><td rowspan="2">1650～1900</td><td rowspan="2">1600～1850</td><td>1370～1620</td></tr>
<tr><td>1.60～2.00</td><td rowspan="3">—</td></tr>
<tr><td>2.00～2.60</td><td>1320～1570</td><td>1550～1800</td><td>1500～1750</td></tr>
<tr><td>2.60～4.00</td><td>1230～1480</td><td>1450～1700</td><td>1400～1650</td></tr>
<tr><td>4.00～6.00</td><td>1100～1350</td><td>1350～1600</td><td>1300～1550</td><td rowspan="5">—</td></tr>
<tr><td>6.00～8.00</td><td>1000～1250</td><td>1270～1520</td><td rowspan="4">—</td></tr>
<tr><td>8.00～9.00</td><td rowspan="3">—</td><td>1130～1380</td></tr>
<tr><td>9.00～10.0</td><td>980～1230</td></tr>
<tr><td>10.0～12.0</td><td>880～1130</td></tr>
</table>

① SUS 304-WPBS 的适应线径范围为 0.29～1.60mm。

② 对 SUS 631J1—WPC，根据双方协定，沉淀硬化热处理（470℃±10℃，加热 1h 后空冷）后的试验片进行拉伸试验，抗拉强度的增加必须在 250MPa 以上。

注：对于中间的线径，使用比此值大的线径的值。

7.4.10 冷顶锻和冷锻用不锈钢丝

表 7-223 奥氏体系的化学成分（JIS G4315—2013） 单位：%

牌号	C	Si	Mn	P	S	Ni	Cr	其他
SUS 304	0.08 以下	1.00 以下	2.00 以下	0.045 以下	0.030 以下	8.00～10.50	18.00～20.00	—
SUS 304L	0.030 以下	1.00 以下	2.00 以下	0.045 以下	0.030 以下	9.00～13.00	18.00～20.00	—
SUS 304J3	0.08 以下	1.00 以下	2.00 以下	0.045 以下	0.030 以下	8.00～10.50	17.00～19.00	Cu 1.00～3.00
SUS 305	0.12 以下	1.00 以下	2.00 以下	0.045 以下	0.030 以下	10.50～13.00	17,00～19.00	—

续表

牌号	C	Si	Mn	P	S	Ni	Cr	其他
SUS 305J1	0.08 以下	1.00 以下	2.00 以下	0.045 以下	0.030 以下	11.00～13.50	16.50～19.00	—
SUS 316	0.08 以下	1.00 以下	2.00 以下	0.045 以下	0.030 以下	10.00～14.00	16.00～18.00	Mo 2.00～3.00
SUS 316L	0.030 以下	1.00 以下	2.00 以下	0.045 以下	0.030 以下	12.00～15.00	16.00～18.00	Mo 2.00～3.00
SUS 384	0.08 以下	1.00 以下	2.00 以下	0.045 以下	0.030 以下	17.00～19.00	15.00～17.00	—
SUS XM7	0.08 以下	1.00 以下	2.00 以下	0.045 以下	0.030 以下	8.50～10.50	17.00～19.00	Cu 3.00～4.00
SUH 660	0.08 以下	1.00 以下	2.00 以下	0.040 以下	0.030 以下	24.00～27.00	13.50～16.00	V 0.10～0.50 Ti 1.90～2.35 Al 0.35 以下 B 0.001～0.010 Mo 1.00～1.50

表 7-224 铁素体系的化学成分（JIS G4315—2013） 单位：%

牌号	C	Si	Mn	P	S	Cr	Mo
SUS 430	0.12 以下	0.75 以下	1.00 以下	0.040 以下	0.030 以下	16.00～18.00	—
SUS 434	0.12 以下	1.00 以下	1.00 以下	0.040 以下	0.030 以下	16.00～18.00	0.75～1.25

注：Ni 含量在 0.60%以下。

表 7-225 马氏体系的化学成分（JIS G4315—2013） 单位：%

牌号	C	Si	Mn	P	S	Cr
SUS 403	0.15 以下	0.50 以下	1.00 以下	0.040 以下	0.030 以下	11.50～13.00
SUS 410	0.15 以下	1.00 以下	1.00 以下	0.040 以下	0.030 以下	11.50～13.50

注：Ni 含量在 0.60%以下。

表 7-226 冷顶锻和冷锻用不锈钢丝的力学性能（JIS G4315—2013）

牌号—记号	线径/mm	抗拉强度/MPa	断面收缩率/%	参考 伸长率/%
SUS304-WSA SUS304L-WSA SUS304J3-WSA	＞0.80～＜2.00	560～710	70 以上	30 以上
	2.00～5.50	510～660	70 以上	40 以上
SUS305-WSA SUS305J1-WSA	＞0.80～＜2.00	530～680	70 以上	30 以上
	2.00～5.50	490～640	70 以上	40 以上
SUS316-WSA SUS316L-WSA	＞0.80～＜2.00	560～710	70 以上	20 以上
	2.00～5.50	510～660	70 以上	30 以上
SUS384－WSA	＞0.80～＜2.00	490～640	70 以上	30 以上
	2.00～5.50	450～600	70 以上	40 以上
SUSXM7-WSA	＞0.80～＜2.00	480～630	70 以上	30 以上
	2.00～5.50	440～590	70 以上	40 以上
SUH660-WSA	＞0.80～＜2.00	630～780	65 以上	10 以上
	2.00～5.50	580～730	65 以上	15 以上
SUS304-WSB SUS304L-WSB SUS304J3-WSB	＞0.80～＜2.00	580～760	65 以上	20 以上
	2.00～17.0	530～710	65 以上	25 以上
SUS305-WSB SUS305J1-WSB	＞0.80～＜2.00	560～740	65 以上	20 以上
	2.00～17.0	510～690	65 以上	25 以上
SUS316-WSB SUS316L-WSB	＞0.80～＜2.00	580～760	65 以上	10 以上
	2.00～17.0	530～710	65 以上	20 以上
SUS384-WSB	＞0.80～＜2.00	510～690	65 以上	20 以上
	2.00～17.0	460～640	65 以上	25 以上
SUSXM7-WSB	＞0.80～＜2.00	500～680	65 以上	20 以上
	2.00～17.0	450～630	65 以上	25 以上
SUH660-WSB	＞0.80～＜2.00	650～830	60 以上	8 以上
	2.00～17.0	600～780	60 以上	10 以上

续表

牌号—记号	线径 /mm	抗拉强度 /MPa	断面收缩率 /%	参考 伸长率/%
SUS430-WSB	>0.80～<2.00	500～700	65 以上	—
	2.00～17.0	450～600	65 以上	10 以上
SUS403-WSB SUS410-WSB SUS434-WSB	>0.80～<2.00	540～740	65 以上	—
	2.00～17.0	460～640	65 以上	10 以上

注：根据双方协议，奥氏体系和铁素体系的 B 种线的抗拉强度可以比表中的抗拉强度的下限及上限高，此时，断面收缩率为 55%以上。

7.4.11 焊接用不锈钢丝

表 7-227 奥氏体系的化学成分（JIS G4316—1991） 单位：%

牌号	C	Si	Mn	P	S	Ni	Cr	Mo	其他
SUSY 308①	0.08 以下	0.65 以下	1.00～2.50	0.030 以下	0.030 以下	9.00～11.00	19.50～22.00	—	—
SUSY308L①	0.030 以下	0.65 以下	1.00～2.50	0.030 以下	0.030 以下	9.00～11.00	19.50～22.00	—	—
SUSY309①	0.12 以下	0.65 以下	1.00～2.50	0.030 以下	0.030 以下	12.00～14.00	23.00～25.00	—	—
SUSY309L	0.030 以下	0.65 以下	1.00～2.50	0.030 以下	0.030 以下	12.00～14.00	23.00～25.00	—	—
SUSY309Mo	0.12 以下	0.65 以下	1.00～2.50	0.030 以下	0.030 以下	12.00～14.00	23.00～25.00	2.00～3.00	—
SUSY310	0.15 以下	0.65 以下	1.00～2.50	0.030 以下	0.030 以下	20.00～22.50	25.00～28.00	—	—
SUSY310S	0.08 以下	0.65 以下	1.00～2.50	0.030 以下	0.030 以下	20.00～22.50	25.00～28.00	—	—
SUSY312	0.15 以下	0.65 以下	1.00～2.50	0.030 以下	0.030 以下	8.00～10.50	28.00～32.00	—	—
SUSY16-8-2	0.10 以下	0.65 以下	1.00～2.50	0.030 以下	0.030 以下	7.50～9.50	14.50～16.50	1.00～2.00	—
SUSY316①	0.08 以下	0.65 以下	1.00～2.50	0.030 以下	0.030 以下	11.00～14.00	18.00～20.00	2.00～3.00	—
SUSY316L①	0.030 以下	0.65 以下	1.00～2.50	0.030 以下	0.030 以下	11.00～14.00	18.00～20.00	2.00～3.00	—
SUSY316J1L	0.030 以下	0.65 以下	1.00～2.50	0.030 以下	0.030 以下	11.00～14.00	18.00～20.00	2.00～3.00	Cu 1.00～2.50
SUSY317	0.08 以下	0.65 以下	1.00～2.50	0.030 以下	0.030 以下	13.00～15.00	18.50～20.50	3.00～4.00	—
SUSY317L	0.030 以下	0.65 以下	1.00～2.50	0.030 以下	0.030 以下	13.00～15.00	18.50～20.50	3.00～4.00	—
SUSY321	0.08 以下	0.65 以下	1.00～2.50	0.030 以下	0.030 以下	9.00～10.50	18.50～20.50	—	Ti 9×C～1.00
SUSY347①	0.08 以下	0.65 以下	1.00～2.50	0.030 以下	0.030 以下	9.00～11.00	19.00～21.50	—	Nb 10×C～1.00
SUSY347L	0.030 以下	0.65 以下	1.00～2.50	0.030 以下	0.030 以下	9.00～11.00	19.00～21.50	—	Nb 10×C～1.00

① 根据双方协议，Si 在 0.65%～1.00%也可以，此时，牌号后面应附加“Si”。

注：SUSY308，SUSY308L，SUSY347 及 SUSY347L，根据订货者的要求，Cr 为 1.9×Ni%以上。

表 7-228 铁素体系的化学成分（JIS G4316—1991） 单位：%

牌号	C	Si	Mn	P	S	Ni	Cr
SUSY430	0.10 以下	0.50 以下	0.60 以下	0.030 以下	0.030 以下	0.60 以下	15.50～17.00

表 7-229 马氏体系的化学成分（JIS G4316—1991） 单位：%

牌号	C	Si	Mn	P	S	Ni	Cr	Mo
SUSY 410	0.12 以下	0.50 以下	0.60 以下	0.030 以下	0.030 以下	0.60 以下	11.50～13.50	0.75 以下

7.4.12 不锈钢锻件用初轧坯和钢坯

表 7-230 奥氏体系的化学成分 单位：%

牌号	C	Si	Mn	P	S	Ni	Cr	Mo	其他
SUS302FB	0.15 以下	1.00 以下	2.00 以下	0.045 以下	0.030 以下	8.00～10.00	17.00～19.00	—	—
SUS304FB	0.08 以下	1.00 以下	2.00 以下	0.045 以下	0.030 以下	8.00～10.50	18.00～20.00	—	—
SUS304HFB	0.04～0.10	1.00 以下	2.00 以下	0.045 以下①	0.030 以下	8.00～11.00	18.00～20.00	—	—
SUS304LFB	0.030 以下	1.00 以下	2.00 以下	0.045 以下	0.030 以下	9.00～13.00	18.00～20.00	—	—
SUS310SFB	0.08 以下	1.50 以下	2.00 以下	0.045 以下	0.030 以下	19.00～22.00	24.00～26.00	—	—
SUS316FB	0.08 以下	1.00 以下	2.00 以下	0.045 以下	0.030 以下	10.00～14.00	16.00～18.00	2.00～3.00	—
SUS316HFB	0.04～0.10	1.00 以下	2.00 以下	0.045 以下①	0.030 以下	11.00～14.00	16.00～18.00	2.00～3.00	—
SUS316LFB	0.030 以下	1.00 以下	2.00 以下	0.045 以下	0.030 以下	12.00～15.00	16.00～18.00	2.00～3.00	—
SUS317LFB	0.030 以下	1.00 以下	2.00 以下	0.045 以下	0.030 以下	11.00～15.00	18.00～20.00	3.00～4.00	—
SUS321FB	0.08 以下	1.00 以下	2.00 以下	0.045 以下	0.030 以下	9.00～13.00	17.00～19.00	—	Ti5×C 以上
SUS321HFB	0.04～0.10	1.00 以下	2.00 以下	0.045 以下②	0.030 以下	9.00～13.00	17.00～20.00	—	Ti 4×C～0.60
SUS347FB	0.08 以下	1.00 以下	2.00 以下	0.045 以下	0.030 以下	9.00～13.00	17.00～19.00	—	Nb 10×C 以上
SUS347HFB	0.04～0.10	1.00 以下	2.00 以下	0.045 以上②	0.030 以下	9.00～13.00	17.00～20.00	—	Nb 8×C～1.00

① 根据双方协议，也可以在 0.040%以下。
② 根据双方协议，也可以在 0.030%以下。

表 7-231 奥氏体-铁素体系的化学成分 单位：%

牌号	C	Si	Mn	P	S	Ni	Cr	Mo
SUS329J1FB	0.08 以下	1.00 以下	1.50 以下	0.040 以下	0.030 以下	3.00～6.00	23.00～28.00	1.00～3.00

注：必要时，可添加表中以外的元素。

表 7-232 马氏体系的化学成分 单位：%

牌号	C	Si	Mn	P	S	Ni	Cr	Mo
SUS403FB	0.15 以下	0.50 以下	1.00 以下	0.040 以下	0.030 以下	①	11.50～13.50	—
SUS410FB	0.15 以下	1.00 以下	1.00 以下	0.040 以下	0.030 以下	①	11.50～13.50	—
SUS410J1FB	0.08～0.18	0.60 以下	1.00 以下	0.040 以下	0.030 以下	①	11.50～14.00	0.30～0.60
SUS420J1FB	0.16～0.25	1.00 以下	1.00 以下	0.040 以下	0.030 以下	①	12.00～14.00	—
SUS420J2FB	0.26～0.40	1.00 以下	1.00 以下	0.040 以下	0.030 以下	①	12.00～14.00	—
SUS431FB	0.20 以下	1.00 以下	1.00 以下	0.040 以下	0.030 以下	1.25～2.50	15.00～17.00	—

① Ni 含量0.60%以下。

表 7-233 析出硬化系的化学成分 单位：%

牌号	C	Si	Mn	P	S	Ni	Cr	Cu	Nb
SUS630FB	0.07 以下	1.00 以下	1.00 以下	0.040 以下	0.030 以下	3.00～5.00	15.50～17.50	3.00～5.00	0.15～0.45

7.4.13 一般工程用耐热铸钢

表 7-234 一般工程用耐热铸钢的牌号和化学成分（JIS G5122—2003）

单位：%

牌号	C	Si	Mn	P	S	Ni	Cr	Mo	Nb	W	Co	其他
SCH 1	0.20～0.40	1.50～3.00	1.00 以下	0.040 以下	0.040 以下	1.00 以下	12.00～15.00	①				
SCH 1X	0.30～0.50	1.00～2.50	0.50～1.00	0.040 以下	0.030 以下	1.00 以下	12.00～14.00	①				
SCH 2	0.40 以下	2.00 以下	1.00 以下	0.040 以下	0.040 以下	1.00 以下[②]	25.00～28.00	①				
SCH 2X1	0.30～0.50	1.00～2.50	0.50～1.00	0.040 以下	0.030 以下	1.00 以下	23.00～26.00	①				
SCH 2X2	0.30～0.50	1.00～2.50	0.50～1.00	0.040 以下	0.030 以下	1.00 以下	27.00～30.00	①				
SCH 3	0.40 以下	2.00 以下	1.00 以下	0.040 以下	0.040 以下	1.00 以下	12.00～15.00	①				
SCH 4	0.20～0.35	1.00～2.50	0.50～1.00	0.040 以下	0.040 以下	0.50 以下	6.00～8.00	①				
SCH 5	0.30～0.50	1.00～2.50	0.50～1.00	0.040 以下	0.030 以下	1.00 以下	16.00～19.00	①				
SCH 6	1.20～1.40	1.00～2.50	0.50～1.00	0.040 以下	0.030 以下	1.00 以下	27.00～30.00	①				
SCH 11	0.40 以下	2.00 以下	1.00 以下	0.040 以下	0.040 以下	4.00～6.00	24.00～28.00	①				
SCH 11X	0.30～0.50	1.00～2.50	1.50 以下	0.040 以下	0.030 以下	3.00～6.00	25.00～28.00	①				
SCH 12	0.20～0.40	2.00 以下	2.00 以下	0.040 以下	0.040 以下	8.00～12.00	18.00～23.00	①				
SCH 12X	0.30～0.50	1.00～2.50	2.00 以下	0.040 以下	0.030 以下	9.00～11.00	21.00～23.00	①				
SCH 13	0.20～0.50	2.00 以下	2.00 以下	0.040 以下	0.040 以下	11.00～14.00	24.00～28.00	①				③
SCH 13A	0.25～0.50	1.75 以下	2.50 以下	0.040 以下	0.040 以下	12.00～14.00	23.00～26.00	①				③
SCH 13X	0.30～0.50	1.00～2.50	2.00 以下	0.040 以下	0.030 以下	11.00～14.00	24.00～27.00	①				
SCH 15	0.35～0.70	2.50 以下	2.00 以下	0.040 以下	0.040 以下	33.00～37.00	15.00～19.00	①				
SCH 15X	0.30～0.50	1.00～2.50	2.00 以下	0.040 以下	0.030 以下	34.00～36.00	16.00～18.00	①				
SCH 16	0.20～0.35	2.50 以下	2.00 以下	0.040 以下	0.040 以下	33.00～37.00	13.00～17.00	①				
SCH 17	0.20～0.50	2.00 以下	2.00 以下	0.040 以下	0.040 以下	8.00～11.00	26.00～30.00	①				
SCH 18	0.20～0.50	2.00 以下	2.00 以下	0.040 以下	0.040 以下	14.00～18.00	26.00～30.00	①				
SCH 19	0.20～0.50	2.00 以下	2.00 以下	0.040 以下	0.040 以下	23.00～27.00	19.00～23.00	①				
SCH 20	0.35～0.75	2.50 以下	2.00 以下	0.040 以下	0.040 以下	37.00～41.00	17.00～21.00	①				

续表

牌号	C	Si	Mn	P	S	Ni	Cr	Mo	Nb	W	Co	其他
SCH 20X	0.30～0.50	1.00～2.50	2.00 以下	0.040 以下	0.030 以下	36.00～39.00	18.00～21.00	①				
SCH 20XNb	0.30～0.50	1.00～2.50	2.00 以下	0.040 以下	0.030 以下	36.00～39.00	18.00～21.00	①	1.20～1.80			
SCH 21	0.25～0.35	1.75 以下	1.50 以下	0.040 以下	0.040 以下	19.00～22.00	23.00～27.00	①				③
SCH 22	0.35～0.45	1.75 以下	1.50 以下	0.040 以下④	0.040 以下	19.00～22.00④	23.00～27.00④	①				③
SCH 22X	0.30～0.50	1.00～2.50	2.00 以下	0.040 以下	0.030 以下	19.00～22.00	24.00～27.00	①				
SCH 23	0.20～0.60	2.00 以下	2.00 以下	0.040 以下	0.040 以下	18.00～22.00	28.00～32.00	①				
SCH 24	0.35～0.75	2.00 以下	2.00 以下	0.040 以下	0.040 以下	33.00～37.00	24.00～28.00	①				
SCH 24X	0.30～0.50	1.00～2.50	2.00 以下	0.040 以下	0.030 以下	33.00～36.00	24.00～27.00	①				
SCH 24XNb	0.30～0.50	1.00～2.50	2.00 以下	0.040 以下	0.030 以下	33.00～36.00	24.00～27.00	①	0.80～1.80			
SCH 31	0.15～0.35	1.00～2.50	2.00 以下	0.040 以下	0.030 以下	8.00～10.00	17.00～19.00	①				
SCH 32	0.15～0.35	1.00～2.50	2.00 以下	0.040 以下	0.030 以下	13.00～15.00	19.00～21.00	①				
SCH 33	0.25～0.50	1.00～2.50	2.00 以下	0.040 以下	0.030 以下	23.00～25.00	23.00～25.00	①	1.20～1.80			
SCH 34	0.05～0.12	1.20 以下	1.20 以下	0.040 以下	0.030 以下	30.00～34.00	19.00～23.00	①	0.80～1.50			
SCH 41	0.35～0.60	1.00 以下	2.00 以下	0.040 以下	0.030 以下	18.00～22.00	19.00～22.00	2.50～3.00		2.00～3.00	18.00～22.00	
SCH 42	0.35～0.55	1.00～2.50	1.50 以下	0.040 以下	0.030 以下	47.00～50.00	27.00～30.00	①		4.00～6.00		
SCH 43	0.10 以下	0.50 以下	0.50 以下	0.020 以下	0.020 以下		47.00～52.00	①	1.40～1.70			N0.16 以下，N+C0.20 以下
SCH 44	0.40～0.60	0.50～2.00	1.50 以下	0.040 以下	0.030 以下	50.00～55.00	16.00～21.00	①				
SCH 45	0.35～0.65	2.00 以下	1.30 以下	0.040 以下	0.030 以下	64.00～69.00	13.00～19.00	①				
SCH 46	0.44～0.48	1.00～2.00	2.00 以下	0.040 以下	0.030 以下	33.00～37.00	24.00～26.00	①		4.00～6.00	14.00～16.00	
SCH 47	0.50 以下	1.00 以下	1.00 以下	0.040 以下	0.030 以下	1.00 以下	25.00～30.00	①			48.00～52.00	Fe20.0 以下

① 所有的合金，均可含 Mo0.50%以下。

② 经供需双方协商，SCH 2 中 Ni≤4.00%。

③ SCH 13；SCH13A；SCH 21 和 SCH 22 中，可添加 N≤0.20%。

④ 用于高压离心力铸造管的 SCH 22 合金，Ni 20.00%～23.00%，Cr23.00%～26.00%，P≤0.030%。

表 7-235　一般工程用耐热铸钢的力学性能

牌号	屈服强度[1]/MPa	抗拉强度/MPa	伸长率/%	硬度(HB)
SCH 1	—	490 以上	—	—
SCH 1X	—	—	—	300 以下[2]
SCH 2	—	340 以上	—	—
SCH 2X1	—	—	—	300 以下[2]
SCH 2X2	—	—	—	320 以下[2]
SCH 3	—	490 以上	—	—
SCH 4	—	—	—	—
SCH 5	—	—	—	300 以下[2]
SCH 6	—	—	—	400 以下[2]
SCH 11	—	590 以上	—	—
SCH 11X	250 以上	400 以上	3 以上	400 以下
SCH 12	235 以上	490 以上	23 以上	—
SCH 12X	230 以上	450 以上	8 以上	—
SCH 13	235 以上	490 以上	8 以上	—
SCH 13A	235 以上	490 以上	8 以上	—
SCH 13X	220 以上	450 以上	6 以上	—
SCH 15	—	440 以上	4 以上	—
SCH 15X	220 以上	420 以上	6 以上	—
SCH 16	195 以上	440 以上	13 以上	—
SCH 17	275 以上	540 以上	5 以上	—
SCH 18	235 以上	490 以上	8 以上	—
SCH 19	—	390 以上	5 以上	—
SCH 20	—	390 以上	4 以上	—
SCH 20X	220 以上	420 以上	6 以上	—
SCH 20XNb	220 以上	420 以上	4 以上	—
SCH 21	235 以上	440 以上	8 以上	—
SCH 22	235 以上	440 以上	8 以上	—
SCH 22X	220 以上	450 以上	6 以上	—
SCH 23	245 以上	450 以上	8 以上	—
SCH 24	235 以上	440 以上	5 以上	—
SCH 24X	220 以上	440 以上	6 以上	—
SCH 24XNb	220 以上	440 以上	4 以上	—
SCH 31	230 以上	450 以上	15 以上	—
SCH 32	230 以上	450 以上	10 以上	—
SCH 33	220 以上	400 以上	4 以上	—
SCH 34	170 以上	440 以上	20 以上	—
SCH 41	320 以上	400 以上	6 以上	—
SCH 42	220 以上	400 以上	3 以上	—
SCH 43	230 以上	540 以上	8 以上	—
SCH 44	220 以上	440 以上	5 以上	—
SCH 45	200 以上	400 以上	3 以上	—
SCH 46	270 以上	480 以上	5 以上	—
SCH 47	双方协商			—

① 0.2%的屈服强度。

② 适用于退火状态。

7.4.14 一般用途的耐腐蚀铸钢

表 7-236 一般用途的耐腐蚀铸钢的化学成分（JIS G5131—2003） 单位：%

牌号	C	Si	Mn	P	S	Ni	Cr	Mo	Cu	其他
SCS 1	0.15 以下	1.50 以下	1.00 以下	0.040 以下	0.040 以下	①	11.50～14.00	④		
SCS 1X	0.15 以下	0.80 以下	0.80 以下	0.035 以下	0.025 以下	①	11.50～13.50	④		
SCS 2	0.16～0.24	1.50 以下	1.00 以下	0.040 以下	0.040 以下	①	11.50～14.00	④		
SCS 2A	0.25～0.40	1.50 以下	1.00 以下	0.040 以下	0.040 以下	①	11.50～14.00	④		
SCS 3	0.15 以下	1.00 以下	1.00 以下	0.040 以下	0.040 以下	0.50～1.50	11.50～14.00	0.15～1.00		
SCS 3X	0.10 以下	0.80 以下	0.80 以下	0.035 以下	0.025 以下	0.80～1.80	11.50～13.00	0.20～0.50		
SCS 4	0.15 以下	1.50 以下	1.00 以下	0.040 以下	0.040 以下	1.50～2.50	11.50～14.00			
SCS 5	0.06 以下	1.00 以下	1.00 以下	0.040 以下	0.040 以下	3.50～4.50	11.50～14.00			
SCS 6	0.06 以下	1.00 以下	1.00 以下	0.040 以下	0.030 以下	3.50～4.50	11.50～14.00	0.40～1.00		
SCS 6X	0.06 以下	1.00 以下	1.50 以下	0.035 以下	0.025 以下	3.50～5.00	11.50～13.00	1.00 以下		
SCS 10	0.03 以下	1.50 以下	1.50 以下	0.040 以下	0.030 以下	4.50～8.50	21.00～26.00	2.50～4.00		N 0.08～0.30②
SCS 11	0.08 以下	1.50 以下	1.00 以下	0.040 以下	0.030 以下	4.00～7.00	23.00～27.00	1.50～2.50		②
SCS 12	0.20 以下	2.00 以下	2.00 以下	0.040 以下	0.040 以下	8.00～11.00	18.00～21.00			
SCS 13	0.08 以下	2.00 以下	2.00 以下	0.040 以下	0.040 以下	8.00～11.00	18.00③～21.00			
SCS 13A	0.08 以下	2.00 以下	1.50 以下	0.040 以下	0.040 以下	8.00～11.00	18.00③～21.00			
SCS 13X	0.07 以下	1.50 以下	1.50 以下	0.040 以下	0.030 以下	8.00～11.00	18.00～21.00			
SCS 14	0.08 以下	2.00 以下	2.00 以下	0.040 以下	0.040 以下	10.00～14.00	17.00③～20.00	2.00～3.00		
SCS 14A	0.08 以下	1.50 以下	1.50 以下	0.040 以下	0.040 以下	9.00～12.00	18.00③～21.00	2.00～3.00		
SCS 14X	0.07 以下	1.50 以下	1.50 以下	0.040 以下	0.030 以下	9.00～12.00	17.00～20.00	2.00～2.50		
SCS 14XNb	0.08 以下	1.50 以下	1.50 以下	0.040 以下	0.030 以下	9.00～12.00	17.00～20.00	2.00～2.50		Nb8×C 以上 1.00 以下
SCS 15	0.08 以下	2.00 以下	2.00 以下	0.040 以下	0.040 以下	10.00～14.00	17.00～20.00	1.75～2.75	1.00～2.50	
SCS 16	0.03 以下	1.50 以下	2.00 以下	0.040 以下	0.040 以下	12.00～16.00	17.00～20.00	2.00～3.00		

续表

牌号	C	Si	Mn	P	S	Ni	Cr	Mo	Cu	其他
SCS 16A	0.03 以下	1.50 以下	1.50 以下	0.040 以下	0.040 以下	9.00～13.00	17.00～21.00	2.00～3.00		
SCS 16AX	0.03 以下	1.50 以下	1.50 以下	0.040 以下	0.030 以下	9.00～12.00	17.00～20.00	2.00～2.50		
SCS 16AXN	0.03 以下	1.50 以下	1.50 以下	0.040 以下	0.030 以下	9.00～12.00	17.00～20.00	2.00～2.50		N0.10～0.20
SCS 17	0.20 以下	2.00 以下	2.00 以下	0.040 以下	0.040 以下	12.00～15.00	22.00～26.00			
SCS 18	0.20 以下	2.00 以下	2.00 以下	0.040 以下	0.040 以下	19.00～22.00	23.00～27.00			
SCS 19	0.03 以下	2.00 以下	2.00 以下	0.040 以下	0.040 以下	8.00～12.00	17.00～21.00			
SCS 19A	0.03 以下	2.00 以下	1.50 以下	0.040 以下	0.040 以下	8.00～12.00	17.00～21.00			
SCS 20	0.03 以下	2.00 以下	2.00 以下	0.040 以下	0.040 以下	12.00～16.00	17.00～20.00	1.75～2.75	1.00～2.50	
SCS 21	0.08 以下	2.00 以下	2.00 以下	0.040 以下	0.040 以下	9.00～12.00	18.00～21.00			Nb10×C 以上 1.35 以下
SCS 21X	0.08 以下	1.50 以下	1.50 以下	0.040 以下	0.030 以下	9.00～12.00	18.00～21.00			Nb 8×C 以上 1.00 以下
SCS 22	0.08 以下	2.00 以下	2.00 以下	0.040 以下	0.040 以下	10.00～14.00	17.00～20.00	2.00～3.00		Nb10×C 以上 1.35 以下
SCS 23	0.07 以下	2.00 以下	2.00 以下	0.040 以下	0.040 以下	27.50～30.00	19.00～22.00	2.00～3.00	3.00～4.00	
SCS 24	0.07 以下	1.00 以下	1.00 以下	0.040 以下	0.040 以下	3.00～5.00	15.50～17.50		2.50～4.00	Nb0.15～0.45
SCS 31	0.06 以下	0.80 以下	0.80 以下	0.035 以下	0.025 以下	4.00～6.00	15.00～17.00	0.70～1.50		
SCS 32	0.03 以下	1.00 以下	1.50 以下	0.035 以下	0.025 以下	4.50～6.50	25.00～27.00	2.50～3.50	2.50～3.50	N0.12～0.25
SCS 33	0.03 以下	1.00 以下	1.50 以下	0.035 以下	0.025 以下	4.50～6.50	25.00～27.00	2.50～3.50		N0.12～0.25
SCS 34	0.07 以下	1.50 以下	1.50 以下	0.040 以下	0.030 以下	9.00～12.00	17.00～20.00	3.00～3.50		
SCS 35	0.03 以下	1.50 以下	1.50 以下	0.040 以下	0.030 以下	9.00～12.00	17.00～20.00	3.00～3.50		
SCS 35N	0.03 以下	1.50 以下	1.50 以下	0.040 以下	0.030 以下	9.00～12.00	17.00～20.00	3.00～3.50		N0.10～0.20
SCS 36	0.03 以下	1.50 以下	1.50 以下	0.040 以下	0.030 以下	9.00～12.00	17.00～19.00			
SCS 36N	0.03 以下	1.50 以下	1.50 以下	0.040 以下	0.030 以下	9.00～12.00	17.00～19.00			N0.10～0.20

① Ni 含量在 1.00%以下也可以。

② 必要时添加表中以外的元素。

③ SCSB，SCSBA，SCS14 和 SCS14A 在低温情况下使用时，Cr 的上限为 23.00%。

④ SCS1，SCS1X，SCS2 和 SCS2A 的 Mo 含量在 0.50%以下。

表 7-237 一般用途的耐腐蚀铸钢的力学性能

牌号	热处理				屈服强度[2] /MPa	抗拉强度 /MPa	伸长率/%	断面收缩率/%	冲击功 /J	硬度 (HB)
	记号	淬火/℃	回火/℃	固溶热处理/℃						
SCS 1[1]	T1	950 以上，油冷或空冷	680～740，空冷或缓冷	—	345 以上[4]	540 以上	18 以上	40 以上	—	163～229
	T2	950 以上，油冷或空冷	590～700，空冷或缓冷	—	450 以上[4]	620 以上	16 以上	30 以上	—	179～241
SCS 1X[7,8,9]	—	950～1050，空冷	650～750，空冷	—	450 以上	620 以上	14 以上	—	20 以上[10]	—
SCS 2[1]	T	950 以上，油冷或空冷	680～740，空冷或缓冷	—	390 以上[4]	590 以上	16 以上	35 以上	—	170～235
SCS 2A[1]	T	950 以上，油冷或空冷	600 以上，空冷或缓冷	—	485 以上[4]	690 以上	15 以上	25 以上	—	269 以下
SCS 3[1]	T	900 以上，油冷或空冷	650～740，空冷或缓冷	—	440 以上[4]	590 以上	16 以上	40 以上	—	170～235
SCS 3X[7,8,9]	—	1000～1050，空冷	620～720，空冷或缓冷	—	440 以上	590 以上	15 以上	—	27 以上[10]	—
SCS 4[1]	T	900 以上，油冷或空冷	650～740，空冷或缓冷	—	490 以上[4]	640 以上	13 以上	40 以上	—	192～255
SCS 5[1]	T	900 以上，油冷或空冷	600～700，空冷或缓冷	—	540 以上[4]	740 以上	13 以上	40 以上	—	217～277
SCS 6[1]	T	950 以上，空冷	570～620，空冷或缓冷	—	550 以上[4]	750 以上	15 以上	35 以上	—	285 以下
SCS 6X[7,8,9]	QT_1	1000～1100，空冷	570～620，空冷或缓冷	—	550 以上	750 以上	15 以上	—	45 以上[10]	—
	QT_2	1000～1100，空冷	500～530，空冷或缓冷	—	830 以上	900 以上	12 以上	—	35 以上[10]	—
SCS 10	S	—	—	1050～1150，急冷	390 以上[4]	620 以上	15 以上	—	—	302 以下
SCS 11	S	—	—	1030～1150，急冷	345 以上[3]	590 以上	13 以上	—	—	241 以下
SCS 12	S	—	—	1030～1150，急冷	205 以上[4]	480 以上	28 以上	—	—	183 以下
SCS 13	S	—	—	1030～1150，急冷	185 以上[4]	440 以上	30 以上	—	—	183 以下
SCS 13A	S	—	—	1030～1150，急冷	205 以上[4]	480 以上	33 以上	—	—	183 以下
SCS 13X[7,8,9]	—	—	—	1050 以上，急冷[5]	180 以上[4]	440 以上	30 以上	—	60 以上[10]	—
SCS 14	S	—	—	1030～1150，急冷	185 以上[4]	440 以上	28 以上	—	—	183 以下
SCS 14A	S	—	—	1030～1150，急冷	205 以上[4]	480 以上	33 以上	—	—	183 以下
SCS 14X[7,8,9]	—	—	—	1080 以上，急冷[5]	180 以上[3]	440 以上	30 以上	—	60 以上[10]	—
SCS 14XNb[7,8,9]	—	—	—	1080 以上，急冷[5]	180 以上[3]	440 以上	25 以上	—	40 以上[10]	—
SCS 15	S	—	—	1030～1150，急冷	185 以上[4]	440 以上	28 以上	—	—	183 以下
SCS 16	S	—	—	1030～1150，急冷	175 以上[4]	390 以上	33 以上	—	—	183 以下

续表

牌号	热处理				屈服强度[2] /MPa	抗拉强度 /MPa	伸长率/%	断面收缩率/%	冲击功 /J	硬度 (HB)
	记号	淬火/℃	回火/℃	固溶热处理/℃						
SCS 16A	S	—	—	1030～1150，急冷	205 以上[4]	480 以上	33 以上	—	—	183 以下
SCS 16AX[7,8,9]	—	—	—	1080 以上，急冷[5]	180 以上[3]	440 以上	30 以上	—	80 以上[10]	—
SCS 16AXN[7,8,9]	—	—	—	1080 以上，急冷[5]	230 以上[3]	510 以上	30 以上	—	80 以上[10]	—
SCS 17	S	—	—	1050～1160，急冷	205 以上[4]	480 以上	28 以上	—	—	183 以下
SCS 18	S	—	—	1070～1180，急冷	195 以上[4]	450 以上	28 以上	—	—	183 以下
SCS 19	S	—	—	1030～1150，急冷	185 以上[4]	390 以上	33 以上	—	—	183 以下
SCS 19A	S	—	—	1030～1150，急冷	205 以上[4]	480 以上	33 以上	—	—	183 以下
SCS 20	S	—	—	1030～1150，急冷	175 以上[4]	390 以上	33 以上	—	—	183 以下
SCS 21	S	—	—	1030～1150，急冷	205 以上[4]	480 以上	28 以上	—	—	183 以下
SCS 21X[7,8,9]	—	—	—	1050 以上，急冷[5]	180 以上[3]	440 以上	25 以上	—	40 以上[10]	—
SCS 22	S	—	—	1030～1150，急冷	205 以上[4]	440 以上	28 以上	—	—	183 以下
SCS 23	S	—	—	1070～1180，急冷	165 以上[4]	390 以上	30 以上	—	—	183 以下
SCS 31[7,8,9]	—	1020～1070，空冷	580～630 空冷或缓冷	—	540 以上	760 以上	15 以上	—	60 以上[10]	—
SCS 32[7,8,9]	—	—	—	1120 以上，水冷[6]	450 以上	650 以上	18 以上	—	50 以上[10]	—
SCS 33[7,8,9]	—	—	—	1120 以上，水冷[6]	450 以上	650 以上	18 以上	—	50 以上[10]	—
SCS 34[7,8,9]	—	—	—	1120 以上，急冷[5]	180 以上[3]	440 以上	30 以上	—	60 以上[10]	—
SCS 35[7,8,9]	—	—	—	1120 以上，急冷[5]	180 以上[3]	440 以上	30 以上	—	80 以上[10]	—
SCS 35N[7,8,9]	—	—	—	1120 以上，急冷[5]	230 以上[3]	510 以上	30 以上	—	80 以上[10]	—
SCS 36[7,8,9]	—	—	—	1050 以上，急冷[5]	180 以上[3]	440 以上	30 以上	—	80 以上[10]	—
SCS 36N[7,8,9]	—	—	—	1050 以上，急冷[5]	230 以上[3]	510 以上	30 以上	—	80 以上[10]	—

① SCS1，SCS2，SCS2A，SCS3，SCS4，SCS5 及 SCS6 的力学性能及热处理工艺，按照双方协议也可以。

② 为 0.2%的屈服强度。

③ 设定 1%屈服强度的最低值的情况下，其值比 0.2%屈服强度的最小值高 25MPa。

④ 适用于订货者指定屈服强度值的情况。

⑤ 根据尺寸也可以空冷。

⑥ 固溶后，为了避免复杂零件的变形，在水冷之前可以将其冷却至 1010～1040℃之间。

⑦ SCS3X，SCS6X，SCS31 厚度 300mm 以下适用；SCS1X，SCS13X，SCS14X，SCS14XNb，SCS16AX，SCS16AXN，SCS21X，SCS32，SCS33，SCS34，SCS35，SCS35N，SCS36，SCS36N 厚度 150mm 以下适用。

⑧ 适用于厚度 150mm 以下的试验材料。

⑨ 从铸造件中取出试验材料的情况下，根据双方协议确定。

⑩ 依据 V 形缺口试验片得到的数据。

表 7-238 SCS 24 钢的力学性能

牌号	热处理条件			屈服强度/MPa	抗拉强度/MPa	伸长率/%	硬度(HB)
	记号	固溶热处理	时效处理/℃				
SCS 24	H900	1020～1080,急冷	475～525×90min,空冷	1030 以上	1240 以上	6 以上	375 以上
	H1025	1020～1080,急冷	535～585×4h;空冷	885 以上	980 以上	9 以上	311 以上
	H1075	1020～1080,急冷	565～615×4h,空冷	785 以上	960 以上	9 以上	277 以上
	H1150	1020～1080,急冷	605～665×4h,空冷	665 以上	850 以上	10 以上	269 以上

7.5 国际标准化组织（ISO）不锈耐热钢及耐腐蚀钢

7.5.1 不锈耐热钢及耐腐蚀钢牌号和化学成分

表 7-239 化学成分（ISO 683—2012）

标准号	牌号	UNS 编号	化学成分/%
ISO 683-13	8		0.08C,1.00Mn,1.00Si,16.00～18.00Cr,1.00Ni,0.04P,0.03S,铁基
ISO 683-13	8a	S30300	0.08C,1.50Mn,1.00Si,0.50Ni,0.60Mo,0.06P,0.15～0.35S,16.00～18.00Cr,铁基
ISO 683-13	9a		0.10～0.17C,1.50Mn,1.00Si,1.00Ni,0.60Mo,0.06P,0.15～0.35S,15.50～17.50Cr,铁基
ISO 683-13	9b		0.14～0.23C,1.00Mn,1.00Si,15.00～17.50Cr,1.50～2.50Ni,0.04P,0.03S,铁基
ISO 683-13	9c	S43400	0.08C,1.00Mn,1.00Si,0.90～1.30Mo,0.04P,0.03S,16.00～18.00Cr,1.0Ni,铁基
ISO 683-13	10	S30403	0.03C,2.00Mn,1.00Si,17.00～19.00Cr,9.00～12.00Ni,0.045P,0.03S,铁基
ISO 683-13	10a	S63011	0.65～0.75C,5.50～7.00Mn,0.45～0.85Si,20.00～22.00Cr,1.40～1.90Ni,0.18～0.28N,0.05P,0.025～0.065S,铁基
ISO 683-13	11	S30400	0.07C,2.00Mn,1.00Si,8.00～11.00Ni,0.045P,0.03S,17.00～19.00Cr,铁基
ISO 683-13	12		0.12C,2.00Mn,1.00Si,8.00～10.00Ni,0.05P,0.03S,17.00～19.00Cr,铁基
ISO 683-13	13	S30500	0.10C,2.00Mn,1.00Si,11.00～13.00Ni,0.045P,0.03S,17.00～19.00Cr,铁基
ISO 683-13	14	S30100	0.15Cr,2.00Mn,1.00Si,6.00～8.00Ni,0.045P,0.03S,16.00～18.00Cr,铁基
ISO 683-13	15	S32100	0.08C,2.00Mn,1.00Si,9.00～12.00Ni,0.045P,0.03S,17.00～19.00Cr,铁基,5×C-0.80Ti
ISO 683-13	16	S34700	0.08C,2.00Mn,1.00Si,9.00～12.00Ni,0.045P,0.03S,17.00～19.00Cr,铁基,5×C-1.0Nb
ISO 683-13	17	S30300	0.12C,2.00Mn,1.00Si,8.00～10.00Ni,0.60Mn,0.060P,0.15～0.35S,17.00～19.00Cr,铁基
ISO 683-13	19a	S31603	0.03C,2.00Mn,1.00Si,16.50～18.50Cr,11.50～14.50Ni,2.50～3.00Mo,0.045P,0.03S,铁基
ISO 683-13	20	S31600	0.07C,2.00Mn,1.00Si,10.50～13.50Ni,2.00～2.50Mo,0.045P,0.03S,16.50～18.50Cr,铁基
ISO 683-13	20a	S31600	0.07C,2.00Mn,1.00Si,16.50～18.50Cr,11.00～14.00Ni,2.50～3.00Mo,0.045P,0.03S,铁基
ISO 683-13	21	S32100	0.03C,2.00Mn,1.00Si,11.00～14.00Ni,2.00～1.50Mo,0.045P,0.03S,16.50～18.50Cr,铁基,5×C～0.80Ti
ISO 683-13	10N		0.03C,2.00Mn,1.00Si,17.00～19.00Cr,8.50～11.50Ni,0.045P,0.03S,0.12～0.22N,铁基

续表

标准号	牌号	UNS编号	化学成分/%
ISO 683-13	23	S31640	0.08C,2.00Mn,1.00Si,11.00～14.00Ni,2.00～2.50Mo,0.045P,0.03S,16.50～18.50Cr,铁基,10×C～1.0Nb
ISO 683-13	19N		0.03C,2.00Mn,1.00Si,16.50～18.50Cr,10.50～13.50Ni,2.00～2.50Mo,0.045P,0.03S,0.12～0.22N,铁基
ISO 683-13	24	S31703	0.03C,2.00Mn,1.00Si,17.50～19.50Cr,14.00～17.00Ni,3.00～4.00Mo,0.045P,0.03S,铁基
ISO 683-13	19aN		0.03C,2.00Mn,1.00Si,11.50～14.50Ni,2.50～3.00Mo,0.045P,16.50～18.50Cr,0.12～0.22N,铁基
ISO 683-13	A-4		0.025C,2.00Mn,1.00Si,19.00～22.00Cr,24.0～27.0Ni,4.0～5.0Mo,0.035P,0.025S,铁基
ISO 683-13	A-2	S20100	0.15C,5.50～7.50Mn,1.00Si,16.00～18.00Cr,3.50～5.50Ni,0.05～0.25N,0.06P,0.03S,铁基
ISO 683-13	A-3	S20200	0.15C,7.50～10.50Mn,1.00Si,17.00～19.00Cr,4.00～6.00Ni,0.05～0.25N,0.06P,0.03S,铁基

表 7-240 化学成分（ISO 2604-1—2004）

标准号	牌号	UNS编号	化学成分/%
ISO 2604-1	F46	S30403	0.03C,2.00Mn,1.00Si,17.00～19.00Cr,8.00～12.00Ni,0.05P,0.03S,铁基
ISO 2604-1	F47	S30400	0.07C,2.00Mn,1.00Si,17.00～19.00Cr,8.00～12.00Ni,0.05P,0.03S,铁基
ISO 2604-1	F48	S30409	0.04～0.09C,2.00Mn,1.00Si,17.00～19.00Cr,8.00～12.00Ni,0.05P,0.03S,铁基
ISO 2604-1	F49		0.07C,2.00Mn,1.00Si,17.00～19.00Cr,8.00～12.00Ni,0.50Mo,0.05P,0.03S,铁基
ISO 2604-1	F50	S34700	0.08C,2.00Mn,1.00Si,17.00～19.00Cr,9.00～13.00Ni,0.05P,0.03S,铁基,10×C～1.00Nb
ISO 2604-1	F51	S34709	0.04～0.10C,2.00Mn,1.00Si,17.00～19.00Cr,9.00～13.00Ni,0.05P,0.03S,铁基,10×C～1.00Nb
ISO 2604-1	F52		0.08C,2.00Mn,1.00Si,17.00～19.00Cr,9.00～13.00Ni,0.50Mo,0.05P,0.03S,铁基,10×C～1.00Nb
ISO 2604-1	F53	S32100	0.08C,2.00Mn,1.00Si,17.00～19.00Cr,9.00～13.00Ni,0.05P,0.03S,铁基,5×C～0.80Ti
ISO 2604-1	F54A	S32109	0.04～0.10C,2.00Mn,1.00Si,17.00～19.00Cr,9.00～13.00Ni,0.05P,0.03S,铁基,5×C～0.80Ti
ISO 2604-1	F54B	S32109	0.04～0.10C,2.00Mn,1.00Si,17.00～19.00Cr,9.00～13.00Ni,0.05P,0.03S,铁基,5×C～0.80Ti
ISO 2604-1	F55		0.08C,2.00Mn,1.00Si,17.00～19.00Cr,9.00～13.00Ni,0.50Mo,0.05P,0.03S,铁基,5×C～0.80Ti
ISO 2604-1	F56	S34709	0.04～0.10C,2.00Mn,1.00Si,15.00～17.00Cr,12.00～14.00Ni,0.05P,0.03S,铁基,10×C～1.20Nb
ISO 2604-1	F59	S31603	0.03C,2.00Mn,1.00Si,16.00～18.00Cr,11.00～15.00Ni,2.00～3.00Mo,0.05P,0.03S,铁基
ISO 2604-1	F62	S31600	0.07C,2.00Mn,1.00Si,16.00～18.00Cr,10.00～14.00Ni,2.00～3.00Mo,0.05P,0.03S,铁基
ISO 2604-1	F64	S31609	0.04～0.09C,2.00Mn,1.00Si,16.00～17.50Cr,10.00～14.00Ni,2.00～3.00Mo,0.05P,0.03S,铁基
ISO 2604-1	F66	S31635	0.08C,2.00Mn,1.00Si,16.50～18.50Cr,11.00～14.00Ni,2.00～3.00Mo,0.05P,0.03S,铁基,5×C～0.80Ti
ISO 2604-1	F68	S31000	0.15C,2.00Mn,1.50Si,24.00～26.00Cr,19.00～23.00Ni,0.05P,0.03S,铁基

表 7-241 化学成分（ISO 2604-4—2004）

标准号	牌号	UNS编号	化学成分/%
ISO 2604-4	P46	S30403	0.03C,2.00Mn,1.00Si,17.00～19.00Cr,9.00～12.00Ni,0.05P,0.03S,铁基
ISO 2604-4	P47	S30400	0.07C,2.00Mn,1.00Si,17.00～19.00Cr,8.00～11.00Ni,0.05P,0.03S,铁基
ISO 2604-4	P48	S30400	0.03～0.07C,2.00Mn,1.00Si,17.00～19.00Cr,8.00～11.00Ni,0.05P,0.03S,铁基
ISO 2604-4	P49		0.07C,2.00Mn,1.00Si,17.00～19.00Cr,9.00～11.50Ni,0.50Mo,0.05P,0.03S,铁基
ISO 2604-4	P50	S34700	0.08C，2.00Mn，1.00Si，17.00 ～ 19.0Cr，9.00 ～ 12.00Ni，0.05P，0.03S，铁基 10×C～1.0Nb
ISO 2604-4	P52		0.10C,2.00Mn,1.00Si,17.00～19.00Cr,10.00～12.00Ni,0.50Mo,0.05P,0.03S,铁基,8×C～1.0Nb
ISO 2604-4	P53	S32100	0.03C,2.00Mn,1.00Si,17.00～19.00,9.00～12.00Ni,0.05P,0.03S,铁基,5×C～0.80Ti
ISO 2604-4	P55		0.10C，2.00Mn，17.00 ～ 19.0Cr，10.00 ～ 12.00Ni，0.50Mo，0.05P，0.03S，铁基，5×C～0.80Ti
ISO 2604-4	P56		0.04～0.10C,1.50Mn,0.30～0.60Si,15.00～17.00Cr,12.00～14.00Ni,0.05P,0.03S,铁基,10×C～1.20Nb
ISO 2604-4	P57	S31603	0.03C,2.00Mn,1.00Si,16.00～18.00Cr,11.00～14.00Ni,2.00～2.50Mo,0.05P,0.03S,铁基
ISO 2604-4	P58	S31603	0.03C,2.00Mn,1.00Si,16.00～18.50Cr,11.50～14.50Ni,2.50～3.00Mo,0.05P,0.03S,铁基
ISO 2604-4	P60	S31600	0.07C,2.00Mo,1.00Si,16.00～18.50Cr,10.50～14.00Ni,2.00～2.50Mo,0.05P,0.03S,铁基
ISO 2604-4	P61	S31600	0.07C,2.00Mo,1.00Si,16.00～18.50Cr,11.00～14.00Ni,2.50～3.00Mo,0.05P,0.03S,铁基
ISO 2604-4	P63	S31600	0.03～0.07C,2.00Mn,1.00Si,16.00～18.50Cr,10.50～14.00Ni,2.00～2.50Mo,0.05P,0.03S,铁基
ISO 2604-4	P67		0.04～0.10C,1.50Mn,0.20～0.60Si,15.50～17.50Cr,15.50～17.50Ni,1.60～2.00Mo,0.05P,0.03S,铁基,10×C～1.20Nb
ISO 2604-4	P69	N08800	0.12C,2.00Mn,1.00Si,19.00～23.00Cr,30.00～35.00Ni,0.15～0.60Al,0.05P,0.03S,0.15～0.50Ti,铁基

表 7-242 化学成分（ISO 2604-2—2004）

标准号	牌号	UNS编号	化学成分/%
ISO 2604-2	TS46	S30403	0.03C,2.00Mn,1.00Si,17.00～19.00Cr,9.00～13.00Ni,0.05P,0.03S,铁基
ISO 2604-2	TS47	S30400	0.07C,2.00Mn,1.00Si,17.00～19.00Cr,8.00～12.00Ni,0.05P,0.03S,铁基
ISO 2604-2	TS48	S30400	0.04～0.09C,2.00Mn,0.75Si,17.00～20.00Cr,8.00～12.00Ni,0.05P,0.03S,铁基
ISO 2604-2	TS50	S34700	0.08C，2.00Mn，1.00Si，17.00 ～ 19.00Cr，9.00 ～ 13.00Ni，0.05P，0.03S，铁基，10×C～1.00Nb
ISO 2604-2	TS53	S32100	0.08C，2.00Mn，1.00Si，17.00 ～ 19.00Cr，9.00 ～ 13.00Ni，0.05P，0.03S，铁基，5×C～0.80Ti
ISO 2604-2	TS54	S32109	0.04～0.10C,2.00Mn,0.20～0.80Si,17.00～20.00Cr,9.00～13.00Ni,0.05P,0.03S,铁基,4×C～0.60Ti
ISO 2604-2	TS56	S34709	0.04～0.10C,2.00Mn,0.20～0.80Si,16.00～20.00Cr,11.00～14.00Ni,0.05P,0.03S,铁基,10×C～1.4Nb
ISO 2604-2	TS57	S31603	0.03C,2.00Mn,1.00Si,16.00～18.50Cr,11.00～14.00Ni,2.00～2.50Mo,0.05P,0.03S,铁基
ISO 2604-2	TS58	S31603	0.03C,2.00Mn,1.00Si,16.00～18.50Cr,11.50～14.50Ni,2.50～3.00Mo,0.05P,0.03S,铁基

续表

标准号	牌号	UNS编号	化学成分/%
ISO 2604-2	TS60	S31600	0.07C,2.00Mn,1.00Si,16.00～18.50Cr,11.00～14.00Ni,2.00～2.50Mo,0.05P,0.03S,铁基
ISO 2604-2	TS61	S31600	0.07C,2.00Mn,1.00Si,16.00～18.50Cr,11.00～14.50Ni,2.50～3.00Mo,0.05P,0.03S,铁基
ISO 2604-2	TS63	S31603	0.04C,1.00～2.00Mn,0.75Si,16.00～18.00Cr,12.00～14.00Ni,2.00～2.75Mo,0.05P,0.03S,铁基
ISO 2604-2	TS67		0.04C,1.00～1.50Mn,0.30～0.60Si,15.50～17.50Cr,15.50～17.50Ni,1.60～2.00Mn,0.05P,0.03S,铁基;10×C～(10×C+0.4)Nb
ISO 2604-2	TS68	S31000	0.15C,2.00Mn,0.75Si,24.00～26.00Cr,19.00～22.00Ni,0.05P,0.03S,铁基
ISO 2604-2	TS69	N08800	0.12C,1.50Mn,1.00Si,19.00～23.00Cr,30.00～35.00Ni,0.15～0.60Al,0.05P,0.03S,0.15～0.60Ti,铁基

表 7-243　不用于热处理的铸造不锈钢的化学成分（ISO 4954—2018）

牌号	化学成分/%										
	C	Si	Mn	P	S	Cr	Ni	Mo	Al	Cu	Cr+Ni+Mo
非合金级											
C2C	0.03	0.10	0.20～0.40	0.020	0.025	0.30	0.30	0.10	0.020～0.060	0.30	0.50
C4C	0.02～0.06	0.10	0.25～0.40	0.020	0.025	0.30	0.30	0.10	0.020～0.060	0.30	0.50
C8C	0.06～0.10	0.10	0.25～0.45	0.020	0.025	0.30	0.30	0.10	0.020～0.060	0.30	0.50
C10C	0.08～0.12	0.10	0.30～0.50	0.025	0.025	0.30	0.30	0.10	0.020～0.060	0.30	0.50
C10GC	0.08～0.12	0.15～0.25	0.30～0.50	0.025	0.025	0.30	0.30	0.10	—	0.30	0.50
C15C	0.13～0.17	0.10	0.35～0.60	0.025	0.025	0.30	0.30	0.10	0.020～0.060	0.30	0.50
C15GC	0.13～0.17	0.15～0.25	0.35～0.60	0.025	0.025	0.30	0.30	0.10	—	0.30	0.50
C17C	0.15～0.19	0.10	0.65～0.85	0.025	0.025	0.30	0.30	0.10	0.020～0.060	0.30	0.50
C17GC	0.15～0.19	0.15～0.25	0.65～0.85	0.025	0.025	0.30	0.30	0.10	—	0.30	0.50
C20C	0.18～0.22	0.10	0.70～0.90	0.025	0.025	0.30	0.30	0.10	0.020～0.060	0.30	0.50
C20GC	0.18～0.22	0.15～0.25	0.70～0.90	0.025	0.025	0.30	0.30	0.10	—	0.30	0.50
C25C	0.23～0.27	0.10	0.80～1.00	0.025	0.025	0.30	0.30	0.10	0.020～0.060	0.30	0.50
C25GC	0.23～0.27	0.15～0.25	0.80～1.00	0.025	0.025	0.30	0.30	0.10	—	0.30	0.50

表 7-244　表面淬火的铸造不锈钢的化学成分（ISO 4954—2018）

牌号	化学成分/%								
	C	Si	Mn	P	S	Cr	Ni	Mo	B	Cu
非合金级										
C10E2C	0.08～0.12	0.30	0.30～0.60	0.025	0.025	—	—	—	—	0.25
C15E2C	0.13～0.17	0.30	0.30～0.60	0.025	0.025	—	—	—	—	0.25
C17E2C	0.15～0.19	0.30	0.60～0.90	0.025	0.025	—	—	—	—	0.25
C20E2C	0.18～0.22	0.30	0.30～0.60	0.025	0.025	—	—	—	—	0.25

续表

牌号	化学成分/%									
	C	Si	Mn	P	S	Cr	Ni	Mo	B	Cu
合金级										
18MnB4	0.16～0.20	0.30	0.90～1.20	0.025	0.025	—	—	—	0.0008～0.005	0.25
22MnB4	0.20～0.24	0.30	0.90～1.20	0.025	0.025	—	—	—	0.0008～0.005	0.25
17Cr3	0.12～0.20	0.30	0.60～0.90	0.025	0.025	0.70～1.25	—	—	—	0.25
17CrS3	0.12～0.20	0.30	0.60～0.90	0.025	0.020～0.040	0.70～1.25	—	—	—	0.25
20Cr4	0.17～0.23	0.30	0.60～0.90	0.025	0.025	0.90～1.20	—	—	—	0.25
20CrS4	0.17～0.23	0.30	0.60～0.90	0.025	0.020～0.040	0.90～1.20	—	—	—	0.25
16MnCr5	0.14～0.19	0.30	1.00～1.30	0.025	0.025	0.80～1.10	—	—	—	0.25
16MnCrS5	0.14～0.19	0.30	1.00～1.30	0.025	0.020～0.040	0.80～1.10	—	—	—	0.25
16MnCrB5	0.14～0.19	0.30	1.00～1.30	0.025	0.025	0.80～1.10	—	—	0.0008～0.005	0.25
20MnCrS5	0.17～0.22	0.30	1.10～1.40	0.025	0.020～0.040	1.00～1.30	—	—	—	0.25
12CrMo4	0.10～0.15	0.30	0.60～0.90	0.025	0.025	0.90～1.20	—	0.15～0.25	—	0.25
18CrMo4	0.15～0.21	0.30	0.60～0.90	0.025	0.025	0.90～1.20	—	0.15～0.25	—	0.25
18CrMoS4	0.15～0.21	0.30	0.60～0.90	0.025	0.020～0.040	0.90～1.20	—	0.15～0.25	—	0.25
20MoCr4	0.17～0.23	0.30	0.70～1.00	0.025	0.025	0.30～0.60	—	0.40～0.50	—	0.25
20MoCrS4	0.17～0.23	0.30	0.70～1.00	0.025	0.020～0.040	0.30～0.60	—	0.40～0.50	—	0.25
10NiCr5-4	0.07～0.12	0.30	0.60～0.90	0.025	0.025	0.90～1.20	1.20～1.50	—	—	0.25
12NiCr3-2	0.09～0.15	0.30	0.30～0.60	0.025	0.025	0.40～0.70	0.50～0.80	—	—	0.25
17CrNi6-6	0.14～0.20	0.30	0.50～0.90	0.025	0.025	1.40～1.70	1.40～1.70	—	—	0.25
20NiCrMo2-2	0.17～0.23	0.30	0.65～0.95	0.025	0.025	0.35～0.70	0.40～0.70	0.15～0.25	—	0.25
20NiCrMoS2-2	0.17～0.23	0.30	0.65～0.95	0.025	0.020～0.040	0.35～0.70	0.40～0.70	0.15～0.25	—	0.25
20NiCrMo7	0.17～0.23	0.30	0.40～0.70	0.025	0.025	0.35～0.65	1.60～2.00	0.20～0.30	—	0.25
20NiCrMoS6-4	0.16～0.23	0.30	0.50～0.90	0.025	0.020～0.040	0.60～0.90	1.40～1.70	0.25～0.35	—	0.25

表 7-245　化学成分（ISO 4954—2018）

牌号	化 学 成 分/%
D1	0.10C,1.00Si,1.00Mn,0.040P,0.030S,16.0～18.0Cr,0.50Ni,铁基
D2	0.10,1.00Si,1.00Mn,0.040P,0.030S,16.0～18.0Cr,0.90～1.30Mo,铁基
D10	0.09～0.15C,1.00Si,1.00Mn,0.040P,0.030S,11.5～14.0Cr,1.0Ni,铁基
D11	0.10～0.20C,1.00Si,1.00Mn,0.040P,0.030S,15.0～18.0Cr,1.5～3.0Ni,铁基
D12	0.17～0.25C,1.00Si,1.00Mn,0.040P,0.030S,16.0～18.0Cr,1.5～2.5Ni,铁基

续表

牌号	化 学 成 分/%
D20	0.03C,1.00Si,2.00Mn,0.045P,0.030S,17.0～19.0Cr,9.0～12.0Ni,铁基
D21	0.07C,1.00Si,2.00Mn,0.045P,0.030S,17.0～19.0Cr,8.0～11.0Ni,铁基
D22	0.12C,1.00Si,2.00Mn,0.045P,0.030S,17.0～19.0Cr,8.0～10.0Ni,铁基
D23	0.10C,1.00Si,2.00Mn,0.045P,0.030S,17.0～19.0Cr,11.0～13.0Ni,铁基
D24	0.030C,1.00Si,2.00Mn,0.045P,0.030S,15.0～17.0Cr,17.0～19.0Ni,铁基
D25	0.08C,1.00Si,2.00Mn,0.045P,0.030S,15.0～17.0Cr,17.0～19.0Ni,铁基
D26	0.08C,1.00Si,2.00Mn,0.045P,0.030S,17.0～19.0Cr,9.0～12.0Ni,5×C～0.80Ti,铁基
D27	0.08C,1.00Si,2.00Mn,0.045P,0.030S,17.0～19.0Cr,9.0～12.0Ni,10×C～1.0Nb,铁基
D28	0.030C,1.00Si,2.00Mn,0.045P,0.030S,16.0～18.5Cr,2.0～2.5Mo,11.0～14.0Ni,铁基
D29	0.07C,1.00Si,2.00Mn,0.045P,0.030S,16.0～18.5Cr,2.0～2.5Mo,10.5～14.0Ni,铁基
D30	0.08C,1.00Si,2.00Mn,0.045P,0.030S,16.0～18.5Cr,2.0～2.5Mo,10.5～14.0Ni,5×C～0.80Ti
D31	0.08C,1.00Si,2.00Mn,0.045P,0.030S,16.0～18.5Cr,2.0～2.5Mo,10.5～14.0Ni,10×C～1.0Nb
D32	0.08C,1.00Si,2.00Mn,0.045P,0.030S,16.0～18.5Cr,8.5～10.5Ni,3.00～4.00Cu,铁基

表 7-246 化学成分（ISO 4955—2005）

牌号	化 学 成 分/%
H5	0.12C,0.70～1.4Si,1.0Mn,0.040P,0.030S,17.0～19.0Cr,0.70～1.20Al,铁基
H6	0.12C,0.70～1.4Si,1.0Mn,0.040P,0.030S,23.0～26.0Cr,1.20～1.70Al,铁基
H7	0.20C,1.0Si,1.0Mn,0.040P,0.030S,24.0～28.0Cr,0.15～0.25N,铁基
H10	0.12C,1.0Si,2.0Mn,0.045P,0.030S,17.0～19.0Cr,8.0～10.0Ni,铁基
H11	0.12C,1.0Si,2.0Mn,0.045P,0.030S,17.0～19.0Cr,9.0～12.0Ni,5×C～0.80Ti,铁基
H12	0.12C,1.0Si,2.0Mn,0.045P,0.030S,17.0～19.0Cr,9.0～12.0Ni,8×C～1.20Nb,铁基
H13	0.20C,1.5～2.5Si,2.0Mn,0.045P,0.030S,19.0～21.0Cr,11.0～13.0Ni,铁基
H14	0.08C,1.0Si,2.0Mn,0.045P,0.030S,22.0～24.0Cr,12.0～15.0Ni,铁基
H15	0.08C,1.5Si,2.0Mn,0.045P,0.030S,24.0～26.0Cr,19.0～22.0Ni,铁基
H16	0.20C,1.5～2.5Si,2.0Mn,0.045P,0.030S,24.0～26.0Cr,19.0～22.0Ni,铁基
H17	0.15C,1.0～2.0Si,2.0Mn,0.045P,0.030S,15.0～17.0Cr,33.0～37.0Ni,铁基
H18	0.12C,1.0Si,2.0Mn,0.045P,0.030S,19.0～23.0Cr,30.0～34.0Ni,0.15～0.60Al,0.15～0.60Ti,铁基
H20	0.15C,0.5Si,1.0Mn,0.015S,1.0Co,14.0～17.0Cr,0.5Cu,6.0～10.0Fe,72.0minNi,0.5Ti
H21	0.08～0.15C,1.0Si,1.0Mn,0.020S,5.0Co,18.0～21.0Cr,0.5Cu,5.0Fe,0.2～0.6Ti,余量,Ni
H22	0.10C,0.5Si,0.5Mn,0.015S,0.4Al,1.0Co,20.0～23.0Cr,5.0Fe,0.45Ti,0.80～1.00Mo,3.2～4.2Nb＋Ta,余量 Ni

表 7-247 化学成分（ISO 2604-5—2004）

牌号	标准号	化学成分/%
TW46	ISO 2604-5	0.03C,1.00Si,2.00Mn,0.045P,0.030S,17.00～19.00Cr,9.00～12.0Ni,铁基
TW47	ISO 2604-5	0.07C,1.00Si,2.00Mn,0.045P,0.030S,17.00～19.00Cr,8.00～11.0Ni,铁基
TW50	ISO 2604-5	0.08C,1.00Si,2.00Mn,0.045P,0.030S,17.00～19.00Cr,9.00～12.00Ni,10×C～1.00Nb,铁基
TW53	ISO 2604-5	0.08C,1.00Si,2.00Mn,0.045P,0.030S,17.00～19.00Cr,9.00～12.00Ni,5×C～0.80Ti,铁基
TW57	ISO 2604-5	0.03C,1.00Si,2.00Mn,0.045P,0.030S,16.00～18.50Cr,2.00～2.50Mo,11.00～14.00Ni,铁基
TW58	ISO 2604-5	0.03C,1.00Si,2.00Mn,0.045P,0.030S,16.00～18.50Cr,2.50～3.00Mo,11.50～14.50Ni,铁基
TW60	ISO 2604-5	0.07C,1.00Si,2.00Mn,0.045P,0.030S,16.00～18.50Cr,2.00～2.50Mo,10.50～14.00Ni,铁基
TW61	ISO 2604-5	0.07C,1.00Si,2.00Mn,0.045P,0.030S,16.00～18.50Cr,2.50～3.00Mo,11.00～14.50Ni,铁基
TW69	ISO 2604-5	0.19C,1.00Si,1.50Mn,0.045P,0.030S,19.00～23.00Cr,30.00～35.00Ni,0.15～0.60Al,0.15～0.60Ti,铁基
WTW46	ISO 2604-5	0.03C,0.25～0.60Si,1.00～2.50Mn,0.030P,0.030S,19.5～22.0Cr,9.00～11.00Ni,铁基
WTW47	ISO 2604-5	0.08C,0.25～0.60Si,1.00～2.50Mn,0.030P,0.030S,19.0～21.5Cr,9.00～11.0Ni,10×C～1.00Nb,铁基
WTW50	ISO 2604-5	0.08C,0.25～0.60Si,1.00～2.50Mn,0.030P,0.030S,19.0～21.5Cr,9.00～11.0Ni,10×C～1.00Nb,铁基
WTW53	ISO 2604-5	0.08C,0.25～0.60Si,1.00～2.50Mn,0.030P,0.030S,19.0～21.5Cr,9.00～11.0Ni,10×C～1.00Nb,铁基
WTW57	ISO 2604-5	0.08C,0.25～0.60Si,1.00～2.50Mn,0.030P,0.030S,18.0～20.0Cr,2.00～3.00Mo,11.0～14.0Ni,铁基
WTW58	ISO 2604-5	0.08C,0.25～0.60Si,1.00～2.50Mn,0.030P,0.030S,18.0～20.0Cr,2.50～3.00Mo,11.0～14.0Ni,铁基
W1TW60	ISO 2604-5	2.00～3.00Mo,其余同上
W2TW60	ISO 2604-5	10×C～1.00Nb,其余同上
W1TW61	ISO 2604-5	0.08C,0.25～0.60Si,1.00～2.50Mn,0.030P,0.030S,18.0～20.0Cr,2.50～3.00Mo,11.0～14.0Ni
W2TW61	ISO 2604-5	10×C～1.00Nb,其余同上
WTW69	ISO 2604-5	0.10C,0.50Si,2.50～3.50Mn,0.030P,0.030S,18.0～22.0Cr,67.0minNi,铁基

表 7-248 化学成分（ISO/TR 4956）

牌号	化学成分/%
21CrMoV57	0.17～0.25C,0.40Si,0.40～0.80Mn,0.03P,0.03S,1.20～1.50Cr,0.65～0.80Mo,0.60Ni,0.25～0.35V,铁基
40CrMo56	0.35～0.45C,0.15～0.40Si,0.40～0.70Mn,0.035P,0.035S,1.00～1.50Cr,0.50～0.80Mn,铁基
40CrMoV46	0.36～0.44C,0.15～0.35Si,0.45～0.85Mn,0.030P,0.030S,0.90～1.20Cr,0.55～0.75Mo,0.25～0.35V,铁基
X12Cr13	0.09～0.15C,1.00Si,1.00Mn,0.040P,0.030S,11.50～14.00Cr,1.00Ni,铁基
X20CrMoNiNbV111	0.16～0.24C,0.10～0.50Si,0.30～1.00Mn,0.030P,0.030S,10.00～12.00Cr,0.50～1.00Mo,0.030～1.00Mo,0.03～1.00Ni,0.10～0.30V,0.008B,0.10N,0.20～0.50Nb,铁基
X12CrNiMoV123	0.08～0.15C,0.35Si,0.50～0.90Mn,0.030P,0.025S,11.00～12.50Cr,1.50～2.00Mo,2.00～3.00Ni,0.25～0.40V,0.02～0.04N

续表

牌 号	化 学 成 分/%
X21CrMoNiV122	0.17～0.25C，0.50Si，1.00Mn，0.035P，0.030S，11.00～12.50Cr，0.70～1.20Mo，0.30～1.00Ni，0.20～0.35V
X12CrMoV126	0.08～0.16C，0.60Si，0.40～1.00Mn，0.035P，0.035S，11.50～13.00Cr，0.40～0.80Mo，1.00Ni，0.10～0.30V
X12CrMo126	除不含V外，其余同上
X11CrNiWTi17133	0.07～0.15C，1.00Si，1.00Mn，0.045P，0.03S，15.00～17.50Cr，12.00～14.50Ni，2.50～3.50W，4×C%～0.80Ti，0.006B
X6NiCrTiMoVB25152	0.03～0.08C，1.00Si，2.00Mn，0.025P，0.015S，13.50～16.00Cr，1.00～1.50Mo，24.00～27.00Ni，0.10～0.50V，1.90～2.30Ti，0.003～0.010B

7.5.2 不锈耐热钢及耐腐蚀钢的力学性能

表 7-249 力学性能（ISO 683—2012）

牌号	标准号	形 态	状 态	抗拉强度/MPa	屈服强度/MPa	伸长率/%
8	ISO 683-13	条、薄板、板、棒	退火	430～630	250	20
8a	ISO 683-13	条、薄板、板、棒	退火	430～630	250	15
9a	ISO 683-13	条、薄板、板、棒	退火 淬火回火	≤730 640～840	— 450	— 11
9b	ISO 683-13	条、薄板、板、棒	退火 淬火回火	950 880～1080	— 680	— 11
9c	ISO 683-13	条、薄板、板、棒	退火	460～660	280	18
10	ISO 683-13	条、薄板、板、棒	固溶处理	480～680	180	40
10	ISO 683-15	条	固溶处理加沉淀硬化	1030	540	20
11	ISO 683-13	条、薄板、板	固溶处理	500～700	195	40
12	ISO 683-13	条、薄板、板	固溶处理	500～700	195	40
13	ISO 683-13	条、薄板、板	固溶处理	490～690	180	40
14	ISO 683-13	条、薄板、板	固溶处理	590～780	220	37
15	ISO 683-13	条、薄板、板	固溶处理	510～710	200	35
16	ISO 683-13	条、薄板	固溶处理	510～710	205	30
17	ISO 683-13	条、薄板、板	固溶处理	500～700	195	35
19a	ISO 683-13	条、薄板	固溶处理	490～690	190	40
20	ISO 683-13	条、薄板、板	固溶处理	510～710	205	40
20a	ISO 683-13	条、薄板、板	固溶处理	510～710	205	10
21	ISO 633-13	条、薄板、板	固溶处理	510～710	210	35
10N	ISO 633-13	条、薄板、板	固溶处理	550～750	270	35
23	ISO 683-13	条、薄板、板	固溶处理	510～710	215	30

续表

牌号	标准号	形 态	状 态	抗拉强度/MPa	屈服强度/MPa	伸长率/%
19N	ISO 633-13	条、薄板、板	固溶处理	580～780	280	35
24	ISO 683-13	条、薄板、板	固溶处理	490～690	195	35
19aN	ISO 683-13	条、薄板、板	固溶处理	580～780	280	35
A-4	ISO 683-13	条、薄板、板	固溶处理	520～720	220	35
A-2	ISO 683-13	条、薄板、板	固溶处理	640～830	300	40
A-3	ISO 683-13	条、薄板、板	固溶处理	640～830	300	40

表 7-250　不锈耐热钢及耐腐蚀钢的力学性能（ISO 2604-1—2004）

牌号	标准号	形 态	状 态	抗拉强度/MPa	屈服强度/MPa	伸长率/%
F46	ISO 2604-1	锻件	淬火	440	175	30
F47	ISO 2604-1	锻件	淬火	490	195	30
F48	ISO 2604-1	锻件	淬火	490	195	30
F49	ISO 2604-1	锻件	淬火	490	195	30
F50	ISO 2604-1	锻件	淬火	490	205	30
F51	ISO 2604-1	锻件	淬火	490	205	30
F52	ISO 2604-1	锻件				
F53	ISO 2604-1	锻件	淬火	490	195	30
F54A	ISO 2604-1	锻件	淬火	490	155	30
F54B	ISO 2604-1	锻件	淬火	510	195	30
F55	ISO 2604-1	锻件	淬火	490	195	30
F56	ISO 2604-1	锻件	淬火	490	205	30
F59	ISO 2604-1	锻件	淬火	440	185	30
F62	ISO 2604-1	锻件				
F64	ISO 2604-1	锻件	淬火	490	205	30
F66	ISO 2604-1	锻件	淬火	490	205	30
F68	ISO 2604-1	锻件	淬火	490	205	30

表 7-251　力学性能（ISO 2604-4—2004）

牌号	标准号	形 态	状 态	抗拉强度/MPa	屈服强度/MPa	伸长率/%
P46	ISO 2604-4	板	热轧、淬火、断面尺寸 3/30mm	440	175	50
P47	ISO 2604-4	板				
P48	ISO 2604-4	板				
P49	ISO 2604-4	板	热轧、淬火、断面尺寸 3/16mm	490	185	45

续表

牌号	标准号	形　态	状　态	抗拉强度/MPa	屈服强度/MPa	伸长率/%
P50	ISO 2604-4	板				
P52	ISO 2604-4	板	热轧、淬火、断面尺寸 3/16mm	490	205	35
P53	ISO 2604-4	板	热轧、淬火、断面尺寸 3/40mm	490	195	40
P55	ISO 2604-4	板				
P56	ISO 2604-4	板				
P57	ISO 2604-4	板				
P58	ISO 2604-4	板	热轧、淬火、断面尺寸 3/40mm	440	185	45
P60	ISO 2604-4	板	热轧、淬火、断面尺寸 3/40mm	490	205	45
P61	ISO 2604-4	板	热轧、淬火、断面尺寸 3/40mm	490	205	45
P63	ISO 2604-4	板	热轧、淬火、断面尺寸 3/40mm	490	205	40
P67	ISO 2604-4	板	热轧、淬火、断面尺寸 3/40mm	530	215	35
P69	ISO 2604-4	板	热轧、淬火、断面尺寸 3/40mm	430	165	25

表 7-252　力学性能（ISO 2604-2—2004）

牌号	标准号	形　态	状　态	抗拉强度/MPa	屈服强度/MPa	伸长率/%
IS46	ISO 2604-2	管	冷加工、淬火	490	175	30
TS47	ISO 2604-2	管	冷加工、淬火	490	195	30
TS48	ISO 2604-2	管				
TS50	ISO 2604-2	管	冷加工、淬火	510	205	30
TS53	ISO 2604-2	管				
TS54	ISO 2604-2	管	1070℃淬火 950℃淬火	490 510	155 195	30 30
TS56	ISO 2604-2	管	冷加工、淬火	510	205	30
TS57	ISO 2604-2	管				
TS58	ISO 2604-2	管	冷加工、淬火	490	185	30
TS60	ISO 2604-2	管				
TS61	ISO 2604-2	管	冷加工、淬火	510	205	30
TS63	ISO 2604-2	管	冷加工、淬火	510	205	30
TS67	ISO 2604-2	管	冷加工、淬火	510	215	30
TS68	ISO 2604-2	管	冷加工、淬人	510	205	30
TS69	ISO 2604-2	管				

表 7-253 非热处理线材、棒材的力学性能（ISO 4954—2018）

牌号	直径		性能											
	低 /mm	高 /mm	+AR or+AR+PE		+AC or+AC+PE		+AR+C		+AR+C+AC		+AR+C+AC+LC		+AC+C	
			R_m(max) /MPa	Z(min) /%	R_m(max) /MPa	Z(min) /%	R_m(max) /MPa	Z(min) /%	R_m(max) /MPa	Z(min) /%	R_m(max) /MPa	Z(min) /%	R_m(max) /MPa	Z(min) /%
C2C	2	5	—	—	—	—	—	—	310	80	350	75	—	—
	5	10	360	75	—	—	450	70	300	80	340	75	—	—
	10	40	360	75	—	—	440	70	300	80	340	75	—	—
	40	100	360	75	—	—	440	68	300	80	340	75	—	—
C4C	2	5	—	—	—	—	—	—	320	77	360	73	—	—
	5	10	390	70	330	75	470	66	310	77	350	73	410	70
	10	40	390	70	330	75	460	66	300	77	350	73	400	70
	40	100	390	70	330	75	—	—	—	—	—	—	—	—
C8C	2	5	—	—	—	—	—	—	350	72	390	68	—	—
	5	10	410	65	360	70	490	63	340	72	380	68	450	65
	10	40	410	65	360	70	480	63	340	72	380	68	440	65
	40	100	410	65	360	70	—	—	—	—	—	—	—	—
C10C C10GC	2	5	—	—	—	—	—	—	370	72	410	68	—	—
	5	10	430	60	380	70	520	58	360	72	400	68	470	63
	10	40	430	60	380	70	510	58	360	72	400	68	460	63
	40	100	430	60	380	70	—	—	—	—	—	—	—	—
C15C C15GC	2	5	—	—	—	—	—	—	390	70	430	66	—	—
	5	10	460	58	400	68	550	56	380	70	420	66	490	63
	10	40	460	58	400	68	540	56	380	70	420	66	480	63
	40	100	460	58	400	68	—	—	—	—	—	—	—	—
C17C C17GC	2	5	—	—	—	—	—	—	430	67	470	63	—	—
	5	10	520	58	440	65	610	56	420	67	460	63	530	60
	10	40	520	58	440	65	600	56	420	67	460	63	520	60
	40	100	520	58	440	65	—	—	—	—	—	—	—	—
C20C C20GC	2	5	—	—	—	—	—	—	470	67	510	63	—	—
	5	10	560	55	480	65	650	53	460	67	500	63	570	60
	10	40	560	55	480	65	640	53	460	67	500	63	560	60
	40	100	560	55	480	65	—	—	—	—	—	—	—	—
C25C	2	5	—	—	—	—	—	—	500	65	540	60	—	—
	5	10	590	50	510	60	680	50	490	65	530	60	600	55
	10	40	590	50	510	60	670	50	490	65	530	60	590	55
	40	100	590	50	510	60	—	—	—	—	—	—	—	—
C25GC	2	5	—	—	—	—	570	45	—	—	440	55	—	—
	5	10	590	50	—	—	470	45	—	—	440	55	440	55
	10	40	590	50	—	—	470	45	—	—	440	55	440	55
	40	100	590	50	—	—	—	—	—	—	—	—	—	—

表 7-254 非合金钢力学性能（ISO 4954—2018）

牌号	直径		性能											
	低 /mm	高 /mm	+AR or+PE		+AC or+AC+PE		+AR+C		+AR+C+AC		+AR+C+AC+LC		+AR+C	
			R_m(max) /MPa	Z(min) /%	R_m(max) /MPa	Z(min) /%	R_m(max) /MPa	Z(min) /%	R_m(max) /MPa	Z(min) /%	R_m(max) /MPa	Z(min) /%	R_m(max) /MPa	Z(min) /%
C10E2C	2	5	—	—	—	—	—	—	390	67	430	65	—	—
	5	10	450	58	400	65	540	56	380	67	420	65	490	62
	10	40	450	58	400	65	530	56	380	67	420	65	480	62
	40	100	450	58	400	65	—	—	—	—	—	—	—	—
C15E2C	2	5	—	—	—	—	—	—	420	67	460	65	—	—
	5	10	480	58	430	65	570	56	410	67	450	65	520	62
	10	40	480	58	430	65	560	56	410	67	450	65	510	62
	40	100	480	58	430	65	—	—	—	—	—	—	—	—
C17E2C	2	5	—	—	—	—	—	—	440	67	480	65	—	—
	5	10	530	58	450	65	630	56	430	67	470	65	550	62
	10	40	530	58	450	65	620	56	430	67	470	65	540	62
	40	100	530	58	450	65	—	—	—	—	—	—	—	—
C20E2C	2	5	—	—	—	—	—	—	460	67	500	65	—	—
	5	10	530	58	470	65	640	56	450	67	490	65	580	62
	10	40	530	58	470	65	630	56	450	67	490	65	570	62
	40	100	530	58	470	65	—	—	—	—	—	—	—	—

表 7-255 硼合金钢的力学性能（ISO 4954—2018）

牌号	直径		性能											
	低 /mm	高 /mm	+AR		+AC or+AC+PE		+AR+C		+AR+C+AC		+AR+C+AC+LC		+AR+C	
			R_m(max) /MPa	Z(min) /%	R_m(max) /MPa	Z(min) /%	R_m(max) /MPa	Z(min) /%	R_m(max) /MPa	Z(min) /%	R_m(max) /MPa	Z(min) /%	R_m(max) /MPa	Z(min) /%
18MnB4	2	5	—	—	—	—	—	—	500	64	540	62	—	—
	5	10	580	55	500	64	680	53	480	64	520	62	600	59
	10	40	580	55	500	64	670	53	480	64	520	62	590	59
22MnB4	2	5	—	—	—	—	—	—	520	64	560	62	—	—
	5	10	600	55	520	62	720	53	500	64	540	62	630	59
	10	40	600	55	520	62	710	53	500	64	540	62	620	59

表 7-256 力学性能（ISO 4955—2005）

牌号	标准号	形 态	状 态	抗拉强度 /MPa	屈服强度 /MPa	伸长率/%
H5	ISO 4955	锻件	热加工、退火	500～700	270	15
H6	ISO 4955	丝	热加工、退火	520～720	280	10
H7	ISO 4955		热加工、退火	500～700	280	15

续表

牌号	标准号	形态	状态	抗拉强度/MPa	屈服强度/MPa	伸长率/%
H10	ISO 4955	板、薄板	热加工、淬火	500～700	210	40
H11	ISO 4955	管	热加工、淬火	300～700	210	35
H12	ISO 4955	带	热加工、淬火	500～700	210	30
H13	ISO 4955	棒	热加工、淬火	550～750	230	30
H14	ISO 4955	锻件	热加工、淬火	500～700	210	35
H15	ISO 4955	丝	热加工、淬火	500～700	210	30
H16	ISO 4955		热加工、淬火	550～750	230	30
H17	ISO 4955		热加工、淬火	550～750	230	30
H18	ISO 4955		热加工、淬火	450～680	170	30
H20	ISO 4955	带、薄板、板、棒	热加工、淬火	550	240	30
		管	热加工、淬火	550	210	30
H21	ISO 4955	棒、带、薄板、丝	热加工、淬火	640	230	30
		板、管	热加工、淬火	690	300	30
H22	ISO 4955	带、薄板	热加工、淬火	830	—	—
		板、棒	热加工、淬火	830	410	30

表 7-257 力学性能（ISO 2604-5—2004）

牌号	标准号	形态	状态	抗拉强度/MPa	屈服强度/MPa	伸长率/%
TW46	ISO 2604-5	焊管	淬火	490～690	175	30
TW47	ISO 2604-5	焊管	淬火	490～690	195	30
TW50	ISO 2604-5	焊管	淬火	510～710	205	30
TW53	ISO 2604-5	焊管	淬火	510～710	195	30
TW57	ISO 2604-5	焊管	淬火	490～690	185	30
TW58	ISO 2604-5	焊管	淬火	490～690	185	30
TW60	ISO 2604-5	焊管	淬火	510～710	205	30
TW61	ISO 2604-5	焊管	淬火	510～710	205	30
TW69	ISO 2604-5	焊管	淬火	480～680	195	25
WTW46	ISO 2604-5	线				
WTW47	ISO 2604-5	线				
WTW50	ISO 2604-5	线				
WTW53	ISO 2604-5	线				
WTW57	ISO 2604-5	线				
WTW58	ISO 2604-5	线				
W1TW60	ISO 2604-5	线				
W2TW60	ISO 2604-5	线				
W1TW61	ISO 2604-5	线				
W2TW61	ISO 2604-5	线				
WTW69	ISO 2604-5	线				

表 7-258　力学性能（ISO/TR 4956—1993）

牌号	标准号	形　态	状　态	抗拉强度/MPa	屈服强度/MPa	伸长率/%
21CrMoV57	ISO/TR 4956	棒、锻件	淬火加回火	700～850	550	16
40CrMo56	ISO/TR 4956	棒、锻件	淬火加回火	850～1000	635	14
40CrMo46	ISO/TR 4956	棒、锻件	淬火加回火	850～1000	700	14
X12Cr13	ISO/TR 4956	棒、板、薄板 锻件	退火 淬火加回火	470～670 590～780	265 420	20 16
X20CrMoNiNbV111	ISO/TR 4956	棒、锻件	淬火加回火	900～1050	750	10
X12CrNiMoV123	ISO/TR 4956	棒、锻件 板、薄板、带	淬火加回火 淬火加回火	930～1130 930～1130	785 785	14 10
X21CrMoNiV122	ISO/TR 4956	棒、锻件	淬火加回火	900～1050	700	11
X12CrMoV126	ISO/TR 4956	棒、锻件	淬火加回火	770～930	585	15
X12CrMo126	ISO/TR 4956	棒、锻件	淬火加回火	680～880	490	20
X11CrNiWTi17133	ISO/TR 4956	棒、锻件	热冷加工 固溶加沉淀硬化	600～800 500～730	390 220	25 35
X6NiCrTiMoVB25152	ISO/TR 4956	棒、锻件 板、薄板、带	固溶处理加沉淀硬化	900～1100	600	15

8 高温合金

8.1 中国高温合金

高温合金属于热强材料的范畴。随着工业现代化的发展，动力机械参数的不断提高，热强材料的工作温度也相应升至1000℃以上。如内燃机、汽轮机、航空发动机、柴油机增压器中的涡轮叶片、导向叶片、涡轮盘、进气阀、排气阀等主要构件，都是在高温下工作，长期受应力作用，并与含有高温水蒸气、汽油、柴油、重油的燃气及废气等有腐蚀作用的气体接触。因此，制造这些机件的材料也必须在高温下具有足够的持久强度、蠕变强度、热疲劳强度、高温韧性及足够的高温化学稳定性。高温合金能满足这些要求。

高温合金根据GB/T 14992—2005标准的规定可作如下划分。

按照合金的基本成形方式或特殊用途，将合金分为变形高温合金、铸造高温合金（等轴晶铸造高温合金、定向凝固柱晶高温合金及单晶高温合金）、焊接用高温合金丝、粉末冶金高温合金和弥散强化高温合金。

另外按照金属间化合物高温材料的基本组成元素，将金属间化合物高温材料划分为镍铝系金属间高温材料和钛铝系金属间化合物高温材料。

高温合金和金属间化合物高温材料的牌号，采用字母加阿拉伯数字相结合的方法表示。根据特殊需要，可以在牌号后加英文字母表示原合金的改型合金，如表示某种特定工艺或特定化学成分等。

高温合金和金属间化合物高温材料牌号的一般形式为

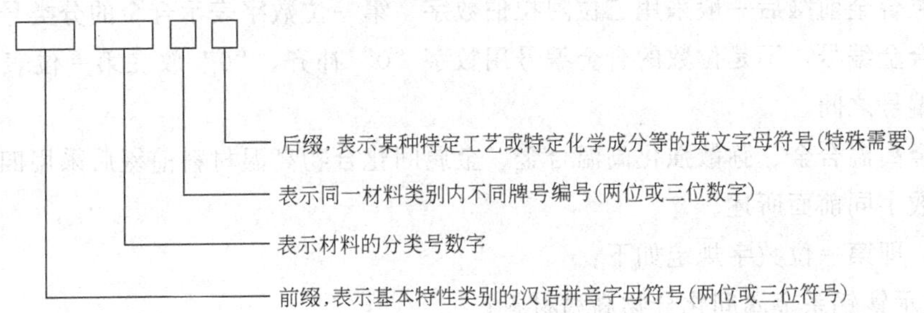

8.1.1 高温合金牌号的表示方法

(1) 牌号前缀　变形高温合金牌号采用汉语拼音字母“GH”作前缀（“G”和“H”分

别为“高”和“合”字汉语拼音的第一个字母）；等轴晶铸造高温合金牌号采用汉语拼音字母“K”作前缀；定向凝固柱晶高温合金牌号采用汉语拼音字母“DZ”作前缀（“D”和“Z”分别为“定”和“柱”字汉语拼音第一个字母）；单晶高温合金牌号采用汉语拼音字母“DD”作前缀（“D”和“D”分别为“定”和“单”字汉语拼音第一个字母）；焊接用高温合金丝牌号采用汉语拼音字母“HGH”作前缀（“GH”符号前的“H”为“焊”字汉语拼音第一个字母）；粉末冶金高温合金牌号采用汉语拼音字母“FGH”作前缀（“GH”符号前的“F”为“粉”字汉语拼音第一个字母）；弥散强化高温合金牌号采用汉语拼音字母“MGH”作前缀（“GH”符号前的“M”为“弥”字汉语拼音第一个字母）；金属间化合物高温材料牌号采用汉语拼音字母“JG”作前缀（“J”和“G”为“金”和“高”字汉语拼音第一个字母）。

(2) 阿拉伯数字

① 变形高温合金和焊接用高温合金丝

前缀后采用四位数字，第一位数字表示合金的分类号；第二至四位数字表示合金编号，不足位数的合金编号用数字“0”补齐。“0”放在第一位表示分类号的数字与合金编号之间。

分类号单双数的选择，按合金主要使用的强化类型确定。焊接用高温合金丝牌号中的第一位数字没有强化类型的含义，只沿用变形高温合金牌号的数字。

分类号，即第一数字规定如下：

1——表示铁或铁镍（镍小于50%）为主要元素的固溶强化型合金类；

2——表示铁或铁镍（镍小于50%）为主要元素的时效强化型合金类；

3——表示镍为主要元素的固溶强化型合金；

4——表示镍为主要元素的时效强化型合金；

5——表示钴为主要元素的固溶强化型合金；

6——表示钴为主要元素的时效强化型合金；

7——表示铬为主要元素的固溶强化型合金；

8——表示铬为主要元素的时效强化型合金。

② 其他高温合金和金属间化合物高温材料

铸造高温合金前缀后一般采用三位阿拉伯数字。第一位数字表示合金的分类号；第二、三位数字表示合金编号，不是位数的合金编号用数字“0”补齐。“0”放在第一位表示分类号的数字与合金编号之间。

粉末冶金高温合金、弥散强化高温合金、金属间化合物高温材料前缀后采用四位阿拉伯数字。阿拉伯数字同前面所述。

分类号，即第一位数字规定如下：

1——表示钛铝系金属间化合物高温材料；

2——表示铁或铁镍（镍小于50%）为主要元素的合金；

4——表示镍为主要元素的合金和镍铝系金属间化合物高温材料；

6——表示钴为主要元素的合金；

8——表示铬为主要元素的合金。

8.1.2 高温合金牌号和化学成分

表 8-1 变形高温合金牌号及化学成分（GB/T 14992—2005）

铁或铁镍(镍小于 50%)为主要元素的变形高温合金化学成分/%(质量分数)

新牌号	原牌号	C	Cr	Ni	W	Mo	Al	Ti	Fe	Nb	Mg	V	B	Ce	Si	Mn	P	S	Cu
																	不大于		
GH1015	GH15	≤0.08	19.00～22.00	34.00～39.00	4.80～5.80	2.50～3.20	—	—	余	1.10～1.60	—	—	≤0.010	≤0.050	≤0.06	≤1.50	0.020	0.015	0.250
GH1016[①]	GH16	≤0.08	19.00～22.00	32.00～36.00	5.00～6.00	2.60～3.30	—	—	余	0.90～1.40	—	0.100～0.300	≤0.010	≤0.050	≤0.60	≤1.80	0.020	0.015	—
GH1035[②]	GH35	0.06～0.12	20.00～23.00	35.00～40.00	2.50～3.50	—	≤0.50	0.70～1.20	余	1.20～1.70	—	—	—	≤0.050	≤0.80	≤0.70	0.030	0.020	—
GH1040[③]	GH40	≤0.12	15.00～17.50	24.00～27.00		5.50～7.00	—	—	余	—	—	—	—	—	0.50～1.00	1.00～2.00	0.030	0.020	0.200
GH1131[④]	GH131	≤0.10	19.00～22.00	25.00～30.00	4.80～6.00	2.80～3.50	—	—	余	0.70～1.30	—	—	0.005	—	≤0.80	≤1.20	0.020	0.020	—
GH1139[⑤]	GH139	≤0.12	23.00～26.00	15.00～18.00	—	—	—	—	余	—	—	—	≤0.010	—	≤1.00	5.00～7.00	0.035	0.020	—
GH1140	GH140	0.06～0.12	20.00～23.00	35.00～40.00	1.40～1.80	2.00～2.50	0.20～0.60	0.70～1.20	余	—	—	—	—	≤0.050	≤0.80	≤0.70	0.025	0.015	—
GH2035A	GH35A	0.05～0.11	20.00～23.00	35.00～40.00	2.50～3.50	—	0.20～0.70	0.80～1.30	余	—	≤0.010	—	0.010	0.050	≤0.80	≤0.70	0.030	0.020	—
GH2036	GH36	0.34～0.40	11.50～13.50	7.00～9.00	—	1.10～1.40	—	≤0.12	余	0.25～0.50	—	1.250～1.350	—	—	0.30～0.80	7.50～9.50	0.035	0.030	—
GH2038	GH38A	≤0.10	10.00～12.50	18.00～21.00	—	—	≤0.50	2.30～2.80	余	—	—	—	≤0.008	—	≤1.00	≤1.00	0.030	0.020	—
GH2130	GH130	≤0.08	12.00～16.00	35.00～40.00	1.40～2.20	—	—	2.40～3.20	余	—	—	—	0.020	0.020	≤0.60	≤0.50	0.015	0.015	—
GH2132	GH132	≤0.08	13.50～16.00	24.00～27.00	—	1.00～1.50	≤0.40	1.75～2.35	余	—	—	0.100～0.500	0.001～0.010	—	≤1.00	1.00～2.00	0.030	0.020	—

续表

铁或铁镍（镍小于50%）为主要元素的变形高温合金化学成分/%（质量分数）

新牌号	原牌号	C	Cr	Ni	Co	W	Mo	Al	Ti	Fe	Nb	B	Zr	Ce	Si	Mn	P	S	Cu
																不大于			
GH2135	GH135	≤0.08	14.00～16.00	33.00～36.00	—	1.70～2.20	1.70～2.20	2.00～2.80	2.10～2.50	余	—	≤0.015	—	≤0.030	≤0.50	0.40	0.020	0.020	—
GH2150	GH150	≤0.08	14.00～16.00	45.00～50.00	—	2.50～3.50	4.50～6.00	0.80～1.30	1.80～2.40	余	0.90～1.40	≤0.010	≤0.050	≤0.020	≤0.40	0.40	0.015	0.015	0.070
GH2302	GH302	≤0.08	12.00～16.00	38.00～42.00	—	3.50～4.50	1.50～2.50	1.80～2.30	2.30～2.80	余	—	≤0.010	≤0.050	≤0.020	≤0.60	0.60	0.020	0.010	—
GH2696	GH696	≤0.10	10.00～12.50	21.00～25.00	—	—	1.00～1.60	≤0.80	2.60～3.20	余	—	≤0.020	—	—	≤0.60	0.60	0.020	0.010	—
GH2706	GH706	≤0.06	14.50～17.50	39.00～44.00	—	—	—	≤0.40	1.50～2.00	余	2.50～3.30	≤0.006	—	—	≤0.35	0.35	0.020	0.015	0.300
GH2747	GH747	≤0.10	15.00～17.00	44.00～46.00	—	—	—	2.90～3.90	—	余	—	—	—	≤0.030	≤1.00	1.00	0.025	0.020	—
GH2761	GH761	0.02～0.07	12.00～14.00	42.00～45.00	—	2.80～3.30	1.40～1.90	1.40～1.85	3.20～3.65	余	—	≤0.015	—	≤0.030	≤0.40	0.50	0.020	0.008	0.200
GH2901	GH901	0.02～0.06	11.00～14.00	40.00～45.00	—	—	5.00～6.50	≤0.30	2.80～3.10	余	—	0.010～0.020	—	—	≤0.40	0.50	0.020	0.008	0.200
GH2903	GH903	≤0.05	—	36.00～39.00	14.00～17.00	—	—	0.70～1.15	1.35～1.75	余	2.70～3.50	0.005～0.010	—	—	≤0.20	0.20	0.015	0.015	—
GH2907	GH907	≤0.06	≤1.00	35.00～40.00	12.00～16.00	—	—	≤0.20	1.30～1.80	余	4.30～5.20	≤0.012	—	—	0.07～0.35	1.00	0.015	0.015	0.500
GH2909	GH909	≤0.06	≤1.00	35.00～40.00	12.00～16.00	—	—	≤0.15	1.30～1.80	余	4.30～5.20	≤0.012	—	—	0.25～0.50	1.00	0.015	0.015	0.500
GH2984	GH984	≤0.08	18.00～20.00	40.00～45.00	—	2.00～2.40	0.90～1.30	0.20～0.50	0.90～1.30	余	—	—	—	—	≤0.50	0.50	0.010	0.010	—

续表

新牌号	原牌号	镍为主要元素的变形高温合金化学成分/%(质量分数)																	
		C	Cr	Ni	Co	W	Mo	Al	Ti	Fe	Nb	La	B	Zr	Ce	Si	Mn	P	S	Cu
																不大于				
GH3007	GH5K	≤0.12	20.00～35.00	余	—	—	—	—	—	≤8.00	—	—	—	—	—	1.00	0.50	0.040	0.040	0.500～2.000
GH3030	GH30	≤0.12	19.00～22.00	余	—	—	—	≤0.15	0.15～0.35	≤1.50	—	—	—	—	—	0.80	0.70	0.030	0.020	≤0.200
GH3039	GH39	≤0.08	19.00～22.00	余	—	—	1.80～2.30	0.35～0.75	0.35～0.75	≤3.00	0.90～1.30	—	—	—	—	0.80	0.40	0.020	0.012	—
GH3044	GH44	≤0.10	23.50～28.50	余	—	13.00～16.00	≤1.50	≤0.50	0.30～0.70	≤4.00	—	—	—	—	—	0.80	0.50	0.013	0.013	≤0.070
GH3128	GH128	≤0.05	19.00～22.00	余	—	7.50～9.00	7.50～9.00	0.40～0.80	0.40～0.80	≤2.00	—	—	≤0.005	≤0.060	≤0.050	0.80	0.50	0.013	0.013	—
GH3170	GH170	≤0.06	18.00～22.00	余	15.00～22.00	17.00～21.00	—	≤0.50	—	—	—	0.100	≤0.005	0.100～0.200	—	0.80	0.50	0.013	0.013	—
GH3536	GH536	0.05～0.15	20.50～23.00	余	0.50～2.50	0.20～1.00	8.00～10.00	≤0.50	≤0.15	17.00～20.00	—	—	≤0.010	—	—	1.00	1.00	0.025	0.015	≤0.500
GH3600	GH600	≤0.15	14.00～17.00	≥72.00	—	—	—	≤0.35	≤0.50	6.00～10.00	≤1.00	—	—	—	—	0.50	1.00	0.040	0.015	≤0.500

续表

新牌号	原牌号	镍为主要元素的变形高温合金化学成分/%(质量分数)																			
		C	Cr	Ni	Co	W	Mo	Al	Ti	Fe	Nb	Mg	V	B	Zr	Ce	Si	Mn	P	S	Cu
																	不大于				
GH3625	GH625	≤0.10	20.00~23.00	余	≤1.00	—	8.00~10.00	≤0.40	≤0.40	≤5.00	3.15~4.15	—	—	—	—	—	0.50	0.50	0.015	0.015	0.070
GH3652	GH652	≤0.10	26.50~28.50	余	—	—	—	2.80~3.50	—	≤1.00	—	—	—	—	—	≤0.030	0.80	0.30	0.020	0.020	—
GH4033	GH33	0.03~0.08	19.00~22.00	余	—	—	—	0.60~1.00	2.40~2.80	≤4.00	—	—	—	≤0.010	—	0.020	0.65	0.40	0.015	0.007	—
GH4037	GH37	0.03~0.10	13.00~16.00	余	—	5.00~7.00	2.00~4.00	1.70~2.30	1.80~2.30	≤5.00	—	—	0.100~0.500	≤0.020	—	≤0.020	0.40	0.50	0.015	0.010	0.070
GH4049	GH49	0.04~0.10	9.50~11.00	余	14.00~16.00	5.00~6.00	4.50~5.50	3.70~4.40	1.40~1.90	≤1.50	—	—	0.200~0.500	≤0.025	—	≤0.020	0.50	0.50	0.010	0.010	0.070
GH4080A	GH80A	0.04~0.10	18.00~21.00	余	≤2.00	—	—	1.00~1.80	1.80~2.70	≤1.50	—	—	—	≤0.008	—	—	0.80	0.40	0.020	0.015	0.200
GH4090	GH90	≤0.13	18.00~21.00	余	15.00~21.00	—	—	1.00~2.00	2.00~3.00	≤1.50	—	—	—	≤0.020	≤0.150	—	0.80	0.40	0.020	0.015	0.200
GH4093	GH93	≤0.13	18.00~21.00	余	15.00~21.00	—	—	1.00~2.00	2.00~3.00	≤1.00	—	—	—	≤0.020	—	—	1.00	1.00	0.015	0.015	0.200
GH4098	GH98	≤0.10	17.50~19.50	余	5.00~8.00	5.50~7.00	3.50~5.00	2.50~3.00	1.00~1.50	≤3.00	≤1.50	—	—	≤0.005	—	≤0.020	0.30	0.30	0.015	0.015	0.070
GH4099	GH99	≤0.08	17.00~20.00	余	5.00~8.00	5.00~7.00	3.50~4.50	1.70~2.40	1.00~1.50	≤2.00	—	≤0.010	—	≤0.005	—	≤0.020	0.50	0.40	0.015	0.015	—

续表

新牌号	原牌号	镍为主要元素的变形高温合金化学成分/%(质量分数)																	
		C	Cr	Ni	Co	W	Mo	Al	Ti	Fe	Nb	Mg	V	B	Zr	Ce	Si	Mn	P	S	Cu
																	不大于				
GH4105	GH105	0.12~0.17	14.00~15.70	余	18.00~22.00	—	4.50~5.50	4.50~4.90	1.18~1.50	≤1.00	—	—	—	0.003~0.010	0.070~0.150	—	0.25	0.40	0.015	0.010	0.200
GH4133	GH33A	≤0.07	19.00~22.00	余	—	—	—	0.70~1.20	2.50~3.00	≤1.50	1.15~1.65	—	—	≤0.010	—	≤0.010	0.65	0.35	0.015	0.007	0.070
GH 4133B	GH 4133B	≤0.06	19.00~22.00	余	—	—	—	0.75~1.15	2.50~3.00	≤1.50	1.30~1.70	0.001~0.010	—	≤0.010	0.010~0.100	≤0.010	0.65	0.35	0.015	0.007	0.070
GH4141	GH141	0.06~0.12	18.00~20.00	余	10.00~12.00	—	9.00~10.50	1.40~1.80	3.00~3.50	≤5.00	—	—	—	0.003~0.010	≤0.070	—	0.50	0.50	0.015	0.015	0.500
GH4145	GH145	≤0.08	14.00~17.00	≥70.00	≤1.00	—	—	0.40~1.00	2.25~2.75	5.00~9.00	0.70~1.20	—	—	—	—	—	0.50	1.00	0.015	0.010	0.500
GH4163	GH163	0.04~0.08	19.00~21.00	余	19.00~21.00	—	5.60~6.10	0.30~0.60	1.90~2.40	≤0.70	—	—	—	≤0.005	—	—	0.40	0.60	0.015	0.007	0.200
GH4169	GH169	≤0.08	17.00~21.00	50.00~55.00	≤1.00	—	2.80~3.30	0.20~0.80	0.65~1.15	余	4.75~5.50	≤0.010	—	≤0.006	—	—	0.35	0.35	0.015	0.015	0.300
GH4199	GH199	≤0.10	19.00~21.00	余	—	9.00~11.00	4.00~6.00	2.10~2.60	1.10~1.60	≤4.00	—	≤0.050	—	≤0.008	—	—	0.55	0.50	0.015	0.015	0.070
GH4202	GH202	≤0.08	17.00~20.00	余	—	4.00~5.00	4.00~5.00	1.00~1.50	2.20~2.80	≤4.00	—	—	—	≤0.010	—	≤0.010	0.60	0.50	0.015	0.010	—
GH4220	GH220	≤0.08	9.00~12.00	余	14.00~15.50	5.00~6.50	5.00~7.00	3.90~4.80	2.20~2.90	≤3.00	—	≤0.010	0.250~0.800	≤0.020	—	≤0.020	0.35	0.50	0.015	0.009	0.070

续表

新牌号	原牌号	镍为主要元素的变形高温合金化学成分/%（质量分数）																			
		C	Cr	Ni	Co	W	Mo	Al	Ti	Fe	Nb	La	Mg	V	B	Zr	Ce	Si	Mn	P	S	Cu
																		不大于				
GH4413	GH413	0.04～0.10	13.00～16.00	余	—	5.00～7.00	2.50～4.00	2.40～2.90	1.70～2.20	≤5.00		—	≤0.005	0.200～1.000	0.020	—	0.020	0.60	0.50	0.015	0.009	0.070
GH4500	GH500	≤0.12	18.00～20.00	余	15.00～20.00	—	3.00～5.00	2.75～3.25	2.75～3.25	≤4.00	—	—	—	—	0.003～0.008	≤0.060	—	0.75	0.75	0.015	0.015	0.100
GH4586	GH586	≤0.08	18.00～20.00	余	10.00～12.00	2.00～4.00	7.00～9.00	1.50～1.70	3.20～3.50	≤5.00	—	≤0.015	≤0.015	—	≤0.005	—	—	0.50	0.10	0.010	0.010	—
GH4648	GH648	≤0.10	32.00～35.00	余	—	4.30～5.30	2.30～3.30	0.50～1.10	0.50～1.10	≤4.00	0.50～1.10	—	—	—	≤0.008	—	≤0.030	0.40	0.50	0.015	0.010	—
GH4698	GH698	≤0.08	13.00～16.00	余	—	—	2.80～3.20	1.30～1.70	2.35～2.75	≤2.00	1.80～2.20	—	≤0.008	—	≤0.005	≤0.050	≤0.005	0.60	0.40	0.015	0.007	0.070
GH4708	GH708	0.05～0.10	17.50～20.00	余	≤0.50	5.50～7.50	4.00～6.00	1.90～2.30	1.00～1.40	≤4.00	—	—	—	—	≤0.008	—	≤0.030	0.40	0.50	0.015	0.015	—
GH4710	GH710	≤0.10	16.50～19.50	余	13.50～16.00	1.00～2.00	2.50～3.50	2.00～3.00	4.50～5.50	≤1.00	—	—	—	—	0.010～0.030	≤0.060	0.020	0.15	0.15	0.015	0.010	0.100
GH4738	GH738 (GH684)	0.03～0.10	18.00～21.00	余	12.00～15.00	—	3.50～5.00	1.20～1.60	2.75～3.25	≤2.00	—	—	—	—	0.003～0.010	0.020～0.080	—	0.15	0.10	0.015	0.015	0.100
GH4742	GH742	0.04～0.08	13.00～15.00	余	9.00～11.00	—	4.50～5.50	2.40～2.80	2.40～2.80	≤1.00	2.40～2.80	≤0.100	—	—	≤0.010	—	0.010	0.30	0.40	0.015	0.010	—

续表

新牌号	原牌号	钴为主要元素的变形高温合金化学成分/%(质量分数)															
		C	Cr	Ni	Co	W	Mo	Al	Ti	Fe	Nb	La	B	Si	Mn	P	S	Cu
																不大于		
GH5188	GH188	0.05～0.15	20.00～24.00	20.00～24.00	余	13.00～16.00	—	—	—	≤3.00	—	0.030～0.120	≤0.015	0.20～0.50	≤1.25	0.020	0.015	0.070
GH5605	GH605	0.05～0.15	19.00～21.00	9.00～11.00	余	14.00～16.00	—	—	—	≤3.00	—	—	—	≤0.40	1.00～2.00	0.040	0.030	—
GH5941	GH941	≤0.10	19.00～23.00	19.00～23.00	余	17.00～19.00	—	—	—	≤1.50	—	—	—	≤0.50	≤1.50	0.020	0.015	0.500
GH6159	GH159	≤0.04	18.00～20.00	余	34.00～38.00	—	6.00～8.00	0.10～0.30	2.50～3.25	8.00～10.00	0.25～0.75	—	≤0.030	≤0.20	≤0.20	0.020	0.010	—
GH6783[⑥]	GH783	≤0.03	2.50～3.50	26.00～30.00	余	—	—	5.00～6.00	≤0.40	24.00～27.00	2.50～3.50	—	0.003～0.012	≤0.50	≤0.50	0.015	0.005	0.500

① 氮含量在 0.130～0.250 之间。
② 加钛或加铌，但两者不得同时加入。
③ 氮含量在 0.100～0.200 之间。
④ 氮含量在 0.150～0.300 之间。
⑤ 氮含量在 0.300～0.450 之间。
⑥ 钽含量不大于 0.050。

表 8-2 铸造高温合金牌号及化学成分（GB/T 14992—2005）

新牌号	原牌号	等轴晶铸造高温合金化学成分/%(质量分数)											Si	Mn	P	S	Cu
		C	Cr	Ni	Co	W	Mo	Al	Ti	Fe	B	Zr	Ce	不大于				
K211	K11	0.10～0.20	19.50～20.50	45.00～47.00	—	7.50～8.50	—	—	—	余	0.030～0.050	—	—	0.40	0.50	0.040	0.040	—
K213	K13	<0.10	14.00～16.00	34.00～38.00	—	4.00～7.00	—	1.50～2.00	3.00～4.00	余	0.050～0.100	—	—	0.50	0.50	0.015	0.015	—
K214	K14	≤0.10	11.00～13.00	40.00～45.00	—	6.50～8.00	—	1.80～2.40	4.20～5.00	余	0.100～0.150	—	—	0.50	0.50	0.015	0.015	—
K401	K1	≤0.10	14.00～17.00	余	—	7.00～10.00	≤0.30	4.50～5.50	1.50～2.00	≤0.20	0.030～0.100	—	—	0.80	0.80	0.015	0.010	—
K402	K2	0.13～0.20	10.50～13.50	余	—	6.00～8.00	4.50～5.50	4.50～5.30	2.00～2.70	≤2.00	0.015	—	0.015	0.04	0.04	0.015	0.015	—
K403	K3	0.11～0.18	10.00～12.00	余	4.50～6.00	4.80～5.50	3.80～4.50	5.30～5.90	2.30～2.90	≤2.00	0.012～0.022	0.030～0.080	0.010	0.50	0.50	0.020	0.010	—
K405	K5	0.10～0.18	9.50～11.00	余	9.50～10.50	4.50～5.20	3.50～4.20	5.00～5.80	2.00～2.90	≤0.50	0.015～0.026	0.030～0.100	0.010	0.30	0.50	0.020	0.010	—
K406	K6	0.10～0.20	14.00～17.00	余	—	—	4.50～6.00	3.25～4.00	2.00～3.00	≤1.00	0.050～0.100	0.030～0.080	—	0.30	0.10	0.020	0.010	—
K406C	K6C	0.03～0.08	18.00～19.00	余	—	—	4.50～6.00	3.25～4.00	2.00～3.00	≤1.00	0.050～0.100	≤0.030	—	0.30	0.10	0.020	0.010	—
K407	K7	≤0.12	20.00～35.00	余	—	—	—	—	—	≤8.00	—	—	—	1.00	0.50	0.040	0.040	0.500～2.000

续表

等轴晶铸造高温合金化学成分/%(质量分数)

新牌号	原牌号	C	Cr	Ni	Co	W	Mo	Al	Ti	Fe	Nb	Ta	Hf	Mg	V	B	Zr	Ce	Si	Mn	P	S	Cu
																			不大于				
K408	K8	0.10～0.20	14.90～17.00	余	—	—	4.50～6.00	2.50～3.50	1.80～2.50	8.00～12.50	—	—	—	—	—	0.060～0.080	—	0.010	0.50	0.60	0.015	0.020	—
K409	K9	0.08～0.13	7.50～8.50	余	9.50～10.50	≤0.10	5.75～6.25	5.75～6.25	0.80～1.20	≤0.35	≤0.10	4.00～4.50	—	—	—	0.010～0.020	0.050～0.100	—	0.25	0.20	0.015	0.015	—
K412	K12	0.11～0.16	14.00～18.00	余	—	4.50～6.50	3.00～4.50	1.60～2.20	1.60～2.30	≤8.00	—	—	—	—	≤0.300	0.005～0.010	—	—	0.60	0.60	0.015	0.009	—
K417	K17	0.13～0.22	8.50～9.50	余	14.00～16.00	—	2.50～3.50	4.80～5.70	4.50～5.00	≤1.00	—	—	—	—	0.600～0.900	0.012～0.022	0.050～0.090	—	0.50	0.50	0.015	0.010	—
K417G	K17G	0.13～0.22	8.50～9.50	余	9.00～11.00	—	2.50～3.50	4.80～5.70	4.10～4.70	≤1.00	—	—	—	—	0.500～0.900	0.012～0.024	0.050～0.090	—	0.20	0.20	0.015	0.010	—
K417L	K17L	0.05～0.22	11.00～15.00	余	3.00～5.00	—	2.50～3.50	4.00～5.70	3.00～5.00	—	—	—	—	—	—	0.003～0.012	—	—	—	—	0.010	0.006	—
K418	K18	0.08～0.16	11.50～13.50	余	—	—	3.80～4.80	5.50～6.40	0.50～1.00	≤1.00	1.80～2.50	—	—	—	—	0.008～0.020	0.060～0.150	—	0.50	0.50	0.015	0.010	—
K418B	K18B	0.03～0.07	11.00～13.00	余	≤1.00	—	3.80～5.20	5.50～6.50	0.40～1.00	≤0.50	1.50～2.50	—	—	—	—	0.005～0.015	0.050～0.150	—	0.50	0.25	0.015	0.015	0.500
K419	K19	0.09～0.14	5.50～6.50	余	11.00～13.00	9.50～10.50	1.70～2.30	5.20～5.70	1.00～1.50	≤0.50	2.50～3.30	—	—	≤0.003	≤0.100	0.050～0.100	0.030～0.080	—	0.20	0.50	—	0.015	0.400
K419H	K19H	0.09～0.14	5.50～6.50	余	11.00～13.00	9.50～10.70	1.70～2.30	5.20～5.70	1.00～1.50	≤0.50	2.25～2.75	—	1.200～1.600	—	≤0.100	0.050～0.100	0.030～0.080	—	0.20	0.20	—	0.015	0.100

续表

新牌号	原牌号	等轴晶铸造高温合金化学成分/%（质量分数）																			
		C	Cr	Ni	Co	W	Mo	Al	Ti	Fe	Nb	Ta	Hf	Mg	V	B	Zr	Ce	Si	Mn	P	S	Cu
																				不大于			
K423	K23	0.12~0.18	14.50~16.50	余	9.00~10.50	≤0.20	7.60~9.00	3.90~4.40	3.40~3.80	≤0.50	≤0.25	—	≤0.250	—	—	0.004~0.008	—	—	≤0.20	0.20	0.010	0.010	—
K423A	K23A	0.12~0.18	14.00~15.50	余	8.20~9.50	≤0.20	6.80~8.30	3.90~4.40	3.40~3.80	≤0.50	≤0.25	—	—	—	—	0.005~0.015	—	—	≤0.20	0.20	—	0.010	—
K424	K24	0.14~0.20	8.50~10.50	余	12.00~15.00	1.00~1.80	2.70~3.40	5.00~5.70	4.20~4.70	≤2.00	0.50~1.00	—	—	—	0.500~1.000	0.015	0.020	0.020	≤0.40	0.40	0.015	0.015	—
K430	K430	≤0.12	19.00~22.00	≥75.00	—	—	—	≤0.15	—	≤1.50	—	—	—	—	—	—	—	—	≤1.20	1.20	0.030	0.020	0.200
K438	K38	0.10~0.20	15.70~16.30	余	8.00~9.00	2.40~2.80	1.50~2.00	3.20~3.70	3.00~3.50	≤0.50	0.60~1.10	1.50~2.00	—	—	—	0.005~0.015	0.050~0.150	—	≤0.30	0.20	0.015	0.015	—
K438G	K38G	0.13~0.20	15.30~16.30	余	8.00~9.00	2.30~2.90	1.40~2.00	3.50~4.50	3.20~4.00	≤0.20	0.40~1.00	1.40~2.00	—	—	—	0.005~0.015	—	—	≤0.01	0.20	0.0005	0.010	0.100
K441	K41	0.02~0.10	15.00~17.00	余	—	12.00~15.00	1.50~3.00	3.10~4.00	—	—	—	—	—	—	—	0.001~0.010	≤0.050	—	—	—	0.015	0.010	—
K461	K461	0.12~0.17	15.00~17.00	余	≤0.50	2.10~2.50	3.60~5.00	2.10~2.80	2.10~3.00	6.00~7.50	—	—	—	—	—	0.100~0.130	—	—	1.20~2.00	0.30	0.020	0.020	—
K477	K77	0.05~0.09	14.00~15.25	余	14.00~16.00	—	3.90~4.50	4.00~4.60	3.00~3.70	≤1.00	—	—	—	—	—	0.012~0.020	≤0.040	≤0.100	≤0.50	0.20	0.015	0.010	—
K480[①]	K80	0.15~0.19	13.70~14.30	余	9.00~10.00	3.70~4.30	3.70~4.30	2.80~3.20	4.80~5.20	≤0.35	≤0.10	≤0.10	≤0.100	≤0.010	≤0.100	0.010~0.020	0.020~0.100	—	≤0.10	0.50	0.015	0.010	0.100
K491	K91	≤0.02	9.50~10.50	余	9.50~10.50	—	2.75~3.25	5.25~5.75	5.00~5.50	≤0.50	—	—	—	≤0.005	—	0.080~0.120	≤0.040	—	≤0.10	0.10	0.010	0.010	—

续表

新牌号	原牌号	等轴晶铸造高温合金化学成分/%(质量分数)																			
		C	Cr	Ni	Co	W	Mo	Al	Ti	Fe	Nb	Ta	Hf	Mg	V	B	Zr	Ce	Si	Mn	P	S	Cu
																					不大于		
K4002	K002	0.13~0.17	8.00~10.00	余	9.00~11.00	9.00~11.00	≤0.50	5.25~5.75	1.25~1.75	≤0.50	—	2.25~2.75	1.300~1.700	≤0.003	≤0.100	0.010~0.020	0.030~0.080	—	≤0.20	≤0.20	0.010	0.010	0.100
K4130	K130	<0.01	20.00~23.00	余	≤1.00	≤0.20	9.00~10.50	0.70~0.90	2.40~2.80	≤0.50	≤0.25	—	—	—	—	—	—	—	≤0.60	≤0.60	—	—	—
K4163	K163	0.04~0.08	19.50~21.00	余	18.50~21.00	≤0.20	5.60~6.10	0.40~0.60	2.00~2.40	0.70	0.25	—	—	—	—	≤0.005	—	—	≤0.40	≤0.60	—	0.007	0.200
K4169	K4169	0.02~0.08	17.00~21.00	50.00~55.00	≤1.00	—	2.80~3.30	0.30~0.70	0.65~1.15	余	4.40~5.40	≤0.10	—	—	—	≤0.006	≤0.050	—	≤0.35	≤0.35	0.015	0.015	0.300
K4202	K202	≤0.08	17.00~20.00	余	—	4.00~5.00	4.00~5.00	1.00~1.50	2.20~2.80	≤4.00	—	—	—	—	—	≤0.015	—	≤0.010	≤0.60	≤0.50	0.015	0.010	—
K4242	K242	0.27~0.35	20.00~23.00	余	9.55~11.00	≤0.20	10.00~11.00	≤0.20	≤0.30	≤0.75	≤0.25	—	—	—	—	—	—	—	0.20~0.45	0.20~0.50	—	—	—
K4536	K536	≤0.10	20.50~23.00	余	0.50~2.50	0.20~1.00	8.00~10.00	—	—	17.00~20.00	—	—	—	—	—	≤0.010	—	—	≤1.00	≤1.00	0.040	0.030	—
K4537[②]	K537	0.07~0.12	15.00~18.00	余	9.00~10.00	4.70~5.20	1.20~1.70	2.70~3.20	3.20~3.70	≤0.50	1.70~2.20	—	—	—	—	0.010~0.020	0.030~0.070	—	—	—	0.015	0.015	—
K4648	K648	0.03~0.10	32.00~35.00	余	—	4.30~5.50	2.30~3.50	0.70~1.30	0.70~1.30	≤0.50	0.70~1.30	—	—	—	—	≤0.008	—	≤0.030	≤0.30	—	—	0.010	—
K4708	K708	0.05~0.10	17.50~20.50	余	—	5.50~7.50	4.00~6.00	1.90~2.30	1.00~1.40	≤4.00	—	—	—	—	—	≤0.008	—	≤0.030	≤0.60	≤0.50	0.015	0.015	—

续表

新牌号	原牌号	等轴晶铸造高温合金化学成分/%(质量分数)																
		C	Cr	Ni	Co	W	Mo	Al	Ti	Fe	Ta	V	B	Zr	Ce	Si	Mn	P	S
																		不大于	
K605	K605	≤0.40	19.00~21.00	9.00~11.00	余	14.00~16.00	—	—	—	≤3.00	—	—	≤0.030	—	—	≤0.40	1.00~2.00	0.040	0.030
K610	K10	0.15~0.25	25.00~28.00	3.00~3.70	余	≤0.50	4.50~5.50	—	—	≤1.50	—	—	—	—	—	≤0.50	≤0.60	0.025	0.025
K612	K612	1.70~1.95	27.00~31.00	≤1.50	余	8.00~10.00	≤2.50	1.00	—	≤2.50	—	—	—	—	—	≤1.50	≤1.50	—	—
K640	K40	0.45~0.55	24.50~26.50	9.50~11.50	余	7.00~8.00	—	—	—	≤2.00	—	—	—	—	—	≤1.00	≤1.00	0.040	0.040
K640M	K40M	0.45~0.55	24.50~26.50	9.50~11.50	余	7.00~8.00	0.10~0.50	0.70~1.20	0.05~0.30	≤2.00	0.10~0.50	—	0.008~0.040	0.100~0.300	—	≤1.00	≤1.00	0.040	0.040
K6188[③]	K188	0.15	20.00~24.00	20.00~24.00	余	13.00~16.00	—	—	—	3.00	—	—	≤0.015	—	—	0.20~0.50	≤1.50	0.020	0.015
K825[④]	K25	0.02~0.08	余	39.50~42.50	—	1.40~1.80	—	—	0.20~0.40	—	—	0.200~0.400	—	—	—	≤0.50	≤0.50	0.015	0.010

续表

定向凝固柱晶高温合金化学成分/%(质量分数)

新牌号	原牌号	C	Cr	Ni	Co	W	Mo	Al	Ti	Fe	Nb	Ta	Hf	V	B	Zr	Si	Mn	P	S	Pb	Sb	As	Sn	Ei	Ag	Cu
																	不大于										
DZ404	DZ4	0.10~0.16	9.00~10.00	余	5.50~6.50	5.10~5.80	3.50~4.20	5.60~6.40	1.60~2.20	≤1.00	—	—	—	—	0.012~0.025	≤0.020	0.500	0.500	0.020	0.010	0.001	0.001	0.005	0.002	0.0001	—	—
DZ405	DZ5	0.07~0.15	9.50~11.00	余	9.50~10.50	4.50~5.50	3.50~4.20	5.00~6.00	2.00~3.00	—	—	—	—	—	0.010~0.020	≤0.100	0.500	0.500	0.020	0.010	—	—	—	—	—	—	—
DZ417G	DZ17G	0.13~0.22	8.50~9.50	余	9.00~11.00	—	2.50~3.50	4.80~5.70	4.10~4.70	≤0.50	—	—	—	0.600~0.900	0.012~0.024	—	0.200	0.200	0.005	0.008	0.0005	0.001	0.005	0.002	0.0001	—	—
DZ422	DZ22	0.12~0.16	8.00~10.00	余	9.00~11.00	11.50~12.50	—	4.75~5.25	1.75~2.25	≤0.20	0.75~1.25	—	1.40~1.80	—	0.010~0.020	≤0.050	0.150	0.200	0.010	0.015	0.0005	—	—	—	0.0005	—	0.100
DZ422B[⑤]	DZ22B	0.12~0.14	8.00~10.00	余	9.00~11.00	11.50~12.50	—	4.75~5.25	1.75~2.25	≤0.25	0.75~1.25	—	0.80~1.10	—	0.010~0.020	≤0.050	0.120	0.120	0.015	0.010	0.0005	—	—	—	0.0003	—	0.100
DZ438G[⑥]	DZ38G	0.08~0.14	15.50~16.40	余	8.00~9.00	2.40~2.80	1.50~2.00	3.50~4.30	3.50~4.30	≤0.30	0.40~1.00	1.50~2.00	—	—	0.005~0.015	—	0.150	0.150	0.0005	0.015	0.001	0.001	—	0.002	0.0001	—	—
DZ4002	DZ002	0.13~0.17	8.00~10.00	余	9.00~11.00	9.00~11.00	≤0.50	5.25~5.75	1.25~1.75	≤0.50	—	2.25~2.75	1.30~1.70	≤0.100	0.010~0.020	0.030~0.080	0.200	0.200	0.020	0.010	—	—	—	—	—	—	0.100
DZ4125	DZ125	0.07~0.12	8.40~9.40	余	9.50~10.50	6.50~7.50	1.50~2.50	4.80~5.40	0.70~1.20	≤0.30	—	3.50~4.10	1.20~1.80	—	0.010~0.020	≤0.080	0.150	0.150	0.010	0.010	0.0005	0.001	0.001	0.001	0.0005	0.005	—
DZ4125L	DZ125L	0.06~0.14	8.20~9.80	余	9.20~10.80	6.20~7.80	1.50~2.50	4.30~5.30	2.00~2.80	≤0.20	—	3.30~4.00	—	—	0.005~0.015	≤0.050	0.150	0.150	0.001	0.010	0.0005	0.001	0.001	0.001	0.0005	0.005	—
DZ640M	DZ40M	0.45~0.55	24.50~26.50	9.50~11.50	余	7.00~8.00	0.10~0.50	0.70~1.20	0.05~0.30	≤2.00	—	0.10~0.50	—	—	0.008~0.018	0.100~0.300	1.000	1.000	0.040	0.040	0.0005	0.001	0.001	0.001	0.0005	—	—

续表

新牌号	原牌号	单晶高温合金化学成分/%（质量分数） C	Cr	Ni	Co	W	Mo	Al	Ti	Fe	Nb	Ta	Hf	Re	Ca	Tl	Te	Se	Yb
															不大于				
DD402	DD402	≤0.006	7.00～8.20	余	4.30～4.90	7.60～8.40	0.30～0.70	5.45～5.75	0.80～1.20	≤0.20	≤0.15	5.80～6.20	≤0.0075	—	0.002	0.00003	0.00003	0.0001	0.100
DD403	DD3	≤0.010	9.00～10.00	余	4.50～5.50	5.00～6.00	3.50～4.50	5.50～6.20	1.70～2.40	≤0.50	—	—	—	—	—	—	—	—	—
DD404	DD4	≤0.01	8.50～9.50	余	7.00～8.00	5.50～6.50	1.40～2.00	3.40～4.00	3.90～4.70	≤0.50	0.35～0.70	3.50～4.80	—	—	—	—	—	—	—
DD406	DD6	0.001～0.04	3.80～4.80	余	8.50～9.50	7.00～9.00	1.50～2.50	5.20～6.20	≤0.10	≤0.30	≤1.20	6.00～8.50	0.050～0.150	1.600～2.400	—	—	—	—	—
DD408⑦	DD8	<0.03	15.50～16.50	余	8.00～9.00	5.60～6.40	—	3.60～4.20	3.60～4.20	≤0.50	—	0.70～1.20	—	—	—	—	—	—	—

新牌号	原牌号	单晶高温合金化学成分/%（质量分数） Cu	Zn	Mg	[N]	[H]	[O]	B	Zr	Si	Mn	P	S	Pb	Sb	As	Sn	Bi	Ag
		不大于																	
DD402	DD402	0.050	0.0005	0.008	0.0012	—	0.0010	0.003	0.0075	0.040	0.020	0.005	0.002	0.0002	0.0005	0.0005	0.0015	0.00003	0.0005
DD403	DD3	0.100	—	0.003	0.0012	—	0.0010	0.005	0.0075	0.200	0.200	0.010	0.002	0.0005	0.0010	0.0010	0.0010	0.00005	0.0005
DD404	DD4	0.100	—	0.003	0.0015	—	0.0015	0.010	0.050	0.200	0.200	0.010	0.010	0.0005	0.002	0.001	0.001	0.0005	0.005
DD406	DD6	0.100	—	0.003	0.0015	0.001	0.004	0.020	0.100	0.200	0.150	0.018	0.004	0.0005	0.001	0.001	0.001	0.00005	0.0005
DD408⑦	DD8	0.100	—	0.003	0.0012	—	0.001	0.005	0.007	0.150	0.150	0.010	0.010	0.001	—	0.005	0.002	0.0001	—

① 钨加钼含量不小于 7.70。
② 氮含量小于 0.200。
③ 镧含量在 0.020～0.120 之间。
④ 氮含量小于 0.030。
⑤ 硒含量不大于 0.0001；碲含量不大于 0.00005；铊含量不大于 0.00005。
⑥ 铝加钛含量不小于 7.30。
⑦ 铝加钛含量在 7.50～7.90 之间。

表 8-3 焊接用高温合金丝牌号与化学成分（GB/T 14992—2005）

新牌号	原牌号	化学成分/%(质量分数)																
		C	Cr	Ni	W	Mo	Al	Ti	Fe	Nb	V	B	Ce	Si	Mn	P	S	Cu	其他
																不大于			
HGH1035	HGH35	0.06~0.12	20.00~23.00	35.00~40.00	2.50~3.50	—	≤0.50	0.70~1.20	余	—	—	—	≤0.050	≤0.80	≤0.70	0.020	0.020	0.200	
HGH1040	HGH40	≤0.10	15.00~17.50	24.00~27.00	—	5.50~7.00	—	—	余	—	—	—	—	0.50~1.00	1.00~2.00	0.030	0.020	0.200	N:0.100~0.200
HGH1068	HGH68	≤0.10	14.00~16.00	21.00~23.00	7.00~8.00	2.00~3.00	—	—	余	—	—	—	≤0.020	≤0.20	5.00~6.00	0.010	0.010	—	
HGH1131	HGH131	≤0.10	19.00~22.00	25.00~30.00	4.80~6.00	2.80~3.50	—	—	余	0.70~1.30	—	≤0.005	—	≤0.80	≤1.20	0.020	0.020	—	N:0.150~0.300
HGH1139	HGH139	≤0.12	23.00~26.00	14.00~18.00	—	—	—	—	余	—	—	≤0.010	—	≤1.00	5.00~7.00	0.030	0.025	0.200	N:0.250~0.450
HGH1140	HGH140	0.06~0.12	20.00~23.00	35.00~40.00	1.40~1.80	2.00~2.50	0.20~0.60	0.70~1.20	余	—	—	—	—	≤0.80	≤0.70	0.020	0.015	—	
HGH2036	HGH36	0.34~0.40	11.50~13.50	7.00~9.00	—	1.10~1.40	—	≤0.12	余	0.25~0.50	1.25~1.55	—	—	0.30~0.80	7.50~9.50	0.035	0.030	—	
HGH2038	HGH38	≤0.10	10.00~12.50	18.00~21.00	—	—	≤0.50	2.30~2.80	余	—	—	≤0.008	—	≤1.00	≤1.00	0.030	0.020	0.200	
HGH2042	HGH42	≤0.05	11.50~13.00	34.50~36.50	—	—	0.90~1.20	2.70~3.20	余	—	—	—	—	≤0.60	0.80~1.30	0.020	0.020	0.200	

续表

新牌号	原牌号	化学成分/%(质量分数)																
		C	Cr	Ni	W	Mo	Al	Ti	Fe	Nb	V	B	Ce	Si	Mn	P	S	Cu	其他
																不大于			
HGH2132	HGH132	≤0.08	13.50~16.00	24.50~27.00	—	1.00~1.50	≤0.35	1.75~2.35	余	—	0.10~0.50	0.001~0.010	—	0.40~1.00	1.00~2.00	0.020	0.015	—	
HGH2135	HGH135	≤0.06	14.00~16.00	33.00~36.00	1.70~2.20	1.70~2.20	2.40~2.80	2.10~2.50	余	—	—	≤0.015	≤0.030	≤0.50	≤0.40	0.020	0.020	—	
HGH2150	HGH150	≤0.06	14.00~16.00	45.00~50.00	2.50~3.50	4.50~6.00	0.80~1.30	1.80~2.40	余	0.90~1.40	—	≤0.010	≤0.020	≤0.40	≤0.40	0.015	0.015	0.070	Zr:0.050
HGH3030	HGH30	≤0.12	19.00~22.00	余	—	—	≤0.15	0.15~0.35	≤1.00	—	—	—	—	≤0.80	≤0.70	0.015	0.010	0.200	
HGH3039	HGH39	≤0.08	19.00~22.00	余	—	1.80~2.30	0.35~0.75	0.35~0.75	≤3.00	0.90~1.30	—	—	—	≤0.80	≤0.40	0.020	0.012	0.200	
HGH3041	HGH41	≤0.25	20.00~23.00	72.00~78.00	—	—	≤0.06	—	≤1.70	—	—	—	—	≤0.60	0.20~1.50	0.035	0.030	0.200	
HGH3044	HGH44	≤0.10	23.50~26.50	余	13.60~16.00	—	≤0.50	0.30~0.70	≤4.00	—	—	—	—	≤0.80	≤0.50	0.013	0.013	0.200	
HGH3113	HGH113	≤0.08	14.50~16.50	余	3.00~4.50	15.00~17.00	—	—	4.00~7.00	—	≤0.35	—	—	≤1.00	≤1.00	0.015	0.015	0.200	
HGH3128	HGH128	≤0.05	19.00~22.00	余	7.50~9.00	7.50~9.00	0.40~0.80	0.40~0.80	≤2.00	—	—	≤0.005	≤0.050	≤0.80	≤0.50	0.013	0.013	—	Zr:0.060
HGH3367	HGH367	≤0.06	14.00~16.00	余	—	14.00~16.00	—	—	≤4.00	—	—	—	—	≤0.30	1.00~2.00	0.015	0.010	—	

续表

新牌号	原牌号	化学成分/%（质量分数）																
		C	Cr	Ni	W	Mo	Al	Ti	Fe	Nb	B	Ce	Si	Mn	P	S	Cu	其他
													不大于					
HGH3533	HGH533	≤0.08	17.00～20.00	余	7.00～9.00	7.00～9.00	≤0.40	2.30～2.90	≤3.00	—	—	—	0.30	0.60	0.010	0.010	—	
HGH3536	HGH536	0.05～0.15	20.50～23.00	余	0.20～1.00	8.00～10.00	—	—	17.00～20.00	—	≤0.010	—	1.00	1.00	0.025	0.025	—	Co:0.50～2.50
HGH3600	HGH600	≤0.10	14.00～17.00	≥72.00	—	—	—	—	6.00～10.00	—	—	—	0.50	1.00	0.020	0.015	0.500	Co:≤1.00
HGH4033	HGH33	≤0.06	19.00～22.00	余	—	—	0.60～1.00	2.40～2.80	≤1.00	—	≤0.010	≤0.010	0.65	0.35	0.015	0.007	0.07	
HGH4145	HGH145	≤0.08	14.00～17.00	余	—	—	0.40～1.00	2.50～2.75	5.00～9.00	0.70～1.20	—	—	0.50	1.00	0.020	0.010	0.200	
HGH4169	HGH169	≤0.08	17.00～21.00	50.00～55.00	—	2.80～3.30	0.20～0.60	0.65～1.15	余	4.75～5.50	≤0.006	—	0.30	0.35	0.015	0.015	—	
HGH4356	HGH356	≤0.08	17.00～20.00	余	4.00～5.00	4.00～5.00	1.00～1.50	2.20～2.80	≤4.00	—	≤0.010	≤0.010	0.50	1.00	0.015	0.010	—	
HGH4642	HGH642	≤0.04	14.00～16.00	余	2.00～4.00	12.00～14.00	0.50～0.90	1.30～1.60	≤4.00	—	—	≤0.020	0.35	0.60	0.010	0.010	—	
HGH4648	HGH648	≤0.10	32.00～35.00	余	4.30～5.30	2.30～3.30	0.50～1.10	0.50～1.10	≤4.00	0.50～1.10	≤0.008	≤0.030	0.40	0.50	0.015	0.010	—	

表 8-4　粉末冶金高温合金牌号及化学成分（GB/T 14992—2005）

新牌号	原牌号	化学成分/%(质量分数)																			
		C	Cr	Ni	Co	W	Mo	Al	Ti	Fe	Nb	Hf	Mg	Ta	B	Zr	Ce	Si	Mn	P	S
																		不大于			
FGH4095	FGH95	0.04～0.09	12.00～14.00	余	7.00～9.00	3.30～3.70	3.30～3.70	3.30～3.70	2.30～2.70	≤0.50	3.30～3.70	—	—	≤0.020	0.006～0.015	0.030～0.070	—	0.20	0.15	0.015	0.015
FGH4096	FGH96	0.02～0.05	15.00～16.50	余	12.50～13.50	3.80～4.20	3.80～4.20	2.00～2.40	3.50～3.90	≤0.50	0.60～1.00	—	—	≤0.020	0.006～0.015	0.025～0.050	0.005～0.010	0.20	0.15	0.015	0.015
FGH4097	FGH97	0.02～0.06	8.00～10.00	余	15.00～16.50	4.80～5.90	3.50～4.20	4.85～5.25	1.60～2.00	≤0.50	2.40～2.80	0.100～0.400	0.002～0.050	—	0.006～0.015	0.010～0.015	0.005～0.010	0.20	0.15	0.015	0.009

表 8-5　弥散强化高温合金牌号及化学成分（GB/T 14992—2005）

新牌号	原牌号	化学成分/%(质量分数)										
		C	Cr	Ni	W	Mo	Al	Ti	Fe	[O]	Y_2O_3	S
MGH2756	MGH2756	≤0.10	18.50～21.50	<0.50	—	—	3.75～5.75	0.20～0.60	余	—	0.30～0.70	—
MGH2757[①]	MGH2757	≤0.20	9.00～15.00	<1.00	1.00～3.00	0.20～1.50	—	0.30～2.50	余	—	0.20～1.00	—
MGH4754	MGH754	≤0.05	18.50～21.50	余	—	—	0.25～0.55	0.40～0.70	<1.20	<0.50	0.50～0.70	<0.005
MGH4755	MGH5K	≤0.10	25.00～35.00	余	—	—	—	—	≤4.0	—	0.10～2.00	—
MGH4758[②]	MGH4758	≤0.05	28.00～32.00	余	—	—	0.25～0.55	0.40～0.70	<1.20	<0.50	0.50～0.70	<0.005

① 钨、钼元素只可任选一种加入。

② 铜含量在 0.50～1.50。

表 8-6　金属间化合物高温合金牌号及化学成分（GB/T 14992—2005）

新牌号	原牌号	化学成分/%（质量分数）																										
		C	Cr	Ni	W	Mo	Al	Ti	Nb	Ta	V	Fe	B	Zr	Hf	Y	Si	Mn	P	S	Pb	Sb	As	Sn	Bi	O	N	H
																	不大于											
JG1101	TAC-2	—	1.20~1.60	—	—	—	32.30~34.60	余	—	—	3.00~3.60	—	—	—	—	—	—	—	—	—	—	—	—	—	—	0.100	0.020	0.010
JG1102	TAC-2M	—	1.20~1.60	0.65~0.85	—	—	32.10~33.10	余	—	—	2.30~2.90	—	—	—	—	—	—	—	—	—	—	—	—	—	—	0.100	0.020	0.010
JG1201	TAC-3A	—	—	—	—	—	9.90~11.90	余	41.60~43.60	—	—	—	—	—	—	—	—	—	—	—	—	—	—	—	—	0.100	0.020	0.010
JG1202	TAC-3B	—	—	—	—	—	9.70~11.70	余	44.20~46.20	—	—	—	—	—	—	—	—	—	—	—	—	—	—	—	—	0.100	0.020	0.010
JG1203	TAC-3C	—	—	—	—	—	9.20~11.20	余	37.50~39.50	9.00~9.60	—	—	—	—	—	—	—	—	—	—	—	—	—	—	—	0.100	0.020	0.010
JG1204	TAC-3D	—	—	—	—	—	8.60~10.60	余	29.20~31.20	20.10~21.10	—	—	—	—	—	—	—	—	—	—	—	—	—	—	—	0.100	0.020	0.010
JG1301	TAC-1	—	—	—	—	0.80~1.20	12.10~14.10	余	25.30~27.30	—	2.80~3.40	—	—	—	—	—	—	—	—	—	—	—	—	—	—	0.100	0.020	0.010
JG1302	TAC-1B	—	—	—	—	—	11.20~13.20	余	30.10~32.10	—	—	—	—	—	—	—	—	—	—	—	—	—	—	—	—	0.100	0.020	0.010
JG4006	IC6	≤0.02	—	余	—	13.50~14.30	7.40~8.00	—	—	—	—	≤1.00	0.020~0.060	—	—	—	0.50	0.50	0.015	0.010	0.001	0.001	0.005	0.002	0.0001	—	—	—
JG4006A	IC6A	≤0.02	—	余	—	13.50~14.30	7.40~8.00	—	—	—	—	≤1.00	0.020~0.060	—	—	0.010~0.050	0.50	0.50	0.015	0.010	0.001	0.001	0.005	0.002	0.0001	—	—	—
JG4246	MX246	0.06~0.16	7.40~8.20	余	—	—	7.00~8.50	0.60~1.20	—	—	—	≤2.00	0.010~0.050	0.300~0.800	—	—	1.00	0.50	0.020	0.015	0.001	0.001	0.005	0.002	0.0001	—	—	—
JG4246A	MX246A	0.06~0.20	7.40~8.20	余	1.70~2.30	3.50~4.50	7.60~8.50	0.60~1.20	—	—	—	≤2.00	0.010~0.050	—	0.300~0.600	—	1.00	0.50	0.020	0.015	0.001	0.001	0.005	0.002	0.0001	—	—	—

8.1.3 高温合金力学性能

表 8-7 转动部件用高温合金热轧棒材的力学性能（GB/T 14993—2008）

合金牌号	试样热处理制度	组别	拉伸性能						高温持久性能			室温硬度(HBW)
			试验温度/℃	抗拉强度 R_m/MPa	规定非比例延伸强度 $R_{P0.2}$/MPa	断后伸长率 A/%	断面收缩率 Z/%	冲击功 A_{KU}/J	试验温度 t/℃	应力 σ/MPa	时间/h	
				不小于							不小于	
GH2130	(1180℃±10℃保温 2h,空冷)+(1050℃±10℃保温 4h,空冷)+(800℃±10℃保温 16h,空冷)	Ⅰ	800	665	—	3	8	—	850	195	40	269～341
		Ⅱ							800	245	100	
GH2150A	(1000～1180℃保温 2～3h,油冷)+(780～830℃保温 5h,空冷)+(650～730℃保温 16h,空冷)	—	20	1130	685	12	14.0	27	600	785	60	293～363
GH4033[①]	(1080℃±10℃,保温 8h,空冷)+(700℃±10℃,保温 16h,空冷)	Ⅰ	700	685	—	15	20.0	—	700	430	60	255～321
		Ⅱ								410	80	
GH4037[②]	(1180℃±10℃,保温 2h,空冷)+(1050℃±10℃,保温 4h,缓冷)+(800℃±10℃,保温 16h,空冷)	Ⅰ	800	665	—	5.0	8.0	—	850	196	50	269～341
		Ⅱ							800	245	100	
GH4049[③]	(1200℃±10℃,保温 2h,空冷)+(1050℃±10℃,保温 4h,空冷)+(850℃±10℃,保温 8h,空冷)	Ⅰ	900	570	—	7.0	11.0	—	900	245	40	302～363
		Ⅱ								215	80	
GH4133B	(1080℃±10℃,保温 8h,空冷)+(750℃±10℃,保温 16h,空冷)	Ⅰ	20	1050	735	16	18.0	31	750	392	50	262～352
		Ⅱ	750	750	实测	12	15.0	—	750	345	50	262～352

① 直径 45～55mm 棒材，硬度 255～311HBW，高温持久性能每 10 炉应有一根拉至断裂，实测伸长率和断面收缩率。

② 每 5～30 炉取一个高温持久试样按Ⅱ组条件拉断，实测伸长率和断面收缩率。

③ 每 10～20 炉取一个高温持久试样按Ⅱ组条件拉断，如 200h 没断，则一次加力至 245MPa 拉断，实测伸长率和断面收缩率。

注：1. GH4033、GH4049 合金的高温持久性能Ⅱ检验组别复验时采用。

2. GH2130、GH4037 合金的高温持久性能检验组别需方有要求时应在合同中注明，如合同不注明则由供方任意选取。

3. GH4133B 合金的力学性能检验组别订货时应注明，不注明时按Ⅰ组供货。

4. 直径小于 20mm 棒材力学性能指标按上述规定，直径小于 16mm 棒材的冲击，直径小于 14mm 棒材的持久，直径小于 10mm 棒材的高温拉伸，在中间坯上取样做试验。

5. 棒材采用经过热处理的试样测定室温硬度和纵向力学性能。

6. GH4049 棒材允许采用 950℃±10℃保温 2h 空冷时效，此时硬度值应为 285～341HBW，其 900℃抗拉强度 R_m 应不小于 540MPa，其他性能指标不变。

表 8-8 高温合金冷拉棒材的热处理制度（GB/T 14994—2008）

牌号	组别	固溶处理	时效处理
GH1040	—	1200℃,1h,空冷	700℃,16h,空冷
GH2036	—	1140～1145℃,1h 20min,流动水冷却	670℃,12～14h,升温至 770～800℃,10～12h,空冷
GH2132	—	980～1000℃,1～2h,油冷	700～720℃,16h,空冷
GH2696	Ⅰ	—	750℃,16h,炉冷至 650℃,16h,空冷
	Ⅱ	—	750℃,16h,炉冷至 650℃,16h,空冷
	Ⅲ	1100℃,1～2h,油冷	780℃,16h,空冷
	Ⅳ	1100～1120℃,3～5h,油冷	840～850℃,3～5h,空冷,700～730℃,16～25h,空冷
GH3030	—	980～1000℃,水冷或空冷	—
GH4033	—	1080℃,8h,空冷	700℃,16h,空冷
GH4080A	—	1080℃,15～45min,空冷或水冷	700℃,16h,空冷或 750℃,4h,空冷
GH4090	—	1080℃,1～8h,空冷或水冷	750℃,4h,空冷
GH4169	—	950～980℃,1h,空冷	720℃,8h;(50℃±10℃)/h 炉冷到 620℃,8h,空冷

注：1. GH2036 合金当碳含量不大于 0.36%时，建议第二阶段时效在 770～780℃进行，而当碳含量大于 0.36%时，则在 790～800℃进行时效。

2. 热处理控温精度除 GH 4080A 时效处理为±5℃外，其余均为±10℃。

表 8-9 经固溶与时效后的高温合金冷拉棒材的力学性能（GB/T 14994—2008）

牌号	瞬时拉伸性能							硬度	高温持久性能			
	试验温度/℃		抗拉强度 R_m/MPa	规定非比例延伸强度 $R_{P0.2}$/MPa	断后伸长率 A/%	断面收缩率 Z/%	室温冲击功 A_{KU}/J	HBW	试验温度/℃	试验应力 σ/MPa	时间/h	断后伸长率 A/%
			不小于								不小于	
GH1040	800		295	—	—	—	—	—	—	—	—	—
GH2036	室温		835	590	15	20	27	311～276	650	375 (345)	35 (100)	—
GH2132[①]	室温		900	590	15	20	—	311～217	650	450 (390)	23 (100)	5(3)
GH2696	室温	Ⅰ	1250	1050	10	35	—	302～229	600	570	实测	
		Ⅱ	1300	1100	10	30	—	229～143			实测	—
		Ⅲ	980	685	10	12	24	341～285			50	—
		Ⅳ	930	635	10	12	24	341～285			50	—
GH3030	室温		685	—	30	—	—	—	—	—	—	—
GH4033	700		685	—	15	20	—	—	700	430 (410)	60 (80)	—
GH4080A	室温		1000	620	20	—	—	≥285	750	340	30	—
GH4090	650		820	590	8	—	—	—	870	140	30	—
GH4169[②]	室温		1270	1030	12	15	—	≥345	650	690	23	4
	650		1000	860	12	15	—	—				

① GH2132 合金若按表 8-8 热处理性能不合格，则可调整时效温度至不高于 760℃，保温 16h，重新检验。GH2132 合金高温持久试验拉至 23h 试样不断，则可采用逐渐增加应力的方法进行：间隔 8～16h，以 35MPa 递增加载。如果试样断裂时间小于 48h，断后伸长率 A 应不小于 5%；如果断裂时间大于 48h，断后伸长率 A 应不小于 3%。

② GH4169 合金高温持久试验 23h 后试样不断，可采用逐渐增加应力的方法进行，23h 后，每间隔 8～16h，以 35MPa 递增加载至断裂，试验结果应符合表中的规定。

表 8-10　高温合金热轧板的力学性能（GB/T 14995—2010）

合金牌号		检验试样状态	试验温度/℃	力学性能		
新牌号	原牌号			抗拉强度 R_m/MPa	断后伸长率 A_5/%	断面收缩率 Z/%
GH 1035	GH35	交货状态	室温	≥590	≥35.0	实测
			700	≥345	≥35.0	实测
GH 1131①	GH 131	交货状态	室温	≥735	≥34.0	实测
			900	≥180	≥40.0	实测
			1000	≥110	≥43.0	实测
GH 1140	GH 140	交货状态	室温	≥635	≥40.0	≥45.0
			800	≥245	≥40.0	≥50.0
GH 2018	GH 18	交货状态＋时效（800℃±10℃，保温 16h，空冷）	室温	≥930	≥15.0	实测
			800	≥430	≥15.0	实测
GH 2132②	GH 132	交货状态＋时效（700～720℃，保温 12～16h，空冷）	室温	≥880	≥20.0	实测
			650	≥735	≥15.0	实测
			550	≥785	≥16.0	实测
GH 2302	GH 302	交货状态	室温	≥685	≥30.0	实测
		交货状态＋时效（800℃±10℃，保温 16，空冷）	800	≥540	≥6.0	实测
GH 3030	GH 30	交货状态	室温	≥685	≥30.0	实测
			700	≥295	≥30.0	实测
GH 3039	GH 39	交货状态	室温	≥735	≥40.0	≥45.0
			800	≥245	≥40.0	≥50.0
GH 3044	GH 44	交货状态	室温	≥735	≥40.0	实测
			900	≥185	≥30.0	实测
GH 3128	GH 128	交货状态	室温	≥735	≥40.0	实测
		交货状态＋固溶（1200℃±10℃，空冷）	950	≥175	≥40.0	实测
GH 4099	GH 99	交货状态＋时效（900℃±10℃，保温 5h，空冷）	900	≥295	≥23.0	—

① 高温拉伸可由供方任选一组温度，若合同未注明时，按 900℃进行检验。

② 高温拉伸可由供方任选一组温度，若合同未注明时，按 650℃进行检验。

注：1. 板材或试样的力学性能应符合表中的规定。当板厚不小于 7.0mm 时采用圆形试样；板厚小于 7.0mm 时可以制备非标准圆形试样，供方仅提供力学性能实测数据，不作判定依据，但应在质量证明书中注明。

2. 经需方要求，供方可对其他合金做高温持久性能试验，高温持久性能要求和试验条件（温度、应力、断裂时间等）应由供需双方协商确定，并在合同中注明。

表 8-11　高温合金冷轧板的热处理制度（GB/T 14996—2010）

合金牌号	成品板材推荐固溶处理制度	合金牌号	成品板材推荐固溶处理制度
GH 1016	1140～1180℃，空冷	GH 3039	1050～1090℃，空冷
GH 1035	1100～1140℃，空冷	GH 3044	1120～1160℃，空冷
GH 1131	1130～1170℃，空冷	GH 3128	1140～1180℃，空冷
GH 1140	1050～1090℃，空冷	GH 3536	1130～1170℃，快冷或水冷
GH 2018	1100～1150℃，空冷	GH 4033	970～990℃，空冷
GH 2302	1100～1130℃，空冷	GH 4099	1080～1140℃（最高不超过 1160℃），空冷或快冷
GH 3030	980～1020℃，空冷	GH 4145	1070～1090℃，空冷

注：表中所列固溶温度指板材温度。

表 8-12 高温合金冷轧板的力学性能（GB/T 14996—2010）

合金牌号	检验试样状态	试验温度/℃	拉伸性能 抗拉强度 R_m/MPa	拉伸性能 规定塑性延伸强度 $R_{P0.2}$/MPa	拉伸性能 断后伸长率 A_5/%
GH 1035	交货状态	室温	≥590	—	≥35.0
		700	≥345	—	≥35.0
GH 1131[①,②]	交货状态	室温	≥735	—	≥34.0
		900	≥180	—	≥40.0
		1000	≥110	—	≥43.0
GH 1140	交货状态	室温	≥635	—	≥40.0
		800	≥225	—	≥40.0
GH 2018	交货状态＋时效(800℃±10℃,保温 16h,空冷)	室温	≥930	—	≥15.0
		800	≥430	—	≥15.0
GH 2132[①]	交货状态＋时效(700～720℃,保温 12～16h,空冷)	室温	≥880	—	≥20.0
		650	≥735	—	≥15.0
		550	≥785	—	≥16.0
GH 2302	交货状态	室温	≥685	—	≥30.0
	交货状态＋时效(800℃±10℃,保温 16h,空冷)	800	≥540	—	≥6.0
GH 3030	交货状态	室温	≥685	—	≥30.0
		700	≥295	—	≥30.0
GH 3039	交货状态	室温	≥735	—	≥40.0
		800	≥245	—	≥40.0
GH 3044	交货状态	室温	≥735	—	≥40.0
		900	≥196	—	≥30.0
GH 3128	交货状态	室温	≥735	—	≥40.0
	交货状态＋固溶(1200℃±10℃,空冷)	950	≥175	—	≥40.0
GH 4033	交货状态＋时效(750℃±10℃,保温 4h,空冷)	室温	≥885	—	≥13.0
		700	≥685	—	≥13.0
GH 4099	交货状态	室温	≤1130	—	≥35.0
	交货状态＋时效(900℃±10℃,保温 5h,空冷)	900	≥295	—	≥23.0
GH 4145	厚度≤0.60mm　交货状态	室温	≤930	≤515	≥30.0
	厚度＞0.60mm　交货状态		≤930	≤515	≥35.0
	厚度 0.50～4.0mm　交货状态＋时效(730℃±10℃,保温 8h,炉冷到 620℃±10℃,保温＞10h,空冷)		≥1170	≥795	≥18.0

① GH 2132、GH 1131 高温瞬时拉伸性能检验只做一个温度，如合同中不注明时，供方应分别按 650℃和 900℃检验。

② GH 1131 的 1000℃瞬时拉伸性能只适用于厚度不小于 2.0mm 的板材。

表 8-13 高温合金冷轧板的高温持久性能（GB/T 14996—2010）

牌号	试样状态及热处理制度	组别	板材厚度/mm	试验温度/℃	试验应力/MPa	试验时间/h	断后伸长率 A_5[③]/%
GH 2132[①]	交货状态＋时效(710℃±10℃,保温 12～16h,空冷)	—	所有	550	588	≥100	实测
				650	392	≥100	实测
GH 2302	交货状态＋时效(800℃±10℃,保温 16h,空冷)	—	所有	800	215	≥100	实测
GH 3128[②]	交货状态＋固溶(1200℃±10℃,空冷)	Ⅰ	＞1.2	950	54	≥23	实测
			≤1.2			≥20	
		Ⅱ[②]	≤1.0	950	39	≥100	实测
			1.0～＜1.5			≥80	
			≥1.5			≥70	
GH 4099	交货状态		0.8～4.0	900	98	≥30	≥10

① GH 2132 高温持久性能只做一个温度，如合同中不注明时，供方按 650℃进行。

② GH 3128 合金初次检验按Ⅰ组进行，Ⅰ组检验不合格时可按Ⅱ组重新检验（试样不加倍）。

③ GH 3128 每 10 炉提供一炉断后伸长率的实测数据；GH 2132、GH 2302 每 5 炉提供一炉断后伸长率的实测数据。

表 8-14　高温合金锻制圆饼的力学性能（YB/T 5351—2006）

牌号		热处理制度	瞬时拉伸性能					室温冲击韧度 α_K /J·cm^{-2}	室温硬度（压痕直径）	高温持久性能			
新牌号	原牌号		试验温度/℃	抗拉强度 σ_b /MPa	屈服强度 $\sigma_{0.2}$ /MPa	伸长率 δ_5 /%	断面收缩率 ψ /%			试验温度/℃	应力/MPa	时间 t/h	伸长率 δ_5/%
				不小于				不小于	mm		不小于		
GH2036	GH36	1140℃或1130℃保温80min，水冷＋650～670℃保温14～16h，然后升温至770～800℃保温14～20h，空冷	室温	850	600	15.0	20.0	30	3.45～3.65	650	380 (350)	35 (100)	—
GH2132	GH132	980～1000℃保温1～2h，油冷＋700～720℃保温12～16h，空冷	室温 650	950 750	630 —	20.0 15.0	40.0 20.0	30	3.4～3.8	650	400	100	—
GH2135	GH135	1140℃保温4h，空冷＋830℃保温8h＋650℃保温16h，空冷	室温	900 820	600 600	13.0 10.0	16.0 13.0	30	3.4～3.8	750	(300) 350	(100) 50	—
GH2136	GH136	980℃保温1h，油冷720℃保温16h，空冷	室温	950	700	15.0	20.0	30	3.2～3.8	650 700	400 (300)	100 (100)	—
GH4033	GH33	1080℃保温8h，空冷750℃保温16h，空冷	室温	900 820	600 600	13 10	16 13	30	3.4～3.8	750	300 (350)	100 (50)	—
GH4133	GH33A	1080保温8h，空冷750℃保温16h，空冷	室温	1080	750	16.0	18.0	40	3.2～3.6	750	300 (350)	100 (50)	—

表 8-15　高温合金环件毛坯的力学性能（YB/T 5352—2006）

牌号		热处理制度	瞬时拉伸性能					室温冲击韧度 α_K /J·cm^{-2}（不小于）	室温硬度（压痕直径）/mm	高温持久性能		
新牌号	原牌号		试验温度/℃	抗拉强度 σ_b /MPa	屈服强度 $\sigma_{0.2}$ /MPa	伸长率 δ_5 /%	断面收缩率 ψ /%			试验温度/℃	应力/MPa	时间/h（不小于）
				不小于								
GH1140	GH140	1080℃，空冷	室温 800	630 250	—	40 40	45 50	—	—	—	—	—
GH2036	GH36	1140℃或1130℃保温1h20min，水冷，650～670℃保温14～16h升温至770～800℃保温14～20h，空冷	室温	850	600	15	20	30	3.45～3.65	650	380 (350)	35 (100)
GH2132	GH132	980～990℃保温1～2h，油冷；710～720℃保温16h，空冷	室温 650	950 750	630	20 15	30	30	3.4～3.8	650	400	100

续表

牌号		热处理制度	瞬时拉伸性能					室温冲击韧度 α_K /J·cm^{-2}（不小于）	室温硬度（压痕直径）/mm	高温持久性能		
新牌号	原牌号		试验温度/℃	抗拉强度 σ_b /MPa	屈服强度 $\sigma_{0.2}$ /MPa	伸长率 δ_5 /%	断面收缩率 ψ /%			试验温度/℃	应力/MPa	时间/h（不小于）
				不小于								
GH2135	GH135	1140℃保温 4h,空冷;830℃保温 8h,空冷;650℃保温 16h,空冷	室温	900 820	600 600	13 10	16 13	30	3.4～3.8	750	350 (300)	50 (100)
GH3030	GH30	980～1020℃,空冷	室温 700	650	—	30 30	—	—	—	—	—	—
GH4033	GH33	1080℃保温 8h,空冷;750℃保温 16h,空冷	室温	900 820	600 600	13 10	16 13	30 30	3.4～3.8	750	350 (300)	50 (100)

注：GH2036 合金的 1130℃固溶温度仅适用于电炉＋电渣工艺生产的产品。

表 8-16　一般用途高温合金管的力学性能（GB/T 15062—2008）

牌号	交货状态推荐热处理制度	室温拉伸性能		
		抗拉强度 R_m/MPa	规定非比例延伸强度 $R_{P0.2}$/MPa	断后伸长率 A/%
GH1140	1050～1080℃,水冷	≥590	—	≥35
GH3030	980～1020℃,水冷	≥590	—	≥35
GH3039	1050～1080℃,水冷	≥635	—	≥35
GH3044	1120～1210℃,空冷	≥685	—	≥30
GH3536	1130～1170℃,≤30min 保温,快冷	≥690	≥310	≥25

表 8-17　经时效处理后的 GH4163 的高温拉伸性能（GB/T 15062—2008）

牌号	交货状态＋时效处理	管材壁厚/mm	高温拉伸性能			
			温度/℃	抗拉强度 R_m/MPa	规定非比例延伸强度 $R_{P0.2}$/MPa	断后伸长率 A/%
GH4163	交货状态＋时效处理（800℃±10℃,×8h,空冷）	<0.5	780	≥540	—	—
		≥0.5		≥540	≥400	≥9

表 8-18　经热处理后的 GH4163 管坯试样的蠕变性能（GB/T 15062—2008）

热处理制度	试验温度/℃	蠕变性能	
		σ/MPa	50h 内总塑性变形量/%
固溶处理（1150℃±10℃,保温 1.5～2.5h,空冷）＋时效处理（800℃±10℃,8h,空冷）	780	120	≤0.10

表 8-19　普通承力件用高温合金热轧和锻制棒材的力学性能（YB/T 5245—93）

牌号		热处理制度	室温性能						高温瞬时拉伸性能				高温持久强度		
新牌号	原牌号		$\sigma_{0.2}$/MPa	σ_b/MPa	δ_5/%	ψ/%	α_K /J·m^{-2}	洛氏硬度压痕直径 /mm	温度 /℃	σ_b /MPa	δ_5 /%	ψ /%	温度 /℃	应力 /MPa ≥	时间 /h
			≥							≥					
GH1015	GH15	1140～1170℃，空冷	—	680	35	40	—	—	700 900	400 180	30 40	35 45	— 900	— 50	— ≥100
GH1131	GH131	(1160±10)℃，空冷	350	750	32	实测	—	—	1000	110	50	实测	—	—	—
GH1140	GH140	(1080±10)℃，空冷	—	630	40	45	—	—	800	250	40	50	—	—	—
GH2036	GH36	固溶：(1140±5)℃，直径小于45mm保温80min；直径不小于45mm保温105min，流动水冷却。时效：放在低于670℃炉中，保温12～14h，再升至770～800℃，保温12～14h，空冷	600	850	15	20	35	3.45～3.65	—	—	—	—	650	350	≥100
GH2038	GH38A	(1180±10)℃，2h，空冷或水冷(760±10)℃，16～25h，空冷	450	800	15	15	30	3.5～3.9	800	300	20	20	800	选择	实测
GH2132	GH132	980～1000℃，1～2h，油冷 700～720℃，12～16h，空冷	—	950	20	40	—	3.4～3.8	550 650	800 750	16 15	28 20	550 650	600 400	≥100 ≥100
GH2135	GH135	(1080±10)℃，空冷，(830±10)℃，8h，空冷，(700±10)℃，16h，空冷	—	—	—	—	—	3.25～3.65	700	800	15	20	700	440 (420)	≥60 (80)
GH3039	GH39	1050～1080℃，空冷	—	750	40	—	—	—	800	250	40	实测	—	—	—
GH4033	GH33	>ϕ55mm(1080±10)℃，8h，空冷，(750±10)℃，16h，空冷	600	900	13	16	30	3.4～3.80	—	—	—	—	750	300	≥100
		<ϕ20mm及扁材(1080±10)℃，8h，空冷，(700±10)℃，16h，空冷	—	—	—	—	—	3.45～3.80	700	700	15	20	700	440 (420)	≥60 (>80)

表 8-20 铸造高温合金母合金的力学性能（YB/T 5248—93）

合金牌号		试样状态	拉伸性能					持久性能			
新牌号	原牌号		试验温度/℃	σ_b	$\sigma_{0.2}$	δ	ψ	试验温度/℃	应力/MPa	时间/h	δ/%
				MPa		%					
				≥						≥	
K211	K11	900℃保温5h，空冷	—	—	—	—	—	800	140 或120	(100) (200)	—
K213	K13	1100℃保温4h，空冷	700 或750	600 640	—	6.0 4.0	10.0 8.0	700 或750	500 380	40 80	—
K214	K14	1100℃保温5h，空冷	—	—	—	—	—	850	250	60	—
K232	K32	1100℃保温3～5h，空冷，800℃保温16h，空冷	20	700	—	4.0	6.0	750	400	50	—
K273	—	铸态	650	500	—	5.0	—	650	430	80	—
K401	K1	1120℃保温10h，空冷	—	—	—	—	—	850	250	60	—
K403	K3	(1020±10)℃保温4h，空冷或铸态	800	800	—	2.0	3.0	750 950	660 200	50 40	—
K05	K5	铸态	900	650	—	6.0	8.0	700 750 900 或950	45 220 320 220 或240	23 80 80 23	—
K406	K6	(980±10)℃保温5h，空冷	800	680	—	4.0	8.0	850	250 或280	100 50	—
K409	K9	(1080±10)℃保温4h，空冷，(900±10)℃，10h，空冷	—	—	—	—	—	760 980	600 206	23 30	—
K412	K12	1150℃保温7h，空冷	—	—	—	—	—	800	250	40	—
K417 K417G	K17 K17G	铸态	900	650	—	6.0	8.0	900 或950 750	320 240 700	70 40 30	 2.5
K418	K18	铸态	20 或800	770 770	70 —	3.0 4.0	— 6.0	750 或800	620 500	40 45	(3.0) (3.0)
K419	K19	铸态	—	—	—	—	—	750 950	700 260	45 80	—
K438	K38	1120℃保温2h，空冷，800℃保温24h，空冷	800	800	—	3.0	3.0	815 850	430 370	70 70	— —
K640	K40	铸态	—	—	—	—	—	816	211	15	6.0

注：1. 表中带有“或”的条件是选择的条件，即检验时可任选一组。

2. 表中带有小括号“（ ）”中的数值作为积累数据，不作判废依据。

8.1.4 高温合金的物理性能

表 8-21 弹性模量 *E*

牌号	弹性模量 E/GPa(kgf/mm²)											备注
	20℃	100℃	200℃	300℃	400℃	500℃	600℃	700℃	800℃	900℃	1000℃	
GH13	198.0 (20200)	—	—	—	—	161.7 (16500)	154.8 (15800)	149.9 (15300)	139.2 (14200)	133.3 (13600)	—	—
GH14	204.8 (20900)	—	—	—	181.3 (18500)	—	168.5 (17200)	159.7 (16300)	150.9 (15400)	141.1 (14400)	131.3 (13400)	—
GH1015	199.2 (20400)	—	—	—	180.3 (18400)	172.4 (17600)	164.6 (16800)	156.8 (16000)	147.9 (15100)	140.1 (14300)	129.3 (13200)	
GH1016	171.5 (17500)	—	—	—	—	130.3 (13300)	—	128.3 (13100)	111.3 (11360)	100.7 (10280)	—	
GH2018	186.2 (19000)	—	—	—	158.7 (16200)	—	—	142.1 (14500)	136.2 (13900)	127.4 (13000)	—	—
GH19	208.3 (21250)	—	204℃ 197.4 (20150)	316℃ 189.6 (19350)	—	—	649℃ 164.1 (16750)	760℃ 155.8 (15900)	815℃ 149.9 (15300)	870℃ 145.5 (14850)	—	—
GH22	203.8 (20800)	—	—	—	187.1 19100	179.3 (18300)	173.4 (17700)	166.6 (17000)	—	148.9 (15200)	—	—
GH27	204.0 (20815)	—	—	182.0 (18575)	173.0 (17655)	165.0 (16840)	156.1 (15935)	148.0 (15110)	—	—	—	—
GH4033	220.5 (22500)	215.6 (22000)	210.7 (21500)	204.8 (20900)	198.9 (20300)	192.0 (19600)	185.2 (18900)	176.4 (18000)	167.5 (17100)	—	—	—
GH4133	223.3 (22760)	—	—	—	202.6 (20680)	—	190.3 (19420)	182.6 (18640)	175.8 (17940)	163.6 (16700)	—	—
GH1035	199.1 (20320)	—	—	—	—	—	—	158.7 (16200)	149.5 (15260)	142.1 (14500)	—	—
GH2036	202.8 (20700)	—	—	179.7 (18340)	170.5 (17400)	161.6 (16490)	152.8 (15600)	144.5 (14745)	140.6 (14350)	—	—	—
GH4037	225.4 (23000)	—	—	—	—	—	186.0 (18980)	173.8 (17740)	166.9 (17040)	156.7 (15990)	—	—
GH2038A	184.2 (18800)	—	—	—	—	149.9 (15300)	137.2 (14000)	126.4 (12900)	—	—	—	—
GH3039	203.8 (20800)	—	—	—	—	180.3 (18400)	172.4 (17600)	160.7 (16400)	151.9 (15500)	—	—	—
GH1040	192.0 (19600)	—	—	166.6 (17000)	156.8 (16000)	147.0 (15000)	137.2 (14000)	122.5 (12500)	107.8 (11000)	—	—	—
GH3044	150.2 (15330)	—	—	—	—	—	123.1 (12570)	117.5 (11990)	113.6 (11600)	109.7 (11200)	107.3 (10950)	—
GH4049	224.4 (22900)	—	—	—	—	—	—	188.1 (19200)	178.3 (18200)	168.5 (17200)	—	—
GH50	217.0 (22150)	—	—	—	—	—	183.7 (18750)	183.2 (18700)	174.9 (17850)	165.1 (16850)	—	—
GH78	214.1 (21850)	—	—	—	—	—	169.5 (17300)	162.6 (16600)	148.4 (15150)	—	—	—
GH80A	—	—	—	—	—	—	—	—	—	—	—	—
GH95	198.0 (20200)	196.0 (20000)	191.1 (19500)	185.2 (18900)	178.3 (18200)	172.4 (17600)	161.7 (16500)	158.7 (16200)	152.8 (15600)	140.1 (14300)	—	—

续表

牌号	弹性模量 E/GPa(kgf/mm^2)											备注
	20℃	100℃	200℃	300℃	400℃	500℃	600℃	700℃	800℃	900℃	1000℃	
GH99	198.0 (20200)	222.7 (22730)	215.0 (21940)	210.2 (21450)	204.7 (20890)	198.6 (20270)	193.4 (19740)	183.6 (18740)	177.8 (18150)	164.2 (16760)	950℃ 153.4 (15660)	1000℃ 146.5 (14950)
GH118	193.0 (19700)	—	—	—	—	—	—	151.9 (15500)	141.1 (14400)	133.2 (13600)	112.7 (11500)	—
GH3128	207.7 (21200)	—	—	—	—	—	187.1 (19100)	174.4 (17800)	161.7 (16500)	151.9 (15500)	144.1 (14700)	—
GH2130	196.0 (2000)	—	—	—	—	—	156.8 (16000)	150.9 (15400)	137.2 (14000)	119.5 (12200)	—	—
GH1131	219.5 (22400)	—	—	—	181.3 (18500)	176.4 (18000)	—	176.4 (18000)	175.4 (17900)	172.4 (17600)	165.6 (16900)	—
GH2132	197.6 (20170)	—	—	—	171.5 (17500)	163.1 (16650)	157.2 (16050)	148.9 (15200)	139.1 (14200)	—	—	—
GH2135	196.6 (20065)	—	—	—	—	169.5 (17300)	161.3 (16460)	152.3 (15550)	143.5 (14650)	—	—	850℃145.3 (13830)
GH2136	196.9 (20100)	—	—	—	—	—	163.0 (16640)	155.4 (15860)	146.8 (14980)	—	—	—
GH138	170.5 (17400)	—	—	—	—	148.9 (15200)	142.1 (14500)	139.1 (14200)	135.2 (13800)	132.3 (13500)	—	—
GH139	189.2 (19315)	—	—	—	—	147.0 (15010)	146.5 (14950)	138.3 (14120)	130.7 (13340)	—	—	—
GH1140	194.0 (19800)	189.6 (19350)	183.7 (18750)	179.3 (18300)	173.4 (17700)	165.6 (16900)	159.7 (16300)	150.9 (15400)	144.5 (14750)	137.2 (14000)	127.4 (13000)	—
GH143	224.5 (22913)	—	—	—	—	—	188.4 (19229)	180.2 (18397)	170.5 (17408)	156.1 (15936)	142.4 (14538)	—
GH145	196.6 (20100)	—	—	182.2 (18600)	178.3 (18200)	172.4 (17600)	166.6 (17000)	160.7 (16400)	151.9 (15500)	139.1 (14200)	—	—
GH146	221.9 (22650)	—	—	—	—	—	—	179.3 (18300)	—	158.4 (16170)	—	—
GH151	222.4 (22700)	—	—	—	—	197.9 (20200)	192.0 (19600)	185.2 (18900)	177.3 (18100)	167.5 (17100)	151.9 (15500)	—
GH161	195.0 (19900)	—	—	—	168.5 (17200)	162.6 (16600)	154.8 (15800)	147.0 (15000)	141.0 (14400)	132.3 (13500)	—	—
GH163	245.7 (25080)	—	—	—	—	—	—	187.8 (19170)	—	151.3 (15440)	—	—
GH167	201.9 (20600)	—	—	—	—	170.5 (17400)	165.6 (16900)	156.8 (16000)	149.9 (15300)	139.2 (14200)	—	—
GH4169	205.8 (21000)	200.9 (20500)	196.0 (20000)	189.1 (19300)	183.2 (18700)	176.4 (18000)	169.5 (17300)	164.6 (16800)	—	—	—	—
GH170	252.5 (25767)	—	—	—	—	—	213.8 (21821)	206.0 (21021)	194.8 (19886)	184.4 (18818)	—	—
GH220	224.4 (22900)	—	—	—	—	—	—	—	185.2 (18900)	169.5 (17300)	142.1 (14500)	—
GH2302	195.0 (19900)	—	—	—	175.4 (17900)	—	162.6 (16600)	155.8 (15900)	148.9 (15200)	136.2 (13900)	—	—
GH333	198.1 (20220)	193.9 (19790)	190.0 (19390)	181.6 (18540)	176.4 (18000)	172.1 (17570)	166.6 (17010)	162.4 (16580)	147.9 (15100)	144.0 (14700)	127.0 (12960)	—
GH600	—	—	—	—	—	—	—	—	—	—	—	—
GH698	218.5 (22300)	—	—	—	—	—	—	181.3 (18500)	172.4 (17600)	—	—	—
GH738	223.4 (22800)	—	—	—	—	193.0 (19700)	185.2 (18900)	—	—	—	—	—
GH761	214.0 (21840)	—	—	—	192.6 (19660)	184.9 (18870)	176.0 (17960)	166.6 (17000)	154.8 (15800)	—	—	—

续表

牌号	弹性模量 E/GPa(kgf/mm^2)											备注
	20℃	100℃	200℃	300℃	400℃	500℃	600℃	700℃	800℃	900℃	1000℃	
GH901	199.9 (20400)	199.9 (20400)	194.0 (19800)	186.2 (19000)	179.3 (18300)	173.4 (17700)	166.6 (17000)	159.7 (16300)	144.0 (14700)			
K401	186.2 (19000)	—	—	—	—	—	—	750℃ 135.2 (13800)	850℃ 133.7 (13650)	950℃ 112.7 (11500)	—	—
K2	196.0 (20000)	—	—	—	—	171.5 (17500)	159.7 (16300)	156.8 (16000)	147.0 (15000)	127.4 (13000)	104.8 (10700)	—
K403	212.0 (21637)	209.0 (21333)	205.2 (20940)	200.5 (20466)	194.7 (19876)	188.6 (19253)	182.5 (18630)	173.9 (17750)	164.6 (16800)	152.7 (15586)	137.1 (13993)	—
K4	210.7 (21500)	—	—	—	—	—	—	—	169.5 (17300)	157.5 (16400)	147.0 (15000)	—
K405	202.8 (20700)	199.9 (20400)	194.0 (19800)	190.1 (19400)	186.2 (19000)	181.3 (18500)	177.3 (18100)	167.5 (17100)	160.7 (16400)	149.9 (15300)	—	—
K406	202.8 (20700)	—	—	—	—	—	169.5 (17300)	161.7 (16500)	155.8 (15900)	145.0 (14800)	—	—
K211	—	—	176.4 (18000)	—	—	—	—	127.4 (13000)	88.2 (9000)	—	—	—
K412	191.1 (19500)	—	—	—	—	—	144.0 (14700)	137.2 (14000)	127.4 (13000)	107.8 (11000)	—	—
K213	178.3 (18200)	—	—	—	—	147.0 (15000)	140.1 (14300)	135.2 (13800)	125.4 (12800)	—	—	—
K214	180.7 (18440)	—	—	—	—	—	—	—	138.3 (14120)	127.1 (12970)	—	—
K16	224.4 (22900)	—	—	—	—	—	—	172.4 (17600)	165.6 (16900)	157.7 (16100)	—	—
K417	219.5 (22400)	—	—	—	—	—	187.1 (19100)	177.3 (18100)	171.5 (17500)	162.6 (16600)	154.8 (15800)	—
K417G	213.6 (21800)	203.8 (20800)	198.9 (20300)	193.0 (19700)	183.2 (18700)	178.3 (18200)	170.5 (17400)	162.6 (16600)	152.8 (15600)	141.1 (14400)	—	—
K418	211.6 (21600)	—	—	—	—	184.2 (18800)	179.3 (18300)	171.5 (17500)	165.6 (16900)	155.8 (15900)	144.0 (14700)	—
K18B	198.9 (20300)	—	—	—	—	175.4 (17900)	169.5 (17300)	163.6 (16700)	156.8 (16000)	150.9 (15400)	—	—
K19	240.1 (24500)	238.1 (24300)	233.2 (23800)	228.3 (23300)	221.4 (22600)	216.5 (22100)	207.7 (21200)	197.9 (20200)	192.0 (19600)	178.7 (18240)	—	—
K19H	208.3 (21264)	203.6 (20779)	200.9 (20502)	194.9 (19890)	190.2 (19417)	187.0 (19082)	186.8 (19071)	172.9 (17651)	165.5 (16895)	160.7 (16398)	144.8 (14776)	—
K20	212.6 (21700)	212.6 (21700)	—	—	—			181.3 (18500)	176.4 (18000)	—	—	
K23	171.5 (17500)	—	—	—	—	—	—	—	137.2 (14000)	132.3 (13500)	—	—
K27	196.0 (20000)	—	—	—	—	—	166.6 (17000)	158.7 (16200)	145.0 (14800)	133.2 (13600)	—	—
K232	192.0 (19600)	—	—	—	170.5 (17400)	162.6 (16600)	157.7 (16100)	149.9 (15300)	141.1 (14400)	128.3 (13100)	—	—
K38	206.7 (21100)	—	—	—	—	180.3 (18400)	172.4 (17600)	164.6 (16800)	154.8 (15800)	141.1 (1440)	123.4 (12600)	—
K40	224.3 (22889)	—	—	—	426℃ 194.2 (19826)	—	650℃ 176.2 (17980)	760℃ 165.6 (16900)	816℃ 158.7 (16200)	—	—	—
K44	205.8 (21000)	200.5 (20460)	192.8 (19860)	188.1 (19200)	183.2 (18700)	174.0 (17760)	167.0 (17050)	157.3 (16060)	147.6 (15070)	—	—	—
K002	194.1 (19815)	188.5 (19237)	184.9 (18868)	181.1 (18486)	175.6 (17920)	168.7 (17221)	163.0 (16638)	155.6 (15887)	150.5 (15367)	149.1 (15220)	134.7 (13749)	
K136	235.2 (24000)	227.3 (23200)	217.5 (22200)	208.7 (21300)	199.9 (20400)	192.0 (19600)	184.2 (18800)	175.4 (17900)	—	—	—	—

表 8-22　线胀系数 α_1

牌号	线胀系数 $\alpha_1/10^{-6}K^{-1}$										
	20～100℃	20～200℃	20～300℃	20～400℃	20～500℃	20～600℃	20～700℃	20～800℃	20～900℃	20～1000℃	20～1100℃
GH13	13.7	15.1	16.1	16.2	16.7	17.0	17.7	18.2	18.7	—	—
GH14	11.0	14.2	15.3	16.2	16.5	17.0	17.3	17.6	17.8	17.9	—
GH1015	14.36	14.73	15.18	15.50	15.73	15.93	16.37	16.72	16.98	17.17	—
GH1016	14.28	14.88	15.01	15.39	15.64	15.91	16.26	16.55	16.85	16.88	—
GH17	7.8	9.3	10.6	11.5	12.3	12.3	12.9	13.6	14.2	15.4	—
GH2018	14.6	14.7	14.9	15.2	15.5	15.6	15.3	16.0	16.7	—	—
GH19	16.0	—	—	—	19.4	20～650℃ 20.8	20～750℃ 21.5	20～815℃ 22.2	—	—	—
GH22	13.59	13.86	14.25	14.77	15.06	15.67	16.27	16.94	17.27	—	—
GH25	—	—	—	—	—	—	—	—	—	—	—
GH27	14.54	16.47	17.04	17.76	18.22	18.66	19.01	19.32	—	—	—
GH30	12.8	13.5	14.3	15.0	15.5	16.1	17.0	17.5	18.0	—	—
GH4033	9.17	13.15	14.41	15.48	16.13	17.00	17.76	18.89	19.63	—	—
GH1035	13.7	14.8	15.7	16.6	17.5	18.3	19.2	20.0	20.4	18.6	—
GH2036	12.23	17.98	19.16	20.66	21.44	22.49	—	—	—	—	—
GH4037	11.9	12.3	13.5	14.4	14.6	15.1	15.6	15.9	—	—	—
GH2038A	15.7	16.0	16.6	17.0	17.5	18.0	18.3	19.1	—	—	—
GH3039	12.4	14.5	14.1	14.3	16.5	17.0	18.7	19.3	19.4	—	—
GH1040	13.97	15.38	16.49	17.60	18.16	—	—	—	—	—	—
GH43	12.3	12.3	12.8	13.0	13.3	13.9	14.4	14.9	16.4	—	—
GH3044	12.25	12.35	12.85	13.10	13.31	13.50	14.30	14.9	15.6	—	—
GH4049	12.36	12.63	13.16	13.54	13.85	14.15	14.61	15.24	16.33	—	—
GH50	9.8	10.0	11.5	12.0	12.6	13.0	13.5	14.0	14.9	—	—
GH78	14.1	14.6	15.2	15.6	16.2	16.3	16.7	—	—	—	—
GH80A	12.7	13.16	13.74	14.29	14.60	15.02	15.57	16.31	17.12	—	—
GH95	9.8	11.4	13.2	13.6	13.9	14.5	15.2	15.5	16.5	—	—
GH99	12.0	12.4	12.8	13.1	13.7	14.2	14.7	15.1	15.3	17.4	—
GH118	11.65	12.09	12.56	12.89	13.28	13.55	13.99	14.54	15.26	16.27	—
GH3128	11.25	11.86	12.68	12.80	12.37	13.68	14.46	15.19	15.66	16.29	—
GH2130	13.25	14.04	14.1	14.65	14.94	15.52	16.07	17.05	19.18	20.18	—
GH2135	15.0	15.2	15.5	15.7	15.9	16.2	16.5	17.6	—	—	—
GH2136	13.4	14.7	14.8	16.07	16.37	16.5	17.07	17.8	19.27	—	—
GH138	6.2	8.91	11.24	12.34	14.94	15.21	16.19	17.67	17.69	—	—
GH139	16.6	16.2	16.8	17.4	18.0	18.3	18.5	18.7	18.9	—	—
GH1140	12.7	13.8	14.3	14.6	15.1	15.4	15.8	16.3	16.7	17.5	—
GH141	11.79	12.11	12.6	12.94	13.37	13.43	14.00	14.39	15.18	—	—
GH143	11.1	12.0	12.7	13.2	13.7	14.0	14.6	15.5	16.7	18.0	—
GH145	14.2	13.8	13.9	14.2	14.6	15.0	15.5	—	—	—	—
GH146	11.40	12.54	13.25	13.69	14.19	14.54	15.16	15.80	16.99	—	—
GH151	12.8	12.8	12.7	12.8	13.0	13.3	13.7	14.2	—	—	—
GH161	14.2	14.3	14.9	15.3	15.9	16.4	16.9	17.3	17.9	—	—
GH163	11.6	12.4	12.9	13.3	14.1	14.7	15.4	16.1	17.3	—	—
GH167	12.3	13.2	14.2	14.4	14.9	15.0	15.6	16.1	18.0	19.8	—
GH4169	13.2	13.3	13.8	14.0	14.6	15.0	15.8	17.0	18.4	18.7	—
GH170	11.7	12.0	12.6	12.9	13.4	13.8	14.5	15.4	15.9	16.5	16.7
GH220	12.0	12.2	12.7	13.0	13.5	13.9	14.6	15.2	16.1	17.7	—
GH2302	12.7	13.5	14.6	15.1	15.5	15.7	16.2	16.5	18.3	19.2	—
GH333	13.6	14.0	14.4	14.7	15.1	15.6	16.2	16.5	17.1	17.6	—

续表

牌号	线胀系数 $\alpha_1/10^{-6}K^{-1}$										
	20～100℃	20～200℃	20～300℃	20～400℃	20～500℃	20～600℃	20～700℃	20～800℃	20～900℃	20～1000℃	20～1100℃
GH600	—	—	—	—	—	—	—	—	—	—	—
GH698	12.11	12.7	13.05	13.37	13.7	14.23	14.89	15.48	16.29	—	—
GH710	12.24	13.14	13.64	14.94	16.74	—	—	—	—	—	—
GH738	12.47	12.73	13.04	13.53	13.97	14.47	15.05	15.68	15.95	—	—
GH761	10.15	12.55	13.95	14.7	15.1	15.4	15.75	16.12	17.5	—	—
GH901	13.0	13.7	14.4	14.5	15.1	15.6	16.1	16.8	18.5	—	—
GH984	23～123℃ 12.2	23～223℃ 13.15	23～323℃ 13.60	23～423℃ 14.40	23～523℃ 14.82	23～623℃ 15.45	23～723℃ 15.90	23～823℃ 16.90	23～923℃ 17.35	23～973℃ 17.43	—
K401	10.9	12.9	13.7	16.3	17.7	19.4	21.4	22.4	24.3	—	—
K2	12.1	12.6	13.0	13.4	13.8	14.2	14.7	15.2	16.0	17.1	—
K403	11.3	12.3	12.3	12.6	12.9	13.0	13.4	13.8	14.3	15.1	—
K4	12.0	12.4	13.0	13.0	13.1	13.6	13.7	14.4	15.7	16.4	—
K405	11.6	12.2	12.6	12.9	13.2	13.4	13.8	14.3	15.0	16.0	—
K406	11.80	12.44	12.94	13.30	13.59	13.39	14.27	14.82	15.48	—	—
K7	13.2	13.4	13.9	14.1	14.7	15.3	16.1	16.7	17.2	17.8	—
K9	12.16	12.3	12.6	12.95	13.25	13.65	14.05	14.58	15.25	—	—
K211	13.19	13.85	14.56	14.89	15.34	15.68	16.07	16.38	16.68	—	—
K412	11.3	12.2	13.1	13.7	14.4	15.1	17.4	19.5	22.1	25.4	—
K213	12.36	13.98	15.22	15.32	15.97	16.35	17.16	18.61	—	—	—
K214	13.2	13.8	14.0	14.5	14.7	14.9	15.0	15.3	16.7	—	—
K16	11.1	11.5	11.9	12.3	12.7	13.1	13.6	14.0	14.4	14.8	15.2
K417G	10.7	11.9	12.9	13.5	14.0	14.2	14.5	14.8	15.2	—	—
K418	12.6	12.7	12.9	12.9	13.4	13.7	14.2	14.7	15.5	16.5	—
K18B	12.6	12.7	12.9	12.9	13.4	13.7	14.2	14.7	15.5	—	—
K19	12.36	12.44	12.67	12.82	13.06	13.23	13.86	14.04	14.61	15.49	—
K19H	11.61	12.18	12.44	12.60	12.79	12.97	13.35	13.79	14.42	15.35	—
K20	11.24	11.43	11.74	11.9	12.21	12.48	12.78	13.20	13.68	14.21	—
K23	10.8	12.0	12.4	12.7	13.1	13.5	14.0	14.2	15.2	16.1	—
K27	7.2	11.2	12.5	12.9	13.1	13.5	14.1	14.4	15.4	16.0	—
K32	14.8	14.6	14.7	15.0	15.4	15.7	16.1	16.5	—	—	—
K38	20～150℃ 9.78	10.7	12.6	14.2	14.6	15.0	15.4	15.6	16.1	16.6	—
K40	—	—	20～315℃ 13.9	20～427℃ 14.3	20～537℃ 14.6	20～570℃ 14.7	20～650℃ 15.0	20～826℃ 15.6	20～870℃ 15.9	—	—
K44	—	—	—	12.7	13.7	14.0	15.1	15.3	15.5	16.0	—
K002	12.38	12.42	12.58	12.40	12.88	13.13	13.39	13.77	14.28	15.04	—
K136	14.46	15.85	16.31	16.73	16.74	16.80	17.09	18.64	—	—	—
K17	—	20～200.5℃ 13.2	20～311℃ 13.5	20～469℃ 13.5	20～633℃ 13.9	20～679℃ 14.2	20～711℃ 14.4	20～759℃ 14.7	20～868℃ 15.7	20～900℃ 15.9	20～1000℃ 17.3

注：K18B 起始温度为 27℃，GH710 第三、四、五项分别为温度 315℃及 540℃数据，K18 起始温度为 27℃，K23 起始温度为 12℃。

表 8-23 热导率 λ

牌号	热导率 λ/W·(cm·K)$^{-1}$[cal/(cm·s·℃)]									
	100℃	200℃	300℃	400℃	500℃	600℃	700℃	800℃	900℃	1000℃
GH13	14.2 (0.034)	15.5 (0.037)	17.2 (0.041)	18.4 (0.044)	19.7 (0.047)	20.9 (0.050)	22.6 (0.054)	23.9 (0.057)	25.1 (0.060)	—
GH14	11.3 (0.027)	13.0 (0.031)	14.7 (0.035)	16.3 (0.039)	18.0 (0.043)	18.8 (0.045)	20.9 (0.050)	23.0 (0.055)	—	—
GH1015	11.7 (0.028)	13.4 (0.032)	15.5 (0.037)	17.2 (0.041)	18.8 (0.045)	20.9 (0.050)	23.0 (0.055)	25.1 (0.060)	—	—
GH1016	12.1 (0.029)	13.4 (0.032)	14.7 (0.035)	15.9 (0.038)	17.6 (0.042)	18.8 (0.045)	20.5 (0.049)	21.8 (0.052)	—	—
GH2018	11.7 (0.028)	13.4 (0.032)	15.1 (0.036)	16.3 (0.039)	17.6 (0.042)	19.7 (0.047)	21.4 (0.051)	23.0 (0.055)	25.1 (0.060)	—
GH19	20℃ 10.5 (0.025)	13.0 (0.031)	—	—	17.6 (0.042)	650℃ 20.5 (0.049)	750℃ 22.2 (0.053)	815℃ 24.3 (0.058)	—	—
GH20	—	—	—	—	—	—	—	—	—	—
GH22	8.7 (0.0207)	11.0 (0.0263)	—	—	15.9 (0.0379)	17.4 (0.0416)	20.2 (0.0482)	21.4 (0.051)	24.1 (0.0576)	—
GH27	15.1 (0.036)	16.7 (0.040)	18.0 (0.043)	19.7 (0.047)	20.9 (0.050)	23.0 (0.055)	24.7 (0.059)	26.4 (0.063)	—	—
GH30	14.7 (0.035)	16.7 (0.040)	18.4 (0.044)	20.5 (0.049)	22.6 (0.054)	24.7 (0.059)	26.8 (0.064)	28.9 (0.069)	—	—
GH4033	11.7 (0.028)	13.4 (0.032)	15.1 (0.036)	17.2 (0.041)	18.8 (0.045)	20.9 (0.050)	23.0 (0.055)	24.7 (0.059)	—	—
GH1035	12.6 (0.030)	14.2 (0.034)	16.3 (0.039)	17.6 (0.042)	18.8 (0.045)	20.1 (0.048)	21.2 (0.053)	24.7 (0.059)	27.2 (0.065)	—
GH2036	17.2 (0.041)	18.4 (0.044)	19.7 (0.047)	21.4 (0.051)	23.0 (0.055)	24.7 (0.059)	26.0 (0.062)	27.2 (0.065)	29.3 (0.070)	—
GH4037	8.0 (0.019)	9.2 (0.022)	10.9 (0.026)	12.6 (0.030)	13.8 (0.033)	15.5 (0.037)	17.2 (0.041)	20.1 (0.048)	22.2 (0.053)	—
GH2038A	16.3 (0.039)	17.6 (0.042)	18.8 (0.045)	20.5 (0.049)	22.6 (0.054)	23.9 (0.057)	25.1 (0.060)	26.8 (0.064)	28.5 (0.068)	—
GH3039	15.5 (0.037)	16.7 (0.040)	18.4 (0.044)	19.7 (0.047)	20.9 (0.050)	22.6 (0.054)	23.9 (0.057)	25.1 (0.060)	26.8 (0.064)	—
GH1040	13.4 (0.032)	15.1 (0.036)	16.7 (0.040)	18.4 (0.044)	20.9 (0.050)	23.0 (0.055)	24.7 (0.059)	—	—	—
GH43	11.3 (0.027)	13.0 (0.031)	14.7 (0.035)	15.9 (0.038)	18.8 (0.045)	20.5 (0.049)	21.8 (0.052)	24.3 (0.058)	26.4 (0.063)	—
GH3044	11.7 (0.028)	13.0 (0.031)	14.2 (0.034)	15.9 (0.038)	17.2 (0.041)	18.4 (0.044)	19.7 (0.047)	21.8 (0.052)	0.059	—
GH4049	10.5 (0.025)	12.1 (0.029)	14.2 (0.034)	16.3 (0.039)	18.0 (0.043)	20.1 (0.048)	22.2 (0.053)	24.3 (0.058)	26.8 (0.064)	—
GH50	10.5 (0.025)	11.7 (0.028)	13.4 (0.032)	14.7 (0.035)	16.3 (0.039)	17.6 (0.042)	18.8 (0.045)	20.5 (0.049)	22.6 (0.054)	
GH78	15.5 (0.037)	17.6 (0.042)	19.3 (0.046)	20.9 (0.050)	22.6 (0.054)	24.7 (0.059)	26.0 (0.062)	27.6 (0.066)	29.1 (0.071)	—
GH80A	11.3 (0.027)	13.0 (0.031)	14.7 (0.035)	16.7 (0.040)	18.0 (0.043)	19.7 (0.047)	21.8 (0.052)	23.9 (0.057)	25.5 (0.061)	—

续表

牌号	热导率 λ/W·(cm·K)$^{-1}$[cal/(cm·s·℃)]									
	100℃	200℃	300℃	400℃	500℃	600℃	700℃	800℃	900℃	1000℃
GH95	16.7 (0.040)	18.8 (0.045)	20.5 (0.049)	22.6 (0.054)	24.3 (0.058)	26.0 (0.062)	27.6 (0.066)	29.3 (0.070)	33.5 (0.080)	
GH99	10.5 (0.025)	12.6 (0.030)	14.2 (0.034)	16.1 (0.0385)	17.9 (0.0427)	19.8 (0.0472)	21.8 (0.052)	23.7 (0.0567)	25.7 (0.0615)	27.5 (0.0658)
GH118	11.3 (0.027)	12.6 (0.030)	14.2 (0.034)	16.3 (0.039)	18.0 (0.043)	19.7 (0.047)	21.8 (0.052)	23.9 (0.057)	26.0 (0.062)	28.5 (0.068)
GH3128	11.3 (0.027)	12.6 (0.030)	14.2 (0.034)	15.5 (0.037)	16.7 (0.040)	18.4 (0.044)	19.7 (0.047)	21.4 (0.051)	23.0 (0.055)	—
GH2130	12.1 (0.029)	13.8 (0.033)	16.3 (0.039)	17.6 (0.039)	16.3 (0.042)	19.3 (0.046)	20.9 (0.050)	22.6 (0.054)	24.3 (0.058)	—
GH2135	10.9 (0.026)	13.0 (0.031)	14.6 (0.035)	16.3 (0.039)	18.0 (0.043)	19.7 (0.047)	21.8 (0.052)	23.0 (0.055)	—	—
GH2136	13.8 (0.033)	15.5 (0.037)	17.6 (0.042)	19.3 (0.046)	20.5 (0.049)	21.8 (0.052)	23.0 (0.055)	24.7 (0.059)	26.4 (0.063)	—
GH138	7.3 (0.0175)	7.5 (0.0178)	7.7 (0.0185)	7.9 (0.0188)	8.0 (0.0190)	8.2 (0.0197)	8.3 (0.0199)	—	—	—
GH139	15.1 (0.036)	16.3 (0.039)	17.6 (0.042)	19.3 (0.046)	20.9 (0.050)	21.2 (0.053)	23.9 (0.057)	25.5 0.061	27.6 (0.066)	—
GH1140	15.1 (0.036)	16.7 (0.040)	18.0 (0.043)	19.3 (0.046)	20.9 (0.050)	21.2 (0.053)	23.4 (0.056)	25.1 (0.060)	26.4 (0.063)	—
GH141	8.4 (0.020)	10.5 (0.025)	12.6 (0.030)	15.1 (0.036)	17.2 (0.041)	19.3 (0.046)	21.4 (0.051)	23.4 (0.056)	—	—
GH143	11.3 (0.027)	12.6 (0.030)	14.2 (0.034)	15.5 (0.037)	16.7 (0.040)	18.4 (0.044)	19.7 (0.047)	21.4 (0.051)	23.0 (0.055)	—
GH145	11.7 (0.028)	12.6 (0.030)	13.8 (0.033)	15.1 (0.036)	16.7 (0.040)	18.8 (0.045)	20.9 (0.050)	22.6 (0.054)	24.3 (0.058)	—
GH146	10.5 (0.025)	11.7 (0.028)	13.0 (0.031)	14.2 (0.034)	15.5 (0.037)	16.7 (0.040)	18.0 (0.043)	19.7 (0.047)	20.9 (0.050)	—
GH151	10.5 (0.025)	10.9 (0.026)	12.6 (0.030)	14.2 (0.034)	16.3 (0.039)	18.4 (0.044)	20.1 (0.048)	21.8 (0.052)	23.4 (0.056)	—
GH163	13.0 (0.031)	14.7 (0.035)	16.7 (0.040)	19.3 (0.046)	21.4 (0.051)	24.3 (0.058)	26.8 (0.064)	28.9 (0.069)	31.4 (0.075)	—
GH167	10.5 (0.025)	12.1 (0.029)	13.8 (0.033)	15.5 (0.037)	16.7 (0.040)	18.4 (0.044)	20.1 (0.048)	21.4 (0.051)	—	—
GH4169	14.7 (0.035)	15.9 (0.038)	17.6 (0.042)	18.8 (0.045)	20.1 (0.048)	21.8 (0.052)	23.0 (0.055)	24.3 (0.058)	26.0 (0.062)	27.6 (0.066)
GH170	13.4 (0.032)	14.2 (0.034)	15.1 (0.036)	16.3 (0.039)	17.2 (0.041)	18.0 (0.043)	18.8 (0.045)	19.7 (0.047)	20.5 (0.049)	—
GH220	9.6 (0.023)	11.3 (0.027)	12.6 (0.030)	14.7 (0.035)	15.9 (0.038)	18.0 (0.043)	19.7 (0.047)	21.4 (0.051)	23.4 (0.056)	—
GH2302	12.6 (0.030)	14.7 (0.035)	16.3 (0.039)	18.4 (0.044)	20.1 (0.048)	22.2 (0.053)	24.3 (0.058)	26.0 (0.062)	28.1 (0.067)	—
GH333	13.0 (0.031)	15.5 (0.037)	18.0 (0.043)	20.1 (0.048)	23.0 (0.055)	25.5 (0.061)	27.6 (0.066)	30.6 (0.073)	—	—
GH600	10.3 (0.0246)	11.5 (0.0275)	12.6 (0.0300)	13.4 (0.032)	14.9 (0.0357)	16.3 (0.0390)	18.4 (0.0440)	20.8 (0.0496)	23.2 (0.0555)	
GH710	65℃ 11.3 (0.027)	220℃ 13.8 (0.033)	320℃ 15.1 (0.036)	415℃ 16.3 (0.039)	530℃ 18.0 (0.043)	580℃ 18.8 (0.045)	780℃ 20.9 (0.050)	—	22.6 (0.054)	990℃ 25.1 (0.060)
GH738	—	—	359℃ 16.8 (0.0402)	458℃ 18.3 (0.0438)	545℃ 20.2 (0.0483)	640℃ 22.4 (0.0536)	768℃ 24.2 (0.0577)	854℃ 25.3 (0.0605)	985℃ 28.1 (0.0670)	
GH761	—	13.0 (0.0310)	14.5 (0.0347)	16.2 (0.0386)	18.9 (0.0452)	21.4 (0.0511)	25.0 (0.0598)	29.0 (0.0693)	33.8 (0.0808)	—
GH901	13.8 (0.033)	15.5 (0.037)	17.6 (0.042)	19.7 (0.047)	21.8 (0.052)	23.4 (0.056)	26.0 (0.062)	28.1 (0.067)	30.1 (0.072)	—

续表

牌号	热导率 λ/W·(cm·K)$^{-1}$[cal/(cm·s·℃)]									
	100℃	200℃	300℃	400℃	500℃	600℃	700℃	800℃	900℃	1000℃
GH984	—	14.7 (0.035)	17.6 (0.042)	20.5 (0.049)	23.4 (0.056)	26.4 (0.063)	29.0 (0.070)	—	—	—
K2	11.3 (0.027)	12.6 (0.030)	13.8 (0.033)	15.5 (0.037)	17.6 (0.042)	19.7 (0.047)	21.8 (0.052)	23.9 (0.057)	26.8 (0.064)	28.5 (0.068)
K403	14.3 (0.0341)	14.5 (0.0347)	17.1 (0.0409)	18.3 (0.0436)	19.7 (0.0471)	20.9 (0.0499)	22.3 (0.0532)	23.5 (0.0562)	24.8 (0.0593)	—
K4	11.7 (0.028)	13.0 (0.031)	14.2 (0.034)	15.1 (0.036)	16.3 (0.039)	17.6 (0.042)	18.8 (0.045)	19.7 (0.047)	20.5 (0.049)	—
K405	11.7 (0.028)	13.0 (0.031)	14.7 (0.035)	15.9 (0.038)	17.2 (0.041)	18.8 (0.045)	20.1 (0.048)	21.4 (0.051)	23.0 (0.055)	—
K406	13.8 (0.033)	15.1 (0.036)	18.0 (0.043)	19.3 (0.046)	17.6 (0.047)	20.9 (0.050)	22.6 (0.054)	24.3 (0.058)	25.5 (0.061)	—
K7	140℃ 13.8 (0.033)	218℃ 15.1 (0.036)	16.3 (0.039)	408℃ 18.4 (0.044)	490℃ 19.7 (0.047)	606℃ 21.8 (0.052)	690℃ 23.4 (0.056)	25.5 (0.061)	902℃ 27.2 (0.065)	28.9 (0.069)
K9	—	10.3 (0.0246)	11.6 (0.0276)	12.6 (0.0302)	13.9 (0.0332)	15.9 (0.0380)	18.6 (0.0445)	24.5 (0.0584)	25.0 (0.0598)	29.1 (0.0696)
K211	12.1 (0.029)	13.8 (0.033)	15.9 (0.038)	18.0 (0.043)	20.1 (0.048)	22.6 (0.054)	23.9 (0.057)	26.0 (0.062)	28.5 (0.068)	
K412	10.5 (0.025)	11.7 (0.028)	13.4 (0.032)	15.1 (0.036)	17.2 (0.041)	18.8 (0.045)	20.9 (0.050)	23.9 (0.057)	26.8 (0.064)	—
K213	10.9 (0.026)	12.1 (0.029)	13.4 (0.032)	14.7 (0.035)	15.9 (0.038)	17.6 (0.042)	18.8 (0.045)	20.5 (0.049)	—	—
K214	9.6 (0.023)	11.7 (0.028)	13.4 (0.032)	15.5 (0.037)	17.6 (0.042)	19.7 (0.047)	21.8 (0.052)	23.4 (0.056)		
K417G	—	13.9 (0.0331)	14.4 (0.0344)	15.3 (0.0365)	16.8 (0.0402)	18.8 (0.0449)	21.4 (0.0510)	23.9 (0.0570)	24.9 (0.0595)	25.2 (0.0603)
K418	10.0 (0.024)	11.7 (0.028)	13.0 (0.031)	14.7 (0.035)	16.3 (0.039)	18.4 (0.044)	20.5 (0.049)	22.6 (0.054)	24.3 (0.058)	—
K19	150℃ 10.0 (0.024)	10.9 (0.026)	13.4 (0.032)	15.5 (0.037)	17.2 (0.041)	19.3 (0.046)	20.9 (0.050)	22.6 (0.054)	24.7 (0.059)	26.8 (0.064)
K19H	8.8 (0.021)	10.0 (0.024)	11.3 (0.027)	13.0 (0.031)	14.2 (0.034)	15.9 (0.038)	18.0 (0.043)	19.7 (0.047)	22.2 (0.053)	26.4 (0.063)
K23	10.0 (0.024)	11.3 (0.027)	13.0 (0.031)	15.5 (0.037)	18.0 (0.043)	20.9 (0.050)	23.4 (0.056)	25.5 (0.061)	28.5 (0.068)	—
K27	—	12.1 (0.029)	13.8 (0.033)	14.7 (0.035)	15.9 (0.038)	18.4 (0.044)	20.5 (0.049)	22.6 (0.054)	25.1 (0.060)	—
K32	10.9 (0.026)	12.6 (0.030)	13.4 (0.032)	14.2 (0.034)	15.9 (0.038)	16.7 (0.040)	18.4 (0.044)	20.5 (0.049)	22.6 (0.054)	—
K38	—	11.8 (0.0283)	14.0 (0.0335)	15.9 (0.038)	17.7 (0.0422)	20.4 (0.0487)	23.2 (0.0553)	26.6 (0.0636)	30.1 (0.0719)	—
K40	13.4 (0.032)	15.3 (0.0366)	16.8 (0.0402)	17.7 (0.0422)	19.0 (0.0453)	20.0 (0.0477)	24.0 (0.0574)	25.0 (0.0598)	28.9 (0.069)	—
K44	15.1 (0.036)	16.3 (0.039)	18.0 (0.043)	19.8 (0.046)	20.5 (0.049)	22.2 (0.053)	25.1 (0.060)	28.1 (0.067)	31.0 (0.074)	—
K002	7.5 (0.018)	8.4 (0.020)	8.8 (0.021)	9.6 (0.023)	10.5 (0.025)	12.1 (0.029)	14.2 (0.034)	16.3 (0.039)	18.4 (0.044)	—
K17	131.6℃ 10.9 (0.026)	418.9℃ 14.2 (0.034)	660.7℃ 19.3 (0.046)	675.1℃ 20.5 (0.049)	759.8℃ 26.0 (0.062)	906℃ 33.9 (0.081)	1076℃ 36.0 (0.086)	1109℃ 41.4 (0.099)	—	—

8.1.5 高温合金的特性及用途

表 8-24 高温合金的特性及用途

新牌号	旧牌号	特性及用途
GH1015 GH1016	GH15 GH16	适用于使用温度为 550～1000℃，用于制造航天、航空、燃气轮机及其他工业用的一般承力部件（涡轮叶片除外）
GH1035	GH35	GH1035 是铁-镍基合金板材，它具有良好的抗氧化性和冲压性，采用氩弧焊、电弧焊和接触焊均可得到良好的效果，可用以代替 GH3039 合金。 可用于制造火焰筒、加力燃烧室、尾喷筒等零件
GH1040	GH40	可用于制造航空及其他工业用的紧固件等零件
GH1131	GH31	GH1131 是铁-镍基高温板材合金，热强性高于 GH3044，并具有良好的工艺塑性和焊接性能，抗氧化性比 GH3044 差，合金在长期使用中有一定的时效倾向性，高的含碳量使焊缝区变脆。该合金不作为 GH3044 的代用料，每用 1t GH1131，可节约镍 300kg 用于加力燃烧室零件、受力元件，以及在 700～1000℃温度下短时间工作的产品零件
GH1140	GH40	GH1140 是我国自行研制的铁镍基高温合金板材，具有良好的抗氧化性、高的塑性、足够的热强性和良好的热疲劳性能，合金具有优良的冲压性能和良好的焊接工艺性能。用 GH1140 生产的火焰筒经过长期的试车和飞行考验，合金比较成熟，使用可靠，可以代替镍基合金 GH3030 及 GH3039。每使用 1t GH1140 代替 GH3030 可节约镍 430kg，代替 GH3039 可节约镍 370kg。 可代替 GH3030、GH3039 作燃烧室、加力燃烧室及工作室温 900℃承受低载荷的板材零件，以及安装边等零件
GH2018	GH18	适用于使用温度为 600～950℃，用于航空、航天、燃气轮机及其他工业用承力部件、冲压成形部件及焊接用高温受力零件
GH2036	GH36	GH2036 是奥氏体型合金钢，在 650℃以下有高的热强性，并具有良好的热加工及切削加工性能，在 700～750℃的空气介质中具有稳定的抗氧化性，在 700～750℃和更高温度的燃气介质中有晶间腐蚀的倾向；合金的膨胀率大，生产使用中发现 GH2036 盘容易出现大晶粒、裂纹等缺陷，正在研究新的合金代替它。 用于 650℃以下工作的涡轮盘、隔热板、护环、承力环、紧固零件等
GH2038	GH33A	使用温度为 550～1000℃，用于制造航空、航天、燃气轮机及其他工业用的一般承力部件
GH2130	GH130	GH2130 是我国自行研究成功的铁-镍基时效强化合金，用以代替镍基合金 GH4037。合金具有高的热强性和良好的工艺塑性、疲劳性能，缺口敏感性比 GH4037 稍差；为了提高抗氧化性可采取表面渗铝或其他措施。实践证明它完全可以代替 GH4037 合金，使用 GH2130 代替 GH4037，每用 1t 可节约镍 300kg，代替 GH4037 合金做 800～850℃工作的涡轮叶片和其他零件
GH2132	GH132	应用广泛，有棒、圆饼、环坯、板、条等品种，使用温度 600～950℃。用于制造航天、航空、燃气轮机及其他工业的承力部件，如涡轮叶片、涡轮盘模锻件、紧固件及环件毛坯等
GH2135	GH135	GH2135 是我国自行研制的铁-镍基高温合金，除疲劳性能稍低外其余性能已达到和超过了镍基合金 GH33 的水平。合金具有良好的热加工塑性，但切削加工性能较差；经表面渗铝后抗氧化性能较好。实践证明该合金比较成熟，使用可靠。使用温度 500～1000℃。用来制造航空、航天、燃气涡轮机及其他工业用的一般承力件
GH2136	GH136	用于直径不大于 600mm，高度在 60～150mm 制造航空、航天和其他工业用的涡轮盘等模锻件
GH2302	GH302	GH2302 是我国自行研制成功的铁-镍基时效强化合金，用以代替镍基合金 GH4037，合金具有高的热强性和良好的工艺塑性，合金的疲劳强度和缺口敏感性接近 GH4037 的水平，为了提高抗氧化性，应进行表面渗铝。试验证明它可以代替 GH4037 合金，每用 1t 可节约镍 300kg。 代替 GH4037 做 800～850℃使用的航空发动机涡轮叶片、辐条、箍套等零件以及在 700℃以下长期工作的民用燃气轮机为固溶强化型镍基合金
GH3030	GH30	为固溶强化型镍基合金。 GH3030 是典型的镍基板材合金，强度低，但具有优良的抗氧化性和良好的冲压性和焊接性能。该合金含镍量很高，可根据使用条件分别用 GH140、GH2132 或其他合金代替。 适用于 500～1000℃温度下，制造航天、航空、燃气轮机及其他工业用的一般承力件、冲压件、焊接高温承力件
GH3039	GH39	GH3039 是镍基板材合金，它在各种温度下具有高的塑性和满意的强度，并有良好的抗氧化性和冲压、焊接性能，适宜于制造比 GH3030 使用温度更高的板材构件。此合金可以成功地用 GH1140 代替。 用于制造在 900℃以下工作的火焰筒、加力燃烧室及其他用冲压和焊接方法制造的零件
GH3044	GH44	GH3044 是高合金化的镍基板材合金，与 GH3030、GH3039 相同，具有高的塑性和满意的强度，并有优良的抗氧化性和良好的冲压、焊接性能。但其使用温度比 GH3039 更高。可用相应的铁-镍基合金来代替。 用于制造 950～1100℃以下工作的燃烧室、加力燃烧室、冷却叶片的外壳、隔热板、管子等零件
GH3128	GH128	属固溶强化型镍基合金。使用温度 600～950℃，用于航天、航空、燃气轮机及其他工业用的高温承力部件，也适用于制造冲压成形件、焊接的高温承力部件

续表

新牌号	旧牌号	特 性 及 用 途
GH4033	GH33	属时效硬化型镍基合金。使用温度为 500～1000℃，用于制造航天、航空、燃气轮机及其他工业用的高温承力部件、涡轮盘模锻件等
GH4037	GH37	GH4037 是时效硬化型镍基合金，在 800～850℃下具有高的热强性和足够的塑性，并具有高的疲劳强度，可满意地进行锻造和切削加工，合金在 700℃下有一定的缺口敏感性。可用 GH2130 或 GH2302 合金代替。 用于制造在 800～850℃以下工作的燃气涡轮工作叶片及导向叶片
GH4043	GH43	GH4043 是镍基时效合金，它的各种性能和 GH4037 合金接近或稍低于 GH4037 合金，缺口敏感性较高，因此使用范围较 GH4043 为小。该合金可用 GH2302 代替。 用于工作温度为 800～850℃的燃气涡轮工作叶片
GH4049	GH49	GH4049 是镍基时效强化合金，在目前成批生产的合金中是热强性最高的合金，并具有良好的疲劳强度，但工艺塑性较差，经电渣重熔或真空电弧炉重熔后合金具有较好的工艺塑性。 用于工作温度为 850～900℃的燃气涡轮工作叶片
GH4133	GH33A	属时效硬化型高温合金，加硼净化晶界，比原 GH32 合金有更高的热强性，并保持了良好的抗氧化及冷热加工性能。 适用于 750℃以下工作的涡轮叶片、涡轮盘、导向片等零部件。 适用直径不大于 600mm，高度在 60～150mm 范围内的圆饼及航天、航空其他工业用的模锻件
GH34 2Cr3W MoV	—	适用于直径不大于 500mm，高度不大于 150mm 锻制圆饼。用来制造航天、航空及其他工业用模锻件坯料
GH220	—	适用于制造使用温度 900～950℃涡轮工作叶片等转动承力件的热轧棒材
GH698	—	适用于使用温度为 750℃以下的高温合金制的压气机盘、涡轮盘和承力环等受力并转动的盘形锻件
HGH 1035～ HGH 4169 共 20 个牌号	HGH35 ～ HGH69	HGH1035～HGH1140 属固溶强化型铁基合金焊丝； HGH2036～HGH2135 属固溶硬化型铁基合金焊丝； HGH3030～HGH3129 属固溶强化型镍基合金焊丝； HGH4033～HGH4169 属固溶硬化型镍基合金焊丝。 适用于供电弧焊和气焊用的高温合金冷拉丝
K211	K11	800℃以下导向叶片。属铸造高温合金
K213	K13	800℃以下柴油机增压涡轮。属铸造高温合金
K214	K14	900℃以下导向叶片。属铸造高温合金
K232	K32	800℃以下柴油机增压涡轮。属铸造高温合金
K273	—	650℃以下柴油机增压涡轮。属铸造高温合金
K401	K1	K401 是镍基铸造高温合金，采用非真空或真空感应熔炼，母合金浇注成铸锭，零件采用石蜡精密铸造非真空高频加热返转浇注，熔化速度不能大于 1kg/min，根据零件的具体形状返转浇注温度控制在 1560～1630℃。合金具有良好的铸造性能
K403	K3	K403 是镍基铸造高温合金，真空熔炼母合金浇注成铸锭，真空重熔浇注零件，合金具有良好的工艺性能。用作 850～1000℃温度下的燃气涡轮导向叶片或工作叶片
K405	K5	K405 是铸造合金，它含钴量少，具有良好的热强性能及较高的塑性，工作温度比 GH4049 高出 50℃，其他性能达到了 GH4049 的水平。 用于 950℃的燃气涡轮工作叶片
K406	K6	K406 是镍基铸造合金，采用真空冶炼母合金，真空重熔浇注叶片，K406 合金具有较好的热强性能和工艺性能，它可以作为代替变形材料 GH4307 的铸造合金材料。用于 850℃以下的燃气涡轮工作叶片或导向叶片
K409	K9	850～900℃以下的导向叶片
K412	K12	800℃以下导向叶片。真空重熔浇注零件，浇注温度为 1550～1650℃
K417	K17	950℃以下空心涡轮叶片和导向叶片
K417G	K17G	950℃以下空心涡轮叶片和导向叶片
K418	K18	850℃以下涡轮叶片，900℃以下导向叶片
K419	K19	1000℃以下涡轮叶片和导向叶片
K438	K38	850℃以下涡轮叶片和导向叶片及抗腐蚀部件
K640	K40	800℃以下的导向叶片

8.2 美国高温合金

8.2.1 高温合金牌号和化学成分

表 8-25 变形铁基耐热合金的标定化学成分

牌号	UNS编号	化学成分/%							
		C	Cr	Ni	Mo	N	Nb	Ti	其他
铁素体不锈钢									
405	S40500	0.15max	13.0	—	—	—	—	—	0.2Al
406	—	0.15max	13.0	—	—	—	—	—	4.0Al
409	S40900	0.08max	11.0	0.5	—	—	—	6×C_{min}	—
430	S43000	0.12max	16.0	—	—	—	—	—	—
434	S43400	0.12max	17.0	—	1.0	—	—	—	—
439	S43927	0.07max	18.25	—	—	—	—	0.2+4×(C+N)	—
18SR	—	0.05	18.0	0.5	—	—	—	0.40	2.0Al
18Cr-2Mo	—	—	18.0	—	2.0	—	—	—	—
446	S44600	0.20max	25.0	—	—	0.25	—	—	—
E-Brite26-1	S44627	0.01max	26.0	—	1.0	0.015max	0.1	—	—
26-1Ti	—	0.04	26.0	—	1.0	—	—	10×C_{min}	—
29Cr-4Mo	—	0.01max	29.0	—	4.0	0.02max	—	—	—
淬火和回火马氏体不锈钢									
403	S40300	0.15max	12.0	—	—	—	—	—	—
410	S41000	0.15max	12.5	—	—	—	—	—	—
416	S41600	0.15max	13.0	—	0.6①	—	—	—	0.15min S
422	S42200	0.20	12.5	0.75	1.0	—	—	—	1.0W, 0.22V
H-46	—	0.12	10.75	0.50	0.85	0.07	0.30	—	0.20V
Moly Ascoloy	—	0.14	12.0	2.4	1.80	0.05	—	—	0.35V
Greek Ascoloy	—	0.15	13.0	2.0	—	—	—	—	3.0W
Jethete M-152	—	0.12	12.0	2.5	1.7	—	—	—	0.30V
Almar363	—	0.05	11.5	4.5	—	—	—	10×C_{min}	—
431	S43100	0.20max	16.0	2.0	—	—	—	—	—
沉淀硬化马氏体不锈钢									
Custom 450	—	0.05max	15.5	6.0	0.75	—	8×C_{min}	—	1.5Cu
Custom 455	—	0.03	11.75	8.5	—	—	0.30	1.2	2.25Cu
15-5PH	S15500	0.07	15.0	4.5	—	—	0.30	—	3.5Cu
17-4PH	S17400	0.04	16.5	4.25	—	—	0.25	—	3.6Cu
PH13-8Mo	S13800	0.05	12.5	8.0	2.25	—	—	—	1.1Al
沉淀硬化半奥氏体不锈钢									
AM-350	S35000	0.10	16.5	4.25	2.75	0.10	—	—	—

续表

牌号	UNS编号	化学成分/%							
		C	Cr	Ni	Mo	N	Nb	Ti	其他
沉淀硬化半奥氏体不锈钢									
AM-355	S35500	0.13	15.5	4.25	2.75	0.10	—	—	—
17-7PH	S17700	0.07	17.0	7.0	—	—	—	—	1.15Al
PH15-7Mo	S15700	0.07	15.0	7.0	2.25	—	—	—	1.15Al
奥氏体不锈钢									
304	S30400	0.08max	19.0	10.0	—	—	—	—	—
304L	S30403	0.03max	19.0	10.0	—	—	—	—	—
304N	S30451	0.08max	19.0	9.25	—	0.13	—	—	—
309	S30900	0.20max	23.0	13.0	—	—	—	—	—
310	S31000	0.25max	25.0	20.0	—	—	—	—	—
316	S31600	0.08max	17.0	12.0	2.5	—	—	—	—
316L	S31603	0.03max	17.0	12.0	2.5	—	—	—	—
316N	S31651	0.08max	17.0	12.0	2.5	0.13	—	—	—
317	S31700	0.08max	19.0	13.0	3.5	—	—	—	—
321	S32100	0.08max	18.0	10.0	—	—	—	5×C_{min}	—
347	S34700	0.08max	18.0	11.0	—	—	10×C_{min}	—	—
19-9DL	K63198	0.30	19.0	9.0	1.25	—	0.4	0.3	1.25W
19-9DX	K63199	0.30	19.2	9.0	1.5	—	—	0.55	1.2W
17-14-CuMo	—	0.12	16.0	14.0	2.5	—	0.4	0.3	3.0Cu
202	S20200	0.09	18.0	5.0	—	0.10	—	—	8.0Mo
216	S21600	0.05	20.0	6.0	2.5	0.35	—	—	8.5Mn
21-6-9	S21900	0.04max	20.25	6.5	—	0.30	—	—	9.0Mn
Nitronic32	—	0.10	18.0	1.6	—	0.34	—	—	12.0Mn
Nitronic33	—	0.08max	18.0	3.0	—	0.30	—	—	13.0Mn
Nitronic50	—	0.06max	21.0	12.0	2.0	0.30	0.20	—	5.0Mn
Nitronic60	—	0.10max	17.0	8.5	2.0	—	—	—	8.0Mn, 0.20V, 4.0Si
Carpenter18-18Plus	—	0.10	18.0	<0.50	1.0	0.50	—	—	16.0Mn, 0.40Si, 1.0Cu

① 任选的。

表 8-26　变形超耐热合金的标称化学成分

合金	UNS编号	化学成分/%										
		Cr	Ni	Co	Mo	W	Nb	Ti	Al	Fe	C	其他
铁基固溶合金												
16-25-6	—	16.0	25.0	—	6.00	—	—	—	—	50.7	0.06	1.35Mn,0.70Si,0.15N
17-14CuMo	—	16.0	14.0	—	2.50	—	0.4	0.3	—	62.4	0.12	0.75Mn,0.50Si,3.0Cu
19-9DL	K63198	19.0	9.0	—	1.25	1.25	0.4	0.3	—	66.8	0.30	1.10Mn,0.60Si
Carpenter 20Cb-3	N08020	20.0	34.0	—	2.50	—	1.0 max	—	—	42.4	0.07 max	3.5Cu
Incoloy800	N08800	21.0	32.5	—	—	—	—	0.38	0.38	45.7	0.05	—
Incoloy801	N08801	20.5	32.0	—	—	—	—	1.13	—	46.3	0.05	—
Incoloy802	—	21.0	32.5	—	—	—	—	0.75	0.58	44.8	0.35	—
N-155	R30155	21.0	20.0	20.0	3.00	2.5	1.0	—	—	32.2	0.15	0.15N,0.02La,0.02Zr
RA330	N08330	19.0	36.0	—	—	—	—	—	—	45.1	0.05	—
钴基固溶合金												
Haynes25(L-605)	R30605	20.0	10.0	50.0	—	15.0	—	—	—	3.0	0.10	1.5Mn
Haynes188	R30188	22.0	22.0	37.0	—	14.5	—	—	—	3.0 max	0.10	0.90La
S-816	R30816	20.0	20.0	42.0	4.0	4.0	4.0	—	—	4.0	0.38	—
Stellite6B	—	30.0	1.0	61.5	—	4.5	—	—	—	1.0	1.0	—
UMCo-50	—	28.0	—	49.0	—	—	—	—	—	21.0	0.12 max	—
镍基固溶合金												
Hastelloy B	N10001	1.0 max	63.0	2.5 max	28.0	—	—	—	—	5.0	0.05 max	0.03V
Hastelloy B-2	N10065	1.0 max	69.0	1.0 max	28.0	—	—	—	—	2.0 max	0.02 max	—
Hastelloy C	N10002	16.5	56.0	—	17.0	4.5	—	—	—	6.0	0.15 max	—
Hastelloy C-4	N06455	16.0	63.0	2.0 max	15.5	—	—	0.7 max	—	3.0 max	0.015 max	—
Hastelloy C-276	N10276	15.5	59.0	—	16.0	3.7	—	—	—	5.0	0.02 max	—
Hastelloy N	N10003	7.0	72.0	—	16.0	—	—	0.5 max	—	5.0 max	0.06	—
Hastelloy S	—	15.5	67.0	—	15.5	—	—	—	0.2	1.0	0.02 max	0.02La
Hastelloy W	N10004	5.0	61.0	2.5 max	24.5	—	—	—	—	5.5	0.12 max	0.6V
Hastelloy X	N06002	22.0	49.0	1.5 max	9.0	0.6	—	—	2.0	15.8	0.15	—
Incone1600	N06600	15.5	76.0	—	—	—	—	—	—	8.0	0.08	0.25max Cu
Incone1601	N06601	23.0	60.5	—	—	—	—	—	1.35	14.1	0.05	0.5max Cu
Incone1604	—	16.0	74.0	—	—	—	2.25	—	—	7.5	0.02	0.03max Cu
Incone1617	—	22.0	55.0	12.5	9.0	—	—	—	1.0	—	0.07	—
Incone1625	N06625	21.5	61.0	—	9.0	—	3.6	0.2	0.2	2.5	0.05	—
NA-224	—	27.0	48.0	—	—	6.0	—	—	—	18.5	0.50	—
Nimonie75	—	19.5	75.0	—	—	—	—	0.4	0.15	2.5	0.12	0.25max Cu
RA-333	N06333	25.0	45.0	3.0	3.0	3.0	—	—	—	18.0	0.05	—
铁基沉淀硬化合金												
A-286	K66286	15.0	26.0	—	1.25	—	—	2.0	0.2	55.2	0.04	0.005B,0.3V
Discaloy	K66220	14.0	26.0	—	3.0	—	—	1.7	0.25	55.0	0.06	—
Haynes 556	—	22.0	21.0	20.0	3.0	2.5	0.1	—	0.3	29.0	0.10	0.50Ta,0.02La,0.002Zr
Incoloy 903	—	0.1 max	38.0	15.0	0.1	—	3.0	1.4	0.7	41.0	0.04	—
Pyromet CTX-1	—	0.1 max	37.7	16.0	0.1	—	3.0	1.7	1.0	89.0	0.03	—

续表

合金	UNS编号	化学成分/%										
		Cr	Ni	Co	Mo	W	Nb	Ti	Al	Fe	C	其他
铁基沉淀硬化合金												
V-57	—	14.8	27.0	—	1.25	—	—	3.0	0.25	48.6	0.08 max	0.01B,0.5max V
W-545	K66545	13.5	26.0	—	1.5	—	—	2.85	0.2	55.8	0.08	0.05B
钴基沉淀硬化合金												
AR-213	—	19.0	0.5 max	65.0	—	4.5	—	—	3.5	0.5 max	0.17	6.5Ta,0.15Zr,0.1Y
MP-35N	R30035	20.0	35.0	35.0	10.0	—	—	—	—	—	—	—
MP-159	—	19.0	25.0	36.0	7.0	—	0.6	3.0	0.2	9.0	—	—
镍基沉淀硬化合金												
Astroloy	—	15.0	56.5	15.0	5.25	—	—	3.5	4.4	<0.3	0.06	0.03B,0.06Zr
D-979	N09979,K66979①	15.0	45.0	—	4.0	4.0	—	3.0	1.0	27.0	0.05	0.01B
IN100	N13100	10.0	60.0	15.0	3.0	—	—	4.7	5.5	<0.6	0.15	1.0V,0.06Zr,0.015B
IN102	N06102	15.0	67.0	—	2.9	3.0	2.9	0.5	0.5	7.0	0.06	0.005B,0.02Mg,0.03Zr
Incoloy 901	N09901	12.5	42.5	—	6.0	—	—	2.7	—	36.2	0.10 max	
Incone 1706	N09706	16.0	41.5	—	—	—	—	1.75	0.2	37.5	0.03	2.9(Nb+Ta)0.15max Cu
Incone 1718	N07718	19.0	52.5	—	3.0	—	5.1	0.9	0.5	18.5	0.08 max	0.15max Cu
Incone 1751	—	15.5	72.5	—	—	—	1.0	2.3	1.2	7.0	0.05	0.25max Cu
InconeIX750	N07750	15.5	73.0	—	—	—	1.0	2.5	0.7	7.0	0.04	0.25max Cu
M252	N07252	19.0	56.5	10.0	10.0	—	—	2.6	1.0	<0.75	0.15	0.005B
Nimonic 80A	N07080	19.5	73.0	1.0	—	—	—	2.25	1.4	1.5	0.05	0.10max Cu
Nimonic 90	N07090	19.5	55.5	18.0	—	—	—	2.4	1.4	1.5	0.06	—
Nimonic 95	—	19.5	53.5	18.0	—	—	—	2.9	2.0	5.0 max	0.15 max	+B;+Zr
Nimonic 100	—	11.0	56.0	20.0	5.0	—	—	1.5	5.0	2.0 max	0.30 max	+B;+Zr
Nimonic 105	—	15.0	54.0	20.0	5.0	—	—	1.2	4.7	—	0.08	0.005B
Nimonic 115	—	15.0	55.0	15.0	4.0	—	—	4.0	5.0	1.0	0.20	0.04Zr
Nimonic 263②	—	20.0	51.0	20.0	5.9	—	—	2.1	0.45	0.7 max	0.06	—
Pyromet 860	—	13.0	44.0	4.0	6.0	—	—	3.0	1.0	28.9	0.05	0.01B
Refractory 26	—	18.0	38.0	20.0	3.2	—	—	2.6	0.2	16.0	0.03	0.015B
Rene 4L	N07041	19.0	55.0	11.0	10.0	—	—	3.1	1.5	<0.3	0.09	0.01B
Rene 95	—	14.0	61.0	8.0	3.5	3.5	3.5	2.5	3.5	<0.3	0.16	0.01 B,0.05Zr
Rene 100	—	9.5	61.0	15.0	3.0	—	—	4.2	5.5	1.0 max	0.16	0.015B,0.06Zr,1.0V
Udimet 500	N07500	19.0	48.0	19.0	4.0	—	—	3.0	3.0	4.0 max	0.08	0.005B
Udimet 520	—	19.0	57.0	12.0	6.0	1.0	—	3.0	2.0	—	0.08	0.005B
Udimet 630	—	17.0	50.0	—	3.0	3.0	6.5	1.0	0.7	18.0	0.04	0.004B
Udimet 700	—	15.0	53.0	18.5	5.0	—	—	3.4	4.3	<1.0	0.07	0.03B
Udimet 710	—	18.0	55.0	14.8	3.0	1.5	—	5.0	2.5	—	0.07	0.01B
Unitemp AF2-1DA	—	12.0	59.0	10.0	3.0	6.0	—	3.0	4.6	<0.5	0.35	1.5Ta,0.015 B,0.1Zr
Waspaloy	N07001	19.5	57.0	13.5	4.3	—	—	3.0	1.4	2.0 max	0.07	0.006 B,0.09Zr

① 不再使用，此处列出仅供参考。

② 也可称为 Rous Royce C-268。

表 8-27　ACI 耐热铸造合金的化学成分

ACI 牌号	UNS	ASTM 规范①	化学成分/%②			
			C	Cr	Ni	Si,≤
HA	—	A217	0.20max	8～10	—	1.00
HC	J92605	A297,A608	0.50max	26～30	4max	2.00
HD	J93005	A297,A608	0.50max	26～30	4～7	2.00
HE	J93403	A297,A608	0.20～0.50	26～30	8～11	2.00
HF	J92603	A297,A608	0.20～0.40	19～23	9～12	2.00
HH	J93503	A297,A608	0.20～0.50	24～28	11～14	2.00
HI	J94003	A297,A567,A608	0.20～0.50	26～30	14～18	2.00
HK	J94224	A297,A351,A567,A608	0.20～0.60	24～28	18～22	2.00
HL	J94604	A297,A608	0.20～0.60	28～32	18～22	2.00
HN	J94213	A297,A608	0.20～0.50	19～32	23～27	2.00
HP	—	A297	0.35～0.75	24～28	33～37	2.00
HP-50WZ③	—	—	0.45～0.55	24～28	33～37	2.50
HT	J94605	A297,A351,A567,A608	0.35～0.75	13～17	33～37	2.50
HU	—	A297,A608	0.35～0.75	17～21	37～41	2.50
HW	—	A297,A608	0.35～0.75	10～14	58～62	2.50
HX	—	A297,A608	0.35～0.75	15～19	64～68	2.50

① ASTM 的牌号与 ACI 牌号相同。

② 所有各种成分中其余均为 Fe。锰的含量：HA 为 0.35%～0.65%，HC 为 1%，HD 为 1.5%，其他合金为 2%。磷和硫的含量，除了 HP-15WZ 之外，均为 0.04%max。只是 HA 中有意添加钼，钼的含量为 0.90%～1.20%；对于其他合金，钼的最大值规定为 0.5%。HH 合金也含有 0.2%maxN。

③ 也含有 4%～6%W，0.1%～1.0%Zr，S 和 P 均为 0.035%max。

表 8-28　镍基耐热铸件所用合金的化学成分

合金牌号	额定成分/%										
	C	Ni	Cr	Co	Mo	Fe	Al	B	Ti	W	Zr	其他
B-1900	0.1	64	8	10	6	—	6	0.015	1	—	0.10	4Ta①
Hastelloy X	0.1	50	21	1	9	18	—	—	—	1	—	—
IN-100	0.18	60.5	10	15	3	—	5.5	0.01	5	—	0.06	1V
IN-738X	0.17	61.5	16	8.5	1.75	—	3.4	0.01	3.4	2.6	0.1	1.75Ta,0.9Nb
IN-792	0.2	60	13	9	2.0	—	3.2	0.02	4.2	4	0.1	4Ta
Inconel 713C	0.12	74	12.5	—	4.2	—	6	0.012	0.8	—	0.1	2Nb
Inconel 713L C	0.05	75	12	—	4.5	—	6	0.01	0.6	—	0.1	2Nb
Inconel 718	0.04	53	19	—	3	18	0.5	—	0.9	—	—	0.1Cu,5Nb
Inconel X-750	0.04	73	15	—	—	7	0.7	—	2.5	—	—	0.25Cu,0.9Nb
M-252	0.15	56	20	10	10	—	1	0.005	2.6	—	—	—
MAR-M200	0.15	59	9	10	—	1	5	0.015	2	12.5	0.05	1Nb②
MAR-M246	0.15	60	9	10	2.5	—	5.5	0.015	1.5	10	0.05	1.5Ta
MAR-M247	0.15	59	8.25	10	0.7	0.5	5.5	0.015	1	10	0.05	1.5Hf,3Ta
NX188(DS)	0.04	74	—	—	18	—	8	—	—	—	—	—
Rene77	0.07	58	15	15	4.2	—	4.3	0.015	3.3	—	0.04	—
Rene80	0.17	60	14	9.5	4	—	3	0.015	5	4	0.03	—
Rene100	0.18	61	9.5	15	3	—	5.5	0.015	4.2	—	0.06	1V
TRW-NASA VIA	0.13	61	6	7.5	2	—	5.5	0.02	1	6	0.13	0.4Hf,0.5Nb 0.5Re,9Ta
Udimet 500	0.1	53	18	17	4	2	3	—	3	—	—	—
Udimet 700	0.1	53.5	15	18.5	5.25	—	4.25	0.03	3.5	—	—	—
Udimet 710	0.13	55	18	15	3	—	2.5	—	5	1.5	0.08	—
Waspaloy	0.07	57.5	19.5	13.5	4.2	1	1.2	0.005	3	—	0.09	—
WAZ-20(DS)	0.20	72	—	—	—	—	6.5	—	—	20	1.5	—

① B-1900+Hf 还含有 1.5%Hf。

② MAR-M200+Hf 还含有 1.5%Hf。

表 8-29 钴基耐热铸件所用合金的化学成分

合金牌号	额定成分/%										
	C	Co	Cr	Ni	Al	B	Fe	Ta	W	Zr	其他
AiResist13	0.45	62	21	—	3.4	—	—	2	11	—	0.1Y
AiResist213	0.20	64	20	0.5	3.5	—	0.5	6.5	4.5	0.1	0.1Y
AiResist215	0.30	63	19	0.5	4.3	—	0.5	7.5	4.5	0.1	0.1Y
Haynes21	0.25	64	27	3	—	—	1	—	—	—	5Mo
Haynes25,L-605	0.1	54	20	10	—	—	1	—	15	—	—
Haynes151①	0.48	65	20	—	—	0.03	—	—	12.8	—	3max Fe+Ni
J-1650	0.20	36	19	27	—	0.02	—	2	12	—	3.8Ti
MAR-M302	0.85	58	21.5	—	—	0.005	0.5	9	10	0.2	—
MAR-M322	1.0	60.5	21.5	—	—	—	0.5	4.5	9	2	0.75Ti
MAR-M509	0.6	54.5	23.5	10	—	—	—	3.5	7	0.5	0.2Ti
MAR-M918	0.05	52	20	20	—	—	—	7.5	—	0.1	—
NASACo-W-Re	0.40	67.5	3	—	—	—	—	—	25	1	2Re,1Ti
S-816	0.4	42	20	20	—	—	4	—	4	—	4Mo,4Nb,1.2Mn,0.4Si
V-36	0.27	42	25	20	—	—	3	—	2	—	4Mo,2Nb,1Mn,0.4Si
WI-52	0.45	63.5	21	—	—	—	2	—	11	—	2Nb+Ta
X-40	0.50	57.5	22	10	—	—	1.5	—	7.5	—	0.5Mn,0.5Si

① 已废弃的合金，列出仅供参考。

8.2.2 高温合金的力学性能

表 8-30 ACI 耐热铸造合金的典型室温性能

合金	状态	抗拉强度		屈服强度		伸长率	硬度
		MPa	ksi	MPa	ksi	%	HB
HC	铸造状态	760	110	515	75	19	223
	时效状态①	790	115	550	80	18	—
HD	铸造状态	585	85	330	48	16	90
HE	铸造状态	655	95	310	45	20	200
	时效状态①	620	90	380	55	10	270
HF	铸造状态	635	92	310	45	38	165
	时效状态①	690	100	345	50	25	190
HH,type1	铸造状态	585	85	345	50	25	185
	时效状态①	595	86	380	55	11	200
HH,type2	铸造状态	550	80	275	40	15	180
	时效状态①	635	92	310	45	8	200
HI	铸造状态	550	80	310	45	12	180
	时效状态①	620	90	450	65	6	200
HK	铸造状态	515	75	345	50	17	170
	时效状态②	585	85	345	50	10	190
HL	铸造状态	565	82	360	52	19	192
HN	铸造状态	470	68	260	38	13	160
HP	铸造状态	490	71	275	40	11	170
HT	铸造状态	485	70	275	40	10	180
	时效状态②	515	75	310	45	5	200
HU	铸造状态	485	70	275	40	9	170
	时效状态③	505	73	295	43	5	190
HW	铸造状态	470	68	250	36	4	185
	时效状态④	580	84	360	52	4	205
HX	铸造状态	450	65	250	36	9	176
	时效状态③	505	73	305	44	9	185

① 时效处理：760℃（1400°F）24h，炉冷。
② 时效处理：760℃（1400°F）24h，空冷。
③ 时效处理：982℃（1800°F）48h，空冷。
④ 时效处理：982℃（1800°F）48h，炉冷。

表 8-31 高温合金的力学性能

牌号	品种规格	热处理	力学性能，不小于				持久强度	
			试验温度/℃	σ_b/MPa	δ/%	ψ/%	应力/MPa	时间/h
N-155	板材	1180℃，空冷	20 815	686～981 —	40 —	— —	— 127	— ≥24
Incoloy 800	棒材	固溶：1150℃，1h	 93 204 316 427	(BHN) (1177) (1080) (1010) (922)	—	—	—	—
Hastelloy X	板材	1160～1190℃，30min，空冷	20 816	686 —	35 —	— —	— 103	— ≥24
L605	板材	1215～1245℃，30min，空冷	20 700 800 900	833～1128 235[①] 264[①] 166[①]	25 — — —	— — — —	— 313 171 83	— 100 100 100
A-286	板材	710～725℃，16h，空冷	20	965 (140ksi)	15 50.8mm (2in)	—	—	—
V-57	轧制棒材	980℃，2h，油淬＋730℃，16h，空冷	20	118.5 (172.1ksi)	23.9	43.1	—	—
Rene 41	棒材	1065～1175℃，1/2h，水冷，760℃，16h，空冷	20 760	1172 930	8 5	10 8	— —	— —
Inconel X-750	板材 0.64～32mm	1135～1165℃，2～4h，空冷，830～855℃，24h，空冷，690～720℃，20h，空冷	20	892	40	—	—	—
Udimet 500	棒材	1175℃，2h，空冷＋1080℃，4h，空冷＋845℃，24h，空冷＋760℃，6h，空冷	20 100 400 600 800 900	— 1334 1275 1245 931 392	—	—	—	—
Hastelloy R-235	薄板	1080℃，固溶，水淬	20	1030	30	—	—	—
Inconel 718	棒材	完全热处理	−240 −130 −18 95 315 540 760	1827 1654 1549 1442 1402 1309 861	15 18 20 22 22 23 30	23 30 33 35 36 38 57	550℃，1069 600℃，863 700℃，500 750℃，343	100 100 100 100
Haynes 188	板材		20 982 1093	981 255 137	56 70 50	— — —	— 41 15	— 100 100
Hastelloy-C4	—	—	—	—	—	—	—	—
RA-333	棒材	1190℃，空冷	20 980	725 —	55 —	62 —	— 16	— 1000
Inconel 600	板材 0.45～0.9mm	冷轧、退火	20 20 540	549 686 —	38 40 —	— 50 —	— — 137	— — 1000
Udimet 710	棒材 ϕ19mm	1180℃，4h，空冷，＋1080℃，4h，空冷＋845℃ 24h，空冷＋760℃16h，空冷	20 650 760 815 870 980	1177 1314 1020 843 706 362	7.2 13.0 27 29.7 31.4 29.8	7.0 13.7 32.6 37.6 40.2 32.0	— — — — 304 147	— — — — 124 37

续表

牌号	品种规格	热处理	力学性能,不小于				持久强度	
			试验温度/℃	σ_b/MPa	δ/%	ψ/%	应力/MPa	时间/h
Waspaloy	棒材	完全热处理	20	1103	15	—	—	—
Incoloy 901	棒材	(1093±14)℃,2h,水冷,788～816℃±8℃,2～4h,空冷或水冷,718～746℃±8℃,24h,空冷	20 650	1034 981③	12 11③	15 19③	— 551	— ≥23
Inconel 625	棒材	固溶退火 1095～1205℃,1～4h	20	725～892	40～65	60～90	—	—
S-816		1180℃固溶	20 816	931 —	15 —	20 —	— 123	— 1000
In100	精铸件	铸造态	20 20	792 1010	5 9	— 11	— —	— —
GMR-235D	精铸件	铸态	870 20	— 765	10 3	— —	241 —	30 —
B-1900②	精铸件	铸态	20 540 650 760 980	971 1006 1009 951 549	8 7 6 4 7	— —	— — 815℃,378 880℃,103	— — 1000 1000
Rene 100②	铸造涡轮叶片	1220℃, 2h, +1095℃14h,+1050℃,4h+845℃,16h	20 815 815	— — —	10.8 — 3.8	11.6 — 9.3	— 343 309	— >2000 4112
Inco713C	精铸件	铸态	20 980	758 —	3 —	— —	— 152	— 30
Inco713LC	精铸件	铸态	20 815 930	896 848 648	15.3 15 6	20.9 17 12	— 427 200	— 100 100
MM246③	铸件	铸态	20 205 760 870 980	862 981 1020 917 619	4 5.5 4.5 4.6 6.5	— 8.3 6.2 6.2 8.0	— — 689 413 193	— — 100 100 100
TRW-VIA③	精铸件	铸态	20 760 870 1025 1095	1048 1096 869 489 338	4.2 4.4 2.5 5.5 4.8	6.0 5.5 4.1 6.6 5.7	— 586 — 103 103	— 592.6 — 650 59.9
FSX-414	铸件	1180℃ 4h,炉冷到980℃,4h,冷到540℃,空冷	20 540 650 760 870 900 980	737 537 482 400 309 — —	11 15 15 18 23 — —	— — — — — — —	— — — — — 66 34	— — — — — 1000 1000
In 738	精铸件	1120℃, 2h, 空冷 845℃,24h,空冷	20 730 815 930 980	1096 999 873 559 451	5.5 3 3 13 10	5 4 3 14 15	— 662 420 220 137	— 100 100 100 100
X-40	精铸件	铸态 铸态+时效 铸态 铸态+时效	20 20 760 760 800 900	744 896 462 516 — —	9 3 16 6 — —	11 3 18 8 — —	— — — — 241～172 131～103	— — — — 100 100
WI-52	精铸件	铸态	20	861	5	5	—	—

① 为 $\sigma_{0.2}$ 的值。

② 为实测数据。

③ 为典型数据。

注:牌号 L605,700℃以上为典型性能,牌号下打"—"者数据由曲线查得,仅供参考。

8.2.3 高温合金的物理性能

表 8-32 弹性模量 *E*

牌 号	弹性模量 E/GPa(kgf/mm^2)										
	20℃	100℃	200℃	300℃	400℃	500℃	600℃	700℃	800℃	900℃	备注
N-155	—	212.7 (21700)	204.3 (20850)	196.5 (20050)	189.1 (19300)	182.3 (18600)	174.0 (17750)	164.8 (16810)	154.0 (15710)	—	—
Incoloy 800	28.5×10^6	—	—	—	—	—	—	—	—	—	Psi
Hastelloy X	198.0 (20200)	193.1 (19700)	185.2 (18900)	178.4 (18200)	171.5 (17500)	163.7 (16700)	156.8 (16000)	149.9 (15300)	142.1 (14500)	134.3 (13700)	—
L650	225.4 (23000)	221.5 (22600)	215.6 (22000)	209.7 (21400)	201.9 (20600)	196 (20000)	186.2 (19000)	178.4 (18200)	170.5 (17400)	163.7 (16700)	—
A-286*	197.7 (20170)	—	—	—	171.5 (17500)	132.2 (16650)	157.3 (16050)	149.0 (15200)	139.2 (14200)	—	—
V-57*	—	—	274.4 (28000)	—	260.7 (26600)	—	250.9 (25600)	—	241.1 (24600)	—	Fksi
Rene 41*	—	—	199.9 (20400)	187.2 (19100)	178.4 (18200)	166.6 (17000)	158.8 (16200)	145.0 (14800)	132.3 (13500)	117.6 (12000)	Fksi
InconelX-750*	—	—	205.8 (21000)	199.9 (20400)	194.0 (19800)	186.2 (19000)	178.4 (18200)	169.0 (17300)	160.7 (16400)	—	Fksi
Udimet 500*	—	—	205.8 (21000)	199.9 (20400)	192.1 (19600)	186.2 (19000)	178.4 (18200)	171.5 (17500)	160.7 (16400)	—	Fksi
Hastelloy R-235*	—	—	196.0 (20000)	186.2 (19000)	176.4 (18000)	166.6 (17000)	156.8 (16000)	147.0 (15000)	137.2 (14000)	—	Fksi
Inconel 718	199.9 (20400)	195.0 (19900)	190.1 (19400)	176.4 (18000)	178.4 (18200)	172.5 (17600)	166.6 (17000)	159.7 (16300)	149.0 (15200)	133.3 (13600)	—
Hayness 188	231.9 (23623)	—	—	—	—	—	—	—	982℃ 153.6 (15679)	1093℃ 144.7 (14765)	—
RA-333	198.2 (20220)	193.3 (19790)	189.8 (19370)	181.7 (18540)	177.3 (18090)	172.2 (17570)	166.7 (17010)	162.5 (16580)	148.0 (15100)	144.1 (14700)	—
S-816	212.7 (21700)	—	—	—	—	—	—	—	—	—	—
Inconel 600*	—	213.6 (21800)	207.8 (21200)	203.8 (20800)	196 (20000)	179.3 (18300)	156.8 (16000)	127.4 (13000)	107.8 (11000)	—	—
Udimet 710	220.5 (22500)	—	—	—	—	—	—	—	980℃ 160.7 (16400)	—	—
Waspaloy	205.8 (21000)	200.9 (20500)	195.0 (19900)	189.1 (19300)	181.3 (18500)	174.4 (17800)	166.6 (17000)	159.7 (16300)	150.9 (15400)	142.1 (14500)	—
Inconel 901	205.1 (20930)	—	—	—	—	—	—	649℃ 15470	—	—	—
Inconel 625	—	70°F 29.7×10^6	29.1×10^6	—	28.1×10^6	—	27.2×10^6	—	26.2×10^6	1000F 25.1×10^6	Psi
In 100	—	—	209.7 (21400)	203.8 (20800)	197.0 (20100)	191.1 (19500)	186.2 (19000)	172.4 (18100)	168.6 (17200)	—	Wksi
GMR-235D	—	—	203.8 (20800)	198.0 (20200)	193.1 (19700)	185.2 (18900)	177.4 (18100)	166.6 (17000)	158.8 (16200)	—	—
B-1900	212.7 (21700)	—	—	—	—	540℃ 185.2 (18900)	—	760℃ 170.8 (17430)	—	980℃ 153.7 (15680)	—
Inco 713C	—	200.9 (20500)	196 (20000)	191.1 (19500)	186.2 (19000)	181.3 (18500)	176.4 (18000)	166.6 (17000)	161.7 (16500)	154.8 (15800)	—
Inco 713LC*	—	193.1 (19700)	188.2 (19200)	178.4 (18200)	176.4 (18000)	171.5 (17500)	167.6 (17100)	162.7 (16600)	154.8 (15800)	147.0 (15000)	—
M-M246	227.4 (23200)	—	—	—	—	—	—	—	—	—	—
FSX-414	225.3 (22988)	—	213.0 (21732)	—	430℃ 195.7 (19965)	—	650℃ 177.7 (18137)	760℃ 164.7 (16802)	870℃ 155.0 (15818)	980℃ 136.4 (13919)	—
In 738	206.8 (21100)	203.8 (20800)	198.9 (20300)	193.1 (19700)	187.2 (19100)	180.3 (18400)	172.5 (17600)	164.6 (16800)	154.8 (15800)	141.1 (14400)	—
X-40	225.0 (22960)	220.4 (22490)	214.3 (21863)	208.1 (21230)	199.8 (20387)	192.9 (19684)	181.9 (18559)	172.2 (17575)	161.9 (16520)	152.9 (15606)	—

注：1. RA-333，980℃时 $E=128.0$GPa（13060kgf/mm^2），1000℃时 $E=127.0$GPa（12960kgf/mm^2）；Inconel 为 329℃（625°F）时的数据。

2. 打 * 号为由曲线查得的数据，仅供参考。

表 8-33 线胀系数 α

牌号	线胀系数 $\alpha/10^{-6}K^{-1}$										备注
	100℃	200℃	300℃	400℃	500℃	600℃	700℃	800℃	900℃	1000℃	
N-155	15.05	15.22	15.49	15.79	16.16	16.54	16.94	17.35	—	—	
Incoloy 800	—	200°F 7.9	—	—	500°F 8.9	—	—	1000°F 9.4	1500°F 10.1	—	$\times10^{-6}$ $°F^{-1}$
Hastelloy X	14.2	14.2	14.2	14.2	14.3	14.6	15.1	15.5	15.9	—	—
L605	12.5	13.0	13.5	14.0	14.5	15.0	15.5	16.1	16.1	—	—
A-286①	—	—	—	9.3	—	9.6	—	9.8	—	10	自曲线
V-57①	—	9.0	—	9.3	—	9.5	—	9.6	—	9.7	自曲线
Rene41		12.2	12.4	13.1	13.4	13.8	14.4	15.0	15.6	—	自曲线
InconelX-750		13.1	13.5	14.1	14.4	15.0	15.6	16.2	—	—	自曲线
Udimet 500		12.1	12.3	13.0	13.5	14.0	14.5	15.0	—	—	自曲线
HastelloyR-235		12.4	13.0	13.6	14.0	14.2	14.7	15.2	—	—	自曲线
Inconel 718	14.7	14.7	14.8	14.8	14.9	15.2	15.7	15.8	17.9	—	—
Hayhes 188	11.92	—	—	—	—	—	—	871℃ 16.92	982℃ 17.73	1093℃ 18.54	—
RA-333	1000 8.8	1200 9.1	1300 9.2	1400 9.3	1500 9.4	1600 9.5	1700 9.6	1800 9.7	—	—	—
S-816	93℃ 12.4	—	316℃ 13.6	427℃ 14.2	538℃ 14.8	649℃ 15.4	760℃ 16.0	—	—	—	—
Inconel 600	12.2	13.0	136	14.0	14.4	14.8	15.4	16.2	—	—	自曲线
Udimet 710	95℃ 12.24	205℃ 13.14	315℃ 13.64	430℃ 14.94	540℃ 16.74	—	—	—	—	—	—
Waspaloy	12.2	13.0	13.4	13.8	13.9	14.2	14.5	15.5	—	—	自曲线
Inconloy 910	—	7.8	—	7.8	—	8.1	—	8.3	—	—	—
Inconel 625②	—	7.1	—	7.3	—	7.4	—	7.6	—	7.8	1700℃ 9.0
In100	—	13.0	13.2	13.5	13.8	14.2	14.7	15.3	16.3	—	自曲线
GMR-235D	—	—	12.9	13.1	13.5	13.9	14.4	14.9	15.7	—	自曲线
B-1900	~95℃ 11.7	—	—	—	—	—	—	870℃ 14.97	—	—	—
Inco 713C	—	12.0	12.6	13.1	13.6	14.0	14.8	15.2	15.8	—	自曲线
Inco 713LC	~95℃ 10.62	—	—	—	—	—	—	870℃ 15.48	—	—	—
M-M246	—	—	—	—	540℃ 13.14	—	—	—	980℃ 15.84	—	—
FSX-414	—	13.14	315℃ 13.86	430℃ 14.40	540℃ 14.40	650℃ 15.30	760℃ 15.84	870℃ 16.20	980℃ 16.56	—	—
In 738	95℃ 11.61	205℃ 12.15	315℃ 12.87	430℃ 13.59	540℃ 13.95	650℃ 14.49	760℃ 14.85	870℃ 15.39	980℃ 15.93	—	—
X-40	10.1	12.1	12.6	13.5	13.7	14.6	15.3	15.7	16.3	—	—
WI-52°	—	—	—	7.5	—	7.65	—	7.8	—	8.0	自曲线

① 为°F 下的数据，单位是$\times10^{-6}°F^{-1}$。
② In625 单位是$\times10^{-6}°F^{-1}$。

表 8-34 热导率 λ

牌号	热导率 λ/W·(m·K)$^{-1}$[cal/(cm·s·℃)]										备注
	100℃	200℃	300℃	400℃	500℃	600℃	700℃	800℃	900℃	1000℃	
N-155	—	14.7 (0.035)	16.3 (0.039)	17.6 (0.042)	19.3 (0.046)	21.4 (0.051)	23.9 (0.057)	26.8 (0.064)	—	—	—
Incoloy 800①	—	7.4	—	8.6	—	9.5	—	10.6	—	11.7	自曲线②
Hasteloy X	13.0 (0.031)	13.8 (0.033)	15.1 (0.036)	16.7 (0.040)	18.8 (0.045)	20.9 (0.050)	23.0 (0.055)	25.1 (0.060)	26.8 (0.064)	—	—
L 605	16.7 (0.040)	18.0 (0.043)	19.7 (0.047)	20.9 (0.050)	22.2 (0.053)	23.4 (0.056)	24.7 (0.059)	26.4 (0.063)	—	—	—
A-286①	—	—	—	9.2	9.8	10.6	11.0	11.7	12.6	—	自曲线
Rene 41	—	13.0 (0.031)	14.7 (0.035)	13.8 (0.038)	17.2 (0.041)	18.8 (0.045)	20.1 (0.048)	21.4 (0.051)	23.0 (0.055)	—	自曲线
Inconel X-750	—	13.8 (0.033)	15.5 (0.037)	16.7 (0.040)	18.4 (0.044)	19.7 (0.047)	20.9 (0.050)	22.6 (0.054)	—	—	自曲线
Udimet 500	—	13.4 (0.032)	14.7 (0.035)	16.3 (0.039)	17.2 (0.041)	19.3 (0.046)	20.9 (0.050)	23.0 (0.055)	—	—	自曲线
Hastelloy R-235	10.9 (0.026)	12.6 (0.030)	14.2 (0.034)	16.7 (0.040)	18.4 (0.044)	20.1 (0.048)	22.6 (0.054)	25.1 (0.060)	—	—	自曲线
Inconel 718	13.0 (0.031)	13.8 (0.033)	15.1 (0.036)	16.3 (0.039)	18.0 (0.043)	20.1 (0.048)	22.2 (0.053)	24.3 (0.058)	26.0 (0.062)	—	—
Haynes 188	—	—	—	—	—	—	—	871℃ 25.1 (0.0599)	982℃ 27.3 (0.0651)	1093℃ 29.4 (0.0703)	—
RA-333①	—	6.5	—	7.3	—	8.0	—	8.7	—	9.4	自曲线
S-816	150℃ 14.5 (0.0347)	—	17.1 (0.0409)	—	20.4 (0.0488)	22.3 (0.0533)	22.3 (0.0533)	—	—	—	自曲线
Inconel 600	15.1 (0.036)	16.7 (0.040)	19.7 (0.047)	20.9 (0.050)	21.8 (0.052)	23.4 (0.056)	25.1 (0.060)	26.4 (0.063)	—	—	自曲线
Udimet 710	65℃ 11.3 (0.027)	220℃ 13.8 (0.033)	320℃ 15.1 (0.036)	415℃ 16.3 (0.039)	530℃ 18.0 (0.043)	580℃ 18.0 (0.045)	780℃ 20.9 (0.050)	—	22.6 (0.054)	990℃ 25.1 (0.060)	
Waspaloy	11.7 (0.028)	13.4 (0.032)	14.2 (0.034)	15.5 (0.037)	18.0 (0.043)	19.7 (0.047)	21.8 (0.052)	23.4 (0.056)	25.5 (0.061)	—	自曲线
Incoloy 901①	—	8	—	8.6	—	9.2	—	10	—	10.7	自曲线
Inconel 625	—	75	—	87	—	98	—	109	—	121	
GMR-235D	10.0 (0.024)	12.6 (0.030)	13.4 (0.032)	14.7 (0.035)	—	—	—	—	—	—	自曲线
B-1900	—	205℃ 11.6 (0.0278)	—	—	—	—	—	870℃ 21.9 (0.0523)	—	—	—
Rene 100	—	—	—	—	—	20.5 (0.049)	22.6 (0.054)	25.1 (0.060)	28.1 (0.067)	—	自曲线
Inco 713C	20.9 (0.050)	21.8 (0.052)	23.0 (0.055)	23.4 (0.056)	23.4 (0.056)	23.9 (0.057)	24.3 (0.058)	25.5 (0.061)	26.0 (0.062)	—	自曲线
FSX-414	16℃ 13.3 (0.0317)	105℃ 14.3 (0.0342)	215℃ 16.1 (0.0384)	300℃ 17.4 (0.0415)	400℃ 18.6 (0.0445)	495℃ 20.0 (0.0472)	600℃ 21.2 (0.0507)	690℃ 22.1 (0.0529)	785℃ 22.3 (0.0532)	925℃ 21.3 (0.0509)	—
X-40	—	—	17.6 (0.042)	18.8 (0.045)	20.1 (0.048)	22.2 (0.053)	—	—	—	—	—
WI-52①	—	14.8	—	15.1	—	15.4	—	15.8	—	—	自曲线

① 括号内数据为°F下的数据，单位是 Btu/(ft·h·°F)。

② 备注栏中“自曲线”表示由合金曲线查得的数据。

8.2.4 高温合金的特性及用途

表 8-35 高温合金的特性及用途

牌号	特性及用途
N-155	N-155 是一种 Fe-Ni-Cr-Co 合金，类似奥氏体钢，它具有良好的综合性能、良好的加工工艺性能及热工艺成形性能，合金焊接性能良好，切削性能较好，但比一般奥氏体不锈钢难加工。抗硝酸能力与奥氏体不锈钢相同，而抗弱盐酸及硫酸的能力高于不锈钢。可生产铸件、锻件、棒材、管材焊丝等，但其低铌的 AMS 5531 已停止使用。合金应用较广
Incoloy 800	合金在高温下强度高，耐氧化及耐渗碳力优良。在各种大气下耐硫侵蚀，耐内部氧化，耐起鳞片和耐腐蚀。用于热交换器，工艺管道，渗碳装置和蒸馏甑，加热元件护套，核蒸汽发生器管子及其他组件
Hastelloy X	是一种固溶强化型镍基高温合金，它具有较好的抗高温氧化性能，其成形性及高温持久性能也较好，在 790℃以上还具有一定的高温强度，合金具有较好的铸造性能，适于精铸，也可以砂铸，但主要是用作各种板材，是制造燃烧室部件比较合适的材料，工作温度可达 980℃，短时间工作温度可达 1090℃。在 650～980℃长期高温时效，有一定的时效硬化现象，成形性有所下降。合金还可用各种方法进行焊接，是目前美国喷气发动机生产中用量最大的高温合金之一，主要用于火焰筒，还可作蜂窝结构材料、核反应堆燃料外套等
L605(HS25)	是一种钴基高温合金，它有较好的高温强度和可加工性，主要作变形材料使用，也可以精铸。在退火状态下有良好的延性，但冷作硬化现象比较明显，因此压力加工时需要较高的能量。合金焊接性能良好，切削加工最好在固溶状态下进行，是钴基合金中较易加工的一种，合金用途较广，通常不需进行热处理。用于 900℃以下的涡轮喷嘴材料，高温钣金结构件等。合金缺点是合金含 Co 较高，抗氧化性差，且长期使用组织稳定性差，将逐渐被 Haynes 188 合金代替
A-286	是一种时效硬化奥氏体镍铬合金，它最早成功地应用于高温领域中，合金具有较高的强度及综合性能，冷热加工及焊接性能良好。切削加工性能与奥氏体钢类似。可生产多种品种，也可生产铸件，目前世界各国均大量使用，主要用于 704℃(1300℉)下工作的涡轮盘、钣金结构件及紧固件等
V-57	是一种铁基奥氏体高温合金，它在 816℃(1500℉)的高应力状态下具有良好的拉伸和持久综合性能，含钛和含硼量比 A-286 高，是 A-286 合金的改型，主要用于航空发动机涡轮部件
Rene 41	是一种真空熔炼、沉淀硬化型镍基高温合金，主要成分与 M252 合金相似，但 Al、Ti 含量较高，在 650～980℃范围内具有较高的强度和较好的抗氧化性能。合金在退火状态下容易成形，可与 18-8 型不锈钢相比。可采用熔化焊和电阻焊进行焊接。主要生产棒材、板材、带材和丝材，也可生产精铸件。主要用于航空发动机与火箭发动机高温部件，如加力燃烧室部件，喷嘴挡板涡轮机匣，燃烧室内衬、涡轮盘等
Inconel X-750	是一种以 Al-Ti-Nb 强化的镍基合金，是早期 Inconel 合金系统中较好的合金之一。在 980℃下具有良好的强度、抗腐蚀和抗氧化性能，抗氧化性能界于 AISI310 不锈钢和 Inconel 600 合金之间。合金具有较好的低温性能。成形性能好，适于各种焊接工艺。在 650～930℃范围内持久强度比 Inconel 722 合金高 33%。合金可在各种状态下机械加工，其抗加工性能仅次于普通钢，以退火和固溶处理状态下的机加工性能为最好。合金主要生产薄板、带材、厚板、棒材、管材、丝材、锻件及高温弹簧等。用于航空工业及工业燃气涡轮部件
Udimet 500(U-500)	是一种时效硬化型镍基合金，它具有良好的高温强度、抗氧化性能和抗热腐蚀性能，在固溶状态下合金抗腐蚀性能最好。组织不够十分稳定，在高温长时间时效或在高应力作用下，均会有少量的 σ 相出现。主要生产棒材、板材、锻件、丝材和精铸件，用于锻造或铸件涡轮叶片，使用温度可达 980℃。为了提高叶片抗腐蚀性能，可采用表面渗铝工艺。合金冷成形通常在退火状态下进行，但容易产生硬化，因此当变形量大时，需多次进行中间退火
Hastelloy R-235	是一种以铝、钛时效硬化的镍基变形合金，在 980℃具有较高的强度和良好的抗氧化性，合金在固溶处理状态下很容易加工和焊接。主要生产薄板、带材、厚板、棒材、丝材及其他锻轧品种，铸件是用 GMR 235 合金。主要用于燃气涡轮部件
Inconel 718	是一种以铌和铝、钛进行沉淀强化的合金，在低温和 700℃以下具有很高的屈服强度和较高的持久强度，并且具有较好的组织稳定性、成形性，焊接性能良好，焊后在 930～980℃退火应消除应力。主要生产冷轧板材、棒材、锻件等，用于 700℃以下工作的航空发动机上复杂的钣金焊接件、压气机盘、涡轮盘和叶片、机匣等，火箭发动机部件，及低温和超低温结构件。如火箭发动机燃烧室、燃料导管、涡轮泵等
Haynes 188	是一种钴基合金，在 1093℃(2000℉)下具有优良的高温强度和抗氧化性，Haynes 188 合金克服了 L605 合金存在的问题，是 L605 的代用材料，主要用于航空及航天工业等
Hasteloy C_4	—
RA-333	是一种奥氏体镍基合金，含有 25%的铬，具有优良的高温强度和抗氧化及耐渗碳性能，在通常情况下使用，易成形和使用各种焊接工艺进行焊接，成形性能与一般奥氏体不锈钢相似。主要用于涡轮、压气机零件等
Inconel 600	是早期研制的一种耐热合金，是 Inconel 系统中最早的合金，它具有良好的抗高温腐蚀性能、抗氧化性能、冷热加工性能及低温力学性能，在 650℃具有高的强度，合金可通过冷加工得到强化，成形性能良好，类似于低合金钢，且易于焊接。对各种废气碱性溶液和大多数有机酸及化合物有很高的腐蚀抗力。不易产生氯离子的腐蚀裂纹。但在高浓度苛性碱或高温水银条件下易产生应力腐蚀裂纹。合金应用较为广泛，用于制造喷气发动机的燃烧室、加力燃烧室、隔圈、排气支管、马弗炉、渗碳容器、热处理设备、弹簧、热交换器管道、化工食品设备反应堆控制棒，以及氨合成塔内件、丝网等
Udimet 710	是一种沉淀硬化型 Ni-Cr-Co 基合金，是 Udimet 系统中较新的合金，它是在 Udimet 700 合金的基础上提高了 Cr、Ti 含量，降低了 Co、Mo、Ae 含量，并加入 W 而成的一种合金。它与 Udimet 700 相比，改进了高温长期稳定性和抗腐蚀性能，且同时还具有 Udimet 700 的高温强度和 U-500Waspaloy 等高铬合金的抗氧化和抗硫化腐蚀性能。是一种新型的发动机叶片和涡轮盘材料

续表

牌　号	特 性 及 用 途
Waspaloy	是一种沉淀硬化的含钴的镍基合金，在760～870℃具有较高的强度，在870℃以下的燃气涡轮气氛中具有较好的抗氧化和抗腐蚀性能。合金在固溶状态下有较好的抗盐雾腐蚀能力。作一般用途的板材、棒材和涡轮盘锻件。在730℃以下的拉伸强度高于Inconel X而低于Inconel 718合金，但815℃、1000h的持久强度则高于Inconel 718合金。但在任何温度下均低于U700，机械加工及成形性与718合金类似。但合金焊接性能较差。该合金是美国现代喷气发动机生产中用量较大的合金之一。可生产棒材、型材、锻件、环形件、板材、带材管材等。合金用于涡轮导向叶片、工作叶片、涡轮盘、涡轮机匣，轴，火焰筒高温螺栓，结构件，压气机叶片及火箭发动机部件
Incoloy 901	是一种铁镍基变形高温合金，在700℃以下具有良好的强度和抗氧化性能。线胀系数与低合金钢相近。合金具有良好的成形性，在退火和固溶处理状态下的成形性与奥氏体不锈钢相似。经热加工退火或固溶处理的材料具有最好的机械加工性能，但在时效状态亦可加工。主要生产锻件、棒材，是世界各国燃气涡轮发动机广泛使用的材料 之一。用于盘轴、涡轮叶片、封严圈、涡轮机匣及高压压气机盘、叶片、隔圈等
Inconel 625	是一种镍基变形高温合金，它具有优良的抗腐蚀和抗氧化能力，同样也有好的拉伸和疲劳性能，用作薄板材料，在1315℃下仍具有优良的抗氧化性能，用于宇航及核工业等方面
S-816	是美国常用的一种变形钴基合金，它具有良好的力学性能和抗燃气腐蚀性能。主要用于火焰筒、涡轮盘和预燃室喷嘴，及900℃以下工作的叶片
In 100	是一种真空熔炼和真空精密铸造的镍基合金，在高温下具有较高的强度，合金通常不进行热处理，在铸态下使用，主要用作涡轮叶片。为了提高合金抗氧化和抗硫化腐蚀性能，需采用保护涂层。合金在高温、高应力下长期工作，可能产生脆化现象。为了避免脆性相的产生，对合金主要成分作了调整，即成为Inco 731X和Rene 100
GMR-235D	是一种沉淀硬化型镍基合金，合金具有良好的抗氧化性能，抗氧化最高温度为980℃。使用过程中不易产生过时效现象。合金持久性能显著高于GMR-235。此外，合金不能耐碳氢化合物的腐蚀，对应力腐蚀和氢脆则不敏感。合金主要用于精铸件，也可生产薄板、棒材等。用于工作温度在760℃以上的喷气发动机和燃气轮机的高温部件、盘和叶片等
B-1900	是美国普拉特·惠特尼公司20世纪60年代初发展的一种沉淀硬化型镍基铸造合金，含钽为4.5%。它以钼、钽强化基体，并以大量铝进行沉淀硬化。合金组织稳定，具有良好的强度和塑性，最高工作温度为980℃，比Rene 80和Rene 100约低30℃，比In 100低55℃，是美国航空发动机使用得较广泛的合金之一，主要用于涡轮叶片
Rene 100	是一种真空熔炼、真空铸造镍基合金，具有很高的高温强度和长期组织稳定性。它是在In 100的基础上改进的。In 100在长期使用中组织不稳定，易出现脆性相σ，致使塑性严重下降，持久性能显著下降。因此，适当降低Co、Cr、Mo和Ti等元素的含量，将成分限制在较窄的范围内，可避免σ相的产生。合金强度与In 100合金相同，但长期组织稳定性较好。此合金密度较小
Inco 713 C	713C是一种不含Co的镍基铸造合金，密度较小，合金在980℃以下具有良好的抗氧化和抗热疲劳性能，并有良好的持久和疲劳强度。合金可在铸态下使用，但经热处理后能改善其高温性能，在760～870℃长期受热后有σ相析出，但并不影响合金的持久性能。是美国使用较广泛的合金之一。合金有较好的抗硫化性能，但比不上V-500，U-700，In 738等合金 主要用于喷气发动机的导向叶片、工作叶片及其他高温部件
M-M246	是一种沉淀硬化型镍基合金。在650～1040℃范围内具有高的持久强度和蠕变强度，并有一定的抗氧化性能。合金铸造性能良好，焊接性能良好，可与不锈钢相比。但合金密度较大。该合金可采用一般真空铸造工艺，铸造复杂形状的铸件和整体铸造涡轮 合金有一定的抗盐雾腐蚀能力，也能抗发动机工作中遇到的腐蚀介质的侵蚀。在980℃下连续使用，没有过分的氧化现象。用于燃气涡轮发动机喷嘴、导向叶片、涡轮叶片及整体铸造涡轮
Rene 125	是20世纪70年代初研制的镍基铸造高温合金，是目前美国通用电气公司使用的性能较好的合金，除PWA 1422和PWA 1480定向合金外是综合性能最好的合金。与MM 002和K19H相当，用于CFM56发动机
TRW-V1A	是一种沉淀硬化型镍基铸造合金。它具有较好的塑性和较高的持久强度，它与目前强度最高的镍基铸造合金相比，使用温度高30℃，而瞬时拉伸强度和冲击值可与这些镍基合金相比，并具有良好的抗冷热疲劳性能，但抗腐蚀性较差，和In 100及Inco 713C合金相似，合金组织稳定，在870℃经1500h加热后未发现σ相、Laves或μ相，合金含贵重元素较多，故成本较高，主要用于铸造涡轮叶片
FSX-414	是一种钴基铸造高温合金，它具有高温抗氧化和抗热腐蚀能力，采用惰性气体保护焊，主要用于燃气涡轮精铸导向叶片
In 738	是一种沉淀硬化型镍基高温合金，组织稳定，980℃以下具有很好的高温强度和耐热腐蚀性能，持久强度与In713C相当，但抗热腐蚀和抗氧化性能优于713C，而与U-500相当，具有较好的综合性能，是目前引人注目的合金之一。合金一般不进行焊接，可用于航空发动机及燃气机等高温部件，如叶片、整体涡轮等
X-40	是一种钴基铸造高温合金，它具有高的抗氧化和抗腐蚀性能，在815～1093℃以下仍有较好的抗腐蚀能力，合金易于焊接，可采用氩弧焊、金属电极焊，而不宜用氧-乙炔焊。用于900℃以下工作的燃气涡轮精铸叶片
MM 002	是一种镍基铸造高温合金，合金含元素铪，主要用于工作温度较高的涡轮叶片材料。参见中国K002合金
WI-52	是一种钴基铸造合金，具有优良的铸造性能，通常在铸态下使用，它具有良好的抗热冲击和耐蚀性能，其持久强度高于HS-31(X-40)。用于在高温下要求高持久强度的精铸件，如一级涡轮导向叶片等。合金的其他性能与HS-31相近

8.3 英国高温合金

8.3.1 高温合金牌号和化学成分

表 8-36 变形合金牌号和化学成分

牌号	化学成分/%														
	C	Si	Mn	S	Ag	Al	B	Bi	Co	Cr	Cu	Fe	Pb	Ti	Ni	其他
N75	0.08～0.15	≤1.0	≤1.0	—	—	≤0.3	≤0.001	Zr≤0.05	≤2.0	18～21	≤0.5	≤5.0	—	0.2～0.6	Ni+Co余	Mo≤0.3
N80A	0.04～0.10	≤0.8	≤0.4	≤0.015	≤5ppm	1.0～1.8	≤0.008	≤1ppm	≤2.0	18～21	≤0.2	≤1.5	≤20ppm	1.8～2.7	余	—
N90	≤0.13	≤1.0	≤1.0	≤0.015	≤5ppm	1.0～2.0	≤0.020	≤1ppm	15～21	18～21	≤0.2	≤1.5	≤20ppm	2～3	余	Zr≤0.15
N105	0.12～0.17	≤0.30	≤0.4	≤0.010	≤5ppm	4.5～4.9	0.003～0.010	≤1ppm	18～22	14～15.7	≤0.2	≤1.0	≤10ppm	1.18～1.50	余	Mo 4.5～5.5
N115	～0.2	～1.0	～1.0	≤0.015	—	4.5～5.5	0.01～0.025	Mo3～5	13.5～16.5	14～16	≤0.2	≤1.0	≤0.005	3.5～4.5	余	Zr≤0.15
N118	～0.2	～1.0	～1.0	≤0.015	—	4.5～5.5	0.01～0.025	Mo3～5	13.5～16.5	14～16	≤0.2	≤1.0	≤0.005	3.5～4.5	余	Zr≤0.15
N901	0.02～0.06	～0.4	≤0.5	≤0.008	≤5ppm	≤0.3	0.01～0.02	≤1ppm	≤1.0	11～14	≤0.2	余	≤0.001	2.8～3.1	Ni+Co 40～45	Mo 5～6.5
N263	0.04～0.08	≤0.4	≤0.6	≤0.007	≤5ppm	0.40～0.60	Nb ≤0.25	≤1ppm	19.5～21	19.5～21	≤0.2	≤0.7	≤20ppm	2.0～2.45	余	Mo 5.6～6.1
Nimonic PE 11	0.03～0.08	～0.5	～0.2	～0.015	Mo4.75～5.75	0.7～1.0	≤0.001	≤0.0001	≤1.0	17～19	≤0.5	余	≤0.001	2.2～2.5	37～41	Ca≤0.025
Nimonic PE 16	0.04～0.08	～0.3	～0.2	～0.015	Mo2.8～3.8	1.1～1.3	0.0015～0.003	≤0.0001	～2.0	15.5～17.5	～0.3	余	～0.001	1.1～1.3	Ni+Co 42～45	Co～0.025
Nimonic PK 33	0.03～0.07	～0.5	～0.5	～0.015	Mo6～8	1.7～1.5	0.001～0.004	—	13～15	17～20	～0.2	～1.0	～0.001	1.5～2.5	余	Zr～0.02
EPK57	0.03～0.07	～0.5	～0.5	～0.015	Mo1.2～1.7	1.2～1.6	0.01～0.015	≤0.0001	19～20.5	23.8～24.8	～0.2	～0.5	～0.001	2.8～3.2	余	Ta～0.05
PE13	0.1	≤1.0	≤1.0	—	—	—	—	—	1.5	21.75	≤0.5	18.5	—	Mo9.0	余	W0.6

注：PE16，Zr0.02%～0.04%；N105，Zr0.07%～0.15%；N901，P≤0.020%；N263；Al+Ti2.4%～2.8%，W≤0.02；PE10，Zr0.02%～0.05%；EPK57，Zr0.03%～0.07%；Nb0.7%～1.2%，Mg0.01%～0.03%。1ppm=1×10^{-6}。以下同。

表 8-37　铸造合金牌号和化学成分

牌号	化学成分/%													
	C	Si	Mn	Ag	Al	Bi	Co	Cr	Fe	Mo	Nb	Pb	Ti	W	Ni	其他
C130	≤0.10	≤0.6	≤0.6	≤5ppm	0.7～0.9	≤1ppm	≤1.0	20～30	≤0.5	9～10.5	≤0.25	≤10ppm	2.4～2.8	≤0.20	余	—
C242	0.27～0.35	0.2～0.45	0.2～0.50	≤5ppm	≤0.2	—	9.5～11.0	20～23	≤0.75	10～11	≤0.25	≤20ppm	≤0.3	≤0.20	余	Cu≤0.2
C1023	0.12～0.18	≤0.2	≤0.2	≤5ppm	3.9～4.4	≤0.5ppm	9～10.5	14.5～16.5	≤0.5	7.6～9	≤0.25	≤10ppm	3.4～3.8	≤0.20	余	B 0.004～0.008
Nimocast PE10	～0.05	0.25	0.3	—	—	—	—	20.0	3.0	6.0	6.7	—	—	2.5	余	Cu≤0.5
Nimocast PD16	0.13	≤0.5	≤0.5	—	6.0	—	—	6.0	≤0.5	2.0	1.5	—	≤0.5	11.0	余	Cu≤0.5
Nimocast PD18	0.13	—	—	—	6.0	—	—	6.0	—	2.0	—	—	≤1.5	11.0	余	Zr≤0.6
Nimocast PK24	0.17	≤0.2	≤0.2	—	5.5	—	15.0	9.5	≤1.0	3.0	V1.0	—	4.75	—	余	—
Stellite 31	0.40～0.55	0.5～1.0	0.5～1.0	—	—	—	余	25～26.5	≤2.0	—	N 0.05	—	—	7.0～8.0	9.5～11.5	B 0.001～0.008
MM 002	0.13～0.17	～0.2	～0.2	≤5ppm	5.25～5.75	≤0.5ppm	9～11	8～10	≤0.5	≤0.5	S≤0.010	≤5ppm	1.25～1.75	9～11	余	B 0.01～0.02
	Cu≤0.1	Hf 1.3～1.7	Mg≤0.003	Mo≤0.5	Ta2.25～2.75	Zr0.03～0.08	V≤0.1	—	—	—	—	—	—	—	—	—
Haynes 25	0.05～0.15	≤1.0	1.0～2.0	—	—	—	余	19～21	≤3.0	—	—	—	—	14～16	9～11	S≤0.030 P≤0.040

8.3.2 高温合金的力学性能

表 8-38 高温合金的力学性能（典型性能）

牌号	品种	材料状态	力学性能				持久性能		疲劳性能	
			试验温度/℃	σ_b /MPa	δ /%	ψ /%	应力 /MPa	时间 /h	$\sigma_{-1}/\times10^7$	
N75	锻件、棒材	退火：1050～1080℃，≥30min，空冷	20	619	30	—	—	—	—	—
			600	—	29	26	294	100		21.26
N80A	锻件、棒材	1050～1080℃，≥8h，空冷 时效(700±5)℃，16h，空冷	20	1129	35	—				42.84
			750	681	13	—	271	100	—	37.64
			800	557	17	—	193	100		32.44
N90	锻件、棒件	1050～1080℃，≥8h，空冷 时效(700±5)℃，16h，空冷	20	1160	40	—	—	—	—	44.10
			700	820	20	—	425	100	—	47.25
			800	619	8	—	217	100	—	34.65
			870	—	—	—	139	>30	—	—
N105	锻件、棒材	(1150±10)℃ 4h，空冷，1050～1080℃，16h，空冷，时效(850±5)℃，16h，空冷	20	990	7	7	—	—	—	—
			600	944	9	10	—	—	—	—
			700	990	10	12	—	—	—	—
			815	—	—	—	304	100	—	—
			870	—	—	—	194	100	—	—
N115	棒材	1190℃，1.5h，空冷，1100℃，4～8h，空冷	20	1243	27	28	—	—	—	—
			700	1136	27	25	—	—	—	—
			800	1018	19	19	433	100	—	—
			900	719	17.5	18	216	100	—	—
			1000	420	26	28	99	100	—	—
N118	棒材	1190℃，1.5h，空冷 1100℃，6h，空冷	20	1179	28.5	44.2	—	—	—	—
			700	1041	23	34.1	—	—	—	—
			800	963	18	27.5	472	100	—	—
			900	678	10.2	21.0	246	100	—	—
			1000	393	8.0	16.6	113	100	—	—
N901	棒材	1093℃，2h，水冷 788℃，2h，空冷 718℃，24h，空冷	20	1215	15	—	—	—	—	—
			538	1105	14	—	898	100	—	—
			649	1002	13	—	636	100	—	45.2
			760	747	19	—	304	100	—	—
			816	538	21	—	166	100	—	23.9
N263	板、带	1190℃+5℃或1190℃−10℃，>3min，空冷(780±5)℃，16h，空冷	20	975	40	—	—	—	—	—
			600	511	33	—	—	—	—	—
			700	696	25	—	—	—	—	—
			780	541	14	—	—	—	—	—
			800	—	—	—	—	—	—	24.41
			850	387	19	—	—	—	—	—
Nimonic PE13①	冷轧板材	1175℃，10min，空冷	100	802	40					
			200	751	42					
			400	721	48	—	—	—	—	—
			600	651	44					
			800	420	48					
			1000	110	52					
Nimonic PE16①	冷轧板材	1040℃，15min，空冷 900℃，1h，空冷 750℃，8h，空冷	100	852	25					
			200	831	22					
			400	811	22	—	—	—	—	—
			600	802	27					
			800	401	48					
			900	150	70					
Nimonic	棒材	—	100	1110	36	40	—	—	—	—

续表

牌 号	品 种	材料状态	力学性能				持久性能		疲劳性能	
			试验温度/℃	σ_b /MPa	δ /%	ψ /%	应力 /MPa	时间 /h	$\sigma_{-1}/\times10^7$	
PK33		—	300	10412	38	41	—	—	—	—
			500	9430	36	45				
			700	8841	22	35				
			900	4715	30	44				
HS25	锻,棒	1218℃,空冷	20	1031	65	—	—	—	—	—
			500	771	72					
			700	578	33					
			900	285	23					
			1000	175	21					
C130	铸件	铸态	700	585	21	—	—	—	—	—
			800	533	10	—	170	—	—	21
			850	—	—	—	—	100	—	—
			900	348	20	—	—	—	—	14
			1000	131	45	—		—	—	—
C242	铸件	铸态	20	456	7	—	—	—	—	—
			700	355	16	—				
			800	333	22	—				
			900	276	40	—				
			1000	169	47	—				
C1023	铸件	铸态	20	1004	6	7.5	—	—	—	—
			500	956	6	7.5				
			700	1027	6	7.5				
			800	946	7.5	9				
			900	694	12	20				
			950	539	15	21				
N. PE. 10	铸件	铸态	20	724	—	—	—	—	—	—
			500	670						
			700	570						
			800	463						
			900	247						
NPK24	铸件	铸态	500	1051	—	—			—	—
			600	1082						
			700	1072						
			800	1022			511	100		
			900	805			301	100		
			1000	506			160	100		
			1100	361						
Stgllite31	铸件	铸态	20	743	9	—	—	—	—	—
			500	555	13					
			700	493	14					
			800	447	15					
			900	277	21					
			1000	193	32					
MM. 002	铸件	铸态	20	945	7	—	296	≥45	—	—
			700	970	7.2					
			850	907	7.2					
			900	781	8.4					
			950	658	9.4					
			1050	426	14					

① 数据由 The Nimonic Alloys 曲线查得。

注：1. PE13，N263，N901 屈服强度为 $\sigma_{0.2}$ 的数据。

2. PE16，HS25 为 $\sigma_{0.2}$；C130，C242 为 σ 的数据。

8.3.3 高温合金的物理性能

表 8-39 弹性模量 E

牌号	弹性模量 E/GPa											备注
	20℃	100℃	200℃	300℃	400℃	500℃	600℃	700℃	800℃	900℃	1000℃	
N75	221	216	210	203	197	190	181	173	165	153	140	
N80A	221	216	210	204	197	191	183	175	166	153	140	
N90	226	221	216	208	201	194	186	177	167	155	141	
N105	223	219	212	206	200	193	186	178	168	155	138	
N115	216	212	206	200	194	188	182	174	167	156	141	
N118	216	212	208	202	195	187	182	175	167	158	143	
N901	201	198	192	185	179	172	166	159	150	138	126	
N263	224	219	213	206	199	192	185	175	163	154	142	
PE13	207	204	197	192	185	179	170	162	155	145	135	
PE16	199	193	187	181	174	168	161	153	144	134	121	
PK33	222	219	213	206	201	194	188	179	170	159	—	
MM002	29.8	—	28.5	—	27.0	26.2	25.3	24.3	23.3	22.3	21.6	lbf/in² ×10⁶
Stellite 31	36	—	—	—	—	538℃ 33.5	—	649℃ 22.8	—	—	—	lbf/in² ×10⁶
Haynes 25	32.6	—	31.0	—	28.6	27.3	26.2	25.2	23.7	22.4	21.2	lbf/in² ×10⁶

表 8-40 线胀系数 α_1

牌号	线胀系数 $\alpha_1/10^{-6}K^{-1}$											备注
	20℃	100℃	200℃	300℃	400℃	500℃	600℃	700℃	800℃	900℃	1000℃	
N75	—	11.0	12.7	13.4	13.9	14.3	15.0	15.4	16.5	17.1	18.2	
N80A	—	12.7	13.3	13.7	14.1	14.4	15.0	15.5	16.2	17.1	18.1	
N90	—	12.7	13.3	13.7	14.0	14.3	14.8	15.3	16.2	17.1	18.2	
N105	—	12.2	12.8	13.1	13.4	13.7	14.0	14.5	15.3	16.5	18.0	
N115	—	12.0	12.6	13.0	13.2	13.5	13.8	14.3	14.9	15.8	17.0	
N118	—	10.0	11.8	12.6	13.1	13.6	14.0	14.6	15.4	16.4	18.2	
N901	—	13.5	14.2	14.3	14.5	14.8	15.0	15.3	16.1	17.5	19.9	
N263	—	11.1	12.1	12.7	12.8	13.6	13.9	14.7	15.4	17.0	18.1	
Nimonic PE11	—	12.8	13.8	14.4	14.8	15.1	15.6	16.2	—	—	—	
Nimonic PE13		11.5	12.4	12.8	13.0	13.3	13.8	14.4	14.8	15.2	15.8	
Nimonic PE16	—	11.3	13.4	14.2	14.6	15.0	15.6	17.0	17.6	18.9	19.3	
Nimonic PK33	—	12.1	12.6	13.0	13.4	13.7	14.0	14.6	15.1	16.1	17.4	
EPK57	—	12.7	13.3	13.3	13.6	13.9	14.5	15.1	15.6	16.7	18.3	
C130	—	—	—	—	12.8	—	13.7	—	15.1	—	16.9	
C242	—	12.5	13.1	13.6	14.0	14.3	14.6	15.2	15.9	16.5	17.2	
C1023	—	—	—	—	—	—	14.1	—	14.7	—	16.0	
Nimocast PE10	11.5	12.8	13.2	13.3	14.2	14.8	15.3	16.0	16.2	16.9	17.5	
Nimocast PK24	—	11.0	12.4	12.6	13.4	13.9	14.4	14.8	15.4	16.1	17.2	
MM002	—	—	11.8	—	12.5	12.8	13.1	13.5	13.9	14.5	15.4	
Stellite 31	—	12.3	12.9	13.5	14.1	14.7	15.1	15.3	15.9	16.5	17.1	1100℃ 17.6
Haynes 25	—	—	12.9	—	13.8	14.2	14.6	15.1	15.7	16.3	17.0	1100℃ 17.8

表 8-41　热导率 λ

牌　号	热导率 λ/W·(m·K)$^{-1}$											备注
	20℃	100℃	200℃	300℃	400℃	500℃	600℃	700℃	800℃	900℃	1000℃	
N75	11.93	13.44	15.28	16.96	18.63	20.52	22.69	24.70	26.50	28.43	30.14	
N80A	11.18	11.64	14.36	16.08	17.75	19.38	20.77	22.32	24.45	24.46	28.39	
N90	11.47	12.77	14.44	15.99	17.54	18.97	20.64	22.32	23.99	25.83	27.88	
N105	10.89	12.10	13.57	14.99	16.33	17.67	18.63	20.52	22.23	24.03	26.21	
N115	10.63	11.76	13.10	14.49	15.78	17.08	18.38	19.76	21.19	22.69	24.24	
N263	11.72	12.98	14.65	16.33	18.00	19.68	21.35	23.03	24.70	26.80	28.47	
Nimonic PE13	11.56	12.94	14.65	16.33	17.92	19.47	21.10	22.86	24.58	26.29	27.88	
Nimonic PE16	11.72	13.82	15.07	16.75	18.42	19.68	21.35	23.05	25.12	26.80	28.47	
Nimonic PK33	10.97	12.14	13.69	15.20	16.58	17.96	19.47	20.98	22.61	24.41	27.05	
MM.002	—	—	—	—	2.22	2.44	2.68	2.93	3.18	3.44	3.71	10^{-4}CHU/(in·s·℃)
Stellite 31	—	—	1.90	2.34	2.45	2.60	2.93	—	—	—	—	10^{-4}CHU/(in·s·℃)
Haynes 25	1.25	—	1.70	—	2.25	2.50	2.80	3.0	3.3	3.6	—	10^{-4}CHU/(in·s·℃)

8.4　法国高温合金

8.4.1　高温合金牌号和化学成分

表 8-42　高温合金牌号和化学成分

克勒索·卢瓦尔公司牌号	化学成分/%									
	C	Ni	Cr	Co	Mo	W	Nb	Al	Ti	Fe	V
ATVS Mo	0.06	26	15	—	1.25	—	—	—	2	基	0.20
ATVS 2	0.04	26	13.5	1	2.75	—	—	0.30	1.80	基	—
ATVS 7	0.10	30	18	20	3	—	—	0.80	2	基	—
ATVS 7Mo	0.06	37	18	20	3	—	—	—	2.75	基	—
ATG C1	0.04	52	19	—	3	—	5.25	0.50	0.80	基	—
ATG E	0.10	基	22	1.5	9	0.6	—	—	—	18.5	—
ATG E2	0.07	基	21.5	—	9	—	3.65	—	—	2	—
ATG F	0.05	基	15	—	—	—	—	0.7	2.5	7	—
ATG H	0.10	10	20	基	—	15	—	—	—	<3	—
ATG M2	0.18	基	10	15	3	—	—	5.50	4.70	—	1
ATG R	0.06	基	19.5	<5	—	—	—	—	0.4	<5	—
ATG S3	0.07	基	19	—	—	—	—	1.50	2.50	<1	—
ATG S4	0.07	基	19	19	—	—	—	1.50	2.50	<1	—
ATG S8	0.12	基	15	27	3	—	—	3	2.10	<4	—
ATG S9	0.12	基	13	1	4.50	—	2	6	0.70	<2	—
ATG W0	0.06	基	20	20	5.9	—	—	0.45	2.15	—	—
ATG W1	0.06	基	20	13	4	—	—	1.25	3	<2	—
ATG W2	0.10	基	18	18	4	—	—	3	3	<4	—
ATG W3	0.10	基	15	18	5	—	—	4	3	<4	—
ATG W4	0.07	基	18	15	3	1.50	—	2.50	5	—	—
ATG X	0.12	20	21	20	3	2.5	1	—	—	基	—
ATG XX	0.40	20	20	20	4	4	4	—	—	基	—
ATG 33	0.06	45.5	25.5	3.25	3.25	3.25	—	—	—	基	—
ARC 1628	0.03	65	—	—	26	—	—	—	—	6	0.4
ARC 6015	0.04	59	15.5	—	17	4.5	—	—	—	5	0.35
NCRAL Z	0.04	基	15.5	—	—	—	—	—	—	<10	—
NCRAL C	0.07	33.5	21	—	—	—	—	0.30	0.35	基	—
NCRAL K25	0.03	41	21	—	3	Cu2	—	—	0.90	基	—
KCN22W	0.05～0.15	20～24	20～24	基	—	13～16	Mn≤1.25	—	—	≤3.0	—
NW12KCATHf	0.12～0.16	基	8～10	9～11	Mn≤0.12	11.5～12.5	0.75～1.25	4.75～5.25	1.75～2.25	≤0.25	Hf0.8～1.1
NC15K10DAT	0.12～0.18	基	14.5～16.5	9～10.5	7.6～9.0	Mn≤0.25	≤0.25	3.9～4.4	3.4～3.8	≤0.5	—
KC25NW	0.45～0.55	9.5～11.5	24.5～26.5	基	Mn0.5～1.0	7～8	Si0.5～1.0	—	—	≤2.0	—
28NCD	≤1.0	42.0	12.0	—	5.7	Si≤0.4	Mn≤0.5	—	2.7	余	—

8.4.2 高温合金的力学性能

表 8-43 高温合金的力学性能

牌号		室温性能(不小于)		
		屈服强度 $E/100Pa$	抗拉强度 $R/100Pa$	伸长率 $A/\%$
ATVS Mo	Z6NCT25	74	103	25
ATVS 2	Z3NCT25-Z4CDT26	75	103	19
ATVS 7	Z10NKC30	60	103	25
ATVS 7Mo	Z6NKCDT·38	65	109	19
ATG C1	NC19FeNb	110	132	21
ATG F	NC22FeD	37	81	43
ATG E2	NC22FeDNb	35	82	50
ATG F	NC15TNbA	65	115	24
ATG H	KC20WN	45	105	47
ATG M2	NK15CAT	86	103	9
ATG R	NC20T	35	75	40
ATG S3	NC20TA	62	109	39
ATG S4	NC20KTA	81	126	33
ATG S8	NK27CADT	73	121	15
ATG S9	NC13AD	76	87	8
ATG W0	NCK20D	60	102	45
ATG W1	NC20K14	82	131	25
ATG W2	NC20KDTA	91	135	17
ATG W3	NK18CDAT	99	145	17
ATG W4	NCK18TDA	93	123	10
ATG X	Z12CNKDW20	40	80	41
ATG XX	Z42CKNDW20	52	99	20
ATG 33	Z6NCKDW45	36	77	43
ARC 1628	ND27FeV	40	90	45
ARC 6015	NC17DWY	36	85	45
NICRAL Z	NC15Fe	27	65	35
NICRAL C	25NC3520	20	60	40
NICRAL K25	NC21FeDU	30	70	43
—	KCN22W	380	860	45
—	NW12KCATHf	825	965	5
—	NC15K10DAT	750	850	3
—	KC25NW	460	600	10
—	Z8NCD	—	—	—

续表

牌号		高温性能 持久强度/100Pa								相近其他牌号
		650℃		700℃		800℃		900℃		
		100h	1000h	100h	1000h	100h	1000h	100h	1000h	
ATVS Mo	Z6NCT25	43	32	32	21					A-286
ATVS 2	Z3NCT25-Z4CDT26	37	29	25	16					DISCALOY
ATVS 7	Z10NKC30	45	36	36	28					
ATVS 7Mo	Z6NKCDT·38	55	45	42	33	20	14.5			REFRAC TALOY26
ATG C1	NC19FeNb	74	61	52	38					Inconel 718
ATG F	NC22FeD	30	22	22	16	10.5	7.5	5.6	3.7	Hastelloy-X
ATG E2	NC22FeDNb	47	39	33	26	16	10			Inconel 625
ATG F	NC15TNbA	56	48	42	33	22	14			Inconel X-750
ATG H	KC20WN	50	38	36	26	18.5	13	9.6	6.4	HS25
ATG M2	NK15CAT					53	42	31	22	In 100
ATG R	NC20T			13	8	6	3.9			N75
ATG S3	NC20TA	55	44	40	31.5	18	11.5			N80A
ATG S4	NC20KTA	56	47	46	33	28	12.5			N90
ATG S8	NK27CADT	71	61	57	48	33	25			Inconel 700
ATG S9	NC13AD				62	47	35	25.5	16	Inconel 713C
ATG W0	NCK20D	55	48	46	32	22	14.3			C263
ATG W1	NC20K14	78	61	60	45	31	20			Waspaloy
ATG W2	NC20KDTA	96	80	75	55	30	27	18	11	Udimet 500
ATG W3	NK18CDAT		90	86	62	43	29	22	14	Udimet 700
ATG W4	NCK18TDA		28	88	66	48	36	26.5	10	Udimet 710
ATG X	Z12CNKDW20	35	28	28	23	14	10	7.8	4.2	N-155
ATG XX	Z42CKNDW20	33	27	26	19	17	12	7.8	6.8	S590
ATG 33	Z6NCKDW45			20	14	9	6.5	4.5	3.2	RA333
ARC 1628	ND27FeV	39	30	29	22	15	10	—	—	Hastelloy B
ARC 6015	NC17DWY	—	—	—	—	—	—	—	—	Hastelloy C
NICRAL Z	NC15Fe	22	—	12	8	5.2	3.8	—	—	Inconel 600
NICRAL C	25NC3520	—	16	16	11.5	7.2	4.8	3.5	2.3	Inconel 800
NICRAL K25	NC21FeDU	—	—	—	—	—	—	—	—	Inconel 825

8.4.3 高温合金的物理性能

表 8-44 高温合金的物理性能

牌号	密度 20℃ /(g/cm³)	熔点/℃	平均线胀系数/$10^{-6}K^{-1}$										热导率/W·(m·K)$^{-1}$			
			20～100℃	20～200℃	20～300℃	20～400℃	20～500℃	20～600℃	20～700℃	20～800℃	20～900℃	20～1000℃	100℃	500℃	700℃	900℃
ATVS Mo	7.91	1370/1400	16.5	16.8	16.9	17.2	17.5	17.7	18.3				14.2	22.6	24.7	26.4
ATVS 2	7.97	1380/1450	15.3	15.6	16.2	16.8	17	17.2	17.4				13.8	20.9	23.4	25.5
ATVS 7	8.15		13.6	14.4	14.9	15.4	15.8	16.3	16.9	18			13.0	19.7	21.8	23.9
ATVS 7Mo	8.19		14	14.2	14.4	14.6	14.8	15.1					15.1	23.0	26.4	29.3
ATG C1	8.19	1200/1355	12.8	13.4	13.9	14.2	14.4	15.1	15.6	16			12.1	18.9	21.8	24.7
ATG E	8.22	1287/1358	13.9	14.0	14.2	14.6	14.9	15.3	15.7	16	16.2	16.6	10.9	20.1	23.0	26.8
ATG E2	8.44	1287/1350	12.9	13.1	13.3	13.6	13.9	14.4	14.9	15.5	16.1	16.8	10.9	16.7	20.1	23.9
ATG F	8.30	1393/1427	12.5	12.8	13.2	13.8	14.4	14.9	15.5	16.2	17	17.5	12.6	19.7	21.4	24.3
ATG H	9.13	1330/1410	12.3	12.9	13.5	13.9	14.3	14.6	15.2	16	16.5	17	10.2	18.8	22.6	27.2
ATG M2	7.75	1263/1335	12.9	13	13.1	13.4	13.8	14.3	14.9	15.3	15.8	16.3				
ATG R	8.35	1390/1420	12.2	13	13.4	13.8	14.1	14.7	15.4	15.5	16		13.8	20.9	24.3	29.3
ATG S3	8.16	1360/1390	11.9	12.7	13	13.5	13.7	14	14.5	15.1	15.8		12.1	18.4	23.4	27.6
ATG S4	8.19	1360/1390	11.6	12.6	12.7	13.5	13.7	14.2	15	16	17		13.0	20.1	22.9	28.9
ATG S8	8.16	1344/1427	12.4	13.2	13.7	14.1	14.5	14.9	15.6	16.2			13.0	15.1	17.2	18.4
ATG S9	7.91	1260/1288	10.6	11.8	12.4	12.9	13.2	13.8	14.4	15	16	16.4	20.9	23.4	24.7	29.0
ATG W0	8.36	1300/1355	10.3	11.9	12.5	13.1	13.6	14.2	15.2	16.2	17.9		13.0	19.7	23.0	26.8
ATG W1	8.19	1330/1357	12.2	12.8	13.2	13.7	13.9	14.2	14.3	15.7	16.2	17.9	11.3	17.6	20.9	24.1
ATG W2	8.02	1286/1342	11.9	12.3	13.2	13.5	14	14.3	15.8	15.7	16.5		11.3	17.6	23.4	25.1
ATG W3	7.91	1204/1399		13.5	13.5	13.7	13.9	14.2	14.8	15.6	16.5	17.5	19.7	20.5	22.2	29.3
ATG W4	8.08		12.1	12.5	12.9	13.2	13.6	13.8	14.4	15	15.7		11.7	17.6	18.8	22.6
ATG X	8.19	1290/1330	14	15.2	15.6	15.9	16.3	16.7	17.2	17.5			13.0	19.3	21.4	23.9
ATG XX	8.34	1315/1370	15.4	15.6	15.8	16	16.2	16.5	16.7	16.9						
ATG 33	8.24		14.2	14.4	14.6	14.8	15	15.2	15.4	15.6	15.7	16				
ARC 1628	9.25	1302/1368	10	10.7	11.4	11.7	11.9	12	12.2	12.5	14.1	14.6	11.7	15.5	17.6	
ARC 6015	8.85	1265/1343	11.3	11.9	12.6	13	13.3	13.7	14.1	14.4	14.9	15.3	12.6	15.5	18.4	
NICRAL Z	8.50	1371/1427	12.4	13.2	13.9	14.5	15	15.4	15.9	16.6	16.7		15.5	22.2	25.5	29.7
NICRAL C	8.00	1355/1385	13.5	14.5	15	15.5	16.2	17	17.5	18	18.5	19	15.1	19.3	20.1	21.4
NICRAL K25	8.14	1370/1400	14.0	14.9	15.2	15.6	16.1	16.7	17.0	17.3	17.7	18.0	12.7	18.0	21.4	25.1

8.5 德国高温合金

8.5.1 高温合金牌号和化学成分

表 8-45 高温合金牌号和化学成分

标准号	牌号	化学成分/%										
		C	Si	Mn	P	S	Cr	Mo	Ni	Nb	Ti	Co	Fe
2.4602	NiMo16Cr	≤0.10	≤1.00	≤1.00	0.045	0.030	14.0~18.0	15.0~18.0	≥52	—	—	—	4~7
2.4603	—	0.05~0.15	≤1.00	≤1.00	—	—	20.5~23.5	8.00~10.0	—	—	—	0.5~2.5	17~20
2.4605	NiCr22Mo	≤0.10	≤1.00	≤2.00	0.045	0.030	20.0~23.0	5.00~8.00	≥44	1.5~2.5	—	—	20~24
2.4606	NiCr21Fe18Mo	0.05~0.15	≤1.00	≤1.00	—	—	20.5~23.5	8.00~10.0	基	—	—	0.5~2.50	17~20
2.4607	NiCr20Mo15	≤0.03	≤0.40	≤1.00	—	—	19.0~21.0	15.0~16.0	基	—	—	—	≤1.50
2.4610	NiMo16Cr16Ti	≤0.010	≤0.08	≤1.00	0.04	0.03	14.0~18.0	14.0~18.0	基	—	0.70	—	≤3.0
2.4611	S-NiMo16Cr16Ti	≤0.015	≤0.08	≤1.00	0.040	0.030	14.0~18.0	14.0~17.0	基	—	0.05~0.70	≤2.00	≤3.0
2.4612	S-NiMo15Cr15	≤0.02	≤0.20	≤1.00	0.040	0.030	14.0~18.0	14.0~17.0	基	—	—	≤2.00	≤3.0
2.4613	S-NiCr21Fe18Mo	≤0.10	≤1.00	≤1.00	—	—	20.0~23.0	8.0~10.0	基	—	—	—	17~20
2.4615	S-NiMo27	≤0.02	≤0.10	≤1.00	0.04	0.03	≤1.00	26.0~30.0	基	—	—	≤1.0	≤2.0
2.4616	S-NiMo29	≤0.02	≤0.20	≤1.00	0.040	0.030	≤1.00	26.0~30.0	基	—	—	≤1.00	≤2.0
2.4617	NiMo28	≤0.01	≤0.08	≤1.00	0.04	0.03	≤1.00	26.0~30.0	基	—	—	≤1.00	≤2.0
2.4618	NiCr22Mo6Cu	≤0.05	≤1.00	1.0~2.0	—	—	21.0~23.5	5.5~7.5	基	1.75~2.5	—	≤2.5	18~21
2.4619	NiCr22Mo7Cu	≤0.015	≤1.00	≤1.00	—	—	21.0~23.5	6.0~8.0	基	≤0.5	—	≤5.0	18~21
2.4620	S-NiCr16FeMn	≤0.10	≤1.00	2.5~7.0	0.030	0.015	15.0~18.0	≤2.00	≥67	1.5~3.0	≤0.50	—	5~8
2.4630	NiCr20Ti	0.08~0.15	≤1.00	≤1.00	0.030	0.020	18.0~21.0	—	基	—	0.020~0.60	≤5.0	≤5.0
2.4631	NiCr20TiAl	0.04~0.10	≤1.00	≤1.00	0.030	0.015	18.0~21.0	—	基	—	1.80~2.70	≤2.0	—
2.4632	NiCr20Co18Ti	≤0.13	≤1.00	≤1.00	0.030	0.015	18.0~21.0	—	基	—	2.00~3.00	15~21	—
2.4634	NiCo20Cr15MoAlTi	0.12~0.17	≤1.00	≤1.00	0.045	0.015	14.0~15.7	4.50~5.50	基	—	0.90~1.50	18~22	—
2.4636	NiCo15Cr15MoAlTi	0.12~0.20	≤1.00	≤1.00	0.045	0.030	14.0~16.0	3.00~5.00	基	—	3.50~4.50	13~17	—
2.4639	S-NiCr20	≤0.25	≤0.50	≤1.20	0.045	0.010	18.0~21.0	—	≥76	—	—	—	≤0.50
2.4640	NiCr15Fe	≤0.15	≤2.00	≤2.00	0.045	0.015	14.0~17.0	—	≥72	—	—	—	6~10
2.4641	NiCr21Mo5Cu	≤0.025	≤0.50	≤1.00	0.020	0.015	20.0~23.0	5.5~7.0	39~46	—	0.60~1.0	—	—
2.4650	NiCo20Cr20MoTi	0.04~0.08	≤0.40	≤0.60	—	0.007	19.0~21.0	5.60~6.10	基	—	1.90~2.40	19~20	—
2.4651	S-NiCr20Mo9	≤0.15	≤0.75	2.00~6.00	—	0.020	17.0~21.0	≤2.00	≥67	1.0~4.0	—	—	2~6
2.4653	S-NiCr28Mo	≤0.035	≤0.50	1.0~2.0	0.045	0.015	22.0~31.0	2.5~4.0	35~40	≤0.4	—	12~15	—
2.4654	—	0.02~0.10	≤0.15	≤0.10	0.015	0.008	18.0~21.0	3.50~5.00	基	—	2.80~3.30	—	—
2.4655	S-NiCr27Mo	≤0.025	≤0.50	0.50~2.00	0.030	0.015	24.0~28.0	2.5~4.0	38~42	≤1.0	≤1.00	—	余
2.4656	S-NiCr29Mo	≤0.020	≤0.50	1.0~3.0	0.030	0.015	27.0~31.0	2.5~4.0	35~40	≤1.0	≤1.00	—	余
2.4657	S-NiCr19Mo15	≤0.025	≤0.30	≤2.00	0.030	0.015	18.0~20.0	14.0~16.0	基	≤0.40	—	—	≤1.5
2.4658	NiCr30	≤0.10	0.50~2.00	≤1.00	0.030	0.015	29.0~32.0	—	≥60	—	—	—	≤5.0

续表

标准号	牌号	化学成分/%											
		C	Si	Mn	P	S	Cr	Mo	Ni	Nb	Ti	Co	Fe
2.4660	NiCr20CuMo	≤0.005	≤0.7	≤2.00	0.020	0.015	19.0～21.0	2.00～3.00	36～39	—	—	—	—
2.4662	—	≤0.10	≤0.40	≤0.50	0.030	0.030	11.0～14.0	5.00～6.50	40～45	—	2.60～3.10	1.0	余
2.4663	NiCr23Co12Mo	≤0.08	≤1.00	≤1.00	0.020	0.015	22.0～24.0	8.10～10.0	基		≤0.60	10～14	
2.4665	—	0.05～0.15	≤1.00	≤1.00	0.015	0.015	20.5～23.0	8.00～10.0	基		—	—	17～20
2.4666	—	≤0.15	≤0.75	≤0.75	—	—	15.0～20.0	3.00～5.00	基	—	2.50～3.25	—	≤4.0
2.4668	NiCr19NbMo	0.30～0.60	≤0.35	≤0.35	0.015	0.015	17.0～21.0	2.80～3.30	50～55	4.75～5.5	0.65～1.15	—	余
2.4669	NiCr15Fe7TiAl	≤0.80	≤0.50	≤1.00	—	0.010	14.0～17.0	—	>70	0.7～1.0	2.25～2.75	—	5～9
2.4670	—	0.03～0.07	≤0.50	≤0.25	—	—	11.0～13.0	2.80～5.20	基	1.5～2.5	0.40～1.00	9～11	—
2.4676	—	0.13～0.17	≤0.20	≤0.20	—	0.015	8.00～10.0	2.25～2.75	基	—	1.25～1.75	—	—
2.4680	GNiCr50Nb	≤0.10	≤0.60	≤0.50	0.045	0.030	48.0～52.0	—	46	1.2～1.8	—	—	—
2.4685	—	≤0.03	≤0.50	≤1.00	—	—	≤1.00	26.0～30.0	基	—	—	≤2.5	≤6.0
2.4686	—	≤0.03	≤0.50	≤1.00	—	—	15.5～17.5	16.0～18.0	基	—	—	—	≤7.0
2.4890	NiCr16TiAl	≤0.06	≤0.50	≤1.00	—	—	15.5～16.5	—	基	1.00	2.50	—	—
2.4802	S-NiMo28	≤0.05	≤1.00	≤1.00	—	0.025	≤1.00	26.0～30.0	≥60.0	—	—	≤2.5	4～7
2.4803	S-NiCr15FeTi	≤0.10	≤0.40	2.00～3.50	—	0.010	14.70～17.0	—	≥67.0	—	2.50～3.50	—	6～10
2.4805	S-NiCr15FeNb	≤0.10	≤0.75	1.00～7.00	—	0.015	14.0～17.0	≤2.00	≥70.0	1.00～4.00	—	—	6～12
2.4806	S-NiCr20Nb	≤0.05	≤0.50	2.50～3.50	—	0.015	18.0～22.0	≤2.00	≥67.0	2.00～3.00	≤0.75	≤0.1	≤3.0
2.4807	S-NiCr15FeMn	≤0.10	≤1.00	5.00～10.0	—	0.015	13.0～17.0	≤2.00	≥67.0	1.00～3.50	≤0.10	—	2～9
2.4808	S-NiCr20	≤0.26	≤0.50	≤1.20	—	—	≤21.0	—	基	—	—	—	≤0.5
2.4810	NiMo30	≤0.05	≤0.50	≤1.00	0.030	0.015	≤1.00	26.0～30.0	≥62.0	—	—	≤2.5	4～7
2.4811	NiCr20Mo15	≤0.03	≤0.05	≤0.80	0.030	0.015	19.0～21.0	14.0～17.0	≥58.0	—	—	—	≤2.5
2.4813	G-NiCr50Nb	≤0.10	0.20～0.60	≤0.50	0.045	0.030	48.0～52.0	—	基	1.20～1.80	—	—	—
2.4816	NiCr15Fe	≤0.08	≤0.50	≤1.00	0.030	0.015	14.0～17.0	—	≥72.0	—	≤0.30	—	6～10
2.4819	NiMo16Cr15W	≤0.15	≤0.08	≤1.00	0.040	0.030	15.5～16.5	15.0～17.0	基	—	—	—	4～7
2.4839	S-NiCr20Mo15	≤0.015	≤0.10	≤1.00	0.030	0.02	19.0～21.0	14.0～17.0	基	≤0.40	—	—	≤1.5
2.4849	G-X40NiCrSiNb3818	0.30～0.50	1.00～2.00	0.50～1.50	0.045	0.030	17.0～19.0	—	36.0～39.0	1.00～2.00	—	—	
2.4850	X15NiCrNb3221	0.10～0.20	0.50～1.50	1.50～2.50	0.025	0.020	20.0～22.0	—	31.0～34.0	1.00～2.50	—	—	
2.4851	NiCr23Fe	0.05	0.25	0.50	—	0.01	23.0	—	60.5	—	—	—	14.1
2.4852	G-X40NiCrSiNb3525	0.35～0.45	1.00～2.00	0.50～1.50	0.045	0.030	24.0～26.0	—	33.0～35.0	1.20～1.80	—	—	—
2.4853	X40NiCrNb3525	0.30～0.45	0.50～1.50	1.50～2.50	0.025	0.020	24.0～26.0	—	34.0～36.0	1.00～2.00	—	—	—
2.4855	G-X30CrNiSiNb2424	0.25～0.35	0.50～2.00	0.50～1.50	0.045	0.030	23.0～25.0	—	23.0～25.0	1.00～2.00	—	—	—
2.4856	NiCr22Mo9Nb	≤0.10	≤0.50	≤0.50	—	0.015	20.0～23.0	8.00～10.0	基	3.15～4.15	≤0.40	—	5.0
2.4857	GX40NiCrSi3525	0.30～0.50	1.00～2.50	0.05～1.50	0.045	0.030	24.0～26.0	—	34.0～36.0	—	—	—	—
2.4858	NiCr21Mo	≤0.025	≤0.5	≤1.00	0.030	0.015	19.5～23.5	2.50～3.50	38.0～46.0	—	0.60～1.20	—	余
2.4859	G-X10NiCrNb3220	0.05～0.15	0.50～1.50	0.50～1.50	0.045	0.030	19.0～21.0	—	31.0～33.0	0.50～1.50	—	—	—
2.4860	NiCr3020	≤0.20	2.00～3.00	≤1.50	0.045	0.030	20.0～22.0	—	28.0～31.0	—	—	—	—
2.4861	X10NiCr3220	≤0.12	≤1.00	≤1.50	0.045	0.030	19.0～22.0	—	30.0～34.0	—	—	—	—
2.4863	X12NiCr3618	≤0.20	≤2.00	≤2.00	0.025	0.020	17.0～19.0	—	36.0～40.0	—	—	—	—
2.4864	X12NiCrSi3616	≤0.15	1.00～2.00	≤2.00	0.030	0.020	15.0～17.0	—	34.0～37.0	—	—	—	—
2.4865	G-X40NiCrSi3818	0.30～0.50	1.00～2.50	0.50～1.50	0.045	0.030	17.0～19.0	—	36.0～39.0	—	—	—	—
2.4867	NiCr6015,NiFe20Cr15	≤0.15	0.50～2.00	≤2.00	0.025	0.020	14.0～19.0	—	59.0～65.0	—	—	—	19～25

续表

标准号	牌号	化学成分/%														
		C	Si	Mn	P	S	Co	Cr	Mo	Ni	V	W	Al	Cu	Fe	Ti
1.4868	G-X50CrNi3030	0.40～0.60	1.00～2.50	0.50～1.50	0.045	0.030	—	29.0～31.0	—	—	—	—	—	—	—	—
2.4869	NiCr8020,NiCr20	≤0.15	0.50～2.00	≤1.00	0.025	0.020	—	19.0～21.0	—	≥76.0	—	—	—	0.50	≤1.00	—
2.4870	NiCr10	0.10～0.15	0.30～0.60	0.20～0.40	0.045	0.030	—	9.00～10.0	—	≥87.0	0.90～1.10	—	—	—	—	0.50～0.70
1.4876	X10NiCrAlTi3220	≤0.12	≤1.00	≤2.00	0.030	0.020	—	19.0～23.0	—	30.0～34.0	—	—	0.15～0.60	—	—	0.15～0.60
2.4879	G-NiCr28W	0.30～0.55	0.50～2.00	0.50～1.50	0.045	0.030	—	27.0～30.0	—	47.0～50.0	—	4.00～5.50	—	—	—	—
2.4879	S-NiCr28W	0.35～0.55	0.50～2.00	0.50～1.50	0.045	0.030	—	27.0～30.0	—	47.0～50.0	—	4.00～5.50	—	—	—	—
2.4882	G-NiMo30	≤0.12	≤1.00	≤1.00	0.040	0.030	≤2.50	≤1.00	26.0～30.0	基	0.20～0.60	—	—	—	4.00～6.00	—
2.4883	G-NiMo16Cr	≤0.12	≤1.00	≤1.00	0.040	0.030	≤2.50	15.5～17.5	16.0～18.5	基	0.20～0.40	3.75～5.25	—	—	4.50～7.00	—
2.4886	S-NiMo16Cr16W	≤0.015	≤0.08	≤1.00	0.040	0.030	≤2.50	14.5～16.5	15.0～17.0	基	≥0.35	3.00～4.50	—	—	4.00～7.00	—
2.4887	S-NiMo15Cr15W	≤0.02	≤0.05	≤1.00	0.030	0.030	≤2.50	14.5～16.5	15.0～17.0	基	≥0.35	3.00～4.50	—	—	4.00～7.00	—
4.4951	NiCr20Ti	0.08～0.15	≤1.00	≤1.00	0.030	0.015	≤5.00	18.0～21.0	—	≥72.0	—	—	—	≤0.50	≤5.00	0.20～0.60
2.4952	NiCr20TiAl	≤0.10	≤1.00	≤1.00	0.030	0.015	≤2.00	18.0～21.0	—	≥65.0	—	—	1.00～1.80	≤0.20	≤3.00	1.80～2.70
1.4954	—	≤0.08	≤1.00	1.00～2.00	0.010	0.010	—	13.5～16.0	1.00～1.50	24.0～27.0	0.10～0.50	—	≤0.35	—	—	1.90～2.30
2.4955	NiFe25Cr20NbTi	≤0.10	≤1.00	≤1.00	0.030	0.015	—	18.0～21.0	—	基	—	—	0.50	—	23.0～28.0	0.80～1.10
1.4956	X7CrNiCo212020	≤0.10	≤1.00	1.00～2.00	0.030	0.020	18.5～21.0	20.0～22.5	2.50～3.50	19.0～21.0	—	2.00～3.00	—	—	—	—
1.4957	G-X15CrNiCo212020	≤0.20	≤1.00	1.00～2.00	0.035	0.025	18.5～21.0	20.0～22.5	2.50～3.50	19.0～21.0	—	2.00～3.00	—	—	—	—
1.4960	X40CrNiCoNb1313	0.35～0.45	≤1.00	≤2.00	0.030	0.030	9.50～10.5	12.5～13.5	1.80～2.20	12.5～13.5	—	2.30～2.80	—	—	—	—

续表

标准号	牌号	化学成分/%														
		C	Si	Mn	P	S	Co	Cr	Mo	Ni	V	W	Al	Cu	Fe	Ti
2.4964	CoCr20W15Ni	0.05～0.15	≤1.00	1.00～2.00	0.040	0.030	基	19.0～21.0	—	9.00～11.0	—	14.0～16.0	—	—	≤3.00	—
2.4967	CoCr20W15Ni	0.05～0.15	≤1.00	1.00～2.00	0.045	0.030	基	19.0～21.0	—	9.00～11.0	—	14.0～16.0	—	—	≤3.00	—
1.4968	GX7CrNiNb1613	0.05～0.10	≤1.00	≤1.50	0.045	0.030	—	15.5～17.5	—	12.0～14.0	—	—	—	—	—	—
2.4969	NiCr20Co18Ti	≤0.10	≤1.00	≤1.00	0.030	0.015	15.0～21.0	18.0～21.0	—	基	—	—	1.00～2.00	≤0.20	≤2.00	2.00～3.00
1.4971	X12CrCoNi2120	0.08～0.16	≤1.00	≤2.00	0.045	0.030	18.5～21.0	20.0～22.5	2.50～3.50	19.0～21.0	—	2.00～3.00	—	—	—	—
2.4973	NiCr19CoMo	≤0.12	≤0.50	≤0.10	0.020	0.010	10.0～20.0	18.0～20.0	90.0～10.5	基	—	—	1.40～1.80	—	≤5.00	2.80～3.30
1.4974	—	0.08～0.16	≤1.00	1.00～2.00	0.040	0.030	18.5～21.0	20.0～22.5	2.50～3.50	19.0～21.0	—	2.00～3.00	—	—	—	—
2.4975	NiFeCr12Mo	≤0.10	≤0.60	≤2.00	0.020	0.010	≤1.00	11.0～14.0	5.00～7.00	40.0～45.0	—	—	0.35	—	ResUBaL	2.35～3.10
2.4976	NiCr20Mo	≤0.10	≤1.00	≤1.00	0.020	0.010	≤2.00	18.0～21.0	4.00～5.00	基	—	—	0.50～1.80	—	≤5.00	1.80～2.70
1.4977	X40CoCrNi2020	0.35～0.45	≤1.00	≤1.50	0.045	0.030	19.0～21.0	19.0～21.0	3.50～4.50	19.0～21.0	—	3.50～4.50	—	—	—	—
1.4978	X50CoCrNi2020	0.45～0.55	≤1.00	≤1.50	0.045	0.030	19.0～21.0	19.0～21.0	3.50～4.50	19.0～21.0	—	3.50～4.50	—	—	—	—
1.4979	CoCr28MoNi	0.25～0.35	≤1.00	≤1.00	0.045	0.030	基	27.0～29.0	5.00～6.00	1.50～3.00	—	—	—	—	—	—
1.4980	X5NiCrTi2615	≤0.08	≤1.00	1.00～2.00	0.030	0.030	—	13.5～16.0	1.00～1.50	24.0～27.0	0.10～0.50	—	≤0.35	—	—	1.90～2.30
1.4981	X8CrNiMoNb1616	0.04～0.10	0.30～0.60	≤1.50	0.045	0.030	—	15.5～17.5	1.60～2.00	15.5～17.5	—	—	—	—	—	—
2.4982	NiCr20CbMo	≤0.10	≤1.00	≤1.00	0.020	0.010	15.0～21.0	18.0～21.0	4.00～5.00	基	—	—	0.80～2.00	—	≤5.00	1.80～3.00
2.4983	NiCr18Co	≤0.15	≤0.50	≤1.00	0.020	0.010	17.0～20.0	17.0～20.0	3.00～5.00	基	—	—2.50～3.25	≤4.00	2.50～3.25		
2.4989	CoCr20Ni20W	0.35～0.45	≤1.00	≤1.50	0.045	0.030	基	19～21	3.5～4.5	19～21	—	3.5～4.5	—	—	≤5.0	—

8.5.2 高温合金的力学性能

表 8-46 高温合金的力学性能

标准号	航空标准	状态	室温				高温								
			屈服点/MPa ≥	拉伸强度/MPa	伸长率($L_0=5d_0$)/%,≥	冲击功(DVM)/J ≥	0.2%屈服强度/MPa								
							200℃	300℃	400℃	500℃	600℃	700℃	800℃	900℃	1000℃
	2.4634	沉淀硬化	785	≥980	5.5	27	—	—	755	—	—	745	539	314	—
2.4951	2.4630	淬火	235	≥640	26	103	304	304	304	294	265	226	118	59	49
2.4952	2.4631	沉淀硬化	590	≥980	20	27	745	735	726	716	696	628	431	196	39
1.4960	—	沉淀硬化	345	640～830	16	34	284	265	245	226	196	—	—	—	—
—	2.4964	淬火	345	830～1130	25	34	324	304	284	275	255	235	206	167	—
2.4969	2.4932	沉淀硬化	685	≥1080	16.5	55	745	735	726	726	726	686	441	186	39
1.4971	1.4974	沉淀硬化	345	690～930	20	41	275	255	245	245	235	216	157	98	—
2.4973	—	沉淀硬化	980	1320	12	21	961	951	941	932	922	902	726	—	—
2.4975	—	沉淀硬化	835	≥1180	15	27	765	765	755	735	716	647	373	—	—
2.4976	—	沉淀硬化	735	≥1180	20	27	706	706	696	696	686	667	490	—	—
1.4977	—	沉淀硬化	390	780～980	20	27	353	333	314	294	245	206	—	—	—
1.4978	—	沉淀硬化	540	980	10	27	549	549	539	530	500	412	—	—	—
1.4980	1.4944	沉淀硬化	635	930～1180	15	34	559	539	520	500	451	314	78	—	—
1.4981	1.4984	淬火	215	530～690	35	103	177	157	147	137	132	—	—	—	—
2.4982	—	沉淀硬化	785	1230	30	55	765	765	745	745	735	696	549	—	—
2.4983	—	沉淀硬化	785	1320	15	21	775	775	775	765	745	726	628	—	—

表 8-47 耐热钢的力学性能

标准号	布氏硬度(HB) ≤	状态	屈服点(20℃)/MPa ≥	拉伸强度(20℃)/MPa	伸长率($L_0=5d_0$)(20℃)/%,≥	1%蠕变极限 $\frac{\sigma_b}{100}$/MPa,>				蠕变断裂强度 $\frac{\sigma_b}{1000}$/MPa		
						600℃	800℃	900℃	1000℃	600℃	800℃	900℃
1.4861	200	淬火	235	490～740	30	98	20	8	4	—	—	—
1.4864	223	淬火	230	550～800	30	105	25	12	4	125	20	8
1.4876	192	淬火	245	540～740	30	130	30	13	4	152	30	11

表 8-48 导热合金的力学性能

标准号	丝材直径/mm	拉伸强度/MPa	伸长率①/%,≥	1%蠕变极限 $\frac{\sigma_1}{1000}$/MPa						
				600℃	700℃	800℃	900℃	1000℃	1100℃	1200℃
1.4860	≥0.3 <0.5	740～880	30	98	44	20	9	4	1.5	0.5
2.4867	≥0.5 <1.0	670～810	30	78	39	15	9	4	1.5	0.5
2.4869	≥1.0	590～740	30	78	39	15	9	4	1.5	0.5

① 参考数据。

表 8-49　高温合金的蠕变强度

标准号	航空标准	蠕变强度/MPa																				电阻率(20℃)/Ω·mm²·m⁻¹	比热容(20℃)/J·(kg·K)⁻¹
		1000h							10000h							100000h							
		550℃	600℃	650℃	700℃	750℃	800℃	900℃	550℃	600℃	650℃	700℃	750℃	800℃	550℃	600℃	650℃	700℃	750℃	800℃			
—	2.4634	—	853	657	490	353	245	93	—	716	539	392	255	167	—	569	422	284	177	108	1.32	460
2.4951	2.4630	—	—	—	103	54	31	—	—	—	—	59	32	18	—	—	—	36	22	14	1.09	420
2.4952	2.4631	—	608	461	333	216	127	25	—	500	363	235	137	74	—	102	265	157	88	35	1.21	420
1.4960	—	—	—	245	186	108	78	—	—	—	186	127	78	49	—	—	118	74	49	—	0.85	460
—	2.4964	—	—	—	216	196	118	59	—	—	—	147	—	69	—	—	—	—	—	—	0.88	420
2.4969	2.4632	—	—	490	373	—	117	39	—	—	402	294	—	98	—	—	314	206	—	49	1.15	460
1.4971	1.4974	—	353	275	206	137	103	39	—	284	206	147	88	64	—	216	—	98	—	(34)	0.92	460
2.4973	—	—	—	—	471	324	226	69	—	—	—	—	—	—	—	—	—	—	—	—	1.15	460
2.4975	—	—	647	481	314	186	93	—	—	510	363	216	98	44	—	343	226	118	44	—	1.13	420
2.4976	—	—	637	481	343	226	127	29	—	520	373	245	147	78	—	412	265	162	93	39	1.24	420
1.4977	—	—	—	—	—	—	—	—	—	294	216	147	98	64	—	226	117	98	59	34	0.90	460
1.4978	—	—	343	255	186	137	108	—	—	275	177	118	93	74	—	—	—	—	—	—	0.90	460
1.4980	1.4944	579	441	314	206	118	—	—	451	304	206	118	54	—	—	—	—	—	—	—	0.91	460
1.4981	1.4984	363	265	186	127	—	—	—	324	226	137	83	54	—	235	152	83	44	20	—	0.86	500
2.4982	—	—	—	500	392	284	186	49	—	—	407	294	196	113	—	—	314	211	12	64	1.15	460
2.4983	—	—	—	—	500	368	265	108	—	—	—	—	—	—	—	—	—	—	7	—	1.15	460

8.5.3　高温合金的物理性能

表 8-50　高温合金的物理性能

标准号	航空标准	20℃至各温度下的线胀系数/$10^{-6}K^{-1}$									热导率/W·(m·K)⁻¹									密度(20℃)/kg·dm⁻³
		100℃	200℃	300℃	400℃	500℃	600℃	700℃	800℃	900℃	20℃	100℃	200℃	300℃	400℃	500℃	600℃	700℃	800℃	
—	2.4634	11.9	13.0	13.5	13.9	14.3	14.7	15.3	16.3	17.1	12	13	13	14	15	16	17	18	21	8.0
2.4951	2.4630	12.5	13.0	13.4	13.8	14.3	14.7	15.2	15.5	16.0	13	15	16	18	19	21	13	24	26	8.4
2.4952	2.4631	11.9	12.6	13.4	13.5	13.7	14.0	14.5	15.1	15.8	13	14	15	16	17	18	20	23	26	8.2
1.4960	—	15.8	16.5	16.9	17.1	17.6	17.7	18.0	18.3	—	13	—	—	—	—	—	—	—	—	8.2
—	2.4964	12.5	13.0	13.5	14.0	14.5	15.0	15.5	16.1	16.7	16	17	18	20	21	22	24	25	27	9.1
2.4969	2.4632	11.5	12.4	13.1	13.5	14.0	14.6	15.5	16.5	17.6	13	14	16	17	18	19	20	21	22	8.2
1.4971	1.4974	14.2	14.8	15.5	16.5	16.5	17.0	17.6	17.7	18.0	12	13	16	17	19	21	23	24	26	8.25
2.4973	—	11.0	11.8	12.2	12.5	12.7	13.2	13.8	14.6	15.5	11	12	13	15	16	17	19	20	21	8.2
2.4975	—	13.9	14.1	14.4	14.7	15.1	15.6	16.1	16.8	—	13	13	15	16	18	19	20	21	23	8.2
1.4976	—	11.9	12.7	13.0	13.5	13.7	14.0	14.5	15.1	15.8	11	12	13	14	16	17	19	20	22	8.2
1.4977	—	14.2	14.7	15.0	15.5	15.9	16.3	16.6	17.0	—	13	14	16	19	20	22	24	25	27	8.3
1.4978	—	12.0	13.3	13.8	14.0	14.4	14.9	15.4	15.8	16.0	13	14	16	19	20	22	24	25	27	8.3
1.4980	1.4944	16.5	16.8	17.1	17.3	17.5	17.7	18.0	18.5	—	12	14	16	17	19	20	22	24	25	7.95
1.4981	1.4984	17.4	18.1	18.5	18.8	19.0	19.4	19.5	19.5	19.8	14	16	17	19	20	21	22	24	—	7.98
2.4982	—	11.6	12.6	12.7	13.5	13.7	14.2	15.0	16.0	17.0	12	13	14	16	17	18	19	21	22	8.2
2.4983	—	11.3	12.0	12.4	12.8	13.1	13.7	14.3	14.9	16.1	13	12	13	15	16	17	19	20	21	8.1

表 8-51　耐热钢的物理性能

标准号	20℃至下列各温度的线胀系数/$10^{-6}K^{-1}$				热导率(20℃)/W·(m·K)$^{-1}$	比热容(20℃)/J·(kg·K)$^{-1}$	电阻率(20℃)/Ω·mm^2·m^{-1}	磁性	密度(20℃)/kg·dm^{-3}
	400℃	800℃	1000℃	1200℃					
1.4861	16.0	17.5	18.5	—	12	500	1.04	无	7.9
1.4864	16.0	17.5	18.5	—	13	500	1.00	无	8.0
1.4876	16.0	17.5	18.0	—	12	500	1.00	无	8.0

表 8-52　导热合金的物理性能

标准号	20℃线胀系数/$10^{-6}K^{-1}$			密度	比热容/J·(kg·K)$^{-1}$		热导率(20℃)/W·(m·K)$^{-1}$	熔点/℃	电阻率/Ω·mm^2·m^{-1}												
									20℃	100℃	200℃	300℃	400℃	500℃	600℃	700℃	800℃	900℃	1000℃	1100℃	1200℃
									公差												
	400℃	800℃	1000℃		20℃	0～1000℃			±5%			±6%			±7%			±8%			
1.4860	16	18	19	7.9	500	550	13	1390	1.04	1.07	1.11	1.14	1.17	1.20	1.22	1.24	1.26	1.28	1.30	1.32	1.34
2.4867	15	16	17	8.2	460	500	13	1390	1.13	1.14	1.15	1.18	1.20	1.22	1.21	1.21	1.22	1.23	1.24	1.26	1.28
2.4869	15	16	17	8.3	420	500	15	1400	1.12	1.13	1.13	1.14	1.15	1.16	1.16	1.14	1.14	1.14	1.15	1.16	1.17

8.5.4 高温合金的特性及用途

表 8-53　高温合金的应用范围

标准号	航空标准号	应用范围
—	2.4634	用于燃气轮机、驱动装置,特别是高负荷燃气轮机叶片等部件
2.4951	2.4630	用于蒸汽轮机、燃气轮机以及涡轮喷气发动机燃烧室、二次燃烧箱、焰道等热部件
2.4952	2.4631	用于蒸汽轮机和驱动装置等部件,例如叶片、二次燃烧器鼓风机、化学工业用的部分设备等热部件
1.4960	—	用于燃气或蒸汽涡轮部件、涡轮转子轴、涡轮转子等
1.4961	—	用于热电厂装置、耐高温管道、热交换器管道以及蒸汽管道部件
1.4962	—	用于蒸汽或燃气涡轮机以及反应器部件等
—	2.4964	用于转子、二次燃烧器、喷嘴、阀、燃气轮机、带轮和驱动装置,以及化学工业用部件
2.4969	2.4632	用于驱动装置和燃气轮机,例如叶片、带轮、二次燃烧器鼓风机、弹簧等耐热件
1.4971	1.4974	用于化学工业及石油化学工业装置以及燃气轮机和驱动装置部件、螺栓、螺钉和螺母
2.4973	—	用于燃气涡轮部件和驱动装置及热工工具等
2.4975	—	用于喷气飞机动力零件和燃气涡轮、转子、轴、叶片垫圈、喷嘴、螺钉等
2.4976	—	用于燃气涡轮和驱动装置零件以及化学工业零件
1.4977	—	用于燃气涡轮、燃烧和二次燃烧室及驱动装置
1.4978	—	用于燃气涡轮燃烧室、燃烧管及驱动装置等
1.4980	1.4944	用于燃气轮机和驱动装置部件,如转子、带轮、轴、螺栓、螺钉、垫圈、电枢、机壳等
1.4981	1.4984	用于蒸汽轮机和燃气轮机部件,如叶片、法兰(凸缘)、阀门、喷嘴、机壳、螺栓以及反应器(或反应堆)部件
2.4982	—	用于驱动装置和燃气轮机,如叶片、带轮、二次燃烧鼓风机、弹簧等
2.4983	—	用于燃气轮机和传动装置等部件,如叶片、带轮、阀门、螺栓以及类似部件

8.6 日本高温合金

表 8-54　高温合金牌号和化学成分

牌号种类	记号	化学成分/%											
		C	Si	Mn	P	S	Ni	Cr	Fe	Mo	Cu	Al	Ti	Nb+Ta
NCF600	NCF1B	0.15	0.50	1.00	0.030	0.015	72.00	14.00～17.00	6.00～10.00	—	0.50	—	—	—
NCF601	—	0.10	0.50	1.00	0.030	0.015	58.00～63.00	21.00～25.00	余	—	1.00	1.00～1.70	—	—
NCF750	NCF3	0.08	0.50	1.00	0.030	0.015	70.00	14.00～17.00	5.00～9.00	—	0.50	0.40～1.00	2.25～2.75	0.70～1.20
NCF751	—	0.10	0.50	1.00	0.030	0.015	70.00	14.00～17.00	5.00～9.00	—	0.50	0.90～1.50	2.00～2.60	0.70～1.20
NCF800	NCF2B	0.10	1.00	1.50	0.030	0.015	30.00～35.00	19.00～23.00	余	—	0.75	0.15～0.60	0.15～0.60	—
NCF800H	—	0.05～0.10	1.00	1.50	0.030	0.015	30.00～35.00	19.00～23.00	余	—	0.75	0.15～0.60	0.15～0.60	—
NCF825	—	0.05	0.50	1.00	0.030	0.015	38.00～46.00	19.50～23.50	余	2.50～3.50	1.50～3.00	0.20	0.60～1.20	—
NCF80A	—	0.04～0.10	1.00	1.00	0.030	0.015	余	18.00～21.00	1.50	—	0.20	1.00～1.80	1.80～2.70	—

9 铝及铝合金

铝及铝合金是应用最广泛的一种有色金属，其产量仅次于钢铁。纯铝因强度低，一般不作结构材料使用。铝合金由于比强度高，用它来代替某些钢铁材料，可以减轻机械产品的质量，因此，铝合金在化工、机械、电子、仪表、轻工、航空、航天等部门得到了广泛的应用。铝合金分为变形及铸造两大类。变形铝合金可加工成棒、板、带、线、型材、管材、箔材及锻件使用。铸造铝合金则因具有良好的工艺性，密度小，抗蚀性良好，从而其铸件在航空、仪表及一般机械中得到相当广泛的应用。

9.1 中国铝及铝合金

9.1.1 铝及铝合金牌号和化学成分

表 9-1 重熔用铝锭的牌号和化学成分 (GB/T 1196—2017)

牌号	化学成分(质量分数)/%									
	Al(不小于)	杂质(不大于)								
		Si	Fe	Cu	Ca	Mg	Zn①	Mn	其他每种	总和
Al99.85②	99.85	0.08	0.12	0.005	0.030	0.02	0.030	—	0.015	0.15
Al99.70②	99.70	0.10	0.20	0.01	0.03	0.02	0.03	—	0.03	0.30
Al99.60②	99.60	0.16	0.25	0.01	0.03	0.03	0.03	—	0.03	0.40
Al99.50②	99.50	0.22	0.30	0.02	0.03	0.05	0.05	—	0.03	0.50
Al99.00②	99.00	0.42	0.50	0.02	0.05	0.05	0.05	—	0.05	1.00
Al99.7E②,③	99.70	0.07	0.20	0.01	—	0.02	0.04	0.005	0.03	0.30
Al99.6E②,④	99.60	0.10	0.30	0.01	—	0.02	0.04	0.007	0.03	0.40

① 若铝锭中杂质锌含量不小于0.010%时，供方应将其作为常规分析元素，并纳入杂质总和；若铝锭中杂质锌含量小于0.010%时，供方可不作常规分析，但应监控其含量。

② Cd、Hg、Pb、As元素，供方可不作常规分析，但应监控其含量，要求 $w(Cd+Hg+Pb) \leqslant 0.0095\%$；$w(As) \leqslant 0.009\%$。

③ $w(B) \leqslant 0.04\%$；$w(Cr) \leqslant 0.004\%$；$w(Mn+Ti+Cr+V) \leqslant 0.020\%$。

④ $w(B) \leqslant 0.04\%$；$w(Cr) \leqslant 0.005\%$；$w(Mn+Ti+Cr+V) \leqslant 0.030\%$。

注：1. 铝含量为100%与表中所列有数值要求的杂质元素含量实测值及等于或大于0.010%的其他杂质总和的差值，求和前数值修约至与表中所列极限数位一致，求和后将数值修约至0.0X%再与100%求差。

2. 对于表中未规定的其他杂质元素含量，如需方有特殊要求时，可由供需双方另行协议。

3. 分析数值的判定采用修约比较法，数值修约规则按GB/T8170的有关规定进行。修约数位与表中所列极限值数位一致。

表 9-2 铝合金压铸件的牌号和化学成分 (GB/T 15114—2009)

序号	合金牌号	合金代号	化学成分(质量分数)/%										
			Si	Cu	Mn	Mg	Fe	Ni	Ti	Zn	Pb	Sn	Al
1	YZAlSi10Mg	YL101	9.0～10.0	≤0.6	≤0.35	0.40～0.60	≤1.3	≤0.50	—	≤0.50	≤0.10	≤0.15	余量
2	YZAlSi12	YL102	10.0～13.0	≤1.0	≤0.35	≤0.10	≤1.3	≤0.50	—	≤0.50	≤0.10	≤0.15	余量
3	YZAlSi10	YL104	8.0～10.5	≤0.3	0.2～0.5	0.17～0.30	≤1.0	≤0.50	—	≤0.40	≤0.05	≤0.01	余量
4	YZAlSi9Cu4	YL112	7.5～9.5	3.0～4.0	≤0.50	≤0.10	≤1.3	≤0.50	—	≤3.00	≤0.10	≤0.15	余量
5	YZAlSi11Cu3	YL113	9.5～11.5	2.0～3.0	≤0.50	≤0.10	≤1.3	≤0.30	—	≤3.00	≤0.10	≤0.35	余量
6	YZAlSi17Cu5Mg	YL117	16.0～18.0	4.0～5.0	≤0.50	0.45～0.65	≤1.3	≤0.10	≤0.1	≤1.50	≤0.10	—	余量
7	YZAlMg5Si1	YL302	≤0.35	≤0.25	≤0.35	7.5～8.5	≤1.8	≤0.15	—	≤0.15	≤0.10	≤0.15	余量

注：除有范围的元素和铁为必检元素外，其余元素在有要求时抽检。

表 9-3　变形铝及铝合金牌号和化学成分（GB/T 3190—2008）

序号	牌号	化学成分(质量分数)/%											其他		Al
		Si	Fe	Cu	Mn	Mg	Cr	Ni	Zn	V	Ti	Zr	单个	合计	
1	1035	0.35	0.6	0.10	0.05	0.05	—	—	0.10	0.05V	0.03	—	0.03	—	99.35
2	1040	0.30	0.50	0.10	0.05	0.05	—	—	0.10	0.05V	0.03	—	0.03	—	99.40
3	1045	0.30	0.45	0.10	0.05	0.05	—	—	0.05	0.05V	0.03	—	0.03	—	99.45
4	1050	0.25	0.40	0.05	0.05	0.05	—	—	0.05	0.05V	0.03	—	0.03	—	99.50
5	1050A	0.25	0.40	0.05	0.05	0.05	—	—	0.07	—	0.05	—	0.03	—	99.50
6	1060	0.25	0.35	0.05	0.03	0.03	—	—	0.05	0.05V	0.03	—	0.03	—	99.60
7	1065	0.25	0.30	0.05	0.03	0.03	—	—	0.05	0.05V	0.03	—	0.03	—	99.65
8	1070	0.20	0.25	0.04	0.03	0.03	—	—	0.04	0.05V	0.03	—	0.03	—	99.70
9	1070A	0.20	0.25	0.03	0.03	0.03	—	—	0.07	—	0.03	—	0.03	—	99.70
10	1080	0.15	0.15	0.03	0.02	0.02	—	—	0.03	0.03Ga,0.05V	0.03	—	0.02	—	99.80
11	1080A	0.15	0.15	0.03	0.02	0.02	—	—	0.06	0.03Ga①	0.02	—	0.02	—	99.80
12	1085	0.10	0.12	0.03	0.02	0.02	—	—	0.03	0.03Ga,0.05V	0.02	—	0.01	—	99.85
13	1100	0.95 Si+Fe		0.05～0.20	0.05	—	—	—	0.10	①	—	—	0.05	0.15	99.00
14	1200	1.00 Si+Fe		0.05	0.05	—	—	—	0.10	—	0.05	—	0.05	0.15	99.00
15	1200A	1.00 Si+Fe		0.10	0.30	0.30	0.10	—	0.10	—	—	—	0.05	0.15	99.00
16	1120	0.10	0.40	0.05～0.35	0.01	0.20	0.01	—	0.05	0.03 Ga,0.05B, 0.02V+Ti	—	—	0.03	0.10	99.20
17	1230②	0.70 Si+Fe		0.10	0.05	0.05	—	—	0.10	0.05 V	0.03	—	0.03	—	99.30
18	1235	0.65 Si+Fe		0.05	0.05	0.05	—	—	0.10	0.05V	0.06	—	0.03	—	99.35
19	1435	0.15	0.30～0.50	0.02	0.05	0.05	—	—	0.10	0.05 V	0.03	—	0.03	—	99.35
20	1145	0.55 Si+Fe		0.05	0.05	0.05	—	—	0.05	0.05 V	0.03	—	0.03	—	99.45
21	1345	0.30	0.40	0.10	0.05	0.05	—	—	0.05	0.05V	0.03	—	0.03	—	99.45
22	1350	0.10	0.40	0.05	0.01	—	0.01	—	0.05	0.03 Ga,0.05 B, 0.02 V+Ti	—	—	0.03	0.10	99.50

续表

序号	牌号	化学成分(质量分数)/%											其他		Al
		Si	Fe	Cu	Mn	Mg	Cr	Ni	Zn	V	Ti	Zr	单个	合计	
23	1450	0.25	0.40	0.05	0.05	0.05	—	—	0.07	①	0.10～0.20	—	0.03	—	99.50
24	1260	0.40 Si+Fe		0.04	0.01	0.03	—	—	0.05	0.05 V	0.03	—	0.03	—	99.60
25	1370	0.10	0.25	0.02	0.01	0.02	0.01	—	0.04	0.03 Ga,0.02 B,0.02 V+Ti	—	—	0.02	0.10	99.70
26	1275	0.08	0.12	0.05～0.10	0.02	0.02	—	—	0.03	0.03 Ga,0.03 V	0.02	—	0.01	—	99.75
27	1185	0.15 Si+Fe		0.01	0.02	0.02	—	—	0.03	0.03 Ga,0.05 V	0.02	—	0.01	—	99.85
28	1285	0.08③	0.08③	0.02	0.01	0.01	—	—	0.03	0.03 Ga,0.05V	0.02	—	0.01	—	99.85
29	1385	0.05	0.12	0.02	0.01	0.02	0.01	—	0.03	0.03 Ga,0.03 V+Ti④	—	—	0.01	—	99.85
30	2004	0.20	0.20	5.5～6.5	0.10	0.50	—	—	0.10	—	0.05	0.30～0.50	0.05	0.15	余量
31	2011	0.40	0.7	5.0～6.0	—	—	—	—	0.30	⑤	—	—	0.05	0.15	余量
32	2014	0.50～1.2	0.7	3.9～5.0	0.40～1.2	0.20～0.8	0.10	—	0.25	⑥	0.15	—	0.05	0.15	余量
33	2014A	0.50～0.9	0.50	3.9～5.0	0.40～1.2	0.20～0.8	0.10	0.10	0.25	—	0.15	0.20 Zr+Ti	0.05	0.15	余量
34	2214	0.50～1.2	0.30	3.9～5.0	0.40～1.2	0.20～0.8	0.10	—	0.25	⑥	0.15	—	0.05	0.15	余量
35	2017	0.20～0.8	0.7	3.5～4.5	0.40～1.0	0.40～0.8	0.10	—	0.25	⑥	0.15	—	0.05	0.15	余量
36	2017A	0.20～0.8	0.7	3.5～4.5	0.40～1.0	0.40～1.0	0.10	—	0.25	—	—	0.25 Zr+Ti	0.05	0.15	余量
37	2117	0.8	0.7	2.2～3.0	0.20	0.20～0.50	0.10	—	0.25	—	—	—	0.05	0.15	余量
38	2218	0.9	1.0	3.5～4.5	0.20	1.2～1.8	0.10	1.7～2.3	0.25	—	—	—	0.05	0.15	余量
39	2618	0.10～0.25	0.9～1.3	1.9～2.7	—	1.3～1.8	—	0.9～1.2	0.10	—	0.04～0.10	—	0.05	0.15	余量

续表

序号	牌号	化学成分(质量分数)/%												
		Si	Fe	Cu	Mn	Mg	Cr	Ni	Zn	V	Ti	Zr	其他		Al
													单个	合计	
40	2618A	0.15～0.25	0.9～1.4	1.8～2.7	0.25	1.2～1.8	—	0.8～1.4	0.15	—	0.20	0.25 Zr+Ti	0.05	0.15	余量
41	2219	0.20	0.30	5.8～6.8	0.20～0.40	0.02	—	—	0.10	0.05～0.15 V	0.02～0.10	0.10～0.25	0.05	0.15	余量
42	2519	0.25⑦	0.30⑦	5.3～6.4	0.10～0.50	0.05～0.40	—	—	0.10	0.05～0.15 V	0.02～0.10	0.10～0.25	0.05	0.15	余量
43	2024	0.50	0.50	3.8～4.9	0.30～0.9	1.2～1.8	0.10	—	0.25	⑥	0.15	—	0.05	0.15	余量
44	2024A	0.15	0.20	3.7～4.5	0.15～0.8	1.2～1.5	0.10	—	0.25	—	0.15	—	0.05	0.15	余量
45	2124	0.20	0.30	3.8～4.9	0.30～0.9	1.2～1.8	0.10	—	0.25	—	0.15	—	0.05	0.15	余量
46	2324	0.10	0.12	3.8～4.4	0.30～0.9	1.2～1.8	0.10	—	0.25	—	0.15	—	0.05	0.15	余量
47	2524	0.06	0.12	4.0～4.5	0.45～0.7	1.2～1.6	0.05	—	0.15	—	0.10	—	0.05	0.15	余量
48	3002	0.08	0.10	0.15	0.05～0.25	0.05～0.20	—	—	0.05	0.05 V	0.03	—	0.03	0.10	余量
49	3102	0.40	0.7	0.10	0.05～0.40	—	—	—	0.30	—	0.10	—	0.05	0.15	余量
50	3003	0.6	0.7	0.05～0.20	1.0～1.5	—	—	—	0.10	—	—	—	0.05	0.15	余量
51	3103	0.50	0.7	0.10	0.9～1.5	0.30	0.10	—	0.20	①	—	0.10 Zr+Ti	0.05	0.15	余量
52	3103A	0.50	0.7	0.10	0.7～1.4	0.30	0.10	—	0.20	—	0.10	0.10 Zr+Ti	0.05	0.15	余量
53	3203	0.6	0.7	0.05	1.0～1.5	—	—	—	0.10	①	—	—	0.05	0.15	余量
54	3004	0.30	0.7	0.25	1.0～1.5	0.8～1.3	—	—	0.25	—	—	—	0.05	0.15	余量

续表

序号	牌号	化学成分(质量分数)/%													
		Si	Fe	Cu	Mn	Mg	Cr	Ni	Zn	V	Ti	Zr	其他		Al
													单个	合计	
55	3004A	0.40	0.7	0.25	0.8～1.5	0.8～1.5	0.10	—	0.25	0.03 Pb	0.05	—	0.05	0.15	余量
56	3104	0.6	0.8	0.05～0.25	0.8～1.4	0.8～1.3	—	—	0.25	0.05 Ga. 0.05 V	0.10	—	0.05	0.15	余量
57	3204	0.30	0.7	0.10～0.25	0.8～1.5	0.8～1.5	—	—	0.25	—	—	—	0.05	0.15	余量
58	3005	0.6	0.7	0.30	1.0～1.5	0.20～0.6	0.10	—	0.25	—	0.10	—	0.05	0.15	余量
59	3105	0.6	0.7	0.30	0.30～0.8	0.20～0.8	0.20	—	0.40	—	0.10	—	0.05	0.15	余量
60	3105A	0.6	0.7	0.30	0.30～0.8	0.20～0.8	0.20	—	0.25	—	0.10	—	0.05	0.15	余量
61	3006	0.50	0.7	0.10～0.30	0.50～0.8	0.30～0.6	0.20	—	0.15～0.40	—	0.10	—	0.05	0.15	余量
62	3007	0.50	0.7	0.05～0.30	0.30～0.8	0.6	0.20	—	0.40	—	0.10	—	0.05	0.15	余量
63	3107	0.6	0.7	0.05～0.15	0.40～0.9	—	—	—	0.20	—	0.10	—	0.05	0.15	余量
64	3207	0.30	0.45	0.10	0.40～0.8	0.10	—	—	0.10	—	—	—	0.05	0.10	余量
65	3207A	0.35	0.6	0.25	0.30～0.8	0.40	0.20	—	0.25	—	—	—	0.05	0.15	余量
66	3307	0.6	0.8	0.30	0.50～0.9	0.30	0.20	—	0.40	—	0.10	—	0.05	0.15	余量
67	4004[②]	9.0～10.5	0.8	0.25	0.10	1.0～2.0	—	—	0.20	—	—	—	0.05	0.15	余量
68	4032	11.0～13.5	1.0	0.50～1.3	—	0.8～1.3	0.10	0.50～1.3	0.25	—	—	—	0.05	0.15	余量
69	4043	4.5～6.0	0.8	0.30	0.05	0.05	—	—	0.10	①	0.20	—	0.05	0.15	余量

续表

序号	牌号	化学成分(质量分数)/%													
		Si	Fe	Cu	Mn	Mg	Cr	Ni	Zn	V	Ti	Zr	其他		Al
													单个	合计	
70	4043A	4.5～6.0	0.6	0.30	0.15	0.20	—	—	0.10	①	0.15	—	0.05	0.15	余量
71	4343	6.8～8.2	0.8	0.25	0.10	—	—	—	0.20	—	—	—	0.05	0.15	余量
72	4045	9.0～11.0	0.8	0.30	0.05	0.05	—	—	0.10	—	0.20	—	0.05	0.15	余量
73	4047	11.0～13.0	0.8	0.30	0.15	0.10	—	—	0.20	①	—	—	0.05	0.15	余量
74	4047A	11.0～13.0	0.6	0.30	0.15	0.10	—	—	0.20	①	0.15	—	0.05	0.15	余量
75	5005	0.30	0.7	0.20	0.20	0.50～1.1	0.10	—	0.25	—	—	—	0.05	0.15	余量
76	5005A	0.30	0.45	0.05	0.15	0.7～1.1	0.10	—	0.20	—	—	—	0.05	0.15	余量
77	5205	0.15	0.7	0.03～0.10	0.10	0.6～1.0	0.10	—	0.05	—	—	—	0.05	0.15	余量
78	5006	0.40	0.8	0.10	0.40～0.8	0.8～1.3	0.10	—	0.25	—	0.10	—	0.05	0.15	余量
79	5010	0.40	0.7	0.25	0.10～0.30	0.20～0.6	0.15	—	0.30	—	0.10	—	0.05	0.15	余量
80	5019	0.40	0.50	0.10	0.10～0.6	4.5～5.6	0.20	—	0.20	0.10～0.6 Mn+Cr	0.20	—	0.05	0.15	余量
81	5049	0.40	0.50	0.10	0.50～1.1	1.6～2.5	0.30	—	0.20	—	0.10	—	0.05	0.15	余量
82	5050	0.40	0.7	0.20	0.10	1.1～1.8	0.10	—	0.25	—	—	—	0.05	0.15	余量
83	5050A	0.40	0.7	0.20	0.30	1.1～1.8	0.10	—	0.25	—	—	—	0.05	0.15	余量
84	5150	0.08	0.10	0.10	0.03	1.3～1.7	—	—	0.10	—	0.06	—	0.03	0.10	余量

续表

序号	牌号	化学成分(质量分数)/%													
		Si	Fe	Cu	Mn	Mg	Cr	Ni	Zn	V	Ti	Zr	其他		Al
													单个	合计	
85	5250	0.08	0.10	0.10	0.04～0.15	1.3～1.8	—	—	0.05	0.03 Ga, 0.05 V	—	—	0.03	0.10	余量
86	5051	0.40	0.7	0.25	0.20	1.7～2.2	0.10	—	0.25	—	0.10	—	0.05	0.15	余量
87	5251	0.40	0.50	0.15	0.10～0.50	1.7～2.4	0.15	—	0.15	—	0.15	—	0.05	0.15	余量
88	5052	0.25	0.40	0.10	0.10	2.2～2.8	0.15～0.35	—	0.10	—	—	—	0.05	0.15	余量
89	5154	0.25	0.40	0.10	0.10	3.1～3.9	0.15～0.35	—	0.20	①	0.20	—	0.05	0.15	余量
90	5154A	0.50	0.50	0.10	0.50	3.1～3.9	0.25	—	0.20	0.10～0.50 Mn+Cr①	0.20	—	0.05	0.15	余量
91	5454	0.25	0.40	0.10	0.50～1.0	2.4～3.0	0.05～0.20	—	0.25	—	0.20	—	0.05	0.15	余量
92	5554	0.25	0.40	0.10	0.50～1.0	2.4～3.0	0.05.～0.20	—	0.25	①	0.05～0.20	—	0.05	0.15	余量
93	5754	0.40	0.40	0.10	0.50	2.6～3.6	0.30	—	0.20	0.10～0.6 Mn+Cr	0.15	—	0.05	0.15	余量
94	5056	0.30	0.40	0.10	0.05～0.20	4.5～5.6	0.05～0.20	—	0.10	—	—	—	0.05	0.15	余量
95	5356	0.25	0.40	0.10	0.05～0.20	4.5～5.5	0.05～0.20	—	0.10	①	0.06～0.20	—	0.05	0.15	余量
96	5456	0.25	0.40	0.10	0.50～1.0	4.7～5.5	0.05～0.20	—	0.25	—	0.20	—	0.05	0.15	余量
97	5059	0.45	0.50	0.25	0.6～1.2	5.0～6.0	0.25	—	0.40～0.9	—	0.20	0.05～0.25	0.05	0.15	余量
98	5082	0.20	0.35	0.15	0.15	4.0～5.0	0.15	—	0.25	—	0.10	—	0.05	0.15	余量
99	5182	0.20	0.35	0.15	0.20～0.50	4.0～5.0	0.10	—	0.25	—	0.10	—	0.05	0.15	余量
100	5083	0.40	0.40	0.10	0.40～1.0	4.0～4.9	0.05～0.25	—	0.25	—	0.15	—	0.05	0.15	余量

续表

序号	牌号	化学成分(质量分数)/%													
		Si	Fe	Cu	Mn	Mg	Cr	Ni	Zn	V	Ti	Zr	其他		Al
													单个	合计	
101	5183	0.40	0.40	0.10	0.50～1.0	4.3～5.2	0.05～0.25	—	0.25	①	0.15	—	0.05	0.15	余量
102	5383	0.25	0.25	0.20	0.7～1.0	4.0～5.2	0.25	—	0.40	—	0.15	0.20	0.05	0.15	余量
103	5086	0.40	0.50	0.10	0.20～0.7	3.5～4.5	0.05～0.25	—	0.25	—	0.15	—	0.05	0.15	余量
104	6101	0.30～0.7	0.50	0.10	0.03	0.35～0.8	0.03	—	0.10	0.06 B	—	—	0.03	0.10	余量
105	6101A	0.30～0.7	0.40	0.05	—	0.40～0.9	—	—	—	—	—	—	0.03	0.10	余量
106	6101B	0.30～0.6	0.10～0.30	0.05	0.05	0.35～0.6	—	—	0.10	—	—	—	0.03	0.10	余量
107	6201	0.50～0.9	0.50	0.10	0.03	0.6～0.9	0.03	—	0.10	0.06 B	—	—	0.03	0.10	余量
108	6005	0.6～0.9	0.35	0.10	0.10	0.40～0.6	0.10	—	0.10	—	0.10	—	0.05	0.15	余量
109	6005A	0.50～0.9	0.35	0.30	0.50	0.40～0.7	0.30	—	0.20	0.12～0.50 Mn+Cr	0.10	—	0.05	0.15	余量
110	6105	0.6～1.0	0.35	0.10	0.15	0.45～0.8	0.10	—	0.10	—	0.10	—	0.05	0.15	余量
111	6106	0.30～0.6	0.35	0.25	0.05～0.20	0.40～0.8	0.20	—	0.10	—	—	—	0.05	0.10	余量
112	6009	0.6～1.0	0.50	0.15～0.6	0.20～0.8	0.40～0.8	0.10	—	0.25	—	0.10	—	0.05	0.15	余量
113	6010	0.8～1.2	0.50	0.15～0.6	0.20～0.8	0.6～1.0	0.10	—	0.25	—	0.10	—	0.05	0.15	余量
114	6111	0.6～1.1	0.40	0.50～0.9	0.10～0.45	0.50～1.0	0.10	—	0.15	—	0.10	—	0.05	0.15	余量
115	6016	1.0～1.5	0.50	0.20	0.20	0.25～0.6	0.10	—	0.20	—	0.15	—	0.05	0.15	余量

续表

序号	牌号	化学成分(质量分数)/%													
		Si	Fe	Cu	Mn	Mg	Cr	Ni	Zn	V	Ti	Zr	其他		Al
													单个	合计	
116	6043	0.40～0.9	0.50	0.30～0.9	0.35	0.6～1.2	0.15	—	0.20	0.40～0.7 Bi 0.20～0.40 Sn	0.15	—	0.05	0.15	余量
117	6351	0.7～1.3	0.50	0.10	0.40～0.8	0.40～0.8	—	—	0.20	—	0.20	—	0.05	0.15	余量
118	6060	0.30～0.6	0.10～0.30	0.10	0.10	0.35～0.6	0.05	—	0.15	—	0.10	—	0.05	0.15	余量
119	6061	0.40～0.8	0.7	0.15～0.40	0.15	0.8～1.2	0.04～0.35	—	0.25	—	0.15	—	0.05	0.15	余量
120	6061A	0.40～0.8	0.7	0.15～0.40	0.15	0.8～1.2	0.04～0.35	—	0.25	⑧	0.15	—	0.05	0.15	余量
121	6262	0.40～0.8	0.7	0.15～0.40	0.15	0.8～1.2	0.04～0.14	—	0.25	⑨	0.15	—	0.05	0.15	余量
122	6063	0.20～0.6	0.35	0.10	0.10	0.45～0.9	0.10	—	0.10	—	0.10	—	0.05	0.15	余量
123	6063A	0.30～0.6	0.15～0.35	0.10	0.15	0.6～0.9	0.05	—	0.15	—	0.10	—	0.05	0.15	余量
124	6463	0.20～0.6	0.15	0.20	0.05	0.45～0.9	—	—	0.05	—	—	—	0.05	0.15	余量
125	6463A	0.20～0.6	0.15	0.25	0.05	0.30～0.9	—	—	0.05	—	—	—	0.05	0.15	余量
126	6070	1.0～1.7	0.50	0.15～0.40	0.40～1.0	0.50～1.2	0.10	—	0.25	—	0.15	—	0.05	0.15	余量
127	6181	0.8～1.2	0.45	0.10	0.15	0.6～1.0	0.10	—	0.20	—	0.10	—	0.05	0.15	余量
128	6181A	0.7～1.1	0.15～0.50	0.25	0.40	0.6～1.0	0.15	—	0.30	0.10 V	0.25	—	0.05	0.15	余量
129	6082	0.7～1.3	0.50	0.10	0.40～1.0	0.6～1.2	0.25	—	0.20	—	0.10	—	0.05	0.15	余量
130	6082A	0.7～1.3	0.50	0.10	0.40～1.0	0.6～1.2	0.25	—	0.20	⑧	0.10	—	0.05	0.15	余量
131	7001	0.35	0.40	1.6～2.6	0.20	2.6～3.4	0.18～0.35	—	6.8～8.0	—	0.20	—	0.05	0.15	余量

续表

序号	牌号	化学成分(质量分数)/%													
		Si	Fe	Cu	Mn	Mg	Cr	Ni	Zn	V	Ti	Zr	其他		Al
													单个	合计	
132	7003	0.30	0.35	0.20	0.30	0.50～1.0	0.20	—	5.0～6.5	—	0.20	0.05～0.25	0.05	0.15	余量
133	7004	0.25	0.35	0.05	0.20～0.7	1.0～2.0	0.05	—	3.8～4.6	—	0.05	0.10～0.20	0.05	0.15	余量
134	7005	0.35	0.40	0.10	0.20～0.7	1.0～1.8	0.06～0.20	—	4.0～5.0	—	0.01～0.06	0.08～0.20	0.05	0.15	余量
135	7020	0.35	0.40	0.20	0.05～0.50	1.0～1.4	0.10～0.35	—	4.0～5.0	⑩	—	—	0.05	0.15	余量
136	7021	0.25	0.40	0.25	0.10	1.2～1.8	0.05	—	5.0～6.0	—	0.10	0.08～0.18	0.05	0.15	余量
137	7022	0.50	0.50	0.50～1.0	0.10～0.40	2.6～3.7	0.10～0.30	—	4.3～5.2	—	—	0.20 Ti+Zr	0.05	0.15	余量
138	7039	0.30	0.40	0.10	0.10～0.40	2.3～3.3	0.15～0.25	—	3.5～4.5	—	0.10	—	0.05	0.15	余量
139	7049	0.25	0.35	1.2～1.9	0.20	2.0～2.9	0.10～0.22	—	7.2～8.2	—	0.10	—	0.05	0.15	余量
140	7049A	0.40	0.50	1.2～1.9	0.50	2.1～3.1	0.05～0.25	—	7.2～8.4	—	—	0.25 Zr+Ti	0.05	0.15	余量
141	7050	0.12	0.15	2.0～2.6	0.10	1.9～2.6	0.04	—	5.7～6.7	—	0.06	0.08～0.15	0.05	0.15	余量
142	7150	0.12	0.15	1.9～2.5	0.10	2.0～2.7	0.04	—	5.9～6.9	—	0.06	0.08～0.15	0.05	0.15	余量
143	7055	0.10	0.15	2.0～2.6	0.05	1.8～2.3	0.04	—	7.6～8.4	—	0.06	0.08～0.25	0.05	0.15	余量
144	7072②	0.7 Si+Fe		0.10	0.10	0.10	—	—	0.8～1.3	—	—	—	0.05	0.15	余量
145	7075	0.40	0.50	1.2～2.0	0.30	2.1～2.9	0.18～0.28	—	5.1～6.1	⑪	0.20	—	0.05	0.15	余量
146	7175	0.15	0.20	1.2～2.0	0.10	2.1～2.9	0.18～0.28	—	5.1～6.1	—	0.10	—	0.05	0.15	余量
147	7475	0.10	0.12	1.2～1.9	0.06	1.9～2.6	0.18～0.25	—	5.2～6.2	—	0.06	—	0.05	0.15	余量

续表

序号	牌号	化学成分(质量分数)/%													
		Si	Fe	Cu	Mn	Mg	Cr	Ni	Zn	V	Ti	Zr	其他		Al
													单个	合计	
148	7085	0.06	0.08	1.3～2.0	0.04	1.2～1.8	0.04	—	7.0～8.0	—	0.06	0.08～0.15	0.05	0.15	余量
149	8001	0.17	0.45～0.7	0.15	—	—	—	0.9～1.3	0.05	⑫	—	—	0.05	0.15	余量
150	8006	0.40	1.2～2.0	0.30	0.30～1.0	0.10	—	—	0.10	—	—	—	0.05	0.15	余量
151	8011	0.50～0.9	0.6～1.0	0.10	0.20	0.05	0.05	—	0.10	—	0.08	—	0.05	0.15	余量
152	8011A	0.40～0.8	0.50～1.0	0.10	0.10	0.10	0.10	—	0.10	—	0.05	—	0.05	0.15	余量
153	8014	0.30	1.2～1.6	0.20	0.20～0.6	0.10	—	—	0.10	—	0.10	—	0.05	0.15	余量
154	8021	0.15	1.2～1.7	0.05	—	—	—	—	—	—	—	—	0.05	0.15	余量
155	8021B	0.40	1.1～1.7	0.05	0.03	0.01	0.03	—	0.05	—	0.05	—	0.03	0.10	余量
156	8050	0.15～0.30	1.1～1.2	0.05	0.45～0.55	0.05	0.05	—	0.10	—	—	—	0.05	0.15	余量
157	8150	0.30	0.9～1.3	—	0.20～0.7	—	—	—	—	—	0.05	—	0.05	0.15	余量
158	8079	0.05～0.30	0.7～1.3	0.05	—	—	—	—	0.10	—	—	—	0.05	0.15	余量
159	8090	0.20	0.30	1.0～1.6	0.10	0.6～1.3	0.10	—	0.25	⑬	0.10	0.04～0.16	0.05	0.15	余量

① 焊接电极及填料焊丝的 $w(Be) \leqslant 0.0003\%$。
② 主要用作包覆材料。
③ $w(Si+Fe) \leqslant 0.14\%$。
④ $w(B) \leqslant 0.02\%$。
⑤ $w(Bi)$：0.20%～0.6%，$w(Pb)$：0.20%～0.6%。
⑥ 经供需双方协商并同意，挤压产品与锻件的 $w(Zr+Ti)$ 最大可达 0.20%。
⑦ $w(Si+Fe) \leqslant 0.40\%$。
⑧ $w(Pb) \leqslant 0.003\%$。
⑨ $w(Bi)$：0.40%～0.7%，$w(Pb)$：0.40%～0.7%。
⑩ $w(Zr)$：0.08%～0.20%，$w(Zr+Ti)$：0.08%～0.25%。
⑪ 经供需双方协商并同意，挤压产品与锻件的 $w(Zr+Ti)$ 最大可达 0.25%。
⑫ $w(B) \leqslant 0.001\%$，$w(Cd) \leqslant 0.003\%$，$w(Co) \leqslant 0.001\%$，$w(Li) \leqslant 0.008\%$。
⑬ $w(Li)$：2.2%～2.7%。

表 9-4 变形铝及铝合金牌号和化学成分（GB/T 3190—2008）

序号	牌号	化学成分(质量分数)/%														备注
		Si	Fe	Cu	Mn	Mg	Cr	Ni	Zn	V	Ti	Zr	其他		Al	
													单个	合计		
1	1A99	0.003	0.003	0.005	—	—	—	—	0.001	—	0.002	—	0.002	—	99.99	LG5
2	1B99	0.0013	0.0015	0.0030	—	—	—	—	0.001	—	0.001	—	0.001	—	99.993	—
3	1C99	0.0010	0.0010	0.0015	—	—	—	—	0.001	—	0.001	—	0.001	—	99.995	—
4	1A97	0.015	0.015	0.005	—	—	—	—	0.001	—	0.002	—	0.005	—	99.97	LG4
5	1B97	0.015	0.030	0.005	—	—	—	—	0.001	—	0.005	—	0.005	—	99.97	—
6	1A95	0.030	0.030	0.010	—	—	—	—	0.003	—	0.008	—	0.005	—	99.95	—
7	1B95	0.030	0.040	0.010	—	—	—	—	0.003	—	0.008	—	0.005	—	99.95	—
8	1A93	0.040	0.040	0.010	—	—	—	—	0.005	—	0.010	—	0.007	—	99.93	LG3
9	1B93	0.040	0.050	0.010	—	—	—	—	0.005	—	0.010	—	0.007	—	99.93	—
10	1A90	0.060	0.060	0.010	—	—	—	—	0.008	—	0.015	—	0.01	—	99.90	LG2
11	1B90	0.060	0.060	0.010	—	—	—	—	0.008	—	0.010	—	0.01	—	99.90	—
12	1A85	0.08	0.10	0.01	—	—	—	—	0.01	—	0.01	—	0.01	—	99.85	LG1
13	1A80	0.15	0.15	0.03	0.02	0.02	—	—	0.03	0.03 Ga,0.05 V	0.03	—	0.02	—	99.80	—
14	1A80A	0.15	0.15	0.03	0.02	0.02	—	—	0.06	0.03Ga	0.02	—	0.02	—	99.80	—
15	1A60	0.11	0.25	0.01	—	—	—	—	—	—	0.02V+Ti+Mn+Cr	—	0.03	—	99.60	—
16	1A50	0.30	0.30	0.01	0.05	0.05	—	—	0.03	0.45Fe+Si	—	—	0.03	—	99.50	LB2
17	1R50	0.11	0.25	0.01	—	—	—	—	—	0.03～0.30RE	0.02V+Ti+Mn+Cr	—	0.03	—	99.50	—
18	1R35	0.25	0.35	0.05	0.03	0.03	—	—	0.05	0.10～0.25RE,0.05V	0.03	—	0.03	—	99.35	—
19	1A30	0.10～0.20	0.15～0.30	0.05	0.01	0.01	—	0.01	0.02	—	0.02	—	0.03	—	99.30	L4-1
20	1B30	0.05～0.15	0.20～0.30	0.03	0.12～0.18	0.03	—	—	0.03	—	0.02～0.05	—	0.03	—	99.30	—

续表

序号	牌号	化学成分(质量分数)/%														备注
		Si	Fe	Cu	Mn	Mg	Cr	Ni	Zn	V	Ti	Zr	其他		Al	
													单个	合计		
21	2A01	0.50	0.50	2.2～3.0	0.20	0.20～0.50	—	—	0.10	—	0.15	—	0.05	0.10	余量	LY1
22	2A02	0.30	0.30	2.6～3.2	0.45～0.7	2.0～2.4	—	—	0.10	—	0.15	—	0.05	0.10	余量	LY2
23	2A04	0.30	0.30	3.2～3.7	0.50～0.8	2.1～2.6	—	—	0.10	0.001～0.01Be①	0.05～0.40	—	0.05	0.10	余量	LY4
24	2A06	0.50	0.50	3.8～4.3	0.50～1.0	1.7～2.3	—	—	0.10	0.001～0.005Be①	0.03～0.15	—	0.05	0.10	余量	LY6
25	2B06	0.20	0.30	3.8～4.3	0.40～0.9	1.7～2.3	—	—	0.10	0.0002～0.005Be	0.10	—	0.05	0.10	余量	—
26	2A10	0.25	0.20	3.9～4.5	0.30～0.50	0.15～0.30	—	—	0.10	—	0.15	—	0.05	0.10	余量	LY10
27	2A11	0.7	0.7	3.8～4.8	0.40～0.8	0.40～0.8	—	0.10	0.30	0.7Fe+Ni	0.15	—	0.05	0.10	余量	LY11
28	2B11	0.50	0.50	3.8～4.5	0.40～0.8	0.40～0.8	—	—	0.10	—	0.15	—	0.05	0.10	余量	LY8
29	2A12	0.50	0.50	3.8～4.9	0.30～0.9	1.2～1.8	—	0.10	0.30	0.50Fe+Ni	0.15	—	0.05	0.10	余量	LY12
30	2B12	0.50	0.50	3.8～4.5	0.30～0.7	1.2～1.6	—	—	0.10	—	0.15	—	0.05	0.10	余量	LY9
31	2D12	0.20	0.30	3.8～4.9	0.30～0.9	1.2～1.8	—	0.05	0.10	—	0.10	—	0.05	0.10	余量	—
32	2E12	0.06	0.12	4.0～4.6	0.40～0.7	1.2～1.8	—	—	0.15	0.0002～0.005Be	0.10	—	0.10	0.15	余量	—
33	2A13	0.7	0.6	4.0～5.0	—	0.30～0.50	—	—	0.6	—	0.15	—	0.05	0.10	余量	LY13
34	2A14	0.6～1.2	0.7	3.9～4.8	0.40～1.0	0.40～0.8	—	0.10	0.30	—	0.15	—	0.05	0.10	余量	LD10
35	2A16	0.30	0.30	6.0～7.0	0.40～0.8	0.05	—	—	0.10	—	0.10～0.20	0.20	0.05	0.10	余量	LY16

续表

序号	牌号	化学成分(质量分数)/%											其他			备注
		Si	Fe	Cu	Mn	Mg	Cr	Ni	Zn	V	Ti	Zr	单个	合计	Al	
36	2B16	0.25	0.30	5.8～6.8	0.20～0.40	0.05	—	—	—	0.05～0.15V	0.08～0.20	0.10～0.25	0.05	0.10	余量	LY16-1
37	2A17	0.30	0.30	6.0～7.0	0.40～0.8	0.25～0.45	—	—	0.10	—	0.10～0.20	—	0.05	0.10	余量	LY17
38	2A20	0.20	0.30	5.8～6.8	—	0.02	—	—	0.10	0.05～0.15V 0.001～0.01B	0.07～0.16	0.10～0.25	0.05	0.15	余量	LY20
39	2A21	0.20	0.20～0.6	3.0～4.0	0.05	0.8～1.2	—	1.8～2.3	0.20	—	0.05	—	0.05	0.15	余量	—
40	2A23	0.05	0.06	1.8～2.8	0.20～0.6	0.6～1.2	—	—	0.15	0.30～0.9Li	0.15	0.06～0.16	0.10	0.15	余量	—
41	2A24	0.20	0.30	3.8～4.8	0.6～0.9	1.2～1.8	0.10	—	0.25	—	0.20Ti+Zr	0.08～0.12	0.05	0.15	余量	—
42	2A25	0.06	0.06	3.6～4.2	0.50～0.7	1.0～1.5	—	0.06	—	—	—	—	0.05	0.10	余量	—
43	2B25	0.05	0.15	3.1～4.0	0.20～0.8	1.2～1.8	—	0.15	0.10	0.0003～0.0008Be	0.03～0.07	0.08～0.25	0.05	0.10	余量	—
44	2A39	0.05	0.06	3.4～5.0	0.30～0.8	0.30～0.8	—	—	0.30	0.30～0.6Ag	0.15	0.10～0.25	0.10	0.15	余量	—
45	2A40	0.25	0.35	4.5～5.2	0.40～0.6	0.50～1.0	0.10～0.20	—	—	—	0.04～0.12	0.10～0.25	0.05	0.15	余量	—
46	2A49	0.25	0.8～1.2	3.2～3.8	0.30～0.6	1.8～2.2	—	0.8～1.2	—	—	0.08～0.12	—	0.05	0.15	余量	—
47	2A50	0.7～1.2	0.7	1.8～2.6	0.40～0.8	0.40～0.8	—	0.10	0.30	0.7Fe+Ni	0.15	—	0.05	0.10	余量	LD5
48	2B50	0.7～1.2	0.7	1.8～2.6	0.40～0.8	0.40～0.8	0.01～0.20	0.10	0.30	0.7Fe+Ni	0.02～0.10	—	0.05	0.10	余量	LD6
49	2A70	0.35	0.9～1.5	1.9～2.5	0.20	1.4～1.8	—	0.9～1.5	0.30	—	0.02～0.10	—	0.05	0.10	余量	LD7
50	2B70	0.25	0.9～1.4	1.8～2.7	0.20	1.2～1.8	—	0.8～1.4	0.15	0.05Pb,0.05Sn	0.10	0.20Ti+Zr	0.05	0.15	余量	—

续表

序号	牌号	化学成分(质量分数)/%														备注
		Si	Fe	Cu	Mn	Mg	Cr	Ni	Zn	V	Ti	Zr	其他		Al	
													单个	合计		
51	2D70	0.10～0.25	0.9～1.4	2.0～2.6	0.10	1.2～1.8	0.10	0.9～1.4	0.10	—	0.05～0.10	—	0.05	0.10	余量	—
52	2A80	0.50～1.2	1.0～1.6	1.9～2.5	0.20	1.4～1.8	—	0.9～1.5	0.30	—	0.15	—	0.05	0.10	余量	LD8
53	2A90	0.50～1.0	0.50～1.0	3.5～4.5	0.20	0.40～0.8	—	1.8～2.3	0.30	—	0.15	—	0.05	0.10	余量	LD9
54	2A97	0.15	0.15	2.0～3.2	0.20～0.6	0.25～0.50	—	—	0.17～1.0	0.001～0.10Be 0.8～2.3Li	0.001～0.10	0.08～0.20	0.05	0.15	余量	—
55	3A21	0.6	0.7	0.20	1.0～1.6	0.05	—	—	0.10[②]	—	0.15	—	0.05	0.10	余量	LF21
56	4A01	4.5～6.0	0.6	0.20	—	—	—	—	0.10Zn+Sn	—	0.15	—	0.05	0.15	余量	LT1
57	4A11	11.5～13.5	1.0	0.50～1.3	0.20	0.8～1.3	0.10	0.50～1.3	0.25	—	0.15	—	0.05	0.15	余量	LD11
58	4A13	6.8～8.2	0.50	0.15Cu+Zn	0.50	0.05	—	—	—	0.10Ca	0.15	—	0.05	0.15	余量	LT13
59	4A17	11.0～12.5	0.50	0.15Cu+Zn	0.50	0.05	—	—	—	0.10Ca	0.15	—	0.05	0.15	余量	LT17
60	4A91	1.0～4.0	0.7	0.7	1.2	1.0	0.20	0.20	1.2	—	0.20	—	0.05	0.15	余量	—
61	5A01	0.40Si+Fe		0.10	0.30～0.7	6.0～7.0	0.10～0.20	—	0.25	—	0.15	0.10～0.20	0.05	0.15	余量	LF15
62	5A02	0.40	0.40	0.10	或Cr 0.15～0.40	2.0～2.8	—	—	—	0.6Si+Fe	0.15	—	0.05	0.15	余量	LF2
63	5B02	0.40	0.40	0.10	0.20～0.6	1.8～2.6	0.05	—	0.20	—	0.10	—	0.05	0.10	余量	—
64	5A03	0.50～0.8	0.50	0.10	0.30～0.6	3.2～3.8	—	—	0.20	—	0.15	—	0.05	0.10	余量	LF3

续表

序号	牌号	化学成分(质量分数)/%														备注
		Si	Fe	Cu	Mn	Mg	Cr	Ni	Zn	V	Ti	Zr	其他		Al	
													单个	合计		
65	5A05	0.50	0.50	0.10	0.30～0.6	4.8～5.5	—	—	0.20	—	—	—	0.05	0.10	余量	LF5
66	5B05	0.40	0.40	0.20	0.20～0.6	4.7～5.7	—	—	—	0.6Si+Fe	0.15	—	0.05	0.10	余量	LF10
67	5A06	0.40	0.40	0.10	0.50～0.8	5.8～6.8	—	—	0.20	0.0001～0.005Be①	0.02～0.10	—	0.05	0.10	余量	LF6
68	5B06	0.40	0.40	0.10	0.50～0.8	5.8～6.8	—	—	0.20	0.0001～0.005Be①	0.10～0.30	—	0.05	0.10	余量	LF14
69	5A12	0.30	0.30	0.05	0.40～0.8	8.3～9.6	—	0.10	0.20	0.005Be 0.004～0.05Sb	0.05～0.15	—	0.05	0.10	余量	LF12
70	5A13	0.30	0.30	0.05	0.40～0.8	9.2～10.5	—	0.10	0.20	0.005Be 0.004～0.05Sb	0.05～0.15	—	0.05	0.10	余量	LF13
71	5A25	0.20	0.30	—	0.05～0.50	5.0～6.3	—	—	—	0.0002～0.002Be 0.10～0.40Sc	0.10	0.06～0.20	0.10	0.15	余量	—
72	5A30	0.40Si+Fe		0.10	0.50～1.0	4.7～5.5	—	—	0.25	0.05～0.20Cr	0.03～0.15	—	0.05	0.10	余量	LF16
73	5A33	0.35	0.35	0.10	0.10	6.0～7.5	—	—	0.50～1.5	0.0005～0.005Be①	0.05～0.15	0.10～0.30	0.05	0.10	余量	LF33
74	5A41	0.40	0.40	0.10	0.30～0.6	6.0～7.0	—	—	0.20	—	0.02～0.10	—	0.05	0.10	余量	LT41
75	5A43	0.40	0.40	0.10	0.15～0.40	0.6～1.4	—	—	—	—	0.15	—	0.05	0.15	余量	LF43
76	5A56	0.15	0.20	0.10	0.30～0.40	5.5～6.5	0.10～0.20	—	0.50～1.0	—	0.10～0.18	—	0.05	0.15	余量	—
77	5A66	0.005	0.01	0.005	—	1.5～2.0	—	—	—	—	—	—	0.005	0.01	余量	LT66
78	5A70	0.15	0.25	0.05	0.30～0.7	5.5～6.3	—	—	0.05	0.15～0.30Sc 0.0005～0.005Be	0.02～0.05	0.05～0.15	0.05	0.15	余量	—
79	5B70	0.10	0.20	0.05	0.15～0.40	5.5～6.5	—	—	0.05	0.20～0.40Sc 0.0005～0.005Be	0.02～0.05	0.10～0.20	0.05	0.15	余量	—

续表

序号	牌号	化学成分(质量分数)/%														备注
		Si	Fe	Cu	Mn	Mg	Cr	Ni	Zn	V	Ti	Zr	其他		Al	
													单个	合计		
80	5A71	0.20	0.30	0.05	0.30～0.7	5.8～6.8	0.10～0.20	—	0.05	0.20～0.35Sc 0.0005～0.005Be	0.05～0.15	0.05～0.15	0.05	0.15	余量	—
81	5B71	0.20	0.30	0.10	0.30	5.8～6.8	0.30	—	0.30	0.30～0.50Sc 0.0005～0.005Be 0.003B	0.02～0.05	0.08～0.15	0.05	0.15	余量	—
82	5A90	0.15	0.20	0.05	—	4.5～6.0	—	—	—	0.005Na 1.9～2.3Li	0.10	0.08～0.15	0.05	0.15	余量	—
83	6A01	0.40～0.9	0.35	0.35	0.50	0.40～0.8	0.30	—	0.25	0.50Mn+Cr	—	—	0.05	0.10	余量	6N01
84	6A02	0.50～1.2	0.50	0.20～0.6	或Cr0.15～0.35	0.45～0.9	—	—	0.20	—	0.15	—	0.05	0.10	余量	LD2
85	6B02	0.7～1.1	0.40	0.10～0.40	0.10～0.30	0.40～0.8	—	—	0.15	—	0.01～0.04	—	0.05	0.10	余量	LD2-1
86	6R05	0.40～0.9	0.30～0.50	0.15～0.25	0.10	0.20～0.6	0.10	—	—	0.10～0.20RE	0.10	—	0.05	0.15	余量	—
87	6A10	0.7～1.1	0.50	0.30～0.8	0.30～0.9	0.7～1.1	0.05～0.25	—	0.20	—	0.02～0.10	0.04～0.20	0.05	0.15	余量	—
88	6A51	0.50～0.7	0.50	0.15～0.35	—	0.45～0.6	—	—	0.25	0.15～0.35Sn	0.01～0.04	—	0.05	0.15	余量	—
89	6A60	0.7～1.1	0.30	0.6～0.8	0.50～0.7	0.7～1.0	—	—	0.20～0.40	0.30～0.50Ag	0.04～0.12	0.10～0.20	0.05	0.15	余量	—
90	7A01	0.30	0.30	0.01	—	—	—	—	0.9～1.3	0.45Si+Fe	—	—	0.03	—	余量	LB1
91	7A03	0.20	0.20	1.8～2.4	0.10	1.2～1.6	0.05	—	6.0～6.7	—	0.02～0.08	—	0.05	0.10	余量	LC3
92	7A04	0.50	0.50	1.4～2.0	0.20～0.6	1.8～2.8	0.10～0.25	—	5.0～7.0	—	0.10	—	0.05	0.10	余量	LC4
93	7B04	0.10	0.05～0.25	1.4～2.0	0.20～0.6	1.8～2.8	0.10～0.25	0.10	5.0～6.5	—	0.05	—	0.05	0.10	余量	—

续表

序号	牌号	化学成分(质量分数)/%														备注
		Si	Fe	Cu	Mn	Mg	Cr	Ni	Zn	V	Ti	Zr	其他		Al	
													单个	合计		
94	7C04	0.30	0.30	1.4～2.0	0.30～0.50	2.0～2.6	0.10～0.25	—	5.5～6.5	—	—	—	0.05	0.10	余量	—
95	7D04	0.10	0.15	1.4～2.2	0.10	2.0～2.6	0.05	—	5.5～6.7	0.02～0.07Be	0.10	0.08～0.16	0.05	0.10	余量	—
96	7A05	0.25	0.25	0.20	0.15～0.40	1.1～1.7	0.05～0.15	—	4.4～5.0	—	0.02～0.06	0.10～0.25	0.05	0.15	余量	—
97	7B05	0.30	0.35	0.20	0.20～0.7	1.0～2.0	0.30	—	4.0～5.0	0.10V	0.20	0.25	0.05	0.10	余量	7N01
98	7A09	0.50	0.50	1.2～2.0	0.15	2.0～3.0	0.16～0.30	—	5.1～6.1	—	0.10	—	0.05	0.10	余量	LC9
99	7A10	0.30	0.30	0.50～1.0	0.20～0.35	3.0～4.0	0.10～0.20	—	3.2～4.2	—	0.10	—	0.05	0.10	余量	LC10
100	7A12	0.10	0.06～0.15	0.8～1.2	0.10	1.6～2.2	0.05	—	6.3～7.2	0.0001～0.02Be	0.03～0.06	0.10～0.18	0.05	0.10	余量	—
101	7A15	0.50	0.50	0.50～1.0	0.10～0.40	2.4～3.0	0.10～0.30	—	4.4～5.4	0.005～0.01Be	0.05～0.15	—	0.05	0.15	余量	LC15
102	7A19	0.30	0.40	0.08～0.30	0.30～0.50	1.3～1.9	0.10～0.20	—	4.5～5.3	0.0001～0.004Be①	—	0.08～0.20	0.05	0.15	余量	LC19
103	7A31	0.30	0.6	0.10～0.40	0.20～0.40	2.5～3.3	0.10～0.20	—	3.6～4.5	0.0001～0.001Be①	0.02～0.10	0.08～0.25	0.05	0.15	余量	—
104	7A33	0.25	0.30	0.25～0.55	0.05	2.2～2.7	0.10～0.20	—	4.6～5.4	—	0.05	—	0.05	0.10	余量	—
105	7B50	0.12	0.15	1.8～2.6	0.10	2.0～2.8	0.04	—	6.0～7.0	0.0002～0.002Be	0.10	0.08～0.16	0.10	0.15	余量	—
106	7A52	0.25	0.30	0.05～0.20	0.20～0.50	2.0～2.8	0.15～0.25	—	4.0～4.8	—	0.05～0.18	0.05～0.15	0.05	0.15	余量	LC52
107	7A55	0.10	0.10	1.8～2.5	0.05	1.8～2.8	0.04	—	7.5～8.5	—	0.01～0.05	0.08～0.20	0.10	0.15	余量	—

续表

序号	牌号	化学成分(质量分数)/%														备注
		Si	Fe	Cu	Mn	Mg	Cr	Ni	Zn	V	Ti	Zr	其他		Al	
													单个	合计		
108	7A68	0.15	0.35	2.0～2.6	0.15～0.40	1.6～2.5	0.10～0.20	—	6.5～7.2	0.005Be	0.05～0.20	0.05～0.20	0.05	0.15	余量	—
109	7B68	0.05	0.05	2.0～2.6	0.05	1.8～2.8	0.04	—	7.8～9.0	—	0.01～0.05	0.08～0.25	0.10	0.15	余量	—
110	7D68	0.12	0.25	2.0～2.6	0.10	2.3～3.0	0.05	—	8.0～9.0	0.0002～0.002Be	0.03	0.10～0.20	0.05	0.10	余量	7A60
111	7A85	0.05	0.08	1.2～2.0	0.10	1.2～2.0	0.05	—	7.0～8.2	—	0.05	0.08～0.16	0.05	0.15	余量	—
112	7A88	0.50	0.75	1.0～2.0	0.20～0.6	1.5～2.8	0.05～0.20	0.20	4.5～6.0	—	0.10	—	0.10	0.20	余量	—
113	8A01	0.05～0.30	0.18～0.40	0.15～0.35	0.08～0.35	—	—	—	—	—	0.01～0.03	—	0.05	0.15	余量	—
114	8A06	0.55	0.50	0.10	0.10	0.10	—	—	0.10	1.0Si+Fe	—	—	0.05	0.15	余量	L6

① 铍含量均按规定加入，可不作分析。

② 做铆钉线材的 3A21 合金，锌含量不大于 0.03%。

注：1. 变形铝及铝合金的化学成分应符合表 9-3、表 9-4 规定。表中“其他”一栏是指表中未列出的金属元素。表中含量为单个数值者，铝为最低限，其他元素为最高限，极限数值表示方法如下：

1XXX 牌号的铁、硅之和的极限值 ………………………………………………………………… 0.XX 或 1.XX；

其他极限值：

<0.001% ……………………………………………………………………………………… 0.000X；

0.001%～<0.01% ……………………………………………………………………………… 0.00X；

0.01%～<0.10% ………………………………………………………………………………… 0.0X；

0.10%～0.55% …………………………………………………………………………………… 0.XX；

>0.55% ……………………………………………………………………………… 0.X、X.X、XX.X、等。

2. 食品行业用铝及铝合金材料应控制 w (Cd+Hg+Pb+Cr^{6+})≤0.01%、w(As)≤0.01%；电器、电子设备行业用铝及铝合金材料应控制 w(Pb)≤0.1%、w(Hg)≤0.1%、w(Cd)≤0.01%、w(Cr^{6+})≤0.1%。

表 9-5　变形铝及铝合金的新旧牌号对照表（GB/T 3190—2008）

新牌号	曾用牌号	新牌号	曾用牌号	新牌号	曾用牌号
1A99	LG5	2A21	214	5A66	LT66
1B99	—	2A23	—	5A70	—
1C99	—	2A24	—	5B70	—
1A97	LG4	2A25	225	5A71	—
1B97	—	2B25	—	5B71	—
1A95	—	2A39	—	5A90	—
1B95	—	2A40	—	6A01	6N01
1A93	LG3	2A49	149	6A02	LD2
1B93	—	2A50	LD5	6B02	LD2-1
1A90	LC2	2B50	LD6	6R05	—
1B90	—	2A70	LD7	6A10	—
1A85	LG1	2B70	LD7-1	6A51	651
1A80	—	2D70	—	6A60	—
1A80A	—	2A80	LD8	7A01	LB1
1A60	—	2A90	LD9	7A03	LC3
1A50	LB2	2A97	—	7A04	LC4
1R50	—	3A21	LF21	7B04	—
1R35	—	4A01	LT1	7C04	—
1A30	L4-1	4A11	LD11	7D04	—
1B30	—	4A13	LT13	7A05	705
2A01	LY1	4A17	LT17	7B05	7N01
2A02	LY2	4A91	491	7A09	LC9
2A04	LY4	5A01	2102、LF15	7A10	LC10
2A06	LY6	5A02	LF2	7A12	—
2B06	—	5B02	—	7A15	LC15、157
2A10	LY10	5A03	LF3	7A19	919、LC19
2A11	LY11	5A05	LF5	7A31	183-1
2B11	LY8	5B05	LF10	7A33	LB733
2A12	LY12	5A06	LF6	7B50	—
2B12	LY9	5B06	LF14	7A52	LC52、5210
2D12	—	5A12	LF12	7A55	—
2E12	—	5A13	LF13	7A68	—
2A13	LY13	5A25	—	7B68	—
2A14	LD10	5A30	2103、LF16	7D68	7A60
2A16	LY16	5A33	LF33	7A85	—
2B16	LY16-1	5A41	LT41	7A88	—
2A17	LY17	5A43	LF43	8A01	—
2A20	LY20	5A56	—	8A06	L6

表 9-6 铸造铝合金锭的牌号和化学成分（GB/T 8733—2007）

序号	合金牌号	对应 ISO 3522：2006(E)的合金类型（Alloy Group）	质量分数/%											其他杂质[①]		Al[②]	原合金代号
			Si	Fe	Cu	Mn	Mg	Ni	Zn	Sn	Ti	Zr	Pb	单个	合计		
1	201Z.1	AlCu	0.30	0.20	4.5～5.3	0.6～1.0	0.05	0.10	0.20	—	0.15～0.35	0.20	—	0.05	0.15	余量	ZLD201
2	201Z.2	AlCu	0.05	0.10	4.8～5.3	0.6～1.0	0.05	0.05	0.10	—	0.15～0.35	0.15	—	0.05	0.15	余量	ZLD201A
3	201Z.3	AlCu	0.20	0.15	4.5～5.1	0.35～0.8	0.05	—	—	Cd：0.07～0.25	0.15～0.35	0.15	—	0.05	0.15	余量	ZLD210A
4	201Z.4	AlCu	0.05	0.13	4.6～5.3	0.6～0.9	0.05	—	0.10	Cd：0.15～0.25	0.15～0.35	0.15	—	0.05	0.15	余量	ZLD204A
5	201Z.5	AlCu	0.05	0.10	4.6～5.3	0.30～0.50	0.05	B：0.01～0.06	0.10	Cd：0.15～0.25	0.15～0.35	0.05～0.20	V：0.05～0.30	0.05	0.15	余量	ZLD205A
6	210Z.1	AlCu	4.0～6.0	0.50	5.0～8.0	0.50	0.30～0.50	0.30	0.50	0.01	—	—	0.05	0.05	0.20	余量	ZLD110
7	295Z.1	AlCu	1.2	0.6	4.0～5.0	0.10	0.03	—	0.20	0.01	0.20	0.10	0.05	0.05	0.15	余量	ZLD203
8	304Z.1	AlSiMgTi	1.6～2.4	0.50	0.08	0.30～0.50	0.50～0.65	0.05	0.10	0.05	0.07～0.15	—	0.05	0.05	0.15	余量	—
9	312Z.1	AlSi12Cu	11.0～13.0	0.40	1.0～2.0	0.30～0.9	0.50～1.0	0.30	0.20	0.01	0.20	—	0.05	0.05	0.20	余量	ZLD108
10	315Z.1	（AlSi5ZnMg）	4.8～6.2	0.25	0.10	0.10	0.45～0.7	Sb：0.10～0.25	1.2～1.8	0.01	—	—	0.05	0.05	0.20	余量	ZLD115
11	319Z.1	AlSi5Cu	4.0～6.0	0.7	3.0～4.5	0.55	0.25	0.30	0.55	0.05	0.20	Cr：0.15	0.15	0.05	0.20	余量	—
12	319Z.2	AlSi5Cu	5.0～7.0	0.8	2.0～4.0	0.50	0.50	0.35	1.0	0.10	0.20	Cr：0.20	0.20	0.10	0.30	余量	—
13	319Z.3	AlSi5Cu	6.5～7.5	0.40	3.5～4.5	0.30	0.10	—	0.20	0.01	—	—	0.05	0.05	0.20	余量	ZLD107
14	328Z.1	AlSi9Cu	7.5～8.5	0.50	1.0～1.5	0.30～0.50	0.35～0.55	—	0.20	0.01	0.10～0.25	—	0.05	0.05	0.20	余量	ZLD106
15	333Z.1	AlSi9Cu	7.0～10.0	0.8	2.0～4.0	0.50	0.50	0.35	1.0	0.10	0.20	Cr：0.20	0.20	0.10	0.30	余量	—
16	336Z.1	AlSiCuNiMg	11.0～13.0	0.40	0.50～1.5	0.20	0.9～1.5	0.8～1.5	0.20	0.01	0.20	—	0.05	0.05	0.20	余量	ZLD109

续表

序号	合金牌号	对应 ISO 3522：2006(E)的合金类型（Alloy Group）	质量分数/%													原合金代号
			Si	Fe	Cu	Mn	Mg	Ni	Zn	Sn	Ti	Zr	Pb	其他杂质①单个	其他杂质①合计	Al②	
17	336Z.2	AlSiCuNiMg	11.0～13.0	0.7	0.8～1.3	0.15	0.8～1.3	0.8～1.5	0.15	0.05	0.20	Cr：0.10	0.05	0.05	0.20		—
18	354Z.1	AlSi9Cu	8.0～10.0	0.35	1.3～1.8	0.10～0.35	0.45～0.65	—	0.10	0.01	0.10～0.35	—	0.05	0.05	0.20		ZLD111
19	355Z.1		4.5～5.5	0.45	1.0～1.5	0.50	0.45～0.65	Be：0.10	0.20	0.01	Ti+Zr：0.15	—	0.05	0.05	0.15		ZLD105
20	335Z.2	AlSi5Cu	4.5～5.5	0.15	1.0～1.5	0.10	0.50～0.65	—	0.10	0.01	—	—	0.05	0.05	0.15		ZLD105A
21	356Z.1		6.5～7.5	0.45	0.20	0.35	0.30～0.50	Be：0.10	0.20	0.01	Ti+Zr：0.15	—	0.05	0.05	0.15		ZLD101
22	356Z.2		6.5～7.5	0.12	0.10	0.05	0.30～0.50	0.05	0.05	0.01	0.08～0.20	—	0.05	0.05	0.15		ZLD101A
23	356Z.3		6.5～7.5	0.12	0.05	0.05	0.30～0.40	—	0.05	—	0.10～0.20	—	—	0.05	0.15		—
24	356Z.4		6.8～7.3	0.10	0.02	0.02	0.30～0.40	Sr：0.020～0.035	0.10	—	0.10～0.15	Ca：0.003	—	0.05	0.15		—
25	356Z.5	AlSi7Mg	6.5～7.5	0.15	0.20	0.05	0.30～0.45	—	0.10	—	0.10～0.20	—	—	0.05	0.15	余量	—
26	356Z.6		6.5～7.5	0.40	0.20	0.6	0.25～0.40	0.05	0.30	0.05	0.20	—	0.05	0.05	0.15		—
27	356Z.7		6.5～7.5	0.15	0.10	0.10	0.50～0.65	—	—	—	0.10～0.20	—	—	0.05	0.15		ZLD114A
28	356Z.8		6.5～8.5	0.50	0.30	0.10	0.40～0.6	Be：0.15～0.40	0.30	0.01	0.10～0.30	Zr：0.20 B：0.10	0.05	0.05	0.20		ZLD116
29	A356.2		6.5～7.5	0.12	0.10	0.05	0.30～0.45	—	0.05	—	0.20	—	—	0.05	0.15		—
30	360Z.1		9.0～11.0	0.40	0.03	0.45	0.25～0.45	0.05	0.10	0.05	0.15	—	0.05	0.05	0.15		—
31	360Z.2		9.0～11.0	0.45	0.08	0.45	0.25～0.45	0.05	0.10	0.05	0.15	—	0.05	0.05	0.15		—
32	360Z.3	AlSi10Mg	9.0～11.0	0.55	0.30	0.55	0.25～0.45	0.15	0.35	—	0.15	—	0.10	0.05	0.15		—
33	360Z.4		9.0～11.0	0.45～0.9	0.08	0.55	0.25～0.50	0.15	0.15	0.05	0.15	—	0.15	0.05	0.15		—

续表

序号	合金牌号	对应 ISO 3522：2006(E)的合金类型(Alloy Group)	质量分数/% Si	Fe	Cu	Mn	Mg	Ni	Zn	Sn	Ti	Zr	Pb	其他杂质① 单个	其他杂质① 合计	Al②	原合金代号
34	360Z.5	AlSi10Mg	9.0～10.0	0.15	0.03	0.10	0.30～0.45	—	0.07	—	0.15	—	—	0.03	0.10		—
35	360Z.6		8.0～10.5	0.45	0.10	0.20～0.50	0.20～0.35	—	0.25	0.01	Ti+Zr：0.15	—	0.05	0.05	0.20		ZLD104
36	360Y.6		8.0～10.5	0.8	0.30	0.20～0.50	0.20～0.35	—	0.10	0.01	Ti+Zr：0.15	—	0.05	0.05	0.20		YLD104
37	A360.1		9.0～10.0	1.0	0.6	0.35	0.45～0.6	0.50	0.40	0.15	—	—	—	—	0.25		—
38	A380.1	AlSi9Cu	7.5～9.5	1.0	3.0～4.0	0.50	0.10	0.50	2.9	0.35	—	—	—	—	0.50		—
39	A380.2		7.5～9.5	0.6	3.0～4.0	0.10	0.10	0.10	0.10	—	—	—	—	0.05	0.15		—
40	380Y.1	AlSi9Cu	7.5～9.5	0.9	2.5～4.0	0.6	0.30	0.50	1.0	0.20	0.20	—	0.30	0.05	0.20		YLD112
41	380Y.2		7.5～9.5	0.9	2.0～4.0	0.50	0.30	0.50	1.0	0.20	—	—	—	—	0.20		—
42	383.1		9.5～11.5	0.6～1.0	2.0～3.0	0.50	0.10	0.30	2.9	0.15	—	—	—	—	0.50		—
43	383.3		9.5～11.5	0.6～1.0	2.0～3.0	0.10	0.10	0.10	0.10	0.10	—	—	—	—	0.20	余量	—
44	383Y.1		9.6～12.0	0.9	1.5～3.5	0.50	0.30	0.50	3.0	0.20	—	—	—	—	0.20		—
45	383Y.2		9.6～12.0	0.9	2.0～3.5	0.50	0.30	0.50	0.8	0.20	—	—	—	0.05	0.30		YLD113
46	383Y.3		9.6～12.0	0.9	1.5～3.5	0.50	0.30	0.50	1.0	0.20	—	—	—	—	0.20		—
47	390Y.1	AlSi17Cu	16.0～18.0	0.9	4.0～5.0	0.50	0.50～0.65	0.30	1.5	0.30	—	—	—	0.05	0.20		YLD117
48	398Z.1	AlSi20Cu	19～22	0.50	1.0～2.0	0.30～0.50	0.50～0.8	RE：0.6～1.5	0.10	0.01	0.20	0.10	0.05	0.05	0.20		ZLD118
49	411Z.1	AlSi(11)	10.0～11.8	0.15	0.03	0.10	0.45	—	0.07	—	0.15	—	—	0.03	0.10		—
50	411Z.2		8.0～11.0	0.55	0.08	0.50	0.10	0.05	0.15	0.05	0.15	—	0.05	0.05	0.15		—
51	413Z.1	AlSi(12)	10.0～13.0	0.6	0.30	0.50	0.10	—	0.10	—	0.20	—	—	0.05	0.20		ZLD102
52	413Z.2		10.5～13.5	0.55	0.10	0.55	0.10	0.10	0.15	—	0.15	—	0.10	0.05	0.15		—

续表

序号	合金牌号	对应 ISO 3522：2006(E)的合金类型(Alloy Group)	质量分数/%														原合金代号
			Si	Fe	Cu	Mn	Mg	Ni	Zn	Sn	Ti	Zr	Pb	其他杂质[①] 单个	其他杂质[①] 合计	Al[②]	
53	413Z.3	AlSi(12)	10.5～13.5	0.40	0.03	0.35	—	—	0.10	—	0.15	—	—	0.05	0.15	余量	—
54	413Z.4	AlSi(12)	10.5～13.5	0.45～0.9	0.08	0.55	—	—	0.15	—	0.15	—	—	0.05	0.25	余量	—
55	413Y.1	AlSi(12)	10.0～13.0	0.9	0.30	0.40	0.25	—	0.10	—	—	0.10	—	0.05	0.20	余量	YLD102
56	413Y.2	AlSi(12)	11.0～13.0	0.9	1.0	0.30	0.30	0.50	0.50	0.10	—	—	—	0.05	0.30	余量	—
57	A413.1	AlSi(12)	11.0～13.0	1.0	1.0	0.35	0.10	0.50	0.40	0.15	—	—	—	—	0.25	余量	—
58	A413.2	AlSi(12)	11.0～13.0	0.6	0.10	0.05	0.05	0.05	0.05	0.05	—	—	—	—	0.10	余量	—
59	443.1	AlSi(5)	4.5～6.0	0.6	0.6	0.50	0.05	Cr：0.25	0.50	—	0.25	—	—	—	0.35	余量	—
60	443.3	AlSi(5)	4.5～6.0	0.6	0.10	0.10	0.05	—	0.10	—	0.20	—	—	0.05	0.15	余量	—
61	502Z.1	AlMg(5Si)	0.8～1.3	0.45	0.10	0.10～0.40	4.6～5.6	—	0.20	—	0.20	—	—	0.05	0.15	余量	ZLD303
62	502Y.1	AlMg(5Si)	0.8～1.3	0.9	0.10	0.10～0.40	4.6～5.5	—	0.20	—	—	0.15	—	0.05	0.25	余量	YLD302
63	508Z.1	AlMg(8)	0.20	0.25	0.10	0.10	7.6～9.0	Be：0.03～0.10	1.0～1.5	—	0.10～0.20	—	—	0.05	0.15	余量	ZLD305
64	515Y.1	AlMg(3)	1.0	0.6	0.10	0.40～0.6	2.6～4.0	0.10	0.40	0.10	—	—	—	0.05	0.25	余量	YLD306
65	520Z.1	AlMg(10)	0.30	0.25	0.10	0.15	9.8～11.0	0.05	0.15	0.01	0.15	0.20	0.05	0.05	0.15	余量	ZLD301
66	701Z.1	AlZnSiMg	6.0～8.0	0.6	0.6	0.50	0.15～0.35	—	9.2～13.0	—	—	—	—	0.05	0.20	余量	ZLD401
67	712Z.1	AlZnMg	0.30	0.40	0.20	0.10	0.55～0.70	Cr：0.40～0.6	5.2～6.5	—	0.15～0.25	—	—	0.05	0.20	余量	ZLD402
68	901Z.1	AlMn	0.20	0.30	—	1.50～1.70	—	RE：0.03	—	—	0.15	—	—	0.05	0.15	余量	ZLD501
69	907Z.1	AlRECuSi	1.6～2.0	0.50	3.0～3.4	0.9～1.2	0.20～0.30	0.20～0.30	0.20	RE：4.4～5.0	—	0.15～0.25	—	0.05	0.20	余量	ZLD207

① “其他杂质”一栏系指表中未列出或未规定具体数值的金属元素。

② 铝的质量分数为100%与质量分数等于或大于0.010%的所有元素含量总和的差值。

注：1. 表中含量有上下限者为合金元素；含量为单个数值者为最高限；“—”为未规定具体数值；铝为余量。

2. 食品、卫生工业用铸锭，其杂质Pb、As、Cd的质量分数均不得大于0.01%。

3. 需方要求调整表中规定的元素极限值，或对表中未规定的其他杂质元素含量有要求时，可与供方另行协议。

表 9-7 铸造铝合金锭的牌号、类型、代号对照表（GB/T 8733—2007）

原合金代号	新合金牌号-对应 ISO 3522:2006(E) 的合金类型 (Alloy Group)	原合金牌号	原合金代号	新合金牌号-对应 ISO 3522:2006(E) 的合金类型 (Alloy Group)	原合金牌号
ZLD101	356Z. 1-AlSi7Mg	ZAlSi7MgD	ZLD116	356Z. 8-AlSi7Mg	ZAlSi8MgBeD
ZLD101A	356Z. 2-AlSi7Mg	ZAlSi7MgDA	YLD117	390Y. 1-AlSi17Cu	YAlSi7Cu5D
ZLD102	413Z. 1-AlSi(12)	ZAlSi12D	ZLD118	398Z. 1-(AlSi20Cu)	ZAlSi20Cu2Re1MgMnD
YLD102	413Y. 1-AlSi(12)	YAlSi12D	ZLD201	201Z. 1-AlCu	ZAlCu5MnD
ZLD104	360Z. 6-AlSi10Mg	ZAlSi9MgD	ZLD201A	201Z. 2-AlCu	ZAlCu5MnDA
YLD104	360Y. 1-AlSi10Mg	YAlSi9MgD	ZLD203	295Z. 1-AlCu(Si)	ZAlCu4D
ZLD105	355Z. 1-AlSi5Cu	ZAlSi5Cu1MgD	ZLD204A	201Z. 4-AlCu	ZAlCu5MnCbDA
ZLD105A	355Z. 2-AlSi5Cu	ZAlSi5Cu1MgDA	ZLD205A	201Z. 5-AlCu	ZAlCu5MnCbVDA
ZLD106	328Z. 1-AlSi9Cu	ZAlSi8Cu1MgD	ZLD207	907Z. 1-(AlRECuSi)	ZAlCu3Re5Si2D
ZLD107	319Z. 3-AlSi5Cu	ZAlSi7Cu4D	ZLD210A	201Z. 3-AlCu	ZAlCu5Mn
ZLD108	312Z. 1-AlSi5Cu	ZAlSi12Cu2Mg1D	ZLD301	520Z. 1-AlMg(10)	ZAlMg10D
ZLD109	336Z. 1-AlSiCuNiMg	ZAlSi12Cu1Mg1Ni1D	YLD302	502Y. 1-AlMg(5Si)	YAlMg5Si1D
ZLD110	210Z. 1-AlCu(Si)	ZAlSi5Cu6MgD	ZLD303	502Z. 1-AlMg(5Si)	ZAlMg5Si1D
ZLD111	354Z. 1-AlSi9Cu	ZAlSi9Cu2MgD	ZLD305	508Z. 1-AlMg(8)	ZAlMg8Zn1D
YLD112	380Y. 1-AlSi9Cu	YAlSi8Cu3D	YLD306	515Y. 1-AlMg(3)	YAlMg3D
YLD113	383Y. 2-AlSi9Cu	YAlSi11Cu3D	ZLD401	701Z. 1-AlZnSiMg	ZAlZn11Si7D
ZLD114A	356Z. 7-AlSi7Mg	ZAlSi7MgDA	ZLD402	712Z. 1-AlZnMg	ZAlZn6MgD
ZLD115	315Z. 1-(AlSi5ZnMg)	ZAlSi5Zn1MgD	ZLD501	901Z. 1-(AlMn)	ZAlMn1D

表 9-8 铸造铝合金锭的新增合金牌号及类型（GB/T 8733—2007）

新增加合金牌号	对应 ISO 3522:2006(E) 的合金类型(Alloy Group)	新增加合金牌号	对应 ISO 3522:2006(E) 的合金类型(Alloy Group)
304Z. 1	AlSiMgTi	380Y. 2	AlSi9Cu
319Z. 1	AlSi5Cu	A380. 1	
319Z. 2		A380. 2	
333Z. 1	AlSi9Cu	383Y. 1	
336Z. 2	AlSiCuNiMg	383Y. 3	
356Z. 3	AlSi7Mg	383. 1	
356Z. 4		383. 2	
356Z. 5		411Z. 1	AlSi(11)
356Z. 6		411Z. 2	
A356. 2		413Z. 2	AlSi(12)
360Z. 1	AlSi10Mg	413Z. 3	
360Z. 2		413Z. 4	
360Z. 3		413Y. 2	
360Z. 4		A413. 1	
360Z. 5		A413. 2	
A360. 1		443. 1	AlSi(5)
		443. 2	

表 9-9　铝中间合金锭牌号和化学成分（YS/T 282—2000）

牌　号	化学成分/%(不大于)(注明余量和范围值者除外)								
	Cu	Si	Mn	Ti	Ni	Cr	B	Zr	Sb
AlCu50	48.0～52.0	0.40	0.35	0.10	0.20	0.10	—	—	—
AlSi24	0.20	22.0～26.0	0.35	0.11	0.20	0.10	—	—	—
AlSi20	0.20	18.0～21.0	0.35	0.1	0.20	0.10	—	—	—
AlSi12	0.03	11.5～13.0	0.10	0.1	—	—	—	—	—
AlMn10	0.20	0.40	9.0～11.0	0.1	0.20	0.10	—	—	—
AlTi4	—	0.2	—	3.0～5.0	—	—	—	—	—
AlTi5	0.15	0.50	0.35	4.5～6.0	0.10	0.10	—	0.25	—
AlNi10	—	0.2	0.1	—	9.0～11.0	—	—	—	—
AlCr2	—	0.2	—	—	—	2.0～3.0	—	—	—
AlB3	0.1	0.2	—	—	—	—	2.5～3.5	—	—
AlB1	0.1	0.2	—	—	—	—	0.5～1.5	—	—
AlZr4	—	0.2	—	—	—	—	—	3.0～5.0	—
AlSb4	—	0.2	—	—	—	—	—	—	3.0～5.0
AlFe20	0.1	0.2	0.3	—	—	—	—	—	—
AlTi5B1	0.02	0.20	0.02	5.0～6.2	0.04	0.02	0.9～1.4	0.02	—
AlBe3	—	0.2	—	—	—	—	—	—	—
AlSr5	0.01	4.0～6.0	—	—	—	—	—	—	—
AlSr10	0.1	9.0～11.0	—	—	—	—	—	—	—

牌　号	化学成分/%(不大于)(注明余量和范围值者除外)							物理性能		标准号
	Fe	Be	Al	Zn	Mg	Pb	Sn	熔化温度/℃	特性	
AlCu50	0.45	—	余量	0.30	0.30	0.20	0.10	570～600	脆	YB/T 282—2000
AlSi24	0.45	—	余量	0.2	0.40	0.10	0.10	700～800	脆	
AlSi20	0.45	—	余量	0.2	0.40	0.10	0.10	640～700	脆	
AlMn10	0.45	—	余量	0.2	0.50	0.10	0.10	770～830	韧	
AlTi4	0.3	—	余量	0.1	—	—	—	1020～1070	易偏析	
AlTi5	0.45	—	余量	0.15	0.50	0.10	0.10	1050～1100	易偏析	
AlNi10	0.5	—	余量	—	—	0.10	—	680～730	韧	
AlCr2	0.5	—	余量	0.1	—	—	—	900～1000	易偏析	
AlB3	0.4	—	余量	0.1	—	—	—	800	韧	
AlB1	0.3	—	余量	0.1	—	—	—	800	韧	
AlZr4	0.3	—	余量	0.1	—	0.1	—	800～850	易偏析	
AlSb4	0.3	—	余量	—	—	—	—	660	易偏析	
AlFe20	18.0～22.0	—	余量	0.1	—	—	—	1020	脆	
AlTi5B1	0.30	—	余量	0.03	0.02	—	—	800	易偏析	
AlBe3	0.1	2.0～4.0	余量	0.1	—	—	—	820	韧	
AlSr5	0.2	—	余量	0.05	0.05	—	0.05	680～750	韧	
AlSr10	0.2	—	余量	0.1	0.1	—	0.1	780～850	韧	

9. 1. 2 铝及铝合金的力学性能

表 9-10 铸造铝合金化学成分（GB/T 1173—2013）

合金种类	合金牌号	合金代号	化学成分(质量分数)/%							
			Si	Cu	Mg	Zn	Mn	Ti	其他	Al
Al-Si 合金	ZAlSi7Mg	ZL101	6. 5～7. 5		0. 25～0. 45					余量
	ZAlSi7MgA	ZL101A	6. 5～7. 5		0. 25～0. 45			0. 08～0. 20		余量
	ZAlSi12	ZL102	10. 0～13. 0							余量
	ZAlSi9Mg	ZL104	8. 0～10. 5		0. 17～0. 35		0. 2～0. 5			余量
	ZAlSi5Cu1Mg	ZL105	4. 5～5. 5	1. 0～1. 5	0. 4～0. 6					余量
	ZAlSi5Cu1MgA	ZL105A	4. 5～5. 5	1. 0 ～1. 5	0. 4～0. 55					余量
	2AlSi8Cu1Mg	ZL106	7. 5～8. 5	1. 0 ～1. 5	0. 3～0. 5		0. 3～0. 5	0. 10～0. 25		余量
	ZAlSi7Cu4	ZL107	6. 5～7. 5	3. 5～4. 5						余量
	ZAlSi12Cu2Mg1	ZL108	11. 0～13. 0	1. 0～2. 0	0. 4～1. 0		0. 3～0. 9			余量
	ZAlSi12Cu1Mg1Ni1	ZL109	11. 0～13. 0	0. 5～1. 5	0. 8～1. 3				Ni 0. 8～1. 5	余量
	ZAlSi5Cu6Mg	ZL110	4. 0～6. 0	5. 0～8. 0	0. 2～0. 5					余量
	ZAlSi9Cu2Mg	ZL111	8. 0～10. 0	1. 3 ～1. 8	0. 4～0. 6		0. 10～0. 35	0. 10～0. 35		余量
	ZAlSi7Mg1A	ZL114A	6. 5～7. 5		0. 45～0. 75			0. 10～0. 20	Be 0～0. 07	余量
	ZAlSi5Zn1Mg	ZL115	4. 8～6. 2		0. 4～0. 65	1. 2 ～1. 8			Sb 0. 1 ～0. 25	余量
	ZAlSi8MgBe	ZL116	6. 5～8. 5		0. 35～0. 55			0. 10～0. 30	Be 0. 15～0. 40	余量
	ZAlSi7Cu2Mg	ZL118	6. 0～8. 0	1. 3 ～1. 8	0. 2～0. 5		0. 1～0. 3	0. 10 ～0. 25		余量
Al-Cu 合金	ZAlCu5Mn	ZL201		4. 5～5. 3			0. 6 ～1. 0	0. 15～0. 35		余量
	ZAlCu5MnA	ZL201 A		4. 8～5. 3			0. 6～1. 0	0. 15～0. 35		余量
	ZAlCu10	ZL202		9. 0～11. 0						余量
	ZAllCu4	ZL203		4. 0～5. 0						余量
	ZAlCu5MnCdA	ZL204A		4. 6～5. 3			0. 6 ～0. 9	0. 15 ～0. 35	Cd 0. 15～0. 25	余最

续表

合金种类	合金牌号	合金代号	化学成分(质量分数)/%							
			Si	Cu	Mg	Zn	Mn	Ti	其他	Al
Al-Cu 合金	ZAlCu5MnCdVA	ZL205A		4.6～5.3			0.3～0.5	0.15～0.35	Cd 0.15～0.25 V 0.05～0.3 Zr 0.15～0.25 B 0.005～0.6	余量
	ZAlR5Cu3Si2	ZL207	1.6～2.0	3.0～3.4	0.15～0.25		0.9～1.2		Zr 0.15～0.2 Ni 0.2～0.3 RE 4.4～5.0	余量
Al-Mg 合金	ZAlMg10	ZL301			9.5～11.0					余量
	ZAlMg5Si	ZL303	0.8～1.3		4.5～5.5		0.1～0.4			余量
	ZAlMg8Zn1	ZL305			7.5～9.0	1.0～1.5		0.10～0.20	Be 0.03～0.10	余量
Al-Zn 合金	ZAlZn11Si7	ZL401	6.0～8.0		0.1～0.3	9.0～13.0				余量
	ZAlZn6Mg	ZL402			0.5～0.65	5.0～6.5	0.2～0.5	0.15～0.25	Cr 0.4～0.6	余量

注："RE"为"含铈混合稀土"，其中混合稀土总量应不少于98%，铈含量不少于45%。

表 9-11　铸造铝合金杂质元素允许含量（GB/T 1173—2013）

合金种类	合金牌号	合金代号	杂质元素(质量分数)/%(不大于)														
			Fe		Si	Cu	Mg	Zn	Mn	Ti	Zr	Ti+Zr	Be	Ni	Sn	Pb	其他杂质总和	
			S	J													S	J
Al-Si 合金	ZAlSi7Mg	ZL101	0.5	0.9		0.2		0.3	0.35			0.25	0.1		0.05	0.05	1.1	1.5
	ZAlSi7MgA	ZL101A	0.2	0.2		0.1		0.1	0.10						0.05	0.03	0.7	0.7
	ZAlSi12	ZL102	0.7	1.0		0.30	0.10	0.1	0.5	0.2							2.0	2.2
	ZAlSi9Mg	ZL104	0.6	0.9		0.1		0.25				0.15			0.05	0.05	1.1	1.4
	ZAlSi5Cu1Mg	ZL105	0.6	1.0				0.3	0.5			0.15	0.1		0.05	0.05	1.1	1.4
	ZAlSi5Cu1MgA	ZL105A	0.2	0.2				0.1	0.1						0.05	0.05	0.5	0.5
	ZAlSi8Cu1Mg	ZL106	0.6	0.8				0.2							0.05	0.05	0.9	1.0
	ZAlSi7Cu4	ZL107	0.5	0.6			0.1	0.3	0.5						0.05	0.05	1.0	1.2
	ZAlSi12Cu2Mg1	ZL108		0.7				0.2		0.20				0.3	0.05	0.05		1.2

续表

合金种类	合金牌号	合金代号	杂质元素(质量分数)/%(不大于)														
			Fe		Si	Cu	Mg	Zn	Mn	Ti	Zr	Ti+Zr	Be	Ni	Sn	Pb	其他杂质总和	
			S	J													S	J
Al-Si 合金	ZAlSi12Cu1Mg1Ni1	ZL109		0.7				0.2	0.2	0.20					0.05	0.05		1.2
	ZAlSi5Cu6Mg	ZL110		0.8				0.6	0.5						0.05	0.05		2.7
	ZAlSi9Cu2Mg	ZL111	0.4	0.4				0.1							0.05	0.05		1.2
	ZAlSi7Mg1A	ZL114A	0.2	0.2		0.2		0.1	0.1								0.75	0.75
	ZAlSi5Zn1Mg	ZL115	0.3	0.3		0.1			0.1						0.05	0.05	1.0	1.0
	ZAlSi8MgBe	ZL116	0.60	0.60		0.3		0.3	0.1		0.20				0.05	0.05	1.0	1.0
	ZAlSi7Cu2Mg	ZL118	0.3	0.3				0.1							0.05	0.05	1.0	1.5
Al-Cu 合金	ZAlCu5Mn	ZL201	0.25	0.3	0.3		0.05	0.2			0.2			0.1			1.0	1.0
	ZAlCu5MnA	ZL201A	0.15		0.1		0.05	0.1			0.15			0.05			0.4	
	ZAlCu10	ZL202	1.0	1.2	1.2		0.3	0.8	0.5					0.5			2.8	3.0
	ZAlCu4	ZL203	0.8	0.8	1.2		0.05	0.25	0.1	0.2	0.1				0.05	0.05	2.1	2.1
	ZAlCu5MnCdA	ZL204A	0.12	0.12	0.06		0.05	0.1			0.15			0.05			0.4	
	ZAlCu5MnCdVA	ZL205A	0.15	0.16	0.06		0.05										0.3	0.3
	ZAlR5Cu3Si2	ZL207	0.6	0.6				0.2									0.8	0.8
Al-Mg 合金	ZAlMg10	ZL301	0.3	0.3	0.3	0.1		0.15	0.15	0.15	0.20		0.07	0.05	0.05	0.05	1.0	1.0
	ZAlMg5Si	ZL303	0.5	0.5		0.1		0.2		0.2							0.7	0.7
	ZAlMg8Zn1	ZL305	0.3		0.2	0.1			0.1								0.9	
Al-Zn 合金	ZAlZn11Si7	ZL401	0.7	1.2		0.6			0.5								1.8	2.0
	ZAlZn6Mg	ZL402	0.5	0.8	0.3	0.25			0.1								1.35	1.65

表 9-12 铸造铝合金的力学性能（GB/T 1173—2013）

合金种类	合金牌号	合金代号	铸造方法	合金状态	力学性能 ≥		
					抗拉强度 R_m/MPa	伸长率 A/%	硬度(HBW)
Al-Si 合金	ZAlSi7Mg	ZL101	S、J、R、K	F	155	2	50
			S、J、R、K	T2	135	2	45
			JB	T4	185	4	50
			S、R、K	T4	175	4	50
			J、JB	T5	205	2	60
			S、R、K	T5	195	2	60
			SB、RB、KB	T5	195	2	60
			SB、RB、KB	T6	225	1	70
			SB、RB、KB	T7	195	2	60
			SB、RB、KB	T8	155	3	55
	ZAlSi7MgA	ZL101A	S、R、K	T4	195	5	60
			J、JB	T4	225	5	60
			S、R、K	T5	235	4	70
			SB、RB、KB	T5	235	4	70
			J、JB	T5	265	4	70
			SB、RB、KB	T6	275	2	80
			J、JB	T6	295	3	80
	ZAlSi12	ZL102	SB、JB、RB、KB	F	145	4	50
			J	F	155	2	50
			SB、JB、RB、KB	T2	135	4	50
			J	T2	145	3	50
	ZAlSi9Mg	ZL104	S、R、J、K	F	150	2	50
			J	T1	200	1.5	65
			SB、RB、KB	T6	230	2	70
			J、JB	T6	240	2	70
	ZAlSi5Cu1Mg	ZL105	S、J、R、K	T1	155	0.5	65
			S、R、K	T5	215	1	70
			J	T5	235	0.5	70
			S、R、K	T6	225	0.5	70
			S、J、R、K	T7	175	1	65
	ZAlSi5Cu1MgA	ZL105A	SB、R、K	T5	275	1	80
			J、JB	T5	295	2	80
	ZAlSi8Cu1Mg	ZL106	SB	F	175	1	70
			JB	T1	195	1.5	70
			SB	T5	235	2	60
			JB	T5	255	2	70
			SB	T6	245	1	80
			JB	T6	265	2	70
			SB	T7	225	2	60
			JB	T7	245	2	60

续表

合金种类	合金牌号	合金代号	铸造方法	合金状态	力学性能 ≥		
					抗拉强度 R_m/MPa	伸长率 A/%	硬度(HBW)
Al-Si 合金	ZAlSi7Cu4	ZL107	SB	F	165	2	65
			SB	T6	245	2	90
			J	F	195	2	70
			J	T6	275	2.5	100
	ZAlSi12Cu2Mg1	ZL108	J	T1	195	—	85
			J	T6	255	—	90
	ZAlSi12Cu1Mg1Ni1	ZL109	J	T1	195	0.5	90
			J	T6	245	—	100
	ZAlSi5Cu6Mg	ZL110	S	F	125	—	80
			J	F	155	—	80
			S	T1	145	—	80
			J	T1	165	—	90
	ZAlSi9Cu2Mg	ZL111	J	F	205	1.5	80
			SB	T6	255	1.5	90
			J、JB	T6	315	2	100
	ZAlSi7Mg1A	ZL114A	SB	T5	290	2	85
			J、JB	T5	310	3	95
	ZAlSi5Zn1Mg	ZL115	S	T4	225	4	70
			J	T4	275	6	80
			S	T5	275	3.5	90
			J	T5	315	5	100
	ZAlSi8MgBe	ZL116	S	T4	255	4	70
			J	T4	275	6	80
			S	T5	295	2	85
			J	T5	335	4	90
	ZAlSi7Cu2Mg	ZL118	SB、RB	T6	290	1	90
			JB	T6	305	2.5	105
Al-Cu 合金	ZAlCu5Mg	ZL201	S、J、R、K	T4	295	8	70
			S、J、R、K	T5	335	4	90
			S	T7	315	2	80
	ZAlCu5MgA	ZL201A	S、J、R、K	T5	390	8	100
	ZAlCu10	ZL202	S、J	F	104	—	50
			S、J	T6	163	—	100
	ZAlCu4	ZL203	S、R、K	T4	195	6	60
			J	T4	205	6	60
			S、R、K	T5	215	3	70
			J	T5	225	3	70
	ZAlCu5MnCdA	ZL204A	S	T5	440	4	100
	ZAlCu5MnCdVA	ZL205A	S	T5	440	7	100
			S	T6	470	3	120
			S	T7	460	2	110
	ZAlR5Cu3Si2	ZL207	S	T1	165	—	75
			J	T1	175	—	75
Al-Mg 合金	ZAlMg10	ZL301	S、J、R	T4	280	9	60
	ZAlMg5Si	ZL303	S、J、R、K	F	143	1	55
	ZAlMg8Zn1	ZL305	S	T4	290	8	90
Al-Zn 合金	ZAlZn11Si7	ZL401	S、R、K	T1	195	2	80
			J	T1	245	1.5	90
	ZAlZn6Mg	ZL402	J	T1	235	4	70
			S	T1	220	4	65

表 9-13　铸造铝合金热处理工艺规范（GB/T 1173—2013）

合金牌号	合金代号	合金状态	固溶处理			时效处理		
			温度/℃	时间/h	冷却介质及温度/℃	温度/℃	时间/h	冷却介质
ZAlSi7MgA	ZL101A	T4	535±5	6～12	水 60～100	室温	≥24	—
		T5	535±5	6～12	水 60～100	室温	≥8	空气
						再 155±5	2～12	空气
		T6	535±5	6～12	水 60～100	室温	≥8	空气
						再 180± 5	3～8	空气
ZAlSi5Cu1MgA	ZL105A	T5	525±5	4～6	水 60～100	160±5	3～5	空气
		T7	525±5	4～6	水 60～100	225±5	3～5	空气
ZAlSi7Mg1A	ZL114A	T5	535±5	10 ～14	水 60～100	室温	≥8	空气
						再 160±5	4～8	空气
ZAlSi5Zn1Mg	ZL115	T4	540±5	10 ～12	水 60～100	150±5	3～5	空气
		T5	540±5	10 ～12	水 60～100			
ZAlSi8MgBe	ZL116	T4	535±5	10～14	水 60～100	室温	≥24	—
		T5	535±5	10 ～14	水 60～100	175±5	6	空气
ZAlSi7Cu2Mg	ZL118	T6	490±5	4～6	水 60～100	室温	≥8	空气
			再 510±5	6～8		160±5	7～9	空气
			再 520±5	8～10				
ZAlCu5MnA	ZL201A	T5	535±5	7～9	水 60～100	室温	≥24	—
			再 545±5	7～9	水 60～100	160±5	6～9	
ZAlCu5MnCdA	ZL204A	T5	530±5	9				
			再 540±5	9	水 20～60	175±5	3～5	
ZAlCu5MnCdVA	ZL205A	T5	538±5	10 ～18	水 20～60	155±5	8～10	
		T6	538±5	10 ～18		175±5	4～5	
		T7	538±5	10 ～18		190±5	2～4	
ZAlRE5Cu3Si2	ZL207	T1				200±5	5～10	
ZAlMg8Zn1	ZL305	T4	435±5	8～10	水 80～100	室温	≥24	—
			再 490±5	6～8				

表 9-14　铝及铝合金棒材室温下力学性能（GB/T 3191—2010）

牌号	供货状态	试样状态	直径（方棒、六角棒指内切圆直径）/mm	抗拉强度 R_m/MPa	规定非比例延伸强度 $R_{P0.2}$/MPa	断后伸长率/%	
						A	A_{50mm}
				不小于			
1070A	H112	H112	≤150.00	55	15	—	—
1060	O	O	≤150.00	60～95	15	22	—
	H112	H112		60	15	22	—
1050A	H112	H112	≤150.00	65	20	—	—
1350	H112	H112	≤150.00	60	—	25	—
1200	H112	H112	≤150.00	75	20	—	—
1035、8A06	O	O	≤150.00	60～120	—	25	—
	H112	H112		60	—	25	—
2A02	T1、T6	T62、T6	≤150.00	430	275	10	—
2A06	T1、T6	T62、T6	≤22.00	430	285	10	—
			＞22.00～100.00	440	295	9	—
			＞100.00～150.00	430	285	10	—
2A11	T1、T4	T42、T4	≤150.00	370	215	12	—
2A12	T1、T4	T42、T4	≤22.00	390	255	12	—
			＞22.00～150.00	420	255	12	—

续表

牌号	供货状态	试样状态	直径(方棒、六角棒指内切圆直径)/mm	抗拉强度 R_m/MPa	规定非比例延伸强度 $R_{P0.2}$/MPa	断后伸长率/%	
						A	A_{50mm}
				不小于			
2A13	T1、T4	T42、T4	≤22.00	315	—	4	—
			>22.00~150.00	345	—	4	—
2A14	T1、T6、T6511	T62、T6、T6511	≤22.00	440	—	10	—
			>22.00~150.00	450	—	10	—
2014、2014A	T4、T4510、T4511	T4、T4510、T4511	≤25.00	370	230	13	11
			>25.00~75.00	410	270	12	—
			>75.00~150.00	390	250	10	—
			>150.00~200.00	350	230	8	—
2014、2014A	T6、T6510、T6511	T6、T6510、T6511	≤25.00	415	370	6	5
			>25.00~75.00	460	415	7	—
			>75.00~150.00	465	420	7	—
			>150.00~200.00	430	350	6	—
			>200.00~250.00	420	320	5	—
2A16	T1、T6、T6511	T62、T6、T6511	≤150.00	355	235	8	—
2017	T4	T42、T4	≤120.00	345	215	12	—
2017A	T4、T4510、T4511	T4、T4510、T4511	≤25.00	380	260	12	10
			>25.00~75.00	400	270	10	—
			>75.00~150.00	390	260	9	—
			>150.00~200.00	370	240	8	—
			>200.00~250.00	360	220	7	—
2024	O	O	≤150.00	≤250	≤150	12	10
	T3、T3510、T3511	T3、T3510、T3511	≤50.00	450	310	8	6
			>50.00~100.00	440	300	8	—
			>100.00~200.00	420	280	8	—
			>200.00~250.00	400	270	8	—
2A50	T1、T6	T62、T6	≤150.00	355	—	12	—
2A70、2A80、2A90	T1、T6	T62、T6	≤150.00	355	—	8	—
3102	H112	H112	≤250.00	80	30	25	23
3003	O	O	≤250.00	95~130	35	25	20
	H112	H112		90	30	25	20
3103	O	O	≤250.00	95	35	25	20
	H112	H112		90~135	30	25	20
3A21	O	O	≤150.00	≤165	—	20	20
	H112	H112		90	—	20	—
4A11、4032	T1	T62	100.00~200.00	360	290	2.5	2.5
5A02	O	O	≤150.00	≤225	—	10	—
	H112	H112		170	70	—	—
5A03	H112	H112	≤150.00	175	80	13	13
5A05	H112	H112	≤150.00	265	120	15	15
5A06	H112	H112	≤150.00	315	155	15	15
5A12	H112	H112	≤150.00	370	185	15	15
5052	H112	H112	≤250.00	170	70	—	—
	O	O		170~230	70	17	15
5005、5005A	H112	H112	≤200.00	100	40	18	16
	O	O	≤60.00	100~150	40	18	16
5019	H112	H112	≤200.00	250	110	14	12
	O	O	≤200.00	250~320	110	15	13

续表

牌号	供货状态	试样状态	直径（方棒、六角棒指内切圆直径）/mm	抗拉强度 R_m/MPa	规定非比例延伸强度 $R_{P0.2}$/MPa	断后伸长率/%	
						A	A_{50mm}
				不小于			
5049	H112	H112	≤250.00	180	80	15	15
5251	H112	H112	≤250.00	160	60	16	14
	O	O		160～220	60	17	15
5154A、5454	H112	H112	≤250.00	200	85	16	16
	O	O		200～275	85	18	18
5754	H112	H112	≤150.00	180	80	14	12
			>150.00～250.00	180	70	13	—
	O	O	≤150.00	180～250	80	17	15
5083	O	O	≤200.00	270～350	110	12	10
	H112	H112		270	125	12	10
5086	O	O	≤250.00	240～320	95	18	15
	H112	H112	≤200.00	240	95	12	10
6101A	T6	T6	≤150.00	200	170	10	10
6A02	T1、T6	T62、T6	≤150.00	295	—	12	12
6005、6005A	T5	T5	≤25.00	260	215	8	—
	T6	T6	≤25.00	270	225	10	8
			>25.00～50.00	270	225	8	—
			>50.00～100.00	260	215	8	—
6110A	T5	T5	≤120.00	380	360	10	8
	T6	T6	≤120.00	410	380	10	8
6351	T4	T4	≤150.00	205	110	14	12
	T6	T6	≤20.00	295	250	8	6
			>20.00～75.00	300	255	8	—
			>75.00～150.00	310	260	8	—
			>150.00～200.00	280	240	6	—
			>200.00～250.00	270	200	6	—
6060	T4	T4	≤150.00	120	60	16	14
	T5	T5		160	120	8	6
	T6	T6		190	150	8	6
6061	T6	T6	≤150.00	260	240	9	—
	T4	T4		180	110	14	—
6063	T4	T4	≤150.00	130	65	14	12
			>150.00～200.00	120	65	12	—
	T5	T5	≤200.00	175	130	8	6
	T6	T6	≤150.00	215	170	10	8
			>150.00～200.00	195	160	10	—
6063A	T4	T4	≤150.00	150	90	12	10
			>150.00～200.00	140	90	10	—
	T5	T5	≤200.00	200	160	7	5
	T6	T6	≤150.00	230	190	7	5
			>150.00～200.00	220	160	7	—
6463	T4	T4	≤150.00	125	75	14	12
	T5	T5		150	110	8	6
	T6	T6		195	160	10	8

续表

牌号	供货状态	试样状态	直径(方棒、六角棒指内切圆直径)/mm	抗拉强度 R_m/MPa	规定非比例延伸强度 $R_{P0.2}$/MPa	断后伸长率/%	
						A	A_{50mm}
				不小于			
6082	T6	T6	≤20.00	295	250	8	6
			>20.00～150.00	310	260	8	
			>150.00～200.00	280	240	6	—
			>200.00～250.00	270	200	6	—
7003	T5	T5	≤250.00	310	260	10	8
	T6	T6	≤50.00	350	290	10	8
			>50.00～150.00	340	280	10	8
7A04、7A09	T1,T6	T62,T6	≤22.00	490	370	7	—
			>22.00～150.00	530	400	6	—
7A15	T1,T6	T62,T6	≤150.00	490	420	6	—
7005	T6	T6	≤50.00	350	290	10	8
			>50.00～150.00	340	270	10	—
7020	T6	T6	≤50.00	350	290	10	8
			>50.00～150.00	340	275	10	—
7021	T6	T6	≤40.00	410	350	10	8
7022	T6	T6	≤80.00	490	420	7	5
			>80.00～200.00	470	400	7	—
7049A	T6、T6510、T6511	T6、T6510、T6511	≤100.00	610	530	5	4
			>100.00～125.00	560	500	5	—
			>125.00～150.00	520	430	5	—
			>150.00～180.00	450	400	3	—
7075	O	O	≤200.00	≤275	≤165	10	8
	T6、T6510、T6511	T6、T6510、T6511	≤25.00	540	480	7	5
			>25.00～100.00	560	500	7	—
			>100.00～150.00	530	470	6	—
			>150.00～250.00	470	400	5	—

表 9-15 高强度铝合金棒材室温下力学性能(GB/T 3191—2010)

牌号	供货状态	试样状态	棒材直径(方棒、六角棒内切圆直径)/mm	抗拉强度 R_m/MPa	规定非比例延伸强度 $R_{P0.2}$/MPa	断后伸长率 A/%
				不小于		
2A11	T1、T4	T42、T4	20.00～120.00	390	245	8
2A12	T1、T4	T42、T4	20.00～120.00	440	305	8
6A02	T1、T6	T62、T6	20.00～120.00	305	—	8
2A50	T1、T6	T62、T6	20.00～120.00	380	—	10
2A14	T1、T6	T62、T6	20.00～120.00	460	—	8
7A04,7A09	T1、T6	T62、T6	≤20.00～100.00	550	450	6
			>100.00～120.00	530	430	6

表 9-16 铝合金挤压棒材的高温持久纵向性能（GB/T 3191—2010）

牌　号	温度/℃	应力/MPa	保持时间/h
2A02	270±3	64	100
		78	50
2A16	300±3	69	100

注：2A02 合金棒材，应力在 78MPa、50h 不合格时，则以 64MPa、100h 试验结果为最终依据。

表 9-17 铝及铝合金挤压扁棒的室温纵向力学性能（YS/T 439—2001）

合　金	供应状态	试样状态	厚度/mm	截面积/cm^2	抗拉强度 σ_b/MPa	规定非比例伸长应力 $\sigma_{p0.2}$/MPa	伸长率 δ_5/%
					≥		
1070A 1070	H112	H112	≤120	≤200	55	15	—
1060	H112	H112	≤120	≤200	60	15	22
1050A 1050	H112	H112	≤120	≤200	65	20	—
1035	H112	H112	≤120	≤200	70	20	—
1100 1200	H112	H112	≤120	≤200	72	20	—
2A11	H112,T4	T4	≤120	≤170	370	215	12
2A12	H112,T4	T4	≤120	≤170	390	255	12
2A50	H112,T6	T6	≤120	≤170	355	—	12
2A70 2A80 2A90	H112,T6	T6	≤120	≤170	355	—	8
2A14	H112,T6	T6	≤120	≤170	430	—	8
2017	T4	T4	≤120	≤200	345	215	12
2024	T4	T4	≤6	≤12	390	295	12
			>6～19	≤76	410	305	12
			>19～38	≤130	450	315	10
3A21	H112	H112	≤120	170	≤165	—	20
3003	H112	H112	≤120	≤170	90	30	22
5052	H112	H112	≤120	≤170	175	70	—
5A02	H112	H112	≤120	≤170	≤225	—	10
5A03	H112	H112	≤120	≤170	175	80	13
5A05	H112	H112	≤120	≤170	265	120	15
5A06	H112	H112	≤120	170	315	155	15
5A12	H112	H112	≤120	≤170	370	185	15
6A02	H112,T6	T6	≤120	≤170	295	—	12
6A61	H112,T6	T6	≤120	≤170	260	240	9
6063	H112,T6	T6	≤25	≤100	205	170	9
6101	T6	T6	≤12.5	≤38	200	172	—
7A04 7A09	H112,T6	T6	>22～120	≤200	530	400	6
7075	H112,T6	T6	≤6.3	≤12	540	485	6
			>6.3～12.5	≤30	560	505	6
			>12.5～50	≤130	560	495	6
8A06	H112	H112	≤150	≤200	70	—	10

注：尺寸超出表中规定的范围时，其力学性能附实测结果或双方协商。

表 9-18 铝及铝合金拉制圆线材的力学性能（GB/T 3195—2008）

牌号	状态	直径/mm	力学性能	
			抗拉强度 R_m/MPa	断后伸长率 A_{200mm}/%
1A50	O	0.8～1.0	≥75	≥10
		>1.0～1.5		≥12
		>1.5～2.0		
		>2.0～3.0		≥15
		>3.0～4.0		≥18
		>4.0～4.5		
		>4.5～5.0		
	H19	>0.8～1.0	≥160	≥1.0
		>1.0～1.5	≥155	≥1.2
		>1.5～2.0		≥1.5
		>2.0～3.0		
		>3.0～4.0	≥135	
		>4.0～4.5		≥2.0
		>4.5～5.0		
1350①	O	9.5～12.7	60～100	—
	H12、H22	9.5～12.7	80～120	—
	H14、H24		100～140	
	H16、H26		115～155	
	H19	1.2～2.0	≥160	≥1.2
		>2.0～2.5	≥175	≥1.5
		>2.5～3.5	≥160	
		>3.5～5.3	≥160	≥1.8
		>5.3～6.5	≥155	≥2.2
1100	O	1.6～25.0	≤110	—
	H14		110～145	—
3003	O		≤130	—
	H14		140～180	—
5052	O	1.6～25.0	≤220	—
5056	O		≤320	—
6061	O		≤155	—

①1350 线材允许焊接，但 O 状态线材接头处力学性能不小于 60MPa，其他状态线材接头处力学性能不小于 75MPa。

表 9-19 导体用 1A50-H19 线材的抗弯曲性能（GB/T 3195—2008）

牌号	状态	直径/mm	弯曲次数（不少于）
1A50	H19	1.5～4.0	7
		>4.0～5.0	6

表 9-20 铆钉用线材的抗剪强度（GB/T 3195—2008）

牌号	状态	直径/mm	抗剪强度 τ /MPa(不小于)
1035	H14	所有	60
2A01	T4	所有	185
2A04	T4	≤6.0	275
2A04	T4	>6.0	265
2A10	T4	≤8.0	245
2A10	T4	>8.0	235
2B11①	T4	所有	235
2B12①	T4	所有	265
3A21	H14	所有	80
5A02	H14	所有	115
5A06	H12	所有	165
5A05	H18	所有	165
5B05	H12	所有	155
6061	T6	所有	170
7A03	T6	所有	285

① 因为 2B11、2B12 合金铆钉在变形时会破坏其时效过程，所以设计使用时，2B11 抗剪强度指标按 215MPa 计算；2B12 按 245MPa 计算。

表 9-21 铆钉用线材的铆接性能（GB/T 3195—2008）

牌号	状态	直径/mm	铆接性能	
			试样突出高度与直径之比	铆接试验时间
2A01	T4 或 T6	1.6～4.5	1.5	淬火 96h 以后
2A01	T4 或 T6	>4.5～10.0	1.4	淬火 96h 以后
2A04	H1X	1.6～5.5	1.5	—
2A04	H1X	>5.5～10.0	1.4	—
2A04	T4 或 T6	1.6～5.0	1.3	淬火后 6h 以内
2A04	T4 或 T6	>5.0～6.0	1.3	淬火后 4h 以内
2A04	T4 或 T6	>6.0～8.0	1.2	淬火后 2h 以内
2A04	T4 或 T6	>8.0～10.0	—	—
2A10	T4 或 T6	1.6～4.5	1.5	淬火时效后
2A10	T4 或 T6	>4.5～8.0	1.4	淬火时效后
2A10	T4 或 T6	>8.0～10.0	1.3	淬火时效后
2B11	T4 或 T6	1.6～4.5	1.5	淬火后 1h 以内
2B11	T4 或 T6	>4.5～10.0	1.4	淬火后 1h 以内
2B12	T4 或 T6	1.6～4.5	1.4	淬火后 20min 以内
2B12	T4 或 T6	>4.5～8.0	1.3	淬火后 20min 以内
2B12	T4 或 T6	>8.0～10.0	1.2	淬火后 20min 以内
7A03	H1X	1.6～8.0	1.4	—
7A03	H1X	>8.0～10.0	1.3	—
7A03	T4 或 T6	1.6～4.5	1.4	淬火人工时效后
7A03	T4 或 T6	>4.5～8.0	1.3	淬火人工时效后
7A03	T4 或 T6	>8.0～10.0	1.2	淬火人工时效后
其他	H1X	1.6～10.0	1.5	—

表 9-22 电工圆铝线的力学性能和电性能（GB/T 3955—2009）

型号	直径/mm	抗拉强度/MPa		断裂伸长率(最小值)/%	卷绕	20℃电阻率/(Ω·mm²/m)
		最小	最大			
LR	0.30～1.00	—	98	15	—	0.02759
	1.01～10.00	—	98	20	—	
LY4	0.30～6.00	95	125	—		0.028264
LY6	0.30～6.00	125	165	—	—	
	6.01～10.00	125	165	3		
LY8	0.30～5.00	160	205	—		
LY9	1.25 及以下	200	—	—		
	1.26～1.50	195				
	1.51～1.75	190				
	1.76～2.00	185				
	2.01～2.25	180				
	2.26～2.50	175				
	2.51～3.00	170				
	3.01～3.50	165				
	3.51～5.00	160				

注：计算时，20℃时的物理数据应取下列数值：密度 2.703kg/dm^3；线胀系数 0.000023℃$^{-1}$；电阻温度系数 LR 型 0.00413℃$^{-1}$；其余型号 0.00403℃$^{-1}$。

表 9-23 铝钛合金线的力学性能（YS/T 570—2006）

牌　号	抗拉强度 σ_b/MPa(kgf/mm^2)	伸长率 δ/%(L_0=100mm)
LTi2.5	＞147(15)	—

表 9-24 热处理不可强化铝及铝合金铆钉线的抗剪强度（GB/T 3196—2001）

合金牌号	状态	抗剪强度 τ /MPa(不小于)	合金牌号	状态	抗剪强度 τ /MPa(不小于)
1035	H14	60	5B05	H12	155
5A02	H14	115	3A21	H14	80
5A06	H12	165			

表 9-25 热处理可强化铝合金铆钉线的抗剪强度（GB/T 3196—2001）

合金牌号	状　态	直径/mm	抗剪强度 τ/MPa(不小于)
2A01	T4	所有的	185
2A04	T4	≤6.0	275
		＞6.0	265
2B11	T4	所有的	235
2B12	T4	所有的	265
2A10	T4	≤8.0	245
		＞8.0	235
2A03	T6	所有的	285

注：因为 2B11、2B12 合金铆钉在变形时会破坏其时效过程，使用设计时，抗剪强度指标按下列数据计算：2B11 为 215MPa，2B12 为 245MPa。

表 9-26　铝及铝合金热挤压无缝圆管的力学性能（GB/T 4437.1—2000）

合金牌号	供应状态	试样状态	壁厚/mm	抗拉强度 σ_b/MPa	规定非比例伸长应力 $\sigma_{p0.2}$/MPa	伸长率/% 50mm	伸长率/% δ
				≥			
1070A,1060	O	O	所有	60～95	—	25	22
	H112	H112	所有	60	—	25	22
1050A,1035	O	O	所有	60～100	—	25	23
1100,1200	O	O	所有	75～105	—	25	22
	H112	H112	所有	75	—	25	22
2A11	O	O	所有	≤245	—	—	10
	H112	H112	所有	350	195	—	10
2017	O	O	所有	≤245	≤125	—	16
	H112,T4	T4	所有	345	215	—	12
2A12	O	O	所有	≤245	—	—	10
	H112,T4	T4	所有	390	255	—	10
2017	O	O	所有	≤245	≤130	12	10
	H112	T4	≤18	395	260	12	10
			>18	395	260	—	9
3A21	H112	H112	所有	≤165	—	—	—
3003	O	O	所有	95～130	—	25	22
	H112	H112	所有	95	—	25	22
5A02	H112	H112	所有	≤225	—	—	—
5052	O	O	所有	170～240	70	—	—
5A03	H112	H112	所有	175	70	—	15
5A05	H112	H112	所有	225	110	—	15
5A06	O,H112	O,H112	所有	315	145	—	15
5083	O	O	所有	270～350	110	14	12
	H112	H112	所有	270	110	12	20
5454	O	O	所有	215～285	85	14	12
	H112	H112	所有	215	85	12	10
5086	O	O	所有	240～315	95	14	12
	H112	H112	所有	240	95	12	10
6A02	O	O	所有	≤145	—	—	17
	T4	T4	所有	205	—	—	14
	H112,T6	T6	所有	295	—	—	8
6061	T4	T4	所有	180	110	16	14
	T6	T6	≤6.3	260	240	8	—
			>6.3	260	240	10	9
6063	T4	T4	≤12.5	130	70	14	12
			>12.5～25	125	60	—	12
	T6	T6	所有	205	170	10	9
7A04,7A09	H112,T6	T6	所有	530	400	—	5
7075	H112,T6	T6	≤6.3	540	485	7	—
			>6.3～≤12.5	560	505	7	6
			>12.5	560	495	—	6
7A15	H112,T6	T6	所有	470	420	—	6
8A06	H112	H112	所有	≤120	—	—	20

注：管材的室温纵向力学性能应符合表中的规定。但表中 5A05 合金规定非比例伸长应力仅供参考，不作为验收依据。外径 185～300mm，其壁厚大于 32.5 的管材，室温纵向力学性能由供需双方另行协商或附试验结果。

表 9-27 铝及铝合金拉（轧）制无缝管的室温纵向力学性能（GB/T 6893—2010）

牌号	状态	壁厚/mm		抗拉强度 σ_b /MPa	规定非比例伸长应力 $\sigma_{p0.2}$/MPa	伸长率/%		
						全截面试样	其他试样	
						标距 50mm	50mm 定标距	δ_5
				≥				
1035 1050A 1050	O	所有		60～95	—	—	22	25
	H14	所有		100～135	70	—	5	6
1060 1070A 1070	O	所有		60～95	—	—	—	—
	H14	所有		85	70	—	—	—
1100 1200	O	所有		75～105	—	—	16	20
	H14	所有		110～145	80	—	—	5
2A11	O	所有		≤245	—	10	10	10
	T4	外径≤22	≤1.5	375	195	13	13	13
			>1.5～2.0			14	14	14
			>2.0～5.0			—	—	—
		外径>22～50	≤1.5	390	225	12	12	12
			>1.5～5.0			13	13	13
		>50	所有	390	225	11	11	11
2017	O	所有		≤245	≤125	17	16	16
	T4	所有		375	215	13	12	12
2A12	O	所有		≤245	—	10		
	T4	外径≤22	≤2.0	410	255	13		
			>2.0～5.0			—		
		外径>22～50	所有	420	275	12		
		>50	所有	420	275	10		
2A14	T4	外径≤22	≤2.0	360	205	10		
			>2.0～5.0					
		外径>22～50	所有			10		
		>50						
2024	O	所有		≤220	≤100	—		
	T4	0.63～1.2		440	270	12	10	—
		>1.2～5.0		440	290	14	10	—
3003	O	0.63～1.2		95～130	—	30	20	—
		>1.2～5.0		95～130	—	35	25	—
	H14	0.63～1.2		140	115	5	3	—
		>1.2～5.0		140	115	8	4	—
3A21	O	所有		≤135	—	—		
	H14	所有		135	—	—		
5A02	O	所有		≤225	—	—		
	H14	外径≤55,壁厚≤2.5		225	—	—		
		其他所有		195	—	—		
5A03	O	所有		175	80	15		
	H34	所有		215	90	15		
5A05	O	所有		215	90	15		
	H32	所有		245	145	8		
5A06	O	所有		315	145	15		
5052	O	所有		170～240	65	—	17	20
	H14	所有		230～270	180	—	4	5
5056	O	所有		≤315	100	16		
	H32	所有		305	—	—		

续表

牌号	状态	壁厚/mm	抗拉强度 σ_b /MPa	规定非比例伸长应力 $\sigma_{p0.2}$/MPa	伸长率/%		
					全截面试样	其他试样	
					标距 50mm	50mm 定标距	δ_5
			≥				
5083	O	所有	270～355	110	—	14	16
	H32	所有	315	235	—	4	6
6A02	O	所有	≤155	—		14	
	T4	所有	205	—		14	
	T6	所有	305	—		8	
6061	O	所有	≤150	≤95	—	14	16
	T4	所有	205	110	—	14	16
	T6	所有	290	240	—	8	10
6063	O	所有	≤130	—		—	
	T6	0.63～1.20	230	195	12	8	—
		＞1.2～5.0	230	195	14	10	—
8A06	O	所有	≤120	—		20	
	H14	所有	100	—		5	

注：1. 表中未列入的合金、状态、规格、力学性能由供需双方协商或附抗拉强度、伸长率的试验结果，但该结果不能作为验收依据。

2. 管材力学性能应符合表中的规定。但表中5A03、5A05、5A06规定非比例伸长应力仅供参考，不作为验收依据。矩形管的T×和H×状态的伸长率低于上表2个百分点。

表 9-28　一般工业用铝板带材的力学性能（GB/T 3880.2—2012）

牌号	包铝分类	供应状态	试样状态	厚度/mm	室温拉伸试验结果				弯曲半径[②]	
					抗拉强度 R_m/MPa	规定非比例延伸强度 $R_{P0.2}$/MPa	断后伸长率[①]/%			
							A_{50mm}	A	90°	180°
					不小于					
1A97 1A93	—	H112	H112	＞4.50～80.00	附实测值				—	—
		F	—	＞4.50～150.00	—				—	—
1A90 1A85	—	H112	H112	＞4.50～12.50	60	—	21	—	—	—
				＞12.50～20.00	60	—	—	19	—	—
				＞20.00～80.00	附实测值				—	—
		F	—	＞4.50～150.00	—				—	—
1080A	—	O H111	O H111	＞0.20～0.50	60～90	15	26	—	0t	0t
				＞0.50～1.50			28	—	0t	0t
				＞1.50～3.00			31	—	0t	0t
				＞3.00～6.00			35	—	0.5t	0.5t
				＞6.00～12.50			35	—	0.5t	0.5t
		H12	H12	＞0.20～0.50	8～120	55	5	—	0t	0.5t
				＞0.50～1.50			6	—	0t	0.5t
				＞1.50～3.00			7	—	0.5t	0.5t
				＞3.00～6.00			9	—	1.0t	—
		H22	H22	＞0.20～0.50	80～120	50	8	—	0t	0.5t
				＞0.50～1.50			9	—	0t	0.5t
				＞1.50～3.00			11	—	0.5t	0.5t
				＞3.00～6.00			13	—	1.0t	—

续表

牌号	包铝分类	供应状态	试样状态	厚度/mm	室温拉伸试验结果 抗拉强度 R_m/MPa	规定非比例延伸强度 $R_{P0.2}$/MPa	断后伸长率[①]/% A_{50mm}	A	弯曲半径[②] 90°	180°
					不小于					
1080A	—	H14	H14	>0.20～0.50	100～140	70	4	—	0t	0.5t
				>0.50～1.50			4	—	0.5t	0.5t
				>1.50～3.00			5	—	1.0t	1.0t
				>3.00～6.00			6	—	1.5t	—
		H24	H24	>0.20～0.50	100～140	60	5	—	0t	0.5t
				>0.50～1.50			6	—	0.5t	0.5t
				>1.50～3.00			7	—	1.0t	1.0t
				>3.00～6.00			9	—	1.5t	—
		H16	H16	>0.20～0.50	110～150	90	2	—	0.5t	1.0t
				>0.50～1.50			2	—	1.0t	1.0t
				>1.50～4.00			3	—	1.0t	1.0t
		H26	H26	>0.20～0.50	110～150	80	3	—	0.5t	—
				>0.50～1.50			3	—	1.0t	—
				>1.50～4.00			4	—	1.0t	—
		H18	H18	>0.20～0.50	125	105	2	—	1.0t	—
				>0.50～1.50			2	—	2.0t	—
				>1.50～3.00			2	—	2.5t	—
		H112	H112	>6.00～12.50	70	—	20	—	—	—
				>12.50～25.00	70	—	—	20	—	—
		F	—	2.50～25.00	—	—	—	—	—	—
1070	—	O	O	>0.20～0.30	55～95	—	15	—	0t	—
				>0.30～0.50			20	—	0t	—
				>0.50～0.80			25	—	0t	—
				>0.80～1.50			30	—	0t	—
				>1.50～6.00		15	35	—	0t	—
				>6.00～12.50			35	—	—	—
				>12.50～50.00			—	30	—	—
		H12	H12	>0.20～0.30	70～100	—	2	—	0t	—
				>0.30～0.50			3	—	0t	—
				>0.50～0.80			4	—	0t	—
				>0.80～1.50		55	6	—	0t	—
				>1.50～3.00			8	—	0t	—
				>3.00～6.00			9	—	0t	—
		H22	H22	>0.20～0.30	70	—	2	—	0t	—
				>0.30～0.50			3	—	0t	—
				>0.50～0.80			4	—	0t	—
				>0.80～1.50		55	6	—	0t	—
				>1.50～3.00			8	—	0t	—
				>3.00～6.00			9	—	0t	—

续表

牌号	包铝分类	供应状态	试样状态	厚度/mm	室温拉伸试验结果				弯曲半径[②]	
					抗拉强度 R_m/MPa	规定非比例延伸强度 $R_{P0.2}$/MPa	断后伸长率[①]/%		90°	180°
							A_{50mm}	A		
					不小于					
1070	—	H14	H14	>0.20～0.30	85～120	—	1	—	0.5*t*	—
				>0.30～0.50			2	—	0.5*t*	—
				>0.50～0.80			3	—	0.5*t*	—
				>0.80～1.50		65	4	—	1.0*t*	—
				>1.50～3.00			5	—	1.0*t*	—
				>3.00～6.00			6	—	1.0*t*	—
		H24	H24	>0.20～0.30	85	—	1	—	0.5*t*	—
				>0.30～0.50			2	—	0.5*t*	—
				>0.50～0.80			3	—	0.5*t*	—
				>0.80～1.50		65	4	—	1.0*t*	—
				>1.50～3.00			5	—	1.0*t*	—
				>3.00～6.00			6	—	1.0*t*	—
		H16	H16	>0.20～0.50	100～135	—	1	—	1.0*t*	—
				>0.50～0.80		75	2	—	1.0*t*	—
				>0.80～1.50			3	—	1.5*t*	—
				>1.50～4.00			4	—	1.5*t*	—
		H26	H26	>0.20～0.50	100	—	1	—	1.0*t*	—
				>0.50～0.80		75	2	—	1.0*t*	—
				>0.80～1.50			3	—	1.5*t*	—
				>1.50～4.00			4	—	1.5*t*	—
		H18	H18	>0.20～0.50	120	—	1	—	—	—
				>0.50～0.80			2	—	—	—
				>0.80～1.50			3	—	—	—
				>1.50～3.00			4	—	—	—
		H112	H112	>4.50～6.00	75	35	13	—	—	—
				>6.00～12.50	70	35	15	—	—	—
				>12.5～25.00	60	25	—	20	—	—
				>25.00～75.00	55	15	—	25	—	—
		F	—	>2.50～150.00	—				—	—
1070A	—	O H111	O H111	>0.20～0.50	60～90	15	23	—	0*t*	0*t*
				>0.50～1.50			25	—	0*t*	0*t*
				>1.50～3.00			29	—	0*t*	0*t*
				>3.00～6.00			32	—	0.5*t*	0.5*t*
				>6.00～12.50			35	—	0.5*t*	0.5*t*
				>12.50～25.00			—	32	—	—
		H12	H12	>0.20～0.50	80～120	55	5	—	0*t*	0.5*t*
				>0.50～1.50			6	—	0*t*	0.5*t*
				>1.50～3.00			7	—	0.5*t*	0.5*t*
				>3.00～6.00			9	—	1.0*t*	—

续表

牌号	包铝分类	供应状态	试样状态	厚度/mm	室温拉伸试验结果				弯曲半径[②]	
					抗拉强度 R_m/MPa	规定非比例延伸强度 $R_{P0.2}$/MPa	断后伸长率[①]/%			
							A_{50mm}	A	90°	180°
					不小于					
1070A	—	H22	H22	>0.20～0.50	80～120	50	7	—	0t	0.5t
				>0.50～1.50			8	—	0t	0.5t
				>1.50～3.00			10	—	0.5t	0.5t
				>3.00～6.00			12	—	1.0t	—
		H14	H14	>0.20～0.50	100～140	70	4	—	0t	0.5t
				>0.50～1.50			4	—	0.5t	0.5t
				>1.50～3.00			5	—	1.0t	1.0t
				>3.00～6.00			6	—	1.5t	—
		H24	H24	>0.20～0.50	100～140	60	5	—	0t	0.5t
				>0.50～1.50			6	—	0.5t	0.5t
				>1.50～3.00			7	—	1.0t	1.0t
				>3.00～6.00			9	—	1.5t	—
		H16	H16	>0.20～0.50	110～150	90	2	—	0.5t	1.0t
				>0.50～1.50			2	—	1.0t	1.0t
				>1.50～4.00			3	—	1.0t	1.0t
		H26	H26	>0.20～0.50	110～150	80	3	—	0.5t	—
				>0.50～1.50			3	—	1.0t	—
				>1.50～4.00			4	—	1.0t	—
		H18	H18	>0.20～0.50	125	105	2	—	1.0t	—
				>0.50～1.50			2	—	2.0t	—
				>1.50～3.00			2	—	2.5t	—
		H112	H112	>6.00～12.50	70	20	20	—	—	—
				>12.50～25.00		—	—	20	—	—
		F	—	2.50～150.00	—				—	—
1060	—	O	O	>0.20～0.30	60～100	15	15	—	—	—
				>0.30～0.50			18	—	—	—
				>0.50～1.50			23	—	—	—
				>1.50～6.00			25	—	—	—
				>6.00～80.00			25	22	—	—
		H12	H12	>0.50～1.50	80～120	60	6	—	—	—
				>1.50～6.00			12	—	—	—
		H22	H22	>0.50～1.50	80	60	6	—	—	—
				>1.50～6.00			12	—	—	—
		H14	H14	>0.20～0.30	95～135	70	1	—	—	—
				>0.30～0.50			2	—	—	—
				>0.50～0.80			2	—	—	—
				>0.80～1.50			4	—	—	—
				>1.50～3.00			6	—	—	—
				>3.00～6.00			10	—	—	—

续表

牌号	包铝分类	供应状态	试样状态	厚度/mm	室温拉伸试验结果 抗拉强度 R_m/MPa	规定非比例延伸强度 $R_{P0.2}$/MPa	断后伸长率[①]/% A_{50mm}	A	弯曲半径[②] 90°	180°
						不小于				
1060	—	H24	H24	>0.20～0.30	95	70	1	—	—	—
				>0.30～0.50			2	—	—	—
				>0.50～0.80			2	—	—	—
				>0.80～1.50			4	—	—	—
				>1.50～3.00			6	—	—	—
				>3.00～6.00			10	—	—	—
		H16	H16	>0.20～0.30	110～155	75	1	—	—	—
				>0.30～0.50			2	—	—	—
				>0.50～0.80			2	—	—	—
				>0.80～1.50			3	—	—	—
				>1.50～4.00			5	—	—	—
		H26	H26	>0.20～0.30	110	75	1	—	—	—
				>0.30～0.50			2	—	—	—
				>0.50～0.80			2	—	—	—
				>0.80～1.50			3	—	—	—
				>1.50～4.00			5	—	—	—
		H18	H18	>0.20～0.30	125	85	1	—	—	—
				>0.30～0.50			2	—	—	—
				>0.50～1.50			3	—	—	—
				>1.50～3.00			4	—	—	—
		H112	H112	>4.50～6.00	75	—	10	—	—	—
				>6.00～12.50	75		10	—	—	—
				>12.50～40.00	70		—	18	—	—
				>40.00～80.00	60		—	22	—	—
		F	—	>2.50～150.00	—				—	—
1050	—	O	O	>0.20～0.50	60～100	—	15	—	0*t*	—
				>0.50～0.80			20	—	0*t*	—
				>0.80～1.50		20	25	—	0*t*	—
				>1.50～6.00			30	—	0*t*	—
				>6.00～50.00			28	28	—	—
		H12	H12	>0.20～0.30	80～120	—	2	—	0*t*	—
				>0.30～0.50			3	—	0*t*	—
				>0.50～0.80			4	—	0*t*	—
				>0.80～1.50		65	6	—	0.5*t*	—
				>1.50～3.00			8	—	0.5*t*	—
				>3.00～6.00			9	—	0.5*t*	—
		H22	H22	>0.20～0.30	80	—	2	—	0*t*	—
				>0.30～0.50			3	—	0*t*	—
				>0.50～0.80			4	—	0*t*	—
				>0.80～1.50		65	6	—	0.5*t*	—
				>1.50～3.00			8	—	0.5*t*	—
				>3.00～6.00			9	—	0.5*t*	—

续表

牌号	包铝分类	供应状态	试样状态	厚度/mm	室温拉伸试验结果				弯曲半径[②]	
					抗拉强度 R_m/MPa	规定非比例延伸强度 $R_{P0.2}$/MPa	断后伸长率[①]/%			
							A_{50mm}	A	90°	180°
					不小于					
1050	—	H14	H14	>0.20～0.30	95～130	—	1	—	0.5*t*	—
				>0.30～0.50			2	—	0.5*t*	—
				>0.50～0.80			3	—	0.5*t*	—
				>0.80～1.50		75	4	—	1.0*t*	—
				>1.50～3.00			5	—	1.0*t*	—
				>3.00～6.00			6	—	1.0*t*	—
		H24	H24	>0.20～0.30	95	—	1	—	0.5*t*	—
				>0.30～0.50			2	—	0.5*t*	—
				>0.50～0.80			3	—	0.5*t*	—
				>0.80～1.50		75	4	—	1.0*t*	—
				>1.50～3.00			5	—	1.0*t*	—
				>3.00～6.00			6	—	1.0*t*	—
		H16	H16	>0.20～0.50	120～150	—	1	—	2.0*t*	—
				>0.50～0.80		85	2	—	2.0*t*	—
				>0.80～1.50			3	—	2.0*t*	—
				>1.50～4.00			4	—	2.0*t*	—
		H26	H26	>0.20～0.50	120	—	1	—	2.0*t*	—
				>0.50～0.80		85	2	—	2.0*t*	—
				>0.80～1.50			3	—	2.0*t*	—
				>1.50～4.00			4	—	2.0*t*	—
		H18	H18	>0.20～0.50	130	—	1	—	—	—
				>0.50～0.80			2	—	—	—
				>0.80～1.50			3	—	—	—
				>1.50～3.00			4	—	—	—
		H112	H112	>4.50～6.00	85	45	10	—	—	—
				>6.00～12.50	80	45	10	—	—	—
				>12.50～25.00	70	35	—	16	—	—
				>25.00～50.00	65	30	—	22	—	—
				>50.00～75.00	65	30	—	22	—	—
		F	—	>2.50～150.00	—				—	—
1050A	—	O H111	O H111	>0.20～0.50	>65～95	20	20	—	0*t*	0*t*
				>0.50～1.50			22	—	0*t*	0*t*
				>0.50～3.00			26	—	0*t*	0*t*
				>3.00～6.00			29	—	0.5*t*	0.5*t*
				>6.00～12.50			35	—	1.0*t*	1.0*t*
				>12.50～80.00			—	32	—	—
		H12	H12	>0.20～0.50	>85～125	65	2	—	0*t*	0.5*t*
				>0.50～1.50			4	—	0*t*	0.5*t*
				>1.50～3.00			5	—	0.5*t*	0.5*t*
				>3.00～6.00			7	—	1.0*t*	1.0*t*

续表

牌号	包铝分类	供应状态	试样状态	厚度/mm	室温拉伸试验结果				弯曲半径[②]	
					抗拉强度 R_m/MPa	规定非比例延伸强度 $R_{P0.2}$/MPa	断后伸长率[①]/%			
							A_{50mm}	A	90°	180°
						不小于				
1050A	—	H22	H22	>0.20～0.50	>85～125	55	4	—	0t	0.5t
				>0.50～1.50			5	—	0t	0.5t
				>1.50～3.00			6	—	0.5t	0.5t
				>3.00～6.00			11	—	1.0t	1.0t
		H14	H14	>0.20～0.50	>105～145	85	2	—	0t	1.0t
				>0.50～1.50			2	—	0.5t	1.0t
				>1.50～3.00			4	—	1.0t	1.0t
				>3.00～6.00			5	—	1.5t	—
		H24	H24	>0.20～0.50	>105～145	75	3	—	0t	1.0t
				>0.50～1.50			4	—	0.5t	1.0t
				>1.50～3.00			5	—	1.0t	1.0t
				>3.00～6.00			8	—	1.5t	1.5t
		H16	H16	>0.20～0.50	>120～160	100	1	—	0.5t	—
				>0.50～1.50			2	—	1.0t	—
				>1.50～4.00			3	—	1.5t	—
		H26	H26	>0.20～0.50	>120～160	90	2	—	0.5t	—
				>0.50～1.50			3	—	1.0t	—
				>1.50～4.00			4	—	1.5t	—
		H18	H18	>0.20～0.50	135	120	1	—	1.0t	—
				>0.50～1.50	140		2	—	2.0t	—
				>1.50～3.00			2	—	3.0t	—
		H28	H28	>0.20～0.50	140	110	2	—	1.0t	—
				>0.50～1.50			2	—	2.0t	—
				>1.50～3.00			3	—	3.0t	—
		H19	H19	>0.20～0.50	155	140	1	—	—	—
				>0.50～1.50	150	130		—	—	—
				>1.50～3.00				—	—	—
		H112	H112	>6.00～12.50	75	30	20	—	—	—
				>12.50～80.00	70	25	—	20	—	—
		F	—	2.50～150.00		—		—	—	—
1145	—	O	O	>0.20～0.50	60～100	—	15	—	—	—
				>0.50～0.80			20	—	—	—
				>0.80～1.50		20	25	—	—	—
				>1.50～6.00			30	—	—	—
				>6.00～10.00			28	—	—	—
		H12	H12	>0.20～0.30	80～120	—	2	—	—	—
				>0.30～0.50			3	—	—	—
				>0.50～0.80			4	—	—	—
				>0.80～1.50		65	6	—	—	—
				>1.50～3.00			8	—	—	—
				>3.00～4.50			9	—	—	—

续表

牌号	包铝分类	供应状态	试样状态	厚度/mm	室温拉伸试验结果				弯曲半径[②]	
					抗拉强度 R_m/MPa	规定非比例延伸强度 $R_{P0.2}$/MPa	断后伸长率[①]/%		90°	180°
							A_{50mm}	A		
					不小于					
1145	—	H22	H22	>0.20～0.30	80	—	2	—	—	—
				>0.30～0.50			3	—	—	—
				>0.50～0.80			4	—	—	—
				>0.80～1.50			6	—	—	—
				>1.50～3.00			8	—	—	—
				>3.00～4.50			9	—	—	—
		H14	H14	>0.20～0.30	95～125		1	—	—	—
				>0.30～0.50		—	2	—	—	—
				>0.50～0.80			3	—	—	—
				>0.80～1.50			4	—	—	—
				>1.50～3.00		75	5	—	—	—
				>3.00～4.50			6	—	—	—
		H24	H24	>0.20～0.30	95	—	1	—	—	—
				>0.30～0.50			2	—	—	—
				>0.50～0.80			3	—	—	—
				>0.80～1.50			4	—	—	—
				>1.50～3.00			5	—	—	—
				>3.00～4.50			6	—	—	—
		H16	H16	>0.20～0.50	120～145	—	1	—	—	—
				>0.50～0.80			2	—	—	—
				>0.80～1.50		85	3	—	—	—
				>1.50～4.50			4	—	—	—
		H26	H26	>0.20～0.50	120	—	1	—	—	—
				>0.50～0.80			2	—	—	—
				>0.80～1.50			3	—	—	—
				>1.50～4.50			4	—	—	—
		H18	H18	>0.20～0.50	125	—	1	—	—	—
				>0.50～0.80			2	—	—	—
				>0.80～1.50			3	—	—	—
				>1.50～4.50			4	—	—	—
		H112	H112	>4.50～6.50	85	45	10	—	—	—
				>6.50～12.50	80	45	10	—	—	—
				>12.50～25.00	70	35	—	16	—	—
		F	—	>2.50～150.00	—				—	—
1235	—	O	O	>0.20～1.00	65～105	—	15	—	—	—
		H12	H12	>0.20～0.30	95～130	—	2	—	—	—
				>0.30～0.50			3	—	—	—
				>0.50～1.50			6	—	—	—
				>1.50～3.00			8	—	—	—
				>3.00～4.50			9	—	—	—

续表

牌号	包铝分类	供应状态	试样状态	厚度/mm	室温拉伸试验结果				弯曲半径[2]	
					抗拉强度 R_m/MPa	规定非比例延伸强度 $R_{P0.2}$/MPa	断后伸长率[1]/%		90°	180°
							A_{50mm}	A		
					不小于					
1235	—	H22	H22	>0.20~0.30	95	—	2	—	—	—
				>0.30~0.50			3	—	—	—
				>0.50~1.50			6	—	—	—
				>1.50~3.00			8	—	—	—
				>3.00~4.50			9	—	—	—
		H14	H14	>0.20~0.30	115~150		1	—	—	—
				>0.30~0.50			2	—	—	—
				>0.50~1.50			3	—	—	—
				>1.50~3.00			4	—	—	—
		H24	H24	>0.20~0.30	115	—	1	—	—	—
				>0.30~0.50			2	—	—	—
				>0.50~1.50			3	—	—	—
				>1.50~3.00			4	—	—	—
		H16	H16	>0.20~0.50	130~165	—	1	—	—	—
				>0.50~1.50			2	—	—	—
				>1.50~4.00			3	—	—	—
		H26	H26	>0.20~0.50	130	—	1	—	—	—
				>0.50~1.50			2	—	—	—
				>1.50~4.00			3	—	—	—
		H18	H18	>0.20~0.50	145	—	1	—	—	—
				>0.50~1.50			2	—	—	—
				>1.50~3.00			3	—	—	—
1100	—	O	O	>0.20~0.32	75~105	25	15	—	—	0*t*
				>0.32~0.63			17	—	—	0*t*
				>0.63~1.20			22	—	—	0*t*
				>1.20~6.30			30	—	—	0*t*
				>6.30~80.00			28	25	—	0*t*
		H12	H12	>0.20~0.63	95~130	75	3	—	—	0*t*
				>0.63~1.20			5	—	—	0*t*
				>1.20~6.00			8	—	—	0*t*
		H22	H22	>0.20~0.63	95	—	3	—	—	0*t*
				>0.63~1.20			5	—	—	0*t*
				>1.20~6.00			8	—	—	0*t*
		H14	H14	>0.20~0.32	110~145	95	1	—	—	0*t*
				>0.32~0.63			2	—	—	0*t*
				>0.63~1.20			3	—	—	0*t*
				>1.20~6.00			5	—	—	0*t*
		H24	H24	>0.20~0.32	110	—	1	—	—	0*t*
				>0.32~0.63			2	—	—	0*t*
				>0.63~1.20			3	—	—	0*t*
				>1.20~6.00			5	—	—	0*t*

续表

牌号	包铝分类	供应状态	试样状态	厚度/mm	室温拉伸试验结果				弯曲半径[②]	
					抗拉强度 R_m/MPa	规定非比例延伸强度 $R_{P0.2}$/MPa	断后伸长率[①]/%			
							A_{50mm}	A	90°	180°
					不小于					
1100	—	H16	H16	>0.20～0.32	130～165	115	1	—	—	4t
				>0.32～0.63			2	—	—	4t
				>0.63～1.20			3	—	—	4t
				>1.20～4.00			4	—	—	4t
		H26	H26	>0.20～0.32	130	—	1	—	—	4t
				>0.32～0.63			2	—	—	4t
				>0.63～1.20			3	—	—	4t
				>1.20～4.00			4	—	—	4t
		H18 H28	H18 H28	>0.20～0.32	150	—	1	—	—	—
				>0.32～0.63			1	—	—	—
				>0.63～1.20			2	—	—	—
				>1.20～3.20			4	—	—	—
		H112	H112	>6.00～12.50	90	50	9	—	—	—
				>12.50～40.00	85	40	—	12	—	—
				>40.00～80.00	80	30	—	18	—	—
		F	—	>2.50～150.00	—				—	—
1200	—	O H111	O H111	>0.20～0.50	75～105	25	19	—	0t	0t
				>0.50～1.50			21	—	0t	0t
				>1.50～3.00			24	—	0t	0t
				>3.00～6.00			28	—	0.5t	0.5t
				>6.00～12.50			33	—	1.0t	1.0t
				>12.50～80.00			—	30	—	—
		H12	H12	>0.20～0.50	95～135	75	2	—	0t	0.5t
				>0.50～1.50			4	—	0t	0.5t
				>1.50～3.00			5	—	0.5t	0.5t
				>3.00～6.00			6	—	1.0t	1.0t
		H22	H22	>0.20～0.50	95～135	65	4	—	0t	0.5t
				>0.50～1.50			5	—	0t	0.5t
				>1.50～3.00			6	—	0.5t	0.5t
				>3.00～6.00			10	—	1.0t	1.0t
		H14	H14	>0.20～0.50	105～155	95	1	—	0t	1.0t
				>0.50～1.50	115～155		3	—	0.5t	1.0t
				>1.50～3.00			4	—	1.0t	1.0t
				>3.00～6.00			5	—	1.5t	1.5t
		H24	H24	>0.20～0.50	115～155	90	3	—	0t	1.0t
				>0.50～1.50			4	—	0.5t	1.0t
				>1.50～3.00			5	—	1.0t	1.0t
				>3.00～6.00			7	—	1.5t	—

续表

牌号	包铝分类	供应状态	试样状态	厚度/mm	室温拉伸试验结果				弯曲半径②	
					抗拉强度 R_m/MPa	规定非比例延伸强度 $R_{P0.2}$/MPa	断后伸长率①/%			
							A_{50mm}	A	90°	180°
					不小于					
1200	—	H16	H16	＞0.20～0.50	120～170	110	1	—	0.5t	—
				＞0.50～1.50	130～170	115	2	—	1.0t	—
				＞1.50～4.00			3	—	1.5t	—
		H26	H26	＞0.20～0.50	130～170	105	2	—	0.5t	—
				＞0.50～1.50			3	—	1.0t	—
				＞1.50～4.00			4	—	1.5t	—
		H18	H18	＞0.20～0.50	150	130	1	—	1.0t	—
				＞0.50～1.50			2	—	2.0t	—
				＞1.50～3.00			2	—	3.0t	—
		H19	H19	＞0.20～0.50	160	140	1	—	—	—
				＞0.50～1.50			1	—	—	—
				＞1.50～3.00			1	—	—	—
		H112	H112	＞6.00～12.50	85	35	16	—	—	—
				＞12.50～80.00	80	30	—	16	—	—
		F	—	＞2.50～150.00	—				—	—
包铝 2A11 2A11	正常包铝或工艺包铝	O	O	＞0.50～3.00	≤225	—	12	—	—	—
				＞3.00～10.00	≤235	—	12	—	—	—
			T42③	＞0.50～3.00	350	185	15	—	—	—
				＞3.00～10.00	355	195	15	—	—	—
		T1	T42	＞4.50～10.00	355	195	15	—	—	—
				＞10.00～12.50	370	215	11	—	—	—
				＞12.50～25.00	370	215	—	11	—	—
				＞25.00～40.00	330	195	—	8	—	—
				＞40.00～70.00	310	195	—	6	—	—
				＞70.00～80.00	285	195	—	4	—	—
		T3	T3	＞0.50～1.50	375	215	15	—	—	—
				＞1.50～3.00			17	—	—	—
				＞3.00～10.00			15	—	—	—
		T4	T4	＞0.50～3.00	360	185	15	—	—	—
				＞3.00～10.00	370	195	15	—	—	—
		F	—	＞4.50～150.00	—				—	—
包铝 2A12 2A12	正常包铝或工艺包铝	O	O	＞0.50～4.50	≤215	—	14	—	—	—
				＞4.50～10.00	≤235	—	12	—	—	—
			T42③	＞0.50～3.00	390	245	15	—	—	—
				＞3.00～10.00	410	265	12	—	—	—
		T1	T42	＞4.50～10.00	410	265	12	—	—	—
				＞10.00～12.50	420	275	7	—	—	—
				＞12.50～25.00	420	275	—	7	—	—
				＞25.00～40.00	390	255	—	5	—	—
				＞40.00～70.00	370	245	—	4	—	—
				＞70.00～80.00	345	245	—	3	—	—

续表

牌号	包铝分类	供应状态	试样状态	厚度/mm	室温拉伸试验结果				弯曲半径[2]	
					抗拉强度 R_m/MPa	规定非比例延伸强度 $R_{P0.2}$/MPa	断后伸长率[1]/%		90°	180°
							A_{50mm}	A		
					不小于					
包铝2A12 2A12	正常包铝或工艺包铝	T3	T3	>0.50～1.60	405	270	15	—	—	—
				>1.60～10.00	420	275	15	—	—	—
		T4	T4	>0.50～3.00	405	270	13	—	—	—
				>3.00～4.50	425	275	12	—	—	—
				>4.50～10.00	425	275	12	—	—	—
		F	—	>4.50～150.00		—		—	—	—
2A14	工艺包铝	O	O	0.50～10.00	≤245	—	10	—	—	—
		T6	T6	0.50～10.00	430	340	5	—	—	—
		T1	T62	>4.50～12.50	430	340	5	—	—	—
				>12.50～40.00	430	340	—	5	—	—
		F	—	>4.50～150.00		—			—	—
包铝2E12 2E12	正常包铝或工艺包铝	T3	T3	0.80～1.50	405	270	—	15	—	5.0t
				>1.50～3.00	≥420	275	—	15	—	5.0t
				>3.00～6.00	425	275	—	15	—	8.0t
2014	工艺包铝或不包铝	O	O	>0.40～1.50	≤220	≤140	12	—	0t	0.5t
				>1.50～3.00			13	—	1.0t	1.0t
				>3.00～6.00			16	—	1.5t	—
				>6.00～9.00			16	—	2.5t	—
				>9.00～12.50			16	—	4.0t	—
				>12.50～25.00			—	10	—	—
		T3	T3	>0.40～1.50	395	245	14	—	—	—
				>1.50～6.00	400	245	14	—	—	—
		T4	T4	>0.40～1.50	395	240	14	—	3.0t	3.0t
				>1.50～6.00	395	240	14	—	5.0t	5.0t
				>6.00～12.50	400	250	14	—	8.0t	—
				>12.50～40.00	400	250		10	—	—
				>40.00～100.00	395	250		7	—	—
		T6	T6	>0.40～1.50	440	390	6	—	—	—
				>1.50～6.00	440	390	7	—	—	—
				>6.00～12.50	450	395	7	—	—	—
				>12.50～40.00	460	400		6	5.0t	
				>40.00～60.00	450	390		5	7.0t	
				>60.00～80.00	435	380		4	10.0t	
				>80.00～100.00	420	360		4		
				>100.00～125.00	410	350		4		
				>125.00～160.00	390	340		2		
		F	—	>4.50～150.00		—		—	—	—

续表

牌号	包铝分类	供应状态	试样状态	厚度/mm	室温拉伸试验结果				弯曲半径[2]	
					抗拉强度 R_m/MPa	规定非比例延伸强度 $R_{P0.2}$/MPa	断后伸长率[1]/%			
							A_{50mm}	A	90°	180°
					不小于					
包铝 2014	正常包铝	O	O	>0.50～0.63	≤205	≤95	16	—	—	—
				>0.63～1.00	≤220			—	—	—
				>1.00～2.50	≤205			—	—	—
				>2.50～12.50	≤205			9	—	—
				>12.50～25.00	≤220[4]	—	—	5	—	—
		T3	T3	>0.50～0.63	370	230	14	—	—	—
				>0.63～1.00	380	235	14	—	—	—
				>1.00～2.50	395	240	15	—	—	—
				>2.50～6.30	395	240	15	—	—	—
		T4	T4	>0.50～0.63	370	215	14	—	—	—
				>0.63～1.00	380	220	14	—	—	—
				>1.00～2.50	395	235	15	—	—	—
				>2.50～6.30	395	235	15	—	—	—
		T6	T6	>0.50～0.63	425	370	7	—	—	—
				>0.63～1.00	435	380	7	—	—	—
				>1.00～2.50	440	395	8	—	—	—
				>2.50～6.30	440	395	8	—	—	—
		F	—	>4.50～150.00	—				—	—
包铝 2014A 2014A	正常包铝、工艺包铝或不包铝	O	O	>0.20～0.50	≤235	≤110		—	1.0t	—
				>0.50～1.50			14	—	2.0t	—
				>1.50～3.00			16	—	2.0t	—
				>3.00～6.00			16	—	2.0t	—
		T4	T4	>0.20～0.50	400	225	—	—	3.0t	—
				>0.50～1.50			13	—	3.0t	—
				>1.50～6.00			14	—	5.0t	—
				>6.00～12.50		250	14	—	—	—
				>12.50～25.00			—	12	—	—
				>25.00～40.00			—	10	—	—
				>40.00～80.00	395		—	7	—	—
		T6	T6	>0.20～0.50	440	380	—	—	5.0t	—
				>0.50～1.50			6	—	5.0t	—
				>1.50～3.00			7	—	6.0t	—
				>3.00～6.00			8	—	5.0t	—
				>6.00～12.50	460	410	8	—	—	—
				>12.50～25.00	460	410	—	6	—	—
				>25.00～40.00	450	400	—	5	—	—
				>40.00～60.00	430	390	—	5	—	—
				>60.00～90.00	430	390	—	4	—	—
				>90.00～115.00	420	370	—	4	—	—
				>115.00～140.00	410	350	—	4	—	—

续表

牌号	包铝分类	供应状态	试样状态	厚度/mm	室温拉伸试验结果				弯曲半径[②]	
					抗拉强度 R_m/MPa	规定非比例延伸强度 $R_{P0.2}$/MPa	断后伸长率[①]/%			
							A_{50mm}	A	90°	180°
					不小于					
2024	工艺包铝或不包铝	O	O	>0.40～1.50	≤220	≤140	12	—	0*t*	0.5*t*
				>1.50～3.00			13		1.0*t*	2.0*t*
				>3.00～6.00					1.5*t*	3.0*t*
				>6.00～9.00					2.5*t*	—
				>9.00～12.50					4.0*t*	—
				>12.50～25.00		—	—	11	—	—
		T3	T3	>0.40～1.50	435	290	12	11	4.0*t*	4.0*t*
				>1.50～3.00	435	290	14	—	4.0*t*	4.0*t*
				>3.00～6.00	440	290	14		5.0*t*	5.0*t*
				>6.00～12.50	440	290	13		8.0*t*	—
				>12.50～40.00	430	290	—	11	—	—
				>40.00～80.00	420	290		8	—	—
				>80.00～100.00	400	285		7	—	—
				>100.00～120.00	380	270		5	—	—
				>120.00～150.00	360	250		5	—	—
		T4	T4	>0.40～1.50	425	275	12	—	—	4.0*t*
				>1.50～6.00	425	275	14	—	—	5.0*t*
		T8	T8	>0.40～1.50	460	400	5	—	—	—
				>1.50～6.00	460	400	6	—	—	—
				>6.00～12.50	460	400	5	—	—	—
				>12.50～25.00	455	400	—	4	—	—
				>25.00～40.00	455	395	—	4	—	—
		F	—	>4.50～80.00	—					
包铝2024	正常包铝	O	O	>0.20～0.25	≤205	≤95	10	—	—	—
				>0.25～1.60	≤205	≤95	12	—	—	—
				>1.60～12.50	≤220	≤95	12	—	—	—
				>12.50～45.50	≤220[④]	—	—	10	—	—
		T3	T3	>0.20～0.25	400	270	10	—	—	—
				>0.25～0.50	405	270	12	—	—	—
				>0.50～1.60	405	270	15	—	—	—
		T3	T3	>1.60～3.20	420	275	15	—	—	—
				>3.20～6.00	420	275	15	—	—	—
		T4	T4	>0.20～0.50	400	245	12	—	—	—
				>0.50～1.60	400	245	15		—	—
				>1.60～3.20	420	260	15		—	—
		F	—	>4.50～80.00	—				—	—
包铝2017 2017	正常包铝、工艺包铝或不包铝	O	O	>0.40～1.60	≤215	—	12	—	0.5*t*	—
				>1.60～2.90		≤110			1.0*t*	—
				>2.90～6.00					1.5*t*	—
				>6.00～25.00					—	—

续表

牌号	包铝分类	供应状态	试样状态	厚度/mm	室温拉伸试验结果				弯曲半径[②]	
					抗拉强度 R_m/MPa	规定非比例延伸强度 $R_{P0.2}$/MPa	断后伸长率[①]/%			
							A_{50mm}	A	90°	180°
					不小于					
包铝2017 2017	正常包铝、工艺包铝或不包铝	O	T42[③]	>0.40～0.50	355	—	12	—	—	—
				>0.50～1.60		195	15	—	—	—
				>1.60～2.90			17	—	—	—
				>2.90～6.50			15	—	—	—
				>6.50～25.00		185	12	—	—	—
		T3	T3	>0.40～0.50	375	—	12	—	1.5t	—
				>0.50～1.60		215	15	—	2.5t	—
				>1.60～2.90			17	—	3t	—
				>2.90～6.00			15	—	3.5t	—
		T4	T4	>0.40～0.50	355	—	12	—	1.5t	—
				>0.50～1.60		195	15	—	2.5t	—
				>1.60～2.90			17	—	3t	—
				>2.90～6.00			15	—	3.5t	—
		F	—	>4.50～150.00		—			—	—
包铝2017A 2017A	正常包铝、工艺包铝或不包铝	O	O	0.40～1.50	≤225	≤145	12	—	5t	0.5t
				>1.50～3.00			14		1.0t	1.0t
				>3.00～6.00			13		1.5t	—
				>6.00～9.00					2.5t	—
				>9.00～12.50					4.0t	—
				>12.50～25.00			—	12	—	—
		T4	T4	0.40～1.50	390	245	14	—	3.0t	3.0t
				>1.50～6.00		245	15	—	5.0t	5.0t
				>6.00～12.50		260	13	—	8.0t	—
				>12.50～40.00		250	—	12	—	—
				>40.00～60.00	385	245	—	12	—	—
				>60.00～80.00	370	240	—	7	—	—
				>80.00～120.00	360		—	6	—	—
				>120.00～150.00	350		—	4	—	—
				>150.00～180.00	330	220	—	2	—	—
				>180.00～200.00	300	200	—	2	—	—
包铝2219 2219	正常包铝、工艺包铝或不包铝	O	O	>0.50～12.50	≤220	≤110	12	—	—	—
				>12.50～50.00	≤220[④]	≤110[④]	—	10	—	—
		T81	T81	>0.50～1.00	340	255	6	—	—	—
				>1.00～2.50	380	285	7	—	—	—
				>2.50～6.30	400	295	7	—	—	—
		T87	T87	>1.00～2.50	395	315	6	—	—	—
				>2.50～6.30	415	330	6	—	—	—
				>6.30～12.50	415	330	7	—	—	—

续表

牌号	包铝分类	供应状态	试样状态	厚度/mm	室温拉伸试验结果 抗拉强度 R_m/MPa	规定非比例延伸强度 $R_{P0.2}$/MPa	断后伸长率[①]/% A_{50mm}	A	弯曲半径[②] 90°	180°
						不小于				
3A21	—	O	O	>0.20～0.80	100～150	—	19	—	—	—
				>0.80～4.50			23	—	—	—
				>4.50～10.00			21	—	—	—
		H14	H14	>0.80～1.30	145～215	—	6	—	—	—
				>1.30～4.50			6	—	—	—
		H24	H24	>0.20～1.30	145	—	6	—	—	—
				>1.30～4.50			6	—	—	—
		H18	H18	>0.20～0.50	185	—	1	—	—	—
				>0.50～0.80			2	—	—	—
				>0.80～1.30			3	—	—	—
				>1.30～4.50			4	—	—	—
		H112	H112	>4.50～10.00	110	—	16	—	—	—
				>10.00～12.50	120		16	—	—	—
				>12.50～25.00	120		—	16	—	—
				>25.00～80.00	110		—	16	—	—
		F	—	>4.50～150.00		—			—	—
3102	—	H18	H18	>0.20～0.50	160	—	3	—	—	—
				>0.50～3.00			2	—	—	—
3003	—	O H111	O H111	>0.20～0.50	95～135	35	15	—	0t	0t
				>0.50～1.50			17	—	0t	0t
				>1.50～3.00			20	—	0t	0t
				>3.00～6.00			23	—	1.0t	1.0t
				>6.00～12.50			24	—	1.5t	—
				>12.50～50.00			—	23	—	—
		H12	H12	>0.20～0.50	120～160	90	3	—	0t	1.5t
				>0.50～1.50			4	—	0.5t	1.5t
				>1.50～3.00			5	—	1.0t	1.5t
				>3.00～6.00			6	—	1.0t	—
		H22	H22	>0.20～0.50	120～160	80	6	—	0t	1.0t
				>0.50～1.50			7	—	0.5t	1.0t
				>1.50～3.00			8	—	1.0t	1.0t
				>3.00～6.00			9	—	1.0t	—
		H14	H14	>0.20～0.50	145～195	125	2	—	0.5t	2.0t
				>0.50～1.50			2	—	1.0t	2.0t
				>1.50～3.00			3	—	1.0t	2.0t
				>3.00～6.00			4	—	2.0t	—
		H24	H24	>0.20～0.50	145～195	115	4	—	0.5t	1.5t
				>0.50～1.50			4	—	1.0t	1.5t
				>1.50～3.00			5	—	1.0t	1.5t
				>3.00～6.00			6	—	2.0t	—

续表

牌号	包铝分类	供应状态	试样状态	厚度/mm	抗拉强度 R_m/MPa	规定非比例延伸强度 $R_{P0.2}$/MPa	断后伸长率[①]/%		弯曲半径[②]	
							A_{50mm}	A	90°	180°
					不小于					
3003	—	H16	H16	>0.20～0.50	170～210	150	1	—	1.0t	2.5t
				>0.50～1.50			2	—	1.5t	2.5t
				>1.50～4.00			2	—	2.0t	2.5t
		H26	H26	>0.20～0.50	170～210	140	2	—	1.0t	2.0t
				>0.50～1.50			3	—	1.5t	2.0t
				>1.50～4.00			3	—	2.0t	2.0t
		H18	H18	>0.20～0.50	190	170	1	—	1.5t	—
				>0.50～1.50			2	—	2.5t	—
				>1.50～3.00			2	—	3.0t	—
		H28	H28	>0.20～0.50	190	160	2	—	1.5t	—
				>0.50～1.50			2	—	2.5t	—
				>1.50～3.00			3	—	3.0t	—
		H19	H19	>0.20～0.50	210	180	1	—	—	—
				>0.50～1.50			2	—	—	—
				>1.50～3.00			2	—	—	—
		H112	H112	>4.50～12.50	115	70	10	—	—	—
				>12.50～80.00	100	40	—	18	—	—
		F	—	>2.50～150.00		—			—	
3103	—	O H111	O H111	>0.20～0.50	90～130	35	17	—	0t	0t
				>0.50～1.50			19	—	0t	0t
				>1.50～3.00			21	—	0t	0t
				>3.00～6.00			24	—	1.0t	1.0t
				>6.00～12.50			28	—	1.5t	—
				>12.50～50.00			—	25	—	—
		H12	H12	>0.20～0.50	115～155	85	3	—	0t	1.5t
				>0.50～1.50			4	—	0.5t	1.5t
				>1.50～3.00			5	—	1.0t	1.5t
				>3.00～6.00			6	—	1.0t	—
		H22	H22	>0.20～0.50	115～155	75	6	—	0t	1.0t
				>0.50～1.50			7	—	0.5t	1.0t
				>1.50～3.00			8	—	1.0t	1.0t
				>3.00～6.00			9	—	1.0t	—
		H14	H14	>0.20～0.50	140～180	120	2	—	0.5t	2.0t
				>0.50～1.50			2	—	1.0t	2.0t
				>1.50～3.00			3	—	1.0t	2.0t
				>3.00～6.00			4	—	2.0t	—
		H24	H24	>0.20～0.50	140～180	110	4	—	0.5t	1.5t
				>0.50～1.50			4	—	1.0t	1.5t
				>1.50～3.00			5	—	1.0t	1.5t
				>3.00～6.00			6	—	2.0t	—

续表

牌号	包铝分类	供应状态	试样状态	厚度/mm	室温拉伸试验结果				弯曲半径[2]	
					抗拉强度 R_m/MPa	规定非比例延伸强度 $R_{P0.2}$/MPa	断后伸长率[1]/%			
							A_{50mm}	A	90°	180°
					不小于					
3103	—	H16	H16	>0.20~0.50	160~200	145	1	—	1.0t	2.5t
				>0.50~1.50			2	—	1.5t	2.5t
				>1.50~4.00			2	—	2.0t	2.5t
				>4.00~6.00			2	—	1.5t	2.0t
		H26	H26	>0.20~0.50	160~200	135	2	—	1.0t	2.0t
				>0.50~1.50			3	—	1.5t	2.0t
				>1.50~4.00			3	—	2.0t	2.0t
		H18	H18	>0.20~0.50	185	165	1	—	1.5t	—
				>0.50~1.50			2	—	2.5t	—
				>1.50~3.00			2	—	3.0t	—
		H28	H28	>0.20~0.50	185	155	2	—	1.5t	—
				>0.50~1.50			2	—	2.5t	—
				>1.50~3.00			3	—	3.0t	—
		H19	H19	>0.20~0.50	200	175	1	—	—	—
				>0.50~1.50			2	—	—	—
				>1.50~3.00			2	—	—	—
		H112	H112	>4.50~12.50	110	70	10	—	—	—
				>12.50~80.00	95	40	—	18	—	—
		F	—	>20.00~80.00	—				—	—
3004	—	O H111	O H111	>0.20~0.50	155~200	60	13	—	0t	0t
				>0.50~1.50			14	—	0t	0t
				>1.50~3.00			15	—	0t	0.5t
				>3.00~6.00			16	—	1.0t	1.0t
				>6.00~12.50			16	—	2.0t	—
				>12.50~50.00			—	14	—	—
		H12	H12	>0.20~0.50	190~240	155	2	—	0t	1.5t
				>0.50~1.50			3	—	0.5t	1.5t
				>1.50~3.00			4	—	1.0t	2.0t
				>3.00~6.00			5	—	1.5t	—
		H22 H32	H22 H32	>0.20~0.50	190~240	145	4	—	0t	1.0t
				>0.50~1.50			5	—	0.5t	1.0t
				>1.50~3.00			6	—	1.0t	1.5t
				>3.00~6.00			7	—	1.5t	—
		H14	H14	>0.20~0.50	220~265	180	1	—	0.5t	2.5t
				>0.50~1.50			2	—	1.0t	2.5t
				>1.50~3.00			2	—	1.5t	2.5t
				>3.00~6.00			3	—	2.0t	—
		H24 H34	H24 H34	>0.20~0.50	220~265	170	3	—	0.5t	2.0t
				>0.50~1.50			4	—	1.0t	2.0t
				>1.50~3.00			4	—	1.5t	2.0t

续表

牌号	包铝分类	供应状态	试样状态	厚度/mm	室温拉伸试验结果				弯曲半径[②]	
					抗拉强度 R_m/MPa	规定非比例延伸强度 $R_{P0.2}$/MPa	断后伸长率[①]/%			
							A_{50mm}	A	90°	180°
					不小于					
3004	—	H16	H16	＞0.20～0.50	240～285	200	1	—	1.0t	3.5t
				＞0.50～1.50			1	—	1.5t	3.5t
				＞1.50～4.00			2	—	2.5t	—
		H26 H36	H26 H36	＞0.20～0.50	240～285	190	3	—	1.0t	3.0t
				＞0.50～1.50			3	—	1.5t	3.0t
				＞1.50～3.00			3	—	2.5t	—
		H18	H18	＞0.20～0.50	260	230	1	—	1.5t	—
				＞0.50～1.50			1	—	2.5t	—
				＞1.50～3.00			2	—	—	—
		H28 H38	H28 H38	＞0.20～0.50	260	220	2	—	1.5t	—
				＞0.50～1.50			3	—	2.5t	—
		H19	H19	＞0.20～0.50	270	240	1	—	—	—
				＞0.50～1.50			1	—	—	—
		H112	H112	＞4.50～12.50	160	60	7	—	—	—
				＞12.50～40.00			—	6	—	—
				＞40.00～80.00			—	6	—	—
		F	—	＞2.50～80.00	—	—	—	—	—	—
3104	—	O H111	O H111	＞0.20～0.50	155～195	—	10	—	0t	0t
				＞0.50～0.80			14	—	0t	0t
				＞0.80～1.30		60	16	—	0.5t	0.5t
				＞1.30～3.00			18	—	0.5t	0.5t
		H12 H32	H12 H32	＞0.50～0.80	195～245	—	3	—	0.5t	0.5t
				＞0.80～1.30		145	4	—	1.0t	1.0t
				＞1.30～3.00			5	—	1.0t	1.0t
		H22	H22	＞0.50～0.80	195	—	3	—	0.5t	0.5t
				＞0.80～1.30			4	—	1.0t	1.0t
				＞1.30～3.00			5	—	1.0t	1.0t
		H14 H34	H14 H34	＞0.20～0.50	225～265	—	1	—	1.0t	1.0t
				＞0.50～0.80			3	—	1.5t	1.5t
				＞0.80～1.30		175	3	—	1.5t	1.5t
				＞1.30～3.00			4	—	1.5t	1.5t
		H24	H24	＞0.20～0.50	225	—	1	—	1.0t	1.0t
				＞0.50～0.80			3	—	1.5t	1.5t
				＞0.80～1.30			3	—	1.5t	1.5t
				＞1.30～3.00			4	—	1.5t	1.5t
		H16 H36	H16 H36	＞0.20～0.50	245～285	—	1	—	2.0t	2.0t
				＞0.50～0.80			2	—	2.0t	2.0t
				＞0.80～1.30		195	3	—	2.5t	2.5t
				＞1.30～3.00			4	—	2.5t	2.5t

续表

牌号	包铝分类	供应状态	试样状态	厚度/mm	室温拉伸试验结果：抗拉强度 R_m/MPa	规定非比例延伸强度 $R_{P0.2}$/MPa	断后伸长率[1]/% A_{50mm}	A	弯曲半径[2] 90°	180°
					不小于					
3104	—	H26	H26	>0.20～0.50	245	—	1	—	2.0t	2.0t
				>0.50～0.80			2	—	2.0t	2.0t
				>0.80～1.30			3	—	2.5t	2.5t
				>1.30～3.00			4	—	2.5t	2.5t
		H18 H38	H18 H38	>0.20～0.50	265	215	1	—	—	—
		H28	H28	>0.20～0.50	265	—	1	—	—	—
		H19 H29 H39	H19 H29 H39	>0.20～0.50	275	—	1	—	—	—
		F	—	>2.50～80.00	—	—	—	—	—	—
3005	—	O H111	O H111	>0.20～0.50	115～165	45	12	—	0t	0t
				>0.50～1.50			14	—	0t	0t
				>1.50～3.00			16	—	0.5t	1.0t
				>3.00～6.00			19	—	1.0t	—
		H12	H12	>0.20～0.50	145～195	125	3	—	0t	1.5t
				>0.50～1.50			4	—	0.5t	1.5t
				>1.50～3.00			4	—	1.0t	2.0t
				>3.00～6.00			5	—	1.5t	—
		H22	H22	>0.20～0.50	145～195	110	5	—	0t	1.0t
				>0.50～1.50			5	—	0.5t	1.0t
				>1.50～3.00			6	—	1.0t	1.5t
				>3.00～6.00			7	—	1.5t	—
		H14	H14	>0.20～0.50	170～215	150	1	—	0.5t	2.5t
				>0.50～1.50			2	—	1.0t	2.5t
				>1.50～3.00			2	—	1.5t	—
				>3.00～6.00			3	—	2.0t	—
		H24	H24	>0.20～0.50	170～215	130	4	—	0.5t	1.5t
				>0.50～1.50			4	—	1.0t	1.5t
				>1.50～3.00			4	—	1.5t	—
		H16	H16	>0.20～0.50	195～240	175	1	—	1.0t	—
				>0.50～1.50			2	—	1.5t	—
				>1.50～4.00			2	—	2.5t	—
		H26	H26	>0.20～0.50	195～240	160	3	—	1.0t	—
				>0.50～1.50			3	—	1.5t	—
				>1.50～3.00			3	—	2.5t	—
		H18	H18	>0.20～0.50	220	200	1	—	1.5t	—
				>0.50～1.50			2	—	2.5t	—
				>1.50～3.00			2	—	—	—

续表

牌号	包铝分类	供应状态	试样状态	厚度/mm	抗拉强度 R_m/MPa	规定非比例延伸强度 $R_{P0.2}$/MPa	断后伸长率[①]/%		弯曲半径[②]	
					室温拉伸试验结果					
							A_{50mm}	A	90°	180°
					不小于					
3005	—	H28	H28	>0.20～0.50	220	190	2	—	1.5t	—
				>0.50～1.50			2	—	2.5t	—
				>1.50～3.00			3	—	—	—
		H19	H19	>0.20～0.50	235	210	1	—	—	—
				>0.50～1.50	235	210	1	—	—	—
		F	—	>2.50～80.00		—			—	—
3105	—	O H111	O H111	>0.20～0.50	100～155	40	14	—	—	0t
				>0.50～1.50			15	—	—	0t
				>1.50～3.00			17	—	—	0.5t
		H12	H12	>0.20～0.50	130～180	105	3	—	—	1.5t
				>0.50～1.50			4	—	—	1.5t
				>1.50～3.00			4	—	—	1.5t
		H22	H22	>0.20～0.50	130～180	105	6	—	—	—
				>0.50～1.50			6	—	—	—
				>1.50～3.00			7	—	—	—
		H14	H14	>0.20～0.50	150～200	130	2	—	—	2.5t
				>0.50～1.50			2	—	—	2.5t
				>1.50～3.00			2	—	—	2.5t
		H24	H24	>0.20～0.50	150～200	120	4	—	—	2.5t
				>0.50～1.50			4	—	—	2.5t
				>1.50～3.00			5	—	—	2.5t
		H16	H16	>0.20～0.50	175～225	160	1	—	—	—
				>0.50～1.50			2	—	—	—
				>1.50～3.00			2	—	—	—
		H26	H26	>0.20～0.50	175～225	150	3	—	—	—
				>0.50～1.50			3	—	—	—
				>1.50～3.00			3	—	—	—
		H18	H18	>0.20～3.00	195	180	1	—	—	—
		H28	H28	>0.20～1.50	195	170	2	—	—	—
		H19	H19	>0.20～1.50	215	190	1	—	—	—
		F	—	>2.50～80.00		—			—	—
4006	—	O	O	>0.20～0.50	95～130	40	17	—	—	0t
				>0.50～1.50			19	—	—	0t
				>1.50～3.00			22	—	—	0t
				>3.00～6.00			25	—	—	1.0t
		H12	H12	>0.20～0.50	120～160	90	4	—	—	1.5t
				>0.50～1.50			4	—	—	1.5t
				>1.50～3.00			5	—	—	1.5t

续表

牌号	包铝分类	供应状态	试样状态	厚度/mm	室温拉伸试验结果				弯曲半径[②]	
					抗拉强度 R_m/MPa	规定非比例延伸强度 $R_{P0.2}$/MPa	断后伸长率[①]/%		90°	180°
							A_{50mm}	A		
						不小于				
4006	—	H14	H14	>0.20～0.50	140～180	120	3	—	—	2.0t
				>0.50～1.50			3	—	—	2.0t
				>1.50～3.00			3	—	—	2.0t
		F	—	2.50～6.00	—	—	—	—	—	—
4007	—	O H111	O H111	>0.20～0.50	110～150	45	15	—	—	—
				>0.50～1.50			16	—	—	—
				>1.50～3.00			19	—	—	—
				>3.00～6.00			21	—	—	—
				>6.00～12.50			25	—	—	—
		H12	H12	>0.20～0.50	140～180	110	4	—	—	—
				>0.50～1.50			4	—	—	—
				>1.50～3.00			5	—	—	—
		F	—	2.50～6.00	110	—	—	—	—	—
4015	—	O H111	O H111	>0.20～3.00	≤150	45	20	—	—	—
		H12	H12	>0.20～0.50	120～175	90	4	—	—	—
				>0.50～3.00			4	—	—	—
		H14	H14	>0.20～0.50	150～200	120	2	—	—	—
				>0.50～3.00			3	—	—	—
		H16	H16	>0.20～0.50	170～220	150	1	—	—	—
				>0.50～3.00			2	—	—	—
		H18	H18	>0.20～3.00	200～250	180	1	—	—	—
5A02	—	O	O	>0.50～1.00	165～225	—	17	—	—	—
				>1.00～10.00			19	—	—	—
		H14 H24 H34	H14 H24 H34	>0.50～1.00	235	—	4	—	—	—
				>1.00～4.50			6	—	—	—
		H18	H18	>0.50～1.00	265	—	3	—	—	—
				>1.00～4.50			4	—	—	—
		H112	H112	>4.50～12.50	175	—	7	—	—	—
				>12.50～25.00	175		—	7	—	—
				>25.00～80.00	155		—	6	—	—
		F	—	>4.50～150.00	—			—	—	—
5A03	—	O	O	>0.50～4.50	195	100	16	—	—	—
		H14 H24 H34	H14 H24 H34	>0.50～4.50	225	195	8	—	—	—
		H112	H112	>4.50～10.00	185	80	16	—	—	—
				>10.00～12.50	175	70	13	—	—	—
				>12.50～25.00	175	70	—	13	—	—
				>25.00～50.00	165	60	—	12	—	—

续表

牌号	包铝分类	供应状态	试样状态	厚度/mm	室温拉伸试验结果				弯曲半径②	
					抗拉强度 R_m/MPa	规定非比例延伸强度 $R_{P0.2}$/MPa	断后伸长率①/%		90°	180°
							A_{50mm}	A		
					不小于					
5A03	—	F	—	>4.50～150.00		—		—	—	—
5A05	—	O	O	0.50～4.50	275	145	16	—	—	—
		H112	H112	>4.50～10.00	275	125	16	—	—	—
				>10.00～12.50	265	115	14	—	—	—
				>12.50～25.00	265	115	—	14	—	—
				>25.00～50.00	255	105	—	13	—	—
		F	—	>4.50～150.00		—		—	—	—
5A06	工艺包铝或不包铝	O	O	0.50～4.50	315	155	16	—	—	—
		H112	H112	>4.50～10.00	315	155	16	—	—	—
				>10.00～12.50	305	145	12	—	—	—
				>12.50～25.00	305	145	—	12	—	—
				>25.00～50.00	295	135	—	6	—	—
		F	—	>4.50～150.00		—		—	—	—
5005 5005A	—	O H111	O H111	>0.20～0.50	100～145	35	15	—	0t	0t
				>0.50～1.50			19	—	0t	0t
				>1.50～3.00			20	—	0t	0.5t
				>3.00～6.00			22	—	1.0t	1.0t
				>6.00～12.50			24	—	1.5t	—
				>12.50～50.00			—	20	—	—
		H12	H12	>0.20～0.50	125～165	95	2	—	0t	1.0t
				>0.50～1.50			2	—	0.5t	1.0t
				>1.50～3.00			4	—	1.0t	1.5t
				>3.00～6.00			5	—	1.0t	—
		H22 H32	H22 H32	>0.20～0.50	125～165	80	4	—	0t	1.0t
				>0.50～1.50			5	—	0.5t	1.0t
				>1.50～3.00			6	—	1.0t	1.5t
				>3.00～6.00			8	—	1.0t	—
		H14	H14	>0.20～0.50	145～185	120	2	—	0.5t	2.0t
				>0.50～1.50			2	—	1.0t	2.0t
				>1.50～3.00			3	—	1.0t	2.5t
				>3.00～6.00			4	—	2.0t	—
		H24 H34	H24 H34	>0.20～0.50	145～185	110	3	—	0.5t	1.5t
				>0.50～1.50			4	—	1.0t	1.5t
				>1.50～3.00			5	—	1.0t	2.0t
				>3.00～6.00			6	—	2.0t	—
		H16	H16	>0.20～0.50	165～205	145	1	—	1.0t	—
				>0.50～1.50			2	—	1.5t	—
				>1.50～3.00			3	—	2.0t	—
				>3.00～4.00			3	—	2.5t	—

续表

牌号	包铝分类	供应状态	试样状态	厚度/mm	室温拉伸试验结果				弯曲半径[2]	
					抗拉强度 R_m/MPa	规定非比例延伸强度 $R_{P0.2}$/MPa	断后伸长率[1]/%			
							A_{50mm}	A	90°	180°
					不小于					
5005 5005A	—	H26 H36	H26 H36	>0.20～0.50	165～205	135	2	—	1.0t	—
				>0.50～1.50			3	—	1.5t	—
				>1.50～3.00			4	—	2.0t	—
				>3.00～4.00			4	—	2.5t	—
		H18	H18	>0.20～0.50	185	165	1	—	1.5t	—
				>0.50～1.50			2	—	2.5t	—
				>1.50～3.00			2	—	3.0t	—
		H28 H38	H28 H38	>0.20～0.50	185	160	1	—	1.5t	—
				>0.50～1.50			2	—	2.5t	—
				>1.50～3.00			3	—	3.0t	—
		H19	H19	>0.20～0.50	205	185	1	—	—	—
				>0.50～1.50			2	—	—	—
				>1.50～3.00			2	—	—	—
		H112	H112	>6.00～12.50	115	—	8	—	—	—
				>12.50～40.00	105		—	10	—	—
				>40.00～80.00	100		—	16	—	—
		F	—	>2.5～150.00	—				—	—
5040	—	H24 H34	H24 H34	0.80～1.80	220～260	170	6	—	—	—
		H26 H36	H26 H36	1.00～2.00	240～280	205	5	—	—	—
5049	—	O H111	O H111	>0.20～0.50	190～240	80	12	—	0t	0.5t
				>0.50～1.50			14	—	0.5t	0.5t
				>1.50～3.00			16	—	1.0t	1.0t
				>3.00～6.00			18	—	1.0t	1.0t
				>6.00～12.50			18	—	2.0t	—
				>12.50～100.00			—	17	—	—
		H12	H12	>0.20～0.50	220～270	170	4	—	—	—
				>0.50～1.50			5	—	—	—
				>1.50～3.00			6	—	—	—
				>3.00～6.00			7	—	—	—
		H22 H32	H22 H32	>0.20～0.50	220～270	130	7	—	0.5t	1.5t
				>0.50～1.50			8	—	1.0t	1.5t
				>1.50～3.00			10	—	1.5t	2.0t
				>3.00～6.00			11	—	1.5t	—
		H14	H14	>0.20～0.50	240～280	190	3	—	—	—
				>0.50～1.50			3	—	—	—
				>1.50～3.00			4	—	—	—
				>3.00～6.00			4	—	—	—

续表

牌号	包铝分类	供应状态	试样状态	厚度/mm	室温拉伸试验结果				弯曲半径[②]	
					抗拉强度 R_m/MPa	规定非比例延伸强度 $R_{P0.2}$/MPa	断后伸长率[①]/%		90°	180°
							A_{50mm}	A		
						不小于				
5049	—	H24 H34	H24 H34	>0.20～0.50	240～280	160	6	—	1.0t	2.5t
				>0.50～1.50			6	—	1.5t	2.5t
				>1.50～3.00			7	—	2.0t	2.5t
				>3.00～6.00			8	—	2.5t	—
		H16	H16	>0.20～0.50	265～305	220	2	—	—	—
				>0.50～1.50			3	—	—	—
				>1.50～3.00			3	—	—	—
				>3.00～6.00			3	—	—	—
		H26 H36	H26 H36	>0.20～0.50	265～305	190	4	—	1.5t	—
				>0.50～1.50			4	—	2.0t	—
				>1.50～3.00			5	—	3.0t	—
				>3.00～6.00			6	—	3.5t	—
		H18	H18	>0.20～0.50	290	250	1	—	—	—
				>0.50～1.50			2	—	—	—
				>1.50～3.00			2	—	—	—
		H28 H38	H28 H38	>0.20～0.50	290	230	3	—	—	—
				>0.50～1.50			3	—	—	—
				>1.50～3.00			4	—	—	—
		H112	H112	6.00～12.50	210	100	12	—	—	—
				>12.50～25.00	200	90	—	10	—	—
				>25.00～40.00	190	80	—	12	—	—
				>40.00～80.00	190	80	—	14	—	—
5449	—	O H111	O H111	>0.50～1.50	190～240	80	14	—	—	—
				>1.50～3.00			16	—	—	—
		H22	H22	>0.50～1.50	220～270	130	8	—	—	—
				>1.50～3.00			10	—	—	—
		H24	H24	>0.50～1.50	240～280	160	6	—	—	—
				>1.50～3.00			7	—	—	—
		H26	H26	>0.50～1.50	265～305	190	4	—	—	—
				>1.50～3.00			5	—	—	—
		H28	H28	>0.50～1.50	290	230	3	—	—	—
				>1.50～3.00			4	—	—	—
5050	—	O H111	O H111	>0.20～0.50	130～170	45	16	—	0t	0t
				>0.50～1.50			17	—	0t	0t
				>1.50～3.00			19	—	0t	0.5t
				>3.00～6.00			21	—	1.0t	—
				>6.00～12.50			20	—	2.0t	—
				>12.50～50.00			—	20	—	—

续表

牌号	包铝分类	供应状态	试样状态	厚度/mm	室温拉伸试验结果				弯曲半径[2]	
					抗拉强度 R_m/MPa	规定非比例延伸强度 $R_{P0.2}$/MPa	断后伸长率[1]/%			
							A_{50mm}	A	90°	180°
					不小于					
5050	—	H12	H12	>0.20～0.50	155～195	130	2	—	0t	—
				>0.50～1.50			2	—	0.5t	—
				>1.50～3.00			4	—	1.0t	—
		H22 H32	H22 H32	>0.20～0.50	155～195	110	4	—	0t	1.0t
				>0.50～1.50			5	—	0.5t	1.0t
				>1.50～3.00			7	—	1.0t	1.5t
				>3.00～6.00			10	—	1.5t	—
		H14	H14	>0.20～0.50	175～215	150	2	—	0.5t	—
				>0.50～1.50			2	—	1.0t	—
				>1.50～3.00			3	—	1.5t	—
				>3.00～6.00			4	—	2.0t	—
		H24 H34	H24 H34	>0.20～0.50	175～215	135	3	—	0.5t	1.5t
				>0.50～1.50			4	—	1.0t	1.5t
				>1.50～3.00			5	—	1.5t	2.0t
				>3.00～6.00			8	—	2.0t	—
		H16	H16	>0.20～0.50	195～235	170	1	—	1.0t	—
				>0.50～1.50			2	—	1.5t	—
				>1.50～3.00			2	—	2.5t	—
				>3.00～4.00			3	—	3.0t	—
		H26 H36	H26 H36	>0.20～0.50	195～235	160	2	—	1.0t	—
				>0 50～1.50			3	—	1.5t	—
				>1.50～3.00			4	—	2.5t	—
				>3.00～4.00			6	—	3.0t	—
		H18	H18	>0.20～0.50	220	190	1	—	1.5t	—
				>0.50～1.50			2	—	2.5t	—
				>1.50～3.00			2	—	—	—
		H28 H38	H28 H38	>0.20～0.50	220	180	1	—	1.5t	—
				>0.50～1.50			2	—	2.5t	—
				>1.50～3.00			3	—	—	—
		H112	H112	6.00～12.50	140	55	12	—	—	—
				>12.50～40.00			—	10	—	—
				>40.00～80.00			—	10	—	—
		F	—	2.50～80.00	—		—	—	—	—
5251	—	O H111	O H111	>0.20～0.50	160～200	60	13	—	0t	0t
				>0.50～1.50			14	—	0t	0t
				>1.50～3.00			16	—	0.5t	0.5t
				>3.00～6.00			18	—	1.0t	—
				>6.00～12.50			18	—	2.0t	—
				>12.50～50.00			—	18	—	—

续表

牌号	包铝分类	供应状态	试样状态	厚度/mm	室温拉伸试验结果				弯曲半径[2]	
					抗拉强度 R_m/MPa	规定非比例延伸强度 $R_{P0.2}$/MPa	断后伸长率[1]/%		90°	180°
							A_{50mm}	A		
					不小于					
5251	—	H12	H12	>0.20～0.50	190～230	150	3	—	0t	2.0t
				>0.50～1.50			4	—	1.0t	2.0t
				>1.50～3.00			5	—	1.0t	2.0t
				>3.00～6.00			8	—	1.5t	—
		H22 H32	H22 H32	>0.20～0.50	190～230	120	4	—	0t	1.5t
				>0.50～1.50			6	—	1.0t	1.5t
				>1.50～3.00			8	—	1.0t	1.5t
				>3.00～6.00			10	—	1.5t	—
		H14	H14	>0.20～0.50	210～250	170	2	—	0.5t	2.5t
				>0.50～1.50			2	—	1.5t	2.5t
				>1.50～3.00			3	—	1.5t	2.5t
				>3.00～6.00			4	—	2.5t	—
		H24 H34	H24 H34	>0.20～0.50	210～250	140	3	—	0.5t	2.0t
				>0.50～1.50			5	—	1.5t	2.0t
				>1.50～3.00			6	—	1.5t	2.0t
				>3.00～6.00			8	—	2.5t	—
		H16	H16	>0.20～0.50	230～270	200	1	—	1.0t	3.5t
				>0.50～1.50			2	—	1.5t	3.5t
				>1.50～3.00			3	—	2.0t	3.5t
				>3.00～4.00			3	—	3.0t	—
		H26 H36	H26 H36	>0.20～0.50	230～270	170	3	—	1.0t	3.0t
				>0.50～1.50			4	—	1.5t	3.0t
				>1.50～3.00			5	—	2.0t	3.0t
				>3.00～4.00			7	—	3.0t	—
		H18	H18	>0.20～0.50	255	230	1	—	—	—
				>0.50～1.50			2	—	—	—
				>1.50～3.00			2	—	—	—
		H28 H38	H28 H38	>0.20～0.50	255	200	2	—	—	—
				>0.50～1.50			3	—	—	—
				>1.50～3.00			3	—	—	—
		F	—	2.50～80.00	—				—	—
5052	—	O H111	O H111	>0.20～0.50	170～215	65	12	—	0t	0t
				>0.50～1.50			14	—	0t	0t
				>1.50～3.00			16	—	0.5t	0.5t
				>3.00～6.00			18	—	1.0t	—
				>6.00～12.50	165～215		19	—	2.0t	—
				>12.50～80.00			—	18	—	—
		H12	H12	>0.20～0.50	210～260	160	4	—	—	—
				>0.50～1.50			5	—	—	—
				>1.50～3.00			6	—	—	—
				>3.00～6.00			8	—	—	—

续表

牌号	包铝分类	供应状态	试样状态	厚度/mm	室温拉伸试验结果				弯曲半径[②]	
					抗拉强度 R_m/MPa	规定非比例延伸强度 $R_{P0.2}$/MPa	断后伸长率[①]/%		90°	180°
							A_{50mm}	A		
					不小于					
5052	—	H22 H32	H22 H32	>0.20～0.50	210～260	130	5	—	0.5t	1.5t
				>0.50～1.50			6	—	1.0t	1.5t
				>1.50～3.00			7	—	1.5t	1.5t
				>3.00～6.00			10	—	1.5t	—
		H14	H14	>0.20～0.50	230～280	180	3	—	—	—
				>0.50～1.50			3	—	—	—
				>1.50～3.00			4	—	—	—
				>3.00～6.00			4	—	—	—
		H24 H34	H24 H34	>0.20～0.50	230～280	150	4	—	0.5t	2.0t
				>0.50～1.50			5	—	1.5t	2.0t
				>1.50～3.00			6	—	2.0t	2.0t
				>3.00～6.00			7	—	2.5t	—
		H16	H16	>0.20～0.50	250～300	210	2	—	—	—
				>0.50～1.50			3	—	—	—
				>1.50～3.00			3	—	—	—
				>3.00～6.00			3	—	—	—
		H26 H36	H26 H36	>0.20～0.50	250～300	180	3	—	1.5t	—
				>0.50～1.50			4	—	2.0t	—
				>1.50～3.00			5	—	3.0t	—
				>3.00～6.00			6	—	3.5t	—
		H18	H18	>0.20～0.50	270	240	1	—	—	—
				>0.50～1.50			2	—	—	—
				>1.50～3.00			2	—	—	—
		H28 H38	H28 H38	>0.20～0.50	270	210	3	—	—	—
				>0.50～1.50			3	—	—	—
				>1.50～3.00			4	—	—	—
		H112	H112	>6.00～12.50	190	80	7	—	—	—
				>12.50～40.00	170	70	—	10	—	—
				>40.00～80.00	170	70	—	14	—	—
		F	—	>2.50～150.00	—				—	—
5154A	—	O H111	O H111	>0.20～0.50	215～275	85	12	—	0.5t	0.5t
				>0.50～1.50			13	—	0.5t	0.5t
				>1.50～3.00			15	—	1.0t	1.0t
				>3.00～6.00			17	—	1.5t	—
				>6.00～12.50			18	—	2.5t	—
				>12.50～50.00			—	16	—	—
		H12	H12	>0.20～0.50	250～305	190	3	—	—	—
				>0.50～1.50			4	—	—	—
				>1.50～3.00			5	—	—	—
				>3.00～6.00			6	—	—	—

续表

牌号	包铝分类	供应状态	试样状态	厚度/mm	室温拉伸试验结果				弯曲半径[②]	
					抗拉强度 R_m/MPa	规定非比例延伸强度 $R_{P0.2}$/MPa	断后伸长率[①]/%			
							A_{50mm}	A	90°	180°
					不小于					
5154A	—	H22 H32	H22 H32	>0.20～0.50	250～305	180	5	—	0.5t	1.5t
				>0.50～1.50			6	—	1.0t	1.5t
				>1.50～3.00			7	—	2.0t	2.0t
				>3.00～6.00			8	—	2.5t	—
		H14	H14	>0.20～0.50	270～325	220	2	—	—	—
				>0.50～1.50			3	—	—	—
				>1.50～3.00			3	—	—	—
				>3.00～6.00			4	—	—	—
		H24 H34	H24 H34	>0.20～0.50	270～325	200	4	—	1.0t	2.5t
				>0.50～1.50			5	—	2.0t	2.5t
				>1.50～3.00			6	—	2.5t	3.0t
				>3.00～6.00			7	—	3.0t	—
		H26 H36	H26 H36	>0.20～0.50	290～345	230	3	—	—	—
				>0.50～1.50			3	—	—	—
				>1.50～3.00			4	—	—	—
				>3.00～6.00			5	—	—	—
		H18	H18	>0.20～0.50	310	270	1	—	—	—
				>0.50～1.50			1	—	—	—
				>1.50～3.00			1	—	—	—
		H28 H38	H28 H38	>0.20～0.50	310	250	3	—	—	—
				>0.50～1.50			3	—	—	—
				>1.50～3.00			3	—	—	—
		H19	H19	>0.20～0.50	330	285	1	—	—	—
				>0.50～1.50			1	—	—	—
		H112	H112	>6.00～12.50	220	125	8	—	—	—
				>12.50～40.00	215	90	—	9	—	—
				>40.00～80.00	215	90	—	13	—	—
		F	—	2.50～80.00	—				—	—
5454	—	O H111	O H111	>0.20～0.50	215～275	85	12	—	0.5t	0.5t
				>0.50～1.50			13	—	0.5t	0.5t
				>1.50～3.00			15	—	1.0t	1.0t
				>3.00～6.00			17	—	1.5t	—
				>6.00～12.50			18	—	2.5t	—
				>12.50～80.00			—	16	—	—
		H12	H12	>0.20～0.50	250～305	190	3	—	—	—
				>0.50～1.50			4	—	—	—
				>1.50～3.00			5	—	—	—
				>3.00～6.00			6	—	—	—

续表

牌号	包铝分类	供应状态	试样状态	厚度/mm	室温拉伸试验结果				弯曲半径[2]	
					抗拉强度 R_m/MPa	规定非比例延伸强度 $R_{P0.2}$/MPa	断后伸长率[1]/%			
							A_{50mm}	A	90°	180°
					不小于					
5454	—	H22 H32	H22 H32	>0.20～0.50	250～305	180	5	—	0.5t	1.5t
				>0.50～1.50			6	—	1.0t	1.5t
				>1.50～3.00			7	—	2.0t	2.0t
				>3.00～6.00			8	—	2.5t	—
		H14	H14	>0.20～0.50	270～325	220	2	—	—	—
				>0.50～1.50			3	—	—	—
				>1.50～3.00			3	—	—	—
				>3.00～6.00			4	—	—	—
		H24 H34	H24 H34	>0.20～0.50	270～325	200	4	—	1.0t	2.5t
				>0.50～1.50			5	—	2.0t	2.5t
				>1.50～3.00			6	—	2.5t	3.0t
				>3.00～6.00			7	—	3.0t	—
		H26 H36	H26 H36	>0.20～1.50	290～345	230	3	—	—	—
				>1.50～3.00			4	—	—	—
				>3.00～6.00			5	—	—	—
		H28 H38	H28 H38	>0.20～3.00	310	250	3	—	—	—
		H112	H112	6.00～12.50	220	125	8	—	—	—
				>12.50～40.00	215	90	—	9	—	—
				>40.00～120.00			—	13	—	—
		F	—	>4.50～150.00	—				—	—
5754	—	O H111	O H111	>0.20～0.50	190～240	80	12	—	0t	0.5t
				>0.50～1.50			14	—	0.5t	0.5t
				>1.50～3.00			16	—	1.0t	1.0t
				>3.00～6.00			18	—	1.0t	1.0t
				>6 00～12.50			18	—	2.0t	—
				>12.50～100.00			—	17	—	—
		H12	H12	>0.20～0.50	220～270	170	4	—	—	—
				>0.50～1.50			5	—	—	—
				>1.50～3.00			6	—	—	—
				>3.00～6.00			7	—	—	—
		H22 H32	H22 H32	>0.20～0.50	220～270	130	7	—	0.5t	1.5t
				>0.50～1.50			8	—	1.0t	1.5t
				>1.50～3.00			10	—	1.5t	2.0t
				>3.00～6.00			11	—	1.5t	—
		H14	H14	>0.20～0.50	240～280	190	3	—	—	—
				>0,50～1.50			3	—	—	—
				>1.50～3.00			4	—	—	—
				>3.00～6.00			4	—	—	—

续表

牌号	包铝分类	供应状态	试样状态	厚度/mm	室温拉伸试验结果				弯曲半径[2]	
					抗拉强度 R_m/MPa	规定非比例延伸强度 $R_{P0.2}$/MPa	断后伸长率[1]/%			
							A_{50mm}	A	90°	180°
					不小于					
5754	—	H24 H34	H24 H34	>0.20～0.50	240～280	160	6	—	1.0t	2.5t
				>0.50～1.50			6	—	1.5t	2.5t
				>1.50～3.00			7	—	2.0t	2.5t
				>3.00～6.00			8	—	2.5t	—
		H16	H16	>0.20～0.50	265～305	220	2	—	—	—
				>0.50～1.50			3	—	—	—
				>1.50～3.00			3	—	—	—
				>3.00～6.00			3	—	—	—
		H26 H36	H26 H36	>0.20～0.50	265～305	190	4	—	1.5t	—
				>0.50～1.50			4	—	2.0t	—
				>1.50～3.00			5	—	3.0t	—
				>3.00～6.00			6	—	3.5t	—
		H18	H18	>0.20～0.50	290	250	1	—	—	—
				>0.50～1.50			2	—	—	—
				>1.50～3.00			2	—	—	—
		H28 H38	H28 H38	>0.20～0.50	290	230	3	—	—	—
				>0.50～1.50			3	—	—	—
				>1.50～3.00			4	—	—	—
		H112	H112	6.00～12.50	190	100	12	—	—	—
				>12.50～25.00		90	—	10	—	—
				>25.00～40.00		80	—	12	—	—
				>40.00～80.00			—	14	—	—
		F	—	>4.50～150.00	—				—	—
5082	—	H18 H38	H18 H38	>0.20～0.50	335	—	1	—	—	—
		H19 H39	H19 H39	>0.20～0.50	355	—	1	—	—	—
		F	—	>4.50～150.00	—				—	—
5182	—	O H111	O H111	>0.2～0.50	255～315	110	11	—	—	1.0t
				>0.50～1.50			12	—	—	1.0t
				>1.50～3.00			13	—	—	1.0t
		H19	H19	>0.20～1.50	380	320	1	—	—	—
5083	—	O H111	O H111	>0.20～0.50	275～350	125	11	—	0.5t	1.0t
				>0.50～1.50			12	—	1.0t	1.0t
				>1.50～3.00			13	—	1.0t	1.5t
				>3.00～6.30			15	—	1.5t	—
		O H111	O H111	>6.30～12.50	270～345	115	16	—	2.5t	—
				>12.50～50.00			—	15	—	—
				>50.00～80.00			—	14	—	—

续表

牌号	包铝分类	供应状态	试样状态	厚度/mm	室温拉伸试验结果				弯曲半径[2]	
					抗拉强度 R_m/MPa	规定非比例延伸强度 $R_{P0.2}$/MPa	断后伸长率[1]/%		90°	180°
							A_{50mm}	A		
					不小于					
5083	—	O H111	O H111	>80.00~120.00	260	110		12		
				>120.00~200.00	255	105		12		
		H12	H12	>0.20~0.50	315~375	250	3	—	—	—
				>0.50~1.50			4	—	—	—
				>1.50~3.00			5	—	—	—
				>3.00~6.00			6	—	—	—
		H22 H32	H22 H32	>0.20~0.50	305~380	215	5	—	0.5t	2.0t
				>0.50~1.50			6	—	1.5t	2.0t
				>1.50~3.00			7	—	2.0t	3.0t
				>3.00~6.00			8	—	2.5t	—
		H14	H14	>0.20~0.50	340~400	280	2	—	—	—
				>0.50~1.50			3	—	—	—
				>1.50~3.00			3	—	—	—
				>3.00~6.00			3	—	—	—
		H24 H34	H24 H34	>0.20~0.50	340~400	250	4	—	1.0t	—
				>0.50~1.50			5	—	2.0t	—
				>1.50~3.00			6	—	2.5t	—
				>3.00~6.00			7	—	3.5t	—
		H16	H16	>0.20~0.50	360~420	300	1	—	—	—
				>0.50~1.50			2	—	—	—
				>1.50~3.00			2	—	—	—
				>3.00~4.00			2	—	—	—
		H26 H36	H26 H36	>0.20~0.50	360~420	280	2	—	—	—
				>0.50~1.50			3	—	—	—
				>1.50~3.00			3	—	—	—
				>3.00~4.00			3	—	—	—
		H116 H321	H116 H321	1.50~3.00	305	215	8	—	2.0t	—
				>3.00~6.00			10	—	2.5t	—
				>6.00~12.50			12	—	4.0t	—
				>12.50~40.00			—	10	—	—
				>40.00~80.00	285	200	—	10	—	—
		H112	H112	>6.00~12.50	275	125	12	—	—	—
				>12.50~40.00	275	125	—	10	—	—
				>40.00~80.00	270	115	—	10	—	—
				>40.00~120.00	260	110	—	10	—	—
		F	—	>4.50~150.00	—				—	—
5383	—	O H111	O H111	>0.20~0.50	290~360	145	11	—	0.5t	1.0t
				>0.50~1.50			12	—	1.0t	1.0t
				>1.50~3.00			13	—	1.0t	1.5t

续表

牌号	包铝分类	供应状态	试样状态	厚度/mm	室温拉伸试验结果				弯曲半径[2]	
					抗拉强度 R_m/MPa	规定非比例延伸强度 $R_{P0.2}$/MPa	断后伸长率[1]/%		90°	180°
							A_{50mm}	A		
						不小于				
5383	—	O H111	O H111	>3.00～6.00	290～360	145	15	—	1.5*t*	—
				>6.00～12.50			16	—	2.5*t*	—
				>12.50～50.00			—	15	—	—
				>50.00～80.00	285～355	135	—	14	—	—
				>80.00～120.00	275	130	—	12	—	—
				>120.00～150.00	270	125	—	12	—	—
		H22 H32	H22 H32	>0.20～0.50	305～380	220	5	—	0.5*t*	2.0*t*
				>0.50～1.50			6	—	1.5*t*	2.0*t*
				>1.50～3.00			7	—	2.0*t*	3.0*t*
				>3.00～6.00			8	—	2.5*t*	—
		H24 H34	H24 H34	>0.20～0.50	340～400	270	4	—	1.0*t*	—
				>0.50～1.50			5	—	2.0*t*	—
				>1.50～3.00			6	—	2.5*t*	—
				>3.00～6.00			7	—	3.5*t*	—
		H116 H321	H116 H321	1.50～3.00	305	220	8	—	2.0*t*	3.0*t*
				>3.00～6.00			10	—	2.5*t*	—
				>6.00～12.50			12	—	4.0*t*	—
				>12.50～40.00			—	10	—	—
				>40.00～80.00	285	205	—	10	—	—
		H112	H112	6.00～12.50	290	145	12	—	—	—
				>12.50～40.00			—	10	—	—
				>40.00～80.00	285	135	—	10	—	—
5086	—	O H111	O H111	>0.20～0.50	240～310	100	11	—	0.5*t*	1.0*t*
				>0.50～1.50			12	—	1.0*t*	1.0*t*
				>1.50～3.00			13	—	1.0*t*	1.0*t*
				>3.00～6.00			15	—	1.5*t*	1.5*t*
				>6.00～12.50			17	—	2.5*t*	—
				>12.50～150.00			—	16	—	—
		H12	H12	>0.20～0.50	275～335	200	3	—	—	—
				>0.50～1.50			4	—	—	—
				>1.50～3.00			5	—	—	—
				>3.00～6.00			6	—	—	—
		H22 H32	H22 H32	>0.20～0.50	275～335	185	5	—	0.5*t*	2.0*t*
				>0.50～1.50			6	—	1.5*t*	2.0*t*
				>1.50～3.00			7	—	2.0*t*	2.0*t*
				>3.00～6.00			8	—	2.5*t*	—
		H14	H14	>0.20～0.50	300～360	240	2	—	—	—
				>0.50～1.50			3	—	—	—
				>1.50～3.00			3	—	—	—
				>3.00～6.00			3	—	—	—

续表

牌号	包铝分类	供应状态	试样状态	厚度/mm	室温拉伸试验结果 抗拉强度 R_m/MPa	规定非比例延伸强度 $R_{P0.2}$/MPa	断后伸长率[①]/% A_{50mm}	A	弯曲半径[②] 90°	180°
					不小于					
5086	—	H24 H34	H24 H34	>0.20～0.50	300～360	220	4	—	1.0t	2.5t
				>0.50～1.50			5	—	2.0t	2.5t
				>1.50～3.00			6	—	2.5t	2.5t
				>3.00～6.00			7	—	3.5t	—
		H16	H16	>0.20～0.50	325～385	270	1	—	—	—
				>0.50～1.50			2	—	—	—
				>1.50～3.00			2	—	—	—
				>3.00～4.00			2	—	—	—
		H26 H36	H26 H36	>0.20～0.50	325～385	250	2	—	—	—
				>0.50～1.50			3	—	—	—
				>1.50～3.00			3	—	—	—
				>3.00～4.00			3	—	—	—
		H18	H18	>0.20～0.50	345	290	1	—	—	—
				>0.50～1.50			1	—	—	—
				>1.50～3.00			1	—	—	—
		H116 H321	H116 H321	1.50～3.00	275	195	8	—	2.0t	2.0t
				>3.00～6.00			9	—	2.5t	—
				>6.00～12.50			10	—	3.5t	—
				>12.50～50.00			—	9	—	—
		H112	H112	>6.00～12.50	250	105	8	—	—	—
				>12.50～40.00	240	105	—	9	—	—
				>40.00～80.00	240	100	—	12	—	—
		F	—	>4.50～150.00	—	—	—	—	—	—
6A02	—	O	O	>0.50～4.50	≤145	—	21	—	—	—
				>4.50～10.00			16	—	—	—
			T62[⑤]	>0.50～4.50	295	—	11	—	—	—
				>4.50～10.00			8	—	—	—
		T4	T4	>0.50～0.80	195	—	19	—	—	—
				>0.80～2.90			21	—	—	—
				>2.90～4.50			19	—	—	—
				>4.50～10.00	175		17	—	—	—
		T6	T6	>0.50～4.50	295	—	11	—	—	—
				>4.50～10.00			8	—	—	—
		T1	T62[⑥]	>4.50～12.50	295	—	8	—	—	—
				>12.50～25.00			—	7	—	—
				>25.00～40.00	285		—	6	—	—
				>40.00～80.00	275		—	6	—	—
			T42[⑥]	>4.50～12.50	175		17	—	—	—
				>12.50～25.00			—	14	—	—

续表

牌号	包铝分类	供应状态	试样状态	厚度/mm	室温拉伸试验结果				弯曲半径[2]	
					抗拉强度 R_m/MPa	规定非比例延伸强度 $R_{P0.2}$/MPa	断后伸长率[1]/%			
							A_{50mm}	A	90°	180°
					不小于					
6A02	—	T1	T42[5]	>25.00～40.00	165	—	—	12	—	—
				>40.00～80.00			—	10	—	—
		F	—	>4.50～150.00	—	—	—	—	—	—
6061	—	O	O	0.40～1.50	≤150	≤85	14	—	0.5t	1.0t
				>1.50～3.00			16	—	1.0t	1.0t
				>3.00～6.00			19	—	1.0t	—
				>6.00～12.50			16	—	2.0t	—
				>12.50～25.00			—	16	—	—
		T4	T4	0.40～1.50	205	110	12	—	1.0t	1.5t
				>1.50～3.00			14	—	1.5t	2.0t
				>3.00～6.00			16	—	3.0t	—
				>6.00～12.50			18	—	4.0t	—
				>12.50～40.00			—	15	—	—
				>40.00～80.00			—	14	—	—
		T6	T6	0.40～1.50	290	240	6	—	2.5t	—
				>1.50～3.00			7	—	3.5t	—
				>3.00～6.00			10	—	4.0t	—
				>6.00～12.50			9	—	5.0t	—
				>12.50～40.00			—	8	—	—
				>40.00～80.00			—	6	—	—
				>80.00～100.00			—	5	—	—
		F	—	>2.50～150.00		—			—	—
6016	—	T4	T4	0.40～3.00	170～250	80～140	24	—	0.5t	0.5t
		T6	T6	0.40～3.00	260～300	180～260	10	—	—	—
6063	—	O	O	0.50～5.00	≤130	—	20	—	—	—
				>5.00～12.50			15	—	—	—
				>12.50～20.00			—	15	—	—
			T62[5]	0.50～5.00	230	180	—	8	—	—
				>5.00～12.50	220	170	—	6	—	—
				>12.50～20.00	220	170	6	—	—	—
		T4	T4	0.50～5.00	150	—	10	—	—	—
				5.00～10.00	130		10	—	—	—
		T6	T6	0.50～5.00	240	190	8	—	—	—
				>5.00～10.00	230	180	8	—	—	—
6082	—	O	O	0.40～1.50	≤150	≤85	14	—	0.5t	1.0t
				>1.50～3.00			16	—	1.0t	1.0t
				>3.00～6.00			18	—	1.5t	—
				>6.00～12.50			17	—	2.5t	—
				>12.50～25.00	≤155	—	—	16	—	—

续表

牌号	包铝分类	供应状态	试样状态	厚度/mm	室温拉伸试验结果 抗拉强度 R_m/MPa	规定非比例延伸强度 $R_{P0.2}$/MPa	断后伸长率[1]/% A_{50mm}	A	弯曲半径[2] 90°	180°
					不小于					
6082	—	T4	T4	0.40～1.50	205	110	12	—	1.5t	3.0t
				>1.50～3.00			14	—	2.0t	3.0t
				>3.00～6.00			15	—	3.0t	—
				>6.00～12.50			14	—	4.0t	—
				>12.50～40.00			—	13	—	—
				>40.00～80.00			—	12	—	—
		T6	T6	0.40～1.50	310	260	6	—	2.5t	—
				>1.50～3.00			7	—	3.5t	—
				>3.00～6.00			10	—	4.5t	—
				>6.00～12.50	300	255	9	—	6.0t	—
		F	—	>4.50～150.00		—			—	—
包铝7A04 包铝7A09 7A04 7A09	正常包铝或工艺包铝	O	O	0.50～10.00	≤245	—	11	—	—	—
			T62[5]	0.50～2.90	470	390	7	—	—	—
				>2.90～10.00	490	410		—	—	—
		T6	T6	0.50～2.90	480	400		—	—	—
				>2.90～10.00	490	410		—	—	—
		T1	T62	>4.50～10.00	490	410		—	—	—
				>10.00～12.50	490	410	4	—	—	—
				>12.50～25.00				—	—	—
				>25.50～40.00			3	—	—	—
		F	—	>4.50～150.00		—			—	—
7020	—	O	O	0.40～1.50	≤220	≤140	12	—	2.0t	—
				>1.50～3.00			13	—	2.5t	—
				>3.00～6.00			15	—	3.5t	—
				>6.00～12.50			12	—	5.0t	—
		T4[7]	T4[7]	0.40～1.50	320	210	11	—	—	—
				>1.50～3.00			12	—	—	—
				>3.00～6.00			13	—	—	—
				>6.00～12.50			14	—	—	—
		T6	T6	0.40～1.50	350	280	7	—	3.5t	—
				>1.50～3.00			8	—	4.0t	—
				>3.00～6.00			10	—	5.5t	—
				>6.00～12.50			10	—	8.0t	—
				>12.50～40.00			—	9	—	—
				>40.00～100.00	340	270	—	8	—	—
				>100.00～150.00	330	260	—	7	—	—
				>150.00～175.00			—	6	—	—
				>175.00～200.00			—	5	—	—

续表

牌号	包铝分类	供应状态	试样状态	厚度/mm	室温拉伸试验结果				弯曲半径[②]	
					抗拉强度 R_m/MPa	规定非比例延伸强度 $R_{P0.2}$/MPa	断后伸长率[①]/%		90°	180°
							A_{50mm}	A		
					不小于					
7021	—	T6	T6	1.50～3.00	400	350	7	—	—	—
				>3.00～6.00			6	—	—	—
7022	—	T6	T6	3.00～12.50	450	370	8	—	—	—
				>12.50～25.00			—	8	—	—
				>25.00～50.00			—	7	—	—
				>50.00～100.00	430	350	—	5	—	—
				>100.00～200.00	410	330	—	3	—	—
7075	工艺包铝或不包铝	O	O	0.40～0.80	≤275	≤145	10	—	0.5t	1.0t
				>0.80～1.50				—	1.0t	2.0t
				>1.50～3.00				—	1.0t	3.0t
				>3.00～6.00				—	2.5t	—
				>6.00～12.50				—	4.0t	—
				>12.50～75.00			—	9	—	—
			T62[⑤]	0.40～0.80	525	460	6	—	—	—
				>0.80～1.50	540	460	6	—	—	—
				>1.50～3.00	540	470	7	—	—	—
				>3.00～6.00	545	475	8	—	—	—
				>6.00～12.50	540	460	8	—	—	—
				>12.50～25.00	540	470	—	6	—	—
				>25.00～50.00	530	460	—	5	—	—
				>50.00～60.00	525	440	—	4	—	—
				>60.00～75.00	495	420	—	4	—	—
		T6	T6	0.40～0.80	525	460	6	—	4.5t	—
				>0.80～1.50	540	460	6	—	5.5t	—
				>1.50～3.00	540	470	7	—	6.5t	—
				>3.00～6.00	545	475	8	—	8.0t	—
				>6.00～12.50	540	460	8	—	12.0t	—
				>12.50～25.00	540	470	—	6	—	—
				>25.00～50.00	530	460	—	5	—	—
				>50.00～60.00	525	440	—	4	—	—
		T76	T76	>1.50～3.00	500	425	7	—	—	—
				>3.00～6.00	500	425	8	—	—	—
				>6.00～12.50	490	415	7	—	—	—
7075	工艺包铝或不包铝	T73	T73	>1.50～3.00	460	385	7	—	—	—
				>3.00～6.00	460	385	8	—	—	—
				>6.00～12.50	475	390	7	—	—	—
				>12.50～25.00	475	390	—	6	—	—
				>25.00～50.00	475	390	—	5	—	—
				>50.00～60.00	455	360	—	5	—	—

续表

牌号	包铝分类	供应状态	试样状态	厚度/mm		室温拉伸试验结果				弯曲半径[2]	
						抗拉强度 R_m/MPa	规定非比例延伸强度 $R_{P0.2}$/MPa	断后伸长率[1]/%			
								A_{50mm}	A	90°	180°
						不小于					
7075	工艺包铝或不包铝	T73	T73	>60.00～80.00		440	340	—	5	—	—
				>80.00～100.00		430	340	—	5	—	—
		F	—	>6.00～50.00			—			—	—
包铝7075	正常包铝	O	O	>0.39～1.60		≤275	≤145	10	—	—	—
				>1.60～4.00					—	—	—
				>4.00～12.50					—	—	—
				>12.50～50.00			—	—	9	—	—
			T62[5]	>0.39～1.00		505	435	7	—	—	—
				>1.00～1.60		515	445	8	—	—	—
				>1.60～3.20		515	445	8	—	—	—
				>3.20～4.00		515	145	8	—	—	—
				>4.00～6.30		525	455	8	—	—	—
				>6.30～12.50		525	455	9	—	—	—
				>12.50～25.00		540	470	—	6	—	—
				>25.00～50.00		530	460	—	5	—	—
				>50.00～60.00		525	440	—	4	—	—
		T6	T6	>0.39～1.00		505	435	7	—	—	—
				>1.00～1.60		515	445	8	—	—	—
				>1.60～3.20		515	445	8	—	—	—
				>3.20～4.00		515	445	8	—	—	—
				>4.00～6.30		525	455	8	—	—	—
		T76	T76	>3.10～4.00		470	390	8	—	—	—
				>4.00～6.30		485	405	8	—	—	—
		F	—	>6.00～100.00			—			—	—
包铝7475	正常包铝	O	O	1.00～1.60		≤250	≤140	10	—	—	2.0t
				>1.60～3.20		≤260	≤140	10	—	—	3.0t
				>3.20～4.80		≤260	≤140	10	—	—	4.0t
				>4.80～6.50		≤270	≤145	10	—	—	4.0t
		T761[8]	T761[8]	1.00～1.60		455	379	9	—	—	6.0t
				>1.60～2.30		469	393	9	—	—	7.0t
				>2.30～3.20		469	393	9	—	—	8.0t
				>3.20～4.80		469	393	9	—	—	9.0t
				>4.80～6.50		483	414	9	—	—	9.0t
7475	工艺包铝或不包铝	T6	T6	>0.35～6.00		515	440	9	—	—	—
		T76 T761[8]	T76 T761[8]	1.00～1.60	纵向	490	420	9	—	—	6.0t
					横向	490	415	9			
				>1.60～2.30	纵向	490	420	9	—	—	7.0t
					横向	490	415	9			

续表

牌号	包铝分类	供应状态	试样状态	厚度/mm		室温拉伸试验结果				弯曲半径[②]	
						抗拉强度 R_m/MPa	规定非比例延伸强度 $R_{P0.2}$/MPa	断后伸长率[①]/%			
								A_{50mm}	A	90°	180°
						不小于					
7475	工艺包铝或不包铝	T76 T761[⑧]	T76 T761[⑧]	>2.30～3.20	纵向	490	420	9	—	—	8.0*t*
					横向	490	415	9			
				>3.20～4.80	纵向	490	420	9	—	—	9.0*t*
					横向	490	415	9			
				>4.80～6.50	纵向	490	420	9	—	—	9.0*t*
					横向	490	415	9			
8A06	—	O	O	>0.20～0.30		≤110	—	16	—	—	—
				>0.30～0.50				21	—	—	—
				>0.50～0.80				26	—	—	—
				>0.80～10.00				30	—	—	—
		H14 H24	H14 H24	>0.20～0.30		100	—	1	—	—	—
				>0.30～0.50				3	—	—	—
				>0.50～0.80				4	—	—	—
				>0.80～1.00				5	—	—	—
				>1.00～4.50				6	—	—	—
		H18	H18	>0.20～0.30		135	—	1	—	—	—
				>0.30～0.80				2	—	—	—
				>0.80～4.50				3	—	—	—
		H112	H112	>4.50～10.00		70	—	19	—	—	—
				>10.00～12.50		80		19	—	—	—
				>12.50～25.00		80		—	19	—	—
				>25.00～80.00		65		—	16	—	—
		F	—	>2.50～150		—				—	—
8011	—	H14	H14	>0.20～0.50		125～165	—	2	—	—	—
		H24	H24	>0.20～0.50		125～165	—	3	—	—	—
		H16	H16	>0.20～0.50		130～185	—	1	—	—	—
		H26	H26	>0.20～0.50		130～185	—	2	—	—	—
		H18	H18	0.20～0.50		165	—	1	—	—	—
8011A	—	O H111	O H111	>0.20～0.50		85～130	30	19	—	—	—
				>0.50～1.50				21	—	—	—
				>1.50～3.00				24	—	—	—
				>3.00～6.00				25	—	—	—
				>6.00～12.50				30	—	—	—
		H22	H22	>0.20～0.50		105～145	90	4	—	—	—
				>0.50～1.50				5	—	—	—
				>1.50～3.00				6	—	—	—
		H14	H14	>0.20～0.50		120～170	110	1	—	—	—
				>0.50～1.50		125～165		3	—	—	—
				>1.50～3.00				3	—	—	—
				>3.00～6.00				4	—	—	—

续表

牌号	包铝分类	供应状态	试样状态	厚度/mm	室温拉伸试验结果				弯曲半径[②]	
					抗拉强度 R_m/MPa	规定非比例延伸强度 $R_{P0.2}$/MPa	断后伸长率[①]/%		90°	180°
							A_{50mm}	A		
					不小于					
8011A	—	H24	H24	>0.20～0.50	125～165	100	3	—	—	—
				>0.50～1.50			4	—	—	—
				>1.50～3.00			5	—	—	—
				>3.00～6.00			6	—	—	—
		H16	H16	>0.20～0.50	140～190	130	1	—	—	—
				>0.50～1.50	145～185		2	—	—	—
				>1.50～4.00			3	—	—	—
		H26	H26	>0.20～0.50	145～185	120	2	—	—	—
				>0.50～1.50			3	—	—	—
				>1.50～4.00			4	—	—	—
		H18	H18	>0.20～0.50	160	145	1	—	—	—
				>0.50～1.50	165		2	—	—	—
				>1.50～3.00			2	—	—	—
8079	—	H14	H14	>0.20～0.50	125～175	—	2	—	—	—

① 当 A_{50mm} 和 A 两栏均有数值时，A_{50mm} 适用于厚度不大于 12.5mm 的板材，A 适用于厚度大于 12.5mm 的板材。

② 弯曲半径中的 t 表示板材的厚度，对表中既有 90°弯曲也有 180°弯曲的产品，当需方未指定采用 90°弯曲或 180°弯曲时，弯曲半径由供方任选一种。

③ 对于 2A11、2A12、2017 合金的 O 状态板材，需要 T42 状态的性能值时，应在订货单（或合同）中注明，未注明时，不检测该性能。

④ 厚度为>12.5～25.00mm 的 2014、2024、2219 合金 O 状态的板材，其拉伸试样由芯材机加工得到，不得有包铝层。

⑤ 对于 6A02、6063、7A04、7A09 和 7075 合金的 O 状态板材，需要 T62 状态的性能值时，应在订货单（或合同）中注明，未注明时，不检测该性能。

⑥ 对于 6A02 合金 T1 状态的板材，当需方未注明需要 T62 或 T42 状态的性能时，由供方任选一种。

⑦ 应尽量避免订购 7020 合金 T4 状态的产品。T4 状态产品的性能是在室温下自然时效 3 个月后才能达到规定的稳定的力学性能，将淬火后的试样在 60～65℃的条件下持续 60h 后也可以得到近似的自然时效性能值。

⑧ T761 状态专用于 7475 合金薄板和带材，与 T76 状态的定义相同，是在固溶热处理后进行人工过时效以获得良好的抗剥落腐蚀性能的状态。

表 9-29 铝及铝合金花纹板的力学性能（GB/T 3618—2006）

花纹代号	牌号	状态	抗拉强度 R_m/MPa	规定非比例延伸强度 $R_{P0.2}$/MPa	断后伸长率 A_{50}/%	弯曲系数
			不小于			
1号、9号	2A12	T4	405	255	10	—
2号、4号、6号、9号	2A11	H234、H194	215	—	3	—
4号、8号、9号	3003	H114、H234	120	—	4	4
		H194	140	—	3	8
3号、4号、5号、8号、9号	1×××	H114	80	—	4	2
		H194	100	—	3	6
3号、7号	5A02、5052	O	≤150	—	14	3
2号、3号		H114	180	—	3	3
2号、4号、7号、8号、9号		H194	195	—	3	8

续表

花纹代号	牌号	状态	抗拉强度 R_m/MPa	规定非比例延伸强度 $R_{P0.2}$/MPa	断后伸长率 A_{50}/%	弯曲系数
			不小于			
3号	5A43	O	≤100	—	15	2
		H114	120	—	4	4
7号	6061	O	≤150	—	12	—

注：计算截面积所用的厚度为底板厚度。

表 9-30　表盘及装饰用铝及铝合金板的室温力学性能（YS/T 242—2009）

牌号	状态	厚度/mm	室温拉伸试验结果 抗拉强度 R_m/MPa	规定非比例延伸强度 $R_{P0.2}$/MPa	断后伸长率 A_{50mm}/%
			不小于		
1035	O	0.30～0.50	75～110	—	15
		>0.50～0.80	75～110	—	20
		>0.80～1.30	75～110	—	25
		>1.3～4.0	75～110	—	30
	H14 H24	0.30～0.50	120～145	—	2
		>0.50～0.80	120～145	—	3
		>0.80～1.30	120～145	—	4
		>1.30～4.00	120～145	—	5
	H18	0.30～0.50	155	—	1
		>0.50～0.80	155	—	2
		>0.80～1.30	155	—	3
		>1.30～2.00	155	—	4
1050A	O	0.30～0.50	65～95	20	20
		>0.50～1.50	65～95	20	22
		>1.50～3.00	65～95	20	26
		>3.00～4.00	65～95	20	29
	H14	0.30～0.50	105～145	85	2
		>0.50～1.50	105～145	85	2
		>1.50～3.00	105～145	85	4
		>3.00～4.00	105～145	85	5
	H24	0.30～0.50	105～145	75	3
		>0.50～1.50	105～145	75	4
		>1.50～3.00	105～145	75	5
		>3.00～4.00	105～145	75	8
	H18	0.30～0.50	140	120	1
		>0.50～1.50	140	120	2
		>1.50～2.00	140	120	2
1060	O	0.30～0.50	60～100	15	18
		>0.50～1.50	60～100	15	23
		>1.50～4.00	60～100	15	25
	H14 H24	0.30～0.50	95～135	70	2
		>0.50～0.80	95～135	70	2
		>0.80～1.50	95～135	70	4
		>1.50～4.00	95～135	70	6

续表

牌号	状态	厚度/mm	室温拉伸试验结果		
			抗拉强度 R_m/MPa	规定非比例延伸强度 $R_{P0.2}$/MPa	断后伸长率 A_{50mm}/%
				不小于	
1060	H18	0.30～0.50	125	85	2
		>0.50～1.50	125	85	3
		>1.50～2.00	125	85	4
1070A	O	0.30～0.50	60～90	15	23
		>0.50～1.50	60～90	15	25
		>1.50～3.00	60～90	15	29
		>3.00～4.00	60～90	15	32
	H14	0.30～0.50	100～140	70	4
		>0.50～1.50	100～140	70	4
		>1.50～3.00	100～140	70	5
		>3.00～4.00	100～140	70	6
	H24	0.30～0.50	100～140	60	5
		>0.50～1.50	100～140	60	6
		>1.50～3.00	100～140	60	7
		>3.00～4.00	100～140	60	9
	H18	0.30～0.50	125	105	2
		>0.50～1.50	125	105	2
		>1.50～2.00	125	105	2
1070	O	0.30～0.50	55～95	—	20
		>0.50～0.80	55～95	—	25
		>0.80～1.50	55～95	15	30
		>1.50～4.00	55～95	15	35
	H14 H24	0.30～0.50	85～120	—	2
		>0.50～0.80	85～120	—	3
		>0.80～1.50	88～120	65	4
		>1.50～3.00	85～120	65	5
		>3.00～4.00	85～120	65	6
	H18	0.30～0.50	120	—	1
		>0.50～0.80	120	—	2
		>0.80～1.50	120	—	3
		>1.50～2.00	120	—	4
1100	O	0.30～0.50	75～105	25	17
		>0.50～1.50	75～105	25	22
		>1.50～4.00	75～105	25	30

续表

牌号	状态	厚度/mm	室温拉伸试验结果		
			抗拉强度 R_m/MPa	规定非比例延伸强度 $R_{P0.2}$/MPa	断后伸长率 A_{50mm}/%
			不小于		
1100	H14 H24	0.30～0.50	110～145	95	2
		>0.50～1.50	110～145	95	3
		>1.50～4.00	110～145	95	5
	H18	0.30～0.50	150	—	1
		>0.50～1.50	150	—	2
		>1.50～2.00	150	—	4
1200	O	0.30～0.50	75～105	25	19
		>0.50～1.50	75～105	25	21
		>1.50～3.00	75～105	25	24
		>3.00～4.00	75～105	25	28
	H14	0.30～0.50	115～155	95	2
		>0.50～1.50	115～155	95	3
		>1.50～3.00	115～155	95	4
		>3.00～4.00	115～155	95	5
	H24	0.30～0.50	115～155	90	3
		>0.50～1.50	115～155	90	4
		>1.50～3.00	115～155	90	5
		>3.00～4.00	115～155	90	7
	H18	0.30～0.50	150	130	1
		>0.50～1.50	150	130	2
		>1.50～2.00	150	130	2
3003	O	0.60	118～121	—	33～36
	H14	0.15	165	—	2.0
	H16	0.28	165	—	2.5
		0.50	174	—	2.5
		0.80	164	—	3.0
	H18	0.30	245	—	2.0
5052	H22	0.20～1.00	215～265	130	6
	H32	0.20～1.00	215～265	130	6
	H24	0.50～1.00	230～280	150	5
8011	H14	0.35	143～150	—	3.2～4.0
	H18	0.35	171～184	—	2.8～3.5

表 9-31 铝及铝合金波纹板的宽度及波型偏差（GB/T 4438—2006）

波型代号	宽度及允许偏差		波高及允许偏差		波距及允许偏差	
	宽度/mm	允许偏差/mm	波高/mm	允许偏差/mm	波距/mm	允许偏差/mm
波 20-106	1115	+25 −10	20	±2	106	±2
波 33-131	1008	+25 −10	25	±2.5	131	±3

注：波高和波距偏差为 5 个波的平均尺寸与其公称尺寸的差。

表 9-32 铝及铝合金压型板坯料的横向室温力学性能（GB/T 6891—2006）

合金牌号	供应状态	厚度/mm	抗拉强度 σ_b /MPa(kgf/mm²)	伸长率 δ_{10} /%
			不大于	
L1～L6	Y	0.6～0.9	137(14.0)	2
		>0.9～1.2		3
	Y2	0.6～0.7	98(10.0)	4
		>0.7～1.2		5
LF21	Y	0.6～0.8	186(19.0)	2
		>0.8～1.2		3
	Y2	0.6～1.2	147～217(15.0～22.0)	6

表 9-33 一般用途的铝及铝合金箔的室温拉伸性能（GB/T 3198—2003）

牌号	状态	厚度/mm	拉伸性能	
			抗拉强度 R_m /MPa	伸长率 A/% (不小于)
1100 1200	O	0.006～0.009	40～105	0.5
		0.010～0.24	40～105	1
		0.025～0.040	50～105	3
		0.041～0.089	55～105	6
		0.090～0.139	60～115	10
		0.140～0.200	60～115	14
	H22	0.006～0.009	—	—
		0.010～0.024	—	—
		0.025～0.040	90～135	2
		0.041～0.089	90～135	3
		0.090～0.139	90～135	4
		0.140～0.200	90～135	6
	H24	0.006～0.009	—	—
		0.010～0.024	—	—
		0.025～0.040	110～160	2
		0.041～0.089	110～160	3
		0.090～0.139	110～160	4
		0.140～0.200	110～160	5
	H26	0.006～0.009	—	—
		0.010～0.024	—	—
		0.025～0.040	125～180	1
		0.041～0.089	125～180	1
		0.090～0.139	125～180	2
		0.140～0.200	125～180	2

续表

牌　号	状　态	厚度/mm	拉伸性能	
			抗拉强度 R_m /MPa	伸长率 A/%（不小于）
1100 1200	H18	0.006～0.200	≥140	—
	H19	0.006～0.200	≥150	—
其他 1×××系	O	0.006～0.009	35～100	0.5
		0.010～0.024	40～100	1
		0.025～0.040	45～100	2
		0.041～0.089	45～100	4
		0.090～0.139	50～100	6
		0.140～0.200	50～100	10
	H18	0.006～0.200	≥135	—
2A11	O	0.030～0.049	≤195	1.5
		0.050～0.200	≤195	3
	H18	0.030～0.049	≥205	—
		0.050～0.200	≥215	—
2024 2A12	O	0.030～0.049	≤195	1.5
		0.050～0.200	≤205	3.0
	H18	0.030～0.049	≥225	—
		0.050～0.200	≥245	—
3003	O	0.30～0.099	100～140	10
		0.100～0.200	100～140	15
	H14/24	0.050～0.200	140～170	1
	H16/26	0.100～0.200	≥180	—
	H18	0.020～0.200	≥185	—
5A02	O	0.30～0.049	≤195	—
		0.050～0.200	≤195	4
	H16/26	0.100～0.200	≥255	—
	H18	0.020～0.200	≥265	—
5052	O	0.030～0.200	175～225	4
	H14/24	0.050～0.200	250～300	—
	H16/26	0.100～0.200	≥270	—
	H18	0.050～0.200	≥275	—
8011,8011A,8079	O	0.06～0.09	45～100	0.5
		0.010～0.024	50～105	1
		0.025～0.040	55～110	4
		0.041～0.089	60～110	8
		0.090～0.139	60～110	13
		0.140～0.200	60～110	16
	H22	0.035～0.040	90～150	2
		0.041～0.089	90～150	4
		0.090～0.139	90～150	5
		0.140～0.200	90～150	6

续表

牌号	状态	厚度/mm	拉伸性能	
			抗拉强度 R_m /MPa	伸长率 A/%（不小于）
8011,8011A,8079	H24	0.035～0.040	120～170	2
		0.041～0.089	120～170	3
		0.090～0.139	120～170	4
		0.140～0.200	120～170	5
	H26	0.035～0.040	140～190	1
		0.041～0.089	140～190	1
		0.090～0.139	140～190	2
		0.140～0.200	140～190	2
	H18	0.035～0.200	≥160	—
	H19	0.035～0.200	≥170	—
8006	O	0.006～0.009	80～135	1
		0.010～0.024	85～140	2
		0.025～0.040	85～140	6
		0.041～0.089	90～140	10
		0.090～0.139	90～140	15
		0.140～0.200	90～140	15
	H18	0.006～0.200	≥170	—

注：1. 4A13，5082，5083力学性能由供需双方协商，并在合同中注明。
2. 1×××，8×××的H14，H16的力学性能由供需双方协商。

表 9-34 铝箔室温拉伸力学性能（GB/T 3198—2020）

牌号	状态	厚度 T/mm	室温拉伸试验结果		
			抗拉强度 R_m /MPa	断后伸长率/%(不小于)	
				A_{50mm}	A_{100mm}
1035、1050、1060、1070、1100、1145、1200、1235	O	0.0040～<0.0060	45～95	—	—
		0.0060～0.0090	45～100	—	—
		>0.0090～0.0250	45～105	—	1.5
		>0.0250～0.0400	50～105	—	2.0
		>0.0400～0.0900	55～105	—	2.0
		>0.0900～0.1400	60～115	12	—
		>0.1400～0.2000	60～115	15	—
	H22	>0.0045～0.0250		—	—
		>0.0250～0.0400	90～135	—	2
		>0.0400～0.0900	90～135	—	3
		>0.0900～0.1400	90～135	4	—
		>0.1400～0.2000	90～135	6	—
	H14、H24	0.0045～0.0250	—	—	—
		>0.0250～0.0400	110～160	—	2
		>0.0400～0.0900	110～160	—	3
		>0.0900～0.1400	110～160	4	—
		>0.1400～0.2000	110～160	6	—

续表

牌号	状态	厚度 T/mm	室温拉伸试验结果		
			抗拉强度 R_m /MPa	断后伸长率/%(不小于)	
				A_{50mm}	A_{100mm}
1035、1050、1060、1070、1100、1145、1200、1235	H16、H26	0.0045～0.0250	—	—	—
		>0.0250～0.0900	125～180	—	1
		>0.0900～0.2000	125～180	2	—
	H18	>0.0060～0.2000	≥140	—	—
	H19	>0.0060～0.2000	≥150	—	—
2A11	O	0.0300～0.0490	≤195	1.5	—
		>0.0490～0.2000	≤195	3.0	—
	H18	0.0300～0.0490	≥205	—	—
		>0.0490～0.2000	≥215	—	—
2024	O	0.0300～0.0490	≤195	1.5	—
		>0.0490～0.2000	≤205	3.0	—
	H18	0.0300～0.0490	≥225	—	—
		>0.0490～0.2000	≥245	—	—
3003	O	0.0090～0.0120	80～135	—	—
		>0.0180～0.2000	80～140	—	—
	H12	0.1500～0.200	110～160	—	—
	H22	0.0200～0.0500	110～160	—	3.0
		>0.0500～0.2000	110～160	10.0	—
	H14	0.0300～0.2000	140～190	—	—
	H24	0.0270～0.2000	140～190	1.0	—
	H16	0.1000～0.2000	≥170	—	—
	H26	0.1000～0.2000	≥170	1.0	—
	H18	0.0100～0.2000	≥190	1.0	—
	H19	0.0170～0.1500	≥200	—	—
3004、3104	H19	0.1200～0.2000	≥280	—	—
3005、3105	H19	0.1500～0.2000	≥230	—	—
3102	H18	0.0800～0.2000	≥200	—	—
3104	O	0.0300～0.1500	155～195	—	—
5A02	O	0.0300～0.0490	≤195	—	—
		0.0500～0.2000	≤195	4.0	—
	H16、H26	0.1000～0.2000	≥255	—	—
	H18	0.0200～0.2000	≥265	—	—
5B02	H18	0.0300～0.0400	≥250	—	—
5005	O	0.1300～0.1600	100～140	—	—
5052	O	0.0300～0.2000	175～225	4	—
	H14、H24	0.0500～0.2000	250～300	—	—
	H16、H26	0.1000～0.2000	≥270	—	—
	H18	0.0500～0.2000	≥275	—	—
	H19	>0.1000～0.2000	≥285	1	—

续表

牌号	状态	厚度 T/mm	室温拉伸试验结果		
			抗拉强度 R_m /MPa	断后伸长率/%(不小于)	
				A_{50mm}	A_{100mm}
8006	O	0.0060～0.0090	80～135	—	1
		>0.0090～0.0250	85～140	—	2
		>0.0250～0.040	85～140	—	3
		>0.040～0.0900	90～140	—	4
		>0.0900～0.1400	110～140	15	—
		>0.1400～0.200	110～140	20	—
	H22	0.0350～0.0900	120～150	5.0	—
		>0.0900～0.1400	120～150	15	—
		>0.1400～0.2000	120～150	20	—
	H24	0.0350～0.0900	125～150	5.0	—
		>0.0900～0.1400	125～155	15	—
		>0.1400～0.2000	125～155	18	—
	H26	0.0900～0.1400	130～160	10	—
		0.1400～0.2000	130～160	12	—
	H18	0.0180～0.0250	≥140	—	—
		>0.0250～0.0400	≥150	—	—
		>0.0400～0.0900	≥160	—	1
		>0.0900～0.2000	≥160	0.5	—
8021、8021B	O	0.0050～0.0060	60～110	—	1.5
		>0.0060～0.0090	70～110	—	1.5
		>0.0090～0.0250	75～115	—	—
		>0.0250～0.0900	80～120	—	11
8011、8011A、8079、8111	O	0.0050～0.0090	50～100	—	0.5
		>0.0090～0.0250	50～110	—	1
		>0.0250～0.0400	55～110	—	4
		>0.0400～0.0900	60～120	—	4
		>0.0900～0.1400	60～120	13	—
		>0.1400～0.2000	60～120	15	—
	H22	0.0350～0.0400	90～150	—	1.0
		>0.0400～0.0900	90～150	—	2.0
		>0.0900～0.1400	90～150	5	—
		>0.1400～0.2000	90～150	6	—
	H14	0.1500～0.2000	120～170	—	—
	H24	0.0350～0.0400	120～170	2	—
		>0.0400～0.090	120～170	3	—
		>0.0900～0.1400	120～170	4	—
	H24	>0.1400～0.2000	120～170	5	—
	H26	0.0350～0.0090	140～190	1	—
		>0.0900～0.2000	140～190	2	—
	H18	0.0100～0.2000	≥160	—	—
	H19	0.0200～0.2000	≥170	—	—

表 9-35　空调器散热片用铝箔的纵向室温力学和工艺性能（YS/T 95.1—2009）

牌号	状态	厚度/mm	抗拉强度(R_m)/MPa	规定非比例延伸强度($R_{P0.2}$)/MPa	断后伸长率(A_{50})/%	杯突值 I,E /mm
1050	O	0.08～0.10	70～100	≥40	≥10	≥5.0
		>0.10～0.20	70～100	≥40	≥15	≥5.5
	H18	0.08～0.20	≥135	—	≥1	—
1100 1200	O	0.08～0.10	80～110	≥50	≥18	≥6.0
		>0.10～0.20	80～110	≥50	≥20	≥6.5
	H22	0.08～0.10	100～130	≥60	≥18	≥5.5
		>0.10～0.20	100～130	≥60	≥20	≥6.0
	H24	0.08～0.10	115～145	≥70	≥15	≥5.0
		>0.10～0.20	115～145	≥70	≥18	≥5.5
	H26	0.08～0.10	130～160	≥90	≥8	≥4.0
		>0.10～0.20	130～160	≥90	≥10	≥4.5
	H18	0.08～0.20	≥160	—	≥1	—
3102	H24	0.08～0.10	120～145	≥90	≥10	≥4.5
		>0.10～0.20	120～145	≥100	≥12	≥5.0
	H26	0.08～0.10	125～160	≥100	≥8	≥4.0
		>0.10～0.20	125～160	≥100	≥10	≥4.5
8006	O	0.08～0.10	110～140	≥50	≥15	≥6.0
		>0.10～0.20	110～140	≥50	≥20	≥6.5
	H22	0.08～0.10	120～150	≥60	≥15	≥5.5
		>0.10～0.20	120～150	≥60	≥20	≥6.0
	H24	0.08～0.10	125～155	≥80	≥15	≥5.0
		>0.10～0.20	125～155	≥80	≥18	≥5.5
	H26	0.08～0.10	130～160	≥100	≥10	≥4.5
		>0.10～0.20	130～160	≥100	≥12	≥5.0
8011	O	0.08～0.10	80～110	≥50	≥20	≥6.0
		>0.10～0.20	80～110	≥50	≥20	≥6.5
	H22	0.08～0.10	100～130	≥60	≥18	≥5.5
		>0.10～0.20	100～130	≥60	≥20	≥6.0
	H24	0.08～0.10	120～145	≥80	≥15	≥5.0
		>0.10～0.20	120～145	≥80	≥18	≥5.5
	H26	0.08～0.10	130～160	≥100	≥8	≥4.0
		>0.10～0.20	130～160	≥100	≥10	≥4.5
	H18	0.08～0.20	≥160	—	≥1	—

注：用户有特殊要求时，由供需双方协商，并在合同中注明。

表 9-36 铝合金建筑型材的力学性能（GB/T 5237.2—2004）

合金	合金状态	厚度/mm	拉伸试验			硬度试验		
			抗拉强度 σ_b/MPa	规定非比例伸长应力 $\sigma_{p0.2}$/MPa	伸长率 δ/%	试样厚度/mm	硬度(HV)	硬度(HW)
			≥					
6063	T5	所有	160	110	8	0.8	58	8
	T6	所有	205	180	8		—	
6063A	T5	≤10	200	160	5	0.8	65	10
		>10	190	150	5			
	T6	≤10	230	190	5		—	
		>10	220	180	4			
6061	T4	所有	180	110	16		—	
	T6	所有	265	245	8			

注：1. 型材取样部位的实测壁厚小于 1.2mm 时，不测定伸长率。

2. 淬火自然时效的型材室温力学性能是常温时效 1 个月的数值。常温时效不足 1 个月进行拉伸试验时，试样应进行快速时效处理，其室温纵向力学性能符合表中的规定。

3. 维氏硬度、韦氏硬度和拉伸试验只做 1 项，仲裁试验为拉伸试验。

表 9-37 一般工业用铝及铝合金挤压型材的纵向力学性能（GB/T 6892—2006）

牌号	状态	壁厚/mm	抗拉强度 R_m/MPa	规定非比例延伸强度 $R_{P0.2}$/MPa	断后伸长率/% $A_{5.65}$ ①	断后伸长率/% A_{50mm} ②
			不小于			
1050A	H112	—	60	20	25	23
1060	0	—	60～95	15	22	20
	H112	—	60	15	22	20
1100	0	—	75～105	20	22	20
	H112	—	75	20	22	20
1200	H112	—	75	25	20	18
1350	H112	—	60	—	25	23
2A11	0	—	≤245	—	12	10
	T4	≤10	335	190	—	10
		>10～20	335	200	10	8
		>20	365	210	10	—
2A12	0	—	≤245	—	12	10
	T4	≤5	390	295	—	8
		>5～10	410	295	—	8
		>10～20	420	305	10	8
		>20	440	315	10	—
2017	0	≤3.2	≤220	≤140	—	11
		>3.2～12	≤225	≤145	—	11
	T4	—	390	245	15	13
2017A	T4 T4510 T4511	≤30	380	260	10	8
2014 2014A	0	—	≤250	≤135	12	10
	T4 T4510 T4511	≤25	370	230	11	10
		>25～75	410	270	10	—

续表

牌号	状态		壁厚/mm	抗拉强度 R_m/MPa	规定非比例延伸强度 $R_{P0.2}$/MPa	断后伸长率/% $A_{5.65}$ ①	断后伸长率/% A_{50mm} ②
				不小于			
2014 2014A	T6 T6510 T6511		≤25	415	370	7	5
			>25～75	460	415	7	—
2024	0		—	≤250	≤150	12	10
	T3 T3510 T3511		≤15	395	290	8	6
			>15～50	420	290	8	—
	T8 T8510 T8511		≤50	455	380	5	4
3A21	0、H112		—	≤185	—	16	14
3003 3103	H112		—	95	35	25	20
5A02	0、H112		—	≤245	—	12	10
5A03	0、H112		—	180	80	12	10
5A05	0、H112		—	255	130	15	13
5A06	0、H112		—	315	160	15	13
5005 5005A	H112		—	100	40	18	16
5051A	H112		—	150	60	16	14
5251	H112		—	160	60	16	14
5052	H112		—	170	70	15	13
5154A 5454	H112		≤25	200	85	16	14
5754	H112		≤25	180	80	14	12
5019	H112		≤30	250	110	14	12
5083	H112		—	270	125	12	10
5086	H112		—	240	95	12	10
6A02	T4		—	180	—	12	10
	T6		—	295	230	10	8
6101A	T6		≤50	200	170	10	8
6101B	T6		≤15	215	160	8	6
6005 6005A	T5		≤6.3	260	215	—	7
	T4		≤25	180	90	15	13
	T6	实心型材	≤5	270	225	—	6
			>5～10	260	215	—	6
			>10～25	250	200	8	6
		空心型材	≤5	255	215	—	6
			>5～15	250	200	8	6
6106	T6		≤10	250	200	—	6

续表

牌号	状态		壁厚/mm	抗拉强度 R_m/MPa	规定非比例延伸强度 $R_{P0.2}$/MPa	断后伸长率/%	
						$A_{5.65}$ ①	A_{50mm} ②
				不小于			
6351	0		—	≤160	≤110	14	12
	T4		≤25	205	110	14	12
	T5		≤5	270	230	—	6
	T6		≤5	290	250	—	6
			>5～25	300	255	10	8
6060	T4		≤25	120	60	16	14
	T5		≤5	160	120	—	6
			>5～25	140	100	8	6
	T6		≤3	190	150	—	6
			>3～25	170	140	8	6
6061	T4		≤25	180	110	15	13
	T5		≤16	240	205	9	7
	T6		≤5	260	240	—	7
			>5～25	260	240	10	8
6261	0		—	≤170	≤120	14	12
	T4		≤25	180	100	14	12
	T5		≤5	270	230	—	7
			>5～25	260	220	9	8
			>25	250	210	9	—
	T6	实心型材	≤5	290	245	—	7
			>5～10	280	235	—	7
		空心型材	≤5	290	245	—	7
			>5～10	270	230	—	8
6063	T4		≤25	130	65	14	12
	T5		≤3	175	130	—	6
			>3～25	160	110	7	5
	T6		≤10	215	170	—	6
			>10～25	195	160	8	6
6063A	T4		≤25	150	90	12	10
	T5		≤10	200	160	—	5
			>10～25	190	150	6	4
	T6		≤10	230	190	—	5
			>10～25	220	180	5	4
6463	T4		≤50	125	75	14	12
	T5		≤50	150	110	8	6
	T6		≤50	195	160	10	8

续表

牌　号	状　态	壁厚/mm	抗拉强度 R_m/MPa	规定非比例延伸强度 $R_{P0.2}$/MPa	断后伸长率/% $A_{5.65}$[①]	A_{50mm}[②]
			不小于			
6463A	T1	≤12	115	60	—	10
	T5	≤12	150	110	—	6
	T6	≤3	205	170	—	6
		>3～12	205	170	—	8
6081	T6	≤25	275	240	8	6
6082	O	—	≤160	≤110	14	12
	T4	≤25	205	110	14	12
	T5	≤5	270	230	—	6
	T6	≤5	290	250	—	6
		>5～25	310	260	10	8
7A04	O	—	≤245	—	10	8
	T6	≤10	500	430	—	4
		>10～20	530	440	6	4
		>20	560	460	6	—
7003	T5	—	310	260	10	8
	T6	≤10	350	290	—	8
		>10～25	340	280	10	8
7005	T5	≤25	345	305	10	8
	T6	≤40	350	290	10	8
7020	T6	≤40	350	290	10	8
7022	T6 T6510 T6511	≤30	490	420	7	5
7049A	T6	≤30	610	530	5	4
7075	T6 T6510 T6511	≤25	530	460	6	4
		>25～60	540	470	6	—
	T73 T73510 T73511	≤25	485	420	7	5
	T76 T76510 T76511	≤6	510	440	—	5
		>6～50	515	450	6	5
7178	T6 T6510 T6511	≤1.6	565	525	—	—
		>1.6～6	580	525	—	3
		>6～35	600	540	4	3
		>35～60	595	530	4	—

续表

牌号	状态	壁厚/mm	抗拉强度 R_m/MPa	规定非比例延伸强度 $R_{P0.2}$/MPa	断后伸长率/% $A_{5.65}$①	断后伸长率/% A_{50mm}②
			不小于			
7178	T76 T76510 T76511	>3~6	525	455	—	5
		>6~25	530	460	6	5

① $A_{5.65}$ 表示原始标距（L_0）为 $5.65\sqrt{S_0}$ 的断后伸长率。

② 壁厚不大于 1.6mm 的型材不要求伸长率，如需方有要求，则供需双方商定，并在合同中注明。

表 9-38　铝及铝合金冷轧带材的室温力学性能（GB/T 8544—1997）

牌号	状态	厚度/mm	抗拉强度 σ_b/MPa	规定非比例伸长应力 $\sigma_{p0.2}$/MPa	伸长率 δ/% (50mm)
1070 1060	O	>0.2~0.3	55~95	—	≥15
		>0.3~0.5			≥20
		>0.5~0.8			≥25
		>0.8~1.3			≥30
		>1.3~6.0			≥35
	H12或H22	>0.2~0.3	70~110	—	≥2
		>0.3~0.5			≥4
		>0.5~0.8			≥5
		>0.8~1.3		>55	≥6
		>1.3~2.9			≥8
		>2.9~4.5			≥9
	H14或H24	>0.2~0.3	85~120	—	≥1
		>0.3~0.5			≥2
		>0.5~0.8			≥3
		>0.8~1.3		>65	≥4
		>1.3~2.9			≥5
		>2.9~4.0			≥6
	H16或H26	>0.2~0.5	100~135	—	≥1
		>0.5~0.8			≥2
		>0.8~1.3		>75	≥3
		>1.3~3.0			≥4
	H18	>0.2~0.5	≥120	—	≥1
		>0.5~0.8			≥2
		>0.8~1.3			≥3
		>1.3~1.5			≥4
1050	O	>0.2~0.5	60~100	—	≥15
		>0.5~0.8			≥20
		>0.8~1.3			≥25
		>1.3~6.0			≥30
	H12或H22	>0.2~0.3	80~120	—	≥2
		>0.3~0.5			≥3
		>0.5~0.8	80~120	—	≥4
		>0.8~1.3		>65	≥6
1050	H12或H22	>1.3~2.9	80~120	>65	≥8
		>2.9~4.5			≥9
	H14或H24	>0.2~0.3	95~125	—	≥1
		>0.3~0.5			≥2
		>0.5~0.8			≥3
		>0.8~1.3		>75	≥4
		>1.3~2.9			≥5
		>2.9~4.0			≥6
	H16或H26	>0.2~0.5	120~145	—	≥1
		>0.5~0.8			≥2
		>0.8~1.3		>85	≥3
		>1.3~3.0			≥4
	H18	>0.2~0.5	≥125	—	≥1
		>0.5~0.8			≥2
		>0.8~1.3			≥3
		>1.3~1.5			≥4
1100 1200	O	>0.2~0.5	75~110	—	≥15
		>0.5~0.8			≥20
		>0.8~1.3			≥25
		>1.3~6.0			≥30
	H12或H22	>0.2~0.3	95~125	—	≥2
		>0.3~0.5			≥3
		>0.5~0.8			≥4
		>0.8~1.3		>75	≥6
		>1.3~2.9			≥8
		>2.9~4.5			≥9
	H14或H24	>0.2~0.3	120~145	—	≥1
		>0.3~0.5			≥2
		>0.5~0.8			≥3
		>0.8~1.3		>95	≥4
		>1.3~2.9			≥5
		>2.9~4.0			≥6
		>0.2~0.5	135~165	—	≥1

续表

牌号	状态	厚度/mm	抗拉强度 σ_b/MPa	规定非比例伸长应力 $\sigma_{p0.2}$/MPa	伸长率 δ/% (50mm)
1100 1200	H16或H26	>0.5～0.8	135～165	—	≥2
		>0.8～1.3		>120	≥3
		>1.3～3.0			≥4
	H18	>0.2～0.5	≥155	—	≥1
		>0.5～0.8			≥2
		>0.8～1.3			≥3
		>1.3～1.5			≥4
2017	O	0.4～0.5	≤215	—	≥12
		>0.5～6.0		≤110	
2024	O	0.4～0.5	≤215	—	≥12
		>0.5～6.0		≤95	
3003	O	>0.2～0.3	95～120	—	≥18
		>0.3～0.8			≥20
		>0.8～1.3		≥35	≥23
		>1.3～6.0			≥25
	H12或H22	>0.2～0.3	120～155	—	≥2
		>0.3～0.5			≥3
		>0.5～0.8			≥4
		>0.8～1.3		≥85	≥5
		>1.3～2.9			≥6
		>2.9～4.5			≥7
	H14或H24	>0.2～0.3	135～175	—	≥1
		>0.3～0.5			≥2
		>0.5～0.8			≥3
		>0.8～1.3		≥120	≥4
		>1.3～2.9			≥5
		>2.9～4.0			≥6
	H16或H26	>0.2～0.5	165～205	—	≥1
		>0.5～0.8			≥2
		>0.8～1.3		≥145	≥3
		>1.3～3.0			≥4
	H18	>0.2～0.5	≥185	—	≥1
		>0.5～0.8			≥2
		>0.8～1.3	≥185	≥165	≥3
		>1.3～1.5			≥4
3004	O	>0.2～0.5	155～195	—	≥10
		>0.5～0.8			≥14
		>0.8～1.3		≥60	≥16
		>1.3～6.0			≥18
	H12或H32	>0.5～0.8	195～245	—	≥3
		>0.8～1.3		≥145	≥4
		>1.3～4.5			≥5
	H14或H34	>0.2～0.5	225～265	—	≥1
		>0.5～0.8			≥3
		>0.8～1.3		≥175	
		>1.3～4.0			≥4
	H16或H36	>0.2～0.5	245～285	—	≥1
		>0.5～0.8			≥2
		>0.8～1.3		≥195	≥3
		>1.3～3.0			≥4
	H18或H38	>0.2～0.5	≥265	≥215	≥1
3015	O	>0.2～0.5	95～145	≥35	≥16
		>0.5～0.8			≥19
		>0.8～1.3			≥20
		>1.3～3.0	95～145	≥35	≥20
	H12或H22	≥0.3～0.8	125～175	—	≥1
		>0.8～1.6		≥110	≥2
	H14或H24	≥0.3～0.8	155～195	≥125	≥1
		>0.8～1.6			≥2
	H16或H26	≥0.3～0.8	175～225	—	≥1
		>0.8～1.6		≥145	≥2
	H18	>0.2～0.5	≥190	≥165	≥1
		>0.5～0.8			
		>0.8～1.6			≥2
5005	O	>0.5～0.8	110～145	—	≥18
		>0.8～1.3		≥35	≥20
		>1.3～2.9			≥21
		>2.9～6.0			≥22
	H12或H22 H32	≥0.5～0.8	120～155	—	≥3
		>0.8～1.3		≥85	≥4
		>1.3～2.9			≥6
		>2.9～4.0			≥7
	H14或H24 H34	≥0.5～0.8	135～175	—	≥1
		>0.8～1.3		≥100	≥2
		>1.3～2.9			≥3
		>2.9～4.0			≥5
	H16或H26 H36	≥0.5～0.8	155～195	—	≥1
		>0.8～1.3		≥125	≥2
		>1.3～4.0			≥3
	H18或H38	≥0.5～0.8	≥175	—	≥1
		>0.8～1.3			≥2
		>1.3～3.0			≥3
5052	O	>0.2～0.3	175～215	—	≥14
		>0.3～0.5			≥15
		>0.5～0.8			≥16
		>0.8～1.3		≥65	≥18
		>1.3～2.9			≥19
		>2.9～4.5	175～215		≥20
	H12或H22 H32	>0.2～0.3	215～265	—	≥3
		>0.3～0.5			≥4
		>0.5～0.8			≥5
		>0.8～1.3	215～265	≥155	≥5
		>1.3～2.9			≥7
		>2.9～4.5			≥9
	H14或H24 H34	>0.2～0.5	235～285	—	≥3
		>0.5～0.8			≥4
		>0.8～1.3		≥175	
		>1.3～2.9			≥6
		>2.9～4.0			≥7
	H16或H26 H36	>0.2～0.8	255～305	—	≥3
		>0.8～4.0		≥205	≥4
	H18 H38	>0.2～0.8	≥275	—	≥3
		>0.8～3.0		≥225	≥4
	H19 H39	>0.2～0.5	≥285	—	≥1

表 9-39　常用铝及铝合金加工产品的一般力学性能（参考数据）

组别	合金代号	材料状态	弹性模量 E	剪切弹性模量 G	泊松系数 μ	抗拉强度 σ_b	条件屈服强度 $\sigma_{0.2}$	循环数为 5×10^8 次的疲劳强度	抗剪强度 σ_r	伸长率 δ_{10}	断面收缩率 ψ	冲击韧性 α_K /J·cm^{-2}	硬度 (HB)
			GPa			MPa				%			
工业纯铝	L4	退火的 M	71	27	0.31	80	30	40	55	30	80	—	25
	L6	冷作硬化的 Y	71	27	0.31	150	100	50	—	6	60	—	32
防锈铝	LF2	退火的 M	70	27	0.30	190	100	120	125	23	64	90	45
		半冷作硬化的 Y2	70	27	0.30	250	210	130	150	6		—	60
	LF3	退火的 M	70	27	0.30	200	100	110	155	22	—	—	50
		半冷作硬化的 Y2	70	27	0.30	250	130	120	160	3	—	—	70
	LF5	退火的 M	70	27	0.30	260	140	140	130	22	—	—	65
		半冷作硬化的 Y2	70	27	0.30	300	200	—	—	14	—	—	80
		冷作硬化的 Y	70	27	0.30	420	320	155	220	10	—	—	100
	LF6	退火的(横向性能)M	68	—	—	325	170	130	210	20	25	—	70
	LF12	退火的 M	72	—	—	430	220	—	—	25	—	31	—
		挤压的 R	—	—	—	580	500	—	—	10	—	—	—
	LF10	退火的 M	70	27	0.30	270	150	—	190	23	—	—	70
	LF21	退火的 M	71	27	0.33	130	50	55	80	23	70	—	30
		半冷作硬化的 Y2	71	27	0.33	160	130	65	100	10	55	—	40
		冷作硬化的 Y	71	27	0.33	220	180	70	110	5	50	—	55
硬铝	LY1	退火的 M	71	27	0.31	160	60	—	—	24	—	—	38
		淬火并自然时效的 CZ	71	27	0.31	300	170	95	200	24	50	—	70
	LY2	淬火并人工时效的挤压产品 CS	71	27	0.31	490	330	—	—	20	—	—	115
		淬火并人工时效的冲压轮叶 CS	71	27	0.31	440	300	—	—	15	—	—	115
	LY4	线材 CZ	70	—	—	460	280	—	290	23	42	—	115
	LY6	包铝板材 CZ	68	—	—	440	300	—	—	20	—	—	—
		包铝板材 Y2	68	—	—	540	440	—	—	10	—	—	—
	LY10	淬火并自然时效的 CZ	71	27	0.31	400	—	—	260	20	—	—	—
	LY8	退火的 M	71	27	0.31	210	110	75	—	18	58	30	45
	LY11	淬火并自然时效的 CZ	71	27	0.31	420	240	105	270	15	30	—	100

续表

组别	合金代号	材料状态	弹性模量 E	剪切弹性模量 G	泊松系数 μ	抗拉强度 σ_b	条件屈服强度 $\sigma_{0.2}$	循环数为 5×10^8 次的疲劳强度	抗剪强度 σ_r	伸长率 δ_{10}	断面收缩率 ψ	冲击韧性 α_K /J·cm^{-2}	硬度 (HB)
			GPa			MPa				%			
硬铝	LY9	淬火并自然时效的包铝板 CZ	71	27	0.31	420	280	—	—	18	30	—	105
	LY12	退火的包铝板 M	71	27	0.31	180	100	—	—	18	—	—	42
		淬火并自然时效的其他半成品 CZ	71	27	0.31	460	300	115	—	17	30	—	105
		退火的其他半成品 M	71	27	0.31	210	110	—	—	18	35	—	42
		淬火并自然时效的大型型材 CZ	72	27	0.33	520	380	140	300	13	15	—	131
		淬火并自然时效的棒材(φ40mm)CZ	72	27	0.33	500	380	—	260	10	15	—	131
	LY16	挤压半成品 CS	71	27	0.31	400	250	130	—	13	35	—	110
		板材 CS	71	27	0.31	420	300	—	—	12	—	—	—
	LY17	5kg 以下锻件 CS	71	—	—	430	350	—	—	9	18	—	—
锻铝	LD2	退火的 M	71	27	0.31	180	—	45	80	30	65	—	30
		淬火并自然时效的 CZ	71	27	0.31	220	120	75	—	22	50	—	65
		淬火并人工时效的 CS	71	27	0.31	330	280	75	210	16	20	—	95
	LD5	淬火并人工时效的 CS	71	27	0.31	420	300	—	—	13	—	—	105
	LD6	模锻件 CS	72	27	0.33	410	320	—	260	—	40	—	—
	LD7	淬火及人工时效的 CS	71	27	0.31	440	330	—	—	12	—	—	120
	LD8	淬火及人工时效的 CS	71	27	0.31	440	270	—	—	10	—	—	120
	LD9	淬火及人工时效的 CS	71	27	0.31	440	280	100	—	13	—	—	115
	LD10	淬火及人工时效的 CS	72	27	0.33	490	380	115	290	12	25	10	135
超硬铝	LC3	线材 CS	71	—	—	520	440	—	320	15	45	—	150
	LC4	淬火及人工时效的 CS	74	27	0.33	600	550	160	—	12	—	11	150
		退火的 M	74	27	0.33	260	130	—	—	13	—	—	—
		淬火及人工时效的包铝板材 CS	74	27	0.33	540	470	—	—	10	23	—	—
		退火的包铝板材 M	74	27	0.33	220	110	—	—	18	50	—	—

注：国家标准规定的铝及铝合金板、带、棒、管、线、箔加工产品的力学性能，可参见本手册有关章节。

9.1.3 铝及铝合金的物理性能

表 9-40 铝及铝合金的物理性能（参考数据）

合金代号		材料状态	密度 ρ /g·cm⁻³	临界温度 /℃		平均线胀系数 a /10⁻⁶K⁻¹				比热容 c /J·(kg·K)⁻¹				热导率 λ /W·(m·K)⁻¹					电导率 k（相当于铜的%）	20℃时的电阻系数 /Ω·mm²·m⁻¹
新	旧			上限	下限	20～100℃	20～200℃	20～300℃	20～400℃	100℃	200℃	300℃	400℃	25℃	100℃	200℃	300℃	400℃		
1035 8A06	L4 L6	退火的 冷作硬化的	2.71	657	643	24.0	24.7	25.6	—	946	962	999	994	226.1 217.7	—	—	—	—	59 57	0.0292 (0℃)
5A02	LF2	退火的 半冷作硬化的 冷作硬化的	2.68	652	627	23.8	24.5	25.4	—	963	1005	1047	1089	154.9	159.1	163.3	163.3	167.5	40	0.0476
5A03	LF3	退火的 半冷作硬化的	2.67	640	610	23.5	—	25.2	26.1	879	921	1005	1047	146.5	150.7	154.9	159.1	159.1	35	0.0496
5A05	LF5	退火的 半冷作硬化的	2.65	620	580	23.9	24.8	25.9	—	921	—	—	—	121.4	125.6	129.8	138.2	146.5	29 27	0.0640
5A06	LF6	退火的	2.64	—	—	23.7	24.7	25.5	26.5	921	1005	1047	1089	117.2	121.4	125.6	129.8	138.2	26	0.0710
5B05	LF10	退火的	2.65	638	568	23.9	24.8	25.9	—	921	963	1005	1047	117.2	125.6	134.0	142.3	146.5	29	
5A12	LF12		2.61	—	—	—	23.3	24.2	26.4	—	—	—	—	—	119.3	142.3	134.0	142.3	—	0.0770
2A21	LF21	退火的 半冷作硬化的 冷作硬化的	2.74	654	643	23.2	24.3	25.0	—	1089	1172	1298	1298	180.0 163.3 154.9	188.4 159.1 154.9	180.0 — —	184.2 — —	— — 188.4	50 41 40	— 0.034
2A01	LY1	退火的 淬火和自然时效	2.76	648	510	23.4	24.5	25.2	—	921	1005	1089	1172	163.3 154.9	171.7 —	180.0 —	184.2 —	192.6 —	40	0.039
2A02	LY2	淬火和人工时效	2.75	—	—	23.6	25.2	26	—	837	921	921	963	134.0	142.4	150.7	159.1	171.7	—	0.055
2A06	LY6	淬火和自然时效	2.76	—	—	—	—	—	—	879	963	1047	1089	—	138.2	150.7	171.7	—	—	0.061
2B11 2A11	LY8 及 LY11	淬火和自然时效 退火的	2.80	639	535	22.9	24	25	—	921	963	1005	1047	117.2 171.7	129.8 —	150.7 —	171.7 —	175.8 175.8	30 45	0.054
2A12	LY12	淬火和自然时效 退火的	2.78	638	502	22.7	23.8	24.7	—	921	1047	1130	1172	117.2 188.4	— —	— —	— —	— —	30 50	0.073 0.044

续表

合金代号		材料状态	密度 ρ /g·cm⁻³	临界温度 /℃		平均线胀系数 a /$10^{-6}K^{-1}$				比热容 c /J·(kg·K)$^{-1}$				热导率 λ /W·(m·K)$^{-1}$					电导率 k (相当于铜的%)	20℃时的电阻系数 /Ω·mm^2·m^{-1}
新	旧			上限	下限	20～100℃	20～200℃	20～300℃	20～400℃	100℃	200℃	300℃	400℃	25℃	100℃	200℃	300℃	400℃		
2A10	LY10	淬火和自然时效	2.80	—	—	—	—	—	—	963	1047	1130	1172	146.5	154.9	163.3	171.7	184.2	—	0.0504
2A16	LY16	淬火和人工时效	2.84	—	—	22.6	24.7①	27.3②	30.2③	—	—	—	—	138.2	142.4	146.5	154.9	159.1	—	0.0610
2A17	LY17		2.84	—	—	19	23.78①	26.79②	33.74③	795	879	963	1005	129.8	138.2	150.7	167.5	—	—	0.0540
6A02	LD2	淬火和人工时效 退火的	2.70	652	593	23.5	24.3	25.4	—	795	879	963	1089	154.9 175.8	— 180.0	— 184.2	— 188.4	— —	45 55	0.055 0.048
2A50	LD5	淬火和人工时效	2.75	—	—	21.4	—	—	—	837	879	963	1005	175.8	180.0	184.2	184.2	188.4	—	0.041
2B50	LD6	淬火和人工时效	2.75	—	—	21.4	23.7①	26.2②	30.5③	837	921	1005	1047	163.3	167.5	171.7	175.8	180.0	—	0.043
2A70	LD7	淬火和人工时效	2.80	—	—	22	23.1	24	24.8	795	837	921	963	142.4	146.5	150.7	159.1	163.3	—	0.055
2A80	LD8	退火的 淬火和人工时效	2.77	—	—	21.8	23.9	24.9	—	837	921	963	1047	180.0 146.5	184.2 150.7	192.6 159.1	201.0 167.5	— 171.7	50 40	0.050
2A90	LD9	退火的 淬火和人工时效	2.80	638	509	22.3	23.3	24.2	—	754	837	963	1005	188.4 154.9	— 159.1	— 163.3	— 171.7	— 180.0	50 40	0.047
2A14	LD10	退火的 淬火和人工时效	2.80	638	510	22.5	23.6	24.5	—	837	879	963	1047	196.8 159.1	— 167.5	— 175.8	— 180.0	— 180.0	50 40	—
7A03	LC3	淬火及人工时效	2.85	—	—	21.9	24.85①	28.87②	32.67③	712	921	1047	—	154.9	159.1	163.3	167.5	—	—	0.044
7A04	LC4	淬火及人工时效 退火的	2.85	638	477	23.1	24.1	26.2	—	—	—	—	—	125.6 154.9	— 159.1	— 163.3	— 163.3	— 159.1	30	0.042④ —
4A01	LT1	冷作硬化的	2.66	—	—	22	—	—	—	—	—	—	—	142.4	—	—	—	—	37	—

① 为 100～200℃的数据；② 为 200～300℃的数据；③ 为 300～400℃的数据；④ 淬火及自然时效状态。

9.1.4 铝及铝合金的特性及用途

表 9-41 铝及铝合金加工产品的特性及用途

牌号		产品种类	主要特性	应用举例
新牌号	旧牌号			
1060 1050A	L2 L3	板、箔、管、线	这是一组工业纯铝，它们的共同特性是：具有高的可塑性、耐蚀性、导电性和导热性，但强度低，热处理不能强化，可切削性不好；可气焊、原子氢焊和电阻焊，易承受各种压力加工和拉伸、弯曲	用于不承受载荷，但要求具有某种特性——如高的可塑性、良好的焊接性、高的耐蚀性或高的导电、导热性的结构元件，如铝箔用于制作垫片及电容器，其他半成品用于制作电子管隔离罩、电线保护套管、电缆电线线芯、飞机通风系统零件等
1035 8A06	L4 L6	棒、板、箔、管、线、型		
3A21	LF21	板、箔、管、棒、型、线	为 Al-Mn 系合金，是应用最广泛的一种防锈铝，这种合金的强度不高（仅稍高于工业纯铝），不能热处理强化，故常采用冷加工方法来提高它的力学性能；在退火状态下有高的塑性，在半冷作硬化时塑性尚好，冷作硬化时塑性低，耐蚀性好，焊接性良好，可切削性能不良	用于要求高的可塑性和良好的焊接性、在液体或气体介质中工作的低载荷零件，如油箱、汽油或润滑油导管、各种液体容器和其他用深拉制作的小负荷零件；线材用作铆钉
5A02	LF2	板、箔、管、棒、型、线、锻件	为 Al-Mg 系防锈铝，与 3A21 相比，5A02 强度较高，特别是具有较高的疲劳强度；塑性与耐蚀性高，在这方面与 3A21 相似；热处理不能强化，用电阻焊和原子氢焊焊接性良好，氩弧焊时有形成结晶裂纹的倾向；合金在冷作硬化和半冷作硬化状态下可切削性较好，退火状态下可切削性不良，可抛光	用于焊接在液体中工作的容器和构件（如油箱、汽油和润滑油导管）以及其他中等载荷的零件、车辆船舶的内部装饰件等；线材用作焊条和制作铆钉
5A03	LF3	板、棒、型、管	为 Al-Mg 系防锈铝，合金的性能与 5A02 相似，但因含镁量比 5A02 稍高，且加入了少量的硅，故其焊接性比 5A02 好，合金用气焊、氩弧焊、点焊和滚焊的焊接性能都很好，其他性能两者无大差别	用作在液体下工作的中等强度的焊接件，冷冲压的零件和骨架等
5A05	LF5	板、棒、管	为铝镁系防锈铝（5B05 的含镁量稍高于 5A05），强度与 5A03 相当，热处理不能强化；退火状态塑性高，半冷作硬化时塑性中等；用氢原子焊、点焊、气焊、氩弧焊时焊接性尚好；抗腐蚀性高，可切削性能在退火状态低劣，半冷作硬化时可切削性尚好，制造铆钉，需进行阳极化处理	5A05 用于制作在液体中工作的焊接零件、管道和容器，以及其他零件 5B05 用作铆接铝合金和镁合金结构铆钉，铆钉在退火状态下铆入结构
5B05	LF10	线材		
5A06	LF6	板、棒、管、型、锻件及模锻件	为铝镁系防锈铝，合金具有较高的强度和腐蚀稳定性，在退火和挤压状态下塑性尚好，用氩弧焊的焊缝气密性和焊缝塑性尚可，气焊点和点焊其焊接接头强度为基体强度的 90%～95%；可切削性能良好	用于焊接容器、受力零件、飞机蒙皮及骨架零件
2A01	LY1	线材	为低合金、低强度硬铝，这是铆接铝合金结构用的主要铆钉材料，这种合金的特点是 α-固体的过饱和程度较低，不溶性的第二相较少，故在淬火和自然时效后的强度较低，但具有很高的塑性和良好的工艺性能（热态下塑性高，冷态下塑性尚好），焊接性与 2A11 相同；可切削性尚可，耐蚀性不高；铆钉在淬火和时效后进行铆接，在铆接过程中不受热处理后的时间限制	这种合金广泛用作铆钉材料，用于中等强度和工作温度不超过 100℃的结构用铆钉，因耐蚀性低，铆钉铆入结构时应在硫酸中经过阳极氧化处理，再用重铬酸钾填充氧化膜
2A02	LY2	棒、带、冲压叶片	这是硬铝中强度较高的一种合金，其特点是：常温时有高的强度，同时也有较高的热强性，属于耐热硬铝。合金在热变形时塑性高，在挤压半成品中，有形成粗晶环的倾向，可热处理强化，在淬火及人工时效状态下使用。与 2A70、2A80 耐热锻铝相比，腐蚀稳定性较好，但有应力腐蚀破裂倾向，焊接性比 2A70 略好，可切削性良好	用于工作温度为 200～300℃的涡轮喷气发动机轴向压缩机叶片及其他在高温下工作、而合金性能又能满足结构要求的模锻件，一般用作主要承力结构材料
2A04	LY4	线材	铆钉用合金。具有较高的抗剪强度和耐热性能，压力加工性能和可切削性能以及耐蚀性均与 2A12 相同，在 150～250℃内形成晶间腐蚀倾向较 2A12 小；可热处理强化，在退火和刚淬火状态下塑性尚好，铆钉应在刚淬火状态下进行铆接（2～6h 内，按铆钉直径大小而定）	用于结构工作温度为 125～250℃的铆钉

续表

牌号		产品种类	主要特性	应用举例
新牌号	旧牌号			
2B11	LY8	线材	铆钉用合金，具有中等抗剪强度，在退火、刚淬火和热态下塑性尚好，可以热处理强化，铆钉必须在淬火后2h内铆接	用于中等强度的铆钉
2B12	LY9	线材	铆钉用合金，抗剪强度和2A04相当，其他性能和2B11相似，但铆钉必须在淬火后20min内铆接，故工艺困难，因而应用范围受到限制	用于强度要求较高的铆钉
2A10	LY10	线材	铆钉用合金，具有较高的抗剪强度，在退火、刚淬火、时效和热态下均具有足够的铆接铆钉所需的可塑性；用经淬火和时效处理过的铆钉铆接，铆接过程不受热处理后的时间限制，这是它比2B12、2A11和2A12合金优越之处。焊接性与2A11相同，铆钉的腐蚀稳定性与2A01、2A11相同；由于耐蚀性不高，铆钉铆入结构时，须在硫酸中经过阳极氧化处理，再用重铬酸钾填充氧化膜	用于制造要求较高强度的铆钉，但加热超过100℃时产生晶间腐蚀倾向，故工作温度不宜超过100℃，可代替2A11、2A12、2B12和2A01等牌号的合金制造铆钉
2A11	LY11	板、棒、管、型、锻件	这是应用最早的一种硬铝，一般称为标准硬铝，它具有中等强度，在退火、刚淬火和热态下的可塑性尚好，可热处理强化，在淬火和自然时效状态下使用；点焊焊接性良好，用2A11作焊料进行气焊及氩弧焊时有裂纹倾向；包铝板材有良好的腐蚀稳定性，不包铝的则抗蚀性不高，在加热超过100℃有产生晶间腐蚀倾向。表面阳极化和涂漆能可靠地保护挤压与锻造零件免于腐蚀。可切削性在淬火时效状态下尚好，在退火状态时不良	用于各种中等强度的零件和构件，冲压的连接部件，空气螺旋桨叶片，局部镦粗的零件，如螺栓、铆钉等。铆钉应在淬火后2h内铆入结构
2A12	LY12	板、棒、管、型、箔、线材	这是一种高强度硬铝，可进行热处理强化，在退火和刚淬火状态下塑性中等，点焊焊接性良好，用气焊和氩弧焊时有形成晶间裂纹的倾向；合金在淬火和冷作硬化后其可切削性能尚好，退火后可切削性低；抗蚀性不高，常采用阳极氧化处理与涂漆方法或表面加包铝层以提高其抗腐蚀能力	用于制作各种高负荷的零件和构件（但不包括冲压件和锻件），如飞机上的骨架零件、蒙皮、隔框、翼肋、翼梁、铆钉等150℃以下工作的零件。在制作特高负荷零件时有用7A04取代的趋势
2A06	LY6	板材	高强度硬铝，压力加工性能和可切削性能与2A12相同，在退火和刚淬火状态下塑性尚好。合金可以进行淬火与时效处理，一般腐蚀稳定性与2A12相同，加热至150～250℃时，形成晶间腐蚀的倾向较2A12为小，点焊焊接性与2A12、2A16相同，氩弧焊较2A12为好，但比2A16差	可作为150～250℃工作的结构板材之用，但对淬火自然时效后冷作硬化的板材，在200℃长期（>100h）加热的情况下，不宜采用
2A16	LY16	板、棒、型材及锻件	这是一种耐热硬铝，其特点是：在常温下强度并不太高，而在高温下却有较高的蠕变强度（与2A02相当），合金在热态下有较高的塑性，无挤压效应，可热处理强化，点焊、滚焊和氩弧焊焊接性能良好，形成裂纹的倾向并不显著，焊缝气密性尚好。焊缝腐蚀稳定性较低，包铝板材的腐蚀稳定性尚好，挤压半成品的抗蚀性不高，为防止腐蚀，应采用阳极氧化处理或涂漆保护；可切削性能尚好	用于在250～350℃下工作的零件，如轴向压缩机叶片、圆盘，板材用作常温和高温下工作的焊接件，如容器、气密舱等
2A17	LY17	板、棒、锻件	成分与2A16相似，只是加入了少量的镁。两者性能大致相同，所不同的是：2A17在室温下的强度和高温（225℃）下的持久强度超过了2A16（只是在300℃下才低于2A16）。此外，2A17的可焊性不好，不能焊接	用于20～300℃下要求高强度的锻件和冲压件

续表

牌号		产品种类	主要特性	应用举例
新牌号	旧牌号			
6A02	LD2	板、棒、管、型、锻件	这是工业上应用较为广泛的一种锻铝，特点是具有中等强度(但低于其他锻铝)。在退火状态下可塑性高，在淬火和自然时效后可塑性尚好，在热态下可塑性很高，易于锻造、冲压。在淬火和自然时效状态下其抗蚀性能与3A21、5A02一样良好，人工时效状态的合金具有晶间腐蚀倾向，含铜量$w<0.1\%$的合金在人工时效状态下的耐蚀性高。合金易于点焊和原子氢焊，气焊尚好。其可切削性在退火状态下不好，在淬火时效后尚可	用于制造要求有高塑性和高耐蚀性、且承受中等载荷的零件、形状复杂的锻件和模锻件，如气冷式发动机曲轴箱、直升机桨叶
2A50	LD5	棒、锻件	高强度锻铝。在热态下具有高的可塑性，易于锻造、冲压；可以热处理强化，在淬火及人工时效后的强度与硬铝相似；工艺性能较好，但有挤压效应，故纵向和横向性能有所差别；抗蚀性较好，但有晶间腐蚀倾向；可切削性能良好，电阻焊、点焊和缝焊性能良好，电弧焊和气焊性能不好	用于制造形状复杂和中等强度的锻件和冲压件
2B50	LD6	锻件	高强度锻铝。成分、性能与2A50接近，可互相通用，但在热态下的可塑性比2A50高	制作复杂形状的锻件和模锻件，如压气机叶轮和风扇叶轮等
2A70	LD7	棒、板、锻件和模锻件	耐热锻铝。成分和2A80基本相同，但还加入了微量的钛，故其组织比2A80细化；因含硅量较少，其热强性也比2A80较高；可热处理强化，工艺性能比2A80稍好，热态下具有高的可塑性；由于合金不含锰、铬，因而无挤压效应；电阻焊、点焊和缝焊性能良好，电弧焊和气焊性能差，合金的耐蚀性尚可，可切削性尚好	用于制造内燃机活塞和在高温下工作的复杂锻件，如压气机叶轮、鼓风机叶轮等，板材可用作高温下工作的结构材料，用途比2A80更为广泛
2A80	LD8	棒、锻件和模锻件	耐热锻铝。热态下可塑性稍低，可进行热处理强化，高温强度高，无挤压效应；焊接性能与2A70相同，耐蚀性尚好，但有应力腐蚀倾向，可切削性尚可	用于制作内燃机活塞，压气机叶片、叶轮、圆盘以及其他高温下工作的发动机零件
2A90	LD9	棒、锻件和模锻件	这是应用较早的一种耐热锻铝，有较好的热强性，在热态下可塑性尚可，可热处理强化，耐蚀性、焊接性和可切削性与2A70接近	用途和2A70、2A80相同，目前它已被热强性很高而且热态下塑性很好的2A70及2A80所取代
2A14	LD10	棒、锻件和模锻件	从2A14的成分和性能来看，它可属于硬铝合金，又可属于2A50锻铝合金；它与2A50不同之处，在于含铜量较高，故强度较高，热强性较好，但在热态下的塑性不如2A50好，合金具有良好的可切削性，电阻焊、点焊和缝焊性能良好，电弧焊和气焊性能差；可热处理强化，有挤压效应，因此，纵向和横向性能有所差别；耐蚀性不高，在人工时效状态时有晶间腐蚀倾向和应力腐蚀破裂倾向	用于承受高负荷和形状简单的锻件和模锻件。由于热压加工困难，限制了这种合金的应用
7A03	LC3	线材	超硬铝铆钉合金。在淬火和人工时效的塑性，足以使铆钉铆入；可以热处理强化，常温时抗剪强度较高，耐蚀性尚好，可切削性尚可。铆接铆钉不受热处理后时间的限制	用作受力结构的铆钉。当工作温度在125℃以下时，可作为2A10铆钉合金的代用品
7A04	LC4	板、棒、管、型、锻件	这是一种最常用的超硬铝，系高强度合金，在退火和刚淬火状态下可塑性中等，可热处理强化，通常在淬火人工时效状态下使用，这时得到的强度比一般硬铝高得多，但塑性较低；截面不太大的挤压半成品和包铝板有良好的耐蚀性，合金具有应力集中的倾向，所有转接部分应圆滑过渡，减少偏心率等。点焊焊接性良好，气焊不良，热处理后的可切削性良好，退火状态下的可切削性较低	制作承力构件和高载荷零件，如飞机上的大梁、桁条、加强框、蒙皮、翼肋、接头、起落架零件等。通常多用以取代2A12
2A09	LC9	棒、板、管、型	高强度铝合金。在退火和刚淬火状态下的塑性稍低于同样状态的2A12，稍优于7A04。在淬火和人工时效后的塑性显著下降。合金板材的静疲劳、缺口敏感、应力腐蚀性能稍优于7A04，棒材与7A04相当	制造飞机蒙皮等结构件和主要受力零件
4A01	LT1	线材	这是一种含硅5%的低合金化的二元铝硅合金，其机械强度不高，但抗蚀性很高；压力加工性良好	制作焊条和焊棒，用于焊接铝合金制件

表 9-42 铝及铝合金加工产品的耐蚀性能

<table>
<tr><th rowspan="2">合金系列</th><th colspan="2">牌号</th><th rowspan="2">耐蚀性能</th></tr>
<tr><th>新</th><th>旧</th></tr>
<tr><td>纯铝</td><td>1070A
1060
1050A
1035
1200
8A06</td><td>L1
L2
L3
L4
L5
L6</td><td>铝的化学活泼性很高。20℃时其标准电位为−1.69V,易与空气中的氧作用形成一层牢固、致密的氧化膜,把标准电位提高到−0.5V,所以铝在大气中是耐蚀的。杂质增加,能破坏氧化膜的连续性或形成微电池,会降低其耐蚀性。
铝在纯水中的耐蚀性,主要取决于水温、水质和铝的纯度。水温低于50℃时,随水质和铝纯度的提高,铝的耐蚀性能提高,腐蚀类型以点腐蚀为主,若水中含有少量活性离子(Cl^-,Cu^+等),铝的耐蚀性急剧降低。
铝在酸、碱中的耐蚀性比较,大致如下:
介质 | 耐蚀情况 | 介质 | 耐蚀情况
海水 | 弱 | 浓硝酸、浓醋酸 | 好
氨、硫气体 | 好 | 碱、氨水、石灰水 | 不好
氟、氯、溴、碘 | 不好 | 有机酸 | 略弱
盐酸、氢氟酸、稀醋酸 | 不好 | 稀硝酸 | 较好
硫酸、磷酸、亚硫酸 | 好 | 食盐 | 不好
铝在石油类、乙醇(酒精)、丙酮、乙醛、苯、甲苯、二甲苯、煤油等介质中耐蚀性良好</td></tr>
<tr><td>铝-锰系合金
(防锈铝)</td><td>3A21</td><td>LF21</td><td>有优良的耐蚀性,在大气和海水中的耐蚀性与纯铝相当,在稀盐酸溶液(1∶5)中的耐蚀能力比纯铝高而比铝-镁合金低。这类合金在冷变形状态下有剥落腐蚀倾向,此倾向随冷变形程度的增加而增大</td></tr>
<tr><td>铝-镁系合金
(防锈铝)</td><td>5A02
5A03
5A05
5A06
5B05
5A12
5A13
5B06</td><td>LF2
LF3
LF5
LF6
LF10
LF12
LF13
LF14</td><td>耐蚀性良好,在工业区和海洋气氛中均有较高的耐蚀性,在中性或近于中性的淡水、海水、有机酸、乙醇、汽油以及浓硝酸中的耐蚀性也很好。合金的耐蚀性与β(Mg_2Al_3)相的析出和分布有关,因为β相的标准电位为−1.24V,相对于α(Al)固溶体是阴极区,在电解质中它首先被溶解。含镁量较低的5A02,5A03合金,基本上是单相固溶体或析出少量、分散的β相,故合金的耐蚀性很高;若含镁量超过5%,β相沿晶界析出形成网膜时,则合金的耐蚀性(如晶间腐蚀和应力腐蚀)严重恶化</td></tr>
<tr><td>铝-铜-镁系合金
(硬铝)</td><td>2A01,2A02,
2A04,2A06,
2B11,2B12,
2A10,2A11,
2A12,2A13</td><td>LY1,LY2,
LY4,LY6,
LY8,LY9,
LY10～13</td><td>这类合金的耐蚀性能比纯铝及防锈铝合金低,腐蚀类型以晶间腐蚀为主。一般情况下,硬铝在淬火自然时效状态下耐蚀性较好,在170℃左右进行人工时效时,材料的晶间腐蚀倾向增加。若在人工时效前给以预先变形,将能改善其耐蚀性能。
为了提高硬铝在海洋和潮湿大气中的耐蚀性,可用包上一层纯铝的方法,进行人工保护,包铝的纯度要大于99.5%。对薄板材其包铝层的厚度每边不应小于板厚的4%</td></tr>
<tr><td>铝-铜-锰系合金
(硬铝)</td><td>2A16
2A17</td><td>LY16
LY17</td><td>这类合金中的铜含量较高,其耐蚀性低于铝-铜-镁系硬铝合金,为了提高其板材耐蚀性,可进行表面包铝;但由于基体铜含量较高,易于铜扩散,故其耐蚀性仍低于LY12合金的包铝板材。LY16合金挤压制品耐蚀性不高,在160～170℃进行10～16h人工时效时具有应力腐蚀倾向,且其焊缝和过渡区间腐蚀倾向较高,应采用阳极氧化和涂漆保护。LY17合金人工时效状态应力腐蚀稳定性合格,用阳极化保护,可提高耐蚀性</td></tr>
<tr><td>铝-镁-
硅和铝-
铜-镁-
硅系合金
(锻铝)</td><td>6A02
6B02
6070
2A50
2B50
2A14</td><td>LD2
LD2-1
LD2-2
LD5
LD6
LD10</td><td>铝-镁-硅系合金(LD2,LD2-1,LD2-2)耐蚀性能良好,无应力腐蚀破裂倾向,在淬火人工时效状态下合金有晶间腐蚀倾向,合金中含铜量愈多,这种倾向愈大。
铝-铜-镁-硅系合金(LD5、LD6、LD10)由于铜含量增加,合金的耐蚀性低。LD10比LD5,LD6合金的晶间腐蚀倾向较大(因其含铜高),尤其经过350℃以上的高温退火后,其晶间腐蚀倾向加大。但在淬火人工时效状态下,合金的一般耐蚀性能较好,因此不妨碍合金的使用</td></tr>
</table>

续表

合金系列	牌号		耐蚀性能
	新	旧	
铝铜镁铁镍系合金（锻铝）	2A70 2A80 2A90	LD7 LD8 LD9	这类合金有应力腐蚀倾向，制品用阳极氧化和重铬酸钾填充，是防止腐蚀的一种可靠方法
铝-锌-镁-铜系合金（超硬铝）	7A03 7A04 7A09 7A10	LC3 LC4 LC9 LC10	就一般化学耐蚀性而言，超硬铝合金比硬铝合金高，但比铝-锰、铝-镁、铝-镁-硅系合金低。带有包铝层的超硬铝板材，其耐蚀性能大为提高。 对于不进行包铝的挤压材料和锻件，可用阳极氧化或喷漆等方法进行表面保护。 超硬铝合金在淬火自然时效状态下的耐应力腐蚀性较差，但在淬火人工时效状态下，其耐蚀性反而增高，近年来研究证明，采用分级时效工艺能够减少其应力腐蚀敏感性

表 9-43　铝及铝合金加工产品的熔铸、轧制、挤压、锻造工艺参数

组别	牌号		熔炼温度/℃	铸造温度/℃	轧制温度/℃	挤压温度/℃	锻造温度/℃
	新	旧					
纯铝	1070A …… 8A06	L1～L6	720～760	700～760	290～500	250～450	—
防锈铝	5A02	LF2	700～750	715～730	480～510	320～450	350～370
	5A03	LF3	700～750	710～720	470～500	320～450	350～470
	5A05	LF5	700～750	700～720	450～480	380～450	350～440
	5A06	LF6	700～750	700～720	430～470	380～450	360～440
	5A12	LF12	700～750	690～710	410～430	380～450	350～440
	3A21	LF21	720～760	710～730	440～520	320～450	—
硬铝	2A01	LY1	700～750	715～730	—	320～450	—
	2A02	LY2	700～750	715～730	—	440～460	380～470
	2A06	LY6	700～750	715～730	390～430	440～460	—
	2A10	LY10	700～750	715～730	—	320～450	—
	2A11	LY11	700～750	690～710	390～430	320～450	380～470
	2A12	LY12	700～750	690～710	390～430	400～450	380～470
	2A16	LY16	700～750	710～730	390～430	440～460	400～460
	2A17	LY17	700～750	715～730	—	440～460	—
超硬铝	7A03	LC3	700～750	715～730	—	300～450	—
	7A04	LC4	700～750	715～730	370～410	300～450	380～450
锻铝	6A02	LD2	700～750	715～730	410～500	370～450	400～500
	2A50	LD5	700～750	715～730	410～500	370～450	380～480
	2B50	LD6	700～750	715～730	—	370～450	380～480
	2A70	LD7	720～760	715～730	—	375～450	380～480
	2A80	LD8	720～760	715～730	—	375～450	380～480
	2A90	LD9	720～760	715～730	—	375～450	380～480
	2A14	LD10	700～750	715～730	390～430	400～450	380～480

表 9-44　铝及铝合金加工产品的退火热处理工艺规范

组别	合金代号	均匀化退火（扩散退火）加热温度/℃	均匀化退火 保温时间/h	均匀化退火 冷却介质	完全退火 加热温度/℃	完全退火 保温时间/h	完全退火 冷却介质	快速退火 加热温度/℃	快速退火 保温时间/h	快速退火 冷却介质
纯铝	L2～L6	—	—	—	—	—	—	350～410	③	空气或水
防锈铝	LF2	440	12～14	空气	—	—	—	350～410	③	空气或水
	LF3	460～475								
	LF5							310～350		
	LF6									
	LF10	—	—	—				350～410		
	LF21	510～520	4～6	空气						
硬铝	LY1	—	—	—	370～450	③	炉冷①	350～370	③	空气或水
	LY2				—	—	—			
	LY4				390～430	③	炉冷①			空气或水
	LY6									
	LY8									空气
	LY9									
	LY10									
	LY11	480～495	12～14	炉冷						
	LY12									
	LY16	515～530	12～16	炉冷	380～450	③	炉冷①			
锻铝	LD2	525～540	12～14	炉冷	—	—	—	350～370	③	空气
	LD5	515～530			380～450	③	炉冷①	350～460		
	LD6				—	—	—			
	LD7				380～450	③	炉冷①	410～430		
	LD8	—	—	—	—	—	—	350～460		
	LD9				—	—	—			
	LD10	475～490	12～14	炉冷	350～400	③	炉冷①			
超硬铝	LC3	—	—	—	390～430	③	炉冷②	—	—	—
	LC4	450～465	12～14	炉冷						

组别	合金代号	高温退火 加热温度/℃	高温退火 成品温度/mm	高温退火 保温时间/min	高温退火 冷却介质	低温退火 加热温度/℃	低温退火 成品厚度/mm	低温退火 保温时间/h	低温退火 冷却介质
纯铝	L2～L6	350～500	<6 ≥6	热透为止 10～30	空气	150～250	所有尺寸	2～3	空气或水
防锈铝	LF2 LF3	350～420	<6 ≥6	2～10 10～30	空气	150～180 250～300	所有尺寸	1～2 1～2	空气
	LF5 LF6	310～335	<6 ≥6	30～120 30～180	空气	250～300 150～180	所有尺寸	1～2 2～3	空气
	LF21	350～500	<6 ≥6	热透为止 10～30	空气	250～300	所有尺寸	1～3	空气或水

① 以 30～50℃/h 的速度，随炉冷却至 300℃以下，再空气冷却；

② 以 30～50℃/h 的速度，随炉冷却至 150℃以下，再空气冷却；

③ 表中所列均匀化退火保温时间，系指在空气循环电炉中的保温时间，完全退火和快速退火的保温时间则应参照下表确定：

材料有效厚度/mm	保温时间/min 空气循环电炉（适用于完全退火及快速退火）	保温时间/min 硝盐槽（适用于快速退火）
0.3～3.0	30～40	10～15
3.1～6.0	50～60	20～25
6.1～10.0	70～80	30～40
10.1～20.0	80～100	40～50
20.1～50.0	100～120	50～60

表 9-45 铝合金加工产品的淬火和时效规范

组别	合金代号	制品种类	淬火		人工时效			自然时效		备注
			淬火温度/℃	冷却介质	时效温度/℃	时效时间/h	冷却介质	时效温度	时效时间/h	
硬铝	LY1	铆钉	495～505	水	—	—	—	室温	96	铆接时间不受热处理后的时间限制，但不能少于96h
	LY2	各种半制品	495～505	水	165～175	10～16	空气	—	—	
	LY4	铆钉	500～510	空气	—	—	—	室温	120	在刚淬火状态铆入，铆接时间在淬火后 2～6h 内(依直径大小而定)
	LY6	包铝板材	500～510	空气	95～105	3	空气	室温	120	
	LY8	铆钉	495～505	水	—	—	—	室温	96	在刚淬火状态铆入，铆接时间在淬火后 2h 内
	LY9	铆钉	490～500	水	—	—	—	室温	96	在刚淬火状态铆入，铆接时间在淬火后 20min 内
	LY10	铆钉	510～520	水	70～80	24	空气	室温	240	铆接过程，不受热处理后的时间限制
	LY11	各种半制品	495～510	水	155～165	6～10	空气	室温	96	铆钉应在淬火后 2h 内铆入结构
	LY12	各种半制品	195～505	水	185～195	6～12	空气	室温	96	
	LY16	锻件、薄板	530～540	水	160～170	10～16	空气	室温	不限	
		挤压半成品			200～220	8～12	空气			
	LY17	板、棒、锻件	520～530	水	180～190	16	空气	—	—	
锻铝	LD2	各种半成品	510～530	水	150～165	6～15	空气	室温	96	
	LD5	棒材、锻件	505～520	水	150～165	6～15	空气	室温	96	
	LD6	锻件	505～520	水	150～165	6～15	空气	室温	96	
	LD7	各种半成品	525～540	水	180～195	8～12	空气	—	—	
	LD8	棒材、锻件	515～525	水	165～180	8～14	空气	—	—	
	LD9	锻件	510～520	水	165～175	6～16	空气	—	—	
	LD10	锻件	495～505	水	150～165	6～15	空气	室温	96	
超硬铝	LC3	铆钉	460～470	水	分级时效 1 级 115～125 2 级 160～170	3～4 3～5	加热 空气	—	—	铆接过程，不受热处理后的时间限制
	LC4	包铝板材	465～480	水	115～125	24	空气	—	—	
		未包铝型材			135～145	16	空气			
		包铝或不包铝的半制品			分级时效 1 级 115～125 2 级 155～165	3 3	加热 空气			
	LC6	各种半制品	465～475	水	135～145 或分级时效 1 级 95～105 2 级 155～160	16 4～5 8～9	空气 加热 空气	—	—	

表 9-46 铝合金加工产品淬火前的加热保温时间

加工产品	厚度/mm	保温时间/min		加工产品	厚度/mm	保温时间/min	
		硝盐炉	空气炉			硝盐炉	空气炉
退火不包铝板、冷变形管、热轧厚板、型材、棒材、条材及热挤套筒等	<1.2	5	10～20	退火包铝板	<1.2	5	10～12
	1.3～3.0	10	15～30		1.5～1.9	7	15～20
	3.1～5.0	15	20～45		2.0～4.0	10	20～25
	5.1～10	20	30～60		4.1～10	20	35～40
	11～20	25	35～75	锻件及冲压件	<2.5	10	15～30
	21～30	30	45～90		2.6～5.0	15	20～45
	31～50	40	60～120		5.1～15	25	30～50
	51～75	50	100～150		16～30	40	40～60
	76～100	70	120～180		31～50	50	60～150
	101～150	80	150～210		51～75	60	150～210
	—	—	—		76～100	90～180	180～240
	—	—	—		101～150	120～240	210～360

表 9-47　铸造铝合金的物理性能（参考数据）

合金代号	密度 /g·cm^{-3}	线胀系数 α/10^{-6}K^{-1}					热导率 λ/W·(m·K)$^{-1}$					比热容 c/J·(kg·K)$^{-1}$				20℃时电阻系数 ρ /Ω·mm^2·m^{-1}	电导率（相当于铜的%）
		20～100℃	100～200℃	20～200℃	20～300℃	200～300℃	25℃	100℃	200℃	300℃	400℃	100℃	200℃	300℃	400℃		
ZL101	2.66	23	—	24	24.5	—	150.7	154.9	163.3	167.5	167.5	879	921	1005	1047③	0.0457	36
ZL101A																	
ZL102	2.65	21.1	—	22.1	23.3	—	154.9	167.5	167.5	167.5	167.5	837	879	921	1005	0.0548	40
ZL104	2.65	21.7	—	22.5	23.5	—	146.5	154.9	159.1	159.1	154.9	754	795	837	921	0.0468	37
ZL105	2.68	23.7	—	—	23.9	—	159.1	163.3	167.5	175.8	—	837	963	1047	1130	0.0462	36
ZL105A																	
ZL106	2.73	21.4	—	—	—	—	100.5	—	—	—	—	963	—	—	—		
ZL107																	
ZL108	2.68						117.2	—	—	—	—	—	—	—	—		
ZL109	2.68	19	—	20	21	—	117.2	—	—	—	—	963	—	—	—	0.0594	29
ZL111	2.69	18.9	—	21.5	24.9	—											
ZL114A																	
ZL115																	
ZL116																	
ZL201	2.78	19.51	21.87① 21.83③	—	—	25.62① 26.50②	104.71 113.0②	117.2① 121.4②	134.0① 134.0②	142.4① 146.5②	— 159.1	837	963	1047	1130	0.0595	
ZL201A																	
ZL202	2.91	22	—	23	23.5	—	134.0	—	—	—	—	963	—	—	—	0.0522	34
ZL203	2.80	23	—	—	—	—	154.9	163.3	171.7	175.8	—	837	921	1005	1089	0.0433	35
ZL204A																	
ZL205A																	
ZL207																	
ZL301	2.55	24.5	—	25.6	27.3	—	92.1	96.3	100.5	108.9	113.0	1047	1047	1089	1130	0.0912	21
ZL303	2.63	20	—	24	27	—	125.6	129.8	134.0	138.2	138.2	963	1005	1047	1130	0.0643	29
ZL305																	
ZL401	2.95	24.5	—	—	—	—	—	—	—	—	—	879	—	—	—	—	—
ZL402	2.81	24.7	—	—	—	—	138.2	—	—	—	—	963	—	—	—	—	35

① 样品在淬火状态；② 样品在淬火时效状态；③ 为 350℃数据。

表 9-48 铸造铝合金的铸造工艺参数

合金代号	液相点/℃	固相点/℃	浇注温度/℃	流动性/mm					收缩率/%		气密性	
				圆棒试样		螺旋试样			线收缩率	体收缩率	试验压力/atm	试验结果
				700℃	750℃	700℃	730℃	750℃				
ZL101	610	579	713	350	385	770	800	—	1.1～1.2	3.7～3.9	50	裂而不漏
ZL102	585	574① 564②	677	420	460	820	840	1250	0.9～1.0	3.0～3.5	163	裂而不漏
ZL104	600	574① 654②	698	360	395	800	825	—	1.0～1.1	3.2～3.4	103	裂而不漏
ZL105	627	579	723	344	375	750	780	950	1.15～1.2	4.5～4.9	123	裂而不漏
ZL106			730	360	400	—	530	560	1.2～1.3	6.2～6.5	60	漏 水
ZL108												
ZL109	591	538										
ZL111	600	555										
ZL201	645	549										
ZL202	627	541	720	240	260	—	520	540	1.25～1.35	6.3～6.9	85	裂而不漏
ZL203	645	549	746	163	190	280	350	420	1.35～1.45	6.5～6.8	100	漏 水
ZL301	621	499	755	325	—	600	—	—	1.30～1.35	4.8～5.0	70	漏 水
ZL303	630	560	720	300	—	500	600	—	1.25～1.30		100	裂而不漏
ZL401	575	545	680～750						1.2～1.4	4.0～4.5		
ZL402	612	572										

① 变质处理前固相点温度。
② 变质处理后固相点温度。
注：1atm＝101.322kPa。

表 9-49 铸造铝合金的热处理种类、代号和特点

热处理名称	代号	目 的	说 明
未经淬火的人工时效	T1	①改善切削性能，以提高其表面粗糙度；②提高力学性能（如对于 ZL103、ZL105、ZL106 等）	在潮型和金属型铸造时，已获得某种程度淬火效果的铸件，采用这种热处理方法可以得到较好的效果
退火	T2	①消除铸造应力和机械加工过程中引起的加工硬化；②提高塑性	退火温度一般为 280～300℃，保温 2～4h
淬火	T3	使合金得到过饱和固溶体，以提高强度，改善耐蚀性	因铸件从淬火、机械加工到使用，实际已经过一段时间的时效，故 T3 与 T4 无大的区别
淬火＋自然时效	T4	①提高强度；②提高在 100℃以下工作的零件的耐腐蚀性	当零件（特别是由 ZL201、ZL203 所做的零件）要求获得最大强度时，零件从淬火后到机械加工前，至少需要保存 4 昼夜
淬火＋不完全人工时效	T5	为获得足够高的强度并保持高的塑性	人工时效是在较低的温度（150～180℃）和只经短时间（3～5h）保温后完成的
淬火＋完全人工时效	T6	为获得最大的强度和硬度，但塑性有所下降	人工时效是在较高的温度（175～190℃）和在较长时间的保温（5～15h）后完成的
淬火＋稳定化回火	T7	预防零件在高温下工作时其力学性能的下降和尺寸的变化，目的在于稳定零件的组织和尺寸，与 T5、T6 相比，处理后强度较低而塑性较高	用于高温下工作的零件。铸件在超过一般人工时效温度（接近或略高于零件工作温度）的情况下进行回火，回火温度大约为 200～250℃
淬火＋软化回火	T8	为获得高塑性（但强度降低）并稳定尺寸	回火在比 T7 更高的温度（250～330℃）下进行
循环处理	T9	为使零件获得高的尺寸稳定性	经机械加工后的零件承受循环热处理（冷却到－70℃，有时到－196℃，然后再加热到 350℃）。 根据零件的用途可进行数次这样的处理，所选用的温度取决于零件的工作条件和所要求的合金性质

表 9-50　铸造铝合金的热处理工艺规范（参考数据）

合金代号	合金状态	淬　火			退火、时效或回火			零件工作条件
		温度/℃	时间/h	冷却介质	温度/℃	时间/h	冷却介质	
ZL101	T1	—	—	—	230±5	7～9	空气	改善可切削加工性
	T2	—	—	—	300±10	2～4	空气	要求尺寸稳定和消除内应力的零件
	T4	535±5	2～6	水(60～100℃)	—	—	—	要求高塑性的零件
	T5	535±5	2～6	水(60～100℃)	155±5	2～4	空气	要求屈服强度及硬度较高的零件
	T6	535±5	2～6	水(60～100℃)	255±5	7～9	空气	要求高强度、高硬度的零件
	T7	535±5	2～6	水(60～100℃)	250±10	3～5	空气	要求较高强度和尺寸稳定的零件
	T8	535±5	2～6	水(60～100℃)	250±10	3～5	空气	要求高塑性和尺寸稳定的零件
ZL101A	T4	535±5	6～12	水[2]	—	—	—	要求高塑性的零件
	T5	535±5	6～12	水[2]	室温再 155±5	≥8 2～12	空气	要求屈服强度及硬度较高的零件
	T6	535±5	6～12	水[2]	室温再 155±5	≥8 3～8	空气	要求高强度、高硬度的零件
ZL102	T2	—	—	—	290±10	2～4	空气	小负荷和需要消除内应力的零件
ZL103	T1	—	—	—	180±5	3～5	空气	小负荷零件采用
	T2	—	—	—	290±10	2～4	空气或随炉冷却	要求尺寸稳定、消除残余内应力的零件
	T5	分级加热 515±5 525±5	 2～4 2～4	 水(60～100℃)	 175±5	 3～5	 空气	在175℃下工作，要求中等负荷的大型零件
	T7	515±5	3～6	水(60～100℃)	230±5	3～5	空气	在175～250℃高温下工作的零件
	T8	510±5	5～6	水(60～100℃)	330±5	3～5	空气	要求高塑性的零件
ZL104	T1	—	—	—	175±5	10～15	空气	承受中等负荷的大型零件
	T6	535±5	2～6	水(60～100℃)	175±5	10～15	空气	承受高负荷的大型零件
ZL105	T1	—	—	—	180±5	5～10	空气	承受中等负荷的零件
	T5	525±5	3～5	水(60～100℃)	175±5	5～10	空气	承受高负荷的零件
	T6	525±5	3～5	水(60～100℃)	200±5	3～5	空气	在≤220℃高温下工作的零件
	T7	525±5	3～5	水(60～100℃)	230±10	3～5	空气	在≤230℃高温下要求高塑性和尺寸稳定的零件
ZL105A	T5	525±5	4～12	水[2]	160±5	3～5	空气	承受高负荷的零件
ZL106	T1	—	—	—	230±5	8	空气	承受低负荷但需消除内应力的零件
	T5	515±5	5～12	水(80～100℃)	150±5	8	空气	承受高负荷的零件
	T7	515±5	5～12	水(80～100℃)	230±5	8	空气	要求尺寸稳定的零件
ZL107	T5	515±5	6～8	水(60～100℃)	175±5	6～8	空气	承受较高负荷的零件
ZL108	T1	—	—	—	190±5	8～12	空气	承受负荷较低的零件
	T6	515±5	6～8	水(60～80℃)	175±5	14～18	空气	高温下承受高负荷的零件，如大马力柴油机活塞
	T7	515±5	6～8	水(60～80℃)	240±10	6～10	空气	要求尺寸稳定和在高温下工作的零件
ZL109	T1	—	—	—	205±5	8～12	空气	强度要求不高的零件
	T6	515±5	6～8	水(60～80℃)	170±5	14～18	空气	强度要求较高的零件，如高温高速大马力活塞
ZL111	T6	分级加热 490±5 500±5 510±5	 4 4 8	 水(60～100℃)	 175±5	 6	 空气	要求高强度的砂型铸件
	T6	分级加热 515±5 525±5	 4 8	 水(60～100℃)	 175±5	 6	 空气	要求高强度的金属型铸件

续表

合金代号	合金状态	淬火 温度/℃	淬火 时间/h	淬火 冷却介质	退火、时效或回火 温度/℃	退火、时效或回火 时间/h	退火、时效或回火 冷却介质	零件工作条件
ZL114A	T5	535±5	10	水[②]	室温 再160±5	≥8 4～8	空气	要求较高屈服强度和高塑性的零件
ZL115	T4 T5	540±5 540±5	10～12 10～12	水[②] 水[②]	— 150	— 3～5	— 空气	要求提高强度、塑性的零件 要求较高屈服强度和高塑性的零件
ZL116	T4 T5	535±5 535±5	10 10	水[②] 水[②]	— 175	— 6	— 空气	要求提高强度和塑性的零件 要求较高强度和高塑性的零件
ZL201	T4	分级加热 530±5 545±5	 5～9 5～9	水(60～100℃)	—	—	—	要求高塑性零件
		545±5	10～12	水(60～100℃)	—	—	—	
	T5	分级加热 530±5 545±5	 5～9 5～9	水(60～100℃)	175±5	3～5	空气	要求高屈服强度的零件
		545±5	10～12	水(60～100℃)	175±5	3～5	空气	
	T7	545±5	5～9	水(60～100℃)	250±10	3～10	空气	要求消除内应力的零件
ZL201A	T5	分级加热 535±5 545±5	 7～9 7～9	水[②]	160±5	6～9	空气	要求高屈服强度的零件
ZL202	T2	—	—	—	290±10	3	空气	要求尺寸稳定、消除内应力的零件
	T6	510±5	12	水(80～100℃)	155±5(S) 175±5(J)	10～14 7～14	空气	要求高强度、高硬度的零件
	T7	510±5	3～5	水(80～100℃)	200～250	3	空气	高温下工作的零件,如活塞
ZL203	T4 T5	515±5 515±5	10～15 10～15	水(80～100℃) 水(80～100℃)	— 150±5	— 2～4	— 空气	要求提高强度和塑性的零件 要求提高屈服强度和硬度的零件
ZL204A	T5	分级加热 530±5 540±5	 9 9	水[②]	175±5	3～5	空气	要求较高屈服强度和高塑性的零件
ZL205A	T5 T6 T7	538±5 538±5 538±5	10～18 10～18 10～18	水[②] 水[②] 水[②]	155±5 175±5 190±5	8～10 4～5 2～4	空气 空气 空气	要求提高屈服强度和硬度的零件 要求高强度、高硬度的零件 要求尺寸稳定、在高温下工作的零件
ZL207	T1	—	—	—	200±5	5～10	空气	要求提高强度、消除内应力的零件
ZL301	T4	435±5	8～12	水(80～100℃) 或60℃油	—	—	—	要求高强度和耐蚀性高的零件
ZL303	T1	—	—	—	170±5	4～6	空气	强度要求不高但需消除内应力的零件
ZL305	T4	分级加热 435±5 490±5	 8～10 6～8	水[②]	—	—	—	要求高强度和高耐蚀性的零件
ZL401[①]	T2	—	—	—	300±10	2～4	空气	要求消除应力、提高尺寸稳定性的零件
ZL402[①]	T1	—	—	—	180±5 或室温	10 21天	空气 空气	要求提高强度的零件

① 一般在自然时效后使用，时效时间在21天以上。

② 水温由生产厂根据合金及零件种类自定。

表 9-51 铸造铝合金的性能比较

性能＼合金代号	ZL101	ZL102	ZL104	ZL105	ZL106	ZL107	ZL108	ZL109
1. 强度	中	低	中	中	中	中-高	中	中
2. 耐热性，≤	200℃	200℃	200℃	230℃	230℃	250℃	250℃	250℃
3. 耐蚀性	3	4	3	3	3	2	3	3
4. 铸造流动性	5	5	5	4	5	4	5	4
5. 抗形成缩口倾向	4	4	4	4	4	5	3	3
6. 气密性	5	5	4	4	5	4	5	4
7. 抗形成裂纹倾向	5	5	5	4	5	4	5	5
8. 抗形成气孔倾向	4	3	3	4	4	4	3	4
9. 可切削加工性	3	1	3	4	4	4	2	2
10. 焊接性	4	4	3	4	4	4	—	—
性能＼合金代号	**ZL111**	**ZL201**	**ZL202**	**ZL203**	**ZL301**	**ZL303**	**ZL401**	**ZL402**
1. 强度	高	高	低	中	高	低	中	中
2. 耐热性，≤	250℃	300℃	250℃	200℃	200℃	220℃	200℃	150℃
3. 耐蚀性	2	1	1	2	5①	4	3	4
4. 铸造流动性	4	3	3	2	3	3	5	4
5. 抗形成缩口倾向	—	2	3	2	1	2	4	3
6. 气密性	5	3	3	3	1	2	4	4
7. 抗形成裂纹倾向	5	2	2	1	3	3	4	3
8. 抗形成气孔倾向	—	3	3	3	3	3	3	—
9. 可切削加工性	4	4	5	4	4	4	4	5
10. 焊接性	4	4	4	4	3	4	4	3

① 指在海水中的耐蚀等级。

注：表列工艺性按五级制标准评定的级数，其表示的含义为：5—优，4—良，3—中等，2—次，1—劣。

表 9-52 铸造铝合金的主要特性和用途举例

组别	合金代号	铸造方法	主要特性	用途举例
铝硅合金	ZL101	砂型、金属型、壳型和熔模铸造	系铝硅镁系列三元合金，特性是：①铸造性能良好，其流动性高、无热裂倾向、线收缩小、气密性高，但稍有产生集中缩孔和气孔的倾向；②有相当高的耐蚀性，在这方面与 ZL102 相近；③可经热处理强化，同时合金淬火后有自然时效能力，因而具有较高的强度和塑性；④易于焊接，可切削加工性中等；⑤耐热性不高；⑥铸件可经变质处理或不经变质处理	适于铸造形状复杂、承受中等负荷的零件，也可用于要求高的气密性、耐蚀性和焊接性能良好的零件，但工作温度不得超过 200℃；如水泵及传动装置壳体、水冷发动机汽缸体、抽水机壳体、仪表外壳、汽化器等
	ZL101A		成分、性能和 ZL101 基本相同，但其杂质含量低，且加入少量 Ti 以细化晶粒，故其力学性能比 ZL101 有较大程度的提高	同 ZL101，主要用于铸造高强度铝合金铸件
	ZL102	砂型、金属型、壳型和熔模铸造	系典型的铝硅二元合金，是应用最早的一种普通硅铝合金，其特性是：①铸造性能和 ZL101 一样好，但在铸件的断面厚大处容易产生集中缩孔，吸气倾向也较大；②耐蚀性高，能经受得住湿的大气、海水、二氧化碳、浓硝酸、氨、硫、过氧化氢的腐蚀作用；③不能热处理强化，力学性能不高，但随铸件壁厚增加、强度降低的程度小；④焊接性能良好，但可切削性差，耐热性不高；⑤需经变质处理	常在铸态或退火状态下使用，适用铸造形状复杂、承受较低载荷的薄壁铸件，以及要求耐腐蚀和气密性高，工作温度≤200℃的零件，如仪表壳体、机器罩、盖子、船舶零件等

续表

组别	合金代号	铸造方法	主要特性	用途举例
铝硅合金	ZL104	砂型、金属型、壳型和熔模铸造	系铝硅镁锰系列四元合金,特性是:①铸造性能良好,其流动性高、无热裂倾向、气密性良好、线收缩小,但吸气倾向大,易于形成针孔;②可经热处理强化,室温力学性能良好,但高温性能较差(只能在≤200℃下使用);③耐蚀性能好(类似于ZL102,但较ZL102低);④可切削加工性和焊接性一般;⑤铸件需经变质处理	适于铸造形状复杂、薄壁、耐腐蚀和承受较高静载荷和冲击载荷的大型铸件,如水冷式发动机的曲轴箱、滑块和汽缸盖、汽缸体以及其他重要零件,但不宜用于工作温度超过200℃的场所
	ZL105	砂型、金属型、壳型和熔模铸造	系铝硅铜镁系列四元合金,特性是:①铸造性能良好,其流动性高、收缩率较低、吸气倾向小、气密性良好、热裂倾向小;②熔炼工艺简单,不需采用变质处理和在压力下结晶等工艺措施;③可热处理强化,室温强度较高,但塑性、韧性较低;④高温力学性能良好;⑤焊接性和可切削加工性良好;⑥耐蚀性尚可	适于铸造形状复杂、承受较高静载荷的零件,以及要求焊接性能良好、气密性高或工作温度在225℃以下的零件,如水冷发动机的汽缸体、汽缸头、汽缸盖、空冷发动机头和发动机曲轴箱等 ZL105合金在航空工业中应用相当广泛
	ZL105A		特性和ZL105合金基本相同,但其杂质Fe的含量较少,且加入少量Ti细化晶粒,属于优质合金,故其强度高于ZL105合金	同ZL105,主要用于铸造高强度铝合金铸件
	ZL106	砂型、金属型铸造	系铝硅铜镁锰多元合金,特性是:①铸造性能良好,其流动性大、气密性高、无热裂倾向、线收缩小,产生缩孔及气孔的倾向也较小;②可经热处理强化,室温下具有较高的力学性能,高温性能也较好;③焊接和可切削加工性能良好;④耐腐蚀性能接近于ZL101合金	适于铸造形状复杂、承受高静载荷的零件,也可用于要求气密性高或工作温度在225℃以下的零件,如泵体、水冷发动机汽缸头等
	ZL107	砂型、金属型铸造	系铝硅铜三元合金,铸造流动性和抗热裂倾向均较ZL101、102、104差,但比铝-铜、铝-镁合金要好得多;吸气倾向较ZL101及ZL102小,可热处理强化,在20~250℃的温度范围内,力学性能较ZL104高;可切削加工性良好,耐蚀性不高;铸件需要进行变质处理(砂型)	用于铸造形状复杂、壁厚不均、承受较高负荷的零件,如机架、柴油发动机的附件、汽化器零件、电气设备外壳等
	ZL108	金属型铸造	系铝硅铜镁锰多元合金,是我国目前常用的一种活塞铝合金,其特性是:①密度小、热胀系数小、热导率高、耐热性能好,但可切割加工性较差;②铸造性能良好;其流动性高、无热裂倾向、气密性高、线收缩小,但易于形成集中缩孔,且有较大的吸气倾向;③可经热处理强化,室温和高温力学性能都较高;④在熔炼中需要进行变质处理,一般在硬模中(金属模)铸造,可以得到尺寸精确的零件,节省了加工时间,也是其一大优点	主要用于铸造汽车、拖拉机的发动机活塞和其他在250℃以下高温中工作的零件,当要求热胀系数小、强度高、耐磨性高时,也可以采用这种合金
	ZL109	金属型铸造	系加有部分镍的铝硅铜镁多元合金,和ZL108一样,也是一种常用的活塞铝合金,其性能和ZL108相似。加镍的目的在于提高其高温性能,但实际上效果并不显著,故在这种合金中的含镍量有降低和取消的倾向	同ZL108合金
	ZL111	砂型、金属型铸造	系铝硅镁锰钛多元合金,其特性是:①铸造性能良好,其流动性好、充型能力优良,一般无热裂倾向、线收缩小、气密性高,可经受住高压气体和液体的作用;②在熔炼中需进行变质处理,可经热处理强化,在铸态或热处理后的力学性能是铝-硅系合金中最好的,可和高强铸铝合金ZL201相媲美,且高温性能也较好;③可切削加工性和焊接性良好;④耐蚀性较差	适于铸造形状复杂、承受高负荷、气密性要求高的大型铸件,以及在高压气体或液体下长期工作的大型铸件;如转子发动机的缸体、缸盖、水泵叶轮和军事工业中的大型壳体等重要机件

续表

组别	合金代号	铸造方法	主要特性	用途举例
铝硅合金	ZL114A	砂型、金属型铸造	这是成分、性能和ZL101A优质合金相近似的铝硅镁系铝合金，由于其杂质含量少、含镁量较ZL101A高，且加入少量的铍以消除杂质Fe的有害作用，故在保持ZL101A优良的铸造性能和耐蚀性的同时，显著地提高了合金的强度	这种合金是铝-硅系合金中强度最高的品种之一，主要用于铸造形状复杂、高强度铝合金铸件，由于铍较稀贵，同时合金的热处理温度要求控制较严、热处理时间较长等原因，应用受到一定限制
	ZL115	砂型、金属型铸造	系加有少量锑的铝硅镁锌多元合金，在合金中添加少量的锑，目的是用其作为共晶硅的长效变质剂，以提高合金在热处理后的力学性能；成分中的锌也可起到辅助强化作用。因而，这种合金的特性是：在具有铝硅镁系合金优良的铸造性能和耐蚀性的同时，兼有高的强度和塑性，是铝-硅合金中高强度品种之一	主要用于铸造形状复杂、高强度铝合金铸件以及耐腐蚀的零件 这种合金在熔炼中不需再经变质处理
	ZL116	砂型、金属型铸造	系铝硅镁铍多元合金，这种合金的特点是：杂质中允许较多的Fe含量和含有少量的Be；Be的作用是与Fe形成化合物，使粗大针状的含Fe相变成团状，同时Be还有促进时效强化的作用；故加铍后显著提高了合金的力学性能，使其成为铝-硅合金中高强度品种之一。加Be还提高了耐蚀性。由于合金的含硅量较高，有利于获得致密的铸件	适用于制造承受高液压的油泵壳体等发动机附件，以及其他外形复杂、要求高强度、高耐蚀性的机件。 因Be的价格甚贵，且有毒，所以这种合金在使用上受到一定限制
铝铜合金	ZL201	砂型、金属型、壳型和熔模铸造	系加有少量锰、钛元素的铝-铜合金，其特性是：①铸造性能不好，其流动性差、形成热裂和缩孔的倾向大、线收缩大、气密性低，但吸气倾向小；②可热处理强化，经热处理后，合金具有很高的强度和良好的塑性、韧性，同时耐热性高(在强度和耐热性两方面，ZL201是铸造铝合金中最好的合金)；③焊接性能和可切削加工性能良好；④耐腐蚀性能差	适于铸造工作温度为175～300℃或室温下承受高负荷、形状不太复杂的零件，也可用于低温下(−70℃)承受高负荷的零件，是用途较广的一种铝合金
	ZL201A		成分、性能和ZL201基本相同，但其杂质含量控制较严，属于优质合金，其力学性能高于ZL201合金	同ZL201，主要用于要求高强度铝合金铸件的场所
	ZL202	砂型、金属型铸造	这是一种典型的铝-铜二元合金，特性是：①铸造性能不好，其流动性、收缩和气密性等均为一般，但较ZL203要好，热裂倾向大、吸气倾向小；②热处理强化效果差，合金的强度低、塑性及韧性差，并随铸件壁厚的增加而明显降低；③熔炼工艺简单，不需要进行变质处理；④有优良的可切削加工性和焊接性，耐腐蚀性差，密度大；⑤耐热性较好	用于铸造小型、低载荷的零件，亦可用来铸造在较高工作温度(≤250℃)下工作的零件，如小型内燃发动机的活塞和汽缸头等。此合金由于密度大、强度低、脆性高，已为其他合金所取代，现在用得很少了
	ZL203	砂型、金属型、壳型和熔模铸造	这也是一种典型的铝-铜二元合金(含铜量比ZL202低)，其特性是：①铸造性能差；其流动性差、形成热裂和缩松倾向大、线收缩大，气密性一般，但吸气倾向小；②经淬火处理后，有较高的强度和好的塑性，铸件经淬火后有自然时效倾向；③熔炼工艺简单，不需要进行变质处理；④可切削加工性和焊接性良好；⑤耐蚀性差(特别是在人工时效状态下的铸件)；⑥耐热性不高	适于铸造形状简单、承受中等静负荷或冲击载荷、工作温度不超过200℃并要求可切削加工性能良好的小型零件，如曲轴箱、支架、飞轮盖等

续表

组别	合金代号	铸造方法	主要特性	用途举例
铝铜合金	ZL204A	砂型铸造	这是加入少量Cd、Ti元素的铝-铜合金，通过添加少量Cd以加速合金的人工时效，加少量Ti以细化晶粒，并降低合金中有害杂质的含量，选择合适的热处理工艺而获得σ_b达437MPa的高强度耐热铸铝合金。这种合金属于固溶体型合金，结晶间隔较宽，铸造工艺较差，一般用于砂型铸造，不适于金属型铸造	这类高强度、耐热铸铝合金的力学性能达到了常用锻铝合金的力学性能水平，它们的优质铸件可以代替一般的铝合金锻件，作为受力构件，在航空和航天工业中获得广泛的应用
	ZL205A		性能同ZL204A。这是在ZL201的基础上加入了Cd、V、Zr、B等微量元素而发展起来的，σ_b达437MPa以上的高强度耐热铸铝合金。微量V、B、Zr等元素能进一步提高合金的热强性，Cd能改善合金的人工时效效果，显著提高合金的力学性能。合金的耐热性高于ZL204A	
铝稀土金属合金	ZL207A	砂型及金属型铸造	系Al-RE(富铈混合稀土金属)为基的铸造铝合金。这种合金除含有较高的RE以外，还含有Cu、Si、Mn、Ni、Mg、Zr等元素，其特性是：①耐热性好，可在高温下长期使用，工作温度可达400℃；②铸造性能良好，其结晶温度范围只有30℃左右，充型能力良好，且形成针孔的倾向较小，铸件的气密性高，不易产生热裂和疏松；③缺点是室温力学性能较低，成分复杂	可用于铸造形状复杂、受力不大、在高温下长期工作的铸件
铝镁合金	ZL301	砂型、金属型和熔模铸造	系典型的铝-镁二元合金，其特性是：①在海水大气等介质中有很高的耐蚀性，在这方面是铸造铝合金中最好的；②铸造性能差，其流动性和产生气孔、形成热裂的倾向一般，易于产生显微疏松，气密性低，收缩率和吸气倾向大；③可热处理强化，铸件在淬火状态下使用，具有高的强度和良好的塑性、韧性，但具有自然时效倾向，在长期使用过程中，塑性明显下降、变脆，并出现应力腐蚀倾向；④耐热性不高；⑤可切削加工性良好，可以达到很高的表面粗糙度；表面经抛光后，能长期保持原来的光泽；⑥焊接性较差；⑦熔炼中容易氧化，且熔铸工艺较复杂、废品率高	适于铸造承受高静载荷和冲击载荷，暴露在大气或海水等腐蚀介质中，工作温度不超过200℃，形状简单的大、中、小型零件，如雷达底座、水上飞机和船舶配件(发动机机匣、起落架零件、船用舷窗等)以及其他装饰用零部件等
	ZL303	砂型、金属型、壳型和熔模铸造	这是添加1%左右Si和少量Mn的含Mg量为5%左右的铝-镁-硅系合金，其特性是：①耐蚀性能高，并类似、接近ZL301合金；②铸造性能尚可，其流动性一般，有氧化、吸气、形成缩孔的倾向(但比ZL301好)，收缩率大，气密性一般，形成热裂的倾向比ZL301小；③在铸态下具有一定的力学强度，但不能经热处理明显强化；④高温性能较ZL301高；⑤可切削性和抛光性与ZL301一样好，而焊接性则较ZL301有明显改善；⑥生产工艺简单，但熔炼中容易氧化和吸气	适于铸造同腐蚀介质接触和在较高温度(≤220℃)下工作、承受中等负荷的船舶、航空及内燃机车零件，如海轮配件、各种壳件、气冷发动机汽缸头，以及其他装饰性零部件等
	ZL305	砂型铸造	这是加有少量Be、Ti元素的铝-镁-锌系合金，它是ZL301的改型合金，由于ZL301有自然时效倾向、力学性能稳定性差和有应力腐蚀倾向，故应用受到很大限制；针对ZL301合金的这一缺点，降低其Mg含量，并加入Zn及少量Ti，从而提高了合金的自然时效稳定性和抗应力腐蚀能力。合金中加入微量Be，可防止在熔炼和铸造过程中的氧化现象。合金的其他性能均与ZL301相近	用途和ZL301基本相同，但工作温度不宜超过100℃。因为这种合金在人工时效温度超过150℃时，大量强化相析出，抗拉强度虽有提高，但塑性明显下降，应力腐蚀现象也同时加剧

续表

组别	合金代号	铸造方法	主要特性	用途举例
铝锌合金	ZL401	砂型、金属型、壳型和熔模铸造	系铝锌硅镁四元合金，俗称锌硅铝明，其特性是：①铸造性能良好，其流动性好、产生缩孔和形成热裂的倾向小、线收缩小；但有较大的吸气倾向；②在熔炼中需进行变质处理；③它的主要优点在于铸态下具有自然时效能力，因而即可获得高的强度，不必进行热处理；④耐热性低，耐蚀性一般，密度大；⑤焊接和可切削加工性能良好；⑥价格便宜	适于铸造大型、复杂和承受高的静载荷而又不便进行热处理的零件，但工作温度不得超过200℃，如汽车零件、医疗器械、仪器零件、日用品等。因密度大，在某些场合下限制了它的应用
	ZL402	砂型和金属型铸造	这是含有少量Cr和Ti的铝-锌-镁系合金，其特性是：①铸造性能尚好，其流动性和气密性良好，缩松和热裂倾向都不大；②在铸态经时效后即可获得较高的力学性能，在−70℃的低温下仍能保持良好的力学性能，但高温性能低（工作温度≤150℃）；③有良好的耐蚀性和抗应力腐蚀性能，在这方面超过铝铜合金而接近于铝硅合金；④可切削加工性良好，焊接性一般；⑤铸件经人工时效后尺寸稳定；⑥密度较大	适于铸造承受高的静载荷和冲击载荷而又不便于进行热处理的零件，亦可用于要求同腐蚀介质接触和尺寸稳定性高的零件，如高速旋转的整铸叶轮、飞行起落架、空气压缩机活塞、精密仪表零件等。因密度小，也限制了它的应用

9.2 欧洲标准化委员会（CEN）铝及铝合金

9.2.1 铝及铝合金牌号和化学成分

表 9-53 重熔用非合金铝锭牌号和化学成分（EN 576—2003）

牌号	化学成分/%											
	Si	Fe	Cu	Mn	Mg	Zn	Ti	Ga	V	其他杂质单项	杂质总和	Al
Al99.995	0.002	0.002	0.002	0.001	0.003	0.001	0.001	0.002	0.001	0.001		99.995
Al99.990	0.003	0.003	0.004	0.001	0.003	0.001	0.001	0.002	0.001	0.001		99.990
Al99.99	0.004	0.003	0.002	0.001	0.001	0.002	0.002	0.003	0.001	0.001		99.99
Al99.98	0.006	0.006	0.002	0.002	0.002	0.002	0.002	0.003	0.001	0.001		99.98
Al99.97	0.008	0.008	0.004	0.003	0.002	0.002	0.002	0.004	0.001	0.001		99.98
Al99.94	0.030	0.03	0.005	0.01	0.01	0.005	0.005	0.02		0.01		99.94
Al99.70	0.10	0.20	0.01		0.02	0.02	0.02	0.03	0.03	0.03		99.70
Al99.7E	0.07	0.20	0.01	0.005	0.02					0.03①		99.70
Al99.6E	0.10	0.30	0.01	0.007	0.02					0.03②		99.60
P0404A	0.04	0.04				0.03		0.03	0.01	0.01③	0.03	余量
P0406A	0.04	0.06				0.03		0.03	0.02	0.02③	0.04	余量
P0610A	0.06	0.10				0.03		0.04	0.02	0.02③	0.05	余量
P1020A	0.10	0.20				0.03		0.04	0.03	0.03③	0.10	余量
P1020G	0.10	0.20				0.03		0.04	0.03	0.03③,④	0.10	余量
P1535A	0.15	0.35				0.03		0.04	0.03	0.03③	0.10	余量

① B 0.04；Cr 0.004；Mn+Ti+Cr+V 0.02。
② B 0.04；Cr 0.005；Mn+Ti+Cr+V 0.03。
③ Cd+Hg+Pb 0.0095；As 0.009。
④ Mg 0.003；Na 0.001；Li 0.0001。

表 9-54　铝及铝合金通过熔炼产出的母合金的化学成分（EN 575—1995）

合金牌号		化学成分/%										杂质		
数字序号	化学符号	Si	Fe	Cu	Mn	Mg	Cr	Ni	Zn	其他元素	Ti	单项	总和	Al
EN AM-90500	EN AM-Al B3(A)	0.30	0.30	—	—	—	—	—	—	B 2.5～3.5	—	0.04	0.10	余量
EN AM-90502	EN AM-Al B4(A)	0.30	0.30	—	—	—	—	—	—	B 3.5～4.5	—	0.04	0.10	余量
EN AM-90504	EN AM-Al B5(A)	0.30	0.30	—	—	—	—	—	—	B 4.5～5.5	—	0.04	0.10	余量
EN AM-90400	EN AM-Al Be5(A)	0.30	0.30	—	—	0.50	—	—	—	Be 4.5～6.0	—	0.04	0.10	余量
EN AM-98300	EN AM-Al Bi3(A)	0.30	0.30	—	—	—	—	—	—	Bi 2.7～3.3	—	0.04	0.10	余量
EN AM-92000	EN AM-Al Ca10(A)	0.30	0.30	—	—	—	—	—	—	Ca 9.0～11.0	—	0.04	0.10	余量
EN AM-92700	EN AM-Al Co10(A)	0.30	0.30	—	—	—	—	—	—	Co 9.0～11.0	—	0.04	0.10	余量
EN AM-92401	EN AM-Al Cr5(B)	0.50	0.70	0.20	0.40	0.50	4.5～5.5	0.20	0.20	—	0.10	0.05	0.15	余量
EN AM-92402	EN AM-Al Cr10(A)	0.30	0.30	—	—	—	9～11	—	—	—	—	0.04	0.10	余量
EN AM-92404	EN AM-Al Cr20(A)	0.30	0.30	—	—	—	18～22	—	—	—	—	0.04	0.10	余量
EN AM-92405	EN AM-Al Cr20(B)	0.50	0.70	0.20	0.40	0.50	18～22	0.20	0.20	—	0.10	0.05	0.15	余量
EN AM-92900	EN AM-Al Cu33(A)	0.30	0.30	31～35	—	—	—	—	0.05	—	—	0.04	0.10	余量
EN AM-92901	EN AM-Al Cu33(B)	0.50	0.70	31～35	0.40	0.50	0.10	0.20	0.20	—	0.10	0.05	0.15	余量
EN AM-92902	EN AM-Al Cu50(A)	0.30	0.30	47～53	—	—	—	—	0.05	—	—	0.04	0.10	余量
EN AM-92903	EN AM-Al Cu50(B)	0.30	0.70	47～53	0.40	0.50	0.10	0.20	0.20	—	0.10	0.05	0.15	余量
EN AM-92600	EN AM-Al Fe10(A)	0.30	9～11	—	—	—	—	—	—	—	—	0.04	0.10	余量
EN AM-92601	EN AM-Al Fe10(B)	0.50	9～11	0.2	0.40	0.50	0.10	0.20	0.20	—	0.10	0.05	0.15	余量
EN AM-92602	EN AM-Al Fe20(A)	0.30	18～22	—	0.20	—	—	—	—	—	—	0.04	0.10	余量
EN AM-92604	EN AM-Al Fe45(A)	0.30	43～47	—	0.30	—	—	—	—	C 0.10	—	0.04	0.10	余量
EN AM-91200	EN AM-Al Mg10(A)	0.30	0.30	—	—	9～11	—	—	—	—	—	0.04	0.10	余量
EN AM-91202	EN AM-Al Mg20(A)	0.30	0.30	—	—	18～22	—	—	—	—	—	0.04	0.10	余量
EN AM-91204	EN AM-Al Mg50(A)	0.30	0.30	—	—	47～53	—	—	—	—	—	0.04	0.10	余量
EN AM-92500	EN AM-Al Mn10(A)	0.30	0,30	—	9～11	—	—	—	—	—	—	0.04	0.10	余量
EN AM-92501	EN AM-Al Mn10(B)	0.50	0.70	0.20	9～11	0.50	0.10	0.20	0.20	—	0.10	0.05	0.15	余量
EN AM-92502	EN AM-Al Mn60(A)	0.30	0.30	—	58～64	—	—	—	—	—	—	0.04	0.10	余量
EN AM-92503	EN AM-Al Mn60(B)	0.30	1.50	—	58～64	—	—	—	—	—	—	0.05	0.10	余量
EN AM-92800	EN AM-Al Ni10(A)	0.30	0.30	—	—	—	—	9～11	—	—	—	0.04	0.10	余量
EN AM-92802	EN AM-Al Ni20(A)	0.30	0.30	—	—	—	—	18～22	—	—	—	0.04	0.10	余量
EN AM-95100	EN AM-Al Sb10(A)	0.30	0.30	—	—	—	—	—	—	Sb 9.0～11.0	—	0.04	0.10	余量
EN AM-91400	EN AM-Al Si20(A)	18～22	0.30	—	—	—	—	—	—	Ca 0.06	—	0.04	0.10	余量
EN AM-91401	EN AM-Al Si20(B)	18～22	0.70	0.20	0.40	0.50	0.10	0.20	0.20	Ca 0.06	0.10	0.05	0.15	余量
EN AM-91402	EN AM-Al Si50(A)	47～53	0.50	—	—	—	—	—	—	Ca 0.15	—	0.04	0.10	余量

续表

合金牌号		化学成分/%										杂质		Al
数字序号	化学符号	Si	Fe	Cu	Mn	Mg	Cr	Ni	Zn	其他元素	Ti	单项	总和	
EN AM-91403	EN AM-Al Si50(B)	47～53	0.70	0.20	0.40	0.50	0.10	0.20	0.20	Ca 0.15	0.10	0.05	0.15	余量
EN AM-93800	EN AM-Al Sr3.5(A)	0.30	0.30	—	—	—	—	—	—	Sr 3.2～3.8 Ca 0.03 P 0.01	—	0.04	0.10	余量
EN AM-93802	EN AM-Al Sr5(A)	0.30	0.30	—	—	0.05	—	—	—	Sr 4.5～5.5 Ba 0.05 Ca 0.05 P 0.01	—	0.04	0.10	余量
EN AM-93804	EN AM-Al Sr10(A)	0.30	0.30	—	—	0.10	—	—	—	Sr 9.0～11.0 Ba 0.10 Ca 0.10 P 0.10	—	0.04	0.10	余量
EN AM-93850	EN AM-Al Sr10Ti1B0.2(A)	0.30	0.30	—	—	0.10	—	—	—	Sr 9.0～11.0 B 0.15～0.25 Ba 0.10 Ca 0.10 P 0.01	0.8～1.2	0.04	0.10	余量
EN AM-92201	EN AM-Al Ti5(B)	0.50	0.70	0.20	0.40	0.50	0.10	0.20	0.20	V 0.30	4.5～5.5	0.05	0.15	余量
EN AM-92202	EN AM-Al Ti6(A)	0.30	0.30	—	—	—	0.05	0.05	—	V 0.30	5.5～6.5	0.04	0.10	余量
EN AM-92204	EN AM-Al Ti10(A)	0.30	0.40	—	—	—	0.05	0.05	—	V 0.50	9.0～11.0	0.04	0.10	余量
EN AM-92205	EN AM-Al Ti10(B)	0.30	0.70	0.20	0.40	0.50	0.10	0.20	0.20	V 0.50	9.0～11.0	0.05	0.15	余量
EN AM-92250	EN AM-Al Ti3B1(A)	0.30	0.30	—	—	—	—	—	—	V 0.20 B 0.8～1.2	2.7～3.5	0.04	0.10	余量
EN AM-92252	EN AM-Al Ti5B0.2(A)	0.30	0.30	—	—	—	—	—	—	B 0.15～0.25 V 0.25	4.5～5.5	0.04	0.10	余量
EN AM-92254	EN AM-Al Ti5B0.6(A)	0.30	0.30	—	—	—	—	—	—	B 0.5～0.8 V 0.20	4.5～5.5	0.04	0.10	余量
EN AM-92256	EN AM-Al Ti5B1(A)	0.30	0.30	—	—	—	—	—	—	B 0.9～1.1 V 0.20	4.5～5.5	0.04	0.10	余量
EN AM-92300	EN AM-Al V10(A)	0.30	0.30	—	—	—	—	—	—	V9.0～11.0	—	0.04	0.10	余量
EN AM-94000	EN AM-Al Zr5(A)	0.30	0.30	—	—	—	—	—	—	Zr 4.5～5.5 Ca 0.010 Na 0.005 Pb 0.010 Sn 0.010	—	0.04	0.10	余量
EN AM-94001	EN AM-Al Zr5(B)	0.30	0.45	0.10	—	—	—	0.10	—	Zr 4.5～5.5 Sn 0.10	0.10	0.05	0.15	余量
EN AM-94002	EN AM-Al Zr10(A)	0.30	0.30	—	—	—	—	—	—	Zr 9.0～11.0	—	0.04	0.10	余量
EN AM-94003	EN AM-Al Zr10(B)	0.30	0.45	0.20	—	—	—	0.20	—	Zr 9.0～11.0 Sn 0.20	0.20	0.05	0.15	余量
EN AM-94004	EN AM-Al Zr15(A)	0.40	0.30	—	—	—	—	—	—	Zr 13.5～16.0	—	0.04	0.10	余量

表 9-55 重熔铝合金锭的牌号和化学成分（EN 1676—2010）

合金类型	牌号		Si	Fe	Cu	Mn	Mg③	Cr	Ni	Zn	Pb	Sn	Ti④	其他①,⑤		铝
	数字序号	化学符号												单项	总和	
AlCu	EN AB-21000	EN AB-AlCu4MgTi	0.15 (0.20)	0.03 (0.35)	4.2～5.0	0.10	0.20～0.35 (0.15～0.35)	—	0.05	0.10	0.05	0.05	0.15～0.25 (0.15～0.30)	0.03	0.10	余量
	EN AB-21100	EN AB-AlCu4Ti	0.15 (0.18)	0.15 (0.19)	4.2～5.2	0.55	—	—	—	0.07	—	—	0.15～0.25 (0.15～0.30)	0.03	0.10	余量
	EN AB-21200	EN AB-AlCu4MnMg	0.10	0.15 (0.20)	4.0～5.0	0.20～0.50	0.20～0.50 (0.15～0.50)	—	0.03 (0.05)	0.05 (0.10)	0.03	0.03	0.05 (0.10)	0.03	0.10	余量
AlSiMgTi	EN AB-41000	EN AB-AlSi2MgTi	1.6～2.4	0.50 (0.60)	0.08 (0.10)	0.30～0.50	0.50～0.65 (0.45～0.65)	—	0.05	0.10	0.05	0.05	0.07～0.15 (0.05～0.20)	0.05	0.15	余量
AlSi7Mg	EN AB-42000	EN AB-AlSi7Mg	6.5～7.5	0.45 (0.55)	0.15 (0.20)	0.35	0.25～0.65 (0.20～0.65)	—	0.15	0.15	0.15	0.05	0.20⑥ (0.25)	0.05	0.15	余量
	EN AB-42100	EN AB-AlSi7Mg0.3	6.5～7.5	0.15 (0.19)	0.03 (0.05)	0.10	0.30～0.45 (0.25～0.45)	—	—	0.07	—	—	0.18⑥ (0.25)	0.03	0.10	余量
	EN AB-42200	EN AB-AlSi7Mg0.6	6.5～7.5	0.15 (0.19)	0.03 (0.05)	0.10	0.50～0.70 (0.45～0.70)	—	—	0.07	—	—	0.18⑥ (0.25)	0.03	0.10	余量
AlSi10Mg	EN AB-43000	EN AB-AlSi10Mg(a)	9.0～11.0	0.40 (0.55)	0.03 (0.05)	0.45	0.25～0.45 (0.20～0.45)	—	0.05	0.10	0.05	0.05	0.15	0.05	0.15	余量
	EN AB-43100	EN AB-AlSi10Mg(b)	9.0～11.0	0.45 (0.55)	0.08 (0.10)	0.45	0.25～0.45 (0.20～0.45)	—	0.05	0.10	0.05	0.05	0.15	0.05	0.15	余量
	EN AB-43200	EN AB-AlSi10Mg(Cu)	9.0～11.0	0.55 (0.65)	0.30 (0.35)	0.55	0.25～0.45 (0.20～0.45)	—	0.15	0.35	0.10	—	0.15 (0.20)	0.05	0.15	余量
	EN AB-43300	EN AB-AlSi9Mg	9.0～10.0	0.15 (0.19)	0.03 (0.05)	0.10	0.30～0.45 (0.25～0.45)	—	—	0.07	—	—	0.15	0.03	0.10	余量
	EN AB-43400	EN AB-AlSi10Mg(Fe)	9.0～11.0	0.45～0.9 (1.0)	0.08 (0.10)	0.55	0.25～0.50 (0.20～0.50)	—	0.15	0.15	0.15	0.05	0.15 (0.20)	0.05	0.15	余量
	EN AB-43500	EN AB-AlSi10MnMg②	9.0～11.5	0.20 (0.25)	0.03 (0.05)	0.40～0.80	0.15～0.60 (0.10～0.60)	—	—	0.07	—	—	0.15 (0.20)	0.05	0.15	余量
AlSi	EN AB-44000	EN AB-AlSi11	10.0～11.8	0.15 (0.19)	0.03 (0.05)	0.10	0.45	—	—	0.07	—	—	0.15	0.03	0.10	余量
	EN AB-44100	EN AB-AlSi12(b)	10.5～13.5	0.55 (0.65)	0.10 (0.15)	0.55	0.10	—	0.10	0.15	0.10	—	0.15 (0.20)	0.05	0.15	余量
	EN AB-44200	EN AB-AlSi12(a)	10.5～13.5	0.40 (0.55)	0.03 (0.05)	0.35	—	—	—	0.10	—	—	0.15	0.05	0.15	余量
	EN AB-44300	EN AB-AlSi12（Fe）(a)	10.5～13.5	0.45～0.9 (1.0)	0.08 (0.10)	0.55	—	—	—	0.15	—	—	0.15	0.05	0.25	余量

续表

合金类型	牌号		Si	Fe	Cu	Mn	Mg[③]	Cr	Ni	Zn	Pb	Sn	Ti[④]	其他[①,⑤]		铝
	数字序号	化学符号												单项	总和	
AlSi	EN AB-44400	EN AB-AlSi9	8.0～11.0	0.55 (0.65)	0.08 (0.10)	0.50	0.10	—	0.05	0.15	0.05	0.05	0.15	0.05	0.15	余量
	EN AB-44500	EN AB-AlSi12(Fe)(b)	10.5～13.5	0.45～0.90 (1.0)	0.18 (0.20)	0.55	0.40	—	—	0.30	—	—	0.15	0.05	0.25	余量
AlSi5Cu	EN AB-45000	EN AB-AlSi6Cu4	5.0～7.0	0.9 (1.0)	3.0～5.0	0.20～0.65	0.55	0.15	0.45	2.0	0.30	0.15	0.20 (0.25)	0.05	0.35	余量
	EN AB-45100	EN AB-AlSi5Cu3Mg	4.5～6.0	0.50 (0.60)	2.6～3.6	0.55	0.20～0.45 (0.15～0.45)	—	0.10	0.20	0.10	0.05	0.20 (0.25)	0.05	0.15	余量
	EN AB-45300	EN AB-AlSi5Cu1Mg	4.5～5.5	0.55 (0.65)	1.0～1.5	0.55	0.40～0.65 (0.35～0.65)	—	0.25	0.15	0.15	0.05	0.20 (0.25)	0.05	0.15	余量
	EN AB-45400	EN AB-AlSi5Cu3	4.5～6.0	0.50 (0.60)	2.6～3.6	0.55	0.05	—	0.10	0.20	0.10	0.05	0.20 (0.25)	0.05	0.15	余量
	EN AB-45500	EN AB-AlSi7Cu0.5Mg	6.5～7.5	0.25	0.2～0.7	0.15	0.25～0.45 (0.20～0.45)	—	—	0.07	—	—	0.20[⑥]	0.03	0.10	余量
AlSi9Cu	EN AB-46000	EN AB-AlSi9Cu3(Fe)	8.0～11.0	0.6～1.1 (1.3)	2.0～4.0	0.55	0.15～0.55 (0.05～0.55)	0.15	0.55	1.2	0.35	0.15	0.20 (0.25)	0.05	0.25	余量
	EN AB-46100	EN AB-AlSi11Cu2(Fe)	10.0～12.0	0.45～1.0 (1.1)	1.5～2.5	0.55	0.30	0.15	0.45	1.7	0.25	0.15	0.20 (0.25)	0.05	0.25	余量
	EN AB-46200	EN AB-AlSi8Cu3	7.5～9.5	0.7 (0.8)	2.0～3.5	0.15～0.65	0.15～0.55 (0.05～0.55)	—	0.35	1.2	0.25	0.15	0.20 (0.25)	0.05	0.25	余量
	EN AB-46300	EN AB-AlSi7Cu3Mg	6.5～8.0	0.7 (0.8)	3.0～4.0	0.20～0.65	0.35～0.60 (0.30～0.60)	—	0.30	0.65	0.15	0.10	0.20 (0.25)	0.05	0.25	余量
	EN AB-46400	EN AB-AlSi9Cu1Mg	8.3～9.7	0.7 (0.8)	0.8～1.3	0.15～0.55	0.30～0.65 (0.25～0.65)	—	0.20	0.8	0.10	0.10	0.18 (0.20)	0.05	0.25	余量
	EN AB-46500	EN AB-AlSi9Cu3(Fe)(Zn)	8.0～11.0	0.6～1.2 (1.3)	2.0～4.0	0.55	0.15～0.55 (0.05～0.55)	0.15	0.55	3.0	0.35	0.15	0.20 (0.25)	0.05	0.25	余量
	EN AB-46600	EN AB-AlSi7Cu2	6.0～8.0	0.7 (0.8)	1.5～2.5	0.15～0.65	0.35	—	0.35	1.0	0.25	0.15	0.20 (0.25)	0.05	0.15	余量

续表

合金类型	牌号		Si	Fe	Cu	Mn	Mg[③]	Cr	Ni	Zn	Pb	Sn	Ti[④]	其他[①,⑤]		铝
	数字序号	化学符号												单项	总和	
AlSi(Cu)	EN AB-47000	EN AB-AlSi12(Cu)	10.5～13.5	0.7 (0.8)	0.9 (1.0)	0.05～0.55	0.35	0.10	0.30	0.55	0.20	0.10	0.15 (0.20)	0.05	0.25	余量
	EN AB-47100	EN AB-AlSi12Cu1(Fe)	10.5～13.5	0.6～1.1 (1.3)	0.7～1.2	0.55	0.35	0.10	0.30	0.55	0.20	0.10	0.15 (0.20)	0.05	0.25	余量
AlSiCuNiMg	EN AB-48000	EN AB-AlSi12CuNiMg	10.5～13.5	0.6 (0.7)	0.8～1.5	0.35	0.9～1.5 (0.8～1.5)	—	0.7～1.3	0.35	—	—	0.20 (0.25)	0.05	0.15	余量
	EN AB-48100	EN AB-AlSi17Cu4Mg	16.0～18.0	1.0 (1.3)	4.0～5.0	0.50	0.45～0.65 (0.25～0.65)	—	0.3	1.5	—	0.15	0.20 (0.25)	0.05	0.25	余量
AlMg[③]	EN AB-51100	EN AB-AlMg3	0.45 (0.55)	0.40 (0.55)	0.03 (0.05)	0.45	2.7～3.5 (2.5～3.5)	—	—	0.10	—	—	0.15 (0.20)	0.05	0.15	余量
	EN AB-51200	EN AB-AlMg9	2.5	0.45～0.9 (1.0)	0.08 (0.10)	0.55	8.5～10.5 (8.0～10.5)	—	0.10	0.25	0.10	0.10	0.15 (0.20)	0.05	0.15	余量
	EN AB-51300	EN AB-AlMg5	0.35 (0.55)	0.45 (0.55)	0.05 (0.10)	0.45	4.8～6.5 (4.5～6.5)	—	—	0.10	—	—	0.15 (0.20)	0.05	0.15	余量
	EN AB-51400	EN AB-AlMg5(Si)	1.3 (1.5)	0.45 (0.55)	0.03 (0.05)	0.45	4.8～6.5 (4.5～6.5)	—	—	0.10	—	—	0.15 (0.20)	0.05	0.15	余量
	EN AB-51500	EN AB-AlMg5Si2Mn	1.8～2.6	0.20 (0.25)	0.03 (0.05)	0.4～0.8	5.0～6.0 (4.7～6.0)	—	—	0.07	—	—	0.20 (0.25)	0.05	0.15	余量
AlZnSiMg	EN AB-71100	EN AB-AlZn10Si8Mg	7.5～9.5	0.27 (0.30)	0.08 (0.10)	0.15	0.25～0.5 (0.20～0.5)	—	—	9.0～10.5	—	—	0.15	0.05	0.15	余量

① 其他不包括修改或细化元素，例如 Na，Sr，Sb 和 P。
② 建议加入 Sr 元素。
③ 合金中 Mg≥3%时，合金最多含有 0.005%的 Be。
④ 合金精炼剂，例如 Ti，B 或易于成核的颗粒例 TiB_2 不能作为杂质看待。然而，合金精炼元素的最小与最大含量由供需双方协商。
⑤ 其他包括表中未列出元素或没有特定值的元素。
⑥ 如果晶粒尺寸没有要求或通过其他方式达到了要求，Ti 元素的最低含量没有要求。

注：1. 括号中的数字是铸造成分，它们不同于铸锭成分。
2. 单个值为最大值。

表 9-56 铝和铝合金锻制品的化学成分（EN 573-3—2009）

合金牌号 数字序号	化学符号	Si	Fe	Cu	Mn	Mg	Cr	Ni	Zn	Ti	Ga	V	备注	其他 单项	其他 总和	Al (最小)
EN AW-1050A	EN AW-Al 99.5	0.25	0.40	0.05	0.05	0.05	—	—	0.07	0.05	—	—	—	0.03	—	99.50
EN AW-1060	EN AW-Al 99.6	0.25	0.35	0.05	0.03	0.03	—	—	0.05	0.03	—	0.05	—	0.03	—	99.60
EN AW-1070A	EN AW-Al 99.7	0.20	0.25	0.03	0.03	0.03	—	—	0.07	0.03	—	—	—	0.03	—	99.70
EN AW-1080A	EN AW-Al 99.8(A)	0.15	0.15	0.03	0.02	0.02	—	—	0.06	0.02	0.03	—	⑥	0.02	—	99.80
EN AW-1085	EN AW-Al 99.85	0.10	0.12	0.03	0.02	0.02	—	—	0.03	0.02	0.03	0.05	—	0.01	—	99.85
EN AW-1090	EN AW-Al 99.90	0.07	0.07	0.02	0.01	0.01	—	—	0.03	0.01	0.03	0.05	—	0.01	—	99.90
EN AW-1098	EN AW-Al 99.98	0.010	0.006	0.003	—	—	—	—	0.015	0.003	—	—	—	0.003	—	99.98
EN AW-1100	EN AW-Al 99.0Cu	0.95Si+Fe		0.05～0.20	0.05	—	—	—	0.10	—	—	—	⑥	0.05	0.15	99.00
EN AW-1110	EN AW-Al 99.1	0.30	0.8	0.04	0.01	0.25	0.01	—	—	—	—	—	0.02 B;0.03 V+Ti	0.03	0.15	99.10
EN AW-1198	EN AW-Al 99.98(A)	0.010	0.006	0.006	0.006	—	—	—	0.010	0.006	0.006	—	—	0.003	—	99.98
EN AW-1199	EN AW-Al 99.99	0.006	0.006	0.006	0.002	0.006	—	—	0.006	0.002	0.005	0.005	—	0.002	—	99.99
EN AW-1200	EN AW-Al 99.0	1.00 Si+Fe		0.05	0.05	—	—	—	0.10	0.05	—	—	⑥	0.05	0.15	99.00
EN AW-1200A	EN AW-Al 99.0(A)	1.00 Si+Fe		0.10	0.30	0.30	0.10	—	0.10	—	—	—	—	0.05	0.15	99.00
EN AW-1235	EN AW-Al 99.35	0.65 Si+Fe		0.05	0.05	0.05	—	—	0.10	0.06	—	0.05	—	0.03	—	99.35
EN AW-1350	EN AW-Al 99.5	0.10	0.40	0.05	0.01	—	0.01	—	0.05	—	0.03	—	0.05 B;0.02 V+Ti	0.03	0.10	99.50
EN AW-1350A	EN AW-Al 99.5(A)	0.25	0.40	0.02	—	0.05	—	—	0.05	—	—	—	0.03 Cr+Mn+Ti+V	0.03	—	99.50
1000 系列																
EN AW-1370	EN AW-Al 99.7	0.10	0.25	0.02	0.01	0.02	0.01	—	0.04	—	0.03	—	0.02 B;0.02 V+Ti	0.02	0.10	99.70
EN AW-1450	EN AW-Al 99.5Ti	0.25	0.40	0.05	0.05	0.05	—	—	0.07	0.10～0.20	—	—	⑥	0.03	—	99.50
2000 系列-AlCu																
EN AW-2001	EN AW-Al Cu5.5MgMn	0.20	0.20	5.2～6.0	0.15～0.50	0.20～0.45	0.10	0.05	0.10	0.20	—	—	0.05 Zr①	0.05	0.15	
EN AW-2007	EN AW-Al Cu4PbMgMn	0.8	0.8	3.3～4.6	0.50～1.0	0.40～1.8	0.10	0.20	0.8	0.20	—	—	②	0.10	0.30	
EN AW-2011	EN AW-Al Cu6BiPb	0.40	0.7	5.0～6.0	—	—	—	—	0.30	—	—	—	③	0.05	0.15	
EN AW-2011A	EN AW-Al Cu6BiPb(A)	0.40	0.50	4.5～6.0	—	—	—	—	0.30	—	—	—	③	0.05	0.15	
EN AW-2014	EN AW-Al Cu4SiMg	0.50～1.2	0.7	3.9～5.0	0.40～1.2	0.20～0.8	0.10	—	0.25	0.15	—	—	④	0.05	0.15	
EN AW-2014A	EN AW-Al Cu4SiMg(A)	0.50～0.9	0.50	3.9～5.0	0.40～1.2	0.20～0.8	0.10	0.10	0.25	0.15	—	—	0.20 Zr+Ti	0.05	0.15	
EN AW-2017A	EN AW-Al Cu4MgSi(A)	0.20～0.8	0.7	3.5～4.5	0.40～1.0	0.40～1.0	0.10	—	0.25	—	—	—	0.25 Zr+Ti	0.05	0.15	
EN AW-2024	EN AW-Al Cu4Mg1	0.50	0.50	3.8～4.9	0.30～0.9	1.2～1.8	0.10	—	0.25	0.15	—	—	④	0.05	0.15	
EN AW-2030	EN AW-Al Cu4PbMg	0.8	0.7	3.3～4.5	0.20～1.0	0.50～1.3	0.10	—	0.50	0.20	—	—	0.20 Bi;0.8～1.5 Pb	0.10	0.30	余量
EN AW-2031	EN AW-Al Cu2.5NiMg	0.50～1.3	0.6～1.2	1.8～2.8	0.50	0.6～1.2	—	0.6～1.4	0.20	0.20	—	—	—	0.05	0.15	
EN AW-2091	EN AW-Al Cu2Li2Mg1.5	0.20	0.30	1.8～2.5	0.10	1.1～1.9	0.10	—	0.25	0.10	—	—	0.04～0.16 Zr⑤	0.05	0.15	
EN AW-2117	EN AW-Al Cu2.5Mg	0.8	0.7	2.2～3.0	0.20	0.20～0.50	0.10	—	0.25	—	—	—	—	0.05	0.15	
EN AW-2124	EN AW-Al Cu4Mg1(A)	0.20	0.30	3.8～4.9	0.30～0.9	1.2～1.8	0.10	—	0.25	0.15	—	—	④	0.05	0.15	
EN AW-2214	EN AW-Al Cu4SiMg(B)	0.50～1.2	0.30	3.9～5.0	0.40～1.2	0.20～0.8	0.10	—	0.25	0.15	—	—	④	0.05	0.15	
EN AW-2219	EN AW-Al Cu6Mn	0.20	0.30	5.8～6.8	0.20～0.40	0.02	—	—	0.10	0.02～0.10	—	0.05～0.15	0.10～0.25 Zr	0.05	0.15	
EN AW-2319	EN AW-Al Cu6Mn(A)	0.20	0.30	5.8～6.8	0.20～0.40	0.02	—	—	0.10	0.10～0.20	—	0.05～0.15	0.10～0.25 Zr⑥	0.05	0.15	
EN AW-2618A	EN AW-Al Cu2Mg1.5Ni	0.15～0.25	0.9～1.4	1.8～2.7	0.25	1.2～1.8	—	0.8～1.4	0.15	0.20	—	—	0.25 Zr+Ti	0.05	0.15	
3000 系列-AlMn																
EN AW-3002	EN AW-Al Mn0.2Mg0.1	0.08	0.10	0.15	0.05～0.25	0.05～0.20	—	—	0.05	0.03	—	0.05	—	0.03	0.10	
EN AW-3003	EN AW-Al Mn1Cu	0.6	0.7	0.05～0.20	1.0～1.5	—	—	—	0.10	—	—	—	—	0.05	0.15	
EN AW-3004	EN AW-Al Mn1Mg1	0.30	0.7	0.25	1.0～1.5	0.8～1.3	—	—	0.25	—	—	—	—	0.05	0.15	
EN AW-3005	EN AW-Al Mn1Mg0.5	0.6	0.7	0.30	1.0～1.5	0.20～0.6	0.10	—	0.25	0.10	—	—	—	0.05	0.15	余量
EN AW-3005A	EN AW-Al Mn1Mg0.5(A)	0.7	0.8	0.30	1.0～1.5	0.20～0.6	0.10	—	0.40	0.10	—	—	—	0.05	0.15	
EN AW-3017	EN AW-Al Mn1Cu0.3	0.25	0.25～0.45	0.25～0.40	0.8～1.2	0.10	0.15	—	0.10	0.05	—	—	—	0.05	0.15	
EN AW-3102	EN AW-Al Mn0.2	0.40	0.7	0.10	0.05～0.40	—	—	—	0.30	0.10	—	—	—	0.05	0.15	

续表

合金牌号 数字序号	合金牌号 化学符号	Si	Fe	Cu	Mn	Mg	Cr	Ni	Zn	Ti	Ga	V	备注	其他 单项	其他 总和	Al（最小）
3000 系列-AlMn																
EN AW-3103	EN AW-Al Mn1	0.50	0.7	0.10	0.9～1.5	0.30	0.10	—	0.20	—	—	—	0.10 Zr+Ti⑥	0.05	0.15	余量
EN AW-3103A	EN AW-Al Mn1(A)	0.50	0.7	0.10	0.7～1.4	0.30	0.10	—	0.20	0.10	—	—	0.10 Zr+Ti	0.05	0.15	
EN AW-3104	EN AW-Al Mn1Mg1Cu	0.6	0.8	0.05～0.25	0.8～1.4	0.8～1.3	—	—	0.25	0.10	0.05	0.05	—	0.05	0.15	
EN AW-3105	EN AW-Al Mn0.5Mg0.5	0.6	0.7	0.30	0.30～0.8	0.20～0.8	0.20	—	0.40	0.10	—	—	—	0.05	0.15	
EN AW-3105A	EN AW-Al Mn0.5Mg0.5(A)	0.6	0.7	0.30	0.30～0.8	0.20～0.8	0.20	—	0.25	0.10	—	—	—	0.05	0.15	
EN AW-3105B	EN AW-Al Mn0.6Mg0.5	0.7	0.9	0.30	0.30～0.9	0.20～0.8	0.20	—	0.50	0.10	—	—	0.10 Pb	0.05	0.15	
EN AW-3207	EN AW-Al Mn0.6	0.30	0.45	0.10	0.40～0.8	0.10	—	—	0.10	—	—	—	—	0.05	0.10	
EN AW-3207A	EN AW-Al Mn0.6(A)	0.35	0.6	0.25	0.30～0.8	0.40	0.20	—	0.25	—	—	—	—	0.05	0.15	
4000 系列-AlSi																
EN AW-4004	EN AW-Al Si10Mg1.5	9.0～10.5	0.8	0.25	0.10	1.0～2.0	—	—	0.20	—	—	—	—	0.05	0.15	余量
EN AW-4006	EN AW-Al Si1Fe	0.8～1.2	0.50～0.8	0.10	0.05	0.01	0.20	—	0.05	—	—	—	—	0.05	0.15	
EN AW-4007	EN AW-Al Si1.5Mn	1.0～1.7	0.40～1.0	0.20	0.8～1.5	0.20	0.05～0.25	0.15～0.7	0.10	0.10	—	—	0.05Co	0.05	0.15	
EN AW-4015	EN AW-Al Si2Mn	1.4～2.2	0.7	0.20	0.6～1.2	0.10～0.50	—	—	0.20	—	—	—	—	0.05	0.15	
EN AW-4016	EN AW-Al Si2MnZn	1.4～2.2	0.7	0.20	0.6～1.2	0.10	—	—	0.50～1.3	—	—	—	—	0.05	0.15	
EN AW-4017	EN AW-Al SiMnMgCu	0.6～1.6	0.7	0.10～0.50	0.6～1.2	0.10～0.50	—	—	0.20	—	—	—	—	0.05	0.15	
EN AW-4018	EN AW-Al Si7Mg	6.5～7.5	0.20	0.05	0.10	0.50～0.8	—	—	0.10	0.20	—	—	⑥	0.05	0.15	
EN AW-4032	EN AW-Al Si12.5MgCuNi	11.0～13.5	1.0	0.50～1.3	—	0.8～1.3	0.10	0.50～1.3	0.25	—	—	—	—	0.05	0.15	
EN AW-4043A	EN AW-Al Si15(A)	4.5～6.0	0.6	0.30	0.15	0.20	—	—	0.10	0.15	—	—	⑥	0.05	0.15	
EN AW-4045	EN AW-Al Si10	9.0～11.0	0.8	0.30	0.05	0.05	—	—	0.10	0.20	—	—	—	0.05	0.15	
EN AW-4046	EN AW-Al Si10Mg	9.0～11.0	0.50	0.03	0.40	0.20～0.50	—	—	0.10	0.15	—	—	⑥	0.05	0.15	
EN AW-4047A	EN AW-Al Si12(A)	11.0～13.0	0.6	0.30	0.15	0.10	—	—	0.20	0.15	—	—	⑥	0.05	0.15	
EN AW-4104	EN AW-Al Si10MgBi	9.0～10.5	0.8	0.25	0.10	1.0～2.0	—	—	0.20	—	—	—	0.02～0.20 Bi	0.05	0.15	
EN AW-4343	EN AW-Al Si7.5	6.8～8.2	0.8	0.25	0.10	—	—	—	0.20	—	—	—	—	0.05	0.15	
5000 系列-AlMg																
EN AW-5005	EN AW-Al Mg1(B)	0.30	0.7	0.20	0.20	0.50～1.1	0.10	—	0.25	—	—	—	—	0.05	0.15	余量
EN AW-5005A	EN AW-Al Mg1(C)	0.30	0.45	0.05	0.15	0.7～1.1	0.10	—	0.20	—	—	—	—	0.05	0.15	
EN AW-5006	EN AW-Al Mg1Mn0.5	0.40	0.80	0.10	0.40～0.8	0.8～1.3	0.10	—	0.25	0.10	—	—	—	0.05	0.15	
EN AW-5010	EN AW-Al Mg0.5Mn	0.40	0.7	0.25	0.10～0.30	0.20～0.6	0.15	—	0.30	0.10	—	—	—	0.05	0.15	
EN AW-5018	EN AW-Al Mg3Mn0.4	0.25	0.40	0.05	0.20～0.6	2.6～3.6	0.30	—	0.20	0.15	—	—	0.20～0.6 Mn+Cr⑥	0.05	0.15	
EN AW-5019	EN AW-Al Mg5	0.40	0.50	0.10	0.10～0.6	4.5～5.6	0.20	—	0.20	0.20	—	—	0.10～0.6 Mn+Cr	0.05	0.15	
EN AW-5026	EN AW-Al Mg4.5MnSiFe	0.55～1.4	0.20～1.0	0.10～0.8	0.6～1.8	3.9～4.9	0.30	—	1.0	0.20	—	—	0.30 Zr	0.05	0.15	
EN AW-5040	EN AW-Al Mg1.5Mn	0.30	0.7	0.25	0.9～1.4	1.0～1.5	0.10～0.30	—	0.25	—	—	—	—	0.05	0.15	
EN AW-5042	EN AW-Al Mg3.5Mn	0.20	0.35	0.15	0.20～0.50	3.0～4.0	0.10	—	0.25	0.10	—	—	—	0.05	0.15	
EN AW-5049	EN AW-Al Mg2Mn0.8	0.40	0.50	0.10	0.50～1.1	1.6～2.5	0.30	—	0.20	0.10	—	—	—	0.05	0.15	
EN AW-5050	EN AW-Al Mg1.5(C)	0.40	0.7	0.20	0.10	1.1～1.8	0.10	—	0.25	—	—	—	—	0.05	0.15	
EN AW-5050A	EN AW-Al Mg1.5(D)	0.40	0.7	0.20	0.30	1.1～1.8	0.10	—	0.25	—	—	—	—	0.05	0.15	
EN AW-5051A	EN AW-Al Mg2(B)	0.30	0.45	0.05	0.25	1.4～2.1	0.30	—	0.20	0.10	—	—	—	0.05	0.15	
EN AW-5052	EN AW-Al Mg2.5	0.25	0.40	0.10	0.10	2.2～2.8	0.15～0.35	—	0.10	—	—	—	—	0.05	0.15	
EN AW-5058	EN AW-Al Mg5Pb1.5	0.40	0.50	0.10	0.20	4.5～5.6	0.10	—	0.20	0.20	—	—	1.2～1.8 Pb	0.05	0.15	
EN AW-5059	EN-AW-Al Mg5.5MnZnZr	0.45	0.50	0.25	0.6～1.2	5.0～6.0	0.25	—	0.40～0.9	0.20	—	—	0.05～0.25 Zr	0.05	0.15	
EN AW-5070	EN AW-Al Mg4MnZn	0.25	0.40	0.25	0.40～0.8	3.5～4.5	0.30	—	0.40～0.8	0.15	—	—	—	0.05	0.15	
EN AW-5082	EN AW-Al Mg4.5	0.20	0.35	0.15	0.15	4.0～5.0	0.15	—	0.25	0.10	—	—	—	0.05	0.15	
EN AW-5083	EN AW-Al Mg4.5Mn0.7	0.40	0.40	0.10	0.40～1.0	4.0～4.9	0.05～0.25	—	0.25	0.15	—	—	—	0.05	0.15	
EN AW-5086	EN AW-Al Mg4	0.40	0.50	0.10	0.20～0.7	3.5～4.5	0.05～0.25	—	0.25	0.15	—	—	—	0.05	0.15	
EN AW-5087	EN AW-Al Mg4.5MnZr	0.25	0.40	0.05	0.7～1.1	4.5～5.2	0.05～0.25	—	0.25	0.15	—	—	0.10～0.20 Zr⑥	0.05	0.15	

续表

合金牌号 数字序号	合金牌号 化学符号	Si	Fe	Cu	Mn	Mg	Cr	Ni	Zn	Ti	Ga	V	备注	其他 单项	其他 总和	Al（最小）
5000 系列-AlMg																
EN AW-5088	EN AW-Al Mg5Mn0.4	0.20	0.10～0.35	0.25	0.20～0.50	4.7～5.5	0.15	—	0.20～0.40	—	—	—	0.15 Zr	0.05	0.15	
EN AW-5110	EN AW-Al 99.85Mg0.5	0.08	0.08	—	0.03	0.30～0.6	—	—	0.05	0.02	—	—	—	0.02	—	
EN AW-5119	EN AW-Al Mg5(A)	0.25	0.40	0.05	0.20～0.6	4.5～5.6	0.30	—	0.20	0.15	—	—	0.20～0.6 Mn+Cr⑥	0.05	0.15	
EN AW-5119A	EN AW-Al Mg5(B)	0.25	0.40	0.05	0.20～0.6	4.5～5.6	0.30	—	0.20	0.15	—	—	0.20～0.6 Mn+Cr⑦	0.05	0.15	
EN AW-5149	EN AW-Al Mg2Mn0.8(A)	0.25	0.40	0.05	0.50～1.1	1.6～2.5	0.30	—	0.20	0.15	—	—	—	0.05	0.15	
EN AW-5154A	EN AW-Al Mg3.5(A)	0.50	0.50	0.10	0.50	3.1～3.9	0.25	—	0.20	0.20	—	—	0.10～0.50 Mn+Cr⑥	0.05	0.15	
EN AW-5154B	EN AW-Al Mg3.5Mn0.3	0.35	0.45	0.05	0.15～0.45	3.2～3.8	0.10	0.01	0.15	0.15	—	—	—	0.05	0.15	
EN AW-5182	EN AW-Al Mg4.5Mn0.4	0.20	0.35	0.15	0.20～0.50	4.0～5.0	0.10	—	0.25	0.10	—	—	—	0.05	0.15	
EN AW-5183	EN AW-Al Mg4.5Mn0.7(A)	0.40	0.40	0.10	0.50～1.0	4.3～5.2	0.05～0.25	—	0.25	0.15	—	—	⑥	0.05	0.15	
EN AW-5183A	EN AW-Al-Mg4.5Mn0.7(C)	0.40	0.40	0.10	0.50～1.0	4.3～5.2	0.05～0.25	—	0.25	0.15	—	—	⑦	0.05	0.15	
EN AW-5186	EN AW-Al Mg4Mn0.4	0.40	0.45	0.25	0.20～0.50	3.8～4.8	0.15	—	0.40	0.15	—	—	0.05 Zr	0.05	0.15	
EN AW-5187	EN AW-Al-Mg4.5MnZr	0.25	0.40	0.05	0.7～1.1	4.5～5.2	0.05～0.25	—	0.25	0.15	—	—	0.10～0.20 Zr⑦	0.05	0.15	
EN AW-5210	EN AW-Al 99.9Mg0.5	0.06	0.04	—	0.03	0.35～0.6	—	—	0.04	0.01	—	—	—	0.01	—	
EN AW-5249	EN AW-Al Mg2Mn0.8Zr	0.25	0.40	0.05	0.50～1.1	1.6～2.5	0.30	—	0.20	0.15	—	—	0.10～0.20 Zr⑥	0.05	0.15	
EN AW-5251	EN AW-Al Mg2Mn0.3	0.40	0.50	0.15	0.10～0.50	1.7～2.4	0.15	—	0.15	0.15	—	—	—	0.05	0.15	
EN AW-5252	EN AW-Al Mg2.5(B)	0.08	0.10	0.10	0.10	2.2～2.8	—	—	0.05	—	—	0.05	—	0.03	0.10	
EN AW-5283A	EN AW-Al Mg4.5Mn0.7(B)	0.30	0.30	0.03	0.50～1.0	4.5～5.1	0.05	0.03	0.10	0.03	—	—	0.05 Zr①	0.05	0.15	
EN AW-5305	EN AW-Al 99.85Mg1	0.08	0.08	—	0.03	0.7～1.1		—	0.05	0.02	—	—	—	0.02	—	
EN AW-5310	EN AW-Al 99.98Mg0.5	0.01	0.008	—	—	0.35～0.6	—	—	0.01	0.008	—	—	0.008 Fe+Ti	0.003	—	余量
EN AW-5352	EN AW-Al Mg2.5(A)	0.45 Si+Fe		0.10	0.10	2.2～2.8	0.10	—	0.10	0.10	—	—	—	0.05	0.15	
EN AW-5354	EN AW-Al Mg2.5MnZr	0.25	0.40	0.05	0.50～1.0	2.4～3.0	0.05～0.20	—	0.25	0.15	—	—	0.10～0.20 Zr	0.05	0.15	
EN AW-5356	EN AW-Al Mg5Cr(A)	0.25	0.40	0.10	0.05～0.20	4.5～5.5	0.05～0.20	—	0.10	0.06～0.20	—	—	⑥	0.05	0.15	
EN AW-5356A	EN AW-Al Mg5Cr(B)	0.25	0.40	0.10	0.05～0.20	4.5～5.5	0.05～0.20	—	0.10	0.06～0.20	—	—	⑦	0.05	0.15	
EN AW-5383	EN AW-Al Mg4.5Mn0.9	0.25	0.25	0.20	0.7～1.0	4.0～5.2	0.25	—	0.40	0.15	—	—	0.20 Zr	0.05	0.15	
EN AW-5449	EN AW-Al Mg2Mn0.8(B)	0.40	0.7	0.30	0.6～1.1	1.6～2.6	0.30	—	0.30	0.10	—	—	—	0.05	0.15	
EN AW-5454	EN AW-Al Mg3Mn	0.25	0.40	0.10	0.50～1.0	2.4～3.0	0.05～0.20	—	0.25	0.20	—	—	—	0.05	0.15	
EN AW-5456	EN AW-Al Mg5Mn1	0.25	0.40	0.10	0.50～1.0	4.7～5.5	0.05～0.20	—	0.25	0.20	—	—	—	0.05	0.15	
EN AW-5456A	EN AW-Al Mg5Mn1(A)	0.25	0.40	0.05	0.7～1.1	4.5～5.2	0.05～0.25	—	0.25	0.15	—	—	⑥	0.05	0.15	
EN AW-5456B	EN AW-Al Mg5Mn1(B)	0.25	0.40	0.05	0.7～1.1	4.5～5.2	0.05～0.25	—	0.25	0.15	—	—	⑦	0.05	0.15	
EN AW-5505	EN AW-Al 99.9Mg1	0.06	0.04	—	0.03	0.8～1.1		—	0.04	0.01	—	—	—	0.01	—	
EN AW-5554	EN AW-Al Mg3Mn(A)	0.25	0.40	0.10	0.50～1.0	2.4～3.0	0.05～0.20	—	0.25	0.05～0.20	—	—	⑥	0.05	0.15	
EN AW-5556A	EN AW-Al Mg5Mn	0.25	0.40	0.10	0.6～1.0	5.0～5.5	0.05～0.20	—	0.20	0.05～0.20	—	—	⑥	0.05	0.15	
EN AW-5556B	EN AW-Al Mg5Mn(A)	0.25	0.40	0.10	0.6～1.0	5.0～5.5	0.05～0.20	—	0.20	0.05～0.20	—	—	—	0.05	0.15	
EN AW-5605	EN AW-Al 99.98Mg1	0.01	0.008	—	—	0.8～1.1		—	0.01	0.008	—	—	0.008 Fe+Ti	0.003	—	
EN AW-5654	EN AW-Al Mg3.5Cr	0.45 Si+Fe		0.05	0.01	3.1～3.9	0.15～0.35	—	0.20	0.05～0.15	—	—	⑥	0.05	0.15	
EN AW-5654A	EN AW-Al Mg3.5Cr(A)	0.45 Si+Fe		0.05	0.01	3.1～3.9	0.15～0.35	—	0.20	0.05～0.15	—	—	⑦	0.05	0.15	
EN AW-5657	EN AW-Al 99.85Mg1(A)	0.08	0.10	0.10	0.03	0.6～1.0	—	—	0.05	—	0.03	0.05	—	0.02	0.05	
EN AW-5754	EN AW-Al Mg3	0.40	0.40	0.10	0.50	2.6～3.6	0.30	—	0.20	0.15	—	—	0.10～0.6 Mn+Cr⑥	0.05	0.15	
6000 系列-AlMgSi																
EN AW-6003	EN AW-Al Mg1Si0.8	0.35～1.0	0.6	0.10	0.8	0.8～1.5	0.35	—	0.20	0.10	—	—	—	0.05	0.15	
EN AW-6005	EN AW-Al SiMg	0.6～0.9	0.35	0.10	0.10	0.40～0.6	0.10	—	0.10	0.10	—	—	—	0.05	0.15	
EN AW-6005A	EN AW-Al SiMg(A)	0.50～0.9	0.35	0.30	0.50	0.40～0.7	0.30	—	0.20	0.10	—	—	0.12～0.50 Mn+Cr	0.05	0.15	余量
EN AW-6005B	EN AW-Al SiMg(B)	0.45～0.8	0.30	0.10	0.10	0.40～0.8	0.10	—	0.10	0.10	—	—	—	0.05	0.15	
EN AW-6008	EN AW-Al SiMgV	0.50～0.9	0.35	0.30	0.30	0.40～0.7	0.30	—	0.20	0.10	—	0.05～0.20	—	0.05	0.15	
EN AW-6011	EN AW-Al Mg0.9Si0.9Cu	0.6～1.2	1.0	0.40～0.9	0.8	0.6～1.2	0.30	0.20	1.5	0.20	—	—	—	0.05	0.15	

续表

合金牌号		Si	Fe	Cu	Mn	Mg	Cr	Ni	Zn	Ti	Ga	V	备注	其他		Al
数字序号	化学符号													单项	总和	(最小)
6000 系列-AlMgSi																
EN AW-6012	EN AW-Al MgSiPb	0.6～1.4	0.50	0.10	0.40～1.0	0.6～1.2	0.30	—	0.30	0.20	—	—	0.7 Bi;0.40～2.0 Pb	0.05	0.15	余量
EN AW-6012A	EN AW-Al MgSiSn	0.6～1.4	0.50	0.40	0.20～1.0	0.6～1.2	0.30	—	0.30	0.20	—	—	0.7 Bi;0.40～2.0 Sn	0.05	0.15	
EN AW-6013	EN AW-Al Mg1Si0.8CuMn	0.6～1.0	0.50	0.6～1.1	0.20～0.8	0.8～1.2	0.10	—	0.25	0.10	—	—	—	0.05	0.15	
EN AW-6014	EN AW-Al Mg0.6Si0.6V	0.30～0.6	0.35	0.25	0.05～0.20	0.40～0.8	0.20	—	0.10	0.10	—	0.05～0.20	—	0.05	0.15	
EN AW-6015	EN AW-Al Mg1Si0.3Cu	0.20～0.40	0.10～0.30	0.10～0.25	0.10	0.8～1.1	0.10	—	0.10	0.10	—	—	—	0.05	0.15	
EN AW-6016	EN AW-Al Si1.2Mg0.4	1.0～1.5	0.50	0.20	0.20	0.25～0.6	0.10	—	0.20	0.15	—	—	—	0.05	0.15	
EN AW-6018	EN AW-Al Mg1SiPbMn	0.50～1.2	0.7	0.15～0.40	0.30～0.8	0.6～1.2	0.10	—	0.30	0.20	—	—	⑧	0.05	0.15	
EN AW-6023	EN AW-Al Si1Sn1MgBi	0.6～1.4	0.50	0.20～0.50	0.20～0.6	0.40～0.9	—	—	—	—	—	—	0.30～0.8 Bi,0.6～1.2Sn	0.05	0.15	
EN AW-6025	EN AW-Al Mg2.5SiMnCu	0.8～1.5	0.7	0.20～0.7	0.6～1.4	2.1～3.0	0.20	—	0.50	0.20	—	—	—	0.05	0.15	
EN AW-6056	EN AW-Al Si1MgCuMn	0.7～1.3	0.50	0.50～1.1	0.40～1.0	0.6～1.2	0.25	—	0.10～0.7	④	—	—	⑨	0.05	0.15	
EN AW-6060	EN AW-Al MgSi	0.30～0.6	0.10～0.30	0.10	0.10	0.35～0.6	0.05	—	0.15	0.10	—	—	—	0.05	0.15	
EN AW-6061	EN AW-Al Mg1SiCu	0.40～0.8	0.7	0.15～0.40	0.15	0.8～1.2	0.04～0.35	—	0.25	0.15	—	—	—	0.05	0.15	
EN AW-6061A	EN AW-Al Mg1SiCu(A)	0.40～0.8	0.7	0.15～0.40	0.15	0.8～1.2	0.04～0.35	—	0.25	0.15	—	—	①	0.05	0.15	
EN AW-6063	EN AW-Al Mg0.7Si	0.20～0.6	0.35	0.10	0.10	0.45～0.9	0.10	—	0.10	0.10	—	—	—	0.05	0.15	
EN AW-6063A	EN AW-Al Mg0.7Si(A)	0.30～0.6	0.15～0.35	0.10	0.15	0.6～0.9	0.05	—	0.15	0.10	—	—	—	0.05	0.15	
EN AW-6065	EN AW-Al Mg1Bi1Si	0.40～0.8	0.7	0.15～0.40	0.15	0.8～1.2	0.15	—	0.25	0.10	—	—	0.50～1.5 Bi;0.05 Pb; 0.15 Zr	0.05	0.15	
EN AW-6081	EN AW-Al Si0.9MgMn	0.7～1.1	0.50	0.10	0.10～0.45	0.6～1.0	0.10	—	0.20	0.15	—	—	—	0.05	0.15	
EN AW-6082	EN AW-Al Si1MgMn	0.7～1.3	0.50	0.10	0.40～1.0	0.6～1.2	0.25	—	0.20	0.10	—	—	—	0.05	0.15	
EN AW-6082A	EN AW-Al Si1MgMn(A)	0.7～1.3	0.50	0.10	0.40～1.0	0.6～1.2	0.25	—	0.20	0.10	—	—	①	0.05	0.15	
EN AW-6101	EN AW-Al MgSi	0.30～0.7	0.50	0.10	0.03	0.35～0.8	0.03	—	0.10	—	—	—	0.06 B	0.03	0.10	
EN AW-6101A	EN AW-Al MgSi(A)	0.30～0.7	0.40	0.05	—	0.40～0.9	—	—	—	—	—	—	—	0.03	0.10	
EN AW-6101B	EN AW-Al MgSi(B)	0.30～0.6	0.10～0.30	0.05	0.05	0.35～0.6	—	—	0.10	—	—	—	—	0.03	0.10	
EN AW-6106	EN AW-Al MgSiMn	0.30～0.6	0.35	0.25	0.05～0.20	0.40～0.8	0.20	—	0.10	—	—	—	—	0.05	0.10	
EN AW-6110A	EN AW-Al Mg0.9Si0.9MnCu	0.7～1.1	0.50	0.30～0.8	0.30～0.9	0.7～1.1	0.05～0.25	—	0.20	—	—	—	0.20 Ti+Zr	0.05	0.15	
EN AW-6181	EN AW-Al SiMg0.8	0.8～1.2	0.45	0.10	0.15	0.6～1.0	0.10	—	0.20	0.10	—	—	—	0.05	0.15	
EN AW-6182	EN AW-Al Si1MgZr	0.9～1.3	0.50	0.10	0.50～1.0	0.7～1.2	0.25	—	0.20	0.10	—	—	0.05～0.20 Zr	0.05	0.15	
EN AW-6201	EN AW-Al Mg0.7Si	0.50～0.9	0.50	0.10	0.03	0.6～0.9	0.03	—	0.10	—	—	—	0.06 B	0.03	0.10	
EN AW-6261	EN AW-Al Mg1SiCuMn	0.40～0.7	0.40	0.15～0.40	0.20～0.35	0.7～1.0	0.10	—	0.20	0.10	—	—	—	0.05	0.15	
EN AW-6262	EN AW-Al Mg1SiPb	0.40～0.8	0.7	0.15～0.40	0.15	0.8～1.2	0.04～0.14	—	0.25	0.15	—	—	⑩	0.05	0.15	
EN AW-6262A	EN AW-Al Mg1SiSn	0.40～0.8	0.7	0.15～0.40	0.15	0.8～1.2	0.04～0.14	—	0.25	0.10	—	—	0.40～0.9 Bi; 0.40～1.0Sn	0.05	0.15	
EN AW-6351	EN AW-Al SiMg0.5Mn	0.7～1.3	0.50	0.10	0.40～0.8	0.40～0.8	—	—	0.20	0.20	—	—	—	0.05	0.15	
EN AW-6351A	EN AW-Al SiMg0.5Mn(A)	0.7～1.3	0.50	0.10	0.40～0.8	0.40～0.8	—	—	0.20	0.20	—	—	⑤	0.05	0.15	
EN AW-6360	EN AW-Al SiMgMn	0.35～0.8	0.10～0.30	0.15	0.02～0.15	0.25～0.45	0.05	—	0.10	0.10	—	—	—	0.05	0.15	
EN AW-6401	EN AW-Al 99.9MgSi	0.35～0.7	0.04	0.05～0.20	0.03	0.35～0.7	—	—	0.04	0.01	—	—	—	0.01	—	
EN AW-6463	EN AW-Al Mg0.7Si(B)	0.20～0.6	0.15	0.20	0.05	0.45～0.9	—	—	0.05	—	—	—	—	0.05	0.15	
EN AW-6951	EN AW-Al MgSi0.3Cu	0.20～0.50	0.8	0.15～0.40	0.10	0.40～0.8	—	—	0.20	—	—	—	—	0.05	0.15	
7000 系列-AlZn																
EN AW-7003	EN AW-Al Zn6Mg0.8Zr	0.30	0.35	0.20	0.30	0.50～1.0	0.20	—	5.0～6.5	0.20	—	—	0.05～0.25 Zr	0.05	0.15	余量
EN AW-7005	EN AW-Al Zn4.5Mg1.5Mn	0.35	0.40	0.10	0.20～0.7	1.0～1.8	0.06～0.20	—	4.0～5.0	0.01～0.06	—	—	0.08～0.20 Zr	0.05	0.15	
EN AW-7009	EN AW-Al Zn5.5MgCuAg	0.20	0.20	0.6～1.3	0.10	2.1～2.9	0.10～0.25	—	5.5～6.5	0.20	—	—	⑪	0.05	0.15	
EN AW-7010	EN AW-Al Zn6MgCu	0.12	0.15	1.5～2.0	0.10	2.1～2.6	0.05	0.05	5.7～6.7	0.06	—	—	0.10～0.16 Zr	0.05	0.15	
EN AW-7012	EN AW-Al Zn6Mg2Cu	0.15	0.25	0.8～1.2	0.08～0.15	1.8～2.2	0.04	—	5.8～6.5	0.02～0.08	—	—	0.10～0.18 Zr	0.05	0.15	
EN AW-7015	EN AW-Al Zn5Mg1.5CuZr	0.20	0.30	0.06～0.15	0.10	1.3～2.1	0.15	—	4.6～5.2	0.10	—	—	0.10～0.20 Zr	0.05	0.15	
EN AW-7016	EN AW-Al Zn4.5Mg1Cu	0.10	0.12	0.45～1.0	0.03	0.8～1.4	—	—	4.0～5.0	0.03	—	0.05	—	0.03	0.10	

续表

合金牌号 数字序号	合金牌号 化学符号	Si	Fe	Cu	Mn	Mg	Cr	Ni	Zn	Ti	Ga	V	备注	其他 单项	其他 总和	Al (最小)
7000 系列-AlZn																
EN AW-7019	EN AW-Al Zn4Mg2	0.35	0.45	0.20	0.15～0.50	1.5～2.5	0.20	0.10	3.5～4.5	0.15	—	—	0.10～0.25 Zr	0.05	0.15	余量
EN AW-7020	EN AW-Al Zn4.5Mg1	0.35	0.40	0.20	0.05～0.50	1.0～1.4	0.10～0.35	—	4.0～5.0	—	—	—	⑫	0.05	0.15	
EN AW-7021	EN AW-Al Zn5.5Mg1.5	0.25	0.40	0.25	0.10	1.2～1.8	0.05	—	5.0～6.0	0.10	—	—	0.08～0.18 Zr	0.05	0.15	
EN AW-7022	EN AW-Al Zn5Mg3Cu	0.50	0.50	0.50～1.0	0.10～0.40	2.6～3.7	0.10～0.30	—	4.3～5.2	—	—	—	0.20 Ti+Zr	0.05	0.15	
EN AW-7026	EN AW-Al Zn5Mg1.5Cu	0.08	0.12	0.6～0.9	0.05～0.20	1.5～1.9	—	—	4.6～5.2	0.05	—	—	0.09～0.14 Zr	0.03	0.10	
EN AW-7029	EN AW-Al Zn4.5Mg1.5Cu	0.10	0.12	0.50～0.9	0.03	1.3～2.0	—	—	4.2～5.2	0.05	—	0.05	—	0.03	0.10	
EN AW-7030	EN AW-Al Zn5.5Mg1Cu	0.20	0.30	0.20～0.40	0.05	1.0～1.5	0.04	—	4.8～5.9	0.03	0.03	—	0.03 Zr	0.05	0.15	
EN AW-7039	EN AW-Al Zn4Mg3	0.30	0.40	0.10	0.10～0.40	2.3～3.3	0.15～0.25	—	3.4～4.5	0.10	—	—	—	0.05	0.15	
EN AW-7049A	EN AW-Al Zn8MgCu	0.40	0.50	1.2～1.9	0.50	2.1～3.1	0.05～0.25	—	7.2～8.4	—	—	—	0.25 Zr+Ti	0.05	0.15	
EN AW-7050	EN AW-Al Zn6CuMgZr	0.12	0.15	2.0～2.6	0.10	1.9～2.6	0.04	—	5.7～6.7	0.06	—	—	0.08～0.15 Zr	0.05	0.15	
EN AW-7060	EN AW-Al Zn7CuMg	0.15	0.20	1.8～2.6	0.20	1.3～2.1	0.15～0.25	—	6.1～7.5	0.05	—	—	0.05 Zr①	0.05	0.15	
EN AW-7072	EN AW-Al Zn1	0.7 Si+Fe		0.10	0.10	0.10	—	—	0.8～1.3	—	—	—	—	0.05	0.15	
EN AW-7075	EN AW-Al Zn5.5MgCu	0.40	0.50	1.2～2.0	0.30	2.1～2.9	0.18～0.28	—	5.1～6.1	0.20	—	—	⑬	0.05	0.15	
EN AW-7108	EN AW-Al Zn5Mg1Zr	0.10	0.10	0.05	0.05	0.7～1.4	—	—	4.5～5.5	0.05	—	—	0.12～0.25 Zr	0.05	0.15	
EN AW-7108A	EN AW-Al Zn5Mg1Zr	0.20	0.30	0.05	0.05	0.7～1.5	0.04	—	4.8～5.8	0.03	0.03	—	0.15～0.25 Zr	0.05	0.15	
EN AW-7116	EN AW-Al Zn4.5Mg1Cu0.8	0.15	0.30	0.50～1.1	0.05	0.8～1.4	—	—	4.2～5.2	0.05	0.03	0.05	—	0.05	0.15	
EN AW-7129	EN AW-Al Zn4.5Mg1.5Cu(A)	0.15	0.30	0.50～0.9	0.10	1.3～2.0	0.10	—	4.2～5.2	0.05	0.03	0.05	—	0.05	0.15	
EN AW-7149	EN AW-Al Zn8MgCu(A)	0.15	0.20	1.2～1.9	0.20	2.0～2.9	0.10～0.22	—	7.2～8.2	0.10	—	—	—	0.05	0.15	
EN AW-7150	EN AW-Al Zn6CuMgZr(A)	0.12	0.15	1.9～2.5	0.10	2.0～2.7	0.04	—	5.9～6.9	0.06	—	—	0.08～0.15 Zr	0.05	0.15	
EN AW-7175	EN AW-Al Zn5.5MgCu(B)	0.15	0.20	1.2～2.0	0.10	2.1～2.9	0.18～0.28	—	5.1～6.1	0.10	—	—	—	0.05	0.15	
EN AW-7178	EN AW-Al Zn7MgCu	0.40	0.50	1.6～2.4	0.30	2.4～3.1	0.18～0.28	—	6.3～7.3	0.20	—	—	—	0.05	0.15	
EN AW-7475	EN AW-Al Zn5.5MgCu(A)	0.10	0.12	1.2～1.9	0.06	1.9～2.6	0.18～0.25	—	5.2～6.2	0.06	—	—	—	0.05	0.15	
8000 系列																
EN AW-8006	EN AW-Al Fe1.5Mn	0.40	1.2～2.0	0.30	0.30～1.0	0.10	—	—	0.10	—	—	—	—	0.05	0.15	余量
EN AW-8008	EN AW-Al Fe1Mn0.8	0.6	0.9～1.6	0.20	0.50～1.0	—	—	—	0.10	0.10	—	—	—	0.05	0.15	
EN AW-8011A	EN AW-Al FeSi(A)	0.40～0.8	0.50～1.0	0.10	0.10	0.10	0.10	—	0.10	0.05	—	—	—	0.05	0.15	
EN AW-8014	EN AW-Al Fe1.5Mn0.4	0.30	1.2～1.6	0.20	0.20～0.6	0.10	—	—	0.10	0.10	—	—	—	0.05	0.15	
EN AW-8015	EN AW-Al FeMn0.3	0.30	0.8～1.4	0.10	0.10～0.40	0.10	—	—	0.10	—	—	—	—	0.05	0.15	
EN AW-8016	EN AW-Al Fe1Mn	0.20	0.7～1.1	0.10	0.10～0.30	0.10	—	—	0.10	—	—	—	—	0.05	0.15	
EN AW-8018	EN AW-Al FeSiCu	0.50～0.9	0.6～1.0	0.30～0.6	0.30	—	—	—	—	0.006～0.06	—	—	—	0.05	0.15	
EN AW-8021B	EN AW-Al Fe1.5	0.40	1.1～1.7	0.05	0.03	0.01	0.03	—	0.05	0.05	—	—	—	0.03	0.10	
EN AW-8030	EN AW-Al FeCu	0.10	0.30～0.8	0.15～0.30	—	0.05	—	—	0.05	—	—	—	0.001～0.04 B	0.03	0.10	
EN AW-8079	EN AW-Al Fe1Si	0.05～0.30	0.7～1.3	0.05	—	—	—	—	0.10	—	—	—	—	0.05	0.15	
EN AW-8090	EN AW-Al Li2.5Cu1.5Mg1	0.20	0.30	1.0～1.6	0.10	0.6～1.3	0.10	—	0.25	0.10	—	—	0.04～0.16 Zr⑭	0.05	0.15	
EN AW-8111	EN AW-Al FeSi(B)	0.30～1.1	0.40～1.0	0.10	0.10	0.05	0.05	—	0.10	0.08	—	—	—	0.05	0.15	
EN AW-8112	EN AW-Al 95	1.0	1.0	0.40	0.6	0.7	0.20	—	1.0	0.20	—	—	—	0.05	0.15	
EN AW-8176	EN AW-Al FeSi	0.03～0.15	0.40～1.0	—	—	—	—	—	0.10	—	0.03	—	—	0.05	0.15	
EN AW-8211	EN AW-Al FeSi(C)	0.40～0.8	0.50～1.0	0.10	0.05～0.20	0.10	0.15	—	0.10	0.05	—	—	—	0.06	0.15	

① Pb≤0.003。
② 0.20Bi；0.8～ .5Pb；0.2Sn。
③ 0.20～0.6Bi；.20～0.6Pb。
④ 经供需双方协商，对于挤压制品与锻制品 Zr+Ti≤0.20。
⑤ 1.7～2.3Li。
⑥ 对于焊条，填充焊丝，Be 最大为 0.0003。
⑦ 对于焊条，填充焊丝，Be 最大为 0.0005。
⑧ 0.40～0.7Bi，.4～1.2Pb。
⑨ Zr+Ti≤0.20。
⑩ 0.40～0.7Bi，.4～0.7Pb。
⑪ 0.25～0.40Ag。
⑫ 0.08～0.20Zr；0.08～0.25Zr+Ti。
⑬ 经供需双方协商，对挤压制品与锻制品 Zr+Ti≤0.25。
⑭ 2.2～2.7 Li。

9.2.2 铝及铝合金的力学性能

表 9-57 铝及铝合金片材、板材及带材的力学性能（EN 485-2—2007）

合金牌号	状态	厚度/mm		抗拉强度 R_m /MPa		屈服强度 $R_{P0.2}$ /MPa		伸长率 /%(最小)		弯曲半径		硬度 (HBW[①])
		大于	小于	最小	最大	最小	最大	A_{50mm}	A	180°	90°	
EN AW-1050A [Al 99.5]	F[①]	≥2.5	150.0	60								
	O/H111	0.2	0.5	65	95	20		20		0t	0t	20
		0.5	1.5	65	95	20		22		0t	0t	20
		1.5	3.0	65	95	20		26		0t	0t	20
		3.0	6.0	65	95	20		29		0.5t	0.5t	20
		6.0	12.5	65	95	20		35		1.0t	1.0t	20
		12.5	80.0	65	95	20			32			20
	H112	≥6.0	12.5	75		30		20				23
		12.5	80.0	70		25			20			22
	H12	0.2	0.5	85	125	65		2		0.5t	0t	28
		0.5	1.5	85	125	65		4		0.5t	0t	28
		1.5	3.0	85	125	65		5		0.5t	0.5t	28
		3.0	6.0	85	125	65		7		1.0t	1.0t	28
		6.0	12.5	85	125	65		9			2.0t	28
		12.5	40.0	85	125	65			9			28
	H14	0.2	0.5	105	145	85		2		1.0t	0t	34
		0.5	1.5	105	145	85		2		1.0t	0.5t	34
		1.5	3.0	105	145	85		4		1.0t	1.0t	34
		3.0	6.0	105	145	85		5			1.5t	34
		6.0	12.5	105	145	85		6			2.5t	34
		12.5	25.0	105	145	85			6			34
	H16	0.2	0.5	120	160	100		1			0.5t	39
		0.5	1.5	120	160	100		2			1.0t	39
		1.5	4.0	120	160	100		3			1.5t	39
	H18	0.2	0.5	135		120		1			1.0t	42
		0.5	1.5	140		120		2			2.0t	42
		1.5	3.0	140		120		2			3.0t	42
	H19	0.2	0.5	155		140		1				45
		0.5	1.5	150		130		1				45
		1.5	3.0	150		130		1				45
	H22	0.2	0.5	85	125	55		4		0.5t	0t	27
		0.5	1.5	85	125	55		5		0.5t	0t	27
		1.5	3.0	85	125	55		6		0.5t	0.5t	27
		3.0	6.0	85	125	55		11		1.0t	1.0t	27
		6.0	12.5	85	125	55		12			2.0t	27
	H24	0.2	0.5	105	145	75		3		1.0t	0t	33
		0.5	1.5	105	145	75		4		1.0t	0.5t	33
		1.5	3.0	105	145	75		5		1.0t	1.0t	33
		3.0	6.0	105	145	75		8		1.5t	1.5t	33
		6.0	12.5	105	145	75		8			2.5t	33
	H26	0.2	0.5	120	160	90		2			0.5t	38
		0.5	1.5	120	160	90		3			1.0t	38
		1.5	4.0	120	160	90		4			1.5t	38
	H28	0.2	0.5	140		110		2			1.0t	41
		0.5	1.5	140		110		2			2.0t	41
		1.5	3.0	140		110		3			3.0t	41
EN AW-1070A [Al 99.7]	F[①]	≥2.5	25.0	60								
	O/H111	0.2	0.5	60	90	15		23		0t	0t	18
		0.5	1.5	60	90	15		25		0t	0t	18
		1.5	3.0	60	90	15		29		0t	0t	18
		3.0	6.0	60	90	15		32		0.5t	0.5t	18
		6.0	12.5	60	90	15		35		0.5t	0.5t	18
		12.5	25.0	60	90	15			32			18

续表

合金牌号	状态	厚度/mm		抗拉强度 R_m /MPa		屈服强度 $R_{P0.2}$ /MPa		伸长率 /%(最小)		弯曲半径		硬度 (HBW[①])
		大于	小于	最小	最大	最小	最大	A_{50mm}	A	180°	90°	
EN AW-1070A [Al 99.7]	H112	≥6.0	12.5	70		20		20				
		12.5	25.0	70					20			
	H12	0.2	0.5	80	120	55		5		0.5t	0t	26
		0.5	1.5	80	120	55		6		0.5t	0t	26
		1.5	3.0	80	120	55		7		0.5t	0.5t	26
		3.0	6.0	80	120	55		9			1.0t	26
		6.0	12.5	80	120	55		12			2.0t	26
	H14	0.2	0.5	100	140	70		4		0.5t	0t	32
		0.5	1.5	100	140	70		4		0.5t	0.5t	32
		1.5	3.0	100	140	70		5		1.0t	1.0t	32
		3.0	6.0	100	140	70		6			1.5t	32
		6.0	12.5	100	140	70		7			2.5t	32
	H16	0.2	0.5	110	150	90		2		1.0t	0.5t	36
		0.5	1.5	110	150	90		2		1.0t	1.0t	36
		1.5	4.0	110	150	90		3		1.0t	1.0t	36
	H18	0.2	0.5	125		105		2			1.0t	40
		0.5	1.5	125		105		2			2.0t	40
		1.5	3.0	125		105		2			2.5t	40
	H22	0.2	0.5	80	120	50		7		0.5t	0t	26
		0.5	1.5	80	120	50		8		0.5t	0t	26
		1.5	3.0	80	120	50		10		0.5t	0.5t	26
		3.0	6.0	80	120	50		12			1.0t	26
		6.0	12.5	80	120	50		15			2.0t	26
	H24	0.2	0.5	100	140	60		5		0.5t	0t	31
		0.5	1.5	100	140	60		6		0.5t	0.5t	31
		1.5	3.0	100	140	60		7		1.0t	1.0t	31
		3.0	6.0	100	140	60		9			1.5t	31
		6.0	12.5	100	140	60		11			2.5t	31
	H26	0.2	0.5	110	150	80		3			0.5t	35
		0.5	1.5	110	150	80		3			1.0t	35
		1.5	4.0	110	150	80		4			1.0t	35
EN AW-1080A [Al 99.8(A)]	F[①]	≥2.5	25.0	60								
	O/H111	0.2	0.5	60	90	15		26		0t	0t	18
		0.5	1.5	60	90	15		28		0t	0t	18
		1.5	3.0	60	90	15		31		0t	0t	18
		3.0	6.0	60	90	15		35		0.5t	0.5t	18
		6.0	12.5	60	90	15		35		0.5t	0.5t	18
	H112	≥6.0	12.5	70				20				
		12.5	25.0	70					20			
	H12	0.2	0.5	80	120	55		5		0.5t	0t	26
		0.5	1.5	80	120	55		6		0.5t	0t	26
		1.5	3.0	80	120	55		7		0.5t	0.5t	26
		3.0	6.0	80	120	55		9			1.0t	26
		6.0	12.5	80	120	55		12			2.0t	26
	H14	0.2	0.5	100	140	70		4		0.5t	0t	32
		0.5	1.5	100	140	70		4		0.5t	0.5t	32
		1.5	3.0	100	140	70		5		1.0t	1.0t	32
		3.0	6.0	100	140	70		6			1.5t	32
		6.0	12.5	100	140	70		7			2.5t	32
	H16	0.2	0.5	110	150	90		2		1.0t	0.5t	36
		0.5	1.5	110	150	90		2		1.0t	1.0t	36
		1.5	4.0	110	150	90		3		1.0t	1.0t	36

续表

合金牌号	状态	厚度/mm		抗拉强度 R_m /MPa		屈服强度 $R_{P0.2}$ /MPa		伸长率 /%(最小)		弯曲半径		硬度 (HBW①)
		大于	小于	最小	最大	最小	最大	A_{50mm}	A	180°	90°	
EN AW-1080A [Al 99.8(A)]	H18	0.2	0.5	125		105		2			1.0t	40
		0.5	1.5	125		105		2			2.0t	40
		1.5	3.0	125		105		2			2.5t	40
	H22	0.2	0.5	80	120	50		8		0.5t	0t	26
		0.5	1.5	80	120	50		9		0.5t	0t	26
		1.5	3.0	80	120	50		11		0.5t	0.5t	26
		3.0	6.0	80	120	50		13			1.0t	26
		6.0	12.5	80	120	50		15			2.0t	26
	H24	0.2	0.5	100	140	60		5		0.5t	0t	31
		0.5	1.5	100	140	60		6		0.5t	0.5t	31
		1.5	3.0	100	140	60		7		1.0t	1.0t	31
		3.0	6.0	100	140	60		9			1.5t	31
		6.0	12.5	100	140	60		11			2.5t	31
	H26	0.2	0.5	110	150	80		3			0.5t	35
		0.5	1.5	110	150	80		3			1.0t	35
		1.5	4.0	110	150	80		4			1.0t	35
EN AW-1200 [Al 99.0]	F①	≥2.5	150.0	75								
	O/H111	0.2	0.5	75	105	25		19		0t	0t	23
		0.5	1.5	75	105	25		21		0t	0t	23
		1.5	3.0	75	105	25		24		0t	0t	23
		3.0	6.0	75	105	25		28		0.5t	0.5t	23
		6.0	12.5	75	105	25		33		1.0t	1.0t	23
		12.5	80.0	75	105	25			30			23
	H112	≥6.0	12.5	85		35		16				26
		12.5	80.0	80		30			16			24
	H12	0.2	0.5	95	135	75		2		0.5t	0t	31
		0.5	1.5	95	135	75		4		0.5t	0t	31
		1.5	3.0	95	135	75		5		0.5t	0.5t	31
		3.0	6.0	95	135	75		6		1.0t	1.0t	31
		6.0	12.5	95	135	75		8			2.0t	31
		12.5	40.0	95	135	75			8			31
	H14	0.2	0.5	105	155	95		1		1.0t	0t	37
		0.5	1.5	115	155	95		3		1.0t	0.5t	37
		1.5	3.0	115	155	95		4		1.0t	1.0t	37
		3.0	6.0	115	155	95		5		1.5t	1.5t	37
		6.0	12.5	115	155	90		6			2.5t	37
		12.5	25.0	115	155	90			6			37
	H16	0.2	0.5	120	170	110		1			0.5t	42
		0.5	1.5	130	170	115		2			1.0t	42
		1.5	4.0	130	170	115		3			1.5t	42
	H18	0.2	0.5	150		130		1			1.0t	45
		0.5	1.5	150		130		2			2.0t	45
		1.5	3.0	150		130		2			3.0t	45
	H19	0.2	0.5	160		140		1				48
		0.5	1.5	160		140		1				48
		1.5	3.0	160		140		1				48
	H22	0.2	0.5	95	135	65		4		0.5t	0t	30
		0.5	1.5	95	135	65		5		0.5t	0t	30
		1.5	3.0	95	135	65		6		0.5t	0.5t	30
		3.0	6.0	95	135	65		10		1.0t	1.0t	30
		6.0	12.5	95	135	65		10			2.0t	30
	H24	0.2	0.5	115	155	90		3		1.0t	0t	37
		0.5	1.5	115	155	90		4		1.0t	0.5t	37
		1.5	3.0	115	155	90		5		1.0t	1.0t	37
		3.0	6.0	115	155	90		7			1.5t	37
		6.0	12.5	115	155	85		9			2.5t	36

续表

合金牌号	状态	厚度/mm		抗拉强度 R_m /MPa		屈服强度 $R_{P0.2}$ /MPa		伸长率 /%(最小)		弯曲半径		硬度 (HBW[1])
		大于	小于	最小	最大	最小	最大	A_{50mm}	A	180°	90°	
EN AW-1200 [Al 99.0]	H26	0.2	0.5	130	170	105		2			0.5t	41
		0.5	1.5	130	170	105		3			1.0t	41
		1.5	4.0	130	170	105		4			1.5t	41
EN AW-2014[7] [AlCu4SiMg]	O	≥0.4	1.5		220		140	12		0.5t	0t	55
		1.5	3.0		220		140	13		1.0t	1.0t	55
		3.0	6.0		220		140	16			1.5t	55
		6.0	9.0		220		140	16			2.5t	55
		9.0	12.5		220		140	16			4.0t	55
		12.5	25.0		220				10			55
	T3	≥0.4	1.5	395		245		14				111
		1.5	6.0	400		245		14				112
	T4 T451	≥0.4	1.5	395		240		14		3.0t[2]	3.0t[2]	110
		1.5	6.0	395		240		14		5.0t[2]	5.0t[2]	110
		6.0	12.5	400		250		14			8.0t[2]	112
		12.5	40.0	400		250			10			112
		40.0	100.0	395		250			7			111
	T42	≥0.4	6.0	395		230		14				110
		6.0	12.5	400		235		14				111
		12.5	25.0	400		235			12			111
	T6 T651	≥0.4	1.5	440		390		6			5.0t[2]	133
		1.5	6.0	440		390		7			7.0t[2]	133
		6.0	12.5	450		395		7			10t[2]	135
		12.5	40.0	460		400			6			138
		40.0	60.0	450		390			5			135
		60.0	80.0	435		380			4			131
		80.0	100.0	420		360			4			126
		100.0	125.0	410		350			4			123
		125.0	160.0	390		340			2			
	T62	≥0.4	12.5	440		390		7				133
		12.5	25.0	450		395			6			135
EN AW-2014A [AlCu4SiMg(A)]	O	≥0.2	0.5		235		110				1.0t	55
		0.5	1.5		235		110	14			2.0t	55
		1.5	3.0		235		110	16			2.0t	55
		3.0	6.0		235		110	16			2.0t	55
	T4 T451	≥0.2	0.5	400		225					3.0t[2]	110
		0.5	1.5	400		225		13			3.0t[2]	110
		1.5	6.0	400		225		14			5.0t[2]	110
		6.0	12.5	400		250		14				
		12.5	25.0	400		250			12			
		25.0	40.0	400		250			10			
		40.0	80.0	395		250			7			
	T6 T651	≥0.2	0.5	440		380					5.0t[2]	150
		0.5	1.5	440		380		6			5.0t[2]	150
		1.5	3.0	440		380		7			6.0t[2]	150
		3.0	6.0	440		380		8			6.0t	150
		6.0	12.5	460		410		8				
		12.5	25.0	460		410			6			
		25.0	40.0	450		400			5			
		40.0	60.0	430		390			5			
		60.0	90.0	430		390			4			
		90.0	115.0	420		370			4			
		115.0	140.0	410		350			4			

续表

合金牌号	状态	厚度/mm		抗拉强度 R_m /MPa		屈服强度 $R_{P0.2}$ /MPa		伸长率/%(最小)		弯曲半径		硬度(HBW①)
		大于	小于	最小	最大	最小	最大	A_{50mm}	A	180°	90°	
EN AW-2017A [AlCu4MgSi(A)]	O	≥0.4	1.5		225		145	12		0.5t	0t	55
		1.5	3.0		225		145	14		1.0t	1.0t	55
		3.0	6.0		225		145	13			1.5t	55
		6.0	9.0		225		145	13			2.5t	55
		9.0	12.5		225		145	13			4.0t	55
		12.5	25.0		225		145		12			55
	T4 T451	≥0.4	1.5	390		245		14		3.0t②	3.0t②	110
		1.5	6.0	390		245		15		5.0t②	5.0t②	110
		6.0	12.5	390		260		13			8.0t②	111
		12.5	40.0	390		250			12			110
		40.0	60.0	385		245			12			108
		60.0	80.0	370		240			7			
		80.0	120.0	360		240			6			105
		120.0	150.0	350		240			4			101
		150.0	180.0	330		220			2			
		180.0	200.0	300		200			2			
	T452	150.0	180.0	330		220			2			
		180.0	200.0	300		200			2			
	T42	≥0.4	3.0	390		235		14				109
		3.0	12.5	390		235		15				109
		12.5	25.0	390		235			12			109
EN AW-2024 [AlCu4Mg1]	O	≥0.4	1.5		220		140	12		0.5t	0t	55
		1.5	3.0		220		140	13		2.0t	1.0t	55
		3.0	6.0		220		140	13		3.0t	1.5t	55
		6.0	9.0		220		140	13			2.5t	55
		9.0	12.5		220		140	13			4.0t	55
		12.5	25.0		220				11			55
	T4	≥0.4	1.5	425		275		12		4.0t		120
		1.5	6.0	425		275		14		5.0t		120
	T3 T351	≥0.4	1.5	435		290		12		4.0t②	4.0t②	123
		1.5	3.0	435		290		14		4.0t②	4.0t②	123
		3.0	6.0	440		290		14		5.0t②	5.0t②	124
		6.0	12.5	440		290		13			8.0t②	124
		12.5	40.0	430		290			11			122
		40.0	80.0	420		290			8			120
		80.0	100.0	400		285			7			115
		100.0	120.0	380		270			5			110
		120.0	150.0	360		250			5			104
	T42	≥0.4	6.0	425		260		15				119
		6.0	12.5	425		260		12				119
		12.5	25.0	420		260			8			118
	T8 T851	≥0.4	1.5	460		400		5				138
		1.5	6.0	460		400		6				138
		6.0	12.5	460		400		5				138
		12.5	25.0	455		400			4			137
		25.0	40.0	455		395			4			136
	T62	≥0.4	12.5	440		345		5				129
		12.5	25.0	435		345			4			128
EN AW-2618A [AlCu2Mg1.5Ni]	T851	≥6.0	12.5	420		375		5				
		12.5	40.0	420		375			5			
		40.0	80.0	410		370			5			
		80.0	100.0	405		365			4			
		100.0	140.0	395		360			4			

续表

合金牌号	状态	厚度/mm		抗拉强度 R_m /MPa		屈服强度 $R_{P0.2}$ /MPa		伸长率 /%(最小)		弯曲半径		硬度 (HBW[①])
		大于	小于	最小	最大	最小	最大	A_{50mm}	A	180°	90°	
EN AW-3003 [AlMn1Cu]	F[①]	≥2.5	80.0	95								
	O/H111	0.2	0.5	95	135	35		15		0t	0t	28
		0.5	1.5	95	135	35		17		0t	0t	28
		1.5	3.0	95	135	35		20		0t	0t	28
		3.0	6.0	95	135	35		23		1.0t	1.0t	28
		6.0	12.5	95	135	35		24			1.5t	28
		12.5	50.0	95	135	35			23			28
	H112	≥6.0	12.5	115		70		10				35
		12.5	80.0	100		40			18			29
	H12	0.2	0.5	120	160	90		3		1.5t	0t	38
		0.5	1.5	120	160	90		4		1.5t	0.5t	38
		1.5	3.0	120	160	90		5		1.5t	1.0t	38
		3.0	6.0	120	160	90		6			1.0t	38
		6.0	12.5	120	160	90		7			2.0t	38
		12.5	40.0	120	160	90			8			38
	H14	0.2	0.5	145	185	125		2		2.0t	0.5t	46
		0.5	1.5	145	185	125		2		2.0t	1.0t	46
		1.5	3.0	145	185	125		3		2.0t	1.0t	46
		3.0	6.0	145	185	125		4			2.0t	46
		6.0	12.5	145	185	125		5			2.5t	46
		12.5	25.0	145	185	125			5			46
	H16	0.2	0.5	170	210	150		1		2.5t	1.0t	54
		0.5	1.5	170	210	150		2		2.5t	1.5t	54
		1.5	4.0	170	210	150		2		2.5t	2.0t	54
	H18	0.2	0.5	190		170		1			1.5t	60
		0.5	1.5	190		170		2			2.5t	60
		1.5	3.0	190		170		2			3.0t	60
	H19	0.2	0.5	210		180		1				65
		0.5	1.5	210		180		2				65
		1.5	3.0	210		180		2				65
	H22	0.2	0.5	120	160	80		6		1.0t	0t	37
		0.5	1.5	120	160	80		7		1.0t	0.5t	37
		1.5	3.0	120	160	80		8		1.0t	1.0t	37
		3.0	6.0	120	160	80		9			1.0t	37
		6.0	12.5	120	160	80		11			2.0t	37
	H24	0.2	0.5	145	185	115		4		1.5t	0.5t	45
		0.5	1.5	145	185	115		4		1.5t	1.0t	45
		1.5	3.0	145	185	115		5		1.5t	1.0t	45
		3.0	6.0	145	185	115		6			2.0t	45
		6.0	12.5	145	185	110		8			2.5t	45
	H26	0.2	0.5	170	210	140		2		2.0t	1.0t	53
		0.5	1.5	170	210	140		3		2.0t	1.5t	53
		1.5	4.0	170	210	140		3		2.0t	2.0t	53
	H28	0.2	0.5	190		160		2			1.5t	59
		0.5	1.5	190		160		2			2.5t	59
		1.5	3.0	190		160		3			3.0t	59
EN AW-3004 [AlMn1Mg1]	F[①]	≥2.5	80.0	155								
	O/H111	0.2	0.5	155	200	60		13		0t	0t	45
		0.5	1.5	155	200	60		14		0t	0t	45
		1.5	3.0	155	200	60		15		0.5t	0t	45
		3.0	6.0	155	200	60		16		1.0t	1.0t	45
		6.0	12.5	155	200	60		16			2.0t	45
		12.5	50.0	155	200	60			14			45

续表

合金牌号	状态	厚度/mm		抗拉强度 R_m /MPa		屈服强度 $R_{P0.2}$ /MPa		伸长率 /%(最小)		弯曲半径		硬度 (HBW①)
		大于	小于	最小	最大	最小	最大	A_{50mm}	A	180°	90°	
EN AW-3004 [AlMn1Mg1]	H12	0.2	0.5	190	240	155		2		1.5t	0t	59
		0.5	1.5	190	240	155		3		1.5t	0.5t	59
		1.5	3.0	190	240	155		4		2.0t	1.0t	59
		3.0	6.0	190	240	155		5			1.5t	59
	H14	0.2	0.5	220	265	180		1		2.5t	0.5t	67
		0.5	1.5	220	265	180		2		2.5t	1.0t	67
		1.5	3.0	220	265	180		2		2.5t	1.5t	67
		3.0	6.0	220	265	180		3			2.0t	67
	H16	0.2	0.5	240	285	200		1		3.5t	1.0t	73
		0.5	1.5	240	285	200		1		3.5t	1.5t	73
		1.5	4.0	240	285	200		2			2.5t	73
	H18	0.2	0.5	260		230		1			1.5t	80
		0.5	1.5	260		230		1			2.5t	80
		1.5	3.0	260		230		2				80
	H19	0.2	0.5	270		240		1				83
		0.5	1.5	270		240		1				83
	H22/H32	0.2	0.5	190	240	145		4		1.0t	0t	58
		0.5	1.5	190	240	145		5		1.0t	0.5t	58
		1.5	3.0	190	240	145		6		1.5t	1.0t	58
		3.0	6.0	190	240	145		7			1.5t	58
	H24/H34	0.2	0.5	220	265	170		3		2.0t	0.5t	66
		0.5	1.5	220	265	170		4		2.0t	1.0t	66
		1.5	3.0	220	265	170		4		2.0t	1.5t	66
	H26/H36	0.2	0.5	240	285	190		3		3.0t	1.0t	72
		0.5	1.5	240	285	190		3		3.0t	1.5t	72
		1.5	3.0	240	285	190		3			2.5t	72
	H28/H38	0.2	0.5	260		220		2			1.5t	79
		0.5	1.5	260		220		3			2.5t	79
EN AW-3005 [AlMn1Mg0.5]	F①	≥2.5	80.0	115								
	O/H111	0.2	0.5	115	165	45		12		0t	0t	33
		0.5	1.5	115	165	45		14		0t	0t	33
		1.5	3.0	115	165	45		16		1.0t	0.5t	33
		3.0	6.0	115	165	45		19			1.0t	33
	H12	0.2	0.5	145	195	125		3		1.5t	0t	46
		0.5	1.5	145	195	125		4		1.5t	0.5t	46
		1.5	3.0	145	195	125		4		2.0t	1.0t	46
		3.0	6.0	145	195	125		5			1.5t	46
	H14	0.2	0.5	170	215	150		1		2.5t	0.5t	54
		0.5	1.5	170	215	150		2		2.5t	1.0t	54
		1.5	3.0	170	215	150		2			1.5t	54
		3.0	6.0	170	215	150		3			2.0t	54
	H16	0.2	0.5	195	240	175		1			1.0t	61
		0.5	1.5	195	240	175		2			1.5t	61
		1.5	4.0	195	240	175		2			2.5t	61
	H18	0.2	0.5	220		200		1			1.5t	69
		0.5	1.5	220		200		2			2.5t	69
		1.5	3.0	220		200		2				69
	H19	0.2	0.5	235		210		1				73
		0.5	1.5	235		210		1				73
	H22	0.2	0.5	145	195	110		5		1.0t	0t	45
		0.5	1.5	145	195	110		5		1.0t	0.5t	45
		1.5	3.0	145	195	110		6		1.5t	1.0t	45
		3.0	6.0	145	195	110		7			1.5t	45

续表

合金牌号	状态	厚度/mm		抗拉强度 R_m /MPa		屈服强度 $R_{P0.2}$ /MPa		伸长率/%（最小）		弯曲半径		硬度（HBW[①]）
		大于	小于	最小	最大	最小	最大	A_{50mm}	A	180°	90°	
EN AW-3005 [AlMn1Mg0.5]	H24	0.2	0.5	170	215	130		4		1.5t	0.5t	52
		0.5	1.5	170	215	130		4		1.5t	1.0t	52
		1.5	3.0	170	215	130		4			1.5t	52
	H26	0.2	0.5	195	240	160		3			1.0t	60
		0.5	1.5	195	240	160		3			1.5t	60
		1.5	3.0	195	240	160		3			2.5t	60
	H28	0.2	0.5	220		190		2			1.5t	68
		0.5	1.5	220		190		2			2.5t	68
		1.5	3.0	220		190		3				68
EN AW-3103 [AlMn1]	F[①]	≥2.5	80.0	90								
	O/H111	0.2	0.5	90	130	35		17		0t	0t	27
		0.5	1.5	90	130	35		19		0t	0t	27
		1.5	3.0	90	130	35		21		0t	0t	27
		3.0	6.0	90	130	35		24		1.0t	1.0t	27
		6.0	12.5	90	130	35		28			1.5t	27
		12.5	50.0	90	130	35			25			27
	H112	≥6.0	12.5	110		70		10				34
		12.5	80.0	95		40			18			28
	H12	0.2	0.5	115	155	85		3		1.5t	0t	36
		0.5	1.5	115	155	85		4		1.5t	0.5t	36
		1.5	3.0	115	155	85		5		1.5t	1.0t	36
		3.0	6.0	115	155	85		6			1.0t	36
		6.0	12.5	115	155	85		7			2.0t	36
		12.5	40.0	115	155	85			8			36
	H14	0.2	0.5	140	180	120		2		2.0t	0.5t	45
		0.5	1.5	140	180	120		2		2.0t	1.0t	45
		1.5	3.0	140	180	120		3		2.0t	1.0t	45
		3.0	6.0	140	180	120		4			2.0t	45
		6.0	12.5	140	180	120		5			2.5t	45
		12.5	25.0	140	180	120			5			45
	H16	0.2	0.5	160	200	145		1		2.5t	1.0t	51
		0.5	1.5	160	200	145		2		2.5t	1.5t	51
		1.5	4.0	160	200	145		2		2.5t	2.0t	51
		4.0	8.0	160	200	145		2		2.0t	1.5t	51
	H18	0.2	0.5	185		165		1			1.5t	58
		0.5	1.5	185		165		2			2.5t	58
		1.5	3.0	185		165		2			3.0t	58
	H19	0.2	0.5	200		175		1				62
		0.5	1.5	200		175		2				62
		1.5	3.0	200		175		2				62
	H22	0.2	0.5	115	155	75		6		1.0t	0t	36
		0.5	1.5	115	155	75		7		1.0t	0.5t	36
		1.5	3.0	115	155	75		8		1.0t	1.0t	36
		3.0	6.0	115	155	75		9			1.0t	36
		6.0	12.5	115	155	75		11			2.0t	36
	H24	0.2	0.5	140	180	110		4		1.5t	0.5t	44
		0.5	1.5	140	180	110		4		1.5t	1.0t	44
		1.5	3.0	140	180	110		5		1.5t	1.0t	44
		3.0	6.0	140	180	110		6			2.0t	44
		6.0	12.5	140	180	110		8			2.5t	44
	H26	0.2	0.5	160	200	135		2		2.0t	1.0t	50
		0.5	1.5	160	200	135		3		2.0t	1.5t	50
		1.5	4.0	160	200	135		3		2.0t	2.0t	50
	H28	0.2	0.5	185		155		2			1.5t	58
		0.5	1.5	185		155		2			2.5t	58
		1.5	3.0	185		155		3			3.0t	58

续表

合金牌号	状态	厚度/mm		抗拉强度 R_m /MPa		屈服强度 $R_{P0.2}$ /MPa		伸长率/%(最小)		弯曲半径		硬度(HBW①)
		大于	小于	最小	最大	最小	最大	A_{50mm}	A	180°	90°	
EN AW-3105 [AlMn0.5Mg0.5]	F①	≥2.5	80.0	100								
	O/H111	0.2	0.5	100	155	40		14		0t		29
		0.5	1.5	100	155	40		15		0t		29
		1.5	3.0	100	155	40		17		0.5t		29
	H12	0.2	0.5	130	180	105		3		1.5t		41
		0.5	1.5	130	180	105		4		1.5t		41
		1.5	3.0	130	180	105		4		1.5t		41
	H14	0.2	0.5	150	200	130		2		2.5t		48
		0.5	1.5	150	200	130		2		2.5t		48
		1.5	3.0	150	200	130		2		2.5t		48
	H16	0.2	0.5	175	225	160		1				56
		0.5	1.5	175	225	160		2				56
		1.5	3.0	175	225	160		2				56
	H18	0.2	0.5	195		180		1				62
		0.5	1.5	195		180		1				62
		1.5	3.0	195		180		1				62
	H19	0.2	0.5	215		190		1				67
		0.5	1.5	215		190		1				67
	H22	0.2	0.5	130	180	105		6				41
		0.5	1.5	130	180	105		6				41
		1.5	3.0	130	180	105		7				41
	H24	0.2	0.5	150	200	120		4		2.5t		47
		0.5	1.5	150	200	120		4		2.5t		47
		1.5	3.0	150	200	120		5		2.5t		47
	H26	0.2	0.5	175	225	150		3				55
		0.5	1.5	175	225	150		3				55
		1.5	3.0	175	225	150		3				55
	H28	0.2	0.5	195		170		2				61
		0.5	1.5	195		170		2				61
EN AW-4006 [AlSi1Fe]	F①	≥2.5	6.0	95								
	O	0.2	0.5	95	130	40		17		0t		28
		0.5	1.5	95	130	40		19		0t		28
		1.5	3.0	95	130	40		22		0t		28
		3.0	6.0	95	130	40		25		1.0t		28
	H12	0.2	0.5	120	160	90		4		1.5t		38
		0.5	1.5	120	160	90		4		1.5t		38
		1.5	3.0	120	160	90		5		1.5t		38
	H14	0.2	0.5	140	180	120		3		2.0t		45
		0.5	1.5	140	180	120		3		2.0t		45
		1.5	3.0	140	180	120		3		2.0t		45
	T4③	0.2	0.5	120	160	55		14				35
		0.5	1.5	120	160	55		16				35
		1.5	3.0	120	160	55		18				35
		3.0	6.0	120	160	55		21				35
EN AW-4007 [AlSi1.5Mn]	F①	≥2.5	6.0	110								
	O/H111	0.2	0.5	110	150	45		15				32
		0.5	1.5	110	150	45		16				32
		1.5	3.0	110	150	45		19				32
		3.0	6.0	110	150	45		21				32
		6.0	12.5	110	150	45		25				32
	H12	0.2	0.5	140	180	110		4				44
		0.5	1.5	140	180	110		4				44
		1.5	3.0	140	180	110		5				44

续表

合金牌号	状态	厚度/mm		抗拉强度 R_m /MPa		屈服强度 $R_{P0.2}$ /MPa		伸长率 /%（最小）		弯曲半径		硬度（HBW①）
		大于	小于	最小	最大	最小	最大	A_{50mm}	A	180°	90°	
EN AW-4015 [AlSi2Mn]	O/H111	0.2	3.0		150	45		20				35
	H12	0.2	0.5	120	175	90		4				45
		0.5	3.0	120	175	90		4				45
	H14	0.2	0.5	150	200	120		2				50
		0.5	3.0	150	200	120		3				50
	H16	0.2	0.5	170	220	150		1				60
		0.5	3.0	170	220	150		2				60
	H18	0.2	3.0	200	250	180		1				70
EN AW-5005 [AlMg1(B)]和 EN AW-5005A [AlMg1(C)]	F①	≥2.5	80.0	100								
	O/H111	0.2	0.5	100	145	35		15		0t	0t	29
		0.5	1.5	100	145	35		19		0t	0t	29
		1.5	3.0	100	145	35		20		0.5t	0t	29
		3.0	6.0	100	145	35		22		1.0t	1.0t	29
		6.0	12.5	100	145	35		24			1.5t	29
		12.5	50.0	100	145	35			20			29
	H12	0.2	0.5	125	165	95		2		1.0t	0t	39
		0.5	1.5	125	165	95		2		1.0t	0.5t	39
		1.5	3.0	125	165	95		4		1.5t	1.0t	39
		3.0	6.0	125	165	95		5			1.0t	39
		6.0	12.5	125	165	95		7			2.0t	39
	H14	0.2	0.5	145	185	120		2		2.0t	0.5t	48
		0.5	1.5	145	185	120		2		2.0t	1.0t	48
		1.5	3.0	145	185	120		3		2.5t	1.0t	48
		3.0	6.0	145	185	120		4			2.0t	48
		6.0	12.5	145	185	120		5			2.5t	48
	H16	0.2	0.5	165	205	145		1			1.0t	52
		0.5	1.5	165	205	145		2			1.5t	52
		1.5	3.0	165	205	145		3			2.0t	52
		3.0	4.0	165	205	145		3			2.5t	52
	H18	0.2	0.5	185		165		1			1.5t	58
		0.5	1.5	185		165		2			2.5t	58
		1.5	3.0	185		165		2			3.0t	58
	H19	0.2	0.5	205		185		1				64
		0.5	1.5	205		185		2				64
		1.5	3.0	205		185		2				64
	H22/H32	0.2	0.5	125	165	80		4		1.0t	0t	38
		0.5	1.5	125	165	80		5		1.0t	0.5t	38
		1.5	3.0	125	165	80		6		1.5t	1.0t	38
		3.0	6.0	125	165	80		8			1.0t	38
		6.0	12.5	125	165	80		10			2.0t	38
	H24/H34	0.2	0.5	145	185	110		3		1.5t	0.5t	47
		0.5	1.5	145	185	110		4		1.5t	1.0t	47
		1.5	3.0	145	185	110		5		2.0t	1.0t	47
		3.0	6.0	145	185	110		6			2.0t	47
		6.0	12.5	145	185	110		8			2.5t	47
	H26/H36	0.2	0.5	165	205	135		2			1.0t	52
		0.5	1.5	165	205	135		3			1.5t	52
		1.5	3.0	165	205	135		4			2.0t	52
		3.0	4.0	165	205	135		4			2.5t	52
	H28/H38	0.2	0.5	185		160		1			1.5t	58
		0.5	1.5	185		160		2			2.5t	58
		1.5	3.0	185		160		3			3.0t	58

续表

合金牌号	状态	厚度/mm		抗拉强度 R_m/MPa		屈服强度 $R_{P0.2}$/MPa		伸长率/%(最小)		弯曲半径		硬度(HBW[1])
		大于	小于	最小	最大	最小	最大	A_{50mm}	A	180°	90°	
EN AW-5010 [AlMg0.5Mn]	F[1]	≥2.5	80.0	90								
	O/H111	0.2	0.5	90	130	35		17		0t	0t	27
		0.5	1.5	90	130	35		19		0t	0t	27
		1.5	3.0	90	130	35		21		0t	0t	27
		3.0	6.0	90	130	35		24		1.0t	1.0t	27
	H12	0.2	0.5	110	155	85		2		1.5t	0t	36
		0.5	1.5	110	155	85		3		1.5t	0.5t	36
		1.5	3.0	110	155	85		4		2.0t	1.0t	36
		3.0	6.0	110	155	85		5			1.5t	36
	H14	0.2	0.5	140	175	115		2		2.0t	0.5t	45
		0.5	1.5	140	175	115		2		2.0t	1.0t	45
		1.5	3.0	140	175	115		3		2.5t	1.5t	45
		3.0	6.0	140	175	115		4			2.0t	45
	H16	0.2	0.5	155	195	140		1		2.5t	1.0t	51
		0.5	1.5	155	195	140		2		2.5t	1.5t	51
		1.5	4.0	155	195	140		2		2.5t	2.0t	51
	H18	0.2	0.5	175		160		1			1.5t	58
		0.5	1.5	175		160		2			2.5t	58
		1.5	3.0	175		160		2			3.0t	58
	H19	0.2	0.5	190		170		1				62
		0.5	1.5	190		170		1				62
		1.5	3.0	190		170		1				62
	H22	0.2	0.5	110	155	75		4		1.0t	0t	36
		0.5	1.5	110	155	75		5		1.0t	0.5t	36
		1.5	3.0	110	155	75		6		1.0t	1.0t	36
		3.0	6.0	110	155	75		7			1.5t	36
	H24	0.2	0.5	135	175	105		3		1.5t	0.5t	44
		0.5	1.5	135	175	105		4		1.5t	1.0t	44
		1.5	3.0	135	175	105		5		2.0t	1.5t	44
	H26	0.2	0.5	155	195	130		2		2.0t	1.0t	50
		0.5	1.5	155	195	130		3		2.0t	1.5t	50
		1.5	4.0	155	195	130		3		2.5t	2.0t	50
	H28	0.2	0.5	175		150		1			2.0t	58
		0.5	1.5	175		150		2			2.5t	58
		1.5	3.0	175		150		3			3.0t	58
EN AW-5026 [AlMg4.5MnSiFe]	O/H111	≥4	10	245	300	120		12				
		10	50	245	300	120			11			
		50	100	245	300	120			10			
		100	200	230	285	120			9			
		200	350	210	270	90			6			
	H14	≥5	12.5	250	300	200		10				
		12.5	15	250	300	200			10			
	H24	≥3	12.5	300	340	220		5				
		12.5	20	300	340	220			4			
	H34	≥5	12.5	250	300	200		10				
		12.5	15	250	300	200			10			
EN AW-5040 [AlMg1.5Mn]	H24/H34	≥0.8	1.8	220	260	170		6				66
	H26/H36	≥1.0	2.0	240	280	205		5				74

续表

合金牌号	状态	厚度/mm		抗拉强度 R_m /MPa		屈服强度 $R_{p0.2}$ /MPa		伸长率/%(最小)		弯曲半径		硬度(HBW[①])
		大于	小于	最小	最大	最小	最大	A_{50mm}	A	180°	90°	
EN AW-5049 [AlMg2Mn0.8]	F[①]	≥2.5	100.0	190								
	O/H111	0.2	0.5	190	240	80		12		0.5t	0t	52
		0.5	1.5	190	240	80		14		0.5t	0.5t	52
		1.5	3.0	190	240	80		16		1.0t	1.0t	52
		3.0	6.0	190	240	80		18		1.0t	1.0t	52
		6.0	12.5	190	240	80		18			2.0t	52
		12.5	100.0	190	240	80			17			52
	H112	≥6.0	12.5	210		100		12				62
		12.5	25.0	200		90			10			58
		25.0	40.0	190		80			12			52
		40.0	80.0	190		80			14			52
	H12	0.2	0.5	220	270	170		4				66
		0.5	1.5	220	270	170		5				66
		1.5	3.0	220	270	170		6				66
		3.0	6.0	220	270	170		7				66
		6.0	12.5	220	270	170		9				66
		12.5	40.0	220	270	170			9			66
	H14	0.2	0.5	240	280	190		3				72
		0.5	1.5	240	280	190		3				72
		1.5	3.0	240	280	190		4				72
		3.0	6.0	240	280	190		4				72
		6.0	12.5	240	280	190		5				72
		12.5	25.0	240	280	190			5			72
	H16	0.2	0.5	265	305	220		2				80
		0.5	1.5	265	305	220		3				80
		1.5	3.0	265	305	220		3				80
		3.0	6.0	265	305	220		3				80
	H18	0.2	0.5	290		250		1				88
		0.5	1.5	290		250		2				88
		1.5	3.0	290		250		2				88
	H22/H32	0.2	0.5	220	270	130		7		1.5t	0.5t	63
		0.5	1.5	220	270	130		8		1.5t	1.0t	63
		1.5	3.0	220	270	130		10		2.0t	1.5t	63
		3.0	6.0	220	270	130		11			1.5t	63
		6.0	12.5	220	270	130		10			2.5t	63
		12.5	40.0	220	270	130			9			63
	H24/H34	0.2	0.5	240	280	160		6		2.5t	1.0t	70
		0.5	1.5	240	280	160		6		2.5t	1.5t	70
		1.5	3.0	240	280	160		7		2.5t	2.0t	70
		3.0	6.0	240	280	160		8			2.5t	70
		6.0	12.5	240	280	160		10			3.0t	70
		12.5	25.0	240	280	160			8			70
	H26/H36	0.2	0.5	265	305	190		4			1.5t	78
		0.5	1.5	265	305	190		4			2.0t	78
		1.5	3.0	265	305	190		5			3.0t	78
		3.0	6.0	265	305	190		6			3.5t	78
	H28/H38	0.2	0.5	290		230		3				87
		0.5	1.5	290		230		3				87
		1.5	3.0	290		230		4				87

续表

合金牌号	状态	厚度/mm		抗拉强度 R_m /MPa		屈服强度 $R_{P0.2}$ /MPa		伸长率 /%(最小)		弯曲半径		硬度 (HBW[①])
		大于	小于	最小	最大	最小	最大	A_{50mm}	A	180°	90°	
EN AW-5050 [AlMg1.5(C)]	F[①]	≥2.5	80.0	130								
	O/H111	0.2	0.5	130	170	45		16		0t	0t	36
		0.5	1.5	130	170	45		17		0t	0t	36
		1.5	3.0	130	170	45		19		0.5t	0t	36
		3.0	6.0	130	170	45		21			1.0t	36
		6.0	12.5	130	170	45		20			2.0t	36
		12.5	50.0	130	170	45			20			36
	H112	≥6.0	12.5	140		55		12				39
		12.5	40.0	140		55			10			39
		40.0	80.0	140		55			10			39
	H12	0.2	0.5	155	195	130		2			0t	49
		0.5	1.5	155	195	130		2			0.5t	49
		1.5	3.0	155	195	130		4			1.0t	49
	H14	0.2	0.5	175	215	150		2			0.5t	55
		0.5	1.5	175	215	150		2			1.0t	55
		1.5	3.0	175	215	150		3			1.5t	55
		3.0	6.0	175	215	150		4			2.0t	55
	H16	0.2	0.5	195	235	170		1			1.0t	61
		0.5	1.5	195	235	170		2			1.5t	61
		1.5	3.0	195	235	170		2			2.5t	61
		3.0	4.0	195	235	170		3			3.0t	61
	H18	0.2	0.5	220		190		1			1.5t	68
		0.5	1.5	220		190		2			2.5t	68
		1.5	3.0	220		190		2				68
	H22/H32	0.2	0.5	155	195	110		4		1.0t	0t	47
		0.5	1.5	155	195	110		5		1.0t	0.5t	47
		1.5	3.0	155	195	110		7		1.5t	1.0t	47
		3.0	6.0	155	195	110		10			1.5t	47
	H24/H34	0.2	0.5	175	215	135		3		1.5t	0.5t	54
		0.5	1.5	175	215	135		4		1.5t	1.0t	54
		1.5	3.0	175	215	135		5		2.0t	1.5t	54
		3.0	6.0	175	215	135		8			2.0t	54
	H26/H36	0.2	0.5	195	235	160		2			1.0t	60
		0.5	1.5	195	235	160		3			1.5t	60
		1.5	3.0	195	235	160		4			2.5t	60
		3.0	4.0	195	235	160		6			3.0t	60
	H28/H38	0.2	0.5	220		180		1			1.5t	67
		0.5	1.5	220		180		2			2.5t	67
		1.5	3.0	220		180		3				67
EN AW-5052 [AlMg2.5]	F[①]	≥2.5	80.0	165								
	O/H111	0.2	0.5	170	215	65		12		0t	0t	47
		0.5	1.5	170	215	65		14		0t	0t	47
		1.5	3.0	170	215	65		16		0.5t	0.5t	47
		3.0	6.0	170	215	65		18			1.0t	47
		6.0	12.5	165	215	65		19			2.0t	46
		12.5	80.0	165	215	65			18			46
	H112	≥6.0	12.5	190		80		7				55
		12.5	40.0	170		70			10			47
		40.0	80.0	170		70			14			47
	H12	0.2	0.5	210	260	160		4				63
		0.5	1.5	210	260	160		5				63
		1.5	3.0	210	260	160		6				63
		3.0	6.0	210	260	160		8				63
		6.0	12.5	210	260	160		10				63
		12.5	40.0	210	260	160			9			63

续表

合金牌号	状态	厚度/mm		抗拉强度 R_m /MPa		屈服强度 $R_{P0.2}$ /MPa		伸长率 /%(最小)		弯曲半径		硬度 (HBW[①])
		大于	小于	最小	最大	最小	最大	A_{50mm}	A	180°	90°	
EN AW-5052 [AlMg2.5]	H14	0.2	0.5	230	280	180		3				69
		0.5	1.5	230	280	180		3				69
		1.5	3.0	230	280	180		4				69
		3.0	6.0	230	280	180		4				69
		6.0	12.5	230	280	180		5				69
		12.5	25.0	230	280	180			4			69
	H16	0.2	0.5	250	300	210		2				76
		0.5	1.5	250	300	210		3				76
		1.5	3.0	250	300	210		3				76
		3.0	6.0	250	300	210		3				76
	H18	0.2	0.5	270		240		1				83
		0.5	1.5	270		240		2				83
		1.5	3.0	270		240		2				83
	H22/H32	0.2	0.5	210	260	130		5		1.5t	0.5t	61
		0.5	1.5	210	260	130		6		1.5t	1.0t	61
		1.5	3.0	210	260	130		7		1.5t	1.5t	61
		3.0	6.0	210	260	130		10			1.5t	61
		6.0	12.5	210	260	130		12			2.5t	61
		12.5	40.0	210	260	130			12			61
	H24/H34	0.2	0.5	230	280	150		4		2.0t	0.5t	67
		0.5	1.5	230	280	150		5		2.0t	1.5t	67
		1.5	3.0	230	280	150		6		2.0t	2.0t	67
		3.0	6.0	230	280	150		7			2.5t	67
		6.0	12.5	230	280	150		9			3.0t	67
		12.5	25.0	230	280	150			9			67
	H26/H36	0.2	0.5	250	300	180		3			1.5t	74
		0.5	1.5	250	300	180		4			2.0t	74
		1.5	3.0	250	300	180		5			3.0t	74
		3.0	6.0	250	300	180		6			3.5t	74
	H28/H38	0.2	0.5	270		210		3				81
		0.5	1.5	270		210		3				81
		1.5	3.0	270		210		4				81
EN AW-5059 [AlMg5.5MnZnZr]	O/H111/H112	≥3.0	6.0	330	380	160	—	24		1.5t		
		6.0	12.5	330	380	160		24		4t		
		12.5	40.0	330	380	160			24			
	H116/H321[④]	≥3.0	6.0	370		270	—	10		3t		
		6.0	12.5	370		270		10		6t		
		12.5	20.0	370		270			10			
		20.0	40.0	360		260			10			
EN AW-5070 [AlMg4MnZn]	O/H111	0.5	6.0	270	350	125			18	1t	1t	
EN AW-5083 [AlMg4.5Mn0.7]	F[①]	≥2.5	250.0	250								
		250	350	245								
	O/H111	0.2	0.5	275	350	125		11		1.0t	0.5t	75
		0.5	1.5	275	350	125		12		1.0t	1.0t	75
		1.5	3.0	275	350	125		13		1.5t	1.0t	75
		3.0	6.3	275	350	125		15			1.5t	75
		6.3	12.5	270	345	115		16			2.5t	75
		12.5	50.0	270	345	115			15			75
		50.0	80.0	270	345	115			14			73
		80.0	120.0	260		110			12			70
		120.0	200.0	255		105			12			69
		200.0	250.0	250		95			10			69
		250.0	300.0	245		90			9			69

续表

合金牌号	状态	厚度/mm		抗拉强度 R_m /MPa		屈服强度 $R_{P0.2}$ /MPa		伸长率/%(最小)		弯曲半径		硬度(HBW[①])
		大于	小于	最小	最大	最小	最大	A_{50mm}	A	180°	90°	
EN AW-5083 [AlMg4.5Mn0.7]	H112	≥6.0	12.5	275		125		12				75
		12.5	40.0	275		125			10			75
		40.0	80.0	270		115			10			73
		80.0	120.0	260		110			10			73
	H116/H321[④]	≥1.5	3.0	305		215		8		3.0t	2.0t	89
		3.0	6.0	305		215		10			2.5t	89
		6.0	12.5	305		215		12			4.0t	89
		12.5	40.0	305		215			10			89
		40.0	80.0	285		200			10			83
	H12	0.2	0.5	315	375	250		3				94
		0.5	1.5	315	375	250		4				94
		1.5	3.0	315	375	250		5				94
		3.0	6.0	315	375	250		6				94
		6.0	12.5	315	375	250		7				94
		12.5	40.0	315	375	250			6			94
	H14	0.2	0.5	340	400	280		2				102
		0.5	1.5	340	400	280		3				102
		1.5	3.0	340	400	280		3				102
		3.0	6.0	340	400	280		3				102
		6.0	12.5	340	400	280		4				102
		12.5	25.0	340	400	280			3			102
	H16	0.2	0.5	360	420	300		1				108
		0.5	1.5	360	420	300		2				108
		1.5	3.0	360	420	300		2				108
		3.0	4.0	360	420	300		2				108
	H22/H32	0.2	0.5	305	380	215		5		2.0t	0.5t	89
		0.5	1.5	305	380	215		6		2.0t	1.5t	89
		1.5	3.0	305	380	215		7		3.0t	2.0t	89
		3.0	6.0	305	380	215		8			2.5t	89
		6.0	12.5	305	380	215		10			3.5t	89
		12.5	40.0	305	380	215			9			89
	H24/H34	0.2	0.5	340	400	250		4			1.0t	99
		0.5	1.5	340	400	250		5			2.0t	99
		1.5	3.0	340	400	250		6			2.5t	99
		3.0	6.0	340	400	250		7			3.5t	99
		6.0	12.5	340	400	250		8			4.5t	99
		12.5	25.0	340	400	250			7			99
	H26/H36	0.2	0.5	360	420	280		2				106
		0.5	1.5	360	420	280		3				106
		1.5	3.0	360	420	280		3				106
		3.0	4.0	360	420	280		3				106
EN AW-5086 [AlMg4]	F[①]	≥2.5	150.0	240								
	O/H111	0.2	0.5	240	310	100		11		1.0t	0.5t	65
		0.5	1.5	240	310	100		12		1.0t	1.0t	65
		1.5	3.0	240	310	100		13		1.0t	1.0t	65
		3.0	6.0	240	310	100		15		1.5t	1.5t	65
		6.0	12.5	240	310	100		17			2.5t	65
		12.5	150.0	240	310	100			16			65
	H112	≥6.0	12.5	250		105		8				69
		12.5	40.0	240		105			9			65
		40.0	80.0	240		100			12			65
	H116/H321[②]	≥1.5	3.0	275		195		8		2.0t	2.0t	81
		3.0	6.0	275		195		9			2.5t	81
		6.0	12.5	275		195		10			3.5t	81
		12.5	50.0	275		195			9			81

续表

合金牌号	状态	厚度/mm		抗拉强度 R_m /MPa		屈服强度 $R_{P0.2}$ /MPa		伸长率/%(最小)		弯曲半径		硬度(HBW[①])
		大于	小于	最小	最大	最小	最大	A_{50mm}	A	180°	90°	
EN AW-5086 [AlMg4]	H12	0.2	0.5	275	335	200		3				81
		0.5	1.5	275	335	200		4				81
		1.5	3.0	275	335	200		5				81
		3.0	6.0	275	335	200		6				81
		6.0	12.5	275	335	200		7				81
		12.5	40.0	275	335	200			6			81
	H14	0.2	0.5	300	360	240		2				90
		0.5	1.5	300	360	240		3				90
		1.5	3.0	300	360	240		3				90
		3.0	6.0	300	360	240		3				90
		6.0	12.5	300	360	240		4				90
		12.5	25.0	300	360	240			3			90
	H16	0.2	0.5	325	385	270		1				98
		0.5	1.5	325	385	270		2				98
		1.5	3.0	325	385	270		2				98
		3.0	4.0	325	385	270		2				98
	H18	0.2	0.5	345		290		1				104
		0.5	1.5	345		290		1				104
		1.5	3.0	345		290		1				104
	H22/H32	0.2	0.5	275	335	185		5		2.0t	0.5t	80
		0.5	1.5	275	335	185		6		2.0t	1.5t	80
		1.5	3.0	275	335	185		7		2.0t	2.0t	80
		3.0	6.0	275	335	185		8			2.5t	80
		6.0	12.5	275	335	185		10			3.5t	80
		12.5	40.0	275	335	185			9			80
	H24/H34	0.2	0.5	300	360	220		4		2.5t	1.0t	88
		0.5	1.5	300	360	220		5		2.5t	2.0t	88
		1.5	3.0	300	360	220		6		2.5t	2.5t	88
		3.0	6.0	300	360	220		7			3.5t	88
		6.0	12.5	300	360	220		8			4.5t	88
		12.5	25.0	300	360	220			7			88
	H26/H36	0.2	0.5	325	385	250		2				96
		0.5	1.5	325	385	250		3				96
		1.5	3.0	325	385	250		3				96
		3.0	4.0	325	385	250		3				96
EN AW-5088 [AlMg5Mn0.4]	O/H111	3.0	6.0	280		135			26	1.5t	1t	
		6.0	12.5	280		135			26	1.5t	1t	
EN AW-5154 [AlMg3.5(A)]	F[①]	≥2.5	80.0	215								
	O/H111	0.2	0.5	215	275	85		12		0.5t	0.5t	58
		0.5	1.5	215	275	85		13		0.5t	0.5t	58
		1.5	3.0	215	275	85		15		1.0t	1.0t	58
		3.0	6.0	215	275	85		17			1.5t	58
		6.0	12.5	215	275	85		18			2.5t	58
		12.5	50.0	215	275	85			16			58
	H112	≥6.0	12.5	220		125		8				63
		12.5	40.0	215		90			9			59
		40.0	80.0	215		90			13			59
	H12	0.2	0.5	250	305	190		3				75
		0.5	1.5	250	305	190		4				75
		1.5	3.0	250	305	190		5				75
		3.0	6.0	250	305	190		6				75
		6.0	12.5	250	305	190		7				75
		12.5	40.0	250	305	190			6			75

续表

合金牌号	状态	厚度/mm		抗拉强度 R_m /MPa		屈服强度 $R_{P0.2}$ /MPa		伸长率/%(最小)		弯曲半径		硬度(HBW①)
		大于	小于	最小	最大	最小	最大	A_{50mm}	A	180°	90°	
EN AW-5154 [AlMg3.5(A)]	H14	0.2	0.5	270	325	220		2				81
		0.5	1.5	270	325	220		3				81
		1.5	3.0	270	325	220		3				81
		3.0	6.0	270	325	220		4				81
		6.0	12.5	270	325	220		5				81
		12.5	25.0	270	325	220			4			81
	H18	0.2	0.5	310		270		1				94
		0.5	1.5	310		270		1				94
		1.5	3.0	310		270		1				94
	H19	0.2	0.5	330		285		1				100
		0.5	1.5	330		285		1				100
	H22/H32	0.2	0.5	250	305	180		5		1.5t	0.5t	74
		0.5	1.5	250	305	180		6		1.5t	1.0t	74
		1.5	3.0	250	305	180		7		2.0t	2.0t	74
		3.0	6.0	250	305	180		8			2.5t	74
		6.0	12.5	250	305	180		10			4.0t	74
		12.5	40.0	250	305	180			9			74
	H24/H34	0.2	0.5	270	325	200		4		2.5t	1.0t	80
		0.5	1.5	270	325	200		5		2.5t	2.0t	80
		1.5	3.0	270	325	200		6		3.0t	2.5t	80
		3.0	6.0	270	325	200		7			3.0t	80
		6.0	12.5	270	325	200		8			4.0t	80
		12.5	25.0	270	325	200			7			80
	H26/H36	0.2	0.5	290	345	230		3				87
		0.5	1.5	290	345	230		3				87
		1.5	3.0	290	345	230		4				87
		3.0	6.0	290	345	230		5				87
	H28/H38	0.2	0.5	310		250		3				93
		0.5	1.5	310		250		3				93
		1.5	3.0	310		250		3				93
EN AW-5182 [AlMg4.5Mn0.4]	F①	≥2.5	80.0	225								
	O/H111	0.2	0.5	255	315	110		11		1.0t		69
		0.5	1.5	255	315	110		12		1.0t		69
		1.5	3.0	255	315	110		13		1.0t		69
	H19	0.2	0.5	380		320		1				114
		0.5	1.5	380		320		1				114
EN AW-5251 [AlMg2Mn0.3]	F①	≥2.5	80.0	160								
	O/H111	0.2	0.5	160	200	60		13		0t	0t	44
		0.5	1.5	160	200	60		14		0t	0t	44
		1.5	3.0	160	200	60		16		0.5t	0.5t	44
		3.0	6.0	160	200	60		18			1.0t	44
		6.0	12.5	160	200	60		18			2.0t	44
		12.5	50.0	160	200	60			18			44
	H12	0.2	0.5	190	230	150		3		2.0t	0t	58
		0.5	1.5	190	230	150		4		2.0t	1.0t	58
		1.5	3.0	190	230	150		5		2.0t	1.0t	58
		3.0	6.0	190	230	150		8			1.5t	58
		6.0	12.5	190	230	150		10			2.5t	58
		12.5	25.0	190	230	150			10			58
	H14	0.2	0.5	210	250	170		2		2.5t	0.5t	64
		0.5	1.5	210	250	170		2		2.5t	1.5t	64
		1.5	3.0	210	250	170		3		2.5t	1.5t	64
		3.0	6.0	210	250	170		4			2.5t	64
		6.0	12.5	210	250	170		5			3.0t	64

续表

合金牌号	状态	厚度/mm		抗拉强度 R_m /MPa		屈服强度 $R_{P0.2}$ /MPa		伸长率 /%(最小)		弯曲半径		硬度 (HBW[1])
		大于	小于	最小	最大	最小	最大	A_{50mm}	A	180°	90°	
EN AW-5251 [AlMg2Mn0.3]	H16	0.2	0.5	230	270	200		1		3.5t	1.0t	71
		0.5	1.5	230	270	200		2		3.5t	1.5t	71
		1.5	3.0	230	270	200		3		3.5t	2.0t	71
		3.0	4.0	230	270	200		3			3.0t	71
	H18	0.2	0.5	255		230		1				79
		0.5	1.5	255		230		2				79
		1.5	3.0	255		230		2				79
	H22/H32	0.2	0.5	190	230	120		4		1.5t	0t	56
		0.5	1.5	190	230	120		6		1.5t	1.0t	56
		1.5	3.0	190	230	120		8		1.5t	1.0t	56
		3.0	6.0	190	230	120		10			1.5t	56
		6.0	12.5	190	230	120		12			2.5t	56
		12.5	25.0	190	230	120			12			56
	H24/H34	0.2	0.5	210	250	140		3		2.0t	0.5t	62
		0.5	1.5	210	250	140		5		2.0t	1.5t	62
		1.5	3.0	210	250	140		6		2.0t	1.5t	62
		3.0	6.0	210	250	140		8			2.5t	62
		6.0	12.5	210	250	140		10			3.0t	62
	H26/H36	0.2	0.5	230	270	170		3		3.0t	1.0t	69
		0.5	1.5	230	270	170		4		3.0t	1.5t	69
		1.5	3.0	230	270	170		5		3.0t	2.0t	69
		3.0	4.0	230	270	170		7			3.0t	69
	H28/H38	0.2	0.5	255		200		2				77
		0.5	1.5	255		200		3				77
		1.5	3.0	255		200		3				77
EN AW-5383 [AlMg4.5Mn0.9]	O/H111	0.2	0.5	290	360	145		11		1.0t	0.5t	85
		0.5	1.5	290	360	145		12		1.0t	1.0t	85
		1.5	3.0	290	360	145		13		1.5t	1.0t	85
		3.0	6.0	290	360	145		15			1.5t	85
		6.0	12.5	290	360	145		16			2.5t	85
		12.5	50.0	290	360	145			15			85
		50.0	80.0	285	355	135			14			80
		80.0	120.0	275		130			12			76
		120.0	150.0	270		125			12			75
	H112	≥6.0	12.5	290		145		12				85
		12.5	40.0	290		145			10			85
		40.0	80.0	285		135			10			80
	H116 H321[4]	≥1.5	3.0	305		220		8		3.0t	2.0t	90
		3.0	6.0	305		220		10			2.5t	90
		6.0	12.5	305		220		12			4.0t	90
		12.5	40.0	305		220			10			90
		40.0	80.0	285		205			10			84
	H22/H32	0.2	0.5	305	380	220		5		2.0t	0.5t	90
		0.5	1.5	305	380	220		6		2.0t	1.5t	90
		1.5	3.0	305	380	220		7		3.0t	2.0t	90
		3.0	6.0	305	380	220		8			2.5t	90
		6.0	12.5	305	380	220		10			3.5t	90
		12.5	40.0	305	380	220			9			90
	H24/H34	0.2	0.5	340	400	270		4			1.0t	105
		0.5	1.5	340	400	270		5			2.0t	105
		1.5	3.0	340	400	270		6			2.5t	105
		3.0	6.0	340	400	270		7			3.5t	105
		6.0	12.5	340	400	270		8			4.5t	105
		12.5	25.0	340	400	270			7			105

续表

合金牌号	状态	厚度/mm		抗拉强度 R_m /MPa		屈服强度 $R_{P0.2}$ /MPa		伸长率 /%(最小)		弯曲半径		硬度 (HBW①)
		大于	小于	最小	最大	最小	最大	A_{50mm}	A	180°	90°	
EN AW-5449 [AlMg2Mn0.8(B)]	O/H111	0.5	1.5	190	240	80		14				
		1.5	3.0	190	240	80		16				
	H22	0.5	1.5	220	270	130		8				
		1.5	3.0	220	270	130		10				
	H24	0.5	1.5	240	280	160		6				
		1.5	3.0	240	280	160		7				
	H26	0.5	1.5	265	305	190		4				
		1.5	3.0	265	305	190		5				
	H28	0.5	1.5	290		230		3				
		1.5	3.0	290		230		4				
EN AW-5454 [AlMg3Mn]	F①	≥2.5	120.0	215								
		120.0	150.0	205								
	O/H111	0.2	0.5	215	275	85		12		0.5*t*	0.5*t*	58
		0.5	1.5	215	275	85		13		0.5*t*	0.5*t*	58
		1.5	3.0	215	275	85		15		1.0*t*	1.0*t*	58
		3.0	6.0	215	275	85		17			1.5*t*	58
		6.0	12.5	215	275	85		18			2.5*t*	58
		12.5	80.0	215	275	85			16			58
	H112	≥6.0	12.5	220		125		8				63
		12.5	40.0	215		90			9			59
		40.0	120.0	215		90			13			59
	H12	0.2	0.5	250	305	190		3				75
		0.5	1.5	250	305	190		4				75
		1.5	3.0	250	305	190		5				75
		3.0	6.0	250	305	190		6				75
		6.0	12.5	250	305	190		7				75
		12.5	40.0	250	305	190			6			75
	H14	0.2	0.5	270	325	220		2				81
		0.5	1.5	270	325	220		3				81
		1.5	3.0	270	325	220		3				81
		3.0	6.0	270	325	220		4				81
		6.0	12.5	270	325	220		5				81
		12.5	25.0	270	325	220			4			81
	H22/H32	0.2	0.5	250	305	180		5		1.5*t*	0.5*t*	74
		0.5	1.5	250	305	180		6		1.5*t*	1.0*t*	74
		1.5	3.0	250	305	180		7		2.0*t*	2.0*t*	74
		3.0	6.0	250	305	180		8			2.5*t*	74
		6.0	12.5	250	305	180		10			4.0*t*	74
		12.5	40.0	250	305	180			9			74
	H24/H34	0.2	0.5	270	325	200		4		2.5*t*	1.0*t*	80
		0.5	1.5	270	325	200		5		2.5*t*	2.0*t*	80
		1.5	3.0	270	325	200		6		3.0*t*	2.5*t*	80
		3.0	6.0	270	325	200		7			3.0*t*	80
		6.0	12.5	270	325	200		8			4.0*t*	80
		12.5	25.0	270	325	200			7			80
	H26/H36	0.2	0.5	290	345	230		3				87
		0.5	1.5	290	345	230		3				87
		1.5	3.0	290	345	230		4				87
		3.0	6.0	290	345	230		5				87
	H28/H38	0.2	0.5	310		250		3				93
		0.5	1.5	310		250		3				93
		1.5	3.0	310		250		3				93

续表

合金牌号	状态	厚度/mm		抗拉强度 R_m /MPa		屈服强度 $R_{P0.2}$ /MPa		伸长率/%(最小)		弯曲半径		硬度(HBW[1])
		大于	小于	最小	最大	最小	最大	A_{50mm}	A	180°	90°	
EN AW-5754 [AlMg3]	F[1]	≥2.5	100.0	190								
		100.0	150.0	180								
	O/H111	0.2	0.5	190	240	80		12		0.5t	0t	52
		0.5	1.5	190	240	80		14		0.5t	0.5t	52
		1.5	3.0	190	240	80		16		1.0t	1.0t	52
		3.0	6.0	190	240	80		18		1.0t	1.0t	52
		6.0	12.5	190	240	80		18			2.0t	52
		12.5	100.0	190	240	80			17			52
	H112	≥6.0	12.5	190		100		12				62
		12.5	25.0	190		90			10			58
		25.0	40.0	190		80			12			52
		40.0	80.0	190		80			14			52
	H12	0.2	0.5	220	270	170		4				66
		0.5	1.5	220	270	170		5				66
		1.5	3.0	220	270	170		6				66
		3.0	6.0	220	270	170		7				66
		6.0	12.5	220	270	170		9				66
		12.5	40.0	220	270	170			9			66
	H14	0.2	0.5	240	280	190		3				72
		0.5	1.5	240	280	190		3				72
		1.5	3.0	240	280	190		4				72
		3.0	6.0	240	280	190		4				72
		6.0	12.5	240	280	190		5				72
		12.5	25.0	240	280	190			5			72
	H16	0.2	0.5	265	305	220		2				80
		0.5	1.5	265	305	220		3				80
		1.5	3.0	265	305	220		3				80
		3.0	6.0	265	305	220		3				80
	H18	0.2	0.5	290		250		1				88
		0.5	1.5	290		250		2				88
		1.5	3.0	290		250		2				88
	H22/H32	0.2	0.5	220	270	130		7		1.5t	0.5t	63
		0.5	1.5	220	270	130		8		1.5t	1.0t	63
		1.5	3.0	220	270	130		10		2.0t	1.5t	63
		3.0	6.0	220	270	130		11			1.5t	63
		6.0	12.5	220	270	130		10			2.5t	63
		12.5	40.0	220	270	130			9			63
	H24/H34	0.2	0.5	240	280	160		6		2.5t	1.0t	70
		0.5	1.5	240	280	160		6		2.5t	1.5t	70
		1.5	3.0	240	280	160		7		2.5t	2.0t	70
		3.0	6.0	240	280	160		8			2.5t	70
		6.0	12.5	240	280	160		10			3.0t	70
		12.5	25.0	240	280	160			8			70
	H26/H36	0.2	0.5	265	305	190		4			1.5t	78
		0.5	1.5	265	305	190		4			2.0t	78
		1.5	3.0	265	305	190		5			3.0t	78
		3.0	6.0	265	305	190		6			3.5t	78
	H28/H38	0.2	0.5	290		230		3				87
		0.5	1.5	290		230		3				87
		1.5	3.0	290		230		4				87
EN AW-6016 [AlSi1.2Mg0.4]	T4	≥0.4	3.0	170	250	80	140	24		0.5t	0.5t	55
	T6	≥0.4	3.0	260	300	180	260	10				80
EN AW-6025 [AlMg2.5SiMnCu][5]	O	≥0.2	1.0	160	220	60		8		0t		
		1.0	5.0	160	220	60		10		0t		
	H21	≥0.2	1.0	170	220	100		4		0.5t		
		1.0	5.0	170	220	100		5		1t		

续表

合金牌号	状态	厚度/mm		抗拉强度 R_m /MPa		屈服强度 $R_{P0.2}$ /MPa		伸长率 /%(最小)		弯曲半径		硬度 (HBW[1])
		大于	小于	最小	最大	最小	最大	A_{50mm}	A	180°	90°	
EN AW-6025 [AlMg2.5SiMnCu][5]	H32	≥0.2	0.8	180	230	135		2		0.5t		
		0.8	1.5	180	230	135		3		0.5t		
		1.5	5.0	180	230	135		4		1t		
	H34	≥0.2	0.5	210	250	165		2		2t		
		0.5	1.3	210	250	165		2		2t		
		1.3	5.0	210	250	165		3		2t		
	H36	≥0.2	0.5	220	260	185		2		3t		
		0.5	1.3	220	260	185		3		3t		
		1.3	5.0	220	260	185		4		3t		
EN AW-6061 [AlMg1SiCu]	O	≥0.4	1.5		150		85	14		1.0t	0.5t	40
		1.5	3.0		150		85	16		1.0t	1.0t	40
		3.0	6.0		150		85	19			1.0t	40
		6.0	12.5		150		85	16			2.0t	40
		12.5	25.0		150				16			40
	T4 T451	≥0.4	1.5	205		110		12		1.5t[6]	1.0t[6]	58
		1.5	3.0	205		110		14		2.0t[6]	1.5t[6]	58
		3.0	6.0	205		110		16			3.0t[6]	58
		6.0	12.5	205		110		18			4.0t[6]	58
		12.5	40.0	205		110			15			58
		40.0	80.0	205		110			14			58
	T42	≥0.4	1.5	205		95		12			1.0t[6]	57
		1.5	3.0	205		95		14			1.5t[6]	57
		3.0	6.0	205		95		16			3.0t[6]	57
		6.0	12.5	205		95		18			4.0t[6]	57
		12.5	40.0	205		95			15			57
		40.0	80.0	205		95			14			57
	T6 T651 T62	≥0.4	1.5	290		240		6			2.5t[6]	88
		1.5	3.0	290		240		7			3.5t[6]	88
		3.0	6.0	290		240		10			4.0t[6]	88
		6.0	12.5	290		240		9			5.0t[6]	88
		12.5	40.0	290		240			8			88
		40.0	80.0	290		240			6			88
		80.0	100.0	290		240			5			88
		100.0	150.0	275		240			5			84
		150.0	250.0	265		230			4			81
		250.0	350.0	260		220			4			80
		350.0	400.0	260		220			2			80
EN AW-6082 [AlSi1MgMn]	O	≥0.4	1.5		150		85	14		1.0t	0.5t	40
		1.5	3.0		150		85	16		1.0t	1.0t	40
		3.0	6.0		150		85	18			1.5t	40
		6.0	12.5		150		85	17			2.5t	40
		12.5	25.0		150				16			40
	T4 T451	≥0.4	1.5	205		110		12		3.0t[2]	1.5t[2]	58
		1.5	3.0	205		110		14		3.0t[2]	2.0t[2]	58
		3.0	6.0	205		110		15			3.0t[2]	58
		6.0	12.5	205		110		14			4.0t[2]	58
		12.5	40.0	205		110			13			58
		40.0	80.0	205		110			12			58
	T42	≥0.4	1.5	205		95		12			1.5t[2]	57
		1.5	3.0	205		95		14			2.0t[2]	57
		3.0	6.0	205		95		15			3.0t[2]	57
		6.0	12.5	205		95		14			4.0t[2]	57
		12.5	40.0	205		95			13			57
		40.0	80.0	205		95			12			57

续表

合金牌号	状态	厚度/mm		抗拉强度 R_m/MPa		屈服强度 $R_{P0.2}$/MPa		伸长率/%(最小)		弯曲半径		硬度(HBW[①])
		大于	小于	最小	最大	最小	最大	A_{50mm}	A	180°	90°	
EN AW-6082 [AlSi1MgMn]	T6 T651 T62	≥0.4	1.5	310		260		6			2.5t[②]	94
		1.5	3.0	310		260		7			3.5t[②]	94
		3.0	6.0	310		260		10			4.5t[②]	94
		6.0	12.5	300		255		9			6.0t[②]	91
		12.5	60.0	295		240			8			89
		60.0	100.0	295		240			7			89
		100.0	150.0	275		240			6			84
		150.0	175.0	275		230			4			83
		175.0	350.0	260		220			2			
	T61 T6151	≥0.4	1.5	280		205		10			2.0t[②]	82
		1.5	3.0	280		205		11			2.5t[②]	82
		3.0	6.0	280		205		11			4.0t[②]	82
		6.0	12.5	280		205		12			5.0t[②]	82
		12.5	60.0	275		200			12			81
		60.0	100.0	275		200			10			81
		100.0	150.0	275		200			9			81
		150.0	175.0	275		200			8			81
EN AW-7010[⑦] [AlZn6MgCu]	T6 T651 T652 T62	6.0	12.5	570		520			6		12t	190
		12.5	25.0	570		520			6			190
		25.0	50.0	560		510			5			185
		50.0	76.0	560		510			5			185
		76.0	127.0	550		500			4			185
		127.0	152.4	540		490			2			180
		152.4	203.2	525		480			2			180
		203.2	254.0	505		460			1			175
		254.0	300.0	470		435			1			175
	T76 T7651	6.0	12.5	525		455			6		12t	
		12.5	51.0	525		455			6			
		51.0	63.5	515		450			6			
		63.5	76.0	510		440			5			
		76.0	102.0	505		435			5			
		102.0	127.0	495		425			5			
		127.0	140.0	495		420			4			
	T74 T7451	6.0	12.5	495		425			6		12t	
		12.5	51.0	495		425			6			
		51.0	63.5	495		425			6			
		63.5	102.0	490		420			6			
		102.0	127.0	475		405			5			
		127.0	140.0	460		395			5			
	T73 T7351	6.0	12.5	470		380			7		12t	
		12.5	51.0	470		380			7			
		51.0	76.0	470		380			7			
		76.0	102.0	460		370			7			
		102.0	127.0	455		365			6			
		127.0	140.0	450		360			5			
EN AW-7020 [AlZn4.5Mg1]	O	≥0.4	1.5		220		140	12				45
		1.5	3.0		220		140	13				45
		3.0	6.0		220		140	15				45
		6.0	12.5		220		140	12				45
	T4 T451[⑧]	≥0.4	1.5	320		210		11			2.0t[②]	92
		1.5	3.0	320		210		12			2.5t[②]	92
		3.0	6.0	320		210		13			3.5t[②]	92
		6.0	12.5	320		210		14			5.0t[②]	92

续表

合金牌号	状态	厚度/mm		抗拉强度 R_m /MPa		屈服强度 $R_{P0.2}$ /MPa		伸长率 /%(最小)		弯曲半径		硬度 (HBW①)
		大于	小于	最小	最大	最小	最大	A_{50mm}	A	180°	90°	
EN AW-7020 [AlZn4.5Mg1]	T6 T651 T62	≥0.4	1.5	350		280		7			3.5t②	104
		1.5	3.0	350		280		8			4.0t②	104
		3.0	6.0	350		280		10			5.5t②	104
		6.0	12.5	350		280		10			8.0t②	104
		12.5	40.0	350		280			9			104
		40.0	100.0	340		270			8			101
		100.0	150.0	330		260			7			98
		150.0	175.0	330		260			6			98
		175.0	250.0	330		260			5			
EN AW-7021 [AlZn5.5Mg1.5]⑦	T6	≥1.5	3.0	400		350		7				121
		3.0	6.0	400		350		8				121
EN AW-7022 [AlZn5Mg3Cu]⑦	T6 T651	≥3.0	12.5	450		370		8				133
		12.5	25.0	450		370			8			133
		25.0	50.0	450		370			7			133
		50.0	100.0	430		350			5			127
		100.0	200.0	410		330			3			121
EN AW-7075 [AlZn5.5MgCu]⑦	O	≥0.4	0.8		275		145	10		1.0t	0.5t	55
		0.8	1.5		275		145	10		2.0t	1.0t	55
		1.5	3.0		275		145	10		3.0t	1.0t	55
		3.0	6.0		275		145	10			2.5t	55
		6.0	12.5		275		145	10			4.0t	55
		12.5	75.0		275				9			55
	T6 T651 T62	≥0.4	0.8	525		460		6			4.5t②	157
		0.8	1.5	540		460		6			5.5t②	160
		1.5	3.0	540		470		7			6.5t②	161
		3.0	6.0	545		475		8			8.0t②	163
		6.0	12.5	540		460		8			12t②	160
		12.5	25.0	540		470			6			161
		25.0	50.0	530		460			5			158
		50.0	60.0	525		440			4			155
		60.0	80.0	495		420			4			147
		80.0	90.0	490		390			4			144
		90.0	100.0	460		360			3			135
		100.0	120.0	410		300			2			119
		120.0	150.0	360		260			2			104
		150.0	200.0	360		240						
		200.0	300.0	360		240			1			
	T652	150.0	200.0	360		260			2			
		200.0	300.0	360		260			2			
	T76 T7651	≥1.5	3.0	500		425		7				149
		3.0	6.0	500		425		8				149
		6.0	12.5	490		415		7				146
	T73 T7351	≥1.5	3.0	460		385		7				137
		3.0	6.0	460		385		8				137
		6.0	12.5	475		390		7				140
		12.5	25.0	475		390			6			140
		25.0	50.0	475		390			5			140
		50.0	60.0	455		360			5			133
		60.0	80.0	440		340			5			129
		80.0	100.0	430		340			5			126
EN AW-8011A [AlFeSi(A)]	F①	≥2.5	80.0	85								
	O/H111	0.2	0.5	85	130	30		19				25
		0.5	1.5	85	130	30		21				25
		1.5	3.0	85	130	30		24				25
		3.0	6.0	85	130	30		25				25
		6.0	12.5	85	130	30		30				25

续表

合金牌号	状态	厚度/mm		抗拉强度 R_m /MPa		屈服强度 $R_{P0.2}$ /MPa		伸长率/%(最小)		弯曲半径		硬度(HBW[①])
		大于	小于	最小	最大	最小	最大	A_{50mm}	A	180°	90°	
EN AW-8011A [AlFeSi(A)]	H14	0.2	0.5	120	170	110		1				41
		0.5	1.5	125	165	110		3				41
		1.5	3.0	125	165	110		3				41
		3.0	6.0	125	165	110		4				41
		6.0	12.5	125	165	110		5				41
	H16	0.2	0.5	140	190	130		1				47
		0.5	1.5	145	185	130		2				47
		1.5	4.0	145	185	130		3				47
	H18	0.2	0.5	160		145		1				50
		0.5	1.5	165		145		2				50
		1.5	3.0	165		145		2				50
	H22	0.2	0.5	105	145	90		4				35
		0.5	1.5	105	145	90		5				35
		1.5	3.0	105	145	90		6				35
	H24	0.2	0.5	125	165	100		3				40
		0.5	1.5	125	165	100		4				40
		1.5	3.0	125	165	100		5				40
		3.0	6.0	125	165	100		6				40
		6.0	12.5	125	165	100		7				40
	H26	0.2	0.5	145	185	120		2				46
		0.5	1.5	145	185	120		3				46
		1.5	4.0	145	185	120		4				46

① 仅供参考。

② 淬火后立即进行冷弯试验可得到明显偏小的冷弯半径。

③ T4 状态在板带、材中不常用，这种状态下的产品主要用于煎锅、压力锅等。

④ 供货状态应符合 ASTM G66，防腐性能应符合 ASTM G67。

⑤ 这种合金可作为 EN AW-7072 的衬里。

⑥ 固溶处理之后立即进行冷弯试验，可得到较小的冷弯半径。

⑦ 建议使用者与供货商沟通以确定材料的选用。

⑧ 以 T4 或 T451 为最终状态供货，3 个月自然时效以确定力学性能，或在淬火之后，于 60～65℃保温 60h 之后测力学性能。

表 9-58　铝及铝合金螺纹板的力学性能（EN 1386—2007）

合金牌号	状　态	厚度 t /mm	抗拉强度 R_m /MPa	屈服强度 $R_{P0.2}$ /MPa	伸长率 A_{50mm}/%	伸长率 A/%	90°的弯曲半径
EN AW-1050A [Al 99.5]	F	≥1.2～20.0					—
	H244	≥1.2～1.5	105～145	75	2		1t
		1.5～3.0	105～145	75	3		1.5t
		3.0～6.0	105～145	75	4		2t
		6.0～20.0	105～145	75	5	8	—
EN AW-3003 [AlMn1Cu]	F	≥1.2～20.0					—
	H224	≥1.2～1.5	120～180	80	3		1t
		1.5～3.0	120～180	80	4		1.25t
		3.0～6.0	120～180	80	5		2t
		6.0～20.0	120～180	80	6	10	—
	H244	≥1.2～1.5	140～200	115	2		1t
		1.5～3.0	140～200	115	3		1.25t
		3.0～6.0	140～200	115	4		2t
		6.0～20.0	140～200	110	5	7	—

续表

合金牌号	状态	厚度 t /mm	抗拉强度 R_m /MPa	屈服强度 $R_{P0.2}$ /MPa	伸长率 A_{50mm}/%	伸长率 A/%	90°的弯曲半径
EN AW-3103 [AlMn1]	F	≥1.2～20.0					—
	H224	≥1.2～1.5	115～175	75	3		1.25t
		1.5～3.0	115～175	75	4		1.5t
		3.0～6.0	115～175	75	5		2.5t
		6.0～20.0	115～175	75	6	10	—
	H244	≥1.2～1.5	140～195	110	2		1.25t
		1.5～3.0	140～195	110	3		1.5t
		3.0～6.0	140～195	110	4		2.5t
		6.0～20.0	140～195	110	5	7	—
EN AW-5052 [AlMg2.5]	F	≥1.2～20.0					—
	H114	≥1.2～1.5	170～240	65	8		1t
		1.5～3.0	170～240	65	10		1t
		3.0～6.0	170～240	65	12		1.75t
		6.0～20.0	165～240	65	14	15	—
	H224	≥1.2～1.5	210～270	130	4		1.5t
		1.5～3.0	210～270	130	6		2t
		3.0～6.0	210～270	130	8		2t
		6.0～20.0	210～270	130	9	10	—
	H244	≥1.2～1.5	230～290	150	2		2t
		1.5～3.0	230～290	150	3		2.5t
		3.0～6.0	230～290	150	4		3t
		6.0～20.0	230～290	150	6	7	—
EN AW-5754 [AlMg3]	F	≥1.2～20.0					—
	H114	≥1.2～1.5	190～260	80	8		1.5t
		1.5～3.0	190～260	80	10		2t
		3.0～6.0	190～260	80	12		2t
		6.0～20.0	190～260	80	14	15	—
	H224	≥1.2～1.5	220～275	130	4		2t
		1.5～3.0	220～275	130	6		2.5t
		3.0～6.0	220～275	130	8		2.5t
		6.0～20.0	220～275	130	9	10	—
	H244	≥1.2～1.5	240～295	160	2		2.5t
		1.5～3.0	240～295	160	3		3t
		3.0～6.0	240～295	160	4		3.5t
		6.0～20.0	240～295	160	6	7	—
EN AW-5083 [AlMg4.5 Mn0.7]	H114	≥1.2～1.5	275～350	125	6		2t
		1.5～3.0	275～350	125	8		2t
		3.0～6.0	275～350	125	10		2.5t
		6.0～20.0	275～350	125	12	14	—
	H116	≥1.2～1.5	305	215	3		3.5t
		1.5～3.0	305	215	4		4t
		3.0～6.0	305	215	5		4.5t
		6.0～20.0	305	215	6	7	—
	H224	≥1.2～1.5	305～380	215	3		3.5t
		1.5～3.0	305～380	215	4		4t
		3.0～6.0	305～380	215	5		4.5t
		6.0～20.0	305～380	215	6	7	—
	H244	≥1.2～1.5	340～400	250	2		4t
		1.5～3.0	340～400	250	2		4.5t
		3.0～6.0	340～400	250	3		5.5t
		6.0～20.0	340～400	250	4	5	—

续表

合金牌号	状态	厚度 t /mm	抗拉强度 R_m /MPa	屈服强度 $R_{P0.2}$ /MPa	伸长率		90°的弯曲半径
					A_{50mm}/%	A/%	
EN AW-5086 [AlMg4]	H114	≥1.2～1.5	240～310	100	6		2t
		1.5～3.0	240～310	100	8		2t
		3.0～6.0	240～310	100	10		2.5t
		6.0～20.0	240～310	100	12	16	—
	H116	≥1.2～1.5	275	195	3		3.5t
		1.5～3.0	275	195	4		4t
		3.0～6.0	275	195	5		4.5t
		6.0～20.0	275	195	6	9	—
	H224	≥1.2～1.5	275～340	185	3		3.5t
		1.5～3.0	275～340	185	4		4t
		3.0～6.0	275～340	185	5		4.5t
		6.0～20.0	275～340	185	6	9	—
	H244	≥1.2～1.5	300～360	220	2		4t
		1.5～3.0	300～360	220	2		4.5t
		3.0～6.0	300～360	220	3		5.5t
		6.0～20.0	300～360	220	4	5	—
EN AW-6061 [AlMg1SiCu]	O	≥1.2～1.5	≤150	≤85	6		2t
		1.5～3.0	≤150	≤85	8		2t
		3.0～6.0	≤150	≤85	10		2t
		6.0～20.0	≤150	≤85	12	13	—
	T4	≥1.2～1.5	205	110	6		4t
		1.5～3.0	205	110	8		4t
		3.0～6.0	205	110	10		4t
		6.0～20.0	205	110	12	13	—
	T6	≥1.2～1.5	290	240	3		—
		1.5～3.0	290	240	4		—
		3.0～6.0	290	240	6		—
		6.0～20.0	290	240	8	8	—
EN AW-6082 [AlSi1MgMn]	O	≥1.2～1.5	≤150	≤85	6		2t
		1.5～3.0	≤150	≤85	8		2t
		3.0～6.0	≤150	≤85	10		2t
		6.0～20.0	≤150	≤85	12	12	—
EN AW-5026 [AlMgM4.5 MnSiFe]	O/H111	≥3～6	200	120	5	—	—
		6～20	200	120	—	6	—
EN AW-6082	T4	≥1.2～1.5	205	110	6		4t
		1.5～3.0	205	110	8		4t
		3.0～6.0	205	110	10		4t
		6.0～20.0	205	110	12	12	—
	T6	≥1.2～1.5	310	260	2		—
		1.5～3.0	310	260	3		—
		3.0～6.0	310	260	4		—
		6.0～20.0	310	260	6	6	—
	T61	≥1.2～1.5	280	205	3		7t
		1.5～3.0	280	205	4		7t
		3.0～6.0	280	205	6		7t
		6.0～20.0	280	200	9	9	—
EN AW-7020 [AlZn4.5Mg1]	O	≥1.2～1.5	≤220	≤140	6		3t
		1.5～3.0	≤220	≤140	8		3t
		3.0～6.0	≤220	≤140	10		3t
		6.0～20.0	≤220	≤140	12	12	—

续表

合金牌号	状态	厚度 t /mm	抗拉强度 R_m /MPa	屈服强度 $R_{P0.2}$ /MPa	伸长率 A_{50mm}/%	伸长率 A/%	90°的弯曲半径
EN AW-7020 [AlZn4.5Mg1]	T4	≥1.2～1.5	320	210	4		6t
		1.5～3.0	320	210	6		6t
		3.0～6.0	320	210	8		6t
		6.0～20.0	320	210	10	12	—
	T6	≥1.2～1.5	350	280	3		—
		1.5～3.0	350	280	4		—
		3.0～6.0	350	280	6		—
		6.0～20.0	350	280	8	8	—

注：单个值为最小值。

表 9-59　铝及铝合金挤压杆材/棒材、管材和型材的力学性能（EN 755-2—2008）

合金牌号	型态	状态	尺寸/mm 宽度/壁厚	尺寸/mm 直径	抗拉强度 R_m/MPa	屈服强度 $R_{P0.2}$/MPa	伸长率 A/%	伸长率 A_{50mm}/%	硬度 (HBW)
EN AW-1050A [Al 99.5]	杆/棒材	F,H112			60	20	25	23	20
		O,H111			60～95	20	25	23	20
	管材	F,H112			60	20	25	23	20
		O,H111			60～95	20	25	23	20
	型材	F,H112			60	20	25	23	20
EN AW-1070A [Al 99.7]	杆/棒材	F,H112			60	23	25	23	18
EN AW-1200 [Al 99.0]	杆/棒材	F,H112			75	25	20	18	23
	管材	F,H112			75	25	20	18	23
	型材	F,H112			75	25	20	18	23
EN AW-1350 [EAl 99.5]	杆/棒材	F,H112			60		25	23	20
	管材	F,H112			60		25	23	20
	型材	F,H112			60		25	23	20
EN AW-2007 [AlCu4PbMgMn]	杆/棒材	T4,T4510,T4511	≤80	≤80	370	250	8	6	95
			80～200	80～200	340	220	8	—	
			200～250	200～250	330	210	7	—	
	管材	T4,T4510,T4511	≤25		370	250	8	6	95
	型材	T4,T4510,T4511	≤30		370	250	8	6	95
EN AW-2011 [AlCu6BiPb]	杆/棒材	T4	≤200	≤60	275	125	14	12	95
		T6	≤60	≤75	310	230	8	6	110
			—	75～200	295	195	6	—	
	管材	T6	≤25		310	230	6	4	110
EN AW-2011A [AlCu6BiPbA]	杆/棒材	T4	≤200	≤60	275	125	14	12	95
		T6	≤60	≤75	310	230	8	6	110
			—	75～200	295	195	6	—	
	管材	T6	≤25		310	230	6	4	110

续表

合金牌号	型态	状态	尺寸/mm		抗拉强度 R_m/MPa	屈服强度 $R_{P0.2}$/MPa	伸长率		硬度 (HBW)
			宽度/壁厚	直径			A/%	A_{50mm}/%	
EN AW-2014 [AlCu4SiMg]	杆/棒材	O,H111	≤200	≤200	≤250	≤135	12	10	45
		T4,T4510,T4511	≤25	≤25	370	230	13	11	110
			25～75	25～75	410	270	12	—	
			75～150	75～150	390	250	10	—	
			150～200	150～200	350	230	8	—	
		T6,T6510,T6511	≤25	≤25	415	370	6	5	140
			25～75	25～75	460	415	7	—	
			75～150	75～150	465	420	7	—	
			150～200	150～200	430	350	6	—	
			200～250	200～250	420	320	5	—	
	管材	O,H111	≤20		≤250	≤135	12	10	45
		T4,T4510,T4511	≤20		370	230	11	10	110
		T6,T6510,T6511	≤10		415	370	7	5	140
			10～40		450	400	6	4	
	型材	O,H111			≤250	≤135	12	10	45
		T4,T4510,T4511	≤25		370	230	11	10	110
			25～75		410	270	10	—	
		T6,T6510,T6511	≤25		415	370	7	5	140
			25～75		460	415	7	—	
EN AW-2014A [AlCu4SiMg(A)]	杆/棒材	O,H111	≤200	≤200	≤250	≤135	12	10	45
		T4,T4510,T4511	≤25	≤25	370	230	13	11	110
			25～75	25～75	410	270	12	—	
			75～150	75～150	390	250	10	—	
			150～200	150～200	350	230	8	—	
		T6,T6510,T6511	≤25	≤25	415	370	6	5	140
			25～75	25～75	460	415	7	—	
			75～150	75～150	465	420	7	—	
			150～200	150～200	430	350	6	—	
			200～250	200～250	420	320	5	—	
	管材	O,H111	≤20		≤250	≤135	12	10	45
		T4,T4510,T4511	≤20		370	230	11	10	110
		T6,T6510,T6511	≤10		415	370	7	5	140
			10～40		450	400	6	4	
	型材	O,H111			≤250	≤135	12	10	45
		T4,T4510,T4511	≤25		370	230	11	10	110
			25～75		410	270	10	—	
		T6,T6510,T6511	≤25		415	370	7	5	140
			25～75		460	415	7	—	
EN AW-2017A [AlCu4MgSi(A)]	杆/棒材	O,H111	≤200	≤200	≤250	≤135	12	10	45
		T4,T4510,T4511	≤25	≤25	380	260	12	10	105
			25～75	25～75	400	270	10	—	
			75～150	75～150	390	260	9	—	
			150～200	150～200	370	240	8	—	
			200～250	200～250	360	220	7	—	

续表

合金牌号	型态	状态	尺寸/mm		抗拉强度 R_m/MPa	屈服强度 $R_{P0.2}$/MPa	伸长率		硬度(HBW)
			宽度/壁厚	直径			A/%	A_{50mm}/%	
EN AW-2017A [AlCu4MgSi(A)]	管材	O,H111	≤20		≤250	≤135	12	10	45
		T4,T4510,T4511	≤10		380	260	12	10	105
			10～75		400	270	10	8	
	型材	T4,T4510,T4511	≤30		380	260	10	8	105
EN AW-2024 [AlCu4Mg1]	杆/棒材	O,H111	≤200	≤200	≤250	≤150	12	10	47
		T3,T3510,T3511	≤50	≤50	450	310	8	6	120
			50～100	50～100	440	300	8	—	
			100～200	100～200	420	280	8	—	
			200～250	200～250	400	270	8	—	
		T8,T8510,T8511	≤150	≤150	455	380	5	4	130
	管材	O,H111	≤30		≤250	≤150	12	10	47
		T3,T3510,T3511	≤30		420	290	8	6	120
		T8,T8510,T8511	≤30		455	380	5	4	130
	型材	O,H111			≤250	≤150	12	10	120
		T3,T3510,T3511	≤15		395	290	8	6	
			15～50		420	290	8	—	
		T8,T8510,T8511	≤50		455	380	5	4	130
EN AW-2030 [AlCu4PbMg]	杆/棒材	T4,T4510,T4511	≤80	≤80	370	250	8	6	115
			80～200	80～200	340	220	8	—	
			200～250	200～250	330	210	7	—	
	管材	T4,T4510,T4511	≤25		370	250	8	6	115
	型材	T4,T4510,T4511	≤30		370	250	8	6	115
EN AW-3003 [AlMn1Cu]	杆/棒材	F,H112			95	35	25	20	30
		O,H111			95～135	35	25	20	
	管材	F,H112			95	35	25	20	30
		O,H111			95～135	35	25	20	
	型材	F,H112			95	35	25	20	30
EN AW-3103 [AlMn1]	杆/棒材	F,H112			95	35	25	20	28
		O,H111			95～135	35	25	20	
	管材	F,H112			95	35	25	20	
		O,H111			95～135	35	25	20	
	型材	F,H112			95	35	25	20	
EN AW-5005 [AlMg1(B)]	杆/棒材	F,H112	100		100	40	18	16	30
		O,H111	≤60	≤80	100～150	40	20	18	
	管材	F,H112			100	40	18	16	
		O,H111	≤20		100～150	40	20	18	
	型材	F,H112			100	40	18	16	
		O,H111	≤20		100～150	40	20	18	

续表

合金牌号	型 态	状 态	尺寸/mm		抗拉强度	屈服强度	伸长率		硬度
			宽度/壁厚	直径	R_m/MPa	$R_{P0.2}$/MPa	A/%	A_{50mm}/%	(HBW)
EN AW-5005A [AlMg1(C)]	杆/棒材	F,H112	100		100	40	18	16	30
		O,H111	≤60	≤80	100～150	40	20	18	
	管材	F,H112			100	40	18	16	
		O,H111	≤20		100～150	40	20	18	
	型材	F,H112			100	40	18	16	
		O,H111	≤20		100～150	40	20	18	
EN AW-5051A [AlMg2]	杆/棒材	F,H112			150	50	16	14	40
		O,H111			150～200	50	18	16	
	管材	F,H112			150	60	16	14	
		O,H111			150～200	60	18	16	
	型材	F,H112			150	60	16	14	
EN AW-5251 [AlMg2Mn0.3]	杆/棒材	F,H112			160	60	16	14	45
		O,H111			160～220	60	17	15	
	管材	F,H112			160	60	16	14	
		O,H111			160～220	60	17	15	
	型材	F,H112			160	60	16	14	
EN AW-5052 [AlMg2.5]	杆/棒材	F,H112			170	70	15	13	47
		O,H111			170～230	70	17	15	45
	管材	F,H112			170	70	15	13	47
		O,H111			170～230	70	17	15	45
	型材	F,H112			170	70	15	13	47
EN AW-5154A [AlMg3.5(A)]	杆/棒材	F,H112	≤200	≤200	200	85	16	14	55
		O,H111	≤200	≤200	200～275	85	18	16	
	管材	F,H112	≤25		200	85	16	14	
		O,H111	≤25		200～275	85	18	16	
	型材	F,H112	≤25		200	85	16	14	
EN AW-5454 [AlMg3Mn]	杆/棒材	F,H112	≤200	≤200	200	85	16	14	60
		O,H111	≤200	≤200	200～275	85	18	16	
	管材	F,H112	≤25		200	85	16	14	
		O,H111	≤25		200～275	85	18	16	
	型材	F,H112	≤25		200	85	16	14	
EN AW-5754 [AlMg3]	杆/棒材	F,H112	≤150	≤150	180	80	14	12	47
			200～250	150～250	180	70	13	—	
		O,H111	≤150	≤150	180～250	80	17	15	45
	管材	F,H112	≤25		180	80	14	12	47
		O,H111	≤25		180～250	80	17	15	45
	型材	F,H112	≤25		180	80	14	12	47

续表

合金牌号	型 态	状 态	尺寸/mm		抗拉强度	屈服强度	伸长率		硬度
			宽度/壁厚	直径	R_m/MPa	$R_{P0.2}$/MPa	A/%	A_{50mm}/%	(HBW)
EN AW-5019 [AlMg5]	杆/棒材	F,H112	≤200	≤200	250	110	14	12	65
		O,H111	≤200	≤200	250~320	110	15	13	
	管材	F,H112	≤30		250	110	14	12	
		O,H111	≤30		250~320	110	15	13	
	型材	F,H112	≤30		250	110	14	12	
EN AW-5083 [AlMg4.5Mn0.7]	杆/棒材	F	≤200	≤200	270	110	12	10	70
			200~250	200~250	262	100	12	—	
		F,H112	≤200	≤200	270	110	12	10	
		O,H112	≤200	≤200	270	125	12	10	
	管材	F			270	110	12	10	
		F,H112			270	110	12	10	
		O,H112			270	125	12	10	
	型材	F			270	110	12	10	
		H112			270	125	12	10	
EN AW-5086 [AlMg4]	杆/棒材	F,H112	≤250	≤250	240	95	12	10	65
		O,H111	≤200	≤200	240~320	95	18	15	
	管材	F,H112			240	95	12	10	
		O,H111			240~320	95	18	15	
	型材	F,H112			240	95	12	10	
EN AW-6101A [EAlMgSi(A)]	杆/棒材	T6	≤150	≤150	200	170	10	8	70
	管材	T6	≤25		200	170	10	8	
	型材	T6	≤50		200	170	10	8	
EN AW-6101B [EAlMgSi(B)]	杆/棒材	T6	≤15		215	160	8	6	70
		T7	≤15		170	120	12	10	60
	管材	T6	≤15		215	160	8	6	70
		T7	≤15		170	120	12	10	60
	型材	T6	≤15		215	160	8	6	70
		T7	≤15		170	120	12	10	60
EN AW-6005 [AlSiMg]	杆/棒材	T6	≤25	≤25	270	225	10	8	90
			25~50	25~50	270	225	8	—	
			50~100	50~100	260	215	8	—	85
	管材	T6	≤5		270	225	8	6	90
			5~10		260	215	8	6	85
	型材	T4(敞口型材)	≤25		180	90	15	13	50
		T6(敞口型材)	≤5		270	225	8	6	90
			5~10		260	215	8	6	85
			10~25		250	200	8	6	85
		T4(空心型材)	≤10		180	90	15	13	50
		T6(空心型材)	≤5		255	215	8	6	85
			5~15		250	200	8	6	

续表

合金牌号	型态	状态	尺寸/mm		抗拉强度 R_m/MPa	屈服强度 $R_{P0.2}$/MPa	伸长率		硬度 (HBW)
			宽度/壁厚	直径			A/%	A_{50mm}/%	
EN AW-6005A [AlSiMg(A)]	杆/棒材	T6	≤25	≤25	270	225	10	8	90
			25～50	25～50	270	225	8	—	90
			50～100	50～100	260	215	8	—	85
	管材	T6	≤5		270	225	8	6	90
			5～10		260	215	8	6	85
	型材	T4(敞口型材)	≤25		180	90	15	13	50
		T6(敞口型材)	≤5		270	225	8	6	90
			5～10		260	215	8	6	85
			10～25		250	200	8	6	85
		T4(空心型材)	≤10		180	90	15	13	50
		T6(空心型材)	≤5		255	215	8	6	85
			5～15		250	200	8	6	
EN AW-6106 [AlMgSiMn]	型材	T6	≤10		250	200	8	6	75
EN AW-6018 [AlMg1SiPbMn]	杆/棒材	T6,T6510,T6511	≤150	≤150	310	260	8	6	—
			150～200	150～200	260	200	8	—	
	管材	T6,T6510,T6511	≤30		310	260	8	6	
	型材	T6,T6510,T6511	≤30		310	260	8	6	
EN AW-6351 [AlSi1Mg0.5Mn]	杆/棒材	O,H111	≤200	≤200	≤160	≤110	14	12	35
		T4	≤200	≤200	205	110	14	12	67
		T6	≤20	≤20	295	250	8	6	95
			20～75	20～75	300	255	8	—	
			75～150	75～150	310	260	8	—	
			150～200	150～200	280	240	6	—	
			200～250	200～250	270	200	6	—	
	管材	O,H111	≤25		≤160	≤110	14	12	35
		T4	≤25		205	110	14	12	67
		T6	≤5		290	250	8	6	95
			5～25		300	255	10	8	
	型材	O,H111			≤160	≤110	14	12	35
		T4	≤25		205	110	14	12	67
		T5(敞口型材)	≤5		270	230	8	6	90
		T6(敞口型材)	≤5		290	250	8	6	95
			5～25		300	255	10	8	
		T5(空心型材)	≤5		270	230	8	6	90
		T6(空心型材)	≤5		290	250	8	6	95
			5～25		300	255	10	8	

续表

合金牌号	型态	状态	尺寸/mm		抗拉强度	屈服强度	伸长率		硬度
			宽度/壁厚	直径	R_m/MPa	$R_{P0.2}$/MPa	A/%	A_{50mm}/%	(HBW)
EN AW-6060 [AlMgSi]	杆/棒材	T4	≤150	≤150	120	60	16	14	50
		T5	≤150	≤150	160	120	8	6	60
		T6	≤150	≤150	190	150	8	6	70
		T64	≤50	≤50	180	120	12	10	60
		T66	≤150	≤150	215	160	8	6	75
	管材	T4	≤15		120	60	16	14	50
		T5	≤15		160	120	8	6	60
		T6	≤15		190	150	8	6	70
		T64	≤15		180	120	12	10	60
		T66	≤15		215	160	8	6	75
	型材	T4	≤25		120	60	16	14	50
		T5	≤5 5～25		160 140	120 100	8 8	6 6	60
		T6	≤3 3～25		190 170	150 140	8 8	6 6	70
		T64	≤15		180	120	12	10	60
		T66	≤3 3～25		215 195	160 150	8 8	6 6	75
EN AW-6061 [AlMg1SiCu]	杆/棒材	O,H111	≤200	≤200	≤150	≤110	16	14	30
		T4	≤200	≤200	180	110	15	13	65
		T6	≤200	≤200	260	240	8	6	95
	管材	O,H111	≤25		≤150	≤100	16	14	30
		T4	≤25		180	110	15	13	65
		T6	≤5 5～25		260 260	240 240	8 10	6 8	95
	型材	T4	≤25		280	110	15	13	65
		T6	≤5 5～25		260 260	240 240	9 10	7 8	95
EN AW-6261 [AlMg1Si CuMn]	杆/棒材	O,H111	≤100	≤100	≤170	≤120	14	12	—
		T4	≤100	≤100	180	100	14	12	—
		T6	≤20 20～100	≤20 20～100	290 290	245 245	8 8	7 —	100
	管材	O,H111	≤10		≤170	≤120	14	12	—
		T4	≤10		180	100	14	12	—
		T5	≤5 5～10		270 260	230 220	8 9	7 8	— —
		T6	≤5 5～10		290 290	245 245	8 9	7 8	100
	型材	O,H111			≤170	≤120	14	12	—
		T4	≤25		180	100	14	12	—

续表

合金牌号	型　态	状　态	尺寸/mm		抗拉强度 R_{m}/MPa	屈服强度 $R_{P0.2}$/MPa	伸长率		硬度 (HBW)
			宽度/壁厚	直径			A/%	A_{50mm}/%	
EN AW-6261 [AlMg1Si CuMn]	型材	T5(敞口型材)	≤5		270	230	8	7	—
			5～25		260	220	9	8	—
			>25		250	210	9	—	—
		T6(敞口型材)	≤5		290	245	8	7	100
			5～25		280	235	8	7	
		T5(空心型材)	≤5		270	230	8	7	—
			5～10		260	220	9	8	—
		T6(空心型材)	≤5		290	245	8	7	100
			5～10		270	230	9	8	
EN AW-6262 [AlMg1SiPb]	杆/棒材	T6	≤200	≤200	260	240	10	8	75
	管材	T6	≤25		260	240	10	8	75
	型材	T6	≤25		260	240	10	8	75
EN AW-6063 [AlMg0.7Si]	杆/棒材	O,H111	≤200	≤200	≤130		18	16	25
		T4	≤150	≤150	130	65	14	12	50
			150～200	150～200	120	65	12	—	
		T5	≤200	≤200	175	130	8	6	65
		T6	≤150	≤150	215	170	10	8	75
			150～200	150～200	195	160	10	—	
		T66	≤200	≤200	245	200	10	8	80
	管材	O,H111	≤25		≤130		18	16	25
		T4	≤10		130	65	14	12	50
			10～25		120	65	12	10	
		T5	≤25		175	130	8	6	65
		T6	≤25		215	170	10	8	75
		T66	≤25		245	200	10	8	80
	型材	T4	≤25		130	65	14	12	50
		T5	≤3		175	130	8	6	65
			3～25		160	110	7	5	
		T6	≤10		215	170	8	6	75
			10～25		195	160	8	6	
		T64	≤15		180	120	12	10	65
		T66	≤10		245	200	8	6	80
			10～25		225	180	8	6	
EN AW-6063A [AlMg0.7Si(A)]	杆/棒材	O,H111	≤200	≤200	≤150		16	14	28
		T4	≤150	≤150	150	90	12	10	50
			150～200	150～200	140	90	10	—	
		T5	≤200	≤200	200	160	7	5	75
		T6	≤150	≤150	230	190	7	5	80
			150～200	150～200	220	160	7	—	
	管材	O,H111	≤25		≤150		16	14	28
		T4	≤10		150	90	12	10	50
			10～25		140	90	10	8	
		T5	≤25		200	160	7	5	75
		T6	≤25		230	190	7	5	80
	型材	T4	≤25		≤150	90	12	10	50
		T5	≤10		200	160	7	5	75
			10～25		190	150	6	4	
		T6	≤10		230	190	7	5	80
			10～25		220	180	5	4	

续表

合金牌号	型态	状态	尺寸/mm		抗拉强度 R_m/MPa	屈服强度 $R_{P0.2}$/MPa	伸长率		硬度 (HBW)
			宽度/壁厚	直径			A/%	A_{50mm}/%	
EN AW-6463 [AlMg0.7Si(B)]	杆/棒材	T4	≤150	≤150	125	75	14	12	46
		T5	≤150	≤150	150	110	8	6	60
		T6	≤150	≤150	195	160	10	8	74
	管材	T6	≤25		195	160	10	8	74
	型材	T4	≤50		125	75	14	12	46
		T5	≤50		150	110	8	6	60
		T6	≤50		195	160	10	8	74
EN AW-6081 [AlSi0.9MgMn]	杆/棒材	T6	≤250	≤250	275	240	8	6	95
	管材	T6	≤25		275	240	8	6	95
	型材	T6(敞口型材)	≤25		275	240	8	6	95
		T6(空心型材)	≤15		275	240	8	6	95
EN AW-6082 [AlSi1MgMn]	杆/棒材	O,H111	≤200	≤200	≤160	≤110	14	12	35
		T4	≤200	≤200	205	110	14	12	70
		T6	≤20 20～150 150～200 200～250	≤20 20～150 150～200 200～250	295 310 280 270	250 260 240 200	8 8 6 6	6 — — —	95
	管材	O,H111	≤25		≤160	≤110	14	12	35
		T4	≤25		205	110	14	12	70
		T6	≤5 5～25		290 310	250 260	8 10	6 8	95
	型材	O,H111			≤160	≤110	14	12	35
		T4	≤25		205	110	14	12	70
		T5(敞口型材)	≤5		270	230	8	6	90
		T6(敞口型材)	≤5 5～25		290 310	250 260	8 10	6 8	95
		T5(空心型材)	≤5		270	230	8	6	90
		T6(空心型材)	≤5 5～25		290 310	250 260	8 10	6 8	95
EN AW-7003 [AlZn6Mg0.8Zr]	杆/棒材	T5			310	260	10	8	—
		T6	≤50 50～150	≤50 50～150	350 340	290 280	10 10	8 8	110
	管材	T5			310	260	10	8	—
		T6	≤10 10～25		350 340	290 280	10 10	8 8	110
	型材	T5			310	260	10	8	—
		T6	≤10 10～25		350 340	290 280	10 10	8 8	110

续表

合金牌号	型态	状态	尺寸/mm		抗拉强度 R_m/MPa	屈服强度 $R_{P0.2}$/MPa	伸长率		硬度 (HBW)
			宽度/壁厚	直径			A/%	A_{50mm}/%	
EN AW-3102 [AlMg0.2]	杆/棒材	F,H112	所有	所有	80	30	25	23	23
	管材	F,H112	所有		80	30	25	23	23
	型材	F,H112	所有		80	30	25	23	23
EN AW-5049 [AlMg0.2 Mn0.8]	管材	F,H112	所有	所有	180	80	15	13	50
	型材	F,H112	所有	所有	180	80	15	13	50
EN AW-6008 [AlSiMgV]	杆/棒								
	管材	T4	≤10		180	90	15	13	50
		T6	≤5		270	225	8	6	90
			5～10		260	215	8	6	85
	型材	敞口型材 T4	≤10		180	90	15	13	50
		敞口型材 T6	≤5		270	225	8	6	90
			5～10		260	215	8	6	85
		空心型材 T4	≤10		180	90	15	13	50
		空心型材 T6	≤5		255	215	8	6	85
			5～10		250	200	8	6	85
EN AW-6110A [AlMg0.9Si0.9 MnCu(A)]	杆/棒	T5	≤120	≤120	380	360	10	8	115
		T6	≤150	≤120	410	380	10	8	120
	管材	T4	≤25		320	220	16	14	85
		T6	≤25		380	360	10	8	120
	型材	T4	≤25		320	220	16	14	85
		T6	≤25		380	360	10	8	120
EN AW-6012 [AlMgSiPb]	杆/棒	T6,T6510,T6511	≤150	≤150	310	260	8	6	105
			150～200	150～200	260	200	8	—	105
	管材	T6,T6510,T6511	≤30		310	260	8	6	105
	型材	T6,T6510,T6511	≤30		310	260	8	6	105
EN AW-6014 [AlMg0.6SiV]	杆/棒								
	管材	T4	≤10		140	70	15	13	55
		T6	≤5		250	200	8	6	80
			5～10		225	180	8	6	80
	型材	开口型材 T4	≤10		140	70	15	13	55
		开口型材 T6	≤5		250	200	10	8	80
			5～10		225	180	8	6	80
		中空型材 T4	≤10		140	70	15	13	55
		中空型材 T6	≤5		250	200	8	6	80
			5～10		225	180	8	6	80
EN AW-6023 [AlSi1Sn1MgBi]	杆/棒	T6,T6510,T6511	≤150	≤150	320	270	10	8	—
	管材								
	型材								

续表

合金牌号	型态	状态	尺寸/mm		抗拉强度 R_m/MPa	屈服强度 $R_{P0.2}$/MPa	伸长率		硬度 (HBW)
			宽度/壁厚	直径			A/%	A_{50mm}/%	
EN AW-6360 [AlSiMgMn]	杆/棒	T4	≤150	≤150	110	50	16	14	40
		T5	≤150	≤150	150	110	8	6	50
		T6	≤150	≤150	185	140	8	6	60
		T66	≤150	≤150	195	150	8	6	85
	管材	T4	≤15		110	50	16	14	40
		T5	≤15		150	120	8	6	50
		T6	≤15		185	140	8	6	60
		T66	≤15		195	150	8	6	65
	型材	T4	≤25		110	50	16	14	40
		T5	≤25		150	110	8	6	50
		T6	≤25		185	140	8	6	60
		T66	≤25		195	150	8	6	65
EN AW-6262A [AlMg1SiSn]	杆/棒	T6	≤155	≤220	260	240	10	8	—
	管材								
	型材	T6	≤25		260	240	10	8	—
EN AW-6065 [AlMg1SiBi1]	杆/棒	T6	≤155	≤220	260	240	10	8	—
	管材								
	型材	T6	≤25		260	240	10	8	—
EN AW-6182 [AlSi1MgZr]	杆/棒	T4	≤155	≤220	205	110	12	10	—
		T6	9～100	9～100	360	330	9	7	—
			100～150	100～150	330	300	8	6	—
			150～220	150～220	280	240	6	4	—
	管材								
	型材								
EN AW-7108 [AlZn5Mg1Zr]	杆/棒	T6	≤100	≤100	310	260	10	8	90
	管材	T6	≤20		310	260	10	8	90
	型材	T6	≤30		310	260	10	8	90
EN AW-7108A [AlZn5Mg1 Zr(A)]	杆/棒	T6	≤200	≤200	310	260	12	10	90
		T66	≤50	≤50	350	290	10	8	105
			50～200	50～200	340	275	10	—	105
	管材	T6	≤20		310	260	12	10	90
		T66	≤20		350	290	10	8	105
	型材	T6	≤40		310	260	12	10	90
		T66	≤40		350	290	10	8	105
EN AW-7020 [AlZn4.5Mg1]	杆/棒	T6	≤50	≤50	350	290	10	8	110
			50～200	50～200	340	275	10	8	110
	管材	T6	≤15		350	290	10	8	110
	型材	T6	≤40		350	290	10	8	110
EN AW-7021 [AlZn5.5Mg1.5]	杆/棒	T6	≤40	≤40	410	350	10	8	120
	管材	T6	≤10		410	350	10	8	120
	型材	T6	≤20		410	350	10	8	120

注：表中数据如无注明为最小值。

表 9-60　铝及铝合金冷拔棒材和管材的力学性能（EN 754-2—2008）

合金牌号	型态	状　态	尺寸/mm		抗拉强度 R_m/MPa min	屈服强度 $R_{P0.2}$/MPa min	伸长率		硬度 (HBW)
			直径	宽度/壁厚			A/% min	A_{50mm}/% min	
EN AW-1050A [Al99.5]	棒材	O,H111	≤80	≤60	60～95	—	25	22	20
		H14	≤40	≤10	100～135	70	6	5	30
		H16	≤15	≤5	120～160	105	4	3	35
		H18	≤10	≤3	145	125	3	3	43
	管材	O,H111		≤20	60～95	—	25	22	20
		H14		≤10	100～135	70	6	5	30
		H16		≤5	120～160	105	4	3	35
		H18		≤3	145	125	3	3	43
EN AW-1200 [Al99.0]	棒材	O,H111	≤80	≤60	70～105	—	20	16	23
		H14	≤40	≤10	110～145	80	5	4	37
		H16	≤15	≤5	135～170	115	3	3	45
		H18	≤10	≤3	150	130	3	3	50
	管材	O,H111		≤20	70～105	—	20	16	23
		H14		≤10	110～145	80	5	4	37
		H16		≤5	135～170	115	3	3	45
		H18		≤3	150	130	3	3	50
EN AW-2007 [AlCuPbMgMn]	棒材	T3	≤30 30～80	≤30 30～80	370 340	240 220	7 6	5 —	95 95
		T351	≤80	≤80	370	240	5	3	95
	管材	T3		≤20	370	250	7	5	95
		T3510,T3511		≤20	370	240	5	3	95
EN AW-2011 [AlCu6BiPb]	棒材	T3	≤40 40～50 50～80	≤40 40～50 50～80	320 300 280	270 250 210	10 10 10	8 — —	90 90 90
		T8	≤80	≤80	370	270	8	6	115
	管材	T3		≤5 5～20	310 290	260 240	10 8	8 6	90 90
		T8		≤20	370	275	8	6	115
EN AW-2011A [AlCu6BiPb (A)]	棒材	T3	≤40 40～50 50～80	≤40 40～50 50～80	320 300 280	270 250 210	10 10 10	8 — —	90 90 90
		T8	≤80	≤80	370	270	8	6	115
	管材	T3		≤5 5～20	310 290	260 240	10 8	8 6	90 90
		T8		≤20	370	275	8	6	115
EN AW-2014 [AlCu4SiMg]	棒材	O,H111	≤80	≤80	≤240	≤125	12	10	45
		T3	≤80	≤80	380	290	8	6	110
		T351	≤80	≤80	380	290	6	4	110

续表

合金牌号	型态	状态	尺寸/mm		抗拉强度 R_m/MPa min	屈服强度 $R_{P0.2}$/MPa min	伸长率		硬度(HBW)
			直径	宽度/壁厚			A/% min	A_{50mm}/% min	
EN AW-2014	棒材	T4	≤80	≤80	380	220	12	10	110
		T451	≤80	≤80	380	220	10	8	110
		T6	≤80	≤80	450	380	8	6	140
		T651	≤80	≤80	450	380	6	4	140
	管材	O,H111		≤20	≤240	≤125	12	10	45
		T3		≤20	380	290	8	6	110
		T351		≤20	380	290	6	4	110
		T4		≤20	380	240	12	10	110
		T451		≤20	380	240	10	8	110
		T6		≤20	450	380	8	6	140
		T651		≤20	450	380	6	4	140
EN AW-2014A	棒材	O,H111	≤80	≤80	≤240	≤125	12	10	45
		T3	≤80	≤80	380	290	8	6	110
		T351	≤80	≤80	380	290	6	4	110
		T4	≤80	≤80	380	220	12	10	110
		T451	≤80	≤80	380	220	10	8	110
		T6	≤80	≤80	450	380	8	6	140
		T651	≤80	≤80	450	380	6	4	140
	管材	O,H111		≤20	≤240	≤125	12	10	45
		T3		≤20	380	290	8	6	110
		T351		≤20	380	290	6	4	110
		T4		≤20	380	240	12	10	110
		T451		≤20	380	240	10	8	110
		T6		≤20	450	380	8	6	140
		T651		≤20	450	380	6	4	140
EN AW-2017A	棒材	O,H111	≤80	≤80	≤240	≤125	12	10	45
		T3	≤80	≤80	400	250	10	8	105
		T351	≤80	≤80	400	250	8	6	105
	管材	O,H111		≤20	≤240	≤125	12	10	45
		T3		≤20	400	250	10	8	105
		T3510,T3511		≤20	400	250	8	6	105
EN AW-2024	棒材	O,H111	≤80	≤80	≤250	≤150	12	10	47
		T3	≤10 10～80	≤10 10～80	425 425	310 290	10 9	8 7	120
		T351	≤80	≤80	425	310	8	6	120
		T6	≤80	≤80	425	315	5	4	125
		T651	≤80	≤80	425	315	4	3	125
		T8	≤80	≤80	455	400	4	3	130
		T851	≤80	≤80	455	400	3	2	130

续表

合金牌号	型态	状 态	尺寸/mm 直径	尺寸/mm 宽度/壁厚	抗拉强度 R_m/MPa min	屈服强度 $R_{P0.2}$/MPa min	伸长率 A/% min	伸长率 A_{50mm}/% min	硬度(HBW)
EN AW-2024	管材	O,H111		≤20	≤240	≤140	12	10	47
		T3		≤5 5～20	440 420	290 270	10 10	8 8	120 120
		T3510,T3511		≤20	420	290	8	6	120
EN AW-2030 [AlCu4PbMg]	棒材	T3	≤30 30～80	≤30 30～80	370 340	240 220	7 6	5 —	115 115
		T351	≤80	≤80	370	240	5	3	115
	管材	T3		≤20	370	240	7	5	115
		T3510,T3511		≤20	370	240	5	3	115
EN AW-3003 [AlMn1Cu]	棒材	O,H111	≤80	≤60	95～130	35	25	20	29
		H14	≤40	≤10	130～165	110	6	4	40
		H16	≤15	≤5	160～195	130	4	3	47
		H18	≤10	≤3	180	145	3	2	55
	管材	O,H111		≤20	95～130	35	25	20	29
		H11		≤17	105～140	55	20	16	32
		H12		≤15	115～150	75	14	12	35
		H13		≤12	125～160	95	11	8	38
		H14		≤10	130～165	110	6	4	40
		H15		≤7	145～180	120	5	4	44
		H16		≤5	160～195	130	4	3	47
		H17		≤4	170～205	140	3	2	51
		H18		≤3	180	145	3	2	55
EN AW-5049 [Al Mg2Mn0.8]	管材	O,H111		≤20	180～250	80	17	15	50
		H11		≤17	195～260	100	13	12	58
		H12		≤15	210～270	120	10	9	65
		H13		≤12	225～280	140	7	6	70
		H14		≤10	240～290	160	4	3	75
		H15		≤7	250～300	180	3	2	80
		H16		≤5	260～310	200	3	2	83
		H17		≤4	270～320	220	2	1	85
		H18		≤3	280	240	2	1	
EN AW-3103 [AlMn1]	棒材	O,H111	≤80	≤60	95～130	35	25	20	29
		H14	≤40	≤10	130～165	110	6	4	40
		H16	≤15	≤5	160～195	130	4	3	47
		H18	≤10	≤3	180	145	3	2	55

续表

合金牌号	型态	状 态	尺寸/mm		抗拉强度 R_m/MPa min	屈服强度 $R_{P0.2}$/MPa min	伸长率		硬度(HBW)
			直径	宽度/壁厚			A/% min	A_{50mm}/% min	
EN AW-3103［AlMn1］	管材	O,H111		≤20	95～130	35	25	20	29
		H11		≤17	105～140	55	20	16	32
		H12		≤15	115～150	75	14	12	35
		H13		≤12	125～160	95	11	8	38
		H14		≤10	130～165	110	6	4	40
		H15		≤7	145～180	120	5	4	44
		H16		≤5	160～195	130	4	3	47
		H17		≤4	170～205	140	3	2	51
		H18		≤3	180	145	3	2	55
EN AW-5005［AlMg1(B)］	棒材	O,H111	≤80	≤60	100～145	40	18	16	30
		H14	≤40	≤10	140	110	6	4	45
		H18	≤15	≤2	185	155	4	2	55
	管材	O,H111		≤20	100～145	40	18	16	30
		H14		≤5	140	110	6	4	45
		H18		≤3	185	155	4	2	55
EN AW-5005A［AlMg1(C)］	棒材	O,H111	≤80	≤60	100～145	40	18	16	30
		H14	≤40	≤10	140	110	6	4	45
		H18	≤15	≤2	185	155	4	2	55
	管材	O,H111		≤20	100～145	40	18	16	30
		H14		≤5	140	110	6	4	45
		H18		≤3	185	155	4	2	55
EN AW-5019［AlMg5］	棒材	O,H111	≤80	≤60	250～320	110	16	14	65
		H12,H22,H32	≤40	≤25	270～350	180	8	7	85
		H14,H24,H34	≤25	≤10	300	210	4	3	95
	管材	O,H111		≤20	250～320	110	16	14	65
		H12,H22,H32		≤10	270～350	180	8	7	85
		H14,H24,H34		≤5	300～380	220	4	3	95
		H16,H26,H36		≤3	320	260	2	2	—
EN AW-5251［AlMg2Mn0.3］	棒材	O,H111	≤80	≤60	150～200	60	17	15	45
		H14,H24,H34	≤30	≤5	200～240	160	5	4	65
		H18,H28,H38	≤20	≤3	240	200	2	2	80
	管材	O,H111		≤20	150～200	60	17	15	45
		H12,H22,H32		≤10	180～220	110	5	4	60
		H14,H24,H34		≤5	200～240	160	4	3	65
		H16,H26,H36		≤5	220～260	180	3	2	70
		H18,H28,H38		≤3	240	200	2	2	80

续表

合金牌号	型态	状　态	尺寸/mm 直径	尺寸/mm 宽度/壁厚	抗拉强度 R_m/MPa min	屈服强度 $R_{P0.2}$/MPa min	伸长率 A/% min	伸长率 A_{50mm}/% min	硬度 (HBW)
EN AW-5052 [AlMg2.5]	棒材	O,H111	≤80	≤60	170～230	65	20	17	47
		H12,H22,H32	≤40	—	210～250	160	7	5	60
		H14,H24,H34	≤25	—	230～270	180	5	4	68
		H16,H26,H36	≤15	—	250～290	200	3	3	73
		H18,H28,H38	≤10	—	270	220	2	2	77
	管材	O,H111		≤20	170～230	65	20	17	47
		H14,H24,H34		≤5	230～270	180	5	4	68
		H18,H28,H38		≤5	270	220	2	2	77
EN AW-5154A [AlMg3.5(A)]	棒材	O,H111	≤80	≤60	200～260	85	16	14	55
		H14,H24,H34	≤25		260～320	200	5	4	75
		H18,H28,H38	≤10		310	240	3	2	80
	管材	O,H111		≤20	200～260	85	16	14	55
		H14,H24,H34		≤10	260～320	200	5	4	75
		H18,H28,H38		≤5	310	240	3	2	80
EN AW-5754 [AlMg3]	棒材	O,H111	≤80	≤60	180～250	80	16	14	45
		H14,H24,H34	≤25	≤5	240～290	180	4	3	75
		H18,H28,H38	≤10	≤3	280	240	3	2	88
	管材	O,H111		≤20	180～250	80	16	14	45
		H14,H24,H34		≤10	240～290	180	4	3	75
		H18,H28,H38		≤3	280	240	3	2	88
EN AW-5083 [AlMg4.5Mn0.7]	棒材	O,H111	≤80	≤60	270～350	110	16	14	70
		H12,H22,H32	≤30		280	200	6	4	90
	管材	O,H111		≤20	270～350	110	16	14	70
		H12,H22,H32		≤10	280	200	6	4	90
		H14,H24,H34		≤5	300	235	4	3	100
EN AW-5086 [AlMg4]	棒材	O,H111	≤80	≤60	240～320	95	16	14	65
		H12,H22,H32	≤30		270	190	5	4	85
	管材	O,H111		≤20	240～320	95	16	14	65
		H12,H22,H32		≤10	270	190	5	4	85
		H14,H24,H34		≤5	295	230	3	2	95
		H16,H26,H36		≤5	320	260	2	1	100
EN AW-6012 [AlMgSiPb]	棒材	T4	≤80	≤80	200	100	10	8	—
		T6	≤80	≤80	310	260	8	6	105
	管材	T4		≤20	200	100	10	8	—
		T6		≤20	310	260	8	6	105

续表

合金牌号	型态	状态	尺寸/mm		抗拉强度 R_m/MPa	屈服强度 $R_{P0.2}$/MPa	伸长率		硬度 (HBW)
			直径	宽度/壁厚	min	min	A/% min	A_{50mm}/% min	
EN AW-6060 [AlMgSi]	棒材	T4	≤80	≤80	130	65	15	13	50
		T6	≤80	≤80	215	160	12	10	75
	管材	T4		≤5 5～20	130 130	65 65	12 15	10 13	50 50
		T6		≤20	215	160	12	10	75
EN AW-6061 [AlMg1SiCu]	棒材	O,H111	≤80	≤80	≤150	≤110	16	14	30
		T4	≤80	≤80	205	110	16	14	65
		T6	≤80	≤80	290	240	10	8	95
	管材	O,H111		≤20	≤150	≤110	16	14	30
		T4		≤20	205	110	16	14	65
		T6		≤20	290	240	10	8	95
EN AW-6262 [AlMg1SiPb]	棒材	T6	≤80	≤80	290	240	10	8	85
		T8	≤50	≤50	345	315	4	3	—
		T9	≤50	≤50	360	330	4	3	—
	管材	T6		≤5 5～20	290 290	240 240	10 10	8 8	85 85
		T8		≤10	345	315	4	3	—
		T9		≤10	360	330	4	3	—
EN AW-6063 [AlMg0.7Si]	棒材	T4	≤80	≤80	150	75	15	13	50
		T6	≤80	≤80	220	190	10	8	75
		T66	≤80	≤80	230	195	10	8	80
	管材	O,H111		≤20	≤155		20	15	25
		T4		≤5 5～20	150 150	75 75	12 15	10 13	50 50
		T6		≤20	220	190	10	8	75
		T66		≤20	230	195	10	8	80
		T832		≤5	275	240	5	5	85
EN AW-6063A [AlMg0.7Si(A)]	棒材	O,H111	≤80	≤80	≤140		15	13	25
		T4	≤80	≤80	150	90	16	14	50
		T6	≤80	≤80	230	190	9	7	75
	管材	O,H111		≤20	≤140		15	13	25
		T4		≤20	150	90	16	14	50
		T6		≤20	230	190	9	7	75
EN AW-6082 [AlSi1MgMn]	棒材	O,H111	≤80	≤80	≤160	≤110	15	13	35
		T4	≤80	≤80	205	110	14	12	70
		T6	≤80	≤80	310	255	10	9	95
	管材	O,H111		≤20	≤160	≤110	15	13	35
		T4		≤20	205	110	14	12	70
		T6		≤5 5～20	310 310	255 240	8 10	7 9	95 95

续表

合金牌号	型态	状 态	尺寸/mm 直径	尺寸/mm 宽度/壁厚	抗拉强度 R_m/MPa min	屈服强度 $R_{P0.2}$/MPa min	伸长率 A/% min	伸长率 A_{50mm}/% min	硬度 (HBW)
EN AW-6262A [AlMg1SiSn]	管材	T6	≤120	≤85	290	240	10	8	—
		T8	≤120	≤85	345	315	4	3	—
		T9	≤120	≤85	360	330	4	3	—
EN AW-6065 [AlMg1Bi1Si]	棒材	T6	≤120	≤85	290	240	10	8	
		T8	≤120	≤85	345	315	4	3	
		T9	≤120	≤85	360	330	4	3	
EN AW-7020 [AlZn4.5Mg1]	棒材	T6	≤80	≤50	350	280	10	8	110
	管材	T6		≤20	350	280	10	8	110
EN AW-7022 [AlZn5Mg3Cu]	棒材	T6	≤80	≤80	460	380	8	6	133
	管材	T6		≤20	460	380	8	6	133
EN AW-7049A [AlZn8MgCu]	棒材	T6	≤80		590	500	7	5	170
	管材	T6,T6510,T6511		≤5 5～20	590 590	530 530	6 7	4 5	170 170
EN AW-7075 [AlZn5.5MgCu]	棒材	O,H111	≤80	≤80	≤275	≤165	10	8	60
		T6	≤80	≤80	540	485	7	6	150
		T651	≤80	≤80	540	485	5	4	150
		T73	≤80	≤80	455	385	10	8	135
		T7351	≤80	≤80	455	385	8	6	135
	管材	O,H111		≤20	≤275	≤165	10	8	60
		T6		≤20	540	485	7	6	150
		T6510,T6511		≤20	540	485	5	4	150
		T73		≤20	455	385	10	8	135
		T73510,T73511		≤20	455	385	8	6	135

表 9-61 转化器/家用铝箔的纵向力学性能（EN 546-2—2006）

合金牌号	尺寸[①]/μm 大于	尺寸[①]/μm 小于与等于	状态 O 抗拉强度 R_m/MPa 最小	状态 O 抗拉强度 R_m/MPa 最大	状态 O 伸长率 A_{50mm} 或 A_{100mm}/% 最小	状态 H18[①] 抗拉强度 R_m/MPa 最小
EN AW-1050A[Al 99.5]	≥6	10	35	80	1	135
	10	25	40	85	1	135
	25	40	45	90	2	135
	40	90	50	95	4	135
	90	140	50	95	6	135
	140	200	50	95	10	135
EN AW-1200[Al 99.0]	≥6	10	40	95	1	140
	10	25	45	100	1	140
	25	40	50	105	3	140
	40	90	55	105	6	140
	90	140	60	105	10	140
	140	200	60	105	14	140

续表

合金牌号	尺寸①/μm		状态			
			O			H18①
			抗拉强度 R_m /MPa		伸长率 A_{50mm} 或 A_{100mm}/%	抗拉强度 R_m/MPa
	大于	小于与等于	最小	最大	最小	最小
EN AW-8006[AlFe1.5Mn]	≥6	10	80	135	1	190
	10	25	85	140	2	190
	25	40	85	140	6	190
	40	90	90	140	10	190
	90	140	90	140	15	190
	140	200	90	140	15	190
EN AW-8011A[AlFeSi(A)]	≥6	10	50	110	1	160
	10	25	55	115	1	160
	25	40	55	120	3	160
	40	90	65	130	7	160
	90	140	65	130	12	160
	140	200	65	130	16	160
EN AW-8014[AlFe1.5Mn0.4]	≥6	10	70	130	1	170
	10	25	75	135	2	170
	25	40	75	135	6	170
	40	90	80	135	10	170
	90	140	80	135	14	170
	140	200	80	135	15	170
EN AW-8021B[AlFe1.5]	≥6	10	60	100	2	160
	10	25	65	105	3	160
	25	40	70	110	7	160
	40	90	75	110	12	160
	90	140	75	110	14	160
	140	200	75	110	16	160
EN AW-8079[AlFe1Si]	≥6	10	45	100	1	150
	10	25	50	105	1	150
	25	40	55	110	4	150
	40	90	60	110	8	150
	90	140	60	110	13	150
	140	200	60	110	16	150
EN AW-8111[AlFeSi(B)]	≥6	10	55	105	2	160
	10	25	60	110	3	160
	25	40	70	120	11	160
	40	90	70	130	12	160
	90	140	70	130	14	160
	140	200	70	130	16	160

① H18 状态时，抗拉强度的最大的与伸长率的最小值由供需双方协商。如果需要，由供需双方协商用 H18 代替 H19 状态。

注：尺寸超出给定的范围时，由供需双方协商。

表 9-62 容器铝箔的纵向力学性能[①]（EN 546-2—2006）

合金牌号	尺寸/μm		状态														
			O			H22			H24			H26			H18		
			抗拉强度 R_m/MPa		伸长率 A_{50mm} 或 A_{100mm} /%	抗拉强度 R_m/MPa		伸长率 A_{50mm} 或 A_{100mm} /%	抗拉强度 R_m/MPa		伸长率 A_{50mm} 或 A_{100mm} /%	抗拉强度 R_m/MPa		伸长率 A_{50mm} 或 A_{100mm} /%	抗拉强度 R_m/MPa		伸长率 A_{50mm} 或 A_{100mm} /%
	大于	小于与等于	最小	最大	最小	最小	最大	最小	最小	最大	最小	最小	最大	最小	最小	最大	最小
EN AW-1200[Al99.0]	≥35	40	50	105	3	90	135	2	110	155	2	125	180	1	140	200	1
	40	90	55	105	6	90	135	4	110	155	3	125	180	1	140	200	1
	90	140	60	105	10	90	135	6	110	155	4	125	180	2	140	200	1
	140	200	60	105	14	90	135	7	110	155	5	125	180	2	140	200	1
EN AW-3003[AlMn1Cu]	≥35	40	85	135	5	120	160	5	145	185	6	150	190	2	190	230	1
	40	90	85	135	6	120	160	6	145	185	7	150	190	3	190	230	1
	90	140	85	135	10	120	160	8	145	185	8	150	190	4	190	230	1
	140	200	85	135	13	120	160	9	145	185	9	150	190	4	190	230	1
EN AW-3005[AlMn1Mg0.5]	≥35	40	125	165	8	—	—	—	180	225	3	—	—	—	—	—	—
	40	90	125	165	9	—	—	—	180	225	3	—	—	—	—	—	—
	90	140	125	165	10	—	—	—	180	225	3	—	—	—	—	—	—
	140	200	125	165	10	—	—	—	180	225	4	—	—	—	—	—	—
EN AW-3103[AlMn1]	≥35	40	80	130	7	115	155	5	140	180	6	150	190	2	185	230	1
	40	90	80	130	8	115	155	6	140	180	7	150	190	3	185	230	1
	90	140	80	130	12	115	155	8	140	180	8	150	190	4	185	230	1
	140	200	80	130	15	115	155	9	140	180	9	150	190	4	185	230	1
EN AW-8006[AlFe1.5Mn]	≥35	40	85	140	6	—	—	—	110	170	3	—	—	—	—	—	—
	40	90	90	140	10	—	—	—	110	170	4	—	—	—	—	—	—
	90	140	90	140	14	—	—	—	110	170	5	—	—	—	—	—	—
	140	200	90	140	15	—	—	—	110	170	7	—	—	—	—	—	—
EN AW-8008[AlFe1Mn0.8]	≥35	40	80	140	8	120	155	5	140	175	3	150	190	2	180	250	1
	40	90	80	140	10	120	155	8	140	175	5	150	190	4	180	250	1
	90	140	80	140	14	120	155	12	140	175	8	150	190	6	180	250	1
	140	200	80	140	15	120	155	13	140	175	10	150	190	8	180	250	1
EN AW-8011A[AlFeSi(A)]	≥35	40	55	120	4	90	150	2	110	165	2	140	185	1	160	220	1
	40	90	65	130	7	90	150	4	110	165	3	140	185	2	160	220	1
	90	140	65	130	12	90	150	5	110	165	4	140	185	2	160	220	1
	140	200	65	130	16	90	150	6	110	165	5	140	185	3	160	220	1

① 单卷 35～200μm。

表 9-63 铝及铝合金锻坯的力学性能（EN 603-2—1996）

合金牌号	状态	截面尺寸/mm	抗拉强度 R_m/MPa	屈服强度 $R_{P0.2}$/MPa	伸长率 A/%
EN AW-2014	T42		370	210	11
	T62	≤180	440	380	6
EN AW-2024	T42	≤150	420	260	8
EN AW-5083	H112	≤150	270	110	12
EN AW-5754	H112	≤150	180	80	14
EN AW-6082	T62	≤200	310	260	7
EN AW-7075	T62	≤100	510	430	7
	T732	≤100	455	385	6

表 9-64 电工用铝薄板材、带材和板材的力学性能（EN 14121—2009）

合金牌号-状态	厚度/mm		力学性能						电导率 20℃ /(MS/m)
			抗拉强度 R_m /MPa		0.2%的屈服强度 $R_{P0.2}$ /MPa	伸长率		硬度 (HBW)	
						A_{50mm} /%	A /%		
	大于	小于	最小	最大	最小	最小	最小		最小
EN AW-1350A-F EN AW-1350-F	≥2.5	150	65	—	—	—	—	—	34.5
EN AW-1350A-O EN AW-1350-O EN AW-1350A-H111 EN AW-1350-H111	0.2	0.5	65	105	20	20	—	20	35.4
	0.5	1.5	65	105	20	22	—	20	
	1.5	3.0	65	105	20	26	—	20	
	3.0	6.0	65	105	20	29	—	20	
	6.0	12.5	65	105	20	35	—	20	
	12.5	20	65	105	20	—	32	20	
EN AW-1350A-H19 EN AW-1350-H19	0.2	3.0	150	—	130	1	—	45	34.0
EN AW-1350A-H24 EN AW-1350-H24	0.2	0.5	105	150	75	3	—	33	34.5
	0.5	1.5	105	150	75	3	—	33	
	1.5	3.0	105	150	75	5	—	33	
	3.0	12.5	105	150	75	8	—	33	
EN AW-1350A-H26 EN AW-1350-H26	0.2	0.5	120	165	90	2	—	38	34.5
	0.5	1.5	120	165	90	3	—	38	
	1.5	4.0	120	165	90	4	—	38	
EN AW-1350A-H28 EN AW-1350-H28	0.2	1.5	140	—	110	2	—	41	34.0
	1.5	3.0	140	—	110	3	—	41	
EN AW-1370A-F EN AW-1370-F	≥2.5	150	65	—	—	—	—	—	34.7
EN AW-1370A-O EN AW-1370-O EN AW-1370A-H111 EN AW-1370-H111	0.2	0.5	65	105	20	20	—	20	35.8
	0.5	1.5	65	105	20	22	—	20	
	1.5	3.0	65	105	20	26	—	20	
	3.0	6.0	65	105	20	29	—	20	
	6.0	12.5	65	105	20	35	—	20	
	12.5	20	65	105	20	—	32	20	
EN AW-1370A-H19 EN AW-1370-H19	0.2	3.0	150	—	130	1	—	45	34.7
EN AW-1370A-H24 EN AW-1370-H24	0.2	0.5	105	150	75	3	—	33	34.7
	0.5	1.5	105	150	75	3	—	33	
	1.5	3.0	105	150	75	5	—	33	
	3.0	12.5	105	150	75	8	—	33	

续表

合金牌号-状态	厚度/mm		力学性能						电导率 20℃ /(MS/m)
			抗拉强度 R_m /MPa		0.2%的屈服强度 $R_{P0.2}$ /MPa	伸长率		硬度 (HBW)	
						A_{50mm} /%	A /%		
	大于	小于	最小	最大	最小	最小	最小		最小
EN AW-1370A-H26 EN AW-1370-H26	0.2	0.5	120	165	90	2	—	38	34.7
	0.5	1.5	120	165	90	3	—	38	
	1.5	4.0	120	165	90	4	—	38	
EN AW-1370A-H28 EN AW-1370-H28	0.2	1.5	140	—	110	2	—	41	34.2
	1.5	3.0	140	—	110	3	—	41	
EN AW-6101B-T7	0.4	150	170	—	120	6	—	55	32.0

表 9-65　铝及铝合金冷拔丝的力学性能（EN 1301-2—2008）

合金牌号	状　态	直径/mm	抗拉强度 R_m /MPa	屈服强度 $R_{P0.2}$ /MPa	伸长率(A_{100mm}) /%
EN AW-1098 [Al 99.98]	O	≤20	≤70		25
	H14	≤18	85	80	3
	H18	≤10	115	110	2
EN AW-1080A [Al 99.8(A)]	O	≤20	≤80		35
	H14	≤18	90	85	5
	H18	≤10	120	115	3
EN AW-1070A [Al 99.7]	O	≤20	≤85		35
	H14	≤18	95	90	5
	H18	≤10	125	120	3
EN AW-1050A [Al 99.5]	O	≤20	≤95		35
	H14	≤18	100	95	5
	H16	≤15	120	115	3
	H18	≤10	140	135	3
EN AW-2011 [AlCu6BiPb]	T3	≤18	310	295	6
	T8	≤18	370	310	4
	H13	≤18	155～225		
	H18	≤10	240		—
EN AW-2014A [AlCu4SiMg(A)]	H13	≤18	210～280	190	5
	T4	≤18	380	255	18
	T6	≤18	440	415	9
	H18	≤10	295		—
EN AW-2017A [AlCu4MgSi(A)]	H13	≤18	210～300	190	5
	T4	≤18	380	255	10
	H18	≤10	315		—
EN AW-2117 [AlCu2.5Mg]	H13	≤18	170～240	110	5
	T4	≤18	260	160	20
	H18	≤10	260		—

续表

合金牌号	状 态	直径/mm	抗拉强度 R_m /MPa	屈服强度 $R_{P0.2}$ /MPa	伸长率(A_{100mm}) /%
EN AW-2024 [AlCu4Mg1]	H13	≤18	230～300	200	5
	T4	≤18	420	315	18
	H18	≤10	320	—	—
EN AW-3003 [AlMn1Cu]	O	≤20	≤130	60	35
	H14	≤18	135～180	120	5
	H18	≤10	180	175	3
EN AW-3103 [AlMn1]	O	≤20	≤130	60	35
	H14	≤18	135～180	120	5
	H18	≤10	170	165	3
EN AW-5051A [AlMg2(B)]	O	≤20	≤195	85	15
	H12	≤18	170～220	155	6
	H14	≤18	195～245	200	4
	H18	≤10	245	200	3
EN AW-5251 [AlMg2Mn0.3]	O	≤20	≤215	95	15
	H14	≤18	215～265	220	4
	H18	≤10	265	270	3
EN AW-5052 [AlMg2.5]	O	≤20	≤225	100	15
	H14	≤18	225～275	225	4
	H18	≤10	275	275	3
	H32	≤18	190～240	145	11
	H34	≤15	215～265	195	8
	H38	≤10	260	245	5
EN AW-5154A [AlMg3.5(A)]	O	≤20	≤275	125	16
	H14	≤18	280～330	270	3
	H18	≤10	330	320	2
	H32	≤18	235～285	170	11
	H34	≤15	265～315	230	8
	H36	≤10	290～340	250	6
	H38	≤10	310	280	4
EN AW-5754 [AlMg3]	O	≤20	≤250	110	16
	H12	≤18	230～280	200	6
	H14	≤18	255～305	250	3
	H18	≤10	305	300	2
	H32	≤18	220～270	160	11
	H34	≤15	245～295	210	8
	H38	≤10	290	260	4

续表

合金牌号	状　态	直径/mm	抗拉强度 R_m /MPa	屈服强度 $R_{P0.2}$ /MPa	伸长率(A_{100mm}) /%
EN AW-5019 [AlMg5]	O	≤20	≤330	150	17
	H12	≤18	295～355	255	6
	H14	≤18	325～385	315	3
	H18	≤18	370	360	2
	H32	≤18	280～340	205	11
	H34	≤15	310～370	265	8
	H38	≤10	360	320	4
EN AW-6056 [AlSi1MgCuMn]	H13	≤18	160～240	140	4
	H18	≤10	240	210	2
	T39	<6	400	—	—
	T39	≥6	360	—	—
	T4	≤20	300～380	—	13
	T6	≤20	400	360	10
	T89	<6	420	—	—
EN AW-6060 [AlMgSi]	T39	≥6	220	—	—
	T39	<6	270	—	—
	T4	≤20	140～210	90	13
	T6	≤20	210	160	10
	T89	<6	260	—	—
EN AW-6061 [AlMg1SiCu]	H13	≤18	150～210	120	4
	H18	≤10	210	—	—
	T39	<6	310	—	—
	T39	≥6	260	—	—
	T4	≤20	205～285	135	13
	T6	≤20	290	260	10
	T89	<6	300	—	—
EN AW-6063 [AlMg0.7Si]	T39	≥6	230	—	—
	T39	<6	280	—	—
	T4	≤20	150	100	13
	T6	≤20	220	190	10
	T89	<6	270	—	—
EN AW-6082 [AlSiMgMn]	H13	≤18	165～225	130	4
	H18	≤10	220	200	2
	T39	≥6	310	—	—
	T39	<6	360	—	—
	T4	≤20	205～285	135	13
	T6	≤20	300	270	10
	T89	<6	340	—	—

续表

合金牌号	状　态	直径/mm	抗拉强度 R_m /MPa	屈服强度 $R_{P0.2}$ /MPa	伸长率(A_{100mm}) /%
EN AW-7075 [AlZn5.5MgCu]	O	≤20	≤275	110	13
	H13	≤18	230～310	230	2.5
	H18	≤10	285	260	2
	T6	≤20	510	485	10

表 9-66　铝及铝合金锻件的力学性能

合金牌号	状　态	截面尺寸 /mm	测试方向	抗拉强度 R_m/MPa	屈服强度 $R_{P0.2}$/MPa	伸长率 A /%
EN AW-2014	T4	≤150	L	370	270	11
	T6	≤50	L	440	380	6
			T	430	370	3
		50～100	L	440	370	6
			T	430	360	3
	T652	≤75	L	440	380	8
			LT	430	370	4
			ST	420	360	3
		75～150	L	420	370	7
			LT	420	360	4
			ST	410	350	3
		150～200	L	410	360	6
			LT	410	350	3
			ST	100	340	2
EN AW-2024	T4	≤100	L	420	260	8
EN AW-5083	H112	≤150	L	270	120	12
			T	260	110	10
EN AW-5754	H112	≤150	L	180	80	15
EN AW-6082	T6	≤100	L	310	260	6
			T	290	250	5
EN AW-7075	T6	≤50	L	510	430	7
			T	480	410	4
		50～100	L	500	425	6
			T	470	400	4
	T73	≤50	L	455	385	6
			T	420	360	4
		50～100	L	445	375	6
			T	410	350	3

续表

合金牌号	状态	截面尺寸/mm	测试方向	抗拉强度 R_m/MPa	屈服强度 $R_{P0.2}$/MPa	伸长率 A/%
EN AW-7075	T652	≤75	L	490	415	6
			LT	480	400	4
			ST	470	390	3
		75～150	L	470	385	6
			LT	460	375	4
			ST	445	370	3
	T7352	≤75	L	450	370	6
			LT	440	360	4
			ST	430	350	3
		75～150	L	420	350	6
			LT	410	340	4
			ST	495	330	3

9.3 美国铝及铝合金

9.3.1 铝及铝合金牌号和化学成分

表 9-67 重熔用铝锭牌号及化学成分

牌号	化学成分/%(不大于,注明不小于和范围值者除外)								
	Si	Fe	Fe/Si(不小于)	Cu	Zn	Mn+Cr+Ti+V	其他元素 单个	其他元素 总和	Al(不小于)
100.1	0.15	0.6～0.8	—	0.10	0.05	0.025	0.03	0.10	99.00
130.1	—	—	2.5	0.10	0.05	0.025	0.03	0.10	99.30
150.1	—	—	2.0	0.05	0.05	0.025	0.03	0.10	99.50
160.1	0.10	0.25	2.0	—	0.05	0.025	0.03	0.10	99.60
170.1	—	—	1.5	—	0.05	0.025	0.03	0.10	99.70

注：表头中的%符号不适用于 Fe/Si 比值。除表中注明 ASTM 标准号者外，均采用美国铝业协会的变形铝及铝合金注册牌号和化学成分。

表 9-68 炼钢用铝锭牌号及化学成分

牌号	化学成分/%(不大于,注明不小于者除外)					标准号
	Al(不小于)	Cu	Zn	Mg	杂质总和	
990A	99.0	0.2	0.2	0.2	1.0	ASTM B 37—2008
980A	98.0	0.2	0.2	0.5	2.0	
950A	95.0	1.5	1.5	1.0	5.0	
920A	92.0	4.0	1.5	1.0	8.0	
900A	90.0	4.5	3.0	2.0	10.0	
850A	85.0	5.0	5.5	2.5	15.0	

表 9-69 美国铝业协会（AA）变形铝及变形铝合金的化学成分

合金代号			化学成分/%													
美国铝业协会	UNS	ISO R209	Si	Fe	Cu	Mn	Mg	Cr	Ni	Zn	Ga	V	指定的其他元素	Ti	未指定的其他元素 每种	未指定的其他元素 合计	Al（最小值）
1035	—	—	0.35	0.6	0.10	0.05	0.05	—	—	0.01	—	0.05	—	0.03	0.03	—	99.35
1040	A91040	—	0.30	0.50	0.10	0.05	0.05	—	—	0.10	—	0.05	—	0.03	0.03	—	99.40
1045	A91045	—	0.30	0.45	0.10	0.05	0.05	—	—	0.05	—	0.05	—	0.03	0.03	—	99.45
1050	A91050	Al99.5	0.25	0.40	0.05	0.05	0.05	—	—	0.05	—	0.05	—	0.03	0.03	—	99.50
1060	A91060	Al99.6	0.25	0.35	0.05	0.03	0.03	—	—	0.05	—	0.05	—	0.03	0.03	—	99.60
1065	A91065	—	0.25	0.30	0.05	0.03	0.03	—	—	0.05	—	0.05	—	0.03	0.03	—	99.65
1070	A91070	Al99.7	0.20	0.25	0.04	0.03	0.03	—	—	0.04	—	0.05	—	0.03	0.03	—	99.70
1080	A91080	Al99.8	0.15	0.15	0.03	0.02	0.02	—	—	0.03	0.03	0.05	—	0.03	0.02	—	99.80
1085	A91085	—	0.01	0.12	0.03	0.02	0.02	—	—	0.03	0.03	0.05	—	0.02	0.01	—	99.85
1090	A91090	—	0.07	0.07	0.02	0.01	0.01	—	—	0.03	0.03	0.05	—	0.01	0.01	—	99.90
1098	—	—	0.010	0.006	0.003	—	—	—	—	0.015	—	—	—	0.003	0.003	—	99.98
1100	A91100	Al99.0Cu	0.95(Si+Fe)		0.05～0.20	0.05	—	—	—	0.10	—	—	①	—	0.05	0.15	99.00
1110	—	—	0.30	0.8	0.04	0.01	0.25	0.01	—	—	—	—	0.02B,0.03(V+Ti)	—	0.30	—	99.10
1200	A91200	Al99.0	1.00(Si+Fe)		0.05	0.05	—	—	—	0.10	—	—	—	0.05	0.05	0.15	99.00
1120	—	—	0.10	0.40	0.05～0.35	0.01	0.20	0.01	—	0.05	0.03	—	0.05B,0.02(V+Ti)	—	0.03	0.10	99.20
1230	A91230	Al99.3	0.70(Si+Fe)		0.10	0.05	0.05	—	—	0.10	—	0.05	—	0.03	0.03	—	99.30
1135	A91135	—	0.60(Si+Fe)		0.05～0.20	0.04	0.05	—	—	0.10	—	0.05	—	0.03	0.03	—	99.35
1235	A911235	—	0.65(Si+Fe)		0.05	0.05	0.05	—	—	0.10	—	0.05	—	0.06	0.03	—	99.35
1435	A91345	—	0.15	0.30～0.50	0.02	0.05	0.05	—	—	0.10	—	0.05	—	0.03	0.03	—	99.35
1145	A91145	—	0.55(Si+Fe)		0.05	0.05	0.05	—	—	0.05	—	0.05	—	0.03	0.03	—	99.45
1345	A91345	—	0.30	0.40	0.10	0.05	0.05	—	—	0.05	—	0.05	—	0.03	0.03	—	99.45
1445	—	—	0.50(Si+Fe)②		0.04②	—	—	—	—	—	—	—	—	—	0.05	99.45	
1150	—	—	0.45(Si+Fe)		0.05～0.20	0.05	0.05	—	—	0.05	—	—	—	0.03	0.03	—	99.50
1350	A91350	E-Al99.5	0.10	0.40	0.05	0.01	—	0.01	—	0.05	0.03	—	0.05B,0.02(V+Ti)	—	0.03	0.10	99.50
1260	A91260③	—	0.40(Si+Fe)		0.04	0.01	0.03	—	—	0.05	—	0.05	①	0.03	0.03	—	99.60
1170	A91170	—	0.30(Si+Fe)		0.03	0.03	0.02	0.03	—	0.04	—	0.05	—	0.03	0.03	—	99.70
1370	—	E-Al99.7	0.10	0.25	0.02	0.01	0.02	0.01	—	0.04	0.03	—	0.02B,0.02(V+Ti)	—	0.02	0.10	99.70
1175	A91175	—	0.15(Si+Fe)		0.10	0.02	0.02	—	—	0.04	0.03	0.05	—	0.02	0.02	—	99.75
1275	—	—	0.08	0.12	0.05～0.10	0.02	0.02	—	—	0.03	0.03	0.03	—	0.02	0.01	—	99.75
1180	A91180	—	0.09	0.09	0.01	0.02	0.02	—	—	0.03	0.03	0.05	—	0.02	0.02	—	99.80
1185	A91185	—	0.15(Si+Fe)		0.01	0.02	0.02	—	—	0.03	0.03	0.05	—	0.02	0.01	—	99.85
1285	A91285	—	0.08④	0.08④	0.02	0.01	0.01	—	—	0.03	0.03	0.05	—	0.02	0.01	—	99.85
1385	—	—	0.05	0.12	0.02	0.01	0.01	0.01	—	0.03	0.03	—	0.02	—	0.01	—	99.85

续表

合金代号			化学成分/%													
美国铝业协会	UNS	ISO R209	Si	Fe	Cu	Mn	Mg	Cr	Ni	Zn	Ga	V	指定的其他元素	Ti	未指定的其他元素 每种	未指定的其他元素 合计	Al (最小值)
1188	A9118	—	0.06	0.06	0.005	0.01	0.01	—	—	0.03	0.03	0.05	(V+Ti)[5] ①	0.01	0.01	—	99.88
1190	—	—	0.05	0.07	0.01	0.01	0.01	0.01	—	0.02	0.02	—	0.01	—	0.01	—	99.90
1193	A91193[3]	—	0.04	0.04	0.006	0.01	0.01	—	—	0.03	0.03	0.05	(V+Ti)[6]	0.01	0.01	—	99.93
1199	A9119	—	0.006	0.006	0.006	0.002	0.006	—	—	0.006	0.005	0.005	—	0.002	0.002	—	99.99
2001	—	—	0.20	0.20	5.2~6.0	0.15~0.50	0.20~0.45	0.10	0.05	0.10	—	—	0.05Zr[7]	0.20	0.05	0.15	余量
2002	—	—	0.35~0.8	0.30	1.5~2.5	0.20	0.50~1.0	0.20	—	0.20	—	—	—	0.20	0.05	0.15	余量
2003	—	—	0.30	0.30	4.0~5.0	0.30~0.8	0.02	—	—	0.10	—	0.05~0.02	0.10~0.25Zr[8]	0.15	0.05	0.15	余量
2004	—	—	0.20	0.20	5.5~6.5	0.10	0.50	—	—	0.10	—	—	0.30~0.50Zr	0.05	0.05	0.15	余量
2005	—	—	0.8	0.7	3.5~5.0	1.0	0.20~1.0	0.10	0.20	0.50	—	—	0.20B,1.0~2.0P	0.20	0.05	0.15	余量
2006	—	—	0.8~1.3	0.7	1.0~2.0	0.6~1.0	0.50~1.4	—	0.20	0.20	—	—	—	0.30	0.05	0.15	余量
2007	—	—	0.8	0.8	3.3~4.6	0.50~1.0	0.40~1.8	0.10	0.20	0.8	—	—	⑫	0.20	0.10	0.30	余量
2008	—	—	0.50~0.8	0.40	0.7~1.1	0.30	0.25~0.50	0.10	—	0.25	—	0.05	—	0.10	0.05	0.15	余量
2011	A9201	AlCu6BiPb	0.40	0.7	5.0~6.0	—	—	—	—	0.30	—	—	⑫	—	0.05	0.15	余量
2014	Al92011	AlCu4SiMg	0.50~1.2	0.70	3.9~5.0	0.40~1.2	0.20~0.8	0.10	—	0.25	—	—	⑪	0.15	0.05	0.15	余量
2017	A9201	AlCu4MgSi	0.20~0.8	0.7	3.5~4.5	0.40~1.0	0.40~0.8	0.10	—	0.25	—	—	⑪	0.15	0.05	0.15	余量
2117	A9211	AlCu2.5Mg	0.20~0.8	0.7	3.5~4.5	0.40~1.0	0.40~1.0	0.10	—	0.25	—	—	0.25Zr+Ti	—	0.05	0.15	余量
		AlCu2Mg	0.8	0.7	2.2~3.0	0.20	0.20~0.50	0.10	—	0.25	—	—	—	—	0.05	0.15	
2018	A9201	—	0.9	1.0	3.5~4.5	0.20	0.45~0.9	0.10	1.7~2.3	0.25	—	—	—	—	0.05	0.15	
2218	A9221	—	0.9	1.0	3.5~4.5	0.20	1.2~1.8	0.10	1.7~2.3	0.25	—	—	—	—	0.05	0.15	余量
2618	A9261	—	0.10~0.25	0.9~1.3	1.9~2.7	—	1.3~1.8	—	0.9~1.2	0.10	—	—	—	0.04~0.10	0.05	0.15	余量
2219	A9221	AlCu6Mn	0.20	0.30	5.8~6.8	0.20~0.40	0.02	—	—	0.10	—	0.05~0.15	0.10~0.25Zr	0.02~0.10	0.05	0.15	余量
2319	A9231	—	0.20	0.30	5.8~6.8	0.20~0.40	0.02	—	—	0.10	—	0.05~0.15	0.10~0.25Zr[1]	0.10~0.20	0.05	0.15	余量
2419	A9241	—	0.15	0.18	5.8~6.8	0.20~0.40	0.02	—	—	0.10	—	0.05~0.15	0.10~0.25Zr	0.02~0.10	0.05	0.15	余量
2519	A9251	—	0.25[12]	0.301[12]	5.3~6.4	0.10~0.50	0.05~0.40	—	—	0.10	—	0.05~0.15	0.10~0.25Zr	0.02~0.10	0.05	0.15	余量
2021	A92021[3]	—	0.20	0.30	5.8~6.8	0.20~0.40	0.02	—	—	0.10	—	0.05~0.15	0.10~0.25Zr[13]	0.02~0.10	0.05	0.15	余量
2024	A9202	AlCu4Mg1	0.50	0.50	3.8~4.9	0.3~0.9	1.2~1.8	0.10	—	0.25	—	—	⑪	0.15	0.05	0.15	余量
2124	A9212	—	0.20	0.30	3.8~4.9	0.30~0.9	1.2~1.8	0.10	—	0.25	—	—	⑪	0.15	0.05	0.15	余量
2224	A9222	—	0.12	0.15	3.8~4.4	0.30~0.9	1.2~1.8	0.10	—	0.25	—	—	—	0.15	0.05	0.15	余量
2324	A9232	—	0.10	0.12	3.8~4.4	0.30~0.9	1.2~1.8	0.10	—	0.25	—	—	—	0.15	0.05	0.15	余量
2025	A9202	—	0.50~1.2	1.0	3.9~5.0	0.40~1.2	0.05	0.10	—	0.25	—	—	—	0.15	0.05	0.15	余量
2030	—	AlCu4PbMg	0.8	0.7	3.3~4.5	0.20~1.0	0.50~1.3	0.10	—	0.50	—	—	0.20Bi, 0.8~1.5Pb	0.20	0.10	0.30	余量
2031	—	—	0.50~1.3	0.6~1.2	1.8~2.8	0.50	0.6~1.2	—	0.6~1.4	0.20	—	—	—	0.20	0.05	0.15	余量
2034	—	—	0.10	0.12	4.2~4.8	0.8~1.3	1.3~1.9	0.05	—	0.20	—	—	0.08~0.15Zr	0.15	0.05	0.15	余量
2036	A9203	—	0.50	0.50	2.3~3.0	0.10~0.40	0.30~0.6	0.10	—	0.25	—	—	—	0.15	0.05	0.15	余量

续表

合金代号			化学成分/%														
美国铝业协会	UNS	ISO R209	Si	Fe	Cu	Mn	Mg	Cr	Ni	Zn	Ga	V	指定的其他元素	Ti	未指定的其他元素 每种	未指定的其他元素 合计	Al（最小值）
2037	A92037	—	0.50	0.50	1.4～2.2	0.10～0.40	0.30～0.8	0.10	—	0.25	—	0.05	—	0.15	0.05	0.15	余量
2038	A92038	—	0.50～1.3	0.6	0.8～1.8	0.10～0.40	0.40～1.0	0.20	—	0.50	0.05	0.05	—	0.15	0.06	0.15	余量
2048	A92048	—	0.15	0.20	2.8～3.8	0.20～0.6	1.2～1.8	—	—	0.25	—	—	—	0.10	0.05	0.15	余量
2090	A92090	—	0.10	0.12	2.4～3.0	0.05	0.25	0.05	—	0.10	—	—	0.08～0.15Zr⑮	0.15	0.05	0.15	余量
2091	—	—	0.20	0.30	1.8～2.5	0.10	1.1～1.9	0.10	—	0.25	—	—	0.04～0.16Zr⑮	0.10	0.05	0.15	余量
3002	A93002	—	0.08	0.10	0.15	0.05～0.25	0.05～0.02	—	—	0.05	—	0.05	—	0.03	0.03	0.10	余量
3102	A93102	—	0.40	0.7	0.10	0.05～0.40	—	—	—	0.30	—	—	—	0.10	0.05	0.15	余量
3003	A93003	AlMn1Cu	0.6	0.7	0.05～0.20	1.0～1.5	—	—	—	0.10	—	—	—	—	0.05	0.15	余量
3103	—	—	0.50	0.7	0.10	0.9～1.5	0.30	0.10	—	0.20	—	—	0.10Zr+Ti	—	0.50	0.15	余量
3203	—	—	0.6	0.7	0.05	1.0～1.5	—	—	—	0.10	—	—	①	—	0.05	0.15	余量
3303	A93303	AlMn1	0.6	0.7	0.05～0.20	1.0～1.5	—	—	—	0.30	—	—	—	—	0.05	0.15	余量
3004	A93004	AlMn1Mg1	0.30	0.7	0.25	1.0～1.5	0.8～1.3	—	—	0.25	—	—	—	—	0.05	0.15	余量
3104	S93104	—	0.6	0.8	0.05～0.25	0.8～1.4	0.8～1.3	—	—	0.25	0.05	0.05	—	0.10	0.05	0.15	余量
3005	A93005	AlMn1Mg0.5	0.6	0.7	0.30	1.0～1.5	0.20～0.60	0.10	—	0.25	—	—	—	0.10	0.05	0.15	余量
3105	A93105	AlMn0.5-Mg0.5	0.6	0.7	0.30	0.30～0.8	0.20	0.8	—	0.04	—	—	—	0.10	0.05	0.15	余量
3006	A93006	—	0.50	0.7	0.10～0.30	0.50～0.8	0.30～0.6	0.20	—	0.15～0.40	—	—	—	0.10	0.05	0.15	余量
3007	A93007	—	0.50	0.7	0.05～0.30	0.30～0.8	0.6	0.20	—	0.40	—	—	—	0.10	0.05	0.15	余量
3107	A93107	—	0.6	0.7	0.05～0.15	0.40～0.9	—	—	—	0.20	—	—	—	0.10	0.05	0.15	余量
3207	—	—	0.30	0.45	0.10	0.40～0.8	0.10	—	—	0.10	—	—	—	—	0.05	0.10	余量
3307	—	—	0.6	0.8	0.30	0.50～0.9	0.30	—	—	0.25	—	—	—	0.10	0.05	0.15	余量
3008	—	—	0.40	0.7	0.10	1.2～1.8	0.01	0.05	0.05	0.05	—	—	0.10～0.50Zr	0.10	0.05	0.15	余量
3009	A93009	—	1.0～1.8	0.7	0.10	1.2～1.8	0.10	0.05	0.05	0.05	—	—	0.10Zr	0.10	0.05	0.15	余量
3010	A9310	—	0.10	0.20	0.03	0.20～0.9	—	0.05～0.40	—	0.05	—	0.05	—	0.05	0.03	0.10	余量
3011	A93011	—	0.40	0.7	0.05～0.20	0.8～1.2	—	0.10～0.40	—	0.10	—	—	0.10～0.30Zr	0.10	0.05	0.15	余量
3012	—	—	0.6	0.7	0.10	0.5～1.1	0.10	0.20	—	0.10	—	—	—	0.10	0.05	0.15	余量
3013	—	—	0.6	1.0	0.50	0.9～1.4	0.20～0.6	—	—	0.25～1.0	—	—	—	—	0.05	0.15	余量
3014	—	—	0.6	1.0	0.50	1.0～1.5	0.10	—	—	0.25	—	—	—	1.0	0.05	0.15	余量
3015	—	—	0.6	0.8	0.30	0.50～0.9	0.50～0.8	—	—	0.25	—	—	—	0.10	0.05	0.15	余量
3016	—	—	0.6	0.8	0.30	0.50～0.9	0.50～0.8	—	—	0.25	—	—	—	0.10	0.05	0.15	余量
4004	Z94004	—	9.0～10.5	0.8	0.25	0.10	1.0～2.0	—	—	0.20	—	—	—	—	0.05	0.15	余量
4104	A94104	—	9.0～10.5	0.8	0.25	0.10	1.0～2.0	—	—	0.20	—	—	0.02～0.20Bi	—	0.05	0.15	余量
4006	—	—	0.8～1.2	0.50～0.8	0.05	0.03	0.01	0.20	—	0.05	—	—	—	—	0.05	0.15	余量
4007	—	—	1.0～1.7	0.40～1.0	0.20	0.8～1.5	0.20	0.05～0.25	0.15～0.7	0.10	—	—	0.05Co	0.10	0.05	0.15	余量
4008	A94008	—	6.5～7.5	0.09	0.05	0.05	0.30～0.45	—	—	0.05	—	—	①	0.04～0.15	0.05	0.15	余量
4009	—	—	4.5～5.5	0.20	1.0～1.5	0.10	0.45～0.6	—	—	0.10	—	—	①	0.20	0.05	0.15	余量

续表

合金代号			化学成分/%											未指定的其他元素		Al（最小值）
美国铝业协会	UNS	ISO R209	Si	Fe	Cu	Mn	Mg	Cr	Ni	Zn	Ga	V	指定的其他元素	Ti	每种	合计	
4010	—	—	6.5～7.5	0.20	0.20	0.10	0.30～0.45	—	—	0.10	—	—	①	0.20	0.05	0.15	余量
4011	—	—	6.5～7.5	0.20	0.20	0.10	0.45～0.7	—	—	0.10	—	—	0.04～0.07Be	0.04～0.20	0.05	0.15	余量
4013	—	—	3.5～4.5	0.35	0.05～0.20	0.03	0.05～0.20	—	—	0.05	—	—	⑰	0.02	0.05	0.15	余量
4032	A94302	—	11.0～13.5	1.0	0.50～1.3	—	0.8～1.3	0.10	0.50～1.3	0.25	—	—	—	—	0.05	0.15	余量
4043	A94043	AlSi5	4.5～6.0	0.8	0.30	0.05	0.05	—	—	0.10	—	—	①	0.20	0.05	0.15	余量
4343	A94343	—	6.8～8.2	0.8	0.25	0.10	—	—	—	0.20	—	—	—	—	0.05	0.15	余量
4543	A94543	—	5.0～7.0	0.50	0.10	0.05	0.10～0.40	0.05	—	0.10	—	—	—	0.10	0.05	0.15	余量
4643	A94643	—	3.6～4.6	0.8	0.10	0.05	0.10～0.30	—	—	0.10	—	—	①	0.15	0.05	0.15	余量
4044	A94044	—	7.8～9.2	0.8	0.25	0.10	—	—	—	0.20	—	—	—	—	0.05	0.15	余量
4045	A94045	—	9.0～11.0	0.8	0.30	0.05	0.05	—	—	0.10	—	—	—	0.20	0.05	0.15	余量
4145	A94145	—	9.3～10.7	0.8	3.3～4.7	0.15	0.15	0.15	—	0.20	—	—	①	—	0.05	0.15	余量
4047	A94047	AlSi2	11.0～13.0	0.8	0.30	0.15	0.10	—	—	0.20	—	—	①	—	0.05	0.15	余量
5005	A95005	AlMg1	0.30	0.7	0.20	0.20	0.50～1.1	0.10	—	0.25	—	—	—	—	0.05	0.15	余量
5205	—	AlMg1[②]	0.15	0.7	0.03～0.10	0.10	0.6～1.0	0.10	—	0.05	—	—	—	—	0.05	0.15	余量
5006	A95006	—	0.40	0.8	0.10	0.40～0.8	0.8～1.3	0.10	—	0.25	—	—	—	0.10	0.05	0.15	余量
5010	A95010	—	0.40	0.7	0.25	0.10～0.30	0.20～0.6	0.15	—	0.30	—	—	—	0.10	0.05	0.15	余量
5013	—	—	0.20	0.25	0.03	0.30～0.50	3.2～3.8	0.03	0.03	0.10	—	—	0.05Zr[⑦]	0.10	0.05	0.15	余量
5014	—	—	0.40	0.40	0.20	0.20～0.9	4.0～5.5	0.20	—	0.7～1.5	—	—	—	0.20	0.05	0.15	余量
5016	A95016	—	0.25	0.6	0.20	0.40～0.7	1.4～1.9	0.10	—	0.15	—	—	—	0.05	0.05	0.15	余量
5017	—	—	0.40	0.7	0.18～0.28	0.6～0.8	1.9～2.2	—	—	—	—	—	—	0.09	0.05	0.15	余量
5040	A95040	—	0.30	0.7	0.25	0.9～1.4	1.0～1.5	0.10～0.30	—	0.25	—	—	—	—	0.05	0.15	余量
5042	A95042	—	0.20	0.35	0.15	0.20～0.50	3.0～4.0	0.10	—	0.25	—	—	—	0.10	0.05	0.15	余量
5043	A95043	—	0.40	0.7	0.05～0.35	0.7～1.2	0.7～1.3	0.05	—	0.25	0.05	0.05	—	0.10	0.05	0.15	余量
5049	—	—	0.40	0.50	0.10	0.50～1.1	1.6～2.5	0.30	—	0.20	—	—	—	0.10	0.05	0.15	余量
5050	A95050	AlMg1.5[③] AlMg1.5	0.40	0.7	0.20	0.10	1.1～1.8	0.10	—	0.25	—	—	—	—	0.05	0.15	余量
5150	—	—	0.08	0.10	0.10	0.03	1.3～1.7	—	—	0.10	—	—	—	0.06	0.03	0.01	余量
5250	A95250	—	0.08	0.10	0.10	0.05～0.15	1.3～1.8	—	—	0.05	0.03	0.05	—	—	0.03	0.10	余量
5051	A95951	AlMg2	0.40	0.7	0.25	0.20	1.7～2.2	0.10	—	0.25	—	—	—	0.10	0.05	0.15	余量
5151	A95151	—	0.20	0.35	0.15	0.10	1.5～2.1	0.10	—	0.15	—	—	—	0.10	0.05	0.15	余量
5251	—	AlMg2	0.40	0.50	0.15	0.10～0.50	1.7～2.4	0.15	—	0.15	—	—	—	0.15	0.05	0.15	余量
5351	A95351	—	0.08	0.10	0.10	0.10	1.6～2.2	—	—	0.05	—	0.05	—	—	0.03	0.10	余量
5451	A95154	AlMg3.5	0.25	0.40	0.10	0.10	1.8～2.4	0.15～0.35	0.05	0.10	—	—	—	0.05	0.05	0.15	余量
5052	A95052	AlMg2.5	0.25	0.40	0.10	0.10	2.2～2.8	0.15～0.35	—	0.10	—	—	—	—	0.05	0.15	余量

续表

合金代号			化学成分/%											未指定的其他元素		Al（最小值）
美国铝业协会	UNS	ISO R209	Si	Fe	Cu	Mn	Mg	Cr	Ni	Zn	Ga	V	指定的其他元素	Ti	每种	合计	
5252	A95252	—	0.08	0.10	0.10	0.10	2.2～2.8	—	—	0.05	—	0.05	—	—	0.03	0.10	余量
5352	A95352	—	0.45(Si+Fe)		0.10	0.10	2.2～2.8	0.10	—	0.10	—	—	—	0.10	0.05	0.15	余量
5552	A95652	—	0.04	0.05	0.10	0.10	2.2～2.8	—	—	0.05	—	0.05	—	—	0.03	0.10	余量
5652	A95652	—	0.40(Si+Fe)			0.04	0.01	2.2～2.8	0.15～0.35	—	0.10	—	—	—	0.05	0.15	余量
5154	—	AlMg3.5	0.25	0.40	0.10	0.10	3.1～3.9	0.15～0.35	—	0.20	—	—	①	0.20	0.05	0.15	余量
5254	A95254	—	0.45(Si+Fe)		0.05	0.01	3.1～3.9	0.15～0.35	—	0.20	—	—	—	0.05	0.05	0.15	余量
5454	A95454	AlMg3Mn	0.25	0.40	0.10	0.50～1.0	2.4～3.0	0.05～0.20	—	0.25	—	—	—	0.20	0.05	0.15	余量
5554	A95554	AlMg3Mn(A)	0.25	0.40	0.10	0.50～1.0	2.4～3.0	0.05～0.20	—	0.25	—	—	①	0.05～0.20	0.05	0.15	余量
5654	A95654	—	0.45(Si+Fe)		0.05	0.01	3.1～3.9	0.15～0.35	—	0.20	—	—	①	0.05～0.15	0.05	0.15	余量
5754	A96754	AlMg3	0.40	0.40	0.10	0.50	2.6～3.6	0.30	—	0.20	—	—	0.10～0.6(Mn+Cr)	0.15	0.05	0.15	余量
5854	—	—	0.45(Si+Fe)		0.10	0.10～0.50	3.1～3.9	0.15～0.35	—	0.20	—	—	—	0.20	0.05	0.15	余量
5056	A95056	AlMg5 AlMg5Cr	0.30	0.40	0.10	0.05～0.20	4.5～5.6	0.05～0.20	—	0.10	—	—	—	—	0.05	0.15	余量
5356	A95356	AlMg5Cr(A)	0.25	0.40	0.10	0.05～0.20	4.5～5.5	0.05～0.20	—	0.10	—	—	①	0.06～0.20	0.05	0.15	余量
5456	A95456	AlMg5Mn1	0.25	0.40	0.10	0.50～1.0	4.7～5.5	0.05～0.20	—	0.25	—	—	—	0.02	0.05	0.15	余量
5556	A95556	—	0.25	0.40	0.10	0.50～1.0	4.7～5.5	0.05～0.20	—	0.25	—	—	①	0.05～0.20	0.05	0.15	余量
5357	A95357	—	0.12	0.17	0.20	0.15～0.45	0.8～1.2	—	—	0.05	—	—	—	—	0.05	0.15	余量
5457	A95457	—	0.08	0.10	0.20	0.15～0.45	0.8～1.2	—	—	0.05	—	0.05	—	—	0.03	0.10	余量
5557	A9557	—	0.10	0.12	0.15	0.10～0.40	0.40～0.8	—	—	—	—	0.05	—	—	0.03	0.10	余量
5657	A95657	—	0.08	0.10	0.10	0.03	0.6～1.0	—	—	0.05	0.03	0.05	—	—	0.02	0.05	余量
5280	—	—	0.35(Si+Fe)		0.10	0.20～0.7	3.5～4.5	0.05～0.25	—	1.5～2.8	—	—	⑰	—	0.05	0.15	余量
5082	A95082	—	0.20	0.35	0.15	0.15	4.0～5.0	0.15	—	0.25	—	—	—	0.10	0.05	0.15	余量
5182	A95182	—	0.20	0.35	0.15	0.20～0.50	4.0～5.0	0.10	—	0.25	—	—	—	0.10	0.05	0.15	余量
5083	A95083	AlMg4.5Mn	0.40～0.7①	0.40	0.10	0.40～0.10	4.0～4.9	0.05～0.25	—	0.25	—	—	—	0.15	0.05	0.15	余量

续表

合金代号			化学成分/%														
美国铝业协会	UNS	ISO R209	Si	Fe	Cu	Mn	Mg	Cr	Ni	Zn	Ga	V	指定的其他元素	Ti	未指定的其他元素 每种	未指定的其他元素 合计	Al（最小值）
5183	A95183	AlMg4.5Mn	0.40～0.7①	0.40	0.10	0.50～1.0	4.3～5.2	0.05～0.25	—	0.25	—	—	①	0.15	0.05	0.15	余量
5283	—	—	0.30	0.30	0.03	0.50～1.0	4.5～5.1	0.05	0.03	0.10	—	—	0.05Zr	0.05	0.05	0.15	余量
5086	A95086	AlMg4	0.40	0.50	0.10	0.20～0.7	3.5～4.5	0.05～0.25	—	0.25	—	—	—	0.15	0.05	0.15	余量
6101	A96101	E-AlMgSi	0.30～0.7	0.50	0.10	0.03	0.35～0.8	0.03	—	0.10	—	—	0.06B	—	0.03	0.10	余量
6201	A96201	—	0.50～0.9	0.50	0.10	0.03	0.6～0.9	0.03	—	0.10	—	—	0.06B	—	0.03	0.10	余量
6301	A96301	—	0.50～0.9	0.7	0.10	0.15	0.6～0.9	0.10	—	0.25	—	—	—	0.15	0.05	0.15	余量
6002		—	0.6～0.9	0.25	0.10～0.25	0.10～0.20	0.45～0.7	0.05	—	—	—	—	0.09～0.44Zr	0.08	0.05	0.15	余量
6003	A96803	AlMg1Si	0.35～1.0	0.6	0.10	0.8	0.8～1.5	0.35	—	0.20	—	—	—	0.10	0.05	0.15	余量
6103	—	—	0.35～1.0	0.6	0.20～0.30	0.8	0.8～1.5	0.35	—	0.20	—	—	—	0.10	0.05	0.15	余量
6004	A96004	—	0.30～0.6	0.10～0.30	0.10	0.20～0.6	0.40～0.7	—	—	0.05	—	—	—	—	0.05	0.15	余量
6005	A96005	AlSiMg	0.6～0.9	0.35	0.10	0.10	0.4～0.6	0.10	—	0.10	—	—	—	0.10	0.05	0.15	余量
6105	A96105	—	0.6～1.0	0.35	0.10	0.10	0.45～0.8	0.10	—	0.10	—	—	—	0.10	0.05	0.15	余量
6205	A96205	—	0.6～0.9	0.7	0.20	0.05～0.15	0.40～0.6	0.05～0.15	—	0.25	—	—	0.05～0.15Zr	0.15	0.05	0.15	余量
6006	A96006	—	0.20～0.6	0.35	0.15～0.30	0.15～0.20	0.45～0.9	0.10	—	0.10	—	—	—	0.10	0.05	0.15	余量
6106	—	—	0.30～0.6	0.35	0.25	0.05～0.20	0.40～0.8	0.20	—	0.10	—	—	—	—	0.05	0.10	余量
X6206	—	—	0.35～0.7	0.35	0.20～0.50	0.13～0.30	0.45～0.8	0.10	—	0.20	—	—	—	0.10	0.05	0.15	余量
6007	A96007	—	0.9～1.4	0.7	0.20	0.05～0.25	0.6～0.9	0.05～0.25	—	0.25	—	—	0.05～0.20Zr	0.15	0.05	0.15	余量
6008	—	—	0.50～0.9	0.35	0.30	0.30	0.40～0.7	0.30	—	0.20	—	0.05～0.20	—	0.10	0.05	0.15	余量
6009	A96009	—	0.6～1.0	0.50	0.15～0.6	0.20～0.8	0.40～0.8	0.10	—	0.25	—	—	—	0.10	0.05	0.15	余量
6010	A96010	—	0.8～1.2	0.50	0.15～0.6	0.20～0.8	0.6～1.0	0.10	—	0.25	—	—	—	0.10	0.05	0.15	余量
6110	A96110	—	0.7～1.5	0.8	0.20～0.7	0.20～0.7	0.50～1.1	0.04～0.25	—	0.30	—	—	—	0.15	0.05	0.15	余量
6011	A96011	—	0.6～1.2	1.0	0.40～0.9	0.8	0.6～1.2	0.30	0.20	1.5	—	—	—	0.20	0.05	0.15	余量
6111	A96111	—	0.7～1.1	0.40	0.50～0.9	0.15～0.45	0.50～1.0	0.10	—	0.15	—	—	—	0.10	0.05	0.15	余量
6012	—	—	0.6～1.4	0.50	0.10	0.40～1.0	0.6～1.2	0.30	—	0.30	—	—	0.7Bi 0.4～20Pb	0.20	0.05	0.15	余量
X6013	—	—	0.6～1.0	0.50	0.6～1.1	0.20～0.8	0.8～1.2	0.10	—	0.25	—	—	—	0.10	0.05	0.15	余量

续表

合金代号			化学成分/%														
美国铝业协会	UNS	ISO R209	Si	Fe	Cu	Mn	Mg	Cr	Ni	Zn	Ga	V	指定的其他元素	Ti	未指定的其他元素		Al（最小值）
															每种	合计	
6014	—	—	0.30～0.6	0.35	0.25	0.05～0.20	0.40～0.8	0.20	—	0.10	—	0.05～0.20	—	0.10	0.05	0.15	余量
6015	—	—	0.20～0.40	0.10～0.30	0.10～0.25	0.10	0.8～1.1	0.10	—	0.10	—	—	—	0.10	0.05	0.15	余量
6016	—	—	1.0～1.5	0.50	0.20	0.20	0.25～0.6	0.10	—	0.20	—	—	—	0.15	0.05	0.15	余量
6017	A96017	—	0.55～0.7	0.15～0.30	0.05～0.20	0.10	0.45～0.6	0.10	—	0.05	—	—	—	0.05	0.05	0.15	余量
6151	A96151	—	0.6～1.2	1.0	0.35	0.20	0.45～0.8	0.15～0.35	—	0.25	—	—	—	0.15	0.05	0.15	余量
6351	A96351	AlSiMg 0.5Mn	0.7～1.3	0.50	0.10	0.40～0.8	0.40～0.8	—	—	0.20	—	—	—	0.20	0.05	0.15	余量
6951	A96951	—	0.20～0.50	0.8	0.15～0.40	0.10	0.40～0.8	—	—	0.20	—	—	—	—	0.05	0.15	余量
6053	A96053	—	(r)	0.35	0.10	—	1.1～1.4	0.15～0.35	—	0.10	—	—	—	—	0.05	0.15	余量
6253	A96253	—	(r)	0.50	0.10	—	1.0～1.5	0.04～0.35	—	1.6～2.4	—	—	—	—	0.05	0.15	余量
6060	A96060	AlMgSi	0.30～0.6	0.10～0.30	0.10	0.10	0.35～0.6	0.05	—	0.15	—	—	—	0.10	0.05	0.15	余量
6061	A96061	AlMg1SiCu	0.40～0.8	0.7	0.15～0.40	0.15	0.8～1.2	0.04～0.35	—	0.25	—	—	—	0.15	0.05	0.15	余量
6261	A96261	—	0.40～0.7	0.40	0.15～0.40	0.20～0.35	0.7～1.0	0.10	—	0.20	—	—	—	0.10	0.05	0.15	余量
6162	A96162	—	0.40～0.8	0.50	0.20	0.10	0.7～1.1	0.10	—	0.25	—	—	—	0.10	0.05	0.15	余量
6262	A96262	AlMg1SiPb	0.40～0.8	0.7	0.15～0.40	0.15	0.8～1.2	0.04～0.14	—	0.25	—	—	⑤	0.15	0.15		余量
6063	A96063	AlMg0.5Si	0.20～0.6	0.35	0.10	0.10	0.45～0.9	0.10	—	0.10	—	—	—	0.10	0.05	0.15	余量
6463	A96463	AlMg0.7Si	0.20～0.6	0.15	0.20	0.05	0.45～0.9	—	—	0.05	—	—	—	—	0.05	0.15	余量
6763	A96763	—	0.20～0.6	0.08	0.04～0.16	0.03	0.45～0.9	—	—	0.03	—	0.05	—	—	0.03	0.10	余量
6863	—	—	0.40～0.6	0.15	0.05～0.20	0.05	0.50～0.8	0.05	—	0.10	—	—	—	0.10	0.05	0.15	余量
6066	A96066	—	0.9～1.8	0.50	0.7～1.2	0.6～1.1	0.8～1.4	0.40	—	0.25	—	—	—	0.20	0.05	0.15	余量
6070	A96070	—	1.0～0.7	0.50	0.15～0.40	0.40～1.0	0.50～1.2	0.10	—	0.25	—	—	—	0.15	0.05	0.15	余量
6081	—	—	0.7～1.1	0.50	0.10	0.10～0.45	0.6～1.0	0.10	—	0.20	—	—	—	0.15	0.05	0.15	余量
6181	—	AlSiMg0.8	0.8～1.2	0.45	0.10	0.15	0.6～1.0	0.10	—	0.20	—	—	—	0.10	0.05	0.15	余量
6082	—	AlSiMgMn	0.7～1.3	0.50	0.10	0.40～1.0	0.6～1.2	0.25	—	0.20	—	—	—	0.10	0.05	0.15	余量
7001	A97001	—	0.35	0.40	1.6～2.6	0.20	2.6～3.4	0.18～0.35	—	6.8～8.0	—	—	—	0.20	0.05	0.15	余量

续表

合金代号			化学成分/%														
美国铝业协会	UNS	ISO R209	Si	Fe	Cu	Mn	Mg	Cr	Ni	Zn	Ga	V	指定的其他元素	Ti	未指定的其他元素 每种	未指定的其他元素 合计	Al(最小值)
7003	—	—	0.30	0.35	0.20	0.30	0.50~1.0	0.20	—	5.0~6.5	—	—	0.05~0.25Zr	0.20	0.05	0.10	余量
7004	A97004	—	0.25	0.35	0.05	0.20~0.7	1.0~2.0	0.05	—	3.8~4.6	—	—	0.10~0.20Zr	0.05	0.05	0.15	余量
7005	A97005	—	0.35	0.40	0.10	0.20~0.7	1.0~1.8	0.06~0.20	—	4.0~5.0	—	—	0.08~0.20Zr	0.01~0.06	0.05	0.15	余量
7008	A97008	—	0.10	0.10	0.05	0.05	0.7~1.4	0.12~0.25	—	4.5~5.5	—	—	—	0.05	0.05	0.15	余量
7108	A97108	—	0.10	0.10	0.05	0.05	0.7~1.4	—	—	4.5~5.5	—	—	0.12~0.25Zr	0.05	0.05	0.15	余量
7009	—	—	0.20	0.20	0.6~1.3	0.10	2.1~2.9	0.10~0.25	—	5.5~6.5	—	—	⑳	0.20	0.05	0.15	余量
7109	—	—	0.10	0.15	0.8~1.3	0.10	2.2~2.7	0.04~0.08	—	5.8~6.5	—	—	0.10~0.20Zr[24]	0.10	0.05	0.15	余量
7010	—	AlZn6MgCu	0.12	0.15	1.5~2.0	0.10	2.1~2.6	0.05	0.05	5.7~6.7	—	—	0.10~0.16Zr	0.05	0.05	0.15	余量
7011	A97011[3]	—	0.15	0.20	0.05	0.10~0.30	1.0~1.6	0.05~0.20	—	4.0~5.5	—	—	—	0.05	0.05	0.15	余量
7012	—	—	0.15	0.25	0.8~1.2	0.08~0.15	1.8~2.2	0.04	—	5.8~6.5	—	—	0.10~0.18Zr	0.02~0.08	0.05	0.15	余量
7013	A97013	—	0.6	0.7	0.10	1.0~1.5	—	—	—	1.5~2.0	—	—	—	—	0.05	0.15	余量
7014	—	—	0.50	0.50	0.30~0.7	0.30~0.7	2.2~3.2	—	0.10	5.2~6.2	—	—	0.20(Ti+Zr)	—	0.05	0.15	余量
7015	—	—	0.20	0.30	0.06~0.15	0.10	1.3~2.1	0.15	—	4.6~5.2	—	—	0.10~0.20Zr	0.10	0.05	0.15	余量
7016	A97016[9]	—	0.10	0.12	0.45~1.0	0.03	0.8~1.4	—	—	4.0~5.0	—	0.05	—	0.03	0.03	0.15	余量
7116	—	—	0.15	0.30	0.50~1.1	0.05	0.8~1.4	—	—	4.2~5.2	0.03	0.05	—	0.05	0.05	0.15	余量
7017	—	—	0.35	0.45	0.20	0.05~0.50	2.0~3.0	0.35	0.10	4.0~5.2	—	—	0.10~0.25Zr[21]	0.15	0.05	0.15	余量
7018	—	—	0.35	0.45	0.20	0.15~0.50	0.7~1.5	0.20	0.10	4.5~5.5	—	—	0.10~0.25Zr	0.15	0.05	0.15	余量
7019	—	—	0.35	0.45	0.20	0.15~0.50	1.5~2.5	0.20	0.10	3.5~4.5	—	—	0.10~0.25Zr	0.15	0.05	0.15	余量
7020	—	AlZn4.5Mg1	0.35	0.40	0.20	0.05~0.50	1.0~0.14	0.10~0.35	—	4.0~5.0	—	—	㉒	—	0.05	0.15	余量
7021	A97021[10]	—	0.25	0.40	0.25	0.10	1.2~1.8	0.05	—	5.0~6.0	—	—	0.08~0.18Zr	0.10	0.05	0.15	余量
7022	—	—	0.50	0.50	0.50~1.0	0.10~0.40	2.6~3.7	0.10~0.30	—	4.8~5.2	—	—	0.20(Ti+Zr)	—	0.05	0.15	余量

续表

合金代号			化学成分/%													
美国铝业协会	UNS	ISO R209	Si	Fe	Cu	Mn	Mg	Cr	Ni	Zn	Ga	V	指定的其他元素	Ti	未指定的其他元素		Al（最小值）
															每种	合计	
7023	—	—	0.50	0.50	0.50～1.0	0.10～0.6	2.0～3.0	0.05～0.35	—	4.0～6.0	—	—	—	0.10	0.05	0.15	余量
7024	—	—	0.30	0.40	0.10	0.10～0.8	0.50～1.0	0.05～0.35	—	3.0～5.0	—	—	—	0.10	0.05	0.15	余量
7025	—	—	0.30	0.40	0.10	0.10～0.6	0.8～1.5	0.05～0.35	—	3.0～5.0	—	—	—	0.10	0.05	0.15	余量
7026	—	—	0.08	0.12	0.6～0.9	0.05～0.20	1.5～1.9	—	—	4.6～5.2	—	—	0.09～0.14Zr	0.05	0.03	0.10	余量
7027	—	—	0.25	0.40	0.10～0.30	0.10～0.40	0.7～1.1	—	—	3.5～4.5	—	—	0.05～0.30Z	0.10	0.05	0.15	余量
7028	—	—	0.25	0.50	0.10～0.30	0.15～0.6	1.5～2.3	0.20	—	4.5～5.2	—	—	0.08～0.25(Zr+Ti)	0.05	0.05	0.15	余量
7029	A97029	—	0.10	0.12	0.50～0.9	0.03	1.3～2.0	—	—	4.2～5.2	—	0.05	—	0.05	0.03	0.10	余量
7129	A97129	—	0.15	0.30	0.50～0.9	0.10	1.3～2.0	0.10	—	4.2～5.2	0.03	0.05	—	0.05	0.05	0.15	余量
7229	—	—	0.06	0.08	0.50～0.9	0.03	1.3～2.0	—	—	4.2～5.2	—	0.05	—		0.03	0.10	余量
7030	—	—	0.20	0.30	0.20～0.40	0.05	1.0～1.5	0.04	—	4.8～5.9	0.03	—	0.03Zr	0.03	0.05	0.15	余量
7039	A97039	—	0.30	0.40	0.10	0.10～0.40	2.3～3.3	0.15～0.25	—	3.5～4.5	—	—	—	0.10	0.05	0.15	余量
7046	A97046	—	0.20	0.40	0.25	0.30	1.0～1.6	0.20	—	6.6～7.6	—	—	0.10～0.18Zr	0.06	0.05	0.15	余量
7146	A97146	—	0.20	0.40	—	—	1.0～1.6	—	—	6.6～7.6	—	—	0.10～0.18Zr	0.06	0.05	0.15	余量
7049	A97049	—	0.25	0.35	1.2～1.9	0.20	2.0～2.9	0.10～0.22	—	7.2～8.2	—	—	—	0.10	0.05	0.15	余量
7149	A97149[14]	—	0.15	0.20	1.2～1.9	0.20	2.0～2.9	0.10～0.22	—	7.2～8.2	—	—	—	0.10	0.05	0.15	余量
7050	A97050	AlZn6CuMgZr	0.12	0.15	20～2.6	0.10	1.9～2.6	0.04	—	5.7～6.7	—	—	0.08～0.15Zr	0.06	0.05	0.15	余量
7150	A97150	—	0.12	0.15	1.9～2.5	0.10	2.0～2.7	0.04	—	5.9～6.9	—	—	0.8～0.15Zr	0.06	0.05	0.15	余量
7051	—	—	0.35	0.45	0.15	0.10～0.45	1.7～2.5	0.05～0.25	—	3.0～4.0	—	—	—	0.15	0.05	0.15	余量
7060	—	—	0.15	0.20	1.8～2.6	0.20	1.3～2.1	0.15～0.25	—	6.1～7.5	—	—	0.003Pb[23]	0.10	0.05	0.15	余量
X7064[16]	—	—	0.12	0.15	1.8～2.4	—	1.9～2.9	0.06～0.25	—	6.8～8.0	—	—	0.10～0.50Zr[24]	—	0.05	0.15	余量
7072	A97072	AlZn1	0.7(Si+Fe)		0.10	0.10	0.10	—	—	0.8～1.3	—	—	—	—	0.05	0.15	余量

续表

合金代号			化学成分/%													
美国铝业协会	UNS	ISO R209	Si	Fe	Cu	Mn	Mg	Cr	Ni	Zn	Ga	V	指定的其他元素	Ti	未指定的其他元素 每种	未指定的其他元素 合计	Al（最小值）
7472	A97472	—	0.25	0.6	0.05	0.05	0.9～1.5	—	—	1.3～1.9	—	—	—	—	0.05	0.15	余量
7075	A97075	AlZn5.5MgCu	0.40	0.50	1.2～2.0	0.30	2.1～2.9	0.18～0.28	—	5.1～6.1	—	—	[25]	0.20	0.05	0.15	余量
7175	A97175	—	0.15	0.20	1.2～2.0	0.10	2.1～2.9	0.18～0.28	—	5.1～6.1	—	—	—	0.10	0.05	0.15	余量
7475	A97475[18]	AlZn5.5MgCu(A)	0.10	0.12	1.2～1.9	0.06	1.9～2.6	0.18～0.25	—	5.2～6.2	—	—	—	0.06	0.05	0.15	余量
7076	A97076	—	0.40	0.6	0.30～1.0	0.30～0.8	1.2～2.0	—	—	7.0～8.0	—	—	—	0.20	0.05	0.15	余量
7277	A97277	—	0.50	0.7	0.8～1.7	—	1.7～2.3	0.18～0.35	—	3.7～4.3	—	—	—	0.10	0.05	0.15	余量
7178	A97178	—	0.40	0.50	1.6～2.4	0.30	2.4～3.1	0.18～0.28	—	6.3～7.3	—	—	—	0.20	0.05	0.15	余量
7278	—	—	0.15	0.20	1.6～2.2	0.02	2.5～3.2	0.17～0.25	—	6.6～7.4	0.03	0.05	—	0.03	0.03	0.10	余量
7079	A97079[19]	—	0.30	0.40	0.40～0.8	0.10～0.30	2.9～3.7	0.10～0.25	—	3.8～4.8	—	—	—	0.10	0.05	0.15	余量
7179	A97179	—	0.15	0.20	0.40～0.8	0.10～0.30	2.9～3.7	0.10～0.25	—	3.8～4.8	—	—	—	0.10	0.05	0.15	余量
7090	A97090	—	0.12	0.15	0.6～1.3	—	2.0～3.0	—	—	7.3～8.7	—	—	1.01～1.9 Co[26]	—	0.05	0.15	余量
7091	A97091	—	0.12	0.15	1.1～1.8	—	2.0～3.0	—	—	5.8～7.1	—	—	0.20～0.6 Co[27]	—	0.05	0.15	余量
8001	A98001	—	0.17	0.45～0.7	0.15	—	—	—	0.9～1.3	0.05	—	—	[27]	—	0.05	0.15	余量
8004	—	—	0.15	0.15	0.03	0.02	0.02	—	—	0.03	—	—	—	0.30～0.7	0.02	0.15	余量
8005	—	—	0.20～0.50	0.40～0.8	0.05	—	0.05	—	—	0.05	—	—	—	—	0.05	0.15	余量
8006	A98006	—	0.40	1.2～2.0	0.30	0.30～1.0	0.10	—	—	0.10	—	—	—	—	0.05	0.15	余量
8007	A98007	—	0.40	1.2～2.0	0.10	0.30～1.0	0.10	—	—	0.8～1.8	—	—	—	—	0.05	0.15	余量
8008	—	—	0.6	0.9～1.6	0.20	0.50～1.0	—	—	—	0.10	—	—	—	0.10	0.05	0.15	余量
8010	—	—	0.40	0.35～0.7	0.10～0.30	0.10～0.8	0.10～0.50	0.20	—	0.40	—	—	—	0.10	0.05	0.15	余量

续表

合金代号			化学成分/%														
美国铝业协会	UNS	ISO R209	Si	Fe	Cu	Mn	Mg	Cr	Ni	Zn	Ga	V	指定的其他元素	Ti	未指定的其他元素 每种	未指定的其他元素 合计	Al（最小值）
8011	A98011	—	0.5～0.9	0.6～1.0	0.10	0.20	0.05	0.05	—	0.10	—	—	—	0.08	0.05	0.15	余量
8111	A98111	—	0.30～1.1	0.40～1.0	0.10	0.10	0.05	0.05	—	0.10	—	—	—	0.08	0.05	0.15	余量
8112	A98112	—	1.0	1.0	0.40	0.6	0.7	0.20	—	1.0	—	—	—	0.20	0.05	0.15	余量
8014	A98014	—	0.30	1.2～1.6	0.20	0.20～0.6	0.10	—	—	0.10	—	—	—	0.10	0.05	0.15	余量
8017	A98017	—	0.10	0.55～0.8	0.10～0.20	—	0.01～0.05	—	—	0.05	—	—	0.04B0.003Li	—	0.03	0.10	余量
8020	A98020	—	0.10	0.10	0.005	0.005	—	—	—	0.005	—	0.05	㉘	—	0.03	0.10	余量
8030	A98030	—	0.10	0.30～0.8	0.15～0.30	—	0.05	—	—	0.05	—	—	0.001～0.04B	—	0.03	0.10	余量
8130	A98130	—	0.15(cc)	0.40～1.0㉙	0.05～0.15	—	—	—	—	0.10	—	—	—	—	0.03	0.10	余量
8040	A98040	—	1.0(Si+Fe)		0.20	0.05	—	—	—	0.20	—	—	0.10～0.30Zr	—	0.05	0.15	余量
8076	A98076	—	0.10	0.6～0.9	0.04	—	0.08～0.22	—	—	0.05	—	—	0.04B	—	0.03	0.10	余量
8176	A98176	—	0.03～0.15	0.40～1.0	—	—	—	—	—	0.10	0.03	—	—	—	0.05	0.15	余量
8276	—	—	0.25	0.50～0.8	0.035	0.01	0.02	0.01	—	0.05	0.03	—	0.03(V+Ti)⑤	—	0.03	0.10	余量
8077	A98077	—	0.10	0.10～0.40	0.05	—	0.10～0.30	—	—	0.05	—	—	0.05B㉚	—	0.03	0.10	余量
8177	A98177	—	0.10	0.25～0.45	0.04	—	0.04～0.12	—	—	0.05	—	—	0.04B	—	0.03	0.10	余量
8079	A98079	—	0.05～0.30	0.7～1.3	0.05	—	—	—	—	0.10	—	—	—	—	0.05	0.15	余量
8280	A98280	—	1.0～2.0	0.7	0.7～1.3	0.10	—	—	0.20～0.7	0.05	—	—	5.6～7.0Sn	0.10	0.05	0.15	余量
8081	A98081	—	0.7	0.7	0.7～1.3	0.10	—	—	—	0.05	—	—	18.0～22.0Sn㉛	0.10	0.05	0.15	余量
8090	—	—	0.20	0.30	1.0～1.6	0.10	0.6～1.3	0.10	—	0.25	—	—	0.04～0.16Zr㉜	0.10	0.05	0.15	余量
8091	—	—	0.30	0.50	1.6～2	0.10	0.5～1.2	0.10	—	0.25	—	—	0.08～0.16Zr㉜	0.10	0.05	0.15	
X8092	—	—	0.10	0.16	0.50～0.8	0.05	0.9～1.4	0.05	—	0.10	—	—	0.08～0.15Zr㉝	0.15	0.05	0.15	余量
X8192	—	—	0.10	0.15	0.40～0.7	0.05	0.9～1.4	0.05	—	0.10	—	—	0.08～0.15Zr㉞	0.15	0.05	0.15	余量

①仅电焊条和充填焊丝而言，Be 不超过 0.0008；②（Si+Fe+Cu）最大为 0.50；③废止；④最大为 0.14（Si+Fe）；⑤最大为 0.02B；⑥最大为 0.01B；⑦最大为 0.003Pb；⑧Cd0.05～0.20；⑨0.2Bi，0.8～1.5Pb，0.20Sn；⑩0.20～0.6Bi，0.20～0.60Pb；⑪当生产者、卖方、买方三方同意时，挤压件、锻件的（Zr+Ti）限量最大为 0.2%；⑫（Si+Fe）最大为 0.40；⑬0.05～0.20Ced，0.03～0.08Sn；⑭1.9～2.6Li；⑮1.7～2.3Li；⑯0.6～1.5Bi；Cd 最大为 0.05；⑰Be 最大为 0.0008，0.05～0.25Zr；⑱Mg 的 45%～65%；⑲0.40～0.70Bi，0.40～0.70Pb；⑳0.25～0.40Ag；㉑（Mn+Cr）最小为 0.15；㉒0.08～0.20Zr，0.08～0.25，（Zr+Ti）；㉓（Ti+Zr）最大为 0.20；㉔0.10～0.40Co，0.05～0.30O；㉕在生产者或供者与买方都同意下，挤压件和锻件（Zr+Ti）限量最大可定为 0.25%；㉖0.20～0.50O；㉗B 最大为 0.001，Cd 最大为 0.003，Co0.001，Li 最大为 0.008；㉘0.10～0.50Bi，0.10～0.25Sn；㉙（Si+Fe）最大为 1.0；㉚0.02～0.08Zr；㉛2.2～2.7Li；㉜2.4～2.8Li；㉝2.1～2.7Li；㉞2.3～2.9Li。

表 9-70　铝业协会国际合金代（牌）号与 ISO 的对照表

美国铝业协会国际代号	ISO 代号	美国铝业协会国际代号	ISO 代号
1050A	Al99.5	2023	AlCu4PbMg
1060	Al99.5	2117	AlCu2.5Mg
1070A	Al99.7	2219	AlCu6Mn
1080A	Al99.8	3003	AlMn1Cu
1100	Al99.0Cu	3004	AlMn1Mg1
1200	Al99.0	3005	AlMn1Mg0.5
1350	E-Al99.5	3103	AlMn1
—	Al99.3	3105	AlMn0.5Mg0.5
1370	E-Al99.7	4043	AlSi5
2011	AlCu6BiPb	4043A	AlSi5(A)
2014	AlCu4SiMg	4047	AlSi12
2014A	AlCu4SiMg(A)	4047A	AlSi12(A)
2017	AlCu4MgSi	5005	AlMg1(B)
2017A	AlCu4MgSi(A)	5050	AlMg1.5(C)
2024	AlCu4Mg1	5052	AlMg2.5
5056	AlMg5Cr	6063A	AlMg0.7Si(A)
5056A	AlMg5	6082	AlSiMgMn
5083	AlMg4.5Mn0.7	6101	E-AlMgSi
5086	AlMg4	6101A	AlSiMgSi(A)
5154	AlMg3.5	6181	AlSi1Mg0.8
5154A	AlMg3.5(A)	6262	AlMg1SiPb
5183	AlMg4.5Mn0.7(A)	6351	AlSi1Mg0.5Mn
5251	AlMg2	7005	AlZn4.5Mg1.5Mn
5356	AlMg5Cr(A)	7010	AlZn6MnCu
5454	AlMg3Mn	7020	AlZn4.5Mg1
5456	AlMg5Mn	7049A	AlZn8MgCu
5554	AlMg3Mn(A)	7050	AlZn6CuMgZr
5754	AlMg3	7075	AlZn5.5MgCu
6005	AlSiMg	7178	AlZn7MgCu
6005A	AlSiMg(A)	7475	AlZn5.5MgCu(A)
6060	AlMgSi	—	AlZn4Mg1.5Mn
6061	AlMg1SiCu	—	AlZn6MgCuMn
6063	AlMg0.7Si		

表 9-71　美国铝合金铆钉及冷镦用铝合金丝及条材（ASTM B316/B316M—2015）

牌号	化学成分/%，不大于										
	Si	Fe	Cu	Mn	Mg	Cr	Zn	Ti	其他元素		Al
									单个	总和	
1100	0.95Si+Fe	—	0.05～0.20	0.05	—		0.10	—	0.05	0.15	99.00
2017	0.20～0.8	0.7	3.5～4.5	0.40～1.0	0.40～0.8	0.10	0.25	0.15	0.05	0.15	
2024	0.50	0.50	3.8～4.9	0.30～0.9	1.2～1.8	0.10	0.25	0.15	0.05	0.15	
2117	0.8	0.7	2.2～3.0	0.20	0.20～0.50	0.10	0.25	—	0.05	0.15	
2219	0.20	0.30	5.8～6.8	0.20～0.40	0.02	—	0.10	0.02～0.10	0.05	0.15	
3003	0.6	0.7	0.05～0.20	1.0～1.5	—	—	0.10	—	0.05	0.15	
5005	0.30	0.7	0.20	0.20	0.50～1.1	0.10	0.25	—	0.05	0.15	余量
5052	0.25	0.40	0.10	0.10	2.2～2.8	0.15～0.35	0.10	—	0.05	0.15	
5056	0.30	0.40	0.10	0.05～0.20	4.5～5.6	0.05～0.20	0.10	—	0.05	0.15	
6053		0.35	0.10	—	1.1～1.4	0.15～0.35	0.10	—	0.05	0.15	
6061	0.40～0.8	0.7	0.15～0.40	0.15	0.8～1.2	0.04～0.35	0.25	0.15	0.05	0.15	
7050	0.12	0.15	2.0～1.6	0.10	1.9～2.6	0.04	5.7～6.7	0.06	0.05	0.15	
7075	0.40	0.50	1.2～2.0	0.30	2.1～2.9	0.18～0.28	5.1～6.1	0.20	0.05	0.15	

表 9-72 铝及铝合金的铸件（xxx. 0）与锭（xxx. 1 或 xxx. 2）的化学成分

合金代号			产品③	化学成分/%												Al最小值④
美国铝业协会	UNS①	ISO②		Si	Fe	Cu	Mn	Mg	Cr	Ni	Zn	Sn	Ti	未指定的其他元素 每种	未指定的其他元素 合计	
100.1	A01001	Al99.0	锭	0.15	0.6～0.8	0.10	⑤	—	⑤	—	0.05	—	⑤	0.03⑤	0.10	99.00
130.1	A01301	—	锭	⑥	⑥	0.10	⑤	—	⑤	—	0.05	—	⑤	0.03⑤	0.10	99.30
150.1	A01501	Al99.5	锭	⑦	⑦	0.05	⑤	—	⑤	—	0.05	—	⑤	0.03⑤	0.10	99.50
160.1	A01601	Al99.8	锭	0.10⑦	0.25⑦	—	⑤	—	⑤	—	0.05	—	⑤	0.03⑤	0.10	99.60
170.1	A01701	Al90.7	锭	⑧	⑧	—	⑤	—	⑤	—	0.05	—	⑤	0.03⑤	0.10	99.70
201.0	A02010	—	S	0.10	0.15	4.0～5.2	0.20～0.50	0.15～0.55	—	—	—	—	0.15～0.35	0.05⑨	0.10	余量
201.2	A02012	—	锭	0.10	0.10	4.0～5.2	0.20～0.50	0.20～0.55	—	—	—	—	0.15～0.35	0.05⑨	0.10	余量
A201.0	A12010	—	S	0.05	0.10	4.0～5.0	0.20～0.40	0.15～0.35	—	—	—	—	0.15～0.35	0.03⑨	0.10	余量
A201.1	A12011	—	锭	0.05	0.07	4.5～5.0	0.20～0.40	0.20～0.35	—	—	—	—	0.15～0.35	0.03⑨	0.10	余量
B201.0	A22010	—	S	0.05	0.05	4.5～5.0	0.20～0.50	0.25～0.35	—	—	—	—	0.15～0.35	0.05⑤	0.15	余量
203.0	A02030	—	S	0.30	0.50	4.5～5.5	0.20～0.30	0.10	—	1.3～1.7	0.10	—	0.15～0.25⑪	0.05⑩	0.20	余量
203.2	A02032	—	锭	0.20	0.35	4.8～5.2	0.20～0.30	0.10	—	1.3～1.7	0.10	—	0.15～0.25⑫	0.05⑨	0.20	余量
204.0	A02040	3522AlCu4MgTi R164AlCu4MgTi R2147AlCu4MgTi	S,P	0.20	0.35	4.2～5.0	0.10	0.15～0.35	—	0.05	0.10	0.05	0.15～0.30	0.05	0.15	余量
204.2	A02042	—	锭	0.15	0.10～0.20	4.2～4.9	0.05	0.20～0.35	—	0.03	0.05	—	0.15～0.25	0.05	0.15	余量
206.0	A02060	—	S,P	0.10	0.15	4.2～5.0	0.20～0.50	0.15～0.35	—	0.05	0.10	0.05	0.15～0.30	0.05	0.15	余量
206.2	A02062	—	锭	0.10	0.10	4.2～5.0	0.20～0.50	0.20～0.35	—	0.03	0.05	0.05	0.15～0.25	0.05	0.15	余量
A206.0	A12060	—	S,P	0.05	0.10	4.2～5.0	0.20～0.50	0.15～0.35	—	0.05	0.10	0.05	0.15～0.30	0.05	0.15	余量
A206.2	A12062	—	锭	0.05	0.07	4.2～5.0	0.20～0.50	0.20～0.35	—	0.03	0.05	0.05	0.15～0.25	0.05	0.15	余量
208.0	A02080	—	S,P	2.5～3.5	1.2	3.5～4.5	0.50	0.10	—	0.35	1.0	—	0.25	—	0.50	余量
208.1	A02081	—	锭	2.5～3.5	0.9	3.5～4.5	0.50	0.10	—	0.35	1.0	—	0.25	—	0.50	余量
A208.2	A02082	—	锭	2.5～3.5	0.8	3.5～4.5	0.30	0.03	—	—	0.20	—	0.20	—	0.30	余量
213.0	A02130	—	S,P	1.0～3.0	1.2	6.0～8.0	0.6	0.10	—	0.35	2.5	—	0.25	—	0.50	余量
213.1	A02131	—	锭	1.0～3.0	0.9	6.0～8.0	0.6	0.10	—	0.35	2.5	—	0.25	—	0.50	余量
222.0	A02220	—	锭	2.0	1.5	9.2～10.7	0.50	0.15～0.35	—	0.50	0.8	—	0.25	—	0.35	余量
222.1	A02221	—	锭	2.0	1.2	9.2～10.7	0.50	0.20～0.35	—	0.50	0.8	—	0.25	—	0.35	余量
224.0	A02240	—	S,P	0.06	0.10	4.5～5.5	0.20～0.50	—	—	—	—	—	0.35	0.03⑬	0.10	余量
240.0	A02400	—	S	0.50	0.50	7.0～9.0	0.30～0.7	5.5～6.5	—	0.30～0.7	0.10	—	0.20	0.05	0.15	余量
240.1	A02401	—	锭	0.50	0.40	7.0～9.0	0.30～0.7	5.6～6.5	—	0.30～0.7	0.10	—	0.20	0.05	0.15	余量
242.0	A02420	3522AlCu4NiMg2 R164AlCu4Ni2Mg2	S,P	0.7	1.0	3.5～4.5	0.35	1.2～1.8	0.25	1.7～2.3	0.35	—	0.25	0.05	0.15	余量

续表

合金代号			产品[3]	化学成分/%										未指定的其他元素		Al最小值[4]
美国铝业协会	UNS[1]	ISO[2]		Si	Fe	Cu	Mn	Mg	Cr	Ni	Zn	Sn	Ti	每种	合计	
242.1	A02421	—	锭	0.7	0.8	3.5～4.5	0.35	1.3～1.8	0.25	1.7～2.3	0.35	—	0.25	0.05	0.15	余量
242.2	A02422	—	锭	0.6	0.6	3.5～4.5	0.10	1.3～1.8	—	1.7～2.3	0.10	—	0.20	0.05	0.15	余量
A242.0	A12420	—	S	0.6	0.8	3.7～4.5	0.10	1.2～1.7	0.15～0.25	1.8～2.3	0.10	—	0.07～0.20	0.05	0.15	余量
A242.1	A12421	—	锭	0.6	0.6	3.7～4.5	0.10	1.3～1.7	0.15～0.25	1.8～2.3	0.10	—	0.07～0.20	0.05	0.15	余量
A242.2	A12422	—	锭	0.35	0.6	3.7～4.5	0.10	1.3～1.7	0.15～0.25	1.8～2.3	0.10	—	0.07～0.20	0.05	0.15	余量
243.0[①]	A02430	—	S	0.35	0.40	3.5～4.5	0.15～0.45	1.8～2.3	0.20～0.40	1.9～2.3	0.05	—	0.06～0.2	0.05[⑭]	0.15	余量
243.1	A02431	—	锭	0.35	0.30	3.5～4.5	0.15～0.45	1.9～2.3	0.20～0.40	1.9～2.3	0.05	—	0.06～0.20	0.05[⑭]	0.15	余量
295.0	A02950	—	S	0.7～1.5	1.0	4.0～5.0	0.35	0.03	—	—	0.35	—	0.25	0.05	0.15	余量
295.1	A02951	—	锭	0.7～1.5	0.8	4.0～5.0	0.35	0.03	—	—	0.35	—	0.25	0.05	0.15	余量
295.2	A02952	—	锭	0.7～1.2	0.8	4.0～5.0	0.30	0.03	—	—	0.30	—	0.20	0.05	0.15	余量
296.0	A02960	—	P	2.0～3.0	1.2	4.0～5.0	0.35	0.05	—	0.35	0.50	—	0.25	—	0.35	余量
296.1	A02961	—	锭	2.0～3.0	0.9	4.0～5.0	0.35	0.05	—	0.35	0.50	—	0.25	—	0.35	余量
296.2	A02962	—	锭	2.0～3.0	0.8	4.0～5.0	0.30	0.35	—	—	0.30	—	0.20	0.05	0.15	余量
305.0	A03050	—	S,P	4.5～5.5	0.6	1.0～1.5	0.50	0.10	0.25	—	0.35	—	0.25	0.05	0.15	余量
305.2	A03052	—	锭	4.5～5.5	0.14～0.25	1.0～1.5	0.05	—	—	—	0.05	—	0.20	0.05	0.15	余量
A305.0	A13050	—	S,P	4.5～5.5	0.20	1.0～1.5	0.10	0.10	—	—	0.10	—	0.20	0.05	0.15	余量
A305.1	A13051	—	锭	4.5～5.5	0.15	1.0～1.5	0.10	0.10	—	—	0.10	—	0.20	0.05	0.15	余量
A305.2	A13052	—	锭	4.5～5.5	0.13	1.0～1.5	0.05	—	—	—	0.05	—	0.20	0.05	0.15	余量
308.0	A03080	—	锭	5.0～6.0	1.0	4.0～5.0	0.50	0.10	—	—	1.0	—	0.25	—	0.50	余量
308.1	A03081	—	锭	5.0～6.0	0.8	4.0～5.0	0.50	0.10	—	—	1.0	—	0.25	—	0.50	余量
319.0	A03190	3522AlSi5Cu3 3522AlSi5Cu3Mn 3522AlSiCu4 3522AlSiCu4Mn R164AlSi5Cu3 R164AlSi5Cu3Fe R164AlSi6Cu4	S,P	5.5～6.5	1.0	3.0～4.0	0.50	0.10	—	0.35	1.0	—	0.25	—	0.50	余量
319.1	A03191	—	锭	5.5～6.5	0.8	3.0～4.0	0.50	0.10	—	0.35	1.0	—	0.25	—	0.50	余量
A319.0	A13190	3522AlSi5Cu3 3522AlSi5Cu3Mn 3522AlSiCu4 3522AlSiCu4Mn R164AlSi5Cu3 R164AlSi5Cu3Fe														

续表

合金代号			产品[3]	化学成分/%												Al最小值[4]
美国铝业协会	UNS[1]	ISO[2]		Si	Fe	Cu	Mn	Mg	Cr	Ni	Zn	Sn	Ti	未指定的其他元素 每种	未指定的其他元素 合计	
		R164AlSi6Cu4	S,P	5.5～6.5	1.0	3.0～4.0	0.50	0.10	—	0.35	3.0	—	0.25	—	0.50	余量
319.1	A13191	—	锭	5.5～6.5	0.8	3.0～4.0	0.5	0.10	—	0.35	3.0	—	0.25	—	0.50	余量
B319.0	A23190	—	S,P	5.5～6.5	1.2	3.0～4.0	0.8	0.10～0.50	—	0.50	1.0	—	0.25	—	0.50	余量
B319.1	A23191	—	锭	5.5～6.5	0.9	3.0～4.0	0.8	0.15～0.50	—	0.50	1.0	—	0.25	—	0.50	余量
320.0	A03200	—	S,P	5.0～8.0	1.2	2.0～4.0	0.8	0.05～0.6	—	0.35	3.0	—	0.25	—	0.50	余量
320.1	A03201	—	锭	5.0～8.0	0.9	2.0～4.0	0.8	0.10～0.6	—	0.35	3.0	—	0.25	—	0.50	余量
324.0	A03240	—	P	7.0～8.0	1.2	0.40～0.6	0.5	0.40～0.7	—	0.30	1.0	—	0.20	0.15	0.20	余量
324.1	A03241	—	锭	7.0～8.0	0.9	0.40～0.6	0.50	0.45～0.7	—	0.30	1.0	—	0.20	0.15	0.20	余量
324.2	A03242	—	锭	7.0～8.0	0.6	0.40～0.6	0.10	0.45～0.7	—	0.10	0.10	—	0.20	0.05	0.15	余量
328.0	A03280	—	S	7.5～8.5	1.0	1.0～2.0	0.20～0.6	0.20～0.6	0.35	0.25	1.5	—	0.25	—	0.50	余量
328.1	A03281	—	锭	7.5～8.5	0.8	1.0～2.0	0.20～0.6	0.20～0.6	0.35	0.25	1.5	—	0.25	—	0.50	余量
332.0	A03320	—	P	8.5～10.5	1.2	2.0～4.0	0.50	0.50～1.5	—	0.50	1.0	—	0.25	—	0.50	余量
332.1	A03321	—	锭	8.5～10.5	0.9	2.0～4.0	0.50	0.6～1.5	—	0.50	1.0	—	0.25	—	0.50	余量
332.2	A03322	—	锭	8.5～10.0	0.6	2.0～4.0	0.10	0.9～1.3	—	0.10	0.10	—	0.20	—	0.30	余量
333.0	A03330	—	P	8.0～10.0	1.0	3.0～4.0	0.50	0.05～0.50	—	0.50	1.0	—	0.25	—	0.50	余量
333.1	A03331	—	锭	8.0～10.0	0.8	3.0～4.0	0.50	0.10～0.50	—	0.50	1.0	—	0.25	—	0.50	余量
A333.0	A13330	—	P	8.0～10.0	1.0	3.0～4.0	0.50	0.05～0.50	—	0.50	3.0	—	0.25	—	0.50	余量
A333.1	A13331	—	锭	8.0～10.0	0.8	3.0～4.0	0.50	0.10～0.50	—	0.50	3.0	—	0.25	—	0.50	余量
336.0	A03360	—	P	11.0～13.0	1.2	0.50～1.5	0.35	0.7～1.3	—	2.0～3.0	0.35	—	0.25	0.05	—	余量
336.1	A03361	—	锭	11.0～13.0	0.9	0.50～1.5	0.35	0.8～1.3	—	2.0～3.0	0.35	—	0.25	0.05	—	余量
336.2	A03362	—	锭	11.0～13.0	0.9	0.50～1.5	0.10	0.9～1.3	—	2.0～3.0	0.10	—	0.20	0.05	0.15	余量
339.0	A03390	—	P	11.0～13.0	1.2	1.5～3.0	0.50	0.50～1.5	—	0.50～1.5	1.0	—	0.25	—	0.50	余量
339.1	—	—	锭	11.0～13.0	0.9	1.5～3.0	0.50	0.6～1.5	—	0.50～1.5	1.0	—	0.25	—	0.50	余量
343.0	A03430	—	D	6.7～7.7	1.2	0.50～0.9	0.50	0.10	0.10	—	1.2～2.0	0.50	—	0.10	0.35	余量
343.1	A03431	—	锭	6.7～7.7	0.9	0.50～0.9	0.50	0.10	0.10	—	1.2～0.9	0.50	—	0.10	0.35	余量
354.0	A03540	—	P	8.6～9.4	0.20	1.6～2.0	0.10	0.45～0.6	—	—	0.10	—	0.20	0.05	0.15	余量
355.0	A03550	3522AlSi5Cu1Mg R164AlSi5Cu1	S,P	4.5～5.5	0.6[15]	1.0～1.5	0.50[15]	0.40～0.6	0.25	—	0.35	—	0.25	0.05	0.15	余量
355.2	A03552	—	锭	4.5～5.5	0.14～0.25	1.0～1.5	0.05	0.50～0.6	—	—	0.05	—	0.20	0.05	0.15	余量
A355.0	A13550	—	S,P	4.5～5.5	0.09	1.0～1.5	0.05	0.45～0.6	—	—	0.05	—	0.04～0.20	0.05	0.15	余量
A355.2	A13552	—	锭	4.5～5.5	0.06	1.0～1.5	0.03	0.50～0.6	—	—	0.03	—	0.04～0.20	0.03	0.10	余量
C355.2	A33352	—	锭	4.5～5.5	0.13	1.0～1.5	0.05	0.50～0.6	—	—	0.05	—	0.20	0.05	0.15	余量

续表

合金代号			产品[3]	化学成分/%												Al最小值[4]
美国铝业协会	UNS[1]	ISO[2]		Si	Fe	Cu	Mn	Mg	Cr	Ni	Zn	Sn	Ti	未指定的其他元素 每种	未指定的其他元素 合计	
356.0	A03560	3522AlSi7Mg R2147AlSi7Mg	S,P	6.5～7.5	0.6[15]	0.25	0.35[15]	0.20～0.45	—	—	0.35	—	0.25	0.05	0.15	余量
356.1	A03561	—	锭	6.5～7.5	0.50[15]	0.25	0.35[15]	0.25～0.45	—	—	0.35	—	0.25	0.05	0.15	余量
356.2	A03562	—	锭	6.5～7.5	0.13～0.25	0.10	0.05	0.30～0.45	—	—	0.05	—	0.20	0.05	0.15	余量
A356.0	A13560	—	S,P	6.5～7.5	0.20	0.20	0.10	0.25～0.45	—	—	0.10	—	0.20	0.05	0.15	余量
A356.1	A13561	—	锭	6.5～7.5	0.15	0.20	0.10	0.30～0.45	—	—	0.10	—	0.20	0.05	0.15	余量
A356.2	A13562	—	锭	6.5～7.5	0.12	0.10	0.05	0.30～0.45	—	—	0.05	—	0.20	0.05	0.15	余量
B356.0	A23560	—	S,P	6.5～7.5	0.09	0.05	0.05	0.25～0.45	—	—	0.05	—	0.04～0.20	0.05	0.15	余量
B356.2	A23562	—	锭	6.5～7.5	0.06	0.03	0.03	0.30～0.45	—	—	0.03	—	0.04～0.20	0.03	0.10	余量
C356.0	A33560	—	S,P	6.5～7.5	0.07	0.05	0.05	0.25～0.45	—	—	0.05	—	0.04～0.20	0.05	0.15	余量
C356.2	A33562	—	锭	6.5～7.5	0.04	0.03	0.03	0.30～0.45	—	—	0.03	—	0.04～0.20	0.03	0.10	余量
F356.0	A63560	—	S,P	6.5～7.5	0.20	0.20	0.10	0.17～0.25	—	—	0.10	—	0.04～0.20	0.05	0.15	余量
F356.2	A63562	—	锭	6.5～7.5	0.12	0.10	0.05	0.17～0.25	—	—	0.05	—	0.04～0.20	0.05	0.5	余量
357.0	A03570	—	S,P	6.5～7.5	0.15	0.05	0.03	0.45～0.6	—	—	0.05	—	0.20	0.05	0.15	余量
357.1	A03571	—	锭	6.5～7.5	0.12	0.05	0.03	0.45～0.6	—	—	0.05	—	0.20	0.05	0.15	余量
A357.0	A13570	—	S,P	6.5～7.5	0.20	0.20	0.10	0.40～0.7	—	—	0.10	—	0.04～0.20	0.05[16]	0.15	余量
A357.2	A13572	—	锭	6.5～7.5	0.12	0.10	0.05	0.45～0.7	—	—	0.05	—	0.04～0.20	0.03[16]	0.10	余量
B357.0	—	—	S,P	6.5～7.5	0.09	0.05	0.05	0.40～0.6	—	—	0.05	—	0.04～0.20	0.05	0.15	余量
B357.2	A23572	—	锭	6.5～7.5	0.06	0.03	0.03	0.45～0.6	—	—	0.03	—	0.04～0.20	0.03	0.10	余量
C357.0	—	—	S,P	6.5～7.5	0.09	0.05	0.05	0.45～0.7	—	—	0.05	—	0.04～0.20	0.05[16]	0.15	余量
C357.2	—	—	锭	6.5～7.5	0.06	0.03	0.03	0.50～0.7	—	—	—	—	0.04～0.20	0.03[16]	0.15	余量
D357.0	—	—	S	6.5～7.5	0.20	—	0.10	0.55～0.6	—	—	—	—	0.10～0.20	0.05[16]	0.15	余量
358.0	A03580	—	S,P	7.6～8.6	0.30	0.20	0.20	0.40～0.6	0.20	—	0.20	—	0.10～0.20	0.05[17]	0.15	余量
358.2	A03582	—	锭	7.6～8.6	0.20	0.10	0.10	0.45～0.6	0.05	—	0.10	—	0.12～0.20	0.05[18]	0.15	余量
359.0	A03590	—	S,P	8.5～9.5	0.20	0.20	0.10	0.50～0.7	—	—	0.10	—	0.20	0.05	0.15	余量
359.2	A03592	—	锭	8.5～9.5	0.12	0.10	0.10	0.55～0.7	—	—	0.10	—	0.20	0.05	0.15	余量
360.0[19]	A03600[19]	3522AlSi10Mg[19] R164AlSi10Mg[19] R2147AlSi10Mg[19]	D	9.0～10.0	2.0	0.6	0.35	0.40～0.6	—	0.50	0.50	0.15	—	—	0.25	余量
360.2	A03602	—	锭	9.0～10.0	0.7～1.1	0.10	0.10	0.45～0.6	—	0.10	0.10	0.10	—	—	0.20	余量
A360.0[19]	A13600	—	D	9.0～10.0	1.3	0.6	0.35	0.40～0.6	—	0.50	0.50	0.15	—	—	0.25	余量
A360.1[19]	A13601[19]	—	锭	9.0～10.0	1.0	0.6	0.35	0.45～0.6	—	0.50	0.40	0.15	—	—	0.25	余量
A360.2	A13602[19]	—	锭	9.0～10.0	0.6	0.10	0.05	0.45～0.6	—	—	0.05	—	—	0.05	0.15	余量

续表

合金代号			产品[3]	化学成分/%										未指定的其他元素		Al最小值[4]
美国铝业协会	UNS[1]	ISO[2]		Si	Fe	Cu	Mn	Mg	Cr	Ni	Zn	Sn	Ti	每种	合计	
A361.0	A03610	—	D	9.5~10.5	1.1	0.50	0.25	0.40~0.6	0.20~0.30	0.20~0.30	0.05	0.10	0.20	0.05	0.15	余量
A361.1	A03610	—	锭	9.5~10.5	0.8	0.50	0.25	0.45~0.6	0.20~0.30	0.20~0.30	0.04	0.10	0.20	0.05	0.15	余量
A363.0	A03630	—	S,P	4.5~6.0	1.1	2.5~3.5	⑳	0.15~0.40	⑳	0.25	3.0~4.5	0.25	0.20	㉑	0.30	余量
A363.1	A03631	—	锭	4.5~6.0	0.8	2.5~3.5	⑳	0.20~0.40	⑳	0.25	3.0~4.5	0.25	0.20	㉑	0.30	余量
A364.0	A03640	—	D	7.5~9.5	1.5	0.20	0.10	0.20~0.40	0.25~0.50	0.15	0.15	0.15	—	0.05[22]	0.15	余量
364.2	A03642	—	锭	7.5~9.5	0.7~1.1	0.20	0.10	0.20~0.40	0.25~0.50	0.15	0.15	0.15	—	0.05[22]	0.15	余量
369.0	A03690	—	D	11.0~12.0	1.3	0.50	0.35	0.25~0.45	0.30~0.40	0.05	1.0	0.10	—	0.05	0.15	余量
369.1	A03691	—	锭	11.0~12.0	1.3	0.50	0.35	0.30~0.45	0.30~0.40	0.05	0.9	0.10	—	0.05	0.15	余量
380.0[19]	A03800[19]	—	D	7.5~9.5	2.0	3.0~4.0	0.50	0.10	—	0.50	3.0	0.35	—	—	0.50	余量
380.2[19]	A03802	—	锭	7.5~9.5	0.7~1.1	3.0~4.0	0.10	0.10	—	0.10	0.10	0.10	—	—	0.20	余量
A380.0	A13800[19]	3522AlSi8Cu3Fe R164AlSi8Cu3Fe	D	7.5~9.5	1.3	3.0~4.0	0.50	0.10	—	0.50	3.0	0.35	—	—	0.50	余量
A380.1[19]	A13801[19]	—	锭	7.5~9.5	1.0	3.0~4.0	0.50	0.10	—	0.50	2.9	0.35	—	—	0.50	余量
A380.2	A13802	—	锭	7.5~9.5	0.6	3.0~4.0	0.10	0.10	—	0.10	0.10	—	—	0.05	0.15	余量
B380.0	A23800	—	D	7.5~9.5	1.3	3.0~4.0	0.50	0.10	—	0.50	1.0	0.35	—	—	0.50	余量
B380.1	A28801	—	锭	7.5~9.5	1.0	3.0~4.0	0.50	0.10	—	0.50	0.9	0.35	—	—	0.50	余量
383.0	A03830	—	D	9.5~11.5	1.3	2.0~3.0	0.50	0.10	—	0.30	3.0	0.15	—	—	0.50	余量
383.1	A03831	—	锭	9.5~11.5	1.0	2.0~3.0	0.50	0.10	—	0.30	2.9	0.15	—	—	0.50	余量
383.2	A03832	—	锭	9.5~11.5	0.6~1.0	2.0~3.0	0.10	0.10	—	0.10	0.10	0.10	—	—	0.20	余量
384.0	A03840	—	D	10.5~12.0	1.3	3.0~4.5	0.50	0.10	—	0.50	3.0	0.35	—	—	0.50	余量
384.1	A03841	—	锭	10.5~12.0	1.0	3.0~4.5	0.50	0.10	—	0.50	2.9	0.35	—	—	0.50	余量
384.2	A03842	—	锭	10.5~12.0	0.6~1.0	3.0~4.5	0.10	0.10	—	0.10	0.10	0.10	—	—	0.20	余量
A384.0	A13840	—	D	10.5~12.0	1.3	3.0~4.5	0.50	0.10	—	0.50	1.0	0.35	—	—	0.50	余量
A384.1	A13841	—	锭	10.5~12.0	1.0	3.0~4.5	0.50	0.10	—	0.50	0.9	0.35	—	—	0.50	余量
385.0	A03850	—	D	11.0~13.0	2.0	2.0~4.0	0.50	0.30	—	0.50	3.0	0.30	—	—	0.50	余量
385.1	A03851	—	锭	11.0~13.0	1.1	2.0~4.0	0.50	0.30	—	0.50	2.9	0.30	—	—	0.50	余量
390.0	A03900	—	D	16.0~18.0	1.3	4.0~5.0	0.10	0.45~0.65	—	—	0.10	—	0.20	0.10	0.20	余量
390.2	A03902	—	锭	16.0~18.0	0.6~1.0	4.0~5.0	0.10	0.50~0.65	—	—	0.10	—	0.20	0.10	0.20	余量
A390.0	A13900	—	S,P	16.0~18.0	0.50	4.0~5.0	0.10	0.45~0.65	—	—	0.10	—	0.20	0.10	0.20	余量
A390.1	A13901	—	锭	16.0~18.0	0.40	4.0~5.0	0.10	0.50~0.65	—	—	0.10	—	0.20	0.10	0.20	余量
A390.1	A13901	—	锭	16.0~18.0	0.40	4.0~5.0	0.10	0.50~0.65	—	—	0.10	—	0.20	0.10	0.20	余量
B390.0	A23900	—	D	16.0~18.0	1.3	4.0~5.0	0.50	0.45~0.65	—	0.10	1.5	—	0.20	0.10	0.20	余量

续表

合金代号			产品[3]	化学成分/%												Al最小值[4]
美国铝业协会	UNS[1]	ISO[2]		Si	Fe	Cu	Mn	Mg	Cr	Ni	Zn	Sn	Ti	未指定的其他元素 每种	未指定的其他元素 合计	
B390.1	A23901	—	锭	16.0~18.0	1.0	4.0~5.0	0.50	0.50~0.65	—	0.10	1.4	—	0.20	0.10	0.20	余量
392.0	A03920	—	D	18.0~20.0	1.5	0.40~0.8	0.20~0.6	0.8~1.2	—	0.50	0.50	0.30	0.20	0.15	0.50	余量
392.1	A03921	—	锭	18.0~20.0	1.1	0.40~0.8	0.20~0.6	0.9~1.2	—	0.50	0.40	0.30	0.20	0.15	0.50	余量
393.0	A03930	—	S,P,D	21.0~23.0	1.3	0.7~1.1	0.10	0.7~1.3	—	2.0~2.5	0.10	—	0.10~0.20	0.05[23]	0.15	余量
393.1	A03931	—	锭	21.0~23.0	1.0	0.7~1.1	0.10	0.8~1.3	—	2.0~2.5	0.10	—	0.10~0.20	0.05[23]	0.15	余量
393.2	A03932	—	锭	21.0~23.0	0.8	0.7~1.1	0.10	0.8~1.3	—	2.0~2.5	0.10	—	0.10~0.20	0.05[23]	0.15	余量
408.2[24]	A04082[24]	—	锭	8.5~9.5	0.6~1.3	0.10	0.10	—	—	—	0.10	—	—	0.10	0.20	余量
409.2[24]	A04092[24]	—	锭	9.0~10.0	0.6~1.3	0.10	0.10	—	—	—	0.10	—	—	0.10	0.20	余量
411.2[24]	A04112[24]	—	锭	10.0~12.0	0.6~1.3	0.20	0.10	—	—	—	0.10	—	—	0.10	0.20	余量
413.0[19]	A04130[19]	3522AlSi12CuFe[19] 3522AlSi12Fe[19] R164AlSi12[19] R164AlSi12Cu[19] R164AlSi12CuFe[19] R164AlSi12Fe[19] R2147AlSi12[19]	D	11.0~13.0	2.0	1.0	0.35	0.10	—	0.50	0.50	0.15	—	—	0.25	余量
413.2[19]	A04132[19]	—	锭	11.0~13.0	0.7~1.1	0.10	0.10	0.07	—	0.10	0.10	0.10	—	—	0.20	余量
A413.0[19]	A14130[19]	—	D	11.0~13.0	1.3	1.0	0.35	0.10	—	0.50	0.50	0.15	—	—	0.25	余量
A413.1[19]	A14131[19]	—	锭	11.0~13.0	1.0	1.0	0.35	0.10	—	0.50	0.40	0.15	—	—	0.25	余量
A413.2	A14132[19]	—	锭	11.0~13.0	0.6	0.10	0.05	0.05	—	0.05	0.05	0.05	—	—	0.10	余量
B413.0	A24130	—	S,P	11.0~13.0	0.50	0.10	0.35	0.05	—	0.05	0.10	—	0.25	0.05	0.20	余量
B413.1	B24131	—	锭	11.0~13.0	0.40	0.10	0.35	0.05	—	0.05	0.10	—	0.25	0.05	0.20	余量
435.2[26]	B04532[26]	—	锭	3.3~3.9	0.40	0.05	0.05	0.05	—	—	0.10	—	—	0.05	0.20	余量
433.0	A04430	—	S,P	4.5~6.0	0.8	0.6	0.50	0.05	0.25	—	0.50	—	0.25	—	0.35	余量
443.1	A04431	—	锭	4.5~6.0	0.6	0.6	0.50	0.05	0.25	—	0.50	—	0.25	—	0.35	余量
443.2	A04432	—	锭	4.5~6.0	0.6	0.10	0.10	0.05	—	—	0.10	—	0.20	0.05	0.15	余量
A443.0	A14460	—	S	4.5~6.0	0.8	0.30	0.50	0.05	0.25	—	0.50	—	0.25	—	0.35	余量
A443.1	A14431	—	锭	4.5~6.0	0.6	0.30	0.50	0.05	0.25	—	0.50	—	0.25	—	0.35	余量
B443.0	A24430	3522AlSi5 R164AlSi5	S,P	4.5~6.0	0.8	0.15	0.35	0.05	—	—	0.35	—	0.25	0.05	0.15	余量
B443.1	A24431	—	锭	4.5~6.0	0.6	0.15	0.35	0.05	—	—	0.35	—	0.25	0.05	0.15	余量
C433.0	A34430	R164AlSi5Fe	D	4.5~6.0	2.0	0.6	0.35	0.10	—	0.50	0.50	0.15	—	—	0.25	余量
C433.1	A34431	—	锭	4.5~6.0	1.1	0.6	0.35	0.10	—	0.50	0.40	0.15	—	—	0.25	余量
C443.2	A34432	—	锭	4.5~6.0	0.7~1.1	0.10	0.10	0.05	—	—	0.10	—	—	0.05	0.15	余量

续表

合金代号			产品[3]	化学成分/%												Al最小值[4]
美国铝业协会	UNS[1]	ISO[2]		Si	Fe	Cu	Mn	Mg	Cr	Ni	Zn	Sn	Ti	未指定的其他元素 每种	未指定的其他元素 合计	
444.0	A04440	—	S,P	6.5～7.5	0.6	0.25	0.35	0.10	—	—	0.35	—	0.25	0.05	0.15	余量
444.2	A04442	—	锭	6.5～7.5	0.13～0.25	0.10	0.05	0.05	—	—	0.05	—	0.20	0.05	0.15	余量
A444.0	A14440	—	P	6.5～7.5	0.20	0.10	0.10	0.05	—	—	0.10	—	0.20	0.05	0.15	余量
A444.1	A14441	—	锭	6.5～7.5	0.15	0.10	0.10	0.05	—	—	0.10	—	0.20	0.05	0.15	余量
A444.2	A14442	—	锭	6.5～7.5	0.12	0.05	0.05	0.05	—	—	0.05	—	0.20	0.05	0.15	余量
445.2	A04452[24]	—	锭	6.5～7.5	0.6～1.3	0.10	0.10	—	—	—	0.10	—	—	0.10	0.20	余量
511.0	A05110	—	S	0.30～0.7	0.50	0.15	0.35	3.5～4.5	—	—	0.15	—	0.25	0.05	0.15	余量
511.1	A05111	—	锭	0.30～0.7	0.40	0.15	0.35	3.6～4.5	—	—	0.15	—	0.25	0.05	0.15	余量
511.2	A05112	—	锭	0.30～0.7	0.30	0.10	0.10	3.6～4.5	—	—	0.10	—	0.20	0.05	0.15	余量
512.0	A05120	—	S	1.4～2.2	0.6	0.35	0.8	3.5～4.5	0.25	—	0.35	—	0.25	0.05	0.15	余量
512.2	A05122	—	锭	1.4～2.2	0.30	0.10	0.10	3.6～4.5	—	—	0.10	—	0.20	0.05	0.15	余量
513.0	A05130	—	P	0.30	0.40	0.10	0.30	3.5～4.5	—	—	1.4～2.2	—	0.20	0.05	0.15	余量
513.2	A05132	—	锭	0.30	0.30	0.10	0.10	3.6～4.5	—	—	1.4～2.2	—	0.20	0.05	0.15	余量
514.0	A05140	3522AlMg3 R164AlMg3 R2147AlMg3	S	0.35	0.50	0.15	0.35	3.5～4.5	—	—	0.15	—	0.25	0.05	0.15	余量
514.1	A05141	—	锭	0.35	0.40	0.15	0.35	3.6～4.5	—	—	0.15	—	0.25	0.05	0.15	余量
514.2	A05142	—	锭	0.35	0.30	0.10	0.10	3.6～4.5	—	—	0.10	—	0.20	0.05	0.15	余量
515.0	A05150	—	D	0.50～1.0	1.3	0.20	0.40～0.6	2.5～4.0	—	—	0.10	—	—	0.05	0.15	余量
515.2	A05152	—	锭	0.50～1.0	0.6～1.0	0.10	0.40～0.6	2.7～4.0	—	—	0.05	—	—	0.05	0.15	余量
516.0	A05160	—	D	0.30～1.5	0.35～1.0	0.30	0.15～0.40	2.5～4.5	—	0.25～0.40	0.20	0.10	0.10～0.20	0.05[24]	—	余量
516.1	A05161	—	锭	0.30～1.5	0.35～0.7	0.30	0.15～0.40	2.6～4.5	—	0.25～0.40	0.20	0.10	0.10～0.20	0.05[25]	—	余量
518.0	A05180	—	D	0.35	1.8	0.25	0.35	7.5～8.5	—	0.15	0.15	0.15	—	—	0.25	余量
518.1	A05181	—	锭	0.35	1.1	0.25	0.35	7.6～8.5	—	0.15	0.15	0.15	—	—	0.25	余量
518.2	A05182	—	锭	0.25	0.7	0.10	0.10	7.6～8.5	—	0.05	—	0.05	—	—	0.10	余量
520.0	A05200	3522AlMg10 R164AlMg10 R2147AlMg10	S	0.25	0.30	0.25	0.15	9.5～10.6	—	—	0.15	—	0.25	0.05	0.15	余量
520.2	A05202	—	锭	0.15	0.20	0.20	0.10	9.6～10.6	—	—	0.10	—	0.20	0.05	0.15	余量
535.0	A05350	—	S	0.15	0.15	0.05	0.10～0.25	6.2～7.5	—	—	—	—	0.10～0.25	0.05[27]	0.15	余量
535.2	A05352	—	锭	0.10	0.10	0.05	0.10～0.25	6.6～7.5	—	—	—	—	0.10～0.25	0.05[28]	0.15	余量
A535.0	A15350	—	S	0.20	0.20	0.10	0.10～0.25	6.5～7.5	—	—	—	—	0.25	0.05	0.15	余量
A535.1	A15351	—	锭	0.20	0.15	0.10	0.10～0.25	6.6～7.5	—	—	—	—	0.25	0.05	0.15	余量

续表

合金代号			产品[3]	化学成分/%										未指定的其他元素		Al最小值[4]
美国铝业协会	UNS[1]	ISO[2]		Si	Fe	Cu	Mn	Mg	Cr	Ni	Zn	Sn	Ti	每种	合计	
B535.0	A25350	—	S	0.15	0.15	0.10	0.05	6.5～7.5	—	—	—	—	0.10～0.25	0.05	0.15	余量
B535.2	A25352	—	锭	0.10	0.12	0.05	0.05	6.6～7.5	—	—	—	—	0.10～0.25	0.05	0.15	余量
705.0	A07050	—	S,P	0.20	0.8	0.20	0.40～0.6	1.4～1.8	0.20～0.40	—	2.7～3.3	—	0.25	0.05	0.15	余量
705.1	A07051	—	锭	0.20	0.6	0.20	0.40～0.6	1.5～1.8	0.20～0.40	—	2.7～3.3	—	0.25	0.05	0.15	余量
707.0	A07070	—	S,P	0.20	0.8	0.20	0.40～0.6	1.8～2.4	0.20～0.40	—	4.0～4.5	—	0.25	0.05	0.15	余量
707.1	A07071	—	锭	0.20	0.6	0.20	0.40～0.6	1.9～2.4	0.20～0.40	—	4.0～4.5	—	0.25	0.05	0.15	余量
710.0	A07100	—	S	0.15	0.50	0.35～0.65	0.05	0.6～0.8	—	—	6.0～7.0	—	0.25	0.05	0.15	余量
710.1	A07101	—	锭	0.15	0.40	0.35～0.65	0.05	0.65～0.8	—	—	6.0～7.0	—	0.25	0.05	0.15	余量
711.0	A07110	—	P	0.30	0.7～1.4	0.35～0.65	0.05	0.25～0.45	—	—	6.0～7.0	—	0.20	0.05	0.15	余量
711.1	A07111	—	锭	0.30	0.7～1.1	0.35～0.65	0.05	0.30～0.45	—	—	6.0～7.0	—	0.20	0.05	0.15	余量
712.0	A07120	—	S	0.30	0.50	0.25	0.10	0.50～0.65	0.40～0.6	—	5.0～6.5	—	0.15～0.25	0.05	0.20	余量
712.2	A07122	—	锭	0.15	0.40	0.25	0.10	0.50～0.65	0.40～0.6	—	5.0～6.5	—	0.15～0.25	0.05	0.20	余量
713.0	A07130	—	S,P	0.25	1.1	0.40～1.0	0.6	0.20～0.50	0.35	0.15	7.0～8.0	—	0.25	0.10	0.25	余量
713.1	A07131	—	锭	0.25	0.8	0.40～1.0	0.6	0.25～0.50	0.35	0.15	7.0～8.0	—	0.25	0.10	0.25	余量
771.0	A07710	—	S	0.15	0.15	0.10	0.10	0.8～1.0	0.06～0.20	—	6.5～7.5	—	0.10～0.20	0.05	0.15	余量
771.2	A07712	—	锭	0.10	0.10	0.10	0.10	0.85～1.0	0.06～0.20	—	6.5～7.5	—	0.10～0.20	0.05	0.15	余量
772.0	A07720	—	S	0.15	0.15	0.10	0.10	0.6～0.8	0.06～0.20	—	6.0～7.0	—	0.10～0.20	0.05	0.15	余量
850.0	A08500	—	S,P	0.7	0.7	0.7～1.3	0.10	0.10	—	0.7～1.3	—	5.5～7.0	0.20	—	0.30	余量
850.1	A08501	—	锭	0.7	0.50	0.7～1.3	0.10	0.10	—	0.7～1.3	—	5.5～7.0	0.20	—	0.30	余量
851.0	A08510	—	S,P	2.0～3.0	0.7	0.7～1.3	0.10	0.10	—	0.30～0.7	—	5.5～7.0	0.20	—	0.30	余量
851.1	A08511	—	锭	2.0～3.0	0.50	0.7～1.3	0.10	0.10	—	0.30～0.7	—	5.5～7.0	0.20	—	0.30	余量
852.0	A08520	—	S,P	0.40	0.7	1.7～2.3	0.10	0.6～0.9	—	0.9～1.5	—	5.5～7.0	0.20	—	0.30	余量
852.1	A08521	—	锭	0.40	0.50	1.7～2.3	0.10	0.7～0.9	—	0.9～1.5	—	5.5～7.0	0.20	—	0.30	余量
853.0	A08530	—	S,P	5.5～6.5	0.7	3.0～4.0	0.50	—	—	—	—	5.5～7.0	0.20	—	0.30	余量
853.2	A08532	—	锭	5.5～6.5	0.50	3.0～4.0	0.10	—	—	—	—	5.5～7.0	0.20	—	0.30	余量

①铝合金代号前加上的字母（A，B，C，D）表示其改良的或变形的铝合金；②一般指 ISONo. R115 标准，除非指定出其他的标准（R164，R2147 或 3522）；③D＝加压铸造，P＝永久（硬）型铸造，S＝砂型铸造；④重熔纯铝的 Al 含量（%）＝100.00%减去其他元素各占 0.010%或以上的总和，并将 Al 含量精确到小数点后两位数字；⑤（Mn＋Cr＋Ti＋V）＝0.025%（max）(max＝最大值，min＝最小值，下同)，⑥Fe/Si 为 2.5（min）；⑦Fe/Si 为 2.0（min）；⑧Fe/Si 为 1.5（min）；⑨0.40%～1.0%Ag；⑩0.50%～1.0%Ag；⑪Ti＋Zr＝0.50（max）；⑫0.20%～0.30%Sb，0.20%～0.30%Co，0.10%～0.30%Zr；⑬0.05%～0.15%V；0.10%～0.25%Zr；⑭0.06%～0.20%V；⑮Fe＞0.45 时，Mn 含量不应少于 1/2 的铁含量；⑯0.04%～0.07%Be；⑰0.10%～0.30%Be；⑱0.15%～0.30%Be；⑲Axxx.1 铸锭被用于生产 xxx.0 及 Axxx.0 铸件；⑳（Mn＋Cr）＝0.8%（max）；㉑0.25Pb（max）；㉒0.02%～0.04%Be；㉓0.08%～0.15%V；㉔用于钢的包镀；㉕与锌一起用于钢的包镀；㉖0.10%Pb（max）；㉗0.003%～0.007%Be；0.05%B（max）；㉘0.003%～0.007%Be，0.002%B（max）。

表 9-73 铝合金砂型铸件的化学成分（ASTM B26/B26M—2014）

合金代号		Al	化学成分/%(质量分数,非范围值为最大值)										
ANSI	UNS		Si	Fe	Cu	Mn	Mg	Cr	Ni	Zn	Sn	Ti	其他	
													单个	总量
201.0	A02010	余量	0.10	0.15	4.0～5.2	0.20～0.50	0.15～0.55	—	—	—	—	0.15～0.35	0.05①	0.10
204.0	A02040		0.20	0.35	4.2～5.0	0.10	0.15～0.35	—	0.05	0.10	0.05	0.15～0.30	0.05	0.15
242.0	A02420		0.7	1.0	3.7～4.5	0.35	1.2～1.8	0.25	1.7～2.3	0.35	—	0.25	0.05	0.15
A242.0	A12420		0.6	0.8	3.7～4.5	0.10	1.2～1.7	0.15～0.25	1.8～2.3	0.10	—	0.07～0.20	0.05	0.15
295.0	A02950		0.7～1.5	1.0	4.0～5.0	0.35	0.03	—	—	0.35	—	0.25	0.05	0.15
319.0	A03190		5.5～6.5	1.0	3.0～4.0	0.50	0.10	—	0.35	1.0	—	0.25	—	0.50
328.0	A03280		7.5～8.5	1.0	1.0～2.0	0.02～0.6	0.20～0.6	0.35	0.25	1.5	—	0.25	—	0.50
355.0	A03550		4.5～5.5	0.6②	1.0～1.5	0.50②	0.40～0.6	0.25	—	0.35	—	0.25	0.05	0.15
C355.0	A33550		4.5～5.5	0.20	1.0～1.5	0.10	0.40～0.6	—	—	0.10	—	0.20	0.05	0.15
356.0	A03560		6.5～7.5	0.6②	0.25	0.35②	0.20～0.45	—	—	0.35	—	0.25	0.05	0.15
A356.0	A13560		6.5～7.5	0.20	0.20	0.10	0.25～0.45	—	—	0.10	—	0.20	0.05	0.15
443.0	A04430		4.5～6.0	0.8	0.6	0.50	0.05	0.25	—	0.50	—	0.25	—	0.35
B443.0	A24430		4.5～6.0	0.8	0.15	0.35	0.05	—	—	0.35	—	0.25	0.05	0.15
512.0	A05120		1.4～2.2	0.6	0.35	0.8	3.5～4.5	0.25	—	0.35	—	0.25	0.05	0.15
514.0	A05140		0.35	0.50	0.15	0.35	3.5～4.5	—	—	0.15	—	0.25	0.05	0.15
520.0	A05200		0.25	0.30	0.25	0.15	9.5～10.6	—	—	0.15	—	0.25	0.05	0.15
535.0	A05350		0.15	0.15	0.05	0.10～0.25	6.2～7.5	—	—	—	—	0.10～0.25	0.05③	0.15
705.0	A07050		0.20	0.8	0.20	0.40～0.6	1.4～1.8	0.20～0.40	—	2.7～3.3	—	0.25	0.05	0.15
707.0	A07070		0.20	0.8	0.20	0.40～0.6	1.8～2.4	0.20～0.40	—	4.0～4.5	—	0.25	0.05	0.15
710.0④	A07100		0.15	0.50	0.35～0.65	0.05	0.6～0.8	—	—	6.0～7.0	—	0.25	0.05	0.15
712.0④	A07120		0.30	0.50	0.25	0.10	0.50～0.65	0.40～0.6	—	5.0～6.5	—	0.15～0.25	0.05	0.20
713.0	A07130		0.25	1.1	0.40～1.0	0.6	0.20～0.50	0.35	0.15	7.0～8.0	—	0.25	0.10	0.25
771.0	A07710		0.15	0.15	0.10	0.10	0.8～1.0	0.06～0.20	—	6.5～7.5	—	0.10～0.20	0.05	0.15
850.0	A08500		0.7	0.7	0.7～1.3	0.10	0.10	—	0.7～1.3	—	5.5～7.0	0.20	—	0.30
851.0④	A08510		2.0～3.0	0.7	0.7～1.3	0.10	0.10	—	0.30～0.7	—	5.5～7.0	0.20	—	0.30
852.0④	A08520		0.40	0.7	1.7～2.3	0.10	0.6～0.9	—	0.9～1.5	—	5.5～7.0	0.20	—	0.30

① 银含量为 0.40%～1.0%。

② 如果铁超过 0.45%，锰含量不低于铁含量的一半。

③ 铍含量为 0.003%～0.007%时，硼含量最大为 0.005%。

④ 710.0 以前是 A712.0，712.0 以前是 D712.0，851.0 以前是 A850.0，852.0 以前是 B850.0。

表 9-74 铝合金硬（永久）模铸件的化学成分①,②,③（ASTM B 108/B108M—2014）

合金代号		化学成分/%											
ANSI④	UNS	Al	Si	Fe	Cu	Mn	Mg	Cr	Ni	Zn	Ti	Sn	其他⑤	
													单个	总量⑥
204.0	AC2040	余量	0.20	0.35	4.2～5.0	0.10	0.15～0.35	—	0.05	0.10	0.15～0.30	0.05	0.05	0.15
242.0	AC2420		0.7	1.0	3.5～4.5	0.35	1.2～1.8	0.25	1.7～2.3	0.35	0.25	—	0.05	0.15
296.0			2.0～3.0	1.2	4.0～5.0	0.35	0.05	—	0.35	0.50	0.25	—	—	0.35
308.0			5.0～6.0	1.0	4.0～5.0	0.50	0.10	—	—	1.0	0.25	—	—	0.50
319.0	A03190		5.5～6.5	1.0	3.0～4.0	0.50	0.10	—	0.35	1.0	0.25	—	—	0.50
332.0⑦	A03320		8.5～10.5	1.2	2.0～4.0	0.50	0.50～1.5	—	0.50	1.0	0.25	—	—	0.50
333.0	A03330		8.0～10.0	1.0	3.0～4.0	0.50	0.05～0.50	—	0.50	1.0	0.25	—	—	0.50
336.0⑦	A03360		11.0～13.0	1.2	0.50～1.5	0.35	0.7～1.3	—	2.0～3.0	0.35	0.25	—	0.05	—
354.0	A03540		8.6～9.4	0.20	1.6～2.0	0.10	0.40～0.6	—	—	0.10	0.20	—	0.05	0.15
355.0	A03550		4.5～5.5	0.6⑧	1.0～1.5	0.50⑧	0.40～0.6	0.25	—	0.35	0.25	—	0.05	0.15
C355.0	A33550		4.5～5.5	0.20	1.0～1.5	0.10	0.40～0.6	—	—	0.10	0.20	—	0.05	0.15
356.0	A03560		6.5～7.5	0.6⑧	0.25	0.35⑧	0.20～0.45	—	—	0.35	0.25	—	0.05	0.15
A356.0	A13560		6.5～7.5	0.20	0.20	0.10	0.25～0.45	—	—	0.10	0.20	—	0.05	0.15
357.0			6.5～7.5	0.15	0.05	0.03	0.45～0.6	—	—	0.05	0.20	—	0.05	0.15
A357.0	A13570		6.5～7.5	0.20	0.20	0.10	0.40～0.7	—	—	0.10	0.04～0.20	—	0.05⑨	0.15
E357.0			6.5～7.5	0.10		0.10	0.55～0.6	—	—	—	0.10～0.20	—	0.05⑩	0.15
F357.0			6.5～7.5	0.10	0.20	0.10	0.40～0.7	—	—	0.10	0.04～0.20	—	0.05⑩	0.15
359.0	A03590		8.5～9.5	0.20	0.20	0.10	0.50～0.7	—	—	0.10	0.20	—	0.05	0.15
443.0	A04430		4.5～6.0	0.8	0.6	0.50	0.05	0.25	—	0.50	0.25	—	—	0.35
B443.0	A24430		4.5～6.0	0.8	0.15	0.35	0.05	—	—	0.35	0.25	—	0.05	0.15
A444.0	A14440		6.5～7.5	0.20	0.10	0.10	0.05	—	—	0.10	0.20	—	0.05	0.15
513.0⑦	A05130		0.30	0.40	0.10	0.30	3.5～4.5	—	—	1.4～2.2	0.20	—	0.05	0.15
535.0	A05350		0.15	0.15	0.05	0.10～0.25	6.2～7.5	—	—	—	0.10～0.25	—	0.05⑪	0.15
705.0	A07050		0.20	0.8	0.20	0.40～0.6	1.4～1.8	0.20～0.40	—	2.7～3.3	0.25	—	0.05	0.15
707.0	A07070		0.20	0.8	0.20	0.40～0.6	1.8～2.4	0.20～0.40	—	4.0～4.5	0.25	—	0.05	0.15
711.0⑦	A07110		0.30	0.7～1.4	0.35～0.65	0.05	0.25～0.45	—	—	6.0～7.0	0.20	—	0.05	0.15
713.0	A07130		0.25	1.1	0.40～1.0	0.6	0.20～0.50	0.35	0.15	7.0～8.0	0.25	—	0.10	0.25
850.0	A08500		0.7	0.7	0.7～1.3	0.10	0.10	—	0.7～1.3	—	0.20	5.5～7.0	—	0.30
851.0⑦	A08510		2.0～3.0	0.7	0.7～1.3	0.10	0.10	—	0.3～0.7	—	0.20	5.5～7.0	—	0.30
852.0⑦	A08520		0.40	0.7	1.7～2.3	0.10	0.6～0.9	—	0.9～1.5	—	0.20	5.5～7.0	—	0.30

① 当是单个数值时，其表示化学成分含量的最大值。
② 分析的对象是本表中所列的元素。
③ 为了确定是否符合限制，观测值或计算值应采用四舍五入。
④ 合金牌号。
⑤ 其他包括表中所列元素但没有明确的范围和未列入的金属元素。生产者可能分析规范中未指明的微量元素，然而，这种分析是没有必要的以及可能不包括所有其他金属元素。如果单个元素或几种元素的总和超过规定的范围，该材料认为不合格。
⑥ 其他元素是未说明元素之和，其含量的值保留在小数点后第二位。
⑦ 336.0 以前是 A332.0，332.0 以前是 F332.0，513.0 以前是 A514.0，711.0 以前是 C712.0，851.0 以前是 A850.0，852.0 以前是 B850.0。
⑧ 如果铁含量超过 0.45%，锰含量不小于铁含量的一半。
⑨ 铍含量为 0.04～0.07。
⑩ 铍最大含量为 0.002。
⑪ 铍含量为 0.003～0.007，硼最大含量为 0.005。

表 9-75　铝合金压模铸件的化学成分（ASTM B85/B85M—2014）

合金代号			化学成分/%										
ANSI	ASTM	UNS	Si	Fe	Cu	Mn	Mg	Ni	Zn	Sn	Ti	其他元素 单个	其他元素 总量	Al
360.0	SG100B	A03600	9.0～10.0	2.0	0.6	0.35	0.40～0.6	0.50	0.50	0.15	—	—	0.25	余量
A360.0	SG100A	A13600	9.0～10.0	1.3	0.6	0.35	0.40～0.6	0.50	0.50	0.15	—	—	0.25	
380.0	SC84B	A03800	7.5～9.5	2.0	3.0～4.0	0.50	0.10	0.50	3.0	0.35	—	—	0.50	
A380.0	SC84A	A13800	7.5～9.5	1.3	3.0～4.0	0.50	0.10	0.50	3.0	0.35	—	—	0.50	
383.0	SC102A	A03830	9.5～11.5	1.3	2.0～3.0	0.50	0.10	0.30	3.0	0.15	—	—	0.50	
384.0	SC114A	A03840	10.5～12.0	1.3	3.0～4.5	0.50	0.10	0.50	3.0	0.35	—	—	0.50	
390.0	SC174A	A03900	16.0～18.0	1.3	4.0～5.0	0.10	0.45～0.65	—	0.10	—	0.20	0.10	0.20	
B390.0	SC174B	A23900	16.0～18.0	1.3	4.0～5.0	0.50	0.45～0.65	0.10	1.5	—	0.10	0.10	0.20	
392.0	S19	A03920	18.0～20.0	1.5	0.40～0.80	0.20～0.60	0.80～1.20	0.50	0.50	0.30	0.20	0.15	0.50	
413.0	S12B	A04130	11.0～13.0	2.0	1.0	0.35	0.10	0.50	0.50	0.15	—	—	0.25	
A413.0	S12A	A14130	11.0～13.0	1.3	1.0	0.35	0.10	0.50	0.50	0.15	—	—	0.25	
C433.0	S5C	A34430	4.5～6.0	2.0	0.6	0.35	0.10	0.50	0.50	0.15	—	—	0.25	
518.0	G8A	A05180	0.35	1.8	0.25	0.35	7.5～8.5	0.15	0.15	0.15	—	—	0.25	

9.3.2 铝及铝合金的力学性能

表 9-76 轧制或冷加工棒、线材不可热处理合金的力学性能

合金和状态	规定的直径或厚度/mm		抗拉强度/MPa			伸长率/%(最小)	
			强度极限		屈服极限		
	以上	至	最小	最大	最小	50mm	$5D(5.65\sqrt{A})$
1100							
1100-O	全部		75	105	20	25	22
1100-H112	全部		75	—	20	—	—
1100-H12	—	10.00	95	—	—	—	—
1100-H14	—	10.00	110	—	—	—	—
1100-H16	—	10.00	130	—	—	—	—
1100-H18	—	10.00	150	—	—	—	—
1100-F	10.00	—	—	—	—	—	—
1345							
1345-O	—	10.00	—	100	—	25	22
1345-H12	—	10.00	90	—	—	—	—
1345-H14	—	8.00	100	—	—	—	—
1345-H16	—	8.00	115	—	—	—	—
1345-H18	—	8.00	130	—	—	—	—
1345-H19	—	5.00	145	—	—	—	—
3003							
3003-O	全部		95	130	35	25	22
3003-H112	全部		95	—	35	—	—
3003-H12	—	10.00	115	—	—	—	—
3003-H14	—	10.00	140	—	—	—	—
3003-H16	—	10.00	165	—	—	—	—
3003-H18	—	10.00	185	—	—	—	—
3003-F	10.00	—	—	—	—	—	—
5050							
5050-O	全部		125	180	—	25	22
5050-H32	—	10.00	150	—	—	—	—
5050-H34	—	10.00	170	—	—	—	—
5050-G36	—	10.00	185	—	—	—	—
5050-H38	—	10.00	200	—	—	—	—
5050-F	10.00	—	—	—	—	—	—
5052							
5052-O	全部		170	220	65	25	22
5052-H32	—	10.00	215	—	160	—	—
5052-H34	—	10.00	235	—	180	—	—
5052-H36	—	10.00	255	—	200	—	—
5052-H38	—	10.00	270	—	—	—	—
5052-F	10.00	—	—	—	—	—	—
5056							
5056-O	全部		—	320	—	20	18
5056-H111	—	10.00	300	—	—	—	—
5056-H12	—	10.00	315	—	—	—	—
5056-H32	—	10.00	300	—	—	—	—
5056-H14	—	10.00	360	—	—	—	—
5056-H34	—	10.00	345	—	—	—	—
5056-H18	—	10.00	400	—	—	—	—
5056-H38	—	10.00	380	—	—	—	—

续表

合金和状态	规定的直径或厚度/mm		抗拉强度/MPa			伸长率/%(最小)	
			强度极限		屈服极限		
	以上	至	最小	最大	最小	50mm	5D(5.65 $\sqrt{A}$)
5056							
5056-H192	—	10.00	415	—	—	—	—
5056-H392	—	10.00	400	—	—	—	—
5056-F	10.00	—	—	—	—	—	—
包铝 5056							
包铝 5056-192	—	10.00	360	—	—	—	—
包铝 5056-H392	—	10.00	345	—	—	—	—
包铝 5056-H393	—	5.00	307	—	325	—	—
5154							
5154-O	全部		205	285	75	25	22
5154-H112	全部		205	285	75	—	—
5154-H32	—	10.00	250	—	—	—	—
5154-H34	—	10.00	270	—	—	—	—
5154-H36	—	10.00	290	—	—	—	—
5154-H38	—	10.00	310	—	—	—	—
5154-F	10.00	—	—	—	—	—	—

表 9-77 轧制或冷加工棒、线材可热处理合金的力学性能

合金和状态	规定的直径或厚度/mm		抗拉强度/MPa			伸长率/%(最小)	
			强度极限		屈服极限		
	以上	至	最小	最大	最小	50mm	5D
2011							
2011-T3	3.15	40.00	310	—	260	10	9
	40.00	50.00	295	—	235	—	10
	50.00	80.00	290	—	205	—	12
2011-T4,T451	9.00	200.00	275	—	125	16	14
2011-T8	3.15	80.00	370	—	275	10	9
2014							
2014-O	—	200.00	—	240	—	12	10
2014-T4,T42,T451	—	200.00	380	—	220	16	14
2014-T6,T62,T651	—	200.00	450	—	380	8	7
2017							
2017-O	—	200.00	—	240	—	16	14
2017-T4,T42,T451	—	200.00	380	—	220	12	10
2024							
2024-O	—	200.00	—	240	—	16	14
2024-T36	—	10.00	475	—	360	10	—
2024-T4	—	12.50	425	—	310	—	—
	12.5	120.00	425	—	290	—	9
	120.00	160.00	425	—	275	—	9
	160.00	200.00	400	—	260	10	9
2024-T42	—	160.00	425	—	275	—	9
2024-T351	12.50	160.00	425	—	310	5	9
2024-T6	—	160.00	425	—	345	5	4
2024-T62	—	160.00	415	—	315	—	4
2024-T851	12.50	160.00	455	—	400	—	4
2219							
2219-T851	12.50	50.00	400	—	275	—	3
	50.00	100.00	395	—	270	—	3

续表

合金和状态	规定的直径或厚度/mm		抗拉强度/MPa			伸长率/%(最小)	
			强度极限		屈服极限		
	以上	至	最小	最大	最小	50mm	5D
6061							
6061-O	—	200.00	—	155	—	18	16
6061-T4,T451	—	200.00	205	—	100	18	16
6061-T42	—	200.00	205	—	95	18	16
6061-T6,T62,T651	—	200.00	290	—	240	10	9
6061-T89	—	10.00	370	—	325	—	—
6061-T93	—	10.00	380	—	345	8	—
6061-T913	—	10.00	435	—	—	—	—
6061-T94	—	10.00	370	—	325	—	—
6262							
6262-T6,T62,T651	—	200.00	290	—	240	10	9
6262-T9	3.15	50.00	360	—	330	5	4
	50.00	80.00	345	—	315	—	4
7075							
7075-O	—	200.00	—	275	—	10	9
7075-T6,T62,T651	—	100.00	530	—	455	7	6
7075-T73,T7351	—	80.00	470	—	385	10	9

表 9-78 美国铝业协会（AA）铝合金挤压棒材、线材、型材的力学性能

合金和状态	规定的直径或厚度/mm		面积/mm^2		抗拉强度/MPa				伸长率/%(最小)	
					强度极限		屈服极限			
	以上	至	以上	至	最小	最大	最小	最大	50mm	$5D(5.65\sqrt{A})$
1100										
1100-O	全部		全部		75	105	20	—	25	22
1100-H112	全部		全部		75	—	20	—	—	—
2014										
2014-O	全部		全部		—	205	—	125	12	10
2014-T4,T4510 和 T4511	全部		全部		345	—	240	—	12	10
2014-T42	全部		全部		345	—	200	—	12	10
2014-T6,T6510 和 T6511	—	12.50	全部		415	—	365	—	7	6
	12.50	18.00	全部		440	—	400	—	—	6
	18.00	—	—	16000	470	—	415	—	—	6
	18.00	—	16000	20000	470	—	400	—	—	5
2014-T62	—	18.00	全部		415	—	365	—	7	6
	18.00	—	—	16000	415	—	365	—	—	6
	18.00	—	16000	20000	415	—	365	—	—	5
2024										
2024-O	全部		全部		—	240	—	130	12	10
2024-T3,T3510 和 T3511	—	6.30	全部		395	—	290	—	12	—
	6.30	10.00	全部		415	—	305	—	12	10
	18.00	35.00	全部		450	—	315	—	—	9
	35.00	—	—	16000	485	—	360	—	—	9
	35.00	—	16000	20000	470	—	330	—	—	7

续表

合金和状态	规定的直径或厚度/mm		面积/mm²		抗拉强度/MPa				伸长率/%(最小)	
					强度极限		屈服极限			
	以上	至	以上	至	最小	最大	最小	最大	50mm	5D(5.65$\sqrt{A}$)
2024										
2024-T42	—	18.00	全部		395	—	260	—	12	10
	18.00	35.00	全部		395	—	260	—	—	9
	35.00	—	—	16000	395	—	260	—	—	9
	35.00	—	16000	20000	395	—	260	—	—	7
2024-T81,T8510 和 T8511	1.25	6.30	全部		440	—	385	—	4	—
	6.30	35.00	全部		455	—	400	—	5	4
	35.00	—	—	20000	455	—	400	—	—	4
2219										
2219-O	全部		全部		—	220	—	125	12	10
2219-T31,T3510 和 T3511	—	12.50	—	16000	290	—	180	—	14	12
	12.50	80.00	—	16000	310	—	185	—	—	12
2219-T62	—	25.00	—	16000	370	—	250	—	6	5
	25.00	—	—	20000	370	—	250	—	—	5
2219-T81,T8510 和 T-8511	—	80.00	—	16000	400	—	290	—	6	5
3003										
3003-O	全部		全部		95	130	35	—	25	22
3003-H112	全部		全部		95	—	35	—	—	—
5083										
5083-O	—	130.00	—	20000	270	350	110	—	14	12
5083-H111	—	130.00	—	20000	275	—	165	—	12	10
5083-H112	—	130.00	—	20000	270	—	110	—	12	10
5086										
5086-O	—	130.00	—	20000	240	315	95	—	14	12
5086-H111	—	130.00	—	20000	250	—	145	—	12	10
5086-H112	—	130.00	—	20000	240	—	95	—	12	10
5154										
5154-O	全部		全部		205	285	75	—	—	—
5154-H112	全部		全部		205	—	75	—	—	—
5454										
5454-O	—	130.00	—	20000	215	285	85	—	14	12
5454-H111	—	130.00	—	20000	230	—	130	—	12	10
5454-H112	—	130.00	—	20000	215	—	85	—	12	10
5456										
5456-O	—	130.0	—	20000	285	365	130	—	14	12
5456-H111	—	130.00	—	20000	290	—	180	—	12	10
5456-H112	—	130.00	—	20000	285	—	130	—	12	10
6005										
6005-T1	—	12.50	全部		170	—	105	—	16	14
6005-T5	—	3.20	全部		260	—	240	—	8	—
	3.20	25.00	全部		260	—	240	—	10	9
6061										
6061-O	全部		全部		—	150	—	110	16	14

续表

合金和状态	规定的直径或厚度/mm		面积/mm²		抗拉强度/MPa				伸长率/%(最小)	
					强度极限		屈服极限			
	以上	至	以上	至	最小	最大	最小	最大	50mm	$5D(5.65\sqrt{A})$
6061										
6061-T1	—	12.50		全部	180	—	95	—	16	14
6061-T4,T45 和 T4511	全部			全部	180	—	110	—	16	14
6061-T42	全部			全部	180	—	85	—	16	14
6061-T51	—	16.00		全部	240	—	205	—	8	7
6061-T6,T62T6510 和 T6511	—	6.30		全部	260	—	240	—	8	—
	6.30	—		全部	260	—	240	—	10	9
6063										
6063-O	全部			全部	—	130	—	—	18	16
6063-O	—	12.50		全部	115	—	60	—	12	10
	12.50	25.00		全部	110	—	55	—	—	10
6063-T4 和 T42	—	12.50		全部	130	—	70	—	14	12
	12.50	25.00		全部	125	—	60	—	—	12
6063-T5	—	12.50		全部	150	—	110	—	8	7
	12.50	25.00		全部	145	—	105	—	—	7
6063-52	—	25.00		全部	150	205	110	170	8	7
6063-T6 和 T52	—	3.20		全部	205	—	170	—	8	—
	3.2	25.00		全部	205	—	170	—	10	9
6066										
6066-O	全部			全部	—	200	—	125	16	14
6066-T4,T4510 和 T4511	全部			全部	275	—	170	—	14	12
6066-T42	全部			全部	275	—	165	—	14	12
6066-T6,T6510 和 T6511	全部			全部	345	—	310	—	8	7
6066-T62	全部			全部	345	—	290	—	8	7
6070										
6070-T6 和 T62	—	80.00	—	2000	330	—	310	—	6	5
6162										
6162-T5,T5510 和 T5511	—	25.00		全部	225	—	235	—	7	6
6162-T6,T6510 和 T6511		6.30		全部	260	—	240	—	8	—
	6.30	12.5		全部	260	—	240	—	10	9
6262										
6262-T6,T62,T6510 和 T6511	全部			全部	260	—	240	—	10	9
6351										
6351-T54	—	12.50	—	13000	205	—	140	—	10	9
6463										
6463-T1	—	12.50	—	13000	115	—	60	—	12	10
6463-T5	—	12.50	—	13000	150	—	110	—	8	7
6463-T6 和 T62	—	3.20	—	13000	205	—	170	—	8	—
	3.20	12.50	—	13000	205	—	170	—	10	9

表 9-79 铆钉和冷镦头用丝和条热处理后的力学性能

合金代号	热处理状态	直径/mm	抗拉强度/MPa（不小于）	屈服强度 $\sigma_{0.2}$ /MPa（不小于）	伸长率/%（不小于）	剪切强度/MPa（不小于）
2017	T4	1.60～25.00	380	220	10	230
2024	T4	1.60～25.00	425	275	9	255
2117	T4	1.60～25.00	260	125	16	180
2219	T6	1.60～25.00	380	240	5	205
6053	T61	1.60～25.00	205	140	12	140
6061	T6	1.60～25.00	290	240	9	170
7050	T7	1.60～25.00	485	400	9	270
7075	T6	1.60～25.00	530	455	6	290
7075	T73	1.60～25.00	470	385	8	285
7178	T6	1.60～25.00	580	505	4	315
7277	T62	12.5～32.00	415	—	—	240

表 9-80 铆钉和冷镦头用丝和条冷作硬化状态下的力学性能

合金代号	材料状态	直径/mm	抗拉强度/MPa		合金代号	材料状态	直径/mm	抗拉强度/MPa	
			最小	最大				最小	最大
1100	O H14	—～25.00 —～25.00	— 110	110 145	5056	O H32	—～25.00 —～25.00	— 300	315 360
2017	O H13	—～25.00 —～25.00	— 205	240 275	6053	O H13	—～25.00 —～25.00	— 130	130 180
2024	O H13	—～25.00 —～25.00	— 220	240 290	6061	O H13	—～25.00 —～25.00	— 150	150 210
2117	O H15 H13	—～25.00 —～16.00 16.00～25.00	— 195 170	170 240 220	7050	O H13	—～25.00 —～25.00	— 235	275 320
2219	H13	—～25.00	190	260	7075	O H13	—～25.00 —～25.00	— 250	275 320
3003	O H14	—～25.00 —～25.00	— 140	130 180	7178	O H13	—～25.00 —～25.00	— 245	275 315
5005	O	—～25.00	—	140					
5052	H32 O H32	—～25.00 —～25.00 —～25.00	115 — 215	160 220 255	7277H13		12.50～32.00	250	315

表 9-81　铆钉和冷镦头用丝和条变形铝合金的力学性能

合金及状态	最终拉伸强度		拉伸屈服强度		伸长率(基于标距 50mm,2in)/%		硬度 (HB①)	最终剪切强度		疲劳极限②		弹性模量③	
	MPa	ksi	MPa	ksi	1.6mm(1/16in) 厚试样	1.3mm(1/2in) 直径试样		MPa	ksi	MPa	ksi	GPa	10^6psi
1060-O	70	10	30	4	43	—	19	50	7	20	3	69	10.0
1060-H12	85	12	75	11	16	—	23	55	8	30	4	69	10.0
1060-H14	95	14	90	13	12	—	26	60	9	35	5	69	10.0
1060-H16	110	16	105	16	8	—	30	70	10	45	6.5	69	10.0
1060-H18	130	19	125	18	6	—	35	75	11	45	6.5	69	10.0
1100-O	90	13	35	5	35	45	23	60	9	35	5	69	10.0
1100-H12	110	16	105	15	12	25	28	70	10	40	6	69	10.0
1100-H14	125	18	115	17	9	20	32	75	11	50	7	69	10.0
1100-H16	145	21	140	20	6	17	38	85	12	60	9	69	10.0
1100-H18	165	24	150	22	5	15	44	90	13	60	9	69	10.0
1350-O	85	12	30	4	—	④	—	55	8	—	—	69	10.0
1350-H12	95	14	85	12	—	—	—	60	9	—	—	69	10.0
1350-H14	110	16	95	14	—	—	—	70	10	—	—	69	10.0
1350-H16	125	18	110	16	—	—	—	75	11	—	—	69	10.0
1350-H19	185	27	165	24	—	⑤	—	105	15	50	7	69	10.0
2011-T3	380	55	295	43	—	15	95	220	32	125	18	70	10.2
2011-T8	405	59	310	45	—	12	100	240	35	125	18	70	10.2
2014-O	185	27	95	14	—	18	45	125	18	90	13	73	10.6
2014-T4,T451	425	62	290	42	—	20	105	260	38	140	20	73	10.6
2014-T6,T651	485	70	415	60	—	13	135	290	42	125	18	73	10.6
Alclad2014-O	175	25	70	10	21	—	—	125	18	—	—	72	10.5
Alclad2014-T3	435	63	275	40	20	—	—	255	37	—	—	72	10.5
Alclad2014-T4,T451	420	61	255	37	22	—	—	255	37	—	—	72	10.5
Alclad2014-T6,T651	470	68	415	60	10	—	—	285	41	—	—	72	10.5
2017-O	180	26	70	10	—	22	45	125	18	90	13	72	10.5
2017-T4,T451	425	62	275	40	—	22	105	260	38	125	18	72	10.5
2018-T61	420	61	315	46	—	12	120	270	39	115	17	74	10.8
2024-O	185	27	75	11	20	22	47	125	18	90	13	73	10.6
2024-T3	485	70	345	50	18	—	120	285	41	140	20	73	10.6
2024-T4,T351	470	68	325	47	20	19	120	285	41	140	20	73	10.6
2024-T361⑥	495	72	395	57	13	—	130	290	42	125	18	73	10.6
Alclad2024-O	180	26	75	11	20	—	—	125	18	—	—	73	10.6
Alclad2024-T3	450	65	310	45	18	—	—	275	40	—	—	73	10.6
Alclad2024-T4,T351	440	64	290	42	19	—	—	275	40	—	—	73	10.6

续表

合金及状态	最终拉伸强度		拉伸屈服强度		伸长率(基于标距 50mm,2in)/%		硬度	最终剪切强度		疲劳极限②		弹性模量③	
	MPa	ksi	MPa	ksi	1.6mm(1/16in)厚试样	1.3mm(1/2in)直径试样	(HB①)	MPa	ksi	MPa	ksi	GPa	10^6psi
Alclad2024-T361⑥	460	67	365	53	11	—	—	285	41	—	—	73	10.6
Alclad-2024-T81,T851	450	65	415	60	6	—	—	275	40	—	—	73	10.6
Alclad2024-T861⑥	485	70	455	66	6	—	—	290	42	—	—	73	10.6
2025-T6	400	58	255	37	—	19	110	240	35	125	18	71	10.4
2036-T4	340	49	195	28	24	—	—	—	—	125⑦	18⑦	71	10.3
2117-T4	295	43	165	24	—	27	70	195	28	95	14	71	10.3
2124-T851	485	70	440	64	—	8	—	—	—	—	—	73	10.6
2218-T72	330	48	255	37	—	11	95	205	30	—	—	74	10.8
2219-O	175	25	75	11	18	—	—	—	—	—	—	73	10.6
2219-T42	360	52	185	27	20	—	—	—	—	—	—	73	10.6
2219-T31,T351	360	52	250	36	17	—	—	—	—	—	73	10.6	
2219-T37	395	57	315	46	11	—	—	—	—	—	—	73	10.6
2219-T62	415	60	290	42	10	—	—	—	—	105	15	73	10.6
2219-T81,T851	455	66	350	51	10	—	—	—	—	105	15	73	10.6
2219-T87	475	69	395	57	10	—	—	—	—	105	15	73	10.6
2618-T61	440	64	370	54	—	10	115	260	38	125	18	74	10.8
3003-O	110	16	40	6	30	40	28	75	11	50	7	69	10.0
3003-H12	130	19	125	18	10	20	35	85	12	55	8	69	10.0
3003-H14	150	22	145	21	8	16	40	95	14	60	9	69	10.0
3003-H16	180	26	170	25	5	14	47	105	15	70	10	69	10.0
3003-H18	200	29	185	27	4	10	55	110	16	70	10	69	10.0
Alclad3003-O	110	16	40	6	30	40	—	75	11	—	—		
Alclad3003-H12	130	19	125	18	10	20	—	85	12	—	—	69	10.0
Alclad3003-H14	150	22	145	21	8	16	—	95	14	—	—	69	10.0
Alclad3003-H16	180	26	170	25	5	14	—	105	15	—	—	69	10.0
Alclad3003-H18	200	29	185	27	4	10	—	110	16	—	—	69	10.0
3004-O	180	26	70	10	20	25	45	110	16	95	14	69	10.0
3004-H32	215	31	170	25	10	17	52	115	17	105	15	69	10.0
3004-H34	240	35	200	29	9	12	63	125	18	105	15	69	10.0
3004-H36	260	38	230	33	5	9	70	140	20	110	16	69	10.0
3004-H38	285	41	250	36	5	6	77	145	21	110	16	69	10.0
Alclad3004-O	180	26	70	10	20	25	—	110	16	—	—	69	10.0
Alclad3004-H32	215	31	170	25	10	17	—	115	17	—	—	69	10.0
Alclad3004-H34	240	35	200	29	9	12	—	125	18	—	—	69	10.0
Alclad3004-H36	260	38	230	33	5	9	—	140	20	—	—	69	10.0
Alclad3004-H38	285	41	250	36	5	6	—	145	21	—	—	69	10.0

续表

合金及状态	最终拉伸强度		拉伸屈服强度		伸长率(基于标距 50mm,2in)/%		硬度	最终剪切强度		疲劳极限[②]		弹性模量[③]	
	MPa	ksi	MPa	ksi	1.6mm(1/16in)厚试样	1.3mm(1/2in)直径试样	(HB[①])	MPa	ksi	MPa	ksi	GPa	10^6 psi
3105-O	115	17	55	8	24	—	—	85	12	—	—	69	10.0
3105-H12	150	22	130	19	7	—	—	95	14	—	—	69	10.0
3105-H14	170	25	150	22	5	—	—	105	15	—	—	69	10.0
3105-H16	195	28	170	25	4	—	—	110	16	—	—	69	10.0
3105-H18	215	31	195	28	3	—	—	115	17	—	—	69	10.0
3105-H25	180	26	160	23	8	—	—	105	15	—	—	69	10.0
4032-T6	380	55	315	46	—	9	120	260	38	110	16	79	11.4
5005-O	125	18	40	5	25	—	28	75	11	—	—	69	10.0
5005-H12	140	20	130	19	10	—	—	95	14	—	—	69	10.0
5005-H14	160	23	150	22	6	—	—	95	14	—	—	69	10.0
5005-H16	180	26	170	25	5	—	—	105	15	—	—	69	10.0
5005-H18	200	29	195	28	4	—	—	110	16	—	—	69	10.0
5005-H32	140	20	115	17	11	—	36	95	14	—	—	69	10.0
5005-H34	160	23	140	20	8	—	41	95	14	—	—	69	10.0
5005-H36	180	26	165	24	6	—	46	105	15	—	—	69	10.0
5005-H38	200	29	185	27	5	—	51	110	16	—	—	69	10.0
5050-O	145	21	55	8	24	—	36	105	15	85	12	69	10.0
5050-H32	170	25	145	21	9	—	46	115	17	90	13	69	10.0
5050-H34	195	28	165	24	8	—	53	125	18	90	13	69	10.0
5050-H36	205	30	180	26	7	—	58	130	19	95	14	69	10.0
5050-H38	220	32	200	29	6	—	63	140	20	95	14	69	10.0
5052-O	195	28	90	13	25	30	47	125	18	110	16	70	10.2
5052-H32	230	33	195	28	12	18	60	140	20	115	17	70	10.2
5052-H34	260	38	215	31	10	14	68	145	21	125	18	70	10.2
5052-H36	275	40	240	35	8	10	73	160	23	130	19	70	10.2
5052-H38	290	42	255	37	7	8	77	165	24	140	20	70	10.2
5056-O	290	42	150	22	—	35	65	180	26	140	20	71	10.3
5056-H18	435	63	405	59	—	10	105	235	34	150	22	71	10.3
5056-H38	415	60	345	50	—	15	100	220	32	150	22	71	10.3
5083-O	290	42	145	21	—	22	—	170	25	—	—	71	10.3
5083-H321,H116	315	46	230	33	—	16	—	—	—	160	23	71	10.3
5086-O	260	38	115	17	22	—	—	160	23	—	—	71	10.3
5086-H32,H116	290	42	205	30	12	—	—	—	—	—	—	71	10.3
5086-H34	325	47	255	37	10	—	—	185	27	—	—	71	10.2
5086-H112	270	39	130	19	14	—	—	—	—	—	—	71	10.2
5154-O	240	35	115	17	27	—	58	150	22	115	17	70	10.2

续表

合金及状态	最终拉伸强度		拉伸屈服强度		伸长率(基于标距 50mm,2in)/%		硬度	最终剪切强度		疲劳极限[2]		弹性模量[3]	
	MPa	ksi	MPa	ksi	1.6mm(1/16in) 厚试样	1.3mm(1/2in) 直径试样	(HB[1])	MPa	ksi	MPa	ksi	GPa	10^6psi
5154-H32	270	39	205	30	15	—	67	150	22	125	18	70	10.3
5154-H34	290	42	230	33	13	—	73	165	24	130	19	70	10.2
5154-H36	310	45	250	36	12	—	78	180	26	140	20	70	10.2
5154-H38	330	48	270	39	10	—	80	195	28	145	21	70	10.2
5154-H112	240	35	115	17	25	—	63	—	—	115	17	70	10.2
5252-H25	235	34	170	25	41	—	68	145	21	—	—	69	10.0
5252-H38,H28	285	35	240	35	5	—	75	160	23	—	—	69	10.0
5254-O	240	35	115	17	27	—	58	150	22	115	17	70	10.2
5254-H32	270	39	205	30	15	—	67	150	22	125	18	70	10.2
5254-H34	290	42	230	33	13	—	73	165	24	130	19	70	10.2
5254-H36	310	45	250	36	12	—	78	180	26	140	20	70	10.2
5254-H38	330	48	270	39	10	—	80	195	28	145	21	70	10.2
5254-H112	240	35	115	17	25	—	63	—	—	115	17	70	10.2
5454-O	250	36	115	17	22	—	62	160	23	—	—	70	10.2
5452-H32	275	40	205	30	10	—	73	165	24	—	—	70	10.2
5454-H34	305	44	240	35	10	—	81	180	26	—	—	70	10.2
5454-H111	260	38	180	26	14	—	70	160	23	—	—	70	10.2
5454-H112	250	36	125	18	18	—	62	160	23	—	—	70	10.2
5456-O	310	45	160	23	—	24	—	—	—	—	—	71	10.3
5456-H112	310	45	165	24	—	22	—	—	—	—	—	71	10.3
5456-H321,H116	350	51	255	37	—	16	90	205	30	—	—	71	10.3
5457-O	130	19	50	7	22	—	32	85	12	—	—	69	10.0
5457-H25	180	26	160	23	12	—	48	110	16	—	—	69	10.0
5457-H38,H28	205	30	185	27	6	—	55	125	18	—	—	69	10.0
5652-O	195	28	90	13	25	30	47	125	18	110	16	70	10.2
5652-H32	230	33	195	28	12	18	60	140	20	115	17	70	10.2
5652-H34	260	38	215	31	10	14	68	145	21	125	18	70	10.2
5652-H36	275	40	240	25	8	10	73	160	23	130	19	70	10.2
5652-H38	290	42	255	37	7	8	77	165	24	140	20	70	10.2
5657-H25	160	23	140	20	12	—	40	95	14	—	—	69	10.2
5657-H38,H28	195	28	165	24	7	—	50	105	15	—	—	69	10.0
6061-T4,T451	240	35	145	21	22	25	65	165	24	95	14	69	10.0
6061-T6,T651	310	45	275	40	12	17	95	205	30	95	14	69	10.0
Alclad6061-O	115	17	50	7	25	—	—	75	11	—	—	69	10.0
Alclad6061-T4,T451	230	33	130	19	22	—	—	150	22	—	—	69	10.0
Alclad6061-T6,T651	290	42	255	37	12	—	—	185	27	—	—	69	10.0

续表

合金及状态	最终拉伸强度		拉伸屈服强度		伸长率(基于标距 50mm,2in)/%		硬度	最终剪切强度		疲劳极限[②]		弹性模量[③]	
	MPa	ksi	MPa	ksi	1.6mm(1/16in)厚试样	1.3mm(1/2in)直径试样	(HB[①])	MPa	ksi	MPa	ksi	GPa	10^6 psi
6063-O	90	13	50	7	—	—	25	70	10	55	8	69	10.0
6063-T1	150	22	90	13	20	—	42	95	14	60	9	69	10.0
6063-T4	170	25	90	13	22	—	—	—	—	—	—	69	10.0
6063-T5	185	27	145	21	12	—	60	115	17	70	10	69	10.0
6063-T6	240	35	215	31	12	—	73	150	22	70	10	69	10.0
6063-T83	255	37	240	35	9	—	82	150	22	—	—	69	10.0
6063-T831	205	30	185	27	10	—	70	125	18	—	—	69	10.0
6063-T832	290	42	270	39	12	—	95	185	27	—	—	69	10.0
6066-O	150	22	85	12	—	18	43	95	14	—	—	69	10.0
6066-T4,T451	360	52	205	30	—	18	90	200	29	—	—	69	10.0
6066-T6,T651	395	57	360	52	—	12	120	235	34	110	16	69	10.0
6070-T6	380	55	350	51	10	—	—	235	34	95	14	69	10.0
6101-H111	95	14	75	11	—	—	—	—	—	—	—	69	10.0
6101-T6	220	32	195	28	15	—	71	140	20	—	—	69	10.0
6351-T4	250	36	150	22	20	—	—	—	—	—	—	69	10.0
6351-T6	310	45	285	41	14	—	95	200	29	90	13	69	10.0
6463-T1	150	22	90	13	20	—	42	95	14	70	10	69	10.0
6463-T5	185	27	145	21	12	—	60	115	17	70	10	69	10.0
6463-T6	240	35	215	31	12	—	74	150	22	70	10	69	10.0
7049-T73	515	75	450	65	—	12	135	305	44	—	—	72	10.4
7049-T7352	515	75	435	63	—	11	135	295	43	—	—	72	10.4
7050-T73510,T73511	495	72	435	63	—	12	—	—	—	—	—	72	10.4
7050-T7451[⑧]	525	76	470	68	—	11	—	305	44	—	—	72	10.4
7050-T7651	550	80	490	71	—	11	—	325	47	—	—	72	10.4
7075-O	230	33	105	15	17	16	60	150	22	—	—	72	10.4
7075-T6,T651	570	83	505	73	11	11	150	330	48	160	23	72	10.4
Alclad7075-O	220	32	95	14	17	—	—	150	22	—	—	72	10.4
Alclad7075-T6,T651	525	76	460	67	11	—	—	315	46	—	—	72	10.4

① 载荷 4900N，10mm 球；② 基于完全反向应力的 5×10^8 次循环，采用 R. R. Moore 型设备和试样；③ 拉伸和压缩模量的平均值，压缩模量约大于拉伸量的 2%；④ 1350-O 线材的伸长率均为 23%（标距为 250mm，10in）；⑤ 1350H19 线材的伸长率均为 $1\frac{1}{2}$%（标距 250mm，10in）；⑥ T301 与 T861 状态代号以前的代号分别为 T36 与 T86；⑦ 基于 10^7 次循环，采用薄板试样的挠曲试验；⑧ T7451 在以前未登记注册，但见者于文献以及在某些规格上同 T73651。

表 9-82 铝合金在不同温度下的典型抗拉性能

合金和状态	温度/℃	抗拉强度/MPa 强度极限	抗拉强度/MPa 屈服极限	伸长率/%(50mm)
1100-O	−195	170	41	50
	−80	105	38	43
	−30	95	34	40
	25	90	34	40
	100	70	32	45
	150	55	29	55
	205	41	24	65
	260	28	18	75
	315	20	14	80
	370	14	11	85
1100-H14	−195	205	140	45
	−80	140	125	24
	−30	130	115	20
	25	125	115	20
	100	110	105	20
	150	95	85	23
	205	70	50	26
	260	28	18	75
	315	20	14	80
	370	14	11	85
1100-H18	−195	235	180	30
	−80	180	160	16
	−30	170	160	15
	25	165	150	15
	100	145	130	15
	150	125	95	20
	205	41	24	65
	260	28	18	75
	315	20	14	80
	370	14	11	85
2011-T3	25	380	295	15
	100	325	235	16
	150	195	130	25
	205	110	75	35
	260	45	26	45
	315	21	12	90
	370	16	10	125
2014-T6，T651	−195	580	495	14
	−80	510	450	13
	−30	495	425	13
	25	485	415	13
	100	435	395	15
	150	275	240	20
	205	110	90	38
	260	65	50	52
	315	45	34	65
	370	30	24	72
2017-T4，T451	−195	550	365	28
	−80	450	290	24
	−300	400	285	23
	25	425	275	22
	100	395	270	18
	150	275	205	15
	205	110	90	35
	260	60	50	45
	315	41	34	65
	370	30	24	70
2024-T3（薄板）	−195	585	425	18
	−80	505	360	17
	−30	495	350	17
	25	485	345	17
	100	455	330	16
	150	380	310	11
	205	185	140	23
	260	75	60	55
	315	50	41	75
	370	34	28	100
2024-T4，T351（厚板）	−195	580	420	19
	−80	490	340	19
	−30	475	325	19
	25	470	325	19
	100	435	310	19
	150	310	250	17
	205	180	130	27
2014-T6，T651	260	75	60	55
	315	50	41	75
	370	34	28	100
2024-T6，T651	−195	580	470	10
	−80	495	405	10
	−30	485	400	10
	25	475	395	10
	100	450	370	17
	150	310	250	27
	205	180	130	55
	260	75	60	75
	315	50	41	100
	370	34	28	
2024-T81，T851	−195	585	540	8
	−80	510	475	7
	−30	505	470	7
	25	485	450	7
	100	455	425	8
	150	380	340	11
	205	185	140	33
	260	75	60	55
	315	50	41	75
	370	34	28	100
2024-T861	−195	635	585	5
	−80	560	530	5
	−30	540	510	5
	25	515	490	5
	100	485	460	6
	150	370	330	11
	205	145	115	28
	260	75	60	55
	315	50	41	75
	370	34	28	100
2117-T4	−195	385	230	30
	−80	310	170	29
	−30	305	165	28
	25	295	165	27
	100	250	145	16
	150	205	115	20
	205	110	85	35
	260	50	38	55
	315	32	23	80
	370	20	14	110

续表

合金和状态	温度 ℃	抗拉强度/MPa 强度极限	抗拉强度/MPa 屈服极限	伸长率/% (50mm)
2219-T62	−195	505	340	16
	−80	435	305	13
	−30	415	290	12
	25	400	275	12
	100	370	255	14
	150	310	230	17
	205	235	170	20
	260	185	140	21
	315	70	55	40
	370	30	26	75
2219-T81，T851	−195	570	420	15
	−80	490	370	13
	−30	475	360	12
	25	455	345	12
	100	415	325	15
	150	340	275	17
	205	250	200	20
	260	200	160	21
	315	48	41	55
	370	30	26	75
2618-T61	−195	540	420	12
	−80	460	380	11
	−30	440	370	10
	25	440	370	10
	100	425	370	10
	150	345	305	14
	205	220	180	24
	260	90	60	50
	315	50	31	80
	370	34	24	120
3003-O	−195	230	60	46
	−80	140	50	42
	−30	115	45	41
	25	110	41	40
	100	90	38	43
	150	75	34	37
	205	60	30	60
	260	41	23	65
	315	28	17	70
	370	19	12	70
3003-H14	−195	240	170	30
	−80	165	150	18
	−30	150	145	16
	25	150	145	16
	100	145	130	16
	150	125	110	16
	205	95	60	20
	260	50	28	60
	315	28	17	70
	370	19	12	70
3003-H18	−195	285	230	23
	−80	220	200	11
	−30	205	195	10
	25	200	185	10
	100	180	145	10
	150	160	110	11
	205	95	60	18
	260	50	28	60
	315	28	17	70
	370	19	12	70

合金和状态	温度 ℃	抗拉强度/MPa 强度极限	抗拉强度/MPa 屈服极限	伸长率/% (50mm)
3004-O	−195	290	90	38
	−80	195	75	30
	−30	180	70	26
	25	180	70	25
	100	180	70	25
	150	150	70	35
	205	95	65	55
	260	70	50	70
	315	50	34	80
	370	34	21	90
3004-H34	−195	360	235	26
	−80	260	205	16
	−30	250	200	13
	25	240	200	12
	100	235	200	13
	150	195	170	22
	205	145	105	35
	260	95	50	55
	315	50	34	80
	370	34	21	90
3004-H38	−195	400	295	20
	−80	305	260	10
	−30	290	250	7
	25	285	250	6
	100	275	250	7
	150	215	185	15
	205	150	105	30
	260	85	50	50
	315	50	34	80
	370	34	21	90
4032T6	−195	455	330	11
	−80	400	315	10
	−30	385	315	9
	25	380	315	9
	100	345	305	9
	150	255	230	9
	205	90	60	30
	260	55	38	50
	315	34	22	70
	370	23	14	90
5050-O	−195	255	70	—
	−80	150	60	—
	−30	145	55	—
	25	145	55	—
	100	145	55	—
	150	130	55	—
	205	95	50	—
	260	60	41	—
	315	41	29	—
	370	27	18	—
5050-H34	−195	305	205	—
	−80	205	170	—
	−30	195	165	—
	23	195	165	—
	100	195	165	—
	150	170	150	—
	205	95	50	—
	260	60	41	—
	315	41	29	—
	370	27	18	—

续表

合金和状态	温度/℃	抗拉强度/MPa 强度极限	抗拉强度/MPa 屈服极限	伸长率/%(50mm)
5050-H38	−195	315	250	—
	−80	235	205	—
	−30	220	200	—
	25	220	200	—
	100	215	200	—
	150	185	170	—
	205	95	50	—
	260	60	41	—
	315	41	29	—
	370	27	18	—
5052-O	−195	305	110	46
	−80	200	90	35
	−30	195	90	32
	25	195	90	30
	100	195	90	36
	150	160	90	50
	205	115	75	60
	260	85	50	80
	315	50	38	110
	370	34	21	130
5052-H34	−195	380	250	28
	−80	275	220	21
	−30	260	215	18
	25	260	215	16
	100	260	215	18
	150	205	185	27
	205	165	105	45
	260	85	50	80
	315	50	38	110
	370	34	21	130
5052-H38	−195	415	305	25
	−80	305	260	18
	−30	290	255	15
	25	290	255	14
	100	275	250	16
	150	235	195	24
	205	170	105	45
	260	85	50	80
	315	50	38	110
	370	34	21	130
5083-O	−195	405	165	36
	−80	295	145	30
	−30	290	145	27
	25	290	145	25
	100	275	145	36
	150	215	130	50
	205	150	115	60
	260	115	75	80
	315	75	50	110
	370	41	29	130
5086-O	−195	380	130	46
	−80	270	115	35
	−30	260	115	32
	25	260	115	30
	100	260	115	36
	150	200	110	50
	205	150	105	60
	260	115	75	80
	315	75	50	110
	370	41	29	130
5154-O	−195	360	130	46
	−80	250	115	35
	−30	240	115	32
	25	240	115	30
	100	240	115	36
	150	200	110	50
	205	150	105	60
	260	115	75	80
	315	75	50	110
	370	41	29	130
5254-O	−195	360	130	46
	−80	250	115	35
	−30	240	115	32
	25	240	115	30
	100	240	115	36
	150	200	110	50
	205	150	105	60
	260	115	75	80
	315	75	50	110
	370	41	29	130
5454-O	−195	370	130	39
	−80	255	115	30
	−30	250	115	27
	25	250	115	25
	100	250	115	31
	150	200	110	50
	205	150	105	60
	260	115	75	80
	315	75	50	110
	370	41	29	130
5454-H32	−195	405	250	32
	−80	290	215	23
	−30	285	205	20
	25	275	205	18
	100	270	200	20
	150	220	180	37
	205	170	130	45
	260	115	75	80
	315	75	50	110
	370	41	29	130
5454-H34	−195	435	285	30
	−80	315	250	21
	−30	305	240	18
	25	305	240	16
	100	295	235	18
	150	235	195	32
	205	180	130	45
	260	115	75	80
	315	75	50	110
	370	41	29	130
5456-O	−195	425	180	32
	−80	315	160	25
	−30	310	160	22
	25	310	160	20
	100	290	150	31
	150	215	140	50
	205	150	115	60
	260	115	75	80
	315	75	50	110
	370	41	29	130

续表

合金和状态	温度 ℃	抗拉强度/MPa 强度极限	抗拉强度/MPa 屈服极限	伸长率/% (50mm)
5652-O	−195	305	110	46
	−80	200	90	35
	−30	195	90	32
	25	195	90	30
	100	195	90	30
	150	160	90	50
	205	115	75	60
	260	85	50	80
	315	50	38	110
	370	34	21	130
5652-H34	−195	380	250	28
	−80	275	220	21
	−30	260	215	18
	25	260	215	16
	100	260	215	18
	150	205	185	27
	205	165	105	45
	260	85	50	80
	315	50	38	110
	370	34	21	130
5652-H38	−195	415	305	25
	−80	305	260	18
	−30	290	255	15
	25	290	255	14
	100	275	250	16
	150	235	195	24
	205	170	105	45
	260	85	50	80
	315	50	38	110
	370	34	21	130
6053-T6，T651	25	255	220	13
	100	220	195	13
	150	170	165	13
	205	90	85	25
	260	38	28	70
	315	28	19	80
	370	20	14	90
6061-T6，T651	−195	415	325	22
	−80	340	290	18
	−30	325	285	17
	25	310	275	17
	100	290	260	18
	150	235	215	20
	205	130	105	28
	260	50	34	60
	315	32	19	85
	370	21	12	95
0003-T1	−195	235	110	44
	−80	180	105	36
	−30	165	95	34
	25	150	90	33
	100	150	95	20
	150	145	105	20
	205	60	45	40
	260	31	24	75
	315	22	17	80
	370	16	14	105
6063-T5	−195	255	165	28
	−80	200	150	24
	−30	195	150	23
	25	185	145	22
	100	165	140	18
	150	140	125	20
	205	60	45	40
	260	31	24	75
	315	22	17	80
	370	16	14	105
6063-T6	−195	325	250	24
	−80	260	230	20
	−30	250	220	19
	25	240	215	18
	100	215	195	15
	150	145	140	20
	205	60	45	40
	260	31	24	75
	315	23	17	80
	370	16	14	105
6101-T6	−195	295	230	24
	−80	250	205	20
	−30	235	200	19
	25	220	195	19
	100	195	170	20
	150	145	130	20
	205	70	48	40
	260	33	23	80
	315	21	16	100
	370	17	12	105
6151-T6	−195	395	345	20
	−80	345	315	17
	−30	340	310	17
	25	330	295	17
	100	295	275	17
	150	195	185	20
	205	95	85	30
	260	45	34	50
	315	34	27	43
	370	28	22	35
6262-T651	−195	415	325	22
	−80	340	290	18
	−30	325	285	17
	25	310	275	17
	100	290	260	18
	150	235	215	20
6262-T9	−195	510	460	14
	−80	425	400	10
	−30	415	385	10
	25	400	380	10
	100	365	360	10
	150	260	255	14
	205	105	90	34
	260	60	41	48
	315	32	19	85
	370	21	12	95

续表

合金和状态	温　度	抗拉强度/MPa		伸长率/% (50mm)	合金和状态	温　度	抗拉强度/MPa		伸长率/% (50mm)
	℃	强度极限	屈服极限			℃	强度极限	屈服极限	
7075-T6，T651	−195	705	635	9	7178-T6，T651	−195	730	650	5
	−80	620	545	11		−80	650	580	8
	−30	595	515	11		−30	625	560	9
	25	570	505	11		25	605	540	11
	100	485	450	14		100	505	470	14
	150	215	185	30		150	215	185	40
	205	110	90	55		205	105	85	70
	260	75	60	65		260	75	60	76
	315	55	45	70		315	60	48	80
	370	41	32	70		370	45	38	80
7075-T73，T7351	−195	635	495	14	7178-T76，T7651	−195	730	615	10
	−80	545	460	14		−80	625	540	10
	−30	525	450	13		−30	605	525	10
	25	505	435	13		25	570	505	11
	100	435	400	15		100	475	440	17
	150	215	185	30		150	215	185	40
	205	110	90	55		205	105	85	70
	260	75	60	65		260	75	60	76
	315	55	45	70		315	60	48	80
	370	41	32	70		370	45	38	80

9.3.3 铝及铝合金的物理性能

表 9-83　铝及铝合金的物理性能

合金代号	平均线胀系数①	熔化范围②,③近似值	状　态	热导率(25℃)	电导率(20℃)国际退火铜标准的百分数		电阻率(20℃)
	(20～100℃) $10^{-6}K^{-1}$	℃		W/(m·K)	等体积	等重量	$\Omega\cdot mm^2/m$
1060	23.6	645～655	O	234	62	204	0.028
			H18	230	61	201	0.028
1100	23.6	640～655	O	222	59	194	0.029
			H18	218	57	187	0.030
1350	23.8	645～655	全部	234	62	204	0.028
			T3	151	39	123	0.044
2011	22.9	540～645⑤	T8	172	45	142	0.038
			O	193	50	159	0.034
2014	23.0	505～635④	T4	134	34	108	0.051
			T6	155	40	127	0.043
			O	193	50	159	0.034
2017	23.6	510～640④	T4	134	34	108	0.051
2018	22.3	505～640⑤	T61	155	40	127	0.043
2024	23.2	500～635④	O	193	50	160	0.034
			T3,4,T361	121	30	96	0.057
			T6,T81,T861	151	38	122	0.045
2025	22.7	520～640④	T6	155	40	128	0.043
2036	23.4	555～650⑤	T4	159	41	135	0.042
2117	23.8	550～650⑤	T4	155	40	130	0.043
2218	22.3	505～635④	T72	155	40	126	0.043
2219	22.3	545～645④	O	172	44	138	0.039
			T31T37	113	28	88	0.062
			T62,T81,T87	121	30	94	0.057
2618	22.3	550～640	T6	146	37	120	0.047
3003	23.2	640～655	O	193	50	163	0.034
			H12	163	42	137	0.041
			H14	159	41	134	0.042
			H18	155	40	130	0.043
3004	23.9	630～655	全部	163	42	137	0.041
3105	23.6	635～655	全部	172	45	148	0.038

续表

合金代号	平均线胀系数① (20～100℃) $10^{-6}K^{-1}$	熔化范围②,③ 近似值 ℃	状态	热导率 (25℃) W/(m·K)	电导率(20℃) 国际退火铜标准的百分数 等体积	 等重量	电阻率 (20℃) $\Omega \cdot mm^2/m$
4032	19.4	530～570④	O	155	40	132	0.043
			T6	138	35	116	0.049
4043	22.0	575～630	O	163	42	140	0.041
4045	21.1	575～600	全部	171	45	151	0.038
4343	21.6	575～615	全部	180	47	158	0.037
5005	23.8	630～655	全部	201	52	172	0.033
5050	23.8	625～650	全部	193	50	165	0.034
5052	23.8	605～650	全部	138	35	116	0.049
5056	24.1	565～640	O	117	29	98	0.059
			H38	109	27	91	0.064
5083	23.8	580～640	O	117	29	98	0.059
5086	23.8	585～640	全部	126	31	104	0.056
5154	23.9	590～645	全部	126	32	107	0.054
5252	23.8	605～650	全部	138	35	116	0.049
5254	23.9	590～645	全部	126	32	107	0.054
5356	24.1	575～635	O	117	29	98	0.059
5454	23.6	600～645	O	134	34	113	0.051
			H38	134	34	113	0.051
5456	23.9	570～640	O	117	29	98	0.059
5457	23.8	630～655	全部	176	46	153	0.037
5652	23.8	605～650	全部	138	35	116	0.049
5657	23.8	635～655	全部	205	54	180	0.032
6005	23.6	605～655⑤	T5	188	49	161	0.034
			T1	180	47	155	0.036
6053	23.0	575～650⑤	O	172	45	148	0.038
			T4	155	40	132	0.043
			T6	167	42	139	0.041
6061	23.6	580～650⑤	O	180	47	155	0.037
			T4	155	40	132	0.043
			T6	167	43	142	0.040
6063	23.4	615～655	O	218	58	191	0.030
			T1	193	50	165	0.034
			T5	209	55	181	0.031
			T6,T83	201	53	175	0.033
6066	23.2	560～645④	O	155	40	132	0.043
			T6	146	37	122	0.047
6070	—		T6	172	44	145	0.039
6101	23.4	565～650④	T6	218	57	188	0.030
		620～655	T61	222	59	194	0.029
			T63	218	58	191	0.030
			T64	226	60	198	0.029
			T65	218	58	191	0.030
6105	23.9		T1	176	46	151	0.038
6151	23.2	620～655	O	205	54	178	0.032
		590～650⑤	T4	163	42	138	0.041
			T6	172	45	148	0.038
6201	23.4		T81	205	54	180	0.032
6253	—	610～655⑤	—	—	—	—	—
6262	23.4	580～650	T9	172	44	145	0.039
6305	23.4	580～650⑤	T6	176	46	151	0.038
6463	23.4	555～650	T1	193	50	165	0.034
		615～655⑤	T5	209	55	181	0.031
			T6	201	53	175	0.033
6951	23.4	615～655	O	213	56	186	0.031
			T6	197	52	172	0.033
7049	23.4	475～635	T73	154	40	132	0.043
7050	24.1	490～630	T74	157	41	135	0.0415
7001	23.4	475～625④	T6	126	31	98	0.056
7072	23.6	640～655	O	122	59	193	0.029
7075	23.6	475～635⑥	T6	130	33	105	0.052
7178	23.4	475～630⑥	T6	125	31	98	0.050
8017	23.6	645～655	H12,H22		59	193	0.030
			H212		61	200	0.028
8030	23.6	645～655	H221	230	61	201	0.028
8176	23.6	645～655	H24	230	61	201	0.028

① 线胀系数是用 10^{-6} 相乘，例如：$23.4\times10^{-6}=0.0000236$；② 所列的熔化范围适用于6mm厚或更厚的变形产品；③ 根据所列合金的典型成分确定；④ 通过均匀化处理不会消除共晶熔化；⑤ 通过均匀化处理完全消除共晶熔化；⑥ 均匀化处理可将共晶熔化温度提高10～20℃，但通常不消除共晶熔化。

表 9-84 铝合金的典型热处理规范

合金代号	产　品	固溶热处理[2]		沉淀热处理[1]		
		金属温度[3]/℃	状态名称	金属温度[3]/℃	大致的加热时间[4]/h	状态名称
2011	轧制或冷加工精制圆棒，异形棒	505～530	T3[5] T4 T451[6]	155～165 — —	14 — —	T8[5] — —
	平薄板	456～505	T3[3] T42	155～165 155～165	18 18	T6 T62
	卷板	495～505	T4 T42	155～165 155～165	18 18	T6 T62
	厚板	495～505	T42 T421[6]	155～165 155～165	18 18	T62 T651[6]
2014[7]	轧制或冷加工精制线材，圆棒，异形棒	495～505	T4 T42 T451[6]	155～165[8] 155～165[8] 155～165[8]	18 18 18	T6 T62 T651[6]
	挤压圆棒，异形棒，型材，管材	459～505	T4 T42 T4510[6] T4511[6]	155～165[8] 155～165[8] 155～165[8] 155～165[8]	18 18 18 18	T6 T62 T6510[6] T6511[6]
	拉伸管	495～505	T4 T42	155～165 155～165	18 18	T6 T62
	模锻件	495～505[9]	T4	165～175	10	T6
	自由锻件和轧制环	495～505[9]	T4 T452[10]	165～175 165～175	10 10	T6 T652[10]
2017	轧制或冷加工精制线材，圆棒，异形棒	495～510	T4 T42 T451[6]	— — —	— — —	— — —
2018	模锻件	505～520[11]	T4	165～175	10	T61
2024[7]	平薄板	485～498 485～498	T3[5] T361[5] T42 —	185～195 185～195 185～195 185～195	12 8 9 16	T81[5] T861[5] T62 T72
	卷板	485～498	T4 T42 —	— 185～195 185～195	— 9 16	— T62 T72
	厚板	485～498	T361[6] T361[6] T42	185～195 185～195 185～195	12 8 8	T851[6] T861[5] T62
	轧制或冷加工精制线材圆棒，异形棒	485～498	T4 T351[6] T36[5] T42	185～195 185～195 185～195 185～195	12 12 8 16	T6 T851[7] T86[5] T62
	挤压圆棒，异形棒，型材，管材	485～498	T3 T3510[6] T3511[6] T42	185～195 185～195 185～195 185～195	12 12 12 16	T81 T8510[6] T8511[6] T62
2024	拉伸管	485～498	T3[5] T42	— —	— —	— —
2025	模锻件	515～520	T4	165～175	10	T6
2036	薄板	495～505	T4	—	—	—
2117	轧制或冷加工精制线材，圆棒	495～510	T4 T42	— —	— —	— —
2218	模锻件	505～515[11] 505～515[12]	T4 T41	165～175 230～240	10 6	T61 T72

续表

合金代号	产品	固溶热处理[2] 金属温度[3]/℃	固溶热处理[2] 状态名称	沉淀热处理[1] 金属温度[3]/℃	沉淀热处理[1] 大致的加热时间[4]/h	沉淀热处理[1] 状态名称
2219[7]	平薄板	530～540	T31[5]	170～180	18	T81[5]
			T37[5]	160～170	24	T87[5]
			T42	185～195	36	T62
	厚板	530～540	T31[5]	170～180	18	T81[5]
			T37[5]	170～180	18	T87[5]
			T351[6]	170～180	18	T851[6]
			T42	185～195	36	T62
	轧制或冷加工精制线材，圆棒，异形棒	530～540	T351[6]	185～195	18	T851[6]
	挤压圆棒，异形棒，型材，管材	530～540	T31[5]	185～195	18	T81[5]
			T3510[6]	185～195	18	T8510[6]
			T3511[6]	185～195	18	T8511[6]
			T42	185～195	36	T62
	模锻件和轧制环	530～540	T4	185～195	26	T6
	自由锻件	530～540	T4	185～195	26	T6
			T352[10]	170～180	18	T852[10]
2618	锻件和轧制环	520～535[11]	T4	195～205	20	T61
4032	模铸件	505～520[9]	T4	165～175	10	T6
6005	挤压圆棒，异形棒，型材，管材	525～535[15]	T1	170～180	8	T5
6053	模锻件	525～535	T4	165～175	10	T6
6061[7]	薄板	515～550	T4	155～165	18	T6
			T42	155～165	18	T62
	厚板	515～550	T4[21]	155～165	18	T6[21]
			T42	155～165	18	T62
			T451[6]	155～165	18	T651[6]
	轧制或冷加工精制线材，圆棒，异形棒	515～550	T4	155～165[13]	18	T6
				155～165[13]	18	T89[5]
				155～165[13]	18	T93[14]
				155～165[13]	18	T913[14]
				155～165[13]	18	T94[14]
			T42	155～165[13]	18	T62
	挤压圆棒，异形棒，型材，管材	515～550[15]	T4[6]	139～180[13]	18	T651[6]
			T4510[6]	170～180	8	T6510[6]
			T4511[6]	170～180	8	T6511[6]
		515～550	T42	170～180	8	T62
	拉伸管	515～550	T4	155～165[13]	18	T6
			T42	155～165[13]	18	T62
	模锻件和自由锻件	515～550	T4	170～180	8	T6
	轧制环	515～550	T4	170～180	8	T6
			T452[10]	170～180	8	T652[10]
6063	挤压圆棒，异形棒，型材，管材	[10]	T1	170～185[16]	3	T5
		515～525[15]	T4	170～180[17]	8	T6
		515～525	T42	170～180[17]	8	T62
	拉伸管	515～525	T4	170～180	8	T6
				170～180	8	T835[5,15]
				170～180	8	T8315[5,15]
				170～180	8	T8325[5,15]
			T42	170～180	8	T62
6066	挤压圆棒，异形棒，型材，管材	515～540	T4	170～180	8	T6
			T42	170～180	8	T62
			T4510[6]	170～180	8	T6510[6]
			T4511	170～180	8	T6511[6]
	拉伸管	515～540	T4	170～180	8	T6
			T42	170～180	8	T62
	模锻件	515～540	T4	170～180	8	T6

续表

合金代号	产品	固溶热处理[2]		沉淀热处理[1]		
		金属温度[3]/℃	状态名称	金属温度[3]/℃	大致的加热时间[4]/h	状态名称
6070	挤压圆棒,异形棒,型材,管材	540～550[5]	T4	155～165	18	T6
			T42	155～165	18	T62
	模锻件	510～525	T4	165～175	10	T6
6051	轧制环	510～525	T4	165～175	10	T6
			T452[10]	165～175	10	T652[10]
6252	轧制或冷加工精制线材,圆棒,异形棒	520～565	T4	165～175	8	T6
			—	165～175	12	T9[14]
			T451[6]	165～175	8	T651[6]
			T42	165～175	8	T62
	挤压圆棒,异形棒,型材,管材	520～540[15]	T4	170～180	12	T6
			T4510[6]	170～180	12	T6510[6]
			T4511[6]	170～180	12	T6511[6]
		520～540	T42	170～180	12	T62
	拉伸管	525～565	T4	165～175	8	T6
			—	165～175	8	T9[14]
			T42	165～175	8	T62
6463	挤压圆棒,异形棒,型材,管材	⑮	T1	175～185[16]	3	T5
		515～525[15]	T4	170～180[17]	8	T6
		515～525	T42	170～180[17]	8	T62
6951	薄板	520～535	T4	155～165	18	T6
			T42	155～165	18	T62
7001	挤压圆棒,异形棒,型材,管材	460～470	W	115～125	24	T6
			—	115～125	24	T62
			W510[6]	115～125[19]	24	T6510[6]
			W511[6]	115～125	24	T6511[6]
7005	挤压圆棒,异形棒,型材	—	—	—	—	T53[22]
7075[7]	薄板	460～475[23]	W	115～125[18]	24	T6
						T62
				㉘	㉘	T76[17]
				⑳,㉔	⑳,㉔	T73[17]
	厚板		W	115～125[18]	24	T62
		460～475[23]	W51[6]	⑳,㉔	⑳,㉔	T7351[6,27]
				115～125[18]	24	T651[6]
				㉖	㉘	T7651[27]
	轧制或冷加工精制线材,圆棒,异形棒	460～475[23]	W	115～125	24	T6
						T62
				⑳,㉔	⑳,㉔	T73[27]
			W51[6]	115～125	24	T651[6]
				⑳,㉔	⑳,㉔	T7351[6,27]
	挤压圆棒,异形棒,型材,管材		W	115～125[19]	24	T6
						T62
				⑳,㉔	⑳,㉔	T73[27]
				㉓	㉓	T76[27]
			W510[6]	115～125[19]	24	T6510[6]
		460～470		⑳,㉔	⑳,㉔	T73510 ⑥,㉗
				㉓	㉓	T76510[27]
			W511[6]	115～125[19]	24	T6511[6]
				⑳,㉔	⑳,㉔	T73511 ⑥,㉗
				㉓	㉓	T76511[27]
	拉伸管	460～470	W	115～125	24	T6
						T62
				⑳,㉔	⑳,㉔	T73[27]

续表

合金代号	产品	固溶热处理②		沉淀热处理①		
		金属温度③/℃	状态名称	金属温度③/℃	大致的加热时间④/h	状态名称
7075⑦	模锻件	460～475⑨	W	115～125	24	T6
				⑳	⑳	T73㉗
			W52⑩	⑳	⑳	T7352⑩,㉗
	自由锻件	460～475⑨	W	115～125	24	T6
				⑳	⑳	T73⑰
			W52⑩	115～125	24	T652⑩
				⑳	⑳	T7352⑩,㉗
	轧制环	460～475	W	115～125	24	T6
7178⑦	薄板	460～495	W	115～125㉑	24	T6
						T62
				㉕	㉕	T76㉗
	厚板	460～485	W	115～125	24	T6
					25	T62
				115～125	24	T651⑥
			W51⑥	W51⑥	㉕	T7651⑥,㉗
	挤压圆棒,异形棒,型材,管材	460～470	W	115～125	24	T6
				115～125	24	T62
				㉖	㉖	T76㉗
			W510⑥	115～125	24	T6510⑥
			W511⑥	115～125	24	T6510⑥
			W510⑥	㉖	㉖	T76510㉗
			W511⑥	㉖	㉖	T76511㉗

① 所列时间和温度是各种类型、各种规格和用各种制造方法生产出的产品的典型时间和温度，不完全是指一种具体产品的最佳处理制度。

② 从炉内取出材料之后，应尽量缩短停留时间，尽快在固溶热处理温度下进行淬火。除非另有说明，否则在将材料完全浸入水中淬火时，水温应是室温。在淬火过程中，应使水适当冷却，保持在35℃以下。对某些材料采用几股高速、高容量冷水也很有效。

③ 应尽快达到金属温度。凡是所列温度范围超过了10℃的地方，在加热时间的持续过程中，在所列温度范围内，应选择和保持10℃温度范围。

④ 加热时间由炉料达到加热温度时所需的时间决定。所列的加热时间是根据用均热时间迅速加热而确定的，均热时间是从炉料达到所选或所列的10℃温度范围时的时间中测出来的。

⑤ 为获得这种状态的规定性能，在固溶热处理后和任何沉淀热处理之前，必须进行冷加工。

⑥ 在固溶热处理后和任何沉淀热处理之前，通过拉伸消除应力，产生一定量的永久变形。

⑦ 这些热处理也适用于这些合金的包铝薄板和厚板。

⑧ 也可用在170～180℃下加热8h的处理代替。

⑨ 固溶热处理后在60～80℃水中淬火。

⑩ 固溶热处理后和沉淀热处理前，用1%～5%冷压缩量消除应力。

⑪ 固溶处理后，在100℃水中淬火。

⑫ 固溶处理后，在室温下鼓风淬火。

⑬ 也可用在165～175℃加热8h的处理来代替。

⑭ 为获得这种状态的规定性能，沉淀热处理后，必须进行冷加工。

⑮ 适当控制挤压温度，产品可在挤压机上直接淬火，以获得这种状态的规定性能。某些产品可在室温下鼓风适当淬火。

⑯ 也可用在200～210℃加热1～2h的处理来代替。

⑰ 也可用在175～185℃加热6h的处理来代替。

⑱ 也可用在90～105℃加热4h，随后在155～165℃加热8h的两级处理来代替。

⑲ 也可用在90～100℃加热5h，随后在115～125℃加热4h，接着在145～155℃加热4h的三级处理来代替。

⑳ 采用两级处理，即先在100～110℃加热6～8h，然后进行下述第二级处理。

a）薄板和厚板：在160～170℃加热24～30h。

b）轧制或冷加工精制圆棒和异形棒：在170～180℃加热8～10h。

c）挤压件和管材：在170～180℃加热6～8h。

d）锻件（T73状态）：在170～180℃加热8～10h；锻件（T7352状态）：在170～180℃加热6～8h。

㉑ 只适用于花纹板。

㉒ 不进行固溶处理，在室温下搁置72h，随后进行加压淬火，接着进行两级沉淀处理，即在100～110℃加热8h和在145～155℃加热16h。

㉓ 为了获得最佳均匀性，有时可采用高达498℃的热处理温度。

㉔ 对于薄板、厚板、管材和挤压件，也可用两级处理来代替，即：先在100～110℃加热6～8h，随后以15℃/h加热速度，在165～175℃加热14～18h进行第二级处理。对于轧制或冷加工精制的圆棒和异形棒，可用在170～180℃加热10h的处理代替。

㉕ 采用两级处理：先在115～125℃加热3～5h，随后在160～170℃加热15～18h。

㉖ 采用两级处理：先在115～125℃加热3～5h，随后在155～165℃加热18～21h。

㉗ 铝合金7075和7178由任何状态时效到T73状态（只适用于7075合金）或T76状态系列时，对给定的任何产品的时效处理变量（如时间、温度、加热速度等）的要求都比一般要求严格一些。除此之外，将T6状态系列的材料时效到T73或T76状态系列时，T6状态材料的具体条件（例如其性能值和处理变量的其他影响）是非常重要的，而且其具体条件会影响再次时效材料符合对T73或T76状态系列所规定的要求的能力。

㉘ 时效方法随产品、规格、设备性能、装料方法、炉子控制能力的变化而异。只有在具体条件下，对产品进行实际的试处理，才能确定一种具体产品的最佳处理方法。挤压件的典型处理方法是两级处理法，即：先在115～125℃加热3～30h，随后在160～170℃加热15～18h。也可用两级处理来代替，即：先在95～105℃加热8h，随后在160～170℃加热24～28h。

表 9-85　美国铝合金加工产品的典型退火处理规范

合　　金	金属温度/℃	大致的加热时间/h	状 态 名 称
1060	345	①	O
1100	345	①	O
1350	345	①	O
2014	415②	2～3	O
2017	415②	2～3	O
2024	415②	2～3	O
2036	385②	2～3	O
2117	415②	2～3	O
2219	415②	2～3	O
3003	415	①	O
3004	345	①	O
3105	345	①	O
5005	345	①	O
5050	345	①	O
5052	345	①	O
5056	345	①	O
5083	345	①	O
5086	345	①	O
5154	345	①	O
5254	345	①	O
5454	345	①	O
5456	345	①	O
5457	345	①	O
5652	345	①	O
6005	345	①	O
6053	415②	2～3	O
6061	415②	2～3	O
6063	415②	2～3	O
6066	415②	2～3	O
7001	415②	2～3	O
7075	415③	2～3	O
7178	415③	2～3	O
钎焊板：	415③	2～3	
No11 和 12	345	①	O
No21 和 22	345	①	O
No23 和 24	345	①	O

① 炉内时间不必长于使各部分炉料达到退火温度时所需的时间。冷却速度无关紧要。

② 用这些处理来消除固溶热处理的影响，它们包括以每小时 30℃左右的冷却速度从退火温度冷却到 260℃。此后的冷却速度无关紧要。在 345℃进行处理后，不控制冷却速度，这样可消除冷加工的影响或部分消除热处理的影响。

③ 用这种处理来消除固溶热处理的影响，它包括以不控制的速度冷却到 205℃或 205℃以下，随后再加热 4h 达到 230℃或在 345℃进行处理后，不控制冷却速度，这样可消除加工的影响或部分消除热处理的影响。

9.3.4 铝及铝合金的特性及用途

表 9-86 铝及铝合金的特性及用途

合金代号	主要特性及用途
1060	耐蚀性、可焊性能良好，机械切削加工性能差。冲压性能好。适合于制造化学设备、铁道油罐车
1050 1070 1078	强度低，但电导率、热导率、光反射率高，耐蚀性优良。适用于制造反射板、装饰板、装饰品标牌、照明器具，化学工业用的油压罐和部件
1100 1200	强度较低，但延展性、成形性、焊接性、耐蚀性优良。适于做一般器具、建筑材料、各种容器、印刷版、标牌等
1350	耐蚀性、焊接性能良好。机械加工性能差。适于做电导体
2011	耐蚀性稍差，中等强度，焊接性差，切削性能非常好。适于制造光学机械部件、机械螺栓制品、电位器等
2014	耐蚀性不好，但强度高，热加工性较好，电阻点焊接性良好。适用于制造飞机结构件和卡车车架等零件
2017	耐蚀性差，气焊性差，机械加工性较好。适合加工切丝机产品、配件
2018	机械加工性能较好。适合于加工飞机发动机气缸、盖、活塞
2117	耐蚀性较差，电弧焊、点焊性能较好。适合做铆钉
2218	该合金耐蚀性差，机加工性较好，气焊性差。适合加工喷气发动机叶轮和环
2024	耐蚀性和可钎焊性差，机加工性能较好。适合加工卡车车轮、切丝机产品、飞机结构件
2025	锻造性能良好、强度高。可制造飞机螺旋桨
2N01	强度高，适用制造飞机发动机零件
2036	耐蚀性较差，可塑性好。适用于加工汽车车身壁板
2219	耐蚀性差，机械加工性能好，钎焊性差，易于电弧焊和点焊。适用于在高温 315℃下工作的结构件、高强度焊接件
2618	耐蚀性、钎焊性、气焊性能较差，机械加工性好。适合于制造飞机发动机部件
3003 3203	强度比 1100 合金高，成形性、焊接性良好，耐蚀性能好。制造一般器具、建筑材料、车辆材料、船舶材料以及各种容器
3004	耐蚀性、电弧焊接性能优良，可塑性好。适合制造金属板配件和贮罐
3105	耐腐蚀性能良好，可塑性加工性能较好，气焊、电弧焊性能尚好。适合于制造住宅壁板、简易房屋、金属板配件
4032	热线胀系数大，高温强度高，高温耐蚀性良好。加工锻造活塞
5005	具有和 3003 近似相等的强度，其他与 1100 相似，阳极化处理后表面很美观，可代替 3003。做建筑材料、车辆用材、炊具、一般器具等
5050	耐蚀性、焊接性均优良，机械加工性能一般。可用以加工建筑物的小五金、制冷器的装潢、盘管
5052	具有中等强度，成行性、焊接性都好，耐蚀性良好，特别是耐海水腐蚀性良好。适用于船舶零件、建筑零件、光学机械部件以及各种容器
5154	强度介于 5052 与 5063 之间，耐蚀性、焊接性、加工性能均良好。是加工船舶零件、压力容器、车辆等部件的好材料
5056	在不可热处理合金中强度良好，耐蚀性、切削性良好，阳极化处理后表面美观。可加工成光学机械部件、船舶部件及导线线夹等
5083 5086	在不可热处理合金中强度较好，耐蚀性、切削性能良好，阳极化后表面美观，电弧焊性能良好。可制造焊接的防火压力容器、船舶、汽车、飞机，低温试验站用的材料、电视塔、钻井设备、运输设备、导弹零件
5N01	可经化学抛光和电解抛光，经阳极化处理后表面光亮，比得上镀 Cr 和不锈钢。制作高级器具、装饰品、标牌、汽车装饰部件、光反射板等
5N02	耐蚀性良好，冷加工性良好。适合做铆钉
5252	耐蚀性良好，冷加工性良好，焊接性质好。可制造汽车及其他器件的装饰板
5254	耐蚀性、电弧焊接性均良好。用于制造过氧化氢和化学贮存容器
5454	耐蚀性、电弧焊接性均良好，机械加工性差。适于加工焊接构件、压力容器、船舶设施
5456	耐蚀性、电弧焊接性均良好。适用于高强度焊接构件、贮箱、压力容器、船舶上适用
5457	耐蚀性、可塑性、气焊、电弧焊性能均好
5652	耐蚀性、焊接性优等。制造化学贮存容器
5657	耐蚀性、焊接性优良。制造阳极化处理的汽车和器具的装饰板
6053	耐蚀性、焊接性优等。制造铆钉用
6063	耐蚀性、焊接性能均优等，冷加工性较好。适用于建筑用挤压件
6066	耐蚀性较差，焊接性能较好。适用于焊接构件用锻件和挤压件
6070	耐蚀性较好，焊接性良好。可用以制造大型焊接构件、导管
6151	耐蚀性、锻造性能良好，强度比 6061 稍高。适于制造机器和汽车零件用的中等强度复杂锻件、增压机叶轮
6061	耐蚀性好，可作中等强度的一般结构材料；T6 状态材料的屈服强度比软钢或一般钢高；作为热处理合金冷加工性良好。适合于车辆、建筑、船舶、机械部件、光学机械部件等使用
6101	耐蚀性、焊接性均良好。用于加工高强度母线导体
6201	耐蚀性、焊接性均优良。适用制造高强度电导线
6262	耐蚀性较好，机加性能较好，焊接性优良。可制造切丝机产品
6463	耐蚀性、焊接性良好。可制造建筑和装潢用挤压型材
7001	耐蚀性较差，焊接性亦差。可加工高强度构件
7050	强度、韧性、抗力腐蚀裂纹性能均优良的新合金。适用于飞机部件及高速旋转体
7075	强度比 6061 高，耐蚀性好，挤压加工性良好，复杂断面挤压型材容易；阳极化处理后表面美观，属超硬铝；具有比 2024 合金还高的强度，在现有铝合金中强度最高。适用于飞机和其他构件
7N01	是所谓 Al-Zn-Mg 系三元合金。焊接性、耐蚀性、成形性较好，可利用高温时效性，使焊接后软化的部分自然地回复到原基体材料强度。是加工车辆部件、结构部件，特别是焊接结构件的好材料
7175	强度、韧性、抗应力腐蚀裂纹性能均优良的新合金。适用于加工飞机部件

表 9-87 铝合金砂型铸件的力学性能① （ASTM B26/B26M—2014）

合金代号 ANSI④	合金代号 UNS	热处理状态②	抗拉强度/ksi（最小）	0.2%的屈服强度③/ksi（最小）	伸长率/%（最小）	布氏硬度(HB)(500kgf,10mm)
201.0	A02010	T7	60.0	50.0	3.0	—
204.0	A02040	T4	45.0	28.0	6.0	—
242.0	A02420	O⑤	23.0	⑥	⑥	70
		T61	32.0	20.0	⑥	105
A242.0	A12420	T75	29.0	⑥	1.0	75
295.0	A02950	T4	29.0	13.0	6.0	60
		T6	32.0	20.0	3.0	75
		T62	36.0	28.0	⑥	95
		T7	29.0	16.0	3.0	70
319.0	A03190	F	23.0	13.0	1.5	70
		T5	25.0	⑥	⑥	80
		T6	31.0	20.0	1.5	80
328.0	A03280	F	25.0	14.0	1.0	60
		T6	34.0	21.0	1.0	80
355.0	A03550	T6	32.0	20.0	2.0	80
		T51	25.0	18.0	⑥	65
		T71	30.0	22.0	⑥	75
C355.0	A33550	T6	36.0	25.0	2.5	—
356.0	A03560	F	19.0	9.5	2.0	55
		T6	30.0	20.0	3.0	70
		T7	31.0	⑥	⑥	75
		T51	23.0	16.0	⑥	60
		T71	25.0	18.0	3.0	60
A356.0	A13560	T6	34.0	24.0	3.5	80
		T61	35.0	26.0	1.0	—
443.0	A04430	F	17.0	7.0	3.0	40
B443.0	A24430	F	17.0	6.0	3.0	40
512.0	A05120	F	17.0	10.0	—	50
514.0	A05140	F	22.0	9.0	6.0	50
520.0	A05200	T4	42.0	22.0	12.0	75
535.0	A05350	F	35.0	18.0	9.0	70
705.0	A07050	T5	30.0	17.0⑦	5.0	65
707.0	A07070	T7	37.0	30.0⑦	1.0	80
710.0⑧	A07100	T5	32.0	20.0	2.0	75
712.0⑧	A07120	T5	34.0	25.0⑦	4.0	75
713.0	A07130	T5	32.0	22.0	3.0	75
771.0	A07710	T5	42.0	38.0	1.5	100
		T51	32.0	27.0	3.0	85
		T52	36.0	30.0	1.5	85
		T6	42.0	35.0	5.0	90
		T71	48.0	45.0	2.0	120
850.0	A08500	T5	16.0	⑥	5.0	45
851.0⑧	A08510	T5	17.0	⑥	3.0	45
852.0⑧	A08520	T5	24.0	18.0	⑥	60

① 经供需双方协商，可以通过其他热处理方式，例如退火、时效或去应力退火获得所需力学性能。
② 参照 ANSI H35.1/H35.1M 中热处理状态的定义。
③ 仅供参考，不作为验收依据。
④ 牌号。
⑤ 以前是 220.0-T2 和 242.0-T21。
⑥ 不要求。
⑦ 屈服强度只有在特殊的合同或采购订单中确定。
⑧ 710.0 以前是 A712.0，712.0 以前是 D712.0，851.0 以前是 A850.0，852.0 以前是 B850.0。

注：1. 1ksi=6.895MPa。

2. 为了鉴别抗拉强度与屈服强度是否符合本标准要求，其每个数据要四舍五入到 0.1ksi（MPa），每一个拉伸数据四舍五入到 0.5%。

表 9-88　铝合金硬（永久）模铸件的力学性能（ASTM B108/B108M—2015）

合金代号		热处理状态	抗拉强度/MPa（不小于）	屈服强度 $\sigma_{0.2}$/MPa（不小于）	伸长率/%（不小于）	布氏硬度（500kgf 的力，10mm 直径钢球）
ANSI	UNS					
204.0	A02040	T4 单个铸造试样	330	200	7.0	—
242.0	A02420	T571 T61	235 275	— —	① ①	105 110
319.0	A03190	F	185	95	2.5	95
336.0	A03360	T551 T65	215 275	— —	① ①	105 125
332.0	A03320	T5	215	—	①	105
333.0	A03330	F T5 T6 T7	195 205 240 215	— — — —	① ① ① ①	90 100 105 90
354.0	A03540	T61 单个铸造试样 指定截面铸件 无指定位置铸件 T62 单个铸造试样 指定截面铸件 无指定位置铸件	 330 325 295 360 345 295	 255 250 230 290 290 230	 3.0 3.0 2.0 2.0 2.0 2.0	
355.0	A03550	T51 T62 T7 T71	185 290 250 235	— — — 185	① ① ① ①	75 105 90 80
C355.0	A33550	T61 单独铸造试样 指定截面铸件 无指定位置铸件	 275 275 255	 205 205 205	 3.0 3.0 1.0	 85~90 85
356.0	A03560	F T6 T71	145 230 170	70 150 —	3.0 3.0 3.0	 85 70
A356.0	A13560	T61 单独铸造试样 指定截面铸样 无指定位置铸件	 260 230 195	 180 180 180	 4.0 4.0 3.0	 80~90
357.0		T6	310	—	3.0	—
A357.0	A13570	T61 单独铸造试样 指定截面铸件 无指定位置铸件	 310 315 285	 250 250 215	 3.0 3.0 3.0	 100 — —
359.0	A03590	T61 单独铸造试样 指定截面铸件 无指定位置铸件	 310 310 275	 235 235 205	 4.0 4.0 3.0	 90
308.0	A03080	F	165	—	—	70
296.0	A02960	T4 T6 T7	230 240 230	105 — 110	4.5 2.0 3.0	75 90 —
F357.0		T6	310	—	3.0	
E357.0		T61 单个铸造试样 指定截面铸件 无指定位置铸件	 310 315 285	 250 250 215	 3.0 3.0 3.0	 100

续表

合金代号		热处理状态	抗拉强度/MPa（不小于）	屈服强度 $\sigma_{0.2}$/MPa（不小于）	伸长率/%（不小于）	布氏硬度（500kgf 的力，10mm 直径钢球）
ANSI	UNS					
359.0	A03590	T62 单独铸造试样 指定截面铸件 无指定位置铸件	 325 325 275	 260 260 205	 3.0 3.0 3.0	 100
443.0	A04430	F	145	50	2.0	45
B443.0	A24430	F	145	40	2.5	45
A444.0	A14440	T4 单独铸造试样 指定截面铸件	 140 140	 — —	 18.0 18.0	 — —
513.0	A05130	F	150	80	2.5	60
535.0	A05350	F	240	125	7.0	—
705.0	A07050	T1 或 T5	255	115	9.0	
707.0	A07070	T1 T7	290 310	170 240	4.0 3.0	
711.0	A07110	T1	195	125	6.0	
713.0	A07130	T1 或 T5	220	150	4.0	70
850.0	A08500	T5	125	—	7.0	
851.0	A08510	T5 T6	115 125	— —	3.0 7.0	
852.0	A08520	T5	185	—	3.0	

① 表示不作要求。

表 9-89　铝合金压模铸件的力学性能（ASTM B85/B85M—2014）

合金牌号		UNS	抗拉强度/MPa	0.2%屈服强度/MPa	伸长率/%	剪切强度/MPa	循环周次 5×10^8 的疲劳强度/MPa
ANSI	ASTM						
360.0	SG100B	A03600	305	170	2.5	190	140
A360.0	SG100A	A13600	315	165	3.5	180	126
380.0	SC84B	A03800	315	160	2.5	190	140
A380.0	SC84A	A13800	325	160	3.5	185	140
383.0	SC102A	A03830	310	150	3.5	—	—
384.0	SC114A	A03840	330	165	2.5	200	140
390.0	SC174A	A03900	280	240	<1	—	—
B390.0	SC174B	A23900	315	250	<1	—	—
392.0	S19	A03920	290	270	<1	—	—
413.0	S12B	A04130	295	145	2.5	170	133
A413.0	S12A	A14130	290	130	3.5	170	133
C443.0	S5C	A34430	230	95	8.0	130	119
518.0	G8A	A05180	310	190	4.0	200	140

表 9-90　优质铝合金铸件和高温铝铸造合金典型的力学性能

合金及状态	硬度（HB①）	拉伸强度极限		拉伸屈服强度		伸长率/%	压缩屈服强度		剪切强度		疲劳强度②	
		MPa	ksi	MPa	ksi	标距 50mm(2in)	MPa	ksi	MPa	ksi	MPa	ksi
优质铸件③												
A201.0-T7	—	495	72	448	65	6	—	—	—	—	97	14
A206.0-T7	—	445	65	405	59	6	—	—	—	—	90	13
224.0-T7	—	420	61	330	48	4	—	—	—	—	86	12.5
249.0-T7	—	470	68	407	59	6	—	—	—	—	75	11
354.0-T6	—	380	55	283	41	6	—	—	—	—	135④	19.5④
C355.0-T6	—	317	46	235	34	6	—	—	—	—	97	14
A356.0-T6	—	283	41	207	30	10	—	—	—	—	90	13
A357.0-T6	—	360	52	290	42	8	—	—	—	—	90	13
活塞和高温砂模铸造合金												
222.0-T2	80	185	27	138	20	1	—	—	—	—	—	—
222.0-T6	115	283	41	275	40	<0.5	—	—	—	—	—	—
242.0-T21	70	185	27	125	18	1	—	—	145	21	55	8
242.0-T571	85	220	32	207	30	0.5	—	—	180	26	75	11
242.0-T77	75	207	30	160	23	2	165	24	165	24	72	10.5
A242.0-T75	—	215	31	—	—	—	—	—	—	—	—	—
243.0	95	207	30	160	23	2	200	29	70	10	70	10
328.0-F	—	220	32	130	19	2.5	—	—	—	—	—	—
328.0-T6	85	290	42	185	27	4.0	180	26	193	28	—	—
活塞和高温合金（硬模铸件）												
222.0-T55	115	255	37	240	35	—	295	43	207	30	59	8.5
222.0-T65	—	—	—	—	—	—	—	—	—	—	—	—
242.0-T571	105	275	40	235	34	1	—	—	207	30	72	10.5
242.0-T61	110	325	47	290	42	0.5	—	—	240	35	65	9.5
332.0-T551	105	248	36	193	28	0.5	193	28	19.3	28	90	13
332.0-T5	105	248	36	193	28	1	200	29	193	28	90	13
336.0-T65	125	325	47	295	43	0.5	193	28	248	36	—	—
336.0-T551	105	248	36	193	28	0.5	193	28	193	28	—	—

① 用 10mm（0.4in）钢球 4900N（500kgf）负荷；② 旋转梁试验 5×10^8 周；③ 优质铸件典型值相同与截取试样的部位和类别无关；④ 疲劳强度系指 10^6 周。

表 9-91 铸造铝合金典型的物理性能

合金代号	状态和产品形状①	相对密度②	密度②		近似的熔化范围		电导率 /%IACS	25℃(77℉)时的热导率 /W·(m·K)$^{-1}$	线胀系数	
			kg/m^3	lb/in^3	℃	℉			10^{-6}K^{-1} 20～100℃ (68～212℉)	10^{-6}/℉ 20～300℃ (68～570℉)
铝合金转子(纯铝)										
纯铝 99.996%Al	0℉	2.71	2713	0.098	660.2	1220.4	64.94	0.57	23.86(13.25)	25.45(14.14)
EC合金99.45%Al,类似150.0合金	0℉	2.70	2713	0.098	657～643	1215～1190	57	0.53	23.5(13)	25.6(14.2)
商品杜拉合金(Al-Cu)										
222.0	F(P)	2.95	2962	0.107	520～625	970～1160	34	0.32	22.1(12.3)	23.6(13.1)
	O(S)	2.95	2962	0.107	520～625	970～1160	41	0.38	—	—
	T61(S)	2.95	2962	0.107	520～625	970～1160	33	0.31	22.1(12.3)	23.6(13.1)
224.0	T62(S)	2.81	2824	0.102	550～645	1020～1190	30	0.28	—	—
238.0	F(P)	2.95	1938	0.107	510～600	950～1110	25	0.25	21.4(11.9)	22.9(12.7)
240.0	F(S)	2.78	2768	0.100	515～605	960～1120	23	0.23	22.1(12.3)	24.3(13.5)
242.0	O(S)	2.81	2823	0.102	530～635	990～1180	44	0.40	—	—
	T77(S)	2.81	2823	0.102	525～635	980～1180	38	0.36	22.1(12.3)	23.6(13.1)
	T571(P)	2.81	2823	0.102	525～635	980～1180	34	0.32	22.5(12.5)	24.5(13.6)
	T61(P)	2.81	2823	0.102	525～635	980～1180	33	0.32	22.5(12.5)	24.5(13.6)
优质铸造合金(高强度及韧性合金)										
201.0	T6(S)	2.80	2796	0.101	570～650	1000～1200	27～32	0.29	19.3(10.7)	24.7(13.7)
	T7(P)	2.80	2796	0.101	570～650	1000～1200	32～34	0.29	19.3(10.7)	24.7(13.7)
206.0	T4(S)	2.8	2796	0.101	570～650	1000～1200	30	0.29	19.3(10.7)	24.7(13.7)
204.0	T4(S)	2.8	2800	0.101	570～650	1060～1200	29	0.29	19.3(10.7)	—
204.0	T6(S)(P)	2.8	2800	0.101	570～650	1060～1200	34	0.29	19.3(10.7)	—
224.0	T62(S)	2.81	2824	0.102	550～645	1020～1190	30	0.28	—	—
295.0	T4(S)	2.81	2823	0.102	520～645	970～1190	35	0.33	22.9(12.7)	24.8(13.8)
	T62(S)	2.81	2823	0.102	520～645	970～1190	35	0.34	22.9(12.7)	24.8(13.8)
296.0	T4(P)	2.80	2796	0.101	520～630	970～1170	33	0.32	22.0(12.2)	23.9(13.3)
	T6(P)	2.80	2796	0.101	520～630	970～1170	33	0.32	22.0(12.2)	23.9(13.3)
	T62(S)	2.80	2796	0.101	520～630	970～1170	33	0.32	—	—
C355.0	T61(S)	2.71	2713	0.098	550～620	1020～1150	39	0.35	22.3(12.4)	24.7(13.7)
A356.0	T6(S)	2.69	2713	0.098	560～610	1040～1130	40	0.36	21.4(11.9)	23.4(13.0)
A357.0	T6(S)	2.69	2713	0.098	555～610	1030～1130	40	0.38	21.4(11.9)	23.6(13.1)
活塞合金和高温合金										
332.0	T5(P)	2.76	2768	0.100	520～580	970～1080	26	0.25	20.7(11.5)	22.3(12.4)
360.0	F(D)	2.68	2685	0.097	570～590	1060～1090	37	0.35	20.9(11.6)	22.9(12.7)
A360.0	F(D)	2.68	2685	0.097	570～590	1060～1090	37	0.35	21.1(11.7)	22.9(12.7)
364.0	F(D)	2.63	2630	0.095	560～600	1040～1110	30	0.29	20.9(11.6)	22.9(12.7)
380.0	F(D)	2.76	2740	0.099	520～590	970～1090	27	0.26	21.2(11.8)	22.5(12.5)
A380.0	F(D)	2.76	2740	0.099	520～590	970～1090	27	0.26	21.1(11.7)	22.7(12.6)
384.0	F(D)	2.70	2713	0.098	480～580	900～1080	23	0.23	20.3(11.3)	22.1(12.3)
390	F(D)	2.73	2740	0.099	510～650	950～1200	25	0.32	18.5(10.3)	—
	T5(D)	2.73	2740	0.099	510～650	950～1200	24	0.32	18.0(10.0)	—

续表

合金代号	状态和产品形状[①]	相对密度[②]	密度[②]		近似的熔化范围		电导率/%IACS	25℃(77℉)时的热导率/W·(m·K)$^{-1}$	线胀系数	
			kg/m³	lb/in³	℃	℉			$10^{-6}K^{-1}$ 20～100℃(68～212℉)	10^{-6}/℉ 20～300℃(68～570℉)
标准的一般用途合金										
208.0	F(S)	2.79	2796	0.101	520～630	970～1170	31	0.29	22.0(12.2)	23.9(13.3)
308.0	F(P)	2.79	2796	0.101	520～615	970～1140	37	0.34	21.4(11.9)	22.9(12.7)
319.0	F(S)	2.79	2796	0.101	520～605	970～1120	27	0.27	21.6(12.0)	24.1(13.4)
	F(P)	2.79	2796	0.101	520～605	970～1120	28	0.28	21.6(12.0)	24.1(13.4)
324.0	F(P)	2.67	2658	0.096	545～605	1010～1120	34	0.37	21.4(11.9)	23.2(12.9)
238.0	F(P)	2.95	2962	0.107	510～600	950～1110	25	0.25	21.4(11.9)	22.9(12.7)
240.0	F(S)	2.78	2768	0.100	515～605	960～1120	23	0.23	22.1(12.3)	24.3(13.5)
242.0	O(S)	2.81	2823	0.102	530～635	990～1180	44	0.40	—	—
	T77(S)	2.81	2823	0.102	525～635	980～1180	38	0.36	22.1(12.3)	23.6(13.1)
	T571(P)	2.81	2823	0.102	525～635	980～1180	34	0.32	22.5(12.5)	24.5(13.6)
	T61(P)	2.81	2823	0.102	525～635	980～1180	33	0.32	22.5(12.5)	24.5(13.6)
295.0	T4(S)	2.81	2823	0.102	520～645	970～1190	35	0.33	22.9(12.7)	24.8(13.8)
	T62(S)	2.81	2823	0.102	520～645	970～1190	35	0.34	22.9(12.7)	24.8(13.8)
296.0	T4(P)	2.80	2796	0.101	520～630	970～1170	33	0.32	22.0(12.2)	23.9(13.3)
	T6(P)	2.80	2796	0.101	520～630	970～1170	33	0.32	22.0(12.2)	23.9(13.3)
	T62(S)	2.80	2796	0.101	520～630	970～1170	33	0.32	—	—
308.0	F(P)	2.79	2796	0.101	520～615	970～1140	37	0.34	21.4(11.9)	22.9(12.7)
319.0	F(S)	2.79	2796	0.101	520～605	970～1120	27	0.27	21.6(12.0)	24.1(13.4)
	F(P)	2.79	2796	0.101	520～605	970～1120	28	0.28	21.6(12.0)	24.1(13.4)
324.0	F(P)	2.67	2658	0.096	545～605	1010～1120	34	0.37	21.4(11.9)	23.2(12.9)
333.0	F(P)	2.77	2768	0.100	520～585	970～1090	26	0.25	20.7(11.5)	22.7(12.6)
	T5(P)	2.77	2768	0.100	520～585	970～1090	29	0.29	20.7(11.5)	22.7(12.6)
	T6(P)	2.77	2768	0.100	520～585	970～1090	29	0.28	20.7(11.5)	22.7(12.6)
	T7(P)	2.77	2768	0.100	520～585	970～1090	35	0.34	20.7(11.5)	22.7(12.6)
336.0	T551(P)	2.72	2713	0.098	540～570	1000～1060	29	0.28	18.9(10.5)	20.9(11.6)
354.0	F(P)	2.71	2713	0.098	540～600	1000～1110	32	0.30	20.9(11.6)	22.9(12.7)
355.0	T51(S)	2.71	2713	0.098	550～620	1020～1150	43	0.40	22.3(12.4)	24.7(13.7)
	T6(S)	2.71	2713	0.098	550～620	1020～1150	36	0.34	22.3(12.4)	24.7(13.7)
	T61(S)	2.71	2713	0.098	550～620	1020～1150	37	0.35	22.3(12.4)	24.7(13.7)
	T7(S)	2.71	2713	0.098	550～620	1020～1150	42	0.39	22.3(12.4)	24.7(13.7)
	T6(S)	2.71	2713	0.098	550～620	1020～1150	39	0.36	22.3(12.4)	24.7(13.7)
356.0	T51(S)	2.68	2685	0.097	560～615	1040～1140	43	0.40	21.4(11.9)	23.4(13.0)
	T6(S)	2.68	2685	0.097	560～615	1040～1140	39	0.36	21.4(11.9)	23.4(13.0)
	T7(S)	2.68	2685	0.097	560～615	1040～1140	40	0.37	21.4(11.9)	23.4(13.0)
	T6(P)	2.68	2685	0.097	560～615	1040～1140	41	0.37	21.4(11.9)	23.4(13.0)
A356.0	T6(S)	2.69	2713	0.098	560～610	1040～1130	40	0.36	21.4(11.9)	23.4(13.0)
357.0	T6(S)	2.68	2713	0.098	560～615	1040～1140	39	0.36	21.4(11.9)	23.4(13.0)
A357.0	T6(S)	2.69	2713	0.098	555～610	1030～1130	40	0.38	21.4(11.9)	23.6(13.1)
358.0	T6(S)	2.68	2658	0.096	560～600	1040～1110	39	0.36	21.4(11.9)	23.4(13.0)
359.0	T6(S)	2.67	2685	0.097	565～600	1050～1110	35	0.33	20.9(11.6)	22.9(12.7)
392.0	F(P)	2.64	2630	0.095	550～670	1020～1240	22	0.22	18.5(10.3)	20.2(11.2)
443.0	F(S)	2.69	2685	0.097	575～630	1070～1170	37	0.35	22.1(12.3)	24.1(13.4)
	O(S)	2.69	2685	0.097	575～630	1070～1170	42	0.39	—	—
	F(D)	2.69	2685	0.097	575～630	1070～1170	37	0.34	—	—
	F(P)	2.68	2685	0.097	575～630	1070～1170	41	0.38	21.8(12.1)	23.8(13.2)

续表

合金代号	状态和产品形状①	相对密度②	密度②		近似的熔化范围		电导率/%IACS	25℃(77℉)时的热导率/W·(m·K)$^{-1}$	线胀系数	
			kg/m^3	lb/in^3	℃	℉			10^{-6}K^{-1} 20～100℃ (68～212℉)	10^{-6}/℉ 20～300℃ (68～570℉)
压铸合金										
360.0	F(D)	2.68	2685	0.097	570～590	1060～1090	37	0.35	20.9(11.6)	22.9(12.7)
A360.0	F(D)	2.68	2685	0.097	570～590	1060～1090	37	0.35	21.1(11.7)	22.9(12.7)
364.0	F(D)	2.63	2630	0.095	560～600	1040～1110	30	0.29	20.9(11.6)	22.9(12.7)
380.0	F(D)	2.76	2740	0.099	520～590	970～1090	27	0.26	21.2(11.8)	22.5(12.5)
A380.0	F(D)	2.76	2740	0.099	520～590	970～1090	27	0.26	21.1(11.7)	22.7(12.6)
384.0	F(D)	2.70	2713	0.098	480～580	900～1080	23	0.23	20.3(11.3)	22.1(12.3)
390.0	F(D)	2.73	2740	0.099	510～650	950～1200	25	0.32	18.5(10.3)	—
	T5(D)	2.73	2740	0.099	510～650	950～1200	24	0.32	18.0(10.0)	—
413.0	F(D)	2.66	2657	0.096	575～585	1070～1090	39	0.37	20.5(11.4)	22.5(12.5)
A413.0	F(D)	2.66	2657	0.096	575～585	1070～1090	39	0.37	—	—
443.0	F(S)	2.69	2685	0.097	575～630	1070～1170	37	0.35	22.1(12.3)	24.1(13.4)
	O(S)	2.69	2685	0.097	575～630	1070～1170	42	0.39	—	—
	F(D)	2.69	2685	0.097	575～630	1070～1170	37	0.34	—	—
518.0	F(D)	2.53	2519	0.091	540～620	1000～1150	24	0.24	24.1(13.4)	26.1(14.5)
A535.0	F(D)	2.54	2547	0.092	550～620	1020～1150	23	0.24	24.1(13.4)	26.1(14.5)
铝镁合金										
511.0	F(S)	2.66	2657	0.096	590～640	1090～1180	36	0.34	23.6(13.1)	25.7(14.3)
512.0	F(S)	2.65	2657	0.096	590～630	1090～1170	38	0.35	22.9(12.7)	24.8(13.8)
513.0	F(P)	2.68	2685	0.097	580～640	1080～1180	34	0.32	23.9(13.3)	25.9(14.4)
514.0	F(S)	2.65	2657	0.096	600～640	1110～1180	35	0.33	23.9(13.3)	25.9(14.4)
518.0	F(D)	2.53	2519	0.091	540～620	1000～1150	24	0.24	24.1(13.4)	26.1(14.5)
520.0	T4(S)	2.57	2574	0.093	450～600	840～1110	21	0.21	25.2(14.0)	27.0(15.0)
535.0	F(S)	2.62	2519	0.091	550～630	1020～1170	23	0.24	23.6(13.1)	26.5(14.7)
A535.0	F(D)	2.54	2547	0.092	550～620	1020～1150	23	0.24	24.1(13.4)	26.1(14.5)
B535.0	F(S)	2.62	2630	0.095	550～630	1020～1170	24	0.23	24.5(13.6)	26.5(14.7)
铝锌合金(Al-Zn-Mg 和 Al-Zn)										
705.0	F(S)	2.76	2768	0.100	600～640	1110～1180	25	0.25	23.6(13.1)	25.7(14.3)
707.0	F(S)	2.77	2768	0.100	585～630	1090～1170	25	0.25	23.8(13.2)	25.9(14.4)
710.0	F(S)	2.81	2823	0.102	600～650	1110～1200	35	0.33	24.1(13.4)	26.3(14.6)
711.0	F(P)	2.84	2851	0.103	600～645	1110～1190	40	0.38	23.6(13.1)	25.6(14.2)
712.0	F(S)	2.82	2823	0.102	600～640	1110～1180	40	0.38	23.6(13.1)	25.6(14.2)
轴承合金(铝-锡)										
713.0	F(S)	2.84	2879	0.104	595～630	1100～1170	37	0.37	23.9(13.3)	25.9(14.4)
850.0	F5(S)	2.87	2851	0.103	225～650	440～1200	47	0.44	—	—
851.0	F5(S)	2.83	2823	0.102	230～630	450～1170	43	0.40	22.7(12.6)	—
852.0	T5(S)	2.88	2879	0.104	210～635	410～1180	45	0.42	23.2(12.9)	—

① S—砂模铸造；P—硬模；D—压铸；② 表中相对密度和重量认为是固体（无孔隙）金属的，因为商品铸件中不可避免地有某些疏松，故其相对密度和重量稍低于理论值。

表 9-92　铸造铝合金典型的（和最低的）拉伸性能

合金代号	状　态	拉伸强度极限[①]		0.2%残余(永久)变形的屈服强度[①]		伸长率[①]/% 标距 50mm(2in)
		MPa	ksi	MPa	ksi	
转子合金(纯铝)						
100.1 锭	—	70	10	40	6	20
150.1 锭	—	70	10	40	6	20
170.1 锭	—	70	10	40	6	20
砂模铸造合金						
201.1	T43	414	60	255	37	17.0
	T6	448	65	379	55	8.0
	T7	467	68	414	60	5.5
204.0	T4	372	54	255	37	14
		(295)	(43)	(185)	(27)	(5)
206.0	T4	345	50	193	28	10
		(275)	(40)	(165)	(24)	(6)
	T6	380	55	240	35	10
		(345)	(50)	(205)	(30)	(6)
A206.0	T4	380	55	250	36	5～7
		(345)	(50)	(205)	(30)	(—)
	T71	400	58	330	48	5
		(372)	(54)	(310)	(45)	(3)
208.0	F	145	21	97	14	2.5
		(130)	(19)	(—)	(—)	(1.5)
	T55	(145,min)	(21,min)	—	—	—
A206.0	T4	354	51	250	36	7.0
208.0	F	145	21	97	14	2.5
213.0	F	165	24	103	15	1.5
222.0	O	186	27	138	20	1.0
	T61	283	41	276	40	<0.5
	T62	421	61	331	48	4.0
224.0	T72	380	55	276	40	10.0
240.0	F	235	34	200	28	1.0
242.0	F	214	31	217	30	0.5
	O	186	27	124	18	1.0
	T571	221	32	207	30	0.5
	T77	207	30	159	23	2.0
A242.0	T75	214	31	—	—	2.0
295.0	T4	221	32	110	16	8.5
		(200)	(29)	(—)	(—)	(6)
	T6	250	36	165	24	5.0
		(220)	(32)	(138)	(20)	(3)
	T62	283	41	220	32	2.0
		(248)	(36)	(—)	(—)	(—)
	T7	(200,min)	(29,min)	—	—	(3,min)
319.0	F	186	27	124	18	2.0
	T5	207	30	179	26	1.5
	T6	250	36	164	24	2.0
		(215)	(31)	(—)	(—)	(1.5)
355.0	F	159	23	83	12	3.0
	T51	193	28	159	23	1.5
	T6	241	35	172	25	3.0
		(220)	(32)	(138)	(20)	(2)
	T61	269	39	241	35	1.0
	T7	264	38	250	26	0.5
	T71	240	35	200	29	1.5
	T77	240	35	193	28	3.5

续表

合金代号	状 态	拉伸强度极限①		0.2%残余(永久)变形的屈服强度①		伸长率①/% 标距50mm(2in)
		MPa	ksi	MPa	ksi	
砂模铸造合金						
C355.0	T6	270 (248)	39 (36)	200 (172)	29 (25)	5.0 (2)
356.0	F T51 T6 T7 T71	164 172 228 (207) 235 (214) 193	24 25 33 (30) 34 (31) 28	124 138 164 (138) 207 (200) 145	18 20 24 (20) 30 (29) 21	6.0 2.0 3.5 (3) 2.0 (—) 3.5
A356.0	F T51 T6 T71	159 179 278 207	23 26 40 30	83 124 207 138	12 18 30 20	6.0 3.0 6.0 3.0
357.0	F T51 T6 T7	172 179 345 278	25 26 50 40	90 117 296 234	13 17 43 34	5.0 3.0 2.0 3.0
A357.0	T6	317	46	248	36	3.0
A390.0	F T5 T6 T7	179 179 278 250	26 26 40 36	179 179 278 250	26 26 40 36	<1.0 <1.0 <1.0 <1.0
443.0	F	131 (117)	19 (17)	55 (—)	8 (—)	8.0 (3)
A444.0	F T4	145 159	21 23	62 62	9 9	9.0 12.0
511.0	F	145	21	83	12	3.0
512.0	F	138 (117)	20 (17)	90 (70)	13 (10)	2.0 (—)
514.0	F	172 (150)	25 (22)	83 (—)	12 (—)	9.0 (6)
520.0	T4	331 (290)	48 (42)	179 (150)	26 (22)	16.0 (12)
535	F	275 (240)	40 (35)	145 (125)	21 (18)	13 (9)
A535.0	F	250	36	124	18	9.0
B535.0	F	262	38	130	19	10
705.0	F/T5	(205)	(30,min)	(117)	(17,min)	(5,min)
707.0	F/T5 F/T7	(227) (255)	(33,min) (37,min)	(152) (207)	(22,min) (30,min)	(2,min) (1,min)
710.0	F	241 (220)	35 (32)	172 (138)	25 (20)	5.0 (2)
712.0	F	240 (235)	35 (34)	172 (172)	25 (25)	5.0 (4)
713.0	F	240 (220)	35 (32)	172 (152)	25 (22)	5.0 (3)

续表

合金代号	状态	拉伸强度极限[①] MPa	拉伸强度极限[①] ksi	0.2%残余(永久)变形的屈服强度[①] MPa	0.2%残余(永久)变形的屈服强度[①] ksi	伸长率[①]/% 标距 50mm(2in)
砂模铸造合金						
771.0	F	303	44	248	36	3
		(270)	(39)	(228)	(33)	(2)
	T2	(248)	(36,min)	(185)	(27,min)	(2,min)
	T5	(290)	(42,min)	(262)	(38,min)	(2,min)
	T6	330	48	262	38	9
		(275)	(40)	(240)	(35)	(5)
772.0	F	275	40	220	32	7
		(255)	(37)	(193)	(28)	(5)
	T6	310	45	240	35	10
		(303)	(44)	(220)	(32)	(6)
850.0	T5	138	20	76	11	8.0
		(110)	(16)	(—)	(—)	(5)
851.0	T5	138	20	76	11	5.0
		(117)	(17)	(—)	(—)	(3)
852.0	T5	186	27	152	22	2.0
		(165)	(24)	(124)	(18)	(—)
硬模铸造合金						
201.0	T43	414	60	255	37	17.0
	T6	448	65	379	55	8.0
	T7	469	68	414	60	5.0
204.0	T4	325	47	200	29	7
		(248)	(36)	(193)	(28)	(5)
206.0	T4	345	50	207	30	10
		(275)	(40)	(165)	(24)	(6)
	T6	385	56	262	38	12
		(345)	(50)	(207)	(30)	(6)
A206.0	T4	430	62	265	38	17
	T71	415	60	345	50	5
		(372)	(54)	(310)	(45)	(3)
	T7	436	63	347	50	11.7
213.0	F	207	30	165	24	1.5
222.0	T52	241	35	214	31	1.0
	T551	255	37	241	35	<0.5
	T65	331	48	248	36	<0.5
238.0	F	207	30	165	24	1.5
242.0	T571	276	40	234	34	1.0
	T61	324	47	290	42	0.5
249.0	T63	476	69	414	60	6.0
	T7	427	62	359	52	9.0
296.0	T4	255	37	131	19	9.0
	T6	276	40	179	26	5.0
		(240)	(35)	(152)	(22)	(2)
	T7	270	39	138	20	4.5
308.0	F	193	28	110	16	2.0
319.0	F	185	27	125	18	2
	T5	207	30	180	26	2
	T6	248	36	165	24	2
		(214)	(31)	(—)	(—)	(1.5)
324.0	F	207	30	110	16	4.0
	T5	248	36	179	26	3.0
	T62	310	45	269	39	3.0
332.0	T5	248	36	193	28	1.0

续表

合金代号	状态	拉伸强度极限①		0.2%残余(永久)变形的屈服强度①		伸长率①/% 标距50mm(2in)
		MPa	ksi	MPa	ksi	
硬模铸造合金						
333.0	F	234	34	131	19	2.0
	T5	234	34	172	25	1.0
	T6	290	42	207	30	1.5
	T7	255	37	193	28	2.0
		(215)	(31)	(—)	(—)	(—)
336.0	T551	248	36	193	28	0.5
	T65	324	47	296	43	0.5
354.0	T6	380	55	283	41	6
	T62	393	57	317	46	3
355.0	T51	(185,min)	(27,min)	—	—	—
	T6	290	42	185	27	4
		(255)	(37)	(—)	(—)	(1.5)
	T62	310	45	275	40	1.5
		(290)	(42)	(—)	(—)	(—)
	T71	(235,min)	(34,min)	—	—	—
356.0	F	179	26	124	18	5.0
	T51	186	27	138	20	2.0
	T6	262	38	186	27	5.0
		(207)	(30)	(138)	(20)	(3)
	T7	221	32	165	24	6.0
A356.0	T61	283	41	207	30	10.0
		(255)	(37)	(—)	(—)	(5)
357.0	F	193	28	103	15	6.0
	T51	200	29	145	21	4.0
	T6	360	52	295	43	5.0
		(310)	(45)	(—)	(—)	(3)
A357.0	T61	359	52	290	42	5.0
358.0	T6	345	50	290	42	6
	T62	365	53	317	46	3.5
359.0	T61	325	47	255	37	7
	T62	345	50	290	42	5
A390.0	F	200	29	200	29	<1.0
	T5	200	29	200	29	<1.0
	T6	310	45	310	45	<1.0
	T7	262	38	262	38	<1.0
443.0	F	160	23	62	9	10.0
B443.0	F	160	23	62	9	10
444.0	T4	193	28	83	12	25
A444.0	F	165	24	76	11	13.0
	T4	160	23	70	10	21
513.0	F	186	27	110	16	7.0
		(150)	(22)	(—)	(—)	(2.5)
705.0	T5	240	35	103	15	22
707.0	T5	(290,min)	(42,min)	(—)	(—)	(4,min)
711.0	F	248	36	130	19	8
713.0	T5	275	40	185	27	6
850.0	T5	160	23	76	11	12.0
		(124)	(18)	(—)	(—)	(8)
	T101	160	23	76	11	12
851.0	T5	138	20	76	11	5.0
852.0	T5	221	32	159	23	5.0
		(185)	(27)	(—)	(—)	(3)

续表

合金代号	状态	拉伸强度极限①		0.2%残余(永久)变形的屈服强度①		伸长率①/% 标距 50mm(2in)
		MPa	ksi	MPa	ksi	
压铸合金						
360.0	F	324	47	172	25	3.0
A360.0	F	317	46	165	24	5.0
364.0	F	296	43	159	23	7.5
380.0	F	330	48	165	24	3.0
A380.0	F	324	47	160	23	4.0
383.0	F	310	45	150	22	3.5
384.0	F	325	47	172	25	1.0
A384.0	F	330	48	165	24	2.5
390.0	F	279	40.5	241	35	1.0
	T5	296	43	265	38.5	1.0
A390.0	F	283	41	240	35	1.0
B390.0	F	317	46	248	36	—
392.0	F	290	42	262	38	<0.5
413.0	F	296	43	145	21	2.5
A413.0	F	241	35	110	16	3.5
443.0	F	228	33	110	16	9.0
C443.0	F	228	33	95	14	9
513.0	F	276	40	152	22	10.0
515.0	F	283	41	—	—	10.0
518.0	F	310	45	186	27	8.0

① 最小值以括弧表示，列在其典型值下面。

表 9-93　铝合金砂模铸件和硬模铸件典型的热处理规范

合金	状态	铸造类型①	固溶处理②			时效处理		
			温度③		时间	温度③		时间
			℃	℉	h	℃	℉	h
201.0④	T4	S或P	490～500⑤	910～930⑤	2	—	—	—
			+525～530	+980～990	14～20	室温下最少5天		
	T6	S	510～515⑤	950～960⑤	2	—	—	—
			+525～530	+980～990	14～20	155	310	20
	T7	S	510～515⑤	950～960⑤	2	—	—	—
			+525～530	+980～990	14～20	190	370	5
	T43⑥	—	525	980	20	室温下 24h 加在 160℃的 1/2～1h		
	T71	—	490～500⑤	910～930⑤	2	—	—	—
			+525～530	+980～990	14～20	200	390	4
204.0④	T4	S或P	530	985	12	室温下至少5天		
	T4	S或P	520	970	10	—	—	—
	T6⑦	S或P	530	985	12	⑦	⑦	—
206.0④	T4	S或P	490～500⑤	+980～930⑤	2	—	—	—
			+520～530	+980～990	14～20	室温下至少5天		
	T6	S或P	490～500⑤	910～930⑤	2	—	—	—
			+525～530	+980～990	14～20	155	310	12～24
	T7	S或P	490～500⑤	910～930⑤	2	—	—	—
			+525～530	+980～990	14～20	200	390	4
	T72	S或P	490～500⑤	910～930⑤	2	—	—	—
			+525～530	+980～990	14～20	243～248	470～480	—
208.0	T55	S	—	—	—	155	310	16
222.0	O⑧	S	—	—	—	315	600	3
	T61	S	510	950	12	155	310	11
	T551	P	—	—	—	170	340	16～22
	T65	—	510	950	4～12	170	340	7～9

续表

合金	状态	铸造类型①	固溶处理②			时效处理		
			温度③		时间	温度③		时间
			℃	℉	h	℃	℉	h
242.0	O⑨	S	—	—	—	345	650	3
	T571	S	—	—	—	205	400	8
		P	—	—	—	165～170	330～340	22～26
	T77	S	515	960	5⑩	330～355	625～675	2(至少)
	T61	S或P	515	960	4～12⑩	205～230	400～450	3～5
295.0	T4	S	515	960	12	—	—	—
	T6	S	515	960	12	155	310	3～6
	T62	S	515	960	12	155	310	12～24
	T7	S	515	960	12	260	500	4～6
296.0	T4	P	510	950	8	—	—	—
	T6	P	510	950	8	155	310	1～8
	T7	P	510	950	8	260	500	4～6
319.0	T5	S	—	—	—	205	400	8
	T6	S	505	940	12	155	310	2～5
		P	505	940	4～12	155	310	2～5
328.0	T6	S	515	960	12	155	310	2～5
332.0	T5	P	—	—	—	205	400	7～9
333.0	T5	P	—	—	—	205	400	7～9
	T6	P	505	950	6～12	155	310	2～5
	T7	P	505	940	6～12	260	500	4～6
336.0	T551	P	—	—	—	205	400	7～9
	T65	P	515	960	8	205	400	7～9
354.0		⑪	525～535	980～995	10～12	⑧	⑧	⑫
355.0	T51	S或P	—	—	—	225	440	7～9
	T6	S	525	980	12	155	310	3～5
		P	525	980	4～12	155	310	2～5
	T62	P	525	980	4～12	170	340	14～18
	T7	S	525	980	12	225	440	3～5
		P	525	980	4～12	225	440	3～9
	T71	S	525	980	12	245	475	4～6
		P	525	980	4～12	245	475	3～6
C355.0	T6	S	525	980	12	155	310	3～5
	T61	P	525	980	6～12	室温		8(至少)
						155	310	10～12
356.0	T51	S或P	—	—	—	225	440	7～9
	T6	S	540	1000	12	155	310	3～5
		P	540	1000	4～12	155	310	2～5
	T7	S	540	1000	12	205	400	3～5
		P	540	1000	4～12	225	440	7～9
	T71	S	540	1000	10～12	245	475	3
		P	540	1000	4～12	245	475	3～6
A356.0	T6	S	540	1000	12	155	310	3～5
	T61	P	540	1000	6～12	室温		8(至少)
						155	310	6～12
357.0	T6	P	540	1000	8	175	350	6
	T61	S	540	1000	10～12	155	310	10～12
A357.0	—	⑪	540	1000	8～12	⑧	⑧	⑧
359.0	—	⑪	540	1000	10～14	⑧	⑧	⑧
A444.0	T4	P	540	1000	8～12	—	—	—
520.0	T4	S	430	810	18⑬	—	—	—
535.0	T5⑧	S	400	750	5	—	—	—

续表

合金	状态	铸造类型①	固溶处理②			时效处理		
			温度③		时间	温度③		时间
			℃	℉	h	℃	℉	h
705.0	T5	S	—	—	—	室温		21天
						100	210	8
		P	—	—	—	室温		21天
						100	210	10
707.0	T5	S	—	—	—	155	310	3～5
		P	—	—	—	室温，或		21天
						100	210	8
	T7	S	530	990	8～16	175	350	4～10
		P	530	990	4～8	175	350	4～10
710.0	T5	S	—	—	—	室温		21天
711.0	T1	P	—	—	—	室温		21天
712.0	T5	S	—	—	—	室温，或		21天
						155	315	6～8
713.0	T5	S或P	—	—	—	室温，或		21天
						120	250	16
771.0	T53⑧	S	415⑭	775⑭	5⑭	180⑭	360⑭	4⑭
	T5	S	—	—	—	180⑭	355⑭	3～5⑭
	T51	S	—	—	—	205	405	6
	T52	S	—	—	—	⑧	⑧	⑧
	T6	S	590⑭	1090⑭	6⑭	130	265	3
	T71	S	590⑩	1090⑩	6⑩	140	285	15
850.0	T5	S或P	—	—	—	220	430	7～9
851.0	T5	S或P	—	—	—	220	430	7～9
	T6	P	480	900	6	220	430	4
852.0	T5	S或P	—	—	—	220	430	7～9

① S—砂模；P—硬模；② 除另有说明外，固溶处理继之在65～100℃（150～212F）水中淬火；③ 给出范围者除外，表中列出的温度为±6℃或±10F；④ 铸件壁厚、凝固速率和晶粒细化影响合金201.0，204.0和206.0的固溶热处理周期，必须小心操作达到最终的固溶温度，太快会导致初熔的出现；⑤ 对具有厚的或其他缓慢凝固截面的铸件，可能需要预固溶热处理范围大约490～515℃（910～960F），以避免升温太快达到固溶温度以及$CuAl_2$的熔化；⑥ 对201.0提出用T43状态以改善抗冲击性伴之有在其他力学性能上的某些降低，典型的夏比值为20J（15ft·lbf）；⑦ 对204.0合金的热处理，法国的沉淀处理工艺需要在温度条件下12h，选择时效温度140℃，160℃或180℃（285F，320F或355F）以满足所需要的性能结合的要求；⑧ 为使尺寸稳定消除应力的工艺如下：在（413±14）℃（775F±25F）保温5h，炉冷到345℃（650F）持续约2h以上或更长时间，炉冷到230℃（450F）持续一段时间不超过1/2h，炉冷到120℃（250F）持续大约2h，炉外在静止空气中冷却到室温；⑨ 不需淬火，炉外静置冷却；⑩ 从固溶处理温度鼓风淬火；⑪ 铸造工艺的改变（砂模、硬模或拼合模）取决于所需要的力学性能；⑫ 如所叙的固溶热处理，然后在一定温度下均匀加热进行人工时效，保温必需的时间以获得所需要的力学性能；⑬ 在65～100℃（150～212F）水中淬火仅10～20s；⑭ 炉外静置冷却至室温。

表9-94 不同铸造铝合金的硬度、剪切强度、疲劳强度、压缩屈服强度的典型值

合金代号	状态	剪切强度		疲劳强度①		硬度(HB②)	压缩屈服强度	
		MPa	ksi	MPa	ksi		MPa	ksi
砂模铸件								
204.0	T4	110	16	77	11	90	—	—
206.0	T4	—	—	—	—	95	—	—
A206.0	T4	255	37	—	—	100	—	—
A206.0	T71	—	—	160	23	110	—	—
206.0	T6	—	—	—	—	100	—	—
208.0	F	117	17	76	11	55	103	15
295.0	T4	179	26	48	7	60	—	—
	T6	207	30	50	7.5	75	172	25
	T62	227	33	55	8	90	—	—
	T7	—	—	—	—	—	—	—
208.0	F	117	17	76	11	55	103	15
	T55	—	—	—	—	—	—	—

续表

合金代号	状　态	剪切强度		疲劳强度①		硬度	压缩屈服强度	
		MPa	ksi	MPa	ksi	（HB②）	MPa	ksi
砂模铸件								
319.0	F	152	22	70	10	70	131	19
	T5	165	24	76	11	80	—	—
	T6	200	29	76	11	80	172	25
355.0	F	—	—	—	—	70	—	—
	T51	152	22	55	8	65	165	24
	T6	193	28	62	9	80	179	26
	T61	248	36	70	10	100	255	37
	T7	193	28	70	10	85	248	38
	T71	241	35	70	10	75	248	36
	T77	179	26	70	10	80	200	29
C355.0	T6	193	28	70	10	90	—	—
356.0	F	—	—	—	—	—	—	—
	T51	138	20	55	8	60	145	21
	T6	179	26	59	8.5	70	172	25
	T7	165	24	62	9	75	214	31
	T71	138	20	59	8.5	60	—	—
357.0	F	—	—	—	—	—	—	—
	T51	—	—	—	—	—	—	—
	T6	164	24	62	9	90	214	31
	T7	—	—	—	—	60	—	—
A357.0	T6	—	—	—	—	85	—	—
A390.0	F,Fs	—	—	70	10	100	—	—
	T6	—	—	90	13	140	—	—
	T7	—	—	—	—	115	—	—
443.0	F	96	14	55	8	40	62	9
511.0	F	117	17	55	8	50	90	13
512.0	F	—	—	—	—	50	96	14
514.0	F	138	20	48	7	50	83	12
535.0	F	193	28	70	10	70	165	24
B535.0	F	207	30	62	9	65	—	—
520.0	T4	234	34	55	8	75	186	27
705.0	F,T5	—	—	—	—	—	—	—
707.0	F,T5	—	—	—	—	—	—	—
	F,T7	—	—	—	—	—	—	—
710.0	F,T5	179	26	55	8	75	172	25
712.0	F,T5	179	26	63	9	74	—	—
713.0	F,T5	179	26	179	26	9	518	75
771.0	F	—	—	—	—	—	—	—
	T2	—	—	—	—	—	—	—
	T5	—	—	—	—	—	—	—
	T6	—	—	—	—	—	—	—
772.0	F	—	—	—	—	—	—	—
	T6	—	—	—	—	—	—	—
850.0	T5	96	14	55	8	45	76	11
851.0	T5	96	14	—	—	45	—	—
852.0	T5	124	18	70	10	65	—	—
硬模铸件								
204.0	T4	—	—	—	—	90	—	—
206.0	T4	—	—	—	—	—	—	—
206.0	T6	255	37	—	—	110	—	—
A206.0	T71	255	37	207	30	110	—	—
296.0	T4	—	—	—	—	—	—	—
296.0	T6	220	32	70	10	90	179	26
296.0	T62	—	—	—	—	—	—	—

续表

合金代号	状 态	剪切强度		疲劳强度①		硬度	压缩屈服强度	
		MPa	ksi	MPa	ksi	（HB②）	MPa	ksi
硬模铸件								
296.0	T7	—	—	—	—	—	—	—
213.0	F	—	—	—	—	85	—	—
308.0	F	152	22	89	13	70	117	17
319.0	F	186	27	83	12	85	138	20
	T6	220	32	83	12	95	193	28
333.0	F	186	27	96	14	90	131	19
	T5	186	27	83	12	100	172	25
	T6	228	33	103	15	105	207	30
	T7	193	28	83	12	90	193	28
354.0	T6	262	38	117	17	100	289	42
	T62	276	40	117	17	110	324	47
355.0	T51	—	—	—	—	90	—	—
	T6	234	34	70	10	90	186	27
	T62	248	36	70	10	105	276	40
	T71	—	—	—	—	—	—	—
356.0	F	—	—	—	—	—	—	—
	T51	—	—	—	—	—	—	—
	T6	207	30	90	13	80	186	27
	T7	172	25	76	11	70	165	24
A356.0	T61	193	28	90	13	90	220	32
357.0	T6	241	35	90	13	100	303	44
A357.0	T61	241	35	103	15	100	296	43
358.0	T6	296	43	—	—	105	289	42
	T62	317	46	—	—	—	317	46
359.0	T61	220	32	103	15	90	262	38
	T62	234	34	103	15	100	303	44
A390.0	F,T5	—	—	—	—	110	—	—
	T6	—	—	117	17	145	413	60
	T7	—	—	103	15	120	352	51
393.0	F	—	—	—	—	—	—	—
B443.0	F	110	16	55	8	45	62	9
444.0	T4	—	—	—	—	50	77	11
513	F	152	22	70	10	50	96	14
705.0	T5	152	22	—	—	55	124	18
707.0	T5	—	—	—	—	—	—	—
707.0	T	—	—	—	—	—	—	—
711.0	F	193	28	76	11	70	138	20
713.0	T5	179	26	62	9	75	172	25
850.0	T5	103	15	62	9	45	76	11
851.0	T5	96	14	62	9	45	76	11
852.0	T5	145	21	76	11	70	158	23
850.0	T101	103	15	62	9	45	145	21
压模铸造合金								
360.0	F	207	30	131	19	—	—	—
A360.0	F	200	29	124	18	—	—	—
364.0	F	200	29	124	18	—	—	—
380.0	F	214	31	145	21	—	—	—
A380.0	F	207	30	138	20	—	—	—
383.0	F	—	—	—	—	—	—	—
A384.0	F	200	29	138	20	—	—	—
390.0	F	—	—	76	11	—	—	—
A390.0	F	—	—	—	—	—	—	—
B390.0	F	—	—	—	—	—	—	—
3920	F	—	—	—	—	—	—	—
A413.0	F	172	25	130	19	—	—	—
A413.0	F	159	23	130	19	—	—	—
C443.0	F	130	19	110	16	—	—	—
513.0	F	179	26	124	18	—	—	—
515.0	F	186	27	130	19	—	—	—
518.0	F	200	29	138	20	—	—	—

① 用 R. R. Moore 旋转梁试验 5×10^{8} 周的强度；② 用 10mm（6.4in）钢球、4900N（500kgf）负荷。

表 9-95 铝铸造合金铸造性、抗蚀性、机加工性和焊接性的评价

(1，最好；5，最差。个别合金对其他铸造工艺可能有不同的评价排序)

合金代号	抗热裂性[①]	压力不渗透性	流动性[②]	收缩倾向[③]	抗蚀性[④]	机加工性[⑤]	焊接性[⑥]
砂模铸造合金							
201.0	4	3	3	4	4	1	2
208.0	3	2	2	2	4	3	3
213.0	3	3	2	3	4	2	2
222.0	4	4	3	4	4	1	3
240.0	4	4	3	4	4	3	4
242.0	4	3	4	4	4	2	3
A242.0	4	4	3	4	4	2	3
295.0	4	4	4	3	3	2	2
319.0	2	2	2	2	3	3	2
354.0	1	1	1	1	3	3	2
355.0	1	1	1	1	3	3	2
A356.0	1	1	1	1	2	3	2
357.0	1	1	1	1	2	3	2
359.0	1	1	1	1	2	3	1
A390.0	3	3	3	3	2	4	2
A443.0	1	1	1	1	2	4	4
444.0	1	1	1	1	2	4	1
511.0	4	5	4	5	1	1	4
512.0	3	4	4	4	1	2	4
514.0	4	5	4	5	1	1	4
520.0	2	5	4	5	1	1	5
535.0	4	5	4	5	1	1	3
A535.0	4	5	4	4	1	1	4
B535.0	4	5	4	4	1	1	4
705.0	5	4	4	4	2	1	4
707.0	5	4	4	4	2	1	4
710.0	5	3	4	4	2	1	4
711.0	5	4	5	4	3	1	3
712.0	4	4	3	3	3	1	4
713.0	4	4	3	4	2	1	3
771.0	4	4	3	3	2	1	—
772.0	4	4	3	3	2	1	—
850.0	4	4	4	4	3	1	4
851.0	4	4	4	4	3	1	4
852.0	4	4	4	4	3	1	4
硬模铸造合金							
201.0	4	3	3	4	4	1	2
213.0	3	3	2	3	4	2	2

续表

合金代号	抗热裂性①	压力不渗透性	流动性②	收缩倾向③	抗蚀性④	机加工性⑤	焊接性⑥
硬模铸造合金							
222.0	4	4	3	4	4	1	3
238.0	2	3	2	2	4	2	3
240.0	4	4	3	4	4	3	4
296.0	4	3	4	3	4	3	4
308.0	2	2	2	2	4	3	3
319.0	2	2	2	2	3	3	2
332.0	1	2	1	2	3	4	2
333.0	1	1	2	2	3	3	3
336.0	1	2	2	3	3	4	2
354.0	1	1	1	1	3	3	2
335.0	1	1	1	2	3	3	2
C355.0	1	1	1	2	3	3	2
356.0	1	1	1	1	2	3	2
A356.0	1	1	1	1	2	3	2
357.0	1	1	1	1	2	3	2
A357.0	1	1	1	1	2	3	2
359.0	1	1	1	1	2	3	1
A300.0	2	2	2	3	2	4	2
443.0	1	1	2	1	2	5	1
A444.0	1	1	1	1	2	3	1
512.0	3	4	4	4	1	2	4
513.0	4	5	4	4	1	1	5
711.0	5	4	5	4	3	1	3
771.0	4	4	3	3	2	1	—
772.0	4	4	3	3	2	1	—
850.0	4	4	4	4	3	1	4
851.0	4	4	4	4	3	1	4
852.0	4	4	4	4	3	1	4
压铸合金							
360.0	1	1	2	2	3	4	
A360.0	1	1	2	2	3	4	
364.0	2	2	1	3	4	3	
380.0	2	1	2	5	3	4	
A380.0	2	2	2	4	3	4	
384.0	2	2	1	3	3	4	
390.0	2	2	2	2	4	2	
413.0	1	2	1	2	4	4	
C443.0	2	3	3	2	5	4	
515.0	4	5	5	1	2	4	
518.0	5	5	5	1	1	4	

① 从热脆温度范围冷却合金承受收缩应力的能力；② 合金在铸模中易于流动并填充薄壁部分的能力；③ 伴随合金凝固的体积减小以及形成冒口所需补充供给金属量来衡量；④ 以合金的标准盐雾试验抗力为依据；⑤ 基于易切削、切屑特征、加工质量和工具寿命的综合评价；⑥ 以材料与相同合金填料焊条熔合的能力为依据。

表 9-96 常用的铝合金砂模铸件和硬（永久）模（PM）铸件规范对照表

合金代号		联邦标准		美国材料与试验协会(ASTM)①		美国汽车工程师学会(SAE)②	美国宇航材料规范(AMS)或军用规范(MIL-21180C)
美国铝业协会(AANo.)	以前的代号	QQ-A-601E(砂模)	QQ-A-596d(硬模)	B26(砂模)	B108(硬模)		
208.0	108	108	—	CS43A	CS43A	—	—
213.0	C113	—	113	CS74A	CS74A	33	—
222.0	122	122	122	CG100A	CG100A	34	—
242.0	142	142	142	CN42A	CN42A	39	4222
295.0	195	195	—	C4A	—	38	4231
296.0	B295.0	—	B195	—	—	380	—
308.0	A108	—	A108	—	—	—	—
319.0	319 全铸造的	319	319	SC64D	SC64D	326	—
328.0	Red X-8	Red X-8	—	SC82A	—	327	—
332.0	F332.0	—	F132	—	SC103A	332	—
333.0	333	—	333	—	—	—	—
336.0	A332.0	—	A132	—	SN122A	321	—
354.0	354	—	—	—	—	—	C354③
355.0	355	355	355	SC51A	SC51A	322	4210
C355.0	C355	—	355	—	SC51B	355	C355③
356.0	356	356	356	SG70A	SG70A	323	④
A356.0	A356	—	A356	—	SG70B	336	A356③
357.0	357	—	357	—	—	—	4241
A357.0	A357	—	—	—	—	—	A357③
359.0	359	—	—	—	—	—	359③
B443.0	43	43	43	S5A	S5A	—	—
512.0⑤	B514.0	B214	—	GS42A	GS42A	—	—
513.0	A514.0	—	A214	—	GZ42A	—	—
514.0	214	214	—	G4A	—	320	—
520.0	220	220	—	G10A	—	324	4240
535.0	Almag35	Almag35	—	GM70B	GM70B	—	4238
705.0	603,Ternalloy5	Ternalloy5	Ternalloy5	ZG32A	ZG32A	311	—
707.0	607,Ternalloy7	Ternalloy7	Ternalloy7	ZG42A	ZG42A	312	—
710.0	A712.0	A612	—	ZG61B	—	313	—
712.0	D712.0	40E	—	ZG61A	—	310	—
713.0	613,Tenzaloy	Tenzaloy	—	ZC81A	—	315	—
771.0	Precedent71A	Precedent71A	—	—	—	—	—
850.0	750	750	750	—	—	—	—
851.0	A850.0	A750	A750	—	—	—	—
852.0	B850.0	B750	B750	—	—	—	—

① 以前的代号，ASTM1974 年采用的铝业协会代号体系；② 以前在 SAE 规范 J452 和（或）J453 使用的代号，1990 年 SAE J452 采用了 ANSI/铝业协会合金数字编号制度，SAE J453-1986 也取代 SAE J452；③ MIL-21180C 中的代号；④ 在 AMS4217，4260，4261，4284，4285 和 4286 中规定了合金 356.0；⑤ 合金 512.0 不再是现行有效的，列出仅供参考。

9.4 日本铝及铝合金

9.4.1 铝及铝合金牌号和化学成分

表 9-97 铝及铝合金板材、带材、卷材的化学成分（JIS H4000—2006）

合金代号	包覆材	化学成分/%(不大于)											
		Si	Fe	Cu	Mn	Mg	Cr	Zn	Zr,Zr+Ti,Ga,V	Ti	其他成分[①] 单个	其他成分[①] 合计	Al
1085	—	0.10	0.12	0.03	0.02	0.02	—	0.03	—	0.02	0.01 以下	—	99.85 以上
1080	—	0.15	0.15	0.03	0.02	0.02	—	0.03	—	0.03	0.02 以下	—	99.80 以上
1070	—	0.20	0.25	0.04	0.03	0.03	—	0.04	—	0.03	0.03 以下	—	99.70 以上
1050	—	0.25	0.40	0.05	0.05	0.05	—	0.05	—	0.03	0.03 以下	—	99.50 以上
1100	—	Si+Fe 1.0		0.05～0.20	0.05	—	—	0.10	—	—	0.05 以下	0.15	99.00 以上
1200	—	Si+Fe 1.0		0.05	0.05	—	—	0.10	—	0.05	0.05 以下	0.15	99.00 以上
1N00	—	Si+Fe 1.0		0.05～0.20	0.05	0.10	—	0.10	—	0.10	0.05 以下	0.15	99.00 以上
1N30	—	Si+Fe 0.7		0.10	0.05	0.05	—	0.05	—	—	0.03 以下	—	99.30 以上
2014	—	0.50～1.2	0.7	3.9～5.0	0.40～1.2	0.20～0.8	0.10	0.25	Zr+Ti 0.20	0.15	0.05 以下	0.15	余量
2014 包覆板	心材	0.50～1.2	0.7	3.9～5.0	0.40～1.2	0.20～0.8	0.10	0.25	Zr+Ti 0.20	0.15	0.05 以下	0.15	余量
	皮材[6003]	0.35～1.0	0.6	0.10	0.8	0.8～1.5	0.35	0.20	—	0.10	0.05 以下	0.15	余量
2017	—	0.20～0.8	0.7	3.5～4.5	0.40～1.0	0.40～0.8	0.10	0.25	Zr+Ti 0.2	0.15	0.05 以下	0.15	余量
2219	—	0.20	0.30	5.8～6.8	0.20～0.40	0.02	—	0.10	V 0.05～0.15 Zr 0.10～0.25	0.02～0.10	0.05 以下	0.15	余量
2024	—	0.50	0.50	3.8～4.9	0.30～0.9	1.2～1.8	0.10	0.25	Zr+Ti 0.20	0.15	0.05 以下	0.15	余量
2024 包覆板	心材	0.50	0.50	3.8～4.9	0.30～0.9	1.2～1.8	0.10	0.25	Zr+Ti 0.20	0.15	0.05 以下	0.15	余量
	皮材[1230]	Si+Fe 0.7		0.10	0.05	0.05	—	0.10	—	0.03	0.03 以下	—	99.30 以上
3003	—	0.6	0.7	0.05～0.20	1.0～1.5	—	—	0.10	—	—	0.05 以下	0.15	余量

续表

合金代号	包覆材	化学成分/%(不大于)											
		Si	Fe	Cu	Mn	Mg	Cr	Zn	Zr,Zr+Ti,Ga,V	Ti	其他成分①		Al
											单个	合计	
3203	—	0.6	0.7	0.05	1.0～1.5	—	—	0.10	—	—	0.05 以下	0.15	余量
3004	—	0.30	0.7	0.25	1.0～1.5	0.8～1.3	—	0.25	—	—	0.05 以下	0.15	余量
3104	—	0.6	0.8	0.05～0.25	0.8～1.4	0.8～1.3	—	0.25	Ca 0.05,V 0.05	0.10	0.05 以下	0.15	余量
3005	—	0.6	0.7	0.30	1.0～1.5	0.20～0.6	0.10	0.25	—	0.10	0.05 以下	0.15	余量
3105	—	0.6	0.7	0.30	0.30～0.8	0.20～0.8	0.20	0.40	—	0.10	0.05 以下	0.15	余量
5005	—	0.30	0.7	0.20	0.20	0.50～1.1	0.10	0.25	—	—	0.05 以下	0.15	余量
5052	—	0.25	0.40	0.10	0.10	2.2～2.8	0.15～0.35	0.10	—	—	0.05 以下	0.15	余量
5652	—	Si+Fe 0.40		0.04	0.01	2.2～2.8	0.15～0.35	0.10	—	—	0.05 以下	0.15	余量
5154	—	Si+Fe 0.45		0.10	0.10	3.1～3.9	0.15～0.35	0.20	—	0.20	0.05 以下	0.15	余量
5254	—	Si+Fe 0.45		0.05	0.01	3.1～3.9	0.15～0.35	0.20	—	0.05	0.05 以下	0.15	余量
5454	—	0.25	0.40	0.10	0.50～1.0	24～3.0	0.05～0.20	0.25	—	0.20	0.05 以下	0.15	余量
5082	—	0.20	0.35	0.15	0.15	4.0～5.0	0.15	0.25	—	0.10	0.05 以下	0.15	余量
5182	—	0.20	0.35	0.15	0.20～0.50	4.0～5.0	0.10	0.25	—	0.10	0.05 以下	0.15	余量
5083	—	0.40	0.40	0.10	0.40～1.0	40～4.9	0.05～0.25	0.25	—	0.15	0.05 以下	0.15	余量
5086	—	0.40	0.50	0.10	0.20～0.7	3.5～4.5	0.05～0.25	0.25	—	0.15	0.05 以下	0.15	余量
5N01	—	0.15	0.25	0.20	0.20	0.20～0.6	—	0.03	—	—	0.05 以下	0.10	余量
6061	—	0.40～0.8	0.7	0.15～0.40	0.15	0.8～1.2	0.04～0.35	0.25	—	0.15	0.05 以下	0.15	余量
7075	—	0.40	0.50	1.2～2.0	0.30	2.1～2.9	0.15～0.28	5.1～6.1	Zr+Ti 0.25	0.20	0.05 以下	0.15	余量
7075 包覆板	心 材	0.40	0.50	1.2～2.0	0.30	2.1～2.9	0.18～0.28	5.1～6.1	Zr+Ti 0.25	0.20	0.05 以下	0.15	余量
	皮材[7072]	Si+Fe 0.7		0.10	0.10	0.10	—	0.8～1.3	—	—	0.05 以下	0.15	余量
7N01	—	0.30	0.35	0.20	0.20～0.7	1.0～2.0	0.30	4.0～5.0	V 0.10, Zr 0.25	0.20	0.05 以下	0.15	余量

① 其他元素只在预知其存在或在正常分析过程中发现有迹象超出规定范围的情况下才进行分析。

表 9-98 棒材及线材的化学成分（JIS H4040—2006）

合金牌号	化学成分/%											
	Si	Fe	Cu	Mn	Mg	Cr	Zn	Bi,Pb,Zr,Zr+Ti,V	Ti	其他		Al
										单项	合计	
1070	≤0.20	≤0.25	≤0.04	≤0.03	≤0.03	—	≤0.04	—	≤0.03	≤0.03	—	≥99.70
1050	≤0.25	≤0.40	≤0.05	≤0.05	≤0.05	—	≤0.05	—	≤0.03	≤0.03	—	≥99.50
1100	Si+Fe≤1.0		0.05～0.20	≤0.05	—	—	≤0.10	—	—	≤0.15	≤0.05	≥99.00
1200	Si+Fe≤1.0		≤0.05	≤0.05	—	—	≤0.10	—	≤0.05	≤0.05	≤0.15	≥99.00
2011	≤0.40	≤0.7	5.0～6.0	—	—	—	≤0.30	Bi 0.20～0.6 Pb 0.20～0.6	—	≤0.05	≤0.15	余量
2014	0.50～1.2	≤0.7	3.9～5.0	0.40～1.2	0.20～0.8	≤0.10	≤0.25	Zr+Ti≤0.20	≤0.15	≤0.05	≤0.15	余量
2017	0.20～0.8	≤0.7	3.5～4.5	0.40～1.0	0.40～0.8	≤0.10	≤0.25	Zr+Ti≤0.20	≤0.15	≤0.05	≤0.05	余量
2117	≤0.8	≤0.7	2.2～3.0	≤0.20	0.20～0.50	≤0.10	≤0.25	—	—	≤0.05	≤0.15	余量
2024	≤0.50	≤0.50	3.8～4.9	0.30～0.9	1.2～1.8	≤0.10	≤0.25	Zr+Ti≤0.20	≤0.15	0.05	≤0.15	余量
3003	≤0.6	≤0.7	0.05～0.20	1.0～1.5	—	—	≤0.10	—	—	≤0.05	≤0.15	余量
5052	≤0.25	≤0.40	≤0.10	≤0.10	2.2～2.8	0.15～0.35	≤0.10	—	—	≤0.05	≤0.15	余量
5N02	≤0.40	≤0.40	≤0.10	0.30～1.0	3.0～4.0	≤0.50	≤0.10	—	≤0.20	≤0.05	≤0.15	余量
5056	≤0.30	≤0.40	≤0.10	0.05～0.20	4.5～5.6	0.05～0.20	≤0.10	—	—	≤0.05	≤0.15	余量
5083	≤0.40	≤0.40	≤0.10	0.40～1.0	4.0～4.9	0.05～0.25	≤0.25	—	≤0.15	≤0.05	≤0.15	余量
6061	0.40～0.8	≤0.7	0.15～0.40	≤0.15	0.8～1.2	0.04～0.35	≤0.25	—	≤0.15	≤0.05	≤0.15	余量
6063	0.20～0.6	≤0.35	≤0.10	≤0.10	0.45～0.9	≤0.10	≤0.10	—	≤0.10	≤0.05	≤0.15	余量
7003	≤0.30	≤0.35	≤0.20	≤0.30	0.50～1.0	≤0.20	5.0～6.5	Zr 0.05～0.25	≤0.20	≤0.05	≤0.15	余量
7N01	≤0.30	≤0.35	≤0.20	0.20～0.7	1.0～2.0	≤0.30	4.0～5.0	V≤0.10 Zr≤0.25	≤0.20	≤0.05	≤0.15	余量
7075	≤0.40	≤0.50	1.2～2.0	≤0.30	2.1～2.9	0.18～0.28	5.1～6.1	Zr+Ti≤0.25	≤0.20	≤0.05	≤0.15	余量

表 9-99 铸造铝合金的化学成分（JIS H5202—2010）

牌号	化学成分/%(不大于)											
	Cu	Si	Mg	Zn	Fe	Mn	Ni	Ti	Pb	Sn	Cr	Al
AC1B	4.0～5.0	0.20	0.15～0.35	0.10	0.35	0.10	0.05	0.05～0.30	0.05	0.05	0.05	余量
AC2A	3.0～4.5	4.0～6.0	0.25	0.55	0.8	0.55	0.30	0.20	0.15	0.05	0.15	余量
AC2B	2.0～4.0	5.0～7.0	0.50	1.0	1.0	0.50	0.35	0.20	0.20	0.10	0.20	余量
AC3A	0.25	10.0～13.0	0.15	0.30	0.8	0.35	0.10	0.20	0.10	0.10	0.15	余量
AC4A	0.25	8.0～10.0	0.30～0.6	0.25	0.55	0.30～0.6	0.10	0.20	0.10	0.05	0.15	余量
AC4B	2.0～4.0	7.0～10.0	0.5	1.0	1.0	0.50	0.35	0.20	0.20	0.10	0.20	余量
AC4C	0.25	6.5～7.5	0.25～0.45	0.35	0.55	0.35	0.10	0.20	0.10	0.05	0.10	余量
AC4CH	0.20	6.5～7.5	0.20～0.40	0.10	0.20	0.10	0.05	0.20	0.05	0.05	0.05	余量
AC4D	1.0～1.5	4.5～5.5	0.40～0.6	0.30	0.6	0.50	0.20	0.20	0.10	0.05	0.15	余量
AC5A	3.5～4.5	0.6	1.2～1.8	0.15	0.8	0.35	1.7～2.3	0.20	0.05	0.05	0.15	余量
AC7A	0.10	0.20	3.5～5.5	0.15	0.30	0.6	0.05	0.20	0.05	0.05	0.15	余量
AC8A	0.8～1.3	11.0～13.0	0.7～1.3	0.15	0.8	0.15	0.8～1.0	0.20	0.05	0.05	0.10	余量
AC8B	2.0～4.0	8.5～10.5	0.50～1.5	0.50	1.0	0.50	0.10～1.0	0.20	0.10	0.10	0.10	余量
AC8C	2.0～4.0	8.5～10.5	0.50～1.5	0.50	1.0	0.50	0.50	0.20	0.10	0.10	0.10	余量
AC9A	0.50～1.5	22～24	0.50～1.5	0.20	0.8	0.50	0.50～1.5	0.20	0.10	0.10	0.10	余量
AC9B	0.50～1.5	18～20	0.50～1.5	0.20	0.8	0.50	0.50～1.5	0.20	0.10	0.10	0.10	余量
AlCu4Ti	4.2～5.2	0.18 以下	—	0.07 以下	0.19 以下	0.55 以下	—	0.15～0.30	—	—	—	余量
AlCu4MgTi	4.2～5.0	0.20 以下	0.15～0.35	0.10 以下	0.35 以下	0.10 以下	0.05 以下	0.15～0.30	0.05 以下	0.05 以下	—	余量
AlCu5MgAg	4.0～5.0	0.05 以下	0.15～0.35	0.05 以下	0.10 以下	0.20～0.40	—	0.15～0.35	—	—	—	余量
AlSi11	0.05 以下	10.0～11.8	0.45 以下	0.07 以下	0.19 以下	0.10 以下	—	0.15 以下	—	—	—	余量
AlSi12(a)	0.05 以下	10.5～13.5	—	0.10 以下	0.55 以下	0.35 以下	—	0.15 以下	—	—	—	余量
AlSi12(b)	0.15 以下	10.5～13.5	0.10 以下	0.15 以下	0.65 以下	0.55 以下	0.10 以下	0.20 以下	0.10 以下	—	—	余量
AlSi2MgTi	0.10 以下	1.6～2.4	0.45～0.65	0.10 以下	0.60 以下	0.30～0.50	0.05 以下	0.05～0.20	0.05 以下	0.05 以下	—	余量
AlSi7Mg	0.20 以下	6.5～7.5	0.20～0.65	0.15 以下	0.55 以下	0.35 以下	0.15 以下	0.05～0.25	0.15 以下	0.05 以下	—	余量

续表

牌号	化学成分/%(不大于)											
	Cu	Si	Mg	Zn	Fe	Mn	Ni	Ti	Pb	Sn	Cr	Al
AlSi7Mg0.3	0.05 以下	6.5～7.5	0.25～0.45	0.07 以下	0.19 以下	0.10 以下	—	0.08～0.25	—	—	—	余量
AlSi7Mg0.6	0.05 以下	6.5～7.5	0.45～0.70	0.07 以下	0.19 以下	0.10 以下	—	0.08～0.25	—	—	—	余量
AlSi9Mg	0.05 以下	9.0～10.0	0.25～0.45	0.07 以下	0.19 以下	0.10 以下	—	0.15 以下	—	—	—	余量
AlSi10Mg	0.10 以下	9.0～11.0	0.20～0.45	0.10 以下	0.55 以下	0.45 以下	0.05 以下	0.15 以下	0.05 以下	0.05 以下	—	余量
AlSi10Mg(Cu)	0.35 以下	9.0～11.0	0.20～0.45	0.35 以下	0.65 以下	0.55 以下	0.15 以下	0.20 以下	0.10 以下	—	—	余量
AlSi5Cu1Mg	1.0～1.5	4.5～5.5	0.35～0.65	0.15 以下	0.65 以下	0.55 以下	0.25 以下	0.05～0.25	0.15 以下	0.05 以下	—	余量
AlSi5Cu3	2.6～3.6	4.5～6.0	0.05 以下	0.20 以下	0.60 以下	0.55 以下	0.10 以下	0.25 以下	0.10 以下	0.05 以下	—	余量
AlSi5Cu3Mg	2.6～3.6	4.5～6.0	0.15～0.45	0.20 以下	0.60 以下	0.55 以下	0.10 以下	0.25 以下	0.10 以下	0.05 以下	—	余量
AlSi5Cu3Mn	2.5～4.0	4.5～6.0	0.40 以下	0.55 以下	0.8 以下	0.20～0.55	0.30 以下	0.20 以下	0.20 以下	0.10 以下	—	余量
AlSi6Cu4	3.0～5.0	5.0～7.0	0.55 以下	2.0 以下	1.0 以下	0.20～0.65	0.45 以下	0.25 以下	0.30 以下	0.15 以下	0.15 以下	余量
AlSi7Cu2	1.5～2.5	6.0～8.0	0.35 以下	1.0 以下	0.8 以下	0.15～0.65	0.35 以下	0.25 以下	0.25 以下	0.15 以下	—	余量
AlSi7Cu3Mg	3.0～4.0	6.5～8.0	0.30～0.60	0.65 以下	0.8 以下	0.20～0.65	0.30 以下	0.25 以下	0.15 以下	0.10 以下	—	余量
AlSi8Cu3	2.0～3.5	7.5～9.5	0.05～0.55	1.2 以下	0.8 以下	0.15～0.65	0.35 以下	0.25 以下	0.25 以下	0.15 以下	—	余量
AlSi9Cu1Mg	0.8～1.3	8.3～9.7	0.25～0.65	0.8 以下	0.8 以下	0.15～0.55	0.20 以下	0.10～0.20	0.10 以下	0.10 以下	—	余量
AlSi12(Cu)	1.0 以下	10.5～13.5	0.35 以下	0.55 以下	0.8 以下	0.05～0.55	0.30 以下	0.20 以下	0.20 以下	0.10 以下	0.10 以下	余量
AlSi12CuMgNi	0.8～1.5	10.5～13.5	0.8～1.5	0.35 以下	0.7 以下	0.35 以下	0.7～1.3	0.25 以下	—	—	—	余量
AlSi17Cu4Mg	4.0～5.0	16.0～18.0	0.45～0.65	1.5 以下	1.3 以下	0.50 以下	0.3 以下	—	—	0.3 以下	—	余量
AlMg3	0.10 以下	0.55 以下	2.5～3.5	0.10 以下	0.55 以下	0.45 以下	—	0.20 以下	—	—	—	余量
AlMg5	0.10 以下	0.55 以下	4.5～6.5	0.10 以下	0.55 以下	0.45 以下	—	0.20 以下	—	—	—	余量
AlMg5(Si)	0.05 以下	1.5 以下	4.5～6.5	0.10 以下	0.55 以下	0.45 以下	—	0.20 以下	—	—	—	余量
AlZn5Mg	0.15～0.35	0.30 以下	0.40～0.70	4.50～6.00	0.80 以下	0.40 以下	0.05 以下	0.10～0.25	0.05 以下	0.05 以下	0.15～0.60	余量
AlZn10Si8Mg	0.10 以下	7.5～9.0	0.2～0.4	9.0～10.5	0.30 以下	0.15 以下	—	0.15 以下	—	—	—	余量

注：钒和铋的含量在 0.05%以下，它们和表中未列出的元素只有在订货者提出要求时才进行分析。

表 9-100 压铸铝合金的化学成分（JIS H5302—2006）

种类	记号	化学成分/%(不大于)								
		Cu	Si	Mg	Zn	Fe	Mn	Ni	Sn	Al
1 种	ADC1	≤1.0	11.0～13.0	0.3	≤0.5	≤1.3	≤0.3	≤0.5	≤0.1	余量
3 种	ADC3	≤0.6	9.0～10.0	0.4～0.6	≤0.5	≤1.3	≤0.3	≤0.5	≤0.1	余量
5 种	ADC5	≤0.2	≤0.3	4.0～8.5	≤0.1	≤1.8	≤0.3	≤0.1	≤0.1	余量
6 种	ADC6	≤0.1	≤1.0	2.5～4.0	≤0.4	≤0.8	0.4～0.6	≤0.1	≤0.1	余量
10 种	ADC10	2.0～4.0	7.5～9.5	≤0.3	≤1.0	≤1.3	≤0.5	≤0.5	≤0.3	余量
10 种 Z	ADC10Z	2.0～4.0	7.5～9.5	≤0.3	≤3.0	≤1.3	≤0.5	≤0.5	≤0.3	余量
12 种	ADC12	1.5～3.5	9.6～12.0	≤0.3	≤1.0	≤1.3	≤0.5	≤0.5	≤0.3	余量
12 种 Z	ADC12Z	1.5～3.5	9.6～12.0	≤0.3	≤3.0	≤1.3	≤0.5	≤0.5	≤0.3	余量
14 种	ADC14	4.0～5.0	16.0～18.0	0.45～0.65	≤1.5	≤1.3	≤0.5	≤0.3	≤0.3	余量

9.4.2 铝及铝合金的力学性能

表 9-101 铝及铝合金挤制棒材的力学性能（JIS H4040—2006）

合金代号	状态[①]	拉伸试验				
		直径或最小对边距离/mm	横截面积/cm^2	抗拉强度/MPa(kgf/mm^2)(不小于)	屈服强度/MPa(kgf/mm^2)(不小于)	伸长率/%(不小于)
A1070BE	H112	—	—	54(5.5)	15(1.5)	—
A1050BE	H112	—	—	64(6.5)	20(2.0)	—
A1100BE A1200BE	H12	—	—	74(7.5)	20(2.0)	—
A2014BE	O[②]	—	—	245(25)	127(13)	12
	T4 T4511	—	—	343(35)	245(25)	12
	T42[③]	—	—	343(35)	206(21)	12
	T6	≤12	—	412(42)	363(37)	7
		>12 ≤19	—	441(45)	402(41)	7
		>19	≤160	471(48)	412(42)	7
			>160 ≤200	471(48)	402(41)	6
			>200 ≤250	451(46)	382(39)	6
			>250 ≤300	431(44)	363(37)	6
	T62[④]	≤19	—	412(42)	363(37)	7
		>19	≤160	412(42)	363(37)	7
			>160 ≤200	412(42)	363(37)	6
	T6511	≤12	—	412(42)	363(37)	7
		>12 ≤19	—	441(45)	402(41)	7
		>19	≤160	471(48)	412(42)	7
			>160 ≤200	471(48)	402(41)	6
A2017BE	O[②]	—	—	245(25)	127(13)	16
	T4 T42[③]	—	≤700	343(35)	216(22)	12
			>700 ≤1000	333(34)	196(20)	12

续表

合金代号	状态①	拉伸试验 直径或最小对边距离/mm	横截面积/cm²	抗拉强度/MPa(kgf/mm²)(不小于)	屈服强度/MPa(kgf/mm²)(不小于)	伸长率/%(不小于)
A2024BE	O②	—	—	245(25)	127(13)	12
	T3511	≤6	—	392(40)	294(30)	12
		>6 ≤19	—	412(42)	304(31)	12
		>19 ≤38	—	451(46)	314(32)	10
		>38	≤160	481(49)	363(37)	10
			>160 ≤200	471(48)	333(34)	8
	T4	≤6	—	392(40)	294(30)	12
		>6 ≤19	—	412(42)	304(31)	12
		>19 ≤38	—	451(46)	314(32)	10
	T4	>38	≤160	481(49)	363(37)	10
			>160 ≤200	471(48)	333(34)	8
			>200 ≤300	461(47)	314(32)	8
	T42③	≤19	—	392(40)	265(27)	12
		>9 ≤38	—	392(40)	265(27)	10
		>38	≤160	392(40)	265(27)	10
			>160 ≤200	392(40)	265(27)	8
A3003BE	H112	—	—	94(9.5)	34(3.5)	—
A5052BE	H112	—	—	177(18)	69(7.0)	—
	O	—	—	177(18) 245(25)	69(7.0)	20
A5056BE	H112	—	≤300	245(25)	98(10)	—
			>300 ≤700	225(23)	78(8)	—
			>700 ≤1000	216(22)	69(7)	—
A5083BE	H112	≤130	≤200	275(28)	108(11)	12
	O	≤130	≤200	275(28) 353(36)	108(11)	14
A6061BE	O②	—	—	147(15)	108(11)	16
	T4 T4511	—	—	177(18)	108(11)	16
	T42③	—	—	177(18)	84(8.5)	10
	T6 T62④ T6511	≤6	—	265(27)	245(25)	8
		>6	—	265(27)	245(25)	10
A6063BE	T1	≤12	—	118(12)	59(6.0)	12
		>12 ≤25	—	108(11)	54(5.5)	12

续表

合金代号	状态①	拉伸试验				
		直径或最小对边距离/mm	横截面积/cm²	抗拉强度/MPa(kgf/mm²)(不小于)	屈服强度/MPa(kgf/mm²)(不小于)	伸长率/%(不小于)
A6063BE	T5	≤12	—	157(16)	108(11)	8
		>12 ≤25	—	147(15)	108(11)	8
	T6	≤3	—	206(21)	177(18)	8
		>3 ≤25	—	206(21)	177(18)	10
A7003BE	T5	≤12	—	284(29)	245(25)	10
		>12 ≤25	—	275(28)	235(24)	10
A7N01BE	O	—	—	245(25)	147(15)	12
	T4⑤	—	—	314(32)	196(20)	11
	T6	—	—	333(34)	275(28)	10
A7075BE	O②	—	≤200	275(28)	167(17)	10
	T6 T62④ T6511	≤6	—	539(55)	481(49)	7
		>6 ≤75	—	559(57)	500(51)	7
		>75 ≤110	≤130	559(57)	490(50)	7
			>130 ≤200	539(55)	481(49)	7
		>110 ≤130	≤200	539(55)	471(48)	6

① 状态，请参考 JIS H 0001（铝及铝合金状态，合金代号）。

② 状态 O 的材料，必须能保证状态 T42 或 T62 的性能。

③ 状态为 T42 的力学性能是订货者将状态为 O 的材料作固溶处理后进行自然时效硬化处理所获得的。但订货者在固溶处理前作过某种冷加工或热加工时，其值可能会低于标准值。

此力学性能也适用于制造厂为确认性能而对试样作规定的固溶处理后再作自然时效硬化处理的场合。

④ T62 状态的力学性能是订货者将状态为 O 的材料作固溶处理后进行人工时效硬化处理所获得的。但订货者在固溶处理前作过某种冷加工或热加工时，其值可能会低于标准值。

此力学性能也适用于制造厂为确认性能而对试样作规定的固溶处理后再作人工时效硬化的场合。

⑤ 状态 T4 的力学性能是经 1 个月自然时效（约 20℃）后的参考值。

另外，在 1 个月的自然时效之前作拉伸试验的情况下，固溶处理后作人工时效硬化处理应能保证达到 T6 的性能，以此作为 T4 的合格标准。

注：厚度尺寸超过规定范围的，其力学性能按供需双方的协议。

表 9-102 铝及铝合金拉制棒材及线材的力学性能（JIS H4040—2006）

合金代号	状态①	拉伸试验				
		直径或最小对边距离/mm	横截面积/cm²	抗拉强度/MPa(kgf/mm²)(不小于)	屈服强度/MPa(kgf/mm²)(不小于)	伸长率/%(不小于)
A1070BD A1070W	O	≤3	—	54(5.5) 94(9.5)	—	—
		>3 ≤100		54(5.5) 94(9.5)	15(1.5)	25
	H14	≤10	—	84(8.5)	—	—
	H18	≤10	—	118(12)	—	—
	F	≤100	—	—	—	—
A1050BD A1050W	O	≤3	—	59(6.0) 98(10)	—	—
		>3 ≤100	—	59(6.0) 98(10)	20(2.0)	25

续表

合金代号	状态①	拉伸试验				
		直径或最小对边距离/mm	横截面积/cm²	抗拉强度/MPa(kgf/mm²)(不小于)	屈服强度/MPa(kgf/mm²)(不小于)	伸长率/%(不小于)
A1050BD A1050W	H14	≤10	—	94(9.5)	—	—
	H18	≤10	—	127(13)	—	—
	F	≤100	—	—	—	—
A1100BD A1100W A1200BD A1200W	O	≤3	—	74(7.5) 108(11)	—	—
		>3 ≤100	—	74(7.5) 108(11)	20(2.0)	25
	H14	≤10	—	108(11)	—	—
	H18	≤10	—	157(16)	—	—
	F	≤100	—	—	—	—
A2011BD A2011W	T3	≥3 ≤38	—	314(32)	265(27)	10
		>38 ≤50	—	294(30)	235(24)	12
		>50 ≤80	—	294(30)	206(21)	14
	T8	≥3 ≤80	—	373(38)	275(28)	10
A2014BD	O②	≥3 ≤100	—	245(25)	—	12
	T4 T42③	≥3 ≤100	≤230	382(39)	226(23)	16
	T6 T62④	≥3 ≤100	≤230	451(46)	382(39)	8
A2017BD A2017W	O②	≤3	—	245(25)		
		>3 ≤100	—	245(25)		16
	H13	3 10		206(21) 275(28)	—	
	T4 T42③	3	—	382(39)	—	
		3 100	≤300	382(39)	226(23)	12
A2117W	H15	3 10		196(20) 245(25)		—
	T4	3 10	—	265(27)	127(13)	18
A2024BD A2024W	O②	3	—	245(25)		
		3 100	—	245(25)	—	16
	T4	3	—	431(44)	—	—
		3 12	—	431(44)	314(32)	10
		12 100	—	431(44)	294(30)	10
	T42③	3		431(44)	—	—
		3 100	≤230	431(44)	275(28)	10
	T62④	3	—	412(42)	—	—
		3 100	≤230	412(42)	314(32)	5

续表

合金代号	状态①	拉伸试验				
		直径或最小对边距离/mm	横截面积/cm²	抗拉强度/MPa(kgf/mm²)(不小于)	屈服强度/MPa(kgf/mm²)(不小于)	伸长率/%(不小于)
A3003BD A3003W	O	3	—	94(9.5) 127(13)	—	—
		3 100	—	94(9.5) 127(13)	34(3.5)	25
	H14	10	—	137(14)	—	—
	H18	10	—	186(19)	—	—
	F	100	—	—	—	—
A5052BD A5052W	O	3	—	177(18) 216(22)	—	—
		3 100	—	177(18) 216(22)	64(6.5)	25
	H32	3 10	—	216(22) 255(26)	—	—
	H14 H34	3	—	235(24)	—	—
		3 10	—	235(24)	177(18)	—
	H18 H38	≤10	—	275(28)	—	—
	F	≤100	—	—	—	—
A5N02BD A5N02W	O	≤25	—	226(23)	—	20
A5056BD A5056W	O	≤3	—	314(32)	—	—
		>3 ≤100	—	314(32)	98(10)	20
	H12 H32	≤10	—	304(31)	—	—
	F	≤100	—	—	—	—
A5083BD A5083W	O	≤3	—	275(28) 353(36)	—	—
		>3 ≤100	—	275(28) 353(36)	108(11)	14
A6061BD A6061W	O②	≤3	—	147(15)	—	—
		>3 ≤100	—	147(15)	—	18
	H13	≥3 ≤10	—	157(16) 206(21)	—	—
	T4	≤3	—	206(21)	—	—
		>3 ≤100	≤300	206(21)	108(11)	18
	T42③	≤3	—	206(21)	—	—
		>3 ≤100	≤300	206(21)	94(9.5)	18
	T6 T62④	≤3	—	294(30)	—	—
		>3 ≤100	≤300	294(30)	245(25)	10
A7075BD	O②	≤3 ≤100	—	275(28)	—	10
	T6 T62④	≥3 ≤100	—	530(54)	461(47)	7

①、②、③、④同表 9-101 注。

注：厚度尺寸超过规定范围的，其力学性能按供需双方的协议。

表 9-103　铝合金棒材热处理规范

材料牌号	热处理状态代号	退　火	淬　火	冷　却	时效处理①
1070 1050 1100 1200	O	340～410℃　空冷或炉冷	—	—	—
2011	T3 T8	— —	505～530℃ 505～530℃	水冷 水冷	— 155～165℃　约 14h
2014	O T4,T42 T6,T62	340～410℃　空冷或炉冷 — —	— 495～505℃ 495～505℃	— 水冷 水冷	— 室温　96h 以上 170～180℃　约 10h
2017	O T4,T42	340～410℃　空冷或炉冷 —	— 495～510℃	— 水冷	— 室温　96h 以上②
2117	T4	—	495～510℃	水冷	室温　96h 以上
2024	O T4,T42 T62	340～410℃　空冷或炉冷	— 490～500℃ 490～500℃	— 水冷 水冷	— 室温　96h 以上 185～195℃　约 16h
3003	O	约 410℃　空冷或炉冷	—	—	—
5052 5N02 5056 5083	O	340～410℃　空冷或炉冷	—	—	—
6061	O T4,T42 T6,T62	340～410℃　空冷或炉冷 — —	— 515～550℃ 515～550℃	— 水冷 水冷	— 室温　96h 以上 170～180℃　约 8h④
6063	T5 T6	— —	— 515～525℃	— 水冷	约 205　约 1h 约 175℃　约 8h
7003	T5	—	—	—	约 90℃　约 5～8h 150～160℃　8～16h
7N01	O	约 410℃　炉冷	—	—	—
7N01	T4 T6	— —	约 450℃ 约 450℃	空冷或水冷 空冷或水冷	室温　1 个月以上 约 120℃　约 24h
7075	O T6,T62	340～410℃　空冷或炉冷 —	— 460～470℃③	— 水冷	— 115～125℃　24h 以上

① 时效硬化处理时间：对于直径、宽度或对边距离在 10mm 以下的材料，记录仪表示出所需温度的保持时间。直径、宽度或者对边距离，在其每增加 12mm 时，加 30min。

② 退火状态：加温约 410℃，最好保持 1h 以上。要求以每小时 28℃的速度进行冷却，一直冷却到 260℃。260℃以下的冷却速度，没有具体要求。

③ 对于拉拔棒及线材，按 460～500℃进行。

④ 对于拉拔棒及线材，按 155～160℃约 18h 进行。

表 9-104 铝合金板、带及圆板的力学性能（JIS H4000—2006）

合金代号	状态①	拉伸试验					弯曲试验	
		厚度/mm		抗拉强度/MPa (kgf/mm²)	屈服强度/MPa (kgf/mm²) (不小于)	伸长率/% (不小于)	厚度/mm	内侧半径
A1085P A1080P A1070P	H112	≥4	≤6.5	≥74(7.5)	≥34(3.5)	13	—	—
		>6.5	≤13	≥69(7.0)	≥34(3.5)	15		
		>13	≤25	≥59(6.0)	≥25(2.5)	20		
		>25	≤50	≥54(5.5)	≥20(2.0)	25		
		>50	≤75	≥54(5.5)	≥15(1.5)	25		
	O	≥0.2	≤0.3	≥54(5.5) ≤94(9.5)	—	15	≥0.2～≤6	紧密贴合
		>0.3	≤0.5		—	20		
		>0.5	≤0.8		—	25		
		>0.8	≤1.3		≥15(1.5)	30		
		>1.3	≤13		≥15(1.5)	35		
		>13	≤50		≥15(1.5)	30		
	H12 H22②	≥0.2	≤0.3	≥69(7.0) ≤108(11)	—	2	≥0.2～≤6	紧密贴合
		>0.3	≤0.5		—	3		
		>0.5	≤0.8		—	4		
		>0.8	≤1.3		≥54(5.5)	6		
		>1.3	≤2.9		≥54(5.5)	8		
		>2.9	≤12		≥54(5.5)	9		
	H14 H24②	≥0.2	≤0.3	≥84(8.5) ≤118(12)	—	1	≥0.2～≤0.8	厚度的0.5倍
		>0.3	≤0.5		—	2	>0.8～≤6	厚度的1倍
		>0.5	≤0.8		—	3		
		>0.8	≤1.3		≥64(6.5)	4		
		>1.3	≤2.9		≥64(6.5)	5		
		>2.9	≤12		≥64(6.5)	6		
	H16 H26②	≥0.2	≤0.5	≥98(10) ≤137(14)	—	1	≥0.2～≤0.8	厚度的1倍
		>0.5	≤0.8		—	2	>0.8～≤4	厚度的1.5倍
		>0.8	≤1.3		≥74(7.5)	3		
		>1.3	≤4		≥74(7.5)	4		
	H18	≥0.2	≤0.5	≥118(12)	—	1		
		>0.5	≤0.8			2		
		>0.8	≤1.3			3		
		>1.3	≤13			4		
A1050P	H112	≥4	≤6.5	≥84(8.5)	≤44(4.5)	10	—	—
		>6.5	≤13	≥78(8.0)	≥44(4.5)	10		
		>13	≤25	≥69(7.0)	≥34(3.5)	16		
		>25	≤50	≥64(6.5)	≥29(3.0)	22		
		>50	≤75	≥64(6.5)	≥20(2.0)	22		
	O	≥0.2以上	≤0.5	≥59(6.0) ≤98(10)	—	15	≥0.2～≤6	紧密贴合
		>0.5	≤0.8		—	20		
		>0.8	≤1.3		≥20(2.0)	25		
		>1.3	≤6.5		≥20(2.0)	30		
		>6.5	≤50		≥20(2.0)	28		
	H12 H22②	≥0.2以上	≤0.3	≥78(8.0) ≤118(12)	—	2	≥0.2～≤0.8	紧密贴合
		>0.3	≤0.5		—	3	>0.8～≤6	厚度的0.5倍
		>0.5	≤0.8		—	4		
		>0.8	≤1.3		≥64(6.5)	6		
		>1.3	≤2.9		≥64(6.5)	8		
		>2.9	≤12		≥64(6.5)	9		

续表

合金代号	状态[①]	厚度/mm		拉伸试验 抗拉强度/MPa (kgf/mm²)	屈服强度/MPa (kgf/mm²)（不小于）	伸长率/%（不小于）	弯曲试验 厚度/mm	内侧半径
A1050P	H14 H24[②]	≥0.2 以上	≤0.3		—	1		
		>0.3	≤0.5		—	2		
		>0.5	≤0.8	≥94(9.5)	—	3	≥0.2～≤0.8	厚度的 0.5 倍
		>0.8	≤1.3	≤127(13)	≥74(7.5)	4	>0.8～≤6	厚度的 1 倍
		>1.3	≤2.9		≥74(7.5)	5		
		>2.9	≤12		≥74(7.5)	6		
	H16 H26[②]	≥0.2 以上	≤0.5			1	≥0.2～≤4	厚度的 2 倍
		>0.5	≤0.8	≤118(12)	—	2		
		>0.8	≤1.3	≥147(15)	≥84(8.5)	3		
		>1.3	≤4		≤84(8.5)	4		
	H18	≥0.2 以上	≤0.5	≥127(13)	—	1	—	—
		>0.5	≤0.8			2		
		>0.8	≤1.3			3		
		>1.3	≤3			4		
A1100P A1200P A1N00P A1N30P	H112	≥4 以上	≤6.5	≥94(9.5)	≥49(5.0)	9	—	—
		>6.5	≤13	≥88(9.0)	≤49(5.0)	9		
		>13	≤50	≥84(8.5)	≥34(3.5)	14		
		>50	≤75	≥78(8.0)	≥25(2.5)	20		
	O	0.2 以上	≤0.5	≥74(7.5)	—	15	≥0.2～≤6	紧密贴合
		>0.5	≤0.8	≤108(11)	—	20		
		>0.8	≤1.3		≥25(2.5)	25		
		>1.3	≤6.5		≥25(2.5)	30		
		>6.5	≤75		≥25(2.5)	28		
	H12 H22[②]	≥0.2 以上	≤0.3		—	2	≥0.2～≤6	厚度的 0.5 倍
		>0.3	≤0.5		—	3		
		>0.5	≤0.8	≥94(9.5)	—	4		
		>0.8	≤1.3	≤127(13)	≥74(7.5)	6		
		>1.3	≤2.9		≥74(7.5)	8		
		>2.9	≤12		≥74(7.5)	9		
	H14 H24[②]	≥0.2 以上	≤0.3		—	1	≥0.2～≤6	厚度的 1 倍
		>0.3	≤0.5		—	2		
		>0.5	≤0.8	≥118(12)	—	3		
		>0.8	≤1.3	≤147(15)	≥94(9.5)	4		
		>1.3	≤2.9		≤94(9.5)	5		
		>2.9	≤12		≥94(9.5)	6		
	H16 H26[②]	≥0.2	≤0.5	≥137(14)	—	≥1	≥0.2～≤4	厚度的 2 倍
		>0.5	≤0.8	≤167(17)	—	≥2		
		>0.8	≤1.3		≥118(12)	≥3		
		>1.3	≤4		≥118(12)	≥4		
	H18	≥0.2	≤0.5	≥157(16)	—	≥1	—	—
		>0.5	≤0.8			≥2		
		>0.8	≤1.3			≥3		
		>1.3	≤3			≥4		

续表

<table>
<tr><th rowspan="3">合金代号</th><th rowspan="3">状态[1]</th><th colspan="5">拉 伸 试 验</th><th colspan="2">弯曲试验</th></tr>
<tr><th colspan="2" rowspan="2">厚度/mm</th><th rowspan="2">抗拉强度/MPa
(kgf/mm²)</th><th rowspan="2">屈服强度/MPa
(kgf/mm²)
(不小于)</th><th rowspan="2">伸长率
/%
(不小于)</th><th rowspan="2">厚度/mm</th><th rowspan="2">内侧半径</th></tr>
<tr></tr>
<tr><td rowspan="8">A2014P</td><td>O[3]</td><td>≥0.4
>0.5
>13</td><td>≤0.5
≤13
≤25</td><td>≤216(22)</td><td>—
≤108(11)
—</td><td>≥16
≥16
≥10</td><td>≥0.4~≤1.6
>1.6~≤2.9
>2.9~≤6</td><td>厚度的 0.5 倍
厚度的 1 倍
厚度的 1.5 倍</td></tr>
<tr><td>T3</td><td>≥0.4
>0.5</td><td>≤0.5
≤6</td><td>≥412(42)</td><td>—
≥245(25)</td><td>≥14</td><td>≥0.4~≤0.5
>0.5~≤1.6
>1.6~≤2.9
>2.9~≤6</td><td>厚度的 1.5 倍
厚度的 2.5 倍
厚度的 3 倍
厚度的 3.5 倍</td></tr>
<tr><td>T4</td><td>≥0.4
>0.5</td><td>>0.5
≤6</td><td>≥412(42)</td><td>—
≥245(25)</td><td>≥14</td><td>≥0.4~≤0.5
>0.5~≤1.6
>1.6~≤2.9
>2.9~≤6</td><td>厚度的 1.5 倍
厚度的 2.5 倍
厚度的 3 倍
厚度的 3.5 倍</td></tr>
<tr><td>T451[4]</td><td>≥6
>13
>25
>50</td><td>≤13
≤25
≤50
≤80</td><td>≥402(41)
≥402(41)
≥402(41)
≥397(40.5)</td><td>≥250(25.5)</td><td>≥14
≥14
≥12
≥8</td><td>—</td><td>—</td></tr>
<tr><td>T42[5]</td><td>0.4
0.5</td><td>0.5
25</td><td>≥402(41)</td><td>—
≥235(24)</td><td>≥14</td><td>—</td><td>—</td></tr>
<tr><td>T6</td><td>≥0.4
>0.5
>1</td><td>≤0.5
≤1
≤6</td><td>≥441(45)
≥441(45)
≥461(47)</td><td>—
≥392(40)
≥402(41)</td><td>≥6
≥6
≥7</td><td>≥0.4~≤0.5
>0.5~≤1.6
>1.6~≤2.9
>2.9~≤6</td><td>厚度的 3 倍
厚度的 3.5 倍
厚度的 4.5 倍
厚度的 5 倍</td></tr>
<tr><td>T62[6]</td><td>≥0.4
>0.5
>1
>6.5
>13</td><td>≤0.5
≤1
≤6.5
≤13
≤25</td><td>≥441(45)
≥441(45)
≥461(47)
≥461(47)
≥461(47)</td><td>—
≥392(40)
≥402(41)
≥412(42)
≥412(42)</td><td>≥6
≥6
≥7
≥7
≥6</td><td>—</td><td>—</td></tr>
<tr><td>T651</td><td>≥6
>13
>25
>50
>60
>80</td><td>≤13
≤25
≤50
≤60
≤80
≤100</td><td>≥461(47)
≥461(47)
≥461(47)
≥451(46)
≥436(44.5)
≥407(41.5)</td><td>≥407(41.5)
≥407(41.5)
≥407(41.5)
≥402(41)
≥395(40)
≥380(39)</td><td>≥6
≥6
≥4
≥2
≥2
—</td><td>—</td><td>—</td></tr>
<tr><td rowspan="4">A2017P</td><td>O[3]</td><td>≥0.4
>0.5</td><td>≤0.5
≤25</td><td>≤216(22)</td><td>—
≤108(11)</td><td>≥12</td><td>≥0.4~≤1.6
>1.6~≤2.9
>2.9~≤6</td><td>厚度的 0.5 倍
厚度的 1 倍
厚度的 1.5 倍</td></tr>
<tr><td>T3</td><td>≥0.4
>0.5
>1.6
>2.9</td><td>≤0.5
≤1.6
≤2.9
≤6</td><td>≥373(38)</td><td>—
≥216(22)
≥216(22)
≥216(22)</td><td>≥22
≥15
≥17
≥15</td><td>≥0.4~≤0.5
>0.5~≤1.6
>1.6~≤2.9
>2.9~≤6</td><td>厚度的 1.5 倍
厚度的 2.5 倍
厚度的 3 倍
厚度的 3.5 倍</td></tr>
<tr><td>T351</td><td>≥6
>25
>50
>80</td><td>≤25
≤50
≤80
≤100</td><td>≥373(38)
≥373(38)
≥353(36)
≥353(36)</td><td>≥216(22)
≥216(22)
≥196(20)
≥196(20)</td><td>≥12
≥12
≥11
≥10</td><td>—</td><td>—</td></tr>
<tr><td>T4</td><td>≥0.4
>0.5
>1.6
>2.9</td><td>≤0.5
≤1.6
≤2.9
≤6</td><td>≥353(36)</td><td>—
≥196(20)
≥196(20)
≥196(20)</td><td>≥12
≥15
≥17
≥15</td><td>≥0.4~≤0.5
>0.5~≤1.6
>1.6~≤2.9
>2.9~≤6</td><td>厚度的 1.5 倍
厚度的 2.5 倍
厚度的 3 倍
厚度的 3.5 倍</td></tr>
</table>

续表

合金代号	状态①	拉伸试验					弯曲试验	
		厚度/mm		抗拉强度/MPa (kgf/mm²)	屈服强度/MPa (kgf/mm²) (不小于)	伸长率/% (不小于)	厚度/mm	内侧半径
A2017P	T451	≥6	≤25	≥353(36)	≥196(20)	≥12	—	—
		>25	≤50			≥12		
		>50	≤80			≥11		
		>60	≤100			≥10		
	T42⑤	≥0.4	≤0.5	≥353(36)	—	≥12	—	—
		>0.5	≤1.6	≥353(36)	≥196(20)	≥15		
		>1.6	≤2.9	≥353(36)	≥196(20)	≥17		
		>2.9	≤6.5	≥353(36)	≥196(20)	≥15		
		>6.5	>25	≥353(36)	≥186(19)	≥12		
A2219P	O③	≥0.5	≤13	≤221(22.5)	≤108(11)	≥12	≥0.5～≤0.5	厚度的2倍
		>13	≤50			≥11	>6.5～≤13	厚度的3倍
							>13～≤25	厚度的4倍
	T31⑧	≥0.5	≤1	≥314(32)	≥201(20.5)	≥8	—	—
		>1	≤6.5		≥196(20)	≥10		
	T351⑦	≥6.5	≤12.5	≥314(32)	≥196(20)	≥10	—	—
		≤12.5	≤50	≥314(32)	≥196(20)	≥10		
		>50	≤80	≥304(31)	≥196(20)	≥10		
		>80	≤100	≥289(29.5)	≥186(19)	≥9		
	T37⑨	≥0.5	≤1	≥338(34.5)	≥260(26.5)	≥6	—	—
		>1	≤12.5	≥338(34.5)	≥255(26)	≥6		
		>12.5	≤60	≥338(34.5)	≥255(26)	≥5		
		>60	≤80	≥324(33)	≥250(25.5)	≥5		
		>80	≤100	≥309(31.5)	≥240(24.5)	≥3		
	T62⑥	≥0.5	≤1	≥368(37.5)	≥ 250(25.5)	≥6	—	—
		>1	≤6.5			≥7		
		>6.5	≤13			≥8		
		>13	≤25			≥8		
		>25	≤50			≥7		
	T81	≥0.5	≤1	≥427(43.5)	≥314(32)	≥6	—	—
		>1	≤6.5			≥7		
	T851	≥6.5	≤13	≥427(43.5)	≥314(32)	8	—	—
		>13	≤25	≥427(43.5)	≥314(32)	8		
		>25	≤50	≥427(43.5)	≥314(32)	7		
		>50	≤80	≥427(43.5)	≥309(31.4)	6		
		>80	≤100	≥417(42.5)	≥304(31)	5		
	T87	≥0.5	≤1	≥441(45)	≥358(36.5)	5	—	—
		>1	≤12.5	≥441(45)	≥348(35.5)	6	—	—
		>12.5	≤60	≥441(45)	≥348(35.5)	7		
		>60	≤80	≥441(45)	≥348(35.5)	6		
		>80	≤100	≥427(43.5)	≥343(35)	5		
A2024P	O③	≥0.4	≤0.5	≤216(22)	—	12	≥0.4～≤0.5	紧密贴合
		>0.5	≤13		≤98(10)		>0.5～≤1.6	厚度的0.5倍
		>13	≤25		—		>1.6～≤2.9	厚度的2倍
							>2.9～≤6	厚度的3倍
	T3	≥0.4	≤0.5	≥441(45)	—	12	≥0.4～≤0.5	厚度的2倍
		>0.5	≤6.5		≥294(30)	15	>0.5～≤2.9	厚度的3倍
							>2.9～≤6.5	厚度的4倍

续表

合金代号	状态[1]	拉伸试验 厚度/mm		抗拉强度/MPa (kgf/mm²)	屈服强度/MPa (kgf/mm²) (不小于)	伸长率 /% (不小于)	弯曲试验 厚度/mm	内侧半径
A2024P	T351[7]	≥6.5	≤13	≥441(45)	≥289(29.5)	12	—	—
		>13	≤25	≥436(44.5)	≥289(29.5)	8		
		>25	≤40	≥427(43.5)	≥289(29.5)	7		
		>40	≤50	≥427(43.5)	≥289(29.5)	6		
		>50	≤80	≥417(42.5)	≥289(29.5)	4		
		>80	≤100	≥397(40.5)	≥284(29)	4		
	T361[10]	≥0.4	≤0.5	≥461(47)	—	8	≥0.4～≤1.6	厚度的3倍
		>0.5	≤1.6	≥461(47)	≥353(35)	8	>1.6～≤2.9	厚度的4倍
		>1.6	≤6.5	≥471(48)	≥343(36)	9	>2.9～≤6	厚度的5倍
		>6.5	≤12	≥461(47)	≥343(35)	9		
	T4	≥0.4	≤0.5	≥431(44)	—	12	≤0.4～≤0.5 >0.5～≤2.9	厚度的2倍 厚度的3倍
		>0.5	≤6		≥275(28)	15	>2.9～≤6	厚度的4倍
	T42[5]	≥0.4	≤0.5	≥431(44)	—	12	—	—
		>0.5	≤6.5	≥431(44)	≥265(27)	15		
		>6.5	≤13	≥431(44)	≥265(27)	12		
		>13	≤25	≥422(43)	≥265(27)	8		
	T62[6]	≥0.4	≤0.5	≥441(45)	—	5	—	—
		>0.5	≤13	≥441(45)	≥343(35)			
		≥13	≤25	≥431(44)	≥343(35)			
	T81	≥0.25	≤6.5	≥461(47)	≥402(41)	5	—	—
	T851	≥6.5	≤13	≥461(47)	≥402(41)	5	—	—
		>13	≤25	≥456(46.5)	≥402(41)			
		>25	≤40	≥456(46.5)	≥397(40.5)			
	T861	≥0.4	≤0.5	≥481(49)	—	≥3	—	—
		>0.5	≤1.6	≥481(49)	≥431(44)	≥3		
		>1.6	≤6.5	≥490(50)	≥461(47)	≥4		
		>6.5	≤12	≥481(49)	≥441(45)	≥4		
A3003P A3203P	H112	≥4	≤13	≥118(12)	≥69(7.0)	≥8	—	—
		>13	≤50	≥108(11)	≥39(4.0)	≥12		
		>50	≤75	≥98(10)	≥39(4.0)	≥18		
	O	≥0.2	≤0.3	≥94(9.5) ≤127(13)	—	≥18	≥0.2～≤6	紧密贴合
		>0.3	≤0.8		—	≥20		
		>0.8	≤1.3		≥34(3.5)	≥23		
		>1.3	≤6.5		≥34(3.5)	≥25		
		>6.5	≤75		≥34(3.5)	≥23		
	H12 H22[2]	≥0.2	≤0.3	≥118(12) ≤157(16)	—	≥2	≥0.2～≤6	厚度的0.5倍
		>0.3	≤0.5		—	≥3		
		>0.5	≤0.8		—	≥4		
		>0.8	≤1.3		≥84(8.5)	≥5		
		>1.3	≤2.9		≥84(8.5)	≥6		
		>2.9	≤4		≥84(8.5)	≥7		
		>4	≤6.5		≥84(8.5)	≥8		
		>6.5	≤12		≥84(8.5)	≥9		
	H14 H24[2]	≥0.2	≤0.3	≥137(14) ≤177(18)	—	≥1	≥0.2～≤2.9	厚度的1倍
		>0.3	≤0.5		—	≥2	>2.9～≤6	厚度的1.5倍
		>0.5	≤0.8		—	≥3		
		>0.8	≤1.3		≥118(12)	≥4		
		>1.3	≤2.9		≥118(12)	≥5		
		>2.9	≤4		≥118(12)	≥6		
		>4	≤6.5		≥118(12)	≥7		
		>6.5	≤12		≥118(12)	≥8		

续表

合金代号	状态[1]	拉伸试验					弯曲试验	
		厚度/mm		抗拉强度/MPa (kgf/mm²)	屈服强度/MPa (kgf/mm²)(不小于)	伸长率/%(不小于)	厚度/mm	内侧半径
A3003P A3203P	H16 H26[2]	≥0.2	≤0.5		—	≥1	≥0.2～≤1.3	厚度的2倍
		>0.5	≤0.8	≥167(17)	—	≥2	>1.3～≤2.9	厚度的2.5倍
		>0.8	≤1.3	≤206(21)	≥147(15)	≥3	>2.9～≤4	厚度的3倍
		>1.3	≤4		≥147(15)	≥4		
	H18	≥0.2	≤0.5		—	≥1	—	—
		≥0.5	≤0.8		—	≥2		
		>0.8	≤1.3	≥186(19)	≥167(17)	≥3		
		>1.3	≤3		≥167(17)	≥4		
A3004P A3104P	O	≥0.2	≤0.5		—	≥10		
		>0.5	≤0.8	≥157(16)	—	≥14	≥0.2～≤0.8	紧密贴合
		>0.8	≤1.3	≤196(20)	≥59(6.0)	≥16	>0.8～≤3	厚度的0.5倍
		>1.3	≤3		≥59(6.0)	≥18		
	H12 H22[2] H32	≥0.5	≤0.8	≥196(20)	—	≥3	≥0.5～≤0.8	厚度的0.5倍
		>0.8	≤1.3	≤245(25)	≥147(15)	≥4	>0.8～≤3	厚度的1倍
		>1.3	≤3		≥147(15)	≥5		
	H14 H24[2] H34	≥0.2	≤0.5		—	≥1		
		>0.5	≤0.8	≥226(23)	—	≥2	≥0.2～≤0.8	厚度的1倍
		>0.8	≤1.3	≤265(27)	≥177(18)	≥3	>0.8～≤3	厚度的1.5倍
		>1.3	≤3		≥177(18)	≥4		
	H16 H26[2] H36	≥0.2	≤0.5		—	≥1		
		>0.5	≤0.8	≥245(25)	—	≥2	≥0.2～≤0.8	厚度的2倍
		>0.8	≤1.3	≤284(29)	≥196(20)	≥3	>0.8～≤3	厚度的2.5倍
		>1.3	≤3		≥196(20)	≥4		
	H18 H28[2] H38	≥0.2	≤0.5	≥265(27)	≥216(22)	≥1	—	—
	H19 H29[2] H39	≥0.2	≤0.5	≥275(28)	—	≥1	—	—
A3005P	O	≥0.3	≤0.5		—	≥14		
		>0.5	≤0.8	≥118(12)	—	≥16	≥0.3～≤1.6	紧密贴合
		>0.8	≤1.6	≤167(17)	≥44(4.5)	≥18		
	H12 H22[2]	≥0.3	≤0.5		—	≥1		
		>0.5	≤0.8	≥137(14)	—	≥2	≥0.3～≤1.6	厚度的1倍
		>0.8	≤1.6	≤186(19)	≥118(12)	≥2		
	H14 H24[2]	≥0.3	≤0.8	≥167(17)	—	≥1	≥0.3～≤0.8	厚度的1.5倍
		>0.8	≤1.6	≤216(22)	≥147(15)	≥2	>0.8～≤1.6	厚度的2倍
	H16 H26[2]	≥0.3	≤0.8	≥196(20)	—	≥1	≥0.3～≤0.5	厚度的2倍
		>0.8	≤1.6	≤245(25)	≥167(17)	≥2	>0.5～≤1.6	厚度的3倍
	H18	≥0.3	≤0.8	≥226(23)	—	≥1	—	—
		>0.8	≤1.6		≥206(21)	≥2		
A3105P	H12 H22[2]	≥0.3	≤0.8	≥127(13)	—	≥1	≥0.3～≤1.0	厚度的1倍
		>0.8	≤1.6	≤177(18)	≥108(11)	≥2		
	H14 H24[2]	≥0.3	≤0.8	≥157(16)	—	≥1	≥0.3～≤0.8	厚度的1.5倍
		>0.8	≤1.6	≤196(20)	≥127(13)	≥2	>0.8～≤1.6	厚度的2倍
	H16 H26[2]	≥0.3	≤0.8	≥177(18)	—	≥1	≥0.3～≤0.5	厚度的2倍
		>0.8	≤1.6	≤226(23)	≥147(15)	≥2	>0.5～≤1.6	厚度的3倍

续表

合金代号	状态①	拉伸试验					弯曲试验	
		厚度/mm		抗拉强度/MPa (kgf/mm²)	屈服强度/MPa (kgf/mm²) (不小于)	伸长率 /% (不小于)	厚度/mm	内侧半径
A5005P	H112	≥4	≤13	≥118(12)	—	≥8	—	—
		>13	≤50	≥108(11)		≥12		
		>50	≤75	≥98(10)		18		
	O	≥0.5	≤0.8	≥108(11) ≤147(15)	—	18	≥0.5~≤6	紧密贴合
		>0.8	≤1.3		≥34(3.5)	20		
		>1.3	≤2.9		≥34(3.5)	21		
		>2.9	≤75		≥34(3.5)	22		
	H12 H22② H32	≥0.5	≤0.8	≥118(12) ≤157(16)	—	3	≥0.5~≤6	厚度的0.5倍
		>0.8	≤1.3		84(8.5)	4		
		>1.3	≤2.9		84(8.5)	6		
		>2.9	≤4		84(8.5)	7		
		>4	≤6.5		84(8.5)	8		
		>6.5	≤12		84(8.5)	9		
	H14 H24② H34	≥0.5	≤0.8	≥137(14) ≤177(18)	—	1	≥0.5~≤2.9	厚度的1倍
		>0.8	≤1.3		108(11)	2	>2.9~≤6	厚度的1.5倍
		>1.3	≤2.9		108(11)	3		
		>2.9	≤4		108(11)	5		
		>4	≤6.5		108(11)	6		
		>6.5	≤12		108(11)	8		
	H16 H26② H34	≥0.5	≤0.8	≥157(16) ≤196(20)	—	1	≥0.5~≤1.3	厚度的2倍
		>0.8	≤1.3		127(13)	2	>1.3~≤2.9	厚度的2.5倍
		>1.3	≤4		127(13)	3	>2.9~≤4	厚度的3倍
	H18 H38	≥0.5	≤0.8	≥177(18)	—	1	—	—
		>0.8	≤1.3		—	2		
		>1.3	≤3			3		
A5052P A5652P	H112	≥4	≤6.5	≥196(20)	108(11)	9	—	—
		>6.5	≤13	≥196(20)	108(11)	7		
		>13	≤50	≥177(18)	64(6.5)	12		
		>50	≤75	≥177(18)	64(6.5)	16		
	O	≥0.2	≤0.3	≥177(18) ≤216(22)	—	14	≥0.2~≤0.8	紧密贴合
		>0.3	≤0.5		—	15	>0.8~≤2.9	厚度的0.5倍
		>0.5	≤0.8		—	16	>2.9~≤6	厚度的1倍
		>0.8	≤1.3		64(6.5)	18		
		>1.3	≤2.9		64(6.5)	19		
		>2.9	≤6.5		64(6.5)	20		
		>6.5	≤75		64(6.5)	18		
	H12 H22② H32	≥0.2	≤0.3	≥216(22) ≤265(27)	—	3	≥0.2~≤0.8	厚度的0.5倍
		>0.3	≤0.5		—	4	>0.8~≤2.9	厚度的1倍
		>0.5	≤0.8		—	5	>2.9~≤6	厚度的1.5倍
		>0.8	≤1.3		157(16)	5		
		>1.3	≤2.9		157(16)	7		
		>2.9	≤6.5		157(16)	9		
		>6.5	≤12		157(16)	11		
	H14 H24② H34	≥0.2	≤0.5	≥235(24) ≤284(29)	—	3	≥0.2~≤0.8	厚度的1倍
		>0.5	≤0.8		—	4	>0.8~≤2.9	厚度的1.5倍
		>0.8	≤1.3			4	>2.9~≤6	厚度的2倍
		>1.3	≤2.9		177(18)	6		
		>2.9	≤6.5		177(18)	7		
		>6.5	≤12		177(18)	10		

续表

合金代号	状态①	拉伸试验					弯曲试验	
		厚度/mm		抗拉强度/MPa (kgf/mm²)	屈服强度/MPa (kgf/mm²) (不小于)	伸长率 /% (不小于)	厚度/mm	内侧半径
A5052P A5652P	H16 H26② H36	≥0.2	≤0.8	≥255(26)	—	3	≥0.2~≤0.8	厚度的 2 倍
		>0.8	≤0.4	≥255(26)	≥206(21)	4	>0.8~≤1.3	厚度的 2.5 倍
							>1.3~≤4	厚度的 3 倍
	H18 H38	≥0.2	≤0.8	≥275(28)	—	3	—	—
		>0.8	≤3	以上	226(23)	4		
A5052P	H19 H39	≥0.15	≤0.5	≥284(29) 以上	—	1	—	—
A5154P A5254P	H112	≥4	≤6.5	≥235(24)	127(13)	8	—	—
		>6.5	≤13	≥226(23)	127(13)	8		
		>13	≤50	≥206(21)	74(7.5)	11		
		>50	≤75	≥206(21)	74(7.5)	15		
	O	≥0.5	≤0.8		—	12	≥0.5~≤0.8	厚度的 1 倍
		>0.8	≤1.3	≥206(21)	74(7.5)	14	>0.8~≤2.9	厚度的 1.5 倍
		>1.3	≤2.9	≤284(29)	74(7.5)	16	>2.9~≤6	厚度的 2 倍
		>2.9	≤75		74(7.5)	18		
	H12 H22② H32	≥0.5	≤0.8		—	5	≥0.5~≤0.8	厚度的 1 倍
		>0.8	≤1.3	≥255(26)	177(18)	5	>0.8~≤2.9	厚度的 2 倍
		>1.3	≤6.5	≤294(30)	177(18)	8	>2.9~≤6	厚度的 2.5 倍
		>6.5	≥12		177(18)	12		
	H14 H24② H34	≥0.5	≤0.8		—	4		
		>0.8	≤1.3		206(21)	4	≥0.5~≤0.8	厚度的 1 倍
		>1.3	≤4	≥276(28) ≤314(32)	206(21)	6	>0.8~≤2.9	厚度的 2.5 倍
		>4	≤6.5		206(21)	7	>2.9~≤6	厚度的 3 倍
		>6.5	≤12		206(21)	10		
	H16 H26② H36	≥0.5	≤0.8		—	3	≥0.5~≤0.8	厚度的 3 倍
		>0.8	≤1.3	≥294(30)	226(23)	3	>0.8~≤1.3	厚度的 3.5 倍
		>1.3	≤2.9	≤333(34)	226(23)	4	>1.3~≤4	厚度的 4 倍
		>2.9	≤4		226(23)	5		
	H18 H38	≥0.5	≤0.8		—	3	—	—
		>0.8	≤1.3	≥314(32)	245(25)	3		
		>1.3	≤3		245(25)	4		
A5454P	O	≥0.5	≤0.8			12	—	—
		>0.8	≤1.3	≤216(22)		14		
		>1.3	≤2.9	≤284(29)	84(8.5)	16		
		>2.9	≤50			18		
A5082P	H18 H38	≥0.2	≤0.5	≥333(34)	—	1	—	—
	H19 H39	≥0.2	≤0.5	≥353(36)	—	1	—	—
A5182P	H18 H38 H19 H39	≥0.2	≤0.5	≥343(35) ≥363(37)	—	1	—	—
A5083P	H112	≥4	≤6.5	≥284(29)	127(13)	11	—	—
		>6.5	≤40	≥275(28)	127(13)	12		
		>40	≤75	≥275(28)	118(12)	12		

续表

合金代号	状态①	拉伸试验					弯曲试验	
		厚度/mm		抗拉强度/MPa (kgf/mm²)	屈服强度/MPa (kgf/mm²) (不小于)	伸长率/% (不小于)	厚度/mm	内侧半径
A5083P	O	≥0.5	≤0.8	≥275(28) ≤353(36)	—	16	≥0.5~≤12	厚度的2倍
		>0.8	≤40	≥275(28) ≤353(36)	127(13) 196(20)			
		>40	≤80	≥275(28) ≤343(35)	118(12) 196(20)			
		>80	≤100	≥265(27)	108(11)			
	H22② H32	≥0.5	≤0.8	≥314(32) ≤373(38)	—	8	≥0.5~≤1.3	厚度的2.5倍
		≥0.8	≤2.9	≥314(32) ≤373(38)	235(24) 304(31)	8	>1.3~≤2.9	厚度的3倍
		≥2.9	≤12	≥304(31) ≤382(39)	216(22) 294(30)	12	>2.9~≤6.5	厚度的4倍
							>6.5~≤12	厚度的5倍
	H321	≥4	≤13	≥304(31) ≤387(39.5)	216(22) 294(30)	12	—	—
		>13	≤40	≥304(31) ≤387(39.5)	216(22) 294(30)	11		
		>40	≤80	≥284(29) ≤384(39.5)	201(20.5) 294(30)	11		
A5083 PS	O	≥6.5	≤40	≥275(28) ≤353(36)	137(14) 196(20)	16	>6.5~≤12	厚度的2倍
		>40	≤80	≥275(28) ≤343(35)	127(13) 196(20)			
		>80	≤100	≥275(28)	118(12)			
A5086P	H112	≥4	≤6.5	≥255(26)	127(13)	7	—	—
		>6.5	≤13	≥245(25)	127(13)	8		
		>13	≤25	≥245(25)	108(11)	10		
		>25	≤50	≥245(25)	98(10)	14		
		>50	≤75	≥235(24)	98(10)	14		
	O	≥0.5	≤1.3			15	≥0.5~≤0.8	厚度的1.5倍
		>1.3	≤6.5	≥245(25)	98(10)	18	>0.8~≤2.9	厚度的2倍
		>6.5	≤50	≤304(31)		16	>2.9~≤12	厚度的2.5倍
	H22② H32	≥0.5	≤1.3	≥275(28)		6	≥0.5~≤0.8	厚度的2倍
		>1.3	≤6.5		196(20)	8	>0.8~≤2.9	厚度的2.5倍
		>6.5	≤12	≤324(33)		12	>2.9~≤12	厚度的3倍
	H24② H34	≥0.5	≤0.8			4	≥0.5~≤1.3	厚度的2.5倍
		>0.8	≤1.3	≥304(31)	235(24)	5	>1.3~≤2.9	厚度的3倍
		>1.3	≤6.5	≤353(36)		6	>2.9~≤6	厚度的4倍
		>6.5	≤12			10		
	H26② H36	≥0.5	≤0.8			3	≥0.5~≤1.3	厚度的3倍
		>0.8	≤1.3	≥324(33)	265(27)	4	>1.3~≤2.9	厚度的4倍
		>1.3	≤4	≤373(38)		6	>2.9~≤4	厚度的5倍
	H18 H38	≥0.15以上	≤1.3	≥343(35)	284(29)	3	—	—

续表

合金代号	状态[①]	拉伸试验					弯曲试验	
		厚度/mm		抗拉强度/MPa (kgf/mm²)	屈服强度/MPa (kgf/mm²) (不小于)	伸长率/% (不小于)	厚度/mm	内侧半径
A5N01P	O	≥0.2	≤0.3	≥84(8.5) ≤127(13)	—	10	≥0.2～≤6	紧密贴合
		>0.3	≤0.5			15		
		>0.5	≤1.3			20		
		>1.3	≤6			25		
	H12 H22[②]	≥0.2	≤0.3	≥108(11) ≤147(15)	—	2	≥0.2～≤6	厚度的 0.5 倍
		>0.3	≤0.5			3		
		>0.5	≤0.8			4		
		>0.8	≤1.3			6		
		>1.3	≤2.9			8		
		>2.9	≤6			9		
	H14 H24[②]	≥0.2	≤0.3	≥127(13) ≤167(17)	—	1	≥0.2～≤6	厚度的 1 倍
		>0.3	≤0.5			2		
		>0.5	≤0.8			3		
		>0.8	≤1.3			4		
		>1.3	≤2.9			5		
		>2.9	≤6			6		
	H16 H26[②]	≥0.2	≤0.5	≥147(15) ≤186(19)	—	1	≥0.2～≤4	厚度的 2 倍
		>0.5	≤0.8			2		
		>0.8	≤1.3			3		
		>1.3	≤4			4		
	H18	≥0.2	≤0.5	≥167(17)	—	1	—	—
		>0.5	≤0.8			2		
		>0.8	≤1.3			3		
		>1.3	≤3			4		
A6061P	O[③]	≥0.4	≤0.5	≤147(15)	—	14	≥0.4～≤0.5	紧密贴合
		>0.5	≤2.9		≤84(8.5)	16	>0.5～≤2.9	厚度的 0.5 倍
		>2.9	≤13		≤84(8.5)	18	>2.9～≤6.5	厚度的 1 倍
		>13	≤25		—	18	>6.5～≤12	厚度的 1.5 倍
		>25	≤75		—	16		
	T4	≥0.4	≤0.5	≥206(21)	—	14	≥0.4～≤0.5	厚度的 1 倍
		>0.5	≤6.5		108(11)	16	>0.5～≤6	厚度的 1.5 倍
	T451[④]	≥6.5	≤13	≥205(21)	108(11)	18	—	—
		>13	≤25			17		
		>25	≤75			15		
	T42[⑤]	≥0.4	≤0.5	≥206(21)	—	14	—	—
		>0.5	≤6.5		94(9.5)	16		
		>6.5	≤25		94(9.5)	18		
		>25	≤75		94(9.5)	16		
	T6	≥0.4	≤0.5	≥294(30)	—	8	≥0.4～≤0.5	厚度的 1.5 倍
		>0.5	≤6.5		245(25)	10	>0.5～≤1.6	厚度的 2 倍
							>1.6～≤2.9	厚度的 2.5 倍
							>2.9～≤6	厚度的 3 倍
	T651	≥6.5	≤13	≥294(30)	245(25)	10	—	—
		>13	≤25			9		
		>25	≤50			8		
		>50	≤100			6		

续表

合金代号	状态①	拉伸试验					弯曲试验	
		厚度/mm		抗拉强度/MPa (kgf/mm²)	屈服强度/MPa (kgf/mm²) (不小于)	伸长率 /% (不小于)	厚度/mm	内侧半径
A6061P	T62⑥	≥0.4	≤0.5	≥294(30)	—	8	—	—
		>0.5	≤13		245(25)	10		
		>13	≤25		245(25)	9		
		>25	≤50		240(24.5)	8		
		>50	≤75		240(24.5)	6		
A7075P	O③	≥0.4	≤0.5	≥275(28)	—	10	≥0.4～≤0.5	厚度的 0.5 倍
		>0.5	≤13		≤147(15)		>0.5～≤1.6	厚度的 1 倍
		>13	≤25		—		>1.6～≤2.9	厚度的 2 倍
		>25	≤50		—		>2.9～≤6	厚度的 2.5 倍
	T6	≥0.4	≤0.5	≥530(54)	—	7	≥0.4～≤0.5	厚度的 3.5 倍
		>0.5	≤1	≥530(54)	461(47)	7	>0.5～≤1.6	厚度的 4 倍
		>1	≤2.9	≥539(55)	471(48)	8	>1.6～≤2.9	厚度的 5 倍
		>2.9	≤6.5	≥539(55)	481(49)	8	>2.9～≤6	厚度的 5.5 倍
	T651	≥6.5	≤13	≥539(55)	461(47)	9	—	—
		>13	≤25	≥539(55)	471(48)	7		
		>25	≤50	≥530(54)	461(47)	6		
		>50	≤60	≥525(53.5)	441(45)	5		
		>60	≤80	≥495(50.5)	422(43)	5		
		>80	≤90	≥490(50)	402(41)	5		
		>90	≤100	≥461(47)	368(37.5)	3		
	T62⑥	≥0.4	≤0.5	≥530(54)	—	7	—	—
		>0.5	≤1	≥530(54)	461(47)	7		
		>1	≤2.9	≥539(55)	471(48)	8		
		>2.9	≤6.5	≥539(55)	481(49)	8		
		>6.5	≤13	≥539(55)	461(47)	9		
		>13	≤25	≥539(55)	471(48)	7		
		>25	≤50	≥530(54)	461(47)	6		
A7N01P	O	≥1.5	≤75	≤245(25)	≤147(15)	12	≥15～≤2.9	厚度的 2 倍
							>2.9～≤6.5	厚度的 2.5 倍
							>6.5～≤12	厚度的 3 倍
	T4⑪	≥1.5	≤75	≥314(32)	196(20)	11	≥1.5～≤2.9	厚度的 2.5 倍
							>2.9～≤6.5	厚度的 3 倍
							>6.5～≤12	厚度的 4.5 倍
A7N01P	T6	≥1.5 以上	≤75	≥333(34)	≥275(28)	≥10	≥1.5～≤2.9	厚度的 3 倍
							>2.9～≤6.5	厚度的 4 倍
							>6.5～≤12	厚度的 5 倍

① 同 JIS H 4040—2006。

② 抗拉强度的上限及屈服强度不适用于状态为 H22，H24，H26，H28 以及 H29 的材料。

③ 同 JIS H 4040—2006 注③。

④ 固溶处理后，给予 1.5%～3.0%永久变形的抗拉强度，需除去残余应力，再自然时效；状态 T451 的材料，必须保证状态 T651 的特性。

⑤ JIS H 4040—2006 注④。

⑥ 同 JIS H 4040—2006 注⑤。

⑦ 状态 T351 的材料，必须保证状态 T851 的特性。

⑧ 状态 T31 的材料，必须保证状态 T81 的特性。

⑨ 状态 T37 的材料，必须保证状态 T87 的特性。

⑩ 状态 T361 的材料，必须保证状态 T861 的特性。

⑪ 同 JIS H 4040—2006 注⑥。

注：厚度超出规定尺寸范围内的，其力学性能按供需双方的协议。

表 9-105 标准热处理温度及时间

合金牌号	状态	退火	固溶处理	淬火	时效硬化处理①
1080 1070 1050 1100 1200 1N00	O	340～410℃ 空冷或炉冷	—	—	—
2014 2014 复合板	O	340～410℃空冷或炉冷②	—	—	—
	T4,T42,T3	—	495～505℃	水冷	常温 96h 以上
	T6,T62	—	495～505℃	水冷	170～180℃10h 150～165℃18h⑤
2017	O	340～410℃空冷或炉冷②	—	—	—
	T4,T42,T3	—	495～510℃	水冷	常温 96h 以上
2024 2024 复合板	O	340～410℃空冷或炉冷②	—	—	—
	T4,T42,T3,T361	—	490～500℃	水冷	常温 96h 以上
	T62	—	490～500℃	水冷	185～195℃约 9h
	T861	—	490～500℃	水冷	185～195℃8h
3003 3203	O	约 410℃空冷或炉冷	—	—	—
3004 3005 1305	O	340～410℃空冷或炉冷	—	—	—
5005 5454 5052 5083 5652 5086 5154 5N01 5254	O	340～410℃空冷或炉冷	—	—	—
6061	O	340～410℃空冷或炉冷②	—	—	—
	T4,T42	—	515～550℃	水冷	常温 96h 以上
	T6,T62	—	515～550℃	水冷	155～165℃18h 170℃8h⑤
7N01	O	约 410℃炉冷	—	—	—
	T4	—	约 450℃空冷或水冷		常温 1 个月以上
	T6	—	约 450℃空冷或水冷		约 120℃约 24h
7075 7075 复合板	O	340～410℃空冷或炉冷③	—	—	—
	T6,T62	—	460～500℃④	水冷	115～125℃24h 以上

① 时效硬化处理时间指厚度≤12mm 时，记录仪显示所需温度之后的保温时间。厚度每增加 12mm，处理时间相应延长 30min。

② 经热处理的材料退火时，加热至大约 410℃，并保温 1h 以上为好。冷却时，在 260℃以前，最好以低于每小时 28℃的速度进行冷却；260℃以后，冷却速度不限。

③ 经热处理的材料退火时，加热至 410～455℃（材料的冷加工量越小，所需温度越高），并保温约 2h，在空气中冷却，再加热至约 230℃，在此温度下保温约 6h，然后冷却至常温。

④ 厚度＞1.3mm 的，以 490～500℃为宜；厚度≥6.5mm 的，以 460～490℃为宜。

⑤ 作为取代方法使用。

表 9-106 铸造铝合金（金属型）的力学性能（JIS H5202—2010）

种类	热处理类别	合金代号与状态	拉伸试验		布氏硬度(HB)(10/500)	参考					
						热处理					
						退火		固溶处理		时效硬化处理	
			抗拉强度/MPa(不小于)	伸长率/%(不小于)		温度/℃	时间/h	温度/℃	时间/h	温度/℃	时间/h
铸件1种A	铸造状态	AC1A-F	150	5	约55	—	—	—	—	—	—
	固溶处理	AC1A-T4	230	5	约70	—	—	约515	约10	—	—
	固溶处理后时效硬化处理	AC1A-T6	250	2	约85	—	—	约515	约10	约160	约6
铸件1种B	铸造状态	AC1B-F	170	2	约60	—	—	—	—	—	—
	固溶处理	AC1B-T4	290	5	约80	—	—	约515	约10	—	—
	固溶处理后时效硬化处理	AC1B-T6	300	3	约90	—	—	约515	约10	约160	约4
铸件2种A	铸造状态	AC2A-F	180	2	约75	—	—	—	—	—	—
	固溶处理后时效硬化处理	AC2A-T6	270	1	约90	—	—	约510	约8	约160	约9
铸件2种B	铸造状态	AC2B-F	150	1	约70	—	—	—	—	—	—
	固溶处理后时效硬化处理	AC2B-T6	240	1	约90	—	—	约500	约10	约160	约5
铸件3种A	铸造状态	AC3A-F	170	5	约50	—	—	—	—	—	—
铸件4种A	铸造状态	AC4A-F	170	3	约60	—	—	—	—	—	—
	固溶处理后时效硬化处理	AC4A-T6	240	2	约90	—	—	约525	约10	约160	约9
铸件4种B	铸造状态	AC4B-F	170	—	约80	—	—	—	—	—	—
	固溶处理后时效硬化处理	AC4B-T6	240	—	约100	—	—	约500	约10	约160	约7
铸件4种C	铸造状态	AC4C-F	150	3	约55	—	—	—	—	—	—
	时效硬化处理	AC4C-T5	170	3	约65	—	—	—	—	约225	约5
	固溶处理后时效硬化处理	AC4C-T6	220	3	约85	—	—	约525	约8	约160	约6
	固溶处理后时效硬化处理	AC4C-T61	240	1	约90	—	—	约525	约8	约170	约7
铸件4种CH	铸造状态	AC4CH-F	160	3	约55	—	—	—	—	—	—
	时效硬化处理	AC4CH-T5	180	3	约65	—	—	—	—	约225	约5
	固溶处理后时效硬化处理	AC4CH-T6	240	5	约85	—	—	约535	约8	约155	约6
	固溶处理后时效硬化处理	AC4CH-T61	260	3	约90	—	—	约535	约8	约170	约7
铸件4种D	铸造状态	AC4D-F	170	2	约70	—	—	—	—	—	—
	时效硬化处理	AC4D-T5	190	1	约75	—	—	—	—	约225	约5
	固溶处理后时效硬化处理	AC4D-T6	270	1	约90	—	—	约525	约10	约160	约10
铸件5种A	退火	AC5A-0	180	—	约65	约350	约2	—	—	—	—
	固溶处理后时效硬化处理	AC5A-T6	290	—	约110	—	—	约520	约7	约200	约5
铸件7种A	铸造状态	AC7A-F	210	12以上	约60	—	—	—	—	—	—
铸件8种A	铸造状态	AC8A-F	170	—	约85	—	—	—	—	—	—
	时效硬化处理	AC8A-T5	190	—	约90	—	—	—	—	约200	约4
	固溶处理后时效硬化处理	AC8A-T6	270	—	约110	—	—	约510	约4	约170	约10
铸件8种B	铸造状态	AC8B-F	170	—	约85	—	—	—	—	—	—
	时效硬化处理	AC8B-T5	180	—	约90	—	—	—	—	约200	约4
	固溶处理后时效硬化处理	AC8B-T6	270	—	约110	—	—	约510	约4	约170	约10
铸件8种C	铸造状态	AC8C-F	170	—	约85	—	—	—	—	—	—
	时效硬化处理	AC8C-T5	180	—	约90	—	—	—	—	约200	约4
	固溶处理后时效硬化处理	AC8C-T6	270	—	约110	—	—	约510	约4	约170	约10
铸件9种A	时效硬化处理	AC9A-T5	150	—	约90	—	—	—	—	约250	约4
	固溶处理后时效硬化处理	AC9A-T6	190	—	约125	—	—	约500	约4	约200	约4
	固溶处理后时效硬化处理	AC9A-T7	170	—	约95	—	—	约500	约4	约250	约4
铸件9种B	时效硬化处理	AC9B-T5	170	—	约85	—	—	—	—	约250	约4
	固溶处理后时效硬化处理	AC9B-T6	270	—	约120	—	—	约500	约4	约200	约4
	固溶处理后时效硬化处理	AC9B-T7	200	—	约90	—	—	约500	约4	约250	约4

表 9-107　铸造铝合金（砂型）的力学性能（JIS H5202—2010）

种类	热处理类别	合金代号与状态	拉伸试验		参考						
						热处理					
			抗拉强度/MPa（不小于）	伸长率/%（不小于）	布氏硬度（HB）（10/500）	退火		固溶处理		时效硬化处理	
						温度/℃	时间/h	温度/℃	时间/h	温度/℃	时间/h
铸件1种A	铸造状态	AC1A-F	130以上	—	约50	—	—	—	—	—	—
	固溶处理	AC1A-T4	180以上	3以上	约70	—	—	约515	约10	—	—
	固溶处理后时效硬化处理	AC1A-T6	210以上	2以上	约80	—	—	约515	约10	约160	约6
铸件1种B	铸造状态	AC1B-F	150以上	1以上	约75	—	—	—	—	—	—
	固溶处理	AC1B-T4	250以上	4以上	约85	—	—	约515	约10	—	—
	固溶处理后时效硬化处理	AC1B-T6	270以上	3以上	约90	—	—	约515	约10	约160	约4
铸件2种A	铸造状态	AC2A-F	150以上	—	约70	—	—	—	—	—	—
	固溶处理后时效硬化处理	AC2A-T6	230以上	—	约90	—	—	约510	约8	约160	约10
铸件2种B	铸造状态	AC2B-F	130以上	—	约60	—	—	—	—	—	—
	固溶处理后时效硬化处理	AC2B-T6	190以上	—	约80	—	—	约500	约10	约160	约5
铸件3种A	铸造状态	AC3A-F	140以上	2以上	约45	—	—	—	—	—	—
铸件4种A	铸造状态	AC4A-F	130以上	—	约45	—	—	—	—	—	—
	固溶处理后时效硬化机理	AC4A-T6	220以上	—	约80	—	—	约525	约10	约160	约9
铸件4种B	铸造状态	AC4B-F	140以上	—	约80	—	—	—	—	—	—
	固溶处理后时效硬化处理	AC4B-T6	210以上	—	约100	—	—	约500	约10	约160	约7
铸件4种C	铸造状态	AC4C-F	130以上	—	约50	—	—	—	—	—	—
	时效硬化处理	AC4C-T5	140以上	—	约60	—	—	—	—	约225	约5
	固溶处理后时效硬化处理	AC4C-T6	200以上	2以上	约75	—	—	约525	约8	约160	约6
	固溶处理后时效硬化处理	AC4C-T61	220以上	1以上	约80	—	—	约525	约8	约170	约7
铸件4种CH	铸造状态	AC4CH-F	140以上	2以上	约50	—	—	—	—	—	—
	时效硬化处理	AC4CH-T5	150以上	2以上	约60	—	—	—	—	约225	约5
	固溶处理后时效硬化处理	AC4CH-T6	220以上	3以上	约75	—	—	约535	约8	约155	约6
	固溶处理后时效硬化处理	AC4CH-T61	240以上	1以上	约80	—	—	约535	约8	约170	约7
铸件4种D	铸造状态	AC4D-F	130以上	—	约60	—	—	—	—	—	—
	时效硬化处理	AC4D-T5	170以上	—	约65	—	—	—	—	约225	约5
	固溶处理后时效硬化处理	AC4D-T6	230以上	1以上	约80	—	—	约525	约10	约160	约10
铸件5种A	退火	AC5A-0	130以上	—	约65	约350	约2	—	—	—	—
	固溶处理后时效硬化处理	AC5A-T6	210以上	—	约90	—	—	约520	约7	约200	约5
铸件7种A	铸造状态	AC7A-F	140以上	6以上	约50	—	—	—	—	—	—

表 9-108　压铸铝合金铸件的力学性能（JIS H5302—2006）

种类	合金代号	拉伸试验			
		抗拉强度/MPa（kgf/mm²）		伸长率/%	
		平均值	标准偏差	平均值	标准偏差
10种	ADC10	245(25)	20(2)	2.0	0.6
12种	ADC12	225(23)	39(4)	1.5	0.6

表 9-109 日本 JIS H5302 类似的各个国家规格序号以及类似合金的代号对照表

JIS H 5302 (1990)	AA (1984)	FS QQ-A-591F (1981)	ASTM B 85 (1984)	SAE J 452 (1983)	ISO 3522-1984	NF A57-702 (1981)	BS 1490 (1988)	DIN 1725 (1986)
ADC1	A413.0	A413.0	A413.0	A14130 (305)	Al-Si12 CuFe	A-S13	LM20	GD-AlSi12 (Cu)
ADC3	A360.0	A360.0	A360.0	A13500 (309)	—	A-S9G	—	GD-AlSi 10Mg
ADC5	518.0	518.0	518.0	—	—	A-G6	—	GD-AlMg 9
ADC6	515.0	—	—	—	—	A-G3T	—	—
ADC10	B380.0	A380.0	A380.0	A13800 (306)	Al-Si8 Cu3Fe	—	—	GD-AlSi 9Cu3
ADC10Z	A380.0	A380.0	A380.0	A13800 (306)	Al-Si8 Cu3Fe	—	LM24	GD-AlSi 9Cu3
ADC12	383.0	383.0	383.0	A03830 (383.0)	—	—	LM2	—
ADC12Z	383.0	383.0	383.0	A03830 (383.0)	—	—	LM2	—
ADC14	B390.0	—	B390.0	A23900	—	—	LM30	—

9.4.3 铝合金铸件的特性及用途

表 9-110 铝合金铸件的特性及用途（JIS H5202—2010）

种类	牌号	合金系列及相应合金	铸造类型	特性及用途（供参考）
1 种 A	AC1A	Al-Cu 系 AA295.0	金属型、砂型、壳型	力学性能优良，切削性能也好，但铸造性能不佳。用于架线零件、自行车零件、飞机用油压零件及电器安装用品
1 种 B	AC1B	Al-Cu 系 NF AU5GT		力学性能优良且切削性能也好，但由于铸造性能不佳，所以要根据铸件的形状熔化，且应注意选择铸造工艺。用于架线零件、自行车零件、飞机零件
2 种 A	AC2A	Al-Cu-Si 系		铸造性能好，拉伸强度高，伸长率低，用途较广泛。用于管道接头、差动传动装置、泵体、汽缸盖、汽车部件等
2 种 B	AC2B	Al-Cu-Si 系 AA319.0		铸造性能好，用途较广泛，如阀体、曲柄（曲轴）、联轴器（离合器）等
3 种 A	AC3A	Al-Si 系		铸造性能好，耐腐蚀性能强，弹性极限应力低。用于机身外壳、薄壁、屏障壁和外形复杂的铸件等
4 种 A	AC4A	Al-Si-Mg 系		铸造性能好，韧性好。适于要求一定强度的大型铸件，如制动器转筒、变速箱、曲柄（曲轴）、齿轮箱，船舶、车辆用发动机零件
4 种 B	AC4B	Al-Si-Cu 系 AA33.0		铸造性能好，拉伸强度高，伸长率低，用途较广。用于曲柄（曲轴）汽缸盖、管道接头、飞机电器安装用品等
4 种 C	AC4C	Al-Si-Mg 系 AA356.0		铸造性能好，耐压、耐蚀性好，用于油压零件，变速机壳、飞机壳体、飞机配件、屏障壁、小型船舶用发动机零件、飞机机体零件及电器安装用品

续表

种类	牌号	合金系列及相应合金	铸造类型	特性及用途(供参考)
4 种 CH	AC4CH	Al-Si-Mg 系 AA356.0	金属型、砂型、壳型	铸造性能及力学性能均优，适用于高级铸件，如汽车车轮、架线配件、飞机发动机零件及油压零件
4 种 D	AC4D	Al-Si-Cu-Mg 系 AA355.0		铸造性能好，力学性能好，适用于对耐压性能有一定要求的铸件，如燃料泵壳体、鼓风机壳体、飞机用油压零件及电器安装用品
5 种 A	AC5A	Al-Cu-Ni-Mg 系 AA242.0		高温下拉伸强度高，铸造性能差。用于空冷液压缸盖、柴油机用活塞、飞机发动机零件等
7 种 A	AC7A	Al-Mg 系 AA514.0		耐腐蚀、韧性、阳极化性能好，铸造性能差。用于架线、配件船舶零件、把手、雕刻坯料、办公器具及飞机电器安装用品等
7 种 B	AC7B	Al-Mg 系 AA520.0	金属型	耐蚀性、力学性能好，铸造性能差。由时效引起的伸长率下降显著，用于光学机械构件、机身等
8 种 A	AC8A	Al-Si-Cu-Ni-Mg 系 AAF332.0		耐热性、耐磨性好，热线胀系数小，抗拉强度高。用于汽车活塞，船舶活塞、滑轮、轴承等
8 种 B	AC8B	Al-Si-Cu-Mg 系		同上。用于汽车活塞、滑轮、轴承等
8 种 C	AC8C	Al-Si-Cu-Mg 系 AA.A332.0		同上。用于汽车活塞、滑轮、轴承等
9 种 A	AC9A	Al-Si-Cu-Ni-Mg 系		耐热性能优良，热线胀系数小，耐磨性好，但铸造和切削性较差。用于空冷两冲程活塞等
9 种 B	AC9B	Al-Si-Cu-Ni-Mg 系		同上。用于空冷液压缸等

9.5 国际标准化组织（ISO）铝及铝合金

9.5.1 铝及铝合金牌号和化学成分

表 9-111 重熔用铝锭牌号和化学成分

牌号	化学成分/%，不大于(注明不小于者除外)							标准号
	在每批中分析的元素			控制的元素		分析和控制元素总含量	Al 不小于	
	Fe	Si	Cu	Zn	单个①			
Al99.0	0.80	0.50	0.03	0.08	0.03	1.00	99.00	ISO 115—2003
Al99.5	0.40	0.30	0.03	0.07	0.03	0.50	99.50	
Al99.7	0.25	0.20	0.02	0.06	0.03	0.30	99.70	
Al99.8	0.15	0.15	0.02	0.06	0.03	0.20	99.80	

① 除 Fe、Si、Cu、Zn 外的金属元素。

表 9-112 变形铝牌号和化学成分

牌号	杂质最大含量/%						标准号
	Cu	Si	Fe	Mn	Zn	Cu+Si+Fe+Mn+Zn	
Al99.0	0.10	0.5	0.8	0.1	0.1	0.1	ISO 209—1989
Al99.5	0.05	0.3	0.4	0.05	0.10	0.5	
Al99.7	0.03	0.20	0.25	0.03	0.07	0.3	
Al99.8	0.03	0.15	0.15	0.03	0.06	0.2	

表 9-113 变形铝合金牌号新旧对照（ISO 209—2007）

旧牌号	新牌号	旧牌号	新牌号
AW-Al 99.3	—	AW-Al Cu2.5Mg	AW-2117
AW-Al 99.5	—	AW-Al Cu6MN	AW-2219
AW-Al 99.6	AW-1060A	AW-Al Mn1Cu	AW-3003
AW-Al 99.7	AW-1070A	AW-Al Mn1Mg1	AW-3004
AW-Al 99.8	AW-1080A	AW-Al Mn1Mg0.5	AW-3005
AW-Al 99.0Cu	AW-1100	AW-Al Mn1	AW-3103
AW-Al 99.0	AW-1200	AW-Al Mn0.5Mg0.5	AW-3105
AW-E-Al 99.5	AW-1350	AW-Al Mn1	AW-3203
AW-E-Al 99.7	AW-1370	AW-Al Si5	AW-4043
AW-Al Cu6BiPb	AW-2011	AW-Al Si5	AW-4043A
AW-Al Cu4SiMg	AW-2014	AW-Al Si12	AW-4047
AW-Al Cu4SiMg	AW-2014A	AW-Al Si12	AW-4047A
AW-Al Cu4MgSi	AW-2017	AW-Al Mg1	AW-5005
AW-Al Cu4MgSi	AW-2017A	AW-Al Mg5	AW-5019
AW-Al Cu4Mg1	AW-2024	AW-Al Mg1.5	AW-5050
AW-Al Cu4PbMg	AW-2030		

表 9-114　铝及铝合金铸件的化学成分（ISO 3522—2007）

合金类型	化学符号	化学成分/%(质量分数)												
		Si	Fe	Cu	Mn	Mg	Cr	Ni	Zn	Pb	Sn	Ti	其他[①] 单个	其他[①] 合计	Al
Al	Al 99.7	0.10	0.20	0.01	0.05	0.02	0.004	—	0.04	—	—	—	0.03	—	Al≥99.7
	Al 99.5	0.15	0.30	0.02	0.03	0.005	—	—	0.05	—	—	0.02	0.03	—	Al≥99.5
AlCu	Al Cu4Ti	0.18 (0.15)	0.19 (0.15)	4.2～5.2	0.55	—	—	—	0.07	—	—	0.15～0.30 (0.15～0.25)	0.03	0.10	余量
	Al Cu4MgTi	0.20 (0.15)	0.35 (0.30)	4.2～5.0	0.10	0.15～0.35 (0.20～0.35)	—	0.05	0.10	0.05	0.05	0.15～0.30 (0.15～0.25)	0.03	0.10	余量
	Al Cu5MgAg[②]	0.05	0.10	4.0～5.0	0.20～0.40	0.15～0.35 (0.20～0.35)	—	—	0.05	—	—	0.15～0.35	0.03	0.10	余量
AlSi	Al Si9	8.0～11.0	0.65 (0.55)	0.10 (0.08)	0.50	0.10	—	0.05	0.15	0.05	0.05	0.15	0.05	0.15	余量
	Al Si11	10.0～11.8	0.19 (0.15)	0.05 (0.03)	0.10	0.45	—	—	0.07	—	—	0.15	0.03	0.10	余量
	Al Si12(a)	10.5～13.5	0.55 (0.40)	0.05 (0.03)	0.35	—	—	—	0.10	—	—	0.15	0.05	0.15	余量
	Al Si12(b)	10.5～13.5	0.65 (0.55)	0.15 (0.10)	0.55	0.10	—	0.10	0.15	0.10	—	0.20 (0.15)	0.05	0.15	余量
	Al Si12(Fe)	10.5～13.5	1.0 (0.45～0.90)	0.10 (0.08)	0.55	—	—	—	0.15	—	—	0.15	0.05	0.25	余量
AlSiMgTi	Al Si2MgTi	1.6～2.4	0.60 (0.50)	0.10 (0.08)	0.30～0.50	0.45～0.65 (0.50～0.65)	—	0.05	0.10	0.05	0.05	0.05～0.20 (0.07～0.15)	0.05	0.15	余量
AlSi7Mg	Al Si7Mg	6.5～7.5	0.55 (0.45)	0.20 (0.15)	0.35	(0.20～0.65) (0.25～0.65)	—	0.15	0.15	0.15	0.05	0.05～0.25 (0.05～0.20)	0.05	0.15	余量
	Al Si7Mg0.3	6.5～7.5	0.19 (0.15)	0.05 (0.03)	0.10	0.25～0.45 (0.30～0.45)	—	—	0.07	—	—	0.08～0.25 (0.10～0.18)	0.03	0.10	余量
	Al Si7Mg0.6	6.5～7.5	0.19 (0.15)	0.05 (0.03)	0.10	0.45～0.70 (0.50～0.70)	—	—	0.07	—	—	0.08～0.25 (0.10～0.18)	0.03	0.10	余量

续表

合金类型	化学符号	化学成分/%(质量分数)												
		Si	Fe	Cu	Mn	Mg	Cr	Ni	Zn	Pb	Sn	Ti	其他[①]		Al
													单个	合计	
AlSi10Mg	Al Si9Mg	9.0～10.0	0.19 (0.15)	0.05 (0.03)	0.10	0.25～0.45 (0.30～0.45)	—	—	0.07	—	—	0.15	0.03	0.10	余量
	Al Si10Mg	9.0～11.0	0.55 (0.45)	0.10 (0.08)	0.45	0.20～0.45 (0.25～0.45)	—	0.05	0.10	0.05	0.05	0.15	0.05	0.15	余量
	Al Si10Mg(Fe)	9.0～11.0	1.0 (0.45～0.9)	0.10 (0.08)	0.55	0.20～0.50 (0.25～0.50)	—	0.15	0.15	0.15	0.05	0.20 (0.15)	0.05	0.15	余量
	Al Si10Mg(Cu)	9.0～11.0	0.65 (0.55)	0.35 (0.30)	0.55	0.20～0.45 (0.25～0.45)	—	0.15	0.35	0.10	—	0.20 (0.15)	0.05	0.15	余量
AlSi5Cu	Al Si5Cu1Mg	4.5～5.5	0.65 (0.55)	1.0～1.5	0.55	0.35～0.65 (0.40～0.65)	—	0.25	0.15	0.15	0.05	0.05～0.25 (0.05～0.20)	0.05	0.15	余量
	Al Si5Cu3	4.5～6.0	0.60 (0.50)	2.6～3.6	0.55	0.05	—	0.10	0.20	0.10	0.05	0.25 (0.20)	0.05	0.15	余量
	Al Si5Cu3Mg	4.5～6.0	0.60 (0.50)	2.6～3.6	0.55	0.15～0.45 (0.20～0.45)	—	0.10	0.20	0.10	0.05	0.25 (0.20)	0.05	0.15	余量
	Al Si5Cu3Mn	4.5～6.0	0.8 (0.7)	2.5～4.0	0.20～0.55	0.40	—	0.30	0.55	0.20	0.10	0.20 (0.15)	0.05	0.25	余量
	Al Si6Cu4	5.0～7.0	1.0 (0.9)	3.0～5.0	0.20～0.65	0.55	0.15	0.45	2.0	0.30	0.15	0.25 (0.20)	0.05	0.35	余量
AlSi9Cu	Al Si7Cu2	6.0～8.0	0.8 (0.7)	1.5～2.5	0.15～0.65	0.35	—	0.35	1.0	0.25	0.15	0.25 (0.20)	0.05	0.15	余量
	Al Si7Cu3Mg	6.5～8.0	0.8 (0.7)	3.0～4.0	0.20～0.65	0.30～0.60 (0.35～0.60)	—	0.30	0.65	0.15	0.10	0.25 (0.20)	0.05	0.25	余量
	Al Si8Cu3	7.5～9.5	0.8 (0.7)	2.0～3.5	0.15～0.65	0.05～0.55 (0.15～0.55)	—	0.35	1.2	0.25	0.15	0.25 (0.20)	0.05	0.25	余量
	Al Si9Cu1Mg	8.3～9.7	0.8 (0.7)	0.8～1.3	0.15～0.55	0.25～0.65 (0.30～0.65)	—	0.20	0.8	0.10	0.10	0.10～0.20 (0.10～0.18)	0.05	0.25	余量

续表

合金类型	化学符号	化学成分/%（质量分数）												
		Si	Fe	Cu	Mn	Mg	Cr	Ni	Zn	Pb	Sn	Ti	其他[①]		Al
													单个	合计	
AlSi9Cu	Al Si9Cu3(Fe)	8.0～11.0	1.3 (0.6～1.2)	2.0～4.0	0.20～0.55	0.05～0.55 (0.15～0.55)	0.15	0.5	1.2	0.35	0.25	0.25 (0.20)	0.05	0.25	余量
	Al Si9Cu3(Fe)(Zn)	8.0～11.0	1.3 (0.6～1.2)	2.0～4.0	0.55	0.05～0.55 (0.15～0.55)	0.15	0.55	3.0	0.35	0.25	0.25 (0.20)	0.05	0.25	余量
	Al Si11Cu2(Fe)	10.0～12.0	1.1 (0.45～1.0)	1.5～2.5	0.55	0.30	0.15	0.45	1.7	0.25	0.25	0.25 (0.20)	0.05	0.25	余量
	Al Si11Cu3(Fe)	9.6～12.0	1.3	1.5～3.5	0.60	0.35	—	0.45	1.7	0.25	0.25	0.25	—	—	余量
AlSi12Cu	Al Si12(Cu)	10.5～13.5	0.8 (0.7)	1.0 (0.9)	0.05～0.55	0.35	0.10	0.30	0.55	0.20	0.10	0.20 (0.15)	0.05	0.25	余量
	Al Si12Cu1(Fe)	10.5～13.5	1.3 (0.6～1.2)	0.7～1.2	0.55	0.35	0.10	0.30	0.55	0.20	0.10	0.20 (0.15)	0.05	0.25	余量
	Al Si12CuMgNi	10.5～13.5	0.7 (0.6)	0.8～1.5	0.35	0.8～1.5 (0.9～1.5)	—	0.7～ 1.3	0.35	—	—	0.25 (0.20)	0.05	0.15	余量
AlSi17Cu	Al Si17Cu4Mg	16.0～18.0	1.3 (1.0)	4.0～5.0	0.50	0.45～0.65	—	0.3	1.5	—	0.3	—	—	—	余量
AlMg	Al Mg3	0.55 (0.45)	0.55 (0.45)	0.10 (0.08)	0.45	2.5～3.5 (2.7～3.5)	—	—	0.10	—	—	0.20 (0.15)	0.05	0.15	余量
	Al Mg5	0.55 (0.45)	0.55 (0.45)	0.10 (0.05)	0.45	4.5～6.5 (4.8～6.5)	—	—	0.10	—	—	0.20 (0.15)	0.05	0.15	余量
	Al Mg5(Si)	1.5 (1.3)	0.55 (0.45)	0.05 (0.03)	0.45	4.5～6.5 (4.8～6.5)	—	—	0.10	—	—	0.20 (0.15)	0.05	0.15	余量
	Al Mg9	2.5	1.0 (0.5～0.9)	0.10 (0.08)	0.55	8.0～10.5 (8.5～10.5)	—	0.10	0.25	0.10	0.10	0.20 (0.15)	0.05	0.15	余量
AlZnMg	Al Zn5Mg	0.30 (0.25)	0.80 (0.70)	0.15～0.35	0.40	0.40～0.70 (0.45～0.70)	0.15～ 0.60	0.05	4.50～6.00	0.05	0.05	0.10～0.25 (0.12～0.20)	0.05	0.15	余量
AlZnSiMg	Al Zn10Si8Mg	7.5～9.0 (7.7～8.3)	0.30 (0.27)	0.10 (0.08)	0.15 (0.10)	0.2～0.4 (0.25～0.4)	—	—	9.0～10.5	—	—	0.15	0.05	0.15	余量

①“其他”中不包括修改或提炼元素，如钠、锶、锑和磷。

② Ag＝0.4～1.0。

注：1. 括号里的数字表示的是铸锭的成分，不同于铸件的成分。

2. 单个值为最大值。

9.5.2 铝及铝合金的力学性能

表 9-115 单个砂型铸件的力学性能（ISO 3522—2007）

合金类型	化学符号	状态	抗拉强度 R_m/MPa (最小)	屈服强度 $R_{P0.2}$/MPa (最小)	伸长率 A/% (最小)	硬度 (HBW) (最小)
AlCu	Al Cu4Ti	T6 T64	300 280	200 180	3 5	95 85
	Al Cu4MgTi	T4	300	200	5	90
	Al Cu5MgAg	T6	480	430	3	115
AlSi	Al Si11	F	150	70	6	45
	Al Si12(a)	F	150	70	5	50
	Al Si12(b)	F	150	70	4	50
AlSiMgTi	Al Si2MgTi	F T6	140 240	70 180	3 3	50 85
AlSi7Mg	Al Si7Mg	F T6	140 220	80 180	2 1	50 75
	Al Si7Mg0.3	T6	230	190	2	75
	Al Si7Mg0.6	T6	250	210	1	85
AlSi10Mg	Al Si9Mg	T6	230	190	2	75
	Al Si10Mg	F T6	150 220	80 180	2 1	50 75
	Al Si10Mg(Cu)	F T6	160 220	80 180	1 1	50 75
AlSi5Cu	Al Si5Cu1Mg	T4 T6	170 230	120 200	2 1	80 100
	Al Si5Cu3Mn	F T6	140 230	70 200	1 1	60 90
	Al Si6Cu4	F	150	90	1	60
AlSi9Cu	Al Si7Cu2	F	150	90	1	60
	Al Si8Cu3	F	150	90	1	60
	Al Si9Cu1Mg	F	135	90	1	60
AlSi12Cu	Al Si12(Cu)	F	150	80	1	50
AlMg	Al Mg3	F	140	70	3	50
	Al Mg5	F	160	90	3	55
	Al Mg5(Si)	F	160	100	3	60
AlZnMg	Al Zn5Mg	T1	190	120	4	60
AlZnSiMg	Al Zn10Si8Mg	T1	220	200	1	90

表 9-116 单个冷铸试样的力学性能（ISO 3522—2007）

合金类型	化学符号	状态	抗拉强度 R_m/MPa (最小)	屈服强度 $R_{P0.2}$/MPa (最小)	伸长率 A/% (最小)	硬度 (HBW) (最小)
AlCu	Al Cu4Ti	T6 T64	330 320	220 180	7 8	95 90
	Al Cu4MgTi	T4	320	200	8	95
	Al Cu5MgAg	T6	480	430	3	115

续表

合金类型	化学符号	状态	抗拉强度 R_m/MPa （最小）	屈服强度 $R_{P0.2}$/MPa （最小）	伸长率 A/% （最小）	硬度 （HBW） （最小）
AlSi	Al Si11	F	170	80	7	45
	Al Si12(a)	F	170	80	6	55
	Al Si12(b)	F	170	80	5	55
AlSiMgTi	Al Si2MgTi	F T6	170 260	70 180	5 5	50 85
AlSi7Mg	Al Si7Mg	F T6 T64	170 260 240	90 220 200	2.5 1 2	55 90 80
	Al Si7Mg0.3	T6 T64	290 250	210 180	4 8	90 80
	Al Si7Mg0.6	T6 T64	320 290	240 210	3 6	100 90
AlSi10Mg	Al Si9Mg	T6 T64	290 250	210 180	4 6	90 80
	Al Si10Mg	F T6 T64	180 260 240	90 220 200	2.5 1 2	55 90 80
	Al Si10Mg(Cu)	F T6	180 240	90 200	1 1	55 89
AlSi5Cu	Al Si5Cu1Mg	T4 T6	230 280	140 210	3 1	85 110
	Al Si5Cu3	T4	230	110	6	75
	Al Si5Cu3Mg	T4 T6	270 320	180 280	2.5 1	85 110
	Al Si5Cu3Mn	F T6	160 280	80 230	1 1	70 90
AlSi9Cu	Al Si6Cu4	F	170	100	1	75
	Al Si7Cu2	F	170	100	1	75
	Al Si7Cu3Mg	F	180	100	1	80
	Al Si8Cu3	F	170	100	1	75
	Al Si9Cu1Mg	F T6	170 275	100 235	1 1.5	75 105
AlSi12Cu	Al Si12(Cu)	F	170	90	2	55
	Al Si12CuMgNi	T5 T6	200 280	185 240	1 1	90 100
AlMg	Al Mg3	F	150	70	5	50
	Al Mg5	F	180	100	4	60
	Al Mg5(Si)	F	180	110	3	65
AlZnMg	Al Zn5Mg	T1	210	130	4	65
AlZnSiMg	Al Zn10Si8Mg	T1	280	210	2	105

表 9-117 单个精密铸造试样的力学性能（ISO 3522—2007）

合金类型	化学符号	状态	抗拉强度 R_m/MPa（最小）	屈服强度 $R_{P0.2}$/MPa（最小）	伸长率 A/%（最小）	硬度（HBW）（最小）
AlCu	Al Cu4MgTi	T4	300	220	5	90
AlSi	Al Si12(b)	F	150	80	4	50
AlSi7Mg	Al Si7Mg	F T6	150 240	80 190	2 1	50 75
	Al Si7Mg0.3	T6	260	200	3	75
	Al Si7Mg0.6	T6	290	240	2	85
AlSi5Cu	Al Si5Cu3Mn	F	160	80	1	60
AlSi17Cu	Al Si17Cu4Mg	F T5	200 295	180 260	1 1	90 125
AlMg	Al Mg5	F	170	95	3	55

表 9-118 铝及铝合金冷拉棒材与线材的力学性能（ISO 6363-2—2012）

合金牌号	状态	尺寸/mm 厚度 e,直径 D/mm	抗拉强度 R_m/MPa（最小）	屈服强度 $R_{P0.2}$/MPa（最小）	伸长率（最小） A/%	伸长率（最小） A_{50}/%
Al 99.5（1050A）	0 H1D(H14) H1H(H18)	e 或 $D\leqslant30$ e 或 $D\leqslant30$ e 或 $D\leqslant10$	60 100 130	20 70 110	25 6 3	 5
Al 99.0（1200）	0 H1D(H14) H1H(H18)	e 或 $D\leqslant30$ e 或 $D\leqslant30$ e 或 $D\leqslant10$	70 110 140	30 80 120	20 5 3	
Al 99.0Cu（1100）	0 H1D(H14) H1H(H18)	e 或 $D\leqslant30$ e 或 $D\leqslant30$ e 或 $D\leqslant10$	75 110 150	20 80 130	22 5 3	19
Al Mn1（3103）	0 H1D(H14) H1F(H16)	e 或 $D\leqslant50$ e 或 $D\leqslant30$ e 或 $D\leqslant10$	95 130 160	35 90 130	22 6 4	19 4 3
Al Mn1Cu（3003）	0 H1B(H12) H1D(H14) H1F(H16) H1H(H18)	e 或 $D\leqslant50$ e 或 $D\leqslant10$ e 或 $D\leqslant10$ e 或 $D\leqslant10$ e 或 $D\leqslant10$	95 115 135 160 180	35 80 110 130 145	22 7 6 3 2	19
Al Mg1.5（5050）	0 H3B(H32) H3D(H34) H3F(H36) H3H(H38)	$D\leqslant10$ $D\leqslant10$ $D\leqslant10$ $D\leqslant10$ $D\leqslant10$	125～180 150 170 185 200		25	22
Al Mg2.5（5025）	0 H1D(H14) H1H(H18) H3D(H34) H3H(H38)	e 或 $D\leqslant50$ e 或 $D\leqslant30$ e 或 $D\leqslant10$ e 或 $D\leqslant30$ e 或 $D\leqslant10$	170～220 235 270 235 270	65 180 220 180 220	22 5 2 6 2	19
Al Mg3（5754）	0 H1D(H14) H3D(H34) H1H(H18) H3H(H38)	e 或 $D\leqslant50$ e 或 $D\leqslant30$ e 或 $D\leqslant30$ e 或 $D\leqslant10$ e 或 $D\leqslant10$	180 250 250 280 280	80 180 180 240 240	16 4 5 2 3	

续表

合金牌号	状态	尺寸/mm 厚度 e,直径 D/mm	抗拉强度 R_m /MPa(最小)	屈服强度 $R_{P0.2}$ /MPa (最小)	伸长率(最小) A/%	伸长率(最小) A_{50}/%
Al Mg3.5 (5154)	0	e 或 D≤10	205～285	75	20	16
	H3B(H32)	e 或 D≤10	250			
	H3D(H34)	e 或 D≤10	270			
	H3F(H36)	e 或 D≤10	290			
	H3H(H38)	e 或 D≤10	310			
Al Mg4 (5086)	0	e 或 D≤50	240	95	16	
	H1B(H12)	e 或 D≤25	270	190	4	
	H3B(H32)	e 或 D≤25	270	190	5	
Al Mg4.5Mn0.7 (5083)	0	e 或 D≤50	270	110	14	
	—(H111)	e 或 D≤50	270	140	12	
	H1B(H12)	e 或 D≤30	300	200	4	
Al Mg5Cr (5056)	0	e 或 D≤50	250～320	110	16	14
	H3B(H32)	e 或 D≤10	300			
	H3D(H34)	e 或 D≤10	345			
	H3H(H38)	e 或 D≤10	380			
Al Cu4SiMg (2014) Al Cu4SiMgA (2014A)	TB(T4)或 TB51(T451)	e 或 D≤100	380	220	10	10
	TF(T6)	e 或 D≤50	440	360	7	8
	TF51(T651)	e 或 D≤100	450	380	7	8
Al Cu4MgSiA (2017A)	TB(T4)	e 或 D≤50	380	220	10	
	TB51(T451)	50<e 或 D≤100	390	235	10	
Al Cu4Mg1 (2024)	TB(T4)	e 或 D≤12.5	425	310	10	8
	TB51(T451)	12.5<e 或 D≤100	425	290	9	
	TD51(T351)	12.5<e 或 D≤100	425	310	9	
Al Cu4PbMg (2030)	TD(T3)	e 或 D≤50	370	250	7	
		50<e 或 D≤100	340	210	7	
Al Cu6BiPb (2011)	TD(T3)	e 或 D≤40	310	260	9	
		40<e 或 D≤50	295	235	10	12
		50<e 或 D≤80	280	205	10	8
	TH(T8)	e 或 D≤80	370	270	8	
Al Cu6Mn (2219)	TH51(T851)	10≤e 或 D≤50	400	275	3	
		50<e 或 D≤100	395	270	3	
Al Mg1SiCu (6061)	TB(T4)	e 或 D≤80	205	110	16	18
	TF(T6)	e 或 D≤80	290	240	9	10
Al SiMgMn (6082)	0	e 或 D≤80	160	110	15	
	TB(T4)	e 或 D≤80	205	110	14	
	TF(T6)	e≤80,D≤60	310	255	10	
	TH(T8)	e 或 D≤80	310	260	8	
Al SiMg0.8 (6181)	TB(T4)	e 或 D≤50	200	100	15	
	TF(T6)	e 或 D≤50	280	240	8	
Al Mg1SiPb (6262)	TF(T6)	e 或 D≤100	290	240	8	7
	TL(T9)	e 或 D≤50	360	330	4	5
		50<e 或 D≤80	345	315	4	
Al Zn4.5Mg1 (7020)	TE(T5)或 TF(T6)	e 或 D≤50	350	280	10	
Al Zn8MgCu (7049A)	TF(T6)	e 或 D≤80	590	500	7	
Al Zn5.5MgCu (7075)	TF(T6)或 TF51 (T651)	e 或 D≤100	520	460	6	5
	TM3(T73)	e 或 D≤100	470	385	9	7

表 9-119 铝及铝合金管材的力学性能（ISO 6363-2—2012）

合金牌号	状态	壁厚 a/mm	抗拉强度 R_m /MPa(最小)	屈服强度 $R_{P0.2}$ /MPa (最小)	伸长率(最小) A/%	A_{50}/%
Al 99.5 (1050A)	0	0.5≤a≤10	60～95	20	25	22
	H1D(H14)	0.5≤a≤6	100	70	6	3
	H1H(H18)	0.5≤a≤3	130	110	3	2
Al 99.0 (1200)	0	0.5≤a≤10	70～105	25	20	
	H1D(H14)	0.5≤a≤6	110	80	5	
	H1H(H18)	0.5≤a≤3	140	120	3	
Al 99.0Cu (1100)	0	0.5≤a≤10	75～105	25	20	18
	H1D(H14)	0.5≤a≤6	110	80	5	3
	H1H(H18)	0.5≤a≤3	145	130	3	2
Al Mn1 (3103)	0	0.4≤a≤10	95	35	22	19
	H1D(H14)	0.4≤a≤5	130	90	6	4
	H1F(H16)	0.4≤a≤1.5	150	130	4	3
	H1H(H18)	0.4≤a≤1.5	170		3	2
Al Mn1Cu (3003)	0	0.4≤a≤6	95～140	35	22	19
		6<a≤10	95～140	35	22	22
	H1D(H14)	0.4≤a≤5	135	115	5	3
	H1F(H16)	0.4≤a≤1.5	160	130	4	3
	H1H(H18)	0.4≤a≤1.5	180	165	3	2
Al Mg1 (5005)	0	0.5≤a≤10	100	40	20	18
	H1B(H12)	0.5≤a≤5	115	80	7	4
	H1D(H14)	0.5≤a≤5	140	90	6	3
	H1H(H18)	0.5≤a≤1.5	185	155	4	2
Al Mg1.5 (5050)	0	0.5≤a≤10	125～165	40	19	17
	H3B(H32)	0.5≤a≤10	150	110		
	H3D(H34)	0.5≤a≤5	170	140	5	3
	H3F(H36)	0.5≤a≤5	185	150		
	H3H(H38)	0.5≤a≤1.5	200	165	3	2
Al Mg2 (5251)	0	0.5≤a≤10	150～220	60	17	15
	H1B(H12)	0.5≤a≤5	180	110	5	4
	H1D(H14)	0.5≤a≤5	200	160	4	3
	H1F(H16)	0.5≤a≤1.5	220	180	3	2
	H1H(H18)	0.5≤a≤1.5	235	200	2	2
Al Mg2.5 (5052)	0	0.5≤a≤10	170～220	65	17	15
	H1D(H14)	0.5≤a≤5	235	180	4	3
	H1F(H16)	0.5≤a≤1.5	250	200	3	2
	H1H(H18)	0.5≤a≤1.5	270	215	2	2
	H3D(H34)	0.5≤a≤5	235	180	5	4
	H3H(H38)	0.5≤a≤1.5	270	215	3	3
Al Mg3 (5754)	0	0.5≤a≤10	180	80	17	15
	H1B(H12)	0.5≤a≤5	215	140	5	4
	H1D(H14)	0.5≤a≤5	250	180	4	3
	H3D(H34)	0.5≤a≤5	250	180	5	4
Al Mg3.5 (5154) 或 AlMg3.5A (5154A)	0	0.5≤a≤10	205～285	75	9	8
	H3D(H34)	0.5≤a≤6	270	200	4	3
	H3H(H38)	0.5≤a≤3	310	235		
Al Mg4 (5086)	0	0.5≤a≤10	240	95	16	14
	H1B(H12)	0.5≤a≤5	270	190	4	3
	H1D(H14)	0.5≤a≤3	305	230	3	2
	H3B(H32)	0.5≤a≤5	270	190	5	4
	H3D(H33)	0.5≤a≤3	300	230	3	2
Al Mg4.5Mn0.7 (5083)	0	1≤a≤6	270～350	110	12	10
	H1B(H12)	1≤a≤10	300	235	5	4

续表

合金牌号	状态	壁厚 a/mm	抗拉强度 R_m /MPa(最小)	屈服强度 $R_{P0.2}$ /MPa (最小)	伸长率(最小)	
					A/%	A_{50}/%
Al Mg5Cr (5056)	0 H1B(H12) H1D(H14)	1≤a≤6 1≤a≤10 1≤a≤6	250 280 355	110 200 320	16 6	
Al Cu4SiMg (2014)， Al Cu4SiMgA (2014A)	TD(T3) TB(T4) TF(T6)	0.5≤a≤10 0.5≤a≤6 6<a≤10 0.5≤a≤6 6<a≤10	380 370 370 450 450	250 205 205 370 370	8 10 10 6 7	10 9 10 5 7
Al Cu4Mg1 (2024)	TD(T3)或 TB(T4)	0.5≤a≤6 6<a≤10	440 420	290 270	10 10	8 10
Al Cu4PbMg (2030)	TD(T3)	1≤a≤6 6<a≤20	370 360	250 230	10 8	
Al Cu6BiPb (2011)	TD(T3) TH(T8)	0.5≤a≤6 6<a≤20 0.5≤a≤20	310 290 370	260 240 275	10 8 8	8 9 8
Al MgSi (6060)	TB(T4) TF(T6) TE(T5) TH(T8)	0.5≤a≤10 0.5≤a≤10 0.5≤a≤10	130 215 215	65 160 160	15 12 10	
Al Mg0.7Si (6063)	TB(T4) TF(T6) TH(T8)	0.5≤a≤10 0.5≤a≤10 0.5≤a≤10	150 220 245	70 190 195	15 10 8	
Al Mg1SiCu (6061)	TB(T4) TF(T6)	0.5≤a≤6 6<a≤10 0.5≤a≤6 6<a≤10	205 205 290 290	110 110 240 240	14 16 8 10	14 16 8 10
Al SiMgMn (6082)	0 TB(T4) TF(T6) TH(T8)	0.5≤a≤10 0.5≤a≤10 0.5≤a≤5 0.5≤a≤5 5<a≤10	160(最大) 205 310 310 310	110(最大) 110 255 240 260	14 8 9 8	12 7 8 8
Al Mg1SiPb (6262)	TF(T6) TL(T9)	1≤a≤6 6<a≤10 1≤a≤10	290 290 330	240 240 305	8 8 3	7 8 3
Al Zn5.5MgCu (7075)	TF(T6) TM3(T73)	1≤a≤6 6<a≤10 1≤a≤6 6<a≤10	520 520 455 455	440 440 385 385	7 7 8 8	6 7 7 8

表 9-120　铝及铝合金薄板、带材与板材的力学性能

合金牌号	材料形态	状态	厚度 a/mm	抗拉强度 R_m/MPa (最小)	屈服强度 $R_{P0.2}$/MPa (最小)	伸长率/% (最小)	
						A	A_{50mm}
Al99.5(1050A)	薄板，带材	O	0.35<a≤6.0	65～95	20	35	
		H1D	0.35<a≤5.0	100～140	80	6	
		H2D	0.35<a≤5.0	100～140	75	8	
		HH	0.35<a≤3.0	140	120	4	
	板材	O	6.0<a≤25	65～95	20	35	30

续表

合金牌号	材料形态	状态	厚度 a/mm	抗拉强度 R_m/MPa（最小）	屈服强度 $R_{P0.2}$/MPa（最小）	伸长率/%（最小）	
						A	A_{50mm}
Al99.0（1200）	薄板，带材	O	0.35＜a≤6.0	75～105	25	35	
		H1D	0.35＜a≤5.0	110～150	95	6	
		H2D	0.35＜a≤5.0	110～150	90	8	
		HH	0.35＜a≤3.0	150	130	4	
Al99.0Cu（1100）	薄板，带材	O	0.35＜a≤6.0	75～105	25	35	
		H1D	0.35＜a≤5.0	110～145	95	6	
		HH	0.35＜a≤3.0	150	130	3	
AlCu4SiMg（2014）和AlCu4SiMg(A)（2014A）	薄板，带材	O	0.35＜a≤3.20	220(最大)	140(最大)	13	16
			3.20＜a≤6.0	220(最大)	140(最大)	12	16
	板材	O	6.0＜a≤12.0	220(最大)	140(最大)	12	16
			12.0＜a≤12.5	220(最大)	140(最大)	12	16
			12.5＜a≤25	220(最大)	140(最大)	9	
	薄板，带材	T4，T3	0.35＜a≤0.50	395	240		15
			0.50＜a≤1.0	395	240		14
			1.0＜a≤1.60	395	240		14
			1.60＜a≤6.0	395	240		14
	板材	T4 T3	6.0＜a≤6.30	395	240		14
			6.30＜a≤12.0	395	235		13
	薄板，带材	T6	0.35＜a≤0.50	440	380		6
			0.50＜a≤1.0	440	380		6
			1.0＜a≤1.60	440	380		7
			1.60＜a≤6.0	440	390		7
	板材	T6	6.0＜a≤6.30	440	390		7
			6.30＜a≤12.0	440	390		7
	板材	T451	6.0＜a≤6.30	395	240		14
			6.30＜a≤12.0	395	240		14
			12.0＜a≤12.5	400	250		14
			12.4＜a≤25	400	250	12	
			25＜a≤40	400	250	10	
			40＜a≤50	400	250	8	
			50＜a≤60	395	250	7	
			60＜a≤80	390	240	7	
		T651	6.0＜a≤6.30	450	395		7
			6.30＜a≤12.0	450	395		7
			12.0＜a≤12.5	450	395	6	7
			12.5＜a≤25	460	405	5	

续表

合金牌号	材料形态	状态	厚度 a/mm	抗拉强度 R_m/MPa（最小）	屈服强度 $R_{p0.2}$/MPa（最小）	伸长率/%（最小） A	A_{50mm}
AlCu4SiMg (2014)和 AlCu4SiMg(A) (2014A)	板材	T651	25＜a≤40	460	405	3	
			40＜a≤50	460	390	3	
			50＜a≤60	450	390	1	
			60＜a≤80	435	380	1	
			80＜a≤100	405	350		
AlCu4MgSi(A) 2017A	薄板，带材	O	0.35＜a≤3.20	220(最大)	140(最大)	13	
			3.20＜a≤6.0	225(最大)	145(最大)	13	
		T4	0.35＜a≤6.0	390	245	15	
	板材	O	6.0＜a≤12.0	225(最大)	145(最大)	13	
		T4	6.0＜a≤12.0	390	250	13	
		T451	6.0＜a≤12.0	390	250	12	
			12.0＜a≤25	390	250	12	
			25＜a≤40	390	250	11	
			40＜a≤60	380	240	8	
			60＜a≤80	370	240	7	
			80＜a≤120	360	240	6	
			120＜a≤150	360	240	4	
AlCu4Mg1 2024	薄板，带材	O	0.24＜a≤0.40	220(最大)	140(最大)		12
			0.40＜a≤3.20	220(最大)	140(最大)		12
			3.20＜a≤6.0	220(最大)	140(最大)		12
	板材	O	6.0＜a≤12.0	220(最大)	140(最大)		12
			12.0＜a≤12.5	220(最大)	95(最大)		12
			12.5＜a≤45	220(最大)		10	
	薄板，带材	T4	0.24＜a≤0.50	425	275		12
			0.50＜a≤3.20	425	275		15
			3.20＜a≤6.0	425	275		15
	板材	T351	6.0＜a≤6.30	440	290		12
			6.30＜a≤12.0	440	290		12
			12.0＜a≤12.5	435	290		12
			12.5＜a≤25	435	290	7	
			25＜a≤40	425	290	6	
			40＜a≤50	425	290	5	
			50＜a≤60	415	290	3	
			60＜a≤80	415	290	3	
			80＜a≤100	395	285	3	
			100＜a≤120	395	285	2	
			120＜a≤150	380	260	2	

续表

合金牌号	材料形态	状态	厚度 a/mm	抗拉强度 R_m/MPa (最小)	屈服强度 $R_{P0.2}$/MPa (最小)	伸长率/% (最小) A	伸长率/% (最小) A_{50mm}
AlCu4Mg1 2024	薄板,带材	T81	0.24<a≤0.50	460	400		5
			0.50<a≤1.0	460	400		5
			1.0<a≤1.60	460	400		5
			1.60<a≤3.20	460	400		5
			3.20<a≤6.0	460	400		5
	板材	T851	6.0<a≤12.0	460	400		5
			12.0<a≤12.5	460	400		5
			12.5<a≤25	455	400	4	
			25<a≤40	455	395	4	
AlCu6Mn (2219)	薄板,带材	O	0.50<a≤3.20	220(最大)	110(最大)		12
			3.20<a≤6.0	220(最大)	110(最大)		12
	板材	O	6.0<a≤12.5	220(最大)	110(最大)		12
			12.5<a≤25	220(最大)	110(最大)	10	
			25<a≤50	220(最大)	110(最大)	10	
	薄板,带材	T81	0.50<a≤1.0	425	315		6
			1.0<a≤6.0	425	315		7
	板材	T851	6.0<a≤12.5	425	315		8
			12.5<a≤25	425	315	7	
			25<a≤50	425	315	6	
			50<a≤80	425	310	5	
			80<a≤100	415	305	4	
			100<a≤130	405	295	4	
			130<a≤150	395	290	3	
	薄板,带材	T87	0.50<a≤1.0	440	360		5
			1.0<a≤6.0	440	360		6
	板材	T87	6.0<a≤12.5	440	350		6
			12.5<a≤25	440	350	6	
			25<a≤80	440	350	5	
			80<a≤100	425	345	3	
			100<a≤120	420	340	2	
AlMn1 (3103)	薄板,带材	O	0.35<a≤6.0	95~130	35	28	
		H1D	0.35<a≤5.0	140~180	115	5	
		H2D	0.35<a≤5.0	140~180	110	8	
		HH	0.35<a≤3.0	185	165	3	
AlMn1Cu (3003)	薄板,带材	O	0.35<a≤6.0	95~139	35	28	
		H1D	0.35<a≤5.0	140~180	115	5	
		HH	0.35<a≤3.0	180	165	3	

续表

合金牌号	材料形态	状态	厚度 a/mm	抗拉强度 R_m/MPa（最小）	屈服强度 $R_{P0.2}$/MPa（最小）	伸长率/%（最小）	
						A	A_{50mm}
AlMg1(B)（5005）	薄板，带材	O	0.35＜a≤6.0	105～145	35	24	
		H3D	0.35＜a≤5.0	140～180	105	5	
		H3H	0.35＜a≤3.0	180	165	3	
AlMg2.5(B)（5052）	薄板，带材	O	0.35＜a≤6.0	170～215	65	20	
		H3D	0.35＜a≤6.0	235～285	180	5	
		H3H	0.35＜a≤3.0	270	220	3	
	板材	O	6.0＜a≤25	170～215	65	16	18
AlMg3(B)（5754）	薄板，带材	O	0.35＜a≤6.0	190～240	80	20	
		H3D	0.35＜a≤5.0	240～280	190	5	
		H2D	0.35＜a≤5.0	240～280	160	10	
		H3H	0.35＜a≤3.0	290	250	3	
AlMg3Mn（5454）	薄板，带材	O	1.6＜a≤6.0	215～285	85	16	16
		M	3.0＜a≤6.0	215	100	16	
	板材	O	6.0＜a≤25	215～285	85	16	18
		M	6.0＜a≤25	215	100	16	14
AlMg4.5Mn0.7（5083）	薄板，带材	O	1.2＜a≤6.0	275～350	125～200	17	
		H3B	1.2＜a≤6.0	310～380	235～305	10	
		H3D	1.2＜a≤6.0	345～405	270～340	6	
	板材	O	6.0＜a≤50	270～345	115～200	14	
		M	6.0＜a≤12.5	275	125	12	
		M	12.5＜a≤25	275	125	10	
AlSiMgMn（6082）	薄板，带材	TF	0.35＜a≤10.0	310	260	10	8
AlZn5.5MgCu（7075）	薄板，带材	O	0.35＜a≤6.0	275(最大)	145(最大)		10
		T6	0.20＜a≤0.35	510	435		5
			0.35≤a≤0.80	525	460		6
			0.80＜a≤1.0	525	460		6
			1.0＜a≤3.0	540	470		7
			3.0＜a≤3.2	540	470		7
			3.2＜a≤6.0	540	475		7
		T76	3.2＜a≤6.0	490	410		8
		T73	1.0＜a≤6.0	460	385		8
	板材	O	6.0＜a≤6.30	275(最大)	145(最大)		10
			6.30＜a≤12.0	275(最大)	145(最大)		10
			12.0＜a≤12.5	275(最大)	145(最大)		10
			12.5＜a≤50	275(最大)	145(最大)	9	

续表

合金牌号	材料形态	状态	厚度 a/mm	抗拉强度 R_m/MPa (最小)	屈服强度 $R_{P0.2}$/MPa (最小)	伸长率/% (最小)	
						A	A_{50mm}
AlZn5.5MgCu (7075)	板材	T651	6.0<a≤6.30	540	460		9
			6.30<a≤12.0	540	460		9
			12.0<a≤12.5	540	460		9
			12.5<a≤25	540	460	6	
			25<a≤40	530	460	5	
			40<a≤50	530	460	5	
			50<a≤60	525	440	4	
			60<a≤80	495	420	4	
			80<a≤90	490	400	4	
			90<a≤100	460	370	2	
		T7351	6.0<a≤6.30	475	390		7
			6.30<a≤12.0	475	390		7
			12.0<a≤12.5	475	390		7
			12.5<a≤25	475	390	6	
			25<a≤40	475	390	5	
			40<a≤50	475	390	5	
			50<a≤60	455	360	5	
			60<a≤80	440	340	5	
			80<a≤90	435	340	5	
			90<a≤100	420	330	5	
		T7651	6.0<a≤12.0	490	410		8
			12.0<a≤25	490	410	5	
AlZn7MgCu (7178)	薄板,带材	O	0.40<a≤3.20	275(最大)	145(最大)		10
	板材	O	6.0<a≤12.5	275(最大)	145(最大)	9	
	薄板,带材	T6	0.40<a≤1.20	570	495		7
			1.20<a≤6.0	580	505		8
	板材	T651	6.0<a≤12.5	580	505		8
			12.5<a≤25	580	505	5	
			25<a≤40	580	505	3	
			40<a≤50	550	480	2	
AlZn5.5MgCu(A) (7475)	薄板,带材	T6	0.35<a≤6.0	515	440		9
		T76	0.35<a≤6.0	490	415		9
	板材	T651	6.0<a≤12.5	530	460		10
			12.5<a≤25	530	470		9
			25<a≤40	530	470		9

续表

合金牌号	材料形态	状态	厚度 a/mm	抗拉强度 R_m/MPa（最小）	屈服强度 $R_{P0.2}$/MPa（最小）	伸长率/%（最小）	
						A	A_{50mm}
AlZn5.5MgCu(A)（7475）	板材	T7351	6.0<a≤12.5	490	410		9
			12.5<a≤25	490	410		9
			25<a≤40	490	410		9
			40<a≤50	480	400		8
			50<a≤60	475	390		8
			60<a≤80	470	385		8
			80<a≤90	445	365		8
		T7651	90<a≤100	440	355		7
			6.20<a≤12.5	480	410		9
			12.5<a≤25	475	405		8
			25<a≤40	475	405		6
AlZn6MgCu（7010）	板材	T7451	6.0<a≤12.5	500	420		8
			12.5<a≤25	500	420	6	
			25<a≤60	500	420	6	
			60<a≤100	485	415	6	
			100<a≤120	470	400	5	
			120<a≤140	460	390	5	
		T7651	6.0<a≤10.0	525	455		8
			10.0<a≤25	525	455	5	
			25<a≤40	525	455	5	
			40<a≤60	525	455	5	
			60<a≤80	510	440	5	
			80<a≤100	505	435	5	
			100<a≤120	500	430	5	
			120<a≤140	495	425	4	
AlZn6MgCuMn	薄板，带材	O	3.0<a≤6.0	270(最大)	140(最大)		10
		T6	3.0<a≤6.0	540	475		8
		T76	3.0<a≤6.0	500	420		8
		T73	3.0<a≤6.0	480	380		8
	板材	T651	6.0<a≤12.0	540	460		8
			12.0<a≤25	540	460	7	
			25<a≤50	530	460	6	
			50<a≤60	520	440	5	
			60<a≤80	495	420	4	
		T7651	6.0<a≤12.0	490	420		8
			12.0<a≤25	490	420	6	

续表

合金牌号	材料形态	状态	厚度 a/mm	抗拉强度 R_m/MPa（最小）	屈服强度 $R_{P0.2}$/MPa（最小）	伸长率/%（最小）	
						A	A_{50mm}
AlZn6MgCuMn	板材	T7651	25<a≤50	490	420	6	
		T7351	6.0<a≤12.0	480	400		8
			12.0<a≤25	470	400	7	
			25<a≤50	470	400	6	
			50<a≤60	450	365	5	
			60<a≤80	440	345	5	

10 铜及铜合金

10.1 中国铜及铜合金

10.1.1 铜及铜合金牌号和化学成分

10.1.2 铜及铜合金的力学性能

（1）棒材

圆棒直径以“ϕ”表示；矩形棒的宽度，高度分别以“a”“b”表示；方形棒的边长以“a”表示，六角形棒的对边距以“S”表示。

（2）板材

铜及铜合金板材的化学成分应符合 GB/T 5231 的规定。其中：BZn18-17 的化学成分：Cu：62.0～66.0；Ni(含 Co) 16.5～19.5；Fe≤0.25，Mn：≤0.50，Pb：≤0.03；Zn：余量，纯铜板、黄铜板广泛用于工业各部门；复杂黄铜板用于工业制造热加工零件；铝青铜板用于机器和仪表等工业制造弹簧零件；锡青铜板适用于机器制造和仪表等工业制造弹性元件及其他制品。

表 10-1 加工铜化学成分（GB/T 5231—2012）

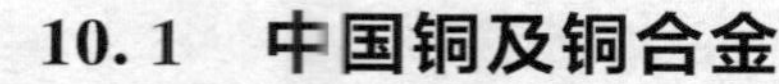

分类	代号	牌号	化学成分(质量分数)/%												
			Cu+Ag(最小值)	P	Ag	Bi[①]	Sb[①]	As[①]	Fe	Ni	Pb	Sn	S	Zn	O
无氧铜	C10100	TU00	99.99[②]	0.0003	0.0025	0.0001	0.0004	0.0005	0.0010	0.0010	0.0005	0.0002	0.0015	0.0001	0.0005
			Te≤0.0002,Se≤0.0003,Mn≤0.00005,Cd≤0.0001												
	T10130	TU0	99.97	0.002	—	0.001	0.002	0.002	0.004	0.002	0.003	0.002	0.004	0.003	0.001
	T10150	TU1	99.97	0.002	—	0.001	0.002	0.002	0.004	0.002	0.003	0.002	0.004	0.003	0.002
	T10180	TU2[③]	99.95	0.002	—	0.001	0.002	0.002	0.004	0.002	0.004	0.002	0.004	0.003	0.003
	C10200	TU3	99.95	—	—	—	—	—	—	—	—	—	—	—	0.0010

续表

分类	代号	牌号	化学成分(质量分数)/%												
			Cu+Ag(最小值)	P	Ag	Bi[①]	Sb[①]	As[①]	Fe	Ni	Pb	Sn	S	Zn	O
银无氧铜	T10350	TU00Ag0.06	99.99	0.002	0.05～0.08	0.0003	0.0005	0.0004	0.0025	0.0006	0.0006	0.0007	—	0.0005	0.0005
	C10500	TUAg0.03	99.95	—	≥0.034	—	—	—	—	—	—	—	—	—	0.0010
	T10510	TUAg0.05	99.96	0.002	0.02～0.06	0.001	0.002	0.002	0.004	0.002	0.004	0.002	0.004	0.003	0.003
	T10530	TUAg0.1	99.96	0.002	0.06～0.12	0.001	0.002	0.002	0.004	0.002	0.004	0.002	0.004	0.003	0.003
	T10540	TUAg0.2	99.96	0.002	0.15～0.25	0.001	0.002	0.002	0.004	0.002	0.004	0.002	0.004	0.003	0.003
	T10550	TUAg0.3	99.96	0.002	0.25～0.35	0.001	0.002	0.002	0.004	0.002	0.004	0.002	0.004	0.003	0.003
锆无氧铜	T10600	TUZr0.15	99.97[④]	0.002	Zr0.11～0.21	0.001	0.002	0.002	0.004	0.002	0.003	0.002	0.004	0.003	0.002
纯铜	T10900	T1	99.95	0.001	—	0.001	0.002	0.002	0.005	0.002	0.003	0.002	0.005	0.005	0.02
	T11050	T2[⑤,⑥]	99.90	—	—	0.001	0.002	0.002	0.005	—	0.005	—	0.005	—	—
	T11090	T3	99.70	—	—	0.002	—	—	—	—	0.01	—	—	—	—
银铜	T11200	TAg0.1-0.01	99.9[⑦]	0.004～0.012	0.08～0.12	—	—	—	—	0.05	—	—	—	—	0.05
	T11210	TAg0.1	99.5[⑧]	—	0.06～0.12	0.002	0.005	0.01	0.05	0.2	0.01	0.05	0.01	—	0.1
	T11220	TAg0.15	99.5	—	0.10～0.20	0.002	0.005	0.01	0.05	0.2	0.01	0.05	0.01	—	0.1
磷脱氧铜	C12000	TP1	99.90	0.004～0.012	—	—	—	—	—	—	—	—	—	—	—
	C12200	TP2	99.9	0.015～0.040	—	—	—	—	—	—	—	—	—	—	—
	T12210	TP3	99.9	0.01～0.025	—	—	—	—	—	—	—	—	—	—	0.01
	T12400	TP4	99.90	0.040～0.065	—	—	—	—	—	—	—	—	—	—	0.002

分类	代号	牌号	化学成分(质量分数)/%												
			Cu+Ag(最小值)	P	Ag	Bi[①]	Sb[①]	As[①]	Fe	Ni	Pb	Sn	S	Zn	O	Cd
碲铜	T14440	TTe0.3	99.9[⑨]	0.001	Te:0.20～0.35	0.001	0.0015	0.002	0.008	0.002	0.01	0.001	0.0025	0.005	—	0.01
	T14450	TTe0.5-0.008	99.8[⑩]	0.004～0.012	Te:0.4～0.6	0.001	0.003	0.002	0.008	0.005	0.01	0.01	0.003	0.008	—	0.01
	C14500	TTe0.5	99.90[⑩]	0.004～0.012	Te:0.40～0.7	—	—	—	—	—	—	—	—	—	—	—
	C14510	TTe0.5-0.02	99.85[⑩]	0.010～0.030	Te:0.30～0.7	—	—	—	—	—	0.05	—	—	—	—	—
硫铜	C14700	TS0.4	99.90[⑪]	0.002～0.005	—	—	—	—	—	—	—	—	0.20～0.50	—	—	—

续表

分类	代号	牌号	化学成分(质量分数)/%													
			Cu+Ag(最小值)	P	Ag	Bi[①]	Sb[①]	As[①]	Fe	Ni	Pb	Sn	S	Zn	O	Cd
锆铜	C15000	TZr0.15[⑫]	99.80	—	Zr:0.10～0.20	—	—	—	—	—	—	—	—	—	—	—
	T15200	TZr0.2	99.5[④]	—	Zr:0.15～0.30	0.002	0.005	—	0.05	0.2	0.01	0.05	0.01	—	—	—
	T15400	TZr0.4	99.5[④]	—	Zr:0.30～0.50	0.002	0.005	—	0.05	0.2	0.01	0.05	0.01	—	—	—
弥散无氧铜	T15700	TUAl0.12	余量	0.002	Al_2O_3:0.16～0.26	0.001	0.002	0.002	0.004	0.002	0.003	0.002	0.004	0.003	—	—

① 砷、铋、锑可不分析，但供方必须保证不大于极限值。
② 此值为铜量，铜含量（质量分数）不小于 99.99%时，其值应由差减法求得。
③ 电工用无氧铜 TU2 氧含量不大于 0.002%。
④ 此值为 Cu+Ag+Zr。
⑤ 经双方协商，可供应 P 不大于 0.001%的导电 T2 铜。
⑥ 电力机车接触材料用纯铜线坯：Bi≤0.0005%、Pb≤0.0050%、O≤0.035%、P≤0.001%，其他杂质总和≤0.03%。
⑦ 此值为 Cu+Ag+P。
⑧ 此值为铜量。
⑨ 此值为 Cu+Ag+Te。
⑩ 此值为 Cu+Ag+Te+P。
⑪ 此值为 Cu+Ag+S+P。
⑫ 此牌号 Cu+Ag+Zr 不小于 99.9%

表 10-2　加工高铜合金[①]化学成分（GB/T 5231—2012）

分类	代号	牌号	化学成分(质量分数)/%														
			Cu	Be	Ni	Cr	Si	Fe	Al	Pb	Ti	Zn	Sn	S	P	Mn	Co	杂质总和
镉铜	C16200	TCd1	余量	—	—	—	—	0.02	—	—	—	—	—	—	—	Cd:0.7～1.2	—	0.5
铍铜	C17300	TBe1.9-0.4[②]	余量	1.80～2.00	—	—	0.20	—	0.20	0.20～0.6	—	—	—	—	—	—	—	0.9
	T17490	TBe0.3-1.5	余量	0.25～0.50	—	—	0.20	0.10	0.20	—	—	—	—	—	—	Ag:0.90～1.10	1.40～1.70	0.5
	C17500	TBe0.6-2.5	余量	0.4～0.7	—	—	0.20	0.10	0.20	—	—	—	—	—	—	—	2.4～2.7	1.0
	C17510	TBe0.4-0.18	余量	0.2～0.6	1.4～2.2	—	0.20	0.10	0.20	—	—	—	—	—	—	—	0.3	1.3
	T17700	TBe1.7	余量	1.6～1.85	0.2～0.4	—	0.15	0.15	0.15	0.005	0.10～0.25	—	—	—	—	—	—	0.5

续表

分类	代号	牌号	化学成分(质量分数)/%														
			Cu	Be	Ni	Cr	Si	Fe	Al	Pb	Ti	Zn	Sn	S	P	Mn	Co	杂质总和
铍铜	T17710	TBe1.9	余量	1.85～2.1	0.2～0.4	—	0.15	0.15	0.15	0.005	0.10～0.25	—	—	—	—	—	—	0.5
	T17715	TBe1.9-0.1	余量	1.85～2.1	0.2～0.4	—	0.15	0.15	0.15	0.005	0.10～0.25	—	—	—	—	Mg:0.07～0.13	—	0.5
	T17720	TBe2	余量	1.80～2.1	0.2～0.5	—	0.15	0.15	0.15	0.005	—	—	—	—	—	—	—	0.5
镍铬铜	C18000	TNi2.4-0.6-0.5	余量	—	1.8～3.0③	0.10～0.8	0.40～0.8	0.15	—	—	—	—	—	—	—	—	—	0.65
铬铜	C18135	TCr0.3-0.3	余量	—	—	0.20～0.6	—	—	—	—	—	—	—	—	—	Cd:0.20～0.6	—	0.5
	T18140	TCr0.5	余量	—	0.05	0.4～1.1	—	0.1	—	—	—	—	—	—	—	—	—	0.5
	T18142	TCr0.5-0.2-0.1	余量	—	—	0.4～1.0	—	—	0.1～0.25	—	—	—	—	—	—	Mg:0.1～0.25	—	0.5
	T18144	TCr0.5-0.1	余量	—	0.05	0.40～0.70	0.05	0.05	—	0.005	—	0.05～0.25	0.01	0.005	—	Ag:0.08～0.13	—	0.25
	T18146	TCr0.7	余量	—	0.05	0.55～0.85	—	0.1	—	—	—	—	—	—	—	—	—	0.5

分类	代号	牌号	化学成分(质量分数)/%															
			Cu	Zr	Cr	Ni	Si	Fe	Al	Pb	Mg	Zn	Sn	S	P	B	Sb	Bi	杂质总和
铬铜	T18148	TCr0.8	余量	—	0.6～0.9	0.05	0.03	0.03	0.005	—	—	—	—	0.005	—	—	—	—	0.2
	C18150	TCr1-0.15	余量	0.05～0.25	0.50～1.5	—	—	—	—	—	—	—	—	—	—	—	—	—	0.3
	T18160	TCr1-0.18	余量	0.05～0.30	0.5～1.5	—	0.10	0.10	0.05	0.05	0.05	—	—	—	0.10	0.02	0.01	0.01	0.3④
	T18170	TCr0.6-0.4-0.05	余量	0.3～0.6	0.4～0.8	—	0.05	0.05	—	—	0.04～0.08	—	—	—	0.01	—	—	—	0.5
	C18200	TCr1	余量	—	0.6～1.2	—	0.10	0.10	—	0.05	—	—	—	—	—	—	—	—	0.75

续表

分类	代号	牌号	化学成分(质量分数)/%															
			Cu	Zr	Cr	Ni	Si	Fe	Al	Pb	Mg	Zn	Sn	S	P	B	Sb	Bi	杂质总和
镁铜	T18658	TMg0.2	余量	—	—	—	—	—	—	—	0.1～0.3	—	—	—	0.01	—	—	—	0.1
	C18661	TMg0.4	余量	—	—	—	—	0.10	—	—	0.10～0.7	—	0.20	—	0.001～0.02	—	—	—	0.8
	T18664	TMg0.5	余量	—	—	—	—	—	—	—	0.4～0.7	—	—	—	0.01	—	—	—	0.1
	T18667	TMg0.8	余量	—	—	0.006	—	0.005	—	0.005	0.70～0.85	0.005	0.002	0.005	—	—	0.005	0.002	0.3
铅铜	C18700	TPb1	余量	—	—	—	—	—	—	0.8～1.5	—	—	—	—	—	—	—	—	0.5
铁铜	C19200	TFe1.0	98.5	—	—	—	—	0.8～1.2	—	—	—	0.20	—	—	0.01～0.04	—	—	—	0.4
	C19210	TFe0.1	余量	—	—	—	—	0.05～0.15	—	—	—	—	—	—	0.025～0.04	—	—	—	0.2
	C19400	TFe2.5	97.0	—	—	—	—	2.1～2.6	—	0.03	—	0.05～0.20	—	—	0.015～0.15	—	—	—	—
钛铜	C19910	TTi3.0-0.2	余量	—	—	—	—	0.17～0.23	—	—	—	—	—	—	—	Ti:2.9～3.4	—	—	0.5

① 高铜合金，指铜含量在96.0%～99.3%之间的合金。

② 该牌号Ni+Co≥0.20%，Ni+Co+Fe≤0.6%。

③ 此值为Ni+Co。

④ 此值为表中所列杂质元素实测值总和。

表 10-3 加工黄铜化学成分（GB/T 5231—2012）

分类		代号	牌号	化学成分(质量分数)/%								
				Cu	Fe①	Pb	Si	Ni	B	As	Zn	杂质总和
铜锌合金	普通黄铜	C21000	H95	94.0～96.0	0.05	0.05	—	—	—	—	余量	0.3
		C22000	H90	89.0～91.0	0.05	0.05	—	—	—	—	余量	0.3
		C23000	H85	84.0～86.0	0.05	0.05	—	—	—	—	余量	0.3
		C24000	H80②	78.5～81.5	0.05	0.05	—	—	—	—	余量	0.3
		T26100	H70②	68.5～71.5	0.10	0.03	—	—	—	—	余量	0.3
		T26300	H68	67.0～70.0	0.10	0.03	—	—	—	—	余量	0.3
		C26800	H66	64.0～68.5	0.05	0.09	—	—	—	—	余量	0.45

续表

分类		代号	牌号	化学成分(质量分数)/%								
				Cu	Fe[1]	Pb	Si	Ni	B	As	Zn	杂质总和
铜锌合金	普通黄铜	C27000	H65	63.0～68.5	0.07	0.09	—	—	—	—	余量	0.45
		T27300	H63	62.0～65.0	0.15	0.08	—	—	—	—	余量	0.5
		T27600	H62	60.5～63.5	0.15	0.08	—	—	—	—	余量	0.5
		T28200	H59	57.0～60.0	0.3	0.5	—	—	—	—	余量	1.0
	硼砷黄铜	T22130	H B 90-0.1	89.0～91.0	0.02	0.02	0.5	—	0.05～0.3	—	余量	0.5[3]
		T23030	H As 85-0.05	84.0～86.0	0.10	0.03	—	—	—	0.02～0.08	余量	0.3
		C26130	H As 70-0.05	68.5～71.5	0.05	0.05	—	—	—	0.02～0.08	余量	0.4
		T26330	H As 68-0.4	67.0～70.0	0.10	0.03	—	—	—	0.03～0.06	余量	0.3

分类		代号	牌号	化学成分(质量分数)/%								
				Cu	Fe[1]	Pb	Al	Mn	Sn	As	Zn	杂质总和
铜锌铅合金	铅黄铜	C31400	HPb89-2	87.5～90.5	0.10	1.3～2.5	—	Ni:0.7	—	—	余量	1.2
		C33000	HPb66-0.5	65.0～68.0	0.07	0.25～0.7	—	—	—	—	余量	0.5
		T34700	HPb63-3	62.0～65.0	0.10	2.4～3.0	—	—	—	—	余量	0.75
		T34900	HPb63-0.1	61.5～63.5	0.15	0.05～0.3	—	—	—	—	余量	0.5
		T35100	HPb62-0.8	60.0～63.0	0.2	0.5～1.2	—	—	—	—	余量	0.75
		C35300	HPb62-2	60.0～63.0	0.15	1.5～2.5	—	—	—	—	余量	0.65
		C36000	HPb62-3	60.0～63.0	0.35	2.5～3.7	—	—	—	—	余量	0.85
		T36210	HPb62-2-0.1	61.0～63.0	0.1	1.7～2.8	0.05	0.1	0.1	0.02～0.15	余量	0.55
		T36220	HPb61-2-1	59.0～62.0	—	1.0～2.5	—	—	0.30～1.5	0.02～0.25	余量	0.4
		T36230	HPb61-2-0.1	59.2～62.3	0.2	1.7～2.8	—	—	0.2	0.08～0.15	余量	0.5
		C37100	HPb61-1	58.0～62.0	0.15	0.6～1.2	—	—	—	—	余量	0.55
		C37700	HPb60-2	58.0～61.0	0.30	1.5～2.5	—	—	—	—	余量	0.8
		T37900	HPb60-3	58.0～61.0	0.3	2.5～3.5	—	—	0.3	—	余量	0.8[3]
		T38100	HPb59-1	57.0～60.0	0.5	0.8～1.9	—	—	—	—	余量	1.0
		T38200	HPb59-2	57.0～60.0	0.5	1.5～2.5	—	—	0.5	—	余量	1.0[3]
		T38210	HPb58-2	57.0～59.0	0.5	1.5～2.5	—	—	0.5	—	余量	1.0[3]
		T38300	HPb59-3	57.5～59.5	0.50	2.0～3.0	—	—	—	—	余量	1.2
		T38310	HPb58-3	57.0～59.0	0.5	1.5～3.5	—	—	0.5	—	余量	1.0[3]
		T38400	HPb57-4	56.0～58.0	0.5	3.5～4.5	—	—	0.5	—	余量	1.2[3]

续表

分类		代号	牌号	化学成分(质量分数)/%														
				Cu	Te	B	Si	As	Bi	Cd	Sn	P	Ni	Mn	Fe[1]	Pb	Zn	杂质总和
铜锌锡合金、复杂黄铜	锡黄铜	T41900	HSn90-1	88.0～91.0	—	—	—	—	—	—	0.25～0.75	—	—	—	0.10	0.03	余量	0.2
		C44300	HSn72-1	70.0～73.0	—	—	—	0.02～0.06	—	—	0.8～1.2[4]	—	—	—	0.06	0.07	余量	0.4
		T45000	HSn70-1	69.0～71.0	—	—	—	0.03～0.06	—	—	0.8～1.3	—	—	—	0.10	0.05	余量	0.3
		T45010	HSn70-1-0.01	69.0～71.0	—	0.0015～0.02	—	0.03～0.06	—	—	0.8～1.3	—	—	—	0.10	0.05	余量	0.3
		T45020	HSn70-1-0.01-0.04	69.0～71.0	—	0.0015～0.02	—	0.03～0.06	—	—	0.8～1.3	—	0.05～1.00	0.02～2.00	0.10	0.05	余量	0.3
		T46100	HSn65-0.03	63.5～68.0	—	—	—	—	—	—	0.01～0.2	0.01～0.07	—	—	0.05	0.03	余量	0.3
		T46300	HSn62-1	61.0～63.0	—	—	—	—	—	—	0.7～1.1	—	—	—	0.10	0.10	余量	0.3
		T46410	HSn60-1	59.0～61.0	—	—	—	—	—	—	1.0～1.5	—	—	—	0.10	0.30	余量	1.0
	铋黄铜	T49230	HBi60-2	59.0～62.0	—	—	—	—	2.0～3.5	0.01	0.3	—	—	—	0.2	0.1	余量	0.5[3]
		T49240	HBi60-1.3	58.0～62.0	—	—	—	—	0.3～2.3	0.01	0.05～1.2[5]	—	—	—	0.1	0.2	余量	0.3[3]
		C49260	HBi60-1.0-0.05	58.0～63.0	—	—	0.10	—	0.50～1.8	0.001	0.50	0.05～0.15	—	—	0.50	0.09	余量	1.5

分类		代号	牌号	化学成分(质量分数)/%														
				Cu	Te	Al	Si	As	Bi	Cd	Sn	P	Ni	Mn	Fe[1]	Pb	Zn	杂质总和
复杂黄铜	铋黄铜	T49310	HBi60-0.5-0.01	58.5～61.5	0.010～0.015	—	—	0.01	0.45～0.65	0.01	—	—	—	—	—	0.1	余量	0.5[3]
		T49320	HBi60-0.8-0.01	58.5～61.5	0.010～0.015	—	—	0.01	0.70～0.95	0.01	—	—	—	—	—	0.1	余量	0.5[3]
		T49330	HBi60-1.1-0.01	58.5～61.5	0.010～0.015	—	—	0.01	1.00～1.25	0.01	—	—	—	—	—	0.1	余量	0.5[3]
		T49360	HBi59-1	58.0～60.0	—	—	—	—	0.8～2.0	0.01	0.2	—	—	—	0.2	0.1	余量	0.5[3]
		C49350	HBi62-1	61.0～63.0	Sb:0.02～0.10	—	0.30	—	0.50～2.5	—	1.5～3.0	0.04～0.15	—	—	—	0.09	余量	0.9

续表

分类		代号	牌号	化学成分(质量分数)/%														
				Cu	Te	Al	Si	As	Bi	Cd	Sn	P	Ni	Mn	Fe①	Pb	Zn	杂质总和
复杂黄铜	锰黄铜	T67100	HMn64-8-5-1.5	63.0～66.0	—	4.5～6.0	1.0～2.0	—	—	—	0.5	—	0.5	7.0～8.0	0.5～1.5	0.3～0.8	余量	1.0
		T67200	HMn62-3-3-0.7	60.0～63.0	—	2.4～3.4	0.5～1.5	—	—	—	0.1	—	—	2.7～3.7	0.1	0.05	余量	1.2
		T67300	HMn62-3-3-1	59.0～65.0	—	1.7～3.7	0.5～1.3	Cr:0.07～0.27		—	—	—	0.2～0.6	2.2～3.8	0.6	0.18	余量	0.8
		T67310	HMn62-13⑥	59.0～65.0	—	0.5～2.5⑦	0.05	—	—	—	—	—	0.05～0.5⑧	10～15	0.05	0.03	余量	0.15③
		T67320	HMn55-3-1⑨	53.0～58.0	—	—	—	—	—	—	—	—	—	3.0～4.0	0.5～1.5	0.5	余量	1.5

分类		代号	牌号	化学成分(质量分数)/%												
				Cu	Fe①	Pb	Al	Mn	P	Sb	Ni	Si	Cd	Sn	Zn	杂质总和
复杂黄铜	锰黄铜	T67330	HMn59-2-1.5-0.5	58.0～59.0	0.35～0.65	0.3～0.6	1.4～1.7	1.8～2.2	—	—	—	0.6～0.9	—	—	余量	0.3
		T67400	HMn58-2⑨	57.0～60.0	1.0	0.1	—	1.0～2.0	—	—	—	—	—	—	余量	1.2
		T67410	HMn57-3-1⑨	55.0～58.5	1.0	0.2	0.5～1.5	2.5～3.5	—	—	—	—	—	—	余量	1.3
		T67420	HMn57-2-2-0.5	56.5～58.5	0.3～0.8	0.3～0.8	1.3～2.1	1.5～2.3	—	—	0.5	0.5～0.7	—	0.5	余量	1.0
	铁黄铜	T67600	HFe59-1-1	57.0～60.0	0.6～1.2	0.20	0.1～0.5	0.5～0.8	—	—	—	—	—	0.3～0.7	余量	0.3
		T67610	HFe58-1-1	56.0～58.0	0.7～1.3	0.7～1.3	—	—	—	—	—	—	—	—	余量	0.5
	锑黄铜	T68200	HSb61-0.8-0.5	59.0～63.0	0.2	0.2	—	—	—	0.4～1.2	0.05～1.2	0.3～1.0	0.01	—	余量	0.5③
		T68210	HSb60-0.9	58.0～62.0	—	0.2	—	—	—	0.3～1.5	0.05～0.9⑩	—	0.01	—	余量	0.3③

续表

分类		代号	牌号	化学成分(质量分数)/%												
				Cu	Fe[1]	Pb	Al	Mn	P	Sb	Ni	Si	Cd	Sn	Zn	杂质总和
复杂黄铜	硅黄铜	T68310	HSi80-3	79.0~81.0	0.6	0.1	—	—	—	—	—	2.5~4.0	—	—	余量	1.5[3]
		T68320	HSi75-3	73.0~77.0	0.1	0.1	—	0.1	0.04~0.15	—	0.1	2.7~3.4	0.01	0.2	余量	0.6[3]
	硅黄铜	C68350	HSi62-0.6	59.0~64.0	0.15	0.09	0.30	—	0.05~0.40	—	0.20	0.3~1.0	—	0.6	余量	2.0
		T68360	HSi61-0.6	59.0~63.0	0.15	0.2	—	—	0.03~0.12	—	0.05~1.0[5]	0.4~1.0	0.01	—	余量	0.3
	铝黄铜	C68700	HAl77-2	76.0~79.0	0.06	0.07	1.8~2.5	As:0.02~0.06	—	—	—	—	—	—	余量	0.6
		T68900	HAl67-2.5	66.0~68.0	0.6	0.5	2.0~3.0	—	—	—	—	—	—	—	余量	1.5
		T69200	HAl66-6-3-2	64.0~68.0	2.0~4.0	0.5	6.0~7.0	1.5~2.5	—	—	—	—	—	—	余量	1.5
		T69210	HAl64-5-4-2	63.0~66.0	1.8~3.0	0.2~1.0	4.0~6.0	3.0~5.0	—	—	—	0.5		0.3	余量	1.3

分类		代号	牌号	化学成分(质量分数)/%														
				Cu	Fe[1]	Pb	Al	As	Bi	Mg	Cd	Mn	Ni	Si	Co	Sn	Zn	杂质总和
复杂黄铜	铝黄铜	T69220	HAl61-4-3-1.5	59.0~62.0	0.5~1.3	—	3.5~4.5	—	—	—	—	—	2.5~4.0	0.5~1.5	1.0~2.0	0.2~1.0	余量	1.3
		T69230	HAl61-4-3-1	59.0~62.0	0.3~1.3	—	3.5~4.5	—	—	—	—	—	2.5~4.0	0.5~1.5	0.5~1.0	—	余量	0.7
		T69240	HAl60-1-1	58.0~61.0	0.70~1.50	0.40	0.70~1.50	—	—	—	—	0.1~0.6	—	—	—	—	余量	0.7
		T69250	HAl59-3-2	57.0~60.0	0.50	0.10	2.5~3.5	—	—	—	—	—	2.0~3.0	—	—	—	余量	0.9

续表

分类		代号	牌号	化学成分(质量分数)/%														
				Cu	Fe[①]	Pb	Al	As	Bi	Mg	Cd	Mn	Ni	Si	Co	Sn	Zn	杂质总和
复杂黄铜	镁黄铜	T69800	HMg60-1	59.0～61.0	0.2	0.1	—	—	0.3～0.8	0.5～2.0	0.01	—	—	—	—	0.3	余量	0.5[③]
	镍黄铜	T69900	HNi65-5	64.0～67.0	0.15	0.03	—	—			—	—	5.0～6.5	—	—	—	余量	0.3
		T69910	HNi56-3	54.0～58.0	0.15～0.5	0.2	0.3～0.5	—	—	—	—	—	2.0～3.0	—	—	—	余量	0.6

① 抗磁用黄铜的铁的质量分数不大于 0.030%。
② 特殊用途的 H70、H80 的杂质最大值为：Fe0.07%、Sb0.002%、P0.005%、As0.005%、S0.002%，杂质总和为 0.20%。
③ 此值为表中所列杂质元素实测值总和。
④ 此牌号为管材产品时，Sn 含量最小值为 0.9%。
⑤ 此值为 Sb+B+Ni+Sn。
⑥ 此牌号 P≤0.005%、B≤0.01%、Bi≤0.005%、Sb≤0.005%。
⑦ 此值为 Ti+Al。
⑧ 此值为 Ni+Co。
⑨ 供异型铸造和热锻用的 HMn57-3-1、HMn58-2 的磷的质量分数不大于 0.03%。供特殊使用的 HMn55-3-1 的铝的质量分数不大于 0.1%。
⑩ 此值为 Ni+Sn+B。

表 10-4 加工青铜化学成分（GB/T 5231—2012）

分类		代号	牌号	化学成分(质量分数)/%												
				Cu	Sn	P	Fe	Pb	Al	B	Ti	Mn	Si	Ni	Zn	杂质总和
铜锡、铜锡磷、铜锡铅合金	锡青铜[②]	T50110	QSn0.4	余量	0.15～0.55	0.001	—	—	—	—	—	—	—	O≤0.035	—	0.1
		T50120	QSn0.6	余量	0.4～0.8	0.01	0.020	—	—	—	—	—	—	—	—	0.1
		T50130	QSn0.9	余量	0.85～1.05	0.03	0.05	—	—	—	—	—	—	—	—	0.1
		T50300	QSn0.5-0.025	余量	0.25～0.6	0.015～0.035	0.010	—	—	—	—	—	—	—	—	0.1
		T50400	QSn1-0.5-0.5	余量	0.9～1.2	0.09	—	0.01	0.10	S≤0.005	—	0.3～0.6	0.3～0.6	—	—	0.1

续表

分类		代号	牌号	化学成分(质量分数)/%												
				Cu	Sn	P	Fe	Pb	Al	B	Ti	Mn	Si	Ni	Zn	杂质总和
铜锡、铜锡磷、铜锡铅合金	锡青铜[2]	C50500	QSn1.5-0.2	余量	1.0~1.7	0.03~0.35	0.10	0.05	—	—	—	—	—	—	0.30	0.95
		C50700	QSn1.8	余量	1.5~2.0	0.30	0.10	0.05	—	—	—	—	—	—	—	0.95
		T50800	QSn4-3	余量	3.5~4.5	0.03	0.05	0.02	0.002	—	—	—	—	—	2.7~3.3	0.2
		C51000	QSn5-0.2	余量	4.2~5.8	0.03~0.35	0.10	0.05	—	—	—	—	—	—	0.30	0.95
		T51000	QSn5-0.3	余量	4.5~5.5	0.01~0.40	0.1	0.02	—	—	—	—	—	0.2	0.2	0.75
		C51100	QSn4-0.3	余量	3.5~4.9	0.03~0.35	0.10	0.05	—	—	—	—	—	—	0.30	0.95
		T51500	QSn6-0.05	余量	6.0~7.0	0.05	0.10	—	—	Ag:0.05~0.12	—	—	—	—	0.05	0.2
		T51510	QSn6.5-0.1	余量	6.0~7.0	0.10~0.25	0.05	0.02	0.002	—	—	—	—	—	0.3	0.4
		T51520	QSn6.5-0.4	余量	6.0~7.0	0.26~0.40	0.02	0.02	0.002	—	—	—	—	—	0.3	0.4
		T51530	QSn7-0.2	余量	6.0~8.0	0.10~0.25	0.05	0.02	0.01	—	—	—	—	—	0.3	0.45
		C52100	QSn8-0.3	余量	7.0~9.0	0.03~0.35	0.10	0.05	—	—	—	—	—	—	0.20	0.85
		T52500	QSn15-1-1	余量	12~18	0.5	0.1~1.0	—	—	0.002~1.2	0.002	0.6	—	—	0.5~2.0	1.0[5]
		T53300	QSn4-4-2.5	余量	3.0~5.0	0.03	0.05	1.5~3.5	0.002	—	—	—	—	—	3.0~5.0	0.2
		T53500	QSn4-4-4	余量	3.0~5.0	0.03	0.05	3.5~4.5	0.002	—	—	—	—	—	3.0~5.0	0.2

续表

分类		代号	牌号	化学成分(质量分数)/%															
				Cu	Al	Fe	Ni	Mn	P	Zn	Sn	Si	Pb	As[①]	Mg	Sb[①]	Bi[①]	S	杂质总和
铜铬、铜锰、铜铝合金	铬青铜	T55600	QCr4.5-2.5-0.6	余量	Cr:3.5~5.5	0.05	0.2~1.0	0.5~2.0	0.005	0.05	—	—	—	Ti:1.5~3.5	—	—	—	—	0.1[⑤]
铜铬、铜锰、铜铝合金	锰青铜	T56100	QMn1.5	余量	0.07	0.1	0.1	1.20~1.80	—	—	0.05	0.1	0.01	Cr≤0.1	—	0.005	0.002	0.01	0.3
铜铬、铜锰、铜铝合金	锰青铜	T56200	QMn2	余量	0.07	0.1	—	1.5~2.5	—	—	0.05	0.1	0.01	0.01	—	0.05	0.002	—	0.5
铜铬、铜锰、铜铝合金	锰青铜	T56300	QMn5	余量	—	0.35	—	4.4~5.5	0.01	0.4	0.1	0.1	0.03	—	—	0.002	—	—	0.9
铜铬、铜锰、铜铝合金	铝青铜	T60700	QAl5	余量	4.0~6.0	0.5	—	0.5	0.01	0.5	0.1	0.1	0.03	—	—	—	—	—	1.6
铜铬、铜锰、铜铝合金	铝青铜	C60800	QAl6	余量	5.0~6.5	0.10	—	—	—	—	—	—	0.10	0.02~0.35	—	—	—	—	0.7
铜铬、铜锰、铜铝合金	铝青铜	C61000	QAl7	余量	6.0~8.5	0.50	—	—	—	0.20	—	0.10	0.02	—	—	—	—	—	1.3
铜铬、铜锰、铜铝合金	铝青铜	T61700	QAl9-2	余量	8.0~10.0	0.5	—	1.5~2.5	0.01	1.0	0.1	0.1	0.03	—	—	—	—	—	1.7
铜铬、铜锰、铜铝合金	铝青铜	T61720	QAl9-4	余量	8.0~10.0	2.0~4.0	—	0.5	0.01	1.0	0.1	0.1	0.01	—	—	—	—	—	1.7
铜铬、铜锰、铜铝合金	铝青铜	T61740	QAl9-5-1-1	余量	8.0~10.0	0.5~1.5	4.0~6.0	0.5~1.5	0.01	0.3	0.1	0.1	0.01	0.01	—	—	—	—	0.6
铜铬、铜锰、铜铝合金	铝青铜	T61760	QAl10-3-1.5[③]	余量	8.5~10.0	2.0~4.0	—	1.0~2.0	0.01	0.5	0.1	0.1	0.03	—	—	—	—	—	0.75
铜铬、铜锰、铜铝合金	铝青铜	T61780	QAl10-4-4[④]	余量	9.5~11.0	3.5~5.5	3.5~5.5	0.3	0.01	0.5	0.1	0.1	0.02	—	—	—	—	—	1.0
铜铬、铜锰、铜铝合金	铝青铜	T61790	QAl10-4-4-1	余量	8.5~11.0	3.0~5.0	3.0~5.0	0.5~2.0	—	—	—	—	—	—	—	—	—	—	0.8
铜铬、铜锰、铜铝合金	铝青铜	T62100	QAl10-5-5	余量	8.0~11.0	4.0~6.0	4.0~6.0	0.5~2.5	—	0.5	0.2	0.25	0.05	—	0.10	—	—	—	1.2
铜铬、铜锰、铜铝合金	铝青铜	T62200	QAl11-6-6	余量	10.0~11.5	5.0~6.5	5.0~6.5	0.5	0.1	0.6	0.2	0.2	0.05	—	—	—	—	—	1.5

续表

分类		代号	牌号	化学成分(质量分数)/%												
				Cu	Si	Fe	Ni	Zn	Pb	Mn	Sn	P	As[①]	Sb[①]	Al	杂质总和
铜硅合金	硅青铜	C64700	QSi0.6-2	余量	0.40~0.8	0.10	1.6~2.2[⑥]	0.50	0.09	—	—	—	—	—	—	1.2
		T64720	QSi1-3	余量	0.6~1.1	0.1	2.4~3.4	0.2	0.15	0.1~0.4	0.1	—	—	—	0.02	0.5
		T64730	QSi3-1[②]	余量	2.7~3.5	0.3	0.2	0.5	0.03	1.0~1.5	0.25	—	—	—	—	1.1
		T64740	QSi3.5-3-1.5	余量	3.0~4.0	1.2~1.8	0.2	2.5~3.5	0.03	0.5~0.9	0.25	0.03	0.002	0.002	—	1.1

① 砷、锑和铋可不分析，但供方必须保证不大于界限值。
② 抗磁用锡青铜铁的质量分数不大于0.020%，QSi3-1铁的质量分数不大于0.030%。
③ 非耐磨材料用QAl10-3-1.5，其锌的质量分数可达1%，但杂质总和应不大于1.25%。
④ 经双方协商，焊接或特殊要求的QAl10-4-4，其锌的质量分数不大于0.2%。
⑤ 此值为表中所列杂质元素实测值总和。
⑥ 此值为Ni+Co。

表10-5　加工白铜化学成分

分类		代号	牌号	化学成分(质量分数)/%													
				Cu	Ni+Co	Al	Fe	Mn	Pb	P	S	C	Mg	Si	Zn	Sn	杂质总和
铜镍合金	普通白铜	T70110	B0.6	余量	0.57~0.63	—	0.005	—	0.005	0.002	0.005	0.002	—	0.002	—	—	0.1
		T70380	B5	余量	4.4~5.0	—	0.20	—	0.01	0.01	0.01	0.03	—	—	—	—	0.5
		T71050	B19[②]	余量	18.0~20.0	—	0.5	0.5	0.005	0.01	0.01	0.05	0.05	0.15	0.3	—	1.8
		C71100	B23	余量	22.0~24.0	—	0.10	0.15	0.05	—	—	—	—	—	0.20	—	1.0
		T71200	B25	余量	24.0~26.0	—	0.5	0.5	0.005	0.01	0.01	0.01	0.05	0.15	0.3	0.03	1.8
		T71400	B30	余量	29.0~33.0	—	0.9	1.2	0.05	0.006	0.01	0.05	—	0.15	—	—	2.3

续表

分类		代号	牌号	化学成分(质量分数)/%													
				Cu	Ni+Co	Al	Fe	Mn	Pb	P	S	C	Mg	Si	Zn	Sn	杂质总和
铜镍合金	铁白铜	C70400	BFe5-1.5-0.5	余量	4.8～6.2	—	1.3～1.7	0.30～0.8	0.05	—	—	—	—	—	1.0	—	1.55
		T70510	BFe7-0.4-0.4	余量	6.0～7.0	—	0.1～0.7	0.1～0.7	0.01	0.01	0.01	0.03	—	0.02	0.05	—	0.7
		T70590	BFe10-1-1	余量	9.0～11.0	—	1.0～1.5	0.5～1.0	0.02	0.006	0.01	0.05	—	0.15	0.3	0.03	0.7
		C70610	BFe10-1.5-1	余量	10.0～11.0	—	1.0～2.0	0.50～1.0	0.01	—	0.05	0.05	—	—	—	—	0.6
		T70620	BFe10-1.6-1	余量	9.0～11.0	—	1.5～1.8	0.5～1.0	0.03	0.02	0.01	0.05	—	—	0.20	—	0.4
		T70900	BFe16-1-1-0.5	余量	15.0～18.0	Ti≤0.03	0.50～1.00	0.2～1.0	0.05		Cr:0.30～0.70		—	0.03	1.0	—	1.1
		C71500	BFe30-0.7	余量	29.0～33.0	—	0.40～1.0	1.0	0.05	—	—	—	—	—	1.0	—	2.5
		T71510	BFe30-1-1	余量	29.0～32.0	—	0.5～1.0	0.5～1.2	0.02	0.006	0.01	0.05	—	0.15	0.3	0.03	0.7
		T71520	BFe30-2-2	余量	29.0～32.0	—	1.7～2.3	1.5～2.5	0.01	—	0.03	0.06	—	—	—	—	0.6
	锰白铜	T71620	BMn3-12[3]	余量	2.0～3.5	0.2	0.20～0.50	11.5～13.5	0.020	0.005	0.020	0.05	0.03	0.1～0.3	—	—	0.5
		T71660	BMn40-1.5[3]	余量	39.0～41.0	—	0.50	1.0～2.0	0.005	0.005	0.02	0.10	0.05	0.10	—	—	0.9
		T71670	BMn43-0.5[3]	余量	42.0～44.0	—	0.15	0.10～1.0	0.002	0.002	0.01	0.10	0.05	0.10	—	—	0.6
	铝白铜	T72400	BAl6-1.5	余量	5.5～6.5	1.2～1.8	0.50	0.20	0.003	—	—	—	—	—	—	—	1.1
		T72600	BAl13-3	余量	12.0～15.0	2.3～3.0	1.0	0.50	0.003	0.01	—	—	—	—	—	—	1.9

分类		代号	牌号	化学成分(质量分数)/%															
				Cu	Ni+Co	Fe	Mn	Pb	Al	Si	P	S	C	Sn	Bi[1]	Ti	Sb[1]	Zn	杂质总和
铜镍锌合金	锌白铜	C73500	BZn18-10	70.5～73.5	16.5～19.5	0.25	0.50	0.09	—	—	—	—	—	—	—	—	—	余量	1.35
		T74600	BZn15-20	62.0～65.0	13.5～16.5	0.5	0.3	0.02	Mg≤0.05	0.15	0.005	0.01	0.03	—	0.002	As[1]≤0.010	0.002	余量	0.9

续表

分类		代号	牌号	化学成分(质量分数)/%															
				Cu	Ni+Co	Fe	Mn	Pb	Al	Si	P	S	C	Sn	Bi[①]	Ti	Sb[①]	Zn	杂质总和
铜镍锌合金	锌白铜	C75200	BZn18-18	63.0～66.5	16.5～19.5	0.25	0.50	0.05	—	—	—	—	—	—	—	—	—	余量	1.3
		T75210	BZn18-17	62.0～66.0	16.5～19.5	0.25	0.50	0.03	—	—	—	—	—	—	—	—	—	余量	0.9
		T76100	BZn9-29	60.0～63.0	7.2～10.4	0.3	0.5	0.03	0.005	0.15	0.005	0.005	0.03	0.08	0.002	0.005	0.002	余量	0.8[④]
		T76200	BZn12-24	63.0～66.0	11.0～13.0	0.3	0.5	0.03	—	—	—	—	—	0.03	—	—	—	余量	0.8[④]
		T76210	BZn12-26	60.0～63.0	10.5～13.0	0.3	0.5	0.03	0.005	0.15	0.005	0.005	0.03	0.08	0.002	0.005	0.002	余量	0.8[④]
		T76220	BZn12-29	57.0～60.0	11.0～13.5	0.3	0.5	0.03	—	—	—	—	—	0.03	—	—	—	余量	0.8[④]
		T76300	BZn18-20	60.0～63.0	16.5～19.5	0.3	0.5	0.03	0.005	0.15	0.005	0.005	0.03	0.08	0.002	0.005	0.002	余量	0.8[④]
		T76400	BZn22-16	60.0～63.0	20.5～23.5	0.3	0.5	0.03	0.005	0.15	0.005	0.005	0.03	0.08	0.002	0.005	0.002	余量	0.8[④]
		T76500	BZn25-18	56.0～59.0	23.5～26.5	0.3	0.5	0.03	0.005	0.15	0.005	0.005	0.03	0.08	0.002	0.005	0.002	余量	0.8[④]
		C77000	BZn18-26	53.5～56.5	16.5～19.5	0.25	0.50	0.05	—	—	—	—	—	—	—	—	—	余量	0.8
		T77500	BZn40-20	38.0～42.0	38.0～41.5	0.3	0.5	0.03	0.005	0.15	0.005	0.005	0.10	0.08	0.002	0.005	0.002	余量	0.8[④]
		T78300	BZn15-21-1.8	60.0～63.0	14.0～16.0	0.3	0.5	1.5～2.0	—	0.15	—	—	—	—	—	—	—	余量	0.9
		T79500	BZn15-24-1.5	58.0～60.0	12.5～15.5	0.25	0.05～0.5	1.4～1.7	—	—	0.02	0.005	—	—	—	—	—	余量	0.75
		C79800	BZn10-41-2	45.5～48.5	9.0～11.0	0.25	1.5～2.5	1.5～2.5	—	—	—	—	—	—	—	—	—	余量	0.75
		C79860	BZn12-37-1.5	42.3～43.7	11.8～12.7	0.20	5.6～6.4	1.3～1.8	—	0.06	0.005	—	—	0.10	—	—	—	余量	0.56

① 铋、锑和砷可不分析，但供方必须保证不大于界限值。

② 特殊用途的 B19 白铜带，可供应硅的质量分数不大于 0.05%的材料。

③ 为保证电气性能，对 BMn3-12 合金、作热电偶用的 BMn40-1.5 和 BMn43-0.5 合金，其规定有最大值和最小值的成分，允许略微超出表中的规定。

④ 此值为表中所列杂质元素实测值总和。

表 10-6 铸造黄铜锭牌号和化学成分（YS/T 544—2006）

序号	牌号	化学成分/%															主要用途
		主要成分							杂质含量(不大于)								
		Cu	Al	Fe	Mn	Si	Pb	Zn	Fe	Pb	Sb	Mn	Sn	Al	P	Si	
1	ZHD68	67.0～70.0	—	—	—	—	—	余量	0.10	0.03	0.01	—	1.0	0.1	0.01	—	制造冷冲、深拉制件和各种板、棒、管材等
2	ZHD62	60.0～63.0	—	—	—	—	—	余量	0.2	0.08	0.01	—	1.0	0.3	0.01	—	冷态下有较高的塑性，广泛用于所有的工业部门
3	ZHAlD67-5-2-2	67.0～70.0	5.0～6.0	2.0～3.0	2.0～3.0	—	—	余量	—	0.5	0.01	—	0.5	—	0.01	—	重载荷耐蚀零件
4	ZHAlD63-6-3-3	60.0～66.0	4.5～7.0	2.0～4.0	1.5～4.0	—	—	余量	—	0.20	—	—	0.2	—	—	0.10	高强度耐磨零件
5	ZHAlD62-4-3-3	60.0～66.0	2.5～5.0	1.5～4.0	1.5～4.0	—	—	余量	—	0.20	—	—	0.2	—	—	0.10	高强度耐蚀零件
6	ZHAlD67-2.5	66.0～68.0	2.0～3.0	—	—	—	—	余量	0.6	0.5	0.05	0.5	0.5	—	—	—	管配件和要求不高的耐磨件
7	ZHAlD61-2-2-1	57.0～65.0	0.5～2.5	0.5～2.0	0.1～3.0	—	—	余量	—	0.5	Sb+P+As 0.4	—	1.0	—	—	0.10	轴瓦、衬筒及其他减磨零件
8	ZHMnD58-2-2	57.0～60.0	—	—	1.5～2.5	—	1.5～2.5	余量	0.6	—	0.05	—	0.5	1.0	0.01	—	轴瓦、衬筒及其他减磨零件
9	ZHMnD58-2	57.0～60.0	—	—	1.0～2.0	—	—	余量	0.6	0.1	0.05	—	0.5	0.5	0.01	—	在空气、淡水、海水、蒸汽和各种液体燃料中工作的零件
10	ZHMnD57-3-1	53.0～58.0	—	0.5～1.5	3.0～4.0	—	—	余量	—	0.3	0.05	—	0.5	0.5	0.01	—	大型铸件、耐海水腐蚀的零件及300℃以下工作的管配件
11	ZHPbD65-2	63.0～66.0	—	—	—	—	1.0～2.8	余量	0.7	—	—	0.2	1.5	0.1	0.02	0.03	煤气给水设备的壳体及机械电子等行业的部分构件和配件
12	ZHPbD59-1	57.0～61.0	—	—	—	—	0.8～1.9	余量	0.6	—	0.05	—	—	0.2	0.01	—	滚珠轴承及一般用途的耐磨耐蚀零件
13	ZHPbD60-2	58.0～62.0	0.2～0.8	—	—	—	0.5～2.5	余量	0.7	—	—	0.5	1.0	—	—	0.05	耐磨耐蚀零件。如轴套、双金属件等
14	ZHSiD80-3	79.0～81.0	—	—	—	2.5～4.5	—	余量	0.4	0.1	0.05	0.5	0.2	0.1	0.02	—	摩擦条件下工作的零件
15	ZHSiD80-3-3	79.0～81.0	—	—	—	2.5～4.5	2.0～4.0	余量	0.4	—	0.05	0.5	0.2	0.1	0.02	—	铸造轴承、衬套

注：抗磁用的黄铜，铁含量不超过 0.05%。

表 10-7　铸造青铜锭的牌号和化学成分（YS/T 545—2006）

序号	牌号	化学成分/%																				主要用途
		主要成分									杂质(不大于)											
		Sn	Zn	Pb	P	Ni	Al	Fe	Mn	Cu	Sn	Zn	Pb	P	Ni	Al	Fe	Mn	Sb	Si	S	
1	ZQSnD3-3-6-1	2.0～4.0	6.3～9.3	4.0～6.7	—	0.5～1.5	—	—	—	余量	—	—	—	0.05	—	0.02	0.3	—	0.3	0.02	—	海水工作条件下的配件，压力不大于 2.5MPa 的阀门
2	ZQSnD3-11-4	2.0～4.0	9.5～13.5	3.0～5.8	—	—	—	—	—	余量	—	—	—	0.05	—	0.02	0.4	—	0.3	0.02	—	海水、淡水、蒸汽中，压力不大于 2.5MPa 的管配件
3	ZQSnD5-5-5	4.0～6.0	4.5～6.0	4.0～5.7	—	—	—	—	—	余量	—	—	—	0.03	—	0.01	0.25	—	0.25	0.01	0.10	在较高负荷和中等滑动速度下工作的耐磨，耐蚀零件
4	ZQSnD6-6-3	5.0～7.0	5.3～7.3	2.0～3.8	—	—	—	—	—	余量	—	—	—	—	—	0.05	0.3	—	0.2	0.05	—	摩擦条件下工作的零件，如衬套、轴瓦等
5	ZQSnD10-1	9.2～11.5	—	—	0.60～1.0	—	—	—	—	余量	—	0.05	0.25	—	0.10	0.01	0.08	0.05	0.05	0.02	0.05	高负荷和高滑动速度下工作的耐磨零件
6	ZQSnD10-2	9.2～11.2	1.0～3.0	—	—	—	—	—	—	余量	—	—	1.3	0.03	—	0.01	0.20	0.2	0.3	0.01	0.10	复杂成型铸件、管配件及阀、泵体、齿轮、蜗轮等
7	ZQSnD10-5	9.2～11.0	—	4.0～5.8	—	—	—	—	—	余量	—	1.0	—	0.05	—	0.01	0.2	—	0.2	0.01	—	结构材料，耐蚀、耐酸的配件及破碎机衬套、轴瓦
8	ZQPbD10-10	9.2～11.0	—	8.5～10.5	—	—	—	—	—	余量	—	2.0	—	0.05	—	0.01	0.15	0.2	0.50	0.01	0.10	汽车及其他重载荷的零件，表面压力高、又存在侧压力的滑动轴承
9	ZQPbD15-8	7.2～9.0	—	13.5～16.5	—	—	—	—	—	余量	—	2.0	—	0.05	—	0.01	0.15	0.2	0.5	0.01	0.1	耐酸配件，高压工作的零件
10	ZQPbD17-4-4	3.5～5.0	2.0～6.0	14.5～19.5	—	—	—	—	—	余量	—	—	—	0.05	—	0.02	0.3	—	0.3	0.02	0.05	高滑动速度的轴承和一般耐磨件等
11	ZQPbD20-5	4.0～6.0	—	19.0～23.0	—	—	—	—	—	余量	—	2.0	—	0.05	—	0.01	0.15	0.2	0.75	0.01	0.1	高滑动速度的轴承，抗蚀零件，负荷达 40MPa 的零件，负荷达 70MPa 的活塞销套
12	ZQPbD30	—	—	28.0～33.0	—	—	—	—	—	余量	—	0.1	—	0.08	—	0.01	0.2	—	0.2	0.01	0.05	高滑动速度的双金属轴瓦及减磨件
13	ZQAlD9-2	—	—	—	—	—	8.2～10.0	—	1.5～2.5	余量	0.2	0.5	0.1	0.10	—	—	0.5	—	0.05	0.20	—	耐蚀、耐磨零件。形状简单的大型铸件及在 250℃以下工作的管配件和要求气密性高的铸件的零件
14	ZQAlD9-4-4-2	—	—	—	—	4.0～5.0	8.7～10.0	4.0～5.0	0.8～2.5	余量	—	—	0.02	—	—	—	—	—	—	0.15	—	耐蚀、高强度铸件，耐磨和 400℃以下工作的零件
15	ZQAlD10-2	—	—	—	—	—	9.2～11.0	—	1.5～2.5	余量	0.2	1.0	0.1	0.1	—	—	0.5	—	—	0.2	—	轮缘、轴套、齿轮、阀座、压下螺母等
16	ZQAlD9-4	—	—	—	—	—	8.7～10.7	2.0～4.0	—	余量	0.20	0.40	0.10	—	—	—	—	1.0	—	0.10	—	高强度、耐磨、耐蚀零件及 250℃以下工作管配件
17	ZQAlD10-3-2	—	—	—	—	—	9.2～11.0	2.0～4.0	1.0～2.0	余量	0.1	0.5	0.1	0.01	0.5	—	—	—	0.05	0.10	—	高强度、耐磨、耐蚀的零件及耐热管配件等
18	ZQMnD12-8-3	—	—	—	—	—	7.2～9.0	2.0～4.0	12.0～14.5	余量	—	0.3	0.02	—	—	—	—	—	—	0.15	—	重型机械用的轴套及高强度的耐磨、耐压零件
19	ZQMnD12-8-3-2	—	—	—	—	1.8～2.5	7.2～8.5	2.5～4.0	11.5～14.0	余量	0.1	0.1	0.02	0.01	—	—	—	—	—	0.15	—	高强度耐蚀铸件及耐压、耐磨零件

注：抗磁用的青铜，铁含量不超过 0.05%。

表 10-8　铜中间合金锭牌号和化学成分（YS/T 283—2009）

合金牌号	化学成分/%(不大于,注明范围值和余量值除外)												物理特性	
	Si	Mn	Ni	Fe	Sb	Be	P	Mg	Cu	Pb	Zn	Al	熔化温度/℃	特性
CuSi16	13.5～16.5	—	—	0.50	—	—	—	—	余量	—	0.10	0.25	800	脆
CuMn28	—	25.0～30.0	—	1.0	0.1	—	0.1	—	余量	—	—	—	870	韧
CuMn22	—	20.0～25.0	—	1.0	0.1	—	0.1	—	余量	—	—	—	850～900	韧
CuNi15	—	—	14.0～18.0	0.5	—	—	—	—	余量	—	0.3	—	1050～1200	韧
CuFe10	—	0.10	0.10	9.0～11.0	—	—	—	—	余量	—	—	—	1300～1400	韧
CuFe5	—	0.10	0.10	4.0～6.0	—	—	—	—	余量	—	—	—	1200～1300	韧
CuSb50	—	—	—	0.2	49.0～51.0	—	0.1	—	余量	0.1	—	—	680	脆
CuBe4	0.18	—	—	0.15	—	3.8～4.3	—	—	余量	—	—	0.13	1100～1200	韧
CuP14	—	—	—	0.15	—	—	13.0～15.0	—	余量	—	—	—	900～1020	脆
CuP12	—	—	—	0.15	—	—	11.0～13.0	—	余量	—	—	—	900～1020	脆
CuP10	—	—	—	0.15	—	—	9.0～11.0	—	余量	—	—	—	900～1020	脆
CuP8	—	—	—	0.15	—	—	8.0～9.0	—	余量	—	—	—	900～1020	脆
CuMg20	—	—	—	0.15	—	—	—	17.0～23.0	余量	—	—	—	1000～1100	脆
CuMg10	—	—	—	0.15	—	—	—	9.0～11.0	余量	—	—	—	750～800	脆

注：CuP14、CuP12、CuP10、CuP8 作脱氧剂用时，其杂质铁的允许含量不大于 0.3%。

表 10-9　铸造铜及铜合金主要元素化学成分（GB/T 1176—2013）

序号	合金牌号	合金名称	化学成分（质量分数）/%										
			Sn	Zn	Pb	P	Ni	Al	Fe	Mn	Si	其他	Cu
1	ZCu99	99 铸造纯铜											≥99.0
2	ZCuSn3Zn8Pb6Ni1	3-8-6-1 锡青铜	2.0～4.0	6.0～9.0	4.0～7.0		0.5～1.5						其余
3	ZCuSn3Zn11Pb4	3-11-4 锡青铜	2.0～4.0	9.0～13.0	3.0～6.0								其余
4	ZCuSn5Pb5Zn5	5-5-5 锡青铜	4.0～6.0	4.0～6.0	4.0～6.0								其余
5	ZCuSn10P1	10-1 锡青铜	9.0～11.5			0.8～1.1							其余
6	ZCuSn10Pb5	10-5 锡青铜	9.0～11.0		4.0～6.0								其余
7	ZCuSn10Zn2	10-2 锡青铜	9.0～11.0	1.0～3.0									其余
8	ZCuPb9Sn5	9-5 铅青铜	4.0～6.0		8.0～10.0								其余
9	ZCuPb10Sn10	10-10 铅青铜	9.0～11.0		8.0～11.0								其余
10	ZCuPb15Sn8	15-8 铅青铜	7.0～9.0		13.0～17.0								其余
11	ZCuPb17Sn4Zn4	17-4-4 铅青铜	3.5～5.0	2.0～6.0	14.0～20.0								其余
12	ZCuPb20Sn5	20-5 铅青铜	4.0～6.0		18.0～23.0								其余
13	ZCuPb30	30 铅青铜			27.0～33.0								其余
14	ZCuAl8Mn13Fe3	8-13-3 铝青铜						7.0～9.0	2.0～4.0	12.0～14.5			其余
15	ZCuAl8Mn13Fe3Ni2	8-13-3-2 铝青铜					1.8～2.5	7.0～8.5	2.5～4.0	11.5～14.0			其余
16	ZCuAl8Mn14Fe3Ni2	8-14-3-2 铝青铜		<0.5			1.9～2.3	7.4～8.1	2.6～3.5	12.4～13.2			其余
17	ZCuAl9Mn2	9-2 铝青铜						8.0～10.0		1.5～2.5			其余
18	ZCuAl8Be1Co1	8-1-1 铝青铜						7.0～8.5	<0.4			Be0.7～1.0 Co0.7～1.0	其余
19	ZCuAl9Fe4Ni4Mn2	9-4-4-2 铝青铜					4.0～5.0	8.5～10.0	4.0～5.0[①]	0.8～2.5			其余
20	ZCuAl10Fe4Ni4	10-4-4 铝青铜					3.5～5.5	9.5～11.0	3.5～5.5				其余
21	ZCuAl10Fe3	10-3 铝青铜						8.5～11.0	2.0～4.0				其余
22	ZCuAl10Fe3Mn2	10-3-2 铝青铜						9.0～11.0	2.0～4.0	1.0～2.0			其余
23	ZCuZn38	38 黄铜		其余									60.0～63.0
24	ZCuZn21Al5Fe2Mn2	21-5-2-2 铝黄铜	<0.5	其余				4.5～6.0	2.0～3.0	2.0～3.0			67.0～70.0
25	ZCuZn25Al6Fe3Mn3	25-6-3-3 铝黄铜		其余				4.5～7.0	2.0～4.0	2.0～4.0			60.0～66.0
26	ZCuZn26Al4Fe3Mn3	26-4-3-3 铝黄铜		其余				2.5～5.0	2.0～4.0	2.0～4.0			60.0～66.0
27	ZCuZn31Al2	31-2 铝黄铜		其余				2.0～3.0					66.0～68.0
28	ZCuZn35Al2Mn2Fe1	35-2-2-1 铝黄铜		其余				0.5～2.5	0.5～2.0	0.1～3.0			57.0～65.0

续表

序号	合金牌号	合金名称	化学成分(质量分数)/%										
			Sn	Zn	Pb	P	Ni	Al	Fe	Mn	Si	其他	Cu
29	ZCuZn38Mn2Pb2	38-2-2 锰黄铜		其余	1.5～2.5					1.5～2.5			57.0～60.0
30	ZCuZn40Mn2	40-2 锰黄铜		其余						1.0～2.0			57.0～60.0
31	ZCuZn40Mn3Fe1	40-3-1 锰黄铜		其余					0.5～1.5	3.0～4.0			53.0～58.0
32	ZCuZn33Pb2	33-2 铅黄铜		其余	1.0～3.0								63.0～67.0
33	ZCuZn40Pb2	40-2 铅黄铜		其余	0.5～2.5			0.2～0.8					58.0～63.0
34	ZCuZn16Si4	16-4 硅黄铜		其余							2.5～4.5		79.0～81.0
35	ZCuNi10Fe1Mn1	10-1-1 镍白铜					9.0～11.0		1.0～1.8	0.8～1.5			84.5～87.0
36	ZCuNi30Fe1Mn1	30-1-1 镍白铜					29.5～31.5		0.25～1.5	0.8～1.5			65.0～67.0

① 表示铁的含量不能超过镍的含量。

表 10-10 铸造铜及铜合金杂质元素化学成分（GB/T 1176—2013）

序号	合金牌号	杂质含量(质量分数)/%															
		Fe	Al	Sb	Si	P	S	As	C	Bi	Ni	Sn	Zn	Pb	Mn	其他	总和
1	ZCu99					0.07						0.4					1.0
2	ZCuSn3Zn8Pb6Ni1	0.4	0.02	0.3	0.02	0.05											1.0
3	ZCuSn3Zn11Pb4	0.5	0.02	0.3	0.02	0.05											1.0
4	ZCuSn5Pb5Zn5	0.3	0.01	0.25	0.01	0.05	0.10				2.5*						1.0
5	ZCuSn10P1	0.1	0.01	0.05	0.02		0.05				0.10		0.05	0.25	0.05		0.75
6	ZCuSn10Pb5	0.3	0.02	0.3		0.05							1.0*				1.0
7	ZCuSn10Zn2	0.25	0.01	0.3	0.01	0.05	0.10				2.0*			1.5*	0.2		1.5
8	ZCuPb9Sn5			0.5		0.10					2.0*		2.0*				1.0
9	ZCuPb10Sn10	0.25	0.01	0.5	0.01	0.05	0.10				2.0*		2.0*		0.2		1.0
10	ZCuPb15Sn8	0.25	0.01	0.5	0.01	0.10	0.10				2.0*		2.0*		0.2		1.0
11	ZCuPb17Sn4Zn4	0.4	0.05	0.3	0.02	0.05											0.75
12	ZCuPb20Sn5	0.25	0.01	0.75	0.01	0.10	0.10				2.5*		2.0*		0.2		1.0
13	ZCuPb30	0.5	0.01	0.2	0.02	0.08		0.10		0.005		1.0*			0.3		1.0

续表

序号	合金牌号	杂质含量(质量分数)/%															
		Fe	Al	Sb	Si	P	S	As	C	Bi	Ni	Sn	Zn	Pb	Mn	其他	总和
14	ZCuAl8Mn13Fe3				0.15				0.10				0.3*	0.02			1.0
15	ZCuAl8Mn13Fe3Ni2				0.15				0.10				0.3*	0.02			1.0
16	ZCuAl8Mn14Fe3Ni2				0.15				0.10					0.02			1.0
17	ZCuAl9Mn2			0.05	0.20	0.10		0.05				0.2	1.5*	0.1			1.0
18	ZCuAl8Be1Co1			0.05	0.10				0.10					0.02			1.0
19	ZCuAl9Fe4Ni4Mn2				0.15				0.10					0.02			1.0
20	ZCuAl10Fe4Ni			0.05	0.20	0.1		0.05				0.2	0.5	0.05	0.5		1.5
21	ZCuAl10Fe3				0.20						3.0*	0.3	0.4	0.2	1.0*		1.0
22	ZCuAl10Fe3Mn2			0.05	0.10	0.01		0.01				0.1	0.5*	0.3			0.75
23	ZCuZn38	0.8	0.5	0.1		0.01				0.002		2.0*					1.5
24	ZCuZn21Al5Fe2Mn2			0.1										0.1			1.0
25	ZCuZn25Al6Fe3Mn3				0.10						3.0*	0.2		0.2			2.0
26	ZCuZn26Al4Fe3Mn3				0.10						3.0*	0.2		0.2			2.0
27	ZCuZn31Al2	0.8										1.0*		1.0*	0.5		1.5
28	ZCuZn35Al2Mn2Fe1				0.10						3.0*	1.0*		0.5		Sb+P+As0.40	2.0
29	ZCuZn38Mn2Pb2	0.8	1.0*	0.1								2.0*					2.0
30	ZCuZn40Mn2	0.8	1.0*	0.1								1.0					2.0
31	ZCuZn40Mn3Fe1		1.0*	0.1								0.5		0.5			1.5
32	ZCuZn33Pb2	0.8	0.1		0.05	0.05					1.0*	1.5*			0.2		1.5
33	ZCuZn40Pb2	0.8		0.05							1.0*	1.0*			0.5		1.5
34	ZCuZn16Si4	0.6	0.1	0.1								0.3		0.5	0.5		2.0
35	ZCuNi10Fe1Mn1				0.25	0.02	0.02		0.1					0.01			1.0
36	ZCuNi30Fe1Mn1				0.5	0.02	0.02		0.15					0.01			1.0

注：1. 有“*”符号的元素不计入杂质总和。

2. 未列出的杂质元素，计入杂质总和。

表 10-11 铸造铜及铜合金室温力学性能（GB/T 1176—2013）

序号	合金牌号	铸造方法	室温力学性能(不低于)			
			抗拉强度 R_m/MPa	屈服强度 $R_{P0.2}$/MPa	伸长率 A/%	硬度(HBW)
1	ZCu99	S	150	40	40	40
2	ZCuSn3Zn8Pb6Ni1	S	175		8	60
		J	215		10	70
3	ZCuSn3Zn11Pb4	S、R	175		8	60
		J	215		10	60
4	ZCuSn5Pb5Zn5	S、J、R	200	90	13	60*
		Li、La	250	100	13	65*
5	ZCuSn10P1	S、R	220	130	3	80*
		J	310	170	2	90*
		Li	330	170	4	90*
		La	360	170	6	90*
6	ZCuSn10Pb5	S	195		10	70
		J	245		10	70
7	ZCuSn10Zn2	S	240	120	12	70*
		J	245	140	6	80*
		Li、La	270	140	7	80*
8	ZCuPb9Sn5	La	230	110	11	60
9	ZCuPb10Sn10	S	180	80	7	65*
		J	220	140	5	70*
		Li、La	220	110	6	70*
10	ZCuPb15Sn8	S	170	80	5	60*
		J	200	100	6	65*
		Li、La	220	100	8	65*
11	ZCuPb17Sn4Zn4	S	150		5	55
		J	175		7	60
12	ZCuPb20Sn5	S	150	60	5	45*
		J	150	70	6	55*
		La	180	80	7	55*
13	ZCuPb30	J				25
14	ZCuAl8Mn13Fe3	S	600	270	15	160
		J	650	280	10	170
15	ZCuAl8Mn13Fe3Ni2	S	645	280	20	160
		J	670	310	18	170
16	ZCuAl8Mn14Fe3Ni2	S	735	280	15	170
17	ZCuAl9Mn2	S、R	390	150	20	85
		J	440	160	20	95
18	ZCuAl8Be1Co1	S	647	280	15	160
19	ZCuAl9Fe4Ni4Mn2	S	630	250	16	160

续表

序号	合金牌号	铸造方法	室温力学性能(不低于)			
			抗拉强度 R_m/MPa	屈服强度 $R_{P0.2}$/MPa	伸长率 A/%	硬度(HBW)
20	ZCuAl10Fe4Ni4	S	539	200	5	155
		J	588	235	5	166
21	ZCuAl10Fe3	S	490	180	13	100*
		J	540	200	15	110*
		Li、La	540	200	15	110*
22	ZCuAl10Fe3Mn2	S、R	490		15	110
		J	540		20	120
23	ZCuZn38	S	295	95	30	60
		J	295	95	30	70
24	ZCuZn21Al5Fe2Mn2	S	608	275	15	160
25	ZCuZn25Al6Fe3Mn3	S	725	380	10	160*
		J	740	400	7	170*
		Li、La	740	400	7	170*
26	ZCuZn26Al4Fe3Mn3	S	600	300	18	120*
		J	600	300	18	130*
		Li、La	600	300	18	130*
27	ZCuZn31Al2	S、R	295		12	80
		J	390		15	90
28	ZCuZn35Al2Mn2Fe2	S	450	170	20	100*
		J	475	200	18	110*
		Li、La	475	200	18	110*
29	ZCuZn38Mn2Pb2	S	245		10	70
		J	345		18	80
30	ZCuZn40Mn2	S、R	345		20	80
		J	390		25	90
31	ZCuZn40Mn3Fe1	S、R	440		18	100
		J	490		15	110
32	ZCuZn33Pb2	S	180	70	12	50*
33	ZCuZn40Pb2	S、R	220	95	15	80*
		J	280	120	20	90*
34	ZCuZn16Si4	S、R	345	180	15	90
		J	390		20	100
35	ZCuNi10Fe1Mn1	S、J、Li、La	310	170	20	100
36	ZCuNi30Fe1Mn1	S、J、Li、La	415	220	20	140

注：有“*”符号的数据为参考值。

表 10-12 圆形棒、方形棒和六角形棒材的尺寸及其允许偏差（GB/T 4423—2020）

单位：mm

直径（或对边距）	圆形棒				方形棒或六角形棒			
	紫黄铜类		青白铜类		紫黄铜类		青白铜类	
	高精级	普通级	高精级	普通级	高精级	普通级	高精级	普通级
≥3～≤6	±0.02	±0.04	±0.03	±0.06	±0.04	±0.07	±0.06	±0.10
>6～≤10	±0.03	±0.05	±0.04	±0.06	±0.04	±0.08	±0.08	±0.11
>10～≤18	±0.03	±0.06	±0.05	±0.08	±0.05	±0.10	±0.10	±0.13
>18～≤30	±0.04	±0.07	±0.06	±0.10	±0.06	±0.10	±0.10	±0.15
>30～≤50	±0.08	±0.10	±0.09	±0.10	±0.12	±0.13	±0.13	±0.16
>50～≤80	±0.10	±0.12	±0.12	±0.15	±0.15	±0.24	±0.24	±0.30

注：1. 单向偏差为表中数值的 2 倍。

2. 棒材直径或对边距允许偏差等级应在合同中注明，否则按普通级精度供货。

表 10-13 矩形棒材的尺寸及其允许偏差（GB/T 4423—2020） 单位：mm

宽度或高度	紫黄铜类		青铜类	
	高精级	普通级	高精级	普通级
≤3	±0.08	±0.10	±0.12	±0.15
>3～≤6	±0.08	±0.10	±0.12	±0.15
>6～≤10	±0.08	±0.10	±0.12	±0.15
>10～≤18	±0.11	±0.14	±0.15	±0.18
>18～≤30	±0.18	±0.21	±0.20	±0.24
>30～≤50	±0.25	±0.30	±0.30	±0.38
>50～≤80	±0.30	±0.35	±0.40	±0.50

注：1. 单向偏差为表中数值的 2 倍。

2. 矩形棒的宽度或高度允许偏差等级应在合同中注明，否则按普通级精度供货。

棒材的定尺或倍尺长度的允许偏差为+15mm。倍尺长度应加入锯切分段时的锯切量，每一锯切量为 5mm。

表 10-14 方形、矩形棒和六角形棒材的横截面棱角处允许有圆角其最大圆角半径（r）的最大值 单位：mm

截面的名义宽度（对边距离）	3～6	>6～10	>10～18	>18～30	>30～50	>50～80
圆角半径	0.5	0.8	1.2	1.8	2.8	4.0

注：此项供方可不检验，但必须保证。

表 10-15 棒材的直度（软态棒材除外） 单位：mm

长度	圆形棒				方形棒、六角形棒、矩形棒	
	3～≤20		>20～80			
	全长直度	每米直度	全长直度	每米直度	全长直度	每米直度
<1000	≤2	—	≤1.5	—	≤5	—
≥1000～<2000	≤3	—	≤2	—	≤8	—
≥2000～<3000	≤6	≤3	≤4	≤3	≤12	≤5
≥3000	≤12	≤3	≤8	≤3	≤15	≤5

表 10-16 圆形棒、方形棒和六角形棒材的力学性能（GB/T 4423—2020）

牌号	状态	直径、对边距/mm	抗拉强度 R_m/MPa	断后伸长率 A/%	硬度(HBW)
			不小于		
T2 T3	Y	3～40	275	10	—
		40～60	245	12	—
		60～80	210	16	—
	M	3～80	200	40	—
TU1 TU2 TP2	Y	3～80	—	—	—
H96	Y	3～40	275	8	—
		40～60	245	10	—
		60～80	205	14	—
	M	3～80	200	40	—
H90	Y	3～40	330	—	—
H80	Y	3～40	390	—	—
	M	3～40	275	50	—
H68	Y_2	3～12	376	18	—
		12～40	315	30	—
		40～80	295	34	—
	M	13～35	295	50	—
H65	Y	3～40	390	—	—
	M	3～40	295	44	—
H62	Y_2	3～40	370	18	—
		40～80	335	24	—
HPb61-1	Y_2	3～20	390	11	—
HPb59-1	Y_2	3～20	420	12	—
		20～40	390	14	—
		40～80	370	19	—
HPb63-0.1 H63	Y_2	3～20	370	18	—
		20～40	340	21	—
HPb63-3	Y	3～15	490	4	—
		15～20	450	9	—
		20～30	410	12	—
	Y_2	3～20	390	12	—
		20～60	360	16	—
HSn62-1	Y	4～40	390	17	—
		40～60	360	23	—
HMn58-2	Y	4～12	440	24	—
		12～40	410	24	—
		40～60	390	29	—

续表

牌号	状态	直径、对边距/mm	抗拉强度 R_m/MPa	断后伸长率 A/%	硬度(HBW)
			不小于		
HFe58-1-1	Y	4～40	440	11	—
		40～60	390	13	—
HFe59-1-1	Y	4～12	490	17	—
		12～40	440	19	—
		40～60	410	22	—
QAl9-2	Y	4～40	540	16	—
QAl9-4	Y	4～40	580	13	—
QAl10-3-1.5	Y	4～40	630	8	—
QSi3-1	Y	4～12	490	13	—
		12～40	470	19	—
QSi1.8	Y	3～15	500	15	—
QSn6.5-0.1 QSn6.5-0.4	Y	3～12	470	13	—
		12～25	440	15	—
		25～40	410	18	—
QSn7-0.2	Y	4～40	440	19	130～200
	T	4～40	—	—	≥180
QSn4-0.3	Y	4～12	410	10	—
		12～25	390	13	—
		25～40	355	15	—
QSn4-3	Y	4～12	430	14	—
		12～25	370	21	—
		25～35	335	23	—
		35～40	315	23	—
QCd1	Y	4～60	370	5	≥100
	M	4～60	215	36	≤75
QCr0.5	Y	4～40	390	6	—
	M	4～40	230	40	—
QZr0.2QZr0.4	Y	3～40	294	6	130①
BZn15-20	Y	4～12	440	6	—
		12～25	390	8	—
BZn15-20	Y	25～40	345	13	—
	M	3～40	295	33	—
BZn15-24-1.5	T	3～18	590	3	—
	Y	3～18	440	5	—
	M	3～18	295	30	—
BFe30-1-1	Y	16～50	490	—	—
	M	16～50	345	25	—
BMn40-1.5	Y	7～20	540	5	—
		20～30	490	8	—
		30～40	440	11	—

① 此硬度值为经淬火处理及冷加工时效后的性能参考值。

注：直径或对边距离小于 10mm 的棒材不做硬度试验。

表 10-17 矩形棒材的力学性能（GB/T 4423—2020）

牌号	状态	高度/mm	抗拉强度 R_m/MPa	断后伸长率 A/%
			不小于	
T2	M	3～80	196	36
	Y	3～80	245	9
H62	Y_3	3～20	335	17
		20～80	335	23
HPb59-1	Y_2	5～20	390	12
		20～80	375	18
HPb63-3	Y_2	3～20	380	14
		20～80	365	19

表 10-18 铜及铜合金挤制棒棒材的牌号、状态、规格（YS/T 649—2007）

牌号	状态	直径或长边对边距/mm		
		圆形棒	矩形棒①	方形、六角形棒
T2、T3	挤制(R)	30～300	20～120	20～120
TU1、TU2、TP2		16～300	—	16～120
H96、HFe58-1-1、HAl60-1-1		10～160	—	10～120
HSn62-1、HMn58-2、HFe59-1-1		10～220	—	10～120
H80、H68、H59		16～120	—	16～120
H62、HPb59-1		10～220	5～50	10～120
HSn70-1、HAl77-2		10～160	—	10～120
HMn55-3-1、HMn57-3-1、HAl66-6-3-2、HAl67-2.5		10～160	—	10～120
QAl9-2		10～200	—	30～60
QAl9-4、QAl10-3-1.5、QAl10-4-4、QAl10-5-5		10～200	—	—
QAl11-6-6、HSi80-3、HNi56-3		10～160	—	—
QSi1-3		20～100	—	—
QSi3-1		20～160	—	—
QSi3.5-3-1.5、BFe10-1-1、BFe30-1-1、BAl13-3、BMn40-1.5		40～120	—	—
QCdl		20～120	—	—
QSn4-0.3		60～180	—	—
QSn4-3、QSn7-0.2		40～180	—	40～120
QSn6.5-0.1、QSn6.5-0.4		40～180	—	30～120
QCr0.5		18～160	—	—
BZn15-20		25～120	—	—

① 矩形棒的对边距指两短边的距离。

注：直径（或对边距）为 10～50mm 的棒材，供应长度为 1000～5000mm；直径（或对边距）大于 50～75mm 的棒材，供应长度为 500～5000mm；直径（或对边距）大于 75～120mm 的棒材，供应长度为 500～4000mm；直径（或对边距）大于 120mm 的棒材，供应长度为 300～4000mm。

表 10-19 铜及铜合金挤制棒棒材的室温纵向力学性能（YS/T 649—2007）

牌号	直径(对边距)/mm	抗拉强度 R_m/MPa	断后伸长率 A/%	硬度(HBW)
T2、T3、TU1、TU2、TP2	≤120	≥186	≥40	—
H96	≤80	≥196	≥35	—
H80	≤120	≥275	≥45	—
H68	≤80	≥295	≥45	—
H62	≤160	≥295	≥35	—
H59	≤120	≥295	≥30	—
HPb59-1	≤160	≥340	≥17	—
HSn62-1	≤120	≥365	≥22	—
HSn70-1	≤75	≥245	≥45	—
HMn58-2	≤120	≥395	≥29	—
HMn55-3-1	≤75	≥490	≥17	—
HM57-3-1	≤70	≥490	≥16	—
HFe58-1-1	≤120	≥295	≥22	—
HFe59-1-1	≤120	≥430	≥31	—
HAl60-1-1	≤120	≥440	≥20	—
HAl66-6-3-2	≤75	≥735	≥8	—
HAl67-2.5	≤75	≥395	≥17	—
HAl77-2	≤75	≥245	≥45	—
HNi56-3	≤75	≥440	≥28	—
HSi80-3	≤75	≥295	≥28	—
QAl9-2	≤45	≥490	≥18	110～190
	>45～160	≥470	≥24	—
QAl9-4	≤120	≥540	≥17	110～190
	>120	≥450	≥13	
QAl10-3-1.5	≤16	≥610	≥9	130～190
	>16	≥590	≥13	
QAl10-4-4 QAl10-5-5	≤29	≥690	≥5	170～260
	>29～120	≥635	≥6	
	>120	≥590	≥6	
OAl11-6-6	≤28	≥690	≥4	—
	>28～50	≥635	≥5	—
QSi1-3	≤80	≥490	≥11	—
QSi3-1	≤100	≥345	≥23	—
QSi3.5-3-1.5	40～120	≥380	≥35	—
QSn4-0.3	60～120	≥280	≥30	—
QSn4-3	40～120	≥275	≥30	—
QSn6.5-0.1、 QSn6.5-0.4	≤40	≥355	≥55	—
	>40～100	≥345	≥60	—
	>100	≥315	≥64	—

续表

牌　号	直径(对边距)/mm	抗拉强度 R_m/MPa	断后伸长率 A/%	硬度(HBW)
QSn7-0.2	40～120	≥355	≥64	≥70
QCd1	20～120	≥196	≥38	≤75
QCr0.5	20～160	≥230	≥35	—
BZn15-20	≤80	≥295	≥33	—
BFe10-1-1	≤80	≥280	≥30	—
BFe30-1-1	≤80	≥345	≥28	—
BAl13-3	≤80	≥685	≥7	—
BMn40-1.5	≤80	≥345	≥28	—

注：直径大于 50mm 的 QAl10-3-1.5 棒材，当断后伸长率 A 不小于 16%时，其抗拉强度可不小于 540MPa。

表 10-20　HPb59-1 铅黄铜针座棒的室温纵向力学性能（YS/T 77—2011）

合金牌号	供货状态	抗拉强度 σ_b/MPa(kgf/mm^2)(不小于)	伸长率 δ_{10}/%
HPb59-1	拉制	412(42)	12～28

表 10-21　铜合金板材的力学性能（GB/T 2040—2017）

牌　号	状态	拉伸试验			硬度试验	
		厚度/mm	抗拉强度 R_m/MPa	断后伸长率 $A_{11.3}$/%	厚度/mm	维氏硬度(HV)
T2、T3 TP1、TP2 TU1、TU2	M20	4～14	≥195	≥30	—	—
	O60 H01 H02 H04 H06	0.3～10	≥205 215～295 245～345 295～395 ≥350	≥30 ≥25 ≥8 — —	≥0.3	≤70 60～95 80～110 90～120 ≥110
TFe0.1	O60 H01 H02 H04	0.3～5	255～345 275～375 295～430 335～470	≥30 ≥15 ≥4 ≥4	≥0.3	≤100 90～120 100～130 110～150
TFe2.5	O60 H02 H04 H06	0.3～5	≥310 365～450 415～500 460～515	≥20 ≥5 ≥2 —	≥0.3	≤120 115～140 125～150 135～155
TCd1	H04	0.5～10	≥390	—	—	—
TQCr0.5 TCr0.5-0.2-0.1	H04	—	—	—	0.5～15	≥100
H95	O60 H04	0.3～10	≥215 ≥320	≥30 ≥3	—	—
H90	O60 H02 H04	0.3～10	≥245 330～440 ≥390	≥35 ≥5 ≥3	—	—
H85	O60 H02 H04	0.3～10	≥260 305～380 ≥350	≥35 ≥15 ≥3	≥0.3	≤85 80～115 ≥105
H80	O60 H04	0.3～10	≥265 ≥390	≥50 ≥3	—	—
H70、H68	M20	4～14	≥290	≥40	—	—

续表

牌号	状态	拉伸试验			硬度试验	
		厚度/mm	抗拉强度 R_m/MPa	断后伸长率 $A_{11.3}$/%	厚度/mm	维氏硬度(HV)
H70 H68 H66 H65	O60 H01 H02 H04 H06 H08	0.3～10	≥290 325～410 355～440 410～540 520～620 ≥570	≥40 ≥35 ≥25 ≥10 ≥3 —	≥0.3	≤90 85～115 100～130 120～160 150～190 ≥180
H63 H62	M20	4～14	≥290	≥30	—	—
	O60 H02 H04 H06	0.3～10	≥290 350～470 410～630 ≥585	≥35 ≥20 ≥10 ≥2.5	≥0.3	≤95 90～130 125～165 ≥155
H59	M20	4～14	≥290	≥25	—	—
	O60 H04	0.3～10	≥290 ≥410	≥10 ≥5	≥0.3	— ≥130
HPb59-1	M20	4～14	≥370	≥18	—	—
	O60 H02 H04	0.3～10	≥340 390～490 ≥440	≥25 ≥12 ≥5	—	—
HPb60-2	H04	—	—	—	0.5～2.5	165～190
					2.6～10	—
	H06	—	—	—	0.5～1.0	≥180
HMn58-2	O60 H02 H04	0.3～10	≥380 440～610 ≥585	≥30 ≥25 ≥3	—	—
HSn62-1	M20	4～14	≥340	≥20	—	—
	O60 H02 H04	0.3～10	≥295 350～400 ≥390	≥35 ≥15 ≥5	—	—
HSn88-1	H02	0.4～2	370～450	≥14	0.4～2	110～150
HMn55-3-1	M20	4～15	≥490	≥15	—	—
HMn57-3-1	M20	4～8	≥440	≥10	—	—
HAl60-1-1	M20	4～15	≥440	≥15	—	—
HAl67-2.5	M20	4～15	≥390	≥15	—	—
HAl66-6-3-2	M20	4～8	≥685	≥3	—	—
HNi65-5	M20	4～15	≥290	≥35	—	—
QSn6.5-0.1	M20	9～14	≥290	≥38	—	—
	O60	0.2～12	≥315	≥40	≥0.2	≤120
	H01	0.2～12	390～510	≥35		110～155
	H02	0.2～12	490～610	≥8		150～190
	H04	0.2～3	590～690	≥5		180～230
		＞3～12	540～690	≥5		180～230
	H06	0.2～5	635～720	≥1		200～240
	H08	0.2～5	≥690	—		≥210

续表

牌号	状态	拉伸试验			硬度试验	
		厚度/mm	抗拉强度 R_m/MPa	断后伸长率 $A_{11.3}$/%	厚度/mm	维氏硬度(HV)
QSn6.5-0.4 QSn7-0.2	O60	0.2～12	≥295	≥40	—	—
	H04		540～690	≥8		
	H06		≥665	≥2		
QSn4-3 QSn4-0.3	O60	0.2～12	≥290	≥40	—	—
	H04		540～690	≥3		
	H06		≥635	≥2		
QSn8-0.3	O60	0.2～5	≥345	≥40	≥0.2	≤120
	H01		390～510	≥35		100～160
	H02		490～610	≥20		150～205
	H04		590～705	≥5		180～235
	H06		≥685	—		≥210
QSn4-4-2.5 QSn4-4-4	O60	0.8～5	≥290	≥35	≥0.8	—
	H01		390～490	≥10		
	H02		420～510	≥9		
	H04		≥635	≥5		
QMn1.5	O60	0.5～5	≥205	≥30	—	—
QMn5	O60	0.5～5	≥290	≥30	—	—
	H04		≥440	≥3		
QAl5	O60	0.4～12	≥275	≥33	—	—
	H04		≥585	≥2.5		
QAl7	H02	0.4～12	585～740	≥10	—	—
	H04		≥635	≥5		
QAl9-2	O60	0.4～12	≥440	≥18	—	—
	H04		≥585	≥5		
QAl9-4	H04	0.4～12	≥585	—	—	—
QSi3-1	O60	0.5～10	≥340	≥40	—	—
	H04		585～735	≥3		
	H06		≥685	≥1		
B5	M20	7～14	≥215	≥20	—	—
	O60	0.5～10	≥215	≥30	—	—
	H04		≥370	≥10		
B19	M20	7～14	≥295	≥20	—	—
	O60	0.5～10	≥290	≥25	—	—
	H04		≥390	≥3		
BFe10-1-1	M20	7～14	≥275	≥20	—	—
	O60	0.5～10	≥275	≥25	—	—
	H04		≥370	≥3		
BFe30-1-1	M20	7～14	≥345	≥15	—	—
	O60	0.5～10	≥370	≥20	—	—
	H04		≥530	≥3		
BMn3-12	O60	0.5～10	≥350	≥25	—	—
BMn40-1.5	O60	0.5～10	390～590	—	—	—
	H04		≥590	—		

续表

牌号	状态	拉伸试验			硬度试验	
		厚度/mm	抗拉强度 R_m/MPa	断后伸长率 $A_{11.3}$/%	厚度/mm	维氏硬度(HV)
BAl6-1.5	H04	0.5～12	≥535	≥3	—	—
BAl13-3	TH04	0.5～12	≥635	≥5	—	—
BZn15-20	O60	0.5～10	≥340	≥35	—	—
	H02		440～570	≥5		
	H04		540～690	≥1.5		
	H06		≥640	≥1		
BZn18-17	O60	0.5～5	≥375	≥20	≥0.5	—
	H02		440～570	≥5		120～180
	H04		≥540	≥3		≥150
BZn18-26	H02	0.25～2.5	540～650	≥13	0.5～2.5	145～195
	H04		645～750	≥5		190～240

注：1. 超出表中规定厚度范围的板材，其性能指标由供需双方协商。

2. 表中的“—”，表示没有统计数据，如果需方要求该性能，其性能指标由供需双方协商。

3. 维氏硬度试验力由供需双方协商。

表 10-22 铜合金带材牌号、状态和规格(GB/T 2059—2017)

分类	牌号	代号	状态	厚度/mm	宽度/mm
无氧铜 纯铜 磷脱氧铜	TU1、TU2 T2、T3 TP1、TP2	T10150、T10180、 T11050、T11090 C12000、C12200	软化退火态(O60)、 1/4 硬(H01)、1/2 硬(H02)、 硬(H04)、特硬(H06)	>0.15～<0.50	≤610
				0.50～5.0	≤1200
镉铜	TCd1	C16200	硬(H04)	>0.15～1.2	≤300
普通黄铜	H95、H80、H59	C21000、C24000、 T28200	软化退火态(O60)、 硬(H04)	>0.15～<0.50	≤610
				0.5～3.0	≤1200
	H85、H90	C23000、C22000	软化退火态(O60)、 1/2 硬(H02)、硬(H04)	>0.15～<0.50	≤610
				0.5～3.0	≤1200
	H70、H68 H66、H65	T26100、T26300 C26800、C27000	软化退火态(O60)、1/4 硬(H01)、 1/2 硬(H02)、硬(H04)、 特硬(H06)、弹硬(H08)	>0.15～<0.50	≤610
				0.50～3.5	≤1200
	H63、H62	T27300、T27600	软化退火态(O60)、1/2 硬(H02)、 硬(H04)、特硬(H06)	>0.15～<0.50	≤610
				0.50～3.0	≤1200
锰黄铜	HMn58-2	T67400	软化退火态(O60)、 1/2 硬(H02)、硬(H04)	>0.15～0.20	≤300
铅黄铜	HPb59-1	T38100		>0.20～2.0	≤550
	HPb59-1	T38100	特硬(H06)	0.32～1.5	≤200
锡黄铜	HSn62-1	T46300	硬(H04)	>0.15～0.20	≤300
				>0.20～2.0	≤550
铝青铜	QAl5	T60700	软化退火态(O60)、硬(H04)	>0.15～1.2	≤300
	QAl7	C61000	1/2 硬(H02)、硬(H04)		
	QAl9-2	T61700	软化退火态(O60)、硬(H04)、 特硬(H06)		
	QAl9-4	T61720	硬(H04)		

续表

分类	牌号	代号	状态	厚度/mm	宽度/mm
锡青铜	QSn6.5-0.1	T51510	软化退火态(O60)、1/4 硬(H01)、1/2 硬(H02)、硬(H04)、特硬(H06)、弹硬(H08)	>0.15～2.0	≤610
	QSn7-0.2、Sn6.5-0.4、QSn4-3、QSn4-0.3	T51530 T51520 T50800 C51100	软化退火态(O60)、硬(H04)、特硬(H06)	>0.15～2.0	≤610
	QSn8-0.3	C52100	软化退火态(O60)、1/4 硬(H01)、1/2 硬(H02)、硬(H04)、特硬(H06)、弹硬(H08)	>0.15～2.6	≤610
	QSn4-4-2.5、QSn4-4-4	T53300 T53500	软化退火(O60)、1/4 硬(H01)、1/2 硬(H02)、硬(H04)	0.80～1.2	≤200
锰青铜	QMn1.5	T56100	软化退火(O60)	>0.15～1.2	≤300
	QMn5	T56300	软化退火(O60)、硬(H04)		
硅青铜	QSi3-1	T64730	软化退火态(O60)、硬(H04)、特硬(H06)	>0.15～1.2	≤300
普通白铜 铁白铜 锰白铜	B5、B19 BFe10-1-1 BFe30-1-1 BMn40-1.5	T70380、T71050 T70590 T71510 T71660	软化退火态(O60)、硬(H04)	>0.15～1.2	≤400
锰白铜	BMn3-12	T71620	软化退火态(O60)	>0.15～1.2	≤400
铝白铜	BAl6-1.5	T72400	硬(H04)	>0.15～1.2	≤300
	BAl13-3	T72600	固溶热处理＋冷加工(硬)＋沉淀热处理(TH04)		
锌白铜	BZn15-20	T74600	软化退火态(O60)、1/2 硬(H02)、硬(H04)、特硬(H06)	>0.15～1.2	≤610
	BZn18-18	C75200	软化退火态(O60)、1/4 硬(H01)、1/2 硬(H02)、硬(H04)	>0.15～1.0	≤400
	BZn18-17	T75210	软化退火态(O60)、1/2 硬(H02)、硬(H04)	>0.15～1.2	≤610
	BZn18-26	C77000	1/4 硬(H01)、1/2 硬(H02)、硬(H04)	>0.15～2.0	≤610

注：经供需双方协商，也可供应其他规格的带材。

表 10-23　铜合金带材的力学性能（GB/T 2059—2017）

牌号	状态	拉伸试验			硬度试验
		厚度/mm	抗拉强度 R_m/MPa	断后伸长率 $A_{11.3}$/%	维氏硬度(HV)
TU1、TU2 T2、T3 TP1、TP2	O60	>0.15	≥195	≥30	≤70
	H01		215～295	≥25	60～95
	H02		245～345	≥8	80～110
	H04		295～395	≥3	90～120
	H06		≥350	—	≥110

续表

牌号	状态	拉伸试验			硬度试验
		厚度/mm	抗拉强度 R_m/MPa	断后伸长率 $A_{11.3}$/%	维氏硬度(HV)
TCd1	H04	≥0.2	≥390	—	—
H95	O60	≥0.2	≥215	≥30	—
	H04		≥320	≥3	
H90	O60	≥0.2	≥245	≥35	—
	H02		330～440	≥5	
	H04		≥390	≥3	
H85	O60	≥0.2	≥260	≥40	≤85
	H02		305～380	≥15	80～115
	H04		≥350	—	≥105
H80	O60	≥0.2	≥265	≥50	—
	H04		≥390	≥3	
H70、H68 H66、H65	O60	≥0.2	≥290	≥40	≤90
	H01		325～410	≥35	85～115
	H02		355～460	≥25	100～130
	H04		410～540	≥13	120～160
	H06		520～620	≥4	150～190
	H08		≥570	—	≥180
H63、H62	O60	≥0.2	≥290	≥35	≤95
	H02		350～470	≥20	90～130
	H04		410～630	≥10	125～165
	H06		≥585	≥2.5	≥155
H59	O60	≥0.2	≥290	≥10	—
	H04		≥410	≥5	≥130
HPb59-1	O60	≥0.2	≥340	≥25	—
	H02		390～490	≥12	
	H04	≥0.2	≥440	≥5	—
	H06	≥0.32	≥590	≥3	
HMn58-2	O60	≥0.2	≥380	≥30	—
	H02		440～610	≥25	
	H04		≥585	≥3	
HSn62-1	H04	≥0.2	390	≥5	—
QAl5	O60	≥0.2	≥275	≥33	—
	H04		≥585	≥2.5	
QAl7	H02	≥0.2	585～740	≥10	—
	H04		≥635	≥5	

续表

牌号	状态	拉伸试验			硬度试验
		厚度/mm	抗拉强度 R_m /MPa	断后伸长率 $A_{11.3}$ /%	维氏硬度（HV）
QAl9-2	O60	≥0.2	≥440	≥18	—
	H04		≥585	≥5	
	H06		≥880		
QAl9-4	H04	≥0.2	≥635	—	—
QSn4-3 QSn4-0.3	O60	>0.15	≥290	≥40	—
	H04		540～690	≥3	
	H06		≥635	≥2	
QSn6.5-0.1	O60	>0.15	≥315	≥40	≤120
	H01		390～510	≥35	110～155
	H02		490～610	≥10	150～190
	H04		590～690	≥8	180～230
	H06		635～720	≥5	200～240
	H08		≥690	—	≥210
QSn7-0.2 QSn6.5-0.4	O60	>0.15	≥295	≥40	
	H04		540～690	≥8	
	H06		≥665	≥2	
QSn8-0.3	O60	>0.15	≥345	≥45	≤120
	H01		390～510	≥40	100～160
	H02		490～610	≥30	150～205
	H04		590～705	≥12	180～235
	H06		685～785	≥5	210～250
	H08		≥735	—	≥230
QSn4-4-2.5 QSn4-4-4	O60	≥0.8	≥290	≥35	—
	H01		390～490	≥10	—
	H02		420～510	≥9	—
	H04		≥490	≥5	—
QMn1.5	O60	≥0.2	≥205	≥30	—
QMn5	O60	≥0.2	≥290	≥30	—
	H04		≥440	≥3	
QSi3-1	O60	>0.15	≥370	≥45	—
	H04		635～785	≥5	
	H06		735	≥2	
B5	O60	≥0.2	≥215	≥32	—
	H04		≥370	≥10	
B19	O60	≥0.2	≥290	≥25	—
	H04		≥390	≥3	

续表

牌号	状态	拉伸试验			硬度试验
		厚度/mm	抗拉强度 R_m/MPa	断后伸长率 $A_{11.3}$/%	维氏硬度(HV)
BFe10-1-1	O60	≥0.2	≥275	≥25	—
	H04		≥370	≥3	
BFe30-1-1	O60	≥0.2	≥370	≥23	—
	H04		≥540	≥3	
BMn3-12	O60	≥0.2	≥350	≥25	—
BMn40-1.5	O60	≥0.2	390～590	—	—
	H04		≥635	—	—
BAl6-1.5	H04	≥0.2	≥600	≥5	—
BAl13-3	TH04	≥0.2	实测值		—
BZn15-20	O60	>0.15	≥340	≥35	—
	H02		440～570	≥5	
	H04		540～690	≥1.5	
	H06		≥640	≥1	
BZn18-18	O60	≥0.2	≥385	≥35	≤105
	H01		400～500	≥20	100～145
	H02		460～580	≥11	130～180
	H04		≥545	≥3	≥165
BZn18-17	O60	≥0.2	≥375	≥20	—
	H02		440～570	≥5	120～180
	H04		≥540	≥3	≥150
BZn18-26	H01	≥0.2	≥475	≥25	≤165
	H02		540～650	≥11	140～195
	H04		≥645	≥4	≥190

注：1.超出表中规定厚度范围的带材，其性能指标由供需双方协商。

2.表中的“—”，表示没有统计数据，如果需方要求该性能，其性能指标由供需双方协商。

3.维氏硬度的试验力由供需双方协商。

(3) 带材

铜及铜合金带材的化学成分应符合 GB/T 5231 的规定。其中 BZn18-17 的化学成分：Cu：62.0～66.0，Ni（含 Co）16.5～19.5；Fe：≤0.25；Mn：≤0.50；Pb：≤0.03；Zn：余量。

表 10-24 锰黄铜线材化学成分（GB/T 21652—2008）

牌号	质量分数/%												
	Cu	Mn	Ni+Co	Ti+Al	Pb	Fe	Si	B	P	Sb	Bi	Zn	杂质总和
HMn62-13	59～65	10～15	0.05～0.5	0.5～2.5	0.03	0.05	0.05	0.01	0.005	0.005	0.005	余量	0.15

注：1.元素含量为上下限者为合金元素，元素含量为单个数值者为杂质元素，单个数值表示最高限量。

2.杂质总和为表中所列杂质元素实测值总和。

3.表中用“余量”表示的元素含量为100%减去表中所列元素实测值所得。

表 10-25　锑黄铜和铋黄铜线材化学成分（GB/T 21652—2008）

牌号	质量分数/%									
	Cu	Sb	B、Ni、Fe、Sn 等	Si	Fe	Bi	Pb	Cd	Zn	杂质总和
HSb60-0.9	58～62	0.3～1.5	0.05＜(Ni+Fe+B)＜0.9	—	—	—	0.2	0.01	余量	0.2
HSb61-0.8-0.5	59～63	0.4～1.2	0.05＜(Ni+Sn+B)＜1.2	0.3～1.0	0.2	—	0.2	0.01	余量	0.3
HBi60-1.3	58～62	0.05＜(Sb+B+Ni+Sn)＜1.2		—	0.1	0.3～2.3	0.2	0.01	余量	0.3

注：1. 元素含量为上下限者为合金元素，元素含量为单个数值者为杂质元素，单个数值表示最高限量。

2. 杂质总和为表中所列杂质元素实测值总和。

3. 表中用"余量"表示的元素含量为100%减去表中所列元素实测值所得。

表 10-26　青铜线材化学成分（GB/T 21652—2008）

牌号	质量分数/%												
	Cr	Zn	Pb	Mg	Fe	Si	P	Sb	Bi	Al	B	Cu	杂质总和
QCr1-0.18	0.5～1.5	0.05～0.30	0.05	0.05	0.10	0.10	0.10	0.01	0.01	0.05	0.02	余量	0.3

注：1. 元素含量为上下限者为合金元素，元素含量为单个数值者为杂质元素，单个数值表示最高限量。

2. 杂质总和为表中所列杂质元素实测值总和。

3. 表中用"余量"表示的元素含量为100%减去表中所列元素实测值所得。

表 10-27　青铜线材化学成分（GB/T 21652—2008）

牌号	质量分数/%					
	Sn	P	Pb	Fe	Zn	Cu
QSn5-0.2(C51000)	4.2～5.8	0.03～0.35	0.05	0.10	0.30	余量

注：1. Cu+所列出元素总和≥99.5%。

2. 元素含量为上下限者为合金元素，元素含量为单个数值者为杂质元素，单个数值表示最高限量。

3. 表中用"余量"表示的元素含量为100%减去表中所列元素实测值所得。

表 10-28　青铜线材化学成分（GB/T 21652—2008）

牌号	质量分数/%										
	Sn	B	Zn	Fe	Cr	Ti	Ni+Co	Mn	P	Cu	杂质总和
QSn15-1-1	12～18	0.002～1.2	0.5～2	0.1～1	—	0.002	—	0.6	0.5	余量	1.0
QCr4.5-2.5-0.6	—	—	0.05	0.05	3.5～5.5	1.5～3.5	0.2～1.0	0.5～2	0.005	余量	0.1

注：1. 元素含量为上下限者为合金元素，元素含量为单个数值者为杂质元素，单个数值表示最高限量。

2. 杂质总和为表中所列杂质元素实测值总和。

3. 表中用"余量"表示的元素含量为100%减去表中所列元素实测值所得。

表 10-29　白铜线材化学成分（GB/T 21652—2008）

牌号	质量分数/%															
	Cu	Ni+Co	Fe	Mn	Pb	Si	Sn	P	Al	Ti	C	S	Sb	Bi	Zn	杂质总和
BZn9-29	60.0～63.0	7.2～10.4	0.3	0.5	0.03	0.15	0.08	0.005	0.005	0.005	0.03	0.005	0.002	0.002	余量	0.8
BZn12-26	60.0～63.0	10.5～13.0	0.3	0.5	0.03	0.15	0.08	0.005	0.005	0.005	0.03	0.005	0.002	0.002	余量	0.8

续表

牌号	质量分数/%														
	Cu	Ni+Co	Fe	Mn	Pb	Si	Sn	P	Al	Ti	C	S	Sb	Bi	Zn	杂质总和
BZn18-20	60.0～63.0	16.5～19.5	0.3	0.5	0.03	0.15	0.08	0.005	0.005	0.005	0.03	0.005	0.002	0.002	余量	0.8
BZn22-16	60.0～63.0	20.5～23.5	0.3	0.5	0.03	0.15	0.08	0.005	0.005	0.005	0.03	0.005	0.002	0.002	余量	0.8
BZn25-18	56.0～59.0	23.5～26.5	0.3	0.5	0.03	0.15	0.08	0.005	0.005	0.005	0.03	0.005	0.002	0.002	余量	0.8
BZn40-20	38.0～42.0	38.0～41.5	0.3	0.5	0.03	0.15	0.08	0.005	0.005	0.005	0.10	0.005	0.002	0.002	余量	0.8

注：1.元素含量为上下限者为合金元素，元素含量为单个数值者为杂质元素，单个数值表示最高限量。

2.杂质总和为表中所列杂质元素实测值总和。

3.表中用“余量”表示的元素含量为100%减去表中所列元素实测值所得。

表10-30 铜合金线材抗拉强度和断后伸长率（GB/T 21652—2017）

牌号	状态	直径(或对边距)/mm	抗拉强度 R_m/MPa	断后伸长率/%	
				A_{100mm}	A
TU0 TU1 TU2	O60	0.05～8.0	195～255	≥25	—
	H04	0.05～4.0	≥345	—	—
		>4.0～8.0	≥310	≥10	—
T2 T3	O60	0.05～0.3	≥195	≥15	—
		>0.3～1.0	≥195	≥20	—
		>1.0～2.5	≥205	≥25	—
		>2.5～8.0	≥205	≥30	—
	H02	0.05～8.0	255～365	—	—
	H04	0.05～2.5	≥380	—	—
		>2.5～8.0	≥365	—	—
TCd1	O60	0.1～6.0	≥275	≥20	—
	H04	0.1～0.5	590～880	—	—
		>0.5～4.0	490～735	—	—
		>4.0～6.0	470～685	—	—
TMg0.2	H04	1.5～3.0	≥530	—	—
TMg0.5	H04	1.5～3.0	≥620	—	—
		>3.0～7.0	≥530	—	—
H95	O60	0.05～12.0	≥220	≥20	—
	H02	0.05～12.0	≥340	—	—
	H04	0.05～12.0	≥420	—	—
H90	O60	0.05～12.0	≥240	≥20	—
	H02	0.05～12.0	≥385	—	—
	H04	0.05～12.0	≥485	—	—
H85	O60	0.05～12.0	≥280	≥20	—
	H02	0.05～12.0	≥455	—	—
	H04	0.05～12.0	≥570	—	—
H80	O60	0.05～12.0	≥320	≥20	—
	H02	0.05～12.0	≥540	—	—
	H04	0.05～12.0	≥690	—	—

续表

牌号	状态	直径(或对边距)/mm	抗拉强度 R_m /MPa	断后伸长率/%	
				A_{100mm}	A
H70 H68 H66	O60	0.05～0.25	≥375	≥18	—
		>0.25～1.0	≥355	≥25	—
		>1.0～2.0	≥335	≥30	—
		>2.0～4.0	≥315	≥35	—
		>4.0～6.0	≥295	≥40	—
		>6.0～13.0	≥275	≥45	—
		>13.0～18.0	≥275	—	≥50
	H00	0.05～0.25	≥385	≥18	—
		>0.25～1.0	≥365	≥20	—
		>1.0～2.0	≥350	≥24	—
		>2.0～4.0	≥340	≥28	—
		>4.0～6.0	≥330	≥33	—
		>6.0～8.5	≥320	≥35	—
	H01	0.05～0.25	≥400	≥10	—
		>0.25～1.0	≥380	≥15	—
		>1.0～2.0	≥370	≥20	—
		>2.0～4.0	≥350	≥25	—
		>4.0～6.0	≥340	≥30	—
		>6.0～8.5	≥330	≥32	—
	H02	0.05～0.25	≥410	—	—
		>0.25～1.0	≥390	≥5	—
		>1.0～2.0	≥375	≥10	—
		>2.0～4.0	≥355	≥12	—
		>4.0～6.0	≥345	≥14	—
		>6.0～8.5	≥340	≥16	—
	H03	0.05～0.25	540～735	—	—
		>0.25～1.0	490～685	—	—
		>1.0～2.0	440～635	—	—
		>2.0～4.0	390～590	—	—
		>4.0～6.0	345～540	—	—
		>6.0～8.5	340～520	—	—
	H04	0.05～0.25	735～930	—	—
		>0.25～1.0	685～885	—	—
		>1.0～2.0	635～835	—	—
		>2.0～4.0	590～785	—	—
		>4.0～6.0	540～735	—	—
		>6.0～8.5	490～685	—	—
	H06	0.1～0.25	≥800	—	—
		>0.25～1.0	≥780	—	—
		>1.0～2.0	≥750	—	—
		>2.0～4.0	≥720	—	—
		>4.0～6.0	≥690	—	—

续表

牌号	状态	直径(或对边距)/mm	抗拉强度 R_m /MPa	断后伸长率/%	
				A_{100mm}	A
H65	O60	0.05～0.25	≥335	≥18	—
		>0.25～1.0	≥325	≥24	—
		>1.0～2.0	≥315	≥28	—
		>2.0～4.0	≥305	≥32	—
		>4.0～6.0	≥295	≥35	—
		>6.0～13.0	≥285	≥40	—
	H00	0.05～0.25	≥350	≥10	—
		>0.25～1.0	≥340	≥15	—
		>1.0～2.0	≥330	≥20	—
		>2.0～4.0	≥320	≥25	—
		>4.0～6.0	≥310	≥28	—
		>6.0～13.0	≥300	≥32	—
	H01	0.05～0.25	≥370	≥6	—
		>0.25～1.0	≥360	≥10	—
		>1.0～2.0	≥350	≥12	—
		>2.0～4.0	≥340	≥18	—
		>4.0～6.0	≥330	≥22	—
		>6.0～13.0	≥320	≥28	—
	H02	0.05～0.25	≥410	—	—
		>0.25～1.0	≥400	≥4	—
		>1.0～2.0	≥390	≥7	—
		>2.0～4.0	≥380	≥10	—
		>4.0～6.0	≥375	≥13	—
		>6.0～13.0	≥360	≥15	—
	H03	0.05～0.25	540～735	—	—
		>0.25～1.0	490～685	—	—
		>1.0～2.0	440～635	—	—
		>2.0～4.0	390～590	—	—
		>4.0～6.0	375～570	—	—
		>6.0～13.0	370～550	—	—
	H04	0.05～0.25	685～885	—	—
		>0.25～1.0	635～835	—	—
		>1.0～2.0	590～785	—	—
		>2.0～4.0	540～735	—	—
		>4.0～6.0	490～685	—	—
		>6.0～13.0	440～635	—	—
	H06	0.05～0.25	≥830	—	—
		>0.25～1.0	≥810	—	—
		>1.0～2.0	≥800	—	—
		>2.0～4.0	≥780	—	—

续表

牌号	状态	直径(或对边距)/mm	抗拉强度 R_m/MPa	断后伸长率/%	
				A_{100mm}	A
H63 H62	O60	0.05～0.25	≥345	≥18	—
		>0.25～1.0	≥335	≥22	—
		>1.0～2.0	≥325	≥26	—
		>2.0～4.0	≥315	≥30	—
		>4.0～6.0	≥315	≥34	—
		>6.0～13.0	≥305	≥36	—
	H00	0.05～0.25	≥360	≥8	—
		>0.25～1.0	≥350	≥12	—
		>1.0～2.0	≥340	≥18	—
		>2.0～4.0	≥330	≥22	—
		>4.0～6.0	≥320	≥26	—
		>6.0～13.0	≥310	≥30	—
	H01	0.05～0.25	≥380	≥5	—
		>0.25～1.0	≥370	≥8	—
		>1.0～2.0	≥360	≥10	—
		>2.0～4.0	≥350	≥15	—
		>4.0～6.0	≥340	≥20	—
		>6.0～13.0	≥330	≥25	—
	H02	0.05～0.25	≥430	—	—
		>0.25～1.0	≥410	≥4	—
		>1.0～2.0	≥390	≥7	—
		>2.0～4.0	≥375	≥10	—
		>4.0～6.0	≥355	≥12	—
		>6.0～13.0	≥350	≥14	—
	H03	0.05～0.25	590～785	—	—
		>0.25～1.0	540～735	—	—
		>1.0～2.0	490～685	—	—
		>2.0～4.0	440～635	—	—
		>4.0～6.0	390～590	—	—
		>6.0～13.0	360～560	—	—
	H04	0.05～0.25	785～980	—	—
		>0.25～1.0	685～885	—	—
		>1.0～2.0	635～835	—	—
		>2.0～4.0	590～785	—	—
		>4.0～6.0	540～735	—	—
		>6.0～13.0	490～685	—	—
	H06	0.05～0.25	≥850	—	—
		>0.25～1.0	≥830	—	—
		>1.0～2.0	≥800	—	—
		>2.0～4.0	≥770	—	—
HB90-0.1	H04	1.0～12.0	≥500	—	—

续表

牌号	状态	直径(或对边距)/mm	抗拉强度 R_m /MPa	断后伸长率/%	
				A_{100mm}	A
HPb63-3	O60	0.5~2.0	≥305	≥32	—
		>2.0~4.0	≥295	≥35	—
		>4.0~6.0	≥285	≥35	—
	H02	0.5~2.0	390~610	≥3	—
		>2.0~4.0	390~600	≥4	—
		>4.0~6.0	390~590	≥4	—
	H04	0.5~6.0	570~735	—	—
HPb62-0.8	H02	0.5~6.0	410~540	≥12	—
	H04	0.5~6.0	450~560	—	—
HPb59-1	O60	0.5~2.0	≥345	≥25	—
		>2.0~4.0	≥335	≥28	—
		>4.0~6.0	≥325	≥30	—
	H02	0.5~2.0	390~590	—	—
		>2.0~4.0	390~590	—	—
		>4.0~6.0	375~570	—	—
	H04	0.5~2.0	490~735	—	—
		>2.0~4.0	490~685	—	—
		>4.0~6.0	440~635	—	—
HPb61-1	H02	0.5~2.0	≥390	≥8	—
		>2.0~4.0	≥380	≥10	—
		>4.0~6.0	≥375	≥15	—
		>6.0~8.5	≥365	≥15	—
	H04	0.5~2.0	≥520	—	—
		>2.0~4.0	≥490	—	—
		>4.0~6.0	≥465	—	—
		>6.0~8.5	≥440	—	—
HPb59-3	H02	1.0~2.0	≥385	—	—
		>2.0~4.0	≥380	—	—
		>4.0~6.0	≥370	—	—
		>6.0~10.0	≥360	—	—
	H04	1.0~2.0	≥480	—	—
		>2.0~4.0	≥460	—	—
		>4.0~6.0	≥435	—	—
		>6.0~10.0	≥430	—	—
HSn60-1 HSn62-1	O60	0.5~2.0	≥315	≥15	—
		>2.0~4.0	≥305	≥20	—
		>4.0~6.0	≥295	≥25	—
	H04	0.5~2.0	590~835	—	—
		>2.0~4.0	540~785	—	—
		>4.0~6.0	490~735	—	—

续表

牌号	状态	直径(或对边距)/mm	抗拉强度 R_m /MPa	断后伸长率/%	
				A_{100mm}	A
HMn62-13	O60	0.5～6.0	400～550	≥25	—
	H01	0.5～6.0	450～600	≥18	—
	H02	0.5～6.0	500～650	≥12	—
	H03	0.5～6.0	550～700	—	—
	H04	0.5～6.0	≥650	—	—
QSn4-3	O60	0.1～1.0	≥350	≥35	—
		>1.0～8.5		≥45	—
	H01	0.1～1.0	460～580	≥5	—
		>1.0～2.0	420～540	≥10	—
		>2.0～4.0	400～520	≥20	—
		>4.0～6.0	380～480	≥25	—
		>6.0～8.5	360～450	≥25	—
	H02	0.1～1.0	500～700	—	—
		>1.0～2.0	480～680	—	—
		>2.0～4.0	450～650	—	—
		>4.0～6.0	430～630	—	—
		>6.0～8.5	410～610	—	—
	H03	0.1～1.0	620～820	—	—
		>1.0～2.0	600～800	—	—
		>2.0～4.0	560～760	—	—
		>4.0～6.0	540～740	—	—
		>6.0～8.5	520～720	—	—
	H04	0.1～1.0	880～1130	—	—
		>1.0～2.0	860～1060	—	—
		>2.0～4.0	830～1030	—	—
		>4.0～6.0	780～980	—	—
QSn5-0.2 QSn4-0.3 QSn6.5-0.1 QSn6.5-0.4 QSn7-0.2 QSi3-1	O60	0.1～1.0	≥350	≥35	—
		>1.0～8.5	≥350	≥45	—
	H01	0.1～1.0	480～680	—	—
		>1.0～2.0	450～650	≥10	—
		>2.0～4.0	420～620	≥15	—
		>4.0～6.0	400～600	≥20	—
		>6.0～8.5	380～580	≥22	—
	H02	0.1～1.0	540～740	—	—
		>1.0～2.0	520～720	—	—
		>2.0～4.0	500～700	≥4	—
		>4.0～6.0	480～680	≥8	—
		>6.0～8.5	460～660	≥10	—
	H03	0.1～1.0	750～950	—	—
		>1.0～2.0	730～920	—	—
		>2.0～4.0	710～900	—	—
		>4.0～6.0	690～880	—	—
		>6.0～8.5	640～860	—	—

续表

牌号	状态	直径(或对边距)/mm	抗拉强度 R_m/MPa	断后伸长率/%	
				A_{100mm}	A
QSn5-0.2 QSn4-0.3 QSn6.5-0.1 QSn6.5-0.4 QSn7-0.2 QSi3-1	H04	0.1～1.0	880～1130	—	—
		>1.0～2.0	860～1060	—	—
		>2.0～4.0	830～1030	—	—
		>4.0～6.0	780～980	—	—
		>6.0～8.5	690～950	—	—
QSn8-0.3	O60	0.1～8.5	365～470	≥30	—
	H01	0.1～8.5	510～625	≥8	—
	H02	0.1～8.5	655～795	—	—
	H03	0.1～8.5	780～930	—	—
	H04	0.1～8.5	860～1035	—	—
QSi3-1	O60	>8.5～13.0	≥350	≥45	—
		>13.0～18.0		—	≥50
	H01	>8.5～13.0	380～580	≥22	—
		>13.0～18.0		—	≥26
QSn15-1-1	O60	0.5～1.0	≥365	≥28	—
		>1.0～2.0	≥360	≥32	—
		>2.0～4.0	≥350	≥35	—
		>4.0～6.0	≥345	≥36	—
	H01	0.5～1.0	630～780	≥25	—
		>1.0～2.0	600～750	≥30	—
		>2.0～4.0	580～730	≥32	—
		>4.0～6.0	550～700	≥35	—
	H02	0.5～1.0	770～910	≥3	—
		>1.0～2.0	740～880	≥6	—
		>2.0～4.0	720～850	≥8	—
		>4.0～6.0	680～810	≥10	—
	H03	0.5～1.0	800～930	≥1	—
		>1.0～2.0	780～910	≥2	—
		>2.0～4.0	750～880	≥2	—
		>4.0～6.0	720～850	≥3	—
	H04	0.5～1.0	850～1080	—	—
		>1.0～2.0	840～980	—	—
		>2.0～4.0	830～960	—	—
		>4.0～6.0	820～950	—	—
QSn4-4-4	H02	0.1～6.0	≥360	≥8	—
		>6.0～8.5		≥12	—
	H04	0.1～6.0	≥420	—	—
		>6.0～8.5		≥10	—
QCr4.5-2.5-0.6	O60	0.5～6.0	400～600	≥25	—
	TH04、TF00	0.5～6.0	550～850	—	—
QAl7	H02	1.0～6.0	≥550	≥8	—
	H04	1.0～6.0	≥600	≥4	—

续表

牌号	状态	直径(或对边距)/mm	抗拉强度 R_m /MPa	断后伸长率/%	
				A_{100mm}	A
QAl9-2	H04	0.6~1.0	≥580	—	—
		>1.0~2.0		≥1	—
		>2.0~5.0		≥2	—
		>5.0~6.0	≥530	≥3	—
B19	O60	0.1~0.5	≥295	≥20	—
		>0.5~6.0		≥25	—
	H04	0.1~0.5	590~880	—	—
		>0.5~6.0	490~785	—	—
BFe10-1-1	O60	0.1~1.0	≥450	≥15	—
		>1.0~6.0	≥400	≥18	—
	H04	0.1~1.0	≥780	—	—
		>1.0~6.0	≥650	—	—
BFe30-1-1	O60	0.1~0.5	≥345	≥20	—
		>0.5~6.0		≥25	—
	H04	0.1~0.5	685~980	—	—
		>0.5~6.0	590~880	—	—
BMn3-12	O60	0.05~1.0	≥440	≥12	—
		>1.0~6.0	≥390	≥20	—
	H04	0.05~1.0	≥785	—	—
		>1.0~6.0	≥685	—	—
BMn40-1.5	O60	0.05~0.20	≥390	≥15	—
		>0.20~0.50		≥20	—
		>0.50~6.0		≥25	—
	H04	0.05~0.20	685~980	—	—
		>0.20~0.50	685~880	—	—
		>0.50~6.0	635~835	—	—
BZn9-29 BZn12-24 BZn12-26	O60	0.1~0.2	≥320	≥15	—
		>0.2~0.5		≥20	—
		>0.5~2.0		≥25	—
		>2.0~8.0		≥30	—
	H00	0.1~0.2	400~570	≥12	—
		>0.2~0.5	380~550	≥16	—
		>0.5~2.0	360~540	≥22	—
		>2.0~8.0	340~520	≥25	—
	H01	0.1~0.2	420~620	≥0	
		>0.2~0.5	400~600	≥8	—
		>0.5~2.0	380~590	≥12	—
		>2.0~8.0	360~570	≥18	—

续表

牌号	状态	直径(或对边距)/mm	抗拉强度 R_m /MPa	断后伸长率/%	
				A_{100mm}	A
BZn9-29 BZn12-24 BZn12-26	H02	0.1～0.2	480～680	—	—
		>0.2～0.5	460～640	≥6	—
		>0.5～2.0	440～630	≥9	—
		>2.0～8.0	420～600	≥12	—
	H03	0.1～0.2	550～800	—	—
		>0.2～0.5	530～750	—	—
		>0.5～2.0	510～730	—	—
		>2.0～8.0	490～630	—	—
	H04	0.1～0.2	680～880	—	—
		>0.2～0.5	630～820	—	—
		>0.5～2.0	600～800	—	—
		>2.0～8.0	580～700	—	—
	H06	0.5～4.0	≥720	—	—
BZn15-20 BZn18-20	O60	0.1～0.2	≥345	≥15	—
		>0.2～0.5		≥20	—
		>0.5～2.0		≥25	—
		>2.0～8.0		≥30	—
		>8.0～13.0		≥35	—
		>13.0～18.0		—	≥40
	H00	0.1～0.2	450～600	≥12	—
		>0.2～0.5	435～570	≥15	—
		>0.5～2.0	420～550	≥20	—
		>2.0～8.0	410～520	≥24	—
	H01	0.1～0.2	470～660	≥10	—
		>0.2～0.5	460～620	≥12	—
		>0.5～2.0	440～600	≥14	—
		>2.0～8.0	420～570	≥16	—
	H02	0.1～0.2	510～780	—	—
		>0.2～0.5	490～735	—	—
		>0.5～2.0	440～685	—	—
		>2.0～8.0	440～635	—	—
	H03	0.1～0.2	620～860	—	—
		>0.2～0.5	610～810	—	—
		>0.5～2.0	595～760	—	—
		>2.0～8.0	580～700	—	—
	H04	0.1～0.2	735～980	—	—
		>0.2～0.5	735～930	—	—
		>0.5～2.0	635～880	—	—
		>2.0～8.0	540～785	—	—

续表

牌号	状态	直径(或对边距)/mm	抗拉强度 R_m/MPa	断后伸长率/%	
				A_{100mm}	A
BZn15-20 BZn18-20	H06	0.5～1.0	≥750	—	—
		>1.0～2.0	≥740	—	—
		>2.0～4.0	≥730	—	—
BZn22-16 BZn25-18	O60	0.1～0.2	≥440	≥12	—
		>0.2～0.5		≥16	—
		>0.5～2.0		≥23	—
		>2.0～8.0		≥28	—
	H00	0.1～0.2	500～680	≥10	—
		>0.2～0.5	490～650	≥12	—
		>0.5～2.0	470～630	≥15	—
		>2.0～8.0	460～600	≥18	—
	H01	0.1～0.2	540～720	—	—
		>0.2～0.5	520～690	≥6	—
		>0.5～2.0	500～670	≥8	—
		>2.0～8.0	480～650	≥10	—
	H02	0.1～0.2	640～830	—	—
		>0.2～0.5	620～800	—	—
		>0.5～2.0	600～780	—	—
		>2.0～8.0	580～760	—	—
	H03	0.1～0.2	660～880	—	—
		>0.2～0.5	640～850	—	—
		>0.5～2.0	620～830	—	—
		>2.0～8.0	600～810	—	—
	H04	0.1～0.2	750～990	—	—
		>0.2～0.5	740～950	—	—
		>0.5～2.0	650～900	—	—
		>2.0～8.0	630～860	—	—
	H06	0.1～1.0	≥820	—	—
		>1.0～2.0	≥810	—	—
		>2.0～4.0	≥800	—	—
BZn40-20	O60	1.0～6.0	500～650	≥20	—
	H01	1.0～6.0	550～700	≥8	—
	H02	1.0～6.0	600～850	—	—
	H03	1.0～6.0	750～900	—	—
	H04	1.0～6.0	800～1000	—	—
BZn12-37-1.5	H02	0.5～9.0	600～700	—	—
	H04	0.5～9.0	650～750	—	—

注：表中的“—”，表示没有统计数据，如果需方要求该性能，其性能指标由供需双方协商。

(4) 管材

表 10-31 铜合金管材牌号、状态和规格（GB/T 1527—2017）

分类	牌号	代号	状态	规格/mm			
				圆形		矩(方)形	
				外径	壁厚	对边距	壁厚
纯铜	T2、T3 TU1、TU2 TP1、TP2	T11050、T11090 T10150、T10180 C12000、C12200	软化退火(O60)、 轻退火(O50)、 硬(H04)、特硬(H06)	3～360	0.3～20	3～100	1～10
			1/2 硬(H02)	3～100			
高铜	TCr1	C18200	固溶热处理＋冷加工(硬)＋ 沉淀热处理(TH04)	40～105	4～12	—	—
黄铜	H95、H90	C21000、C22000	软化退火(O60)、 轻退火(O50)、 退火到 1/2 硬(O82)、 硬＋应力消除(HR04)	3～200	0.2～10	3～100	0.2～7
	H85、H80 HAs85-0.05	C23000、C24000 T23030					
	H70、H68 H59、HPb59-1 HSn62-1、HSn70-1 HAs70-0.05 HAs68-0.04	T26100、T26300 T28200、T38100 T46300、T45000 C26130 T26330		3～100			
	H65、H63 H62、HPb66-0.5 HAs65-0.04	C27000、T27300 T27600、C33000 —		3～200			
	HPb63-0.1	T34900	退火到 1/2 硬(O82)	18～31	6.5～13	—	—
白铜	BZn15-20	T74600	软化退火(O60)、 退火到 1/2 硬(O82)、 硬＋应力消除(HR04)	4～40	0.5～8	—	—
	BFe10-1-1	T70590	软化退火(O60)、 退火到 1/2 硬(O82)、硬(H80)	8～160			
	BFe30-1-1	T71510	软化退火(O60)、 退火到 1/2 硬(O82)	8～80			

表 10-32 纯铜、高铜管圆形管材的力学性能（GB/T 1527—2017）

牌号	状态	壁厚/mm	拉伸试验		硬度试验	
			抗拉强度 R_m /MPa(不小于)	断后伸长率 A /%(不小于)	维氏硬度(HV)	布氏硬度(HBW)
T2、T3、 TU1、TU2、 TP1、TP2	O60	所有	200	41	40～65	35～60
	O50	所有	220	40	45～75	40～70
	H02	≤15	250	20	70～100	65～95
	H04	≤6	290	—	95～130	90～125
		＞6～10	265	—	75～110	70～105
		＞10～15	250	—	70～100	65～95
	H06	≤3mm	360	—	≥110	≥105
TCr1	TH04	5～12	375	11	—	—

注：1. H02、H04 状态壁厚＞15mm 的管材、H06 状态壁厚＞3mm 的管材，其性能由供需双方协商确定。
2. 维氏硬度试验负荷由供需双方协商确定。软化退火（O60）状态的维氏硬度试验适用于壁厚≥1mm 的管材。
3. 布氏硬度试验仅适用于壁厚≥5mm 的管材，壁厚＜5mm 的管材布氏硬度试验供需双方协商确定。

表 10-33　黄铜、白铜管材的力学性能（GB/T 1527—2017）

牌号	状态	拉伸试验		硬度试验	
		抗拉强度 R_m /MPa(不小于)	断后伸长率 A /%(不小于)	维氏硬度 (HV)	布氏硬度 (HBW)
H95	O60	205	42	45～70	40～65
	O50	220	35	50～75	45～70
	O82	260	18	75～105	70～100
	HR04	320	—	≥95	≥90
H90	O60	220	42	45～75	40～70
	O50	240	35	50～80	45～75
	O82	300	18	75～105	70～100
	HR04	360	—	≥100	≥95
H85、HAs85-0.05	O60	240	43	45～75	40～70
	O50	260	35	50～80	45～75
	O82	310	18	80～110	75～105
	HR04	370	—	≥105	≥100
H80	O60	240	43	45～75	40～70
	O50	260	40	55～85	50～80
	O82	320	25	85～120	80～115
	HR04	390	—	≥115	≥110
H70、H68、HAs70-0.05、HAs68-0.04	O60	280	43	55～85	50～80
	O50	350	25	85～120	80～115
	O82	370	18	95～135	90～130
	HR04	420	—	≥115	≥110
H65、HPb66-0.5、HAs65-0.04	O60	290	43	55～85	50～80
	O50	360	25	80～115	75～110
	O82	370	18	90～135	85～130
	HR04	430	—	≥110	≥105
H63、H62	O60	300	43	60～90	55～85
	O50	360	25	75～110	70～105
	O82	370	18	85～135	80～130
	HR04	440	—	≥115	≥110
H59、HPb59-1	O60	340	35	75～105	70～100
	O50	370	20	85～115	80～110
	O82	410	15	100～130	95～125
	HR04	470	—	≥125	≥120
HSn70-1	O60	295	40	60～90	55～85
	O50	320	35	70～100	65～95
	O82	370	20	85～135	80～130
	HR04	455	—	≥110	≥105

续表

牌号	状态	拉伸试验		硬度试验	
		抗拉强度 R_m /MPa(不小于)	断后伸长率 A /%(不小于)	维氏硬度 (HV)	布氏硬度 (HBW)
HSn62-1	O60	295	35	60～90	55～85
	O50	335	30	75～105	70～100
	O82	370	20	85～110	80～105
	HR04	455	—	≥110	≥105
HPb63-0.1	O82	353	20	—	110～165
BZn15-20	O60	295	35	—	—
	O82	390	20	—	—
	HR04	490	8	—	—
BFe10-1-1	O60	290	30	75～110	70～105
	O82	310	12	≥105	≥100
	H80	480	8	≥150	≥145
BFe30-1-1	O60	370	35	85～120	80～115
	O82	480	12	≥135	≥130

注：1. 维氏硬度试验负荷由供需双方协商确定。软化退火（O60）状态的维氏硬度试验仅适用于壁厚≥0.5mm 的管材。
2. 布氏硬度试验仅适用于壁厚≥3mm 的管材，壁厚<3mm 的管材布氏硬度试验供需双方协商确定。

表 10-34　铜及铜合金挤制管牌号、状态、规格（YS/T 662—2007）

牌　　号	状态	规格/mm		
		外径	壁厚	长度
TU1、TU2、T2、T3、TP1、TP2	挤制(R)	30～300	5～65	300～6000
H96、H62、HPb59-1、HFe59-1-1		20～300	1.5～42.5	
H80、H65、H68、HSn62-1、HSi80-3 HMn58-2、HMn57-3-1		60～220	7.5～30	
QAl9-2、QAl9-4、QAl10-3-1.5 QAl10-4-4		20～250	3～50	500～6000
QSi3.5-3-1-1.5		80～200	10～30	
QCr0.5		100～220	17.5～37.5	500～3000
BFe10-1-1		70～250	10～25	300～3000
BFe30-1-1		80～120	10～25	

表 10-35　铜及铜合金挤制管的纵向室温力学性能（YS/T 662—2007）

牌号	壁厚 /mm	抗拉强度 R_m /(N/mm^2)	断后伸长率 A/%	布氏硬度 (HBW)
T2、T3、TU1、TU2	≤30	>185	≥42	—
H96	≤42.5	≥185	≥42	—
H80	≤30	≥270	≥40	—
H68	≤30	≥285	≥45	—
H65、H62	≤42.5	≥295	≥43	—

续表

牌号	壁厚/mm	抗拉强度 R_m /(N/mm²)	断后伸长率 A/%	布氏硬度(HBW)
HPb59-1	≤42.5	≥390	≥24	—
HFe59-1-1	≤42.5	≥430	≥31	—
HSn62-1	≤30	≥320	≥25	—
HSi80-3	≤30	≥295	≥28	—
HMn58-2	≤30	≥395	≥29	—
HMn57-3-1	≤30	≥490	≥16	—
QAl9-2	≤50	≥470	≥15	—
QAl9-4	≤50	≥490	≥17	—
QAl10-3-1.5	<16	≥590	≥14	140～200
	≥16	≥540	≥15	135～200
QAl10-4-4	≤30	≥635	≥6	170～230
QSi3.5-3-1.5	≤30	≥360	≥35	—
QCr0.5	≤37.5	≥220	≥35	—
BFe10-1-1	≤25	≥280	≥28	—
BFe30-1-1	≤25	≥345	≥25	—

表 10-36　铜合金毛细管管材的室温力学性能（GB/T 1531—2020）

牌号	代号	状态	抗拉强度 R_m①/MPa	规定塑性延伸强度 $R_{P0.2}$/MPa	断后伸长率 A/%	维氏硬度(HV)
T2 TP1 TP2	T11050 C12000 C12200	软化退火(O60)	≥205	35～85	≥40	30～70
		轻拉(H55)	≥245	—	—	65～95
		拉拔硬(H80)	≥315	—	—	≥90
H95	C21000	软化退火(O60)	≥205	—	≥42	45～70
		拉拔硬(H80)	≥320	—	—	≥90
H90	C22000	软化退火(O60)	≥220	—	≥42	40～70
		拉拔硬(H80)	≥360	—	—	≥95
H85	C23000	软化退火(O60)	≥240	—	≥43	40～70
		轻拉(H55)	≥310	—	≥18	75～105
		拉拔硬(H80)	≥370	—	—	≥100
H80	C24000	软化退火(O60)	≥240	—	≥43	40～70
		轻拉(H55)	≥320	—	≥25	80～115
		拉拔硬(H80)	≥390	—	—	≥110

续表

牌号	代号	状态	抗拉强度 R_m ① /MPa	规定塑性延伸强度 $R_{P0.2}$/MPa	断后伸长率 A/%	维氏硬度 (HV)
H70 H68	T26100 T26300	软化退火(O60)	≥280	—	≥43	50～80
		轻拉(H55)	≥370	—	≥18	90～120
		拉拔硬(H80)	≥420	—	—	≥110
H65	C27000	软化退火(O60)	≥290	100～180	≥43	50～80
		轻拉(H55)	≥370	—	≥18	85～115
		拉拔硬(H80)	≥430	—	—	≥105
H63 H62	T27300 T27600	软化退火(O60)	≥300	—	≥43	50～85
		轻拉(H55)	≥370	—	≥18	70～105
		拉拔硬(H80)	≥440	—	—	≥110
QSn4-0.3 QSn6.5-0.1	C51100 T51510	软化退火(O60)	≥290	—	≥35	≥75
		拉拔硬(H80)	≥480	—	—	≥150
BFe10-1-1	T70590	软化退火(O60)	≥325	—	≥30	≥90
		拉拔硬(H80)	≥490	—	—	≥120

① 壁厚小于 0.15mm 的管材不要求拉伸试验。

注：需方有特殊要求时，由供需双方协商确定后在订货单（或合同）中注明。

表 10-37 无缝铜水管和铜气管管材牌号和规格（GB/T 18033—2017）

牌号	状态	种类	规格/mm 外径	壁厚	长度
TP1 TP2 TU1 TU2 TU3	拉拔(硬)(H80) 拉拔(H58)	直管	6～325	0.6～8	≤6000
	轻拉(H55)		6～159		
	软化退火(O60) 轻退火(O50)		6～108		
	软化退火(O60)	盘管	≤28		—

表 10-38 无缝铜水管与铜气管管材的外形尺寸系列（GB/T 18033—2017）

公称尺寸 DN /mm	公称外径 /mm	壁厚/mm A型	壁厚/mm B型	壁厚/mm C型	理论重量/(kg/m) A型	理论重量/(kg/m) B型	理论重量/(kg/m) C型	最大工作压力 p/MPa H80 A型	H80 B型	H80 C型	H55 H58 A型	H55 H58 B型	H55 H58 C型	O60 O50 A型	O60 O50 B型	O60 O50 C型
4	6	1.0	0.8	0.6	0.140	0.117	0.091	24.00	18.0	13.7	19.23	14.9	10.9	15.8	12.3	8.95
6	8	1.0	0.8	0.6	0.197	0.162	0.125	17.50	13.70	10.0	13.89	10.9	7.98	11.4	8.95	6.57
8	10	1.0	0.8	0.6	0.253	0.207	0.158	13.70	10.70	7.94	10.87	8.55	6.30	8.95	7.04	5.19
10	12	1.2	0.8	0.6	0.364	0.252	0.192	13.67	8.87	6.65	1.87	7.04	5.21	8.96	5.80	4.29
15	15	1.2	1.0	0.7	0.465	0.393	0.281	10.79	8.87	6.11	8.55	7.04	4.85	7.04	5.80	3.99
—	18	1.2	1.0	0.8	0.566	0.477	0.386	8.87	7.31	5.81	7.04	5.81	4.61	5.80	4.79	3.80

续表

公称尺寸 *DN* /mm	公称外径 /mm	壁厚/mm			理论重量/(kg/m)			最大工作压力 *p*/MPa								
								H80			H55　H58			O60　O50		
		A 型	B 型	C 型	A 型	B 型	C 型	A 型	B 型	C 型	A 型	B 型	C 型	A 型	B 型	C 型
20	22	1.5	1.2	0.9	0.864	0.701	0.535	9.08	7.19	5.32	7.21	5.70	4.22	6.18	4.70	3.48
25	28	1.5	1.2	0.9	1.116	0.903	0.685	7.05	5.59	4.62	5.60	4.44	3.30	4.61	3.65	2.72
32	35	2.0	1.5	1.2	1.854	1.411	1.140	7.54	5.54	4.44	5.98	4.44	3.52	4.93	3.65	2.90
40	42	2.0	1.5	1.2	2.247	1.706	1.375	6.23	4.63	3.68	4.95	3.68	2.92	4.08	3.03	2.41
50	54	2.5	2.0	1.2	3.616	2.921	1.780	6.06	4.81	2.85	4.81	3.77	2.26	3.96	3.14	1.86
65	67	2.5	2.0	1.5	4.529	3.652	2.759	4.83	3.85	2.87	3.85	3.06	2.27	3.17	3.05	1.88
—	76	2.5	2.0	1.5	5.161	4.157	3.140	4.26	3.38	2.52	3.38	2.69	2.00	2.80	2.68	1.65
80	89	2.5	2.0	1.5	6.074	4.887	3.696	3.62	2.88	2.15	2.87	2.29	1.71	2.36	2.28	1.41
100	108	3.5	2.5	1.5	10.274	7.408	4.487	4.19	2.97	1.77	3.33	2.36	1.40	2.74	1.94	1.16
125	133	3.5	2.5	1.5	12.731	9.164	5.540	3.38	2.40	1.43	2.68	1.91	1.14	—	—	—
150	159	4.0	3.5	2.0	17.415	15.287	8.820	3.23	2.82	1.60	2.56	2.24	1.27	—	—	—
200	219	6.0	5.0	4.0	35.898	30.055	24.156	3.53	2.93	2.33	—	—	—	—	—	—
250	267	7.0	5.5	4.5	51.122	40.399	33.180	3.37	2.64	2.15	—	—	—	—	—	—
—	273	7.5	5.8	5.0	55.932	43.531	37.640	3.54	2.16	1.53	—	—	—	—	—	—
300	325	8.0	6.5	5.5	71.234	58.151	49.359	3.16	2.56	2.16	—	—	—	—	—	—

注：1. 最大计算工作压力 *p*，是指工作条件为 65℃时，硬态（Y）允许应力为 63MPa；半硬态（Y_2）允许应力为 50MPa；软态（M）允许应力为 41.2MPa。

2. 加工铜的密度值取 8.94g/cm^3，作为计算每米铜管重量的依据。

3. 客户需要其他规格尺寸的管材，供需双方协商解决。

表 10-39　无缝铜水管与铜气管管材的外径允许偏差（GB/T 18033—2017）　单位：mm

外　　径	外径允许偏差		
	适用于平均外径	适用任意外径①	
	所有状态②	硬态(Y)	半硬态(Y_2)
6～18	±0.04	±0.04	±0.09
＞18～28	±0.05	±0.06	±0.10
＞28～54	±0.06	±0.07	±0.11
＞54～76	±0.07	±0.10	±0.15
＞76～80	±0.07	±0.15	±0.20
＞89～108	±0.07	±0.20	±0.30
＞108～133	±0.20	±0.70	±0.40
＞133～159	±0.20	±0.70	±0.40
＞159～219	±0.40	±1.50	—
＞219～325	±0.60	±1.50	—

① 包括圆度偏差。

② 软态管材外径公差仅适用平均外径公差。

注：1. 壁厚不大于 3.5mm 的管材壁厚允许偏差为±10%，壁厚大于 3.5mm 的管材壁厚允许偏差为±15%。

2. 长度不大于 6000mm 的管材长度允许偏差为+10mm，盘管长度应比预定长度稍长（+300mm）。直管长度为定尺长度、倍尺长度时，应加入锯切分段时的锯切量，每一锯切量为 5mm。

表 10-40 无缝铜水管与铜气管管材的直度（GB/T 18033—2017） 单位：mm

长度	直度(不大于)
≤6000	任意 3000mm 不超过 12

注：外径不大于 ϕ108mm 的硬态和半硬态直管的直度符合上表的规定，外径大于 ϕ108mm 管材的直度，由供需双方协商确定。

表 10-41 无缝铜水管与铜气管管材端部的切斜度（GB/T 18033—2017） 单位：mm

公称外径	切斜度(不大于)
≤16	0.40
>16	外径的 2.5%

表 10-42 无缝铜水管与铜气管管材的力学性能（GB/T 18033—2017） 单位：mm

牌号	状态	公称外径/mm	抗拉强度 R_m /MPa	伸长率 A/%	硬度 /HV5
			不小于	不小于	
TP2 TU2	Y	≤100	315	—	>100
		>100	295		
	Y_2	≤67	250	30	75～100
		>67～159	250	20	
	M	≤108	205	40	40～75

注：1. 维氏硬度仅供选择性试验。

2. 晶粒度 软态管材平均晶粒度应为 0.020～0.060mm。

表 10-43 热交换器用铜合金无缝管牌号、状态和规格（GB/T 8890—2015）

牌号	代号	供应状态	种类	规格/mm 外径	壁厚	长度
BFe10-1-1 BFe10-1.4-1	T70590 C70600	软化退火(O60) 硬(H80)	盘管	3～20	0.3～1.5	—
BFe10-1-1	T70590	软化退火(O60)	直管	4～160	0.5～4.5	<6000
		退火至 1/2 硬(O82)、硬(H80)		6～76	0.5～4.5	<18000
BFe30-0.7 BFe30-1-1	C71500 T71510	软化退火(O60) 退火至 1/2 硬(O82)	直管	6～76	0.5～4.5	<18000
HAl77-2 HSn72-1 HSn70-1 HSn70-1-0.01 HSn70-1-0.01-0.04 HAs68-0.04 HAs70-0.05 HAs85-0.05	C68700 C44300 T45000 T45010 T45020 T26330 C26130 T23030	软化退火(O60) 退火至 1/2 硬(O82)	直管	6～76	0.5～4.5	<18000

表 10-44　BFe10-1.4-1 牌号的化学成分（GB/T 8890—2015）

牌号	化学成分(质量分数)/%					
	Cu+Ag	Ni+Co	Fe	Zn	Pb	Mn
BFe10-1.4-1	余量	9.0～11.0	1.0～1.8	≤1.0	≤0.05	≤1.0

注：Cu+所列元素≥99.5%。

表 10-45　热交换器用铜合金无缝管力学性能（GB/T 8890—2015）

牌号	状态	抗拉强度 R_m/MPa	断后伸长率 A/%
		不小于	
BFe30-1-1、BFe30-0.7	O60	370	30
	O82	490	10
BFe10-1-1、BFe10-1.4-1	O60	290	30
	O82	345	10
	H80	480	—
HAL.77-2	O60	345	50
	O82	370	45
HSn72-1、HSn70-1、HSn70-1-0.01、HSn70-1-0.01-0.04	O60	295	42
	O82	320	38
HAs68-0.04、HAs70-0.05	O60	295	42
	O82	320	38
HAs85-0.05	O60	245	28
	O82	295	22

表 10-46　铜及铜合金散热扁管的牌号和规格（GB/T 8891—2000）

牌　号	供应状态	宽度×高度×壁厚/mm	长度/mm
T2,H96	硬(Y)	(16～25)×(1.9～6.0)×(0.2～0.7)	250～1500
H85	半硬(Y_2)		
HSn70-1	软(M)		

注：1.经双方协商，可以供应其他牌号、规格的管材。
2.管材的化学成分应符合 GB/T 5231 中相应牌号的规定。

表 10-47　铜及铜合金散热扁管的力学性能（GB/T 8891—2000）

牌　号	状态	抗拉强度 σ_b/MPa(不小于)	伸长率 δ_{10}/%(不小于)
T2,H96	Y	295	—
H85	Y_2		—
HSn70-1	M		35

注：1.管材进行气压试验时，其空气压力为 0.4MPa，管材完全浸入水中 60s，管材应无气泡出现。
2.硬态的黄铜管材应进行消除残余应力退火。如需方有特殊要求并在合同中注明，可进行残余应力检验。

表 10-48 压力表用铜合金管产品的牌号、状态和规格（GB/T 8892—2014）

牌号	代号	状态	规格/mm
QSn4-0.3 QSn6.5-0.1	T51010 T51510	软化退火（O60） 半硬＋应力消除（HR02） 硬＋应力消除（HR04）	圆管（$D\times t\times l$）见图 1a) （ϕ1.5～ϕ25）×（0.10～1.80）×≤6000 扁管（$A\times B\times t\times l$）见图 1b) （7.5～20）×（5～7）×（0.15～1.0）×≤6000 椭圆管（$A\times B\times t\times l$）见图 1c) （5～15）×（2.5～6）×（0.15～1.0）×≤6000
H68	T26300	半硬＋应力消除（HR02） 硬＋应力消除（HR04）	
BFe10-1-1	T70590	半硬＋应力消除（HR02） 硬＋应力消除（HR04）	

注：根据用户需要，可供应其他牌号、形状、状态和规格的管材。

表 10-49 压力表用铜合金管室温纵向力学性能（GB/T 8892—2014）

牌号	状态	抗拉强度 R_m /MPa	断后伸长率 A /%	断后伸长率 $A_{11.3}$ /%
QSn4-0.3 QSn6.5-0.1	软化退火（O60）	325～480	≥41	≥35
	半硬＋应力消除（HR02）	450～550	≥11	≥8
	硬＋应力消除（HR04）	490～635	≥4	≥2
H68	半硬＋应力消除（HR02）	345～405	≥34	≥30
	硬＋应力消除（HR04）	≥390	≥12	≥9
BFe10-1-1	半硬＋应力消除（HR02）	≥310	≥16	≥12
	硬＋应力消除（HR04）	≥480	≥9	≥8

表 10-50 铜合金波导管牌号、状态和规格（GB/T 8894—2014）

牌号	代号	供应状态	规格/mm					
			圆形 d	矩形和方形				长度
				矩形 $a/b\approx2$	中等扁矩形 $a/b\approx4$	扁矩形 $a/b\approx8$	方形 $a/b\approx1$	
TU00 TU0 TU1 T2 H96	C10100 T10130 T10150 T11050 —	拉拔（H50）	3.581～149	2.540×1.270～165.10×82.55	22.85×5.00～195.58×48.90	22.86×5.00～109.22×13.10	15.00×15.00～50.00×50.00	500～4000
H62	T27600	拉拔＋应力消除（HR50）						
BMn40-1.5	T71660	拉拔（H50）	—	22.86×10.16～40.40×20.20	—	—	—	

注：经双方协商，可供其他规格的管材，具体要求应在合同中注明。

表 10-51 航空散热管的牌号和状态（YS/T 266—2012）

牌 号	化 学 成 分	制 造 方 法	状 态
H96	应符合 GB/T 5231《加工黄铜》的规定	拉制	硬（Y）

注：经供需双方协商，可供应其他牌号的管材。

表 10-52 航空散热管的室温纵向力学性能（YS/T 266—2012）

厚度/mm	状态	抗拉强度 σ_b/MPa	伸长率 δ_{10}/%	厚度/mm	状态	抗拉强度 σ_b/MPa	伸长率 δ_{10}/%
		≥				≥	
0.11,0.15	硬(Y)	441	—	0.2	硬(Y)	382	—

表 10-53 航空散热管的气密性试验（YS/T 266—2012）

管材壁厚/mm	气体压力/MPa	持续时间/s
0.11,0.15	1.47	30～60
0.20	1.96	

注：按上列规定通气后管材不应漏气、破裂。供方可不进行此项试验，但必须保证。

表 10-54 空调与制冷用无缝铜管管材的牌号和规格（GB/T 17791—2007）

牌号	状态	种类	规格/mm		
			外径	壁厚	长度
T2 TU1 TU2 TP1 TP2	硬(Y) 半硬(Y_2) 软(M) 轻软(M_2)	直管	3～30	0.25～2.0	400～10000
		盘管		0.25～2.0	—

注：管材的化学成分应符合 GB/T 5231 中的规定。管材尺寸的允许偏差应符合 GB/T 17791—2007 的规定。

表 10-55 空调与制冷用无缝铜管半硬和硬状态、直管的直度（GB/T 17791—2007）

单位：mm

长度	直度(不大于)	长度	直度(不大于)
400～1000	3	>2000～2500	8
>1000～2000	5	>2500～3000	12

注：长度大于 3000mm 的管子，全长中任意部位每 3000mm 的最大弯曲度为 12mm。

表 10-56 空调与制冷用无缝铜管壁厚不小于 0.4mm 硬态或半硬态直管的圆度（GB/T 17791—2007）

壁厚/外径	圆度/mm(不大于)	壁厚/外径	圆度/mm(不大于)
0.01～0.03	公称外径的 1.5%	>0.05～0.10	公称外径的 0.8%(最小值 0.05)
0.03～0.05	公称外径的 1.0%	>0.10	公称外径的 0.7%(最小值 0.05)

表 10-57 空调与制冷用无缝铜管管材的室温力学性能（GB/T 17791—2007）

牌号	状态	抗拉强度 R_m/MPa	规定非比例延伸强度 $R_{P0.2}$/MPa	断后伸长率 A/%
TU1 TU2 T2 TP1 TP2	软(M)	≥205	35～80	≥40
	轻软(M_2)	≥205	40～90	≥40
	半硬(Y_2)	≥205	≥120	≥15
	硬(Y)	≥315	≥260	—

表 10-58 空调与制冷用无缝铜管管材的扩口试验

外径/mm	扩口率/%	结果
>19	30	试样不应产生肉眼可见的裂纹和裂口
≤19	40	

注：1. 轻软状态、软状态的管材进行扩口试验时，扩口试验从管材的端部切取适当的长度作试样，采用冲锥 60°。

2. 其他状态的管材进行该项试验时，试样应按软状态工艺退火后再测试。

表 10-59 铜合金铸件的力学性能（YB/T 036.5—1992）

合金牌号	铸造方法	抗拉强度 σ_b/MPa	屈服强度 $\sigma_{0.2}$/MPa	伸长率 δ_5/%	硬度(HBS)
ZCuSn0.4	S	196*	—	40*	40*
	J	196*	—	45*	45*
ZCuSn2	S	—	—	—	—
	J	—	—	—	—
ZCuSn5Pb5Zn5	S,J	200	90	13	60*
	Li,La	250	100*	13	65*
ZCuSn10P1	S	196	—	3	80
	J	245	—	5	90
ZCuPb10Sn10	S	180	80	7	65*
	J	220	140	5	70*
ZCuAl10Fe3	S	490	180	13	90*
	J	540	200	15	110*
	Li,La	540	200	15	110*
ZCuAl10Fe3Mn2	S	490	—	15	110
	J	540	—	20	120
ZCuAl8Mn13Fe3Ni2	S	645	280	20	160
	J	670	310	18	170
ZCuZn38	S	295	—	30	60
	J	295	—	30	70
ZCuZn25Al6Fe3Mn3	S	725	380	10	160*
	J	740	400*	7	170*
	Li,La	740	400	7	170*
ZCuZn38Mn2Pb2	S	245	—	10	70
	J	345	—	18	80

注：1. 带“*”符号的数据为参考值。
2. S—砂型；J—金属型；Li—离心铸造；La—连续铸造。

表 10-60　铜及铜合金的低温力学性能

牌号	试样状态	试验温度/℃	抗拉强度 σ_b/MPa (kgf/mm²)	屈服点 σ_s/MPa (kgf/mm²)	伸长率 δ/%	收缩率 ψ/%	冲击韧性 α_K /J·mm⁻² (kgf·m/mm²)
T2		+15	273(27.9)	—	13.3	71.5	77.13(7.87)
		−80	360(36.7)		22.9	65.3	85.16(8.69)
		−180	405(41.3)		30.7	67.9	89.18(9.1)
T3	600℃退火	+20	215(22)	58(6.0)	48	76	
		−10	220(22.5)	60(6.2)	40	78	
		−40	232(23.7)	63(6.5)	47	77	
		−80	267(27.3)	68(7.0)	47	74	
		−120	284(29)	73(7.5)	45	70	
		−180	400(41)	78(8.0)	38	77	
T4		+20	225(23)	87(8.9)	30	70	175.4(17.9)
		−183	245(25)	186(19)	31		
		−196	372(38)		41	72	207.8(21.2)
		−253	392(40)		48	74	211.7(21.6)
T62	软的	+20	397(40.5)	137(14)	51.3	75.5	
		−78	421(43)	154(15.8)	53	74.6	
		−183	522(53.3)	196(20)	55.3	71	
H68	550℃退火 2h	+20	392(40)	269(27.5)	50.4	72	
		−78	420(42.9)	300(30.6)	49.8	76.6	
		−183	523(53.5)	397(40)	50.8	70.7	
HPb59-1	500℃退火 2h	+20	361(36.9)	141(14.4)	50.2	62.5	
		−78	374(38.2)	168(17.2)	49.8	64	
		−183	475(48.5)	198(20.2)	50.8	62	
HFe59-1-1	软的	+20	431(44)	170(17.4)	34.2	42.3	118.6(12.1)
		−78	476(48.6)	199(20.3)	33.2	42	118.6(12.1)
		−183	561(57.2)	245(25)	36	40.3	103.9(10.6)
		−196	575(58.7)	252(25.7)	34.7	38	101.9(10.4)
	拉制	温室	605(61.7)	557(56.8)	12	36	
		−40	649(66.2)	560(57.1)	14	38	
QAl9-4	锻制	温室	612(62.4)	329(33.6)	45	47	
		−183	774(78.9)	583(59.5)	38	42	
QSn6.5-0.4		+17	618(63)		12	61	
		−196	824(84)		29	54	
		−253	931(95)		29	51	
QAl5		+17	412(42)		61	74	
		−196	568(58)		84	76	
		−253	637(65)		83	72	
QAl7	退火	+20	529(54)	182(18.6)	26	29	
		−10	529(54)	184(18.8)	33	30	
		−40	539(55)	185(18.9)	35	36	
		−80	567(57.8)	186(19)	31	30	

10.1.3 铸造铜合金的特性及用途

表 10-61 铸造铜合金的特性及用途（GB 1176—2013）

序号	合金牌号	主要特性	应用举例
1	ZCuSn3Zn8Pb6Ni1	耐磨性较好，易加工，铸造性能好，气密性较好，耐腐蚀，可在流动海水下工作	在各种液体燃料以及海水、淡水和蒸汽(225℃)中工作的零件，压力不大于 2.5MPa 的阀门和管配件
2	ZCuSn3Zn11Pb4	铸造性能好，易加工，耐腐蚀	海水、淡水、蒸汽中，压力不大于 2.5MPa 的管配件
3	ZCuSn5Pb5Zn5	耐磨性和耐蚀性好，易加工，铸造性能和气密性较好	在较高负荷，中等滑动速度下工作的耐磨、耐腐蚀零件，如轴瓦、衬套、缸套活塞、离合器、泵件压盖以及蜗轮等
4	ZCuSn10Pb1	硬度高，耐磨性极好，不易产生咬死现象，有较好的铸造性能和切削加工性能，在大气和淡水中有良好的耐蚀性	可用于高负荷(20MPa 以下)和高滑动速度(8m/s)下工作的耐磨零件，如连杆、衬套、轴瓦、齿轮、蜗轮等
5	ZCuSn10Pb5	耐腐蚀，特别是对稀硫酸、盐酸和脂肪酸	结构材料，耐蚀、耐酸的配件以及破碎机衬套、轴瓦
6	ZCuSn10Zn2	耐蚀性、耐磨性和切削加工性能好，铸造性能好，铸件致密性较高，气密性较好	在中等及较高负荷和小滑动速度下工作的重要管配件，以及阀、旋塞、泵体、齿轮、叶轮和蜗轮等
7	ZCuPb10Sn10	润滑性能、耐磨性能和耐蚀性能好，适合用作双金属铸造材料	表面压力高，又存在侧压力的滑动轴承，如轧辊、车辆用轴承、负荷峰值 60MPa 的受冲击的零件，以及最高峰值 100MPa 的内燃机双金属轴瓦，以及活塞销套、摩擦片等
8	ZCuPb15Sn8	在缺乏润滑剂和用水质润滑剂的条件下，滑动性和自润滑性能好，易切削，铸造性能差，对稀硫酸耐蚀性能好	表面压力高，又有侧压力的轴承，可用来制造冷轧机的铜冷却管，耐冲击负荷达 50MPa 的零件，内燃机的双金属轴瓦，不要用于最大负荷达 70MPa 的活塞销套、耐酸配件
9	ZCuPb17Sn4Zn4	耐磨性和自润滑性能好，易切削，铸造性能差	一般耐磨件，高滑动速度的轴承等
10	ZCuPb20Sn5	有较高的滑动性能，在缺乏润滑介质和以水为介质时有特别好的自润滑性能，适用于双金属铸造材料，耐硫酸腐蚀，易切削，铸造性能差	高滑动速度的轴承，及破碎机、水泵、冷轧机轴承，负荷达 40MPa 的零件，抗腐蚀零件，双金属轴承，负荷达 70MPa 的活塞销套
11	ZCuPb30	有良好的自润滑性，易切削，铸造性能差，易产生密度偏析	要求高滑动速度的双金属轴瓦、减磨零件等
12	ZCuAl8Mn13Fe3	具有很高的强度和硬度，良好的耐磨性能和铸造性能，合金致密性高，耐蚀性好，作为耐磨件工作温度不大于 400℃，可以焊接，不易钎焊	适用于制造重型机械用轴套，以及要求强度高、耐磨、耐压零件，如衬套、法兰、阀体、泵体等
13	ZCuAl8Mn13Fe3Ni2	有很高的力学性能，在大气、淡水和海水中均有良好的耐蚀性，腐蚀疲劳强度高，铸造性能好，合金组织致密，气密性好，可以焊接，不易钎焊	要求强度高、耐腐蚀的重要铸件，如船舶螺旋桨、高压阀体、泵体，以及耐压、耐磨零件，如蜗轮、齿轮、法兰、衬套等
14	ZCuAl9Mn2	有高的力学性能，在大气、淡水和海水中耐蚀性好，铸造性能好，组织致密，气密性高，耐磨性好，可以焊接，不易钎焊	耐蚀、耐磨零件，形状简单的大型铸件，如衬套、齿轮、蜗轮，以及在 250℃ 以下工作的管配件和要求气密性高的铸件，如增压器内气封

续表

序号	合金牌号	主要特性	应用举例
15	ZCuAl9Fe4Ni4Mn2	有很高的力学性能，在大气、淡水、海水中均有优良的耐蚀性，腐蚀疲劳强度高，耐磨性良好，在400℃以下具有耐热性，可以热处理，焊接性能好，不易钎焊，铸造性能尚好	要求强度高、耐蚀性好的重要铸件，是制造船舶螺旋桨的主要材料之一，也可用作耐磨和400℃以下工作的零件，如轴承、齿轮、蜗轮、螺母、法兰、阀体、导向套管
16	ZCuAl10Fe3	具有高的力学性能，耐磨性和耐蚀性能好，可以焊接，不易钎焊，大型铸件自700℃空冷可以防止变脆	要求强度高、耐磨、耐蚀的重型铸件，如轴套、螺母、蜗轮以及250℃以下工作的管配件
17	ZCuAl10Fe3Mn2	具有高的力学性能和耐磨性，可热处理，高温下耐蚀性和抗氧化性能好，在大气、淡水和海水中耐蚀性好，可以焊接，不易钎焊，大型铸件自700℃空冷可以防止变脆	要求强度高、耐磨、耐蚀的零件，如齿轮、轴承、衬套、管嘴，以及耐热管配件等
18	ZCuZn38	具有优良的铸造性能和较高的力学性能，切削加工性能好，可以焊接，耐蚀性较好，有应力腐蚀开裂倾向	一般结构件和耐蚀零件，如法兰、阀座、支架、手柄和螺母等
19	ZCuZn25Al6Fe3Mn3	有很高的力学性能，铸造性能良好，耐蚀性较好，有应力腐蚀开裂倾向，可以焊接	适用高强、耐磨零件，如桥梁支承板、螺母、螺杆、耐磨板、滑块和蜗轮等
20	ZCuZn26Al4Fe3Mn3	有很高的力学性能，铸造性能良好，在空气、淡水和海水中耐蚀性较好，可以焊接	要求强度高、耐蚀的零件
21	ZCuZn31Al2	铸造性能良好，在空气、淡水、海水中耐蚀性较好，易切削，可以焊接	适用于压力铸造，如电机、仪表等压铸件，以及造船和机械制造业中的耐蚀零件
22	ZCuZn35Al2Mn2Fe1	具有高的力学性能和良好的铸造性能，在大气、淡水、海水中有较好的耐蚀性，切削性能好，可以焊接	管路配件和要求不高的耐磨件
23	ZCuZn38Mn2Pb2	有较高的力学性能和耐蚀性，耐磨性较好，切削性能良好	一般用途的结构件，船舶、仪表等使用的外形简单的铸件，如套筒、衬套、轴瓦、滑块等
24	ZCuZn40Mn2	有较高的力学性能和耐蚀性，铸造性能好，受热时组织稳定	在空气、淡水、海水、蒸汽（小于300℃）和各种液体燃料中工作的零件和阀体、阀杆、泵、管接头，以及需要浇注巴氏合金的镀锡零件等
25	ZCuZn40Mn3Fe1	有高的力学性能，良好的铸造性能和切削加工性能，在空气、淡水、海水中耐蚀性较好，有应力腐蚀开裂倾向	耐海水腐蚀的零件，以及300℃以下工作的管配件，制造船舶螺旋桨等大型铸件
26	ZCuZn33Pb2	结构材料，给水温度为90℃时抗氧化性能好，电导率约为10～14MS/m	煤气和给水设备的壳体，机器制造业、电子技术、精密仪器和光学仪器的部分构件和配件
27	ZCuZn40Pb2	有好的铸造性能和耐磨性，切削加工性能好，耐蚀性能好，在海水中有应力腐蚀倾向	一般用途的耐磨、耐蚀零件，如轴套、齿轮等
28	ZCuZn16Si4	具有较高的力学性能和良好的耐蚀性，铸造性能好，流动性高，铸件组织致密，气密性好	接触海水工作的管配件以及水泵、叶轮、旋塞和在空气、淡水、油、燃料，以及工作压力在4.5MPa和250℃以下蒸汽中工作的铸件

10.2 欧洲标准化委员会（CEN）铜及铜合金

10.2.1 铜及铜合金的牌号及化学成分

（1）纯铜冶炼产品

表 10-62 铜的牌号及化学成分（EN 1652—1997）

牌号	材料号	化学成分/%（质量分数）							密度/(g/cm³)
		Cu[①]	Bi	O	P	Pb	其他元素[③]		
							总和	排除	
Cu-ETP	CW004A	≥99.90	≤0.0005	≤0.040[②]		≤0.005	≤0.03	Ag,O	8.9
Cu-FRTP	CW006A	≥99.90		≤0.100			≤0.05	Ag,Ni,O	8.9
Cu-OF	CW008A	≥99.95	≤0.0005			≤0.005	≤0.03	Ag	8.9
Cu-HCP	CW021A	≥99.95	≤0.0005		0.002～0.007	≤0.005	≤0.03	Ag,P	
Cu-DLP	CW023A	≥99.90	≤0.0005		0.005～0.013	≤0.005	≤0.03	Ag,Ni,P	8.9
Cu-DHP	CW024A	≥99.90			0.015～0.040				8.9

① 质量分数中包含 Ag，但不超过 0.015%。
② 经供需双方协商，O 含量可允许至 0.060%。
③ 定义为 Ag，As，Bi，Cd，Co，Cr，Fe，Mn，Ni，O，P，Pb，S，Sb，Se，Si，Sn，Te，Zn 等元素之和，不包括排除栏中注明元素。

表 10-63　铜及铜合金母合金的牌号及化学成分（EN 1981—2003）

牌号	材料号	化学成分/%（质量分数，非范围值或特殊注明者均为最大值）																		
		主要合金元素	Al	As	Bi	C	Fe	Mn	Ni	P	Pb	Sb	Se	Si	Sn	Te	Zn	其他	杂质元素	
																			单项	总和
CuAl50(A)	CM344G	Cu:余量 Al:48.5～51.5	注 1				0.25	0.1	0.1	0.05	0.05			0.15	0.05		0.1	Ti:0.01	0.05	0.3
CuAl50(B)	CM345G	Cu:余量 Al:48～52	注 1				0.5	0.2	0.1	0.05	0.1			0.25	0.1		0.2		0.1	0.5
CuAs30	CM200E	Cu:余量 As:28.5～31.5	0.05	①	0.05		0.2	0.2	0.2	0.05	0.10	0.20	0.03	0.10	0.1	0.03	0.3	Cr:0.10	0.1	0.5
CuB2	CM121C	Cu:余量 B:1.6～2.0	0.10				0.10				0.02			0.15	0.02				0.05	0.3
CuBe4	CM122C	Cu:余量 Be:3.5～4.5	0.17				0.17		0.1		0.02			0.17	0.03			Co:0.1 Cr:0.05	0.05	0.3
CuCo10	CM237E	Cu:余量 Co:9.0～11.0					0.10		0.20	0.05	0.05				0.05				0.05	0.3
CuCo15	CM201E	Cu:余量 Co:14.0～16.0		0.01	0.005		0.10		0.20	0.10	0.05	0.01	0.005	0.05	0.05	0.005	0.20		0.05	0.3
CuCr10	CM202E	Cu:余量 Cr:9.0～11.0	0.02	0.01	0.005		0.08	0.03	0.02	0.005	0.02	0.01	0.005	0.02	0.02	0.005	0.10		0.05	0.3
CuFe10(A)	CM203E	Cu:余量 Fe:9.0～11.0	0.02	0.01	0.005	0.05	①	0.1	0.15	0.05	0.03	0.01	0.005	0.05	0.10	0.005	0.1		0.05	0.3
CuFe10(B)	CM204E	Cu:余量 Fe:9.0～11.0					①	0.2	0.2		0.1			0.1	0.1		0.1		0.1	0.5
CuFe15	CM213E	Cu:余量 Fe:14.0～16.0					①	0.15	0.15		0.05			0.10	0.10		0.1		0.05	0.3
CuFe20(A)	CM205E	Cu:余量 Fe:19.0～21.0	0.02	0.01	0.01	0.05	①	0.1	0.15	0.05	0.05	0.01	0.005	0.05	0.10	0.005	0.1		0.05	0.3
CuFe20(B)	CM206E	Cu:余量 Fe:19.0～21.0					①	0.2	0.2		0.1			0.1	0.1		0.1		0.1	0.5

续表

牌号	材料号	化学成分/%(质量分数,非范围值或特殊注明者均为最大值)																		
		主要合金元素	Al	As	Bi	C	Fe	Mn	Ni	P	Pb	Sb	Se	Si	Sn	Te	Zn	其他	杂质元素	
																			单项	总和
CuLi2	CM123C	Cu:余量 Li:1.6～2.2												0.10					0.03	0.2
CuMg10	CM238E	Cu:余量 Mg:9.0～11.0	0.05	0.01	0.005	0.05	0.10		0.20	0.02	0.03	0.01	0.005	0.05	0.05	0.005	0.10		0.05	0.3
CuMg20	CM207E	Cu:余量 Mg:18.0～22.0	0.05	0.01	0.005	0.05	0.10		0.20	0.02	0.05	0.01	0.005	0.10	0.05	0.005	0.10		0.05	0.3
CuMg30(A)	CM209E	Cu:余量 Mg:29.0～31.0	0.05	0.02	0.005	0.05	0.20	①	0.20	0.02	0.05	0.02	0.005	0.05	0.05	0.005	0.20	Mg:0.05	0.05	0.3
CuMg30(B)	CM210E	Cu:余量 Mn:29.0～31.0					0.5	①	0.2	0.05	0.2			0.2	0.2		0.2		0.1	0.5
CuMn50	CM211E	Cu:余量 Mg:48.0～52.0					0.5	①	0.2	0.05	0.2			0.2	0.2		0.2		0.1	0.5
CuNi30	CM390H	Cu:余量 Ni:29.0～31.0	0.05			0.03	0.8	0.2	①	0.02	0.05			0.05	0.05		0.1		0.05	0.3
CuNi50	CM239E	Cu:余量 Ni:48.5～51.5	0.05			0.05	0.3	0.2	①	0.03	0.05			0.05	0.05		0.1		0.05	0.3
CuP10(A)	CM215E	Cu:余量 P:9.5～11.0	0.02	0.01	0.005		0.10	0.10	0.10	①	0.03	0.01	0.005	0.05	0.05	0.005	0.05		0.05	0.3
CuP19(B)	CM216E	Cu:余量 P:9.5～11.0					0.20		0.20	①	0.20				0.05		0.2		0.1	0.5
CuP15(A)	CM217E	Cu:余量 P:13.5～15.0	0.02	0.01	0.005		0.10	0.10	0.10	①	0.03	0.01	0.005	0.05	0.05	0.005	0.05		0.05	0.3
CuP15(B)	CM218E	Cu:余量 P:13.5～15.0					0.10		0.10	①	0.10				0.1		0.1		0.10	0.4
CuP15(C)	CM219E	Cu:余量 P:13.5～15.0					0.20		0.20	①	0.20				0.2		0.2		0.1	0.5

续表

牌号	材料号	化学成分/%（质量分数，非范围值或特殊注明者均为最大值）																	
		主要合金元素	Al	As	Bi	C	Fe	Mn	Ni	P	Pb	Sb	Se	Si	Sn	Te	Zn	其他	杂质元素 单项	杂质元素 总和
CuS20	CM230E	Cu:余量 S:18～22					0.02				0.02				0.20		0.02		0.05	0.3
CuSi10(A)	CM231E	Cu:余量 Si:9.0～11.0	0.03	0.01	0.005		0.20	0.10	0.1	0.05	0.05	0.01	0.005	①	0.05	0.005	0.10		0.05	0.3
CuSi10(B)	CM232E	Cu:余量 Si:9.0～11.0	0.05				0.5	0.2	0.2		0.20			①	0.2		0.1		0.1	0.5
CuSi20(A)	CM233E	Cu:余量 Si:19.0～21.0	0.05	0.02	0.01		0.4	0.2	0.2	0.05	0.1	0.02	0.01	①	0.1	0.01	0.1		0.05	0.3
CuSi20(B)	CM234E	Cu:余量 Si:19～21	0.05				0.6	0.2	0.2		0.2			①	0.2		0.1		0.1	0.5
CuSi30(A)	CM240E	Cu:余量 Si:28.5～31.5	0.05	0.03	0.015		0.60	0.2	0.2	0.05	0.1	0.02	0.01	①	0.1	0.01	0.1		0.05	0.3
CuSi30(B)	CM241E	Cu:余量 Si:28.0～32.0	0.10				0.7	0.2	0.2		0.2			①	0.2		0.2		0.1	0.5
CuTi30	CM244E	Cu:余量 Ti:28.5～31.5	0.10		0.005		0.1				0.05			0.05	0.05	0.005	0.05	Hf:2.5	0.05	0.3
CuZr50(A)	CM236E	Cu:余量 Zr:49.0～53.0	0.05		0.005		0.1				0.05			0.05	0.20	0.005		Nb:2.0	0.1	0.5
CuZr50(B)	CM242E	Cu:余量 Zr:49.0～53.0	0.05		0.005		0.1				0.05			0.05	0.20	0.005			0.1	0.5
CuZr50(C)	CM243E	Cu:余量 Zr:49.0～53.0	0.05		0.005		0.20				0.05			0.05	0.8	0.005			0.1	0.5

① 见主要合金元素栏。

表 10-64 电气用铜的牌号及化学成分

（EN 1977—1998，EN 13599—2002，EN 13600—2002，EN 13601—2002，EN 13602—2002，EN 13604—2002，EN 13605—2002）

牌号	材料号	主要成分/%（质量分数，非范围值或特殊注明者均为最大值）	其他元素总和[1]	不包括元素
Cu-ETP1	CW003A	0.0025Ag，0.005As，0.0020Bi，0.0010Fe，0.040O，0.0005Pb，0.0015S，0.0004Sb，0.00020Se，0.00020Te，(As+Cd+Cr+Mn+P+Sb)0.0015%，(Co+Fe+Ni+Si+Sn+Zn)0.0020%，(Bi+Se+Te)0.003%，其中(Se+Te)≤0.00030%	0.0065	O
Cu-ETP	CW004A	0.005Bi，0.040O，0.005Pb，Cu≥99.90	0.03	Ag，O
Cu-FRHC	CW005A	0.040O，Cu≥99.90	0.04	Ag，O
Cu-OF1	CW007A	0.0025Ag，0.005As，0.0020Bi，0.0010Fe，0.0005Pb，0.0015S，0.0004Sb，0.00020Se，0.00020Te，(As+Cd+Cr+Mn+P+Sb)0.0015%，(Co+Fe+Ni+Si+Sn+Zn)0.0020%，(Bi+Se+Te)0.003%，其中(Se+Te)≤0.00030%	0.0065	O
Cu-OF	CW008A	0.005Bi，0.005Pb，Cu≥99.95	0.03	Ag
Cu-OFE	CW009A	0.0025Ag，0.005As，0.0020Bi，0.0001Cd，0.0010Fe，0.0005Mn，0.0010Ni，0.0003P，0.0005Pb，0.0015S，0.0004Sb，0.00020Se，0.0002Sn，0.00020Te，0.0001Zn，Cu≥99.99		
CuAg0.04	CW011A	0.03～0.05Ag，0.0005Bi，0.040O，余量 Cu	0.03	Ag，O
CuAg0.07	CW012A	0.06～0.08Ag，0.0005Bi，0.040O，余量 Cu	0.03	Ag，O
CuAg0.10	CW013A	0.08～0.12Ag，0.0005Bi，0.040O，余量 Cu	0.03	Ag，O
CuAg0.04P	CW014A	0.03～0.05Ag，0.0005Bi，0.001～0.007P，余量 Cu	0.03	Ag，P
CuAg0.07P	CW015A	0.06～0.08Ag，0.0005Bi，0.001～0.007P，余量 Cu	0.03	Ag，P
CuAg0.10P	CW016A	0.08～0.12Ag，0.0005Bi，0.001～0.007P，余量 Cu	0.03	Ag，P
CuAg0.04(OF)	CW017A	0.03～0.05Ag，0.0005Bi，余量 Cu	0.0065	Ag，O
CuAg0.07(OF)	CW018A	0.06～0.08Ag，0.0005Bi，余量 Cu	0.0065	Ag，O
CuAg0.10(OF)	CW019A	0.08～0.12Ag，0.0005Bi，余量 Cu	0.0065	Ag，O
Cu-PHC	CW020A	0.0005Bi，0.001～0.006P，0.005Pb，Cu≥99.95	0.03	Ag，P
Cu-HCP	CW021A	0.0005Bi，0.002～0.007P，0.005Pb，Cu≥99.95	0.03	Ag，P
Cu-PHCE	CW022A	0.0025Ag，0.005As，0.0020Bi，0.0001Cd，0.0010Fe，0.0005Mn，0.0010Ni，0.0003P，0.0005Pb，0.0015S，0.0004Sb，0.00020Se，0.0002Sn，0.00020Te，0.0001Zn，Cu≥99.99		

① 其他元素定义为 Ag，As，Bi，Cd，Co，Cr，Fe，Mn，Ni，O，P，Pb，S，Sb，Se，Si，Sn，Te，Zn 除去不包括元素栏中注明元素的总和。

注：凡注明其他元素中不包括 Ag 的合金，其 Cu 含量中允许含有最大不超过 0.015%的 Ag。

（2）铜及铜合金加工产品

表 10-65　铜合金的牌号及化学成分

（EN 1652—1997，EN 1653—1997，EN 1654—1998，EN 1172—1996，EN 1758—1997，EN 12163—1998，EN 12164—1998，EN 12165—1998，EN 12166—1998，EN 12167—1998，EN 12169—1998，EN 12420—1999，EN 12449—1999，EN 12451—1999，EN 12452—1999）

牌号	材料号	化学成分/%（质量分数，非范围值或特殊注明者均为最大值）															
		Cu	Al	As	Be	C	Co	Fe	Mn	Ni	P	Pb	S	Si	Sn	Zn	其他元素总和
CuBe1.7	CW100C																
CuBe2	CW101C	余量			1.8～2.1		0.3	0.2		0.3							0.5
CuBe2Pb	CW102C	余量			1.8～2.0		0.3	0.2		0.3		0.2～0.6					0.5
CuCo1Ni1Be	CW103C	余量			0.4～0.7		0.8～0.3	0.2		0.8～1.3							0.5
CuCo2Be	CW104C	余量			0.2～0.6		2.0～2.8	0.2		0.3							0.5
CuCr1	CW105C	0.5～1.2Cr，0.08Fe，0.1Si，余量 Cu															0.2
CuCr1Zr	CW106C	0.5～1.2Cr，0.08Fe，0.1Si，0.03～0.3Zr，余量 Cu															0.2
CuFe2P	CW107C	余量						2.1～2.6			0.015～0.15	0.03				0.05～0.20	0.2
CuNi1P	CW108C	余量								0.8～1.2	0.15～0.25						0.1
CuNi1Si	CW109C	余量						0.2	0.1	1.0～1.6		0.02		0.4～0.7			0.3
CuNi2Be	CW110C	余量					0.3	0.2		1.4～2.2							0.5
CuNi2Si	CW111C	余量						0.2	0.1	1.6～2.5		0.02		0.4～0.8			0.3
CuNi3Si1	CW112C	余量						0.2	0.1	2.6～4.5		0.02		0.8～1.3			0.5
CuBe2Pb	CW113C	余量									0.003～0.012	0.7～1.5					0.1
CuSP	CW114C	余量									0.003～0.012		0.2～0.7				0.1
CuSi1	CW115C	余量	0.02					0.8	0.7		0.02	0.05		0.8～2.0		1.5	0.5
CuSi3Mn	CW116C	余量	0.05					0.2	0.7～1.3		0.05	0.05		2.7～3.2		0.4	0.5
CuSn0.15	CW117C	余量						0.02		0.02	0.015				0.1～0.15	0.10	0.10
CuTeP[3]	CW118C	0.4～0.7Te 余量 Cu									0.003～0.012						
CuZn0.5	CW119C	余量									0.02					0.1～1.0	0.1

续表

牌号	材料号	化学成分/%(质量分数,非范围值或特殊注明者均为最大值)															
		Cu	Al	As	Be	C	Co	Fe	Mn	Ni	P	Pb	S	Si	Sn	Zn	其他元素总和
CuZr	CW120C	0.1～0.2Zr 余量 Cu															0.1
CuAl5As	CW300G	余量	4.0～6.5	0.1～0.4				0.2	0.2	0.2		0.02			0.05	0.3	0.3
CuAl6Si2Fe	CW301G	余量	6.0～6.4					0.5～0.7	0.1	0.1		0.05		2.0～2.4	0.1	0.4	0.2
CuAl7Si2	CW302G	余量	6.3～7.6					0.3	0.2	0.2		0.05		1.5～2.2	0.2	0.5	0.2
CuAl8Fe3	CW303G	余量	6.5～8.5					1.5～3.5	1.0	1.0		0.05		0.2	0.1	0.5	0.2
CuAl9Ni3Fe2	CW304G	余量	8.0～9.5					1.0～3.0	2.5	2.0～4.0		0.05		0.1	0.1	0.2	0.3
CuAl10Fe1	CW305G	余量	9.0～10.0					0.5～1.5	0.5	1.0		0.02		0.2	0.1	0.5	0.2
CuAl10Fe3Mn2	CW306G	余量	9.0～11.0					2.0～4.0	1.5～3.5	1.0		0.05		0.2	0.1	0.5	0.2
CuAl10Ni5Fe4	CW307G	余量	8.5～11.0					3.0～5.0	1.0	4.0～6.0		0.05		0.2	0.1	0.4	0.2
CuAl11Fe6Ni6	CW308G	余量	10.5～12.5					5.0～7.0	1.5	5.0～7.0		0.05		0.2	0.1	0.5	0.2
CuNi25	CW350H	余量				0.05	0.1	0.3	0.5	24.0～26.0		0.02	0.05		0.03	0.5	0.1
CuNi9Sn2	CW351H	余量						0.3	0.3	8.5～10.5		0.03			1.8～2.8	0.1	0.1
CuNi10Fe1Mn	CW352H	余量				0.05	0.1①	1.0～2.0	0.5～1.0	9.0～11.0	0.02	0.02	0.05②		0.03	0.5②	0.2
CuNi30Fe2Mn2	CW353H	余量				0.05	0.1①	1.5～2.5	1.5～2.5	29.0～32.0	0.02	0.02	0.05②		0.05	0.5②	0.2
CuNi30Mn1Fe	CW354H	余量				0.05	0.1①	0.4～1.0	0.5～1.5	30.0～32.0	0.02	0.02	0.05②		0.05	0.5②	0.2
CuNi7Zn39Pb3Mn2	CW400J	47.0～50.0						0.3	1.5～3.0	6.0～8.0		2.3～3.3			0.2	余量	0.2

续表

牌号	材料号	化学成分/%（质量分数，非范围值或特殊注明者均为最大值）															
		Cu	Al	As	Be	C	Co	Fe	Mn	Ni	P	Pb	S	Si	Sn	Zn	其他元素总和
CuNi10Zn27	CW401J	61.0～64.0						0.3	0.5	9.0～11.0		0.05				余量	0.2
CuNi10Zn42Pb2	CW402J	45.0～48.0						0.3	0.5	9.0～11.0		1.0～2.5			0.2	余量	0.2
CuNi12Zn24	CW403J	63.0～66.0						0.3	0.5	11.0～13.0		0.03			0.03	余量	0.2
CuNi12Zn25Pb1	CW404J	60.0～63.0						0.3	0.5	11.0～13.0		0.5～1.5			0.2	余量	0.2
CuNi12Zn30Pb1	CW406J	56.0～58.0						0.3	0.5	11.0～13.0		0.5～1.5			0.2	余量	0.2
CuNi12Zn38Mn5Pb2	CW407J	42.0～45.0						0.3	4.5～6.0	11.0～13.0		1.0～2.5			0.2	余量	0.2
CuNi18Zn19Pb1	CW408J	59.5～62.5						0.3	0.7	17.0～19.0		0.5～1.5			0.2	余量	0.2
CuNi18Zn20	CW409J	60.0～63.0						0.3	0.5	17.0～19.0		0.03			0.03	余量	0.2
CuNi18Zn27	CW410J	53.0～56.0						0.3	0.5	17.0～19.0		0.03			0.03	余量	0.2
CuSn4	CW450K	余量						0.1		0.2	0.01～0.4	0.02			3.5～4.5	0.2	0.2
CuSn5	CW451K	余量						0.1		0.2	0.01～0.4	0.02			4.5～5.5	0.2	0.2
CuSn6	CW452K	余量						0.1		0.2	0.01～0.4	0.02			5.5～7.0	0.2	0.2
CuSn8	CW453K	余量						0.1		0.2	0.01～0.4	0.02			7.5～8.5	0.2	0.2
CuSn3Zn9	CW454K	余量						0.1		0.2	0.2	0.1			1.5～3.5	7.5～10.0	0.2
CuSn4Pb2P	CW455K	余量						0.1		0.2	0.2～0.4	1.5～2.5			3.5～4.5	0.3	0.2
CuSn8P	CW459K	余量						0.1		0.2	0.2～0.4	0.05			7.5～8.5	0.3	0.2
CuSn8PbP	CW460K	余量						0.1		0.3	0.2～0.4	0.1～0.5			7.5～9.0	0.3	0.2
CuZn5	CW500L	94.0～96.0	0.02					0.05		0.3		0.05			0.1	余量	0.1
CuZn10	CW501L	89.0～91.0	0.02					0.05		0.3		0.05			0.1	余量	0.1
CuZn15	CW502L	84.0～86.0	0.02					0.05		0.3		0.05			0.1	余量	0.1
CuZn20	CW503L	79.0～81.0	0.02					0.05		0.3		0.05			0.1	余量	0.1
CuZn30	CW505L	69.0～71.0	0.02					0.05		0.3		0.05			0.1	余量	0.1
CuZn33	CW506L	66.0～68.0	0.02					0.05		0.3		0.05			0.1	余量	0.1

续表

牌号	材料号	化学成分/%(质量分数,非范围值或特殊注明者均为最大值)															
		Cu	Al	As	Be	C	Co	Fe	Mn	Ni	P	Pb	S	Si	Sn	Zn	其他元素总和
CuZn36	CW507L	63.5～65.5	0.02					0.05		0.3		0.05			0.1	余量	0.1
CuZn37	CW508L	62.0～64.0	0.05					0.1		0.3		0.1			0.1	余量	0.1
CuZn40	CW509L	59.5～61.5	0.05					0.2		0.3		0.3			0.2	余量	0.2
CuZn35Pb1	CW600N	62.5～64.0	0.05					0.1		0.3		0.8～1.6			0.1	余量	0.1
CuZn35Pb2	CW601N	62.0～63.5	0.05					0.1		0.3		0.8～1.6			0.1	余量	0.1
CuZn36Pb2As	CW602N	61.0～63.0	0.05	0.02～0.15				0.1	0.1	0.3		1.7～2.8			0.1	余量	0.2
CuZn36Pb3	CW603N	60.0～62.0	0.05					0.3		0.3		2.5～3.5			0.2	余量	0.2
CuZn37Pb0.5	CW604N	62.0～64.0	0.05					0.1		0.3		0.1～0.8			0.2	余量	0.2
CuZn37Pb1	CW605N	61.0～62.0	0.05					0.2		0.3		0.8～1.6			0.2	余量	0.2
CuZn37Pb2	CW606N	61.0～62.0	0.05					0.2		0.3		1.6～2.5			0.2	余量	0.2
CuZn38Pb1	CW607N	60.0～61.0	0.05					0.2		0.3		0.8～1.6			0.2	余量	0.2
CuZn38Pb2	CW608N	60.0～61.0	0.05					0.2		0.3		1.6～2.5			0.2	余量	0.2
CuZn38Pb4	CW609N	57.0～59.0	0.05					0.3		0.3		3.5～4.2			0.3	余量	0.2
CuZn39Pb0.5	CW610N	59.0～60.5	0.05					0.2		0.3		0.2～0.8			0.2	余量	0.2
CuZn39Pb1	CW611N	59.0～60.0	0.05					0.2		0.3		0.8～1.6			0.2	余量	0.2
CuZn39Pb2	CW612N	59.0～60.0	0.05					0.3		0.3		1.6～2.5			0.3	余量	0.2
CuZn39Pb2Sn	CW613N	59.0～60.0	0.1					0.4		0.3		1.6～2.5			0.2～0.5	余量	0.2
CuZn39Pb3	CW614N	57.0～59.0	0.05					0.3		0.3		2.5～3.5			0.3	余量	0.2
CuZn39Pb3Sn	CW615N	57.0～59.0	0.1					0.4		0.3		2.5～3.5			0.2～0.5	余量	0.2

续表

牌号	材料号	化学成分/%（质量分数，非范围值或特殊注明者均为最大值）															
		Cu	Al	As	Be	C	Co	Fe	Mn	Ni	P	Pb	S	Si	Sn	Zn	其他元素总和
CuZn40Pb1Al	CW616N	57.0～59.0	0.05～0.30					0.2		0.2		1.0～2.0			0.2	余量	0.2
CuZn40Pb2	CW617N	57.0～59.0	0.05					0.3		0.3		1.6～2.5			0.3	余量	0.2
CuZn40Pb2Al	CW618N	57.0～59.0	0.05～0.5					0.3		0.3		1.6～3.0			0.3	余量	0.2
CuZn40Pb2Sn	CW619N	57.0～59.0	0.1					0.4		0.3		1.6～2.5			0.2～0.5	余量	0.2
CuZn41Pb1Al	CW620N	57.0～59.0	0.05～0.5					0.3		0.3		0.8～1.6			0.3	余量	0.2
CuZn42PbAl	CW621N	57.0～59.0	0.05～0.5					0.3		0.3		0.2～0.8			0.3	余量	0.2
CuZn43Pb1Al	CW622N	55.0～57.0	0.05～0.5					0.3		0.3		0.8～1.6			0.3	余量	0.2
CuZn43Pb2	CW623N	55.0～57.0	0.05					0.3		0.3		1.6～3.0			0.3	余量	0.2
CuZn43Pb2Al	CW624N	55.0～57.0	0.05～0.5					0.3		0.3		1.6～3.0			0.3	余量	0.2
CuZn13Al1Ni1Si1	CW700R	81.0～84.0	0.7～1.2					0.25	0.1	0.8～1.4		0.05			0.1	余量	0.5
CuZn19Sn	CW701R	80.0～82.0						0.05		0.3		0.05			0.2～0.5	余量	0.2
CuZn20Al2As	CW702N	76.0～79.0	1.8～2.3	0.02～0.06				0.07	0.1	0.1	0.01	0.05				余量	0.3
CuZn23Al3Co	CW703R	72.0～75.0	3.0～3.8				0.25～0.55	0.05		0.3		0.05			0.1	余量	0.1
CuZn23Al6Mn4Fe3Pb	CW704R	63.0～65.0	5.0～6.0					2.0～3.5	3.5～5.0	0.5		0.2～0.8		0.2	0.2	余量	0.2
CuZn25Al5Fe2Mn2Pb	CW705R	65.0～68.0	4.0～5.0					0.5～3.0	0.5～3.0	1.0		0.2～0.8			0.2	余量	0.3
CuZn28Sn1As	CW706R	70.0～72.5		0.02～0.06				0.07	0.1	0.1	0.01	0.05			0.9～1.3	余量	0.3
CuZn30As	CW707R	69.0～71.0	0.02	0.02～0.06				0.05	0.1			0.07			0.05	余量	0.3
CuZn31Si1	CW708R	66.0～70.0						0.4		0.5		0.8		0.7～1.3		余量	0.5
CuZn32Pb2AsFeSi	CW709R	64.0～66.5	0.05	0.03～0.08				0.1～0.2		0.3		1.5～2.2		0.45～0.8	0.3	余量	0.2

续表

牌号	材料号	化学成分/%(质量分数,非范围值或特殊注明者均为最大值)															
		Cu	Al	As	Be	C	Co	Fe	Mn	Ni	P	Pb	S	Si	Sn	Zn	其他元素总和
CuZn35Ni3Mn2AlPb	CW710R	58.0～60.0	0.3～1.3					0.5	1.5～2.5	2.0～3.0		0.2～0.8		0.1	0.5	余量	0.3
CuZn36Pb2Sn1	CW711R	59.5～61.5						0.1		0.3					0.5～1.0	余量	0.2
CuZn36Sn1Pb	CW712R	61.0～63.0						0.1		0.2		0.2～0.6			1.0～1.5	余量	0.2
CuZn37Pb1Sn1	CW713R	57.0～59.0	1.3～2.3					1.0	1.5～3.0	1.0				0.3～1.3	0.4	余量	0.3
CuZn37Pb1Sn1	CW714R	59.0～61.0						0.1		0.3					0.5～1.0	余量	0.2
CuZn38AlFeNiPbSn	CW715R	59.0～60.7	0.1～0.5	0.05				0.1～1.4		0.2～0.5		0.3～0.7			0.3～0.6	余量	0.2
CuZn38Mn1Al	CW716R	59.0～64.5	0.3～1.3					1.0	0.6～1.8	0.6		1.0		0.5	0.3	余量	0.3
CuZn38Sn1As	CW717R	59.0～62.0		0.02～0.06				0.1		0.2		0.2			0.5～1.0	余量	0.2
CuZn39Mn1AlPbSi	CW718R	57.0～59.0	0.3～1.3					0.5	0.8～1.8	0.5		0.2～0.8		0.2～0.8	0.5	余量	0.3
CuZn39Sn1	CW719R	59.0～61.0						0.1		0.2		0.2			0.5～1.0	余量	0.2
CuZn40Mn1Pb1	CW720R	57.0～59.0	0.2					0.3	0.5～1.5	0.6		1.0～2.0		0.1	0.3	余量	0.3
CuZn40Mn1Pb1AlFeSn	CW721R	57.0～59.0	0.3～1.3					0.2～1.2	0.8～1.8	0.3		0.8～1.6			0.2～1.0	余量	0.3
CuZn40Mn1Pb1FeSn	CW722R	56.5～58.5	0.1					0.2～1.2	0.8～1.8	0.3		0.8～1.6			0.2～1.0	余量	0.3
CuZn40Mn2Fe1	CW723R	56.5～58.5	0.1					0.5～1.5	1.0～2.0	0.6		0.5		0.1	0.3	余量	0.4

① 该 Co 质量分数值连 Ni 也计算在内。
② 如产品后续工序中需焊接，Zn 含量应不超过 0.2%，S 不超过 0.02%。
③ Te 含量 0.4%～0.7%。

（3）铜及铜合金铸造产品

表 10-66　铜及铜合金铸锭的牌号及化学成分（EN 1982：2008）

牌号	材料号	化学成分/%（质量分数，非范围值或特别注明者均为最大值）
		铜及铜-铬合金
Cu-C	CC040A	Cu
CuCr1-C	CC140C	0.4～1.2Cr，余量 Cu，Cu+Cr≥99.5%
		铜-锌合金
CuZn33Pb2-B[1] CuZn33Pb2-C[1]	CB750S CC750S	63.0～67.0Cu，1.0Ni，1.0～3.0Pb，1.5Sn，0.1Al，0.8Fe，0.2Mn，0.05P，0.05Si，余量 Zn(63.0～66.0Cu，1.0Ni，1.0～2.8Pb，1.5Sn，0.1Al，0.7Fe，0.2Mn，0.02P，0.04Si，余量 Zn，当采用高压砂型铸造或离心铸造，Al 最大为 0.02%)
CuZn33Pb2Si-B[1] CuZn33Pb2Si-C[1]	CB751S CC751S	63.5～66.0Cu，0.25～0.5Fe，0.8Ni，0.8～2.2Pb，0.65～1.1Si，0.10Al，0.15Mn，0.05Sb，0.8Sn，余量 Zn；(63.5～65.5Cu，0.25～0.50Fe，0.80Ni，0.8～2.0Pb，0.70～1.0Si，0.10Al，0.1Mn，0.05Sb，0.80Sn，余量 Zn)
CuZn35Pb2Al-B CuZn35Pb2Al-C	CB752S CC752S	0.3～0.7Al，0.04～0.14As，61.5～64.5Cu，1.5～2.2Pb，0.14Sb，0.30Fe，0.1Mn，0.20Ni，0.02Si，0.3Sn，余量 Zn；当 Sb 为抗化剂时，As≤0.04%，Sb+As≤0.14%；若用于饮用水，Sb≤0.25%(0.3～0.7Al，0.04～0.12As，61.5～65.0Cu，1.5～2.1Pb，0.04～0.12Sb，0.3Fe，0.1Mn，0.2Ni，0.02Si，0.3Sn，余量 Zn)
CuZn37Pb2Ni1AlFe-B[1] CuZn37Pb2Ni1AlFe-C[1]	CB753S CC753S	0.4～0.8Al，58.0～61.0Cu，0.5～0.8Fe，0.5～1.2Ni，1.8～2.5Pb，0.8Sn，0.20Mn，0.02P，0.05Sb，0.05Si，余量 Zn(0.4～0.8Al，58.0～60.0Cu，0.5～0.8Fe，0.5～1.2Ni，1.8～2.5Pb，0.8Sn，0.20Mn，0.02P，0.05Sb，0.05Si，余量 Zn。经供需双方协商，可加入细化晶粒元素 Zr)
CuZn39Pb1Al-B[1] CuZn39Pb1Al-C[1]	CB754S CC754S	0.8Al，58.0～63.0Cu，1.0Ni，0.5～2.5Pb，1.0Sn，0.7Fe，0.5Mn，0.02P，0.05Si，余量 Zn，对于压力铸造，Si≤0.30%(0.10～0.8Al，58.0～62.0Cu，1.0Ni，0.5～2.4Pb，1.0Sn，0.7Fe，0.5Mn，0.02P，0.05Si，余量 Zn，对于砂型铸造或离心铸造，Al≤0.02%)
CuZn39Pb1AlB-B CuZn39Pb1AlB-C	CB755S CC755S	0.4～0.7Al，59.5～61.0Cu，0.05～0.2Fe，1.2～1.7Pb，0.05Mn，0.2Ni，0.05Si，0.30Sn，余量 Zn，经供需双方协商，可加入细化晶粒元素 B(0.4～0.65Al，59.0～60.5Cu，0.05～0.2Fe，1.2～1.7Pb，0.05Mn，0.2Ni，0.03Si，0.3Sn，余量 Zn，经供需双方协商，可加入细化晶粒元素 B)
CuZn15As-B CuZn15As-C	CB760S CC760S	0.05～0.15As，83.0～88.0Cu，0.01Al，0.15Fe，0.1Mn，0.1Ni，0.5Pb，0.02Si，0.3Sn，余量 Zn(0.06～0.15As，83.0～87.5Cu，0.01Al，0.15Fe，0.1Mn，0.1Ni，0.5Pb，0.02Si，0.3Sn，余量 Zn)
CuZn16Si4-B CuZn16Si4-C	CB761S CC761S	0.1Al，78.0～83.0Cu，1.0Ni，0.8Pb，3.0～5.0Si，0.6Fe，0.2Mn，0.03P，0.05Sb，0.3Sn，余量 Zn(0.10Al，78.5～82Cu，1.0Ni，0.6Pb，3.0～5.0Si，0.5Fe，0.2Mn，0.02P，0.05Sb，0.25Sn，余量 Zn)
CuZn25Al5Mn4Fe3-B[1] CuZn25Al5Mn4Fe3-C[1]	CB762S CC762S	3.0～7.0Al，60.0～67.0Cu，1.5～4.0Fe，2.5～5.0Mn，3.0Ni，0.03P，0.2Pb，0.03Sb，0.1Si，0.2Sn，余量 Zn(4.0～7.0Al，60.0～66.0Cu，1.5～3.5Fe，3.0～5.0Mn，2.7Ni，0.02P，0.20Pb，0.03Sb，0.08Si，0.20Sn，余量 Zn)
CuZn32Al2Mn2Fe1-B[1] CuZn32Al2Mn2Fe1-C[1]	CB763S CC763S	1.0～2.5Al，59.0～67.0Cu，0.5～2.0Fe，1.0～3.5Mn，2.5Ni，1.5Pb，1.0Si，1.0Sn，0.08Sb，余量 Zn(1.0～2.5Al，59.0～67.0Cu，0.5～2.0Fe，1.0～3.5Mn，2.5Ni，1.5Pb，1.0Si，1.0Sn，0.08Sb，余量 Zn)
CuZn34Mn3Al2Fe1-B[1] CuZn34Mn3Al2Fe1-C[1]	CB764S CC764S	1.0～3.0Al，55.0～66.0Cu，0.5～2.5Fe，1.0～4.0Mn，3.0Ni，0.03P，0.3Pb，0.05Sb，0.1Si，0.3Sn，余量 Zn，对于永久铸型，Mn≥0.3%(1.5～3.0Al，55.0～65.0Cu，0.8～2.0Fe，1.0～3.5Mn，2.7Ni，0.02P，0.2Pb，0.05Sb，0.08Si，0.3Sn，余量 Zn，对于永久铸型，Mn≥0.3%)
CuZn35Mn2Al1Fe1-B[1] CuZn35Mn2Al1Fe1-C[1]	CB765S CC765S	0.5～2.5Al，57.0～65.0Cu，0.5～2.0Fe，0.5～3.0Mn，6.0Ni，1.0Sn，0.03P，0.5Pb，0.08Sb，0.1Si，余量 Zn，对于永久铸型，Mn≥0.3%(0.7～2.2Al，56～64Cu，0.5～1.8Fe，0.5～2.5Mn，6.0Ni，0.8Sn，0.02P，0.5Pb，0.08Sb，0.10Si，余量 Zn，对于永久铸型，Mn≥0.3%)
CuZn37Al1-B[1] CuZn37Al1-C[1]	CB766S CC766S	0.3～1.8Al，60.0～64.0Cu，2.0Ni，0.5Fe，0.5Mn，0.50Pb，0.1Sb，0.6Si，0.50Sn，余量 Zn(0.6～1.8Al，60.0～63.0Cu，1.8Ni，0.4Fe，0.4Mn，0.02P，0.4Pb，0.05Sb，0.5Si，0.4Sn，余量 Zn)

续表

牌号	材料号	化学成分/%(质量分数,非范围值或特别注明者均为最大值)
		铜-锌合金
CuZn38Al-B[①] CuZn38Al-C[①]	CB767S CC767S	0.1～0.8Al,59.0～64.0Cu,1.0Ni,0.5Fe,0.5Mn,0.1Pb,0.2Si,0.1Sn,余量Zn(0.1～0.8Al,59.0～64.0Cu,0.8Ni,0.4Fe,0.4Mn,0.05P,0.1Pb,0.05Si,0.1Sn,余量Zn)
		铜-锡合金
CuSn10-B[①] CuSn10-C[①]	CB480K CC480K	88.0～90.0Cu,2.0Ni,0.2P,1.0Pb,9.0～11.0Sn,0.01Al,0.2Fe,0.10Mn,0.05S,0.2Sb,0.02Si,0.5Zn(88.5～90.5Cu,1.8Ni,0.05P,0.8Pb,9.3～11.0Sn,0.01Al,0.15Fe,0.10Mn,0.04S,0.15Sb,0.01Si,0.5Zn)
CuSn11P-B CuSn11P-C	CB481K CC481K	87.0～89.5Cu,0.5～1.0P,10.0～11.5Sn,0.01Al,0.10Fe,0.05Mn,0.10Ni,0.25Pb,0.05S,0.05Sb,0.01Si,0.05Zn,对于不承重的砂铸,P≤0.15(87.0～89.3Cu,0.6～1.0P,10.2～11.5Sn,0.01Al,0.10Fe,0.05Mn,0.10Ni,0.25Pb,0.05S,0.05Sb,0.01Si,0.05Zn,对于不承重砂铸,P≤0.15)
CuSn11Pb2-B CuSn11Pb2-C	CB482K CC482K	83.5～87.0Cu,2.0Ni,0.40P,0.7～2.5Pb,10.5～12.5Sn,2.0Zn,0.01Al,0.20Fe,0.2Mn,0.08S,0.2Sb,0.01Si(83.5～86.5Cu,2.0Ni,0.05P,0.7～2.5Pb,10.7～12.5Sn,2.0Zn,0.01Al,0.15Fe,0.2Mn,0.08S,0.20Sb,0.01Si)
CuSn12-B CuSn12-C	CB483K CC483K	85.0～88.5Cu,2.0Ni,0.60P,0.7Pb,11.0～13.0Sn,0.01Al,0.2Fe,0.2Mn,0.05S,0.15Sb,0.01Si,0.5Zn(85.5～88.5Cu,2.0Ni,0.20P,0.6Pb,11.2～13.0Sn,0.01Al,0.15Fe,0.2Mn,0.05S,0.15Sb,0.01Si,0.4Zn 对连续铸造与离心铸造,铸锭中Sn≥10.7%,铸件Sn≥10.5%,以及铸锭与铸件中的Cu≤89.0%,)
CuSn12Ni2-B CuSn12Ni2-C	CB484K CC484K	84.5～87.5Cu,1.5～2.5Ni,0.05～0.40P,11.0～13.0Sn,0.01Al,0.20Fe,0.2Mn,0.3Pb,0.05S,0.1Sb,0.01Si,0.4Zn(84.0～87.0Cu,1.5～2.4Ni,0.05P,11.3～13.0Sn,0.01Al,0.15Fe,0.10Mn,0.2Pb,0.04S,0.05Sb,0.01Si,0.3Zn)
		铜-锡-铅合金
CuSn3Zn8Pb5-B[①] CuSn3Zn8Pb5-C[①]	CB490K CC490K	81.0～86.0Cu,2.0Ni,0.05P,3.0～6.0Pb,2.0～3.5Sn,7.0～9.5Zn,0.01Al,0.5Fe,0.10S,0.30Sb,0.01Si(81.0～85.5Cu,2.0Ni,0.03P,3.5～5.8Pb,2.2～3.5Sn,7.5～10.0Zn,0.01Al,0.50Fe,0.08S,0.25Sb,0.01Si)
CuSn5Zn5Pb2-B[①] CuSn5Zn5Pb2-C[①]	CB499K CC499K	84.0～88.0Cu,0.60Ni,0.04P,3.0Pb,4.0～6.0Sn,4.0～6.0Zn,0.01Al,0.03As,0.02Bi,0.02Cd,0.02Cr,0.30Fe,0.04S,0.10Sb,0.01Si(84.0～87.5Cu,0.60Ni,0.03P,3.0Pb,4.2～6.0Sn,4.5～6.5Zn,0.01Al,0.03As,0.02Bi,0.02Cr,0.02Cd,0.30Fe,0.04S,0.10Sb,0.01Si)
CuSn5Zn5Pb5-B[①] CuSn5Zn5Pb5-C[①]	CB491K CC491K	83.0～87.0Cu,2.0Ni,0.10P,4.0～6.0Pb,4.0～6.0Sn,4.0～6.0Zn,0.01Al,0.3Fe,0.10S,0.25Sb,0.01Si(83.0～86.5Cu,2.0Ni,0.03P,4.2～5.8Pb,4.2～6.0Sn,4.5～6.5Zn,0.01Al,0.25Fe,0.08S,0.25Sb,0.01Si)
CuSn7Zn2Pb3-B[①] CuSn7Zn2Pb3-C[①]	CB492K CC492K	85.0～89.0Cu,2.0Ni,0.10P,2.5～3.5Pb,6.0～8.0Sn,1.5～3.0Zn,0.01Al,0.2Fe,0.10S,0.25Sb,0.01Si,注:Sn+$\frac{1}{2}$Ni的含量范围为7.0%～8.0%(85.0～88.5Cu,2.0Ni,0.03P,2.7～3.5Pb,6.2～8.0Sn,1.7～3.2Zn,0.01Al,0.20Fe,0.08S,0.25Sb,0.01Si,另:Sn+$\frac{1}{2}$Ni的含量范围为7.0%～8.0%)
CuSn7Zn4Pb7-B[①] CuSn7Zn4Pb7-C[①]	CB493K CC493K	81.0～85.0Cu,2.0Ni,0.10P,5.0～8.0Pb,6.0～8.0Sn,2.0～5.0Zn,0.01Al,0.2Fe,0.10S,0.3Sb,0.01Si(81.0～84.5Cu,2.0Ni,0.03P,5.2～8.0Pb,6.2～8.0Sn,2.3～5.0Zn,0.01Al,0.20Fe,0.08S,0.30Sb,0.01Si)对连续铸造和离心铸造,铸锭的最小Sn含量为5.4%,最大的铜含量为85.0%;铸件的最小Sn含量为5.2%,最大铜含量为86.0%
CuSn5Pb9-B[①] CuSn5Pb9-C[①]	CB494K CC494K	80.0～87.0Cu,2.0Ni,0.10P,8.0～10.0Pb,4.0～6.0Sn,2.0Zn,0.01Al,0.25Fe,0.2Mn,0.10S,0.5Sb,0.01Si(80.0～86.5Cu,2.0Ni,0.10P,8.2～10.0Pb,4.2～6.0Sn,2.0Zn,0.01Al,0.20Fe,0.2Mn,0.08S,0.5Sb,0.01Si)
CuSn10Pb10-B[①] CuSn10Pb10-C[①]	CB495K CC495K	78.0～82.0Cu,2.0Ni,0.10P,8.0～11.0Pb,9.0～11.0Sn,2.0Zn,0.01Al,0.25Fe,0.2Mn,0.10S,0.5Sb,0.01Si(78.0～81.5Cu,2.0Ni,0.10P,8.2～10.5Pb,9.2～11.0Sn,2.0Zn,0.01Al,0.20Fe,0.2Mn,0.08S,0.5Sb,0.01Si)

续表

牌号	材料号	化学成分/%（质量分数，非范围值或特别注明者均为最大值）
		铜-锡-铅合金
CuSn7Pb15-B[①] CuSn7Pb15-C[①]	CB496K CC496K	74.0～80.0Cu，0.5～2.0Ni，0.10P，13.0～17.0Pb，6.0～8.0Sn，2.0Zn，0.01Al，0.25Fe，0.20Mn，0.10S，0.5Sb，0.01Si（74.0～79.5Cu，0.5～2.0Ni，0.10P，13.2～17.0Pb，6.2～8.0Sn，2.0Zn，0.01Al，0.20Fe，0.20Mn，0.08S，0.5Sb，0.01Si）
CuSn5Pb20-B[①] CuSn5Pb20-C[①]	CB497K CC497K	70.0～78.0Cu，0.5～2.5Ni，0.10P，18.0～23.0Pb，4.0～6.0Sn，2.0Zn，0.01Al，0.25Fe，0.20Mn，0.10S，0.01Si，0.75Sb（70.0～77.5Cu，0.5～2.5Ni，0.10P，19.0～23.0Pb，4.2～6.0Sn，2.0Zn，0.01Al，0.20Fe，0.20Mn，0.08S，0.75Sb，0.01Si）
CuSn6Zn4Pb2-B[①] CuSn6Zn4Pb2-C[①]	CB498K CC498K	86.0～90.0Cu，1.0Ni，0.05P，1.0～2.0Pb，5.5～6.5Sn，3.0～5.0Zn，0.01Al，0.25Fe，0.10S，0.25Sb，0.01Si（86.0～89.5Cu，1.0Ni，0.03P，1.2～2.0Pb，5.7～6.5Sn，3.2～5.0Zn，0.01Al，0.25Fe，0.08S，0.25Sb，0.01Si）
		铜-铝合金
CuAl9-B[①] CuAl9-C[①]	CB330G CC330G	8.0～10.5Al，88.0～92.0Cu，1.2Fe，0.50Mn，1.0Ni，0.30Pb，0.20Si，0.30Sn，0.50Zn（8.2～10.5Al，88.0～91.5Cu，1.0Fe，0.50Mn，1.0Ni，0.25Pb，0.15Si，0.25Sn，0.40Zn）
CuAl10Fe2-B CuAl10Fe2-C	CB331G CC331G	8.5～10.5Al，83.0～89.0Cu，1.5～3.5Fe，1.0Mn，1.5Ni，0.05Mg，0.10Pb，0.2Si，0.20Sn，0.50Zn，用于焊接的铸件，Pb≤0.03%（8.7～10.5Al，83.0～89.0Cu，1.5～3.3Fe，1.0Mn，1.5Ni，0.05Mg，0.03Pb，0.15Si，0.20Sn，0.50Zn）
CuAl10Ni3Fe2-B CuAl10Ni3Fe2-C	CB332G CC332G	8.5～10.5Al，80.0～86.0Cu，1.0～3.0Fe，2.0Mn，1.5～4.0Ni，0.05Mg，0.10Pb，0.2Si，0.20Sn，0.50Zn（8.7～10.5Al，80.0～85.5Cu，1.0～2.8Fe，2.0Mn，1.5～4.0Ni，0.05Mg，0.03Pb，0.15Si，0.20Sn，0.50Zn）用于海水环境中的铸件，Al%≤（8.2+0.5Ni%）；永久模铸件，铸锭与铸件的最大Cu含量为88.5%；可用于焊接的铸件，Pb≤0.03%
CuAl10Fe5Ni5-B CuAl10Fe5Ni5-C	CB333G CC333G	8.5～10.5Al，76.0～83.0Cu，4.0～5.5Fe，3.0Mn，4.0～6.0Ni，0.01Bi，0.05Cr，0.05Mg，0.03Pb，0.1Si，0.1Sn，0.50Zn（8.8～10.0Al，76.0～82.5Cu，4.0～5.3Fe，2.5Mn，4.0～5.5Ni，0.01Bi，0.05Cr，0.05Mg，0.03Pb，0.10Si，0.1Sn，0.40Zn）对永久模铸件与铸锭，Fe≥3.0%；并且Ni≥3.7%
CuAl11Fe6Ni6-B CuAl11Fe6Ni6-C	CB334G CC334G	10.0～12.0Al，72.0～82.5Cu，4.0～7.0Fe，2.5Mn，4.0～7.5Ni，0.05Mg，0.05Pb，0.1Si，0.2Sn，0.50Zn（10.3～12.0Al，72.0～81.5Cu，4.2～7.0Fe，2.5Mn，4.3～7.5Ni，0.05Mg，0.05Pb，0.10Si，0.20Sn，0.40Zn）对永久模铸件与铸锭，Fe≥3.0%，Al≥9.0%且Cu≥84.5%
		铜-锰-铝合金
CuMn11Al8Fe3Ni3-C	CC212E	7.0～9.0Al，68.0～77.0Cu，2.0～4.0Fe，8.0～15.0Mn，1.5～4.5Ni，0.05Mg，0.05Pb，0.1Si，0.5Sn，1.0Zn
		铜-镍合金
CuNi10Fe1Mn1-B CuNi10Fe1Mn1-C	CB380H CC380H	≥84.5Cu，1.0～1.8Fe，1.0～1.5Mn，9.0～11.0Ni，0.10Si，0.01Al，0.10C，1.0Nb，0.03Pb，0.50Zn（≥84.5Cu，1.2～1.8Fe，1.2～1.5Mn，9.2～11.0Ni，0.10Si，0.01Al，0.10C，1.0Nb，0.03Pb，0.50Zn）
CuNi30Fe1Mn1-B CuNi30Fe1Mn1-C	CB381H CC381H	≥64.5Cu，0.5～1.5Fe，0.6～1.2Mn，29.0～31.0Ni，0.1Si，0.01Al，0.03C，0.01P，0.03Pb，0.01S，0.5Zn（≥64.5Cu，0.5～1.5Fe，0.7～1.2Mn，29.2～31.0Ni，0.10Si，0.01Al，0.02C，0.01P，0.03Pb，0.01S，0.50Zn）
CuNi30Cr2FeMnSi-C	CC382H	1.5～2.0Cr，0.5～1.0Fe，0.5～1.0Mn，29.0～32.0Ni，0.15～0.50Si，0.25Ti，0.15Zr，0.01Al，0.01B，0.002Bi，0.03C，0.01Mg，0.01P，0.005Pb，0.01S，0.005Se，0.005Te，0.2Zn，余量Cu
CuNi30Fe1Mn1NbSi-C	CC383H	0.5～1.5Fe，0.6～1.2Mn，0.5～1.0Nb，29.0～31.0Ni，0.3～0.7Si，0.01Al，0.01B，0.01Bi，0.03C，0.02Cd，0.01Mg，0.01P，0.01Pb，0.01S，0.01Se，0.01Te，0.50Zn

① 铜的含量包括镍。

注：化学成分中括号里面是铸锭的成分配比，外面是铸件的成分配比。

表 10-67 未定型铜铸产品及铜阴极的牌号及化学成分（EN 1976—2012，EN 1978—1998）

牌号	材料号	主要成分/%(质量分数,非范围值或特殊注明者均为最大值)	其他元素总和[①]	不包括元素
Cu-CATH-1	CR001A	0.0025Ag,0.005As,0.0020Bi,0.0010Fe,0.0005Pb,0.0015S,0.0004Sb,0.00020Se,0.00020Te,(As+Cd+Cr+Mn+P+Sb)0.0015%,(Co+Fe+Ni+Si+Sn+Zn)0.0020%,(Bi+Se+Te)0.003%,其中(Se+Te)≤0.00030%	0.0065	
Cu-CATH-2	CR002A	0.0005Bi,0.005Pb	0.03	Ag
Cu-ETP1	CR003A	0.0025Ag, 0.005As, 0.0020Bi, 0.0010Fe, 0.040O, 0.0005Pb, 0.0015S, 0.0004Sb, 0.00020Se, 0.00020Te,(As+Cd+Cr+Mn+P+Sb)0.0015%,(Co+Fe+Ni+Si+Sn+Zn)0.0020%,(Bi+Se+Te)0.003%,其中(Se+Te)≤0.00030%	0.0065	O
Cu-ETP	CR004A	0.005Bi,0.040O,0.005Pb, Cu≥99.90	0.03	Ag,O
Cu-FRHC	CR005A	0.040O, Cu≥99.90	0.04	Ag,O
Cu-FRTP	CR006A	0.100O, Cu≥99.90	0.05	Ag,Ni,O
Cu-OF1	CR007A	0.0025Ag,0.005As,0.0020Bi,0.0010Fe,0.0005Pb,0.0015S,0.0004Sb,0.00020Se,0.00020Te,(As+Cd+Cr+Mn+P+Sb)0.0015%,(Co+Fe+Ni+Si+Sn+Zn)0.0020%,(Bi+Se+Te)0.003%,其中(Se+Te)≤0.00030%	0.0065	O
Cu-OF	CR008A	0.005Bi,0.005Pb, Cu≥99.95	0.03	Ag
Cu-OFE	CR009A	0.0025Ag,0.005As,0.0020Bi,0.0001Cd,0.0010Fe,0.0005Mn,0.0010Ni,0.0003P,0.0005Pb,0.0015S,0.0004Sb,0.00020Se,0.0002Sn,0.00020Te,0.0001Zn,Cu≥99.99		
CuAg0.04	CR011A	0.03～0.05Ag,0.0005Bi,0.040O,余量 Cu	0.03	Ag,O
CuAg0.07	CR012A	0.06～0.08Ag,0.0005Bi,0.040O,余量 Cu	0.03	Ag,O
CuAg0.10	CR013A	0.08～0.12Ag,0.0005Bi,0.040O,余量 Cu	0.03	Ag,O
CuAg0.04P	CR014A	0.03～0.05Ag,0.0005Bi,0.001～0.007P, 余量 Cu	0.03	Ag,P
CuAg0.07P	CR015A	0.06～0.08Ag,0.0005Bi,0.001～0.007P, 余量 Cu	0.03	Ag,P
CuAg0.10P	CR016A	0.08～0.12Ag,0.0005Bi,0.001～0.007P, 余量 Cu	0.03	Ag,P
CuAg0.04(OF)	CR017A	0.03～0.05Ag,0.0005Bi, 余量 Cu	0.0065	Ag,O
CuAg0.07(OF)	CR018A	0.06～0.08Ag,0.0005Bi, 余量 Cu	0.0065	Ag,O
CuAg0.10(OF)	CR019A	0.08～0.12Ag,0.0005Bi, 余量 Cu	0.0065	Ag,O
Cu-PHC	CR020A	0.0005Bi,0.001～0.006P,0.005Pb, Cu≥99.95	0.03	Ag,P
Cu-HCP	CR021A	0.0005Bi,0.002～0.007P,0.005Pb, Cu≥99.95	0.03	Ag,P
Cu-PHCE	CR022A	0.0025Ag,0.005As,0.0020Bi,0.0001Cd,0.0010Fe,0.0005Mn,0.0010Ni,0.0003P,0.0005Pb,0.0015S,0.0004Sb,0.00020Se,0.0002Sn,0.00020Te,0.0001Zn, Cu≥99.99		
Cu-DLP	CR023A	0.0005Bi,0.005～0.013P,0.005Pb, Cu≥99.90	0.03	Ag,Ni,P
Cu-DHP	CR024A	0.015～0.040P, Cu≥99.90		
Cu-DXP	CR025A	0.0005Bi,0.04～0.06P,0.005Pb, Cu≥99.90	0.03	Ag,Ni,P

① 其他元素定义为 Ag，As，Bi，Cd，Co，Cr，Fe，Mn，Ni，O，P，Pb，S，Sb，Se，Si，Sn，Te，Zn 除去不包括元素栏中注明元素的总和。

注：凡注明其他元素中不包括 Ag 的合金，其 Cu 含量中允许含有最大不超过 0.015%的 Ag。

（4）焊接用铜及铜合金

表 10-68　焊接和钎焊用铜的牌号及化学成分（EN 13347—2002）

牌号	材料号	化学成分/%(质量分数,非范围值或特殊注明者均为最大值)						
		Cu①	Bi	O	P	Pb	其他元素总和③	排除
Cu-ETP	CF004A	≥99.90	0.0005	0.040②		0.005	0.03	Ag,O
Cu-OF	CF008A	≥99.95	0.0005			0.005	0.03	Ag
Cu-DHP	CF024A	≥99.90			0.015～0.040			

① 质量分数中包含 Ag，但不超过 0.015%。
② 经供需双方协商，O 含量可允许至 0.060%。
③ 定义为 Ag，As，Bi，Cd，Co，Cr，Fe，Mn，Ni，O，P，Pb，S，Sb，Se，Si，Sn，Te，Zn 等元素之和，不包括排除栏中注明元素。

表 10-69　焊接和钎焊用铜合金的牌号及化学成分（EN 13347—2002）

牌号	材料号	化学成分/%(质量分数,非范围值或特殊注明者均为最大值)												
		Cu	Al	Bi	Cd	Fe	Mn	Ni	P	Pb	Si	Sn	Zn	其他元素总和
CuZn40Si	CF724R①	58.5～61.5	0.01			0.25				0.02	0.2～0.4	0.2	余量	0.2
CuZn40SiSn	CF725R①	58.5～61.5	0.01			0.25				0.02	0.2～0.4	0.2～0.5	余量	0.2
CuZn40MnSi	CF726R①	58.5～61.5	0.01			0.25	0.05～0.25			0.02	0.15～0.4	0.2	余量	0.2
CuZn40MnSiSn	CF727R①	58.5～61.5	0.01			0.25	0.05～0.25			0.02	0.15～0.4	0.2～0.5	余量	0.2
CuZn39Mn1SiSn	CF728R	59.0～61.0	0.05			0.25	0.5～1.0			0.02	0.15～0.40	0.20～0.50	余量	0.2
CuZn37Si	CF729R	62.5～63.5	0.02			0.05	0.02	0.3		0.05	0.1～0.2	0.05	余量	0.2
CuZn40Sn1	CF730R	57.0～61.0	0.02			0.05	0.01			0.05	0.2	0.25～1.0	余量	0.2
CuZn40Sn1MnNiSi	CF731R①	56.0～62.0	0.01			0.2	0.2～1.0	0.5～1.5②		0.02	0.1～0.5	0.5～1.5	余量	0.2
CuZn40Fe1Sn1MnSi	CF732R	56.0～60.0	0.01			0.25～1.5	0.01～0.5			0.05	0.04～0.15	0.8～1.1	余量	0.2
CuZn39Fe1Sn1MnNiSi	CF733R	56.0～60.0	0.01			0.25～1.5	0.01～0.5	0.2～0.8		0.05	0.04～0.15	0.8～1.1	余量	0.2
CuZn40FeSiSn	CF734R	58.5～61.5	0.02			0.1～0.5	0.05～0.25			0.03	0.15～0.3	0.2～0.5	余量	0.2
CuSn5	CF451K	余量				0.1		0.2	0.01～0.4	0.02		4.5～5.5	0.2	0.2
CuSn6	CF452K	余量				0.1		0.2	0.01～0.4	0.02		5.5～7.0	0.2	0.2
CuSn8	CF453K	余量				0.1		0.2	0.01～0.4	0.02		7.5～8.5	0.2	0.2
CuSn12	CF461K③	余量	0.005		0.025				0.01～0.4	0.02		11.0～13.0	0.02	0.4
CuAl6Si2Fe	CF301G	余量	6.0～6.4			0.5～0.7	0.1	0.1		0.05	2.0～2.4	0.1	0.4	0.2
CuAl10Fe1	CF305G	余量	9.0～10.0			0.5～1.5	0.5	1.0		0.02	0.2		0.5	0.2
CuAl8	CF309G	余量	7.0～9.0			0.5	0.5	0.5		0.02	0.2	0.1	0.2	0.2
CuAl9Ni4Fe3Mn2	CF310G	余量	8.5～9.5			2.5～4.0	1.0～2.0	3.5～5.5		0.02	0.1		0.2	0.2
CuNi10Zn42	CF411J①	46.0～50.0	0.01			0.25	0.2	8.0～11.0		0.02	0.15～0.4	0.2	余量	0.2

① 当作为填充料时，其成分要求为：0.01%As，0.01%Bi，0.025%Cd，0.01%Sb，其余杂质除 Fe 外共 0.2%。
② 当作为填充料时，Ni 含量应不低于 0.2%。
③ 当作为填充料时，其余元素含量最高不超过 0.1%。

10.2.2 铜及铜合金的力学性能

（1）一般用途的板材、薄板、带材和圆形材

表 10-70 一般用途的板材、薄板、带材和圆形材的力学性能（EN 1652—1997）

牌号	材料号	供货状态	公称厚度/mm	抗拉强度 R_m/MPa（最小值）	屈服强度 $R_{P0.2}$/MPa	伸长率/%		硬度(HV)（最小值）
						A_{50mm}（厚度≤2.5mm）	A（厚度>2.5mm）	
Cu-ETP	CW004A	R200	≥5	200～250	≤100		42	
Cu-FRTP	CW006A	H040	≥5					40～65
Cu-OF	CW008A	R220	0.2～5	220～260	≤140	33	42	
Cu-DLP	CW023A	H040	0.2～5					40～65
Cu-DHP	CW024A	R240	0.2～15	240～300	≥180	8	15	
		H065	0.2～15					65～95
		R290	0.2～15	290～360	≥250	4	6	
		H090	0.2～15					90～110
		R360	0.2～2	360	≥320	2		
		H110	0.2～2					≥110
CuBe2	CW101C	R410①	1～15	410	≤250	20	20	
		H090①	1～15					
		R1130②	1～15	1130	≥890	3	3	
		H340②	1～15					
		R580①	1～15	580	≥510	8	8	
		H180①	1～15					
		R1200②	1～15	1200	≥980	2	2	
		H360②	1～15					
CuCo1Ni1Be	CW103C	R240①	1～15	240	≤220	20	20	
CuCo2Be	CW104C	H060①	1～15					
CuNi2Be	CW110C	R480①	1～15	488	≥370	2	2	
		H140①	1～15					
		R650②	1～15	650	≥500	8	8	
		H200②	1～15					
		R750②	1～15	750	≥650	5	5	
		H210②	1～15					
CuNi2Si	CW111C	R260③	1～10	260	≥260	28		
		H070③	1～10					70～100
		R490④	1～10	490	≥340	11		
		H140④	1～10					140～190
		R450①	0.6～3	450	≥360	2		
		H130①	0.6～3					130～180
		R640②	0.6～3	640	≥590	8		
		H170②	0.6～3					170～220
CuZn0.5	CW119C	R220	0.2～5	220～260	≤140	33	42	
		H040	0.2～5					40～65
		R240	0.2～5	240～300	≥180	8	14	
		H065	0.2～5					65～95
		R290	0.2～5	290～360	≥250		6	
		H085	0.2～5					85～115
		R360	0.2～1.5	360	≥320			
		H110	0.2～1.5					110
CuAl8Fe3	CW303G	R480	3～15	480	≥210		30	
		H110	3～15					110
CuNi25	CW350H	R290	0.3～15	290	≥100			
		H070	0.3～15					70～110
CuNi9Sn2	CW351H	R340	0.2～5	340～410	≤250	30	40	
		H075	0.2～5					75～110
		R380	0.2～5	380～470	≥200	8	10	
		H110	0.2～5					110～150
		R450	0.2～2	450～530	≥370	4		
		H140	0.2～2					140～170
		R500	0.2～2	500～580	≥450	2		
		H160	0.2～2					160～190
		R560	0.2～2	560～650	≥520			
		H180	0.2～2					180～210

续表

牌　号	材料号	供货状态	公称厚度/mm	抗拉强度 R_m/MPa（最小值）	屈服强度 $R_{P0.2}$/MPa	伸长率/% A_{50mm}（厚度≤2.5mm）	伸长率/% A（厚度＞2.5mm）	硬度(HV)（最小值）
CuNi10Fe1Mn	CW352H	R300	0.3～15	300	≥100	20	30	
		H070	0.3～15					70～120
		R320	0.3～15	320	≥200		15	
		H100	0.3～15					100
CuNi30Mn1Fe	CW354H	R350	0.3～15	350～420	≥120		35	
		H080	0.3～15					80～120
		R410	0.3～15	410	≥300		14	
		H110	0.3～15					110
CuNi10Zn27	CW401J	R360	0.1～5	360～430	≤230	35	45	
CuNi12Zn24	CW403J	H080	0.1～5					80～110
		G020	0.2～2					≤110
		G035	0.2～2					≤100
		R430	0.1～5	430～510	≥230	8	15	
		H110	0.1～5					110～150
		R490	0.1～5	490～580	≥400		8	
		H150	0.1～5					150～180
		R550	0.1～2	550～640	≥480			
		H170	0.1～2					170～200
		R620	0.1～2	620	≥580			
		H190	0.1～2					190
CuNi12Zn25Pb1	CW404J	R380	0.5～4	380～470	≥260	15		
		H110	0.5～4				110～140	
		R460	0.5～4	460～540	≥320	6		
		H130	0.5～4				130～160	
		R530	0.5～4	530～610	≥420	3		
		H155	0.5～4				150～185	
		R620	0.5～4	620～700	≥530			
		H180	0.5～4				180～210	
		R700	0.5～4	700	≥630			
		H200	0.5～4				200	
CuNi18Zn20	CW409J	R380	0.1～5	380～450	≤250	27	37	
		H085	0.1～5					85～115
		G020	0.1～2					≤120
		G035	0.1～2					≤110
		R450	0.1～5	450～520	≥250	9	18	
		H115	0.1～5					115～160
		R500	0.1～2	500～590	≥410	3		
		H160	0.1～2					160～190
		R580	0.1～2	580～670	≥510			
		H180	0.1～2					180～210
		R640	0.1～2	640～730	≥600			
		H200	0.1～2					200～230
CuNi18Zn27	CW410J	R390	0.1～5	390～470	≤280	30	40	
		H090	0.1～5					90～120
		R470	0.1～5	470～540	≥280	11	20	
		H120	0.1～5					120～170
		R540	0.1～2	540～630	≥450	3		
		H170	0.1～2					170～200
		R600	0.1～2	600～700	≥550			
		H190	0.1～2					190～220
		R700	0.1～2	700～800	≥660			
		H220	0.1～2					220～250
CuSn4	CW450K	R290	0.1～5	290～390	≤190	40	50	
		H070	0.1～5					70～110
		R390	0.1～5	390～490	≥210	11	13	
		H115	0.1～5					115～155
		R480	0.1～5	480～570	≥420	4	5	
		H150	0.1～5					150～180
		R540	0.1～2	540～630	≥490	3		
		H170	0.1～2					170～200
		R610	0.1～2	610	≥540			
		H190	0.1～2					190

续表

牌　号	材料号	供货状态	公称厚度/mm	抗拉强度 R_m/MPa (最小值)	屈服强度 $R_{P0.2}$/MPa	伸长率/% A_{50mm}(厚度≤2.5mm)	伸长率/% A(厚度>2.5mm)	硬度(HV)(最小值)
CuSn5	CW451K	R310	0.1～5	310～390	≤250	45	55	
		H075	0.1～5					75～105
		R400	0.1～5	400～500	≥240	14	17	
		H120	0.1～5					120～160
		R490	0.1～5	490～580	≥430	8	10	
		H160	0.1～5					160～190
		R550	0.1～2	550～640	≥510	4		
		H180	0.1～2					180～210
		R630	0.1～2	630～720	≥600	2		
		H200	0.1～2					200～230
		R690	0.1～2	690	≥670			
		H220	0.1～2					220
CuSn6	CW452K	R350	0.1～5	350～420	≤300	45	55	
		H080	0.1～5					80～110
		R420	0.1～5	420～520	≥260	17	20	
		H125	0.1～5					125～165
		R500	0.1～5	500～590	≥450	8	10	
		H160	0.1～5					160～190
		R560	0.1～2	560～650	≥500	5		
		H180	0.1～2					180～210
		R640	0.1～2	640～730	≥600	3		
		H200	0.1～2					200～230
		R720	0.1～2	720	≥690			
		H220	0.1～2					220
CuSn8	CW453K	R370	0.1～5	370～450	≤300	50	60	
		H090	0.1～5					90～120
		R450	0.1～5	450～550	≥280	20	23	
		H135	0.1～5					135～175
		R540	0.1～5	540～630	≥460	13	15	
		H170	0.1～5					170～200
		R600	0.1～5	600～690	≥530	5	7	
		H190	0.1～5					190～220
		R660	0.1～2	660～750	≥620	3		
		H210	0.1～2					210～240
		R740	0.1～2	740	≥700	2		
		H230	0.1～2					230
CuSn3Zn9	CW454K	R320	0.1～5	320～380	≤230	25	30	
		H080	0.1～5					80～110
		R380	0.1～5	380～430	≥200	16	22	
		H110	0.1～5					110～140
		R430	0.1～5	430～520	≥330	6	8	
		H140	0.1～5					140～170
		R510	0.1～2	510～600	≥430	3		
		H160	0.1～2					160～190
		R580	0.1～2	580～690	≥520			
		H180	0.1～2					180～210
		H660	0.1～2	660	≥610			
		H200	0.1～2					200
CuZn5	CW500L	R230	0.1～5	230～280	≤130	36	45	
		H045	0.1～5					45～75
		R270	0.1～5	270～350	≥200	12	19	
		H075	0.1～5					75～110
		R340	0.1～5	340	≥280	4	8	
		H110	0.1～5					110

续表

牌　号	材料号	供货状态	公称厚度/mm	抗拉强度 R_m/MPa（最小值）	屈服强度 $R_{P0.2}$/MPa	伸长率/%		硬度(HV)（最小值）
						A_{50mm}(厚度≤2.5mm)	A(厚度＞2.5mm)	
CuZn10	CW501L	R240	0.1～5	240～290	≤140	36	45	
		H050	0.1～5					50～80
		R280	0.1～5	280～360	≥200	13	20	
		H080	0.1～5					80～110
		R350	0.1～5	350	≥290	4	8	
		H110	0.1～5					110
CuZn15	CW502L	R260	0.2～5	260～310	≤170	36	45	
		H055	0.2～5					55～85
		G010	0.2～1	340	190	50		≤105
		G020	0.2～2	300	125	50		≤85
		G035	0.2～2	290	110	50		≤75
		R300	0.2～5	300～370	≥150	16	25	
		H085	0.2～5					85～115
		R350	0.2～5	350～420	≥250	4	12	
		H105	0.2～5					105～135
		R410	0.2～5	410	≥360			
		H125	0.2～5					125
CuZn20	CW503L	R270	0.2～5	270～320	≤150	38	48	
		H055	0.2～5					55～85
		G010	0.2～1	340	190	50		≤105
		G020	0.2～2	300	125	50		≤85
		G035	0.2～2	290	110	50		≤75
		R320	0.2～5	320～400	≥200	20	28	
		H085	0.2～5					85～120
		R400	0.2～5	400～480	≥320	5	12	
		H120	0.2～5					120～155
		R480	0.2～2	480	≥440			
		H155	0.2～2					155
CuZn30	CW505L	R270	0.2～5	270～350	≤160	40	50	
		H055	0.2～5					55～90
		G010	0.2～1	410	210	40		≤120
		G020	0.2～2	360	150	40		≤95
		G030	0.2～2	340	130	40		≤90
		G050	0.2～2	330	110	40		≤80
		G075	0.2～2	310	90	50		≤70
		R350	0.2～5	350～430	≥170	21	33	
		H095	0.2～5					95～125
		R410	0.2～5	410～490	≥260	9	15	
		H120	0.2～5					120～155
		R480	0.2～2	480	≥430			
		H150	0.2～2					150
CuZn33	CW506L	R380	0.2～5	280～380	≤170	40	50	
		H055	0.2～5					55～90
		G010	0.2～1	410	210	40		≤120
		G020	0.2～2	360	150	40		≤95
		G030	0.2～2	340	130	40		≤90
		G050	0.2～2	330	110	40		≤80
		R390	0.2～5	350～430	≥170	23	31	
		H095	0.2～5					95～125
		R420	0.2～5	420～500	≥300	6	13	
		H125	0.2～5					125～155
		R500	0.2～2	500	≥450			
		H155	0.2～2					155

续表

牌　号	材料号	供货状态	公称厚度/mm	抗拉强度 R_m/MPa (最小值)	屈服强度 $R_{P0.2}$/MPa	伸长率/% A_{50mm}(厚度≤2.5mm)	伸长率/% A(厚度＞2.5mm)	硬度(HV)(最小值)
CuZn36	CW507L	R300	0.2～5	300～370	≤180	38	48	
CuZn37	CW508L	H055	0.2～5					55～95
		G010	0.2～1	410	210	30		≤120
		G020	0.2～2	360	150	40		≤95
		G030	0.2～2	340	130	40		≤90
		G050	0.2～2	330	110	40		≤80
		R350	0.2～5	350～440	≥170	19	28	
		H095	0.2～5					95～125
		R410	0.2～5	410～490	≥300	8	12	
		H120	0.2～5					120～155
		R480	0.2～2	480～560	≥430	3		
		H150	0.2～2					150～180
		R550	0.2～2	550	≥500			
		H170	0.2～2					170
CuZn40	CW509L	R340	0.3～10	340～420	≤240	33	43	
		H085	0.3～10					85～115
		R400	0.3～10	400～480	≥200	15	23	
		H110	0.3～10					110～140
		R470	0.3～5	470	≥390	6	12	
		H140	0.3～5					140
CuZn35Pb1	CW600N	R290	0.3～5	290～370	≤200	40	50	
CuZn37Pb0.5	CW604N	H060	0.3～5					60～110
CuZn37Pb2	CW606N	R370	0.3～5	370～440	≥200	19	28	
		H110	0.3～5					110～140
		R440	0.3～5	440～540	≥370	5	12	
		H140	0.3～5					140～170
		R540	0.3～2	540	≥490			
		H170	0.3～2					170
CuZn38Pb2	CW608N	R340	0.3～10	340～420	≤240	33	43	
CuZn39Pb0.5	CW610N	H075	0.3～10					75～110
		R400	0.3～10	400～480	≥200	14	23	
		H110	0.3～10					110～140
		R470	0.3～5	470～550	≥390	5	12	
		H140	0.3～5					140～170
		R540	0.3～2	540	≥480			
		H165	0.3～2					165
CuZn39Pb2	CW612N	R360	0.3～5	360～440	≤270	30	40	
		H090	0.3～5					90～120
		R420	0.3～5	420～500	≥270	12	20	
		H120	0.3～5					120～150
		R490	0.3～5	490～570	≥420		9	
		H150	0.3～5					150～180
		R560	0.3～2	560	≥510			
		H175	0.3～2					175
CuZn20Al2As	CW702N	R330	3～15	330	≤90		30	
		H070	3～15					70～105
		R390	3～15	390	≥240		25	
		H100	3～15					100

① 固溶处理并冷轧。
② 固溶处理并冷轧后，再进行弥散强化处理。
③ 固溶处理。
④ 固溶处理后，进行弥散强化处理。

（2）锅炉、压力容器及蓄水器用平板、薄板材和圆形材

表 10-71 锅炉、压力容器及蓄水器用平板、薄板材和圆形材（EN 1653—1997）

牌号	材料号	供货状态	公称厚度/mm	抗拉强度 R_m /MPa（最小值）	屈服强度 $R_{P0.2}$/MPa（最小值）	伸长率 A /%（最小值）	硬度（HV）（近似值）
Cu-DLP Cu-DHP	CW023A CW024A	R200	2.5～50	200	40	33	55
CuAl8Fe3	CW303G	R450	≥50	450	200	30	130
		R480	2.5～50	480	210	30	140
CuAl9Ni3Fe2	CW304G	R490	10～100	490	180	20	125
CuAl10Ni5Fe4	CW307G	R590	≥50	590	230	14	160
		R620	23.5～50	620	250	14	180
CuNi10Fe1Mn	CW352G	R270	2.5～125	270	100	30	85
		R280	≥10	280	110	20	85
		R300	2.5～10	300	120	25	90
		R320	2.5～60	320	200	15	110
		R350	10～40	350	250	14	120
CuNi30Mn1Fe	CW354H	R320	2.5～125	320	120	30	100
		R410	10～40	410	300	14	140
CuZn39Pb0.5	CW610N	R310	≥2.5	310	100	30	80
		R340	2.5～40	340	120	30	90
		R400	10～40	400	200	20	110
CuZn20Al2As	CW702R	R300	2.5～120	300	90	35	70
		R390	10～40	390	240	25	110
CuZn38AlFeNiPbSn	CW702R	R390	2.5～120	390	140	25	110
		R430	2.5～40	430	200	2	120
CuZn38Sn1As CuZn39Sn1	CW702R CW719R	R320	≥15	320	100	30	80
		R340	2.5～75	340	120	30	85
		R400	2.5～40	400	200	18	110

注：当产品用于焊接时，计算时应取较低的力学性能值。

（3）棒材

表 10-72 铜及铜合金棒材的力学性能（EN 12163—1998）

牌号	材料号	供货状态	公称直径或对边宽度/mm
Cu-FRTP Cu-DLP Cu-DHP	CW006A CW023A CW024A	M，R200①，H035①	2～80
		R250	2～10，10～30
		R230	30～80
		H065	2～80
		R300	2～20
		R280	20～40
		H085	2～40
		R260，H075	40～80
		R350，H100	2～10
CuBe2	CW101C	M，R420②，H085②	2～80
		R650③，H190③	2～25
		R600③，H170③	25～40
		R500③，H155③	40～80
		R1150④，H340④	2～80
		R1300⑤，H350⑤	2～25
		R1200⑤，H340⑤	25～40
		R1150⑤，H320⑤	40～80

续表

牌号	材料号	供货状态	公称直径或对边宽度/mm
CuCo1Ni1Be	CW103C	M,R250②,H065②	2～80
CuCo2Be	CW104C	R500③,H135③	2～25
CuNi1P	CW108C	R450③,H125③	25～40
CuNi2Be	CW110C	R400③,H110③	40～80
		R650④,H190④	2～80
		R800⑤,H220⑤	2～25
		R750⑤,H210⑤	25～40
		R700⑤,H200⑤	40～80
CuCr1	CW105C	M	4～80
CuCr1Zr	CW106C	R200②,H065②	8～80
		R440⑤	4～25
		R420⑤	25～50
		R400⑤	50～80
		H135⑤	4～80
		R470⑤	4～25
		R450⑤	25～50
		H150⑤	4～50
CuNi1Si	CW109C	M,R240②,H050②	2～80
		R410③,H105③	2～30
		R350③,H095③	30～50
		R300③,H085③	50～80
		R440④,H120④	2～80
		R590⑤,H160⑤	2～30
		R540⑤,H140⑤	30～50
		R500⑤,H125⑤	50～80
CuNi2Si	CW111C	M,R260②,H060②	2～80
		R410③,H115③	2～30
		R380③,H100③	30～50
		R320③,H090③	50～80
		R490④,H150④	2～80
		R640⑤,H180⑤	2～30
		R600⑤,H165⑤	30～50
		R550⑤,H155⑤	50～80
CuNi3Si1	CW112C	M,R300②,H070②	2～80
		R580③,H160③	2～30
		R520③,H150③	30～50
		R450③,H135③	50～80
		R690④,H170④	2～80
		R800⑤,H200⑤	2～30
		R750⑤,H190⑤	30～50
		R700⑤,H180⑤	50～80
CuSi3Mn1	CW116C	M,R380,H085	2～75
		R425,H110	2～75
		R495,H130	2～75
		R620,H150	2～75
		R790,H180	2～12
		R900,H210	2～6

续表

牌　号	材料号	供货状态	公称直径或对边宽度/mm
CuZr	CW120C	M	4～80
		R180，H040	8～80
		R300	4～30
		R280	30～50
		H090	4～50
		R350，H120	4～30
CuZn5	CW500L	M，R240，H055	4～80
		R290，H085	4～40
		R350，H100	4～10
CuZn10	CW501L	M，R270，H060	4～80
		R320，H095	4～40
		R380，H110	4～10
CuZn15	CW502L	M，R290，H075	4～80
		R350，H105	4～40
		R430，H130	4～10
CuZn20	CW503L	M，R300，H080	4～80
		R360，H110	4～40
		R450，H140	4～10
CuZn28	CW504L	M，R310，H085	4～80
CuZn30	CW505L	R370，H115	4～40
CuZn33	CW506L	R460，H145	4～10
CuZn36	CW507L	M，R310，H070	2～80
CuZn37	CW508L	R370，H105	2～40
		R440，H140	2～10
CuZn40	CW509L	M，R340，H080	2～80
CuZn23Al6Mn4Fe3Pb	CW704R	M	3～80
		R780，H190	10～80
CuZn25Al5Fe2Mn2Pb	CW705R	M	3～80
		R620，H170	5～40
		R650，H190	5～14
CuZn31Si1	CW708R	M	3～80
		R460，H115	5～40
		R530，H140	5～14
CuZn32Pb2AsFeSi	CW709R	M	3～80
		R380，H110	5～40
		R430，H120	5～14
CuZn35Ni3Mn2AlPb	CW710R	M	3～80
		R490，H120	5～40
		R550，H150	5～14
CuZn36Sn1Pb	CW712R	M	3～80
CuZn39Sn1	CW719R	R340，H080	5～80
		R400，H105	5～50
		R460，H135	5～30
CuZn38Mn1Al	CW716R	M	3～80
		R490，H120	5～40
		R500，H150	5～14
CuZn39Mn1AlPbSi	CW718R	M	3～80
		R440，H100	5～40

续表

牌　号	材料号	供货状态	公称直径或对边宽度/mm
CuZn40Mn2Fe1	CW723R	R R460,H100 R540,H150	3～80 5～40 5～14
CuNi10Fe1Mn	CW352H	M R280,H070 R350,H100	2～80 10～80 2～20
CuNi30Mn1Fe	CW354H	M R340,H080 R420,H110	2～80 10～80 2～20
CuNi12Zn24	CW403J	M,R380,H090 R450,H130 R540,H160 R640,H190	2～50 2～40 2～10 2～4
CuNi18Zn20	CW409J	M,R400,H100 R500,H140 R580,H170 R650,H200	2～50 2～40 2～10 2～4
CuSn5	CW451K	M,R330,H080 R390,H115 R460,H140 R540,H160	2～80 2～40 2～12 2～6
CuSn6	CW452K	M R340,H085 R400,H120 R470,H155 R550,H180	2～80 2～60 2～40 2～12 2～6
CuSn8 CuSn8P	CW453K CW459K	M R390,H090 R450,H125 R550,H160 R620,H185	2～80 2～60 2～40 2～12 2～6
CuAl6Si2Fe CuAl7Si2	CW301G CW302G	M,R500,H120 R600,H140	5～80 5～40
CuAl10Fe1	CW305G	M,R420,H105,R530,H130 R630,H155	10～80 10～30
CuAl10Fe3Mn2	CW306G	M,R590,H140 R690,H170	10～80 10～50
CuAl10Ni5Fe4	CW307G	M,R680,H170,R740,H200	10～80
CuAl11Fe6Ni6	CW308G	M,R750,H190,R830,H230	10～80

① 退火。
② 固溶处理。
③ 固溶处理并冷加工。
④ 固溶处理并弥散强化。
⑤ 固溶处理，冷加工并弥散强化。
注：各状态符号所对应力学性能如下：M—制造态，R—规定抗拉强度（MPa），H—规定硬度（HB），符号后数字即为规定力学性能最小值，如R680代表规定抗拉强度最小值为680MPa。

（4）铜及铜合金切削加工用杆材及空心棒

表 10-73　低合金铜合金的力学性能（EN 12164—2016）

材料			直径/mm			厚度/mm			R_m /(N/mm²) (MPa) (min)	$R_{P0.2}$ /(N/mm²) (MPa) (min)	断裂伸长率			硬度(HBW)	
牌号	数字编号	状态	起	含	止	起	含	止			A_{100mm} /% (min)	$A_{11.3}$ /% (min)	A /% (min)	min	max
CuBe2Pb	CW102C	M	全部			全部			批量生产						
		R1150	—	25	80	—	25	80	1150	1000	—	—	2	—	—
		H340	—	25	80	—	25	80	—	—	—	—	—	340	410
		R1300	2	—	25	2	—	25	1300	1100	—	—	2	—	—
		H350	2	—	25	2	—	25	—	—	—	—	—	350	430
CuPb1P CuSP CuTeP	CW113C CW114C CW118C	M	全部			全部			批量生产						
		R250	2	—	80	2	—	80	250	180	3	5	7	—	—
		H080	2	—	80	2	—	80	—	—	—	—	—	80	110
		R300	2	—	20	2	—	20	300	240	2	3	5	—	—
		H095	2	—	20	2	—	20	—	—	—	—	—	95	130
		R360	2	—	10	2	—	10	360	300	—	—	—	—	—
		H120	2	—	10	2	—	10	—	—	—	—	—	120	—

表 10-74　铜合金棒的力学性能（EN 12164—2016）

材料			直径/mm			厚度/mm			R_m /(N/mm²) (MPa) (min)	$R_{P0.2}$ /(N/mm²) (MPa) (min)	断裂伸长率			硬度(HBW)	
牌号	数字编号	状态	起	含	止	起	含	止			A_{100mm} /% (min)	$A_{11.3}$ /% (min)	A /% (min)	min	max
CuNi7Zn39Pb3Mn2	CW400J	M	全部			全部			批量生产						
		R500	2	—	40	2	—	40	500	350	8	10	12	—	—
		H125	2	—	40	2	—	40	—	—	—	—	—	125	165
		R600	2	—	20	2	—	20	600	400	2	3	5	—	—
		H155	2	—	20	2	—	20	—	—	—	—	—	155	190
		R700	2	—	5	2	—	4	700	500	—	—	—	—	—
		H180	2	—	5	2	—	4	—	—	—	—	—	180	—
CuNi12Zn30Pb1 CuNi18Zn19Pb1	CW406J CW408J	M	全部			全部			批量生产						
		R420	2	—	50	2	—	50	420	260	12	16	20	—	—
		H110	2	—	50	2	—	50	—	—	—	—	—	110	145
		R520	2	—	10	2	—	10	520	420	3	5	6	—	—
		H130	2	—	10	2	—	10	—	—	—	—	—	130	155
		R650	2	—	8	2	—	8	650	580	—	—	—	—	—
		H150	2	—	8	2	—	8	—	—	—	—	—	150	180

表 10-75 铜合金棒材力学性能（EN 12164—2016）

材料			直径/mm			厚度/mm			R_m /(N/mm²) (MPa) (min)	$R_{P0.2}$ /(N/mm²) (MPa) (min)	断裂伸长率			硬度(HBW)	
牌号	数字编号	状态	起	含	止	起	含	止			A_{100mm} /% (min)	$A_{11.3}$ /% (min)	A /% (min)	min	max
CuSn4Pb4Zn4 CuSn5Pb1	CW456K CW458K	M	全部			全部			批量生产						
		R450	2	—	12	—	—	—	450	350	6	8	10	—	—
		H115	2	—	12	—	—	—	—	—	—	—	—	115	150
		R550	2	—	6	—	—	—	550	480	3	5	—	—	—
		H140	2	—	6	—	—	—	—	—	—	—	—	140	170
		R640	2	—	4	—	—	—	640	580	—	—	—	—	—
		H160	2	—	4	—	—	—	—	—	—	—	—	160	180
		R720	2	—	4	—	—	—	720	620	—	—	—	—	—
		H180	2	—	4	—	—	—	—	—	—	—	—	180	210

表 10-76 铜锌合金棒材的力学性能（EN 12164—2016）

材料			直径/mm			厚度/mm			R_m /(N/mm²) (MPa) (min)	$R_{P0.2}$ /(N/mm²) (MPa)		断裂伸长率			硬度(HBW)	
牌号	数字编号	状态	起	含	止	起	含	止		min	max	A_{100mm} /% (min)	$A_{11.3}$ /% (min)	A /% (min)	min	max
CuZn40	CW509L	M	全部			全部			批量生产							
		R360	6	—	80	5	—	60	360	—	300	—	15	20	—	—
		H 070	6	—	80	5	—	60	—	—	—	—	—	—	70	100
		R410	2	—	40	2	—	35	410	230	—	8	10	12	—	—
		H100	2	—	40	2	—	35	—	—	—	—	—	—	100	145
		R500	2	—	14	2	—	10	500	350	—	3	5	8	—	—
		H120	2	—	14	2	—	10	—	—	—	—	—	—	120	—
CuZn42	CW510L	M	全部			全部			批量生产							
		R360	6	—	80	5	—	60	360	—	320	—	15	20	—	—
		H090	6	—	80	5	—	60	—	—	—	—	—	—	90	125
		R430	2	—	40	2	—	35	430	220	—	6	8	10	—	—
		H110	2	—	40	2	—	35	—	—	—	—	—	—	110	160
		R500	2	—	14	2	—	10	500	350	—	—	3	5	—	—
		H135	2	—	14	2	—	10	—	—	—	—	—	—	135	—
CuZn38As	CW511L	M	全部			全部			批量生产							
		R280	6	—	80	5	—	60	280	—	200	—	25	30	—	—
		H070	6	—	80	5	—	60	—	—	—	—	—	—	70	110
		R320	6	—	60	5	—	50	320	200	—	—	15	20	—	—
		H090	6	—	60	5	—	50	—	—	—	—	—	—	90	135
		R400	4	—	15	4	—	13	400	250	—	—	5	8	—	—
		H105	4	—	15	4	—	13	—	—	—	—	—	—	105	—

表 10-77　铜锌铅合金棒的力学性能（EN 12164—2016）

材料			直径/mm			厚度/mm			R_m /(N/mm²) (MPa) (min)	$R_{P0.2}$ /(N/mm²) (MPa)		断裂伸长率			硬度 (HBW)	
牌号	数字编号	状态	起	含	止	起	含	止		min	max	A_{100mm} /% (min)	$A_{11.3}$ /% (min)	A /% (min)	min	max
CuZn36Pb2As CuZn35Pb1.5AlAs CuZn33Pb1.5AlAs	CW602N CW625N CW626N	M	全部			全部			批量生产							
		R280	6	—	80	5	—	60	280	—	200	—	25	30	—	—
		H070	6	—	80	5	—	60	—	—	—	—	—	—	70	110
		R320	6	—	60	5	—	50	320	200	—	—	15	20	—	—
		H090	6	—	60	5	—	50	—	—	—	—	—	—	90	135
		R400	4	—	15	4	—	13	400	250	—	—	5	8	—	—
		H105	4	—	15	4	—	13	—	—	—	—	—	—	105	—
CuZn35Pb1 CuZn35Pb2 CuZn37Pb1 CuZn36Pb3 CuZn37Pb2	CW600N CW601N CW605N CW603N CW606N	M	全部			全部			批量生产							
		R340	10	—	80	10	—	60	340	—	280	—	—	20	—	—
		H070	10	—	80	10	—	60	—	—	—	—	—	—	70	120
		R400	2	—	25	2	—	20	400	200	—	4	8	12	—	—
		H100	2	—	25	2	—	20	—	—	—	—	—	—	100	140
		R480	2	—	14	2	—	10	480	350	—	3	5	8	—	—
		H125	2	—	14	2	—	10	—	—	—	—	—	—	125	—
CuZn38Pb1 CuZn38Pb2 CuZn39Pb0.5 CuZn39Pb1 CuZn39Pb2	CW607N CW608N CW610N CW611N CW612N	M	全部			全部			批量生产							
		R360	6	—	80	5	—	60	360	—	300	—	15	20	—	—
		H070	6	—	80	5	—	60	—	—	—	—	—	—	70	100
		R410	2	—	40	2	—	35	410	230	—	8	10	12	—	—
		H100	2	—	40	2	—	35	—	—	—	—	—	—	100	145
		R500	2	—	14	2	—	10	500	350	—	3	5	8	—	—
		H120	2	—	14	2	—	10	—	—	—	—	—	—	120	—
CuZn39Pb3 CuZn40Pb2	CW614N CW617N	M	全部			全部			批量生产							
		R360	6	—	80	5	—	60	360	—	350	—	15	20	—	—
		H090	6	—	80	5	—	60	—	—	—	—	—	—	90	125
		R430	2	—	60	2	—	40	430	220	—	6	8	10	—	—
		H110	2	—	60	2	—	40	—	—	—	—	—	—	110	160
		R500	2	—	14	2	—	10	500	350	—	—	3	5	—	—
		H135	2	—	14	2	—	10	—	—	—	—	—	—	135	—

表 10-78 复合铜锌合金棒力学性能（EN 12164—2016）

材料			直径/mm			厚度/mm			R_m /(N/mm²) (MPa) (min)	$R_{P0.2}$ /(N/mm²) (MPa)		断裂伸长率			硬度 (HBW)	
牌号	数字编号	状态	起	含	止	起	含	止		min	max	A_{100mm} /% (min)	$A_{11.3}$ /% (min)	A /% (min)	min	max
CuZn32Pb2AsFeSi	CW709R	M	全部			全部			批量生产							
		R380	5	—	40	5	—	40	380	220	—	—	15	20	110	160
		R430	5	—	40	5	—	40	430	280	—	—	12	15	120	170
CuZn37Mn3Al2PbSi	CW713R	M	全部			全部			批量生产							
		R540	5	—	80	5	—	60	540	280	—	—	12	15	—	—
		H130	5	—	80	5	—	60	—	—	—	—	—	—	130	170
		R590	5	—	50	5	—	40	590	370	—	—	8	10	—	—
		H150	5	—	50	5	—	40	—	—	—	—	—	—	150	220
CuZn40Mn1Pb1 CuZn40Mn1Pb1AlFeSn CuZn40Mn1Pb1FeSn	CW720R CW721R CW722R	M	全部			全部			批量生产							
		R440	—	40	80	—	40	60	440	180	—	—	—	20	—	—
		H100	—	40	80	—	40	60	—	—	—	—	—	—	100	140
		R500	5	—	40	5	—	40	500	270	—	—	10	12	—	—
		H130	5	—	40	5	—	40	—	—	—	—	—	—	130	—
CuZn21Si3P	CW724R	M	全部			全部			批量生产							
		R500	6	—	80	35	—	80	500	—	450	—	—	15	—	—
		H130	6	—	80	35	—	80	—	—	—	—	—	—	130	180
		R600	10	—	40	15	—	40	600	300	—	—	—	12	—	—
		H150	10	—	40	15	—	40	—	—	—	—	—	—	150	220
		R670	2	—	20	2	—	15	670	400	—	8	9	10	—	—
		H170	2	—	20	2	—	15	—	—	—	—	—	—	170	—
CuZn33Pb1AlSiAs	CW725R	M	全部			全部			批量生产							
		R290	6	—	80	5	—	60	290	—	200	—	25	30	—	—
		H070	6	—	80	5	—	60	—	—	—	—	—	—	70	110
		R320	6	—	60	5	—	50	320	200	—	—	15	20	—	—
		H090	6	—	60	5	—	50	—	—	—	—	—	—	90	135
		R400	4	—	15	4	—	13	400	250	—	—	5	8	—	—
		H105	4	—	15	4	—	13	—	—	—	—	—	—	105	—

（5）铜及铜合金锻坯及锻件

表 10-79　铜及铜合金锻坯的力学性能（EN 12165—1998）

牌　号	材料号	供货状态[1]	公称横截面尺寸	
			直径/mm	对边宽度/mm
Cu-ETP	CW004A	M	不限	不限
Cu-OF	CW008A	H040	6～80	6～60
Cu-HCP	CW021A			
Cu-DHP	CW024A			
CuBe2	CW101C	M	不限	不限
		H085[2]	6～80	6～60
		H320[3]		
CuCo1Ni1Be	CW103C	M	不限	不限
CuCo2Be	CW104C	H060[2]	6～80	6～60
CuNi2Be	CW110C	H220[3]		
CuCr1	CW105C	M	不限	不限
CuCr1Zr	CW106C	H050[2]	6～80	6～60
		H105[3]		
CuNi1Si	CW109C	M	不限	不限
		H050[2]	6～80	6～60
		H120[3]		
CuNi2Si	CW111C	M	不限	不限
CuNi3Si1	CW112C	H050[2]	6～80	6～60
		H130[3]		
CuZr	CW120C	M	不限	不限
		H050[2]	6～80	6～60
		H130[3]		
CuZn37	CW508L	M	不限	不限
CuZn40	CW509L	H070	6～80	6～60
CuZn36Pb2As	CW602N	M	不限	不限
		H070	6～80	6～60
CuZn38Pb2	CW608N	M	不限	不限
CuZn39Pb0.5	CW610N	H080	6～80	6～60
CuZn39Pb1	CW611N			
CuZn39Pb1	CW612N			
CuZn39Pb2Sn	CW613N			
CuZn39Pb3	CW614N			
CuZn39Pb3Sn	CW615N			
CuZn40Pb1Al	CW616N			
CuZn40Pb2	CW617N			
CuZn40Pb2Sn	CW619N			
CuZn23Al6Mn4Fe3Pb	CW704R	M	不限	不限
		H180	6～80	6～60
CuZn25Al5Fe2Mn2Pb	CW705R	M	不限	不限
CuZn37Mn3Al2PbSi	CW713R	H130	6～80	6～60
CuZn39Mn1AlPbSi	CW718R			

续表

牌 号	材料号	供货状态①	公称横截面尺寸	
			直径/mm	对边宽度/mm
CuZn35Ni3Mn2AlPb CuZn40Mn1Pb1AlFeSn CuZn40Mn1Pb1FeSn	CW710R CW721R CW722R	M H100	不限 6～80	不限 6～60
CuZn36Sn1Pb CuZn37Pb1Sn1 CuZn39Sn1 CuZn40Mn1Pb1 CuZn40Mn2Fe1	CW712R CW714R CW719R CW720R CW723R	M H080	不限 6～80	不限 6～60
CuNi10Fe1Mn	CW352H	M H070	不限 6～80	不限 6～60
CuNi30Mn1Fe	CW354H	M H080	不限 6～80	不限 6～60
CuNi7Zn39Pb3Mn2 CuNi10Zn42Pb2	CW400J CW402J	M H110	不限 6～80	不限 6～60
CuAl6Si2Fe CuAl7Si2	CW301G CW302G	M H120	不限 6～80	不限 6～60
CuAl8Fe3	CW303G	M H110	不限 6～80	不限 6～60
CuAl9Ni3Fe2	CW304G	M H115	不限 6～80	不限 6～60
CuAl10Fe1	CW305G	M H100	不限 6～80	不限 6～60
CuAl10Fe3Mn2	CW306G	M H120	不限 6～80	不限 6～60
CuAl10Ni5Fe4	CW307G	M H180	不限 6～80	不限 6～60
CuAl11Fe6Ni6	CW308G	M H190	不限 6～80	不限 6～60

① 截面非圆形或规则多边形者供应状态应为 M。
② 该状态条件适用于非沉淀性硬化状态。
③ 该状态条件适用于弥散硬化状态。
注：材料状态符号意义如下：M—制造态，H—硬度（HB），符号后数字即为该性能最小值，如 H120 即代表其硬度最小为 120HB。

表 10-80 铜及铜合金锻件的力学性能（EN 12420—1999）

牌 号	材料号	供货状态	锻制方向厚度/mm	
			模锻及手工锻≤80	手工锻>80
CuZn40	CW509L	M H075	X X	X X
CuZn36Pb2As	CW602N	M H070	X X	X X
CuZn38Pb2 CuZn39Pb2 CuZn39Pb2Sn CuZn39Pb3 CuZn39Pb3Sn CuZn40Pb1Al CuZn40Pb2 CuZn40Pb2Sn	CW608N CW612N CW613N CW614N CW615N CW616N CW617N CW619N	M H075 H080	X — —	X X —

续表

牌 号	材料号	供货状态	锻制方向厚度/mm	
			模锻及手工锻≤80mm	手工锻>80mm
CuZn37Mn3Al2PbSi	CW713R	M H125 H140	X — X	X X —
CuZn39Mn1AlPbSi	CW718R	M H090 H110	X — X	X X —
CuZn40Mn1Pb1AlFeSn	CW721R	M H100	X X	X X
CuZn40Mn1Pb1FeSn	CW722R	M H085	X X	X X
Cu-ETP Cu-OF	CW004A CW008A	M H045	X X	X X
CuAl9Fe3	CW303G	M H110	X X	X X
CuAl10Fe3Mn2	CW306G	M H120 H125	X — X	X X —
CuAl10Ni5Fe4	CW307G	M H170 H175	X — X	X X —
CuAl11Fe6Ni6	CW308G	M H200	X X	X X
CuCo1Ni1Be CuCo2Be	CW103C CW104C	M H210①	X X	X X
CuCr1Zr	CW106C	M H110①	X X	X X
CuNi2Si	CW111C	M H140① H150①	X — X	X X —
CuNi10Fe1Mn	CW352H	M H070	X X	X X
CuNi30Mn1Fe	CW354H	M H090	X X	X X

① 固溶处理后弥散强化。

注：材料状态符号意义如下：M—制造态，H—硬度（HB），符号后数字即为该性能最小值，如 H120 即代表其硬度最小为 120HB。

（6）线材

表 10-81　一般用途的铜及铜合金线材的力学性能（EN 12166—1998）

牌　号	材料号	供　货　状　态②	公称直径①/mm
Cu-DHP	CW024A	M R200,H040 R270,H065 R250,H065 R330,H090 R300,H090 R400,H105 R350,H105	不限 1.5～20.0 1.0～8.0 8.0～20.0 1.0～8.0 8.0～15.0 1.0～8.0 8.0～12.0
CuBe2 CuBe2Pb	CW101C CW102C	R390③ H090③ R410③ R510④,H120④,R580④,H170④ R750④,H220 R1130⑤ R1100⑤ H350⑤ R1190⑥,H360⑥,R1270⑥,H370⑥ R1310⑥,H390⑥ R130⑥,H380⑥	0.2～1.0 1.0～10.0 0.2～10.0 1.0～10.0 0.2～1.0 1.0～10.0 0.2～10.0 0.2～10.0 1.0～10.0 0.2～1.0 1.0～10.0
CuCo1Ni1Be CuCo2Be CuNi2Be	CW103C CW104C CW110C	R240③,H090③,R440④,H135④,R680⑤,H215⑤,R750⑥,H230⑥	1.0～10.0
CuCr1Zr	CW106C	M R360④,H130④,R440⑥,H165⑥,R470⑦,H170⑦	不限 2.0～10.0
CuNi1Si	CW109C	M R450④,H135④ R410④,H120④ R650⑥,H190⑥ R590⑥,H170⑥	不限 1.5～6.0 6.0～15.0 1.5～6.0 6.0～15.0
CuNi2Si	CW111C	M R480④,H140④ R410④,H130④ R700⑥,H200⑥ R640⑥,H190⑥	不限 1.5～6.0 6.0～15.0 1.5～6.0 6.0～15.0
CuSi1	CW115C	M R260,H085,R410,H130 R510,H145 R620,H170 R690,H190	不限 0.1～20.0 0.1～20.0 0.1～12.0 0.1～6.0
CuSi3Mn1	CW116C	M R360,H085,R440,H115,R530,H125 R670,H155 R800,H210	不限 0.1～20.0 0.1～10.0 0.1～6.0
CuTeP	CW118C	M R250,H090,R300,H100 R360,H110	不限 0.1～20.0 0.1～6.0
CuZr	CW120C	M R200③,H050③,R300⑥,H115⑥,R350⑥,H135⑥ R400⑥,H145⑥	不限 0.1～20.0 0.1～10.0
CuNi7Zn39Pb3Mn2	CW400J	M,R520,H130 R620,H160 R700,H190	1.5～12.0 1.5～10.0 1.5～5.0
CuNi10Zn27 CuNi12Zn24	CW401J CW403J	M R430 R400 R370 H085 R360,H080 R520 R480 R460 R440 H130	不限 0.1～0.5 0.5～1.5 1.5～4.0 1.5～4.0 4.0～20.0 0.1～0.5 0.5～1.5 1.5～4.0 4.0～20.0 1.5～20.0

续表

牌　号	材料号	供 货 状 态[2]	公称直径[1]/mm
CuNi10Zn27 CuNi12Zn24	CW410J CW403J	R620	0.1～0.5
		R580	0.5～1.5
		R560	1.5～4.0
		H170	1.5～4.0
		R530,H165	4.0～8.0
		R730	0.1～0.5
		R680	0.5～1.5
		R660	1.5～4.0
		H195	1.5～4.0
		R630,H185	4.0～8.0
		R850	0.1～0.5
		R800	0.5～1.5
		R780	1.5～4.0
		H210	1.5～4.0
CuNi10Zn42Pb2	CW402J	M,R540,H150	1.5～12.0
		R640,H180	1.5～10.0
CuNi12Zn30Pb1	CW406J	M,R410,H110	1.5～12.0
		R530,H140	1.5～10.0
CuNi18Zn19Pb1	CW408J	M,R450,H120	1.5～12.0
		R570,H150	1.5～10.0
CuNi18Zn20	CW409J	M	不限
		R450	0.1～0.5
		R430	0.5～1.5
		R420,H100	1.5～4.0
		R410,H095	4.0～20.0
		R550	0.1～0.5
		R530	0.5～1.5
		R510,H150	1.5～4.0
		R490,H145	4.0～20.0
		R570	0.1～0.5
		R620	0.5～1.5
		R600,H180	1.5～4.0
		R570,H175	4.0～8.0
		R750	0.1～0.5
		R720	0.5～1.5
		R700,H205	1.5～4.0
		R660,H200	4.0～8.0
		R880	0.1～0.5
		R830	0.5～1.5
		R800,H235	1.5～4.0
CuSn4 CuSn5	CW450K CW451K	M	不限
		R360	0.1～0.5
		R350	0.5～1.5
		R330,H080	1.5～4.0
		R320,H075	4.0～20.0
		R450	0.1～0.5
		R440	0.5～1.5
		R410,H130	1.5～4.0
		R400,H125	4.0～20.0
		R550	0.1～0.5
		R540	0.5～1.5
		R500,H155	1.5～4.0
		R470,H150	4.0～8.0
CuSn4 CuSn5	CW450K CW451K	R660	0.1～0.5
		R630	0.5～1.5
		R590,H180	1.5～4.0
		R560,H175	4.0～8.0
		R700	0.1～0.5
		R730	0.5～1.5
		R690,H200	1.5～4.0
		R930	0.1～0.5
		R900	0.5～1.5
		R850,H225	1.5～4.0

续表

牌　号	材料号	供货状态[②]	公称直径[①]/mm
CuSn6	CW452K	M	不限
		R380	0.1～0.5
		R370	0.5～1.5
		R360,H085	1.5～4.0
		R340,H080	4.0～20.0
		R480	0.1～0.5
		R460	0.5～1.5
		R430,H125	1.5～4.0
		R420,H120	4.0～20.0
		R590	0.1～0.5
		R560	0.5～1.5
		R530,H165	1.5～4.0
		R510,H160	4.0～8.0
		R700	0.1～0.5
		R670	0.5～1.5
		R630,H190	1.5～4.0
		R600,H185	4.0～8.0
		R830	0.1～0.5
		R790	0.5～1.5
		R740,H215	1.5～4.0
		R980	0.1～0.5
		R950	0.5～1.5
		R900,H245	1.5～4.0
CuSn8	CW453K	M	不限
		R440	0.1～0.5
		R420	0.5～1.5
		R400,H090	1.5～4.0
		R390,H085	4.0～20.0
		R530	0.1～0.5
		R510	0.5～1.5
		R490,H145	1.5～4.0
		R460,H140	4.0～20.0
		R630	0.1～0.5
		R610	0.5～1.5
		R590,H180	1.5～4.0
		R560,H175	4.0～8.0
		R750	0.1～0.5
		R720	0.5～1.5
		R690,H200	1.5～4.0
		R650,H195	4.0～8.0
		R870	0.1～0.5
		R840	0.5～1.5
		R790,H230	1.5～4.0
		R1000	0.1～0.5
		R950	0.5～1.5
		R900,H265	1.5～4.0
CuZn10	CW501L	M	不限
		R290	0.1～0.5
		R280	0.5～1.5
		R270,H070	1.5～4.0
		R240,H060	4.0～20.0
		R380	0.5～1.5
		R350,H115	1.5～4.0
		R330,H105	4.0～20.0
		R470	0.5～1.5
		R440,H135	1.5～4.0
		R410,H125	4.0～8.0
		R570	0.5～1.5
		R530,H155	1.5～4.0

续表

牌　号	材料号	供　货　状　态[②]	公称直径[①]/mm
CuZn15 CuZn20	CW502L CW503L	M	不限
		R310	0.1～0.5
		R300	0.5～1.5
		R290,H070	1.5～4.0
		R260,H065	4.0～20.0
		R400	0.5～1.5
		R370,H120	1.5～4.0
		R360,H115	4.0～20.0
		R480	0.5～1.5
		R450,H140	1.5～4.0
		R430,H135	4.0～8.0
		R600	0.1～0.5
		R580	0.5～1.5
		R540,H165	1.5～4.0
CuZn30	CW505L	M	不限
		R350	0.1～0.5
		R340	0.5～1.5
		R310	1.5～4.0
		R300	4.0～20.0
		H065	1.5～20.0
		R430	0.1～0.5
		R410	0.5～1.5
		R380,H095	1.5～4.0
		R360,H085	4.0～20.0
		R520	0.1～0.5
		R500	0.5～1.5
		R460,H125	1.5～4.0
		R440,H120	4.0～8.0
		R610	0.1～0.5
		R590	0.5～1.5
		R540,H150	1.5～4.0
		R530,H145	4.0～8.0
		R700	0.1～0.5
		R670	0.5～1.5
		R620,H170	1.5～4.0
		R800	0.1～0.5
		R750	0.5～1.5
		R700,H195	1.5～4.0
CuZn36 CuZn37	CW507L CW508L	M	不限
		R360	0.1～0.5
		R330	0.5～1.5
		R300,H070	1.5～4.0
		R280,H065	4.0～20.0
		R420	0.5～1.5
		R380,H105	1.5～4.0
		R370,H095	4.0～20.0
		R510	0.5～1.5
		R470,H130	1.5～4.0
		R460,H135	4.0～8.0
		R610	0.5～1.5
		R560,H160	1.5～4.0
		R550,H155	4.0～8.0
		R800	0.1～0.5
		R750	0.5～1.5
		R700,H190	1.5～4.0
CuZn35Pb1 CuZn35Pb2	CW600N CW601N	M	不限
		R380	0.5～8.0
		H120	1.5～8.0
		R370,H110	8.0～20.0
		R460	0.5～4.0
		H155	1.5～4.0
		R450,H145	4.0～8.0
		R440,H140	8.0～14.0
		R540	0.5～4.0
		H165	1.5～4.0

续表

牌　号	材料号	供　货　状　态[②]	公称直径[①]/mm
CuZn36Pb3 CuZn37Pb2	CW603N CW606N	M	不限
		R380	0.5～1.5
		R370,H100	1.5～4.0
		R360,H090	4.0～20.0
		R440	0.5～1.5
		R420,H120	1.5～4.0
		R410,H115	4.0～8.0
		R400,H110	8.0～20.0
		R500,H140	1.5～4.0
		R490	4.0～8.0
		R480	8.0～14.0
		H130	4.0～14.0
		R580,H155	1.5～4.0
CuZn38Pb2 CuZn39Pb0.5 CuZn39Pb2	CW608N CW610N CW612N	M	不限
		R400	0.5～1.5
		H110	1.5～4.0
		R390	4.0～8.0
		R380	8.0～20.0
		H100	4.0～20.0
		R450	0.5～1.5
		R440,H130	1.5～4.0
		R430	4.0～8.0
		R420	8.0～20.0
		R120	4.0～20.0
		R500	0.5～1.5
		H150	1.5～4.0
		R490	4.0～8.0
		R480	8.0～14.0
		H140	4.0～14.0
		R570,H165	1.5～4.0
CuZn38Pb4 CuZn39Pb3 CuZn40Pb2	CW609N CW614N CW617N	M	不限
		R450	0.5～1.5
		R430,H130	1.5～4.0
		R420,H120	4.0～8.0
		R410	8.0～14.0
		R400	14.0～20.0
		H110	8.0～20.0
		R520	0.5～1.5
		R510,H155	1.5～4.0
		R500	4.0～8.0
		R490	8.0～14.0
		H145	4.0～14.0
		R570,H170	1.5～4.0
CuZn19Sn	CW701R	M	不限
		R330	0.1～0.5
		R310	0.5～4.0
		H080	1.5～4.0
		R290,H070	4.0～20.0
		R850	0.1～0.5
CuZn36Sn1Pb CuZn37Pb1Sn1	CW712R CW714R	M	不限
		R350,H100	0.1～20.0
		R400,H120	1.5～8.0
CuZn40Mn1Pb1	CW720R	M	不限
		R430,H115,R500,H145,R570,H170	1.5～8.0

① 对截面为多边形线材而言，用等效横截面面积代替。
② 材料状态符号意义如下：M—制造态，R—抗拉强度（MPa），H—硬度（HB），符号后数字即为该性能最小值，如H120即代表其硬度最小为120HB。
③ 固溶处理。
④ 固溶处理并冷加工。
⑤ 固溶处理并进行弥散强化。
⑥ 固溶处理并冷加工后进行弥散强化。
⑦ 固溶处理并冷加工后进行弥散强化，之后再冷加工。

（7）一般用途的型材和扁棒材

表 10-82　一般用途的铜及铜合金型材和扁棒材的力学性能（EN12167—1998）

牌　号	材料号	供货状态	公称横截面尺寸/mm	
			型材①	矩形棒材
Cu-DLP Cu-DHP	CW023A CW024A	M R280，H085 R240，H065	不限	不限 ≤6 6～60
CuBe2	CW101C	M R410，H085，R580②，H160② R1130③，H330③，R1200④，H340④	不限	不限 3～60 3～30
CWCo1Ni1Be CuCo2Be CuNi2Be	CW103C CW104C CW110C	M R240，H055，R440②，H100② R680③，H220③，R750④，H240④	不限	不限 3～60 3～30
CuCr1 CuCr1Zr	CW105C CW106C	M R200⑤，H065⑤ R360③，H105③，R420④，H120④	不限	不限 3～60 3～30
CuNi1Si	CW109C	M R250⑤，H060⑤，R380②，H110② R420③，H120③，R560④，H170④	不限	不限 3～60 3～30
CuNi2Si	CW111C	M R280⑤，H070⑤，R380②，H120② R460③，H140③，R600④，H180④	不限	不限 3～60 3～30
CuZr	CW120C	M R200⑤，H050⑤ R300④，H110④ R350④，H130④	不限	不限 3～60 3～30 3～10
CuZn36 CuZn37	CW507L CW508L	M R400，H110 R350，H090	不限	不限 ≤6 6～60
CuZn40	CW509L	M R440，H120 R400，H100	不限	不限 ≤6 6～60
CuZn35Pb1 CuZn35Pb2 CuZn36Pb3 CuZn37Pb2	CW600N CW601N CW602N CW603N	M R440，H115 R400，H100	不限	不限 ≤6 6～60
CuZn36Pb2As	CW602N	M R350，H110 R280，H080	不限	不限 ≤6 6～60
CuZn38Pb1 CuZn38Pb2 CuZn39Pb0.5 CuZn39Pb1 CuZn39Pb2 CuZn39Pb2Sn	CW607N CW608N CW610N CW611N CW612N CW613N	M R460，H120 R410，H105	不限	不限 ≤6 6～60
CuZn38Pb4 CuZn39Pb3 CuZn40Pb2 CuZn40Pb2Sn CuZn43Pb2	CW609N CW614N CW617N CW619N CW623N	M R480，H130 R430，H110	不限	不限 ≤6 6～60
CuZn40Pb2Al CuZn41Pb1Al CuZn42PbAl CuZn43Pb1Al CuZn43Pb2Al	CW618N CW620N CW621N CW622N CW624N	M	不限	不限

续表

牌　号	材料号	供货状态	公称横截面尺寸/mm	
			型材①	矩形棒材
CuZn35Ni3Mn2AlPb CuZn39Mn1AlPbSi CuZn40Mn1Pb1AlFeSn CuZn40Mn1Pb1FeSn	CW710R CW718R CW721R CW722R	M R490,H130 R440,H110	不限	不限 ≤6 6～60
CuZn36Sn1Pb CuZn37Pb1Sn1 CuZn39Sn1	CW712R CW714R CW719R	M R460,H120 R410,H100	不限	不限 ≤6 6～60
CuZn37Mn3Al2PbSi	CW713R	M R590,H160 R540,H130	不限	不限 ≤6 6～60
CuZn40Mn1Pb1 CuZn40Mn2Fe1	CW720R CW723R	M R470,H125 R420,H105	不限	不限 ≤6 6～60
CuNi7Zn39Pb3Mn2 CuNi12Zn38Mn5Pb2	CW400J CW407J	M R650,H170 R600,H150	不限	不限 ≤6 6～60
CuNi10Zn43Pb2	CW402J	M R580,H150 R500,H130	不限	不限 ≤6 6～60
CuiNi12Zn24	CW403J	M R500,H140 R450,H120	不限	不限 ≤6 6～60
CuNi12Zn30Pb1	CW406J	M R480,H130 R430,H110	不限	不限 ≤6 6～60
CuNi18Zn19Pb1	CW408J	M R550,H150 R480,H130	不限	不限 ≤6 6～60
CuNi18Zn20	CW409J	M R550,H150 R500,H130	不限	不限 ≤6 6～60
CuSn6	CW452K	M R470,H150 R400,H120	不限	不限 ≤6 6～60
CuSn8	CW453K	M R520,H155 R450,H125	不限	不限 ≤6 6～60
CuAl6Si2Fe CuAl7Si2	CW301G CW302G	M R550,H140 R500,H120	不限	不限 ≤6 6～60
CuAl10Fe1	CW305G	M R600,H150 R500,H120	不限	不限 ≤6 6～60
CuAl10Fe3Mn2	CW306G	M R650,H160 R550,H130	不限	不限 ≤6 6～60
CuAl10Ni5Fe4	CW307G	M R700,H180 R600,H160	不限	不限 ≤6 6～60
CuAl11Fe6Ni6	CW308G	M R800,H210 R700,H180	不限	不限 ≤6 6～60

① 对型材而言，力学性能取决于其形状和尺寸，由供需双方协商决定。
② 固溶处理并冷加工。
③ 固溶处理并进行弥散强化。
④ 固溶处理并冷加工后进行弥散强化。
⑤ 固溶处理。

注：材料状态符号意义如下：M—制造态，R—抗拉强度（MPa），H—硬度（HB），符号后数字即为该性能最小值，如R700 即代表其抗拉强度最小值为 700MPa。

（8）管材

表 10-83　一般用途的铜及铜合金无缝圆管的力学性能（EN 12449—1999）

牌号	材料号	供货状态	壁厚/mm(最大值)
Cu-DHP	CW024A	M,R200①,H040①	20
		R250,H070	10
		R290,H095	5
		R360,H110	3
CuFe2P	CW107C	M	20
		R300①,H085①	10
		R370,H110,R420,H135	5
CuNi2Si	CW111C	M	20
		R260②,H065②,R460③,H150③,R380④,H130④,R600⑤,H190⑤	10
CuNi10Fe1Mn	CW352H	M,H290①,H075①	20
		R310,H105	6
		R480,H150	4
CuNi30Mn1Fe	CW354H	M	20
		R370①,H085①	10
		R480,H135	5
CuNi12Zn24	CW403J	M	20
		R340①,H075①	10
		R420,H110	5
		R490,H135	3
CuNi18Zn20	CW409J	M	20
		R370①,H080①	10
		R440,H115	5
		R540,H145	3
CuSn6	CW452K	M	20
		R340①,H070①	10
		R400,H105	5
		R490,H140	3
		R580,H170	2
CuSn8	CW453K	M	20
		R380①,H080①	10
		R450,H115	5
		R520,H155	3
		R590,H180	2
CuSn4Pb2P	CW455K	M	20
		R430,H125	10
		R520,H155	5
CuSn8P CuSn8PbP	CW459K CW460K	M	20
		R460,H130	10
		R550,H165	5
		R620,H180	3
CuZn5	CW500L	M,R220①,H050①	20
		R260,H075	10
		R320,H095	5
		R440,H120	3
CuZn10	CW501L	M,R240①,H050①	20
		R300,H075	10
		R360,H100	5
CuZn15	CW502L	M,H260,H050	20
		R310,H080	10
		R370,H105	5
CuZn20	CW503L	M,R260,H055	20
		R320,H085	10
		R390,H115	5

续表

牌　号	材料号	供 货 状 态	壁厚/mm(最大值)
CuZn30	CW505L	M,R280①,H055① R350,H085 R420,H115	20 10 5
CuZn36	CW507L	M,R290①,H055① R360,H080 R430,H110	20 10 5
CuZn37	CW508L	M,H300①,H060① R370,H085 R440,H115	20 10 5
CuZn40	CW509L	M,R340①,H075① R410,H100 R470,H125	20 10 5
CuZn35Pb1 CuZn35Pb2	CW600N CW601N	M R290①,H060①,R370,H085 R440,H115	20 10 5
CuZn36Pb2As	CW602N	M R290①,H080①,R370,H105 R440,H135	20 10 5
CuZn36Pb3	CW603N	M R300①,H080①,R400,H105 R460,H135	20 10 5
CuZn37Pb0.5 CuZn37Pb1	CW604N CW605N	M,R300①,H060① R370,H085 R440,H115	20 10 5
CuZn38Pb1 CuZn38Pb2	CW607N CW608N	M R340①,H080①,R410,H105 R470,H135	20 10 5
CuZn39Pb3 CuZn40Pb2	CW614N CW617N	M R360①,H085①,R430,H115 R500,H140	20 10 5
CuZn13Al1Ni1Si1	CW700R	M R380①,H065①,R430,H120 R550,H170	20 10 5
CuZn20Al2As	CW702R	M R340①,H070① R390,H085	20 10 5
CuZn31Si1	CW708R	M R440,H115,R490,H145	20 8
CuZn35Ni3Mn2AlPb	CW710R	M R490,H125,R540,H145	20 8
CuZn37Mn3Al2PbSi	CW713R	M R540,H145 R590,H155 R640,H165	20 8 5 3
CuZn38Mn1Al	CW716R	M R440,H115,R510,H140	20 8
CuZn39Mn1AlPbSi	CW718R	M R440,H120,R510,H145	20 8
CuZn40Mn2Fe1	CW723R	M R440,H115,R490,H135	20 8

① 退火态。
② 固溶处理。
③ 固溶处理并弥散强化处理。
④ 固溶处理并冷加工。
⑤ 固溶处理并冷加工后弥散强化处理。
注：材料状态符号意义如下：M—制造态，R—抗拉强度（MPa），H—硬度（HV），符号后数字即为该性能最小值，如R700即代表其抗拉强度最小值为700MPa。

表 10-84　铜制无缝毛细管的力学性能（EN 12450—1999）

牌　号	材料号	供货状态	抗拉强度 R_m/MPa	伸长率 A/%	硬度(HV)
Cu-DHP	CW024A	R240	240	15	
		H050			50～90
		R320	320	5	
		H095			95～125
		R395	395～515		
		H110			110

表 10-85　铜制热交换器用无缝圆管的力学性能（EN 12451—1999）

牌　号	材料号	供货状态	抗拉强度 R_m/MPa (最小值)	屈服强度 $R_{P0.2}$/MPa (最小值)	伸长率 A/% (最小值)	硬度(HV) (最小值)
Cu-DHP	CW024A	R250	250	150	20	
		H075				75～100
		R290	290	250	5	
		H100				100
CuAl5As	CW300G	R350①	350	110	50	
		H075①				75～110
CuNi10Fe1Mn	CW352H	R290①	290	90	30	
		H075①				75～105
		R310	310	220	12	
		H105				105～150
		R480	480	400	8	
		H150				150
CuNi30Fe2Mn2	CW353H	R420①	420	150	30	
		H090①				90～125
CuNi30Mn1Fe	CW354H	R370①	370	120	35	
		H090①				90～120
		R480	480	300	12	
		H120				120
CuZn20Al2As	CW702R	R340①	340	120	55	
		H070①				70～110
		R390①	390	150	45	
		H085①				85～110
CuZn28Sn1As	CW706R	R320①	320	100	55	
		H060①				60～90
		R360①	360	140	45	
		H080①				80～110
CuZn30As	CW707R	R340①	340	130	45	
		H075①				75～105

① 退火态。

表 10-86　空气调节和制冷用无缝圆形铜管的力学性能（EN 12735—1，2—2010）

牌　号	材料号	产品类型	供货状态	抗拉强度 R_m/MPa (最小值)	屈服强度 $R_{P0.2}$/MPa	伸长率 A/% (最小值)	晶粒尺寸/μm 最小	晶粒尺寸/μm 最大
Cu-DHP	CW024A	管道系统用管	R220	220		40		
			R250	250		30		
			R290	290		3		
		设备用管	Y080①	220		40	15	40
			Y040②	220	80～140	40	15	40
			Y035③	210	40～90	40	30	60
			R250	250	35～80	30		
			R290	290		3		

① 表面硬化。
② 光亮退火。
③ 软退火。公称壁厚≥0.6mm。

表 10-87 医用气体或真空用的无缝圆形铜管的力学性能（EN 13348—2008）

牌号	材料号	供货状态	热处理条件	抗拉强度 R_m/MPa(最小值)	伸长率 A/%(最小值)	硬度(HV)
Cu-DHP	CW024A	R220①	退火	220	40	40～70
		R250	半淬硬	250	30	75～100
		R290	淬硬	290	3	≥100

① 表中列出性能数据仅适用于管壁厚度≥1.0mm 条件；Cu-DHP 的化学成分 Cu+Ag≥99.90%，0.015%≤P≤0.040%；硬度值仅供参考。

(9) 铜及铜合金铸件

表 10-88 铜及铜合金铸件的力学性能（EN 1982—2008）

牌号	材料号	铸造工艺	抗拉强度 R_m/MPa (最小值)	屈服强度 $R_{P0.2}$/MPa (最小值)	伸长率 A/% (最小值)	硬度(HBW) (最小值)
铜及铜-铬合金						
Cu-C	CC040A	永久铸型	150	40	25	40
		砂模:A级	150	40	25	40
		B级	150	40	25	40
		C级	150	40	25	40
CuCr1-C	CC140C	砂模	300	200	10	95
		永久铸型	300	200	10	95
铜-锌合金						
CuZn33Pb2-B CuZn33Pb2-C	CB750S CC750S	砂模	180	70	12	45
		离心铸造	180	70	12	50
CuZn33Pb2Si-B CuZn33Pb2Si-C	CB751S CC751S	压铸	400	280	5	110
CuZn35Pb2Al-B CuZn35Pb2Al-C	CB752S CC752S	永久铸型	280	120	10	70
		压铸	340	215	5	110
CuZn37Pb2Ni1AlFe-B CuZn37Pb2Ni1AlFe-C	CB753S CC753S	永久铸型	300	150	15	90
CuZn39Pb1Al-B CuZn39Pb1Al-C	CB754S CC754S	砂模	220	80	15	65
		永久铸型	280	120	10	70
		压铸	350	250	4	110
		离心铸造	280	120	10	70
CuZn39Pb1AlB-B CuZn39Pb1AlB-C	CB755S CC755S	永久铸型	350	180	13	90
		压铸	350	250	4	110
CuZn15As-B CuZn15As-C	CB760S CC760S	砂模	160	70	20	45
CuZn16Si4-B CuZn15Si4-C	CB761S CC761S	砂模	400	230	10	100
		永久铸型	500	300	8	130
		压铸	530	370	5	150
		离心铸造	500	300	8	130
CuZn25Al5Mn4Fe3-B CuZn25Al5Mn4Fe3-C	CB762S CC762S	砂模	750	450	8	180
		永久铸型	750	480	8	180
		离心铸造	750	480	5	190
		连铸	750	480	5	190
CuZn32Al2Mn2Fe1-B CuZn32Al2Mn2Fe1-C	CB763S CC763S	砂模	430	150	10	100
		压铸	440	330	3	130
CuZn34Mn3Al2Fe1-B CuZn34Mn3Al2Fe1-C	CB764S CC764S	砂模	600	250	15	140
		永久铸型	600	260	10	140
		离心铸造	620	260	14	150

续表

牌　号	材料号	铸造工艺	抗拉强度 R_m/MPa（最小值）	屈服强度 $R_{P0.2}$/MPa（最小值）	伸长率 A/%（最小值）	硬度(HBW)（最小值）
铜-锌合金						
CuZn35Mn2Al1Fe1-B Cuzn35Mn2Al1Fe1-C	CB765S CC765S	砂模 永久铸型 离心铸造 连铸	450 475 500 500	170 200 200 200	20 18 18 18	110 110 120 120
CuZn37Al1-B CuZn37Al1-C	CB766S CC766S	永久铸型	450	170	25	105
CuZn38Al-B CuZn38Al-C	CB767S CC767S	永久铸型	380	130	30	75
铜-锡合金						
CuSn10-B CuSn10-C	CB480K CC480K	砂模 永久铸型 连铸 离心铸造	250 270 280 280	130 160 170 160	18 10 10 10	70 80 80 80
CuSn11P-B CuSn11P-C	CB481K CC481K	砂模 永久铸型 连铸 离心铸造	250 310 350 330	130 170 170 170	5 2 5 4	60 85 85 85
CuSn11Pb2-B CuSn11Pb2-C	CB482K CC482K	砂模 离心铸造 连铸	240 280 280	130 150 150	5 5 5	80 90 90
CuSn12-B CuSn12-C	CB483K CC483K	砂模 永久铸型 连铸 离心铸造	260 270 300 280	140 150 150 150	7 5 6 5	80 80 90 90
CuSn12Ni2-B CuSn12Ni2-C	CB484K CC484K	砂模 离心铸造 连铸	280 300 300	160 180 180	12 8 10	85 95 95
铜-锡-铅合金						
CuSn3Zn8Pb5-B CuSn3Zn8Pb5-C	CB490K CC490K	砂模 离心铸造 连铸	180 220 220	85 100 100	15 12 12	60 70 70
CuSn5Zn5Pb2-B CaSn5Zn5Pb2-C	CB499K CC499K	砂模 永久铸型 离心铸造 连铸	200 220 250 250	90 110 110 110	13 6 13 13	60 65 65 65
CuSn5Zn5Pb5-B CuSn5Zn5Pb5-C	CB491K CC491K	砂模 永久铸型 离心铸造 连铸	200 220 250 250	90 110 110 110	13 6 13 13	60 65 65 65
CuSn7Zn2Pb3-B CuSn7Zn2Pb3-C	CB492K CC492K	砂模 永久铸型 离心铸造 连铸	230 230 260 270	130 130 130 130	14 12 12 12	65 70 70 70
CuSn7Zn4Pb7-B CuSn7Zn4Pb7-C	CB493K CC493K	砂模 永久铸型 连铸 离心铸造	230 230 260 260	120 120 120 120	15 12 12 12	60 60 70 70
CuSn5Pb9-B CiSn5Pb9-C	CB494K CC494K	砂模 永久铸型 离心铸造 连铸	160 200 200 200	60 80 90 100	7 5 6 9	55 60 60 60

续表

牌 号	材料号	铸造工艺	抗拉强度 R_m/MPa (最小值)	屈服强度 $R_{P0.2}$/MPa (最小值)	伸长率 A/% (最小值)	硬度(HBW) (最小值)
铜-锡-铅合金						
CuSn10Pb10-B CuSn10Pb10-C	CB495K CC495K	砂模 永久铸型 离心铸造 连铸	180 220 220 220	80 110 110 110	8 3 6 8	60 65 70 70
CuSn7Pb15-B CuSn7Pb15-C	CB496K CC496K	砂模 连铸 离心铸造	170 200 200	80 90 90	8 8 7	60 65 65
CuSn5Pb20-B CuSn5Pb20-C	CB497K CC497K	砂模 连铸 离心铸造	150 180 170	70 90 80	5 7 6	45 50 50
CuSn6Zn4Pb2-B CuSn6Zn4Pb2-C	CB498K CC498K	砂模 永久铸型 离心铸造 连铸	220 220 240 240	110 110 110 110	15 12 12 12	65 70 70 70
铜-铝合金						
CuAl9-B CuAl9-C	CB330G CC330G	永久铸型 离心铸造	500 450	180 160	20 15	100 100
CuAl10Fe2-B CuAl10Fe2-C	CB331G CC331G	砂模 永久铸型 离心铸造 连铸	500 600 550 550	180 250 200 200	18 20 18 15	100 130 130 130
CuAl10Ni3Fe2-B CuAl10Ni3Fe2-C	CB332G CC332G	砂模 永久铸型 离心铸造 连铸	500 600 550 550	180 250 220 220	18 20 20 20	100 130 120 120
CuAl10Fe5Ni5-B CuAl10Fe5Ni5-C	CB333G CC333G	砂模 永久铸型 离心铸造 连铸	600 650 650 650	250 280 280 280	13 7 13 13	140 150 150 150
CuAl11Fe6Ni6-B CuAl11Fe6Ni6-C	CB334G CC334G	砂模 永久铸型 离心铸造	680 750 750	320 380 380	5 5 5	170 185 185
铜-锰-铝合金						
CuMn11Al8Fe3Ni3-C	CC212E	砂模	630	275	18	150
铜-镍合金						
CuNi10Fe1Mn1-B CuNi10Fe1Mn1-C	CB380H CC380H	砂模 离心铸造 连铸	280 280 280	120 100 100	20 25 25	70 70 70
CuNi30Fe1Mn1-B CuNi30Fe1Mn1-C	CB381H CC381H	砂模 离心铸造	340 340	120 120	18 18	80 80
CuNi30Cr2FeMnSi-C	CC382H	砂模	440	250	18	115
CuNi30Fe1Mn1NbSi-C	CC383H	砂模	440	230	18	115

（10）弹簧及连接器用带材

表 10-89　弹簧及连接器用铜和铜合金带材的力学性能（EN1654—1998）

牌号	材料号	供货状态	热处理条件
CuBe1.7	CW100C	R410,H090,Y190	固溶处理后冷轧
		R1030,H330,Y890,B700	固溶处理,冷轧后弥散强化
		R510,H120,Y410	固溶处理后冷轧
		R1100,H340,Y930,B740	固溶处理,冷轧后弥散强化
		R580,H180,Y510	固溶处理后冷轧
		R1170,H360,Y1030,B800	固溶处理,冷轧后弥散强化
CuBe1.7	CW100C	R680,H210,Y620	固溶处理后冷轧
		R1240,H370,Y1060,B890	固溶处理,冷轧后弥散强化
CuBe2	CW101C	R410,H090,Y190	固溶处理后冷轧
		R1130,H350,Y960,B770	固溶处理,冷轧后弥散强化
		R510,H120,Y410	固溶处理后冷轧
		R1190,H360,Y1020,B820	固溶处理,冷轧后弥散强化
		R580,H170,Y510	固溶处理后冷轧
		R1270,H370,Y1100,B880	固溶处理,冷轧后弥散强化
		R680,H220,Y620	固溶处理后冷轧
		R1310,H380,Y1130,B920	固溶处理,冷轧后弥散强化
		R690,H210,Y480,B400	固溶处理,冷轧后弥散强化成形,可进行进一步热处理
		R750,H230,Y550,B500	固溶处理,冷轧后弥散强化成形,可进行进一步热处理
		R820,H250,Y650,B530	固溶处理,冷轧后弥散强化成形,可进行进一步热处理
		R930,H280,Y750,B600	固溶处理,冷轧后弥散强化成形,可进行进一步热处理
		R1060,H310,Y930,B760	固溶处理,冷轧后弥散强化成形,可进行进一步热处理
		R1200,H360,Y1030,B780	固溶处理,冷轧后弥散强化成形,可进行进一步热处理
CuCo2Be CuNi2Be	CW104C CW110C	R240,H060,Y130	固溶处理后冷轧
		R680,H190,Y550,B370	固溶处理,冷轧后弥散强化成形
		R480,H140,Y370	固溶处理后冷轧
		R750,H200,Y650,B500	固溶处理,冷轧后弥散强化成形
		R820,H210,Y750,B590	固溶处理,冷轧后弥散强化成形
CuFe2P	CW107C	R340,H100	
		R370,H120	
		R420,H130	
		R470,H140	
CuNi2Si	CW111C	R430,H125	固溶处理,冷轧后热处理以改善电导率
		R450,H130	固溶处理后冷轧
		R510,H150	固溶处理,冷轧后热处理以改善电导率
		R600,H180	固溶处理,冷轧后弥散强化成形
CuNi9Sn2	CW351H	R380,H110	
		R450,H140	
		R500,H160,B370	
		R560,H180,B460	
		R610,H190	
CuNi12Zn24	CW403J	R490,H150	
		R550,H170	
		R620,H190	
CuNi12Zn29	CW405J	R520,H170	
		R600,H190	
		R670,H210	
		R750,H230	

续表

牌　号	材料号	供货状态	热 处 理 条 件
CuNi18Zn20	CW409J	R500,H160,B370 R580,H180,B460 R640,H200	
CuNi18Zn27	CW410J	R540,H170 R600,H190 R700,H220	
CuSn4	CW450K	R390,H115,Y320 R480,H150,Y440 R540,H170,Y510 R610,H190,Y580	
CuSn5	CW451K	R400,H120,Y340 R490,H160,Y450 R550,H180,Y520 R630,H200,Y600 R690,H220,Y670	
CuSn5	CW452K	R420,H125,Y360 R500,H160,Y460,B350 R560,H180,Y530,B370 R640,H200,Y610 R720,H220,Y690	
CuSn8	CW453K	R450,H135,Y370 R540,H170,Y470 R600,H190,Y540,B410 R660,H210,Y620 R740,H230,Y700	
CuSn3Zn9	CW454K	R430,H140 R510,H160 R580,H180 R660,H200	
CuZn15	CW502L	R300,H085 R350,H105,Y270 R410,H135,Y380 R480,H150,Y450 R550,H170,Y530	
CuZn30	CW505L	R350,H095 R410,H120,Y350 R480,H150,Y460 R550,H170,Y530 R630,H190,Y610	
CuZn36	CW507L	R350,H095 R410,H120 R480,H150 R550,H170 R630,H190	
CuZn23Al3Co	CW703R	R660,H190 R740,H210 R820,H235	

注：材料状态符号意义如下：R—抗拉强度（MPa），H—硬度（HV），Y—屈服强度（MPa），B—弹簧弯曲极限（MPa），符号后数字即为该性能最小值，如R410即代表其抗拉强度最小为410MPa。

（11）电气产品用铜合金

表 10-90　电气目的用铜厚板材、薄板材和带材的力学性能（EN 13599—2002）

牌　号	材料号	供货状态	公称厚度/mm	硬度(HV)	抗拉强度 R_m/MPa	屈服强度 $R_{P0.2}$/MPa	伸长率/%	
							A_{50mm}（厚度0.1～2.5mm）	A（厚度>2.5mm）
Cu-ETP[2]	CW004A[2]	M	10～25					
Cu-FRHC[2]	CW005A[2]	H040	0.10～5	40～65				
Cu-OF	CW008A	R220[2]	0.10～5		220～260	140	33	42
CuAg0.10[2]	CW013A[2]	H040	0.20～10	40～65				
CuAg0.10P	CW016A	R200	0.20～10		220～250	100		42
CuAg0.10(OF)	CW019A	H065	0.10～10	65～95				
Cu-PHC	CW020A	R240	0.10～10		240～300	180	8	15
Cu-HCP	CW021A	H090	0.10～10	90～110				
		R290	0.10～10		290～360	250	4	6
		H110	0.10～2	110				
		R360	0.10～2		360	320	2	

注：1. 当产品厚度小于 0.10mm 时，其力学性能应由供需双方协商决定。
2. 当产品厚度为 0.10～0.20mm 时，其性能值如下：R_m—200MPa，A_{50mm}—28%

表 10-91　电气目的用铜厚板材、薄板材和带材的电气特性（EN 13599—2002）

牌　号	材料号	供货状态	体积电阻率 /(Ω·mm²/m)（最大值）	质量电阻率[①] /(Ω·g/m²)（最大值）	电导率	
					MS/m	%IACS
Cu-ETP	CW004A	M	0.01754	0.1559	57.0	98.3
Cu-FRHC	CW005A	H040,R220,H040,R200	0.01724	0.1533	58.0	100.0
Cu-OF	CW008A	H065,R240,H090,R290	0.01754	0.1559	57.0	98.3
CuAg0.10	CW013A	H110,R360	0.01786	0.1588	56.0	96.6
CuAg0.10(OF)	CW019A					
Cu-PHC	CW020A					
CuAg0.10P	CW016A	M	0.01786	0.1588	56.0	96.6
Cu-HCP	CW021A	H040,R220,H040,R200	0.01754	0.1559	57.0	98.3
		H065,R240,H090,R290	0.01786	0.1588	56.0	96.6
		H110,R360	0.01818	0.1616	55.0	94.8

① 质量电阻率按密度为 8.89g/cm³ 计算。

表 10-92　电气目的用无缝铜圆管的力学性能（EN 13600—2002）

牌　号	材料号	供货状态	公称厚度/mm	硬度(HV)	抗拉强度 R_m/MPa	屈服强度 $R_{P0.2}$/MPa	伸长率 A/%
Cu-ETP	CW004A	D					
Cu-FRHC	CW005A	H035	20	35～65			
Cu-OF	CW008A	R200	20		200～250	≤120	40
CuAg0.10	CW013A	H065	10	65～95			
CuAg0.10P	CW016A	R250	10		250～300	150	15
CuAg0.10(OF)	CW019A	H090	5	90～110			
Cu-PHC	CW020A	R290	5		290～360	250	6
Cu-HCP	CW021A	H100	3				
		R360	3	100	360	320	3

表 10-93　电气目的用无缝铜圆管的电气特性（EN 13600—2002）

牌　号	材料号	供货状态	体积电阻率 /(Ω·mm²/m)（最大值）	质量电阻率[①] /(Ω·g/m²)（最大值）	电导率	
					MS/m	%IACS
Cu-ETP	CW004A	D	0.01786	0.1588	56.0	96.6
Cu-FRHC	CW005A	H035,R200	0.01724	0.1533	58.0	100.0
Cu-OF	CW008A	H065,R250	0.01754	0.1559	57.0	98.3
CuAg0.10	CW013A	H090,R290,H100,R360	0.01786	0.1588	56.0	96.6
CuAg0.10(OF)	CW019A					
Cu-PHC	CW020A					
CuAg0.10P	CW016A	D	0.01818	0.1616	55.0	94.8
Cu-HCP	CW021A	H035,R200	0.01754	0.1559	57.0	98.3
		H065,R250	0.01786	0.1588	56.0	96.6
		H090,R290,H100,R360	0.01818	0.1616	55.0	94.8

① 质量电阻率按密度为 8.89g/cm³ 计算。

表 10-94 电气目的用铜杆，铜棒和铜丝的力学性能（EN 13601—2002）

牌 号	材料号	供货状态	尺寸/mm			硬度（HB）	抗拉强度 R_m/MPa	屈服强度 $R_{P0.2}$/MPa	伸长率/%	
			圆形，正方形，六边形截面	矩形截面						
				厚度	宽度				A_{100mm}	A
Cu-ETP	CW004A	D	2～80	0.5～40	1～200					
Cu-FRHC	CW005A	H035[①]	2～80	0.5～40	1～200	35～65				
Cu-OF	CW008A	R200[①]	2～80	1～40	5～200		200	≤120	25	35
CuAg0.04	CW011A	H065	2～80	0.5～40	1～200	65～90				
CuAg0.07	CW012A	R250	2～10	1～10	5～200		250	200	8	12
CuAg0.10	CW013A	R250	10～30				250	180		15
CuAg0.04P	CW014A	R240	30～80	10～40	10～200		230	160		18
CuAg0.07P	CW015A	H085	2～40	0.5～20	1～120	85～110				
CuAg0.10P	CW016A	H075	40～80	20～40	20～160	75～100				
CuAg0.04(OF)	CW017A	R300	2～20	1～10	5～120		300	260	5	8
CuAg0.07(OF)	CW018A	R280	20～40	10～20	10～120		280	240		10
CuAg0.10(OF)	CW019A	R260	40～80	20～40	20～160		260	220		12
Cu-PHC	CW020A	H100	2～10	0.5～5	1～120	100				
Cu-HCP	CW021A	R350	2～10	1～5	5～120		350	320	3	5

① 退火态。

表 10-95 电气目的用铜杆、铜棒和铜丝的电气特性（EN 13601—2002）

牌 号	材料号	供 货 状 态	体积电阻率/(Ω·mm^2/m)(最大值)	质量电阻率[①]/(Ω·g/m^2)(最大值)	电导率	
					MS/m	%IACS
Cu-ETP	CW004A	D	0.01786	0.1588	56.0	96.6
Cu-FRHC	CW005A	H035,R200	0.01724	0.1533	58.0	100.0
Cu-OF	CW008A	H065,R250,R240,H085,H075,R300,R280,R260	0.01754	0.1559	57.0	98.3
CuAg0.04	CW011A	H100,R350	0.01786	0.1588	56.0	96.6
CuAg0.07	CW012A					
CuAg0.10	CW013A					
CuAg0.04(OF)	CW017A					
CuAg0.07(OF)	CW018A					
CuAg0.10(OF)	CW019A					
Cu-PHC	CW020A					
CuAg0.04P	CW014A	D	0.01818	0.1616	55.0	94.8
CuAg0.07P	CW015A	H035,R200	0.01754	0.1559	57.0	98.3
CuAg0.10P	CW016A	H065,R250,R240,H085,H075,R300,R280,R260	0.01786	0.1588	56.0	96.6
Cu-HCP	CW021A	H100,R350	0.01818	0.1616	55.0	94.8

① 质量电阻率按密度为 8.89g/cm^3 计算。

表 10-96 导电体生产用拉拔铜圆导线的力学性能（EN 13602—2002）

牌 号	材料号	供货状态[①]		公称直径/mm	抗拉强度 R_m/MPa	伸长率 A 或 A_{200mm}/%	
		单股线	多股线			单股线	多股线
Cu-ETP1	CW003A	A010	A008	0.04～0.08	200	10	8
Cu-ETP	CW004A	A015	A013	0.08～0.16	200	15	13
Cu-FRHC	CW005A	A021	A019	0.16～0.32	200	21	19
Cu-OF1	CW007A	A022	A020	0.32～0.50	200	22	20
Cu-OF	CW008A	A024	A022	0.50～1.00	200	24	22
		A026	A024	1.00～1.50	200	26	24
		A028	A026	1.50～3.00	200	28	26
		A033		3.00～5.00	200	33	
		R460		0.16～1.12	460		
		R440		1.12～1.50	440		
		R430		1.50～2.00	430		
		R420		2.00～2.40	420		
		R400		2.40～3.00	400		
		R390		3.00～3.55	390		
		R380		3.55～4.00	380		
		R370		4.00～4.50	370		
		R360		4.50～5.00	360		

① 状态符号：A 代表退火态，R 代表冷拉。

表 10-97 电子管、半导体器件和真空设备用高电导率铜的电气特性（20℃）（EN 13604—2002）

牌　号	材料号	供货状态	体积电阻率 /(Ω·mm²/m)（最大值）	质量电阻率① /(Ω·g/m²)（最大值）	电导率	
					MS/m	%IACS
Cu-OFE	CW009A	退火态	0.01707	0.1517	58.6	101.0
Cu-PHCE	CW022A		0.01724	0.1533	58.0	100.0
Cu-OFE	CW009A	非退火态	由供需双方协商决定			
Cu-PHCE	CW022A					

① 质量电阻率按密度为 8.89g/cm³ 计算。

表 10-98 电气设备用铜制型材和异型金属丝的力学性能（EN 13605—2002）

牌　号	材料号	供货状态	尺寸/mm		硬度(HB)	抗拉强度 R_m/MPa	屈服强度 $R_{P0.2}$/MPa	伸长率/%	
			厚度	宽度/高度				A_{100mm}	A
Cu-ETP	CW004A	D	50	180					
Cu-FRHC	CW005A	H035①	50	180	35～65				
Cu-OF	CW008A	R200①	50	180		200	≤120	25	35
CuAg0.04	CW011A	H065	10	150	65～95				
CuAg0.07	CW012A	R240	10	150		240	≤160		15
CuAg0.10	CW013A	H080	5	100	80～115				
CuAg0.04P	CW014A	R280	5	100		280	≥240		8
CuAg0.07P	CW015A								
CuAg0.10P	CW016A								
CuAg0.04(OF)	CW017A								
CuAg0.07(OF)	CW018A								
CuAg0.10(OF)	CW019A								
Cu-PHC	CW020A								
Cu-HCP	CW021A								

① 退火态。

表 10-99 电气设备用铜制型材和异型金属丝的电气特性（EN 13605—2002）

牌　号	材料号	供货状态	体积电阻率 /(Ω·mm²/m)（最大值）	质量电阻率① /(Ω·g/m²)（最大值）	电导率(最小值)	
					MS/m	%IACS
Cu-ETP	CW004A	D	0.01786	0.1588	56.0	96.6
Cu-FRHC	CW005A	H035,R200	0.01724	0.1533	58.0	100.0
Cu-OF	CW008A	H065,R240	0.01754	0.1559	57.0	98.3
CuAg0.04	CW011A	H080,R280	0.01786	0.1588	56.0	96.6
CuAg0.07	CW012A					
CuAg0.10	CW013A					
CuAg0.04(OF)	CW017A					
CuAg0.07(OF)	CW018A					
CuAg0.10(OF)	CW019A					
Cu-PHC	CW020A					
CuAg0.04P	CW014A	D	0.01818	0.1616	55.0	94.8
CuAg0.07P	CW015A	H035,R200	0.01754	0.1559	57.0	98.3
CuAg0.10P	CW016A	H065,R240	0.01786	0.1588	56.0	96.6
Cu-HCP	CW021A	H080,R280	0.01818	0.1616	55.0	94.8

① 质量电阻率按密度为 8.89g/cm³ 计算。

表 10-100　20℃时未定型铜铸产品及铜阴极的电气特性（EN 1976—1998）

牌 号	材料号	电气特性			
		质量电阻率/(Ω·g/m²)(最大值)	公称体积电阻率/μΩ·m(最大值)	公称电导率(最小值)	
				MS/m	%IACS
Cu-CATH-1	CR001A	0.15176	0.01707	58.58	101.0
Cu-CATH-2	CR002A	0.15328	0.01724	58.00	100.0
Cu-ETP1	CR003A	0.15176	0.01707	58.58	101.0
Cu-ETP	CR004A	0.15328	0.01724	58.00	100.0
Cu-FRHC	CR005A	0.15328	0.01724	58.00	100.0
Cu-FRTP	CR006A				
Cu-OF1	CR007A	0.15176	0.01707	58.58	101.0
Cu-OF	CR008A	0.15328	0.01724	58.00	100.0
Cu-OFE	CR009A	0.15176	0.01707	58.58	101.0
Cu-PHC	CR020A	0.15328	0.01724	58.00	100.0
Cu-HCP	CR021A	0.15596	0.01754	57.00	98.3
Cu-PHCE	CR022A	0.15328	0.01724	58.00	100.0
Cu-DLP	CR023A				
Cu-DHP	CR024A				
Cu-DXP	CR025A				
CuAg0.04	CR011A	0.15328	0.01724	58.00	100.0
CuAg0.07	CR012A	0.15328	0.01724	58.00	100.0
CuAg0.10	CR013A	0.15328	0.01724	58.00	100.0
CuAg0.04P	CR014A	0.15596	0.01754	57.00	98.3
CuAg0.07P	CR015A	0.15596	0.01754	57.00	98.3
CuAg0.10P	CR016A	0.15596	0.01754	57.00	98.3
CuAg0.04(OF)	CR017A	0.15328	0.01724	58.00	100.0
CuAg0.07(OF)	CR018A	0.15328	0.01724	58.00	100.0
CuAg0.10(OF)	CR019A	0.15328	0.01724	58.00	100.0

表 10-101　20℃时铜绕线杆材的电气特性（EN 1977—1998）

牌 号	材料号	电气特性			
		质量电阻率/(Ω·g/m²)(最大值)	公称体积电阻率/μΩ·m(最大值)	公称电导率(最小值)	
				MS/m	%IACS
Cu-ETP1	CW003A	0.15176	0.01707	58.58	101.0
Cu-ETP	CW004A	0.15328	0.01724	58.00	100.0
Cu-FRHC	CW005A	0.15328	0.01724	58.00	100.0
Cu-OF1	CW007A	0.15176	0.01707	58.58	101.0
Cu-OF	CW008A	0.15328	0.01724	58.00	100.0
Cu-OFE	CW009A	0.15176	0.01707	58.58	101.0
Cu-PHC	CW020A	0.15328	0.01724	58.00	100.0
Cu-HCP	CW021A	0.15596	0.01754	57.00	98.3
Cu-PHCE	CW022A	0.15328	0.01724	58.00	100.0
CuAg0.04	CW011A	0.15328	0.01724	58.00	100.0
CuAg0.07	CW012A	0.15328	0.01724	58.00	100.0
CuAg0.10	CW013A	0.15328	0.01724	58.00	100.0
CuAg0.04P	CW014A	0.15596	0.01754	57.00	98.3
CuAg0.07P	CW015A	0.15596	0.01754	57.00	98.3
CuAg0.10P	CW016A	0.15596	0.01754	57.00	98.3
CuAg0.04(OF)	CW017A	0.15328	0.01724	58.00	100.0
CuAg0.07(OF)	CW018A	0.15328	0.01724	58.00	100.0
CuAg0.10(OF)	CW019A	0.15328	0.01724	58.00	100.0

10.3 美国铜及铜合金

10.3.1 铜及铜合金牌号和化学成分

表 10-102 纯铜加工材牌号和化学成分

合金代号	名称	化学成分/%，杂质不大于												ASTM标准
		Cu不小于	Cu（包含银）不小于	Ca	P	S	Zn	Hg	Pb	Se	Te	Bi	O	
C10100	电子器件用无氧铜	99.99	—	0.0001	0.0003	0.0018	0.0001	0.0001	0.001	0.001	0.001	0.001	0.001	B68—2002，B170—1999，B111M—2004
C10200	无氧铜	—	99.95	—	—	—	—	—	—	—	—	—	—	B68—2002，B152M—2006，B170—1999，B111M—2004
C10300	超低磷无氧铜	—	99.95	—	0.001～0.005	—	—	—	—	—	—	—	—	B68—2002，B152M—2006，B111M—2004
C10400	含银无氧铜	Ag不小于0.027	99.95	—	—	—	—	—	—	—	—	—	—	B152M—2006，B187M—2003，B188—2002
C10500	含银无氧铜	Ag不小于0.034	99.95	—	—	—	—	—	—	—	—	—	—	B152M—2006，B187M—2003，B188—2002
C10700	含银无氧铜	Ag不小于0.085	99.95	—	—	—	—	—	—	—	—	—	—	B152M—2006，B187M—2003，B188—2002
C10800	低磷无氧铜	—	99.95	—	0.005～0.012	—	—	—	—	—	—	—	—	B68—2002，B152M—2006，B111M—2004
C11000	电解韧铜	—	99.90	—	—	—	—	—	—	—	—	—	—	B152M—2006，B187M—2002，B188—2002
C11020	火法精炼交导铜（FRHC）	—	99.90	—	—	—	—	—	—	—	—	—	—	B152M—2006，B187M—2002，B188—2002
C11030	化学精炼韧铜（CRTP）	—	99.90	—	—	—	—	—	—	—	—	—	—	B152M—2006，B187M—2002，B188—2002
C11100	耐煅烧的电解韧铜	—	99.90	—	—	—	—	—	—	—	—	—	—	B152M—2006，B187M—2002，B188—2002
C11300	含银韧铜	Ag不小于0.027	99.90	—	—	—	—	—	—	—	—	—	—	B152M—2006，B187M—2002，B188—2002
C11400	含银韧铜	Ag不小于0.034	99.90	—	—	—	—	—	—	—	—	—	—	B152M—2006，B187M—2002，B188—2002
C11500	含银韧铜	Ag不小于0.054	99.90	—	—	—	—	—	—	—	—	—	—	B152M—2006，B187M—2002，B188—2002
C11600	含银韧铜	Ag不小于0.085	99.90	—	—	—	—	—	—	—	—	—	—	B152M—2006，B187M—2002，B188—2002
C11700	磷脱氧铜	—	99.90	—	0.04	—	—	—	—	—	—	—	B0.004～0.02	B152M—2006，B187M—2002，B188—2002
C12000	低磷脱氧铜	—	99.90	—	0.004～0.012	—	—	—	—	—	—	—	—	B68—2002，B152M—2006，B187M—2003
C12100	含银的低磷脱氧铜	Ag不小于0.014	99.90	—	0.005～0.012	—	—	—	—	—	—	—	—	
C12200	高磷脱氧铜	—	99.90	—	0.015～0.040	—	—	—	—	—	—	—	—	B68—2002，B152M—2006
C12300	含磷的高磷脱氧铜	Ag不小于0.014	99.90	—	0.015～0.040	—	—	—	—	—	—	—	—	B152M—2006
C12500	火法精炼韧铜		99.88	—				As 0.012	0.004	Ni 0.05	0.025	0.003	Sb 0.003	B152M—2006

续表

合金代号	名称	化学成分/%,杂质不大于														ASTM标准
		Cu不小于	Cu(包含银)不小于	Ca	P	S	Zn	Hg	Pb	Se	Te	Bi	O	Ni	其他	
C12700	含银的火法精炼韧铜	Ag不小于0.027	99.88	As 0.012	—	—	—	—	—	—	0.025	0.003	Sb 0.003	0.05		B133—1992
C14200	含砷的磷脱氧铜	—	99.40	As0.15~0.50	0.015~0.040	—	—	—	—	—	—	—	—	—	—	B152M—2006,B75—2002,B111M—2004
C14500	含碲的磷脱氧铜	—	99.90	—	0.004~0.012	—	—	—	—	—	0.40~0.60	—	—	—	—	B283—2006,B301M—2004
C14700	含硫铜	—	99.90	—	—	0.20~0.50	—	—	—	—	—	—	—	—	—	
C14510	含碲的磷脱氧铜	—	余量	—	0.010~0.030	—	—	—	0.05	—	0.4~0.60	—	—	—	—	B301M—2004
C14710	含硫铜	—	余量	—	0.010~0.030	0.05~0.15	—	—	0.05	—	—	—	—	—	—	
C14720	含硫铜	—	余量	—	0.010~0.030	0.20~0.50	—	—	0.10	—	—	—	—	—	—	

表 10-103 高铜合金加工材牌号和化学成分

合金代号	名称	化学成分/%,杂质不大于													ASTM标准
		铜+规定元素(不小于)	Fe	Sn	Ni	Co	Cr	Si	Be	Pb	Zn	Al	P	其他元素	
C17000	铍铜	99.50	Ni+Co+Fe0.6	—	Ni+Co≥0.20		—	—	1.60~1.79	—	—	—	—	—	B194—1996,B196M—2003
C17200	铍铜	99.50	Ni+Co+Fe0.6	—	Ni+Co≥0.20		—	—	1.8~2.0	—	—	—	—	—	B194—1996,B196M—2003,B197M—2001
C17300	铍铜	99.50	Ni+Co+Fe0.6	—	Ni+Co≥0.20		—	—	1.8~2.0	0.20~0.60	—	—	—	—	B196M—2003
C17500	铍钴铜	余量	0.10	—	—	2.4~2.7	—	0.20	0.4~0.7	—	—	0.20	—	—	B441—2004,B534—1996
C17510	铍镍铜	余量	0.10	—	1.4~2.2	0.3	—	0.20	0.2~0.6	—	—	0.20	—	—	
C18700	含铅铜	99.90	—	—	—	—	—	—	—	0.8~1.5	—	—	—	—	B301M—2004
C19200	含铁铜合金	98.70	0.8~1.2	—	—	—	—	—	—	—	—	—	0.01~0.04	—	B111M—2004
C19400	铜铁合金	97.0	2.1~2.6	—	—	—	—	—	—	0.03	0.05~0.20	—	0.015~0.15	—	B465—2004,B543—1996
C19600	铜铁合金	97.6	0.9~1.2	—	—	—	—	—	—	—	0.35	—	0.25~0.35	—	

表 10-104 黄铜和牌号及化学成分(普通黄铜)

合金代号	名 称	化学成分/%,杂质不大于						ASTM标准
		Cu	Pb	Fe	Zn	P	其他	
C21000	黄铜95%Cu	94.0~96.0	0.05	0.05	余量	—	—	B36M—2006,B134M—2005,B587—1997
C22000	商业黄铜90%Cu	89.0~91.0	0.05	0.05	余量	—	—	B36M—2006,B134M—2005,B135—2002
C23000	红色黄铜85%Cu	84.0~86.0	0.05	0.05	余量	—	—	B36M—2006,B134M—2005,B135—2002,B111M—2004
C24000	低锌黄铜80%Cu	78.5~81.5	0.05	0.05	余量	—	—	B36M—2006,B134M—2005
C26000	弹壳用黄铜70%Cu	68.5~71.5	0.07	0.05	余量	—	—	B36M—2006,B134M—2005,B135—2002
C26800	黄铜66%Cu	64.0~68.0	0.15	0.05	余量	—	—	B36M—2006,B587—1997
C27000	黄铜65%Cu	63.0~68.5	0.10	0.07	余量	—	—	B134M—2005,B135—2002
C27200	黄铜	62.0~65.0	0.07	0.07	余量	—	—	B36M—2006,B135—2002
C27400	黄铜63%Cu	61.0~64.0	0.10	0.05	余量	—	—	B134M—2005
C28000	蒙茨黄铜60%Cu	59.0~63.0	0.30	0.07	余量	—	—	B135—2002,B111M—1992

表 10-105　铜锌铅合金（铅黄铜）牌号及化学成分

合金代号	名　称	化学成分/%，杂质不大于						ASTM 标准
		Cu	Pb	Fe	Sn	Zn	其他元素	
C31400	加铅商业黄铜	87.5～90.5	1.3～2.5	0.10	—	余量	Ni0.7	B140M—1997
C31600	加铅商业黄铜(含 Ni)	87.5～90.5	1.3～2.5	0.10	—	余量	Ni0.7～1.2，P0.04～0.10	
C32000	加铅红色黄铜	83.5～86.5	1.5～2.2	0.10	—	余量	Ni0.25	
C33000	低铅黄铜(管材)	65.0～68.0	0.20～0.8①	0.07	—	余量	—	B135—2002
C33200	高铅黄铜(管材)	65.0～68.0	1.3～2.0	0.07	—	余量	—	
C33500	低铅黄铜	62.0～65.0	0.25～0.7	0.10	—	余量	—	B121M—2001，B453M—2005
C34000	中铅黄铜 64.0%Cu	62.0～65.0	0.8～1.5	0.10	—	余量	—	B453M—2005
C34200	高铅黄铜 64%Cu	62.0～65.0	1.5～2.5	0.10	—	余量	—	B121M—2001
C34500	黄铜	62.0～65.0	1.5～2.5	0.15	—	余量	—	B453M—2005
C35000	中铅黄铜	60.0～63.0②	0.8～2.0	0.15	—	余量	—	B453M—2005
C35300	高铅黄铜	60.0～63.0②	1.5～2.5	0.15	—	余量	—	B453M—2005
C35600	特高铅黄铜	60.0～63.0③	2.0～3.0	0.15	—	余量	—	B453M—2005，B12M—2001
C36000	易切削黄铜	60.0～63.0	2.5～3.7	0.35	—	余量	—	B16M—2005
C36500	含铅蒙茨黄铜	58.0～61.0	0.25～0.7	0.15	0.25	余量	—	B171M—2004
C36600	含铅蒙茨加砷的黄铜	58.0～61.0	0.40～0.90	0.15	0.25	余量	—	B432—2004
C36700	含铅蒙茨加锑的黄铜	58.0～61.0	0.40～0.90	0.15	0.25	余量	—	
C36800	含铅蒙茨加磷的黄铜	58.0～61.0	0.40～0.90	0.15	0.25	余量	—	
C37000	易切削黄铜	59.0～62.0	0.9～1.4	0.15	—	余量	—	B135—2002
C37700	可锻黄铜	58.0～61.0	1.5～2.5	0.30	—	余量	—	B124M—2006
C38000	挤压成形铅黄铜	55.0～60.0	1.5～2.5	0.35	0.30	余量	Ni0.25	B455—2005
C38500	挤压成形铅黄铜	55.0～60.0	2.0～3.8	0.35	—	余量	—	

① 对于外径大于 127mm（5in）的管材，Pb 含量可小于 0.20%；② 对于棒料，铜含量应不小于 61.0%；③ 对于棒材，铜含量应不小于 60.0%。

表 10-106　铜锌锡合金（锡黄铜）牌号和化学成分

合金代号	名　称	化学成分/%，杂质不大于									ASTM 标准
		Cu	Pb	Fe	Sn	Zn	P	As	Sb	其他元素	
C40500	锡黄铜	94.0～96.0	0.05	0.05	0.7～1.3	余量	—	—	—	—	B591—2004
C40800		94.0～96.0	0.05	0.05	1.8～2.2	余量	—	—	—	—	
C41100		89.0～92.0	0.10	0.05	0.30～0.7	余量	—	—	—	—	
C41300		89.0～93.0	0.10	0.05	0.7～1.3	余量	—	—	—	—	
C41500		89.0～93.0	0.10	0.05	1.5～2.2	余量	—	—	—	—	
C42200		86.0～89.0	0.05	0.05	0.8～1.4	余量	0.35	—	—	—	
C42250		87.0～90.0	0.05	0.05	1.5～3.0	余量	0.35	—	—	—	
C43000		84.0～87.0	0.10	0.05	0.7～2.7	余量	—	—	—	—	
C43400		84.0～87.0	0.05	0.05	0.4～1.0	余量	—	—	—	—	
C44300	加砷海军黄铜	70.0～73.0	0.07	0.06	0.9～1.2①	余量	—	0.02～0.10	—	—	B111M—2004，B171M—2004
C44400	加锑海军黄铜	70.0～73.0	0.07	0.06	0.9～1.2①	余量	—	—	0.02～0.10	—	
C44500	加磷海军黄铜	70.0～73.0	0.07	0.06	0.9～1.2①	余量	0.02～0.10	—	—	—	
C46200	船用黄铜	62.0～65.0	0.20	0.10	0.50～1.0	余量	—	—	—	—	B21M—2006
C46400	船用黄铜	59.0～62.0	0.20	0.10	0.50～1.0	余量	—	—	—	—	B21M—2006，B171M—2004
C46500	加砷的船用黄铜	59.0～62.0	0.20	0.10	0.50～1.0	余量	—	0.02～0.10	—	—	B432—2004
C46600	加锑的船用黄铜	59.0～62.0	0.20	0.10	0.50～1.0	余量	—	—	0.02～0.10	—	
C46700	加磷的船用黄铜	59.0～62.0	0.20	0.10	0.50～1.0	余量	0.02～0.10	—	—	—	
C48200	含中铅量的船用黄铜	59.0～62.0	0.40～1.0	0.10	0.50～1.0	余量	—	—	—	—	B21M—2006
C48500	含高铅量的船用黄铜	59.0～62.0	1.3～2.2	0.10	0.50～1.0	余量	—	—	—	—	

① 对于板、带材锡含量应不小于 0.8%。

表 10-107 铜锡合金（磷青铜）牌号和化学成分

合金代号	名称	化学成分/%(杂质不大于)							ASTM 标准合订本
		Cu+Sn+P+Fe+Pb+Zn+Ni	Pb	Fe	Sn	Zn	P	Ni	
C50500	磷青铜 含 1.25%Sn	≥99.5①	0.05	0.10	1.0～1.7	0.30	0.035	—	B508—1997
C51000	磷青铜 含 5%Sn	≥99.5	0.05	0.10	4.2～5.8	0.30	0.03～0.35	—	B103/B103M—2009
C51100	磷青铜 含 4%Sn	≥99.5	0.05	0.10	3.5～4.9	0.30	0.03～0.35	—	
C52100	磷青铜 含 8%Sn	≥99.5	0.05	0.10	7.0～9.0	0.20	0.03～0.35	—	
C52400	磷青铜 含 10%Sn	≥99.5	0.05	0.10	9.0～11.0	0.20	0.03～0.35	—	
C51180	磷青铜	≥99.5	0.05	0.05～0.20	3.5～4.9	0.30	0.01～0.35	0.05～0.20	
C51900	磷青铜	≥99.5	0.05	0.10	5.0～7.0	0.30	0.03～0.35	—	
C52180	磷青铜	≥99.5	0.05	0.05～0.20	7.0～9.0	0.30	0.01～0.35	0.05～0.20	

① 只包括 Cu+Sn+P。

表 10-108 铜锡铅合金（加铅磷青铜）加工材牌号和化学成分

合金代号	名称	化学成分/%(杂质不大于)						ASTM 标准
		Cu+Sn+P+Pb+Fe+Zn	Pb	Fe	Sn	Zn	P	
C53200	磷青铜	≥99.5②	2.5～4.0	0.10	4.0～5.5	0.20	0.03～0.35	B103M—2004
C53400①	磷青铜	≥99.5	0.8～1.2	0.10	3.5～5.8	0.30	0.03～0.35	B103(B103M—2009)
C54400①	磷青铜	≥99.5	3.0～4.0	0.10	3.5～4.5	1.5～4.5	0.01～0.50	

① 当用于特殊轴承时，P 的含量为：0.01≤P≤0.15%。

② 不包括 Fe+Zn。

表 10-109 铜铝合金（铝青铜）牌号和化学成分

材料代号	名称	化学成分/%(杂质不大于)										ASTM 标准
		Cu+合金元素(不小于)	Pb	Fe	Sn	Zn	Al	As	Mn	Si	Ni	其他元素	
C60600	铝青铜	Cu+Ag 92.0～96.0	—	0.50	—	—	4.0～7.0	—	—	—	—	—	B169M—2005
C60800	铝青铜	Cu+Ag ≥93.0	0.10	0.10	—	—	5.0～6.5	0.02～0.35	—	0.10	—	—	B111M—2004
C61000	铝青铜	Cu+Ag 90.0～93.0	0.02	0.50	—	0.20	6.0～8.5	—	—	0.10	—	—	B169M—2005
C61300	铝青铜	Cu+Ag 88.5～91.5	0.01	2.0～3.0	0.20～0.50	0.05	6.0～7.5	—	0.10	0.10	Ni(含 Co) 0.15	P0.015	
C61400	铝青铜	Cu+Ag 余量	0.01	1.5～3.5	—	0.20	6.0～8.0	—	1.0	—	—	P0.015	B150M—2003,B169M—2005,B608—2002
C61900	铝青铜	Cu+Ag 余量	0.02	3.0～4.5	0.6	0.8	8.5～10.0	—	—	—	—	—	B150/B 150M—2008
C62300	铝青铜	Cu+Ag 余量	—	2.0～4.0	0.6	—	8.5～10.0	—	0.50	0.25	Ni(含 Co) 1.0	—	
C62400	铝青铜	Cu+Ag 余量	—	2.0～4.5	0.20	—	10.0～11.5	—	0.30	0.25		—	
C63000	铝镍青铜	Cu+Ag 余量	—	2.0～4.0	0.20	0.30	9.0～11.0	—	1.5	0.25	Ni(含 Co) 4.0～5.5	—	
C63200	铝青铜	Cu+Ag 余量	0.02	3.5～4.3①	—	—	8.7～9.5	—	1.2～2.0	0.10	Ni(含 Co) 4.0～4.8①	—	
C64200	铝硅青铜	Cu+Ag 余量	0.05	0.30	0.20	0.50	6.3～7.6	0.15	0.10	1.5～2.2	Ni(含 Co) 0.25	—	
C64210	铝硅青铜(6.7%Al)	Cu+Ag 余量	0.05	0.30	0.20	0.50	6.3～7.0	0.15	0.10	1.5～2.0	Ni(含 Co) 0.25	—	
C63020②	铝青铜	Ca+Ag 余量 >74.5	0.03	4～5.5	0.25	0.30	10～11	—	1.5	—	Ni(含 Co) 4.2～6.0	—	

① 铁含量不应超过镍的含量。

② Cr≤0.05，Co≤0.20。

表 10-110　铜硅合金（硅青铜）牌号和化学成分

合金代号	名称	化学成分/%(杂质不大于)										ASTM 标准
		Cu+合金元素(不小于)	Pb	Fe	Sn	Zn	Al	Mn	Si	Ni	其他元素	
C64700	镍硅青铜	99.5	0.10	0.10	—	0.05	—	—	0.40～0.8	(含 Co)1.6～2.2	—	B411—1996,B412—1995,B422—2005
C65100	低硅青铜	99.5	0.05	0.8	—	1.5	—	0.7	0.8～2.0	—	—	B98M—2003,B99M—2006,B315—2006
C65500	高硅青铜	99.5	0.05	0.8	—	1.5	—	0.5～1.3	2.8～3.8	0.6	—	B98M—2003,B99M—2006,B315—2006
C65800	高硅青铜	99.5	0.05	0.25	—	—	0.01	0.5～1.3	2.8～3.8	0.6	—	
C66100	高硅青铜	99.5	0.20～0.8	0.25	—	1.5	—	1.5	2.5～3.5	—	—	B96M—2006,B98M—2006,B315—2006
C66400	含铁青铜	余量(含 Ag)	0.015	1.3～1.7	0.05	11.0～12.0	—	—	—	—	Co0.3～0.7	

表 10-111　其他铜锌合金（复杂黄铜）牌号和化学成分

合金代号	名称	化学成分/%(杂质不大于)										ASTM 标准
		Cu	Pb	Fe	Sn	Zn	Ni	Al	Mn	Si	其他元素	
C66700	锰黄铜	68.5～71.5	0.07	0.10	—	余量	—	—	0.8～1.5	—	Cu+合金元素≥99.5	B291—1990
C67000	锰青铜	63.0～68.0	0.20	2.0～4.0	0.50	余量	—	3.0～6.0	2.5～5.0	—	—	B138M—2006
C67500	锰青铜	57.0～60.0	0.20	0.8～2.0	0.50～1.5	余量	—	0.25	0.05～0.50	—	—	B138M—2006
C68700	铝黄铜(加砷)	76.0～79.0	0.70	0.06		余量	—	1.8～2.5	—	—	As0.02～0.10	B111M—2004
C68800	铜-锌-铝-钴(或镍)黄铜	余量(含 Ag)	0.05	0.01	Co0.25～0.55	21.3～24.1	—	3.0～3.8	—	—	Zn+Al 25.1～27.1	B592—2001
C69400	硅黄铜	80.0～83.0	0.30	0.20	—	余量	—	—	—	3.5～4.5	—	B371M—2005
C69000	铝-锌-镍黄铜	余量(含 Ag)	0.025	0.05	—	21.3～24.1	0.50～0.75	3.3～3.5	—	—	—	B592—2001

表 10-112　其他铜锌合金（复杂黄铜）牌号和化学成分

合金代号	名称	化学成分/%(杂质不大于)										ASTM 标准
		Cu	Pb	Fe	Sn	Zn	Ni	Al	Mn	Si	其他元素	
C69430	含砷硅黄铜	80.0～83.0	0.30	0.20	—	余量	—	—	—	3.5～4.5	As 0.03～0.06	B371M—2005
C69440	含锑硅黄铜	80.0～83.0	0.30	0.20	—	余量	—	—	—	3.5～4.5	Sb 0.03～0.06	
C69700	硅黄铜	75.0～80.0	0.50～1.5	0.20	—	余量	—	—	0.40	2.5～3.5	—	
C69710	硅黄铜	75.0～80.0	0.50～1.5	0.20	—	余量	—	—	0.40	2.5～3.5	As 0.03～0.06	
C60720	硅黄铜	75.0～80.0	0.50～1.5	0.20	—	余量	—	—	0.40	2.5～3.5	Sb 0.03～0.05	
C69730	硅黄铜	75.0～80.0	0.50～1.5	0.20	—	余量	—	—	0.40	2.5～3.5	P 0.03～0.06	
C69450	含磷硅黄铜	80.0～83.0	0.30	0.20	—	余量	—	—	—	3.5～4.5	P 0.03～0.06	
C69400	硅黄铜	80.0～83.0	0.30	0.20	—	余量	—	—	—	3.5～4.5	—	

表 10-113 铜镍合金（白铜）牌号和化学成分

合金代号	名称	化学成分/%(杂质不大于)								ASTM 标准
		Cu+合金元素(不小于)	铜(包括 Ag)(不大于)	Pb	Fe	Zn	Ni	Mn	其他元素	
C70400	95-5 铜-镍合金	—	余量	0.05	1.3～1.7	1.0	4.8～6.2	0.30～0.8	—	B111M—2004,B466M—2003
C70600	90-10 铜-镍合金	—	余量	0.05①	1.0～1.8	1.0①	9.0～11.0	1.0	①	B111M,B122M,B151M,B171M
C71000	82-20 铜-镍合金	—	余量	0.05	0.5～1.0	1.0	19.0～23.0	1.0	—	B111M,B122M—2006,B206M—1997
C71500	70-30 铜-镍合金	99.5	65.5	0.05①	0.40～1.0	1.0①	29.0～33.0	1.0	①	B111M,B122M,B151M,B466M
C71640	铜-镍-铁-锰合金	—	余量	0.05	1.7～2.3	1.0	29.0～32.0	1.5～2.5	—	B111M—2004
C72200	40 白铜	—	79.3	0.05	0.50～1.0	1.0	15.0～18.0	1.0	Cr 0.30～0.70	

① 当产品用于焊接和订货方提出要求时，Zn 含量应≤0.50%，Pb≤0.02%，P≤0.02%，S≤0.02%，C≤0.05%。

表 10-114 铜镍锌合金（锌白铜）牌号和化学成分

合金代号	名称	化学成分/%(杂质不大于)								ASTM 标准
		Cu+合金元素(不小于)	Cu(包括 Ag)(不小于)	Pb	Fe	Zn	Ni	Mn	其他元素	
C72200	镍白铜	99.5	79.3	0.05	0.50～1.0	1.0	含 Co 15.0～18.0	1.0	Cr 0.30～0.70	B122M—2006
C72500	镍白铜	—	99.8	0.05	0.6	0.5	含 Co 8.5～10.5	0.2	Sn 1.8～2.8	
C73200	锌白铜	99.5	70.0	0.05	0.6	3.0～6.0	含 Co 19.0～23.0	1.0	—	
C73500	锌白铜	—	70.5～73.5	0.10	0.25	余量	含 Co 16.5～19.5	0.50	—	
C74000	锌白铜	—	69.0～73.5	0.10	0.25	余量	9.0～11.0(含 Co)	0.50	—	
C74500	锌白铜	—	63.5～66.5	0.10	0.25	余量	9.0～11.0(含 Co)	0.50	—	B122M—2006,B151M—2005,B206M—1997
C75200	锌白铜	—	63.0～66.5	0.10	0.25	余量	含 Co 16.5～19.5	0.50	—	
C76200	锌白铜	—	57.0～61.0	0.10	0.25	余量	11.0～13.5(含 Co)	0.50	—	B122M—2006
C77000	锌白铜	—	53.5～56.5	0.10	0.25	余量	16.5～19.5(含 Co)	0.50	—	B122M,B151M,B206M
C75700	锌白铜	—	63.5～66.5	0.05	0.25	余量	11.0～13.0(含 Co)	0.50	—	B151M—2005,B206M—1997
C76400	锌白铜	—	58.5～61.5	0.05	0.25	余量	16.5～19.5(含 Co)	0.50	—	
C77400	镍银 45-10 合金	99.5	43.0～47.0	0.20	—	—	9.0～11.0(含 Co)	—	—	B124M—2006
C79200	铜镍锌合金	—	59.0～66.5	0.8～1.4	0.25	余量	11.0～13.0(含 Co)	0.50	—	B151M—2005,B206M—1987

表 10-115 铸造铜合金的化学成分（铸锭）

类别	UNS 合金牌号	曾用过的旧牌号	化学成分/%(除主成分外,其余不大于)													
			Cu	Sn	Pb	Zn	Fe	Sb	Ni+Co	S	P	Al	Mn	Si	As	Mg
铅黄铜	C83600	4A	84.0～86.0	4.3～6.0	4.0～5.7	4.3～6.0	0.25	0.25	0.8	0.08	0.03	0.005	—	0.005	—	
	C83800	4B	82.0～83.5	3.5～4.2	5.8～6.8	5.5～8.0	0.25	0.25	0.8	0.08	0.02	0.005	—	0.005	—	—
铅黄铜	C84200	—	78.0～82.0	4.3～6.0	2.0～2.8	10.0～16.0	0.35	0.25	0.8	0.08	0.02	0.005	—	0.005	—	—
	C84400	5A	79.0～82.0	2.9～3.5	6.3～7.7	7.0～10.0	0.35	0.25	0.8	0.08	0.02	0.005	—	0.005	—	—
	C84800	5B	75.0～76.7	2.3～3.0	5.5～6.7	13.0～16.0	0.35	0.25	0.8	0.08	0.02	0.005	—	0.005	—	—
铅黄铜	C85200	6A	70.0～73.0	0.8～1.7	1.5～3.5	21.0～27.0	0.50	0.20	0.8	0.05	0.01	0.005	—	0.050	—	—
	C85400	6B	66.0～69.0	0.50～1.5	1.5～3.5	25.0～31.0	0.50	—	0.8	—	—	0.005	—	0.05	—	—
	C83450		87.0～89.0	2.2～3.0	1.5～2.5	5.8～7.5	0.25	0.25	0.8～1.5	0.08	0.03	0.005	—	0.005	—	—
铅黄铜	C85700	6C	58.0～63.0	0.50～1.5	0.8～1.5	33.0～40.0	0.50	—	0.8	—	—	0.50	—	0.05	—	—
	C85800	Z30A	≥57.0	1.5	1.5	31.0～41.0	0.50	0.05	0.50	0.05	0.01	0.50	0.25	0.25	0.05	—

续表

类别	UNS合金牌号	曾用过的旧牌号	化学成分/%(除主成分外，其余不大于)													
			Cu	Sn	Pb	Zn	Fe	Sb	Ni+Co	S	P	Al	Mn	Si	As	Mg
高强度铅黄铜	C86200	8B	60.0～66.0	0.10	0.10	22.0～28.0	2.0～4.0	—	0.8	—	—	3.0～4.9	2.5～5.0	—	—	—
	C86300	8C	60.0～66.0	0.10	0.10	22.0～28.0	2.0～4.0	—	0.8	—	—	5.0～7.5	2.5～5.0	—	—	—
	C86400	7A	56.0～62.0	0.5～1.0	0.50～1.3	34.0～42.0	0.40～2.0	—	0.8	—	—	0.50～1.5	0.10～1.0	—	—	—
	C86500	8A	55.0～60.0	1.0	0.30	36.0～42.0	0.40～2.0	—	0.8	—	—	0.50～1.5	0.10～1.0	—	—	—
	C86700	—	55.0～60.0	1.5	0.50～1.0	30.0～38.0	1.0～3.0	—	0.8	—	—	1.0～3.0	1.0～3.5	—	—	—
硅青铜	C87300	12A	≥94.0	—	0.20	0.25	0.20	—	—	—	—	—	0.8～1.5	3.5～4.5	—	—
硅黄铜	C87400	13A	≥79.0	—	1.0	12.0～16.0	—	—	—	—	—	0.5	—	2.5～4.0	—	—
硅黄铜	C87500	13B	≥79.0	—	0.50	12.0～16.0	—	—	—	—	—	0.5	—	3.0～5.0	—	—
硅青铜	C87800	ZS144A	≥80.0	0.25	0.15	12.0～16.0	0.15	0.05	0.20	0.05	0.01	0.15	0.15	3.8～4.2	0.05	0.01
	C87900	ZS331A	≥63.0	0.25	0.25	30.0～36.0	0.40	0.05	0.50	0.05	0.01	0.15	0.15	0.8～1.2	0.05	—
锡青铜及铅锡青铜	C90300	1B	86.0～89.0	7.8～9.0	0.25	3.5～5.0	0.15	0.20	0.8	0.05	0.03	0.005	—	0.005	—	—
	C90500	1A	86.0～89.0	9.5～10.5	0.25	1.5～3.0	0.15	0.20	0.8	0.05	0.03	0.005	—	0.005	—	—
	C90700	—	88.0～90.0	10.3～12.0	0.50	0.50	0.15	0.10	0.50	0.05	0.03	0.005	—	0.005	—	—
	C90800	—	85.0～89.0	11.3～13.0	0.25	0.25	0.15	0.10	0.8	0.05	0.03	0.005	—	0.005	—	—
	C91000	—	84.0～86.0	14.3～16.0	0.20	1.5	0.10	0.10	0.8	0.05	0.03	0.005	—	0.005	—	—
	C91100	—	82.0～85.0	15.3～17.0	0.25	0.25	0.15	0.20	0.50	0.05	1.0	0.005	—	0.005	—	—
	C91300	—	79.0～82.0	18.3～20.0	0.25	0.25	0.15	0.20	0.50	0.05	1.0	0.005	—	0.005	—	—
	C91600	—	86.0～89.0	10.0～10.8	0.25	0.25	0.15	0.10	1.2～2.0	0.05	0.25	0.005	—	0.005	—	—
	C91700	—	84.0～87.0	11.5～12.5	0.25	0.25	0.15	0.10	1.2～2.0	0.05	0.30	0.005	—	0.005	—	—
	C9220	2A	86.0～89.0	5.8～6.5	1.0～1.8	3.5～5.0	0.20	0.20	0.8	0.05	0.30	0.005	—	0.005	—	—
	C92300	2B	85.0～89.0	7.8～9.0	0.30～0.9	3.5～5.0	0.20	0.20	0.8	0.05	0.30	0.005	—	0.005	—	—
	C92500	—	85.0～88.0	10.3～12.0	1.0～1.5	0.50	0.20	0.20	0.8～1.5	0.05	0.30	0.005	—	0.005	—	—
	C92700	—	86.0～89.0	9.3～11.0	1.0～2.3	0.8	0.15	0.20	0.8	0.05	0.30	0.005	—	0.005	—	—
	C92800	—	78.0～82.0	15.3～17.0	4.0～5.7	0.8	0.15	0.20	0.8	0.05	0.30	0.005	—	0.005	—	—
	C92900	—	82.0～86.0	9.3～11.0	2.0～3.0	0.25	0.15	0.10	2.8～4.0	0.05	0.50	0.005	—	0.005	—	—
高铅锡青铜	C93200	3B	82.0～84.0	6.5～7.5	6.5～7.7	2.5～4.0	0.20	0.30	0.8	0.08	0.03	0.005	—	0.005	—	—
	C93400	—	82.0～85.0	7.3～9.0	7.0～8.7	0.8	0.20	0.30	0.8	0.08	0.03	0.005	—	0.005	—	—
	C93500	3C	83.0～85.0	4.5～5.5	8.5～9.7	0.50～1.5	0.10	0.30	0.8	0.05	0.04	0.005	—	0.005	—	—
	C93700	3A	78.0～81.0	9.3～10.7	8.3～10.7	0.8	0.10	0.50	0.8	0.08	0.05	0.005	—	0.005	—	—
	C93800	3D	76.0～79.0	6.5～7.5	14.0～16.0	0.8	0.10	0.5	0.8	0.08	0.05	0.005	—	0.005	—	—
	C93900	—	76.5～79.0	5.3～7.0	14.0～17.7	1.5	0.35	0.50	0.8	0.08	0.05	0.005	—	0.005	—	—
	C94000	—	69.0～72.0	12.3～14.0	14.0～15.7	0.50	0.25	0.50	0.50～1.0	0.08	0.05	0.005	—	0.005	—	—
	C94100	—	65.0～75.0	4.7～6.5	15.0～217	3.0	0.10	0.7	0.8	0.08	0.05	0.005	—	0.005	—	—
高铅锡青铜	C94300	—	69.0～73.0	4.7～5.8	22.0～24.5	0.8	0.10	0.7	0.8	0.08	0.05	0.005	—	0.005	—	—
	C94400	—	78.0～82.0	7.3～9.0	9.0～11.7	0.8	0.10	0.7	0.8	0.08	0.05	0.005	—	0.005	—	—
	C94500	—	70.0～75.0	6.3～8.0	16.0～21.5	1.0	0.10	0.7	0.8	0.08	0.05	0.005	—	0.005	—	—
镍锡青铜及含铅镍锡青铜	C94700	—	86.0～89.0	4.7～6.0	0.08	1.3～2.5	0.20	0.10	4.5～6.0	0.05	0.05	0.005	—	0.005	—	—
	C94800	—	85.0～89.0	4.7～6.0	0.30～0.9	1.3～2.5	0.20	0.10	4.5～6.5	0.05	0.05	0.005	—	0.005	—	—
	C94900	—	79.0～81.0	4.3～6.0	4.0～5.7	4.3～6.0	0.25	0.25	4.5～6.0	0.08	0.05	0.005	—	0.005	—	—
铝青铜	C95200	9A	≥86.0	—	—	—	2.5～4.0	—	—	—	—	8.5～9.5	—	—	—	—
	C95300	9B	≥86.0	—	—	—	0.8～1.5	—	—	—	—	9.0～11.0	—	—	—	—
	C95400	9C	≥83.0	—	—	—	3.0～5.0	—	1.5	—	—	10.0～11.5	0.5	—	—	—
	C95410	—	≥83.0	—	—	—	3.0～5.0	—	1.5～2.5	—	—	10.0～11.5	0.5	—	—	①
	C95500	9D	≥78.0	—	—	—	3.0～5.0	—	3.0～5.5	—	—	10.0～11.5	3.5	—	—	—
铝硅青铜	C95600	9E	≥88.0	—	—	—	—	—	0.25	—	—	6.0～8.0	—	1.8～3.3	—	—
铝锰青铜	V95700	9F	≥71.0	—	0.03	—	2.0～4.0	—	1.5～3.0	—	—	7.0～8.5	11.0～14.0	0.10	—	—
铝镍青铜	C95800	—	≥78.0	—	0.02	—	3.5～4.5	—	4.0～5.0	—	—	8.5～9.5	0.8～1.5	0.05	—	—
铜镍合金	C96200	—	84.5～87.0	0.05C	0.005	1.0Cb	1.0～1.8	—	9.0～11.0	0.02	0.02	0.005	0.8～1.5	0.25	—	—
	C96400	—	65.0～67.0	0.05C	0.005	0.7～1.5Cb	0.25～1.0	—	29.5～31.5	0.02	0.02	0.005	0.8～1.5	0.30～0.50	—	—
Spinodal合金	C96800	—	余量	7.5～8.5	—	0.1～0.3Cb	—	—	9.5～10.5				0.05～0.30			
铅镍青铜	C97300	10A	53.0～58.0	1.5～3.0	8.0～11.0	17.0～25.0	1.0	0.35	11.0～14.0	0.08	0.05	0.005	0.5	0.05	—	—
	C97600	11A	63.0～66.0	3.5～4.5	3.5～5.0	3.0～9.0	1.0	0.25	19.5～21.0	0.08	0.05	0.005	1.0	0.05	—	—
	C97800	11B	64.0～67.0	4.5～5.5	1.0～2.0	1.0～4.0	1.0	0.20	24.0～26.0	0.08	0.05	0.005	1.0	0.05	—	—

① 含 Mg 为 0.005%～0.15%。

表 10-116 铸造铜合金的化学成分

合金代号	Cu	Sn	Pb	Zn	Fe	Sb	Ni(含 Co)	S	P	Al	Si	Mn
美国活动桥和转车台用青铜铸件的化学成分(ASTM B22—2002)/%(不大于)												
C86300	60.0～66.0	0.20	0.20	22.0～28.0	2.0～4.0	—	1.0	—	—	5.0～7.5	—	2.5～5.0
C90500	86.0～89.0	9.0～11.0	0.30	1.0～3.0	0.20	0.20	1.0	0.05	0.05	0.005	0.005	—
C91100	82.0～85.0	15.0～17.0	0.25	0.25	0.25	0.20	0.50	0.05	1.0	0.005	0.005	—
C91300	79.0～82.0	18.0～20.0	0.25	0.25	0.25	0.20	0.50	0.05	1.0	0.005	0.005	—
C93700	78.0～82.0	9.0～11.0	8.0～11.0	0.8	0.15	0.55	1.0	0.08	0.15	0.005	0.005	—
美国蒸汽设备或阀用青铜铸件(ASTM B61—2002)/%(不大于)												
C92200	86.0～90.0	5.5～6.5	1.0～2.0	3.0～5.0	0.25	0.25	1.0	0.05	0.05	0.005	0.005	—

续表

合金代号	Cu	Sn	Pb	Zn	Fe	Sb	Ni(含 Co)	S	P	Al	Si	Mn
美国金属型青铜铸件(ASTM B62—2002)/%(不大于)												
C83600	84.0～86.0	4.0～6.0	4.0～6.0	4.0～6.0	0.30	0.25	1.0	0.08	0.05	0.005	0.005	—
美国机车易损零件用粗糙青铜铸件(ASTM B66—1995)/%(不大于)												
C94400	78.0～82.0	7.0～9.0	9.0～12.0	0.8	0.15	0.8	1.0	0.08	0.20～0.50	0.005	0.005	—
C93800	75.0～79.0	6.3～7.5	13.0～16.0	0.8	0.15	0.8	1.0	0.08	0.05	0.005	0.005	—
C94500	69.0～75.0	6.0～8.0	16.0～22.0	1.2	0.15	0.3	1.0	0.08	0.05	0.005	0.005	—
C94300	68.5～73.5	4.5～6.0	22.0～25.0	0.8	0.15	0.8	1.0	0.08	0.05	0.005	0.005	—
美国铜合金压铸件(ASTM B176—2004)/%(不大于)												
C85800	≥57.0	1.5	1.5	31.0～41.0	0.55	—	0.50	Mg —	Mn 0.25	0.50	0.25	元素总量 99.5
C86500	55.0～60.0	1.5	0.30	36.0～42.0	2.5	—	0.8	—	1.5	1.50	—	99.5
C86800	54.0～57.0	1.5	0.20	31.0～39.0	2.5	—	0.8	—	2.5～4.0	2.0	—	99.5
C87800	80.0～83.0	0.25	0.15	12.0～16.0	0.25	—	0.20	0.01	0.15	0.15	3.8～4.2	99.8
C87900	63.0～67.0	0.25	0.25	30.0～36.0	0.50	—	0.50	—	0.15	0.15	0.75～1.2	99.5
C99750	55.0～61.0	0.35	2.5	17.0～23.0	1.5	—	5.0	—	17.0～23.0	3.0	—	99.5
美国齿轮用青铜合金铸件(ASTM B427—2002)/%(不大于)												
C90800	85.0～89.0	11.0～13.0	0.25	0.25	0.15	0.20	0.50	0.05	0.30	0.005	0.005	—
C91700	84.0～87.0	11.3～12.5	0.25	0.25	0.20	0.20	1.2～2.0	0.05	0.30	0.005	0.005	—
C90700	88.0～90.0	10.0～12.0	0.50	0.50	0.15	0.20	0.50	0.05	0.30	0.005	0.005	—
C91600	86.0～89.0	9.7～10.8	0.25	0.25	0.20	0.20	1.2～2.0	0.05	0.30	0.005	0.005	—
C92900	82.0～86.0	9.0～11.0	2.0～3.2	0.25	0.20	0.25	2.8～4.0	0.05	0.50	0.005	0.005	—

表 10-117 美国常用的铸造铜合金牌号和化学成分

UNS 系列 合金代号	合金类型	ASTM 曾用名称 (旧牌号)	标称化学成分/%						
			Cu	Sn	Pb	Zn	Fe	Al	其他
ASTM B22—2002									
C86300	锰青铜	B22-E	62	—	—	24	3	6	3Mn
C90500	锡青铜	B22-D	88	10	2	—	—	—	—
C91100	锡青铜	B22-B	84	16	—	—	—	—	—
C91300	锡青铜	B22-AK	81	19	—	—	—	—	—
ASTM B61—2002									
C92200	锡青铜	—	88	6	1.5	4	—	—	1Ni max
ASTM B62—2002									
C83600	含铅红色黄铜	—	85	5	5	5	—	—	—
ASTM B66—1995									
C93800	高铅锡青铜	—	78	7	15	—	—	—	—
C94300	高铅锡青铜	—	70	5	25	—	—	—	—
C94400	含铅磷青铜	—	81	8	11	—	—	—	0.35P
C94500	高铅锡青铜	—	73	7	19	1	—	—	—
ASTM B67									
C94100	高铅锡青铜	—	bal	5.5	20	—	—	—	—
ASTM B148—1997									
C95200	铝青铜	B148-9A	88	—	—	—	3	9	—
C95300	铝青铜	B148-9B	89	—	—	—	1	10	—
C95400	铝青铜	B148-9C	85.5	—	—	—	4	10.5	—
C95410	铝青铜	—	84	—	—	—	4	10	2Ni
C95500	镍-铝青铜	B148-9D	81	—	—	—	4	11	4Ni

续表

UNS 系列合金代号	合金类型	ASTM 曾用名称（旧牌号）	标称化学成分/%						
			Cu	Sn	Pb	Zn	Fe	Al	其他
C95600	硅-铝青铜	B148-9E	91	—	—	—	—	7	2Si
C95700	铝青铜	—	75	—	—	—	3	8	2Ni12Mn
C95800	镍铝青铜	—	81.5	—	—	—	4	9	4Ni1.5Mn
ASTM B176—2004									
C85700	黄铜	—	61	1	1	37	—	—	—
C85800	黄铜	Z30A	58	1	1	40	—	—	—
C86500	锰黄铜	—	58	—	—	39	1	1	0.5Mn
C87800	硅黄铜	ZS144A	82	—	—	14	—	—	4Si
C87900	高锌硅黄铜	ZS331A	65	—	—	33	—	—	1Si
C99700	白锰青铜	—	58	—	2	22	—	1	5Ni,12Mn
C99750	白锰青铜	—	58	—	1	20	—	1	20Mn
ASTM B584—2006									
C83450	含铅红色黄铜	—	88	2.5	2	6.5	—	—	1Ni
C83600	含铅红色黄铜	B145-4A	85	5	5	5	—	—	—
C83800	含铅红色黄铜	B145-4B	83	4	6	7	—	—	—
C84400	含铅半红色黄铜	B145-5A	81	3	7	9	—	—	—
C84800	含铅半红色黄铜	B145-5B	76	3	6	15	—	—	—
C85200	含铅黄铜	B146-6A	72	1	3	24	—	—	—
C85400	含铅黄铜	B146-6B	67	1	3	29	—	—	—
C85700	含铅海军黄铜	B146-6C	61	1	1	37	—	—	—
C86200	高强度锰青铜	B147-8B	63	—	—	27	3	4	3Mn
C86300	高强度锰青铜	B147-8C	62	—	—	26	3	6	3Mn
C86400	含铅锰青铜	B147-7AK	58	1	1	38	1	0.5	0.5Mn
C96500	锰青铜	B147-8A	58	—	—	39	1	1	1Mn
C86700	含铅锰青铜	B132-B	58	1	1	34	2	2	2Mn
C87300	硅青铜	C198-12AK	95	—	—	—	—	—	1Mn,4Si
C87400	含铅硅青铜	C198-13A	82	—	0.5	14	—	—	3.5Si
C87500	硅黄铜	B198-13B	82	—	—	14	—	—	4Si
C87600	硅青铜	B198-13C	91	—	—	5	—	—	4Si
C87610	硅青铜	B198-12AK	92	—	—	4	—	—	4Si
C90300	变性 G 青铜	B143-1B	88	8	—	4	—	—	—
C90500	G 青铜	B143-1A	88	10	—	2	—	—	—
C92200	海军 M	B143-2A	88	6	1.5	3.5	—	—	—
C92300	含铅锡青铜	B143-2B	87	8	1	4	—	—	—
C92500	含铅锡青铜	—	87	10	1	2	—	—	—
C93200	高铅锡青铜	B144-3B	83	7	7	3	—	—	—
C93500	高铅锡青铜	B144-3C	85	5	9	1	—	—	—
C93700	高铅锡青铜	B144-3A	80	10	10	—	—	—	—
C93800	高铅锡青铜	B144-3D	78	7	15	—	—	—	—
C94300	高铅锡青铜	B144-3E	70	5	25	—	—	—	—
C94700	镍锡青铜	B292-A	88	5	—	2	—	—	—
C94800	含铅镍锡青铜	B292-B	87	5	1	2	—	—	5Ni
C94900	含铅镍锡青铜	—	80	5	5	5	—	—	5Ni
C96800	旋节合金	—	82	8	—	—	—	—	10Ni,0.2Nb
C97300	含铜白铜	B149-10A	56	2	10	20	—	—	12Ni
C97600	含铅白铜	B149-11A	64	4	4	8	—	—	20Ni
C97800	含铅白铜	B149-11B	66	5	2	2	—	—	25Ni

10.3.2 铜及铜合金的力学性能

表 10-118 铅黄铜板材、带材、棒材的力学性能（ASTM B36/B36M—2006）

合金代号	材料代号状态	抗拉强度/MPa(ksi)		洛氏硬度							
				B标尺				轻洛氏硬度 30-T			
				0.508mm(0.020in)～=0.914mm(0.036in)		>0.914mm(0.036in)		0.305mm(0.012in)～≤0.711mm(0.028in)		>0.711mm(0.028in)	
		最小	最大	最小	最大	最小	最大	最小	最大	最小	最大
C21000	H01	235(37)	325(47)	20	48	24	52	34	51	37	54
	H02	290(42)	355(52)	40	56	44	60	46	57	48	59
	H03	315(46)	385(56)	50	61	53	64	52	60	54	62
	H04	345(50)	405(59)	57	64	60	67	57	62	59	64
	H06	385(56)	440(64)	64	70	66	72	62	66	63	67
	H08	415(60)	470(68)	68	73	70	75	64	68	65	69
	H10	420(61)	475(69)	69	74	71	76	65	69	66	70
C22000	H01	275(40)	345(50)	27	52	31	56	38	53	41	56
	H02	325(47)	395(57)	50	63	53	66	52	61	54	63
	H03	355(52)	425(62)	59	68	62	71	58	64	60	66
	H04	395(57)	455(66)	65	72	68	75	62	66	64	68
	H06	440(64)	495(72)	72	77	74	79	67	71	68	72
	H08	475(69)	530(77)	76	79	78	81	70	72	71	73
	H10	495(72)	550(80)	78	81	80	83	71	73	72	74
C23000	H01	305(44)	370(54)	33	58	37	62	42	57	45	60
	H02	350(51)	420(61)	56	68	59	71	56	64	58	66
	H03	395(57)	460(67)	66	73	69	76	63	68	65	70
	H04	435(63)	495(72)	72	78	74	80	67	71	68	72
	H06	495(72)	550(80)	78	83	80	85	70	74	71	75
	H08	540(78)	595(86)	82	85	84	87	74	76	75	77
	H10	565(82)	620(90)	84	87	86	89	75	77	76	78
C24000	H01	330(48)	400(58)	38	61	42	65	42	57	45	60
	H02	380(55)	450(65)	59	70	46	73	56	64	58	66
	H03	420(61)	490(71)	69	76	72	79	63	68	65	70
	H04	470(68)	570(77)	76	82	78	84	68	72	69	73
	H06	540(78)	600(87)	83	87	85	89	72	75	73	76
	H08	585(85)	640(93)	87	90	89	92	75	77	76	78
	H10	615(89)	670(97)	88	91	90	93	76	78	77	79
C26000	H01	340(49)	405(59)	40	61	44	65	43	57	46	60
	H02	395(57)	460(67)	60	74	63	77	56	66	58	68
	H03	440(64)	510(74)	72	79	75	82	65	70	67	72
	H04	490(71)	560(81)	79	84	81	86	70	73	71	74
	H06	570(83)	635(92)	85	89	87	91	74	76	75	77
	H08	625(91)	690(100)	89	92	90	93	76	78	76	78
	H10	655(95)	715(104)	91	94	92	95	77	79	77	79
C26800	H01	340(49)	405(59)	40	61	44	65	43	57	46	60
	H02	380(55)	450(65)	57	71	60	74	54	64	56	66
	H03	425(62)	495(72)	70	77	73	80	65	69	67	71
	H04	470(68)	540(78)	76	82	78	84	68	72	69	73
	H06	545(79)	615(89)	83	87	85	89	73	75	74	76
	H08	595(86)	655(95)	87	90	89	92	75	77	76	78
	H10	520(90)	685(99)	88	91	90	93	76	78	77	79
C27200	H01	340(49)	405(59)	40	61	44	65	43	57	46	60
	H02	385(56)	455(66)	57	74	60	76	54	67	56	68
	H03	435(63)	505(73)	71	78	74	81	64	70	66	71
	H04	485(70)	550(80)	76	82	78	84	67	72	68	73
	H06	560(81)	625(91)	82	87	85	89	71	75	72	76

表 10-119 铜及铜合金棒材的力学性能

合金代号及标准	热处理状态	直径或 S 尺寸/mm		抗拉强度/MPa(ksi)不小于	屈服强度/MPa(ksi)不小于	伸长率/%不小于	直径或 S 尺寸/mm		硬度(HRB)	
		棒材:圆、六角、八角形					棒:圆、六角、八角形			
C36000 ASTM B16M—2005	O60（软化退火）	≤25		330(48)	140(20)	15	O60,H02状态		圆形	六方、八角形
		>25≤50		305(44)	135(18)	20				
		>50		275(40)	105(15)	25	≥12		10～45	10～45
	H02（半硬）	≤12		395(57)	170(25)	7	>12～≤25		60～80	55～80
		>12～≤25		380(55)	170(25)	10				
		>25～≤50		345(50)	140(20)	15	>25～≤50		55～75	45～80
		>50～≤102		310(45)	105(15)	20				
		>102		275(40)	105(15)	20	>50～≤75		45～70	40～65
		条材:矩形					条材:矩形			
		厚度、宽度/mm					厚度、宽度/mm			
	O60（软化退火）	≤25	≤15	305(44)	125(18)	20	O60、H02 状态		10～35	
		>25	≤15	275(40)	105(15)	25	≥12	≥12		
	H02（半硬）	≤12	≤25	345(50)	170(25)	10	≤12	≤25	45～85	
		≤12	>25～<150	310(45)	115(17)	15	≤12	>25～<150	35～70	
		>12～<50	≤50	310(45)	115(17)	15	>12～≤50	≤50	40～80	
		>12～<50	>50～<150	275(40)	105(15)	20		>50～<150	35～70	
		>50	>50～<100	275(40)	105(15)	20	>50	>50～>100	35～70	

注：伸长率试样的长度为 4 倍的直径或 4 倍的厚度值。

表 10-120 纯铜条、棒材的力学性能（ASTM B133M—1992）

合金代号(UNS)	材料状态	状态名称	直径或两平行面间距离/mm	抗拉强度/MPa 最小	抗拉强度/MPa 最大	伸长率/% 不大于	弯曲试验角度
C10100	O60	软态	棒或条材所有尺寸	—	255	25	180
C10200	H04	硬态	棒材:				
C10300			≤6	345	—	—	120
C10400			>6～≤9	310	—	10	120
C10500			>9～≤25	275	—	12	120
C10700			>25～≤50	240	—	15	120
C11000			>50～≤76	230	—	15	120
C12000			条材:				
			>4～≤9	290	—	12	120
			>9～≤19	275	—	12	120
			>12～≤50	225	—	15	120
			>50～≤102	220	—	15	120
			型材:				
			所有尺寸	—	—	—	—

表 10-121 海军用黄铜条、棒和型材的力学性能（ASTM B21M—2006）

合金代号	材料状态	直径或两平行边距离/mm	σ_b/MPa 不小于	屈服强度/MPa 不小于	伸长率/% 不小于
C46200	M30	所有品种及尺寸	345	140	30
	O60	棒或条材：所有尺寸	330	110	30
	H60	棒材：所有尺寸	330	125	22
	H02 或 O50	棒材或条材：			
		≤12	400	185	22
		＞12～≤25	385	185	25
		＞25～≤50	370	180	25
		＞50～≤75	360	170	27
		＞75～≤100	345	150	30
		＞100	345	140	30
	H04	棒材或条材：			
		≤12	440	275	13
		＞12～≤25	425	260	13
		＞25～≤50	400	235	18
C46400	M30	所有品种及尺寸	360	140	30
	O60	棒材或条材：			
		≤25	370	140	30
		＞25～≤50	360	140	30
		＞50	345	140	30
		型材：所有尺寸	360	140	30
	H50	型材：所有尺寸	400	170	20
	H50 或 O50	棒材或条材：			
		≤12	415	185	22
		＞12～≤25	415	185	25
		＞25～≤50	400	180	25
		＞50～≤75	370	170	25
		＞75～≤100	370	150	27
		＞100	370	150	30
	H04	棒材或条材：			
		≤25	460	310	13
		＞25～≤50	425	255	18
C48200 C48500①	M30	所有品种及尺寸	360	140	25(20)
	O60	棒材或条材：			
		≤25	370	140	25(20)
		＞25～≤50	360	140	25(20)
		＞50	345	140	25(20)
		型材：所有尺寸	360	140	25(20)
	H50	型材：所有尺寸	400	170	15(15)
	H02 或 O50	棒材和条材：			
		≤25	415	185	18(12)
		＞25～≤50	400	180	20(20)
		＞50～≤75	370	170	20(20)
		＞75～≤100	370	150	20(20)
		＞100	370	150	25(20)
	H04	棒材或条材：			
		≤25	460	310	11(10)
		＞25～50	425	255	15(13)
C47940	M30	所有品种及尺寸	345	140	30
	O60	条材和棒材：所有尺寸	330	140	30
	H50	型材：所有尺寸	390	175	20
	O50 或 H02	棒材或条材：			
		≤12	400	210	18
		＞12～≤25	390	210	20
		＞25～≤50	375	175	22
		＞50	345	175	25
		H04	棒材或条材：		
		≤12	485	380	10
		＞12～≤25	450	360	13
		＞25～≤50	430	310	15

① C48500 的伸长率为括号内所示的数值。

表 10-122　磷青铜棒材、条材及型材的力学性能（ASTM B139M—2006）

合金代号	材料状态	状态名称	直径或两平行面间距离/mm	抗拉强度/MPa		伸长率/% 不小于
				最小	最大	
C51000	O60	（软化退火）	棒：圆形≤6	275	400	—
	H04	硬态	圆形≤6	550	880	—
			圆形或六方形：			
			6～≤12	485	—	13
			＞12～≤25	415	—	15
			＞25	380	—	18
			条材：方形或长方形			
			6～≤9	415	—	10
			＞9	380	—	15
	H08	弹性处理状态	棒：圆形			
			＞0.65～≤1.6	790	—	—
			＞1.6～≤3	760	—	—
			＞3～≤6	725	—	3.5
			＞6～≤9	690	—	5.0
			＞9～≤12	620	—	9.0
C52100	O60	退火	棒：圆形≤6	365	470	—
	H04	硬态	圆形≤6	720	1030	—
			圆形或六方形：			
			6～≤12	585	—	12
			＞12～≤25	515	—	15
			＞25	415	—	20
			条材：方形或长方形			
			6～≤9	470	—	10
			＞9	415	—	15
C52400	O60	退火软态	棒：			
	H04	硬态	圆形≤6	415	515	—
			圆形≤6	725	1100	—
			圆形或六方形			
			6～≤12	655	—	10
			＞12～≤25	585	—	12
			＞25	480	—	15
			条材：			
			方形或长方形：			
			6～≤9	525	—	10
			＞9	480	—	15
C53400 C54400	H04	硬态	棒材：			
			圆形或六方形：			
			1.6～≤6	450	—	8
			＞6～≤12	415	—	10
			＞12～≤25	380	—	12
			＞25	345	—	15
			条材：			
			正方形或长方形：			
			6～≤9	380	—	10
			＞9	345	—	15

表 10-123 硅青铜合金条材、棒材及型材的力学性能（ASTM B98/B98M—2008）

合金代号	材料状态	直径或两平行面间距离①/mm(in)	抗拉强度(不小于)		0.5%屈服强度(不小于)		伸长率②/%
			ksi	MPa	ksi	MPa	
铜合金UNS牌号C65100条材、棒材型材	O60(软化退火)	所有形状及尺寸	40	275	12	85	30
	H02(半硬)	棒材：					
		≤12(1/2)	55	380	20	140	11
		＞12～≤50(1/2～≤2)	55	380	20	140	12
		条材和型材	③	③	③	③	③
	H04(硬)	棒材：					
		≤12(1/2)	65	450	35	240	8
		＞12～≤50(＞1/2～≤2)	65	450	35	240	10
		条材和型材	③	③	③	③	③
	H06(特硬)	棒材：					
		≤12(1/2)	85	585	55	380	6
		＞12～≤25(＞1/2～≤1)	75	515	45	310	8
		＞25～≤38（＞1～≤1$\frac{1}{2}$）	75	515	40	275	8
铜合金UNS牌号C65500和C66100矩形条材	O60(软化退火)	所有尺寸	52	360	15	105	35
	H04(硬)	≤25(1)	65	450	38	260	20
		＞25～≤38（＞1～≤1$\frac{1}{2}$）	60	415	30	205	25
		＞38～≤75（＞1$\frac{1}{2}$～≤3）	55	380	24	165	27
铜合金UNS牌号C65500和C66100棒材、方形条材、型材	O60(软化退火)	所有形状及尺寸	52	360	15	105	35
	H01($\frac{1}{4}$硬)	所有形状及尺寸	55	380	24	165	25
	H02(半硬)	棒材和方形条材：					
		≤50(2)	70	485	38	260	20
		型材：	③	③	③	③	③
	H04(硬)	棒材及方形条材：					
		≤6(1/4)	90	615	55	380	8
		＞6～≤25(＞1/4～≤1)	90	615	52	360	13
		＞25～≤38（＞1～≤1$\frac{1}{2}$）	80	545	43	295	15
		＞38～≤75（＞1$\frac{1}{2}$～≤3）	70	485	38	260	17
		＞75(＞3)	③	③	③	③	③
		型材：	③	③	③	③	③
	H06(特硬)	棒材：≤12(1/2)	100	690	55	380	7

① 对矩形条材，平行面之间距离为厚度。

② 在任何情况下，应采用 1in (25.4mm) 为最小计量单位。

③ 由供需双方协商。

注：所有合金的 M20 与 M30 的拉伸性能由供需双方协商。

表 10-124　铝青铜条、棒和型材的力学性能（ASTM B150/B150M—2008）

合金代号	热处理状态	状态处理	直径或两平行面间距离 /mm	抗拉强度 /MPa (ksi) (不小于)	屈服强度 /MPa (ksi) (不小于)	伸长率 /% (不小于)
C61300	HR50	拉制并经消除应力	棒(全部圆形)：			
			≤12	550(80)	345(50)	30
			>12～≤25	515(75)	310(45)	30
			>25～≤50	495(72)	275(40)	30
			>50～≤80	485(70)	240(35)	30
	HR50	拉制并经消除应力	棒材(六方形或八方形)或条材：			
			≤12	550(80)	275(40)	30
			>12～≤25	515(75)	240(35)	30
			>25～≤50	485(70)	220(32)	30
C61400	HR50	拉制并经消除应力	棒材(全部圆形)			
			≤12	550(80)	275(40)	30
			>12～≤25	515(75)	240(35)	30
			>25～≤50	485(70)	220(32)	30
			>50～≤80	485(70)	205(30)	30
C61900	HR50	拉制并经消除应力	棒材(全部圆形)：			
			≤12	620(90)	345(50)	15
			>12～≤25	605(88)	305(44)	15
			>25～≤50	585(85)	275(40)	20
			>50～≤80	540(78)	255(37)	25
	M20	热轧	>80	515(75)	205(30)	20
	M20	热轧	所有品种及尺寸	515(75)	205(30)	20
	M30	热挤压				
	O20	热锻并退火				
	O25	热轧并退火				
	O30	热挤压并退火				
	HR50	拉制并经消除应力				
C62300	HR50	拉制并经消除应力	棒材(全部圆形)：			
			≤12	620(90)	345(50)	12
			>12～≤25	605(88)	305(44)	15
			>25～≤50	580(84)	275(40)	15
			>50～≤80	525(76)	255(37)	20
	M20	热轧	>80	515(75)	205(30)	20
	M30	热挤压				
	O20	热锻并退火				
	O25	热轧并退火				
	O30	热挤压并退火				
	HR50	拉制并经消除应力				
	HR50	拉制并经消除应力	棒材(六方形或八方形)或条材：			
	M20	热轧	≤25	550(80)	240(35)	15
			>25～≤50	540(78)	220(32)	15
			>50	515(75)	205(30)	20
	M20	热轧	型材、所有尺寸	515(75)	205(30)	20
	M30	热挤压				
	O20	热锻并退火				
	O25	热轧并退火				
	O30	热挤压并退火				
	HR50	拉制并消除应力				
C62400	HR50	拉制并消除应力	棒材(全部圆形)：			
			≤12	655(95)	310(45)	10
			>12～≤25	655(95)	310(45)	12
			>25～≤50	620(90)	295(43)	12
			>50～≤80	620(90)	275(40)	12
	M20	热轧	>80～≤125	620(90)	240(35)	12
	M30	热挤压				

续表

合金代号	热处理状态	状态处理	直径或两平行面间距离/mm	抗拉强度/MPa(ksi)(不小于)	屈服强度/MPa(ksi)(不小于)	伸长率/%(不小于)
	O20	热锻并退火	棒材(六方形或八方形)或条材:			
	O25	热轧并退火	>12~≤125	620(90)	240(35)	12
C62400	O30	热挤压并退火	型材、所有尺寸	620(90)	240(35)	12
			棒材(全部圆形):			
	TQ50	淬火硬化并经回火	>80~≤125	655(95)	310(45)	10
	HR50	拉制并消除应力	1-标准强度:			
			棒材:			
			12~≤25	690(100)	345(50)	5
			>25~≤50	620(90)	310(45)	6
			>50~≤80	585(85)	295(42.5)	10
	M20	热轧				
	M30	热挤压				
	O20	热锻并退火	>80~≤100	858(85)	295(42.5)	10
	O25	热轧并退火	>100	550(80)	275(40)	12
	O30	热挤压并退火				
	HR50	拉制并消除应力				
	HR50	拉制并消除应力	条材:			
			12~≤25	690(100)	345(50)	5
			>25~≤50	620(90)	310(45)	6
	M20	热轧				
	M30	热挤压				
C63000	O20	热锻并退火	>50~≤100	585(85)	295(42.5)	10
	O25	热轧并退火	>100	550(80)	275(40)	12
	O30	热挤压并退火				
	HR50	拉制并消除应力				
	M20	热轧				
	M30	热挤压				
	O20	热锻并退火	所有尺寸的型材:	585(85)	295(42.5)	10
	O25	热轧并退火				
	O30	热挤压并退火				
	HR50	拉制并经消除应力	2-高强度			
	HR50	拉制并经消除应力	棒材(全部圆形):			
			≤25	760(110)	470(68)	10
			>25~50	760(110)	415(60)	10
			>50~≤80	725(105)	380(55)	10
	TQ50	淬火硬化并经回火	>80~≤125	690(100)	345(50)	10
	O32	热挤压并回火				
	TQ30	淬火硬化并经回火	棒材和条材:			
			≤25	930(135)	690(100)	6
			>25~≤50	890(130)	650(95)	6
C63020			>50~≤100	890(130)	620(90)	6
	热处理状态	状态处理	直径或平行面间距离	抗拉强度	屈服强度	伸长率
	O20	热锻并退火	所有尺寸的			
	O25	热轧并退火	棒材和型材	620(90)	275(40)	15
	TQ50	淬火、回火	棒或条材:			
C63200			≤80	620(90)	345(50)	15
			>80~≤130	620(90)	310(45)	15
	TQ55	淬火、回火、拉制及消除应力	>130	620(90)	275(40)	15
			型材所有尺寸	620(90)	275(40)	15
	HR50	拉制并消除应力	棒或条材:			
			≤12	620(90)	310(45)	9
			>12~≤25	585(85)	310(45)	12
			>25~≤50	550(80)	290(42)	12
C64200或C64210	M10	热锻	>50~≤80	515(75)	240(35)	15
	M20	热轧	>80~≤100	485(70)	205(30)	15
	M30	热挤压	>100	485(70)	170(25)	15
	M30	热挤压	全部品种尺寸	485(70)	205(30)	15

表 10-125　经沉淀热处理后的铍青铜的力学性能（ASTM B196/B196M—2007）

状态		直径或两平行面间距离		铜合金 UNS 牌号										伸长率/%（最小）
标准状态	旧状态			C17000					C17200 和 C17300					
				抗拉强度		屈服强度		洛氏硬度C标尺	抗拉强度		屈服强度		洛氏硬度C标尺	
		in	mm	ksi	MPa	ksi（最小）	MPa（最小）		ksi	MPa	ksi（最小）	MPa（最小）		
TF00	固溶热处理	≤3	≤76.2	150～190	1030～1310	125	860	32～39	165～200	1140～1380	145	1000	36～42	4
		>3	>76.2	150～190	1030～1310	125	860	32～39	165～200	1140～1380	130	900	36～42	3
TH04	硬态	≤3/8	≤1	170～210	1210～1450	145	1000	35～41	185～225	1280～1550	160	1100	39～45	2
		$>\frac{3}{8}$～≤1	>1～≤25.4	170～210	1170～1450	145	1000	35～41	180～220	1240～1520	155	1070	38～44	2
		>1～≤3	225.4～≤762	165～200	1140～1380	135	930	34～39	175～215	1210～1480	145	1000	37～44	4

表 10-126　易切削铜棒材、条材、线材、型材的力学性能（ASTM B301/B301M—2008）

合金代号	材料状态	直径或两平行面间距离/mm	抗拉强度（最小）		0.5%的屈服强度（最小）		伸长率/%（最小）
			ksi	MPa	ksi	MPa	
C14500 C14510 C14520 C14700 C18700	H02（半硬）	棒材					
		1.5～≤6.5	38	260	30	205	8
		>6.5～≤67	38	260	30	205	12
		线材					
		1.5～≤12	38	260			6
	H04（硬态）	棒材（圆形）					
		1.5～≤6.5	48	330	40	275	4
		>6.5～≤32	44	305	38	260	8
		>32～≤76	40	275	35	240	8
		条材					
		5～≤10	42	290	35	240	10
		>10～≤12	40	275	32	220	10
		>12～≤50	33	225	18	125	12
		>50～≤100	32	220	15	105	12
		线材					
		1.50～≤12	48	330	—	—	4

表 10-127　铜锌硅合金棒材的力学性能（ASTM B371/B371M—2008）

合金代号	材料状态	直径或两平行面间距离/mm	抗拉强度（最小）		0.5%的屈服强度（最小）		伸长率/%（最小）
			ksi	MPa	ksi	MPa	
C69300	H02（半硬）	≤12	85	585	45	310	5
		>12～≤25	75	515	35	240	10
		>25～≤50	70	480	30	205	10
C69400 C69430	H04（硬态）	≤25	80	550	40	250	15
		>25～≤50	75	515	35	240	15
		≥50	65	450	35	240	15
C69700 C69710		≤25	65	450	32	220	20
		>25	55	380	28	195	25

表 10-128 经沉淀硬化热处理状态下材料的力学性能（ASTM B411/B411M—2008）

合金代号	品种种类	直径或两平行面间距离/mm(in)	抗拉强度(不小于)		屈服强度(不小于)		伸长率/%(不小于)
			ksi	MPa	ksi	MPa	
C64700	棒材						
	圆形	2.4～≤38 (3/32～≤1$\frac{1}{2}$)	90	620	75	515	8
		＞38～≤50 (＞1$\frac{1}{2}$～≤2)	80	550	70	485	8
	六方形或八方形	3～≤38 (1/8～≤1$\frac{1}{2}$)	90	620	75	515	8
		＞38～≤50 (＞1$\frac{1}{2}$～≤2)	80	550	70	485	8
	条材方形	5～≤25(＞0.188～≤1)	90	620	75	515	8
		＞25～≤38 (＞1～≤1$\frac{1}{2}$)	80	550	70	485	8
	长方形	厚：5～38 (＞0.188～≤1$\frac{1}{2}$)和宽：≤65 (2$\frac{1}{2}$)	80	550	70	485	8

表 10-129 沉淀硬化热处理（ASTM B411/B411M—2008）

品种种类	直径或两平行面间距离/mm(in)	温度		加温时间/min
		℉	℃	
所有	≤1.3(0.050)	800	427	90
	1.3～≤25(＞0.050～≤1.000)	850	454	90
	＞25(＞1.0)	850	454	120

注：为长方形条材的厚度。

表 10-130 铜镍锌合金的力学性能（ASTM B151/B151M—2005）

材料状态	材料状态名称	直径或两平行面间距离/mm	抗拉强度/MPa UNS 系统牌号 C75200, C79200		抗拉强度/MPa UNS 系统牌号 C74500, C75700, C76400, C77000	
			最小	最大	最小	最大
H01	1/4 硬	棒材：				
		圆形 0.5～10	415	550	515	655
H04	硬	圆形、六方形或八方形				
		0.5～≤6.5	550	690	620	760
		＞6.5～≤10	485	620	550	690
		＞10～≤25	450	590	515	655
		＞25	415	550	485	620
		条材：				
		正方形或矩形				
		所有尺寸	470	605	515	650

表 10-131 铜镍合金的力学性能（ASTM B151/B151M—2005）

合金代号	材料状态	状态名称	直径或两平行面间距离/mm	抗拉强度/MPa(不小于)	屈服强度/MPa(不小于)	伸长率/%(不小于)
C70600			棒材：			
			圆形、六方形或八方形			
			条材：			
			正方形			
	O60	软态	所有尺寸	260	105	30
	H04	硬态	≤10	415	260	10
			＞10～≤25	345	205	15
			＞25～75	275	105	30

续表

合金代号	材料状态	状态名称	直径或两平行面间距离/mm	抗拉强度/MPa（不小于）	屈服强度/MPa（不小于）	伸长率/%（不小于）
C70600	O60	退火	条材：矩形 型材 所有尺寸	260	105	30
	H04	硬态	条材：矩形 ≤10	380	205	10
			＞10～≤12	345	195	12
			＞12～75	275	115	20
	H04	硬态	型材： 所有尺寸	（按供需双方协议）		
C71500	O60	软态	棒材： 圆形、六方形或八方形 条材： 正方形 ≤10	360	125	30
			＞10～≤25	330	125	30
			＞25	310	125	30
	H01	1/4 硬	棒材： 圆形、六方形或八方形 条材： 正方形 ≤10	450	345	10
			＞10～≤25	415	310	15
			＞25～≤75	380	240	20
	H04	硬态	≤10	550	415	8
			＞10～≤25	515	400	10
			＞25～≤50	485	380	10
	O60	软态	条材： 矩形 正方形 所有尺寸	310	105	30
	H04	硬态	条材： 矩形 ≤10	515	380	7
			＞10～25	485	345	10
	H04	硬态	型材： 所有尺寸	（按供需双方协议）		

表 10-132　镍白铜及锌白铜板材、薄板、带材、圆棒材的力学性能（ASTM B122/B122M—2006）

合金代号	材料状态	抗拉强度/MPa(ksi)		近似洛氏硬度值		
		最小	最大	G 标尺	B 标尺	表面洛氏 30-T
C70600	H01	350(51)	460(67)	—	51～78	52～70
	H02	400(58)	495(72)	—	66～81	61～72
	H04	490(71)	570(83)	—	76～86	67～74
	H06	505(73)	585(85)	—	80～88	71～77
	H08	540(78)	605(88)	—	83～91	72～78
C71000	H01	325(47)	435(63)	—	45～72	46～65
	H02	385(56)	485(70)	—	61～78	59～69
	H04	460(67)	545(79)	—	76～84	67～73
	H06	495(72)	580(84)	—	79～87	69～75
	H08	525(76)	600(87)	—	82～88	71～75

续表

合金代号	材料状态	抗拉强度/MPa(ksi)		近似洛氏硬度值		
		最小	最大	G 标尺	B 标尺	表面洛氏 30-T
C71500	H01	400(58)	495(72)	—	67～81	61～71
	H02	455(66)	550(80)	—	76～85	67～74
	H04	515(75)	605(88)	—	83～89	72～76
	H06	550(80)	635(92)	—	85～91	73～77
	H08	580(84)	650(94)	—	87～91	74～77
C72200	H01	380(55)	460(67)	—	63～78	58～70
	H02	400(58)	495(72)	—	66～85	61～73
	H04	490(71)	585(85)	—	76～88	67～78
	H06	505(73)	620(90)	—	79～90	69～78
	H08	540(78)	625(92)	—	81～91	71～79
C72500	H01	380(55)	515(75)	—	≤85	≤72
	H02	450(65)	550(80)	—	70～90	62～75
	H04	515(75)	620(90)	—	75～90	66～75
	H06	550(80)	655(95)	—	80～95	70～80
	H08	585(85)	690(100)	—	85～95	72～80
	H10	620(90)	725(105)	—	87～95	76～80
	H14	690(100)	860(125)	—	92(不小于)	78(不小于)
C73500	H01	385(56)	475(69)	20～47	66～80	60～70
	H02	435(63)	515(75)	38～53	75～84	67～73
	H04	505(73)	580(84)	51～61	83～88	72～75
	H06	545(79)	620(90)	57～65	86～90	74～76
C74000	H01	380(55)	485(70)	—	60～80	—
	H02	435(63)	530(77)	—	70～85	—
	H04	505(73)	600(87)	—	79～91	—
	H06	545(79)	625(91)	—	83～93	—
C74500	H01	385(56)	505(73)	—	51～80	50～70
	H02	460(67)	565(82)	—	72～87	65～75
	H04	550(80)	650(940)	—	85～92	73～78
	H06	615(89)	700(102)	—	90～94	76～79
	H08	655(95)	740(108)	—	92～96	77～80
C75200	H01	400(58)	495(72)	—	50～75	49～67
	H02	455(66)	550(80)	—	68～82	62～72
	H04	540(78)	625(91)	—	80～90	70～76
	H06	595(86)	675(98)	—	87～94	74～79
	H08	620(90)	700(101)	—	89～96	75～80
C76200	H01	450(65)	560(81)	—	61～85	57～74
	H02	515(75)	625(91)	—	78～91	69～77
	H04	620(90)	720(105)	—	90～95	76～79
	H06	685(99)	790(114)	—	94～98	79～81
	H08	740(107)	840(122)	—	97～100	≥80
C77000	H01	475(69)	600(87)	23～62	70～88	63～75
	H02	540(78)	655(95)	51～69	81～92	71～78
	H04	635(92)	750(109)	67～76	90～96	76～80
	H06	700(102)	810(117)	73～80	95～99	79～82
	H08	740(108)	850(123)	77～83	97～100	≥80

表 10-133 退火材料的近似洛氏硬度值

合金代号	材料状态	晶粒度/mm	近似洛氏硬度值① B标尺	F标尺	表面洛氏30-T	合金代号	材料状态	晶粒度/mm	近似洛氏硬度值① B标尺	F标尺	表面洛氏30-T
C70600	OS035 OS015	0.035 0.015	10～27 16～48	55～72 65～83	15～34 25～45	C74000	OS070 OS035 OS015	0.070 0.035 0.015	5～20 20～40 35～55	—	—
C71000 C71500	OS035 OS015 OS035 OS015	0.035 0.015 0.035 0.015	18～35 35～58 23～45 37～63	67～76 76～90 70～85 74～93	28～40 40～55 31～46 40～58	C74500	OS070 OS035 OS015	0.070 0.035 0.015	15～30 23～41 41～59	63～73 70～80 80～90	26～36 31～44 44～56
C72200	OS035 OS015	0.035 0.015	14～31 18～42	— —	24～36 26～41	C75200	OS070 OS035 OS015	0.070 0.035 0.015	25～40 35～55 45～70	70～80 75～88 83～93	32～43 40～53 46～64
C72500	OS035 OS015	0.035 0.015	24～39 37～61	70～81 78～92	32～42 41～58	C76200	OS035 OS015	0.035 0.015	20～35 28～55	70～80 76～90	—
C73500	OS035 OS015	0.035 0.015	20～35 28～55	70～80 76～90	29～40 34～53	C77000	OS070 OS035 OS015	0.070 0.035 0.015	29～45 37～60 47～73	72～83 76～91 84～98	35～46 41～57 47～65

① 洛氏硬度值应用如下：B和F硬度划分值适用于材料厚度≥0.508mm（0.020in）的金属材料。30-T硬度划分值适用于材料厚度≥0.381mm（0.015in）的金属材料。

注：OS015——退火，保证晶粒度平均为0.015mm；OS035——退火，保证晶粒度平均为0.035mm。

表 10-134 加铅黄铜板、薄板、带及轧制棒的力学性能（ASTM B121/B121M—2001）

状态③ 材料状态	原表示法	抗拉强度/MPa(ksi①) 最小	最大	硬度近似值② B标度	F标度	表面洛氏30-T
铜合金UNS号C33500,C34000,C34200,C35000,C35300,C35340和C35600						
H01	1/4硬	340(49)	405(59)	40～65	—	43～60
H02	1/2硬	380(55)	450(65)	57～74	—	54～66
H04	硬	470(68)	540(78)	76～84	—	68～73
H06	特硬	545(79)	615(89)	83～89	—	73～76
H08	弹性	595(86)	655(95)	87～92	—	75～78
H10	高弹性	620(90)	685(99)	88～93	—	76～79

① ksi=1000psi；② 洛氏硬度值的适用范围如下：30-T标度的硬度值适用厚度≥0.012in（0.305mm）的金属；③ 一般仅353号合金以弹性、高弹性状态供货。

注：各标准代号见标准B601。B和F标度的硬度值适用于厚度≥0.508mm（0.02in）的金属。

表 10-135 锰青铜棒材、条材和型材的力学性能（ASTM B138/B138M—2011）

形态	状态 代码	名称	直径或两平行面间距离/mm	抗拉强度/MPa（最小）	0.5%屈服强度/MPa（最小）	伸长率/%（最小）
铜合金UNS牌号C67000						
棒材和条材	O60	软化退火	所有尺寸	585	310	10
	H02	半硬	所有尺寸	725	415	7
	H04	硬	所有尺寸	790	470	5
	M10	热锻	所有尺寸			
	M20	热轧				
	M30	热挤				

续表

形态	状态		直径或两平行面间距离/mm	抗拉强度/MPa（最小）	0.5%屈服强度/MPa（最小）	伸长率/%（最小）
	代码	名称				
铜合金 UNS 牌号 C67500 和 C67600						
棒材	O60	软化退火	所有尺寸	380	150	20
	H02	半硬	≤25	500	260	13
			＞25～≤65	480	240	15
			＞65	450	220	17
	H04	硬	≤25	550	385	8
			＞25～≤38	525	360	10
			＞38～≤65	505	330	12
			＞65	470	310	16
条材	O60	软化退火	所有尺寸	380	150	20
	H02	半硬	≤25	500	250	13
			＞25～≤65	480	240	15
			＞65	450	220	17
	H04	硬	≤25	525	360	8
			＞25～≤65	500	325	12
			＞65	470	310	16
型材	O60	软化退火	所有尺寸	380	150	20

表 10-136 铜铍钴合金条、棒材的力学性能（ASTM B411/B441M—2011）

合金代号	材料状态代号	状态名称	抗拉强度/MPa(ksi)	洛氏硬度值B标尺	导电性/% IACS(不小于)
			供应状态		
C17500 C17510	TB00 TD04	固溶热处理(A) 硬态	240(35)～380(55) 450(65)～550(80)	20～50 60～80	20 20
			经沉淀热处理后		
	TF00 TH04	固溶热处理(AT) 硬态(HT)	690(100)～895(130) 760(110)～965(140)	92～100 95～102	45 48

表 10-137 铜铍钴合金条、棒材验收试验的沉淀热处理时间（ASTM B411/B441M—2011）

合金代号	状态代号	状态名称	温度	时间/h
C17500	TB00 TD04	固溶处理 固溶处理和冷作硬化	482℃(900℉)	3 2
C17510	TB00 TD04	固溶处理 固溶处理和冷作硬化	454℃(850℉) 或 482℃(900℉)	3 2

表 10-138　铜-锌-铅合金棒材、条材、型材的力学性能（ASTM B453/B453M—2008）

合金代号	材料状态		直径或两平行面间距离/mm	抗拉强度/MPa		0.5%的屈服强度/MPa	伸长率/%
				最小	最大	最小	最小
棒材和线材							
C33500 C34000 C34500 C35000 C35300 C35330 C35600	O60	软化退火	<12	315		110	20
			≥12～≤25	305		105	25
			>25	275		105	30
	H01	1/4 硬	<12	360	450	170	10①
			≥12～≤25	345	425	140	15
			>25	290	425	105	20
	HR01	1/4 硬和去应力	<12	360	450	170	10①
			≥12～≤25	345	425	140	15
			>25	290	425	105	20
	H02	1/2 硬	<12	395	555	170	7②
			≥12～≤25	380	485	170	10
			>25	345	425	140	15
	条材						
	O60	软化退火	<12	315		110	20
			≥12～≤25	305		105	25
			>25	275		105	25
	H01	1/4 硬	<12	330		170	10
			≥12～≤25	310		140	15
			>25	275		105	20
	H02	1/2 硬	<12	345		170	10
			≥12～≤25	310		115	15
			>25	275		105	20

① 产品为线材时，伸长率至少为 7%。
② 产品为线材时，伸长率至少为 4%。

表 10-139　铜合金冷凝器、热交换器及压力容器用板、薄板的力学性能（ASTM B171/B171M—2011）

铜合金 UNS 代号	状态	厚度/mm(in)	抗拉强度/MPa(ksi)(最小)	0.5%屈服强度/MPa(ksi)(最小)	0.2%屈服强度/MPa(ksi)(最小)	50.0mm 的伸长率/%(最小)
C36500	M20(热轧) M10(热锻-空冷) O20(热锻-退火) O25(热轧-退火)	≤50(2)	345(50)	140(20)	140(20)	35
		>50～≤100(>2～≤3.5)	310(45)	105(15)	105(15)	35
		>100～≤140(>3.5～≤5)	275(40)	85(12)	85(12)	35
C11300,C11400,C44500		≤100(4)	310(45)	105(15)	105(15)	35
C46400,C46500		≤80(3)	345(50)	140(20)	140(20)	35
		>80～≤140(>3～≤5)	345(50)	125(18)	125(18)	35
C61300		≤50(2)	520(75)	255(37)	250(36)	30

续表

铜合金 UNS 代号	状态	厚度/mm(in)	抗拉强度/MPa(ksi)(最小)	0.5%屈服强度/MPa(ksi)(最小)	0.2%屈服强度/MPa(ksi)(最小)	50.0mm 的伸长率/%(最小)
C61300	M20(热轧) M10(热锻-空冷) O20(热锻-退火) O25(热轧-退火)	>50~≤80(>2~≤3)	485(70)	205(30)	195(28)	35
		>80~≤140(>3~≤5)	450(65)	195(28)	180(26)	35
C61400		≤50(2)	485(70)	205(30)	195(28)	35
		>50~≤140(>2~≤5)	450(65)	195(28)	180(26)	35
C63000,C63200		≤50(2)	620(90)	250(36)	235(34)	10
		>50~≤100(>2~≤3.5)	585(85)	230(33)	215(31)	10
		>100~≤140(>3.5~≤5)	550(80)	205(30)	195(28)	10
C70600,C70620		≤60(2.5)	275(40)	105(15)	105(15)	30
		>60~≤140(>2.5~≤5)	275(40)	105(15)	105(15)	30
C71500,C71520		≤60(2.5)	345(50)	140(20)	140(20)	30
		>60~≤140(>2.5~≤5)	310(45)	125(18)	125(18)	30
C72200		≤60(2.5)	290(42)	110(16)	110(16)	35

表 10-140 铜铁合金板、薄板、带和轧制棒的力学性能（ASTM B465/B465M—2009）

状态		抗拉强度/MPa(ksi)	洛氏硬度,近似值			
			B 标尺		表面 30T	
状态代号	旧代号		0.508(0.020in)~≤0.914mm(0.036in)	>0.914mm(0.036in)	0.305(0.012in)~≤0.711mm(0.028in)	>0.711mm(0.028in)
铜合金 UNS 牌号 C19200						
O61	退火	275~345(40~50)	—	—	—	—
H01	1/4 硬	310~380(45~55)	—	—	—	—
H02	1/2 硬	360~425(52~62)	53~69	—	53~66	
H04	硬	415~485(60~70)	68~74		66~71	
H06	特硬	460~510(67~74)	71~75	—	69~73	
H08	弹性	485~540(70~78)	73~76	—	69~74	—
H10	高弹性	510~550(74~80)	73~76	—	69~74	—
铜合金 UNS 牌号 C19210						
O61	退火	185~290(27~42)	—	—	—	—
H01	1/4 硬	295~365(43~53)	—	—	—	50max
H02	1/2 硬	325~415(47~60)	—	—	—	35~60
H03	3/4 硬	360~425(52~62)	—	—	—	52~67
H04	硬	385~455(56~66)	—	—	—	54~69
H06	特硬	415~485(60~70)	—	—	—	56~71
H08	弹性	440~510(64~74)	—	—	—	58~73
H10	高弹性	455min(66min)	—	—	—	60~75

续表

状态		抗拉强度/MPa(ksi)	洛氏硬度,近似值			
			B标尺		表面 30T	
状态代号	旧代号		0.508(0.020in)～≤0.914mm(0.036in)	>0.914mm(0.036in)	0.305(0.012in)～≤0.711mm(0.028in)	>0.711mm(0.028in)
铜合金 UNS 牌号 C19400						
O60	软化退火	275～345(40～50)	—	—	—	—
O50	光亮退火	310～380(45～55)	—	—	—	—
O82	退火至 1/2 硬	365～435(53～63)	—	—	—	—
H02	1/2 硬	365～435(53～63)	49～69	57～70	52～63	51～66
H04	硬	415～485(60～70)	67～73	68～76	61～68	64～69
H06	特硬	460～505(67～73)	72～75	75～77	67～69	68～69
H08	弹性	485～525(70～76)	73～78	76～79	68～69	69～72
H10	高弹性	505～550(73～80)	75～79	77～80	69～70	69～72
H14	超弹性	550(80,min)	—	—	70(最小)	
铜合金 UNS 牌号 C19500						
O60	软化退火	345～415(50～60)	—	—	—	—
H01	1/4 硬	415～495(60～72)	63～79	—	61～71	—
H02	1/2 硬	470～540(68～78)	76～81	—	69～73	—
H03	3/4 硬	515～585(75～85)	80～83	—	72～74	—
H04	硬	565～620(82～90)	82～85	—	73～75	—
H08	弹性	605～670(88～97)	84～87	—	74～77	—
铜合金 UNS 牌号 C19700						
O60	软化退火	295～365(43～53)	—	—	—	—
H02	1/2 硬	365～435(53～63)	62～71	～	62～68	—
H04	硬	415～485(60～70)	66～73	—	65～70	—
H06	特硬	460～505(67～73)	70～75	—	68～71	—
H08	弹性	485～525(70～76)	71～77	—	69～72	—
H10	高弹性	505～550(73～80)	72～78	—	70～74	—
铜合金 UNS 牌号 C19720						
HR02	1/2 硬及去应力	365～435(53～63)	65～71	—	62～68	—
HR04	硬及去应力	415～485(60～70)	66～73	—	65～70	—

表 10-141　磷青铜板、薄板带及轧制棒的力学性能（ASTM B103/B103M—2009）

状态		厚度/mm(in)	抗拉强度/MPa(ksi)		洛氏硬度,近似值	
状态代号	原表示法		最小	最大	B 标度	30-T 表面硬度
铜合金 UNS 牌号 C51000						
O60	软	>0.991(0.039)	295(43)	400(58)	16～64	—
		>0.737(0.029)			—	32～59
		>0.508(0.020)～≤0.991(0.039)			12～60	—
		>0.254(0.010)～≤0.737(0.029)			—	24～53
		0.254(0.010)～≤0.076(0.003)				

续表

状态		厚度/mm(in)	抗拉强度/MPa(ksi)		洛氏硬度,近似值	
状态代号	原表示法		最小	最大	B标度	30-T表面硬度
H02	半硬	>0.991(0.039)	400(58)	505(73)	64～85	—
		>0.737(0.029)			—	59～73
		>0.508(0.020)～≤0.991(0.039)			60～82	—
		>0.254(0.010)～≤0.737(0.029)			—	53～69
		0.076(0.003)～≤0.254(0.010)				
H04	硬	>0.991(0.039)	525(76)	625(91)	86～93	—
		>0.737(0.029)			—	73～78
		>0.508(0.020)～≤0.991(0.039)			84～91	—
		>0.254(0.039)～≤0.737(0.029)			—	71～75
		0.076(0.003)～≤0.254(0.010)				
H06	特硬	>0.991(0.039)	605(88)	710(103)	92～96	—
		>0.737(0.029)			—	77～81
		>0.508(0.020)～≤0.991(0.039)			89～95	—
		>0.254(0.010)～≤0.737(0.029)			—	74～78
		0.076(0.003)～≤0.254(0.010)				
H08	弹性	>0.991(0.039)	655(95)	760(110)	94～98	—
		>0.737(0.029)			—	79～82
		>0.508(0.020)～≤0.991(0.039)			92～97	—
		>0.254(0.010)～≤0.737(0.029)			—	76～80
		0.076(0.003)～≤0.254(0.010)				
H10	高弹性	>0.991(0.039)	690(100)	790(114)	95～99	—
		>0.737(0.029)			—	80～83
		>0.508(0.020)～≤0.991(0.039)			94～98	—
		>0.254(0.010)～≤0.737(0.029)			—	77～81
		>0.076(0.003)～≤0.254(0.010)				
M20	热轧	>4.775(0.188)	275(40)	415 (58)	—	—
铜合金 UNS 牌号 C51100　C53200　C53400 和 C54400						
O60	软	>0.991(0.039)	40(275)	55(380)	7～50	—
		>0.737(0.029)			—	24～50
		>0.508(0.020)～≤0.991(0.039)			0～45	—
		>0.254(0.010)～≤0.737(0.029)			—	16～46
H02	半硬	>0.991(0.039)	380(55)	485(70)	60～81	—
		>0.737(0.029)			—	57～73
		>0.508(0.020)～≤0.991(0.039)			53～78	—
		>0.254(0.010)～≤0.737(0.029)			—	52～71
H04	硬	>0.991(0.039)	496(72)	600(87)	82～90	—
		>0.737(0.029)			—	71～77
		>0.506(0.020)～≤0.991(0.039)			80～86	—
		>0.254(0.010)～≤0.737(0.029)			—	69～75
H06	特硬	>0.991(0.039)	580(84)	685(99)	88～94	—
		>0.737(0.029)			—	75～80
		>0.506(0.020)～≤0.991(0.039)			86～92	—
		>0.254(0.010)～≤0.737(0.029)			—	73～78
H08	弹性	>0.991(0.039)	625(91)	720(106)	90～98	—
		>0.737(0.029)			—	77～81
		>0.508(0.020)～≤0.991(0.039)			86～94	—
		>0.254(0.010)～≤0.737(0.029)			—	75～79

续表

状态		厚度/mm(in)	抗拉强度/MPa(ksi)		洛氏硬度,近似值	
状态代号	原表示法		最小	最大	B标度	30-T表面硬度
H10	高弹性	＞0.991(0.039)	680(96)	750(108)	92～97	—
		＞0.737(0.029)			—	78～82
		＞0.508(0.020)～≤0.991(0.039)			89～94	—
		＞0.254(0.010)～≤0.737(0.029)			—	76～80
铜合金 UNS 牌号 C52100						
O60	软	＞0.991(0.039)	53(365)	460(67)	29～70	—
		＞0.737(0.029)			—	38～68
		＞0.508(0.020)～≤0.991(0.039)			20～66	—
		＞0.254(0.010)～≤0.737(0.029)			—	27～62
H02	半硬	＞0.991(0.039)	475(69)	580(84)	76～91	—
		＞0.737(0.029)			—	67～78
		＞0.508(0.020)～≤0.991(0.039)			69～88	—
		＞0.254(0.010)～≤0.737(0.029)			—	63～75
H04	硬	＞0.991(0.039)	585(85)	690(100)	91～97	—
		＞0.737(0.029)			—	76～81
		＞0.508(0.020)～≤0.991(0.039)			89～95	—
		＞0.254(0.010)～≤0.737(0.029)			—	73～80
H06	特硬	＞0.991(0.039)	670(97)	770(112)	95～100	—
		＞0.737(0.029)			—	78～83
		＞0.508(0.020)～≤0.991(0.039)			93～98	—
		＞0.254(0.010)～≤0.737(0.029)			—	77～82
H08	弹性	＞0.991(0.039)	720(105)	820(119)	97～102	—
		＞0.737(0.029)			—	79～84
		＞0.508(0.020)～≤0.991(0.039)			95～100	—
		＞0.254(0.010)～≤0.737(0.029)			—	78～83
H10	高弹性	＞0.991(0.039)	760(110)	830(122)	98～103	—
		＞0.737(0.029)			—	80～84
		＞0.508(0.020)～≤0.991(0.039)			96～101	—
		＞0.254(0.010)～≤0.737(0.029)			—	79～83
M20	热轧	＞4.775(0.188)	345(50)	485(78)	—	—
铜合金 UNS 牌号 C51180						
H02	半硬	＞0.991(0.039)	475(69)	575(84)	80～90	—
		＞0.737(0.029)			—	69～75
		＞0.508(0.020)～≤0.991(0.039)			78～88	—
		＞0.254(0.010)～≤0.737(0.029)			—	67～73
H03	3/4 硬	＞0.991(0.039)	550(80)	630(92)	84～92	—
		＞0.737(0.029)			—	71～77
		＞0.508(0.020)～≤0.991(0.039)			80～88	—
		＞0.254(0.010)～≤0.737(0.029)			—	69～75
H04	硬	＞0.991(0.039)	585(85)	690(100)	88～95	—
		＞0.737(0.029)			—	74～80
		＞0.508(0.020)～≤0.991(0.039)			85～93	—
		＞0.254(0.010)～≤0.737(0.029)			—	71～78
H06	特硬	＞0.991(0.039)	665(97)	770(112)	89～97	—
		＞0.737(0.029)			—	76～81
		＞0.508(0.020)～≤0.991(0.039)			87～95	—
		＞0.254(0.010)～≤0.737(0.029)			—	74～79
H08	弹性	＞0.991(0.039)	725(105)	820(119)	94～100	—
		＞0.737(0.029)			—	77～82
		＞0.508(0.020)～≤0.991(0.039)			92～98	—
		＞0.254(0.010)～≤0.737(0.029)			—	74～80

续表

状态		厚度/mm(in)	抗拉强度/MPa(ksi)		洛氏硬度,近似值	
状态代号	原表示法		最小	最大	B标度	30-T表面硬度
H10	高弹性	>0.991(0.039)	755(110)	840(122)	96～104	—
		>0.737(0.029)			—	78～82
		>0.508(0.020)～≤0.991(0.039)			94～102	—
		>0.254(0.010)～≤0.737(0.029)			—	76～80
铜合金UNS牌号C51900						
O60	软	>0.991(0.039)	330(48)	435(63)	22～66	—
		>0.737(0.029)			—	35～64
		>0.508(0.020)～≤0.991(0.039)			18～63	—
		>0.254(0.010)～≤0.737(0.029)			—	25～57
H02	半硬	>0.991(0.039)	440(64)	545(79)	70～88	—
		>0.737(0.029)			—	63～76
		>0.508(0.020)～≤0.991(0.039)			65～85	—
		>0.254(0.010)～≤0.737(0.029)			—	58～72
H04	硬	>0.991(0.039)	550(80)	680(96)	89～95	—
		>0.737(0.029)			—	74～80
		>0.508(0.020)～≤0.991(0.039)			86～93	—
		>0.254(0.010)～≤0.737(0.029)			—	72～78
铜合金UNS牌号C52180						
H02	半硬	>0.991(0.039)	620(90)	725(105)	90～100	—
		>0.737(0.029)			—	77～83
		>0.508(0.020)～≤0.991(0.039)			93～99	—
		>0.254(0.010)～≤0.737(0.029)			—	72～81
H03	3/4硬	>0.991(0.039)	670(97)	770(112)	—	—
		>0.737(0.029)			—	—
		>0.508(0.020)～≤0.991(0.039)			—	—
		>0.254(0.010)～≤0.737(0.029)			—	—
H04	硬	>0.991(0.039)	725(105)	825(120)	94～102	—
		>0.737(0.029)			—	78～84
		>0.508(0.020)～≤0.991(0.039)			92～98	—
		>0.254(0.010)～≤0.737(0.029)			—	77～82
H06	特硬	>0.991(0.039)	745(108)	860(125)	97～103	—
		>0.737(0.029)			—	79～85
		>0.508(0.020)～≤0.991(0.039)			96～103	—
		>0.254(0.010)～≤0.737(0.029)			—	78～84
H08	弹性	>0.991(0.039)	795(115)	910(132)	98～105	—
		>0.737(0.029)			—	80～86
		>0.508(0.020)～≤0.991(0.039)			98～104	—
		>0.254(0.010)～≤0.737(0.029)			—	79～84
H10	高弹性	>0.991(0.039)	825(120)	965(140)	100min	—
		>0.737(0.029)			—	82min
		>0.508(0.020)～≤0.991(0.039)			98min	—
		>0.254(0.010)～≤0.737(0.029)			—	80min
铜合金UNS牌号C52400						
O60	软	>0.991(0.039)	400(58)	506(73)	35～75	—
		>0.737(0.029)			—	40～78
		>0.508(0.020)～≤0.991(0.039)			25～71	—
		>0.254(0.010)～≤0.737(0.029)			—	29～84
H02	半硬	>0.991(0.039)	525(76)	625(91)	78～96	—
		>0.737(0.029)			—	67～80
		>0.508(0.020)～≤0.991(0.039)			74～93	—
		>0.254(0.010)～≤0.737(0.029)			—	63～77

续表

状态		厚度/mm(in)	抗拉强度/MPa(ksi)		洛氏硬度，近似值	
状态代号	原表示法		最小	最大	B标度	30-T表面硬度
H04	硬	>0.991(0.039)	650(94)	750(109)	94～101	—
		>0.737(0.029)			—	78～82
		>0.508(0.020)～≤0.991(0.039)			92～100	—
		>0.254(0.010)～≤0.737(0.029)			—	75～81
H06	特硬	>0.991(0.039)	740(107)	830(122)	98～103	—
		>0.737(0.029)			—	80～84
		>0.508(0.020)～≤0.991(0.039)			97～102	—
		>0.254(0.010)～≤0.737(0.029)			—	79～83
H08	弹性	>0.991(0.039)	790(115)	890(129)	99～104	—
		>0.737(0.029)			—	81～85
		>0.508(0.020)～≤0.991(0.039)			98～103	—
		>0.254(0.010)～≤0.737(0.029)			—	80～84
H10	高弹性	>0.991(0.039)	830(120)	920(133)	100～106	—
		>0.737(0.029)			—	82～86
		>0.508(0.020)～≤0.991(0.039)			99～104	—
		>0.254(0.010)～≤0.737(0.029)			—	81～85
M20	热轧	>4.775(0.188)	380(55)	515(75)	—	—

注：板一般是M20状态，其他状态的力学性能由供需双方协商。

表10-142 铜合金管材① 的典型力学性能

UNS合金代号与状态	抗拉强度		屈服强度②		伸长率③
	MPa	ksi	MPa	ksi	%
C10200					
OS050	220	32	69	10	45
OS025	235	34	76	11	45
H55	275	40	220	32	25
H80	380	55	345	50	8
C12200					
OS050	220	32	69	10	45
OS025	235	34	76	11	45
H55	275	40	220	32	25
H80	380	55	345	50	8
C19200					
H55④	290	42	205⑤	30⑤	35
C23000					
OS050	275	40	83	12	55
OS015	305	44	125	18	45
H55	345	50	275	40	30
H80	485	70	400	58	8
C26000					
OS050	325	47	105	15	65
OS025	360	52	140	20	55
H80	540	78	440	64	8
C33000					
OS050	325	47	105	15	60
OS025	360	52	140	20	50
H80	515	75	415	60	7

续表

UNS 合金代号与状态	抗拉强度		屈服强度②		伸长率③
	MPa	ksi	MPa	ksi	%
C43500					
OS035 H80	315 515	46 75	110 415	16 60	46 7
C44300,C44400,C44500					
OS025 C46400,C46500,C46600 C46700⑥ H80	365 605	53 88	150 455	22 66	65 18
C60800					
OS025 OS015 H80	415 310 450	60 45 65	185 140 275	27 20 40	55 55 20
C65500					
OS050 H80	395 640	57 93	— —	— —	70 22
C68700 OS025	415	60	185	27	55
C70600					
OS025 H55	305 415	44 60	110 395	16 57	42 10
C71500					
OS025	415	60	170	25	45

① 管子尺寸：外径 25mm（1in），壁厚 1.65mm（0.065in）。
② 在载荷下伸长 0.5%。
③ 试样标距 50.8mm（2in）。
④ 管子尺寸：外径 4.8mm（0.1875in），壁厚 0.76mm（0.030in）。
⑤ 伸长 0.2%。
⑥ 管子尺寸：外径 9.5mm（0.375in），壁厚 2.5mm（0.097in）。

表 10-143 铍铜合金带材在不同条件下的状态名称和性能

状态名称		初始条件①	时效处理②	抗拉强度		0.2%屈服强度		伸长率	硬度	电导率
ASTM B601	商业			MPa	ksi	MPa	ksi	%		%IACS
C17000(97.9Cu～1.7Be)										
TB00	A	退火	—	410～530	59～77	190～250	28～36	35～65	45～78HRB	15～19
TB00	A 平整	退火	—	410～540	59～78	200～380	29～55	35～60	45～78HRB	15～19
TD01	1/4H	1/4 硬	—	510～610	74～88	410～560	59～81	20～45	68～90HRB	15～19
TD02	1/2H	1/2 硬	—	580～690	84～100	510～660	74～96	12～30	88～96HRB	15～19
TD04	H	硬	—	680～830	90～120	620～800	90～116	2～10	96～102HRB	15～19
TF00(C)	AT	退火	3h,315℃	1030～1250	149～181	890～1140	129～165	3～20	33～38HRB	22～28
			3h,345℃	1105～1275	160～185	860～1140	125～165	4～10	34～40HRC	22～28
TH01(C)	1/4HT	1/4 硬	2h,315℃	1100～1320	160～191	930～1210	135～175	3～15	35～40HRC	22～28
			3h,330℃	1170～1345	170～195	895～1170	130～170	3～6	36～41HRC	22～28
TH02(C)	1/2HT	1/2 硬	2h,315℃	1170～1380	170～200	1030～1250	149～181	1～10	37～42HRC	22～28
			2h,330℃	1240～1380	180～200	965～1240	140～180	2～5	38～42HRC	22～28
TH04(C)	HT	硬	2h,315℃	1240～1380	180～200	1060～1250	154～181	1～6	38～44HRC	22～28
			2h,330℃	1275～1415	185～205	1070～1345	155～195	2～5	39～43HRC	22～28

续表

状态名称		初始条件①	时效处理②	抗拉强度		0.2%屈服强度		伸长率	硬度	电导率
ASTM B601	商业			MPa	ksi	MPa	ksi	%		%IACS
C17000(97.9Cu～1.7Be)										
TM00	AM	退火	M	680～760	99～110	480～660	70～96	18～30	98HRB～23HRC	18～33
TM01	1/4HM	1/4 硬	M	750～830	109～120	550～760	80～110	15～25	20～26HRC	18～33
TM02	1/2HM	1/2 硬	M	820～940	119～136	650～870	94～126	12～22	24～30HRC	18～33
TM04	HM	硬	M	930～1040	135～151	750～940	109～136	9～20	28～35HRC	18～33
TM05	SHM	硬	M	1030～1110	149～161	860～970	125～141	9～18	31～37HRC	18～33
TM06	XHM	硬	M	1060～1210	154～175	930～1140	135～165	3～10	32～38HRC	18～33
C17200(98.1Cu～1.9Be)										
TB00	A	退火	—	410～530	59～77	190～250	28～36	35～65	45～78HRB	15～19
TB00	A 平整	退火	—	410～540	59～78	200～380	29～55	35～60	45～78HRB	15～19
TD01	1/4H	1/4 硬	—	510～610	74～83	410～560	59～81	20～45	68～90HRB	15～19
TD02	1/2H	1/2 硬	—	580～690	84～100	510～660	74～95	12～30	88～96HRB	15～19
TD04	H	硬	—	680～830	99～120	620～800	90～116	2～18	96～102HRB	15～19
TF00(C)	AT	退火	3h,315℃	1130～1350	164～195	960～1205	139～175	3～15	36～42HRC	22～28
			1/2h,370℃	1105～1310	160～190	895～1205	130～175	3～10	34～40HRC	22～28
TH01(C)	1/4HT	1/4 硬	2h,315℃	1200～1420	174～206	1030～1275	149～185	3～10	36～43HRC	22～28
			1/4h,370℃	1170～1380	170～200	965～1275	140～185	2～6	36～42HRC	22～28
TH02(C)	1/2HT	1/2 硬	2h,315℃	1270～1490	184～216	1100～1350	159～196	1～8	38～44HRC	22～28
			1/4h,370℃	1240～1450	180～210	1035～1345	150～195	2～5	38～44HRC	22～28
TH04(C)	HT	硬	2h,315℃	1310～1520	190～220	1130～1420	164～206	1～6	38～45HRC	22～28
			1/4h,370℃	1275～1480	185～215	1105～1415	160～205	1～4	39～45HRC	22～28
TM00	AM	退火	M	680～760	99～110	480～660	70～96	16～30	95HRB～23HRC	17～28
TM01	1/4HM	1/4 硬	M	750～830	109～120	550～760	80～110	15～25	20～26HRC	17～28
TM02	1/2HM	1/2 硬	M	820～910	119～136	650～870	94～126	12～22	23～30HRC	17～28
TM04	HM	硬	M	930～1040	135～150	750～940	109～136	9～20	28～35HRC	17～28
TM05	SHM	硬	M	1030～1110	149～160	860～970	125～140	9～18	31～37HRC	17～28
TM06	XHM	硬	M	1060～1210	154～175	930～1180	135～171	4～15	32～38HRC	17～28
TM08	XHMS	硬	M	1200～1320	174～191	1030～1250	149～181	3～12	33～42HRC	17～28
C17400[99.5Cu(min)-030Be-0.25Co]和 C17410[99.5Cu(min)-03Be-05Co]										
—	HT	硬	MK	750～900	109～130	650～870	94～126	7～17	95HRB～27HRC	45～55
C17500(96.9Cu-0.55Be-2.55Co)和 C17510(97.8Cu-0.1Be-1.8Ni)										
TB00	A	退火	—	240～380	35～55	130～210	19～30	20～40	20～45HRB	20～30
TB00	A 平整	退火	—	240～380	35～55	170～320	25～46	20～40	20～45HRB	20～30
TD04	H	硬	—	480～590	70～85	370～560	54～81	2～10	78～88HRB	20～30
TF00(c)	AT	退火	3h,455℃	725～825	105～120	550～725	80～105	8～12	93～100HRB	45～60
			3h,180℃	680～900	99～130	550～690	80～100	10～25	92～100HRB	45～60
TM00	AM	退火	M	680～900	99～130	550～690	80～100	10～25	92～100HRB	45～60
TH04(e)	HT	硬	2h,455℃	792～950	115～138	725～860	105～125	5～8	97～104HRB	45～52
			2h,180℃	750～940	109～135	650～830	94～120	8～20	95～102HRB	48～60
TM01	HM	硬	M	750～940	109～135	650～830	91～120	8～20	95～102HRB	48～60
—	HTR	硬	M	820～1040	119～150	750～970	109～140	1～5	98～103HRB	48～60
—	HTC	硬	M	510～590	74～85	340～520	49～75	8～20	79～88HRB	60min

① 全部退火均为固溶处理，轧制硬化和（或）热处理前全部合金进行退火。

② M 表示用特殊轧制工艺进行轧制硬化并经沉淀处理。

表 10-144 铍铜合金线材的力学性能和电性能

状态名称		时效处理	线材直径		抗拉强度		屈服强度		伸长率	电导率
ASTM	商业		mm	in	MPa	ksi	MPa	ksi	%	%IACS
C17200 和 C17300										
TB00	A	—	1.3～12.7	0.05～0.5	410～540	59～78	130～210	19～30	30～60	15～19
TD01	1/4H	—	1.3～12.7	0.05～0.5	620～800	90～116	510～730	74～106	3～25	15～19
TD02	1/2H	—	1.3～12.7	0.05～0.5	750～940	110～136	620～870	90～126	2～15	15～19
TD03	3/4H	—	1.3～2.0	0.05～0.08	890～1070	130～155	790～1040	115～151	2～8	15～19
TD04	H	—	1.3～2.0	0.05～0.08	960～1140	140～165	890～1110	129～161	1～6	15～19
TF00	AT	3h,315～330℃	1.3～12.7	0.05～0.5	1100～1380	160～200	990～1250	144～181	3min	22～28
TH01	1/4HT	2h,315～330℃	1.3～12.7	0.05～0.5	1200～1450	175～210	1130～1380	164～200	2min	22～28
TH02	1/2HT	1.5h,315～330℃	1.3～12.7	0.05～0.5	1270～1490	184～216	1170～1450	170～210	2min	22～28
TH03	3/4HT	1h,315～330℃	1.3～2.0	0.05～0.08	1310～1590	190～230	1200～1520	174～220	2min	22～28
TH04	HT	1h,315～330	1.3～2.0	0.05～0.08	1340～1590	194～230	1240～1520	180～220	1min	22～28
C17510 和 C17500										
TB00	A	—	1.3～12.7	0.05～0.5	240～380	35～55	60～210	8.7～30	20～60	20～30
TD04	H	—	1.3～12.7	0.05～0.5	440～560	64～81	370～520	54～75	2～20	20～30
TF00	AT	3h,480～495℃	1.3～12.7	0.05～0.5	680～900	99～130	550～760	80～110	10min	45～60
TH04	HT	2h,480～495℃	1.3～12.7	0.05～0.5	750～970	109～140	650～870	94～126	10min	48～60

表 10-145 铍铜合金棒材、型材、管材和板材的力学性能和电性能

状态名称		时效处理	外径或宽度		抗拉强度		屈服强度		伸长率	硬度	电导率
ASTM	商业		mm	in	MPa	ksi	MPa	ksi	%		%IACS
C17200											
TB00	A	—	全部尺寸		410～590	59～86	130～250	19～36	20～60	45～85HRB	15～19
TD04	H	—	≤9.5	≤3/8	620～900	90～130	510～730	74～106	8～30	92～103HRB	15～19
			9.5～25	3/8～1	620～870	90～126	510～730	74～106	8～30	88～102HRB	15～19
			25～50	1～2	580～830	84～120	510～730	74～106	8～20	88～101HRB	15～19
			50～75	2～3	580～830	84～120	510～730	74～106	8～20	88～101HRB	15～19
TF00	AT	3h,315～330℃	全部尺寸		1130～1380	164～200	890～1210	129～175	3～10	36～41HRC	22～28
TH04	HT	2～3h,315～330℃	≤9.5	≤3/8	1270～1560	184～226	1100～1380	160～200	2～9	39～45HRC	22～28
			9.5～25	3/8～1	1240～1520	180～220	1060～1350	154～196	2～9	38～44HRC	22～28
			25～50	1～2	1200～1490	174～216	1030～1320	149～191	4～9	37～44HRC	22～28
			50～75	2～3	1200～1490	174～216	990～1280	144～186	4～9	37～44HRC	22～28
C17000											
TB00	A	—	全部尺寸		410～590	60～86	130～250	19～36	20～60	45～85HRB	15～19
TD00	H	—	≤9.5	≤3/8	620～900	90～130	510～730	74～106	8～30	92～103HRB	15～19
			9.5～25	3/8～1	620～870	90～126	510～730	74～106	8～30	92～102HRB	15～19
			25～50	1～2	580～830	84～120	510～730	74～106	8～20	88～101HRB	15～19
			50～75	2～3	580～830	84～120	510～730	74～106	8～20	88～101HRB	15～19
TF00	AT	3h,315～330℃	全部尺寸		1030～1320	150～191	860～1070	125～155	3～10	32～39HRC	22～28
TH04	HT	2～3h,315～330℃	≤9.5	≤3/8	1170～1450	170～210	990～1280	144～186	2～5	35～41HRC	22～28
			9.5～25	3/8～1	1170～1450	170～210	990～1280	144～186	2～5	35～41HRC	22～28
			25～50	1～2	1130～1380	164～200	960～1250	139～181	2～5	34～39HRC	22～28
			50～75	2～3	1130～1380	164～200	930～1210	135～175	2～6	34～39HRC	22～28
C17500 和 C17510											
TB00	A	—	全部尺寸		240～380	35～55	60～210	8.7～30	20～35	20～50HRB	20～30
TD04	H	—	≤5	≤3	440～560	61～81	340～520	19～75	10～45	60～80HRB	20～30
TF00	AT	3h,480℃	全部尺寸		680～900	99～130	550～690	80～100	10～25	92～100HRB	45～60
TH04	HT	2h,480℃	≤75	≤3	750～970	109～140	650～870	94～126	5～25	95～102HRB	48～60

表 10-146 铍铜铸造合金的力学性能

UNS 代号与状态	屈服强度 $\sigma_{0.2}$		抗拉强度 σ_b		标距 50mm 伸长率	硬度
	MPa	ksi	MPa	ksi	%	
C82000 铸造	105~170	15~25	310~380	45~55	15~25	50~60HRB
铸造和时效	170~310	25~45	380~480	55~70	10~15	65~75HRB
固溶退火和时效	480~550	70~80	620~760	90~110	3~15	92~100HRB
C82200 铸造	170~240	25~35	380~410	55~60	15~25	55~65HRB
铸造和时效	280~380	40~55	410~520	60~75	10~20	75~90HRB
固溶退火和时效	480~550	70~80	620~690	90~100	5~10	92~100HRB
C82400 铸造	240~280	35~40	450~520	65~75	20~25	74~82HRB
铸造和时效	450~520	65~75	655~720	95~105	10~20	20~24HRC
固溶退火和时效	930~1000	135~145	1000~1070	145~155	2~4	34~39HRC
C82500 和 C82510 铸造	280~345	40~50	520~590	75~85	15~30	80~85HRB
铸造和时效	480~520	70~75	690~720	100~105	10~20	20~24HRC
固溶退火和时效	830~1030	120~150	1030~1210	150~175	1~3	38~43HRC
C82600 铸造	310~345	45~50	550~590	80~85	15~25	81~86HRB
铸造和时效	410~450	60~65	650~720	95~105	10~15	20~25HRC
固溶退火和时效	1070~1170	155~170	1140~1240	165~180	1~2	40~45HRC
C82800 铸造	345~410	50~60	590~620	85~90	5~25	80~90HRB
铸造和时效	410~480	60~70	655~720	95~105	10~15	20~25HRC
固溶退火和时效	1140~1240	165~180	1240~1340	180~195	0.5~3	43~47HRC

表 10-147 铍铜合金锻材和挤压材的力学性能和电性能

合金代号①	热处理	抗拉强度		屈服强度		伸长率	硬度	电导率
		MPa	ksi	MPa	ksi	%		%IACS
C17200(TB00)	—	410~590	59~85	130~280	19~41	35~60	45~85HRB	15~19
	3h,330℃	1130~1320	164~194	890~1210	129~175	3~10	36~42HRC	22~28
C17000(TB00)	—	410~590	59~85	130~280	19~41	35~60	45~85HRB	15~19
	3h,330℃	1030~1250	149~181	860~1070	125~155	4~10	32~39HRC	22~28
C17500(TB00)和 C17510(TB00)	—	240~380	35~53	130~280	19~41	20~35	20~50HRB	20~35
	3h,480℃	680~830	99~120	550~690	80~100	10~25	92~100HRB	45~60

① 括弧内为 ASTM 的状态名称；全部合金在热处理前均为退火状态。

表 10-148 铍铜合金在不同热加工温度下的力学性能

合金	温度		拉伸屈服强度		伸长率	变形抗力	
	℃	℉	MPa	ksi	%	MPa	ksi
高强度铍铜合金							
C17000-C172000①	705	1300	48	7	60	7~193	10~28
	760	1400	14	2	105	55~138	8~20
	815	1500	7	1	130	48~117	7~17
高导铍铜合金							
C17500-C17510	705	1300	76	11	35	110~228	16~33
	760	1400	55	8	45	83~186	12~27
	815	1500	34	5	55	69~159	10~23
	870	1600	20	3	70	41~138	6~20
	925	1700	14	2	85	34~110	5~16

① C17300 合金不能锻造。

表 10-149 铍铜合金的物理性能（表中性能适于时效硬化产品）

合金代号	密度		弹性模量		线胀系数 20～200℃ (70～390℉)		热导率		熔化范围	
	g/cm^3	lb/in^3	GPa	10^6psi	$10^{-6}K^{-1}$	$10^{-6}/℉$	W/(m·K)	Btu(n·h·℉)	℃	℉
加工合金										
C17200①	8.36	0.302	131	19	17	9.4	105	60	870～980	1600～1800
C17300①	8.36	0.302	131	19	17	9.4	105	60	870～980	1600～1800
C17000①	8.41	0.304	131	19	17	9.4	105	60	890～1000	1635～1830
C17510②	8.83	0.319	138	20	18	10	240	140	1000～1070	1830～1960
C17500②	8.83	0.319	138	20	18	10	200	115	1000～1070	1830～1960
C17410	8.80	0.318	138	20	18	10	230	133	1020～1070	1870～1960
铸造合金										
C82000	8.83	0.319	140	20.3	18	10	195	113	—	—
C82200	8.83	0.319	140	20.3	18	10	250	145	—	—
C82400	8.41	0.304	130	18.9	18	10	100	58	—	—
C82500	8.30	0.300	130	18.9	18	10	97	56	—	—
C82510	8.30	0.300	130	18.9	18	10	97	56	—	—
C82600	8.22	0.297	130	18.9	18	10	93	54	—	—
C82800	8.14	0.294	130	18.9	18	10	90	52	—	—

① 时效硬化前的密度为 $8.25g/cm^3$ ($0.298lb/in^3$)；② 时效硬化前的密度为 $8.75g/cm^3$ ($0.316lb/in^3$)。

表 10-150 连续铸造铜合金的力学性能（ASTM B505/B505M—2005）

合金代号	抗拉强度(不小于)		屈服强度(不小于)		伸长率/%	布氏硬度(不小于)	备注
	ksi	MPa	ksi	MPa	不小于		
C83600	36	248	19.0	131	15	—	
C83800	30	207	15.0	103	16	—	
C84200	32	221	16.0	110	13	—	
C84400	30	207	15.0	103	16	—	
C84800	30	207	15.0	103	16	—	
C85610	74	510	50	343	15	—	
C86200	90	621	45.0	310	18	—	
C86300	110	758	62	427	14	—	
C96500	70	483	25	172	25	—	
C90300	44	303	22	152	18	—	
C90500	44	303	25	172	10	—	
C90700	40	276	25	172	10	—	
C91000	30	207	—	—	—	—	
C91300	—	—	—	—	—	160(3000kg)	
C92200	38	252	19	131	18	—	
C92300	40	276	19	131	16	—	
C92500	40	276	24	165	10	—	
C92700	38	252	20	138	8	—	
C92800	—	—	—	—	—	—	洛氏硬度 72～82HRB
C92900	45	310	25	172	8	—	
C93200	35	241	20	138	10	—	
C93400	34	234	20	138	8	—	
C93500	30	207	16	110	12	—	
C93700	35	241	20	138	6	—	
C93800	25	172	16	110	5	—	
C93900	25	172	16	110	5	—	
C94000	—	—	—	—	—	80(500kg)	
C94100	25	172	17	117	7	—	
C94300	21	145	15	103	7	—	
C94700	45	310	20	138	25	—	
C94700 HT	75	517	50	345	5	—	热处理
C94800	40	276	20	138	20	—	
C95200	68	469	26	179	20	—	
C95300	70	483	26	179	25	—	
C95300 HT	80	552	40	276	12	—	热处理
C95400	85	586	32	221	12	—	
C95400 HT	95	655	45	310	10	—	热处理
C95410	85	585	32	221	12	—	
C95500	95	655	42	290	10	—	
C95500 HT	110	758	62	427	8	—	热处理
C95800	85	586	35	241	18	—	
C96400	65	448	35	241	25	—	
C97300	30	207	15	103	8	—	
C97600	40	276	20	138	10	—	
C97800	45	310	22	152	8	—	

表 10-151 铸造铜合金的典型性能

UNS系列合金代号	抗拉强度		屈服强度①		压缩屈服强度②		伸长率	硬度	电导率
	MPa	ksi	MPa	ksi	MPa	ksi	%	(HB③)	%IACS
ASTM B22									
C86300	820	119	468	68	490	71	18	225④	8.0
C90500	317	46	152	22	—	—	30	75	10.9
C91100	241	35	172	25	≥125	≥18	2	135④	8.5
C91300	241	35	207	30	≥165	≥24	0.5	170④	7.0
ASTM B61									
C92200	280	41	110	16	105	15	45	64	14.3
ASTM B62									
C83600	240	35	105	15	100	14	32	62	15.0
ASTM B66									
C93800	221	32	110	16	83	12	20	58	11.6
C94300	186	27	90	13	76	11	15	48	9.0
C94400	221	32	110	16	—	—	18	55	10.0
C94500	172	25	83	12	—	—	12	50	10.0
ASTM B67									
C94100	138	20	97	14	—	—	15	44	—
ASTM B148									
C95200	552	80	200	29	207	30	38	120④	12.2
C95300	517	75	186	27	138	20	25	140④	15.3
C95400	620	90	255	37	—	—	17	170	13.0
C95400(HT)⑤	758	110	317	46	—	—	15	195④	12.4
C95410	620	90	255	37	—	—	17	170④	13.0
C95410(HT)⑤	793	116	400	58	—	—	12	225④	10.2
C95500	703	102	303	44	—	—	12	200④	8.8
C95500(HT)⑤	848	123	545	79	—	—	5	248④	8.4
C95600	517	75	234	34	—	—	18	140④	8.5
C95700	655	95	310	45	—	—	26	180④	3.1
C95800	662	96	255	37	241	35	25	160④	7.0
ASTM B176									
C85700	—	—	—	—	—	—	—	—	—
C85800	380	55	205⑥	30⑥	—	—	15	—	22.0
C86500	—	—	—	—	—	—	—	—	—
C87800	620	90	205⑥	30⑥	—	—	25	—	6.5
C87900	400	58	205⑥	30⑥	—	—	15	—	—
C99700	415	60	180	26	—	—	15	120④	3.0
C99750	—	—	—	—	—	—	—	—	—
ASTM B584									
C83450	255	37	103	15	69	10	34	62	20.0
C83600	241	35	103	15	97	14	32	62	15.1
C83800	241	35	110	16	83	12	28	60	15.3
C84400	234	34	97	14	—	—	28	55	16.8
C84800	262	38	103	15	90	13	37	59	16.4
C85200	262	38	90	13	62	9	40	46	18.6
C85400	234	34	83	12	62	9	37	53	19.6
C85700	352	51	124	18	—	—	43	76	21.8
C86200	662	96	331	48	352	51	20	180④	7.4

续表

UNS系列合金代号	抗拉强度		屈服强度①		压缩屈服强度②		伸长率	硬度	电导率
	MPa	ksi	MPa	ksi	MPa	ksi	%	(HB③)	%IACS
C86300	820	119	469	68	489	71	18	225④	8.0
C86400	448	65	166	24	159	23	20	108④	19.3
C86500	489	71	179	26	166	24	40	130④	20.5
C86700	586	85	290	42	—	—	20	155④	16.7
C87300	400	58	172	25	131	19	35	85	6.1
C87400	379	55	165	24	—	—	30	70	6.7
C87500	469	68	207	30	179	26	17	115	6.1
C87600	456	66	221	32	—	—	20	135④	8.0
C87610	400	58	172	25	131	19	35	85	6.1
C90300	310	45	138	20	90	13	30	70	12.4
C90500	317	46	152	22	103	15	30	75	10.9
C92200	283	41	110	16	103	15	45	64	14.3
C92300	290	42	138	20	69	10	32	70	12.3
C92600	303	44	138	20	83	12	30	72	10.0
C93200	262	38	117	17	—	—	30	67	12.4
C93500	221	32	110	16	—	—	20	60	15.0
C93700	269	39	124	18	124	18	30	67	10.1
C93800	221	32	110	16	83	12	20	58	11.6
C94300	186	27	90	13	76	11	15	48	9.0
C94700	345	50	159	23	—	—	35	85	11.5
C94700(HT)⑦	620	90	483	70	—	—	10	210④	14.8
C94800	310	45	159	23	—	—	35	80	12.0
C94900	≥262	≥38	≥97	≥14	—	—	≥15	—	—
C96800	≥862	≥125	≥689⑥	≥100⑥	—	—	≥3	—	—
C97300	248	36	117	17	—	—	25	60	5.9
C97600	324	47	179	26	159	23	22	85	4.8
C97800	379	55	214	31	—	—	16	130④	4.5

① 在负荷下伸长0.5%时。
② 永久变形为0.025mm(0.001in)时。
③ 负荷为4900N(1100lbf)。
④ 负荷为29400N(6600lbf)。
⑤ 900℃(1650℉)水淬，590℃(1100℉)回火、水淬。
⑥ 偏差0.2%。
⑦ 760℃(1400℉)固溶退火4h，水淬，然后315℃(600℉)时效5h，空冷。
注：HT表示合金为热处理状态。

表10-152 铝青铜砂型铸件的力学性能（ASTM B148—2014）

合金代号	材料状态	抗拉强度/MPa(ksi)(不小于)	屈服强度/MPa(ksi)(不小于)	伸长率/%(不小于)	硬度(HB)
C95200	铸造状态	450(65)	170(25)	20	110
C95300	铸造状态 热处理	450(65) 550(80)	170(25) 275(40)	20 12	110 160
C95400	铸造状态 热处理	515(75) 620(90)	205(30) 310(45)	12 6	150 190
C95500	铸造状态 热处理	620(90) 760(110)	275(40) 415(60)	6 5	190 200
C95600	铸造状态	415(60)	195(28)	10	—
C95700	铸造状态	620(90)	275(40)	20	—
C95800	铸造状态	585(85)	240(35)	15	—

表 10-153　美国金属型青铜铸件的力学性能（ASTM B62—2009）

合金牌号	材料状态	抗拉强度/MPa(ksi)（不小于）	屈服强度/MPa(ksi)（不小于）	伸长率/% 50.8mm(2in)以内（不小于）	硬度(HRB)
C83600	铸态	205(30)	95(14)	20	—
美国黄铜合金压铸件的力学性能(ASTM B 176—2004)					
C85800	铸态	379(55)	207(30)	15	55～60
C87800	铸态	586(85)	345(50)	25	85～90
C87900	铸态	483(70)	241(35)	25	68～72
美国齿轮用青铜合金铸件的力学性能(ASTM B 427—2002)					
C90700 C90800 C91700	离心铸造 硬模铸造	345(50)	193(28)	12	95
C91600	铸态硬模铸造	310(45)	172(25)	10	85
C90700 C90800 C91700 C91600	砂型铸造	241(35)	117(17)	10	65
C92900	砂型或硬模铸造	310(45)	172(25)	8	75

表 10-154　几种主要铜合金砂型铸造时的铸造性能

UNS系列合金代号	合金类型	允许收缩率/%	液相线温度 ℃	液相线温度 ℉	铸造性能等级①	流动性等级①
C83600	含铅红色黄铜	5.7	1010	1850	2	6
C84400	含铅半黄铜	2.0	980	1795	2	6
C84800	含铅半黄铜	1.4	955	1750	2	6
C85400	含铅黄铜	1.5～1.8	940	1725	4	3
C85800	黄铜	2.0	925	1700	4	3
C86300	锰青铜	2.3	920	1690	5	2
C86500	锰青铜	1.9	880	1615	4	2
C87200	硅青铜	1.8～2.0	—	—	5	3
C87500	硅黄铜	1.9	915	1680	4	1
C90300	锡青铜	1.5～1.8	980	1795	3	6
C92200	含铅锡青铜	1.5	990	1810	3	6
C93700	富铅锡青铜	2.0	930	1705	2	6
C94300	富铅锡青铜	1.5	925	1700	6	7
C95300	铝青铜	1.6	1045	1910	8	3
C95800	铝青铜	1.6	1060	1940	8	3
C97600	白铜	2.0	1145	2090	8	7
C97800	白铜	1.6	1180	2160	8	7

① 表示砂型铸造的相对等级。铸造性能和流动性均从 1～8 分成 8 个等级，1 是可能达到的最高速率。

10.3.3 铜及铜合金的特性及用途

表 10-155 美国铜及铜合金的特性及用途

合金代号	特性及用途
C10100	冷、热加工性能均极好，可锻性良好。可用作汇流排、波导管、电子管的引入线和阳极、真空封接件、晶体管部件、调速管、微波管、整流器中
C10200	冷、热加工性均极好。主要用作汇流排、波导管等
C10300	冷、热加工性均极好。主要用于汇流排、导线、要求高导电性和良好焊接性的零件
C10400,C10500,C10700	冷、热加工性均极好。主要用作自动调整垫圈、散热器、无线电零件、印刷线路板
C10800	冷、热加工性能均极好。主要用作制冷器、空调器、煤气加热器管路、热交换器用管、液压油管等
C11000	冷、热加工性能均极好。主要用作建筑材料、汽车散热器、垫圈、无线电零件
C11100	冷、热加工性能均极好。主要用来制造要求耐热强度高的输电器件
C11300,C11400 C11500,C11600	冷、热加工性能均极好。主要用作垫圈、散热器、汇流排、电气开关、印刷线路板
C12000,C12100	冷、热加工性能均极好。主要用作汇流排、导线、需要焊接的零件
C12200	冷、热加工性能均极好。主要用作煤气加热器管路、油管、压力管、冷凝管、热交换器管
C12500,C12700,C12800 C12900,C13000	冷、热加工性能均极好。用途同 C11000
C14200	冷、热加工性能均极好。主要用作机车锅炉炉膛板、锚栓、热交换器和冷凝器管
C14300	冷、热加工性能均极好。主要用作要求耐热强度高的电器元件，如电接触器、接线柱、电热元件等
C14500	冷、热加工性能均极好。主要用作要求高导电性和耐蚀性的锻件和螺纹件、电气插接元件
C14700	冷、热加工性能均良好。主要用作高导电性和轻负荷的弹簧电气触点、灯具、插接电器元件
C15500	冷、热加工性能均极好。用途同上
C16200	冷加工性极好，热加工性能良好。主要用作电气、电热元件、高强度输电线、电气开关元件、波导管等
C16500	冷加工性极好，热加工性能良好。主要用作电气产品弹簧件、线夹、电阻焊电极
C17000	冷加工性极好，热加工性良好。主要用作膜片、膜盒、波纹管、弹簧
C17200	性能和用途均同于 C17000 铍青铜，并具有不产生火花的特点
C17300	性能和用途同 C17200，并且有较好的切削加工性能
C17500	冷加工性能极好，热加工性能良好。主要用作保险丝夹、紧固件、弹簧开关、继电器零件
C18200,C18400,C18500	冷加工性极好，热加工性良好。主要用作电阻焊电极、电气开关、断电器零件、高强度的电热零件
C18700	冷加工性能良好，热加工性不好。主要用作插接件、电动机和开关零件，以及要求高导电性能的螺纹切削零件
C18900	冷、热加工性均极好。主要用作焊条。在惰性气体保护焊和氧乙炔焊时的焊接用铜部件
C19000	冷、热加工性均极好。主要用作弹簧、插接元件、功率管、电子管元件，以及要求高强度、高导电性和耐疲劳性好的电气零件
C19100	冷、热加工性能均良好。有极好的切削加工和耐蚀性能，有高的淬硬性。主要用作锻件、螺纹切削件、齿轮、船用小五金、焊枪喷嘴等
C19200	冷、热加工性能均极好。主要用作液压制动管路、空调管、热交换器，以及要求耐应力腐蚀的零件
C19400	冷、热加工性均极好。主要用作断电器零件、接触弹簧、垫圈、冷凝器管
C19500	冷、热加工性均极好。主要用作电器弹簧、插座、接线柱，以及有一定强度要求的电气零件
C22000	冷加工性极好，热加工性良好。主要用作铜网、挡风板、化妆品盒、船用小五金、螺钉、铆钉
C22600	冷加工性极好，热加工性良好。主要用作建筑用的角形件、槽形件、服装上的装饰品
C23000	冷加工性极好，热加工性良好。主要用作挡风条、导管、插座、灭火器、散热器、冷凝器等
C24000	冷加工性极好。主要用作波纹管、乐器、钟表面板等
C26000	冷加工性能极好。主要用作散热器片、冰箱、弹壳、灯头、销钉、铆钉等
C26800,C27000	冷加工性极好。主要用途同 C26000，但不作弹壳
C28000	热加工性极好。主要用作大螺母和螺钉、螺栓、冷凝管、热锻件等

续表

合金代号	特性及用途
C31400	切削加工性极好。主要用作螺钉、机械零件等
C31600	切削性极好,冷加工性良好,热加工性不好。主要用作电气插接元件、紧固件、小五金件、螺钉、螺母和切削用机械零件
C33000	切削性良好,冷加工性极好。主要用作汽缸体和衬板
C33200	切削性极好。主要用作普通的切削加工零件
C33500	切削性良好,冷加工性极好。主要用作铰链、活动连接件、手表后盖
C34000	切削性和冷加工性均良好。主要用作铰链、齿轮、螺钉、螺母、铆钉、仪表盘
C34200	切削性能极好,冷加工性能良好。主要用作钟表的盖板、齿轮等
C34900	冷加工性良好,热加工性尚可。主要用作建筑小五金、铆钉、螺母、医用零件
C35000	切削性良好,冷加工性尚可,热加工性不好。主要用作轴承保持架、钟表夹板、雕刻用板、齿轮、软管接头
C35300	切削性极好,冷加工性良好。主要用作钟表的夹板、螺母、后盖、齿轮
C35600	切削性极好。用途同 C34200、C35300
C36000	切削性极好。主要用作齿轮和高速的自动切削零件
C36500,C36800	切削性良好,热加工性极好。主要用作冷凝器、管板
C37000	切削性良好,热加工性极好。主要用作自动切削零件
C37700	热加工性极好。主要用作锻件和各种模压件
C38500	切削性和热加工性均极好。主要用作建筑型材、门窗框架、活页、锁头和锻造零件等
C40500	冷加工性极好。主要用作测量仪器夹、接线柱、断电器弹簧、热圈
C40800	冷加工性极好。主要用作电气插接件
C41100	冷加工性极好,热加工性良好。主要用作衬套、轴承套、止推环、接线柱、插接件、导电零件等
C41300	冷加工性极好,热加工性良好。主要用作装饰品和电气开关的扁弹簧
C41500	冷加工性极好。主要用作电气开关的弹簧
C42200	冷加工性极好,热加工性良好。主要用作窗框、接线柱、弹性垫圈、接触器弹簧和电气插接件
C42500	冷加工性极好。主要用作电气开关、弹簧、接线柱、挡风板等
C43000	冷加工性极好,热加工性良好。用途同 C42500
C43400	冷加工性极好。主要用作电气开关零件、叶片、断电器弹簧、接触器等
C43500	冷加工性极好。主要用作压力计管和乐器
C44300,C44400,C44500	冷加工性极好。主要用作冷凝器、蒸发器和热交换器管
C46400,C46700	热加工性极好。主要用作飞机上的接头零件、舰船上的小五金、螺栓、螺母、阀杆、冷凝器管和焊条等
C48200	热加工性良好。主要用作舰船上的小五金、阀杆、螺纹切削零件
C48500	热加工性和切削性均极好。主要用作船舶上的小五金器件
C50500	冷加工性极好,热加工性良好。主要用作电接触器
C51000	冷加工性极好。主要用作波纹管、压力计管、膜片、离合器盘、紧固件、锁紧垫圈以及纺织机械零件
C51100	冷加工性极好。主要用作架接承重板、探测器杆、轴承、弹簧、铜丝刷、化工及纺织机械零件等
C52100	冷加工性良好。主要用于比 C51000 的使用条件更差的地方
C52400	冷加工性良好。主要用于承受重压的搭接板,以及用作要求高弹性和耐磨性的零件
C54400	切削性极好,冷加工性良好。主要用作轴承、衬套、齿轮、轴、止推环等零件
C60800	冷加工性良好,热加工性尚可。主要用作冷凝器、蒸发器、热交换器的管、蒸馏器的管件等
C61000	冷加工性良好。主要用作螺栓、泵的零件、轴、连杆和双金属板的耐磨表面
C61300	冷热加工性均良好。主要用作螺栓、螺母、丝杠、耐蚀容器、冷凝器管、船用复合板、紧固件
C61400	冷热加工性均良好。主要用作耐蚀容器、冷凝器管、机械零件和船用复合板等
C61800	冷、热加工性良好。主要用衬套、轴承、耐蚀零件和焊条等
C61900	热加工性良好。主要用作弹簧、接触器和电气开关零件
C62300	冷、热加工性均良好。主要用作轴承、衬套、阀杆、阀座、齿轮、螺栓、螺母、活塞杆、蜗轮、凸轮等
C62400	热加工性极好。主要用作衬套、齿轮、凸轮、耐磨零件、销钉等

续表

合金代号	特性及用途
C62500	热加工性极好。主要用作导向衬套、耐磨零件、凸轮等
C63000	热加工性良好。主要用作螺栓、螺母、阀座、柱塞、水泵轴、船用结构零件等
C63200	热加工性良好。主要用作螺栓、螺母、水泵零件、耐蚀零件
C63600	冷加工性极好,热加工性尚可。主要用作接触器上的螺钉和螺母等
C63800	冷、热加工性均极好。主要用作弹簧、开关零件、接触器、继电器弹簧、搪瓷制品
C64200	热加工性极好。主要用作阀座、阀杆、螺栓、螺母、齿轮、船用小五金
C65100	冷、热加工性均极好。主要用作液压管路、螺栓、电缆接头、铆钉、热交换器管
C65500	冷、热加工性均极好。用途同 C65100,并用作螺旋桨轴等
C66700	冷加工性极好。主要用来制作需要焊接的黄铜制品
C67400	热加工性极好。主要用作衬套;齿轮、连杆、轴、耐磨板等
C67500	热加工性极好。主要用作离合器盘、活塞杆、阀杆、阀座、轴承等
C68700	冷加工性极好。主要用作冷凝器、蒸发器和热交换器的管件
C68800	冷、热加工性均极好。主要用作弹簧、电气开关、接触器、继电器和深冲压零件等
C69400	热加工性极好。主要用作要求高强度和耐蚀性的阀杆
C70400	冷加工性极好,热加工性良好。主要用作冷凝器、蒸发器和热交换器的套管、船用冷凝器进水系统零件等
C70600	冷、热加工性均良好。主要用作冷凝器管、蒸馏器管、热交换器套管
C71000	冷、热加工性均良好。主要用作通讯继电器、电阻器弹簧、冷凝器套管、热交换器套管
C71500	性能用途同 C70600
C71700	冷、热加工性均良好。主要用作耐海水腐蚀的高强度结构件、水中探测器壳体,以及海底电话电缆用的长环、螺栓、螺钉等
C72200	冷、热加工性均良好。主要用作冷凝器和热交换器的套管等
C72500	冷、热加工性均极好。主要用作继电器和开关弹簧、插接件、探测架、膜盒和焊料等
C74500	冷加工性极好。主要用作铆钉、螺钉、拉链、光学仪器零件、医用器皿、铭牌等
C75200	冷加工性极好。主要用作铆钉、螺钉、餐具、拉链、照相机零件、服装装饰、仪表刻度盘和铭牌
C75400	冷加工性极好。主要用作照相机零件、光学仪器零件、装饰品
C75700	冷加工性极好。主要用作照相机零件、光学仪器零件和铭牌等
C77000	冷加工性良好。主要用作光学仪器零件、弹簧、电阻丝等
C78200	冷加工性和切削性良好。主要用作手表零件和钥匙坯等

表 10-156 铸造铜合金的典型用途

合金代号	铸造方法	典型用途
C82200	C,T,I,M,P,S	离合器胀圈、闸轮、电焊机电极、点焊机夹钳、衬套、冷水器
C82400,C82500	C,T,M,P,S	安全设备、塑料机模具、凸轮、衬套、轴承、阀门、泵零件
C82600,C82700	C,I,M,P,S	轴承和塑料模具
C82800	C,I,M,P,S	塑料件模具、凸轮、衬套、轴承、阀门、泵零件、套管
C83300	S	电缆接线端头
C83400	C,S	中等强度、中等导电率的铸件、旋转手柄
C83600	C,T,S	阀门、法兰盘、管接头、管路件、泵零件
C83800	C,T,I,S	装饰零件、小齿轮、低压阀门、管接头以及在一些气体和液体中工作的零件
C84200	C,T,S	管接头、连接器、衬套、固定螺母、轴销等
C84400	C,T,S	一般耐磨零件、装饰铸件、管路零件、低压阀门件
C84500	C,T,S	管路固定件、旋塞、止动器,用于污水与燃气的管接头
C84800	C,S	管路固定夹具、旋塞、止动器、低压阀门件
C80100,C80300 C80500,C80700 C80900,C81100	C,T,I,M,P,S	电热导体、抗腐蚀和氧化的零件
C81300,C81400	C,T,I,M,P,S	较高硬度的电热导体
C81500,C81700	C,T,I,M,P,S	需要结构件的强度和硬度大于 C80100、C81100 的情况下,采用的电热导体,作结构件
C81800	C,T,I,M,P,S	电阻焊条和夹钳

续表

合金代号	铸造方法	典型用途
C82000	C,T,I,M,P,S	导电零件、接触点、闸刀开关零件、衬套、电烙铁和电阻焊嘴
C82100	C,T,I,M,P,S	用来制造强度和硬度大于C80100、C81100的电、热结构件
C85200	C,T	管路接头和固定夹具、环圈、阀门、吊灯架
C85300	C,M,P,S	装饰铸件
C85400	C,T,M,P,S	一般用途的铸造铜合金件(不能承受内部高压)。装饰铸件、无线电零件、船舶上的装饰件、阀门、接头
C85500	C,S	装饰铸件
C85700	C,M,P,S	衬套、装饰铸件
C85800	D	一般用途的模铸零件。其强度中等
C86100	C,I,P,S	船舶铸件、齿轮、炮架、衬套和轴承,船上的空转螺旋桨
C86200	C,T,D,I,P,S	船舶铸件、齿轮、炮架、衬套和轴承,船上的空转螺旋桨
C86300	C,I,P,S	特重型、高强度合金。可制造大型阀门杆、齿轮、凸轮、低转速大负荷轴承、压紧螺母、液压作动筒零件
C86400	C,D,M,P,S	高速切削的锰青铜、活门杆、船舶配件、杠杆摇臂、刹车盘、轻型齿轮
C86500	C,I,P,S	要求有强度和韧性的机器零件。如杠杆摇臂、阀门杆、齿轮
C86700	C,S	高强度、快速切削锰青铜、阀门杆
C86800	S	船舶配件和螺旋桨
C87200	C,I,M,P,S	轴承、钟形体、叶轮、泵和阀门元件、船舶配件、抗腐蚀铸件
C87400	C,D,I,M,P,S	轴承、齿轮、叶轮、摇臂、阀门杆、夹头等
C87500	C,D,I,M,P,S	轴承、齿轮、摇臂、阀门杆、小船螺旋桨
C87600	S	活门座
C87800	D	高强度、薄壁压铸件,电刷架,杠杆摇臂,刹车盘,六角螺母
C87900	D	一般用途的中等强度压铸件
C90200	C,S	轴承的衬套
C90300	C,T,I,P,S	轴承、衬套、活塞环、阀门零件、封严圈、齿轮
C90500	C,T,I,S	轴承、衬套、活塞环、阀门零件、封严圈、齿轮
C90700	C,T,I,M,S	齿轮、轴承、衬套
C90900	C,S	轴承、衬套
C91000	C,T,I,S	活塞环和轴承
C91100	S	活塞环、轴承、衬套、电极极板
C91300	C,T,M,S	活塞环、轴承、衬套、电极极板、钟表元件
C91600	C,T,M,S	齿轮
C91700	C,T,I,M,S	齿轮
C92200	C,T,I,M,P,S	在高压下用的压力容器零件
C92300	C,T,S	阀门零件、管接头,在高气压和蒸汽条件下使用的铸件,其机械加工性能优于C90300
C92500	C,T,M,S	齿轮、套环
C92600,C92700	C,T,S	轴承、衬套、泵叶片、蒸汽管接头、齿轮。机械加工性能优于C90500
C92800	C,S	活塞环
C93200	C,T,M,S	通用轴承和衬套
C93400	C,T,S	轴承、衬套
C93500	C,T,S	小型轴承和衬套、轴承合金衬管、自动轴承的青铜保持架
C93700	C,T,M,S	大型高速旋转用轴承件、泵叶片、耐腐蚀铸件、压力密封铸件
C93800	C,T,M,S	中等压力的通用轴承。在酸性溶液中使用的泵叶片和泵壳体
C93900	T	仅适合连续铸造
C94300	C,S	小负载用的高速轴承
C94400	C,T,S	一般用途的轴承和衬套
C94500	C,T,I,M,S	耐磨损零件、高速低负荷轴承
C94700	C,T,I,M,S	阀门杆、壳体、轴承、耳座、齿轮、活塞缸、喷嘴
C94800	M,S	齿轮、轴承等
C95200	C,T,M,P,S	耐酸蚀的泵零件、轴承、齿轮、阀门座、导向件、柱塞、衬套

续表

合金代号	铸造方法	典型用途
C95300	C,T,M,P,S	酸性溶液罐、螺帽、齿轮、轧钢厂轧机的滑动部件、船舶设备零部件
C95400	C,T,M,P,S	轴承、齿轮、蜗轮、衬套、阀门座、导向件
C95500	C,T,M,P,S	飞机发动机中的阀门座、抗腐蚀零件、蜗轮、衬套、搅拌器零件
C95600	C,T,M,P,S	阀门杆、齿轮、蜗轮、电缆连接器
C95700	C,T,M,P,S	螺旋桨、叶片、固定电机定子的零件
C95800	C,T,M,P,S	螺旋桨桨毂、叶片
C96200	C,S	抗海水腐蚀的各类零件
C96300	C,S	离心铸造的尾杆套
C96400	C,T,S	阀门座、泵壳体、抗海水腐蚀用的零件
C96600	C,T,M,P,S	抗海水腐蚀用的高强度结构件
C97300	I,M,S	阀门及阀门配件
C97400	C,I,S	耐磨零件、阀门
C97600	C,I,S	船舶用铸件、保护装置配件、泵壳体
C97800	I,M,S	装饰及保护装置铸件、阀门座、乐器零件
C99300	T,S	制玻璃器皿用模具、船舶零件
C99600	C,T,M,S	减少噪声和振动用的减振零件

注：C—离心铸造；T—连续铸造；D—压铸；S—砂型铸造；I—熔模铸造；M—永久模铸造；P—塑料模铸造。

表 10-157 管材用铜合金及其典型用途

UNS 系列合金批号	合金类型	ASTM 标准	典型用途
C10200	无氧铜	B68,B75,B88,B111,B188,B280,B359,B372,B395,B447	母线用管、导体、波导管
C12200	磷脱氧铜	B68,B75,B88,B111,B280,B306,B359,B360,B395,B447,B543	水管、冷凝器、蒸发器和热交换器用管,空调、制冷、燃气加热器和燃油烧嘴用管,卫生工程管道和蒸汽管,啤酒及蒸馏装置管道,汽油、液压及石油管线,驱动带用管
C19200	铜	B111,B359,B395,B469	汽车油压制动管线、挠性软管
C23000	红色黄铜,85%	B111,B135,B359,B395,B543	冷凝器和热交换器管、挠性软管、卫生工程管道、泵用管线
C26000	弹壳黄铜	B135	卫生工程黄铜制品
C33000	低铅黄铜(管)	B135	泵缸、动力缸及衬管、卫生工程黄铜制品
C36000	易切削黄铜		螺纹切削零件、卫生工程制品
C43500	锡黄铜		管式压力计、乐器
C44300,C44400和 C44500	防锈海军炮铜	B111,B359,B395	冷凝器、蒸发器和热交换器管、蒸馏装置用管
C46400,C46500,C46600 和 C46700	海军黄铜		船舰用构件、螺母
C60800	铝青铜,5%	B111,B359,B395	冷凝器、蒸发器和热交换器管、蒸馏装置用管
C65100	硅青铜 B	B315	热交换器管、导线管
C65500	硅青铜 A	B315	化工设备和热交换器管、活塞环
C68700	含砷铝黄铜	B111,B359,B395	冷凝器、蒸发器和热交换器管、蒸馏装置用管
C70600	铜镍合金,10%	B111,B359,B395,B466,B467,B543,B552	冷凝器、蒸发器和热交换器管、盐水管道、蒸馏装置用管
C71500	铜镍合金,30%	B111,B359,B395,B466,B467,B543,B552	冷凝器、蒸发器和热交换器管,蒸馏装置用管,盐水管道

10.4 日本铜及铜合金

10.4.1 铜及铜合金牌号和化学成分

表 10-158 铜及铜合金薄板、板材和带材的化学成分（JIS H3100—2012）

合金代号	化学成分/%(质量)									
	Cu	Pb	Fe	Sn	Zn	Al	Mn	Ni	P	其他
C 1020	99.96 以上	—	—	—	—	—	—	—	—	—
C 1100	99.90 以上	—	—	—	—	—	—	—	—	—
C 1201	99.90 以上	—	—	—	—	—	—	—	0.004 以上 0.015 未满	—
C 1220	99.90 以上	—	—	—	—	—	—	—	0.015 以上 0.040 以下	—
C 1221	99.75 以上	—	—	—	—	—	—	—	0.004 以上 0.040 以下	—
C 1401	99.30 以上	—	—	—	—	—	—	0.10 以上 0.20 以下	—	—
C 1441	余量	0.03 以下	0.02 以下	0.01 以上 0.20 以下	0.10 以下	—	—	—	0.001 以上 0.020 以下	—
C 1510	余量	—	—	—	—	—	—	—	—	Zr0.05 以上 0.15 以下
C 1921	余量	—	0.05 以上 0.15 以下	—	—	—	—	—	0.015 以上 0.050 以下	—
C 1940	余量	0.03 以下	2.1 以上 2.6 以下	—	0.05 以上 0.20 以下	—	—	—	0.015 以上 0.150 以下	其他杂质 0.2 以下
C 2051	98.0 以上 99.0 以下	0.05 以下	0.05 以下	—	余量	—	—	—	—	—
C 2100	94.0 以上 96.0 以下	0.03 以下	0.05 以下	—	余量	—	—	—	—	—
C 2200	89.0 以上 91.0 以下	0.05 以下	0.05 以下	—	余量	—	—	—	—	—
C 2300	84.0 以上 86.0 以下	0.05 以下	0.05 以下	—	余量	—	—	—	—	—
C 2400	78.5 以上 81.5 以下	0.05 以下	0.05 以下	—	余量	—	—	—	—	—
C 2600	68.5 以上 71.5 以下	0.05 以下	0.05 以下	—	余量	—	—	—	—	—
C 2680	64.0 以上 68.0 以下	0.05 以下	0.05 以下	—	余量	—	—	—	—	—
C 2720	62.0 以上 64.0 以下	0.07 以下	0.07 以下	—	余量	—	—	—	—	—
C 2801	59.0 以上 62.0 以下	0.10 以下	0.07 以下	—	余量	—	—	—	—	—
C 3560	61.0 以上 64.0 以下	2.0 以上 3.0 以下	0.10 以下	—	余量	—	—	—	—	—
C 3561	57.0 以上 61.0 以下	2.0 以上 3.0 以下	0.10 以下	—	余量	—	—	—	—	—
C 3710	58.0 以上 62.0 以下	0.6 以上 1.2 以下	0.10 以下	—	余量	—	—	—	—	—

续表

合金代号	化学成分/%(质量)									
	Cu	Pb	Fe	Sn	Zn	Al	Mn	Ni	P	其他
C3713	58.0 以上 62.0 以下	1.0 以上 2.0 以下	0.10 以下	—	余量	—	—	—	—	—
C 4250	87.0 以上 90.0 以下	0.05 以下	0.05 以下	1.5 以上 3.0 以下	余量	—	—	—	0.35 以下	—
C 4430	70.0 以上 73.0 以下	0.05 以下	0.05 以下	0.9 以上 1.2 以下	余量	—	—	—	—	As0.02 以上 0.06 以下
C 4450	70.0 以上 73.0 以下	0.05 以下	0.03 以下	0.8 以上 1.2 以下	余量	—	—	—	0.002 以上 0.100 以下	—
C 4621	61.0 以上 64.0 以下	0.20 以下	0.10 以下	0.7 以上 1.5 以下	余量	—	—	—	—	—
C 4640	59.0 以上 62.0 以下	0.20 以下	0.10 以下	0.5 以上 1.0 以下	余量	—	—	—	—	—
C 6140	88.0 以上 92.5 以下	0.01 以下	1.5 以上 3.5 以下	—	0.20 以下	6.0 以上 8.0 以下	1.0 以下	—	0.015 以下	Cu+Pb+Fe+ Zn+Al+Mn+P 99.5 以上
C 6161	83.0 以上 90.0 以下	0.02 以下	2.0 以上 4.0 以下	—	—	7.0 以上 10.0 以下	0.50 以上 2.0 以下	0.5 以上 2.0 以下	—	Cu+Fe+Al+ Mn+Ni 99.5 以上
C 6280	78.0 以上 85.0 以下	0.02 以下	1.5 以上 3.5 以下	—	—	8.0 以上 11.0 以下	0.50 以上 2.0 以下	4.0 以上 7.0 以下	—	Cu+Fe+Al+ Mn+Ni 99.5 以上
C 6301	77.0 以上 84.0 以下	0.02 以下	3.5 以上 6.0 以下	—	—	8.5 以上 10.5 以下	0.50 以上 2.0 以下	4.0 以上 6.0 以下	—	Cu+Fe+Al+ Mn+Ni 99.5 以上
C 6711	61.0 以上 65.0 以下	0.10 以上 1.0 以下	—	0.7 以上 1.5 以下	余量	—	0.05 以上 1.0 以下	—	—	Fe+Al+Si 1.0 以下
C 6712	58.0 以上 62.0 以下	0.10 以上 1.0 以下	—	—	余量	—	0.05 以上 1.0 以下	—	—	Fe+Al+Si 1.0 以下
C 7060	—	0.02 以下	1.0 以上 1.8 以下	—	0.50 以下	—	0.20 以上 1.0 以下	9.0 以上 11.0 以下	—	Cu+Ni+Fe+Mn 99.5 以上
C 7150	—	0.02 以下	0.40 以上 1.0 以下	—	0.50 以下	—	0.20 以上 1.0 以下	29.0 以上 33.0 以下	—	Cu+Fe+Mn+Ni 99.5 以上
C 7250	余量	0.05 以下	0.6 以下	1.8 以上 2.8 以下	0.50 以下		0.20 以下	8.5 以上 10.5 以下	—	Cu+Pb+Fe+Sn+ Zn+Mn+Ni 99.8 以上

表 10-159 磷青铜和镍银合金薄板、板材和带材的化学成分（JIS H3110—2012）

合金代号	化学成分/%(质量)									
	Cu	Pb	Fe	Sn	Zn	Mn	Ni	P	Cu+Sn+P	Cu+Sn+Ni+P
C 5050	—	0.02 以下	0.10 以下	1.0～1.7	0.20 以下	—	—	0.15 以下	99.5 以上	—
C 5071	—	0.02 以下	0.10 以下	1.7～2.3	0.20 以下	—	0.10～0.40	0.15 以下	—	99.5 以上
C 5111	—	0.02 以下	0.10 以下	3.5～4.5	0.20 以下	—	—	0.03～0.35	99.5 以上	—
C 5102	—	0.02 以下	0.10 以下	4.5～5.5	0.20 以下	—	—	0.03～0.35	99.5 以上	—
C 5191	—	0.02 以下	0.10 以下	5.5～7.0	0.20 以下	—	—	0.03～0.35	99.5 以上	—
C 5212	—	0.02 以下	0.10 以下	7.0～9.0	0.20 以下	—	—	0.03～0.35	99.5 以上	—

续表

合金代号	化学成分/%(质量)									
	Cu	Pb	Fe	Sn	Zn	Mn	Ni	P	Cu+Sn+P	Cu+Sn+Ni+P
C 7351	70.0～75.0	0.03 以下	0.25 以下	—	余量	0～0.50	16.5～19.5	—	—	—
C 7451	63.0～67.0	0.03 以下	0.25 以下	—	余量	0～0.50	8.5～11.0	—	—	—
C 7521	62.0～66.0	0.03 以下	0.25 以下	—	余量	0～0.50	16.5～19.5			
C 7541	60.0～64.0	0.03 以下	0.25 以下	—	余量	0～0.50	12.5～15.5	—	—	—

表 10-160　弹簧用铍铜、钛铜、磷青铜及镍银板和带的化学成分（JSI H3130—2012）

合金代号	化学成分/%(质量)															
	Cu	Pb	Fe	Sn	Zn	Be	Mn	Ni	Ni+Co	Ni+Co+Fe	P	Ti	Cu+Sn+P	Cu+Be+Ni	Cu+Be+Ni+Co+Fe	Cu+Ti
C 1700	—	—	—	—	—	1.60～1.79	—	—	0.20以上	0.6以下	—	—	—	—	99.5以上	—
C 1720	—	—	—	—	—	1.80～2.00	—	—	0.20以上	0.6以下	—	—	—	—	99.5以上	—
C 1751	—	—	—	—	—	0.2～0.6	—	1.4～2.2	—	—	—	—	—	99.5以上	—	—
C 1990	—	—	—	—	—	—	—	—	—	—	—	2.9～3.5	—	—	—	99.5以上
C 5210	—	0.02以下	0.10以下	7.0～9.0	0.20以下	—	—	—	—	—	0.03～0.35	—	99.7以上	—	—	—
C 7270	余量	0.02以下	0.50以下	5.5～6.5	—	—	0.50以下	8.5～9.5	—	—	—	—	—	—	—	—
C 7701	54.0～58.0	0.03以下	0.25以下	—	余量	—	0～0.50	16.5～19.5	—	—	—	—	—	—	—	—

表 10-161　板、带的化学成分（JIS H3510—2012）

合金代号	化学成分/%									
	Cu	Pb	Zn	Bi	Cd	Hg	O	P	S	Se	Te
C1011	≥99.99	≤0.001	≤0.0001	≤0.001	≤0.0001	≤0.0001	≤0.001	≤0.0003	≤0.0018	≤0.001	≤0.001

表 10-162　铜及铜合金无缝管的化学成分（JIS H3300—2009）　单位:%（质量）

合金代号	化学成分											
	Cu	Pb	Fe	Sn	Zn	Al	As	Mn	Ni	P	Si	Co	Cu+Fe+Mn+Ni
C 1020	99.96以上	—	—	—	—	—	—	—	—	—	—	—	—
C 1100	99.90以上	—	—	—	—	—	—	—	—	—	—	—	—
C 1201	99.90以上	—	—	—	—	—	—	—	—	0.004以上 0.015未满	—	—	—
C 1220	99.90以上	—	—	—	—	—	—	—	—	0.015 0.040	—	—	—
C 1565	99.90以上	—	—	—	—	—	—	—	—	0.020～0.040	—	0.040～0.055	—

续表

合金代号	化学成分												
	Cu	Pb	Fe	Sn	Zn	Al	As	Mn	Ni	P	Si	Co	Cu+Fe+Mn+Ni
C 1862	99.40以上	—	—	0.07~0.12	0.02~0.10	—	—	—	0.02~0.06	0.046~0.062	—	0.16~0.21	—
C 5010	99.20以上	—	—	0.58~0.72	—	—	—	—	—	0.015~0.040	—	—	—
C 2200	89.0~91.0	0.05以下	0.05以下	—	余量	—	—	—	—	—	—	—	—
C 2300	84.0~86.0	0.05以下	0.05以下	—	余量	—	—	—	—	—	—	—	—
C 2600	68.5~71.5	0.05以下	0.05以下	—	余量	—	—	—	—	—	—	—	—
C 2700	63.0~67.0	0.05以下	0.05以下	—	余量	—	—	—	—	—	—	—	—
C 2800	59.0~63.0	0.10以下	0.07以下	—	余量	—	—	—	—	—	—	—	—
C 4430	70.0~73.0	0.05以下	0.05以下	0.9~1.2	余量	—	0.02~0.06	—	—	—	—	—	—
C 6870	76.0~79.0	0.05以下	0.05以下	—	余量	1.8~2.5	0.02~0.06	—	—	—	—	—	—
C 6871	76.0~79.0	0.05以下	0.05以下	—	余量	1.8~2.5	0.02~0.06	—	—	—	0.20~0.50	—	—
C 6872	76.0~79.0	0.05以下	0.05以下	—	余量	1.8~2.5	0.02~0.06	—	0.20~1.0	—	—	—	—
C 7060	—	0.05以下	1.0~1.8	—	0.50以下	—	—	0.20~1.0	9.0~11.0	—	—	—	99.5以上
C 7100	—	0.05以下	0.50~1.0	—	0.50以下	—	—	0.20~1.0	19.0~23.0	—	—	—	99.5以上
C 7150	—	0.05以下	0.40~1.0	—	0.50以下	—	—	0.20~1.0	29.0~33.0	—	—	—	99.5以上
C 7164	—	0.05以下	1.7~2.3	—	0.50以下	—	—	1.5~2.5	29.0~32.0	—	—	—	99.5以上

表 10-163 铜及铜合金焊接管的化学成分（JIS H3320—2006）

合金代号	化学成分/%								
	Cu	Pb	Fe	Sn	Zn	Mn	Ni	P	其他
C1220	≥99.00	—	—	—	—	—	—	0.015~0.040	—
C2600	68.5~71.5	≤0.05	≤0.05	—	余量	—	—	—	—
C2680	64.0~68.0	≤0.07	≤0.05	—	余量	—	—	—	—
C4430	70.0~73.0	≤0.05	≤0.05	0.9~1.2	余量	—	—	—	As 0.02~0.06
C7060	—	≤0.05	1.0~1.8	—	≤0.50	0.20~1.0	9.0~11.0	—	Cu+Ni+Fe+Mn≥99.5
C7150	—	≤0.05	0.40~1.0	—	≤0.50	0.20~1.0	29.0~33.0	—	Cu+Ni+Fe+Mn≥99.5
C4450	70.0~73.0	≤0.05	≤0.05	0.8~1.2	余量	—	—	0.002~0.10	—

表 10-164　铜及铜合金棒材的化学成分（JIS H3250—2006）

合金代号	化学成分/%									
	Cu	Pb	Fe	Sn	Zn	Al	Mn	Ni	P	Cu+Al+Fe+Mn+Ni
C1020	≥99.96	—	—	—	—	—	—	—	—	—
C1100	≥99.90	—	—	—	—	—	—	—	—	—
C1201	≥99.90	—	—	—	—	—	—	—	≥0.004 <0.015	—
C1220	≥99.90	—	—	—	—	—	—	—	0.015～0.040	—
C2600	68.5～71.5	≤0.05	≤0.05	—	余量	—	—	—	—	—
C2700	63.0～67.0	≤0.05	≤0.05	—	余量	—	—	—	—	—
C2800	59.0～63.0	≤0.10	≤0.07	—	余量	—	—	—	—	—
C3601	59.0～63.0	1.8～3.7	≤0.30	Fe+Sn ≤0.50	余量	—	—	—	—	—
C3602	59.0～63.0	1.8～3.7	≤0.50	Fe+Sn ≤1.2	余量	—	—	—	—	—
C3603	57.0～61.0	1.8～3.7	≤0.35	Fe+Sn ≤0.6	余量	—	—	—	—	—
C3604	57.0～61.0	1.8～3.7	≤0.50	Fe+Sn ≤1.2	余量	—	—	—	—	—
C3605	56.0～60.0	3.5～4.5	≤0.50	Fe+Sn ≤1.2	余量	—	—	—	—	—
C3712	58.0～62.0	0.25～1.2	Fe+Sn≤0.8		余量	—	—	—	—	—
C3771	57.0～61.0	1.0～2.5	Fe+Sn≤1.0		余量	—	—	—	—	—
C4622	61.0～64.0	≤0.30	≤0.20	0.7～1.5	余量	—	—	—	—	—
C4641	59.0～62.0	≤0.50	≤0.20	0.50～1.0	余量	—	—	—	—	—
C6161	83.0～90.0	—	2.0～4.0	—	—	7.0～10.0	0.50～2.0	0.50～2.0	—	≥96.5
C6191	81.0～88.0	—	3.0～5.0	—	—	8.5～11.0	0.50～2.0	0.50～2.0	—	≥99.5
C6241	80.0～87.0	—	3.0～5.0	—	—	9.0～12.0	0.50～2.0	0.50～2.0	—	≥99.5
C6782	56.0～60.5	≤0.50	0.10～1.0	—	余量	0.20～2.0	0.50～2.5	—	—	—
C6783	55.0～59.0	≤0.50	0.20～1.5	—	余量	0.20～2.0	1.0～3.0	—	—	—

表 10-165　铜及铜合金线材的化学成分（JIS H3260—2006）

合金代号	化学成分/%					
	Cu	Pb	Fe	Zn	P	Fe+Sn
C1100	≥99.90	—	—	—	—	—
C1201	≥99.90	—	—	—	≥0.004　<0.015	—
C1220	≥99.90	—	—	—	0.015～0.040	—
C2100	94.0～96.0	≤0.05	≤0.05	余量	—	—
C2200	89.0～91.0	≤0.05	≤0.05	余量	—	—
C2300	84.0～86.0	≤0.05	≤0.05	余量	—	—
C2400	78.5～81.5	≤0.05	≤0.05	余量	—	—
C2600	68.6～71.5	≤0.05	≤0.05	余量	—	—
C2700	63.0～67.0	≤0.05	≤0.05	余量	—	—
C2720	62.0～64.0	≤0.07	≤0.07	余量	—	—
C2800	59.0～63.0	≤0.10	≤0.07	余量	—	—
C3501	60.0～64.0	0.7～1.7	≤0.20	余量	—	≤0.40
C3601	59.0～63.0	1.8～3.7	≤0.30	余量	—	≤0.50
C3602	59.0～63.0	1.8～3.7	≤0.50	余量	—	≤1.2
C3603	57.0～61.0	1.8～3.7	≤0.35	余量	—	≤0.6
C3604	57.0～61.0	1.8～3.7	≤0.50	余量	—	≤1.2

表 10-166 铜及铜合金铸件的化学成分（JIS H5120—2006）

牌号	主要成分/%(质量分数)												残余成分/%(质量分数)											
	Cu	Sn	Pb	Zn	Bi	Se	Fe	Ni	P	Al	Mn	Si	Sn	Pb	Zn	Fe	Sb	Ni	P	Al	Se	Mn	Si	Bi
CAC101	99.5 以上	—	—	—	—	—	—	—	—	—	—	—	0.4	—	—	—	—	—	0.07	—	—	—	—	—
CAC102	99.7 以上	—	—	—	—	—	—	—	—	—	—	—	0.2	—	—	—	—	—	0.07	—	—	—	—	—
CAC103	99.9 以上	—	—	—	—	—	—	—	—	—	—	—	—	—	—	—	—	—	0.04	—	—	—	—	—
CAC201	83.0～88.0	—	—	11.0～17.0	—	—	—	—	—	—	—	—	0.1	0.5	—	0.2	—	0.2	—	0.2	—	—	—	—
CAC202	65.0～70.0	—	0.5～3.0	24.0～34.0	—	—	—	—	—	—	—	—	1.0	—	—	0.8	—	1.0	—	0.5	—	—	—	—
CAC203	58.0～64.0	—	0.5～3.0	30.0～41.0	—	—	—	—	—	—	—	—	1.0	—	—	0.8	—	1.0	—	0.5	—	—	—	—
CAC301	55.0～60.0	—	—	33.0～42.0	—	—	0.5～1.5	—	—	0.5～1.5	0.1～1.5	—	1.0	0.4	—	—	—	1.0	—	—	—	—	0.1	—
CAC302	55.0～60.0	—	—	30.0～42.0	—	—	0.5～2.0	—	—	0.5～2.0	0.1～3.5	—	1.0	0.4	—	—	—	1.0	—	—	—	—	0.1	—
CAC303	60.0～65.0	—	—	22.0～28.0	—	—	2.0～4.0	—	—	3.0～5.0	2.5～5.0	—	0.5	0.2	—	—	—	0.5	—	—	—	—	0.1	—
CAC304	60.0～65.0	—	—	22.0～28.0	—	—	2.0～4.0	—	—	5.0～7.5	2.5～5.0	—	0.2	0.2	—	—	—	0.5	—	—	—	—	0.1	—
CAC401	79.0～83.0	2.0～4.0	3.0～7.0	8.0～12.0	—	—	—	—	—	—	—	—	—	—	—	0.35	0.2	1.0	0.05	0.01	—	—	0.01	—
CAC402	86.0～90.0	7.0～9.0	—	3.0～5.0	—	—	—	—	—	—	—	—	—	1.0	—	0.2	0.2	1.0	0.05	0.01	—	—	0.01	—
CAC403	86.5～89.5	9.0～11.0	—	1.0～3.0	—	—	—	—	—	—	—	—	—	1.0	—	0.2	0.2	1.0	0.05	0.01	—	—	0.01	—
CAC406	83.0～87.0	4.0～6.0	4.0～6.0	4.0～6.0	—	—	—	—	—	—	—	—	—	—	—	0.3	0.2	1.0	0.05	0.01	—	—	0.01	—
CAC407	86.0～90.0	5.0～7.0	1.0～3.0	3.0～5.0	—	—	—	—	—	—	—	—	—	—	—	0.2	0.2	1.0	0.05	0.01	—	—	0.01	—
CAC502A	87.0～91.0	9.0～12.0	—	—	—	—	—	—	0.05～0.20	—	—	—	—	0.3	0.3	0.2	0.05	1.0	—	0.01	—	—	0.01	—
CAC502B	87.0～91.0	9.0～12.0	—	—	—	—	—	—	0.15～0.50	—	—	—	—	0.3	0.3	0.2	0.05	1.0	—	0.01	—	—	0.01	—
CAC503A	84.0～88.0	12.0 15.0	—	—	—	—	—	—	0.05～0.20	—	—	—	—	0.3	0.3	0.2	0.05	1.0	—	0.01	—	—	0.01	—
CAC503B	84.0～88.0	12.0～15.0	—	—	—	—	—	—	0.15～0.50	—	—	—	—	0.3	0.3	0.2	0.05	1.0	—	0.01	—	—	0.01	—

续表

牌号	主要成分/%（质量分数）												残余成分/%（质量分数）											
	Cu	Sn	Pb	Zn	Bi	Se	Fe	Ni	P	Al	Mn	Si	Sn	Pb	Zn	Fe	Sb	Ni	P	Al	Se	Mn	Si	Bi
CAC602	82.0～86.0	9.0～11.0	4.0～6.0	—	—	—	—	—	—	—	—	—	—	—	1.0	0.3	0.3	1.0	0.1	0.01	—	—	0.01	—
CAC603	77.0～81.0	9.0～11.0	9.0～11.0	—	—	—	—	—	—	—	—	—	—	—	1.0	0.3	0.5	1.0	0.1	0.01	—	—	0.01	—
CAC604	74.0～78.0	7.0～9.0	14.0～16.0	—	—	—	—	—	—	—	—	—	—	—	1.0	0.3	0.5	1.0	0.1	0.01	—	—	0.01	—
CAC605	70.0～76.0	6.0～8.0	16.0～22.0	—	—	—	—	—	—	—	—	—	—	—	1.0	0.3	0.5	1.0	0.1	0.01	—	—	0.01	—
CAC701	85.0～90.0	—	—	—	—	—	1.0～3.0	0.1～1.0	—	8.0～10.0	0.1～1.0	—	0.1	0.1	0.5	—	—	—	—	—	—	—	—	—
CAC702	80.0～88.0	—	—	—	—	—	2.5～5.0	1.0～3.0	—	8.0～10.5	0.1～1.5	—	0.1	0.1	0.5	—	—	—	—	—	—	—	—	—
CAC703	78.0～85.0	—	—	—	—	—	3.0～6.0	3.0～6.0	—	8.5～10.5	0.1～1.5	—	0.1	0.1	0.5	—	—	—	—	—	—	—	—	—
CAC704	71.0～84.0	—	—	—	—	—	2.0～5.0	1.0～4.0	—	6.0～9.0	7.0～15.0	—	0.1	0.1	0.5	—	—	—	—	—	—	—	—	—
CAC801	84.0～88.0	—	—	9.0～11.0	—	—	—	—	—	—	—	3.5～4.5	—	0.1	—	—	—	—	—	0.5	—	—	—	—
CAC802	78.5～82.5	—	—	14.0～16.0	—	—	—	—	—	—	—	4.0～5.0	—	0.3	—	—	—	—	—	0.3	—	—	—	—
CAC803	80.0～84.0	—	—	13.0～15.0	—	—	—	—	—	—	—	3.2～4.2	—	0.2	—	0.3	—	—	—	0.3	—	0.2	—	—
CAC804	74.0～78.0	—	—	18.5～22.5	—	—	—	—	0.05～0.2	—	—	2.7～3.4	0.6	0.25	—	0.2	0.1	0.2	—	—	0.1	0.1	—	0.2
CAC901	86.0～90.6	4.6～6.0	—	4.0～8.0	0.4～1.0	—	—	—	—	—	—	—	—	0.25	—	0.3	0.3	1.0	0.05	0.01	<0.1	—	0.01	—
CAC902	84.5～90.0	4.0～6.0	—	4.0～8.0	1.0～2.5	—	—	—	—	—	—	—	—	0.25	—	0.3	0.3	1.0	0.05	0.01	<0.1	—	0.01	—
CAC903B	83.5～88.5	4.0～6.0	—	4.0～8.0	2.5～3.5	—	—	—	—	—	—	—	—	0.25	—	0.3	0.3	1.0	0.5	0.01	<0.1	—	0.01	—
CAC911	83.0～90.6	3.5～6.0	—	4.0～9.0	0.8～2.5	0.1～0.5	—	—	—	—	—	—	—	0.25	—	0.3	0.2	1.0	0.05	0.01	—	—	0.01	—

表 10-167 铜铍合金、磷青铜和镍银杆材、棒材和丝材的化学成分（JIS H3270—2006）

合金代号	化学成分/%(质量)												
	Cu	Pb	Fe	Sn	Zn	Be	Mn	Ni	Ni+Co	Ni+Co+Fe	P	Cu+Sn+P	Cu+Be+Ni+Co+Fe
C 1720	—	—	—	—	—	1.80～2.00	—	—	0.20以上	0.6以下	—	—	99.5以上
C5071	—	0.02以下	0.10以下	1.7～2.3	0.20以下	—	—	0.10～0.40	—	—	0.15以下	99.5以上①	—
C 5111	—	0.02以下	0.10以下	3.5～4.5	0.20以下	—	—	—	—	—	0.03～0.35	99.5以上	—
C 5102	—	0.02以下	0.10以下	4.5～5.5	0.20以下	—	—	—	—	—	0.03～0.35	99.5以上	—
C 5191	—	0.02以下	0.10以下	5.5～7.0	0.20以下	—	—	—	—	—	0.03～0.35	99.5以上	—
C 5212	—	0.02以下	0.10以下	7.0～9.0	0.20以下	—	—	—	—	—	0.03～0.35	99.5以上	—
C 5341	—	0.8～1.5	—	3.5～5.8	—	—	—	—	—	—	0.03～0.35	99.5以上②	—
C 5441	—	3.5～4.5	—	3.0～4.5	1.5～4.5	—	—	—	—	—	0.01～0.50	99.5以上③	—
C 7451	63.0～67.0	0.03以下	0.25以下	—	余量	—	0.50以下	8.5～11.0	—	—	—	—	—
C 7521	62.0～66.0	0.03以下	0.25以下	—	余量	—	0.50以下	16.5～19.5	—	—	—	—	—
C 7541	60.0～64.0	0.03以下	0.25以下	—	余量	—	0.50以下	12.5～15.5	—	—	—	—	—
C 7701	54.0～58.0	0.03以下	0.25以下	—	余量	—	0.50以下	16.5～19.5	—	—	—	—	—
C 7941	60.0～64.0	0.8～1.8	0.25以下	—	余量	—	0.50以下	16.5～19.5	—	—	—	—	—

① Cu+Sn+Ni+P 的总量。

② Cu+Sn+Pb+P 的总量。

③ Cu+Sn+Pb+Zn+P 的总量。

10.4.2 铜及铜合金的力学性能

表 10-168 铜及铜合金薄板、板材和带材的力学性能

合金代号	状态	合金标记	尺寸/mm		0.2%屈服强度/MPa
C 1100	O	C 1100 P-O C 1100 PS-O C 1100 R-O C 1100 RS-O	—		69 以上
C 1220	O	C 1220 P-O C 1220 PS-O C 1220 R-O C 1220 RS-O	—		
C 4640	F	C 4640 P-F	厚度	75 以下	138 以上
			厚度	＞75～125	125 以上
C 6140	O	C 6140 P-O	厚度	＞4～50	207 以上
			厚度	＞50～125	193 以上
C 7060	F	C 7060 P-F	厚度	60 以下	103 以上
C 7150	F	C 7150 P-F	厚度	60 以下	138 以上
			厚度	＞60～125	125 以上

表 10-169　铜及铜合金薄板、板材和带材的力学性能（JIS H3100—2018）

合金代号	材料状态	合金标记	拉力试验			弯曲试验			硬度试验	
			厚度/mm	抗拉强度/MPa	伸长率/%	厚度/mm	弯曲角度	内侧半径	厚度/mm	硬度[3]（HV）
C 1020	O	C 1020 P-O C 1020 PS-O	>0.10～0.15	195 以上	20 以上	2.0 以下	180°	紧密贴合	—	—
			>0.15～0.30		30 以上					
			>0.30～3		35 以上					
		C 1020 R-O C 1020 RS-O	>0.10～0.15		20 以上					
			>0.15～0.30		30 以上					
			>0.35～3		35 以上					
	1/4H	C 1020 P-1/4H C 1020 PS-1/4H	>0.10～0.15	215 以上 285 以下	15 以上	2.0 以下	180°	厚度的 0.5 倍	0.30 以上	55～100[1,2]
			>0.15～0.30		20 以上					
			>0.30～30	215 以上 275 以下	25 以上					
		C 1020 R-1/4H C 1020 RS-1/4H	>0.10～0.15	215 以上 285 以下	15 以上					
			>0.15～0.30		20 以上					
			>0.30～3	215 以上 275 以下	25 以上					
	1/2H	C 1020 P-1/2H C 1020 PS-1/2H	>0.10～0.15	235 以上 315 以下	—	2.0 以下	180°	厚度的 1 倍	0.20 以上	75～120[1,2]
			>0.15～0.30		10 以上					
			>0.30～20	245 以上 315 以下	15 以上					
		C 1020 R-1/2H C 1020 RS-1/2H	>0.10～0.15	235 以上 315 以下	—					
			>0.15～0.30		10 以上					
			>0.30～3	245 以上 315 以下	15 以上					
	H	C 1020 P-H C 1020 PS-H	>0.10～0.15	275 以上	—	2.0 以下	180°	厚度的 1.5 倍	0.20 以上	80 以上[1,2]
			>0.15～0.30							
			>0.30～10							
		C 1020 R-H C 1020 RS-H	>0.10～0.15							
			>0.15～0.30							
			>0.30～3							

续表

合金代号	材料状态	合金标记	拉力试验			弯曲试验			硬度试验	
			厚度/mm	抗拉强度/MPa	伸长率/%	厚度/mm	弯曲角度	内侧半径	厚度/mm	硬度[3](HV)
C 1100	O	C 1100 P-O C 1100 PS-O	>0.10～0.15	195 以上	20 以上	2.0 以下	180°	紧密贴合	—	—
			>0.15～0.50		30 以上					
			>0.50～30		35 以上					
		C 1100 R-O C 1100 RS-O	>0.10～0.15		20 以上					
			>0.15～0.50		30 以上					
			>0.50～3		35 以上					
	1/4H	C 1100 P-1/4H C 1100 PS-1/4H	>0.10～0.15	215 以上 285 以下	15 以上	2.0 以下	180°	厚度的 0.5 倍	0.30 以上	55～100[1,2]
			>0.15～0.50		20 以上					
			>0.5～30	215 以上 275 以下	25 以上					
		C 1100 R-1/4H C 1100 RS-1/4H	>0.10～0.15	215 以上 285 以下	15 以上					
			>0.15～0.50		20 以上					
			>0.50～3	215 以上 275 以下	25 以上					
	1/2H	C 1100 P-1/2H C 1100 PS-1/2H	>0.10～0.15	235 以上 315 以下	—	2.0 以下	180°	厚度的 1 倍	0.20 以上	75 以上 120 以下[1,2]
			>0.15～0.50		10 以上					
			>0.50～20	245 以上 315 以下	15 以上					
		C 1100 R-1/2H C 1100 RS-1/2H	>0.10～0.15	235 以上 315 以下	—					
			>0.15～0.50		10 以上					
			>0.50～3	245 以上 315 以下	15 以上					
	H	C 1100 P-H C 1100 PS-H	>0.10～0.15	275 以上	—	2.0 以下	180°	厚度的 1.5 倍	0.20 以上	80 以上[1,2]
			>0.15～0.50							
			>0.5～10							
		C 1100 R-H C 1100 RS-H	>0.10～0.15							
			>0.15～0.50							
			>0.50～3							
		C 1100 PP-H	—	—	—	—	—	—	0.50 以上	90 以上[1]

续表

合金代号	材料状态	合金标记	拉力试验			弯曲试验			硬度试验	
			厚度/mm	抗拉强度/MPa	伸长率/%	厚度/mm	弯曲角度	内侧半径	厚度/mm	硬度[3]（HV）
C 1201 C 1220 C 1221	O	C 1201 P-O C 1201 PS-O C 1220 P-O C 1220 PS-O C 1221 P-O C 1221 PS-O	>0.10～0.15	195 以上	20 以上	2.0 以下	180°	紧密贴合	—	—
			>0.15～0.30		30 以上					
			>0.3～30		35 以上					
		C 1201 R-O C 1201 RS-O C 1220 R-O C 1220 RS-O C 1221 R-O C 1221 RS-O	>0.10～0.15		20 以上					
			>0.15～0.30		30 以上					
			>0.3～3		35 以上					
	1/4H	C 1201 P-1/4H C 1201 PS-1/4H C 1220 P-1/4H C 1220 PS-1/4H C 1221 P-1/4H C 1221 PS-1/4H	>0.10～0.15	215 以上 285 以下	15 以上	2.0 以下	180°	厚度的 0.5 倍	0.30 以上	>55～100[1,2]
			>0.15～0.30		20 以上					
			>0.3～30	215 以上 275 以下	25 以上					
		C 1201 R-1/4H C 1201 RS-1/4H C 1220 R-1/4H C 1220 RS-1/4H C 1221 R-1/4H C 1221 RS-1/4H	>0.10～0.15	215 以上 285 以下	15 以上					
			>0.15～0.30		20 以上					
			>0.3～3	215 以上 275 以下	25 以上					
	1/2H	C 1201 P-1/2H C 1201 PS-1/2H C 1220 P-1/2H C 1220 PS-1/2H C 1221 P-1/2H C 1221 PS-1/2H	>0.10～0.15	235 以上 315 以下	—	2.0 以下	180°	厚度的 1 倍	0.20 以上	>75～120[1,2]
			>0.15～0.30		10 以上					
			>0.3～20	245 以上 315 以下	15 以上					
		C 1201 R-1/2H C 1201 RS-1/2H C 1220 R-1/2H C 1220 RS-1/2H C 1221 R-1/2H C 1221 RS-1/2H	>0.10～0.15	235 以上 315 以下	—	2.0 以下	180°	厚度的 1 倍	0.20 以上	>75～120[1,2]
			>0.15～0.30		10 以上					
			>0.3～3	245 以上 315 以下	15 以上					

续表

合金代号	材料状态	合金标记	拉力试验			弯曲试验			硬度试验	
			厚度/mm	抗拉强度/MPa	伸长率/%	厚度/mm	弯曲角度	内侧半径	厚度/mm	硬度[③](HV)
C 1201 C 1220 C 1221	H	C 1201 P-H C 1201 PS-H C 1220 P-H C 1220 PS-H C 1221 P-H C 1221 PS-H	>0.10～0.15	275 以上	—	2.0 以下	180°	厚度的 1.5 倍	0.20 以上	>80[①,②]
			>0.15～0.30							
			>0.3～10							
		C 1201 R-H C 1201 RS-H C 1220 R-H C 1220 RS-H C 1221 R-H C 1221 RS-H	>0.10～0.15							
			>0.15～0.30							
			>0.3～3							
		C 1221 PP-H	—	—	—	—	—	—	0.50 以上	90 以上
C 1401	H	C 1401 PP-H	—	—	—	—	—	—	0.50 以上	90 以上
C 1441	O	C 1441 PS-O	>0.10～0.15	195 以上	20 以上	2.0 以下	180°	紧密贴合	—	—
			>0.15～3		30 以上					
		C 1441 RS-O	>0.10～0.15		20 以上					
			>0.15～3		30 以上					
	1/4H	C 1441 PS-1/4H	>0.10～0.15	215 以上 305 以下	15 以上	2.0 以下	180°	厚度的 0.5 倍	0.30 以上	>45～105[①,②]
			>0.15～3		20 以上					
		C 1441 RS-1/4H	>0.10～0.15		15 以上					
			>0.15～3		20 以上					
	1/2H	C 1441 PS-1/2H C 1441 RS-1/2H	>0.10～3	245 以上 345 以下	10 以上	2.0 以下	180°	厚度的 1 倍	0.20 以上	>60～120[①,②]
	H	C 1441 PS-H	>0.10～0.15	275 以上 400 以下	—	2.0 以下	180°	厚度的 1.5 倍	0.10 以上	>90～125[①,②]
			>0.15～3		2 以上					
		C 1441 RS-H	>0.10～0.15		—					
			>0.15～3		2 以上					
	EH	C 1441 PS-EH C 1441 RS-EH	>0.10～3	345 以上 440 以下	—	2.0 以下	W	厚度的 1 倍	0.10 以上	>100～135[①,②]
	SH	C 1441 PS-SH C 1441 RS-SH	>0.10～3	380 以上	—	2.0 以下	W	厚度的 1.5 倍	0.10 以上	>115[①,②]

续表

合金代号	材料状态	合金标记	拉力试验			弯曲试验			硬度试验	
			厚度/mm	抗拉强度/MPa	伸长率/%	厚度/mm	弯曲角度	内侧半径	厚度/mm	硬度[③](HV)
C 1510	1/4H	C 1510 PS-1/4H C 1510 RS-1/4H	>0.10～3	275 以上 310 以下	13 以上	—	—	—	0.20 以上	>70～100[①,②]
	1/2H	C 1510 PS-1/2H C 1510 RS-1/2H	>0.10～3	295 以上 355 以下	6 以上	—	—	—	0.20 以上	>80～110[①,②]
	3/4H	C 1510 PS-3/4H C 1510 RS-3/4H	>0.10～3	325 以上 385 以下	3 以上	—	—	—	0.10 以上	>100～125[①,②]
	H	C 1510 PS-H C 1510 RS-H	>0.10～3	365 以上 430 以下	2 以上	—	—	—	0.10 以上	>100～135[①,②]
	EH	C 1510 PS-EH C 1510 RS-EH	>0.10～3	400 以上 450 以下	2 以上	—	—	—	0.10 以上	>120～140[①,②]
	SH	C 1510 PS-SH C 1510 RS-SH	>0.10～3	400 以上	2 以上	—	—	—	0.10 以上	>125[①,②]
C 1921	O	C 1921 PS-O C 1921 RS-O	>0.10～3	255 以上 345 以下	30 以上	1.6 以下	180°	紧密贴合	0.20 以上	>100[①,②]
	1/4H	C 1921 PS-1/4H C 1921 RS-1/4H	>0.10～3	275 以上 375 以下	15 以上	1.6 以下		厚度的 0.5 倍	0.10 以上	>90～120[①,②]
	1/2H	C 1921 PS-1/2H C 1921 RS-1/2H	>0.10～3	295 以上 430 以下	4 以上	1.6 以下	180°或 W	厚度的 1 倍	0.10 以上	>100～130[①,②]
	H	C 1921 PS-H C 1921 RS-H	>0.10～3	335 以上 470 以下	4 以上	1.6 以下		厚度的 1.5 倍	0.10 以上	>110～150[①,②]
C 1940	O3	C 1940 PS-O3 C 1940 RS-O3	>0.10～3	275 以上 345 以下	30 以上	—	—	—	0.20 以上	>70～95[①,②]
	O2	C 1940 PS-O2 C 1940 RS-O2	>0.10～3	310 以上 380 以下	25 以上	—	—	—	0.20 以上	>80～105[①,②]
	O1	C 1940 PS-O1 C 1940 RS-O1	>0.10～3	345 以上 415 以下	15 以上	—	—	—	0.10 以上	>100～125[①,②]
	1/2H	C 1940 PS-1/2H C 1940 RS-1/2H	>0.10～3	365 以上 435 以下	5 以上	—	—	—	0.10 以上	>115～137[①,②]
	H	C 1940 PS-H C 1940 RS-H	>0.10～3	415 以上 485 以下	2 以上	—	—	—	0.10 以上	>125～145[①,②]
	EH	C 1940 PS-EH C 1940 RS-EH	>0.10～3	460 以上 505 以下	—	—	—	—	0.10 以上	>135～150[①,②]

续表

合金代号	材料状态	合金标记	拉力试验			弯曲试验			硬度试验	
			厚度/mm	抗拉强度/MPa	伸长率/%	厚度/mm	弯曲角度	内侧半径	厚度/mm	硬度[3](HV)
C 1940	SH	C 1940 PS-SH C 1940 RS-SH	>0.10~3	480 以上 525 以下	—	—	—	—	0.10 以上	>140~155[1,2]
	ESH	C 1940 PS-ESH C 1940 RS-ESH	>0.10~3	505 以上 590 以下	—	—	—	—	0.10 以上	>145~170[1,2]
	SSH	C 1940 PS-SSH C 1940 RS-SSH	>0.10~3	550 以上	—	—	—	—	0.10 以上	>140[1,2]
C 2051	O	C 2051 R-O	>0.20~0.35	215 以上 255 以下	38 以上	—	—	—	—	—
			>0.35~0.60		43 以上					
C 2100	O	C 2100 P-O	>0.3~30	205 以上	33 以上	2.0 以下	180°	紧密贴合	—	—
		C 2100 R-O C 2100 RS-O	>0.3~3							
	1/4H	C 2100 P-1/4H	>0.3~30	225 以上 305 以下	23 以上	2.0 以下	180°	厚度的 0.5 倍	—	—
		C 2100 R-1/4H C 2100 RS-1/4H	>0.3~3							
	1/2H	C 2100 P-1/2H	>0.3~30	265 以上 345 以下	18 以上	2.0 以下	180°	厚度的 1 倍	—	—
		C 2100 R-1/2H C 2100 RS-1/2H	>0.3~3							
	H	C 2100 P-H	>0.3~30	305 以上	—	2.0 以下	180°	厚度的 1.5 倍	—	—
		C 2100 R-H C 2100 RS-H	>0.3~3							
C 2200	O	C 2200 P-O	>0.3~30	225 以上	35 以上	2.0 以下	180°	紧密贴合	—	—
		C 2200 R-O C 2200 RS-O	>0.3~3							
	1/4H	C 2200 P-1/4H	>0.3~30	255 以上 335 以下	25 以上	2.0 以下	180°	厚度的 0.5 倍	—	—
	SSH	C 1940 PS-SSH C 1940 RS-SSH	>0.10~3	550 以上	—	—	—	—	0.10 以上	140 以上[1,2]
	1/4H	C 2200 R-1/4H C 2200 RS-1/4H	>0.3~3	255 以上 335 以下	25 以上	2.0 以下	180°	厚度的 0.5 倍	—	—

续表

合金代号	材料状态	合金标记	拉力试验			弯曲试验			硬度试验	
			厚度/mm	抗拉强度/MPa	伸长率/%	厚度/mm	弯曲角度	内侧半径	厚度/mm	硬度[③](HV)
C 2200	1/2H	C 2200 P-1/2H	>0.3～20	285 以上 365 以下	20 以上	2.0 以下	180°	厚度的 1 倍	—	—
		C 2200 R-1/2H C 2200 RS-1/2H	>0.3							
	H	C 2200 P-H	>0.3～10	550 以上	—	—	—	—	0.10 以上	140 以上[①,②]
		C 2200 R-H C 2200 RS-H	>0.3～3							
C 2300	O	C 2300 P-O	>0.3～30	245 以上	40 以上	2.0 以下	180°	紧密贴合	—	—
		C 2300 R-O C 2300 RS-O	>0.3～3							
	1/4H	C 2300 P-1/4H	>0.3～30	275 以上 355 以下	28 以上	2.0 以下	180°	厚度的 0.5 倍	—	—
		C 2300 R-1/4H C 2300 RS-1/4H	>0.3～3							
	1/2H	C 2300 P-1/2H	>0.3～20	305 以上 380 以下	23 以上	2.0 以下	180°	厚度的 1 倍	—	—
		C 2300 R-1/2H C 2300 RS-1/2H	>0.3～3							
	H	C 2300 P-H	>0.3～10	355 以上	—	2.0 以下	180°	厚度的 1.5 倍	—	—
		C 2300 R-H C 2300 RS-H	>0.3～3							
C 2400	O	C 2400 P-O	>0.3～30	255 以上	44 以上	2.0 以下	180°	紧密贴合	—	—
		C 2400 R-O C 2400 RS-O	>0.3～3							
	1/4H	C 2400 P-1/4H	>0.3～30	295 以上 375 以下	30 以上	2.0 以下	180°	厚度的 0.5 倍	—	—
		C 2400 R-1/4H C 2400 RS-1/4H	>0.3～3							
	1/2H	C 2400 P-1/2H	>0.3～20	325 以上 400 以下	25 以上	2.0 以下	180°	厚度的 1 倍	—	—
		C 2400 R-1/2H C 2400 RS-1/2H	>0.3～3							
	H	C 2400 P-H	>0.3～10	375 以上	—	2.0 以下	180°	厚度的 1.5 倍	—	—
		C 2400 R-H C 2400 RS-H	>0.3～3							

续表

合金代号	材料状态	合金标记	拉力试验			弯曲试验			硬度试验	
			厚度/mm	抗拉强度/MPa	伸长率/%	厚度/mm	弯曲角度	内侧半径	厚度/mm	硬度[③](HV)
C 2600	1/2H	C 2600 P-1/2H	>0.10～0.30	355 以上 450 以下	23 以上	2.0 以下	180°或 W	厚度的 1 倍	0.20 以上	>85～145[①,②]
			>0.3～20	355 以上 440 以下	28 以上					
		C 2600 R-1/2H C 2600 RS-1/2H	>0.10～0.30	355 以上 450 以下	23 以上					
			>0.3～3	355 以上 440 以下	28 以上					
	3/4H	C 2600 P-3/4H	>0.10～0.30	375 以上 490 以下	10 以上	2.0 以下	180°或 W	厚度的 1.5 倍	0.20 以上	>95～160[①,②]
			>0.3～20		20 以上					
		C 2600 R-3/4H C 2600 RS-3/4H	>0.10～0.30		10 以上					
			>0.3～3		20 以上					
	H	C 2600 P-H	>0.10～10	410 以上 540 以下	—	2.0 以下	180°或 W	厚度的 1.5 倍	0.20 以上	>105～175[①,②]
		C 2600 R-H C 2600 RS-H	>0.10～3							
	EH	C 2600 P-EH	>0.10～10	520 以上 620 以下	—	—	—	—	0.10 以上	>145～195[①,②]
		C 2600 R-EH C 2600 RS-EH	>0.10～3							
	SH	C 2600 P-SH	>0.10～10	570 以上 670 以下	—	—	—	—	0.10 以上	>165～215[①,②]
		C 2600 R-SH C 2600 RS-SH	>0.10～3							
	ESH	C 2600 P-ESH	>0.10～10	620 以上	—	—	—	—	0.10 以上	>180[①,②]
		C 2600 R-ESH C 2600 RS-ESH	>0.10～3							
C 2680	O	C 2680 P-O	>0.10～0.30	275 以上	35 以上	2.0 以下	180°	紧密贴合	—	—
			>0.3～20		40 以上					
		C 2680 R-O C 2680 RS-O	>0.10～0.30		35 以上					
			>0.3～3		40 以上					

续表

合金代号	材料状态	合金标记	拉力试验			弯曲试验			硬度试验	
			厚度/mm	抗拉强度/MPa	伸长率/%	厚度/mm	弯曲角度	内侧半径	厚度/mm	硬度[③]（HV）
C 2680	1/4H	C 2680 P-1/4H	＞0.10～0.30	325 以上 420 以下	30 以上	2.0 以下	180°	厚度的 0.5 倍	0.20 以上	＞75～125[①,②]
			＞0.3～30	325 以上 410 以下	35 以上					
		C 2680 R-1/4H C 2680 RS-1/4H	＞0.10～0.30	325 以上 420 以下	30 以上					
			＞0.3～3	325 以上 410 以下	35 以上					
	1/2H	C 2680 P-1/2H	＞0.10～0.30	355 以上 450 以下	23 以上	2.0 以下	180°或 W	厚度的 1 倍	0.20 以上	＞85～145[①,②]
			＞0.3～20	355 以上 440 以下	28 以上					
		C 2680 R-1/2H C 2680 RS-1/2H	＞0.10～0.30	355 以上 450 以下	23 以上					
			＞0.3～3	355 以上 440 以下	28 以上					
	3/4H	C 2680 P-3/4H	＞0.10～0.30	375 以上 490 以下	10 以上	2.0 以下	180°或 W	厚度的 1.5 倍	0.20 以上	＞95～165[①,②]
			＞0.3～20		20 以上					
		C 2680 R-3/4H C 2680 RS-3/4H	＞0.10～0.30		10 以上					
			＞0.3～3		20 以上					
	H	C 2680 P-H	＞0.10～10	410 以上 540 以下	—	2.0 以下	180°或 W	厚度的 1.5 倍	0.20 以上	＞105～175[①,②]
		C 2680 R-H C 2680 RS-H	＞0.10～3							
	EH	C 2680 P-EH	＞0.10～10	520 以上 620 以下	—	—	—	—	0.10 以上	＞145～195[①,②]
		C 2680 R-EH C 2680 RS-EH	＞0.10～3							
	SH	C 2680 P-SH	＞0.10～10	570 以上 670 以下	—	—	—	—	0.10 以上	＞165～215[①,②]
		C 2680 R-SH C 2680 RS-SH	＞0.10～3							
	ESH	C 2680 P-ESH	＞0.10～10	620 以上	—	—	—	—	0.10 以上	＞180[①,②]
		C 2680 R-ESH C 2680 RS-ESH	＞0.10～3							

续表

合金代号	材料状态	合金标记	拉力试验			弯曲试验			硬度试验	
			厚度/mm	抗拉强度/MPa	伸长率/%	厚度/mm	弯曲角度	内侧半径	厚度/mm	硬度③(HV)
C 2720	O	C 2720 P-O	>0.3～1	275 以上	40 以上	2.0 以下	180°	紧密贴合	—	—
			>1～30		50 以上					
		C 2720 R-O C 2720 RS-O	>0.3～1	275 以上	40 以上					
			>1～3		50 以上					
	1/4H	C 2720 P-1/4H	>0.3～30	325 以上 410 以下	35 以上	2.0 以下	180°	厚度的 0.5 倍	0.30 以上	>75～125①
		C 2720 R-1/4H C 2720 RS-1/4H	>0.3～3							
	1/2H	C 2720 P-1/2H	>0.3～20	355 以上 440 以下	28 以上	2.0 以下	180°	厚度的 1 倍	0.30 以上	>85～145①
		C 2720 R-1/2H C 2720 RS-1/2H	>0.3～3							
	H	C 2720 P-H	>0.3～10	410 以上	—	2.0 以下	180°	厚度的 1.5 倍	0.30 以上	>105①
		C 2720 R-H C 2720 RS-H	>0.3～3							
C 2801	O	C 2801 P-O	>0.3～1	325 以上	35 以上	2.0 以下	180°	厚度的 1 倍	—	—
			>1～30		40 以上					
		C 2801 R-O C 2801 RS-O	>0.3～1		35 以上					
			>1～3		40 以上					
	1/4H	C 2801 P-1/4H	>0.3～30	355 以上 440 以下	25 以上	2.0 以下	180°	厚度的 1.5 倍	0.30 以上	>85～145①
		C 2801 R-1/4H C 2801 RS-1/4H	>0.3～3							
	1/2H	C 2801 P-1/2H	>0.3～20	410 以上 490 以下	15 以上	2.0 以下	180°	厚度的 1.5 倍	0.30 以上	>105～160①
		C 2801 R-1/2H C 2801 RS-1/2H	>0.3～3							
	H	C 2801 P-H	>0.3～10	470 以上	—	2.0 以下	90°	厚度的 1 倍	0.30 以上	>130①
		C 2801 R-H C 2801 RS-H	>0.3～3							

续表

合金代号	材料状态	合金标记	拉力试验			弯曲试验			硬度试验	
			厚度/mm	抗拉强度/MPa	伸长率/%	厚度/mm	弯曲角度	内侧半径	厚度/mm	硬度[③](HV)
C 3560	1/4H	C 3560 P-1/4H	>0.3～10	345 以上 430 以下	18 以上	—	—	—	—	—
		C 3560 R-1/4H	>0.3～2							
	1/2H	C 3560 P-1/2H	>0.3～10	375 以上 460 以下	10 以上	—	—	—	—	—
		C 3560 R-1/2H	>0.3～2							
	H	C 3560 P-H	>0.3～10	420 以上	—	—	—	—	—	—
		C 3560 R-H	>0.3～2							
C 3561	1/4H	C 3561 P-1/4H	>0.3～10	375 以上 460 以下	15 以上	—	—	—	—	—
		C 3561 R-1/4H	>0.3～2							
	1/2H	C 3561 P-1/2H	>0.3～10	420 以上 510 以下	8 以上	—	—	—	—	—
		C 3561 R-1/2H	>0.3～2							
	H	C 3561 P-H	>0.3～10	470 以上	—	—	—	—	—	—
		C 3561 R-H	>0.3～2							
C 3710	1/4H	C 3710 P-1/4H	>0.3～10	375 以上 460 以下	20 以上	—	—	—	—	—
		C 3710 R-1/4H	>0.3～2							
	1/2H	C 3710 P-1/2H	>0.3～10	420 以上 510 以下	18 以上	—	—	—	—	—
		C 3710 R-1/2H	>0.3～2							
	H	C 3710 P-H	>0.3～10	470 以上	—	—	—	—	—	—
		C 3710 R-H	>0.3～2							
C 3713	1/4H	C 3713 P-1/4H	>0.3～10	375 以上 460 以下	18 以上	—	—	—	—	—
		C 3713 R-1/4H	>0.3～2							
	1/2H	C 3713 P-1/2H	>0.3～10	420 以上 510 以下	10 以上	—	—	—	—	—
		C 3713 R-1/2H	>0.3～2							
	H	C 3713 P-H	>0.3～10	470 以上	—	—	—	—	—	—
		C 3713 R-H	>0.3～2							

续表

合金代号	材料状态	合金标记	拉力试验			弯曲试验			硬度试验	
			厚度/mm	抗拉强度/MPa	伸长率/%	厚度/mm	弯曲角度	内侧半径	厚度/mm	硬度[③](HV)
C 4250	O	C 4250 P-O	＞0.3～30	295 以上	35 以上	1.6 以下	180°	厚度的 1 倍	—	—
		C 4250 R-O C 4250 RS-O	＞0.3～3							
	1/4H	C 4250 P-1/4H	＞0.3～30	335 以上 420 以下	25 以上	1.6 以下	180°	厚度的 1.5 倍	0.30 以上	＞80～140[①]
		C 4250 R-1/4H C 4250 RS-1/4H	＞0.3～3							
	1/2H	C 4250 P-1/2H	＞0.3～20	390 以上 480 以下	15 以上	1.6 以下	180°	厚度的 2 倍	0.30 以上	＞110～170[①]
		C 4250 R-1/2H C 4250 RS-1/2H	＞0.3～3							
	3/4H	C 4250 P-3/4H	＞0.3～20	420 以上 510 以下	5 以上	1.6 以下	180°	厚度的 2.5 倍	0.30 以上	＞140～180[①]
		C 4250 R-3/4H C 4250 RS-3/4H	＞0.3～3							
	H	C 4250 P-H	＞0.3～10	480 以上 570 以下	—	1.6 以下	180°	厚度的 3 倍	0.30 以上	＞140～200[①]
		C 4250 R-H C 4250 RS-H	＞0.3～3							
	EH	C 4250 P-EH	＞0.3～10	520 以上	—	—	—	—	0.30 以上	＞150[①]
		C 4250 R-EH C 4250 RS-EH	＞0.3～3							
C 4430	F	C 4430 P-F	＞0.3～30	315 以上	35 以上	—	—	—	—	—
	O	C 4430 R-O	＞0.3～3							
C 4450	O	C 4450 R-O	＞0.3～3	315 以上 390 以上	35 以上	—	—	—	0.30 以上	＞70～85[①]
C 4621	F	C 4621 P-F	＞0.8～20	375 以上	20 以上	—	—	—	—	—
			＞20～40	345 以上						
			＞40～125	315 以上						
C 4640	F	C 4640 P-F	＞0.8～20	375 以上	25 以上	—	—	—	—	—
			＞20～40	345 以上						
			＞40～125	315 以上						

续表

合金代号	材料状态	合金标记	拉力试验			弯曲试验			硬度试验	
			厚度/mm	抗拉强度/MPa	伸长率/%	厚度/mm	弯曲角度	内侧半径	厚度/mm	硬度[③](HV)
C 6140	F	C 6140 P-F	>4～50	480 以上	35 以上	—	—	—	—	—
			>50～125	450 以上						
	O	C 6140 P-O	>4～50	480 以上	35 以上	—	—	—	—	—
			>50～125	450 以上						
	H	C 6140 P-H	>4～12	550 以上	25 以上	—	—	—	—	—
			>12～25	480 以上	30 以上					
C 6161	F	C 6161 P-F	>0.8～50	490 以上	30 以上	—	—	—	—	—
			>50～125	450 以上	35 以上					
	O	C 6161 P-O	>0.8～50	490 以上	35 以上	2.0 以下	180°	厚度的 1 倍	—	—
	O	C 6161 P-O	>50～125	450 以上	35 以上	—	—	—	—	—
	1/2H	C6161 P-1/2H	>0.8～50	635 以上	25 以上	2.0 以下	180°	厚度的 2 倍	—	—
			>50～125	590 以上	20 以上	—	—	—		
	H	C 6161 P-H	>0.8～50	685 以上	10 以上	2.0 以下	180°	厚度的 3 倍	—	—
C 6280	F	C 6280 P-F	>0.8～50	620 以上	10 以上	—	—	—	—	—
			>50～90	590 以上						
			>90～125	550 以上						
C 6301	F	C 6301 P-F	>0.8～50	635 以上	15 以上	—	—	—	—	—
			>50～125	590 以上	12 以上					
C 6711	H	C 6711 P-H	—	—	—	—	—	—	0.25 以上 1.5 以下	190 以上
C 6712	H	C 6712 P-H	—	—	—	—	—	—	0.25 以上 1.5 以下	160 以上
C 7060	F	C 7060 P-F	>0.5～50	275 以上	30 以上	—	—	—	—	—
C 7150	F	C 7150 P-F	>0.5～50	345 以上	35 以上	—	—	—	—	—

续表

合金代号	材料状态	合金标记	拉力试验			弯曲试验			硬度试验	
			厚度/mm	抗拉强度/MPa	伸长率/%	厚度/mm	弯曲角度	内侧半径	厚度/mm	硬度[3](HV)
C 7250	O	C 7250 PS-O C 7250 RS-O	>0.10~1	420 以下	30 以上	1.0 以下	180°	紧密贴合	0.20 以上	<120[1,2]
	1/4H	C 7250 PS-1/4H C 7250 RS-1/4H	>0.10~1	345 以上 515 以下	10 以上	1.0 以下	180°或 W	厚度的 0.5 倍	0.10 以上	>85~170[1,2]
	1/2H	C 7250 PS-1/2H C 7250 RS-1/2H	>0.10~0.15	410 以上 550 以下	5 以上	1.0 以下	180°或 W	厚度的 1 倍	0.10 以上	>115~180[1,2]
			>0.15~1		9 以上					
	H	C 7250 PS-H C 7250 RS-H	>0.10~0.15	465 以上 625 以下	5 以上	1.0 以下	180°或 W	厚度的 1 倍	0.10 以上	>140~210[1,2]
			>0.15~1		7 以上					
	EH	C 7250 PS-EH C 7250 RS-EH	>0.10~1	515 以上 655 以下	5 以上	1.0 以下	180°或 W	厚度的 1.5 倍	0.10 以上	>160~220[1,2]
	SH	C 7250 PS-SH C 7250 RS-SH	>0.10~1	550 以上 690 以下	5 以上	1.0 以下	180°或 W	厚度的 1.5 倍	0.10 以上	>170~230[1,2]
	ESH	C 7250 PS-ESH C 7250 RS-ESH	>0.10~1	600 以上 725 以下	5 以上	—	—	—	0.10 以上	>185~240[1,2]
	SSH	C 7250 PS-SSH C 7250 RS-SSH	>0.10~1	690 以上	—	—	—	—	0.10 以上	>220[1,2]

① 表示参考值。
② 最小试验力为 1.961N。
③ 最小试验力为 4.903N。

表 10-170　磷青铜和镍银合金薄板、板材和带材的力学性能

（JIS H3110—2018）

合金代号	材料状态	合金标记	拉力试验			弯曲试验①			硬度试验	
			厚度/mm	抗拉强度/MPa	伸长率/%	厚度/mm	弯曲角度	内侧半径	厚度/mm	硬度②(HV)
C 5050	O	C 5050 P-O C 5050 R-O	>0.10～5	240 以上	40 以上	1.6 以下	180°	紧密贴合	—	—
	1/4H	C 5050 P-1/4H C 5050 R-1/4H	>0.10～5	240～330	30 以上	1.6 以下	180°或 W	厚度的 0.5 倍	0.15 以上	60～120
	1/2H	C 5050 P-1/2H C 5050 R-1/2H	>0.10～5	330～450	10 以上	1.6 以下	180°或 W	厚度的 1 倍	0.10 以上	90～155
	H	C 5050 P-H C 5050 R-H	>0.10～5	390～500	3 以上	1.6 以下	180°或 W	厚度的 2 倍	0.10 以上	120～165
	EH	C 5050 P-EH C 5050 R-EH	>0.10～5	460 以上	—	—	—	—	0.10 以上	140 以上
C 5071	O	C 5071 P-O C 5071 R-O	>0.10～5	315 以上	30 以上	1.6 以下	180°	紧密贴合	—	—
	1/2H	C 5071 P-1/2H C 5071 R-1/2H	>0.10～5	410～510	10 以上	1.6 以下	180°或 W	厚度的 1 倍	0.10 以上	125～165
	H	C 5071 P-H C 5071 R-H	>0.10～5	490～590	5 以上	1.6 以下	180°或 W	厚度的 2 倍	0.10 以上	150～185
	EH	C 5071 P-EH C 5071 R-EH	>0.10～5	540～635	2 以上	1.6 以下	180°或 W	厚度的 3 倍	0.10 以上	175～205
	SH	C 5071 P-SH C 5071 R-SH	>0.10～5	610～705	—	—	—	—	0.10 以上	185 以上
C 5111	O	C 5111 P-O C 5111 R-O	>0.10～5	295 以上	38 以上	1.6 以下	180°	紧密贴合	—	—
	1/4H	C 5111 P-1/4H C 5111 R-1/4H	>0.10～5	345～440	25 以上	1.6 以下	180°或 W	厚度的 0.5 倍	0.15 以上	80～150
	1/2H	C 5111 P-1/2H C 5111 R-1/2H	>0.10～5	410～510	12 以上	1.6 以下	180°或 W	厚度的 1 倍	0.10 以上	120～180
	H	C 5111 P-H C 5111 R-H	>0.10～5	490～590	7 以上	1.6 以下	180°或 W	厚度的 2 倍	0.10 以上	150～200
	EH	C 5111 P-EH C 5111 R-EH	>0.10～0.20	570～660	—	—	—	—	0.10 以上	170～220
			>0.20～5		3 以上					
	SH	C 5111 P-SH C 5111 R-SH	>0.10～5	640 以上	—	—	—	—	0.10 以上	200 以上
C 5102	O	C 5102 P-O C 5102 R-O	>0.10～5	305 以上	40 以上	1.6 以下	180°	紧密贴合	—	—
	1/4H	C 5102 P-1/4H C 5102 R-1/4H	>0.10～5	375～470	28 以上	1.6 以下	180°或 W	厚度的 0.5 倍	0.10 以上	90～160
	1/2H	C 5102 P-1/2H C 5102 R-1/2H	>0.10～5	470～570	15 以上	1.6 以下	180°或 W	厚度的 1 倍	0.10 以上	130～190
	H	C 5102 P-H C 5102 R-H	>0.10～5	570～665	7 以上	1.6 以下	180°或 W	厚度的 2 倍	0.10 以上	170～220
	EH	C 5102 P-EH C 5102 R-EH	>0.10～0.20	620～710	—	—	—	—	0.10 以上	190～230
			>0.20～5		4 以上					
	SH	C 5102 P-SH C 5102 R-SH	>0.10～5	660 以上	—	—	—	—	0.10 以上	200 以上

续表

合金代号	材料状态	合金标记	拉力试验			弯曲试验①			硬度试验	
			厚度/mm	抗拉强度/MPa	伸长率/%	厚度/mm	弯曲角度	内侧半径	厚度/mm	硬度②(HV)
C 5191	O	C 5191 P-O C 5191 R-O	>0.10～5	315 以上	42 以上	1.6 以下	180°或 W	厚度的 0.5 倍	—	—
	1/4H	C 5191 P-1/4H C 5191 R-1/4H	>0.10～5	390～510	35 以上	1.6 以下	180°或 W	厚度的 1 倍	0.10 以上	100～160
	1/2H	C 5191 P-1/2H C 5191 R-1/2H	>0.10～5	490～610	20 以上	1.6 以下	180°或 W	厚度的 1.5 倍	0.10 以上	150～205
	H	C 5191 P-H C 5191 R-H	>0.10～5	590～685	8 以上	1.6 以下	180°或 W	厚度的 2 倍	0.10 以上	180～230
	EH	C 5191 P-EH C 5191 R-EH	>0.10～0.20 >0.20～5	635～720	— 5 以上	—	—	—	0.10 以上	200～240
	SH	C 5191 P-SH C 5191 R-SH	>0.10～5	690 以上	—	—	—	—	0.10 以上	210 以上
C 5212	O	C 5212 P-O C 5212 R-O	>0.10～5	345 以上	45 以上	1.6 以下	180°或 W	厚度的 0.5 倍	—	—
	1/4H	C 5212 P-1/4H C 5212 R-1/4H	>0.10～5	390～510	40 以上	1.6 以下	180°或 W	厚度的 1 倍	0.10 以上	100～160
	1/2H	C 5212 P-1/2H C 5212 R-1/2H	>0.10～5	490～610	30 以上	1.6 以下	180°或 W	厚度的 1.5 倍	0.10 以上	150～205
	H	C 5212 P-H C 5212 R-H	>0.10～5	590～705	12 以上	1.6 以下	180°或 W	厚度的 3 倍	0.10 以上	180～235
	EH	C 5212 P-EH C 5212 R-EH	>0.10～0.20 >0.20～5	685 以上	— 5 以上	—	—	—	0.10 以上	210 以上
C 7351	O	C 7351 P-O C 7351 R-O	>0.10～5	325 以上	20 以上	1.6 以下	180°	紧密贴合	—	—
	1/2H	C 7351 P-1/2H C 7351 R-1/2H	>0.10～5	390～510	5 以上	1.6 以下	180°或 W	厚度的 1 倍	0.10 以上	105～155
C 7451	O	C 7451 P-O C 7451 R-O	>0.10～5	325 以上	20 以上	1.6 以下	180°	紧密贴合	—	—
	1/2H	C 7451 P-1/2H C 7451 R-1/2H	>0.10～5	390～510	5 以上	1.6 以下	180°或 W	厚度的 1 倍	0.10 以上	105～155
C 7521	O	C 7521 P-O C 7521 R-O	>0.10～5	375 以上	20 以上	1.6 以下	180°	紧密贴合	—	—
	1/2H	C 7521 P-1/2H C 7521 R-1/2H	>0.10～5	440～570	5 以上	1.6 以下	180°或 W	厚度的 1 倍	0.10 以上	120～180
	H	C 7521 P-H C 7521 R-H	>0.10～0.15 >0.15～5	540～640	— 3 以上	1.6 以下	180°或 W	厚度的 2 倍	0.10 以上	150～210
	EH	C 7521 P-EH C 7521 R-EH	>0.10～5	610 以上	—	—	—	—	0.10 以上	185 以上
C 7541	O	C 7541 P-O C 7541 R-O	>0.10～5	355 以上	20 以上	1.6 以下	180°	紧密贴合	—	—
	1/2H	C 7541 P-1/2H C 7541 R-1/2H	>0.10～5	410～540	5 以上	1.6 以下	180°或 W	厚度的 1 倍	0.10 以上	110～170
	H	C 7541 P-H C 7541 R-H	>0.10～0.15 >0.15～5	490 以上	— 3 以上	1.6 以下	180°或 W	厚度的 2 倍	0.10 以上	135 以上

① 弯曲试验的条件：W 指是 W 弯曲试验。弯曲部分的外侧不能出现裂纹。但端部的裂纹不作为判定的对象、采用 180°弯曲或 W 弯曲试验，由供需双方协商。

② 最小试验力为 1.961N。

表 10-171 弹簧用铍铜、钛铜、磷青铜和镍银合金 C 1700、C 1720 和 C 7270 板及带的力学性能 (JIS H3130—2018)

合金代号	材料状态	合金标记	抗拉试验			弯曲试验①			硬度试验	
			厚度/mm	抗拉强度/MPa	伸长率/%	厚度/mm	弯曲角度	内侧半径	厚度/mm	硬度②(HV)
C 1700	O	C 1700 P-O C 1700 R-O	0.10 以上	410～540	35 以上	1.6 以下	180°	紧密贴合	0.10 以上 1.6 以下	90～160
	1/4H	C 1700 P-1/4H C 1700 R-1/4H	0.10 以上	510～620	10 以上	1.6 以下	180° 或 W	厚度的 1 倍	0.10 以上 1.6 以下	145～220
	1/2H	C 1700 P-1/2H C 1700 R-1/2H	0.10 以上	590～695	5 以上	1.6 以下	180° 或 W	厚度的 3 倍	0.10 以上 1.6 以下	180～240
	H	C 1700 P-H C 1700 R-H	0.10 以上	685～835	2 以上	—	—	—	0.10 以上 1.6 以下	210～270
C 1720	O	C 1720 P-O C 1720 R-O	0.10 以上	410～540	35 以上	1.6 以下	180°	紧密贴合	0.10 以上 1.6 以下	90～160
	1/4H	C 1720 P-1/4H C 1720 R-1/4H	0.10 以上	510～620	10 以上	1.6 以下	180° 或 W	厚度的 1 倍	0.10 以上 1.6 以下	145～220
	1/2H	C 1720 P-1/2H C 1720 R-1/2H	0.10 以上	590～695	5 以上	1.6 以下	180° 或 W	厚度的 3 倍	0.10 以上 1.6 以下	180～240
	H	C 1720 P-H C 1720 R-H	0.10 以上	685～835	2 以上	—	—	—	0.10 以上 1.6 以下	210～270
C 7270	O	C 7270 P-O C 7270 R-O	0.10 以上	410～540	25 以上	1.5 以下	180°	紧密贴合	0.10 以上	90～160
	1/4H	C 7270 P-1/4H C 7270 R-1/4H	0.10 以上	510～620	10 以上	1.5 以下	W	厚度的 1 倍	0.10 以上	145～220
	1/2H	C 7270 P-1/2H C 7270 R-1/2H	0.10 以上	590～695	4 以上	1.5 以下	W	厚度的 2 倍	0.10 以上	180～240
	H	C 7270 P-H C 7270 R-H	0.10 以上	685～835	2 以上	1.5 以下	W	厚度的 3 倍	0.10 以上	210～270
	EH	C 7270 P-EH C 7270 R-EH	0.10 以上	735～885	—	—	—	—	0.10 以上	230～290
	SH	C 7270 P-SH C 7270 R-SH	0.10 以上	825～950	—	—	—	—	0.10 以上	250～310

① 弯曲试验的条件：W 指 W 弯曲试验。弯曲部分的外侧不能出现裂纹。端部的裂纹不作为判定的对象。此外，采用 180°弯曲或 W 弯曲试验，由供需双方协商。

② 最小试验力为 1.961N。

表 10-172 经时效硬化处理的合金 C 1700、C 1720 和 C 7270 板和带的力学性能 (JIS H3130—2018)

合金代号	材料状态	合金标记	抗拉试验			弹性极限值试验		硬度试验	
			厚度/mm	抗拉强度/MPa	伸长率/%	厚度/mm	弹性极限值($Kb_{0.075}$)/MPa	厚度/mm	硬度①(HV)
C 1700	O	C 1700 P-O C 1700 R-O	0.10 以上	1030 以上	3 以上	0.15 以上 1.6 以下	685 以上	0.10 以上 1.6 以下	310～370
	1/4H	C 1700 P-1/4H C 1700 R-1/4H	0.10 以上	1100 以上	2 以上	0.15 以上 1.6 以下	785 以上	0.10 以上 1.6 以下	330～410
	1/2H	C 1700 P-1/2H C 1700 R-1/2H	0.10 以上	1180 以上	—	0.15 以上 1.6 以下	835 以上	0.10 以上 1.6 以下	345～420
	H	C 1700 P-H C 1700 R-H	0.10 以上	1230 以上	—	0.15 以上 1.6 以下	885 以上	0.10 以上 1.6 以下	360～430

续表

合金代号	材料状态	合金标记	抗拉试验			弹性极限值试验		硬度试验	
			厚度/mm	抗拉强度/MPa	伸长率/%	厚度/mm	弹性极限值($Kb_{0.075}$)/MPa	厚度/mm	硬度①(HV)
C 1720	O	C 1720 P-O C 1720 R-O	0.10 以上	1100 以上	3 以上	0.15 以上 1.6 以下	735 以上	0.10 以上 1.6 以下	325～400
	1/4H	C 1720 P-1/4H C 1720 R-1/4H	0.10 以上	1180 以上	2 以上	0.15 以上 1.6 以下	835 以上	0.10 以上 1.6 以下	350～430
	1/2H	C 1720 P-1/2H C 1720 R-1/2H	0.10 以上	1240 以上	—	0.15 以上 1.6 以下	885 以上	0.10 以上 1.6 以下	360～440
	H	C 1720 P-H C 1720 R-H	0.10 以上	1270 以上	—	0.15 以上 1.6 以下	930 以上	0.10 以上 1.6 以下	380～450
C 7270	O	C 7270 P-O C 7270 R-O	0.10 以上	785 以上	5 以上	0.15 以上	490 以上	0.10 以上	240 以上
	1/4H	C 7270 P-1/4H C 7270 R-1/4H	0.10 以上	885 以上	2 以上	0.15 以上	590 以上	0.10 以上	270 以上
	1/2H	C 7270 P-1/2H C 7270 R-1/2H	0.10 以上	930 以上	2 以上	0.15 以上	635 以上	0.10 以上	285 以上
	H	C 7270 P-H C 7270 R-H	0.10 以上	980 以上	—	0.15 以上	685 以上	0.10 以上	300 以上
	EH	C 7270 P-EH C 7270 R-EH	0.10 以上	1030 以上	—	0.15 以上	735 以上	0.10 以上	315 以上
	SH	C 7270 P-SH C 7270 R-SH	0.10 以上	1080 以上	—	0.15 以上	785 以上	0.10 以上	330 以上

① 最小试验力为 1.961N。

表 10-173　合金 C 5210 和 C 7701 的板和带的力学性能（JIS H3130—2018）

合金代号	材料状态	合金标记	抗拉试验			弯曲试验①			弹性极限值试验		硬度试验	
			厚度/mm	抗拉强度/MPa	伸长率/%	厚度/mm	弯曲角度	内侧半径	厚度/mm	弹性极限值($Kb_{0.1}$)/MPa	厚度/mm	硬度②(HV)
C 5210	1/2H	C 5210 P-1/2H C 5210 R-1/2H	0.10 以上	470～610	27 以上	1.6 以下	180° 或 W	厚度的 1 倍	>0.15～1.6	245 以上	0.10 以上	140～205
	H	C 5210 P-H C 5210 R-H	0.10 以上	590～705	20 以上	1.6 以下	180° 或 W	厚度的 1.5 倍	>0.15～1.6	390 以上	0.10 以上	185～235
	EH	C 5210 P-EH C 5210 R-EH	0.10 以上	685～785	11 以上	1.6 以下	180° 或 W	厚度的 3 倍	>0.15～1.6	460 以上	0.10 以下	210～260
	SH	C 5210 P-SH C 5210 R-SH	0.10 以上	735～835	9 以上	—	—	—	>0.15～1.6	510 以上	0.10 以上	230～270
	ESH	C 5210 P-ESH C 5210 R-ESH	0.10 以上	770～835	5 以上	—	—	—	>0.15～1.6	560 以上	0.10 以上	245～285
C 7701	1/2H	C 7701 P-1/2H C 7701 R-1/2H	>0.10～0.70	540～655	8 以上	1.6 以下	180° 或 W	厚度的 1.5 倍	>0.15～1.6	390 以上	0.10 以上	150～210
			大于 0.70	540～655	11 以上							
	H	C 7701 P-H C 7701 R-H	>0.10～0.70	630～735	4 以上	1.6 以下	180° 或 W	厚度的 2 倍	>0.15～1.6	480 以上	0.10 以上	180～240
			大于 0.70	630～735	6 以上							
	EH	C 7701 P-EH C 7701 R-EH	0.10 以上	705～805	—	1.6 以下	90°	厚度的 3 倍	>0.15～1.6	560 以上	0.10 以上	210～260
	SH	C 7701 P-SH C 7701 R-SH	0.10 以上	765～865	—	—	—	—	>0.15～1.6	620 以上	0.10 以上	230～270

① 弯曲试验中，采用 180°弯曲还是 W 型弯曲，由供需双方按协议执行。
② 最小试验力为 1.961N。

表 10-174　合金 C 1720、C 1751、C 1990 和 C 7270 的板和带的力学性能

（冷加工＋时效处理）

合金代号	材料状态	合金标记	抗拉试验			弯曲试验①			弹性极限值试验		硬度试验	
			厚度 /mm	抗拉强度 /MPa	伸长率 /%	厚度 /mm	弯曲角度	内侧半径	厚度 /mm	弹性极限值($Kb_{0.075}$) /MPa	厚度 /mm	硬度② (HV)
C 1720	OM	C 1720 P-OM C 1720 R-OM	0.10 以上	685～885	18 以上	0.60 以下	90°	厚度的 1 倍	>0.15～ 0.60	390 以上	>0.10～ 1.6	200 以上
	1/4HM	C 1720 P-1/4HM C 1720 R-1/4HM	0.10 以上	735～930	10 以上	0.60 以下	90°	厚度的 1.5 倍	>0.15～ 0.60	440 以上	>0.10～ 1.6	210 以上
	1/2HM	C 1720 P-1/2HM C 1720 R-1/2HM	0.10 以上	815～ 1010	8 以上	0.60 以下	90°	厚度的 2 倍	>0.15～ 0.60	540 以上	>0.10～ 1.6	240 以上
	HM	C 1720 P-HM C 1720 R-HM	0.10 以上	910～ 1110	6 以上	0.60 以下	90°	厚度的 3 倍	>0.15～ 0.60	635 以上	>0.10～ 1.6	270 以上
C 1751	OM	C 1751 P-OM C 1751 R-OM	0.10 以上	690～895	10 以上	1.6 以下	90°	厚度的 1 倍	>0.15～ 1.6	440 以上	>0.10～ 1.6	210～ 260
	HM	C 1751 P-HM C 1751 R-HM	0.10 以上	760～965	5 以上	1.6 以下	90°	厚度的 2 倍	>0.15～ 1.6	480 以上	>0.10～ 1.6	230～ 280
C 1990	1/4HM	C 1990 P-1/4HM C 1990 R-1/4HM	0.10 以上	735～930	10 以上	0.60 以下	180° 或 W	厚度的 2 倍	>0.15～ 1.6	440 以上	>0.10～ 1.6	250 以上
	EHM	C 1990 P-EHM C 1990 R-EHM	0.10 以上	885～ 1080	5 以上	0.60 以下	180° 或 W	厚度的 3 倍	>0.15～ 1.6	590 以上	>0.10～ 1.6	280 以上
C 7270	OM	C 7270 P-OM C 7270 R-OM	0.10 以上	685～785	10 以上	1.5 以下	W	厚度的 1 倍	0.15 以上	440 以上	0.10 以上	200 以上
	1/4HM	C 7270 P-1/4HM C 7270 R-1/4HM	0.10 以上	725～835	5 以上	1.5 以下	W	厚度的 1.5 倍	0.15 以上	490 以上	0.10 以上	210 以上
	1/2HM	C 7270 P-1/2HM C 7270 R-1/2HM	0.10 以上	785～ 930	3 以上	1.5 以下	W	厚度的 2 倍	0.15 以上	540 以上	0.10 以上	230 以上
	HM	C 7270 P-HM C 7270 R-HM	0.10 以上	835～ 980	3 以上	1.5 以下	W	厚度的 3 倍	0.15 以上	590 以上	0.10 以上	250 以上
	EHM	C 7270 P-EHM C 7270 R-EHM	0.10 以上	930～ 1080	3 以上	—	—	—	0.15 以上	685 以上	0.10 以上	280 以上
	XHM	C 7270 P-XHM C 7270 R-XHM	0.10 以上	1060 以上	3 以上	—	—	—	0.15 以上	785 以上	0.10 以上	320 以上

① 弯曲试验中，采用 180°弯曲还是 W 型弯曲，由供需双方按协议执行。

② 最小试验力为 1.961N。

表 10-175　电子管用无氧铜板材及带材的力学性能和电导率（JIS H3510—2012）

合金代号	材料状态	合金标记	抗拉试验			弯曲试验③（180°）		结晶粒度 /mm	电导率试验	
			厚度 /mm	抗拉强度 /MPa	伸长率 /%	厚度 /mm	内侧半径		厚度 /mm	电导率(20℃) /%IAC S
C 1011	O	C 1011 P-O C 1011 R-O	0.3 以上 12 以下	195 以上	40 以上	2.0 以下	紧密 贴合	a②～0.05	>0.3～0.5	100 以上
									>0.5	101 以上
	1/2H①	C 1011 P-1/2H C 1011 R-1/2H	0.3 以上 12 以下	245～315	15 以上	2.0 以下	厚度的 1 倍	—	2.0 以下	98 以上
									>2.0	99 以上
	H①	C 1011 P-H C 1011 R-H	0.3 以上 10 以下	275 以上		2.0 以下	厚度的 1.5 倍	—	2.0 以下	97 以上
									>2.0	98 以上

① 对于 1/2H 和 H 的材料，根据双方协议，可以在（500±25）℃温度下对试样进行 0.5～1h 的无氧化退火后再做试验。此时的力学性能及电导率按材料状态为 O 的采用。

② 指再结晶晶粒中最小的。

③ 弯曲试验条件：弯曲部分的外侧不出现裂纹。

表 10-176 电子管用无氧铜管材的力学性能和电导率（JIS H3510—2012）

合金代号	材料状态	合金标记	抗拉试验				硬度试验		电导率试验	
			外径/mm	壁厚/mm	抗拉强度/MPa	伸长率/%	洛氏硬度 HR30T	洛氏硬度 HRF	厚度/mm	电导率(20℃)/%IAC S
C 1011	O	C 1011 T-O C 1011 TS-O	＞5～100	＞0.5～30	205 以上	40 以上	—	—	2.0 以下	100 以上
									＞2.0	101 以上
	1/2H①	C 1011 T-1/2H C 1011 TS-1/2H	＞5～100	＞0.5～25	245～325	—	30～60	—	2.0 以下	98 以上
									＞2.0	99 以上
	H①	C 1011 T-H C 1011 TS-H	＞5～100	＞0.5～6	275 以上	—	—	80 以上	2.0 以下	97 以上
				＞6～10	265 以上	—	—	75 以上	＞2.0	98 以上

① 对于 1/2H 和 H 的材料，根据双方协议，可以在（500±25）℃温度下对试样进行 0.5～1h 的无氧化退火后再做试验。此时的力学性能及电导率按材料状态为 O 的采用。

表 10-177 电子管用无氧铜棒材的力学性能和电导率（JIS H3510—2012）

合金代号	材料状态	合金标记	抗拉试验			电导率(20℃)/%IAC S
			直径或边与边的距离/mm	抗拉强度/MPa	伸长率/%	
C 1011	F	C 1011 BE-F	＞6～75	195 以上	40 以上	101 以上
	O	C 1011 BD-O	＞6～75	195 以上	40 以上	101 以上
	H	C 1011 BD-H	＞6～25	275 以上	—	98 以上
			＞25～75	245 以上	—	98 以上

表 10-178 电子管用无氧铜线材的力学性能和电导率（JIS H3510—2012）

合金代号	材料状态	合金标记	抗拉试验			电导率(20℃)/%IAC S
			直径/mm	抗拉强度/MPa	伸长率/%	
C 1011	O	C 1011 W-O	＞0.5～1.0	195 以上	25 以上	101 以上
			大于 1	195 以上	30 以上	
	H	C 1011 W-H	0.5 以上	345 以上	—	98 以上

表 10-179 铜及铜合金无缝管的力学性能（JIS H3300—2009）

合金代号	材料状态	合金标记	抗拉试验				硬度试验			
			外径/mm	壁厚/mm	抗拉强度/MPa	伸长率/%	壁厚/mm	洛氏硬度① HR30T	洛氏硬度① HR15T	洛氏硬度① HRF
C 1020	O	C 1020 T-O C 1020 TS-O	＞4～100	＞0.25～30	205 以上	40 以上	0.6 以上	—	60 以下	50 以下
	OL	C 1020 T-OL C 1020 TS-OL	＞4～100	＞0.25～30	205 以上	40 以上	0.6 以上	—	65 以下	55 以下
	1/2H	C 1020 T-1/2H C 1020 TS-1/2H	＞4～100	＞0.25～25	245～325	—	—	30～60	—	—
	H	C 1020 T-H C 1020 TS-H	＜25	＞0.25～3	315 以上	—	—	55 以上	—	—
			＞25～50	＞0.9～4		—	—	—	—	—
			＞25～100	＞1.5～6		—	—	—	—	—
C 1100	O	C 1100 T-O C 1100 TS-O	＞5～250	＞0.5～30	205 以上	40 以上	—	—	—	—
	1/2H	C 1100 T-1/2H C 1100 TS-1/2H	＞5～250	＞0.5～25	245～325	—	—	30～60	—	—

续表

合金代号	材料状态	合金标记	抗拉试验				硬度试验			
			外径/mm	壁厚/mm	抗拉强度/MPa	伸长率/%	壁厚/mm	洛氏硬度[①]		
								HR30T	HR15T	HRF
C 1100	H	C 1100 T-H C 1100 TS-H	>5～100	>0.5～6	275 以上	—	—	—	—	80 以上
				>6～10	265 以上	—	—	—	—	75 以上
C 1201 C 1220	O	C 1201 T-O C 1201 TS-O C 1220 T-O C 1220 TS-O	>4～250	>0.25～30	205 以上	40 以上	0.6 以上	—	60 以下	50 以下
	OL	C 1201 T-OL C 1201 TS-OL C 1220 T-OL C 1220 TS-OL	>4～250	>0.25～30	205 以上	40 以上	0.6 以上	—	65 以下	55 以下
	1/2H	C 1201 T-1/2H C 1201 TS-1/2H C 1220 T-1/2H C 1220 TS-1/2H	>4～250	>0.25～25	245～325	—	—	30～60	—	—
	H	C 1201 T-H C 1201 TS-H C 1220 T-H C 1220 TS-H	<25	>0.25～3	315 以上	—	—	55 以上	—	—
			>25～50	>0.9～4					—	—
			>50～100	>1.5～6				—	—	—
			>100～200	>2～6	275 以上	—	—	—	—	—
			>200～350	>3～8	255 以上	—	—	—	—	—
C 1565	O	C 1565 T-O C 1565 TS-O	>4～250	>0.15～30	240 以上	35 以上	0.6 以上	—	65 以下	—
	1/2H	C 1565 T-1/2H C 1565 TS-1/2H	>4～250	>0.15～25	270～350	—	—	30～65	—	—
	3/4H	C 1565 T-3/4H C 1565 TS-3/4H	>4～250	>0.15～25	295～420	—	—	35～75	—	—
	H	C 1565 T-H C 1565 TS-H	<25	>0.15～3	400 以上	—	—	55 以上	—	—
			>25～51	>0.15～4						
			>51～100	>0.3～6	350 以上	—	—			—
C 1862	O	C 1862 T-O C 1862 TS-O	>4～250	>0.15～30	270 以上	30 以上	0.6 以上	—	80 以下	—
	1/2H	C 1862 T-1/2H C 1862 TS-1/2H	>4～250	>0.15～25	305～385	—	—	35～75	—	—
	3/4H	C 1862 T-3/4H C 1862 TS-3/4H	>4～250	>0.15～25	325～470	—	—	40～80	—	—
	H	C 1862 T-H C 1862 TS-H	<25	>0.15～3	450 以上	—	—	60 以上	—	—
			>25～51	>0.15～4						
			>51～100	>0.3～6	400 以上	—	—	—	—	—

续表

合金代号	材料状态	合金标记	抗拉试验				硬度试验			
			外径/mm	壁厚/mm	抗拉强度/MPa	伸长率/%	壁厚/mm	洛氏硬度①		
								HR30T	HR15T	HRF
C 5010	O	C 5010 T-O C 5010 TS-O	>4～250	>0.15～30	240 以上	40 以上	0.6 以上	—	65 以下	—
	1/2H	C 5010 T-1/2H C 5010 TS-1/2H	>4～250	>0.15～25	270～350	—	—	30～70	—	—
	3/4H	C 5010 T-3/4H C 5010 TS-3/4H	>4～250	>0.15～25	295～420	—	—	35～80	—	—
	H	C 5010 T-H C 5010 TS-H	<25	>0.15～3	400 以上	—	—	55 以上	—	—
			>25～51	>0.15～4						
			>51～100	>0.3～6	350 以上	—	—	—	—	—
C 2200	O	C 2200 T-O C 2200 TS-O	>10～150	>0.5～15	225 以上	35 以上	1.1 以下	30 以下	—	—
							超过 1.1	—	—	70 以下
	OL	C 2200 T-OL C 2200 TS-OL	>10～150	>0.5～15	225 以上	35 以上	1.1 以下	37 以下	—	—
							超过 1.1	—	—	78 以下
	1/2H	C 2200 T-1/2H C 2200 TS-1/2H	>10～150	>0.5～6	275 以上	15 以上	—	38 以上	—	—
	H	C 2200 T-H C 2200 TS-H	>10～100	>0.5～6	365 以上	—	>0.5～6	55 以上	—	—
C 2300	O	C 2300 T-O C 2300 TS-O	>10～150	>0.5～15	275 以上	35 以上	1.1 以下	36 以下	—	—
							超过 1.1	—	—	75 以下
	OL	C 2300 T-OL C 2300 TS-OL	>10～150	>0.5～15	275 以上	35 以上	1.1 以下	39 以下	—	—
							超过 1.1	—	—	85 以下
	1/2H	C 2300 T-1/2H C 2300 TS-1/2H	>10～150	>0.5～6	305 以上	20 以上	—	43 以上	—	—
	H	C 2300 T-H C 2300 TS-H	>10～100	>0.5～6	390 以上	—	>0.5～6	65 以上	—	—
C 2600	O	C 2600 T-O C 2600 TS-O	>4～250	>0.3～15	275 以上	45 以上	0.8 以下	40 以下	—	—
							超过 0.8	—	—	80 以下
	OL	C 2600 T-OL C 2600 TS-OL	>4～250	>0.3～15	275 以上	45 以上	0.8 以下	60 以下	—	—
							超过 0.8	—	—	90 以下
	1/2H	C 2600 T-1/2H C 2600 TS-1/2H	>4～100	>0.3～6	375 以上	20 以上	—	53 以上	—	—
			>100～250	>2～10	355 以上					
	H	C 2600 T-H C 2600 TS-H	>4～100	>0.3～6	450 以上	—	>0.5～6	70 以上	—	—
			>100～250	>2～10	390 以下					
C 2700	O	C 2700 T-O C 2700 TS-O	>4～250	>0.3～15	295 以上	40 以上	0.8 以下	40 以下	—	—
							超过 0.8	—	—	80 以下
	OL	C 2700 T-OL C 2700 TS-OL	>4～250	>0.3～15	295 以上	40 以上	0.8 以下	60 以下	—	—
							超过 0.8	—	—	90 以下
	1/2H	C 2700 T-1/2H C 2700 TS-1/2H	>4～100	>0.3～6	375 以上	20 以上	—	53 以上	—	—
			>100～250	>2～10	355 以上					

续表

合金代号	材料状态	合金标记	抗拉试验				硬度试验			
			外径/mm	壁厚/mm	抗拉强度/MPa	伸长率/%	壁厚/mm	洛氏硬度[①]		
								HR30T	HR15T	HRF
C 2700	H	C 2700 T-H C 2700 TS-H	>4～100	>0.3～6	450 以上	—	>0.5～6	70 以上	—	—
			>100～250	>2～10	390 以上					
C 2800	O	C 2800 T-O C 2800 TS-O	>10～250	>1～15	315 以上	35 以上	—	—	—	—
	OL	C 2800 T-OL C 2800 TS-OL	>10～250	>1～15	315 以上	35 以上	0.8 以下	60 以下	—	—
							超过 0.8	—	—	90 以下
	1/2H	C 2800 T-1/2H C 2800 TS-1/2H	>10～250	>1～6	375 以上	15 以上	—	55 以上	—	—
	H	C 2800 T-H C 2800 TS-H	>10～100	>1～6	450 以上	—	—	—	—	—
C 4430	O	C 4430 T-O C 4430 TS-O	>5～250	>0.8～10	315 以上	30 以上	—	—	—	—
C 6870 C 6871 C 6872	O	C 6870 T-O C 6870 TS-O C 6871 T-O C 6871 TS-O C 6872 T-O C 6872 TS-O	>5～50	>0.8～10	375 以上	40 以上	—	—	—	—
			>50～250	>0.8～10	355 以上	40 以上	—	—	—	—
C 7060	O	C 7060 T-O C 7060 TS-O	>5～250	>0.8～5	275 以上	30 以上	—	—	—	—
C 7100	O	C 7100 T-O C 7100 TS-O	>5～50	>0.8～5	315 以上	30 以上	—	—	—	—
C 7150	O	C 7150 T-O C 7150 TS-O	>5～250	>0.8～5	365 以上	30 以上	—	—	—	—
C 7164	O	C 7164 T-O C 7164 TS-O	>5～50	>0.8～5	430 以上	30 以上	—	—	—	—

① 当硬度不止一个时，由供需双方协商选定一个。

表 10-180　压力容器用高强度铜管及铜合金铜的力学性能

(JIS H3300—2009)

合金代号	材料状态	合金标记	外径/mm	屈服强度 (10～35 ℃)/MPa
C 1565	O	C 1565 T-O C 1565 TS-O	—	70
	1/2H	C 1565 T-1/2H C 1565 TS-1/2H	—	120
	3/4H	C 1565 T-3/4H C 1565 TS-3/4H	—	130
	H	C 1565 T-H C 1565 TS-H	51 以下	175
			>51～100	155
C 1862	O	C 1862 T-O C 1862 TS-O	—	105
	1/2H	C 1862 T-1/2H C 1862 TS-1/2H	—	135
	3/4H	C 1862 T-3/4H C 1862 TS-3/4H	—	145
	H	C 1862 T-H C 1862 TS-H	51 以下	195
			>51～100	175

续表

合金代号	材料状态	合金标记	外径/mm	屈服强度(10~35 ℃)/MPa
C 5010	O	C 5010 T-O C 5010 TS-O	—	70
	1/2H	C 5010 T-1/2H C 5010 TS-1/2H		120
	3/4H	C 5010 T-3/4H C 5010 TS-3/4H	—	130
	H	C 5010 T-H C 5010 TS-H	51 以下	175
			＞51~100	155
C 2800	O	C 2800 T-O C 2800 TS-O	—	125
C 4430	O	C 4430 T-O C 4430 TS-O	—	103
C 7060	O	C 7060 T-O C 7060 TS-O	—	103
C 7150	O	C 7150 T-O C 7150 TS-O	—	125

表 10-181 铜及铜合金无缝管的晶粒度

(JIS H3300—2009)

合金代号	材料状态	合金标记		晶粒度
C 1020 C 1201 C 1220	O	C 1020 T-O, C 1201 T-O, C 1220 T-O,	C 1020 TS-O C 1201 TS-O C 1220 TS-O	0.025~0.060
	OL	C 1020 T-OL, C 1201 T-OL, C 1220 T-OL,	C 1020 TS-OL C 1201 TS-OL C 1220 TS-OL	0.040 以下
C 1565 C 1862 C 5010	O	C 1565 T-O, C 1862 T-O, C 5010 T-O,	C 1565 TS-O C 1862 TS-O C 5010 TS-O	0.040 以下
C 2200 C 2300 C 2600 C 2700	O	C 2200 T-O, C 2300 T-O, C 2600 T-O, C 2700 T-O,	C 2200 TS-O C 2300 TS-O C 2600 TS-O C 2700 TS-O	0.025~0.060
	OL	C 2200 T-OL, C 2300 T-OL, C 2600 T-OL, C 2700 T-OL,	C 2200 TS-OL C 2300 TS-OL C 2600 TS-OL C 2700 TS-OL	α①~0.035
C 4430 C 6860 C 6871 C 6872 C 7060 C 7100 C 7150 C 7164	O	C 4430 T-O, C 6870 T-O, C 6871 T-O, C 6872 T-O, C 7060 T-O, C 7100 T-O, C 7150 T-O, C 7164 T-O,	C 4430 TS-O C 6870 TS-O C 6871 TS-O C 6872 TS-O C 7060 TS-O C 7100 TS-O C 7150 TS-O C 7164 TS-O	0.010~0.045

① 指完全再结晶后的最小尺寸。

表 10-182 铜及铜合金焊接管的力学性能（JIS H3320—2006）

合金代号	材料状态	合金标记	拉伸试验				硬度(HV)
			外径/mm	壁厚/mm	抗拉强度/MPa(kgf/mm²)	伸长率/%	
C1220	O	C1220TW-O C1220TWS-O	≥4 ≤76.2	≥0.3 ≤3.0	≥205(≥21)	≥40	≤55
	OL	C1220TW-OL C1220TWS-OL			≥205(≥21)	≥40	≤65
	1/2H	C1220TW-1/2H C1220TWS-1/2H			245～325(25～33)	—	70～110
	H	C1220TW-H C1220TWS-H			≥315(≥33)	—	≥100
C2600	O	C2600TW-O C2600TWS-O	≥4 ≤76.2	≥0.3 ≤3.0	≥275(≥28)	≥45	≤80
	OL	C2600TW-OL C2600TWS-OL			≥275(≥28)	≥45	≤110
	1/2H	C2600TW-1/2H C2600TWS-1/2H			≥375(≥38)	≥20	≥110
	H	C2600TW-H C2600TWS-H			≥450(≥46)	—	≥150
C2680	O	C2680TW-O C2680TWS-O	≥4 ≤76.2	≥0.3 ≤3.0	≥295(≥30)	≥40	≤80
	OL	C2680TW-OL C2680TWS-OL			≥295(≥30)	≥40	≤110
	1/2H	C2680TW-1/2H C2680TWS-1/2H			≥375(≥38)	≥20	≥110
	H	C2680TW-H C2680TWS-H			≥450(≥46)	—	≥150
C4430	O	C4430TW-O C4430TWS-O	≥4 ≤76.2	≥0.3 ≤3.0	≥315(≥32)	≥30	—
C4450	O	C4450TW-O C4450TWS-O	≥4 ≤76.2	≥0.3 ≤3.0	≥275(≥28)	≥50	—
C7060	O	C7060TW-O C7060TWS-O	≥4 ≤76.2	≥0.3 ≤3.0	≥275(≥28)	≥30	—
C7150	O	C7150TW-O C7150TWS-O	≥4 ≤50	≥0.3 ≤3.0	≥365(≥37)	≥30	—

表 10-183 铜及铜合金棒材的力学性能（JIS H3250—2006）

合金代号	材料状态	合金标记	直径、边长或对边距离/mm	拉伸试验		硬度试验	
				抗拉强度/MPa	伸长率/%	HV(≥0.5)	HB(10/3000)
C1020 C1100 C1201 C1220	F	C1020BE-F C1100BE-F C1201BE-F C1220BE-F	≥6	≥195	≥25	—	—
	O	C1020BD-O C1100BD-O C1201BD-O C1220BD-O	≥6～≤75	≥195	≥30	—	—
	1/2H	C1020BD-1/2H C1100BD-1/2H C1201BD-1/2H C1220BD-1/2H	≥6～≤25	≥245	≥15	—	—
			>25～≤50	≥225	≥20	—	—
			>50～≤75	≥215	≥25	—	—
	H	C1020BD-H C1100BD-H C1201BD-H C1220BD-H	≥6～≤25	≥275	—	—	—
			>25～≥50	≥245	—	—	—

续表

合金代号	材料状态	合金标记	直径、边长或对边距离/mm	拉伸试验		硬度试验	
				抗拉强度/MPa	伸长率/%	HV (≥0.5)	HB (10/3000)
C2600	F	C2600BE-F	≥6	≥275	≥35	—	—
	O	C2600BD-O	≥6～≤75	≥275	≥45	—	—
	1/2H	C2600BD-1/2H	≥6～≤50	≥355	≥20	—	—
	H	C2600BD-H	≥6～≤20	≥410	—	—	—
C2700	F	C2700BE-F	≥6	≥295	≥30	—	—
	O	C2700BD-O	≥6～≤75	≥295	≥40	—	—
	1/2H	C2700BD-1/2H	≥6～≤50	≥355	≥20	—	—
	H	C2700BD-H	≥6～≤20	≥410	—	—	—
C2800	F	C2800BE-F	≥6	≥315	≥25	—	—
	O	C2800BD-O	≥6～≤75	≥315	≥35	—	—
	1/2H	C2800BD-1/2H	≥6～≤50	≥375	≥15	—	—
	H	C2800BD-H	≥6～≤20	≥450	—	—	—
C3601	O	C3601BD-O	≥6～≤75	≥295	≥25	—	—
	1/2H	C3601BD-1/2H	≥6～≤50	≥345	—	≥95	—
	H	C3601BD-H	≥6～≤20	≥450	—	≥130	—
C3602	F	C3602BE-F C3602BD-F	≥6～≤75	≥315	—	≥75	—
C3603	O	C3603BD-O	≥6～≤75	≥315	≥20	—	—
	1/2H	C3603BD-1/2H	≥6～≤50	≥365	—	≥100	—
	H	C3603BD-H	≥6～≤20	≥450	—	≥130	—
C3604	F	C3604BE-F C3604BD-F	≥6～≤75	≥335	—	≥80	—
C3605	F	C3605BE-F C3605BD-F	≥6～≤75	≥335	—	≥80	—
C3712 C3771	F	C3712BE-F C3712BD-F C3771BE-F C3771BD-F	≥6	≥315	≥15	—	—
C4622	F	C4622BE-F	≥6～≤50	≥345	≥20	—	—
		C4622BD-F	≥6～≤50	≥365	≥20	—	—
C4641	F	C4641BE-F	≥6～≤50	≥345	≥20	—	—
		C4641BD-F	≥6～≤50	≥375	≥20	—	—
C6161	F	C6161BE-F C6161BD-F C6161BF-F	≥6～≤50	≥590	≥25	—	≥130
C6191	F	C6191BE-F C6191BD-F C6191BF-F	≥6～≤50	≥685	≥15	—	≥170
C6241	F	C6241BE-F C6241BD-F C6241BF-F	≥6～≤50	≥685	≥10	—	≥210
C6782	F	C6782BE-F	≥6～≤50	≥460	≥20	—	—
		C6782BD-F	≥6～≤50	≥490	≥15	—	—
C6783	F	C6783BE-F	≥6～≤50	≥510	≥15	—	—
		C6783BD-F	≥6～≤50	≥540	≥12	—	—

注：尺寸超出规定范围的，其力学性能按供需双方的协议执行。

表 10-184 铜及铜合金线材的力学性能（JIS H3260—2006）

合金代号	材料状态	合金标记	拉力试验		
			直径、边长或对边距离/mm	抗拉强度/MPa	伸长率/%
C1020 C1100 C1201 C1220	O	C1020W-O C1100W-O C1201W-O C1220W-O	≥0.5～≤2	195 以上	15 以上
			≥2	≥195	≥25
	1/2H	C1020W-1/2H C1100W-1/2H C1201W-1/2H C1220W-1/2H	≥0.5～≤12	255～365	—
			>12～≤20	245～365	
	H	C1020W-H C1100W-H C1201W-H C1220W-H	≥0.5～≤10	≥345	—
			>10～≤20	≥275	
C2100	O	C2100W-O	≥0.5	≥205	≥20
	1/2H	C2100W-1/2H	≥0.5～≤12	325～430	—
	H	C2100W-H	≥0.5～≤10	≥410	—
C2200	O	C2200W-O	≥0.5	≥225	≥20
	1/2H	C2200W-1/2H	≥0.5～≤12	345～490	—
	H	C2200W-H	≥0.5～≤10	≥470	—
C2300	O	C2300W-O	≥0.5	≥245	≥20
	1/2H	C2300W-1/2H	≥0.5～≤12	375～540	—
	H	C2300W-H	≥0.5～≤10	≥520	—
C2400	O	C2400W-O	≥0.5	≥255	≥20
	1/2H	C2400W-1/2H	≥0.5～≤12	375～610	—
	H	C2400W-H	≥0.5～≤10	≥590	—
C2600	O	C2600W-O	≥0.5	≥275	≥20
	1/8H	C2600W-1/8H	≥0.5～≤12	345～440	≥10
	1/4H	C2600W-1/4H	≥0.5～≤12	390～510	≥5
	1/2H	C2600W-1/2H	≥0.5～≤12	490～610	—
	3/4H	C2600W-3/4H	≥0.5～≤10	590～705	—
	H	C2600W-H	≥0.5～≤10	685～805	—
	EH	C2600W-EH	≥0.5～≤10	≥785	—
C2700	O	C2700W-O	≥0.5	≥295	≥20
	1/8H	C2700W-1/8H	≥0.5～≤12	345～440	≥10
	1/4H	C2700W-1/4H	≥0.5～≤12	390～510	≥5
	1/2H	C2700W-1/2H	≥0.5～≤12	490～610	—
	3/4H	C2700W-3/4H	≥0.5～≤10	590～705	—
	H	C2700W-H	≥0.5～≤10	685～805	—
	EH	C2700W-EH	≥0.5～≤10	≥785	—
C2720	O	C2720W-O	≥0.5	≥295	≥20
	1/8H	C2720W-1/8H	≥0.5～≤12	345～440	≥10
	1/4H	C2720W-1/4H	≥0.5～≤12	390～510	≥5
	1/2H	C2720W-1/2H	≥0.5～≤12	490～610	—
	3/4H	C2720W-3/4H	≥0.5～≤10	590～705	—
	H	C2720W-H	≥0.5～≤10	685～805	—
	EH	C2720W-EH	≥0.5～≤10	≥785	—
C2800	O	C2800W-O	≥0.5	≥315	≥20
	1/4H	C2800W-1/4H	≥0.5～≤12	345～460	≥5
	1/2H	C2800W-1/2H	≥0.5～≤12	440～590	—
	3/4H	C2800W-3/4H	≥0.5～≤10	540～705	—
	H	C2800W-H	≥0.5～≤10	≥685	—
C3501	O	C3501W-O	≥0.5	≥295	≥20
	1/2H	C3501W-1/2H	≥0.5～≤15	345～440	≥10
	H	C3501W-H	≥0.5～≤10	≥420	—
C3601	O	C3601W-O	≥1	≥295	≥15
	1/2H	C3601W-1/2H	≥1～≤10	≥345	—
	H	C3601W-H	≥1～≤10	≥450	—

续表

合金代号	材料状态	合金标记	拉力试验		
			直径、边长或对边距离/mm	抗拉强度/MPa	伸长率/%
C3602	F	C3602W-F	≥1	≥315	—
C3603	O	C3603W-O	≥1	≤315	≥15
	1/2H	C3603W-1/2H	≥1～≤10	≥365	—
	H	C3603W-H	≥1～≤10	≥450	—
C3604	F	C3604W-F	≥1	≥335	—

注：尺寸超过规定范围的，其力学性能按供需双方的协议执行。

表 10-185 铍青铜、磷青铜及镍银棒材的力学性能（JIS H3270—2006）

合金代号	材料状态	合金标记	直径或对边距离/mm	拉伸试验		硬度试验		
				抗拉强度/MPa	伸长率/%	HV	HRB	HRC
C1720	O	C1720B-O	≥3～≤6	410～590	—	90～190	—	—
			>6～≤25	410～590	—	90～190	45～85	—
	H	C1720B-H	>3～≤6	645～900	—	180～300	—	—
			>6～≤25	590～900	—	175～330	88～103	—
C5111	H	C5111B-H	≥3～≤6	≥490	—	(≥140)	—	—
			>6～≤13	≥450	≥10	(≥125)	—	—
			>13～≤25	≥410	≥13	(≥115)	—	—
			>25～≤50	≥380	≥15	(≥105)	—	—
			>50～≤100	≥345	≥15	—	60～80	—
C5102	H	C5102B-H	≥3～≤6	≥540	—	(≥150)	—	—
			>6～≤13	≥500	≥10	(≥135)	—	—
			>13～≤25	≥460	≥13	(≥125)	—	—
			>25～≤50	≥430	≥15	≥115	—	—
			>50～≤100	—	—	—	65～85	—
C5191	1/2H	C5191B-1/2H	≥3～≤6	≥510	—	(≥150)	—	—
			>6～≤13	≥460	≥13	(≥135)	—	—
			>13～≤25	≥430	≥15	(≥125)	—	—
			>25～≤50	≥410	≥18	(≥120)	—	—
			>50～≤100	≥390	≥18	—	70～85	—
	H	C5191B-H	≥3～≤6	≥635	—	(≥180)	—	—
			>6～≤13	≥590	≥10	(≥165)	—	—
			>13～≤25	≥540	≥13	(≥150)	—	—
			>25～≤50	≥490	≥15	≥140	—	—
			>50～≤100	—	—	—	75～90	—
C5212	1/2H	C5212B-1/2H	≥3～≤6	≥540	—	(≥155)	—	—
			>6～≤13	≥490	≥13	(≥140)	—	—
			>13～≤25	≥440	≥15	(≥130)	—	—
			>25～≤50	≥420	≥18	≥125	—	—
			>50～≤100	—	—	—	72～87	—
	H	C5212B-H	≥3～≤6	≥735	—	(≥195)	—	—
			>6～≤13	≥685	≥10	(≥180)	—	—
			>13～≤25	≥635	≥13	(≥170)	—	—
			>25～≤50	≥560	≥15	≥150	—	—
			>50～≤100	—	—	—	80～95	—
C5341 C5441	H	C5341B-HC5441B-H	≥0.5～<3	470	—	(≥125)	—	—
			≥3～≤6	≥440	—	(≥125)	—	—
			>6～≤13	≥410	≥10	(≥115)	—	—
			>13～≤25	≥375	≥12	(≥110)	—	—
			>25～≤50	≥345	≥15	(≥100)	—	—
			>50～≤100	≥320	≥15	—	60～90	—

续表

合金代号	材料状态	合金标记	直径或对边距离/mm	拉伸试验		硬度试验		
				抗拉强度/MPa	伸长率/%	HV	HRB	HRC
C7521	1/2H	C7521B-1/2H	≥3～≤6	490～635	—	(≥145)	—	—
			>6～≤13	440～590	—	(≥130)	—	—
	H	C7521B-H	≥3～≤6	550～685	—	(≥145)	—	—
			>6～≤13	480～620	—	(≥125)	—	—
			>13～≤25	440～580	—	(≥115)	—	—
			>25～≤50	410～550	—	≥110	—	—
C7541	1/2H	C7541B-1/2H	≥3～≤6	440～590	—	(≥135)	—	—
			>6～≤13	390～540	—	(≥120)	—	—
C7541	H	C7541B-H	≥3～≤6	570～705	—	(≥150)	—	—
			>6～≤13	520～645	—	(≥135)	—	—
			>13～≤25	450～590	—	(≥115)	—	—
			>25～≤50	390～540	—	(≥100)	—	—
C7701	1/2H	C7701B-1/2H	≥3～≤6	520～665	—	(≥150)	—	—
			>6～≤13	470～620	—	(≥130)	—	—
	H	C7701B-H	≥3～≤6	620～755	—	(≥160)	—	—
			>6～≤13	550～685	—	(≥140)	—	—
			>13～≤25	510～645	—	(≥140)	—	—
			>25～≤50	480～620	—	(≥130)	—	—
C7941	H	C7941B-H	≥3～≤6	550～685	—	≥150	—	—
			>6～≤13	480～620	—	≥130	—	—
			>13～≤20	460～600	—	≥120	—	—
			>20～≤25	440～580	—	≥120	—	—
			>25～≤50	410～550	—	≥110	—	—

表 10-186　经时效处理后的 C1720 合金棒材的力学性能（JIS H3270—2006）

合金代号	材料状态	合金标记	直径或对边距离/mm	拉伸试验		硬度试验		
				抗拉强度/MPa	伸长率/%	HV	HRB	HRC
C1720	O	—	>3.0～6	1100～1370	—	300～400	—	—
			>6～13	1100～1370	—	300～400	—	34～40
	H	—	>3.0～6	1270～1520	—	340～440	—	—
			>6～13	1210～1470	—	330～430	—	37～45

表 10-187　铍青铜、磷青铜及镍银线材的力学性能（JIS H3270—2006）

合金代号	材料状态	合金标记	拉　伸　试　验		
			直径或对边距离/mm	抗拉强度/MPa	伸长率/%
C1720	O	C1720W-O	0.40 以上	390～540	—
	1/4H	C1720W-1/4H	>0.40～5.0	620～805	—
	3/4H	C1720W-3/4H	>0.40～5.0	835～1070	—
C5071	O	C5071W-O	0.40 以上	275 以上	20 以上
	1/8H	C5071W-1/8H	>0.40～5.0	345～440	10 以上
	1/4H	C5071W-1/4H	>0.40～5.0	390～510	5 以上
	1/2H	C5071W-1/2H	>0.40～5.0	490～610	—

续表

合金代号	材料状态	合金标记	拉伸试验		
			直径或对边距离/mm	抗拉强度/MPa	伸长率/%
C5071	3/4H	C5071W-3/4H	>0.40～5.0	590～705	—
	H	C5071W-H	>0.40～5.0	685～805	—
	EH	C5071W-EH	>0.40～5.0	785 以上	—
C5111	O	C5111W-O	0.40 以上	295～410	—
	H	C5111W-H	>0.40～5.0	490 以上	—
C5102	O	C5102W-O	0.40 以上	305～420	—
	H	C5102W-H	>0.40～5.0	635 以上	—
C5191	O	C5191W-O	0.40 以上	315～460	—
	1/8H	C5191W-1/8H	>0.40～5.0	435～585	—
	1/4H	C5191W-1/4H	>0.40～5.0	535～685	—
	1/2H	C5191W-1/2H	>0.40～5.0	635～785	—
	3/4H	C5191W-3/4H	>0.40～5.0	735～885	—
	H	C5191W-H	>0.40～5.0	835 以上	—
C5212	O	C5212W-O	0.40 以上	345～490	—
	1/2H	C5212W-1/2H	>0.40～5.0	685～835	—
	H	C5212W-H	>0.40～5.0	930 以上	—
C7451	O	C7451W-O	0.40 以上	345～490	—
	1/4H	C7451W-1/4H	>0.40～5.0	400～550	—
	1/2H	C7451W-1/2H	>0.40～5.0	490～635	—
	H	C7451W-H	>0.40～5.0	635 以上	—
C7521	O	C7521W-O	0.40 以上	375～520	—
	1/4H	C7521W-1/4H	>0.40～5.0	450～600	—
	1/2H	C7521W-1/2H	>0.40～5.0	520～685	—
	H	C7521W-H	>0.40～5.0	665 以上	—
C7541	O	C7541W-O	0.40 以上	365～510	—
	1/2H	C7541W-1/2H	>0.40～5.0	510～665	—
	H	C7541W-H	>0.40～5.0	635 以上	—
C7701	O	C7701W-O	0.40 以上	440～635	—
	1/4H	C7701W-1/4H	>0.40～5.0	500～650	—
	1/2H	C7701W-1/2H	>0.40～5.0	635～785	—
	H	C7701W-H	>0.40～5.0	765 以上	—

表 10-188 经时效处理后的 C1720 合金线材的力学性能（JIS H3270—2006）

合金代号	材料状态	材料标记	拉伸试验	
			直径或对边距离/mm	抗拉强度/MPa
C1720	O	—	0.40 以上	1100～1320
	1/4H	—	>0.40～5.0	1210～1420
	3/4H	—	>0.40～5.0	1300～1590

表 10-189 铸造铜合金的力学性能

牌 号	电导率/%IACS	抗拉试验		硬度试验
		σ_b/MPa	δ/%	HB
CAC101	50 以上	175 以上	35 以上	35 以上(10/500)
CAC102	60 以上	155 以上	35 以上	33 以上(10/500)
CAC103	80 以上	135 以上	40 以上	30 以上(10/500)
CAC201	—	145 以上	25 以上	—
CAC202	—	195 以上	20 以上	—
CAC203	—	245 以上	20 以上	—
CAC301	—	430 以上	20 以上	—
CAC302	—	490 以上	18 以上	—
CAC303	—	635 以上	15 以上	165 以上(10/3000)
CAC304	—	755 以上	12 以上	200 以上(10/3000)
CAC401	—	165 以上	15 以上	—
CAC402	—	245 以上	20 以上	—
CAC403	—	245 以上	15 以上	—
CAC406	—	195 以上	15 以上	—
CAC407	—	215 以上	18 以上	—
CAC502A	—	195 以上	5 以上	60 以上(10/1000)
CAC502B	—	295 以上	5 以上	80 以上(10/1000)
CAC503A	—	195 以上	1 以上	80 以上(10/1000)
CAC503B	—	265 以上	3 以上	90 以上(10/1000)
CAC602	—	195 以上	10 以上	65 以上(10/500)
CAC603	—	175 以上	7 以上	60 以上(10/500)
CAC604	—	165 以上	5 以上	55 以上(10/500)
CAC605	—	145 以上	5 以上	45 以上(10/500)
CAC701	—	440 以上	25 以上	80 以上(10/1000)
CAC702	—	490 以上	20 以上	120 以上(10/1000)
CAC703	—	590 以上	15 以上	150 以上(10/3000)
CAC704	—	590 以上	15 以上	160 以上(10/3000)
CAC801	—	345 以上	25 以上	—
CAC802	—	440 以上	12 以上	—
CAC803	—	390 以上	20 以上	—
CAC804	—	300 以上	15 以上	—
CAC901	—	215 以上	10 以上	—
CAC902	—	195 以上	15 以上	—
CAC903B	—	215 以上	15 以上	—
CAC911	—	195 以上	15 以上	—

表 10-190 铸造铜合金的力学性能

组别	标准号	类别	合金牌号	抗拉试验,不小于		硬度试验 HB(10/1000) HB(10/3000) (不小于)
				σ_b/MPa(kgf/mm^2)	δ/%	
		1 种	YBsC1	≥147(15)	≥25	—
	JIS H 5101—1988	2 种	YBsC2	≥196(20)	≥20	—
		3 种	YBsC3	≥245(25)	≥20	—
		1 种	HBsC1	≥431(44)	≥20	≥(90)
		1 种 C	HBsC1C	≥470(48)	≥25	≥(90)
黄铜		2 种	HBsC2	≥490(50)	≥18	≥(100)
	JIS H 5102—1988	2 种 C	HBSc2C	≥529(54)	≥20	≥(100)
		3 种	HBsC3	≥637(65)	≥15	≥(165)
		3 种 C	HBsC3C	≥656(67)	≥18	≥(165)
		4 种	HBsC4	≥755(77)	≥12	≥(200)
		4 种 C	HBsC4C	≥764(78)	≥14	≥(200)
		1 种	BC1	≥167(17)	≥15	—
		1 种 C	BC1C	≥196(20)	≥15	—
		2 种	BC2	≥245(25)	≥20	—
		2 种 C	BC2C	≥274(28)	≥15	—
	JIS H 5111—1988	3 种	BC3	≥245(25)	≥15	—
		3 种 C	BC3C	≥274(28)	≥13	—
		6 种	BC6	≥196(20)	≥15	—
		6 种 C	BC6C	≥245(25)	≥15	—
		7 种	BC7	≥2162(22)	≥18	—
		7 种 C	BC7C	≥255(26)	≥15	—
		1 种	SzBC1	≥343(35)	≥25	—
	JIS H 5112—1988	2 种	SzBC2	≥441(45)	≥12	—
		3 种	SzBC3	≥392(40)	≥20	—
		2 种	PBC2	≥196(20)	≥5	(60)
		2 种 B	PBC2B	≥294(30)	≥5	(80)
	JIS H 5113—1988	2 种 C	PBC2C	≥294(30)	≥10	(80)
青铜		3 种 B	PBC3B	≥265(27)	≥3	(90)
		3 种 C	PBC3C	≥294(30)	≥5	(90)
		1 种	ALBC1	≥441(45)	≥20	(90)
		1 种 C	ALBC1C	≥490(50)	≥20	(90)
		2 种	ALBC2	≥490(50)	≥20	(120)
	JIS G 5114—1988	2 种 C	ALBC2C	≥539(55)	≥15	(120)
		3 种	ALBC3	≥588(60)	≥15	(160)
		3 种 C	ALBC3C	≥608(62)	≥12	(160)
		4 种	ALBC4	≥588(60)	≥15	(160)
				≥196(20)	≥10	HB(10/500)
		2 种	LBC2	≥177(18)	≥7	≥(65)
		3 种	LBC3	—	—	≥60
	JIS H 5115—1988	3 种 C	LBC3C	≥225(23)	≥10	≥(65)
		4 种	LBC4	≥167(17)	≥5	≥(55)
		4 种 C	LBC4C	≥218(22)	≥8	≥(60)
		5 种	LBC5	≥147(15)	≥5	≥(45)
		5 种 C	LBC5C	≥177(18)	≥7	≥(50)

注：1. 高强度黄铜铸件 1 种用于船用螺旋桨，其抗拉强度在 461MPa（47kgf/mm^2）以上。

2. “（　）”内表示的单位数值是工程单位制。

10.4.3 铜及铜合金的特性及用途

表 10-191 铜及铜合金的特性及用途（JIS H3100—2012）

品种		合金标记	特性及用途示例	
合金代号	形状			
C1020	板	C1020P①	无氧铜	导电、导热性能、延展性、深冲性能优异，可焊性、耐腐蚀性能、耐大气腐蚀性能好。在还原性气氛中，即使加热至高温也不会发生氢脆。用于电气、化工等
	带	C1020R①		
C1100	板	C1100P①	韧铜	导电导热性能优异，延展性、深冲性能、耐腐蚀性能、耐大气腐蚀性能均好。用于电气、蒸馏釜、建筑、化工、密封垫圈、器具等
	带	C1100R①		
C1201	板	C1201P	磷脱氧铜	延展性、深冲性能、可焊性、耐腐蚀性能、耐大气腐蚀性能及导热性能均好。
	带	C1201R		
C1220	板	C1220P		C1220 在还原气氛中，即使加热至高温也不会发生氢脆
	带	C1220R		
C1221	板	C1221P		C1201 比 C1220、C1221 导电性好。用于洗澡间热水器、热水器、密封垫圈、建筑、化工等
	带	C121R		
C2100	板	C2100P	低锌黄铜	色泽美、延展性、深冲性能、耐腐蚀性能好。用于建筑、日用装饰品、化妆品盒等
	带	C2100R		
C2200	板	C2200P		
	带	C2200R		
C2300	板	C2300P		
	带	C2300R		
C2400	板	C2400P		
	带	C2400R		
C2600	板	C2600P①	黄铜	延展性及深冲性能优异，可镀性好。用于汽车散热片、弹壳等的深冲深拉加工
	带	C2600R①		
C2680	板	C2680P①		延展性、深冲性能及可镀性均好。用于衣服揿扣、照相机、保温瓶等深冲深拉加工件以及汽车散热片和配线器具等
	带	C2680R①		
C2720	板	C2720P		延展性及深冲性能好。用于浅冲加工等
	带	C2720R		
C2801	板	C2801P①		强度高，有延展性。用作冲切或弯曲后直接使用的配线器具零件、铭牌及仪表板等
	带	C2801R①		
C3560	板	C3560P	易切削黄铜	切削性能特好，冲切加工性能亦好。用于钟表零件、齿轮、造纸用滤网等
	带	C3560R		
C3561	板	C3561P		
	带	C3561R		
C3710	板	C3710P		冲切加工性能极好，切削性能亦好。用于钟表零件和齿轮等
	带	C3710R		
C3713	板	C3713P		
	带	C3713R		
C4250	板	C4250P	锡黄铜	抗应力腐蚀断裂性能、耐磨性能、弹性均好。用于开关、继电器、连接器和各种弹性零件等
	带	C4250R		
C4430	板	C4430P	海军黄铜	耐腐蚀性能，特别是耐海水腐蚀性能好。厚材用于热交换器管板，薄材用于热交换器、煤气管的焊接管等
	带	C4430R		
C4621	板	C4621P	船用黄铜	耐腐蚀性能，特别是耐海水腐蚀性能好。厚材用于热交换器管板，薄材用于船舶海水取水口等（C4621 用于劳埃德船级和 NK 船级，C4640 用于 AB 船级）
C4640	板	C4640P		
C6140	板	C6140P	铝青铜	强度高，耐腐蚀性能，特别是耐海水腐蚀性能、耐磨性能均好。用于机械零件、化工、船舶等
C6161	板	C6161P		
C6280	板	C6280P		
C6301	板	C6301P		

续表

品种		合金标记	特性及用途示例	
合金代号	形状			
C7060	板	C7060P	白铜	耐腐蚀性能,特别是耐海水腐蚀性能好。适合在较高温度条件下使用。用于热交换器管板、焊接管等
C7150	板	C7150P		
C1100	印刷板	C1100PP	印刷用铜	表面特别光滑。用于照相凹版
C1221	印刷板	C1221PP		表面特别光滑,且有耐热性。用于照相凸版
C1401	印刷板	C1401PP		
C2051	带	C2051R	雷管用铜	深冲加工性能特优。用于雷管
C6711	板	C6711P	乐器簧片用黄铜	冲切加工性能、耐疲劳性能好。用于口琴、风琴、手风琴簧片等
C6712	板	C6712P		

① 用于导电的,在上述代号后面标上 C。

注:表示材料状态的代号标在上述代号之后。

表 10-192　弹簧用铍青铜、磷青铜及锌白铜板材和带材的特性及用途(JIS H3130—2006)

品种		合金标记	特性及用途示例	
合金代号	形状			
C1700	板	C1700P	弹簧用铍青铜	抗腐蚀性能好,时效硬化处理前延伸性能好,时效硬化处理后抗疲劳性能、导电性得到提高。除轧制硬化材料外,在成形加工后进行时效处理。 用于高性能弹簧、继电器用弹簧、电气设备用弹簧、微动开关、振动片、膜盒、熔丝接线柱、连接器、插接器、插座等
	带	C1700R		
C1720	板	C1720P		
	带	C1720R		
C5210	板	C5210P	弹簧用磷青铜	延展性、抗疲劳性能、抗腐蚀性能良好,特别是经低温退火后适用于高性能弹簧。SH 材料用于几乎不弯曲加工的板簧。 用于电子、通信、情报、电气、计量仪器用开关、连接器、继电器
	带	C5210R		
C7701	板	C7701P	弹簧用锌白铜	色泽美观,延伸性能、抗疲劳性能、抗腐蚀性能良好,特别是经低温退火。适用于高性能弹簧材料。SH 材料用于几乎不弯曲加工的板簧。 用于电子、通信、情报、电气、计量仪器用开关、连接器、继电器等
	带	C7701R		

注:表示材料状态的代号,标在上述代号的后面。

表 10-193　磷青铜及锌白铜板材和带材的特性及用途(JIS H3110—2006)

品种		合金标记	特性及用途示例	
合金标记	形状			
C5111	板	C511P	磷青铜	延伸性能、抗疲劳性能、抗腐蚀性能良好。C5191,C5212 适用于弹簧材料。但是,要求弹性特别高时,可以选用弹簧用磷青铜。 电子、电气设备用弹簧、开关、引线框架、连接器、振动片、膜盒、熔丝接线柱、滑动片、轴瓦等
	带	C511R		
C5102	板	C5102P		
	带	C5102R		
C5191	板	C5191P		
	带	C5191R		
C5212	板	C5212P		
	带	C5212R		
C7351	板	C7351P	锌白铜	色泽美观,延伸性能、抗疲劳性能、抗腐蚀性能良好,C7351,C7521 富有深冲性能。 液晶体振荡元件外壳、晶体管壳、电位器用滑动片、装饰品、西餐器具、医疗器械、建筑、管乐器等
	带	C7351R		
C7451	板	C7451P		
	带	C7451R		
C7521	板	C7521P		
	带	C7521R		
C7541	板	C7541P		

注:表示材料状态的代号,标在上述代号的后面。

表 10-194　铜及铜合金无缝管的特性及用途（JIS H3300—2009）

品种			合金标记		特性及用途示例
合金代号	形状	等级			
C1020	管	普通级 特殊级	C1020T① C1020TS①	无氧铜	导电导热性、延性、深拉性能优良，焊接性、耐蚀性、耐大气腐蚀性能好。即使在还原性气氛中用高温加热，也不会引起氢脆。用于热交换器、电气、化学工业、供水、供热水等
C1100	管	普通级 特殊级	C1100T① C1100TS①	韧铜	导电导热性能优良，深拉性能、耐腐蚀性、耐大气腐蚀性能良好。用于电气部件等
C1201	管	普通级 特殊级	C1201T C1201TS	磷脱氧铜	延性、弯曲性能、深拉性能、焊接性能、耐蚀性、传热性能好。C1220 即使在还原性气氛中，用高温加热，也绝不会引起氢脆。C1201 比 C1220 导电性能好。用于热交换器、化学工业、供水、供热水、煤气管等
C1220	管	普通级 特殊级	C1220T C1220TS		
C2200	管	普通级 特殊级	C2200T C2200TS	低锌黄铜	色泽美，延性、弯曲性能、深拉性能、耐蚀性好。用于化妆盒、供排水管、接头等
C2300	管	普通级 特殊级	C2300T C2300TS		
C2600	管	普通级 特殊级	C2600T C2600TS	黄铜	延性、弯曲性能、深拉性能、电镀性能好。用于热交换器、幕(窗帘)轨、卫生管、各种机器部件、天线杆等。C2800 强度高。 用于制糖、船舶、各种机械部件等
C2700	管	普通级 特殊级	C2700T C2700TS		
C2800	管	普通级 特殊级	C2800T C2800TS		
C4430	管	普通级 特殊级	C4430T C4430TS	冷凝器用黄铜	耐蚀性好，特别是 C6870、C6871、C6872 耐海水性能好，用于水力、原子能发电用冷凝器、船舶用冷凝器、供水加热器、蒸馏器、油冷却器、蒸馏水装置等的热交换器
C6870	管	普通级 特殊级	C6870T C6870TS		
C6871	管	普通级 特殊级	C6871T C6871TS		
C6872	管	普通级 特殊级	C6872T C6872TS		
C7060	管	普通级 特殊级	C7060T C7060TS	冷凝器用白铜	耐蚀性，特别是耐海水性能好，适合于较高温度下使用。用于船舶冷凝器、供水加热器、化学工业、蒸馏水装置等
C7100	管	普通级 特殊级	C7100T C7100TS		
C7150	管	普通级 特殊级	C7150T C7150TS		
C7164	管	普通级 特殊级	C7164T C7164TS		

① 导电用的代号，加在上面所列代号的后面。

注：表示材料状态的代号，加在上面所列代号的后面。

表 10-195　铜及铜合金焊接管的特性及用途（JIS H3320—2006）

品种			合金标记		特性及用途示例
合金代号	形状	等级			
C1220	焊管	普通级 特殊级	C1220TW C1220TWS	磷脱氧铜	管扩口性能、弯曲性能、深拉性能、可焊性、耐腐蚀性及导热性均良好，即使在还原性气氛中高温加热，也不会发生氢脆。适用于热交换器、化学工业、供热水煤气管
C2600	焊管	普通级 特殊级	C2600TW C2600TWS	黄铜	扩口性能、弯曲性能、深拉性能及可镀性均良好。适用于热交换器、幕(窗帘)轨、卫生管、各种机械零件、天线套管等
C2680	焊管	普通级 特殊级	C2680TW C2680TWS		
C4430	焊管	普通级 特殊级	C4430TW C4430TWS	海军黄铜	耐腐蚀性良好。适用于煤气管、热交换器等
C7060	焊管	普通级 特殊级	C7060TW C7060TWS	白铜	耐腐蚀性，特别是耐海水腐蚀性良好，适合在比较高温的条件下使用。适用于乐器、建筑材料、装潢用材、热交换器等
C7150	焊管	普通级 特殊级	C7150TW C7150TWS		

注：表示材质的代号，加在上述代号之后。

表 10-196 铜及铜合金棒材的特性及用途（JIS H3250—2006）

品种		合金标记		特性及用途示例
合金代号	形状			
C1020	挤制棒	C1020BE①	无氧铜	导电、导热性能和延展性优异，可焊性、耐腐蚀性能及耐大气腐蚀性能均好。在还原性气氛中，即使在高温下加热也不会发生氢脆。用于电气、化学工业等
	拉制棒	C1020BD①		
C1100	挤制棒	C1100BE①	韧铜	导电性、导热性能优异，延展性、耐腐蚀性能及耐大气腐蚀性能好。可用于电气部件、化学工业等
	拉制棒	C1100BD①		
C1201	挤制棒	C1201BE	磷脱氧铜	延展性、可焊性、耐腐蚀性能、耐大气腐蚀性能及导热性能均好。C1220 在还原性气氛中，即使在高温下加热也不会发生氢脆。C1201 的导电性能比 C1220 好。用于焊接、化学工业等
	拉制棒	C1201BD		
C1220	挤制棒	C1220BE		
	拉制棒	C1220BD		
C2600	挤制棒	C2600BE①	黄铜	冷锻性能、滚轧性能好。用于机械部件、电气部件等
	拉制棒	C2600BD①		
C2700	挤制棒	C2700BE①		
	拉制棒	C2700BD①		
C2800	挤制棒	C2800BE①		热加工性能好。用于机械部件、电气部件等
	拉制棒	C2800BD①		
C3601	拉制棒	C3601BD①	易切削黄铜	切削性能优异，C3601、C3602 延展性也好。用于螺栓、螺母、小螺钉、轴、齿轮、阀以及点火器、钟表和照相机的零部件等
C3602	挤制棒	C3602BE		
	拉制棒	C3602BD		
C3603	拉制棒	C3603BD		
C3604	挤制棒	C3604BE		
	拉制棒	C3604BD		
C3605	挤制棒	C3605BE		
	拉制棒	C3605BD		
C3712	挤制棒	C3712BE	锻造用黄铜	热锻性能和切削性能好。用于阀及机械部件等
	拉制棒	C3712BD		
C3771	挤制棒	C3771BE		热锻性能好，适于精密锻造。可用作机械部件等
	拉制棒	C3771BD		
C4622	挤制棒	C4622BE	海军黄铜	耐腐蚀性能好，特别是耐海水性好。用于船舶部件、轴类零件等
	拉制棒	C4622BD		
C4641	挤制棒	C4641BE		
	拉制棒	C4641BD		
C6161	挤制棒	C6161BE	铝青铜	强度高，耐磨性、耐磨蚀性能好，用于车辆机械、化学工业、船舶用小齿轮轴、衬套等
	拉制棒	C6161BD		
	锻制棒	C6161BF		
C6191	挤制棒	C6191BE		
	拉制棒	C6191BD		
	锻制棒	C6191BF		
C6241	挤制棒	C6241BE		
	拉制棒	C6241BD		
	锻制棒	C6241BF		
C6782	挤制棒	C6782BE	高强黄铜	强度高、热锻性和耐蚀性好，用于船舶轴类零件
	拉制棒	C6782BD		
	锻制棒	C6782BF		
C6783	挤制棒	C6783BE		
	拉制棒	C6783BD		

① 导电用的代号，加在上面所列代号的后面。

表 10-197　铜及铜合金线材的特性及用途（JIS H3260—2006）

品种		合金标记	特性及用途示例	
合金代号	形状			
C1100	线	C1100W	韧铜	导电、导热性优异，延展性、耐腐蚀性、耐大气腐蚀性好。用于电气、化工、小螺钉、钉子和金属网等
C1201	线	C1201W	磷脱氧铜	延展性、焊接性、耐腐蚀性、耐大气腐蚀性好。C1200 在还原性气氛中，即使在高温下加热也不会发生氢脆。 C1201 的导电性能比 C1220 好。用于小螺钉、钉子、金属网
C1220	线	C1220W		
C2100 C2200 C2300 C2400	线	C2100W C2200W C2300W C2400W	低锌黄铜	色泽美观，延展性、耐腐蚀性好。用于装潢品、装饰品、拉锁、金属网等
C2600 C2700 C2720	线	C2600W C2700W C2720W	黄铜	延展性、冷锻性、滚轧成形性好。用于铆钉、小螺钉、针销、钩针、弹簧金属网等
C2800	线	C2800W		强度要比 C2600、C2700、C2720 高，也有一定延展性
C3501	线	C3501W	螺纹接头用黄铜	切削性、冷锻性好。用于自行车螺纹接头等
C3601	线	C3601W	易切削黄铜	切削性优异。C3601、C3602 也有一定延展性。用于螺栓、螺钉、小螺钉、电子元件、照相机零件等
C3602	线	C3602W		
C3603	线	C3603W		
C3604	线	C3604W		

表 10-198　铍青铜、磷青铜及锌白铜棒和线材的特性及用途（JIS H3270—2006）

品种		合金标记	特性及用途示例	
合金代号	形状			
C1720	棒	C1720B	铍青铜	耐腐蚀性能好，时效硬化处理前富有延展性，时效硬化处理后能提高耐疲劳性能和导电性能。时效硬化处理在成形加工后进行。 棒材可用作飞机发动机部件、螺旋桨、螺栓、凸轮、齿轮、轴承、点焊用电极等。 线材可用作盘簧、游丝、刷子等
	线	C1720W		
C5111	棒	C5111B	磷青铜	耐疲劳性能、耐腐蚀性能及耐磨性能均好。C5341、C5441 的切削性能好。 棒材可用作齿轮、凸轮、接头、轴、轴承、小螺钉、螺栓、螺母、滑动部件、连接插头、滑接导线用滑轮等
	线	C5111W		
C5102	棒	C5102B		
	线	C5102W		
C5191	棒	C5191B		
	线	C5191W		
C5212	棒	C5212B	磷青铜	线材可用作盘簧、游丝、按钮、铜线、铜网、冷镦锻坯料、垫圈等
	线	C5212W		
C5341	棒	C5341B	易切削磷青铜	
C5441	棒	C5441B		
C7451	线	C7451W	锌白铜	色泽美观，耐疲劳性能、耐腐蚀性能好，C7914 的切削性能好。棒材用作小螺钉、螺栓、螺母、电气设备部件、乐器、医疗器械、钟表部件等。 线材适合作特殊弹簧材料；可制作继电器用直簧和盘簧、计量仪器、医疗器械、装饰品、眼镜部件，软质材料可用作冷镦锻材料
C7521	棒	C7521B		
	线	C7521W		
C7541	棒	C7541B		
	线	C7541W		
C7701	棒	C7701B		
	线	C7701W		
C7941	棒	C7941B	易切削锌白铜	

表 10-199 日本铸造铜合金的特性及用途

标准号	种类	合金牌号	铸造方法	特性及用途
JIS H5101—1988	1种 2种 3种	YBsC1 YBsC2 YBsC3	砂型	容易钎焊。用于凸缘法兰盘、电气零件、装饰用品等容易钎焊的铸件。 用于供(水)、排水金属件,电气零件,仪表零件,一般机械零件等。 用于机电零件、轴瓦(套筒)、密封压盖、建筑小五金、一般机械零件等
JIS H5102—1988	1种 1种C 2种 2种C	HBsC1 HBsC1C HBsC2	砂型铸造等 连续铸造 砂型铸造	适合于需要高强度、耐蚀性的零件,用于船用螺旋桨(1种以商船用为主,2种用于舰艇)、螺旋桨罩、螺母、齿轮、轴承、保持器、阀座、阀杆、船舶用安装工具及其他一般机械零件等
	3种 3种C 4种 4种C	HBsC3 HBsC4	砂型铸造等	特别适合于需要高强度和高硬度、耐磨损的零件,用于桥梁用支板、轴承、螺母、螺栓、齿轮、耐磨板、滑块、涡轮等
JIS H5111—1988	1种 1种C	BC1 BC1C	砂型铸造等 连续铸造	流动性、切削性良好。例如,用于给水排水用配件、阀门、泵体、加水器、轴承、铭牌及其他一般机械零件等
	2种 2种C 3种 3种C	BC2 BC2C BC3 BC3C	砂型铸造等 连续铸造 砂型铸造等 连续铸造	耐压性、耐磨性、耐蚀性良好,而且机械强度也高,例如用于轴承、套筒、轴衬、泵体叶轮阀、齿轮、船舶安装工具、电机零件及其他一般机械零件等
	6种 6种C 7种 7种C	BC6 BC6C BC7 BC7C	砂型铸造等 连续铸造 砂型铸造 连续铸造	耐压性、耐磨性、切削性、铸造性良好.例如用于阀芯、轴承、套、轴衬及其他一般机械零件等。 力学性能比BC6稍高些,例如用于轴承、小型泵零件、套、燃料泵及其他一般机械零件等
JIS G5112—1988	1种 2种	SzBe1 SzBC2	砂型	流动性好,适宜于要求强度和耐腐蚀性的材料。用于船用零件等
	3种	SzBC3	砂型	流动性好,退火后脆性小。适宜于要求强度和耐腐蚀性的材料。用于船用零件等
JIS H5113—1988	2种 2种B 2种C	PBC2 PBC2B PBC2C	砂型铸造等 金属型铸造 连续铸造	耐蚀性和耐磨性良好,例如用于齿轮、涡轮、轴承、套、轴衬、叶轮,及其他一般机械零件
	3种B 3种C	PBC3B PBC3C	金属型铸造 连续铸造	硬度高,耐磨性良好,例如用于滑动零件、套、齿轮、造纸用的各种滚子等
JIS H5114—1988	1种 1种C	ALBC1	砂型铸造等	适合于要求强度和耐蚀性的零件,例如用于耐酸零件、齿轮、造纸用滚子等
	2种 2种C	ALBC2 CLBC2C	砂型铸造等 连续铸造	适合于对强度、耐腐蚀性、耐磨性有要求的零件,例如用于船用小型螺旋桨、齿轮、轴承、轴衬、阀座、叶轮螺栓、螺母、安全工具等
	3种 3种C 4种	ALBC3 ALBC4	砂型铸造等	适合于要求特别高的强度和耐蚀性、耐腐蚀性、耐磨损的大型铸件,例如用于船用螺旋桨、套、叶轮、齿轮、化学工业用机器零件等
JIS H5115—1988	2种	BC2	砂型等	耐压性、耐磨性良好。用于中、高速重负荷用的轴承、缸体(汽缸、油缸)阀等
	3种 3种C	LBC3 LBC3C	砂型等 连续铸造	磨合性能良好。用于中、高速重负荷用的轴承、活塞等
	4种 4种C	LBC4 LBC4C	砂型等 连续铸造	磨合性能良好。用于高速中等负荷用的轴承、车辆用的轴承、轴衬等
	5种 5种C	LBC5 LBC5C	砂型铸造 连续铸造	磨合性能良好。用于高速轻负荷用的轴承、发动机附件等

11 镁及镁合金

11.1 中国镁及镁合金

11.1.1 镁及镁合金牌号和化学成分

（1）原生镁锭

表 11-1 原生镁锭牌号和化学成分（GB/T 3499—2011）

牌号	化学成分(质量分数)/%											
	Mg(不小于)	杂质元素(不大于)										
		Fe	Si	Ni	Cu	Al	Mn	Ti	Pb	Sn	Zn	其他单个杂质
Mg9999	99.99	0.002	0.002	0.0003	0.0003	0.002	0.002	0.0005	0.001	0.002	0.003	—
Mg9998	99.98	0.002	0.003	0.0005	0.0005	0.004	0.002	0.001	0.001	0.004	0.004	—
Mg9995A	99.95	0.003	0.006	0.001	0.002	0.008	0.006	—	0.005	0.005	0.005	0.005
Mg9995B	99.95	0.005	0.015	0.001	0.002	0.015	0.015	—	0.005	0.005	0.01	0.01
Mg9990	99.90	0.04	0.03	0.001	0.004	0.02	0.03	—	—	—	—	0.01
Mg9980	99.80	0.05	0.05	0.002	0.02	0.05	0.05	—	—	—	—	0.05

注：Cd、Hg、As、Cr^{6+}元素，供方可不作常规分析，但应监控其含量，要求 $w(Cd+Hg+As+Cr^{6+})\leqslant 0.03\%$。

（2）铸造镁合金

表 11-2 铸造镁合金牌号和化学成分（GB/T 1177—2018）

合金牌号	合金代号	化学成分/%(质量分数)①											
		Zn	Al	Zr	RE	Mn	Ag	Si	Cu	Fe	Ni	杂质	
												总和	单个
ZMgZn5Zr	ZM1	3.5～5.5	—	0.5～1.0	—	—	—	—	0.10	—	0.01	0.30	0.05
ZMgZn4RE1Zr	ZM2	3.5～5.0	—	0.5～1.0	0.75②～1.75	—	—	—	0.10	—	0.01	0.30	0.05

续表

合金牌号	合金代号	化学成分/%(质量分数)[①]											
		Zn	Al	Zr	RE	Mn	Ag	Si	Cu	Fe	Ni	杂质	
												总和	单个
ZMgRE3ZnZr	ZM3	0.2～0.7	—	0.4～1.0	2.5[②]～4.0	—	—	—	0.10	—	0.01	0.30	0.05
ZMgRE3Zn2Zr	ZM4	2.0～3.0	—	0.5～1.0	2.5[②]～4.0	—	—	—	0.10	—	0.01	0.30	0.05
ZMgAl8Zn	ZM5	0.2～0.8	7.5～9.0	—	—	0.15～0.5	—	0.30	0.20	0.05	0.01	0.50	0.10
ZMgAl8ZnA	ZM5A	0.2～0.8	7.5～9.0	—	—	—	—	0.10	0.015	0.005	0.001	0.20	0.01
ZMgRE2ZnZr	ZM6	0.2～0.7	—	0.4～1.0	2.0[③]～2.8	—	—	—	0.10	—	0.01	0.30	0.05
ZMgZn8AgZr	ZM7	7.5～9.0	—	0.5～1.0	—	—	0.6～1.2	—	0.10	—	0.01	0.30	0.05
ZMgAl10Zn	ZM10	0.6～1.2	9.0～10.2	—	—	0.1～0.5	—	0.30	0.20	0.05	0.01	0.50	0.05
ZMgNd2Zr	ZM11	—	0.02	0.4～1.0	—	—	—	0.01	0.03	0.01	0.005	0.20	0.05

① 合金可加入铍，其含量不大于 0.002%。
② 含铈量不小于 45%的铈混合稀土金属，其中稀土金属总量不小于 98%。
③ 含钕量不小于 85%的钕混合稀土金属，其中 Nd+Pr 的不小于 95%。
注：表中有上、下限数值的为主要组元，只有一个数值的为非主要组元所允许的上限含量。

(3) 压铸镁合金

压铸镁合金的特性和用途：YM5 压铸镁合金的性能和 ZM5 铸造镁合金基本相同（流动性好，热裂倾向小，耐蚀性尚好，可焊接，线收缩为 1.1%～1.2%），主要用于压铸要求高载荷的航空、仪器、仪表的结构零件，如框架、电机机壳等。

(4) 加工镁及镁合金

表 11-3 压铸镁合金牌号、化学成分和力学性能 (JB/T 3070—82)

合金牌号	合金代号	化学成分/%									力学性能(不小于)		
		主要成分				杂质含量(不大于)							
		Al	Zn	Mn	Mg	Fe	Cu	Si	Ni	总和	σ_b/MPa	δ/% (L_0=50mm)	硬度(HB) 5/250/30
YZMgAl9Zn	YM5	7.5～9.0	0.2～0.8	0.15～0.5	其余	0.08	0.10	0.25	0.01	0.50	200	1	65

注：压铸镁合金的力学性能是在规定的工艺参数下，采用单铸拉力试样所测得的铸态性能。

表 11-4 变形镁及镁合金牌号和化学成分（GB/T 5153—2016）

合金组别	牌号	对应ISO3116:2007的数字牌号	化学成分(质量分数)/%															
			Mg	Al	Zn	Mn	RE	Gd	Y	Zr	Li		Si	Fe②	Cu	Ni	其他元素① 单个	其他元素① 总计
MgAl	AZ30M	—	余量	2.2～3.2	0.20～0.50	0.20～0.40	0.05～0.08Ce	—	—	—	—	—	0.01	0.005	0.0015	0.0005	0.01	0.15
	AZ31B	—	余量	2.5～3.5	0.6～1.4	0.20～1.0	—	—	—	—	—	0.04Ca	0.08	0.003	0.01	0.001	0.05	0.30
	AZ31C	—	余量	2.4～3.6	0.50～1.5	0.15～1.0[b]	—	—	—	—	—	—	0.10	—	0.10	0.03	—	0.30
	AZ31N	—	余量	2.5～3.5	0.50～1.5	0.20～0.40	—	—	—	—	—	—	0.05	0.0008	—	—	0.02	0.15
	AZ31S	ISO-WD21150	余量	2.4～3.6	0.50～1.5	0.15～0.40	—	—	—	—	—	—	0.10	0.005	0.05	0.005	0.05	0.30
	AZ31T	ISO-WD21151	余量	2.4～3.6	0.50～1.5	0.05～0.40	—	—	—	—	—	—	0.10	0.05	0.05	0.005	0.05	0.30
	AZ33M	—	余量	2.6～4.2	2.2～3.8	—	—	—	—	—	—	—	0.10	0.008	0.005	—	0.01	0.30
	AZ40M	—	余量	3.0～4.0	0.20～0.8	0.15～0.50	—	—	—	—	—	0.01Be	0.10	0.05	0.05	0.005	0.01	0.30
	AZ41M	—	余量	3.7～4.7	0.8～1.4	0.30～0.6	—	—	—	—	—	0.01Be	0.10	0.05	0.05	0.005	0.01	0.30
	AZ61A	—	余量	5.8～7.2	0.40～1.5	0.15～0.50	—	—	—	—	—	—	0.10	0.005	0.05	0.005	—	0.30
	AZ61M	—	余量	5.5～7.0	0.50～1.5	0.15～0.50	—	—	—	—	—	0.01Be	0.10	0.05	0.05	0.005	0.01	0.30
	AZ61S	ISO-WD21160	余量	5.5～6.5	0.50～1.5	0.15～0.40	—	—	—	—	—	—	0.10	0.005	0.05	0.005	0.05	0.30
	AZ62M	—	余量	5.0～7.0	2.0～3.0	0.20～0.50	—	—	—	—	—	0.01Be	0.10	0.05	0.05	0.005	0.01	0.30
	AZ63B	—	余量	5.3～6.7	2.5～3.5	0.15～0.6	—	—	—	—	—	—	0.08	0.003	0.01	0.001	—	0.30
	AZ80A	—	余量	7.8～9.2	0.20～0.8	0.12～0.50	—	—	—	—	—	—	0.10	0.005	0.05	0.005	—	0.30
	AZ80M	—	余量	7.8～9.2	0.20～0.8	0.15～0.50	—	—	—	—	—	0.01Be	0.10	0.05	0.05	0.005	0.01	0.30
	AZ80S	ISO-WD21170	余量	7.8～9.2	0.20～0.8	0.12～0.40	—	—	—	—	—	—	0.10	0.005	0.05	0.005	0.05	0.30
	AZ91D	—	余量	8.5～9.5	0.45～0.9	0.17～0.40	—	—	—	—	—	0.0005～0.003Be	0.08	0.004	0.02	0.001	0.01	—
	AM41M	—	余量	3.0～5.0	—	0.50～1.5	—	—	—	—	—	—	0.01	0.005	0.10	0.004	—	0.30
	AM81M	—	余量	7.5～9.0	0.20～0.50	0.50～2.0	—	—	—	—	—	—	0.01	0.005	0.10	0.004	—	0.30
	AE90M	—	余量	8.0～9.5	0.30～0.9	—	0.20～1.2	—	—	—	—	—	0.01	0.005	0.10	0.004	—	0.20
	AW90M	—	余量	8.0～9.5	0.30～0.9	—	—	—	0.20～1.2	—	—	—	0.01	—	0.10	0.004	—	0.20
	AQ80M	—	余量	7.5～8.5	0.35～0.55	0.15～0.35	0.01～0.10	—	—	—	—	0.02～0.8Ag 0.001～0.02Ca	0.05	0.02	0.02	0.001	0.01	0.30

续表

合金组别	牌号	对应ISO3116:2007的数字牌号	化学成分(质量分数)/%														其他元素[1]	
			Mg	Al	Zn	Mn	RE	Gd	Y	Zr	Li		Si	Fe[2]	Cu	Ni	单个	总计
MgAl	AL33M	—	余量	2.5～3.5	0.50～0.8	0.20～0.40	—	—	—	—	1.0～3.0	—	0.01	0.005	0.0015	0.0005	0.02	0.15
	AJ31M	—	余量	2.5～3.5	0.20	0.6～0.8	—	—	—	—	—	0.9～1.5Sr	0.10	0.02	0.05	0.005	0.05	0.15
	AT11M	—	余量	0.50～1.2	—	0.10～0.30	—	—	—	—	—	0.6～1.2Sn	0.01	0.004	—	—	0.01	0.15
	AT51M	—	余量	4.5～5.5	—	0.20～0.50	—	—	—	—	—	0.8～1.3Sn	0.02	0.005	—	—	0.05	0.15
	AT61M	—	余量	6.0～6.8	—	0.20～0.40	—	—	—	—	—	0.7～1.3Sn	0.02	0.005	—	—	0.05	0.15
MgZn	ZA73M	—	余量	2.5～3.5	6.5～7.5	0.01	0.30～0.9Er	—	—	—	—	—	0.0005	0.01	0.001	0.0001	—	0.30
	ZM21M	—	余量	—	1.0～2.5	0.50～1.5	—	—	—	—	—	—	0.01	0.005	0.10	0.004	—	0.30
	ZM21N	—	余量	0.02	1.3～2.4	0.30～0.9	0.10～0.6Ce	—	—	—	—	—	0.01	0.008	0.006	0.004	0.01	0.20
	ZM51M	—	余量	—	4.5～6.0	0.50～2.0	—	—	—	—	—	—	0.01	0.005	0.10	0.004	—	0.30
	ZE10A	—	余量	—	1.0～1.5	—	0.12～0.22	—	—	—	—	—	—	—	—	—	—	0.30
	ZE20M	—	余量	0.02	1.8～2.4	0.50～0.9	0.10～0.6Ce	—	—	—	—	—	0.01	0.008	0.006	0.004	0.01	0.20
	ZE90M	—	余量	0.0001	8.5～9.0	0.01	0.45～0.50Er	—	—	0.30～0.50	—	—	0.0005	0.0001	0.001	0.0001	0.01	0.15
	ZW62M	—	余量	0.01	5.0～6.5	0.20～0.8	0.12～0.25Ce	—	1.0～2.5	0.50～0.9	—	0.20～1.6Ag 0.10～0.6Cd	0.05	0.005	0.05	0.005	0.05	0.30
	ZW62N	—	余量	0.20	5.5～6.5	0.6～0.8	—	—	1.6～2.4	—	—	—	0.10	0.02	0.05	0.005	0.05	0.15
	ZK40A	—	余量	—	3.5～4.5	—	—	—	—	≥0.45	—	—	—	—	—	—	—	0.30
	ZK60A	—	余量	—	4.8～6.2	—	—	—	—	≥0.45	—	—	—	—	—	—	—	0.30
	ZK61M	—	余量	0.05	5.0～6.0	0.10	—	—	—	0.30～0.9	—	0.01Be	0.05	0.05	0.05	0.005	0.01	0.30
	ZK61S	ISO-WD32260	余量	—	4.8～6.2	—	—	—	—	0.45～0.8	—	—	—	—	—	—	0.05	0.30
	ZC20M	—	余量	—	1.5～2.5	—	0.20～0.6Ce	—	—	—	—	—	0.02	0.02	0.30～0.6	—	0.01	0.05

续表

合金组别	牌号	对应ISO3116:2007的数字牌号	化学成分(质量分数)/%															
			Mg	Al	Zn	Mn	RE	Gd	Y	Zr	Li		Si	Fe②	Cu	Ni	其他元素① 单个	其他元素① 总计
MgMn	M1A	—	余量	—	—	1.2～2.0	—	—	—	—	—	0.30Ca	0.10	—	0.05	0.01	—	0.30
MgMn	M1C	—	余量	0.01	—	0.50～1.3	—	—	—	—	—	—	0.05	0.01	0.01	0.001	0.05	0.30
MgMn	M2M	—	余量	0.20	0.30	1.3～2.5	—	—	—	—	—	0.01 Be	0.10	0.05	0.05	0.007	0.01	0.20
MgMn	M2S	ISO-WD43150	余量	—	—	1.2～2.0	—	—	—	—	—	—	0.10	—	0.05	0.01	0.05	0.30
MgMn	ME20M	—	余量	0.20	0.30	1.3～2.2	0.15～0.35Ce	—	—	—	—	0.01 Be	0.10	0.05	0.05	0.007	0.01	0.30
MgRE	EZ22M	—	余量	0.001	1.2～2.0	0.01	2.0～3.0Er	—	—	0.10～0.50	—	—	0.0005	0.001	0.001	0.0001	0.01	0.15
MgGd	VE82M	—	余量	—	—	—	0.50～2.5③	7.5～9.5	—	0.40～1.0	—	—	0.01	0.05	—	0.004	—	0.30
MgGd	VW64M	—	余量	—	0.30～1.0	—	—	5.5～6.5	3.0～4.5	0.30～0.7	—	0.20～1.0Ag 0.002～0.02Ca	0.05	0.02	0.02	0.001	0.01	0.30
MgGd	VW75M	—	余量	0.01	—	0.10	0.9～1.5Nd	6.5～7.5	4.6～5.7	0.40～1.0	—	—	0.01	—	0.10	0.004	—	0.30
MgGd	VW83M	—	余量	0.02	0.10	0.05	—	8.0～9.0	2.8～3.5	0.40～0.6	—	—	0.05	0.01	0.02	0.005	0.01	0.15
MgGd	VW84M	—	余量	—	1.0～2.0	0.6～1.0	—	7.5～9.0	3.5～5.0	—	—	—	0.05	0.01	0.02	0.005	0.01	0.15
MgGd	VK41M	—	余量	—	—	—	—	3.8～4.2	—	0.8～1.2	—	—	0.02	0.01	—	—	0.03	0.30
MgY	WZ52M	—	余量	—	1.5～2.5	0.35～0.55	—	—	4.0～6.0	0.50～1.5	—	0.15～0.50Cd	0.05	0.01	0.04	0.005	—	0.30
MgY	WE43B	—	余量	—	0.20 (Zn+Ag)	0.03	2.0～2.5Nd, 其他≤1.9④	—	3.7～4.3	0.40～1.0	0.20	—	—	0.01	0.02	0.005	0.01	—
MgY	WE43C	—	余量	—	0.06	0.03	2.0～2.5Nd, 其他 0.30～1.0⑤	—	3.7～4.3	0.20～1.0	0.05	—	—	0.005	0.02	0.002	0.01	—
MgY	WE54A	—	余量	—	0.20	0.03	1.5～2.0Nd 其他≤2.0④	—	4.8～5.5	0.40～1.0	0.20	—	0.01	—	0.03	0.005	0.20	—
MgY	WE71M	—	余量	—	—	—	0.7～2.5⑤	—	6.7～8.5	0.40～1.0	—	—	0.01	0.05	—	0.004	—	0.30

续表

合金组别	牌号	对应ISO3116:2007的数字牌号	化学成分(质量分数)/%															
			Mg	Al	Zn	Mn	RE	Gd	Y	Zr	Li		Si	Fe[2]	Cu	Ni	其他元素[1] 单个	其他元素[1] 总计
MgY	WE83M	—	余量	0.01	—	0.10	2.4～3.4Nd	—	7.4～8.5	0.40～1.0	—	—	0.01	—	0.10	0.004	—	0.30
	WE91M	—	余量	0.10	—	—	0.7～1.9[5]	—	8.2～9.5	0.40～1.0	—	—	0.01	—	—	0.004	—	0.30
	WE93M	—	余量	0.10	—	—	2.5～3.7[5]	—	8.2～9.5	0.40～1.0	—	—	0.01	—	—	0.004	—	0.30
MgLi	LA43M	—	余量	2.5～3.5	2.5～3.5	—	—	—	—	—	3.5～4.5	—	0.50	0.05	0.05	—	0.05	0.30
	LA86M	—	余量	5.5～6.5	0.50～1.5	—	—	—	0.50～1.2	—	7.0～9.0	2.0～4.0Cd 0.50～1.5Ag 0.005K 0.005Na	0.10～0.40	0.01	0.04	0.005	—	0.30
	LA103M	—	余量	2.5～3.5	0.8～1.8	—	—	—	—	—	9.5～10.5	—	0.50	0.05	0.05	—	0.05	0.30
	LA103Z	—	余量	2.5～3.5	2.5～3.5	—	—	—	—	—	9.5～10.5	—	0.50	0.05	0.05	—	0.05	0.30

注：ISO 3116：2007 中采用的数字牌号的表示方法参见附录 B。

① 其他元素指在本表表头中列出了元素符号，但在本表中却未规定极限数值含量的元素。

② Fe 元素含量不大于 0.005%时，不必限制 Mn 元素的最小极限值。

③ 稀土为富铈混合稀土，其中 Ce：50%；La：30%；Nd：15%；Pr：5%。

④ 其他稀土为中重稀土，例如：钆、镝、铒、镱。其他稀土源生自钇，典型为 80%钇、20%的重稀土。

⑤ 其他稀土为中重稀土，例如：钆、镝、铒、钐和镱。钆＋镝＋铒的含量为 0.3%～1.0%。钐的含量不大于 0.04%，镱的含量不大于 0.02%。

11.1.2 镁及镁合金的力学性能

（1）铸造镁合金

表 11-5 铸造镁合金的力学性能（GB/T 1177—2018）

合金牌号	合金代号	热处理状态	抗拉强度 σ_b/MPa	屈服强度 $\sigma_{0.2}$/MPa	伸长率 δ_5/%
			不小于		
ZMgZn5Zr	ZM1	T1	235	140	5.0
ZMgZn4RE1Zr	ZM2	T1	200	135	2.5
ZMgRE3ZnZr	ZM3	F	120	85	1.5
		T2	120	85	1.5
ZMgRE3Zn2Zr	ZM4	T1	140	95	2.0
ZMgAl8Zn ZMgAl8ZnA	ZM5 ZM5A	F	145	75	2.0
		T1	155	80	2.0
		T4	230	75	6.0
		T6	230	100	2.0
ZMgRE2ZnZr	ZM6	T6	230	135	3.0
ZMgZn8AgZr	ZM7	T4	265	110	6.0
		T6	275	150	4.0
ZMgAl10Zn	ZM10	F	145	85	1.0
		T4	230	85	4.0
		T6	230	130	1.0
ZMgNa2Zr	ZM11	T6	225	135	3.0

注：热处理状态代号：F—铸态；T1—人工时效；T2—退火；T4—固溶处理；T6—固溶处理加完全人工时效。

表 11-6 铸造镁合金的高温力学性能（GB/T 1177—2018）

合金牌号	合金代号	热处理状态	抗拉强度 σ_b/MPa(不小于)		蠕变强度 $\sigma_{0.2/100}$/MPa(不小于)	
			200℃	250℃	200℃	250℃
ZMgZn4RE1Zr	ZM2	T1	110	—	—	—
ZMgRE3ZnZr	ZM3	F	—	110	50	25
ZMgRE3Zn2Zr	ZM4	T1	—	110	50	25
ZMgRE2ZnZr	ZM6	T6	—	145	—	30
ZMgNd2Zr	ZM11	T6	—	145	—	25

（2）压铸镁合金

表 11-7 压铸镁合金的力学性能（JB/T 3070—82）

合金牌号	合金代号	抗拉强度 σ_b/MPa（不小于）	伸长率 $\delta(L_0=50\text{mm})$/%（不小于）	硬度(HBS)(5/250/30)（不小于）
YZMgAl9Zn	YM5	200	1	65

注：压铸镁合金的力学性能是在规定的工艺参数下，采用单铸拉力试样所测得的铸态性能。

（3）加工镁及镁合金

表 11-8 AZ40M 板材、棒材及锻件的室温力学性能

品种	状态	规格/mm	σ_b A①	B②	平均值	min	max	标准差	C_V③	材料常数 n	δ/%
			MPa								
退火板材	M	8.0	—	—	251	230	260	6.66	0.026	19	13.8
热轧板材	R	12～30	230	240	249	230	265	7.13	0.029	153	10.1
棒材	R	20～80	230	245	262	235	283	11.47	0.044	108	14.4
		150	—	—	245	235	262	7.16	0.029	12	14.3
锻件	R	发动机半环	230	245	264	232	301	12.45	0.047	110	14.0

品种	状态	规格/mm	$\sigma_{P0.2}$ A①	B②	平均值	min	max	标准差	C_V③	材料常数 n
			MPa							
退火板材	M	8.0	—	—	154	127	177	10.98	0.071	19
热轧板材	R	12～30	130	145	156	132	181	9.02	0.058	155

① A 表示置信度 95%，存活率 99%的数值。
② B 表示置信度 95%，存活率 90%的数值。
③ C_V 为变异系数。

表 11-9 AZ40M 棒材与型材的室温力学性能

品种	状态	d/mm	σ_b						δ			
			均值	min	max	标准差	C_V[1]	n[2]	均值	min	max	n[2]
			MPa						%			
棒材	R	20～100	253	242	266	4.97	0.020	30	11.2	6.7	17.0	30
棒材	R	—	273	257	288	12.08	0.044	9	9.1	6.3	14.5	9
棒材	R	30,35	258	255	260	2.89	0.011	4	17.8	17	20	4

品种	状态	d/mm	$\sigma_{P0.2}$					
			均值	min	max	标准差	C_V[1]	n[2]
			MPa					
棒材	R	20～100	178	155	197	12.28	0.069	10

① 变异系数。
② 材料常数。

表 11-10 AZ41M 板材的室温力学性能

品 种	状态	δ/mm	取样方向	σ_b								δ/%
				A	B	均值	min	max	标准差	C_V	n	
				MPa								
热轧板材	R	27.0	横向	250	255	264	230	282	5.88	0.022	715	14.8
			纵向	245	255	261	233	277	5.48	0.021	804	14.2
		20.0	横向	—	—	263	245	270	5.38	0.020	48	15.2
			纵向	—	—	262	245	261	4.93	0.018	48	15.5
退火板材	M	2.0	纵向	250	255	265	245	271	5.85	0.022	139	—

品 种	状态	δ/mm	取样方向	$\sigma_{P0.2}$							
				A	B	均值	min	max	标准差	C_V	n
				MPa							
热轧板材	R	27.0	横向	140	150	167	132	194	10.49	0.062	791
			纵向	140	150	161	125	193	8.45	0.052	806
		20.0	横向	—	—	163	142	181	8.62	0.052	48
			纵向	—	—	161	142	171	7.29	0.045	48
退火板材	M	2.0	纵向	135	150	173	142	211	14.19	0.082	139

注：A、B、C_V 的涵义见表 11-8。

表 11-11 ME20M 板材、棒材与型材的室温力学性能

品 种	状态	规格/mm	取样方向	σ_b								δ/%	来源
				A	B	均值	min	max	标准差	C_V	n		
				MPa									
热轧板材	R	25～29	横向	220	230	247	199	267	9.77	0.0395	106	17.4	
			纵向	225	235	249	228	266	8.45	0.0340	108	18.2	
冷轧退火板材	M	0.8～2.5	纵向	240	250	261	228	303	9.09	0.0340	928	18.6	①②③
半冷全硬化板材	Y_2	1.0～1.5	纵向	245	255	269	233	295	8.70	0.032	242	18.3	
棒材	R	16～120	纵向	—	—	238	184	323	—	—	24	13.9	
型材	R	—	纵向	—	—	257	226	274	12.55	0.048	38	16.2	

续表

品种	状态	规格/mm	取样方向	$\sigma_{P0.2}$ A	B	均值	min	max	标准差	C_V	n	来源
				MPa								
热轧板材	R	25～29	横向	105	125	151	112	203	16.32	0.108	115	①②③
			纵向	105	125	155	113	197	18.58	0.119	108	
冷轧退火板材	M	0.8～2.5	纵向	120	140	159	102	199	15.42	0.097	797	
半冷作硬化板材	Y_2	1.0～1.5	纵向	145	165	167	126	256	19.70	0.102	237	
棒材	R	16～120	纵向	—	—	—	—	—	—	—	—	
型材	R	—	纵向	—	—	—	—	—	—	—	—	

① 峨嵋机械厂，ME20M（MB8）型材生产检验记录：变镁 01-86，1986。
② 南昌飞机制造公司，ME20M（MB8）合金型材、棒材生产检验记录：变镁 02-86，1986。
③ 上海新江机器厂，ME20M（MB8）合金板材生产检验记录：变镁 03-86，1986。
注：A、B、C_V 的涵义见表 11-8。

表 11-12 ME20M 棒材与型材的室温力学性能

状态	δ 或 d/mm	σ_b A	B	均值	min	max	标准差	C_V	n	δ 均值	min	max	n	来源
		MPa								%				
R	100	—	—	270	216	310	38.2	0.14	10	3.4	2.0	4.5	10	①
R	—	—	—	266	243	277	7.58	0.028	40	14.3	9.0	21.0	40	①
		175	214	266	225	375	34.56	0.13	128	15.5	10.0	23.0	112	②
		—	—	258	233	282	13.83	0.054	17	15.9	11.3	22.1	17	③

① 东北轻合金有限责任公司，工业生产检验数据：铝镁合金 06-99，1999。
② 陕西飞机制造公司，工业生产检验数据：铝镁合金 09-99，1999。
③ 西安飞机工业公司，工业生产检验数据：铝镁合金 02-99，1999。
注：A、B、C_V 的涵义见表 11-8。

表 11-13 ZK61M 棒材、型材与模锻件的室温力学性能

品种	状态	d 或 m	σ_b A	B	均值	min	max	标准差	C_V	n	δ/%	来源
			MPa									
棒材	S	18～125mm	310	325	340	315	367	10.82	0.031	302	14.1	①②
型材	S	—	290	310	333	289	373	17.30	0.052	314	14.1	
模锻件	S	m≤30kg	190	305	326	294	353	12.87	0.039	150	13.9	

品种	状态	d 或 m	σ_b A	B	均值	min	max	标准差	C_V	n	来源
			MPa								
棒材	S	18～125mm	255	275	300	257	343	17.25	0.057	200	①②
型材	S	—	225	250	287	245	343	21.96	0.076	184	
模锻件	S	m≤30kg	—	—	—	—	—	—	—	—	

① 成都飞机工业公司，ZK61M（MB15）合金生产检验记录：变镁 01-86，1986。
② 南昌飞机制造公司，ZK61M（MB15）合金生产检验记录：变镁 02-86，1986。
注：A、B、C_V 的含义见表 11-8。

表 11-14 ZK61M 棒材与模锻件的室温力学性能

品种	状态	d/mm	σ_b 均值	min	max	n①	$\sigma_{P0.2}$ 均值	min	max	n①	δ 均值	min	max	n①	来源
			MPa				MPa				%				
棒材	S	32～80	339	326	352	28	—	—	—	—	13.4	9.3	17.5	28	②
棒材	S	20～100	[illegible]	316	349	14	298	284	316	14	12.2	10.0	15.0	14	③
模锻件		—	324	319	330	10	253	242	264	10	16.4	15.2	18.8	10	

① n 为材料常数。
② 洪都航空工业集团有限责任公司，工业生产检验数据：铝镁合金 01-99，1999。
③ 东北轻合金有限责任公司，工业生产检验数据：铝镁合金 06-99，1999。

（4）镁合金挤压棒材

表 11-15 镁合金棒材力学性能（GB/T 5155—2013）

合金牌号	状态	棒材直径(方棒、六角棒内切圆直径)/mm	抗拉强度 R_m/MPa	规定非比例延伸强度 $R_{P0.2}$/MPa	断后伸长率 A /%
			不小于		
AZ31B	H112	≤130	220	140	7.0
AZ40M	H112	≤100	245	—	6.0
		＞100～130	245	—	5.0
AZ41M	H112	≤130	250	—	5.0
AZ61A	H112	≤130	260	160	6.0
AZ61M	H112	≤130	265	—	8.0
AZ80A	H112	≤60	295	195	6.0
		＞60～130	290	180	4.0
	T5	≤60	325	205	4.0
		＞60～130	310	205	2.0
ME20M	H112	≤50	215	—	4.0
		＞50～100	205	—	3.0
		＞100～130	195	—	2.0
ZK61M	T5	≤100	315	245	6.0
		＞100～130	305	235	6.0
ZK61S	T5	≤130	310	230	5.0

注：直径大于 130mm 的棒材力学性能附实测结果。

（5）镁合金挤压型材

表 11-16 镁合金挤压型材（GB/T 5156—2013）

牌号	化学成分	供应状态	室温纵向力学性能，≥				规格/mm		用途
			R_m/MPa	$R_{P0.2}$/MPa	A_5/%	硬度(HBS)	名义尺寸	长度	
AZ40M①	按 GB/T 5153 的规定	H112	240	—	5.0	—	≤300	1000～6000	适用于镁合金热挤压型材
ME20M①		H112	225	—	10.0	40			
ZK61M		T5	310	245	7.0	60			

① AZ40M，ME20M 供应状态还有 F。

11.1.3 镁合金的一般物理性能

表 11-17 铸造镁合金的物理性能（参考数据）

代号	密度 ρ /g·cm^{-3}	线胀系数 α/10^{-6}K^{-1}			热导率 λ /W·(m·K)$^{-1}$		比热容① c /J·(kg·K)$^{-1}$
		20～100℃	20～200℃	20～300℃			
ZM1	1.82	25.8	26.2	26.46	50℃ 100℃ 200℃	113.04 117.23 121.42	962.96
ZM2	1.85	25.8	26.2	27.2	50℃ 100℃ 150℃ 200℃	117.23 121.42 125.60 125.60	962.96
ZM3	1.80	23.6	25.1	25.9	—		1046.70
ZM5	1.81	26.8	28.1	28.7②	77.46		1046.70

① 温度为 20～100℃。
② 温度为 200～300℃。

表 11-18 镁在各种介质中的耐蚀性能

介质种类	腐蚀情况	介质种类	腐蚀情况
淡水、海水、潮湿大气	腐蚀破坏	甲醚、乙醚、丙酮	不腐蚀
有机酸及其盐	强烈腐蚀破坏	石油、汽油、煤油	不腐蚀
无机酸及其盐(不包括氟盐)	强烈腐蚀破坏	芳香族化合物(苯、甲苯、二甲苯、酚、甲酚、萘、蒽)	不腐蚀
氨水	强烈腐蚀破坏		
甲醛、乙醛、三氯乙醛	腐蚀破坏	氢氧化钠溶液	不腐蚀
无水乙醇	不腐蚀	干燥空气	不腐蚀

注：镁的标准电位为−2.363V，是负电性很强的金属，其耐蚀性很差。为了防止镁的腐蚀，在储存使用之前需采取适当的防腐措施，如进行表面氧化、涂油和涂漆保护。

表 11-19 加工镁合金的物理性能（参考数据）

性能	代号	M2M (MB1)	AZ40M (MB2)	AZ41M (MB3)	AZ61M (MB5)	AZ62M (MB6)	AZ80M (MB7)	ME20M (MB8)	ZK61M (MB15)
密度 ρ_{Mg}(20℃)/g·cm^{-3}		1.76	1.78	1.79	1.80	1.84	1.82	1.78	1.80
电阻率 ρ(20℃)/Ω·mm^2·m^{-1}		0.0513	0.093	0.120	0.153	0.196	0.162	0.0612	0.0565
比热容 c /J·(kg·K)$^{-1}$	100℃	1.01×10^3	1.13×10^3	1.09×10^3	1.13×10^3	—	1.13×10^3	—	—
	200℃	1.05×10^3	1.17×10^3	1.13×10^3	1.21×10^3	—	1.21×10^3	—	—
	300℃	1.13×10^3	1.21×10^3	1.21×10^3	1.26×10^3	—	1.26×10^3	—	—
	350℃	$1.17\times10^3$②	1.26×10^3	1.26×10^3	1.30×10^3	—	1.30×10^3	—	—
	20～100℃	1.05×10^3	1.05×10^3	1.05×10^3	1.05×10^3	1.05×10^3	1.05×10^3	1.05×10^3	1.03×10^3
线胀系数 α /10^{-6}·K^{-1}	20～100℃	22.29	26.0	26.1	24.4	23.4	26.3	23.61	20.9
	20～200℃	24.19	27.0	—	26.5	25.43	27.1	25.64	22.6
	20～300℃	32.01	27.9	—	31.2	30.18	27.6	30.58	—
热导率 λ /W·(m·K)$^{-1}$	30℃	125.60	96.3①	96.3	69.08	—	58.62	133.98	117.23①
	100℃	125.60	100.48	—	73.27	—	—	133.98	121.42
	200℃	138.68	104.67	—	79.55	—	—	133.98	125.60
	300℃	133.98	108.86	—	79.55	67.41	75.36	—	125.60

① 温度为25℃。
② 温度为400℃。

11.1.4 镁及镁合金的特性及用途

表 11-20 铸造镁合金的性能特点与用途

合金代号	性能特点	用途举例
ZM1	铸造流动性好，抗拉强度和屈服强度较高，力学性能壁厚效应较小，抗蚀性良好，但热裂倾向大，故不宜焊接	适于形状简单的受力零件，如飞机轮毂
ZM2	耐腐蚀性与高温力学性能良好，但常温时力学性能比ZM1低，铸造性能良好，缩松和热裂倾向小，可焊接	可用于200℃以下工作而要求强度高的零件，如发动机各类机匣、整流舱、电机壳体等
ZM3	属耐热镁合金，在200～250℃下高温持久和抗蠕变性能良好，有较好的抗蚀性和焊接性，铸造性能一般，对形状复杂零件有热裂倾向	航空工业中应用历史较久，可用于250℃下工作且气密性要求高的零件，如压气机机匣、离心机匣、附件机匣、燃烧室罩等

续表

合金代号	性能特点	用途举例
ZM4	铸件致密性高，热裂倾向小，无显微疏松倾向，可焊性好，但室温强度低于其他各系合金	适于制造室温下要求气密或在150～250℃下工作的发动机附件和仪表过壳体、机匣等
ZM5	属于高强铸镁合金，强度高、塑性好，易于铸造，可焊接，也能抗蚀，但有显微缩松和壁厚效应倾向	广泛用于飞机上的翼肋、发动机和附件上各种机匣等零件，导弹上作副油箱挂架、支臂、支座等
ZM6	具有良好铸造性能、显微疏松和热裂倾向低，气密性好，在250℃以下综合性能优于ZM3、ZM4，铸件不同壁厚力学性能均匀	可用于飞机受力构件，发动机各种机匣与壳体，已在直升机上用于减速机匣、机翼翼肋等处
ZM7	室温下拉伸强度、屈服极限和疲劳极限均很高，塑性好，铸造充型性良好，但有较大疏松倾向，不宜作耐压零件，此外，焊接性能也差	可用于飞机轮毂及形状简单的各种受力构件
ZM10	铝量高，耐蚀性好，对显微疏松敏感，宜压铸	一般要求的铸件

表11-21 加工镁及镁合金的特性及用途

牌号	旧号	产品种类	主要特性	用途举例
M2M	MB1	板材、棒材、型材、管材、带材、锻件及模锻件	这类合金属镁-锰系镁合金，其主要特性如下。 ①强度较低，但有良好的耐蚀性；在镁合金中，它的耐蚀性能最好，在中性介质中无应力腐蚀破裂倾向。②室温塑性较低，高温塑性高，可进行轧制、挤压和锻造。③不能热处理强化。④焊接性能良好，易于用气焊、氩弧焊、点焊等方法焊接。⑤同纯镁一样，镁-锰系合金有良好的可切削加工性能。 和MB1合金比较，MB8合金的强度较高，且有较好的高温性能	用于制作承受外力不大，但要求焊接性和耐蚀性好的零件，如汽油和润滑油系统的附件等
ME20M	MB8	板材、棒材、带材、型材、管材、锻件及模锻件		强度较MB1高，常用来代替MB1合金使用，其板材可制作飞机蒙皮、壁板及内部零件，型材和管材可制造汽油和润滑油系统的耐蚀零件，模锻件可制外形复杂的零件
AZ40M	MB2	板材、棒材、型材、锻件及模锻件	这类合金属镁-铝-锌系镁合金，其主要特性如下。 ①强度高，可热处理强化。②铸造性能良好。③耐蚀性较差。MB2和MB3合金的应力腐蚀破裂倾向较小，MB5、MB6、MB7合金的应力腐蚀破裂倾向较大。④可切削加工性能良好。⑤热塑性以MB2、MB3合金为佳，可加工成板材、棒材、锻件等各种镁材；MB6、MB7合金热塑性较低，主要用做挤压件和锻材。⑥MB2、MB3合金焊接性较好，可气焊和氩弧焊；MB5合金的可焊性差；MB7合金可焊性尚好，但需进行消除应力退火	用于制作形状复杂的锻件、模锻件及中等载荷的机械零件
AZ41M	MB3	板材		用作飞机内部组件、壁板
AZ61M	MB5	板材、带材、锻件及模锻件		主要用于制作承受较大载荷的零件
AZ62M	MB6	棒材、型材及锻件		主要用于制作承受较大载荷的零件
AZ80M	MB7	棒材、锻件及模锻件		可代替MB6使用，用作承受高载荷的各种结构零件
ZK61M	MB15	棒材、型材、带材、锻件及模锻件	为镁-锌-锆系镁合金，具有较高的强度和良好的塑性及耐蚀性，是目前应用最多的变形镁合金之一。无应力腐蚀破裂倾向，热处理工艺简单，可切削加工性能良好，能制造形状复杂的大型锻件，但焊接性能不合格	用作室温下承受高载荷和高屈服强度的零件，如机翼长桁、翼肋等，零件的使用温度不能超过150℃

11.2 欧洲标准化委员会(CEN)镁及镁合金

11.2.1 镁及镁合金的牌号及化学成分

表 11-22 非合金镁的牌号及化学成分（EN 12421—1998）

合金牌号		合金成分/%(最大值)												
化学符号	数字序号	Al	Mn	Si	Fe	Cu	Ni	Pb	Sn	Na	Ca	Zn	杂质单项	Mg
EN-MB99.5	EN-MB10010	0.1	0.1	0.1	0.1	0.1	0.01			0.01	0.01		0.05	99.5
EN-MB99.80-A	EN-MB10020	0.05	0.05	0.05	0.05	0.001	0.001	0.01	0.01	0.003	0.003	0.05	0.05	99.80
EN-MB99.80-B	EN-MB10021	0.05	0.05	0.05	0.05	0.002	0.002	0.01	0.01			0.05	0.05	99.80
EN-MB99.95-A	EN-MB10030	0.05	0.006	0.003	0.003	0.001	0.001	0.005	0.005	0.003	0.003	0.005	0.005	99.95
EN-MB99.95-B	EN-MB10031	0.01	0.01	0.005	0.005	0.001	0.001	0.001	0.005			0.01	0.005	99.95

表 11-23 镁及镁合金铸锭的牌号及化学成分（EN 1753—1997）

合金类型	类型	合金牌号		合金成分/%(最大值)														
		化学符号	数字序号	Al	Zn	Mn	稀土(RE)	Zr	Ag	Y	Li	Si	Fe	Cu	Ni	杂质单项	Mg
MgAlZn	铸锭	EN-MBMgAl8Zn1	EN-MB21110	7.2～8.5	0.45～0.9	0.17						0.05	0.004	0.025	0.001	0.01	余量
		EN-MBMgAl9Zn1(A)	EN-MB21120	8.5～9.5	0.45～0.9	0.17						0.3	0.004	0.025	0.001	0.01	余量
		EN-MBMgAl9Zn1(B)	EN-MB21121	8.0～10	0.3～1.0							0.05	0.03	0.20	0.01	0.05	余量
MgAlMn		EN-MBMgAl2Mn	EN-MB21210	1.7～2.5	0.20	0.35						0.05	0.004	0.008	0.001	0.01	余量
		EN-MBMgAl5Mn	EN-MB21220	4.5～5.3	0.20	0.27						0.05	0.004	0.008	0.001	0.01	余量
		EN-MBMgAl6Mn	EN-MB21230	5.6～6.4	0.20	0.23						0.7～1.2	0.004	0.008	0.001	0.01	余量

续表

合金类型	类型	合金牌号		合金成分/%(最大值)													
		化学符号	数字序号	Al	Zn	Mn	稀土(RE)	Zr	Ag	Y	Li	Si	Fe	Cu	Ni	杂质单项	Mg
MgAlSi	铸锭	EN-MBMgAl2Si	EN-MB21310	1.9～2.5	0.20	0.20						0.7～1.2	0.004	0.008	0.001	0.01	余量
		EN-MBMgAl4Si	EN-MB21320	3.7～4.8	0.20	0.20						0.20	0.004	0.008	0.001	0.01	余量
MgZnCu		EN-MBMgZn6Cu3Mn	EN-MB32110		5.5～6.5	0.25～0.75						0.01	0.05	2.4～3.0	0.01	0.01	余量
MgZnREZr		EN-MBMgZn4RE1Zr	EN-MB35110		3.5～5.0	0.15	1.0～1.75	0.1～1.0				0.01	0.01	0.03	0.005	0.01	余量
		EN-MBMgRE3Zn2Zr	EN-MB65120		2.0～3.0	0.15	2.4～4.0	0.1～1.0				0.01	0.01	0.03	0.005	0.01	余量
MgREAgZr		EN-MBMgRE2Ag2Zr	EN-MB65210		0.2	0.15	2.0～3.0	0.1～1.0	2.0～3.0			0.01	0.01	0.03	0.005	0.01	余量
		EN-MBMgRE2Ag1Zr	EN-MB65220		0.2	0.15	1.5～3.0	0.1～1.0	1.3～1.7			0.01	0.01	0.05～0.10	0.005	0.01	余量
MgYREZr		EN-MBMgY5RE4Zr	EN-MB95310		0.20	0.15	1.5～4.0	0.1～1.0		4.75～5.5	0.2	0.01	0.01	0.03	0.005	0.01	余量
		EN-MBMgY4RE3Zr	EN-MB95320		0.20	0.15	2.4～4.4	0.1～1.0		3.7～4.3	0.2	0.01	0.01	0.03	0.005	0.01	余量
MgAlZn	铸件	EN-MCMgAl8Zn1	EN-MC21110	7.0～8.7	0.35～1.0	0.1						0.10	0.005	0.030	0.002	0.01	余量
		EN-MCMgAl8Zn1	EN-MC21110	7.0～8.7	0.40～1.0	0.1						0.20	0.005	0.030	0.001	0.01	余量
		EN-MCMgAl9Zn1(A)	EN-MC21120	8.3～9.7	0.35～1.0	0.1						0.10	0.005	0.030	0.002	0.01	余量
		EN-MCMgAl9Zn1(A)	EN-MC21120	8.0～10	0.40～1.0	0.1						0.20	0.005	0.030	0.001	0.01	余量
		EN-MCMgAl9Zn1(B)	EN-MC21121	1.6～2.6	0.3～1.0							0.3	0.03	0.20	0.01	0.05	余量
MgAlMn		EN-MCMgAl2Mn	EN-MC21210	4.4～5.5	0.2	0.1						0.10	0.005	0.010	0.002	0.01	余量
		EN-MCMgAl5Mn	EN-MC21220	5.5～6.5	0.2	0.1						0.10	0.005	0.010	0.002	0.01	余量
		EN-MCMgAl6Mn	EN-MC21230	1.8～2.6	0.2	0.1						0.10	0.005	0.010	0.002	0.01	余量
MgAlSi		EN-MCMgAl2Si	EN-MC21310	3.5～5.0	0.2	0.1						0.7～1.2	0.005	0.010	0.002	0.01	余量
		EN-MCMgAl4Si	EN-MC21320		0.2	0.1						0.5～1.5	0.005	0.010	0.002	0.01	余量

续表

合金类型	类型	合金牌号		合金成分/%（最大值）													
		化学符号	数字序号	Al	Zn	Mn	稀土（RE）	Zr	Ag	Y	Li	Si	Fe	Cu	Ni	杂质单项	Mg
MgZnCu	铸件	EN-MCMgZn6Cu3Mn	EN-MC32110		5.5～6.5	0.25～0.75						0.20	0.05	2.4～3.0	0.01	0.01	余量
MgZnREZr	铸件	EN-MCMgZn4RE1Zr	EN-MC35110		3.5～5.0	0.15	0.75～1.75	0.4～1.0				0.01	0.01	0.03	0.005	0.01	余量
MgZnREZr	铸件	EN-MCMgRE3Zn2Zr	EN-MC65120		2.0～3.0	0.15	2.5～4.0	0.4～1.0				0.01	0.01	0.03	0.005	0.01	余量
MgREAgZr	铸件	EN-MCMgRE2Ag2Zr	EN-MC65210		0.2	0.15	2.0～3.0	0.4～1.0	2.0～3.0			0.01	0.01	0.03	0.005	0.01	余量
MgREAgZr	铸件	EN-MCMgRE2Ag1Zr	EN-MC65220		0.2	0.15	1.5～3.0	0.4～1.0	1.3～1.7			0.01	0.01	0.05～0.10	0.005	0.01	余量
MgYREZr	铸件	EN-MCMgY5RE4Zr	EN-MC95310		0.2	0.15	1.5～4.0	0.4～1.0		4.75～5.5	0.2	0.01	0.01	0.03	0.005	0.01	余量
MgYREZr	铸件	EN-MCMgY4RE3Zr	EN-MC95320		0.2	0.15	2.4～4.4	0.4～1.0		3.7～4.3	0.2	0.01	0.01		0.005	0.01	余量

表 11-24 阳极用镁合金铸锭的牌号及化学成分（EN 12438—2017）

合金类型	合金牌号		合金成分/%（非范围值或特殊注明者均为最大值）								
	牌号	数字编号	Al	Zn	Mn	Si	Fe	Cu	Ni	杂质单项	Mg
MgAlZn	EN-MBMgAl3Zn1	3.5212	2.6～3.5	0.7～1.4	0.20～1.0	0.30	0.01	0.05	0.001	0.05	余量
MgAlZn	EN-MBMgAl6Zn1	3.5213	5.6～6.5	0.7～1.4	0.20～1.0	0.30	0.01	0.05	0.001	0.05	余量
MgAlZn	EN-MBMgAl6Zn3	3.5214	5.1～7.0	2.1～4.0	0.20～1.0	0.30	0.01	0.05	0.001	0.05	余量
MgMn	EN-MBMgMn1	3.5230	0.01	0.05	0.50～1.3	0.05	0.02	0.02	0.001	0.05	余量
MgMn	EN-MBMgMn2	3.5231	0.01	0.05	1.20～2.5	0.05	0.02	0.02	0.001	0.05	余量

11.2.2 镁及镁合金铸件的力学性能

表 11-25 镁及镁合金铸件的力学性能（EN 1753—1997）

铸件类型	合金类型	合金牌号		状态	抗拉强度 R_m/MPa	屈服强度 $R_{P0.2}$/MPa	伸长率 A/%	硬度(HB)
		化学符号	数字序号					
砂模铸件	MgAlZn	EN-MCMgAl8Zn1	EN-MC21110	F T4	160 240	90 90	2 8	50～65 50～65
		EN-MCMgAl9Zn1(A)	EN-MC21120	F T4 T6	160 240 240	90 110 150	2 6 2	50～65 55～70 60～90
	MgZnCu	EN-MCMgZn6Cu3Mn	EN-MC32110	T6	195	125	2	55～65
	MgZnREZr	EN-MCMgZn4RE1Zr	EN-MC35110	T5	200	135	2.5	55～70
		EN-MCMgRE3Zn2Zr	EN-MC65120	T6	140	95	2.5	55～60
	MgREAgZr	EN-MCMgRE2Ag2Zr	EN-MC65210	T6	240	175	2	70～90
		EN-MCMgRE2Ag1Zr	EN-MC65220	T6	240	175	2	70～90
	MgYREZr	EN-MCMgY5RE4Zr	EN-MC95310	T6	250	170	2	80～90
		EN-MCMgY4RE3Zr	EN-MC95320	T6	220	170	2	75～90
金属模铸件	MgAlZn	EN-MCMgAl8Zn1	EN-MC21110	F T4	160 240	90 90	2 8	50～65 50～65
		EN-MCMgAl9Zn1(A)	EN-MC21120	F T4 T6	160 240 240	11 120 150	2 6 2	55～70 55～70 60～90
	MgZnCu	EN-MCMgZn6Cu3Mn	EN-MC32110	T6	195	125	2	55～65
	MgZnREZr	EN-MCMgZn4RE1Zr	EN-MC35110	T5	210	135	3	55～70
		EN-MCMgRE3Zn2Zr	EN-MC65120	T6	145	100	3	55～60
	MgREAgZr	EN-MCMgRE2Ag2Zr	EN-MC65210	T6	240	175	3	70～90
		EN-MCMgRE2Ag1Zr	EN-MC65220	T6	240	175	2	70～90
	MgYREZr	EN-MCMgY5RE4Zr	EN-MC95310	T6	250	170	2	80～90
		EN-MCMgY4RE3Zr	EN-MC95320	T6	220	170	2	75～90
压铸件	MgAlZn	EN-MCMgAl8Zn1	EN-MC21110	F	200～250	140～160	1～7	60～85
		EN-MCMgAl9Zn1(A)	EN-MC21120	F	200～260	140～170	1～6	65～85
	MgAlMn	EN-MCMgAl2Mn	EN-MC21210	F	150～220	80～100	8～18	40～55
		EN-MCMgAl5Mn	EN-MC21220	F	180～230	110～130	5～15	50～65
		EN-MCMgAl6Mn	EN-MC21230	F	190～250	120～150	4～14	55～70
		EN-MCMgAl7Mn	EN-MC21240	F	200～260	130～160	3～10	60～75
	MgAlSi	EN-MCMgAl2Si	EN-MC21310	F	170～230	110～130	4～14	50～70
		EN-MCMgAl4Si	EN-MC21320	F	200～250	120～150	3～12	55～80

11.3 美国镁及镁合金

11.3.1 镁及镁合金牌号和化学成分

表 11-26 美国镁合金挤压棒材、型材及管材牌号和化学成分（ASTM B107/B107M—2013）

合金牌号		化学成分/%(杂质不大于)										
UNS	ASTM	Mg	Al	Mn	Zn	Zr	Si	Cu	Ni	Fe	Ca	其他
M11311	AZ31B	余量	2.5～3.5	0.20	0.6～1.4	—	0.10	0.05	0.005	0.005	0.04	0.30
M11312	AZ31C	余量	2.4～3.6	0.15	0.50～1.5	—	0.10	0.10	0.03	—	—	0.30
M11610	AC61A	余量	5.8～7.2	0.15	0.40～1.5	—	0.10	0.05	0.005	0.005	—	0.30
M11800	AZ80A	余量	7.8～9.2	0.12	0.20～0.8	—	0.10	0.05	0.005	0.005	—	0.30
M15100	M1A	余量	—	1.2	—	—	0.10	0.05	0.01	—	0.30	0.30
M16400	ZK40	余量	—	—	3.5～4.5	0.45	—	—	—	—	—	0.30
M16600	ZK60A	余量	—	—	4.8～6.2	0.45	—	—	—	—	—	0.30
M18432	WE43B	余量	—	0.03	—	0.40～1.0	0.10	0.02	0.005	0.010	—	0.01
M18434	WE43C	余量	—	0.03	0.06	0.2～1.0	—	0.02	0.0020	0.005	—	0.01
M18410	WE54A	余量	—	0.03	0.20	0.40～1.0	—	0.03	0.005	—	—	0.2

表 11-27 美国镁合金永久性铸件牌号和化学成分（ASTM B199—2012）

合金牌号		化学成分/%,(单个值为最大值,其为质量分数)											
ASTM	UNS	Fe	Mg	Al	Mn	Zn	稀土	Zr	Si	Cu	Ni	杂质总和	其他
AM100A	M10100	—	余量	9.3～10.7	0.10～0.35	0.30	—	—	0.30	0.10	0.01	0.30	—
AZ81A	M11810	—	余量	7.0～8.1	0.13～0.35	0.40～1.0	—	—	0.30	0.10	0.01	0.30	—
AZ91C	M11914	—	余量	8.1～9.3	0.13～0.35	0.40～1.0	—	—	0.30	0.10	0.01	0.30	—
AZ91E	M11919	0.005①	余量	8.1～9.3	0.17～0.35	0.40～1.0	—	—	0.20	0.015	0.0010	0.30	0.01
AZ92A	m11920	—	余量	8.3～9.7	0.10～0.35	1.6～2.4	—	—	0.30	0.25	0.01	0.30	—
EQ21A③	M18330	—	余量	—	—	—	1.5～3.0②	0.40～1.0	—	0.05～0.10	0.01	0.30	—
EZ33A	M12330	—	余量	—	—	2.0～3.1	2.5～4.0	0.05～1.0	—	0.10	0.01	0.30	—
QE22A④	M18220	—	余量	—	—	—	1.8～2.5②	0.40～1.0	—	0.10	0.10	0.30	—

① 当铁含量超过 0.005%，铁与锰之比不超过 0.032。
② 稀土以混合稀土的形式加入。
③ EQ21A（M18330）的银含量为 1.3%～1.7%。
④ QE22A（M18220）的银含量为 2.0%～3.0%。

表 11-28 美国再熔炼镁锭和镁棒牌号和化学成分（ASTM B92/B92M—2017）

UNS	合金牌号	化学成分/%(不大于)										其他(每种)②	Mg(不小于)
		Al	Cu	Fe	Pb	Mn	Ni	Si	Sn	Ti	Na		
M19980	9980A①	—	0.02	—	0.01	0.10	0.001	—	0.01	—	0.006	0.05	99.80
M19991	9980B	—	0.02	—	0.01	0.10	0.005	—	0.01	—		0.05	99.80
M19990	9990A	0.003	—	0.04	—	0.004	0.001	0.005	—	—		0.01	99.90
M19995	9995A	0.01	—	0.003	—	0.004	0.001	0.005	—	0.01		0.005	99.95
M19998	9998A	0.004	0.0005	0.002	0.001	0.002	0.0005	0.003	—	0.001		0.005	99.98

① 9980A 钠含量≤0.006%。
② 当应用于核电时，镉≤0.0001 或 0.00005。硼≤0.00007 或 0.00003。

表 11-29 美国镁合金压铸件牌号和化学成分（ASTM B94—2005）

合金牌号		化学成分/%(不大于)						
UNS	ASTM	Mg	Al	Mn 不小于	Zn	Si	Cu	Ni
M10600	AM60A	余量	5.5～6.5	0.13	0.22	0.50	0.35	0.03
M10410	AS41A	余量	3.5～5.0	0.20～0.50	0.12	0.50～1.5	0.06	0.03
M11910	AZ91A	余量	8.3～9.7	0.13	0.35～1.0	0.50	0.10	0.03
M11912	AZ91B	余量	8.3～9.7	0.13	0.35～1.0	0.50	0.35	0.03

表 11-30 镁合金板材的牌号和化学成分（ASTM B90/B90M—2007）

合金牌号	化学成分/%(非范围值或特殊注明者均为最大值)												
	Al	Mn	RE	Zn	Zr	Ca	Cu	Fe	Ni	Si	单个	总和	Mg
AZ31B	2.5～3.5	0.20～1.0		0.6～1.4		0.04	0.05	0.005	0.005	0.10		0.30	余量

表 11-31 砂模、永久模和熔模铸件用镁合金锭的化学成分（ASTM B93/B93M—2006）

ASTM 牌号	UNS 牌号	Mg	Al	Cu（最大）	Gd	Fe（最大）	Li（最大）	Mn	Nd	Ni（最大）	稀土	Si（最大）	Ag	Y	Zn	Zr	其他单个（最大）	其他总和（最大）
AM100A	M10101	余量	9.3～10.6	0.08				0.13～0.35		0.010		0.20			0.2（最大）			0.30
AZ63A	M11631	余量	5.5～6.5	0.20				0.15～0.35		0.010		0.20			2.7～3.3			0.30
AZ81A	M11811	余量	7.2～8.0	0.08				0.15～0.35		0.010		0.20			0.5～0.9			0.30
AZ91C	M11915	余量	8.3～9.2	0.08				0.15～0.35		0.010		0.20			0.45～0.9			0.30
AZ91E	M11918	余量	8.3～9.2	0.015		0.005		0.17～0.50		0.0010		0.20			0.45～0.9		0.01	0.30
AZ92A	M11921	余量	8.5～9.5	0.20				0.13～0.35		0.010		0.20			1.7～2.3			0.30
EQ21A	M18330	余量		0.05～0.10						0.01	1.5～3.0①	0.01	1.3～1.7			0.3～1.0		0.30
EV31A	M12311	余量		0.01（最大）	1.0～1.7	0.010			2.6～3.1	0.0020	0.4②		0.05（最大）		0.2～0.50	0.3～1.0	0.01	
EZ33A	M12331	余量		0.03						0.010	2.6～3.9③	0.01			2.0～3.0	0.3～1.0		0.30
K1A	M18011	余量		0.03						0.010		0.01				0.3～1.0		0.30
QE22A	M18221	余量		0.03				0.15（最大）		0.010	1.9～2.4①	0.01	2.0～3.0		0.2（最大）	0.3～1.0		0.30
WE43A	M18431	余量		0.03			0.18	0.15（最大）	2.0～2.5	0.005	2.4～4.4④	0.01		3.7～4.3	0.20（最大）	0.3～1.0		0.30
WE43B	M18433	余量		0.01			0.18	0.03（最大）	2.0～2.5	0.004	2.4～4.4④		⑤	3.7～4.3	⑤	0.3～1.0	0.01	
WE54A	M18410	余量		0.03			0.20	0.15（最大）	1.5～2.0	0.005	1.5～4.0④	0.01		4.74～5.5	0.20（最大）	0.3～1.0		0.30
ZC63A	M16331	余量		2.4～3.0				0.25～0.75		0.001		0.20			5.5～6.5			0.30
ZE41A	M16411	余量		0.03				0.15（最大）		0.010	1.0～1.75③	0.01			3.7～4.8	0.3～1.0		0.30
ZE63A	M16631	余量		0.03						0.010	2.0～3.0	0.01			5.5～6.0	0.3～1.0		0.30
ZK51A	M16511	余量		0.03						0.010		0.01			3.8～5.3	0.3～1.0		0.30
ZK61A	M16611	余量		0.03						0.010		0.01			5.7～6.3	0.3～1.0		0.30

① 稀土元素为钕镨混合物，钕含量不小于70%。
② 稀土元素的总和最大为0.4%，稀土的主要元素为铈、镧、镨。
③ 稀土主要是铈、镧、镨、钕的混合物。铈元素的含量应不小于45%。
④ 稀土主要为重稀土，例如钆、钇、铒等元素。
⑤ Zn+Ag≤0.15%。

表 11-32　压铸件用镁合金锭的化学成分（ASTM B931/B93M—2006）

材料牌号		化学成分/%												
ASTM牌号	UNS牌号	Mg	Al	Bu	Cu（最大）	Fe（最大）	Mn	Ni（最大）	稀土	Si	Sr	Zn	其他单项金属杂质①（最大）	其他杂质（最大）
AS41A	M10411	余量	3.7～4.8		0.04		0.22～0.48	0.01		0.60～1.4		0.10（最大）		0.30
AS41B	M10413	余量	3.7～4.8	0.0005～0.0015	0.015	0.0035	0.35～0.6	0.001		0.60～1.4		0.10（最大）	0.01	
AM50A	M10501	余量	4.5～5.3	0.0005～0.0015	0.008	0.004	0.28～0.50	0.001		0.08（最大）		0.20（最大）	0.01	
AM60A	M10601	余量	5.6～6.4		0.25		0.15～0.50	0.01		0.20（最大）		0.20（最大）		0.30
AM60B	M10603	余量	5.6～6.4	0.0005～0.0015	0.008	0.004	0.26～0.50	0.001		0.08（最大）		0.20（最大）	0.01	
AZ91A	M11911	余量	8.5～9.5		0.08		0.15～0.40	0.01		0.20（最大）		0.45～0.9		0.30
AZ91B	M11913	余量	8.5～9.5		0.25		0.15～0.40	0.01		0.20（最大）		0.45～0.9		0.30
AZ91D	M11917	余量	8.5～9.5	0.0005～0.0015	0.025	0.004	0.17～0.40	0.001		0.08（最大）		0.45～0.9	0.01	
AJ52A	M17521	余量	4.5～5.5	0.0005～0.0015	0.008	0.004	0.26～0.5	0.001		0.08（最大）	1.8～2.3	0.20（最大）	0.01	
AJ62A	M17621	余量	5.6～6.6	0.0005～0.0015	0.008	0.004	0.26～0.5	0.001		0.08	2.1～2.8	0.20（最大）	0.01	
AS21A	M10211	余量	1.9～2.5	0.0005～0.0015	0.008	0.004	0.2～0.6	0.001		0.7～1.2		0.20（最大）	0.01	
AS21B	M10213	余量	1.9～2.5	0.0005～0.0015	0.008	0.0035	0.05～0.15	0.001	0.06～0.25	0.7～1.2		0.25（最大）	0.01	

① 包括表中列出的但未给定成分范围的元素。

11.3.2 镁及镁合金的力学性能

（1）镁合金挤压棒材、型材及管材的力学性能

表 11-33 镁合金挤压棒材、型材和管材的力学性能（ASTM B107/B107M—13）

合金		热处理状态	品种	直径或厚度		试样横截面积或管材外径/in^2[in]	抗拉强度(min)		$\sigma_{0.2}$		伸长率/%(2in 或 50mm)
UNS	ASTM			in	[mm]		ksi	[MPa]	ksi	[MPa]	
M11800	AZ80A	F		全部	—	全部	36.0	[250]	16.0	[110]	7
			空心型材	0.028～0.750	[0.70～20.00]	≤6.000 [150.00]	36.0	[250]	16.0	[110]	7
			管	≤0.249	≤6.30	全部	43.0	[295]	28.0	[195]	9
			条、棒、线	0.250～1.499	[6.30～40.00]	全部	43.0	[295]	28.0	[195]	8
				1.500～2.499	[40.00～60.00]	全部	43.0	[295]	28.0	[195]	6
				2.500～4.999	[60.00～130.00]	全部	42.0	[290]	27.0	[185]	4
M11800	AZ80A	T5	棒、型材	≤0.249	≤6.30	全部	47.0	[325]	30.0	[205]	4
			线	0.250～2.499	[6.30～60.00]	全部	48.0	[330]	33.0	[230]	4
				2.500～4.999	[60.00～130.00]	全部	45.0	[310]	30.0	[205]	2
M15100	M1A	F	条、棒、线	≤0.249	≤6.30	全部	30.0	[205]	—	—	2
				0.250～1.499	[6.30～40.00]	全部	32.0	[220]	—	—	3
				1.500～2.499	[40.00～60.00]	全部	32.0	[220]	—	—	2
				2.500～4.999	[60.00～130.00]	全部	29.0	[200]	—	—	2
			空心型材	全部		全部	28.0	[195]	—	—	2
			管	0.028～0.750	[0.70～20.00]	≤6.000[150.00]	28.0	[195]	—	—	2
M18430	WE43B	T5	条、棒、线	0.250～1.999	[6.3～50.00]	全部	36.0	[250]	23.0	[160]	4
M18430	WE43B	T5	条、棒、线	2.00～5.00	[50～130.00]	全部	35.0	[240]	22.0	[150]	4
M18430	WE43B	T6	条、棒、线	0.250～1.999	[6.3～50.00]	全部	36.0	[250]	22.0	[150]	4
M18430	WE43B	T6	条、棒、线	2.00～5.00	[50～130.00]	全部	35.0	[240]	20.0	[140]	4
M18434	WE43C	T5	条、棒、线	0.5～4.75	[12.7～120.00]	全部	44.0	[303]	28.0	[195]	6

续表

合金		热处理状态	品种	直径或厚度		试样横截面积或管材外径/in²[in]	抗拉强度(min)		$\sigma_{0.2}$		伸长率/%(2in 或 50mm)
UNS	ASTM			in	[mm]		ksi	[MPa]	ksi	[MPa]	
M18410	WE54A	T5	条、棒、线	0.250～1.999	[6.3～50.00]	全部	36.0	[250]	26.0	[180]	4
M18410	WE54A	T5	条、棒、线	2.00～5.00	[50～130.00]	全部	36.0	[250]	25.0	[170]	4
M18410	WE54A	T6	条、棒、线	0.250～1.999	[6.3～50.00]	全部	38.0	[260]	26.0	[180]	4
M18410	WE54A	T6	条、棒、线	2.00～5.00	[50～130.00]	全部	36.0	[250]	25.0	[175]	4
M16400	ZK40A	T5	条、棒、线	全部		≤3.000 [1900]	37.0	[255]	34.0	[235]	4.0
			空心型材	全部	[1.60～12.50]	全部	40.0	[275]	37.0	[255]	4.0
			管	0.062～0.500		≤3.000[80.00]	40.0	[275]	36.0	[255]	4.0
M16600	ZK60A	F	条、棒、线	全部		≤4.999[3200]	43.0	[295]	31.0	[215]	5
						5.000～39.999 [3201～26000]	43.0	[295]	31.0	[215]	6
			空心型材	全部		全部	40.0	[275]	28.0	[195]	5
			管	0.028～0.750	[0.70～20.00]	≤3.000[80.00]	40.0	[275]	28.0	[195]	5
M16600	ZK60A	T5	条、棒、线	全部		≤4.999[3200]	45.0	[310]	36.0	[250]	4
						5.000～24.999 [3201～16000]	45.0	[310]	34.0	[235]	6
						25.000～39.999 [16001～26000]	43.0	[295]	31.0	[215]	6
			空心型材	全部		全部	46.0	[315]	38.0	[260]	4
			管	0.028～0.250	[0.70～6.30]	≤3.000[80.00]	46.0	[315]	38.0	[260]	4
				0.094～1.188	[2.50～30.00]	3.001[80.00]～8.500[215]	44.0	[305]	33.0	[230]	4

表 11-34 从铸件上切取试样的拉力试验最小值（ASTM B80—2009）

合金代号		状态	试验温度	抗拉强度/MPa(ksi)		0.2%屈服强度/MPa(ksi)	
ASTM	UNS			平均	最小	平均	最小
AZ63A	M11310	T4	室温	173(25.5)	117(17.0)	69(10.0)	62(9.0)
		T6	室温	173(25.5)	117(17.0)	99(14.5)	83(12.0)
AZ31A	M11310	T4	室温	173(25.5)	117(17.0)	69(10.0)	62(9.0)
AZ91C	M11914	T4	室温	173(25.5)	117(17.0)	69(10.0)	62(9.0)
		T6	室温	173(25.5)	117(17.0)	99(14.5)	83(12.0)
AZ91E	M11919	T6	室温	173(25.5)	117(17.0)	99(14.5)	83(12.0)
AZ92A	M11920	T4	室温	173(25.5)	117(17.0)	69(10.0)	62(9.0)
		T6	室温	173(25.5)	117(17.0)	110(16.0)	92(13.5)
EQ21A	M18330	T6	室温	221(32.0)	193(28)	158(23.0)	138(20.0)
		T6	400℉(204.4℃)	—	158(23.0)	—	124(18.0)
EV31A	M12310	T6	室温	283(41.1)	248(36.0)	169(24.5)	145(21.0)
		T6	400℉(204.4℃)	242(35.5)	—	150(21.8)	
EZ33A	M12330	T5	室温	103(15.0)	90(13.0)	86(12.5)	76(11.0)
		T5	500℉(260℃)	—	69(10.0)	—	41(6.0)
QE22A	M18220	T6	室温	221(32.0)	113(28.0)	158(23.0)	138(20.0)
		T6	400℉(204.4℃)	—	165(24.0)	—	124(18.0)
WE43A	M18430	T6	室温	252(36.5)	215(31.5)	176(25.5)	152(22.0)
		T6	482℉(250℃)	210(30.5)	176(25.5)	155(22.5)	128(18.5)
WE43B	M18432	T6	室温	252(36.5)	215(31.5)	176(25.5)	152(22.0)
		T6	482℉(250℃)	210(30.5)	176(25.5)	155(22.5)	128(18.5)
WE54A	M18410	T6	室温	240(35.0)	210(30.5)	165(24.0)	160(23.0)
		T6	482℉(250℃)	—	185(27.0)	—	150(22.0)
ZC63A	M16331	T6	室温	—	185(27.0)	—	124(18.0)
ZE41A	M16410	T5	室温	193(28.0)	179(26.0)	135(19.5)	120(17.5)
2K51A	M16510	T5	室温	209(29.0)	165(24.0)	117(17.0)	96(14.0)
ZK61A	M16610	T6	室温	234(34.0)	207(30.0)		145(21.0)

表 11-35 加载条件的拉伸试验和硬度值（ASTM B80—2009）

合金牌号		状态	0.2%屈服强度/MPa(最小)	单位变形量/(mm/mm)	硬度(HB)
ASTM	UNS				
AM100A	M10100	T6	117(17.0)	0.0046	69
AZ63A	M11630	F	76(11.0)	0.0037	50
		T4	76(11.0)	0.0037	55
		T5	83(12.0)	0.0038	55
		T6	110(16.0)	0.0045	73
AZ81A	M11810	T4	76(11.0)	0.0037	55
AZ91C	M11914	F	76(11.0)	0.0037	60
		T4	76(11.0)	0.0037	55
		T5	83(12.0)	0.0038	62

续表

合金牌号 ASTM	合金牌号 UNS	状态	0.2%屈服强度/MPa(最小)	单位变形量/(mm/mm)	硬度(HB)
AZ91E	M11919	T6	110(16.0)	0.0045	70
		T6	110(16.0)	0.0045	70
AZ92A	M11920	F	76(11.0)	0.0037	65
		T4	76(11.0)	0.0037	63
		T5	83(12.0)	0.0038	69
		T6	129(18.0)	0.0048	81
EQ21A	M18330	T6	172(25.0)	0.0058	78
EV31A	M12310	T6	145(21.0)	0.0052	78
EZ33A	M12330	T5	96(14.0)	0.0042	50
K1A	M18010	F	41(6.0)	0.0029	—
QE22A	M18220	T6	172(25.0)	0.0058	78
WE43A	M18430	T6	172(25.0)	0.0058	85
WE43B	M18432	T6	172(25.0)	0.0058	85
WE54A	M18410	T6	179(26.0)	0.0060	85
ZC63A	M16331	T6	125(18.0)	0.0050	60
ZE41A	M16410	T5	135(19.5)	0.0050	62
ZK51A	M16510	T5	138(20.0)	0.0051	65
ZK61A	M16610	T6	174(26.0)	0.0060	70

（2）镁合金压铸件的力学性能及特性

表 11-36 镁合金压铸件的力学性能（ASTM B94—2013）

性能	M100500-AM50A	M10600-AM60A M10602-AM60B	M10410-AS41A M10412-AS41B	M11910-AZ91A M11912-AZ91B M11916-AZ91D	M10502-AJ52A	M10604-AJ62A	M10200-AS21A	M1010202-AS21B
抗拉强度/ksi (MPa)	29 (200)	32 (220)	31 (210)	34 (230)	32 (221)	34 (232)	33 (230)	34 (231)
屈服强度/ksi (MPa)	16 (110)	19 (130)	20 (140)	23 (160)	20 (141)	20 (141)	17 (120)	18 (122)
抗压屈服点/ksi (MPa)	— —	— —	— —	23 (160)	13 (90)	15 (105)	15 (106)	15 (106)
断裂伸长率/%	10	8	6	3	7	7	12	13
冲击功/(ft·lb) (J)	— —	— —	— —	2 (3)	5 (7.4)	10 (13.3)	3.7 (5)	3.7 (5)
剪切强度/ksi (MPa)	— —	— —	— —	20 (140)	— —	— —	— —	— —
疲劳强度/ksi (MPa)	— —	— —	— —	14 (100)	9 (60)	12 (80)	— —	— —
布氏硬度	58	62	—	63	60	61	55	55
洛氏硬度	—	—	—	75	—	—	—	—

（3）镁合金永久型铸件的力学性能

表 11-37　镁合金永久型铸件的力学性能（ASTM B199—2012）

牌号		热处理状态	抗拉强度/ksi(MPa)(不小于)	屈服强度/ksi(MPa)(不小于)	伸长率/%(不小于)
ASTM	UNS				
AM100A	M10100	F	20.0(138)	10.0(69)	—
		T4	34.0(234)	10.0(69)	6
		T6	34.0(234)	15.0(103)	2
		T61	34.0(234)	17.0(117)	—
AZ81A	M11810	T4	34.0(234)	11.0(76)	7
AZ91C	M11914	F	23.0(158)	11.0(76)	—
		T4	34.0(234)	11.0(76)	7
		T5	23.0(158)	12.0(83)	2
		T6	34.0(234)	16.0(110)	3
AZ91E	M11919	T6	34.0(234)	16.0(110)	—
AZ92A	M11920	F	23.0(158)	11.0(76)	—
		T4	34.0(234)	11.0(76)	6
		T5	23.0(158)	12.0(83)	—
		T6	34.0(234)	18.0(124)	—
EQ21A	M18330	T6	34.0(234)	25.0(172)	—
EZ33A	M12330	T5	20.0(138)	14.0(96)	2
QE22A	M18220	T6	35.0(241)	25.0(172)	2

（4）镁合金板材和锻件的力学性能

表 11-38　镁合金板材的力学性能

合金牌号	状态	厚度/mm	抗拉强度/MPa(不小于)	屈服强度$\sigma_{0.2}$/MPa(不小于)	伸长率/%(不小于)		标准号
					标距50mm	标距5D($5.65\sqrt{A}$)	
AZ31B	O	>0.40～12.50	221～275	—	12	—	ASTM B 90/B 90M—2007
		>12.50～50.00	221～275	—	—	9	
		>50.00～80.00	221～275	—	—	8	
	H24	>0.40～6.30	269	200	6	—	
		>6.30～10.00	262	179	8	—	
		>10.00～12.50	255	165	8	—	
		>12.50～25.00	248	152	—	7	
		>25.00～50.00	234	138	—	7	
		>50.00～80.00	234	124	—	7	
	H26	>6.30～10.00	269	186	6	—	
		>10.00～12.50	262	179	6	—	
		>12.50～20.00	255	172	—	5	
		>20.00～25.00	255	159	—	5	
		>25.00～40.00	241	152	—	5	
		>40.00～50.00	241	148	—	5	

表 11-39 镁合金锻件的力学性能

合金牌号	状态	抗拉强度/MPa(ksi)(不小于)	屈服强度 $\sigma_{0.2}$/MPa(ksi)(不小于)	伸长率/%标距 50mm(4D)(不小于)	标准号
AZ31B	F	234(34.0)	131(19.0)	6	ASTM B 91—2007
AZ61A	F	262(38.0)	152(22.0)	6	
AZ80A	F	290(42.0)	179(26.0)	5	
	T5	290(42.0)	193(28.0)	2	
ZK60A 模锻件①	T5	290(42.0)	179(26.0)	7	
ZK60A 模锻件①	T6	296(43.0)	221(32.0)	4	

① 仅适用于厚度不大于 76mm 的模锻件，自由锻件的抗拉强度要低于此值，并由供需双方协议。

11.4 日本镁及镁合金

11.4.1 镁及镁合金牌号和化学成分

表 11-40 重熔用镁锭牌号和化学成分

牌号	化学成分/%(不大于,注明不小于者除外)								标准号
	Al	Si	Mn	Fe	Zn	Cu	Ni	Mg(不小于)	
1 级	0.01	0.01	0.01	0.01	0.05	0.005	0.001	99.90	JIS H 2150—2006
2 级	0.05	0.05	0.10	0.05	0.05	0.02	0.001	99.8	

表 11-41 变形镁合金牌号和化学成分

牌号	化学成分/%(不大于,注明不小于、余量及范围值者除外)											标准号
	Al	Zn	Zr	Mn	Fe	Si	Cu	Ni	Ca	其他元素总和	Mg	
M1	2.5～3.5	0.5～1.5	*	不小于 0.15	0.010	0.10	0.10	0.005	0.04	0.30	余量	JIS H 4201—2005 JIS H 4202—2005 JIS H 4203—2005 JIS H 4204—2005
M2	5.5～7.2	0.5～1.5	*	0.15～0.40	0.010	0.10	0.10	0.005	*	0.30	余量	
M3	7.5～9.2	0.2～1.0	*	0.10～0.40	0.010	0.10	0.05	0.005	*	0.30	余量	
M4	*	0.8～1.5	0.40～0.8	*	*	*	0.03	0.005	*	0.30	余量	
M5	*	2.5～4.0	0.40～0.8	*	*	*	0.03	0.005	*	0.30	余量	
M6	*	4.8～6.2	0.45～0.8	*	*	*	0.03	0.005	*	0.30	余量	

注：带“*”标记的元素及其他元素的含量，仅估计存在时才进行分析。

表 11-42 铸造镁合金锭牌号和化学成分

材料名称	牌号	化学成分/%(不大于，注明不小于、余量及范围值者除外)							标准号
		Al	Zn	Mn(不小于)	Si	Cu	Ni	Mg	
铸造镁合金锭	MCIn1	5.3～6.7	2.5～3.5	0.15～0.6	0.20	0.08	0.08	余量	JIS H 2221—2006
	MCIn2	8.1～9.3	0.40～1.0	0.13～0.5	0.20	0.08	0.08	余量	
	MCIn3	8.3～9.7	1.6～2.4	0.10～0.5	0.20	0.08	0.08	余量	
	MCIn5	9.3～10.7	0.10	0.10～0.5	0.20	0.08	0.08	余量	
压模铸件用铸造镁合金锭	MDCIn1A	8.5～9.5	0.45～0.9	0.15	0.20	0.08	0.01	余量	JIS H 2222—2006
	MDCIn1B	8.5～9.5	0.45～0.9	0.15	0.30	0.25	0.01	余量	

注：1. 对表中规定含量有其他要求及要求规定其他杂质元素的含量时，由供需双方商定。

2. 建议压模铸件用铸造镁合金锭的铍含量为0.0005%～0.003%，以避免氧化。

表 11-43 日本变形镁合金棒材牌号和化学成分（JIS H4203—2005）

材料牌号	化学成分/%										
	Al	Zn	Zr	Mn	Fe	Si	Cu,≤	Ni,≤	Ca	杂质总和	Mg
1种 MB1	2.5～3.5	0.5～1.5	*	0.15 以上	0.010 以下	0.10 以下	0.10	0.005	0.04 以下	0.30 以下	余量
2种 MB2	5.5～7.2	0.5～1.5	*	0.15～0.40	0.100 以下	0.10 以下	0.10	0.005	*	0.30 以下	余量
3种 MB3	7.5～9.2	0.2～1.0	*	0.10～0.40	0.010 以下	0.10 以下	0.05	0.005	*	0.30 以下	余量
4种 MB4	*	0.8～1.5	0.40～0.8	*	*	*	0.03	0.005	*	0.30 以下	余量
5种 MB5	*	2.5～4.0	0.40～0.8	*	*	*	0.03	0.005	*	0.30 以下	余量
6种 MB6	*	4.8～6.2	0.45～0.8	*	*	*	0.03	0.005	*	0.30 以下	余量

注：1. 其他杂质元素，在给定的条件下进行分析。

2. 表中 Al、Zr、Mn、Fe、Si 及 Ca 的成分带“*”号部分的含量，包括在杂质总和内计算。

表 11-44 日本铸造镁合金牌号和化学成分（JIS H5303—2006）

种类	牌号	化学成分/%								
		Mg	Al	Zn	Mn	Si	Cu	Ni	Fe	其他
1种 B	MDC1B	余量	8.3～9.7	0.35～1.0	0.13～0.50	0.50 以下	0.35 以下	0.03 以下	0.03 以下	0.05 以下
1种 D	MDC1D	余量	8.3～9.7	0.35～1.0	0.15～0.50	0.10 以下	0.030 以下	0.002 以下	0.005 以下	0.01 以下
2种 B	MDC2B	余量	5.5～6.5	0.30 以下	0.24～0.6	0.10 以下	0.010 以下	0.002 以下	0.005 以下	0.01 以下
3种 B	MDC3B	余量	3.5～5.0	0.20 以下	0.35～0.7	0.50～1.5	0.02 以下	0.002 以下	0.0035 以下	0.01 以下
4种	MDC4	余量	4.4～5.3	0.30 以下	0.26～0.6	0.10 以下	0.010 以下	0.002 以下	0.004 以下	0.01 以下
5种	MDC5	余量	1.6～2.5	0.20 以下	0.33～0.70	0.08 以下	0.008 以下	0.001 以下	0.004 以下	0.01 以下
6种	MDC6	余量	1.8～2.5	0.20 以下	0.18～0.70	0.7～1.2	0.008 以下	0.001 以下	0.004 以下	0.01 以下

11.4.2 镁及镁合金的力学性能

表 11-45 镁合金板材的力学性能

合金牌号	状态	厚度/mm	抗拉强度/MPa (kgf/mm^2)	屈服强度/MPa(kgf/mm^2)(不大于)	伸长率/%(不小于)	标准号
MP1	O	0.5～6	216～275 (22～28)	—	12	JIS H 4201—2005
	1/2H		≥245(25)	137(14)	4	

表 11-46 镁合金管材的力学性能

合金牌号	状态	厚度/mm	抗拉强度 /MPa(kgf/mm²)（不小于）	屈服强度 /MPa(kgf/mm²)（不大于）	伸长率/%（不小于）	标准号
MT1	H112	>1～10	230(23.5)	140(14.3)	6	JIS H 4202—2005
	F	—	—	—	—	
MT2	H112	>1～10	260(26.5)	150(15.3)	6	
	F	—	—	—	—	
MT4	H112	>1～10	250(25.5)	170(17.3)	8	
	F	—	—	—	—	

表 11-47 日本镁合金棒材的力学性能（JIS H4203—2005）

材料牌号		直径或最小平行面距离 /mm	抗拉试验		
牌号	材料状态		抗拉强度/MPa(kgf/mm²)（不小于）	屈服强度/MPa(kgf/mm²)（不小于）	伸长率/%（不小于）
MB1	H112	>1～≤65	230(23.5)	140(14.3)	6
	F	>1～≤65	—	—	—
MB2	H112	>1～≤65	260(26.5)	150(15.3)	6
	F	>1～≤65	—	—	—
MB3	H112	>10～≤85	280(28.6)	190(19.4)	5
	F	>10～≤85	—	—	—
MB4	H112	≤100	250(25.5)	170(17.3)	8
	F	≤100	—	—	—
MB5	H112	≤50	270(27.6)	190(19.4)	8
	F	≤50	—	—	—
MB6	H112	≤50	300(30.6)	210(21.4)	5
	F	≤50	—	—	—
	T5	≤50	310(31.6)	230(23.5)	5

表 11-48 镁合金型材的力学性能

合金牌号	状态	试验部位厚度 /mm	抗拉强度 /MPa(kgf/mm²)（不小于）	屈服强度 /MPa(kgf/mm²)（不小于）	伸长率 /%（不小于）	标准号
MS1	H112	1～65	230(23.5)	140(14.3)	6	JIS H 4204—2005
	F	1～65	—	—	—	
MS2	H112	1～65	260(26.5)	150(15.3)	6	
	F	1～65	—	—	—	
MS3	H112	10～85	280(28.6)	190(19.4)	5	
	F	10～85	—	—	—	
MS4	H112	≤100	250(25.5)	170(17.3)	8	
	F	≤100	—	—	—	
MS5	H112	≤50	270(27.6)	190(19.4)	8	
	F	≤50	—	—	—	
MS6	H112	≤50	300(30.6)	210(21.4)	5	
	F	≤50	—	—	—	
	T5	≤50	310(31.6)	230(23.5)	5	

表 11-49 日本铸造镁合金的力学性能（JIS H5203—2006）

种类	牌号	抗拉强度(不小于)			参考			
		σ_b /MPa	σ_s /MPa	伸长率 δ /%	固溶处理		人工时效(约为)	
					温度/℃	时间/h	温度/℃	时间/h
1种	MC1-F	176	68	4	—	—	—	—
	MC1-T4	235	68	7	380～390	10～14	—	—
	MC1-T5	176	78	2	—	—	260	4
							230	5
	MC1-T6	235	107	3	380～390	10～14	220	5
							230	5
2种	MC2-F	156	68	—	—	—	—	—
	MC2-T4	235	68	7	410～420	16～24	—	—
	MC2-T5	156	78	2	—	—	170	16
							215	4
	MC2-T6	235	107	3	410～420	16～24	170	16
							215	4
3种	MC3-F	156	68	—	—	—	—	—
	MC3-T4	235	68	6	405～410	16～24	—	—
	MC3-T5	156	78	—	—	—	230	5
	MC3-T6	235	127	—	405～410	16～24	260	4
							220	5
5种	MC5-F	137	68	—	—	—	—	—
	MC5-T4	235	68	6	420～425	16～24	—	—
	MC5-T6	235	107	2	420～425	16～24	230	5
							205	24
6种	MC6-T5	235	137	5	—	—	220	8
							175	12
7种	MC7-T5	264	176	5	—	—	150	48
	MC7-T6	264	176	5	495～500	2	130	48
					480～485	10		
8种	MC8-T5	137	98	2	—	—	215	5

11.5 国际标准化组织（ISO）镁及镁合金

11.5.1 镁及镁合金牌号和化学成分

表 11-50 重熔用镁锭牌号和化学成分

材料名称	牌号	允许的最大杂质含量/%												标准号
		Al	Mn	Zn	Si	Cu	Fe	Ni	Pb	Sn	规定元素总含量	Fe+Ni+Cu的总量	任何其他元素含量	
一般用途的重熔用镁锭	Mg-99.8	0.05	0.1	—	0.05	0.02	0.05	0.002	—	—	0.20	—	0.05	ISO 8287—2000
	Mg-99.95	0.01	0.01	0.01	0.01	0.005	0.003	0.001	0.005	0.005	0.05	0.005	0.01	
特殊用途的重熔用镁锭	Mg-99.98	0.004	0.002	0.005	0.003	0.0005	0.002	0.0005	0.005	0.005	0.02	—		

表 11-51 变形镁合金牌号和化学成分（ISO 3116—2007）

合金类型	化学符号	数字编号	产品形态①	化学成分/%(质量分数)														
				元素	Mg	Al	Zn	Mn	RE②	Zr	Y	Li	Si	Fe	Cu	Ni	其他单项	其他总和
MgAlZn	ISO-MgAl3Zn1(A)	ISO-WD21150	B,T,F,P	最小	余量	2.4	0.50	0.15	—	—	—	—	—	—	—	—	—	—
				最大		3.6	1.5	0.40	—	—	—	—	0.10	0.005	0.05	0.005	0.05	0.30
	ISO-MgAl3Zn1(B)	ISO-WD21151	B,T,F,P	最小	余量	2.4	0.5	0.05	—	—	—	—	—	—	—	—	—	—
				最大		3.6	1.5	0.4	—	—	—	—	0.1	0.05	0.05	0.005	0.05	0.30
	ISO-MgAl6Zn1	ISO-WD21160	B,T,F	最小	余量	5.5	0.50	0.15	—	—	—	—	—	—	—	—	—	—
				最大		6.5	1.5	0.40	—	—	—	—	0.10	0.005	0.05	0.005	0.05	0.30
	ISO-MgAl8Zn	ISO-WD21170	B,F	最小	余量	7.8	0.20	0.12	—	—	—	—	—	—	—	—	—	—
				最大		9.2	0.8	0.40	—	—	—	—	0.10	0.005	0.05	0.005	0.05	0.30
MgMn	ISO-MgMn2	ISO-WD43150	B,T	最小	余量	—	—	1.2	—	—	—	—	—	—	—	—	—	—
				最大		—	—	2.0	—	—	—	—	0.10	—	0.05	0.01	0.05	0.30
MgZnZr	ISO-MgZn3Zr	ISO-WD32250	B,T,F	最小	余量	—	2.5	—	—	0.45	—	—	—	—	—	—	—	—
				最大		—	4.0	—	—	0.8	—	—	—	—	—	—	0.05	0.30
	ISO-MgZn6Zr	ISO-WD32260	B,T,F	最小	余量	—	4.8	—	—	0.45	—	—	—	—	—	—	—	—
				最大		—	6.2	—	—	0.8	—	—	—	—	—	—	0.05	0.30
MgZnMn	ISO-MgZn2Mn1	ISO-WD32350	B,T,F,P	最小	余量	—	1.75	0.6	—	—	—	—	—	—	—	—	—	—
				最大		0.1	2.3	1.3	—	—	—	—	0.10	0.06	0.1	0.005	0.05	0.30
MgZnCu	ISO-MgZn7Cu1	ISO-WD32150	B	最小	余量	—	6.0	0.5	—	—	—	—	—	—	1.0	—	—	—
				最大		0.2	7.0	1.0	—	—	—	—	0.10	0.05	1.5	0.01	0.05	0.30
MgYREZr	ISO-MgY5RE4Zr	ISO-WD95350	B,F	最小	余量	—	—	—	1.5	0.4	4.75	—	—	—	—	—	—	—
				最大		—	0.20	0.03	4.0	1.0	5.5	0.2	0.01	0.010	0.02	0.005	0.01	0.30
	ISO-MgY4RE3Zr	ISO-WD95360	B,F	最小	余量	—	—	—	2.4	0.4	3.7	—	—	—	—	—	—	—
				最大		—	0.20	0.03	4.4	1.0	4.3	0.2	0.01	0.010	0.02	0.005	0.01	0.30

① B：条和实心型材；T：管和空心型材；F：锻件；P：板材。
② RE：钕和其他重稀土金属。

11.5.2 镁及镁合金的力学性能

表 11-52 变形镁合金的力学性能（ISO 3116—2007）

合金牌号	材料形状	材料状态	直径或厚度 t/mm	抗拉强度 R_m /MPa （最小）	屈服强度 $R_{P0.2}$ /MPa （最小）	伸长率 A/% （最小）
ISO-MgAl3Zn1	条材和实心型材	F	$1\leqslant t\leqslant 10$	220	140	10
			$10\leqslant t\leqslant 65$	240	150	10
	管材和空心型材	F	$1\leqslant t\leqslant 10$	220	140	10
	锻件	F	所有尺寸	235	130	8
	板材	O	$0.5\leqslant t\leqslant 6$	220	105	11
			$6<t\leqslant 25$	210	105	9
		H×2	$0.5\leqslant t\leqslant 6$	250	160	5
			$6<t\leqslant 25$	220	120	8
		H×4	$0.5\leqslant t\leqslant 6$	260	200	4
			$6<t\leqslant 25$	250	160	6
ISO-MgAl16Zn1	条材和实心型材	F	$1\leqslant t\leqslant 10$	260	160	6
			$10<t\leqslant 40$	270	180	10
			$40<t\leqslant 65$	260	160	10
	管材和空心型材	F	$1\leqslant t\leqslant 10$	260	150	10
	锻件	F	所有尺寸	270	152	6
ISO-MgAl8Zn	条材和实心型材	F	$t\leqslant 40$	295	195	10
			$40<t\leqslant 60$	295	195	8
			$60<t\leqslant 130$	290	185	8
	条材和实心型材	T5	$t\leqslant 6$	325	205	4
			$6<t\leqslant 60$	330	230	4
			$60<t\leqslant 130$	310	205	2
	管材和空心型材	F	$t\leqslant 10$	295	195	7
	锻件	F	所有尺寸	290	200	6
ISO-MgMn2	条材和实心型材	F	$t\leqslant 10$	230	120	3
			$10<t\leqslant 50$	230	120	3
			$50<t\leqslant 100$	200	120	3
	管材和空心型材	F	$t\leqslant 2$	225	165	2
			$2<t$	200	145	1.5
ISO-MgZn3Zr	条材和实心型材	F	$t\leqslant 10$	280	200	8
			$10<t\leqslant 100$	300	225	8
		T5	所有尺寸	275	255	4
	管材和空心型材	T5	所有尺寸	275	255	4
	锻件	F	所有尺寸	290	205	7

续表

合金牌号	材料形状	材料状态	直径或厚度 t/mm	抗拉强度 R_m /MPa（最小）	屈服强度 $R_{P0.2}$ /MPa（最小）	伸长率 A/%（最小）
ISO-MgZn6Zr	条材和实心型材	F	t≤50	300	210	5
		T5	t≤50	310	230	5
	管材和空心型材	F	所有尺寸	275	195	5
		T5	所有尺寸	315	260	4
	锻件	T5	t≤75	290	180	7
		T6	t≤75	295	220	4
ISO-MgZn2Mn1	条材和实心型材	F	t≤10	230	150	8
			10<t≤75	245	160	10
	管材和空心型材	F	t≤10	230	150	8
			10<t≤75	245	160	10
	锻件	F	所有尺寸	200	125	9
	板材	O	6<t≤25	220	120	8
		H×4	6<t≤25	250	165	5
ISO-MgZn7Cu1	条材和实心型材	F	10≤t≤130	250	160	7
		T6	10≤t≤130	325	300	3
ISO-MgY5RE4Zr	条材和实心型材	T5	10≤t≤50	250	170	6
			50<t≤100	250	160	6
		T6	10≤t≤50	250	160	6
			50<t≤100	250	160	6
	锻件	T5	所有尺寸	290	155	6
		T6	所有尺寸	260	165	6
ISO-MgY4RE3Zr	条材和实心型材	T5	10<t≤50	230	140	5
			50<t≤100	220	130	5
		T6	10≤t≤50	220	130	6
			50<t≤100	220	130	6
	锻件	T5	所有尺寸	280	150	6
		T6	所有尺寸	255	160	6

表 11-53 变形镁合金的热处理制度（ISO 3116—2007）

合金牌号	状态	固溶处理	淬火	时效
ISO-MgAl3Zn1	F	—	—	—
ISO-MgAl6Zn1	F	—	—	—
ISO-MgAl8Zn	F	—	—	—
ISO-MgAl8Zn	T5	—	—	16h,180℃
ISO-MgMn2	F	—	—	—
ISO-MnZn3Zr	F	—	—	—
ISO-MgZn3Zr	T5	—	—	24h,150℃

续表

合金牌号	状态	固溶处理	淬火	时效
ISO-MnZn6Zr	F	—	—	—
ISO-MnZn6Zr	T5	—	—	24h,150℃
ISO-MnZn6Zr	T6	2h,500℃	双方协商	24h,150℃
ISO-MgZn2Mn1	F	—	—	—
ISO-MgZn7Cu1	F	—	—	—
ISO-MgZn7Cu1	T6	4～8h,430℃	热水	16h,180℃
ISO-MgY5RE4Zr	T5	—	—	16h,250℃
ISO-MgY5RE4Zr	T6	8h,525℃	空冷或热水	16h,250℃
ISO-MgY4RE3Zr	T5	—	—	16h,250℃
ISO-MgY4RE3Zr	T6	8h,525℃	空冷或热水	16h,250℃

表 11-54 镁合金各国牌号对照表（ISO 3116—2007）

ISO 牌号	美国牌号 ASTM	德国牌号 DIN	英国牌号 BS	法国牌号 NF
ISO-MgAl3Zn1	AZ31B	3.5312	MAG 110	G-A3Z1
ISO-MgAl6Zn1	AZ61A	3.5612	MAG 121	G-A6Z1
ISO-MgAl8Zn	AZ80A	3.5812	—	—
ISO-MgMn2	—	—	—	—
ISO-MgZn3Zr	—	—	MAG 151	—
ISO-MgZn6Zr	—	—	—	—
ISO-MgZn2Mn1	—	—	MAG 131	—
ISO-MgZn7Cu1	ZC71A	—	—	—
ISO-MgY5RE4Zr	WE54A	—	—	—
ISO-MgY4RE3Zr	WE43A	—	—	—

表 11-55 变形镁合金的物理性能（ISO 3116—2007）

合金牌号	相对密度（20℃）	热胀系数 $/10^{-6}K^{-1}$（20～200℃）	热导率 $/(W\cdot m^{-1}K^{-1})$（20℃）	电阻率 $/n\Omega\cdot m$（20℃）	比热容 $/(J\cdot kg^{-1}K^{-1})$（20～100℃）
ISO-MgAl3Zn1	1.77	26.0	96	100	1040
ISO-MgAl6Zn1	1.80	27.3	79	143	1000
ISO-MgAl8Zn	1.80	26.0	78	145	1050
ISO-MgMn2	—	—	—	—	—
ISO-MgZn3Zr	1.80	27.1	125	70	960
ISO-MgZn6Zr	—	—	—	—	—
ISO-MgZn2Mn1	1.78	26.0	125	70	1040
ISO-MgMgZn7Cu1	1.87	26.0	123	54	960
ISO-MgY5RE4Zr	1.85	24.6	52	173	960
ISO-MgY4RE3Zr	1.84	26.7	51	148	966

12 钛及钛合金

12.1 中国钛及钛合金

12.1.1 钛及钛合金牌号和化学成分

表 12-1 海绵钛的化学成分及硬度

产品等级	产品牌号	化学成分(质量分数)/%										硬度
		Ti	杂质(不大于)									HBW10/1500/30
		不小于	Fe	Si	Cl	C	N	O	Mn	Mg	H	(不大于)
0_A 级	MHT-95	99.8	0.03	0.01	0.06	0.01	0.01	0.05	0.01	0.01	0.003	95
0 级	MHT-100	99.7	0.05	0.02	0.06	0.02	0.01	0.06	0.01	0.02	0.003	100
1 级	MHT-110	99.6	0.08	0.02	0.08	0.02	0.02	0.08	0.01	0.03	0.005	110
2 级	MHT-125	99.5	0.12	0.03	0.10	0.03	0.03	0.10	0.02	0.04	0.005	125
3 级	MHT-140	99.3	0.20	0.03	0.15	0.03	0.04	0.15	0.02	0.06	0.010	140
4 级	MHT-160	99.1	0.30	0.04	0.15	0.04	0.05	0.20	0.03	0.09	0.012	160
5 级	MHT-200	98.5	0.40	0.06	0.30	0.05	0.10	0.30	0.08	0.15	0.030	200

表 12-2 铸造钛及钛合金牌号和化学成分（GB/T 15073—2014）

铸造钛及钛合金		化学成分(质量分数)/%																
		主要成分									杂质(不大于)							
牌号	代号	Ti	Al	Sn	Mo	V	Zr	Nb	Ni	Pd	Fe	Si	C	N	H	O	其他元素	
																	单个	总和
ZTi1	ZTA1	余量	—	—	—	—	—	—	—	—	0.25	0.10	0.10	0.03	0.015	0.25	0.10	0.40
ZTi2	ZTA2	余量	—	—	—	—	—	—	—	—	0.30	0.15	0.10	0.05	0.015	0.35	0.10	0.40
ZTi3	ZTA3	余量	—	—	—	—	—	—	—	—	0.40	0.15	0.10	0.05	0.015	0.40	0.10	0.40
ZTiAl4	ZTA5	余量	3.3~4.7	—	—	—	—	—	—	—	0.30	0.15	0.10	0.04	0.015	0.20	0.10	0.40
ZTiAl5Sn2.5	ZTA7	余量	4.0~6.0	2.0~3.0	—	—	—	—	—	—	0.50	0.15	0.10	0.05	0.015	0.20	0.10	0.40
ZTiPd0.2	ZTA9	余量	—	—	—	—	—	—	—	0.12~0.25	0.25	0.10	0.10	0.05	0.015	0.40	0.10	0.40
ZTiMo0.3Ni0.8	ZTA10	余量	—	—	0.2~0.4	—	—	—	0.6~0.9	—	0.30	0.10	0.10	0.05	0.015	0.25	0.10	0.40
ZTiAl6Zr2Mo1V1	ZTC15	余量	5.5~7.0	—	0.5~2.0	0.8~2.5	1.5~2.5	—	—	—	0.30	0.15	0.10	0.05	0.015	0.20	0.10	0.40
ZTiAl4V2	ZTA17	余量	3.5~4.5	—	—	1.5~3.0	—	—	—	—	0.25	0.15	0.10	0.05	0.015	0.20	0.10	0.40
ZTiMo32	ZTB32	余量	—	—	30.0~34.0	—	—	—	—	—	0.30	0.15	0.10	0.05	0.015	0.15	0.10	0.40
ZTiAl6V4	ZTC4	余量	5.50~6.75	—	—	3.5~4.5	—	—	—	—	0.40	0.15	0.10	0.05	0.015	0.25	0.10	0.40
ZTiAl6Sn4.5Nb2Mo1.5	ZTC21	余量	5.5~6.5	4.0~5.0	1.0~2.0	—	—	1.5~2.0	—	—	0.30	0.15	0.10	0.05	0.015	0.20	0.10	0.40

注：1. 其他元素是指钛及钛合金铸件生产过程中固有存在的微量元素，一般包括 Al、V、Sn、Mo、Cr、Mn、Zr、Ni、Cu、Si、Nb、Y 等（该牌号中含有的合金元素应除去）。

2. 其他元素单个含量和总量只有在需方有要求时才考虑分析。

表 12-3 工业纯钛、α型和近α型钛及钛合金牌号和化学成分（GB/T 3620.1—2016）

合金牌号	名义化学成分	化学成分(质量分数)/%																						
		主要成分															杂质,不大于							
		Ti	Al	Si	V	Mn	Fe	Ni	Cu	Zr	Nb	Mo	Ru	Pd	Sn	Ta	Nd	Fe	C	N	H	O	其他元素 单一	其他元素 总和
TA0	工业纯钛	余量	—	—	—	—	—	—	—	—	—	—	—	—	—	—	—	0.15	0.10	0.03	0.015	0.15	0.1	0.4
TA1	工业纯钛	余量	—	—	—	—	—	—	—	—	—	—	—	—	—	—	—	0.25	0.10	0.03	0.015	0.20	0.1	0.4
TA2	工业纯钛	余量	—	—	—	—	—	—	—	—	—	—	—	—	—	—	—	0.30	0.10	0.05	0.015	0.25	0.1	0.4
TA3	工业纯钛	余量	—	—	—	—	—	—	—	—	—	—	—	—	—	—	—	0.40	0.10	0.05	0.015	0.30	0.1	0.4
TA1GELI	工业纯钛	余量	—	—	—	—	—	—	—	—	—	—	—	—	—	—	—	0.10	0.03	0.012	0.008	0.10	0.05	0.20
TA1G	工业纯钛	余量	—	—	—	—	—	—	—	—	—	—	—	—	—	—	—	0.20	0.08	0.03	0.015	0.18	0.10	0.40
TA1G-1	工业纯钛	余量	≤0.20	≤0.08	—	—	—	—	—	—	—	—	—	—	—	—	—	0.15	0.05	0.03	0.003	0.12	—	0.10
TA2GELI	工业纯钛	余量	—	—	—	—	—	—	—	—	—	—	—	—	—	—	—	0.20	0.05	0.03	0.008	0.10	0.05	0.20
TA2G	工业纯钛	余量	—	—	—	—	—	—	—	—	—	—	—	—	—	—	—	0.30	0.08	0.03	0.015	0.25	0.10	0.40
TA3GELI	工业纯钛	余量	—	—	—	—	—	—	—	—	—	—	—	—	—	—	—	0.25	0.05	0.04	0.008	0.18	0.05	0.20
TA3G	工业纯钛	余量	—	—	—	—	—	—	—	—	—	—	—	—	—	—	—	0.30	0.08	0.05	0.015	0.35	0.10	0.40
TA4GELI	工业纯钛	余量	—	—	—	—	—	—	—	—	—	—	—	—	—	—	—	0.30	0.05	0.05	0.008	0.25	0.05	0.20
TA4G	工业纯钛	余量	—	—	—	—	—	—	—	—	—	—	—	—	—	—	—	0.50	0.08	0.05	0.015	0.40	0.10	0.40
TA5	Ti-4Al-0.005B	余量	3.3～4.7	—	—	—	—	—	—	—	—	—	B;0.005	—	—	—	—	0.30	0.08	0.04	0.015	0.15	0.10	0.40
TA6	Ti-5Al	余量	4.0～5.5	—	—	—	—	—	—	—	—	—	—	—	—	—	—	0.30	0.08	0.05	0.015	0.15	0.10	0.40
TA7	Ti-5Al-2.5Sn	余量	4.0～6.0	—	—	—	—	—	—	—	—	—	—	—	2.0～3.0	—	—	0.50	0.08	0.05	0.015	0.20	0.10	0.40
TA7ELI[①]	Ti-5Al-2.5SnELI	余量	4.50～5.75	—	—	—	—	—	—	—	—	—	—	—	2.0～3.0	—	—	0.25	0.05	0.035	0.0125	0.12	0.05	0.30
TA8	Ti-0.05Pd	余量	—	—	—	—	—	—	—	—	—	—	—	0.04～0.08	—	—	—	0.30	0.08	0.03	0.015	0.25	0.10	0.40
TA8-1	Ti-0.05Pd	余量	—	—	—	—	—	—	—	—	—	—	—	0.04～0.08	—	—	—	0.20	0.08	0.03	0.015	0.18	0.10	0.40

续表

合金牌号	名义化学成分	化学成分(质量分数)/%																						
		主要成分																杂质,不大于						
		Ti	Al	Si	V	Mn	Fe	Ni	Cu	Zr	Nb	Mo	Ru	Pd	Sn	Ta	Nd	Fe	C	N	H	O	其他元素 单一	其他元素 总和
TA9	Ti-0.2Pd	余量	—	—	—	—	—	—	—	—	—	—	—	0.12～0.25	—	—	—	0.30	0.08	0.03	0.015	0.25	0.10	0.40
TA9-1	Ti-0.2Pd	余量	—	—	—	—	—	—	—	—	—	—	—	0.12～0.25	—	—	—	0.20	0.08	0.03	0.015	0.18	0.10	0.40
TA10	Ti-0.3Mo-0.8Ni	余量	—	—	—	—	—	0.6～0.9	—	—	—	0.2～0.4	—	—	—	—	—	0.30	0.08	0.03	0.015	0.25	0.10	0.40
TA11	Ti-8Al-1Mo-1V	余量	7.35～8.35	—	0.75～1.25	—	—	—	—	—	—	0.75～1.25	—	—	—	—	—	0.30	0.08	0.05	0.015	0.12	0.10	0.30
TA12	Ti-5.5Al-4Sn-2Zr-1Mo-1Nd-0.25Si	余量	4.8～6.0	0.2～0.35	—	—	—	—	—	1.5～2.5	—	0.75～1.25	—	—	3.7～4.7	—	0.6～1.2	0.25	0.08	0.05	0.0125	0.15	0.10	0.40
TA12-1	Ti-5Al-4Sn-2Zr-1Mo-1Nd-0.25Si	余量	4.5～5.5	0.2～0.35	—	—	—	—	—	1.5～2.5	—	1.0～2.0	—	—	3.7～4.7	—	0.6～1.2	0.25	0.08	0.04	0.0125	0.15	0.10	0.30
TA13	Ti-2.5Cu	余量	—	—	—	—	—	—	2.0～3.0	—	—	—	—	—	—	—	—	0.20	0.08	0.05	0.010	0.20	0.10	0.30
TA14	Ti-2.3Al-11Sn-5Zr-1Mo-0.2Si	余量	2.0～2.5	0.10～0.50	—	—	—	—	—	4.0～6.0	—	0.8～1.2	—	—	10.52～11.50	—	—	0.20	0.08	0.05	0.0125	0.20	0.10	0.30
TA15	Ti-6.5Al-1Mo-1V-2Zr	余量	5.5～7.1	≤0.15	0.8～2.5	—	—	—	—	1.5～2.5	—	0.5～2.0	—	—	—	—	—	0.25	0.08	0.05	0.015	0.15	0.10	0.30
TA15-1	Ti-2.5Al-1Mo-1V-1.5Zr	余量	2.0～3.0	≤0.10	0.5～1.5	—	—	—	—	1.0～2.0	—	0.5～1.5	—	—	—	—	—	0.15	0.05	0.04	0.003	0.12	0.10	0.30
TA15-2	Ti-4Al-1Mo-1V-1.5Zr	余量	3.5～4.5	≤0.10	0.5～1.5	—	—	—	—	1.0～2.0	—	0.5～1.5	—	—	—	—	—	0.15	0.05	0.04	0.003	0.12	0.10	0.30
TA16	Ti-2Al-2.5Zr	余量	1.8～2.5	≤0.12	—	—	—	—	—	2.0～3.0	—	—	—	—	—	—	—	0.25	0.08	0.04	0.006	0.15	0.10	0.30
TA17	Ti-4Al-2V	余量	3.5～4.5	≤0.15	1.5～3.0	—	—	—	—	—	—	—	—	—	—	—	—	0.25	0.08	0.05	0.015	0.15	0.10	0.30

续表

合金牌号	名义化学成分	化学成分(质量分数)/%																						
		主要成分															杂质,不大于							
																							其他元素	
		Ti	Al	Si	V	Mn	Fe	Ni	Cu	Zr	Nb	Mo	Ru	Pd	Sn	Ta	Nd	Fe	C	N	H	O	单一	总和
TA18	Ti-3Al-2.5V	余量	2.0～3.5	—	1.5～3.0	—	—	—	—	—	—	—	—	—	—	—	—	0.25	0.08	0.05	0.015	0.12	0.10	0.30
TA19	Ti-6Al-2Sn-4Zr-2Mo-0.08Si	余量	5.5～6.5	0.06～0.10	—	—	—	—	—	3.6～4.4	—	1.8～2.2	—	—	1.8～2.2	—	—	0.25	0.05	0.05	0.0125	0.15	0.10	0.30
TA20	Ti-4Al-3V-1.5Zr	余量	3.5～4.5	≤0.10	2.5～3.5	—	—	—	—	1.0～2.0	—	—	—	—	—	—	—	0.15	0.05	0.04	0.003	0.12	0.10	0.30
TA21	Ti-1Al-1Mn	余量	0.4～1.5	≤0.12	—	0.5～1.3	—	—	—	≤0.30	—	—	—	—	—	—	—	0.30	0.10	0.05	0.012	0.15	0.10	0.30
TA22	Ti-3Al-1Mo-1Ni-1Zr	余量	2.5～3.5	≤0.15	—	—	—	0.3～1.0	—	0.8～2.0	—	0.5～1.5	—	—	—	—	—	0.20	0.10	0.05	0.015	0.15	0.10	0.30
TA22-1	Ti-2.5Al-1Mo-1Ni-1Zr	余量	2.0～3.0	≤0.04	—	—	—	0.3～0.8	—	0.5～1.0	—	0.2～0.8	—	—	—	—	—	0.20	0.10	0.04	0.008	0.10	0.10	0.30
TA23	Ti-2.5Al-2Zr-1Fe	余量	2.2～3.0	≤0.15	—	—	0.8～1.2	—	—	1.7～2.3	—	—	—	—	—	—	—	—	0.10	0.04	0.010	0.15	0.10	0.30
TA23-1	Ti-2.5Al-2Zr-1Fe	余量	2.2～3.0	≤0.10	—	—	0.8～1.1	—	—	1.7～2.3	—	—	—	—	—	—	—	—	0.10	0.04	0.008	0.10	0.10	0.30
TA24	Ti-3Al-2Mo-2Zr	余量	2.0～3.8	≤0.15	—	—	—	—	—	1.0～3.0	—	1.0～2.5	—	—	—	—	—	0.30	0.10	0.05	0.015	0.15	0.10	0.30
TA24-1	Ti-3Al-2Mo-2Zr	余量	1.5～2.5	≤0.04	—	—	—	—	—	1.0～3.0	—	1.0～2.0	—	—	—	—	—	0.15	0.10	0.04	0.010	0.10	0.10	0.30
TA25	Ti-3Al-2.5V-0.05Pd	余量	2.5～3.5	—	2.0～3.0	—	—	—	—	—	—	—	—	0.04～0.08	—	—	—	0.25	0.08	0.03	0.015	0.15	0.10	0.40
TA26	Ti-3Al-2.5V-0.10Ru	余量	2.5～3.5	—	2.0～3.0	—	—	—	—	—	—	—	0.08～0.14	—	—	—	—	0.25	0.08	0.03	0.015	0.15	0.10	0.40
TA27	Ti-0.10Ru	余量	—	—	—	—	—	—	—	—	—	—	0.08～0.14	—	—	—	—	0.30	0.08	0.03	0.015	0.25	0.10	0.40

续表

合金牌号	名义化学成分	化学成分(质量分数)/%																					
		主要成分															杂质,不大于						
		Ti	Al	Si	V	Mn	Fe	Ni	Cu	Zr	Nb	Mo	Ru	Pd	Sn	Ta	Nd	Fe	C	N	H	O	其他元素 单一	其他元素 总和
TA27-1	Ti-0.10Ru	余量	—	—	—	—	—	—	—	—	—	—	0.08～0.14	—	—	—	—	0.20	0.08	0.03	0.015	0.18	0.10	0.40
TA28	Ti-3Al	余量	2.0～3.0	—	—	—	—	—	—	—	—	—	—	—	—	—	—	0.30	0.08	0.05	0.015	0.15	0.10	0.40
TA29	Ti-5.8Al-4Sn-4Zr-0.7Nb-1.5Ta-0.4Si-0.06C	余量	5.4～6.1	0.34～0.45	—	—	—	—	—	3.7～4.3	0.5～0.9	—	—	—	3.7～4.3	1.3～1.7	—	0.05	0.04～0.08	0.02	0.010	0.10	0.10	0.20
TA30	Ti-5.5Al-3.5Sn-3Zr-1Nb-1Mo-0.3Si	余量	4.7～6.0	0.20～0.35	—	—	—	—	—	2.4～3.5	0.7～1.3	0.7～1.3	—	—	3.0～3.8	—	—	0.15	0.10	0.04	0.012	0.15	0.10	0.30
TA31	Ti-6Al-3Nb-2Zr-1Mo	余量	5.5～6.5	≤0.15	—	—	—	—	—	1.5～2.5	2.5～3.5	0.6～1.5	—	—	—	—	—	0.25	0.10	0.05	0.015	0.15	0.10	0.30
TA32	Ti-5.5Al-3.5Sn-3Zr-1Mo-0.5Nb-0.7Ta-0.3Si	余量	5.0～6.0	0.1～0.5	—	—	—	—	—	2.5～3.5	0.2～0.7	0.3～1.5	—	—	3.0～4.0	0.2～0.7	—	0.25	0.10	0.05	0.012	0.15	0.10	0.30
TA33	Ti-5.8Al-4Sn-3.5Zr-0.7Mo-0.5Nb-1.1Ta-0.4Si-0.06C	余量	5.2～6.5	0.2～0.6	—	—	—	—	—	2.5～4.0	0.2～0.7	0.2～1.0	—	—	3.0～4.5	0.7～1.5	—	0.25	0.04～0.08	0.05	0.012	0.15	0.10	0.30
TA34	Ti-2Al-3.8Zr-1Mo	余量	1.0～3.0	—	—	—	—	—	—	3.0～4.5	—	0.5～1.5	—	—	—	—	—	0.25	0.05	0.035	0.008	0.10	0.10	0.25
TA35	Ti-6Al-2Sn-4Zr-2Nb-1Mo-0.2Si	余量	5.8～7.0	0.05～0.50	—	—	—	—	—	3.5～4.5	1.5～2.5	0.3～1.3	—	—	1.5～2.5	—	—	0.20	0.10	0.05	0.015	0.15	0.10	0.30
TA36	Ti-1Al-1Fe	余量	0.7～1.3	—	—	—	1.0～1.4	—	—	—	—	—	—	—	—	—	—	—	0.10	0.05	0.015	0.15	0.10	0.30

① TA7ELI 牌号的杂质“Fe+O”的质量分数总和应不大于 0.32%。

注：TA0、TA1、TA2 和 TA3 是恢复了 GB/T 3620.1—1994 中的工业纯钛牌号，化学成分与 GB/T 3620.1—1994 完全等同。

表 12-4 **β型和近β型钛合金牌号及化学成分**（GB/T 3620.1—2016）

合金牌号	名义化学成分	化学成分(质量分数)/%																	
		主要成分											杂质，不大于						
		Ti	Al	Si	V	Cr	Fe	Zr	Nb	Mo	Pd	Sn	Fe	C	N	H	O	其他元素 单一	其他元素 总和
TB2	Ti-5Mo-5V-8Cr-3Al	余量	2.5～3.5	—	4.7～5.7	7.5～8.5	—	—	—	4.7～5.7	—	—	0.30	0.05	0.04	0.015	0.15	0.10	0.40
TB3	Ti-3.5Al-10Mo-8V-1Fe	余量	2.7～3.7	—	7.5～8.5	—	0.8～1.2	—	—	9.5～11.0	—	—	—	0.05	0.04	0.015	0.15	0.10	0.40
TB4	Ti-4Al-7Mo-10V-2Fe-1Zr	余量	3.0～4.5	—	9.0～10.5	—	1.5～2.5	0.5～1.5	—	6.0～7.8	—	—	—	0.05	0.04	0.015	0.20	0.10	0.40
TB5	Ti-15V-3Al-3Cr-3Sn	余量	2.5～3.5	—	14.0～16.0	2.5～3.5	—	—	—	—	—	2.5～3.5	0.25	0.05	0.05	0.015	0.15	0.10	0.30
TB6	Ti-10V-2Fe-3Al	余量	2.6～3.4	—	9.0～11.0	—	1.6～2.2	—	—	—	—	—	—	0.05	0.05	0.0125	0.13	0.10	0.30
TB7	Ti-32Mo	余量	—	—	—	—	—	—	—	30.0～34.0	—	—	0.30	0.08	0.05	0.015	0.20	0.10	0.40
TB8	Ti-15Mo-3Al-2.7Nb-0.25Si	余量	2.5～3.5	0.15～0.25	—	—	—	—	2.4～3.2	14.0～16.0	—	—	0.40	0.05	0.05	0.015	0.17	0.10	0.40
TB9	Ti-3Al-8V-6Cr-4Mo-4Zr	余量	3.0～4.0	—	7.5～8.5	5.5～6.5	—	3.5～4.5	—	3.5～4.5	≤0.10	—	0.30	0.05	0.03	0.030	0.14	0.10	0.40
TB10	Ti-5Mo-5V-2Cr-3Al	余量	2.5～3.5	—	4.5～5.5	1.5～2.5	—	—	—	4.5～5.5	—	—	0.30	0.05	0.04	0.015	0.15	0.10	0.40
TB11	Ti-15Mo	余量	—	—	—	—	—	—	—	14.0～16.0	—	—	0.10	0.10	0.05	0.015	0.20	0.10	0.40
TB12	Ti-25V-15Cr-0.3Si	余量	—	0.2～0.5	24.0～28.0	13.0～17.0	—	—	—	—	—	—	0.25	0.10	0.03	0.015	0.15	0.10	0.30
TB13	Ti-4Al-22V	余量	3.0～4.5	—	20.0～23.0	—	—	—	—	—	—	—	0.15	0.05	0.03	0.010	0.18	0.10	0.40
TB14①	Ti-45Nb	余量	—	≤0.03	—	≤0.02	—	—	42.0～47.0	—	—	—	0.03	0.04	0.03	0.0035	0.16	0.10	0.30
TB15	Ti-4Al-5V-6Cr-5Mo	余量	3.5～4.5	—	4.5～5.5	5.0～6.5	—	—	—	4.5～5.5	—	—	0.30	0.10	0.05	0.015	0.15	0.10	0.30
TB16	Ti-3Al-5V-6Cr-5Mo	余量	2.5～3.5	—	4.5～5.7	5.5～6.5	—	—	—	4.5～5.7	—	—	0.30	0.05	0.04	0.015	0.15	0.10	0.40
TB17	Ti-6.5Mo-2.5Cr-2V-2Nb-1Sn-1Zr-4Al	余量	3.5～5.5	≤0.15	1.0～3.0	2.0～3.5	—	0.5～2.5	1.5～3.0	5.0～7.5	—	0.5～2.5	0.15	0.08	0.05	0.015	0.13	0.10	0.40

① TB14 钛合金的 Mg 的质量分数≤0.01%，Mn 的质量分数≤0.01%。

表 12-5 α-β型钛合金牌号及化学成分（GB/T 3620.1—2016）

合金牌号	名义化学成分	化学成分(质量分数)/%																						
		主要成分																杂质,不大于						
		Ti	Al	Si	V	Cr	Mn	Fe	Cu	Zr	Nb	Mo	Ru	Pd	Sn	Ta	W	Fe	C	N	H	O	其他元素 单一	其他元素 总和
TC1	Ti-2Al-1.5Mn	余量	1.0～2.5	—	—	—	0.7～2.0	—	—	—	—	—	—	—	—	—	—	0.30	0.08	0.05	0.012	0.15	0.10	0.40
TC2	Ti-4Al-1.5Mn	余量	3.5～5.0	—	—	—	0.8～2.0	—	—	—	—	—	—	—	—	—	—	0.30	0.08	0.05	0.012	0.15	0.10	0.40
TC3	Ti-5Al-4V	余量	4.5～6.0	—	3.5～4.5	—	—	—	—	—	—	—	—	—	—	—	—	0.30	0.08	0.05	0.015	0.15	0.10	0.40
TC4	Ti-6Al-4V	余量	5.50～6.75	—	3.5～4.5	—	—	—	—	—	—	—	—	—	—	—	—	0.30	0.08	0.05	0.015	0.20	0.10	0.40
TC4ELI	Ti-6Al-4VELI	余量	5.5～6.5	—	3.5～4.5	—	—	—	—	—	—	—	—	—	—	—	—	0.25	0.08	0.03	0.012	0.13	0.10	0.30
TC6	Ti-6Al-1.5Cr-2.5Mo-0.5Fe-0.3Si	余量	5.5～7.0	0.15～0.40	—	0.8～2.3	—	0.2～0.7	—	—	—	2.0～3.0	—	—	—	—	—	—	0.08	0.05	0.015	0.18	0.10	0.40
TC8	Ti-6.5Al-3.5Mo-0.25Si	余量	5.8～6.8	0.20～0.35	—	—	—	—	—	—	—	2.8～3.8	—	—	—	—	—	0.40	0.08	0.05	0.015	0.15	0.10	0.40
TC9	Ti-6.5Al-3.5Mo-2.5Sn-0.3Si	余量	5.8～6.8	0.2～0.4	—	—	—	—	—	—	—	2.8～3.8	—	—	1.8～2.8	—	—	0.40	0.08	0.05	0.015	0.15	0.10	0.40
TC10	Ti-6Al-6V-2Sn-0.5Cu-0.5Fe	余量	5.5～6.5	—	5.5～6.5	—	—	0.35～1.00	0.35～1.00	—	—	—	—	—	1.5～2.5	—	—	—	0.08	0.04	0.015	0.20	0.10	0.40
TC11	Ti-6.5Al-3.5Mo-1.5Zr-0.3Si	余量	5.8～7.0	0.20～0.35	—	—	—	—	—	0.8～2.0	—	2.8～3.8	—	—	—	—	—	0.25	0.08	0.05	0.012	0.15	0.10	0.40
TC12	Ti-5Al-4Mo-4Cr-2Zr-2Sn-1Nb	余量	4.5～5.5	—	—	3.5～4.5	—	—	—	1.5～3.0	0.5～1.5	3.5～4.5	—	—	1.5～2.5	—	—	0.30	0.08	0.05	0.015	0.20	0.10	0.40
TC15	Ti-5Al-2.5Fe	余量	4.5～5.5	—	—	—	—	2.0～3.0	—	—	—	—	—	—	—	—	—	—	0.08	0.05	0.013	0.20	0.10	0.40
TC16	Ti-3Al-5Mo-4.5V	余量	2.2～3.8	≤0.15	4.0～5.0	—	—	—	—	—	—	4.5～5.5	—	—	—	—	—	0.25	0.08	0.05	0.012	0.15	0.10	0.30
TC17	Ti-5Al-2Sn-2Zr-4Mo-4Cr	余量	4.5～5.5	—	—	3.5～4.5	—	—	—	1.5～2.5	—	3.5～4.5	—	—	1.5～2.5	—	—	0.25	0.05	0.05	0.0125	0.08～0.13	0.10	0.30

续表

合金牌号	名义化学成分	化学成分(质量分数)/%																						
		主要成分																杂质,不大于						
		Ti	Al	Si	V	Cr	Mn	Fe	Cu	Zr	Nb	Mo	Ru	Pd	Sn	Ta	W	Fe	C	N	H	O	其他元素 单一	其他元素 总和
TC18	Ti-5Al-4.75Mo-4.75V-1Cr-1Fe	余量	4.4～5.7	≤0.15	4.0～5.5	0.5～1.5	—	0.5～1.5	—	≤0.30	—	4.0～5.5	—	—	—	—	—	—	0.08	0.05	0.015	0.18	0.10	0.30
TC19	Ti-6Al-2Sn-4Zr-6Mo	余量	5.5～6.5	—	—	—	—	—	—	3.5～4.5	—	5.5～6.5	—	—	1.75～2.25	—	—	0.15	0.04	0.04	0.0125	0.15	0.10	0.40
TC20	Ti-6Al-7Nb	余量	5.5～6.5	—	—	—	—	—	—	—	6.5～7.5	—	—	—	—	≤0.5	—	0.25	0.08	0.05	0.009	0.20	0.10	0.40
TC21	Ti-6Al-2Mo-2Nb-2Zr-2Sn-1.5Cr	余量	5.2～6.8	—	—	0.9～2.0	—	—	—	1.6～2.5	1.7～2.3	2.2～3.3	—	—	1.6～2.5	—	—	0.15	0.08	0.05	0.015	0.15	0.10	0.40
TC22	Ti-6Al-4V-0.05Pd	余量	5.50～6.75	—	3.5～4.5	—	—	—	—	—	—	—	—	0.04～0.08	—	—	—	0.40	0.08	0.05	0.015	0.20	0.10	0.40
TC23	Ti-6Al-4V-0.1Ru	余量	5.50～6.75	—	3.5～4.5	—	—	—	—	—	—	—	0.08～0.14	—	—	—	—	0.25	0.08	0.05	0.015	0.13	0.10	0.40
TC24	Ti-4.5Al-3V-2Mo-2Fe	余量	4.0～5.0	—	2.5～3.5	—	—	1.7～2.3	—	—	—	1.8～2.2	—	—	—	—	—	—	0.05	0.05	0.010	0.15	0.10	0.40
TC25	Ti-6.5Al-2Mo-1Zr-1Sn-1W-0.2Si	余量	6.2～7.2	0.10～0.25	—	—	—	—	—	0.8～2.5	—	1.5～2.5	—	—	0.8～2.5	—	0.5～1.5	0.15	0.10	0.04	0.012	0.15	0.10	0.30
TC26	Ti-13Nb-13Zr	余量	—	—	—	—	—	—	—	12.5～14.0	12.5～14.0	—	—	—	—	—	—	0.25	0.08	0.05	0.012	0.15	0.10	0.40
TC27	Ti-5Al-4Mo-6V-2Nb-1Fe	余量	5.0～6.2	—	5.5～6.5	—	—	0.5～1.5	—	—	1.5～2.5	3.5～4.5	—	—	—	—	—	—	0.05	0.05	0.015	0.13	0.10	0.30
TC28	Ti-6.5Al-1Mo-1Fe	余量	5.0～8.0	—	—	—	—	0.5～2.0	—	—	—	0.2～2.0	—	—	—	—	—	—	0.10	—	0.015	0.15	0.10	0.40
TC29	Ti-4.5Al-7Mo-2Fe	余量	3.5～5.5	≤0.5	—	—	—	0.8～3.0	—	—	—	6.0～8.0	—	—	—	—	—	—	0.10	—	0.015	0.15	0.10	0.40
TC30	Ti-5Al-3Mo-1V	余量	3.5～6.3	≤0.15	0.9～1.9	—	—	—	—	≤0.30	—	2.5～3.8	—	—	—	—	—	0.30	0.10	0.05	0.015	0.15	0.10	0.30
TC31	Ti-6.5Al-3Sn-3Zr-3Nb-3Mo-1W-0.2Si	余量	6.0～7.2	0.1～0.5	—	—	—	—	—	2.5～3.2	1.0～3.2	1.0～3.2	—	—	2.5～3.2	—	0.3～1.2	0.25	0.10	0.05	0.015	0.15	0.10	0.30
TC32	Ti-5Al-3Mo-3Cr-1Zr-0.15Si	余量	4.5～5.5	0.1～0.2	—	2.5～3.5	—	—	—	0.5～1.5	—	2.5～3.5	—	—	—	—	—	0.30	0.08	0.05	0.0125	0.20	0.10	0.40

表 12-6　钛及钛合金加工产品化学成分允许偏差（GB/T 3620.2—2007）

元　素	化学成分范围/%（质量分数）	允许偏差/%	元　素	化学成分范围/%（质量分数）	允许偏差/%
C	≤0.20	+0.02	Cu	≤1.00	±0.08
	>0.20～0.50	+0.04		>1.00～3.00	±0.12
	>0.50	+0.06		>3.00～5.00	±0.20
N	≤0.10	+0.02	V	≤0.50	±0.05
H	≤0.030	+0.002		>0.50～5.00	±0.15
O	≤0.30	+0.03		>5.00～6.00	±0.20
	>0.30	+0.04		>6.00～10.00	±0.30
Fe	≤0.25	±0.10		>10.00～20.00	±0.40
	>0.25～0.50	±0.15	B	≤0.005	±0.001
	>0.50～5.00	±0.20	Zr	≤4.00	±0.15
	>5.00	±0.25		>4.00～6.00	±0.20
Si	≤0.10	±0.02		>6.00～10.00	±0.30
	>0.10～0.50	±0.05		>10.00～20.00	±0.40
	>0.50～0.70	±0.07	Ni	≤1.00	±0.03
Al	≤1.00	±0.15	Pd	≤0.10	±0.005
	>1.00～10.00	±0.40		>0.10～≤0.250	±0.02
	>10.00～35.00	±0.50	Nb	≤1.00	±0.10
Cr	≤1.00	±0.08		>1.00～5.00	±0.15
	>1.00～4.00	±0.20		>5.00～7.00	±0.20
	>4.00	±0.25		>7.00～10.00	±0.25
Mo	≤1.00	±0.08		>10.00～15.00	±0.30
	>1.00～10.00	±0.30		>15.00～20.00	±0.35
	>10.00～35.00	±0.40		>20.00～30.00	±0.40
Sn	≤3.00	±0.15	Nd	≤1.00	±0.10
	>3.00～6.00	±0.25		>1.00～2.00	±0.20
	>6.00～12.00	±0.40	Ta	≤0.50	±0.05
Mn	≤0.30	±0.10	Ru	≤0.07	±0.005
	>0.30～6.00	±0.30		>0.07	±0.01
	>6.00～9.00	±0.40	Y	≤0.005	+0.001
	>9.00～20.00	±0.50	其他元素(单一)	≤0.10	±0.02

注：当铁和硅元素为杂质时，其偏差取正偏差。

12.1.2 钛及钛合金的力学性能

表 12-7 钛合金铸件的室温力学性能（GB/T 6614—2014）

代 号	牌 号	抗拉强度 R_m/MPa（不小于）	屈服强度 $R_{P0.2}$/MPa（不小于）	伸长率 A/%（不小于）	硬度(HBW)（不大于）
ZTA1	ZTi1	345	275	20	210
ZTA2	ZTi2	440	370	13	235
ZTA3	ZTi3	540	470	12	245
ZTA5	ZTiAl4	590	490	10	270
ZTA7	ZTiAl5Sn2.5	795	725	8	335
ZTA9	ZTiPd0.2	450	380	12	235
ZTA10	ZTiMo0.3Ni0.8	483	345	8	235
ZTA15	ZTiAl6Zr2Mo1V1	885	785	5	—
ZTA17	ZTiAl4V2	740	660	5	—
ZTB32	ZTiMo32	795	—	2	260
ZTC4	ZTiAl6V4	835(895)	765(825)	5(6)	365
ZTC21	ZTiAl6Sn4.5Nb2Mo1.5	980	850	5	350

注：括号内的性能指标为氧含量控制较高时测得。

表 12-8 钛及钛合金铸件消除应力退火制度（GB/T 6614—2014）

合金代号	温度/℃	保温时间/min	冷却方式
ZTA1、ZTA2、ZTA3	500～600	30～60	炉冷或空冷
ZTA5	550～650	30～90	
ZTA7	550～650	30～120	
ZTA9、ZTA10	500～600	30～120	
ZTA15	550～750	30～240	
ZTA17	550～650	30～240	
ZTC4	550～650	30～240	

表 12-9 工业纯钛的力学性能

牌号	品种	状态	规格/mm	取样方向	σ_B/MPa						
					标准值	均值	min	max	标准差	变异系数 C_V	材料常数 n
TA0-1	焊丝	除氢退火	1.6～3.0	L	295	403	—	—	—	—	4
TA1	板材	退火	1.0～2.0	T	370	426	—	—	20.9	0.049	30
	棒材		≤90	L	370	443	—	—	—	—	6
TA2	板材		1.0～3.0	T	440	486	—	—	25.6	0.053	31
	丝材		1.6～6.0	L	—	502	—	—	23.3	0.046	53
	管材		(12～30)×(0.6～3.0)	L	440	510	—	—	31.1	0.061	81
	棒材		≤90	L	440	552	470	550	—	—	22
TA3	板材		0.5	T	540	598	539	706	—	—	24
	棒材		45～55	L	540	578	—	—	—	—	4

续表

牌号	品种	$\sigma_{P0.2}$/MPa							δ_5	ψ
		标准值	均值	min	max	标准差	变异系数 C_V	材料常数 n	%	
TA0-1	焊丝	—	—	—	—	—	—	—	46.0	—
TA1	板材	250	360	—	—	29.7	0.082	30	49.3	—
	棒材	250	320	—	—	—	—	6	36.0	64.2
TA2	板材	320	405	—	—	25.2	0.062	31	41.7	—
	丝材	—	—	—	—	—	—	—	18.1	—
	管材	320	—	—	—	—	—	—	35.3	—
	棒材	320	386	340	427	—	—	22	30.1	51.3
TA3	板材	410	—	—	—	—	—	—	39.8	—
	棒材	410	431	—	—	—	—	4	28.5	47.5
ZTA2	铸件	370	427	—	—	45.0	0.105	37	15.9	—

表 12-10 钛及钛合金板材的横向室温力学性能（GB/T 3621—2007）

牌号	状态	板材厚度/mm	抗拉强度 R_m/MPa	规定非比例延伸强度 $R_{P0.2}$/MPa	断后伸长率[①] A/%(不小于)
TA1	M	0.3～25.0	≥240	140～310	30
TA2	M	0.3～25.0	≥400	275～450	25
TA3	M	0.3～25.0	≥500	380～550	20
TA4	M	0.3～25.0	≥580	485～655	20
TA5	M	0.5～1.0 ＞1.0～2.0 ＞2.0～5.0 ＞5.0～10.0	≥685	≥585	20 15 12 12
TA6	M	0.8～1.5 ＞1.5～2.0 ＞2.0～5.0 ＞5.0～10.0	≥685	—	20 15 12 12
TA7	M	0.8～1.5 ＞1.6～2.0 ＞2.0～5.0 ＞5.0～10.0	735～930	≥685	20 15 12 12
TA8	M	0.8～10	≥400	275～450	20
TA8-1	M	0.8～10	≥240	140～310	24
TA9	M	0.8～10	≥400	275～450	20
TA9-1	M	0.8～10	≥240	140～310	24

续表

牌号		状态	板材厚度/mm	抗拉强度 R_m/MPa	规定非比例延伸强度 $R_{P0.2}$/MPa	断后伸长率[①] A/%(不小于)
TA10[②]	A类	M	0.8～10.0	≥485	≥345	18
	B类	M	0.8～10.0	≥345	≥275	25
TA11		M	5.0～12.0	≥895	≥825	10
TA13		M	0.5～2.0	540～770	460～570	18
TA15		M	0.8～1.8 >1.8～4.0 >4.0～10.0	930～1130	≥855	12 10 8
TA17		M	0.5～1.0 >1.1～2.0 >2.1～4.0 >4.1～10.0	685～835	—	25 15 12 10
TA18		M	0.5～2.0 >2.0～4.0 >4.0～10.0	590～735	—	25 20 15
TB2		ST STA	1.0～3.5	≤980 1320	—	20 8
TB5		ST	0.8～1.75 >1.75～3.18	705～945	690～835	12 10
TB6		ST	1.0～5.0	≥1000	—	6
TB8		ST	0.3～0.6 >0.6～2.5	825～1000	795～965	6 8
TC1		M	0.5～1.0 >1.0～2.0 >2.0～5.0 >5.0～10.0	590～735	—	25 25 20 20
TC2		M	0.5～1.0 >1.0～2.0 >2.0～5.0 >5.0～10.0	≥685	—	25 15 12 12
TC3		M	0.8～2.0 >2.0～5.0 >5.0～10.0	≥880	—	12 10 10
TC4		M	0.8～2.0 >2.0～5.0 >5.0～10.0 10.0～25.0	≥895	≥830	12 10 10 8
TC4ELI		M	0.8～25.0	≥860	≥795	10

① 厚度不大于 0.64mm 的板材，延伸率报实测值。

② 正常供货按 A 类，B 类适应于复合板复材，当需方要求并在合同中注明时，按 B 类供货。

表 12-11 钛及钛合金板材高温力学性能（GB/T 3621—2007）

合金牌号	板材厚度/mm	试验温度/℃	抗拉强度 σ_B/MPa(不小于)	持久强度 σ_{100h}/MPa(不小于)
TA6	0.8～10	350 500	420 340	390 195
TA7	0.8～10	350 500	490 440	440 195
TA11	5.0～12	425	620	—
TA15	0.8～10	500 550	635 570	440 440
TA17	0.5～10	350 400	420 390	390 360
TA18	0.5～10	350 400	340 310	320 280
TC1	0.5～10	350 400	340 310	320 295
TC2	0.5～10	350 400	420 390	390 360
TC3、TC4	0.8～10	400 500	590 440	540 195

注：1. 需方要求并在合同中注明时，板材的高温性能应符合表中规定。试验温度应在合同中注明。

2. 表中未列入的其他规格板材以及 R、Y、m（消应力）状态交货的板材，需方要求并在合同中注明时，其室温、高温力学性能报实测数据。

表 12-12 纯钛板材室温力学性能指标对比

标准版本	牌号	板材厚度/mm	抗拉强度 R_m/MPa	规定非比例延伸强度 $R_{P0.2}$/MPa	延伸率 A/(不小于)%
ISO 5832-2—1999	1 级	—	≥240	≥170	24
	2 级		≥345	≥275	20
	3 级		≥450	≥380	18
	4 级		≥550	≥483	15
JIS H4600—2001	1 级	<15	270～410	≥165	27
	2 级		340～510	≥215	23
	3 级		480～620	≥345	18
	4 级		550～750	≥485	15
GB/T3621—1994	TAO	0.3～10.0	280～420	≥170	45/30
	TA1	0.3～10.0	370～530	≥250	40/30
	TA2	0.3～25.0	440～620	≥320	35/30/25/20
	TA3	0.3～10.0	540～720	≥410	30/25/20
GB/T3621—2007	TA1	0.3～25.0	≥240	140～310	30
	TA2		≥400	275～450	25
	TA3		≥500	380～550	20
	TA4		≥580	485～655	20
ASTM B265—2006a	Gr. 1	0.3～25.0	≥240	138～310	24
	Gr. 2		≥345	275～450	20
	Gr. 2H		≥400	275～450	20
	Gr. 3		≥450	380～550	18
	Gr. 4		≥550	483～655	15

表 12-13 钛及钛合金带材的纵向室温力学和工艺性能(GB/T 3622—2012)

牌号	状态	产品厚度/mm	室温性能(不小于)				
			抗拉强度 σ_b/MPa	规定残余伸长应力 $\sigma_{P0.2}$/MPa	伸长率/% δ_5	伸长率/% δ_{50}	弯曲角 α
TA0	M	0.3~<0.5	280~420	170	—	40	150°
		0.5~2.0			45		
TA1	M	0.3~<0.5	370~530	250	—	35	150°
		0.5~2.0			40	—	
TA2	M	0.3~<0.5	440~620	320	—	30	140°
		0.5~1.0			35	—	
		1.1~2.0			30	—	
TA9	M	0.3~<0.5	370~530	250	—	25	140°
		0.5~2.0			30	—	
TA10	M	0.3~<0.5	485	—	—	15	90°
		0.5~2.0			18	—	

注：冷轧状态的产品以及厚度小于 0.3mm 的产品，需方要求并在合同中注明时，其室温力学性能和工艺性能报实测数据，如需考核，其指标应经供需双方协商，并在合同中注明。

表 12-14 磁头用工业纯钛箔的室温力学性能 (YS/T 410—1998)

牌号	产品厚度/mm	抗拉强度 σ_b/MPa(不小于)	伸长率 δ_{50}/%(不小于)
TA1	0.0010	370	0.6
	0.0013		0.7
	0.0015		0.8
	0.0017		1.0
	0.0020		1.2
	0.0030		1.5

表 12-15 钛及钛合金棒材或试样坯的热处理制度 (GB/T 2965—2007)

牌号	热处理制度	牌号	热处理制度
TA1	600~700℃,1~3h,空冷	TA6	750~850℃,1~3h,空冷
TA2	600~700℃,1~3h,空冷	TA7	750~850℃,1~3h,空冷
TA3	600~700℃,1~3h,空冷	TA9	600~700℃,1~3h,空冷
TA4	600~700℃,1~3h,空冷	TA10	600~700℃,1~3h,空冷
TA5	700~850℃,1~3h,空冷	TA13	780~800℃,0.5~2h,空冷

续表

牌号	热处理制度	牌号	热处理制度
TA15	700～850℃,1～4h,空冷	TC4ELI	700～800℃,1～3h,空冷
TA19	955～985℃,1～2h,空冷;575～605℃,8h,空冷	TC6	普通退火:800～850℃,保温 1～2h,空冷。 等温退火:870℃±10℃,1～3h,炉冷至650℃,2h,空冷
TB2	淬火:800～850℃,30min,空冷或水冷 时效:450～500℃,8h,空冷	TC9	950～1000℃,1～3h,空冷+530℃±10℃,6h,空冷
TC1	700～850℃,1～3h,空冷	TC10	700～800℃,1～3h,空冷
TC2	700～850℃,1～3h,空冷	TC11	950±10℃,1～3h,空冷+530℃±10℃,6h,空冷
TC3	700～800℃,1～3h,空冷	TC12	700～850℃,1～3h,空冷
TC4	700～800℃,1～3h,空冷		

注：1. TC11 的首次退火温度允许在 β 转变温度以下 30～50℃内进行调整。

2. 当合同中注明时，可选等温退火。

表 12-16 钛及钛合金棒材经热处理后的室温力学性能（GB/T 2965—2007）

牌 号	室温力学性能(不小于)				备 注
	抗拉强度 R_m/MPa	规定非比例延伸强度 $R_{P0.2}$/MPa	断后伸长率 A/%	断面收缩率 Z/%	
TA1	240	140	24	30	
TA2	400	275	20	30	
TA3	500	380	18	30	
TA4	580	485	15	25	
TA5	685	585	15	40	
TA6	685	585	10	27	
TA7	785	680	10	25	
TA9	370	250	20	25	
TA10	485	345	18	25	
TA13	540	400	16	35	
TA15	885	825	8	20	
TA19	895	825	10	25	
TB2	≤980	820	18	40	淬火性能
	1370	1100	7	10	时效性能
TC1	585	460	15	30	
TC2	685	560	12	30	
TC3	800	700	10	25	
TC4	895	825	10	25	
TC4ELI	830	760	10	15	
TC6①	980	840	10	25	
TC9	1060	910	9	25	
TC10	1030	900	12	25	
TC11	1030	900	10	30	
TC12	1150	1000	10	25	

① TC6 棒材测定普通退火状态的性能，当需方要求并在合同中注明时，方测定等温退火状态的性能。

注：1. 棒材横截面积不大于 64.5cm² 且矩形棒的截面厚度不大于 76mm 时，其纵向室温力学性能应符合表中规定，当需方要求并在合同中注明时，其纵向高温力学性能符合表 12-16 的规定。

2. 截面尺寸超过 1 规定的棒材，当需方要求并在合同中注明时，可测定棒材的横向力学性能，报实测值或由供需双方协商确定指标。

表 12-17 钛及钛合金棒材纵向高温力学性能（GB/T 2965—2007）

牌号	试验温度/℃	高温力学性能(不小于)			
		抗拉强度 R_m/MPa	持久强度/MPa		
			σ_{100h}	σ_{50h}	σ_{35h}
TA6	350	420	390	—	—
TA7	350	490	440	—	—
TA15	500	570	—	470	—
TA19	480	620	—	—	480
TC1	350	345	325	—	—
TC2	350	420	390	—	—
TC4	400	620	570	—	—
TC6	400	735	665	—	—
TC9	500	785	590	—	—
TC10	400	835	785	—	—
TC11①	500	685	—	—	640①
TC12	500	700	590	—	—

① TC11 钛合金棒材持久强度不合格时，允许再按 500℃的 100h 持久强度 σ_{100h}≥590MPa 进行检验，检验合格则该批棒材的持久强度合格。

表 12-18 钛及钛合金无缝管的室温力学性能（GB/T 3624—2010）

牌号	状态	抗拉强度 R_m/MPa	规定非比例延伸强度 $R_{P0.2}$/MPa	断后伸长率 A_{50mm}/%
TA1	退火(M)	≥240	140～310	≥24
TA2		≥400	275～450	≥20
TA3		≥500	380～550	≥18
TA8		≥400	275～450	≥20
TA8-1		≥240	140～310	≥24
TA9		≥400	275～450	≥20
TA9-1		≥240	140～310	≥24
TA10		≥460	≥300	≥18

表 12-19 换热器及冷凝器用钛及钛合金管室温力学性能（GB/T 3625—2007）

合金牌号	状态	室温力学性能		
		抗拉强度 R_m/MPa	规定非比例延伸强度 $R_{P0.2}$/MPa	断后伸长率 A_{50mm}/%
TA1	退火(M)	≥240	140～310	≥24
TA2		≥400	275～450	≥20
TA3		≥500	380～550	≥18
TA9		≥400	275～450	≥20
TA9-1		≥240	140～310	≥24
TA10		≥460	≥300	≥18

注：规定非比例延伸强度 $R_{P0.2}$ 在需方要求并在合同中注明时方予测试。

表 12-20　钛及钛合金环和饼的力学性能（GB/T 16598—2013）

牌　号	室温力学性能(不小于)			
	抗拉强度 R_m/MPa	规定非比例延伸强度 $R_{P0.2}$/MPa	断后伸长率 A/%	断面收缩率 Z/%
TA1	240	140	24	30
TA2	400	275	20	30
TA3	500	380	18	30
TA4	580	485	15	25
TA5	685	585	15	40
TA7	785	680	10	25
TA9	370	250	20	25
TA10	485	345	18	25
TA13	540	400	16	35
TA15	885	825	8	20
TC1	585	460	15	30
TC2	685	560	12	30
TC4	895	825	10	25
TC11	1030	900	10	30

注：需方要求并在订货单（或合同）中注明时，纵剖面不大于 $100cm^2$ 的饼材和最大截面积不大于 $100cm^2$ 的环材，其高温力学性能应符合表 12-20 的规定。

表 12-21　高温力学性能

牌　号	试验温度/℃	高温力学性能(不小于)			
		抗拉强度 R_m/MPa	持久强度/MPa		
			σ_{100h}	σ_{50h}	σ_{35h}
TA7	350	490	440	—	—
TA15	500	570	—	470	—
TC1	350	345	325	—	—
TC2	350	420	390	—	—
TC4	400	620	570	—	—
TC11	500	685	—	—	640①

① TC11 钛合金产品持久强度不合格时，允许按 500℃的 100h 持久强度 σ_{100h}≥590MPa 进行检验，检验合格则该批产品的持久强度合格。

表 12-22　外科植入物用钛及钛合金板材的室温力学性能（GB/T 13810—2017）

牌　号	厚度/mm	抗拉强度 R_m/MPa	规定非比例延伸强度 $R_{P0.2}$/MPa	断后伸长率① A/%	Z/%
TA1GELI	0.3～25.0	≥200	≥140	≥30	—
TA1G	0.3～25.0	≥240	≥170	≥25	—
TA2G	0.3～25.0	≥400	≥275	≥25	—

续表

牌　号	厚度/mm	抗拉强度 R_m/MPa	规定非比例延伸强度 $R_{P0.2}$/MPa	断后伸长率①A/%	Z/%
TA3G	0.3～25.0	≥500	≥380	≥20	—
TA4G	0.3～25.0	≥580	≥485	≥20	—
TC4	0.5～5.0	≥925	≥870	≥10	—
	>5.0～25.0	≥895	≥830	≥10	≥20
TC4ELI	0.5～<5.0	≥860	≥795	≥10	—
	>5.0～25.0				≥25
TC20	0.5～25.0	≥900	≥800	≥10	—

① 厚度小于0.64mm的纯钛和厚度不大于1.60mm的板材，断后伸长率报实测值。

表12-23　外科植入物用钛及钛合金板材（厚度≤5.0mm）的弯曲性能（GB/T 13810—2017）

牌号	厚度/mm	弯曲直径/mm	弯曲角/(°)
TA1GELI	0.3～2.0	3T	105
	>2.0～5.0	4T	105
TA1G	0.3～2.0	3T	105
	>2.0～5.0	4T	105
TA2G	0.3～2.0	4T	105
	>2.0～5.0	5T	105
TA3G	0.3～2.0	4T	105
	>2.0～5.0	5T	105
TA4G	0.3～2.0	5T	105
	>2.0～5.0	6T	105
TC4	0.5～<1.8	9T	105
	1.8～5.0	10T	105
TC4ELI	0.5～<1.8	9T	105
	1.8～5.0	10T	105
TC20	0.5～<1.8	9T	105
	1.8～5.0	10T	105

注：T为板材的名义厚度。

表12-24　外科植入物用钛及钛合金棒材室温力学性能（GB/T 13810—2017）

牌　号	直径或边长/mm	抗拉强度 R_m/MPa	规定非比例延伸强度 $R_{P0.2}$/MPa	断后伸长率 A/%	断面收缩率 Z/%
TA1GELI	>7～90	≥200	≥140	≥30	≥30
TA1G		≥240	≥170	≥24	≥30
TA2G		≥400	≥275	≥20	≥30
TA3G		≥500	≥380	≥18	≥30
TA4G		≥580	≥485	≥15	≥25

续表

牌　号	直径或边长/mm	抗拉强度 R_m/MPa	规定非比例延伸强度 $R_{P0.2}$/MPa	断后伸长率 A/%	断面收缩率 Z/%
TC4	＞7～50	≥930	≥860	≥10	≥25
	＞50～90	≥895	≥830	≥10	≥25
TC4ELI	＞7～45	≥860	≥795	≥10	≥25
	＞45～65	≥825	≥760	≥8	≥20
	＞65～90	≥825	≥760	≥8	≥15
TC20	＞7～90	≥900	≥800	≥10	≥25

注：直径大于 75mm 的棒材取棒向试样。

表 12-25　外科植入物用钛合金丝材的室温力学性能（GB/T 13810—2017）

牌号	直径/mm	R_m/MPa	$R_{P0.2}$/MPa	A/%	Z/%
TA1GELI	0.5～＜1.6	≥200	—	≥18	—
	1.6～＜3.2	≥200	≥140	≥18	—
	3.2～7.0	≥200	≥140	≥30	≥30
TA1G	0.5～＜1.6	≥240	—	≥15	—
	1.6～＜3.2	≥240	≥170	≥15	—
	3.2～7.0	≥240	≥170	≥24	≥30
TA2G	0.5～＜1.6	≥400	—	≥12	—
	1.6～＜3.2	≥400	≥275	≥12	—
	3.2～7.0	≥400	≥275	≥20	≥30
TA3G	0.5～＜1.6	≥500	—	≥10	—
	1.6～＜3.2	≥500	≥380	≥10	—
	3.2～7.0	≥500	≥380	≥18	≥30
TA4G	0.5～＜1.6	≥580	—	≥8	—
	1.6～＜3.2	≥580	≥485	≥15	—
	3.2～7.0	≥580	≥485	≥15	≥25
TC4	1.0～7.0	≥930	≥860	≥10	—
TC4ELI	1.0～7.0	≥860	≥795	≥10	—
TC20	1.0～7.0	≥900	≥800	≥10	—

12.1.3 工业纯钛在各种介质中的耐蚀性能

表 12-26 工业纯钛在各种介质中的耐蚀性能

介质		浓度/%	温度/℃	腐蚀速度 /mm·a^{-1}	耐蚀等级
无机酸	盐酸	1 5 10 20 35	室温/沸腾 室温/沸腾 室温/沸腾 室温/— 室温/—	0.000/0.345 0.000/6.530 0.175/40.87 1.340/— 6.660/—	优良/良好 优良/差 良好/差 差/— 差/—
	硫酸	5 10 60 80 95	室温/沸腾 室温/— 室温/— 室温/— 室温/—	0.000/13.01 0.230/— 0.277/— 32.660/— 1.400/—	优良/良好 优良/— 良好/— 差/— 差/—
	硝酸	37 64 95	室温/沸腾 室温/沸腾 室温/—	0.000/<0.127 0.000/<0.127 0.0025/—	优良/优良 优良/优良 优良/—
	磷酸	10 30 50	室温/沸腾 室温/沸腾 室温/—	0.000/6.400 0.000/17.600 0.097/—	优良/差 优良/差 优良/—
	铬酸	20	室温/沸腾	<0.127/<0.127	优良/优良
	硝酸+盐酸	1:3 3:1	室温/沸腾 室温/—	0.0040/<0.127 <0.127/—	优良/优良 优良/—
	硝酸+硫酸	7:3 4:6	室温/— 室温/—	<0.127/— <0.127/—	优良/— 优良/—
有机酸	乙酸	100	室温/沸腾	0.000/0.000	优良/优良
	蚁酸	50	室温/—	0.000/—	优良/—
	草酸	5 10	室温/沸腾 室温/—	0.127/29.390 0.008/—	良好/差 优良/—
	乳酸	10 25	室温/沸腾 —/沸腾	0.000/0.033 —/0.028	优良/优良 —/优良
	甲酸	10 25 50	—/沸腾 —/100 —/100	—/1.270 —/2.440 —/7.620	—/良好 —/差 —/差
	单宁酸	25	室温/沸腾	<0.127/<0.127	优良/优良
	柠檬酸	50	室温/沸腾	<0.127/<0.127	优良/优良
	硬脂酸	100	室温/沸腾	<0.127/<0.127	优良/优良
碱溶液	氢氧化钠	10 20 50 73	—/沸腾 室温/沸腾 室温/沸腾 —/沸腾	—/0.020 <0.127/<0.127 <0.0025/0.0508 —/0.127	—/优良 优良/优良 优良/优良 —/良好
	氢氧化钾	10 25 50	—/沸腾 —/沸腾 30/沸腾	—/<0.127 —/0.305 0.000/2.743	—/优良 —/良好 优良/差
	氢氧化铵	28	室温/—	0.0025/—	优良/—
	碳酸钠	20	室温/沸腾	<0.127/<0.127	优良/优良
	稀氨水	20	室温/—	0.0708/—	优良/—

续表

介质		浓度/%	温度/℃	腐蚀速度 /mm·a^{-1}	耐蚀等级
无机盐溶液	氯化铁	40	室温/95	0.000/0.002	优良/优良
	氯化亚铁	30	室温/沸腾	0.000/<0.127	
	氯化亚铅	10		<0.127/<0.127	
	氯化亚铜	50		<0.127/<0.127	
	氯化铵	10		<0.127/0.000	
	氯化钙	10		<0.127/0.000	
	氯化铝	25		<0.127/<0.127	
	氯化镁	10		<0.127/<0.127	
	氯化镍	5~10		<0.127/<0.127	
	氯化钡	20		<0.127/<0.127	
	硫酸铜	20		<0.127/<0.127	
	硫酸铵	20℃饱和		<0.127/<0.127	
	硫酸钠	50		<0.127/<0.127	
	硫酸亚铅	20℃饱和		<0.127/<0.127	
	硫酸亚铜	10		<0.127/<0.127	
	硝酸银	11	室温/—	<0.127/—	优良/—
有机化合物	苯(含微量 HCl、NaCl)	蒸气与液体	80	0.005	优良
	四氯化碳	同上	沸腾	0.005	
	四氯乙烯(稳定)	100%蒸气或溶液		0.0005	
	四氯乙烯(H_2O)	100%蒸气或溶液		0.0005	
	三氯甲烷	100%蒸气或溶液		0.0005	
	三氯甲烷(H_2O)			0.127	良好
	三氯乙烯	99%蒸气或溶液		0.00254	优良
	三氯乙烯(稳定)	99		0.00254	
	甲醛	37		0.127	良好
	甲醛(含 2.5%H_2SO_4)	50		0.305	良好

注：1.耐蚀等级分为三级：

优良——耐蚀，腐蚀速度在 0.127mm/a 以下；

良好——中等耐蚀，腐蚀速度在 0.127~1.27mm/a 之间；

差——不耐蚀，腐蚀速度在 1.27mm/a 以上。

2.纯钛在大多数介质中，特别是在中性、氧化性介质和海水中有高的耐蚀性。钛在海水中的耐蚀性比铝合金、不锈钢和镍合金还高，在工业、农业和海洋环境的大气中，虽经数年，表面也不变色。氢氟酸、硫酸、盐酸、正磷酸以及某些热的浓有机酸对钛的腐蚀较大，其中氢氟酸不论浓度、温度高低，对钛都有很大的腐蚀作用。钛对各种浓度的硝酸和铬酸的稳定性高，在碱溶液和大多数有机酸、无机盐溶液中的耐蚀性也很高。

3.钛不发生局部腐蚀和晶间腐蚀，腐蚀是均匀进行的。

4.钛合金的耐蚀性与工业纯钛相近，这一点是钛合金能在化工和造船工业获得广泛应用的原因。

12.1.4 加工钛及钛合金的一般物理性能

表 12-27 加工钛及钛合金的一般物理性能（参考数据）

性能	合金牌号														
	TA1，TA2，TA3	TA4	TA5	TA6	TA7	TA8	TB2	TC1	TC2	TC3	TC4	TC6	TC7	TC9	TC10
20℃密度 ρ /g·cm^{-3}	4.5	—	4.43	4.40	4.46	4.56	4.81	4.55	4.55	4.43	4.45	4.5	4.40	4.52	4.53

续表

性能		合金牌号														
		TA1，TA2，TA3	TA4	TA5	TA6	TA7	TA8	TB2	TC1	TC2	TC3	TC4	TC6	TC7	TC9	TC10
熔点/℃		1668	—	—	—	1538～1649	—	—	—	1570～1640	—	1538～1649	1620～1650	—	—	—
比热容 c /J·(kg·K)$^{-1}$	20℃	0.544	—	—	—	540	—	540	—	—	—	—	—	—	—	—
	100℃	0.544	—	—	586	540	502	540	574	—	—	678	502	—	544	540
	200℃	0.628	—	—	670	569	586	553	—	565	586	691	586	—	—	548
	300℃	0.670	—	—	712	590	628	569	641	628	628	703	670	—	—	565
	400℃	0.712	—	—	796	620	628	636	699	670	670	741	712	—	—	557
	500℃	0.754	—	—	879	653	670	599	729[①]	754	712	754	796	—	—	528
	600℃	0.837	—	—	921	691	—	862	—	—	—	879	—	—	—	—
20℃电阻率 ρ /Ω·mm^2·m^{-1}		0.47	—	1.26	1.08	1.38	1.694	1.55	—	—	1.42	1.60	1.36	1.60	1.62	1.87
热导率 λ/W·(m·K)$^{-1}$	20℃	16.33	10.47	—	7.54	8.79	7.54	—	9.63	9.63	8.37	5.44	7.95	7.12	7.54	—
	100℃	16.33	12.14	—	8.79	9.63	8.37	12.14[②]	10.47	—	8.79	6.70	8.79	—	12.98	—
	200℃	16.33	—	—	10.05	10.89	9.63	12.56	11.72	11.30	10.05	8.79	10.05	—	11.30	—
	300℃	16.75	—	—	11.72	12.14	10.89	12.98	12.14	12.14	10.89	10.47	11.30	—	12.14	10.47
	400℃	17.17	—	—	13.40	13.40	12.14	16.33	13.40	13.40	12.56	12.56	12.59	—	12.98	12.14
	500℃	18.00	—	—	15.07	14.65	—	17.58	14.65	14.65	14.24	14.24	—	—	13.40[⑤]	13.40
	600℃	—	—	—	16.75	15.91	—	18.84	16.33	—	15.49	15.91	—	—	14.65[⑥]	—
线胀系数 α /10^{-6} K^{-1}	20～100℃	8.0	8.2	9.28	8.33	9.36	9.02	8.53	8.0	8.0	—	7.89	8.60	—	7.70	9.45
	20～200℃	8.6	—	9.53	8.94	9.4	9.41	9.34	8.6	8.6	—	9.01	—	—	8.90	9.73
	20～300℃	9.1	—	9.87	9.55	9.5	9.72	9.52	9.1	9.1	—	9.30	—	—	9.27	9.97
	20～400℃	9.25	—	10.08	10.4[③]	9.54	9.98	9.79	9.6	9.6	—	9.24	0	—	9.64	10.15
	20～500℃	9.4	—	10.09	10.6[④]	9.68	10.20	9.83	9.6	9.4	—	9.39	11.60[③]	—	9.785	10.19
	20～600℃	9.8	—	10.28	10.8	9.86	10.42	9.99	—	—	—	9.40	—	—	—	10.21

① 450℃。

② 80℃。

③ 400～500℃。

④ 500～600℃。

⑤ 490℃。

⑥ 575℃。

12.1.5 加工钛及钛合金的特性及用途

表 12-28 加工钛及钛合金的特性及用途举例

组别	牌号	主要特性	用途举例
碘法钛	TAD	这是以碘化物法所获得的高纯度钛，故称碘法钛，或称化学纯钛。但是，其中仍含有氧、氮、碳这类间隙杂质元素，它们对纯钛的力学性能影响很大。随着钛的纯度提高，钛的强度、硬度明显下降，故其特点是：化学稳定性好，但强度很低	由于高纯度钛的强度较低，因此，它作为结构材料应用意义不大，故在工业中很少使用。目前在工业中广泛使用的是工业纯钛和钛合金

续表

组别	牌号	主要特性	用途举例
工业纯钛	TA1 TA2 TA3	工业纯钛与化学纯钛的不同之处是，它含有较多量的氧、氮、碳及多种其他杂质元素（如铁、硅等），它实质上是一种低合金含量的钛合金。与化学纯钛相比，由于含有较多的杂质元素后其强度大大提高，它的力学性能和化学性能与不锈钢相似（但和钛合金比，强度仍然较低） 工业纯钛的特点是：强度不高，但塑性好，易于加工成形，冲压、焊接、可切削加工性能良好；在大气、海水、湿氯气及氧化性、中性、弱还原性介质中具有良好的耐蚀性，抗氧化性优于大多数奥氏体不锈钢；但耐热性较差，使用温度不宜太高 工业纯钛按其杂质含量的不同，分为TA1、TA2和TA3三个牌号。这三种工业纯钛的间隙杂质元素是逐渐增加的，故其力学强度和硬度也随之逐级增加，但塑性、韧性相应下降 工业上常用的工业纯钛是TA2，因其耐蚀性能和综合力学性能适中。对耐磨和强度要求较高时可采用TA3。对要求较好的成形性能时可采用TA1	1）主要用作工作温度350℃以下、受力不大但要求高塑性的冲压件和耐蚀结构零件，例如：飞机的骨架、蒙皮、发动机附件；船舶用耐海水腐蚀的管道、阀门、泵及水翼、海水淡化系统零部件，化工上的热交换器、泵体、蒸馏塔、冷却器、搅拌器、三通、叶轮、紧固件、离子泵、压缩机气阀以及柴油发动机活塞、连杆、叶簧等 2）TA1、TA2在铁含量为0.095%、氧含量为0.08%、氢含量为0.0009%、氮含量为0.0062%时，具有很好的低温韧性和高的低温强度，可用作−253℃以下的低温结构材料
α型钛合金	TA4	这类合金在室温和使用温度下呈α型单相状态，不能热处理强化（退火是唯一的热处理形式），主要依靠固溶强化。室温强度一般低于β型和α+β型钛合金（但高于工业纯钛），而在高温（500～600℃）下的强度和蠕变强度却是三类钛合金中最高的；且组织稳定，抗氧化性和焊接性能好，耐蚀性和可切削加工性能也较好，但塑性低（热塑性仍然良好），室温冲压性能差。其中使用最广的是TA7，它在退火状态下具有中等强度和足够的塑性，焊接性良好，可在500℃以下使用；当其间隙杂质元素（氧、氢、氮等）含量极低时，在超低温时还具有良好的韧性和综合力学性能，是优良的超低温合金之一	抗拉强度比工业纯钛稍高，可做中等强度范围的结构材料。国内主要用作焊丝
	TA5 TA6		用于400℃以下在腐蚀介质中工作的零件及焊接件，如飞机蒙皮、骨架零件、压气机壳体、叶片、船舶零件等
	TA7		500℃以下长期工作的结构件和各种模锻件，短时使用可达900℃。亦可用作超低温（−253℃）部件（如超低温用的容器）
	TA8		500℃以下长期工作的零件，可用于制造发动机压气机盘和叶片；但合金的组织稳定性较差，在使用上受到一定限制
β型钛合金	TB2	这类合金的主要合金元素是钼、铬、钒等β稳定化元素，在正火或淬火时很容易将高温β相保留到室温，获得介稳定的β单相组织，故称β型钛合金 β型钛合金可热处理强化，有较高的强度，焊接性能和压力加工性能良好；但性能不够稳定，熔炼工艺复杂，故应用不如α型、α+β型钛合金广泛	在350℃以下工作的零件，主要用于制造各种整体热处理（固溶、时效）的板材冲压件和焊接件；如压气机叶片、轮盘、轴类等重载荷旋转件，以及飞机的构件等 TB2合金一般在固溶处理状态下交货，在固溶、时效后使用
α+β型钛合金	TC1 TC2	这类合金室温呈α+β型两相组织，因而得名为α+β型钛合金。它具有良好的综合力学性能，大都可热处理强化（但TC1、TC2、TC7不能热处理强化），锻造、冲压及焊接性能均较好，可切削加工；室温强度高，150～500℃以下且有较好的耐热性，有的（如TC1、TC2、TC3、TC4）并有良好的低温韧性和良好的抗海水应力腐蚀及抗热盐应力腐蚀能力；缺点是组织不够稳定	400℃以下工作的冲压件、焊接件以及模锻件和弯曲加工的各种零件。这两种合金还可用作低温结构材料
	TC3 TC4		400℃以下长期工作的零件，结构用的锻件，各种容器、泵、低温部件、船舰耐压壳体、坦克履带等。强度比TC1、TC2高
α+β型钛合金	TC6	这类合金以TC4应用量为广泛，用量约占现有钛合金生产量的一半。该合金不仅具有良好的室温、高温和低温力学性能，且在多种介质中具有优异的耐蚀性，同时可焊接、冷热成形，并可通过热处理强化；因而在宇航、船舰、兵器以及化工等工业部门均获得广泛应用	可在450℃以下使用，主要用作飞机发动机结构材料
	TC7 TC9		500℃以下长期工作的零件，主要用在飞机喷气发动机的压气机盘和叶片上
	TC10		450℃以下长期工作的零件，如飞机结构零件、起落支架、蜂窝连接件、导弹发动机外壳、武器结构件等

表 12-29 钛及钛合金的应用情况

应用领域		材料的使用特性	应用部位
航空工业	喷气发动机	在500℃以下具有高的屈服强度/密度比和疲劳强度/密度比，良好的热稳定性，优异的抗大气腐蚀性能，可减轻重量	在500℃以下的部位使用：压气盘、静叶片、动叶片、机壳、燃烧室外壳、排气机构外壳、中心体、喷气管等
	机身	在300℃以下，比强度高	防火壁、蒙皮、大梁、起落架、翼肋、隔框、紧固件、导管、舱门、拉杆等
火箭、导弹及宇宙飞船工业		在常温及超低温下，比强度高，并具有足够的韧性及塑性	高压容器、燃料贮箱、火箭发动机及导弹壳体、飞船船舱蒙皮及结构骨架、主起落架登月舱等
船舶、船艇制造工业		比强度高，在海水及海洋气氛下具有优异的耐蚀性能	耐压艇体、结构件、浮力系统球体，水上船舶的泵体、管道和甲板配件，快艇推进器、推进轴，水翼艇水翼、鞭状天线等
化学工业、石油工业		在氧化性和中性介质中具有良好的耐蚀性，在还原性介质中也可通过合金化改善其耐蚀性	在石油化工、化肥、酸碱、钠、氯气及海水淡化等工业中，作热交换器、反应塔、蒸馏器、洗涤塔、合成器、高压釜、阀门、导管、泵、管道等
其他工业	常规武器制造	耐蚀性好，密度小	火炮尾架、迫击炮底板、火箭炮炮管及药室、喷管、火炮套箍、坦克车轮及履带、扭力棒、战车驱动轴、装甲板等
	冶金工业	有高的化学活性和良好的耐蚀性	在镍、钴、钛等有色金属冶炼中做耐蚀材料，在钢铁冶炼中是良好的脱氧剂和合金元素
	医疗卫生	对人体体液有极好的耐蚀性，没有毒性，与肌肉组织亲合性能良好	做医疗器械及外科矫形材料，钛制牙、心脏内瓣、隔膜、骨关节及固定螺钉、钛骨头等
	超高真空	有高的化学活性，能吸附氧、氮、氢、CO、CO_2、甲烷等气体	钛离子泵
	电镀工业	耐腐蚀、寿命长，传热快、加热效果好，对产品无污染，可提高劳动生产率和减少维修费用	镀镍、镀铬（除氟化物镀铬外）、酸性和氰化物镀铜、三氯化铁铜板腐蚀中作加热器、电镀槽子、网拦、挂具、薄膜蒸发器等
	电站	高的耐蚀性，密度小，重量轻，良好的综合力学性能和工艺性能，较高的热稳定性，线胀系数小	全钛凝汽器、冷凝器、管板、冷油管、蒸汽涡轮叶片等
	机械仪表		精密天平秤杆、表壳、光学仪器等
	纺织工业		亚漂机、亚漂罐中耐蚀零、部件
	造纸工业		泵、阀、管道、风机、搅拌器等
	医药工业		加料机、加热器、分离器、反应罐、搅拌器、压滤罐、出料管道等
	体育用品		航模、羽毛球拍、登山器械、钓鱼竿、宝剑、全钛赛车等
	工艺美术		钛板画、笔筒、砚台、拐杖、胸针等

12.2 美国钛及钛合金

12.2.1 钛及钛合金牌号和化学成分

（1）海绵钛

表 12-30 海绵钛牌号和化学成分

材料名称	牌号	化学成分/%(不大于,注明不小于者除外)						
		Ti,不小于	Fe	Si	Cl	C	N	H
海绵钛	MD-120	99.3	0.12	0.04	0.12	0.020	0.015	0.010
	ML-120	99.1	0.15	0.04	0.20	0.025	0.015	0.03
	SL-120	99.3	0.05	0.04	0.20	0.020	0.015	0.05
	GP-1	—	0.25	0.04	0.20	0.025	0.020	0.03

材料名称	牌号	化学成分/%(不大于,注明不小于者除外)				HB(10/1500/30)不大于	标准号	备注
		O	Mg	Na	其他杂质总和			
海绵钛	MD-120	0.10	0.08	—	0.05	120	ASTM B 299—2001	镁还原并经蒸馏
	ML-120	0.10	0.50	—	0.05	120		镁还原并经水漂或惰性气体净化
	SL-120	0.10	—	0.19	0.05	120		钠还原并经水漂
	GP-1	0.15	—	—	0.05			普通级,钠或镁不大于 0.50%

(2) 加工钛及钛合金

ASTM、MIL、AMS 三个标准体系均没有单独的钛及钛合金牌号、化学成分标准，由各产品标准分别规定。3 个标准体系对牌号、化学成分的处理方法也不一样。同一种合金的牌号和成分在 3 个标准体系中有区别，即使同一个标准体系中也因产品的形式不同而有差异。

ASTM 标准中，从纯钛到钛合金统一编号，1～4 号为纯钛，从 5 号起为钛合金，其牌号、化学成分按其顺序号排列，如表 12-31 所示。合金牌号中“ELI”为英文超低间隙元素的缩写，表示该合金的间隙元素的含量比一般的级别低。MIL、AMS 标准中也以同样的方式表示。

表 12-31 ASTM 标准中规定的钛及钛合金牌号和化学成分

材料名称	牌号	化学成分/%(不大于,注明范围值和余量者除外)															标准号	备注
		Ti	Al	Mo	Sn	V	Zr	Ni	Pd	Fe	C	N	H	O	其他元素 单个	其他元素 总和		
1号纯钛	Grade 1 Grade F-1	余量	—	—	—	—	—	—	—	0.20	0.10	0.03	0.015	0.18	0.1	0.4	ASTM B 265—2005	板、带材
																	ASTM B 337—1983	管材
																	ASTM B 338—2001	冷凝管
													0.0150				ASTM B 381—2000	锻件
	Grade 1	余量	—	—	—	—	—	—	—	0.20	0.10	0.03	0.015	0.18	—	—	ASTM F 67—2000	外科植入用板材、锻件
		余量	—	—	—	—	—	—	—	0.20	0.10	0.03	0.0125	0.18	0.1	0.4	ASTM B 348—2005	棒材
		余量	—	—	—	—	—	—	—	0.20	0.10	0.03	0.0125	0.18	—	—	ASTM F 67—2000	外科植入用棒材
		余量	—	—	—	—	—	—	—	0.20	0.10	0.03	0.0100	0.18	0.1	0.4	ASTM B 348—2005	坯料
		余量	—	—	—	—	—	—	—	0.20	0.10	0.03	0.0100	0.18	—	—	ASTM F 67—2000	外科植入用坯料

续表

材料名称	牌号	化学成分/%(不大于,注明范围值和余量者除外) Ti	Al	Mo	Sn	V	Zr	Ni	Pd	Fe	C	N	H	O	其他元素 单个	其他元素 总和	标准号	备注
2号纯钛	Grade 2	余量	—	—	—	—	—	—	—	0.30	0.10	0.03	0.015	0.25	0.1	0.4	ASTM B 265—2005	板、带材
																	ASTM B 337—1983	管材
																	ASTM B 338—2001	冷凝管
	Grade F-2												0.0150				ASTM B 381—2000	锻件
	Grade 2	余量	—	—	—	—	—	—	—	0.30	0.10	0.03	0.015	0.25	—	—	ASTM F 67—2000	外科植入用板材、锻件
		余量	—	—	—	—	—	—	—	0.30	0.10	0.03	0.0125	0.25	0.1	0.4	ASTM B 348—2005	棒材
		余量	—	—	—	—	—	—	—	0.30	0.10	0.03	0.0125	0.25	—	—	ASTM F 67—2000	外科植入用棒料
		余量	—	—	—	—	—	—	—	0.30	0.10	0.03	0.0100	0.25	0.1	0.4	ASTM B 348—2005	坯料
		余量	—	—	—	—	—	—	—	0.30	0.10	0.03	0.0100	0.25	—	—	ASTM F 67—2000	外科植入用坯料
3号纯钛	Grade 3	余量	—	—	—	—	—	—	—	0.30	0.10	0.05	0.015	0.35	0.1	0.4	ASTM B 265—2005	板、带材
																	ASTM B 337—1983	管材
																	ASTM B 338—2001	冷凝管
	Grade F-3												0.0150				ASTM B 381—2000	锻件
	Grade 3	余量	—	—	—	—	—	—	—	0.30	0.10	0.05	0.015	0.35	—	—	ASTM F 67—2000	外科植入用板材、锻件
		余量	—	—	—	—	—	—	—	0.30	0.10	0.05	0.0125	0.35	0.1	0.4	ASTM B 348—2005	棒材
		余量	—	—	—	—	—	—	—	0.30	0.10	0.05	0.0125	0.35	—	—	ASTM F 67—2000	外科植入用棒材
		余量	—	—	—	—	—	—	—	0.30	0.10	0.05	0.0100	0.35	0.1	0.4	ASTM B 348—2005	坯料
		余量	—	—	—	—	—	—	—	0.30	0.10	0.05	0.0100	0.35	—	—	ASTM F 67—2000	外科植入用坯料
4号纯钛	Grade 4	余量	—	—	—	—	—	—	—	0.50	0.10	0.05	0.015	0.40	0.1	0.4	ASTM B 265-2005	板、带材
	Grade F-4												0.0150				ASTM B 381—2000	锻件
	Grade 4	余量	—	—	—	—	—	—	—	0.50	0.10	0.05	0.015	0.40	—	—	ASTM F 67—2000	外科植入用板材、锻件
		余量	—	—	—	—	—	—	—	0.50	0.10	0.05	0.0125	0.40	0.1	0.4	ASTM B 348—2005	棒材
		余量	—	—	—	—	—	—	—	0.50	0.10	0.05	0.0125	0.40	—	—	ASTM F 67—2000	外科植入用棒材
		余量	—	—	—	—	—	—	—	0.50	0.10	0.05	0.0100	0.40	0.1	0.4	ASTM B 348—2005	坯料
		余量	—	—	—	—	—	—	—	0.50	0.10	0.05	0.0100	0.40	—	—	ASTM F 67—2000	外科植入用坯料
5号钛合金	Grade 5	余量	5.5～6.75	—	—	3.5～4.5	—	—	—	0.40	0.10	0.05	0.015	0.20	0.1	0.4	ASTM B 265—2005	板、带材
	Grade F-5												0.0125				ASTM B 381—2000	锻件
	Grade 5	余量	5.5～6.75	—	—	3.5～4.5	—	—	—	0.40	0.10	0.05	0.0125	0.20	0.1	0.4	ASTM B 348—2005	棒材
													0.0100					坯料

续表

材料名称	牌号	Ti	Al	Mo	Sn	V	Zr	Ni	Pd	Fe	C	N	H	O	其他元素 单个	其他元素 总和	标准号	备注
		化学成分/%(不大于,注明范围值和余量者除外)																
低间隙Ti-6Al-4V	Ti-6Al-4V EL1	余量	5.5~6.50	—	—	3.5~4.5	—	—	—	0.25	0.80	0.05	0.012	0.13	—	—	ASTM F 136—2002	外科植入用板材等
6号钛合金	Grade 6	余量	4.0~6.0	—	2.0~3.0	—	—	—	—	0.50	0.10	0.05	0.020	0.20	0.1	0.4	ASTM B 265—2005	板、带材
	Grade F-6												0.0200	0.30			ASTM B 381—2000	锻件
	Grade 6	余量	4.0~6.0	—	2.0~3.0	—	—	—	—	0.50	0.10	0.05	0.0125	0.20	0.1	0.4	ASTM B 348—2005	棒材
													0.0100					坯料
7号钛合金	Grade 7	余量	—	—	—	—	—	—	0.12~0.25	0.30	0.10	0.03	0.015	0.25	0.1	0.4	ASTM 265—2005	板、带材
																	ASTM B 337—1983	管材
																	ASTM B 338—2001	冷凝管
	Grade F-7												0.0150				ASTM B 381—2000	锻件
	Grade 7	余量	—	—	—	—	—	—	0.12~0.25	0.30	0.10	0.03	0.0125	0.25	0.1	0.4	ASTM B 348—2005	棒材
													0.0100					坯料
9号钛合金	Grade 9	余量	2.5~3.5	—	—	2.0~3.0	—	—	—	0.25	0.05	0.02	0.013	0.12	0.1	0.4	ASTM B 337—1983	管材
										0.25	0.10	0.02	0.013	0.12	0.1	0.4	ASTM B 338—2001	冷凝管
	Grade F-9									0.25	0.05	0.02	0.0150	0.12	0.1	0.4	ASTM B 381—2000	锻件
	Grade 9									0.25	0.05	0.02	0.0125	0.12	0.1	0.4	ASTM B 348—2005	棒材
										0.25	0.05	0.02	0.0100	0.12	0.1	0.4	ASTM B 348—2005	坯料
10号钛合金	Grade-10	余量	—	10.0~13.0	3.75~5.25	—	4.50~7.50	—	—	0.35	0.10	0.05	0.020	0.18	0.1	0.4	ASTM B 265—2005	板、带材
																	ASTM B 337—1983	管材
		余量	—	10~13	3.75~5.25	—	4.5~7	—	—	0.35	0.10	0.05	0.020	0.18	0.1	0.4	ASTM B 338—2001	冷凝管
																		棒材
		余量	—	10.0~13.0	3.75~5.25	—	4.50~7.50	—	—	0.35	0.10	0.05	0.0200	0.18	0.1	0.4	ASTM B 348—2005	
													0.0150					坯料
11号钛合金	Grade 11	余量	—	—	—	—	—	—	0.12~0.25	0.20	0.10	0.03	0.015	0.18	0.1	0.4	ASTM B 265—2005	板、带材
																	ASTM B 337—1983	管材
																	ASTM B 338—2001	冷凝管
	Grade F-11	余量	—	—	—	—	—	—	0.12~0.25	0.20	0.10	0.03	0.0150	0.18	0.1	0.4	ASTM B 381—2000	锻件
	Grade 11	余量	—	—	—	—	—	—	0.12~0.25	0.20	0.10	0.03	0.0125	0.18	0.1	0.4	ASTM B 384—2005	棒材
													0.0100					坯料
12号钛合金	Grade 12	余量	—	0.2~0.4	—	—	—	0.6~0.9	—	0.30	0.08	0.03	0.015	0.25	0.1	0.4	ASTM B 265—2005	板、带材
		余量	—	0.2~0.4	—	—	—	0.6~0.9	—	0.3	0.80	0.03	0.015	0.25	0.05	0.3	ASTM B 337—1983	管材
																	ASTM B 338—2001	冷凝管
	Grade F-12	余量	—	0.2~0.4	—	—	—	0.6~0.9	—	0.30	0.08	0.03	0.015	0.25	0.05	0.30	ASTM B 381—2000	锻件
	Grade 12	余量	—	0.2~0.4	—	—	—	0.6~0.9	—	0.3	0.08	0.03	0.0125	0.25	0.05	0.3	ASTM B 348—2005	棒材
													0.0100					坯料

在MIL标准中，合金牌号的表示方法很不统一，如工业纯钛，在MIL-T-9047G中仅列入牌号CP-70；而在MIL-T-9046H中列入3个牌号，牌号CP-70却表示为B（70KSI-YS），即该材料的屈服强度（YS）为483MPa［70ksi（千磅/英寸^2）］，但成分规定不同。有的标准不规定合金的牌号和成分，而是直接引用另一标准的规定，如MIL-F-83142A引用MIL-T-9047G的成分。因此，如按合金系列将所有合金统一列在一个表中，反而不能确切表达各个标准的牌号、化学成分和特点，故将4个主要标准的合金牌号和成分分别列出，同时还列入了MIL-T-9046两个不同时期的版本，如表12-32～表12-36所示。美国军标修订后，原标准不废除。

表12-32　MIL-T-9046H标准规定的钛及钛合金牌号和化学成分

材料名称	牌号	化学成分/%(不大于,注明范围值和余量者除外)							
		Ti	Al	Sn	Zr	Nb	Ta	Mo	V
工业纯钛	A(40KSI-YS)	余量	—	—	—	—	—	—	—
	B(70KSI-YS)	余量	—	—	—	—	—	—	—
	C(55KSI-YS)	余量	—	—	—	—	—	—	—
α钛合金	A(5Al-2.5Sn)	余量	4.5～5.75	2.0～3.0	—	—	—	—	—
	B(5Al-2.5SnELI)	余量	4.5～5.75	2.0～3.0	—	—	—	—	—
	F(8Al-1Mo-1V)	余量	7.3～8.3	—	—	—	—	0.75～1.25	0.75～1.25
	G(6Al-2Nb-1Ta-0.8Mo)	余量	5.5～6.5	—	—	1.5～2.5	0.5～1.5	0.50～	—
α-β钛合金	C(6Al-4V)	余量	5.5～6.5	—	—	—	—	—	3.5～4.5
	D(6Al-4VELI)	余量	5.5～6.75	—	—	—	—	—	3.5～4.5
	E(6Al-6V-2Sn)	余量	5.0～6.0	1.5～2.5	—	—	—	—	5.0～6.0
	G(6Al-2Sn-4Zr-2Mo)	余量	5.5～6.5	1.5～2.5	3.6～4.4	—	—	1.5～2.5	—
	H(6Al-4VSPL)	余量	5.5～6.75	—	—	—	—	—	3.5～4.5
β钛合金	A(13V-11Cr-3Al)	余量	2.5～3.5	—	—	—	—	—	12.5～14.5
	B(11.5Mo-6Zr-4Sn)	余量	—	3.75～5.25	4.5～7.5	—	—	10.0～13.0	—
	C(3Al-8V-6Cr-4Mo-4Zr)	余量	3.0～4.0	—	3.5～4.5	—	—	3.5～4.5	7.5～8.5
	D(8Mo-8V-2Fe-3Al)	余量	2.6～3.4	—	—	—	—	7.5～8.5	7.5～8.5

材料名称	牌号	化学成分/%(不大于,注明范围值和余量者除外)								备注
		Cr	Fe	C	N	H	O	Cu	其他元素总和	
工业纯钛	A(40KSI-YS)	—	0.50	0.08	0.05	0.015	0.20	—	0.60	①氢应在产品上取样测定 ②其他元素一般不作分析，当发现其他元素存在时，则应作分析，且每种不大于0.10% ③适用于钛及钛合金板材和带材
	B(70KSI-YS)	—	0.50	0.08	0.05	0.015	0.40	—	0.80	
	C(55KSI-YS)	—	0.50	0.08	0.05	0.015	0.30	—	0.60	
α钛合金	A(5Al-2.5Sn)	—	0.50	0.08	0.05	0.020	0.20	—	0.40	
	B(5Al-2.5SnELI)	—	0.25	0.05	0.035	0.0125	0.12	—	0.30	
	F(8Al-1Mo-1V)	—	0.30	0.08	0.05	0.015	0.15	—	0.40	
	G(6Al-2Nb-1Ta-0.8Mo)	—	0.25	0.05	0.03	0.0125	0.10	—	0.40	
α-β钛合金	C(6Al-4V)	—	0.30	0.08	0.05	0.015	0.20	—	0.40	①氢应在产品上取样测定 ②其他元素一般不做分析，当发现其他元素存在时，则应做分析，且每种不大于0.10% ③适用于钛及钛合金板材和带材
	D(6Al-4VELI)	—	0.25	0.08	0.05	0.0125	0.13	—	0.30	
	E(6Al-6V-2Sn)	—	0.35～1.00	0.05	0.05	0.015	0.20	0.35～1.00	0.30	
	G(6Al-2Sn-4Zr-2Mo)	—	0.35	0.08	0.05	0.015	0.12	—	0.30	
	H(6Al-4VSPL)	—	0.25	0.08	0.05	0.005	0.13	—	0.30	
β钛合金	A(13V-11Cr-3Al)	10.0～12.0	0.15～0.30	0.05	0.05	0.025	0.20	—	0.40	
	B(11.5Mo-6Zr-4Sn)	—	0.35	0.10	0.05	0.015	0.18	—	0.40	
	C(3Al-8V-6Cr-4Mo-4Zr)	5.5～6.5	0.30	0.05	0.03	0.020	0.12	—	0.40	
	D(8Mo-8V-2Fe-3Al)	—	1.6～2.4	0.05	0.05	0.015	0.016	—	0.40	

表 12-33　MIL-T-9046J 标准规定的钛及钛合金牌号和化学成分

分类代号	化学成分组或屈服强度，最小值	化学成分/%（不大于，注明范围值和余量者除外）							
		Ti	Al	Sn	Zr	Nb	Ta	Mo	V
CP-4	25	余量	—	—	—	—	—	—	—
CP-3	40	余量	—	—	—	—	—	—	—
CP-2	55	余量	—	—	—	—	—	—	—
CP-1	70	余量	—	—	—	—	—	—	—
A-1	5Al-2.5Sn	余量	4.50～5.75	2.00～3.00	—	—	—	—	—
A-2	5Al-2.5Sn(ELI)	余量	4.50～5.75	2.00～3.00	—	—	—	—	—
A-3	6Al-2Nb-1Ta-0.8Mo	余量	5.50～6.50	—	—	1.50～2.50	0.50～1.50	0.50～1.00	—
A-4	8Al-1Mo-1V	余量	7.35～8.35	—	—	—	—	0.75～1.25	0.75～1.25
AB-1	6Al-4V	余量	5.50～7.75	—	—	—	—	—	3.50～4.50
AB-2	6Al-4V(ELI)	余量	5.50～6.50	—	—	—	—	—	3.50～4.50
AB-3	6Al-6V-2Sn	余量	5.00～6.00	1.50～2.50	—	—	—	—	5.00～6.00
AB-4	6Al-2Sn-4Zr-2Mo	余量	5.50～6.50	1.80～2.20	3.60～4.40	—	—	1.80～2.20	—
AB-5	3Al-2.5V	余量	2.50～3.50	—	—	—	—	—	2.00～3.00
AB-6	8Mn	余量	—	—	—	—	—	—	—
B-1	13V-11Cr-3Al	余量	2.50～3.50	—	—	—	—	—	12.50～14.50
B-2	11.5Mo-6Zr-4.5Sn	余量	—	3.75～5.25	4.50～7.50	—	—	10.00～13.00	—
B-3	3Al-8V-6Cr-4Mo-4Zr	余量	3.00～4.00	—	3.50～4.50	—	—	3.50～4.50	7.50～8.50
B-4	8Mo-8V-2Fe-3Al	余量	2.60～3.40	—	—	—	—	7.50～8.50	7.50～8.50

分类代号	化学成分组或屈服强度，最小值	化学成分/%（不大于，注明范围值和余量者除外）									备　注
		Mn	Cr	Fe	C	N	H	O	Cu或Si	其他元素总和	
CP-4	25	—	—	0.20	0.08	0.05	0.015	0.15	—	0.30	① 氢在产品上取样测定 ② 其他元素一般不作分析，但分析时应符合本要求，除另有说明外，其他元素每种不大于 0.10% ③ 所有合金的钇含量不大于 0.005% ④ A-2 和 AB-2 合金，其他元素每种不大于 0.05% ⑤ A-2 合金的 Fe+O≤0.32% ⑥本表适用于钛及钛合金板、带材
CP-3	40	—	—	0.30	0.08	0.05	0.015	0.20	—	0.30	
CP-2	55	—	—	0.30	0.08	0.05	0.015	0.30	—	0.30	
CP-1	70	—	—	0.50	0.08	0.05	0.015	0.40	—	0.30	
A-1	5Al-2.5Sn	—	—	0.50	0.08	0.05	0.020	0.20	—	0.40	
A-2	5Al-2.5Sn(ELI)	—	—	0.25	0.05	0.035	0.0125	0.12	—	0.30	
A-3	6Al-2Nb-1Ta-0.8Mo	—	—	0.25	0.05	0.03	0.0125	0.10	—	0.40	
A-4	8Al-1Mo-1V	—	—	0.30	0.08	0.05	0.015	0.15	—	0.40	
AB-1	6Al-4V	—	—	0.30	0.08	0.05	0.015	0.20	—	0.40	
AB-2	6Al-4V(ELI)	—	—	0.25	0.08	0.05	0.0125	0.13	—	0.30	
AB-3	6Al-6V-2Sn	—	—	0.35～1.00	0.05	0.04	0.015	0.20	0.35～1.00Cu	0.30	
AB-4	6Al-2Sn-4Zr-2Mo	—	—	0.25	0.05	0.04	0.015	0.15	0.13Si	0.30	
AB-5	3Al-2.5V	—	—	0.30	0.05	0.020	0.015	0.12	—	0.40	
AB-6	8Mn	6.50～9.00	—	0.50	0.08	0.05	0.015	0.20	—	0.40	
B-1	13V-11Cr-3Al	—	10.00～12.00	0.15～0.35	0.05	0.05	0.025	0.17	—	0.40	
B-2	11.5Mo-6Zr-4.5Sn	—	—	0.35	0.10	0.05	0.020	0.18	—	0.40	
B-3	3Al-8V-6Cr-4Mo-4Zr	—	5.50～6.50	0.30	0.05	0.03	0.020	0.12	—	0.40	
B-4	8Mo-8V-2Fe-3Al	—	—	1.60～2.40	0.05	0.05	0.015	0.16	—	0.40	

表 12-34　MIL-T-9047G 标准规定的钛及钛合金牌号和化学成分

材料名称	牌号	化学成分/%(不大于,注明范围值和余量者除外)								
		Ti	Al	Sn	Zr	Nb	Ta	Mo	V	Cr
工业纯钛	CP-70	余量	—	—	—	—	—	—	—	—
α钛合金	5Al-2.5Sn	余量	4.50~5.75	2.00~3.00	—	—	—	—	—	—
	5Al-2.5Sn(ELI)	余量	4.50~5.75	2.00~3.00	—	—	—	—	—	—
	6Al-2Nb-1Ta-0.8Mo	余量	5.50~6.50	—	—	1.50~2.50	0.50~1.50	0.50~1.00	—	—
	8Al-1Mo-1V	余量	7.35~8.35	—	—	—	—	0.75~1.25	0.75~1.25	—
α-β钛合金	3Al-2.5V	余量	2.50~3.50	—	—	—	—	—	2.00~3.00	—
	6Al-4V	余量	5.50~6.75	—	—	—	—	—	3.50~4.50	—
	6Al-4V(ELI)	余量	5.50~6.75	—	—	—	—	—	3.50~4.50	—
	6Al-6V-2Sn	余量	5.00~6.00	1.50~2.50	—	—	—	—	5.00~6.00	—
α-β钛合金	6Al-2Sn-4Zr-2Mo	余量	5.50~6.50	1.80~2.20	3.60~4.40	—	—	1.80~2.20		
	6Al-2Sn-4Zr-6Mo	余量	5.50~6.50	1.75~2.25	3.60~4.40	—	—	5.50~6.50	—	—
	7Al-4Mo	余量	6.50~7.30	—	—	—	—	3.50~4.50	—	—
β钛合金	8Mo-8V-2Fe-3Al	余量	2.60~3.40	—	—	—	—	7.50~8.50	7.50~8.50	
	11.5Mo-6Zr-4.5Sn	余量	—	3.75~5.25	4.50~7.50	—	—	10.00~13.00	—	—
	3Al-8V-6Cr-4Mo-4Zr	余量	3.00~4.00	—	3.50~4.50	—	—	3.50~4.50	7.50~8.50	5.50~6.50
	13V-11Cr-3Al	余量	2.50~3.50	—	—	—	—	—	12.50~14.50	10.00~12.00

材料名称	牌号	化学成分/%(不大于,注明范围值和余量者除外)							备注
		Fe	C	N	H	O	Cu或Si	其他元素总和	
工业纯钛	CP-70	0.50	0.08	0.05	0.0125	0.40	—	0.30	① 钇不大于 50×10^{-6} ② 氢应在产品上取样测定 ③ 其他元素一般不需测定,但应符合规定。除另有规定外,每种不大于 0.10% ④ 5Al-2.5Sn(ELI)合金(Fe + O)≤0.32%,其他元素每种不大于 0.05% ⑤ 本表适用于航空用的钛及钛合金棒材和锻造用坯料
α钛合金	5Al-2.5Sn	0.50	0.08	0.05	0.020	0.20	—	0.40	
	5Al-2.5Sn(ELI)	0.25	0.05	0.035	0.0125	0.12	—	0.30	
	6Al-2Nb-1Ta-0.8Mo	0.25	0.05	0.03	0.0125	0.10	—	0.40	
	8Al-1Mo-1V	0.30	0.08	0.05	0.015	0.15	—	0.40	
α-β钛合金	3Al-2.5V	0.30	0.05	0.02	0.015	0.12	—	0.40	
	6Al-4V	0.30	0.08	0.05	0.015	0.20	—	0.40	
	6Al-4V(ELI)	0.25	0.08	0.05	0.0125	0.13	—	0.30	
	6Al-6V-2Sn	0.35~1.00	0.05	0.04	0.015	0.20	0.35~1.00Cu	0.30	
	6Al-2Sn-4Zr-2Mo	0.25	0.05	0.04	0.015	0.15	0.13Si	0.30	
	6Al-2Sn-4Zr-6Mo	0.15	0.04	0.04	0.125	0.15	—	0.40	
	7Al-4Mo	0.30	0.10	0.05	0.013	0.20	—	0.40	
β钛合金	8Mo-8V-2Fe-3Al	1.60~2.40	0.05	0.05	0.015	0.16	—	0.40	
	11.5Mo-6Zr-4.5Sn	0.35	0.10	0.05	0.020	0.18	—	0.40	
	3Al-8V-6Cr-4Mo-4Zr	0.30	0.05	0.03	0.020	0.12	—	0.40	
	13V-11Cr-3Al	0.35	0.05	0.05	0.025	0.17	—	0.40	

表 12-35　MIL-T-81556A 标准规定的钛及钛合金牌号和化学成分

材料名称	牌　号	化学成分/%（不大于，注明范围值和余量者除外）								
		Ti	Al	Sn	Zr	Nb	Ta	Mo	V	Cr
工业纯钛	A	余量	—	—	—	—	—	—	—	—
	B	余量	—	—	—	—	—	—	—	—
	C	余量	—	—	—	—	—	—	—	—
	D	余量	—	—	—	—	—	—	—	—
α 钛合金	A(5Al-2.5Sn)	余量	4.50～5.75	2.0～3.0	—	—	—	—	—	—
	B(5Al-2.5SnELI)	余量	4.50～5.75	2.0～3.0	—	—	—	—	—	—
	C(8Al-1Mo-1V)	余量	7.3～8.3		—	—	—	0.75～1.25	0.75～1.25	—
α-β 钛合金	A(6Al-4V)	余量	5.5～6.75	—	—	—	—	—	3.5～4.5	—
	B(6Al-4VELI)	余量	5.5～6.75	—	—	—	—	—	3.5～4.5	—
	C(6Al-6V-2Sn)	余量	5.0～6.0	1.5～2.5	—	—	—	—	5.0～6.0	—
	D(7Al-4Mo)	余量	6.5～7.5	—	—	—	—	3.5～4.5	—	—

材料名称	牌　号	化学成分/%（不大于，注明范围值和余量者除外）							备　注
		Fe	C	N	H	O	Cu 或 Si	其他元素总和	
工业纯钛	A	0.20	0.08	0.05	0.015	0.20	—	0.60	
	B	0.20	0.08	0.05	0.015	0.25	—	0.60	
	C	0.30	0.08	0.05	0.015	0.30	—	0.60	
	D	0.50	0.08	0.05	0.015	0.40	—	0.80	
α 钛合金	A(5Al-2.5Sn)	0.05	0.08	0.05	0.020	0.20	—	0.40	本表适用于挤压棒材、型材，氢含量在成品上取样测定，其他元素一般不分析
	B(5Al-2.5SnELI)	0.25	0.05	0.035	0.0125	0.12	—	0.30	
	C(8Al-1Mo-1V)	0.30	0.08	0.05	0.015	0.15	—	0.40	
α-β 钛合金	A(6Al-4V)	0.30	0.08	0.05	0.015	0.20	—	0.40	
	B(6Al-4VELI)	0.25	0.08	0.05	0.0125	0.13	—	0.30	
	C(6Al-6C-2Sn)	0.35～1.00	0.05	0.05	0.015	0.20	0.35～1.00	0.30	
	D(7Al-4Mo)	0.25	0.08	0.05	0.015	0.20	—	0.40	

AMS 标准中，钛合金的牌号用合金元素的名义含量和元素符号表示。工业纯钛没有牌号，而是按屈服强度分级（焊丝除外）。AMS 标准中的钛及钛合金牌号和化学成分参照 MIL 标准按组织分类列出，如表 12-37 所示，并将代表级别的最低屈服强度加括号列丁牌号一栏。

ASTM、MIL 和 AMS 三个标准体系，对钛及钛合金加工产品的化学成分允许超差的极限都作了规定，且规定基本相同，如表 12-38 所示。表中对镍、钯及其他元素的规定取自 ASTM 标准，其余均按 AMS2249A 给出。该表的规定也适用于铸造钛及钛合金。

表 12-36 MIL-R-81588B 标准规定的钛及钛合金牌号和化学成分

材料名称	牌号	化学成分组	化学成分/%(不大于,注明范围值和余量者除外)														其他元素		备 注
			Ti	Al	Sn	Zr	Nb	Ta	Mo	V	Cr	Fe	C	N	H	O	单个	总和	
工业纯钛	CP-6	Ti-高纯 WG	余量	—	—	—	—	—	—	—	—	0.10	0.03	0.015	0.005	0.10	0.10	0.20	
	CP-5	Ti-WG	余量	—	—	—	—	—	—	—	—	0.20	0.05	0.020	0.008	0.10～0.15	0.10	0.30	
α钛合金	A-6	5Al-2.5Sn(ELI)WG	余量	4.50～5.75	2.00～3.00	—	—	—	—	—	—	0.25	0.04	0.025	0.005	0.12	0.05	0.30	① 本表适用于焊条和焊丝用的钛及钛合金 ② 钛合金的钇含量不大于 0.005% ③ 5Al-2.5Sn(ELI)(Fe+O)≤0.32% ④ 氢在成品上取样测定 ⑤ 其他元素一般不分析
	A-3	6Al-2Nb-1Ta-0.8Mo	余量	5.50～6.50	—	—	1.50～2.50	0.50～1.50	0.50～1.00	—	—	0.25	0.05	0.030	0.0125	0.10	0.10	0.40	
	A-5	8Al-1Mo-1V(ELI)WG	余量	7.35～8.35	—	—	—	—	0.75～1.25	0.75～1.25	—	0.20	0.035	0.015	0.005	0.12	0.05	0.30	
α-β钛合金	AB-7	6Al-4V(ELI)WG	余量	5.50～6.50	—	—	—	—	—	3.50～4.50	—	0.15	0.03	0.020	0.005	0.12	0.05	0.20	
	AB-4	6Al-2Sn-4Zr-2Mo	余量	5.50～6.50	1.8～2.20	3.60～4.40	—	—	1.80～2.20	—	0.25	0.25	0.05	0.04	0.015	0.15	0.10	0.30	
β钛合金	B-1	13V-11Cr-3Al	余量	2.50～3.50	—	—	—	—	—	12.509～14.50	10.00～12.00	0.15～0.35	0.05	0.050	0.025	0.17	0.10	0.40	

注：WG 表示焊接级。

表 12-37 AMS 标准中规定的钛及钛合金牌号和化学成分

材料名称	牌 号	化学成分/%(不大于,注明范围值和余量者除外)																其他元素		标准号	备 注
		Ti	Al	Sn	Zr	Nb	Mo	V	Cr	Mn	Cu	Fe	C	N	H	O	Y	单个	总和		
工业纯钛	(55KSI-YS)	余量	—	—	—	—	—	—	—	—	—	0.30	0.08	0.05	0.015	0.30	—	0.10	0.30	AMS 4900J	板、带材
	(70KSI-YS)	余量	—	—	—	—	—	—	—	—	—	0.50	0.08	0.05	0.015	0.40	—	0.10	0.30	AMS 4901L	带材板
	(40KSI-YS)	余量	—	—	—	—	—	—	—	—	—	0.30	0.08	0.05	0.0150	0.20	—	0.10	0.30	AMS 4902E	板、带材
	(70KSI-YS)	余量	—	—	—	—	—	—	—	—	—	0.50	0.08	0.05	0.0125	0.40	—	0.10	0.30	AMS 4921F	棒材、锻件、环件
	(40KSI-YS)	余量	—	—	—	—	—	—	—	—	—	0.20	0.10	0.05	0.015	0.25	—	0.05	0.15	AMS 4941C	焊接管
	(40KSI-YS)	余量	—	—	—	—	—	—	—	—	—	0.30	0.10	0.03	0.015	0.25	—	0.10	0.30	AMS 4942C	无缝管
	—	余量	—	—	—	—	—	—	—	—	—	0.20	0.08	0.05	0.005	0.18	—	0.10	0.60	AMS 4951E	焊丝

续表

材料名称	牌号	化学成分/%（不大于，注明范围值和余量者除外）																	标准号	备注
		Ti	Al	Sn	Zr	Nb	Mo	V	Cr	Mn	Cu	Fe	C	N	H	O	Y	其他元素			
																		单个	总和		
α钛合金	5Al-2.5Sn	余量	4.00～6.00	2.00～3.00	—	—	—	—	—	—	—	0.50	0.08	0.05	0.020	0.20	0.005	0.10	0.40	AMS 4926G	棒材、环件
	5Al-2.5Sn	余量	4.00～6.00	2.00～3.00	—	—	—	—	—	—	—	0.50	0.08	0.05	0.020	0.20	0.005	0.10	0.40	MAS 4966G	锻件
	5Al-2.5Sn	余量	4.50～6.75	2.00～3.00	—	—	—	—	—	—	—	0.50	0.08	0.05	0.015	0.175	0.005	0.10	0.40	AMS 4953B	焊丝
	5Al-2.5Sn（ELI）	余量	4.50～5.75	2.00～3.00	—	—	—	—	—	—	—	0.25	0.05	0.035	0.0125	0.12	0.005	0.05	0.30	AMS 4909D	板、带材 Fe+O≤0.32%
	5Al-2.5Sn（ELI）	余量	4.50～5.75	2.00～3.00	—	—	—	—	—	—	—	0.50	0.08	0.05	0.020	0.20	0.005	0.10	0.40	AMS 4910H	板、带材
	5Al-2.5Sn（ELI）	余量	4.50～5.60	2.00～3.00	—	—	—	—	—	—	—	0.25	0.05	0.035	0.0125	0.12	0.005	0.05	0.40	AMS 4924D	棒、锻件、环件 Fe+O≤0.32%
	8Al-1Mo-1V	余量	7.35～8.35	—	—	—	0.75～1.25	0.75～1.25	—	—	—	0.30	0.08	0.05	0.015	0.12	0.005	0.10	0.40	AMS 4915F	板、带材
	8Al-1Mo-1V	余量	7.35～8.35	—	—	—	0.75～1.25	0.75～1.25	—	—	—	0.30	0.08	0.05	0.015	0.12	0.005	0.10	0.40	AMS 4916E	板、带材
	8Al-1Mo-1V	余量	7.35～8.35	—	—	—	0.75～1.25	0.75～1.25	—	—	—	0.30	0.08	0.05	0.0150	0.12	0.005	0.10	0.40	AMS 4972 C	棒材、环件
	8Al-1Mo-1V	余量	7.35～8.35	—	—	—	0.75～1.25	0.75～1.25	—	—	—	0.30	0.08	0.05	0.0150	0.12	0.005	0.10	0.40	AMS 4973C	锻件
	8Al-1Mo-1V	余量	7.35～8.35	—	—	—	0.75～1.25	0.75～1.25	—	—	—	0.30	0.08	0.05	0.0150	0.12	0.005	0.10	0.40	AMS 4933A	挤压件、焊环
	8Al-1Mo-1V	余量	7.35～8.35	—	—	—	0.75～1.25	0.75～1.25	—	—	—	0.30	0.08	0.05	0.01	0.12	0.005	0.10	0.40	AMS 4955B	焊丝
	11Sn-5.0Zr-2.3Al-1.0Mo-0.21Si	余量	2.00～2.50	10.50～11.50	4.00～6.00	Si 0.15～0.27	0.80～1.20	—	—	—	—	0.12	0.04	0.04	0.0125	0.15	0.005	0.10	0.30	AMS 4974A	棒材、锻件
	5Zr-5Al-5Sn	余量	4.50～5.50	4.30～5.30	4.70～5.70	—	—	—	—	—	—	0.15	0.04	0.030	0.013	0.12	—	0.10	0.40	AMS 4968A	棒材、锻件

续表

材料名称	牌号	化学成分/%(不大于,注明范围值和余量者除外)																	标准号	备注
		Ti	Al	Sn	Zr	Nb	Mo	V	Cr	Mn	Cu	Fe	C	N	H	O	Y	其他元素			
																		单个	总和		
α-β钛合金	6Al-4V	余量	5.60～6.30	—	—	—	—	3.60～4.40	—	—	—	0.25	0.05	0.03	0.0125	0.12	0.005	0.10	0.40	AMS 4905	板、带材
		余量	5.50～6.75	—	—	—	—	3.50～4.50	—	—	—	0.30	0.08	0.05	0.0125	0.20	—	—	0.40	AMS 4906	板、带材
		余量	5.50～6.75	—	—	—	—	3.50～4.50	—	—	—	0.30	0.08	0.05	0.015	0.20	0.005	0.10	0.40	AMS 4911E	板、带材
		余量	5.50～6.75	—	—	—	—	3.50～4.50	—	—	—	0.30	0.10	0.05	0.0125	0.20	0.005	0.10	0.40	AMS 4928K	棒材、锻件,锻件的H≤0.0150%
		余量	5.50～6.75	—	—	—	—	3.50～4.50	—	—	—	0.30	0.08	0.05	0.0125	0.20	0.005	0.10	0.40	AMS 4965E	棒材、锻件、环件
		余量	5.50～6.75	—	—	—	—	3.50～4.50	—	—	—	0.30	0.08	0.05	0.0125	0.20	0.005	0.10	0.40	AMS 4967F	棒材、锻件、环件,锻件的H≤0.0150%
		余量	5.50～6.75	—	—	—	—	3.50～4.50	—	—	—	0.30	0.10	0.05	0.0125	0.20	—	0.10	0.40	AMS 4920	锻件
		余量	5.50～6.75	—	—	—	—	3.50～4.50	—	—	—	0.30	0.10	0.05	0.0125	0.20	0.005	0.10	0.40	AMS 4934A	挤压件、焊环
		余量	5.50～6.75	—	—	—	—	3.50～4.50	—	—	—	0.30	0.10	0.05	0.0125	0.20	0.005	0.10	0.40	AMS 4935E	挤压件、焊环
		余量	5.50～6.75	—	—	—	—	3.50～4.50	—	—	—	0.30	0.05	0.03	0.015	0.18	0.005	0.10	0.40	AMS 4954D	焊丝
	6Al-4V(ELI)	余量	5.50～6.50	—	—	—	—	3.50～4.50	—	—	—	0.25	0.08	0.05	0.0125	0.13	0.005	0.10	0.30	AMS 4907D	板、带材
		余量	5.50～6.50	—	—	—	—	3.50～4.50	—	—	—	0.25	0.08	0.05	0.0125	0.13	0.005	0.10	0.40	AMS 4930C	棒材、锻件、环件
		余量	5.50～6.75	—	—	—	—	3.50～4.50	—	—	—	0.15	0.03	0.012	0.005	0.08	0.005	0.03	0.10	AMS 4956B	焊丝

续表

材料名称	牌号	化学成分/%（不大于，注明范围值和余量者除外）																		标准号	备注
		Ti	Al	Sn	Zr	Nb	Mo	V	Cr	Mn	Cu	Fe	C	N	H	O	Y	其他元素			
																		单个	总和		
α-β钛合金	6Al-6V-2Sn	余量	5.00～6.00	1.50～2.50	—	—	—	5.00～6.00	—	—	0.35～1.00	0.35～1.00	0.05	0.04	0.015	0.20	0.005	0.10	0.40	AMS 4918F	板、带材
		余量	5.00～6.00	1.50～2.50	—	—	—	5.00～6.00	—	—	0.35～1.00	0.35～1.00	0.05	0.04	0.015	0.20	0.005	—	0.40	AMS 4971C	棒材、锻件、环件
		余量	5.00～6.00	1.50～2.50	—	—	—	5.00～6.00	—	—	0.35～1.00	0.35～1.00	0.05	0.04	0.015	0.20	0.005	0.10	0.40	AMS 4978B	棒材、锻件、环件
		余量	5.00～6.00	1.50～2.50	—	—	—	5.00～6.00	—	—	0.35～1.00	0.35～1.00	0.05	0.04	0.015	0.20	0.005	0.10	0.40	AMS 4979B	棒材、锻件、环件
		余量	5.00～6.00	1.50～2.50	—	—	—	5.00～6.00	—	—	0.35～1.00	0.35～1.00	0.05	0.04	0.015	0.20	0.005	0.10	0.40	AMS 4936B	挤压件
	3Al-2.5V	余量	2.5～3.50	—	—	—	—	2.00～3.00	—	—	—	0.30	0.050	0.020	0.015	0.12	0.005	0.10	0.40	AMS 4943D	无缝管
		余量	2.50～3.50	—	—	—	—	2.00～3.00	—	—	—	0.30	0.05	0.020	0.015	0.12	0.005	0.10	0.40	AMS 4944D	无缝管
	6Al-2Sn-4Zr-2Mo	余量	5.50～6.50	1.80～2.20	3.60～4.40	Si 0.10	1.80～2.20	—	—	—	—	0.25	0.05	0.05	0.015	0.12	0.005	0.10	0.30	AMS 4919B	板、带材，Si≤0.10%
		余量	5.50～6.50	1.80～2.20	3.60～4.40	Si 0.10	1.80～2.20	—	—	—	—	0.25	0.05	0.05	0.0125	0.15	0.005	0.10	0.30	AMS 4975E	棒材、环件、环件的H≤0.0150%
		余量	5.50～6.50	1.80～2.20	3.60～4.40	Si 0.10	1.80～2.20	—	—	—	—	0.25	0.05	0.05	0.0125	0.15	0.005	0.10	0.30	AMS 4976B	锻件的H≤0.0150%
	6Al-2Sn-4Zr-6Mo	余量	5.50～6.50	1.75～2.25	3.50～4.50	—	5.50～6.50	—	—	—	—	0.15	0.04	0.04	0.0125	0.15	0.005	0.10	0.40	AMS 4981B	棒材、锻件
	7Al-4Mo	余量	6.50～7.30	—	—	—	3.50～4.50	—	—	—	—	0.30	0.10	0.05	0.013	0.20	0.005	0.10	0.40	AMS 4970E	棒材、锻件
	4Al-3Mo-1V	余量	3.75～4.75	—	—	—	2.50～3.50	0.75～1.25	—	—	—	0.35	0.08	0.05	0.015	0.20	—	0.10	0.40	AMS 4912A	板、带材
		余量	3.75～4.75	—	—	—	2.50～3.50	0.75～1.25	—	—	—	0.35	0.08	0.05	0.015	0.20	—	0.10	0.40	AMS 4913A	板、带材
	8Mn	余量	—	—	—	—	—	—	—	6.5～9.0	—	0.50	0.08	0.05	0.015	0.20	0.005	0.10	0.40	AMS 4908D	板、带材

续表

材料名称	牌号	化学成分/%(不大于,注明范围值和余量者除外)																		标准号	备注
		Ti	Al	Sn	Zr	Nb	Mo	V	Cr	Mn	Cu	Fe	C	N	H	O	Y	其他元素			
																		单个	总和		
α-β钛合金	4Al-4Mn	余量	3.0~5.0	—	—	—	—	—	—	3.0~5.0	—	0.50	0.15	0.07	0.0125	0.20	—	—	0.40	AMS 4925B	棒材、锻件
	2Cr-2Fe-2Mo	余量	—	—	—	—	1.5~3.0	—	1.5~3.0	—	—	1.5~3.0	0.10	0.10	0.0125	0.20	—	0.10	0.40	AMS 4923A	棒材、锻件
	5Cr-3Al	余量	2.5~3.5	—	—	—	—	—	4.5~5.5	—	—	—	0.10	0.05	0.0125	0.20	—	—	0.40	AMS 4927	棒材、锻件、坯料
	5.4Al-1.4Cr-1.3Fe-1.25Mo	余量	4.75~6.00	—	—	—	0.80~1.70	—	0.80~2.00	—	—	0.90~1.70	0.10	0.07	0.0125	0.20	—	—	0.40	AMS 4969	Fe+Cr+Mo为3.30%~4.70%
		余量	4.75~6.00	—	—	—	0.80~1.70	—	0.80~2.00	—	—	0.90~1.70	0.10	0.07	0.0125	0.20	—	—	0.40	AMS 4929	Fe+Cr+Mo为3.30%~4.70%
β钛合金	13.5V-11Cr-3Al	余量	2.5~3.5	—	—	—	—	12.5~14.5	10.0~12.0	—	—	0.35	0.05	0.05	0.025	0.17	—	0.10	0.40	AMS 4917D	板、带材
		余量	2.50~3.50	—	—	—	—	12.50~14.50	10.00~12.00	—	—	0.35	0.05	0.050	0.030	0.17	0.005	0.10	0.40	AMS 4959B	线材
	11.5Mo-6.0Zr-4.5Sn	余量	—	3.75~5.25	4.50~7.50	—	10.00~13.00	—	—	—	—	0.35	0.10	0.05	0.015	0.18	—	0.10	0.40	AMS 4977B	棒材、线材
		余量	—	3.75~5.25	4.50~7.50	—	10.00~13.00	—	—	—	—	0.35	0.10	0.05	0.015	0.18	0.005	0.10	0.40	AMS 4980B	棒材、线材
	10V-2Fe-3Al	余量	2.6~3.4	—	—	—	—	9.0~11.0	—	—	—	1.6~2.2	0.05	0.05	0.015	0.13	0.005	0.10	0.30	AMS 4983A	锻件
		余量	2.6~3.4	—	—	—	—	9.0~11.0	—	—	—	1.6~2.2	0.05	0.05	0.015	0.13	0.005	0.10	0.30	AMS 4984	锻件
		余量	2.6~3.4	—	—	—	—	9.0~11.0	—	—	—	1.6~2.2	0.05	0.05	0.015	0.13	0.005	0.10	0.30	AMS 4986	锻件
		余量	2.6~3.4	—	—	—	—	9.0~11.0	—	—	—	1.6~2.2	0.05	0.05	0.015	0.13	0.005	0.10	0.30	AMS 4987	锻件
	15V-3.0Cr-3.0Sn-3.0Al	余量	2.5~3.5	2.5~3.5	—	—	—	14.0~16.0	2.5~3.5	—	—	0.25	0.05	0.05	0.015	0.13	—	0.10	0.40	AMS 4914	板、带材
	44.5Nb	余量	—	—	—	42.00~47.00	—	—	0.02	0.01	—	0.03	0.04	0.03	0.0035	0.16	—	—	0.40	AMS 4982A	线材,Si≤0.03%,Mg≤0.01%

表 12-38 成品取样分析时合金成分的允许偏差

元素名称	规定的范围值或最大值/%	允许偏差(小于最小值或大于最大值)/%
C	0.20	0.02
	>0.20～0.50	0.04
	>0.50	0.06
Mn	0.20	0.10
	>0.20～6.00	0.20
	>6.00～9.00	0.25
Cr	1.00	0.05
	>1.00～4.00	0.15
	>4.00	0.25
Mo	1.00	0.04
	>1.00～5.00	0.20
	>5.00	0.25
Al	1.00	0.12
	>1.00～10.00	0.40
H	0.020	0.002
	>0.020～0.050	0.005
	>0.050	0.010
N	<0.10	0.02
O	0.20	0.02
	>0.20	0.03
Fe	0.25	0.10
	>0.25～0.50	0.15
Fe	>0.50～5.00	0.20
	>5.00	0.25
V	0.50	0.05
	>0.50～5.00	0.15
	>5.00～10.00	0.20
	>10.00	0.25
Sn	3.00	0.15
	>3.00～6.00	0.20
	>6.00～12.00	0.25
Cu	1.00	0.05
Zr	4.00	0.10
	>4.00～6.00	0.20
	>6.00～10.00	0.30
	>10.00	0.40
Nb	1.00	0.10
	>1.00～3.00	0.15
Ta	0.50	0.10
	>1.00～3.00	0.15
Si	0.50	0.05
Ni	0.6～0.9	0.05
Pb	0.12～0.25	0.02
其他元素	0.1	0.02

(3) 铸造钛及钛合金

表 12-39 铸造钛及钛合金牌号和化学成分

材料名称	牌号	化学成分/%(不大于,注明范围值者除外)							
		Ti	Al	Sn	V	Pd	Fe	C	N
2号纯钛	Grade C-2	余量	—	—	—	—	0.20	0.10	0.05
3号纯钛	Grade C-3	余量	—	—	—	—	0.25	0.10	0.05
5号钛合金	Grade C-5	余量	5.5～6.75	—	3.5～4.5	—	0.40	0.10	0.05
6号钛合金	Grade C-6	余量	4.00～6.00	2.0～3.0	—	—	0.50	0.10	0.05
低合金化7号钛合金	Grade Ti-Pd7B	余量	—	—	—	0.12	0.20	0.10	0.05
低合金化8号钛合金	Grade Ti-Pd8A	余量	—	—	—	0.12	0.25	0.10	0.05
α-β钛合金	6Al-4V	余量	5.50～6.75	—	3.50～4.50	—	0.30	0.10	0.05
α-β钛合金	6Al-4V	余量	5.50～6.75	—	3.50～4.50	—	0.30	0.10	0.05

材料名称	牌号	化学成分/%(不大于,注明范围值者除外)					标准号
		H	O	Y	其他元素		
					单个	总和	
2号纯钛	Grade C-2	0.015	0.40	—	0.10	0.40	ASTM B 367—1983
3号纯钛	Grade C-3	0.015	0.40	—	0.10	0.40	
5号钛合金	Grade C-5	0.015	0.25	—	0.10	0.40	
6号钛合金	Grade C-6	0.015	0.20	—	0.10	0.40	
低合金化7号钛合金	Grade Ti-Pd7B	0.015	0.40	—	0.10	0.40	
低合金化8号钛合金	Grade Ti-Pd8A	0.015	0.40	—	0.10	0.40	
α-β钛合金	6Al-4V	0.015	0.20	0.005	0.10	0.40	AMS 4985A
α-β钛合金	6Al-4V	0.015	0.20	0.005	0.10	0.40	AMS 4991

12.2.2 钛及钛合金的力学性能

（1）板、带材

表 12-40　钛及钛合金板、带材的性能

牌号	状态	抗拉强度 σ_b		屈服强度 $\sigma_{0.2}$		伸长率① δ/%	弯曲试验的弯心直径② 厚度 T/mm(in)		标准号	备注
		ksi	MPa	ksi	MPa		<1.8 (0.070)	1.8～4.75 (0.070～0.187)		
		不小于								
Grade1	退火	35	240	25～45	170～310	24	3T	4T	ASTM B 265—2005	下列情况的性能由供需双方协商：a. 表中规定以外的状态；b. 厚度大于 25mm (1in)的厚板；c. Grade5、6、10 合金厚度小于 0.635mm (0.025in) 时的伸长率；d. Ti-6Al-4VELI 合金厚度小于 0.813mm (0.125in)时的伸长率
		35	240	25	170	24	3T	4T	ASTM F 67—2000	
Grade2	退火	50	345	40～65	275～450	20	4T	5T	ASTM B 265—2005	
		50	345	40	275	20	4T	5T	ASTM F 67—2000	
Grade3	退火	65	450	55～80	380～550	18	4T	5T	ASTM B 265—2005	
		65	450	55	380	18	4T	5T	ASTM F 67—2000	
Grade4	退火	80	550	70～95	480～655	15	5T	6T	ASTM B 265—2005	
		80	550	70	485	15	5T	6T	ASTM F 67—2000	
Grade5	退火	130	895	120	830	10	9T	10T	ASTM B 265—2005	
Ti-6Al-4VELI	退火③	130	896	120	827	10	9T	10T	ASTM F 136—2002	
	退火④	125	860	115	795	10	—	—		
Grade6	退火	120	830	115	795	10	8T	9T	ASTM B 265—2005	
Grade7	退火	50	345	40～65	275～450	20	4T	5T		
Grade10	固溶处理	100	690	90	620	10	6T	6T		
Grade11	退火	35	240	25～45	170～310	24	3T	4T	ASTM B 265—2005	
Grade12	退火	70	483	50	345	18	4T	5T		

① L_0 为 2in 或 50mm。

② T 为试样厚度，在规定的弯心直径上弯曲 105°，外表面无裂纹。

③ 厚度小于 4.75mm（0.187in）的薄板、带材。

④ 厚度在 4.75～44.45mm（0.187～1.75in）的厚板、断面收缩率不小于 25%。

MIL-T-9046H 对带材和薄板的定义与 ASTM B 265 相同。厚板是指厚度不小于 4.75mm (0.1875in)，宽度大于 305mm（12in)，且宽度至少为厚度 5 倍的产品。

MIL-T-9046H 规定的钛及钛合金薄板和带材的性能如表 12-41 所示，厚板的性能如表 12-42 所示，厚板的厚度与性能的关系如表 12-43 所示，薄板、带材的弯曲性能如表 12-44 所示。

新版的 MIL-T-9046J 与 MIL-T-9046H 相比，有很大的变化。该标准规定的钛及钛合金板、带材的性能均按合金类别分别列出，工业纯钛及 α 钛合金板、带材的性能如表 12-45 所示，α-β 钛合金板、带材性能如表 12-46 所示，β 钛合金的性能如表 12-47 所示，薄板、带材的弯曲性能如表 12-48 所示。

表 12-41　钛及钛合金薄板和带材的性能（MIL-T-9046H）

牌　号	状　态	抗拉强度 σ_b		屈服强度 $\sigma_{0.2}$		伸长率[①] δ/%
		ksi	MPa	ksi	MPa	
		不　小　于				
A(40KSI-YS)	退火	50	345	40～65	276～448	20.0
B(70KSI-YS)		80	552	70～95	483～655	15.0
C(55KSI-YS)		65	448	55～80	379～552	18.0
A(5Al-2.5Sn)		120	827	113	779	10.0
B(5Al-2.5Sn ELI)		100	689	95	655	10.0
F(8Al-1Mo-1V)		145	1000	135	931	10.0
C(6Al-4V)	退火	134	924	126	869	8.0
	固溶处理	②	—	150	1034	6.0
	固溶＋时效	160	1103	145	1000	5.0
D(4Al-4V ELI)	退火	130	896	120	827	10.0
E(6Al-6V-2Sn)	退火	155	1069	145	1000	10.0
	固溶处理	②	—	160	1103	10.0
	固溶＋时效	170	1172	160	1103	8.0
G(6Al-2Sn-4Zr-2Mo)	退火	135	931	125	862	8.0
H(6Al-4V SPL)	退火	130	896	120	827	10.0
A(13V-11Cr-3Al)	固溶处理	125	862	120	827	10.0
	固溶＋时效	170	1172	160	1103	4.0
B(11.5Mo-6Zr-4.5Sn)	固溶处理	100	689	90	621	12.0
	固溶＋时效	180	1241	170	1172	6.0
C(3Al-8V-6Cr-4Mo-4Zr)	固溶处理	125	862	120	827	8.0
	固溶＋时效	180	1241	170	1172	6.0
D(8Mo-8V-2Fe-3Al)	固溶处理	125	862	120	827	8.0
	固溶＋时效	175	1207	155	1069	10.0

① L_0＝2in（50.8mm），退火及固溶状态的伸长率适用于厚度不小于 0.635mm（0.0025in）的产品。

② 抗拉强度与屈服强度的最小差值应为 103MPa（15ksi）。

注：原标准中对某些合金在不同厚度或不同状态时的性能有许多补充说明。

表 12-42　钛及钛合金厚板的性能（MIL-T-9046H）

牌　号	状态	厚度/mm(in)	抗拉强度 σ_b		屈服强度 $\sigma_{0.2}$		伸长率[①] δ/%
			ksi	MPa	ksi	MPa	
			不　小　于				
A(40KSI-YS)	退火	＜25.4(1.000)	50	345	40～65	276～448	20.0
B(70KSI-YS)		＜25.4(1.000)	80	552	70～95	483～655	15.0
C(55KSI-YS)		＜25.4(1.000)	65	448	55～80	379～552	18.0
A(5Al-2.5Sn)		—	120	827	113	779	10.0
		38.1～101.6(1.500～4.000)	115	793	110	758	—
B(5Al-2.5Sn)(ELI)		＜25.4(1.000)	100	68	95	655	10.0
G(6Al-2Nb-1Ta-0.8Mo)		＜69.9(2.750)	103	710	95	655	10.0
C(6Al-4V)		＜101.6(4.000)	130	896	120	827	10.0
D(6Al-4V)(ELI)		—	130	896	120	827	10.0
		25.4～76.2(1.000～3.000)	125	862	115	793	—
E(6Al-6V-2Sn)		4.76～50.8(0.1875～1.000)	150	1034	140	955	10.0
		50.83～101.6(2.001～4.000)	145	1000	135	931	8[②]
H(6Al-4V)(SPL)		—	130	896	120	827	10.0
		25.4～76.2(1.000～3.000)	125	862	115	793	—
A(13V-11C1-3Al)		101.6(＜4.000)	125	862	120	827	10.0
B(11.5Mo-6Zr-4.5Sn)		＜101.6(4.000)	100	689	90	621	10.0
C(3Al-8V-6Cr-4Mo-4Zr)		4.76～50.8(0.1875～2.000)	125	862	120	827	10.4
		50.83～101.6(2.001～4.000)	120	827	115	793	8[③]
D(8Mo-8V-2Fe-3Al)		4.76～50.8(0.1875～2.000)	125	862	120	827	10.0
		50.83～101.6(2.001～4.000)	120	827	115	793	8[③]

① L_0 为 50.8mm（2in）或 $4D$，$D \geqslant 12.7$mm（0.500in）。

② 横向伸长率不小于 6%。

③ 长横向伸长率不小于 6%，短横向伸长率不小于 3%。

表 12-43　钛及钛合金厚板的厚度与性能的关系（MIL-T-9046H）

厚度/mm(in)	牌号	状态	抗拉强度 σ_b ksi	抗拉强度 σ_b MPa	屈服强度 $\sigma_{0.2}$ ksi	屈服强度 $\sigma_{0.2}$ MPa	伸长率[①] δ/%
			不小于				
4.76～6.35$\left(\frac{3}{16}\sim\frac{1}{4}\right)$	F(8Al-1Mo-1V)	一次退火	145	1000	135	931	10
>6.35～12.7$\left(\frac{1}{4}\sim\frac{1}{2}\right)$			145	1000	135	931	10
>12.7～19.1$\left(\frac{1}{2}\sim\frac{3}{4}\right)$			140	965	130	896	10
>19.1～25.4$\left(\frac{3}{4}\sim1\right)$			140	965	130	896	10
>25.4～38.1$\left(1\sim1\frac{1}{2}\right)$			130	896	120	827	10
>38.1～50.8$\left(1\frac{1}{2}\sim2\right)$			130	896	120	827	10
>50.8～63.5$\left(2\sim2\frac{1}{2}\right)$			130	896	120	827	10
>63.5～101.6$\left(2\frac{1}{2}\sim4\right)$	F(8Al-1Mo-1V)	一次退火	120	827	110	758	8
4.76～6.35$\left(\frac{3}{16}\sim\frac{1}{4}\right)$	F(8Al-1Mo-1V)	双重退火	130	896	120	827	10
>6.35～12.7$\left(\frac{1}{4}\sim\frac{1}{2}\right)$			130	896	120	827	10
>12.7～19.1$\left(\frac{1}{2}\sim\frac{3}{4}\right)$			130	896	120	827	10
>19.1～25.4$\left(\frac{3}{4}\sim1\right)$			130	896	120	827	10
>25.4～38.1$\left(1\sim1\frac{1}{2}\right)$			125	862	115	793	10
38.1～50.8$\left(1\frac{1}{2}\sim2\right)$			125	862	115	793	10
>50.8～63.5$\left(2\sim2\frac{1}{2}\right)$			120	827	110	758	8
>63.5～101.6$\left(2\frac{1}{2}\sim4\right)$			120	827	110	758	8
4.76～6.35$\left(\frac{3}{16}\sim\frac{1}{4}\right)$	C(6Al-4V)	固溶＋时效	160	1103	145	1000	8
>6.35～12.7$\left(\frac{1}{4}\sim\frac{1}{2}\right)$			160	1103	145	1000	8
>12.7～19.1$\left(\frac{1}{2}\sim\frac{3}{4}\right)$			160	1103	145	1000	8
>19.1～25.4$\left(\frac{3}{4}\sim1\right)$			150	1034	140	965	6
>25.4～38.1$\left(1\sim1\frac{1}{2}\right)$			145	1000	135	931	6
>38.1～50.8$\left(1\frac{1}{2}\sim2\right)$			145	1000	135	931	6
>50.8～63.5$\left(2\sim2\frac{1}{2}\right)$			130	896	120	827	6
>63.5～101.6$\left(2\frac{1}{2}\sim4\right)$			130	896	120	827	6

续表

厚度/mm(in)	牌号	状态	抗拉强度 σ_b		屈服强度 $\sigma_{0.2}$		伸长率[①]
			ksi	MPa	ksi	MPa	δ/%
			不小于				
4.76～6.35$\left(\frac{3}{16}\sim\frac{1}{4}\right)$	E(6Al-6V-2Sn)	固溶＋时效	170	1172	160	1103	8
>6.35～12.7$\left(\frac{1}{4}\sim\frac{1}{2}\right)$			170	1172	160	1103	8
>12.7～19.1$\left(\frac{1}{2}\sim\frac{3}{4}\right)$			170	1172	160	1103	8
>19.1～25.4$\left(\frac{3}{4}\sim1\right)$			170	1172	160	1103	8
>25.4～38.1$\left(1\sim1\frac{1}{2}\right)$			170	1172	160	1103	8
>38.1～50.8$\left(1\frac{1}{2}\sim2\right)$			160	1103	150	1034	6
>50.8～63.5$\left(2\sim2\frac{1}{2}\right)$			160	1103	150	1034	6
>63.5～101.6$\left(2\frac{1}{2}\sim4\right)$			150	1034	140	965	6
4.75～101.6$\left(\frac{3}{16}\sim4\right)$	A(13V-11Cr-3Al)	固溶＋时效	170	1172	160	1103	4
4.75～101.6$\left(\frac{3}{16}\sim4\right)$	B(11.5Mo-6Zr-4.5Sn)	固溶＋时效	180	1241	170	1172	6
4.76～50.8$\left(\frac{3}{16}\sim2\right)$	C(3Al-8V-6Cr-4Mo-4Zr)	固溶＋时效	180	1241	170	1172	8
>50.8～101.6(2～4)			180	1241	170	1172	6
$\frac{3}{16}$～2(4.76～50.8)	D(8Mo-8V-2Fe-3Al)	固溶＋时效	170	1172	160	1103	8
>2～4(50.8～101.6)			170	1172	160	1103	6[②]

① L_0 为 50.8mm (2in) 或 4D，D≥12.7mm (0.500in)。
② 横向伸长率不小于 4%。

表 12-44　钛及钛合金薄板、带材的弯曲性能（MIL-T-9046H）

牌号	状态	弯曲角/(°)	最小弯心半径[①] 厚度/mm(in)	
			≤1.78(0.070)	>1.78～4.76(0.070～0.1875)
A(40KSI-YS)	退火或固溶处理	105	2.0T	2.5T
B(70KSI-YS)			2.5T	3.0T
C(55KSI-YS)			2.0T	2.5T
A(5Al-2.5Sn)			4.0T	4.5T
B(5Al-2.5SnELI)			4.0T	4.5T
F(8Al-1Mo-1V)	退火		4.5T	5.0T
	双重退火		4.0T	4.5T
C(6Al-4V)	退火或固溶处理		4.5T	5.0T
D(6Al-4VELI)			4.5T	5.0T
E(6Al-6V-2Sn)			4.5T	4.5T
G(6Al-2Sn-4Zr-2Mo)			4.5T	5.0T
H(6Al-4VSPL)			4.5T	5.0T
A(13V-11Cr-3Al)			3.0T	3.5T
B(11.5Mo-6Zr-4.5Sn)			3.0T	3.0T
C(3Al-8V-6Cr-4Mo-4Zr)			3.5T	4.0T
D(8Mo-8V-2Fe-3Al)			3.5T	3.5T

① T 为材料厚度。

表 12-45 工业纯钛及 α 钛合金板、带材的性能（MIL-T-9046 J）

牌 号	状态	厚度/mm(in)	抗拉强度 σ_b		屈服强度 $\sigma_{0.2}$		伸长率[①] δ/%
			ksi	MPa	ksi	MPa	
			不 小 于				
CP-4	退火	≤25.40(1.000)	35	241	25～45	172～310	24
CP-3	退火	≤25.40(1.000)	50	345	40～65	276～448	20
CP-2	退火	≤25.40(1.000)	65	448	55～80	379～552	18
CP-1	退火	≤25.40(1.000)	80	552	70～95	483～655	15
A-1(5Al-2.5Sn)	退火	≤38.1(1.500)	120	827	113	779	10
		＞38.10～101.60(＞1.500～4.000)	115	793	110	758	10
A-2(5Al-2.5Sn)(ELI)	退火	＞0.20～0.36(＞0.008～0.014)	100	689	95	655	6
		＞0.36～0.61(＞0.014～0.024)	100	689	95	655	8
		＞0.61～25.40(＞0.024～1.000)	100	689	95	655	10
A-3(6Al-2Nb-1Ta-0.8Mo)	退火	＞4.76～101.60(＞0.1875～4.000)	103	710	95	955	10
A-4（8Al-1Mn-1V）[②]	退火	＞0.20～0.36(＞0.008～0.014)	145(135)	1000(931)	135(120)	931(827)	6
		＞0.36～0.61(＞0.014～0.024)	145(135)	1000(931)	135(120)	931(827)	8
		＞0.61～4.76(＞0.024～0.1875)	145(135)	1000(931)	135(120)	931(827)	10(10)
		＞476～12.70(＞0.1875～0.500)	145(130)	1000(896)	135(120)	931(827)	10(10)
		＞12.70～25.40(＞0.500～1.000)	140(130)	965(896)	130(120)	896(827)	10(10)
		＞25.40～50.80(＞1.000～2.000)	130(125)	896(862)	120(115)	827(793)	10(10)
		＞50.80～63.50(＞2.000～2.500)	130(120)	896(827)	120(110)	827(758)	10(8)
		＞63.50～101.60(＞2.500～4.000)	120(120)	827(827)	110(110)	758(758)	8(8)

① L_0 为 50.8mm (2in) 或 $4D$。
② 圆括号中的数值是双重退火状态的性能。

表 12-46 α-β 钛合金板、带材的性能（MIL-T-9046J）

牌 号	状态	厚度/mm(in)	抗拉强度 σ_b		屈服强度 $\sigma_{0.2}$		伸长率[①] δ/%
			ksi	MPa	ksi	MPa	
			不 小 于				
AB-1(6Al-4V)	退火	≤1.57(0.062)	134	924	126	868	8
		＞1.57～4.76(＞0.062～0.1875)	134	924	126	868	10
		＞4.76～101.60(＞0.1875～4.000)	130	896	120	827	10
	固溶处理	≤0.81(0.032)	③	③	≤150	≤1034	6
		＞0.81～4.76(＞0.032～0.1875)			≤150	≤1034	8
	固溶处理＋时效	≤0.81(0.032)	160	1103	145	1000	3
		＞0.81～1.24(＞0.032～0.049)	160	1103	145	1000	4
		＞1.24～4.76(＞0.049～0.1875)	160	1103	145	1000	5
		＞4.76～19.05(＞0.1875～0.750)	160	1103	145	1000	8
		＞19.05～25.40(＞0.750～1.000)	150	1034	140	965	6
		＞25.40～50.80(＞1.000～2.000)	145	1000	135	931	6
AB-2(6Al4V)(ELI)	退火	＞0.20～0.36(＞0.008～0.014)	130	896	120	827	6
		＞0.36～0.61(＞0.014～0.024)	130	896	120	827	8
		＞0.61～25.40(＞0.024～1.000)	130	896	120	327	10
		＞25.40～76.20(＞1.000～3.000)	125	862	115	792	10
AB-3(6Al-6V-2Sn)[②]	退火	≤0.61(0.024)	155	1069	145～170	1000～1171	8(6)[②]
		＞0.61～4.76(＞0.024～0.1875)	155	1069	145～170	1000～1171	10(8)
		＞4.76～50.80(0.1875～2.000)	150	1034	140	965	10(8)
		＞50.80～101.60(＞2.000～4.000)	145	1000	135	931	8(6)
	固溶处理	≤4.76(0.1875)	③	③	≤160	≤1103	10
	固溶处理＋时效	≤4.76(0.1875)	170	1172	160	1103	8(6)
		＞4.76～38.10(＞0.1875～1.500)	170	1172	160	1103	8
		＞38.10～63.50(＞1.500～2.500)	160	1103	150	1034	6
		＞63.60～101.60(＞2.500～4.000)	150	1034	140	965	6
AB-4(6Al-2Sn-4Zr-2Mo)	双重退火	≤1.57(0.062)	135	931	125	862	8
		＞1.57～25.40(＞0.062～1.000)	135	931	125	862	10
		＞25.40～76.20(＞1.000～3.000)	130	896	120	827	10
	固溶处理＋时效	≤1.57(0.062)	145	1000	135	931	8
		＞1.57～4.76(＞0.062～0.1875)	145	1000	135	931	10
AB-5(3Al-2.5V)	退火	≤25.40(1.000)	90	621	75	517	15
AB-6(8Mn)	退火	≤4.76(0.1875)	125	862	110～140	758～965	10

① L_0 为 50.8mm (2in) 或 $4D$。
② 圆括号中的伸长率值仅适用于横向。
③ 抗拉强度与屈服强度的最小差值为 103N/mm^2 (15ksi)。

表 12-47 β钛合金板、带材的性能（MIL-T-9046J）

牌号	状态	厚度/mm(in)	抗拉强度 σ_b ksi	抗拉强度 σ_b MPa	屈服强度 $\sigma_{0.2}$ ksi	屈服强度 $\sigma_{0.2}$ MPa	伸长率[①] δ/%
			不小于				
B-1(13V-11Cr-3Al)	固溶处理	≤1.24(0.049)	132	910	126	869	8
		>1.24~101.60(>0.049~4.000)	125	862	120	827	10
	固溶处理+时效	≤0.61(0.024)	170	1172	160	1103	3
		>0.61~101.60(>0.024~4.000)	170	1172	160	1103	4
B-2(11.5Mo-6Zr-4.5Sn)	固溶处理	≤0.61(0.024)	100	689	90	621	10
		>0.61~4.76(>0.024~0.1875)	100	689	90	621	12
	固溶时效(1000℃)	≤4.76(0.1875)	165	1138	155	1069	8
	固溶时效(925℃)	≤0.61(0.024)	180	1240	170	1172	3
		>0.61~4.76(>0.024~0.1875)	180	1240	170	1172	4
		>4.76(0.1875)	180	1240	170	1172	2
B-3(3Al-8V-6Cr-4Mo-4Zr)	固溶处理	≤0.74(0.029)	125	862	120	827	6
		>0.74~4.76(>0.029~0.1875)	125	862	120	827	8
		>4.76~50.78(>0.1875~1.999)	125	862	120	827	10(8)
		>50.78~101.60(>1.999~4.000)	120	827	115	792	8(6)
	固溶时效	≤4.76(0.1875)	180	1241	170	1172	6
		>4.76~25.40(>0.1875~1.000)	180	1241	170	1172	8
		>25.40~101.60(>1.000~4.000)	170	1172	160	1102	6(4)
B-4(8Mo-8V-2Fe-3Al)	固溶处理	≤4.76(0.1875)	125	862	120	827	18
		>4.76~50.80(>0.1875~2.000)	125	862	120	827	10
		>50.80~101.60(>2.000~4.000)	120	827	115	793	8(6)
	固溶时效(1100℃)	≤4.76(0.1875)	150	1034	140	965	15
	固溶时效(1100℃)	≤4.76(0.1875)	175	1207	155	1069	10
		>4.76~25.40(>0.1875~2.000)	180	1241	170	1172	8
		>25.40~101.60(>2.000~4.000)	180	1241	170	1172	6(4)

① L_0=50.8mm（2in），圆括号中的伸长率值仅适用于横向。

表 12-48 钛及钛合金薄板、带材的弯曲性能（MIL-T-9046J）

牌号	状态	弯曲角	最小弯心半径[①] 厚度/mm(in) ≤1.75(0.069)	最小弯心半径[①] 厚度/mm(in) >1.75~4.76(0.069~0.1875)
CP-4	退火或固溶处理	105°	1.5T	2.0T
CP-3	退火或固溶处理	105°	2.0T	2.5T
CP-2	退火或固溶处理	105°	2.0T	2.5T
CP-1	退火或固溶处理	105°	2.5T	3.0T
A-1(5Al-2.5Sn)	退火或固溶处理	105°	4.0T	4.5T
A-2(5Al-2.5Sn)(ELI)	退火或固溶处理	105°	4.0T	4.5T
A-4(8Al-1Mo-1V)	退火	105°	4.5T	5.0T
	双重退火	105°	4.0T	4.5T
AB-1(6Al-4V)	退火或固溶处理	105°	4.5T	5.0T
AB-2(6Al-4V)(ELI)	退火或固溶处理	105°	4.0T	5.0T
AB-3(6Al-6V-2Sn)	退火或固溶处理	105°	4.0T	4.5T
AB-4(6Al-2Sn-4Zr-2Mo)	退火或固溶处理	105°	4.5T	5.0T
AB-5(3Al-2.5V)	退火或固溶处理	105°	2.5T	3.0T
AB-6(8Mn)	退火或固溶处理	105°	6.0T	7.0T
B-1(13V-11Cr-3Al)	退火或固溶处理	105°	3.0T	3.5T
B-2(11.5Mo-6Zr-4.5Sn)	退火或固溶处理	105°	3.0T	0.0T
B-3(3Al-8V-6Cr-4Mo-4Zr)	退火或固溶处理	105°	3.5T	4.0T
B-4(8Mo-8V-2Fe-3Al)	退火或固溶处理	105°	3.5T	3.5T

① T 为材料厚度。

表 12-49 纯钛、α和β钛合金板、带材的性能

材料名称或牌号	状态	拉伸性能				弯曲性能			标准号	备注
		厚度/mm	抗拉强度 σ_b	屈服强度 $\sigma_{0.2}$	伸长率①δ/%	厚度/mm	弯曲角	弯心直径②		
			MPa							
			不小于							
工业纯钛(55KSI-YS)	退火	—	450	380～550	18	<1.75 1.75～<4.75	105°	4T 5T	AMS 4900 K—1986	伸长率只适用于厚度不小于0.62mm的板材,厚度大于25.00mm的板材性能由双方协商而定
工业纯钛(70KSI-YS)	退火	—	550	485～655	15	<1.75 1.75～<4.75	105°	5T 6T	AMS 4901 L—1986	
工业纯钛(40KSI-YS)	退火	—	345	275～450	20	<1.75 1.75～4.75	105°	4T 5T	ASM 4902 E—1986	
5Al-2.5Sn	退火	<0.62	825	780	—	<1.75		8T	AMS 4910 H—1983	
		0.62～>37.50	825	780	10		105°			
		37.50～100.00	795	760	10	1.75～<4.75		9T		
8Al-1Mo-1V	退火	0.20～0.35	1000	930	6				AMS 4915 F—1984	
		>0.35～0.60	1000	930	8	≤1.75	105°	9T		
		>0.60～12.50	1000	930	10					
		>12.50～25.00	965	895	10	>1.75～<4.75	105°	10T		
		>25.00～62.50	895	825	10					
		>62.50～100.900	825	760	8					
	双重退火	0.20～0.35	930	825	6					
		>0.35～0.60	930	825	8					
		>0.60～4.75	930	825	10					
		>4.75～25.00	895	825	10					
		>25.00～50.00	860	825	10					
		>50.00～100.00	825	760	8					
	双重退火	0.20～0.35	930	825	6				AMS 4916 E—1984	
		>0.35～0.60	930	825	8	≤1.75	105°	8T		
		>0.60～4.75	930	825	10					
		>4.75～25.00	895	825	10					
		>25.00～50.00	860	795	10	>1.75～<4.75	105°	9T		
		>50.00～100.00	825	760	8					
13.5V-11Cr-3Al	固溶处理	≤0.62	895	825	8	≤1.75	105°	6T	AMS 4917 D—1984	硬度(HRC)不小于36
		>0.62	895	825	10					
	固溶时效	—	1170	1105	4	>1.75～<4.75	105°	7T		
15V-3.0Cr-3.0Sn-3.0Al	固溶处理	—	705～945	690～835	12	≤1.75	105°	4T	AMS 4914 D—1984	
	固溶时效	—	1000	965～1170	7	>1.75～3.00	105°	5T		

① L_0=50.8mm 或 4D。

② T 为试样厚度。

表 12-50　α-β 钛合金板、带材的性能

材料名称或牌号	状态	拉伸性能				弯曲性能			标准号	备注
		厚度/mm	抗拉强度 σ_b	屈服强度 $\sigma_{0.2}$	伸长率[①] δ/%	厚度/mm	弯曲角	弯心直径[②]		
			MPa							
			不小于							
6Al-4V	退火	<0.20	925	870	—	≤1.75	105°	9*T*	AMS 4911 E—1984	
		0.20～<0.62	925	870	6					
		0.62～<1.60	925	870	8	>1.75～<4.688	105°	10*T*		
		1.60～<4.688	925	870	10					
		4.688～100.00	895	825	10					
6Al-4V	β退火	4.75～12.50	896	793	10.0	—	—	—	AMS 4905 —1981	断裂韧性 K_{IC} 不小于 $93MPa\sqrt{m}$
		>12.50～25.00	876	772	10.0					
		>25.00～50.00	862	745	8.0					
		>50.00～100.00	841	745	8.0					
8Mn	退火	—	860	760	10	≤1.75	105°	6*T*	AMS 4908 D—1981	
						>1.75～<4.75	105°	7*T*		
6Al-6V-2Sn	退火	<0.62	1070	1000～1170	8(6)	<1.75	105°	8*T*	AMS 4918 F—1984	括号中的伸长率值为横向
		0.62～<4.75	1035	1000～1170	10(8)	1.75～<4.75	105°	9*T*		
		4.75～50.00	1035	965～1140	10(8)					
		>50.00～100.00	1000	930～1105	8(6)					
6Al-2Sn-4Zr-2Mo	退火	0.62～1.55	930	860	8	<1.75	105°	9*T*	AMS 4919 B—1987	
		>1.55～25.00	930	860	10	1.75～<4.70	105°	10*T*		
		>25.00～75.00	895	825	10					
		0.62～1.55	655	515	7	—	—	—		480℃的性能
		>1.55～50.00	655	515	10					
		>50.00～75.00	620	485	10					

① L_0=50mm 或 4*D*，测定 6Al-2Sn-4Zr-2Mo 合金板材高温性能时 L_0 为 25mm 或 4*D*。
② *T* 为试样厚度。

表 12-51　超低温用低间隙钛合金板、带材的性能

牌号	状态	拉伸性能				缺口强度与光滑强度之比(约−253℃)	弯曲性能			标准号	备注
		厚度/mm	抗拉强度 σ_b	屈服强度 $\sigma_{0.2}$	伸长率[①] δ/%		厚度/mm	弯曲角	弯心直径[②]		
			MPa								
			不小于								
6Al-4V (ELI)	退火	0.20～<0.38	895	825	6	0.75	≤1.75	105°	9*T*	AMS 4909 D—1982	
		0.38～<0.64	895	825	8		>1.75～<4.75	105°	10*T*		
		0.64～<25.00	895	825	10						
		25.00～75.00	860	795	10						
5Al-2.5Sn(ELI)	退火	0.20～<0.38	690	655	6	0.90	≤1.75	105°	8*T*	AMS 4909 D—1984	厚度大于25mm的板材的性能由供需双方协商
		0.38～<0.62	690	655	8		>1.75～<4.75	105°	9*T*		
		0.62～25.00	690	655	10						

① L_0 为 50mm 或 4*D*。
② *T* 为试样厚度。

表 12-52 钛合金板、带材的性能

牌号	状态	拉伸性能 厚度/mm(in)	抗拉强度 σ_b MPa(ksi) 不小于	屈服强度 $\sigma_{0.2}$ MPa(ksi) 不小于	伸长率[①] δ/% 不小于	弯曲性能 厚度/mm(in)	弯曲角	弯心直径[②] 纵向	弯心直径[②] 横向	标准号	备注
6Al-4V	退火	≤0.20(0.008)	965 (140)	869 (126)	—	≤0.64(0.025)	105°	9T	11T	AMS 4906	
		>0.20～0.64 (>0.008～0.025)	965 (140)	869 (126)	8	>0.64～1.78 (>0.025～0.070)	105°	10T	12T		
		>0.64～1.52 (>0.025～0.060)	965 (140)	869 (126)	10	>1.78～4.76 (>0.070～0.1875)	105°	协商	协商		
4Al-3Mo-1V	固溶处理	<0.79(>0.031)			8	≤1.78(≤0.070)	105°	7T		AMS 4912 A	1982年修订时指出，该标准不适用于新设计
		0.79～<1.75 (0.031～<0.069)	1034 (150)	931 (135)	10						
		>1.75(0.069)			12						
	固溶+时效	<0.84(0.033)	1172 (170)	1069 (155)	3	>1.78～4.76 (>0.070～0.1875)	105°	8T			
		0.84～<1.27 (0.033～<0.050)	1241 (180)	1069 (155)	4						
		1.27～<4.76 (0.050～<0.1875)	1241 (180)	1069 (155)	5						
	固溶+时效	<0.84(0.033)	1172 (170)	1069 (155)	3	—	—	—		AMS 4913 A	1982年修订时指出，该标准不适用于新设计
		0.84～<1.27 (0.033～<0.050)	1241 (180)	1069 (155)	4						
		1.27～<4.76 (0.050～<0.1875)	1241 (180)	1069 (155)	5						

① L_0 为 50.8mm (2in) 或 4D。

② T 为试样厚度。

注：标准原文均为英制。

（2）棒材、坯料和线材

表 12-53 钛及钛合金棒材和坯料的性能

牌号	状态	抗拉强度 σ_b		屈服强度 $\sigma_{0.2}$		伸长率[①] δ	断面收缩率 ψ	标准号	备注
		ksi	MPa	ksi	MPa	%			
		不小于							
Grade 1	退火	35	240	25	170	24	30	ASTM B 348—2005 ASTM F 67—2000	本表所列数值只适用于厚度最大为 76.4mm（3in）、截面积 64.5cm^2（10in^2）的产品，其他规格的产品性能由供需双方协商
Grade 2	退火	50	345	40	275	20	30		
Grade 3	退火	65	450	55	380	18	30		
Grade 4	退火	80	550	70	485	15	25		
Grade 5	退火	130	895	120	825	10	25	ASTM B 348—2005	
Ti-6Al-4VELI	退火	125	860	115	795	10	25	ASTM F 136—2002	
Grade 6	退火	120	825	115	795	10	25	ASTM B 348—2005	
Grade 7	退火	50	345	40	275	20	25		
Grade 9	退火	90	620	70	483	15	25		
Grade 10	固溶处理	100	690	90	620	15	50		
Grade 11	退火	35	240	25	170	24	30		
Grade 12	退火	70	483	50	345	13	25		

① $L_0=4D$。

MIL-T-9047G 规定的航空钛及钛合金棒材和锻造用坯料性能如表 12-54～表 12-56 所示。

表 12-54 工业纯钛及 α 钛合金棒、锻造用坯料的性能（MIL-T-9047G）[①]

牌号	状态	厚度、直径或平行边间距 /mm(in)	抗拉强度 σ_b /MPa(ksi)	屈服强度 $\sigma_{0.2}$ /MPa(ksi)	伸长率[②,③] δ/%	断面收缩率[③] ψ/%
			不小于			
CP-70	退火	≤101.60 (≤4.00)	551(80)	482(70)	15	30
5Al-2.5Sn	退火	≤101.60 (≤4.00)	792(115)	758(110)	10[8]	25[20]
5Al-2.5Sn(ELI)	退火	≤76.20 (≤3.00)	689(100)	620(90)	10[8]	25[20]
		>76.20～101.60 (>3.00～4.00)	689(100)	620(90)	10[8]	20[15]
6Al-2Nb-1Ta-0.8Mo	退火	≤101.60 (≤4.00)	710(103)	655(95)	10[8]	20[15]
8Al-1Mo-1V	双重退火	≤63.50 (≤2.50)	896(130)	827(120)	10	20
		>63.50～101.60 (>2.50～4.00)	827(120)	758(110)	10[8]	20[15]

① 本表所列值适用于横截面积不大于 165000mm^2（16in^2）的产品，大于 165000mm^2（16in^2）的产品性能在合同中规定。

② $L_0=4D$。

③ 方括号中数值为短横向尺寸不小于 76.20mm（3in）的产品在短横向的性能。

表 12-55 α-β 钛合金棒、锻造用坯料的性能（MIL-T-9047G）

牌号	状态	厚度、直径或平行边间距/mm(in)	宽度/mm(in)或横截面积/cm²(in²)	抗拉强度 σ_b /MPa(ksi)	屈服强度 $\sigma_{0.2}$ /MPa(ksi)	伸长率[①,②] δ/%	断面收缩率[②] ψ/%
				不小于			
6Al-4V	退火	≤101.60(4.00)	≤309.70(48)	896(130)	827(120)	10	25
		>101.60~152.40(>4.00~6.00)		896(130)	827(120)	10[8]	20[15]
	固溶时效(圆棒、方棒、六角棒)	≤12.70(0.500)	—	1137(165)	1068(155)	10	20
		>12.70~25.40(>0.500~1.00)		1103(160)	1034(150)	10	20
		>25.40~38.10(>1.00~1.50)		1068(155)	999(145)	10	20
		>38.10~50.80(>1.50~2.00)		1034(150)	965(140)	10	20
		>50.80~76.20(>2.00~3.00)		965(140)	896(130)	10	20
	固溶时效(矩形棒)	≤12.70(0.500)	>3.23~51.62(>0.50~8.00)	1103(150)	1034(160)	10	25
		>12.70~25.40(>0.500~1.000)	>6.45~25.81(>1.00~4.00)	1068(155)	999(145)	10	20
			>25.81~51.62(>4.00~8.00)	1034(150)	965(140)	10	20
		>25.40~38.10(>1.00~1.50)	>9.68~25.81(>1.50~4.00)	1034(150)	965(140)	10	20
			>25.81~51.62(>4.00~8.00)	999(145)	930(135)	10	20
		>38.10~50.80(>1.500~2.000)	>12.90~25.81(>2.00~4.00)	999(145)	930(135)	10	20
			>25.81~51.62(4.00~8.00)	965(140)	896(130)	10	20
		>50.80~76.20(>2.000~3.000)	>19.36~51.62(>3.00~8.00)	930(135)	861(125)	10	20
		>76.20~101.60(>3.000~4.000)	25.81~51.62(>4.00~8.00)	896(130)	827(120)	8[6]	15[10]
6Al-4V(ELI)	退火	≤38.10(1.50)	≤103.23(16)	596(130)	827(120)	10	25
		>38.10~76.20(>1.50~3.00)		861(125)	793(115)	10	20
3Al-2.5V	退火	≤25.40(1.00)	—	620(90)	517(75)	15	30
6Al-6V-2Sn	退火[③]	≤38.10(1.50)	≤204.46(32)	1020(148)	944(137)	10	20
		>38.10~76.20(>1.50~3.00)		986(143)	903(131)	10	20
		>76.20~101.60(>3.00~4.00)		944(137)	889(129)	10[8]	20[15]
6Al-6V-2Sn	固溶时效	≤25.40(1.00)	≤206.46(32)	1206(175)	1103(160)	8	20
		>25.40~50.80(>1.00~2.00)		1172(170)	1068(155)	8	20
		>50.80~76.20(>2.00~3.00)		1068(155)	999(145)	8	20
		>76.20~101.60(>3.00~4.00)		1034(150)	965(140)	8[6]	20[15]
6Al-2Sn-4Zr-2Mo	双重退火	≤76.20(3.00)	≤64.52(10)	896(130)	827(120)	10	25

续表

牌号	状态	厚度、直径或平行边间距/mm(in)	宽度/mm(in)或横截面积/cm²(in²)	抗拉强度 σ_b /MPa(ksi)	屈服强度 $\sigma_{0.2}$ /MPa(ksi)	伸长率①,② δ/%	断面收缩率② ψ/%
				不小于			
6Al-2Sn-4Zr-6Mo	双重退火	≤50.80(2.00)	≤206.46(32)	1103(160)	1034(150)	10	25
		>50.80～101.60(>2.00～4.00)		1034(150)	965(140)	8[6]	20[15]
	固溶时效	≤63.50(2.50)	≤206.46(32)	1172(170)	1103(160)	10	20
		>63.50～76.20(>2.50～3.00)		1138(165)	1068(155)	8[6]	15[12]
		>76.20～101.60(>3.00～4.00)		1103(160)	1034(150)	8[6]	15[12]
7Al-4Mo	退火	≤25.40(1.00)	≤309.70(48)	999(145)	930(135)	10	20
		>25.40～50.80(>1.00～2.00)		965(140)	896(130)	10	20
		>76.20～152.40(>3.00～6.00)		965(140)	896(130)	10[8]	20[15]
	固溶时效	≤25.40(1.00)	≤309.70(48)	1172(170)	1103(160)	8	15
		>25.40～50.80(>1.00～2.00)		1103(160)	1034(150)	8	15
		>50.80～101.60(>2.00～4.00)		1034(150)	965(140)	8[6]	15[12]

① $L_4=4D$。

② 表中方括号中的数值适用于短横向尺寸大于或等于 76.20mm（3in）的产品在短横向的性能。

③ 屈服强度的最大值不应超过最小值的 172MPa（25ksi）。

注：本表规定的性能适用于横截面积不大于 0.165m²（16in²）的产品，大于 0.165m²（16in²）的产品性能在合同中规定。

表 12-56　β 钛合金棒、锻造用坯料的性能（MIL-T-9047G）

牌号	状态	厚度、直径或平行边间距/mm(in)	抗拉强度 σ_b /MPa(ksi)	屈服强度 $\sigma_{0.2}$ /MPa(ksi)	伸长率①,② δ/%	断面收缩率② ψ/%
			不小于			
8Mo-8V-2Fe-3Al	固溶处理	≤50.80(≤2.00)	896(130)	827(120)	10	24
		>50.80～101.60(>2.00～4.00)	861(125)	827(120)	8[6]	16[12]
	固溶时效	≤50.80(≤2.00)	1241(180)	1172(170)	8	16
		>50.80～101.60(>2.00～4.00)	1241(180)	1172(170)	6[4]	12[10]
11.5Mo-6Zr-4.5Sn	固溶处理	≤41.27(≤1.625)	756(110)	620(90)	15	50
		>41.27～76.20(>1.625～3.00)	689(100)	620(90)	15	50
		>76.20～101.60(>3.00～4.00)	689(100)	620(90)	10	35
	固溶时效(579℃,1075°F)	≤76.20(≤3.00)	930(135)	896(130)	12	40
	固溶时效(496℃,495°F)	≤41.27(≤1.625)	1241(180)	1206(175)	8	22
		>41.27～76.20(>1.625～3.00)	1241(180)	1206(175)	6	10
3Al-8V-6Cr-4Mo-4Zr	固溶处理	≤38.10(≤1.50)	861(125)	827(120)	10	30
		>38.10～101.60(>1.50～4.00)	827(120)	793(115)	10[8]	25[20]
	固溶时效	≤38.10(≤1.50)	1310(190)	1241(180)	8	15
		>38.10～76.20(>1.50～3.00)	1241(180)	1172(170)	8[6]	15[5]
		>76.20～101.60(>3.00～4.00)	1172(170)	1103(160)	8[3]	15[5]
13V-11Cr-3Al	固溶处理	≤177.80(≤7.00)	861(125)	827(120)	10	25
	固溶时效	≤101.60(≤4.00)	1172(170)	1103(160)	6[2]	10[5]

① $L_0=4D$。

② 方括号中的数值适用于短横向尺寸大于或等于 76.20mm（3in）的产品在短横向的性能。

注：横截面大于 0.165m²（16in²）的产品性能在合同中规定。

表 12-57 钛及钛合金挤压棒材、型材的性能（MIL-T-81556A）

牌号	状态	厚度、直径或平行边间距/mm(in)	抗拉强度 σ_b ksi	抗拉强度 σ_b MPa	屈服强度 $\sigma_{0.2}$ ksi	屈服强度 $\sigma_{0.2}$ MPa	伸长率[①] δ/%
			不小于				
工业纯钛 A	退火	≤25.40(1.00)	40	276	30	207	25.0
		25.65～50.80(1.01～2.00)	40	276	30	207	20.0
		51.05～76.20(2.01～3.00)	40	276	30	207	18.0
工业纯钛 B	退火	≤25.40(1.00)	50	345	40	276	20.0
		25.65～50.80(1.01～2.00)	50	345	40	276	18.0
		51.05～76.20(2.01～3.00)	50	345	40	276	15.0
工业纯钛 C	退火	≤25.40(1.00)	65	448	55	379	18.0
		25.65～50.80(1.01～2.00)	65	448	55	379	15.0
		51.05～76.20(2.01～3.00)	65	448	55	379	12.0
工业纯钛 D	退火	≤25.40(1.00)	80	551	70	482	15.0
		25.56～50.80(1.01～2.00)	80	551	70	482	12.0
		51.05～76.20(2.01～3.00)	80	551	70	482	10.0
A(5Al-2.5Sn)	退火	≤25.40(1.00)	120	827	115	792	10.0
		25.65～50.80(1.01～2.00)	115	792	110	758	10.0
		51.05～76.20(2.01～3.00)	115	792	110	758	8.0
		76.45～101.60(3.01～4.00)	115	792	110	758	6.0
B(5Al-2.5Sn)(ELI)	退火	≤25.40(1.00)	100	689	95	655	10.0
C(8Al-1Mo-1V)	简单退火	≤12.70(0.50)	145	999	135	930	10.0
		12.95～25.40(0.51～1.00)	140	965	130	896	10.0
		25.65～63.50(1.01～2.50)	130	896	120	827	10.0
		63.75～101.60(2.51～4.00)	120	827	110	758	8.0
	双重退火	≤25.40(1.00)	130	896	120	827	10.0
		25.65～50.80(1.01～2.00)	125	861	115	792	10.0
		51.05～101.60(2.01～4.00)	120	827	110	758	8.0
A(6Al-4V)	退火	≤101.60(4.00)	130	896	120	827	10.0
	固溶时效	≤12.70(0.50)	160	1102	150	1033	6.0
		12.95～19.05(0.51～0.75)	155	1068	145	999	6.0
		19.30～25.40(0.76～1.00)	150	1033	140	965	6.0
		25.65～50.80(1.01～2.00)	140	965	130	896	6.0
		51.05～101.60(2.01～4.00)	130	896	120	827	6.0

续表

牌 号	状 态	厚度、直径或平行边间距/mm(in)	抗拉强度 σ_b ksi	抗拉强度 σ_b MPa	屈服强度 $\sigma_{0.2}$ ksi	屈服强度 $\sigma_{0.2}$ MPa	伸长率[①] δ/%
			不小于				
B(6Al-4V)(ELI)	退火	≤25.40(1.00)	130	896	120	827	10.0
		25.65～50.80(1.01～2.00)	125	861	115	792	10.0
		51.05～76.20(2.01～3.00)	120	827	110	758	10.0
C(6Al-6V-2Sn)	退火	≤50.80(2.00)	145	999	135	930	10.0
		51.05～101.60(2.01～4.00)	145	999	135	930	8.0
C(6Al-6V-2Sn)	固溶时效	≤12.70(0.50)	170	1171	160	1102	6.0
		12.95～38.10(0.51～1.50)	165	1137	155	1068	6.0
		38.35～63.50(1.51～2.50)	160	1102	150	1033	6.0
		63.75～101.60(2.51～4.00)	150	1033	140	965	6.0
D(7Al-4Mo)	退火	≤50.80(2.00)	145	999	135	930	10.0
		51.05～101.60(2.01～4.00)	140	965	130	896	10.0
	固溶时效	≤12.70(0.50)	170	1171	160	1102	6.0
		12.95～25.40(0.51～1.00)	160	1137	150	1033	6.0
		25.65～50.80(1.01～2.00)	150	1033	140	965	6.0
		51.05～63.50(2.01～2.50)	145	999	135	930	6.0
		63.50～101.60(2.50～4.00)	140	965	130	896	6.0

① L_0=50.80mm (2in)；当挤压件的厚度不小于12.70mm (0.500in) 时，$L_0=4D$。

AMS没有单独的钛及钛合金棒材标准，而往往是与锻件、环件或线材等统一为一个标准。AMS标准规定的钛合金棒材、锻件、环件等性能如表12-58～表12-65所示。

表12-58 钛合金棒材、锻件的性能[①]

牌 号	状态	直径或平行边间距/mm(in)	抗拉强度 σ_b MPa(ksi)	屈服强度 $\sigma_{0.2}$ MPa(ksi)	伸长率[②] δ %	断面收缩率 ψ %	硬 度 (HRC)	室温缺口持久强度/MPa(ksi)	标 准 号
			不小于						
2Cr-2Fe-2Mo	退火	—	896(130)	827(120)	15	25	36	1103(160)	AMS 4923 A
5Zr-5Al-5Sn	退火	≤50.80(≤2.00)	827(120)	758(110)	10	25	39(HB352)	1034(150)	AMS 4968 A
		>50.80～101.60(>2.00～4.00)	758(110)	689(100)	10	20			
5.4Al-1.4Cr-1.3Fe-1.25Mo	退火	—	1000(145)	931(135)	10	25	39	—	AMS 4929
		—	1000(145)	931(135)	10	25	39	—	AMS 4969
4Al-4Mn	退火	—	965(140)	896(130)	10	25(棒材)20(锻件)	40	1103(160)	AMS 4925 B
5Cr-3Al	退火	—	1000(145)	931(135)	10	25	—	—	AMS 4927

① 原标准为英制单位。
② L_0=50.8mm (2in) 或 $4D$。

表 12-59 超低温用低间隙合金棒材、锻件和环件的性能

牌号	状态	直径或平行边间距/mm	抗拉强度 σ_b	屈服强度 $\sigma_{0.2}$	伸长率[①] $\delta/\%$			断面收缩率 $\psi/\%$			低温缺口强度与光滑强度之比	标准号	备注
			MPa		纵向	长横向	短横向	纵向	长横向	短横向			
			不小于										
5Al-2.5Sn (ELI)	退火	≤50.00	690	620	10	10	—	20	15	—	≥1.00 (−255℃±5℃)	AMS 4924 D	
		>50.00～100.00	690	620	10	10	6	15	15	10			
6Al-4V (ELI)	退火	≤37.50	860	795	10	10	—	25	20	—	≥1.00 (−195.6℃±5.6℃)	AMS 4930 C	如测试横向性能，则可不测纵向性能
		>37.50～50.00	825	760	10	10	—	20	15	—			
		>50.00～62.50	825	760	8	8	—	15	15	—			
		>62.50～100.00	825	760	8	8	8	15	15	15			

① $L_0=4D$。

表 12-60 常用 6Al-4V 钛合金棒材、锻件及焊接环件的性能

材料名称	状态	直径或平行边间距/mm 厚度	宽度	抗拉强度 σ_b	屈服强度 $\sigma_{0.2}$	伸长率[①] $\delta/\%$			断面收缩率 $\psi/\%$			室温缺口持久强度/MPa	标准号	备注
				MPa		纵向	长横向	短横向	纵向	长横向	短横向			
				不小于										
棒材、锻件、环件	退火	≤50.00		930	860	10	10	—	25	20	—	1170	AMS 4928 K	
		>50.00～100.00		895	825	10	10	10	25	20	15			
		>100.00～150.00		895	825	10	10	8	20	20	15			
圆棒、方棒、六角棒、锻件及焊接环件	固溶处理+时效	≤12.50		1140	1070	10	—			20				
		>12.50～25.00		1105	1035	10	—			20				
		>25.00～37.50		1070	1000	10	—			20				
		>37.50～50.00		1035	965	10	—			20				
		>50.00～75.00		965	895	10	8			20				
		>75.00～100.00		895	825	8	6			20				
矩形棒	固溶处理+时效	≤12.5	>12.50～200.00	1105	1035	10	10			25		1276	AMS 4965 E	标准包括线材
		>12.50～25.00	>25.00～100.00	1070	1000	10	10			20				
			>100.00～200.00	1035	965	10	10			20				
		>25.00～37.50	>37.50～100.00	1035	965	10	10			20				
			>100.00～200.00	1000	930	10	10			20				
		>37.50～50.00	>50.00～100.00	1000	930	10	10			20				
			>100.00～200.00	965	895	10	10			20				
		>50.00～75.00	75.00～200.00	930	860	10	8			20				
		>750～100.00	>100.00～200.00	895	825	8	6			20				

续表

材料名称	状态	直径或平行边间距/mm 厚度	宽度	抗拉强度 σ_b /MPa	屈服强度 $\sigma_{0.2}$ /MPa	伸长率[①] δ/% 纵向	长横向	短横向	断面收缩率 ψ/% 纵向	长横向	短横向	室温缺口持久强度/MPa	标准号	备注
				不小于										
圆棒、方棒、六角棒、锻件及焊接环件	固溶处理+时效	≤12.50		1140	1070	10	—			20		1276	AMS 4967 F	
		>12.50～25.00		1105	1035	10	—			20				
		>25.00～37.50		1070	1000	10	—			20				
		>37.50～50.00		1035	965	10	—			20				
		>50.00～75.00		930	860	10	8			20				
		>75.00～100.00		895	825	10	6			20				
短形棒	固溶处理+时效	≤12.50	>12.50～200.00	1105	1035	10	10			25				
		>12.50～25.00	>25.00～100.00	1070	1000	10	10			20				
			>100.00～200.00	1035	965	10	10			20				
		>25.00～37.50	>37.50～100.00	1035	965	10	10			20				
			100.00～200.00	1000	930	10	10			20				
		>37.50～50.00	>50.00～100.00	1000	930	10	10			20				
			>100.00～200.00	965	895	10	10			20				
		>50.00～75.00	>75.00～200.00	930	860	10	8			20				
		>75.00～100.00	>100.00～200.00	895	825	10	6			20				

① L_0＝50.8mm 或 4D。

注：1. 屈服强度和断面收缩率不适用于直径小于 3.0mm 的线材。

2. 横向试验只在能取 62.5mm 长的试样上进行，若已测试横向性能，则可不测纵向性能。

表 12-61　工业纯钛及 α 钛合金棒材、锻件及环件的性能

牌号	状态	试验温度	直径或平行边间距/mm	抗拉强度 σ_b /MPa	屈服强度 $\sigma_{0.2}$ /MPa	伸长率[①] δ/% 纵向	长横向	短横向	断面收缩率 ψ/% 纵向	长横向	短横向	室温缺口持久强度/MPa	标准号	备注
				不小于										
70KSI-YS	退火	室温	≤75.00	550	485	15	12	10	30	25	—	—	AMS 4921 F	棒材，锻件，环件
5Al-2.5Sn	退火	室温	≤50.00	795	760	10	10	—	25	20	—	1035	AMS 4926 G	棒材，环件
			>50.00～100.00	795	760	10	8	8	20	15	10			
8Al-1Mo-1V	固溶和稳定化处理	室温	<62.50	895	825		10			20		—	AMS 4972 C	棒材，环件
			62.50～100.00	825	760		10			20				
		425℃	<62.50	620	485		10			25				
			62.50～100.00	550	415		10			25				
	固溶温度 910℃	室温	≤37.50	—	—		—			—		1035		
	固溶温度 910℃		>37.50～100.00									895		
	固溶温度 995℃		≤100.00									1035		
	固溶温度 995℃		>100.00									895		
11Sn-5.0Zr-2.3Al-1.0Mo-0.21Si	—	室温	≤25.0	1000	930		10			20		1140	AMS 4974 A	棒材，锻件
		427℃[②]	≤25.0	725	550		15			30				

① L_0＝50.80mm 或 4D。

② 在此温度下连续施加一个 485MPa 的轴向应力，100h 后蠕变伸长率不大于 0.2%。

表 12-62 α-β 钛合金棒材、锻件等的性能

牌号	状态	试验温度	直径或平行边间距/mm	热处理断面尺寸/mm	抗拉强度 σ_b	屈服强度① $\sigma_{0.2}$	伸长率② δ/%		断面收缩率① ψ/%		标准号	备注
					MPa		纵向	横向	纵向	横向		
					不小于							
6Al-6V-2Sn	固溶+时效	室温	≤25.00	≤25.00	1205	1105	8	6	20	15	AMS 4971 C	棒材、锻件、线材、焊接环件等
			>25.00~50.00	≤25.00	1205	1105	8	6	20	15		
				>25.00~50.00	1170	1070	8	6	20	15		
			>50.00~75.00	≤25.00	1170	1105	8	6	20	15		
				>25.00~50.00	1140	1070	8	6	20	15		
				>50.00~75.00	1070	1000	8	6	20	15		
			>75.00~100.00	≤25.00	1140	1070	8	6	20	15		
				>25.00~50.00	1105	1035	8	6	20	15		
				>50.00~75.00	1070	1000	8	6	20	15		
				>75.00~100.00	1035	965	8	6	20	15		
	退火	室温	≤50.00	—	1034	965~1138	10	8	20	15	AMS 4978 B	棒材、锻件，环件
			>50.00~100.00		1000	931~1103	10	8	15	15		
	固溶+时效	室温	≤25.00	—	1205	1105	8	6	20	15	AMS 4979 B	
			>25.00~50.00		1170	1070	8	6	20	15	AMS 4979 B—1985	
			>50.00~75.00	—	1070	1000	8	6	20	15		
			>75.00~100.00		1035	975	8	6	20	15		
7Al-4Mo	固溶+时效	室温	≤25.00	—	1170	1105	8	—	20		AMS 4970 E—1984③	棒材、锻件、锻环等
			>25.00~50.00		1105	1035	8	6	15	12		
			>50.00~100.00		1035	965	8	4	15	12		
6Al-2Sn-4Zr-2Mo	固溶+时效	室温	—	—	895	825	10		25		AMS 4975 E—1985④	棒材、环件等
		480℃	—	—	620	485	15		35			
6Al-2Sn-4Zr-6Mo	固溶+时效	室温	≤75.00	—	1170	1105	10	8	20	15	AMS 4981 B—1987⑤	锻件
			≤62.50	—	1170	1105	10	8	20	15		棒材、线材
			>62.50~75.00	—	1140	1070	8	6	15	12		棒材
			>75.00~100.00	—	1105	1035	8	6	15	12		棒材，锻件
		425℃	≤100.00	—	930	725	10		30			所有产品

① 室温的屈服强度和断面收缩率不适用于直径小于 3.00mm 的线材；② $L_0=50.8$mm 或 $4D$；③ 本标准规定，带缺口试样在 425℃和 100h 条件下的持久强度不小于 690MPa；在应力为 420MPa、温度为 425℃、时间为 15h 条件下的蠕变伸长率不大于 0.2%；④ 本标准规定，室温缺口持久强度不小于 1170MPa，在应力为 240MPa、温度为 510℃、时间为 35h 内的条件下的蠕变伸长率不大于 0.1%；⑤ 本标准规定，室温缺口持久强度不小于 1310MPa，在应力为 655MPa、温度为 425℃、时间为 35h 条件下的蠕变伸长率不在于 0.2%，硬度值（HRC）为 33~45。

表 12-63　β 钛合金棒材和线材的性能

牌号	状态	直径或平行边间距/mm	抗拉强度 σ_b	屈服强度① $\sigma_{0.2}$	伸长率② δ/%	断面收缩率① ψ/%	标准号
			MPa				
			不小于				
11.5Mo-6.0Zr-4.5Sn	固溶处理	≤41.28	758	621	15	50	AMS 4977 B—1980③
		>41.28～76.20	690	621	15	50	
	固溶＋时效	≤41.28	931	896	12	40	
11.5Mo-6.0Zr-4.5Sn	固溶处理	≤41.28	758	621	15	50	AMS 4980 B—1980③
		>41.28～76.20	690	621	15	50	
	固溶＋时效	≤41.28	1241	1207	8	22	
		>41.28～76.20	1241	1207	4	10	

① 不适用于直径小于 3.18mm 的线材。
② $L_0=4D$。
③ 1987 年修订时指出，本标准不适用新的设计。

表 12-64　钛合金挤压件、焊接环件的性能

牌号	状态	直径、平行边间距（或横截面积）/mm(cm²)	抗拉强度 σ_b	屈服强度 $\sigma_{0.2}$	伸长率① δ/% 纵向	伸长率① δ/% 长横向
			MPa			
			不大于			
8Al-1Mo-1V	固溶处理	(<16.00)	895	825	10	
		(16.00～26.00)	860	790	10	
		(<16.00)	620	485	10	
		(16.00～26.00)	550	415	10	
6Al-4V	固溶处理＋时效	≤12.70	1103	1034	6	
		>12.70～19.05	1069	1000	6	
		>19.05～25.40	1034	965	6	
		>25.40～50.80	965	896	6	
		>50.80～76.20	896	827	6	
	退火	≤75.00	895	825	10	8
6Al-6V-2Sn	退火	≤37.50	1030	965～1140	10	8
		>37.50～75.00	1000	930～1105	10	8
		>75.00～100.00	965	895～1170	10	8
	固溶处理＋时效	≤50.00	1035	965～1140	10	8
		>50.00～100.00	1000	930～1105	10	8

牌号	断面收缩率 ψ/% 纵向	断面收缩率 ψ/% 长横向	室温缺口持久强度/MPa	标准号	备注
	不小于				
8Al-1Mo-1V	20		≥1035	AMS 4933 A—1984	>26.00cm²，室温缺口持久强度≥895MPa
	20				
	25		—		425℃的性能
	25				
6Al-4V	12		≥1276	AMS 4934 A—1977	
	12				
	12				
	12				
	12				
	20	15	—	AMS 4935 A—1985	
6Al-6V-2Sn	20	15		AMS 4936 B—1984	
	[illegible]	[illegible]			
	20	15			
	20	15	—		
	15	15			

① $L_0=4D$。

表 12-65 钛合金线材的性能

牌 号	状态	直径/mm	抗拉强度 σ_b	屈服强度 $\sigma_{0.2}$	伸长率[①] δ	断面收缩率 ψ	标 准 号	备 注
			MPa		%			
			不 小 于					
44.5Nb	退火	—	450[②]	415	10	50[②]	AMS 4982 A—1986	
13.5V-11Cr-3Al	时效	≤1.62	1725～2070	—	4	17	AMS 4959 B—1987	冷拉线材，在直径等于线材直径的心杆上缠绕一圈，不出现裂纹
		>1.62～2.50	1655～2000		5	17		
		>2.50～4.00	1585～1930		5	18		
		>4.00～5.62	1515～1860		6	18		
		>5.62～9.40	1450～1795		6	20		
		>9.40～12.50	1380～1655		6	20		
		>12.50～14.00	1240～1515		6	20		

① L_0=50.8mm 或 4D。

② 不适用于直径小于 3.12mm 的线材。

（3）管材

表 12-66 钛及钛合金管材的性能

牌 号	状 态	抗拉强度 σ_b ksi	抗拉强度 σ_b MPa	屈服强度 $\sigma_{0.2}$ ksi	屈服强度 $\sigma_{0.2}$ MPa	伸长率 δ/%	标 准 号
		不 小 于					
Grade 1	退火	35	240	25～45	170～310	24	ASTM B 337—1983 ASTM B 338—1983
Grade 2	退火	50	345	45～65	275～450	20	
Grade 3	退火	65	450	55～80	380～550	18	
Grade 7	退火	50	345	40～65	275～450	20	
Grade 9	冷加工后消除应力	125	860	105	725	10	
	退火	90	620	70	485	15	ASTM B 337—1983
Grade 10	固溶处理	100	690	90	620	10	ASTM B 337—1983 ASTM B 338—1983
Grade 11	退火	35	240	25～45	170～310	24	
Grade 12	退火	70	483	50	345	18	

注：1. 所有管材要进行压扁与水压试验。

2. 冷凝器用管材要进行扩口试验和无损探伤检查。

3. 冷凝器用焊接管要进行展平试验。

4. 一般用途的管材要进行弯曲试验。

5. L_0=2in 或 50mm。

表 12-67 钛及钛合金管材的性能

材料名称或牌号	状 态	壁厚/mm	抗拉强度 σ_b/MPa	屈服强度 $\sigma_{0.2}$/MPa	伸长率[①] δ/%	标 准 号	备 注
			不 小 于				
工业纯钛(40KSI-YS)	退火	—	345	275～450	20	AMS 4941 C—1984	还要进行水压、压扁、扩口试验
		—	345	275～450	20	AMS 4942 C—1984	还进行水压、压扁、扩口试验
3Al-2.5V	退火	—	620	515	15	AMS 4943 D—1986	还进行水压、压扁、扩口和弯曲试验
	消除应力	≤0.40 >0.40	860	725	8 10	AMS 4944 D—1986	还进行水压、压扁、扩口和弯角试验

① L_0=50mm。

（4）锻件

表 12-68　钛及钛合金锻件力学性能（ASTM B381—2010）

牌　号	抗拉强度(最小)		屈服强度 $\sigma_{0.2}$		伸长率(最小)/%	断面收缩率(最小)/%
	ksi	MPa	ksi	MPa		
F-1	35	240	25	170	24	30
F-2	50	345	40	275	20	30
F-3	65	450	55	380	18	30
F-4	80	550	70	483	15	25
F-5	130	895	120	828	10	25
F-6	120	828	115	795	10	25
F-7	50	345	40	275	20	30
F-9	120	828	110	759	10	25
F-9	90	620	70	483	15	25
F-11	35	240	25	170	24	30
F-12	70	483	50	345	18	25
F-13	40	275	25	170	24	30
F-14	60	410	40	275	20	30
F-15	70	483	55	380	18	25
F-16	50	345	40	275	20	30
F-17	35	240	25	170	24	30
F-18	90	620	70	483	15	25
F-18	90	620	70	483	12	20
F-19	115	793	110	759	15	25
F-19	135	930	130～159	897～1096	10	20
F-19	165	1138	160～185	1104～1276	5	20
F-20	115	793	110	759	15	25
F-20	135	930	130～159	897～1096	10	20
F-20	165	1138	160～185	1104～1276	5	20
F-21	115	793	110	759	15	35
F-21	140	966	130～159	897～1096	10	30
F-21	170	1172	160～185	1104～1276	8	20
F-23	120	828	110	759	10	25
F-23	120	828	110	759	7.5[1], 6.0[2]	25
F-24	130	895	120	828	10	25
F-25	130	895	120	828	10	25

续表

牌　号	抗拉强度(最小)		屈服强度 $\sigma_{0.2}$		伸长率(最小)/%	断面收缩率(最小)/%
	ksi	MPa	ksi	MPa		
F-26	50	345	40	275	20	30
F-27	35	240	25	170	24	30
F-28	90	620	70	483	15	25
F-28	90	620	70	483	12	20
F-29	120	828	110	759	10	25
F-29	120	828	110	759	7.5①,6.0②	15
F-30	50	345	40	275	20	30
F-31	65	450	55	380	18	30
F-32	100	689	85	586	10	25
F-33	50	345	40	275	20	30
F-34	65	450	55	380	18	30

① 壁厚<1.0in。
② 壁厚≥1.0in。

表 12-69　优质钛及钛合金锻件热处理后的性能①（横向）(MIL-F—83142A)

牌　号②		热处理截面/mm(in)		抗拉强度 σ_b		屈服强度 $\sigma_{0.2}$		伸长率 δ/%	断面收缩率 ψ/%	
		厚度	宽度	ksi	MPa	ksi	MPa		平均	单个
				不小于						
Comp 2 (5Al-2.5Sn)	纵向	所有	所有	120	827	115	793	10	—	25
	长横向			120	827	115	793	7	—	18
	短横向			120	827	115	793	5	—	15
Comp 4 (5Al-5Zr-5Sn)		≤50.80(2)	—	150	1034	140	965	10	20	20
		>50.80～101.60(2～4)	—	145	1000	135	931	10	20	20
Comp 6 (6Al-4V)		≤12.70$\left(\frac{1}{2}\right)$	<203.20(8)	160	1103	150	1034	10	15	12
		>12.70～25.40$\left(\frac{1}{2}\sim1\right)$	≤101.60(4)	155	1069	145	1000	10	15	12
		>12.70～25.40$\left(\frac{1}{2}\sim1\right)$	>203.20～101.60(4～8)	150	1034	140	965	10	15	12
		>25.40～38.10$\left(1\sim1\frac{1}{2}\right)$	≤101.60(4)	150	1034	140	965	10	15	12
		>25.40～38.10$\left(1\sim1\frac{1}{2}\right)$	>101.60～203.20(4～8)	145	1000	135	931	10	15	12
		>38.10～50.80$\left(1\frac{1}{2}\sim2\right)$	≤101.60(4)	145	1000	135	931	10	15	12
		>38.10～50.80$\left(1\frac{1}{2}\sim2\right)$	>101.60～203.20(4～8)	140	965	130	896	10	15	12
		>50.80～76.20(2～3)	≤203.20(8)	135	931	125	862	8	15	10
		>76.20～101.60(3～4)	≤203.20(8)	130	896	120	827	6	15	8

续表

牌　号②	热处理截面/mm(in)		抗拉强度 σ_b		屈服强度 $\sigma_{0.2}$		伸长率 δ/%	断面收缩率 ψ/%	
	厚度	宽度	ksi	MPa	ksi	MPa		平均	单个
			不　小　于						
Comp 7 (6Al-4VELI)	≤12.70($\frac{1}{2}$)	<203.20(8)	150	1034	140	965	12	—	20
	>12.70～25.40($\frac{1}{2}$～1)	≤101.60(4)	145	1000	135	931	12	—	20
	>12.70～25.40($\frac{1}{2}$～1)	>101.60～203.20(4～8)	140	965	130	896	12	—	20
	>24.40～38.10(1～1$\frac{1}{2}$)	≤101.60(4)	140	965	130	896	12	—	20
	>25.40～38.10(1～1$\frac{1}{2}$)	>101.60～203.20(4～8)	135	931	125	862	12	—	20
	>38.10～50.80(1$\frac{1}{2}$～2)	≤101.60(4)	135	931	125	862	12	—	20
	>38.10～50.80(1$\frac{1}{2}$～2)	>101.60～203.20(4～8)	130	896	120	827	12	—	20
	>50.80～76.20(2～3)	≤203.20(8)	125	862	115	793	10	—	18
	>76.20～101.60(3～4)	≤203.20(8)	120	827	110	758	8	—	16
Comp 8 (6Al-6V-2Sn)	≤25.40(1)	—	180	1241	170	1172	6	15	12
	>25.40～50.80(1～2)	—	170	1172	160	1103	6	15	12
	>50.80～76.20(2～3)	—	155	1069	145	1000	6	15	12
	>76.20～101.60(3～4)	—	150	1034	140	965	6	15	12
Comp 9 (7Al-4Mo)	≤25.40(1)	—	170	1172	160	1103	8	20	16
	>25.40～50.80(1～2)	—	160	1103	150	1034	8	20	16
	>50.80～101.60(2～4)	—	150	1034	140	965	8	20	16
Comp10(11Sn-5Zr-2Al-1Mo)	≤25.40(1)	—	160	1103	135	931	12	25	25
	>25.40～50.80(1～2)	—	155	1069	130	896	12	25	25
	>50.80～76.20(2～3)	—	145	1000	120	827	12	3	25
Comp 11 (6Al-2Sn-4Zr-2Mo)	≤1(25.40)	—	150	1034	138	951	10	—	—
Comp 12 (13V-11Cr-3Al)	≤50.80(2)	—	170	1172	160	1103	4	10	8
	>50.80～177.80(2～7)	—	170	1172	160	1103	2	10	6
Comp 13 (11.5Mo-6Zr-4.5Sn)	≤41.28(1$\frac{5}{8}$)	—	180	1241	175	1207	8	22	22
	>41.28～76.20(1$\frac{5}{8}$～3.0)	—	180	1241	170	1172	4	10	10

① 原标准没有明确热处理的类型。

② 钛及钛合金的化学成分引自 MIL-T-9047G。

表 12-70 优质钛合金锻件退火状态的性能①（MIL-F—83142A）

牌号②	抗拉强度 σ_b		屈服强度 $\sigma_{0.2}$		伸长率③ δ/%	断面收缩率 ψ/%
	ksi	MPa	ksi	MPa		
	不小于					
Comp 1(纯钛)	80	552	70	483	15	30
Comp 2(5Al-2.5Sn)	115	793	110	758	12	30
Comp 3(5Al-2.5SnELI)	100	689	90	621	10	25
Comp 4(5Al-5Zr-5Sn)						
≤50.80mm(2in)	120	827	110	758	10	25
＞50.80～101.60mm(2.0～4.0in)	110	758	100	689	10	20
Comp 5(8Al-1Mo-1V)	130	896	120	827	10	25
Comp 6(6Al-4V)	130	896	120	827	10	25
Comp 7(6Al-4VELI)						
≤44.45mm(1.75in)	125	862	115	793	10	25
＞44.45～101.60mm(1.75～4.0in)	120	827	110	758	10	27
Comp 8(6Al-6V-2Sn)	140	965	130	896	8	20
Comp 9(7Al-4Mo)	145	1000	135	931	10	20
Comp 10(11Sn-5Zr-2Al-1Mo)	135	931	125	862	11	25
Comp 11(6Al-2Sn-4Zr-2Mo)	130	896	120	827	10	25
Comp 12(13V-11Cr-3Al)	130	896	120	827	10	25
Comp 13(11.5Mo-6Zr-4.5Sn)	130	896	120	827	10	25

① 锻件在 650℃（1200°F）以内加热 30min 左右空冷后应能符合本表规定。

② 钛及钛合金的化学成分引自 MIL-T-9047G。

③ $L_0=4D$。

表 12-71 钛合金锻件的性能（AMS）

牌号	状态	试验温度	直径或平行边间距/mm	抗拉强度 σ_b	屈服强度 $\sigma_{0.2}$	伸长率① δ	断面收缩率 ψ	断裂韧性 K_{IC}/MPa	标准号	备注
				MPa		%				
				不小于						
5Al-2.5Sn	退火	室温	—	793	758	10	25	—	AMS 4966 G—1979②	室温缺口持久强度为1034MPa
6Al-4V	退火	室温	—	895	825	8	15	—	AMS 4920—1984	—
6Al-2Sn-4Zr-2Mo	固溶处理＋时效	室温	≤75cm 横截面积在 $60cm^2$ 以下	895	825	10	25	—	AMS 4976 B—1985③	室温缺口持久强度为 1170MPa
		480℃		620	485	15	30	—		
10V-2Fe-3Al	固溶处理	室温	—	1240	1105	4	报数据	44	AMS 4983 A—1987	—
	固溶处理＋时效	室温	—	1195	1105	4	报数据	44	AMS 4984—1987	
	固溶处理＋时效	室温	—	1105	1035	6	10	60	AMS 4986—1987	
	固溶处理＋时效	室温	—	965	895	8	20	88	AMS 4987—1987	
8Al-1Mo-1V	固溶和稳定化处理	室温	＜62.50 62.50～100.00	895 825	825 760	10 10	20 20	—	AMS 4973 C—1984	—
		425℃	＜62.50 62.50～100.00	620 550	485 415	10 10	25 25			

① $L_0=4D$。

② 本标准已经有 AMS 4966 H-83，但未收集到，此处所提供数据仅供参考。

③ 510℃蠕变性能，在 510℃下，施加 210MPa 的轴向应力，在 35h 内塑性变形不应超过 0.1%。

12.3 日本钛及钛合金

12.3.1 钛及钛合金牌号和化学成分

（1）钛冶炼产品

表 12-72 海绵钛牌号和化学成分（JIS H2151—1994）

级别	牌号	化学成分/%(不大于,注明不小于者除外)										HBS (10/1500)	备注
		Ti (不小于)	Fe	Si	Mn	Mg	Cl	H	C	N	O		
1级	TS-105M	99.6	0.10	0.03	0.01	0.06	0.10	0.005	0.03	0.02	0.08	≤105	镁法钛，粒度为 0.84～12.7mm 的部分不小于 90%，大于 12.7mm 和小于 0.84mm 的部分，不大于 5.0%
2级	TS-120M	99.4	0.15	0.03	0.02	0.07	0.12	0.005	0.03	0.02	0.12	>105～120	
3级	TS-140M	99.3	0.20	0.03	0.05	0.08	0.15	0.005	0.03	0.03	0.15	>120～140	
4级	TS-160M	99.2	0.20	0.03	0.05	0.08	0.15	0.005	0.03	0.03	0.25	>140～160	
1级	TS-105S	99.6	0.03	0.03	0.01	Na 0.10	0.15	0.010	0.03	0.01	0.08	≤105	钠法钛，粒度为 0.149～12.7mm 的部分不小于 80%，大于 12.7mm 的不大于 5.0% 及小于 0.149mm 的部分不大于 15%
2级	TS-120S	99.4	0.05	0.03	0.02	Na 0.15	0.20	0.010	0.03	0.01	0.12	>105～120	
3级	TS-140S	99.3	0.07	0.03	0.05	Na 0.15	0.20	0.015	0.03	0.03	0.15	>120～140	
4级	TS-160S	99.2	0.07	0.03	0.05	Na 0.15	0.20	0.015	0.03	0.03	0.25	>140～160	

表 12-73 压制海绵钛饼的牌号和化学成分

级别	牌号	化学成分/%(不大于,注明不小于者除外)									标准号
		Ti (不小于)	Fe	Si	Mn	Mg	Cl	H	C	N	
1级	TC-1	99.0	0.60	0.04	0.03	0.10	0.15	0.005	0.05	0.03	JIS H 2152—1972
2级	TC-2	97.0	2.0	0.10	0.05	0.50	0.15	0.005	0.10	0.10	

（2）加工钛及钛合金

有工业纯钛和抗蚀用的 Ti-Pd 合金，均按级别划分，没有牌号，具体成分分别列于各种加工材的产品标准中，如表 12-74 所示。

表 12-74　加工钛及钛合金的级别及化学成分

(JIS H4600—2001，JIS H4635—2006，JIS H4631—2006，JIS H4630—2001，JIS H4650—2001，JIS H4670—2001)

	级别	1级	2级	3级	4级	11级	12级	13级	14级	15级	16级	17级	18级	19级	20级	21级	22级
化学成分/%(质量分数,非范围值或特殊注明者均为最大值)	N	0.03	0.03	0.05	0.05	0.03	0.03	0.05	0.03	0.05	0.03	0.03	0.03	0.03	0.05	0.03	0.03
	C	0.08	0.08	0.08	0.08	0.08	0.08	0.08	0.08	0.08	0.08	0.08	0.08	0.08	0.08	0.08	0.08
	H	0.013	0.013	0.013	0.013	0.013	0.013	0.013	0.015	0.015	0.010	0.015	0.015	0.015	0.015	0.015	0.015
	Fe	0.20	0.25	0.30	0.50	0.20	0.25	0.30	0.30	0.30	0.15	0.20	0.30	0.30	0.30	0.20	0.30
	O	0.15	0.20	0.30	0.40	0.15	0.20	0.30	0.25	0.35	0.15	0.18	0.25	0.25	0.35	0.10	0.15
	Al																
	V																
	Ru								0.02～0.04	0.02～0.04						0.04～0.06	0.04～0.06
	Pd					0.12～0.25	0.12～0.25	0.12～0.25	0.01～0.02	0.01～0.02		0.04～0.08	0.04～0.08	0.04～0.08	0.04～0.08		
	Ta										4.0～6.0						
	Co													0.20～0.80	0.20～0.80		
	Cr								0.1～0.2	0.1～0.2							
	Ni								0.35～0.55	0.35～0.55						0.4～0.6	0.4～0.6
	Ti	余量	余量	余量	余量	余量	余量	余量	余量	余量	余量	余量	余量	余量	余量	余量	余量

级别	化学成分/%(质量分数,非范围值或特殊注明者均为最大值)													
	N	C	H	Fe	O	Al	V	Ru	Ni	S	La+Ce+Pr+Nd	杂质单项	杂质总和	Ti
23级	0.05	0.08	0.015	0.30	0.25			0.04～0.06	0.4～0.6					余量
28级	0.05	0.08	0.0150	0.30	0.25			0.04～0.06	0.4～0.6					余量
50级	0.03	0.08	0.015	0.30	0.25	1.0～2.0								余量
60级	0.05	0.08	0.0150	0.40	0.20	5.50～6.75	5.50～6.50					0.10	0.40	余量
60E级	0.03	0.08	0.0125	0.25	0.13	5.50～6.50	3.50～4.50					0.10	0.40	余量
61级	0.03	0.08	0.0150	0.25	0.15	2.50～3.50	2.00～3.00					0.10	0.40	余量
61F级	0.05	0.10	0.0150	0.30	0.20	2.70～3.50	1.60～3.40			0.05～0.20	0.05～0.70		0.40	余量
80级	0.05	0.10	0.0150	1.00	0.25	3.50～4.50	20.00～23.00							余量

12.3.2 钛及钛合金的力学性能

（1）板、带材

表 12-75 钛及钛合金板、带材的力学性能（JIS H4600—2012）

级别	厚度/mm	拉伸性能（非范围值或特殊注明者均为最小值）		
		抗拉强度/MPa	屈服强度/MPa	伸长率/%
1级	0.2～50	270～410	165	27
2级		340～510	215	23
3级		480～620	345	18
4级		550～750	485	15
11级		270～410	165	27
12级		340～510	215	23
13级		480～620	345	18
14级		345	275～450	20
15级		450	380～550	18
16级		343～481	216～441	25
17级		240～380	170	24
18级		345～515	275	20
19级		345～515	275	20
20级		450～590	380	18
21级		275～450	170	24
22级		410～530	275	20
23级		483～630	380	18
50级		345	215	20
60级	0.5～100	895	825	10
60E级	0.5～75	825	755	10
61级	0.5～100	620	485	15
61F级	0.6～5	650	600	10
80级	—	640～900	850	10

（2）管材

表 12-76 钛及钛合金管材的力学性能

管材类型		级别	外径/mm	壁厚/mm	抗拉强度/MPa	伸长率/%(最小值)
热交换器用管(JIS H4631—2001)①	无缝管	1 级	10～60	1～5	270～410	27
		2 级			340～510	23
		3 级			480～620	18
		11 级			270～410	27
		12 级			340～510	23
		13 级			480～620	18
		14 级			345	20
		15 级			450	18
		16 级			343～481	25
		17 级			240～380	24
		18 级			345～515	20
		19 级			345～515	20
		20 级			450～590	18
		21 级			275～450	24
		22 级			410～530	20
		23 级			483～630	18
		50 级			345	20
	焊接管	1 级	10～60	0.3～3	270～410	27
		2 级			340～510	23
		3 级			480～620	18
		11 级			270～410	27
		12 级			340～510	23
		13 级			480～620	18
		14 级			345	20
		15 级			450	18
		16 级			343～481	25
		17 级			240～380	24
		18 级			345～515	20
		19 级			345～515	20
		20 级			450～590	18
		21 级			275～450	24
		22 级			410～530	20
		23 级			483～630	18
		50 级			345	20
管道用管(JIS H4630—2001,JIS H4635—2006)②	无缝管	1 级,11 级	10～80	1～10	270～410	27
		2 级,12 级			340～510	23
		3 级,13 级			480～620	18
	焊接管	1 级,11 级	10～150	1～10	270～410	27
		2 级,12 级			340～510	23
		3 级,13 级			480～620	18

① 水压试验不发生泄漏或其他缺陷，压扁试验不出现裂纹，扩口使外径扩大 14%不出现裂纹，焊接管展平试验焊缝区不出现裂纹。

② 水压试验不发生泄漏或其他缺陷，压扁试验不出现裂纹。

（3）棒材

表 12-77　钛及钛合金棒材的力学性能（JIS H4650—2001）

级别	直径/mm	抗拉强度/MPa 最小值	屈服强度/MPa 最小值	伸长率/% 最小值	布氏硬度(HB)(10/3000)最小值
1 级	8～300	270～410	165	27	100
2 级		340～510	215	23	110
3 级		480～620	345	18	150
4 级		550～750	485	15	180
11 级		270～410	165	27	100
12 级		340～510	215	23	110
13 级		480～620	345	18	150
14 级		345	275～450	20	
15 级		450	380～550	18	
16 级		343～481	216～441	25	
17 级		240～380	170	24	
18 级		345～515	275	20	
19 级		345～515	275	20	
20 级		450～590	380	18	
21 级		275～450	170	24	
22 级		410～530	275	20	
23 级		483～630	380	18	
50 级		345	215	20	110
60 级	8～100	895	825	10	
60E 级		825	755	10	
61 级		620	485	15	
61F 级	8～25	650	600	10	
	25～100	650	600	8	
80 级	8～25	640～900	850	10	
	25～100	640～900	800	7	

（4）线材

表 12-78　钛及钛合金线材的力学性能

级　　别	直径/mm	抗拉强度/MPa(最小值)	伸长率/%(最小值)
1 级	1～8	270～410	15
2 级		340～510	13
3 级		480～620	11
11 级		270～410	15
12 级		340～510	13
13 级		480～620	11
14 级		345	12
15 级		450	11
16 级		343～481	15
17 级		240～380	14
18 级		345～515	12
19 级		345～515	12
20 级		450～590	11
21 级		275～450	14
22 级		410～530	12
23 级		483～630	11
61 级		700～900	9
61F 级		650	6
80 级		640～900	6

12.4 国际标准化组织（ISO）钛及钛合金

12.4.1 钛及钛合金牌号和化学成分

表 12-79 ISO 规定的钛及钛合金牌号和化学成分

牌号	化学成分/%（不大于，注明范围值和余量者除外）								标准号
	Ti	Al	V	Fe	C	N	H[①]	O	
Grade 1	余量	—	—	0.20	0.10	0.03	0.015	0.18	ISO 5832/Ⅱ—1999
Grade 2	余量	—	—	0.30	0.10	0.03	0.015	0.25	
Grade 3	余量	—	—	0.30	0.10	0.05	0.015	0.35	
Grade 4A Grade 4B	余量	—	—	0.50	0.10	0.05	0.015	0.50	
Ti-6Al-4V	余量	5.50～6.75	3.50～4.50	0.30	0.08	0.05	0.015	0.20	ISO 5832/Ⅲ—1996

① 表中规定的氢含量适用于坯料以外的所有产品，坯料的氢含量不大于 0.010%。

12.4.2 钛及钛合金的力学性能

表 12-80 ISO 规定的钛及钛合金加工材料的性能

牌号	状态或材料形式	抗拉强度 σ_b	屈服强度 $\sigma_{0.2}$	伸长率[①] δ	断面收缩率[②] ψ	板材和带材弯曲试验的弯心直径[③]		标准号
		MPa		%		厚度 t/mm		
		不小于				≤2	>2～5	
Grade 1	退火	240	170	24	30	3t	4t	ISO 5832/Ⅱ—1999
Grade 2	退火	345	230	20	30	4t	5t	
Grade 3	退火	450	300	18	30	4t	5t	
Grade 4A	退火	550	440	15	25	5t	6t	
Grade 4B	冷加工	680	520	10	18	6t	7t	
Ti-6Al-4V	板、带材	860	780	8	—	10t		ISO 5832/Ⅲ—1996
	棒材[④]	860	780	10	25	—		

① L_0 为 $5.65\sqrt{S_0}$ 或 50mm。

② 断面收缩率仅适用于棒材和坯料。

③ t 为板材、带材的厚度，按规定的弯心直径弯曲 180°不出现裂纹。

④ 棒材的最大直径或厚度为 75mm。

13 锌及锌合金

13.1 中国锌及锌合金

13.1.1 锌及锌合金牌号和化学成分

表 13-1 锌锭的牌号和化学成分（GB/T 470—2008）

牌号	化学成分(质量分数)/%							
	Zn (不小于)	杂质(不大于)						
		Pb	Cd	Fe	Cu	Sn	Al	总和
Zn99.995	99.995	0.003	0.002	0.001	0.001	0.001	0.001	0.005
Zn99.99	99.99	0.005	0.003	0.003	0.002	0.001	0.002	0.01
Zn99.95	99.95	0.030	0.01	0.02	0.002	0.001	0.01	0.05
Zn99.5	99.5	0.45	0.01	0.05	—	—	—	0.5
Zn98.5	98.5	1.4	0.01	0.05	—	—	—	1.5

注：1. 当用于热浸镀行业时，Zn99.995 牌号锌锭中的铝不进行要求。
2. 锌的含量为 100%减去表 1 中所列杂质实测值总和的余量。
3. 需方如对锌锭的化学成分有特殊要求时，由供需双方商定。
4. 锌锭表面不允许有熔洞、缩孔、夹层、浮渣及外来夹杂物，但允许有自然氧化膜。
5. 锌锭单重为 18～30kg。锭的底面允许有凹沟及铸腿，便于集装和使用。
6. 需方如对锌锭的形状、重量有特殊要求时，由供需双方商定。

表 13-2 铸造用锌合金锭的牌号和化学成分（GB/T 8738—2014）

牌号	代号	化学成分/%									
		主成分					杂质含量(不大于)				
		Al	Cu	Mg	Ni	Zn	Fe	Pb	Cd	Sn	Si
ZnAl4	ZX01	3.9～4.3	0.03	0.03～0.06	0.001	余量	0.02	0.003	0.003	0.0015	—
ZnAl4Cu0.4	ZX02	3.9～4.3	0.25～0.45	0.03～0.06	0.001	余量	0.02	0.003	0.003	0.0015	—
ZnAl4Cu1	ZX03	3.9～4.3	0.7～1.1	0.03～0.06	—	余量	0.02	0.003	0.003	0.0015	—
ZnAl4Cu3	ZX04	3.9～4.3	2.6～3.1	0.03～0.06	—	余量	0.02	0.003	0.003	0.0015	—
ZnAl6Cu1	ZX05	5.6～6.0	1.2～1.6	—	—	余量	0.020	0.003	0.003	0.001	0.02
ZnAl8Cu1	ZX06	8.2～8.8	0.9～1.3	0.02～0.03	—	余量	0.035	0.005	0.005	0.002	0.02
ZnAl9Cu2	ZX07	8.0～10.0	1.0～2.0	0.03～0.06	—	余量	0.05	0.005	0.005	0.002	0.05
ZnAl11Cu1	ZX08	10.8～11.5	0.5～1.2	0.02～0.03	—	余量	0.05	0.005	0.005	0.002	—
ZnAl11Cu5	ZX09	10.0～12.0	4.0～5.5	0.03～0.06	—	余量	0.05	0.005	0.005	0.002	0.05
ZnAl27Cu2	ZX10	25.5～28.0	2.0～2.5	0.012～0.02	—	余量	0.07	0.005	0.005	0.002	—
ZnAl17Cu4	ZX11	6.5～7.5	3.5～4.5	0.01～0.03	—	余量	0.05	0.005	0.005	0.002	

注：代号表示方法：“Z”为“铸”字汉语拼音首字母，代表“铸造用”；“X”为“锌”字汉语拼音首字母，表示“锌合金”。需方如对铸造锌合金锭的化学成分有特殊要求时，可由供需双方商定。

表 13-3 锌铝合金类热镀用锌合金锭化学成分（YS/T 310—2008）

合含种类	牌号	主要成分(质量分数)/%		杂质含量(质量分数)/%(不大于)				
		Zn	Al	Fe	Cd	Sn	Pb	Cu
锌铝合金类	RZnAl0.4	余量	0.25～0.55	0.004	0.003	0.001	0.004	0.002
	RZnAl0.6	余量	0.55～0.70	0.005	0.003	0.001	0.005	0.002
	RZnAl0.8	余量	0.70～0.85	0.006	0.003	0.001	0.005	0.002
	RZnAl5	余量	4.8～5.2	0.01	0.003	0.005	0.008	0.003
	RZnAl10	余量	9.5～10.5	0.03	0.003	0.005	0.01	0.005
	RZnAl15	余量	13.0～17.0					

注：热镀用锌合金锭中杂质 Cu、Cd、Sb 可根据需方要求取舍。

表 13-4 锌铝锑合金类热镀用锌合金锭化学成分（YS/T 310—2008）

合金种类	牌号	主要成分(质量分数)/%			杂质含量(质量分数)/%(不大于)				
		Zn	Al	Sb	Fe	Cd	Sn	Pb	Cu
锌铝锑合金类	RZnAl0.4Sb	余量	0.30～0.60	0.05～0.30	0.006	0.003	0.002	0.005	0.003
	RZnAl0.7Sb	余量	0.60～0.90						

注：热镀用锌合金锭中杂质 Cu、Cd、Sb 可根据需方要求取舍。

表 13-5 锌铝硅合金类热镀用锌合金锭化学成分（YS/T 310—2008）

合金种类	牌号	主要成分(质量分数)/%			杂质含量(质量分数)/%(不大于)				
		Zn	Al	Si	Pb	Fe	Cu	Cd	Mn
锌铝硅合金类	RAl56ZnSi1.5	余量	52.0～60.0	1.2～1.8	0.02	0.15	0.03	0.01	0.03
	RAl65.0ZnSi1.7	余量	60.0～70.0	1.4～2.0	0.015	—	—	—	—

注：热镀用锌合金锭中杂质 Cu、Cd、Sb 可根据需方要求取舍。

表 13-6 锌铝稀土合金类热镀用锌合金锭化学成分（YS/T 310—2008）

合金种类	牌号	主要成分(质量分数)/%			杂质含量(质量分数)/%(不大于)						
		Zn	Al	La+Ce	Fe	Cd	Sn	Pb	Si	其他杂质元素	
										单个	总和
锌铝稀土合金类	RZnAl5RE	余量	4.2～6.2	0.03～0.10	0.075	0.005	0.002	0.005	0.015	0.02	0.04

注：1. Sb、Cu、Mg 允许含量分别可以达到 0.002%、0.1%、0.05%，因为它们的存在对合金没有影响，所以不要求分析。

2. Mg 根据需方要求最高可以达 0.1%。

3. Zr、Ti 根据需方要求最高分别可以达 0.02%。

4. Al 根据需方要求最高可以达 8.2%。

5. 其他杂质元素是指除 Sb、Cu、Mg、Zr、Ti 以外的元素。

6. 热镀用锌合金锭按规格分为大锭和小锭. 采用锌锭模和铸造锌合金锭模铸成的锭为小锭，其他为大锭。

7. 热镀用锌合金锭单重分为大锭：1000kg±100kg、380kg±50kg；小锭：20kg±5kg、8kg±2kg。

表 13-7 铸造锌合金化学成分（GB/T 1175—2018）

序号	合金牌号	合金代号	合金元素/%				杂质元素/%(不大于)				
			Al	Cu	Mg	Zn	Fe	Pb	Cd	Sn	其他
1	ZZnAl4Cu1Mg	ZA4-1	3.9～4.3	0.7～1.1	0.03～0.06	余量	0.02	0.003	0.003	0.0015	Ni0.001
2	ZZnAl4Cu3Mg	ZA4-3	3.9～4.3	2.7～3.3	0.03～0.06	余量	0.02	0.003	0.003	0.0015	Ni0.001

续表

序号	合金牌号	合金代号	合金元素/%			杂质元素/%(不大于)					
			Al	Cu	Mg	Zn	Fe	Pb	Cd	Sn	其他
3	ZZnAl6Cu1	ZA6-1	5.6～6.0	1.2～1.6	—	余量	0.02	0.003	0.003	0.001	Mg0.005 Si0.02 Ni0.001
4	ZZnAl8Cu1Mg	ZA8-1	8.2～8.8	0.9～1.3	0.02～0.03	余量	0.035	0.005	0.005	0.002	Si0.02 Ni0.001
5	ZZnAl9Cu2Mg	ZA9-2	8.0～10.0	1.0～2.0	0.03～0.06	余量	0.05	0.005	0.005	0.002	Si0.05
6	ZZnAl11Cu1Mg	ZA11-1	10.8～11.5	0.5～1.2	0.02～0.03	余量	0.05	0.005	0.005	0.002	
7	ZZnAl11Cu5Mg	ZA11-5	10.0～12.0	4.0～5.5	0.03～0.06	余量	0.05	0.005	0.005	0.002	Si0.05
8	ZZnAl27Cu2Mg	ZA27-2	25.5～28.0	2.0～2.5	0.012～0.02	余量	0.07	0.005	0.005	0.002	

表 13-8　压铸锌合金的牌号和化学成分（GB/T 13818—2009）　　单位：%

序号	合金牌号	合金代号	主要成分				杂质含量(不大于)			
			Al	Cu	Mg	Zn	Fe	Pb	Sn	Cd
1	YZZnAl4A	YX040A	3.9～4.3	≤0.1	0.030～0.060	余量	0.035	0.004	0.0015	0.003
2	YZZnAl4B	YX040B	3.9～4.3	≤0.1	0.010～0.020	余量	0.075	0.003	0.0010	0.002
3	YZZnAl4Cu1	YX041	3.9～4.3	0.7～1.1	0.030～0.060	余量	0.035	0.004	0.0015	0.003
4	YZZnAl4Cu3	YX043	3.9～4.3	2.7～3.3	0.025～0.050	余量	0.035	0.004	0.0015	0.003
5	YZZnAl8Cu1	YX081	8.2～8.8	0.9～1.3	0.020～0.030	余量	0.035	0.005	0.0050	0.002
6	YZZnAl11Cu1	YX111	10.8～11.5	0.5～1.2	0.02～0.030	余量	0.050	0.009	0.0050	0.002
7	YZZnAl27Cu2	YX272	25.5～28.0	2.0～2.5	0.012～0.020	余量	0.070	0.005	0.0050	0.002

注：YZZnAl4B Ni 含量为 0.005%～0.020%。

表 13-9　电镀用铜、锌、镉、镍、锡阳极板牌号、状态和规格（GB/T 2056—2005）

牌号	状态	规格/mm		
		厚度	宽度	长度
T2、T3	冷轧(Y)	2.0～15.0	100～1000	
	热轧(R)	6.0～20.0		
Zn1(Zn99.99) Zn2(Zn99.95)	热轧(R)	6.0～20.0		300～2000
Sn2、Sn3、Cd2、Cd3	冷轧(Y)	0.5～15.0	100～500	
NY1	热轧(R)	6～20		
NY2	热轧后淬火(C)			
NY3	软态(M)	4～20		

注：锌阳极板的化学成分应符合 GB/T 470 的规定。

表 13-10　胶印锌板的牌号和化学成分（YS/T 504—2006）

牌号	主要成分/%(质量分数)				杂质/%(质量分数,不大于)			
	Zn	Pb	Cd	Fe	Al	Cu	Sn	总和
XJ	余量	0.3～0.5	0.09～0.14	0.008～0.02	0.03	0.005	0.001	0.05

注：表中未列入的杂质包括在总和内。

表 13-11 电池用锌板和锌板的牌号和化学成分（YS/T 565—2010）

牌号	质量分数/%								
	Zn	Ti	Mg	Al	Pb	Cd	Fe	Cu	Sn	杂质总和
DX	余量	0.001～0.05	0.0005～0.0015	0.002～0.02	<0.004	<0.002	≤0.03	≤0.001	≤0.001	0.040

注：1.元素含量为上下限者为合金元素，元素含量为单个数值为杂质元素，单个数值者表示最高限量。
2.杂质总和为表中所列杂质元素实测值总和。
3.表中用“余量”表示的元素含量为100%减去表中所列元素实测值所得。

表 13-12 照相制版用微晶锌板的化学成分（YS/T 225—2010）

牌号	质量分数/%								
	Zn	Mg	Al	Pb	Fe	Cd	Cu	Sn	杂质总和
X_{12}	余量	0.05～0.15	0.02～0.10	0.005	0.006	0.005	0.001	0.001	0.013

注：1.元素含量为上下限者为合金元素，元素含量为单个数值者为杂质元素，单个数值者表示最高限量；
2.杂质总和为表中所列杂质元素实测值总和；
3.表中用“余量”表示的元素含量为100%减去表中所列元素实测值所得。

表 13-13 电池锌饼的牌号和化学成分（GB/T 3610—1997）

产品牌号	化学成分/%(质量分数)						
	主要成分			杂质含量(不大于)			
	Zn	Cd	Pb	Fe	Cu	Sn	杂质总和
XB1	余量	0.03～0.06	0.35～0.80	0.015	0.002	0.003	0.025
XB2	余量	0.05～0.10	0.10～0.20	0.006	0.002	0.001	0.01
XB3	余量	0.05～0.10	0.50～0.80	0.004	0.002	0.001	0.01

注：电池锌饼用于制造锌-锰电池的负极整体锌筒。锌饼的硬度为38.0～45.9HBS2.5/62.5/30。

表 13-14 锌粉的化学成分（GB/T 6890—2000）

等级(按化学成分分)	化学成分/%					
	主品位(不小于)		杂质(不大于)			
	全锌	金属锌	Pb	Fe	Cd	酸不溶物
一级	98	96	0.1	0.05	0.1	0.2
二级	98	94	0.2	0.2	0.2	0.2
三级	96	92	0.3	—	—	0.2
四级	92	88	—	—	—	0.2

注：锌粉用于涂料、染料、冶金、化工及制药等工业。以含锌物料为原料生产的四级锌粉，其含硫量应不大于0.5%。

13.1.2 锌及锌合金的规格及力学性能

表 13-15 铸造锌合金的力学性能（GB/T 1175—2018）

序号	合金牌号	合金代号	铸造方法及状态	抗拉强度 σ_b /MPa(不小于)	伸长率 δ_5 /%(不小于)	硬度(HBS)(不小于)
1	ZZnAl4Cu1Mg	ZA4-1	JF	175	0.5	80
2	ZZnAl4Cu3Mg	ZA4-3	SF JF	220 240	0.5 1	90 100
3	ZZnAl6Cu1	ZA6-1	SF JF	180 220	1 1.5	80 80
4	ZZnAl8Cu1Mg	ZA8-1	SF JF	250 225	1 1	80 85
5	ZZnAl9Cu2Mg	ZA9-2	SF JF	275 315	0.7 1.5	90 105

续表

序号	合金牌号	合金代号	铸造方法及状态	抗拉强度 σ_b /MPa(不小于)	伸长率 δ_5 /%(不小于)	硬度(HBS)(不小于)
6	ZZnAl11Cu1Mg	ZA11-1	SF JF	280 310	1 1	90 90
7	ZZnAl11Cu5Mg	ZA11-5	SF JF	275 295	0.5 1.0	80 100
8	ZZnAl27Cu2Mg	ZA27-2	SF ST3 JF	400 310 420	3 8 1	110 90 110

注：T3 工艺为 320℃、3h、炉冷。

表 13-16　压铸锌合金的力学性能（GB/T 13818—92）

序号	合金牌号	合金代号	抗拉强度 σ_b /MPa(不小于)	伸长率($L_0=50$) /%(不小于)	硬度(HBS) 5/250/30(不小于)	冲击功 A_K/J(不小于)
1	ZZnAl4Y	YX040	250	1	80	35
2	ZZnAl4Cu1Y	YX041	270	2	90	39
3	ZZnAl4Cu3Y	YX043	320	2	95	42

表 13-17　胶印锌板的尺寸及允许偏差（GB/T 3496—83）

厚度	厚度允许偏差	宽度	宽度允许偏差	长度	长度允许偏差	同张板厚相差不超过	理论质量(相对密度:7.2)		备注
mm							kg/m²	kg/张	
0.55	±0.04	640	±3	680	±3	0.04	3.96	1.72	四开
		762		915				2.76	小对开
		765		975				2.95	大对开
		1144		1219		0.05		5.52	全开

注：经双方协议可供应其他规格和允许偏差的板材。

表 13-18　胶印锌板的力学性能（GB/T 3496—83）

牌号	抗拉强度 σ_b/MPa	伸长率 δ_{10}/%	硬度(HBS)	反复弯曲/次
	不小于			
XJ	155	15	50	7

表 13-19　铸造锌合金铸件的力学性能（GB/T 8738—2006）

牌号	代号	抗拉强度 σ_b/MPa	伸长率 δ_5/%	硬度(HBS)	力学性能对应的铸造工艺和铸态
ZnAl4	ZX01	250	1	80	Y
ZnAl4Ni	ZX02	250	1	80	Y
ZnAl4Cu1	ZX03	270	2	90	Y
		175	0.5	80	JF
ZnAl4Cu3	ZX04	320	2	95	Y
		220	0.5	90	SF
		240	1	100	JF
ZnAl6Cu1	ZX05	180	1	80	SF
		220	1.5	80	JF
ZnAl8Cu1	ZX06	220	2	80	Y
		250	1	80	SF
		225	1	85	JF

续表

牌号	代号	抗拉强度σ_b/MPa	伸长率δ_5/%	硬度(HBS)	力学性能对应的铸造工艺和铸态
ZnAl9Cu2	ZX07	275	0.7	90	SF
		315	1.5	105	JF
ZnAl11Cu1	ZX08	300	1.5	85	Y
		280	1	90	SF
		310	1	90	JF
ZnAl11Cu5	ZX09	275	0.5	80	SF
		295	1.0	100	JF
ZnAl27Cu2	ZX10	350	1	90	Y
		400	3	110	SF
		420	1	110	JF

注：1. 本表中 Y—代表压铸，S—代表砂型铸，J—代表金属型铸，F—代表铸态。

2. 本表数据仅供用户选择牌号时参考，不作验收依据。

表 13-20　国内外铸造锌合金锭标准及牌号对照表（GB/T 8738—2006）

GB/T 8738—2006	ISO 301 2003 修订版	EN 1774—1997	ASTMB 240—1998	AS 1881—1986	JISH 2201—1999	GB/T 8738—1988
ZnA14	ZnAl4	ZnAl4	AG40A	ZnAl4	2 级	ZZnAlD4A ZZnAlD4
ZnAl4Ni	—	—	AG40B	—	—	—
ZnAl4Cu1	ZnAl4Cu1	ZnAl4Cu1	AG41A	ZnAl4Cu1	1 级	ZZnAlD4—1A ZZnAlD4—1
ZnAl4Cu3	ZnAl4Cu3	ZnAl4Cu3	AG43A	—	—	ZZnAlD4—3A ZZnAlD4—3
ZnAl6Cu1	—	ZnA16Cu1	—	—	—	—
ZnAl8Cu1	ZnAl8Cu1	ZnAl8Cu1	ZA8	—	—	—
ZnAl9Cu2	—	—	—	—	—	—
ZnAl11Cu1	ZnAl11Cu1	ZnAl11Cu1	ZAl2	ZnAl11Cu1	—	ZZnAlD11—1
ZnAl11Cu5	—	—	—	—	—	—
ZnAl27Cu2	ZnAl27Cu2	ZnAl27Cu2	ZA27	ZnAl27Cu2	—	—

13.2　欧洲标准化委员会(CEN)锌及锌合金

13.2.1　锌及锌合金的牌号及化学成分

表 13-21　原锌的牌号及化学成分（EN 1179—2003）

合金牌号	合金成分/%(最大值)							
	Pb	Cd	Fe	Sn	Cu	Al	其他元素总和	Zn
Z1	0.003	0.003	0.002	0.001	0.001	0.001	0.005	99.995
Z2	0.005	0.003	0.003	0.001	0.002		0.01	99.99
Z3	0.03	0.005	0.02	0.001	0.002		0.05	99.95
Z4	0.45	0.005	0.05				0.5	99.5
Z5	1.4	0.005	0.05				1.5	98.5

表 13-22　锌及锌合金铸锭和液体的牌号及化学成分（EN 1774—1997）

合金牌号			合金成分/%（最大值）											
元素符号	数字序号	缩写	Al	Cu	Mg	Cr	Ti	Pb	Cd	Sn	Fe	Ni	Si	Zn
ZnAl4	ZL0400	ZL3	3.8～4.2	0.03	0.035～0.06			0.003	0.003	0.001	0.020	0.001	0.02	余量
ZnAl4Cu1	ZL0410	ZL5	3.8～4.2	0.7～1.1	0.035～0.06			0.003	0.003	0.001	0.020	0.001	0.02	余量
ZnAl4Cu3	ZL0430	ZL2	3.8～4.2	2.7～3.3	0.035～0.06			0.003	0.003	0.001	0.020	0.001	0.02	余量
ZnAl6Cu1	ZL0610	ZL6	5.6～6.0	1.2～1.6	0.005			0.003	0.003	0.001	0.020	0.001	0.02	余量
ZnAl8Cu1	ZL0810	ZL8	8.2～8.8	0.9～1.3	0.02～0.03			0.005	0.005	0.002	0.035	0.001	0.035	余量
ZnAl11Cu1	ZL1110	ZL12	10.8～11.5	0.5～1.2	0.02～0.03			0.005	0.005	0.002	0.05		0.05	余量
ZnAl27Cu2	ZL2720	ZL27	25.5～28.0	2.0～2.5	0.012～0.02			0.005	0.005	0.002	0.07		0.07	余量
ZnCu1CrTi	ZL0010	ZL16	0.01～0.04	1.0～1.5	0.02	0.1～0.2	0.15～0.25	0.005	0.004	0.003	0.04		0.04	余量

表 13-23　锌及锌合金铸件的牌号及化学成分（EN 12844—1998）

合金牌号	缩写	Al	Cu	Mg	Cr	Ti	Pb	Cd	Sn	Fe	Ni	Si	Zn
ZL0400	ZL3	3.7～4.3	0.1	0.025～0.06			0.005	0.005	0.002	0.05	0.02	0.03	余量
ZL0410	ZL5	3.7～4.3	0.7～1.2	0.025～0.06			0.005	0.005	0.002	0.05	0.02	0.03	余量
ZL0430	ZL2	3.7～4.3	2.7～3.3	0.025～0.06			0.005	0.005	0.002	0.05	0.02	0.03	余量
ZL0610	ZL6	5.4～8.0	1.1～1.7	0.005			0.005	0.005	0.002	0.05	0.02	0.03	余量
ZL0810	ZL8	8.0～8.8	0.8～1.3	0.015～0.03			0.006	0.006	0.003	0.06	0.02	0.045	余量
ZL1110	ZL12	10.5～11.5	0.5～1.2	0.015～0.03			0.006	0.006	0.003	0.07	0.02	0.06	余量
ZL2720	ZL27	25.0～28.0	2.0～2.5	0.01～0.02			0.006	0.006	0.003	0.1	0.02	0.08	余量
ZL0010	ZL16	0.01～0.04	1.0～1.5	0.02	0.1～0.2	0.15～0.25	0.005	0.005	0.004	0.05		0.05	余量

13.2.2　锌及锌合金的力学性能

表 13-24　锌合金铸件 20℃时的力学性能（EN 12844—1998）

合金牌号	缩写	抗拉强度 R_m /MPa	屈服强度 $R_{P0.2}$ /MPa	伸长率 A_{50mm} /%	硬度 (HBS)	疲劳强度(10^8 周) /MPa
ZP0400	ZP3	280	200	10	83	48
ZP0410	ZP5	330	250	5	92	56
ZP0430	ZP2	355	270	5	102	60
ZP0810	ZP8	370	220	8	100	100
ZP1110	ZP12	400	300	5	100	
ZP2720	ZP27	425	370	2.5	120	145
ZP0010	ZP16	220				

13.3　美国锌及锌合金

表 13-25　锌化学成分（ASTM B6—2003）

合金牌号 (UNS)	化学成分/%							
	Pb	Fe	Cd	Al	Cu	Ti	总的非锌量	Zn (按差值)
特别高级(Z13001)	≤0.003	≤0.03	≤0.003	≤0.002	≤0.002	≤0.001	≤0.010	99.990
高级(Z15001)	≤0.03	≤0.02	≤0.02	≤0.01	—	—	≤0.10	≥99.90
西方优级(Z19001)	0.5～1.4	≤0.05	≤0.20	≤0.01	≤0.20	—	≤2.0	≥98.0

商品轧制锌分三种产品：

Ⅰ种——带卷或从带材剪切的薄板［长度不小于 3.05m（10ft）］；

Ⅱ种——叠轧锌板；

Ⅲ种——以任何轧制法生产的厚板，如锅炉板、壳体板。

表 13-26 轧制锌的化学成分（ASTM B69—1998）

化学成分/%(不大于,注明范围和余量者除外)					
Pb	Fe	Cd	Cu	Mg	Zn
0.05	0.010	0.005	0.001	—	余量
0.05～0.12	0.012	0.005	0.001	—	余量
0.03～0.65	0.020	0.02～0.35	0.005	—	余量
0.05～0.12	0.012	0.005	0.65～1.25	—	余量
0.05～0.12	0.015	0.005	0.75～1.25	0.007～0.02	余量

注：对锌板限制边部弯曲，有延性（冲杯）等要求。

表 13-27 电镀用锌阳极的化学成分（ASTM B418—2001）

合金牌号	化学成分/%(不大于,注明范围者除外)		
	Al	Cd	Fe
电镀用锌阳极Ⅰ种	0.01～0.4	0.03～0.10	0.005
电镀用锌阳极Ⅱ种	0.005	0.003	0.0014

表 13-28 热镀锌合金锭的化学成分（ASTM B750—2003）

合金牌号	化学成分/%(不大于,注明范围者除外)								
	Al	Ce+La	Fe	Si	Pb	Cd	Sn	单个	总和
UNSZ38510 (Zn-5Al-MM)	4.7～6.2	0.03～0.01	0.075	0.015	0.005	0.005	0.02	0.02	0.04

注：1. 热镀锌合金 Z38510 含有锑、铜、镁分别可达 0.002%、0.1%和 0.05%，对热镀锌无害，可不必分析。
2. 按用户要求，镁可达 0.1%，银最高可达 7.2%。
3. 用户规定，Zr、Ti 分别不大于 0.02%。

表 13-29 锌合金锭牌号（ASTM B240—2001）

UNS	ASTM	一般	UNS	ASTM	一般
Z33521	AG40A	合金 3	Z33530	AG41A	合金 5
Z33522	AG40B	合金 7	Z33540	AG43A	合金 2

注：本标准适用于模铸生产的商业性锌合金锭。

表 13-30 锌合金锭的化学成分（ASTM B240—2001）

元 素	化 学 成 分/%			
	Z33521 (AG40A)①,②,③	Z33522 (AG40B)①,②,③	Z33530 (AG41A)①,②,③	Z33540 (AG43A)①,②,③
Cu	≤0.10max	≤0.10max	0.75～1.25	2.6～2.9
Al	3.9～4.3	3.9～4.3	3.9～4.3	3.9～4.3
Mg	0.025～0.05	0.010～0.020	0.03～0.06	0.025～0.050
Fe	≤0.075	≤0.075	≤0.075	≤0.075
Pb	≤0.004	≤0.0020	≤0.004	≤0.004
Cd	0.03	0.0020	0.003	0.003
Ti	≤0.002	≤0.0010	≤0.002	≤0.002
Ni	—	0.005～0.020	—	—
Zn	其余	其余	其余	其余

① 用于模铸的锌合金锭可以含镍、铬、硅和钛分别至 0.02%、0.02%、0.035%和 0.05%，这些元素含量至此浓度还未见有害影响，因此，这些元素无须分析检查，但 Z33522 镍含量要求分析检查。

② ASTM 合金标识是按照 B275 习惯编制的。UNS 标识是按照 E572 习惯编的，UNS 数码的最后一个数字表示了相似成分合金间的差异，合金锭及铸造用合金的 UNS 标识不是按照所有合金同一顺序来标识的。

③ 为了接收或拒收，分析中得到的观测值或计算值应按 E92 中规定的圆整程序，圆整到所列的规定极限值数据的最后一位。

13.4 日本锌及锌合金

13.4.1 锌及锌合金牌号和化学成分

表 13-31 锌锭的化学成分（JIS H2107—1999）

种类	化学成分/%				
	Zn	Pb	Fe	Cd	Sn
最纯锌锭	≥99.995	≤0.003	≤0.002	≤0.002	≤0.001
特种锌锭	≥99.99	≤0.007	≤0.005	≤0.004	
普通锌锭	≥99.97	≤0.02	≤0.01	≤0.005	
蒸馏锌锭特种	≥99.6	≤0.3	≤0.02	≤0.1	
蒸馏锌锭 1 种	≥98.5	≤1.3	≤0.025	≤0.4	
蒸馏锌锭 2 种	≥98.0	≤1.3	≤0.1	≤0.5	

表 13-32 锌加工产品的化学成分和力学性能及用途（JIS H4311—2006）

锌板第 1 种

用途	化学成分/%					弯曲试验		
	Zn	Pb	Cd	Fe	Cu	厚度/mm	弯曲角度	内侧半径
干电池用	≥98.8	≤0.60	≤0.60	≤0.025	≤0.005	<0.5	180°	无间隙
						≥0.5	180°	厚度的 1 倍
一般用	≥98.5	≤1.30	≤0.40	≤0.09	≤0.01	<0.5	180°	无间隙
						≥0.5	180°	厚度的 1 倍

锌板第 2 种

用途	化学成分/%						硬度/HV
	Zn	Pb	Cd	Fe	Ni	Mg	
凸版用	≥99.0	≤0.50	≤0.50	≤0.25	≤0.20	≤0.02	≥40

用途	化学成分/%					拉伸试验	
	Zn	Pb	Cd	Fe	Cu	抗拉强度/MPa	伸长率/%
平版用(大版)	≥99.0	≤0.40	≤0.40	≤0.02	≤0.005	147	≥12

锌板第 3 种

用途	化学成分/%				
	Zn	Pb	Cd	Fe	Ni
锅炉锌板	≥98.5	≤1.30	≤0.40	≤0.90	≤0.10

表 13-33 压铸用锌合金锭的化学成分（JIS H2201—1999）

种类	化学成分/%							
	Al	Cu	Mg	Pb	Fe	Cd	Sn	Zn
压铸用锌合金锭 1 种	3.9～4.3	0.75～1.25	0.03～0.06	≤0.003	≤0.075	≤0.002	≤0.001	其余
压铸用锌合金锭 2 种	3.9～4.3	≤0.03	0.03～0.06	≤0.003	≤0.075	≤0.002	≤0.001	其余

表 13-34 压铸锌合金的化学成分（JIS H5301—1990）

种类	合金牌号	化学成分/%							
		Al	Cu	Mg	Fe	Zn	不纯物		
							Pb	Cd	Sn
1 种	ZDC1	3.5～4.3	0.75～1.25	0.020～0.06	≤0.10	其余	≤0.005	≤0.004	≤0.003
2 种	ZDC2	3.5～4.3	≤0.25	0.020～0.06	≤0.10	其余	≤0.005	≤0.004	≤0.003

13.4.2 锌及锌合金的力学性能

表 13-35 压铸锌合金试验棒的力学性能（供参考）（JIS H2201—1999）

种 类	合金牌号	拉伸试验		冲击值 /J·cm^{-2} (kgf·m/cm^2)	硬度 /HBS (10/500)
		抗拉强度 /MPa(kgf/mm^2)	伸长率 /%		
1种	ZDC1	324(33)	7	157(16)	91
2种	ZDC2	283(29)	10	137(14)	82

表 13-36 各国类似压铸铁合金牌号对照（供参考）

JIS H5301 (1979)		FS QQ-Z-363 B (1972)	ASTM B 86 (1976)	SAE J 486b (1965)	NF A 55-010 (1972)	BS 1004 (1972)	DIN 1743 (1967)	ISO
1种	ZDC1	AG41A	AG41A	925	Z-A4U1G	B	GD-ZnAl4Cu1	—
2种	ZDC2	AG40A	AG40A	903	Z-A4G	A	GD-ZnAl4	—

13.4.3 压铸锌合金使用部件实例

表 13-37 压铸锌合金使用部件实例

设 备	零 件	设 备	零 件
汽车	散热器格栅，商标，铸模，刻印，孔罩，前台罩，尾灯罩，信号装置（主机，外壳，托架），后视镜托架，汽油箱盖，风挡玻璃弧刷，支架门枢，外门手柄，内门手柄，汽化器（主机身，工作轴颈耳机），制动活塞，手柄，喇叭圈，转向支架，仪表（配电盘，钢丝门枢，钢丝，支架，安装电缆用螺母），薄皮带卷取零件，汽缸栓，机罩栓机身	唱机	操纵杆，飞轮，转台，转台控制盘，转台轮毂，调制摇臂，支承摇臂，摇臂底座，轴承，配重，记录压板，飞轮，飞轮支承
		放映机	框架箱，按钮，托架头，图像电子放大传动装置，底片门
		座钟	旋转轴承箱，外壳，钥匙，门手柄，门附属零件
		灭火器	安装氧化瓶零件，盖
		钓具绕线架	旋转箱，标准齿轮，手柄轴，手柄
印刷机	限制器托架，油墨分配器，齿轮，手柄	电机配电盘	窗用钥匙，格栅，检查灯用支板，灯箱附加钩，拉钩
自动销售机	硬币投入口，硬币接受器，硬币选择器，电磁门，后门，倒装盖	玩具	小型模型，手枪等
		乐器	鼓配件，吉他配件，管乐器配件
农业机械	变速挂钩，变速导板，齿轮箱，V形带轮，水稻插秧机导向托架，蔬菜播种机用齿轮	振动盒	侧窗框，压花板
		烟具	烟灰缸，打字机部件
		全软木框架	
计时器	杠架，插座	手镜柄	
缝纫机	机头，外壳，螺母，调子筒，样板，合页，控制杆，刻度盘旋钮，刻度盘框架，镶板，刻度板箱	可弯管柄	
		车厢内附件	
		单轮叉子	
电动打字机	外壳，机壳，螺母，手柄，字符工作轮，打印机外壳，印字锤	装饼盘	
		绕线杯	
理发和美容椅子	调节配电盘，铸模，手柄	金属	
LP煤气机	煤气龙头，调整器	下盘附件	
煤气炉	开关，底座	保险柜	手柄，钥匙
煤气混合炉	煤气龙头，凸轮，软管插口	号码环	框架
气量计	气体分配器	发泡机	齿轮，机架
石油火炉	油位车身，润滑油调节部件，调节器外壳	煮咖啡台	机架
		切管	
电机	外壳，箱，齿轮箱，轴承，轴承座	铁钎	
冰箱	手柄，门框，凸轮，曲轴	帆布钳子	
冰柜	手柄，门枢，铸模，车厢通气门	端子插入口	
电子波幅	前罩，操纵杆，外罩子，门枢，手柄，手柄内侧末端	门装饰附件	
		枝形吊灯用部件	
电视	门钩，门锁，锁杆手柄	家具，桌子，衣橱用拉手	
YTR	更换管道用机架手柄，磁头部件，动环	挂西服、挂帽子用附件	

13.5 国际标准化组织（ISO）锌及锌合金

表 13-38 锌锭牌号和化学成分［ISO 752—2004］

牌号	最高杂质含量/%						
	Pb	Cd	Fe	Sn	Cu	Al	杂质总和
Zn99.995	0.003	0.003	0.02	0.001	0.001	0.005	0.0050
Zn99.99	0.003	0.003	0.003	0.001	0.002	0.005	0.010
Zn99.95	0.03	0.02	0.02	0.001	0.002	0.005	0.050
Zn99.5	0.45	0.05	0.05	①		0.010②	0.50
Zn98.5	1.4	0.05	0.05	①		0.020②	1.50

① 0.003%（m/m）适用于轧制。
② 0.005%（m/m）适用于轧制。
注：如含 Zn99.99%的锌锭不是用于生产压铸合金，则最高含铅量应为 0.005%（m/m）。

表 13-39 国内外铸造锌合金锭牌号对照表［ISO 301—2006（E）］

牌号	合金代号	欧洲 CEN EN 1774	日本 JIS H5301	澳大利亚 AS 1881	美国 ASTM B240	U.N.S
ZnAl4	ZL0400	ZnAl4	ZDC 2	ZnAl4	AG40A	Z33521
ZnAl4Cu1	ZL0410	ZnAl4Cu1	ZDC 1	ZnAl4Cu1	AC41A	Z35530
ZnAl4Cu3	ZL0430	ZnAl4Cu3	—	—	AC43A	Z35540
ZnAl8Cu1	ZL0810	ZnAl8Cu1	—	—	ZA8	Z35635
ZnAl11Cu1	ZL1110	ZnAl11Cu1	—	ZnAl11Cu1	ZA12	Z35630
ZnAl27Cu2	ZL2720	ZnAl27Cu2	—	ZnAl27Cu2	ZA27	Z35840

表 13-40 铸造用锌合金锭牌号和化学成分［ISO 301—2006（E）］单位：%（质量）

牌号	颜色代码	代号	简称	合金元素	Al	Cu	Mg	Pb	Cd	Sn	Fe	Zn
ZnAl4	白/黄	ZL0400	ZL3	最小	3.9	—	0.03	—	—	—	—	余量
				最大	4.3	0.1	0.06	0.0040	0.0030	0.0015	0.035	
ZnAl4Cu1	白/黑	ZL0410	ZL5	最小	3.9	0.7	0.03	—	—	—	—	余量
				最大	4.3	1.1	0.06	0.0040	0.0030	0.0015	0.035	
ZnAl4Cu3	白/绿	ZL0430	ZL2	最小	3.9	2.7	0.03	—	—	—	—	余量
				最大	4.3	3.3	0.06	0.0040	0.0030	0.0015	0.035	
ZnAl8Cu1	白/蓝	ZL0810	ZL8	最小	8.2	0.9	0.02	—	—	—	—	余量
				最大	8.8	1.3	0.03	0.005	0.005	0.002	0.035	
ZnAl11Cu1	白/橙黄	ZL1110	ZL12	最小	10.8	0.5	0.02	—	—	—	—	余量
				最大	11.5	1.2	0.03	0.005	0.005	0.002	0.05	
ZnAl27Cu2	白/紫	ZL2720	ZL27	最小	25.5	2.0	0.012	—	—	—	—	余量
				最大	28.0	2.5	0.020	0.005	0.005	0.002	0.07	

14 铅及铅合金

14.1 铅及铅合金牌号和化学成分

表 14-1 铅锭的牌号和化学成分（GB/T 469—2013）

牌号	化学成分/%											
	Pb （不小于）	杂质（不大于）										
		Ag	Cu	Bi	As	Sb	Sn	Zn	Fe	Cd	Ni	总和
Pb99.994	99.994	0.0008	0.001	0.004	0.0005	0.0008	0.0005	0.0004	0.0005	0.0002	0.0002	0.006
Pb99.990	99.990	0.0015	0.001	0.010	0.0005	0.0008	0.0005	0.0004	0.0010	0.0002	0.0002	0.010
Pb99.985	99.985	0.0025	0.001	0.015	0.0005	0.0008	0.0005	0.0004	0.0010	0.0002	0.0005	0.015
Pb99.970	99.970	0.0050	0.003	0.030	0.0010	0.0010	0.0010	0.0005	0.0020	0.0010	0.0010	0.030
Pb99.940	99.940	0.0080	0.005	0.060	0.0010	0.0010	0.0010	0.0005	0.0020	0.0020	0.0020	0.060

表 14-2 粗铅的牌号和化学成分（YS/T 71—2004）

牌号	化学成分/%			
	Pb （不小于）	杂质（不大于）		
		Sb	As	Cu
Pb98.0C	98.0	0.8	0.6	0.6
Ph96.0C	96.0	0.9	0.7	0.8
Ph94.0C	94.0	1.0	0.9	1.0

注：1. Sn 含量由供需双方协商确定。粗铅中的金、银为有价伴生金属，应按批测定，报出分析结果。

2. 粗铅中铅及杂质的含量均为实测值。

3. 粗铅中铅及杂质的修约规则，按 GB/T 8170 规定执行，修约后的数值判定，按 GB/T 1250 规定执行。

4. 需方如对粗铅的化学成分有特殊要求时，可由供需双方商定。

5. 粗铅锭为长方梯形，分小锭和大锭两种规格，小锭两端应有突出的耳部，锭重：30～50kg；大锭应附有完整可靠的吊环，锭重不超过 2.0t，厚度不超过 400mm。

6. 对粗铅的物理规格有特殊规定或要求，可由供需双方商定。

表 14-3 高纯铅牌号和化学成分（YS/T 265—94）

牌号	化学成分/%（质量分数）												
	Pb/% （不小于）	杂质质量/10^{-6}（不大于）											
		As	Fe	Cu	Bi	Sn	Sb	Ag	Mg	Al	Cd	Zn	Ni
Pb-05	99.999	0.5	0.5	0.8	1.0	0.5	0.5	0.5	0.5	0.5	0.5	1.0	0.5
Pb-06	99.999	0.2	0.05	0.05	0.1	0.05	—	0.05	0.1	0.1	—	—	—

注：用于制造合金的高钝铅，杂质元素作为合金组分者，经供需双方协商，其杂质含量提供实测数据。产品以长方形锭状供货，锭重为（1±0.1）kg。

表 14-4　铅及铅锑合金板牌号和化学成分（GB/T 1470—2014）

组别	牌号	主要成分/%						杂质含量/%(不大于)										
		Pb	Ag	Sb	Cu	Sn	Te	Sb	Cu	As	Sn	Bi	Fe	Zn	Mg+Ca	Se	Ag	杂质总和
纯铅	Pb1	≥99.994	—	—	—	—	—	0.001	0.001	0.0005	0.001	0.004	0.0005	0.0005	—	—	0.0005	0.006
纯铅	Pb2	≥99.9	—	—	—	—	—	0.05	0.01	0.01	0.005	0.03	0.002	0.002	—	—	0.002	0.10
铅锑合金	PbSb0.5	余量	—	0.3～0.8	—	—	—	杂质总和≤0.3										
铅锑合金	PbSb1		—	0.8～1.3	—	—	—											
铅锑合金	PbSb2		—	1.5～2.5	—	—	—											
铅锑合金	PbSb4		—	3.5～4.5	—	—	—											
铅锑合金	PbSb6		—	5.5～6.5	—	—	—											
铅锑合金	PbSb8		—	7.5～8.5	—	—	—											
硬铅锑合金	PbSb4-0.2-0.5		—	3.5～4.5	0.05～0.2	0.05～0.5	—											
硬铅锑合金	PbSb6-0.2-0.5		—	5.5～6.5	0.05～0.2	0.05～0.5	—											
硬铅锑合金	PbSb8-0.2-0.5		—	7.5～8.5	0.05～0.2	0.05～0.5	—											
特硬铅锑合金	PbSb1-0.1-0.05		0.01～0.5	0.5～1.5	0.05～0.2	—	0.04～0.1											
特硬铅锑合金	PbSb2-0.1-0.05		0.01～0.5	1.6～2.5	0.05～0.2	—	0.04～0.1											
特硬铅锑合金	PbSb3-0.1-0.05		0.01～0.5	2.6～3.5	0.05～0.2	—	0.04～0.1											
特硬铅锑合金	PbSb4-0.1-0.05		0.01～0.5	3.6～4.5	0.05～0.2	—	0.04～0.1											
特硬铅锑合金	PbSb5-0.1-0.05		0.01～0.5	4.6～5.5	0.05～0.2	—	0.04～0.1											
特硬铅锑合金	PbSb6-0.1-0.05		0.01～0.5	5.6～6.5	0.05～0.2	—	0.04～0.1											
特硬铅锑合金	PbSb7-0.1-0.05		0.01～0.5	6.6～7.5	0.05～0.2	—	0.04～0.1											
特硬铅锑合金	PbSb8-0.1-0.05		0.01～0.5	7.6～8.5	0.05～0.2	—	0.04～0.1											

注：铅含量按100%，减去所列杂质含量的总和计算，所得结果不再进行修约。

表 14-5 电解沉积用铅阳极板牌号和化学成分（YS/T 498—2006）

牌号	主要成分/%			杂质含量(质量分数)/%(不大于)								
	Pb	Ag	Sb	Ag	Sb	Cu	As	Sn	Ni	Fe	Zn	Mg+Ca+Na	杂质总和
Pb1	≥99.994		—	0.0005	0.001	0.001	0.0005	0.001	0.003	0.0005	0.0005	—	0.006
Pb2	≥99.9	—	—	0.002	0.05	0.01	0.01	0.005	0.03	0.002	0.002	—	0.1
PbAg1	余量	0.9～1.1			0.004	0.001	0.002	0.002	0.006	0.002	0.001	0.003	0.02
PbSb0.5			0.3～0.8	—	—	—	0.005	0.008	0.06	0.005	0.005	—	0.15
PbSb1		—	0.8～1.3				0.005	0.008	0.06	0.005	0.005	—	0.15
PbSb2		—	1.5～2.5	—	—	—	0.01	0.008	0.06	0.005	0.005	—	0.2
PbSb4		—	3.5～4.5		—	—	0.01	0.008	0.06	0.005	0.005	—	0.2
PbSb6		—	5.5～6.5	—	—	—	0.015	0.01	0.08	0.01	0.01	—	0.3
PbSb8		—	7.5～8.5	—	—	—	0.015	0.01	0.08	0.01	0.01	—	0.3

注：铅含量为100%减去各元素含量的总和。

表 14-6 铅及铅锑合金管牌号和化学成分（GB/T 1472—2005）

牌号	主要成分/%		杂质含量/%(不大于)								
	Pb	Sb	Ag	Cu	Sb	As	Bi	Sn	Zn	Fe	杂质总和
Pb1	≥99.994	—	0.0005	0.001	0.001	0.0005	0.003	0.001	0.0005	0.0005	0.006
Pb2	≥99.9	—	0.002	0.01	0.05	0.01	0.03	0.005	0.002	0.002	0.10
PbSb0.5	余量	0.3～0.8	—	—	—	0.005	0.06	0.008	0.005	0.005	0.15
PbSb2		1.5～2.5	—	—	—	0.010	0.06	0.008	0.005	0.005	0.2
PbSb4		3.5～4.5	—	—	—	0.010	0.06	0.008	0.005	0.005	0.2
PbSb6		5.5～6.5	—	—	—	0.015	0.08	0.01	0.01	0.01	0.3
PbSb8		7.5～8.5	—	—	—	0.015	0.08	0.01	0.01	0.01	0.3

表 14-7 铅及铅锑合金棒材牌号和化学成分（GB/T 1473—88）

金属分类	牌号	主要成分/%(质量分数)		杂质含量/%(质量分数)(不大于)								
		Pb,≥	Sb	Ag	Cu	Sb	As	Bi	Sn	Zn	Fe	总和
纯铅	Pb1	99.994	—	0.0005	0.001	0.001	0.0005	0.003	0.001	0.0005	0.0005	0.006
	Pb2	99.9	—	0.002	0.01	0.05	0.01	0.03	0.01	0.002	0.002	0.1
	Pb3	99.0	—	0.003	0.1	0.5	0.2	0.2	0.2	0.01	0.01	1.0
铅锑合金	PbSb0.5	余量	0.3～0.8	—	—	—	0.005	0.06	0.008	0.005	0.005	0.15
	PbSb2		1.5～2.5	—	—	—	0.010	0.06	0.008	0.005	0.005	0.2
	PbSb4		3.5～4.5	—	—	—	0.010	0.06	0.008	0.005	0.005	0.2
	PbSb6		5.5～6.5	—	—	—	0.015	0.08	0.01	0.01	0.01	0.3
	PbSb8		7.5～8.5	—	—	—	0.015	0.08	0.01	0.01	0.01	0.3

注：铅含量按100%减去表中杂质含量总和计算，所得结果不再进行修约。

表 14-8 铅及铅锑合金线材牌号和化学成分（GB/T 1474—88）

金属分类	牌号	主要成分/%(质量分数)		杂质含量/%(质量分数)(不大于)								
		Pb 不小于	Sb	Ag	Cu	Sb	As	Bi	Sn	Zn	Fe	总和
纯铅	Pb1	99.994	—	0.0005	0.001	0.001	0.0005	0.003	0.001	0.0005	0.0005	0.006
	Pb2	99.9	—	0.002	0.01	0.05	0.01	0.03	0.01	0.002	0.002	0.1
	Pb3	99.0	—	0.003	0.1	0.5	0.2	0.2	0.2	0.01	0.01	1.0
铅锑合金	PbSb0.5	余量	0.3～0.8	—	—	—	0.005	0.06	0.008	0.005	0.005	0.15
	PbSb2		1.5～2.5	—	—	—	0.010	0.06	0.008	0.005	0.005	0.2
	PbSb4		3.5～4.5	—	—	—	0.010	0.06	0.008	0.005	0.005	0.2
	PbSb6		5.5～6.5	—	—	—	0.015	0.08	0.01	0.01	0.01	0.3

注：铅含量按100%减去杂质含量总和计算，所得结果不再进行修约。

表 14-9 保险铅丝的化学成分（GB/T 3132—82）

产品规格 A	化学成分/%（质量分数）		杂质总和 /%
	Sb	Pb	
0.25～1.10	1.5～3.0	余量	≤0.5
1.25～2.50	0.3～1.5	≥98	≤1.5

注：适用于交流 50Hz、60Hz，电压 500V 以下或直流 400V 以下的各种熔器内作熔断体。

表 14-10 铸造铅基轴承合金牌号和化学成分（GB/T 1174—92）

合金牌号	化学成分/%（质量分数）											硬度 (HBS)
	Sn	Pb	Cu	Zn	Al	Sb	Fe	Bi	As	Cd	其他元素总和	
ZPbSb16Sn16Cu2	15.0～17.0	余量	1.5～2.0	0.15	—	15.0～17.0	0.1	0.1	0.3	—	0.6	30
ZPbSb15Sn5Cu3Cd2	5.0～6.0		2.5～3.0	0.15	—	14.0～16.0	0.1	0.1	0.6～1.0	1.75～2.25	0.4	32
ZPbSb15Sn10	9.0～11.0		0.7	0.005	0.005	14.0～16.0	0.1	0.1	0.6	0.05	0.45	24
ZPbSb15Sn5	4.0～5.5		0.5～1.0	0.15	0.01	14.0～15.5	0.1	0.1	0.2	—	0.75	20
ZPbSb10Sn6	5.0～7.0		0.7	0.005	0.05	9.0～11.0	0.1	0.1	0.25	0.05	0.7	18

14.2 铅及铅合金的规格及特性

表 14-11 铅及铅锑合金板的尺寸及允许偏差（GB/T 1470—2014） 单位：mm

厚度	厚度允许偏差(±)		宽度允许偏差(+)		长度允许偏差(+)	
	普通级	较高级	≤1000	>1000～2500	≤2000	>2000
0.5～2.0	0.15	0.10	+10 0	+15 0	+30 0	+40 0
>2.0～5.0	0.25	0.15				
>5.0～10.0	0.35	0.25				
>10～15.0	0.40	0.30	+10 0	+15 0	+15 0	+20 0
>15～30	0.45	0.40				
>30～60	0.60	0.50				
>60～110	0.80	0.60				

注：1. 需方要求厚度单向偏差时，其值为表中数值的两倍。

2. 如在合同中未注明精度等级，则按普通精度供货。

需方有要求并在合同中注明时，铅锑合金板的硬度应符合表 14-12 的规定。

表 14-12 铅锑合金板的硬度

牌号	硬度(HV,不小于)	牌号	硬度(HV,不小于)
PbSb2	6.6	PbSb6	8.1
PbSb4	7.2	PbSb8	9.5

表 14-13　电解沉积用铅阳极板尺寸及允许偏差（YS/T 498—2006）　单位：mm

厚　度	厚度允许偏差，±		宽度允许偏差，−		长度允许偏差，+	
	普通级	较高级	≤1000	>1000～<2500	≤2000	>2000～<5000
2.0～5.0	0.20	0.15	10 0	20 0	40 0	60 0
>5.0～15.0	0.35	0.25				
>15.0～30.0	0.50	0.35	10 0	15 0	20 0	30 0
>30.0～60.0	0.60	0.50				
>60.0～110.0	0.80	0.60				

注：1. 需方要求厚度单向偏差时，其值为表中数值的 2 倍。
2. 对角线允许偏并不大于 10mm。
3. 板材端部和边部应切齐、无裂边。

表 14-14　纯铅管的常用尺寸规格　单位：mm

公称内径	公称壁厚									
	2	3	4	5	6	7	8	9	10	12
5、6、8、10、13、16、20	○	○	○	○	○	○	○	○	○	○
25、30、35、38、40、45、50	—	○	○	○	○	○	○	○	○	○
55、60、65、70、75、80、90、100	—	—	○	○	○	○	○	○	○	○
110	—	—	—	○	○	○	○	○	○	○
125、150	—	—	—	—	○	○	○	○	○	○
180、200、230	—	—	—	—	—	—	○	○	○	○

注：1.“○”表示常用规格。
2. 需要其他规格的产品由供需双方商定。

表 14-15　铅锑合金管的常用尺寸规格　单位：mm

公称内径	公称壁厚									
	3	4	5	6	7	8	9	10	12	14
10、15、17、20、25、30、35、40、45、50	○	○	○	○	○	○	○	○	○	○
55、60、65、70	—	○	○	○	○	○	○	○	○	○
75、80、90、100	—	—	○	○	○	○	○	○	○	○
110	—	—	—	○	○	○	○	○	○	○
125、150	—	—	—	—	○	○	○	○	○	○
180、200	—	—	—	—	—	○	○	○	○	○

注：1.“○”表示常用规格。
2. 需要其他规格的产品由供需双方商定。

表 14-16　铅及铅锑合金挤制棒的尺寸和允许偏差（GB/T 1473—88）

名义直径/mm	允许偏差/mm		理论质量/kg·m^{-1}（相对密度11.34）	名义直径/mm	允许偏差/mm		理论质量/kg·m^{-1}（相对密度11.34）
	普通精度	较高精度			普通精度	较高精度	
6	±0.45	±0.29	0.32	45	±0.80	±0.50	18.03
8			0.57	50			22.25
10			0.89	55	±0.95	±0.60	26.93
12	±0.55	±0.35	1.28	60			32.05
15			2.01	65			37.60
18			2.88	70			43.65
20	±0.65	±0.42	3.56	75			50.09
22			4.31	80			56.95
25			5.57	85	±0.10	±0.70	64.30
30			8.02	90			72.15
35	±0.80	±0.50	10.90	95			80.30
40			14.24	100			89.02

注：1. 如在合同中未注明精度等级则按普通精度供货。

2. 棒材交货长度（不定尺长度）：直径 6～20mm 者，成卷或直条供应，长度不得小于 2.5m；直径 20mm 以上者，以直条供应，长度不得小于 1m。

3. 表列理论质量是按纯铅的密度 11.34g/cm^3 计算的。铅锑合金的理论质量应按其各自的密度进行换算。

牌号	Pb1～Pb3	PbSb0.5	PbSb2	PbSb4	PbSb6	PbSb8
密度/g·cm^{-3}	11.34	11.32	11.25	11.15	11.06	10.97
换算系数	1.0000	0.9982	0.9921	0.9850	0.9753	0.9674

表 14-17　铅及铅锑合金线材的直径及允许偏差（GB/T 1474—88）

直径/mm	允许偏差/mm		纯铅线理论质量/kg·m^{-1}	直径/mm	允许偏差/mm		纯铅线理论质量/kg·m^{-1}
	普通精度	较高精度			普通精度	较高精度	
0.5	−0.06	−0.04	0.002	2.0	−0.12	−0.10	0.036
0.6			0.003	2.5			0.056
0.8	−0.07	−0.06	0.006	3.0			0.080
1.0			0.009	4.0	−0.16	−0.14	0.142
1.2	−0.12	−0.10	0.013	5.0			0.222
1.5			0.020	—			—

注：1. 如在合同中未注明精度等级，则按普通精度供应。

2. 铅合金线的理论质量，按下表所列换算系数计算。

牌号	Pb1～Pb3	PbSb0.5	PbSb2	PbSb4	PbSb6
密度/g·cm^{-3}	11.34	11.32	11.25	11.15	11.06
换算系数	1.0000	0.9982	0.9921	0.9850	0.9753

表 14-18 圆形熔丝的安全电流及特性（GB/T 3132—82）

安全电流/A	直径/mm 近似值	熔断电流				额定电流			
		倍数	A	时间/min	结果	倍数	A	时间/min	结果
0.25	0.08		0.5				0.36		
0.50	0.15		1.0				0.73		
0.75	0.20		1.5				1.09		
0.80	0.22		1.6				1.16		
0.90	0.25		1.8				1.31		
1.00	0.28		2.0				1.45		
1.05	0.29		2.1				1.52		
1.10	0.32		2.2				1.60		
1.25	0.35		2.5				1.81		
1.35	0.36		2.7				1.96		
1.50	0.40		3.0				2.18		
1.85	0.46		3.7				2.68		
2.00	0.52		4.0				2.90		
2.25	0.54		4.5				3.26		
2.50	0.60		5.0				3.63		
3.00	0.71		6.0				4.35		
3.75	0.81	2	7.5	1	熔断	0.725	5.44	5	不熔断
5.00	0.98		10.0				7.25		
6.00	1.02		12.0				8.70		
7.50	1.25		15.0				10.88		
10.00	1.51		20.0				14.50		
11.00	1.67		22.0				15.95		
12.50	1.75		25.0				18.13		
15.00	1.98		30.0				21.75		
20.00	2.40		40.0				29.00		
25.00	2.78		50.0				36.25		
27.50	2.95		55.0				39.88		
30.00	3.14		60.0				43.50		
40.00	3.81		80.0				58.00		
45.00	4.12		90.0				62.25		
50.00	4.44		100.0				72.50		
60.00	4.91		120.0				87.00		
70.00	5.24		140.0				101.50		

注：表中直径仅供选用参考，不作考核依据。

表 14-19　扁形熔丝安全电流及特性（GB/T 3132—2005）

安全电流/A	面积/mm² 近似值	熔断电流 倍数	A	时间/min	结果	额定电流 倍数	A	时间/min	结果
5.0	0.75	2	10	1	熔断	0.725	7.25	5	不熔断
7.5	1.23		15				10.88		
10.0	1.79		20				14.50		
12.5	2.41		25				18.13		
15.0	3.08		30				21.75		
20.0	4.52		40				29.00		
25.0	6.07		50				36.25		
30.0	7.71		60				43.50		
35.0	9.51		70				50.75		
37.5	—		75				54.38		
40.0	11.40		80				58.00		
45.0	13.30		90				62.25		
50.0	15.28		100				72.50		
60.0	—		120				87.00		
75.0	26.33		150				108.75		
100.0	38.60		200				145.00		
125.0	52.04		250				181.25		
150.0	—		300				217.50		
200.0	—		400				290.00		
250.0	—		500				362.50		

注：1. 熔丝工作环境条件为 40～60℃。

2. 熔丝安全电流试验应在周围介质温度不高于＋40℃，不低于－20℃和周围介质无爆炸危险及腐蚀性的条件下进行。

表 14-20　铸造铅基轴承合金的主要特性和应用举例（GB/T 1174—92）

合金牌号	主要特性	应用举例
ZPbSb16Sn16Cu2	这种合金比应用最为广泛的 ZSnSb11Cu6 合金摩擦系数大，抗压强度高，硬度相同，耐磨性及使用寿命相近，且价格低，但其缺点是冲击韧性低，因此不宜在冲击情况下工作，静负荷下工作较好	用于无显著冲击载荷、重载高速的轴承，如汽车的曲柄轴承和 882kW 的蒸汽、水力涡轮机、750kW 以下的电动机，500kW 内的发电机、367kW 内的压缩机、轧钢机等的轴承
ZPbSb15Sn5Cu3Cd2	性能与 ZPbSb16Sn16Cu2 相近，是其良好的代用材料	替代 ZPbSb16Sn16Cu2 制造汽车发动机轴承、抽水机、球磨机以及金属切削机床齿轮箱的轴承
ZPbSb15Sn10	这种合金与 ZPbSb16Sn16Cu2 相比，冲击韧性高、摩擦系数大，但有良好的磨合性和可塑性，且经退火处理后，其减磨性、塑性、韧性及强度均显著提高	用于制造中等压力、中等转速和冲击负荷的轴承，也可制造高温轴承，如汽车发动机连杆轴承等
ZPbSb15Sn5	与 ZSnSb11Cu6 相比，其耐压强度相同，塑性及热导率较差，不宜在高温高压及冲击负荷下工作，但在工作温度不超过 80～100℃和低冲击载荷条件下，其性能较好，且寿命不低	用于制造低速、低压、低冲击条件下的轴承，如空压机、发动机轴承及中功率电动机、水泵等轴承
ZPbSb10Sn6	其性能与锡基轴承合金 ZChSnPb4-4 相近，是其理想的代替材料	可替代 ZSnSb4Cu4 浇注工作层厚度大于 0.5mm、工作温度不大于 120℃、承受中等负载或高速低负荷的轴承，如汽车发动机、空压机、高压油泵、高速转子发动机等的主机轴承，及通风机、真空风机、真空泵等用普通轴承

15 常用金属材料速查速算

15.1 重要用途钢丝绳

表 15-1 钢丝绳分类

组别	类别		分类原则	典型结构		直径范围
				钢丝绳	股绳	mm
1	圆股钢丝绳	6×7	6个圆股，每股外层丝可到7根，中心丝(或无)外捻制1～2层钢丝，钢丝等捻距	6×7 6×9W	(1+6) (3+3/3)	8～36 14～36
2	圆股钢丝绳	6×19	6个圆股，每股外层丝8～12根，中心丝外捻制2～3层钢丝，钢丝等捻距	6×19S 6×19W 6×25Fi 6×26WS 6×31WS	(1+9+9) (1+6+6/6) (1+6+6F+12) (1+5+5/5+10) (1+6+6/6+12)	12～36 12～40 12～44 20～40 22～46
3	圆股钢丝绳	6×37	6个圆股，每股外层丝14～18根，中心丝外捻制3～4层钢丝，钢丝等捻距	6×29Fi 6×36WS 6×37S(点线接触) 6×41WS 6×49SWS 6×55SWS	(1+7+7F+14) (1+7+7/7+14) (1+6+15+15) (1+8+8/8+16) (1+8+8+8/8+16) (1+9+9+9/9+18)	14～44 18～60 20～60 32～56 36～60 36～64
4	圆股钢丝绳	8×19	8个圆股，每股外层丝8～12根，中心丝外捻制2～3层钢丝，钢丝等捻距	8×19S 8×19W 8×25Fi 8×26WS 8×31WS	(1+9+9) (1+6+6/6) (1+6+6F+12) (1+5+5/5+10) (1+6+6/6+12)	20～44 18～48 16～52 24～48 26～56
5	圆股钢丝绳	8×37	8个圆股，每股外层丝14～18根，中心丝外捻制3～4层钢丝，钢丝等捻距	8×36WS 8×41WS 8×49SWS 8×55SWS	(1+7+7/7+14) (1+8+8/8+16) (1+8+8+8/8+16) (1+9+9+9/9+18)	22～60 40～56 44～64 44～64
6	圆股钢丝绳	18×7	钢丝绳中有17或18个圆股，每股外层丝4～7根，在纤维芯或钢芯外捻制2层股	17×7 18×7	(1+6) (1+6)	12～60 12～60
7	圆股钢丝绳	18×19	钢丝绳中有17或18个圆股，每股外层丝8～12根，钢丝等捻距钢丝等捻距，在纤维芯或钢芯外捻制2层股	18×19W 18×19S	(1+6+6/6) (1+9+9)	24～60 28～60
8	圆股钢丝绳	34×7	钢丝绳中有34～36个圆股，每股外层丝可到7根，在纤维芯或钢芯外捻制3层股	34×7 36×7	(1+6) (1+6)	16～60 20～60
9	圆股钢丝绳	35W×7	钢丝绳中有24～40个圆股，每股外层丝4～8根，在纤维芯或钢芯(钢丝)外捻制3层股	35W×7 24W×7	(1+6)	16～60

续表

组别	类别		分类原则	典型结构 钢丝绳	典型结构 股绳	直径范围 mm
10	异形股钢丝绳	6V×7	6个三角形股，每股外层丝7～9根，三角形股芯外捻制1层钢丝	6V×18 6V×19	(/3×2+3/+9) (/1×7+3/+9)	20～36 20～36
11		6V×19	6个三角形股，每股外层丝10～14根，三角形股芯或纤维芯外捻制2层钢丝	6V×21 6V×24 6V×30 6V×34	(FC+9+12) (FC+12+12) (6+12+12) (/1×7+3/+12+12)	18～36 18～36 20～38 28～44
12		6V×37	6个三角形股，每股外层丝15～18根，三角形股芯外捻制2层钢丝	6V×37 6V×37S 6V×43	(/1×7+3/+12+15) (/1×7+3/+12+15) (/1×7+3/+15+18)	32～52 32～52 38～58
13		4V×39	4个扇形股，每股外层丝15～18根，纤维股芯外捻制3层钢丝	4V×39S 4V×48S	(FC+9+15+15) (FC+12+18+18)	16～36 20～40
14		6Q×19 + 6V×21	钢丝绳中有12～14个股，在6个三角形股外，捻制6～8个椭圆股	6Q×19+ 6V×21 6Q×33+ 6V×21	外股(5+14) 内股(FC+9+12) 外股(5+13+15) 内股(FC+9+12)	40～52 40～60

表 15-2　钢丝绳重量系数和最小破断拉力系数

组别	类别	钢丝绳重量系数 K 天然纤维芯钢丝绳 K_{1a}	钢丝绳重量系数 K 合成纤维芯钢丝绳 K_{1p}	钢丝绳重量系数 K 钢芯钢丝绳 K_2	$\frac{K_2}{K_{1a}}$	$\frac{K_2}{K_{1p}}$	最小破断拉力系数 K' 纤维芯钢丝绳 K'_1	最小破断拉力系数 K' 钢芯钢丝绳 K'_2	$\frac{K'_2}{K'_1}$
		kg/100m·mm²							
1	6×7	0.351	0.344	0.387	1.10	1.12	0.332	0.359	1.08
2	6×19	0.380	0.371	0.418	1.10	1.13	0.330	0.356	1.08
3	6×37								
4	8×19	0.357	0.344	0.435	1.22	1.26	0.293	0.346	1.18
5	8×37								
6	18×7	0.390		0.430	1.10	1.10	0.310	0.328	1.06
7	18×19								
8	34×7	0.390		0.430	1.10	1.10	0.308	0.318	1.03
9	35W×7	—		0.460	—	—	—	0.360	—
10	6V×7	0.412	0.404	0.437	1.06	1.08	0.375	0.398	1.06
11	6V×19	0.405	0.397	0.429	1.06	1.08	0.360	0.382	1.06
12	6V×37								
13	4V×39	0.410	0.402	—	—	—	0.360	—	—
14	6Q×19+6V×21	0.410	0.402	—	—	—	0.360	—	—

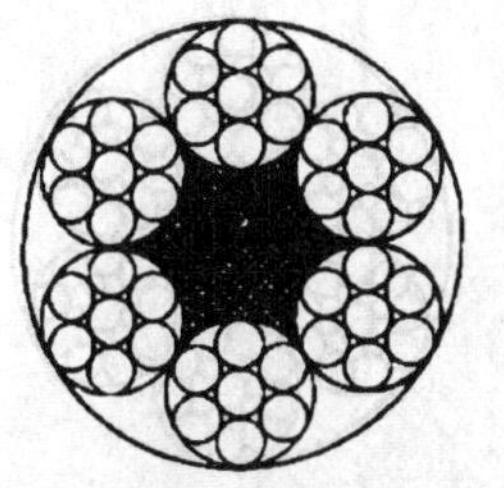

6×7+FC

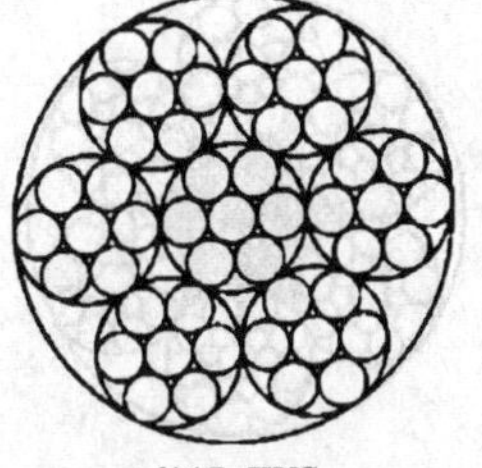

6×7+IWS

直径：8~36mm

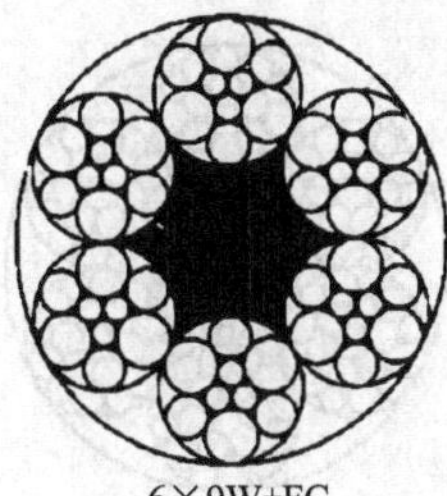

6×9W+FC

6×9W+IWR

直径：14~36mm

图 15-1 第 1 组钢丝绳（6×7 类）

表 15-3 第 1 组钢丝绳力学性能

钢丝绳结构：6×7＋FC　6×7＋IWS　6×9W＋FC　6×9W＋IWR

钢丝绳公称直径		钢丝绳参考重量/(kg/100m)			钢丝绳公称抗拉强度/MPa									
					1570		1670		1770		1870		1960	
					钢丝绳最小破断拉力/kN									
D/mm	允许偏差/%	天然纤维芯钢丝绳	合成纤维芯钢丝绳	钢芯钢丝绳	纤维芯钢丝绳	钢芯钢丝绳	纤维芯钢丝绳	钢芯钢丝绳	纤维芯钢丝绳	钢芯钢丝绳	纤维芯钢丝绳	钢芯钢丝绳	纤维芯钢丝绳	钢芯钢丝绳
8		22.5	22.0	24.8	33.4	36.1	35.5	38.4	37.6	40.7	39.7	43.0	41.6	45.0
9		28.4	27.9	31.3	42.2	45.7	44.9	48.6	47.6	51.5	50.3	54.4	52.7	57.0
10		35.1	34.4	38.7	52.1	56.4	55.4	60.0	58.8	63.5	62.1	67.1	65.1	70.4
11		42.5	41.6	46.8	63.1	68.2	67.1	72.5	71.1	76.9	75.1	81.2	78.7	85.1
12		50.5	49.5	55.7	75.1	81.2	79.8	86.3	84.6	91.5	89.4	96.7	93.7	101
13		59.3	58.1	65.4	88.1	95.3	93.7	101	99.3	107	105	113	110	119
14		68.8	67.4	75.9	102	110	109	118	115	125	122	132	128	138
16		89.9	88.1	99.1	133	144	142	153	150	163	159	172	167	180
18	+5	114	111	125	169	183	180	194	190	206	201	218	211	228
20	0	140	138	155	208	225	222	240	235	254	248	269	260	281
22		170	166	187	252	273	268	290	284	308	300	325	315	341
24		202	198	223	300	325	319	345	338	366	358	387	375	405
26		237	233	262	352	381	375	405	397	430	420	454	440	476
28		275	270	303	409	442	435	470	461	498	487	526	510	552
30		316	310	348	469	507	499	540	529	572	559	604	586	633
32		359	352	396	534	577	568	614	602	651	636	687	666	721
34		406	398	447	603	652	641	693	679	735	718	776	752	813
36		455	446	502	676	730	719	777	762	824	805	870	843	912

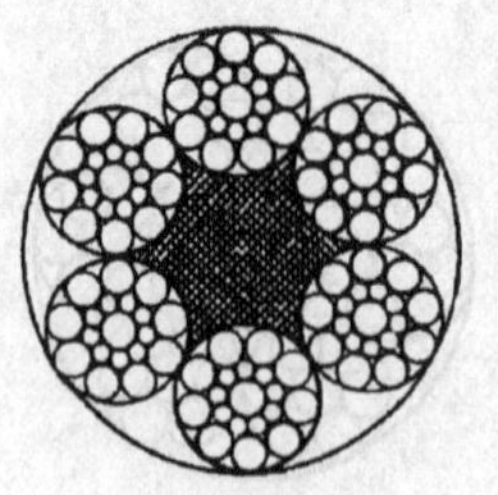
6×19S+FC

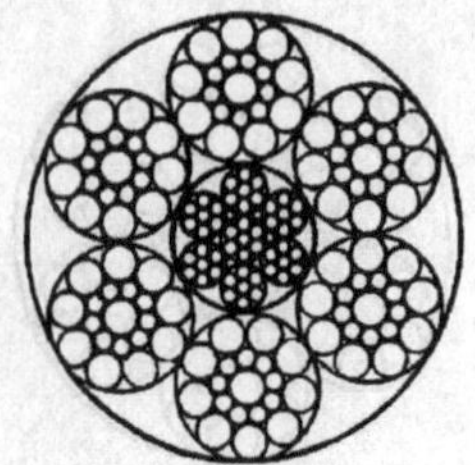
6×19S+IWR

直径：12~36mm

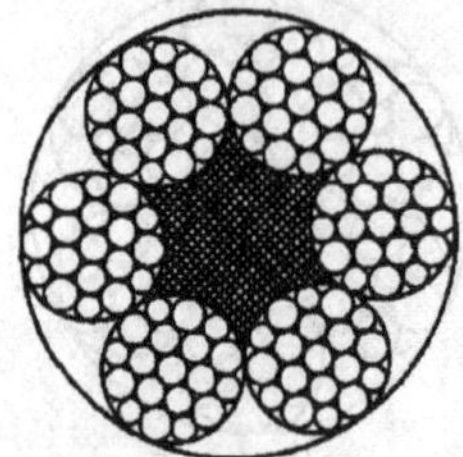
6×19W+FC

6×19W+IWR

直径：12~40mm

图 15-2　第 2 组钢丝绳（6×19 类）

表 15-4　第 2 组钢丝绳力学性能

钢丝绳结构 6×19S＋FC　6×19S＋IWR　6×19W＋FC　6×19W＋IWR

钢丝绳公称直径		钢丝绳参考重量/(kg/100m)			钢丝绳公称抗拉强度/MPa									
					1570		1670		1770		1870		1960	
					钢丝绳最小破断拉力/kN									
D/mm	允许偏差/%	天然纤维芯钢丝绳	合成纤维芯钢丝绳	钢芯钢丝绳	纤维芯钢丝绳	钢芯钢丝绳	纤维芯钢丝绳	钢芯钢丝绳	纤维芯钢丝绳	钢芯钢丝绳	纤维芯钢丝绳	钢芯钢丝绳	纤维芯钢丝绳	钢芯钢丝绳
12		53.1	51.8	58.4	74.6	80.5	79.4	85.6	84.1	90.7	88.9	95.9	93.1	100
13		62.3	60.8	68.5	87.6	94.5	93.1	100	98.7	106	104	113	109	118
14		72.2	70.5	79.5	102	110	108	117	114	124	121	130	127	137
16		94.4	92.1	104	133	143	141	152	150	161	158	170	166	179
18		119	117	131	168	181	179	193	189	204	200	216	210	226
20		147	144	162	207	224	220	238	234	252	247	266	259	279
22		178	174	196	251	271	267	288	283	304	299	322	313	338
24	＋5	212	207	234	298	322	317	342	336	363	355	383	373	402
26	0	249	243	274	350	378	373	402	395	426	417	450	437	472
28		289	282	318	406	438	432	466	458	494	484	522	507	547
30		332	324	365	466	503	496	535	526	567	555	599	582	628
32		377	369	415	531	572	564	609	598	645	632	682	662	715
34		426	416	469	599	646	637	687	675	728	713	770	748	807
36		478	466	525	671	724	714	770	757	817	800	863	838	904
38		532	520	585	748	807	796	858	843	910	891	961	934	1010
40		590	576	649	829	894	882	951	935	1010	987	1070	1030	1120

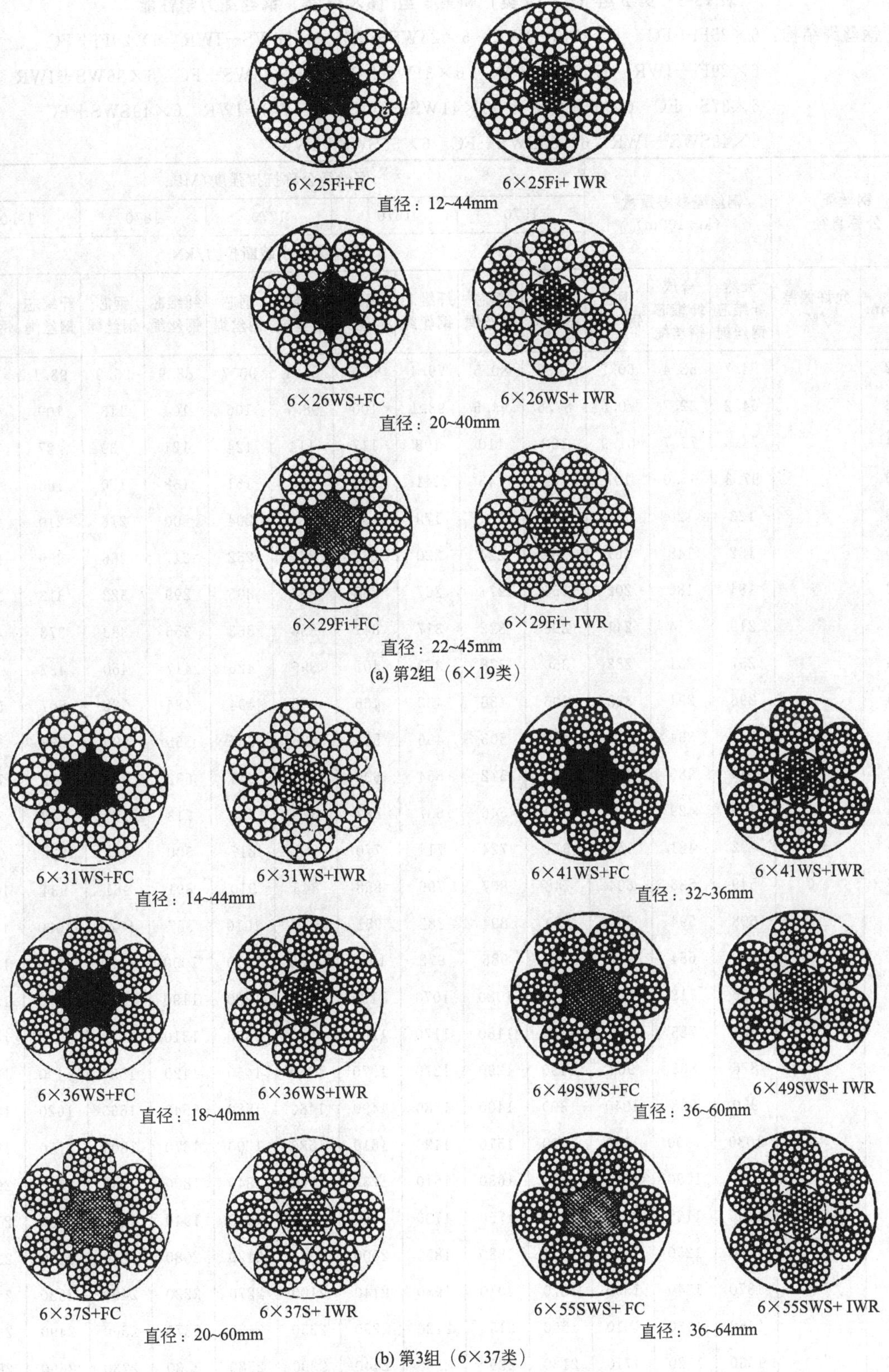
6×25Fi+FC
6×25Fi+ IWR
直径：12~44mm
6×26WS+FC
6×26WS+ IWR
直径：20~40mm
6×29Fi+FC
6×29Fi+ IWR
直径：22~45mm
(a) 第2组（6×19类）
6×31WS+FC
6×31WS+IWR
直径：14~44mm
6×41WS+FC
6×41WS+IWR
直径：32~36mm
6×36WS+FC
6×36WS+IWR
直径：18~40mm
6×49SWS+FC
6×49SWS+ IWR
直径：36~60mm
6×37S+FC
6×37S+ IWR
直径：20~60mm
6×55SWS+ FC
6×55SWS+ IWR
直径：36~64mm
(b) 第3组（6×37类）

图 15-3　第 2 组钢丝绳（6×19 类）和第 3 组钢丝绳（6×37 类）

表 15-5　第 2 组（6×19 类）和第 3 组（6×37 类）钢丝绳力学性能

钢丝绳结构：6×25Fi+FC　6×25Fi+IWR　6×26WS+FC　6×26WS+IWR　6×29Fi+FC　6×29Fi+IWR　6×31WS+FC　6×31WS+IWR　6×36WS+FC　6×36WS+IWR　6×37S+FC　6×37S+IWR　6×41WS+FC　6×41WS+IWR　6×49SWS+FC　6×49SWS+IWR　6×55SWS+FC　6×55SWS+IWR

钢丝绳公称直径		钢丝绳参考重量/(kg/100m)			钢丝绳公称抗拉强度/MPa									
					1570		1670		1770		1870		1960	
					钢丝绳最小破断拉力/kN									
D/mm	允许偏差/%	天然纤维芯钢丝绳	合成纤维芯钢丝绳	钢芯钢丝绳	纤维芯钢丝绳	钢芯钢丝绳	纤维芯钢丝绳	钢芯钢丝绳	纤维芯钢丝绳	钢芯钢丝绳	纤维芯钢丝绳	钢芯钢丝绳	纤维芯钢丝绳	钢芯钢丝绳
12		54.7	53.4	60.2	74.6	80.5	79.4	85.6	84.1	90.7	88.9	95.9	93.1	100
13		64.2	62.7	70.6	87.6	94.5	93.1	100	98.7	106	104	113	109	118
14		74.5	72.7	81.9	102	110	108	117	114	124	121	130	127	137
16		97.3	95.0	107	133	143	141	152	150	161	158	170	166	179
18		123	120	135	168	181	179	193	189	204	200	216	210	226
20		152	148	167	207	224	220	238	234	252	247	266	259	279
22		184	180	202	251	271	267	288	283	305	299	322	313	338
24		219	214	241	298	322	317	342	336	363	355	383	373	402
26		257	251	283	350	378	373	402	395	426	417	450	437	472
28		298	291	328	406	438	432	466	458	494	484	522	507	547
30		342	334	376	466	503	496	535	526	567	555	599	582	628
32		389	380	428	531	572	564	609	598	645	632	682	662	715
34		439	429	483	599	646	637	687	675	728	713	770	748	807
36	$^{+5}_{0}$	492	481	542	671	724	714	770	757	817	800	863	838	904
38		549	536	604	748	807	796	858	843	910	891	961	934	1010
40		608	594	669	829	894	882	951	935	1010	987	1070	1030	1120
42		670	654	737	914	986	972	1050	1030	1110	1090	1170	1140	1230
44		736	718	809	1000	1080	1070	1150	1130	1220	1190	1290	1250	1350
46		804	785	884	1100	1180	1170	1260	1240	1330	1310	1410	1370	1480
48		876	855	963	1190	1290	1270	1370	1350	1450	1420	1530	1490	1610
50		950	928	1040	1300	1400	1380	1490	1460	1580	1540	1660	1620	1740
52		1030	1000	1130	1400	1510	1490	1610	1580	1700	1670	1800	1750	1890
54		1110	1080	1220	1510	1630	1610	1730	1700	1840	1800	1940	1890	2030
56		1190	1160	1310	1620	1750	1730	1860	1830	1980	1940	2090	2030	2190
58		1280	1250	1410	1740	1880	1850	2000	1960	2120	2080	2240	2180	2350
60		1370	1340	1500	1870	2010	1980	2140	2100	2270	2220	2400	2330	2510
62		1460	1430	1610	1990	2150	2120	2290	2250	2420	2370	2560	2490	2680
64		1560	1520	1710	2120	2290	2260	2440	2390	2580	2530	2730	2650	2860

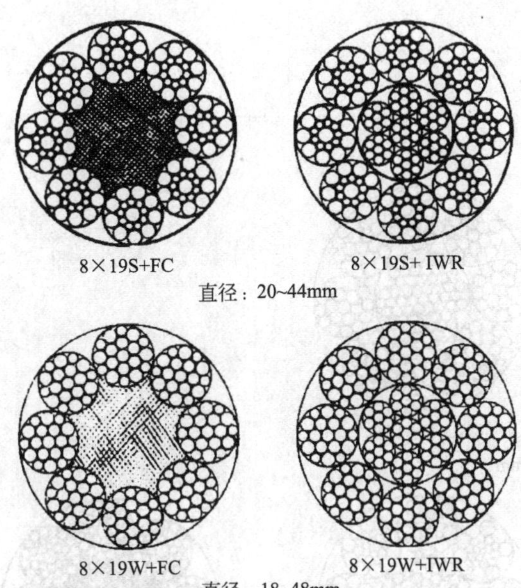

图 15-4 第 4 组钢丝绳（8×19 类）

表 15-6 第 4 组钢丝绳（8×19 类）力学性能

钢丝绳结构：8×19S＋FC 8×19S＋IWR 8×19W＋FC 8×19W＋IWR

钢丝绳公称直径		钢丝绳参考重量/（kg/100m）			钢丝绳公称抗拉强度/MPa									
					1570		1670		1770		1870		1960	
					钢丝绳最小破断拉力/kN									
D/mm	允许偏差/%	天然纤维芯钢丝绳	合成纤维芯钢丝绳	钢芯钢丝绳	纤维芯钢丝绳	钢芯钢丝绳	纤维芯钢丝绳	钢芯钢丝绳	纤维芯钢丝绳	钢芯钢丝绳	纤维芯钢丝绳	钢芯钢丝绳	纤维芯钢丝绳	钢芯钢丝绳
18		112	108	137	149	176	159	187	168	198	178	210	186	220
20		139	133	169	184	217	196	231	207	245	219	259	230	271
22		168	162	204	223	263	237	280	251	296	265	313	278	328
24		199	192	243	265	313	282	333	299	353	316	373	331	391
26		234	226	285	311	367	331	391	351	414	370	437	388	458
28		271	262	331	361	426	384	453	407	480	430	507	450	532
30		312	300	380	414	489	440	520	467	551	493	582	517	610
32	−5	355	342	432	471	556	501	592	531	627	561	663	588	694
34	0	400	386	488	532	628	566	668	600	708	633	748	664	784
36		449	432	547	596	704	634	749	672	794	710	839	744	879
38		500	482	609	664	784	707	834	749	884	791	934	829	979
40		554	534	675	736	869	783	925	830	980	877	1040	919	1090
42		611	589	744	811	958	863	1020	915	1080	967	1140	1010	1200
44		670	646	817	891	1050	947	1120	1000	1190	1060	1250	1110	1310
46		733	706	893	973	1150	1040	1220	1100	1300	1160	1370	1220	1430
48		798	769	972	1060	1250	1130	1330	1190	1410	1260	1490	1320	1560

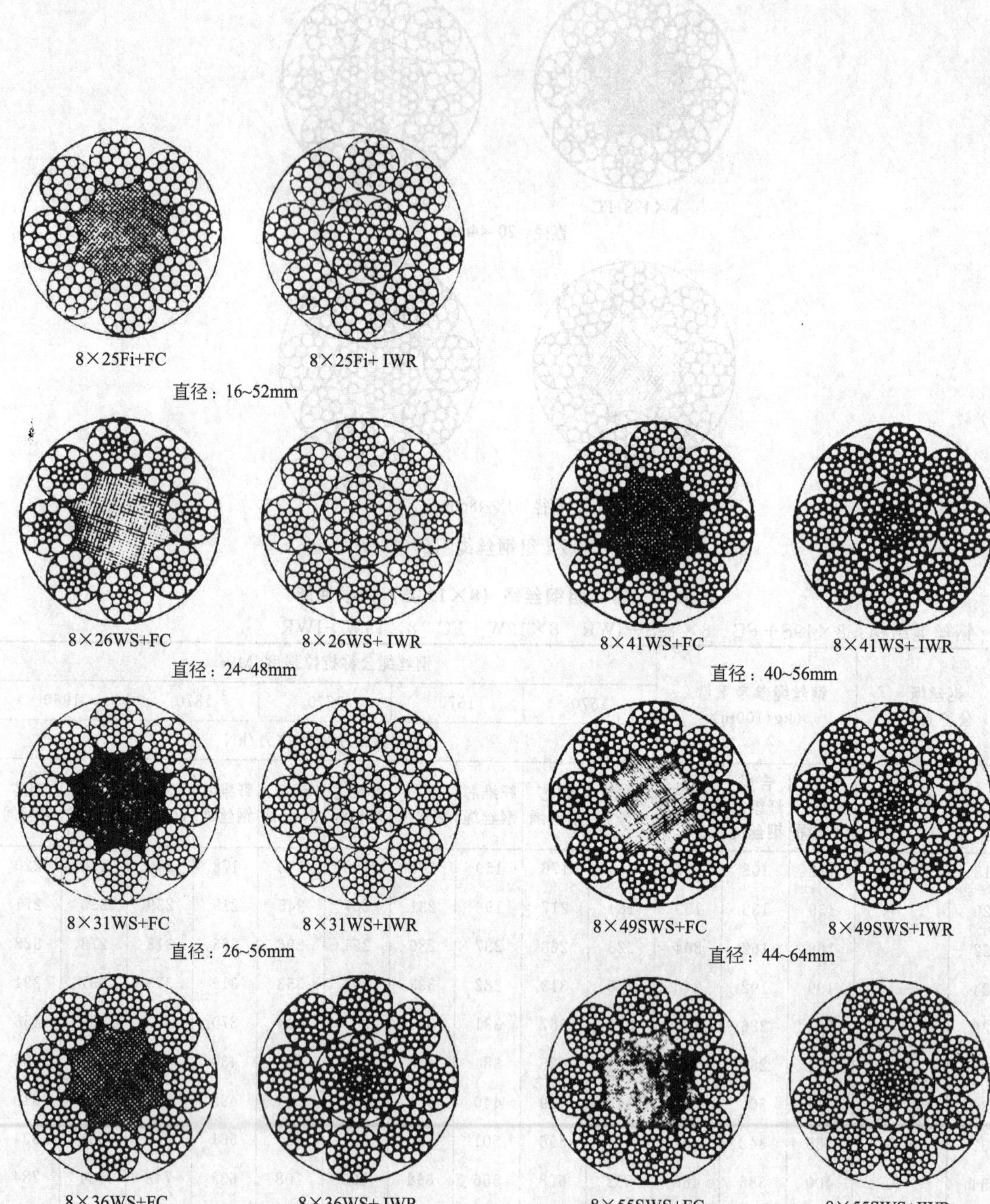

图 15-5　第 4 组钢丝绳（8×19 类）和第 5 组钢丝绳（8×37 类）

表 15-7 第 4 组钢丝绳（8×19 类）和第 5 组钢丝绳（8×37 类）力学性能

钢丝绳结构：8×25Fi+FC 8×25Fi+IWR 8×26WS+FC 8×26WS+IWR 8×31WS+FC 8×31WS+IWR 8×36WS+FC 8×36WS+IWR 8×41WS+FC 8×41WS+IWR 8×49SWS+FC 8×49SWS+IWR 8×55SWS+FC 8×55SWS+IWR

钢丝绳公称直径		钢丝绳参考重量/(kg/100m)			钢丝绳公称抗拉强度/MPa									
					1570		1670		1770		1870		1960	
					钢丝绳最小破断拉力/kN									
D/mm	允许偏差/%	天然纤维芯钢丝绳	合成纤维芯钢丝绳	钢芯钢丝绳	纤维芯钢丝绳	钢芯钢丝绳	纤维芯钢丝绳	钢芯钢丝绳	纤维芯钢丝绳	钢芯钢丝绳	纤维芯钢丝绳	钢芯钢丝绳	纤维芯钢丝绳	钢芯钢丝绳
16		91.4	88.1	111	118	139	125	148	133	157	140	166	147	174
18		116	111	141	149	176	159	187	168	198	178	210	186	220
20		143	138	174	184	217	196	231	207	245	219	259	230	271
22		173	166	211	223	263	237	280	251	296	265	313	278	328
24		206	198	251	265	313	282	333	299	353	316	373	331	391
26		241	233	294	311	367	331	391	351	414	370	437	388	458
28		280	270	341	361	426	384	453	407	480	430	507	450	532
30		321	310	392	414	489	440	520	467	551	493	582	517	610
32		366	352	445	471	556	501	592	531	627	561	663	588	694
34		413	398	503	532	628	566	668	600	708	633	748	664	784
36		463	446	564	596	704	634	749	672	794	710	839	744	879
38		516	497	628	664	784	707	834	749	884	791	934	829	979
40	+5 0	571	550	696	736	869	783	925	830	980	877	1040	919	1090
42		630	607	767	811	958	863	1020	915	1080	967	1140	1010	1200
44		691	666	842	891	1050	947	1120	1000	1190	1060	1250	1110	1310
46		755	728	920	973	1150	1040	1220	1100	1300	1160	1370	1220	1430
48		823	793	1000	1060	1250	1130	1330	1190	1410	1260	1490	1320	1560
50		892	860	1090	1150	1360	1220	1440	1300	1530	1370	1620	1440	1700
52		965	930	1180	1240	1470	1320	1560	1400	1660	1480	1750	1550	1830
54		1040	1000	1270	1340	1580	1430	1680	1510	1790	1600	1890	1670	1980
56		1120	1080	1360	1440	1700	1530	1810	1630	1920	1720	2030	1800	2130
58		1200	1160	1460	1550	1830	1650	1940	1740	2060	1840	2180	1930	2280
60		1290	1240	1570	1660	1960	1760	2080	1870	2200	1970	2330	2070	2440
62		1370	1320	1670	1770	2090	1880	2220	1990	2350	2110	2490	2210	2610
64		1460	1410	1780	1880	2230	2000	2370	2120	2510	2240	2650	2350	2780

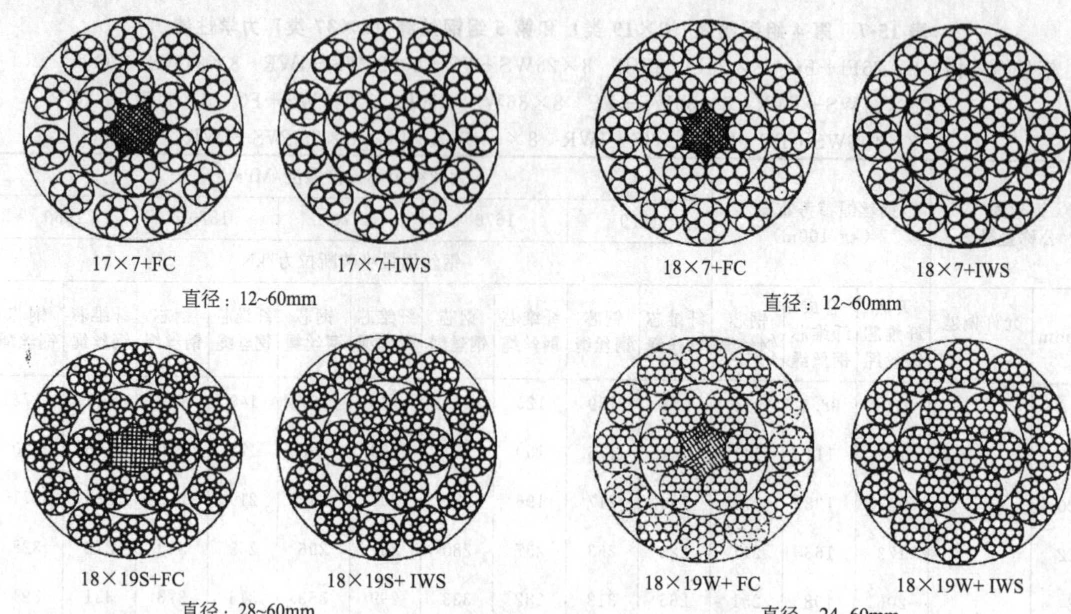

图 15-6　第 6 组钢丝绳（18×7 类）

表 15-8　第 6 组钢丝绳（18×7 类）力学性能

钢丝绳结构：17×7＋FC　17×7＋IWS　18×7＋FC　18×7＋IWS
18×19S＋FC　18×19S＋IWS　18×19W＋FC　18×19W＋IWS

钢丝绳公称直径		钢丝绳参考重量/(kg/100m)		钢丝绳公称抗拉强度/MPa									
				1570		1670		1770		1870		1960	
				钢丝绳最小破断拉力/kN									
D/mm	允许偏差/%	纤维芯钢丝绳	钢芯钢丝绳	纤维芯钢丝绳	钢芯钢丝绳	纤维芯钢丝绳	钢芯钢丝绳	纤维芯钢丝绳	钢芯钢丝绳	纤维芯钢丝绳	钢芯钢丝绳	纤维芯钢丝绳	钢芯钢丝绳
12		56.2	61.9	70.1	74.2	74.5	78.9	79.0	83.6	83.5	88.3	87.5	92.6
13		65.9	72.7	82.3	87.0	87.5	92.6	92.7	98.1	98.0	104	103	109
14		76.4	84.3	95.4	101	101	107	108	114	114	120	119	126
16		99.8	110	125	132	133	140	140	149	148	157	156	165
18		126	139	158	167	168	177	178	188	188	199	197	208
20		156	172	195	206	207	219	219	232	232	245	243	257
22		189	208	236	249	251	265	266	281	281	297	294	311
24		225	248	280	297	298	316	316	334	334	353	350	370
26		264	291	329	348	350	370	371	392	392	415	411	435
28		306	337	382	404	406	429	430	455	454	481	476	504
30		351	387	438	463	466	493	494	523	522	552	547	579
32		399	440	498	527	530	561	562	594	594	628	622	658
34	+5	451	497	563	595	598	633	634	671	670	709	702	743
36	0	505	557	631	667	671	710	711	752	751	795	787	833
38		563	621	703	744	748	791	792	838	837	886	877	928
40		624	688	779	824	828	876	878	929	928	981	972	1030
42		688	759	859	908	913	966	968	1020	1020	1080	1070	1130
44		755	832	942	997	1000	1060	1060	1120	1120	1190	1180	1240
46		825	910	1030	1090	1100	1160	1160	1230	1230	1300	1290	1360
48		899	991	1120	1190	1190	1260	1260	1340	1340	1410	1400	1480
50		975	1080	1220	1290	1290	1370	1370	1450	1450	1530	1520	1610
52		1050	1160	1320	1390	1400	1480	1480	1570	1570	1660	1640	1740
54		1140	1250	1420	1500	1510	1600	1600	1690	1690	1790	1770	1870
56		1220	1350	1530	1610	1620	1720	1720	1820	1820	1920	1910	2020
58		1310	1450	1640	1730	1740	1840	1850	1950	1950	2060	2040	2160
60		1400	1550	1750	1850	1860	1970	1980	2090	2090	2210	2190	2310

34×7+FC

34×7+IWS

直径：16~60mm

36×7+FC

36×7+ IWS

直径：16~60mm

图 15-7　第 8 组钢丝绳（34×7 类）

表 15-9　第 8 组钢丝绳（34×7 类）力学性能

钢丝绳结构：34×7＋FC　34×7＋IWS　36×7＋FC　36×7＋IWS

钢丝绳公称直径		钢丝绳参考重量/(kg/100m)		钢丝绳公称抗拉强度/MPa									
				1570		1670		1770		1870		1960	
				钢丝绳最小破断拉力/kN									
D/mm	允许偏差/%	纤维芯钢丝绳	钢芯钢丝绳	纤维芯钢丝绳	钢芯钢丝绳	纤维芯钢丝绳	钢芯钢丝绳	纤维芯钢丝绳	钢芯钢丝绳	纤维芯钢丝绳	钢芯钢丝绳	纤维芯钢丝绳	钢芯钢丝绳
16		99.8	110	124	128	132	136	140	144	147	152	155	160
18		126	139	157	162	167	172	177	182	187	193	196	202
20		156	172	193	200	206	212	218	225	230	238	241	249
22		189	208	234	242	249	257	264	272	279	288	292	302
24		225	248	279	288	296	306	314	324	332	343	348	359
26		264	291	327	337	348	359	369	380	389	402	408	421
28		306	337	379	391	403	416	427	441	452	466	473	489
30		351	387	435	449	463	478	491	507	518	535	543	561
32		399	440	495	511	527	544	558	576	590	609	618	638
34	+5	451	497	559	577	595	614	630	651	666	687	698	721
36	0	505	557	627	647	667	688	707	729	746	771	782	808
38		563	621	698	721	743	767	787	813	832	859	872	900
40		624	688	774	799	823	850	872	901	922	951	966	997
42		688	759	853	881	907	937	962	993	1020	1050	1060	1100
44		755	832	936	967	996	1030	1060	1090	1120	1150	1170	1210
46		825	910	1020	1060	1090	1120	1150	1100	1220	1260	1280	1320
48		899	991	1110	1150	1190	1220	1260	1300	1330	1370	1390	1440
50		975	1080	1210	1250	1290	1330	1360	1410	1440	1490	1510	1560
52		1050	1160	1310	1350	1390	1440	1470	1520	1560	1610	1630	1690
54		1140	1250	1410	1460	1500	1550	1590	1640	1680	1730	1760	1820
56		1220	1350	1520	1570	1610	1670	1710	1770	1810	1860	1890	1950
58		1310	1450	1630	1680	1730	1790	1830	1890	1940	2000	2030	2100
60		1400	1550	1740	1800	1850	1910	1960	2030	2070	2140	2170	2240

35W×7

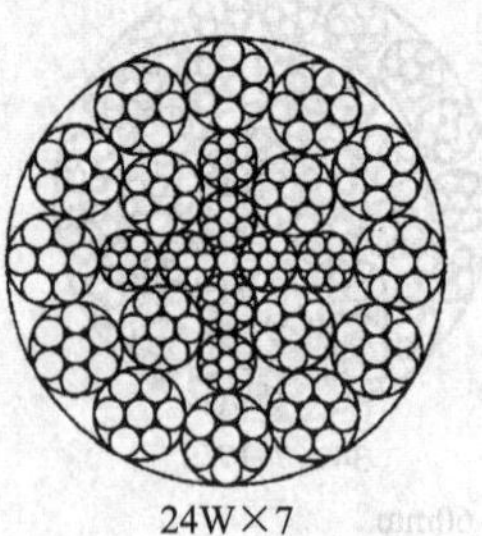
24W×7

直径：16~60mm

图 15-8　第 9 组钢丝绳（35W×7 类）

表 15-10　第 9 组钢丝绳（35W×7 类）力学性能

钢丝绳结构：35W×7　24W×7

钢丝绳公称直径		钢丝绳参考重量/(kg/100m)	钢丝绳公称抗拉强度/MPa				
			1570	1670	1770	1870	1960
D/mm	允许偏差/%		钢丝绳最小破断拉力/kN				
16	+5 0	118	145	154	163	172	181
18		149	183	195	206	218	229
20		184	226	240	255	269	282
22		223	274	291	308	326	342
24		265	326	346	367	388	406
26		311	382	406	431	455	477
28		361	443	471	500	528	553
30		414	509	541	573	606	635
32		471	579	616	652	689	723
34		532	653	695	737	778	816
36		596	732	779	826	872	914
38		664	816	868	920	972	1020
40		736	904	962	1020	1080	1130
42		811	997	1060	1120	1190	1240
44		891	1090	1160	1230	1300	1370
46		973	1200	1270	1350	1420	1490
48		1060	1300	1390	1470	1550	1630
50		1150	1410	1500	1590	1680	1760
52		1240	1530	1630	1720	1820	1910
54		1340	1650	1750	1860	1960	2060
56		1440	1770	1890	2000	2110	2210
58		1550	1900	2020	2140	2260	2370
60		1660	2030	2160	2290	2420	2540

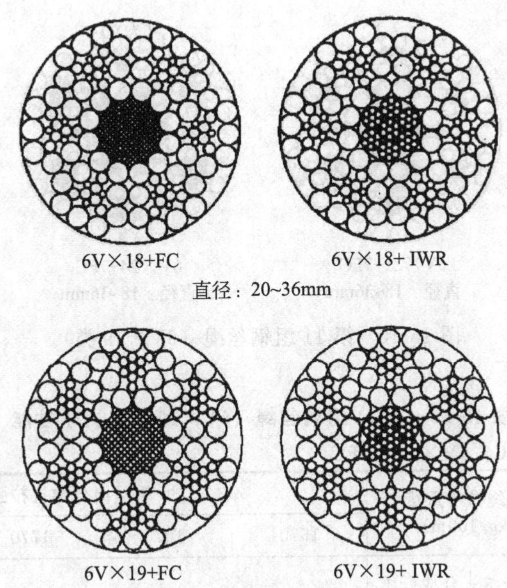

图 15-9 第 10 组钢丝绳（6V×7 类）

表 15-11 第 10 组钢丝绳（6V×7 类）力学性能

钢丝绳结构：6V×18＋FC　6V×18＋IWR　6V×19＋FC　6V×19＋IWR

钢丝绳公称直径		钢丝绳参考重量/(kg/100m)			钢丝绳公称抗拉强度/MPa									
					1570		1670		1770		1870		1960	
					钢丝绳最小破断拉力/kN									
D/mm	允许偏差/%	天然纤维芯钢丝绳	合成纤维芯钢丝绳	钢芯钢丝绳	纤维芯钢丝绳	钢芯钢丝绳	纤维芯钢丝绳	钢芯钢丝绳	纤维芯钢丝绳	钢芯钢丝绳	纤维芯钢丝绳	钢芯钢丝绳	纤维芯钢丝绳	钢芯钢丝绳
20	+6 0	165	162	175	236	250	250	266	266	282	280	298	294	312
22		199	196	212	285	302	303	322	321	341	339	360	356	378
24		237	233	252	339	360	361	383	382	406	404	429	423	449
26		279	273	295	398	422	423	449	449	476	474	503	497	527
28		323	317	343	462	490	491	521	520	552	550	583	576	612
30		371	364	393	530	562	564	598	597	634	631	670	662	702
32		422	414	447	603	640	641	681	680	721	718	762	753	799
34		476	467	505	681	722	724	768	767	814	811	860	850	902
36		534	524	566	763	810	812	861	860	913	909	965	953	1010

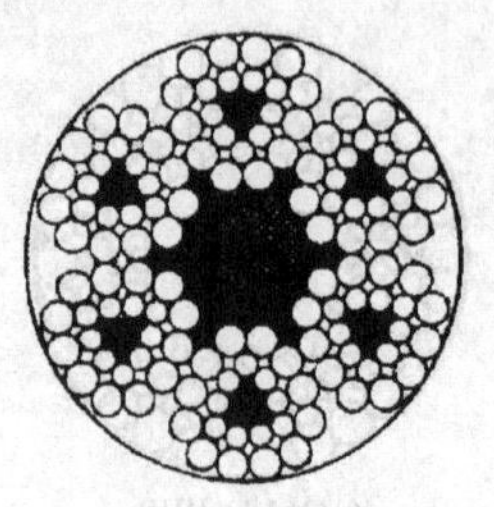

6V×21+7FC
直径：18~36mm

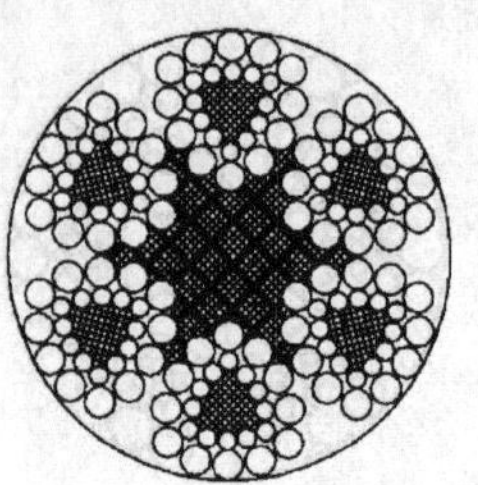

6V×24+7FC
直径：18~36mm

图 15-10 第 11 组钢丝绳（6V×19 类）

表 15-12 第 11 组钢丝绳（6V×19 类）力学性能

钢丝绳结构：6V×21＋7FC 6V×24＋7FC

钢丝绳公称直径		钢丝绳参考重量/(kg/100m)		钢丝绳公称抗拉强度/MPa				
				1570	1670	1770	1870	1960
D/mm	允许偏差/%	天然纤维芯钢丝绳	合成纤维芯钢丝绳	钢丝绳最小破断拉力/kN				
18	+6 0	121	118	168	179	190	201	210
20		149	146	208	221	234	248	260
22		180	177	252	268	284	300	314
24		215	210	300	319	338	357	374
26		252	247	352	374	396	419	439
28		292	286	408	434	460	486	509
30		335	329	468	498	528	557	584
32		382	374	532	566	600	634	665
34		431	422	601	639	678	716	750
36		483	473	674	717	760	803	841

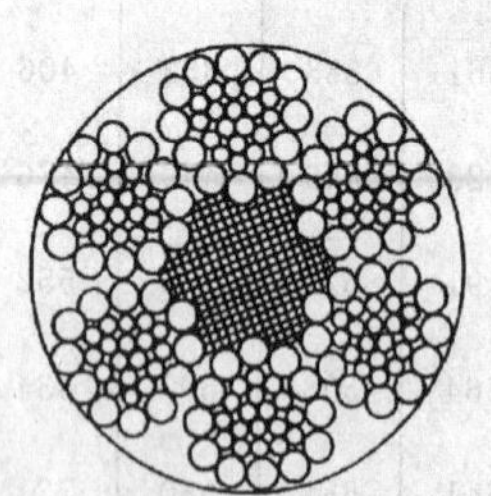

6V×30+FC

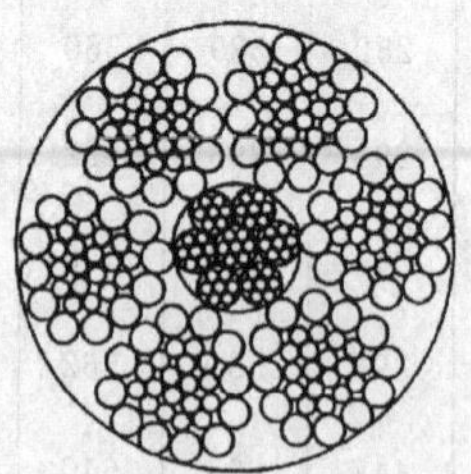

6V×30+IWR

直径：20~38mm

图 15-11 第 11 组钢丝绳（6V×19 类）

表 15-13 第 11 组钢丝绳（6V×19 类）力学性能

钢丝绳结构：6V×30＋FC 6V×30＋IWR

钢丝绳公称直径		钢丝绳参考重量/(kg/100m)			钢丝绳公称抗拉强度/MPa									
					1570		1670		1770		1870		1960	
					钢丝绳最小破断拉力/kN									
D/mm	允许偏差/%	天然纤维芯钢丝绳	合成纤维芯钢丝绳	钢芯钢丝绳	纤维芯钢丝绳	钢芯钢丝绳	纤维芯钢丝绳	钢芯钢丝绳	纤维芯钢丝绳	钢芯钢丝绳	纤维芯钢丝绳	钢芯钢丝绳	纤维芯钢丝绳	钢芯钢丝绳
20		162	159	172	203	216	216	230	229	243	242	257	254	270
22		196	192	208	246	261	262	278	278	295	293	311	307	326
24		233	229	247	293	311	312	331	330	351	349	370	365	388
26		274	268	290	344	365	366	388	388	411	410	435	429	456
28	+6	318	311	336	399	423	424	450	450	477	475	504	498	528
30	0	365	357	386	458	486	487	517	516	548	545	579	572	606
32		415	407	439	521	553	554	588	587	623	620	658	650	690
34		468	459	496	588	624	625	664	663	703	700	743	734	779
36		525	515	556	659	700	701	744	743	789	785	833	823	873
38		585	573	619	735	779	781	829	828	879	875	928	917	973

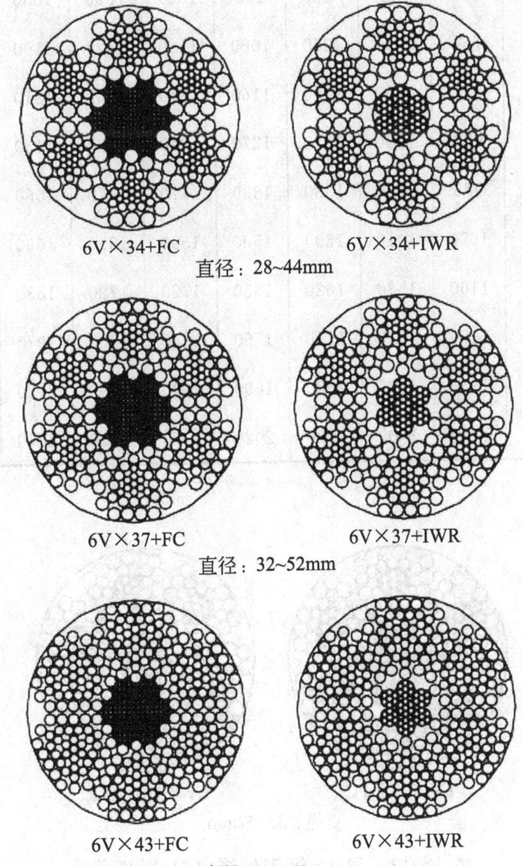

图 15-12 第 11 组钢丝绳（6V×19 类）和第 12 组钢丝绳（6V×37 类）

表 15-14　第 11 组钢丝绳（6V×19 类）和第 12 组钢丝绳（6V×37 类）力学性能

钢丝绳结构：6V×34＋FC　6V×34＋IWR　6V×37＋FC　6V×37＋IWR　6V×43＋FC　6V×43＋IWR

钢丝绳公称直径		钢丝绳参考重量/(kg/100m)			钢丝绳公称抗拉强度/MPa									
					1570		1670		1770		1870		1960	
					钢丝绳最小破断拉力/kN									
D/mm	允许偏差/%	天然纤维芯钢丝绳	合成纤维芯钢丝绳	钢芯钢丝绳	纤维芯钢丝绳	钢芯钢丝绳	纤维芯钢丝绳	钢芯钢丝绳	纤维芯钢丝绳	钢芯钢丝绳	纤维芯钢丝绳	钢芯钢丝绳	纤维芯钢丝绳	钢芯钢丝绳
28	+6 0	318	311	336	443	470	471	500	500	530	528	560	553	587
30		364	357	386	509	540	541	574	573	609	606	643	635	674
32		415	407	439	579	614	616	653	652	692	689	731	723	767
34		468	459	496	653	693	695	737	737	782	778	826	816	866
36		525	515	556	732	777	779	827	826	876	872	926	914	970
38		585	573	619	816	866	868	921	920	976	972	1030	1020	1080
40		648	635	686	904	960	962	1020	1020	1080	1080	1140	1130	1200
42		714	700	757	997	1060	1060	1130	1120	1190	1190	1260	1240	1320
44		784	769	831	1090	1160	1160	1240	1230	1310	1300	1380	1370	1450
46		857	840	908	1200	1270	1270	1350	1350	1430	1420	1510	1490	1580
48		933	915	988	1300	1380	1390	1470	1470	1560	1550	1650	1630	1730
50		1010	993	1070	1410	1500	1500	1590	1590	1690	1680	1790	1760	1870
52		1100	1070	1160	1530	1620	1630	1720	1720	1830	1820	1930	1910	2020
54		1180	1160	1250	1650	1750	1760	1860	1860	1970	1960	2080	2060	2180
56		1270	1240	1350	1770	1880	1890	2000	2000	2120	2110	2240	2210	2350
58		1360	1340	1440	1900	2020	2020	2150	2140	2270	2260	2400	2370	2520

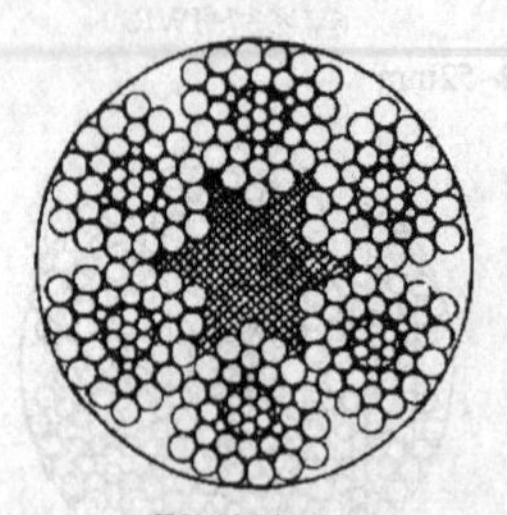

6V×37S+FC

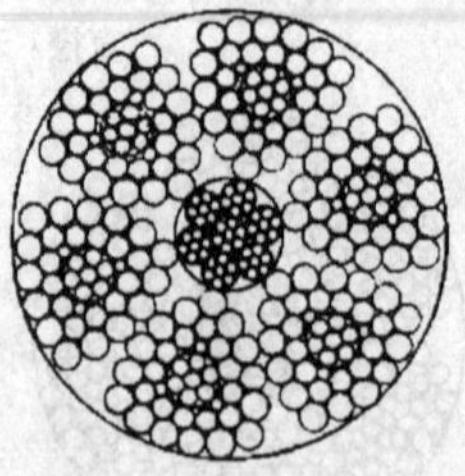

6V×37S+IWR

直径：32~52mm

图 15-13　第 12 组钢丝绳（6V×37 类）

表 15-15 第 12 组钢丝绳（6V×37 类）力学性能

钢丝绳结构：6V×37S+FC　6V×37S+IWR

钢丝绳公称直径		钢丝绳参考重量/(kg/100m)			钢丝绳公称抗拉强度/MPa									
					1570		1670		1770		1870		1960	
					钢丝绳最小破断拉力/kN									
D/mm	允许偏差/%	天然纤维芯钢丝绳	合成纤维芯钢丝绳	钢芯钢丝绳	纤维芯钢丝绳	钢芯钢丝绳	纤维芯钢丝绳	钢芯钢丝绳	纤维芯钢丝绳	钢芯钢丝绳	纤维芯钢丝绳	钢芯钢丝绳	纤维芯钢丝绳	钢芯钢丝绳
32	+6 0	427	419	452	596	633	634	673	672	713	710	753	744	790
34		482	473	511	673	714	716	760	759	805	802	851	840	891
36		541	530	573	754	801	803	852	851	903	899	954	942	999
38		602	590	638	841	892	894	949	948	1010	1000	1060	1050	1110
40		667	654	707	931	988	991	1050	1050	1110	1110	1180	1160	1230
42		736	721	779	1030	1090	1090	1160	1160	1230	1220	1300	1280	1360
44		808	792	855	1130	1200	1200	1270	1270	1350	1340	1420	1410	1490
46		883	865	935	1230	1310	1310	1390	1390	1470	1470	1560	1540	1630
48		961	942	1020	1340	1420	1430	1510	1510	1600	1600	1700	1670	1780
50		1040	1020	1100	1460	1540	1550	1640	1640	1740	1730	1840	1820	1930
52		1130	1110	1190	1570	1670	1670	1780	1770	1880	1870	1990	1970	2090

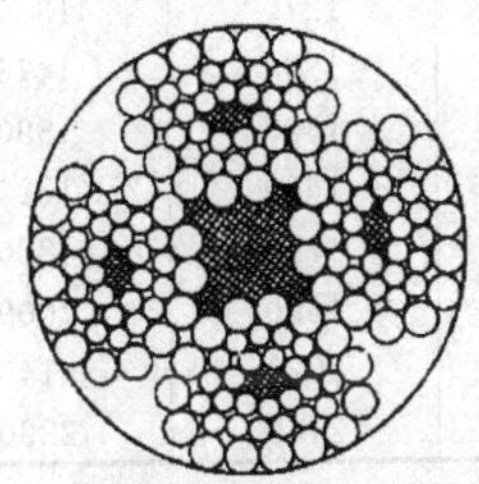
4V×39S+5FC
直径：16~36mm

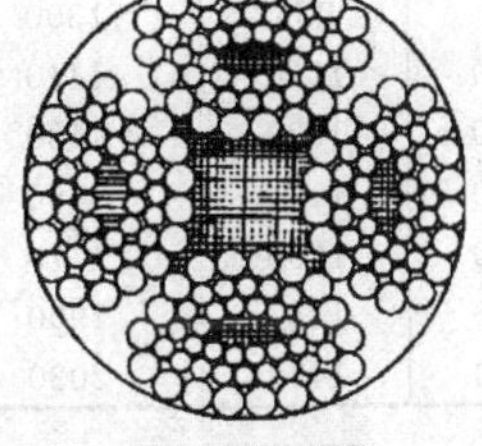
4V×48S+5FC
直径：20~40mm

图 15-14 第 13 组钢丝绳（4V×39 类）

表 15-16 第 13 组钢丝绳（4V×39 类）力学性能

钢丝绳结构：4V×39S+5FC　4V×48S+5FC

钢丝绳公称直径		钢丝绳参考重量/(kg/100m)		钢丝绳公称抗拉强度/MPa				
				1570	1670	1770	1870	1960
D/mm	允许偏差/%	天然纤维芯钢丝绳	合成纤维芯钢丝绳	钢丝绳最小破断拉力/kN				
16	+6 0	105	103	145	154	163	172	181
18		133	130	183	195	206	218	229
20		164	161	226	240	255	269	282
22		198	195	274	291	308	326	342
24		236	232	326	346	367	388	406
26		277	272	382	406	431	455	477
28		321	315	443	471	500	528	553
30		369	362	509	541	573	606	635
32		420	412	579	616	652	689	723
34		474	465	653	695	737	778	816
36		531	521	732	779	826	872	914
38		592	580	816	868	920	972	1020
40		656	643	904	962	1020	1080	1130

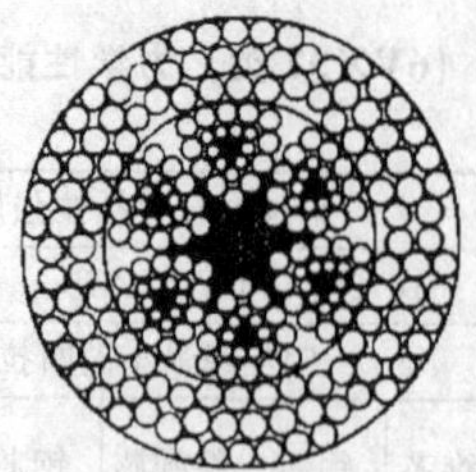
6Q×19+6V×21+7FC
直径：40~52mm

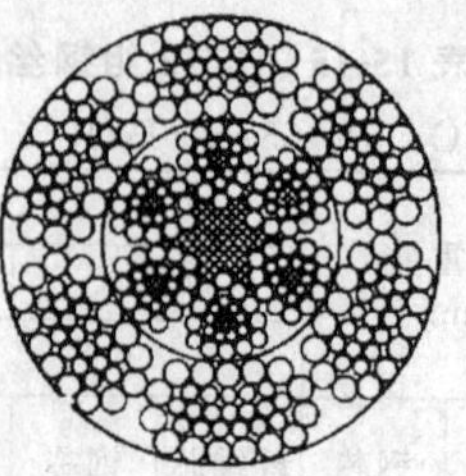
6Q×33+6V×21+7FC
直径：40~60mm

图 15-15　第 14 组钢丝绳（6Q×19＋6V×21 类）

表 15-17　第 14 组钢丝绳（6Q×19＋6V×21 类）力学性能

钢丝绳结构：6Q×19＋6V×21＋7FC　6Q×33＋6V×21＋7FC

钢丝绳公称直径		钢丝绳参考重量/(kg/100m)		钢丝绳公称抗拉强度/MPa				
				1570	1670	1770	1870	1960
D/mm	允许偏差/%	天然纤维芯钢丝绳	合成纤维芯钢丝绳	钢丝绳最小破断拉力/kN				
40	+6 0	656	643	904	962	1020	1080	1130
42		723	709	997	1060	1120	1190	1240
44		794	778	1090	1160	1230	1300	1370
46		868	851	1200	1270	1350	1420	1490
48		945	926	1300	1390	1470	1550	1630
50		1030	1010	1410	1500	1590	1680	1760
52		1110	1090	1530	1630	1720	1820	1910
54		1200	1170	1650	1750	1860	1960	2060
56		1290	1260	1770	1890	2000	2110	2210
58		1380	1350	1900	2020	2140	2260	2370
60		1480	1450	2030	2160	2290	2420	2540

表 15-18　最小钢丝破断拉力总和与钢丝绳最小破断拉力的换算系数

钢丝绳类别	典型结构		换算系数	
	钢丝绳	股绳	纤维芯	钢芯
6×7	6×7 6×9W	(1+6) (3+3/3)	1.134	1.214
6×19	6×19S 6×19W	(1+9+9) (1+6+6/6)	1.214	1.308
6×37	6×25Fi 6×26WS 6×31WS 6×29Fi 6×36WS 6×41WS 6×49SWS 6×55SWS	(1+6+6F+12) (1+5+5/5+10) (1+6+6/6+12) (1+7+7F+14) (1+7+7/7+14) (1+8+8/8+16) (1+8+8+8/8+16) (1+9+9+9/9+18)	1.226	1.321
	6×37S	(1+6+15+15)	1.191	1.283
8×19	8×19S 8×19W	(1+9+9) (1+6+6/6)	1.214	1.360
8×37	8×25Fi 8×26WS 8×31WS 8×36WS 8×41WS 8×49SWS 8×55SWS	(1+6+6F+12) (1+5+5/5+10) (1+6+6/6+12) (1+7+7/7+14) (1+8+8/8+16) (1+8+8+8/8+16) (1+9+9+9/9+18)	1.226	1.374

续表

钢丝绳类别	典型结构		换算系数	
	钢丝绳	股绳	纤维芯	钢芯
	17×7	(1+6)	1.250	
18×7 18×19	18×7 18×19W 18×19S	(1+6) (1+6+6/6) (1+9+9)	1.283	
34×7	34×7	(1+6)	1.300	
	36×7	(1+6)	1.334	
35W×7 24W×7	35W×7 24W×7	(1+6)	1.287	
6V×7	6V×18 6V×19	(/3×2+3/+9) (/1×7+3/+9)	1.156	1.191
6V×19	6V×21 6V×24	(FC+9+12) (FC+9+12)	1.177	—
	6V×30 6V×34	(6+12+12) (/1×7+3/+12+12)	1.177	1.213
6V×37	6V×37 6V×43 6V×37S	(/1×7+3/+12+15) (/1×7+3/+15+18) (/1×7+3/+12+15)		
4V×39	4V×39S 4V×48S	(FC+9+15+15) (FC+12+18+18)	1.191	—
6Q×19+6V×21	6Q×19+6V×21 6Q×33+6 V×21	外股(5+14) 内股(FC+9+12) 外股(5+13+15) 内股(FC+9+12)	1.250	—

15.2 热轧型钢

表 15-19 工字钢截面尺寸、截面面积、理论重量及截面特性

型号	截面尺寸/mm						截面面积/cm^2	理论重量/(kg/m)	外表面积/(m^2/m)	惯性矩/cm^4		惯性半径/cm		截面模数/cm^3	
	h	b	d	t	r	r_1				I_x	I_y	i_x	i_y	W_x	W_y
10	100	68	4.5	7.6	6.5	3.3	14.33	11.3	0.432	245	33.0	4.14	1.52	49.0	9.72
12	120	74	5.0	8.4	7.0	3.5	17.80	14.0	0.493	436	46.9	4.95	1.62	72.7	12.7
12.6	126	74	5.0	8.4	7.0	3.5	18.10	14.2	0.505	488	46.9	5.20	1.61	77.5	12.7
14	140	80	5.5	9.1	7.5	3.8	21.50	16.9	0.553	712	64.4	5.76	1.73	102	16.1
16	160	88	6.0	9.9	8.0	4.0	26.11	20.5	0.621	1130	93.1	6.58	1.89	141	21.2
18	180	94	6.5	10.7	8.5	4.3	30.74	24.1	0.681	1660	122	7.36	2.00	185	26.0
20a	200	100	7.0	11.4	9.0	4.5	35.55	27.9	0.742	2370	158	8.15	2.12	237	31.5
20b		102	9.0				39.55	31.1	0.746	2500	169	7.96	2.06	250	33.1
22a	220	110	7.5	12.3	9.5	4.8	42.10	33.1	0.817	3400	225	8.99	2.31	309	40.9
22b		112	9.5				46.50	36.5	0.821	3570	239	8.78	2.27	325	42.7

续表

型号	截面尺寸/mm						截面面积/cm^2	理论重量/(kg/m)	外表面积/(m^2/m)	惯性矩/cm^4		惯性半径/cm		截面模数/cm^3	
	h	b	d	t	r	r_1				I_x	I_y	i_x	i_y	W_x	W_y
24a	240	116	8.0	13.0	10.0	5.0	47.71	37.5	0.878	4570	280	9.77	2.42	381	48.4
24b		118	10.0				52.51	41.2	0.882	4800	297	9.57	2.38	400	50.4
25a	250	116	8.0				48.51	38.1	0.898	5020	280	10.2	2.40	402	48.3
25b		118	10.0				53.51	42.0	0.902	5280	309	9.94	2.40	423	52.4
27a	270	122	8.5	13.7	10.5	5.3	54.52	42.8	0.958	6550	345	10.9	2.51	485	56.6
27b		124	10.5				59.92	47.0	0.962	6870	366	10.7	2.47	509	58.9
28a	280	122	8.5				55.37	43.5	0.978	7110	345	11.3	2.50	508	56.6
28b		124	10.5				60.97	47.9	0.982	7480	379	11.1	2.49	534	61.2
30a	300	126	9.0	14.4	11.0	5.5	61.22	48.1	1.031	8950	400	12.1	2.55	597	63.5
30b		128	11.0				67.22	52.8	1.035	9400	422	11.8	2.50	627	65.9
30c		130	13.0				73.22	57.5	1.039	9850	445	11.6	2.46	657	68.5
32a	320	130	9.5	15.0	11.5	5.8	67.12	52.7	1.084	11100	460	12.8	2.62	692	70.8
32b		132	11.5				73.52	57.7	1.088	11600	502	12.6	2.61	726	76.0
32c		134	13.5				79.92	62.7	1.092	12200	544	12.3	2.61	760	81.2
36a	360	136	10.0	15.8	12.0	6.0	76.44	60.0	1.185	15800	552	14.4	2.69	875	81.2
36b		138	12.0				83.64	65.7	1.189	16500	582	14.1	2.64	919	84.3
36c		140	14.0				90.84	71.3	1.193	17300	612	13.8	2.60	962	87.4
40a	400	142	10.5	16.5	12.5	6.3	86.07	67.6	1.285	21700	660	15.9	2.77	1090	93.2
40b		144	12.5				94.07	73.8	1.289	22800	692	15.6	2.71	1140	96.2
40c		146	14.5				102.1	80.1	1.293	23900	727	15.2	2.65	1190	99.6
45a	450	150	11.5	18.0	13.5	6.8	102.4	80.4	1.411	32200	855	17.7	2.89	1430	114
45b		152	13.5				111.4	87.4	1.415	33800	894	17.4	2.84	1500	118
45c		154	15.5				120.4	94.5	1.419	35300	938	17.1	2.79	1570	122
50a	500	158	12.0	20.0	14.0	7.0	119.2	93.6	1.539	46500	1120	19.7	3.07	1860	142
50b		160	14.0				129.2	101	1.543	48600	1170	19.4	3.01	1940	146
50c		162	16.0				139.2	109	1.547	50600	1220	19.0	2.96	2080	151
55a	550	166	12.5	21.0	14.5	7.3	134.1	105	1.667	62900	1370	21.6	3.19	2290	164
55b		168	14.5				145.1	114	1.671	65600	1420	21.2	3.14	2390	170
55c		170	16.5				156.1	123	1.675	68400	1480	20.9	3.08	2490	175
56a	560	166	12.5				135.4	106	1.687	65600	1370	22.0	3.18	2340	165
56b		168	14.5				146.6	115	1.691	68500	1490	21.6	3.16	2450	174
56c		170	16.5				157.8	124	1.695	71400	1560	21.3	3.16	2550	183
63a	630	176	13.0	22.0	15.0	7.5	154.6	121	1.862	93 900	1 700	24.5	3.31	2 980	193
63b		178	15.0				167.2	131	1.866	98 100	1 810	24.2	3.29	3 160	204
63c		180	17.0				179.8	141	1.870	102 000	1 920	23.8	3.27	3 300	214

注：表中 r、r_1 的数据用于孔型设计，不做交货条件。

表 15-20 槽钢截面尺寸、截面面积、理论重量及截面特性

型号	截面尺寸/mm						截面面积/cm^2	理论重量/(kg/m)	外表面积/(m^2/m)	惯性矩/cm^4			惯性半径/cm		截面模数/cm^3		重心距离/cm
	h	b	d	t	r	r_1				I_x	I_y	I_{y1}	i_x	i_y	W_x	W_y	Z_0
5	50	37	4.5	7.0	7.0	3.5	6.925	5.44	0.226	26.0	8.30	20.9	1.94	1.10	10.4	3.55	1.35
6.3	63	40	4.8	7.5	7.5	3.8	8.446	6.63	0.262	50.8	11.9	28.4	2.45	1.19	16.1	4.50	1.36
6.5	65	40	4.3	7.5	7.5	3.8	8.292	6.51	0.267	55.2	12.0	28.3	2.54	1.19	17.0	4.59	1.38
8	80	43	5.0	8.0	8.0	4.0	10.24	8.04	0.307	101	16.6	37.4	3.15	1.27	25.3	5.79	1.43
10	100	48	5.3	8.5	8.5	4.2	12.74	10.0	0.365	198	25.6	54.9	3.95	1.41	39.7	7.80	1.52
12	120	53	5.5	9.0	9.0	4.5	15.36	12.1	0.423	346	37.4	77.7	4.75	1.56	57.7	10.2	1.62
12.6	126	53	5.5	9.0	9.0	4.5	15.69	12.3	0.435	391	38.0	77.1	4.95	1.57	62.1	10.2	1.59
14a	140	58	6.0	9.5	9.5	4.8	18.51	14.5	0.480	564	53.2	107	5.52	1.70	80.5	13.0	1.71
14b		60	8.0				21.31	16.7	0.484	609	61.1	121	5.35	1.69	87.1	14.1	1.67
16a	160	63	6.5	10.0	10.0	5.0	21.95	17.2	0.538	866	73.3	144	6.28	1.83	108	16.3	1.80
16b		65	8.5				25.15	19.8	0.542	935	83.4	161	6.10	1.82	117	17.6	1.75
18a	180	68	7.0	10.5	10.5	5.2	25.69	20.2	0.596	1270	98.6	190	7.04	1.96	141	20.0	1.88
18b		70	9.0				29.29	23.0	0.600	1370	111	210	6.84	1.95	152	21.5	1.84
20a	200	73	7.0	11.0	11.0	5.5	28.83	22.6	0.654	1780	128	244	7.86	2.11	178	24.2	2.01
20b		75	9.0				32.83	25.8	0.658	1910	144	268	7.64	2.09	191	25.9	1.95
22a	220	77	7.0	11.5	11.5	5.8	31.83	25.0	0.709	2390	158	298	8.67	2.23	218	28.2	2.10
22b		79	9.0				36.23	28.5	0.713	2570	176	326	8.42	2.21	234	30.1	2.03
24a	240	78	7.0	12.0	12.0	6.0	34.21	26.9	0.752	3050	174	325	9.45	2.25	254	30.5	2.10
24b		80	9.0				39.01	30.6	0.756	3280	194	355	9.17	2.23	274	32.5	2.03
24c		82	11.0				43.81	34.4	0.760	3510	213	388	8.96	2.21	293	34.4	2.00
25a	250	78	7.0				34.91	27.4	0.722	3370	176	322	9.82	2.24	270	30.6	2.07
25b		80	9.0				39.91	31.3	0.776	3530	196	353	9.41	2.22	282	32.7	1.98
25c		82	11,0				44.91	35.3	0.780	3690	218	384	9.07	2.21	295	35.9	1.92
27a	270	82	7.5	12.5	12.5	6.2	39.27	30.8	0.826	4360	216	393	10.5	2.34	323	35.5	2.13
27b		84	9.5				44.67	35.1	0.830	4690	239	428	10.3	2.31	347	37.7	2.06
27c		86	11.5				50.07	39.3	0.834	5020	261	467	10.1	2.28	372	39.8	2.03
28a	280	82	7.5				40.02	31.4	0.846	4760	218	388	10.9	2.33	340	35.7	2.10
28b		84	9.5				45.62	35.8	0.850	5130	242	428	10.6	2.30	366	37.9	2.02
28c		86	11.5				51.22	40.2	0.854	5500	268	463	10.4	2.29	393	40.3	1.95
30a	300	85	7.5	13.5	13.5	6.8	43.89	34.5	0.897	6050	260	467	11.7	2.43	403	41.1	2.17
30b		87	9.5				49.89	39.2	0.901	6500	289	515	11.4	2.41	433	44.0	2.13
30c		89	11.5				55.89	43.9	0.905	6950	316	560	11.2	2.38	463	46.4	2.09
32a	320	88	8.0	14.0	14.0	7.0	48.50	38.1	0.947	7600	305	552	12.5	2.50	475	46.5	2.24
32b		90	10.0				54.90	43.1	0.951	8140	336	593	12.2	2.47	509	49.2	2.16
32c		92	12.0				61.30	48.1	0.955	8690	374	643	11.9	2.47	543	52.6	2.09

续表

型号	截面尺寸/mm						截面面积/cm²	理论重量/(kg/m)	外表面积/(m²/m)	惯性矩/cm⁴			惯性半径/cm		截面模数/cm³		重心距离/cm
	h	b	d	t	r	r_1				I_x	I_y	I_{y1}	i_x	i_y	W_x	W_y	Z_0
36a	360	96	9.0	16.0	16.0	8.0	60.89	47.8	1.053	11900	455	818	14.0	2.73	660	63.5	2.44
36b		98	11.0				68.09	53.5	1.057	12700	497	880	13.6	2.70	703	66.9	2.37
36c		100	13.0				75.29	59.1	1.061	13400	536	948	13.4	2.67	746	70.0	2.34
40a	400	100	10.5	18.0	18.0	9.0	75.04	58.9	1.144	17 600	592	1 070	15.3	2.81	879	78.8	2.49
40b		102	12.5				83.04	65.2	1.148	18 600	640	1 140	15.0	2.78	932	82.5	2.44
40c		104	14.5				91.04	71.5	1.152	19 700	688	1 220	14.7	2.75	986	86.2	2.42

注：表中 r、r_1 的数据用于孔型设计，不做交货条件。

表 15-21　等边角钢截面尺寸、截面面积、理论重量及截面特性

型号	截面尺寸/mm			截面面积/cm²	理论重量/(kg/m)	外表面积/(m²/m)	惯性矩/cm⁴				惯性半径/cm			截面模数/cm³			重心距离/cm
	b	d	r				I_x	I_{x1}	I_{x0}	I_{y0}	i_x	i_{x0}	i_{y0}	W_x	W_{x0}	W_{y0}	Z_0
2	20	3	3.5	1.132	0.89	0.078	0.40	0.81	0.63	0.17	0.59	0.75	0.39	0.29	0.45	0.20	0.60
		4		1.459	1.15	0.077	0.50	1.09	0.78	0.22	0.58	0.73	0.38	0.36	0.55	0.24	0.64
2.5	25	3		1.432	1.12	0.098	0.82	1.57	1.29	0.34	0.76	0.95	0.49	0.46	0.73	0.33	0.73
		4		1.859	1.46	0.097	1.03	2.11	1.62	0.43	0.74	0.93	0.48	0.59	0.92	0.40	0.76
3.0	30	3	4.5	1.749	1.37	0.117	1.46	2.71	2.31	0.61	0.91	1.15	0.59	0.68	1.09	0.51	0.85
		4		2.276	1.79	0.117	1.84	3.63	2.92	0.77	0.90	1.13	0.58	0.87	1.37	0.62	0.89
3.6	36	3		2.109	1.66	0.141	2.58	4.68	4.09	1.07	1.11	1.39	0.71	0.99	1.61	0.76	1.00
		4		2.756	2.16	0.141	3.29	6.25	5.22	1.37	1.09	1.38	0.70	1.28	2.05	0.93	1.04
		5		3.382	2.65	0.141	3.95	7.84	6.24	1.65	1.08	1.36	0.7	1.56	2.45	1.00	1.07
4	40	3	5	2.359	1.85	0.157	3.59	6.41	5.69	1.49	1.23	1.55	0.79	1.23	2.01	0.96	1.09
		4		3.086	2.42	0.157	4.60	8.56	7.29	1.91	1.22	1.54	0.79	1.60	2.58	1.19	1.13
		5		3.792	2.98	0.156	5.53	10.7	8.76	2.30	1.21	1.52	0.78	1.96	3.10	1.39	1.17
4.5	45	3		2.659	2.09	0.177	5.17	9.12	8.20	2.14	1.40	1.76	0.89	1.58	2.58	1.24	1.22
		4		3.486	2.74	0.177	6.65	12.2	10.6	2.75	1.38	1.74	0.89	2.05	3.32	1.54	1.26
		5		4.292	3.37	0.176	8.04	15.2	12.7	3.33	1.37	1.72	0.88	2.51	4.00	1.81	1.30
		6		5.077	3.99	0.176	9.33	18.4	14.8	3.89	1.36	1.70	0.80	2.95	4.64	2.06	1.33
5	50	3	5.5	2.971	2.33	0.197	7.18	12.5	11.4	2.98	1.55	1.96	1.00	1.96	3.22	1.57	1.34
		4		3.897	3.06	0.197	9.26	16.7	14.7	3.82	1.54	1.94	0.99	2.56	4.16	1.96	1.38
		5		4.803	3.77	0.196	11.2	20.9	17.8	4.64	1.53	1.92	0.98	3.13	5.03	2.31	1.42
		6		5.688	4.46	0.196	13.1	25.1	20.7	5.42	1.52	1.91	0.98	3.68	5.85	2.63	1.46

续表

型号	截面尺寸/mm			截面面积/cm²	理论重量/(kg/m)	外表面积/(m²/m)	惯性矩/cm⁴				惯性半径/cm			截面模数/cm³			重心距离/cm
	b	d	r				I_x	I_{x1}	I_{x0}	I_{y0}	i_x	i_{x0}	i_{y0}	W_x	W_{x0}	W_{y0}	Z_0
5.6	56	3	6	3.343	2.62	0.221	10.2	17.6	16.1	4.24	1.75	2.20	1.13	2.48	4.08	2.02	1.48
		4		4.39	3.45	0.220	13.2	23.4	20.9	5.46	1.73	2.18	1.11	3.24	5.28	2.52	1.53
		5		5.415	4.25	0.220	16.0	29.3	25.4	6.61	1.72	2.17	1.10	3.97	6.42	2.98	1.57
		6		6.42	5.04	0.220	18.7	35.3	29.7	7.73	1.71	2.15	1.10	4.68	7.49	3.40	1.61
		7		7.404	5.81	0.219	21.2	41.2	33.6	8.82	1.69	2.13	1.09	5.36	8.49	3.80	1.64
		8		8.367	6.57	0.219	23.6	47.2	37.4	9.89	1.68	2.11	1.09	6.03	9.44	4.16	1.68
6	60	5	6.5	5.829	4.58	0.236	19.9	36.1	31.6	8.21	1.85	2.33	1.19	4.59	7.44	3.48	1.67
		6		6.914	5.43	0.235	23.4	43.3	36.9	9.60	1.83	2.31	1.18	5.41	8.70	3.98	1.70
		7		7.977	6.26	0.235	26.4	50.7	41.9	11.0	1.82	2.29	1.17	6.21	9.88	4.45	1.74
		8		9.02	7.08	0.235	29.5	58.0	46.7	12.3	1.81	2.27	1.17	6.98	11.0	4.88	1.78
6.3	63	4	7	4.978	3.91	0.248	19.0	33.4	30.2	7.89	1.96	2.46	1.26	4.13	6.78	3.29	1.70
		5		6.143	4.82	0.248	23.2	41.7	36.8	9.57	1.94	2.45	1.25	5.08	8.25	3.90	1.74
		6		7.288	5.72	0.247	27.1	50.1	43.0	11.2	1.93	2.43	1.24	6.00	9.66	4.46	1.78
		7		8.412	6.60	0.247	30.9	58.6	49.0	12.8	1.92	2.41	1.23	6.88	11.0	4.98	1.82
		8		9.515	7.47	0.247	34.5	67.1	54.6	14.3	1.90	2.40	1.23	7.75	12.3	5.47	1.85
		10		11.66	9.15	0.246	41.1	84.3	64.9	17.3	1.88	2.36	1.22	9.39	14.6	6.36	1.93
7	70	4	8	5.570	4.37	0.275	26.4	45.7	41.8	11.0	2.18	2.74	1.40	5.14	8.44	4.17	1.86
		5		6.876	5.40	0.275	32.2	57.2	51.1	13.3	2.16	2.73	1.39	6.32	10.3	4.95	1.91
		6		8.160	6.41	0.275	37.8	68.7	59.9	15.6	2.15	2.71	1.38	7.48	12.1	5.67	1.95
		7		9.424	7.40	0.275	43.1	80.3	68.4	17.8	2.14	2.69	1.38	8.59	13.8	6.34	1.99
		8		10.67	8.37	0.274	48.2	91.9	76.4	20.0	2.12	2.68	1.37	9.68	15.4	6.98	2.03
7.5	75	5	9	7.412	5.82	0.295	40.0	70.6	63.3	16.6	2.33	2.92	1.50	7.32	11.9	5.77	2.04
		6		8.797	6.91	0.294	47.0	84.6	74.4	19.5	2.31	2.90	1.49	8.64	14.0	6.67	2.07
		7		10.16	7.98	0.294	53.6	98.7	85.0	22.2	2.30	2.89	1.48	9.93	16.0	7.44	2.11
		8		11.50	9.03	0.294	60.0	113	95.1	24.9	2.28	2.88	1.47	11.2	17.9	8.19	2.15
		9		12.83	10.1	0.294	66.1	127	105	27.5	2.27	2.86	1.46	12.4	19.8	8.89	2.18
		10		14.13	11.1	0.293	72.0	142	114	30.1	2.26	2.84	1.46	13.6	21.5	9.56	2.22
8	80	5	9	7.912	6.21	0.315	48.8	85.4	77.3	20.3	2.48	3.13	1.60	8.34	13.7	6.66	2.15
		6		9.397	7.38	0.314	57.4	103	91.0	23.7	2.47	3.11	1.59	9.87	16.1	7.65	2.19
		7		10.86	8.53	0.314	65.6	120	104	27.1	2.46	3.10	1.58	11.4	18.4	8.58	2.23
		8		12.30	9.66	0.314	73.5	137	117	30.4	2.44	3.08	1.57	12.8	20.6	9.46	2.27
		9		13.73	10.8	0.314	81.1	154	129	33.6	2.43	3.06	1.56	14.3	22.7	10.3	2.31
		10		15.13	11.9	0.313	88.4	172	140	36.8	2.42	3.04	1.56	15.6	24.8	11.1	2.35

续表

型号	截面尺寸/mm			截面面积/cm^2	理论重量/(kg/m)	外表面积/(m^2/m)	惯性矩/cm^4				惯性半径/cm			截面模数/cm^3			重心距离/cm
	b	d	r				I_x	I_{x1}	I_{x0}	I_{y0}	i_x	i_{x0}	i_{y0}	W_x	W_{x0}	W_{y0}	Z_0
9	90	6	10	10.64	8.35	0.354	82.8	146	131	34.3	2.79	3.51	1.80	12.6	20.6	9.05	2.44
		7		12.30	9.66	0.354	94.8	170	150	39.2	2.78	3.50	1.78	14.5	23.6	11.2	2.48
		8		13.94	10.9	0.353	106	195	169	44.0	2.76	3.48	1.78	16.4	26.6	12.4	2.52
		9		15.57	12.2	0.353	118	219	187	48.7	2.75	3.46	1.77	18.3	29.4	13.5	2.56
		10		17.17	13.5	0.353	129	244	204	53.3	2.74	3.45	1.76	20.1	32.0	14.5	2.59
		12		20.31	15.9	0.352	149	294	236	62.2	2.71	3.41	1.75	23.6	37.1	16.5	2.67
10	100	6	12	11.93	9.37	0.393	115	200	182	47.9	3.10	3.90	2.00	15.7	25.7	12.7	2.67
		7		13.80	10.8	0.393	132	234	209	54.7	3.09	3.89	1.99	18.1	29.6	14.3	2.71
		8		15.64	12.3	0.393	148	267	235	61.4	3.08	3.88	1.98	20.5	33.2	15.8	2.76
		9		17.46	13.7	0.392	164	300	260	68.0	3.07	3.86	1.97	22.8	36.8	17.2	2.80
		10		19.26	15.1	0.392	180	334	285	74.4	3.05	3.84	1.96	25.1	40.3	18.5	2.84
		12		22.80	17.9	0.391	209	402	331	86.8	3.03	3.81	1.95	29.5	40.8	21.1	2.91
		14		26.26	20.6	0.391	237	471	374	99.0	3.00	3.77	1.94	33.7	52.9	23.4	2.99
		16		29.63	23.3	0.390	263	540	414	111	2.98	3.74	1.94	37.8	58.6	25.6	3.06
11	110	7	12	15.20	11.9	0.433	177	311	281	73.4	3.41	4.30	2.20	22.1	36.1	17.5	2.96
		8		17.24	13.5	0.433	199	355	316	82.4	3.40	4.28	2.19	25.0	40.7	19.4	3.01
		10		21.26	16.7	0.432	242	445	384	100	3.38	4.25	2.17	30.6	49.4	22.9	3.09
		12		25.20	19.8	0.431	283	535	448	117	3.35	4.22	2.15	36.1	57.6	26.2	3.16
		14		29.06	22.8	0.431	321	625	508	133	3.32	4.18	2.14	41.3	65.3	29.1	3.24
12.5	125	8	14	19.75	15.5	0.492	297	521	471	123	3.88	4.88	2.50	32.5	53.3	25.9	3.37
		10		24.37	19.1	0.491	362	652	574	149	3.85	4.85	2.48	40.0	64.9	30.6	3.45
		12		28.91	22.7	0.491	423	783	671	175	3.83	4.82	2.46	41.2	76.0	35.0	3.53
		14		33.37	26.2	0.490	482	916	764	200	3.80	4.78	2.45	54.2	86.4	39.1	3.61
		16		37.74	29.6	0.489	537	1050	851	224	3.77	4.75	2.43	60.9	96.3	43.0	3.68
14	140	10		27.37	21.5	0.551	515	915	817	212	4.34	5.46	2.78	50.6	82.6	39.2	3.82
		12		32.51	25.5	0.551	604	1100	959	249	4.31	5.43	2.76	59.8	96.9	45.0	3.90
		14		37.57	29.5	0.550	689	1280	1090	284	4.28	5.40	2.75	68.8	110	50.5	3.98
		16		42.54	33.4	0.549	770	1470	1220	319	4.26	5.36	2.74	77.5	123	55.6	4.06
15	150	8		23.75	18.6	0.592	521	900	827	215	4.69	5.90	3.01	47.4	78.0	38.1	3.99
		10		29.37	23.1	0.591	638	1130	1010	262	4.66	5.87	2.99	58.4	95.5	45.5	4.08
		12		34.91	27.4	0.591	749	1350	1190	308	4.63	5.84	2.97	69.0	112	52.4	4.15
		14		40.37	31.7	0.590	856	1580	1360	352	4.60	5.80	2.95	79.5	128	58.8	4.23
		15		43.06	33.8	0.590	907	1690	1440	374	4.59	5.78	2.95	84.6	136	61.9	4.27
		16		45.74	35.9	0.589	958	1810	1520	395	4.58	5.77	2.94	89.6	143	64.9	4.31

续表

型号	截面尺寸/mm			截面面积/cm^2	理论重量/(kg/m)	外表面积/(m^2/m)	惯性矩/cm^4				惯性半径/cm			截面模数/cm^3			重心距离/cm
	b	d	r				I_x	I_{x1}	I_{x0}	I_{y0}	i_x	i_{x0}	i_{y0}	W_x	W_{x0}	W_{y0}	Z_0
16	160	10	16	31.50	24.7	0.630	780	1370	1240	322	4.98	6.27	3.20	66.7	109	52.8	4.31
		12		37.44	29.4	0.630	917	1640	1460	377	4.95	6.24	3.18	79.0	129	60.7	4.39
		14		43.30	34.0	0.629	1050	1910	1670	432	4.92	6.20	3.16	91.0	147	68.2	4.47
		16		49.07	38.5	0.629	1180	2190	1870	485	4.89	6.17	3.14	103	165	75.3	4.55
18	180	12		42.24	33.2	0.710	1320	2330	2100	543	5.59	7.05	3.58	101	165	78.4	4.89
		14		48.90	38.4	0.709	1510	2720	2410	622	5.56	7.02	3.56	116	189	88.4	4.97
		16		55.47	43.5	0.709	1700	3120	2700	699	5.54	6.98	3.55	131	212	97.8	5.05
		18		61.96	48.6	0.708	1880	3500	2990	762	5.50	6.94	3.51	146	235	105	5.13
20	200	14	18	54.64	42.9	0.788	2100	3730	3340	864	6.20	7.82	3.98	145	236	112	5.46
		16		62.01	48.7	0.788	2370	4270	3760	971	6.18	7.79	3.96	164	266	124	5.54
		18		69.30	54.4	0.787	2620	4810	4160	1080	6.15	7.75	3.94	182	294	136	5.62
		20		76.51	60.1	0.787	2870	5350	4550	1180	6.12	7.72	3.93	200	322	147	5.69
		24		90.66	71.2	0.785	3340	6460	5290	1380	6.07	7.64	3.90	236	374	167	5.87
22	220	16	21	68.67	53.9	0.866	3190	5680	5060	1310	6.81	8.59	4.37	200	326	154	6.03
		18		76.75	60.3	0.866	3540	6400	6620	1450	6.79	8.55	4.35	223	361	168	6.11
		20		84.76	66.5	0.865	3870	7110	6150	1590	6.76	8.52	4.34	245	395	182	6.18
		22		92.68	72.8	0.865	4200	7830	6670	1730	6.73	8.48	4.32	267	429	195	6.26
		24		100.5	78.9	0.864	4520	8550	7170	1870	6.71	8.45	4.31	289	461	208	6.33
		26		108.3	85.0	0.864	4830	9280	7690	2000	6.68	8.41	4.30	310	492	221	6.41
25	250	18	24	87.84	69.0	0.985	5270	9380	8370	2170	7.75	9.76	4.97	290	473	224	6.84
		20		97.05	76.2	0.984	5780	10400	9180	2380	7.72	9.73	4.95	320	519	243	6.92
		22		106.2	83.3	0.983	6280	11500	9970	2580	7.69	9.69	4.93	349	564	261	7.00
		24		115.2	90.4	0.983	6770	12500	10700	2790	7.67	9.66	4.92	378	608	278	7.07
		26		124.2	97.5	0.982	7240	13600	11500	2980	7.64	9.62	4.90	406	650	295	7.15
		28		133.0	104	0.982	7700	14600	12200	3180	7.61	9.58	4.89	433	691	311	7.22
		30		141.8	111	0.981	8160	15700	12900	3380	7.58	9.55	4.88	461	731	327	7.30
		32		150.5	118	0.981	8600	16800	13600	3570	7.56	9.51	4.87	488	770	342	7.37
		35		163.4	128	0.980	9240	18400	14600	3850	7.52	9.46	4.86	527	827	364	7.48

注：截面图中的 $r_1=1/3d$ 及表中 r 的数据用于孔型设计，不做交货条件。

表 15-22　不等边角钢截面尺寸、截面面积、理论重量及截面特性

型号	截面尺寸/mm				截面面积 /cm^2	理论重量 /(kg/m)	外表面积 /(m^2/m)	惯性矩/cm^4					惯性半径/cm			截面模数/cm^3			tanα	重心距离/cm	
	B	b	d	r				I_x	I_{x1}	I_y	I_{y1}	I_u	i_x	i_y	i_u	W_x	W_y	W_u		X_0	Y_0
2.5/1.6	25	16	3	3.5	1.162	0.91	0.080	0.70	1.56	0.22	0.43	0.14	0.78	0.44	0.34	0.43	0.19	0.16	0.392	0.42	0.86
			4		1.499	1.18	0.079	0.88	2.09	0.27	0.59	0.17	0.77	0.43	0.34	0.55	0.24	0.20	0.381	0.46	0.90
3.2/2	32	20	3		1.492	1.17	0.102	1.53	3.27	0.46	0.82	0.28	1.01	0.55	0.43	0.72	0.30	0.25	0.382	0.49	1.08
			4		1.939	1.52	0.101	1.93	4.37	0.57	1.12	0.35	1.00	0.54	0.42	0.93	0.39	0.32	0.374	0.53	1.12
4/2.5	40	25	3	4	1.890	1.48	0.127	3.08	5.39	0.93	1.59	0.56	1.28	0.70	0.54	1.15	0.49	0.40	0.385	0.59	1.32
			4		2.467	1.94	0.127	3.93	8.53	1.18	2.14	0.71	1.36	0.69	0.54	1.49	0.63	0.52	0.381	0.63	1.37
4.5/2.8	45	28	3	5	2.149	1.69	0.143	4.45	9.10	1.34	2.23	0.80	1.44	0.79	0.61	1.47	0.62	0.51	0.383	0.64	1.47
			4		2.806	2.20	0.143	5.69	12.1	1.70	3.00	1.02	1.42	0.78	0.60	1.91	0.80	0.66	0.380	0.68	1.51
5/3.2	50	32	3	5.5	2.431	1.91	0.161	6.24	12.5	2.02	3.31	1.20	1.60	0.91	0.70	1.84	0.82	0.68	0.404	0.73	1.60
			4		3.177	2.49	0.160	8.02	16.7	2.58	4.45	1.53	1.59	0.90	0.69	2.39	1.06	0.87	0.402	0.77	1.65
5.6/3.6	56	36	3	6	2.743	2.15	0.181	8.88	17.5	2.92	4.7	1.73	1.80	1.03	0.79	2.32	1.05	0.87	0.408	0.80	1.78
			4		3.590	2.82	0.180	11.5	23.4	3.76	6.33	2.23	1.79	1.02	0.79	3.03	1.37	1.13	0.408	0.85	1.82
			5		4.415	3.47	0.180	13.9	29.3	4.49	7.94	2.67	1.77	1.01	0.78	3.71	1.65	1.36	0.404	0.88	1.87
6.3/4	63	40	4	7	4.058	3.19	0.202	16.5	33.3	5.23	8.63	3.12	2.02	1.14	0.88	3.87	1.70	1.40	0.398	0.92	2.04
			5		4.993	3.92	0.202	20.0	41.6	6.31	10.9	3.76	2.00	1.12	0.87	4.74	2.07	1.71	0.396	0.95	2.08
			6		5.908	4.64	0.201	23.4	50.0	7.29	13.1	4.34	1.96	1.11	0.86	5.59	2.43	1.99	0.393	0.99	2.12
			7		6.802	5.34	0.201	26.5	58.1	8.24	15.5	4.97	1.98	1.10	0.86	6.40	2.78	2.29	0.389	1.03	2.15
7/4.5	70	45	4	7.5	4.553	3.57	0.226	23.2	45.9	7.55	12.3	4.40	2.26	1.29	0.98	4.86	2.17	1.77	0.410	1.02	2.24
			5		5.609	4.40	0.225	28.0	57.1	9.13	15.4	5.40	2.23	1.28	0.98	5.92	2.65	2.19	0.407	1.06	2.28
			6		6.644	5.22	0.225	32.5	68.4	10.6	18.6	6.35	2.21	1.26	0.98	6.95	3.12	2.59	0.404	1.09	2.32
			7		7.658	6.01	0.225	37.2	80.0	12.0	21.8	7.16	2.20	1.25	0.97	8.03	3.57	2.94	0.402	1.13	2.36

续表

型号	截面尺寸/mm				截面面积/cm^2	理论重量/(kg/m)	外表面积/(m^2/m)	惯性矩/cm^4					惯性半径/cm			截面模数/cm^3			tanα	重心距离/cm	
	B	b	d	r				I_x	I_{x1}	I_y	I_{y1}	I_u	i_x	i_y	i_u	W_x	W_y	W_u		X_0	Y_0
7.5/5	75	50	5	8	6.126	4.81	0.245	34.9	70.0	12.6	21.0	7.41	2.39	1.44	1.10	6.83	3.3	2.74	0.435	1.17	2.40
			6		7.260	5.70	0.245	41.1	84.3	14.7	25.4	8.54	2.38	1.42	1.08	8.12	3.88	3.19	0.435	1.21	2.44
			8		9.467	7.43	0.244	52.4	113	18.5	34.2	10.9	2.35	1.40	1.07	10.5	4.99	4.10	0.429	1.29	2.52
			10		11.59	9.10	0.244	62.7	141	22.0	43.4	13.1	2.33	1.38	1.06	12.8	6.04	4.99	0.423	1.36	2.60
8/5	80	50	5		6.376	5.00	0.255	42.0	85.2	12.8	21.1	7.66	2.56	1.42	1.10	7.78	3.32	2.74	0.388	1.14	2.60
			6		7.560	5.93	0.255	49.5	103	15.0	25.4	8.85	2.56	1.41	1.08	9.25	3.91	3.20	0.387	1.18	2.65
			7		8.724	6.85	0.255	56.2	119	17.0	29.8	10.2	2.54	1.39	1.08	10.6	4.48	3.70	0.384	1.21	2.69
			8		9.867	7.75	0.254	62.8	136	18.9	34.3	11.4	2.52	1.38	1.07	11.9	5.03	4.16	0.381	1.25	2.73
9/5.6	90	56	5	9	7.212	5.66	0.287	60.5	121	18.3	29.5	11.0	2.90	1.59	1.23	9.92	4.21	3.49	0.335	1.25	2.91
			6		8.557	6.72	0.286	71.0	146	21.4	35.6	12.9	2.88	1.58	1.23	11.7	4.96	4.13	0.384	1.29	2.95
			7		9.881	7.76	0.286	81.0	170	24.4	41.7	14.7	2.86	1.57	1.22	13.5	5.70	4.72	0.382	1.33	3.00
			8		11.18	8.78	0.286	91.0	194	27.2	47.9	16.3	2.85	1.56	1.21	15.3	6.41	5.29	0.380	1.36	3.04
10/6.3	100	63	6	10	9.618	7.55	0.320	99.1	200	30.9	50.5	18.4	3.21	1.79	1.38	14.6	6.35	5.25	0.394	1.43	3.24
			7		11.11	8.72	0.320	113	233	35.3	59.1	21.0	3.20	1.78	1.38	16.9	7.29	6.02	0.394	1.47	3.28
			8		12.58	9.88	0.319	127	266	39.4	67.9	23.5	3.18	1.77	1.37	19.1	8.21	6.78	0.391	1.50	3.32
			10		15.47	12.1	0.319	154	333	47.1	85.7	28.3	3.15	1.74	1.35	23.3	9.98	8.24	0.387	1.58	3.40
10/8	100	80	6	10	10.64	8.35	0.354	107	200	61.2	103	31.7	3.17	2.40	1.72	15.2	10.2	8.37	0.627	1.97	2.95
			7		12.30	9.66	0.354	123	233	70.1	120	36.2	3.16	2.39	1.72	17.5	11.7	9.60	0.626	2.01	3.00
			8		13.94	10.9	0.353	138	267	78.6	137	40.6	3.14	2.37	1.71	19.8	13.2	10.8	0.625	2.05	3.04
			10		17.17	13.5	0.353	167	334	94.7	172	49.1	3.12	2.35	1.69	24.2	16.1	13.1	0.622	2.13	3.12
11/7	110	70	6	10	10.64	8.35	0.354	133	266	42.9	69.1	25.4	3.54	2.01	1.54	17.9	7.90	6.53	0.403	1.57	3.53
			7		12.30	9.66	0.354	153	310	49.0	80.8	29.0	3.53	2.00	1.53	20.6	9.09	7.50	0.402	1.61	3.57
			8		13.94	10.9	0.353	172	354	54.9	92.7	32.5	3.51	1.98	1.53	23.3	10.3	8.45	0.401	1.65	3.62
			10		17.17	13.5	0.353	208	443	65.9	117	39.2	3.48	1.96	1.51	28.5	12.5	10.3	0.397	1.72	3.70

续表

型号	截面尺寸/mm				截面面积/cm^2	理论重量/(kg/m)	外表面积/(m^2/m)	惯性矩/cm^4					惯性半径/cm			截面模数/cm^3			tanα	重心距离/cm	
	B	b	d	r				I_x	I_{x1}	I_y	I_{y1}	I_u	i_x	i_y	i_u	W_x	W_y	W_u		X_0	Y_0
12.5/8	125	80	7	11	14.10	11.1	0.403	228	455	74.4	120	43.8	4.02	2.30	1.76	26.9	12.0	9.92	0.408	1.80	4.01
			8		15.99	12.6	0.403	257	520	83.5	138	49.2	4.01	2.28	1.75	30.4	13.6	11.2	0.407	1.84	4.06
			10		19.71	15.5	0.402	312	650	101	173	59.5	3.98	2.26	1.74	37.3	16.6	13.6	0.404	1.92	4.14
			12		23.35	18.3	0.402	364	780	117	210	69.4	3.95	2.24	1.72	44.0	19.4	16.0	0.400	2.00	4.22
14/9	140	90	8	12	18.04	14.2	0.453	366	731	121	196	70.8	4.50	2.59	1.98	38.5	17.3	14.3	0.411	2.04	4.50
			10		22.26	17.5	0.452	446	913	140	246	85.8	4.47	2.56	1.96	47.3	21.2	17.5	0.409	2.12	4.58
			12		26.40	20.7	0.451	522	1100	170	297	100	4.44	2.54	1.95	55.9	25.0	20.5	0.406	2.19	4.66
			14		30.46	23.9	0.451	594	1280	192	349	114	4.42	2.51	1.94	64.2	28.5	23.5	0.403	2.27	4.74
15/9	150	90	8		18.84	14.8	0.473	442	898	123	196	74.1	4.84	2.55	1.98	43.9	17.5	14.5	0.364	1.97	4.92
			10		23.26	18.3	0.472	539	1120	149	246	89.9	4.81	2.53	1.97	54.0	21.4	17.7	0.362	2.05	5.01
			12		27.60	21.7	0.471	632	1350	173	297	105	4.79	2.50	1.95	63.8	25.1	20.8	0.359	2.12	5.09
			14		31.86	25.0	0.471	721	1570	196	350	120	4.76	2.48	1.94	73.3	28.8	23.8	0.356	2.20	5.17
			15		33.95	26.7	0.471	764	1680	207	376	127	4.74	2.47	1.93	78.0	30.5	25.3	0.354	2.24	5.21
			16		36.03	28.3	0.470	806	1800	217	403	134	4.73	2.45	1.93	82.6	32.3	26.8	0.352	2.27	5.25
16/10	160	100	10	13	25.32	19.9	0.512	669	1360	205	337	122	5.14	2.85	2.19	62.1	26.6	21.9	0.390	2.28	5.24
			12		30.05	23.6	0.511	785	1640	239	406	142	5.11	2.82	2.17	73.5	31.3	25.8	0.388	2.36	5.32
			14		34.71	27.2	0.510	896	1910	271	476	162	5.08	2.80	2.16	84.6	35.8	29.6	0.385	2.43	5.40
			16		39.28	30.8	0.510	1000	2180	302	548	183	5.05	2.77	2.16	95.3	40.2	33.4	0.382	2.51	5.48
18/11	180	110	10	14	28.37	22.3	0.571	956	1 940	278	447	167	5.80	3.13	2.42	79.0	32.5	26.9	0.376	2.44	5.89
			12		33.71	26.5	0.571	1 120	2 330	325	539	195	5.78	3.10	2.40	93.5	38.3	31.7	0.374	2.52	5.98
			14		38.97	30.6	0.570	1 290	2 720	370	632	222	5.75	3.08	2.39	108	44.0	36.3	0.372	2.59	6.06
			16		44.14	34.6	0.569	1 440	3 110	412	726	249	5.72	3.06	2.38	122	49.4	40.9	0.369	2.67	6.14
20/12.5	200	125	12		37.91	29.8	0.641	1 570	3 190	483	788	286	6.44	3.57	2.74	117	50.0	41.2	0.392	2.83	6.54
			14		43.87	34.4	0.640	1 800	3 730	551	922	327	6.41	3.54	2.73	135	57.4	47.3	0.390	2.91	6.62
			16		49.74	39.0	0.639	2 020	4 260	615	1 060	366	6.38	3.52	2.71	152	64.9	53.3	0.388	2.99	6.70
			18		55.53	43.6	0.639	2 240	4 790	677	1 200	405	6.35	3.49	2.70	169	71.7	59.2	0.385	3.06	6.78

注：截面图中的 $r_1=1/3d$ 及表中 r 的数据用于孔型设计，不做交货条件。

15.3 热轧带肋钢筋

表 15-23 热轧带肋钢筋理论重量

公称直径/mm	公称横截面面积/mm²	理论重量/(kg/m)
6	28.27	0.222
8	50.27	0.395
10	78.54	0.617
12	113.1	0.888
14	153.9	1.21
16	201.1	1.58
18	254.5	2.00
20	314.2	2.47
22	380.1	2.98
25	490.9	3.85
28	615.8	4.83
32	804.2	6.31
36	1018	7.99
40	1257	9.87
50	1964	15.42

注：理论重量按密度为 7.85g/cm³ 计算。

15.4 热轧钢棒

表 15-24 热轧圆钢和方钢的尺寸及理论重量

圆钢公称直径 d/mm 方钢公称边长 a/mm	理论重量/(kg/m)		圆钢公称直径 d/mm 方钢公称边长 a/mm	理论重量/(kg/m)	
	圆钢	方钢		圆钢	方钢
5.5	0.187	0.237	75	34.7	44.2
6	0.222	0.283	80	39.5	50.2
6.5	0.260	0.332	85	44.5	56.7
7	0.302	0.385	90	49.9	63.6
8	0.395	0.502	95	55.6	70.8
9	0.499	0.636	100	61.7	78.5
10	0.617	0.785	105	68.0	86.5
11	0.746	0.950	110	74.6	95.0
12	0.888	1.13	115	81.5	104
13	1.04	1.33	120	88.8	113
14	1.21	1.54	125	96.3	123
15	1.39	1.77	130	104	133
16	1.58	2.01	135	112	143
17	1.78	2.27	140	121	154

续表

圆钢公称直径 d/mm 方钢公称边长 a/mm	理论重量/(kg/m)		圆钢公称直径 d/mm 方钢公称边长 a/mm	理论重量/(kg/m)	
	圆钢	方钢		圆钢	方钢
18	2.00	2.54	145	130	165
19	2.23	2.83	150	139	177
20	2.47	3.14	155	148	189
21	2.72	3.46	160	158	201
22	2.98	3.80	165	168	214
23	3.26	4.15	170	178	227
24	3.55	4.52	180	200	254
25	3.85	4.91	190	223	283
26	4.17	5.31	200	247	314
27	4.49	5.72	210	272	323
28	4.83	6.15	220	298	344
29	5.19	6.60	230	326	364
30	5.55	7.07	240	355	385
31	5.92	7.54	250	385	406
32	6.31	8.04	260	417	426
33	6.71	8.55	270	449	447
34	7.13	9.07	280	483	468
35	7.55	9.62	290	519	488
36	7.99	10.2	300	555	509
38	8.90	11.3	310	592	
40	9.86	12.6	320	631	
42	10.9	13.8	330	671	
45	12.5	15.9	340	713	
48	14.2	18.1	350	755	
50	15.4	19.6	360	799	
53	17.3	22.1	370	844	
55	18.7	23.7	380	890	
56	19.3	24.6			
58	20.7	26.4			
60	22.2	28.3			
63	24.5	31.2			
65	26.0	33.2			
68	28.5	36.3			
70	30.2	38.5			

注：表中钢的理论重量是按密度为 7.85g/cm^3 计算。

表 15-25　一般用途热轧扁钢的尺寸及理论重量

公称宽度/mm	厚度/mm																								
	3	4	5	6	7	8	9	10	11	12	14	16	18	20	22	25	28	30	32	36	40	45	50	56	60
	理论重量/(kg/m)																								
10	0.24	0.31	0.39	0.47	0.55	0.63																			
12	0.28	0.38	0.47	0.57	0.66	0.75																			
14	0.33	0.44	0.55	0.66	0.77	0.88																			
16	0.38	0.50	0.63	0.75	0.88	1.00	1.15	1.26																	
18	0.42	0.57	0.71	0.85	0.99	1.13	1.27	1.41																	
20	0.47	0.63	0.78	0.94	1.10	1.26	1.41	1.57	1.73	1.88															
22	0.52	0.69	0.86	1.04	1.21	1.38	1.55	1.73	1.90	2.07															
25	0.59	0.78	0.98	1.18	1.37	1.57	1.77	1.96	2.16	2.36	2.75	3.14													
28	0.66	0.88	1.10	1.32	1.54	1.76	1.98	2.20	2.42	2.64	3.08	3.53													
30	0.71	0.94	1.18	1.41	1.65	1.88	2.12	2.36	2.59	2.83	3.30	3.77	4.24	4.71											
32	0.75	1.00	1.26	1.51	1.76	2.01	2.26	2.55	2.76	3.01	3.52	4.02	4.52	5.02											
35	0.82	1.10	1.37	1.65	1.92	2.20	2.47	2.75	3.02	3.30	3.85	4.40	4.95	5.50	6.04	6.87	7.69								
40	0.94	1.26	1.57	1.88	2.20	2.51	2.83	3.14	3.45	3.77	4.40	5.02	5.65	6.28	6.91	7.85	8.79								
45	1.06	1.41	1.77	2.12	2.47	2.83	3.18	3.53	3.89	4.24	4.95	5.65	6.36	7.07	7.77	8.83	9.89	10.60	11.30	12.72					
50	1.18	1.57	1.96	2.36	2.75	3.14	3.53	3.93	4.32	4.71	5.50	6.28	7.06	7.85	8.64	9.81	10.99	11.78	12.56	14.13					
55		1.73	2.16	2.59	3.02	3.45	3.89	4.32	4.75	5.18	6.04	6.91	7.77	8.64	9.50	10.79	12.09	12.95	13.82	15.54					
60		1.88	2.36	2.83	3.30	3.77	4.24	4.71	5.18	5.65	6.59	7.54	8.48	9.42	10.36	11.78	13.19	14.13	15.07	16.96	18.84	21.20			
65		2.04	2.55	3.06	3.57	4.08	4.59	5.10	5.61	6.12	7.14	8.16	9.18	10.20	11.23	12.76	14.29	15.31	16.33	18.37	20.41	22.96			
70		2.20	2.75	3.30	3.85	4.40	4.95	5.50	6.04	6.59	7.69	8.79	9.89	10.99	12.09	13.74	15.39	16.49	17.58	19.78	21.98	24.73			
75		2.36	2.94	3.53	4.12	4.71	5.30	5.89	6.48	7.07	8.24	9.42	10.60	11.78	12.95	14.72	16.48	17.66	18.84	21.20	23.55	26.49			
80		2.51	3.14	3.77	4.40	5.02	5.65	6.28	6.91	7.54	8.79	10.05	11.30	12.56	13.82	15.70	17.58	18.84	20.10	22.61	25.12	28.26	31.40	35.17	
85			3.34	4.00	4.67	5.34	6.01	6.67	7.34	8.01	9.34	10.68	12.01	13.34	14.68	16.68	18.68	20.02	21.35	24.02	26.69	30.03	33.36	37.37	40.04
90			3.53	4.24	4.95	5.65	6.36	7.07	7.77	8.48	9.89	11.30	12.72	14.13	15.54	17.66	19.78	21.20	22.61	25.43	28.26	31.79	35.32	39.56	42.39
95			3.73	4.47	5.22	5.97	6.71	7.46	8.20	8.95	10.44	11.93	13.42	14.92	16.41	18.64	20.88	22.37	23.86	26.85	29.83	33.56	37.29	41.76	44.74
100			3.92	4.71	5.50	6.28	7.06	7.85	8.64	9.42	10.99	12.56	14.13	15.70	17.27	19.62	21.98	23.55	25.12	28.26	31.40	35.32	39.25	43.96	47.10
105			4.12	4.95	5.77	6.59	7.42	8.24	9.07	9.89	11.54	13.19	14.84	16.48	18.13	20.61	23.08	24.73	26.38	29.67	32.97	37.09	41.21	46.16	49.46
110			4.32	5.18	6.04	6.91	7.77	8.64	9.50	10.36	12.09	13.82	15.54	17.27	19.00	21.59	24.18	25.90	27.63	31.09	34.54	38.86	43.18	48.36	51.81
120			4.71	5.65	6.59	7.54	8.48	9.42	10.36	11.30	13.19	15.07	16.96	18.84	20.72	23.55	26.38	28.26	30.14	33.91	37.68	42.39	47.10	52.75	56.52
125				5.89	6.87	7.85	8.83	9.81	10.79	11.78	13.74	15.70	17.66	19.62	21.58	24.53	27.48	29.44	31.40	35.32	39.25	44.16	49.06	54.95	58.88
130				6.12	7.14	8.16	9.18	10.20	11.23	12.25	14.29	16.33	18.37	20.41	22.45	25.51	28.57	30.62	32.66	36.74	40.82	45.92	51.02	57.15	61.23
140					7.69	8.79	9.89	10.99	12.09	13.19	15.39	17.58	19.78	21.98	24.18	27.48	30.77	32.97	35.17	39.56	43.96	49.46	54.95	61.54	65.94
150					8.24	9.42	10.60	11.78	12.95	14.13	16.48	18.84	21.20	23.55	25.90	29.44	32.97	35.32	37.68	42.39	47.10	52.99	58.88	65.94	70.65
160					8.79	10.05	11.30	12.56	13.82	15.07	17.58	20.10	22.61	25.12	27.63	31.40	35.17	37.68	40.19	45.22	50.24	56.52	62.80	70.34	75.36
180					9.89	11.30	12.72	14.13	15.54	16.96	19.78	22.61	25.43	28.26	31.09	35.32	39.56	42.39	45.22	50.87	56.52	63.58	70.65	79.13	84.78
200					10.99	12.56	14.13	15.70	17.27	18.84	21.98	25.12	28.26	31.40	34.54	39.25	43.96	47.10	50.24	56.52	62.80	70.65	78.50	87.92	94.20

注：1. 表中的理论重量按密度 7.85 g/m^3 计算。

2. 经供需双方协商并在合同中注明，也可提供除表 A.2 以外的尺寸及理论重量。

表 15-26　热轧工具钢扁钢的尺寸及理论重量

公称宽度/mm	扁钢公称厚度/mm																					
	4	6	8	10	13	16	18	20	23	25	28	32	36	40	45	50	56	63	71	80	90	100
	理论重量/(kg/m)																					
10	0.31	0.47	0.63																			
13	0.41	0.61	0.82	1.02																		
16	0.50	0.75	1.00	1.26	1.63																	
20	0.63	0.94	1.26	1.57	2.04	2.51	2.83															
25	0.79	1.18	1.57	1.96	2.55	3.14	3.53	3.93	4.51													
32	1.00	1.51	2.01	2.51	3.27	4.02	4.52	5.02	5.78	6.28	7.03											
40	1.26	1.88	2.51	3.14	4.08	5.02	5.65	6.28	7.22	7.85	8.79	10.05	11.30									
50	1.57	2.36	3.14	3.93	5.10	6.28	7.07	7.85	9.03	9.81	10.99	12.56	14.13	15.70	17.66							
63	1.98	2.97	3.96	4.95	6.43	7.91	8.90	9.89	11.37	12.36	13.85	15.83	17.80	19.78	22.25	24.73	27.69					
71	2.23	3.34	4.46	5.57	7.25	8.92	10.03	11.15	12.82	13.93	15.61	17.84	20.06	22.29	25.08	27.87	31.21	35.11				
80	2.51	3.77	5.02	6.28	8.16	10.05	11.30	12.56	14.44	15.70	17.58	20.10	22.61	25.12	28.26	31.40	35.17	39.56	44.59			
90	2.83	4.24	5.65	7.07	9.18	11.30	12.72	14.13	16.25	17.66	19.78	22.61	25.43	28.26	31.79	35.33	39.56	44.51	50.16	56.52		
100	3.14	4.71	6.28	7.85	10.21	12.56	14.13	15.70	18.06	19.63	21.98	25.12	28.26	31.40	35.33	39.25	43.96	49.46	55.74	62.80	70.65	
112	3.52	5.28	7.03	8.79	11.43	14.07	15.83	17.58	20.22	21.98	24.62	28.13	31.65	35.17	39.56	43.96	49.24	55.39	62.42	70.34	79.13	87.92
125	3.93	5.89	7.85	9.81	12.76	15.70	17.66	19.63	22.57	24.53	27.48	31.40	35.33	39.25	44.16	49.06	54.95	61.82	69.67	78.50	88.31	98.13
140	4.40	6.59	8.79	10.99	14.29	17.58	19.78	21.98	25.28	27.48	30.77	35.17	39.56	43.96	49.46	54.95	61.54	69.24	78.03	87.92	98.91	109.90
160	5.02	7.54	10.05	12.56	16.33	20.10	22.61	25.12	28.89	31.40	35.17	40.19	45.22	50.24	56.52	62.80	70.34	79.13	89.18	100.48	113.04	125.60
180	5.65	8.48	11.30	14.13	18.37	22.61	25.43	28.26	32.50	35.33	39.56	45.22	50.87	56.52	63.59	70.65	79.13	89.02	100.32	113.04	127.17	141.30
200	6.28	9.42	12.56	15.70	20.41	25.12	28.26	31.40	36.11	39.25	43.96	50.24	56.52	62.80	70.65	78.50	87.92	98.91	111.47	125.60	141.30	157.00
224	7.03	10.55	14.07	17.58	22.86	28.13	31.65	35.17	40.44	43.96	49.24	56.27	63.30	70.34	79.13	87.92	98.47	110.78	124.85	140.67	158.26	175.84
250	7.85	11.78	15.70	19.63	25.51	31.40	35.33	39.25	45.14	49.06	54.95	62.80	70.65	78.50	88.31	98.13	109.90	123.64	139.34	157.00	176.63	196.25
280	8.79	13.19	17.58	21.98	28.57	35.17	39.56	43.96	50.55	54.95	61.54	70.34	79.13	87.92	98.91	109.90	123.09	138.47	156.06	175.84	197.82	219.80
310	9.73	14.60	19.47	24.34	31.64	38.94	43.80	48.67	55.97	60.84	68.14	77.87	87.61	97.34	109.51	121.68	136.28	153.31	172.78	194.68	219.02	243.35

注：表中的理论重量按密度 7.85g/m^3 计算，对于高合金钢计算理论重量时，应采用相应牌号的密度进行计算。

表 15-27 热轧六角钢和热轧八角钢的尺寸及理论重量

对边距离 S/mm	截面面积 A/cm^2		理论重量/(kg/m)	
	六角钢	八角钢	六角钢	八角钢
8	0.5543	—	0.435	—
9	0.7015	—	0.551	—
10	0.866	—	0.68	—
11	1.048	—	0.823	—
12	1.247	—	0.979	—
13	1.464	—	1.05	—
14	1.697	—	1.33	—
15	1.949	—	1.53	—
16	2.217	2.120	1.74	1.66
17	2.503	—	1.96	—
18	2.806	2.683	2.20	2.16
19	3.126	—	2.45	—
20	3.464	3.312	2.72	2.60
21	3.819	—	3.00	—
22	4.192	4.008	3.29	3.15
23	4.581	—	3.60	—
24	4.988	—	3.92	—
25	5.413	5.175	4.25	4.06
26	5.854	—	4.60	—
27	6.314	—	4.96	—
28	6.790	6.492	5.33	5.10
30	7.794	7.452	6.12	5.85
32	8.868	8.479	6.96	6.66
34	10.011	9.572	7.86	7.51
36	11.223	10.73	8.81	8.42
38	12.505	11.96	9.82	9.39
40	13.86	13.25	10.88	10.40
42	15.28	—	11.99	—
45	17.54	—	13.77	—
48	19.95	—	15.66	—
50	21.65	—	17.00	—
53	24.33	—	19.10	—
56	27.16	—	21.32	—
58	29.13	—	22.87	—
60	31.18	—	24.50	—
63	34.37	—	26.98	—

续表

对边距离 S/mm	截面面积 A/cm^2		理论重量/(kg/m)	
	六角钢	八角钢	六角钢	八角钢
65	36.59	—	28.72	—
68	40.04	—	31.43	—
70	42.43	—	33.30	—

注：表中的理论重量按密度 7.85g/m³ 计算。表中截面面积（A）计算公式 $A=\frac{1}{4}nS^2\text{tg}\frac{\phi}{2}\times\frac{1}{100}$

六角形 $A=\frac{3}{2}S^2\text{tg}30°\times\frac{1}{100}\approx0.866S^2\times\frac{1}{100}$

八角形 $A=2S^2\text{tg}22°30'\times\frac{1}{100}\approx0.828S^2\times\frac{1}{100}$

式中　n——正 n 边形边数；ϕ——正 n 边形圆内角；$\phi=360/n$。

附录1 法定计量单位

(1) 国际单位制的基本单位（附表1）

附表1 国际单位制的基本单位

量的名称	单位名称	单位符号
长度	米	m
质量	千克(公斤)	kg
时间	秒	s
电流	安[培]	A
热力学温度	开[尔文]	K
物质的量	摩[尔]	mol
发光强度	坎[德拉]	cd

(2) 国际单位制的辅助单位（附表2）

附表2 国际单位制的辅助单位

量的名称	单位名称	单位符号
[平面]角	弧度	rad
立体角	球面度	sr

(3) 国际单位制中具有专门名称的导出单位（附表3）

附表3 国际单位制中具有专门名称的导出单位

量的名称	单位名称	单位符号	其他表示示例
频率	赫[兹]	Hz	s^{-1}
力,重力	牛[顿]	N	$kg \cdot m/s^2$
压力,压强,应力	帕[斯卡]	Pa	N/m^2
能[量],功,热	焦[耳]	J	$N \cdot m$
功率,辐[射能]通量	瓦[特]	W	J/s
电荷[量]	库[仑]	C	$A \cdot s$
电位,电压,电动势,(电势)	伏[特]	V	W/A
电容	法[拉]	F	C/V
电阻	欧[姆]	Ω	V/A
电导	西[门子]	S	A/V
磁通[量]	韦[伯]	Wb	$V \cdot S$
磁通[量]密度,磁感应强度	特[斯拉]	T	Wb/m^2
电感	亨[利]	H	Wb/A
摄氏温度	摄氏度	℃	
光通量	流[明]	lm	$cd \cdot sr$
[光]照度	勒[克斯]	lx	lm/m^2
[放射性]活度	贝可[勒尔]	Bq	s^{-1}
吸收剂量	戈[瑞]	Gy	J/kg
剂量当量	希[沃特]	Sv	J/kg

（4）国家选定的非国际单位制单位（附表 4）

附表 4　国家选定的非国际单位制单位

量的名称	单位名称	单位符号	换算关系和说明
时间	分 [小]时 日，[天]	min h d	1min＝60s 1h＝60min＝3600s 1d＝24h＝86400s
[平面]角	[角]秒 [角]分 度	(″) (′) (°)	1″＝(π/64800)rad 1′＝60″＝(π/10800)rad 1°＝60′＝(π/180)rad　π—圆周率
旋转速度	转每分	r/min	1r/min＝(1/60)s^{-1}
长度	海里	n mile	1n mile＝1852m （只用于航程）
速度	节	kn	1kn＝1n mile/h＝(1852/3600)m/s （只用于航行）
质量	吨 原子质量单位	t u	1t＝10^3kg 1u≈1.6605655×10^{-27}kg
体积，容积	升	L，(l)	1L＝1dm^3＝$10^{-3}m^3$
能	电子伏	eV	1eV≈1.6021892×10^{-19}J
级差	分贝	dB	
线密度	特[克斯]	tex	1tex＝1g/km

（5）由以上单位构成的组合形式的单位（附表 5）

附表 5　用于构成十进倍数和分数单位的词头

所表示的因数	词头名称	词头符号	所表示的因数	词头名称	词头符号
10^{18}	艾[可萨]	E	10^{-1}	分	d
10^{15}	拍[它]	P	10^{-2}	厘	c
10^{12}	太[拉]	T	10^{-3}	毫	m
10^{9}	吉[咖]	G	10^{-6}	微	μ
10^{6}	兆	M	10^{-9}	纳[诺]	n
10^{3}	千	k	10^{-12}	皮[可]	p
10^{2}	百	h	10^{-15}	飞[母托]	f
10^{1}	十	da	10^{-18}	阿[托]	a

（6）由词头和以上单位所构成的十进倍数和分数单位（词头见附表 6）

附表 6　用基本单位等构成的组合形式的单位

量的名称	单位名称	单位符号		量的名称	单位名称	单位符号	
		国际	中文			国际	中文
面积	平方米	m^2	米^2	重度	牛顿每立方米	N/m^3	牛/米^3
体积(容积)	立方米	m^3	米^3	(动力)黏度	帕斯卡秒	Pa·s	帕·秒
速度	米每秒	m/s	米/秒	运动黏度	平方米每秒	m^2/s	米^2/秒
加速度	米每秒平方	m/s^2	米/秒^2	(体积)流量	立方米每秒	m^3/s	米^3/秒
角速度	弧度每秒	rad/s	弧度/秒	质量流量	千克每秒	kg/s	千克/秒
角加速度	弧度每秒平方	rad/s^2	弧度/秒^2	线胀系数	每开尔文	K^{-1}	开$^{-1}$
旋转频率，(转速)	每秒	s^{-1}	秒$^{-1}$	热导率	瓦特每米开尔文	W/(m·K)	瓦/(米·开)
波数	每米	m^{-1}	米$^{-1}$				
密度	千克每立方米	kg/m^3	千克/米^3	传热系数	瓦特每平方米开尔文	W/(m^2·K)	瓦/(米^2·开)
力矩	牛顿米	N·m	牛·米				
动量	千克米每秒	kg·m/s	千克·米/秒	热容	焦耳每开尔文	J/K	焦/开
角动量，(动量矩)	千克米平方每秒	kg·m^2/s	千克·米^2/秒	比热容	焦耳每千克开尔文	J/(kg·K)	焦/(千克·开)
转动惯量	千克米平方	kg·m^2	千克·米^2				
断面惯性矩	米四次方	m^4	米^4	电场强度	伏特每米	V/m	伏/米
断面系数	米立方	m^3	米^3	电流密度	安培每平方米	A/m^2	安/米^2
表面张力	牛顿每米	N/m	牛/米	电阻率	欧姆米	Ω·m	欧·米

注：组合形式的单位是用基本单位和（或）辅助单位等以代数形式表示。其符号借助于乘和除的数学符号得出。例如，速度的 SI 单位为米每秒（m/s），角速度的为弧度每秒（rad/s）。

(7) 单位换算如附表 7、附表 8

附表 7 某些单位与法定计量单位的关系

量的名称	单位名称	符号	与法定计量单位的关系
长度	千米 埃 英寸	km Å in	1 千米 $=1km=10^3m$ $1Å=0.1nm=10^{-10}m$ $1in=25.4mm$
面积	公顷 平方英寸	a hm^2 in^2	$1a=1dam^2=10^2m^2$(dam 为公丈,十米) $1hm^2=10^{14}m^2$ $1in^2=645.16mm^2$
力	达因 千克力(公斤力) 磅力	dyn kgf lbf	$1dyn=10^{-5}N$ $1kgf=9.80665N\approx10N$ $1lbf=4.44822N$
加速度	伽	Gal	$1Gal=1cm/s^2=10^{-2}m/s^2$
力矩	千克力米	kgf · m	$1kgf\cdot m=9.80665N\cdot m$
压力、压强	巴 标准大气压 托 毫米汞柱	bar atm Torr mmHg	$1bar=0.1MPa=10^5Pa$ $1atm=101325Pa$ 1 托 $=(101325/760)Pa$ 1 毫米汞柱 $=133.3224Pa$
	千克力/厘米^2(工程大气压) 毫米水柱	kgf/cm^2(at) mmH_2O	$1kgf/cm^2=9.80665\times10^4Pa$ 1 毫米水柱 $=9.80665Pa$
应力	千克力每平方毫米 千磅每平方英寸	kgf/mm^2 ksi	$1kgf/mm^2=9.80665\times10^6Pa$ $1ksi=6.89476MPa$
密度	磅每立方英寸	lb/in^3	$1lb/in^3=27.6799g/cm^3$
动力黏度	泊	P	$1P=1dyn\cdot s/cm^2=0.1Pa\cdot s$
运动黏度	斯[托克斯]	St	$1St=1cm^2/s=10^{-4}m^2/s$
功,能	千克力米,公斤力米 瓦特小时 磅力英寸	kgf · m W · h lbf · ft	$1kgf\cdot m=9.80665J$ $1W\cdot h=3600J$ $1lbf\cdot ft=1.3558J$
功率	马力		1 马力 $=735.49875W=75kgf\cdot m/s$
温度	华氏度	℉	$℉=\frac{9}{5}℃+32$ $℃=\frac{5}{9}(℉-32)$
热量	卡 热化学卡 英热单位	cal cal_{th} Btu	$1cal=4.1868J$ $1cal_{th}=4.1840J$ $1Btu=1.05506kJ$
比热容	卡每克摄氏度 千卡每千克摄氏度	cal/(g · ℃) kcal/(kg · ℃)	$1cal/(g\cdot ℃)=4.1868\times10^{-3}J/(g\cdot K)$ $1kcal/(kg\cdot ℃)=4.1868\times10^{-3}J/(kg\cdot K)$
传热系数	卡每平方厘米秒摄氏度	$cal/(cm^2\cdot s\cdot ℃)$	$1cal/(cm^2\cdot s\cdot ℃)=4.1868\times10^4W/(m^2\cdot K)$
热导率	卡每厘米秒摄氏度	cal/(cm · s · ℃)	$1cal/(cm\cdot s\cdot ℃)=4.1868\times10^2W/(m\cdot K)$
磁场强度	奥斯特	Oe	1Oe 相当于 $(1000/4\pi)A/m$
磁感应强度,磁通密度	高斯	Gs	1Gs 相当于 $10^{-4}T$
截面	靶恩	b	$1b=10^{-28}m^2$
放射性活度	居里	Ci	$1Ci=3.7\times10^{10}Bq$
照射量	伦琴	R	$1R=2.58\times10^{-4}(C/kg)$
照射率	伦琴每秒	R/s	$1R/s=2.58\times10^{-4}(C/kg\cdot s)$

附表 8 英寸（in）与毫米（mm）对照表

in	1/64	1/32	3/64	1/16	5/64	3/32	7/64	1/8	9/64	5/32
mm	0.397	0.794	1.191	1.588	1.984	2.381	2.778	3.175	3.572	3.969
in	11/64	3/16	13/64	7/32	15/64	1/4	17/64	9/32	19/64	5/16
mm	4.366	4.763	5.159	5.556	5.953	6.350	6.747	7.144	7.541	7.938
in	21/64	11/32	23/64	3/8	25/64	13/32	27/64	7/16	29/64	15/32
mm	8.334	8.731	9.128	9.525	9.922	10.319	10.716	11.113	11.509	11.906
in	31/64	1/2	33/64	17/32	35/64	9/16	37/64	19/32	39/64	5/8
mm	12.303	12.700	13.097	13.494	13.891	14.288	14.684	15.081	15.478	15.875
in	41/64	21/32	43/64	11/16	45/64	23/32	47/64	3/4	49/64	25/32
mm	16.272	16.669	17.066	17.463	17.859	18.256	18.653	19.050	19.447	19.844
in	51/64	13/16	53/64	27/32	55/64	7/8	57/64	29/32	59/64	15/16
mm	20.241	20.638	21.034	21.431	21.820	22.225	22.622	23.019	23.416	28.813
in	61/64	31/32	63/64	1	2	5	8	10		
mm	24.209	24.606	25.003	25.4	50.800	127.000	203.200	254.000		

注：俄罗斯规定，1in＝25.4mm；美国规定，1in＝25.400051mm；英国规定，1in＝25.399978mm（工业用），1in＝25.399956（科学研究用）；德国规定，1in＝25.4mm。

附录 2 常用硬度换算

维氏硬度（HV），以 120kg 以内的载荷和顶角为 136°的金刚石方形锥压入器压入材料表面，用载荷值除以材料压痕凹坑的表面积，即为维氏硬度值（HV）。它适用于较大工件和较深表面层的硬度测定。

布氏硬度以 HB（HBS/HBW）表示（参照 GB/T 231—1984），生产中常用布氏硬度法测定经退火、正火和调质的钢件，以及铸铁、有色金属、低合金结构钢等毛坯或半成品的硬度。

洛氏硬度可分为 A(HRA)、B(HRB)、C(HRC)、D(HRD) 四种标尺，它们的测量范围和应用范围也不同。一般生产中 HRC 用得最多。压痕较小，可测较薄的材料和硬的材料和成品件的硬度。

维氏硬度以 HV 表示（参照 GB/T 4340—1999），测量极薄试样。

肖氏硬度（HS），应用弹性回跳法将撞销从一定高度落到所试材料的表面上而发生回跳用测得的撞销回跳的高度来表示硬度。撞销是一只具有尖端的小锥，尖端上常镶有金刚钻。

附表 9 硬度换算表

维氏硬度	布氏硬度	洛氏硬度			表面洛氏硬度		肖氏硬度
		HRA	HRB	HRC	15-N	30-N	
HV	HB10mm 钢球,3000kg 负荷	A 标尺，60kg 负荷	B 标尺，100kg 负荷	C 标尺，100kg 负荷	15kg 负荷	30kg 负荷	HS
940		85.6		68.0	93.2	84.4	97
920		85.3		67.5	93.0	84.0	96
900		85.0		67.0	92.9	83.6	95
880		84.7		66.4	92.7	83.1	93
860		84.4		65.9	92.5	82.7	92
840		84.1		65.3	92.3	82.2	91

续表

维氏硬度	布氏硬度	洛氏硬度			表面洛氏硬度		肖氏硬度
		HRA	HRB	HRC	15-N	30-N	
HV	HB10mm 钢球,3000kg负荷	A 标尺,60kg负荷	B 标尺,100kg负荷	C 标尺,100kg负荷	15kg负荷	30kg负荷	HS
820		83.8		64.7	92.1	81.7	90
800		83.4		64.0	91.8	81.1	88
780		83.0		63.3	91.5	80.4	87
760		82.6		62.5	91.2	79.7	86
740		82.2		61.8	91.0	79.1	84
720		81.8		61.0	90.7	78.4	83
700		81.3		60.1	90.3	77.6	81
690		81.1		59.7	90.1	77.2	
680		80.8		59.2	89.8	76.8	80
670		80.6		58.8	89.7	76.4	
660		80.3		58.3	89.5	75.9	79
650		80.0		57.8	89.2	75.5	
640		79.8		57.3	89.0	75.1	77
630		79.5		56.8	88.8	74.6	
620		79.2		56.3	88.5	74.2	75
610		78.9		55.7	88.2	73.6	
600		78.6		55.2	88.0	73.2	74
590		78.4		54.7	87.8	72.7	
580		78.0		54.1	87.5	72.1	72
570		77.8		53.6	87.2	71.7	
560		77.4		53.0	86.9	71.2	71
550	505	77.0		52.3	86.6	70.5	
540	496	73.7		51.7	86.3	70.0	69
530	488	76.4		51.1	86.0	69.5	
520	480	76.1		50.5	85.7	69.0	67
510	473	75.7		49.8	85.4	68.3	
500	465	75.3		49.1	85.0	67.7	66
490	456	74.9		48.4	84.7	67.1	
480	448	74.5		47.7	84.3	66.4	64
470	441	74.1		46.9	83.9	65.7	
460	433	73.6		46.1	83.6	64.9	62
450	425	73.3		45.3	83.2	64.3	
440	415	72.8		44.5	82.8	63.5	59
430	405	72.3		43.6	82.3	62.7	
420	397	71.8		42.7	81.8	61.9	57

续表

维氏硬度	布氏硬度	洛氏硬度			表面洛氏硬度		肖氏硬度
		HRA	HRB	HRC	15-N	30-N	
HV	HB10mm 钢球,3000kg 负荷	A 标尺,60kg 负荷	B 标尺,100kg 负荷	C 标尺,100kg 负荷	15kg 负荷	30kg 负荷	HS
410	388	71.4		41.8	81.4	61.1	
400	379	70.8		40.8	81.0	60.2	55
390	369	70.3		39.8	80.3	59.3	
380	360	69.8	110.0	38.8	79.8	58.4	52
370	350	69.2		37.7	79.2	57.4	
360	341	68.7	109.0	36.6	78.6	56.4	50
350	331	68.1		35.5	78.0	55.4	
340	322	67.6	108.0	34.4	77.4	54.4	47
330	313	67.0		33.3	76.8	53.6	
320	303	66.4	107.0	32.2	76.2	52.3	45
310	294	65.8		31.0	75.6	51.3	
300	284	65.2	105.5	29.8	74.9	50.2	42
295	280	64.8		29.2	74.6	49.7	
290	275	64.5	104.5	28.5	74.2	49.0	41
285	270	64.2		27.8	73.8	48.4	
280	265	63.8	103.5	27.1	73.4	47.8	40
275	261	63.5		26.4	73.0	47.2	
270	256	63.1	102.0	25.6	72.6	46.4	38
265	252	62.7		24.8	72.1	45.7	
260	247	62.4	101.0	24.0	71.6	45.0	37
255	243	62.0		23.1	71.1	44.2	
250	238	61.6	99.5	22.2	70.6	43.4	36
245	233	61.2		21.3	70.1	42.5	
240	228	60.7	98.1	20.3	69.6	41.7	34
230	219		96.7	18.0			33
220	209		95.0	15.7			32
210	200		93.4	13.4			30
200	190		91.4	11.0			29
190	181		89.5	8.5			28
180	171		87.1	6.0			26
170	162		85.0	3.0			25
160	152		81.7	0.0			24
150	143		78.7				22
140	133		75.0				21
130	124		71.2				20

续表

维氏硬度	布氏硬度	洛氏硬度			表面洛氏硬度		肖氏硬度
		HRA	HRB	HRC	15-N	30-N	
HV	HB10mm 钢球,3000kg 负荷	A 标尺,60kg 负荷	B 标尺,100kg 负荷	C 标尺,100kg 负荷	15kg 负荷	30kg 负荷	HS
120	114		66.7				
110	105		62.3				
100	95		56.2				
95	90		52.0				
90	86		48.0